《机械加工工艺手册》（第

U0168187

“十四五”时期国家重点出版物出版专项规划项目

机械加工工艺手册

第 3 版

第1卷　加工工艺基础卷

主　　编　王先逵
副 主 编　李　旦　孙凤池　赵宏伟
卷 主 编　李　旦
卷副主编　姚英学

机 械 工 业 出 版 社

本手册以机械加工工艺为主线，将数据与方法相结合，汇集了我国多年来在机械加工工艺方面的成就和经验，反映了国内外现代工艺水平及其发展方向。在保持第2版手册先进性、系统性、实用性特色的基础上，本手册全面、系统地介绍了机械加工工艺中的各类技术，信息量大、标准新、内容全面、数据准确、便于查阅等特点更为突出，能够满足当前机械加工工艺师的工作需要，增强我国机电产品在国际市场上的竞争力。

本手册分4卷出版，包含加工工艺基础卷、常规加工技术卷、现代加工技术卷、工艺系统技术卷，共36章。本卷包括切削原理与刀具、材料及其热处理、毛坯及余量、机械加工质量及其检测、机械加工工艺规程制定、机床夹具设计、机械装配工艺、机械加工安全与劳动卫生。

本手册可供机械制造全行业的机械加工工艺人员使用，也可供有关专业的工程技术人员和工科院校师生参考。

图书在版编目（CIP）数据

机械加工工艺手册. 第1卷，加工工艺基础卷/王先逵主编. —3版. —北京：机械工业出版社，2022.12

“十四五”时期国家重点出版物出版专项规划项目

ISBN 978-7-111-71922-9

Ⅰ.①机… Ⅱ.①王… Ⅲ.①金属切削-技术手册 Ⅳ.①TG506-62

中国版本图书馆CIP数据核字（2022）第201213号

机械工业出版社（北京市百万庄大街22号 邮政编码100037）

策划编辑：李万宇 王春雨 责任编辑：李万宇 王春雨 杨 璇

责任校对：樊钟英 张 薇 封面设计：马精明

责任印制：邓 博

盛通（廊坊）出版物印刷有限公司印刷

2023年9月第3版第1次印刷

184mm×260mm · 67.5印张 · 3插页 · 2358千字

标准书号：ISBN 978-7-111-71922-9

定价：399.00元

电话服务	网络服务
客服电话：010-88361066	机 工 官 网：www.cmpbook.com
010-88379833	机 工 官 博：weibo.com/cmp1952
010-68326294	金 书 网：www.golden-book.com
封底无防伪标均为盗版	机工教育服务网：www.cmpedu.com

赠参加《机械加工工艺手册》编审会议

诸同志

科技存典奥，

传佈特辛勤。

競求高质量，

重任在诸君。

沈鸿

一九八七年十月廿日於北京

注：这是沈鸿同志为《机械加工工艺手册》第1版写的题辞。

《机械加工工艺手册》 第3版

编辑委员会

主　任： 王先逵　范兴国

副主任： 李　旦　孙凤池　赵宏伟

委　员：（按姓氏笔画排序）

卜　昆　于骏一　王广林　王永泉　王宛山　王振龙　邓建新
叶仲新　付承云　白基成　庍　鸥　朱伟成　任三平　向　东
刘成颖　刘检华　齐海波　闫牧夫　牟　鹏　李　奇　李万宇
李文辉　李冬妮　李圣怡　李国发　杨利芳　杨晓冬　吴　丹
张　富　张定华　呼　咏　周学良　赵　彤　姚英学　贺秋伟
夏忠发　徐成林　殷志富　高志勇　常治斌　董世运　富宏亚
蔺小军　戴一帆

《机械加工工艺手册》 第2版

编辑委员会

主　任：王先逵

副主任：王龙山　朱伟成　李　旦　洪永成　孙凤池

主　审：艾　兴

副主审：于骏一　陈家彬

委　员：（按姓氏笔画排序）

王广林　王东鹏　王晓芳　叶仲新　付承云　白基成
向　东　刘大成　刘世参　刘成颖　孙慧波　闫牧夫
李　奇　李万宇　李东妮　李圣怡　李国发　李益民
杨利芳　吴　丹　张定华　邹　青　林　跃　贺秋伟
钦明畅　姚英学　祝佩兴　桂定一　夏忠发　徐滨士
常治斌　富宏亚　颜永年

《机械加工工艺手册》第1版

编辑委员会

主任兼主编： 孟少农

副　主　任： 沈尧中　李龙天　李家宝　张克吕　李宣春　张颂华

秘　书　长： 唐振声

委　　　员： （按姓氏笔画排序）

马克洪　王肇升　刘华明　牟永言　李学绶　李益民　何富源　宋剑行

张斌如　陈采本　钱惟圭　徐伟民　黄祥旦　蒋毓忠　遇立基　熊万武

薄　宵

参编人员名单

于光海　王异军　王光驹　王先逵　王会新　王志忠　王定坤　王春和　王荣辉　王恩伟

王肇升　王馥民　支少炎　白　锋　江　涛　兰国权　田永金　叶荣生　刘文剑　刘华明

刘庆深　刘运长　刘青方　刘茝芬　刘晋春　刘裕维　牟永义　牟永言　孙旭辉　朱天竺

朱启明　朱颉榕　朱福永　陈介双　陈龙法　陈华初　陈志鼎　陈采本　陈京明　陈振华

陈超常　邸广生　何琼儒　李大镛　李　旦　李龙天　李忠一　李绍忠　李学绶　李　真

李益民　李家宝　李敬杰　李朝霞　麦汇彭　孟伯成　宋秉慈　吴勇发　肖纫绂　肖诗纲

杨裕珊　张仁杰　张志仁　张学仁　张岱华　张明贤　张国雄　张景仕　张　颖　邹永胜

金振华　林焕琨　罗南星　庞　涛　周本铭　周学良　周泽耀　周德生　周鑫森　郭振光

郭德让　胡必忠　胡炳明　胡晖中　柳之歌　骆淑璋　施仁德　赵家齐　高汉东　顾国华

顾宛华　桂定一　倪智最　秦秉常　唐修文　袁丁炎　袁序弟　袁海群　黄承修　黄祥旦

康来明　盘　旭　章　熊　程伦锡　葛鸿翰　蒋锡藩　蒋毓忠　谢文清　遇立基　熊炽昌

樊惠卿　潘庆锐　薄　宵　魏大镛

第3版前言

2015 年，我国提出了实施制造强国战略第一个十年的行动纲领——《中国制造 2025》。立足国情，立足现实，制造业要特别重视创新性、智能性和精密性，才能实现制造强国的战略目标。这对制造业发展来说是一个战略性要求。

制造业是国家工业化的关键支柱产业，制造技术的进步是其发展的基础。制造一个合格的机械产品，通常分为四个阶段：

1）产品设计。包括功能设计、结构设计等。

2）工艺设计。指产品的工艺过程设计，最终落实为工艺文件。

3）零件的加工工艺过程。保证生产出合格的零件。

4）零件装配成产品。保证产品的整体性能。

可以看出，机械产品制造过程中只有第 1 阶段属于产品设计范畴，其第 2、3、4 阶段均为工艺范畴。《机械加工工艺手册》就包括了工艺设计、零件加工和装配的相关内容。

2019 年 6 月，《机械加工工艺手册》的 20 多位主要作者和机械工业出版社团队齐聚长春，启动本手册第 3 版的修订和出版工作。

本版手册分为 4 卷出版，共有 36 章：

1）第 1 卷，加工工艺基础卷，共 8 章。

2）第 2 卷，常规加工技术卷，共 8 章。

3）第 3 卷，现代加工技术卷，共 10 章。

4）第 4 卷，工艺系统技术卷，共 10 章。

与第 2 版相比，第 3 版手册具有如下一些特点：

1）更加突出工艺主体。贯彻以工艺为主体的原则，注意新工艺、新技术的研发和应用，去除一些落后、已淘汰的工艺，使本版手册更加精炼。

2）更加实用便查。在保持部分原有图、表的基础上，大量引入近年来企业生产中的实用数据。

3）更加注重技术先进性。手册编入了新工艺、新技术，展示了科技的快速发展成果，并注意收集先进技术的应用案例，提高了手册的技术水平。

4）全部采用现行标准。标准化是制造业发展的必经之路，手册及时反映了加工工艺方面的标准更新情况，便于企业应用。

手册第 3 版的编写得以顺利完成，离不开有关高等院校、科研院所的院士、教授、专家的帮助，在此表示衷心的感谢。由于作者水平有限，书中难免存在一些不足之处，希望广大读者不吝指教。

王先逵

《机械加工工艺手册》第 3 版编辑委员会主编

第2版前言

《机械加工工艺手册》第1版是我国第一部大型机械加工工艺手册。时光易逝、岁月如梭，在沈鸿院士、孟少农院士的积极倡导和精心主持下，手册自20世纪90年代出版以来，已过了15个年头，广泛用于企业、工厂、科研院所和高等院校等各部门的机械加工工艺工作实践中，得到了业内人士的一致好评，累计印刷5次，3卷本累计销售12万册，发挥了强有力的工艺技术支撑作用。

制造技术是一个永恒的主题，是设想、概念、科学技术物化的基础和手段，是国家经济与国防实力的体现，是国家工业化的支柱产业和关键。工艺技术是制造技术的重要组成部分，工艺技术水平是制约我国制造业企业迅速发展的因素之一，提高工艺技术水平是提高机电产品质量、增强国际市场竞争力的有力措施。目前我国普遍存在着“重设计、轻工艺”的现象，有关部门已经将发展工艺技术和装备制造列为我国打造制造业强国的重要举措之一，提出了“工艺出精品、精品出效益”的论断。工艺技术是重要的，必须重视。

（1）工艺是制造技术的灵魂、核心和关键

现代制造工艺技术是先进制造技术的重要组成部分，也是其最有活力的部分。产品从设计变为现实是必须通过加工才能完成的，工艺是设计和制造的桥梁，设计的可行性往往会受到工艺的制约，工艺（包括检测）往往会成为“瓶颈”。不是所有设计的产品都能加工出来，也不是所有设计的产品通过加工都能达到预定技术性能要求。

“设计”和“工艺”都是重要的，把“设计”和“工艺”对立起来和割裂开来是不对的，应该用广义制造的概念将其统一起来。人们往往看重产品设计师的作用，而未能正确评价工艺师的作用，这是当前影响制造技术发展的关键之一。

例如，当用金刚石车刀进行超精密切削时，其刃口钝圆半径的大小与切削性能关系十分密切，它影响了极薄切削的切屑厚度，刃口钝圆半径的大小往往可以反映一个国家在超精密切削技术方面的水平，国外加工出的刃口钝圆半径可达2nm。又如，集成电路的水平通常是用集成度和最小线条宽度来表示，现代集成电路在单元芯片上的电子元件数已超过10^5个，线宽可达0.1μm。

（2）工艺是生产中最活跃的因素

同样的设计可以通过不同的工艺方法来实现，工艺不同，所用的加工设备、工艺装备也就不同，其质量和生产率也会有差别。工艺是生产中最活跃的因素，通常，有了某种工艺方法才有相应的工具和设备出现，反过来，这些工具和设备的发展又提高了该工艺方法的技术性能和水平，扩大了其应用范围。

加工技术的发展往往是从工艺突破的，由于电加工方法的发明，出现了电火花线切割加工、电火花成形加工等方法，发展了一系列的相应设备，形成了一个新兴行业，对模具的发展产生了重大影响。当科学家们发现激光、超声波可以用来加工时，出现了激光打孔、激光焊接、激光干涉测量、超声波打孔、超声波检测等方法，相应地发展了一批加工设备，从而与其他非切削加工手段在一起，形成了特种加工技术，即非传统加工技术。由于工艺技术上的突破和丰富多彩，使得设计人员也扩大了眼界，以前有些不敢设计之处，现在敢于设计了。例如，利用电火花磨削方法可以加工直径为0.1mm的探针；利用电子束、离子束和激光束可以加工直径为 0.1mm 以下的微孔，而纳米加工技术的出现更是扩大了设计的广度和深度。

(3) 广义制造论

近年来加工工艺技术有了很大的发展，其中值得提出的是广义制造论，它是 20 世纪制造技术的重要发展，是在机械制造技术的基础上发展起来的。长期以来，由于设计和工艺的分离，制造被定位于加工工艺，这是一种狭义制造的概念。随着社会发展和科技进步，需要综合、融合和复合多种技术去研究和解决问题，特别是集成制造技术的问世，提出了广义制造的概念，也称为“大制造”的概念，它体现了制造概念的扩展，其形成过程主要有以下几方面原因，即制造设计一体化、材料成形机理的扩展、制造技术的综合性、制造模式的发展、产品的全生命周期、丰富的硬软件工具和平台以及制造支撑环境等。

(4) 制造工艺已形成系统

现代制造技术已经不是单独的加工方法和工匠的“手艺”，已经发展成为一个系统，在制造工艺理论和技术上有了很大的发展，如在工艺理论方面主要有加工成形机理和技术、精度原理和技术、相似性原理和成组技术、工艺决策原理和技术，以及优化原理和技术等。在制造生产模式上出现了柔性制造系统、集成制造系统、虚拟制造系统、集群制造系统和共生制造系统等。

由于近些年制造工艺技术的发展，工艺内容有了很大的扩展，工艺技术水平有了很大提高；计算机技术、数控技术的发展使制造工艺自动化技术和工艺质量管理工作产生了革命性的变化；同时，与工艺有关的许多标准已进行了修订，并且制定了一些新标准。因此，手册第 1 版已经不能适应时代的要求。为反映国内外现代工艺水平及其发展方向，使相关工程技术人员能够在生产中进行再学习，以便实现工艺现代化，提高工艺技术水平，适应我国工艺发展的新形势、新要求，特组织编写了手册第 2 版，并努力使其成为机械制造全行业在工艺方面的主要参考手册之一。

这次再版，注意保留了手册第 1 版的特点。在此基础上，手册第 2 版汇集了我国多年来工艺工作的成就和经验，体现了国内外工艺发展的最新水平，全面反映现代制造的现状和发展，注重实用性、先进性、系统性。手册第 2 版的内容已超过了机械加工工艺的范畴，但为了尊重手册第 1 版的劳动成果和继承性，仍保留了原《机械加工工艺手册》的名称。

手册第 2 版分 3 卷出版，分别为工艺基础卷、加工技术卷、系统技术卷，共 32 章。虽然是修订，但未拘泥于第 1 版手册的结构和内容。第 1 版手册 26 章，第 2 版手册 32 章，其中全新章节有 12 章，与手册第 1 版相同的章节也重新全面进行了修订。在编写时对作者提出了全面替代第 1 版手册的要求。

在全体作者的共同努力下，手册第 2 版具有如下特色：

(1) 工艺主线体系明确

机械加工工艺手册以工艺为主线，从工艺基础、加工技术、系统技术三个层面来编写，使基础、单元技术和系统有机结合，突出了工艺技术的系统性。

(2) 实践应用层面突出

采用数据与方法相结合，多用图、表形式来表述，实用便查，突出体现各类技术应用层面的内容，力求能解决实际问题。在编写过程中，有意识地采用了组织高校教师和工厂工程技术人员联合编写的方式，以增强内容上的实用性。

(3) 内容新颖先进翔实

重点介绍近年发展的技术成熟、应用面较广的新技术、新工艺和新工艺装备，简要介绍发展中的新技术。充分考虑了近年来工艺技术的发展状况，详述了数控技术、表面技术、劳动安全等当前生产的热点内容；同时，对集成制造、绿色制造、工业工程等先进制造、工艺管理技术提供了足够的实践思路，并根据实际应用情况，力求提供工艺工作需要的最新数据，包括企业新的应用经验数据。

（4）结构全面充实扩展

基本涵盖了工艺各专业的技术内容。在工艺所需的基础技术中，除切削原理和刀具、材料和热处理、加工质量、机床夹具、装配工艺等内容，考虑数控技术的发展已比较成熟，应用也十分广泛，因此将其作为基础技术来处理；又考虑安全技术十分重要且具有普遍性，因此也将其归于基础技术。在加工技术方法方面，除有一般传统加工方法，还有特种加工方法、高速加工方法、精密加工方法和难加工材料加工方法等，特别是增加了金属材料冷塑性加工方法和表面技术，以适应当前制造技术的发展需要。在加工系统方面，内容有了较大的扩展和充实，除成组技术、组合机床及自动线加工系统和柔性制造系统内容，考虑计算机辅助制造技术的发展，增加了计算机辅助制造的支撑技术、集成制造系统和智能制造系统等；考虑近几年来快速成形与快速制造、工业工程和绿色制造的发展，特编写了这部分内容。

（5）作者学识丰富专深

参与编写的人员中，有高等院校、科研院所和企业、工厂的院士、教授、研究员、高级工程师和其他工程技术人员，他们都是工作在第一线的行业专家，具有很高的学术水平和丰富的实践经验，可为读者提供比较准确可用的资料和参考数据，保证了第2版手册的编写质量。

（6）标准符合国家最新

为适应制造业的发展，与国际接轨，我国的国家标准和行业标准在不断修订。手册采用了最新国家标准，并介绍最新行业标准。为了方便读者的使用，在手册的最后编写了常用标准和单位换算。

参与编写工作的包括高等院校、科研院所和企业的院士、教授、高级工程师等行业专家，共计120多人。从对提纲的反复斟酌、讨论，到编写中的反复核实、修改，历经三年时间，每一位作者都付出了很多心力和辛苦的劳动，从而为手册第2版的质量提供了可靠的保证。

手册不仅可供各机械制造企业、工厂、科研院所作为重要的工程技术资料，还可供各高等工科院校作为制造工程参考书，同时可供广大从事机械制造的工程技术人员参考。

衷心感谢各位作者的辛勤耕耘！诚挚感谢中国机械工程学会和生产工程学会的大力支持和帮助，特别是前期的组织筹划工作。在手册的编写过程中得到了刘华明教授、徐鸿本教授等的热情积极帮助。承蒙艾兴院士承担了手册的主审工作。在此一并表示衷心的感谢！

由于作者水平和出版时间等因素所限，手册中会存在不少缺点和错误，会有一些不尽人意之处，希望广大读者不吝指教，提出宝贵意见，以便在今后的工作中不断改进。

王先逵

于北京清华园

第1版前言

机械工业是国民经济的基础工业，工艺工作是机械工业的基础工作。加强工艺管理、提高工艺水平，是机电产品提高质量、降低消耗的根本措施。近年来，我国机械加工工艺技术发展迅速，取得了大量成果。为了总结经验、加速推广，机械工业出版社提出编写一部《机械加工工艺手册》。这一意见受到原国家机械委和机械电子部领导的重视，给予了很大支持。机械工业技术老前辈沈鸿同志建议由孟少农同志主持，组织有关工厂、学校、科研部门及学会参加编写。经过编审人员的共同努力，这部手册终于和读者见面了。

这是一部专业性手册，其编写宗旨是实用性、科学性、先进性相结合，以实用性为主。手册面向机械制造全行业，兼顾大批量生产和中小批量生产。着重介绍国内成熟的实践经验，同时注意反映新技术、新工艺、新材料、新装备，以体现发展方向。在内容上，以提供工艺数据为主，重点介绍加工技术和经验，力求能解决实际问题。

这部手册的内容包括切削原理等工艺基础、机械加工、特种加工、形面加工、组合机床及自动线、数控机床和柔性自动化加工、检测、装配，以及机械加工质量管理、机械加工车间的设计和常用资料等，全书共26章。机械加工部分按工艺类型分章，如车削、铣削、螺纹加工等。有关机床规格及连接尺寸、刀具、辅具、夹具、典型实例等内容均随工艺类型分别列入所属章节，以便查找。机械加工的切削用量也同样分别列入各章，其修正系数大部分经过实际考查，力求接近生产现状。

全书采用国家法定计量单位。国家标准一律采用现行标准。为了节省篇幅，有的标准仅摘录其中常用部分，或进行综合合并。

这部手册的编写工作由孟少农同志生前主持，分别由第二汽车制造厂、第一汽车制造厂、南京汽车制造厂、哈尔滨工业大学和中国机械工程学会生产工程专业学会五个编写组组织编写，中国机械工程学会生产工程专业学会组织审查，机械工业出版社组织领导全部编辑出版工作。参加编写工作的单位还有重庆大学、清华大学、天津大学、西北工业大学、北京理工大学、大连组合机床研究所、北京机床研究所、上海交通大学、上海市机电设计研究院、上海机床厂、上海柴油机厂、机械电子工业部长春第九设计院和湖北汽车工业学院等。参加审稿工作的单位很多，恕不一一列出。对于各编写单位和审稿单位给予的支持和帮助，对于各位编写者和审稿者的辛勤劳动，表示衷心感谢。

编写过程中，很多工厂、院校、科研单位还为手册积极提供资料，给予支持，在此也一并表示感谢。

由于编写时间仓促，难免有前后不统一或重复甚至错误之处，恳请读者给予指正。

《机械加工工艺手册》编委会

目　录

第1章　切削原理与刀具

第4章 机械加工质量及其检测

第5章　机械加工工艺规程制定

第6章 机床夹具设计

第7章 机械装配工艺

第 8 章 机械加工安全与劳动卫生

第1章

切削原理与刀具

主　编　姚英学（哈尔滨工业大学（深圳））

副主编　高胜东（哈尔滨工业大学）

参　编　王娜君（哈尔滨工业大学）

1.1　工件的加工表面与切削运动

1.1.1　工件的加工表面

在切削过程中，工件上的加工余量不断地被刀具切除，从而在工件上形成三个表面。其定义见表 1.1-1 和图 1.1-1。

表 1.1-1　工件的加工表面（摘自 GB/T 12204—2010）

术语	定义
待加工表面	工件上待切除的表面
过渡表面	工件上由刀具切削刃正在切削的表面，即由待加工表面向已加工表面过渡的表面
已加工表面	工件上经刀具切削后形成的表面

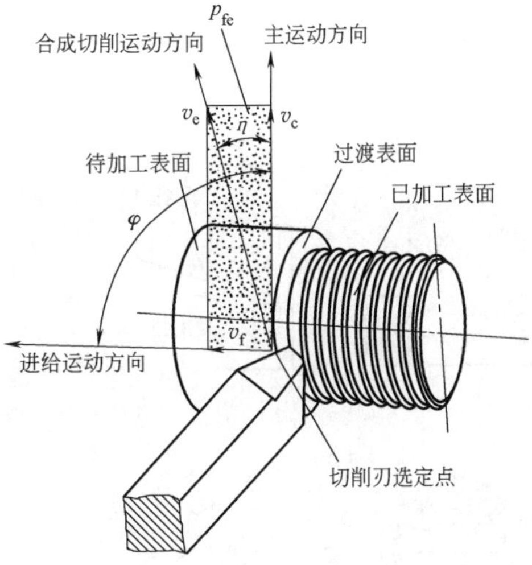

图 1.1-1　工件的加工表面

1.1.2　切削运动

切削运动是指切削过程中刀具相对于工件的运动，其速度和方向都是相对于工件定义的。

外圆车刀的切削运动、圆柱形铣刀的切削运动和麻花钻的切削运动分别如图 1.1-1～图 1.1-3 所示，其定义见表 1.1-2。表 1.1-2 给出的定义不仅适用于以上三种刀具，而且适用于所有其他刀具。

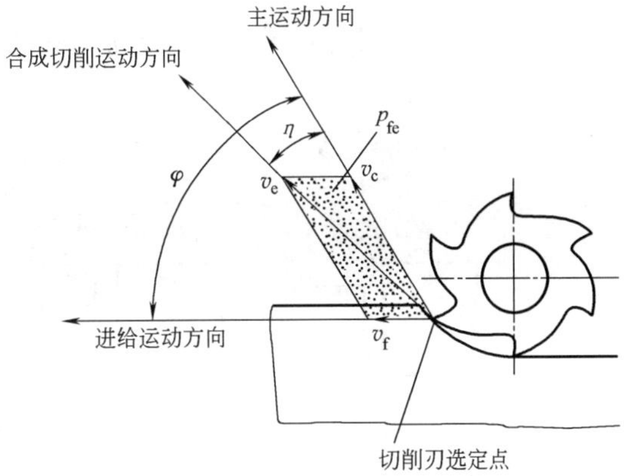

图 1.1-2　圆柱形铣刀的切削运动

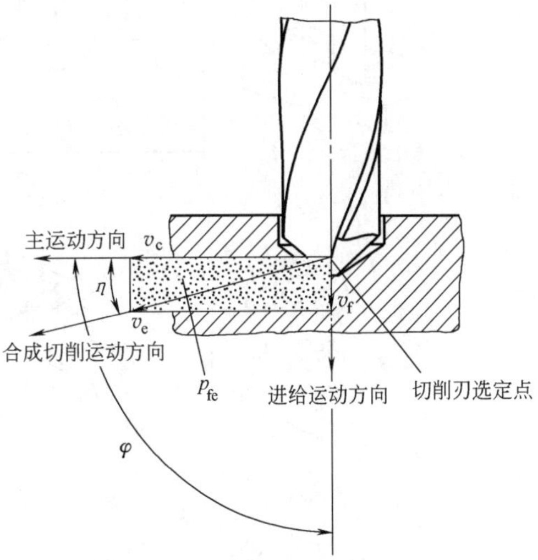

图 1.1-3　麻花钻的切削运动

表 1.1-2　切削运动（摘自 GB/T 12204—2010）

术语	运动	运动方向	速度	符号	单位
主运动	由机床或人力提供的刀具和工件之间主要的相对运动，使刀具的切削刃切入工件材料，将被切材料层转变为切屑，形成已加工表面和过渡表面	切削刃选定点相对于工件的瞬时主运动的方向	切削速度：切削刃选定点相对于工件的主运动的瞬时速度	v_c	m/s 或 m/min
进给运动	由机床或人力提供的刀具和工件之间附加的相对运动，配合主运动使加工过程连续不断地进行，即可不断地或连续地切除工件上多余的材料，形成已加工表面和过渡表面，该运动可能是连续的，也可能是间歇的	切削刃选定点相对于工件的瞬时进给运动的方向	进给速度：切削刃选定点相对于工件的进给运动的瞬时速度	v_f	m/s 或 m/min

（续）

术语	运动	运动方向	速度	符号	单位
合成切削运动	由主运动和进给运动合成的运动	切削刃选定点相对于工件的瞬时合成切削运动的方向	合成切削速度：切削刃选定点相对于工件的合成切削运动的瞬时速度	v_e	m/s 或 m/min

1.1.3 典型加工方法的加工表面与切削运动

一般地，主运动消耗功率大、速度较高，进给运动速度较低、消耗功率较小。车削时工件的回转运动为主运动，钻削、铣削、磨削时刀具或砂轮的回转运动为主运动，刨削时工件的直线往复运动为主运动。典型加工方法的加工表面与切削运动如图 1.1-4 所示。

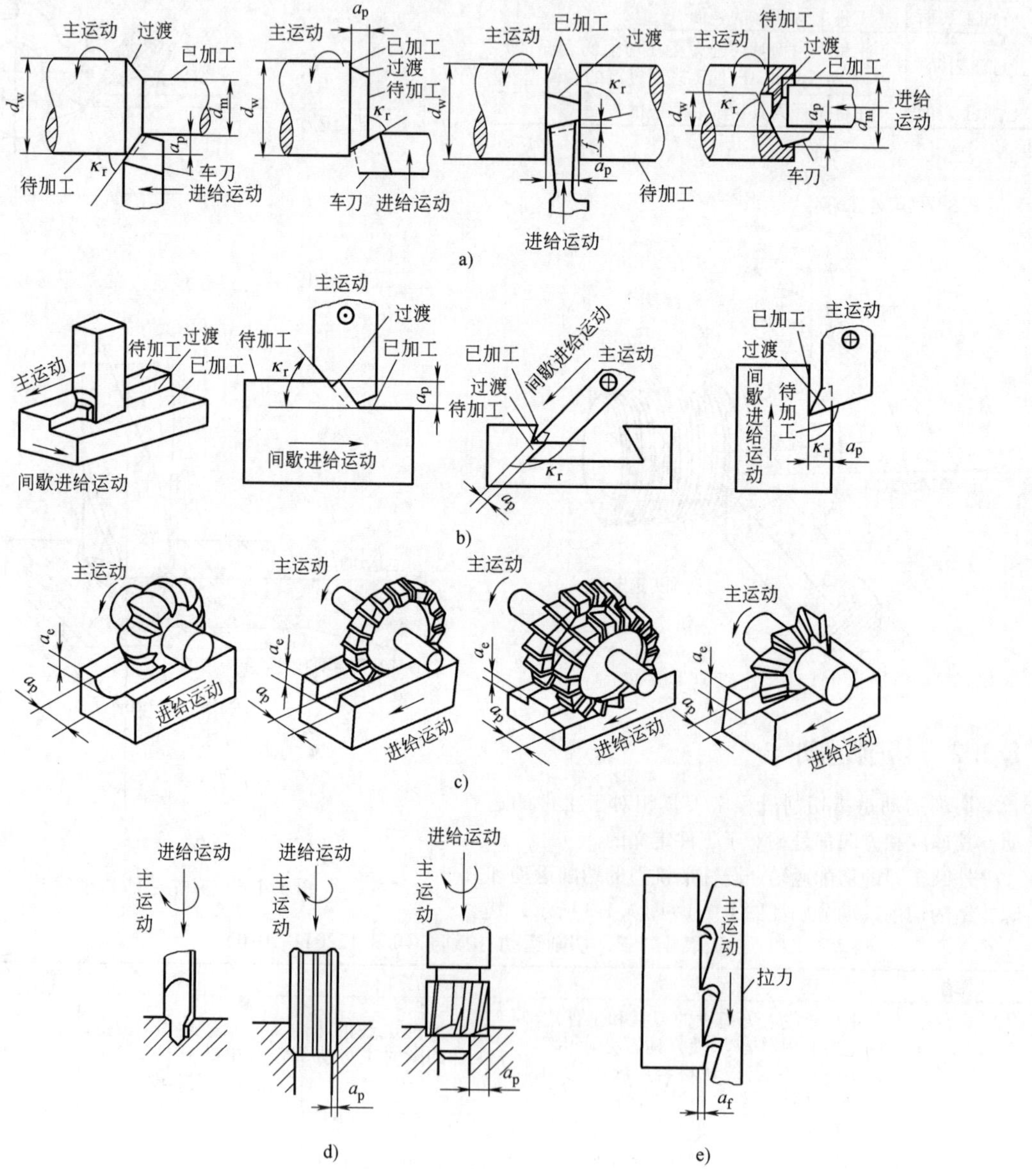

图 1.1-4 典型加工方法的加工表面与切削运动

a）车削加工 b）刨削加工 c）铣削加工 d）孔加工 e）拉削加工

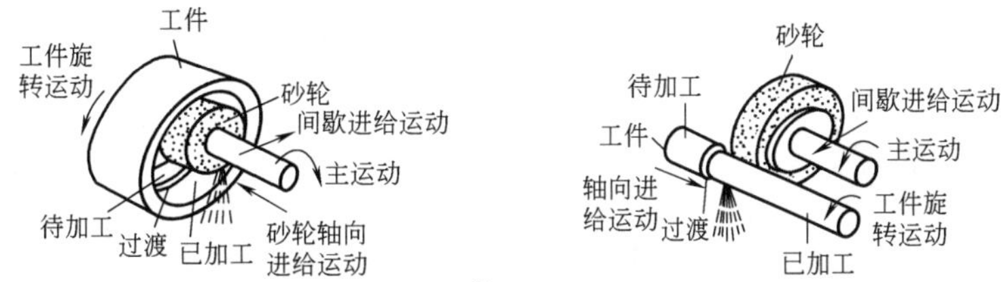

f)

图 1.1-4　典型加工方法的加工表面与切削运动（续）
f）磨削加工

1.2　切削用量和切削层参数

1.2.1　切削用量

切削用量是切削速度、进给量和背吃刀量的总称。其分别定义如下：

1. 切削速度

切削速度是指切削刃选定点相对于工件的主运动的瞬时速度。大多数切削加工的主运动采用回转运动。回转体（刀具或工件）上选定点的切削速度 v_c（m/s 或 m/min）的计算公式为

$$v_c=\frac{\pi dn}{1000}$$

式中　d——工件或刀具上选定点的回转直径（mm）；

　　　n——工件或刀具的转速（r/s 或 r /min）。

在转速 n 一定时，刀具切削刃上各点的切削速度不同。考虑到切削用量将影响刀具的磨损和已加工表面质量等，确定切削用量时应取最大的切削速度，如外圆车削时应取待加工表面的切削速度。

2. 进给量

进给量的表示方法有：进给速度、每转进给量和每齿进给量。

进给速度是指切削刃上选定点相对于工件的进给运动的瞬时速度，用 v_f 表示。

每转进给量是工件或刀具每回转一周时两者沿进给运动方向的相对位移，用 f 表示，单位为 mm/r，如图 1.2-1 所示。而对于刨削等主运动为直线运动的加工，进给量 f 的单位为 mm/双行程。

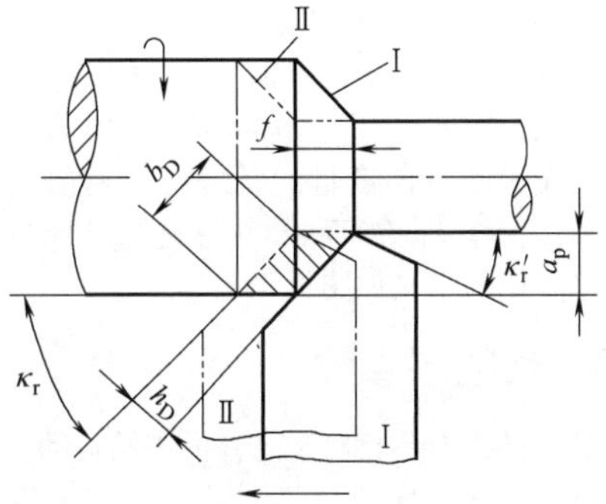

图 1.2-1　进给量与背吃刀量

对于铣刀、铰刀、拉刀等多齿刀具，还应规定每齿进给量，即刀具每转过或移动一个齿时相对工件在进给运动方向上的位移量，用 f_z 表示，单位为 mm/齿。

v_f、f 与 f_z 之间存在如下关系：

$$v_f=fn=f_z zn$$

3. 磨削的径向进给量和轴向进给量

如图 1.2-2 所示，径向进给量是工作台每双

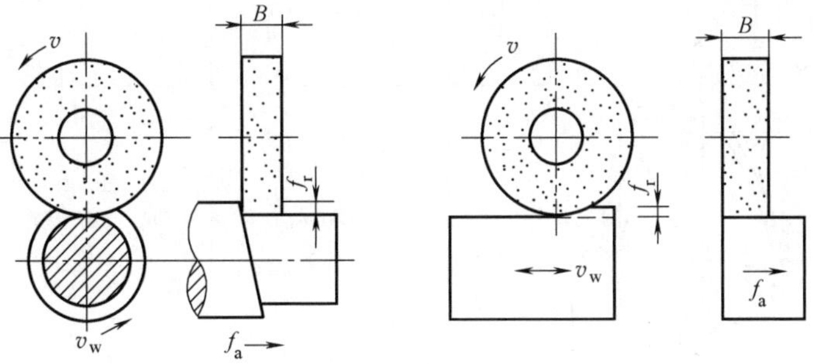

图 1.2-2　磨削的径向进给量和轴向进给量

（单）行程内工件相对于砂轮径向移动的距离，用f_r表示，单位为mm/dst（双向行程）或mm/st（单向行程）；轴向进给量是工件沿砂轮轴向方向的进给速度，用f_a表示，单位为mm/s。

4. 背吃刀量

背吃刀量为工件已加工表面和待加工表面间的垂直距离，用a_p表示，单位为mm。它表示切削刃切入工件的深度，如图1.2-1所示。外圆车削的背吃刀量（图1.1-4a）为

$$a_p=\frac{d_w-d_m}{2}$$

式中　d_w——工件待加工表面的直径；

d_m——工件已加工表面的直径。

钻孔加工的背吃刀量为

$$a_p=\frac{d_0}{2}$$

式中　d_0——钻孔的直径。

5. 铣削深度与铣削宽度

铣削深度是平行于铣刀轴线度量的铣刀与被切削层的啮合量，用a_p表示；铣削宽度是垂直于铣刀轴线并垂直于进给方向度量的铣刀与被切削层的啮合量，用a_e表示。面铣刀和圆柱形铣刀铣削时铣削深度与铣削宽度的定义如图1.2-3所示。

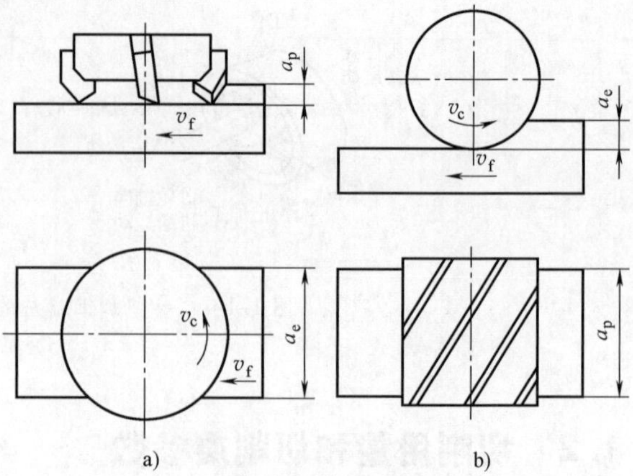

图1.2-3　铣削深度与铣削宽度
a）面铣刀　b）圆柱形铣刀

1.2.2　切削层参数

切削层是指刀具相对于工件沿进给运动方向每移动一个进给量（每转或每齿）后由一个刀齿所切除的一层工件材料。以外圆车削为例，其切削层为工件旋转一周、刀具主切削刃进给一个进给量f所切除的一层材料。切削层通常用刀具基面（见表1.2-1）与切削层材料相截所得到的截面参数来表示，包括切削层公称厚度、切削层公称宽度、切削层公称横截面积等，统称为切削层参数。

1）切削层公称厚度。在刀具基面与切削层材料相截所得到的截面中垂直于过渡表面（或刀具主切削刃的投影）所度量的切削层参数，用h_D来表示。

2）切削层公称宽度。在刀具基面与切削层材料相截所得到的截面中沿着过渡表面（或刀具主切削刃的投影）所度量的切削层参数，用b_D来表示。

3）切削层公称横截面积。在刀具基面与切削层材料相截所得到截面的面积，用A_D来表示。

典型切削加工方法的切削层及其参数定义和计算方法见表1.2-1。

表1.2-1　典型切削加工方法的切削层及其参数定义和计算方法

加工方法	切削参数定义	切削层公称厚度 h_D/mm	切削层公称宽度 b_D/mm	切削层公称横截面积 A_D/mm^2
车削	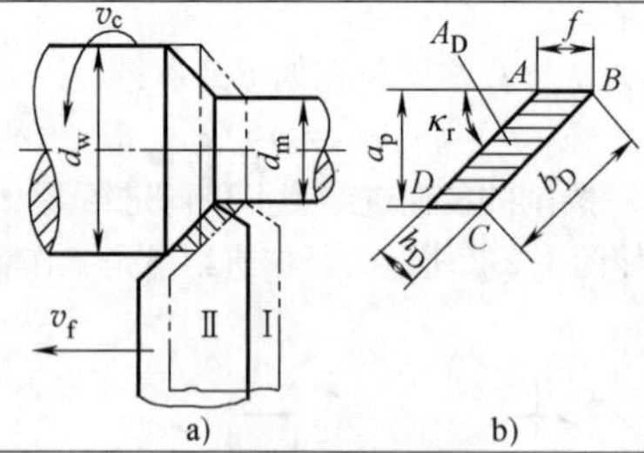	$h_D=f\sin\kappa_r$	$b_D=a_p/\sin\kappa_r$	$A_D=h_Db_D=fa_p$
钻削	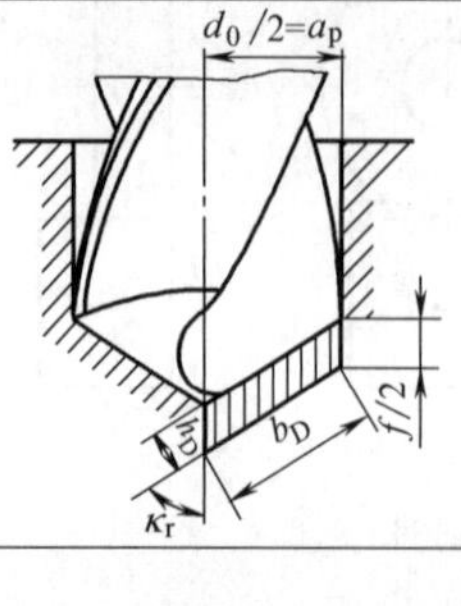	$h_D=f_z\sin\kappa_r=\frac{f}{2}\sin\kappa_r$	$b_D=a_p/\sin\kappa_r=\frac{d_0}{2\sin\kappa_r}$	$A_D=h_Db_D=\frac{fd_0}{4}$

（续）

加工方法	切削参数定义	切削层公称厚度 h_D/mm	切削层公称宽度 b_D/mm	切削层公称横截面积 A_D/mm^2
铣削（圆柱形铣刀）	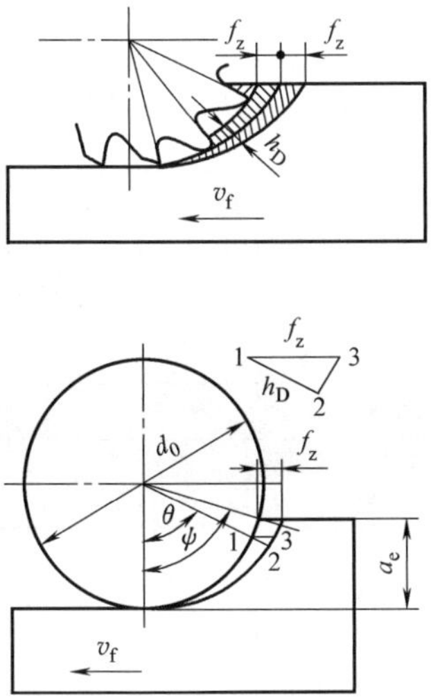	$h_D=f_z\sin\theta$ $h_{Dmax}=f_z\sin\psi$ $h_{Dav}=f_z\sin\frac{\psi}{2}$ $=f_z\sqrt{\frac{a_e}{d_0}}$ θ—切削刃转角 ψ—接触角	$b_D=a_p$	$A_D=h_Db_D$ $=f_z\sin\theta a_p$ 平均铣削面积： $A_{Dav}=\frac{a_ea_pv_f}{\pi d_0nz}$ $=\frac{a_ea_pf_z}{\pi d_0n}$ d_0—铣刀直径 z—铣刀刀齿数
铣削（面铣刀）	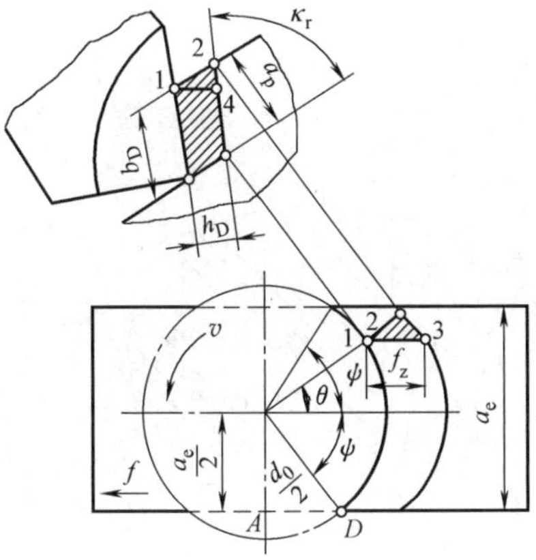	$h_D=f_z\cos\theta\sin\kappa_r$ $h_{Dav}=\frac{f_za_e\sin\kappa_r}{d_0\psi}$	$b_D=a_p/\sin\kappa_r$	$A_D=h_Db_D$ $=f_za_p\cos\theta$
磨削	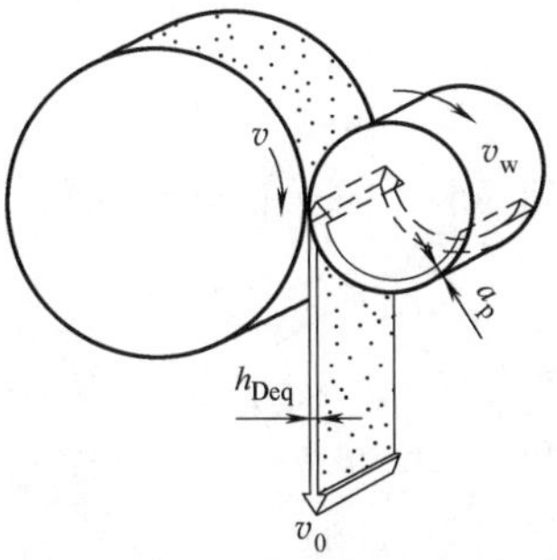	当量磨削厚度： $h_{Deq}=\frac{v_wf_rf_a}{v_c}$		

1.3　刀具切削部分的构造要素

切削刀具是由一个或多个刀齿构成的。每个刀齿的切削刃都是由前刀面与后刀面所夹的刀楔形成的。最简单的刀具是单齿的，如车刀、刨刀。而多齿刀具皆可视为单齿刀具的演变。刀具切削部分的构造要素定义见表 1.3-1。

表 1. 3-1　刀具切削部分的构造要素定义（摘自 GB/T 12204—2010）

术语和符号	定义
切削部分	刀具各部分中起切削作用的部分，由切削刃、前刀面和后刀面等产生切屑的各要素所组成
刀楔	切削部分夹于前刀面和后刀面之间的部分
前刀面 A_{γ}	刀具上切屑流过的表面。如果前刀面是由几个相交面组成的，则从切削刃开始，依次把它们称为第一前刀面、第二前刀面、第三前刀面等
后刀面 A_{α}	与工件上切削中产生的表面相对的表面。同样也可以分为第一后刀面、第二后刀面。第一后刀面称为刃带。主切削刃的后刀面称为主后刀面，副切削刃的后面称为副后刀面
切削刃	刀具前刀面上拟作切削用的刃
主切削刃 S	用来在工件上切出过渡表面的那个整段切削刃
副切削刃 S'	切削刃上除主切削刃以外的刃，也起始于主偏角为零的点
刀 尖	指主切削刃与副切削刃的连接处相当少的一部分切削刃 具有曲线状切削刃的刀尖称为修圆刀尖，r_{ε} 为刀尖圆弧半径

不同的刀具根据其结构需要，刀具的前、后刀面可以有一个或多个，面形有平面的、带倒棱的和曲面的。切削刃的形状有直线形、折线形、圆弧形等。

车刀切削部分的构造要素如图 1. 3-1 所示，刀尖在基面上的视图如图 1. 3-2 所示，套式立铣刀切削部分的构造要素如图 1. 3-3 所示，麻花钻切削部分的构造要素如图 1. 3-4 所示。

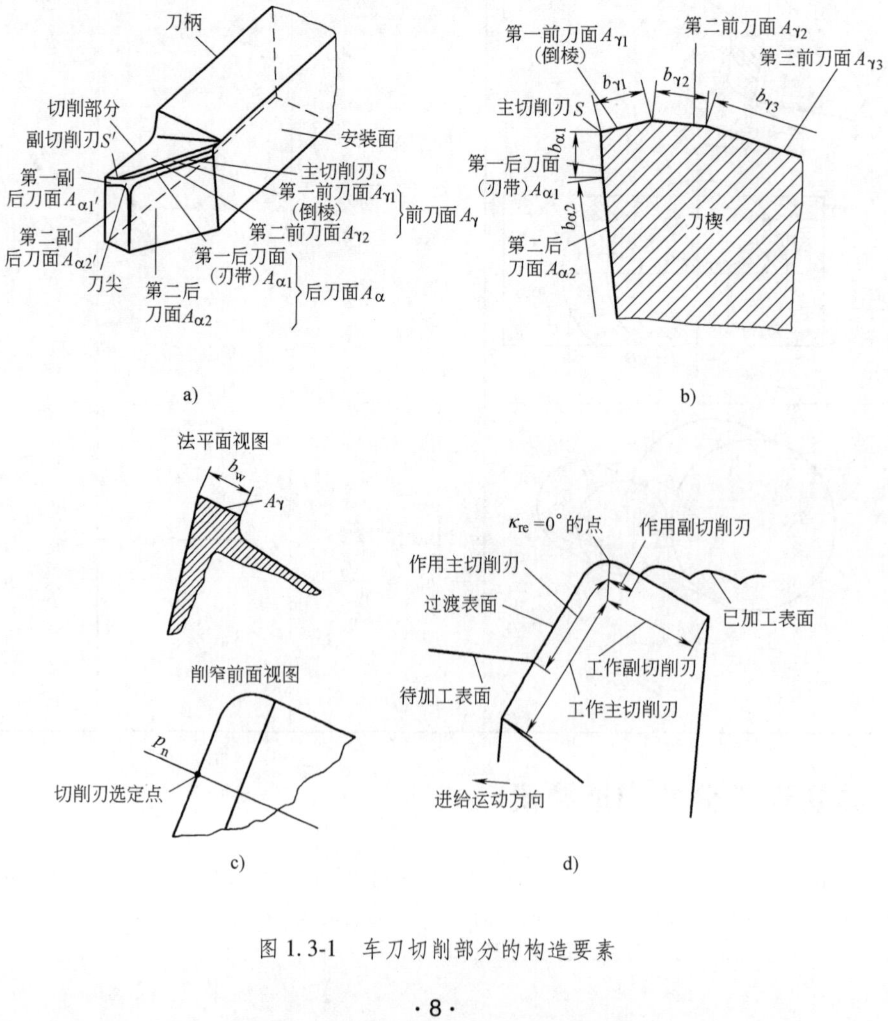

图 1. 3-1　车刀切削部分的构造要素

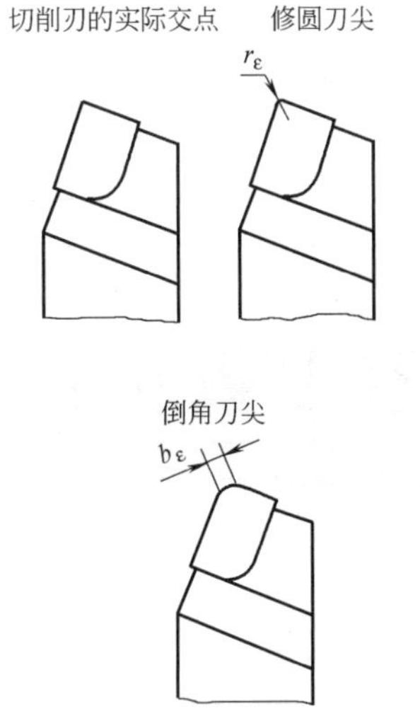

图 1.3-2　刀尖在基面上的视图

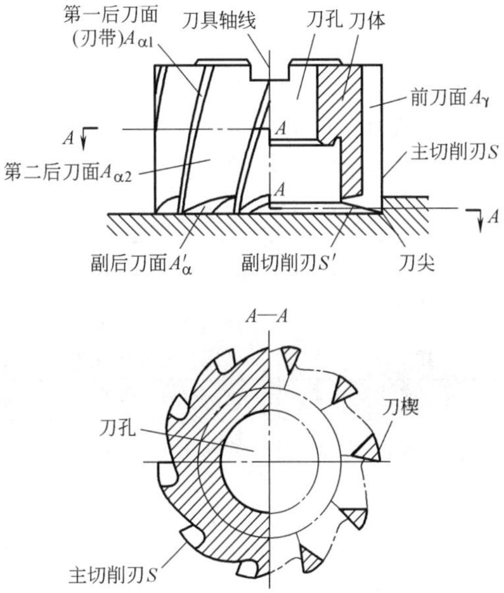

图 1.3-3　套式立铣刀切削部分的构造要素

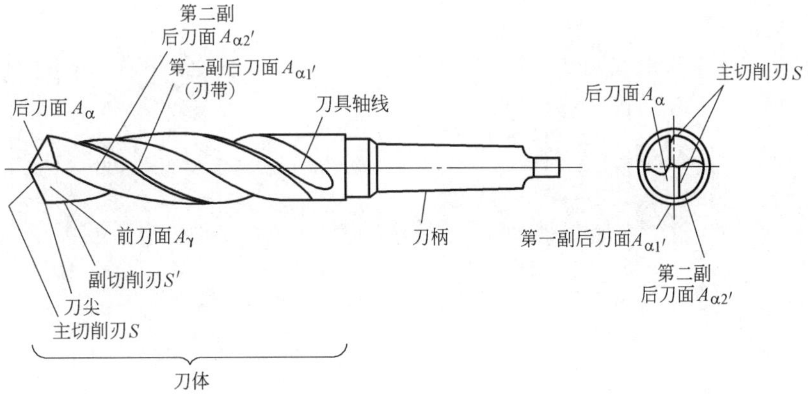

图 1.3-4　麻花钻切削部分的构造要素

1.4　刀具几何角度

1.4.1　刀具几何角度的意义

刀具切削部分的几何角度确定了刀具切削部分的前刀面、后刀面和切削刃的空间位置，且对切削时切削层材料的变形、切削力、切削温度和刀具磨损都有显著的影响，从而影响切削生产率、刀具寿命、加工表面质量和加工成本。为了充分发挥刀具的切削性能，除应正确选择刀具材料外，还应合理地设计刀具角度。

1.4.2　确定刀具角度的参考系

参考系和刀具角度都是对切削刃上选定点而言的。这是因为同一切削刃上各个不同点的空间位置和切削运动状态往往不相同，因此各点应建立各自的参考系，表示各自的角度。

定义刀具几何角度所需的基准坐标平面称为刀具角度参考系。刀具角度是刀面和切削刃相对参考系整个平面的角度。为了反映刀具角度在切削过程中的作用，需依据切削运动建立参考系。

刀具角度可分为两类：一类是刀具标注角度或称为静态角度，它是制造、刃磨和测量刀具所需要的，并标注在刀具设计图上，它不随刀具工作条件而变化；另一类是刀具的工作角度，它与刀具工作条件、安装情况和切削运动有关，刀具工作条件变化，该类角度也随着变化，它能反映刀具实际工作情况下的角度。

1. 刀具静止参考系

静止参考系中各基准坐标平面是根据下列假定条件建立的，即对车刀而言，切削刃上选定点的主运动方向垂直于刀具底面（或工件轴线），称为假定主运动方向；进给运动方向垂直于刀体轴线，称为假定进给运动方向。同时，切削刃上选定点在工件的中心高上，使刀具定位平面或轴线（如车刀底面、钻头轴线等）与参考系的坐标平面垂直或平行。刀具静止参考系各基准坐标平面的定义见表 1.4-1 与图 1.4-1。一般情况下，采用正交平面参考系标注刀具角度。

表 1.4-1　刀具静止参考系各基准坐标平面的定义（摘自 GB/T 12204—2010）

坐标平面名称和符号	定义
基面 p_r	过切削刃选定点的平面，它平行或垂直于刀具在制造、刃磨及测量时适合于安装或定位的一个平面或轴线，一般说来，其方位要垂直于假定的主运动方向
主切削平面 p_s	通过主切削刃选定点与主切削刃相切并垂直于基面的平面
正交平面 p_o	通过切削刃选定点并同时垂直于基面和切削平面的平面
假定工作平面 p_f	通过切削刃选定点并垂直于基面，它平行或垂直于刀具在制造、刃磨及测量时适合于安装或定位的一个平面或轴线，一般说来，其方位要平行于假定的进给运动方向
背平面 p_p	过切削刃选定点并垂直于基面和假定工作平面的平面
副切削平面 p_s'	通过副切削刃选定点与副切削刃相切并垂直于基面的平面
法平面 p_n	通过切削刃选定点并垂直于切削刃的平面

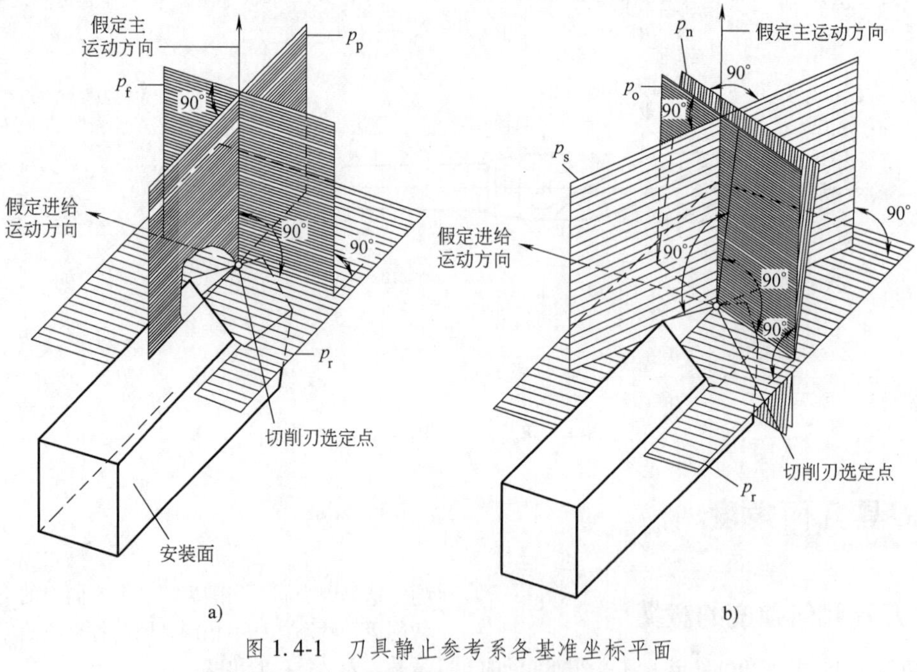

图 1.4-1　刀具静止参考系各基准坐标平面
a）假定工作平面与背平面参考系　b）正交平面与法平面参考系

2. 刀具工作参考系

在一般切削加工中，进给运动速度相对于主运动速度来说是很小的，因此主运动方向与合成切削运动方向很接近，在这种情况下，可以用刀具的静态角度代表其工作角度。但在某些切削情况下，刀具的进给速度较大（如车螺纹时），这时就必须考虑刀具进给运动的影响。同时，刀具的实际安装位置与假定安装位置有时也不相同。例如对于车刀，假定安装位置是切削刃选定点正好在机床中心高上，此时切削速度正好垂直于车刀刀体底面。但车刀安装时，切削刃选定点不一定在机床中心高上，这也影响刀具的角度。为此，必须建立刀具工作参考系，它考虑了合成切削运动和刀具的实际安装位置。此时，基面已不再平行（或垂直）于刀具制造或测量时的定位、安装平面。刀具工作参考系各基准坐标平面的定义见表 1.4-2 和图 1.4-2。

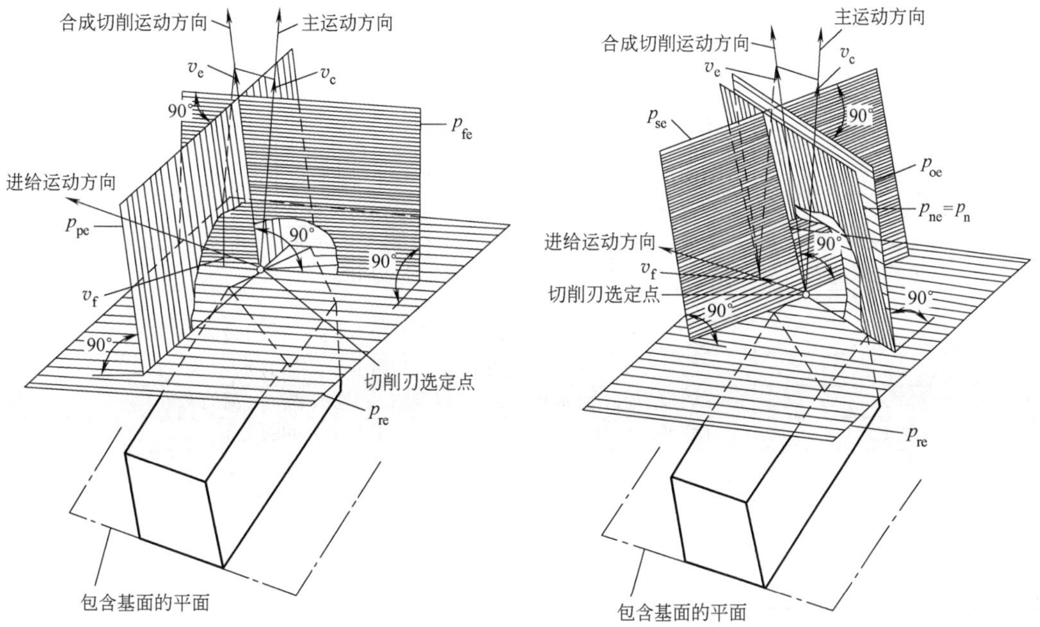

图 1.4-2　刀具工作参考系各基准坐标平面

a）工作平面与工作背平面参考系　b）工作正交平面与工作法平面参考系

表 1.4-2　刀具工作参考系各基准坐标平面的定义（摘自 GB/T 12204—2010）

坐标平面名称和符号	定义
工作基面 p_{re}	通过切削刃选定点并与合成切削速度方向相垂直的平面
工作切削平面 p_{se}	通过切削刃选定点与切削刃相切并垂直于工作基面的平面
工作正交平面 p_{oe}	通过切削刃选定点并同时与工作基面和工作切削平面相垂直的平面
工作平面 p_{fe}	通过切削刃选定点并同时包含主运动方向和进给运动方向的平面，因而该平面垂直于工作基面
工作背平面 p_{pe}	通过切削刃选定点并同时与工作基面和工作平面相垂直的平面
工作法平面 $p_{ne}(p_n)$	刀具工作参考系中的工作法平面与刀具静止参考系中的法平面相同

1.4.3　刀具几何角度标注与工作角度修正

1. 刀具的标注角度

在刀具静止参考系内确定的刀具角度称为刀具的标注角度。将其标注在刀具的工作图上，供制造、刃磨和测量刀具角度用。刀具静止参考系内标注角度的定义见表 1.4-3。图 1.4-3 绘出了外圆车刀的主要标注角度。

所定义的刀具角度均指切削刃上选定点的角度。在切削刃是曲线或者前、后刀面是曲面的情况下，定义刀具角度时，应该用通过切削刃选定点的切线或切平面代替之。在制造、刃磨刀具时，有时还用几何前角和前刀面正交平面方位角来表示刀具前刀面的位置，如表 1.4-3 中的 γ_g 及 δ_r。几何前角 γ_g 是指用垂直于基面与前刀面交线的平面剖切前刀面所得的前角。图 1.4-4 中，假定平面 *ABC* 是车刀过切削刃上 *A* 点的前刀面，p_r 是基面，*BC* 是前刀面与基面的交线，剖面 *ADE* 是过 *A* 点垂直于 *BC* 的平面，则 ∠*ADE* 即为几何前角 γ_g，∠*CED* 为前刀面正交平面方位角 δ_r，剖面 *ADE* 用 p_g 表示。

表 1.4-3　刀具静止参考系内标注角度的定义（摘自 GB/T 12204—2010）

角度名称和符号	定义
(1)切削刃方位	
主偏角 κ_r	主切削平面 p_s 与假定工作平面 p_f 间的夹角，在基面 p_r 中测量
刃倾角 λ_s	主切削刃与基面 p_r 间的夹角，在主切削平面中测量
副偏角 κ_r'	副切削平面 p_s' 与假定工作平面 p_f 间的夹角，在基面 p_r 中测量
刀尖角 ε_r	主切削平面 p_s 与副切削平面 p_s' 间的夹角，在基面 p_r 中测量

（续）

角度名称和符号	定义
(2)前刀面方位	
前角 γ_o	在正交平面 p_o 中测量的前刀面 A_γ 与基面 p_r 间的夹角
法前角 γ_n	在法平面 p_n 中测量的前刀面 A_γ 与基面 p_r 间的夹角
侧前角 γ_f	在假定工作平面 p_f 中测量的前刀面 A_γ 与基面 p_r 间的夹角
背前角 γ_p	在背平面 p_p 中测量的前刀面 A_γ 与基面 p_r 间的夹角
几何前角 γ_g	在前刀面正交平面 p_g 中测量的前刀面 A_γ 与基面 p_r 间的夹角，是最大前角
前刀面正交平面方位角 δ_r	假定工作平面 p_f 与前刀面正交平面 p_g 间的夹角，在基面 p_r 中测量
(3)后刀面方位	
后角 α_o	在正交平面 p_o 中测量的后刀面 A_α 与切削平面 p_s 间的夹角
法后角 α_n	在法平面 p_n 中测量的后刀面 A_α 与切削平面 p_s 间的夹角
侧后角 α_f	在假定工作平面 p_f 中测量的后刀面 A_α 与切削平面 p_s 间的夹角
背后角 α_p	在背平面 p_p 中测量的后刀面 A_α 与切削平面 p_s 间的夹角
(4)楔角	
正交楔角 β_o	在正交平面 p_o 中测量的前刀面 A_γ 与后刀面 A_α 间的夹角
法楔角 β_n	在法平面 p_n 中测量的前刀面 A_γ 与后刀面 A_α 间的夹角
侧楔角 β_f	在假定工作平面 p_f 中测量的前刀面 A_γ 与后刀面 A_α 间的夹角
背楔角 β_p	在背平面 p_p 中测量的前刀面 A_γ 与后刀面 A_α 间的夹角

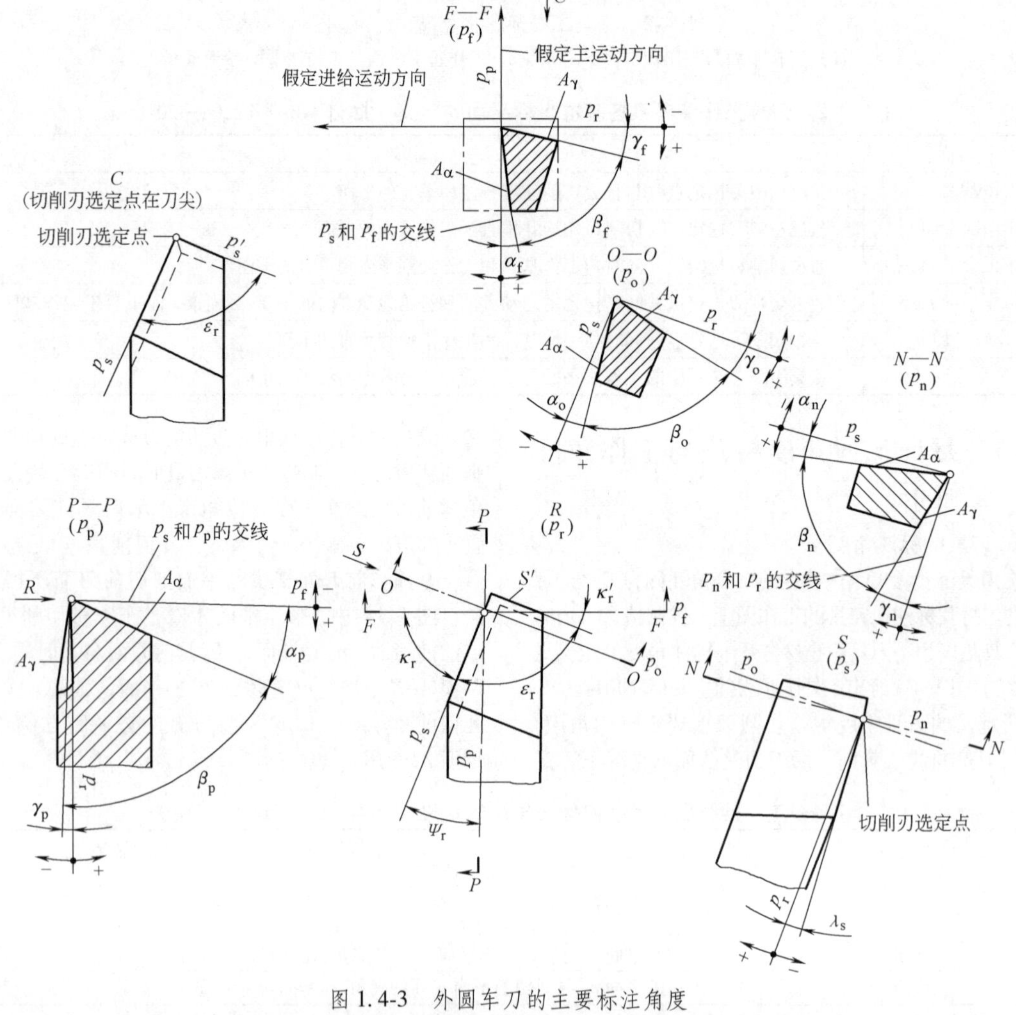

图 1.4-3　外圆车刀的主要标注角度

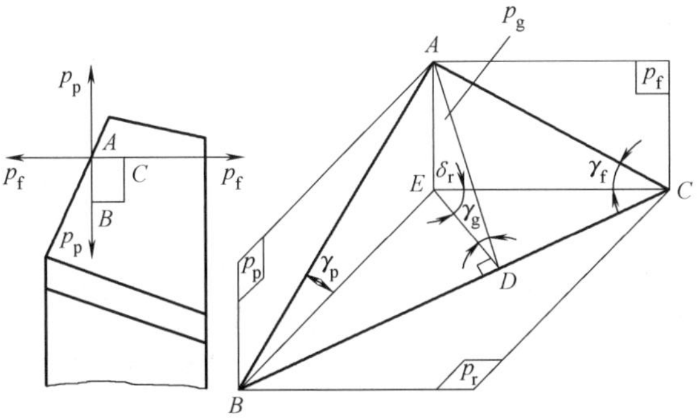

图 1.4-4　车刀的几何前角和前刀面正交平面方位角

2. 刀具的工作角度

由于工作基面与静止参考系基面位置的不同，与其垂直的工作切削平面位置也不同，使其他坐标平面也随之发生了变化，因而所定义的角度也发生了变化。图 1.4-5 给出了外圆车刀的工作角度。

在几种常见情况下，车刀工作角度相对于其标注角度的计算关系见表 1.4-4。

1.4.4　刀具几何角度的作用与选择原则

刀具几何角度的作用与选择原则见表 1.4-5。

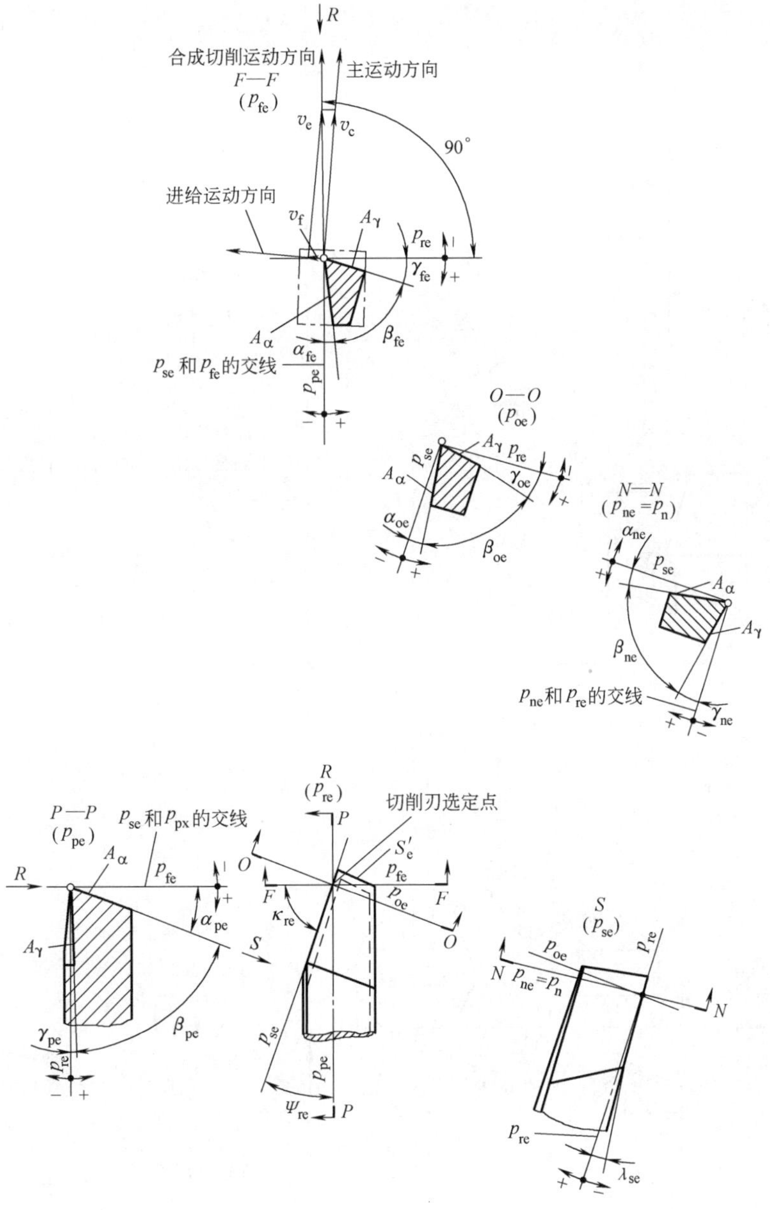

图 1.4-5　外圆车刀的工作角度

表 1.4-4　车刀工作角度的修正计算

影响因素	示图	工作角度的修正计算	备注
横向进给速度	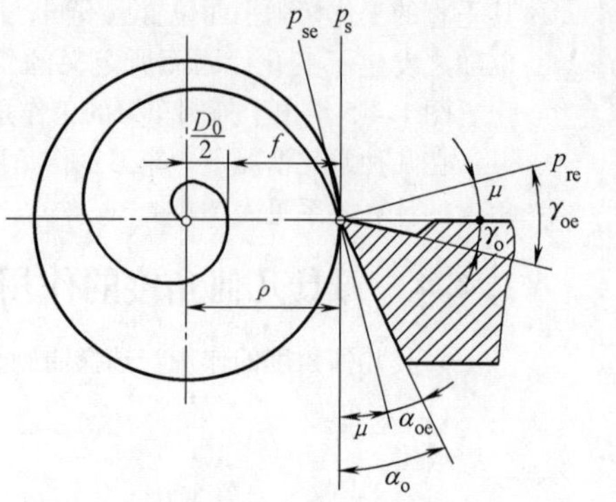	$\gamma_{oe}=\gamma_o+\mu$ $\alpha_{oe}=\alpha_o-\mu$ $\tan\mu=\dfrac{f}{2\pi\rho}$ ρ—工件加工半径 f—进给量	切断刀、铲齿刀的后角应考虑此项的影响
纵向进给速度	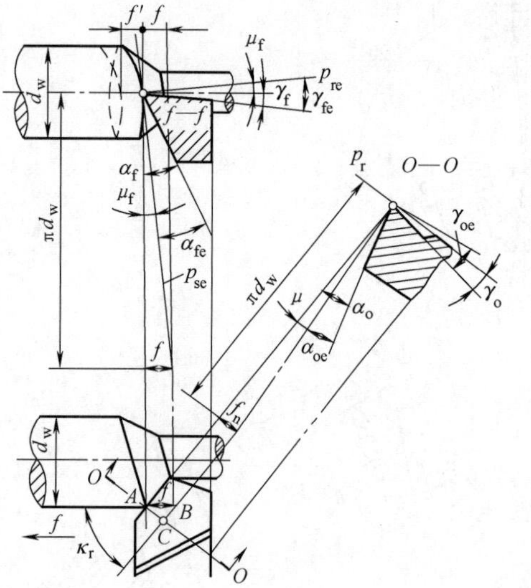	$\gamma_{oe}=\gamma_o\pm\mu$ $\alpha_{oe}=\alpha_o\mp\mu$ $\tan\mu=\tan\mu_f\sin\kappa_r=\dfrac{f}{\pi d_w}\sin\kappa_r$ d_w—工件直径 上面符号用于车螺纹的左侧面 下面符号用于车螺纹的右侧面	螺纹车削(特别是车削大螺距螺纹)应考虑此项影响
刀尖偏离主轴回转中心	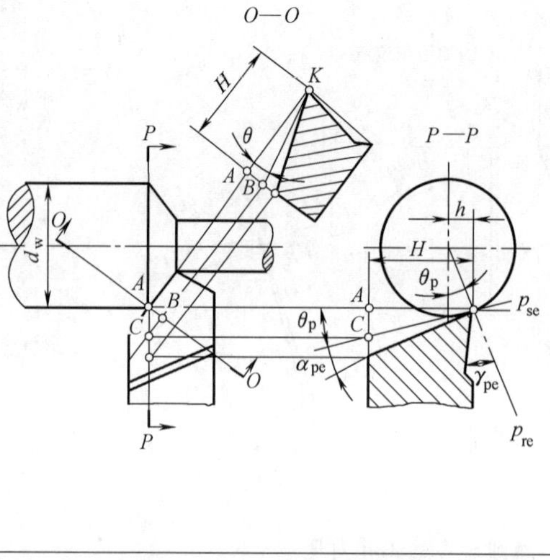	在背平面: $\gamma_{pe}=\gamma_p\pm\theta\quad\alpha_{pe}=\alpha_p\mp\theta$ $\tan\theta=\dfrac{h}{\sqrt{\left(\dfrac{d_w}{2}\right)^2-h^2}}$ 在正交平面: $\gamma_{oe}=\gamma_o\pm\theta\quad\alpha_{oe}=\alpha_o\mp\theta$ $\tan\theta=\dfrac{h}{\sqrt{\left(\dfrac{d_w}{2}\right)^2-h^2}}\cos\kappa_r$ h—刀尖高于工件中心线的高度。刀尖低于工件中心线时取负值 上面符号用于车外圆 下面符号用于车、镗内孔	

（续）

影响因素	示图	工作角度的修正计算	备注
刀杆中心线不垂直于进给方向	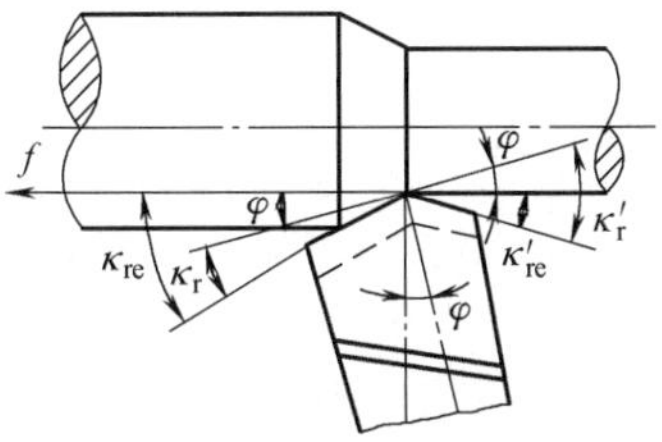 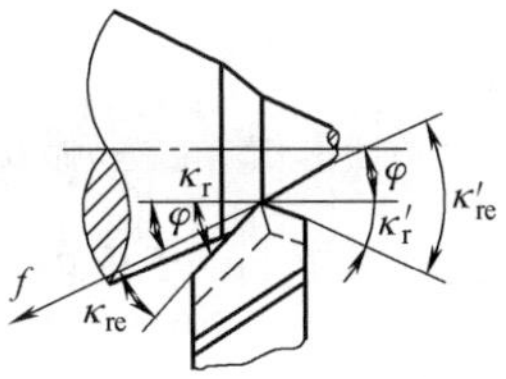	$\kappa_{re}=\kappa_r\pm\varphi$ $\kappa'_{re}=\kappa'_r\mp\varphi$ φ—刀杆中心线实际位置与标准位置偏角 上面符号用于刀杆中心线与进给方向夹角大于90° 下面符号用于刀杆中心线与进给方向夹角小于90°	

表 1.4-5　刀具几何角度的作用与选用原则

角度名称	作用	选择原则
前角 γ_o	前角大，刃口锋利，切削层的塑性变形和摩擦阻力小，切削力和切削热降低。但前角过大将使切削刃强度降低，散热条件变差，刀具寿命下降，甚至会造成崩刃	主要根据工件材料，其次考虑刀具材料和加工条件选择： 1）工件材料的强度、硬度低，塑性好，应取较大的前角；加工脆性材料（如铸铁）应取较小的前角；加工特硬的材料（如淬硬钢、冷硬铸铁等）应取很小的前角，甚至是负前角 2）刀具材料的抗弯强度及韧度高时，可取较大的前角 3）断续切削或粗加工有硬皮的锻、铸件时，应取较小的前角 4）工艺系统刚度差或机床功率不足时，应取较大的前角 5）成形刀具或齿轮刀具等为防止产生齿形误差常取很小的前角，甚至0°的前角
后角 α_o	后角的作用是减少刀具后刀面与工件之间的摩擦。但后角过大会降低切削刃强度，并使散热条件变差，从而降低刀具寿命	1）精加工刀具及切削厚度较小的刀具（如多刃刀具），磨损主要发生在后刀面上，为降低磨损，应采用较大的后角。粗加工刀具要求刀刃坚固，应采取较小的后角 2）工件材料的强度、硬度较高时，为保证刃口强度，宜取较小的后角；工件材料软、黏时，后刀面摩擦严重，应取较大的后角；加工脆性材料时，载荷集中在切削刃处，为提高切削刃强度，宜取较小的后角 3）定尺寸刀具，如拉刀和铰刀等，为避免重磨后刀具尺寸变化过大，应取较小的后角 4）工艺系统刚度差（如加工细长轴）时，也取较小的后角，以增大后刀面与工件的接触面积，减小振动
主偏角 κ_r	主偏角的大小影响背向力 F_p 和进给力 F_f 的比例，主偏角增大时，F_p 减小，F_f 增大 主偏角的大小还影响参与切削的切削刃长度，当背吃刀量 a_p 和进给量 f 相同时，主偏角减小则参与切削的切削刃长度大，单位刃长上的载荷小，可使刀具寿命提高，主偏角减小，刀尖强度大	1）在工艺系统刚度允许的条件下，应采用较小的主偏角，以提高刀具寿命。加工细长轴则应用较大的主偏角 2）加工很硬的材料，为减轻单位切削刃上的载荷，宜取较小的主偏角 3）在切削过程中，刀具需从中间切入时，应取较大的主偏角 4）主偏角的大小还应与工件的形状相适应，如切阶梯轴可取主偏角为90°

（续）

角度名称	作用	选择原则
副偏角 κ_r'	副偏角的作用是减小副切削刃与工件已加工表面之间的摩擦 一般取较小的副偏角，可减少工件表面的残留面积。但过小的副偏角会使径向切削力增大，在工艺系统刚度不足时引起振动	1）在不引起振动的条件下，一般取较小的副偏角。精加工刀具必要时需磨出一段 $\kappa_r'=0$ 的修光刃，以加强副切削刃对已加工表面的修光作用 2）工艺系统刚度较差时，应取较大的副偏角 3）切断刀、切槽刀及孔加工刀具的副偏角只能取很小值（如 $\kappa_r'=1°\sim2°$），以保证重磨后刀具尺寸变化量小
刃倾角 λ_s	1）刃倾角 λ_s 影响切屑流出方向，$\lambda_s<0$ 时切屑流向已加工表面，$\lambda_s>0$ 时切屑流向待加工表面 2）单刃刀具采用较大的 λ_s 可使远离刀尖的切削刃首先接触工件，使刀尖避免受冲击 3）对于回转的多刃刀具，如柱形铣刀等，螺旋角就是刃倾角，此角可使切削刃逐渐切入和切出，可使铣削过程平稳 4）可增大实际工作前角，使切削轻快	1）加工硬材料或刀具承受冲击载荷时，应取较大的负刃倾角，以保护刀尖 2）精加工宜取正刃倾角，使切屑流向待加工表面，并可使刃口锋利 3）内孔加工刀具（如铰刀、丝锥等）的刃倾角方向应由孔的性质决定。左旋槽（$\lambda_s<0$）可使切屑向前排出，适用于通孔，右旋槽适用于盲孔

1.5 刀具材料

1.5.1 刀具材料应具备的性能

刀具在工作中要承受很大的压力和冲击力。同时，由于切削时产生的工件材料塑性变形以及在刀具、切屑、工件相互接触表面间产生的强烈摩擦，使刀具切削刃承受很高的温度和受到很大的应力。因此，作为刀具材料应具备以下性能。

1）高的硬度。刀具材料必须具备高于被加工材料的硬度，一般刀具材料的常温硬度都在 62HRC 以上。

2）高的耐磨性。耐磨性是刀具抗磨损的能力。它是刀具材料力学性能、组织结构和化学性能的综合反映。

考虑到材料的品质因素（不考虑摩擦区温度及化学磨损等影响），可用下式表示材料的耐磨性：

$$W_R = K_{IC}^{0.5}E^{-0.8}H^{1.43}$$

式中 H——材料的硬度；

K_{IC}——材料的平面应变断裂韧度（$MPa\cdot m^{\frac{1}{2}}$）；

E——材料的弹性模量（GPa）。

3）足够的强度和韧性。为能承受很大的压力，以及冲击和振动，刀具材料应具有足够的强度和韧性。一般强度用抗弯强度表示，韧性用冲击值表示。

4）高的耐热性。耐热性是指刀具材料在高温下保持硬度、耐磨性、强度和韧性的性能。

5）良好的热物理性能和耐热冲击性。刀具材料抵抗热冲击的能力可用耐热冲击系数 R 表示，R 的定义式为

$$R=\frac{\kappa R_m(1-\mu)}{E\alpha}$$

式中 κ——热导率；

R_m——抗拉强度；

μ——泊松比；

E——弹性模量；

α——热膨胀系数。

6）良好的工艺性。这里指的是锻造性能、热处理性能、高温塑变性能以及磨削加工性能等。

7）经济性。

1.5.2 刀具材料的种类及性能

1）碳素工具钢。碳素工具钢是指 $w(C)=0.65\%\sim1.35\%$ 的优质高碳钢，最常用的牌号为 T12A。这类钢由于耐热性能很差（200~250℃），允许的切削速度很低，只适宜制作手动工具。

2）合金工具钢。合金工具钢是指含铬、钨、硅、锰等合金元素的低合金钢种。最常用的牌号是 9SiCr、CrWMn 等。合金工具钢有较高的耐热性（300~400℃），可以在较高的切削速度下工作；耐磨性较好，因此可用于制作截面面积较大、要求热处理变形较小、对耐磨性及韧性有一定要求的低速切削刀具，如板牙、丝锥、铰刀、拉刀等。

3）高速钢。高速钢是一种加入了较多钨（W）、钼（Mo）、铬（Cr）、钒（V）等合金元素的高合金工具钢，常用的牌号有 W18Cr4V、W6Mo5Cr4V2 等。高速钢具有优良的综合性能，是应用较多的一种刀具材料。

4）铸造钴基合金（斯太立特合金）。铸造钴基合金是一种 $w(C)=1\%\sim3\%$ 并含有数量不等的钴（Co）、钨、铬、钒等成分的高钴基合金。常用成分为 $w(C)=1.8\%\sim3.0\%$、$w(Co)=38\%\sim53\%$、$w(Cr)=24\%\sim33\%$、$w(W)=10\%\sim22\%$。这种材料具有高的耐热性（与高速钢相比）和抗弯强度（与硬质合金相比），其常温硬度虽不及高速钢，但高温硬度较高，在 700~850℃时硬度仍无显著变化，故有较好的切削性能。此种合金在美国应用较多。

5）硬质合金。硬质合金是由难熔金属化合物（WC、TiC）和金属黏结剂（如 Co）的粉末在高温下烧结而成的。硬质合金可分为碳化钨基和碳（氮）化钛基两大类。我国最常用的碳化钨基硬质合金，有钨钴类（如 YG3X、YG6、YG8 等）和钨钛钴类（如 YT30、YT15、YT5 等）。硬质合金也是用得较多的一种刀具材料。

6）陶瓷。刀具所用陶瓷一般是以氧化铝（Al_2O_3）为基本成分的陶瓷，是在高温下烧结而成的。用得较多的是纯氧化铝陶瓷（俗称白陶瓷）和氧化铝-碳化钛混合陶瓷（俗称黑陶瓷）。

7）超硬刀具材料。超硬刀具材料有金刚石和立方氮化硼。金刚石具有极高的硬度和耐磨性，是目前已知的最硬的物质，它可以用来加工硬质合金、陶瓷、高硅铝合金及耐磨塑料等高硬度、高耐磨的材料。

金刚石的化学稳定性较低，切削温度超过 800℃时，就会完全失去其硬度。另外，金刚石刀具不适合于加工黑色金属材料，因为金刚石（C）和铁有很强的化学亲和力，在高温下铁原子容易与碳原子作用而使其转化为石墨结构，刀具极易损坏。

立方氮化硼（CBN）是由软的六方氮化硼在高温高压下加入催化剂转变而成的。它是 20 世纪 70 年代才发展起来的一种刀具材料。它有很高的硬度及耐磨性，热稳定性很好，在 1400℃的高温下仍能保持很高的硬度和耐磨性。另外，立方氮化硼的化学惰性很大，它与铁族金属直至 1200~1300℃时也不易起化学作用，因此立方氮化硼刀具可用于加工淬硬钢和冷硬铸铁等。

以上各种刀具材料的物理力学性能见表 1.5-1。

表 1.5-1　各种刀具材料的物理力学性能

材料性能	材料种类									
	碳素工具钢	合金工具钢	高速钢	铸造钴基合金	硬质合金	碳化钛基硬质合金	陶瓷	氮化硅陶瓷	立方氮化硼	金刚石
密度/(g/cm^3)	7.6~7.8	7.7~7.9	8.0~8.8	—	8.0~15	5~6	3.6~4.7	3.1~3.26	3.44~3.749	3.47~3.56
硬度	63~65 HRC	63~66 HRC	63~70 HRC	60~65 HRC	89~94 HRA	91~93.5 HRA	91~95 HRA	91~93 HRA	8000~9000HV	10000HV
抗弯强度/MPa	2200	2400	250~4000	1400~2800	900~2450	800~1600	450~800	900~1300	300	210~490
抗压强度/MPa	4000	4000	250~4000	2500~3560	3500~5900	2450~2800	3000~5000	3000~4000	800~1000	2000
冲击韧度/(kJ/m^2)	—	—	100~600	—	25~60	—	5~12	—	—	—
弹性模量/GPa	210	210	200~230	—	420~630	385	350~420	320	720	900
热导率/[W/(m·K)]	41.8	41.8	16.0~25.1	—	20.93~83.74	25.1	20.93	30.98	79.54	146.5
热膨胀系数/(10^{-6}/℃)	11.72	—	9~12	—	5~7	8.2	6.3~9	3.2	2.1~2.3	0.9~1.18
耐热性/℃	200~250	300~400	600~650	700~1000	800~1000	1000~1100	>1200	1300~1400	1400~1500	700~800

（续）

性能	刀具材料							
	碳钢及低、中合金钢	高速钢	铸造钴基合金	硬质合金	涂层硬质合金	陶瓷	立方氮化硼	金刚石
高温硬度	——增加——→							
韧性	←——增加——							
冲击韧度	←——增加——							
耐磨性	——增加——→							
抗碎裂性	←——增加——							
耐热冲击性	←——增加——							
切削速度	——增加——→							
背吃刀量	小到中	小到大	小到大	小到大	小到大	小到大	小到大	很小
加工表面质量	一般	一般	一般	好	好	非常好	非常好	极好
制备方法	锻造	锻造、铸造、HIP 法烧结	铸造、HIP 法烧结	冷压烧结	气相沉积	冷压烧结、热压烧结、HIP 法烧结	高温高压烧结	高温高压烧结
加工方法	机加工、磨削	机加工、磨削	磨削	磨削		磨削	磨削、抛光	磨削、抛光
刀具成本	——增加——→							

1.5.3 高速钢

1. 高速钢的种类及其力学性能

按用途不同，高速钢可分为通用型高速钢和高性能高速钢；按制造方法不同，高速钢可分为熔炼高速钢和粉末冶金高速钢；按化学成分，主要按其含钨量不同，可分为 $w(\mathrm{W})=12\%\sim18\%$ 的钨高速钢、$w(\mathrm{W})=6\%\sim8\%$ 的钨钼高速钢、$w(\mathrm{W})=2\%$ 或不含钨的钼高速钢。高速钢是一种高合金工具钢，在 500～600℃的高温下，力学性能仍比较好。

（1）通用型高速钢

通用型高速钢的 $w(\mathrm{C})=0.7\%\sim0.9\%$，是中等热稳定性高速钢，具有一定的硬度（63～66HRC）和耐磨性，高的韧性和强度，良好的塑性和磨削性，广泛用于制造各种复杂刀具，可切削硬度在 250～280HBW 以下的大部分结构钢和铸铁。

通用型高速钢刀具的切削速度一般不高于 50～60m/min，不适合在较高的切削速度下切削或对较硬材料的切削。

（2）高性能高速钢

高性能高速钢是指在通用型高速钢成分中再提高一些含碳量、含钒量，有时添加钴、铝等合金元素以提高耐热性和耐磨性的钢种，其热稳定性高，加热到 630～650℃时仍能保持 60HRC 的硬度，具有更好的力学性能，寿命为通用型高速钢的 1.5～3 倍。

（3）粉末冶金高速钢

粉末冶金高速钢是用细小的高速钢粉末（直径为 100～600μm 的球形）在高温（≈1100℃）、高压（≈100MPa）下直接压制而成的，完全避免了碳化物偏析。不论其截面尺寸多大，碳化物级别均为一级。其碳化物晶粒极细，小于 2～3μm，而熔炼高速钢一般为 8～12μm。

粉末冶金高速钢与熔炼高速钢相比，力学性能有明显提高。在相同硬度条件下，前者的强度比后者可提高 20%～30%；粉末冶金高速钢的强度和韧性比一般高速钢分别提高 1 倍和 1.5～2 倍；在大变形状态（如锻件或轧制毛坯在直径方向的压下量达 20～30mm）下，粉末冶金高速钢比熔炼高速钢的强度和韧性分别提高 30%～40%和 80%～90%。

粉末冶金高速钢的缺口冲击吸收能量和抗弯强度较熔炼高速钢有明显提高，且有较高的高温硬度，硬度比熔炼高速钢高 0.5～1HRC，因而切削性能较好。刀具寿命比熔炼高速钢高 1.5～2 倍。由于物理力学性能高度的各向同性，粉末冶金高速钢可减少淬火变形和热处理时的应力，降低晶粒长大倾向。粉末冶金高速钢由于碳化物细小均匀，故其磨削加工性较好。

由于粉末冶金高速钢有良好的力学性能，故适于制造强力断续切削条件下容易产生崩刃的刀具和刀刃锋利且要求强度高的刀具，如插齿刀、铣刀等。

高速钢的分类及其力学性能见表 1.5-2。

表 1.5-2 高速钢的分类及其力学性能

类型		钢号	硬度 HRC	抗弯强度 /MPa	冲击韧度 /(MJ/m²)	600℃时的高温硬度 HRC	挠度 /mm
通用型高速钢		W18Cr4V(W18)	63~66	3000~3400	0.18~0.32	48.5	
		W6Mo5Cr4V2(M2)	63~66	3500~4000	0.30~0.40	47~48	
		W14Cr4VMnRe	64~66	~4000	~0.31	50.5	
		W9Mo3Cr4V(W9)	65~66.5	4000~4500	0.35~0.40		
高性能高速钢	高碳	9W18Cr4V(9W18)	66~68	3000~3400	0.17~0.20	51	
		CW6Mo5Cr4V2(CM2)	67~68	~3500	0.13~0.26	52.1	
	高钒	W12Cr4V4Mo(EV4)	66~67	~3200	~0.1	52	
		W6Mo5Cr4V3(M3)	65~67	~3200	~0.25	51.7	
	含钴	W6Mo5Cr4V2Co8(M36)	66~68	~3000	~0.3	54	
	高钒含钴	W12Cr4V5Co5(T15)	66~68	~3000	~0.25	54	
	超硬	W6Mo5Cr4V2Al(501,M2Al)	67~69	2900~3900	0.23~0.30	55	
		W10Mo4Cr4V3Al(5F-6)	67~69	3100~3500	0.20~0.23	54	
		W7Mo4Cr4V2Co5(M41)	67~69	2500~3000	0.23~0.30	54	
		W2Mo9Cr4VCo8(M42)	67~69	2700~3800	0.23~0.30	55	
		W12Mo3Cr4V3Co5Si(Co5Si)	67~69	2400~3300	0.11~0.22	54	
		W6Mo5Cr4V5SiNbAl(B201)	66~68	3600~3900	0.26~0.27	51	
		W10Mo4CrV3Co10(HSP-15)	67~69	~2350	~0.1	55.5	
		W12Mo3Cr4V3N(V3N)	67~69	2000~3500	0.15~0.30	55	
		W12Mo3Cr4VCo3N(Co3N)	67~69	2000~3350	0.15~0.20		
		W12Mo3Cr4V3SiNbAl(Si Nb Al)	66~68	2600~2900	0.25~0.27	51	
		W10Mo4Cr4V3Co4Nb(5F-7)	66~68	2790~3250	0.11~0.16		
		W18Cr4V4SiNbAl(B212)	67~69	2290~2540	0.11~0.22	51	
粉末冶金高速钢		CPM T15	68	4600	0.29		
		CPM Rex76	68~70	4300	0.29		
		ASP30	65~67	4700~5100			1.8~2.2
		ASP60	66~68	2800~4600			1.1~1.5
		高碳高钒钢	69~71	3000~3200			0.6~0.8
		Ti+TiCN(3%~10%,体积分数)	66~68	3300~3700	0.5~0.7		

注：括号内为高速钢牌号的简称。

2. 常用牌号高速钢的特性及其应用范围

选用高速钢牌号时，应该全面考虑工件材料、工件形状、刀具类型、加工方法和工艺系统刚度等特点，根据这些特点，全面考虑材料的耐热性、耐磨性、韧性和可加工性等一些互相矛盾的因素。常用牌号高速钢的特性及用途见表 1.5-3。不同条件下加工不同材料时高速钢的牌号选择见表 1.5-4。

表 1.5-3 常用牌号高速钢的特性及用途

钢号	主要特性	用途
W18Cr4V(W18)	通用性强,有适当的硬度和良好的耐磨性。淬火热处理加热温度范围宽,不宜过热,脱碳敏感性小而淬硬性高(在空气中即可淬硬),并有好的韧性,可磨削性也好,但碳化物分布不均匀,热塑性差、热导率低	广泛用于600℃工作温度,适宜制作麻花钻、铣刀及各种复杂刀具,如拉刀、螺纹刀具、成形车刀、齿轮刀具等。适于加工软的或中等硬度的材料
9W18Cr4V(9W18)	碳含量已达到平衡碳的程度,因而具有较好的综合性能。与W18相比其淬火性能和切削性能都有所提高,耐磨性提高2~3倍,可磨削性好,力学性能稍低于W18,不能承受大的冲击	可部分代替含钴高速钢,适于制作各种复杂刀具,适合加工中等强度材料和不锈钢、奥氏体材料、钛合金等难加工材料
W6Mo5Cr4V2(M2)	与W18相比,热塑性、使用状态的韧性和耐磨性均优,且有同等的热硬性,并且碳化物细小,分布均匀,可磨削性略低。脱碳敏感性较大	广泛用于制作承受冲击力较大的刀具(如插齿刀),轧制或扭制等新工艺制作的钻头,以及制作在加工系统刚性不足的机床上进行加工的刀具

（续）

钢号	主要特性	用途
W12Cr4V4Mo(EV4)	由于含钒量高,提高了刀具的硬度和热硬性,其硬度可达65~67HRC,故耐磨性比W18好,但可磨削性很差,不宜制作复杂刀具	适于制造对合金钢等高强度钢进行加工的车刀、钻头、铣刀、拉刀、模数较大的滚刀、插齿刀,以及切削耐热钢和高温合金用的刀具
W14Cr4VMnRe	热塑性好,热处理、机械加工、锻轧以及可磨削等工艺性能都较好,热处理温度范围较宽,过热和脱碳的敏感性均较小。切削性能与W18基本一样	适于四滚轧制或扭制钻头,也可用于制造齿轮刀具及其他承受冲击力较大的刀具。除特殊用途外可以代替M2
W6Mo5Cr4V2Al	国产含铝无钴高速钢其硬度、热硬性与国外超硬高速钢相近,而韧性优于含钴高速钢且可加工性良好、密度小,价格与一般高速钢相同,但过热敏感性较大,淬火加热温度范围较窄,氧化脱碳倾向较强	适于制造各种高速切削刀具,可加工碳钢、合金钢、高速钢、不锈钢、高温合金等,其刀具寿命比W18高1~2倍
W6Mo5Cr4V5SiNbAl (B201)	国产新型超硬高速钢,其硬度高、韧性好、耐磨性高,而且热加工性和焊接性均良好,能进行各种冷热加工,但可磨削性较差	适于制作麻花钻、丝锥、铰刀、车刀、滚刀、拉刀等刀具,可切削各种难加工材料
W10Mo4Cr4V3Al(5F-6)	国产无钴超硬高速钢,具有较高的硬度、高温硬度和一定的韧性,且有较好的耐磨性和一定的可磨削性,退火状态可进行车、刨等机加工和改锻改轧热加工	适于制作车刀、铣刀、滚刀等刀具,可加工各种难加工材料,也能加工一些高精度零件
W12Mo3Cr4V3Co5Si (Co5Si)	国产钨系低钴含硅超硬型高速钢,室温硬度、高温硬度高,耐磨性好,锻轧切削和焊接性均良好,但韧性、可磨削性较差,价格较贵	适于制作麻花钻、丝锥、滚刀、拉刀等刀具,可切削各种难加工材料

表 1.5-4　不同条件下加工不同材料时高速钢的牌号选择

刀具类型	工件材料		
	轻合金、碳素钢、合金钢	耐热不锈钢、高温合金（锻件）	超高强度钢、钛合金、铸造高温合金
车刀	W18Cr4V 9W18Cr4V W6Mo5Cr4V2Al W10Mo4Cr4V3Al W12Cr4V4Mo W9Mo3Cr4V3Co10	W9Mo3Cr4VCo10 W2Mo9Cr4VCo8 W12Mo3Cr4V3Co5Si W10Mo4Cr4V3Co4Nb W10Mo4Cr4V3Al W6Mo5Cr4V2Al	W9Mo3Cr4VCo10 W12Mo3Cr4V3Co5Si W2Mo9Cr4VCo8 W10Mo4Cr4V3Co4Nb W10Mo4Cr4V3Al W6Mo5Cr4V2Al W18Cr4V4SiNbAl
铣刀	W18Cr4V 9W18Cr4V W6Mo5Cr4V2 W6Mo5Cr4V2Al W10Mo4Cr4V3Al W6Mo5Cr4V5SiNbAl	W10Mo4Cr4V3Al W6Mo5Cr4V2Al W12Cr14V4Mo W9Cr4V5Co3 W6Mo5Cr4V5SiNbAl	W2Mo9Cr4VCo8 W12Mo3Cr4V3Co5Si W9Mo3Cr4VCo10 W10Mo4Cr4V3Co4Nb W10Mo4Cr4V3Al W6Mo5Cr4V2Al W18Cr4V4SiNbAl W6Mo5Cr4V5SiNbAl
成形车刀	W18Cr4V 9W18Cr4V W6Mo5Cr4V2 W6Mo5Cr4V2Al	W2Mo9C14VCo8 W12Mo3Cr4V3Co5Si W10Mo4Cr4V3Al W6Mo5Cr4V2Al	W2Mo9Cr4VCo8 W12Mo3C14V3Co5Si W10Mo4Cr4V3Co4Nb W10Mo4Cr4V3Al W6Mo5Cr4V2Al
铰刀、钻头	W18Cr4V 9W18Cr4V W6Mo5Cr4V2 W6Mo5Cr4V5SiNbAl W6Mo5Cr4V2Al W10Mo4Cr4V3Al	W6Mo5Cr4V2Al W10Mo4Cr4V3Al W6Mo5Cr4V5SiNbAl W9Cr4V5Co3 W12Cr4V4Mo	W2Mo9Cr4VCo8 W9Mo3Cr4VCo10 W12Mo3Cr4V3Co5Si W10Mo4Cr4V3Co4Nb W10Mo4Cr4V3Al W6Mo5Cr4V2Al

（续）

刀具类型	工件材料		
	轻合金、碳素钢、合金钢	耐热不锈钢、高温合金（锻件）	超高强度钢、钛合金、铸造高温合金
螺纹刀具	W18Cr4V 9W18Cr4V W6Mo5Cr4V2 W6Mo5Cr4V2Al	W6Mo5Cr4V2 W6Mo5Cr4V2Al W2Mo9Cr4VCo8	W6Mo5Cr4V2Al W2Mo9Cr4VCo8 W12Mo3Cr4V3Co5Si W10Mo4Cr4V3Co4Nb W9Mo3Cr4VCo10
齿轮刀具	W6Mo5Cr4V2 W18Cr4V 9W18Cr4V W12Cr4V4Mo W6Mo5Cr4V2Al W2Mo9Cr4VCo8 W9Mo3Cr4VCo10	W6Mo5Cr4V2 W6Mo5Cr4V2Al W12Cr4V4Mo W2Mo9Cr4VCo8	W6Mo5Cr4V2Al W2Mo9Cr4VCo8 W12Mo3Cr4V3Co5Si W10Mo4Cr4V3Co4Nb W9Mo3Cr4VCo10
拉刀	W6Mo5Cr4V2 W18Cr4V 9W18Cr4V W6Mo5Cr4V2Al W10Mo4Cr4V3Al W12Cr4V4Mo W6M05Cr4V5SiNbAl	粗拉刀 W6Mo5Cr4V5SiNbAl W10Mo4Cr4V3Al W6Mo5Cr4V2Al W12Cr4V4Mo W9Cr4V5Co3 精拉刀 W2Mo9Cr4VCo8 W6Mo5Cr4V2 W10Mo4Cr4V3Co4Nb W12Mo3Cr4V3Co5Si	W2Mo9Cr4VCo8 W12Mo3Cr4V3Co5Si W10Mo4Cr4V3Co4Nb W10Mo4Cr4V3Al W6Mo5Cr4V2Al W6Mo5Cr4V5SiNbAl

1.5.4　硬质合金

1. 硬质合金的性能特点

1）硬度。硬质合金主要由硬质碳化物（WC、TiC）等所组成，其硬度比高速钢高很多。在硬质合金中，黏结相钴（Co）的含量越多，合金的硬度越低。TiC 的硬度比 WC 的硬度高，故 WC-TiC-Co 合金的硬度高于 WC-Co 合金。含 TiC 量越高，合金的硬度也就越高。在 WC-Co 合金中添加 TaC 或 NbC 后可提高其硬度，加入 TaC 可使维氏硬度提高 40%～100%，加入 NbC 可使维氏硬度提高 70%～150%。

2）抗弯强度。硬质合金的抗弯强度只相当于高速钢的 1/2～1/3（见表 1.5-5）。

表 1.5-5　硬质合金与高速钢的物理力学性能对比

物理力学性能		高速钢 W18Cr4V	硬质合金	
			WC-6% Co	WC-5%TiC-6% Co
密度/(g/cm^3)		8.5～8.8	14.5	11.5
硬度	HRC	63(平均)	76	79
	HRA	77～80	90～91	91～92
	HV(10MPa)	960(平均)	1500	1650
	莫氏	8.5	9.4	9.5
	700℃时的高温硬度(10MPa)	180	1060	1130
强度/MPa	抗弯	3000～4000	1650	1250
	抗压	3000～4000	4250	4250
	抗拉	1500～2400	800	
弹性模量/GPa		210	620	540
热物理性能(20～800℃)	热导率/[W/(m·K)]	25.12	79.55	50.24
	比热容/[J/(kg·℃)]	502.4	209.3	251.2
	热膨胀系数/(10^{-6}/℃)	12.1	5	6

（续）

物理力学性能			高速钢 W18Cr4V	硬质合金	
				WC-6% Co	WC-5%TiC-6% Co
与合金钢的粘接温度/℃	钢材的抗拉强度	600MPa	575	625	775
		1100MPa		750	850
空气中氧化重量/[g/(100cm·h)]	600℃			0.4	0.1
	800℃			44	27

硬质合金中含钴量越多，合金的强度越高。含TiC的硬质合金强度低于不含TiC的硬质合金，其TiC的含量越高，则合金的强度就越低。

在WC-TiC-Co类硬质合金中添加TaC可提高其抗弯强度。添加4%~6%（质量分数）的TaC可使强度增加12%~18%。在硬质合金中添加TaC会显著增加刀刃强度，并能增强刀刃抗碎裂和抗破损的能力。硬质合金的抗压强度比高速钢高30%~50%。

3）韧性。硬质合金的韧性比高速钢低得多。

含TiC硬质合金的韧性比不含TiC硬质合金的韧性还要低，TiC含量增加，合金的韧性降低。在WC-TiC-Co合金中，添加适量TaC，在保证原有的耐热性和耐磨性的同时，能提高合金的韧性。

4）热物理性能。硬质合金的导热性高于高速钢，热导率是高速钢的2~3倍。

由于TiC的热导率低于WC，故WC-TiC-Co合金的导热性低于WC-Co合金。合金中含TiC越多，导热性也越差。

硬质合金的热膨胀系数取决于钴的含量，钴含量增多，则热膨胀系数也增大。WC-TiC-Co合金的热膨胀系数大于WC-Co合金，后者的热膨胀系数为高速钢的1/3~1/2。

含TiC的硬质合金由于导热性差、热膨胀系数大，故其耐热冲击性能低于不含TiC的硬质合金。

5）耐热性。硬质合金的耐热性比高速钢高很多，在800~1000℃时还可进行切削，在高温下有良好的抗塑性变形的能力。

TiC的耐热性要高于WC，故WC-TiC-Co合金的硬度随温度上升而下降的幅度较WC-Co合金小。含TiC越多，含Co越少，则下降幅度也越小。

由于TaC和NbC的耐热性较TiC高，因此在硬质合金中加入TaC和NbC可以提高合金的高温硬度。

6）抗黏结性。硬质合金的黏结温度高于高速钢，抗黏结磨损能力强。

硬质合金中钴与钢的黏结温度大大低于WC与钢的黏结温度，因此，硬质合金中钴的含量增加时，黏结温度下降。TiC的黏结温度高于WC，因此WC-TiC-Co合金的黏结温度高于WC-Co合金（高约100℃）。

TaC和NbC与钢的黏结温度比TiC的黏结温度还要高，因此添加TaC和NbC的合金有更好的抗黏结能力。

7）化学稳定性。硬质合金的氧化温度高于高速钢的氧化温度。

TiC的氧化温度大大高于WC的氧化温度，因此WC-TiC-Co合金的抗氧化能力高于WC-Co合金。TiC含量越多，抗氧化的能力越强。

硬质合金中钴的含量增加时，氧化也会增加。

TaC和NbC的氧化温度也高于WC，因此合金中加入TaC或NbC会提高其抗氧化的能力。

TiC的显著扩散温度为1047℃，WC-TiC-Co合金的显著扩散温度为900~950℃，WC-Co合金的显著扩散温度为850~900℃。另外，TiC比WC难于分解，所以WC-TiC-Co合金抗扩散磨损的能力比WC-Co合金要强。

因TaC的扩散温度比TiC还要高，因此合金中加入TaC或NbC可增强其抗扩散磨损的能力。

2. 硬质合金的种类牌号及其性能

（1）国际标准化组织（ISO）规定的硬质合金种类牌号及其性能

ISO 513：2012规定将切削用硬质合金按用途分为P、M、K、N、S、H六类，见表1.5-6。

（2）我国硬质合金刀具材料的种类牌号及其性能

我国国家标准GB/T 18376.1—2008规定了切削工具用硬质合金牌号的分类及牌号表示规则、各组别的要求及作业条件推荐等。切削工具用硬质合金牌号按使用领域的不同分成P、M、K、N、S、H六类，见表1.5-7。

各个类别为满足不同的使用要求，以及根据切削工具用硬质合金材料的耐磨性和韧性的不同，分成若干个组。切削工具用硬质合金各组别的基本成分及力学性能要求见表1.5-8，切削工具用硬质合金的作业条件见表1.5-9。

表 1.5-6　ISO 标准的切削用硬质合金分类

类别号	标识颜色	加工材料	牌号		性能提高方向	
					切削性能	合金性能
P	蓝色	钢:除奥氏体不锈钢外的各种类别的钢及铸钢	P01 P10 P20 P30 P40 P50	P05 P15 P25 P35 P45	切削速度↑ ↓进给量	耐磨性↑ ↓韧性
M	黄色	不锈钢:奥氏体不锈钢和奥氏体铁素体不锈钢、铸钢	M01 M10 M20 M30 M40	M05 M15 M25 M35	切削速度↑ ↓进给量	耐磨性↑ ↓韧性
K	红色	铸铁:灰铸铁、球墨铸铁、可锻铸铁	K01 K10 K20 K30 K40	K05 K15 K25 K35	切削速度↑ ↓进给量	耐磨性↑ ↓韧性
N	绿色	有色金属材料:铝和其他有色金属、非金属材料	N01 N10 N20 N30	N05 N15 N25	切削速度↑ ↓进给量	耐磨性↑ ↓韧性
S	棕色	高温合金和钛:特殊耐热的铁基、镍基、钴基和钛基材料及钛合金	S01 S10 S20 S30	S05 S15 S25	切削速度↑ ↓进给量	耐磨性↑ ↓韧性
H	灰色	硬质材料:淬硬钢、淬硬或冷硬铸铁	H01 H10 H20 H30	H05 H15 H25	切削速度↑ ↓进给量	耐磨性↑ ↓韧性

表 1.5-7　国家标准分类的切削工具用硬质合金牌号及使用领域

类别	使用领域
P	长切屑材料的加工,如钢、铸钢、长切屑可锻铸铁等的加工
M	通用合金,用于不锈钢、铸钢、锰钢、可锻铸铁、合金钢、合金铸铁等的加工
K	短切屑材料的加工,如铸铁、冷硬铸铁、短切屑可锻铸铁、灰铸铁等的加工
N	有色金属、非金属材料的加工,如铝、镁、塑料、木材等的加工
S	耐热和优质合金材料的加工,如耐热钢,含镍、钴、钛的各类合金材料的加工
H	硬切削材料的加工,如淬硬钢、冷硬铸铁等材料的加工

表 1.5-8　切削工具用硬质合金各组别的基本成分及力学性能要求 (GB/T 18376.1—2008)

组别		基本成分	力学性能		
类别	分组号		洛氏硬度 HRA,不小于	维氏硬度 HV_3,不小于	抗弯强度 R_{tr}/MPa,不小于
P	01	以 TiC、WC 为基,以 Co(Ni+Mo、Ni+Co)作为黏结剂的合金/涂层合金	92.3	1750	700
	10		91.7	1680	1200
	20		91.0	1600	1400
	30		90.2	1500	1550
	40		89.5	1400	1750

（续）

组别		基本成分	力学性能		
类别	分组号		洛氏硬度 HRA，不小于	维氏硬度 HV_3，不小于	抗弯强度 R_{tr}/MPa，不小于
M	01	以 WC 为基，以 Co 作为黏结剂，添加少量 TiC(TaC、NbC)的合金/涂层合金	92.3	1730	1200
	10		91.0	1600	1350
	20		90.2	1500	1500
	30		89.9	1450	1650
	40		88.9	1300	1800
K	01	以 WC 为基，以 Co 作为黏结剂，或添加少量 TaC、NbC 的合金/涂层合金	92.3	1750	1350
	10		91.7	1680	1460
	20		91.0	1600	1550
	30		89.5	1400	1650
	40		88.5	1250	1800
N	01	以 WC 为基，以 Co 作为黏结剂，或添加少量 TaC、NbC 或 CrC 的合金/涂层合金	92.3	1750	1450
	10		91.7	1680	1560
	20		91.0	1600	1650
	30		90.0	1450	1700
S	01	以 WC 为基，以 Co 作为黏结剂，或添加少量 TaC、NbC 或 TiC 的合金/涂层合金	92.3	1730	1500
	10		91.5	1650	1580
	20		91.0	1600	1650
	30		90.5	1550	1750
H	01	以 WC 为基，以 Co 作为黏结剂，或添加少量 TaC、NbC 或 TiC 的合金/涂层合金	92.3	1730	1000
	10		91.7	1680	1300
	20		91.0	1600	1650
	30		90.5	1520	1500

注：1. 洛氏硬度和维氏硬度中任选一项。

2. 表中数据为非涂层硬质合金要求，涂层产品可按对应的维氏硬度下降 30~50。

表 1.5-9　切削工具用硬质合金的作业条件

组别	作业条件		性能提高方向	
	被加工材料	适应的加工条件	切削性能	合金性能
P01	钢、铸钢	高切削速度、小切屑截面，无振动条件下的精车、精镗	↑切削速度— —进给量↓	↑耐磨性— —韧性↓
P10	钢、铸钢	高切削速度、中小切屑截面条件下的车削、仿形车削、车螺纹和铣削		
P20	钢、铸钢、长切屑可锻铸铁	中等切削速度、中等切屑截面条件下的车削、仿形车削和铣削，小切屑截面条件下的刨削		
P30	钢、铸钢、长切屑可锻铸铁	中或低等切削速度、中等或大切屑截面条件下的车削、铣削、刨削和不利条件下①的加工		
P40	钢、含砂眼和气孔的铸钢铁	低切削速度、大切削角、大切屑截面以及不利条件下①的车削、刨削、切槽和自动机床上的加工		
M01	不锈钢、铁素体钢、铸钢	高切削速度、小载荷，无振动条件下精车、精镗	↑切削速度— —进给量↓	↑耐磨性— —韧性↓
M10	不锈钢、铸钢、锰钢、合金钢、合金铸铁、可锻铸铁	中和高等切削速度、中小切屑截面条件下的车削		
M20	不锈钢、铸钢、锰钢、合金钢、合金铸铁、可锻铸铁	中等切削速度、中等切屑截面条件下车削、铣削		
M30	不锈钢、铸钢、锰钢、合金钢、合金铸铁、可锻铸铁	中和高等切削速度、中等或大切屑截面条件下的车削、铣削、刨削		
M40	不锈钢、铸钢、锰钢、合金钢、合金铸铁、可锻铸铁	车削、切断、强力铣削加工		

（续）

组别	作业条件		性能提高方向	
	被加工材料	适应的加工条件	切削性能	合金性能
K01	铸铁、冷硬铸铁、短切屑可锻铸铁	车削、精车、铣削、镗削、刮削	↑切削速度　进给量↓	↑耐磨性　韧性↓
K10	布氏硬度高于 220 的铸铁、短切屑的可锻铸铁	车削、铣削、镗削、刮削、拉削		
K20	布氏硬度低于 220 的灰铸铁、短切屑的可锻铸铁	用于中等切削速度下、轻载荷粗加工、半精加工的车削、铣削、镗削等		
K30	铸铁、短切屑的可锻铸铁	用于在不利条件下①可能采用大切削角的车削、铣削、刨削、切槽加工，对刀片的韧性有一定的要求		
K40	铸铁、短切屑的可锻铸铁	用于在不利条件下①的粗加工，采用较低的切削速度和大的进给量		
N01	有色金属、塑料、木材、玻璃	高切削速度下，有色金属铝、铜、镁以及塑料、木材等非金属材料的精加工	↑切削速度　进给量↓	↑耐磨性　韧性↓
N10		较高切削速度下，有色金属铝、铜、镁以及塑料、木材等非金属材料的精加工或半精加工		
N20	有色金属、塑料	中等切削速度下，有色金属铝、铜、镁及塑料等的半精加工或粗加工		
N30		中等切削速度下，有色金属铝、铜、镁及塑料等的粗加工		
S01	耐热和优质合金：含镍、然、钛的各类合金材料	中等切削速度下，耐热钢和钛合金的精加工	↑切削速度　进给量↓	↑耐磨性　韧性↓
S10		低切削速度下，耐热钢和钛合金的半精加工或粗加工		
S20		较低切削速度下，耐热钢和钛合金的半精加工或粗加工		
S30		较低切削速度下，耐热钢和钛合金的断续切削，适于半精加工或粗加工		
H01	淬硬钢，冷硬铸铁	低切削速度下，淬硬钢、冷硬铸铁的连续轻载精加工	↑切削速度　进给量↓	↑耐磨性　韧性↓
H10		低切削速度下，淬硬钢、冷硬铸铁的连续轻载精加工、半精加工		
H20		较低切削速度下，淬硬钢、冷硬铸铁的连续轻载半精加工、粗加工		
H30		较低切削速度下，淬硬钢、冷硬铸铁的半精加工、粗加工		

① 不利条件系指原材料或铸造、锻造的零件表面硬度不匀，加工时的切削深度不匀，间断切削以及振动等情况。

我国常用硬质合金有以下几类：

钨钴类（WC-Co）硬质合金，代号为 YG（对应于国标 K 类）。这类硬质合金的硬质相为 WC，黏结相是 Co，相当于 ISO 标准的 K 类。此类硬质合金代号后面的数字代表 Co 含量的质量百分数。

钨钛钴类（WC-TiC-Co）硬质合金，代号为 YT（对应于国标 P 类）。这类硬质合金的硬质相除 WC 外，还加上 TiC，黏结相也是 Co，相当于 ISO 标准的 P 类。此类硬质合金代号后面的数字代表 TiC 含量的质量百分数。

钨钛钽（铌）钴类［WC-TiC-TaC（NbC）-Co］硬质合金，代号为 YW（对应于国标 M 类），相当于 ISO 标准的 M 类。

TiC 基硬质合金，代号为 YN（对应于国标 P01 类），是以 TiC 为主要硬质相，以镍（Ni）和钼（Mo）为黏结相的硬质合金。

钢结硬质合金，代号为 YE，这种硬质合金的硬质相仍为 WC 或 TiC，但黏结相为高速钢。

除此之外，还有超细粒硬质合金（碳化物晶粒尺寸平匀在 1μm 以下）、表面涂层硬质合金等。我国常用硬质合金的牌号、化学成分和主要性能见表 1.5-10。

表 1.5-10 我国常用硬质合金的牌号、化学成分和主要性能

类别	合金牌号	化学成分(质量分数,%) WC	TiC	TaC(NbC)	Co	其他	密度/(g/cm³)	热导率/[W/(m·K)]	线膨胀系数/(10⁻⁶/℃)	硬度 HRA	抗弯强度/MPa	抗压强度/MPa	弹性模量/GPa	冲击韧度/(J/cm³)	相当的 ISO 牌号
钨钴类	YG3X	96.5	—	<0.5	3	—	15.0~15.3	—	4.1	91.5	1100	5400~5630	—	—	K01
	YG3	97	—	—	3	—	15.0~15.3	87.9	—	91	1200	—	680~690	—	K01
	YG4C	96	—	—	4	—	14.9~15.2	—	—	89.5	1450	—	—	—	
	YG6X	93.5	—	<0.5	6	—	14.6~15.0	79.6	4.4	91	1400	4700~5100	—	—	K15
	YG6A	92	—	2.0	6	—	14.7~15.1	—	—	91.5	1400	—	—	—	K10
	YG6	94	—	—	6	—	14.6~15.0	79.6	4.5	89.5	1450	4600	630~640	2.6	K20
	YG8A	91	—	<1.0	8	—	14.5~14.9	—	—	89.5	1500	—	—	—	K30
	YG8C	92	—	—	8	—	14.5~14.9	75.4	4.8	88	1750	3900	—	3.0	K30
	YG8	92	—	—	8	—	14.5~14.9	75.4	4.5	89	1500	4470	600~610	2.5	K30
	YG8N	91	—	2.2	8	—	14.5~14.9	—	—	89.5	1500	—	—	—	K20/K30
	YG10C	90	—	—	10	—	14.3~14.6	—	—	86	2300	—	—	—	—
	YG10H	90	—	—	10	—	14.3~14.6	—	—	91.5	2200	—	—	—	—
	YG11C	89	—	—	11	—	14.0~14.4	—	—	86.5	2100	—	—	3.8	—
	YG15	85	—	—	15	—	13.9~14.2	—	—	87	2100	—	—	4	K40
	YG20C	80	—	—	20	—	13.4~13.6	—	—	82	2200	—	—	—	—
	YG20	80	—	—	20	—	13.4~13.7	—	—	85.5	2600	—	—	4.8	—
	YG25	75	—	—	25	—	12.9~13.2	—	—	84.5	2700	—	—	5.5	—
钨钛钴类	YT5	85	5	—	10	—	12.5~13.2	62.8	6.06	89.5	1400	4600	590~600	—	P30
	YT14	78	14	—	8	—	11.2~12.0	33.5	6.21	90.5	1200	4200	—	0.7	P20
	YT15	79	15	—	6	—	11.0~12.7	33.5	6.51	91	1150	3900	520~530	—	P10
	YT05	余量	10~12	10~12	6~8	—	12.5~12.9	—	—	92.5	1200	—	—	—	—
	YT30	66	30	—	4	—	9.35~9.7	20.9	7.0	92.5	900	—	400~410	0.3	P01
通用合金类	YW1	84~85	6	3~4	6	—	12.6~13.5	—	—	91.5	1200	—	—	—	M10
	YW2	82~83	6	3~4	8	—	12.4~13.5	—	—	90.5	1350	—	—	—	M20
	YW3	余量	14~16	14~16	6~8	—	12.7~13.3	—	—	92	1400	—	—	—	M10
	YW4	余量	7.2~8.4	6.2~7.2	6~7	—	12.1~12.5	—	—	92	1300	—	—	—	—
	YH1	89~91	1~2	3~4	6~7	—	14.2~14.4	—	—	93	1800	—	—	—	—
	YH2	86~88	3~4	3~4	6~7	—	13.9~14.1	—	—	93.3	1700	—	—	—	—
碳化钛基类	YN05	—	79	—	—	Ni7Mo14	5.56	—	—	93.3	950	—	—	—	—
	YN10	15	62	1	—	Ni12Mo10	6.3	—	—	92	1100	—	—	—	—
钢结类	R5	—	30~40	—	—	—	6.35~6.45	—	—	86.5	1200~1400	—	—	3	—
	R8	—	30~40	—	—	—	6.15~6.35	—	—	82.5~88	1000~1200	—	—	1.5	—
	T1	—	25~40	—	—	—	6.60~6.80	—	—	86	1300~1500	—	—	4	—
	D1	—	25~40	—	—	—	6.90~7.10	—	—	85.5~86.5	1400~1600	—	—	—	—
	GT35	—	35	—	—	—	6.40~6.60	—	—	35~42HRC 退火	1400~1800	—	—	6	—
	ST60	—	50~70	—	—	—	5.7~5.9	—	—	68~72 淬火	1400~1600	—	—	3.3	—
	YE50	50	Ni0.3	Cr1.1	Mo0.3	C0.6Fe 余量	10.3~10.6	—	—	39~46 退火	2700~2900	—	—	—	—
	YE65	—	TiC35	Cr2	Mo2	C0.6Fe 余量	6.4~6.6	—	—	69~73 淬火	1300~2300	—	—	—	—

注：表内数据来自不同厂家，有的硬质合金生产厂公布的数据大于这些数据。

3. 硬质合金的选用

由于不同牌号的硬质合金具有不同的性能，因而其适用范围也不相同，国内部分厂家硬质合金的牌号、性能特点及其使用范围见表 1.5-11 和表 1.5-12。国外各厂商硬质合金产品牌号对比见表 1.5-13。

表 1.5-11　牡丹江工具厂自主研发的新牌号合金性能简介

牌号	物理力学性能			相当的 ISO 牌号	特性和推荐使用范围
	密度 /(g/m^3)	抗弯强度 /MPa	硬度 HRA ≥		
YT20	10.2~10.7	1150	91.5	P10	热硬性好、耐磨性高。适用于碳钢、合金钢连续切削时的粗车、半精车及精车，使用寿命较 YT15 高 30%~50%
SM20	10.4~10.9	1200	91.0	P20	热硬性较好、耐磨性高。适用于碳钢、合金钢的粗车和半精车，使用寿命较 YT14 高 30%~50%
SM25	11.3~11.7	1350	91.0	P25/M20	热硬性好、抗热振性好、耐磨性高。适用于各类钢材中、高速半精铣削，有很长的使用寿命
S30	12.2~13.0	1400	90.0	P30	抗冲击性能较好。适用于碳钢和铸钢件的粗车，使用寿命较 YT5 高 50%以上
P25	12.3~12.7	1600	90.5	P30/M30	热硬性较好、抗冲击和抗热振性好、耐磨性高。适用于各类钢材的粗铣和半精铣
P35	12.7~13.1	1700	90.0	P35	抗冲击性能好，抗热振性好。适用于各类钢锻件、铸件毛坯的粗加工，特别是加氢反应器筒节锻件毛坯粗车效果极佳。也适合于核电大型锻件的粗加工
P40	12.5~13.1	1700	89.0	P40/M40	抗冲击性能好，抗热振性较好。适用于各类铸钢、锻钢的低速断续粗车，效果良好
ST5015	6.8~7.3	1150	91.5	P05~P15	属于新型金属陶瓷合金，热硬性和耐磨性好。适用于碳钢、合金钢和不锈钢的高速精铣和精车
ST5030	7.3~7.7	1200	91.5	P05~P20	属于新型金属陶瓷合金，具有一定的抗冲击性能，热硬性和耐磨性好。适用于碳钢、合金钢和不锈钢的高速精铣和精车
ST6030	9.0~9.2	2000	91.0	P20~P30	属于新型金属陶瓷合金，抗冲击性能好，热硬性和耐磨性好。适用于碳钢、合金钢的粗铣和粗车
HM100	13.8~14.2	1200	93.0	M05/K05	热硬性好、耐磨性高。适用于球墨铸铁、冷硬合金铸铁、淬火钢的精车和精铣
M150	12.6~13.3	1200	92.0	M15/P10	热硬性好、耐磨性高。适用于合金钢、高强度钢的精加工、半精加工，也可以在冲击力小的情况下粗加工
M200	12.2~12.8	1200	92.5	M05/P05	热硬性好、耐磨性高。适用于合金钢、高强度钢和淬火硬度不大于 50HRC 钢的粗加工、半精加工
SM20N	11.8~12.3	1500	92.0	M10~M20	抗粘接性能极好，并且有极好的抗月牙洼磨损能力。特别适用于不锈钢的精加工，也适用于合金钢、碳钢的精加工和半精加工
SM25N	11.9~12.5	1600	91.5	M20/P20/S15	抗粘接性能好，并有良好的抗月牙洼磨损能力。适用于不锈钢、合金钢和碳钢的精加工和半精加工，也适用于镍基高温合金的粗车和精车
SM30N	12.1~12.7	1700	91.0	M30/P30/S20	抗粘接性能好，热硬性和耐磨性好。特别适用于各类不锈钢的粗加工和半精加工，使用寿命优异，也适用于镍基高温合金的粗车和精车

（续）

牌号	物理力学性能			相当的ISO牌号	特性和推荐使用范围
	密度/(g/m^3)	抗弯强度/MPa	硬度HRA ≥		
SM35N	12.2~12.8	1800	90.5	M30/P30	抗粘接性能好。特别适用于各类不锈钢的粗加工,使用寿命优异
SM35	12.1~12.7	1900	90.0	P35/M35	抗粘接性能好、抗冲击性和抗热振性好。适用于碳钢、合金钢和不锈钢的中、低速粗铣和断续车削
HM05	14.8~15.2	1200	92.0	K05	具有很高的耐磨性。适用于铸铁、有色金属及其合金的精加工,特别是用于汽车石棉制动片的钻孔效果优于K01
HM15	14.6~15.0	1500	91.5	K15	具有良好的耐磨性。适用于铸铁、球墨铸铁、冷硬合金铸铁、有色金属及其合金的车削和铣削加工
HM20	14.5~14.8	1700	91.5	K20	韧性好,耐磨性也很好。适用于有色金属及铸铁的粗加工
HM25	14.6~14.9	1800	89.5	K25	抗冲击、抗振性较好。适用于铸铁、有色金属及其合金、非金属材料的粗加工,寿命高于K30产品
HM30	14.5~14.9	1800	90.0	K30	抗冲击、抗振性好。适用于铸铁、球墨铸铁、有色金属及其合金、非金属材料的粗加工,具有良好的使用寿命
HM35	14.5~14.9	1800	89.5	K35	抗冲击和抗热振性较好。适用于铸铁的粗加工
HM40	14.4~14.7	2000	90.0	K40/M40	韧性好、抗热振性好。适用于铸铁和奥氏体不锈钢铸件的粗车

表1.5-12 厦门金鹭的合金牌号及其性能简介

牌号	物理力学性能			相当的ISO牌号	特性和使用范围
	密度/(g/m^3)	抗弯强度/MPa	硬度HRA		
GU10UF	14.8	3800	94	K05/K10	
GU15UF	14.52	3800	93.5	K10/K20	推荐用于制造钻头,适合加工非合金钢、不锈钢、灰铸铁和球墨铸铁
GU25UF	14.1	4200	92.5	K20/K40	推荐用于制造各种规格立铣刀、铰刀、钻头等,在高速轻切削领域能力强,适用于加工淬硬钢、铝合金、钛合金等
GU20F	14.3	3800	92.3	K20/K40	推荐用于制造钻头、立铣刀和铰刀,适用于普通模具钢、灰铸铁、不锈钢、镍基合金和钛合金的加工
GU10	14.9	2700	93	K10/K30	用于制造立铣刀和钻头,适用于加工低合金钢、灰铸铁、铝基合金和铜合金等
GU20	14.4	3500	91.7	K20/K40	用于制造通用加工钻头、立铣刀和铰刀,适用于普通模具钢、灰铸铁、奥氏体不锈钢和耐热合金的铣削加工和孔加工
GK05A	14.95	2450	92.5	K15	推荐用于制造各种规格钻头、立铣刀、旋转锉刀等,适用于有色金属加工,如钼、铜和石墨制品(需涂层)
GK20	14.95	2700	91.0	K20	

表 1.5-13 国外各厂商硬质合金产品牌号对比

	ISO	山高	山特维克	肯纳	伊斯卡	三菱	住友电工	泰珂洛	瓦尔特	威迪亚	万耐特	斯特拉姆	京瓷	特固克	森拉天时	日立	克洛伊	黛杰	日本特殊陶业	英格索尔	汉尼达
	P01																				
	P10			P10	IC70		ST10P	TH10		TN15U				P10		WS10		SRT			TN15U
	P20	S10M	SMA H10F	K125M TTM	IC70	UTi20T	ST20E	KS20		TN15U				P20		EX35		SRT SR20	KM1	P40	TN15U
	P30	S25M	SM30 H10F	GK K600 TTR	IC28 IC54	UTi20T	A30 A30N	KS15F UX30					PW30	P30	S40T	EX40		DX30 SR30		P40	
	P40	S60M		G13	IC28 IC54		ST40E							P40	S40T	EX45		SR30	KM3		
	M01																				
	M10	890	H10A	K313	IC20		U10E EH510	TH10		TN15U WU10HT				M10		WA10B		UMN	KM1		TN15U WU10HT
硬度↑ 韧性↓	M20	HX 883	H13A	K68 KMF K125M TTM	IC20	UTi20T	U2 EH520	TH10		TN15U WU10HT		S3X7		M20	CTW7120 H210T	EX35	U20	DX25 UM5		IN30M	TN15U WU10HT
	M30		H10F SM30	GK K600 TTR	IC28	UTi20T	A30 A30N	UX30								EX45		UMS		IN30M	
	M40			G13	IC28									M40	S40T			UM40		IN30M	
	K01			K605		HTi05T	H2 Ht	KS05F		TN15U WU10HT				UF1		WH01 WH05		KG03			TN15U WU10HT
	K10	890	H10	K313 K110M THM THM-U	IC20 IC09T	HTi10	H1 EH10 EH510	TH10	WK1 WK10	TN15U WU10HT		GH2	KW10	K10	H210T H216T H10T	WH10	G10	KG10 KT9 CR1	KM1	IN05S	TN15U WU10HT
	K20	890 HX 883	H13A H10F	K715 KMF K600	IC20 IC09T	UTi20T	G10E EH20 EH520	KS15F KS20	WK1 WK10	TN15U WU10HT			KW10 GW25	K20	CTW7120 H210T H216T H10T	WH20		KT9 CR1 KG20 FB15		IN05S IN10K IN15K IN30M	TN15U WU10HT

（续）

ISO		山高	山特维克	肯纳	伊斯卡	三菱	住友电工	泰珂洛	瓦尔特	威迪亚	万耐特	斯特拉姆	京瓷	特固克	森拉天时	日立	克洛伊	黛杰	日本特殊陶业	英格索尔	汉尼达
硬度↑韧性↓	K30	883	H13A H10F	THR	IC28	UTi20T	G10E		WK40 WMG40				GW25	K30				KG30		IN10K IN15K IN30M	
	K40			G13																IN30M	
	N01		H10	K605	IC20		H1	KS05F					KW10								
	N10	890 HX 883	H10 H10F	K313 K110M THM THM-U	IC20 IC28	HTi10	H1	TH10 KS05F		TN15U WU10HT		GH1	GW15	K10	H210T H216T H10T	WH10		KT9 CR1	KM1	IN05S IN10K	TN15U WU10HT
	N20	890 HX KX 883	H10F H13A	K715 KMF K600	IC20 IC28			KS15F		TN15U WU10HT				K20	CTW7120 H210T H216T H10T	WH20		KT9 CR1	KM1	IN10K IN15K	TN15U WU10HT
	N30	883 H25		G13 THR																IN15K IN30M	
	S01				IC20	RT9005															
	S10	890 883	H10 H10A	K10 K313 THM	IC20	RT9005 RT9010	EH510	KS05F TH10	WK1	TN15U WU10HT	VPUS 10		KW10	K10	H210T H216T H10T	WH10		KG10	KM1	IN15K IN30M	TN15U WU10HT
	S20	890 883 H25	H10F H13A	K715 KMF	IC20 IC28	RT9010 TF15	EH520	KS15F KS20	WK1 WMG40	TN15U WU10HT			GW25	K20	CTW7120 H210T H216T H10T	WH20		KG20	KM1	IN10K IN15K	TN15U WU10HT
	S30	883		G13 K600 THR		TF15			WMG40											IN30M	
	S40																				
	H01				IC20													KG03			
	H10		H13A		IC20			TH10						K10				FZ05		IN10K	
	H20	890 HX 883																FZ15		IN15K	

1.5.5　陶瓷刀具材料

1. 陶瓷刀具材料的种类和性能特点

(1) 陶瓷刀具材料的种类

刀具用陶瓷有氧化铝（Al_2O_3）基陶瓷和氮化硅（Si_3N_4）基陶瓷两大类。

1）氧化铝基陶瓷。氧化铝基陶瓷是在高温下烧结而成的，有纯氧化铝陶瓷和氧化铝-碳化钛混合陶瓷。陶瓷材料的主要成分是氧化铝，氧化铝的硬度很高，而且烧结时不需加黏结剂，因此陶瓷的硬度可达 91~95HRA。陶瓷刀具在 1200℃的高温下仍能保持很高的硬度。

① 纯氧化铝陶瓷。这类陶瓷中 Al_2O_3 的纯度在 99.9%以上，采用冷压和热压成形，密度在 3.9~4.0g/cm^3 之间，俗称白陶瓷。为了降低烧结温度、避免晶粒生长过大，通常在 Al_2O_3 中添加少量（0.1%~0.15%，质量分数）的玻璃氧化物（如 MgO、NiO、TiO_2、Cr_2O_3 等），从而提高纯氧化铝陶瓷的强度，但会使其耐高温性能有所降低。在我国，这类陶瓷材料的牌号为 P1。

② 氧化铝-金属系陶瓷。为提高纯氧化铝陶瓷的韧性，在纯氧化铝陶瓷中添加一定量（质量分数 10%以下）的金属（如 Cr、Co、Mo、W、Ti 等），构成了氧化铝-金属系陶瓷，其密度在 4.19g/cm^3 以上，目前这类陶瓷刀具的牌号不多。

③ 氧化铝-碳化物系陶瓷。为了改善纯氧化铝陶瓷的性能，在其中添加质量分数为百分之几到百分之几十的碳化物（TiC、WC、Mo_2C、TaC、NbC、Cr_2C_3 等，其中 TiC 使用最多），经热压烧结，形成氧化铝-碳化物系陶瓷。在 Al_2O_3 中添加 TiC 形成的 Al_2O_3-TiC 混合陶瓷（俗称黑陶瓷）的使用性能有很大提高。

④ 氧化铝-碳化物-金属系陶瓷。为了提高强度和使用性能，在氧化铝-碳化物系陶瓷中添加黏结金属（如 Ni、Mo、Co、W 等），形成氧化铝-碳化物-金属系陶瓷。这类陶瓷材料的刀具适用于断续切削和使用切削液的场合，仍在不断发展和完善过程中。

2）氮化硅基陶瓷。氮化硅基陶瓷是以高纯度 Si_3N_4 粉末为原料，添加 MgO、Al_2O_3、Y_2O_3 等助烧结剂，进行热压成形烧结而成。这类陶瓷在性能上要好于氧化铝基陶瓷，属于这类陶瓷的有 Si_3N_4、Si_3N_4-Al_2O_3 等。

(2) 陶瓷刀具材料的性能特点

与硬质合金刀具相比，氧化铝基陶瓷刀具有下列主要特点：

1）有很高的硬度和耐磨性。陶瓷刀具的硬度达到 91~95HRC，超过硬质合金。Al_2O_3 的熔点为 2050℃，比 WC 和 TiC 的熔点低，烧结时不需要黏结剂，因此不存在硬质合金中黏结剂越多，硬度越低的情况。虽然 Al_2O_3 的硬度低于 TiC，但陶瓷刀具的硬度比 TiC 基硬质合金还高。陶瓷刀具和一般硬质合金刀具相比有很高的耐磨性。

2）有很高的高温性能。陶瓷刀具在 1200℃以上的高温下仍能进行切削，这时陶瓷的硬度与 200~600℃时硬质合金的硬度相当。如果加入一定的稳定剂和采用热压技术，则可使陶瓷在高达 1800℃的高温下仍能保持一定的强度和耐磨性。

3）有良好的抗黏结性能。Al_2O_3 与金属的亲和力很小，它与多种金属的相互反应能力，比很多碳化物、氮化物、硼化物都低，不容易与金属产生黏结。

Al_2O_3 与钢产生黏结的温度在 1583℃以上，比制造硬质合金的各种碳化物的黏结温度都高，因此陶瓷刀具与钢的黏结温度高于多种牌号的硬质合金，这表明陶瓷刀具具有良好的抗黏结能力。

4）化学稳定性好。一般地说，Al_2O_3 陶瓷的化学稳定性优于 TiC、WC、Si_3N_4。即使在熔化温度时，Al_2O_3 与钢也不相互起作用，在铁中的溶解度仅为 WC 的 20%左右，切削时 Al_2O_3 陶瓷刀具的扩散磨损小。

Al_2O_3 的抗氧化性能特别好，切削刃即使处于炽热状态，也能长时间连续使用。

5）有较低的摩擦因数。陶瓷刀具加工时的摩擦因数低于硬质合金刀具。表 1.5-14 列出了不同刀具材料加工高速钢和淬硬钢时的摩擦因数值。

陶瓷刀具材料的最大缺点是脆性大，抗弯强度（一般为 500~700MPa）和冲击韧度（5kJ/m^2）都比较低，热导率仅为硬质合金的 1/2~1/5，热膨胀系数却比硬质合金高 10%~30%。因此，陶瓷的耐热冲击性能很差，当温度变化较大时，容易产生裂纹。以上所列陶瓷刀具材料的缺点，大大限制了陶瓷刀具的使用范围。

部分国产陶瓷刀具的牌号、成分及性能见表 1.5-15，国外各厂商陶瓷刀具的牌号见表 1.5-16。

表 1.5-14　不同刀具材料加工高速钢和淬硬钢时的摩擦因数值（功率 800W）

刀具材料	工件材料	
	高速钢(51~52HRC)	Cr12V 淬硬钢(62HRC)
Al_2O_3-TiC 混合陶瓷 BOK-60	0.30~0.35	0.32
结晶硬质合金 BK6-OM	0.34~0.40	0.36
WC 基硬质合金 T15K6(YT15)	0.40~0.46	0.38

表 1.5-15 部分国产陶瓷刀具的牌号、成分及性能

牌号	成分	平均晶粒尺寸/μm	制造方法	密度/(g/cm³)	硬度HRA(HRN15)	抗弯强度/MPa	断裂韧度/MPa·m$^{1/2}$[冲击韧度/(kJ/m²)]	研制单位
P1(AM)	Al_2O_3	2~3	冷压	≥3.95	(≥96.5)	500~550		1*
M16(T8)	Al_2O_3-TiC	<1.5	热压	4.50	(≥97)	700~850	4.830	
M4	Al_2O_3-碳化物-金属		热压	5.00	(96.5~97)	800~900	6.616	
M5(T1)	Al_2O_3-碳化物-金属	<1.5	热压	4.94	(96.5~97)	900~1150		
M6	Al_2O_3-碳化物-金属		热压		(96.5~97)	800~950	4.947	
M8-1	Al_2O_3-碳化物-金属		热压	5.20	(96.5~97)	800~1050	7.403	
SG3	Al_2O_3-(W、Ti)C	<1	热压	5.55	94.5~94.8	825	(15)	2*
SG4	Al_2O_3-(W、Ti)C	≤0.5	热压	≥6.65	94.7~95.3	800~1180	(15)	
SG5	Al_2O_3-SiC	—	热压	—	94	700	(15)	
LT35	Al_2O_3-TiC-Mo-Ni	≤1	热压	≥4.75	93.5~94.5	900~1100	(8.5)	
LT55	Al_2O_3-TiC-Mo-Ni	≤1	热压	≥4.96	93.7~94.8	1000~1200	(20)	
AT6	Al_2O_3-TiC	≤1	热压	4.75~4.78	93.5~94.5	900	(8.5)	3*
AG2	Al_2O_3-TiC	≤1.5	热压	4.55	93.5~95	800	—	4*
SM	Si_3N_4		热压	3.26	91~93	750~850	(4)	5*
HS78	Si_3N_4	2~3	热压	3.14	91~92	600~800	4.7~6.609 (4)	6*
FT80	Si_3N_4-TiC-Co	—	热压	3.41	93~94	600~800	7.21 (4.4~3.5)	
F85	Si_3N_4-TiC-其他	—	热压	3.41	93.5	700~800	6~7 (5~7)	
ST4	Sialon	—	热压	3.18	92~93	700~750	—	7*
TP4	Sialon	—	热压	—	92~93	750~800	—	
SC3	Sialon	—	热压	3.29	94~95	750~820	—	

注：1*—成都工具研究所有限公司；2*—山东大学；3*—济南市冶金研究所有限责任公司；4*—中南大学；5*—中国科学院；6*—清华大学；7*—山东工业陶瓷研究设计院有限公司。

表 1.5-16 国外各厂商陶瓷刀具的牌号

用途	分类	泰珂洛	三菱	住友电工	山特维克	京瓷	日本特殊陶业	肯纳	英格索尔	特固克	威迪亚	瓦尔特	森拉天时
铸铁	K01	LX11 LX21		NB90S NB90M	CC6190 CC650	KA30	HC1	KYK10		AW20	CW2015		CTN3105
						A65	HW2	KY1615		AB30			CTS3105
						KT66	SE1			AS10			
						PT600M	HC2						
	K10	CX710 FX105			CC6190 CC650	A65	HC1	KYK10	IN70N	AB30	CW2015	WSN10	CTN3105
						KT66	HW2	KY1320		AS10	CW5025		CTM3110
						A66N PT600M	SE1	KYK25					CTI3105
							WA1	KYK3500					CTN3110
							WA5						CTS3105
	K20	FX105 CX710			CC6190	KS6000	SP9	KYK25	IN70N	AS10	CW5025	WSN10	CTM3110
							SX1						CTN3110
							SX6	KYK3500					
							SX9						
	K30							KYK3500				WSN10	

（续）

用途	分类	泰珂洛	三菱	住友电工	山特维克	京瓷	日本特殊陶业	肯纳	英格索尔	特固克	威迪亚	瓦尔特	森拉天时
难加工材料	S01							KY2100				WIS10	
	S10	WG300		WX120	CC670 CC6060	CF1	WA1	KYS25		AS20	CW3020	WIS10 WWS20	
							WA5	KY1540					
							SX9	KY2100					
	S20							KYS30				WIS10 WWS20	
								KY2100					
								KY1540					
	S30							KY4300				WWS20	
高硬度材料	H01	LX11		NB100C	CC6050 CC650	A65	ZC4	KY4400		AW20	CW2015		CTS3105
						KT66	ZC7						
						A66N PT600M		KY1615					
	H10	WG300		NB100C	CC6050 CC650 CC6190	A65	HC4	KY1615		AB2010	CW2015		CTS3105
						KT66	HC7			AB20			
						A66N PT600M				AB30			
	H20											WWS20	
	H30						KYS25						
							KY4300						

2. 陶瓷刀具材料的选用

陶瓷不仅用于制造车刀、镗刀和铣刀，而且也开始制造成形车刀、铰刀、滚刀等。

陶瓷刀具可以用来切削各种铸铁（灰铸铁、球墨铸铁、硬铸铁、高强度铸铁等）和各种钢料（如调质钢、合金钢、高强度钢、硬度>60HRC 的淬硬钢、耐热钢及某些耐热合金），也用于加工有色金属（铜、铝等）和非金属材料（如耐磨石墨、硬橡胶、尼龙、聚氯乙烯等）。

纯 Al_2O_3 陶瓷和 Al_2O_3-TiC 混合陶瓷刀具的适用范围见表 1.5-17。

陶瓷刀具虽然具有优良的切削性能，但在下列场合应用时，效果欠佳：

① 短零件加工。

② 大冲击断续切削或重载切削场合，但混合陶瓷刀具可用于铸铁材料的断续切削。

③ Be、Mg、Al、Ti 等单质材料及其合金的加工。

④ 切削不锈钢。

⑤ 切削碳质及石墨材料。

表 1.5-17　纯 Al_2O_3 陶瓷和 Al_2O_3-TiC 混合陶瓷刀具的适用范围

加工铸铁					
铸铁种类	硬度 HBW	切削速度/(m/min) 表面粗糙度 Ra/μm		陶瓷种类	
		50~12.5	6.3~1.6	纯 Al_2O_3 陶瓷	Al_2O_3-TiC 混合陶瓷
灰铸铁	150	450	700	推荐	
	200	350	550	推荐	
	250	275	450	推荐	
球墨铸铁	300	200	350	推荐	可用
	350	150	250	推荐	可用
冷硬铸铁	400	100	175	可用	推荐
	450	75	125		推荐
	500	50	75		推荐
	550	30	50		推荐
	600	20	30		推荐

（续）

加工钢料						
钢种	硬度 HRC	强度 /MPa	切削速度/(m/min) 表面粗糙度 Ra/μm		陶瓷种类	
			50~12.5	6.3~1.6	纯 Al_2O_3 陶瓷	Al_2O_3-TiC 混合陶瓷
渗碳钢		400	550	700	可用	
		600	400	550	推荐	
结构钢		800	300	400	推荐	
		1000	250	350	推荐	
调质钢		1100	230	300	推荐	可用
		1200	200	260	推荐	可用
氧化钢		1300	180	230	推荐	可用
		1400	160	200	可用	推荐
耐热钢	45	1500	140	180	可用	推荐
	50		100			推荐
高速钢	55		80			推荐
	60		50			推荐
	65		30			推荐

1.5.6 超硬刀具材料

1. 超硬刀具材料的种类与特点

超硬刀具材料包括金刚石和立方氮化硼两大类。

(1) 金刚石

金刚石是碳的许多异形体中的一种，是自然界中已经发现的物质中最硬的材料。按金刚石的来源分天然金刚石和人造金刚石。人造金刚石又可分为单晶金刚石、聚晶金刚石（包括聚晶金刚石复合片）和CVD（化学气相沉积）金刚石。

金刚石作为刀具材料具有以下特点：

① 金刚石具有极高的硬度和耐磨性，其显微硬度可达10000HV，因此具有很好的切削性能和较长的刀具寿命。

② 金刚石具有很低的摩擦因数，一般在0.1~0.3之间，比其他刀具材料都低，且刀刃光洁，切削时切屑易于流出，不易产生积屑瘤，因此加工表面质量高。

③ 金刚石刀具有较低的热膨胀系数，它的热膨胀系数比硬质合金小很多，约为高速钢的1/10。切削时产生的热变形小，可忽略因刀具热变形造成的误差，因而非常适合精加工中的超精加工。

④ 金刚石具有很好的导热性，其热导率为硬质合金的1.5~9倍，切削热易散出，可降低切削温度，提高刀具寿命。

聚晶金刚石与单晶金刚石在性能上有些不同。

首先单晶金刚石各向异性，在不同的晶面上，其强度、硬度及耐磨性相差甚大。硬度和强度在不同的方向上可能在100~500倍范围内变化，因此单晶金刚石作为刀具材料使用时应选择适宜的晶面方向。

其次，单晶金刚石性质较脆，在受一定的冲击力时，容易沿晶体的解理面破裂，导致大块崩缺。因此，天然金刚石用于精密、超精密切削是合适的，而很多加工采用聚晶金刚石，其优点是，聚晶金刚石具有和单晶金刚石同等或接近的硬度，可保证金刚石刀具的耐磨性。同时聚晶金刚石是由金刚石微粉高压烧结聚合而成的，各向同性，强度比单晶金刚石要高，尤其是聚晶金刚石复合片的强度已达到复合基体（硬质合金）的强度。其刀具可以承受切削时（尤其是断续切削时）所产生的机械冲击。在选用金刚石刀具材料时应根据切削条件进行合理选择，方可发挥金刚石刀具材料的优点。

(2) 立方氮化硼（CBN）

立方氮化硼是继人工合成金刚石之后出现的利用超高压高温技术获得的第二种无机超硬材料，它的出现给超硬刀具材料增加了一个新品种，开拓了一个新领域。

立方氮化硼作为刀具材料具有以下特点：

① 硬度和耐磨性很高，其显微硬度为8000~9000HV，已接近金刚石的硬度。

② 热稳定性好，其耐热性可达1400~1500℃，比金刚石的耐热性（700~800℃）高很多。

③ 化学稳定性好，它和金刚石不一样，与铁系材料直至1200~1300℃也不易起化学作用。

④ 具有良好的导热性，其热导率大于高速钢及硬质合金，但赶不上金刚石。

⑤ 较低的摩擦因数，与不同材料的摩擦因数为0.1~0.3，比硬质合金的摩擦因数（0.4~0.6）小得多。

2. 超硬刀具材料的选用

金刚石具有极高的硬度和耐磨性，可以用来加工硬质合金、陶瓷、高硅铝合金及耐磨塑料等高硬度、高耐磨的材料。但金刚石的化学稳定性较低，切削温度超过 800℃时，就会完全失去其硬度。金刚石（C）和铁有很强的化学亲和力，在高温下铁原子容易与碳原子作用而使其转化为石墨结构，刀具极易损坏，所以不适合于加工黑色金属材料。

由于金刚石具有极高的耐磨性、良好的导热性、较低的热膨胀系数，因此用金刚石刀具加工的零件加工精度很高。用金刚石车刀切削有色金属圆柱表面或圆孔、圆锥孔时，其尺寸精度误差可在几微米以内，圆度和母线的直线度误差可控制在 1μm 之内。

由于金刚石刀具刃面粗糙度值极小，摩擦因数很小，切削时不易产生积屑瘤，后刀面上的附着物也小，故能获得良好的加工表面质量。在切削铜合金、铝合金时，容易获得 $Ra=0.5\sim0.2\mu m$ 的表面粗糙度。

用金刚石车刀加工时，很少出现冷硬现象。车削硬铝时，显微硬度比硬质合金加工后的显微硬度低 1/3 左右，硬化层深度为硬质合金加工的 1/3。

金刚石刀具在加工黄铜、纯铜、锰、铝、金、银、铅、化学镀镍及较硬的玻璃状塑胶等时，具有良好的镜面切削性能。

金刚石刀具多用于在高速下对有色金属及非金属材料进行精细车削及镗孔。

应该指出的是，虽然金刚石刀具具有很多优点，但也只是在一定的加工范围内才能显示出优越性。它的耐热性较低，当切削温度超过 800℃时，就会产生同素异变，转变为石墨而失去硬度。另外，金刚石与铁有很强的化学亲和力，在高温时二者极易发生化学反应，金刚石中的碳原子会扩散到铁中去，因此金刚石不适合加工纯铁和低碳钢。

立方氮化硼虽在硬度上略低于金刚石，但热稳定性好，同时可以加工含铁的金属。所以金刚石和立方氮化硼是作为超硬材料具有互为补充的材料。

立方氮化硼不仅是制造磨具的好材料，而且由于其容易修磨，可用于制造车刀、镗刀，甚至于面铣刀、枪钻、铰刀、齿轮刀具等。主要用于各种淬硬钢、铸铁、高温合金、硬质合金及表面喷涂材料等的加工。

金刚石及立方氮化硼刀具的选择见表 1.5-18。

车削难加工材料时刀具材料的选择见表 1.5-19。

聚晶金刚石车刀加工零件的质量指标见表 1.5-20。

加工不同材料时聚晶金刚石刀具粒度的选择见表 1.5-21。

加工不同材料时 PCBN 刀具牌号的选择见表 1.5-22。

表 1.5-18　金刚石及立方氮化硼刀具的选择

工件材料			车削	磨削	珩磨	研磨及抛光	拉丝	修整	其他
金属	黑色金属	碳钢	○				△	△	
		铸铁	○	△○	△			△	
		合金钢	○	○	○		△	△	
		工具钢	○	○	○			△	○
		不锈钢	○	○			△	△	
		超合金	○	○			△	△	
	有色金属	铜、铜合金	△				△		
		铝、铝合金	△				△		
		贵金属	△				△		
		喷涂金属	△○	△					
		锌合金	△				△		
		巴氏合金	△						
		钨	△				△		
		钼					△		
	特殊材料	碳化钨	△	△	△	△			△
		碳化钛		△		△			△
		铁氧体		△		△			
		磁合金	△	△		△			

（续）

工件材料			车削	磨削	珩磨	研磨及抛光	拉丝	修整	其他
金属	特殊材料	硅	△	△		△			
		锗		△		△			
		磷化镓		△		△			
		砷化镓		△		△			
非金属	人造材料	塑料	△	△			△		
		陶瓷	△	△	△	△			△
		碳、石墨	△	△			△		
		玻璃	△	△	△	△			
		砂轮、砖	△	△				△	
		宝石		△		△			
		石头		△		△			
	天然材料	混凝土		△					
		橡胶	△	△					
		石料	△	△		△			
		珊瑚	△	△					
		贝壳	△	△					
		宝石		△		△			△
		牙、骨头		△					
		珠宝		△		△			△
		木材制品	△						

注：△—金刚石刀具，○—立方氮化硼刀具。

表 1.5-19　车削难加工材料时刀具材料的选择

难加工材料种类	代表材料	推荐采用	超硬材料与硬质合金刀具使用寿命比较	备　注
耐磨非金属	玻璃钢、石墨、机械用碳、碳纤维、陶瓷、尼龙、各种塑料、胶木、硅橡胶、树脂与各种研磨材料的混合材料	人造金刚石	提高几十至几百倍	对于某些材料也可采用立方氮化硼
耐磨有色金属	过共晶硅铝合金（硅的质量分数达 17%～23%），巴氏合金（轴承合金），铍青铜	1）人造金刚石 2）立方氮化硼	提高几十至数百倍	如果材料硬质点硬度较低且表面粗糙度值要求较小，则推荐采用立方氮化硼
耐磨黑色金属	各种铸铁（硼铸铁、钒钛铸铁、硬镍铸铁、合金总量的质量分数≥20%的合金铸铁），各种喷涂层，某些钢基硬质合金	1）立方氮化硼 2）新牌号硬质合金 3）陶瓷	提高几倍至十多倍	硬质合金刀具只能用 15m/min 以下的切速，超硬刀具可用 100m/min 或更高切速，粗车宜用陶瓷刀具
化学活性材料	各种钛合金、镍和镍合金、钴和钴合金、各种含有容易与碳化合的组成材料	立方氮化硼	10 倍以上	
高硬度高强度材料	硬度在 60HRC 以上、强度超过 1.5GPa 的钢材，如淬火模具钢	1）立方氮化硼 2）陶瓷	60 倍以上	超硬刀具的切速可达 60～150m/min 或更高
中硬高强度材料	硬度不超过 40HRC、强度不超过 1GPa 的钢材，如调质合金结构钢	1）硬质合金 2）立方氮化硼	略有提高	有特殊要求时可用立方氮化硼刀具
高温高强度材料	各种不锈钢和各种高温合金	1）立方氮化硼 2）硬质合金	略有提高	对于小件和表面粗糙度值较小的工件可采用立方氮化硼

表 1.5-20　聚晶金刚石车刀加工零件的质量指标

零件种类	零件名称	加工质量	
		精度等级	表面粗糙度 Ra/μm
壳体	框架、壳体、底座、盖	6~9	0.4~0.2
衬套	直径≥8mm 的衬套和环	6~9	0.4~0.1
气缸	气缸、活塞	7~9	0.8~0.4
转子	带有枢轴的转子、换向器、电枢	6~7	0.4~0.1

表 1.5-21　加工不同材料时聚晶金刚石刀具粒度的选择

被加工材料	聚晶金刚石(PCD)刀具粒度的选择		
	粗粒度(20~25μm)	中粒度(10~20μm)	细粒度(0.5~10μm)
铝及铝合金		可选	优选
含硅铝合金(w(Si)<13%)		优选	可选
含硅铝合金(w(Si)>13%)	优选	可选	
铜合金		优选	可选
增强塑料		优选	可选
石墨	可选	优选	
硬质橡胶		优选	可选
天然、人造木材		可选	优选
天然、人造石材	优选	可选	
陶瓷	优选	可选	
硬质合金	优选	可选	

表 1.5-22　加工不同材料时 PCBN 刀具牌号的选择

制造商	刀具牌号		
	加工淬硬钢	加工铸铁	加工耐热合金
通用 GE	BZN7000S, BZN8200 BZN8000, BZN8100	BZN6000, BZN7000S	BZN6000, BZN7000S
De Beers	AMB90	DBA80, DBN45	DBC50
山高 Seco	CBN10, CBN20, CBN30	CBN20, CBN30	CBN20, CBN30
住友电工 Sumitomo	BNX10, BNX20 BN250, BN300	BN600, BN500	BN600
黛杰 Dijet	JBN300, JBN10	JBN500, JBN20, JBN330	JBN500, JBN330
三菱 Mitsubishi	MB820, MB825	MB710, MB730, MB420	MB730
东芝 Toshiba	BX360, BX340	BX950, BX850	BX950

1.5.7　刀具材料的改性

1. 刀具材料改性的方法

刀具材料的改性是采用化学或物理的方法，对刀具进行表面处理，使刀具材料的表面性能有所改变，从而提高刀具的切削性能和刀具的使用寿命。

(1) 刀具的表面化学热处理

刀具表面化学热处理是将刀具置于化学介质中加热和保温，以改变表层的化学成分和组织，从而改变刀具表层性能的热处理工艺。化学热处理包含着分解、吸收、扩散三个基本过程。分解是指化学介质在一定温度下，由于发生化学分解反应，便生成能够渗入工件表面的“活性原子”。吸收是指分解析出的“活性原子”被吸附在工件表面，然后溶入金属晶格中。扩散是指表面吸附“活性原子”后，使渗入元素的浓度大大提高，这样就形成了表面和内部显著的浓度差，从而获得一定厚度的扩散层。

刀具表面的化学热处理可分为渗碳、渗氮、碳氮共渗和多元共渗。多元共渗是在低温碳氮共渗的基础上，再渗入氧或硫，或同时渗入氧、硫、硼等元素。

(2) 刀具表面涂层

通过气相沉积或其他方法，在硬质合金（或高速钢）基体上涂覆一薄层（一般只有几微米）耐磨性高的难熔金属（或非金属）化合物，提高刀具材料的耐磨性而不降低其韧度。在刀具上涂层主要有两种方法：化学气相沉积（CVD）法及物理气相沉积（PVD）法。

1）CVD法。CVD法是利用金属或非金属化合物的蒸气、氢气及其他化学成分在900~1050℃高温下进行气固相反应，把固相生成物沉积在加热物体表面的一种方法。与其他涂层方法比较，CVD法不仅设备简单，工艺成熟，还有下列主要优点：

① 沉积物种类多，能涂金属、合金、碳化物、氮化物、硼化物、氧化物、碳氮化物、氧氮化物、氢碳氮化物等。

② 有高度的渗透性和均匀性，可获得不同组织的多涂层，涂层厚薄均匀。

③ 沉积速率快，而且容易控制。

④ 涂层纯度高，晶粒细而致密。

⑤ 黏附力较强，可获得较厚的涂层。

⑥ 工艺成本低，适合大量生产。

CVD法的主要缺点在于沉积温度较高，在对高速钢刀具进行涂层时，会使刀具退火及变形。所以沉积后的刀具还要进行淬火处理。

2）PVD法。PVD法可分为反应离子沉积法和反应溅射法。

反应离子沉积法是把刀具作为阴极，被蒸发金属作为阳极，借电子枪把金属汽化，金属汽与通入的反应气体在电场作用下离子化，并加速向阴极运动，相互碰撞而在工件上形成涂层。和CVD法比较，PVD法有下述优点：

① 涂层温度（300~500℃）低于高速钢回火温度，故不会损害高速钢刀具的硬度和尺寸精度，涂层后不再需要热处理。

② 涂层有效厚度只有几微米（可小于5μm），故可保证刀具原有的精度，适于涂覆高精度刀具。

③ 涂层的纯度高，致密性好，涂层和基体的结合牢固，涂层性能不受基体材质影响。

④ 涂层均匀，刀刃和圆弧处无增厚或倒圆现象，故复杂刀具也能获得均匀涂层。

⑤ 不会产生脱碳相（η相），也无CVD法因氯的侵蚀和氢脆变形所引起的涂层易脆裂的情况，涂层刀片强度较高。

⑥ 工作过程干净，无污染，无害。

3）涂层物质。涂层物质应满足下列要求：

① 在低温及高温下都应有高的硬度。

② 有好的化学稳定性。

③ 和被加工材料的摩擦因数要小。

④ 与刀体的结合力要强。

⑤ 应有渗透性并且无气孔。

在硬质合金和工具钢上涂层的物质有碳化物、氧化物、氮化物、碳氮化物、硼化物、硅化物和多层复合涂层等几大类。常用的涂层物质有TiC、TiN、TiB_2、Al_2O_3、ZrO_2、Si_3N_4、Ti（C、N）、Ti（B、N）等，这些涂层物质的性能见表1.5-23。

表1.5-23　常用涂层物质的性能

涂层物质		硬质合金	TiC	TiN	TiB_2	Al_2O_3	ZrO_2	Si_3N_4	Ti(C、N)	Ti(B、N)
维氏硬度 HV	20℃	1400~1800	3200	1950	3250	3000	1100	3100	2600~3200	2600
	1100℃		200		600	300	400			
弹性模量/GPa		500~600	500	260	420	530	250	310~329		
热导率/[W/m·℃)]	20℃	83.7~125.6	31.8	20.1	25.9	33.9	18.8	16.7		
	1100℃		41.4	26.4	46.1	5.86	23.4	5.44		
热膨胀系数/(10^{-6}/℃)		5~6	7.6	9.35	4.8	8.5	9.1	3.2~3.67	8.1	
刀片与工件间在高温时的反应特性		反应大	轻微	中等	中等	不反应	中等	轻微		轻微
高温时在空气中的抗氧化能力		很差	欠缺	欠缺	欠缺	好	好	欠缺		
在空气中的抗氧化温度/℃		<1000	1100~1200	1100~1400	1300~1500					1100~1400

2. 表面涂层刀具的选用

涂层刀具的出现，使刀具的切削性能产生了重大突破，应用领域不断扩大，具有巨大的应用潜力。目前国外可转位刀片的涂层比例已达到70%以上，可用于车刀、立铣刀、成形拉刀、铰刀、钻头、复合孔加工刀具、齿轮滚刀、插齿刀等刀具的涂层，用于各种钢、铸铁、耐热合金和有色金属等材料的加工。

国内外涂层硬质合金刀具使用分类分组号与牌号对照见表1.5-24，国产涂层刀具的牌号及其应用范围见表1.5-25，国外涂层刀具的牌号及其应用范围见表1.5-26。

表1.5-24 国内外涂层硬质合金刀具使用分类分组号与牌号对照

ISO分类分组号		株洲硬质合金厂	山特维克 Sandvik	肯纳 Kennametal	威迪亚 Widia	伊斯卡 Iscar	东芝 Toshiba	三菱 Mitsubishi	住友电工 Sumitomo
P类	P05	YB415 YB215	GC415 GC4015	KC910 KC9010		IC805	T841 T715X	U66 UE6005	AC105 T127 AC05A
	P10	YB415 YB215	GC4025 GC425 GC-A	KC9010 KC950 KC990	TK15 TN25M TPC15	IC848 IC8408	T812 T822 T842	UC6010 UC610	AC2000 T130Z
	P20	YB415 YB435 YB215	GC4025 GC225 GC120	KC935 KC710	TN250 TPC25 TN450 TN35N	IC825 IC350 IC500M IC570	T725X	UC6025	AC720 AC325
	P30	YB435 YB215	GC4025 GC235 GC4035 GC-A	KC935 KC850	TPC35 TN35M	IC656 IC524 IC354 IC450 IC520M	T725X T380 GH330	F620 UE6035 US735	AC225 ACZ350
	P40	YB415 YB235	GC4025 GC435	KC9040 KC9045	HK35 TN35M	IC635 IC228	T813		AC3000
M类	M10	YB415	GC415 GC425	KC910 KC9010	HK150 HK150M HK15	IC8046	T812 T822 T841	U66	EH10Z
	M20	YB415 YB435	GC4025 GC425 GC215	KC990 KC9025 KC730	HK35 TN450 TN25M TN35M	IC328 IC8025	T725X T842 T260	UC6010 UC610	EH20Z
	M30	YB435	GC4035	KC935	TN450	IC520M	T725X	UP20M	AC304
	M40	YB435	GC235	KC9040	TN35M	IC635	T813		
K类	K10	YB415	GC4025	KC9010	HK15M HK15	IC418	GH110 T5020	U510 UC6010 UP10H	EH10Z
	K20	YB415 YB435	GC4025 GC415 GC435	KC9040	HK15M HK15		T828 GH120 T380	F5015	AC2000 EH20Z AC211
	K30	YB435	GC435	KC9040 KC9045	HK150 HK35	IC630 IC228 IC328 IC450	T813		ACZ310

表1.5-25 国产涂层刀具的牌号及其应用范围

生产厂家	牌号	涂层材料	相当的ISO牌号	应用范围
株洲硬质合金厂	CN15	TiC/TiCN/TiN	P05~P20 M10~M20 K05~K20	适合于各种钢材的连续切削加工和半精加工，也可用于铸铁和有色金属的精加工和半精加工
	CN25	TiC/TiCN/TiN	P10~P30 M10~M20 K10~K30	适合于在各种条件下切削钢材、铸铁和有色金属

（续）

生产厂家	牌号	涂层材料	相当的 ISO 牌号	应用范围
株洲硬质合金厂	CN35	TiC/TiCN/TiN	P20~P40 M20~M30 K20~K40	适合于钢材、铸铁和有色金属的连续或断续切削以及强力切削
	CA15	TiC/Al_2O_3	P05~P35 M05~M20 K05~K20	适合于各种铸铁、有色金属和非金属材料的连续精加工和半精加工，也可用于淬火钢、不锈钢和高温合金的精加工和半精加工
	CA25	TiC/Al_2O_3	P10~P40 M10~M30 K10~K30	适合于在不同条件下切削各种铸铁、有色金属、非金属材料以及淬火钢、不锈钢、高温合金和钛合金
	CN251		P10~P35	耐磨性好，抗黏结性强，适合于在较高切削速度下半精加工钢、合金钢、不锈钢、高强度钢和轴承钢等材料
	CN351		P15~P35	耐磨性好，抗黏结性强，适合于在中等切削速度下大进给量加工各种钢材
	YB215 （YB01）	TiC/Al_2O_3	P05~P30	具有很高的耐磨性，适合于钢和铸钢的精车和半精车
	YB125 （YB02）	TiC	P10~P35	适合于钢和铸钢的半精车
	YB415 （YB03）	TiC/Al_2O_3/TiN	P05~P30 M10~M25 K05~K25	适合于钢、可锻铸铁和球墨铸铁的精车和半精车
	YB135 （YB11）	TiC	P25~P45 M15~M30	适合于钢、铸钢、可锻铸铁、球墨铸铁的精车、粗车和精铣、粗铣
	YB115 （YB21）	TiC	K05~K25	适合于铸铁及其他短切屑材料的粗加工
	YB120	TiC/TiN	P10~P30	面铣刀的优良牌号，可采用较大的进给量
	YB235	TiN/TiC/TiN	P30~P50 M25~M40	适合于断续切削不锈钢、低速切削和切断碳钢
	YB425	TiC/TiN	P10~P35 M15~M25	适合于钢、不锈钢的半精车和精车，宜用较大的进给量
	YB435	TiC/Al_2O_3/TiN	P15~P40 M10~M30 K05~K25	适合于钢和铸铁等材料的中等负荷的粗加工和半精加工，在不良切削条件下，宜采用中等切削速度和进给量
自贡硬质合金有限责任公司	ZC01		P10~P20 K05~K20	耐磨性好，适合于钢、铸钢、合金钢的精加工和半精加工，也可加工铸铁等短切屑材料，宜用高切削速度、小进给量
	ZC02		P05~P20 M10~M20 K04~K20	耐磨性好、强度高，适用于各种工程材料的精加工和半精加工，宜用高切削速度、小进给量
	ZC03		P10~P30 K10~K25	韧性好、强度高，适合于钢、铸钢、合金钢和铸铁的半精加工和浅粗加工，可用于铣削和车削，宜用中等切削速度
	ZC05		P05~P25 M05~M20	耐磨性很好，适合于钢、铸钢的精加工和半精加工及奥氏体不锈钢的精加工，宜用中、高切削速度和小进给量
	ZC06		P10~P25 K10~K20	耐磨性很好，适合于钢、铸钢、合金钢和铸铁的半精加工，宜用高切削速度、小进给量
	ZC07		P20~P35 M10~M25	韧性好、强度高，适合于钢、铸钢和奥氏体不锈钢的钻削，宜用中等切削用量
	ZC08		P20~P35 K15~K30	综合性能好，适合于钢、铸钢、合金钢和铸铁的半精加工和浅粗加工，宜用中等切削用量

（续）

生产厂家	牌号	涂层材料	相当的 ISO 牌号	应用范围
成都工具研究所有限公司	CTR61	TiC/TiN	P10~P25 M20	适合于钢、铸钢、铸铁等材料的轻载和中等载荷的连续车削，宜用较高的切削速度
	CTR62	TiC/TiN	P10~P35 M10~M20	适合于钢、铸钢、合金钢和铸铁等材料的轻载和中等载荷的车削
	CTR63	TiC/TiN	P20~P30	适合于钢、铸钢等材料的轻载和中等载荷的连续或断续铣削和钻削加工，适合的切削速度范围较宽
	CTR71	TiC/Al_2O_3	P01~P20 K10	适合于钢、铸钢、铸铁等材料的轻载和中等载荷的连续车削，宜用较高的切削速度
	CTR72	TiC/Al_2O_3	P01~P20 K01~K20	适合于钢、铸钢和合金钢等材料的中等载荷和高速的连续车削
	CTR82	TiC/Ti(B、N)/TiN	P10~P30 M10~M20	适合于钢、铸钢、铸铁等材料的轻载和中等载荷的车削加工，允许在较宽的切削速度范围内连续切削
	CTR83	TiC/Ti(B、N)/TiN	P01~P20 M01~M20 K01~K20	适合于合金钢、高强度钢、铸铁、铸钢等材料的中等载荷的车削加工，适合的切削速度范围较宽

表 1.5-26　国外涂层刀具的牌号及其应用范围

生产厂家	牌号	涂层材料	相当的 ISO 牌号	应用范围
山特维克 Sandvik	GCA	TiCN/TiN	P10~P35	韧性好，适合于加工钢、不锈钢和铸钢等材料
	GC015	TiC/Al_2O_3	P05~P35 M10~M25 K05~K20	具有良好的耐磨性和通用性，适合于各种工程材料的精加工和半精加工
	GC1025	TiC	P10~P40 K05~K20	具有很好的耐磨性和抗塑性变形能力，适合在高速条件下对钢、铸钢、轧制钢、锻造不锈钢和铸铁进行精加工和半精加工
	GC235	TiN/TiC/TiN	P30~P45 M25~M40	韧性特别好，最适合在不稳定条件下加工各类钢件和长切屑可锻铸铁，也可低速和高速加工奥氏体不锈钢
	GC135	TiC	P25~P45 M15~M30	适合于干铣或湿铣加工，适合于粗铣和精铣各类铸铁
	GC320	TiC/Al_2O_3	K10~K25	具有很高的耐磨性和通用性，适合于铸铁、钢、铸钢、轧制钢和锻造不锈钢的精加工和半精加工，宜用高的切削速度
	GC415	$TiC/Al_2O_3/TiN$	P05~P30 M05~M25 K05~K20	适合于钢、铸钢等的精加工和半精加工，在不良切削条件下，宜采用中等切削速度和进给量
	GC435	$TiC/Al_2O_3/TiN$	P15~P45 M10~M30 K05~K25	切削刃锋利，适用于铸铁的精加工、半精加工，也是铣削铝材的理想牌号
黛杰 Dijet	JC105V	$TiC/Al_2O_3/TiN$	K01~K10	耐磨性优异，适用于普通铸铁和可锻铸铁的精加工、轻切削、中或高切速
	JC110V	$TiC/Al_2O_3/TiN$	P01~P20 K10~K30	耐磨性、抗塑性变形能力优异，适用于钢和铸铁的精加工、中等切速
	JC215V	$TiC/Al_2O_3/TiN$	P10~P30 K20~K30	耐磨性、抗崩刃能力强，适用于钢的中高速切削，铸铁的中、重切削
	JC325V	TiAlN	P20~P40	抗崩刃能力优异，适用于钢的中、粗、重切削，断续切削、仿形加工
	KC910	Al_2O_3	P01~P20 K10~K30	耐磨性和耐热性好，适用于钢的中高速切削，铸铁的高速精加工和粗加工

（续）

生产厂家	牌号	涂层材料	相当的 ISO 牌号	应用范围
黛杰 Dijet	KC850	TiC/Al_2O_3/TiN	P20~P40	耐磨性和耐热性好，适用于钢的精加工、重切削、断续切削
	JC3552	TiN PVD 涂层	P20~P40	广泛应用于球头立铣刀，主要用于一般钢和模具钢
	JC5015	TiAlN PVD 涂层	P10~P30 K20~K30	超细硬质合金基体，通用性强，适应范围广，主要用于一般钢、不锈钢和铸铁的铣削加工
	JC5025	TiAlN	P10~P30	适用于一般钢和模具钢的铣削加工
	JC5030	TiAlN PVD 涂层	P01~P20	适用于一般钢和模具钢的铣削加工
	JC605	TiAlN/TiN	K01~K10	耐磨性、抗崩刃性能优异，适用于普通铸铁和可锻铸铁的铣削加工
	JC610	TiAlN/TiN	K10~K30	耐磨性、抗崩刃性能优异，适用于普通铸铁、可锻铸铁和一般钢的铣削加工
山高 Seco	T25M	TiCN/TiC/TiN	P10~P40 M10~M35 K15~K35	韧性好、耐冲击、高温耐磨性好，可在恶劣加工条件下进行断续铣削。适合于从低速到高速切削，硬度小于 300HBW 的各类钢件，也适合于切削各类铸铁及其他材料，适用范围广
	T15M	TiC/Al_2O_3/TiN	K05~K15	耐磨性好，适合于平稳条件下高速精加工普通铸铁和低合金铸铁
肯纳 Kennametal	KC950	TiC/Al_2O_3/TiN	P05~P25 M10~M25 K10~K20	刃口强度高，耐磨性和抗月牙洼磨损性能强，适合于高速粗加工和精加工各种钢、铸铁、铁素体和马氏体不锈钢，特别适合于铣削曲轴
	KC850	TiC/TiCN/TiN	P25~P45 M25~M45	刃口具有很高的强度，抗冲击和热振性好，适合于断续铣削、粗加工各种钢、不锈钢、合金铸铁和可锻铸铁
	KC810	TiC/TiCN/TiN	P10~P30 M15~M35	耐磨性好，适合于一般切速粗加工和精加工碳钢、合金钢和工具钢
	KC250	TiC/TiCN/TiN	K25~K35 M30~M45	适合于从低速到中速加工铸铁、钢、不锈钢和高温合金
	KC710	PVD 涂层	P15~P25 M15~M25	韧性、抗冲击和热振性好，适合于以较宽速度范围、小至中等进给量切削碳钢、合金钢、不锈钢、可锻铸铁和球墨铸铁
	KC720	PVD 涂层	P25~P45 M30~M40 K25~K35	具有极高的抗机械冲击和热振性，适合于以低速或中速切削高温合金、不锈钢和低碳钢
	K1		K20~K30	韧性好、耐冲击，能承受重负荷，可断续切削，适合于以低速粗加工不锈钢、铸铁、铸钢、铸造的有色金属和大多数高温合金
	K68		K05~K15 M10~M20	刃口易磨损，适合于以中等切速和进给量切削铸铁、有色金属、非金属、不锈钢和大多数高温合金
瓦尔特 Walter	WTL14	TiCN/TiN	P15~P35 K15~K35	刃口强度高，耐磨性和抗月牙洼磨损能力强，适合于以中速到高速切削钢、铸钢和铸铁等材料
	WTL41	TiCN/TiN	P20~P35 M15~M20	适应范围广，适合于以中速到高速和范围很宽的进给量切削钢、铸钢和长切屑的铸铁类材料
	WTL71	TiCN/TiN	P35~P40 K25~K40	刃口强度高，抗热振性好，特别适合于湿铣加工，适合于切削钢和铸造材料，切削不锈钢和合金钢可获得很高的刀具寿命
	WTL82	TiCN/TiN	K10~K20	适合于以高速、中等进给量切削灰铸铁、可锻铸铁和球墨铸铁
特固克 TaeguTec（CVD 涂层）	TT1300	TiCN/Al_2O_3	P05~P15 K05~K15	适合于钢和铸铁的高速车削
	TT1500	TiN/TiCN/TiC/Al_2O_3/TiN	P10~P25 K10~K20	耐磨性好，耐热性高，适合于碳钢、可锻铸铁和铸铁的中等到高速的车削
	TT2500	TiN/TiCN/Al_2O_3/TiN	P15~P35 M10~M30	抗崩刃性强，适合于碳钢的一般车削和不锈钢的高速车削

（续）

生产厂家	牌号	涂层材料	相当的 ISO 牌号	应用范围
特固克 TaeguTec（CVD 涂层）	TT5100	TiN/TiCN/Al_2O_3/TiN	P20~P40 M15~M35	具有优良的抗崩刃性，适合于不锈钢和耐热合金的普通车削
	KT450	TiN/TiCN/TiC/TiCN/TiN	P25~P45 M20~M40	韧性好，适合于粗加工和断续切削
	TT7200	TiCN/TiC/TiN	P20~P40	适合于钢和可锻铸铁的半粗加工
	KT7300	TiN/TiCN/TiC/TiN	P20~P40	强度和韧性高，适合于钢的普通铣削
特固克 TaeguTec（PVD 涂层）	TT6010	TiN	P10~P20 K05~K15	适合于铣削
	TT6030	TiAlN	K05~K20	铣削铸铁时刀具寿命更长
	TT7010	TiN	P15~P30	车削碳钢螺纹时刀具寿命更长
	TT7030	TiAlN	P15~P40	铣削碳钢时刀具寿命更长
	TT7220	TiCN	P25~P45	用于碳钢的半粗加工和半精加工
	TT8010	TiN	P30~P35 M30~M40	用于钢的大进给量、低速粗加工
	TT8020	TiCN	P30~P45 M30~M40 K20~K40	用于钢和不锈钢的大进给量、低速粗加工
	TT9030	TiAlN	P10~P30 M10~M30 K05~K20	各种切削加工条件下性能优良，用于螺纹车削时刀具寿命更长
	KT8600	TiAlN	P05~P20 M05~M20 K05~K20	高速切削性能优良，适合于刀片式和整体式立铣刀

1.6　切削力与切削功率

1.6.1　切削力的来源与分解及计算

1. 切削力的来源

在切削加工时，刀具切入工件，使被加工材料产生弹性和塑性变形而形成切屑所需要的力称为切削力。如图 1.6-1 所示，切削力来自于切削过程中：①克服切削变形区材料的塑性变形所需的抗力；②克服切削变形区材料的弹性变形所需的抗力；③克服切屑对前刀面的摩擦力和刀具后刀面对已加工表面及过渡表面的摩擦力所需的抗力。即切削力包括前刀面上的正压力 $\boldsymbol{F}_n$ 和摩擦力 $\boldsymbol{F}_f$、后刀面上的正压力 $\boldsymbol{F}_{n\alpha}$ 和摩擦力 $\boldsymbol{F}_{f\alpha}$，合成后形成合力 $\boldsymbol{F}_r$。

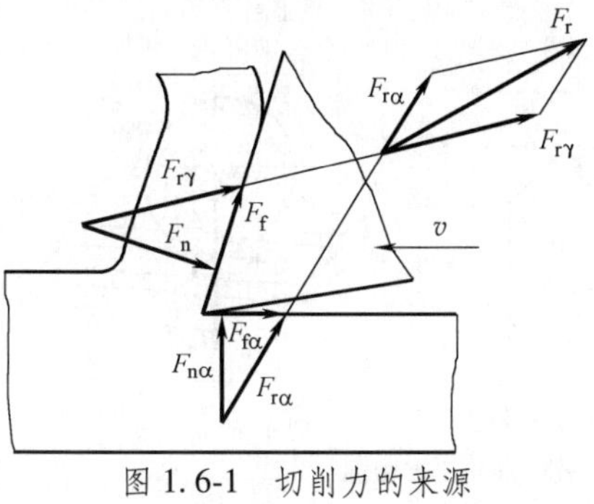

图 1.6-1　切削力的来源

2. 切削力的分解

由于切削力 $\boldsymbol{F}_r$ 的大小和方向受到切削过程中许多因素的影响，其方向和大小都是不固定的。为了便于切削力大小的表达、影响因素分析和切削力的测量，通常将切削力分解为三个相互垂直的坐标轴方向的分力或力矩来表示。坐标系的确定，依赖于切削运动的方向。以车削外圆（图 1.6-2）为例，可将其切削力分解为主切削力 F_c、背向力 F_p、进给力 F_f。切削力各分量的名称、方向定义和作用见表 1.6-1。几种典型加工方法的切削力分解方式如图 1.6-3 所示。

3. 切削力大小的表达形式

切削力的大小主要有解析表达式和经验公式两种表示方式。在工程应用中，为了简化计算，也可以用单位切削力的形式来表示。

（1）切削力的解析表达式

以自由切削为例，切削力的解析表达式为

$$F_r=\frac{\tau h_D b_D}{\sin\phi\cos(\phi+\beta-\gamma_o)} \tag{1.6-1}$$

$$F_c = F_r\cos(\beta-\gamma_o) = \tau_s\varepsilon^n h_D b_D\left(\frac{\xi^2-2\xi\sin\gamma_o+1}{\xi\cos\gamma_o}\right)\left(\frac{\xi-\sin\gamma_o}{\cos\gamma_o}+\tan\chi\right) \quad (1.6\text{-}2)$$

$$F_p = F_r\sin(\beta-\gamma_o) \quad (1.6\text{-}3)$$

式中 τ——切削变形区剪切面上的剪切应力；
h_D——切削层公称厚度；
b_D——切削层公称宽度；
β——刀具前刀面与切屑间的摩擦角；
γ_o——刀具前角；
ϕ——第一变形区的剪切角，即剪切滑移面与切削速度方向的夹角；
τ_s——被加工材料的剪切屈服强度；
n——被加工材料的强化系数；
ξ——变形系数；
χ——切削合力 $\boldsymbol{F}_r$ 与剪切面之间的夹角。

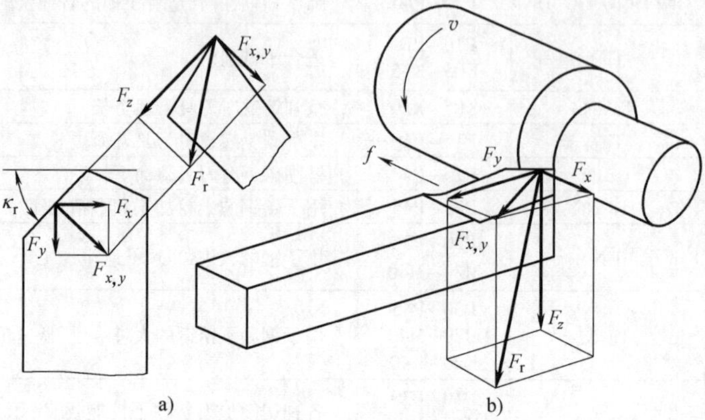

图 1.6-2 切削力的分解与合成

a）切削力的分解 b）切削力的合成

表 1.6-1 切削力各分量的名称、方向定义和作用

国际标准名称与符号	国内通用名称与符号	方向定义	作用
主切削力 F_c	主切削力 F_z	主切削运动方向,切于过渡表面并与基面垂直	计算机床功率、计算刀具强度、设计机床零件,切削机理分析、材料可加工性评价、刀具性能评价、加工过程控制
背向力 F_p	吃刀抗力 F_y	处于基面内并与工件轴线垂直	计算被加工工件的变形误差,计算机床零件和刀具的强度,检验机床刚度
进给力 F_f	走刀抗力 F_x	处于基面内并平行于走刀方向,与走刀方向相反	设计机床走刀机构、计算进给电动机功率,刀具性能评价、加工过程控制

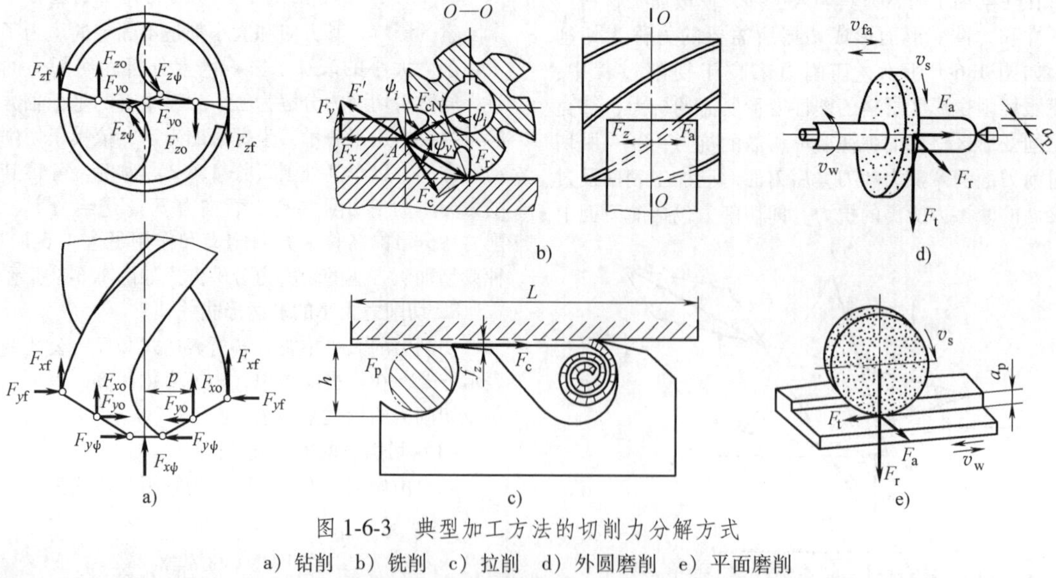

图 1-6-3 典型加工方法的切削力分解方式

a）钻削 b）铣削 c）拉削 d）外圆磨削 e）平面磨削

(2) 切削力的经验公式

切削力的解析表达式是研究切削过程各因素对切削力和切削过程影响规律的重要手段，但由于切削过程的复杂性，用切削力的解析表达式计算切削力的大小不仅非常繁琐，而且计算结果与实际结果的符合程度较差，虽然有许多学者致力于提高切削力解析表达式计算精确程度的研究，但目前与工程应用还有一定差距。因此，实际应用中常常采用经验公式来计算切削力。

以车削为例，切削力的经验公式为

$$F_c = C_{F_c} a_p^{x_{F_c}} f^{y_{F_c}} v_c^{\eta_{F_c}} K_{F_c} \tag{1.6-4}$$

$$F_p = C_{F_p} a_p^{x_{F_p}} f^{y_{F_p}} v_c^{\eta_{F_p}} K_{F_p} \tag{1.6-5}$$

$$F_f = C_{F_f} a_p^{x_{F_f}} f^{y_{F_f}} v_c^{\eta_{F_f}} K_{F_f} \tag{1.6-6}$$

式中　C_{F_c}、C_{F_p}、C_{F_f}——决定于被加工材料和切削条件的系数；

x_{F_f}、y_{F_f}、η_{F_f}、x_{F_p}、y_{F_p}、η_{F_p}、x_{F_c}、y_{F_c}、η_{F_c}——三个分力公式中，背吃刀量 a_p、进给量 f 和切削速度 v_c 的指数；

K_{F_f}、K_{F_p}、K_{F_c}——当实际加工条件与所求得的经验公式的条件不符时，各种因素对切削力的修正系数的积。

$$K_F = K_{MF} K_{\gamma_o F} K_{\kappa_r F} K_{\lambda_s F} K_{r_\varepsilon F} K_{VBF}$$

式中　K_{MF}——被加工材料力学性能对切削力的修正数；

$K_{\gamma_o F}$——前角对切削力的修正系数；

$K_{\kappa_r F}$——主偏角对切削力的修正系数；

$K_{\lambda_s F}$——刃倾角对切削力的修正系数；

$K_{r_\varepsilon F}$——刀尖圆弧半径对切削力的修正系数；

K_{VBF}——后刀面磨钝标准对切削力的修正系数。

(3) 单位切削力

单位切削力 K_c（N/mm^2）是指切削层单位切削面积上的切削力。

$$K_c = \frac{F_c}{A_c} = \frac{F_c}{h_D b_D} = \frac{F_c}{a_p f} \tag{1.6-7}$$

式中　A_c——切削面积（mm^2）；

a_p——背吃刀量（mm）；

f——进给量（mm/r）；

h_D——切削层公称厚度（mm）；

b_D——切削层公称宽度（mm）。

如果已知单位切削力 K_c 和切削参数或切削用量，则可由式（1.6-7）估算出切削力 F_c。

1.6.2　切削力的影响因素分析

由切削力的理论公式和切削实践可知，影响切削力的因素众多、影响规律复杂，其主要影响因素及其作用机理见表1.6-2。

表1.6-2　影响切削力的因素

影响因素	说　明
工件材料	工件材料的强度越高、硬度越大，切削力就越大；若工件材料加工硬化的倾向性大，则切削力将增大；在工件材料中添加硫、铅等元素（易切削钢），切削力将减小；加工铸铁等材料时，切削层的塑性变形很小，加工硬化小，形成的切屑与前刀面的摩擦力小，故切削力小；同一材料的热处理状态不同、金相组织不同，也会影响切削力的大小
背吃刀量 a_p 进给量 f	背吃刀量 a_p 和进给量 f 增加时，变形抗力和摩擦力增大，因而切削力也随之增大，但二者对切削力的影响程度不同。一般情况下，当 a_p 增加一倍时，切削力约增加一倍，而当 f 增加一倍时，切削力只增加68%~86%
切削速度 v_c	加工塑性金属时，切削速度 v_c 对切削力的影响呈波浪形，在较低的切削速度（v_c<50m/min）范围内，随着切削速度增加，前刀面上的积屑瘤逐渐增大，使刀具实际工作前角逐渐增大，导致切削力逐渐减小；当切削速度进一步增加时，前刀面上的积屑瘤逐渐减小直至消失，切削力随着切削速度的增加而增大。当 v_c>50m/min 时，随着切削速度的增加，切削温度逐渐升高，被切削材料的强度随之下降，切削变形区的摩擦力逐渐减小，导致切削力随切削速度的升高而下降 切削脆性材料时，由于切削变形很小，切屑与前刀面间的摩擦力也很小，所以切削速度对切削力的影响也很小
前角 γ_o	前角越大，切削层材料的变形越小，故切削力越小；前角对切削力的影响程度随着切削速度的增大而减小，这是因为高速切削时切削温度升高，使得切削区摩擦、加工硬化程度和塑性变形下降的缘故。切削铸铁等脆性材料时，前角对切削力的影响不大
主偏角 κ_r	当切削层面积不变时，主偏角 κ_r 增大，切削厚度增大，切削层变形减小，故切削力 F_c 减小，但当主偏角 κ_r 大于60°~75°时，由于刀尖圆弧半径作用的比重加大，F_c 略有上升。主偏角 κ_r 增大，F_p 减小，F_f 增大
刃倾角 λ_s	刃倾角 λ_s 在一定范围内（-40°~40°）变化时，对 F_c 几乎没有影响，但 λ_s 增大时，F_p 增大、F_f 减小

（续）

影响因素	说　明
刀尖圆弧半径 r_ε	刀尖圆弧半径 r_ε 对 F_c 的影响不大，但增大 r_ε 时，F_p 明显增大
刀具材料	刀具与被加工材料间的摩擦因数直接影响切削力的大小。在相同的加工条件下，高速钢刀具的切削力大于硬质合金刀具的切削力，硬质合金刀具的切削力大于陶瓷刀具的切削力，陶瓷刀具的切削力大于金刚石刀具的切削力
切削液	切削液的润滑性能越好，切削力越小
刀具磨损	刀具后刀面磨损后，切削力增大；前刀面磨损后，刀具实际工作前角增大，切削力有所下降

1.6.3　切削功率

1. 切削功率 P_c

消耗在切削过程中的功率称为切削功率 P_c。切削功率为力 F_c 和 F_f 所消耗功率之和，因 F_p 方向没有位移，所以不消耗功率。于是

$$P_c=\left(F_c v_c+\frac{F_f n_w f}{1000}\right)\times 10^{-3} \qquad (1.6\text{-}8)$$

式中　n_w——工件转速（r/s）；

f——进给量（mm/r）；

P_c——切削功率（kW）。

式（1.6-8）等号右侧的第二项是消耗在进给运动中的功率，它相对于 F_c 所消耗的功率来说，一般很小（<1%~2%），可以略去不计，于是

$$P_c=F_c v_c\times 10^{-3}$$

按上式求得切削功率后，如要计算机床电动机的功率以便选择机床电动机时，还应将切削功率除以机床的传动效率，即机床电动机功率为

$$P_E\geqslant\frac{P_c}{\eta_m}$$

式中　η_m——机床的传动效率，一般取为 0.75~0.85，大值适用于新机床，小值适用于旧机床。

另外，也可用单位切削力来计算单位切削功率。

2. 单位切削功率 P_s

单位时间内切除单位体积的金属所消耗的功率称为单位切削功率 P_s［kW/(mm³/s)］。

$$P_s=\frac{P_c}{Z_w}=K_c\times 10^{-6} \qquad (1.6\text{-}9)$$

式中　Z_w——单位时间内切除的材料体积，即单位时间内的材料去除量；

K_c——单位切削力。

表 1.6-3 中给出了硬质合金外圆车刀切削常用金属材料时的单位切削力与单位切削功率。对于不同材料，单位切削力不同。即使是同一材料，如果切削用量、刀具几何参数不同，K_c 值也不相同。因此，在计算 F_c 和 P_c 时，如果切削条件与列表条件不同，也应引入修正系数加以修正。

表 1.6-3　硬质合金外圆车刀切削常用金属材料时的单位切削力与单位切削功率

工件材料					单位切削力 K_c/(N/mm²) f=0.3mm/r	单位切削功率 P_s/［kW/(mm³/s)］ f=0.3mm/r	切削条件	
类别	名称	牌号	制造、热处理状态	硬度 HBW			刀具几何参数	切削用量范围
钢	易切钢	Y40Mn	热轧	202	1668	1668×10^{-6}		v_c=90~150m/min a_p=1~5mm f=0.1~0.5mm/r
	碳素结构钢、合金结构钢	Q235A	热轧或正火	134~137	1884	1884×10^{-6}	$\gamma_o=15°$ $\kappa_r=75°$ $\lambda_s=0°$ $b_{\gamma1}=0$ 前刀面带卷屑槽	
		45		187	1962	1962×10^{-6}		
		40Cr		212				
		40MnB		207~212				
		38CrMoAlA		241~269				
		45	调质（淬火及高温回火）	229	2305	2305×10^{-6}	$\gamma_o=15°$ $\kappa_r=75°$ $\lambda_s=0°$ $b_{\gamma1}=0.1\sim0.15$mm $\gamma_{o1}=-20°$ 前刀面带卷屑槽	
		40Cr		285				
		38CrSi		292	2197	2197×10^{-6}		
		45	淬硬（淬火及低温回火）	44HRC	2649	2649×10^{-6}		
	工具钢	60Si2Mn	热轧	269~277	1962	1962×10^{-6}	$\gamma_o=15°$ $\kappa_r=75°$ $\lambda_s=0°$ $b_{\gamma1}=0$ 前刀面带卷屑槽	
		T10A	退火	189	2060	2060×10^{-6}		
		9CrSi		223~228				
		Cr12		223~228				

（续）

工件材料					单位切削力 K_c/(N/mm²) f=0.3mm/r	单位切削功率 P_s/[kW/(mm³/s)] f=0.3mm/r	切削条件	
类别	名称	牌号	制造、热处理状态	硬度 HBW			刀具几何参数	切削用量范围
钢	工具钢	Cr12MoV	退火	262	2060	2060×10^{-6}	$\gamma_o=15°$ $\kappa_r=75°$ $\lambda_s=0°$ $b_{\gamma1}=0$ 前刀面带卷屑槽	$v_c=90\sim150$m/min $a_p=1\sim5$mm $f=0.1\sim0.5$mm/r
		3Cr2W8V		248				
		5CrNiMo		209				
		W18Cr4V		235~241				
	轴承钢	GCr15	退火	196	2109	2109×10^{-6}		
	不锈钢	1Cr18Ni9Ti①	淬火及回火	170~179	2453	2453×10^{-6}	$\gamma_o=20°$ $\kappa_r=75°$ $\lambda_s=0°$ $b_{\gamma1}=0$ 前刀面带卷屑槽	
铸铁	灰铸铁	HT200	退火	170	1118	1118×10^{-6}	$\gamma_o=15°$ $\kappa_r=75°$ $\lambda_s=0°$ $b_{\gamma1}=0$ 平前刀面，无卷屑槽	$v_c=1.17\sim1.42$m/s (70~85m/min) $a_p=2\sim10$mm $f=0.1\sim0.5$mm/r
	球墨铸铁	QT450-10		170~207	1413	1413×10^{-6}		
	可锻铸铁	KTH300-06		170	1344	1344×10^{-6}	$\gamma_o=15°$ $\kappa_r=75°$ $\lambda_s=0°$ $b_{\gamma1}=0$ 前刀面带卷屑槽	
	冷硬铸铁	HT100	表面硬化	52~55HRC	3434[f=0.8mm/r]	3434×10^{-6}	$\gamma_o=0°$ $\kappa_r=12°\sim14°$ $\lambda_s=0°$ $b_{\gamma1}=0$ 平前刀面，无卷屑槽	$v_c=0.117$m/s (7m/min) $a_p=1\sim3$mm $f=0.1\sim1.2$mm/r
					3139[f=1mm/r]	3139×10^{-6}		
					2845[f=12mm/r]	2845×10^{-6}		
铝合金	铸铝合金	ZL110	铸造	45	814.2[$\gamma_o=15°$]	814.2×10^{-6}	$\gamma_o=15°$、$25°$ $\kappa_r=75°$ $\lambda_s=0°$ $b_{\gamma1}=0$ 平前刀面，无卷屑槽	$v_c=180$m/min $a_p=2\sim6$mm $f=0.1\sim0.5$mm/r
					706.3[$\gamma_o=25°$]	706.3×10^{-6}		
	硬铝合金	ZA12	淬火及时效	107	833.9[$\gamma_o=15°$]	833.9×10^{-6}		
					765.2[$\gamma_o=25°$]	765.2×10^{-6}		
铜及铜合金	普通黄铜	H62	冷拔	80	1422	1422×10^{-6}	$\gamma_o=15°$ $\kappa_r=75°$ $\lambda_s=0°$ $b_{\gamma1}=0$ 平前刀面，无卷屑槽	$v_c=1.83$m/s (110m/min) $a_p=2\sim6$mm $f=0.1\sim0.5$mm/r
	铅黄铜	HPb59-1	热轧	78	735.8	735.8×10^{-6}		
	锡黄铜	ZQSn5-5-5	铸造	74	686.7	686.7×10^{-6}		
	加工铜	T2	热轧	85~90	1619	1619×10^{-6}		

（续）

工件材料					单位切削力 $K_c/(N/mm^2)$ $f=0.3mm/r$	单位切削功率 $P_s/[kW/(mm^3/s)]$ $f=0.3mm/r$	切削条件	
类别	名称	牌号	制造、热处理状态	硬度 HBW			刀具几何参数	切削用量范围
钼	纯钼		粉末冶金	109	2413	2413×10^{-6}	$\gamma_o=20°$ $\kappa_r=90°$ $\lambda_s=0°$ $b_{\gamma1}=0.15mm$ $\gamma_{o1}=-5°$ 前刀面带卷屑槽	$v_c=40m/min$ $a_p=1\sim5mm$ $f=0.1\sim0.4mm/r$

注：1. 切削各种钢，用 YT15 刀片；切削不锈钢、各种铸铁与铜、铝，用 YG8 或 YG6 刀片；切削钼，用 YW2 刀片。
2. 不加切削液。
① 该牌号已成为淘汰产品，鉴于我国国情，有些场合仍然保留，但属于不推荐钢种。

1.6.4 切削力与切削功率的计算

为了工程应用方便，人们通过试验研究了一些典型的加工方法和加工条件下切削力的变化规律，获得了不同条件下的切削力经验公式，供工程技术人员选用。需要指出的是，当应用条件不相同时，还必须对这些指数和系数进行修正。

1. 车削力和车削功率的计算

车削力和车削功率的计算公式及其指数与系数的选择见表 1.6-4，铜合金和铝合金的力学性能对切削力的修正系数见表 1.6-5，钢和铸铁的强度和硬度对切削力的修正系数见表 1.6-6，钢和铸铁刀具几何参数对切削力的修正系数见表 1.6-7。

表 1.6-4 车削力和车削功率的计算公式及其指数与系数的选择

主切削力/N	$F_c=C_{F_c}a_p^{x_{F_c}}f^{y_{F_c}}v_c^{\eta_{F_c}}K_{F_c}$
背向力/N	$F_p=C_{F_p}a_p^{x_{F_p}}f^{y_{F_p}}v_c^{\eta_{F_p}}K_{F_p}$
进给力/N	$F_f=C_{F_f}a_p^{x_{F_f}}f^{y_{F_f}}v_c^{\eta_{F_f}}K_{F_f}$
车削功率/kW	$P_c=F_cv_c\times10^{-3}$

公式中的系数和指数

工件材料	刀具材料	加工形式	系数和指数											
			主切削力				背向力				进给力			
			C_{F_c}	x_{F_c}	y_{F_c}	η_{F_c}	C_{F_p}	x_{F_p}	y_{F_p}	η_{F_p}	C_{F_f}	x_{F_f}	y_{F_f}	η_{F_f}
结构钢、铸钢 $R_m=650MPa$	硬质合金	外圆纵车及镗孔	2650	1.0	0.75	−0.15	1950	0.90	0.6	−0.3	2880	1.0	0.5	−0.4
		外圆纵车 $\kappa_r=0°$	3570	0.9	0.9	−0.15	2840	0.60	0.8	−0.3	2050	1.05	0.2	−0.4
		切槽及切断	3600	0.72	0.8	0	1390	0.73	0.67	0	—	—	—	—
	高速钢	外圆纵车及镗孔	1700	1.0	0.75	0	920	0.90	0.75	0	530	1.2	0.65	0
		切槽及切断	2170	1.0	1.0	0	—	—	—	—	—	—	—	—
		成形车	1870	1.0	0.75	0	—	—	—	—	—	—	—	—
耐热钢 1Cr18Ni9Ti 141HBW	硬质合金	外圆纵车及镗孔	2000	1.0	0.75	0	—	—	—	—	—	—	—	—
灰铸铁 190HBW	硬质合金	外圆纵车及镗孔	900	1.0	0.75	0	530	0.9	0.75	0	450	1.0	0.4	0
		外圆纵车 $\kappa_r=0°$	1200	1.0	0.75	0	600	0.6	0.5	0	235	1.05	0.2	0
	高速钢	外圆纵车及镗孔	1120	1.0	0.75	0	1160	0.9	0.75	0	500	1.2	0.65	0
		切槽及切断	1550	1.0	1.0	0	—	—	—	—	—	—	—	—

（续）

工件材料	刀具材料	加工形式	系数和指数											
			主切削力				背向力				进给力			
			C_{F_c}	x_{F_c}	y_{F_c}	η_{F_c}	C_{F_p}	x_{F_p}	y_{F_p}	η_{F_p}	C_{F_f}	x_{F_f}	y_{F_f}	η_{F_f}
可锻铸铁	硬质合金	外圆纵车及镗孔	790	1.0	0.75	0	420	0.9	0.75	0	370	1.0	0.4	—
	高速钢	外圆纵车及镗孔	980	1.0	0.75	0	860	0.9	0.75	0	390	1.2	0.65	—
		切槽及切断	1360	1.0	1.0	0	—	—	—	—	—	—	—	—
中等硬度不均匀铜合金 120HBW	高速钢	外圆纵车及镗孔	540	1.0	0.66	0	—	—	—	—	—	—	—	—
		切槽及切断	735	1.0	1.0	0	—	—	—	—	—	—	—	—
高硬度青铜 200~240HBW	硬质合金	外圆纵车及镗孔	405	1.0	0.66	0	—	—	—	—	—	—	—	—
铝及铝硅合金	高速钢	外圆纵车及镗孔	390	1.0	0.75	0	—	—	—	—	—	—	—	—
		切槽及切断	490	1.0	1.0	0	—	—	—	—	—	—	—	—

表 1.6-5　铜合金和铝合金的力学性能对切削力的修正系数

加工铜合金的修正系数						加工铝合金的修正系数			
不均匀的铜合金		非均质的铜合金和 $w(Cu)<10\%$ 的均质合金	均质合金	铜	$w(Cu)>15\%$ 的合金	铝及铝硅合金	硬铝		
中等硬度 120HBW	高硬度 >120HBW						$R_m=0.245GPa$	$R_m=0.343GPa$	$R_m>0.343GPa$
1.0	0.75	0.65~0.70	1.8~2.2	1.7~2.1	0.25~0.45	1.0	1.5	2.0	2.75

表 1.6-6　钢和铸铁的强度和硬度对切削力的修正系数

加工材料	结构钢	灰铸铁	可锻铸铁
修正系数 K_{MF}	$K_{MF}=\left(\frac{R_m}{650}\right)^{n_F}$	$K_{MF}=\left(\frac{HBW}{190}\right)^{n_F}$	$K_{MF}=\left(\frac{HBW}{150}\right)^{n_F}$

上式中的指数 n_F

加工材料		车削力						钻孔时的轴向力和转矩		铣削时的圆周力	
		F_c		F_p		F_f					
		刀具材料									
		硬质合金	高速钢	硬质合金	高速钢	硬质合金	高速钢	硬质合金	高速钢	硬质合金	高速钢
		指数 n_F									
结构钢	$R_m\leqslant600MPa$	0.75	0.35	1.35	2.0	1.0	1.5	0.75		0.3	
	$R_m>600MPa$		0.75								
灰铸铁、可锻铸铁		0.4	0.55	1.0	1.3	0.8	1.1	0.6		1.0	0.55

表 1.6-7　钢和铸铁刀具几何参数对切削力的修正系数

参数		刀具材料	修正系数			
名称	数值		名称	车削力		
				F_c	F_f	F_p
主偏角 κ_r /(°)	30	硬质合金	$K_{\kappa_r F}$	1.08	1.30	0.78
	45			1.0	1.0	1.0
	60			0.94	0.77	1.11
	75			0.92	0.62	1.13

（续）

参数		刀具材料	修正系数			
名称	数值		名称	车削力		
				F_c	F_f	F_p
	90	硬质合金		0.89	0.50	1.17
主偏角 κ_r /(°)	30	高速钢	$K_{\kappa_r F}$	1.08	1.63	0.7
	45			1.0	1.0	1.0
	60			0.98	0.71	1.27
	75			1.03	0.54	1.51
	90			1.08	0.44	1.82
前角 γ_o /(°)	-15	硬质合金	$K_{\gamma_o F}$	1.25	2.0	2.0
	-10			1.2	1.8	1.8
	0			1.1	1.4	1.4
	10			1.0	1.0	1.0
	20			0.9	0.7	0.7
	12~15	高速钢		1.15	1.6	1.7
	20~25			1.0	1.0	1.0
刃倾角 λ_s /(°)	5	硬质合金	$K_{\lambda_s F}$	1.0	0.75	1.07
	0				1.0	1.0
	-5				1.25	0.85
	-10				1.5	0.75
	-15				1.7	0.65
刀尖圆弧半径 r_ε/mm	0.5	高速钢	$K_{r_\varepsilon F}$	0.87	0.66	1.0
	1.0			0.93	0.82	
	2.0			1.0	1.0	
	3.0			1.04	1.14	
	5.0			1.1	1.33	

2. 钻削力（力矩）和钻削功率的计算

钻削轴向力、转矩及钻削功率的计算公式及其指数与系数的选择见表 1.6-8，加工条件改变时轴向力及转矩的修正系数见表 1.6-9。

表 1.6-8 钻削轴向力、转矩及钻削功率的计算公式及其指数与系数的选择

计算公式			
名称	轴向力/N	转矩/N·m	钻削功率/kW
计算公式	$F_f = C_F d_0^{z_F} f^{y_F} k_F$	$M_c = C_M d_0^{z_M} f^{y_M} k_M$	$P_c = \frac{M_c v_c}{30 d_0}$

公式中的系数和指数							
工件材料	刀具材料	系数和指数					
		轴向力			转矩		
		C_F	z_F	y_F	C_M	z_M	y_M
钢，R_m = 650MPa	高速钢	600	1.0	0.7	0.305	2.0	0.8
不锈钢 1Cr18Ni9Ti	高速钢	1400	1.0	0.7	0.402	2.0	0.7

（续）

工件材料	刀具材料	系数和指数					
		轴向力			转矩		
		C_F	z_F	y_F	C_M	z_M	y_M
灰铸铁,硬度 190HBW	高速钢	420	1.0	0.8	0.206	2.0	0.8
	硬质合金	410	1.2	0.75	0.117	2.2	0.8
可锻铸铁,硬度 150HBW	高速钢	425	1.0	0.8	0.206	2.0	0.8
	硬质合金	320	1.2	0.75	0.098	2.2	0.8
中等硬度非均质铜合金,硬度 100~140HBW	高速钢	310	1.0	0.8	0.117	2.0	0.8

注：1. 当钢和铸铁的强度和硬度改变时，轴向力的修正系数 k_{MF} 可按表 1.6-9 计算。

2. 当加工条件改变时，轴向力及转矩的修正系数 k_{MF}、k_{MM} 见表 1.6-9。

3. 用硬质合金钻头钻削未淬硬的结构碳钢、铬钢及镍铬钢时，轴向力及转矩可按下列公式计算：

$$F_f = 3.48 d_0^{1.4} f^{0.8} R_m^{0.75} \qquad M_c = 5.87 d_0^2 f R_m^{0.7}$$

表 1.6-9　加工条件改变时轴向力及转矩的修正系数

1. 与加工材料有关											
钢	力学性能	硬度 HBW	110~140	140~170	170~200	200~230	230~260	260~290	290~320	320~350	350~380
		R_m/MPa	400~500	500~600	600~700	700~800	800~900	900~1000	1000~1100	1100~1200	1200~1300
	$k_{MF}=k_{MM}$		0.75	0.88	1.0	1.11	1.22	1.33	1.43	1.54	1.63
铸铁	力学性能	硬度 HBW	100~120	120~140	140~160	160~180	180~200	200~220	220~240	240~260	—
	系数 $k_{MF}=k_{MM}$	灰铸铁	—	—	—	0.94	1.0	1.06	1.12	1.18	—
		可锻铸铁	0.83	0.92	1.0	1.08	1.14	—	—	—	—

2. 与刃磨形状有关			
刃磨形状		标准	双横、双横棱、横、横棱
系数	k_{xF}	1.33	1.0
	k_{xM}	1.0	1.0

3. 与刀具磨钝有关			
切削刃状态		尖锐的	磨钝的
系数	k_{hF}	0.9	1.0
	k_{hM}	0.87	1.0

3. 铣削力和铣削功率的计算

铣削时圆周力、转矩和铣削功率的计算公式及其指数与系数的选择见表 1.6-10，铣削加工时三向切削力的估算方法见表 1.6-11，硬质合金面铣刀和高速钢铣刀刀具角度对铣削力的修正系数分别见表 1.6-12 和表 1.6-13。

表 1.6-10　铣削时圆周力、转矩和铣削功率的计算公式及其指数与系数的选择

计算公式		
圆周力/N	转矩/N · m	铣削功率/kW
$F_c = \dfrac{C_F a_p^{x_F} f_z^{y_F} a_e^{u_F} Z}{d_0^{q_F} n^{w_F}}$	$M = \dfrac{F_c d_0}{2\times10^3}$	$P_c = \dfrac{F_c v_c}{1000}$

（续）

铣刀类型	刀具材料	公式中的系数和指数					
		C_F	x_F	y_F	u_F	w_F	q_F
加工碳素结构钢，R_m=650MPa							
面铣刀	硬质合金	7900	1.0	0.75	1.1	0.2	1.3
	高速钢	788	0.95	0.8	1.1	0	1.1
圆柱形铣刀	硬质合金	967	1.0	0.75	0.88	0	0.87
	高速钢	650	1.0	0.72	0.86	0	0.86
立铣刀	硬质合金	119	1.0	0.75	0.85	-0.13	0.73
	高速钢	650	1.0	0.72	0.86	0	0.86
盘铣刀、切槽及切断铣刀	硬质合金	2500	1.1	0.8	0.9	0.1	1.1
	高速钢	650	1.0	0.72	0.86	0	0.86
凹、凸半圆铣刀及角铣刀	高速钢	450	1.0	0.72	0.86	0	0.86
加工不锈钢 1Cr18Ni9Ti，硬度 141HBW							
面铣刀	硬质合金	218	0.92	0.78	1.0	0	1.15
立铣刀	高速钢	82	1.0	0.6	0.75	0	0.86
加工灰铸铁，硬度 190HBW							
面铣刀	硬质合金	54.5	0.9	0.74	1.0	0	1.0
圆柱形铣刀		58	1.0	0.8	0.9	0	0.9
圆柱形铣刀、立铣刀、盘铣刀、切槽及切断铣刀	高速钢	30	1.0	0.65	0.83	0	0.83
加工可锻铸铁，硬度 150HBW							
面铣刀	硬质合金	491	1.0	0.75	1.1	0.2	1.3
圆柱形铣刀、立铣刀、盘铣刀、切槽及切断铣刀	高速钢	30	1.0	0.72	0.86	0	0.86
加工中等硬度非均质铜合金，硬度 100~140HBW							
圆柱形铣刀、立铣刀、盘铣刀、切槽及切断铣刀	高速钢	22.6	1.0	0.72	0.86	0	0.86

注：1. 铣削铝合金时，圆周力 F_c 按加工碳钢的公式计算并乘系数 0.25。
2. 表列数据按铣刀求得。当铣刀的磨损量达到规定的数值时，F_c 要增大。加工软钢时，增加 75%~90%；加工中硬钢、硬钢及铸铁时，增加 30%~40%。

表 1.6-11　各铣削分力的经验比值

铣削条件	比 值	对称面铣	不对称铣削	
			逆铣	顺 铣
面铣： $a_e=(0.4\sim0.8)d_0$ $f_x=0.1\sim0.2$mm 时	F_x/F_c	0.3~0.4	0.60~0.90	0.15~0.30
	F_y/F_c	0.85~0.95	0.45~0.70	0.90~1.00
	F_z/F_c	0.50~0.55	0.50~0.55	0.50~0.55
立铣、圆柱形铣、盘铣和成形铣： $a_e=0.05d_0$ $f_x=0.1\sim0.2$mm 时	F_x/F_c		1.00~1.20	0.80~0.90
	F_y/F_c		0.20~0.30	0.75~0.80
	F_z/F_c		0.35~0.40	0.35~0.40

表 1.6-12　硬质合金面铣刀刀具角度对铣削力的修正系数

工件材料系数 k_{MF_c}		前角系数 $k_{\gamma_o F_c}$（切钢）				主偏角系数 $k_{\kappa_r F_c}$（钢及铸铁）			
钢	铸铁	-10°	0°	10°	15°	30°	60°	75°	90°
$\left(\frac{R_m}{0.638}\right)^{0.3}$	$\frac{HBW}{190}$	1.0	0.89	0.79	1.23	1.15	1.0	1.06	1.14

表 1.6-13　高速钢铣刀刀具角度对铣削力的修正系数

工件材料系数 k_{MF_c}		前角系数 $k_{\gamma_o F_c}$（切钢）				主偏角系数 $k_{\kappa_r F_c}$（限于面铣）			
钢	铸铁	5°	10°	15°	20°	30°	45°	60°	90°
$\left(\frac{R_m}{0.638}\right)^{0.3}$	$\left(\frac{HBW}{190}\right)^{0.55}$	1.08	1.0	0.92	0.85	1.15	1.06	1.0	1.04

注：R_m 的单位为 GPa。

4. 拉削力的计算

拉削力的计算公式见表 1.6-14，拉削力的修正系数见表 1.6-15，拉刀切削刃 1mm 长度上的切削力 F'_z 见表 1.6-16。

表 1.6-14 拉削力的计算公式

<table>
<tr><td colspan="3">计算公式</td><td colspan="2">$F_{max}=F'_z\sum a_w z_{emax}k_0k_1k_2k_3k_4k_5\times10^{-3}$</td></tr>
<tr><td colspan="3">刀齿类型</td><td>$\sum a_w$</td><td>说　明</td></tr>
<tr><td rowspan="3">圆形齿</td><td colspan="2">分层式</td><td>$\sum a_w=\pi d_0$</td><td rowspan="7">F'_z——切削刃 1mm 长度上的切削力(N/mm)，见表 1.6-16
d_0——拉刀直径
z——花键齿数
z_0——轮切式拉刀每组齿数
B——键宽尺寸
f——键侧倒角宽度尺寸
此公式用于在花键齿之前的倒角齿切削力的计算。若倒角齿在花键齿之后，则不必计算倒角齿的切削力</td></tr>
<tr><td colspan="2">综合式</td><td>$\sum a_w=\frac{1}{2}\pi d_0$</td></tr>
<tr><td colspan="2">轮切式</td><td>$\sum a_w=\pi d_0/z_0$</td></tr>
<tr><td rowspan="3">矩形花键</td><td rowspan="2">分层式</td><td>花键齿</td><td>$\sum a_w=zB$</td></tr>
<tr><td>倒角齿</td><td>$\sum a_w=z(B+2f)$</td></tr>
<tr><td colspan="2">轮切式花键齿</td><td>$\sum a_w=zB/z_0$</td></tr>
</table>

表 1.6-15 拉削力的修正系数

<table>
<tr><td>修正系数</td><td>工作条件</td><td colspan="4">数值</td></tr>
<tr><td>切削刃状态修正系数 k_0</td><td>直线刃拉刀
曲线刃、圆弧刃拉刀</td><td colspan="4">1
1.06~1.27</td></tr>
<tr><td>刀齿磨损状况修正系数 k_1</td><td>具有锋利的切削刃
后刀面正常磨损 $VB=0.3$mm</td><td colspan="4">1
1.15</td></tr>
<tr><td>切削液状况修正系数 k_2</td><td>用硫化切削油
用 10%乳化液
干切削加工钢料</td><td>钢</td><td>1
1.13
1.34</td><td>铸铁</td><td>0.9
0.9
1.0</td></tr>
<tr><td>刀齿前角状况修正系数 k_3</td><td>$\gamma_o=16°\sim20°$
$\gamma_o=10°\sim15°$
$\gamma_o=6°\sim8°$
$\gamma_o=0°\sim2°$</td><td colspan="4">0.9
1
1.13
1.35</td></tr>
<tr><td>刀齿后角状况修正系数 k_4</td><td>$\alpha_o=2°\sim3°$
$\alpha_o\leqslant0°$</td><td colspan="4">1
钢：1.20，铸铁：1.12</td></tr>
<tr><td>拉床工作状态修正系数 k_5</td><td>新拉床
良好状态旧拉床
不良状态旧拉床</td><td colspan="4">0.9
0.8
0.5~0.7</td></tr>
</table>

表 1.6-16 拉刀切削刃 1mm 长度上的切削力 F'_z (N/mm)

<table>
<tr><td rowspan="4">切削厚度
a_c/mm</td><td colspan="9">工件材料的硬度 HBW</td></tr>
<tr><td colspan="3">碳钢</td><td colspan="3">合金钢</td><td colspan="3">铸铁</td></tr>
<tr><td rowspan="2">≤197</td><td rowspan="2">>197~229</td><td rowspan="2">>229</td><td rowspan="2">≤197</td><td rowspan="2">>197~229</td><td rowspan="2">>229</td><td colspan="2">灰铸铁</td><td rowspan="2">可锻铸铁</td></tr>
<tr><td>≤180</td><td>>180</td></tr>
<tr><td>0.01</td><td>64</td><td>70</td><td>83</td><td>75</td><td>83</td><td>89</td><td>54</td><td>74</td><td>62</td></tr>
<tr><td>0.015</td><td>78</td><td>86</td><td>103</td><td>99</td><td>108</td><td>122</td><td>67</td><td>80</td><td>67</td></tr>
<tr><td>0.02</td><td>93</td><td>103</td><td>123</td><td>124</td><td>133</td><td>155</td><td>79</td><td>87</td><td>72</td></tr>
<tr><td>0.025</td><td>107</td><td>119</td><td>141</td><td>139</td><td>149</td><td>165</td><td>91</td><td>101</td><td>82</td></tr>
<tr><td>0.03</td><td>121</td><td>133</td><td>158</td><td>154</td><td>166</td><td>182</td><td>102</td><td>114</td><td>92</td></tr>
<tr><td>0.04</td><td>140</td><td>155</td><td>183</td><td>181</td><td>194</td><td>214</td><td>119</td><td>131</td><td>107</td></tr>
<tr><td>0.05</td><td>160</td><td>178</td><td>212</td><td>203</td><td>218</td><td>240</td><td>137</td><td>152</td><td>123</td></tr>
</table>

（续）

切削厚度 a_c/mm	工件材料的硬度 HBW								
	碳钢			合金钢			铸铁		
							灰铸铁		可锻铸铁
	≤197	>197~229	>229	≤197	>197~229	>229	≤180	>180	
0.06	174	191	228	233	251	277	148	163	131
0.07	192	213	253	255	277	306	164	181	150
0.075	198	222	264	265	286	319	170	188	153
0.08	209	231	275	275	296	329	177	196	161
0.09	227	250	298	298	322	355	191	212	176
0.10	242	268	319	322	347	383	203	232	188
0.11	261	288	343	344	374	412	222	249	202
0.12	280	309	368	371	399	441	238	263	216
0.125	288	320	380	383	412	456	245	274	226
0.13	298	330	390	395	426	471	253	280	230
0.14	318	350	417	415	448	495	268	297	245
0.15	336	372	441	437	471	520	284	315	256
0.16	353	390	463	462	500	549	299	330	271
0.17	371	408	486	486	526	581	314	346	285
0.18	387	428	510	515	554	613	328	363	296
0.19	403	446	530	544	589	649	339	381	313
0.20	419	464	551	565	608	672	353	394	320
0.21	434	479	569	569	631	697	368	407	332
0.22	447	493	589	608	654	724	378	419	342
0.23	459	507	604	628	675	748	387	430	351
0.24	471	521	620	649	696	771	402	442	361
0.25	486	535	638	667	716	795	413	456	369
0.26	500	550	653	693	739	818	421	468	383
0.27	515	563	669	708	761	842	436	478	194
0.28	530	577	687	726	783	866	446	491	405
0.29	539	589	706	746	814	903	453	500	411
0.30	553	603	716	770	829	915	467	512	423

5. 磨削力和磨削功率的计算

（1）磨削力

磨削时作用于工件和砂轮之间的力称为磨削力，在一般外圆磨削情况下，磨削力可以分解为互相垂直的三个分力，即

F_t——切向磨削力（砂轮旋转的切线方向）；

F_n——法向磨削力（砂轮和工件接触面的法线方向）；

F_a——轴向磨削力（纵向进给方向）。

切向磨削力 F_t 是确定磨床电动机功率的主要参数，又称主磨削力；法向磨削力 F_n 作用于砂轮的切入方向，压向工件，引起砂轮轴和工件的变形，加速砂轮钝化，直接影响工件精度和加工表面质量；轴向磨削力 F_a 作用于机床的进给系统，但与 F_t 和 F_n 相比数值很小，一般可不考虑。

在磨削中，F_n 大于 F_t，其比值 F_n/F_t 等于 1.5~4，这是磨削的一个显著特征。F_n 与 F_t 的比值随工件材料、磨削方式的不同而不同，见表 1.6-17。从表中可以看出，磨削方式的不同对比值的影响不大，而工件材料不同则影响较大。重负荷荒磨时 F_n/F_t 的比值比其他磨削方式高。缓进给平面磨削时 F_n/F_t 的比值受磨削深度 a_p 的影响与一般磨削有所区别。

磨削力的计算还不是很统一，下面介绍外圆磨削磨削力（N）的实验公式：

$$F_t = C_F a_p^{\alpha} v_s^{-\beta} v_w^{\gamma} f_a^{\delta} b_s^{\varepsilon}$$

式中指数及系数根据国内外学者实验研究汇总于表 1.6-18，以供参考。另外，有关平面磨削的切向力提出了如下实验公式，其中指数值见表 1.6-19。

$$F_t = C_F a_p^{\alpha} v_s^{-\beta} v_w^{\gamma}$$

从表 1.6-18 和表 1.6-19 中可以看出，各个指数值因研究者不同而有差别，但从中可看出各个加工条件对磨削力的大致影响。即磨削力随磨削深度 a_p、工件速度 v_w 及进给量 f_a 的增大而增大，随砂轮速度 v_s 的增大而减小。

表 1.6-17　不同磨削方式 F_n/F_t 的比值

磨削方式	外圆磨削			60m/s 高速外圆磨削	平面磨削	缓进给平面磨削	内圆磨削		重负荷荒磨	砂带磨削
工件材料	45 钢	GCr15	W18Cr4V	45 钢淬火	SAE52100 钢（43HRC）	In-738	45 钢未淬火	45 钢淬火	1Cr18Ni9Ti GCr15 60Si2Mn	GCr15
F_n/F_t	≈2.04	≈2.7	≈4.0	2.2~3.5	1.75~2.13	1.8~2.4	1.8~2.06	1.98~2.66	平均 5.2	1.7~2.1

表 1.6-18　外圆磨削力实验公式的指数及系数值

研究者	α	β	γ	δ	ε	C_F		备　注
П. И. ЯшериуыН	0.6	—	0.7	0.7	—	淬硬钢	22	$v_s=20$m/s
						未淬硬钢	21	$b_s=40$mm
						铸铁	20	A46KV5
Arzimauritch	0.6	—	0.4	0.37	—	—		
Koloreuritch	0.5	0.9	0.4	0.6	—	—		
Babtschinizer	0.6	—	0.75	0.6	—	—		
Nortonco	0.5	0.5	0.5	0.5	0.5	—		
渡边	0.88	0.76	0.76	0.62	0.38	—		

表 1.6-19　平面磨削力实验公式的指数值

材料	α	β	γ	F_t/F_n
淬火钢	0.84	—	—	0.49
硬钢	0.87	1.03	0.48	0.57
软钢	0.84	0.70	0.45	0.55
铸铁	0.87	—	0.61	0.35
黄铜	0.87	—	0.60	0.45

（2）磨削功率

磨削功率 P_m 计算是磨床动力参数设计的基础。由于砂轮速度很高，功率消耗很大。主运动所消耗的功率（kW）为

$$P_m=\frac{F_t v_s}{1000}$$

式中　F_t——切向磨削力（N）；

v_s——砂轮速度（m/s）。

砂轮电动机功率 P_s 由下式计算：

$$P_s=\frac{P_m}{\eta_m}$$

式中　η_m——机械传动总效率，一般取 0.7~0.85。

1.6.5　切削力的测量方法

测量切削分力的方法有两类：一类是间接测量法，例如把应变片贴在滚动轴承外环上、用位移计测量主轴或刀架变形量、测量驱动电动机耗电功率或转差率、测量静压轴承压力等，利用这些方法便可间接测量切削力的大小；另一类是直接测量法，主要是利用各种测力仪来进行测量。常用的测力仪有应变片式和压电式两种，其工作原理是利用切削力作用在测力仪的弹性元件上所产生的变形，或作用在压电晶体上产生的电荷经过转换后，来测量各切削分力。

1）电阻应变片式测力仪。这种测力仪具有灵敏度高，量程范围大，既可用于静态也可用于动态测量，以及测量精度较高等特点。

测力仪常用的电阻元件称为电阻应变片。将若干电阻应变片紧贴在测力仪弹性元件的不同受力位置，分别连成电桥（图 1.6-4）。在切削力作用下，电阻应变片随着弹性元件发生变形，使应变片的电阻值改变，破坏了电桥的平衡，于是有与切削力大小相应的电流输出，经放大、标定后就可读出三向切削分力之值。

2）压电式测力仪。这是一种灵敏度高、刚度大、自振频率高、线性度和抗相互干扰性都较好且无惯性的高精度测力仪，特别适用于测量动态力及瞬时力。其缺点是易受湿度的影响，在连续测量稳定的或变化不大的力时，会产生因电荷泄漏而引起的零点漂移，影响测量精度。

压电式测力仪的工作原理是利用石英晶体或压电陶瓷的压电效应，在受力时，它们的表面将产生电荷，电荷的多少与所施加的压力成正比而与压电晶体的大小无关。用电荷放大器将其转换成相应的电压参数，从而可测出力的大小（图 1.6-5a）。

将几个石英元件按次序机械地排列在一起，就可构成多向力传感器（图 1.6-5b）。加在传感器上的力作用在石英片上，由于石英晶体切割方向选择的不同，所以各受力方向上的灵敏度也不同，故能分别测出各个切削分力。

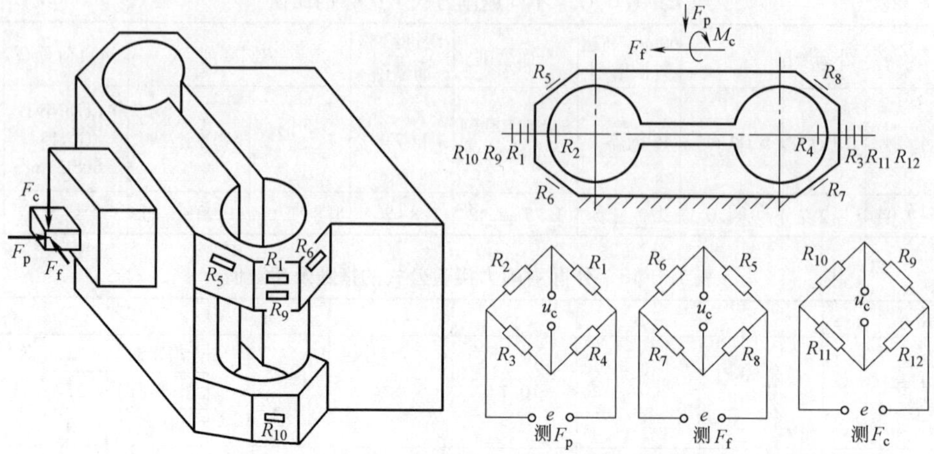

图 1.6-4 八角环切削测力仪的结构和工作原理

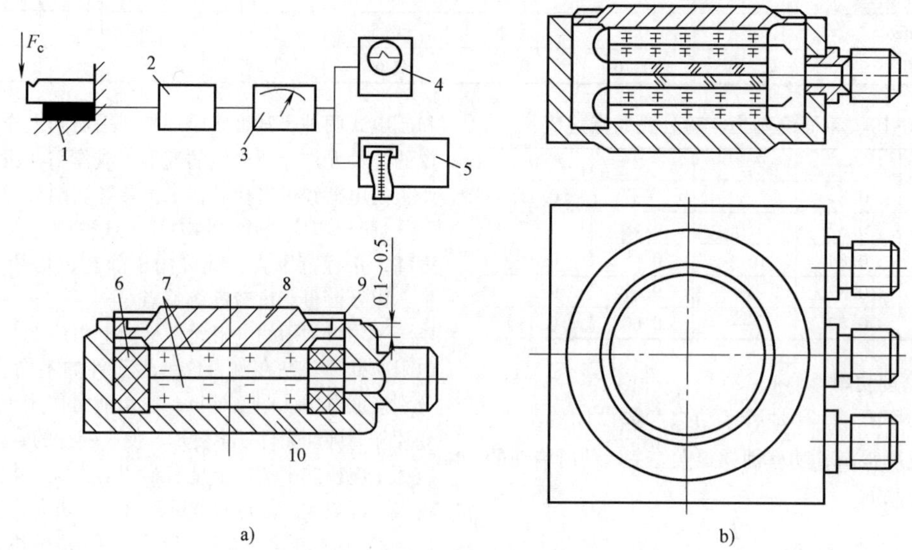

图 1.6-5 压电式切削测力仪的结构和工作原理

a）单向测力传感器及测力系统 b）三向切削测力仪

1—压电传感器 2—电荷放大器 3—电压表 4—示波器 5—记录仪

6—聚四氟乙烯套 7—压电晶片 8—盖 9—焊缝 10—基座

1.7 切削热和切削温度

1.7.1 切削热的产生与传出

1. 切削热的产生

在刀具的作用下被切削材料发生弹性和塑性变形时产生的力所做的功、切屑与刀具前刀面和工件与刀具后刀面之间的摩擦力所做的功，除了用于形成新表面，其他将转变成热能，使得切削区的温度升高。切削时共有三个产生热量的区域，即剪切滑移区、切屑和刀具前刀面接触区、工件表面与刀具后刀面接触区，如图 1.7-1 所示。

切削热主要来自下述三个方面：

① 单位时间内被切削层材料剪切滑移区的弹、塑性滑移功转变的热 Q_b。

② 单位时间内刀具前刀面与切屑底部摩擦所产

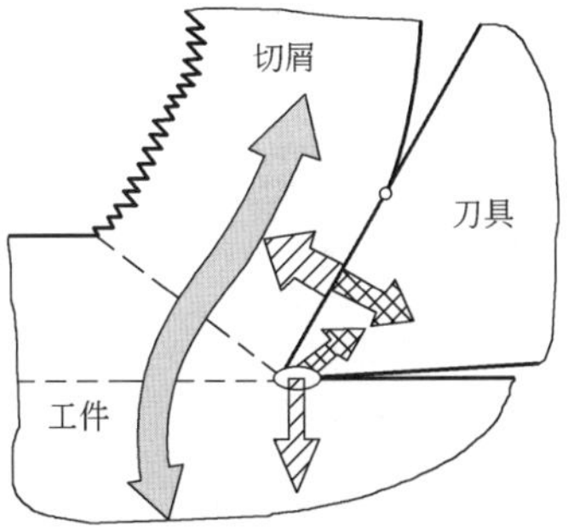

图 1.7-1　切削热的产生与传出

生的热 Q_q。

③ 单位时间内刀具后刀面与工件表面摩擦所产生的热 Q_h。

因此，切削过程中单位时间内所产生的热量 Q 为

$$Q = Q_b + Q_q + Q_h$$

切削塑性材料时，变形和摩擦都比较大，所以发热较多。切削速度提高时，因切屑的变形系数 ξ 下降，所以塑性变形产生的热量百分比降低，而摩擦产生热量的百分比增高。切削脆性材料时，后刀面上摩擦产生的热量在切削热中所占的百分比增大。

2. 切削热的传出

如图 1.7-1 所示，切削区所产生的热量分别被切屑、工件、刀具和周围介质传出去。因此，在热平衡状态下，单位时间内所产生的热量等于切屑、工件、刀具和周围介质所传出的热量，即

$$Q = Q_{ch} + Q_t + Q_w + Q_m$$

式中　Q_{ch}——单位时间内传给切屑的热量；

Q_t——单位时间内传给刀具的热量；

Q_w——单位时间内传给工件的热量；

Q_m——单位时间内传给周围介质的热量。

各部分传出热量的百分比，随不同的工件材料、刀具材料、切削用量、刀具几何角度及加工方式而不同。

工件材料的导热性能是影响热量传导的重要因素。工件材料的热导率越低，通过工件和切屑传出去的切削热量越少，切削产生的热量不易传出，切削温度因而随之升高，刀具就容易磨损。

刀具材料的热导率较高时，切削热易从刀具方面导出，切削区域温度随之降低，这有利于刀具使用寿命的提高。

切削时所用的切削液及浇注方式的冷却效果越好，则切削区域的温度越低。

在干切削条件下，通常大部分切削热由切屑带走，其次为工件和刀具，周围介质传出的热量则最少。例如：车削工件时，切屑带走的切削热为 50%～86%，车刀传出 10%～40%，工件传出 3%～9%，周围介质（空气）传出 1%；钻孔加工时，切屑带走 28%的切削热，刀具传出 14.5%，工件传出 52.5%，周围介质传出 5%。

切屑与刀具接触时间的长短，也影响刀具的切削温度。外圆车削时，切屑形成后迅速脱离车刀而落入机床的容屑盘中，故切屑的热传给刀具不多。钻削或其他半封闭式容屑的切削加工，切屑形成后仍与刀具及工件相接触，切屑将所带的切削热再次传给工件和刀具，使切削温度升高。

1.7.2　切削热的计算

对于磨损较小的刀具，后刀面与工件的摩擦较小，所以在计算切削热时，如果忽略后刀面的摩擦功所转化的热量和以形成新表面及晶格扭曲等形式消耗的能量，则切削时所做的功等于单位时间内产生的热量，故单位时间内产生的切削热可按下式计算：

$$Q = F_c v_c \quad (1.7\text{-}1)$$

在用硬质合金车刀车削 $R_m = 0.637\text{GPa}$ 的结构钢时，将切削力 F_c 的表达式代入后，得

$$Q = C_{F_c} a_p f^{0.75} v_c^{0.85} K_{F_c} \quad (1.7\text{-}2)$$

由式（1.7-2）可知：切削用量中，a_p 增加一倍时，Q 相应地成比例增大一倍，因而切削热也增大一倍；切削速度 v_c 的影响其次，进给量 f 的影响最小；其他因素对切削热的影响和它们对切削力的影响完全相同。

1.7.3　切削温度及其计算

1. 切削温度及其分布

切削过程中，某时刻工件、切屑、刀具上各点的温度通常是不相同的，而且温度的分布（即温度场）也是随时间而变化的。一般说的切削温度，是指前刀面与切屑接触区域的平均温度。

切削温度场通常采用实测的方法求出。图 1.7-2 是切削低碳易切钢时用红外照相法从刀具侧面测得的温度分布，图 1.7-3 是切削不同工件材料时正交平面内前、后刀面上的温度分布。

由图 1.7-2 和图 1.7-3 可见，切削温度的分布具有下述特征：沿剪切面方向各点温度几乎相同，垂直于剪切面方向上的温度梯度很大；前刀面和后刀面上的最高温度都不在刀刃上，而是在离刀刃有一定距离的地方；工件材料的脆性越大，则最高温度所在点离刀刃越近；在垂直于前刀面方向上的温度梯度亦很大，离开前刀面 0.1～0.2mm 处温度就已降低很多；工件材料的热导率越低（如钛合金），则刀具前、后

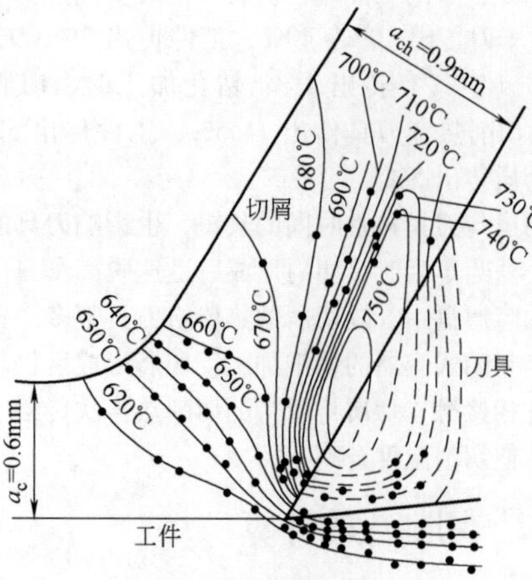

图 1.7-2　温度场分布

工件材料：低碳易切钢；$\gamma_o=30°$，$\alpha_o=7°$；$a_c=0.6$mm，$v_c=22.86$m/min，干切削，预热温度至611℃

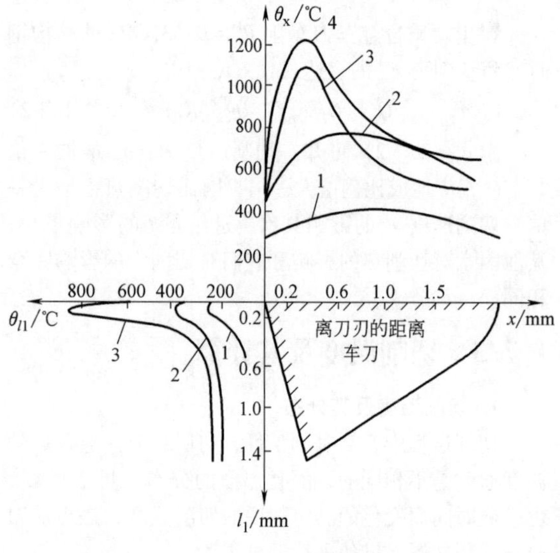

图 1.7-3　切削不同工件材料时正交平面内前、后刀面上的温度分布

$v_c=30$m/min　$f=0.2$mm/r

1—45 钢-YT15　2—GCr15-YT14　3—钛合金-YG8　4—BT2-YT15

刀面的温度越高，最高温度点距刀刃也越近。后刀面的接触长度较小，因此温度的升降是在极短时间内完成的。加工表面受到的是一次热冲击。

2. 切削温度的计算

前刀面的平均温度可近似地认为是剪切面的平均温度与刀屑接触面摩擦温度之和。由于切削热的产生和传出过程非常复杂，切削温度的计算难度非常大，尽管发展了许多理论计算方法，但要准确计算尚有困难，下面几种方法供参考。

(1) 剪切面的平均温度$\bar{\theta}_s$ (M. C. Shaw 理论)

$$\bar{\theta}_s=\frac{R_1q_s(h_Db_D\cos\phi)}{c_1\rho_1(v_ch_Db_D)}+\theta_0=\frac{R_1u_S}{c_1\rho_1}+\theta_0$$

或

$$\bar{\theta}_s=\frac{0.754\dfrac{(1-R_1)q_sh_D}{2\sin\phi}}{k_1\sqrt{\dfrac{\dfrac{v_c\cos\gamma_o}{\cos(\phi-\gamma_o)}\dfrac{h_D}{2\sin\phi}}{2\omega_1}}}+\theta_0$$

$$=0.754\frac{(1-R_1)q_s}{k_1}\sqrt{\frac{\omega_1h_D\cos(\phi-\gamma_o)}{v\cos\gamma_o\sin\phi}}+\theta_0$$

式中　R_1——剪切面产生的热量流入切屑的比例；
q_s——剪切面上单位时间单位面积产生的热量；
h_D——切削厚度；
b_D——切削宽度；
ϕ——剪切角；
θ_0——环境温度；
c_1——$\theta_0\sim\bar{\theta}_s$ 间工件材料温度升高时的比热容；
ρ_1——工件材料的密度；
u_S——单位切削体积的剪切功；
v_c——切削速度。

式中的 q_s 可按下式求得：

$$q_s=U'_S=\frac{F_Sv_S}{h_Db_D}\sin\phi=u_Sv_c\sin\phi$$

式中　F_S——作用在剪切面上的剪切力；
v_S——剪切面上的剪切速度；
U'_S——剪切面上单位面积单位时间消耗的功。

式中的 R_1 可按下式求得：

$$R_1=\frac{1}{1+1.33\sqrt{\dfrac{\omega_1\varepsilon}{va_c}}}$$

式中　ε——剪切区的相对滑移，$\varepsilon=\dfrac{\cos\gamma_o}{\sin\phi\cos(\phi-\gamma_o)}$；
ω_1——工作材料的导温系数。

(2) 刀具前刀面的平均温度

前刀面接触区的平均温度$\bar{\theta}_t$ 为

$$\bar{\theta}_t=\bar{\theta}_s+\bar{\theta}_f=\bar{\theta}_s+\frac{0.377R_2q_\gamma l_f}{\kappa_2\sqrt{L_2}}$$

式中　$\bar{\theta}_s$——剪切面的平均温度；
$\bar{\theta}_f$——前刀面因切屑摩擦所造成的温升，

$$\bar{\theta}_f=\frac{0.754R_2q_\gamma\dfrac{l_f}{2}}{\kappa_2\sqrt{L_2}};$$

R_2——前刀面产生的热量流入切屑的比例；

q_γ——前刀面上单位时间单位面积产生的热量；

l_f——刀屑接触长度；

κ_2——温度为（$\bar{\theta}_s+\bar{\theta}_f$）时切屑的热导率。

式中的 q_γ 可按下式求得：

$$q_\gamma = \frac{u_\gamma v_c a_c}{l_f} = q_\gamma = \frac{F_f v_{ch}}{l_f a_w}$$

式中　u_γ——单位切削体积的摩擦功，$u_\gamma = \dfrac{F_f v_{ch}}{v a_c a_w}$；

F_f——前刀面摩擦力；

v_{ch}——切屑速度，$v_{ch} = \dfrac{v_c}{\xi}$。

式中的 R_2 可按下式求得：

$$R_2 = \frac{q_\gamma \dfrac{l_f}{\kappa_3} A - \bar{\theta}_s + \theta_0}{q_\gamma \dfrac{l_f}{\kappa_3} A + q_\gamma \dfrac{0.377 l_f}{\kappa_2 \sqrt{L_2}}}$$

式中　A——与热源尺寸 m/l 有关的形状系数，自由切削 $m/l = a_w/2l_f$，非自由切削 $m/l = a_w/l_f$；

κ_3——刀具材料在温度为（$\bar{\theta}_s+\bar{\theta}_f$）时的热导率。

式中的 L_2 可按下式求得：

$$L_2 = \frac{v_{ch} l_f/2}{2\omega_2}$$

式中　ω_2——温度为（$\bar{\theta}_s+\bar{\theta}_f$）时切屑的导温系数，$\omega_2 = \dfrac{\kappa_2}{c_2 \rho_2}$；

ρ_2、c_2——温度为（$\bar{\theta}_s+\bar{\theta}_f$）时切屑的密度与比热容。

如果假设 R_1、R_2 及剪切角 ϕ 都不变，则由 $\bar{\theta}_s$ 和 $\bar{\theta}_t$ 的表达式，可得出影响 $\bar{\theta}_s$ 和 $\bar{\theta}_t$ 的因素关系式：

$$\bar{\theta}_s - \theta_0 \propto \frac{u_s}{\rho_1 c_1}$$

$$\bar{\theta}_t - \bar{\theta}_s \propto \frac{K_c v_c^{0.5} a_c^{0.5}}{\kappa_2^{0.5} \rho_2^{0.5} c_2^{0.5}}$$

式中　K_c——单位切削力（N/mm^2）。

1.7.4　影响切削温度的因素

影响切削温度的因素包括以下几方面：

1）工件材料。工件材料的强度和硬度越高，产生的切削热就越多，因而切削温度就越高；工件材料的热导率越小，传热速度越慢，切削温度也越高。一般合金钢强度大于碳素钢，而热导率又低于碳素钢，所以在相同条件下，切削温度要高许多。

铸铁等脆性金属材料切削时的塑性变形和摩擦都较小，产生的热量少，故切削温度一般比切削碳素钢低。

2）切削用量。切削用量中对切削温度影响最大的是切削速度，其次是进给量，而背吃刀量影响最小。例如，用 YT15 刀具车削 45 钢（正火）时，切削速度增加一倍，切削温度升高 20%～30%；进给量增加一倍，切削温度约升高 10%；而背吃刀量增加一倍，切削温度仅升高 3%。

3）刀具几何参数。刀具几何参数中对切削温度影响较大的是前角和主偏角。切削温度随前角 γ_o 的增大而降低，在前角由 10°增大至 18°范围内，切削温度的降低最为明显。前角继续增大到 25°时，因刀头散热体积减小，切削温度的降低减缓。

减小主偏角，切削层宽度增大、厚度减小，又因刀头散热体积增大，故切削温度下降。

4）刀具磨损。切削温度随着刀具的磨损而逐步升高。在后刀面的磨损值达到一定数值后，其对切削温度的影响增大，而且切削速度越高，影响越显著。

5）切削液。在切削过程中，使用切削液不但由于降低摩擦可以减少热量的产生，而且切削液的流动可以带走一部分热量，从而使切削温度降低。切削液的温度、导热性能、比热容、流量和浇注方式对切削温度均有很大影响。从导热性能来看，油类切削液不如乳化液，乳化液不如水基切削液。

1.7.5　切削温度的测量

切削温度的测量方法很多，大致可分类如下：

切削温度测定法
- 热电偶法
  - 人工热电偶法
  - 自然热电偶法
- 辐射温度计法
  - 辐射热计法
  - PbS 电池法
  - 锗光电二极管法
  - 红外线干板法
  - 红外线胶片法
- 其他方法
  - 热敏颜料法
  - 热敏电阻法
  - 量热计法
  - 金属组织观察法

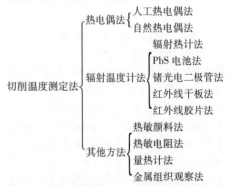

目前应用较广而且简单可靠的测量切削温度的方法是自然热电偶法和人工热电偶法。

1）自然热电偶法。利用化学成分不同的工件和刀具材料组成热电偶的热端，工件和刀具引出端保持室温形成热电偶的冷端，由回路中产生的热电动势对照标定曲线，便可求得刀具与工件接触面上切削温度的平均值。图 1.7-4 是在车床上利用自然热电偶法来测量切削温度的装置示意图。其中刀具和工件应与机床绝缘。

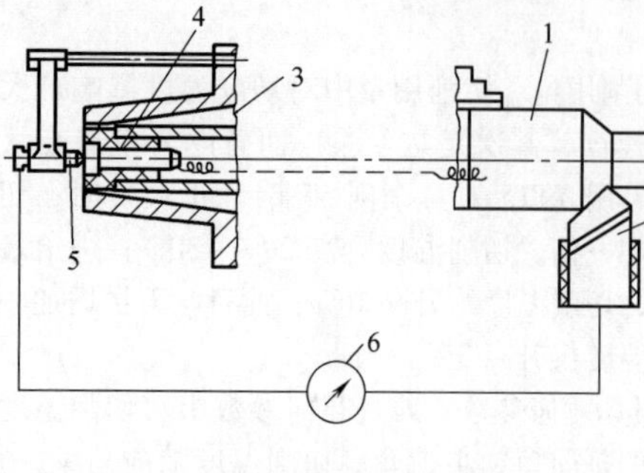

图 1.7-4　在车床上利用自然热电偶法来测量切削温度的装置示意图
1—工件　2—车刀　3—车床主轴尾座
4—铜销　5—铜顶尖　6—测量仪表

2）人工热电偶法。如图 1.7-5 所示，用两种预先经过标定的金属丝组成热电偶，热端固定在刀具（或工件）要测量的点上，冷端经导线串接在毫伏计上，由测得的数值对照标定曲线，便可得到测量点的温度。

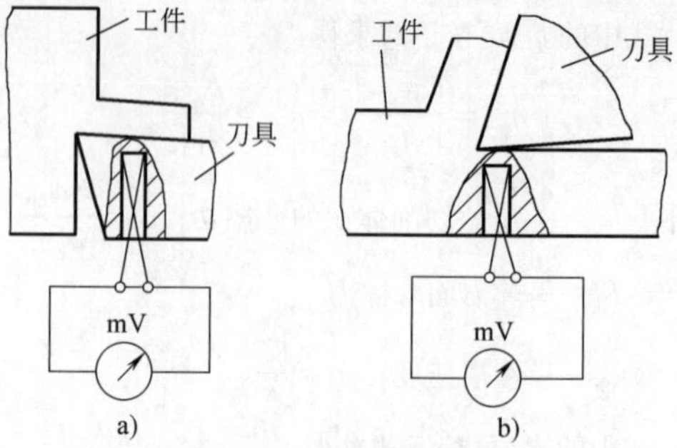

图 1.7-5　人工热电偶法测量工件、刀具的温度
a）测量刀具的温度　b）测量工件的温度

1.8　刀具使用寿命与切削用量的选择

1.8.1　刀具的失效形式、磨损原因

刀具在切削过程中，要承受很大的压力、很高的温度和剧烈的摩擦，在使用一段时间后其切削性能大幅度下降或完全丧失切削能力而失效。刀具失效后，使工件加工精度降低，表面粗糙度值增大，并导致切削力加大、切削温度升高，甚至产生振动，不能继续正常切削。只有更换新的刀具或重新刃磨切削刃才能使切削过程继续正常进行。刀具失效形式有正常磨损和非正常磨损（破损）两类。通常所说的磨损一般是指刀具的正常磨损。

1. 刀具正常磨损形态及磨损原因

（1）刀具磨损形态

切削过程中，刀具在高温和高压条件下，受到工件、切屑的剧烈摩擦，使刀具的磨损具有以下特点：

① 摩擦接触表面是活性很高的新鲜表面。

② 摩擦接触的温度很高，可达 800~1000℃。

③ 摩擦接触面之间的接触压应力很大，可达 2GPa 以上。

④ 磨损速度很快，刀具的磨损通常是机械、化学和热效应综合作用的结果。

刀具在前、后刀面及刃口边界接触区域内产生磨损，这种现象称为刀具的正常磨损。这种磨损是连续的逐渐磨损，随切削时间增加磨损逐渐扩大。磨损形态有前刀面磨损（月牙洼磨损）、后刀面磨损、边界磨损，如图 1.8-1 所示。表 1.8-1 为不同磨损形态产生的条件和特点。

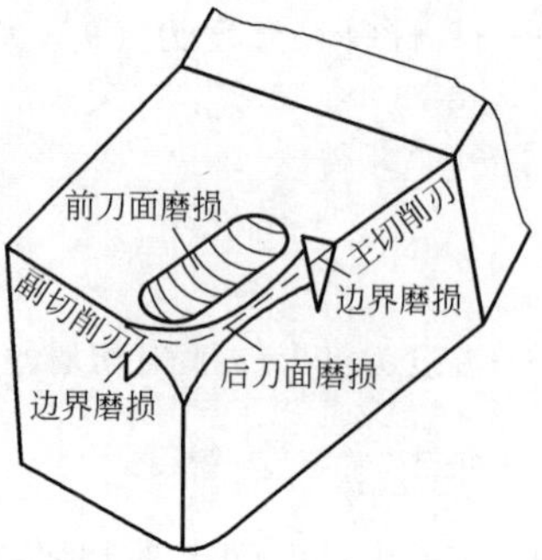

图 1.8-1　刀具磨损形态

（2）刀具磨损原因

不同的刀具材料在不同的使用条件造成磨损的主要原因是不同的。刀具正常磨损的原因主要有磨料磨损（机械磨损、硬质点磨损）、黏着磨损、扩散磨损、化学磨损及其他磨损。各种磨损的原因说明、举例见表 1.8-2。

2. 刀具破损及破损原因

在生产中，常会出现刀具突然崩刃、卷刃或刀片碎裂，使刀具提前失去切削能力，这种现象被称为刀具破损。破损相对于磨损而言可认为是一种非正常的磨损。刀具的破损原因很复杂，主要有：

① 刀具材料的韧度或硬度太低。

② 刀具的几何参数不合理，使刃部强度过低或受力过大。

表 1.8-1　不同磨损形态产生的条件和特点

磨损形态	产生条件	磨损特点
后刀面磨损 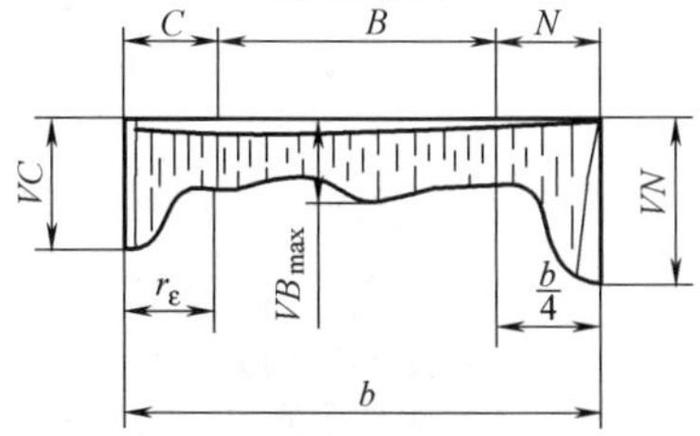	在切削脆性金属，或以较低速度及较小切削厚度切削塑性材料时，刀具后刀面与已加工表面之间产生强烈的摩擦，后刀面上毗邻切削刃的地方被磨损，形成一段后角为零的磨损带，这种磨损形式称之为后刀面磨损	后刀面磨损是不均匀的，分为三个区，由刀尖向刀身方向分别为 C、B、N，相应的磨损量为 VC、VB、VN。其中，VC：磨损较大，因为刀尖强度差，散热条件差；VB：磨损均匀，与刀尖相比，强度、散热相对较好；VN：磨损大，因其靠近前一道工序加工后产生的加工硬化层，或毛坯表面的硬层
前刀面磨损（月牙洼磨损） 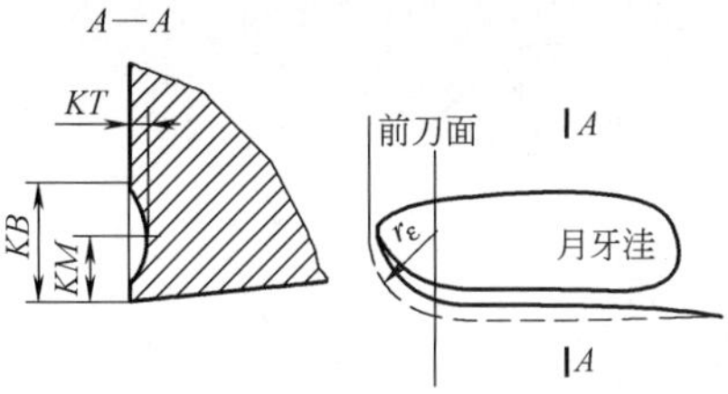	常发生于加工塑性金属时，切削速度较高和切削厚度较大的情况下，刀具前刀面的摩擦大、温度高，切屑在刀具的前刀面上磨出月牙形凹坑	在磨损过程中，初始磨损点与切削刃之间有一条小窄边，随着切削时间的延长，磨损点扩大形成月牙洼，并逐渐向切削刃方向扩展，使切削刃强度随之削弱，最后导致崩刃。月牙洼处即切削温度最高点
边界磨损 见图 1.8-1	切削塑性金属，采用中等切削速度和中等进给量或加工铸锻件等外皮粗糙的工件时多发生这种磨损	主切削刃靠近工件表面处以及副切削刃靠近刀尖处

表 1.8-2　刀具磨损原因

磨损形式	原因说明、举例
磨料磨损	由于工件材料中有比基体硬得多的硬质点，这些硬质点在刀具表面刻出沟痕而形成磨料磨损。这种磨损存在于任何切削速度的切削加工中。但对于低速切削的刀具（如拉刀、板牙等）而言，磨料磨损是磨损的主要因素。这种磨损不但发生在前刀面上，后刀面上也会发生。一般是软刀具材料（高速钢、YG 类高 Co 刀具）的主要磨损形式
黏着磨损	黏附是冷焊和熔焊的总称。在摩擦副的实际接触面上，在极大的法向压力下产生塑性变形而发生黏附——冷焊；在切削高温区，材料软化而处于易变形状态，由于原子的热运动作用，原子克服它们之间的位能壁垒，使两种金属互溶的可能性增大，从而发生黏附——熔焊 在切削过程中，两摩擦面由于有相对运动，黏结点将产生撕裂，被对方带走，即造成黏着磨损，这种磨损主要发生在中等切削速度范围内。黏着层的形成是随着切削时间的递增而变化的，到一定程度就发生黏着、撕裂，再黏着、再撕裂的周期循环。其撕裂的部位是从切屑向刀具材料方向发展。当切削刃上发生大面积的撕裂时，刀具就会突然失去切削能力。影响刀具黏着磨损的主要因素除了化学反应外，接触区的温度和应力对刀具的磨损起着决定性作用，这种磨损是任何刀具材料都会发生的磨损形式
扩散磨损 硬质合金与钢之间的扩散	在高温下，刀具材料与工件材料的成分产生互相扩散，造成刀具材料性能的下降，导致刀具的磨损加速，这种磨损是硬质合金刀具磨损的主要形式，是加剧刀具磨损的一种原因。它常与黏着磨损同时产生，产生条件如下： 1）切屑与刀具材料表面的亲和力。如 WC 在较高温度下与 Fe 易发生反应，而 TiC 则易与含 Ti 的高温合金发生反应，Al_2O_3 则惰性较大不易发生反应 2）接触表面之间的温度较高

（续）

磨损形式	原因说明、举例
化学磨损	在切削过程中，由于切削区的温度很高，而使空气中的氧极易与硬质合金中的Co、WC、TiC发生氧化反应，使刀具材料的性能下降，一般在700~800℃时易发生，其磨损速度主要取决于氧化膜的黏附强度，强度高则磨损慢。该磨损易发生于边界上
其他磨损	在较高温度下，不同材料之间产生热电势，从而加速材料之间的元素扩散，导致刀具材料性能的下降 热裂磨损：在有周期性热应力情况下，因疲劳而产生的一种磨损。一般易发生于高温切削条件下的脆性刀具材料及其边界上 一般产生于800℃以上（硬质合金）。在高温作用下，刀具材料表层产生塑性流动，使切削刃和刀尖产生变形失效

③ 切削用量选得过大，造成切削力过大，切削温度过高。

④ 硬质合金刀片在焊接或刃磨时，因骤冷骤热产生过大的热应力，使刀片出现微裂纹。

⑤ 操作不当或加工情况异常，使刀刃受到突然的冲击或热应力而导致崩刃。

刀具的破损有早期和后期（加工到一定时间后的破损）两种。刀具破损的形式分脆性破损和塑性破损两种。硬质合金和陶瓷刀具在切削时，在机械和热冲击作用下，经常发生脆性破损。脆性破损又分为崩刃、碎断、剥落、裂纹。

1.8.2 刀具磨损过程、磨钝标准、使用寿命

1. 刀具磨损过程

根据切削试验，可得图1.8-2所示的刀具磨损过程的典型磨损曲线，后刀面的平均磨损量*VB*随切削时间的增长而增大。刀具磨损过程可分为三个阶段：初期磨损阶段、正常磨损阶段、剧烈磨损阶段。刀具磨损过程的说明见表1.8-3。

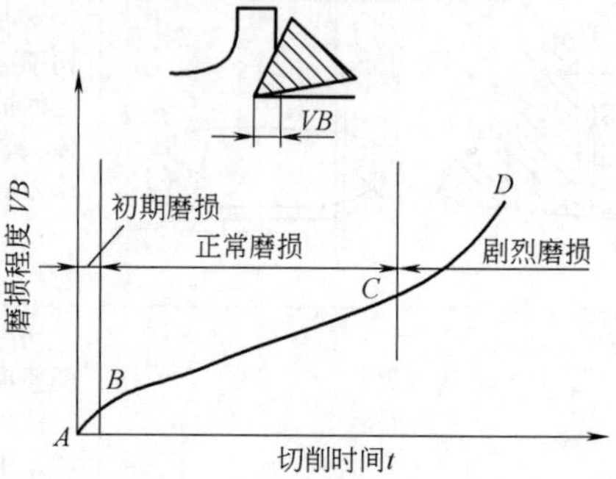

图1.8-2 刀具磨损过程曲线

2. 磨钝标准

刀具磨损量的大小直接影响切削力、切削热、切削温度及工件的加工质量。从刀具磨损过程曲线可知，刀具的合理使用，应该控制在刀具产生剧烈磨损前必须重磨或更换新刀刃。刀具后刀面的磨损对加工精度和切削力的影响较前刀面更为显著。由于后刀面磨损量比较容易测量，因此在刀具管理和金属切削研究中，都以后刀面磨损量大小来制定磨钝标准。通常说的磨钝标准是指后刀面磨损带中间平均磨损量*VB*

表1.8-3 刀具磨损过程的说明

磨损阶段	图中位置	说明
初期磨损阶段	*AB*段	该阶段磨损过程较快，时间短。因新刃磨好的刀具表面尖峰突出，刀具后刀面与加工表面间接触面积小，压强很大，造成尖峰很快被磨损，使后刀面磨损速度很快。随着磨损量的增加，接触面积逐渐增大、压强减小，使后刀面磨损速度变缓
正常磨损阶段	*BC*段	随着切削时间增长，刀具表面经前期的磨损，峰点基本被磨平，表面的压强趋于均衡，刀具的磨损量*VB*随时间的延长而均匀地增加，切削较平稳，是刀具工作的有效阶段。*BC*段基本上呈直线，即磨损强度①近似为常数
剧烈磨损阶段	*CD*段	经正常磨损阶段后，磨损量达到一定数量值进入*C*点后，刀刃已变钝，切削力、切削温度急剧升高，磨损原因发生了质变，刀具表层疲劳，刀具强度、硬度降低，磨损量*VB*剧增，刀具很快失效。在该阶段切削，既不能保证加工质量，刀具材料消耗又多，甚至崩刃而完全丧失切削能力。所以该阶段前一定要重新刃磨或换刀

① 磨损强度指单位时间内的磨损量。

允许达到的最大值，以符号 VB 表示。

VB 对切削加工的影响很大，特别是对 F_p 更明显；对加工精度也有影响。当 $VB=0.4$mm 时，F_p 增加 12%~30%；当 $VB=0.8$mm 时，F_p 增加 25%~50%。

在 ISO 标准中，供做研究用推荐的高速钢和硬质合金刀具磨钝标准如下：

① 在后刀面 B 区内均匀磨损 $VB=0.3$mm。

② 在后刀面 B 区内非均匀磨损 $VB_{max}=0.6$mm。

③ 月牙洼深度标准 $KT=0.06\text{mm}+0.3f$（f 的单位为 mm/r）。

④ 精加工时根据需要达到的表面粗糙度等级确定。

由于加工条件不同，磨钝标准也不同，实际生产中磨钝标准应根据加工要求制定。

粗加工磨钝标准是根据能使刀具切削时间与可磨或可用次数的乘积最大为原则确定的，从而能充分发挥刀具的切削性能，该标准也称为经济磨损限度。

精加工磨钝标准是在保持工件加工精度和表面粗糙度条件下制定的，因此 VB 值较小，该标准也称为工艺磨损限度。

表 1.8-4~表 1.8-6 为车刀、铣刀、钻头、扩孔钻、铰刀的磨钝标准，供选用时参考。

表 1.8-4　车刀的磨钝标准

车刀类型	刀具材料	加工材料	加工性质	后刀面最大磨损限度/mm
外圆车刀、端面车刀、镗刀	高速钢	碳钢、合金钢、铸钢、有色金属	粗车	1.5~2.0
			精车	1.0
		灰铸铁、可锻铸铁	粗车	2.0~3.0
			精车	1.5~2.0
		耐热钢、不锈钢	粗、精车	1.0
	硬质合金	碳钢、合金钢	粗车	1.0~1.4
			精车	0.4~0.6
		铸铁	粗车	0.8~1.0
			精车	0.6~0.8
		耐热钢、不锈钢	粗、精车	0.8~1.0
		钛合金	精、半精车	0.4~0.5
		淬硬钢	精车	0.8~1.0
切槽及切断刀	高速钢	钢、铸钢	—	0.8~1.0
		灰铸铁		1.5~2.0
	硬质合金	钢、铸钢		0.4~0.6
		灰铸铁		0.6~0.8
成形车刀	高速钢	碳钢	—	0.4~0.5

表 1.8-5　铣刀的磨钝标准

(1)高速钢铣刀

铣刀类型		后刀面最大磨损限度/mm					
		钢、铸钢		耐热钢		铸铁	
		粗铣	精铣	粗铣	精铣	粗铣	精铣
圆柱形铣刀和圆盘铣刀		0.40~0.60	0.15~0.25	0.50	0.20	0.50~0.80	0.20~0.30
面铣刀		1.20~1.80	0.30~0.50	0.70	0.50	1.50~2.00	0.30~0.50
立铣刀	$d_0\leqslant15$mm	0.15~0.20	0.10~0.15	0.50	0.40	0.15~0.20	0.10~0.15
	$d_0>15$mm	0.30~0.50	0.20~0.25			0.30~0.50	0.20~0.25
切槽铣刀和切断刀		0.15~0.20	—	—	—	0.15~0.20	—
成形铣刀	尖齿	0.60~0.70	0.20~0.30	—	—	0.60~0.70	0.20~0.30
	铲齿	0.30~0.40	0.20			0.30~0.40	0.20
扇形圆锯片		0.50~0.70		—		0.60~0.80	

(2)硬质合金铣刀

铣刀类型	后刀面最大磨损限度/mm	
	钢、铸钢	铸铁
	粗、精铣	粗、精铣
圆柱形铣刀	0.5~0.6	0.7~0.8

（续）

(2)硬质合金铣刀			
铣刀类型		后刀面最大磨损限度/mm	
		钢、铸钢	铸铁
		粗、精铣	粗、精铣
圆盘铣刀		1.0~1.2	1.0~1.5
面铣刀		1.0~1.2	1.5~2.0
立铣刀	带整体刀头	0.2~0.3	0.2~0.4
	镶螺旋形刀片	0.3~0.5	0.3~0.5

表 1.8-6　钻头、扩孔钻、铰刀的磨钝标准

刀具材料	加工材料	钻头		扩孔钻		铰刀	
		刀具直径/mm					
		≤20	>20	≤20	>20	≤20	>20
		后刀面最大磨损限度/mm					
高速钢	钢	0.4~0.8	0.8~1.0	0.5~0.8	0.8~1.2	0.3~0.5	0.5~0.7
	耐热钢、不锈钢	0.3~0.8		—			
	钛合金	0.4~0.5		—		—	
	铸铁	0.5~0.8	0.8~1.2	0.6~0.9	0.9~1.4	0.4~0.6	0.6~0.9
硬质合金	钢(扩孔)、铸铁	0.4~0.8	0.8~1.2	0.6~0.8	0.8~1.4	0.4~0.6	0.6~0.8
	淬硬钢	—		0.5~0.7		0.3~0.35	

3. 刀具使用寿命

(1) 刀具使用寿命的概念

刀具使用寿命是指刀具刃磨后开始切削，至磨损量达到磨钝标准为止的总切削时间，以 T 表示。刀具使用寿命还可以用达到磨钝标准所经历的切削路程 l_m 或加工出的零件数 N 表示。

在相同的切削用量和相同的磨钝标准时，刀具使用寿命越长，表示刀具磨损得越慢或切削性能越好。刀具使用寿命可以作为衡量工件材料可加工性的标准，衡量刀具材料切削性能的标准，衡量刀具几何参数合理性的标准。利用刀具使用寿命来控制磨损量 VB 值，比用测量 VB 的高低来判别是否达到磨钝标准要简便。

(2) 刀具使用寿命试验原理和泰勒公式

刀具使用寿命试验的目的是确定在一定加工条件下达到磨钝标准所需切削时间或研究一个或多个因素对使用寿命的影响规律。切削速度 v 是影响使用寿命 T 的重要因素。切削速度 v 是通过切削温度 θ 影响使用寿命 T 的。

切削速度 v 与刀具使用寿命 T 之间满足下列关系：

$$v = \frac{C}{T^m} \tag{1.8-1}$$

式中　C——与试验条件有关的系数；

m——v 对 T 影响程度指数。

式 (1.8-1) 称为刀具使用寿命方程式——泰勒公式。

当车削中碳钢和灰铸铁时，m 值大致如下：

高速钢车刀：$m=0.11$；

硬质合金焊接车刀：$m=0.2$；

硬质合金可转位车刀：$m=0.25\sim0.3$；

陶瓷车刀：$m=0.4$。

m 值越小，v 对 T 的影响越大。总的说来，切削速度对使用寿命的影响是很大的。例如，用硬质合金可转位车刀切削，当切削速度为 80m/min 时，刀具使用寿命 $T=60$min；而切削速度提高为 160m/min 时，计算得刀具使用寿命 $T=3.75$min。因此，切削速度增加 1 倍，刀具使用寿命缩减为原来的 6%左右。这是由于随着切削速度 v 的提高，切削温度升高很快，摩擦加剧，使刀具迅速磨损所致。

4. 刀具使用寿命选择原则

达到规定磨钝标准时的刀具使用寿命，随加工条件，特别是切削速度的不同而变化，应根据具体情况确定刀具的使用寿命数值。若规定使用寿命 T 值大，则切削用量应选得小，尤其是切削速度 v 要低，这会使生产率降低，成本提高；反之，规定使用寿命 T 值小，虽然允许高的切削速度 v，提高生产率，但会加速刀具磨损，增加装卸刀具的辅助时间。

所以，刀具使用寿命合理数值应根据生产率和加工成本制定。通常确定刀具使用寿命的方法有两种：一是最高生产率使用寿命；二是最低生产成本使用寿命。

（1）最高生产率使用寿命 T_p

这是指所确定的 T_p 能达到最高生产率，或者说，加工一个零件所用的时间最短。

加工一个零件的生产时间 t_{pr} 由下列几部分组成：

$$t_{pr} = t_m + t_1 + t_c \frac{t_m}{T} \quad (1.8\text{-}2)$$

式中　t_m——切削时间（min/件）；

t_1——辅助时间（min/件），包括装卸工件、刀具空行程时间等；

t_c——一次换刀所需时间（min/件）；

t_m/T——换刀次数。

例如，纵车外圆时工件的切削长度为 l，外径为 d_w，加工余量为 A，则所需的切削时间 t_m 为

$$t_m = \frac{l\pi d_w A}{1000 v f a_p}$$

$$v = \frac{C}{T^m}$$

将上述两式代入式（1.8-2）得

$$t_{pr} = \frac{l\pi d_w A T^m}{1000 a_p f C} + t_c \frac{l\pi d_w A T^{m-1}}{1000 a_p f C} + t_1$$

令　$$K = \frac{l\pi d_w A}{1000 a_p f C}$$

则有　$$t_{pr} = KT^m + Kt_c T^{m-1} + t_1$$

对上式微分，并令 $\frac{dt_{pr}}{dT}=0$，即可求出最高生产率使用寿命 T_p 为

$$T_p = \left(\frac{1-m}{m}\right) t_c \quad (1.8\text{-}3)$$

由式（1.8-3）可知，最高生产率使用寿命 T_p 决定于使用寿命指数 m 和换刀所需的时间 t_c。指数 m 大，使用寿命 T_p 值小，切削速度可提高，生产率高，选用陶瓷刀具切削就属此例；换刀时间 t_c 越短，换刀方便，可适当提高切削速度，减小使用寿命，也可提高生产率，因此大力推广可转位刀具具有重要的意义。

（2）最低生产成本使用寿命 T_c

这是指所确定的 T_c 能保证加工成本最低，亦即使加工每一个零件的成本最低。

每个零件平均加工成本 C_{pr} 为

$$C_{pr} = Mt_m + Mt_1 + Mt_c \frac{t_m}{T} + C_t \frac{t_m}{T} \quad (1.8\text{-}4)$$

式中　M——全厂每分钟开支分摊到每个零件的加工费用，包括工作人员开支和机床损耗等；

C_t——换刀一次所需费用，包括刀具、砂轮消耗和工人工资等。

上式可改写为

$$C_{pr} = KMT^m + KMt_c T^{m-1} + KC_t T^{m-1} + Mt_1$$

对上式微分，并令 $\frac{dC_{pr}}{dT}=0$，即可求出最低生产成本使用寿命 T_c 为

$$T_c = \frac{1-m}{m}\left(t_c + \frac{C_t}{M}\right) \quad (1.8\text{-}5)$$

从式（1.8-5）中看出，磨刀成本 C_t 高，可减少磨刀次数，增加换刀时间 t_c；全厂加工费用 M 高，可制订较短换刀时间 t_c，从而能提高切削速度，提高生产率。

比较最高生产率使用寿命 T_p 与最低生产成本使用寿命 T_c 可知：$T_c > T_p$。显然低成本允许的切削速度低于高生产率允许的切削速度。生产中常根据最低成本来确定使用寿命，而通常在完成紧急任务或提高生产率对成本影响不大等情况下，才选用最高生产率使用寿命。

确定各种刀具使用寿命时，可以按下列准则考虑：

① 根据刀具复杂程度、制造和磨刀成本来选择。复杂和精度高的刀具寿命应选得比单刃刀具高些。

② 可转位刀具切削刃转位迅速，更换简单，换刀时间短，为了充分发挥其切削性能，提高生产率，刀具寿命可选得低些，一般取 15~30min。

③ 精加工刀具切削负荷小，刀具磨损慢，刀具寿命可选得高些。

④ 对于装刀、换刀和调刀比较复杂的数控机床、多刀机床、组合机床与自动化加工刀具，刀具寿命应选得高些。

⑤ 当车间内某一工序的生产率限制了整个车间生产率的提高时，该工序的刀具寿命要选得低些；当某工序单位时间内所分担到的全厂开支 M 较大时，刀具寿命也应选得低些。

表 1.8-7~表 1.8-9 为车刀、钻头、扩孔钻、铰刀和铣刀的使用寿命，供选用时参考。

表 1.8-7　车刀的使用寿命

刀具材料	硬质合金	高速钢	
刀具类型	普通车刀	普通车刀	成形车刀
使用寿命 T/min	60	60	120

表 1.8-8 钻头、扩孔钻、铰刀的使用寿命

(1)单刃加工刀具使用寿命 T/min

<table>
<tr><th rowspan="2">刀具类型</th><th rowspan="2">加工材料</th><th rowspan="2">刀具材料</th><th colspan="8">刀具直径/mm</th></tr>
<tr><th><6</th><th>6~10</th><th>11~20</th><th>21~30</th><th>31~40</th><th>41~50</th><th>51~60</th><th>61~80</th></tr>
<tr><td rowspan="3">钻头(钻孔及扩孔)</td><td>结构钢、铸钢</td><td rowspan="2">高速钢</td><td>15</td><td>25</td><td>45</td><td>50</td><td>70</td><td>90</td><td>110</td><td></td></tr>
<tr><td>不锈钢、耐热钢</td><td>6</td><td>8</td><td>15</td><td>25</td><td></td><td></td><td></td><td></td></tr>
<tr><td>铸铁、铜合金、铝合金</td><td>硬质合金</td><td>20</td><td>35</td><td>60</td><td>75</td><td>110</td><td>140</td><td>170</td><td></td></tr>
<tr><td>扩孔钻(扩孔)</td><td>结构钢、铸钢、铸铁、铜合金、铝合金</td><td>高速钢及硬质合金</td><td></td><td></td><td>30</td><td>40</td><td>50</td><td>60</td><td>80</td><td>100</td></tr>
<tr><td rowspan="4">铰刀(铰孔)</td><td rowspan="2">结构钢、铸钢</td><td>高速钢</td><td></td><td></td><td>40</td><td colspan="2">80</td><td colspan="3">120</td></tr>
<tr><td>硬质合金</td><td></td><td>20</td><td>30</td><td>50</td><td>70</td><td>90</td><td>110</td><td>140</td></tr>
<tr><td rowspan="2">铸铁、铜合金、铝合金</td><td>高速钢</td><td></td><td></td><td>60</td><td colspan="2">120</td><td colspan="3">180</td></tr>
<tr><td>硬质合金</td><td></td><td></td><td>45</td><td>75</td><td>105</td><td>135</td><td>165</td><td>210</td></tr>
</table>

(2)多刃加工刀具使用寿命 T/min

<table>
<tr><th rowspan="2">最大加工孔径/mm</th><th colspan="5">刀具数量</th></tr>
<tr><th>3</th><th>5</th><th>8</th><th>10</th><th>≥15</th></tr>
<tr><td>10</td><td>50</td><td>80</td><td>100</td><td>120</td><td>140</td></tr>
<tr><td>15</td><td>80</td><td>110</td><td>140</td><td>150</td><td>170</td></tr>
<tr><td>20</td><td>100</td><td>130</td><td>170</td><td>180</td><td>200</td></tr>
<tr><td>30</td><td>120</td><td>160</td><td>200</td><td>220</td><td>250</td></tr>
<tr><td>50</td><td>150</td><td>200</td><td>240</td><td>260</td><td>300</td></tr>
</table>

表 1.8-9 铣刀的使用寿命 (min)

<table>
<tr><th colspan="2">铣刀直径/mm ≤</th><th>25</th><th>40</th><th>63</th><th>80</th><th>100</th><th>125</th><th>160</th><th>200</th><th>250</th><th>315</th><th>400</th></tr>
<tr><td rowspan="7">高速钢铣刀</td><td>细齿圆柱形铣刀</td><td></td><td></td><td>120</td><td colspan="2">180</td><td></td><td></td><td></td><td></td><td></td><td></td></tr>
<tr><td>镶齿圆柱形铣刀</td><td></td><td></td><td></td><td colspan="4">180</td><td></td><td></td><td></td><td></td></tr>
<tr><td>盘铣刀</td><td></td><td></td><td></td><td colspan="2">120</td><td colspan="2">150</td><td>180</td><td>240</td><td></td><td></td></tr>
<tr><td>面铣刀</td><td></td><td>120</td><td colspan="5">180</td><td colspan="2">240</td><td></td><td></td></tr>
<tr><td>立铣刀</td><td>60</td><td>90</td><td>120</td><td></td><td></td><td></td><td></td><td></td><td></td><td></td><td></td></tr>
<tr><td>切槽铣刀、切断铣刀</td><td></td><td></td><td></td><td>60</td><td>75</td><td>120</td><td>150</td><td>180</td><td></td><td></td><td></td></tr>
<tr><td>成形铣刀、角度铣刀</td><td></td><td colspan="3">120</td><td>180</td><td></td><td></td><td></td><td></td><td></td><td></td></tr>
<tr><td rowspan="4">硬质合金铣刀</td><td>面铣刀</td><td></td><td></td><td></td><td colspan="4">180</td><td colspan="2">240</td><td>300</td><td>420</td></tr>
<tr><td>圆柱形铣刀</td><td></td><td></td><td></td><td colspan="4">180</td><td></td><td></td><td></td><td></td></tr>
<tr><td>立铣刀</td><td>90</td><td>120</td><td>180</td><td></td><td></td><td></td><td></td><td></td><td></td><td></td><td></td></tr>
<tr><td>盘铣刀</td><td></td><td></td><td></td><td colspan="2">120</td><td>150</td><td>180</td><td>240</td><td></td><td></td><td></td></tr>
</table>

1.8.3 影响刀具使用寿命的因素

掌握刀具使用寿命的影响因素，合理调节各因素的相互关系，以保持刀具使用寿命的合理数值。

1. 切削用量对刀具使用寿命的影响

(1) 切削用量与刀具使用寿命经验公式

下式为刀具使用寿命经验公式：

$$T^m = \frac{C_v}{v a_p^{x_v} f^{y_v}} \tag{1.8-6}$$

上式主要用于在已知 f 和 a_p 时，在保证刀具使用寿命 T 数值合理的前提下，计算切削速度 v。根据刀具使用寿命合理数值 T 计算的切削速度称为刀具使用寿命允许的切削速度，用 v_T 表示，v_T 计算式为

$$v_T = \frac{C_v}{T^m a_p^{x_v} f^{y_v}} K_v \quad (1.8\text{-}7)$$

式中　C_v——与使用寿命试验条件有关的系数；

m、x_v、y_v——T、a_p 和 f 影响程度的指数；

K_v——切削条件与试验条件不同时的修正系数。

上述系数 C_v 和指数 m、x_v、y_v 可参考有关手册资料选取。

（2）切削用量的具体影响

根据 v、a_p 和 f 对 T 的影响程度可知，切削速度对使用寿命的影响最大，进给量次之，背吃刀量影响最小。这与三者对切削温度的影响规律是相同的，实质上切削用量对刀具磨损和刀具使用寿命的影响是通过切削温度起作用的。

当确定刀具使用寿命合理数值后，应首先考虑增大 a_p，其次增大 f，然后根据 T、a_p 和 f 的值计算出 v_T，这样既能保持刀具使用寿命，发挥刀具切削性能，又能提高切削效率。

以上刀具寿命经验公式具有局限性，首先只适用于一定范围内。若在更大的范围进行试验，则 T-v 关系曲线并不是单调函数（图 1.8-3）。

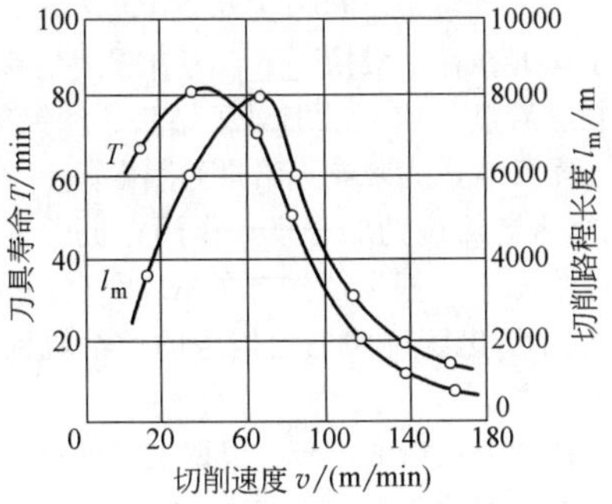

图 1.8-3　切削速度与刀具寿命和切削路程长度的关系

其次，由 v、a_p 和 f 选出的 T 不一定是最佳的，即某一个 v_{ci} 可得到 T_{max}，而从切削路程长度看也存在一个 v_{cj} 使得在选定的 VB 下有 l_{rmax}，但 $v_{ci} \neq v_{cj}$，说明根据最高的 T 选择切削用量，它的 l_p 不一定最长。若根据相对磨损量 VB_r 最小的观点来选切削用量就应按切削路程最长来选择，即每单位切削长度上的磨损最小。

再有，从零件加工精度考虑，VB 不一定能保证高的精度。要保证零件的精度必须以保证刀具尺寸寿命为依据。尺寸寿命是沿工件尺寸方向上刀具的磨损量 NB。

2. 其他因素对刀具使用寿命的影响

1）工件材料的影响。工件材料的强度、硬度、塑性等指标数值越高，导热性越差，则加工时切削温度越高，刀具使用寿命就会越短。

2）刀具材料的影响。刀具材料是影响刀具寿命的重要因素，合理选择刀具材料，采用涂层刀具材料和使用新型刀具材料是提高刀具寿命的有效途径。

3）刀具几何参数的影响。刀具使用寿命是衡量刀具几何参数合理和先进与否的重要标志之一。

对刀具使用寿命影响较大的是前角和主偏角。前角 γ_o 增大，切削温度降低，使用寿命提高；前角 γ_o 太大，刀刃强度低，散热差，且易于破损，故使用寿命 T 反而下降。因此，前角 γ_o 对刀具使用寿命 T 的影响呈“驼峰形”，它的峰顶前角 γ_o 值能使刀具使用寿命 T 最高，或刀具使用寿命允许的切削速度 v_T 最高。

减小主偏角、副偏角和增大刀尖圆弧半径，可改善散热条件，提高刀具强度和降低切削温度，从而提高刀具的使用寿命。

1.8.4　切削用量的合理选择

在确定了刀具几何参数后，还需选定合理的切削用量参数才能进行切削加工。

1. 切削用量的选择原则

（1）粗加工切削用量的选择

对于粗加工，在保证刀具一定使用寿命的前提下，要尽可能提高在单位时间内的金属切除量。由式（1.8-6）可知，切削用量各因素对刀具使用寿命的影响程度不同，切削速度对使用寿命的影响最大，进给量次之，背吃刀量影响最小。所以，在选择粗加工切削用量时，当确定刀具使用寿命合理数值后，应首先考虑增大 a_p，其次增大 f，然后根据 T、a_p 和 f 的值计算出 v_T，这样既能保持刀具使用寿命，发挥刀具切削性能，又能缩短切削时间，提高生产率。背吃刀量应根据加工余量和加工系统的刚性确定。

（2）精加工切削用量的选择

选择精加工或半精加工切削用量的原则是在保证加工质量的前提下，兼顾必要的生产率。进给量应根据工件表面粗糙度的要求来确定。精加工时的切削速度应避开积屑瘤区，一般硬质合金车刀采用高速切削。

大件精加工时，为保证至少完成一次走刀，避免切削时中途换刀，刀具使用寿命应按零件精度和表面粗糙度来确定。

2. 切削用量制定

切削用量制定的步骤：背吃刀量的选择—进给量的选择—切削速度的确定—校验机床功率。

(1) 背吃刀量的选择

背吃刀量 a_p 应根据加工余量确定。粗加工时，除留下精加工的余量外，应尽可能一次走刀切除全部粗加工余量，这样不仅能在保证一定的刀具使用寿命的前提下使 a_p、f、v 的乘积最大，而且可以减少走刀次数。在中等功率的机床上，粗车时背吃刀量可达 8~10mm；半精车（表面粗糙度值一般是 10~5μm）时，背吃刀量可取为 0.5~2mm；精车（表面粗糙度值一般是 2.5~1.25μm）时，背吃刀量可取为 0.1~0.4mm。

在加工余量过大或工艺系统刚度不足或刀片强度不足等情况下，应分成两次以上走刀。这时，应将第一次走刀的背吃刀量取大些，可占全部余量的 2/3~3/4，而使第二次走刀的背吃刀量小些，以使精加工工序获得较小的表面粗糙度值及较高的加工精度。

切削工件表层有硬皮的铸、锻件或不锈钢等冷硬较严重的材料时，应使背吃刀量超过硬皮或冷硬层，以避免使切削刃在硬皮或冷硬层上切削。

(2) 进给量的选择

背吃刀量选定以后，应进一步尽量选择较大的进给量 f，粗加工进给量一般根据经验参考相关表格选取，限制进给量的主要是切削力；半精加工和精加工时，限制进给量的主要是表面粗糙度。

若切削力很大、工艺系统刚性差、刀具尺寸过小等，则需进行一些验算。以粗车为例，应进行以下各项验算：

1）工件的挠度。切削轴类工件时，在切削力，主要是背向力 F_p 的作用下，工件将产生弯曲。弯曲形成的挠度可按下式计算：

$$f=\frac{F_p l_w^3}{KEJ} \tag{1.8-8}$$

式中 f——挠度，粗车时可允许 f=0.1~0.4mm，精车时可取 f 为直径公差的 1/5~1/4；

l_w——工件在两支承间的长度；

E——工件材料的弹性模量，对于中碳钢，E=200~220GPa；

J——工件的惯性矩，对于直径为 d_w 的工件，$J=0.05d_w^4$；

K——工件装夹方法系数，工件装夹在两顶尖之间时，K=70；工件一端装夹在卡盘中，一端顶在后顶尖上时，K=140；工件一端装夹在卡盘中，另一端悬伸时，K=3。

2）刀片的强度。硬质合金刀片强度允许的切削力 $[F_c]_t$ 可按下面的经验公式计算：

$$[F_c]_t = 340a_p^{0.77}c^{1.35}\left(\frac{\sin60°}{\sin\kappa_r}\right)^{0.8} \tag{1.8-9}$$

式中 c——刀片厚度（mm）；

a_p——背吃刀量（mm）；

κ_r——车刀主偏角。

3）刀杆的刚度。刀杆刚度所能承受的切削力 $[F_c]_J$ 可按下式计算：

$$[F_c]_J = \frac{3fE_sJ}{l^3} \tag{1.8-10}$$

式中 f——刀杆允许的挠度，粗车时可取 f=0.1mm，精车时可取 f=0.03~0.05mm；

E_s——刀杆材料的弹性模量，对碳素钢刀杆，E_s=200~220GPa；

J——刀杆的惯性矩，对长方形刀杆，若刀杆高度为 H，宽度为 B，则 $J=\frac{BH^3}{12}$；

l——刀杆伸出长度，一般 $l=(1\sim1.5)H$。

4）刀杆的强度。当刀杆按平面弯曲计算（忽略 F_p、F_f 的影响）时，刀杆所能承受的切削力 $[F_c]_b$ 可按下式计算：

$$[F_c]_b = \frac{BH^2\sigma_{bb}}{6l} \tag{1.8-11}$$

式中 σ_{bb}——刀杆材料允许的抗弯强度，对于中碳钢，σ_{bb} 可取为 0.2GPa。

对于车刀，在一般情况下，刀杆强度足够，不会成为限制进给量的因素。但对于钻头、丝锥等刀具，刀体的强度常常成为限制进给量的因素。

5）机床进给机构的强度。作用在机床进给机构上的是进给力 F_f。根据所选择的 α_p 及 f 计算出的进给力 F_f 应小于机床说明书上规定的进给机构所允许的最大进给力。

在半精加工和精加工时，根据工件材料、刀尖圆弧半径、刀具副偏角 κ'_r 减小时，加工表面粗糙度值较小，可选较大的进给量；当切削速度较高时，切削力较低，可适当增大进给量；当加工脆性材料时，易得到崩碎切屑，表面粗糙度值较大，应选较小的进给量。允许进给量的推荐值可查阅车、铣、钻等相关资料的有关表格。

(3) 切削速度的确定

当 a_p 与 f 选定后，应当在此基础上再选用最大的切削速度 v。此切削速度主要受刀具使用寿命的限制，但在较旧较小的机床上，限制切削速度的因素也可能是机床功率。因此，在一般情况下，可以先按刀具使用寿命来求出切削速度，然后再校验机床功率是否超载，并考虑修正系数，切削速度的计算式为

$$v=\frac{C_v}{T^m f^{y_v} a_p^{x_v}}K_v$$

a_p、f 及 T 值计算出的 v 值已列成切削速度选择表，可查到。

式中的 K_v 是修正系数，用它表示除 a_p、f 及 T 以外其他各因素对切削速度的影响。

$$K_v = K_{Mv}K_{sv}K_{tv}K_{krv}K_{rev}K_{kv}K_{Bv}$$

它们分别表示工件材料、毛坯表面状态、刀具材料、主偏角、刀尖圆弧半径、车削方式、刀杆尺寸对切削速度的修正系数，也就是对切削速度的影响。例如，工件材料硬度增大，在保证刀具使用寿命不变时，就必须降低切削速度，故工件材料硬度越大，K_{Mv} 就越小。又如刀具材料的耐热性能提高时，允许的切削速度提高，K_{tv} 增大。工件毛坯有外皮时，K_{sv} 应减小。

确定精加工及半精加工的切削速度时，还应注意避开积屑瘤生长的区域。

(4) 校验机床功率

切削用量选定后，应当校验机床功率是否过载。

切削功率 P_m 可按下式计算：

$$P_m = \frac{F_c v}{60\times1000}$$

式中，F_c 的单位为 N，v 的单位为 m/min。

机床的有效功率为

$$P'_E = P_E \times \eta_m$$

式中　P_E——机床电动机功率；

　　η_m——机床传动效率。

如果 $P_m < P'_E$，则所选的切削用量可用；否则应适当降低切削速度。

3. 数控加工切削用量的选择

1）背吃刀量 a_p。在机床、工件和刀具刚度允许的情况下，数控加工背吃刀量就等于加工余量，为了保证零件的加工精度和表面粗糙度，一般应留一定的余量进行精加工。数控机床的精加工余量可略小于普通机床。

2）切削宽度 b_D。一般与刀具直径 d 成正比，与背吃刀量成反比。经济型数控加工中，一般切削宽度的取值范围为 $b_D = (0.6\sim0.9)d$。

3）切削速度 v。提高 v 也是提高生产率的一个措施，但 v 与刀具寿命的关系比较密切。随着 v 的增大，刀具使用寿命急剧下降，故 v 的选择主要取决于刀具使用寿命。另外，切削速度与加工材料也有很大关系，例如用立铣刀铣削合金钢 30CrNi2MoVA 时，v 可采用 8m/min 左右；而用同样的立铣刀铣削铝合金时，v 可选 200m/min 以上。

4）主轴转速 n（r/min）。主轴转速一般根据切削速度 v 来选定。

数控机床的控制面板上一般备有主轴转速修调（倍率）开关，可在加工过程中对主轴转速进行整倍数调整。

5）进给速度 v_f。v_f 是数控机床切削用量中的重要参数，应根据零件的加工精度和表面粗糙度要求以及刀具和工件材料来选择。v_f 的增加也可以提高生产率。确定进给速度的原则：加工表面粗糙度要求低时，v_f 可选择得大些，一般在 100~200mm/min 范围内选取；在切断、加工深孔或用高速钢刀具加工时，宜选择较低的进给速度，一般在 20~50mm/min 范围内选取；当加工精度、表面粗糙度要求高时，进给速度应选小些，一般在 20~50mm/min 范围内选取；刀具空行程时，特别是远距离“回零”时，可以设定该机床数控系统设定的最高进给速度。在加工过程中，v_f 也可通过机床控制面板上的修调开关进行人工调整，但是最大进给速度要受到设备刚度和进给系统性能等的限制。

提高切削用量的途径如下：

① 采用切削性能更好的新型刀具材料。

② 在保证工件力学性能的前提下，改善工件材料加工性。

③ 改善冷却润滑条件。

④ 改进刀具结构，提高刀具制造质量。

1.9　工件材料的切削加工性

1.9.1　工件材料切削加工性的概念和衡量指标

工件材料切削加工性是指在一定切削条件下，对工件材料进行切削加工的难易程度。由于切削加工的具体情况和要求不同，材料的切削加工性有不同内容和含义。例如：粗加工时，要求刀具的磨损慢和加工生产率高；而在精加工时，则要求工件有高的加工精度和较小的表面粗糙度值，这两种情况下所指的切削加工难易程度是不相同的，因此切削加工性是一个相对的概念。

一般把切削加工性的衡量指标归纳为以下几个方面：

1）以加工质量衡量切削加工性。一般工件的精加工，以表面粗糙度衡量切削加工性，在相同切削条件下，易获得很小的表面粗糙度值的工件材料，其切削加工性高。

对于一些特殊精密零件以及有特殊要求的零件，

则以已加工表面变质层的深度、残余应力和硬化程度来衡量其切削加工性。因为变质层的深度、残余应力和硬化程度对零件尺寸和形状的稳定性以及导磁、导电的抗蠕变等性能有很大的影响。

2）以刀具寿命衡量切削加工性。以刀具寿命来衡量切削加工性，这是比较通用的。其中包括：

① 在保证相同刀具寿命的前提下，考察切削这种工件材料所允许的最大切削速度的高低。

② 在保证相同的切削条件下，看切削这种工件材料时刀具寿命数值的大小。

③ 在保证相同的切削条件下，看切削这种工件材料时达到刀具磨钝标准时所切除的金属体积的多少。

常用衡量切削加工性的指标：在相同刀具寿命的前提下，切削这种工件材料所允许的切削速度，以 v_T 表示。它的含义是：当刀具寿命为 T（min 或 s）时，切削该种工件材料所允许的切削速度值。v_T 越高，则工件材料的切削加工性越好。一般情况下可取 $T=60$min；对于一些难切削材料，可取 $T=30$min 或 $T=15$min。对于机夹可转位刀具，T 可以取得更小一些。如果取 $T=60$min，则 v_T 可以写成 v_{60}。

3）以单位切削力衡量切削加工性。在机床动力不足或机床—夹具—刀具—工件系统刚性不足时，常用这种衡量指标。

4）以断屑性能衡量切削加工性。在对工件材料断屑性能要求很高的机床，如自动机床、组合机床及自动线上进行切削加工时，或者对断屑性能要求很高的工序，如深孔钻销、盲孔镗削工序等，应采用这种衡量指标。

生产中通常使用相对加工性来衡量工件材料的切削加工性。所谓相对加工性是以强度 $R_m=0.637$GPa 的 45 钢的 v_{60} 作为基准，写作 $(v_{60})_j$，其他被切削的工件材料的 v_{60} 与之相比的数值，记作 k_v，即相对加工性：

$$k_v=v_{60}/(v_{60})_j$$

各种工件材料的相对加工性 k_v 乘以在 $T=60$min 时 45 钢的切削速度 $(v_{60})_j$，则可得出切削各种工件材料的可用切削速度 v_{60}。

目前常用的工件材料，按相对加工性可分为 8 级，见表 1.9-1，其中 k_v 越大，切削加工性越好；k_v 越小，切削加工性越差。

1.9.2 影响材料切削加工性的因素

影响材料切削加工性的因素及其作用机理见表 1.9-2。

表 1.9-1 工件材料切削加工性等级

加工性等级	名称及种类		相对加工性 k_v	代表性工件材料
1	很容易切削材料	一般有色金属	>3.0	5-5-5 铜铅合金,9-4 铝铜合金,铝镁合金
2	容易切削材料	易切削钢	2.5~3.0	退火 15Cr $R_m=0.373\sim0.441$GPa 自动机钢 $R_m=0.392\sim0.490$GPa
3		较易切削钢	1.6~2.5	正火 30 钢 $R_m=0.441\sim0.549$GPa
4	普通材料	一般钢及铸铁	1.0~1.6	45 钢,灰铸铁,结构钢
5		稍难切削材料	0.65~1.0	20Cr13 调质 $R_m=0.8288$GPa 85 钢轧制 $R_m=0.8829$GPa
6	难切削材料	较难切削材料	0.5~0.65	45Cr 调质 $R_m=1.03$GPa 60Mn 调质 $R_m=0.9319\sim0.981$GPa
7		难切削材料	0.15~0.65	50CrV 调质,1Cr18Ni9Ti 未淬火,α 相钛合金
8		很难切削材料	<0.15	β 相钛合金,镍基高温合金

表 1.9-2 影响材料切削加工性的因素及其作用机理

影响因素	说明
工件材料硬度	材料硬度越高,切屑与刀具前刀面的接触长度越小,切削力与切削热集中于刀尖附近,使切削温度增高,磨损加剧 工件材料的高温硬度高时,刀具材料与工件材料的硬度比下降,可切削性很低,切削高温合金即属于此种情况。材料加工硬化倾向大,可切削性也差 工件材料中含硬质点(SiO_2,Al_2O_3 等)时,对刀具的擦伤大,可切削性降低。材料的加工硬化性能越高,切削加工性越差,因为材料加工硬化性能提高,切削力和切削温度增加,刀具被硬化的切屑划伤和产生边界磨损的可能性加大,刀具磨损加剧

（续）

影响因素	说　　明
工件材料强度	工件材料强度包括常温强度和高温强度 工件材料的强度越高，切削力就越大，切削功率随之增大，切削温度随之升高，刀具磨损增大。所以在一般情况下，切削加工性随工件材料强度的提高而降低 合金钢和不锈钢的常温强度与碳素钢相差不大，但高温强度却相差较大，所以合金钢及不锈钢的切削加工性低于碳素钢
工件材料的塑性与韧性	工件材料的塑性以伸长率 A 表示，伸长率 A 越大，则塑性越大。强度相同时，伸长率越大，则塑性变形的区域也随之扩大，因而塑性变形所消耗的功也越大 塑性大的材料在塑性变形时，因塑性变形区增大而使得塑性变形功增大；韧性大的材料在塑性变形时，塑性区域可能不增大，但吸收的塑性变形功却增大。因此塑性和韧性增大，都导致同一结果，即塑性变形功增大，尽管原因不同 同类材料，强度相同时，塑性大的材料切削力较大，切削温度也较高，易与刀具发生黏结，因而刀具的磨损大，已加工表面也粗糙。所以工件材料的塑性越大，它的切削加工性能越低。有时为了改善高塑性材料的切削加工性，可通过硬化或热处理来降低塑性（如进行冷拔等塑性加工使之硬化） 但塑性太低时，切屑与前刀面的接触长度缩短太多，使切屑负荷（切削力、切削热）都集中在切削刃附近，将促使刀具的磨损加剧。由此可知，塑性过大或过小都使切削加工性下降 材料的韧性对切削加工性的影响与塑性相似。韧性对断屑影响比较明显，在其他条件相同时，材料的韧性越高，断屑越困难
工件材料的热导率	在一般情况下，热导率高的材料，切削加工性能比较高；而热导率低的材料，切削加工性能低。但热导率高的工件材料，在加工过程中温升较高，这给控制加工尺寸带来一定困难，所以应加以注意
化学成分	（1）钢的化学成分的影响　为了改善钢的性能，在钢中加入一些合金元素如铬（Cr）、镍（Ni）、钒（V）、钼（Mo）、钨（W）、锰（Mn）、硅（Si）和铝（Al）等 其中 Cr、Ni、V、Mo、W、Mn 等元素大都能提高钢的强度和硬度；Si 和 Al 等元素容易形成氧化铝和氧化硅等硬质点使刀具磨损加剧。这些元素含量较低（一般以质量分数 0.3%为限）时，对钢的切削加工性影响不大；超过这个含量水平，对钢的切削加工性是不利的 钢中加入少量的硫、硒、铅、铋、磷等元素后，能略微降低钢的强度，同时又能降低钢的塑性，故对钢的切削加工性有利。例如硫能引起钢的红脆性，但若适量提高锰的含量，可以避免红脆性。硫与锰形成的 MnS 以及硫与铁形成的 FeS 等，质地很软，可以成为切削时塑性变形区中的应力集中源，能降低切削力，使切屑易于折断，减少积屑瘤的形成，从而使已加工表面粗糙度值减小，减少刀具的磨损。硒、铅、铋等元素也有类似的作用。磷能降低铁素体的塑性，使切屑易于折断 根据以上的事实，研制出了含硫、硒、铅、铋或钙等的易切削钢。其中以含硫的易切削钢用得较多 部分化学元素对结构钢可加工性的影响如图 1.9-1 所示 （2）铸铁的化学成分的影响　铸铁的化学成分对切削加工性的影响，主要取决于这些元素对碳的石墨化作用。铸铁中碳元素以两种形式存在：与铁结合成碳化铁，或作为游离石墨。石墨硬度很低，润滑性能很好，所以碳以石墨形式存在时，铸铁的切削加工性就高；而碳化铁的硬度高，可加剧刀具的磨损，所以碳化铁含量越高，铸铁的切削加工性就越低。因此应该按结合碳（碳化铁）的含量来衡量铸铁的加工性。铸铁的化学成分中，凡能促进石墨化的元素，如硅、铝、镍、铜、钛等都能提高铸铁的切削加工性；反之，凡是阻碍石墨化的元素，如铬、钒、锰、钼、钴、磷、硫等都会降低切削加工性
金相组织	由于珠光体的强度和硬度比铁素体高，所以一般说钢的组织中含珠光体比例越多，可加工性越差，κ_r 越小。但完全不含珠光体的铁素体（纯铁），由于塑性很高，切屑不易折断，粘刀严重，加工表面粗糙，可加工性不好 回火马氏体硬度很高，可加工性比珠光体差 中碳钢和合金结构钢退火和正火状态的金相组织是铁素体和珠光体，可加工性好；调质状态是铁素体和较细的粒状渗碳体所组成的回火索氏体，可加工性较差；淬火及低温回火的组织是马氏体，可加工性很差 珠光体有片状、球状、片状和球状、针状等。其中针状硬度最高，对刀具磨损大，球状硬度最低，对刀具磨损小。所以一些材料进行球化处理可改善其可加工性 因此可采用热处理的方法改变金属的组织来改善材料的可加工性。对于低碳钢，可通过正火或调质降低其塑性，以提高其可加工性；对于高碳钢，可以通过退火或正火后高温回火降低其硬度，以及把片状珠光体转变为粒状珠光体来提高可加工性 钢的金相组织对材料可加工性的影响如图 1.9-2 所示

（续）

影响因素	说　　明
金相组织	凡阻碍石墨化的元素，如铬、锰、磷等，都会降低其可加工性 按金相组织分，铸铁分白口铸铁、麻口铸铁、珠光体灰铸铁、灰铸铁、铁素体灰铸铁等。白口铸铁组织中有相当数量的化合碳，其余为细粒状珠光体，硬度很高，磨料磨损严重，可加工性极差。麻口铸铁组织与白口铸铁类似，只是化合碳较少。含自由碳的铸铁称为灰铸铁，其中珠光体灰铸铁的组织是珠光体及石墨，如HT200、HT250；灰铸铁的组织为较粗的珠光体、铁素体和石墨，如HT150；铁素体灰口铸铁的组织为铁素体和石墨，如HT100。这三种灰铸铁的可加工性依次提高，加工铁素体灰铸铁比加工珠光体灰铸铁的刀具寿命可提高一倍 采用一定的热处理方法可改变组织结构，从而提高铸铁的可加工性。如白口铸铁经过退火处理，化合碳 Fe_3C 分解为球状石墨，成为可锻铸铁，其可加工性显著提高。如将铸铁进行球化处理，可使其中的石墨呈球状，可加工性良好。切削铸铁的速度一般比钢低，因为铸铁中有大量碳化物，硬度很高，擦伤力大，且由于产生崩碎切屑，切削应力和切削热都集中在刀尖附近，故刀具磨损较快，刀具寿命低。因此铸铁常用 v_{20} 来表示其可加工性，可不用 v_{60} 表 1.9-4 是各种铸铁的金相组织、力学性能及相对加工性（用 v_{20} 表示）
切削条件	切削条件特别是切削速度对材料加工性有一定的影响。例如在用硬质合金大刀具切削铝硅压模铸造合金（铝-硅-铜、铝-硅、铝-硅-铜-铁-镁等）时，在低的切削速度范围内，当加工材料不同时，对刀具磨损几乎没有重要的不同影响。当切削速度提高时，高硅含量的促进磨损效应变得重要起来，增加 1% 含量的硅，v-T 关系曲线（在对数坐标上）的陡度增加 4.2°。对于超共晶合金来说，试验证明有一个切削速度提高的限度，该限度决定于伪切削的出现。伪切削是由于材料的热力超负荷所致，常在刀具后刀面与工件间出现，这样使已加工表面质量严重变坏

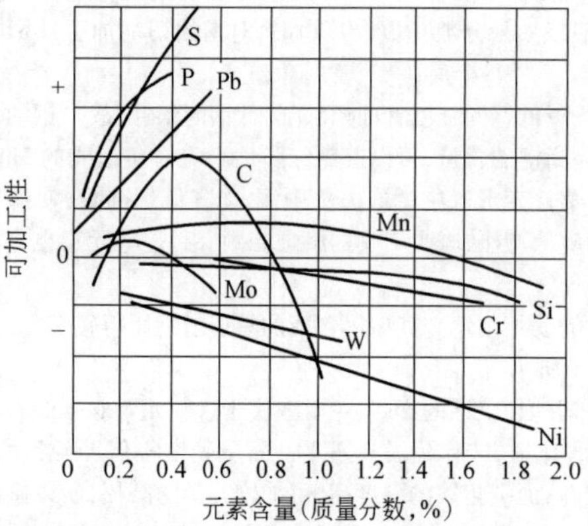

图 1.9-1　各元素对结构钢可加工性的影响
+表示可加工性改善　–表示可加工性变坏

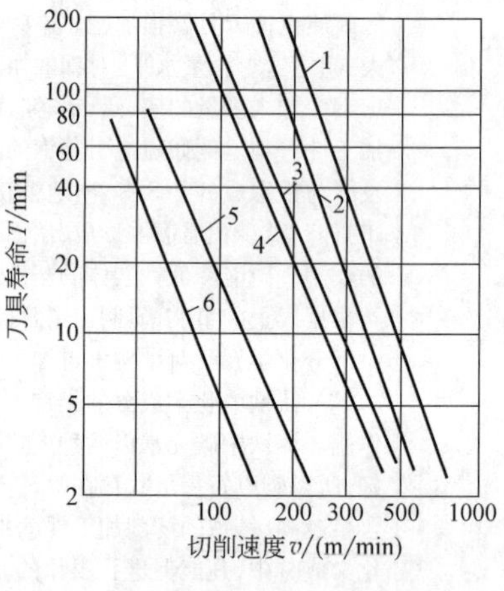

图 1.9-2　钢的各种金相组织的 v-T 关系
1—10%珠光体　2—30%珠光体
3—50%珠光体　4—100%珠光体
5—回火马氏体 300HBW
6—回火马氏体 400HBW

1.9.3　常用材料的切削加工性

1. 常用钢的切削加工性

常用钢的相对加工性见表 1.9-3。

2. 铸铁的切削加工性

铸铁的相对加工性见表 1.9-4。

微量稀土元素对金属的力学物理性能及组织有很大的影响，所以稀土元素对切削加工性的影响，应该另行分析。

3. 有色金属及其合金的切削加工性

铜及其合金的相对加工性见表 1.9-5。

4. 部分难加工材料的切削加工性

部分难加工材料的相对加工性和各项因素的影响见表 1.9-6。

表 1.9-3　常用钢的相对加工性

钢　　种	牌　　号	材料状态	抗拉强度 /GPa	硬　　度 HBW	硬质合金刀具	高速钢刀具
					相对加工性 k_v	
一般碳素钢	Q215	热轧	—	137	1.8	1.6
	Q235	热轧	0.41	124	1.8	1.6
优质碳素钢	08	热轧	0.32~0.42	131	2.1	1.65
	10		0.46	98~107	2.1	1.6
	15		—	143	1.8	—
	20		0.46~0.5	126~131	1.7	1.6
	25		0.48	—	1.7	1.6
	30		0.47	143	—	1.7
	35		0.52	144~156	—	1.3
	40		0.53	170	—	1.2
	45		0.66	170~179	1.0	1.0
	50		0.65	196~202	1.0	0.7
	55	正火	—	212~225	1.0	0.65
	60		—	241	0.7	0.65
	65Mn	淬火与回火	0.84	—	0.85	0.8
合金结构钢	20Cr	热轧	0.47	131	1.7	1.3
	35Cr		0.62	163	—	0.95
	40Cr、45Cr		0.62	163~168	1.2	0.95
	50Cr		0.64	207	0.85	0.8
	20Mn	正火	—	143~187	1.0	0.95
	30Mn		—	149~197	1.0	0.80
	40Mn	正火	—	174~207	0.95	0.7
	50Mn	淬火与回火	0.73	202	0.90	—
	45Mn2	正火	—	229	0.80	0.55
	20CrMnTi		0.54	156~159	1.1	1.0
	30CrMnTi		0.88	364	0.45	0.25
	30CrMo	淬火与回火	0.95	229~269	0.7	0.3
	35CrMo		0.81	240~250	—	0.5
	40CrV		—	241	0.75	0.65
	40CrNi	淬火	0.70	166~170	1.0	0.9
	12CrNi3A 12Cr2Ni4A		—	183~187	1.25	0.95
	30CrMnSi 35CrMnSi		0.72	207~217	0.85	0.75
	20Cr2Ni4	锻造	—	156~163	1.40	0.75
	40CrNiMoA	热轧	0.57	228~235	0.7	0.4
	18Cr2Ni4MoA	锻造	—	265	1.40	—

（续）

钢　种	牌　号	材料状态	抗拉强度/GPa	硬　度 HBW	硬质合金刀具	高速钢刀具
					相对加工性 k_v	
碳素工具钢	T7	退火	0.63	187	1.2	1.1
	T8	热轧	0.59	182	—	1.0
	T10	退火	0.55	170	—	1.1
	T12		—	207	1.0	0.9
合金工具钢	9SiCr	热轧	—	≥221	0.9	0.5
	CrWMn		0.78	235	0.75	0.35
	Cr12MoV	退火	0.73	217~228	0.8	0.3
	5CrMnMo		0.92	≥207	0.6	0.3
	5CrNiMo		0.92	286	0.6	—
	3Cr2W8V		0.73	202~217	0.9	0.45
高速钢	W18Cr4V	退火	—	212~228	—	0.3
轴承钢	GCr15	热轧	0.76	202	0.9	0.36
弹簧钢	55Cr2Mn	热轧	—	225~269	0.65	0.3
	62CrMn		1.10	270~320	0.70	0.27
不锈钢	14Cr11MoV	淬火与回火	0.73	217	1.0	0.6
	20Cr13		0.75	241	0.70	0.45
	12Cr13		0.75	235	0.80	0.50
	45Cr14Ni14W2Mo	淬火	0.74	200	—	0.15
	1Cr18Ni9Ti		0.48	≥170	0.85	0.35
	14Cr23Ni18	正火与回火	0.62	178	—	0.4

表 1.9-4　铸铁的相对加工性

铸铁种类	金相组织	硬度 HBW	伸长率 A(%)	相对加工性 k_v
白口铸铁	细粒珠光体+碳化铁等碳化物	600	—	难切削
麻口铸铁	细粒珠光体+少量碳化铁	263	—	0.4
珠光体灰铸铁	珠光体+石墨	225	—	0.85
灰铸铁	粗粒珠光体+石墨+铁素体	190	—	1.0
铁素体灰铸铁	铁素体+石墨	100	—	3.0
球墨铸铁（或可锻铸铁）	石墨为球状（白口铸铁经长时间退火后变为可锻铸铁，碳化物析出球状石墨）	265	2	0.6
		215	4	0.9
		207	17.5	1.3
		180	20	1.8
		170	22	3.0

表 1.9-5　铜及其合金的相对加工性

种　类	牌　　号	相对加工性 k_v	种　类	牌　　号	相对加工性 k_v
铜	Cu	0.18	铸造黄铜	ZHPb59-1	0.80
加工黄铜	H95, H90	0.20		ZHMn58-2-2	0.60
	H80, H70	0.30	铸造青铜	ZQSn10-1	0.40
	H62, H59	0.35		ZQSn10-2	0.55(0.50)[①]
	HAl77-2	0.30	加工青铜	QSn4-0.3	0.25(0.20)[①]
	HFe59-1-1	0.25		QSn4-3	0.30
	HMn58-2	0.22		QSn4-4-2.5	0.90(0.8)[②]
	HSn70-1 HSn60-1	0.40		QAl5, QAl7, QAl9-2, QAl10-4-4	0.20
	HPb63-3	1.00		QA110-3-1.5	0.29
	HPb59-1	0.80		QMn5	0.15
铸造黄铜	ZHSi80-3-3	0.50		QSi3-1	0.30
	ZHAl66-6-3-2	0.25		QBe2	0.10
	ZHAl67-2.5	0.30		QCr0.5	0.08

① 括号外为砂型铸造，括号内为金属型铸造。
② 括号外为软状态，括号内为硬状态。

表 1.9-6　部分难加工材料的相对加工性和各项因素的影响

材　料			牌号举例	用途举例	影响因素							相对加工性 k_v
					硬度	高温强度	高硬质点	加工硬化	与刀具黏结	化学亲和性	导热性能	
难加工材料（淬火或析出硬化状态）	高锰钢		ZG100Mn13 40Mn18Cr3	耐磨零件，如掘土机铲斗、拖拉机履带板、电机中无磁锰钢	1~2	1	1~2	4	2	1	4	0.2~0.4
	高强度钢	低合金	30CrMnSiNi2A 18CrMn2MoBA	高强度零件，如轴、高强度螺栓、起落架	3~4	1	1	2	1	1	2	0.2~0.5
		中合金	4Cr5MoSiV	高强度构件，如模具	2~3	2	2~3	2	1	1	2	0.2~0.45
		马氏体时效钢		高强度结构零件	4	2	1	1	1	1	2	0.1~0.25
	不锈钢	析出硬化	07Cr17Ni7Al 07Cr15Ni7Mo2Al	高强度耐蚀零件	1~3	1	1	2	1~2	1	3	0.3~0.4
		奥氏体	1Cr18Ni9Ti	耐蚀高温（500℃以下）环境中工作的高强度零件	1~2	1~2	1	3	3	2	3	0.5~0.6
		马氏体	20Cr13	弱腐蚀介质中工作的高强度零件	2~3	1	1	2	1	2	2	0.5~0.7
		铁素体	06Cr13	弱腐蚀介质中工作的零件	1	1	1	1	1	2	2	0.6~0.8

（续）

材料			牌号举例	用途举例	影响因素							相对加工性 k_v
					硬度	高温强度	高硬质点	加工硬化	与刀具黏结	化学亲和性	导热性能	
难加工材料（淬火或析出硬化状态）	高温合金	铁基	GH2036，GH2135 K213，K214	燃气轮机涡轮盘、涡轮叶片、导向叶片、燃烧室及高温承力件及紧固件	2	2~3	2~3	3	3	2	3~4	0.15~0.3
		镍基	GH4033，GH49 K403，K405		2~3	3	3	3~4	3~4	3	3~4	0.08~0.2
	钛合金	α相	TA7，TA8，TA3	比强度高、热强度高且耐蚀，在航空、造船、化工及医药工业中应用								0.4~0.6
		（α+β）相	TC4，TC6，TC9		2	1	1	1	1	4	4	0.28~0.24
		β相	TB1，TB2									0.24~0.30

注：各项因素恶化切削加工性的程度按次序为1、2、3、4。

1.10 切削液

使用切削液是改善加工过程、减少刀具磨损、提高加工质量和效率的有效途径，尽管近年来干式切削技术得到了快速发展，但使用切削液仍是目前生产中提高刀具切削效能的主要途径。

1.10.1 切削液的作用

1. 润滑作用

切削液能渗入到刀具、切屑、加工表面之间而形成薄薄的一层润滑膜或化学吸附膜，因此，可以减小它们之间的摩擦。

切削液的润滑效果主要取决于切削液的渗透能力、吸附成膜的能力和润滑膜的强度。在切削液中加入不同成分和比例的添加剂，可改变其润滑能力。切削液的润滑效果还与切削速度、切削厚度、工件材料强度等切削条件有关。

2. 冷却作用

切削液冷却性能的好坏，取决于它的热导率、比热容、汽化热、汽化速度、流量、流速及本身温度等。一般来说，水溶液的冷却性能最好，乳化液次之，油类最差。水的热导率为油的3~5倍，比热容为油的2~2.5倍，汽化热为油的7~13倍，因此水的冷却性能比油高很多。

切削液的冷却性能还与其泡沫性能有关，由于空气的导热性能比液体差，液体中泡沫的存在会降低切削液的冷却性能。消除泡沫的有效措施是在切削液中添加适量的抗泡沫剂。

切削液的冷却性能受切削液本身的温度影响很大。例如，将切削液的温度自40℃降低到5~10℃时，刀具上的温度可降低75~100℃，刀具使用寿命可提高1~2倍，因此要求切削液有一定的流量和流速，保持切削液处于较低的温度。

3. 清洗作用

切削液的流动可冲走切削区域和机床导轨上的细小切屑及脱落的磨粒，这对磨削、深孔加工、自动线加工来说是非常重要的。切削液的清洗能力与它的渗透性、流动性及使用压力有关，同时还受到表面活性剂性能的影响。

4. 防锈作用

在切削液中加入防锈添加剂以后，可在金属材料表面上形成附着力很强的一层保护膜，或金属化合形成钝化膜，对工件、机床、刀具都能起到很好的防锈、防蚀作用。

1.10.2 切削液的种类、成分与特点

1. 切削液的种类

切削液主要有水基和油基两种，前者冷却能力强，后者润滑性能突出。

① 水基切削液的主要成分是水、化学合成水或乳化液。水基切削液中都添加有防腐剂，也有再加入极压添加剂的。

② 油基切削液的主要成分是各种矿物质油、动物油、植物油，或由它们组成的复合油，并可视需要加入各种添加剂，如极压添加剂、油性添加剂等。

切削液的分类及其性能特点、适用范围见表1.10-1。

表 1.10-1　切削液的分类及其性能特点、适用范围

类别			主要组成	性能特点	适用范围	备注
水基切削液	合成切削液(水溶液)	普通型	在水中添加亚硝酸钠等水溶性防锈添加剂，加入碳酸钠或磷酸三钠，使水溶液微带碱性	冷却性能、清洗性能好，有一定的防锈性能，润滑性能差	粗磨、粗加工	常用配方见表 1.10-3 序号 1~4
		防锈型	除在水溶液中添加水溶性防锈添加剂外，再加入表面活性剂、油性添加剂	冷却性能、清洗性能、防锈性能好，兼有一定的润滑性能，透明性较好	对防锈性要求高的精加工	常用配方见表 1.10-3 序号 5~11
		极压型	加入极压添加剂	有一定的极压润滑性	重切削和强力磨削	常用配方见表 1.10-3 序号 12
		多效型		除具有良好的冷却、清洗、防锈、润滑性能外，还能防止对铜、铝等金属的腐蚀作用	适用于多种金属(黑色金属、铜、铝)的切削及磨削加工，也适用于极压切削或精密切削加工	
	乳化液	防锈乳化液	常用 1 号乳化油加水稀释成乳化液	防锈性能好，冷却性能、润滑性能一般，清洗性能稍差	适用于防锈性要求较高的工序及一般的车、铣、钻等加工	常用配方见表 1.10-3 序号 13~18，常用浓度为 2%~5%
		普通乳化液	常用 2 号乳化油加水稀释成乳化液	清洗性能、冷却性能好，兼有防锈性能和润滑性能	应用广泛，适用于磨削加工及一般切削加工	常用配方见表 1.10-3 序号 19~21，磨削用浓度为 2%~3%
		极压乳化液	常用 3 号乳化油加水稀释成乳化液	极压润滑性能好，其他性能一般	适用于要求良好的极压润滑性能的工序，如拉削、攻螺纹、铰孔以及难加工材料的加工	常用配方见表 1.10-3 序号 22~24，常用浓度为 15%~25%
油基切削液(切削油)		矿物油	5 号、7 号高速机械油，10 号、20 号、30 号机械油，煤油等	润滑性能好，冷却性能差，化学稳定性好，透明性好	适用于流体润滑，可用于冷却、润滑系统合一的机床，如多轴自动车床、齿轮加工机床、螺纹加工机床	有时需加入油溶性防锈添加剂，常用配方见表 1.10-3 序号 25、26
		动植物油	豆油、菜籽油、棉籽油、蓖麻油、猪油、鲸油、蚕蛹油等	润滑性能比矿物油更好。但容易腐败变质，冷却性能差，黏附在金属上不易清洗	适用于边界润滑，可用于攻螺纹、铰孔、拉削	逐渐被极压切削油代替

2. 切削液中的添加剂及其作用

为了使切削液具有良好的冷却、润滑、防锈作用，同时减小切削液的环境污染，常常需要在切削液中添加不同的化学物质，以改善切削液某方面或整体性能，这些化学物质称为添加剂。添加剂包括油性添加剂、极压添加剂、表面活性（乳化）剂。

1）油性添加剂。油性添加剂含有极性分子，能与金属表面形成牢固的吸附膜，在较低的切削速度下能起到较好的润滑作用。油性添加剂有动物油、植物油、脂肪酸、胺类、醇类、脂类等。

2）极压添加剂。极压添加剂是含有硫、磷、氯、碘等元素的有机化合物，它们在高温下与金属表面起化学反应，形成能耐较高温度和压力的化学润滑膜。此润滑膜能承受很高的压强，能防止金属界面直接接触，降低摩擦因数，保持良好的切削润滑条件。

3）表面活性剂。表面活性剂即乳化剂，具有乳化作用和油性添加剂的润滑作用。前者使矿物油和水混合乳化，形成乳化液；后者吸附在金属表面上形成润滑膜。常用的表面活性剂有石油磺酸钠、油酸钠皂等，它们的乳化性能好，且具有一定的清洗、润滑、防锈性能。

此外，还有防锈添加剂（如亚硝酸钠、石油磺酸钠等）、抗泡沫添加剂（如二甲基硅油）和防霉添加剂（如苯酚等）。添加剂选择恰当，可得到效果良好的切削液。

切削液中常用的添加剂见表 1. 10-2。

3. 常用切削液的配方

常用切削液的配方见表 1. 10-3。

表 1. 10-2　切削液中常用的添加剂

类　别		添　加　剂
油性添加剂		动植物油、脂肪酸及其皂、脂肪醇及多元醇、酯类、酮类、胺类等
极压添加剂		硫、氯、磷、碘等化合物，如硫化油、硫氯化油、氯化石蜡、氯化脂肪酸、二烷基二硫代硫酸锌、环烷酸铅等
防锈添加剂	水溶性	亚硝酸钠、磷酸三钠、磷酸氢二钠、水玻璃、三乙醇胺、单乙醇胺、苯甲酸钠、苯甲酸胺、苯乙酸胺、尿素、硼酸、苯骈三氮唑等
	油溶性	石油磺酸钡、石油磺酸钠、石油磺酸钙、环烷酸锌、二壬基萘磺酸钡、烯基丁二酸、氧化石油脂及其皂、硬脂酸铝、羊毛脂及其皂、司本-80（山梨糖醇单油酸酯）等
防霉添加剂		苯酚、五氯酚、硫柳汞（乙基汞硫代水杨酸钠）等。对人体有毒性，应限制使用
抗泡沫添加剂		二甲基硅油、油酸铬、植物脂
助溶添加剂		乙醇、正乙醇、苯二甲酸酯、乙二醇醚等
乳化剂（表面活性剂）	阴离子型	石油磺酸钠、油酸钠皂、松香酸钠皂、高碳酸钠皂、硫化蓖麻油、油酸三乙醇胺等
	非离子型	平平加（聚氧乙烯脂肪醇醚）、OP（聚氧乙烯烷基酚醚）、司本（山梨糖醇酐单油酸酯）、吐温（聚氧乙烯山梨糖醇酐单油酸酯）等
乳化稳定剂		乙二醇、乙醇、正丁醇、二乙二醇单正丁基醚、二甘醇、高碳醇、苯乙醇胺、三乙醇胺
抗氧化添加剂		二叔丁基对甲酚（雅诺）

表 1. 10-3　常用切削液的配方

类别	使用代号	序号	组　成	质量分数（%）	使用说明
合成切削液	1（润滑性不强的合成切削液）	1	亚硝酸钠 碳酸钠 水	0. 2~0. 5 0. 25~0. 5 余量	俗称苏打水，是通常用于磨削的最普通的电解质水溶液配方。水的硬度高时应多加一些碳酸钠。润滑性较差
		2	磷酸三钠 亚硝酸钠 硼砂 碳酸钠 水	0. 25~0. 60 0. 25 0. 25 0. 25 余量	可代替煤油用于珩磨

（续）

类别	使用代号	序号	组　成	质量分数(%)	使用说明
合成切削液	1（润滑性不强的合成切削液）	3	洗净剂6503(椰子油烷基醇酰胺磷酸酯) 亚硝酸钠 OP—10 水	3 0.5 0.5 余量	清洗性好,用于磨削
		4	油酸钠皂 亚硝酸钠 水	3 0.5 余量	用于磨削
	2（润滑性较好的合成切削液）	5	氯化硬脂酸 含硫添加剂 TX—10 硼酸 三乙醇胺 742消泡剂 水	0.4 0.6 0.1 0.1 0.2 1.6 余量	稀释成2%浓度使用,适用于高速磨削
		6	三乙醇胺 癸二酸 亚硝酸钠 水	17.5 10 8 余量	稀释成2%浓度使用,有一定的润滑性,可用于高温合金的切削加工(车、钻、铣)
		7	亚硝酸钠 三乙醇胺 甘油 苯甲酸钠 水	1 0.4 0.4 0.5 余量	适用于磨削高温合金
		8	防锈甘油络合物(甘油92份,硼酸62份,氢氧化钠45份,水56份) 硫代硫酸钠 亚硝酸钠 三乙醇胺 聚乙二醇(相对分子质量400) 碳酸钠 水	22.4 9.4 11.7 7 2.5 5 余量	稀释至5%~10%浓度水溶液,用于磨削黑色金属。防锈性能好,有一定的极压性
		9	防锈甘油络合物(甘油92份,硼酸62份,氢氧化钠45份,水56份) 硫代硫酸钠 三乙醇胺 聚乙二醇(相对分子质量400) 磷酸三钠 水(用磷酸调至pH=7.5)	2.8 1.2 1.4 0.3 0.5 余量	可用于磨削有色金属

（续）

类别	使用代号	序号	组　成	质量分数(%)	使用说明
合成切削液	2 （润滑性较好的合成切削液）	10	聚乙二醇 蓖麻酸二乙醇胺盐 三聚磷酸钾 亚硝酸钠 防锈络合物（山梨醇 50 份，三乙醇胺 30 份，苯甲酸 8 份，硼酸 12 份） 水	10 4 3 5 30 余量	棕色透明水溶液，稀释至 4%～8%浓度水溶液，可用于磨削加工，防锈性好，润滑性稍差
		11	石油磺酸钠 高碳酸三乙醇胺 水（用三乙醇胺调至 pH=7.5）	0.3～0.5 0.3～0.5 余量	可用于精磨
		12	氯化脂肪酸、聚氧乙烯醚 磷酸三钠 亚硝酸钠 三乙醇胺 水	0.25～0.5 0.80 1.00 0.5～1.0 95.95～96.45	QTS-1 用于粗加工和精磨 用于铣削和精车 用于钻削
乳化液	3 防锈乳化液（1 号乳化液）	13	石油磺酸钡 环烷酸锌 磺化油（D.A.H） 三乙醇胺油酸皂（10∶7） 10 号机械油	11.5 11.5 12.7 3.5～5 余量	又称乳-1 防锈乳化油，2%～3%浓度水溶液适用于一般加工，防锈性较好
		14	石油磺酸钡 石油磺酸钠 环烷酸钠 三乙醇胺 10 号机械油	1 12 16 1.5 余量	防锈乳化油，2%～3%浓度水溶液适用于一般加工，防锈性较好
		15	石油磺酸钡 十二烯基丁二酸 油酸 三乙醇胺 20 号机械油	12 2 11.5 6.5 余量	防锈乳化油，2%～3%浓度水溶液适用于一般加工，防锈性较好
		16	油酸 三乙醇胺 二环已胺 磺酸钡甲苯溶液（1∶2） 苯酚 10 号机械油	12 4 2 10 2 余量	D-15 防锈防霉乳化油，防锈性、防霉性好，使用时间长
		17	高碳酸 石油磺酸钠 三乙醇胺 5 号高速机械油	5 15 3～4 余量	F-25E 防锈切削乳化油，2%浓度水溶液可用于磨削，5%浓度水溶液可用于车削、钻削 防锈性好，清洗性稍差

（续）

类别	使用代号	序号	组　　成	质量分数(%)	使用说明
乳化液	3 防锈乳化液(1号乳化液)	18	石油磺酸钠 高碳酸钠皂 30号机械油	13 4 余量	F25D-73防锈乳化油，3%~5%浓度水溶液用于磨削及铣削，5%~10%浓度水溶液用于粗车加工，10%~25%浓度水溶液用于精车加工
	4 普通乳化液(2号乳化液)	19	石油磺酸钡 磺化油 三乙醇胺 油酸 氢氧化钾 水 5号或7号高速机械油	10 10 10 2.4 0.6 3 余量	69-1防锈乳化油，2%~3%浓度水溶液用于磨削，清洗性能好，兼有防锈性
		20	石油磺酸钠 三乙醇胺 蓖麻油酸钠皂 苯骈三氮唑 5号高速机械油	36 6 19 0.2 余量	NL型乳化油，2%~3%浓度水溶液可用于磨削，防锈性较好
		21	石油磺酸钠34.9%、三乙醇胺8.7%、油酸16.6%、乙醇4.9%、10号机械油34.9% 苯乙醇胺 水	2 0.2 97.8	半透明乳化液，可用于精磨加工，清洗性能好
	5 极压乳化液(3号乳化液)	22	氯化石蜡 石油磺酸钠 油酸 三乙醇胺 石油磺酸钡 环烷酸铅 7号高速机械油 10号机械油	10 9 5 4 2.5 3.3 10 余量	极压乳化油，20%~25%浓度水溶液可用于攻螺纹、滚压螺纹及一些难加工材料的切削加工，有较好的润滑性
		23	石油磺酸钠 石油磺酸铅 氯化石蜡 三乙醇胺 氯化硬脂酸 油酸 20号机械油	10 6 4 3.5 3 3 余量	极压乳化油，15%~25%浓度水溶液可代替硫化切削油，用于攻螺纹、车削、插齿等，防锈性较好
		24	石油磺酸钠 氯化石蜡 硫化棉籽油 三乙醇胺 煤油 油酸 10号机械油	25 12 8 4 4 2 余量	极压乳化油，15%~25%浓度水溶液可用于攻螺纹、插齿等
油基切削液	6 矿物油	25	10、20号机械油 石油磺酸钡	95~98 2~5	可用于铜、铝等材料的攻螺纹、铰孔、滚齿、插齿等
		26	煤油 石油磺酸钡	98 2	清洗性好

（续）

类别	使用代号	序号	组　成	质量分数(%)	使用说明
油基切削液	7 煤油	27	煤油，可添加适量的机械油		用于铸铁切削加工，有色金属磨削、珩磨、超精加工
	8（硫化切削油，含硫的极压切削油，动植物油与矿物油的复合油）	28	硫化切削油 10、20 号机械油		比例按需要配制，是较常用的切削油，应用范围广
		29	硫化切削油 煤油 油酸 10、20 号机械油	30 15 30 25	是较常用的切削油，应用范围广，可用于加工有色金属及其合金
		30	硫化鲸油 10 号机械油	2 98	可用于磨削螺纹，加工后应清洗防锈
		31	电容器油 硫化切削油 氯化石蜡 磷苯甲酸二丁酯 防锈油 A 苯骈三氮唑	42.5 5 30 2 20 0.5	冷却、润滑作用良好，可改善切削条件，特别是在铰孔时，比用一般切削液可获得更好的表面质量
		32	电容器油 氯化石蜡 磷苯甲酸二丁酯 防锈油 A 苯骈三氮唑	42.5 35 2 20 0.5	对切削不锈钢有良好作用，特别是在采用丝锥、板牙攻螺纹和车螺纹时，作用更显著
		33	电容器油 硫化切削油 氯化石蜡 防锈油 A 苯骈三氮唑	44.5 15 20 20 0.5	可减少加工中粘刀现象的出现，提高加工表面质量
	9（极压切削油）	34	氯化石蜡 三烷基二硫代磷酸锌 5 号高速机械油	20 1 79	极压切削油，可代替豆油，用于车削、拉削、钻孔、攻螺纹、铰孔，加工后应清洗防锈
		35	氯化石蜡 环烷酸铅 石油磺酸钡 7 号高速机械油 20 号机械油	10 6 0.5 10 余量	极压切削油，可代替植物油、硫化切削油，用于车削、拉削、铣削、滚齿
		36	石油磺酸钡 石油磺酸钙 氧化石油脂钡皂 二烷基二硫代磷酸锌 5 号高速机械油	4 4 4 4 余量	F43 型极压切削油，可用于不锈钢、合金钢的车削、钻削，铣削时用 1∶1 煤油混合使用，螺纹加工及铰孔时可添加 0.5%的二硫化钼

（续）

类别	使用代号	序号	组　成	质量分数(%)	使用说明
油基切削液	9（极压切削油）	37	氯化石蜡 硫化棉籽油 二烷基二硫代磷酸锌 石油磺酸钠 甲基硅油 煤油 7 号高速机械油	20 5 1 2 0.0005 4 余量	10 号攻螺纹油,可代替植物油
		38	氯化石蜡 硫化棉籽油 二烷基二硫代磷酸锌 十二烯基丁二酸 2,6-二叔丁基对甲酚 甲基硅油 20 号机械油	8 5 1 0.03 0.3 0.0005 余量	20 号滚齿油,适用于使用复杂刀具(如齿轮滚刀、花键滚刀、拉刀)的加工
		39	氯化石蜡 磷酸三甲酚酯 OT_1 OT_2 非离子型表面活性剂 10 号机械油	20~30 10~20 8~13 1~2 2 余量	JQ-1 精密切削润滑剂,以 10%~15% 加入到矿物油中,可代替动植物油,用于精密加工,在钻孔、铰孔、攻螺纹、拉削、铣削、插齿、滚齿等都有明显效果

1.10.3　切削液的选用

加工中使用的切削液要根据工件材料、刀具材料、加工方法、加工要求、机床类别等情况综合考虑，合理选用。

高速钢刀具耐热性差，一般应采用切削液。粗加工时，金属切除量多，产生的热量大，这时使用切削液的主要目的是降低切削温度，可选用以冷却性能为主的切削液，如 3%~5%的乳化液或合成切削液。精加工时主要要求减小刀具与工件间的摩擦和提高加工精度，应选用以润滑性能为主的切削液。为减小刀具与工件间的摩擦和黏结，抑制积屑瘤的产生，宜选用极压切削油或高浓度的极压乳化液。

硬质合金刀具由于耐热性好，一般不用切削液。必要时也可采用低浓度乳化液或合成切削液，但必须充分地、连续地浇注，否则刀片因冷热不均，产生很大内应力而导致破裂。

从加工材料方面考虑，切削钢等塑性材料需用切削液。切削铸铁等脆性材料时，可不用切削液，因为使用切削液的作用不明显，且会弄脏工作台。加工难加工材料时，由于切削温度很高，刀具处于高温高压的边界润滑状态，宜选用极压切削油或极压乳化液。

从加工方法考虑，钻孔、攻螺纹、铰孔和拉削等工序，刀具与已加工表面的摩擦较严重，宜采用乳化液、极压乳化液和极压切削油。成形刀具、螺纹刀具、齿轮刀具等刀具价格较贵，要求刀具使用寿命长，宜采用极压切削油、硫化切削油等。

粗加工和半精加工时切削热量大、切削温度高，选择切削液时应主要考虑冷却效果；精加工和超精密加工时，为了获得良好的加工表面质量，宜选用润滑效果较好的切削液。

磨削加工温度很高，且会产生大量的细屑及脱落的砂粒，要求切削液具有良好的冷却性能和清洗性能，常采用乳化液，但选用极压型合成切削液或多效型合成切削液效果更好。

表 1.10-4 给出了各种加工情况下切削液的选用推荐。

切削加工中，除采用切削液作为冷却剂、润滑剂外，少数情况下也采用固体的二硫化钼作为润滑剂及采用各种气体作为冷却剂，其主要成分、性能及适用范围见表 1.10-5。

表 1. 10-4　各种加工情况下切削液的选用推荐

工件材料		碳钢、合金钢		不锈钢		高温合金		铸铁		铜及其合金		铝及其合金	
加工方法		刀具材料											
		高速钢	硬质合金	高速钢	硬质合金	高速钢	硬质合金	高速钢	硬质合金	高速钢	硬质合金	高速钢	硬质合金
车削	粗加工	4,8,1	0,4,1	8,5,2	0,5,2	2,5,8	0,2,5	0,4,1	0,4,1	0,3,4	0,3,4	0,3,4	0,3,4
	精加工	3,4,8,9	0,3,4,2	9,8,5,2	0,5,2	2,9,5	0,9,2,5	0,7	0,7	0,3,4	0,3,4	0,7,3,4	0,7,3,4
铣削	粗加工	4,1,8	0,3,4	8,5,2	0,5,2	2,5,8	0,2,5	0,4,1	0,4,1	0,3,4	0,3,4	0,7,3,4	0,7,3,4
	精加工	5,2,8	8,4,5	9,8,5,2	0,5,2	2,9,5	0,9,2,5	0,7	0,7	0,3,4	0,3,4	0,7,3,4	0,7,3,4
钻孔		4,2,1	4,2,1	9,8	9,8	2,9,5	2,9,5	0,3,4,1	0,3,4,1	0,3,4	0,3,4	0,7,3,4	0,7,3,4
铰孔		8,9,5	8,9,5	9,8,5	9,8,5	9,8	9,8	0,7	0,7	6,8	0,6,8	0,6,8	0,6,8
攻螺纹		8,9,5		9,8,5		9,8		0,7		6,8		0,6,8	
拉削		8,9,5		9,8,5		9,8		0,4		6,3		0,3,6	
滚齿、插齿		8,9		9,8		9,8		0,4		6,8		0,6,8	
外圆磨、平面磨	粗磨	1,4		2,5,7		2,5		1,4		1,7,4		1,7,4	
	精磨	2,4		2,5,7		2,5		1,2,4		1,7,4		1,7,4	
螺纹磨		6,8		8,9		8,9							
齿轮磨		6,8,0		8,9		8,9		0,6,7					
珩磨		7		7		7		7,1		0,1			
超精加工		7		7		7		7					

注：表中数字为切削液代号，见表 1. 10-3，其中 0 表示干切。

表 1. 10-5　固体润滑剂及气体冷却剂的主要成分、性能及适用范围

类别	主要组成成分	性能	适用范围	备注
固体润滑剂	以二硫化钼为主，与硬质酸及石蜡做成蜡笔，涂于刀具表面	有很高的抗压能力及附着能力，有较高的化学稳定性，不易与酸、碱起作用，因此润滑性好	用于攻螺纹、插削中作为润滑剂	也可作为切削液的添加剂，以增强润滑能力。可在机油或水中加入 10%二硫化钼、4%~5%中性皂
气体冷却剂	压缩空气	空气来源方便，使用简单，且能吹掉切屑，但噪声大，切屑粉末容易侵入机床导轨。冷却效果不如二氧化碳、氮等	可用于加工铸铁、有色金属等脆性材料	
	二氧化碳	二氧化碳的沸点低于室温，被压缩在高压瓶中的二氧化碳喷出时由于骤然膨胀，温度降得很低	适用于加工不锈钢、高温合金等难加工材料	当空气中二氧化碳的含量超过 10%时，对人的健康不利
	氮	效果优于二氧化碳，但成本高，一般情况下不采用	用于刀具使用寿命特别短的情况下	

1.10.4　切削液的使用方法

切削液的使用方法很多，常见的有浇注法、高压冷却法、手工供液法和喷雾冷却法等。

1. 低压浇注法

切削液的使用方法以浇注法最为方便，应用也最广泛。在切削加工中，应使切削液尽量浇注在接近切削区和前刀面接触区。当用不同刀具进行切削时，最好能根据切削刃的数目和形状相应地改变浇注口的数目和形式，如图 1.10-1 所示。车、铣时浇注切削液的流量为 0.17~0.33L/s（10~20L/min）。

2. 高压冷却法

深孔加工时，利用高压的切削液，可以将碎断的切屑冲离切削区，带出孔外，同时起冷却、润滑作用。工作压力为 0.981~9.81MPa，流量为 0.83~2.5L/s（50~150L/min）。在喷吸钻上，高压液流经过内管的狭缝喷射时，能产生低压效应，从而吸出铁屑，提高了排屑的效果。

用高速钢车刀加工高温合金时，如用高压冷却法可显著提高刀具寿命。一般以 1.47~1.96MPa 的高压，由直径为 0.5~0.7mm 的喷嘴将切削液从后刀面喷射到工件之间的接触区。喷嘴应尽量靠近切削区。切削液可用一般乳化液，也可用切削油，流量为 0.013~0.017L/s（0.75~1L/min）。由于切削液的高速流动，改善了渗透性，使之易于达到切削区，同时因对流加强也显著地改善了冷却效果。缺点是飞溅严重，需加防护罩。

3. 喷雾冷却法

喷雾冷却法是以压力为 0.29~0.59MPa 的压缩空气，使切削液雾化，并以很高的速度喷向高温的切削区。图 1.10-2 为一种常用的喷雾冷却装置原理图。切削液经雾化后，其微小的液滴能渗入到切屑、工件与刀具之间，在遇到灼热的表面时，液滴很快汽化，所以能带走大量的热量，有效地降低切削温度。喷雾冷却法的优点是能降低整个切削区域的温度，同时工作地比较清洁。有的资料上说，喷雾冷却在一定时间内所吸收的热量为等量液体切削液的 1000 倍；并认为喷雾冷却除了以导热、对流和汽化作用来冷却外，喷离喷嘴的雾状液滴，因体积膨胀而如冷冻机中氟利昂冷却剂的作用一样，因而大大提高了它的冷却作用。因此，喷雾冷却综合了气体（高速、渗透性好）及液体（汽化热高、加各类添加剂）冷却的优点，可用于难切削材料的切削或超高速切削，也可用于一般的切削加工，应大力推广。

切削液的加注方法及其特点和应用见表 1.10-6。

表 1.10-6　切削液的加注方法及其特点和应用

类型		切削液的加注方法	特点和应用
循环泵供液	低压浇注法	由电泵经输液管道及喷嘴等供应切削液到切削区，犹如“淋浴”。切削液压力低（$p<0.05$MPa），喷嘴出口处切削液流速 $v<10$m/s。切削液不易进入切削区，冷却、清洗效果差。用过的切削液经集液盘流回水箱或油箱	广泛用于各种机床 采用单级低压离心泵（电泵），设备简单，使用方便
循环泵供液	高压冷却法	切削液在较高压力（$p=0.35\sim3$MPa）下经小孔式或狭缝式喷嘴喷射到切削区，喷嘴出口处切削液流速 $v=20\sim60$m/s。冷却、清洗效果好。用于小孔深孔钻、拉削等高压内冷却时，切削液压力可达 10MPa，以利于排屑	适用于加工难加工材料、深孔加工、拉削内表面、高速磨削及强力磨削 需采用较高压力的泵，切削液的净化过滤及飞溅防护应予重视
手工供液法		用油壶、笔、毛刷等供液，在单件、小批量生产中进行钻孔、铰孔和攻螺纹加工	方便、简单，用糊状切削液时不得不用毛刷涂抹
喷雾冷却法		用压缩空气使切削液雾化成为混合流体（压缩空气 $p=0.3\sim0.5$MPa），经离切削区很近的喷嘴喷射到切削区，流速可达 200~300m/s。由于混合流体自喷嘴喷出时要膨胀吸热及雾珠汽化吸热，冷却效果很好。切削液消耗量少	适用于难加工材料的车削、铣削、攻螺纹、拉削、孔加工等以及刀具刃磨 需装吸雾装置回收切削液；当切削液中含有有害物质时，应特别注意车间污染问题 组合机床、数控机床、加工中心常采用喷雾冷却法，特别是加工铸铁、铝合金时

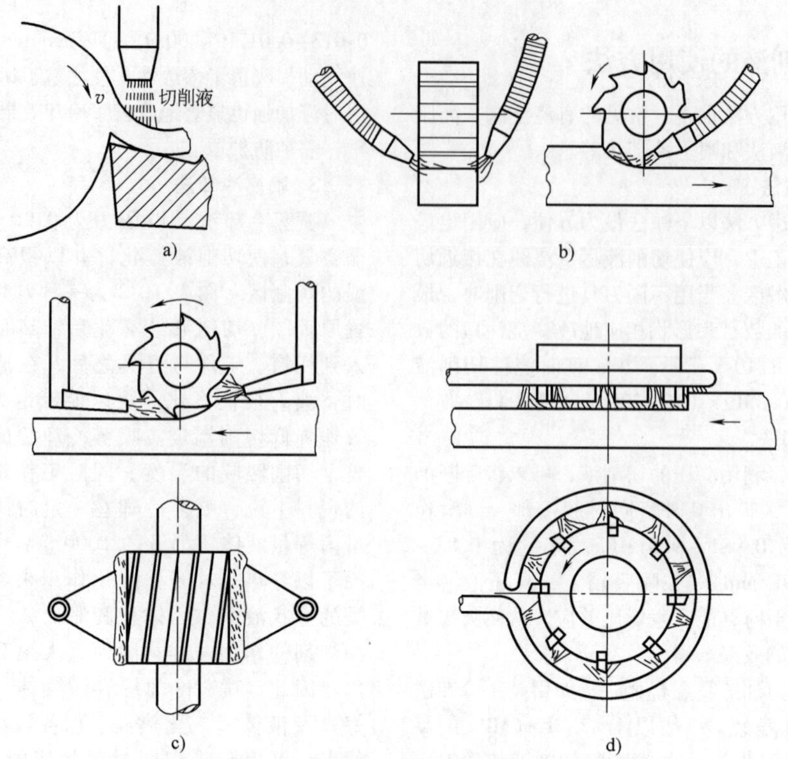

图 1.10-1　切削液的浇注方法

a）单管浇注　b）双管浇注　c）对流浇注　d）端面浇注

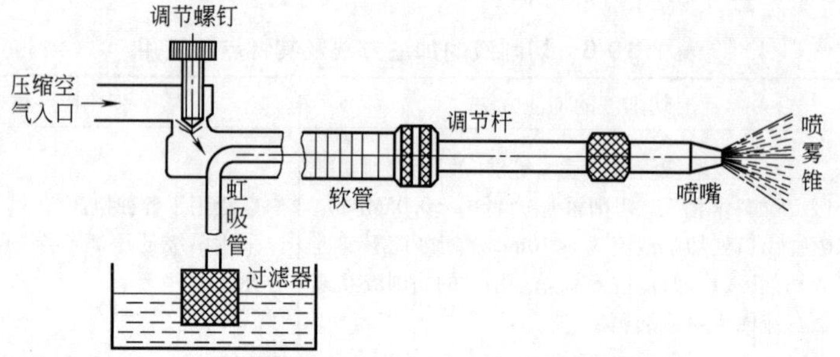

图 1.10-2　一种喷雾冷却装置原理图

参考文献

［1］ 陈日曜．金属切削原理［M］．2 版．北京：机械工业出版社，1993.

［2］ 冯之敬．制造工程与技术原理［M］．北京：清华大学出版社，2004.

［3］ 袁哲俊．金属切削刀具［M］．2 版．上海：上海科学技术出版社，1993.

［4］ 袁哲俊，刘华明．刀具设计手册［M］．北京：机械工业出版社，1999.

［5］ 艾兴，肖诗纲．切削用量手册［M］．北京：机械工业出版社，1985.

［6］ 邓建新，赵军．数控刀具材料选用手册［M］．北京：机械工业出版社，2005.

［7］ 杨叔子．机械加工工艺师手册［M］．北京：机械工业出版社，2002.

［8］ 孟少农．机械加工工艺手册［M］．北京：机械工业出版社，1991.

［9］ 刘华明．金属切削刀具设计简明手册［M］．北京：机械工业出版社，1994.

［10］ 金属加工杂志社，哈尔滨理工大学．数控刀具选用指南［M］．2 版．北京：机械工业出版社，2018.

第2章

材料及其热处理

主　编　闫牧夫（哈尔滨工业大学）
参　编　耿　林（哈尔滨工业大学）
刘　勇（哈尔滨工业大学）
闫扶摇（哈尔滨工业大学）
张学习（哈尔滨工业大学）

2.1　钢

2.1.1　钢的分类和牌号表示方法

1. 钢的分类

过去，我国曾用的钢的分类方法主要有五种：①按化学成分分类，分为碳素钢、合金钢；②按品质分类，分为普通钢、优质钢、高级优质钢；③按冶炼方法分类，可按炼钢炉、脱氧程度和浇注制度进一步分类；④按金相组织分类，可按钢的退火状态、正火状态以及无相变或部分发生相变的钢进一步分类；⑤按用途分类，分为建筑及工程用钢、结构钢、工具钢、特殊性能钢（如不锈钢等）、专业用钢（如锅炉用钢等）。此外，还可按加工方式分类，钢分为热轧钢、冷轧钢、冷拔钢、锻钢、铸钢等。

我国于 1992 年实施钢的分类方法（GB/T 13304—1991），2008 年颁布了《钢分类》国家标准（GB/T 13304.1—2008 和 GB/T 13304.2—2008），实施新的钢分类方法。这种分类方法明确划分了非合金钢、低合金钢和合金钢中化学元素含量的基本界限值。这两个标准是参照国际标准（ISO 4948）制定的，与国际上钢的分类大体一致。这种钢分类方法包括两部分：①按化学成分分类；②按主要质量等级和主要性能或使用特性分类。

（1）按化学成分分类

根据各种合金元素规定的含量值，将钢分为非合金钢、低合金钢和合金钢三大类，见表 2.1-1。

需要说明，对于 Cr、Ni、Mo、Cu 四种元素，如果在低合金钢中同时存在两种或两种以上时，还应当考虑这些元素的规定含量总和。如果钢中这些元素的规定含量总和大于表 2.1-1 中规定的每种元素最高界限值总和的 70%，应划为合金钢。对于 Nb、Ti、V、Zr 四种元素，也适用以上原则。近年开发的微合金非调质钢，大部分划入低合金钢。

此外，根据表 2.1-1 的分类，“非合金钢”一词代替了惯用的“碳素钢”。其原因是：①非合金钢是国际标准通用性术语（即 Unalloyed Steel）；②“非合金钢”一词的内涵更广泛，除包括各种碳素钢外，还包括各种纯铁及其他专用的具有特殊性能的非合金钢，如某种兵器专用钢等。不过，由于 1992 年以前制定的标准，有的还属于现行标准，故“碳素钢”仍可以使用。

表 2.1-1　非合金钢、低合金钢和合金钢合金元素规定含量界限值

合金元素	合金元素规定含量界限值（质量分数，%）		
	非合金钢	低合金钢	合金钢
Al	<0.10	—	≥0.10
B	<0.0005	—	≥0.0005
Bi	<0.10	—	≥0.10
Cr	<0.30	0.30~<0.50	≥0.50
Co	<0.10	—	≥0.10
Cu	<0.10	0.10~<0.50	≥0.50
Mn	<1.00	1.00~<1.40	≥1.40
Mo	<0.05	0.05~<0.10	≥0.10
Ni	<0.30	0.30~<0.50	≥0.50
Nb	<0.02	0.02~<0.06	≥0.06
Pb	<0.40	—	≥0.40
Se	<0.10	—	≥0.10
Si	<0.50	0.50~<0.90	≥0.90
Te	<0.10	—	≥0.10
Ti	<0.05	0.05~<0.13	≥0.13
W	<0.10	—	≥0.10
V	<0.04	0.04~<0.12	≥0.12
Zr	<0.05	0.05~<0.12	≥0.12
La 系（每一种元素）	<0.02	0.02~<0.05	≥0.05
其他规定元素（S、P、C、N 除外）	<0.05	—	≥0.05

注：La 系元素含量，也可作为混合稀土含量总量。

（2）按主要质量等级和主要性能或使用特性分类

1）非合金钢的主要分类。

- 非合金钢
  - 按主要质量等级分类
    - 普通质量非合金钢
    - 优质非合金钢
    - 特殊质量非合金钢
  - 按主要性能或使用特性分类
    - 以规定最高强度（或硬度）为主要特性的非合金钢（如冷成形用薄钢板）
    - 以规定最低强度为主要特性的非合金钢（如造船、压力容器、管道等用的结构钢）
    - 以限制碳含量为主要特性的非合金钢（如线材、调质钢）
    - 非合金易切削钢
    - 非合金工具钢
    - 具有专门规定磁性或电性能的非合金钢（如电磁纯铁）
    - 其他非合金钢

① 普通质量非合金钢是指生产过程中不规定需要特别控制质量要求的钢，应同时满足以下条件：化学成分符合表2.1-1中对非合金钢的规定；不规定钢材热处理条件（钢厂根据工艺需要进行的消除应力及软化处理等除外）；未规定其他质量要求；如产品标准或技术条件中有规定，其特性值（最高值和最低值）应符合表2.1-2中的要求。

表2.1-2 普通质量非合金钢特性值

最高值		最低值	
C的质量分数	≥0.10%	抗拉强度	≤690MPa
S的质量分数	≥0.040%	屈服强度	≤360MPa
P的质量分数	≥0.040%	断后伸长率	≤33%
N的质量分数	≥0.007%	弯心直径	≥0.5×试样厚度
硬度	≥60HRB	冲击吸收能量（20℃，V形纵向标准试样）	≤27J

普通质量非合金钢主要包括：一般用途非合金结构钢；非合金钢筋；铁道轻轨和垫板用碳素钢；一般钢板桩用型钢等。

② 优质非合金钢是指在生产过程中需要特别控制质量（如控制晶粒度，降低S、P含量，改善表面质量或增加工艺控制等），以达到比普通质量非合金钢高的质量要求（如对冷成形性和抗脆断性能的改善），但没有特殊质量非合金钢的质量要求得严格。

优质非合金钢主要包括：机械结构用优质非合金钢；工程结构用非合金钢；非合金易切削钢；冷镦、冲压等冷加工用非合金钢；镀锌、镀锡用非合金钢板；锅炉和压力容器用非合金钢板、钢管；造船用非合金钢；铁道重轨碳素钢；焊条用非合金钢；优质非合金铸钢等。

③ 特殊质量非合金钢是指在生产过程中需要严格控制质量和性能（如要求控制纯洁度和淬透性）的非合金钢，同时还根据不同情况分别规定以下的特殊要求：

a. 对于不进行热处理的非合金钢，至少应满足下列一种特殊质量要求：①要求限制P和（或）S的质量分数最高值，规定熔炼分析值≤0.020%，成品分析值≤0.025%；②要求限制残余元素Cu、Co、V的最高含量（质量分数），规定其熔炼分析值分别为w（Cu）≤0.10%，w（Co）≤0.05%，w（V）≤0.05%；③要求限制钢中非金属夹杂物含量，并（或）要求材质内部均匀性；④要求限制表面缺陷。

b. 对于需要进行热处理的非合金钢（包含易切削钢和工具钢），至少应满足下列一种特殊质量要求：①要求淬火后，或淬火和回火后的淬硬层深度或表面硬度；②要求淬火和回火后，或模拟表面硬化状态下的冲击性能；③要求限制钢中非金属夹杂物含量，并（或）要求材质内部均匀性（如钢板抗层状撕裂性能）；④要求限制表面缺陷，比对冷镦和冷挤压用钢的规定更严格。

c. 对于电工用非合金钢，要求具有规定的电导性能或磁性能。若只规定最大比总损耗和最小磁极化强度，而未规定磁导率的磁性薄板和带，则不属于特殊质量非合金钢。

特殊质量非合金钢主要包括：保证淬透性非合金钢；保证厚度方向性能非合金钢；碳素弹簧钢；特殊盘条钢；特殊易切削钢；非合金工具钢和中空钢；铁道车轴坯、车轮、轮箍等用非合金钢；航空、兵器等用非合金结构钢；核压力容器用非合金钢；特殊焊条用非合金钢；电工纯铁和工业纯铁等。

2）低合金钢的主要分类。

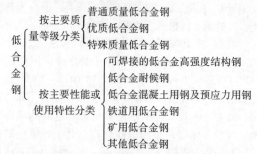

- 低合金钢
  - 按主要质量等级分类
    - 普通质量低合金钢
    - 优质低合金钢
    - 特殊质量低合金钢
  - 按主要性能或使用特性分类
    - 可焊接的低合金高强度结构钢
    - 低合金耐候钢
    - 低合金混凝土用钢及预应力用钢
    - 铁道用低合金钢
    - 矿用低合金钢
    - 其他低合金钢

① 普通质量低合金钢是指不规定生产过程中需要特别控制质量要求的，供作一般用途的低合金钢，应同时满足以下条件：

a. 合金含量较低，符合表2.1-1中对低合金钢的规定。

b. 不规定钢材热处理条件（钢厂根据工艺需要进行退火、正火、消除应力及软化处理等除外）。

c. 未规定其他质量要求。

d. 如产品标准或技术条件中有规定，其特性值应符合表2.1-3中的条件。

表2.1-3 普通质量低合金钢特性值

特 性 值	
S的质量分数最高值	≥0.040%
P的质量分数最高值	≥0.040%
抗拉强度最低值	≤690MPa
屈服强度最低值	≤360MPa
断后伸长率最低值	≤26%
弯心直径最低值	≥2×试样厚度
冲击吸收能量最低值（20℃，V形纵向标准试样）	≥27J

注：1. 力学性能的规定值指用公称厚度为3~16mm钢材做的纵向（或横向）试样的测定值。

2. 抗拉强度、屈服强度最低值仅适用于可焊接的低合金高强度结构钢。

普通质量低合金钢主要包括：一般用途低合金结构钢；一般低合金钢筋钢；低合金轻轨钢；矿用低合金钢等。

② 优质低合金钢是指在生产过程中需要特别控制质量（如降低S、P含量，控制晶粒度，改善表面质量或增加工艺控制等），以达到比普通质量低合金钢高的质量要求（如对冷成形性和抗脆断性能的改善），但没有特殊质量低合金钢的质量要求得严格。

优质低合金钢主要包括：一般用途低合金结构钢；低合金耐候钢；输送管线用低合金钢；锅炉和压力容器用低合金钢；铁道用低合金钢轨钢、异型钢；矿用低合金结构钢；桥梁、造船、汽车等专业用低合金钢等。

③ 特殊质量低合金钢是指在生产过程中需要严格控制质量和性能（特别要求严格控制S、P等杂质含量和纯洁度）的低合金钢，同时还至少应满足下列一种特殊质量要求：

a. 要求严格限制P和（或）S质量分数的最高值，规定熔炼分析值≤0.020%，成品分析值≤0.025%。

b. 要求限制残余元素Cu、Co、V的最高含量（质量分数），规定其熔炼分析值分别为 w（Cu）≤0.10%，w(Co)≤0.05%，w(V)≤0.05%。

c. 规定限制钢中非金属夹杂物含量，并（或）要求材质内部均匀性，如钢板抗层状撕裂性能。

d. 规定钢材的低温（-40℃）冲击性能。

e. 对可焊接的低合金高强度钢，规定屈服强度最低值≥420MPa（指用公称厚度为3~16mm钢材做的纵向或横向试样的测定值）。

f. 弥散强化钢，其规定C质量分数熔炼分析最小值不小于0.25%；并具有铁素体/珠光体或其他显微组织；含有Nb、V或Ti等一种或多种微合金化元素。一般在热成形温度过程中控制轧制温度和冷却速度完成弥散强化。

g. 预应力钢。

特殊质量低合金钢主要包括：保证厚度方向性能的低合金钢；压力容器用低合金钢；核能用低合金钢；汽车用低合金钢；船舰兵器用低合金钢等。

3）合金钢的主要分类。

- 合金钢
  - 按主要质量等级分类
    - 优质合金钢
    - 特殊质量合金钢
  - 按主要性能或使用特性分类
    - 工程结构用合金钢
    - 机械结构用合金钢
    - 不锈、耐蚀和耐热钢
    - 工具钢，包括合金工具钢和高速工具钢
    - 轴承钢
    - 特殊物理性能钢
    - 其他合金钢

合金钢的分类见表2.1-4。表中按主要质量等级和主要使用特性划分了各钢类系列。

① 优质合金钢是指在生产过程中需要特别控制质量和性能的合金钢，但没有特殊质量合金钢的质量要求得严格。

优质合金钢主要包括：一般工程结构用合金钢；合金钢筋钢；铁道用合金钢；凿岩钎杆用合金钢；无磁导率要求的电工用硅（铝）钢等。

② 特殊质量合金钢是指在生产过程中需要严格控制质量和性能的合金钢，除优质合金钢外的所有其他合金钢，都属于特殊质量合金钢。

特殊质量合金钢主要包括：轴承钢；不锈钢和耐热钢；合金工具钢和高速工具钢；锅炉和压力容器用合金钢；热处理合金钢筋钢等。

2. 我国牌号表示方法

① 钢铁产品牌号的表示通常采用大写汉语拼音字母、元素符号和阿拉伯数字相结合的方法。为了国际交流和贸易的需要，也可采用大写英文字母或国际惯例表示符号。常用化学元素符号见表2.1-5。

② 采用汉语拼音字母或英文字母表示产品名称、用途、特性和工艺方法时，一般从产品名称中选取有代表性汉字拼音的首位字母或英文单词的首位字母。当和另一产品所取字母重复时，改取第二个字母或第三个字母，或同时选取两个（或多个）汉字或英文单词的首位字母。采用汉语拼音字母或英文字母，原则上只取一个，一般不超过三个。

③ 产品牌号中各组成部分的表示方法应符合相应规定，各部分按顺序排列，如无必要可省略相应部分。除有特殊规定外，字母、符号及数字之间应无间隙。

④ 产品牌号中的元素含量用质量分数表示。

以上四个原则在特殊情况下可以混合使用。下面具体说明每种钢的表示方法。

1）生铁。生铁产品牌号通常由两部分组成。第一部分表示产品用途、特性及工艺方法的大写汉语拼音字母；第二部分：表示主要元素平均含量（以千分之几计）的阿拉伯数字。炼钢用生铁、铸造用生铁、球墨铸铁用生铁、耐磨生铁为硅元素平均含量。脱碳低磷粒铁为碳元素平均含量，含钒生铁为钒元素平均含量。生铁产品牌号示例见表2.1-6。

2）碳素结构钢和低合金结构钢。碳素结构钢和低合金结构钢的牌号通常由四部分组成。

第一部分：前缀符号+强度值（以MPa为单位），其中通用结构钢前缀符号为代表屈服强度的拼音字母“Q”，专用结构钢的前缀符号见表2.1-7。

第二部分（必要时）：钢的质量等级，用英文字母A、B、C、D、E、F等表示。

表 2.1-4 合金钢的分类

按主要质量	1		2	3	4		5		6	7	8
等级分类	优质合金钢		特殊质量合金钢								
按主要使用特性分类	工程结构用钢	其他	工程结构用钢	机械结构用钢（4、6类除外）	不锈、耐蚀和耐热钢		工具钢		轴承钢	特殊物理性能钢	其他
按其他特性进一步分类	11 一般工程结构用合金钢中的 Q420bz 12 合金钢筋钢中的合金钢 13 凿岩钎杆用钢中的合金钢 14 耐磨钢中的合金钢	16 电工用硅（铝）钢（无磁导率要求）中的合金钢 17 铁道用合金钢中的 30CuCr 18 易切削钢中的素锡钢 19 其他	21 锅炉和压力容器用合金钢（4类除外） 22 热处理合金钢筋钢 23 汽车用钢 24 预应力用钢中的合金钢 25 矿用合金钢中的合金钢 26 输送管线用钢中的 L555、L690 27 高锰钢	31 V、MnV、Mn(X)系钢 32 SiMn(X)系钢 33 Cr(X)系钢 34 CrMo(X)系钢 35 CrNiMo（X）系钢 36 Ni(X)系钢 37 B(X)系钢 38 其他	41 马氏体型 42 铁素体型	411/421 Cr(X)系钢 412/422 CrNi(X)系钢 413/423 CrMo(X)、CrCo(X)系钢 414/424 CrAl(X)、CrSi(X)系钢 415/425 其他	51 合金工具钢	511 Cr(X)系钢 512 Ni(X)、CrNi(X)系钢 513 Mo(X)、CrMo(X)系钢 514 V(X)、CrV(X)系钢 515 W(X)、CrW(X)系钢 516 其他	61 高碳铬轴承钢 62 渗碳轴承钢 63 不锈轴承钢 64 高温轴承钢 65 无磁轴承钢	71 软磁钢（除16外） 72 永磁钢 73 无磁钢 74 高电阻钢和合金	焊接用钢
					43 奥氏体型 44 奥氏体-铁素体型 45 沉淀硬化型	431/441/451 CrNi(X)系钢 432/442/452 CrNiMo(X)系钢 433/443/453 CrNi+Ti 或 Nb 钢 434/444/454 CrNiMo + Ti 或 Nb 钢 435/445/455 CrNi+V、W、Co 钢 436/446 CrNiSi(X)系钢 437 CrMnSi(X)系钢 438 其他	52 高速工具钢	521 WMo 系钢 522 W 系钢 523 Co 系钢			

注：(X)表示该合金系列中还包括有其他合金元素，如 Cr(X)系，除 Cr 钢外，还包括 CrMn 钢等。

表 2.1-5　常用化学元素符号

元素名称	元素符号	元素名称	元素符号	元素名称	元素符号	元素名称	元素符号
铁	Fe	锂	Li	钐	Sm	铝	Al
锰	Mn	铍	Be	锕	Ac	铌	Nb
铬	Cr	镁	Mg	硼	B	钽	Ta
镍	Ni	钙	Ca	碳	C	镧	La
钴	Co	锆	Zr	硅	Si	铈	Ce
铜	Cu	锡	Sn	硒	Se	钕	Nd
钨	W	铅	Pb	碲	Te	氮	N
钼	Mo	铋	Bi	砷	As	氧	O
钒	V	铯	Cs	硫	S	氢	H
钛	Ti	钡	Ba	磷	P	—	—

注：混合稀土元素符号用“RE”表示。

表 2.1-6　生铁产品牌号示例

序号	产品名称	第一部分			第二部分	牌号示例
		采用汉字	汉语拼音	采用字母		
1	炼钢用生铁	炼	LIAN	L	硅质量分数为 0.85%~1.25%的炼钢用生铁,阿拉伯数字为 10	L10
2	铸造用生铁	铸	ZHU	Z	硅质量分数为 2.80%~3.20%的铸造用生铁,阿拉伯数字为 30	Z30
3	球墨铸铁用生铁	球	QIU	Q	硅质量分数为 1.00%~1.40%的球墨铸铁用生铁,阿拉伯数字为 12	Q12
4	耐磨生铁	耐磨	NAI MO	NM	硅质量分数为 1.60%~2.00%的耐磨生铁,阿拉伯数字为 18	NM18
5	脱碳低磷粒铁	脱粒	TUO LI	TL	碳质量分数为 1.20%~1.60%的炼钢用脱碳低磷粒铁,阿拉伯数字为 14	TL14
6	含钒生铁	钒	FAN	F	钒质量分数不小于 0.40%的含钒生铁,阿拉伯数字为 04	F04

表 2.1-7　专用结构钢的前缀符号

产品名称	采用的汉字及汉语拼音或英文单词			采用字母	位置
	汉字	汉语拼音	英文单词		
热轧光圆钢筋	热轧光圆钢筋	—	Hot Rolled Plain Bars	HPB	牌号头
热轧带肋钢筋	热轧带肋钢筋	—	Hot Rolled Ribbed Bars	HRB	牌号头
细晶粒热轧带肋钢筋	热轧带肋钢筋+细	—	Hot Rolled Ribbed Bars + Fine	HRBF	牌号头
冷轧带肋钢筋	冷轧带肋钢筋	—	Cold Rolled Ribbed Bars	CRB	牌号头
预应力混凝土用螺纹钢筋	预应力、螺纹、钢筋	—	Prestressing、Screw、Bars	PSB	牌号头
焊接气瓶用钢	焊瓶	HAN PING	—	HP	牌号头
管线用钢	管线	—	Line	L	牌号头
船用锚链钢	船锚	CHUAN MAO	—	CM	牌号头
煤机用钢	煤	MEI	—	M	牌号头

第三部分（必要时）：脱氧方式表示符号，即沸腾钢、半镇静钢、镇静钢、特殊镇静钢分别以“F”“b”“Z”和“TZ”表示。镇静钢、特殊镇静钢表示符号通常可以省略。

第四部分（必要时）：产品用途、特性和工艺方法表示符号，见表 2.1-8。

碳素结构钢和低合金结构钢牌号示例见表 2.1-9。

根据需要，低合金高强度结构钢的牌号也可以采用两位阿拉伯数字（表示平均含碳量，以万分之几计）加表 2.1-5 规定的元素符号及必要时加代表产品用途、特性和工艺方法的表示符号，按顺序表示。

示例：碳质量分数为 0.15%~0.26%、锰质量分数为 1.20%~1.60%的矿用钢牌号为 20MnK。

表 2.1-8 产品用途、特性和工艺方法表示符号

产品名称	采用的汉字及汉语拼音或英文单词			采用字母	位置
	汉字	汉语拼音	英文单词		
锅炉和压力容器用钢	容	RONG	—	R	牌号尾
锅炉用钢(管)	锅	GUO	—	G	牌号尾
低温压力容器用钢	低容	DI RONG	—	DR	牌号尾
桥梁用钢	桥	QIAO	—	Q	牌号尾
耐候钢	耐候	NAI HOU	—	NH	牌号尾
高耐候钢	高耐候	GAO NAI HOU	—	GNH	牌号尾
汽车大梁用钢	梁	LIANG	—	L	牌号尾
高性能建筑结构用钢	高建	GAO JIAN	—	GJ	牌号尾
低焊接裂纹敏感性钢	低焊接裂纹敏感性	—	Crack Free	CF	牌号尾
保证淬透性钢	淬透性	—	Hardenability	H	牌号尾
矿用钢	矿	KUANG	—	K	牌号尾
船用钢	采用国际符号				

表 2.1-9 碳素结构钢和低合金结构钢牌号示例

序号	产品名称	第一部分	第二部分	第三部分	第四部分	牌号示例
1	碳素结构钢	最小屈服强度 235MPa	A 级	沸腾钢	—	Q235AF
2	低合金高强度结构钢	最小屈服强度 345MPa	D 级	特殊镇静钢	—	Q345D
3	热轧光圆钢筋	屈服强度特征值 235MPa	—	—	—	HPB235
4	热轧带肋钢筋	屈服强度特征值 335MPa	—	—	—	HRB335
5	细晶粒热轧带肋钢筋	屈服强度特征值 335MPa	—	—	—	HRBF335
6	冷轧带肋钢筋	最小抗拉强度 550MPa	—	—	—	CRB550
7	预应力混凝土用螺纹钢筋	最小屈服强度 830MPa	—	—	—	PSB830
8	焊接气瓶用钢	最小屈服强度 345MPa	—	—	—	HP345
9	管线用钢	最小规定总延伸强度 415MPa	—	—	—	L415
10	船用锚链钢	最小抗拉强度 370MPa	—	—	—	CM370
11	煤机用钢	最小抗拉强度 510MPa	—	—	—	M510
12	锅炉和压力容器用钢	最小屈服强度 345MPa	—	特殊镇静钢	压力容器“容”的汉语拼音首字母“R”	Q345R

3）优质碳素结构钢和优质碳素弹簧钢。优质碳素结构钢牌号通常由五部分组成。

第一部分：以两位阿拉伯数字表示平均碳含量（以万分之几计）。

第二部分（必要时）：较高含锰量的优质碳素结构钢，加锰元素符号 Mn。

第三部分（必要时）：钢材冶金质量，即高级优质钢、特级优质钢分别以 A、E 表示，优质钢不用字母表示。

第四部分（必要时）：脱氧方式表示符号，即沸腾钢、半镇静钢、镇静钢分别以“F”“b”和“Z”表示，但镇静钢表示符号通常可以省略。

第五部分（必要时）：产品用途、特性或工艺方法表示符号，见表 2.1-8。

优质碳素弹簧钢的牌号表示方法与优质碳素结构钢相同，示例见表 2.1-10。

表 2.1-10 优质碳素结构钢和优质碳素弹簧钢牌号示例

序号	序号产品	第一部分	第二部分	第三部分	第四部分	第五部分	牌号示例
1	优质碳素结构钢	碳质量分数：0.05%~0.11%	锰质量分数：0.25%~0.50%	优质钢	镇静钢	—	08F
2	优质碳素结构钢	碳质量分数：0.47%~0.55%	锰质量分数：0.50%~0.80%	高级优质钢	镇静钢	—	50A
3	优质碳素结构钢	碳质量分数：0.48%~0.56%	锰质量分数：0.70%~1.00%	特级优质钢	镇静钢	—	50MnE

（续）

序号	序号产品	第一部分	第二部分	第三部分	第四部分	第五部分	牌号示例
4	保证淬透性钢	碳质量分数：0.42%~0.50%	锰质量分数：0.50%~0.85%	高级优质钢	镇静钢	保证淬透性钢表示符号“H”	45AH
5	优质碳素弹簧钢	碳质量分数：0.62%~0.70%	锰质量分数：0.90%~1.20%	优质钢	镇静钢	—	65Mn

4）易切削钢。易切削钢牌号通常由三部分组成。

第一部分：易切削钢表示符号“Y”。

第二部分：以两位阿拉伯数字表示平均碳含量（以万分之几计）。

第三部分：易切削元素符号，如含钙、铅、锡等易切削元素的易切削钢分别以 Ca、Pb、Sn 表示。加硫和加硫磷易切削钢，通常不加易切削元素符号 S、P。较高锰含量的加硫或加硫磷易切削钢，本部分为锰元素符号 Mn。为区分牌号，对较高含硫量的易切削钢，在牌号尾部加硫元素符号 S。

例如：碳质量分数为 0.42%~0.50%、钙质量分数为 0.002%~0.006% 的易切削钢，其牌号表示为 Y45Ca；碳质量分数为 0.40%~0.48%、锰质量分数为 1.35%~1.65%、硫质量分数为 0.16%~0.24% 的易切削钢，其牌号表示为 Y45Mn；碳质量分数为 0.40%~0.48%、锰质量分数为 1.35%~1.65%、硫质量分数为 0.24%~0.32% 的易切削钢，其牌号表示为 Y45MnS。

5）合金结构钢和合金弹簧钢。合金结构钢牌号通常由四部分组成。

第一部分：以两位阿拉伯数字表示平均碳含量（以万分之几计）。

第二部分：合金元素含量，以化学元素符号及阿拉伯数字表示。具体表示方法为：平均质量分数小于 1.50%时，牌号中仅标明元素，一般不标明含量；平均质量分数为 1.50%~2.49%、2.50%~3.49%、3.50%~4.49%、4.50%~5.49%等时，在合金元素后相应写成 2、3、4、5 等。化学元素符号的排列顺序推荐按含量值递减排列。如果两个或多个元素的含量相等时，相应符号位置按英文字母的顺序排列。

第三部分：钢材冶金质量，即高级优质钢、特级优质钢分别以 A、E 表示，优质钢不用字母表示。

第四部分（必要时）：产品用途、特性或工艺方法表示符号，见表 2.1-8。

合金弹簧钢的表示方法与合金结构钢相同，示例见表 2.1-11。

表 2.1-11　合金结构钢和合金弹簧钢牌号示例

序号	产品名称	第一部分	第二部分	第三部分	第四部分	牌号示例
1	合金结构钢	碳质量分数：0.22%~0.29%	铬质量分数 1.50%~1.80% 钼质量分数 0.25%~0.35% 钒质量分数 0.15%~0.30%	高级优质钢	—	25Cr2MoVA
2	锅炉和压力容器用钢	碳质量分数：≤0.22%	锰质量分数 1.20%~1.60% 钼质量分数 0.45%~0.65% 铌质量分数 0.025%~0.050%	特级优质钢	锅炉和压力容器用钢	18MnMoNbER
3	优质弹簧钢	碳质量分数：0.56%~0.64%	硅质量分数 1.60%~2.00% 锰质量分数 0.70%~1.00%	优质钢	—	60Si2Mn

6）车辆车轴及机车车辆用钢。车辆车轴及机车车辆用钢牌号通常由两部分组成。

第一部分：车辆车轴用钢表示符号“LZ”或机车车辆用钢表示符号“JZ”。

第二部分：以两位阿拉伯数字表示平均碳含量（以万分之几计）。

牌号示例见表 2.1-12。

7）非调质机械结构钢。非调质机械结构钢牌号通常由四部分组成。

第一部分：非调质机械结构钢表示符号“F”。

第二部分：以两位阿拉伯数字表示平均碳含量（以万分之几计）。

第三部分：合金元素含量，以化学元素符号及阿拉伯数字表示，表示方法同合金结构钢第二部分。

第四部分（必要时）：改善切削性能的非调质机械结构钢加硫元素符号 S。

牌号示例见表 2.1-12。

8）工具钢。工具钢通常分为碳素工具钢、合金工具钢、高速工具钢三类。

① 碳素工具钢。碳素工具钢牌号通常由四部分组成。

第一部分：碳素工具钢表示符号“T”。

第二部分：阿拉伯数字表示平均碳含量（以千分之几计）。

第三部分（必要时）：较高锰含量碳素工具钢，加锰元素符号 Mn。

第四部分（必要时）：钢材冶金质量，即高级优质碳素工具钢以 A 表示，优质钢不用字母表示。

牌号示例见表 2.1-12。

② 合金工具钢。合金工具钢牌号通常由两部分组成。

第一部分：平均碳质量分数小于 1.00%时，采用一位数字表示碳含量（以千分之几计）；平均碳质量分数不小于 1.00%时，不标明碳含量数字。

第二部分：合金元素含量，以化学元素符号及阿拉伯数字表示，表示方法同合金结构钢第二部分。低铬（平均铬质量分数小于 1%）合金工具钢，在铬含量（以千分之几计）前加数字“0”。

牌号示例见表 2.1-12。

③ 高速工具钢。高速工具钢牌号表示方法与合金结构钢相同，但在牌号头部一般不标明表示碳含量的阿拉伯数字。为了区别牌号，在牌号头部可以加“C”表示高碳高速工具钢。

牌号示例见表 2.1-12。

9）轴承钢。轴承钢分为高碳铬轴承钢、渗碳轴承钢、高碳铬不锈轴承钢和高温轴承钢四大类。

① 高碳铬轴承钢。高碳铬轴承钢牌号通常由两部分组成。

第一部分：（滚珠）轴承钢表示符号“G”，但不标明碳含量。

第二部分：合金元素“Cr”符号及其含量（以千分之几计），其他合金元素含量以化学元素符号及阿拉伯数字表示，表示方法同合金结构钢第二部分。

牌号示例见表 2.1-12。

② 渗碳轴承钢。在牌号头部加符号“G”，采用合金结构钢的牌号表示方法。高级优质渗碳轴承钢，在牌号尾部加“A”。

例如：碳质量分数为 0.17%~0.23%、铬质量分数为 0.35%~0.65%、镍质量分数为 0.40%~0.70%，钼质量分数为 0.15%~0.30%的高级优质渗碳轴承钢，其牌号表示为 G20CrNiMoA。

③ 高碳铬不锈轴承钢和高温轴承钢。在牌号头部加符号“G”，采用不锈钢和耐热钢的牌号表示方法。

例如：碳质量分数为 0.90%~1.00%、铬质量分数为 17.0%~19.0%的高碳铬不锈轴承钢，其牌号表示为 G95Cr18；碳质量分数为 0.75%~0.85%、铬质量分数为 3.75%~4.25%、钼质量分数为 4.00%~4.50%的高温轴承钢，其牌号表示为 G80Cr4Mo4V。

10）钢轨钢、冷镦钢。钢轨钢、冷镦钢牌号通常由三部分组成。

第一部分：钢轨钢表示符号“U”、冷镦钢（铆螺钢）表示符号“ML”。

第二部分：以阿拉伯数字表示平均碳含量，优质碳素结构钢同优质碳素结构钢第一部分；合金结构钢同合金结构钢第一部分。

第三部分：合金元素含量，以化学元素符号及阿拉伯数字表示，表示方法同合金结构钢第二部分。

牌号示例见表 2.1-12。

11）不锈钢和耐热钢。牌号采用表 2.1-5 规定的化学元素符号和表示各元素含量的阿拉伯数字表示。各元素含量的阿拉伯数字表示应符合以下规定。

① 碳含量。用两位或三位阿拉伯数字表示碳含量最佳控制值（以万分之几或十万分之几计）。

只规定碳含量上限者，当碳质量分数上限不大于 0.10%时，以其上限的 3/4 表示碳含量；当碳质量分数上限大于 0.10%时，以其上限的 4/5 表示碳含量。

例如：碳质量分数上限为 0.08%，碳含量以 06 表示；碳质量分数上限为 0.20%，碳含量以 16 表示；碳质量分数上限为 0.15%，碳含量以 12 表示。

对超低碳不锈钢（即碳质量分数不大于 0.030%），用三位阿拉伯数字表示碳含量最佳控制值（以十万分之几计）。

例如：碳质量分数上限为 0.030%时，其牌号中的碳含量以 022 表示；碳质量分数上限为 0.020%时，其牌号中的碳含量以 015 表示。

规定上、下限者，以平均碳含量×10000 表示。

例如：碳质量分数为 0.16%~0.25%时，其牌号中的碳含量以 20 表示。

② 合金元素含量。合金元素含量以化学元素符号及阿拉伯数字表示，表示方法同合金结构钢第二部分。钢中有意加入的铌、钛、锆、氮等合金元素，虽然含量很低，也应在牌号中标出。

例如：碳质量分数不大于 0.08%、铬质量分数为 18.00%~20.00%、镍质量分数为 8.00%~11.00%的不锈钢，牌号为 06Cr19Ni10；碳质量分数不大于 0.030%、铬质量分数为 16.00%~19.00%、钛质量分数为 0.10%~1.00%的不锈钢，牌号为 022Cr18Ti；碳质量分数为 0.15%~0.25%、铬质量分数为 14.00%~16.00%、锰质量分数为 14.00%~16.00%、镍质量分数为 1.50%~3.00%、氮质量分数为 0.15%~0.30%的不锈钢，牌号为 20Cr15Mnl5Ni2N；碳质量分数不大于 0.25%、铬质量分数为 24.00%~26.00%、镍质量分数为 19.00%~22.00%的耐热钢，牌号为 20Cr25Ni20。

12）焊接用钢。焊接用钢包括焊接用碳素钢、焊接用合金钢和焊接用不锈钢等。

焊接用钢牌号通常由两部分组成。

第一部分：焊接用钢表示符号“H”。

第二部分：各类焊接用钢牌号表示方法。其中优质碳素结构钢、合金结构钢和不锈钢应分别符合 3）、5）和 11）规定。

牌号示例见表 2.1-12。

13）冷轧电工钢。冷轧电工钢分为取向电工钢和无取向电工钢，牌号通常由三部分组成。

第一部分：材料公称厚度（单位为 mm）100 倍的数字。

第二部分：普通级取向电工钢表示符号“Q”、高磁导率级取向电工钢表示符号“QG”或无取向电工钢表示符号“W”。

第三部分：取向电工钢，磁极化强度在 1.7T 和频率在 50Hz，以 W/kg 为单位及相应厚度产品的最大比总损耗值的 100 倍；无取向电工钢，磁极化强度在 1.5T 和频率在 50Hz，以 W/kg 为单位及相应厚度产品的最大比总损耗值的 100 倍。

例如：公称厚度为 0.30mm、比总损耗 *P*1.7/50 为 1.30W/kg 的普通级取向电工钢，牌号为 30Q130；公称厚度为 0.30mm、比总损耗 *P*1.7/50 为 1.10W/kg 的高磁导率级取向电工钢，牌号为 30QG110；公称厚度为 0.50mm、比总损耗 *P*1.5/50 为 4.0W/kg 的无取向电工钢，牌号为 50W400。

14）电磁纯铁。电磁纯铁牌号通常由三部分组成。

第一部分：电磁纯铁表示符号“DT”。

第二部分：以阿拉伯数字表示不同牌号的顺序号。

第三部分：根据电磁性能不同，分别采用加质量等级表示符号“A”“C”和“E”。

牌号示例见表 2.1-12。

15）原料纯铁。原料纯铁牌号通常由两部分组成。

第一部分：原料纯铁表示符号“YT”。

第二部分：以阿拉伯数字表示不同牌号的顺序号。

牌号示例见表 2.1-12。

16）高电阻电热合金。高电阻电热合金牌号采用表 2.1-5 规定的化学元素符号和阿拉伯数字表示。牌号表示方法与不锈钢和耐热钢的牌号表示方法相同（镍铬基合金不标出含碳量）。

例如：铬质量分数为 18.00%～21.00%、镍质量分数为 34.00%～37.00%、碳质量分数不大于 0.08% 的合金（其余为铁），其牌号表示为 06Cr20Ni35。

表 2.1-12　车辆车轴用钢等牌号示例

产品名称	第一部分			第二部分	第三部分	第四部分	牌号示例
	汉字	汉语拼音	采用字母				
车辆车轴用钢	辆轴	LiANG ZHOU	LZ	碳质量分数：0.40%～0.48%	—	—	LZ45
机车车辆用钢	机轴	JI ZHOU	JZ	碳质量分数：0.40%～0.48%	—	—	JZ45
非调质机械结构钢	非	FEI	F	碳质量分数：0.32%～0.39%	钒质量分数：0.06%～0.13%	硫质量分数：0.035%～0.075%	F35VS
碳素工具钢	碳	TAN	T	碳质量分数：0.80%～0.90%	锰质量分数：0.40%～0.60%	高级优质钢	T8MnA
合金工具钢	碳质量分数：0.85%～0.95%			硅质量分数：1.20%～1.60% 铬质量分数：0.95%～1.25%	—	—	9SiCr
高速工具钢	碳质量分数：0.80%～0.90%			钨质量分数：5.50%～6.75% 钼质量分数：4.50%～5.50% 铬质量分数：3.80%～4.40% 钒质量分数：1.75%～2.20%	—	—	W6Mo5Cr4V2

（续）

产品名称	第一部分			第二部分	第三部分	第四部分	牌号示例
	汉字	汉语拼音	采用字母				
高速工具钢	碳质量分数：0.86%~0.94%			钨质量分数：5.90%~6.70% 钼质量分数：4.70%~5.20% 铬质量分数：3.80%~4.50% 钒质量分数：1.75%~2.10%	—	—	CW6Mo5Cr4V2
高碳铬轴承钢	滚	GUN	G	铬质量分数：1.40%~1.65%	硅质量分数：0.45%~0.75% 锰质量分数：0.95%~1.25%	—	GCr15SiMn
钢轨钢	轨	GUI	U	碳质量分数：0.66%~0.74%	硅质量分数：0.85%~1.15% 锰质量分数：0.85%~1.15%	—	U70MnSi
冷镦钢	铆螺	MAO LUO	ML	碳质量分数：0.26%~0.34%	铬质量分数：0.80%~1.10% 钼质量分数：0.15%~0.25%	—	ML30CrMo
焊接用钢	焊	HAN	H	碳质量分数：≤0.10%的高级优质碳素结构钢	—	—	H08A
焊接用钢	焊	HAN	H	碳质量分数：≤0.10% 铬质量分数：0.80%~1.10% 钼质量分数：0.40%~0.60%的高级优质合金结构钢	—	—	H08CrMoA
电磁纯铁	电铁	DIAN TIE	DT	顺序号4	磁性能A级	—	DT4A
原料纯铁	原铁	YUAN TIE	YT	顺序号1	—	—	YT1

3. 我国牌号的统一数字代号表示方法

为了适应现代化管理的需要，根据钢铁产品的生产、使用、科研、设计、物资管理和标准化等部门的要求，我国于1998年发布了国家标准《钢铁及合金牌号统一数字代号体系》（GB/T 17616—1998），现行标准为GB/T 17616—2013，规定了钢铁及合金产品牌号统一数字代号（简称为“ISC”，即Iron and Steel Code的缩写）的总则、结构型式、分类和编组、编码规则、编制和管理。这套统一数字代号体系主要参考了美国的UNS系统（即《金属与合金统一数字代号体系》）、欧洲标准和国际标准有关“钢的牌号数字体系”文件，同时结合我国钢铁材料生产、使用的特点而制定。该标准明确规定，凡列入国家标准和行业标准的钢铁及合金产品应同时列入产品牌号和统一数字代号，相互对照，两种表示方法均有效。

（1）钢铁及合金的类型和统一数字代号

由于钢铁材料的种类很广，为便于编制统一数字代号，将钢铁及合金划分为15个类型（用前缀字母表示，一般不使用I和O字母），设置15类统一数字代号，见表2.1-13。

表中的每一个统一数字代号，只能适用于一个产品牌号，即每一个产品牌号只能对应于某一个数字代号。如果当某个产品牌号被取消后，一般情况下，原对应的统一数字代号不再分配给另一产品牌号。

表 2.1-13　我国钢铁及合金的类型与统一数字代号

钢铁及合金的类型	英文名称	前缀字母	统一数字代号
合金结构钢	Alloy structural steel	A	A×××××
轴承钢	Bearing steel	B	B×××××
铸铁、铸钢及铸造合金	Cast iron, cast steel and cast alloy	C	C×××××
电工用钢和纯铁	Electrical steel and iron	E	E×××××
铁合金和生铁	Ferro alloy and pig iron	F	F×××××
高温合金和耐蚀合金	Heat resisting and corrosion resisting alloy	H	H×××××
金属功能材料	Metallic functional materials	J	J×××××
低合金钢	Low alloy steel	L	L×××××
杂类材料	Miscellaneous materials	M	M×××××
粉末及粉末冶金材料	Powders and powder metallurgy materials	P	P×××××
快淬金属及合金	Quick quench metals and alloys	Q	Q×××××
不锈钢和耐热钢	Stainless steel and heat resisting steel	S	S×××××
工模具钢	Tool and mould steel	T	T×××××
非合金钢	Unalloy steel	U	U×××××
焊接用钢及合金	Steel and alloy for welding	W	W×××××

统一数字代号采用一个大写的前缀字母，后接5位阿拉伯数字。对任何产品都规定统一的固定位数，其形式如下：

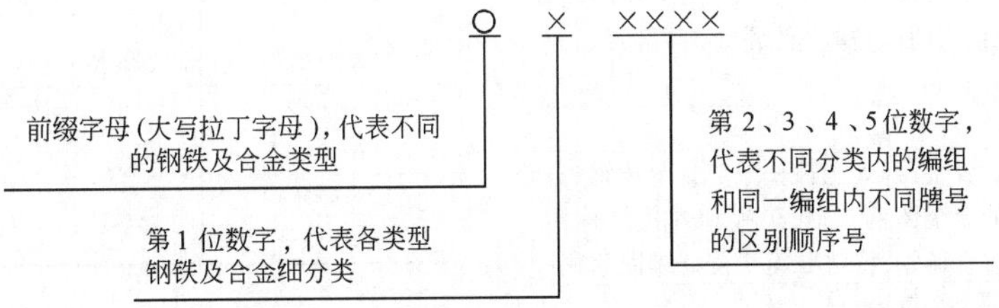

下面仅介绍本手册中常用的8个钢铁及合金的类型和统一数字代号，其他如电工用钢和纯铁、铁合金和生铁等7个钢铁及合金的类型和统一数字代号，可参考国家标准 GB/T 17616—2013。

（2）合金结构钢的统一数字代号

统一数字代号中前缀字母A后面的第1位数字代表合金系列分类，见表2.1-14；第2位数字表示不同钢组；第3、4位数字表示碳含量特性值，与合金结构钢牌号中表示碳含量的数值基本一致（有时可略做调整）；第5位数字表示不同质量等级和专门用途。例如：合金结构钢30CrMnSiA，其统一数字代号为A24303。

（3）轴承钢的统一数字代号

统一数字代号中前缀字母B后面的第1位数字代表轴承钢分类，见表2.1-15；在B0××××和B1××××，第2位数字表示同一分类中的不同钢组，第3、4位数字表示合金元素含量，第5位数字表示同类钢组中不同牌号的区别顺序号。例如：高碳铬轴承钢GCr15，其统一数字代号为B00150。B2××××、B3××××、B4××××和B5××××的第2~5位数字的含义，将根据牌号具体情况再确定。

表 2.1-14　合金系列分类与统一数字代号

统一数字代号	合金系列分类
A0××××	Mn(X)、MnMo(X)系钢(不包括Cr、Ni、Co等元素)
A1××××	SiMn(X)、SiMnMo(X)系钢(不包括Cr、Ni、Co等元素)
A2××××	Cr(X)、CrSi(X)、CrMn(X)、CrV(X)、CrMnSi(X)、CrW(X)系钢(不包括Ni、Mo、Co等元素)
A3××××	CrMo(X)、CrMoV(X)、CrMnMo(X)系钢(不包括Ni等元素)
A4××××	CrNi(X)系钢(不包括Mo、W等元素)
A5××××	CrNiMo(X)、CrNiW(X)系钢
A6××××	Ni(X)、NiMo(X)、NiCoMo(X)、Mo(X)、MoWV(X)系钢(不包括Cr等元素)
A7××××	B(X)、MnB(X)、SiMnB(X)系钢(不包括Cr、Ni、Co等元素)
A8××××	W系
A9××××	(空位)

注：(X)表示该合金系列中还包括其他合金元素（下同）。

表 2.1-15　轴承钢分类与统一数字代号

统一数字代号	轴承钢分类
B0××××	高碳铬轴承钢
B1××××	渗碳轴承钢
B2××××	高温轴承钢(包括高温渗碳轴承钢)、不锈轴承钢
B3××××	碳素轴承钢
B4××××	无磁轴承钢
B5××××	石墨轴承钢
B6××××	(空位)
B7××××	(空位)
B8××××	(空位)
B9××××	(空位)

(4) 铸铁、铸钢及铸造合金的统一数字代号

统一数字代号中前缀字母 C 后面的第 1 位数字代表本类型材料的分类，见表 2.1-16。

表 2.1-16　铸铁、铸钢及铸造合金分类与统一数字代号

统一数字代号	铸铁、铸钢及铸造合金分类
C0××××	铸铁(包括灰铸铁、球墨铸铁、黑心可锻铸铁、珠光体可锻铸铁、白心可锻铸铁、抗磨白口铸铁、高硅耐蚀铸铁、耐热铸铁等)
C1××××	铸铁(空位)
C2××××	非合金铸钢(包括一般非合金铸钢、含锰非合金铸钢、一般工程和焊接结构用非合金铸钢、特殊专用非合金铸钢等)
C3××××	低合金铸钢
C4××××	合金铸钢(不锈耐热铸钢除外)
C5××××	不锈耐热铸钢
C6××××	铸造永磁钢和合金
C7××××	铸造耐蚀合金
C8××××	铸造高温合金
C9××××	铸钢及铸造合金(空位)

统一数字代号 C0××××的第 2 位数字为常用的铸铁分类编组号，其中：C00 代表灰铸铁；C01 代表球墨铸铁；C02 代表黑心可锻铸铁和珠光体可锻铸铁；C03 代表白心可锻铸铁；C04 代表抗磨白口铸铁；C05 空位；C06 代表高硅耐蚀铸铁；C07 代表耐热铸铁。第 3、4 位数字一般表示抗拉强度（十分之几），或者合金元素含量或合金系列编号。第 5 位数字表示同一编组内不同牌号的区别顺序号。例如：球墨铸铁 QT400-15，其统一数字代号为 C01401。

统一数字代号 C2××××的第 2 位数字为非合金铸钢分类编组号，其中：C20 代表一般非合金铸钢；C21 代表含锰非合金铸钢；C22 代表 200MPa<屈服强度<300MPa 的一般工程和焊接结构用非合金铸钢，C23 代表 300MPa<屈服强度<400MPa 的一般工程和焊接结构用非合金铸钢；C25 为特殊专用非合金铸钢（其余空位，备用）。例如：C20 组的碳素铸钢 ZG15，其统一数字代号为 C20150。

(5) 低合金钢的统一数字代号

统一数字代号中前缀字母 L 后面的第 1 位数字代表本类型材料的分类，见表 2.1-17。表中 L0、L1 组和 L3 中的第 2、3、4 位数字表示屈服强度特性值，一般与现有低合金钢牌号所表示的屈服强度数值基本一致。例如：低合金钢 Q345A 和 Q345B，其统一数字代号分别为 L03451、L03452。

表 2.1-17　低合金钢分类与统一数字代号

统一数字代号	低合金钢分类
L0××××	低合金一般结构钢(表示强度特性值的钢)
L1××××	低合金专用结构钢(表示强度特性值的钢)
L2××××	低合金专用结构钢(表示成分特性值的钢)
L3××××	低合金钢筋钢(表示强度特性值的钢)
L4××××	(空位)
L5××××	低合金耐候钢
L6××××	低合金汽车用钢
L7××××~L9××××	(空位)

对其他分类，第 2 位数字代表钢中合金元素系列编号，分 10 个系列，如 Mn 钢、MnNb 钢、MnV 钢、MnTi 钢、SiMn 钢和含 3 种及 3 种以上元素的钢等。第 3、4 位数字表示钢中含碳量特性值，与现有低合金钢牌号中表示含碳量的数值基本一致（或稍有增减）。

(6) 不锈钢和耐热钢的统一数字代号

该类型钢是按钢的金相组织特征分类的。这种分类与我国现行标准一致，统一数字代号为 S×××××，见表 2.1-18。

它的编号原则是把用量最大、使用最广的奥氏体型钢和马氏体型钢的编组，与美国的 UNS 系统和 AISI 标准的编号基本一致，并与英国、日本等国的不锈钢牌号基本对应，以便与国际通用牌号相对照。例如：我国的不锈钢 12Cr18Ni9，其统一数字代号为 S30210，相对应的美国牌号为 S30200（UNS 系统）和 302（AISI 标准），英国牌号为 302S25（BS 标准），日本牌号为 SUS302（JIS 标准）。

统一数字代号的第 2、3 位数字（或 1~3 位组合）表示不同钢组。第 4 位数字表示钢中含有的辅元

素（如Ti、Nb、N、Al、Cu等）或顺序号。第5位数字表示低碳、超低碳、极低碳（也有些是顺序号）等。

表2.1-18　不锈钢和耐热钢分类与统一数字代号

统一数字代号	不锈钢和耐热钢分类
S0××××	（空位）
S1××××	铁素体型钢
S2××××	奥氏体-铁素体型钢
S3××××	奥氏体型钢
S4××××	马氏体型钢
S5××××	沉淀硬化型钢
S6××××~S9××××	（空位）

（7）工模具钢的统一数字代号

统一数字代号中前缀字母T后面的第1位数字代表工模具钢的分类，见表2.1-19。

在非合金工具钢中：T00表示一般非合金工具钢；T01表示含锰非合金工具钢；T10表示非合金塑料模具钢。第3、4位数字表示含碳量（千分之几）。第5位数字表示不同质量或特性。例如：工具钢T8MnA，其统一数字代号为T01083。

在合金工具钢中：第2位数字代表分类号。第3、4、5位数字表示元素含量或顺序号。

在高速工具钢中：W系高速钢的第2、3、4、5位数字按W-Cr-V元素以其含量排序（由低到高，下同）。例如：牌号W18Cr4V，其统一数字代号为T51841。W-Mo系高速钢的第2、3、4、5位数字按W-Mo-Cr-V元素以其含量排序。含Co高速钢的第2、3、4位数字参照上述按其元素含量排序，第5位数字表示Co元素含量。

表2.1-19　工模具钢分类与统一数字代号

统一数字代号	工模具钢分类
T0××××	一般非合金工具钢（包括一般非合金工具专用钢、含锰非合金工具钢）
T1××××	专用非合金工具钢（包括非合金塑料模具钢
T2××××	模具用合金工具钢（包括冷作模具钢、热作模具钢、塑料模具钢、无磁模具钢等）
T3××××	量具刃具用合金工具钢
T4××××	耐冲击、钎具、耐磨等用的合金工具钢
T5××××	钨系高速工具钢
T6××××	钨-钼系高速工具钢
T7××××	钨系含钴高速工具钢
T8××××	钨-钼系含钴高速工具钢
T9××××	（空位）

（8）非合金钢的统一数字代号

统一数字代号中前缀字母U后面的第1位数字代表非合金钢的分类，见表2.1-20。第2、3、4位数字或第3、4位数字分别表示屈服强度（或抗拉强度）特性值，或者表示含碳量特性值，与相对应的碳素钢牌号中表示的屈服强度、抗拉强度或碳含量数值基本一致（或稍有调整）。第5位数字表示不同质量等级和脱氧程度而规定的顺序号。例如：碳素结构钢08F和08E，其统一数字代号分别为U20080、U20086。

表2.1-20　非合金钢分类与统一数字代号

统一数字代号	非合金钢分类
U0××××	（空位）
U1××××	非合金一般结构及工程结构钢（表示强度特性值的钢）
U2××××	非合金机械结构钢（表示成分特性值的钢）
U3××××	非合金特殊专用结构钢（表示强度特性值的钢）
U4××××	非合金特殊专用结构钢（表示成分特性值的钢）
U5××××	非合金特殊专用结构钢（表示成分特性值的钢）
U6××××	非合金铁道专用钢
U7××××	非合金易切削钢
U8××××~U9××××	（空位）

（9）焊接用钢及合金的统一数字代号

统一数字代号中前缀字母W后面的第1位数字代表本类型材料的分类，见表2.1-21。

表2.1-21　焊接用钢及合金分类与统一数字代号

统一数字代号	焊接用钢及合金编组
W0××××	焊接用非合金钢
W1××××	焊接用低合金钢
W2××××	焊接用合金钢（不含Cr、Ni元素）
W3××××	焊接用合金钢（W2××××、W4××××类除外）
W4××××	焊接用不锈钢
W5××××	焊接用耐蚀合金
W6××××	焊接用高温合金
W7××××	钎焊合金
W8××××~W9××××	（空位）

W0~W3的第2位数字表示不同钢系，第3、4位数字表示含碳量，第5位数字表示不同质量等级或顺序号。例如：焊接用低合金钢H08MnSi，其统一数

字代号为W16082；焊接用合金钢H10MnSiMoTiA，其统一数字代号为W26103。

W4为焊接用不锈钢，其第2、3、4位数字与不锈钢类型（S×××××）中同类相近牌号的第1、2、3位数字基本一致（或相近），第5位数字为顺序号。例如：焊接用马氏体不锈钢H12Cr13，其统一数字代号为W44100（相近的不锈钢12Cr13，其统一数字代号为S41010）。

4. 国外牌号的表示方法

（1）国际标准化组织牌号表示方法（ISO/TS 4949：2016）

1）根据应用及力学或物理性能的命名方式。

① 结构钢的前缀字母为S、压力用钢的前缀字母为P、管线用钢的前缀字母为L、工程用钢的前缀字母为E，其后的数字为钢材最小厚度范围内的规定最小屈服强度，单位为MPa。例如：S235、P235GH、L245NE、E355。

② 钢筋混凝土用钢的前缀字母为B，其后的数字为屈服强度特征值，单位为MPa，如B300A-R。

③ 预应力混凝土用钢的前缀字母为Y，其后的数字为规定名义抗拉强度，单位为MPa。

④ 钢轨用钢的前缀字母为R，其后的数字为规定最低布氏硬度（HBW），如R260。

⑤ 冷成形用高强度冷轧钢板的前缀字母为H，其后的数字为规定最低屈服强度，单位为MPa，或者为规定最低抗拉强度，单位为MPa，其后再加后缀字母T，如H180Y。

⑥ 冷成形用钢板（除了⑤中以外的钢材）的前缀字母为D。前缀字母后再跟随其他字母对其用途进行区分。其中冷轧产品的跟随字母为C，直接冷成形用热轧产品的跟随字母为D，未规定轧制状态产品的跟随字母为X，如DC01。

⑦ 镀锡钢（包装用钢材）的前缀字母为T。其中采用周期式退火生产的钢材在字母S后加规定名义屈服强度；而采用连续式退火生产的钢材在字母H后加规定名义屈服强度，如TS200。

⑧ 电工钢的前缀字母为M，其后缀包括以下几方面内容。

a. 100×最大比总损耗值（对于半工艺、无取向和普通级取向钢为在磁极化强度1.5T和频率为50Hz时的最大比总损耗值；对于减少损失和高磁导率级取向钢为在磁极化强度1.7T和频率为50Hz时的最大比总损耗值）。

b. 100×材料公称厚度（mm）。

c. 电工钢的类型。

A——无取向电工钢。

D——非合金半成品电工钢。

E——合金半成品电工钢。

N——普通级取向电工钢。

S——减少损耗级电工钢。

P——高磁极化强度级电工钢。

例如：M210-35A5（35W210）、M135-35P5（35QG135）。

2）根据化学成分的命名方式。

① 锰质量分数低于1%的非合金钢（易切削钢除外）。

钢的牌号是按照下列给出的次序组成。

a. 前缀字母为C。

b. 10000×平均碳含量。

c. 补充后缀为：E——规定最大硫含量；R——规定硫含量范围；D——冷拔钢丝；C——冷成形用钢，如冷镦、冷挤压；U——工具钢；W——焊条用钢。

例如：C10E2C、C45U。

② 锰质量分数大于等于1%的非合金钢、易切削钢（高速钢除外）以及合金元素质量分数低于5%的合金钢。

钢的牌号是按照下列给出的次序组成。

a. 10000×平均碳含量。

b. 钢中所含的合金元素符号。按含量降低的顺序排列合金元素符号，若两种或多种元素的含量相同，则按字母顺序排列。

c. 钢中所含合金元素含量的数字。数字为钢中的平均元素含量乘以表2.1-22中的系数并四舍五入。

表2.1-22 合金元素对应的系数

元素	系数
Co、Cr、Mn、Ni、Si、W	4
Al、Be、Cu、Mo、Nb、Pb、Ta、Ti、V、Zr	10
Ce、N、P、S	100
B	1000

例如：18MnB4、20NiCrMoS6-4、42CrMo4、17CrNiMo6-4。

③ 至少一种合金元素质量分数大于等于5%的合金钢（高速钢除外）。

钢的牌号是按照下列给出的次序组成。

a. 前缀字母为X。

b. 10000×平均碳含量。

c. 钢中所含的合金元素符号。按含量降低的顺序排列合金元素符号，若两种或多种元素的含量相同，则按字母顺序排列。

d. 钢中所含合金元素含量的数字。数字为钢中的平均元素含量乘以表2.1-22中的系数并四舍五入。

例如：X12Cr13、X10CrNi18-8、X210Cr12

④ 高速钢。钢的牌号是按照下列给出的次序组成。

a. 前缀字母为 HS。

b. 按合金元素钨（W）、钼（Mo）、钒（V）、钴（Co）的排列顺序给出其含量。

例如：HS6-5-2、HS10-4-3-10

3）铸钢。铸钢的牌号命名方式为在上述两种命名方式基础上加 G 开头。例如：GP240GH、G17Mn5、GX6CrNiMoNb19-11-2。

4）附加符号。附加符号用于表明钢的特殊要求（表 2.1-23）、涂层类型（表 2.1-24）和处理状态（表 2.1-25）。

表 2.1-23　符号对应的特殊要求

符号	意义
H	淬透性
CH	心部淬透性
Z15	最小断面收缩率 = 15%
Z25	最小断面收缩率 = 25%
Z35	最小断面收缩率 = 35%

表 2.1-24　符号对应的涂层类型

符号	意义
A	热浸镀铝涂层
AS	铝硅合金涂层
AZ	铝锌合金涂层（铝质量分数大于 50%）
CE	电镀铬/氧化铬涂层
CU	铜涂层
IC	无机涂层
OC	有机涂层
S	热浸镀锡涂层
SE	电镀锡涂层
Z	热浸镀锌涂层
ZA	热浸镀锌铝涂层（锌质量分数大于 50%）
ZE	电镀锌涂层
ZF	热浸镀锌铁涂层
ZN	电镀锌镍合金涂层
ZM	热浸镀锌镁涂层

(2) 俄罗斯 ГОСТ 牌号表示方法

ГОСТ 是苏联的标准代号，现在俄罗斯沿用这个代号作为国家标准代号。该标准中钢铁牌号表示方法基本上与我国的钢铁牌号表示方法相同，只有少数牌号例外，但俄罗斯牌号中的化学元素名称及用途等均采用俄文字母（代号）来表示，见表 2.1-26。

表 2.1-25　符号对应的处理状态

符号	意义
A	软化退火
AC	球化退火
AR	轧态
AT	固溶退火
C	冷加工硬化
Cnnn	具有 *nnn*（MPa）最小抗拉强度冷加工硬化
CR	冷轧
DC	交货条件由制造商自行决定
FP	在一定硬度范围内的铁素体-珠光体状态
HC	冷作硬化后热轧
I	等温处理
LC	调质轧制
M	热机械成形
N	正火
NT	正火和回火
P	沉淀硬化
Q	淬火
QA	空气淬火
QO	油淬火
QT	淬回火
QW	水淬火
RA	再结晶退火
S	为改善冷剪切性能的处理
SR	去应力处理
T	回火
TH	处理至硬度范围
U	未处理
WW	温加工

表 2.1-26　合金钢牌号中表示各合金元素的俄文字母（代号）

代号	合金元素名称		相应的拉丁字母①
	俄文	汉字及化学符号	
А	Азот	氮（N）	A
Б	Ниобий	铌（Nb）	B
В	Вольфрам	钨（W）	V
Г	Марганец	锰（Mn）	G
Д	Медв	铜（Cu）	D
К	Кобальт	钴（Co）	K
М	Молибден	钼（Mo）	M
Н	Никель	镍（Ni）	N
П	Фосфор	磷（P）	P
Р	Бор	硼（B）	R
С	Кремний	硅（Si）	S
Т	Титан	钛（Ti）	T
У	Углерод	碳（C）	U
Ф	Ванадий	钒（V）	F
Х	Хром	铬（Cr）	Ch
Ц	Цирконий	锆（Zr）	Ts
Ю	Алюминий	铝（Al）	Ju

① 在英文或其他文种的文献资料中，对 ГОСТ 牌号常常采用相应的拉丁字母表示。

牌号中常用的前缀或后缀代号见表2.1-27。

表2.1-27　牌号中常用的前缀或后缀代号

代号	代表含义	前缀或后缀
Ст	钢(普通碳素钢)	前
кп	沸腾钢	后
пс	半镇静钢	后
сп	镇静钢	后
А	高级优质钢	后
Ш	最高级优质钢	后
пп	派登脱钢丝用钢	后
АС	含铅易切削钢	前
А	含硫易切削钢	前
У	碳素工具钢	前
Ш	滚动轴承钢	前
Е	磁钢	前
СВ	焊接用钢	前
Л	铸钢	后

下面具体说明几类钢的牌号表示方法。

1）普通碳素钢。在ГОСТ老标准中，这类钢分为А、Б、В三类。修订后的标准中已不再分上述三类，也不标出冶炼炉子的种类，其牌号表示方法为：牌号（主体部分）冠以“Ст.”，后面的数字0~6表示质量保证项目。举例如下：

Ст.0　硫、磷含量超标的钢。

Ст.1　保证R_m、R_{eL}、A和冷弯性能。

Ст.2　同时还保证化学成分。

Ст.3~Ст.6　同时还保证冲击韧度，其中：Ст.3在+20℃；Ст.4在-20℃；Ст.5经时效处理（对钢板为-20℃）；Ст.6在-40℃（仅适用于钢板）。

为表示脱氧方法不同，牌号后缀分别标出：кп——沸腾钢；пс——半镇静钢；сп——镇静钢。对于锰含量较高的钢，则在顺序号（数字）和后缀代号之间标以代表字母Г，如Ст.2Гсп表示锰含量较高的2号镇静钢。

不过普通碳素钢以上的牌号表示方法可能是过渡性的。在近年颁布的另一些ГОСТ标准中，已采用屈服强度下限值表示，以便和ISO国际标准的牌号接轨。

例如：新牌号С235，表示$R_{eL}\geqslant$235MPa。

2）优质碳素结构钢。它的牌号（主体部分）以平均碳含量w(C)×10000表示。如果钢中锰含量较高，应标出锰的代号Г。钢中硫、磷含量较低的高级优质钢，应附加后缀字母А。沸腾钢与半镇静钢在牌号的数字后分别标以кп和пс，镇静钢则不标。例如：10кп——平均碳含量w(C)为0.10%的优碳沸腾钢；10——平均碳含量w(C)为0.10%的优碳镇静钢；30Г——平均碳含量w(C)为0.30%、含锰量较高的优质碳素结构钢；45А——平均碳含量w(C)为0.45%的高级优质碳素结构钢。

3）低合金高强度钢。在热轧高强度钢标准（ГОСТ 19281—1989）中，为了与ISO国际标准一致，把牌号改为以屈服强度下限值表示，现有强度等级为265MPa、295MPa、315MPa、325MPa、345MPa、355MPa、375MPa、390MPa和440MPa共九个牌号。

在该标准中同时又保留了原来以化学成分表示的牌号系统，作为一种过渡性措施。牌号由表示平均碳含量w(C)×10000的数字和表示合金元素的字母及表示含量的数字组成。当钢中单个合金元素的质量分数≥1.45%时，应在代表元素的字母后标出“2”；若质量分数<1.45%则不标含量，只标代表元素的字母。例如，18Г2АФД表示w(C)为0.18%，w(Mn)为1.30%~1.70%，并含有N、V、Cu的低合金钢。

4）合金结构钢和弹簧钢。它们的牌号由表示平均碳含量w(C)×10000的数字和表示合金元素的字母及表示含量的数字组成。表示合金元素的原则和低合金高强度钢以化学成分表示的方法相同。由于这两类钢均分为优质钢和高级优质钢，故在高级优质钢牌号加后缀字母А，以示区别，例如30ХГСА、60С2ГА。

5）易切削钢。它的牌号前缀字母有两种：А表示含硫易切削钢，АС表示含铅易切削钢，随后以平均碳含量w(C)×10000表示。锰含量较高的硫锰易切削钢，在数字后加字母Г。例如，А40Г表示平均含碳量w(C)为0.40%，锰含量较高的易切削钢。

6）高碳铬轴承钢。它的牌号冠以字母Ш，碳含量不标出，铬含量以平均w(Cr)×1000表示。对于硅和锰含量较高的钢，应标出元素代号СГ。

7）工具钢。下面分别介绍碳素工具钢、合金工具钢和高速工具钢的牌号表示方法。

① 碳素工具钢。它的牌号冠以字母У，后面以平均碳含量w(C)×1000表示。如果钢中锰含量较高，则加元素代号Г；对于高级优质碳素工具钢，则加后缀字母А。

② 合金工具钢。它的牌号中合金元素的表示方法与合金结构钢相同，但碳含量的表示方法不同。对于平均碳含量w(C)≥1.0%的钢不标出碳含量，对于平均碳含量w(C)<1.0%的钢，则以平均w(C)×10000的数字表示。

③ 高速工具钢。除个别牌号外，它的牌号均不标出碳含量，一般只标出W、Mo、Co、V各元素的含量。牌号开头冠以字母Р表示高速工具钢，随后的数字表示钨的平均含量的百分之几。对于含Mo、Co和V高的高速工具钢，则分别以字母М、К和Ф以及字母后的数字来表示其含量。

8）不锈钢和耐热钢。牌号表示方法基本上与合金结构钢的表示方法一致，以平均 $w(C)\times10000$ 的数字表示。

（3）美国 AISI、SAE 和 UNS 牌号表示方法

美国从事标准化工作的团体约有 400 多个，钢铁产品牌号通常采用美国各团体标准的牌号表示方法。在美国，与金属材料有关的著名标准化机构见表 2.1-28。

表 2.1-28　与金属材料有关的著名标准化机构

标准代号	标准化机构
ACI	美国合金铸造学会
AISI	美国钢铁学会
ANSI	美国国家标准学会
ASM	美国金属学会
ASME	美国机械工程师协会
ASTM	美国材料与试验协会
AWS	美国焊接学会
SAE	美国汽车工程师协会

这些团体都有自己的标准和牌号系统。由于历史的原因，美国钢铁牌号的表示方法多种多样，又难以统一。为了避免可能产生的混乱，并适应新材料的发展和信息时代的要求，早在 1974 年，由 ASTM 和 SAE 等团体提出了“金属与合金牌号的统一数字系统方案”（简称为 UNS 系统），以后又进一步修订完善。这套 UNS 系统的牌号表示方法已在美国一些通用手册和标准文件中采用，并与原标准的牌号系列并列使用。但 UNS 系统本身并非标准，故仍不能取代各标准的牌号系列。下面介绍 AISI 标准、SAE 标准和 UNS 系统的牌号表示方法。

1）AISI 标准和 SAE 标准的牌号表示方法。现将上述两个标准对结构钢、轴承钢、保证淬透性钢、工具钢、不锈钢和耐热钢等各类牌号的表示方法分述如下。

① 结构钢。AISI 标准和 SAE 标准的牌号表示方法大致相同，只是牌号的前缀符号有些不同。

SAE 标准的牌号表示方法：牌号一般采用四位数字，前两位表示钢类，后两位表示钢中平均 $w(C)\times10000$，其编号系统见表 2.1-29。

另外，在有些牌号的四位数字中间插入字母 B 或 L，在有些牌号最后标以字母 LC，如：

××B××——含硼钢种，如 50B46。

××L××——含铅钢种，如 12L14。

××××LC——超低碳钢种，$w(C)\leqslant0.03\%$。

AISI 标准的牌号表示方法：也采用四位数字系列，具体编号系统和标准的 SAE 牌号系统相同，所以 AISI 和 SAE 的牌号系统常常是通用的。但是这两个标准的牌号也有不同之处，例如：

表 2.1-29　SAE 标准牌号的编号系统

数字系列	钢组分类
00××	碳素铸钢或低合金铸钢
01××	高强度铸钢
10××	碳素钢[$w(Mn)\leqslant1.0\%$]
11××	含硫易切削钢
12××	含硫和含硫磷易切削钢
13××	锰钢[$w(Mn)$为 1.75%]
15××	较高含锰量碳素钢
23××	镍钢[$w(Ni)$为 3.5%]
25××	镍钢[$w(Ni)$为 5%]
31××	镍铬钢[$w(Ni)$为 1.25%，$w(Cr)$为 0.65%~0.8%]
32××	镍铬钢[$w(Ni)$为 1.75%，$w(Cr)$为 1.07%]
33××	镍铬钢[$w(Ni)$为 3.5%，$w(Cr)$为 1.50%~1.57%]
34××	镍铬钢[$w(Ni)$为 3.0%，$w(Cr)$为 0.77%]
40××	钼钢[$w(Mo)$为 0.2%~0.25%]
41××	铬钼钢[$w(Cr)$为 0.5%~0.95%，$w(Mo)$为 0.12%~0.30%]
43××	镍铬钼钢[$w(Ni)$为 1.82%，$w(Cr)$为 0.5%~0.8%，$w(Mo)$为 0.25%]
43BV××	镍铬钼钢(含硼和钒)
44××	钼钢[$w(Mo)$为 0.4%~0.52%]
46××	镍钼钢[$w(Ni)$为 0.85%~1.82%，$w(Mo)$为 0.2%~0.25%]
47××	铬镍钼钢[$w(Ni)$为 1.05%，$w(Cr)$为 0.45%，$w(Mo)$为 0.2%~0.35%]
48××	镍钼钢[$w(Ni)$为 3.5%，$w(Mo)$为 0.25%]
50××	铬钢[$w(Cr)$为 0.27%~0.65%]
51××	铬钢[$w(Cr)$为 0.8%~1.05%]
61××	铬钒钢[$w(Cr)$为 0.60%~0.95%，$w(V)$为 0.1%~0.15%]
72××	钨铬钢[$w(W)$为 1.75%，$w(Cr)$为 0.75%]
81××	镍铬钼钢[$w(Ni)$为 0.3%，$w(Cr)$为 0.4%，$w(Mo)$为 0.12%]
86××	镍铬钼钢[$w(Ni)$为 0.55%，$w(Cr)$为 0.5%，$w(Mo)$为 0.20%]
87××	镍铬钼钢[$w(Ni)$为 0.55%，$w(Cr)$为 0.5%，$w(Mo)$为 0.25%]
88××	镍铬钼钢[$w(Ni)$为 0.55%，$w(Cr)$为 0.5%，$w(Mo)$为 0.35%]
92××	硅锰钢[$w(Si)$为 1.40%~2.00%，$w(Mn)$为 0.65%~0.85%，$w(Cr)$为 0.65%]
93××	镍铬钼钢[$w(Ni)$为 3.25%，$w(Cr)$为 1.2%，$w(Mo)$为 0.12%]
94××	镍铬钼钢[$w(Ni)$为 0.45%，$w(Cr)$为 0.4%，$w(Mo)$为 0.12%]
97××	镍铬钼钢[$w(Ni)$为 0.55%，$w(Cr)$为 0.2%，$w(Mo)$为 0.20%]
98××	镍铬钼钢[$w(Ni)$为 1.0%，$w(Cr)$为 0.8%，$w(Mo)$为 0.25%]

注：括号内系合金元素平均含量。

a. AISI 标准中有些牌号带有前缀或后缀字母。例如：前缀 C 表示碳素钢，B 表示贝氏炉钢，E 表示电炉钢；后缀 F 表示易切削钢等。

b. 有些牌号系列是 AISI 标准独有的，例如

28××——w(Ni)为 8.50%~9.50%的镍钢。

83××——w(Mn)为 1.30%~1.60%、w(Mo)为 0.20%~0.30%的锰钼钢。

99××——w(Ni)为 1.00%~1.30%、w(Cr)为 0.40%~0.60%、w(Mo)为 0.20%~0.30%的镍铬钼钢。

② 轴承钢。AISI 标准和 SAE 标准高碳铬轴承钢的牌号系列见表 2.1-30。

表 2.1-30　AISI 标准和 SAE 标准高碳铬轴承钢的牌号系列

AISI	SAE	UNS	钢种类型
E50100	50100	G50986	低铬轴承钢
E51100	51100	G51986	中铬轴承钢
E52100	52100	G52986	高铬轴承钢

③ 保证淬透性钢（H 钢）。AISI 标准和 SAE 标准的保证淬透性钢，包括在结构钢牌号系列中，并采用后缀字母 H（Hardenability）来表示，故也简称为 H 钢，如 4140H、5132H 等。

④ 工具钢。美国工具钢广泛采用 AISI/SAE 标准的牌号表示方法，现行的 ASTM 标准仍然采用这套牌号系统。牌号由表示钢类别的字母和顺序数字组成，简单明了，但是钢的化学成分不能直观表示。具体编号系列如下：

W×——水淬工具钢，一般为碳素工具钢或含少量 Cr、V 的钢。×为顺序数（下同），如 W3。

S×——耐冲击工具钢。

O×——油淬火冷作工具钢。

A×——空冷硬化冷作工具钢。

D×——高碳高铬型冷作工具钢。

H1×——中碳高铬型热作模具钢。

H2×——钨系热作模具钢。

H4×——钼系热作模具钢。

T×——钨系高速工具钢。

M×——钼系高速工具钢。

L×——低合金特种用途工具钢。

F×——碳钨工具钢。

P×——低碳型工具钢，包括塑料模具钢。

⑤ 不锈钢和耐热钢。美国不锈钢和耐热钢按加工工艺分为锻轧钢和铸钢两类。锻轧钢的牌号主要采用 AISI 标准的编号系列，也有采用 SAE 标准的编号系列，而铸钢的牌号大多采用 ACI 标准的编号系列。

AISI 标准的不锈钢、耐热钢牌号均由三位数字组成，第一位数字表示钢的类型，第二、三位数字只表示序号。具体编号系列如下：

2××——铬锰镍氮奥氏体钢，××为顺序号数字（下同）。

3××——镍铬奥氏体钢。

4××——高铬马氏体钢和低碳高铬铁素体钢。

5××——低铬马氏体钢。

6××——耐热钢和镍基耐热合金，其中 63×为沉淀硬化不锈钢。

SAE 标准的不锈钢、耐热钢牌号采用五位数字来表示，前三位数字表示钢的类型，后两位数字只表示序号（和 AISI 的序号相同）。具体编号系列如下：

302××——铬锰镍奥氏体钢，××为顺序号数字（下同）。

303××——镍铬奥氏体钢（锻造钢）。

514××——高铬马氏体钢和低碳高铬铁素体钢（锻造钢）。

515××——低铬马氏体钢（锻造钢）。

60×××——用于 650℃ 以下的耐热钢（铸钢），×××为与 AISI 相同的数字编号（下同）。

70×××——用于超过 650℃ 的耐热钢（铸钢）。

2）UNS 系统的牌号表示方法。UNS 系统的牌号是由 ASTM E507 和 SAE J1086 等技术文件推荐使用的，在 ASTM 标准中已部分使用。

UNS 系统的牌号系列，基本上是在美国各团体标准原有牌号系列的基础上稍加变动、调整和统一而编制出来的。它的牌号系列都采用一个代表钢或合金的前缀字母和五位数字组成，例如：

D×××××——规定力学性能的钢材。

G×××××——碳素钢和合金结构钢，含轴承钢。

H×××××——保证淬透性钢（H 钢）。

T×××××——工具钢，含工具用锻轧材和铸钢。

S×××××——不锈钢和耐热钢。

N×××××——镍和镍基合金。

K×××××——其他类钢，含低合金钢。

J×××××——碳素铸钢和合金铸钢，含不锈、耐热铸钢。

F×××××——铸铁。

W×××××——焊接材料。

现将 UNS 系统各类钢的表示方法介绍如下。

① 碳素钢和合金结构钢：牌号前缀字母为 G；五位数字中的前四位，采用了 AISI 和 SAE 牌号系列的数字编号；第 5 位（即最后一位）数字一般为 0；若表示钢的特殊性能和用途以及含有特殊元素的，则

采用其他数字表示。例如，G××××1 表示含硼钢种，G××××4 表示含铅的易切削钢。UNS 牌号与 AISI/SAE 牌号对照举例见表 2.1-31。

表 2.1-31　UNS 牌号与 AISI/SAE 牌号对照举例

UNS	AISI/SAE	UNS	AISI/SAE
G10050	1005	G86450	8645
G11170	1117	G88220	8822
G40230	4023	G92550	9255
G47150	4715	G50461	50B46
G51450	5145	G81451	81B45
G61200	6120	G94171	94B17

② 轴承钢。轴承钢牌号包括在结构钢牌号系列中，其最后一位数字为“6”，表示轴承钢。除高碳铬轴承钢外，还有渗碳轴承钢如 G33106（相当于 AISI E3310），其他轴承钢如 G43376、G43406、G71406。

在 ASTM 标准中，高碳铬轴承钢只有一个牌号采用 UNS 牌号，其余仍采用 SAE 牌号；不锈轴承钢、渗碳轴承钢均未采用 UNS 牌号；高淬透性轴承钢单独采用 Grade1、2、3、4 表示。

③ 保证淬透性钢。它也称为 H 钢，在 UNS 系统中单独成一系列。在牌号前缀 H 后面的五位数字中，前四位与 AISI 和 SAE 牌号系列基本上是一致的，第五位数字一般也用“0”表示，含硼钢的第五位数字仍用“1”表示。例如：

UNS H41400——相当于 AISI 4140H。

UNS H51320——相当于 AISI 5132H。

UNS H94171——相当于 AISI 94B17H，含硼钢种。

④ 工具钢。牌号的前缀字母为 T，后面由五位数字组成。其中前三位数字表示工具钢分类，如“1××”表示高速工具钢类，“2××”表示热作工具钢类，“3××”表示冷作工具钢类，“4××”表示耐冲击工具钢类，“5××”表示塑料模具钢类，“6××”表示碳钨工具钢和低合金工具钢类，“7××”水淬工具钢类，“9××”表示铸造工具钢类；最后的两位数字与上述的 AISI/SAE 牌号系列基本上是一致的，但铸造工具钢的牌号则是参照 ACI 或 ASTM 牌号系列编制的。UNS 与 AISI/SAE 工具钢牌号系列及牌号对照见表 2.1-32，UNS 与 ACI/ASTM 铸造工具钢牌号系列及牌号对照见表 2.1-33。

⑤ 不锈钢和耐热钢。牌号采用前缀 S 加五位数字表示，前三位数字的编号系列基本上采用 AISI 的不锈钢牌号，后两位数字主要用来区分同一组钢中主要化学成分相同而个别化学成分有差别或含特殊元素的钢种。USN 不锈钢和耐热钢牌号系列与 AISI 牌号对照见表 2.1-34。

表 2.1-32　UNS 与 AISI/SAE 工具钢牌号系列及牌号对照

UNS	钢组及特征	AISI/SAE
T113××	高速工具钢(钼系)	M×
T120××	高速工具钢(钨系)	T×
T2081×	热作工具钢(中碳高铬型)	H1×
T2082×	热作工具钢(钨系)	H2×
T2084×	热作工具钢(钼系)	H4×
T301××	冷作工具钢(空冷硬化中合金)	A×
T304××	冷作工具钢(高碳高铬型)	D×
T315××	油淬冷作工具钢	O×
T419××	耐冲击工具钢	S×
T516××	塑料模具钢(低碳型)	P×
T606××	碳钨工具钢	F×
T612××	低合金工具钢	L×
T723××	水淬工具钢	W×

表 2.1-33　UNS 与 ACI/ASTM 铸造工具钢牌号系列及牌号对照

UNS	钢组及特征	ACI/ASTM
T901××	铸造冷作工具钢(CA 型)	CA×
T904××	铸造冷作工具钢(CD 型)	CD×
T908××	铸造热作工具钢	CH××
T915××	铸造油淬工具钢	CO×
T919××	铸造耐冲击工具钢	CS×

表 2.1-34　UNS 不锈钢和耐热钢牌号系列与 AISI 牌号对照

UNS	钢组及特征	AISI
S1××××	沉淀硬化不锈钢	—
S2××××	节镍奥氏体钢	2××
S3××××	镍铬奥氏体钢及沉淀硬化钢	3××
S4××××	马氏体钢和铁素体钢以及沉淀硬化钢	4××
S5××××	铬耐热钢	5××

但 UNS 系统和 AISI 牌号系列也有不同之处，主要是：

a. UNS 系统的 S1××××系列，现为沉淀硬化不锈钢。AISI 牌号没有 1××系列，而采用“63×”系列表示沉淀硬化不锈钢。

b. AISI 标准的 3××系列全部为镍铬奥氏体钢，4××系列全部为高铬马氏体钢和低碳高铬铁素体钢。UNS 系统在这两组数字系列中突破了这个范围，都增加了一些沉淀硬化不锈钢，其牌号是按照常用的商业牌号的数字特征编制的。例如，AM-30，UNS 系统表示为 S35000；又如 Custom455，UNS 系统表示为 S45500。

(4) 日本JIS牌号表示方法

1）普通结构钢。在普通结构用碳素钢标准（JIS G3101—2015）中，其牌号组成举例如下：

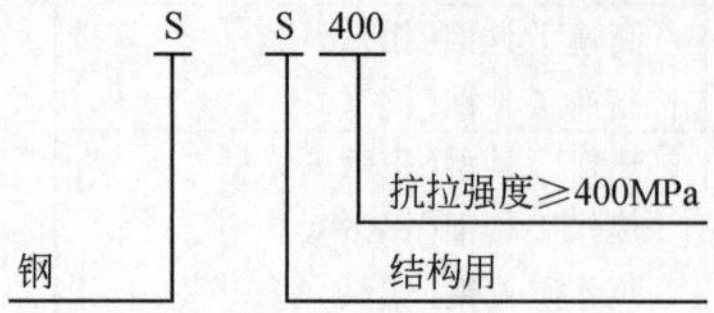

在焊接结构用碳素钢标准（JIS G3106—2015）中，其牌号组成举例如下：

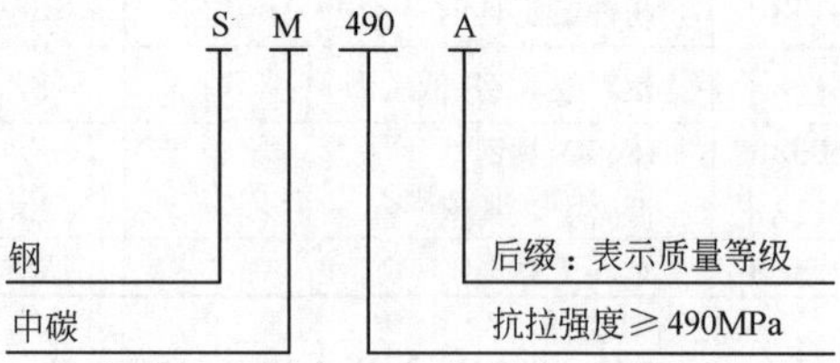

这类钢的后缀字母有两类。一类是附加A、B、C，表示抗拉强度和屈服强度相同的牌号，其冲击吸收能量保证值不同：A表示不规定，B表示$KV \geqslant 27J$（0℃），C表示$KV \geqslant 47J$（0℃）。另一类是附加YA、YB，Y指屈服强度，即抗拉强度相同时，其屈服强度更高的牌号，例如：

SM490A：$R_m \geqslant 490MPa$，$R_{eL} \geqslant 325MPa$

SM490YA：$R_m \geqslant 490MPa$，$R_{eL} \geqslant 365MPa$

2）机械制造用结构钢。这类钢相当于我国的优质碳素结构钢和合金结构钢。在优质碳素钢标准（JIS G4051—2016）中，其牌号组成举例如下：

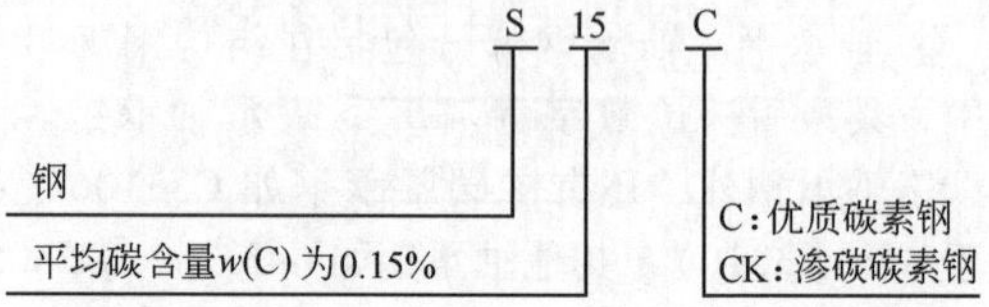

在JIS合金钢标准（JIS G4053—2016）中，其牌号通式如下：

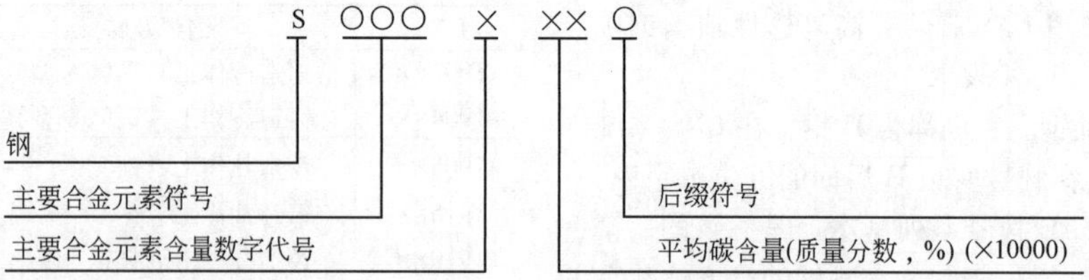

3）易切削钢。牌号用SUM××表示（SU——专业用途的钢；M——Machinability），××为两位数字。第一位数字表示钢种类型：1——含硫易切削钢；2——提高硫、磷含量的易切削钢；3——提高含碳量的含硫易切削钢；4——碳锰易切削钢。第二位数字为序号。加铅易切削钢在数字后附加后缀字母L（Lead），如SUM22L。

4）弹簧钢和轴承钢。弹簧钢牌号用SUP×（×）表示（P——Spring），×（×）为一位数字或两位数字表示序号。其中SUP9和SUP9A因两个牌号成分相近，后者在序号后附加A以示区别。轴承钢牌号用SUJ×表示，J为轴承的日文拼音Jikuuke的字头，×为数字序号。现行的高碳铬轴承钢标准中列有5个牌号，即SUJ1~SUJ5。

5）工具钢。工具钢牌号按碳素工具钢、合金工具钢和高速工具钢分别介绍。

① 碳素工具钢。牌号用SK××表示，K为工具的日文拼音Kogu的字头，××为数字序号，如SK95。

② 合金工具钢。其牌号有SKS、SRD、SKT三类，字母后用一位或两位数字表示序号，没有明显规律性。SKS类在合金工具钢标准共28个牌号中占有16个钢号，主要用于切削工具、耐冲击工具和一部分冷作模具。SKD类标准中有10个牌号，主要用于一部分冷作模具和一部分热作模具。SKT类标准中只有SKT3和SKT4两个牌号，主要用于一部分热作模具。

③ 高速工具钢。牌号用SKH加数字序号表示（H——High Speed），序号用以区分钨系和钼系高速工具钢。高速工具钢标准中列有15个牌号，序号2、3、4、10为钨系高速工具钢，序号40为粉末冶金高速工具钢，序号50~59为钼系高速工具钢。

6）不锈钢。牌号用SUS×××表示（后一个S——Stainless），×××为三位数字序号，基本上参照美国AISI标准不锈钢的2××、3××、4××、6××等数字系列，如SUS 301可与美国AISI 301对照。

超低碳不锈钢在数字后加L；添加Ti、Se、N的钢种在数字后分别加Ti、Se、N；两个成分相近而个别元素略有差别的钢种，可在数字后加J1、J2以示区别。

7）耐热钢和耐热合金。耐热钢牌号用SUH加数字序号表示（H——Heat-Resisting）。在现行的耐热钢标准（JIS G4311，G4312—2019）中，有一部分牌号仍采用原来的序号（一位或两位数字），另一部分牌号已参照美国 AISI 的数字系列（三位数字的序号）。

耐热合金也称为高温合金，其牌号用 NCF×××表示（NCF——NiCrFe 合金），×××为数字序号。有的牌号在数字后加 H，表示不同的处理方法；有的牌号在数字后加后缀字母，表示不同的品种规格。

（5）德国牌号表示方法

符合 DIN EN 10027-2 的钢牌号由一位主组编号、两位钢组编号和两位计数编号组成。如有需要，可将计数编号延长至四位。

示例：

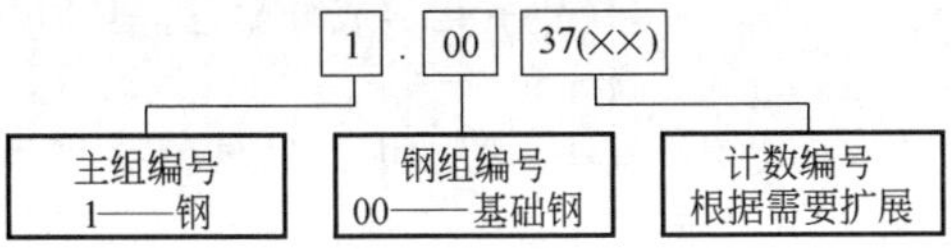

钢组编号含义见表 2.1-35。

（6）英国 BS 牌号表示方法

现行的 BS 970 标准中牌号的基本结构如下：

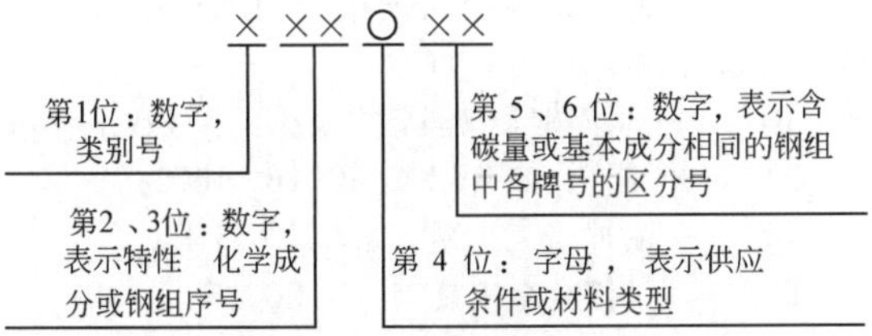

牌号中第 1 位数字所表示的钢类见表 2.1-36。

牌号中第 2、3 位数字所表示的含义，将在下面按钢类说明。牌号中第 4 位是字母，表示供应条件或材料类型，采用的字母有 A、M、H、S，其含义如下：

A——按化学成分供应，A：Analyse 的代号。

M——保证力学性能，M：Mechanical 的代号。

H——保证淬透性，H：Hardenability 的代号。

S——不锈钢和耐热钢，S：Stainless 的代号。

下面分类说明牌号表示方法。

1）碳素钢。

① 普通含锰量碳素钢。牌号的第 1 位数字为“0”；第 2、3 位数字组合表示平均 $w(\mathrm{Mn})\times10000$，第 5、6 位数字组合表示平均 $w(\mathrm{C})\times10000$。

② 较高含锰量碳素钢。牌号的第 1 位数字为“1”，第 2、3 位数字组合表示平均 $w(\mathrm{Mn})\times10000$，第 5、6 位数字组合表示平均 $w(\mathrm{C})\times10000$。

③ 含硼碳素钢。这类钢的锰含量也较高，故牌号的第 1 位数字为“1”，第 2 位数字用“7”或“8”，表示含硼钢组，第 4 位为字母 H，第 5、6 位数字组合表示平均 $w(\mathrm{C})\times10000$。

表 2.1-35　钢组编号含义

钢组编号	含义
	基础钢
00、09	基础钢
	非合金优质钢
01	一般结构钢
02	其他结构钢
03	$w(\mathrm{C})<0.12\%$或 $R_m<400\mathrm{MPa}$ 的钢
04	$0.12\%\leq w(\mathrm{C})<0.25\%$或 $400\mathrm{MPa}\leq R_m<500\mathrm{MPa}$ 的钢
05	$0.25\%\leq w(\mathrm{C})<0.55\%$或 $500\mathrm{MPa}\leq R_m<700\mathrm{MPa}$ 的钢
06	$w(\mathrm{C})\geq0.55\%$或 $R_m\geq700\mathrm{MPa}$ 的钢
07	P 或 S 含量较高的钢
	非合金不锈钢
10	具有特殊物理性能的钢
11	$w(\mathrm{C})<0.5\%$的结构钢、工程钢和容器钢
12	$w(\mathrm{C})\geq0.5\%$的结构钢、工程钢和容器钢
13	具有特殊要求的结构钢、工程钢和容器钢
15~18	工具钢
	优质合金钢
08	具有特殊物理性能的钢
09	不同应用领域的钢
	合金工具钢
20	Cr
21	Cr-Si、Cr-Mn、Cr-Mn-Si
22	Cr-V、Cr-V-Si、Cr-V-Mn
23	Cr-Mo、Cr-Mo-V、Mo-V
24	W、Cr-W
25	W-V、Cr-W-V
26	W，除 24、25、27 之外
27	Ni
28	其他
	其他合金钢
32、33	高速钢
35	轴承钢
36~39	具有特殊磁性或物理特性的材料
40~45	不锈钢
46	耐化学腐蚀和耐高温的镍合金
47、48	耐热钢
49	高温材料
	合金建筑、工程和集装箱钢
51	Mn、Si、Cu
52	Mn-Cu、Mn-V、Si-V、Mn-Si-V
53	Mn-Ti、Si-Ti
54	Mo、Nb、T、V、W
55	$w(\mathrm{Mn})<1.64\%$、B、Mn-B
56	Ni
57~60	Cr-Ni($0<w(\mathrm{Cr})\leq3\%$)
62、63	Ni-Mo、Ni-Mn-V
65~67	Cr-Ni-Mo
68	Cr-Ni-V、Cr-Ni-W、Cr-Ni-V-W
69	Cr-Ni，除 57~68 之外
70	Cr、Cr-B
71	Cr -Si、Cr-Mn、Cr-Mn-B、Cr-Si-Mn
72、73	Cr-Mo
75、76	Cr-V
77	Cr-Mo-V
79	Cr-Mn-Mo、Cr-Mn-Mo-V
80	Cr-Si-Mo、Cr-Si-Mn-Mo、Cr-Si-Mo-V
81	Cr-Si-V、Cr-Mn-V、Cr-Si-Mn-V
82	Cr-Mo-W、Cr-Mo-W-V
84	Cr-Si-T，Cr-Mn-T，Cr-Si-Mn-Ti
85	渗氮钢
88、89	高强度钢、可焊接钢

注：如 1.0143 表示一般结构钢（1.01），数字 43 是指材料 S275JO，$R_{eL}=275\mathrm{MPa}$。

表 2.1-36　牌号中第 1 位数字所表示的钢类

第 1 位数字	0	1	2
钢类	碳素钢		易切削钢
	普通含锰量	较高含锰量	—
第 1 位数字	3	4	5~9
钢类	不锈钢		合金钢
	奥氏体型	马氏体和铁素体型	分类详见表 2.1-37

2）合金钢。这类钢包括我国的合金结构钢、弹簧钢和轴承钢。它的牌号前三位数字表示钢类或钢组，其中第 1、2 位数字用 50 ~ 99 表示，第 5、6 位数字表示平均 $w(C)\times 10000$。表 2.1-37 所列为第 1、2 位数字表示的钢组系列。

表 2.1-37　第 1、2 位数字表示的钢组系列

第 1、2 位数字	钢组系列
50	Ni 钢
51	(保留备用)
52	Cr 钢[平均 $w(Cr)<1\%$]
53	Cr 钢[平均 $w(Cr)\geqslant 1\%$]
54~59	(保留备用)
60	MnMo 钢
61~62	(保留备用)
63	NiCr 钢[平均 $w(Ni)<1.1\%$]
64	NiCr 钢[平均 $w(Ni)$ 为 1.1%~2.5%]
65	NiCr 钢[平均 $w(Ni)$ 为 2.5%~4.5%]
66	NiMo 钢
67~69	(保留备用)
70	CrMo 钢[平均 $w(Cr)<1.1\%$]
71	(保留备用)
72	CrMo 钢[平均 $w(Cr)\geqslant 3\%$]
73	CrV 钢
74~77	(保留备用)
78	MnNiMo 钢
79	(保留备用)
80	NiCrMo 钢[平均 $w(Ni)<1\%$]
81	NiCrMo 钢[平均 $w(Ni)$ 为 1%~1.5%]
82	NiCrMo 钢[平均 $w(Ni)$ 为 1.5%~3%]
83	NiCrMo 钢[平均 $w(Ni)$ 为 3%~4.5%]
84~86	(保留备用)
87	CrNiMo 钢[Cr 为主元素，$w(Cr)>1\%$]
88	(保留备用)
89	CrMoV 钢
90	CrMoAl 钢
91	(保留备用)
90	SiMnMo 钢
93	(保留备用)
94	MnNiCrMo 钢
95~99	(保留备用)

3）不锈钢和耐热钢（含阀门钢）。它的牌号主要标志是第 4 位字母 S。字母前面的第 1、2、3 位数字表示钢的类型和系列，并且部分与美国 AISI 标准不锈钢牌号系列基本一致。例如：

2××S×× ——铬锰镍氮奥氏体不锈钢。它和 3××S××系列的奥氏体不锈钢有所区别，而且更区别于 2××M××系列的易切削钢。

3××S×× ——奥氏体不锈钢，包括 CrNi 钢、CrNiMo 钢等钢组。如 304S15 钢，相当于 AISI 304 不锈钢；304S12 钢，相当于 AISI 304L 超低碳不锈钢。

4××S×× ——马氏体和铁素体不锈钢。如 403S17 为 1Cr12 型铁素体不锈钢，相当于 AISI 403 不锈钢。又如 441S29 为高 S 和含 Se 的易切削不锈钢，与 AISI 441 钢的化学成分相近，但其不含高 S 和 Se。

4）工具钢。在 BS 标准中，工具钢牌号由两个字母及 1 位或 2 位数字组成，某些牌号还附加 A、B、C 等后缀字母。牌号的第 1 个字母 B 表示英国牌号，第 2 个字母及后面的序号数字基本上与美国 AISI 标准的工具钢牌号相似，后缀字母主要用于区别基本成分相同钢组中的不同钢种。具体编号系统如下：

BW×——水淬碳素工具钢，×表示序号数字（下同），如 BW1A、BW1B、BW2 等。

BS×——耐冲击工具钢，如 BS1 BS5 等。

BO×——油淬合金工具钢，如 BO2 等。

BA×——空淬合金工具钢，如 BA2、BA6 等。

BD×——冷作模具钢，如 BD2、BD2A 等。

BH××——热作模具钢，如 BH12、BH26 等。又有 BH224/5 为锻模钢。

BP××——塑料模具钢，如 BP20 等。

BF×——碳钨工具钢，如 BF1。

BL×——特种用途低合金工具钢，如 BL3。

BT×（×）——钨系高速工具钢，如 BT1、BT42 等。

BM×（×）——钼钨系高速工具钢，如 BM2、BM34 等。

2.1.2　我国牌号的化学成分、力学性能和主要用途

工具钢的化学成分、力学性能和主要用途已有表述，本章不再叙述。本节涉及的力学性能主要有：屈服强度（R_{eL}、R_{eH}），伸长率（A），抗拉强度（R_m），冲击吸收能量（K），断面收缩率（Z）。

1. 碳素结构钢

碳素结构钢的价格较低，性能能满足一般工程结构、普通机械零件和日常生活用品的要求，是用量最大的钢类。碳素结构钢（GB/T 700—2006）的化学成分和力学性能见表 2.1-38 与表 2.1-39，特性和应用见表 2.1-40。

表 2.1-38　碳素结构钢的化学成分

牌号	统一数字代号①	等级	厚度(或直径)/mm	脱氧方法	化学成分(质量分数,%)≤ C	Si	Mn	P	S
Q195	U11952	—	—	F、Z	0.12	0.30	0.50	0.035	0.040
Q215	U12152	A		F、Z	0.15	0.35	1.20	0.045	0.050
	U12155	B							0.045
Q235	U12352	A	—	F、Z	0.22	0.35	1.40	0.045	0.050
	U12355	B			0.20②				0.045
	U12358	C		Z	0.17			0.040	0.040
	U12359	D		TZ				0.35	0.035
Q275	U12752	A	—	F、Z	0.24	0.35	1.50	0.045	0.050
	U12755	B	≤40	Z	0.21			0.045	0.045
			>40		0.22				
	U12758	C	—	Z	0.20			0.040	0.040
	U12759	D		TZ				0.035	0.035

① 表中为镇静钢、特殊镇静钢牌号的统一数字，沸腾钢牌号的统一数字代号如下：Q195F——U11950；Q215AF——U12150，Q215BF——U12153；Q235AF——U12350，Q235BF——U12353；Q275AFU——U12750。

② 经需方同意，Q235B 的碳质量分数可不大于 0.22%。

表 2.1-39　碳素结构钢的力学性能

(1)拉伸试验与冲击试验

牌号	等级	屈服强度① R_{eH}/MPa≥ 厚度(或直径)/mm ≤16	>16~40	>40~60	>60~100	>100~150	>150~200	抗拉强度② R_m/MPa	断后伸长率 A(%) ≥ 厚度(或直径)/mm ≤40	>40~60	>60~100	>100~150	>150~200	冲击试验(V 型缺口) 温度/℃	冲击吸收能量(纵向)/J ≥
Q195	—	195	185	—	—	—	—	315~430	33	—	—	—	—	—	—
Q215	A	215	205	195	185	175	165	335~450	31	30	29	27	26	—	—
	B													+20	27
Q235	A	235	225	215	215	195	185	370~500	26	25	24	22	21	—	—
	B													+20	27③
	C													0	
	D													-20	
Q275	A	275	265	255	245	225	215	410~540	22	21	20	18	17	—	—
	B													+20	27
	C													0	
	D													-20	

(2)冷弯试验

牌号	试样方向	冷弯试验 180°　$B=2a$④ 钢材厚度(或直径)⑤/mm ≤60 弯心直径 d	>60~100
Q195	纵	0	—
	横	$0.5a$	
Q215	纵	$0.5a$	$1.5a$
	横	a	$2a$
Q235	纵	a	$2a$
	横	$1.5a$	$2.5a$
Q275	纵	$1.5a$	$2.5a$
	横	$2a$	$3a$

① Q195 的屈服强度值仅供参考，不作为交货条件。

② 厚度大于 100mm 的钢材，抗拉强度下限允许降低 20MPa。宽带钢（包括剪切钢板）抗拉强度上限不作为交货条件。

③ 厚度小于 255mm 的 Q235B 级钢材，如供方能保证冲击吸收能量值合格，经需方同意，可不做检验。

④ B 为试样宽度；a 为试样厚度（或直径）。

⑤ 钢材厚度（或直径）大于 100mm 时，弯曲试验由双方协商确定。

表 2. 1-40　碳素结构钢的特性和应用

牌号	主要特性	应用举例
Q195 Q215	具有高的塑性、韧性和焊接性,以及良好的压力加工性能,但强度低	用于制造地脚螺栓、犁铧、烟筒、屋面板、铆钉、低碳钢丝、薄板、焊管、拉杆、吊钩、支架、焊接件等
Q235	具有高的塑性、韧性和焊接性、冲压性能,以及一定的强度、好的冷弯性能	广泛用于制造一般要求的零件和焊接件,如受力不大的拉杆、连杆、销、轴、螺钉、螺母、套圈、支架、机座、建筑结构、桥梁等
Q275	具有较高的强度、较好的塑性和切削加工性能,一定的焊接性能,小型零件可以淬火强化	用于制造要求强度较高的零件,如齿轮、轴、链轮、键、螺栓、螺母、农机用型钢、输送链和链节等

2. 优质碳素结构钢

优质碳素结构钢是优质钢中使用最广的一种钢。它同时保证钢的化学成分和力学性能。钢中的有害杂质如硫、磷、非金属夹杂物等均比普通钢要少，因此塑性、韧性比较优良。优质碳素结构钢可分为 3 类：①低碳钢[w(C)<0. 25%],其强度较低,塑性低,韧性、焊接性很好,切削性一般;②中碳钢[w(C)为 0. 3% ~ 0. 5%]，其强度较高而韧性稍低，主要用来制造承受负荷较大的机器零件，如直轴、曲轴等；③高碳钢［w(C)> 0. 55%]，其强度较高，弹性良好，主要用于制造弹簧和易受磨损的零件。

优质碳素结构钢（GB/T 699—2015）的化学成分见表 2. 1-41；供冷切削加工、冷顶锻和冷拔用的钢材，其布氏硬度应符合表 2. 1-42 的规定，力学性能及特性和应用见表 2. 1-43 和表 2. 1-44。

表 2. 1-41　优质碳素结构钢的化学成分

牌号	化学成分(质量分数,%)							
	C	Si	Mn	P	S	Cr	Ni	Cu①
				≤				
08②	0. 05~0. 11	0. 17~0. 37	0. 35~0. 65	0. 035	0. 035	0. 10	0. 30	0. 25
10	0. 07~0. 13	0. 17~0. 37	0. 35~0. 65	0. 035	0. 035	0. 15	0. 30	0. 25
15	0. 12~0. 18	0. 17~0. 37	0. 35~0. 65	0. 035	0. 035	0. 25	0. 30	0. 25
20	0. 17~0. 23	0. 17~0. 37	0. 35~0. 65	0. 035	0. 035	0. 25	0. 30	0. 25
25	0. 22~0. 29	0. 17~0. 37	0. 50~0. 80	0. 035	0. 035	0. 25	0. 30	0. 25
30	0. 27~0. 34	0. 17~0. 37	0. 50~0. 80	0. 035	0. 035	0. 25	0. 30	0. 25
35	0. 32~0. 39	0. 17~0. 37	0. 50~0. 80	0. 035	0. 035	0. 25	0. 30	0. 25
40	0. 37~0. 44	0. 17~0. 37	0. 50~0. 80	0. 035	0. 035	0. 25	0. 30	0. 25
45	0. 42~0. 50	0. 17~0. 37	0. 50~0. 80	0. 035	0. 035	0. 25	0. 30	0. 25
50	0. 47~0. 55	0. 17~0. 37	0. 50~0. 80	0. 035	0. 035	0. 25	0. 30	0. 25
55	0. 52~0. 60	0. 17~0. 37	0. 50~0. 80	0. 035	0. 035	0. 25	0. 30	0. 25
60	0. 57~0. 65	0. 17~0. 37	0. 50~0. 80	0. 035	0. 035	0. 25	0. 30	0. 25
65	0. 62~0. 70	0. 17~0. 37	0. 50~0. 80	0. 035	0. 035	0. 25	0. 30	0. 25
70	0. 67~0. 75	0. 17~0. 37	0. 50~0. 80	0. 035	0. 035	0. 25	0. 30	0. 25
75	0. 72~0. 80	0. 17~0. 37	0. 50~0. 80	0. 035	0. 035	0. 25	0. 30	0. 25
80	0. 77~0. 85	0. 17~0. 37	0. 50~0. 80	0. 035	0. 035	0. 25	0. 30	0. 25
85	0. 82~0. 90	0. 17~0. 37	0. 50~0. 80	0. 035	0. 035	0. 25	0. 30	0. 25
15Mn	0. 12~0. 18	0. 17~0. 37	0. 70~1. 00	0. 035	0. 035	0. 25	0. 30	0. 25
20Mn	0. 17~0. 23	0. 17~0. 37	0. 70~1. 00	0. 035	0. 035	0. 25	0. 30	0. 25
25Mn	0. 22~0. 29	0. 17~0. 37	0. 70~1. 00	0. 035	0. 035	0. 25	0. 30	0. 25
30Mn	0. 27~0. 34	0. 17~0. 37	0. 70~1. 00	0. 035	0. 035	0. 25	0. 30	0. 25
35Mn	0. 32~0. 39	0. 17~0. 37	0. 70~1. 00	0. 035	0. 035	0. 25	0. 30	0. 25
40Mn	0. 37~0. 44	0. 17~0. 37	0. 70~1. 00	0. 035	0. 035	0. 25	0. 30	0. 25
45Mn	0. 42~0. 50	0. 17~0. 37	0. 70~1. 00	0. 035	0. 035	0. 25	0. 30	0. 25
50Mn	0. 48~0. 56	0. 17~0. 37	0. 70~1. 00	0. 035	0. 035	0. 25	0. 30	0. 25
60Mn	0. 57~0. 65	0. 17~0. 37	0. 70~1. 00	0. 035	0. 035	0. 25	0. 30	0. 25
65Mn	0. 62~0. 70	0. 17~0. 37	0. 90~1. 20	0. 035	0. 035	0. 25	0. 30	0. 25
70Mn	0. 67~0. 75	0. 17~0. 37	0. 90~1. 20	0. 035	0. 035	0. 25	0. 30	0. 25

① 热压力加工用钢铜质量分数应不大于 0. 20%。

② 用铝脱氧的镇静钢，碳、锰含量下限不限，锰质量分数上限为 0. 45%，硅质量分数不大于 0. 03%，全铝质量分数为 0. 020% ~ 0. 070%，此时牌号为 08Al。

表 2.1-42　优质碳素结构钢的硬度

牌号	试样毛坯尺寸 /mm	交货硬度 HBW ≤		牌号	试样毛坯尺寸 /mm	交货硬度 HBW ≤	
		未热处理钢	退火钢			未热处理钢	退火钢
08	25	131	—	75	试样①	285	241
10	25	137	—	80	试样①	285	241
15	25	143	—	85	试样①	302	255
20	25	156	—	15Mn	25	163	—
25	25	170	—	20Mn	25	197	—
30	25	179	—	25Mn	25	207	—
35	25	197	—	30Mn	25	217	187
40	25	217	187	35Mn	25	229	197
45	25	229	197	40Mn	25	229	207
50	25	241	207	45Mn	25	241	217
55	25	255	217	50Mn	25	255	217
60	25	255	229	60Mn	25	269	229
65	25	255	229	65Mn	25	285	229
70	25	269	229	70Mn	25	285	229

① 留有加工余量的试样，其性能为淬火+回火状态下的性能。

表 2.1-43　优质碳素结构钢的力学性能

牌号	下屈服强度 R_{eL}/MPa	抗拉强度 R_m/MPa	断后伸长率 A(%)	断面收缩率 Z(%)	冲击吸收能量 KU_2/J	牌号	下屈服强度 R_{eL}/MPa	抗拉强度 R_m/MPa	断后伸长率 A(%)	断面收缩率 Z(%)	冲击吸收能量 KU_2/J
	≥		≥	≥	≥		≥		≥	≥	≥
08	195	325	33	60	—	75	880	1080	7	30	—
10	205	335	31	55	—	80	930	1080	6	30	—
15	225	375	27	55	—	85	980	1130	6	30	—
20	245	410	25	55	—	15Mn	245	410	26	55	—
25	275	450	23	50	71	20Mn	275	450	24	50	—
30	295	490	21	50	63	25Mn	295	490	22	50	71
35	315	530	20	45	55	30Mn	315	540	20	45	63
40	335	570	19	45	47	35Mn	335	560	18	45	55
45	335	600	16	40	39	40Mn	355	590	17	45	47
50	375	630	14	40	31	45Mn	375	620	15	40	39
55	380	645	13	35	—	50Mn	390	645	13	40	31
60	400	675	12	35	—	60Mn	410	695	11	35	—
65	410	695	10	30	—	65Mn	430	735	9	30	—
70	420	715	9	30	—	70Mn	450	785	8	30	—

表 2.1-44　优质碳素结构钢的特性和应用

牌号	主要特征	应用举例
08	优质沸腾钢，强度、硬度低，塑性极好。深冲压、深拉延性好，冷加工性好，焊接性好。成分偏析倾向大，时效敏感性大，故冷加工时，可采用消除应力热处理，或水韧处理，防止冷加工断裂	大多生产成为高精度的薄板，用来制造深冲压和深拉延的制品，如各种储藏器、搪瓷制品、仪表板等；也可制造管材、垫片以及心部强度要求不高的渗碳和碳氮共渗零件
10	极软低碳钢，强度、硬度低，塑性、韧性极好，冷加工性好，淬透性、淬硬性极差，不宜切削加工，退火后导磁性能好	一般用于制造拉杆、卡头、钢管垫片、垫圈，铆钉用的冷拉钢、冷轧钢带，钢丝、钢板和型材等，也可以制造冷压深冲制品，如炮弹壳、深冲器皿等

（续）

牌号	主要特征	应用举例
15	强度低,塑性、韧性很好,焊接性优良,无回火脆性。容易冷热加工成形,淬透性很差,正火或冷加工后切削性能好 强度、硬度、塑性与10钢相近。改善其加工性能需要进行正火或水韧处理,以适当提高硬度。淬透性、淬硬性低,韧性、焊接性好	用于制造机械上的渗碳零件、紧固件、冲模锻件以及不需要热处理的低负荷零件,如螺栓、螺钉、拉条、法兰盘以及化工机械用的储器、蒸汽锅炉等
20	强度、硬度稍高于15钢,塑性、焊接性好,热轧或正火后韧性好	用于制造不经受很大应力而要求高韧性的各种机械零件,也用于制造在6MPa(60atm)、450℃下及非腐蚀性介质中使用的管子、导管等,还可用于制造心部强度不大的渗碳与碳氮共渗零件,如轴套、链轮、轴以及不重要的齿轮、链条等
25	具有一定强度、硬度,塑性和韧性好,焊接性、冷塑加工性较高,切削性中等,淬透性、淬硬性差。淬火及低温回火后强韧性好,无回火脆性	用于热锻和热冲压的机械零件,机床上的渗碳及碳氮共渗零件,以及重型机械制造中负荷不大的轴、辊子、连接器、垫圈、螺栓、螺钉、螺母等,还可用于铸钢件
30	强度、硬度较高,塑性好,焊接性尚好,可在正火或调质后使用,适用于热锻、热冲压成形,切削加工性良好	用于热锻和热冲压的机械零件,冷拉丝,重型和一般机械用的轴、拉杆、套环以及机械上的零件,如气缸、汽轮机机架、轧钢机机架和零件、机床机架、飞轮
35	强度适当,塑性较好,冷塑性高,焊接性尚好,淬透性低,正火或调质后使用	用于热锻和热冲压的机械零件,冷拉和冷顶锻钢材,无缝钢管,机械制造中的零件,如转轴、曲轴、轴销、杠杆、连杆、横梁、星轮、套筒、轮圈、钩环、垫圈、螺钉、螺母等;还可用来铸造汽轮机机身、轧钢机机身、飞轮、均衡器
40	强度较高,可加工性良好,冷变形能力中等,焊接性差,无回火脆性,淬透性低,容易产生水淬裂纹,多在调质或正火状态使用	用于制造机器的运动零件,如辊子、轴、曲柄销、传动轴、活塞杆、连杆、圆盘、火车轴等
45	最常用的中碳调质钢,综合力学性能良好,淬透性低,水淬时容易产生裂纹,小型件宜采用调质处理,大型件宜采用正火处理	用于制造汽轮机、压缩机、泵的运动零件,代替渗碳钢制造齿轮、轴、活塞销等零件,但零件需要高频或火焰表面淬火
50	高强度中碳结构钢,冷变形能力低,可加工性中等,焊接性差,无回火脆性,淬透性较低,水淬时容易产生裂纹	用于制造耐磨性要求高、动负荷以及冲击作用不大的零件,如锻造齿轮、拉杆、轧辊、摩擦盘、次要的弹簧、农机上的掘土犁铧、重载荷的心轴与轴等
55	具有高强度和硬度,塑性和韧性差,可加工性中等,焊接性差,淬透性差,水淬时容易开裂,多在正火或调质处理后使用,适用于制造高强度、高弹性、高耐磨零件	用于制造齿轮、连杆、轮圈、轮缘、扁弹簧和轧辊等
60	具有高强度、高硬度和高弹性,冷变形时塑性差,可加工性中等,焊接性不好,淬透性差,水淬容易开裂,故大型件用正火处理	用于制造轧辊、轴、偏心轴、弹簧圈、各种垫圈、离合器、凸轮、钢丝绳等
65	适当热处理或冷作硬化后具有较高强度与弹性。焊接性不好,容易形成裂纹,不宜焊接,可加工性差,冷变形塑性低,淬透性不好,一般采用油淬。大截面采用水淬油冷,或正火处理	用于制造汽车弹簧、弹簧圈、轴、轧辊、各种垫圈、凸轮以及钢丝绳等
70	强度和弹性比65钢稍高,其他性能与65钢相近	弹簧、钢丝、钢带、车轮圈等
75 80	性能与65、70钢相近,但强度稍高,弹性稍低,其淬透性也不高,通常在淬火、回火后使用	板簧、螺旋弹簧、抗磨损零件、较低速车轮等
85	含碳量最高的高碳结构钢,强度、硬度均比其他碳钢高,但弹性略低,其他性能与65钢、70钢、75钢、80钢相近,淬透性差	

（续）

牌号	主要特征	应用举例
15Mn	强度、塑性、加工性和淬透性均稍高于15钢，渗碳和淬火时表面软点少，宜进行碳氮共渗处理，得到表面和心部良好的综合性能。热轧或正火处理后韧性好	用于制造对中心部分力学性能要求较高且需要渗碳的零件
20Mn	强度和淬透性略高于15Mn钢，其他性能两者相近	
25Mn	性能与20Mn和25钢相近，强度稍高	与20Mn和25钢相近
30Mn	与30钢相比具有较高的强度和淬透性，冷变形时塑性好。焊接性中等，可加工性良好，热处理时有回火脆性倾向和过热敏感性	制造螺栓、螺母、制动踏板等，高应力下工作的细小零件，如农机上的细小钩环链等
35Mn	强度及淬透性比30Mn钢高，冷变形时的塑性中等。可加工性好，但焊接性较差。宜调质处理后使用	用于制造转轴、啮合杆、螺栓、螺母、心轴、齿轮等
40Mn	淬透性稍高于40钢，热处理后强度、硬度、韧性均比40钢稍高，冷变形塑性中等，可加工性好，焊接性低，具有过热敏感性和回火脆性，水淬容易开裂	用于制造承受疲劳负荷的零件，如轴辊，以及高应力下工作的螺母、螺栓等
45Mn	中碳调质结构钢，调质后具有良好的综合性能。淬透性、强度、韧性均比45钢高，可加工性尚好，冷变形塑性低，焊接性差，具有回火脆性倾向	用于制造转轴、心轴、花键轴、汽车半轴、万向接头轴、曲轴、连杆、制动杠杆、啮合杆、齿轮、离合器、螺栓、螺母等
50Mn	性能与50钢相近，但其淬透性较高，热处理后强度、硬度、弹性均稍高于50钢。焊接性差，具有过热敏感性和回火脆性倾向	用于制造耐磨性要求高，在高负荷下工作的零件，如齿轮、齿轮轴、摩擦盘和直径在80mm以下的心轴等
60Mn	强度、硬度、弹性和淬透性均比60钢高，具有过热敏感性和回火脆性倾向，退火可加工性良好，冷变形塑性低，焊接性差	用于制造大尺寸螺旋弹簧、板簧、各种圆扁弹簧，弹簧环、片，冷拉钢丝以及发条
65Mn	强度、硬度、弹性和淬透性均比65钢高，具有过热敏感性和回火脆性倾向，水淬有开裂倾向，退火可加工性尚好，冷变形塑性低，焊接性差	用于制造受中等负荷的板簧、大尺寸螺旋弹簧及弹簧垫圈、弹簧环、高耐磨零件，如磨床主轴、弹簧卡头，精密机床丝杠、犁、切刀、铁道钢轨等
70Mn	性能与70钢相近，但淬透性稍高，热处理后强度、硬度、弹性均比70钢好，具有过热敏感性和回火脆性倾向，容易脱碳，水淬时有形成裂纹倾向，冷塑性变形能力差，焊接性差	用于制造承受大应力、磨损条件下工作的零件，如各种弹簧圈、弹簧垫圈、止推环、锁紧圈、离合器盘等

3. 低合金高强度结构钢

低合金高强度结构钢的含碳量 $w(C)$ 为0.1%~0.22%，还含有少量合金元素，主要是Mn，其次是Si、Nb等。合金元素的质量分数一般不大于1.8%。这类钢由于合金元素强化了铁素体，增加了珠光体相对量，其屈服强度比碳素结构钢高25%~70%。低合金高强度结构钢（GB/T 1591—2018）的化学成分、力学性能及特性和应用见表2.1-45~表2.1-47。

表2.1-45　低合金高强度钢的化学成分

牌号		化学成分(质量分数,%)														
钢级	质量等级	C	Si	Mn	P①	S①	Nb	V	Ti②	Cr	Ni	Cu	Mo	N	B	Als③
		≤														≥
Q355M	B	0.14④	0.50	1.60	0.035	0.035	0.01~0.05	0.01~0.10	0.006~0.05	0.30	0.50	0.40	0.10	0.015	—	0.015
	C				0.030	0.030										
	D				0.030	0.025										
	E				0.025	0.020										
	F				0.020	0.010										
Q390M	B	0.15④	0.50	1.70	0.035	0.035	0.01~0.05	0.01~0.12	0.006~0.05	0.30	0.50	0.40	0.10	0.015	—	0.015
	C				0.030	0.030										
	D				0.030	0.025										
	E				0.025	0.020										

（续）

牌号		化学成分(质量分数,%)														
钢级	质量等级	C	Si	Mn	P①	S①	Nb	V	Ti②	Cr	Ni	Cu	Mo	N	B	Als③
		≤														≥
Q420M	B	0.16④	0.50	1.70	0.035	0.035	0.01~0.05	0.01~0.12	0.006~0.05	0.30	0.80	0.40	0.20	0.015	—	0.015
	C				0.030	0.030										
	D				0.030	0.025										
	E				0.025	0.020								0.025		
Q460M	C	0.16④	0.60	1.70	0.030	0.030	0.01~0.05	0.01~0.12	0.006~0.05	0.30	0.80	0.40	0.20	0.015	—	0.015
	D				0.030	0.025										
	E				0.025	0.020								0.025		
Q500M	C	0.18	0.60	1.80	0.030	0.030	0.01~0.11	0.01~0.12	0.006~0.05	0.60	0.80	0.55	0.20	0.015	0.004	0.015
	D				0.030	0.025										
	E				0.025	0.020								0.025		
Q550M	C	0.18	0.60	2.00	0.030	0.030	0.01~0.11	0.01~0.12	0.006~0.05	0.80	0.80	0.80	0.30	0.015	0.004	0.015
	D				0.030	0.025										
	E				0.025	0.020								0.025		
Q620M	C	0.18	0.60	2.00	0.030	0.030	0.01~0.11	0.01~0.12	0.006~0.05	1.00	0.80	0.80	0.30	0.015	0.004	0.015
	D				0.030	0.025										
	E				0.025	0.020								0.025		
Q690M	C	0.18	0.60	2.00	0.030	0.030	0.01~0.11	0.01~0.12	0.006~0.05	1.00	0.80	0.80	0.30	0.015	0.004	0.015
	D				0.030	0.025										
	E				0.025	0.020								0.025		

注：钢中应至少含有铝、铌、钒、钛等细化晶粒元素中的一种，单独或组合加入时，应保证其中至少一种合金元素含量不小于表中规定含量的下限。

① 对于型钢和棒材，磷和硫含量可以提高0.005%。

② 最高可到0.20%。

③ 可用全铝Alt替代，此时全铝最小质量分数为0.020%。当钢中添加了铌、钒、钛等细化晶粒元素且含量不小于表中规定含量的下限时，铝含量下限值不限。

④ 对于型钢和棒材，Q355M、Q390M、Q420M和Q460M的最大碳质量分数可提高0.02%。

表2.1-46 钢材的力学性能

牌号		上屈服强度 R_{eH}①/MPa ≥						抗拉强度 R_m/MPa					断后伸长率A(%) ≥
		公称厚度或直径/mm											
钢级	质量等级	≤16	>16~40	>40~63	>63~80	>80~100	>100~120	≤40	>40~63	>63~80	>80~100	>100~120②	
Q355M	B、C、D、E、F	355	345	335	325	325	320	470~630	450~610	440~600	440~600	430~590	22
Q390M	B、C、D、E	390	380	360	340	340	335	490~650	480~640	470~630	460~620	450~610	20
Q420M	B、C、D、E	420	400	390	380	370	365	520~680	500~660	480~640	470~630	460~620	19
Q460M	C、D、E	460	440	430	410	400	385	540~720	530~710	510~690	500~680	490~660	17
Q500M	C、D、E	500	490	480	460	450	—	610~770	600~760	590~750	540~730	—	17
Q550M	C、D、E	550	540	530	510	500	—	670~830	620~810	600~790	590~780	—	16
Q620M	C、D、E	620	610	600	580	—	—	710~880	690~880	670~860	—	—	15
Q690M	C、D、E	690	680	670	650	—	—	770~940	750~920	730~900	—	—	14

注：热机械轧制（TMCP）状态包含热机械轧制（TMCP）加回火状态。

① 当屈服不明显时，可用规定塑性延伸强度 $R_{p0.2}$ 代替上屈服强度 R_{eH}。

② 对于型钢和棒材，厚度或直径不大于150mm。

表 2.1-47　低合金高强度钢的特性和应用

牌号	主要特性	应用举例
Q390M	综合力学性能好,焊接性、冷热加工性和耐蚀性均好,C、D、E 级钢具有良好的低温韧性	船舶、锅炉、压力容器、石油储罐、桥梁、电站设备、起重运输机械及其他较高负荷的焊接结构件
Q420M	强度高,特别是在正火或正火加回火状态有较高的综合力学性能	大型船舶、桥梁、电站设备、中高压锅炉、高压容器、机车车辆、起重机械、矿山机械及其他大型焊接结构件
Q460M	强度最高,在正火,正火加回火或淬火加回火状态有很高的综合力学性能,全部用铝补充脱氧、质量等级为 C、D、E 级,可保证钢的良好韧性	备用钢种,用于各种大型工程结构及要求强度高、负荷大的轻型结构

4. 合金结构钢

合金结构钢是在优质碳素结构钢的基础上适当加入一种或数种合金元素炼制而成的钢种，合金元素质量分数<6%，w(C)<0.55%。这种钢具有较高的强度或韧性以及很好的淬透性。这种钢不仅屈强比高(一般 85%左右)，而且还有适当的韧性和塑性，这对于制造高转速、高负荷、尺寸较大、形状复杂的机械零件来说具有重要意义。

合金结构钢按照其含碳量、热处理工艺和用途来分类，大致可以分为三类：低合金渗碳钢、中碳调质合金钢和氮化钢。合金结构钢（GB/T 3077—2015）的化学成分、力学性能和主要应用见表 2.1-48~表 2.1-50。

表 2.1-48　合金结构钢的化学成分

钢组	序号	统一数字代号	牌号	化学成分(质量分数,%)								
				C	Si	Mn	Cr	Mo	Ni	B	V	其他
Mn	1	A00202	20Mn2	0.17~0.24	0.17~0.37	1.40~1.80	—	—	—	—	—	—
	2	A00302	30Mn2	0.27~0.34	0.17~0.37	1.40~1.80	—	—	—	—	—	—
	3	A00352	35Mn2	0.32~0.39	0.17~0.37	1.40~1.80	—	—	—	—	—	—
	4	A00402	40Mn2	0.37~0.44	0.17~0.37	1.40~1.80	—	—	—	—	—	—
	5	A00452	45Mn2	0.42~0.49	0.17~0.37	1.40~1.80	—	—	—	—	—	—
	6	A00502	50Mn2	0.47~0.55	0.17~0.37	1.40~1.80	—	—	—	—	—	—
MnV	7	A01202	20MnV	0.17~0.24	0.17~0.37	1.30~1.60	—	—	—	—	0.07~0.12	—
SiMn	8	A10272	27SiMn	0.24~0.32	1.10~1.40	1.10~1.40	—	—	—	—	—	—
	9	A10352	35SiMn	0.32~0.40	1.10~1.40	1.10~1.40	—	—	—	—	—	—
	10	A10422	42SiMn	0.39~0.45	1.10~1.40	1.10~1.40	—	—	—	—	—	—
SiMnMoV	11	A14202	20SiMn2MoV	0.17~0.23	0.90~1.20	2.20~2.60	—	0.30~0.40	—	—	0.05~0.12	—
	12	A14262	25SiMn2MoV	0.22~0.28	0.90~1.20	2.20~2.60	—	0.30~0.40	—	—	0.05~0.12	—
	13	A14372	37SiMn2MoV	0.33~0.39	0.60~0.90	1.60~1.90	—	0.40~0.50	—	—	0.05~0.12	—
B	14	A70402	40B	0.37~0.44	0.17~0.37	0.60~0.90	—	—	—	0.0008~0.0035	—	—
	15	A70452	45B	0.42~0.49	0.17~0.37	0.60~0.90	—	—	—	0.0008~0.0035	—	—

（续）

钢组	序号	统一数字代号	牌号	化学成分(质量分数,%)								
				C	Si	Mn	Cr	Mo	Ni	B	V	其他
B	16	A70502	50B	0.47~0.55	0.17~0.37	0.60~0.90	—	—	—	0.0008~0.0035	—	—
MnB	17	A712502	25MnB	0.23~0.28	0.17~0.37	1.00~1.40	—	—	—	0.0008~0.0035	—	—
	18	A713502	35MnB	0.32~0.38	0.17~0.37	1.10~1.40	—	—	—	0.0008~0.0035	—	—
	19	A71402	40MnB	0.37~0.44	0.17~0.37	1.10~1.40	—	—	—	0.0008~0.0035	—	—
	20	A71452	45MnB	0.42~0.49	0.17~0.37	1.10~1.40	—	—	—	0.0008~0.0035	—	—
MnMoB	21	A72202	20MnMoB	0.16~0.22	0.17~0.37	0.90~1.20	—	0.20~0.30	—	0.0008~0.0035	—	—
MnVB	22	A73152	15MnVB	0.12~0.18	0.17~0.37	1.20~1.60	—	—	—	0.0008~0.0035	0.07~0.12	—
	23	A73202	20MnVB	0.17~0.23	0.17~0.37	1.20~1.60	—	—	—	0.0008~0.0035	0.07~0.12	—
	24	A73402	40MnVB	0.37~0.44	0.17~0.37	1.10~1.40	—	—	—	0.0008~0.0035	0.05~0.10	—
MnTiB	25	A74202	20MnTiB	0.17~0.24	0.17~0.37	1.30~1.60	—	—	—	0.0008~0.0035	—	Ti：0.04~0.10
	26	A74252	25MnTiBRE	0.22~0.28	0.20~0.45	1.30~1.60	—	—	—	0.0008~0.0035	—	Ti：0.04~0.10
Cr	27	A20152	15Cr	0.12~0.18	0.17~0.37	0.40~0.70	0.70~1.00	—	—	—	—	—
	28	A20202	20Cr	0.18~0.24	0.17~0.37	0.50~0.80	0.70~1.00	—	—	—	—	—
	29	A20302	30Cr	0.27~0.34	0.17~0.37	0.50~0.80	0.80~1.10	—	—	—	—	—
	30	A20352	35Cr	0.32~0.39	0.17~0.37	0.50~0.80	0.80~1.10	—	—	—	—	—
	31	A20402	40Cr	0.37~0.44	0.17~0.37	0.50~0.80	0.80~1.10	—	—	—	—	—
	32	A20452	45Cr	0.42~0.49	0.17~0.37	0.50~0.80	0.80~1.10	—	—	—	—	—
	33	A20502	50Cr	0.47~0.54	0.17~0.37	0.50~0.80	0.80~1.10	—	—	—	—	—
CrSi	34	A21382	38CrSi	0.35~0.43	1.00~1.30	0.30~0.60	1.30~1.60	—	—	—	—	—
CrMo	35	A30122	12CrMo	0.08~0.15	0.17~0.37	0.40~0.70	0.40~0.70	0.40~0.55	—	—	—	—
	36	A30152	15CrMo	0.12~0.18	0.17~0.37	0.40~0.70	0.80~1.10	0.40~0.55	—	—	—	—
	37	A30202	20CrMo	0.17~0.24	0.17~0.37	0.40~0.70	0.80~1.10	0.15~0.25	—	—	—	—
	38	A30252	25CrMo	0.22~0.29	0.17~0.37	0.60~0.90	0.90~1.20	0.15~0.30	—	—	—	—
	39	A30302	30CrMo	0.26~0.34	0.17~0.37	0.40~0.70	0.80~1.10	0.15~0.25	—	—	—	—

（续）

钢组	序号	统一数字代号	牌号	化学成分(质量分数,%)								
				C	Si	Mn	Cr	Mo	Ni	B	V	其他
CrMo	40	A30352	35CrMo	0. 32~0. 40	0. 17~0. 37	0. 40~0. 70	0. 80~1. 10	0. 15~0. 25	—	—	—	—
	41	A30422	42CrMo	0. 38~0. 45	0. 17~0. 37	0. 50~0. 80	0. 90~1. 20	0. 15~0. 25	—	—	—	—
	42	A30502	50CrMo	0. 46~0. 54	0. 17~0. 37	0. 50~0. 80	0. 90~1. 20	0. 15~0. 30	—	—	—	—
CrMoV	43	A31122	12CrMoV	0. 08~0. 15	0. 17~0. 37	0. 40~0. 70	0. 30~0. 60	0. 25~0. 35	—	—	0. 15~0. 30	
	44	A31352	35CrMoV	0. 30~0. 38	0. 17~0. 37	0. 40~0. 70	1. 00~1. 30	0. 20~0. 30	—	—	0. 10~0. 20	—
	45	A31132	12Cr1MoV	0. 08~0. 15	0. 17~0. 37	0. 40~0. 70	0. 90~1. 20	0. 25~0. 35	—	—	0. 15~0. 30	—
	46	A31253	25Cr2MoVA	0. 22~0. 29	0. 17~0. 37	0. 40~0. 70	1. 50~1. 80	0. 25~0. 35	—	—	0. 15~0. 30	—
	47	A31263	25Cr2Mo1VA	0. 22~0. 29	0. 17~0. 37	0. 50~0. 80	2. 10~2. 50	0. 90~1. 10	—	—	0. 30~0. 50	—
CrMoAl	48	A33382	38CrMoAl	0. 35~0. 42	0. 20~0. 45	0. 30~0. 60	1. 35~1. 65	0. 15~0. 25	—	—	—	Al：0. 70~1. 10
CrV	49	A23402	40CrV	0. 37~0. 44	0. 17~0. 37	0. 50~0. 80	0. 80~1. 10	—	—	—	0. 10~0. 20	—
	50	A23503	50CrVA	0. 47~0. 54	0. 17~0. 37	0. 50~0. 80	0. 80~1. 10	—	—	—	0. 10~0. 20	—
CrMn	51	A22152	15CrMn	0. 12~0. 18	0. 17~0. 37	1. 10~1. 40	0. 40~0. 70	—	—	—	—	—
	52	A22202	20CrMn	0. 17~0. 23	0. 17~0. 37	0. 90~1. 20	0. 90~1. 20	—	—	—	—	—
	53	A22402	40CrMn	0. 37~0. 45	0. 17~0. 37	0. 90~1. 20	0. 90~1. 20	—	—	—	—	—
CrMnSi	54	A24202	20CrMnSi	0. 17~0. 23	0. 90~1. 20	0. 80~1. 10	0. 80~1. 10	—	—	—	—	—
	55	A24252	25CrMnSi	0. 22~0. 28	0. 90~1. 20	0. 80~1. 10	0. 80~1. 10	—	—	—	—	—
	56	A24302	30CrMnSi	0. 27~0. 34	0. 90~1. 20	0. 80~1. 10	0. 80~1. 10	—	—	—	—	—
	57	A24352	35CrMnSi	0. 32~0. 39	1. 10~1. 40	0. 80~1. 10	1. 10~1. 40	—	—	—	—	—
CrMnMo	58	A34202	20CrMnMo	0. 17~0. 23	0. 17~0. 37	0. 90~1. 20	1. 10~1. 40	0. 20~0. 30	—	—	—	—
	59	A34402	40CrMnMo	0. 37~0. 45	0. 17~0. 37	0. 90~1. 20	0. 90~1. 20	0. 20~0. 30	—	—	—	—
CrMnTi	60	A26202	20CrMnTi	0. 17~0. 23	0. 17~0. 37	0. 80~1. 10	1. 00~1. 30	—	—	—	—	Ti：0. 04~0. 10
	61	A26302	30CrMnTi	0. 24~0. 32	0. 17~0. 37	0. 80~1. 10	1. 00~1. 30	—	—	—	—	Ti：0. 04~0. 10
CrNi	62	A40202	20CrNi	0. 17~0. 23	0. 17~0. 37	0. 40~0. 70	0. 45~0. 75	—	1. 00~1. 40	—	—	—
	63	A40402	40CrNi	0. 37~0. 44	0. 17~0. 37	0. 50~0. 80	0. 45~0. 75	—	1. 00~1. 40	—	—	—

（续）

钢组	序号	统一数字代号	牌号	化学成分(质量分数,%)								
				C	Si	Mn	Cr	Mo	Ni	B	V	其他
CrNi	64	A40452	45CrNi	0.42~0.49	0.17~0.37	0.50~0.80	0.45~0.75	—	1.00~1.40	—	—	—
	65	A40502	50CrNi	0.47~0.54	0.17~0.37	0.50~0.80	0.45~0.75	—	1.00~1.40	—	—	—
	66	A41122	12CrNi2	0.10~0.17	0.17~0.37	0.30~0.60	0.60~0.90	—	1.50~1.90	—	—	—
	67	A41342	34CrNi2	0.30~0.37	0.17~0.37	0.60~0.90	0.80~1.10	—	1.20~1.60	—	—	—
	68	A42122	12CrNi3	0.10~0.17	0.17~0.37	0.30~0.60	0.60~0.90	—	2.75~3.15	—	—	—
	69	A42202	20CrNi3	0.17~0.24	0.17~0.37	0.30~0.60	0.60~0.90	—	2.75~3.15	—	—	—
	70	A42302	30CrNi3	0.27~0.33	0.17~0.37	0.30~0.60	0.60~0.90	—	2.75~3.15	—	—	—
	71	A42372	37CrNi3	0.34~0.41	0.17~0.37	0.30~0.60	1.20~1.60	—	3.00~3.50	—	—	—
	72	A43122	12Cr2Ni4	0.10~0.16	0.17~0.37	0.30~0.60	1.25~1.65	—	3.25~3.65	—	—	—
	73	A43202	20Cr2Ni4	0.17~0.23	0.17~0.37	0.30~0.60	1.25~1.65	—	3.25~3.65	—	—	—
CrNiMo	74	A50152	15CrNiMo	0.13~0.18	0.17~0.37	0.70~0.90	0.45~0.65	0.45~0.60	0.70~1.00	—	—	—
	75	A50202	20CrNiMo	0.17~0.23	0.17~0.37	0.60~0.95	0.40~0.70	0.20~0.30	0.35~0.75	—	—	—
	76	A50302	30CrNiMo	0.28~0.33	0.17~0.37	0.70~0.90	0.70~1.00	0.25~0.45	0.60~0.80	—	—	—
	77	A50300	30Cr2Ni2Mo	0.26~0.34	0.17~0.37	0.50~0.80	1.80~2.20	0.30~0.50	1.80~2.20	—	—	—
	78	A50300	30Cr2Ni4Mo	0.26~0.33	0.17~0.37	0.50~0.80	1.20~1.50	0.30~0.60	3.30~4.30	—	—	—
	79	A50342	34Cr2Ni2Mo	0.30~0.38	0.17~0.37	0.50~0.80	1.30~1.70	0.15~0.30	1.30~1.70	—	—	—
	80	A50352	35Cr2Ni4Mo	0.32~0.39	0.17~0.37	0.50~0.80	1.60~2.00	0.25~0.45	3.60~4.10	—	—	—
	81	A50402	40CrNiMo	0.37~0.44	0.17~0.37	0.50~0.80	0.60~0.90	0.15~0.25	1.25~1.65	—	—	—
	82	A50400	40CrNi2Mo	0.38~0.43	0.17~0.37	0.60~0.80	0.70~0.90	0.20~0.30	1.65~2.00	—	—	—
CrMnNiMo	83	A50182	18CrNiMnMo	0.15~0.21	0.17~0.37	1.10~1.40	1.00~1.30	0.20~0.30	1.00~1.30	—	—	—
CrNiMoV	84	A51452	45CrNiMoV	0.42~0.49	0.17~0.37	0.50~0.80	0.80~1.10	0.20~0.30	1.30~1.80	—	0.10~0.20	—

（续）

钢组	序号	统一数字代号	牌号	化学成分(质量分数,%)								
				C	Si	Mn	Cr	Mo	Ni	B	V	其他
CrNiW	85	A52182	18CrNi4WA	0.13~0.19	0.17~0.37	0.30~0.60	1.35~1.65	—	4.00~4.50	—	—	W:0.80~1.20
	86	A52252	25CrNi4WA	0.21~0.28	0.17~0.37	0.30~0.60	1.35~1.65	—	4.00~4.50	—	—	W:0.80~1.20

注：1. 未经用户同意不得有意加入本表中未规定的元素，应采取措施防止从废钢或其他原料中带入影响钢性能的元素。
2. 表中各牌号可按高级优质钢或特级优质钢订货，但应在牌号后加“A”或“E”。
3. 稀土成分按 0.05%质量分数计算加入，成分分析结果供参考。
4. 钢中磷、硫及残余铜、铬、镍、钼含量应符合下表的规定。

钢类	化学成分(质量分数,%)					
	P	S	Cu	Cr	Ni	Mo
	≤					
优质钢	0.030	0.030	0.30	0.30	0.30	0.10
高级优质钢	0.020	0.020	0.25	0.30	0.30	0.10
特级优质钢	0.020	0.010	0.25	0.30	0.30	0.10

5. 热压力加工用钢的铜含量 $w(Cu) \leqslant 0.20\%$。

表 2.1-49　合金结构钢的力学性能

牌号	试样毛坯尺寸/mm	热处理					力学性能					
		淬火			回火		R_m/MPa	R_{eL}/MPa	A(%)	Z(%)	KU_2/J	HBW(退火或高温回火供应状态)≤
		加热温度/℃ 第一次淬火	加热温度/℃ 第二次淬火	冷却剂	加热温度/℃	冷却剂	≥					
20Mn2	15	850 880	—	水、油	200 440	水、空气	785	590	10	40	47	187
30Mn2	25	840	—	水	500	水	785	635	12	45	68	207
35Mn2	25	840	—	水	500	水	835	685	12	45	55	207
40Mn2	25	840	—	水、油	540	水	885	735	12	45	55	217
45Mn2	25	840	—	油	550	水、油	885	735	10	45	47	217
50Mn2	25	820	—	油	550	水、油	930	785	9	40	39	229
20MnV	15	880	—	水、油	200	水、空气	785	590	10	40	55	187
27SiMn	25	920	—	水	450	水、油	980	835	12	40	39	217
35SiMn	25	900	—	水	570	水、油	885	735	15	45	47	229
42SiMn	25	880	—	水	590	水	885	735	15	40	47	229
20SiMn2MoV	试样	900	—	油	200	水、空气	1380	—	10	45	55	269
25SiMn2MoV	试样	900	—	油	200	水、空气	1470	—	10	40	47	269
37SiMn2MoV	25	870	—	水、油	650	水、空气	980	835	12	50	63	269
40B	25	840	—	水	550	水	785	635	12	45	55	207
45B	25	840	—	水	550	水	835	685	12	45	47	217
50B	20	840	—	油	600	空气	785	540	10	45	39	207
25MnB	25	850	—	油	500	水、油	835	635	10	45	47	207
35MnB	25	850	—	油	500	水、油	930	735	10	45	47	207
40MnB	25	850	—	油	500	水、油	980	785	10	45	47	207
45MnB	25	840	—	油	500	水、油	1030	835	9	40	39	217
20MnMoB	15	880	—	油	200	油、空气	1080	885	10	50	55	207
15MnVB	15	860	—	油	200	水、空气	885	635	10	45	55	207
20MnVB	15	860	—	油	200	水、空气	1080	885	10	45	55	207
40MnVB	25	850	—	油	520	水、油	980	785	10	45	47	207
20MnTiB	15	860	—	油	200	水、空气	1130	930	10	45	55	187

（续）

牌号	试样毛坯尺寸/mm	热处理 淬火 加热温度/℃ 第一次淬火	第二次淬火	冷却剂	回火 加热温度/℃	冷却剂	力学性能 R_m/MPa ≥	R_{eL}/MPa ≥	A(%) ≥	Z(%) ≥	KU_2/J ≥	HBW（退火或高温回火供应状态）≤
25MnTiBRE	试样	860	—	油	200	水、空气	1380	—	10	40	47	229
15Cr	15	880	730~820	水、油	200	水、空气	735	490	11	45	55	179
20Cr	15	880	780~820	水、油	200	水、空气	835	540	10	40	47	179
30Cr	25	860	—	油	500	水、油	885	685	11	45	47	187
35Cr	25	860	—	油	500	水、油	930	735	11	45	47	207
40Cr	25	850	—	油	520	水、油	980	785	9	45	47	207
45Cr	25	840	—	油	520	水、油	1030	835	9	40	39	217
50Cr	25	830	—	油	520	水、油	1080	930	9	40	39	229
38CrSi	25	900	—	油	600	水、油	980	835	12	50	55	255
12CrMo	30	900	—	空气	650	空气	410	265	24	60	110	179
15CrMo	30	900	—	空气	650	空气	440	295	22	60	94	179
20CrMo	15	880	—	水、油	500	水、油	885	685	12	50	78	197
25CrMo	25	870	—	水、油	600	水、油	900	600	14	55	68	229
30CrMo	15	880	—	油	540	水、油	930	735	12	50	71	229
35CrMo	25	850	—	油	550	水、油	980	835	12	45	63	229
42CrMo	25	850	—	油	560	水、油	1080	930	12	45	63	217
50CrMo	25	840	—	油	560	水、油	1130	930	11	45	48	248
12CrMoV	30	970	—	空气	750	空气	440	225	22	50	78	241
35CrMoV	25	900	—	油	630	水、油	1080	930	10	50	71	241
12Cr1MoV	30	970	—	空气	750	空气	490	245	22	50	71	179
25Cr2MoV	25	900	—	油	640	空气	930	785	14	55	63	241
25Cr2Mo1V	25	1040	—	空气	700	空气	735	590	16	50	47	241
38CrMoAl	30	940	—	水、油	640	水、油	980	835	14	50	71	229
40CrV	25	880	—	油	650	水、油	885	735	10	50	71	241
50CrV	25	850	—	油	500	水、油	1280	1130	10	40	—	255
15CrMn	15	880	—	油	200	水、空气	785	590	12	50	47	179
20CrMn	15	850	—	油	200	水、空气	930	735	10	45	47	187
40CrMn	25	840	—	油	550	水、油	980	835	9	45	47	229
20CrMnSi	25	880	—	油	480	水、油	785	635	12	45	55	207
25CrMnSi	25	880	—	油	480	水、油	1080	885	10	40	39	217
30CrMnSi	25	880	—	油	520	水、油	1080	885	10	45	39	229
30CrMnSiA	25	880	—	油	540	水、油	1080	835	10	45	39	229
35CrMnSiA	试样	加热到880℃，于280~310℃等温淬火					1620	1280	9	40	31	241
	试样	950	890	油	230	空气、油						
20CrMnMo	15	850	—	油	200	水、空气	1180	885	10	45	55	217
40CrMnMo	25	850	—	油	600	水、油	980	785	10	45	63	217
20CrMnTi	15	880	870	油	200	水、空气	1080	850	10	45	55	217
30CrMnTi	试样	880	850	油	200	水、空气	1470	—	9	40	47	229
20CrNi	25	850	—	水、油	460	水、油	785	590	10	50	63	197
40CrNi	25	820	—	油	500	水、油	980	785	10	45	55	241
45CrNi	25	820	—	油	530	水、油	980	785	10	45	55	255

（续）

牌号	试样毛坯尺寸/mm	热处理					力学性能					
		淬火			回火		R_m/MPa	R_{eL}/MPa	A（%）	Z（%）	KU_2/J	HBW（退火或高温回火供应状态）≤
		加热温度/℃		冷却剂	加热温度/℃	冷却剂	≥					
		第一次淬火	第二次淬火									
50CrNi	25	820	—	油	500	水、油	1080	835	8	40	39	255
12CrNi2	15	860	780	水、油	200	水、空气	785	590	12	50	63	207
34CrNi2	25	840	—	水、油	530	水、油	930	735	11	45	71	241
12CrNi3	15	860	780	油	200	水、空气	930	685	11	50	71	217
20CrNi3	25	830	—	水、油	480	水、油	930	735	11	55	78	241
30CrNi3	25	820	—	油	500	水、油	980	785	9	45	63	241
37CrNi3	25	820	—	油	500	水、油	1130	980	10	50	47	269
12Cr2Ni4	15	860	780	油	200	水、空气	1080	835	10	50	71	269
20Cr2Ni4	15	880	780	油	200	水、空气	1180	1080	10	45	63	269
15CrNiMo	15	850	—	油	200	空气	930	750	10	40	46	197
20CrNiMo	15	850	—	油	200	空气	980	785	9	40	47	197
30CrNiMo	25	850	—	油	500	水、油	980	785	10	50	63	269
40CrNiMo	25	850	—	油	600	水、油	980	835	12	55	78	269
40CrNi2Mo	25	正火 890	850	油	560~580	空气	1050	980	12	45	48	269
	试样	正火 890	850		220 两次回火	空气	1790	1500	6	25	—	
30Cr2Ni2Mo	25	850	—	油	520	水、油	980	835	10	50	71	269
34Cr2Ni2Mo	25	850	—	油	540	水、油	1080	930	10	50	71	269
30Cr2Ni4Mo	25	850	—	油	560	水、油	1080	930	10	50	71	269
35Cr2Ni4Mo	25	850	—	油	560	水、油	1130	980	10	50	71	269
18CrMnNiMo	15	830	—	油	200	空气	1180	885	10	45	71	269
45CrNiMoV	试样	860	—	油	460	油	1470	1330	7	35	31	269
18Cr2Ni4W	15	950	850	空气	200	水、空气	1180	835	10	45	78	269
25Cr2Ni4W	25	850	—	油	550	水、油	1080	930	11	45	71	269

注：1. 表中所列热处理温度允许调整范围：淬火±15℃，低温回火±20℃，高温回火±50℃。

2. 硼钢在淬火前可先经正火，正火温度应不高于其淬火温度，铬锰钛钢第一次淬火可用正火代替。

3. 当屈服现象不明显时，可用规定塑性延伸强度 $R_{p0.2}$ 代表。

表 2.1-50　合金结构钢的主要应用

牌号	主要应用
20Mn2	一般制造较小的零件，与 20 钢相当。可制造渗碳小齿轮、小轴、活塞销、柴油机套筒、汽车转向滚轮轴、气门联杆等；也可作为调质钢用，如冷镦螺栓或较大截面的调质零件
30Mn2	制造小截面的重要紧固件（调质），在汽车、拖拉机及一般机器制造中可制造车架纵梁、变速箱齿轮、轴、冷镦螺栓及较大截面的调质件；在矿山机械制造中，可制造弧度要求较高的渗碳零件，如起重机后车的栓和轴颈等
35Mn2	制造连杆、心轴、轴颈、曲轴、操纵杆、螺栓、风机配件、轴销螺钉等；在农机上可制造锄铲、锄铲柄等；在制造小截面的零件时，可与 40Cr 钢互用，并可制造载重汽车、拖拉机上所用的多数重要冷镦螺栓
40Mn2	制造在重负荷下工作的调质零件，如轴、半轴、曲轴、车轴、螺杆、活塞杆、操纵杆、杠杆、连杆、有负荷的螺栓、螺钉、加固环、弹簧等；在制造 ϕ40mm 的小截面重要零件时，与 40Cr 钢相当
45Mn2	用来制造在较高应力与磨损条件下工作的零件。在用于制造 ϕ60mm 的零件时，与 40Cr 钢相当。在汽车、拖拉机和一般机器制造中，用于万向接头轴、车轴、连杆盖、摩擦盘、蜗杆、齿轮、齿轮轴、电车和蒸汽机车轴、车箱轴、重负荷机架以及冷拉的螺栓、螺母等

（续）

牌号	主要应用
50Mn2	用于制造高应力及承受强烈磨损条件下工作的大型零件，如万向接头轴、齿轮、曲轴、连杆、各类小轴；重型机械上在滚动轴承中工作的主轴、轴及大型齿轮、汽车上传动花键轴及承受巨大冲击负荷的心轴等；还可用于板弹簧及平卷簧
20MnV	可用于制造锅炉、高压容器、大型高压管道等，相当于 20CrNi 钢
27SiMn	用于制造高韧性和耐磨性的热冲压零件，也可用于不能热处理的零件，或在正火后应用，如拖拉机的履带钢等
35SiMn	用于制造中等速度、中等负荷或高负荷面冲击不大的零件，如传动齿轮、心轴、连杆、螺杆、电车轴、发电机轴、飞轮等，还用于制造汽轮机的叶轮、400℃以下的重要紧固件，农机上的锄铲柄、犁轴等
42SiMn	与 35SiMn 钢同，但专供表面淬火之用
20SiMn2MoV、25SiMn2MoV	用于制造齿轮、整锻转子、重要轴类等
37SiMn2MoV	用于制造工作温度高、受重负荷、中等转速的齿轮、轴类等
40B	用于截面较大、要求较高的零件，如齿轮转向拉杆、轴、凸轮等；在制造要求不高的小尺寸零件时，可代替 40Cr 钢
45B	用于制造截面较大、要求较高的零件，如拖拉机的曲轴柄等；在用于制造小尺寸面要求不高的零件时，可以与 40Cr 钢互用
50B	用于制造曲轴柄、自动步枪和手枪的枪管
40MnB	用于汽车上的左右转向臂、转向节、转向轴、半轴、蜗杆、花键轴、制动调整臂等，也可代替 40Cr 钢用于制造较大截面的零件，如 $\phi250\sim\phi320$ mm 卷扬机的中间轴（但宜双液淬火）
45MnB	可用来代替 40Cr、45Cr 钢制造较耐磨的中、小截面的调质零件，如机床上的齿轮、钻床主轴、拖拉机拐轴、曲轴齿轮、惰轮、左右分离叉、花键轴和套等
15MnVB、20MnVB	用于制造模数较大、负荷较重的中小渗碳件，如重型机床上的齿轮和轴类等；性能与 18CrMnTi、20CrNi 钢相近
40MnVB	用于制造矿山机械的轴、曲轴、套杆、齿轮等重要调质零件，可代替 40Cr 钢
20MnTiB、25MnTiBRE	用于制造尺寸较小、中等负荷的渗碳齿轮及其他零件
15Cr	用于制造工作速度较高而断面不大、心部韧性高的渗碳零件，如套管、曲柄销、活塞销、活塞环、联轴器，以及工作速度较高的齿轮、凸轮、轴和轴承圈等，船舰主机用螺钉、机车小零件、汽轮机套环等
20Cr	用于制造心部强度要求较高和表面承受磨损、尺寸较大的渗碳零件，或形状较复杂而负荷不大的渗碳零件，如齿轮、齿轮轴、凸轮、活塞销、蜗杆、顶杆等；也可用于制造工作速度较大并承受中等冲击负荷的调质零件
30Cr	用于在磨损及很大冲击负荷下工作的重要零件，如轴、小轴、平衡杠杆、摇杆、连杆、螺栓、螺母、齿轮和各种滚子等；也可用于制造需经表面淬火处理的零件
40Cr	用于较重要的调质零件，如在交变负荷下工作的零件、中等转速和中等负荷的零件，表面淬火后可用于制造负荷及耐磨性较高、而无很大冲击的零件，如齿轮、套筒、轴、曲轴、销子、连杆螺钉、螺母以及进气筒等
45Cr	用途与 40Cr 钢近似，可用于拖拉机离合器齿轮、柴油机连杆螺栓、挺杆等
50Cr	用于制造受重负荷及受摩擦的零件，如热轧用轧辊、减速机轴、齿轮、传动轴、止推环、支承辊的心轴、拖拉机离合器齿轮、柴油机连杆、螺栓、挺杆，重型矿山机械上的高强度与耐磨的齿轮、油膜轴承套等，还可用于制造弹簧
38CrSi	用于制造 $\phi30\sim\phi40$mm 的重要零件，如主轴、拖拉机的进气阀、内燃机的液压泵齿轮等；也可用于制造冷作的冲击工具，如铆钉机压头等
12CrMo	用于制造蒸汽参数达 510℃的主汽管，管壁温度达 540℃的过热器管和相应的锻件
15CrMo	用于制造蒸汽参数达 530℃的高压锅炉的过热器管、蒸汽导管及相应锻件
20CrMo	用于制造在非腐蚀性介质及温度低于 250℃、含有氟氢混合物的介质中工作的高压管
30CrMo	在中型机器上，用于制造截面较大的零件，如轴、主轴，受高负荷的操纵杆、螺栓、双头螺柱、齿轮等；在化工设备上，用于制造焊接零件、板材和管材构成的焊接结构，及在含有氮氢混合物的介质中和<250℃工作的高压导管；在汽轮机、锅炉上，用于制造在 450℃以下工作的紧固件、500℃以下受高压的法兰和螺母，以及 30MPa、400℃以下工作的导管
35CrMo	用于制造在高负荷下工作的重要结构零件，特别是受冲击、振动、弯曲、扭曲负荷的机件，如车轴和发动机的传动机件，汽轮发电机的转子、主轴、重负荷的传动轴，石油工业的穿孔器，锅炉上<480℃温度的紧固件，化工设备上温度<500℃和在非腐蚀介质中工作的厚壁无缝的高压导管

（续）

牌号	主要应用
42CrMo	用于比 35CrMo 钢要求强度更高或截面更大的锻件，如机车牵引用的大齿轮、增压器传动齿轮、后轴、弹簧、发动机气缸、受负荷极大的连杆及弹簧夹，石油深井钻杆接头与打捞工具等；可代替含镍较高的调质钢
12CrMoV、12Cr1MoV	用于制造蒸汽参数<540℃的主气管、转向导叶环、汽轮机壁板、隔板外环，以及管壁温度 570℃的各种过热器管、导管和相应的锻件
35CrMoV	用于制造重型和中型机器上承受高应力的重要零件，如在 500～520℃下长期工作的汽轮机叶轮，高级涡轮鼓风机和压缩机的转子、盖盘、轴盘，功率不大的发动机轴以及强力发动机的零件等
25Cr2MoVA	用于制造汽轮机转子、套筒、阀、主气阀、调节阀，蒸汽参数达 535℃和受热在 550℃以下的螺母，受热在 530℃以下的螺栓与双头螺柱，在 510℃下长期工作的其他连接件；也可用于制造氮化零件
25Cr2Mo1VA	用于蒸汽参数达 565℃的汽轮机前气缸、螺栓、阀杆等
38CrMoAl	高级氮化钢，用于制造高耐磨性、高疲劳强度和高强度、处理层尺寸精确的氮化零件；或各种受冲击负荷不大而耐磨性高的氮化零件，如仿形模、气缸套、齿轮、滚子、检规、样板、高压阀门、阀杆，镗床的镗杆、蜗杆，磨床和自动车床的主轴等
40CrV	用于制造重要零件，如曲轴、不渗碳的齿轮、推杆、受强力的双头螺柱和螺钉、机车连杆螺旋桨、轴承支架、横梁以及氮化的小轴、齿轮、销子；还用于高压锅炉的给水泵轴，高温高压（420℃、30MPa）工作的螺栓、连杆
15CrMn	用于制造齿轮、涡轮、塑料模具、汽轮机封汽轴套等；在某些用途上，可以和 15CrMo 钢互用
20CrMn	用于截面不大、承受中等压力而冲击负荷不大的零件，如蜗杆、主轴、齿轮、轴、机械无级变速装置的摩擦轮、调速器套筒等，相当于 20CrNi 钢
20CrMnSi	用于制造强度高的焊接结构和工作应力较高的零件，以及冲压成形的零件
25CrMnSi	用于制造拉杆、重要的焊接和冲压零件以及高强度的焊接构件（板和管）
30CrMnSi	用于制造在振动负荷下工作的焊接结构和铆接结构，如高压鼓风机的叶片、阀板、高速高负荷的砂轮轴、齿轮、链轮、轴、离合器、螺栓、螺母、轴套等，以及温度不高而要求耐磨的零件
35CrMnSi	用于制造重负荷、中等转速、高强度的零件，如高压鼓风机叶轮、飞机用高强度零件等
20CrMnMo	高级渗碳钢，用于要求高表面硬度与耐磨的重要渗碳零件，如曲轴、齿轮、连杆、大型拖拉机最后转动主齿轮、活塞销、球头销，石油钻机的牙轮、钻头等
40CrMnMo	用于制造受重负荷的轴、偏心轴、齿轮轴、齿轮、连杆及汽轮机的零件等
20CrMnTi	用于制造承受高速、中等或重负荷、冲击及摩擦的重要零件，如齿轮、齿圈、齿轮轴、十字头等
30CrMnTi	用于汽车、拖拉机上截面较大的重要齿轮，如主动锥齿轮、后主动齿轮，以及要求心部强度特高的渗碳齿轮，可以经调质后使用
20CrNi	用于制造渗碳零件，如曲柄销、活塞销、齿轮、凸轮等
12CrNi2 12CrNi3 20CrNi3	用于制造承受重负荷的齿轮、凸轮、机床主轴、活塞销等重要渗碳零件
12Cr2Ni4 20Cr2Ni4	用于制造重要用途的渗碳零件，如汽车、拖拉机、机床、柴油机的变速箱齿轮、减速机齿轮等
30CrNi3 37CrNi3	用于制造负荷大的调质零件，如连杆、螺栓、曲轴、拉杆、齿轮等
40CrNiMo	用于制造大截面锻件，汽轮机的齿轮、转子和内燃机的连杆等
45CrNiMoV	用于制造重负载、高速度的重要零件

5. 保证淬透性结构钢

保证淬透性结构钢适用于机械制造用保证淬透性的热轧和轧制结构条钢。保证淬透性结构钢（GB/T 5216—2014）的牌号和化学成分见表 2.1-51，退火或高温回火后的硬度见表 2.1-52，试验方法见表 2.1-53。

表 2.1-51　保证淬透性结构钢的牌号和化学成分

序号	统一数字代号	牌号	化学成分（质量分数，%）										
			C	Si①	Mn	Cr	Ni	Mo	B	Ti	V	S②	P
1	U59455	45H	0.42～0.50	0.17～0.37	0.50～0.85	—	—	—	—	—	—	≤0.035	≤0.030
2	A20155	15CrH	0.12～0.18	0.17～0.37	0.55～0.90	0.85～1.25	—	—	—	—	—		

（续）

序号	统一数字代号	牌号	化学成分(质量分数,%)										
			C	Si①	Mn	Cr	Ni	Mo	B	Ti	V	S②	P
3	A20205	20CrH	0.17~0.23	0.17~0.37	0.50~0.85	0.70~1.10	—	—	—	—	—	≤0.035	≤0.030
4	A20215	20Cr1H	0.17~0.23	0.17~0.37	0.55~0.90	0.85~1.25	—	—	—	—	—		
5	A20255	25CrH	0.23~0.28	≤0.37	0.60~0.90	0.90~1.20	—	—	—	—	—		
6	A20285	28CrH	0.24~0.31	≤0.37	0.60~0.90	0.90~1.20	—	—	—	—	—		
7	A20405	40CrH	0.37~0.44	0.17~0.37	0.50~0.85	0.70~1.10	—	—	—	—	—		
8	A20455	45CrH	0.42~0.49	0.17~0.37	0.50~0.85	0.70~1.10	—	—	—	—	—		
9	A22165	16CrMnH	0.14~0.19	≤0.37	1.00~1.30	0.80~1.10	—	—	—	—	—		
10	A22205	20CrMnH	0.17~0.22	≤0.37	1.10~1.40	1.00~1.30	—	—	—	—	—		
11	A25155	15CrMnBH	0.13~0.18	0.17~0.37	1.00~1.30	0.80~1.10	—	—	0.0008~0.0035	—	—		
12	A25175	17CrMnBH	0.15~0.20	0.17~0.37	1.00~1.30	1.00~1.30	—	—	0.0008~0.0035	—	—		
13	A71405	40MnBH	0.37~0.44	0.17~0.37	1.00~1.40	—	—	—	0.0008~0.0035	—	—		
14	A71455	45MnBH	0.42~0.49	0.17~0.37	1.00~1.40	—	—	—	0.0008~0.0035	—	—		
15	A73205	20MnVBH	0.17~0.23	0.17~0.37	1.05~1.45	—	—	—	0.0008~0.0035	—	0.07~0.12		
16	A74205	20MnTiBH	0.17~0.23	0.17~0.37	1.20~1.55	—	—	—	0.0008~0.0035	0.04~0.10	—		
17	A30155	15CrMoH	0.17~0.23	0.17~0.37	0.55~0.90	0.85~1.25	—	0.15~0.25	—	—	—		
18	A30205	20CrMoH	0.17~0.23	0.17~0.37	0.55~0.90	0.85~1.25	—	0.15~0.25	—	—	—		
19	A30225	22CrMoH	0.19~0.25	0.17~0.37	0.55~0.90	0.85~1.25	—	0.35~0.45	—	—	—		
20	A30355	35CrMoH	0.32~0.39	0.17~0.37	0.55~0.95	0.85~1.25	—	0.15~0.35	—	—	—		
21	A30425	42CrMoH	0.37~0.44	0.17~0.37	0.55~0.90	0.85~1.25	—	0.15~0.25	—	—	—		
22	A34205	20CrMnMoH	0.17~0.23	0.17~0.37	0.85~1.20	1.05~1.40	—	0.20~0.30	—	—	—		
23	A26205	20CrMnTiH	0.17~0.23	0.17~0.37	0.80~1.15	1.00~1.35	—	—	—	0.04~0.10	—		
24	A42175	17Cr2Ni2H	0.14~0.20	0.17~0.37	0.50~0.90	1.40~1.70	1.40~1.70	—	—	—	—		
25	A42205	20CrNi3H	0.17~0.23	0.17~0.37	0.30~0.65	0.60~0.95	2.70~3.25	—	—	—	—		
26	A43125	12Cr2Ni4H	0.10~0.17	0.17~0.37	0.30~0.65	1.20~1.75	3.20~3.75	—	—	—	—		

（续）

序号	统一数字代号	牌号	化学成分(质量分数,%)										
			C	Si①	Mn	Cr	Ni	Mo	B	Ti	V	S②	P
27	A50205	20CrNiMoH	0.17~0.23	0.17~0.37	0.60~0.95	0.35~0.65	0.35~0.75	0.15~0.25	—	—	—	≤0.035	≤0.030
28	A50225	22CrNiMoH	0.19~0.25	0.17~0.37	0.60~0.95	0.35~0.65	0.35~0.75	0.15~0.25	—	—	—		
29	A50275	27CrNiMoH	0.24~0.30	0.17~0.37	0.60~0.95	0.35~0.65	0.35~0.75	0.15~0.25	—	—	—		
30	A50215	20CrNi2MoH	0.17~0.23	0.17~0.37	0.40~0.70	0.35~0.65	1.55~2.00	0.20~0.30	—	—	—		
31	A50405	40CrNi2MoH	0.37~0.44	0.17~0.37	0.55~0.90	0.65~0.95	1.55~2.00	0.20~0.30	—	—	—		
32	A50185	18Cr2Ni2MoH	0.15~0.21	0.17~0.37	0.50~0.90	1.50~1.80	1.40~1.70	0.25~0.35	—	—	—		

①根据需方要求，16CrMnH 和 20CrMnH、25CrH 和 28CrH 钢中的含硅量（质量分数）允许不大于 0.12%，但此时应考虑其对力学性能的影响。

② 根据需方要求，钢中的含硫量（质量分数）也可以在 0.015%~0.035%范围。此时，含硫量允许偏差为±0.005%。

表 2.1-52　保证淬透性结构钢退火或高温回火后的硬度

牌号	退火或高温回火后的硬度 HBW≤	牌号	退火或高温回火后的硬度 HBW≤
45H	197	16CrMnH	217
20CrH	179	20CrMnH	217
28CrH	217	20CrMnMoH	217
40CrH	207	20CrMnTiH	217
45CrH	217	17Cr2NiZH	229
40MnBH	207	20CrNi3H	241
45MnBH	217	12Cr2Ni4H	269
20MnVBH	207	20CrNiMoH	197
20MnTiBH	187	18Cr2Ni2MoH	229

表 2.1-53　保证淬透性结构钢的试验方法

序号	检验项目	取样数量/个	取样部位	试验方法
1	化学成分	1/炉	GB/T 20066	GB/T 223、GB/T 4336、GB/T 20123、GB/T 20125、GB/T 21834、GB/T 22368
2	氧含量	1	钢坯或钢材半径 1/2 处或对角线 1/4 处	GB/T 11261、YB/T 4305、YB/T 4307
3	拉伸	2	不同根钢材，GB/T 2975	GB/T 228.1
4	冲击	2	不同根钢材，GB/T 2975	GB/T 229
5	硬度	3①	不同根钢材	GB/T 231.1
6	热顶锻	2	不同根钢材	YB/T 5293
7	淬透性	1	任一根钢坯或钢材	GB/T 225
8	低倍组织	2	模铸：相当于钢锭头部的不同根钢坯或钢材 连铸：不同根钢材	GB/T 226、GB/T 1979
9	塔形	1	任一根钢材	GB/T 15711
10	非金属夹杂物	2	不同根钢坯或钢材	GB/T 10561
11	晶粒度	1	任一根钢材	GB/T 6394
12	带状组织	1	任一根钢材	GB/T 13299、GB/T 13298
13	超声检测	2	模铸：相当于钢锭头部的不同根钢坯或钢材 连铸：不同根钢材	GB/T 7736

（续）

序号	检验项目	取样数量/个	取样部位	试验方法
14	尺寸	逐根	整根钢材上	卡尺、千分尺
15	表面	逐根	整根钢材上	目视

① 交货钢材少于3根时，按实际钢材数量测量硬度。

6. 高耐候性结构钢

高耐候性结构钢适用于车辆、建筑、塔架和其他结构，包括热轧、冷轧钢板（包括卷板），可制作栓接、铆接和焊接结构件。高耐候性结构钢（GB/T 4171—2008）的牌号和化学成分见表2.1-54，力学性能见表2.1-55。

7. 焊接结构用耐候钢

焊接结构用耐候钢应用于具有耐候性能的热轧钢材，包括有钢板、钢带和型钢，厚度至100mm，用于桥梁、建筑和其他结构中。焊接结构用耐候钢（GB/T 4171—2008）的牌号和化学成分见表2.1-56，力学性能见表2.1-57。

8. 非调质机械结构钢

非调质机械结构钢适用于切削加工和热压力加工。非调质机械结构钢（GB/T 15712—2016）的牌号和化学成分见表2.1-58，力学性能见表2.1-59。

9. 冷镦和冷挤压用钢

冷镦和冷挤压用钢主要是制造各种冷成形的零件，如螺钉、螺母、螺栓等紧固件，因而钢材应进行试样顶锻试验。冷镦和冷挤压用钢（GB/T 6478—2015）的牌号和化学成分、力学性能见表2.1-60和表2.1-61。

表2.1-54 高耐候性结构钢的牌号和化学成分

牌号	化学成分(质量分数,%)								
	C	Si	Mn	P	S	Cu	Cr	Ni	其他元素
Q265GNH	≤0.12	0.10~0.40	0.20~0.50	0.07~0.12	≤0.020	0.20~0.45	0.30~0.65	0.25~0.50③	①,②
Q295GNH	≤0.12	0.10~0.40	0.20~0.50	0.07~0.12	≤0.020	0.25~0.45	0.30~0.65	0.25~0.50③	①,②
Q310GNH	≤0.12	0.25~0.75	0.20~0.50	0.07~0.12	≤0.020	0.25~0.50	0.30~1.25	≤0.65	①,②
Q355GNH	≤0.12	0.20~0.75	≤1.00	0.07~0.15	≤0.020	0.25~0.55	0.30~1.25	≤0.65	①,②

① 为了改善钢的性能，可以添加一种或一种以上的微量合金元素（质量分数）Nb0.015%~0.060%，V0.02%~0.12%，Ti0.02%~0.10%，Alt≥0.020%。若上述元素组合使用时，应至少保证其中一种元素含量达到上述化学成分的下限规定。

② 可以添加下列合金元素（质量分数）：Mo≤0.30%，Zr≤0.15%。

③ 供需双方协商，Ni含量的下限可不做要求。

表2.1-55 高耐候性结构钢的力学性能

牌号	拉伸试验①									180°弯曲试验 弯心直径		
	下屈服强度 R_{eL}/MPa ≥				抗拉强度 R_m/MPa	断后伸长率 A(%) ≥						
	厚度(直径)/mm					厚度(直径)/mm				厚度(直径)/mm		
	≤16	>16~40	>40~60	>60		≤16	>16~40	>40~60	>60	≤6	>6~16	>16
Q295GNH	295	285	—	—	430~560	24	24	—	—	a	$2a$	$3a$
Q355GNH	355	345	—	—	490~630	22	22	—	—	a	$2a$	$3a$
Q265GNH	265	—	—	—	≥410	27	—	—	—	a	—	—
Q310GNH	310	—	—	—	≥450	26	—	—	—	a	—	—

注：a 为钢材厚度。

① 当屈服现象不明显时，可以采用 $R_{p0.2}$。

表 2. 1-56　焊接结构用耐候钢的牌号和化学成分

牌号	化学成分（质量分数,%）								
	C	Si	Mn	P	S	Cu	Cr	Ni	其他元素
Q235NH	≤0. 13⑥	0. 10~0. 40	0. 20~0. 60	≤0. 030	≤0. 030	0. 25~0. 55	0. 40~0. 80	≤0. 65	①，②
Q295NH	≤0. 15	0. 10~0. 50	0. 30~1. 00	≤0. 030	≤0. 030	0. 25~0. 55	0. 40~0. 80	≤0. 65	①，②
Q355NH	≤0. 16	≤0. 50	0. 50~1. 50	≤0. 030	≤0. 030	0. 25~0. 55	0. 40~0. 80	≤0. 65	①，②
Q460NH	≤0. 12	≤0. 65	≤1. 50	≤0. 025	≤0. 030④	0. 20~0. 55	0. 30~1. 25	0. 12~0. 65⑤	①，②，③
Q415NH	≤0. 12	≤0. 65	≤1. 10	≤0. 025	≤0. 030④	0. 20~0. 55	0. 30~1. 25	0. 12~0. 65⑤	①，②，③
Q500NH	≤0. 12	≤0. 65	≤2. 0	≤0. 025	≤0. 030④	0. 20~0. 55	0. 30~1. 25	0. 12~0. 65⑤	①，②，③
Q550NH	≤0. 16	≤0. 65	≤2. 0	≤0. 025	≤0. 030④	0. 20~0. 55	0. 30~1. 25	0. 12~0. 65⑤	①，②，③

① 同表 2. 1-54 中①。
② 同表 2. 1-54 中②。
③ Nb、V、Ti 三种合金元素的添加总量（质量分数）不应超过 0. 22%。
④ 供需双方协商，S 的质量分数可以不大于 0. 008%。
⑤ 供需双方协商，Ni 含量的下限可不做要求。
⑥ 供需双方协商，C 的质量分数可以不大于 0. 15%。

表 2. 1-57　焊接结构用耐候钢的力学性能

牌号	拉伸试验①									180°弯曲试验弯心直径		
	下屈服强度 R_{eL}/MPa　≥				抗拉强度 R_m/MPa	断后伸长率 A(%)　≥						
	厚度(直径)/mm					厚度(直径)/mm				厚度(直径)/mm		
	≤16	>16~40	>40~60	>60		≤16	>16~40	>40~60	>60	≤6	>6~16	>16
Q235NH	235	225	215	215	360~510	25	25	24	23	a	a	$2a$
Q295NH	295	285	275	255	430~560	24	24	23	22	a	$2a$	$3a$
Q355NH	355	345	335	325	490~630	22	22	21	20	a	$2a$	$3a$
Q415NH	415	405	395	—	520~680	22	22	20	—	a	$2a$	$3a$
Q460NH	460	450	440	—	570~730	20	20	19	—	a	$2a$	$3a$
Q500NH	500	490	480	—	600~760	18	16	15	—	a	$2a$	$3a$
Q550NH	550	540	530	—	620~780	16	16	15	—	a	$2a$	$3a$

注：a 为钢材厚度。
① 当屈服现象不明显时，可以采用 $R_{p0.2}$。

表 2. 1-58　非调质机械结构钢的牌号和化学成分

序号	分类	统一数字代号	牌号	化学成分(质量分数,%)									
				C	Si	Mn	S	P	V	Cr	Ni	Cu	其他
1	铁素体-珠光体	L22358	F35VS	0. 32~0. 39	0. 15~0. 35	0. 60~1. 00	0. 035~0. 075	≤0. 035	0. 06~0. 13	≤0. 30	≤0. 30	≤0. 30	Mo≤0. 05
2		L22408	F40VS	0. 37~0. 44	0. 15~0. 35	0. 60~1. 00	0. 035~0. 075	≤0. 035	0. 06~0. 13	≤0. 30	≤0. 30	≤0. 30	Mo≤0. 05
3		L22458	F45VS	0. 42~0. 49	0. 15~0. 35	0. 60~1. 00	0. 035~0. 075	≤0. 035	0. 06~0. 13	≤0. 30	≤0. 30	≤0. 30	Mo≤0. 05
4		L22708	F70VS	0. 67~0. 73	0. 15~0. 35	0. 40~0. 70	0. 035~0. 075	≤0. 045	0. 03~0. 08	≤0. 30	≤0. 30	≤0. 30	Mo≤0. 05

（续）

序号	分类	统一数字代号	牌号	化学成分（质量分数，%）									
				C	Si	Mn	S	P	V	Cr	Ni	Cu	其他
5	铁素体-珠光体	L22308	F30MnVS	0.26~0.33	0.30~0.80	1.20~1.60	0.035~0.075	≤0.035	0.08~0.15	≤0.30	≤0.30	≤0.30	Mo≤0.05
6		L22358	F35MnVS	0.32~0.39	0.30~0.60	1.00~1.50	0.035~0.075	≤0.035	0.06~0.13	≤0.30	≤0.30	≤0.30	Mo≤0.05
7		L22388	F38MnVS	0.35~0.42	0.30~0.80	1.20~1.60	0.035~0.075	≤0.035	0.08~0.15	≤0.30	≤0.30	≤0.30	Mo≤0.05
8		L22408	F40MnVS	0.37~0.44	0.30~0.60	1.00~1.50	0.035~0.075	≤0.035	0.06~0.13	≤0.30	≤0.30	≤0.30	Mo≤0.05
9		L22458	F45MnVS	0.42~0.49	0.30~0.60	1.00~1.50	0.035~0.075	≤0.035	0.06~0.13	≤0.30	≤0.30	≤0.30	Mo≤0.05
10		L22498	F49MnVS	0.44~0.52	0.15~0.60	0.70~1.00	0.035~0.075	≤0.035	0.08~0.15	≤0.30	≤0.30	≤0.30	Mo≤0.05
11		L22488	F48MnV	0.45~0.51	0.15~0.35	1.00~1.30	≤0.035	≤0.035	0.06~0.13	≤0.30	≤0.30	≤0.30	Mo≤0.05
12		L22378	F37MnSiVS	0.34~0.41	0.50~0.80	0.90~1.10	0.035~0.075	≤0.045	0.25~0.35	≤0.30	≤0.30	≤0.30	Mo≤0.05
13		L22418	F41MnSiV	0.38~0.45	0.50~0.80	1.20~1.60	≤0.035	≤0.035	0.08~0.15	≤0.30	≤0.30	≤0.30	Mo≤0.05
14		L26388	F38MnSiNS	0.35~0.42	0.50~0.80	1.20~1.60	0.035~0.075	≤0.035	≤0.06	≤0.30	≤0.30	≤0.30	Mo≤0.05 N:0.010~0.020
15	贝氏体	L27128	F12Mn2VBS	0.09~0.16	0.30~0.60	2.20~2.65	0.035~0.075	≤0.035	0.06~0.12	≤0.30	≤0.30	≤0.30	B:0.001~0.004
16		L28258	F25Mn2CrVS	0.22~0.28	0.20~0.40	1.80~2.10	0.035~0.065	≤0.030	0.10~0.15	0.40~0.60	≤0.30	≤0.30	—

表 2.1-59 非调质机械结构钢的力学性能

表 2.1-58 中的序号	牌号	公称直径或边长/mm	抗拉强度 R_m/MPa	下屈服强度 R_{eL}/MPa	断后伸长率 A(%)	断面收缩率 Z(%)	冲击吸收能量[①] KU_2/J
			不小于				
1	F35VS	≤40	590	390	18	40	47
2	F40VS	≤40	640	420	16	35	37
3	F45VS	≤40	685	440	15	30	35
5	F30MnVS	≤60	700	450	14	30	实测值
6	F35MnVS	≤40	735	460	17	35	37
		>40~60	710	440	15	33	35
7	F38MnVS	≤60	800	520	12	25	实测值
8	F40MnVS	≤40	785	490	15	33	32
		>40~60	760	470	13	30	28
9	F45MnVS	≤40	835	510	13	28	28
		>40~60	810	490	12	28	25
10	F49MnVS	≤60	780	450	8	20	实测值

注：根据需方要求，并在合同中注明，可提供表中未列牌号钢材、公称直径或边长大于 60mm 钢材的力学性能，具体指标由供需双方协商确定。

① 公称直径不大于 16mm 圆钢或边长不大于 12mm 方钢不做冲击试验；F30MnVS、F38MnVS、F49MnVS 钢提供实测值，不做判定依据。

表 2.1-60　冷镦和冷挤压用钢的牌号及化学成分

（1）非热处理型冷镦和冷挤压用钢

牌号	化学成分（质量分数,%）					
	C	Si	Mn	P	S	Al$_{t}$①
ML04Al	≤0.06	≤0.10	0.20～0.40	≤0.035	≤0.035	≥0.020
ML06Al	≤0.08	≤0.10	0.30～0.60	≤0.035	≤0.035	≥0.020
ML08Al	0.05～0.10	≤0.10	0.30～0.60	≤0.035	≤0.035	≥0.020
ML10Al	0.08～0.13	≤0.10	0.30～0.60	≤0.035	≤0.035	≥0.020
ML10	0.08～0.13	0.10～0.30	0.30～0.60	≤0.035	≤0.035	—
ML12Al	0.10～0.15	≤0.10	0.30～0.60	≤0.035	≤0.035	≥0.020
ML12	0.10～0.15	0.10～0.30	0.30～0.60	≤0.035	≤0.035	—
ML15Al	0.13～0.18	≤0.10	0.30～0.60	≤0.035	≤0.035	≥0.020
ML15	0.13～0.18	0.10～0.30	0.30～0.60	≤0.035	≤0.035	—
ML20Al	0.18～0.23	≤0.10	0.30～0.60	≤0.035	≤0.035	≥0.020
ML20	0.18～0.23	0.10～0.30	0.30～0.60	≤0.035	≤0.035	—

（2）表面硬化型冷镦和冷挤压用钢

牌号	化学成分（质量分数,%）						
	C	Si	Mn	P	S	Cr	Al$_{t}$①
ML18Mn	0.15～0.20	≤0.10	0.60～0.90	≤0.030	≤0.035	—	≥0.020
ML20Mn	0.18～0.23	≤0.10	0.70～1.00	≤0.030	≤0.035	—	≥0.020
ML15Cr	0.13～0.18	0.10～0.30	0.60～0.90	≤0.035	≤0.035	0.90～1.20	≥0.020
ML20Cr	0.18～0.23	0.10～0.30	0.60～0.90	≤0.035	≤0.035	0.90～1.20	≥0.020

（3）调质型冷镦和冷挤压用钢（一）

牌号	化学成分（质量分数,%）						
	C	Si	Mn	P	S	Cr	Mo
ML25	0.23～0.28	0.10～0.30	0.30～0.60	≤0.025	≤0.025	—	—
ML30	0.28～0.33	0.10～0.30	0.60～0.90	≤0.025	≤0.025	—	—
ML35	0.33～0.38	0.10～0.30	0.60～0.90	≤0.025	≤0.025	—	—
ML40	0.38～0.43	0.10～0.30	0.60～0.90	≤0.025	≤0.025	—	—
ML45	0.43～0.48	0.10～0.30	0.60～0.90	≤0.025	≤0.025	—	—
ML15Mn	0.14～0.20	0.10～0.30	1.20～1.60	≤0.025	≤0.025	—	—
ML25Mn	0.23～0.28	0.10～0.30	0.60～0.90	≤0.025	≤0.025	—	—
ML30Cr	0.28～0.33	0.10～0.30	0.60～0.90	≤0.025	≤0.025	0.90～1.20	—
ML35Cr	0.33～0.38	0.10～0.30	0.60～0.90	≤0.025	≤0.025	0.90～1.20	—
ML40Cr	0.38～0.43	0.10～0.30	0.60～0.90	≤0.025	≤0.025	0.90～1.20	—
ML45Cr	0.43～0.48	0.10～0.30	0.60～0.90	≤0.025	≤0.025	0.90～1.20	—
M20CrMo	0.18～0.23	0.10～0.30	0.60～0.90	≤0.025	≤0.025	0.90～1.20	0.15～0.30
ML25CrMo	0.23～0.28	0.10～0.30	0.60～0.90	≤0.025	≤0.025	0.90～1.20	0.15～0.30
M30CrMo	0.28～0.33	0.10～0.30	0.60～0.90	≤0.025	≤0.025	0.90～1.20	0.15～0.30
ML35CrMo	0.33～0.38	0.10～0.30	0.60～0.90	≤0.025	≤0.025	0.90～1.20	0.15～0.30
ML40CrMo	0.38～0.43	0.10～0.30	0.60～0.90	≤0.025	≤0.025	0.90～1.20	0.15～0.30
ML45CrMo	0.43～0.48	0.10～0.30	0.60～0.90	≤0.025	≤0.025	0.90～1.20	0.15～0.30

（4）含硼调质型冷镦和冷挤压用钢（二）

<table>
<tr><th rowspan="2">牌号</th><th colspan="8">化学成分（质量分数,%）</th></tr>
<tr><th>C</th><th>Si②</th><th>Mn</th><th>P</th><th>S</th><th>B③</th><th>Al$_{t}$①</th><th>其他</th></tr>
<tr><td>ML20B</td><td>0.18～0.23</td><td>0.10～0.30</td><td>0.60～0.90</td><td rowspan="7">≤0.025</td><td rowspan="7">≤0.025</td><td rowspan="7">0.008～0.0035</td><td rowspan="7">≥0.02</td><td>—</td></tr>
<tr><td>ML25B</td><td>0.23～0.28</td><td>0.10～0.30</td><td>0.60～0.90</td><td>—</td></tr>
<tr><td>ML30B</td><td>0.28～0.33</td><td>0.10～0.30</td><td>0.60～0.90</td><td>—</td></tr>
<tr><td>ML35B</td><td>0.33～0.38</td><td>0.10～0.30</td><td>1.20～1.60</td><td>—</td></tr>
<tr><td>ML15MnB</td><td>0.14～0.20</td><td>0.10～0.30</td><td>1.20～1.60</td><td>—</td></tr>
<tr><td>ML20MnB</td><td>0.18～0.23</td><td>0.10～0.30</td><td>0.80～1.10</td><td>—</td></tr>
<tr><td>ML25MnB</td><td>0.23～0.28</td><td>0.10～0.30</td><td>0.90～1.20</td><td>—</td></tr>
</table>

（续）

(4)含硼调质型冷镦和冷挤压用钢(二)								
牌号	化学成分(质量分数,%)							
	C	Si②	Mn	P	S	B③	Al_t①	其他
ML30MnB	0.28~0.33	0.10~0.30	0.90~1.20	≤0.025	≤0.025	0.008~0.0035	≥0.02	—
ML35MnB	0.33~0.38	0.10~0.30	1.10~1.40					—
ML40MnB	0.38~0.43	0.10~0.30	1.10~1.40					—
ML37CrB	0.34~0.41	0.10~0.30	0.50~0.80					Cr:0.20~0.40
ML20MnTiB	0.18~0.23	0.10~0.30	1.30~1.60					Ti:0.04~0.10
ML15MnVB	0.13~0.18	0.10~0.30	1.20~1.60					V:0.07~0.12
ML20MnVB	0.18~0.23	0.10~0.30	1.20~1.60					V:0.07~0.12

(5)非调质型冷镦和冷挤压用钢							
牌号	化学成分(质量分数,%)						
	C	Si	Mn	P	S	Nb	V
MFT8	0.16~0.26	≤0.30	1.20~1.60	≤0.025	≤0.015	≤0.10	≤0.08
MFT9	0.18~0.26	≤0.30	1.20~1.60	≤0.025	≤0.015	≤0.10	≤0.08
MFT10	0.08~0.14	0.20~0.35	1.90~2.30	≤0.025	≤0.015	≤0.20	≤0.10

根据不同强度级别和不同规格的需求，可添加 Cr、B 等其他元素

① 当测定酸溶铝 Al_s 时，Al_s≥0.015%。

② 经供需双方协商，含硅量（质量分数）下限可低于0.1%。

③ 如果淬透性和力学性能能满足要求，含硼量（质量分数）下限可放宽到0.0005%。

表 2.1-61 冷镦和冷挤压用钢的力学性能

(1)热轧状态非热处理型钢材			
统一数字代号	牌号	抗拉强度 R_m/MPa ≤	断面收缩率 Z(%) ≥
U40048	ML04Al	440	60
U40088	ML08Al	470	60
U40108	ML10Al	490	55
U40158	ML15Al	530	50
U40152	ML15	530	50
U40208	ML20Al	580	45
U40202	ML20	580	45

表中未列牌号钢材的力学性能按供需双方协议。未规定时,供方报实测值,并在质量证明书中注明

(2)退火状态交货的表面硬化型和调质型钢材				
类型	统一数字代号	牌号	抗拉强度 R_m/MPa ≤	断面收缩率 Z(%) ≥
表面硬化型	U40108	ML10Al	450	65
	U40158	ML15Al	470	64
	U40152	ML15	470	64
	U40208	ML20Al	490	63
	U40202	ML20	490	63
	A20204	ML20Cr	560	60
调质型	U40302	ML30	550	59
	U40352	ML35	560	58
	U41252	ML25Mn	540	60
	A20354	ML35Cr	600	60
	A20404	ML40Cr	620	58

（续）

(2)退火状态交货的表面硬化型和调质型钢材				
类型	统一数字代号	牌号	抗拉强度 R_m/MPa ≤	断面收缩率 Z(%) ≥
含硼调质型	A70204	ML20B	500	64
	A70304	ML30B	530	62
	A70354	ML35B	570	62
	A71204	ML20MnB	520	62
	A71354	ML35MnB	600	60
	A20374	ML37CrB	600	60
表中未列牌号钢材的力学性能按供需双方协议。未规定时，供方报实测值，并在质量证明书中注明 钢材直径大于 12mm 时，断面收缩率可降低 2%(绝对值)				

(3)热轧状态交货的非调质型钢材				
统一数字代号	牌号	抗拉强度 R_m/MPa	断后伸长率 A(%) ≥	断面收缩率 Z(%) ≥
L27208	MFT8	630～700	20	52
L27228	MFT9	680～750	18	50
L27128	MFT10	≥800	16	48

10. 易切削结构钢

易切削结构钢用于制造普通机床和自动机床切削加工用的热轧和冷拉条钢和钢丝。易切削结构钢（GB/T 8731—2008）的牌号和化学成分、力学性能和主要应用见表 2.1-62～表 2.1-64。

11. 弹簧钢

弹簧在动负荷件下工作，需要承受冲击负荷或长期、均匀的反复交变负荷的作用，力学性能上要求弹簧钢具有高的屈服强度（尤其是缺口疲劳强度），高的屈强比，一定的韧性和塑性。此外，电器仪表中的弹簧要求有较高的导电性；精密仪器中的弹簧要求在长时间内有稳定的弹性；在高温条件下或腐蚀条件下使用的弹簧则要求具有耐热性或耐蚀性。弹簧钢（GB/T 1222—2016）的牌号和化学成分、力学性能和主要应用见表 2.1-65～表 2.1-67。

12. 轴承钢

轴承钢应该具有高而均匀的硬度、耐磨性、屈服强度和疲劳强度，足够的韧性和良好的淬透性，在大气或润滑剂中还要具有一定的抗腐蚀能力。根据轴承的工作条件，常用轴承钢可分为高碳铬轴承钢、渗碳轴承钢、不锈轴承钢和高温轴承钢四类。高碳铬轴承钢（GB/T 18254—2016）的牌号和化学成分、特点和应用见表 2.1-68 和表 2.1-69。其他各类可选用结构钢、工具钢和不锈、耐热钢种，这几类钢的化学成分可参看有关资料。

表 2.1-62　易切削结构钢的牌号和化学成分

(1)硫系					
牌号	化学成分(质量分数,%)				
	C	Si	Mn	P	S
Y08	≤0.09	≤0.15	0.75～1.05	0.04～0.09	0.26～0.35
Y12	0.08～0.16	0.15～0.35	0.70～1.00	0.08～0.15	0.10～0.20
Y15	0.10～0.18	≤0.15	0.80～1.20	0.05～0.10	0.23～0.33
Y20	0.17～0.25	0.15～0.35	0.70～1.00	≤0.06	0.08～0.15
Y30	0.27～0.35	0.15～0.35	0.70～1.00	≤0.06	0.08～0.15
Y35	0.32～0.40	0.15～0.35	0.70～1.00	≤0.06	0.08～0.15
Y45	0.42～0.50	≤0.40	0.70～1.10	≤0.06	0.15～0.25
Y08MnS	≤0.09	≤0.07	1.00～1.50	0.04～0.09	0.32～0.48
Y15Mn	0.14～0.20	≤0.15	1.00～1.50	0.04～0.09	0.08～0.13
Y35Mn	0.32～0.40	≤0.10	0.90～1.35	≤0.04	0.18～0.30
Y40Mn	0.37～0.45	0.15～0.35	1.20～1.55	≤0.05	0.20～0.30
Y45Mn	0.40～0.48	≤0.40	1.35～1.65	≤0.04	0.16～0.24
Y45MnS	0.40～0.48	≤0.40	1.35～1.65	≤0.04	0.24～0.33

（续）

(2)铅系

牌号	化学成分(质量分数,%)					
	C	Si	Mn	P	S	Pb
Y08Pb	≤0.09	≤0.15	0.75~1.05	0.04~0.09	0.26~0.35	0.15~0.35
Y12Pb	≤0.15	≤0.15	0.85~1.15	0.04~0.09	0.26~0.35	0.15~0.35
Y15Pb	0.10~0.18	≤0.15	0.80~1.20	0.05~0.10	0.23~0.33	0.15~0.35
Y45MnSPb	0.40~0.48	≤0.40	1.35~1.65	≤0.04	0.24~0.33	0.15~0.35

(3)锡系

牌号	化学成分(质量分数,%)					
	C	Si	Mn	P	S	Sn
Y08Sn	≤0.09	≤0.15	0.75~1.20	0.04~0.09	0.26~0.40	0.09~0.25
Y15Sn	0.13~0.18	≤0.15	0.40~0.70	0.03~0.07	≤0.05	0.09~0.25
Y45Sn	0.40~0.48	≤0.40	0.60~1.00	0.03~0.07	≤0.05	0.09~0.25
Y45MnSn	0.40~0.48	≤0.40	1.20~1.70	≤0.06	0.20~0.35	0.09~0.25

(4)钙系

牌号	化学成分(质量分数,%)					
	C	Si	Mn	P	S	Ca
Y45Ca	0.42~0.50	0.20~0.40	0.60~0.90	≤0.04	0.04~0.08	0.002~0.006

表 2.1-63　易切削结构钢的力学性能

分类	牌号	热轧钢				冷轧钢				
		布氏硬度 HBW ≤	抗拉强度 R_m/MPa	断后伸长率 A(%) ≥	断面收缩率 Z(%) ≥	抗拉强度 R_m/MPa 钢材公称尺寸/mm			断后伸长率 A(%) ≥	布氏硬度 HBW
						8~20	>20~30	>30		
硫系易切削结构钢	Y08	163	360~570	25	40	480~810	460~710	360~710	7.0	140~217
	Y12	170	390~540	22	36	530~755	510~735	490~685	7.0	152~217
	Y15	170	390~540	22	36	530~755	510~735	490~685	7.0	152~217
	Y20	175	450~600	20	30	570~785	530~745	510~705	7.0	167~217
	Y30	187	510~655	15	25	600~825	560~765	540~735	6.0	174~223
	Y35	187	510~655	14	22	625~845	590~785	570~765	6.0	176~229
	Y45	229	560~800	12	20	695~980	655~880	580~880	6.0	196~255
	Y08MnS	165	350~500	25	40	480~810	460~710	360~710	7.0	140~217
	Y15Mn	170	390~540	22	36	530~755	510~735	490~685	7.0	152~217
	Y35Mn	229	530~790	16	22	—	—	—	—	—
	Y40Mn	229	590~850	14	20	—	—	—	—	—
	Y45Mn	241	610~900	12	20	695~980	655~880	580~880	6.0	196~255
	Y45MnS	241	610~900	12	20	695~980	655~880	580~880	6.0	196~255
铅系易切削结构钢	Y08Pb	165	360~570	25	40	480~810	460~710	360~710	7.0	140~217
	Y12Pb	170	360~570	22	36	480~810	460~710	360~710	7.0	140~217
	Y15Pb	170	390~540	22	36	530~755	510~735	490~685	7.0	152~217
	Y45MnSPb	241	610~900	12	20	695~980	655~880	580~880	6.0	196~255
锡系易切削结构钢	Y08Sn	165	350~500	25	40	480~705	460~685	440~635	7.5	140~200
	Y15Sn	165	390~540	22	36	530~755	510~735	490~685	7.0	152~217
	Y45Sn	241	600~745	12	26	695~920	655~855	635~835	6.0	196~255
	Y45MnSn	241	610~850	12	26	695~920	655~855	635~835	6.0	196~255
钙系易切削结构钢	Y45Ca	241	600~745	12	26	695~920	655~855	635~835	6.0	196~255

表 2. 1-64　易切削结构钢的主要应用

牌号	主要应用
Y12	制造机械上使用的螺钉、螺杆、螺母、连接机件用的螺栓、转向拉杆球形螺栓、液压泵传动齿轮等
Y15	制造汽车用螺栓、螺母以及要求表面粗糙度值低的其他零件
Y20	制造缝纫机、打字机、计算机等小型机器上难以加工的复杂端面的零件，以及内燃机凸轮轴、离合器开关、球形卡头的销等
Y30	要求抗拉强度更高的部件，一般都以冷拉状态使用
Y40Mn	要求表面粗糙度值较低的机床丝杠

表 2. 1-65　弹簧钢的牌号和化学成分

序号	统一数字代号	牌号	化学成分(质量分数,%)											
			C	Si	Mn	Cr	V	W	Mo	B	Ni	Cu②	P	S
1	U20652	65	0. 62~0. 70	0. 17~0. 37	0. 50~0. 80	≤0. 25	—	—	—	—	≤0. 35	≤0. 25	≤0. 030	≤0. 030
2	U20702	70	0. 67~0. 75	0. 17~0. 37	0. 50~0. 80	≤0. 25	—	—	—	—	≤0. 35	≤0. 25	≤0. 030	≤0. 030
3	U20802	80	0. 77~0. 85	0. 17~0. 37	0. 50~0. 80	≤0. 25	—	—	—	—	≤0. 35	≤0. 25	≤0. 030	≤0. 030
4	U20852	85	0. 82~0. 90	0. 17~0. 37	0. 50~0. 80	≤0. 25	—	—	—	—	≤0. 35	≤0. 25	≤0. 030	≤0. 030
5	U21653	65Mn	0. 62~0. 70	0. 17~0. 37	0. 90~1. 20	≤0. 25	—	—	—	—	≤0. 35	≤0. 25	≤0. 030	≤0. 030
6	U21702	70Mn	0. 67~0. 75	0. 17~0. 37	0. 90~1. 20	≤0. 25	—	—	—	—	≤0. 35	≤0. 25	≤0. 030	≤0. 030
7	A76282	28SiMnB	0. 24~0. 32	0. 60~1. 00	1. 20~1. 60	≤0. 25	—	—	—	0. 0008~0. 0035	≤0. 35	≤0. 25	≤0. 025	≤0. 020
8	A77406	40SiMnVBE①	0. 39~0. 42	0. 90~1. 35	1. 20~1. 55	—	0. 09~0. 12	—	—	0. 0008~0. 0025	≤0. 35	≤0. 25	≤0. 020	≤0. 012
9	A77552	55SiMnVB	0. 52~0. 60	0. 70~1. 00	1. 00~1. 30	≤0. 35	0. 08~0. 16	—	—	0. 0008~0. 0035	≤0. 35	≤0. 25	≤0. 025	≤0. 020
10	A11383	38Si2	0. 35~0. 42	1. 50~1. 80	0. 50~0. 80	≤0. 25	—	—	—	—	≤0. 35	≤0. 25	≤0. 025	≤0. 020
11	A11603	60Si2Mn	0. 56~0. 64	1. 50~2. 00	0. 70~1. 00	≤0. 35	—	—	—	—	≤0. 35	≤0. 25	≤0. 025	≤0. 020
12	A22553	55CrMn	0. 52~0. 60	0. 17~0. 37	0. 65~0. 95	0. 65~0. 95	—	—	—	—	≤0. 35	≤0. 25	≤0. 025	≤0. 020
13	A22603	60CrMn	0. 56~0. 64	0. 17~0. 37	0. 70~1. 00	0. 70~1. 00	—	—	—	—	≤0. 35	≤0. 25	≤0. 025	≤0. 020
14	A22609	60CrMnB	0. 56~0. 64	0. 17~0. 37	0. 70~1. 00	0. 70~1. 00	—	—	—	0. 0008~0. 0035	≤0. 35	≤0. 25	≤0. 025	≤0. 020
15	A34603	60CrMnMo	0. 56~0. 64	0. 17~0. 37	0. 70~1. 00	0. 70~1. 00	—	—	0. 25~0. 35	—	≤0. 35	≤0. 25	≤0. 025	≤0. 020
16	A21553	55SiCr	0. 51~0. 59	1. 20~1. 60	0. 50~0. 80	0. 50~0. 80	—	—	—	—	≤0. 35	≤0. 25	≤0. 025	≤0. 020
17	A21603	60Si2Cr	0. 56~0. 64	1. 40~1. 80	0. 40~0. 70	0. 70~1. 00	—	—	—	—	≤0. 35	≤0. 25	≤0. 025	≤0. 020
18	A24563	56Si2MnCr	0. 52~0. 60	1. 60~2. 00	0. 70~1. 00	0. 20~0. 45	—	—	—	—	≤0. 35	≤0. 25	≤0. 025	≤0. 020
19	A45523	52SiCrMnNi	0. 49~0. 56	1. 20~1. 50	0. 70~1. 00	0. 70~1. 00	—	—	—	—	0. 50~0. 70	≤0. 25	≤0. 025	≤0. 020
20	A28553	55SiCrV	0. 51~0. 59	1. 20~1. 60	0. 50~0. 80	0. 50~0. 80	0. 10~0. 20	—	—	—	≤0. 35	≤0. 25	≤0. 025	≤0. 020

（续）

序号	统一数字代号	牌号	化学成分(质量分数,%)											
			C	Si	Mn	Cr	V	W	Mo	B	Ni	Cu	P	S
21	A28603	60Si2CrV	0.56~0.64	1.40~1.80	0.40~0.70	0.90~1.20	0.10~0.20	—	—	—	≤0.35	≤0.25	≤0.025	≤0.020
22	A28600	60Si2MnCrV	0.56~0.64	1.50~2.00	0.70~1.00	0.20~0.40	0.10~0.20	—	—	—	≤0.35	≤0.25	≤0.025	≤0.020
23	A23503	50CrV	0.46~0.54	0.17~0.37	0.50~0.80	0.80~1.10	0.10~0.20	—	—	—	≤0.35	≤0.25	≤0.025	≤0.020
24	A25513	51CrMnV	0.47~0.55	0.17~0.37	0.70~1.10	0.90~1.20	0.10~0.25	—	—	—	≤0.35	≤0.25	≤0.025	≤0.020
25	A36523	52CrMnMoV	0.48~0.56	0.17~0.37	0.70~1.10	0.90~1.20	0.10~0.20	—	0.15~0.30	—	≤0.35	≤0.25	≤0.025	≤0.020
26	A27303	30W4Cr2V	0.26~0.34	0.17~0.37	≤0.40	2.00~2.50	0.50~0.80	4.00~4.50	—	—	≤0.35	≤0.25	≤0.025	≤0.020

① 40SiMnVBE 为专利牌号。

② 根据需方要求，并在合同中注明，钢中残余铜含量（质量分数）可不大于 0.20%。

表 2.1-66　弹簧钢的力学性能

序号	牌号	热处理制度①			力学性能　≥				
		淬火温度/℃	淬火介质	回火温度/℃	抗拉强度 R_m/MPa	下屈服强度 R_{eL}②/MPa	断后伸长率 A(%)	断后伸长率 $A_{11.3}$(%)	断面收缩率 Z(%)
1	65	840	油	500	980	785	—	9.0	35
2	70	830	油	480	1030	835	—	8.0	30
3	80	820	油	480	1080	930	—	6.0	30
4	85	820	油	480	1130	980	—	6.0	30
5	65Mn	830	油	540	980	785	—	8.0	30
6	70Mn	③	—	—	785	450	8.0	—	30
7	28SiMnB	900	水或油	320	1275	1180	—	5.0	25
8	40SiMnVBE	880	油	320	1800	1680	9.0	—	40
9	55SiMnVB	860	油	460	1375	1225	—	5.0	30
10	38Si2	880	水	450	1300	1150	8.0	—	35
11	60Si2Mn	870	油	440	1570	1375	—	5.0	20
12	55CrMn	840	油	485	1225	1080	9.0	—	20
13	60CrMn	840	油	490	1225	1080	9.0	—	20
14	60CrMnB	840	油	490	1225	1080	9.0	—	20
15	60CrMnMo	860	油	450	1450	1300	6.0	—	30
16	55SiCr	860	油	450	1450	1300	6.0	—	25
17	60Si2Cr	870	油	420	1765	1570	6.0	—	20
18	56Si2MnCr	860	油	450	1500	1350	6.0	—	25
19	52SiCrMnNi	860	油	450	1450	1300	6.0	—	35
20	55SiCrV	860	油	400	1650	1600	5.0	—	35
21	60Si2CrV	850	油	410	1860	1665	6.0	—	20
22	60Si2MnCrV	860	油	400	1700	1650	5.0	—	30
23	50CrV	850	油	500	1275	1130	10.0	—	40
24	51CrMnV	850	油	450	1350	1200	6.0	—	30
25	52CrMnMoV	860	油	450	1450	1300	6.0	—	35
26	30W4Cr2V④	1075	油	600	1470	1325	7.0	—	40

① 表中热处理温度允许调整范围：淬火，±20℃；回火，±50℃（28MnSiB 钢±30℃）。根据需方要求，其他钢回火可按±30℃进行。

② 当检测钢材屈服现象不明显时，可用 $R_{p0.2}$ 代替 R_{eL}。

③ 70Mn 的推荐热处理制度为：正火 790℃，允许调整范围为±30℃。

④ 30W4Cr2V 除抗拉强度外，其他力学性能检验结果供参考，不作为交货依据。

表 2.1-67　弹簧钢的主要应用

牌号	主要应用
65、70、80、85	应用非常广泛，但多用于工作温度不高的小型弹簧或不太重要的较大尺寸弹簧及一般机械用的弹簧
65Mn、70Mn	制造各种小截面扁簧、圆簧、发条等，也可制造弹簧环、气门簧、减振器和离合器簧片、制动簧等
28SiMnB	用于制造汽车钢板弹簧
40SiMnVBE	制造重、中、小型汽车的板簧，也可制造其他中型断面的板簧和螺旋弹簧
55SiMnVB	
38Si2	主要用于制造轨道扣件用弹条
60Si2Mn	应用广泛，主要制造各种弹簧，如汽车、机车、拖拉机的板簧、螺旋弹簧，一般要求的汽车稳定杆、低应力的货车转向架弹簧，轨道扣件用弹条
55CrMn	用于制造汽车稳定杆，也可制造较大规格的板簧、螺旋弹簧
60CrMn	
60CrMnB	适用于制造较厚的钢板弹簧、汽车导向臂等
60CrMnMo	大型土木建筑、重型车辆、机械等使用的超大型弹簧
60Si2Cr	多用于制造负荷大的重要弹簧、工程机械弹簧等
55SiCr	用于制作汽车悬挂用螺旋弹簧、气门弹簧
56Si2MnCr	一般用于冷拉钢丝、淬回火钢丝制作悬架弹簧，或板厚大于 10~15mm 的大型板簧等
52Si2CrMnNi	铬硅锰镍钢，欧洲客户用于制造载重卡车用大规格稳定杆
55SiCrV	用于制造汽车悬挂用螺旋弹簧、气门弹簧
60Si2CrV	用于制造高强度级别的变截面板簧、货车转向架用螺旋弹簧，也可制造负荷大的重要大型弹簧、工程机械弹簧等
50CrV、51CrMnV	适宜制造工作应力高、疲劳性能要求严格的螺旋弹簧、汽车板簧等；也可用于制造较大截面的高负荷重要弹簧及工作温度小于 300℃ 的阀门弹簧、活塞弹簧、安全阀弹簧
52CrMnMoV	用于制造汽车板簧、高速客车转向架弹簧、汽车导向臂等
60Si2MnCrV	可用于制造大载荷的汽车板簧
30W4Cr2V	主要用于制造工作温度 500℃ 以下的耐热弹簧，如汽轮机主蒸汽阀弹簧、锅炉安全阀弹簧等

表 2.1-68　高碳铬轴承钢的牌号和化学成分

统一数字代号	牌号	化学成分（质量分数，%）				
		C	Si	Mn	Cr	Mo
B00151	G8Cr15	0.75~0.85	0.15~0.35	0.20~0.40	1.30~1.65	≤0.10
B00150	GCr15	0.95~1.05	0.15~0.35	0.25~0.45	1.40~1.65	≤0.10
B01150	GCr15SiMn	0.95~1.05	0.45~0.75	0.95~1.25	1.40~1.65	≤0.10
B03150	GCr15SiMo	0.95~1.05	0.65~0.85	0.20~0.40	1.40~1.70	0.30~0.40
B02180	GCr18Mo	0.95~1.05	0.20~0.40	0.25~0.40	1.65~1.95	0.15~0.25

钢中残余元素含量

冶金质量	化学成分（质量分数，%）										
	Ni	Cu	P	S	Ca	O①	Ti②	Al	As	As+Sn+Sb	Pb
	不大于										
优质钢	0.25	0.25	0.025	0.020	—	0.0012	0.0050	0.050	0.04	0.075	0.002
高级优质钢	0.25	0.25	0.020	0.020	0.0010	0.0009	0.0030	0.050	0.04	0.075	0.002
特级优质钢	0.25	0.25	0.015	0.015	0.0010	0.0006	0.0015	0.050	0.04	0.075	0.002

化学成分允许偏差

元素	化学成分（质量分数，%）									
	C	Si	Mn	Cr	P	S	Ni	Cu	Ti	Al	Mo
允许偏差	±0.03	±0.02	±0.03	±0.05	+0.005	+0.005	+0.03	+0.020	+0.0005	+0.010	≤0.10 时，+0.01 ≥0.10 时，±0.02

① 氧含量在钢坯或钢材上测定。

② 牌号 GCr15SiMn、GCr15SiMo、GCr18Mo 允许在三个等级基础上增加 0.0005%。

表 2.1-69　高碳铬轴承钢的特点和应用

牌号	主要特点	应用举例
GCr15	淬透性好，淬火后有高而均匀的硬度，耐磨性好组织均匀，疲劳寿命长；热处理工艺简便，合金元素少，价低，GCr15SiMn的耐磨性、淬透性及其回火稳定性均高于GCr15，有回火脆性；GCr15可进行碳氮共渗，提高耐磨性、耐热性、疲劳强度、寿命、尺寸稳定性	一般工作条件下的套筒和滚动体，如汽车、拖拉机等的发动机、变速器及车轮上的轴承，机床、电动机、矿山机械、电力机车、通风机械等的主轴轴承，高速砂轮的主轴轴承以及特大型轴承等
GCr15SiMn		制造一般工作条件下的套圈和滚动体，如重型机床、大型机器、铁路车辆轴箱轴承及轧钢机上无冲击负荷的大型和特大型轴承等

13. 不锈钢

不锈钢是指在大气、水以及酸、碱和盐等的溶液或其他腐蚀介质中具有一定化学稳定性的钢的总称。一般将耐大气、蒸汽和水等弱介质腐蚀的钢称为不锈钢，而将耐酸、碱和盐等侵蚀性强的介质腐蚀的钢称为耐蚀钢或耐酸钢。

不锈钢按组织特征分为奥氏体型、奥氏体-铁素体型、铁素体型、马氏体型和沉淀硬化型五类，但其中有的牌号也是耐热钢的重要钢号，如06Cr19Ni10、6Cr23Ni13、06Cr25Ni20、06Cr17Ni12Mo2，06Cr18Ni11Ti、06Cr18Ni11Nb、06Cr18Ni13Si4、06Cr13Al、022Cr12、10Cr17、12Cr13、13Cr13Mo、14Cr17Ni2、05Cr17Ni4Cu4-Nb、07Cr17Ni7Al等。不锈钢（GB/T 1220—2007）的牌号、化学成分、力学性能、特性和应用见表2.1-70～表2.1-81。

表 2.1-70　奥氏体型不锈钢的牌号和化学成分

新牌号	旧牌号	化学成分(质量分数,%)										
		C	Si	Mn	P	S	Ni	Cr	Mo	Cu	N	其他
12Cr17Mn6Ni5N	1Cr17Mn6Ni5N	0.15	1.00	5.50~7.50	0.050	0.030	3.50~5.50	16.00~18.00	—	—	0.05~0.25	—
12Cr18Mn9Ni5N	1Cr18Mn8Ni5N	0.15	1.00	7.50~10.00	0.050	0.030	4.00~6.00	17.00~19.00	—	—	0.05~0.25	—
12Cr17Ni7	1Cr17Ni7	0.15	1.00	2.00	0.045	0.030	6.00~8.00	16.00~18.00	—	—	0.10	—
12Cr18Ni9	1Cr18Ni9	0.15	1.00	2.00	0.045	0.030	8.00~10.00	17.00~19.00	—	—	0.10	—
Y12Cr18Ni9	Y1Cr18Ni9	0.15	1.00	2.00	0.20	≥0.15	8.00~10.00	17.00~19.00	(0.60)	—	—	—
Y12Cr18Ni9Se	Y1Cr18Ni9Se	0.15	1.00	2.00	0.20	0.060	8.00~10.00	17.00~19.00	—	—	—	Se≥0.15
06Cr19Ni10	0Cr18Ni9	0.08	1.00	2.00	0.045	0.030	8.00~11.00	18.00~20.00	—	—	—	—
022Cr19Ni10	00Cr19Ni10	0.030	1.00	2.00	0.045	0.030	8.00~12.00	18.00~20.00	—	—	—	—
06Cr19Ni10N	0Cr19Ni9N	0.08	1.00	2.00	0.045	0.030	8.00~11.00	18.00~20.00	—	—	0.10~0.16	—
06Cr19Ni9NbN	0Cr19Ni10NbN	0.08	1.00	2.00	0.045	0.030	7.50~10.50	18.00~20.00	—	—	0.15~0.30	Nb:0.15
22Cr19Ni10N	00Cr18Ni10N	0.030	1.00	2.00	0.045	0.030	8.00~11.00	18.00~20.00	—	—	0.10~0.16	—
10Cr18Ni12	1Cr18Ni12	0.12	1.00	2.00	0.045	0.030	10.50~13.00	17.00~19.00	—	—	—	—
06Cr23Ni13	0Cr23Ni13	0.08	1.00	2.00	0.045	0.030	12.00~15.00	22.00~24.00	—	—	—	—
06Cr25Ni20	0Cr25Ni20	0.08	1.50	2.00	0.045	0.030	19.00~22.00	24.00~26.00	—	—	—	—

(续)

新牌号	旧牌号	化学成分(质量分数,%)										
		C	Si	Mn	P	S	Ni	Cr	Mo	Cu	N	其他
06Cr17Ni12Mo2	0Cr17Ni12Mo2	0.08	1.00	2.00	0.045	0.030	10.00~14.00	16.00~18.00	2.00~3.00	—	—	—
022Cr17Ni12Mo2	00Cr17Ni14Mo2	0.030	1.00	2.00	0.045	0.030	10.00~14.00	16.00~18.00	2.00~3.00	—	—	—
06Cr17Ni12-Mo2N	0Cr17Ni12-Mo2N	0.08	1.00	2.00	0.045	0.030	10.00~13.00	16.00~18.00	2.00~3.00	—	0.10~0.16	—
022Cr17Ni12-Mo2N	00Cr17Ni13-Mo2N	0.030	1.00	2.00	0.045	0.030	10.00~13.00	16.00~18.00	2.00~3.00	—	0.10~0.16	—
06Cr18Ni12Mo-2Cu2	0Cr18Ni12Mo-2Cu2	0.08	1.00	2.00	0.045	0.030	10.00~14.00	17.00~19.00	1.20~2.75	1.00~2.50	—	—
022Cr18Ni14-Mo2Cu2	00Cr18Ni14-Mo2Cu2	0.030	1.00	2.00	0.045	0.030	12.00~16.00	17.00~19.00	1.20~2.75	1.00~2.50	—	—
06Cr19Ni13-Mo3	0Cr19Ni13-Mo3	0.08	1.00	2.00	0.045	0.030	11.00~15.00	18.00~20.00	3.00~4.00	—	—	—
022Cr19Ni13-Mo3	00Cr19Ni13-Mo3	0.030	1.00	2.00	0.045	0.030	11.00~15.00	18.00~20.00	3.00~4.00	—	—	—
06Cr17Ni12-Mo2Ti	0Cr18Ni12-Mo3Ti	0.08	1.00	2.00	0.045	0.030	10.00~14.00	16.00~18.00	2.00~3.00	—	—	Ti≥5C
03Cr18Ni16-Mo5	0Cr18Ni16-Mo5	0.040	1.00	2.50	0.045	0.030	15.00~17.00	16.00~19.00	4.00~6.00	—	—	—
06Cr18Ni11Ti	0Cr18Ni10Ti	0.08	1.00	2.00	0.045	0.030	9.00~12.00	17.00~19.00	—	—	—	Ti:5C~0.70
06Cr18Ni11Nb	0Cr18Ni11Nb	0.08	1.00	2.00	0.045	0.030	9.00~12.00	17.00~19.00	—	—	—	Nb:10C~1.10
06Cr18Ni9Cu3	0Cr18Ni9Cu3	0.08	1.00	2.00	0.045	0.030	8.50~10.50	17.00~19.00	—	3.00~4.00	—	—
06Cr18Ni13Si4①	0Cr18Ni13Si4①	0.08	3.00~5.00	2.00	0.045	0.030	11.50~15.00	15.00~20.00	—	—	—	—

注：表中所列成分除标明范围或最小值外，其余均为最大值。括号内数值为可加入或允许含有的最大值。

① 必要时，可添加上表以外的合金元素。

表2.1-71 奥氏体-铁素体型不锈钢的牌号和化学成分

新牌号	旧牌号	化学成分(质量分数,%)										
		C	Si	Mn	P	S	Ni	Cr	Mo	Cu	N	其他
03Cr25Ni6Mo3-Cu2N	—	0.04	1.00	1.50	0.035	0.030	4.50~6.50	24.00~27.00	2.90~3.90	1.50~2.50	0.10~0.25	—
14Cr18Ni11-Si4AlTi	1Cr18Ni11-Si4AlTi	0.10~0.18	3.40~4.00	0.80	0.035	0.030	10.00~12.00	17.50~19.50	—	—	—	Al:0.10~0.30;Ti:0.40~0.70
022Cr19Ni5-Mo3Si2N	00Cr18Ni5-Mo3Si2	0.030	1.30~2.00	1.00~2.00	0.035	0.030	4.50~5.50	18.00~19.50	2.50~3.00	—	0.05~0.12	—
022Cr22Ni5-Mo3N	—	0.030	1.00	2.00	0.030	0.020	4.50~6.50	21.00~23.00	2.50~3.50	—	0.08~0.20	—
022Cr23Ni5-Mo3N	—	0.030	1.00	2.00	0.030	0.020	4.50~6.50	22.00~23.00	3.00~3.50	—	0.14~0.20	—
022Cr25Ni6-Mo2N	—	0.030	1.00	2.00	0.035	0.030	5.50~6.50	24.00~26.00	1.20~2.50	—	0.10~0.20	—

注：表中所列成分除标明范围或最小值外，其余均为最大值。

表 2.1-72 铁素体型不锈钢的牌号和化学成分

新牌号	旧牌号	化学成分(质量分数,%)										
		C	Si	Mn	P	S	Ni	Cr	Mo	Cu	N	其他
06CrBAl	0Cr13Al	0.08	1.00	1.00	0.040	0.030	(0.60)	11.50~14.50	—	—	—	Al:0.10~0.30
022Cr12	00Cr12	0.30	1.00	1.00	0.040	0.030	(0.60)	11.00~13.50	—	—	—	—
10Cr17	1Cr17	0.12	1.00	1.00	0.040	0.030	(0.60)	16.00~18.00	—	—	—	—
Y10Cr17	Y1Cr17	0.12	1.00	1.25	0.060	≥0.15	(0.60)	16.00~18.00	(0.60)	—	—	—
10Cr17Mo	1Cr17Mo	0.12	1.00	1.00	0.040	0.030	(0.60)	16.00~18.00	0.75~1.25	—	—	—
008Cr30Mo2①	00Cr30Mo2①	0.010	0.40	0.40	0.030	0.020	—	28.50~32.00	1.50~2.50	—	0.015	—
008Cr27Mo①	00Cr27Mo①	0.010	0.40	0.40	0.030	0.020	—	25.00~27.50	0.75~1.50	—	0.015	—

注：表中所列成分除标明范围或最小值外，其余均为最大值。括号内数值为可加入或允许含有的最大值。

① 允许含有小于或等于 0.50%Ni，小于或等于 0.20%Cu，而 Ni+Cu≤0.50%，必要时，可添加上表以外的合金元素。

表 2.1-73 马氏体型不锈钢的牌号和化学成分

新牌号	旧牌号	化学成分(质量分数,%)										
		C	Si	Mn	P	S	Ni	Cr	Mo	Cu	N	其他
12Cr12	1Cr12	0.15	0.50	1.00	0.040	0.030	(0.60)	11.50~13.00	—	—	—	—
12Cr13	1Cr13	0.08~0.15	1.00	1.00	0.040	0.030	(0.60)	11.50~13.50	—	—	—	—
06Cr13	0Cr13	0.08	1.00	1.00	0.040	0.030	(0.60)	11.50~13.50	—	—	—	—
Y12Cr13	Y1Cr13	0.15	1.00	1.25	0.060	≥0.15	(0.60)	12.00~14.00	(0.60)	—	—	—
13Cr13Mo	1Cr13Mo	0.08~0.18	0.60	1.00	0.040	0.030	(0.60)	11.50~14.00	0.30~0.60	—	—	—
20Cr13	2Cr13	0.16~0.25	1.00	1.00	0.040	0.030	(0.60)	12.00~14.00	—	—	—	—
30Cr13	3Cr13	0.26~0.35	1.00	1.00	0.040	0.030	(0.60)	12.00~14.00	—	—	—	—
Y30Cr13	Y3Cr13	0.26~0.35	1.00	1.25	0.060	≥0.15	(0.60)	12.00~14.00	(0.60)	—	—	—
32Cr13Mo	3Cr13Mo	0.28~0.35	0.80	1.00	0.040	0.030	(0.60)	12.00~14.00	0.50~1.00	—	—	—
40Cr13	4Cr13	0.36~0.45	0.60	0.80	0.040	0.030	(0.60)	12.00~14.00	—	—	—	—
14Cr17Ni2	1Cr17Ni2	0.11~0.17	0.80	0.80	0.040	0.030	1.50~2.50	16.00~18.00	—	—	—	—
68Cr17	7Cr17	0.60~0.75	1.00	1.00	0.040	0.030	(0.60)	16.00~18.00	(0.75)	—	—	—
85Cr17	8Cr17	0.75~0.95	1.00	1.00	0.040	0.030	(0.60)	16.00~18.00	(0.75)	—	—	—
95Cr18	9Cr18	0.90~1.00	0.80	0.80	0.040	0.030	(0.60)	17.00~19.00	—	—	—	—

（续）

新牌号	旧牌号	化学成分（质量分数，%）										
		C	Si	Mn	P	S	Ni	Cr	Mo	Cu	N	其他
17Cr16Ni2		0.12~0.22	1.00	1.50	0.040	0.030	1.50~2.50	15.00~17.00	—	—	—	—
108Cr17	11Cr17	0.95~1.20	1.00	1.00	0.040	0.030	(0.60)	16.00~18.00	(0.75)	—	—	—
Y108Cr17	Y11Cr17	0.95~1.20	1.00	1.25	0.060	≥0.15	(0.60)	16.00~18.00	(0.75)	—	—	—
102Cr17Mo	9Cr18Mo	0.95~1.10	0.80	0.80	0.040	0.030	(0.60)	16.00~18.00	0.40~0.70	—	—	—
90Cr18MoV	9Cr18MoV	0.85~0.95	0.80	0.80	0.040	0.030	(0.60)	17.00~19.00	1.00~1.30	—	—	V:0.07~0.12

注：表中所列成分除标明范围或最小值外，其余均为最大值。括号内数值为可加入或允许含有的最大值。

表 2.1-74　沉淀硬化型不锈钢的牌号和化学成分

新牌号	旧牌号	化学成分（质量分数，%）										
		C	Si	Mn	P	S	Ni	Cr	Mo	Cu	N	其他
05Cr15Ni5-Cu4Nb		0.07	1.00	1.00	0.040	0.030	3.50~5.50	14.00~15.50	—	2.50~4.50	—	Nb:0.15~0.45
05Cr17Ni4-Cu4Nb	0Cr17Ni4-Cu4Nb	0.07	1.00	1.00	0.040	0.030	3.00~5.00	15.00~17.50	—	3.00~5.00	—	Nb:0.15~0.45
07Cr17Ni7Al	0Cr17Ni7Al	0.09	1.00	1.00	0.040	0.030	6.50~7.75	16.00~18.00	—	—	—	Al:0.75~1.50
07Cr15Ni7-Mo2Al	0Cr15Ni7-Mo2Al	0.09	1.00	1.00	0.040	0.030	6.50~7.50	14.00~16.00	2.00~3.00	—	—	Al:0.75~1.50

注：表中所列成分除标明范围或最小值外，其余均为最大值。

表 2.1-75　经固溶处理的奥氏体型钢棒的力学性能

新牌号	旧牌号	热处理/℃	规定塑性延伸强度 $R_{p0.2}$/MPa	抗拉强度 R_m/MPa	断后伸长率 A（%）	断面收缩率 Z（%）	硬度		
							HBW	HRB	HV
			≥				≤		
12Cr17Mn6Ni5N	1Cr17Mn6Ni15N	固溶 1010~1120 快冷	275	520	40	45	241	100	253
12Cr18Mn9Ni5N	1Cr18Mn8Ni5N	固溶 1010~1120 快冷	275	520	40	45	207	95	218
12Cr17Ni7	1Cr17Ni7	固溶 1010~1150 快冷	205	520	40	60	187	90	200
12Cr18Ni9	1Cr18Ni9	固溶 1010~1150 快冷	205	520	40	60	187	90	200
Y12Cr18Ni9	Y1Cr18Ni9	固溶 1010~1150 快冷	205	520	40	50	187	90	200
Y12Cr18Ni9Se	Y1Cr18Ni9Se	固溶 1010~1150 快冷	205	520	40	50	187	90	200
06Cr19Ni10	0Cr18Ni9	固溶 1010~1150 快冷	205	520	40	60	187	90	200
022Cr19Ni10	00Cr19Ni10	固溶 1010~1150 快冷	175	480	40	60	187	90	200
06Cr19Ni10N	0Cr19Ni9N	固溶 1010~1150 快冷	275	550	35	50	217	95	220

（续）

新牌号	旧牌号	热处理/℃	规定塑性延伸强度 $R_{p0.2}$/MPa	抗拉强度 R_m/MPa	断后伸长率 A（%）	断面收缩率 Z（%）	硬度		
							HBW	HRB	HV
			≥				≤		
06Cr19Ni9NbN	0Cr19Ni10NbN	固溶 1010~1150 快冷	345	685	35	50	250	100	260
022Cr19Ni10N	00Cr18Ni10N	固溶 1010~1150 快冷	245	550	40	50	217	95	220
10Cr18Ni12	1Cr18Ni12	固溶 1010~1150 快冷	175	480	40	60	187	90	200
06Cr23Ni13	0Cr23Ni13	固溶 1030~1150 快冷	205	520	40	60	187	90	200
06Cr25Ni20	0Cr25Ni20	固溶 1030~1180 快冷	205	520	40	50	187	90	200
06Cr17Ni12Mo2	0Cr17Ni12Mo2	固溶 1010~1150 快冷	205	520	40	60	187	90	200
022Cr17Ni12-Mo2	00Cr17Ni14-Mo2	固溶 1010~1150 快冷	175	480	40	60	187	90	200
06Cr17Ni12-Mo2N	0Cr17Ni12-Mo2N	固溶 1010~1150 快冷	275	550	35	50	217	95	220
022Cr17Ni12-Mo2N	00Cr17Ni13-Mo2N	固溶 1010~1150 快冷	245	550	40	50	217	95	220
06Cr18Ni12-Mo2Cu2	0Cr18Ni12-Mo2Cu2	固溶 1010~1150 快冷	205	520	40	60	187	90	200
022Cr18Ni14-Mo2Cu2	00Cr18Ni14-Mo2Cu2	固溶 1010~1150 快冷	175	480	40	60	187	90	200
06Cr19Ni13-Mo3	0Cr19Ni13-Mo3	固溶 1010~1150 快冷	205	520	40	60	187	90	200
022Cr19Ni13-Mo3	00Cr19Ni13-Mo3	固溶 1010~1150 快冷	175	480	40	60	187	90	200
06Cr17Ni12-Mo2Ti	0Cr18Ni12-Mo3Ti	固溶 1000~1100 快冷	205	530	40	55	187	90	200
03Cr18Ni16-Mo5	0Cr18Ni16-Mo5	固溶 1030~1180 快冷	175	480	40	45	187	90	200
06Cr18Ni11Ti	0Cr18Ni10Ti	固溶 920~1150 快冷	205	520	40	50	187	90	200
06Cr18Ni11Nb	0Cr18Ni11Nb	固溶 980~1150 快冷	205	520	40	50	187	90	200
06Cr18Ni9Cu3	0Cr18Ni9Cu3	固溶 1010~1150 快冷	175	480	40	60	187	90	200
06Cr18Ni13Si4	0Cr18Ni13Si4	固溶 1010~1150 快冷	205	520	40	60	207	95	218

表 2.1-76　经固溶处理的奥氏体-铁素体型钢棒的力学性能

新牌号	旧牌号	热处理/℃	规定塑性延伸强度 $R_{p0.2}$/MPa	抗拉强度 R_m /MPa	断后伸长率 A (%)	断面收缩率 Z (%)	冲击吸收能量 KU_2 /J	硬度		
								HBW	HRB	HV
			不小于					不大于		
14Cr18Ni11-Si4AlTi	1Cr18Ni11-Si4AlTi	固溶 930~1050 快冷	440	715	25	40	63	—	—	—
022Cr19Ni5Mo-3Si2N	00Cr18Ni5Mo-3Si2	固溶 920~1150 快冷	390	590	20	40	—	290	30	300
022Cr22Ni-5Mo3N	—	固溶 950~1200 快冷	450	620	25	—	—	290	—	—
022Cr23Ni5-Mo3N	—	固溶 950~1200 快冷	450	655	25	—	—	290	—	—
022Cr25Ni6-Mo2N	—	固溶 950~1200 快冷	450	620	20	—	—	260	—	—
03Cr25Ni6-Mo3Cu2N	—	固溶 1000~1200 快冷	550	750	25	—	—	290	—	—

表 2.1-77　经退火处理的铁素体型钢棒的力学性能

新牌号	旧牌号	热处理℃	规定塑性延伸强度 $R_{p0.2}$/MPa	抗拉强度 R_m /MPa	断后伸长率 A (%)	断面收缩率 Z (%)	冲击吸收能量 KU_2 /J	硬度 HBW
			不小于					不大于
06Cr13Al	0Cr13Al	退火 780~830 空冷或缓冷	175	410	20	60	78	183
022Cr12	00Cr12	退火 700~820 空冷或缓冷	195	360	22	60	—	183
10Cr17	1Cr17	退火 780~850 空冷或缓冷	205	450	22	50	—	183
Y10Cr17	Y1Cr17	退火 680~820 空冷或缓冷	205	450	22	50	—	183
10Cr17Mo	1Cr17Mo	退火 780~850 空冷或缓冷	205	450	22	60	—	183
008Cr30Mo2	00Cr30Mo2	退火 900~1050 快冷	295	450	20	45	—	228
008Cr27Mo	00Cr27Mo	退火 900~1050 快冷	245	410	20	45	—	219

表 2.1-78　经退火的马氏体型钢棒的力学性能

新牌号	旧牌号	退火 /℃	退火后的硬度 HBW 不大于	新牌号	旧牌号	退火 /℃	退火后的硬度 HBW 不大于
17Cr16Ni2	—	680~800，炉冷或空冷	295	40Cr13	4Cr13	800~900 缓冷或约 750 快冷	235
12Cr12	1Cr12	800~900 缓冷或约 750 快冷	200	14Cr17Ni2	1Cr17Ni2	680~700 高温回火空冷	285
12Cr13	1Cr13	800~900 缓冷或约 750 快冷	200	68Cr17	7Cr17	800~920 缓冷	255
06Cr13	0Cr13	800~900 缓冷或约 750 快冷	183	85Cr17	8Cr17	800~920 缓冷	255
Y12Cr13	Y1Cr13	800~900 缓冷或约 750 快冷	200	95Cr18	9Cr18	800~920 缓冷	255
13Cr13Mo	1Cr13Mo	830~900 缓冷或约 750 快冷	200	108Cr17	11Cr17	800~920 缓冷	269
20Cr13	2Cr13	800~900 缓冷或约 750 快冷	223	Y108Cr17	Y11Cr17	800~920 缓冷	269
30Cr13	3Cr13	800~900 缓冷或约 750 快冷	235	102Cr17Mo	9Cr18Mo	800~900 缓冷	269
Y30Cr13	Y3Cr13	800~900 缓冷或约 750 快冷	235	90Cr18MoV	9Cr18MoV	800~920 缓冷	269
32Cr13Mo	3Cr13Mo	800~900 缓冷或约 750 快冷	207				

表 2.1-79 经淬回火的马氏体型钢棒的力学性能

新牌号	旧牌号	淬火	回火	经淬回火的力学性能						
				规定塑性延伸强度 $R_{p0.2}$/MPa	抗拉强度 R_m/MPa	断后伸长率 A(%)	断面收缩率 Z(%)	冲击吸收能量 KU_2/J	硬度	
									HBW	HRC
				不小于						
12Cr12	1Cr12	950~1000 油冷	700~750 快冷	390	590	25	55	118	170	—
12Cr13	1Cr13	950~1000 油冷	700~750 快冷	345	540	22	55	78	159	—
06Cr13	0Cr13	950~1000 油冷	700~750 快冷	345	490	24	60	—	—	—
Y12Cr13	Y1Cr13	950~1000 油冷	700~750 快冷	345	540	17	45	55	159	—
13Cr13Mo	1Cr13Mo	970~1020 油冷	650~750 快冷	490	690	20	60	78	192	—
20Cr13	2Cr13	920~980 油冷	600~750 快冷	440	640	20	50	63	192	—
30Cr13	3Cr13	920~980 油冷	600~750 快冷	540	735	12	40	24	217	—
Y30Cr13	Y3Cr13	920~980 油冷	600~750 快冷	540	735	8	35	24	217	—
32Cr13Mo	3Cr13Mo	1025~1075 油冷	200~300 油、水、空冷	—	—	—	—	—	—	50
40Cr13	4Cr13	1050~1100 油冷	200~300 空冷	—	—	—	—	—	—	50
14Cr17Ni2	1Cr17Ni2	950~1050 油冷	275~350 空冷	—	1080	10	—	39	—	—
68Cr17	7Cr17	1010~1070 油冷	100~180 快冷	—	—	—	—	—	—	54
85Cr17	8Cr17	1010~1070 油冷	100~180 快冷	—	—	—	—	—	—	56
95Cr18	9Cr18	1000~1050 油冷	200~300 油、空冷	—	—	—	—	—	—	55
108Cr17	11Cr17	1010~1070 油冷	100~180 快冷	—	—	—	—	—	—	58
Y108Cr17	Y11Cr17	1010~1070 油冷	100~180 快冷	—	—	—	—	—	—	58
102Cr17Mo	9Cr18Mo	1000~1050 油冷	200~300 空冷	—	—	—	—	—	—	55
90Cr18MoV	9Cr18MoV	1050~1075 油冷	100~200 空冷	—	—	—	—	—	—	55
17Cr16Ni2	—	—		700	900~1050	12	45	25(*KV*)	—	—
				600	800~950	14				

表 2.1-80 沉淀硬化型不锈钢力学性能

新牌号	旧牌号	热处理		规定塑性延伸强度 $R_{p0.2}$/MPa	抗拉强度 R_m/MPa	断后伸长率 A/(%)	断面收缩率 Z(%)	硬度	
		种类	条件					HBW	HRC
05Cr15Ni5-Cu4Nb	—	固溶	1020~1060℃,快冷	—	—	—	—	≤363	≤38
		480℃时效	经固溶处理后,470~490℃空冷	≥1180	≥1310	≥10	≥35	≥375	≥40
		550℃时效	经固溶处理后,540~560℃空冷	≥1000	≥1070	≥12	≥45	≥331	≥35
		580℃时效	经固溶处理后,570~590℃空冷	≥865	≥1000	≥13	≥45	≥302	≥31
		620℃时效	经固溶处理后,610~630℃空冷	≥725	≥930	≥16	≥50	≥277	≥28

（续）

新牌号	旧牌号	热处理		规定塑性延伸强度 $R_{p0.2}$ /MPa	抗拉强度 R_m /MPa	断后伸长率 A /(%)	断面收缩率 Z (%)	硬度	
		种类	条件					HBW	HRC
05Cr17Ni4-Cu4Nb	0Cr17Ni4-Cu4Nb	固溶	1020~1060℃快冷	—	—	—	—	≤363	≤38
		480℃时效	经固溶处理后，470~490℃空冷	≥1180	≥1310	≥10	≥40	≥375	≥40
		550℃时效	经固溶处理后，540~560℃空冷	≥1000	≥1070	≥12	≥45	≥331	≥35
		580℃时效	经固溶处理后，570~590℃空冷	≥865	≥1000	≥13	≥45	≥302	≥31
		620℃时效	经固溶处理后，610~630℃空冷	≥725	≥930	≥16	≥50	≥277	≥28
07Cr17Ni7Al	0Cr17Ni7Al	固溶	1000~1100℃快冷	≤380	≤1030	≥20	—	≤229	—
		565℃时效	经固溶处理后，于(760±15)℃保持90min，在1h内冷却到15℃以下，保持30min，再加热到(565±10)℃保持90min空冷	≥960	≥1140	≥5	≥25	≥363	—
		510℃时效	经固溶处理后，于(955±10)℃保持10min，空冷到室温，在24h内冷却到(-73±6)℃，保持8h，再加热到(510±10)℃保持60min后空冷	≥1030	≥1230	≥4	≥10	≥388	—
07Cr15Ni7Mo2Al	0Cr15Ni7Mo2Al	固溶	1000~1100℃快冷	—	—	—	—	≤269	—
		565℃时效	经固溶处理后，于(760±15)℃保持90min，在1h内冷却到15℃以下，保持30min，再加热到(565±10)℃保持90min，空冷	≥1100	≥1210	≥7	≥25	≥375	—
		510℃时效	经固溶处理后，于(955±10)℃保持10min，空冷到室温在24h内冷却到(-73±6)℃，保持8h，再加热到(510±10)℃保持60min后空冷	≥1210	≥1320	≥6	≥20	≥388	—

表 2.1-81　不锈钢的特性和应用

类型	新牌号	旧牌号	特性和应用
奥氏体型	12Cr17Mn6Ni5N	1Cr17Mn6Ni5N	节镍钢种，代替牌号 12Cr17Ni7，冷加工后具有磁性，铁道车辆用
	12Cr18Mn9Ni5N	1Cr18Mn8Ni5N	节镍钢种，代替牌号 12Cr18Ni9
	12Cr17Ni7	1Cr17Ni7	经冷加工有高的强度，铁道车辆、传送带螺栓螺母用
	12Cr18Ni9	1Cr18Ni9	经冷加工有高的强度，但伸长率比 12Cr17Ni7 稍差，建筑用装饰部件
	Y12Cr18Ni9	Y1Cr18Ni9	提高切削性，耐烧蚀性，最适用于自动车床以及螺栓、螺母
	Y12Cr18Ni9Se	Y1Cr18Ni9Se	提高切削性，耐烧蚀性，最适用于自动车床以及铆钉、螺钉

（续）

类型	新牌号	旧牌号	特性和应用
奥氏体型	06Cr19Ni10	0Cr18Ni9	作为不锈耐热钢使用最广泛，适用于制造食品用设备、一般化工设备、原子能工业用设备
	022Cr19Ni10	00Cr19Ni10	比 06Cr19Ni10 含碳量更低的钢，耐晶间腐蚀性优越，作为焊接后不进行热处理的部件
	06Cr19Ni10N	0Cr19Ni9N	在牌号 06Cr19Ni10 上加 N，强度提高，塑性不降低，使材料的厚度减少，作为结构用强度部件
	06Cr19Ni9NbN	0Cr19Ni10NbN	在牌号 06Cr19Ni10 上加 N 和 Nb，具有与 06Cr19Ni10 相同的特性和用途
	022Cr19Ni10N	00Cr18Ni10N	在牌号 022Cr19Ni10 上添加 N，具有以上牌号同样特性，用途与 022Cr19Ni9N 相同，但耐晶间腐蚀性更好
	10Cr18Ni12	1Cr18Ni12	与 06Cr19Ni10 相比，加工硬化性低，旋压加工，特殊拉拔、冷镦用
	06Cr23Ni13	0Cr23Ni13	耐蚀性、耐热性均比 06Cr19Ni10 好
	06Cr25Ni20	0Cr25Ni20	抗氧化性比 06Cr23Ni13 好，实际上多作为耐热钢使用
	06Cr17Ni12Mo2	0Cr17Ni12Mo2	在海水和其他各种介质中，耐蚀性比 06Cr19Ni10 好，主要作为耐点蚀材料
	022Cr17Ni12-Mo2	00Cr17Ni14Mo2	为 06Cr17Ni12Mo2 的超低碳钢，比 06Cr17Ni12Mo2 耐晶间腐蚀性好
	06Cr17Ni12-Mo2N	0Cr17Ni12Mo2N	在牌号 06Cr17Ni12Mo2 中加入 N，提高强度，不降低塑性，使材料的厚度减薄，作为耐蚀性较好的、强度较高的部件
	022Cr17Ni12-Mo2N	00Cr17Ni13Mo2N	在牌号 022Cr17Ni12Mo2 中加入 N，具有以上牌号同样特性，用途与 06Cr17Ni12Mo2N 相同，但耐晶间腐蚀性更好
	06Cr18Ni12-Mo2Cu2	0Cr18Ni12Mo2Cu2	耐蚀性、耐点蚀性比 06Cr17Ni12Mo2 好，用于耐硫酸材料
	022Cr18Ni14-Mo2Cu2	00Cr18Ni14Mo2Cu2	为 06Cr18Ni12Mo2Cu2 的超低碳钢，比 06Cr18Ni12Mo2Cu2 的耐晶间腐蚀性好
	06Cr19Ni13Mo3	0Cr19Ni13Mo3	耐点蚀性比 06Cr17Ni2Mo2 好，作染色设备材料等
	022Cr19Ni13Mo3	00Cr19Ni13Mo3	为 06Cr19Ni13Mo3 的超低碳钢，比 06Cr19Ni13Mo3 耐晶间腐蚀性好
	06Cr17Ni12-Mo2Ti	0Cr18Ni12Mo3Ti	用于抵抗硫酸、磷酸、蚁酸、醋酸的设备，有良好耐晶间腐蚀性
	03Cr18Ni16Mo5	0Cr18Ni16Mo5	吸取含氯离子溶液的热交换器、醋酸设备、磷酸设备、漂白装置等。在 022Cr17Ni12Mo2 不能适用的环境中使用
	06Cr18Ni11Ti	0Cr18Ni10Ti	添加 Ti 提高耐晶间腐蚀性，不推荐作为装饰部件
	06Cr18Ni11Nb	0Cr18Ni11Nb	含 Nb 提高耐晶间腐蚀性
	06Cr18Ni9Cu3	0Cr18Ni9Cu3	在牌号 06Cr19Ni10 中加入 Cu，提高冷加工性的钢种，冷镦用
	06Cr18Ni13Si4	0Cr18Ni13Si4	在牌号 06Cr19Ni10 中增加 Ni，添加 Si，提高耐应力腐蚀断裂性，用于含氯离子环境
奥氏体-铁素体型	14Cr18Ni11-Si4AlTi	1Cr18Ni11Si4AlTi	制作抗高温浓硝酸介质的零件和设备

（续）

类型	新牌号	旧牌号	特性和应用
奥氏体-铁素体型	022Cr19Ni5-Mo3Si2N	00Cr18Ni5Mo3Si2	具有铁素体-奥氏体型双相组织，耐应力腐蚀破裂性好，耐点蚀性与022Cr17Ni12Mo2 相当，具有较高的强度，适用于含氯离子的环境，用于炼油、化肥、造纸、石油、化工等工业热交换器和冷凝器等
铁素体型	06Cr13Al	0Cr13Al	从高温下冷却不产生显著硬化，用于制造汽轮机材料、淬火用部件、复合钢材
	022Cr12	00Cr12	比 06Cr13 含碳量低，焊接部位弯曲性能、加工性能、耐高温氧化性能好。用于汽车排气处理装置、锅炉燃烧室、喷嘴
	10Cr17	1Cr17	耐蚀性良好的通用钢种，用于制造建筑内装饰、重油燃烧器部件、家庭用具、家用电器部件
	Y10Cr17	Y1Cr17	比 10Cr17 提高切削性能，用于制造自动车床、螺栓、螺母等
	10Cr17Mo	1Cr17Mo	为 10Cr17 的改良钢种，比 10Cr17 抗盐溶液性强，作为汽车外装材料使用
	008Cr30Mo2	00Cr30Mo2	高 Cr-Mo 系，C、N 降至极低，耐蚀性很好，用于与乙酸、乳酸等有机酸有关的设备，制造苛性碱设备。耐卤离子应力腐蚀破裂，耐点腐蚀
	008Cr27Mo	00Cr27Mo	要求特性、应用、耐蚀性和软磁性与 008Cr30Mo2 类似
马氏体型	12Cr12	1Cr12	作为汽轮机叶片及高应力部件的良好的不锈耐热钢
	12Cr13	1Cr13	具有良好的耐蚀性，机械加工性，一般用途，刃具类
	06Cr13	0Cr13	用于制造较高韧性及受冲击负荷的零件，如汽轮机叶片、结构架、不锈设备、衬里、螺栓、螺母等
	Y12Cr13	Y1Cr13	不锈钢中切削性能最好的钢种，自动车床用
	13Cr13Mo	1Cr13Mo	为比 12Cr13 耐蚀性高的高强度钢种，用于制造汽轮机叶片、高温部件等
	20Cr13	2Cr13	淬火状态下硬度高，耐蚀性良好，用于制造汽轮机叶片
	30Cr13	3Cr13	比 20Cr13 淬火后的硬度高，用于制造刃具、喷嘴、阀座、阀门等
	Y30Cr13	Y3Cr13	改善 30Cr13 切削性能的钢种
	32Cr13Mo	3Cr13Mo	用于制造较高硬度及高耐磨性的热油泵轴、阀片、阀门轴承、医疗器械弹簧等零件
	40Cr13	4Cr13	主要用于制造外科医疗用具、轴承、阀门、弹簧等零件
	14Cr17Ni2	1Cr17Ni2	用于制造较高强度的耐硝酸及有机酸腐蚀的零件、容器和设备
	68Cr17	7Cr17	硬化状态下，坚硬，但比 85Cr17、108Cr17 韧性高。用于制造刃具、量具、轴承
	85Cr17	8Cr17	一般用于制造要求具有不锈性或耐稀氧化性酸、有机酸和盐类腐蚀的刀具、量具、轴类、杆件、阀门、构件等耐腐蚀的部件
	95Cr18	9Cr18	用于机械刃具及剪切刀具、手术刀片、高耐磨设备零件等
	108Cr17	11Cr17	在所有不锈钢、耐热钢中，硬度最高，用于制造喷嘴、轴承
	Y108Cr17	Y11Cr17	比 108Cr17 提高了切削性的钢种。自动车床用
	102Cr17Mo	9Cr18Mo	轴承套圈及滚动体用的高碳铬不锈钢
	90Cr18MoV	9Cr18MoV	用于机械刃具及剪切工具、手术刀片、高耐磨设备零件等
沉淀硬化型	05Cr17Ni4-Cu4Nb	0Cr17Ni4Cu4Nb	添加铜、铌的沉淀硬化型钢种，用于制造轴类、汽轮机部件
	07Cr17Ni7Al	0Cr17Ni7Al	添加铝的沉淀硬化型钢种，用于制造弹簧、热圈、计器部件
	07Cr15Ni7Mo2Al	0Cr15Ni7Mo2Al	用于有一定耐蚀要求的高强度容器、零件及结构件

14. 耐热钢

耐热钢是指在高温下工作的钢材，因此在高温下应当具有良好的化学稳定性和较高强度，以适应高温条件下工作的要求。它可分为抗氧化钢和热强钢两类。抗氧化钢又称为不起皮钢，是指在高温下能够抵抗气体腐蚀而不会使氧化皮剥落的钢。热强钢是指在高温条件下能够抵抗气体腐蚀而又有足够强度的钢。

耐热钢一般有珠光体型低合金热强钢、马氏体型热强钢、阀门钢、铁素体型耐热钢、奥氏体型耐热钢、沉淀硬化型耐热钢等。耐热钢棒（GB/T1221—2007）的牌号、化学成分、力学性能、特性和应用见表 2.1-82~表 2.1-84。其中 16 个牌号也作为不锈钢使用，其化学成分和力学性能可参见不锈钢部分，这里只列举其主要应用。

表 2.1-82　耐热钢的牌号和化学成分

类型	新牌号	旧牌号	化学成分(质量分数,%)										
			C	Si	Mn	P	S	Ni	Cr	Mo	Cu	N	其他
奥氏体型	53Cr21Mn9Ni4N	5Cr21Mn9Ni4N	0.48~0.58	0.35	8.00~10.00	0.040	0.030	3.25~4.50	20.00~22.00	—	—	0.35~0.50	—
	22Cr21Ni12N	2Cr21Ni12N	0.15~0.28	0.75~1.25	1.00~1.60	0.040	0.030	10.50~12.50	20.00~22.00	—	—	0.15~0.30	—
	16Cr23Ni13	2Cr23Ni13	0.20	1.00	2.00	0.040	0.030	12.00~15.00	22.00~24.00	—	—	—	—
	20Cr25Ni20	2Cr25Ni20	0.25	1.50	2.00	0.040	0.030	19.00~22.00	24.00~26.00	—	—	—	—
	12Cr16Ni35	1Cr16Ni35	0.15	1.50	2.00	0.040	0.030	33.00~37.00	14.00~17.00	—	—	—	—
	06Cr19Ni10	0Cr18Ni9	0.08	1.00	2.00	0.045	0.030	8.00~11.00	18.00~20.00	—	—	—	—
	06Cr23Ni13	0Cr23Ni13	0.08	1.00	2.00	0.045	0.030	12.00~15.00	22.00~24.00	—	—	—	—
	06Cr25Ni20	0Cr25Ni20	0.08	1.50	2.00	0.040	0.030	19.00~22.00	24.00~26.00	—	—	—	—
	06Cr17Ni12Mo2	0Cr17Ni12Mo2	0.08	1.00	2.00	0.045	0.030	10.00~14.00	16.00~18.00	2.00~3.00	—	—	—
	45Cr14Ni14W2Mo	4Cr14Ni14W2Mo	0.40~0.50	0.80	0.70	0.040	0.030	13.00~15.00	13.00~15.00	0.25~0.40	—	—	W: 2.00~2.75
	26Cr18Mn12Si2N	3Cr18Mn12Si2N	0.22~0.30	1.40~2.20	10.50~12.50	0.050	0.030	—	17.00~19.00	—	—	0.22~0.33	—
	22Cr20Mn10Ni2Si2N	2Cr20Mn9Ni2Si2N	0.17~0.26	1.80~2.70	8.50~11.00	0.050	0.030	2.00~3.00	18.00~21.00	—	—	0.20~0.30	—
	06Cr19Ni13Mo3	0Cr19Ni13Mo3	0.08	1.00	2.00	0.045	0.030	11.00~15.00	18.00~20.00	3.00~4.00	—	—	—
	06Cr18Ni11Ti	0Cr18Ni10Ti	0.08	1.00	2.00	0.045	0.030	9.00~12.00	17.00~19.00	—	—	—	Ti: 5C~0.70
	06Cr18Ni11Nb	0Cr18Ni11Nb	0.08	1.00	2.00	0.045	0.030	9.00~12.00	17.00~19.00	—	—	—	Nb: 10C~1.10
	06Cr18Ni13Si4①	0Cr18Ni13Si4①	0.08	3.00~5.00	2.00	0.045	0.030	11.50~15.00	15.00~20.00	—	—	—	—
	16Cr20Ni14Si2	1Cr20Ni14Si2	0.20	1.50~2.50	1.50	0.040	0.030	12.00~15.00	19.00~22.00	—	—	—	—
	16Cr25Ni20Si2	1Cr25Ni20Si2	0.20	1.50~2.50	1.50	0.040	0.030	18.00~21.00	24.00~27.00	—	—	—	—

（续）

类型	新牌号	旧牌号	化学成分(质量分数,%)										
			C	Si	Mn	P	S	Ni	Cr	Mo	Cu	N	其他
铁素体型	16Cr25N	2Cr25N	0.20	1.00	1.50	0.040	0.030	—	23.00~27.00		(0.30)	0.25	—
	06Cr13Al	0Cr13Al	0.08	1.00	1.00	0.040	0.030	—	11.50~14.50	—	—	—	Al:0.10~0.30
	022Cr12	00Cr12	0.030	1.00	1.00	0.040	0.030	—	11.00~13.50	—	—	—	—
	10Cr17	1Cr17	0.12	1.00	1.00	0.040	0.030	—	16.00~18.00	—	—	—	—
马氏体型	12Cr5Mo	1Cr5Mo	0.15	0.50	0.60	0.040	0.030	0.60	4.00~6.00	0.40~0.60	—	—	—
	42Cr9Si2	4Cr9Si2	0.35~0.50	2.00~3.00	0.70	0.035	0.030	0.60	8.00~10.00	—	—	—	—
	40Cr10Si2Mo	4Cr10Si2Mo	0.35~0.45	1.90~2.60	0.70	0.035	0.030	0.60	9.00~10.50	0.70~0.90	—	—	—
	17Cr16Ni2		0.12~0.22	1.00	1.50	0.040	0.030	1.50~2.50	15.00~17.00	—	—	—	—
	45Cr9Si3		0.40~0.50	3.00~3.50	0.60	0.030	0.030	0.60	7.50~9.50	—	—	—	—
	80Cr20Si2Ni	8Cr20Si2Ni	0.75~0.85	1.75~2.25	0.20~0.60	0.030	0.030	1.15~1.65	19.00~20.50	—	—	—	—
	14Cr11MoV	1Cr11MoV	0.11~0.18	0.50	0.60	0.035	0.030	0.60	10.00~11.50	0.50~0.70	—	—	V:0.25~0.40
	12Cr12Mo	1Cr12Mo	0.10~0.15	0.50	0.30~0.50	0.035	0.030	0.30~0.60	11.50~13.00	0.30~0.60	0.30	—	—
	18Cr12Mo-VNbN	2Cr12Mo-VNbN	0.15~0.20	0.50	0.50~1.00	0.035	0.030	(0.60)	10.00~13.00	0.30~0.90	—	0.05~0.10	V:0.10~0.40 Nb:0.20~0.60
	15Cr12WMoV	1Cr12WMoV	0.12~0.18	0.50	0.50~0.90	0.035	0.030	0.40~0.80	11.00~13.00	0.50~0.70	—	—	W:0.70~1.10 V:0.15~0.30
	22Cr12Ni-WMoV	2Cr12Ni-MoWV	0.20~0.25	0.50	0.50~1.00	0.040	0.030	0.50~1.00	11.00~13.00	0.75~1.25	—	—	W:0.70~1.25 V:0.20~0.40
	12Cr13	1Cr13	0.08~0.15	1.00	1.00	0.040	0.030	(0.60)	11.50~13.50	—	—	—	—
	13Cr13Mo	1Cr13Mo	0.08~0.18	0.60	1.00	0.040	0.030	(0.60)	11.50~14.00	0.30~0.60	—	—	—
	20Cr13	2Cr13	0.16~0.25	1.00	1.00	0.040	0.030	(0.60)	12.00~14.00	—	—	—	—

（续）

类型	新牌号	旧牌号	化学成分（质量分数，%）										
			C	Si	Mn	P	S	Ni	Cr	Mo	Cu	N	其他
马氏体型	14Cr17Ni2	1Cr17Ni2	0.11~0.17	0.80	0.80	0.040	0.030	1.50~2.50	16.00~18.00	—	—	—	—
马氏体型	13Cr11Ni2W2-MoV	1Cr11Ni2W2-MoV	0.10~0.16	0.60	0.60	0.035	0.030	1.40~1.80	10.50~12.00	0.35~0.50	—	—	W：1.50~2.00 V：0.18~0.30
沉淀硬化型	05Cr17Ni4-Cu4Nb	0Cr17Ni4-Cu4Nb	0.07	1.00	1.00	0.040	0.030	3.00~5.00	15.00~17.50	—	3.00~5.00	—	Nb：0.15~0.45
沉淀硬化型	07Cr17Ni7Al	0Cr17Ni7Al	0.09	1.00	1.00	0.040	≤0.030	6.50~7.75	16.00~18.00	—	—	—	Al：0.75~1.50
沉淀硬化型	06Cr15Ni25Ti2-MoAlVB	0Cr15Ni25Ti2-MoAlVB	0.08	1.00	2.00	0.040	0.030	24.00~27.00	13.50~16.00	1.00~1.50	—	—	Al：0.35 Ti：1.90~2.35 B：0.001~0.01 V：0.10~0.5

注：表中所列成分除标明范围或最小值外，其余均为最大值。括号内值为可加入或允许含有的最大值。

① 必要时，可添加上表以外的合金元素。

表 2.1-83　耐热钢的力学性能

类型	新牌号	旧牌号	热处理/℃	规定塑性延伸强度 $R_{p0.2}$ /MPa	抗拉强度 R_m/MPa	断后伸长率 A（%）	断面收缩率 Z（%）	冲击吸收能量 KU_2 /J	硬度 HBW
				≥					
奥氏体型	53Cr21Mn9Ni4N	5Cr21Mn9Ni4N	固溶 1100~1200 快冷，时效 730~780 空冷	560	885	8	—	—	≥302
奥氏体型	22Cr21Ni12N	2Cr21Ni12N	固溶 1050~1150 快冷，时效 750~800 空冷	430	820	26	20	—	≤269
奥氏体型	16Cr23Ni13	2Cr23Ni13	固溶 1030~1150 快冷	205	560	45	50	—	≤201
奥氏体型	20Cr25Ni20	2Cr25Ni20	固溶 1030~1180 快冷	205	590	40	50	—	≤201
奥氏体型	12Cr16Ni35	1Cr16Ni35	固溶 1030~1180 快冷	205	560	40	50	—	≤201
奥氏体型	06Cr19Ni10	0Cr18Ni9	固溶 1010~1150 快冷	205	520	40	60	—	≤187
奥氏体型	06Cr23Ni13	0Cr23Ni13	固溶 1030~1150 快冷	205	520	40	60	—	≤187
奥氏体型	06Cr25Ni20	0Cr25Ni20	固溶 1030~1180 快冷	205	520	40	50	—	≤187
奥氏体型	06Cr17Ni12Mo2	0Cr17Ni12Mo2	固溶 1010~1150 快冷	205	520	40	60	—	≤187
奥氏体型	45Cr14Ni14-W2Mo	4Cr14Ni14W2Mo	退火 820~850 快冷	315	705	20	35	—	≤248
奥氏体型	26Cr18Mn12Si2N	3Cr18Mn12Si2N	固溶 1100~1150 快冷	390	685	35	45	—	≤248
奥氏体型	22Cr20Mn-10Ni2Si2N	2Cr20Mn9Ni2Si2N	固溶 1100~1150 快冷	390	635	35	45	—	≤248

（续）

类型	新牌号	旧牌号	热处理/℃	规定塑性延伸强度 $R_{p0.2}$ /MPa	抗拉强度 R_m/MPa	断后伸长率 A (%)	断面收缩率 Z(%)	冲击吸收能量 KU_2 /J	硬度 HBW
				≥					
奥氏体型	06Cr19Ni13Mo3	0Cr19Ni13Mo3	固溶 1010~1150 快冷	205	520	40	60	—	≤187
	06Cr18Ni11Ti	0Cr18Ni10Ti	固溶 920~1150 快冷	205	520	40	50	—	≤187
	06Cr18Ni11Nb	0Cr18Ni11Nb	固溶 980~1150 快冷	205	520	40	50	—	≤187
	06Cr18Ni13Si4	0Cr18Ni13Si4	固溶 1010~1150 快冷	205	520	40	60	—	≤207
	16Cr20Ni14Si2	1Cr20Ni14Si2	固溶 1080~1130 快冷	295	590	35	50	—	≤187
	16Cr25Ni20Si2	1Cr25Ni20Si2	固溶 1080~1130 快冷	295	590	35	50	—	≤187
铁素体型	16Cr25N	2Cr25N	退火 780~880 快冷	275	510	20	40	—	≤201
	06Cr13Al	0Cr13Al	退火 780~830 空冷或缓冷	175	410	20	60	—	≥183
	022Cr12	00Cr12	退火 700~820 空冷或缓冷	195	360	22	60	—	≥183
	10Cr17	1Cr17	退火 780~850 空冷或缓冷	205	450	22	50	—	≥183

类型	新牌号	旧牌号	热处理/℃			经淬回火的力学性能					硬度	
			退火	淬火	回火	规定塑性延伸强度 $R_{p0.2}$ /MPa	抗拉强度 R_m /MPa	断后伸长率 A (%)	断面收缩率 Z (%)	冲击吸收能量 KU_2/J	经淬火回火后的硬度 HBW	退火后的硬度 HBW
						≥						
马氏体型	12Cr5Mo	1Cr5Mo	—	900~950 油冷	600~700 空冷	390	590	18	—	—	—	≤200
	42Cr9Si2	4Cr9Si2	—	1020~1040 油冷	700~780 油冷	590	885	19	50	—	—	≤269
	40Cr10Si2Mo	4Cr10Si2Mo	—	1010~1040 油冷	720~760 空冷	685	885	10	35	—	—	≤269
	80Cr20Si2Ni	8Cr20Si2Ni	800~900 缓冷或约 720 空冷	1030~1080 油冷	700~800 快冷	685	885	10	15	8	≥262	≤321
	14Cr11MoV	1Cr11MoV	—	1050~1100 空冷	720~740 空冷	490	685	16	55	47	—	≤200
	12Cr12Mo	1Cr12Mo	800~900 缓冷或约 750 快冷	950~1000 油冷	70~750 快冷	550	685	18	60	78	217~248	≤255
	18Cr12MoVNbN	2Cr12MoVNbN	850~950 缓冷	1100~1170 油冷或空冷	600 以上空冷	685	835	15	30	—	≤321	≤269
	15Cr12WMoV	1Cr12WMoV	—	1000~1050 油冷	680~700 空冷	585	735	15	45	47	—	—
	22Cr12NiWMoV	2Cr12NiMoWV	830~900 缓冷	1020~1070 油冷或空冷	600 以上空冷	735	885	10	25	—	≤341	≤269
	12Cr13	1Cr13	800~900 缓冷或约 750 快冷	950~1000 油冷	700~750 快冷	345	540	25	55	78	159	≤200

（续）

类型	新牌号	旧牌号	热处理/℃			经淬回火的力学性能						
						规定塑性延伸强度 $R_{p0.2}$ /MPa	抗拉强度 R_m /MPa	断后伸长率 A (%)	断面收缩率 Z (%)	冲击吸收能量 KU_2/J	硬度	
			退火	淬火	回火	≥					经淬火回火后的硬度 HBW	退火后的硬度 HBW
马氏体型	13Cr13Mo	1Cr13Mo	830~900缓冷或约750快冷	970~1020油冷	650~750快冷	490	690	20	60	78	192	≤200
	20Cr13	2Cr13	800~900缓冷或约750快冷	920~980油冷	600~750快冷	440	640	20	50	63	192	≤223
	14Cr17Ni2	1Cr17Ni2	680~700高温回火，空冷	950~1050油冷	275~350空冷	—	1080	10	—	39	—	—
	13Cr11Ni2-W2MoV	1Cr11Ni2-W2MoV	—	1组1000~1020正火 1000~1020油冷或空冷	660~710油冷或空冷	735	885	15	55	71	269~321	≤269
				2组1000~1020正火 1000~1020油冷或空冷	540~600油冷或空冷	885	1080	12	50	55	311~388	

类型	新牌号	旧牌号	热处理/℃		经淬回火的力学性能						
					规定塑性延伸强度 $R_{p0.2}$ /MPa	抗拉强度 R_m /MPa	断后伸长率 A (%)	断面收缩率 Z (%)	冲击吸收能量 KU_2/J	硬度	
			种类	条件	≥					HBW	HRC
沉淀硬化型	05Cr17Ni4-Cu4Nb	0Cr17Ni14-Cu4Nb	固溶	1020~1060快冷	—	—	—	—	—	≤363	≤38
			480时效	经固溶处理后，470~490空冷	1180	1310	10	40	—	≥375	≥40
			550时效	经固溶处理后，540~560空冷	1000	1070	12	45	—	≥331	≥35
			580时效	经固溶处理后，570~590空冷	865	1000	13	45	—	≥302	≥31
			620时效	经固溶处理后，610~630空冷	725	930	16	50	—	≥277	≥28
	07Cr17Ni7Al	0Cr17Ni7Al	固溶	1000~1100快冷	380	1030	20	—	—	≤229	—
			565℃时效	经固溶处理后，(760±15)℃保持90min，在1h内冷却到15℃以下，保持30min，再加热到(565±10)℃保持90min，空冷	960	1140	5	25	—	≥363	—
			510℃时效	经固溶处理后，(955±10)℃保持10min，空冷到室温，在24h内冷却到(−73±6)℃保持8h，再加热到(510±10)℃，保持60min后空冷	1030	1230	4	10	—	≥388	—

表 2.1-84 耐热钢的特性和应用

类型	新牌号	旧牌号	特性和应用
奥氏体型	53Cr21Mn9Ni4N	5Cr21Mn9Ni4N	以经受高温强度为主的汽油及柴油机用排气阀
	22Cr21Ni12N	2Cr21Ni12N	以抗氧化为主的汽油及柴油机用排气阀
	16Cr23Ni13	2Cr23Ni13	承受 980℃以下反复加热的抗氧化钢。用于制造加热炉部件、重油燃烧器
	20Cr25Ni20	2Cr25Ni20	承受 1035℃以下反复加热的抗氧化钢。用于制造炉用部件、喷嘴、燃烧室
	12Cr16Ni35	1Cr16Ni35	抗渗碳、氮化性大的钢种，1035℃以下反复加热。炉用钢料，用于制造石油裂解装置
	06Cr19Ni10	0Cr18Ni9	通用耐氧化钢，可承受 870℃以下反复加热
	06Cr23Ni13	0Cr23Ni13	比 06Cr19Ni10 耐氧化性好，可承受 980℃以下反复加热。炉用材料
	06Cr25Ni20	0Cr25Ni20	比 06Cr23Ni13 抗氧化性好，可承受 1035℃加热。炉用材料，汽车净化装置用材料
	06Cr17Ni12Mo2	0Cr17Ni12Mo2	高温具有优良的蠕变强度，用于制造热交换用部件、高温耐蚀螺栓
	45Cr14Ni14-W2Mo	4Cr14Ni14-W2Mo	有较高的热强性，用于内燃机重负荷排气阀
	26Cr18Mn12Si2N	3Cr18Mn12Si2N	有较高的高温强度和一定的抗氧化性，并且有较好的抗硫及抗增碳性。用于吊挂支架、渗碳炉构件、加热炉传送带、料盘、炉爪
	22Cr20Mn10-Ni2Si2N	2Cr20Mn9Ni2-Si2N	特性和应用同 26Cr18Mn12Si2N，还可用作盐浴坩埚和加热炉管道等
	06Cr19Ni13Mo3	0Cr19Ni13Mo3	高温具有良好的蠕变强度，用于制造热交换用部件
	06Cr18Ni11Ti	0Cr18Ni10Ti	用作在 400~900℃腐蚀条件下使用的部件，高温用焊接结构部件
	06Cr18Ni11Nb	0Cr18Ni11Nb	用作在 400~900℃腐蚀条件下使用的部件，高温用焊接结构部件
	06Cr18Ni13Si4	0Cr18Ni13Si4	具有与 06Cr25Ni20 相当的抗氧化性，汽车排气净化装置用材料
	16Cr20Ni14Si2 16Cr25Ni20Si2	1Cr20Ni14Si2 1Cr25Ni20Si2	具有较高的高温强度及抗氧化性，对含硫气氛较敏感，在 600~800℃有析出相的脆化倾向，适用于制作承受应力的各种炉用构件
铁素体型	16Cr25N	2Cr25N	耐高温腐蚀性强，1082℃以下不产生易剥落的氧化皮，用于燃烧室
	06Cr13Al	0Cr13Al	由于冷却硬化少，用于制造燃气透平压缩机叶片、退火箱、淬火台架
	022Cr12	00Cr12	耐高温氧化，用于制造要求焊接的部件，如汽车排气阀净化装置、锅炉燃烧室、喷嘴
	10Cr17	1Cr17	用于制造 900℃以下耐氧化部件，散热器、炉用部件、油喷嘴
马氏体型	12Cr5Mo	1Cr5Mo	能抗石油裂化过程中产生的腐蚀。用于制造再热蒸汽管、石油裂解管、锅炉吊架、蒸汽轮机气缸衬套、泵的零件、阀、活塞杆、高压加氢设备部件、紧固件
	42Cr9Si2	4Cr9Si2	有较高的热强性，用于制造内燃机进气阀、轻负荷发动机的排气阀
	40Cr10Si2Mo	4Cr10Si2Mo	有较高的热强性，用于制造内燃机进气阀、轻负荷发动机的排气阀
	80Cr20Si2Ni	8Cr20Si2Ni	用于制造耐磨性为主的吸气、排气阀、阀座
	14Cr11MoV	1Cr11MoV	有较高的热强性，良好的减振性及组织稳定性。用于透平叶片及导向叶片
	12Cr12Mo	1Cr12Mo	用于制造汽轮机叶片
	18Cr12MoVNbN	2Cr12MoVNbN	用于制造汽轮机叶片、盘、叶轮轴、螺栓
	15Cr12WMoV	1Cr12WMoV	有较高的热强性、良好的减振性及组织稳定性。用于透平叶片、紧固件、转子及轮盘
	22Cr12NiWMoV	2Cr12NiMoWV	用作高温结构部件，如汽轮机叶片、盘叶轮轴、螺栓
	12Cr13	1Cr13	用作 800℃以下耐氧化用部件
	13Cr13Mo	1Cr13Mo	用作汽轮机叶片，高温、高压蒸汽用机械部件
	20Cr13	2Cr13	淬火状态下硬度高，耐蚀性良好。用于制造汽轮机叶片
	14Cr17Ni2	1Cr17Ni2	用作具有较高程度的耐硝酸及有机酸腐蚀的零件、容器和设备
	13Cr11Ni2-W2MoV	1Cr11Ni2-W2MoV	具有良好的韧性和抗氧化性能，在淡水和湿空气中有较好的耐蚀性
沉淀硬化型	05Cr17Ni4CuNb	0Cr17Ni4Cu4Nb	用于制造燃气透平压缩机叶片、燃气透平发动机绝缘材料
	07Cr17Ni7Al	0Cr17Ni7Al	用于制造高温弹簧、膜片、固定器、波纹管

15. 汽轮机叶片用钢

汽轮机叶片用钢用于制造汽轮机叶片和燃气轮机叶片。汽轮机叶片用钢（GB/T 8732—2014）的牌号、化学成分、热处理制度和力学性能见表 2.1-85~表 2.1-87。

表 2.1-85 汽轮机叶片用钢的牌号和化学成分

新牌号	旧牌号	化学成分(质量分数,%)														
		C	Si	Mn	P	S	Ni	Cr	Mo	W	V	Cu	Al	Ti	N	Nb+Ta
12Cr13	1Cr13	0.10~0.15	≤0.60	≤0.60	≤0.030	≤0.020	≤0.60	11.50~13.50	—	—	—	≤0.30	—	—	—	—
20Cr13	2Cr13	0.16~0.24	≤0.60	≤0.60	≤0.030	≤0.020	≤0.60	12.00~14.00	—	—	—	≤0.30	—	—	—	—
12Cr12Mo	1Cr12Mo	0.10~0.15	≤0.50	0.30~0.60	≤0.030	≤0.020	0.30~0.60	11.50~13.00	0.30~0.60	—	—	≤0.30	—	—	—	—
14Cr11MoV	1Cr11MoV	0.11~0.18	≤0.50	≤0.60	≤0.030	≤0.020	≤0.60	10.00~11.50	0.50~0.70		0.25~0.40	≤0.30	—	—	—	—
15Cr12WMoV	1Cr12W1MoV	0.12~0.18	≤0.50	0.50~0.90	≤0.030	≤0.020	0.40~0.80	11.00~13.00	0.50~0.70	0.70~1.10	0.15~0.30	≤0.30	—	—	—	—
21Cr12MoV	2Cr12MoV	0.18~0.24	0.10~0.50	0.30~0.80	≤0.030	≤0.020	0.30~0.80	11.00~12.50	0.80~1.20	—	0.25~0.35	≤0.30	—	—	—	—
18Cr11NiMoNbVN	2Cr11NiMoNbVN	0.15~0.20	≤0.50	0.50~0.80	≤0.020	≤0.015	0.30~0.60	10.0~12.00	0.60~0.90	—	0.20~0.30	≤0.10	≤0.03	—	0.040~0.090	Nb:0.20~0.60
22Cr12NiWMoV	2Cr12NiMo1W1V	0.20~0.25	≤0.50	0.50~1.00	≤0.030	≤0.020	0.50~1.00	11.00~12.50	0.90~1.25	0.90~1.25	0.20~0.30	≤0.30	—	—	—	—
05Cr17Ni4Cu4Nb	0Cr17Ni4Cu4Nb	≤0.055	≤1.00	≤0.50	≤0.030	≤0.020	3.80~4.50	15.00~16.00	—	—	—	3.00~3.70	≤0.050	≤0.050	≤0.050	0.15~0.35
14Cr12Ni2WMoV	1Cr12Ni2W1Mo1V	0.11~0.16	0.10~0.35	0.40~0.80	≤0.025	≤0.020	2.20~2.50	10.50~12.50	1.00~1.40	1.00~1.40	0.15~0.35	—	≤0.05	—	—	—
14Cr12Ni3Mo2VN	1Cr12Ni3Mo2VN	0.10~0.17	≤0.30	0.50~0.90	≤0.020	≤0.015	2.00~3.00	11.00~12.75	1.50~2.00	—	0.25~0.40	≤0.15	≤0.04	≤0.02	0.010~0.050	—
14Cr11W2MoNiVNbN	1Cr11MoNiW2VNbN	0.12~0.16	≤0.15	0.30~0.70	≤0.015	≤0.015	0.35~0.65	10.00~11.00	0.35~0.50	1.50~1.90	0.14~0.20	≤0.10	—	—	0.040~0.080	0.05~0.11

表 2. 1-86　汽轮机叶片用钢的热处理制度

牌号		推荐的热处理制度		布氏硬度 HBW
新牌号	旧牌号	退火	高温回火	≤
12Cr13	1Cr13	800~900℃，缓冷	700~770℃，快冷	200
20Cr13	2Cr13	800~900℃，缓冷	700~770℃，快冷	223
12Cr12Mo	1Cr12Mo	800~900℃，缓冷	700~770℃，快冷	255
14Cr11MoV	1Cr11MoV	800~900℃，缓冷	700~770℃，快冷	200
15Cr12WMoV	1Cr12W1MoV	800~900℃，缓冷	700~770℃，快冷	223
21Cr12MoV	2Cr12MoV	880~930℃，缓冷	750~770℃，快冷	255
18Cr11NiMoNbVN	2Cr11NiMoNbVN	800~900℃，缓冷	700~770℃，快冷	255
22Cr12NiWMoV	2Cr12NiMo1W1V	860~930℃，缓冷	750~770℃，快冷	255
05Cr17Ni4Cu4Nb	0Cr17Ni4Cu4Nb	740~850℃，缓冷	660~680℃，快冷	361
14Cr2Ni2WMoV	1Cr12Ni2W1Mo1V	860~930℃，缓冷	650~750℃，快冷	287
14Cr12Ni3Mo2VN	1Cr12Ni3Mo2VN	860~930℃，缓冷	650~750℃，快冷	287
14Cr11W2MoNiVNbN	1Cr11MoNiW2VNbN	860~930℃，缓冷	650~750℃，快冷	287
15Cr12WMoV	1Cr12W1MoV	800~900℃，缓冷	700~770℃，快冷	223
21Cr12MoV	2Cr12MoV	880~930℃，缓冷	750~770℃，快冷	255
18Cr11NiMoNbVN	2Cr11NiMoNbVN	800~900℃，缓冷	700~770℃，快冷	255
22Cr12NiWMoV	2Cr12NiMo1W1V	860~930℃，缓冷	750~770℃，快冷	255
05Cr17Ni4Cu4Nb	0Cr17Ni4Cu4Nb	740~850℃，缓冷	660~680℃，快冷	361

表 2. 1-87　汽轮机叶片用钢的力学性能

<table>
<tr><th rowspan="3">新牌号</th><th rowspan="3">旧牌号</th><th colspan="3">热处理</th><th colspan="7">力学性能</th></tr>
<tr><th colspan="2">淬火温度/℃</th><th>回火温度/℃</th><th>规定塑性延伸强度 $R_{p0.2}$/MPa</th><th colspan="2">抗拉强度 R_m/MPa</th><th>断后伸长率 A（%）</th><th>断面收缩率 Z（%）</th><th>冲击吸收能量 KV_2/J</th><th rowspan="2">试样硬度 HBW</th></tr>
<tr><th colspan="6">≥</th></tr>
<tr><td>12Cr13</td><td>1Cr13</td><td colspan="2">980~1040 油</td><td>660~770 空</td><td>440</td><td colspan="2">620</td><td>20</td><td>60</td><td>35</td><td>192~241</td></tr>
<tr><td>20Cr13</td><td>2Cr13</td><td colspan="2">950~1020 空气、油</td><td>660~770 油、水、空气</td><td>490</td><td colspan="2">665</td><td>16</td><td>50</td><td>27</td><td>212~262</td></tr>
<tr><td>12Cr12Mo</td><td>1Cr12Mo</td><td colspan="2">950~1000 油</td><td>650~710 空气</td><td>550</td><td colspan="2">685</td><td>18</td><td>60</td><td>78</td><td>217~255</td></tr>
<tr><td>14Cr11MoV</td><td>1Cr11MoV</td><td colspan="2">1000~1050 空气、油</td><td>700~750 空气</td><td>490</td><td colspan="2">685</td><td>16</td><td>56</td><td>27</td><td>212~262</td></tr>
<tr><td>15Cr12WMoV</td><td>1Cr12W1MoV</td><td colspan="2">1000~1050 油</td><td>680~740 空气</td><td>590</td><td colspan="2">735</td><td>15</td><td>45</td><td>27</td><td>229~277</td></tr>
<tr><td>18Cr11NiMo-NbVN</td><td>2Cr11NiMo-NbVN</td><td colspan="2">≥1090 油</td><td>≥640 空气</td><td>760</td><td colspan="2">930</td><td>12</td><td>32</td><td>20</td><td>277~331</td></tr>
<tr><td>22Cr12NiWMoV</td><td>2Cr12NiMo1W1V</td><td colspan="2">980~1040 油</td><td>650~750 空气</td><td>760</td><td colspan="2">930</td><td>12</td><td>32</td><td>11</td><td>277~311</td></tr>
<tr><td rowspan="2">21Cr12MoV</td><td rowspan="2">2Cr12MoV</td><td>Ⅰ</td><td>1020~1070 油</td><td>≥650 空气</td><td>700</td><td colspan="2">900~1050</td><td>13</td><td>35</td><td>20</td><td>265~310</td></tr>
<tr><td>Ⅱ</td><td>1020~1050 油</td><td>700~750 空气</td><td>590~735</td><td colspan="2">≤930</td><td>15</td><td>50</td><td>27</td><td>241~285</td></tr>
<tr><td rowspan="3">05Cr17Ni4Cu4Nb</td><td rowspan="3">0Cr17Ni4Cu4Nb</td><td>Ⅰ</td><td rowspan="3">1025~1055，油，空冷（≥14℃/min 冷却到室温）</td><td>—</td><td>645~655，4h，空冷</td><td>590~800</td><td>900</td><td>16</td><td>55</td><td>—</td><td>262~302</td></tr>
<tr><td>Ⅱ</td><td rowspan="2">810~820，0.5h 空冷（≥14℃/min 冷却到室温）</td><td>565~575，3h，空冷</td><td>890~980</td><td>950~1020</td><td>16</td><td>55</td><td>—</td><td>293~341</td></tr>
<tr><td>Ⅲ</td><td>600~610，5h，空冷</td><td>755~890</td><td>890~1030</td><td>16</td><td>55</td><td>—</td><td>277~321</td></tr>
</table>

16. 内燃机气阀用钢

内燃机气阀用钢（GB/T 12773—2021）的牌号、化学成分、力学性能、特性和应用见表 2.1-88～表 2.1-91。

表 2.1-88　内燃机气阀用钢的牌号和化学成分

序号	类别	牌号	化学成分(质量分数,%)												
			C	Si	Mn	P	S	Ni	Cr	Mo	W	N	V	Nb	Cu	其他
1	马氏体型	40Cr10Si2Mo	0.35～0.45	1.90～2.60	≤0.70	≤0.035	≤0.030	≤0.60	9.00～10.50	0.70～0.90	—	—	—	—	≤0.30	—
2	马氏体型	42Cr9Si2	0.35～0.50	2.00～3.00	≤0.70	≤0.035	≤0.030	≤0.60	8.00～10.00	—	—	—	—	—	≤0.30	—
3	马氏体型	45Cr9Si3	0.40～0.50	2.70～3.30	≤0.80	≤0.040	≤0.030	≤0.60	8.00～10.00	—	—	—	—	—	≤0.30	—
4	马氏体型	51Cr8Si2	0.47～0.55	1.00～2.00	0.20～0.60	≤0.030	≤0.030	≤0.60	7.50～9.50	—	—	—	—	—	≤0.30	—
5	马氏体型	80Cr20Si2Ni	0.75～0.90	1.75～2.60	≤0.80	≤0.030	≤0.030	1.15～1.70	19.00～20.50	—	—	—	—	—	≤0.30	—
6	马氏体型	85Cr18Mo2V	0.80～0.90	≤1.00	≤1.50	≤0.040	≤0.030	≤0.50	16.50～18.50	2.00～2.50	—	—	0.30～0.60	—	≤0.30	—
7	奥氏体型	20Cr21Ni12N	0.15～0.25	0.75～1.25	1.00～1.60	≤0.035	≤0.030	10.50～12.50	20.50～22.50	—	—	0.15～0.30	—	—	≤0.30	—
8	奥氏体型	33Cr23Ni8Mn3N	0.28～0.38	0.50～1.00	1.50～3.50	≤0.040	≤0.030	7.00～9.00	22.00～24.00	≤0.50	≤0.50	0.25～0.35	—	—	≤0.30	—
9	奥氏体型	45Cr14Ni14W2Mo	0.40～0.50	≤0.80	≤0.70	≤0.035	≤0.030	13.00～15.00	13.00～15.00	0.25～0.40	2.00～2.75	—	—	—	≤0.30	—
10	奥氏体型	50Cr21Mn9N4Nb2WN	0.45～0.55	≤0.45	8.00～10.00	≤0.050	≤0.030	3.50～5.00	20.00～22.00	—	0.80～1.50	0.40～0.60	—	1.80～2.50	≤0.30	C+N≥0.90
11	奥氏体型	53Cr21Mn9Ni4N	0.48～0.58	≤0.35	8.00～10.00	≤0.040	≤0.030	3.25～4.50	20.00～22.00	—	—	0.35～0.50	—	—	≤0.30	C+N≥0.90
12	奥氏体型	55Cr21Mn8Ni2N	0.50～0.60	≤0.25	7.00～10.00	≤0.040	≤0.030	1.50～2.75	19.50～21.50	—	—	0.20～0.40	—	—	≤0.30	—
13	奥氏体型	61C21Mn10Mo1V1Nb1N	0.57～0.65	≤0.25	9.50～11.50	≤0.050	≤0.030	≤1.50	20.00～22.00	0.75～1.25		0.40～0.60	0.75～1.00	1.00～1.20	≤0.30	—
14	奥氏体型	Ni30	≤0.08	≤0.50	≤0.50	≤0.015	≤0.015	29.50～33.50	13.50～15.50	0.40～1.00	—	—	—	0.40～0.90	≤0.20	Al:1.60～2.20 Ti:2.30～2.90 Fe余　B≤0.01
15	奥氏体型	GH4751	0.03～0.10	≤0.50	≤0.50	≤0.015	≤0.015	余	14.00～17.00	≤0.50	—	—	—	0.70～1.20	—	Al:0.90～1.50 Ti:2.00～2.60 Fe:5.00～9.00
16	奥氏体型	GH4080A	0.04～0.10	≤1.00	≤1.00	≤0.020	≤0.015	余	18.00～21.00	—	—	—	—	—	≤0.20	Al:1.00～1.80 Ti:1.80～2.70 Fe≤3.00　Co≤2.00 B≤0.008

注：根据需方要求并在合同中注明，40Cr10Si2Mo 中的 Cr 含量可做相应调整，Cr 含量范围为 10.00%～12.00%。

表 2.1-89　内燃机气阀用钢的室温力学性能

序号	类别	牌号	热处理/℃	室温力学性能,不小于				硬度	
				规定非比例延伸强度 $R_{p0.2}$/MPa	抗拉强度 R_m/MPa	断后伸长率 A(%)	断面收缩率 Z(%)	HBW	HRC
1	马氏体型	40Cr10Si2Mo	1000~1050 油冷 +700~780 空冷	680	880	10	35	266~325	—
2		42Cr9Si2	1000~1050 油冷 +700~780 空冷	590	880	19	50	266~325	—
3		45Cr9Si3	1000~1050 油冷 +720~820 空冷	700	900	14	40	266~325	—
4		51Cr8Si2	1000~1050 油冷 +650~750 空冷	685	885	14	35	≥260	—
5		80Cr20Si2Ni	1030~1080 油冷 +700~800 空冷	680	880	10	15	≥295	—
6		85Cr18Mo2V	1050~1080 油冷 +700~820 空冷	800	1000	7	12	290~325	—
7	奥氏体型	20Cr21Ni12N	1100~1200 固溶 +700~800 空冷	430	820	26	20	—	—
8		33Cr23Ni8Mn3N	1150~1200 固溶 +780~820 空冷	550	850	20	30	—	≥25
9		45Crl4Ni14W2Mo	1100~1200 固溶 +720~800 空冷	395	785	25	35	—	—
10		50Cr21Mn9Ni4Nb2WN	1160~1200 固溶 +760~850 空冷	580	950	12	15	—	≥28
11		53Cr21Mn9Ni4N	1140~1200 固溶 +760~815 空冷	580	950	8	10	—	—
12		55Cr21Mn8Ni2N	1140~1180 固溶 +760~815 空冷	550	900	8	10	—	≥28
13		61Cr21Mn10MolV1Nb1N	1100~1200 固溶 +720~800 空冷	800	1000	8	10	—	≥32
14		Ni30	900~1100 固溶 +700~800×6h 空冷	600	1000	12	30	—	≥28
15		GH4751	1100~1150 固溶 +840×24h 空冷+700×2h 空冷	750	1100	12	20	—	≥32
16		GH4080A	1050~1160 固溶 +690~710×16h 空冷	725	1100	15	25	—	≥32

表 2.1-90 内燃机气阀用钢的高温力学性能

序号	材料牌号	热处理状态	高温短时抗拉强度/MPa						
			500℃	550℃	600℃	650℃	700℃	750℃	800℃
马氏体型									
1	40Cr10Si2Mo	淬火+回火	550	420	300	220	(130)	—	—
2	42Cr9Si2	淬火+回火	500	360	240	160	—	—	—
3	45Cr9Si3	淬火+回火	500	360	250	170	(110)	—	—
4	51Cr8Si2	淬火+回火	500	360	230	160	(105)	—	—
5	80Cr20Si2Ni	淬火+回火	550	400	300	230	180	—	—
6	85Cr18Mo2V	淬火+回火	550	400	300	230	180	(140)	—
奥氏体型									
7	20Cr21Ni12N	固溶+时效	600	550	500	440	370	300	240
8	33Cr23Ni8Mn3N	固溶+时效	600	570	530	470	400	340	280
9	45Cr14Ni14W2Mo	固溶+时效	600	550	500	410	350	270	180
10	50Cr21Mn9Ni4Nb2WN	固溶+时效	680	650	610	550	480	410	340
11	53Cr21Mn9Ni4N	固溶+时效	650	600	550	500	450	370	300
12	55Cr21Mn8Ni2N	固溶+时效	640	590	540	490	440	360	290
13	61Cr21Mn10Mo1V1NblN	固溶+时效	800	780	750	680	600	500	400
14	Ni30	固溶+时效	1030	1005	1000	950	900	650	540
15	GH4751	固溶+时效	1000	980	930	850	770	650	510
16	GH4080A	固溶+时效	1050	1030	1000	930	820	680	500

表 2.1-91 内燃机气阀用钢的特性和应用

类别	牌号	特性和应用
奥氏体型	53Cr21Mn9Ni4N	以经受高温强度为主的汽油及柴油机用排气阀
	20Cr21Ni12N	以抗氧化为主的汽油及柴油机用排气阀
	45Cr14Ni14W2Mo	有较高的热强性，用于内燃机重负荷排气阀
马氏体型	42Cr9Si2	有较高的热强性，用于内燃机进气阀、轻负荷发动机的排气阀
	40Cr10Si2Mo	有较高的热强性，用于内燃机进气阀、轻负荷发动机的排气阀
	80Cr20Si2Ni	用于耐磨性为主的进气、排气阀、阀座

2.2 铸钢和铸铁

2.2.1 铸钢

1. 铸造碳钢

一般工程用铸造碳钢（GB/T 11352—2009）的牌号、化学成分、力学性能、特性和应用见表 2.2-1~表 2.2-3。

2. 焊接结构用铸钢

焊接结构用铸钢（GB/T 7659—2010）的牌号、化学成分和力学性能见表 2.2-4 和表 2.2-5。

3. 低合金铸钢

合金含量（质量分数）小于 3%的铸钢称为低合金钢。一般工程与结构用低合金铸钢（GB/T 14408—2014）的牌号、化学成分和力学性能见表 2.2-6；大型低合金铸钢（JB/T 6402—2018）的牌号、化学成分、力学性能、特性和应用见表 2.2-7~表 2.2-9。

低合金铸钢的工艺性能如下：

① 切削加工性能。如果材料硬度过高，将导致加工困难，刀具易磨损，因此需减小进给量，可以得到较小的表面粗糙度值；如果材料硬度低，将导致加工过程中容易黏刀，也会使切削加工性能恶化。存在粗厚的网状铁素体时，会令切削时黏刀，表面粗糙度变差。合金元素的加入也可能导致硬度的提高而影响切削加工性能。

② 热处理性能。低合金铸钢经调质处理可以提高力学性能。淬火时应注意控制变形和防止裂纹产生。碳与合金元素较多的铸钢应采用油淬。

表 2.2-1　一般工程用铸造碳钢的牌号和化学成分

<table>
<tr><th rowspan="2">牌号</th><th colspan="11">化学成分(质量分数,%)≤</th></tr>
<tr><th>C</th><th>Si</th><th>Mn</th><th>S</th><th>P</th><th>Cr</th><th>Mo</th><th>V</th><th>Ni</th><th>Cu</th><th>残余元素总量</th></tr>
<tr><td>ZG200-400</td><td>0.20</td><td rowspan="5">0.60</td><td>0.80</td><td rowspan="5">0.035</td><td rowspan="5">0.035</td><td rowspan="5">0.35</td><td rowspan="5">0.20</td><td rowspan="5">0.05</td><td rowspan="5">0.40</td><td rowspan="5">0.40</td><td rowspan="5">1.00</td></tr>
<tr><td>ZG230-450</td><td>0.30</td><td rowspan="4">0.90</td></tr>
<tr><td>ZG270-500</td><td>0.40</td></tr>
<tr><td>ZG310-570</td><td>0.50</td></tr>
<tr><td>ZG340-640</td><td>0.60</td></tr>
</table>

表 2.2-2　铸造碳钢的力学性能（≥）

牌号	屈服强度 $R_{eH}(R_{p0.2})$/MPa	抗拉强度 R_m/MPa	断后伸长率 A_5(%)	断面收缩率 Z(%)	冲击韧度 KV/J	冲击韧度 KU/J
ZG200-400	200	400	25	40	30	47
ZG230-450	230	450	22	32	25	35
ZG270-500	270	500	18	25	22	27
ZG310-570	310	570	15	21	15	24
ZG340-640	340	640	10	18	10	16

注：表中所列的各牌号性能，适应于厚度为 100mm 以下的铸件。

表 2.2-3　铸造碳钢的特性和应用

牌号	主要特性	应用举例
ZG200-400	良好的塑性、韧性和焊接性,焊补不需要预热	用于受力不大、要求韧性的各种机械零件,如机座、变速箱等
ZG230-450	有一定的强度和好的塑性、韧性,良好的焊接性,焊补不经预热,切削性能良好	用于受力不大、要求韧性的零件,如钻座、轴承盖、外壳、底板、阀体、轧钢机架、侧架等
ZG270-500	较好的塑性和韧性,焊接性好,应用广泛	轧钢机架、轴承座、连杆、箱体、横梁、曲轴、缸体等
ZG310-570	强度和切削性好,焊接性差,焊补需要预热	负荷较高的耐磨零件,如链子、缸体、制动轮、联轴器、齿轮、轴、机架等
ZG340-640	高的强度、硬度和耐磨性,切削性能中等,焊接性能差,焊补需预热	用于齿轮、棘轮、叉头、车轮等

表 2.2-4　焊接结构用铸钢的牌号和化学成分

<table>
<tr><th rowspan="3">牌号</th><th colspan="11">化学成分(质量分数,%)</th></tr>
<tr><th rowspan="2">C</th><th rowspan="2">Si</th><th rowspan="2">Mn</th><th rowspan="2">S</th><th rowspan="2">P</th><th colspan="6">残余元素</th></tr>
<tr><th>Ni</th><th>Cr</th><th>Cu</th><th>Mo</th><th>V</th><th>总和</th></tr>
<tr><td>ZG200-400H</td><td>≤0.20</td><td>≤0.60</td><td>≤0.80</td><td>≤0.025</td><td>≤0.025</td><td rowspan="3">≤0.40</td><td rowspan="3">≤0.35</td><td rowspan="3">≤0.40</td><td rowspan="3">≤0.15</td><td rowspan="3">≤0.05</td><td rowspan="3">≤1.0</td></tr>
<tr><td>ZG230-450H</td><td>≤0.20</td><td>≤0.60</td><td>≤1.20</td><td>≤0.025</td><td>≤0.025</td></tr>
<tr><td>ZG270-480H</td><td>0.17~0.25</td><td>≤0.60</td><td>0.80~1.20</td><td>≤0.025</td><td>≤0.025</td></tr>
</table>

表 2.2-5　焊接结构用铸钢的力学性能

牌号	上屈服强度 R_{eH} /MPa	抗拉强度 R_m /MPa	断后伸长率 A (%)	断面收缩率 Z (%)	冲击吸收能量 KV_2/J
	不小于				
ZG200-400H	200	400	25	40	45
ZG230-450H	230	450	22	35	45
ZG270-480H	270	480	20	35	40

表 2.2-6 一般工程与结构用低合金铸钢的牌号、化学成分和力学性能

牌号	最高含量(质量分数,%)		力学性能(最小值)			
	S	P	屈服强度 $R_{p0.2}$ /MPa	抗拉强度 R_m /MPa	断后伸长率 A_5 (%)	断面收缩率 Z (%)
ZGD270-480	0.040	0.040	270	480	18	38
ZGD290-510			290	510	16	35
ZGD345-570			345	570	14	35
ZGD410-620			410	620	13	35
ZGD535-720			535	720	12	30
ZGD650-830			650	830	10	25
ZGD730-910	0.035	0.035	730	910	8	22
ZGD840-1030			840	1030	6	20

表 2.2-7 大型低合金铸钢的牌号和化学成分

牌号	化学成分(质量分数,%)								
	C	Si	Mn	S	P	Cr	Ni	Mo	Cu
ZG30Mn	0.27~0.34	0.30~0.50	1.20~1.50	≤0.030		—	—	—	—
ZG40Mn	0.35~0.45	0.30~0.45	1.20~1.50	≤0.030		—	—	—	—
ZG40Mn2	0.35~0.45	0.20~0.40	1.60~1.80	≤0.030		—	—	—	—
ZG50Mn2	0.45~0.55	0.20~0.40	1.50~1.80	≤0.030		—	—	—	—
ZG20Mn	0.17~0.23	≤0.80	1.00~1.30	≤0.030		—	≤0.80	—	—
ZG35Mn	0.30~0.40	≤0.80	1.10~1.40	≤0.030		—	—	—	—
ZG35SiMnMo	0.32~0.40	1.10~1.40	1.10~1.40	≤0.030		—	—	0.20~0.30	≤0.30
ZG35CrMnSi	0.30~0.40	0.50~0.75	0.90~1.20	≤0.030		0.50~0.80	—	—	—
ZG20MnMo	0.17~0.23	0.20~0.40	1.10~1.40	≤0.030		—	—	0.20~0.35	≤0.30
ZG55CrMnMo	0.50~0.60	0.25~0.60	1.20~1.60	≤0.030		0.60~0.90	—	0.20~0.30	≤0.30
ZG40Cr1	0.35~0.45	0.20~0.40	0.50~0.80	≤0.030		0.80~1.10	—	—	—
ZG34Cr2Ni2Mo	0.30~0.37	0.30~0.60	0.60~1.00	≤0.030		1.40~1.70	1.40~1.70	0.15~0.35	—
ZG20CrMo	0.17~0.25	0.20~0.45	0.50~0.80	≤0.030		0.50~0.80	—	0.45~0.65	—
ZG35Cr1Mo	0.30~0.37	0.30~0.50	0.50~0.80	≤0.030		0.80~1.20	—	0.20~0.30	—
ZG42Cr1Mo	0.38~0.45	0.30~0.60	0.60~1.00	≤0.030		0.80~1.20	—	0.20~0.30	—
ZG50Cr1Mo	0.46~0.54	0.25~0.50	0.50~0.80	≤0.030		0.90~1.20	—	0.15~0.25	—
ZG65Mn	0.60~0.70	0.17~0.37	0.90~1.20	≤0.030		—	—	—	—
ZG28NiCrMo	0.25~0.30	0.30~0.80	0.60~0.90	≤0.030		0.35~0.85	0.40~0.80	0.35~0.55	—
ZG30NiCrMo	0.25~0.35	0.30~0.60	0.70~1.00	≤0.030		0.60~0.90	0.60~1.00	0.35~0.50	—
ZG35NiCrMo	0.30~0.37	0.60~0.90	0.70~1.00	≤0.030		0.40~0.90	0.60~0.90	0.40~0.50	—

注：残余元素含量：w(Ni)≤0.30%，w(Cr)≤0.30%，w(Cu)≤0.25%，w(V)≤0.05%，w(Mo)≤0.15%，总量≤1.0%。

表 2.2-8 大型低合金铸钢的力学性能

牌号	热处理	力学性能							
		屈服强度 R_{eH}/MPa ≥	抗拉强度 R_m /MPa	伸长率 A(%) ≥	断面收缩率 Z (%)≥	冲击吸收能量≥ /J KU	KV	$KDVM$	硬度 HBW
ZG30Mn	正火+回火	300	≥550	18	30	—	—	—	≥163
ZG40Mn	正火+回火	350	≥640	12	30	—	—	—	≥163
ZG40Mn2	正火+回火	395	≥590	20	35	30	—	—	≥179
	调质	635	790	13	40	35	—	35	220~270

（续）

牌号	热处理	力学性能							
		屈服强度 R_{eH}/MPa ≥	抗拉强度 R_m /MPa	伸长率 A(%) ≥	断面收缩率 Z (%)≥	冲击吸收能量≥ /J			硬度 HBW
						KU	KV	$KDVM$	
ZG50Mn2	正火+回火	445	≥785	18	37	—	—	—	—
ZG20Mn	正火+回火	285	≥495	18	30	39	—	—	≥145
	调质	300	500~650	22	—	—	45	—	150~190
ZG35Mn	正火+回火	345	≥570	12	20	24	—	—	—
	调质	415	≥640	12	25	27	—	27	—
ZG35SiMnMo	正火+回火	395	≥640	12	20	24	—	—	—
	调质	490	≥690	12	25	27	—	27	—
ZG35CrMnSi	正火+回火	345	≥690	14	30	—	—	—	≥217
ZG20MnMo	正火+回火	295	≥490	16	—	39	—	—	≥156
ZG55CrMnMo	正火+回火	不规定	不规定	—	—	—	—	—	197~241
ZG40Cr1	正火+回火	345	≥630	18	26	—	—	—	≥212
ZG65Mn	正火+回火	不规定	不规定	—	—	—	—	—	187~241
ZG20CrMo	调质	245	≥460	18	30	24	—	—	—
ZG34Cr2Ni2Mo	调质	700	950~1000	12	—	—	32	—	240~290
ZG35Cr1Mo	调质	490	686	12	25	31	—	27	≥201
ZG42Cr1Mo	调质	510	690~830	11	—	—	15	—	200~250
ZG50Cr1Mo	调质	520	740~880	11	—	—	—	34	200~260
ZG28NiCrMo	—	420	≥630	20	40	—	—	—	—
ZG30NiCrMo	—	590	≥730	17	35	—	—	—	—
ZG35NiCrMo	—	660	≥830	14	30	—	—	—	—

表 2.2-9 大型低合金铸钢的特性和应用

牌号	主要特性	应用举例
ZG40Mn	较好的强度和韧性，铸造性尚好，焊接性差，焊接温度 250~300℃，焊后缓冷	用于较高压力工作条件下承受摩擦和冲击的零件
ZG40Mn2	强度和耐磨性较 ZG40Mn 高，铸造性和焊接性与 ZG40Mn 接近	用于高负荷、摩擦条件下的零件，如齿轮
ZG50Mn2	正火、回火后有高的强度、硬度和耐磨性，铸造流动性能好，但有晶粒长大倾向和裂纹敏感性，焊接性差	用于高应力及严重磨损条件下的零件，如高强度齿轮、齿轮圈等
ZG20Mn	塑性与韧性较高，铸造性和焊接性良好	水压机工作缸、水轮机叶片
ZG35Mn	强度和耐磨性较 ZG40Mn 高，铸造性和焊接性与 ZG40Mn2 相同	用于中等负荷或较高负荷条件但冲击不大的零件，以及受摩擦的零件
ZG35SiMnMo	强度和耐磨性均高于 ZG40Mn，铸造性和焊接性与 ZG40Mn 相似	用于中等负荷或较高负荷条件的零件及受摩擦的零件，如齿轮零件、轴类零件，也可用于较大铸件

（续）

牌号	主要特性	应用举例
ZG35CrMnSi	正火、回火后有高的综合力学性能，与ZG35Cr1Mo相近，铸造性尚好，焊接性差	用于承受冲击和磨损的零件，如齿轮、滚轮、高速锤框架等
ZG20MnMo	强度和韧性较高，铸造性和焊接性良好	用于泵类零件和一般铸件以及水轮机工作缸、转轮等
ZG55CrMnMo	一定的热硬性	用于模锻
ZG40Cr1	较好的综合力学性能，可承受较高负荷，耐冲击，铸造性尚好，焊接性差	用于高强度的铸造零件，如铸造齿轮、齿轮轮毂等
ZG35Cr1Mo	热处理后有较好的综合力学性能，铸造性尚好，焊接性差	用于链轮、电铲的支撑轮、轴套、齿圈、齿轮等

4. 特种铸钢

在铸钢中加入某些合金元素，使之获得特殊性能的铸钢称为特种铸钢。特种铸钢可以分为耐磨铸钢、耐热铸钢和耐蚀铸钢。

1）铸造高锰钢。高锰钢中锰的公称含量（质量分数）为13%，属于耐磨铸钢。铸造高锰钢（GB/T 5680—2010）的牌号、化学成分和力学性能见表2.2-10和表2.2-11。

表2.2-10 铸造高锰钢的牌号和化学成分

牌号	化学成分（质量分数，%）								
	C	Si	Mn	P	S	Cr	Mo	Ni	W
ZG120Mn7Mo1	1.05~1.35	0.3~0.9	6~8	≤0.060	≤0.040	—	0.9~1.2	—	—
ZG110Mn13Mo1	0.75~1.35	0.3~0.9	11~14	≤0.060	≤0.040	—	0.9~1.2	—	—
ZG100Mn13	0.90~1.05	0.3~0.9	11~14	≤0.060	≤0.040	—	—	—	—
ZG120Mn13	1.05~1.35	0.3~0.9	11~14	≤0.060	≤0.040	—	—	—	—
ZG120Mn13Cr2	1.05~1.35	0.3~0.9	11~14	≤0.060	≤0.040	1.5~2.5	—	—	—
ZG120Mn13W1	1.05~1.35	0.3~0.9	11~14	≤0.060	≤0.040	—	—	—	0.9~1.2
ZG120Mn13Ni3	1.05~1.35	0.3~0.9	11~14	≤0.060	≤0.040	—	—	3~4	—
ZG90Mn14Mol	0.70~1.00	0.3~0.6	13~15	≤0.070	≤0.040	—	1.0~1.8	—	—
ZG120Mn17	1.05~1.35	0.3~0.9	16~19	≤0.060	≤0.040	—	—	—	—
ZG120Mn17Cr2	1.05~1.35	0.3~0.9	16~19	≤0.060	≤0.040	1.5~2.5	—	—	—

注：允许加入微量V、Ti、Nb、B和RE等元素。

表2.2-11 铸造高锰钢的力学性能

牌号	力学性能			
	下屈服强度 R_{eL}/MPa	抗拉强度 R_m/MPa	断后伸长率 A(%)	冲击吸收能量 KU_2/J
ZG120Mn13	—	≥685	≥25	≥118
ZG120Mn13Cr2	≥390	≥735	≥20	—

2）耐蚀铸钢。耐蚀铸钢通常是指在特定的腐蚀性条件下能抵抗腐蚀作用的铸钢。耐蚀铸钢可分为不锈耐蚀钢和中、高强度不锈铸钢。前者以满足耐蚀性为主，后者除具有一定的耐蚀性外还具有较高的综合力学性能。

耐蚀铸钢（GB/T 2100—2017）的牌号、化学成分和力学性能见表2.2-12和表2.2-13。

工程结构用中、高强度不锈铸钢（GB/T 6967—2009）的牌号、化学成分和力学性能见表2.2-14和表2.2-15。

表2.2-12 耐蚀铸钢的牌号和化学成分

序号	牌号	化学成分（质量分数，%）								
		C	Si	Mn	P	S	Cr	Mo	Ni	其他
1	ZG15Cr13	0.15	0.80	0.80	0.035	0.025	11.50~13.50	0.50	1.00	—
2	ZG20Cr13	0.16~0.24	1.00	0.60	0.035	0.025	11.50~14.00	—	—	—
3	ZG10Cr13Ni2Mo	0.10	1.00	1.00	0.035	0.025	12.00~13.50	0.20~0.50	1.00~2.00	—

（续）

序号	牌号	化学成分(质量分数,%)								
		C	Si	Mn	P	S	Cr	Mo	Ni	其他
4	ZG06Cr13Ni4Mo	0.06	1.00	1.00	0.035	0.025	12.00~13.50	0.70	3.50~5.00	Cu:0.50 V:0.05 W:0.10
5	ZG06Cr13Ni4	0.06	1.00	1.00	0.035	0.025	12.00~13.00	0.70	3.50~5.00	—
6	ZG06Cr16Ni5Mo	0.06	0.80	1.00	0.035	0.025	15.00~17.00	0.70~1.50	4.00~6.00	—
7	ZG10Cr12Ni1	0.10	0.40	0.50~0.80	0.030	0.020	11.5~12.50	0.50	0.8~1.5	Cu:0.30 V:0.30
8	ZG03Cr19Ni11	0.03	1.50	2.00	0.035	0.025	18.00~20.00	—	9.00~12.00	N:0.20
9	ZG03Cr19Ni11N	0.03	1.50	2.00	0.040	0.030	18.00~20.00	—	9.00~12.00	N:0.12~0.20
10	ZG07Cr19Ni10	0.07	1.50	1.50	0.040	0.030	18.00~20.00	—	8.00~11.00	—
11	ZG07Cr19Ni11Nb	0.07	1.50	1.50	0.040	0.030	18.00~20.00	—	9.00~12.00	Nb:8C~1.00
12	ZG03Cr19Ni11Mo2	0.03	1.50	2.00	0.035	0.025	18.00~20.00	2.00~2.50	9.00~12.00	N:0.20
13	ZG03Cr19Ni11Mo2N	0.03	1.50	2.00	0.035	0.030	18.00~20.00	2.00~2.50	9.00~12.00	N:0.10~0.20
14	ZG05Cr26Ni6Mo2N	0.05	1.00	2.00	0.035	0.025	25.00~27.00	1.30~2.00	4.50~6.50	N:0.12~0.20
15	ZG07Cr19Ni11Mo2	0.07	1.50	1.50	0.040	0.030	18.00~20.00	2.00~2.50	9.00~12.00	—
16	ZG07Cr19Ni11Mo2Nb	0.07	1.50	1.50	0.040	0.030	18.00~20.00	2.00~2.50	9.00~12.00	Nb:8C~1.00
17	ZG03Cr19Ni11Mo3	0.03	1.50	1.50	0.040	0.030	18.00~20.00	3.00~3.50	9.00~12.00	—
18	ZG03Cr19Ni11Mo3N	0.03	1.50	1.50	0.040	0.030	18.00~20.00	3.00-3.50	9.00~12.00	N:0.10~0.20
19	ZG03Cr22Ni6Mo3N	0.03	1.00	2.00	0.035	0.025	21.00~23.00	2.50~3.50	4.50~6.50	N:0.12~0.20
20	ZG03Cr25Ni7Mo4WCuN	0.03	1.00	1.50	0.030	0.020	24.00~26.00	3.00~4.00	6.00~8.50	Cu:1.00 N:0.15~0.25 W:1.00
21	ZG03Cr26Ni7Mo4CuN	0.03	1.00	1.00	0.035	0.025	25.00~27.00	3.00~5.00	6.00~8.00	N:0.12~0.22 Cu:1.30
22	ZG07Cr19Ni12Mo3	0.07	1.50	1.50	0.040	0.030	18.00~20.00	3.00~3.50	10.00~13.00	—
23	ZG025Cr20Ni25Mo7Cu1N	0.025	1.00	2.00	0.035	0.020	19.00~21.00	6.00~7.00	24.00~26.00	N:0.15~0.25 Cu:0.50~1.50
24	ZG025Cr20Ni19Mo7CuN	0.025	1.00	1.20	0.030	0.010	19.50~20.50	6.00~7.00	17.50~19.50	N:0.18~0.24 Cu:0.50~1.00
25	ZG03Cr26Ni6Mo3Cu3N	0.03	1.00	1.50	0.035	0.025	24.50~26.50	2.50~3.50	5.00~7.00	N:0.12~0.22 Cu:2.75~3.50
26	ZG03Cr26Ni6Mo3Cu1N	0.03	1.00	2.00	0.030	0.020	24.50~26.50	2.50~3.50	5.50~7.00	N:0.12~0.25 Cu:0.80~1.30
27	ZG03Cr26Ni6Mo3N	0.03	1.00	2.00	0.035	0.025	24.50~26.50	2.50~3.50	5.50~7.00	N:0.12~0.25

表 2.2-13　耐蚀铸钢的力学性能

序号	牌号	厚度 t/mm (≤)	屈服强度 $R_{p0.2}$ /MPa(≥)	抗拉强度 R_m/MPa(≥)	伸长率 A (%)(≥)	冲击吸收能量 KV_2/J(≥)
1	ZG15Cr13	150	450	620	15	20
2	ZG20Cr13	150	390	590	15	20
3	ZG10Cr13Ni2Mo	300	440	590	15	27
4	ZG06Cr13Ni4Mo	300	550	760	15	50
5	ZG06Cr13Ni4	300	550	750	15	50
6	ZG06Cr16Ni5Mo	300	540	760	15	60
7	ZG10Cr12Ni1	150	355	540	18	45
8	ZG03Cr19Ni11	150	185	440	30	80
9	ZG03Cr19Ni11N	150	230	510	30	80
10	ZG07Cr19Ni10	150	175	440	30	60

（续）

序号	牌号	厚度 t/mm (≤)	屈服强度 $R_{p0.2}$ /MPa(≥)	抗拉强度 R_m/MPa(≥)	伸长率 A (%)	冲击吸收能量 KV_2/J(≥)
11	ZG07Cr19Ni11Nb	150	175	440	25	40
12	ZG03Cr19Ni11Mo2	150	195	440	30	80
13	ZG03Cr19Ni11Mo2N	150	230	510	30	80
14	ZG05Cr26Ni6Mo2N	150	420	600	20	30
15	ZG07Cr19Ni11Mo2	150	185	440	30	60
16	ZG07Cr19Ni11Mo2Nb	150	185	440	25	40
17	ZG03Cr19Ni11Mo3	150	180	440	30	80
18	ZG03Cr19Ni11Mo3N	150	230	510	30	80
19	ZG03Cr22Ni6Mo3N	150	420	600	20	30
20	ZG03Cr25Ni7Mo4WCuN	150	480	650	22	50
21	ZG03Cr26Ni7Mo4CuN	150	480	650	22	50
22	ZG07Cr19Ni12Mo3	150	205	440	30	60
23	ZG025Cr20Ni25Mo7Cu1N	50	210	480	30	60
24	ZG025Cr20Ni19Mo7CuN	50	260	500	35	50
25	ZG03Cr26Ni6Mo3Cu3N	150	480	650	22	50
26	ZG03Cr26Ni6Mo3Cu1N	200	480	650	22	60
27	ZG03Cr26Ni6Mo3N	150	480	650	22	50

表 2.2-14　中、高强度不锈铸钢的牌号和化学成分

牌号	化学成分(质量分数,%)								残余元素(≤)			
	C	Si (≤)	Mn (≤)	P (≤)	S (≤)	Cr	Ni	Mo	Cu	V	W	总量
ZG20Cr13	0.16~0.24	0.80	0.80	0.035	0.025	11.5~13.5	—	—	0.50	0.05	0.10	0.50
ZG15Cr13	≤0.15	0.80	0.80	0.035	0.025	11.5~13.5	—	—	0.50	0.05	0.10	0.50
ZG15Cr13Ni1	≤0.15	0.80	0.80	0.035	0.025	11.5~13.5	≤1.00	≤0.50	0.50	0.05	0.10	0.50
ZG10Cr13Ni1Mo	≤0.10	0.80	0.80	0.035	0.025	11.5~13.5	0.8~1.80	0.20~0.50	0.50	0.05	0.10	0.50
ZG06Cr13Ni4Mo	≤0.06	0.80	1.00	0.035	0.025	11.5~13.5	3.5~5.0	0.40~1.00	0.50	0.05	0.10	0.50
ZG06Cr13Ni5Mo	≤0.06	0.80	1.00	0.035	0.025	11.5~13.5	4.5~6.0	0.40~1.00	0.50	0.05	0.10	0.50
ZG06Cr16Ni5Mo	≤0.06	0.80	1.00	0.035	0.025	15.5~17.0	4.5~6.0	0.40~1.00	0.50	0.05	0.10	0.50
ZG04Cr13Ni4Mo	≤0.04	0.80	1.50	0.030	0.010	11.5~13.5	3.5~5.0	0.40~1.00	0.50	0.05	0.10	0.50
ZG04Cr13Ni5Mo	≤0.04	0.80	1.50	0.030	0.010	11.5~13.5	4.5~6.0	0.40~1.00	0.50	0.05	0.10	0.50

表 2.2-15　中、高强度不锈铸钢的力学性能

牌号		屈服强度 $R_{p0.2}$ MPa(≥)	抗拉强度 R_m/MPa(≥)	伸长率 A_5 (%)(≥)	断面收缩率 Z (%)(≥)	冲击吸收能量 KV/J(≥)	布氏硬度 HBW
ZG15Cr13		345	540	18	40	—	163~229
ZG20Cr13		390	590	16	35	—	170~235
ZG15Cr13Ni1		450	590	16	35	20	170~241
ZG10Cr13Ni1Mo		450	620	16	35	27	170~241
ZG06Cr13Ni4Mo		550	750	15	35	50	221~294
ZG06Cr13Ni5Mo		550	750	15	35	50	221~294
ZG06Cr16Ni5Mo		550	750	15	35	50	221~294
ZG04Cr13Ni4Mo	HT1①	580	780	18	50	80	221~294
	HT2②	830	900	12	35	35	294~350
ZG04Cr13Ni5Mo	HT1①	580	780	18	50	80	221~294
	HT2②	830	900	12	35	35	294~350

① 回火温度应在 600~630℃。
② 回火温度应在 500~550℃。

3）耐热铸钢。耐热铸钢是指具有抗氧化性能的铸钢，有些钢还具有一定的高温力学性能。耐热铸钢（GB/T 8492—2014）的牌号、化学成分和力学性能见表 2. 2-16 和表 2. 2-17。

表 2. 2-16　耐热铸钢的牌号和化学成分

牌号	化学成分(质量分数,%)								
	C	Si	Mn	P	S	Cr	Mo	Ni	其他
ZG30Cr7Si2	0. 20~0. 35	1. 0~2. 5	0. 5~1. 0	0. 04	0. 04	6~8	0. 5	0. 5	—
ZG40Cr13Si2	0. 3~0. 5	1. 0~2. 5	0. 5~1. 0	0. 04	0. 03	12~14	0. 5	1	—
ZG40Cr17Si2	0. 3~0. 5	1. 0~2. 5	0. 5~1. 0	0. 04	0. 03	16~19	0. 5	1	—
ZG40Cr24Si2	0. 3~0. 5	1. 0~2. 5	0. 5~1. 0	0. 04	0. 03	23~26	0. 5	1	—
ZG40Cr28Si2	0. 3~0. 5	1. 0~2. 5	0. 5~1. 0	0. 04	0. 03	27~30	0. 5	1	—
ZGCr29Si2	1. 2~1. 4	1. 0~2. 5	0. 5~1. 0	0. 04	0. 03	27~30	0. 5	1	—
ZG25Cr18Ni9Si2	0. 15~0. 35	1. 0~2. 5	2	0. 04	0. 03	17~19	0. 5	8~10	—
ZG25Cr20Ni14Si2	0. 15~0. 35	1. 0~2. 5	2	0. 04	0. 03	19~21	0. 5	13~15	—
ZG40Cr22Ni10Si2	0. 3~0. 5	1. 0~2. 5	2	0. 04	0. 03	21~23	0. 5	9~11	—
ZG40Cr24Ni24Si2Nb1	0. 25~0. 50	1. 0~2. 5	2	0. 04	0. 03	23~25	0. 5	23~25	Nb:1. 2~1. 8
ZNiCr50Nb1C0. 1	0. 1	0. 5	0. 5	0. 02	0. 02	47~52	0. 5	*a*	N:0. 16 N+C:0. 2 Nb:1. 4~1. 7
ZNiCr19Fe18Si1C0. 5	0. 4~0. 6	0. 5~2. 0	1. 5	0. 04	0. 03	16~21	0. 5	50~55	—
ZNiFe18Cr15Si1C0. 5	0. 35~0. 65	2	1. 3	0. 04	0. 03	13~19	—	64~69	—
ZCoCr28Fe18C0. 3	0. 5	1	1	0. 04	0. 03	25~30	0. 5	1	Co:48~52 Fe:20(最大值)
ZG40Cr25Ni12Si2	0. 3~0. 5	1. 0~2. 5	2	0. 04	0. 03	24~27	0. 5	11~14	—
ZG40Cr25Ni20Si2	0. 3~0. 5	1. 0~2. 5	2	0. 04	0. 03	24~27	0. 5	19~22	—
ZG40Cr27Ni4Si2	0. 3~0. 5	1. 0~2. 5	1. 5	0. 04	0. 03	25~28	0. 5	3~6	—
ZG10Ni31Cr20Nb1	0. 05~0. 12	1. 2	1. 2	0. 04	0. 03	19~23	0. 5	30~34	Nb:0. 8~1. 5
ZG40Ni35Cr17Si2	0. 3~0. 5	1. 0~2. 5	2	0. 04	0. 03	16~18	0. 5	34~36	—
ZG40Ni35Cr26Si2	0. 3~0. 5	1. 0~2. 5	2	0. 04	0. 03	24~27	0. 5	33~36	—
ZG40Ni35Cr26Si2Nb1	0. 3~0. 5	1. 0~2. 5	2	0. 04	0. 03	24~27	0. 5	33~36	Nb:0. 8~1. 8
ZG40Ni38Cr19Si2	0. 3~0. 5	1. 0~2. 5	2	0. 04	0. 03	18~21	0. 5	36~39	—

（续）

牌号	化学成分(质量分数,%)								
	C	Si	Mn	P	S	Cr	Mo	Ni	其他
ZG40Ni38Cr19Si2Nb1	0.3~0.5	1.0~2.5	2	0.04	0.03	18~21	0.5	36~39	Nb:1.2~1.8
ZNiCr28Fe17W5Si2C0.4	0.35~0.55	1.0~2.5	1.5	0.04	0.03	27~30	—	47~50	W:4~6

注：1. 表中的单个值表示最大值。

2. *a* 为余量。

表 2.2-17　耐热铸钢的力学性能

牌号	$R_{p0.2}$/MPa (min)	R_m/MPa (min)	A(%) (min)	HBW	最高使用温度/℃
ZG30Cr7Si2	—	—	—	—	750
ZG40Cr13Si2	—	—	—	300	850
ZG40Cr17Si2	—	—	—	300	900
ZG40Cr24Si2	—	—	—	300	1050
ZG40Cr28Si2	—	—	—	320	1100
ZGCr29Si2	—	—	—	400	1100
ZG25Cr18Ni9Si2	230	450	15	—	900
ZG25Cr20Ni14Si2	230	450	10	—	900
ZG40Cr22Ni10Si2	230	450	8	—	950
ZG40Cr24Ni24Si2Nb1	220	400	4	—	1050
ZG40Cr25Ni12Si2	220	450	6	—	1050
ZG40Cr25Ni20Si2	220	450	6	—	1100
ZG40Cr27Ni4Si2	250	400	3	400	1100
ZG45Cr20Co20Ni20Mo3W3	320	400	6	—	1150
ZG10Ni31Cr20Nb1	170	440	20	—	1000
ZG40Ni35Cr17Si2	220	420	6	—	980
ZG40Ni35Cr26Si2	220	440	6	—	1050
ZG40Ni35Cr26Si2Nb1	220	440	4	—	1050
ZG40Ni38Cr19Si2	220	420	6	—	1050
ZG40Ni38Cr19Si2Nb1	220	420	4	—	1100
ZNiCr50Nb1C0.1	230	540	8	—	1050
ZNiCr25Fe20Co15W5Si1C0.46	270	480	5	—	1200
ZNiCr19Fe18Si1C0.5	220	440	5	—	1100
ZNiFe18Cr15Si1C0.5	200	400	3	—	1100
ZCoCr28FeC0.3	—	—	—	—	1200
ZNiCr28Fe17W5Si2C0.4	220	400	3	—	1200

2.2.2　铸铁

铸铁是一种以 Fe、C、Si 为基础的复杂的多元合金。含碳量（质量分数）在 2.0%~4.0%的范围。除 C 和 Si 外，还有 Mn、P、S 等元素。表 2.2-18 给出了各种铸铁的化学成分。表 2.2-19 给出了各种铸铁的名称、代号及牌号表示方法，表 2.2-20 给出了合金元素对铸铁的影响。

表 2.2-18　各种铸铁的化学成分（质量分数,%）

元素	白口铸铁	可锻铸铁	灰铸铁	球墨铸铁	蠕墨铸铁
C	1.8~3.6	2.2~2.9	2.5~4.0	3.0~4.0	2.5~4.0
Si	0.5~1.9	0.9~1.9	1.0~3.0	1.8~2.8	1.0~3.0
Mn	0.25~0.8	0.15~0.2	0.2~1.0	0.1~1.0	0.2~1.0
S	0.06~0.2	0.02~0.2	0.02~0.25	0.01~0.03	0.01~0.03
P	0.06~0.2	0.02~0.2	0.02~1.0	0.01~0.1	0.01~0.1

表 2.2-19　各种铸铁的名称、代号及牌号表示方法

铸铁名称	代号	牌号表示方法	铸铁名称	代号	牌号表示方法
灰铸铁	HT100	HT100′ 抗拉强度，MPa 铸铁代号	抗磨白口铸铁 抗磨球墨铸铁	KmBT KmQT	KmQTMn6 元素及含量 铸铁代号
蠕墨铸铁	RuT	RuT420 抗拉强度，MPa 铸铁代号	冷硬铸铁	LT	LTCrMoR 符号意义同抗磨球墨铸铁
黑心可锻铸铁 白心可锻铸铁 珠光体可锻铸铁	KHT KBT KZT	KHT300-6 伸长率(%) 抗拉强度，MPa 铸铁代号	耐蚀铸铁 耐蚀球墨铸铁	ST SQT	STSi15R SQTAl5Si5 符号意义同抗磨球墨铸铁
耐磨铸铁	MT	MTCu1PTi-150 抗拉强度，MPa 元素含量，% 元素 铸铁代号	耐热铸铁 耐热球墨铸铁	RT RQT	RTCr2 RQTAl6 符号意义同抗磨球墨铸铁

表 2.2-20　合金元素对铸铁的影响

元素	对凝固过程的影响	对共析转变的影响	对性能的影响
Al	强化石墨	促进 α 相和石墨(G)的形成	Al 含量(质量分数)为 2%～20%的铸铁具有耐热性
Sb	影响小	强稳定珠光体 P	增加耐磨性
Bi	促碳化物剂，但不是形成元素	非常稳定的珠光体(P)	增加拉伸性能
B，$w(B)<0.15\%$	强石墨化	促进石墨(G)形成	—
B，$w(B)>0.15\%$	稳定碳化物	强珠光体(P)保持剂	—
Cr	强形成复杂稳定碳化物	强形成珠光体(P)	增加耐磨性，高温时延缓生长和氧化
Cu	温和石墨化，α 形成	使珠光体(P)形成和细化	提高强度
Mn	温和形成碳化物	形成珠光体(P)	增加强度和耐磨性
Mo	温和形成碳化物	强形成珠光体(P)	增加强度，改善抗蠕变和抗断裂能力
Ni	减小初生碳化物稳定，石墨化	温和促进珠光体(P)和细化	增加强度
Si	强石墨化	促进 α 相和石墨(G)的形成	超过正常值后具有抗氧化和抗腐蚀的能力

1. 灰铸铁

灰铸铁中的碳主要以游离态石墨的形式存在，呈片状，断口为灰色。它的强度低，脆性大，但抗缺口敏感性、减振性和耐磨性优良，可加工性好。灰铸铁的牌号、化学成分、力学性能、物理性能、特性和应用见表 2.2-21～表 2.2-25。

表 2.2-21　灰铸铁的牌号和化学成分

牌号	化学成分(质量分数，%)				
	C	Si	Mn	P	S
HT100	不控制	不控制	不控制	不控制	不控制
HT150	3.3～6.6	1.8～2.2	0.5～0.8	<0.3	<0.15
HT200	3.1～3.4	1.5～2.0	0.6～0.9	<0.3	<0.12
HT250	2.9～3.2	1.4～1.8	0.8～1.1	<0.2	<0.12
HT300	2.8～3.2	1.3～1.7	0.8～1.1	<0.2	<0.10
HT350	2.7～3.1	1.0～1.4	0.9～1.2	<0.15	<0.15

注：非标准数据，供参考。

表 2.2-22　灰铸铁的物理性能

牌号	密度 /(g/cm³)	比热容/[J/(g·℃)]			熔化潜热 /(J/g)	线膨胀系数 /(×10⁻⁶/℃)		热导率 /[W/(m·K)]	电阻率 /(μΩ·cm)
		0~200℃	0~1000℃	常温—熔点		0~200℃	0~500℃		
HT100	6.8~7.0	0.50~0.54	0.67~0.71	0.92~0.96	209~230	11.5~12.0	13.0~13.5	54~59	90~105
HT150	7.0~7.2	0.50~0.54	0.67~0.71	0.92~0.96	209~230	11.5~12.0	13.0~13.5	52~57	85~90
HT200	7.2~7.3	0.50~0.54	0.67~0.71	0.92~0.96	209~230	11.5~12.0	13.0~13.5	50~54	75~85
HT250	7.25~7.35	0.50~0.54	0.67~0.71	0.92~0.96	209~230	11.5~12.0	13.0~13.5	48~52	65~75
HT300	7.3~7.4	0.50~0.54	0.67~0.71	0.92~0.96	209~230	11.5~12.0	13.0~13.5	46~50	55~65
HT350	7.3~7.45	0.50~0.54	0.67~0.71	0.92~0.96	209~230	11.5~12.0	13.0~13.5	44~48	50~60

表 2.2-23　灰铸铁的特性和应用

牌号	铸铁级别	主要特性	应用范围	
			工作条件	应用举例
HT100	低强度铸铁，对金相组织和强度无较高要求	铸造性好，工艺简单，铸造应力小，不用人工时效处理，减振性好	负荷低，对摩擦和磨损无特殊要求，变形小	盖、外罩、油盘、手轮、支架、底板、重锤等形状简单、不重要的零件、结构 对强度无要求的其他机械结构零件、部件
HT150	高强度铸铁，基体组织为珠光体+铁素体	铸造性好，工艺简单，铸造应力小，不用人工时效处理，减振性好，有一定的机械强度	承受中等应力的零件 摩擦面间的单位压力<0.49MPa 条件下受磨损的零件 在弱腐蚀介质中工作的零件	一般机械制造的铸件，如支柱、底座、罩壳、齿轮箱、刀架，普通机床床身及其他形状复杂、对强度要求不高、不允许有大变形又不能进行人工时效处理的零件 滑板、工作台等与较高强度铸铁床身相摩擦的零件 薄壁零件、工作压力不大的管子配件及壁厚<30mm 的耐磨轴套 在纯碱和燃料介质中工作的化工零件 圆周速度为 6~12m/s 的带轮以及其他符合所列条件的零件
HT200 HT250 （珠光体灰铸铁件）	较高强度铸铁，基体组织为珠光体	强度、耐磨性、耐热性均较好，铸造性能好，需要进行人工时效处理	承受较大应力的零件（弯曲应力<29.4MPa） 摩擦面间的单位压力<0.49MPa 条件下受磨损的零件 要求一定的气密性或耐弱腐蚀介质	一般机械制造中较为重要的铸件，如气缸、齿轮、机座、金属切削机床床身及床面 汽车、拖拉机的气缸体、气缸盖、活塞、制动轮、联轴器盘以及汽油机和柴油机的活塞环 测量平面的检验工具，如划线平板、V 形铁、平尺、水平仪框架等 承受 7.85MPa 以下中等压力的液压缸、泵体、阀体以及要求一定耐蚀性的泵壳、容器 圆周速度>12~20m/s 的带轮以及符合其他所列工作条件的零件 需要经表面淬火的零件

（续）

牌号	铸铁级别	主要特性	应用范围	
			工作条件	应用举例
HT300 HT350 （孕育铸铁件）	高强度、高耐磨性铸铁，基体组织为 100%珠光体，需要采用孕育处理	高强度、高耐磨性，白口倾向性大，铸造性差，需要进行人工时效处理	承受高弯曲应力的零件（弯曲应力<49MPa） 摩擦面间的单位压力>1.96MPa 条件下受磨损的零件 要求保持高度气密性	机械制造中重要的铸件，如床身导轨、车床、压力机、剪床和其他重型机械等受力较大的床身、机座、主轴箱、卡盘、齿轮、缸套、气缸盖等 高压的液压缸、水缸、泵体、阀体镦锻和热锻锻模、冲模等 需要经表面淬火的零件 圆周速度>20～25m/s 的带轮以及符合其他所列工作条件的零件

表 2.2-24　铸件的预计力学性能

牌号	铸件厚度/mm		抗拉强度/MPa	牌号	铸件厚度/mm		抗拉强度/MPa
	>	≤	≥		>	≤	≥
HT100	2.5 10 20 30	10 20 30 50	130 100 90 80	HT250	4.0 10 20 30	10 20 30 50	270 240 220 200
HT150	2.5 10 20 30	10 20 30 50	175 145 130 120	HT300	10 20 30	20 30 50	290 250 230
HT200	2.5 10 20 30	10 20 30 50	220 195 170 160	HT350	10 20 30	20 30 50	340 290 260

表 2.2-25　灰铸铁的各种力学性能

牌号	抗压强度/MPa	抗剪强度/MPa	弹性模量/GPa	疲劳极限/MPa
HT150	588～785	—	69～98	—
HT200	588～785	243	78～108	88～108
HT250	785～981	277	108～127	98～127
HT300	981～1177	385	123～132	127～167
HT350	1177～1275	414	137～147	147～196

注：非标准数据，供参考。

2. 球墨铸铁

球墨铸铁化学成分接近灰铸铁，经球化剂处理后得到球状石墨。球状石墨大大减少了石墨对金属基体的分割性和尖口作用。球墨铸铁在具有灰铸铁优良特性的基础上，又具有高强性能，而且比钢有更好的耐磨性、抗氧化性、减振性及小的缺口敏感性，可以经过多种热处理以提高强度。球墨铸铁（GB/T 1348—2019）的牌号、力学性能、含硅量、特性和应用见表 2.2-26～表 2.2-29。

表 2.2-26　铁素体珠光体球墨铸铁本体试样的力学性能指导值

牌号	铸件壁厚 t /mm	屈服强度 $R_{p0.2}$ (min)/MPa	抗拉强度 R_m (min)/MPa	断后伸长率 A (min)(%)
QT350-22L/C	$t \leqslant 30$	220	340	20
	$30 < t \leqslant 60$	210	320	15
	$60 < t \leqslant 200$	200	310	12
QT350-22R/C	$t \leqslant 30$	220	340	20
	$30 < t \leqslant 60$	210	320	15
	$60 < t \leqslant 200$	200	310	12
QT350-22/C	$t \leqslant 30$	220	340	20
	$30 < t \leqslant 60$	210	320	15
	$60 < t \leqslant 200$	200	310	12

（续）

牌号	铸件壁厚 t /mm	屈服强度 $R_{p0.2}$ (min)/MPa	抗拉强度 R_m (min)/MPa	断后伸长率 A (min)(%)
QT400-18L/C	$t\leqslant30$	240	390	15
	$30<t\leqslant60$	230	370	12
	$60<t\leqslant200$	220	340	10
QT400-18R/C	$t\leqslant30$	250	390	15
	$30<t\leqslant60$	240	370	12
	$60<t\leqslant200$	230	350	10
QT400-18/C	$t\leqslant30$	250	390	15
	$30<t\leqslant60$	240	370	12
	$60<t\leqslant200$	230	350	10
QT400-15/C	$t\leqslant30$	250	390	12
	$30<t\leqslant60$	240	370	11
	$60<t\leqslant200$	230	350	8
QT450-10/C	$t\leqslant30$	300	440	8
	$30<t\leqslant60$	供方提供指导值		
	$60<t\leqslant200$			
QT500-7/C	$t\leqslant30$	300	480	6
	$30<t\leqslant60$	280	450	5
	$60<t\leqslant200$	260	400	3
QT550-5/C	$t\leqslant30$	330	530	4
	$30<t\leqslant60$	310	500	3
	$60<t\leqslant200$	290	450	2
QT600-3/C	$t\leqslant30$	360	580	3
	$30<t\leqslant60$	340	550	2
	$60<t\leqslant200$	320	500	1
QT700-2/C	$t\leqslant30$	410	680	2
	$30<t\leqslant60$	390	680	1
	$60<t\leqslant200$	370	600	1
QT800-2/C	$t\leqslant30$	460	780	2
	$30<t\leqslant60$	供方提供指导值		
	$60<t\leqslant200$			

表 2.2-27　铁素体珠光体球墨铸铁试样的力学性能

牌号	铸件壁厚 t /mm	屈服强度 $R_{p0.2}$ (min)/MPa	抗拉强度 R_m (min)/MPa	断后伸长率 A (min)(%)
QT350-22L	$t\leqslant30$	220	350	22
	$30<t\leqslant60$	210	330	18
	$60<t\leqslant200$	200	320	15
QT350-22R	$t\leqslant30$	220	350	22
	$30<t\leqslant60$	210	330	18
	$60<t\leqslant200$	200	320	15
QT350-22	$t\leqslant30$	220	30	22
	$30<t\leqslant60$	210	330	18
	$60<t\leqslant200$	200	320	15
QT400-18L	$t\leqslant30$	240	400	18
	$30<t\leqslant60$	230	380	15
	$60<t\leqslant200$	220	360	12
QT400-18R	$t\leqslant30$	250	4000	18
	$30<t\leqslant60$	240	390	15
	$60<t\leqslant200$	230	370	12

（续）

牌号	铸件壁厚 t /mm	屈服强度 $R_{p0.2}$ (min)/MPa	抗拉强度 R_m (min)/MPa	断后伸长率 A (min)(%)
QT400-18	$t\leqslant30$	250	400	18
	$30<t\leqslant60$	250	390	15
	$60<t\leqslant200$	240	370	12
QT400-15	$t\leqslant30$	250	400	15
	$30<t\leqslant60$	250	390	14
	$60<t\leqslant200$	240	370	11
QT450-10	$t\leqslant30$	300	450	10
	$30<t\leqslant60$	供需双方商定		
	$60<t\leqslant200$			
QT500-7	$t\leqslant30$	320	500	7
	$30<t\leqslant60$	300	450	7
	$60<t\leqslant200$	290	420	5
QT550-5	$t\leqslant30$	350	550	5
	$30<t\leqslant60$	330	520	4
	$60<t\leqslant200$	320	500	3
QT600-3	$t\leqslant30$	370	600	3
	$30<t\leqslant60$	360	600	2
	$60<t\leqslant200$	340	550	1
QT700-2	$t\leqslant30$	420	700	2
	$30<t\leqslant60$	400	700	1
	$60<t\leqslant200$	380	650	1
QT800-2	$t\leqslant30$	480	800	2
	$30<t\leqslant60$	供需双方商定		
	$60<t\leqslant200$			
QT900-2	$t\leqslant30$	600	900	2
	$30<t\leqslant60$	供需双方商定		
	$60<t\leqslant200$			

表 2.2-28　球墨铸铁含硅量指导值

牌号	含硅量(%)	牌号	含硅量(%)
QT450-18	≈3.20	QT600-10	≈4.20
QT500-14	≈3.80		

表 2.2-29　球墨铸铁的特性和应用

牌号	主要特性	应用举例
QT400-18 QT400-15	焊接性和可加工性好，常温时冲击韧度高，脆性转变温度低，低温韧性好	农机具、重型机引五铧犁、悬挂犁上的犁柱、犁托、犁侧板、牵引架、收割机及割草机的导架、差速器壳、护刃器等 汽车、拖拉机的牵引框、轮毂、驱动桥壳体、离合器壳、差速器壳等 通用机械的 1.6~6.4MPa 阀门的阀体、阀盖、支架；压缩机上承受一定温度的高低压气缸、输气管 铁路垫板、电动机机壳、齿轮箱、汽轮壳等
QT450-10	焊接性、可加工性均较好，韧性略低于 QT400-18，强度和小能量冲击力优于 QT400-18	
QT500-7	具有中等强度与塑性，可加工性尚好	内燃机的机油泵齿轮、汽轮机中温气缸隔板、水轮机的阀门体、铁路机车车辆轴瓦、机器座架、传动轴、链轮、飞轮、电动机架、千斤顶座等
QT600-3	中高强度、低塑性，耐磨性较好	3.7~2983kW 柴油机和汽油机的曲轴，部分轻型柴油机和汽油机的凸轮轴、气缸套、连杆、进排气门座 农机具的脚踏脱粒机齿条、轻负荷齿轮，畜力犁铧 机床中的部分磨床、铣床、车床的主轴 通用机械中的空调机、气压机、制氧机及泵的曲轴、缸体和缸套 冶金、矿山、起重机械中的球磨机齿轴、矿车轮、桥式起重机大小车滚轮
QT700-2 QT800-2	较高的强度、耐磨性，韧性低	

（续）

牌号	主要特性	应用举例
QT900-2	高的强度、耐磨性,高的弯曲疲劳强度、接触疲劳强度和一定的韧性	农机具的犁铧、耙片、低速农用轴承套圈 汽车的螺旋锥齿轮、转向节、传动轴 拖拉机的减速齿轮 内燃机的凸轮轴、曲轴

球墨铸铁由于基体组织与钢相似，原则上可以进行与钢相似的处理，但应注意以下几点：

① 球墨铸铁的导热性比钢差，加热保温时间相应延长。

② 由于铸铁中石墨的存在，热处理时奥氏体的含碳量可以在一个很宽的范围内变化。

③ 球墨铸铁中含硅量高，共析转变可以在一个相当宽的范围内进行，固溶在铁素体中的硅较多。球墨铸铁的焊接性略优于灰铸铁和可锻铸铁，比铸钢差，焊前需要预热，焊后缓冷。铁素体基体的球墨铸铁可加工性优于珠光体基体的球墨铸铁。

3. 可锻铸铁

可锻铸铁是将一定成分的白口铸铁经石墨化退火处理后的一种铸铁。通常它可以分为黑心可锻铸铁、珠光体可锻铸铁和白心可锻铸铁。前两种可锻铸铁的化学成分可参考表 2.2-30。可锻铸铁的力学性能（GB/T 9440—2010）见表 2.2-31，其特性和应用见表 2.2-32。

表 2.2-30　可锻铸铁的化学成分

种类		牌号		化学成分(质量分数,%)				
		A	B	C	Si	Mn	P	S
黑心可锻铸铁	一般	KTH300-6		2.7~3.1	0.7~1.1	0.3~0.6	<0.2	<0.12
			KTH330-8	2.5~2.9	0.8~1.2			
		KTH350-10		2.4~2.8	0.9~1.4			
			KTH370-12	2.2~2.5	1.0~1.5			
	孕育处理	KTH300-6		2.6~3.0	0.7~1.2	0.4~0.7	0.20	0.20
			KTH330-8	2.5~2.8	0.8~1.3		0.18	0.18
		KTH350-10		2.4~2.8	0.9~1.5		0.14	0.12
			KTH370-12	2.3~2.6	1.0~1.6		0.12	0.10
珠光体可锻铸铁		一般成分		2.2~2.7	1.0~1.75	0.25~1.25	<0.05	0.03~0.18
		KTZ450-06		2.2~2.6	1.3~1.6	0.4~0.6	<0.10	<0.16
		KTZ550-04						
		KTZ650-02						

注：非标准数据，供参考。

表 2.2-31　可锻铸铁的力学性能

类别	牌号	试样直径/mm	抗拉强度 R_m/MPa	屈服强度 $R_{p0.2}$/MPa	伸长率 A(%)	硬度 HBW
			≥			
黑心可锻铸铁	KTH275-05	12 或 15	275	—	5	≤150
	KTH300-06		300	—	6	
	KTH330-08		330	—	8	
	KTH350-10		350	200	10	
	KTH370-12		370	—	12	
珠光体可锻铸铁	KTZ450-06		450	270	6	150~200
	KTZ500-05		500	300	5	165~215
	KTZ550-04		550	340	4	180~230
	KTZ600-03		600	390	3	195~245
	KTZ650-02		650	430	2	210~260
	KTZ700-02		700	530	2	240~290
	KTZ800-01		800	600	1	270~320

（续）

类别	牌号	试样直径 /mm	抗拉强度 R_m/MPa	屈服强度 $R_{p0.2}$/MPa	伸长率 A(%)	硬度 HBW
			≥			
白心可锻铸铁	KTB350-04	6 9 12 15	270 340 350 360	— — — —	10 5 4 3	≤230
	KTB360-12	6 9 12 15	280 320 380 400	— 170 200 210	16 5 12 8	≤200
	KTB400-05	6 9 12 15	300 360 400 420	— 200 220 230	12 8 5 4	≤220
	KTB450-07	6 9 12 15	330 400 450 480	— 230 260 280	12 10 7 4	≤220
	KTB550-04	6 9 12 15	— 490 550 570	— 310 340 350	— 5 4 3	≤250

表 2.2-32　可锻铸铁的特性和应用

类型	牌号	特性和应用
黑心可锻铸铁	KTH300-06	一定的韧性和适当的强度，气密性好，用于制造承受动负荷和静负荷并要求气密性的零件，如管道配件（弯头、三通、管体）、中低压阀门以及瓷瓶铁帽等
	KTH330-08	有一定的强度和韧性，用于制造承受中等动负荷和静负荷的工作零件，如农机上的犁刀、犁柱、车轮壳，机床用的钩形扳手、螺栓扳手，输电线路上的线夹体及压板等
	KTH350-10 KTH370-12	较高的强度和韧性，用于制造承受较高冲击、振动及扭负荷下工作的零件，如汽车、拖拉机上的前后轮壳、差速器壳，农机上的犁刀、犁柱，船用电动机壳，瓷瓶铁帽等
珠光体可锻铸铁	KTZ450-06 KTZ550-04 KTZ650-02 KTZ700-02	韧性较低、强度大、硬度高、耐磨性好、可加工性良好，可以代替低碳、中碳、低合金钢及非铁合金制造承受较高的动静负荷、在磨损条件下工作并要求有一定韧性的重要工作零件，如曲轴、连杆、齿轮、摇臂、凸轮轴、万向接头、活塞环、轴套、犁刀、耙片等
白心可锻铸铁	KTB350-04 KTB360-12 KTB400-05 KTB450-07	薄壁铸件仍有较好的韧性，具有非常好的焊接性（可与钢钎焊），可加工性好 工艺复杂，生产周期长，强度与耐磨性较差，用于铸造厚度<15mm 的薄壁铸件和焊接后不需要进行热处理的铸件，机械制造行业上很少使用这类铸铁

可锻铸铁的可加工性良好，优于易切钢；具有较好的减振性，减振能力优于球墨铸铁，低于灰铸铁，使用于承受振动的零件。

4. 蠕墨铸铁

蠕墨铸铁的宏观断口呈现暗黑色蠕虫状石墨，短而厚，其力学性能介于基体组织相同的优质灰铸铁和球墨铸铁之间。蠕墨铸铁（JB/T 4403—1999）的牌号、化学成分、力学性能、特性和应用见表 2.2-33～表 2.2-35。

5. 耐磨铸铁

耐磨铸铁（YB/T 036.2—1992）的牌号、化学成分、力学性能和应用见表 2.2-36 和表 2.2-37。

中锰抗磨球墨铸铁是一种含锰量 w（Mn）为 4.5%～9.5%的抗磨合金铸铁，具有较好的力学性能、良好的抗冲击性和耐磨性。中锰抗磨球墨铸铁（GB/T 3180—1982）的牌号和力学性能见表 2.2-38。

抗磨白口铸铁（GB/T 8263—2010）的牌号和化学成分见表 2.2-39。

表 2.2-33 蠕墨铸铁的牌号和化学成分

分类	牌号	化学成分(质量分数,%)						
		C	Si	Mn	P	S	RE	Mg
铁素体类	RuT260	3.5~3.9	2.2~3.0	<0.4	<0.07	<0.04	0.02~0.06	0.02~0.05
铁素体和珠光体类	RuT300 RuT340	3.5~3.9	2.0~2.8	0.3~0.7	<0.08	<0.04	0.02~0.06	0.02~0.05
珠光体类	RuT380 RuT420	3.5~3.9	1.8~2.6	0.5~0.9	<0.1	<0.04	0.02~0.06	—

注：数据供参考。

表 2.2-34 蠕墨铸铁的力学性能

牌号	抗拉强度 R_m/MPa	屈服强度 $R_{p0.2}$/MPa	断后伸长率 A(%)	硬度 HBW	蠕化率(%)	主要基体组织
	≥				≤	
RuT420	420	335	0.75	200~280	50	珠光体
RuT380	380	300	0.75	193~274		珠光体
RuT340	340	270	1.0	170~249		珠光体+铁素体
RuT300	300	240	1.5	140~217		珠光体+铁素体
RuT260	260	195	3.0	121~197		铁素体

表 2.2-35 蠕墨铸铁的特性和应用

牌号	特性	应用举例
RuT420 RuT380	强度、硬度高,具有高的耐磨性和热导率,铸件材质中需要加入合金元素或经正火处理	用于制造要求高强度或耐磨性的零件,如活塞环、气缸套、制动盘、玻璃模具、制动鼓、钢珠研磨盘、吸淤泵体等
RuT340	强度和硬度较高,具有较高的耐磨性和热导率,用于制造要求较高强度、刚度以及要求耐磨性的零件	带导轨面的重型机床件、大型龙门铣横梁、大型齿轮箱体、盖、座、制动鼓、飞轮、起重机卷筒、烧结机滑板等
RuT300	强度和硬度适中,有一定的塑韧性,热导率较高,致密性好,适用于制造要求较高强度以及承受热疲劳的零件	排气管、变速箱体、气缸盖、纺织机零件、液压件、钢锭模、某些小型烧结机篦条等
RuT260	强度一般,硬度较低,有较高的塑韧性和热导率,铸件一般需要退火热处理,适用于制造承受冲击负荷及热疲劳的零件	增压机废气进气壳体,汽车及拖拉机的某些底盘零件

表 2.2-36 耐磨铸铁的牌号和化学成分

牌号	化学成分(质量分数,%)							
	C	Si	Mn	P	S	Cu	Mo	Cr
MTCuMo-175	3.00~3.60	1.50~2.00	0.60~0.90	≤0.30	≤0.140	1.00~1.30	0.40~0.60	—
MTCrMoCu-235	3.20~3.60	1.30~1.80	0.50~1.00	≤0.30	≤0.150	0.60~1.10	0.30~0.70	0.20~0.60

表 2.2-37 耐磨铸铁的力学性能和应用

牌号	抗拉强度/MPa	硬度 HBW	应用举例
MTCuMo-175	≥175	195~260	一般耐磨零件
MTCrMoCu-235	≥235	200~250	活塞环、机床床身、卷筒、密封圈等耐磨件

6. 耐热铸铁

耐热铸铁是指在高温下具有一定的抗氧化和抗生长性能，并能承受一定负荷的铸铁，在规定的工作温度下，150h 抵抗生长的能力不超过 0.2%，氧化平均速率不超过 0.5g/(m^2 · h)。耐热铸铁（GB/T 9437—2009）的牌号、化学成分、力学性能和高温短时抗拉强度见表 2.2-40~表 2.2-42。耐热铸铁的特性和应用见表 2.2-43。

表 2.2-38　中锰抗磨球墨铸铁的牌号和力学性能

牌号	含锰量（质量分数,%）	抗弯强度/MPa		挠度/mm		冲击韧度/(J/cm^2)	硬度 HRC	应用举例
		砂型	金属型	砂型	金属型			
		试棒直径/mm		支距/mm				
		30	50	300	350			
		≥						
MQTMn6	5.5~6.5	510	392	3.0	2.5	7.85	44	磨球、耙片、犁铧、煤粉机锤头
MQTMn7	>6.5~7.5	471	441	3.5	3.0	8.83	41	耙片、犁铧、选煤旋流器
MQTMn8	>7.5~9.0	432	491	4.0	3.5	9.81	38	球磨机衬板、机引犁铧、拖拉机履带板

表 2.2-39　抗磨白口铸铁的牌号和化学成分

牌号	化学成分（质量分数,%）								
	C	Si	Mn	P	S	Cr	Ni	Mo	Cu
BTMNi4Cr2-DT	2.4~3.0	≤0.8	≤2.0	≤0.10	≤0.10	1.5~3.0	3.3~5.0	≤1.0	—
BTMNi4Cr2-GT	3.0~3.6	≤0.8	≤2.0	≤0.10	≤0.10	1.5~3.0	3.3~5.0	≤1.0	—
BTMCr9Ni5	2.5~3.6	1.5~2.2	≤2.0	≤0.06	≤0.06	8.0~10.0	4.5~7.0	≤1.0	—
BTMCr2	2.1~3.6	≤1.5	≤2.0	≤0.10	≤0.10	1.0~3.0	—	—	—
BTMCr15	2.0~3.6	≤1.2	≤2.0	≤0.06	≤0.06	14.0~18.0	≤2.5	≤3.0	≤1.2
BTMCr20	2.0~3.3	≤1.2	≤2.0	≤0.06	≤0.06	18.0~23.0	≤2.5	≤3.0	≤1.2
BTMCr8	2.1~3.6	1.5~2.2	≤2.0	≤0.06	≤0.06	7.0~10.0	≤1.0	≤3.0	≤1.2
BTMCr26	2.0~3.3	≤1.2	≤2.0	≤0.06	≤0.06	23.0~30.0	≤2.5	≤3.0	≤1.2

表 2.2-40　耐热铸铁的牌号和化学成分

牌号	化学成分（质量分数,%）						
	C	Si	Mn	S	P	Cr	Al
HTRCr	3.0~3.8	1.5~2.5	≤1.0	≤0.08	≤0.10	0.50~1.00	—
HTRCr2	3.0~3.8	2.0~3.0	≤1.0	≤0.08	≤0.10	1.00~2.00	—
HTRCr16	1.6~2.4	1.5~2.2	≤1.0	≤0.05	≤0.10	15.00~18.00	—
HTRSi5	2.4~3.2	4.5~5.5	≤0.8	≤0.08	≤0.10	0.50~1.00	—
QTRSi4	2.4~3.2	3.5~4.5	≤0.7	≤0.015	≤0.07	—	—
QTRSi4Mo	2.7~3.5	3.5~4.5	≤0.5	≤0.015	≤0.07	Mo:0.5~0.9	—
QTRSi4Mo1	2.7~3.5	4.0~4.5	≤0.3	≤0.015	≤0.05	Mo:1.0~1.5	Mg:0.01~0.05
QTRSi5	2.4~3.2	4.5~5.5	≤0.7	≤0.015	≤0.07	—	—
QTRAl4Si4	2.5~3.0	3.5~4.5	≤0.5	≤0.015	≤0.07	—	4.0~5.0
QTRAl5Si5	2.3~2.8	4.5~5.2	≤0.5	≤0.015	≤0.07	—	5.0~5.8
QTRAl22	1.6~2.2	1.0~2.0	≤0.7	≤0.015	≤0.07	—	20.0~24.0

表 2.2-41　耐热铸铁的力学性能

牌号	最小抗拉强度/MPa	硬度 HBW	牌号	最小抗拉强度/MPa	硬度 HBW
HTRCr	200	189~288	QTRSi4Mo1	550	200~240
HTRCr2	150	207~288	QTRSi5	370	228~302
HTRCr16	340	400~450	QTRAl4Si4	250	285~341
HTRSi5	140	160~270	QTRAl5Si5	200	302~363
QTRSi4	420	143~187	QTRAl22	300	241~364
QTRSi4Mo	520	188~241			

表 2.2-42 耐热铸铁的高温短时抗拉强度

牌号	最小抗拉强度/MPa					牌号	最小抗拉强度/MPa				
	500℃	600℃	700℃	800℃	900℃		500℃	600℃	700℃	800℃	900℃
HTRCr	225	144	—	—	—	QTRSi4Mo1	—	—	101	46	—
HTRCr2	243	166	—	—	—	QTRSi5	—	—	67	30	—
HTRCr16	—	—	—	144	88	QTRAl4Si4	—	—	—	82	32
HTRSi5	—	—	41	27	—	QTRAl5Si5	—	—	—	167	75
QTRSi4	—	—	75	35	—	QTRAl22	—	—	—	130	77
QTRSi4Mo	—	—	101	46	—						

表 2.2-43 耐热铸铁的特性和应用

牌号	特性	应用举例
HTRCr	在空气炉中,耐热温度到550℃	炉条、高炉支梁式水箱、金属型玻璃模
HTRCr2	在空气炉中,耐热温度达600℃	煤气炉内灰盒、矿山烧结车挡板
HTRCr16	在空气炉中,耐热温度达900℃,在高温和室温下有耐磨性和耐硝酸的腐蚀	退火罐、煤粉烧嘴、炉槽、水泥焙烧炉零件、化工机械零件
HTRSi5	在空气炉中,耐热温度达700℃	炉条、煤粉烧嘴、锅炉用梳形定位板、换热器针状管
QTRSi4	在空气炉中,耐热温度达650℃,Si取到上限时达到750℃,力学性能、抗裂性好于QTRSi5	玻璃窑烟道闸门、玻璃引上机墙板,加热炉两端管架
QTRSi4Mo	在空气炉中,耐热温度达680℃,Si取到上限时达到780℃,高温力学性能好	罩式退火炉导向器,烧结机中后热筛板,加热炉吊梁
QTRSi4Mo1	在空气炉中,耐热温度达700℃,Si取到上限时达到800℃	高抗磨轴套、冶金耐磨管道、磨辊套、电厂高抗磨前后护板、中速模护板
QTRSi5	在空气炉中,耐热温度达800℃,Si取到上限时达到900℃	煤粉烧嘴、炉条、辐射管、烟道闸门、加热炉中间管架
QTRAl4Si4	在空气炉中,耐热温度达900℃	烧结炉算条、炉用件
QTRAl5Si5	在空气炉中,耐热温度达1050℃	烧结炉算条、炉用件
QTRAl22	在空气炉中,耐热温度达1100℃,抗高温硫蚀性好	锅炉用侧密封块、链式加热炉炉爪,黄铁矿焙烧炉零件

7. 高硅耐蚀铸铁

耐蚀铸铁是指具有抵抗酸性、碱性或其他介质腐蚀作用的铸铁。铸铁的耐腐蚀作用主要是由于加入了合金元素，以获得有利的组织和形态良好的保护膜，广泛使用的为高硅耐蚀铸铁，此外还有铝铸铁、铝硅铸铁等。高硅耐蚀铸铁（GB/T 8491—2009）的牌号、化学成分、力学性能、特性和应用见表 2.2-44~表 2.2-46。

表 2.2-44 高硅耐蚀铸铁的牌号和化学成分

牌号	化学成分(质量分数,%)								
	C	Si	Mn	P	S	Cr	Mo	Cu	R 残留量
HTSSi11Cu2CrR	≤1.20	10.00~12.00	≤0.50	≤0.10	≤0.10	0.60~0.80	—	1.80~2.20	≤0.10
HTSSi15R	0.65~1.10	14.20~14.75	≤1.50	≤0.10	≤0.10	≤0.50	≤0.50	≤0.50	≤0.10
HTSSi15Cr4MoR	0.75~1.15	14.20~14.75	≤1.50	≤0.10	≤0.10	3.25~5.00	0.40~0.60	≤0.50	≤0.10
HTSSi15Cr4R	0.70~1.10	14.20~14.75	≤1.50	≤0.10	≤0.10	3.25~5.00	≤0.20	≤0.50	≤0.10

表 2.2-45 高硅耐蚀铸铁的力学性能

牌号	最小抗弯强度 σ_{dB}/MPa	最小挠度 f/mm	牌号	最小抗弯强度 σ_{dB}/MPa	最小挠度 f/mm
HTSSi11Cu2CrR	190	0.80	HTSSi15Cr4MoR	118	0.66
HTSSi15R	118	0.66	HTSSi15Cr4R	118	0.66

表 2.2-46 高硅耐蚀铸铁的特性和应用

牌号	主要特性	应用举例
HTSSi11Cu2CrR	具有较好的力学性能,可用一般的机械加工方法进行生产。在质量分数≥10%的硫酸、质量分数≤46%的硝酸或由上述两种介质组成的混合酸,质量分数≥70%的硫酸加氯、苯、苯磺酸等介质中,具有较稳定的耐蚀性,但不允许有急剧的交变负荷、冲击负荷和温度突变	卧式离心机、潜水泵、阀门、旋塞、塔罐、冷却排水管、弯头等化工设备和零部件
HTSSi15R	在氧化性酸(各种浓度和温度的硝酸、硫酸、铬酸等)、各种有机酸和一系列盐酸溶液介质中都有良好的耐蚀性,但在卤素的酸、盐溶液(如氢氟酸、氟化物等)和强碱溶液中不耐腐蚀。不允许有急剧的交变负荷、冲击负荷和温度突变	各种离心泵、阀类、旋塞、管道配件、塔罐、低压容器机各种非标件
HTSSi15Cr4MoR	在各种浓度和温度的硫酸、硝酸、盐酸中,在碱水、盐水溶液中,当同一铸件上各部位的温差不大于30℃时,在没有动负荷、交变负荷和脉冲负荷时,具有特别高的耐蚀性	
HTSSi15Cr4R	具有优良的耐电化学腐蚀性能,并有改善抗氧化性条件的耐蚀性能。高硅铸铁中的铬可以提高其钝化性和点蚀击穿电位,但不允许有急剧的交变负荷和温度突变	在外加电流的阴极保护系统中,大量用作辅助阳极铸件

2.3 有色金属及其合金

2.3.1 有色金属的分类及特点

钢铁以外的金属材料称为有色金属或非铁金属。有色金属的产量虽然只占世界金属材料产量的5%,但却有钢铁材料无法相比的作用。表2.3-1给出了按有色金属的金属性能进行的分类,表2.3-2给出了常用有色金属及其合金的特点。

常用有色金属及其合金产品牌号和代号表示方法见表2.3-3。

铸造有色纯金属的牌号由“Z”和相应纯金属的元素符号及表明产品纯度名义含量的数字或用表明产品级别的数字组成。铸造有色合金由“Z”和基体金属的元素符号、主要合金元素符号以及表明合金元素名义含量的数字组成,当合金元素多于两个时,合金牌号中应列出足以表明合金主要特性的元素符号及其名义含量的数字,而且合金元素符号按其名义含量递减的次序排列,当名义含量相等时,则按元素符号字母顺序排列。其中需要表明合金类别的合金元素先于其他合金元素列出时,不论其含量多少,该元素符号均应紧置于基体元素符号之后。对具有相同主成分,需要控制超低间隙元素的合金,在牌号结尾加注(ELI),而对于杂质限量有不同要求的合金,在牌号结尾加注“A、B、C……”等表示等级。

表 2.3-1 有色金属的分类

分类名称		说明
有色轻金属		指密度≤4.5g/cm³的金属,包括铝、镁、钛、钾、钠、钙、锶、钡等。其特点是化学性质活泼,提取工艺复杂,开发较晚,常用于轻质材料,有时也用作金属热还原剂。其中铝和钛是两种最重要的金属
有色重金属		指密度>4.5g/cm³的金属,包括铜、铅、锌、镍、钴、锡、锑、汞、镉等。其特点是密度大,化学性质稳定,开发应用较早
贵金属		包括金、银和铂族元素。其特点是密度大,化学性质稳定,在地壳中含量较少,开发和提取比较困难,价格昂贵。主要用于电子、航空、航天、核能等现代工业。其中金、银在人类发展史上扮演重要角色
稀有金属	稀有轻金属	包括锂、铍、铷、铯,密度在0.53~1.9g/cm³之间,化学性质活泼
	稀有高熔点金属	包括钨、钼、钒、钽、铌、锆、铪等,熔点高(为1700~3400℃),硬度大,耐蚀性好
	分散金属	包括镓、铟、锗、铊等,由于这些元素在地壳中分布分散,故不能形成独立的矿物和矿产。产量低,产品纯度高,性能独特
	稀土金属	包括镧系金属及性质与之相近的钪和钇。这类金属原子结构相同,物理化学性质相近,几乎能与所有金属作用,但提纯比较困难
	稀有放射性金属	包括天然放射性元素(钋、镭、锕、铀等)和人造铀元素。这些元素在矿石中共存,具有强烈的放射性,是核能工业的主要原料
半金属		包括硅、硼、硒、碲、砷等,物理化学性质介于非金属和金属之间,是半导体器件的主要材料

表 2.3-2 常用有色金属及其合金的特点

合金	主要特点
铝及铝合金	密度小($2.7g/cm^3$),比强度大,导电,导热,无铁磁性,塑性大,易加工成材和铸造各种零件
铜及铜合金	有优良的导电、导热性,有较好的耐蚀性,易加工成材和铸造成各种零件
镁及镁合金	密度小($1.9g/cm^3$),比强度和比刚度大,能承受较大的冲击载荷,可加工性能好,对有机酸、碱和液体燃料有较高的耐蚀性能
钛及钛合金	密度小($4.5g/cm^3$),比强度大,高、低温性能好,有优良的耐蚀性
锌及锌合金	力学性能高,熔点低,易于加工成材和压力铸造
镍及镍合金	力学性能高,耐热性和耐蚀性较好,具有一些特殊的电、磁、热膨胀等物理特性
锡、铅合金	熔点低,导热性好,耐磨,铅合金由于密度大($11g/cm^3$),故X射线和γ射线不易穿透
钼、钒、钽、铌及其合金	熔点高(1700℃以上),可以用作结构材料。在1000℃以上,有较高的高温强度和硬度

表 2.3-3 常用有色金属及其合金产品牌号的表示方法

有色金属及其合金	牌号举例		说明
	名称	牌号	
铝及铝合金	纯铝 铝合金	1A99 2A50、3A21	1 A 9 9 ① ② ③ ④ 国标 GB/T 16474—2011 中规定: ①为数字,表示铝及铝合金的组别,1 为纯铝,2 为以铜为主要合金元素的铝合金,3 则表示以锰为主要元素,4 对应硅,5 对应镁,6 对应镁和硅,7 对应锌,8 对应其他合金元素,9 为备用组 ②若为大写字母(C、I、L、N、O、P、Q、Z 字母除外),则表示原始纯铝或铝合金的改型情况;若为数字,则表示合金元素或杂质极限含量的控制情况,0 表示其杂质极限含量无特殊限制,1~9 表示对一项或一项以上的单个杂质或合金元素极限含量进行特殊控制 ③、④最后两位数字仅用来识别同一组中不同的铝合金或表示铝的纯度
铜及铜合金	加工铜 黄铜 青铜 白铜	T1、T2-M、TU1、TUAg H62、HSn90-1 QSn4-3、QSn4-4-2.5 B25、BMn3-12	Q Al 10-3-1.5 M ① ② ③ ④ ④ ⑤ 国标 GB/T 29091—2012 中规定: ①为分类代号,T 为纯铜,TU 为无氧铜,TP 为磷脱氧铜,H 为黄铜,Q 为青铜,B 为白铜 ②为主添加元素符号,纯铜、一般黄铜、白铜不标;三元以上的黄铜、白铜为第二主添加元素,青铜为第一主加元素 ③为主添加元素含量,百分之几,纯铜中为金属顺序号;黄铜中为铜含量(Zn 为余数);白铜为 Ni 或 Ni+Co 的含量;青铜为第一主添加元素含量 ④为添加元素的量,百分之几,纯铜、一般黄铜、白铜无此数字;三元以上黄铜、白铜为第二添加合金元素含量;青铜为第二主添加元素含量 ⑤为状态代号
钛及钛合金		TA1-M、TA4、TB2 TC1、TC4	TA 1- M ① ② ③ ①为分类代号,A 表示 α 型钛合金;B 表示 β 钛合金;C 表示 α+β 钛合金 ②为金属或合金的顺序号 ③为合金的状态号
镁及镁合金	纯镁 镁合金	Mg 99.95 AZ91D、ZK40A	A Z 9 1 D ① ① ② ② ③ 国标 GB/T 5153—2016 中规定: ①为元素代号,Mg 表示纯镁,A~Z 表示其最主要的合金组成元素代号 ②为元素含量,对于纯镁,为其质量分数;对于镁合金,为其最主要的合金组成元素的大致含量 ③为标识代号

（续）

有色金属及其合金	牌号举例		说　明
	名称	牌号	
镍及镍合金		N4、NY1 NSi0. 19 NMn2-2-1 NCu28-2. 5-1. 5 NCr10	NCu 28-2. 5-1. 5M ①②③④④⑤ ①为分类代号,N 为纯镍或镍合金,NY 为阳极镍 ②为主添加元素符号 ③为主添加元素含量或序号,百分之几,纯镍中为金属顺序号 ④为添加元素的量,百分之几 ⑤为状态代号
专用合金	焊料 轴承合金	H1CuZn64 H1SnPb39 ChSnSb8-4 ChPbSb2-0. 2-0. 15	H1　Ag　Cu　20-15 ①　②　③　④⑤ ①为分类代号,H1 焊料合金,I 为印刷合金,Ch 轴承合金、YG 钨钴合金、YT 钨钛合金、YZ 铸造碳化钨、F 金属粉末、FLP 喷铝粉、FLX 细铝粉、FLM 铝镁粉、FM 纯镁粉 ②为第一基元元素符号 ③为第二基元元素符号 ④含量或等级数:合金中第二基元元素含量,以百分之几表示;硬质合金中决定其特性的主元素成分;金属粉末中纯度等级 ⑤含量或规格:合金中其他添加元素含量,以百分之几表示;金属粉末的粒度规格

2. 3. 2　铝及铝合金

铝合金牌号新旧标准对照见表 2. 3-4。

1. 纯铝

纯铝（GB/T 3190—2020）的牌号、纯度和杂质含量见表 2. 3-5，主要物理性能和力学性能见表 2. 3-6。

表 2. 3-4　铝合金牌号新旧标准对照

新牌号	曾用牌号	新牌号	曾用牌号	新牌号	曾用牌号
1A99	LG5	2B06	—	2A70	LD7
1B99	—	2A10	LY10	2B70	LD7-1
1C99	—	2A11	LY11	2D70	—
1A97	LG4	2B11	LY8	2A80	LD8
1B97	—	2A12	LY12	2A87	—
1A95	—	2B12	LY9	2A90	LD9
1B95	—	2D12	—	3A11	—
1A93	LG3	2E12	—	3A21	LF21
1B93	—	2A13	LY13	4A01	LT1
1A90	LG2	2A14	LD10	4A11	LD11
1B90	—	2A16	LY16	4A13	LT13
1A85	LG1	2B16	LY16-1	4A17	LT17
1B85	—	2A17	LY17	4A47	—
1A80	—	2A20	LY20	4A54	—
1A80A	—	2A21	214	4A60	—
1A60	—	2A23	—	4A91	491
1A50	LB2	2A24	—	5A01	2102、LF15
1R50	—	2A25	225	5A02	LF2
1R35	—	2B25	—	5B02	—
1A30	L4-1	2A39	—	5A03	LF3
1B30	—	2A40	—	5A05	LF5
2A01	LY1	2A42	—	5B05	LF10
2A02	LY2	2A49	149	5A06	LF6
2A04	LY4	2A50	LD5	5B06	LF14
2A06	LY6	2B50	LD6	5E06	—

（续）

新牌号	曾用牌号	新牌号	曾用牌号	新牌号	曾用牌号
5A12	LF12	6A51	651	7A48	—
5A13	LF13	6A60	—	7E49	—
5A25	—	6A61	—	7B50	—
5A30	2103、LF16	6R63	—	7A52	LC52、5210
5A33	LF33	7A01	LB1	7A55	—
5A41	LT41	7A02	—	7A56	—
5A43	LF43	7A03	LC3	7A62	—
5A56	—	7A04	LC4	7A68	—
5E61	—	7B04	—	7B68	—
5A66	LT66	7C04	—	7D68	7A60
5A70	—	7D04	—	7E75	—
5B70	—	7A05	705	7A85	—
5A71	—	7B05	7N01	7B85	—
5B71	—	7A09	LC9	7A88	—
5A83	—	7A10	LC10	7A93	—
5E83	—	7A11	—	7A99	—
5A90	—	7A12	—	8A01	—
6A01	6N01	7A15	LC15、157	8C05	—
6A02	LD2	7A19	919、LC19	8A06	L6
6B02	LD2-1	7A31	183-1	8A08	—
6R05	—	7A33	LB733	8C12	—
6A10	—	7A36	—		
6A16	—	7A46	—		

表 2.3-5　纯铝的纯度和杂质含量

类别	牌号	化学成分(质量分数,%)				
		Al	Fe	Si	Fe+Si	Cu
工业高纯铝	1A99	≥99.99	≤0.003	≤0.003	—	≤0.005
	1A97	≥99.97	≤0.015	≤0.015	—	≤0.005
	1A93	≥99.93	≤0.04	≤0.04	—	≤0.01
	1A90	≥99.90	≤0.06	≤0.06	—	≤0.01
	1A85	≥99.85	≤0.10	≤0.08	—	≤0.01
工业纯铝	1070A	≥99.7	≤0.25	≤0.20	≤0.45	≤0.03
	1060	≥99.6	≤0.35	≤0.25	≤0.60	≤0.05
	1050A	≥99.5	≤0.40	≤0.25	≤0.65	≤0.05
	1035	≥99.3	≤0.35	≤0.60	≤0.95	≤0.10

表 2.3-6　纯铝的主要物理性能和力学性能

项　目	数 值	项　目	数 值
原子序数	13	热导率(0~100℃)/[W/(m·K)]	22.609
相对原子质量	26.9815	电阻率(20℃)/$10^{-8}\Omega\cdot m$	2.67
点阵常数(FCC)/nm	0.40495	线膨胀系数(20~100℃)/(10^{-6}/℃)	23.8
密度(25℃)/(g/cm^3)	2.698	抗拉强度 R_m/MPa	80~100
原子直径/nm	0.286	条件屈服强度 $R_{p0.2}$/MPa	30~50
熔点/℃	660.24	伸长率 A(%)	3~40
沸点/℃	2467		

2. 变形铝合金

铝合金按热处理可以分为可热处理强化的合金和不可热处理强化的合金；按特点和用途可以分为硬铝、超硬铝、防锈铝、锻铝和铝锂合金。硬铝以 Al-Mg-Cu 系为主，具有强烈的时效硬化能力，其特点为具有较高的室温强度和耐热性，但耐蚀性和焊接性较差；超硬铝以 Al-Zn-Mg-Cu 系为主，在变形铝合金中强度最高，但应力腐蚀倾向大，热稳定性差；锻铝以

Al-Mg-Si 为主，具有好的冷、热加工性能、焊接性和耐蚀性，适于制作各种航空锻件；防锈铝耐蚀性好，易于加工成形和焊接，不可热处理强化，强度低，适于制作腐蚀环境下的零件。

常用变形铝合金（GB/T 3190—2020）的牌号、化学成分见表 2.3-7，物理性能见表 2.3-8，力学性能、主要特点及用途见表 2.3-9 和表 2.3-10。表中含量有上下限者为合金元素，含量为单个数值者，铝为最低限，其他元素为最高限。

表 2.3-11 给出了我国变形铝合金加工和热处理状态的代号。

铝及其合金热处理工艺参数见表 2.3-12。

表 2.3-7　常用变形铝合金的牌号、化学成分

分类	牌号	化学成分(质量分数,%)							
		Cu	Mg	Mn	Zn	Cr	Fe	Si	其他
硬铝合金	2A02	2.6~3.2	2.0~2.4	0.45~0.7	0.10	—	0.30	0.30	Ti:0.15
	2A06	3.8~4.3	1.7~2.3	0.50~1.0	0.10	—	0.50	0.50	Be:0.001~0.005;Ti:0.03~0.15
	2A10	3.9~4.5	0.15~0.30	0.30~0.50	0.10	—	0.20	0.25	Ti:0.15
	2A11	3.8~4.8	0.40~0.80	0.40~0.80	0.30	—	0.7	0.7	Ti:0.15;Ni:0.10
	2A12	3.8~4.9	1.2~1.8	0.30~0.9	0.30	—	0.50	0.50	Ti:0.10;Ni:0.10
	2A16	6.0~7.0	0.05	0.40~0.8	0.10	—	0.30	0.30	Ti:0.10~0.20;Zr:0.20
	2A17	6.0~7.0	0.25~0.45	0.40~0.8	0.10	—	0.30	0.30	Ti:0.10~0.20
超硬铝合金	7A03	1.8~2.4	1.2~1.6	0.10	6.0~6.7	0.05	0.20	0.20	Ti:0.02~0.08
	7A04	1.4~2.0	1.8~2.8	0.20~0.6	5.0~7.0	0.10~0.25	0.50	0.50	Ti:0.10
锻铝合金	6A02	0.20~0.6	0.45~0.9	0.15~0.35	0.20	—	0.50	0.50~1.2	Ti:0.15
	2A50	1.8~2.6	0.40~0.8	0.40~0.8	0.30	—	0.7	0.7~1.2	Fe+Ni:0.7;Ti:0.15 Ni:0.10
	2B50	1.8~2.6	0.40~0.8	0.40~0.8	0.30	0.01~0.20	0.7	0.7~1.2	Fe+Ni:0.7;Ti:0.02~0.10 Ni:0.10
	2A70	1.9~2.5	1.4~1.8	0.20	0.30	—	0.9~1.5	0.35	Ni:0.9~1.5;Ti:0.02~0.10
	2A80	1.9~2.5	1.4~1.8	0.20	0.30	—	1.0~1.6	0.50~1.2	Ni:0.9~1.5;Ti:0.15
	2A90	3.5~4.5	0.40~0.8	0.20	0.30	—	0.50~1.0	0.50~1.0	Ni:1.8~2.3;Ti:0.15
	2A14	3.9~4.8	0.40~0.8	0.40~1.0	0.30	—	0.7	0.6~1.2	Ni:0.1;Ti~0.15
防锈铝合金	5A02	0.10	2.0~2.8	0.15~0.40	—	—	0.40	0.40	Ti:0.15
	5A03	0.10	3.2~3.8	0.30~0.6	0.20	—	0.50	0.50~0.8	Ti:0.15
	5A05	0.10	4.8~5.5	0.30~0.6	0.20	—	0.50	0.50	
	5A06	0.10	5.8~6.8	0.50~0.8	0.20	—	0.40	0.40	Be:0.0001~0.005;Ti:0.02~0.1
	5B05	0.20	4.7~5.7	0.20~0.6	—	—	0.40	0.40	Ti:0.15;Si+Fe:0.6

表 2.3-8 变形铝合金的物理性能

合金牌号	密度 ρ /(g/cm^3)	线膨胀系数 (20~100℃) /$(10^{-6}/℃)$	热导率 λ (25℃) /[W/(m·K)]	比热容 c (100℃) /[J/(kg·K)]	电阻率 ρ (20℃) /$10^{-9}\Omega\cdot m$	弹性模量 E /MPa
5A02	2.68	23.8~24.2	154.9	963.0	4.76	69580
5A03	2.67	23.5	146.5	879.2	4.96	68600
5A06	2.64	23.7	117.2	921.1	6.73	68600
5B05	2.65	24.1	117.2	921.1	6.26	68600
2A02	2.75	23.6	134.0	837.4	5.50	70560
2A10	2.80	—	146.5	963.0	5.04	69580
2A11	2.80	22.9	117.2	921.1	5.40	69580
2A12	2.78	22.7	117.2	921.1	5.70	—
2A16	2.84	22.6	138.2	879.2	6.10	—
6A02	2.70	23.5	175.8	795.5	3.70	69580
2A50	2.75	21.4	175.8	837.4	4.10	69580
2B50	2.75	21.4	163.3	837.4	4.30	69580
2A70	2.80	19.6	142.4	795.5	5.50	—
2A80	2.77	21.8	146.5	837.4	5.00	—
2A14	2.80	22.5	159.1	837.4	4.30	70560
7A03	2.85	21.9	159.1	711.8	4.40	69580
7A04	2.85	23.1	159.1	—	4.20	—

表 2.3-9 变形铝合金的室温力学性能

组别	合金牌号	半成品种类	试样状态(旧)	抗拉强度 /MPa	屈服强度 /MPa	抗剪强度 /MPa	布氏硬度 HBW	伸长率 (%)	断面收缩率 (%)	疲劳强度 /MPa	泊松比
纯铝	工业纯铝		HX8(Y)	147	98	—	32	6	60	41~62	0.31
			O(M)	78	29	54	25	35	80	34	0.31
防锈铝	3A21	板材	HX8(Y)	216	177	108	55	5	50	69	—
			HX4(Y_2)	167	127	98	40	10	55	64	—
			O(M)	127	49	78	30	23	70	49	—
	5A02	棒材	HX8(Y)	314	226	147	45	5	—	137	—
			HX4(Y_2)	245	206	123	60	6	—	123	0.3
			O(M)	186	78	—	—	23	64	118	0.3
			H112(R)	177	—	—	—	21	—	—	—
	5A03	板材	HX4(Y_2)	265	226	—	75	8	—	127	—
			O(M)	231	118	—	58	22	—	113	—
			H112(R)	226	142	—	—	14.5	—	—	0.3
	5A05	板材	O(M)	299	177	—	65	20	—	137	0.3
			H112(R)	304	167	—	—	18	—	—	0.3
		锻件	HX6(Y_1)	265	226	216	100	10	—	152	0.3
			O(M)	231	118	177	65	20	—	137	—
	5B05	丝材	O(M)	265	147	186	70	23	—	—	0.3
	5A06	板材	HX4(Y_2)	441	338	—	—	13	—	—	—
			O(M)	333	167	—	70	20	—	127	—
		锻件	HX8(Y)	373	275	—	—	6	—	—	—
			O(M)	333	167	206	—	20	25	127	—

（续）

组别	合金牌号	半成品种类	试样状态（旧）	抗拉强度/MPa	屈服强度/MPa	抗剪强度/MPa	布氏硬度HBW	伸长率（%）	断面收缩率（%）	疲劳强度/MPa	泊松比
硬铝	2A01	丝材	T4(CZ)	294	167	196	70	24	50	83	0.31
			O(M)	157	59	—	38	24	—	—	0.31
	2A02	带材	T6(CS)	490	324	—	—	13	21	—	—
	2A04	丝材	T4(CZ)	451	275	284	115	23	42	—	—
	2A10	丝材	T4(CZ)	392	—	255	—	20	—	—	0.31
	2A11	锻件	O(M)	177	—	—	—	20	—	—	—
			T4(CZ)	402	245	—	115	15	30	123	0.31
	2A12	—	O(M)	177	—	—	—	21	—	—	—
			T4(CZ)	510	373	294	130	12	—	137	0.33
			T6(CS)	461	422	—	—	6	—	—	—
	2A06	包铝	T4(CZ)	431	294	—	—	20	—	—	—
		板材	HX4(Y2)	530	431	—	—	10	—	—	—
	2A16	板材	—	392	294	—	—	10	—	—	—
		挤压件	T6(CS)	392	245	265	100	12	35	127	—
		锻件	T6(CS)	422	—	255	—	17.5	—	103	—
超硬铝	7A03	丝材	T6(CS)	500	431	314	150	15	45	—	—
	7A04	薄型材	O(M)	216	98	—	—	—	—	—	—
		型材厚度<10mm	T6(CS)	549	520	—	—	—	—	—	—
		型材厚度>20mm	T6(CS)	588	539	234	—	—	—	—	0.33
		<2.5mm 包铝板	T6(CS)	500	431	—	150	8	12	—	—
锻铝	6A02	—	O(M)	118	—	78	30	30	65	—	0.31
			T4(CZ)	216	118	162	65	22	50	—	0.31
			T6(CS)	324	275	206	95	16	20	—	0.31
	2A50	模锻件	T6(CS)	412	294	—	105	13	—	—	0.33
	2B50		T6(CS)	402	314	255	—	—	40	—	0.33
	2A70	8mm 挤压棒材	T6(CS)	407	270	—	—	13	25.5	—	—
		<5kg 锻件	T6(CS)	392	—	—	—	18	—	—	—
	2A80	挤压带材 25mm×125mm	T4(CZ)	390	320	—	—	9.5	—	—	—
	2A14	小型模锻件	T6(CS)	471	373	284	135	10	25	—	0.33

表 2.3-10　变形铝合金的主要特点和用途

组别	牌　号	特　点	用途
纯铝	1060、1050A、1200	良好的导电性和导热性，耐蚀性和塑性好而强度低，可加工性不好，可气焊或接触焊，不易钎焊，各种压力加工较容易	电容器、电子管元件、导电体、电缆和铝箔
	1035		不受力的结构件、食品用具及装饰
防锈铝	5A02	退火后塑性好，加工硬化后塑性降低，不能进行热处理强化，疲劳强度高，耐蚀，可用氢原子焊和接触焊，退火状态下可加工性好	油箱、汽油和润滑油导管、中载荷零件和焊接件、低压容器、铆钉和焊条
	5A03	退火状态塑性好，半硬状态塑性尚好，不可热处理强化，可气焊、氩弧焊、点焊和滚焊，退火状态下可加工性不好	中强度零件及焊接件，冷冲压件和骨架
	5A06	高的强度和良好的耐蚀性，退火状态下塑性尚好，具有良好的可加工性	焊接容器、受力构件、蒙皮、骨架
	3A21	退火状态塑性好，加工硬化时塑性下降，不可热处理强化，耐蚀性好，可加工性不好	油箱、汽油和润滑油导管、轻载荷零件

（续）

组别	牌　号	特　点	用途
硬铝	2A01	热状态下塑性好。耐蚀性不好，可加工性一般，铆钉在淬火和时效后进行铆接，铆接过程不受热处理后时间限制	中强度、工作温度不超过 100℃的结构件
	2A02	热变形时塑性好，可以进行热处理强化，有应力腐蚀倾向，可加工性好，焊接性一般	压气机叶片
	2A06	抗剪强度中等，塑性尚好，能热处理强化，铆钉必须在淬火后 2h 进行铆接	中等强度的铆钉
	2A11	塑性尚好，能热处理强化，点焊性能良好，耐蚀性不好	中强度结构件，骨架、螺旋桨叶、局部墩粗的零件，螺栓和铆钉
	2A12	塑性尚可，可以热处理强化，点焊性能好，气焊和氩弧焊有晶间腐蚀倾向，热处理和加工硬化后可加工性尚可，耐蚀性不好	高强度结构件，骨架、蒙皮、梁、铆钉
	2A16	热状态下有好的塑性，可进行淬火和退火处理，点焊、滚焊和氩弧焊时裂纹形成倾向不显著，焊接气密性尚可，焊缝腐蚀稳定性低	250~300℃下工作的零件，高温和常温下工作的焊接容器
超硬铝	7A03	常温抗剪强度较高，耐蚀性和可加工性尚好，可热处理强化，淬火人工时效后可以铆接，而且铆钉铆接时不受热处理后时间的限制	受力结构的铆钉，工作温度在 125℃以下
	7A04	强度高，淬火和刚淬火状态下塑性尚好，可以热处理强化，点焊性能好，气焊不良，可加工性尚好	主要受力结构件，飞机大梁、加强框、蒙皮、起落架等
	7A09	强度高，板材的缺口敏感性和耐应力腐蚀性能优于 7A04	主要受力结构件
锻铝	6A02	退火和热状态下有好的塑性，易于锻造，淬火自然时效后塑性一般，人工时效后有晶间腐蚀倾向，退火状态可加工性不好，淬火时效状态下可加工性尚好，易于点焊和氢原子焊	要求塑性和耐蚀性良好的零件
	2A50	可以热处理强化，热状态下塑性高，耐蚀性好，但有晶间腐蚀倾向，切削性能好，可进行接触焊、点焊和滚焊，电弧焊和气焊性能不好	形状复杂、中等强度的锻件和模锻件
	2B50	可以热处理强化，热状态下塑性好，耐蚀性、可加工性和焊接性与 2A50 相似	形状复杂的锻件和模锻件，如气压机轮和风扇叶轮
	2A70	热状态下有好的塑性，可以热处理强化。高温强度高，可进行接触焊、点焊和滚焊，电弧焊和气焊性能不好	内燃机活塞和高温下工作的复杂锻件，板材可以用作高温下工作的结构件
	2A14	高的强度和良好的可加工性，可进行接触焊、点焊和滚焊，电弧焊和气焊性能不好，可热处理强化，耐蚀性较差	承受重载荷的锻件和模锻件

表 2.3-11　我国变形铝合金加工及热处理状态

名称	新代号（GB/T 16475—2008）	旧代号（GB/T 340—1976）
退火	O	M
淬火+自然时效	T4	CZ
淬火+人工时效	T6	CS
硬	HX8	Y
3/4 硬	HX6	Y_1
1/2 硬	HX4	Y_2
1/4 硬	HX2	Y_4
特硬	HX9	T
热轧、热 挤	H112 或 F	R

表 2.3-12　铝及铝合金的热处理工艺参数

<table>
<tr><th rowspan="2">合金牌号</th><th colspan="2">退火</th><th rowspan="2">淬火温度/℃</th><th colspan="2">时　效</th></tr>
<tr><th>退火温度/℃</th><th>时间/h</th><th>温度/℃</th><th>时间/h</th></tr>
<tr><td>1070A、1060、1050A、1035、1200、2A06</td><td>350~500</td><td rowspan="4">壁厚＜6mm，热透即可；壁厚＞6mm，保温 30min</td><td>—</td><td>—</td><td>—</td></tr>
<tr><td>3A21</td><td>350~500</td><td>—</td><td>—</td><td>—</td></tr>
<tr><td>5A02、5A03</td><td>350~420</td><td rowspan="2">—</td><td rowspan="2">—</td><td rowspan="2">—</td></tr>
<tr><td>5A05、5A06</td><td>310~335</td></tr>
<tr><td>2A01</td><td>370~450</td><td rowspan="8">2~3</td><td>495~505</td><td>室温</td><td>96</td></tr>
<tr><td>2A02</td><td>—</td><td>495~505</td><td>165~175</td><td>16</td></tr>
<tr><td>2A06</td><td>380~430</td><td>500~510</td><td>室温或 125~185</td><td>120 或 12~14</td></tr>
<tr><td>2A10</td><td>370~450</td><td>515~520</td><td>70~80</td><td>24</td></tr>
<tr><td>2A11</td><td>390~450</td><td>500~510</td><td>室温</td><td>96</td></tr>
<tr><td>2A12</td><td>390~450</td><td>495~503</td><td>室温或 185~195</td><td>96 或 6~12</td></tr>
<tr><td>2A16</td><td>390~450</td><td>530~540</td><td>160~170</td><td>16</td></tr>
<tr><td>2A17</td><td>390~450</td><td>520~530</td><td>180~190</td><td>16</td></tr>
<tr><td>7A03</td><td>350~370</td><td rowspan="2">2~3</td><td>460~470</td><td>分级时效
1 级 115~125
2 级 160~170</td><td>
3~4
3~5</td></tr>
<tr><td>7A04</td><td>390~430</td><td>465~480</td><td>120~140
分级时效
1 级 115~125
2 级 155~165</td><td>12~24

3
3</td></tr>
<tr><td>6A02</td><td>380~430</td><td rowspan="3">2~3</td><td>515~530</td><td>150~165 或室温</td><td>6~15 或 96</td></tr>
<tr><td>2A50、2B50</td><td>350~400</td><td>505~520</td><td>150~165 或室温</td><td>6~16 或 96</td></tr>
<tr><td>2A70</td><td>350~480</td><td>525~540</td><td>185~195 或稳定化处理 240</td><td>8~12 或 1~3</td></tr>
<tr><td>2A80</td><td>350~480</td><td rowspan="3">2~3</td><td>525~535</td><td>165~180 或稳定化处理 240</td><td>8~14 或 1~3</td></tr>
<tr><td>2A90</td><td>350~480</td><td>510~520</td><td>165~175 或稳定化处理 225</td><td>6~16 或 3~10</td></tr>
<tr><td>2A14</td><td>390~410</td><td>495~505</td><td>150~165 或室温</td><td>5~15 或 86</td></tr>
</table>

3. 铸造铝合金

铸造铝合金可以分为铝硅合金、铝铜合金、铝镁合金和铝锌合金。铸造铝合金的分类、特点和用途见表 2.3-13，化学成分见表 2.3-14。表 2.3-15 为常见铸造铝合金的力学性能及物理性能。

表 2.3-13　铸造铝合金的分类、特点和用途

类别	代号	主要特点	用途举例
铝硅合金	ZL101	耐蚀性、力学性能和铸造工艺性能良好，线收缩小，可自然时效，易气焊，可进行变质或不变质处理	形状复杂的砂型、金属型和压力铸造零件，如飞机零件、仪器零件、抽水机壳体等
	ZL102	耐蚀性和铸造工艺性能良好，易气焊，强度低，不能热处理强化，在铸件壁厚处易出现气孔，需变质处理	形状复杂的砂型、金属型和压力铸造零件，如仪器壳体、抽水机壳体等零件
	ZL104	铸造工艺性能良好，强度高，焊接性、可加工性和耐蚀性一般，易出现气孔	形状复杂的砂型、金属型和压力铸造零件，如发动机机匣、气缸体等在 200℃以下工作的零件
	ZL105	强度高且可热处理强化，可加工性好于 ZL104，塑性稍差，焊接性、可加工性和耐蚀性一般	形状复杂的砂型、金属型和压力铸造零件，如风冷发动机的气缸头、机匣等在 225℃以下工作的零件
	ZL109	强度高，耐磨性好，线膨胀系数小，气密性好，但可加工性差	活塞等较高温度下工作的零件

（续）

类别	代号	主要特点	用途举例
铝硅合金	ZL110	铸造性能好,焊接性、可加工性一般,耐蚀性差,可热处理强化	砂型和金属型铸造的活塞或其他高温下工作的零件
铝铜合金	ZL201	焊接性、可加工性好,但铸造性能差,有热裂和疏松倾向,气密性差	砂型铸造,175~300℃下工作的零件,如支臂、挂架梁等
	ZL203	可加工性好,但铸造性能差,有热裂和疏松倾向,气密性一般	砂型铸造,承受中等载荷及形状比较简单的零件,如托架,和工作温度不超过200℃、要求可加工性好的零件
铝镁合金	ZL301	强度高、密度小,可加工性和耐蚀性好,焊接性一般,铸造性能差	砂型铸造,在大气或海水中工作的零件,如承受大振动载荷、工作温度不超过150℃的零件
	ZL302	焊接性、可加工性好,铸造性能一般,易抛光	腐蚀介质作用下的中等载荷零件,如海轮配件、零件和各种壳体
铝锌合金	ZL401	焊接性、可加工性及铸造性能良好,耐蚀性差,密度大,强度高	压力铸造零件,形状复杂的汽车和飞机零件

表 2.3-14 铸造铝合金的化学成分（GB/T 1173—2013）

合金牌号	合金代号	主要元素(质量分数,%)							
		Si	Cu	Mg	Zn	Mn	Ti	其他	Al
ZAlSi7Mg	ZL101	6.5~7.5	—	0.25~0.45	—	—	—	—	余量
ZAlSi7MgA	ZL101A	6.5~7.5	—	0.25~0.45	—	—	0.08~0.20	—	余量
ZAlSi12	ZL102	10.0~13.0	—	—	—	—	—	—	余量
ZAlSi9Mg	ZL104	8.0~10.5	—	0.17~0.35	—	0.2~0.5	—	—	余量
ZAlSi5Cu1Mg	ZL105	4.5~5.5	1.0~1.5	0.4~0.6	—	—	—	—	余量
ZAlSi5Cu1MgA	ZL105A	4.5~5.5	1.0~1.5	0.4~0.55	—	—	—	—	余量
ZAlSi8Cu1Mg	ZL106	7.5~8.5	1.0~1.5	0.3~0.5	—	0.3~0.5	0.10~0.25	—	余量
ZAlSi7Cu4	ZL107	6.5~7.5	3.5~4.5	—	—	—	—	—	余量
ZAlSi2Cu2Mg1	ZL108	11.0~13.0	1.0~2.0	0.4~1.0	—	0.3~0.9	—	—	余量
ZAlSi12Cu1Mg1Ni1	ZL109	11.0~13.0	0.5~1.5	0.8~1.3	—	—	—	Ni:0.8~1.5	余量
ZAlSi5Cu6Mg	ZL110	4.0~6.0	5.0~8.0	0.2~0.5	—	—	—	—	余量
ZAlSi9Cu2Mg	ZL111	8.0~10.0	1.3~1.8	0.4~0.6	—	0.10~0.35	0.10~0.35	—	余量
ZAlSi7Mg1A	ZL114A	6.5~7.5	—	0.45~0.75	—	—	0.10~0.20	Be:0~0.07	余量
ZAlSi5Zn1Mg	ZL115	4.8~6.2	—	0.4~0.65	1.2~1.8	—	—	Sb:0.1~0.25	余量
ZAlSi8MgBe	ZL116	6.5~8.5	—	0.35~0.55	—	—	0.10~0.30	Be:0.15~0.40	余量
ZAlCu5Mn	ZL201	—	4.5~5.3	—	—	0.6~1.0	0.15~0.35	—	余量

（续）

合金牌号	合金代号	主要元素(质量分数,%)							
		Si	Cu	Mg	Zn	Mn	Ti	其他	Al
ZAlCu5MnA	ZL201A	—	4.8~5.3	—	—	0.6~1.0	0.15~0.35	—	余量
ZAlCu4	ZL203	—	4.0~5.0	—	—	—	—	—	余量
ZAlCu5MnCdA	ZL204A	—	4.6~5.3	—	—	0.6~0.9	0.15~0.35	Cd:0.15~0.25	余量
ZAlCu5MnCdVA	ZL205A	—	4.6~5.3	—	—	0.3~0.5	0.15~0.35	Cd:0.15~0.25 V:0.05~0.3 Zr:0.15~0.25 B:0.005~0.06	余量
ZAlRE5Cu3Si2	ZL207	1.6~2.0	3.0~3.4	0.15~0.25	—	0.9~1.2	—	Ni:0.2~0.3 Zr:0.15~0.25 RE:4.4~5.0①	余量
ZAlMg10	ZL301	—	—	9.5~11.0	—	—	—	—	余量
ZAlMg5Si1	ZL303	0.8~1.3	—	4.5~5.5	—	0.1~0.4	—	—	余量
ZAlMg8Zn1	ZL305	—	—	7.5~9.0	1.0~1.5	—	0.1~0.2	Be:0.03~0.1	余量
ZAlZn11Si7	ZL401	6.0~8.0	—	0.1~0.3	9.0~13.0	—	—	—	余量
ZAlZn6Mg	ZL402	—	—	0.5~0.65	5.0~6.5	0.2~0.5	0.15~0.25	Cr:0.4~0.6	余量

① RE 为含铈混合稀土，其中混合稀土总量不少于 98%（质量分数），铈（Ce）含量不少于 45%（质量分数）。

表 2.3-15　铸造铝合金力学性能及物理性能

合金牌号	合金代号	铸造方法	合金状态	抗拉强度 R_m /MPa	伸长率 A (%)	布氏硬度 HBW	密度/(g/cm³)	熔化温度范围/℃	线膨胀系数(20~100℃)/(10⁻⁶/℃)	比热容(100℃)/[J/(kg·K)]	热导率(25℃)/[W/(m·K)]	电阻率(20℃)/μΩ·m
ZAlSi7Mg	ZL101	S、R、J、K	F	155	2	50	2.66	577~620	23.0	879	151	45.7
		S、R、J、K	T2	135	2	45						
		JB	T4	185	4	50						
		S、R、K	T4	175	4	50						
		J、JB	T5	205	2	60						
		S、R、K	T5	195	2	60						
		SB、RB、KB	T5	195	2	60						
		SB、RB、KB	T6	225	1	70						
		SB、RB、KB	T7	195	2	60						
		SB、RB、KB	T8	155	3	55						
ZAlSi7MgA	ZL101A	S、R、K	T4	195	5	60	2.68	577~613	21.4	963	150	44.2
		J、JB	T4	225	5	60						
		S、R、K	T5	235	4	70						
		SB、RB、KB	T5	235	4	70						
		JB、J	T5	265	4	70						
		SB、RB、KB	T6	275	2	80						
		JB、J	T6	295	3	80						

（续）

合金牌号	合金代号	铸造方法	合金状态	抗拉强度 R_m /MPa	伸长率 A（%）	布氏硬度 HBW	密度/（g/cm^3）	熔化温度范围/℃	线膨胀系数（20~100℃）/（10^{-6}/℃）	比热容（100℃）/[J/（kg·K）]	热导率（25℃）/[W/（m·K）]	电阻率（20℃）/μΩ·m
ZAlSi12	ZL102	SB、RB、KB、JB	F	145	4	50	2.65	577~600	21.1	837	155	54.8
		J	F	155	2	50						
		SB、RB、KB、JB	T2	135	4	50						
		J	T2	145	3	50						
ZAlSi9Mg	ZL104	S、J、R、K	F	150	2	50	2.65	569~601	21.7	753	147	46.8
		J	T1	200	1.5	65						
		SB、RB、KB	T6	230	2	70						
		JB、J	T6	240	2	70						
ZAlSi5Cu1Mg	ZL105	S、R、J、K	T1	155	0.5	65	2.68	570~627	23.1	837	159	46.2
		S、R、K	T5	215	1	70						
		J	T5	235	0.5	70						
		S、R、K	T6	225	0.5	70						
		S、R、J、K	T7	175	1	65						
ZAlSi5Cu1MgA	ZL105A	SB、R、K	T5	275	1	80	—	—	—	—	—	—
		J、JB	T5	295	2	80						
ZAlSi8Cu1Mg	ZL106	SB	F	175	1	70	2.73	—	21.4	963	100.5	5
		JB	T1	195	1.5	70						
		SB	T5	235	2	60						
		JB	T5	255	2	70						
		SB	T6	245	1	80						
		JB	T6	265	2	70						
		SB	T7	225	2	60						
		JB	T7	245	2	60						
ZAlSi7Cu4	ZL107	SB	F	165	2	65	—	—	—	—	—	—
		SB	T6	245	2	90						
		J	F	195	2	70						
		J	T6	275	2.5	100						
ZAlSi12Cu2Mg1	ZL108	J	T1	195	—	85	—	—	—	—	117.2	—
		J	T6	255	—	90						
ZAlSi12Cu1Mg1Ni1	ZL109	J	T1	195	0.5	90	2.68	—	19	963	117.2	59.4
		J	T6	245	—	100						
ZAlSi5Cu6Mg	ZL110	S	F	125	—	80	—	—	—	—	—	—
		J	F	155	—	80						
		S	T1	145	—	80						
		J	T1	165	—	90						
ZAlSi9Cu2Mg	ZL111	J	F	205	1.5	80	2.69	—	18.9	—	—	—
		SB	T6	255	1.5	90						
		J、JB	T6	315	2	100						
ZAlSi7Mg1A	ZL114A	SB	T5	290	2	85	—	—	—	—	—	—
		J、JB	T5	310	3	90						
ZAlSi5Zn1Mg	ZL115	S	T4	225	4	70	—	—	—	—	—	—
		J	T4	275	6	80						
		S	T5	275	3.5	90						
		J	T5	315	3	100						

（续）

合金牌号	合金代号	铸造方法	合金状态	抗拉强度 R_m /MPa	伸长率 A（%）	布氏硬度 HBW	密度/(g/cm³)	熔化温度范围/℃	线膨胀系数(20~100℃)/(10⁻⁶/℃)	比热容(100℃)/[J/(kg·K)]	热导率(25℃)/[W/(m·K)]	电阻率(20℃)/μΩ·m
ZAlSi8MgBe	ZL116	S J S J	T4 T4 T5 T5	255 275 295 335	4 6 2 4	70 80 85 90	—	—	—	—	—	—
ZAlCu5Mg	ZL201	S、J、R、K S、J、R、K S	T4 T5 T7	295 335 315	8 4 2	70 90 80	2.78	547.5~650	19.5	837	113	59.5
ZAlCu5MgA	ZL201A	S、J、R、K	T5	390	8	100	2.83	547.5~650	22.6	833	105	52.2
ZAlCu4	ZL203	S、R、K J S、R、K J	T4 T4 T5 T5	195 205 215 225	6 6 3 3	60 60 70 70	2.80	—	23.0	837	154	43.3
ZAlCu5MnCdA	ZL204A	S	T5	440	4	100	2.81	544~650	22.03	—	—	—
ZAlCu5MnCdVA	ZL205A	S S S	T5 T6 T7	440 470 460	7 3 2	100 120 110	2.82	544~633	21.9	888	113	—
ZAlRE5Cu3Si2	ZL207	S J	T1 T1	165 175		75 75	2.83	603~637	23.6	—	96.3	53
ZAlMg10	ZL301	S、J、R	T4	280	9	60	2.55	—	24.5	1047	92.1	91.2
ZAlMg5Si	ZL303	S、J、R、K	F	143	1	55	2.60	550~650	20.0	962	125	64.3
ZAlMg8Zn1	ZL305	S	T4	290	8	90	—	—	—	—	—	—
ZAlZn11Si7	ZL401	S、R、K J	T1 T1	195 245	2 1.5	80 90	2.95	545~575	24.0	879	—	—
ZAlZn6Mg	ZL402	J S	T1 T1	235 220	4 4	70 65	2.81	—	24.7	963	138.2	—

注：S—砂型铸造；J—金属型铸造；R—熔模铸造；B—变质处理。

2.3.3　铜及铜合金

1. 纯铜

纯铜呈现紫红色，具有优异的导电性、导热性和塑性，而且具有较好的低温塑性和韧性。在海水和淡水中具有良好的稳定性。其主要物理性质见表 2.3-16。

表 2.3-16　纯铜的主要物理性质

项　目	数　值
熔点/℃	1 083
密度/(kg/m³)	8.89×10^3 ~ 8.95×10^3
电阻率(20℃)/(Ω·cm)	1.67×10^{-6} ~ 1.68×10^{-6}
热导率/[W/(m·K)]	391
线膨胀系数/(×10⁻⁶/℃)	0.17

加工铜（GB/T 5231—2022）的牌号和化学成分见表 2.3-17。

加工铜的制品种类、特性和用途举例见表 2.3-18。

2. 铜合金

铜合金按化学成分可以分为黄铜、青铜和白铜三类。以 Zn 为主要合金元素的铜合金为黄铜；以 Sn、Al、Be、Si、Cr 为主要合金元素的铜合金为青铜；以 Ni 为主要合金元素的铜合金为白铜。铜合金按生产工艺可以分为变形铜合金和铸造铜合金。相应各类铜合金的牌号及化学成分（GB/T 5231—2022）见表 2.3-19～表 2.3-21。铜合金的特点和用途见表 2.3-22，力学性能和物理性能见表 2.3-23，工艺性能和耐蚀性见表 2.3-24。

3. 铸造铜合金

铸造铜合金的化学成分、特点和用途、力学性能和物理性能见表 2. 3-25~表 2. 3-28。

表 2. 3-17　加工铜的牌号和化学成分

组别	牌号	化学成分(质量分数,%)												
		Cu+Ag	P	Bi	Sb	Pb	As	S	Zn	O	Fe	Ni	Ag	Sn
纯铜	T1	99. 95	0. 001	0. 001	0. 002	0. 003	0. 002	0. 005	0. 005	0. 02	0. 005	0. 002	—	0. 002
	T2	99. 90	—	0. 001	0. 002	0. 005	0. 002	0. 005	—	—	0. 005	—	—	—
	T3	99. 70	—	0. 002	—	0. 01	—	—	—	—	—	—	—	—
无氧铜	TU00	99. 99	0. 0003	0. 0001	0. 0004	0. 0005	0. 0005	0. 0015	0. 0001	0. 0005	0. 0010	0. 0010	0. 0025	0. 0002
		Se≤0. 0003;Te≤0. 0002;Cd:0. 0001;Mn≤0. 00005												
	TU1	99. 97	0. 002	0. 001	0. 002	0. 003	0. 002	0. 004	0. 003	0. 002	0. 004	0. 002	—	0. 002
	TU2	99. 95	0. 002	0. 001	0. 002	0. 004	0. 002	0. 004	0. 003	0. 003	0. 004	0. 002	—	0. 002
磷脱氧铜	TP1	99. 90	0. 004~0. 012	—	—	—	—	—	—	—	—	—	—	—
	TP2	99. 9	0. 015~0. 040	—	—	—	—	—	—	—	—	—	—	—

表 2. 3-18　加工铜的制品种类、特性和用途举例

代号	制品种类	特性	用途举例
T1	棒、箔等	良好的导电性、导热性、耐蚀性和可加工性,含降低导电、导热性的杂质较少。含 0. 02% ~0. 06%氧(质量分数),不能在高温还原气氛中应用	用作导电、导热、耐蚀器材
T2	板、带、条、箔、管、棒线材等		
T3	板、带、条、箔、管、棒线材等	良好的导电性、导热性、耐蚀性和可加工性,含降低导电、导热性的杂质较多,不能在高温还原气氛中应用	用作一般铜材
TU1、TU2 及高纯无氧铜	条、带、管	纯度高,导电性、导热性、耐蚀性好。含磷极低的无氧铜生成的氧化膜致密,不剥落,可加工性、焊接性、耐蚀性和耐寒性俱佳	电真空器件

表 2. 3-19　部分加工黄铜的牌号和化学成分

组别	牌号	化学成分(质量分数,%)									
		Cu	Fe	Pb	Al	Mn	Sn	Ni	Zn	杂质总和	其他
普通黄铜	H96	95. 0~97. 0	0. 10	0. 03	—	—	—	—	余量	0. 2	—
	H90	89. 0~91. 0	0. 05	0. 05	—	—	—	—	余量	0. 2	—
	H85	84. 0~86. 0	0. 05	0. 05	—	—	—	—	余量	0. 3	—
	H80	78. 5~81. 5	0. 05	0. 05	—	—	—	—	余量	0. 3	—
	H70	68. 5~71. 5	0. 10	0. 03	—	—	—	—	余量	0. 3	—
	H68	67. 0~70. 0	0. 10	0. 03	—	—	—	—	余量	0. 3	—
	H65	63. 0~68. 5	0. 07	0. 09	—	—	—	—	余量	0. 3	—
	H63	62. 0~63. 5	0. 15	0. 08	—	—	—	—	余量	0. 5	—
	H62	60. 5~63. 5	0. 15	0. 08	—	—	—	—	余量	0. 5	—
	H59	57. 0~60. 0	0. 3	0. 5	—	—	—	—	余量	1. 0	—

（续）

组别	牌号	化学成分(质量分数,%)									
		Cu	Fe	Pb	Al	Mn	Sn	Ni	Zn	杂质总和	其他
镍黄铜	HNi65-5	64.0~67.0	0.15	0.03	—	—	—	5.0~6.5	余量	0.3	—
	HNi56-3	54.0~58.0	0.15~0.5	0.2	0.3~0.5	—	—	2.0~3.0	余量	0.6	—
铁黄铜	HFe59-1-1	57.0~60.0	0.6~1.2	0.20	0.1~0.5	0.5~0.8	—	—	余量	0.3	Sn:0.3~0.7
	HFe58-1-1	56.0~58.0	0.7~1.3	0.7~1.3	—	—	—	—	余量	0.5	—
铅黄铜	HPb89-2	87.5~90.5	0.10	1.3~2.5	—	—	—	0.7	余量	—	—
	HPb66-0.5	65.0~68.0	0.07	0.25~0.7	—	—	—	—	余量	—	—
	HPb63-3	62.0~65.0	0.10	2.4~3.0	—	—	—	0.5	余量	0.75	—
	HPb63-0.1	61.5~63.5	0.15	0.05~0.3	—	—	—	0.5	余量	0.5	—
	HPb62-0.8	60.0~63.0	0.2	0.5~1.2	—	—	—	0.5	余量	0.75	—
	HPb62-3	60.0~63.0	0.35	2.5~3.0	—	—	—	—	余量	—	—
	HPb62-2	60.0~63.0	0.15	1.5~2.5	—	—	—	—	余量	—	—
	HPb61-1	58.0~62.0	0.15	0.6~1.2	—	—	—	—	余量	—	—
	HPb60-2	58.0~61.0	0.30	1.5~2.5	—	—	—	—	余量	—	—
	HPb59-3	57.5~59.5	0.50	2.0~3.0	—	—	—	0.5	余量	1.2	—
	HPb59-1	57.0~60.0	0.5	0.8~1.9	—	—	—	0.5	余量	1.0	—
铝黄铜	HAl77-2	76.0~79.0	0.06	0.07	1.8~2.5	—	—	—	余量	—	As:0.02~0.06
	HAl67-2.5	66.0~68.0	0.6	0.5	2.0~3.0	—	—	—	余量	1.5	—
	HAl66-6-3-2	64.0~68.0	2.0~4.0	0.5	6.0~7.0	1.5~2.5	—	—	余量	1.5	—
	HAl61-4-3-1	59.0~62.0	0.3~1.3	—	3.5~4.5	—	—	2.5~4.0	余量	0.7	Si:0.5~1.5 Co:0.5~1.0
	HAl60-1-1	58.0~61.0	0.70~1.50	0.40	0.70~1.50	0.1~0.6	—	—	余量	0.7	—
	HAl59-3-2	57.0~60.0	0.50	0.10	2.5~3.5	—	—	2.0~3.0	余量	0.9	—
锰黄铜	HMn62-3-3-0.7	60.0~63.0	0.1	0.05	2.4~3.4	2.7~3.7	0.1	—	余量	1.2	Si:0.5~1.5
	HMn58-2	57.0~60.0	1.0	0.1	—	1.0~2.0	—	—	余量	1.2	—
	HMn57-3-1	55.0~58.5	1.0	0.2	0.5~1.5	2.5~3.5	—	—	余量	1.3	—

（续）

组别	牌号	化学成分(质量分数,%)									
		Cu	Fe	Pb	Al	Mn	Sn	Ni	Zn	杂质总和	其他
锡黄铜	HSn90-1	88.0~91.0	0.10	0.03	—	—	0.25~0.75	—	余量	0.2	—
	HSn70-1	69.0~71.0	0.10	0.05	—	—	0.8~1.3	—	余量	0.3	As:0.03~0.06
	HSn62-1	61.0~63.0	0.10	0.10	—	—	0.7~1.1	—	余量	0.3	—
	HSn60-1	59.0~61.0	0.10	0.30	—	—	1.0~1.5	—	余量	1.0	—
硅黄铜	HSi80-3	79.0~81.0	0.6	0.1	—	—	—	—	余量	1.5	Si:2.5~4.0

表 2.3-20　部分加工白铜的化学成分及牌号

组别	牌号	化学成分(质量分数,%)													
		Ni+Co	Fe	Mn	Zn	Pb	Al	Si	P	S	C	Mg	Cu	杂质总和	其他
普通白铜	B0.6	0.57~0.63	0.005	—	—	0.005	—	0.002	0.002	0.005	0.002	—	余量	0.1	—
	B5	4.4~5.0	0.20	—	—	0.01	—	—	0.01	0.01	0.03	—	余量	0.5	—
	B19	18.0~20.0	0.5	0.5	0.3	0.005	—	0.15	0.01	0.01	0.05	0.05	余量	1.8	—
	B25	24.0~26.0	0.5	0.5	0.3	0.005	—	0.15	0.01	0.01	0.05	0.05	余量	1.8	Sn:0.03
	B30	29.0~33.0	0.9	0.9	—	0.05	—	0.15	0.006	0.01	0.05	—	余量	—	—
铁白铜	BFe5-1.5-0.5	4.8~6.2	1.3~1.7	0.30~0.8	1.0	0.05	—	—	—	—	—	—	余量	—	—
	BFe10-1-1	9.0~11.0	1.0~1.5	0.5~1.0	0.3	0.02	—	0.15	0.006	0.01	0.05	—	余量	0.7	Sn:0.03
	BFe30-1-1	29.0~32.0	0.5~1.0	0.5~1.2	0.3	0.02	—	0.15	0.006	0.01	0.05	—	余量	0.7	Sn:0.03
锰白铜	BMn3-12	2.0~3.5	0.20~0.5	11.5~13.5	—	0.020	0.2	0.1~0.3	0.005	0.020	0.05	0.03	余量	0.5	—
	BMn40-1.5	39.0~41.0	0.50	1.0~2.0	—	0.005	—	0.10	0.005	0.02	0.10	0.05	余量	0.9	—
	BMn43-0.5	42.0~44.0	0.15	0.10~1.0	—	0.002	—	0.10	0.002	0.01	0.10	0.05	余量	0.6	—

（续）

组别	牌号	化学成分(质量分数,%)													
		Ni+Co	Fe	Mn	Zn	Pb	Al	Si	P	S	C	Mg	Cu	杂质总和	其他
锌白铜	BZn18-18	16.5~19.5	0.25	0.50	余量	0.05	—	—	—	—	—	—	63.5~66.5	—	—
	BZn18-26	16.5~19.5	0.25	0.50	余量	0.05	—	—	—	—	—	—	53.5~56.5	—	—
	BZn15-20	13.5~16.5	0.5	0.3	余量	0.02	—	0.15	0.005	0.01	0.03	≤0.05	62.0~65.0	0.9	Bi:0.002 As≤0.010 Sb:0.002
	BZn15-21-1.8	14.0~16.0	0.3	0.5	余量	1.5~2.0	—	0.15	—	—	—	—	60.0~63.0	0.9	—
	BZn15-24-1.5	12.5~15.5	0.25	0.05~0.5	余量	1.4~1.7	—	—	0.02	0.005	—	—	58.0~60.0	0.75	—
铝白铜	BAl13-3	12.0~15.0	1.0	0.50	—	0.003	2.3~3.0	—	0.01	—	—	—	余量	0.4	—
	BAl6-1.5	5.5~6.5	0.50	0.20	—	0.003	1.2~1.8	—	—	—	—	—	余量	0.4	—

表 2.3-21　部分加工青铜的牌号及化学成分

组别	牌号	化学成分(质量分数,%)											
		Sn	Al	Si	Mn	Zn	Ni	Fe	Pb	P	Cu	杂质总和	其他
锡青铜	QSn1.5-0.2	1.0~1.7	—	—	—	0.30	—	0.10	0.05	0.03~0.35	余量	—	—
	QSn4-0.3	3.5~4.9	—	—	—	0.30	—	0.10	0.05	0.03~0.35	余量	—	—
	QSn4-3	3.5~4.5	0.002	—	—	2.7~3.3	—	0.05	0.02	0.03	余量	0.2	—
	QSn4-4-2.5	3.0~5.0	0.002	—	—	3.0~5.0	—	0.05	1.5~3.5	0.03	余量	0.2	—
	QSn4-4-4	3.0~5.0	0.002	—	—	3.0~5.0	—	0.05	3.0~4.0	0.03	余量	0.2	—
	QSn6.5-0.1	6.0~7.0	0.002	—	—	0.3	—	0.05	0.02	0.10~0.25	余量	0.1	—
	QSn6.5-0.4	6.0~7.0	0.002	—	—	0.3	—	0.02	0.02	0.26~0.40	余量	0.1	—

（续）

组别	牌号	化学成分（质量分数，%）											
		Sn	Al	Si	Mn	Zn	Ni	Fe	Pb	P	Cu	杂质总和	其他
锡青铜	QSn7-0.2	6.0~8.0	0.01	—	—	0.3	—	0.05	0.02	0.10~0.25	余量	0.15	—
	QSn8-0.3	7.0~9.0	—	—	—	0.20	—	0.10	0.05	0.03~0.35	余量	—	—
铝青铜	QAl5	0.1	4.0~6.0	0.1	0.5	0.5	—	0.5	0.03	0.01	余量	1.6	—
	QAl7	—	6.0~8.5	0.1	—	0.20	—	0.50	0.02	—	余量	—	—
	QAl9-2	0.1	8.0~10.0	0.1	1.5~2.5	1.0	—	0.50	0.03	0.01	余量	1.7	—
	QAl9-4	0.1	8.0~10.0	0.1	0.5	1.0	—	2.0~4.0	0.01	0.01	余量	1.7	—
	QAl9-5-1-1	0.1	8.0~10.0	0.1	0.5~1.5	0.3	4.0~6.0	0.5~1.5	0.01	0.01	余量	0.6	As:0.01
	QAl10-3-1.5	0.1	8.5~10.0	0.1	1.0~2.0	0.5	—	2.0~4.0	0.03	0.01	余量	0.75	—
	QAl10-4-4	0.1	9.5~11.0	0.1	0.3	0.5	3.5~5.5	3.5~5.5	0.02	0.01	余量	1.0	—
	QAl10-5-5	0.2	8.0~11.0	0.25	0.5~2.5	0.5	4.0~6.0	4.0~6.0	0.05	—	余量	1.2	Mg:0.10
	QAl11-6-6	0.2	10.0~11.5	0.2	0.5	0.6	5.0~6.5	5.0~6.5	0.05	0.1	余量	1.5	—
硅青铜	QSi3-1	0.25	—	2.7~3.5	1.0~1.5	0.5	0.2	0.3	0.03	—	余量	1.1	—
	QSi1-3	0.1	0.02	0.6~1.1	0.1~0.4	0.2	2.4~3.4	0.1	0.15	—	余量	0.5	—
	QSi3.5-3-1.5	0.25	—	3.0~4.0	0.5~0.9	2.5~3.5	0.2	1.2~1.8	0.03	0.03	余量	1.1	As:0.002 Sb:0.002
锰青铜	QMn1.5	0.05	0.07	0.1	1.20~1.80	—	0.1	0.1	0.01	—	余量	0.3	Cr≤0.1; Sb:0.005; Bi:0.002; S:0.01

（续）

组别	代号	化学成分(质量分数,%)											
		Sn	Al	Si	Mn	Zn	Ni	Fe	Pb	P	Cu	杂质总和	其他
锰青铜	QMn2	0.05	0.07	0.1	1.5~2.5	—	—	0.1	0.01	—	余量	0.5	Sb:0.005; Bi:0.002; As:0.01
	QMn5	0.1	—	0.1	4.5~5.5	0.4	—	0.35	0.03	0.01	余量	0.9	Sb:0.002
铬青铜	QCr4.5-2.5-0.6	—	—	—	0.5~2.0	0.05	0.2~1.0	0.05	—	0.005	余量	0.1	Cr:3.5~5.5; Ti:1.5~3.5

表 2.3-22　铜合金的主要特点和用途

组别	合金牌号	主要特点	用途
普通黄铜	H96	塑性好,易于冷热加工,易焊接、锻造和镀锡,在大气和海水中有优良的耐蚀性,无应力破裂倾向	导管、冷凝管、散热管、散热片及导电零件
	H90	良好的力学性能和耐蚀性,可冷、热压力加工	水箱带、供水和排水管,电池帽,奖章及双金属
	H80	良好的力学性能,可冷、热压力加工,在海水、淡水和大气中有较好的耐蚀性	造纸网、薄壁管、波纹管及房屋建筑用管
	H85	足够好的力学性能、工艺性能和耐蚀性,可冷、热压力加工	低载荷耐蚀弹簧
	H70	良好的塑性和较高的强度,冷成形性、耐蚀性和焊接性好	弹壳、热交换器、造纸用管,机械和电器用零件
	H68	良好的塑性和高的强度,可加工性、焊接性、耐蚀性好,加工硬化状态下有应力腐蚀开裂倾向,在海水中有脱锌腐蚀现象	复杂的冷冲件和深冲件,散热器外壳,导管和波纹管
	H65	良好的力学性能和工艺性能,可冷、热压力加工	小五金、小弹簧,铜网、造纸用管及机器零件
	H62	有较高的强度,耐蚀性、可加工性、热加工性好,冷态下塑性好,焊接性好,有产生应力腐蚀开裂和脱锌的倾向	各种构件,支座、接头、散热器零件、耐蚀件和各种销钉及导管
	H59	力学性能好,可较好承受热压力加工,耐蚀性一般	机械、电气零件,焊接件和热冲压件
	HPb59-1	良好的力学性能和物理性能,可冷、热压力加工,可加工性好,可焊接和钎焊,减摩性好,有应力腐蚀开裂倾向	各种结构件及轴承、轴套、套管等耐磨件
	HSn90-1	良好的耐蚀性和减摩性	汽车、拖拉机弹性套管及其他耐蚀、减摩件
	HSn70-1	良好的力学性能和耐蚀性,冷、热压力加工性能好,有应力腐蚀开裂的倾向	船舶、热电厂中高温耐蚀冷凝管
	HSn62-1	在海水和淡水中有较好的耐蚀性,力学性能良好,易焊接和钎焊,有应力腐蚀开裂倾向	与海水和汽油接触的零件
	HSn60-1	耐蚀性好	主要用于焊条
	HAl77-2	良好的力学性能及冷、热压力加工性能和耐蚀性	船舶和海滨热电站冷凝管或其他耐蚀件
	HAl60-1-1	良好的力学性能和耐蚀性,热加工性能好,可进行冷压加工,可加工性好,耐磨	齿轮、涡轮、衬套和轴等耐蚀或耐磨零件
	HAl59-3-2	强度高,耐蚀性好	船舶、电机及其他常温工作的高强耐蚀零件
	HFe59-1-1	高的强度,良好的可加工性、热加工性能,可进行冷压加工,在大气、淡水和海水中耐蚀	不重要的耐磨或耐蚀零件,如衬套、垫圈、齿轮等
	HMn58-2	力学性能良好,耐热性和耐蚀性也好,热加工性能良好	一般耐蚀零件,船舶和耐蚀零件,阀杆、接头、支座,衬套等
	HSi80-3	良好的力学性能和耐蚀性,可冷、热压力加工	与海水接触的零件,蒸汽管和水管配件

（续）

组别	合金牌号	主要特点	用途
青铜	QSn4-3	良好的弹性、耐磨性和抗磁性，冷、热状态下能进行压力加工，易焊接和钎焊，可加工性好，在海水、大气和淡水中有好的耐蚀性	弹簧、弹片等弹性件，化工器械耐磨和抗磁零件
	QSn4-4-2.5 QSn4-4-4	减摩性好，易切削加工，只能在冷态下压力加工，可焊接和钎焊，可加工性好，在大气和淡水中耐蚀	航空、汽车和拖拉机中的耐磨零件，如衬套、轴承、垫圈
	QSn6.5-0.1	良好的弹性、耐磨性和减振性。对电火花有较高的抗燃性，冷态压力加工性好，热态下也能进行压力加工，可加工性好，在海水和淡水中耐蚀，可焊接和钎焊	导电性能好的弹簧片，精密仪器中的耐磨零件和抗磁零件，如齿轮、电刷盒、振动片等
	QSn6.5-0.4	高的强度，良好的弹性，碰击时无火花，在大气、海水和淡水中耐蚀，可焊接和钎焊	金属网、弹簧和耐磨零件
	QAl5 QAl7	高的强度，良好的弹性和耐磨性，在大气、海水和淡水中耐蚀，可电焊和气焊，不易钎焊	弹簧和弹性元件，齿轮、摩擦轮
	QAl9-2	良好的力学性能，可进行冷、热加工，在大气、海水和淡水中耐蚀，可电焊和气焊，不易钎焊	海轮上零件，在250℃以下工作的管配件和高强度零件
	QAl9-4	良好的力学性能和耐磨性，热态下加工性能良好，在大气、海水和淡水中耐蚀，可电焊和气焊，不易钎焊	耐蚀、耐磨零件，如轴承、轴套、齿轮等
	QAl10-3-1.5	良好的力学性能和耐磨性，可热处理，高温下耐蚀性和抗氧化性及在大气、海水和淡水中耐蚀性好，可加工性尚好，可焊接，不易钎焊	高强度、耐磨和耐蚀零件，如轴承、轴套、齿轮等
	QAl10-4-4	良好的力学性能和耐磨性，400℃以下有耐热性，可热处理，热态下加工性能良好，在大气、海水和淡水中耐蚀性好，可焊接，不易钎焊	高强度、耐蚀和耐磨零件及高温400℃以上的零件，如轴承、轴套、齿轮等
	QAl11-6-6	良好的力学性能、耐磨性、耐蚀性和耐热性，可热处理，可加工性尚好	可加工性尚好的零件
	QSi3-1	良好的力学性能和耐磨性，可冷、热加工，低温下不降低塑性，易钎焊，在大气、海水和淡水中耐蚀	弹性元件、耐磨或在腐蚀介质中工作的零件
	QSi1-3	良好的力学性能和耐磨性，可热处理，可加工性好，在大气、海水和淡水中耐蚀	发动机和机械制造中的零件，300℃以下、单位压力低的减摩零件，排气和进气门的导向管

表 2.3-23 铜合金的力学性能和物理性能

组别	合金牌号	抗拉强度/MPa	屈服强度/MPa	伸长率(%)	断面收缩率(%)	布氏硬度HBW	密度/(g/cm³)	线膨胀系数(20~100℃)/(10^{-6}/℃)	热导率(20℃)/[W/(m·K)]	电阻率(20℃)/$10^{-6}\Omega\cdot m$	弹性模量/MPa
黄铜	H96	235/441	—/382	50/2			8.85	18.1	242.8	0.031	111720
	H90	255/471	118/392	45/4	80	53/130	8.80	18.2	167.5	0.039	107800
	H85	275/539	98/441	45/4	85	54/126	8.75	18.7	150.7	0.047	102900
	H80	314/628	118/510	52/5	70	53/145	8.65	19.1	142.3	0.054	102900
	H70	314/647	88/510	55/3	70	—/150	8.53	19.9	121.4	0.062	102900
	H68	314/647	88/510	55/3	70	—/150	8.50	19.9	117.2	0.068	102900
	H62	324/588	108/490	49/3	66	56/164	8.43	20.6	108.9	0.071	98000
	HPb59-1	392/637	137/441	45/16	—	90/140	8.50	20.6	104.7	0.065	102900
	HSn90-1	275/510	83/441	45/5	—	—	8.80	18.4	125.6	0.054	102900
	HSn70-1	343/686	98/588	60/4	—	—	8.58	19.7	92.1	0.072	102900
	HSn62-1	392/686	147/588	40/4	—	—	8.54	19.3	108.9	0.072	102900
	HSn60-1	373/549	147/412	40/10	46	—	8.45	21.4	100.5	0.070	102900

（续）

组别	合金牌号	抗拉强度/MPa	屈服强度/MPa	伸长率(%)	断面收缩率(%)	布氏硬度HBW	密度/(g/cm³)	线膨胀系数(20~100℃)/(10^{-6}/℃)	热导率(20℃)/[W/(m·K)]	电阻率(20℃)/$10^{-6}\Omega\cdot$m	弹性模量/MPa
黄铜	HAl77-2	392/637		55/12	58	60/170	8.60	18.5	113.0	0.075	102900
	HAl60-1-1	411/736	196/—	45/8	30	95/180	8.20	21.6	—	—	102900
	HAl59-3-2	373/637	294/—	50/15		75/155	8.40	19.0	83.7	0.078	98000
	HMn58-2	392/686	—	40/10	50	85/175	8.50	21.2	70.3	0.108	98000
	HMn57-3-1	539/686	—	25/3	—	115/175	8.50	—	—	—	—
	HFe59-1-1	411/686	—	50/10	55	88/160	8.50	22.0	100.5	0.093	102900
	HSi80-3	294/588	—	58/4	—	60/180	8.60	17.1	41.9	0.200	96040
	HNi65-5	392/686	167/588	65/4	—	—	8.65	18.2	58.6	0.146	109760
青铜	QSn4-3	343/539		40/4	—	60/160	8.80	18.0	83.7	0.087	—
	QSn4-4-2.5	294~343/539~637	127/275	35~45/2~4	—	60/160~180	9.00	18.2	83.7	0.087	—
	QSn4-4-4	304/—	127/—	46/—	34	62/—	9.00	18.2	83.7	0.087	—
	QSn6.5-0.4	343~441/686~785	196~245/579~637	60~70/7.5~12	—	70~90/160~200	8.80	17.1	75.4	0.176	—
	QSn4-0.3	333/588	—/530	52/8	—	55~70/160~170	8.90	17.6	83.7	0.091	—
	QSn7-0.2	353/—	225/—	64/—	50	75/—	8.80	17.5	50.2	—	—
	QAl5	373/785	157/490	65/4	70	60/200	8.20	18.2	104.7	0.0995	—
	QAl7	412/981	—	70/3~10	75	70/154	7.80	17.8	79.6	—	—
	QAl9-2	392/588	294/490	25/—	—	—/160	7.60	17.0	71.2	0.11	—
	QAl9-4	388/539	216/343	40/5	33	110/160~200	7.50	16.2	58.6	0.12	—
	QAl10-3-1.5	598	186/—	32/—	55		7.50	20.0	58.6	0.189	—
	QAl10-4-4	588/686	—	35/9	45	140~160/225	7.50	17.1	75.4	0.183	—
	QSi1-3	—	—	—	—	—	8.85	18.0	104.7	0.046	
	QSi3-1	—	—	—	—	—	8.40	15.8	46.1	0.15	
	QBe2	490/1275~1373	245~343/1255	30~35/1~2	—	117/350	8.23	16.6	83.7~104.7	—	—
	QMn5	294/588	—/490	40/2	—	80/160	—	—	—	—	—
	QCd1	392/686	—	20/2	—	—	—	—	—	—	—
白铜	B5	—	—	—	—	—	8.90	16.3	129.8	0.07	
	B19	343/539	98/510	35/4	—	70/120	8.90	16.0	38.5	0.287	137200
	B30	—	—	—	—	—	8.90	15.3	37.3	—	—
	BFe30-1-1	373/588	137/530	40~50/4	—	70/190	8.90	16.0	37.3	0.42	150920
	BAl6-1.5	353/637	78	35~40/24	—	60~70/200	8.70	—	—	—	—
	BAl13-3	686/—	883~981	7/4	—	75/250~270	8.50	—	—	—	—
	BZn15-20	392/657	137/588	45/2.5	—	70/165	8.70	16.6	25.1~35.6	0.26	123480
	BMn3-12	—	—	—	—	—	8.40	16.0	21.8	0.435	123970
	BMn40-1.5	—	—	—	—	—	8.90	14.4	20.9	0.48	162680
	BMn43-0.5	—	—	—	—	—	8.90	14.0	24.3	0.49	117600

注：/前为软态性能，/后为硬态性能。

表 2.3-24　铜合金的工艺性能和耐蚀性

合金牌号	铸造温度/℃	热加工温度/℃	退火温度/℃	消除内应力退火温度/℃	线收缩率(%)	可加工性(%)	耐蚀性(质量损失)/[g/(m²·d)]			
							大气中	海水	10% H_2SO_4(质量分数)	2% NaOH(质量分数)
H96	1160~1200	775~850	540~600	—	—	20	—	0.2	—	—
H90	1160~1200	850~950	650~720	200	2	20	0.48	0.50	—	—
H85	—	—	650~720	180	—	—	—	—	—	—
H80	1160~1180	820~870	600~700	260	2	30	—	0.43	—	—
H70	1100~1160	750~780	520~650	260	1.92	30	—	—	—	—
H68	1100~1160	750~830	520~650	260	1.92	30	—	0.48	1.75	—
H62	1060~1100	650~850	600~700	280	1.77	40	—	0.61	1.46	—
HSn70-1	1150~1180	650~750	560~580	320	1.71	30	—	0.55	1.65	—
HSn62-1	1060~1100	700~750	550~650	360	1.78	40	—	0.55	1.50	—
HSn60-1	1060~1110	760~800	550~560	290	1.78	40	—	0.55	1.51	—
HAl77-2	—	—	600~650	320	—	—	—	—	—	—
HAl59-3-2	—	—	600~650	380	—	—	—	0.04	1.15	0.09
HMn58-2	1040~1080	680~730	600~650	250	1.45	22	—	0.4	1.59	0.55
HFe59-1-1	1040~1080	680~730	600~650	—	2.14	25	—	0.22	1.77	0.58
HSi80-3	950~1000	750~850	—	—	1.7	—	—	—	—	—
HNi65-5	—	—	—	380	—	—	—	—	—	—
QSn4-3	1250~1270	—	590~810	—	1.45	—	—	0.53	4.3	—
QSn4-4-4	1250~1300	—	590~610	—	—	90	—	—	—	—
QSn6.5-0.4	1200~1300	750~770	600~650	—	1.45	20	—	1.0	5.1	—
QSn7-0.2	1200~1300	728~780	600~650	—	1.5	16	—	—	—	—
QAl5	—	—	600~700	—	—	—	—	0.55	1.2	—
QAl9-2	1120~1150	800~850	650~750	—	1.7	20	0.24	0.25	—	—

（续）

合金牌号	铸造温度/℃	热加工温度/℃	退火温度/℃	消除内应力退火温度/℃	线收缩率(%)	可加工性(%)	耐蚀性(质量损失)/[g/(m^2·d)]			
							大气中	海水	10% H_2SO_4（质量分数）	2% NaOH（质量分数）
QAl9-4	1120~1150	750~850	700~750	—	2.49	20	—	0.25	0.4	—
QAl10-3-1.5	1120~1150	775~825	650~750	—	2.4	20	—	0.2~0.25	0.7	—
QAl10-4-4	1120~1200	850~900	700~750	—	1.8	20	—	0.18	0.58	—
QSi3-1	1080~1100	800~850	700~750	290	1.6	30	0.0018~0.00025	—	0.058	—
QBe2	1050~1160	760~800	—	—	—	20	—	—	—	—
B5	—	—	650~800	—	—	—	—	—	—	—
B19	—	—	650~800	250	—	—	—	—	—	—
B30	—	—	700~800	—	—	—	—	—	—	—
BFe30-1-1	—	—	700~800	—	—	—	—	—	—	—
BAl6-1.5	—	—	600~700	—	—	—	—	—	—	—
BZn15-20	—	—	600~750	250	—	—	—	—	—	—
BMn3-12	—	—	720~860	300	—	—	—	—	—	—
BMn40-1.5	—	—	800~850	—	—	—	—	—	—	—
BMn43-0.5	—	—	800~850	—	—	—	—	—	—	—

表 2.3-25　铸造黄铜的化学成分

组别	合金牌号	主要成分(质量分数,%)							杂质限量(质量分数,%)≤								
		Cu	Si	Pb	Al	Fe	Mn	Zn	Fe	Al	Sb	Sn	Pb	Mn	Ni	P	总和
黄铜	ZCuZn38	60.0~63.0	—	—	—	—	—	其余	0.8	0.5	0.1	—	—	—	Bi：0.002	0.01	1.5
硅黄铜	ZCuZn16Si4	79.0~81.0	2.5~4.5	—	—	—	—	其余	0.6	0.1	0.1	0.3	0.5	0.05	—	—	2.0
铅黄铜	ZCuZn33Pb2	63.0~67.0	—	1.0~3.0	—	—	—	其余	0.8	0.1	—	1.5	Si：0.05	0.2	1.0	0.05	1.5
铅黄铜	ZCuZn40Pb2	58.0~63.0	—	0.5~2.5	0.2~0.8	—	—	其余	0.8	—	—	1.0	—	0.5	1.0	—	1.5

(续)

组别	合金牌号	主要成分(质量分数,%)							杂质限量(质量分数,%)≤								
		Cu	Si	Pb	Al	Fe	Mn	Zn	Fe	Al	Sb	Sn	Pb	Mn	Ni	P	总和
铝黄铜	ZCuZn25Al6Fe3Mn3	60.0~66.0	—	—	4.5~7.0	2.0~4.0	2.0~4.0	其余	—	Si:0.10	—	0.2	0.2	—	3.0	—	2.0
	ZCuZn26Al4Fe3Mn3	60.0~66.0	—	—	2.5~5.0	2.0~4.0	2.0~4.0	其余	—	Si:0.10	—	0.2	0.2	—	3.0	—	2.0
	ZCuZn31Al2	66.0~68.0	—	—	2.0~3.0	—	—	其余	0.8	—	—	1.0	1.0	0.5	—	—	1.5
	ZCuZn35Al2Mn2Fe1	57.0~65.0	—	—	0.5~2.5	0.5~2.0	1.0~3.0	其余	—	Si:0.10	—	1.0	0.5	—	3.0	Sb+P+As:0.40	2.0
锰黄铜	ZCuZn40Mn3Fe1	53.0~58.0	—	—	—	0.5~1.5	3.0~4.0	其余	—	1.0	0.1	0.5	0.5	—	—	—	1.5
	ZCuZn38Mn2Pb2	57.0~60.0	—	1.5~2.5	—	—	1.5~2.5	其余	0.8	1.0	0.1	2.0	—	—	—	—	2.0
	ZCuZn40Mn2	57.0~60.0	—	—	—	—	1.0~2.0	其余	0.8	1.0	0.1	1.0	—	—	—	—	2.0

表 2.3-26　铸造青铜的化学成分

组别	合金牌号	主要成分(质量分数,%)							杂质限量(质量分数,%)≤												
		Sn	Zn	Pb	Al	Fe	Mn	Cu	Fe	Al	Sb	Si	P	S	As	Bi	Mn	Zn	Sn	Pb	总和
锡青铜	ZCuSn3Zn11Pb4	2.0~4.0	9.0~13.0	3.0~6.0	—	—	—	其余	0.5	0.02	0.3	0.02	0.05	—	—	—	—	—	—	—	1.0
	ZCuSn3Zn8Pb6Ni1	2.0~4.0	6.0~9.0	4.0~7.0	Ni:0.5~1.5	—	—	其余	0.4	0.02	0.3	0.02	0.05	—	—	—	—	—	—	—	1.0
	ZCuSn5Pb5Zn5	4.0~6.0	4.0~6.0	4.0~6.0	—	—	—	其余	0.3	0.01	0.25	0.01	0.05	—	Ni 2.5①	—	—	—	—	—	1.0
	ZCuSn10P1	9.0~11.5	—	—	P:0.8~1.1	—	—	其余	0.1	0.01	0.05	0.02	—	0.05	Ni:0.10	—	0.05	0.05	—	0.25	0.75
	ZCuSn10Zn2	9.0~11.0	1.0~3.0	—	—	—	—	其余	0.25	0.01	0.3	0.01	0.05	0.10	Ni:2.0①	—	0.2	—	—	1.5①	1.5
	ZCuSn10Pb5	9.0~11.0	—	4.0~6.0	—	—	—	其余	0.3	0.02	0.3	—	0.05	—	—	—	—	1.0①	—	—	1.0

（续）

组别	合金牌号	主要成分（质量分数，%）							杂质限量（质量分数，%）≤												
		Sn	Zn	Pb	Al	Fe	Mn	Cu	Fe	Al	Sb	Si	P	S	As	Bi	Mn	Zn	Sn	Pb	总和
铅青铜	ZCuPb10Sn10	9.0~11.0		8.0~11.0	—	—	—	其余	0.25	0.01	0.5	0.01	0.05	0.10	Ni：2.0①	—	0.2	2.0①	—	—	1.0
铅青铜	ZCuPb15Sn8	7.0~9.0	—	13.0~17.0	—	—	—	其余	0.25	0.01	0.5	0.01	0.10	0.10	Ni：2.0①	—	0.2	2.0①	—	—	0.75
铅青铜	ZCuPb17Sn4Zn4	3.5~5.0	2.0~6.0	14.0~20.0	—	—	—	其余	0.4	0.05	0.3	0.02	0.05	—	—	—	—	—	—	—	0.75
铅青铜	ZCuPb20Sn5	4.0~6.0	—	18.0~23.0	—	—	—	其余	0.25	0.01	0.75	0.01	0.10	0.10	Ni：2.5①	—	0.2	2.0①	—	—	0.75
铅青铜	ZCuPb30	—	—	27.0~33.0	—	—	—	其余	0.5	0.01	0.2	0.02	0.08	—	0.1	0.005	0.3	—	1.0①	—	1.0
铝青铜	ZCuAl8Mn13Fe3	—	—	—	7.0~9.0	2.0~4.0	12.0~14.5	其余	—	—	—	0.15	—	C：0.10	—	—	—	0.3①	—	0.02	1.0
铝青铜	ZCuAl9Mn2	—	—	—	8.0~10.0	—	1.5~2.5	其余	—	—	0.05	0.2	0.1	—	0.05	—	—	1.5①	0.2	0.1	1.0
铝青铜	ZCuAl9Fe4Ni4Mn2	—	—	Ni：4.0~5.0	8.5~10.0	4.0~5.0	0.8~2.5	其余	—	—	—	0.15	—	C：0.10	—	—	—	1.0①	—	0.02	1.0
铝青铜	ZCuAl10Fe3	—	—	—	8.5~11.8	2.0~4.0	—	其余	—	—	—	0.20	—	—	Ni：3.0①	—	1.0①	0.4	0.3	0.2	1.0
铝青铜	ZCuAl10Fe3Mn2	—	—	—	9.0~11.0	2.0~4.0	1.0~2.0	其余	—	—	0.05	0.1	0.01	—	0.01	—	—	0.5①	0.1	0.3	0.75
铝青铜	ZCuAl8Mn13Fe3Ni2	—	—	Ni：1.8~2.5	7.0~8.5	2.5~4.0	11.5~14.0	其余	—	—	—	0.15	—	—	—	—	C：0.10	—	—	0.02	1.0

① 不列入杂质总和。

表 2.3-27　铸造铜合金的主要特点和用途

合金牌号	主要特点	用　途
ZCuZn38	具有优良的铸造性能、较好的力学性能和可加工性，易焊接，耐蚀，但有应力开裂倾向	一般耐蚀零件，法兰、阀座、支架等
ZCuZn16Si4	具有优良的铸造性能、力学性能和可加工性。流动性好，铸件组织致密，气密性高	船舶零件，在海水、淡水和蒸汽条件下工作的零件
ZCuZn40Pb2	有良好的铸造性能、耐蚀性与耐磨性，可加工性好，在海水中有产生应力腐蚀开裂的倾向	轴承、衬套和其他耐磨、耐蚀零件
ZCuZn31Al12	良好的铸造性能和耐蚀性，易切削，可焊接	用于压力铸造，如电机、仪表等压铸件，造船和机械制造业的耐蚀零件
ZCuZn35Al2Mn2Fe1	好的力学性能和铸造性能，在大气、淡水和海水中有好的耐蚀性，可加工性好，可焊接	管路附件和要求不高的耐磨件

（续）

合金牌号	主要特点	用途
ZCuZn40Mn2	良好的力学性能和铸造性能，受热时组织稳定，有较好的耐蚀性和耐磨性，可焊接	在海水、淡水和蒸汽、液体燃料中工作的零件，如阀体，活塞等
ZCuZn40Mn3Fe1	良好的力学性能、铸造性能和可加工性，在大气、淡水和海水中有好的耐蚀性，有应力腐蚀开裂倾向	形状不复杂的重要零件、管配件、重型零件等
ZCuSn5Pb5Zn5	好的耐蚀性和耐磨性，铸造和气密性好，易切削加工	耐磨、耐蚀零件，如轴瓦、衬套等
ZCuSn10P1	好的铸造性能和耐磨性，硬度高，易切削加工，可焊接和钎焊，在大气和淡水中有好的耐蚀性，在海水中耐蚀性中等	承受静冲击载荷的耐蚀零件，如涡轮、齿轮、轴瓦等，100℃以下工作的特种衬垫
ZCuSn10Zn2	铸造性能好，易加工，耐磨、耐蚀，可焊接和钎焊	较高载荷和较小滑动速度下工作的耐磨件和重要的管配件
ZCuSn3Zn11Pb4	铸造性能好，易加工，耐腐蚀	在海水、淡水和蒸汽中工作的管配件
ZCuSn3Zn8Pb6Ni11	铸造性能好，易加工，耐蚀性、耐磨性与气密性好，可在流动海水中工作	在海水、淡水和蒸汽中工作的零件
ZCuPb10Sn10	良好的耐磨性和可加工性，在冲击载荷作用下开裂倾向小，导热性好，铸造性能差，易产生偏析	承受中等及冲击载荷的各种轴承、轴套和双金属耐磨件
ZCuPb20Sn5	较好的滑动性能，在无润滑介质和以水为介质时润滑性好，适用于双金属铸造材料，耐硫酸腐蚀，易切削，铸造性能差	高速滑动零件，以及破碎机、水泵、冷轧机轴承，耐蚀零件，双金属轴承等
ZCuAl9Mn2	铸造性能好，组织致密，气密性好，力学性能好，在大气、海水和淡水中耐腐蚀，耐磨性好，可焊接，不易钎焊	耐蚀、耐磨零件，形状简单的大型铸件，250℃以下工作的管配件和要求致密性良好的铸件
ZCuAl10Fe3	良好的力学性能，在大气、海水和淡水中耐蚀，耐磨性好，可以焊接，不易钎焊，大型铸件700℃以下空冷可防止变脆	高强度、耐蚀、耐磨的重要铸件，250℃以下工作的管配件
ZCuAl8Mn13Fe3Ni2	良好的力学性能，在大气、海水和淡水中耐蚀，耐磨性好，可以焊接，不易钎焊，铸造性能好，气密性好	强度高、耐蚀性好的各种重要铸件，高压阀体、泵体等耐压、耐磨铸件

表 2.3-28　铸造铜合金的力学性能与物理性能

组别	合金牌号	力学性能				物理性能					摩擦系数		腐蚀失重/[g/(m²·d)]	
		铸造方法	抗拉强度/MPa	伸长率(%)	布氏硬度HBW	密度/(g/cm³)	线膨胀系数(20~200℃)/(10⁻⁶/℃)	热导率(20℃)/[W/(m·K)]	电阻率(20℃)/10⁻⁶Ω·m	线收缩率(%)	有润滑	无润滑	海水	10% H_2SO_4
黄铜	ZCuZn38	S	295	30	60	8.43	—	108.9	0.72	1.77	—	—	—	—
		J	295	30	70	8.43	—	108.9	0.72	1.77	—	—	—	—
	ZCuZn16Si4	S、R	345	15	90	8.20	18.8~20.8	36.0	0.28	1.6~1.7	0.01	0.19	1.63	0.312
		J	390	20	100	8.20	18.8~20.8	36.0	0.28	1.6~1.7	0.01	0.19	1.63	0.312
	ZCuZn40Pb2	S、R	220	15	80①	8.5	20.1	108.9	0.068	2.23	0.013	0.17	—	—
		J	280	20	90①									
	ZCuZn33Pb2	S	180	12	50①	—	—	—	—	—	—	—	—	—
	ZCuZn25Al6Fe3Mn3	S	725	10	160①	8.5	19.8	49.8	—	—	—	—	—	—
		J	740	7	170①									
		Li、La	740	7	170①									

（续）

组别	合金牌号	力学性能				物理性能					摩擦系数		腐蚀失重/[g/(m^2·d)]	
		铸造方法	抗拉强度/MPa	伸长率(%)	布氏硬度 HBW	密度/(g/cm^3)	线膨胀系数(20~200℃)/(10^{-6}/℃)	热导率(20℃)/[W/(m·K)]	电阻率(20℃)/10^{-6} Ω·m	线收缩率(%)	有润滑	无润滑	海水	10% H_2SO_4
黄铜	ZCuZn26Al4Fe3Mn3	S	600	18	120①	—	—	—	—	—	—	—	—	—
		J	600	18	130①									
		Li、La	600	18	130①									
	ZCuZn31Al2	S、R	295	12	80	8.5	—	113.0	—	1.25	—	—	—	—
		J	390	15	90									
	ZCuZn40Mn3Fe1	S、R	440	18	100	8.5	19.1	51.1	—	1.53	0.036	0.36	—	0.32
		J	490	15	110									
	ZCuZn38Mn2Pb2	S	245	10	70	8.5	—	71.2	0.118	2.18	0.016	0.24	—	—
		J	345	18	80									
	ZCuZn40Mn2	S、R	345	20	80	8.4	22.2	70.3	0.118	1.45	0.012	0.32	0.4	1.59
		J	390	25	90									
青铜	ZCuSn3Zn11Pb4	S、R	175	8	60	8.6	17.1	—	0.075	—	0.01	0.158	—	—
		J	215	10	60									
	ZCuSn3Zn8Pb6Ni1	S	175	10	60	8.8	20.7	62.8	0.085	—	0.013	0.16	—	—
		J	215	8	70									
	ZCuSn5Pb5Zn5	S、J、R	200	13	60①	8.7	19.1	93.8	0.08	1.6	—	0.16	0.67	4.9
		Li、La	250	13	65①									
	ZCuSn10P1	S、R	220	3	80①	8.76	18.5	36.4	0.213	1.24~1.44	0.008	0.10	—	—
		J	310	2	90①									
		Li	330	4	90①									
		La	360	6	90①									
	ZCuSn10Zn2	S	240	12	70①	8.6	18.3	55.3	0.16	1.45~1.51	0.007	0.18	0.92	—
		J	245	6	80①									
		Li、La	270	7	80①									
	ZCuSn10Pb5	S	195	10	70	—	—	—	—	—	—	—	—	—
		J	245	10	70	—	—	—	—	—	—	—	—	—
	ZCuAl8Mn13Fe3	S	600	15	160	—	—	—	—	—	—	—	—	—
		J	650	10	170	—	—	—	—	—	—	—	—	—
	ZCuAl9Mn2	S、R	390	20	85	7.6	17.0~20.1	71.2	0.11	1.7	0.006	—	0.18	0.25
		J	440	20	95									
	ZCuAl9Fe4Ni4Mn2	S	630	16	160	7.5	18.1	58.6	0.124~0.152	2.49	0.004	0.16	0.20	—
	ZCuAl10Fe3	S	490	13	100①	—	—	—	—	—	—	—	—	—
		J	540	15	110①	—	—	—	—	—	—	—	—	—
		Li、La	540	15	110①	—	—	—	—	—	—	—	—	—
	ZCuAl10Fe3Mn2	S、R	490	15	110	7.5	16	58.6	0.125	2.4	0.012	0.21	0.25	0.7
		J	540	20	120									
	ZCuPb10Sn10	S	180	7	65①	8.9	—	—	—	1.57	0.0045	0.1	—	—
		J	220	5	70①									
		Li、La	220	6	70①									
	ZCuPb15Sn8	S	170	5	60①	9.1	17.1	—	—	1.5	0.005	0.1	—	—
		J	200	6	65①									
		Li、La	220	6	65①									

（续）

组别	合金牌号	力学性能				物理性能					摩擦系数		腐蚀失重/[g/(m^2·d)]	
		铸造方法	抗拉强度/MPa	伸长率(%)	布氏硬度HBW	密度/(g/cm^3)	线膨胀系数(20~200℃)/(10^{-6}/℃)	热导率(20℃)/[W/(m·K)]	电阻率(20℃)/10^{-6}Ω·m	线收缩率(%)	有润滑	无润滑	海水	10% H_2SO_4
青铜	ZCuPb17Sn4Zn4	S	150	5	55	9.2	—	—	—	—	0.01	0.16	—	—
		J	175	7	60									
	ZCuPb20Sn5	S	150	5	45①	9.4	18.0	58.6	—	1.5	0.004	0.14	—	—
		J	150	6	55①									
		La	180	7	55①									

注：S—砂型铸造；J—金属型铸造；La—连续铸造；Li—离心铸造。

① 数据为参考值。

2.3.4 镁及镁合金

镁是地壳中蕴藏量很丰富的元素，熔点为650℃，密度为1.74g/cm^3。镁为密排立方结构，在室温和低温下滑移系较少，塑性很低，易于脆断，只有在温度高于225℃后，滑移系增多，塑性才会明显提高。镁及镁合金具有高的比强度、比刚度和良好的减振能力，同时兼具优良的可加工性和抛光性能，其化学性能很活泼，易氧化，可做还原剂，但在潮湿大气中的耐蚀性差。

镁中常用的合金元素有Mn、Al、Zn、Zr及稀土元素等，可以分为变形镁合金和铸造镁合金。常见镁合金的物理性能见表2.3-29，变形镁合金（GB/T 5153—2016）和铸造镁合金（GB/T 1177—2018）的化学成分见表2.3-30和表2.3-31，特点和用途见表2.3-32，工艺参数见表2.3-33，力学性能见表2.3-34。

表2.3-29　常见镁合金的物理性能

类别	合金牌号	物理性能					
		密度/(g/cm^3)	线膨胀系数(20~100℃)/(10^{-6}/℃)	热导率(20℃)/[W/(m·K)]	电阻率(20℃)/Ω·mm	弹性模量/MPa	比热容/[J/(kg·K)]
铸造镁合金	ZMgZn4Zr	1.82	25.8	113.0	—	—	963.0
	ZMgZn4R1Zr1	1.85	25.8	117.2	—	—	963.0
	ZMgR3ZrZn	1.80	23.6	—	—	—	1046.7
	ZMgAl8ZnMn	1.81	26.8	77.8	—	—	1046.7
变形镁合金	M2M	1.76	22.29	125.6	0.0513	38200	1046.7
	AZ40M	1.78	26.0	96.3	0.093	42140	1046.7
	AZ41M	1.79	26.1	96.3	0.120	41160	1046.7
	AZ61M	1.80	24.4	69.1	0.153	42140	1046.7
	AZ62M	1.84	23.4	—	0.196	44100	1046.7
	AZ80M	1.82	26.3	58.6	0.162	42140	1046.7
	ME20M	1.78	26.61	134.0	0.0612	40180	1046.7
	ZK61M	1.8	20.9	117.2	0.0565	42140	1034.1

表2.3-30　变形镁及镁合金的主要化学成分

牌号	化学成分(质量分数,%)										
	Mg	Al	Zn	Mn	Si	Fe	Cu	Ni	Be	其他元素 单个	其他元素 总和
Mg99.95	≥99.95	0.01	—	0.004	0.005	0.003	—	0.001	—	0.005	0.05
Mg99.50	≥99.50	—	—	—	—	—	—	—	—	—	0.50
Mg99.00	≥99.00	—	—	—	—	—	—	—	—	—	1.0

（续）

牌号	化学成分(质量分数,%)										
	Mg	Al	Zn	Mn	Si	Fe	Cu	Ni	Be	其他元素	
										单个	总和
AZ31B	余量	2.5~3.5	0.60~1.4	0.20~1.0	0.80	0.003	0.01	0.001	Ca: 0.04	0.05	0.30
AZ31S	余量	2.4~3.6	0.50~1.5	0.15~0.40	0.10	0.005	0.05	0.005	—	0.05	0.30
AZ31T	余量	2.4~3.6	0.50~1.5	0.05~0.40	0.10	0.05	0.05	0.005	—	0.05	0.30
AZ40M	余量	3.0~4.0	0.20~0.80	0.15~0.50	0.10	0.05	0.05	0.005	0.01	0.01	0.30
AZ41M	余量	3.7~4.7	0.80~1.4	0.30~0.60	0.10	0.05	0.05	0.005	0.01	0.01	0.30
AZ61A	余量	5.8~7.2	0.40~1.5	0.15~0.50	0.10	0.005	0.05	0.005	—	—	0.30
AZ61M	余量	5.5~7.0	0.50~1.5	0.15~0.50	0.10	0.05	0.05	0.005	0.01	0.01	0.30
AZ61S	余量	5.5~6.5	0.50~1.5	0.15~0.40	0.10	0.005	0.05	0.005	—	0.05	0.30
AZ62M	余量	5.0~7.0	2.0~3.0	0.20~0.50	0.10	0.05	0.05	0.005	0.01	0.01	0.30
AZ63B	余量	5.3~6.7	2.5~3.5	0.15~0.60	0.08	0.003	0.01	0.001	—	—	0.30
AZ80A	余量	7.8~9.2	0.20~0.80	0.12~0.50	0.10	0.005	0.05	0.005	—	—	0.30
AZ80M	余量	7.8~9.2	0.20~0.80	0.15~0.50	0.10	0.05	0.05	0.005	0.01	0.01	0.30
AZ80S	余量	7.8~9.2	0.20~0.80	0.12~0.40	0.10	0.005	0.05	0.005	—	0.05	0.30
AZ91D	余量	8.5~9.5	0.45~0.90	0.17~0.40	0.08	0.004	0.025	0.001	0.0005~0.003	0.1	—
M1C	余量	0.01	—	0.50~1.3	0.05	0.01	0.01	0.001	—	0.05	0.30
M2M	余量	0.20	0.30	1.3~2.5	0.10	0.05	0.05	0.007	0.01	0.01	0.30
M2S	余量	—	—	1.2~2.0	0.10	—	0.05	0.01	—	0.05	0.30
ZK61M	余量	0.05	5.0~6.0	0.10	0.05	0.05	0.05	0.005	0.01	0.01	0.30
ZK61S	余量	—	4.8~6.2	—	—	—	—	—	—	0.05	0.30
ME20M	余量	0.20	0.30	1.3~2.2	0.10	0.05	0.05	0.007	0.01	0.01	0.30

表 2.3-31　铸造镁合金的化学成分

合金牌号	合金代号	化学成分(质量分数,%)										
		Zn	Al	Zr	RE	Mn	Ag	Si	Cu	Fe	Ni	杂质
ZMgZn5Zr	ZM1	3.5~5.5	0.02	0.5~1.0	—	—	—	—	0.10	—	0.01	0.30
ZMgZn4RE1Zr	ZM2	3.5~5.0	—	0.5~1.0	0.75~1.75	—	—	—	0.10	—	0.01	0.30

（续）

合金牌号	合金代号	化学成分（质量分数，%）										
		Zn	Al	Zr	RE	Mn	Ag	Si	Cu	Fe	Ni	杂质
ZMgRE3ZnZr	ZM3	0.2~0.7	—	0.4~1.0	2.5~4.0	—	—	—	0.10	—	0.01	0.30
ZMgRE3Zn2Zr	ZM4	2.0~3.1	—	0.5~1.0	2.5~4.0	—	—	—	0.10	—	0.01	0.30
ZMgAl8Zn	ZM5	0.2~0.8	7.5~9.0	—	—	0.15~0.5	—	0.30	0.10	0.05	0.01	0.50
ZMgRE2ZnZr	ZM6	0.1~0.7	—	0.4~1.0	Nd：2.0~2.8	—	—	—	0.10	—	0.01	0.30
ZMgZn8AgZr	ZM7	7.5~9.0	—	0.5~1.0	—	—	0.6~1.2	—	0.10	—	0.01	0.30
ZMgAl10Zn	ZM10	0.6~1.2	9.0~10.7	—	—	0.1~0.5	—	0.30	0.10	0.05	0.01	0.50

表 2.3-32 镁合金的特点和用途

类别	代号	主要特点	用途
铸造镁合金	ZM1	强度高，耐蚀，流动性好，热裂倾向大，焊接性差	飞机轮毂、轮缘、支架、隔框等
	ZM2	高温性能好，焊接性、流动性好，不易热裂	200℃以下工作的发动机零件，机匣、整流舱、电机壳等
	ZM3	耐蚀性、流动性好，可焊，易热裂，200~250℃之间抗蠕变性能好，瞬时强度高	高温下要求气密的零件，如发动机增压机匣，压缩机匣，扩散器壳体及进气管等
	ZM4	力学性能的尺寸效应大，流动性好，线收缩小，不易热裂，可焊，耐蚀	飞机发动机、仪表零件，如机舱隔框、电机壳体、轮毂、轮缘等
变形镁合金	M2M	高温塑性好，室温塑性低，耐蚀，可焊，可加工性好，无应力腐蚀倾向，不能热处理强化	供油系统附件等形状简单、载荷小的耐蚀件
	AZ40M	高温塑性好，冷态塑性中等，可焊，可加工性好，应力腐蚀倾向小，不能热处理强化	形状复杂的锻件和模锻件
	ME20M	高温性能好，强度中等，工艺塑性好，耐蚀，可焊，可加工性好，无应力腐蚀倾向，不能热处理强化	飞机蒙皮、壁板及内部零件
	ZK61M	强度高，耐蚀性和可加工性好，无应力腐蚀倾向	室温下承受大载荷件，如机翼翼肋，工作温度低于150℃

表 2.3-33 变形镁合金的工艺参数

合金牌号	浇注温度/℃	均匀化退火			热加工温度/℃	退火			淬火			时效		
		温度/℃	保温时间/h	冷却方式		温度/℃	保温时间/h	冷却方式	温度/℃	保温时间/h	冷却方式	温度/℃	保温时间/h	冷却方式
M2M	720~750	410~425	12	空冷	260~450	320~350	0.5	空冷	—	—	—	—	—	—
AZ40M	700~745	390~410	10	空冷	275~450	280~350	3~5	空冷	—	—	—	—	—	—
AZ41M	710~745	380~420	6~8	空冷	250~450	250~280	0.5	空冷	—	—	—	—	—	—
AZ61M	710~730	390~405	10	空冷	250~340	320~350	0.5~4	空冷	—	—	—	—	—	—
AZ62M	710~730	—	—	—	280~350	320~350	4~6	空冷	分级淬火 ①335±5 ②380±5	2~3 4~10	热水冷却	—	—	—

（续）

合金牌号	浇注温度/℃	均匀化退火			热加工温度/℃	退火			淬火			时效		
		温度/℃	保温时间/h	冷却方式		温度/℃	保温时间/h	冷却方式	温度/℃	保温时间/h	冷却方式	温度/℃	保温时间/h	冷却方式
AZ80M	710~730	390~405	10	空冷	300~400	350~380	3~6	空冷	410~425	2~6	空冷或热水冷却	175~200	8~16	空冷
									410~425	2~6		—	—	—
									—	—	—	175~200	8~16	空冷
ZK61M	690~750	360~390	10	空冷	340~420	—	—	—	—	—	—	170~180	10~24	空冷
									505~515	24	空冷	160~170	24	空冷

表 2.3-34　镁合金的力学性能

类别	合金牌(代)号	热处理状态	力学性能	
			抗拉强度 R_m/MPa	断后伸长率 A(%)
铸造镁合金	ZM1	T1	235	5.0
	ZM2	T1	200	2.5
	ZM3	F	120	1.5
		T2	120	1.5
	ZM4	T1	140	2.0
	ZM5ZM5A	F	145	2.0
		T1	155	2.0
		T4	230	6.0
		T6	230	2.0
	ZM6	T6	230	3.0
	ZM7	T4	265	6.0
		T6	275	4.0
	ZM10	F	145	1.0
		T4	230	4.0
		T6	230	1.0
	ZM11	T6	225	3.0
变形镁合金（棒材）	Mg9999	H112	130	10
	AZ31B	H112	220	7
	AZ40M	H112	245	5
	AZ41M	H112	250	5
	AZ61A	H112	260	6
	AZ61M	H112	265	8
	AZ80A	H112	290	4
	AZ80A	T5	310	2
	AZ91D	H112	330	9
	ME20M	H112	195	2
	ZK61M	T5	315	6
	ZK61S	T5	310	5
	AQ80M	H112	345	7
	AQ80M	T6	370	4
	AM91M	H112	310	16
	ZM51M	T5	320	5
	VW75M	T5	350	3
	VW83M	T5	420	8
	VW84M	H112	360	9
	VW84M	T5	440	3
	VW84N	H112	350	6
	VW93M	T5	350	5
	VW94M	H112	350	8
	VW94M	T5	380	5

（续）

类别	合金牌(代)号	热处理状态	力学性能	
			抗拉强度 R_m/MPa	断后伸长率 A(%)
变形镁合金（棒材）	VW92M	H112	350	10
	VW92M	T5	360	8
	VW92M	T6	380	6
	WN54M	H112	350	6
	LZ91N	H112	130	25
	LA93M	H112	165	15
	LA93Z	H112	175	10
变形镁合金（板材）	M2M	O	190	6
	M2M	H112	200	4
	AZ40M	O	240	12
	AZ40M	H112	230	—
	AZ41M	H18	290	2
	AZ41M	H112	240	10
	AZ31B	O	225	12
	AZ31B	H24	270	6
	AZ31B	H26	270	6
	AZ31B	H112	230	10
	ME20M	H18	260	2
	ME20M	H24	250	8
	ME20M	O	230	12
	ME20M	H112	220	10
	ZK61M	H112	265	6
	ZK61M	T5	280	5
	LZ91N	O	130	25
	LZ91N	H112	135	25
	LA93M	O	165	12
	LA93M	H112	180	12
	LA93Z	H112	175	10
变形镁合金（型材）	Mg9999	H112	130	10
	AZ31B	H112	220	7
	AZ40M	H112	240	5
	AZ41M	H112	250	5
	AZ61A	H112	260	6
	AZ61M	H112	265	8
	AZ80A	H112	295	4
	AZ80A	T5	310	4
	ZE20M	H112	210	19

2.3.5 钛及钛合金

钛合金广泛应用于宇航、化工、航空等工业中，它具有高的比强度和比刚度，同时具有好的中温耐蚀性，在较低的温度下仍能保持良好的塑性。工业纯钛：其冷加工和热加工性能好，可以制成各种规格的板材、棒材、型材、带材和管材等，可以进行冷冲压。它可用于要求塑性好、有适当的强度、耐蚀性和焊接性好的零件。钛合金按退火的组织形态可以分为α钛、β钛和α+β钛。纯钛的一般物理性质和与其他材料的比较见表2.3-35。钛及钛合金（GB/T 3620.1—2016）、铸造钛及钛合金（GB/T 15073—2014）的主要牌号、化学成分见表2.3-36和表2.3-37，物理性能和力学性能见表2.3-38。

表2.3-35　纯钛的一般物理性质和与其他材料的比较

项目	钛	锆	铝	不锈钢 AISI 321
原子序数	22	40	13	26
结晶结构	HCP<860℃<BCC	HCP<860℃<BCC	FCC	FCC
熔点/℃	1 668	1 852	476~638	1 400~1 427
密度/(g/cm³)	4.51	6.45	2.80	8.03
纵弹性模量/GPa	108.5	91	723	203
比热容/[J/(kg·K)]	522.3	300	900	—
电阻率(20℃)/Ω·μm	47~55	40~54	5.75	72
电导率(铜为100%)	3.1	3.1	30	2.35
线膨胀系数(20~100℃)/(10^{-6}/℃)	9.0	5.8	5.8	16.5

注：HCP为密排六方，BCC为体心立方，FCC为面心立方。

表 2.3-36　钛及钛合金的化学成分

合金牌号	名义化学成分	主要成分(质量分数,%)															杂质(质量分数,%)≤						
		Ti	Al	Sn	Mo	V	Cr	Fe	Mn	Zr	Pd	Ni	Cu	Nb	Si	B	Fe	C	N	H	O	其他元素 单个	其他元素 总和
TA0	工业纯钛	余量	—	—	—	—	—	—	—	—	—	—	—	—	—	—	0.15	0.10	0.03	0.015	0.15	0.1	0.4
TA1	工业纯钛	余量	—	—	—	—	—	—	—	—	—	—	—	—	—	—	0.25	0.10	0.03	0.015	0.20	0.1	0.4
TA2	工业纯钛	余量	—	—	—	—	—	—	—	—	—	—	—	—	—	—	0.30	0.10	0.05	0.015	0.25	0.1	0.4
TA3	工业纯钛	余量	—	—	—	—	—	—	—	—	—	—	—	—	—	—	0.40	0.10	0.05	0.015	0.30	0.1	0.4
TA4G	工业纯钛	余量	—	—	—	—	—	—	—	—	—	—	—	—	—	—	0.50	0.08	0.05	0.015	0.40	0.1	0.4
TA5	Ti-4Al-0.005B	余量	3.3~4.7	—	—	—	—	—	—	—	—	—	—	—	—	0.005	0.30	0.10	0.04	0.015	0.15	0.1	0.4
TA6	Ti-5Al	余量	4.0~5.5	—	—	—	—	—	—	—	—	—	—	—	—	—	0.30	0.10	0.05	0.015	0.15	0.1	0.4
TA7	Ti-5Al-2.5Sn	余量	4.0~6.0	2.0~3.0	—	—	—	—	—	—	—	—	—	—	—	—	0.50	0.10	0.05	0.015	0.20	0.1	0.4
TA7ELI	Ti-5Al-2.5Sn ELI	余量	4.50~5.75	2.0~3.0	—	—	—	—	—	—	—	—	—	—	—	—	0.25	0.05	0.035	0.0125	0.12	0.05	0.3
TA9	Ti-0.2Pd	余量	—	—	—	—	—	—	—	—	0.12~0.25	—	—	—	—	—	0.30	0.08	0.03	0.015	0.18	0.1	0.4
TA10	Ti-0.3Mo-0.8Ni	余量	—	—	0.2~0.4	—	—	—	—	—	—	0.6~0.9	—	—	—	—	0.30	0.08	0.03	0.015	0.25	0.1	0.4
TB2	Ti-5Mo-5V-8Cr-3Al	余量	2.5~3.5	—	4.7~5.7	4.7~5.7	7.5~8.5	—	—	—	—	—	—	—	—	—	0.30	0.05	0.04	0.015	0.15	0.1	0.4
TB3	Ti-3.5Al-10Mo-8V-1Fe	余量	2.7~3.7	—	9.5~11.0	7.5~8.5	—	0.8~1.2	—	—	—	—	—	—	—	—	—	0.05	0.04	0.015	0.15	0.1	0.4

（续）

合金牌号	名义化学成分	主要成分（质量分数，%）															杂质（质量分数，%）≤						
		Ti	Al	Sn	Mo	V	Cr	Fe	Mn	Zr	Pd	Ni	Cu	Nb	Si	B	Fe	C	N	H	O	其他元素	
																						单个	总和
TB4	Ti-4Al-7Mo-10V-2Fe-1Zr	余量	3.0~4.5		6.0~7.8	9.0~10.5	—	1.5~2.5	—	0.5~1.5	—	—	—	—	—	—	—	0.05	0.04	0.015	0.20	0.1	0.4
TC1	Ti-2Al-1.5Mn	余量	1.0~2.5	—	—	—	—	—	0.7~2.0	—	—	—	—	—	—	—	0.30	0.08	0.05	0.012	0.15	0.1	0.4
TC2	Ti-4Al-1.5Mn	余量	3.5~5.0	—	—	—	—	—	0.8~2.0	—	—	—	—	—	—	—	0.30	0.08	0.05	0.012	0.15	0.1	0.4
TC3	Ti-5Al-4V	余量	4.5~6.0	—	—	3.5~4.5	—	—	—	—	—	—	—	—	—	—	0.30	0.08	0.05	0.015	0.15	0.1	0.4
TC4	Ti-6Al-4V	余量	5.5~6.75	—	—	3.5~4.5	—	—	—	—	—	—	—	—	—	—	0.30	0.08	0.05	0.015	0.20	0.1	0.4
TC6	Ti-6Al-1.5Cr-2.5Mo-0.5Fe-0.3Si	余量	5.5~7.0	—	2.0~3.0	—	0.8~2.3	0.2~0.7	—	—	—	—	—	—	0.15~0.40	—	—	0.08	0.05	0.015	0.18	0.1	0.4
TC9	Ti-6.5Al-3.5Mo-2.5Sn-0.3Si	余量	5.8~6.8	1.8~2.8	2.8~3.8	—	—	—	—	—	—	—	—	—	0.2~0.4	—	0.40	0.08	0.05	0.015	0.15	0.1	0.4
TC10	Ti-6Al-6V-2Sn-0.5Cu-0.5Fe	余量	5.5~6.5	1.5~2.5	—	5.5~6.5	—	0.35~1.0	—	—	—	—	0.35~1.0	—	—	—	—	0.08	0.04	0.015	0.20	0.1	0.4
TC11	Ti-6.5Al-3.5Mo-1.5Zr-0.3Si	余量	5.8~7.0	—	2.8~3.8	—	—	—	—	0.8~2.0	—	—	—	—	0.20~0.35	—	0.25	0.08	0.05	0.012	0.15	0.1	0.4
TC12	Ti-5Al-4Mo-4Cr-2Zr-2Sn-1Nb	余量	4.5~5.5	1.5~2.5	3.5~4.5	—	3.5~4.5	—	—	1.5~3.0	—	—	—	0.5~1.5	—	—	0.30	0.08	0.05	0.015	0.20	0.1	0.4

表 2.3-37　铸造钛及钛合金的化学成分

铸造钛及钛合金		主要成分(质量分数,%)						杂质(质量分数,%)≤			
牌号	代号	Ti	Al	Sn	Mo	V	Nb	Fe	Si	C	N
ZTi1	ZTA1	余量	—	—	—	—	—	0.25	0.10	0.10	0.03
ZTi2	ZTA2	余量	—	—	—	—	—	0.30	0.15	0.10	0.05
ZTi3	ZTA3	余量	—	—	—	—	—	0.40	0.15	0.10	0.05
ZTiAl44	ZTA5	余量	3.3~4.7	—	—	—	—	0.30	0.15	0.10	0.04
ZTiAl5Sn2.5	ZTA7	余量	4.0~6.0	2.0~3.0	—	—	—	0.50	0.15	0.10	0.05
ZTiMo32	ZTB32	余量	—	—	30.0~34.0	—	—	0.30	0.15	0.10	0.05
ZTiAl6V4	ZTC4	余量	5.5~6.75	—	—	3.5~4.5	—	0.40	0.15	0.10	0.05
ZTiAl6Sn4.5Nb2Mo1.5	ZTC21	余量	5.5~6.5	4.0~5.0	1.0~2.0	—	1.5~2.0	0.30	0.15	0.10	0.05

表 2.3-38　钛合金的物理性能与力学性能

合金牌号	物理性能							力学性能			
	密度/(g/cm³)	熔点/℃	线膨胀系数(20~100℃)/(10⁻⁶/℃)	热导率20℃/[W/(m·K)]	电阻率(20℃)/10⁻⁶Ω·m	弹性模量/MPa	比热容/[J/(kg·K)]	抗拉强度/MPa	伸长率(%)	断面收缩率(%)	冲击韧度/(J/cm²)
TA1	—	1677	8.2	15.1	0.42~0.48	106330	519.2	343	25	50	78
TA2	—							441	20	45	69
TA3	—							539	15	40	49
TA4	—	—	8.2	10.5	—	123480~134260	—	—	—	—	—
TA5	—	—	9.28	—	—	123480~134260	—	686	15	40	59
TA6	4.4	—	8.3	7.54	1.08	101920	586.2	686	10	27	29
TA7	4.46	1590~1650	9.36	8.79	1.57	102900~117600	540.1	785	10	27	29
TC1	—	—	8.0	9.63	—	102900	573.6	588	15	30	44
TC2	4.55	1570~1640	8.0	—	—	107800~117600	669.9	686	12	30	39
TC3	—	—	—	—	—	111720	—	—	—	—	—
TC4	4.43	1570~1650	8.53	5.44	1.6	110740	678.3	932	10	30	39
TC9	—	—	7.7	7.54	—	115640	544.3	—	—	—	—
TC10	—	—	8.32	—	—	106134	544.3	1029	12	25~30	34~39

2.3.6　锌及锌合金

工业纯锌大量应用于热浸镀锌、电镀锌、各种锌板、电池、氧化锌和合金元素等。锌合金用于压铸件、加工产品及轴套。加工锌的化学成分与用途举例见表 2.3-39。变形锌合金的化学成分、用途、物理性能及力学性能见表 2.3-40 和表 2.3-41。铸造锌合金(GB/T 1175—2018)的化学成分、用途以及力学性能见表 2.3-42 和表 2.3-43。

2.3.7　镍及镍合金

镍和锰、铁等元素形成固溶型合金，具有优良的耐蚀性、良好的力学和工艺性能。另外，适当添加一定的合金元素，可以得到高电阻、低电阻系数、良好耐热性和特殊电、磁合金。表 2.3-44~表 2.3-46 给出了镍和镍合金的特性和用途、加工和热处理参数。

表 2.3-39 加工锌的化学成分与用途举例

牌号	代号	化学成分(质量分数,%)									用途举例
		Zn	杂质含量≤								
		≥	Pb	Fe	Cd	Cu	As	Sb	Sn	总和	
一号锌	Zn1	99.99	0.005	0.003	0.002	0.001	—	—	—	0.010	制成板、箔、线,用于机械、仪表工业制造零件以及电镀阳极板等
二号锌	Zn2	99.96	0.015	0.010	0.010	0.001	—	—	—	0.040	
三号锌	Zn3	99.90	0.05	0.02	0.02	0.002	—	—	—	0.10	
四号锌	Zn4	99.50	0.3	0.03	0.07	0.002	0.005	0.01	0.002	0.5	
五号锌	Zn5	98.70	1.0	0.07	0.2	0.005	0.01	0.02	0.002	1.3	制嵌线锌板用于印刷嵌线条等

注:一号锌、二号锌和三号锌应保证 Sn 的质量分数不大于 0.001%。

表 2.3-40 变形锌合金的化学成分及用途

组别	合金牌号	主要成分				主要用途
		Al	Cu	Mg	Zn	
锌铜合金	ZnCu1.5	—	1.2~1.7	—	余量	带材、日用五金
	ZnCu1.2	—	1.0~1.5	—	余量	轧材和挤制材
	ZnCu1	—	0.8~1.2	—	余量	H68、H70 黄铜的代用品
	ZnCu0.3	—	0.2~0.4	—	余量	带材、锁外壳
锌铝合金	ZnAl5	14.0~16.0	—	0.02~0.04	余量	挤制材、轴承
	ZnAl10-5	9.0~11.0	4.5~5.5	—	余量	挤制材、压床模具、轴套
	ZnAl10-1	9.0~11.0	0.6~1.0	0.02~0.05	余量	挤制材、压床模具
	ZnAl4-1	3.7~4.3	0.6~1.0	0.02~0.05	余量	轧材和挤制材,H59 黄铜的代用品,模具
	ZnAl0.2-4	0.02~0.25	3.5~4.5	—	余量	轧材和挤制材,尺寸稳定的零件

表 2.3-41 变形锌合金的物理性能及力学性能

合金牌号	物理性能				力学性能		
	密度 /(g/cm³)	熔点 /℃	弹性模量 /MPa	线膨胀系数 (20~100℃) /(10⁻⁶/℃)	抗拉强度 /MPa	伸长率 (%)	硬度 HBW
ZnCu1	7.18	420~422	—	34.8	200~300	20~30	45~75
ZnAl5	5.7	380~450	110740	27~28	250~400	10~40	60~100
ZnAl10-5	6.3	378~395	—	27	350~450	12~18	90~110
ZnAl10-1	6.2	380~410	127400	27~28	400~460	8~12	90~110
ZnAl4-1	6.7	380~385	127400	27.4	370~440	8~12	95~105
ZnAl0.2-4	7.25	424~470	123480	—	300~360	20~30	75~90

表 2.3-42 铸造锌合金的化学成分与用途

合金牌号	合金代号	化学成分(质量分数,%)										用途
		合金元素				杂质≤					杂质总和	
		Al	Cu	Mg	Zn	Fe	Pb	Cd	Sn	其他		
ZZnAl4Cu1Mg	ZA4-1	3.9~4.3	0.7~1.1	0.03~0.06	余量	0.02	0.003	0.003	0.0015	Ni:0.001	0.2	适用于制造锌合金铸件
ZZnAl4Cu3Mg	ZA4-3	3.9~4.3	2.7~3.3	0.03~0.06	余量	0.02	0.003	0.003	0.0015	—	—	
ZZnAl6Cu1	ZA6-1	5.6~6.0	1.2~1.6	—	余量	0.02	0.003	0.003	0.001	Mg:0.005	—	
ZZnAl8Cu1Mg	ZA8-1	8.2~8.8	0.9~1.3	0.02~0.030	余量	0.035	0.005	0.005	0.002	Mn:0.01 Cr:0.01 Ni:0.01	—	

（续）

合金牌号	合金代号	化学成分(质量分数,%)										用途
		合金元素				杂质≤					杂质总和	
		Al	Cu	Mg	Zn	Fe	Pb	Cd	Sn	其他		
ZZnAl9Cu2Mg	ZA9-2	8.0~10.0	1.0~2.0	0.03~0.06	余量	0.05	0.005	0.005	0.002	Si:0.1	0.35	适用于制造锌合金铸件
ZZnAl11Cu1Mg	ZA11-1	10.8~11.5	0.5~1.2	0.02~0.030	余量	0.05	0.005	0.005	0.002	Mn:0.01 Cr:0.01 Ni:0.01	—	
ZZnAl11Cu5Mg	ZA11-5	10.0~12.0	4.0~5.5	0.03~0.06	余量	0.05	0.005	0.005	0.002	Si:0.05	0.35	
ZZnAl27Cu2Mg	ZA27-2	25.5~28.0	2.0~2.5	0.012~0.020	余量	0.07	0.005	0.005	0.002	Mn:0.01 Cr:0.01 Ni:0.01	—	

表 2.3-43　铸造锌合金的力学性能

合金牌号	合金代号	铸造方法及状态	抗拉强度 R_m/MPa ≥	伸长率 A(%) ≥	布氏硬度 HBW ≥
ZZnAl4Cu1Mg	ZA4-1	JF	175	0.5	80
ZZnAl4Cu3Mg	ZA4-3	SF JF	220 240	0.5 1	90 100
ZZnAl6Cu1	ZA6-1	SF JF	180 220	1 1.5	80 80
ZZnAl8Cu1Mg	ZA8-1	SF JF	250 225	1 1	80 85
ZZnAl9Cu2Mg	ZA9-2	SF JF	275 315	0.7 1.5	90 105
ZZnAl11Cu1Mg	ZA11-1	SF JF	280 310	1 1	90 90
ZZnAl11Cu5Mg	ZA11-5	SF JF	275 295	0.5 1.0	80 100
ZZnAl27Cu2Mg	ZA27-2	SF ST3 JF	400 310 420	3 8 1	110 90 110

注：1. T3 工艺为 320℃×3h 炉冷。
2. 工艺代号：S—砂型铸造；J—金属型铸造；F—铸态；T3—均匀化处理。

表 2.3-44　镍和部分镍合金的特性及用途（GB/T 5235—2021）

类型	合金牌号	主要成分(质量分数,%)	加工产品	用　　途
工业纯镍	N2	Ni>99.98	板、带	机械、化工设备耐蚀构件、精密仪表仪器构件、电子管及无线电设备零件、医疗器械、食品卫生器皿
	N4	Ni+Co>99.9	板、带	
	N6	Ni+Co>99.5	板、带、箔、管、棒、线	
	N8	Ni+Co>99.0	板、带、棒、线	
镍锰合金	NMn3	Mn:2.30~3.30	线	内燃机火花塞
	NMn5	Mn:4.60~5.40	线	
镍铜合金	NCu40-2-1	Cu:38~42;Mn:1.25~2.25;Fe:0.2~1.0	板、带、箔、管、棒、线	高强度耐蚀零件、高压充油电缆、供油槽、加热设备和医疗器械零件
	NCu28-2.5-1.5	Cu:27~29;Mn:1.2~1.8;Fe:2.0~3.1	板、带、箔、管、棒、线	

表 2. 3-45　镍和镍合金的物理性能

合金牌号	密度 /(g/cm^3)	线膨胀系数 (0~100℃) /(10^{-6}/℃)	热导率 20℃ /[W/(m·K)]	电阻率 (0℃) /10^{-2}Ω·m	比热容 (20℃) /[J/(kg·K)]	居里点 /℃
纯镍	8.9	13.4	92.1	6.84	439.1	360
NCu28-2.5-1.5	8.8	—	25.1	4.25	531.7	27~95
NMn3	8.9	—	53.2	1.40	—	—
NMn5	8.76	—	48.1	1.95	—	—

表 2. 3-46　镍和镍合金各种加工参数和热处理参数

合金代号	浇注温度/℃	热加工温度/℃	退火温度/℃	收缩率(%)
N2、N4、N6、N8	1500~1550	860~1200	650~800	2.0
NCu28-2.5-1.5	1500~1550	1000~1150	700~850	2.1
NCu40-2-1	1420~1480	1040~1180	550~800	—
NMn3	1500~1560	1150~1200	650~900	—
NMn5	1520~1580	1150~1250	650~900	—

2.3.8　锡铅钎料

主要锡铅钎料（GB/T 3131—2020）的成分与性能见表 2. 3-47。

表 2. 3-47　主要锡铅钎料的成分与性能

牌号	主要成分(质量分数,%)			固相线约 /℃	液相线约 /℃	电阻率约 /10^{-6}Ω·m
	Sn	Sb	Pb			
S-Sn95PbAA	94.5~95.5	—	余量	183	224	—
S-Sn95PbA	94.0~96.0					
S-Sn95PbB	93.5~96.0					
S-Sn90PbAA	89.5~90.5	—	余量	183	215	—
S-Sn90PbA	89.0~91.0					
S-Sn90PbB	88.5~91.0					
S-Sn63PbAA	62.5~63.5	—	余量	183	183	0.141
S-Sn63PbA	62.0~64.0					
S-Sn63PbB	61.5~64.0					
S-Sn60PbAA	59.5~60.5	—	余量	183	190	0.145
S-Sn60PbA	59.0~61.0					
S-Sn60PbB	58.5~61.0					
S-Sn60PbSbA	59.0~61.0	0.3~0.8	余量			
S-Sn55PbAA	54.5~55.5	—	余量	183	203	0.160
S-Sn55PbA	54.0~56.0					
S-Sn55PbB	53.5~56.0					
S-Sn50PbAA	49.5~50.5	—	余量	183	215	0.181
S-Sn50PbA	49.0~51.0					
S-Sn50PbB	48.5~51.0					
S-Sn50PbSbA	49.0~51.0	0.3~0.8	余量			
S-Sn45PbAA	44.5~45.5	—	余量	183	227	—
S-Sn45PbA	44.0~46.0					
S-Sn45PbB	43.5~46.0					
S-Sn40PbAA	39.5~40.5	—	余量	183	238	0.170
S-Sn40PbA	39.0~41.0					
S-Sn40PbB	38.5~41.5					
S-Sn40PbSbA	39.0~41.0	1.5~2.0	余量			

（续）

牌号	主要成分(质量分数,%)			固相线约/℃	液相线约/℃	电阻率约/$10^{-6}\Omega\cdot m$
	Sn	Sb	Pb			
S-Sn35PbAA	34.5~35.5	—	余量	183	248	—
S-Sn35PbA	34.0~36.0					
S-Sn35PbB	33.5~36.0					
S-Sn30PbAA	29.5~30.5	—	余量	183	258	0.182
S-Sn30PbA	29.0~31.0					
S-Sn30PbB	28.5~31.0					
S-Sn30PbSbA	29.0~31.0	1.5~2.0	余量			
S-Sn25PbA	24.0~26.0	—	余量	183	260	0.196
S-Sn20PbAA	19.5~20.5	—	余量	183	279	0.220
S-Sn20PbA	19.0~21.0					
S-Sn20PbB	18.5~21.5					
S-Sn10PbAA	9.5~10.5	—	余量	268	301	0.198
S-Sn105PbA	9.0~11.0					
S-Sn10PbB	8.5~11.0					
S-Sn5PbAA	4.5~5.5	—	余量	300	314	—
S-Sn55PbA	4.0~6.0					
S-Sn5PbB	3.5~6.0					
S-Sn30PbSbA	29.0~31.0	1.5~2.0	余量	183	258	0.182
S-Sn25PbSbA	24.0~26.0	1.5~2.0	余量	183	260	0.196
S-Sn20PbA	19.0~21.0	—	余量	183	279	0.220
S-Sn20PbB	18.5~21.0		余量			
S-Sn10PbA	9.0~11.0	—	余量	268	301	0.198
S-Sn10PbB	8.5~11.0		余量			
S-Sn5PbA	4.0~6.0	—	余量	300	314	—
S-Sn5PbB	3.5~6.0		余量			

2.3.9　易熔合金

易熔合金由 Pb、Sn、Bi 和 Cd、In 等元素组成的二元和多元合金，熔点低，可制作安全塞、熔丝、焊料、冲压模具等，硬度为 5~22HBW，抗拉强度为 2~90MPa，伸长率为 0~300%。其熔点和化学成分见表 2.3-48。

2.3.10　铸造轴承合金

铸造轴承合金（GB/T 1174—1992）的化学成分见表 2.3-49 和表 2.3-50。

表 2.3-48　易熔合金的熔点和化学成分

熔点/℃	共晶型化学成分(质量分数,%)					熔点/℃	非共晶型合金化学成分(质量分数,%)			
	Bi	Pb	Sn	Cd	In		Bi	Pb	Sn	Cd
248	—	82.50	—	17.50	—	176~145	12.60	47.50	39.90	—
183	—	38.14	61.86	—	—	152~120	21.60	42.00	37.00	—
143	—	30.60	51.20	18.20	—	143~95	33.33	33.34	33.33	—
138	58.00	—	42.00	—	—	139~132	5.00	32.00	45.00	18.00
124	55.50	44.50	—	—	—	114~95	59.40	11.80	25.80	—
95	52.00	32.00	16.00	—	—	104~95	56.00	22.00	22.00	—
91.5	51.65	40.20	—	8.15	—	92~83	52.00	31.70	15.30	1.00
70	50.00	26.70	13.30	10.00	—	90~70	42.50	37.70	11.30	8.50
58	49.70	18.00	11.60	—	21.00	—	—	—	—	—
46.7	44.70	22.60	8.30	5.30	19.00	—	—	—	—	—

表 2.3-49　铸造铅基轴承合金的化学成分

合金牌号	化学成分(质量分数,%)													
	Sn	Pb	Cu	Zn	Al	Sb	Ni	Mn	Si	Fe	Bi	As		其他元素总和
ZPbSb16Sn16Cu2	15.0~17.0	余量	1.5~2.0	0.15		15.0~17.0	—	—	—	0.1	0.1	0.3	—	0.6
ZPbSb15Sn5Cu3Cd2	5.0~6.0		2.5~3.0	0.15	—	14.0~16.0	—	—	—	0.1	0.1	0.6~1.0	Cd:1.75~2.25	0.4
ZPbSb15Sn10	9.0~11.0		0.7	0.005	0.005	14.0~16.0	—	—	—	0.1	0.1	0.6	Cd:0.05	0.45
ZPbSb15Sn5	4.0~5.0		0.5~1.0	0.15	0.15	14.0~15.5	—	—	—	0.1	0.1	0.2	—	0.75
ZPbSb10Sn6	5.0~7.0		0.7	0.005	0.005	9.0~11.0	—	—	—	0.1	0.1	0.25	Cd:0.05	0.7

表 2.3-50　铸造锡基轴承合金的化学成分

合金牌号	化学成分(质量分数,%)													
	Sn	Pb	Cu	Zn	Al	Sb	Ni	Mn	Si	Fe	Bi	As		其他元素总和
ZSnSb12-Pb10Cu4	余量	9.0~11.0	2.5~5.0	0.01	0.01	11.0~13.0	—	—	—	0.1	0.08	0.1	Cd:1.1~1.6 Fe + Al + Zn ≤0.15	0.55
ZSnSb12-Cu6Cd1		0.15	4.5~6.3	0.05	0.05	10.0~13.0	0.3~0.6	—	—	0.1	—	0.4~0.7		—
ZSnSb11Cu6		0.35	5.5~6.5	0.01	0.01	10.0~12.0	—	—	—	0.1	0.03	0.1		0.55
ZSnSb8Cu4		0.35	3.0~4.0	0.005	0.005	7.0~8.0	—	—	—	0.1	0.03	0.1		0.55
ZSnSb4Cu4		0.35	4.0~5.0	0.01	0.01	4.0~5.0	—	—	—	—	0.08	0.1		0.50

2.4 金属基复合材料

2.4.1 概论

金属基复合材料（metal matrix composites, MMCs）是在金属或合金基体中加入可控含量的纤维、晶须或颗粒经人工复合而成的材料，扩展了基体金属材料的特性。金属基复合材料集高比模量、高比强度、良好的导热导电性、可控的热膨胀系数和良好的耐磨性和高温性能于一体，同时还具有可设计性和一定的二次加工性，是一种重要的先进材料。金属基复合材料与聚合物基复合材料、陶瓷基复合材料以及碳/碳复合材料一起构成了现代复合材料体系。

在 20 世纪 60 年代，为了探索提高金属基体的使用性能的新途径，也为了提高金属材料的比强度、比刚度，适应航空航天技术发展的需要，开始了金属基复合材料研究，而且主要力量集中在钨和硼纤维等增强铝基和铜基复合材料。而在 20 世纪 70 年代，由于许多复合体系的界面处理问题难以解决，且增强体品种规格较少，复合工艺难度大、成本高限制了金属基复合材料的发展。但是，在 20 世纪 80 年代，科学技术的发展，特别是航空航天和核能利用等高新技术的发展，要求材料具有高比强度和刚度、耐磨损、耐腐蚀并能耐一定高温，在温度较剧烈变化时有较高的化学和尺寸稳定性，促进了对金属基复合材料的研究和应用，镁基、铝基、钛基、铜基、铁基复合材料先后进入实用化研制阶段。此外，耐高温的金属间化合物基复合材料也得到迅速的发展。

金属基复合材料主要由三部分组成：金属基体、增强体和基体/增强体界面。金属基体是金属基复合材料的重要组成部分，是增强体的载体，在复合材料中占有很大的体积分数，起到非常重要的作用，金属基体的力学性能和物理性能将直接影响复合材料的力学性能和物理性能，因此应根据合金的特点和复合材料的用途选择金属基体。例如，航天航空领域内飞机、卫星、火箭等壳体和内部结构要求材料的重量轻、比强度和比模量高，可以选择镁合金、铝合金等轻合金作为基体。高性能增强体是金属基复合材料的关键组成部分，复合材料的特殊性能和功能主要来源于高性能增强体。在选择增强体时应主要考虑其强度、刚度、制造成本、与基体的相容性、高温性能，还有作为特殊用途的导热和导电性等。金属基复合材料的界面是指金属基体和增强体之间的结合区域。在金属基复合材料的制造和使用过程中，基体和增强体发生相互作用生成化合物、基体与增强体相互扩散形成扩散层等。界面对复合材料的力学性能影响很大，因此要控制界面反应使复合材料具有合适的界面。

金属基复合材料按增强特点，可分为使用连续长纤维增强的连续增强金属基复合材料和使用颗粒、晶须、短纤维增强的非连续增强金属基复合材料两大类。连续增强金属基复合材料由于纤维是主要承力组元，因此具有很高的比强度与比模量，在单向增强的情况下具有强烈的各向异性。由于原材料纤维昂贵，制造工艺复杂，因而成本很高，阻碍了它们的实际应用。非连续增强金属基复合材料的金属基体仍起着主导作用，其强度与基体相近，增强体的加入主要是弥补金属基体材料的某些欠缺，如提高其刚度、耐磨性、高温性能等。它们的制造工艺相对来说较简单，可以在现有的冶金加工设备基础上进行工业化生产，因而成本较低，有利于大规模应用。连续增强体主要有碳及石墨纤维、碳化硅纤维（包括钨芯及碳芯化学气相沉积丝）和先驱体热解纤维、硼纤维（钨芯)、氧化铝纤维、不锈钢丝和钨丝等；非连续增强体中短纤维常用氧化铝（含莫来石和硅酸铝）纤维，颗粒则有碳化硅、氧化铝、氧化锆、硼化钛、碳化钛和碳化硼等，而晶须类主要为碳化硅、氧化铝以及硼酸铝和钛酸钾等。

根据基体合金的物理、化学性质和增强体的形状、物理和化学性质不同，金属基复合材料应选用不同的制备方法。这些方法归纳起来有三类：固态法、液态法和其他制造方法。固态法是指金属基体处于固态的制造金属基复合材料的方法，在有些固态法中（如热压法），为了复合更好，有时希望有少量的液相存在，即温度控制在基体合金的液相线和固相线之间；由于固态法整个过程处于较低温度，因此金属基体与增强材料之间的界面反应不严重。固态法包括粉末冶金、热压法、热等静压法、轧制法、挤压和拔拉法、爆炸焊接法等。液相法是指基体金属处于熔融状态下与固态的增强材料复合在一起的方法，为了改善液态合金基体对固态增强体之间的润湿性，以及控制高温下增强材料与基体之间的界面反应，可以采用加压浸渗、增强材料的表面处理、基体中添加合金元素等措施；属于液态法的制造方法有真空压力浸渗、挤压铸造、搅拌铸造、液态金属浸渍法、共喷沉积法、热喷涂法等。其他制造方法包括原位自生成法、物理气相沉积法、化学气相沉积法、化学镀和电镀、复合镀等。

金属基复合材料除了和树脂基复合材料同样具有高强度、高模量外，它能耐高温，同时不燃、不吸潮、导热导电性好、抗辐射，是航空航天领域迫切需要的一类新型材料。铝基复合材料和钛基复合材料是目前发展最为完善的金属基复合材料。铝基复合材料的相对密度与铝合金相近，只有钢的 1/3，但其比刚度与钛合金相当，热膨胀系数与钢相当，耐磨性也比铝合金有大幅提升；钛基复合材料的相对密度与钛合金相当，但其耐热性比钛合金有大幅提升，使用温度可达 800℃，同时，钛基复合材料的刚度、强度和耐磨性比钛合金都有不同程度的提升。金属基复合材料作为一种高性能多功能复合材料，可以在很多应用场合代替传统金属材料，发挥出传统金属材料不可能有的良好性能和特殊功能，尤其是在航天航空、高端装备、汽车制造等领域具有巨大的应用潜力，是世界各国新材料领域研究与开发的重点。

2.4.2　金属基复合材料的分类

1. 按增强体形状分类

对于金属基复合材料，其强韧化机理主要依赖于增强相的形态与分布方式，由此可将金属基复合材料分为：连续纤维增强金属基复合材料（continuous fiber reinforced metal matrix composites)、短纤维/晶须增强金属基复合材料（short fiber/whisker reinforced metal matrix composites）和颗粒增强金属基复合材料（particle reinforced metal matrix composites）三类，其中短纤维/晶须增强金属基复合材料与颗粒增强金属基复合材料又可被统称为非连续增强金属基复合材料（discontinuously reinforced metal matrix composites)。其形状示意图如图 2.4-1 所示，其中不同类型的金属基复合材料中所使用的增强相见表 2.4-1。

表 2.4-1　金属基复合材料中常用的增强相

增强相类型	尺寸/μm	长径比	常见增强相
连续纤维	3~150	>1000	SiC、Al_2O_3、C、B、W、Nb_3Sn
短纤维/晶须	0.1~20	50	C、SiC、TiB
颗粒	0.5~100	1	SiC、Al_2O_3、TiC、BN

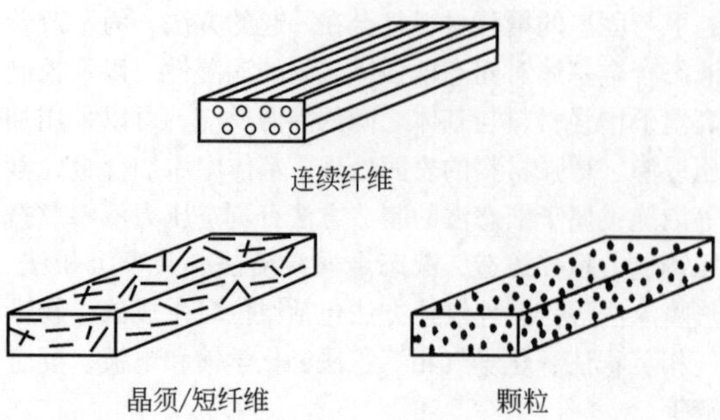

图 2.4-1 金属基复合材料的形状示意图

由图 2.4-1 可知，连续纤维增强金属基复合材料由于在服役时主要由增强相纤维承载，在平行于增强相纤维的方向上具有最好的增强效果，但由于其增强相纤维的定向分布而使其在性能上体现出强烈的各向异性。对于增强相非连续分布的短纤维/晶须增强以及颗粒增强金属基复合材料，增强相在基体中的分布较为均匀，增强相和基体均可以起到承载的作用，从而对金属基体起到提高刚度、强度以及高温性能的作用。其中单晶的晶须增强往往可以获得更高的强度和断裂韧性，颗粒增强更容易获得更加各向同性的力学与物理性能。

不同类型的金属基复合材料各有优缺点，连续纤维增强金属基复合材料在平行于纤维的方向上具有最好的增强效果，且易于生产较大尺寸的构件，但具有严重的性能各向异性、不易控制的界面反应、较大的残余应力、不可二次加工、塑性较差以及制备成本较高等缺点。相比较而言，短纤维/晶须增强以及颗粒增强金属基复合材料具有较低的制备成本、可以通过传统的方法制备与加工以及各向同性等优点。

除以增强相的类型分布之外，金属基复合材料还可以根据金属基体的种类分为镁基复合材料、铝基复合材料、钛基复合材料、铜基复合材料、铁基复合材料等；根据复合材料的性能特点还可分为结构复合材料、功能复合材料和智能（机敏）复合材料三大类。

2. 按基体合金分类

（1）镁基复合材料

镁在地球上储量极为丰富，纯镁的密度为 $1.74g/cm^3$，是自然界中能够作为结构材料使用的最轻的金属材料。同时，镁具有高比强度、高比刚度、高阻尼性能和优良的可加工性，因此镁及镁合金是面向 21 世纪的高新技术产业中最有希望大量采用的金属材料之一。但是镁合金的低硬度、低强度、低模量、低磨损抗力、高热膨胀系数等限制了它的广泛应用。镁基复合材料消除或减轻了镁合金的这些不足之处，是继铝基复合材料之后的又一具有竞争力的轻金属基复合材料。由于其具有高的比刚度和热导率，在某些方面，其性能甚至超过了铝基复合材料，在航空航天及汽车工业有广泛的应用前景。

根据增强体的种类，可以将镁基复合材料分为三类：连续纤维增强镁基复合材料、非连续增强镁基复合材料及原位反应自生增强镁基复合材料。

连续纤维增强镁基复合材料主要包括碳（石墨）纤维和 Al_2O_3 纤维增强两种，并以碳（石墨）纤维增强镁基复合材料的研究最多，其制备方法主要是真空无压或低压浸渗。石墨纤维增强镁基复合材料的密度小于 $2.1g/cm^3$，热膨胀系数可以从负到零、到正，尺寸稳定性好，具有高比强度、高比刚度和高阻尼等性能。日本开发的碳（石墨）纤维增强镁基复合材料的强度已经达到 1200MPa、弹性模量达到 570GPa。连续纤维增强镁基复合材料在航空航天、汽车工业等领域的应用前景十分广阔，NASA 已采用 Gr/Mg 制作空间动力回收系统构件，空间站的撑杆和空间反射镜架等。但是由于长纤维的成本高，复合材料制备工艺难度大，因此限制了它们的发展。

非连续增强镁基复合材料具有高的强度、模量和硬度，优良的耐磨性、减振性和尺寸稳定性，同时具有优良的可加工性、尺寸稳定性和各向同性等特点，有利于进行结构设计。非连续增强镁基复合材料的增强体主要是短纤维增强（Al_2O_3）、晶须增强（SiC 和 $Al_{18}B_4O_{33}$）、颗粒增强（SiC 和 B_4C）。增强体的选择要从复合材料的应用情况、制备方法及增强体的成本等方面来考虑。基体镁合金可分为三类：室温铸造镁合金、高温铸造镁合金及锻造镁合金。基体的选择要考虑基体合金的性能、基体与增强体的浸润性及界面反应等问题。

非连续增强镁基复合材料的制备方法主要可分为以下几种：液态金属浸渗法（挤压铸造法、真空气压浸渗法、自浸渗法等）；搅拌铸造法；流变铸造法；粉末冶金法；喷射法等。利用非连续增强镁基复合材料密度低、耐磨损、比刚度高、优良的尺寸稳定性、耐高温等特点，可在航空航天方面用来制备卫星天线及直升机等；在汽车方面，可用于汽车的盘状叶轮、活塞环槽、齿轮、变速箱轴承、差动轴承、拔叉、连杆、摇臂等。

原位反应自生增强镁基复合材料在制备上可以克服上述制备方法工艺复杂、增强相与基体界面热力学上不稳定、增强物与基体合金之间润湿性较差引起的性能下降、增强体分布不均匀等缺点。通过放热反应，在基体内部生成了相对均匀分散的增强体，增强体与基体近似处于平衡状态，低能量界面使原位复合材料的本质上处于稳定状态，而且可以实现对原位生成的增强体的形貌、尺寸控制。

原位自生反应增强镁基复合材料所用的制备方法包括：搅拌铸造法、机械合金化法、熔盐辅助合成法等，主要材料体系包括 Mg-Mg_2Si、Mg-MgO、Mg-TiC、Mg-TiB_2、Mg-准晶 Mg_3YZn_6 等。

（2）铝基复合材料

纯铝和铝合金都可以用作为铝基复合材料的基体，其中以铝合金作为基体的铝基复合材料居多。经过多年的研究和发展铝合金已形成了较成熟的合金体系。工业上常用的 Al-Si、Al-Mg、Al-Cu 系合金在铝基复合材料中都有应用。当前铝基复合材料研究集中在两个方面：一方面是采用连续纤维增强的具有优异性能的铝基复合材料，其应用一般范围集中在很特殊的领域，如航空航天领域；另一方面是采用非连续增强体增强的具有优良性能的铝基复合材料，其应用范围相当广泛。相对来说，后者具有制备工艺简单、增强体成本低廉等优点，实现工业化大批量生产的潜力更大。

连续纤维增强铝基复合材料具有高比强度、高比模量，在高温时还能保持较高的强度，尺寸稳定性好等一系列优异性能。常用的长纤维有碳纤维和硼纤维。相比较而言，硼纤维增强铝基复合材料的综合性能好，复合工艺完善，制作经验丰富，工程上应用较成熟。目前主要用于航空航天领域，作为航天飞机、人造卫星、空间站等的结构材料。以硼/铝复合材料制造主承力管形构件，在航空航天器上有广泛的应用天地，已制备涡轮风扇发动机叶片、高性能航空发动机风扇叶片和导向叶片。

尽管连续纤维增强铝基复合材料有高的比刚度和比强度，但在制备和应用连续纤维增强铝基复合材料的过程中，仍有一些问题急需解决，例如连续纤维增强铝基复合材料的成型工艺复杂，难于进行二次机械加工，而且材料成本高。因此连续纤维增强铝基复合材料的应用仅限于产品性能比价格因素更为重要的少数尖端部门。相比之下，用短纤维、晶须、陶瓷颗粒等增强的非连续增强铝基复合材料则具有增强体来源广、价格低、成型性好等优点，可采用传统的金属成型工艺进行二次加工，并且材料的性能是各向同性的。

非连续增强铝基复合材料按增强体可分为短纤维、晶须和颗粒增强。短纤维增强体包括 C 纤维、SiC 纤维、Si_3N_4 纤维、Al_2O_3 纤维、硅酸铝纤维和莫莱石纤维等。通常采用液相浸渗法制备短纤维增强铝基复合材料。纤维增强铝基复合材料不但强度、刚度高，且还具有优异的耐磨性，在实际应用中已取得良好效果。C 纤维增强铝基复合材料具有高比强度、高比刚度、低膨胀率等优点，不吸潮、抗辐射、导电导热率高，良好的尺寸稳定性，使用时没有气体放出，作为结构材料和功能材料在航空航天及民用领域的应用前景十分广阔。SiC 纤维增强铝基复合材料有轻质、耐热、高强度、耐疲劳等优点，可用作飞机、汽车、机械等部件及体育运动器材等。硅酸铝纤维增强的铝基复合材料具有优异的抗磨性能。

晶须增强铝基复合材料一般采用挤压铸造法生产，即将晶须制成具有一定体积分数的预制块，液态铝合金在压力下浸渗到预制块的孔隙中从而得到复合材料。目前应用较多的晶须有 SiC 晶须、Si_3N_4 晶须、$Al_{18}B_4O_{33}$ 晶须等。由于 SiC 晶须有优越的综合性能而被广泛地采用，日本三菱和丰田汽车公司采用 SiC 晶须制备汽车气缸活塞等重要的零部件。但是由于 SiC 晶须的造价成本高，限制了其在工程上的广泛使用，最近开发出了低成本的硼酸铝晶须，其应用前景被看好。晶须增强铝基复合材料具有优良的性能，不仅保留了基体铝合金质轻、耐蚀性好的优点，而且还可以明显提高耐磨性以及热疲劳性能，并且具有较低的线膨胀系数。一般而言，铝基复合材料高温抗拉强度明显高于基体合金。一些铝基复合材料在 250℃ 时强度与基体合金的室温强度相当，即复合材料可以把铝合金的使用温度范围提高到 250℃。铝基复合材料因其具有较低的线膨胀系数及其耐磨耐热性而成为发动机活塞的最佳材料。

颗粒增强铝基复合材料解决了纤维增强铝基复合材料增强纤维制备成本昂贵的问题，而且材料各向同性，克服了制备过程中出现的诸如纤维损伤、微观组织不均匀、纤维与纤维相互接触、反应带过大等影响材料性能的许多缺点。所以颗粒增强铝基复合材料已成为当今世界金属基复合材料研究领域中的一个最为重要的热点，并日益向工业规模化生产和应用的方向发展。常用的增强相颗粒有碳化物（SiC、B_4C、TiC）、硼化物（TiB_2）、氮化物（Si_3N_4）和氧化物（Al_2O_3）以及 C、Si、石墨等晶体颗粒都可以被用作铝基复合材料的增强体，其中 SiC 是使用最多的一种增强体。颗粒增强铝基复合材料的制备工艺不断得到改进。所进行的各种改进都是为了使材料获得更为完善的显微组织结构，更为优越的力学性能和其他各项性能。目前主要应用的方法有液态金属浸渗法、搅拌铸造法、粉末冶金法、原位复合以及喷射沉积法等。采用合理的制备工艺和后处理工艺所得到的铝基复合材料的力学性能优异，加入增强颗粒后，材料抗拉强度及屈服强度有所提高，而伸长率则有所下降，而且伴随增强颗粒体积含量的增大，上述趋势愈加明显。颗粒增强铝基复合材料的一个重要优点是有较好的耐蚀性。通常铝基复合材料的耐蚀性比相应的基体金属要低一些，其主要腐蚀机制是点蚀。但是一些铝基复合材料的耐蚀性相对于基体合金基本上没有显著降低，也就是说一些增强体的加入，在提高铝合金力学性能的同时，并不会降低其耐蚀性。对于 SiC_p/6061 Al、SiC_p/2014Al、SiC_p/2124Al 和 SiC_p/A356Al 等复合材料在含有氯离子的介质中，其点蚀电位和基体金属的点蚀电位接近。颗粒的平均尺寸和体积分数的增加并不显著改变点蚀电位的大小。颗粒增强铝基复合材料可用来制造卫星及航空航天用结构材料、飞机零部件、金属镜光学系统、汽车零部件，此外还可以用来制造微波电路插件、惯性导航系统的精密零件、涡轮增压推进系统零件、电子封装器件等。

（3）钛基复合材料

钛基复合材料（TMCs）以其高的比强度、比刚度和抗高温性能在航空航天领域具有广泛的应用前景。TMCs 材料的研究始于 20 世纪 70 年代，在 20 世纪 80 年代中期，美国航天飞机（NASP）和整体高性能涡轮发动机技术（IHPTET）以及欧洲、日本同类发展计划的实施对 TMCs 的发展起了很大的推动作用。按增强相种类，TMCs 可分为两类，即连续纤维增强钛基复合材料和非连续颗粒（或晶须）增强钛基复合材料。

连续纤维增强相主要有氧化铝、碳化硼和碳化硅等，这些陶瓷纤维增强相的特点是熔点高、具有良好的热稳定性及高比强、高比刚度等。氧化铝纤维和硼纤维的热膨胀系数与钛基体十分接近，但硼纤维不耐高温，氧化铝纤维与钛基体之间有强烈的反应，所以现在工业上常用的是碳涂层的 SiC 纤维。利用 SiC 长纤维制备成的 TMCs 具有比强度高、比刚度高、使用温度高及疲劳和抗蠕变性能好等优点。如德国研制的 SCS-6 SiC/IMI834 复合材料，其抗拉强度高达 2200MPa，弹性模量达 220GPa，而且具有极为优异的热稳定性，在 700℃ 暴露 2000h 后，力学性能不降低。用 TMCs 叶环代替压气机盘，可使压气机的结构质量减小 70%。美国制备的 TMCs 叶环已在 P&W 的 XTC-65 IHPTET 验证机上成功地进行了验证，能够满足性能要求。英、法、德也研制了 TMCs 叶环，并成功地进行了台架试验。

制备连续纤维增强钛基复合材料的难度较大，一般只能采用固相法合成，然后用热等静压（HIP）、真空热压（VHP）锻造等方法压实成形。

非连续增强钛基复合材料（PTMCs）的增强相有碳化物、硼化物、氧化物及金属间化合物等。碳化物如 TiC、B_4C、SiC，硼化物如 TiB 和 TiB_2 等，氧化物如 Al_2O_3、Zr_2O_3、R_2O_3（R 为稀土元素），金属间化合物如 Ti_3Al、TiAl、Ti_5Si_3 等。其中，TiB、TiB_2 和 TiC 等几种陶瓷颗粒为常用的增强相。

非连续增强钛基复合材料的制备方法较多，根据工艺方法可分为熔铸法、粉末冶金法、机械合金化法、自蔓延高温合成法（SHS）及 XD^{TM} 法。

熔铸法制备非连续增强钛基复合材料具有工艺简单、可行性好、成本低及易于制备复杂零件等优点。但钛和增强相在液相中具有高的反应活性，增强相和基体之间的润湿性差、增强相分布不均。为了克服上述缺点，开展了原位合成熔铸工艺的研究，即在熔融金属中加入碳、硼等元素，或者通入其他反应性气体与钛合金液反应，原位生成 TiC、TiB 等颗粒增强相。增强相的原位合成，避免了增强相和基体合金之间的界面润湿性问题，同时增强相分布均匀，提高了钛基复合材料的性能。

粉末冶金法制备钛基复合材料不仅消除了熔铸法的不足，而且颗粒增强相的粒度和体积分数可以在较大范围内调整。通过冷等静压和热等静压等粉末冶金致密化技术和粉末注射成形等近净成形工艺，在远低于熔点的温度范围内即可制备完全致密的颗粒增强钛基复合材料，彻底避免了液体钛的高反应性问题，并且可以大大减少机加工量。

机械合金化是一种制备非平衡态、纳米级合金粉末的技术。粉末经变形、冷焊、破碎、再焊合、再破碎的反复过程，可以细化到纳米级粒度，有很大的表面活性。由于引入了大量畸变缺陷，互扩散加强，激活能降低，使合金化过程的热力学与动力学不同于普通的固态过程，因而有可能制备出常规条件下难以合成的许多新型合金。用这种方法已经开发出 TiB/Ti、TiC/TiAl 等非连续增强钛基复合材料。

自蔓延高温合成（SHS）是利用放热反应使混合体系的反应自发地持续进行，生成金属陶瓷或金属间化合物的一种方法，又称燃烧合成。SHS 法制备金属基复合材料有生产过程简单、反应迅速、节约能源等特点。利用该项技术可以合成碳化物、硼化物、硅化物和氮化物。但反应过程难以控制，产品的孔隙率高，需采取致密化措施。

XD^{TM} 法是在自蔓延高温合成基础上发展起来的，属于原位合成法的一种。其基本原理是将形成产物所需的各种粉末混合并压坯，加热至发生自动燃烧合成的温度，借助粉末间发生的放热反应形成所需的产物。利用该工艺可以制备硼化物、碳化物和氮化物增强的 Ti、TiAl 或 Ti_3Al 等钛基复合材料。

钛基复合材料也可采用原位合成工艺制备，它避免了外加增强颗粒的污染，也解决了熔铸过程中存在的陶瓷粒子和基体合金的润湿性问题，有利于制备出性能更好的复合材料。熔铸、粉末冶金、机械合金化等方法均可用于原位合成颗粒增强钛基复合材料。利用原位合成制备的 TiB、TiB_2、TiC 等颗粒增强的钛基复合材料具有良好的力学性能。

（4）铜基复合材料

铜基复合材料不仅具有高强度和与纯铜相媲美的导电性及导热性外，而且还有良好的抗电弧侵蚀和抗磨损能力，是一种在航空航天、电子电器和微机电等高科技导电节能领域具有广泛应用前景的新型材料。随着机械、电子工业的发展，对这类高强度、高导电复合材料的需求越来越迫切。现有的铜基复合材料大致可分为连续纤维增强铜基复合材料和非连续增强铜基复合材料。

非金属或金属纤维增强铜或铜合金的复合材料既保持了铜良好的导电性、导热性，又具有高强度与耐高温的性能。例如碳纤维增强铜基复合材料将碳纤维的可自润滑、抗磨、低的热膨胀系数等特点和铜良好的导热、导电性等优点结合在一起，这样就大大延长了使用寿命和提高了可靠性，在滑动电触头材料、电刷、电力半导体支承电极、集成电路散热板和汽车内燃机高载轴承、印制机械、造纸机械、纺织机械和轻工业机械上的含油粉末轴承有很大的应用潜力。

长碳纤维增强铜基复合材料制备一般都先缠绕制成复合材料的预制品，然后用 H_2 作为还原性保护气氛的热压炉中热压成型，大都采用这种热压扩散的方法。另外，还有熔融金属浸渗法、真空熔浸法、辊压扩散法、箔冶金法等几种制备方法。

（5）钢基复合材料

钢基复合材料的研制是为了满足在高温、高速、耐磨损条件下工作的结构件需要，如高速线材轧机的辊环和导向轮等。钢基复合材料是在有较高高温强度和抗氧化性能的钢基体上，分布着稳定性好、界面抗氧化腐蚀的硬质相，因此可大幅度提高基体在高温下的摩擦学性能。钢基复合材料的增强体类型主要有纤维和颗粒。用于钢基复合材料的长纤维主要有钨、钼和硼化钛等纤维等。用于钢基复合材料的颗粒主要有石墨、SiC、TiC、TiN、WC、VC、ZrO_2、WO_3、CeO_2、ThO_2、CaS 和 Cr_3C_2 等。制备钢基复合材料的方法有粉末冶金、搅拌铸造、铸渗法、铸造烧结法和原位反应自生法。采用粉末冶金法制备的不同体积分数的 TiB_2 颗粒增强钢基复合材料，强度高达 1100MPa。

（6）锌基复合材料

锌基复合材料具有良好的耐磨性，可作为运载车辆及机械设备的一些传动齿轮、转轮和特殊耐磨部件等。锌基复合材料克服了锌基合金在高温范围强度和硬度损失较大和热膨胀系数大的缺点，提高了此类材料的高温性能和其他性能（如摩擦学性能）。与基体合金相比，锌基复合材料具有以下优点：具有较高的高温强度、优良的耐磨性、较高硬度和弹性模量、明显提高了疲劳寿命及抗高温蠕变能力、降低了热膨胀系数。锌基复合材料的增强体有石墨、碳纤维、碳化硅颗粒和晶须、氧化铝颗粒和晶须、变质处理的硅以及钢丝等。其中石墨和碳纤维的主要目的是改善基体合金的摩擦学性能，这是由于在表面形成了富碳层所致，称为减磨型锌基复合材料；其他则主要是为了提高强度，称为增强型锌基复合材料。锌基复合材料的抗拉强度对增强相的体积分数具有一个峰值，但耐磨性随增强体含量的增加而提高。锌基复合材料的制备方法有搅拌铸造法、液态浸渗法、挤压铸造法和喷射沉积法等。

（7）镍基复合材料

镍作为高温自润滑耐磨合金的基体具有优异的高温力学性能、抗氧化性和耐蚀性，是高温自润滑合金中最常用的基材。镍基复合材料主要用于液体火箭发动机中的全流循环发动机，另外还作为高耐磨的涂覆层。用粉末冶金法制备的 MoS_2 增强镍基复合材料在高温下具有良好的自润滑减摩性。用快速凝固法制备的纳米碳管增强的镍合金 In1600 中增强体和基体结合良好，并具有较好的增强效果。

（8）难熔金属基复合材料

难熔金属基复合材料的研究始于 20 世纪 50～60 年代。它是一种新型的工程材料，具有优良的物理和力学性能、高强度、低密度、耐热、耐蚀，因此受到人们的广泛关注。

钨具有很高的熔点、高温强度和良好的热稳定性，在许多高温下工作的零部件如燃气舵发动机喷管内衬、涡轮转子、叶片以及核反应堆的结构件等有广泛的应用，但是其强度随着温度上升而显著下降。因此用高熔点的陶瓷颗粒增强钨基复合材料来克服这些问题，如用粉末冶金法制备的 ZrC 或 TiC 颗粒增强钨基复合材料。美国还研制出一种特殊的钨基复合材料，具有替代轻武器弹药中铅的潜力。

钽基复合材料可以用来解决在某些苛刻的环境，如氯气和一些熔盐和液体金属（钙和钚）中腐蚀问题，如美国研制的 Ta-Ta_2C 复合材料。钽基复合材料的制备过程包括：在部件上形成碳化物涂层；再将涂层融化到基体材料中，并经时效处理以获得所要求的显微结构。

相对于其他难熔金属，铌和钼的自身性质如高熔点、高弹性模量和低密度决定了铌基和钼基合金系列更适合于作为高温金属结构材料。然而，单纯的铌基和钽基固溶体高温强度较低和抗氧化能力差。因此，可开发铌基和钽基复合材料来克服这些缺点。例如：铌-硅基自生复合材料具有高熔点、高刚度、低密度和很高的高温强度，自生的增强体为 Nb_5Si_3 或 Nb_3Si。美国开发的钨合金丝增强铌基复合材料，工作温度可高达 980~1650℃。铌基复合材料可分为四类：连续纤维增强型、短纤维增强型（如 Al_2O_3 纤维）、Nb-ZrO_2 层状型和片晶增强型铌基复合材料。铌基复合材料主要应用于航空航天推进系统和空间核动力反应堆部件。

除上述的几种金属基复合材料外，还有银基、铅基和钴基等金属基复合材料。银基复合材料具有良好的导电性和导热性，可作为高、低压电器中的触点材料（如电刷）。铅基复合材料继承了基体良好的减摩性又克服了基体耐磨性较差的缺点。

2.4.3 金属基复合材料的制备方法

金属基复合材料的制备方法按温度可分为三类（表 2.4-2）：液相法、固相法和固-液法。液相法的主要过程是将陶瓷颗粒用各种方法混入熔融的金属液中；固相法的主要过程是在基体的熔点以下将增强相与基体的混合物致密化，该方法主要有粉末冶金法；固-液法的主要过程是在基体的固-液两相共存下制备出密实材料，该方法主要有雾化沉积法等。

表 2.4-2 非连续增强金属基复合材料的主要制备方法

类别	制造方法	典型的复合材料
固态制造技术	粉末冶金技术	SiC_p/Al、Al_2O_3/Al
	热压和热等静压技术	SiC_p/Al
	热轧、热挤压和热拉技术	SiC_p/Al、Al_2O_3/Al
液态制造技术	真空压力浸渍技术	SiC_p/Al
	挤压铸造技术	SiC_p/Al、Al_2O_3/Al、SiO_2/Al
	液态金属搅拌铸造技术	SiC_p/Al、Al_2O_3/Al
	喷射沉积技术	SiC_p/Al、Al_2O_3/Al
新型制造技术	原位反应技术	Al_2O_3/Al
	半固态搅拌技术	SiC_p/Al、Al_2O_3/Al

1. 搅拌复合铸造

搅拌复合铸造是通过机械搅拌使增强体颗粒与液态或半固态的金属基体合金复合均匀，然后浇注成铸锭或所需零件。与其他制备技术相比，该方法工艺设备简单、制造成本低廉，便于工业化生产，而且可以制造各种形状复杂的零件，是目前最受重视、用得最多的铝基复合材料制备方法。这方面最为典型的实例就是 Alcan 公司采用此技术制备颗粒增强铝基复合材料，在加拿大建成了年产 11340t 的 SiC_p/Al 复合材料铸锭、型材、棒材以及复合材料零件的专业工厂，其生产的 SiCp/Al 复合材料单个铸锭最重达 596kg。性能方面，Alcan 公司生产的 20%（体积分数）SiC_p/A356 复合材料的屈服强度比基体铝合金提高 75%，弹性模量提高 30%，热膨胀系数减小 29%，耐磨性提高 3~4 倍。

对于搅拌复合铸造法来说，必须解决两个关键技术问题，即增强体颗粒与基体金属熔体润湿性以及增强体颗粒在基体中均匀分散的问题，才能得到组织致密、缺陷少、颗粒分散均匀、界面结合良好、性能优异的复合材料。另外，对所添加的颗粒尺寸和含量有一定限制，通常颗粒尺寸需大于 10μm，体积分数在 0~35%之间。

为了得到特定形状的零件或特殊要求的性能，搅拌复合铸造和原位复合铸造均可以结合其他特种铸造工艺进行，如熔模铸造、挤压铸造、离心铸造等。

2. 粉末冶金

粉末冶金是将金属粉末和增强陶瓷颗粒等经筛分、混合、冷压固结、除气、热压烧结，然后压力加工制得金属基复合材料，其工艺流程如图 2.4-2 所示。用粉末冶金法制备颗粒增强金属基复合材料的综合性能良好。该法不适用于生产较大型件，所以对工业规模生产有所限制。

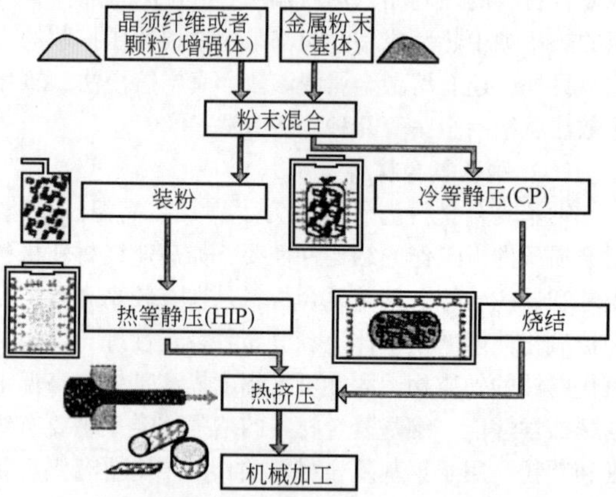

图 2.4-2 粉末冶金法制备金属基复合材料的工艺流程

美国 DWA 复合材料专业公司采用粉末冶金法，制造了 SiC 颗粒增强铝基复合材料自行车车架、设备支承架等产品，并已达到商品化。另外，美国 ARCO 公司、英国 BP 公司也在用粉末冶金法制备 SiC 颗粒增强铝基复合材料方面取得了显著的成果。与铸造法相比，粉末冶金法增强体含量选择范围大，可以实现体积质量差值大的金属和粒子的复合，也可以使熔点差值大的金属合金化。

3. 液态金属浸渗

液态金属浸渗是将增强体处理后，冷压成一定形状和尺寸的预制件，再放入金属压型内预热，浇入熔融的金属液，通过加压或抽真空，使熔融金属渗入并保持一段时间，待其凝固后即得到所需的金属基复合材料制件，其工艺流程如图 2.4-3 所示。此方法的优点是可以避免增强体与基体不浸润的问题，制得材料密度较为均匀，制备过程周期短，熔融金属冷却快，减轻了颗粒界面反应；但预制件制造比较困难，浸渗工艺参数不易控制，压力过高可能破坏预制件，因此该工艺的应用受到一定限制。

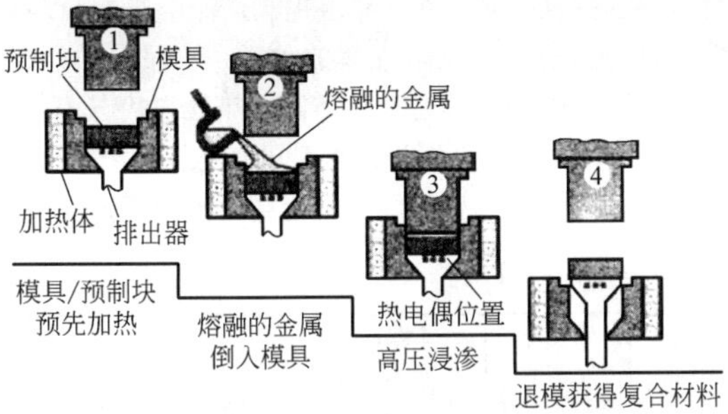

图 2.4-3　液态金属浸渗法制备金属基复合材料的工艺流程

作为液态金属浸渗的典型，无压浸渗则是通过向金属液或增强体中加入助渗剂的方法，无须借助压力，使金属液自动渗入预制件内部制得复合材料。无压浸渗法设备简单、操作方便、成本低廉，但受浸渗温度、环境气体种类及增强体大小等因素影响，因此该法也有一定局限。

4. 喷射沉积

喷射沉积是在基体合金雾化的同时，加入增强体粉末，使合金粉末与增强体粉末共同沉积在收集器上以得到复合材料。这种方法的特点是增强体体积分数可以任意调节，增强体的粒度也不受限制，增强体与基体熔液接触时间相当短，两者之间的反应易于控制，大大改善了界面的结合状态，基体可以保持雾化沉积、快速凝固的特点，晶粒十分细小。此方法要解决的关键问题是喷射沉积成形中增强相颗粒分布不均匀和颗粒利用率较低。该方法的突出优点是：材料制备成本降低，颗粒在基体中均匀分布，可沿用现行喷射沉积成形制备金属材料的各项工艺参数，设备无须做任何改动。喷射沉积法的制备成本比铸造法要高，但比粉末冶金法要低。

5. 原位复合

原位复合是指在固态或液态金属基体中，通过元素之间或元素、化合物间的化学反应（化合或者是氧化还原），在金属基体内原位生成一种或几种高硬度、高弹性模量的陶瓷增强相，达到强化金属基体的目的。原位反应中的相变、再结晶或成核作用都促使了更加均匀的亚微米级甚至近纳米级增强颗粒的形成，得到的金属基复合材料也具有良好的力学性能。按照反应起始相进行分类，分为气-液、液-固、液-液等。此外，主要原位合成工艺包括自蔓延高温合成法、放热弥散法、气液固反应法、反应热压法、反应喷射沉积法、混合盐反应法等。

2.4.4　金属基复合材料的性能

现代科学技术的发展对材料性能的要求越来越高，特别是航空航天、军事等尖端科学技术的发展，使得单一材料难以满足实际工程的要求，这促进了金属基复合材料的迅猛发展。与传统金属材料相比，金属基复合材料具有较高的比强度和比刚度，耐磨损；与树脂基复合材料相比，金属基复合材料具有优良的导电、导热性，高温性能好，可焊接；与陶瓷材料相比，金属基复合材料具有良好的韧性和抗冲击性、线膨胀系数小等优点。

1. 镁基复合材料

（1）颗粒增强镁基复合材料

SiC 颗粒增强镁基复合材料的性能见表 2.4-3。由表 2.4-3 可见，在同一温度下，随着增强颗粒的加入及其体积分数的增加，复合材料的屈服强度、抗拉强度、弹性模量都有所提高，伸长率则有所下降。但对于同一含量增强相而言，随着温度的升高，屈服强度、抗拉强度、弹性模量都有所降低，伸长率有所提高，说明温度对这种材料的性能有较大的影响。另外，对铸态复合材料进行压延，可使其力学性能大大提高，压延之所以能达到这种效果是由于经过压延陶瓷颗粒增强相在基体内分布更加均匀，消除了气孔、缩松等缺陷。$SiC_p/AZ80$ 复合材料的断裂主要表现为脆性断裂，颗粒聚集、团聚是断裂的主要原因。SiC_p/Mg 复合材料还具有优良的耐磨性和耐蚀性，对 $SiC_p/AZ91$ 复合材料的磨粒磨损行为进行研究后认为，随着 SiC 颗粒体积分数的增加，耐磨性提高，盐雾腐蚀测试表明 SiC 颗粒含量在某一临界值以下腐蚀速率基本不变。

表 2.4-3　$SiC_p/AZ91$ 基复合材料的性能

材料	条件屈服强度/MPa	抗拉强度/MPa	伸长率(%)	弹性模量/GPa	温度/℃
$AZ91/SiC_p$(15.1%)	207.9	235.9	1.1	53.9	室温
$AZ91/SiC_p$(19.6%)	212.1	231.0	0.7	57.4	室温
$AZ91/SiC_p$(25.4%)	231.7	245.0	0.7	65.1	室温
$AZ91/SiC_p$(25.4%)	159.6	176.4	1.5	56.0	177
$AZ91/SiC_p$(25.4%)	53.2	68.6	3.6	—	260

注：括号内为增强颗粒 SiC_p 的体积分数。

(2) 晶须增强镁基复合材料

表 2.4-4 是 SiC_w/AZ91 镁基复合材料在不同热处理状态下的拉伸性能。固溶处理明显提高了复合材料的断裂应变量：峰时效处理（T6）显著提高了 SiC_w/AZ91 复合材料的强度，但是其断裂应变显著降低，这与复合材料的时效析出有关。峰时效处理时，SiC_w/AZ91 镁基复合材料中存在两种时效析出相：晶体内的片层状析出相以及 SiC_w-AZ91 界面处的胞状析出相，这两种析出相均为 $Mg_{17}Al_{12}$。

表 2.4-4　SiC_w/AZ91 在不同热处理状态下的拉伸性能

材料	条件屈服度强度/MPa	抗拉强度/MPa	伸长率(%)	弹性模量/GPa
铸态 SiC_w/AZ91	240	370	1.12	86
固溶态 SiC_w/AZ91	220	355	1.40	85
T6 时效态 SiC_w/AZ91	—	398	0.62	92

2. 铝基复合材料

(1) 颗粒增强铝基复合材料

增强体颗粒加入铝合金中后，引起基体合金微观结构的变化，同时使合金的性能发生改变。铝基复合材料的力学性能视制备工艺、增强体种类、尺寸和体积分数、基体合金及热处理工艺的不同而存在一定的差异。表 2.4-5 中给出了一些颗粒增强铝基复合材料的力学性能数据。可以看出，随着增强体颗粒的加入，复合材料弹性模量、屈服强度和抗拉强度都得到明显提高，但延伸率显著降低。

从表 2.4-5 中还可以看出，增强体的加入，使复合材料的弹性模量（E）显著提高。影响复合材料弹性模量的因素主要有增强体的种类、含量、长径比、定向排布程度和基体合金种类以及热处理状态等。如表 2.4-5 所示，随着增强体颗粒的加入及体积分数增大，弹性模量大致呈线性关系提高。选择高弹性模量的 SiC 颗粒相比于 Al_2O_3 颗粒，可以获得更高模量的复合材料。但表 2.4-5 中没有给出颗粒的形状与尺寸，而形状与尺寸对弹性模量的影响也很明显。表 2.4-5 还表明，选用 2024 铝合金作为基体比 6061 铝合金具有更高的弹性模量。但也有研究表明，复合材料弹性模量与基体的合金化关系不大，而不同铝合金基复合材料的比模量之间有一定的差异，SiC_p/Al-Li 复合材料的比模量可以达到 Al-Li 合金的 1.4 倍。

表 2.4-5　颗粒增强铝基复合材料的力学性能

复合材料(热处理状态)		条件屈服强度/MPa	抗拉强度/MPa	伸长率(%)	弹性模量/GPa	制造商
Al_2O_3/6061Al	10%(T6)	296	338	7.5	81	Duralcan, Alcan
	15%(T6)	319	359	5.4	87	
	20%(T6)	359	379	2.1	98	
SiC_p/6061Al	15%(T6)	405	460	7.0	98	DWA
	20%(T4)	420	500	5.0	105	
	25%(T4)	430	515	4.0	115	
Al_2O_3/4024 Al	10%(T6)	483	517	3.3	84	Duralcan, Alcan
	15%(T6)	476	503	2.3	92	
	20%(T6)	483	503	1.0	101	
SiC_p/2024Al	7.8%(T4)	400	610	5~7	100	British Petroleum
	20%(T4)	490	630	2~4	105	British Petroleum
	25%(T4)	405	560	3	—	DWA
SiC_p/7075 Al	15%(T6)	556	601	2	95	Cospray, Alcan
SiC_p/7049 Al	15%(T6)	598	643	2	90	Cospray, Alcan
SiC_p/7090 Al	20%(T6)	665	735	—	105	DWA

相对于基体合金具有更好的耐热性是复合材料的又一重要特点。图 2.4-4 所示为 40% AlN_p/6061 复合材料的高温强度。由图可见，40% AlN_p/6061 复合材料具有与基体合金相同的规律，但具有更高的高温强度。

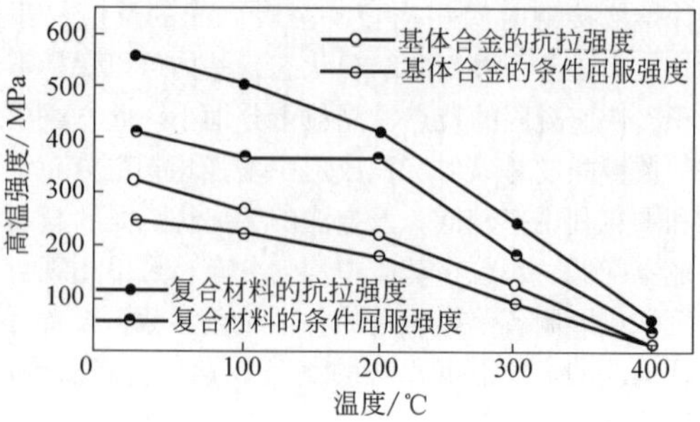

图 2.4-4　40% AlN_p/6061 复合材料及基体合金的高温强度

从微观力学角度分析，颗粒增强复合材料的强度主要来源于 Orawan 强度、晶粒与亚结构强化、林位错强化、热处理强化、加工硬化、颗粒的复合强化等。复合材料的高强度并不是这些强化作用简单的叠加，而是这些因素相互之间协同作用的结果。

图 2.4-5 所示为 SiC_p/Al 复合材料的导热性与线膨胀系数与 SiC 颗粒体积分数的关系，可见通过适当条件可以使不同的导热性与线膨胀系数相匹配，以满足不同的电子元器件的要求。AlN 导热性较好、线膨胀系数较低、无毒、价格可以接受，因此，AlN_p/Al 复合材料很可能成为较为有前途的电子封装器件的候选材料。

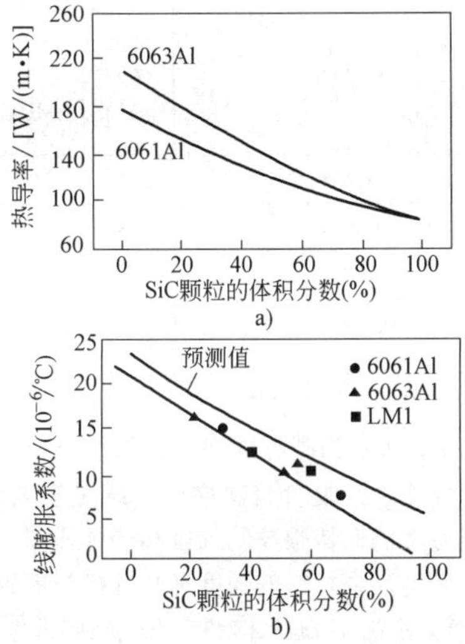

图 2.4-5　SiC_p/Al 复合材料的性能与 SiC 颗粒体积分数的关系

a）热导率　b）线膨胀系数

表 2.4-6 给出了 SiC_p/A356 复合材料的高温抗拉强度，表中可见，随 SiC 颗粒体积分数增加，复合材料的高温性能提高，当体积分数为 20%时，复合材料在 200℃左右的强度仍与基体合金室温强度相当。

表 2.4-6　SiC_p/A356 复合材料高温抗拉强度（MPa）

温度/℃	SiC_p 的体积分数			
	0%	10%	15%	20%
22	262	303	331	352
149	165	255	283	296
204	103	221	248	248
260	76	131	145	152
316	28	69	76	76

经热挤压后复合材料内部颗粒分布更加均匀，性能得到进一步提高，并且变形量越大对改善复合材料的颗粒发布均匀性越有利，研究铝基复合材料的超塑性的过程中发现，以热挤压和轧制作为超塑性变形的预处理工艺，已使得复合材料的晶粒细化。

对颗粒增强铝基复合材料热挤压的研究表明，经热挤压后复合材料的密度显著提高，铸造缺陷大部分消除，同时使复合材料中产生很大的压应力，这些因素将提高复合材料的常规力学性能；但热挤压往往导致两种效应：一方面，挤压变形会引入大量的位错，进而提高材料的屈服强度；另一方面，挤压后期的持续高温也将引起退火，原子在高温下的扩散系数增大，扩散激活能减小，扩散的能力较强，使得位错发生恢复而使密度降低，原子的热振动加剧，部分原子能够从非平衡位置恢复到平衡位置，晶格畸变因而得到缓解，使基体中的内应力降低，这一过程对提高复合材料的强度性能是不利的。热挤压的这两种效应是相互矛盾的，因此，在 1∶2.25 的小挤压比下，后一种效应起主导作用，复合材料的力学性能没有提高反而低于铸态；在大挤压比 1∶10 的条件下，前一种效应起主导作用，热挤压复合材料的力学性能显著高于铸态。

（2）晶须增强铝基复合材料

表 2.4-7 给出了采用粉末冶金法制备的 SiC_w/Al 复合材料的室温拉伸性能。由表 2.4-7 可以看出，SiC_w/Al 复合材料的弹性模量受热处理影响较少，提高 SiC 的体积分数，可以获得更高的弹性模量，且晶须比颗粒对提高弹性模量的贡献要更大一些，晶须的体积分数较低时，基体的屈服强度越高，复合材料的弹性模量增高的幅度更为明显；而晶须的体积分数较高时，基体合金的屈服强度越低，弹性模量增高的比例越明显。晶须的体积分数为 8%～20%时，SiC_w/Al 复合材料的弹性模量为 88～130GPa，与相应铝合金比，提高了 30%～70%。经过挤压变形处理的 SiC_w/Al 复合材料，其纵向弹性模量会进一步提高，而横向弹性模量则有所下降。SiC_w/Al 复合材料的压缩弹性模量与拉伸弹性模量是相同的。

表 2.4-7　SiC_w/Al 复合材料的室温拉伸性能

材料	热处理工艺	弹性模量/GPa	条件屈服强度/MPa	抗拉强度/MPa	伸长率（%）
PM5456	淬火	71	259	433	23
8%SiC_w/5456	淬火	88	275	503	7
20%SiC_w/5456	淬火	119	380	635	2
8%SiC_p/5456	淬火	81	253	459	15
20%SiC_p/5456	淬火	106	324	552	7
PM2124	T4	73	414	587	18
PM2124	T6	69	400	566	17
PM2124	T8	72	428	587	23
PM2124	退火	75	110	214	19
8%SiC_w/2124	T4	97	407	669	9
8%SiC_w/2124	T6	95	393	642	8
8%SiC_w/2124	T8	94	511	662	9
8%SiC_w/2124	退火	90	145	324	10
20%SiC_w/2124	T4	130	497	890	3
20%SiC_w/2124	T6	128	497	880	2
20%SiC_w/2124	T8	128	718	897	3
20%SiC_w/2124	退火	128	221	504	2

注：PM—粉末冶金。

SiC_w/Al 复合材料通常具有较低的塑性。表 2.4-8 给出了以不同铝合金为基体的复合材料的拉伸断裂应变。

表 2.4-8　以不同铝合金为基体的 SiC_w/Al 复合材料的拉伸断裂应变

材料	晶须含量（体积分数,%）	制备方法	状态	断裂应变（%）
$SiC_w/1100Al$	20	SQ	—	4
	28	PM	—	4
	28	SQ	—	3.7
$SiC_w/6061Al$	15 17 18 20 20 20 22 25 30	PM SQ PM PM PM SQ+EXTRSQ PM PM	T6 T6 T6 T6 T6 T6 T6 T6 T6	3.6 3.5 2.8 2.3 2.2 3.5 2.85 1.9 1.5~1.8
$SiC_w/2024Al$	20	PM	T6	2.0~2.5
	20	PM	T6	2.4
$SiC_w/2124Al$	20	PM	T4	3
	20	PM	T6	2
	20	PM	T8	3
	15	PM	T6	3.7
	20	PM	T6	3.0
	13.2	PM	T6	4.0
	30	PM	T6	1.4~1.8
$SiC_w/7075Al$	17.5	PM	T6	2.8
	20	PM	T6	3.4
	30	PM	T6	1.2~1.5
$SiC_w/5456Al$	20	PM	淬火态	2

注：PM—粉末冶金法；SQ—挤压铸造法；EXTR—热挤压。

表 2.4-9 给出了热处理工艺对 20%（体积分数）$SiC_w/6061Al$ 复合材料的断裂韧度的影响。

表 2.4-9　热处理工艺对 $SiC_w/6061Al$ 复合材料的断裂韧度的影响

材料	状态	断裂韧度 K_{Ic} /(MPa·$\sqrt{m}$)	说明
$SiC_w/6061Al$	制造态	19.5	测试前不进行任何热处理
	T6	23.4	527℃固溶 1h 水淬、177℃时效 8h
	真空除气	18.9	500℃ 真空中保温 48h
	真空除气+T6	22.4	先真空除气然后 T6 处理
6061Al	T6	36.8	527℃固溶 1h 水淬、177℃时效 8h

（3）长纤维增强铝基复合材料

表 2.4-10 为碳纤维增强铝基复合材料的力学性能，该复合材料具有高强度和高弹性模量，其密度小于铝合金，弹性模量却比铝合金高 2~4 倍，因此用该复合材料制成的构件具有重量轻、刚性好、可用最小的壁厚做成结构稳定的构件，提高设备容量和装载能力，可用于航天飞机、人造卫星、高性能飞机等方面。

表 2.4-10　碳纤维增强铝基复合材料的力学性能

纤维	基体	纤维的体积分数（%）	密度 /(g/cm^3)	抗拉强度 /MPa	弹性模量 /GPa
碳纤维 T50	201 铝合金	30	2.38	633	169
碳纤维 T300	201 铝合金	40	2.32	1050	148
沥青碳纤维	6061 铝合金	41	2.44	633	320
碳纤维 HT	5056 铝合金	35	2.34	800	120
碳纤维 HM	5056 铝合金	35	2.38	600	170

图 2.4-6 所示为碳纤维增强铝基复合材料与铝合金的高温性能。在复合材料中，纤维是主要承载体，纤维在高温下仍保持很高的强度和弹性模量，因此纤维增强金属基复合材料的强度和弹性模量能保持到较高温度，这对航空航天构件、发动机零件等十分有利。

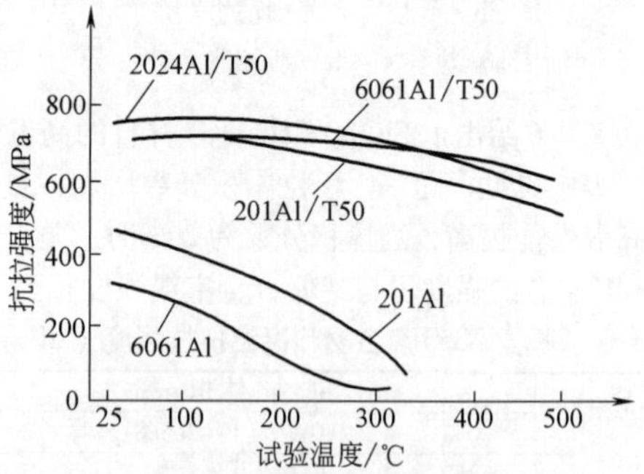

图 2.4-6　碳纤维增强铝基复合材料和铝合金的高温性能

3. 钛基复合材料

为了改善非连续增强钛基复合材料的室温塑性，提高钛基复合材料的高温力学性能，哈尔滨工业大学提出了网状结构钛基复合材料设计思想。表 2.4-11 为网状结构 $TiB_w/TC4$ 复合材料的力学性能。

为了进一步提高网状结构钛基复合材料的高温力学性能，采用 Ti60 高温钛合金为基体制备了钛基复合材料，网状结构 $TiB_w/Ti60$ 复合材料经过热挤压变形后的高温力学性能见表 2.4-12。

表 2.4-11　具有不同增强相含量及基体尺寸的网状结构 $TiB_w/TC4$ 复合材料的力学性能

材料	增强相体积分数（%）	网状尺寸/μm	抗拉强度/MPa	伸长率（%）	弹性模量/GPa
TC4	0	—	855	11.3	112
$TiB_w/TC4$	8.5	110	1288	2.6	129
$TiB_w/TC4$	5	110	1060	5.1	121
$TiB_w/TC4$	8.5	65	1207	4.6	127
$TiB_w/TC4$	12	65	1108	0.9	136
$TiB_w/TC4$	2	200	1021	9.2	116
$TiB_w/TC4$	3.5	200	1035	6.5	120
$TiB_w/TC4$	5	200	1090	3.6	122
$TiB_w/TC4$	8	200	997	1.0	131

表 2.4-12　网状结构 $TiB_w/Ti60$ 复合材料的高温力学性能

材料	增强相体积分数(%)	抗拉强度/MPa	伸长率(%)	测试温度/℃
Ti60	0	716	28	600
$TiB_w/Ti60$	3.4	885	15	600
$TiB_w/Ti60$	5.1	992	9	600
Ti60	0	612	40	700
$TiB_w/Ti60$	3.4	710	21	700
$TiB_w/Ti60$	5.1	784	19	700

2.4.5　金属基复合材料的强化热处理

1. 铝基复合材料的强化热处理

铝基复合材料中基体部分的性能对复合材料的性能影响很大，故基体一般选用可时效强化的铝合金作为基体。它可分为可时效硬化变形铝合金（包括锻铝、硬铝和超硬铝）和可时效硬化铸造铝合金。图 2.4-7 所示为有溶解度变化的二元铝合金相图和铝合金分类。

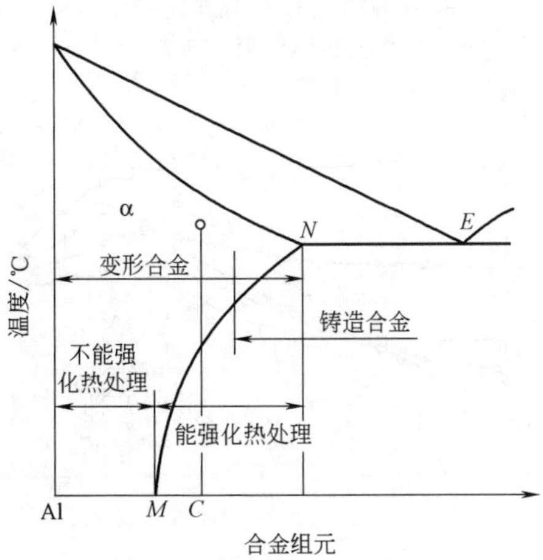

图 2.4-7　有溶解度变化的二元铝合金相图和铝合金分类

(1) 铝基复合材料时效硬化的特点和机制

对于铝基复合材料而言，增强体的加入不能从根本上改变复合材料基体合金的时效沉淀过程，无论在基体合金还是在复合材料中，析出相的形貌特征都是一致的，而且复合材料中基体合金的时效沉淀过程和时效析出序列没有改变。根据图 2.4-8 所示的 SiC_w/2124Al 复合材料和其基体合金 DSC 曲线（由差示扫描量热法记录的曲线）可以观察到：虽然复合材料的脱溶温度降低，但是同一合金的复合材料与其基体合金的 DSC 曲线形状并无明显差异，其放热峰的个数是完全一致的。这说明复合材料和基体合金的析出相及析出顺序并无本质上的区别。

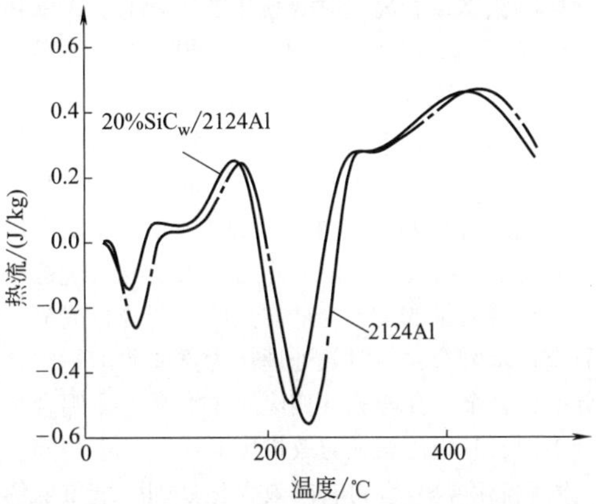

图 2.4-8　SiC_w/2124Al 复合材料及基体合金的 DSC 曲线

与铝合金时效不同的是：由于增强体的加入，铝合金复合材料的时效硬化过程被加速，峰值时效时间均明显比基体合金提前，促进了复合材料的时效动力学进程，如图 2.4-9 所示。此外，增强体的加入抑制或延缓 GP 区的形成。

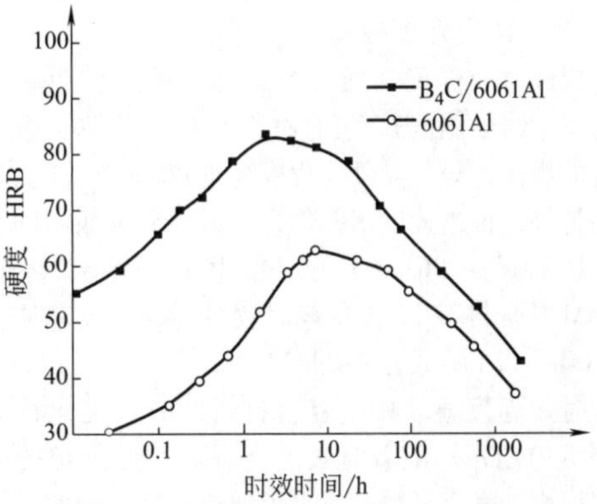

图 2.4-9　6061Al 合金及 B_4C/6061Al 复合材料的时效硬化特性

这个时效硬化过程加速的原因普遍被认为与复合材料中的高密度位错有关。在金属基复合材料中，由于增强相和基体合金之间存在较大的热膨胀系数差，从而诱发产生高密度位错。这个高密度位错从两个方面影响复合材料的时效过程。首先，这些位错为某些沉淀强化相，提供非均匀形核的有利场所，降低了这些沉淀相形成的激活能，促进其沉淀析出。其次，这些位错作为短路扩散的通道，通过提高溶质原子的扩散速度，促进沉淀相的形成和与长大。最终使复合材料的时效过程得到加速。事实上，位错的上述两个方面的作用在铝合金复合材料时效过程中往往同时发生，微观上表现为沉淀强化析出动力学过程的加快，在宏观上则表现为复合材料硬化过程的加速。

（2）影响铝基复合材料时效强化的因素

影响铝基复合材料时效强化的因素有：①基体合金的化学成分；②时效温度；③增强体的类型、大小、形状和体积分数；④复合材料的制造方法。

对于铝基复合材料而言，增强体的加入既不能从根本上改变复合材料中基体合金的时效沉淀过程，也不能改变复合材料析出相的形貌特征和时效析出顺序。而合金的沉淀硬化能力除与淬火及时效规范有关外，更重要的是取决于合金的性质，即合金成分。所以研究铝基复合材料时效处理行为需要明确不同合金成分的铝合金沉淀相和其相应的脱溶序列。铝合金的成分不同，其析出相和时效析出顺序也各不相同。

时效温度是复合材料时效强化处理的最重要的参数之一。温度升高，原子活动能力增强，脱溶速度加大，但温度过高，合金的过饱和度减小，脱溶相和母相的自由能差变小，这又使脱溶速度降低。所以选择合适的时效温度对铝合金基时效处理是非常关键的。

一般而言，复合材料的自然时效过程滞后于基体合金，而人工时效硬化过程提前于基体合金。这是因为沉淀析出相的种类随着时效温度升高发生了变化（由 GP 区转化为β′相）。

提高时效温度（通常为达到或接近相应基体合金的正常时效温度），复合材料呈现与基体合金时效相近的规律，只是其硬化程度呈现较基体合金明显加速的趋势，推进程度因基体合金种类差异而不同。例如：15%SiC_w/6061Al 复合材料 160℃和 13.2%SiC_w/2142Al 复合材料 177℃的峰时效时间分别由基体合金 14~16h、12h 降低为 4~5h 和 4h。

时效温度显著影响复合材料的时效强化行为如图 2.4-10 所示。随着时效温度升高，强化相的脱溶速度加快，复合材料时效进程加快，达到峰值时效时间缩短。此外，随着温度的升高，固溶体的过饱和程度减少，从而形成沉淀相的数量将会减少，因此时效峰值也会降低。

增强体的类型和铝合金基复合材料的时效行为密

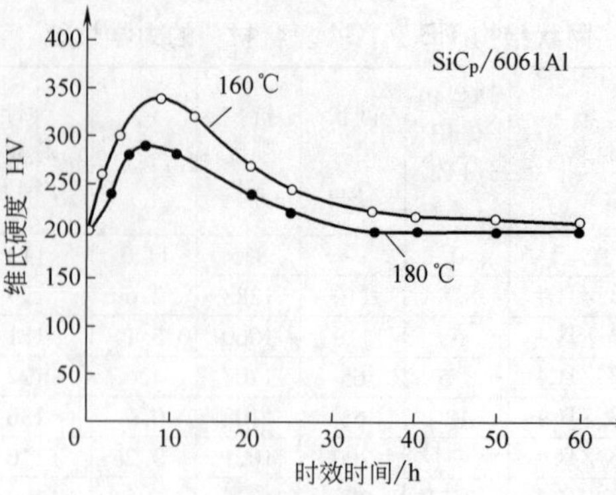

图 2.4-10　SiC_p/6061Al 复合材料的时效硬化曲线

切有关。众所周知，当某些增强物加入某个传统的基体材料后会引起基体组织发生某些界面反应，特别是某些活性元素如 Mg 等的加入，会加重界面反应，从而改变复合材料的时效性能。例如：对 SiC_p/6061Al 和 Al_2O_3/6061Al 两类复合材料进行了研究，发现两类复合材料的峰值时效时间几乎完全相同，但前者时效硬化能力较后者时效硬化能力更强，这是由于 6061 Al 中的 Mg 元素易与 Al_2O_3 颗粒发生界面反应生成 $MgAl_2O_4$ 尖晶石，消耗了 6061Al 合金中作为强化元素的 Mg，使强化相的含量减少，从而减弱了复合材料的时效硬化能力。

增强体含量显著影响复合材料的时效硬化行为，并且高体积分数对复合材料的时效影响不同于低体积分数，这可由图 2.4-11 加以说明。较低增强体体积分数（5%和 10%）复合材料的时效硬化曲线与基体合金相似，峰值时效时间较基体合金有所缩短。这是因为，提高增强体的体积分数，有利于使复合材料中的位错密度增加，导致 GP 区及β′相加速长大，有利于复合材料时效加速。而高增强体体积分数（20%、30%和 40%）复合材料时效硬化曲线与基体合金明显

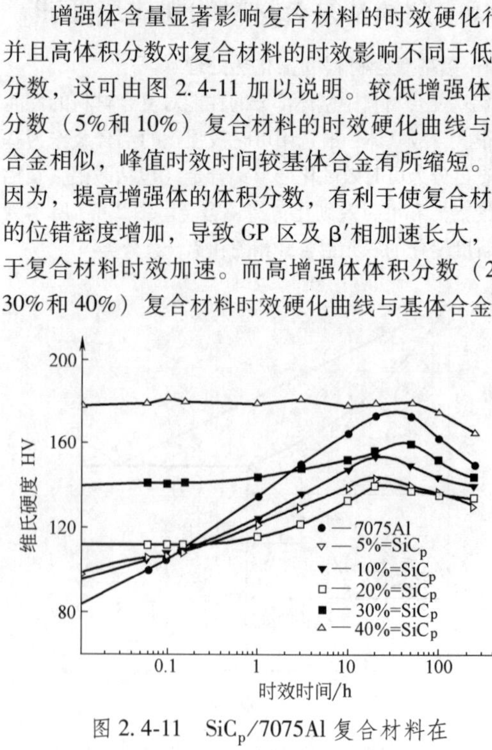

图 2.4-11　SiC_p/7075Al 复合材料在 120℃的时效硬化曲线

不同，特别是增强体体积分数为 30%、40%时复合材料几乎没有时效硬化现象，这是由于过多的 SiC_w 的引入抑制了 GP 区及析出相的形成。

增强体尺寸级别影响复合材料的时效行为。细小的亚微米级的增强体与通常微米级的颗粒增强复合材料的析出机制截然不同。对于亚微米级增强复合材料而言，无论在低温或高温时效，还是体积分数增加，复合材料的硬化过程均较基体合金慢，亚微米级复合材料时效析出过程均被抑制。此现象可以根据 35% SiC_p/6061Al 亚微米级复合材料及基体在 170℃ 的时效硬化曲线得到验证，如图 2.4-12 所示。加入基体中的亚微米级的增强体具有明显强化作用，使复合材料的硬度水平较基体合金高，这不是因为基体被时效强化了，而是亚微米级颗粒的作用，并且细小颗粒的加入对基体合金的析出过程有明显的抑制作用。

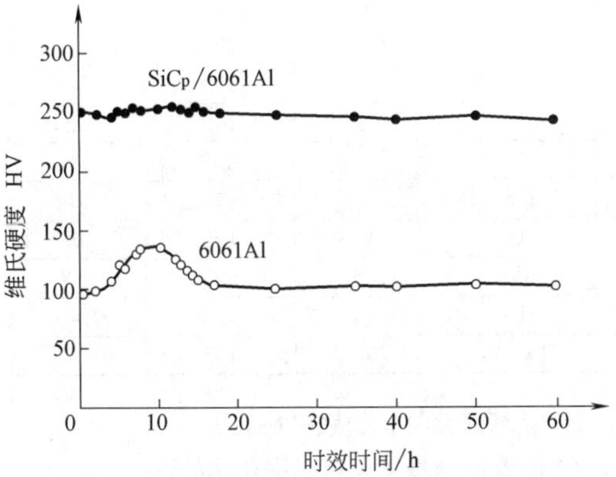

图 2.4-12　35% SiC_p/6061Al 亚微米级复合材料及基体在 170℃ 的时效硬化曲线

铝合金基复合材料的制备方法及其界面性能和铝合金基体的成分密切相关，会直接影响复合材料的时效硬化行为。铝合金基复合材料制备中，如果用经过高温焙烧的 SiC 颗粒、晶须或硅酸铝纤维作为增强体，Mg 会与 SiC_p（SiC_w）表面形成的 SiO_2 氧化层及硅酸铝纤维或颗粒中的 SiO_2 发生界面反应，生成 $MgAl_2O_4$ 或 MgO。MgO 和 $MgAl_2O_4$ 的生成取决于其合金中 Mg 的浓度。低浓度时倾向于形成 $MgAl_2O_4$，高浓度（质量分数>4%）时易形成 MgO 反应产物。这种界面反应对复合材料的时效硬化行为会产生显著的影响。此外，挤压铸造方法制备复合材料时，其预制件在高温下需具备一定的刚性，以保持复合时形状的完整性。这就需要某种高温粘合剂如各种以 SiO_2 和 Al_2O_3 为基的混合物来粘合增强物，这些粘合剂往往通过悬浮液注入，然后沉积或沉淀在纤维上，典型情况下预制件含有 5%~10%（质量分数）的粘合剂。由于粘合剂的存在，在锻铝复合材料的挤压浸渗过程中，SiO_2 迅速受到熔融 Mg 的作用，在纤维和基体的界面处发生界面反应。如果 Mg 含量足够高，会使某些非时效硬化基体如 Al-Mg 基复合材料由于界面反应生成游离 Si 相，使得复合材料呈现出时效硬化特性，影响界面性能以及复合材料的时效硬化特征，有可能造成复合材料时效硬化过程的加速及达到时效峰值所需时间的缩短并不明显。这有可能是界面反应使复合材料中的 Mg 消耗于生成尖晶石的反应中，基体中因 Mg_2Si 量的减少导致复合材料时效硬化能力显著降低。

（3）铝基复合材料时效热处理工艺

铝基复合材料的时效处理工艺不能简单地借用基体合金的处理机制，对某一特定铝合金基复合材料，必须综合考虑材料的制备工艺、基体合金成分、增强体性能及时效条件等诸多因素对其时效特性的影响，制定适合铝基复合材料的时效规范。表 2.4-13 列出了一些常用铝基复合材料的时效热处理工艺。

表 2.4-13　常用铝基复合材料时效热处理工艺

复合材料	制备方法	增强体体积分数(%)	固溶		时效	
			温度/℃	时间/h	温度/℃	峰值时效时间/h
SiC_p/2024Al	粉末冶金+挤压	5,10,15,20	490	1	170	5
SiC_p/2024Al	挤压铸造	5	500	2	170	15
SiC_p/2024Al	挤压铸造	10	500	2	170	13
SiC_p/2024Al	挤压铸造	20	500	2	170	9
SiC_w/2024Al	挤压铸造	27	520	1.5	170	13.8
SiC_w/2024Al	粉末冶金+挤压	25	490	2	190	
SiC_w/2014Al	挤压铸造+挤压	15	495	2	120	6
SiC_w/2014Al	挤压铸造+挤压	15	495	2	150	6
SiC_w/2014Al	挤压铸造+挤压	15	495	2	170	4
SiC_w/2014Al	挤压铸造+挤压	15	495	2	200	2
(Al_2O_3+SiO_2)/336Al	挤压铸造	10	520	9	205	4

（续）

复合材料	制备方法	增强体体积分数(%)	固溶		时效	
			温度/℃	时间/h	温度/℃	峰值时效时间/h
$(Al_2O_3+SiO_2)$/336Al	挤压铸造	15	520	9	205	3-4
$(Al_2O_3+SiO_2)$/336Al	挤压铸造	20	520	9	205	3-4
SiC_p/6061Al	挤压铸造	50	557	2	160	5
SiC_p/6061Al	搅拌铸造	15	520	1	160	8
SiC_p/6061Al	挤压铸造	17,26,32	520	1	170	10
SiC_w/6061Al	挤压铸造+挤压	20	520	1	170	10
SiC_p/6013Al	反应熔渗	48,49	495	4	170	10
SiC_p/6063Al	粉末冶金+挤压	5,10,15,20	525	1	150	5
SiC_p/7075Al	喷射沉积+挤压	15	470	1	120	24
SiC_p/7075Al	热压	5,10,20,30,40	470	1	120	13~14
SiC_p/7020Al	搅拌铸造	5	540	2	170	18
SiC_p/7020Al	搅拌铸造	10	540	2	170	15
SiC_p/7034Al	粉末冶金+挤压	15	490	4	120	24
SiC_w/Al-Li-Cu-Mg-Zr	挤压铸造+挤压	22	530	0.67	160	40
SiC_w/Al-Li-Cu-Mg-Zr	挤压铸造+挤压	22	530	0.67	190	12-15
SiC_w/Al-Li-Cu-Mg-Zr	挤压铸造+挤压	22	530	0.67	220	2.5-3
SiC_p/ZL102	搅拌铸造	10	535	5	170	8-16
$(Al_2O_3+SiO_2)$/ZL107	挤压铸造	8	550	7	140	25
$(Al_2O_3+SiO_2)$/ZL107	挤压铸造	16	550	7	205	5
SiC_p/ZL109	搅拌铸造	10	535	5	170	12
$(Al_2O_3+SiO_2)$/ZL109	热压	20vol%	515	1	190	0.5
$(Al_2O_3+SiO_2)$/ZL109	液态浸渗	10,20,30	500	1.5	200	8
$(Al_2O_{3f}+C_f)$/ZL 109	挤压浸渗	20	510	4	170	4-8
SiC_p/ZL201	搅拌铸造	5,10,15	520-530	9	175	5

（4）铝基复合材料时效强化后的性能

铝基复合材料时效强化热处理后，强度、硬度和塑性都将发生变化。表 2.4-14 列出了铝基复合材料经过时效强化后的力学性能。

表 2.4-14　铝基复合材料时效强化后的力学性能

材料	弹性模量/GPa	屈服强度/MPa	抗拉强度/MPa	伸长率(%)
25%SiC_p/AA 6013-T6	121	469	565	4.3
25%SiC_p/AA 6061-T6	119	427	496	4.1
25%SiC_p/AA 6091-T6	117	396	486	5.5
25%SiC_p/AA 7475-T6	117	593	655	2.5
25%SiC_p/AA 2124-T4	117	496	738	5
20%SiC_p/AA 6061-T6	97	415	498	6
10%Al_2O_3/AA 6061-T6	81	296	338	—
15%Al_2O_3/AA 6061-T6	87	317	359	—
20%Al_2O_3/AA 6061-T6	98	359	379	—
15%SiC_p/AA 6061-T6	91	342	364	—
15%SiC_p/AA 6061-T4	98	405	460	—
20%SiC_p/AA 6061-T4	105	420	500	—
25%SiC_p/AA 6061-T4	115	430	515	—
10%Al_2O_3/AA 2014-T6	84	483	517	—
10%Al_2O_3/AA 2014-T6	92	476	503	—

2. 镁基复合材料的强化热处理

（1）铸造镁基复合材料强化热处理

采用挤压铸造方法制备了 20%SiC_w/AZ91 镁基复合材料。为了防止基体合金中晶界处的低熔点化合物的熔化，AZ91 镁合金及 SiC_w/AZ91 镁基复合材料的固溶处理采用两段加热法，即先加热到 380℃保温 2h，再加热到 415℃保温 24h。时效温度为 175℃，时效时间为 0~200h，时效处理后复合材料性能变化如图 2.4-13 所示。两种材料在达到峰时效之前硬度随时效时间的延长而单调增加，之后缓慢减小。复合材料在 40h 达到峰时效而基体合金则需要 70h，这表明在 175℃时效时，复合材料相比基体合金时效硬化加快了。

图 2.4-14 所示为复合材料和基体合金时效温度对峰时效时间的影响，对于两种材料随着时效温度的提高，峰时效时间明显减少，这可能是由于时效温度的增加，使时效硬化动力学加快造成的。同时在所有的温度下，复合材料相比基体合金达到峰时效时间显著减少。

图 2.4-15 所示为时效温度对两种材料峰硬度增

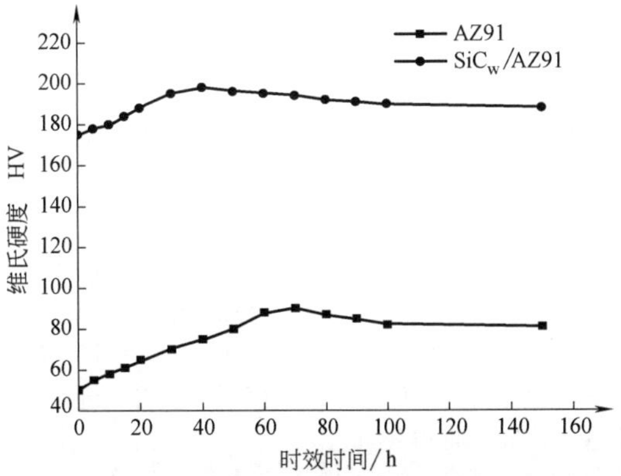

图 2.4-13　AZ91 合金和 $SiC_w/AZ91$ 复合材料在 175℃ 的时效硬化曲线

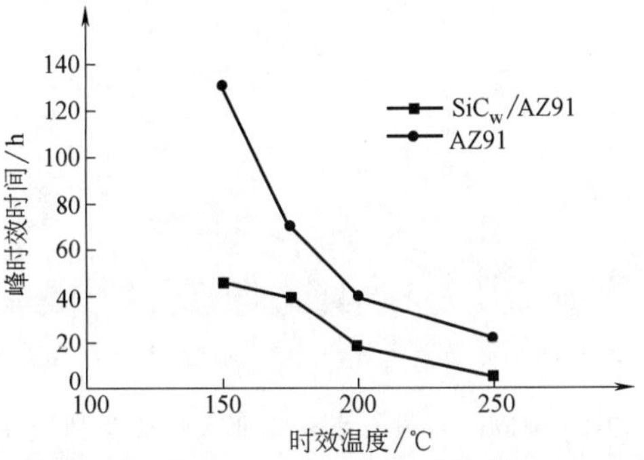

图 2.4-14　AZ91 合金和 $SiC_w/AZ91$ 复合材料峰时效时间随时效温度的变化曲线

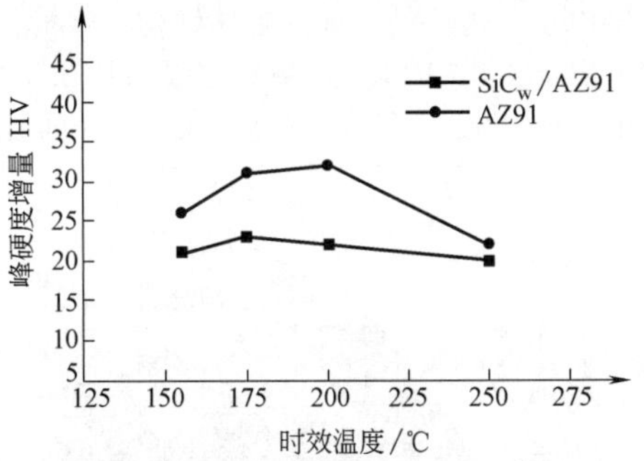

图 2.4-15　时效温度对 AZ91 合金和 $SiC_w/AZ91$ 复合材料峰硬度增量的影响

量的影响，在所有温度下，复合材料的峰硬度增量相比基体合金的硬度增量要低 20%～30%，也就是说，复合材料的时效硬化效率比基体合金低。

表 2.4-15 是 $SiC_w/AZ91$ 镁基复合材料在不同热处理状态下的力学性能，固溶处理明显提高了复合材料的断裂应变；峰时效处理（T6）显著提高了 $SiC_w/AZ91$ 复合材料的强度，但是其断裂应变显著降低，这与复合材料的时效析出有关。峰时效时，$SiC_w/AZ91$ 镁基复合材料中存在两种时效析出相：晶体内的片层状析出相以及 SiC_w-AZ91 界面处的胞状析出相，这两种析出相均为 $Mg_{17}Al_{12}$。

表 2.4-15　$SiC_w/AZ91$ 在不同热处理状态下的力学性能

热处理状态	硬度 HV	条件屈服强度 /MPa	抗拉强度 /MPa	弹性模量 /MPa	断裂应变 (%)
铸态	178	240	370	86	1.12
淬火态	175	220	355	85	1.40
T6(175℃,40h)	202	—	398	92	0.62

（2）变形镁基复合材料强化热处理

利用真空压力浸渍法制备了（$B_4C_p+SiC_w$）/MB15 复合材料，两种增强体的体积分数均为 12%。将基体合金和复合材料切成小块封入真空玻璃管，在 360℃ 固溶 4h，在冰水中淬火后，在 170℃ 真空中等温时效。

由复合材料和合金的 DSC 曲线可知，复合材料和合金的析出峰温度分别为 218℃、233℃，表明复合材料中由于增强体的介入，产生的残余应力和高密度位错均使复合材料的时效提前，而复合材料和合金中的 β′相（Laves $MgZn_2$）的溶解峰温度分别为 292℃、288℃，表明复合材料中的析出物稳定性提高。DSC 分析表明（$B_4C_p+SiC_w$）/MB15 复合材料的时效析出提前，而析出物 β′相的稳定性较高，溶解过程推迟，且（$B_4C_p+SiC_w$）/MB15 复合材料的时效析出量比 MB15 合金多。

图 2.4-16 所示为 MB15 合金和（$B_4C_p+SiC_w$）/MB15 复合材料在 170℃ 的时效强化曲线，从图中可看出，在固溶状态下，未开始时效时，复合材料的硬度由于增强体的加入而上升到 1000HV，而合金只有 500HV。复合材料达到峰时效只需 6h，合金需 40h，体现了明显的时效加速，但两者由时效强化引起的硬度上升都均为 200HV。复合材料中虽然有析出物在界

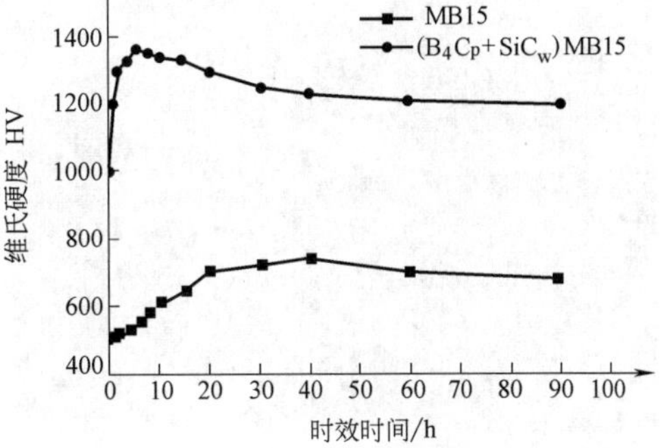

图 2.4-16　MB15 合金和（$B_4C_p+SiC_w$）/MB15 复合材料在 170℃ 的时效强化曲线

面优先析出，但强化程度下降，从而提高了强化效果。由于上述两个因素，$(B_4C_p+SiC_w)$/MB15复合材料在170℃时效时，达到峰值时效时间比基体合金大大缩短，但时效强化程度相近。

2.4.6 金属基复合材料的应用

金属基复合材料主要是随航空航天工业中高强度、低密度的要求而出现的，因此被广泛研究和应用的金属基复合材料是以Al、Mg等轻金属为基体的复合材料。20世纪60年代，以碳纤维和硼纤维连续增强的金属基复合材料如雨后春笋般发展起来。由于连续纤维增强复合材料价格昂贵和生产制造工艺复杂，20世纪70年代该类材料的研究有所滑坡。随着涡轮发动机中高温部件对于耐高温材料的不断需求，又开始了对金属基复合材料特别是钛基复合材料的研究。

非连续增强复合材料在20世纪80年代得到迅速发展，研究重点集中在以碳化硅或氧化铝颗粒、短纤维增强铝基复合材料上。这类材料无论基体和增强体承受载荷的比例都介于弥散强化和连续纤维强化这两种极端情况之间，它具有优良的横向性能、低消耗和优良的可加工性，与未强化合金相比，性能也有大幅度的提高。所有这些因素使这类材料已成为在许多应用领域里最具商业吸引力的材料。

同其他先进复合材料性类似，金属基复合材料最初也是发祥于航空航天及空间技术领域。但经过40多年的发展已被证实，它不仅可用于航空航天及军事领域，也完全可用于交通运输工具、电子元器件等商用背景。下面将对金属基复合材料的典型工程应用实例做概括性介绍。

1. 金属基复合材料在航天领域的应用

金属基复合材料在航天器上首次也是最著名的成功应用是，美国NASA采用硼纤维增强铝基（50%B_f/6061Al）复合材料作为航天飞机轨道器中段（货舱段）机身构架的加强桁架的管形支柱（图2.4-17），

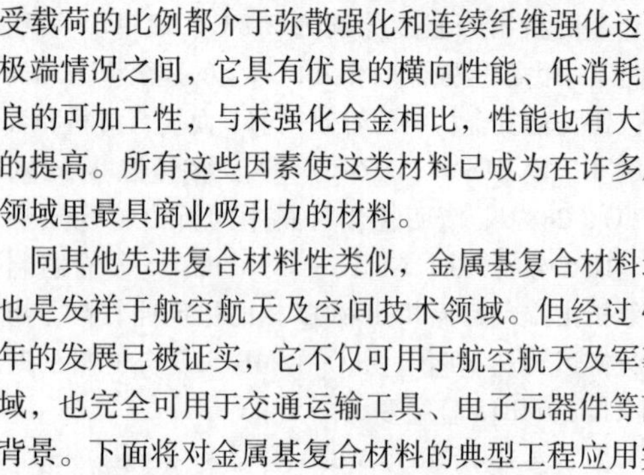

图2.4-17 航天飞机轨道器中段机身B/Al复合材料构架

整个机身构架共有300件带钛套环和端接头的B/Al复合材料管形支承件。与原设计方案（拟采用铝合金）相比，减重多达145kg，减重效率为44%。

另一个著名的工程应用实例是，60%石墨（Gr）纤维（P100）/6061铝基复合材料被成功地用于哈勃太空望远镜的高增益天线悬架（也是波导），这种悬架长达3.6m（图2.4-18），具有足够的轴向刚度和超低的轴向热膨胀系数，能在太空运行中使天线保持正确位置，由于这种复合材料的导电性好，所以具有良好的波导功能，保证飞行器和控制系统之间进行信号传输，并抗弯曲和振动。

图2.4-18 哈勃望远镜石墨纤维/铝复合材料悬架

美国ACMC公司与亚利桑那大学光学研究中心合作，采用SiC颗粒增强铝基复合材料研制成超轻量化空间望远镜（包括结构件与反射镜，该望远镜的主镜直径为0.3m，整个望远镜质量仅为4.54kg），如图2.4-19所示为哈勃望远镜整体结构。ACMC公司用粉末冶金法制造的碳化硅颗粒增强铝基复合材料，还用于激光反射镜、卫星太阳能反射镜、空间遥感器中扫描用高速摆镜且已经部分投入使用。

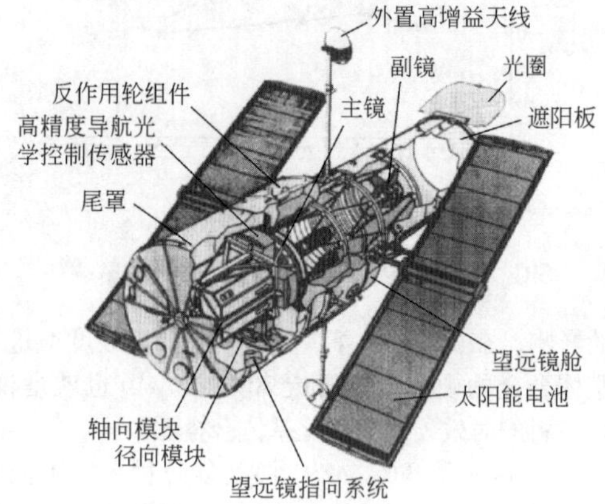

图2.4-19 复合材料空间望远镜整体结构

在我国，金属基复合材料也于2000年前后正式应用在航天器上。哈尔滨工业大学研制的SiC_w/Al复

合材料管件用于某卫星天线丝杠和探月着陆器臂杆，上海交通大学、中科院沈阳金属研究所、北方工业大学等单位研制的铝基复合材料在我国航天领域得到的大量应用，北京航空材料研究院研制的 SiC_p/Al 复合材料精铸件（镜身、镜盒和支承轮）用于某卫星遥感器定标装置，并且成功地试制出空间光学反射镜镜坯缩比件（图 2.4-20）。

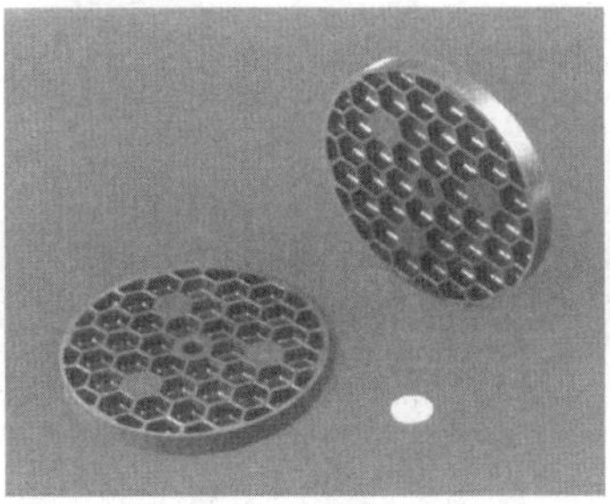

a)

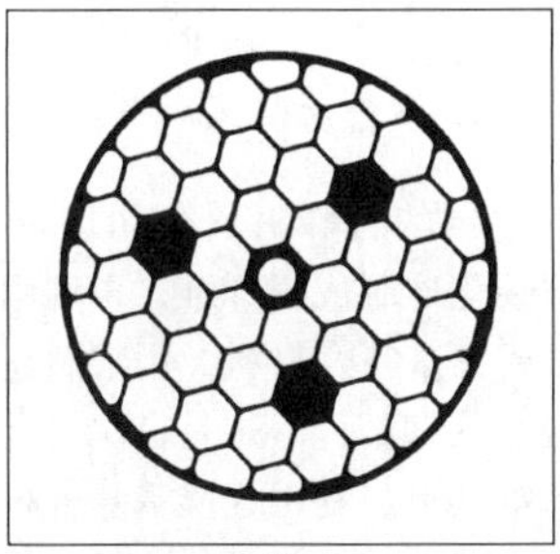

b)

图 2.4-20　无压浸渗近净形制备的高体分 SiC_p/Al 复合材料零件

a）实物图　b）工业电子计算机断层扫描图

2. 金属基复合材料在航空领域的应用

对安全系数及使用寿命都要求极高的航空工业，始终是金属基复合材料最具挑战性的应用领域，特别是在商用飞机上应用就更是如此。因此，金属基复合材料的航空应用进程大大滞后于航天应用。最早的航空应用实例是在 20 世纪 80 年代，洛克希德·马丁公司将 DWA 复合材料公司生产的 25% $SiC_p/6061Al$ 复合材料用作飞机上承放电子设备的支架。该支架尺寸非常大，长约 2m（图 2.4-21），其比刚度比替代的 7075 铝合金约高 65%，因此在飞机扭转和旋转引起的载荷作用下，比 7075 铝合金的变形小很多。

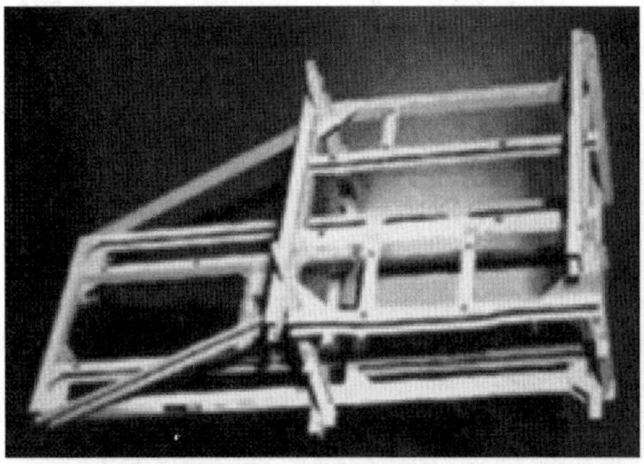

图 2.4-21　飞机上承放电子设备的铝基复合材料支架

以颗粒增强铝为代表的金属基复合材料作为主承载结构件在先进飞机上已获得正式应用。在美国国防部"Title Ⅲ"项目支持下，DWA 复合材料公司与洛克希德·马丁公司及空军合作，将粉末冶金法制备的碳化硅颗粒增强铝基（6092Al）复合材料用于 F-16 战斗机的腹鳍，代替了原有的 2214 铝合金蒙皮，刚度提高 50%，使寿命由原来的数百小时提高到设计的全寿命——8000h，寿命提高幅度达 17 倍。Ogden 空军后勤中心评估结果表明：这种铝基复合材料腹鳍的采用，可以大幅度减少检修次数，全寿命节约检修费用达 2600 万美元，并使飞机的机动性得到提高。此外，F-16 上部机身有 26 个可活动的燃油检查口盖（图 2.4-22），其寿命只有 2000h，并且每年都要检查 2~3 次。采用了碳化硅颗粒增强铝基复合材料后，刚度提高 40%，承载能力提高 28%，预计平均翻修寿命可高于 8000h，裂纹检查期延长为 2~3 年。近期还将有计划地将颗粒增强铝基复合材料用作 F-16 的导弹发射轨道。

图 2.4-22　F-16 战斗机及 SiC_p/Al 复合材料燃油检查口盖

F-18“大黄蜂”战斗机上采用碳化硅颗粒增强铝基复合材料作为液压制动器缸体，与替代材料铝青铜相比，不仅重量减轻、热膨胀系数降低，而且疲劳极限还提高一倍以上。在直升机上的应用方面，欧洲率先取得突破性进展，英国航天金属基复合材料公司（AMC）采用高能球磨粉末冶金法制备出了高刚度、耐疲劳的碳化硅颗粒增强铝基（2009Al）复合材料，用该种材料制造的直升机旋翼系统连接用模锻件（浆毂夹板及袖套），已成功地用于Eurocopter（欧直）公司生产的N4及EC-120新型直升机（图2.4-23）。其应用效果为：与铝合金相比，构件的刚度提高约30%，寿命提高约5%；与钛合金相比，构件重量下降约25%。

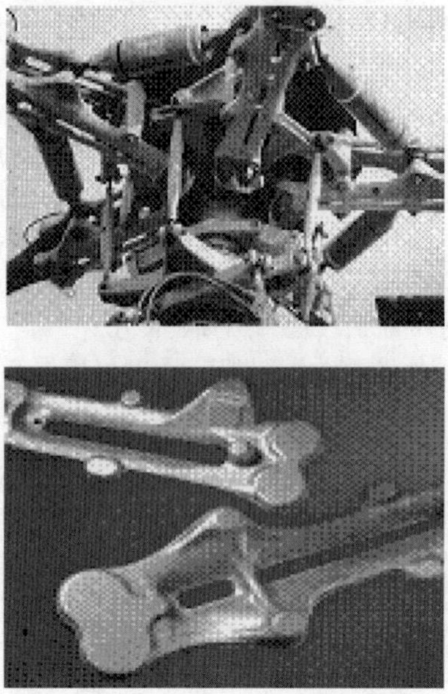

图2.4-23　直升机旋翼系统及其 SiC_p/Al 复合材料连接件

更为引人注目的是，在20世纪90年代末，碳化硅颗粒增强铝基复合材料在大型客机上获得了正式应用。普惠公司从PW4084发动机开始，将DWA公司生产的挤压态碳化硅颗粒增强变形铝合金基复合材料（17.5%SiC_p/6092-T6），用作风扇出口导流叶片，用于所有采用PW4000系发动机的波音777客机上。图2.4-24所示为普惠公司生产的PW4000航空发动机及其碳化硅颗粒增强铝基复合材料风扇出口导流叶片。普惠公司的研发工作表明：作为风扇出口导流叶片或压气机静子叶片，铝基复合材料耐冲击（冰雹、鸟撞等外物打伤）能力比树脂基（石墨纤维/环氧）复合材料好，且任何损伤易于发现。此外，还具有七倍于树脂基复合材料的抗冲蚀（沙子、雨水等）能力，并使成本下降1/3以上。

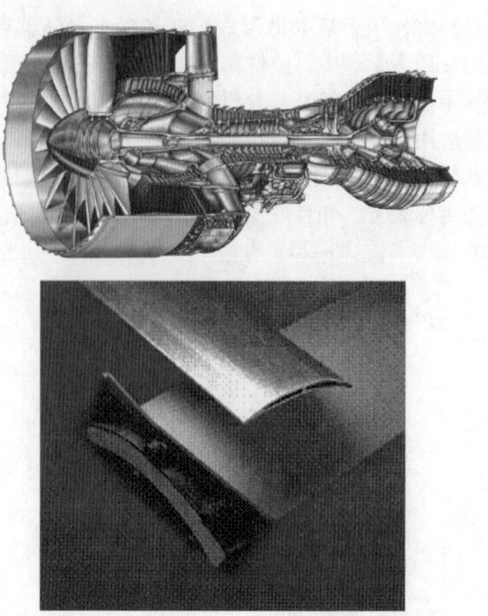

图2.4-24　普惠公司生产的PW4000航空发动机及其 SiC_p/Al 复合材料风扇出口导流叶片

2003年，美国的特殊材料公司通过在碳纤维上化学气相沉积碳化硅制成短纤维，再利用等离子喷涂与钛结合，形成钛基复合材料，用来制造荷兰皇家空军的F16战机起落架部件。这是首次将金属基复合材料用于飞机起落架上。利用金属基复合材料替代传统高强度钢达到了减重40%的效果，且其具有比钢或铝更好的耐蚀性。

美国、加拿大和瑞典等国研究了不少金属基复合材料，尤其是研究轻金属基复合装甲材料，包括铝基复合材料和钛基复合材料。金属基复合材料装甲已用作美国空军C-130运输机的防护装甲。

3. 金属基复合材料在交通运输领域的应用

交通运输工具始终是金属基复合材料最重要的民用领域之一。1983年起，日本丰田汽车公司将柴油机活塞镍铸铁内衬套换成了5%氧化铝短纤维增强铝基复合材料，取得了减重近10%、热导率提高三倍、热疲劳寿命也明显延长的显著效果。这种局部采用了铝基复合材料的活塞，其年产量已超过百万件。日本铃木公司在船用内燃机的整个活塞顶部采用了纤维增强铝基合金复合材料（20%的SiC晶须强化A390合金），自1990年以来一直在工业化生产。俄罗斯结构材料中心研究院1999年提出采用AlB强化的铝合金板结构，与铝合金相比，压缩承载能力高2倍，结构疲劳极限高2~11倍，在具有动态维护原理的船舶全尺寸间隔原型力矩下，静态悬臂弯曲的承载能力为铝合金标准间隔的1.2倍，它是解决具有动态维护原理的先进船舶的强度的关键技术。我国洛阳船舶材料研究所自 20 世纪 80 年代中期研制成铝合金-钢爆炸复合板，并于 1992 年首次成功应用于琼州海峡“海鸥 3 号”双体客船铝质上层建筑与钢质船体甲板的过渡连接后，又相继成功应用于有关型号导弹快艇等多条军舰和民船上。

此外，碳化硅或氧化铝颗粒增强铝基复合材料的汽车驱动轴、连杆、发动机缸体，汽车及高速列车（火车）制动盘，都在 20 世纪 90 年代相继问世。例如，20%氧化铝颗粒/6061Al 复合材料制作的汽车驱动轴，由于其比刚度大大高于钢及铝合金，所以轴杆的最高转速显著提高。再如，整体采用碳化硅颗粒增强铝基复合材料锻件的发动机活塞被成功地用于法拉利生产的一级方程式赛车（图 2.4-25）。本田汽车公司制造并测试了以铝基 MMC 作为垫圈的铝缸体。其“prelude”发动机的 16 阀门、2L 缸体就是由 Al-Si 过共晶合金铸造的，并在其中加入碳及氧化铝纤维混合坯件。测试表明这些发动机的效能比使用铸铁垫圈的缸体又有显著的提高。美国 TEXTRON、DOW 化学公司用 SiC_p/Mg 复合材料制造了内部加强的气缸。DOW 化学公司用 Al_2O_{3p}/Mg、SiC_p/Mg 复合材料已制成带轮、油泵盖等耐磨件，并制备出完全由 Al_2O_{3p}/Mg 复合材料构成的油泵。1992 年以来英国镁电子公司已将工作重点放在被称为 Melram 的镁基复合材料上，已开发了一系列低成本、可回收、可满足不同应用要求而特殊设计的非连续增强镁基复合材料，并在国防和汽车方面开展应用研究。德国克劳斯塔工业大学采用 Al_2O_{3p}、SiC_p/Mg 复合材料制成了轴承、活塞、气缸内衬等汽车零件；加拿大镁技术研究所成功开发了搅拌铸造及积压铸造 SiC 颗粒增强镁基复合材料，利用其低密度、耐磨损、高比刚度等特点用于汽车的盘状叶轮、活塞环槽、齿轮、变速箱轴承、差动轴承、拨叉、连杆、摇臂等零部件。

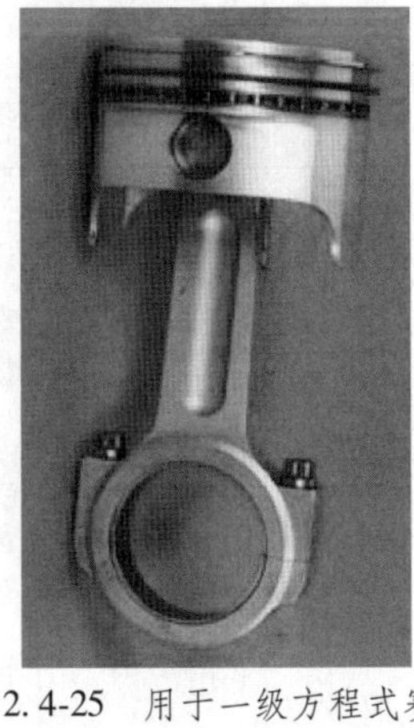

图 2.4-25　用于一级方程式赛车的 SiC_p/Al 复合材料活塞

金属基复合材料尤其适合制作汽车、摩托车制动器耐磨件，如制动盘。美国、日本、中国等国家从 20 世纪 80 年代起就开始了铝基复合材料在汽车零部件上的应用研究，取得了很大的成果。相对于铸铁，铝基复合材料具有重量轻、热导率高、摩擦系数高而耐磨性相当的优点，用它制成的汽车（摩托车）制动盘（毂），可使重量比原来铸铁件减轻 50%～60%，同时制动距离缩短，由于热导率的提高，在制动过程中产生的大量热量能够更快地传导出去，使抗热震性提高，由此可降低制动温升，即在反复连续制动的工况下表面温度基本稳定在 450℃左右，而铸铁制动盘表面温度可高达 700℃。另外，其耐磨性比铸铁更好，摩擦系数更稳定。随着制动初速度的提高，摩擦系数变化不大，而铸铁制动盘在制动初速度超过 120km/h 时，摩擦系数显著下降。摩托车轮毂的试车结果表明，制动毂重量减轻 50%～60%，摩擦系数提高 10%～15%，动力距离提高 16.7%，衰减率降低 56%，缩短了制动距离，并使制动性能稳定。福特和丰田汽车公司开始部分采用 Alcan 公司的 20%SiC_p/Al 复合材料来制作制动盘（图 2.4-26）。

图 2.4-26　SiC_p/Al 复合材料制动盘

1995 年，美国 Lanxide 公司将 SiC 颗粒和 Al-10%Si 合金应用无压浸渗工艺结合形成复合材料，采用砂模铸造成形，铸造质量为 4kg，成形后机械总质量仅为 2.7kg，其最高工作温度可以达到 500℃。1995 年法兰克福汽车展上，Lotus 公司展出的 Elise 双座运动跑车就将 Lanxide 公司生产的 SiC_p/Al 制动片应用于其四个车轮上。由于采用了轻质的铝基复合材料，该车的空车质量仅有 700kg，使得这款 108L 四缸汽车加速到 100km/h 只需 5.9s。Lanxide 公司生产的这种 SiC_p/Al 复合材料汽车制动片已于 1996 年投入批量生产。另外，德国已将该材料制作的制动盘成功应用于时速为 160km/h 的高速列车上，从而使悬挂系统的重量减轻 50%以上。

2.5 粉末冶金材料

2.5.1 主要粉末冶金材料的特点和应用范围

粉末冶金是指制取金属粉末，并用金属粉末（或金属与非金属粉末的混合物）作为原料，经混料、压制（成形）、烧结并根据需要再进行辅助加工和后续处理（如浸渍、熔浸、蒸汽处理、热处理、化学热处理和电镀等）制成材料和制品的制备工艺。

现代粉末冶金可制造少、无切削的机械零件。由于它采用模具成形，故能大批生产尺寸稳定的工件。其制件的尺寸公差等级可达IT6~IT8，表面粗糙度可达Ra0.8μm。若工件要求精度更高和表面粗糙度值更小，则可再进行精整和辅助机械加工。

制造粉末冶金机械零件的材料种类很多，主要有减摩材料、结构材料、摩擦材料、过滤材料、磁性材料和封严材料等。

1. 减摩材料（表2.5-1~表2.5-5）

表2.5-1 常用粉末冶金减摩材料的化学成分、物理力学性能与适用范围

种类		化学成分(质量分数,%)							物理力学性能				金相组织	特点	推荐适用范围
		Fe	C	S	Cu	Sn	Zn	Pb	含油密度/(g/cm³)	含油率(%)	硬度HBW	抗压强度/MPa			
铁基	纯铁	全部	<0.25	—	—	—	—	—	4.8~5.2	>30	15~40	>98	铁素体+孔隙	质软，易跑合，不易拉伤对偶件 工作表面孔隙不易堵塞，润滑油充分强度低	单位压力小（p<0.98MPa），速度偏高（v可达1m/s左右）；轴软（未热处理），要求自润滑
铁基	纯铁硫化	全部	<0.25	浸入孔隙并热处理成FeS	—	—	—	—	5.0~5.8	少量	20~60	>118	铁素体+硫化物+孔隙	摩擦因数小 良好的抗咬合性，在缺油时也不拉伤对偶件，故许用pv值高 良好的可加工性	单位压力大，p可达4900MPa左右，但这时要求低速 线速度较高，v可达3m/s左右，但要求单位压力小，以及摆动或往复运动等条件 使用时必须补加润滑 一般工作面要求切削加工
铁基	铁-石墨	余量	0.5~3.0	—	—	—	—	—	5.6~6.5	>18~12	30~110	>196~294	珠光体>40%(体积分数)+铁素体+渗碳体<7%(体积分数)+石墨+孔隙	速度可在较大范围内调整 强度高，碳的质量分数为1.5%左右时强度最大，抗压能力大 游离石墨起固体润滑剂的作用	低速、单位压力不大、自润滑、要求噪声小时，石墨量应偏多 单位压力大、极低速和中速、单位压力很小并自润滑时，石墨量要适中 补加润滑及要求韧性好时，石墨量应偏少

（续）

种类		化学成分(质量分数,%)							物理力学性能				金相组织	特　　点	推荐适用范围
		Fe	C	S	Cu	Sn	Zn	Pb	含油密度/(g/cm³)	含油率(%)	硬度 HBW	抗压强度/MPa			
铁基	铁-石墨-硫	余量	1~2	0.5~1.0	—	—	—	—	5.8~6.2	—	35~70	>196	珠光体>40%(体积分数)+铁素体+渗碳体<7%(体积分数)+硫化物+石墨+孔隙	抗咬合性较好 耐磨性较好 摩擦因数较小	减摩性比铁-石墨要求略高的工作条件
	铁-石墨-铜-硫	余量	3.5	1.0	2.5	—	—	—	5.6~6.8	—	50~80	—	—	—	—
青铜基	6-6-3青铜-石墨	<0.4	0.5~2.0	—	余量	5~7	5~7	2~4	6.5~7.1	>18	20~40	>147	α固溶体+石墨+铅+孔隙	导热性好,抗咬合性好,不易拉伤对偶件	单位压力较小,线速度较高,要求耐蚀及不导磁的环境
	6-6-3青铜	<0.4	—	—	余量	5~7	5~7	2~4	6.5~7.1	>18	20~40	>147	α固溶体+铅+孔隙	耐蚀性好 不导磁 强度低,抗负载能力差	
	青铜	—	—	—	余量	7~9	—	7~9	6.8~7.1	>18	>40	>147	α固溶体+铅+孔隙	线膨胀系数大 成本高	

表2.5-2　粉末冶金铜铅轴瓦的成分、性能、特点与应用范围

成分(质量分数,%)			抗拉强度/MPa	硬度 HBW	密度/(g/cm³)	金相组织	特　　点	应用范围
Cu	Pb	Sn						
70	30	—	70	35~40	9.51	铅粒呈细小点块状,均匀分布在铜的基体上	1. 性能好。不需经过熔炼及铸造,可避免铸造法易产生的成分偏析(如铅偏析)、夹杂、裂纹、气孔、疏松等缺陷,改善材料的内部组织,提高材料的性能 2. 降低废品率。粉末冶金法比离心铸造法生产铜铅轴瓦的废品率降低很多 3. 提高材料的耐磨性。粉末冶金铜铅轴瓦耐磨性为离心铸造铜铅轴瓦的2倍以上 4. 提高材料利用率。离心铸造法生产铜铅轴瓦的材料利用率,钢背约为30%,铜铅合金层约为30%;粉末冶金生产铜铅轴瓦的材料利用率,钢背约为80%,铜铅合金层约为70% 5. 减少加工工序,缩短生产周期,提高生产能力,改善劳动条件等	适用于高速、重载的动力机械
73.5	25	1.5	≥82	34~44	9.20	铅粒呈细小点块状,均匀分布在铜的基体上,并有少量铜-锡α固溶体		
62	38	—	58	35	9.55	—		
72	24	4	116	50	9.10	—		

表 2.5-3　粉末冶金双金属减摩材料

成分	摩擦磨损性能				材料特点	应用范围
	摩擦因数 μ	磨损系数 /[cm^3/(N·m)]	承载能力 /MPa	pv/(MPa·m/s)		
下层为08Al(或08)钢板上层为锡青铜(QSn4-4-2.5、QSn6.5-0.1)、厚度为0.5~0.8mm	0.10~0.13(润滑条件下)	2.88×10^{-10}	200~500(试样厚3.6mm,卸压1h后测量与原始厚度差值小于0.01mm)	6~7	强度高,承载能力大,最适合在润滑条件下使用,抗咬合性好,不易拉伤对偶件,耐蚀性较好,允许 pv 值较高等	适用于重载汽车中的车桥部件,如制动蹄、制动室支架凸轮轴、主销孔以及转向机中的衬套件等

注：对偶材料为45钢，硬度为58~63HRC，磨削，在阿姆斯勒摩擦磨损试验机上试验。

表 2.5-4　多层减摩材料的物理力学性能、特点和应用范围

成分(质量分数)	密度 ρ /(g/cm^3)	硬度 HBW	冲击韧度 a_K /(J/cm^2)	抗拉强度 R_m /MPa	抗压强度 R_{mc} /MPa	压缩强度系数 /MPa	线膨胀系数 α/(10^{-6}/℃)	平均摩擦因数	材料特点	应用范围
6-6-3青铜(80目)100%	5.2~6.0	15~30	—	—	—	69~98	—	—	1. 工作时无需润滑油,可实现无油润滑 2. 线膨胀系数小(和钢铁相近),导热性好(和含油轴承相似),有较宽的工作温度范围(-200~280℃) 3. 不会产生静电现象 4. 可在真空条件下工作,防止金属的粘结 5. 能有效地在间断振动、连续起动停止、轴向滑动和承受冲击载荷的部位工作 6. 能抵抗一定的工业液体和气体的腐蚀,能在水或其他润滑液体中工作,有一定的抗辐射能力	航空工业:发动机、操纵机构、起落架及仪表 汽车工业:悬挂和转向拉杆球关节、离合联轴节、制动器和加速踏板、制动凸轮轴、主销轴及传动轴 石油化工:制氧、化肥、制药及钻探设备 电子设备:小电机、录音设备、电子显微镜及电子分色机 纺织机械:纺纱机、织布机及上光机 农业机械:拖拉机、收割机及泵 工程机械:推土机及装载机 轻工机械:印刷、食品、造纸、电影、医疗、卷烟、印染及包装机械
6-6-3青铜(80目)80%,$PbCO_2$(50目)20%,NH_4HCO_3(另加)3%,浸入物:F-4+$WS_2$2%	5.3~5.7	11~14	2.5~2.9	27~33	平均45(永久变形0.3%)	56~59	19.68(27~300℃)	0.21③		
球形锡青铜(含Sn9-11)(60~80目)100%,浸入物:F-4+$WS_2$2%	5.2~5.7	—	—	—	—	176~196	17.3~17.5(18~300℃)	0.15③		
两层结构 上层:6-6-3青铜(80目)80%,$PbCO_3$(50目)20%,NH_4HCO_3(另加)3% 下层:6-6-3青铜(-80目)100%,浸入物:F-4+$WS_2$2%	6.5~6.9①	上层:26~32 下层:50~60	冲击吸收能量②3~4J	—	平均64(永久变形0.3%)	—	17.6~18.4(18~300℃)	—		
三层结构 中层:球形锡青铜(含Sn9-11)(60~80目) 下层:08钢板 上层:F-4+$WS_2$2%+Pb30%	—	表面硬度13~16	—	—	平均206(永久变形0.7%)	—	—	0.15③		

（续）

成分（质量比）	密度 ρ /（g/cm³）	硬度 HBW	冲击韧度 a_K /（J/cm²）	抗拉强度 R_m /MPa	抗压强度 R_{mc} /MPa	压缩强度系数 /MPa	线膨胀系数 α/（10^{-6}/℃）	平均摩擦因数	材料特点	应用范围
三层结构⑤ 下层：08Al 钢板（表面镀铜） 中层：锡青铜烧结层 上层：热复合塑料层（共聚甲醛为基体，内含固体的改性添加剂为表层）	—	—	—		pv_2：4~6 MPa·m/s	承载能力：150MPa 产生塑性变形为 0.025~0.03mm（原始厚度 2mm）	磨损系数：5×20^{-10}（干）1.2×10^{-10}（润滑）cm³/（N·m）	0.08~0.11④（干摩擦） 0.02~0.06（润滑）	1. 具有较强的机械强度。能承受较大的静载荷和动载荷，抗冲击载荷能力好 2. 具有较低的摩擦因数和磨损系数，不损伤配对轴 3. 少量润滑剂存在于界面时，轴承工作面的磨损极小 4. pv 值高，特别适合低速大载荷工况而且又不能连续润滑的地方，对于频繁起动与停止或摆动运动而又难于润滑的部位有特别优良的适应能力 5. 起动摩擦力小 6. 尺寸稳定性好 7. 润滑周期长 8. 异物埋没性好	其他：气动仪表、空调设备、真空技术、低温技术、热力管道补偿器、大型输送管道支承、机床及航海设备和仪表

注：50 目时，孔径为 0.355mm，60 目时孔径为 0.28mm，80 目时孔径为 0.18mm。

① 包括上、下层的整体密度。

② 将整圆环切成九段，从端面方向进行冲击，取平均冲击吸收能量，不计冲击韧度。

③ 试验在 MM-200 磨损试验机上干摩擦条件下进行，对偶材料为 45 钢，硬度为 40~45HRC，表面粗糙度为 $Ra0.4\mu m$。

④ 对偶材料为钢制轴，硬度为 HRC48~52，表面粗糙度为 $Ra<0.63\mu m$。

⑤ 东风汽车公司产品 EQGS。

表 2.5-5　碳减摩复合材料的化学成分与力学性能

材料牌号	基本组成		力学性能					
	基体	增强体	抗拉强度 R_m/MPa	伸长率 A(%)	抗压强度 R_{mc}/MPa	抗弯强度 σ_{bb}/MPa	切应力 τ/MPa	冲击韧度 a_K /(J/cm²)
FS10-01	树脂碳或热解碳	碳纤维或其织物	96	0.31	130	106	6.8	14.2
FS10-02			98	0.31	150	100	6.8	14.5
FS10-03			45~60	—	90~140	—	10~20	—

2. 结构材料（表 2.5-6）

3. 摩擦材料（表 2.5-7）

4. 过滤材料（表 2.5-8）

5. 磁性材料（表 2.5-9~表 2.5-12）

表 2.5-6　粉末冶金铁基结构材料的分类、化学成分、主要特点和应用举例

类别	钢种	牌号	化学成分（质量分数，%）					密度 /（g/cm³）≥	烧结态力学性能				主要特点与应用举例
			Fe	$C_{化合}$	Cu	Mo	其他		抗拉强度 R_m /MPa ≥	伸长率 A (%) ≥	冲击韧度（无缺口试件）/（J/cm²）≥	表观硬度 HBW ≥	
第1类	烧结铁	FTG10 FTG10 FTG10	余量 余量 余量	≤0.1 ≤0.1 ≤0.1	— — —	— — —	≤1.5 ≤1.5 ≤1.5	6.3 6.8 7.0	98 147 196	3.0 5.0 7.0	4.9 9.8 19.6	40 50 60	塑性、韧性、焊接性与导磁性较好。适于制造受力极低、要求翻铆或焊接以及要求导磁的零件。例如，垫片、尺框、接铁、磁阻、极化件等

（续）

类别	钢种	牌号	化学成分(质量分数,%)					密度/(g/cm³) ≥	烧结态力学性能				主要特点与应用举例
			Fe	$C_{化合}$	Cu	Mo	其他		抗拉强度 R_m/MPa ≥	伸长率 A(%) ≥	冲击韧度(无缺口试件)/(J/cm²) ≥	表观硬度 HBW ≥	
第2类	烧结低碳钢	FTG30	余量	>0.1~0.4	—	—	≤1.5	6.2	98	1.5	4.9	50	塑性、韧性与焊接性较好,可进行渗碳淬火处理。适于制造受力较低,要求翻铆或焊接的零件以及要求渗碳淬火的零件。例如,端盖、滑块、毛纺、钢令、底座等
		FTG30	余量	>0.1~0.4	—	—	≤1.5	6.5	147	2.0	9.8	60	
		FTG30	余量	>0.1~0.4	—	—	≤1.5	6.8	196	3.0	14.7	70	
第3类	烧结中碳钢	FTG60	余量	>0.4~0.7	—	—	≤1.5	6.2	147	1.0	4.9	60	强度较高,可进行热处理。适于制造轻载荷结构零件和要求热处理的零件。例如,隔套、接头、调节螺母、传动小齿轮、液压泵转子等
		FTG60	余量	>0.4~0.7	—	—	≤1.5	6.5	196	1.5	4.9	70	
		FTG60	余量	>0.4~0.7	—	—	≤1.5	6.8	245	2.0	9.8	80	
第4类	烧结高碳钢	FTG90	余量	>0.7~1.0	—	—	≤1.5	6.2	196	0.5	2.9	70	强度与硬度较高,耐磨性较好,可进行热处理。适于制造一般结构零件和耐磨零件。例如,推力垫、挡套等
		FTG90	余量	>0.7~1.0	—	—	≤1.5	6.5	245	0.5	4.9	80	
		FTG90	余量	>0.7~1.0	—	—	≤1.5	6.8	294	1.0	4.9	90	
第5类	烧结铜钢	FTG70Cu3	余量	0.5~0.8	2~4	—	≤1.5	6.2	245	0.5	2.9	90	强度与硬度高,耐磨性、抗大气氧化性较好,可进行热处理。适于制造受力较大或耐磨的零件。例如,链轮、齿轮、推杆体、锁紧螺母、摆线转子等
		FTG70Cu3	余量	0.5~0.8	2~4	—	≤1.5	6.5	343	0.5	4.9	100	
		FTG70Cu3	余量	0.5~0.8	2~4	—	≤1.5	6.8	490	0.5	4.9	110	
第6类	烧结铜钼钢	FTG60Cu3Mo	余量	0.4~0.7	2~4	0.5~1.0	≤1.5	6.5	392	0.5	4.9	120	强度与硬度高,耐磨性、渗透性、热稳定性好,高温回火脆性低。适于制造受力较大和要求耐磨或要求调质处理的零件。例如,提火链块、螺旋螺母、活塞环、锁紧块、齿轮等
		FTG60Cu3Mo	余量	0.4~0.7	2~4	0.5~1.0	≤1.5	6.8	539	0.5	4.9	130	
									热处理态力学性能				
第7类	烧结高合金钢①	—	余量	0.8~1.2	10~18	3.0~5.0 Co:6.0~10 Cr:3.0~5.0 Ni:1.0~3.0	≤1.0	7.6~7.9	压缩强度 K 值≥900MPa		≥5.0	热处理后硬度HRC 48~52	耐磨损、耐高温、耐腐蚀的高强度材料。适于制造汽车、摩托车、拖拉机发动机中的进、排气阀座等

① 东风汽车公司用粉末冶金结构材料。

表 2.5-7　常用粉末冶金摩擦材料的成分、性能及其应用范围

牌号	化学成分(质量分数,%)												物理力学性能				应用
	Cu	Sn	Fe	Pb	石墨	SiO_2	Al_2O_3	MoS_2	石棉	SiC	铸石	$BaSO_4$	密度 ρ /(g/cm^3)	硬度 HBW	抗压强度 R_{mc} /MPa	抗拉强度 R_m /MPa	
FM-101S	69	8	6	8	6	3	—	—	—	—	—	—	5.8~6.4	20~60	>195	>29	用于船用齿轮箱系列离合器,拖拉机主离合器,载重汽车及工程机械等湿式离合器
FM-102S	75	3	8	5	5	4	—	—	—	—	—	—	5.5~6.4	30~60	>196	>29	用于中等载荷(载货汽车、工程机械)的液力变速箱离合器
FM-103G	68	5	8	—	10	4	—	—	—	—	—	5	5.5~6.4	25~50	>147	>29	用于各种干式离合器及制动器
FM-104S	73	8.5	8	4	4	2.5	—	—	—	—	—	—	5.8~6.4	20~60	>196	>29	用于 12V-180 型 1000HP 柴油机等传动装置半干式离合器
FM-105G	64	7	8	8	8	5	—	—	—	—	—	—	5.5~6.2	15~55	>98	>20	用于拖拉机、齿轮箱、冲压机械及工程机械等干式离合器
FM-106G	72	10	5	3	2	8	—	—	—	—	—	—	5.5~6.2	25~65	>196	>29	用于 DLM2 型、DLM4 型等系列机床、动力头的干式电磁离合器和制动器
FM-201G	5	—	69	10	11	1	—	4	—	—	—	—	5.0~5.5	45~75	>196	>49	用于载货汽车和矿山重型车辆的制动带
FM-202G	10	—	73	8	6	—	3	—	—	—	—	—	5.0~5.6	40~80	>196	>49	用于拖拉机、齿轮箱及工程机械等干式离合器片和制动片
FM-203G	—	—	69	—	23	1	—	5	2	—	—	—	4.7~5.2	15~30	>98	>9.8	用于汽车、拖拉机干式离合器
FM-204G	1.5	1	69	8	16	1	—	—	—	—	—	—	4.8~5.5	35~55	>147	>29	用于工程机械干式离合器,如挖掘机、起重机等
FM-205G	—	3~5	65~70	2~4	13~17	—	—	3~5	—	3~4	3~5	—	4.7~5.2	60~90	>147	>29	用于合金钢对偶的制动材料,如三叉戟飞机等

表 2.5-8　粉末冶金过滤材料的物理力学性能和允许工作温度

材料	牌号	孔隙率(%)		密度 ρ /(g/cm^3)	抗拉强度 R_m /MPa	抗弯强度 σ_{bb} /MPa	伸长率 A (%)	弹性模量 E /10^5 MPa	热导率 λ /[W/(m·K)]	比热容 c /[J/(kg·K)]	线膨胀系数 α /(10^{-6}/℃)	空气中最高工作温度/℃	过滤介质举例
		总孔隙	开孔隙										
青铜	QSn-10	34~36	30~35	5.4~6	29~49	—	1.5~3.0	—	21	343.3	18.4	<180	有机溶剂、燃料、空气及中性的水和油
不锈钢	12Cr18-Ni9	34~41	30~38	4.6~5.2	78~147	78~98	≈1	6.9~20.6	6.3	502.4	17.5~18.4	<650	硝酸、醋酸、硼酸、亚硝酸、磷酸、碱、乙炔、煤气、蒸汽和燃烧气体

（续）

材料	牌号	孔隙率（%）		密度 ρ /（g/cm³）	抗拉强度 R_m /MPa	抗弯强度 σ_{bb} /MPa	伸长率 A（%）	弹性模量 E /10^5 MPa	热导率 λ /[W/（m·K）]	比热容 c /[J/（kg·K）]	线膨胀系数 α /（10^{-6}/℃）	空气中最高工作温度/℃	过滤介质举例
		总孔隙	开孔隙										
镍	Ni-3	25~35	22~32	5.7~6.6	19~59	—	1.5~4	—	—	—	—	<600	液态金属钠和钾、水银、氢氧化钠、氢氟酸和氟化物
低碳钢	15 钢	38~39	37~38	4.75~4.85	49~98	98~118	1.5~2	—	—	—	11.2~11.5	<400	一般燃料和润滑油
蒙乃尔（Monel）合金	NCu28-2.5-1.5	25~35	22~32	5.76~6.6	20~39	—	—	—	—	—	—	—	同镍材料，用于氢氟酸、氟化物过滤尤佳
钛	—	18~35	17~34	3.4~3.6	—	—	—	—	—	—	—	—	亚硝酸酐、5%硫酸、湿氯气、氯化物、硝酸、王水、有机酸（蚁酸、柠檬酸）以及常温下碱溶液等

注：表中力学性能数据，青铜、不锈钢和低碳钢用 5[#]粒级粉末模压成标准试样测得，其余为管材实测结果。

表 2.5-9　我国永磁铁氧体标准

材料牌号	剩磁 B_r/（Wb/m²）	矫顽力 H_c/（kA/m）	磁能积 $(BH)_m$/（kJ/m³）
Y10T	≥0.20	128~160	6.4~9.6
Y15	0.28~0.36	128~192	14.3~17.5
Y20	0.32~0.38	128~192	18.3~21.5
Y25	0.35~0.39	152~208	22.3~25.5
Y30	0.38~0.42	160~216	26.3~29.5
Y35	0.40~0.44	176~224	30.3~33.4
Y15H	≥0.31	232~248	≥17.5
Y20H	≥0.34	248~264	≥21.5
Y25BH	0.36~0.39	176~216	23.9~27.1
Y30BH	0.38~0.40	224~240	27.1~30.3

参考性能：电阻率 10^4~10^8 Ω·cm
居里点 450℃
剩磁温度系数-0.18%~-0.20%/℃
线膨胀系数≈9×10^{-8}/℃
密度 4.0~4.8g/cm³（Y10T），4.5~5.2g/cm³（其他）
可逆磁导率 1.0~1.3

注：Y—“永”的汉语拼音第一个字母，代表永磁；T—“同”的汉语拼音第一个字母，代表同性。

表 2.5-10　我国稀土钴永磁材料的主要磁特性

牌号	剩磁 B_r（最小值）/（Wb/m²）	矫顽力 H_c（最小值）/（kA/m）	内禀矫顽力 H_{CJ}（最小值）/（kA/m）	最大磁能积 $(BH)_{max}$ /（kJ/m³）	平均温度系数（0~100℃）（$\Delta B_d/B_d$）/ΔT/（%/℃）	居里点 T_c /℃	密度 ρ /（g/cm³）	相对回复磁导率	维氏硬度 HV	线膨胀系数/（10^{-6}/℃）	电阻率 ρ /Ω·cm
XG80/36	0.60	310	360	64~88	−0.09	450~500	7.8~8.0	1.10	450~500	10	5×10^{-4}
XG96/40	0.70	350	400	88~104	−0.09	450~500	7.8~8.0	1.10	450~500	10	5×10^{-4}
XG112/96	0.73	520	960	104~120	−0.05	700~750	8.0~8.3	1.05~1.10	450~500	10	5×10^{-4}
XG128/120	0.78	560	1200	120~140	−0.05	700~750	8.0~8.3	1.05~1.10	450~500	10	5×10^{-4}
XG144/120	0.84	600	1200	140~150	−0.05	700~750	8.0~8.3	1.05~1.10	450~500	10	5×10^{-4}
XG144/56	0.84	520	560	140~150	−0.03	800~850	8.0~8.1	1.00~1.05	500~600	10	9×10^{-6}

（续）

牌号	剩磁 B_r（最小值）/（Wb/m^2）	矫顽力 H_c（最小值）/（kA/m）	内禀矫顽力 H_{CJ}（最小值）/（kA/m）	最大磁能积 $(BH)_{max}$ /（kJ/m^3）	平均温度系数（0~100℃）$(\Delta B_d/B_d)/\Delta T$/（%/℃）	居里点 T_c /℃	密度 ρ /（g/cm^3）	相对回复磁导率	维氏硬度 HV	线膨胀系数/（10^{-6}/℃）	电阻率 ρ /Ω·cm
XG160/120	0.88	640	1200	150~184	−0.05	700~750	8.0~8.3	1.05~1.10	450~500	10	5×10^{-4}
XG192/96	0.96	690	960	184~200	−0.05	700~750	8.1~8.3	1.05~1.10	450~500	10	5×10^{-4}
XG192/42	0.96	400	420	184~200	−0.03	800~850	8.3~8.5	1.00~1.05	500~600	10	9×10^{-6}
XG208/44	1.00	420	440	200~220	−0.03	800~850	8.3~8.5	1.00~1.05	500~600	10	9×10^{-6}
XG240/46	1.06	440	460	220~250	−0.03	800~850	8.3~8.5	1.00~1.05	500~600	10	9×10^{-6}

注：X 代表“稀土”，G 代表“钴”，牌号的第一个数字代表最大磁能积的中间值，牌号的第二个数字代表内禀矫顽力（最小值）的 1/10。

表 2.5-11　我国铝镍钴磁钢的磁性能及其物理参数

牌号名称	代号	化学成分（质量分数，%）					磁性能			可逆磁导率 μ_r	居里点 /℃	密度 /（g/cm^3）	硬度 HRC	线膨胀系数（20~300℃）/（10^{-6}/℃）
		Ni	Al	Cu	Co	Fe	剩磁 B_r /（Wb/m^2）	矫顽力 H_c /（kA/m）	最大磁能积 $(BH)_{max}$ /（kJ/m^3）					
粉末磁钢 3	FSC-3	26	13	3		余量	0.50~0.54	35~38	8.8~9.6	6.5	760	6.7~6.8	43	13.0
粉末磁钢 2	FSC-2	17~18	10	6	12.5	余量	0.65~0.72	38~40	11.2~12.8	4.0~6.4	810	6.8~6.9	44	12.4
粉末磁钢 5	FSC-5	14	8~9	3	24	余量	1.05~1.25	46~47	24~28	3.5~4.0	890	6.8~6.9	45	11.3

注：1. 磁性能是以 6mm×6mm×20mm 的样块，在 20mm 方向采用冲击法的测试结果。
2. 资料来源于上海磁钢厂。

表 2.5-12　我国钕铁硼永磁合金的磁性能和物理参数

牌号	剩磁 B_r /（Wb/m^2）	矫顽力 H_c /（kA/m）	内禀矫顽力 H_{CJ} /（kA/m）	最大磁能积 $(BH)_{max}$ /（kJ/m^3）	平均温度系数 /（%/℃）	居里点 /℃	密度 /（g/cm^3）	硬度 HV	电阻率 ρ /Ω·cm
NTP200/64	1.05~1.15	597~756	637~796	191~215	0.12	300~330	7.4~7.5	500~600	5×10^{-4}
NTP230/72	1.12~1.20	597~836	717~876	215~247	0.12	300~330	7.4~7.5	500~600	5×10^{-4}
NTP280/80	1.15~1.25	636~875	796~955	247~287	0.12	300~330	7.4~7.5	500~600	5×10^{-4}

注：资料来源于宁波磁性材料厂。

6. 封严材料

(1) 镍基封严材料

粉末冶金镍基可磨蚀封严材料，适用于航空燃气涡轮发动机主要气体流路的级间、叶间密封。这类材料具有良好的抗氧化、可磨蚀、抗燃气烧蚀及抗热震等性能。镍基封严材料的化学成分见表 2.5-13，主要性能见表 2.5-14。

表 2.5-13　粉末冶金镍基封严材料的化学成分

材料牌号	化学成分（质量分数，%）							
	Ni	C	Si	Cu	Ag	Cr	SiO_2	BN
FY02-01	85~91	6.5~9.5	2.5~5.5	—	—	—	—	—
FY02-02	62~72	8~12	0.3~1.0	20~25	—	—	—	—
FY02-03	60~70	8~12	—	20~30	1~3	—	0.5~2	—
FY02-04	余量	—	—	—	—	16~22	—	2~6

表 2.5-14　粉末冶金镍基封严材料的主要性能

材料牌号	开孔孔隙率（%）	力学性能			
		布氏硬度 HBW	洛氏硬度 HRF	抗弯强度 σ_{bb}/MPa	抗压强度 R_{mc}/MPa
FY02-01	—	15~25	—	≥54	≥59
FY02-02	—	15~25	—	≥54	≥59
FY02-03	15~25	22~32	—	≥50	≥60
FY02-04	19~21	—	30~50	190~230	—

（2）碳基封严材料

碳基封严材料可在燃气、燃油、润滑油等环境下工作，通常用于发动机主轴承腔的密封装置和放气活门、附件泵用密封装置等。碳基封严材料已能满足环境温度近650℃、压差1.76MPa、线速度122m/s的使用要求。但在500℃以上工作时，该类材料抗氧化性能较差，需进行抗氧化浸渍处理。通常采用无机盐类浸渍剂以提高其高温抗氧化性能，对于附件泵用密封装置通常采用热固性浸渍处理，如酚醛树脂、环氧树脂等，用以提高其力学性能和降低孔隙率。碳基封严材料的化学成分见表2.5-15，力学性能见表2.5-16。

表2.5-15　碳基封严材料的化学成分

材料牌号	化学成分(质量分数,%)						
	石墨	沥青焦	石油焦	炭黑	沥青	环氧树脂	呋喃树脂
FY11-01	3~9	15~25	—	40~50	25~35	—	—
FY11-02	—	70~90	0~30	—	30~40	—	—
FY11-03	—	70~90	0~30	—	30~40	—	少量
FY11-04	5	25	70	—	30	—	—
FY11-H-01	25	—	15	60	—	25	—
FY11-H-02	3~9	15~25	—	40~50	25~35	少量	—
M120H	—	—	—	—	—	—	—
M202F	—	—	—	—	—	—	—
M204K	—	—	—	—	—	—	—

表2.5-16　碳基封严材料的力学性能

材料牌号	抗压强度 R_{mc}/MPa	抗弯强度 σ_{bb}/MPa	弹性模量 E/GPa	布氏硬度HBW	肖氏硬度HS
FY11-01	>98	>44	1.08~1.47	110~125	—
FY11-02	>98	>39	1.25~1.69	—	45~70
FY11-03	>127	>55	1.25~1.69	—	70~80
FY11-04	>88	>39	0.93~1.27	—	50~70
FY11-H-01	>118	>49	1.00~1.35	—	>60
FY11-H-02	>186	>63	1.17~1.58	120~128	—
M120H	≥150	≥46	—	—	≥65
M202F	≥93	≥39	—	—	≥45
M204K	≥137	≥39	—	—	≥60

（3）铜基封严材料

铜基封严材料由一定强度的金属基体和起减摩作用的固体润滑剂所组成。基体通常为铁、铜、铝及其合金，减摩润滑剂有软金属铅、石墨和铁、钼、钨及锌的硫化物、硒化物以及氟塑料、玻璃等。该材料的特点是摩擦因数低、具有良好的耐磨性和足够的强度，主要是在高温（包括因滑动摩擦产生的摩擦热）、低温、真空、水及蒸汽、化学液体、惰性介质、液氢、液氧、油等环境中工作的摩擦组件中作为减摩材料。铜基封严材料的牌号及化学成分见表2.5-17，力学性能见表2.5-18。

表2.5-17　铜基封严材料的牌号及化学成分

牌号	化学成分(质量分数,%)								
	Cu	Sn	Zn	Pb	C	MoS_2	CaF_2	Ni	其他
FZ01-11	余量	5.5	5.5	2.7	1~3	0.5~2	—	—	0.84
FZ01-12	余量	5.8	5.8	2.9	—	8	—	—	—
FZ01-13	余量	—	—	—	—	—	8~10	4~6	—

表2.5-18　铜基封严材料的力学性能

牌号	布氏硬度HBW	抗拉强度 R_m/MPa	伸长率 A(%)	抗弯强度 σ_{bb}/MPa
FZ01-11	63.7~79.6	230	2.2	576
FZ01-12	≥55	340~412	—	—
FZ01-13	≥27	—	—	—

2.5.2　粉末冶金零件的机械加工

粉末冶金材料的结构不同于一般金属材料，因此它们的可加工性也有其特殊性。孔隙率>5%的粉末冶金件，在切削过程中切屑易断碎，使刀具的工况发生变化。如果进给量大或刀具不锋利，可能使其加工表面颗粒剥落引起局部疏松，有时出现表层变形及孔隙堵塞。对孔隙率>10%的粉末冶金件，在切削过程中不宜直接使用乳化液冷却，以免乳化液进入孔隙引起腐蚀，必要时可先经浸油处理，然后使用添加有防锈剂的切削液冷却。

用硬质合金刀具切削粉末冶金材料，推荐的刀具几何参数和切削用量见表 2.5-19。

表 2.5-20 为根据粉末冶金铁基材料或制件的硬度和金相组织，推荐的最佳切削用量。

表 2.5-19　推荐的刀具几何参数和切削用量

加工类别	被加工的粉末冶金材料类型	推荐采用的刀具牌号	刀具几何参数					切削用量		
			后角 α_o	前角 γ_o	主偏角 κ_r	副偏角 κ_r'	刀尖圆弧半径 r_ε/mm	切削速度 v/(m/s)	进给量 f/(mm/r)	背吃刀量 a_p/mm
半精加工、精加工	铁基粉末冶金材料	K20、P10、M10、T26、YH1	7°~8°	10°~15°	82°~85°	5°~8°	0.6~0.8	≥2	0.05~0.15	0.2~1.0
	铜基粉末冶金材料	K01、G05	4°~6°	10°~15°	82°~85°	5°~8°	0.4~0.8	≥2	0.05~0.15	0.2~1.0

表 2.5-20　粉末冶金铁基材料金相组织、性质及其切削用量

铁基材料金相组织	材料硬度 HBW	推荐刀具牌号	切削用量		
			切削速度 v/(m/s)	进给量 f/(mm/r)	背吃刀量 a_p/mm
铁素体	40~70	K01、G05	2.5~3.3	0.05~0.1	0.2~0.5
珠光体+少量铁素体	70~100	K01、G05	2.5~3.3	0.05~0.1	0.2~0.5
珠光体+铁素体+渗碳体	70~80	K01、G05	1.6~2.0	0.05~0.1	0.2~0.5
珠光体+渗碳体	120~160	M10、YH1	1.5~2.0	0.05~0.1	0.2~0.5
马氏体+渗碳体	40~55HRC	YH1、T26	0.8~1.5	0.05~0.1	0.2~0.5
		陶瓷刀具、立方氮化硼	1.5~2.0	0.05~0.1	0.2~0.5

2.6　非金属材料

2.6.1　概述

塑料和橡胶是非金属材料中重要的两部分。塑料是以合成或天然的高分子化合物为基本成分，在成型过程中能通过流动、聚合后固化定形，其成品的状态为柔韧性或刚性固体（非弹性体）。塑料的分类方法有多种，每一种方法都只是从某种需要出发或从某一个侧面将其大致分类，各类别之间的界限有时是模糊的。

按化学结构分，塑料可分为聚烯烃类（聚乙烯、聚丙烯、超高分子量聚乙烯等）、聚苯乙烯类［聚苯乙烯、丙烯腈-苯乙烯共聚物（即 AS）、丙烯腈-丁二烯-苯乙烯共聚物（即 ABS）］、聚酰胺类（各种尼龙）、聚醚类（聚碳酸酯、聚甲醛、改性聚苯醚、聚砜、聚苯硫醚、聚醚醚酮）、聚酯类（聚对苯二甲酸丁二酯、聚对苯二甲酸乙二酯、聚芳酯、聚苯酯）、聚芳杂环类（聚酰亚胺、聚苯并咪唑）、含氟聚合物类（聚四氟乙烯、聚三氟氯乙烯、聚偏氟乙烯、聚氟乙烯）等。

按受热呈现的基本行为分，塑料可分为热塑性塑料（在特定温度范围内能反复加热软化和冷却硬化）和热固性塑料（受热后成为不熔不溶的物质，再次受热不再具有可塑性）。

按结晶形态分，塑料可分为结晶性塑料［在适当条件下能产生某种几何形态晶体结构的塑料，如聚乙烯、聚丙烯、聚苯乙烯、尼龙、聚甲醛、聚对苯二甲酸丁二酯（PBT）、聚四氟乙烯等］和无定型塑料（分子形状和分子相互排列不呈晶体结构而呈无序状态的塑料，如 ABS、改性聚苯醚、聚碳酸酯等）。

按应用领域分，塑料通常又可以分为通用塑料和工程塑料两大类。通用塑料一般只能作为非结构材料

使用，产量大，价格相对低廉，性能一般，生产厂商较多。某些通用塑料经过改性后（如加入稳定剂、玻璃纤维增强或加入填料等），虽然某一方面的性能大大提高，但其综合性能和长期性能仍远不如工程塑料。聚乙烯、聚丙烯、聚氯乙烯和聚苯乙烯等，都是典型的通用塑料。而工程塑料指可以作为结构材料，具有优异的综合性能（包括力学性能、电性能、耐热性、耐化学性、尺寸稳定性和可加工性等），能在较宽的温度范围和较长时间内良好地保持这些性能，并在承受机械应力和较为苛刻的化学物理环境中长期使用。聚酰胺（PA）、聚碳酸酯（PC）、聚甲醛（POM）、改性聚苯醚和热塑性聚酯（PBT 和 PET），是目前公认的五大工程塑料。当然工程塑料和通用塑料之间并没有截然的分界线，例如 ABS 就是介于两者之间的过渡性塑料，其高级牌号被用于典型的工程领域，而一般牌号又是极普通的通用塑料。又如，典型的通用塑料聚丙烯，经过某些改性后，尽管其综合性能不如工程塑料，但也能代替部分工程塑料，用于许多工程领域。

橡胶有天然橡胶和合成橡胶两大类。它具有很高的弹性，但在高温时变黏，低温时发脆，在溶剂中溶解。为了改善橡胶的性能，以各种生胶为基础，加入增强（补强）剂（如炭黑、碳酸钙粉末等），再配以填料、硫黄、硫化促进剂、颜料、软化剂和防老剂等其他配合剂，然后用炼胶机混炼而成混炼胶。混炼胶是制造各种橡胶制品的胶料，把它放入所需形状的模具中，经过加热、加压处理（即硫化处理）后，具有很高的弹性以及耐寒、耐热、耐臭氧、耐油、耐溶剂、减振、耐磨、耐疲劳、密封和介电等不同的性能。由于橡胶材料具有上述特性，因此广泛应用于工业、农业、国防等部门，是防振、缓冲、耐磨、介电、密封等不可缺少的材料。

2.6.2 橡胶和塑料的性能和用途

1. 机械工业常用的橡胶材料

橡胶材料的分类如图 2.6-1 所示。表 2.6-1 和表 2.6-2 列出了机械工业常用橡胶的主要性能、用途及使用温度。

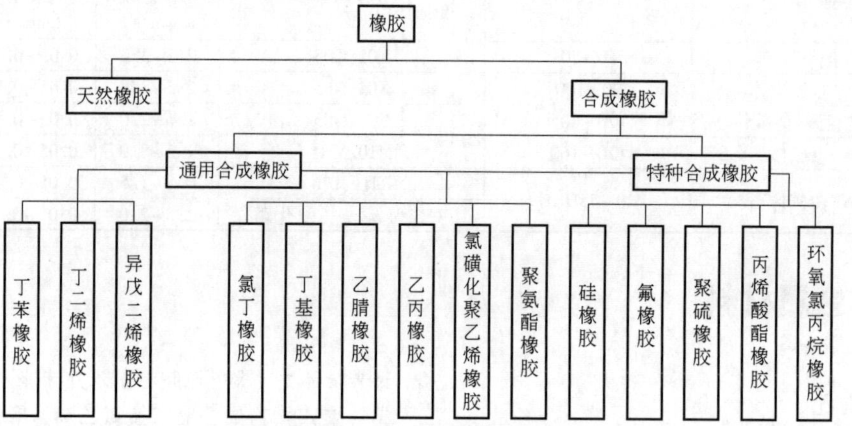

图 2.6-1 橡胶材料的分类

表 2.6-1 常用橡胶的主要性能及用途

代号	橡胶种类	主 要 性 能	用 途
NR	天然橡胶	天然橡胶是由橡胶树的胶乳制成的，是异戊二烯的聚合物。硫化后得到的橡胶具有很好的耐磨性、弹性和力学性能(拉断强度和拉断伸长率等) 缺点：在空气中易老化，遇热变黏，在矿物油或汽油中易膨胀和溶解，耐碱但不耐强酸	是制作胶带、胶管、胶鞋的原料，并适用于制作减振零件和在汽车的制动油(甘醇等)、乙醇、蓖麻油、水等带氢氧根的液体中使用的制品
NBR	丁腈橡胶	丁腈橡胶是丁二烯和丙烯腈的共聚物。依丙烯腈含量不同，有 20 号、40 号的丁腈橡胶。丙烯腈含量越高，耐油、耐热性越好，但低温性能也越差。丁腈橡胶硫化物的压缩永久变形较小，弹性、抗拉裂性、耐磨性都很好，而且具有很好的耐油性和耐汽油性 缺点：在臭氧和氧中易老化龟裂，耐寒性较差	用于制作燃油箱、润滑油箱以及在石油系液压油、汽油、水、硅润滑脂、硅油、二酯系润滑油、甘醇系液压油等流体介质中使用的橡胶零件，特别是密封零件

（续）

代号	橡胶种类	主要性能	用途
CR	氯丁橡胶	氯丁橡胶是氯丁二烯的聚合物。硫化后的橡胶弹性和耐磨性好，不怕阳光的直接照射，有特别好的耐大气老化性能；不怕激烈的曲挠；不怕二氯二氟甲烷和氨等致冷剂；耐稀酸、耐硅酯系润滑油，但不耐磷酸酯系液压油 缺点：耐寒性差，在低温时易结晶、硬化；贮存稳定性差，加工不易控制；在苯胺点低的矿物油中膨胀量大	用于制作各种直接接触大气、阳光、臭氧的零件，也用于各种耐热、耐燃、耐化学腐蚀的橡胶制品
SBR	丁苯橡胶	丁苯橡胶是丁二烯和苯乙烯的共聚物。依苯乙烯含量不同，有不同牌号的丁苯橡胶。丁苯-10有很好的耐寒性，丁苯-30有良好的耐磨性 缺点：由于它有与天然橡胶一样的碳氢化合物，所以在一般矿物油或汽油中会溶解或产生很大的膨胀。力学性能、可塑性和工艺加工性能较天然橡胶差	丁苯-10用于制作制冷零件，丁苯-30用于制作轮胎、胶板、胶鞋以及只能在水、低分子乙醇、蓖麻油、甘醇和制动油等介质中应用的橡胶零件
SI	硅橡胶	硅橡胶是二甲基硅氧烷的聚合物。硫化后硅橡胶具有耐热、耐寒、耐臭氧、耐大气老化以及很好的电绝缘性能 缺点：硅橡胶的拉断强度和拉断伸长率较小（只有丁腈橡胶的1/3左右），压缩变形大	用于制作在高温、低温、阳光、大气、臭氧环境中使用的零件以及电绝缘零件，并适用于在苯胺点高的高温矿物油或高温干燥气体中使用的零件
FPM	氟橡胶	氟橡胶是偏氟乙烯和全氟丙烯或三氟氯乙烯和偏二氟乙烯的共聚体。具有良好的耐热性、耐油性、耐空气老化性能 缺点：耐酮和耐氨性较差，工艺加工性能也较差	用于制作耐热和耐油零件
T	聚硫橡胶	聚硫橡胶分子结构主链中含有硫，在油和溶剂等介质中，几乎没有膨胀，具有良好的耐燃油、润滑油、臭氧、大气老化及密封性能，耐溶剂性好 缺点：抗撕裂性和拉断强度很低，不适于作为运动密封材料	液体聚硫橡胶用作油箱及气密舱密封材料 固体聚硫橡胶用作密封腻子
EPM、EPT	乙丙橡胶	乙丙橡胶是乙烯和丙烯的共聚物。特别耐磷酸酯系液压油，不怕高压水蒸气；还具有耐硅油、硅润滑脂、水、稀酸、稀碱、酮、乙醇等性能 缺点：在一般矿物油或二酯系润滑油中膨胀量大	用于制作高温水蒸气管材和垫片
IIR	丁基橡胶	丁基橡胶是异戊二烯和异丁烯的共聚物。它含不饱和键较少，所以在臭氧和氧气中工作不易老化，而且具有耐一般化学药品的性能（如酸、碱溶液等）。耐气体透过性也较好 缺点：耐油性差，拉断强度及弹性小	用于制作耐化学药品、真空设备的橡胶零件
BR	聚丁二烯橡胶	耐磨性好，弹性大 缺点：耐油性差	用于制作耐化学药品、真空设备的橡胶零件
U	聚氨酯类橡胶	它是分子结构中含有尿烷基的合成橡胶的总称，具有优越的弹性和耐磨性，并且拉断力大、硬度高 缺点：耐水性、耐湿性差	用于制作金属成型内衬胶囊、金属冲切垫块
CMS	氯磺化聚乙烯橡胶	耐热性、耐臭氧性、耐空气老化性、耐酸性好 缺点：耐寒性差	—
ACM	聚丙烯橡胶	耐热性、耐油性、耐臭氧性好，强度高 缺点：耐水性差	用于制作耐高温油以及用在含有硫、磷等耐高压添加剂的液压油中工作的橡胶制品

表2.6-2 常用橡胶的使用温度

橡胶种类	最高使用温度/℃	最低使用温度/℃	橡胶种类	最高使用温度/℃	最低使用温度/℃
天然胶	80	-55	聚硫橡胶	100	-54
丁腈橡胶（丙烯腈含量中等）	120	-30	乙丙橡胶	150	-54
氯丁橡胶	120	-40	丁基橡胶	100	-54
丁苯橡胶	120	-50	聚丙烯橡胶	170	-18
硅橡胶	230	-93	氯磺化聚乙烯橡胶	120	-54
氟橡胶	250	-60			

2. 机械工业常用的塑料

表 2.6-3～表 2.6-8 为机械工业常用塑料的选择条件，包括：性能特点、适用范围以及摩擦磨损、耐蚀性和介电性能。

表 2.6-3 选择工程塑料应考虑的应用条件

条件	内容
机械	受应力的形式和大小，负荷的形式和时间，抗疲劳要求，允许的形变，超负荷和意外受力情况，抗冲击要求等
热	正常的工作温度，最高和最低的工作温度
环境	接触溶剂和各种蒸气情况，与酸、碱等化学反应，吸水情况，受紫外线和环境（氧化）影响，受风沙、雨雪侵蚀，受霉菌、细菌、微生物影响等情况
毒性	阻燃剂、助剂或分解产物的毒性
外观	透明度，表面粗糙度，色泽的一致和持久性
一般	允许误差和尺寸稳定性，重量因素，空间限制，制品期望寿命，助剂的析出，蒸气和气体的透过性，磨损要求，阻燃性等
生产	加工工艺的选择，装配方法，修整和二次加工（装饰等），质量控制和监督
经济	材料成本 建厂投资成本：模具、加工机械等 所需模具数、操作成本、维修成本等
法规	安全规定（阻燃、食品级、医用等） 工业规定（汽车工业、电子工业等）

表 2.6-4 用于制造齿轮的工程塑料的性能特点和适用范围

名称	性能特点	适用范围
尼龙 6、尼龙 66	有较高的疲劳强度和耐振性，但吸湿性较大	在中等或较低负荷、中等温度（<80℃）、少润滑或无润滑条件下工作
尼龙 610、尼龙 1010、尼龙 9	强度与耐热性较尼龙 6 略差，但吸湿性小、尺寸稳定性好	在中等或较低负荷、中等温度（<80℃）、少润滑或无润滑条件下工作，并可在湿度波动较大的情况下工作
铸型尼龙（MC 尼龙）	强度、刚性较前两种高，耐磨性也更好	适宜于铸造大型齿轮
玻璃纤维增强尼龙	强度、刚性、耐热性均优于未增强者，尺寸稳定性也显著提高	在高负荷、高温下使用，传动效率高。速度较高时，应使用油润滑
聚甲醛	耐疲劳，刚性高于尼龙，吸湿性小，耐磨性好，但成型收缩率较大	在中等或较低负荷、中等温度（<100℃）、少润滑或无润滑条件下工作
聚碳酸酯	成型收缩率小，精度高，但耐疲劳强度较小，且有应力开裂倾向	大量生产，一次加工成型。速度高时，应使用油润滑
玻璃纤维增强聚碳酸酯	强度、刚性、耐热性与增强尼龙相同，但尺寸稳定性更好，耐磨性稍差	在较高负荷和温度下使用，适宜于制备精密齿轮。速度较高时，应使用油润滑
改性聚苯醚	强度、耐热性较好，成型精度高，耐蒸汽性优异，但有应力开裂倾向	适用于制造在高温水或蒸汽中工作的精密齿轮
聚酰亚胺	强度和耐热性最高，但成本较高	在 260℃以下长期工作

表 2.6-5 几种工程塑料与常用金属轴承材料的摩擦磨损情况

名称	负荷/N	试验时间/min	摩擦因数	磨痕宽度/mm
尼龙 66	230	180	0.50	4.8
MC 尼龙	230	180	0.45	5.0
聚甲醛	230	180	0.31	5.5
聚四氟乙烯	230	30	0.13～0.16	14.5
玻璃纤维增强聚四氟乙烯	250	180	0.23	5.3
聚酰亚胺	230	180	0.43	3.5
聚苯并咪唑	330	180	0.27	3.2
锡基轴承合金	300	60	0.80～0.95	18.9
铅青铜	300	30	0.31～0.48	19.3
高铅锡磷青铜	300	120	0.25～0.32	16.6

表 2.6-6　聚四氟乙烯改性的工程塑料的摩擦磨耗性能

名　称	负荷/N	时间/min	摩擦因数	磨痕宽度/mm	磨耗量/mg
5%聚四氟乙烯+聚甲醛	30	180	0.18	3.2	0.4
5%聚四氟乙烯纤维+聚甲醛	30	180	0.25	3.2	1.5
5%聚四氟乙烯+尼龙 66	30	180	0.50	9.7	33.1
20%聚四氟乙烯+聚酰亚胺	25	200	0.26	4.5	—
30%聚四氟乙烯+聚砜	23	180	0.19	3.3	—
20%聚四氟乙烯+酚醛塑料	23	180	0.15	2.5	—

注：表中百分数为质量分数。

表 2.6-7　用于电气绝缘的工程塑料的性能特点和应用部件

名称	性　能　特　点	应　用　部　件
尼龙	具有优良的电性能、热性能及力学性能，但易吸水，电性能随含水量变化。A 级使用	干燥环境中的绝缘体
玻璃纤维增强尼龙	强度高，绝缘电阻大，耐电压性能好	绝缘管
填充尼龙	摩擦因数特别低	调频支点组
聚碳酸酯	透明，耐热，有较高的强度和良好的刚性，但内应力较大。E 级使用	变压器套、线圈骨架
聚苯醚	在宽广的频率和温度范围内电性能稳定，耐热性好，但内应力较大。E 级使用	电机绕线芯子、转子、机壳、电子设备零件、高频印制电路板
聚对苯二甲酸乙二醇酯	强度高、抗蠕变性能及耐摩擦磨损性能好，硬度高，电性能较好。E 级使用	电容器薄膜、标准电阻盖、配电盘、线圈座
聚砜	在湿空气中或在高低温下均能保持良好的介电性能。F 级使用	示波器振子接触器、线圈骨架
聚四氟乙烯	耐高温，耐腐蚀，体积电阻大，能在高频下使用，但成型加工性差。C 级使用	高频电缆、电容器、电机槽、高频电子仪器的绝缘体
聚三氟氯乙烯	不吸湿，不碳化，阻燃，耐热，耐腐蚀，较易成型加工。E 级使用	要求不吸湿、不碳化、阻燃的电器零件
聚全氟乙丙烯	电性能在很宽的范围内不受频率、温度及湿度的影响，在 300℃ 长期老化后介电常数不变。C 级使用	绝缘薄膜、浸渍漆、漆包线漆
聚酰亚胺	高介电强度，低介电常数和介电损耗，耐电晕放电，耐高低温耐辐射，耐臭氧。H~C 级使用	绝缘薄膜、浸渍漆、层压板

注：A、B、C、D、E、F、G、H 级别越高，耐压、耐湿性越好。

表 2.6-8　用于耐腐蚀的工程塑料的性能特点和应用部件

名称	性　能　特　点	应用部件
聚甲醛	耐有机溶剂，但不耐强酸	输油管等
聚砜	强度高，耐热，耐腐蚀，蠕变小，尺寸稳定性好，但成型加工温度较高	耐高温阀门
聚四氟乙烯	高温下耐蚀性特别好，可在 -195~250℃ 范围内使用，但在高温下的刚性较差，冷流性大，成型困难	法兰面、隔膜、设备衬里
聚三氟氯乙烯	耐蚀性和耐热性稍逊于聚四氟乙烯，但能注射成型，冷流性小，强度和硬度比聚四氟乙烯高。在乙醚、醋酸乙酯等介质中溶胀	耐蚀涂层、泵、计量器
聚全氟乙丙烯	耐蚀性和耐热性接近于聚四氟乙烯，能注射成型，抗蠕变性能优于聚四氟乙烯	衬里、隔膜、法兰密封圈

2.6.3　常用橡胶与塑料的物理化学性能

1. 尼龙 6 的理化性能

尼龙 6 是聚酰胺的主要品种之一，其产品为半透明或不透明的乳白色结晶形聚合物颗粒，具有优良的耐磨性和自润滑性、耐热性和耐化学药品性，耐油性优良，强度高，低温性能好，能自熄，但吸水性高，收缩率大，尺寸稳定性差，易加工成型，可使用注塑、挤压、增强、浇铸、吹塑与烧结等各种方法成型加工。尼龙 6 的各种性能见表 2.6-9。

表 2.6-9　尼龙 6 的性能

指标名称	指标	
	Ⅰ型	Ⅱ型
外观	乳白色至淡黄色、不含机械杂质和表面水分的均匀颗粒>40 粒/克、带墨点<2%	
密度/(g/cm³)	1.14~1.15	1.14~1.15
熔点/℃	215~225	215~225
相对黏度	2.40~3.00	>3.00
单体质量分数(%)	3	3
拉伸强度/MPa	60	65
拉断伸长率(%)	30	30
弯曲强度/MPa	90	90
缺口冲击强度/(kJ/cm²)	5	7

2. 聚碳酸酯的理化性能

(1) 物理性能

聚碳酸酯是一种无定型、无味、无毒、透明的热塑性工程塑料，其密度为 1.20g/cm³，具有良好的透光性［0.1mil（1mil = 25.4×10⁻⁶m）厚的膜对 350~650nm 波长的光，透过率达 68%~88%，折射率 n_{D}^{25} 为 1.586］。

(2) 力学性能

聚碳酸酯最主要的特点是力学性能好，既有韧性又有刚性，无缺口冲击强度在热塑性塑料中名列前茅，接近玻璃纤维增强的酚醛或不饱和树脂，呈延性断裂。零件成型后可达到较高的公差等级，并在较宽的范围内保持尺寸稳定，优于聚酰胺、ABS 和聚甲醛。

(3) 热性能

热变形温度为 135~145℃，若用玻璃纤维增强还可提高 15℃。与其他塑料相比，聚碳酸酯的线膨胀系数低，加入玻璃纤维后还能降低 1/3。100℃以上长时间热处理，刚性稍有增加，弹性模量、弯曲强度、拉伸强度增加而冲击强度有所降低。在 100℃以上温度下退火，可消除内应力。

(4) 电性能

聚碳酸酯具有良好的电性能，在较宽的温度范围内保持电绝缘恒定性，并具有耐电晕性。聚碳酸酯体积电阻率和介电强度与聚酯薄膜相当，介质损耗角正切仅次于聚乙烯和聚苯乙烯，且几乎不受温度影响，在 10~30℃范围内接近常数。

(5) 耐化学品性能

室温耐水、稀酸、氧化剂、盐、油、脂肪烃，但不耐碱、胺、酮、酯、芳香烃。在很多有机溶剂中溶胀，常用的溶剂有二氯甲烷、三氯甲烷、四氯乙烷等。

此外，在工程塑料中获得广泛应用的聚甲醛和改性聚苯醚（MPPO）的性能分别见表 2.6-10 和表 2.6-11。

表 2.6-10　聚甲醛的物理、力学和热性能

性能		POM 的种类								
		均聚甲醛	共聚甲醛	冲击改性均聚甲醛	冲击改性共聚甲醛	20%玻璃纤维增强均聚甲醛	25%玻璃纤维偶合共聚甲醛	40%长玻璃纤维增强	21%聚四氟乙烯填充均聚甲醛	5%~20%聚四氟乙烯填充共聚甲醛
物理性能	密度/(g/cm³)	1.42	1.41	1.34~1.39	1.29~1.39	1.54~1.56	1.58~1.61	1.72	1.54	1.40
	吸水性(24h)(试样厚 3.175mm)(%)	0.25~0.40	0.20~0.22	0.31~0.43	0.31~0.41	0.25	0.22~0.29	—	0.20	0.15~0.26
		0.9~1.41	0.65~0.80	0.75~0.85	1.0~1.3	1.0	0.8~1.0	—	0.72	0.5
	介电强度/(kV/mm)	20	20	15.4~20.2	—	19.6	19.2~23.2	—	15~18.4	16~16.4
力学性能	拉伸断裂强度/MPa	66.88~68.95	60.68	51.71~54.81	—	58.60~62.05	110.32~127.55	100.66	—	57.23
	断裂伸长率(%)	25~75	40~75	91~521	60~150	12	2~3	1.0	10~22	30
	拉伸屈服强度/MPa	65.50~82.74	60.68~71.71	—	20.68~53.52	—	—	—	47.57~52.44	57.23
	压缩强度(断裂或屈服)/MPa	107.56~124.11	110.32	52.40~82.05	—	124.11	117.21	102.04	89.63	71.44~86.87
	弯曲强度(断裂或屈服)/MPa	93.76~96.53	89.63	39.99~70.33	—	73.77	124.11~193.05	179.26	75.84	79.29

（续）

性能			POM 的种类								
			均聚甲醛	共聚甲醛	冲击改性均聚甲醛	冲击改性共聚甲醛	20%玻璃纤维增强均聚甲醛	25%玻璃纤维偶合共聚甲醛	40%长玻璃纤维增强	21%聚四氟乙烯填充均聚甲醛	5%~20%聚四氟乙烯填充共聚甲醛
力学性能	拉伸弹性模量/10^3MPa		3.10~3.59	2.83~3.20	1.28~2.33	1.96	62.05	8.62~9.65	11.03	2.83~2.90	1.72~1.93
	压缩弹性模量/10^3MPa		4.62	3.10	—	—	—	—	—	—	—
	弯曲弹性模量/10^3MPa	22.98℃	2.62~2.95	2.55~3.10	1.28~2.24	0.83~2.07	4.83~5.03	7.58	10.34	2.34~2.62	2.14~2.48
		93.33℃	0.83~0.93	—	0.34~0.69	—	2.07~2.22	—	—	0.76~0.83	—
		121.11℃	0.52~0.62	—	0.23~0.42	—	1.72~1.86	—	—	0.55~0.59	—
	悬臂梁冲击强度/(J/m^2)		64.01~122.68	42.67~80.01	112.01~906.78	90.68~149.35	42.67~53.34	53.34~96.02	373.38	37.34~64.01	26.67~53.34
	洛氏硬度　HRM		92~94	78~90	58~79	40~70	90	79（110HRR）	—	78	79
热性能	线膨胀系数/(10^{-6}/K)		100~113	61~85	92~117	—	33~75	20~44	—	113	52~68
	弯曲负荷下变形温度/℃	1.82MPa	123.89~136.11	85~121.11	54.44~65	55.56~90.56	157.82	160~162.78	160	98.89~100	92.22~107.22
		0.455MPa	164.44~172.22	155~165.56	168.33~173.89	153.33~158.89	173.89	163.89~166.11	—	148.89~165	137.78~162.78
	热导率/[W/(m·K)]		0.2303	0.2303	—	—	—	—	—	—	0.1968

表 2.6-11　MPPO 的理化性能

序号	性能		指标					
			优等品		一等品		合格品	
			M106	M109-G20	M106	M109-G20	M106	M109-G20
1	密度/(g/cm^3)	≤	1.08	1.25	1.08	1.25	1.08	1.25
2	吸水性(23℃、24h)(%)	≤	0.18	0.18	0.18	0.18	0.19	0.19
3	成型收缩率(%)		0.7~0.8	0.5~0.6	0.7~0.8	0.5~0.6	0.7~0.8	0.5~0.6
4	拉伸强度/MPa	≥	60	85	58	83	56	80
5	弯曲强度/MPa	≥	100	110	98	102	98	100
6	简支梁冲击强度(无缺口)/(kJ/m^2)	≥	50	25	48	22	40	20
7	简支梁冲击强度(有缺口)/(kJ/m^2)	≥	13	11	12	10	11	9
8	体积电阻率/Ω·m	≥	10^{13}	10^{13}	10^{13}	10^{13}	10^{13}	10^{13}
9	介电常数(10^6Hz)	≤	2.6	2.8	2.7	2.9	2.7	2.95
10	介质损耗角正切(10^6Hz)	≤	0.008	0.008	0.009	0.009	0.010	0.010
11	介电强度/(mV/mm)	≥	22	22	22	22	21	21
12	热变形温度(1.82MPa)/℃	≥	115	122	112	120	110	115
13	玻璃纤维质量分数(%)		0	20±3	0	20±3	0	20±3
14	阻燃性		FV-0	FV-1	FV-0	FV-1	FV-0	FV-1

注：G20 表示 20%玻璃纤维增强品级。

3. PBT

聚对苯二甲酸丁二醇酯（PBT）具有优良的耐热性，表现为高熔点、高热变形温度、高连续使用温度及优良的热稳定性；强度高，在工程塑料中名列前茅；易于达到要求的阻燃性；有优良的电气性能和耐气候性、高回弹性；吸湿性低，饱和吸湿后对机械、电气及尺寸稳定性的影响极小；低摩擦、耐磨耗；具有优良的耐化学品性，除热水和碱外，PBT 对大多数化学药品都呈惰性。由于流动性好，易加工，成型周期短，制品表面光滑有光泽，PBT可制成薄壁或形状复杂的制品。

PBT的主要理化特性如下：

（1）物理性能

PBT是呈乳白色的颗粒，密度为1.32g/cm^3，吸水率为0.1%，成型收缩率为1.5%~2%，经玻璃纤维增强和阻燃的PBT的成型收缩率随玻璃纤维含量和阻燃剂含量而变化，一般在0.2%~0.9%之间。

（2）力学性能

1）泰伯（Taber）磨耗。PBT的磨耗随其黏度特性而变化，在相对黏度$\eta_{sp}=1$时为12.7mg，而$\eta_{sp}=0.82$时为16.7mg。玻璃纤维增强PBT的磨耗随玻璃纤维含量变化，16%（质量分数，下同）玻璃纤维时为25mg，21%玻璃纤维时为40mg。

2）摩擦因数。PBT和玻璃纤维增强PBT的摩擦因数都在0.3~0.4之间变化。

3）冲击强度。PBT简支梁冲击强度分别为：无缺口时为31kJ/m^2；有缺口时为6.4kJ/m^2。20%玻璃纤维增强PBT简支梁冲击强度分别为：无缺口时为30kJ/m^2；有缺口时为10kJ/m^2。以上是一般室温时的冲击强度，-40℃时的冲击强度分别比上述数值略大。

4）拉伸强度。PBT的拉伸强度为55MPa，25%玻璃纤维增强PBT的拉伸强度为110MPa，断裂伸长率<4%。

5）弯曲强度。PBT的弯曲强度为95MPa，25%玻璃纤维增强PBT的弯曲强度为175MPa。

6）弯曲模量。25%玻璃纤维增强PBT的弯曲模量为6.6×10^{3}MPa。

7）压缩强度。25%玻璃纤维增强PBT的压缩强度为119MPa。

8）洛氏硬度。25%玻璃纤维增强PBT的洛氏硬度为98HRM。

（3）热性能

1）线膨胀系数。PBT的线膨胀系数为9×10^{-5}/℃，25%玻璃纤维增强PBT的线膨胀系数为（2~3）×10^{-5}/℃，数值随玻璃纤维含量增加而降低。

2）热变形温度。在1.8MPa下，PBT的热变形温度为60℃，30%玻璃纤维增强PBT的热变形温度>210℃。

3）熔点。PBT的熔点为228℃。

4）耐蠕变性。在23℃时，PBT的耐蠕变性好，温度升高至50~70℃时不耐蠕变，随玻璃纤维含量增加而耐蠕变性变差。

（4）电性能

1）介质损耗角正切及介电常数。PBT在10^{6}Hz下的介质损耗正切为2×10^{-2}，随温度升高而增加，随玻璃纤维含量提高而降低。在10^{6}Hz下，PBT的介电常数为3.2，随着玻璃纤维含量的增加和温度的升高，介电常数增大。

2）体积电阻率。PBT的体积电阻率为10^{15}~10^{16}Ω·m，随着玻璃纤维含量的增加和温度的升高，体积电阻率降低。

3）击穿强度。PBT的击穿强度为20kV/mm，随着玻璃纤维含量增加，击穿强度进一步提高，对于特殊的高电性能品级，击穿强度可达30kV/mm。

4）耐电弧性。PBT的耐电弧性在140~170s之间，玻璃纤维含量增加，PBT的耐电弧性降低，降低的程度和试样表面的光亮程度有关，越光亮耐电弧性越高。试样表面的光亮程度和模具湿度、料温有关。阻燃品级在包覆情况较差的情况下，耐电弧性不高。

5）耐电弧径迹性（CTI）。PBT和非阻燃PBT的CTI值分别为600V和500V左右，而现有的阻燃品级的CTI值仅为225~280V。它也和表面的光亮程度有关。

（5）耐化学品性能

除热水和碱外，PBT对大多化学品都呈惰性。这是它的结晶性所致，而且加工制品的内应力小，甚至连CCl_4等强溶剂浸泡也不发生开裂现象，因而可在注塑件上加入各种金属嵌件。

（6）热老化性

PBT经70℃和150℃下1440h的长期老化试验可保持色泽不变，玻璃纤维增强PBT的耐热性极好，可在130~140℃高温下长期使用。

（7）结晶度

经X射线衍射测定，PBT的相对结晶度稳定在50%左右。

（8）燃烧性

PBT经添加溴类阻燃剂及Sb_2O_3后可较容易地达到UL94-V0级的阻燃性能。近年来已有阻燃性更好的塑料品种问世。

4. PET

（1）物理性能

聚对苯二甲酸乙二醇酯（PET）呈半透明颗粒，纯PET树脂经干燥呈乳白色，未干燥呈透明状态。纯PET树脂的密度为1.368g/cm^3，加有玻璃纤维（约20%）的PET密度在1.5g/cm^{3}左右。纯树脂的吸水率约0.13%，加玻璃纤维后为0.1%~0.11%。纯PET的收缩率较大，为0.75%~1%，含20%以上玻璃纤维PET的收缩率在0.4%左右。

(2) 力学性能

1) 泰伯（Taber）磨耗及摩擦因数。纯 PET 树脂的磨耗较低，约 6mg/1000 周，随玻璃纤维含量增加而磨耗增加，但都较小，属耐磨耗材料，摩擦因数也较低，为 0.2~0.3。

2) 定负荷压缩蠕变性。负载约为 15MPa，试验周期 24h，结果表明：在 23℃时，纯 PET 树脂变形量 <0.1%，而含玻璃纤维的 FR-PET 几乎不变形；在 50~70℃时，纯 PET 树脂的蠕变接近 1.4%，含玻璃纤维的 FR-PET 的蠕变为纯 PET 树脂的 30%~40%，抗蠕变性随玻璃纤维含量增加而增加。

3) 冲击强度。参照 ASTM D256 方法 A 的规范，在 23℃测定悬臂梁冲击强度，纯 PET 树脂缺口冲击强度为 $0.24J/cm^2$，含玻璃纤维的缺口冲击强度在 $0.55 \sim 0.78J/cm^2$ 之间变化。

4) 拉伸强度及弹性模量。按 GB/T 1040.1~5 进行拉伸试验，在 23℃时，纯 PET 树脂的拉伸强度为 50MPa，而 FR-PET 的数值为 120~130MPa，随温度升高而降低，但 FR-PET 的弹性模量在 150℃时，仍能维持在 10^4MPa。

5) 弯曲特性。纯 PET 树脂的弯曲强度为 110MPa，FR-PET 为 190MPa，弹性模量分别为 0.55GPa 和 1.25GPa。室温的弹性模量最大，随温度升高而降低，但低温弹性模量也接近室温值，说明 PET 有良好的低温力学性能。

6) 压缩特性。按照 GB/T 1041—2008 测定压缩强度与弹性模量，纯 PET 树脂及 FR-PET 的压缩强度分别为 60MPa 和 80MPa，常温下压缩强度最大，温度升高，压缩强度相应下降。FR-PET 压缩弹性模量的室温值是 1.6GPa。

(3) 热性能

1) 线膨胀系数。PET 纯树脂的线膨胀系数为 $9.56 \times 10^{-5}/℃$，FR-PET 的线膨胀系数为 $(2.9 \sim 3) \times 10^{-5}/℃$，随玻璃纤维含量的增加而降低。

2) 热变形温度。在 1.8MPa 下，FR-PET 的热变形温度均大于 200℃，玻璃纤维含量超过 30%时，约为 240℃。

3) 熔点。用差示扫描量热计（DSC）法测定，熔点为 255~257℃。

FR-PET 的耐热性与其结晶度有关。早期的 FR-PET 制品在 130℃烘箱中加热处理 30min，可使热变形温度提高 100℃之多。

(4) 电性能

1) 介电强度。纯 PET 树脂为 16.2kV/mm，而 FR-PET 在 22~27kV/mm 之间变化。这是由于纯 PET 树脂在高电压作用下温度上升，易被击穿。FR-PET 的耐热性优于纯 PET 树脂，介电强度也得到提高。

2) 耐电弧性试验。按照 GB/T 1411—2002 进行试验，FR-PET 的耐电弧性，经后处理（130℃ × 0.5h）可稳定在 60~68s，随玻璃纤维含量增加而降低；未经处理的 FR-PET 耐电弧性在 6~60s 之间变化，数据的离散很大。

3) 介电常数及介质损耗。因为 PET 是含有羰基和酯基的极性线型高分子，介电常数的大小取决于介质的极化。分子的极性大，极化程度也大，因而介电常数大。FR-PET 的介电常数在 4 左右。随玻璃纤维含量增加而增大，随频率的增高而减小。这种现象可解释为混入玻璃纤维使分子间引力减弱，使介质极化易发生，因而介电常数增大；频率增高，介质偶极取向极化跟不上交变电场的变化，极化程度相应降低，介电常数同样趋低。

介质损耗有随频率增高而增加的趋势，但又不尽然。在 100Hz 频率下，FR-PET 的损耗比纯 PET 大。这是由于在低频下，偶极子的转向完全跟得上电场的交变。但在极化发生的同时，要克服介质的内黏阻滞力，FR-PET 中混有玻璃纤维，使它的内黏阻滞力大于纯 PET 树脂，故损耗能量就多；当频率达到 10^4Hz 时，偶极子的转向落后于电场的交变，因此在高频下，FR-PET 的介质损耗都维持在 10^{-2} 数量级上。

4) 体积电阻率。按照 GB/T 31838.2—2019 测定体积电阻率，纯 PET 和 FR-PET 的体积电阻率都在 $10^{14}\Omega \cdot m$ 左右，纯 PET 稍大些，都属于绝缘性良好的材料。

(5) 热老化性

热老化试验后，FR-PET 在 180℃ 几乎无变形，在 100℃老化 84 天，拉伸强度的保持率在 70%以上。

5. ABS 树脂

ABS 树脂为不透明、白色或淡黄色的粉状体或粒状体，相对密度为 1.03~1.07。ABS 树脂极易染色，其制品表面可喷涂和电镀。

(1) 物理性能

ABS 树脂无毒、无嗅、坚韧、质硬、呈刚性，有较好的耐低温性和耐蠕变性。ABS 树脂不透水，常温下吸水率<1%，表面可抛光。

(2) 力学性能

1) 冲击强度。ABS 树脂有极好的冲击强度，而且在低温时强度下降不多。冲击强度的大小主要与橡胶含量、接枝率和橡胶形态等因素有关。

2) 拉伸强度。ABS 树脂的拉伸强度一般为 35~50MPa，弹性模量为 1.4~2.8GPa，屈服伸长率为 2%~4%。

3) 压缩强度。ABS 的压缩强度比拉伸强度大。标准 ABS 树脂在 14.1MPa 压缩负荷下，50℃经 24h，尺寸变化不超过0.2%~1.7%。

4）弯曲强度。ABS的弯曲强度可达28~70MPa。

5）耐磨性。ABS树脂的耐磨性很好，虽不能用作自润滑材料，但由于有良好的尺寸稳定性，故可制作中等负荷的轴承。

6）抗蠕变性。ABS树脂的抗蠕变性视品种不同而异，超高冲击ABS制品可承受7MPa负荷而尺寸不变化。

（3）热性能

一般ABS的热变形温度为93℃，耐热级ABS可达115℃，脆化温度可达-7℃，通常在-40℃时仍有相当强度。ABS制品的使用温度为-40~100℃。ABS的热稳定性差，在250℃时即能分解产生有毒的挥发性物质。ABS一般易燃，无自熄性。

（4）电性能

ABS有良好的电绝缘性，且很少受温度、湿度影响，能在很大频率范围内保持恒定。ABS树脂的电性能见表2.6-12。

表2.6-12 ABS树脂的电性能

电性能	60Hz	kHz	MHz
功率因数(23℃)	0.004~0.007	0.006~0.008	0.008~0.010
介电常数(23℃)	3.73~4.01	2.75~2.96	2.44~2.85
体积电阻率/Ω·cm	$(1.05\sim3.60)\times10^{11}$		
耐电弧性/s	66~82		
介电强度/(kV/mm)	14~15		

（5）化学性能

ABS树脂对水、无机盐、碱及酸类几乎完全呈惰性，能溶于酮、醛、酯和氯化烃，而不溶于大部分醇类和烃类溶剂，但与烃类长期接触后软化和溶胀。ABS表面受冰醋酸、植物油等化学品的侵蚀能引起应力开裂。

表2.6-13列出了典型ABS树脂的性能。

表2.6-13 典型ABS树脂的性能

性能		数值		
相对密度		1.03~1.07		
拉伸强度/MPa		34.3~49		
伸长率(%)		2~4		
弯曲强度/MPa		58.8~78.4		
弯曲弹性模量/GPa		1.76~2.94		
悬臂梁冲击强度/(J/cm²)		超高冲击	高冲击	中冲击
	23℃	362.6~460.6	284.2~333.2	186.2~215.6
	0℃	254.8~352.8	88~265	59~167
	-20℃	147~235.2	117.6~147	68.6~78.4
	-40℃	117.6~156.8	98~117.6	39.2~58.8
洛氏硬度HRR		62~118		
热变形温度(1.82MPa负荷)/℃		87		
燃烧性(UL)		94		
成型收缩率(%)		0.6		
流动性(高化式)		0.05		
体积电阻率/Ω·cm		$(1.05\sim3.60)\times10^{14}$		
介电常数(10^3Hz)		2.75~2.96		
耐电弧性/s		66~82		

6. 超高分子量聚乙烯（UHMWPE）

UHMWPE的相对分子质量极高，因此分子缠绕性极大，结晶度变低，密度下降。其密度为0.964~0.986g/cm³，熔体指数（MI）接近0。由于相对分子质量高，其冲击强度、抗张强度、耐磨性和热变形温度很高。UHMWPE的冲击强度比尼龙高12倍，比聚四氟乙烯高9倍，比聚碳酸酯高1.5倍，比聚甲醛高11倍，比ABS树脂高3~5倍。它的耐磨性比尼龙高2.4倍，比聚四氟乙烯高3.7倍，比45钢高6.5倍。UHMWPE在0.45MPa负荷下的热变形温度为85℃。该种材料具有极佳的润滑性能，摩擦因数很低，能自润滑。它耐水、防水，能耐多种化学品的腐蚀，且无毒，是一种价廉的特种工程塑料。表2.6-14为日本三井石油化工公司的几种UHMWPE的典型性能。

7. 聚砜

由于聚砜结构中的二苯撑砜基高度共轭，其原子又处于坚固空间位置上，使聚合物坚硬、不易断裂、不易蠕变。其二苯丙烷连接基团，使聚砜具有柔性和韧性，易于加工成型。因此，聚砜具有优良的综合性能。主要特点是：既刚又韧，耐热耐寒，耐老化，可在-100~150℃长期使用，抗蠕变性能优良，化学稳定性好，耐无机酸、碱、盐液的侵蚀，硬度大，绝缘性能优良，耐离子辐射，并具有自熄性能等。表2.6-15~表2.6-19列出了聚砜的物理性能、力学性能、燃烧性能、热性能和电性能。

表 2.6-14　超高分子量聚乙烯的典型性能

性能		240M	340M
物理性能	平均相对分子质量(黏度法)	200×10^4	300×10^4
	密度/(g/cm³)	0.935	0.93
	表观密度/(g/cm³)	0.45	0.45
力学性能	屈服强度/MPa	21.6	21.6
	扩张强度/MPa	39.2	49.0
	伸长率(%)	400	250
	悬臂梁冲击强度(缺口)/(J/m²)	不破坏	不破坏
	摆式冲击强度/(J/m²)	1 079	872
	肖氏硬度(D 式)	66	66
	奥尔森刚性率	588	588
	磨耗强度(砂磨耗)(磨耗量)/mg	20	15
热性能	熔点/℃	136	136
	维卡软化温度/℃	134	134
	热变形温度(0.45MPa)/℃	85	85
	平均线膨胀系数/(10^{-4}/℃)	1.5	1.5
	热导率/[W/(m·K)]	0.356	0.356
电气性能	电阻率/Ω·cm	$10^{12}\sim10^{18}$	$10^{12}\sim10^{18}$
	介电强度/(kV/mm)	50	50
	介电常数	23	23
	介质损耗角正切	$(2\sim3)\times10^{-4}$	$(2\sim3)\times10^{-4}$

表 2.6-15　Udel 聚砜的物理性能

物理性能		数值	测试方法:ASTM
色泽		琥珀色	—
透明		透明	D1003
折射率		1.633	—
气味		无	—
密度/(g/cm³)		1.24	D1505
成型前后体积比(丸粒)		1.8	D1895
吸水率(%)	24h	0.3	D570
	平衡	0.62	D570
	平衡(100℃)	0.85	D570
熔融流动指数/(dg/min)	P-1700	6.5	—
	P-3500	3.5	
成型收缩率/(m/m)		0.007	D955

表 2.6-16　Udel 聚砜的力学性能

力学性能		室温	测试方法:ASTM
抗张强度(屈服)/MPa		70.3	D638
弹性抗张模量/MPa		2482	D638
抗张屈服伸长率(%)		5~6	D638
断裂抗张伸长率(%)		50~100	D638
挠曲强度(屈服)/MPa		106	D790
弹性挠曲模量/MPa		2689	D790
断裂压缩强度/MPa		276	—
屈服压缩强度/MPa		96	—
弹性压缩模量/MPa		2579	—
剪切强度(屈服)/MPa		41.4	D732
极限剪切强度/MPa		62.1	D732
泊松率 0.5%		0.37	—
剪切模量 *G*/MPa		917	—
悬臂梁冲击强度/(J/m²)	缺口,6.35mm	64	D256
	缺口,3.18mm	69	D256
	缺口,3.18mm	64	D256
	无缺口,3.18mm	>3200	—
洛氏硬度		69HRM,120HRR	D785

表 2.6-17　Udel 聚砜的燃烧性能

燃烧性能		聚砜牌号		测试方法:ASTM
		非改性 P-1700	改性 P-1720	
自燃温度/℃		550	590	D1929
电弧引燃温度/℃		490	490	D1929
极限氧指数	3.2mm	30	32	D2863
	1.5mm	V-2	V-0	—
	3.2mm	V-2	V-0	—
	6.1mm	V-0	V-0	—
NBS 烟雾密度				D2843
	极限烟雾密度	90	86	—
	到达极限时间/min	9	20	—

表 2.6-18　Udel 聚砜的热性能

性能		值	测试方法:ASTM	性能	值	测试方法:ASTM
热变形温度/℃	1.8MPa	174	D648	热导率/[W/(m·K)]	0.26	C177
	0.5MPa	181	D648	维卡软化温度/℃	188	D1525
玻璃化转变温度/℃		190	D3418	脆化温度/℃	-101	D746
线膨胀系数/(10^{-5}/℃)		5.6	D696			

表 2.6-19　Udel 聚砜的电性能

电性能		条件						测试方法:ASTM
		22℃,48h 后			35℃,90%(相对湿度),96h	100℃	160℃	
		22℃,浸渍 50%(相对湿度)	水中	177℃				
介电常数	60Hz	3.15	3.31	3.11	—	—	—	D150
	10^3Hz	3.14	3.29	3.09	—	—	—	
	10^6Hz	3.10	3.23	3.07	—	—	—	
	10^9Hz	3.00	—	—	—	—	—	

（续）

电性能		条件						测试方法：ASTM
		22℃，48h后			35℃，90%（相对湿度），96h	100℃	160℃	
		22℃，浸渍50%（相对湿度）	水中	177℃				
分散因数	60Hz	0.0011	0.0008	0.0039	—	—	—	D150
	10^3Hz	0.0013	0.0012	0.0014	—	—	—	
	10^6Hz	0.0050	0.0073	0.0012	—	—	—	
	10^9Hz	0.0040	—	0.0008	—	—	—	
表面电阻/Ω		3×10^{16}	—	—	2.7×10^{11}	—	—	D257
电阻率/Ω·cm		5×10^{16}	—	—	1.6×10^{12}	—	—	D257
耐电弧性/s	钨电极	60	—	—	—	—	—	D495
	不锈钢棒电极	22	—	—	—	—	—	
介电强度（短时）/（MV/m）	厚度3.302mm	17	15	—	—	21	—	—
	厚度0.254mm	87	—	—	—	106	122	
	厚度0.025mm	295	—	—	—	339	244	

2.6.4 橡胶与塑料的成型和加工

表2.6-20和表2.6-21列出了橡胶材料在成型过程中容易出现的问题。

表2.6-20 模压制品的废次品问题分析

序号	废品类型	废品特征	产生的原因
1	尺寸不准	制品厚度不均，外形尺寸超差，其尺寸不符合图样要求	1. 设备、模具平行度不良 2. 橡胶收缩率计算不准 3. 模具加工不良
2	缺胶	制品没有明显的轮廓，其形状不符合图样要求 制品有明显的轮廓，但存在局部凹陷、欠缺	1. 装入的胶料重量不足 2. 压制时压力上升太快，胶料没有充满型腔而溢出模外 3. 排气不佳
3	飞边增厚	制品在模具分型处有增厚的现象	1. 装入的胶量过多 2. 模具中没有余料槽或余料槽过小 3. 压力不够
4	气泡	制品的表面和内部有鼓泡	1. 压制时型腔内的空气没有全部排出 2. 胶料中含有大量水分或易挥发性物质 3. 模具排气条件不佳 4. 装入的胶料重量不够
5	凸凹缺陷	制品表面有凸凹痕迹（如低洼、麻点）	1. 模具型腔表面粗糙度值大 2. 胶料本身有缺陷（如黏度大或超期等） 3. 模具排气条件不佳
6	裂口	制品上有破裂现象	1. 起模取出制品时操作不当 2. 因型腔内涂刷隔离剂过多而造成胶料分层的现象 3. 模具结构不合理 4. 胶料成型方法不正确（特别是氟橡胶与高硬度丁腈橡胶）
7	皱折裂纹、离层	制品表面皱折 制品表面和内部有裂纹或离层的现象	1. 型腔内装入了脏污的胶料 2. 型腔内所涂的脱模剂过多 3. 不同胶料相混 4. 工艺操作（成型、加料方法）不正确 5. 胶料超期
8	杂质	制品表面和内部混有杂质	1. 胶料在塑炼、混炼及保管、运输过程中混入杂质 2. 模具没有清理干净（包括飞边、废胶未清理干净）

（续）

序号	废品类型	废品特征	产生的原因
9	分型面错位（缝）	制品在分型处有明显甚至较大的错位	1. 模具制造精度和加工精度不准 2. 45°分型面上由于飞边而增厚 3. 模具定位不良
10	卷边（缩边）	制品在分型处有明显的向内收缩的现象	1. 胶料加工性能差（如氟橡胶） 2. 模具结构不合理（厚制品应采用封闭式结构模具和合理设置余料槽）
11	表面质量不好	制品表面粗糙度不符合有关标准的相应要求	1. 模具型腔表面粗糙度值大 2. 镀铬层有部分脱落 3. 有些胶料腐蚀型腔表面
12	结合力不强	金属嵌件与橡胶结合不好	1. 金属嵌件镀铜或吹砂的质量不好 2. 没有严格执行涂胶工艺规程（包括使用超期镀铜件、胶粘剂或混炼胶） 3. 压制地点的相对湿度太大 4. 胶料与金属胶粘剂选择不当
13	孔眼	制品有孔眼缺陷	1. 杂质脱落 2. 气泡破裂 3. 装入的胶料重量不足
14	接头痕迹	制品有接头痕迹	1. 在型腔内加料不正确 2. 模具结构不合理 3. 胶料流动、结合性能差

表 2.6-21 几种常用胶料易产生的缺陷及特点

序号	常用胶料	易产生的缺陷及特点
1	天然橡胶	易产生黏模、卷边和闷气现象，拉断力小、伸长率大，易于取出制品、硫化流动性好
2	丁腈橡胶	易闷气，接合力差，在接头处易产生痕迹而影响制品的强度
3	氯丁橡胶	因黏性大，制品表面易产生凹痕（如低洼麻点），制品取出过程中变形量较大（特别是热模，强制拉出制品）
4	丁苯橡胶	丁苯橡胶（特别是 3160 胶料）对模具型腔腐蚀性较大，型腔表面易发黑，因而模压制品表面光亮度差
5	硅橡胶	收缩率不易掌握，因而制品的尺寸较难保证。6144 胶料易黏模、硬度低、飞边薄，而且拉断力小，制品取出比较困难
6	氟橡胶	收缩率变化范围大；与其他胶料相比，加工工艺性差（如硬度大、流动性小、结合性能差）、不易成型、硫化定形快，在分型处易卷边（缩边）和产生裂纹（缝）
7	乙丙橡胶	三元乙丙橡胶（1023 胶料）硫化起模后气味难闻、制品易撕裂，所以有的制品冷却后取出
8	聚氨酯橡胶	混炼、成型、硫化加工工艺性能差，易起泡、发黏、开裂，流动性差
9	丁腈橡胶	丁腈橡胶（2840 胶料）硫化起模后气味难闻，易黏模，硬度偏低，胶边（飞边）易卷边和黏合

表 2.6-22～表 2.6-25 分别为工程塑料的综合性能比较、耐热性、耐化学试剂的稳定性和塑料的氧指数。表 2.6-26～表 2.6-29 列出了外加化合物对工程塑料性能的影响、工程塑料的燃烧特性、注射成型过程中容易出现的问题和工程塑料成型后推荐使用的料筒清理料。

表 2.6-22 工程塑料的综合性能比较

名称	丙烯腈-丁二烯-苯乙烯共聚物（ABS）	聚甲醛（POM）	聚四氟乙烯（PTFE）	聚三氟氯乙烯（PCTFE）	聚酰胺（PA）	聚碳酸酯（PC）	聚酰亚胺（PI）	改性聚苯醚（MPPO）	聚砜（PSF）
价格	0	0	–	–	–	0	–	–	–
可加工性	0	+	–	+	+	0	–	0	+
抗张强度	0	–	–	0	0	0	+	+	+
韧性	0	–	–	0	0	0	+	0	0

（续）

名称	丙烯腈-丁二烯-苯乙烯共聚物（ABS）	聚甲醛（POM）	聚四氟乙烯（PTFE）	聚三氟氯乙烯（PCTFE）	聚酰胺（PA）	聚碳酸酯（PC）	聚酰亚胺（PI）	改性聚苯醚（MPPO）	聚砜（PSF）
冲击强度	0	-	0	0	-	+	-	-	0
硬度	0	+	-	0	0	+	+	+	+
使用温度	-	0	+	0	0	0	+	0	0
耐化学性	0	0	+	+	0	0	+	0	+
耐候性	0	0	+	+	-	0	+	0	0
耐水性	0	0	+	+	-	0	0	+	0
阻燃性	-	-	+	+	0	0	+	0	0

注："+"表示较强，"0"表示适中，"-"表示较差。

表 2.6-23　各种工程塑料的耐热性

名　称	热变形温度/℃	长期连续使用温度/℃
尼龙 6(PA6)	63	65~130
玻璃纤维增强尼龙 6	206	65~130
聚对苯二甲酸丁二醇酯(PBT)	60	120~140
玻璃纤维增强 PBT	212	120~140
聚甲醛(POM)	122	85~105
聚碳酸酯(PC)	135	100~130
改性聚苯醚(MPPO)	110	90~140
聚砜(PSF)	175	140~150
聚醚砜(PES)	203	170~180
聚苯硫醚(PPS)	260	180~220
聚芳酯(U 聚合物)	174	150~160
聚酰胺(PA)	274	230~250
聚酰亚胺(PI)	357	260~316
聚四氟乙烯(PTFE)	55	250~260

表 2.6-24　各种工程塑料对化学试剂的稳定性

名称	化学试剂																24h 吸水重量增加率(%)
	芳香族溶剂		脂肪族溶剂		含氯溶剂		弱碱/盐		强碱		强酸		强氯化剂		酯/酮		
	温度/℃																
	25	93	25	93	25	93	25	93	25	93	25	93	25	93	25	93	
PA	1	1	1	1	1	2	1	2	2	3	5	5	5	5	1	1	0.2~1.9
PA(芳香族)	1	1	1	1	1	1	2	3	4	5	3	4	2	5	1	2	0.6
PC	5	5	1	1	5	5	1	5	5	5	1	1	1	1	5	5	0.15~0.35
MPPO	4	5	2	3	4	5	1	1	1	1	1	2	1	2	2	3	0.06~0.07
POM	1~4	2~4	1	2	1~2	4	1~3	2~5	1~5	2~5	5	5	5	5	1	2~3	0.22~0.25
PBT	2	5	1	3~5	3	5	1	3~4	2	5	3	4~5	2	3~5	2	3~4	0.06~0.09
PSF	4	4	1	1	5	5	1	1	1	1	1	1	1	1	3	4	0.2~0.3
PPS	1	2	1	1	1	2	1	1	1	1	1	1	1	2	1	1	<0.05
PI	1	1	1	1	1	1	2	3	4	5	3	4	2	5	1	1	0.3~0.4
聚酰胺-酰亚胺(PAI)	1	1	1	1	2	3	1	1	3	4	2	3	2	3	1	1	0.22~0.28
PTFE	1	1	1	1	1	1	1	1	1	1	1	1	1	1	1	1	0
PCTFE	1	1	1	1	3	4	1	1	1	1	1	1	1	1	1	1	0.01~0.10

表 2.6-25　塑料的氧指数

名　　称	氧指数(%)	名　　称	氧指数(%)
聚甲醛	16.2	阻燃 ACS 树脂	28.5
聚甲基丙烯酸甲酯	17.3	改性芳香族聚醚阻燃品种	28.5
聚乙烯	17.4	尼龙 66	28.5
聚丙烯	17.4	聚苯醚	30.0
丙烯腈-苯乙烯树脂	18.1	聚砜	30.4
聚苯乙烯	18.3	聚芳酯	36.8
ABS 树脂	18.4	玻璃纤维增强聚苯硫醚	44.0
ACS(丙烯腈-氯化聚乙烯-苯乙烯)树脂	19.6	聚氯乙烯	45.0
聚碳酸酯	24.9	聚偏氯乙烯	60.0
阻燃 ABS 树脂	26.5	聚四氟乙烯	95.0

表 2.6-26　增强、填料、添加剂对工程塑料性能的影响

改性剂名称		一般添加量(体积分数,%)	抗张强度	弯曲模量	冲击强度	热变形温度	阻燃性能
增强改性剂	玻璃纤维	10~15	↑↑↑	↑↑↑	↓	↑↑↑↑	↑↑
	碳纤维(切断的纤维)	10~40	↑↑↑↑	↑↑↑↑	↓	↑↑↑↑	↑↑
	芳纶纤维(切断的纤维)	5~20	↑↑	↑↑	↓	↑↑↑↑	↑
	矿物纤维(硅灰石、钙、碳化合物)	10~40	↑↑	↑↑	↓↓	↑↑↑	↑↑
填料、添加剂	矿物(滑石、陶土、云母、$CaCO_3$、硅)	40	↑	↑↑	↓↓	↑↑	↑↑
	金属(片、纤维)	10~40	↓	↑↑	↓↓	↑↑↑	↑
	炭粉	10~20	↓↓	↑↑	↓↓	↑	↓
阻燃剂	有机	5~20	↓↓	↓	↓	↓	↑↑↑↑
	无机	5~40	↓↓	↑↑	↓↓	↑	↑↑↑↑
内润滑剂(PTFE,有机硅,二硫化钼)		5~15	↓	↑	↓↓	↑	↑
玻璃珠		10~40	↓↓	↑↑	↓↓	↑	↑
抗冲改性剂		5~15	↓↓	↓	↑↑↑↑	↓	↓
抗静电剂		1~5	↓	↓	↓	↓	—
紫外光稳定剂		≈1	↓	↓	↓	↓	—

改性剂名称		导电率	耐磨性	耐化学性	尺寸稳定性	成型精确度	耐蠕变性	成本
增强改性剂	玻璃纤维	—	↑↑	↑↑	↑↑↑	↑↑	↑↑↑	↑↑
	碳纤维(切断的纤维)	↑↑↑↑	↑↑↑	↑↑	↑↑↑↑	↑↑	↑↑↑↑	↑↑↑↑
	芳纶纤维(切断的纤维)	—	↑↑	↑↑	↑↑	↑↑↑	↑↑	↑↑↑
	矿物纤维(硅灰石、钙、硫化合物)	—	↑	↑	↑↑	↑↑↑	↑↑	↑
填料、添加剂	矿物(滑石、陶土、云母、$CaCO_3$、硅)	—	↑	↑↓	↑	↑↑↑↑	↑	↓↓
	金属(片、纤维)	↑↑↑	↑	↑↓	↑	↑↑	↑	↑↑↑
	炭粉	↑↑↑↑	↓	↑	↑	↑↑	↑	↑
阻燃剂	有机	—	↓	↑↓	↓	—	↓	↑↑↑
	无机	—	↓	↑↓	↑	↑↑↑	↑	↑
内润滑剂(PTFE、有机硅、二硫化钼)		—	↑↑↑↑	↑	↑	↑↑	↑	↑↑↑
玻璃珠		—	↑	↑	↑	↑↑↑↑	↑	↓↓
抗冲改性剂		—	↓	↑↓	↓	↓	↓	↑↓
抗静电剂		↑↑	—	—	—	—	—	↑↑↑
UV 稳定剂		—	—	—	—	—	—	↑↑↑

注：因添加剂和填料的种类不同而效果不同。↑↓表示对某几种具有耐化学性；↑或↓表示可忽略的效果；↑↑或↓↓表示有些效果；↑↑↑或↓↓↓表示有较大效果；↑↑↑↑或↓↓↓↓表示有很大效果；—表示无效果。箭头向上表示增强，箭头向下表示减弱。

表 2.6-27 工程塑料的燃烧特性

名称	燃烧难易	离火后自熄	火焰状态	塑料变化状态	气味
有机玻璃	容易	继续燃烧	浅蓝、顶端白	融化、起泡	较浓的花果、蔬菜腐烂的臭味
聚氯乙烯	难	离火即熄	黄、下端绿，白烟	软化	刺激性酸味
聚偏氯乙烯	很难	离火即熄	黄、端部绿	软化	特殊气味
聚苯乙烯	容易	继续燃烧	橙黄、浓黑烟炭束	软化起泡	特殊苯乙烯单体味
ABS	容易	继续燃烧	黄色、黑烟	软化烧焦	特殊气味
聚乙烯	容易	继续燃烧	上端黄、下端蓝	熔融滴落	石蜡燃烧气味
聚丙烯	容易	继续燃烧	上端黄、下端蓝、少量黑烟	熔融滴落	石油味
聚酰胺	缓慢燃烧	慢慢熄灭	蓝色、上黄	熔融滴落、起泡	羊毛、指甲烧焦味
聚甲醛	容易	继续燃烧	上黄、下蓝	熔融、滴落	强烈甲醛味、鱼腥臭
聚碳酸酯	缓慢燃烧	慢慢熄灭	黄、黑烟炭束	熔融、起泡	特殊气味、花果腐烂的臭味
氯化聚醚	难	熄灭	飞溅、上黄底蓝、浓黑烟	熔融、不增长	HCl 味
聚砜	难	熄灭	黄褐色烟	熔融	略有橡胶燃烧味
聚三氟氯乙烯	不燃	—	—	—	—
聚四氟乙烯	不燃	—	—	—	—
醋酸纤维素	容易	继续燃烧	暗黄色、少量黑烟	熔融、滴落	醋酸味
聚醋酸乙烯	容易	继续燃烧	暗黄色、黑烟	软化	醋酸味
聚乙烯醇缩丁醛	容易	继续燃烧	黑烟	熔融、滴落	特殊气味
酚醛树脂	难	自熄	黄色火花	开裂、色加深	浓甲醛味
酚醛树脂(木粉)	慢慢燃	自熄	黄色	膨胀、开裂	木材和苯酚味
酚醛树脂(布基)	慢慢燃	继续燃烧	黄色、少量黑烟	膨胀、开裂	布和苯酚味
酚醛树脂(纸基)	慢慢燃	继续燃烧	黄色、少量黑烟	膨胀、开裂	纸和苯酚味
脲甲醛树脂	难	自熄	黄、顶端淡蓝	膨胀、开裂、燃烧处变白色	特殊气味、甲醛味
三聚氰胺树脂	难	自熄	淡黄色	膨胀、开裂、变白	特殊气味、甲醛味
聚酯	容易	燃烧	黄、黑烟	稍微膨胀，有时开裂	苯乙烯味

表 2.6-28 注射成型过程中可能出现的问题及解决方法

缺陷	原因	解决方法
制品表面有黑点	1. 树脂混有杂质 2. 料筒局部过热，有焦料	1. 检查原料质量 2. 清理料筒和喷嘴
制品表面不够平整、光洁，有折皱	1. 模具不清洁或有损伤 2. 注射工艺不当	1. 清理模具，检查模具是否完好 2. 调整注射工艺
制品脱皮分层	1. 相容性差的不同塑料混杂 2. 同一种塑料的不同牌号相混，流动性不同，塑化程度不一	各种塑料应按类、按色分别存放
制品黏模	1. 模腔表面粗糙度值大 2. 模具斜度不够 3. 模具表面划伤或刻痕	1. 减小模具表面粗糙度值，型腔表面最好镀铬 2. 模具设计应充分考虑脱模斜度 3. 正确控制工艺条件，修理模具
制品变色	1. 温度过高，染料分解 2. 在料筒内停留时间过长，受热分解 3. 脱模剂涂得过多	1. 选择耐高温的染料 2. 减少在料筒内停留时间 3. 减少脱模剂用量
制品凹模	1. 浇口及流道太小 2. 制品太厚或厚薄悬殊 3. 料温太高，冷却时收缩大 4. 注射及保压时间太短	1. 正确设计浇道及浇口尺寸 2. 模具设计时尽量使厚薄均匀 3. 降低料筒温度，增大注射压力 4. 适当调整保压时间

（续）

缺陷	原　因	解决方法
制品溢边	1. 注射压力太大 2. 模具的接触面不平 3. 料温过高 4. 模具磨损或变形 5. 两半模之间落入异物	1. 降低注射压力 2. 应修理磨平，使锁模密合 3. 降低料温 4. 模具应及时修理 5. 清除异物
制品有气泡	1. 排气不够 2. 充模太快 3. 料温太高 4. 物料在机内停留时间太长 5. 粒料干燥不够	1. 加强排气 2. 降低注射速度 3. 降低料筒温度 4. 缩短停留时间 5. 充分干燥粒料
制品产生缩孔	1. 保压时间不足和保压压力太小 2. 制品壁太厚 3. 流道和浇口尺寸太小 4. 料温过高	1. 增加保压时间，提高保压压力 2. 在保证强度的情况下尽量减小壁厚 3. 加大流道和浇口的宽度及高度尺寸，缩短浇口长度尺寸 4. 降低料温
制品色深脆性强度下降	1. 加工温度高 2. 注射压力大 3. 树脂未经充分干燥 4. 料斗无保温，干燥后的树脂保存不妥	1. 降低加工温度 2. 调节注射压力 3. 应充分干燥 4. 料斗用红外线灯照射保温，密闭防潮
注射时喷嘴处涌料	1. 注射座未顶紧 2. 喷嘴和模具浇口不完全吻合	1. 注射座要顶紧 2. 检查喷嘴和模具浇口曲面半径
熔接痕	1. 塑化温度低，注射压力不够高 2. 模温低 3. 浇口小	1. 提高料筒温度 2. 提高模具温度 3. 加大浇口和注射压力
料充不满模腔	1. 料筒温度太低，流道冷却太快，模具温度太低 2. 零件厚薄相差太大 3. 各个孔洞的充填不一致 4. 供料不足	1. 增加料筒及模具温度，扩大流道 2. 改善厚薄使其均匀 3. 变更分流道位置，改善充填一致性 4. 增加粒料供应
边缘部分呈圆弧状	1. 树脂温度太低 2. 注射速度太慢	1. 提高树脂温度，特别是提高喷嘴温度 2. 提高注射压力

表 2.6-29　各种塑料加工过程中推荐使用的料筒清理料

被清原料	清　理　料
PE、PP	HDPE
PS	CA
PVC	PS、ABS、CA
ABS	CA、PS
PA	PS、低熔融指数 HDPE、CA
PBT	用所使用的 PBT 塑料清洗即可
PET	PS、低熔融指数 HDPE、CA
PC	先用 CA 或 PC 的边角粉碎料，再用 PC 的边角粉碎料清理。不得用 ABS 或 PA
POM	PS，不得使用 PVC
氟塑料	先用 CA，再用 PE 清理
PPS	先用 CA，再用 PE 清理
PSF	PC 的边角粉碎料、挤出级 PP
PSF/ABS	PC 的边角粉碎斜、挤出级 PP
MPPO	PS、CA
填充、增强塑料	CA
阻燃塑料	立即用不含阻燃剂但混有 1%（质量分数）硬脂酸钠的同种塑料清洗

注：PE—聚乙烯；PP—聚丙烯；PS—聚苯乙烯；HDPE—高密度聚乙烯；PVC—聚氯乙烯；CA—乙酸纤维素；其他代号意义同前。

2.6.5 石材

1. 概念

石材是指从沉积岩、岩浆岩、变质岩三大岩系的天然岩体中开采出来岩石，经过加工、整形而成板状、块状和柱状材料的总体。

2. 分类

依用途，石材分为装饰用石材、工程用石材、电器用石材、耐酸耐碱用石材、雕刻用石材、精密仪器用石材等。

依成因类型，石材分为沉积岩型石材、岩浆岩型石材、变质岩型石材。

依化学成分，石材分为碳酸盐岩类石材、硅酸盐岩类石材。

按石材的工艺商业分类，石材分为大理石类石材、花岗石类石材、板石类石材。

依石材的硬度，石材分为摩氏硬度为6~7的硬石材、摩氏硬度为3~5的小硬石材和摩氏硬度为1~2的软石材。

依石材的基本形状，石材分为规格石材和碎石材料。

3. 化学组成和矿物组成

1）花岗石。花岗岩主要由镁、铁、钙、钠、钾的硅酸盐和铝硅酸盐类，及少量钛、锰、铁氧化物组成。

2）大理石。大理石包括各种碳酸岩类或镁质硅酸盐岩。它们的主要矿物组分是各种方解石、白云石或蛇纹石。

3）板石。板石主要是浅变质岩，它们多由黏土、粉砂、钙质或中、酸性火山灰组成。大理石、花岗岩和板石的化学成分见表2.6-30。

表2.6-30 部分大理石、花岗岩、板石的化学成分

种类		大理石				花岗岩				板石			
商品名称		杭灰	汉白玉	铁岭红	丹东绿	柳埠红	济南青	贵妃红	虎斑花	红板石	黑板石	紫板石	银晶板石
岩石种类		石灰岩	白云岩	大理岩	镁橄榄石矽卡岩	花岗岩	辉长岩	混合花岗岩	眼球状片麻岩	石英岩状砂岩	板岩	绢云母千枚岩	白云母变粒岩
颜色		灰	白	红	绿	红	灰黑	红	黑白	红	黑	紫	浅灰白
矿山名称		浙江石龙山	北京房山	辽宁铁岭	辽宁丹东	山东柳埠	山东华山	山西东庄	福建铁场	山西黎城	湖北巴东	北京辛庄	河南林县
化学成分（质量分数，%）	CaO	55.08	32.15	44.14	1.24	0.25	8.80	1.08	1.65	0.42	4.32	0.96	0.75
	MgO	0.07	20.13	1.21	48.58	0.65	14.54	0.35	1.07	0.38	0.60	0.72	0.42
	SiO_2	0.29	0.19	12.04	36.84	75.64	48.80	73.92	67.99	96.16	69.08	60.17	84.62
	Al_2O_3	0.76	0.15	2.76	0.02	12.62	12.54	12.74	14.75	1.86	10.36	21.26	7.34
	Fe_2O_3	0.03	0.04	1.30	0.38	1.13	1.39	0.95	3.73	0.94	4.70	7.04	2.27
	K_2O	0.07	0.04	1.34	0.06	4.39	0.49	4.90	5.75	0.07	1.80	2.64	3.15
	Na_2O	0.07	0.09	0.08	0.12	4.00	2.10	3.30	3.15	0	2.00	2.04	0.20
	TiO_2	0	0	0.11	0.01	0.08	0.37	0.27	0.45	—	—	—	—
	MnO	0.01	0.02	0	0.06	0.04	0.18	0.03	0.12	—	—	—	—
	烧失量	43.63	46.20	35.81	10.53	0.50	0.65	1.14	1.09	0.38	5.06	3.43	0.86
	FeO	—				0.45	8.95	1.18	2.27	—			

2.7 热处理

2.7.1 热处理工艺及设计

1. 热处理工艺分类及代号

（1）分类原则

金属热处理工艺分类按基础分类和附加分类两个主层次进行划分，每个主层次中还可以进一步细分。

1）基础分类。根据工艺总称、工艺类型和工艺名称（按获得的组织状态或渗入元素进行分类），将热处理工艺按3个层次进行分类，见表2.7-1。

2）附加分类。对基础分类中某些工艺的具体条件更细化的分类。包括实现工艺的加热方式及代号（表2.7-2）；退火工艺及代号（表2.7-3）；淬火冷却介质和冷却方法及代号（表2.7-4）和化学热处理中渗非金属、渗金属、多元共渗工艺按渗入元素的分类。

（2）代号

1）热处理工艺代号。基础分类代号采用了3位数字系统。附加分类代号与基础分类代号之间用半字线连接，采用两位数和英文字头做后缀的方法。热处理工艺代号标记规定如下：

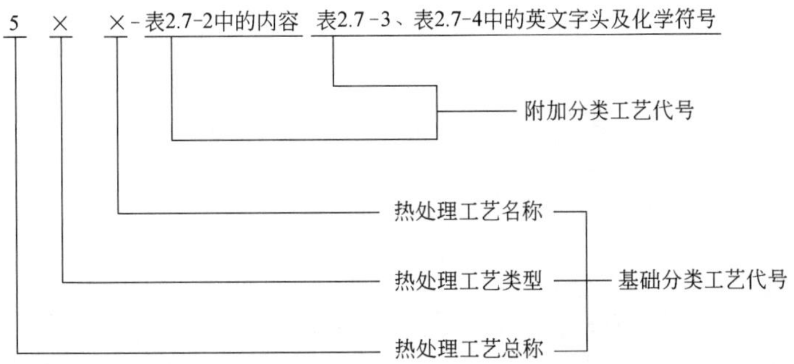

表 2.7-1　热处理工艺分类及代号

工艺总称	代号	工艺类型	代号	工艺名称	代号
热处理	5	整体热处理	1	退火	1
				正火	2
				淬火	3
				淬火和回火	4
				调质	5
				稳定化处理	6
				固溶处理;水韧处理	7
				固溶处理+时效	8
		表面热处理	2	表面淬火和回火	1
				物理气相沉积	2
				化学气相沉积	3
				等离子体增强化学气相沉积	4
				离子注入	5
		化学热处理	3	渗碳	1
				碳氮共渗	2
				渗氮	3
				氮碳共渗	4
				渗其他非金属	5
				渗金属	6
				多元共渗	7

表 2.7-2　加热方式及代号

加热方式	可控气氛（气体）	真空	盐浴（液体）	感应	火焰	激光	电子束	等离子体	固体装箱	流态床	电接触
代号	01	02	03	04	05	06	07	08	09	10	11

表 2.7-3　退火工艺及代号

退火工艺	去应力退火	均匀化退火	再结晶退火	石墨化退火	脱氢处理	球化退火	等温退火	完全退火	不完全退火
代号	St	H	R	G	D	Sp	1	F	P

表 2.7-4　淬火冷却介质和冷却方法及代号

冷却介质和方法	空气	油	水	盐水	有机聚合物水溶液	热浴	加压淬火	双介质淬火	分级淬火	等温淬火	形变淬火	气冷淬火	冷处理
代号	A	O	W	B	Po	H	Pr	I	M	At	Af	G	C

2）基础分类工艺代号。基础分类工艺代号由 3 位数字组成，3 位数字均为 JB/T 5992.7—1992 中表示热处理的工艺代号。第一位数字“5”为机械制造工艺分类与代号中热处理的工艺代号；第 2、3 位数字分别代表基础分类中的第二、三层次中的分类代号。

3）附加分类工艺代号。

① 当对基础工艺中的某些具体实施条件有明确要求时，使用附加分类工艺代号。

附加分类工艺代号接在基础分类工艺代号后面。其中加热方式采用两位数字，退火工艺和淬火冷却介质和冷却方法则采用英文字头。具体的代号见表 2.7-2~表 2.7-4。

② 附加分类工艺代号，按表 2.7-2 到表 2.7-4 顺序标注。当工艺在某个层次不需进行分类时，该层次用阿拉伯数字“0”代替。

③ 当对冷却介质及冷却方法需要用表 2.7-4 中两个以上字母表示时，用加号将两个或几个字母连结起来，如 H+M 代表盐浴分级淬火。

④ 化学热处理中，没有表明渗入元素的各种工艺，如多共元渗、渗金属、渗其他非金属，可以在其代号后用括号表示出渗入元素的化学符号表示。

4）多工序热处理工艺代号。多工序热处理工艺代号用破折号将各工艺代号连接组成，但除第一个工艺外，后面的工艺均省略第一位数字“5”，如 515-33-01 表示调质和气体渗氮。

（3）常用热处理工艺代号

常用热处理工艺代号见表 2.7-5。

表 2.7-5　常用热处理工艺代号

工艺	代号	工艺	代号	工艺	代号
热处理	500	形变淬火	513-Af	离子渗碳	531-08
整体热处理	510	气冷淬火	513-G	碳氮共渗	532
可控气氛热处理	500-01	淬火及冷处理	513-C	渗氮	533
真空热处理	500-02	可控气氛加热淬火	513-01	气体渗氮	533-01
盐浴热处理	500-03	真空加热淬火	513-02	液体渗氮	533-03
感应热处理	500-04	盐浴加热淬火	513-03	离子渗氮	533-08
火焰热处理	500-05	感应加热淬火	513-04	流态床渗氮	533-10
激光热处理	500-06	流态床加热淬火	513-10	氮碳共渗	534
电子束热处理	500-07	盐浴加热分级淬火	513-10M	渗其他非金属	535
离子轰击热处理	500-08	盐浴加热盐浴分级淬火	513-10H+M	渗硼	535(B)
流态床热处理	500-10	淬火和回火	514	气体渗硼	535-01(B)
退火	511	调质	515	液体渗硼	535-03(B)
去应力退火	511-St	稳定化处理	516	离子渗硼	535-08(B)
均匀化退火	511-H	固溶处理，水韧化处理	517	固体渗硼	535-09(B)
再结晶退火	511-R	固溶处理+时效	518	渗硅	535(Si)
石墨化退火	511-G	表面热处理	520	渗硫	535(S)
脱氢处理	511-D	表面淬火和回火	521	渗金属	536
球化退火	511-Sp	感应淬火和回火	521-04	渗铝	536(Al)
等温退火	511-1	火焰淬火和回火	521-05	渗铬	536(Cr)
完全退火	511-F	激光淬火和回火	521-06	渗锌	536(Zn)
不完全退火	511-P	电子束淬火和回火	521-07	渗钒	536(V)
正火	512	电接触淬火和回火	521-11	多元共渗	537
淬火	513	物理气相沉积	522	硫氮共渗	537(S-N)
空冷淬火	513-A	化学气相沉积	523	氧氮共渗	537(O-N)
油冷淬火	511-O	等离子体增强化学气相沉积	524	铬硼共渗	537(Cr-B)
水冷淬火	513-W	离子注入	525	钒硼共渗	537(V-B)
盐水淬火	513-B	化学热处理	530	铬硅共渗	537(Cr-Si)
有机水溶液淬火	513-Po	渗碳	531	铬铝共渗	537(Cr-Al)
盐浴淬火	513-H	可控气氛渗碳	531-01	硫氮碳共渗	537(S-N-C)
加压淬火	513-Pr	真空渗碳	531-02	氧氮碳共渗	537(O-N-C)
双介质淬火	513-1	盐浴渗碳	531-03	铬铝硅共渗	537(Cr-Al-Si)
分级淬火	513-M	固体渗碳	531-09		
等温淬火	513-At	流态床渗碳	531-10		

2. 热处理工艺、组织的优化设计

(1) 热处理工艺的优化设计

当前热处理优化设计的趋势是使典型的热处理工艺流程程序化，建立起材料-热处理工艺参数-性能之间的数学模型，从而借助电子计算机来进行热处理工艺规范的优选。图 2.7-1 所示是热处理工艺优化设计的典型程序。该流程图说明了产品（零部件）设计、材料选择至工艺流程、工艺规范的优选及最终评定的相互关系。初步评价是根据采用的工艺流程和方案，对零部件进行初步而又全面的技术和经济分析比较，如果不满足要求，则重新从选材上考虑是否需要改变。关于组织、性能、残余应力、尺寸变化的预测，可以根据生产实践中积累的经验和试验加以解决。对于最终评价，则必须坚持通过小批的中间试验、组织与性能的试验观测和寿命试验加以确定。

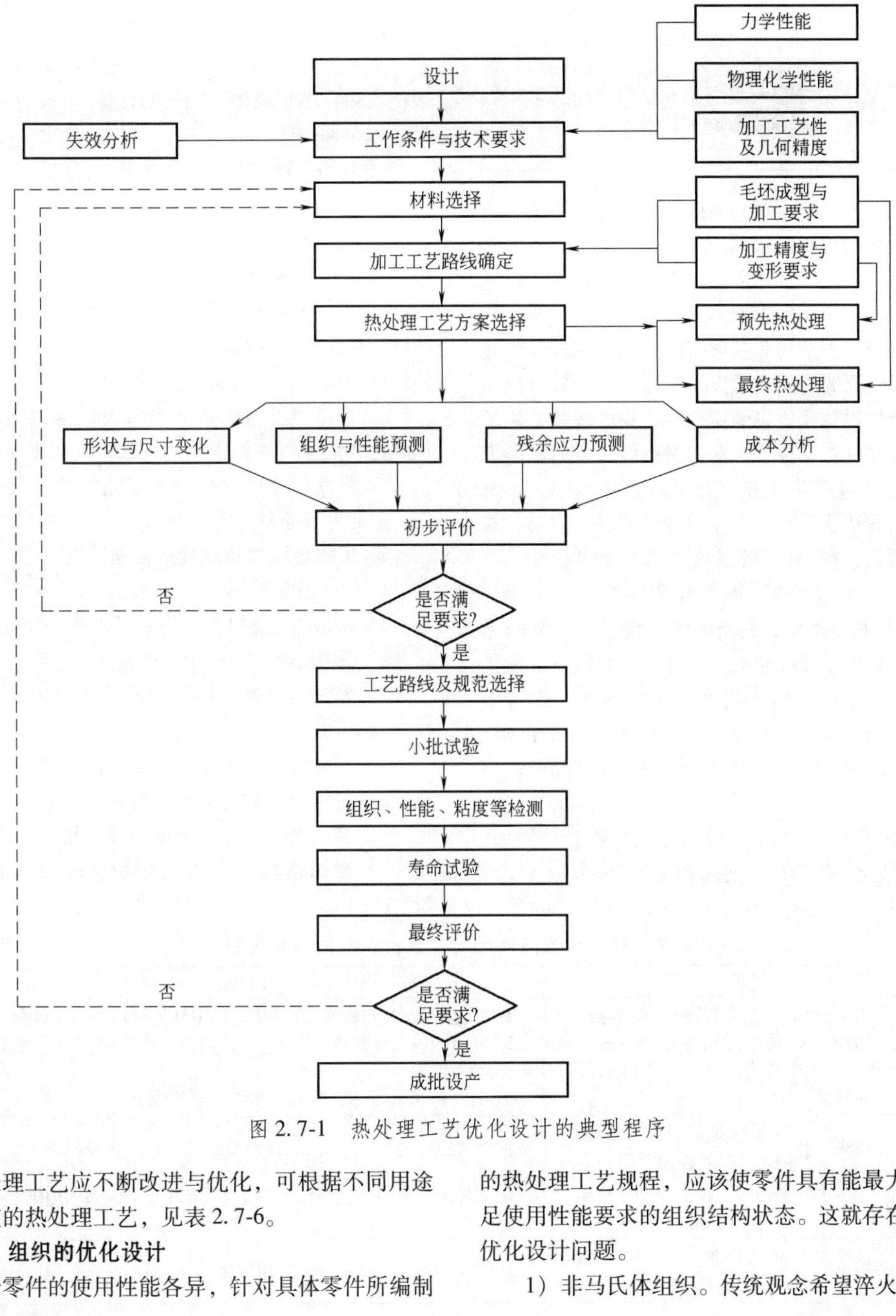

图 2.7-1　热处理工艺优化设计的典型程序

热处理工艺应不断改进与优化，可根据不同用途选用相应的热处理工艺，见表 2.7-6。

(2) 组织的优化设计

由于零件的使用性能各异，针对具体零件所编制的热处理工艺规程，应该使零件具有能最大限度地满足使用性能要求的组织结构状态。这就存在一个组织优化设计问题。

1）非马氏体组织。传统观念希望淬火后基体为

表 2.7-6　热处理工艺改进与优化

目的	主要措施
防氧化、防脱碳	①可控气氛热处理；②真空热处理；③流态床加热热处理；④包装热处理
减少淬火变形开裂	①合理选材；②使用新淬火介质；③低温加热；④改进淬火方法；⑤用表面淬火代替整体淬火
提高产品使用性能	①形变热处理；②气相沉积；③磁场热处理；④开发化学热处理新技术及采用多元共渗；⑤采用强韧化新工艺；⑥推广微机控制技术
强化工艺过程	①快速加热；②使用新渗剂；③使用催渗剂；④提高化学热处理温度及采用循环化学热处理；⑤采用离子轰击化学热处理

马氏体组织，不希望出现其他组织。有资料表明，当基体中马氏体的体积分数从100%减少到50%后，弯曲疲劳强度下降20%。然而，随着研究工作的不断深入，对非马氏体组织的影响问题应该辩证地分析。例如，魏氏组织、夹杂物和带状组织在钢中都被认为是有害的。近年研究表明，魏氏组织以交叉细针状形态存在，夹杂物以硫化物包围脆性氧化物或硅酸盐等的形态存在，在一定条件下，它们对性能产生的影响不大。目前也有应用含有带状组织的刀具的报道。又如，传统的看法认为上贝氏体的性能不好。但是，有一种球墨铸铁，在380℃等温后获得的上贝氏体，强度、韧性均好（R_m=950MPa，A=8%～12%）。

2）沿晶断转化为穿晶断的组织设计。沿晶断是低能断裂，受控于裂纹萌生，一旦产生裂纹就失稳扩展，这是很危险的。回火脆性、低温脆断、疲劳断裂、应力腐蚀、氢脆、冲击和蠕变等均存在沿晶断。因此，要从组织设计上采取控制措施，使沿晶断转化为穿晶断。

① 球化或消除沿晶界连续分布的脆性相。例如，T10A钢经碳化物微细球化处理和短时加热淬火。

② 减少杂质元素（Sn、As、Sb、P等）的晶界偏聚。例如，采用两相区淬火和加微量硼或稀土元素使晶界净化。

③ 细化晶粒或使之产生锯齿形晶界。例如，将渗碳钢20CrMnTi改为碳氮共渗，可以减小晶粒尺寸。在一定条件下，锻后余热淬火可产生锯齿形晶界。

④ 晶界析出软性第二相等。

3）穿晶断及组织优化设计。断裂能量（用应力 σ_f 表示）与有效晶粒尺寸之间有反比关系，即晶粒直径 d_p 越小，断裂所需能量 σ_f 越大，故从组织角度应设法减小 d_p。例如：

① 减小 d_p（有效）。钢中组织按 d_p 由小到大一般依次为：下贝氏体→回火马氏体→低碳马氏体→上贝氏体→珠光体。

② 细化晶粒或亚晶，如细化低碳马氏体的板条束。

③ 第二相分割基体，如下贝氏体分割马氏体，魏氏针状铁素体交叉等。

④ 基体加均布软性第二相，如马氏体加点状的α-Fe、马氏体加残留奥氏体、奥贝球墨铸铁（上贝氏体加残留奥氏体）等。

⑤ 基体加均匀分布细小的硬性第二相、马氏体加碳化物、球墨铸铁中基体铁素体加石墨球。

⑥ 脆性相外包软性相，如硅酸盐夹杂外包硫化物、破碎状铁素体包石墨球等。

3. 常用金属材料及其热处理工艺

（1）一般热处理

1）一般热处理的工艺特点、目的和应用见表2.7-7。

2）常用结构钢的完全退火温度与硬度见表2.7-8。

3）常用工具钢、轴承钢的退火和球化温度与硬度见表2.7-9。

4）消除焊接与加工应力的低温退火见表2.7-10。

5）常用钢材的正火温度与硬度见表2.7-11。

6）常用钢材的淬火温度与硬度见表2.7-12。

7）常用钢材淬火后不同硬度的回火温度见表2.7-13。

表 2.7-7　一般热处理的工艺特点、目的和应用

类别	工艺特点		目的和应用
退火	将工件加热到一定温度（相变或不相变）保温后缓冷下来，或通过相变以获得珠光体型组织，或不发生相变以消除应力降低硬度的一种热处理方法		1. 降低硬度，提高塑性，改善切削加工性能或压力加工性能 2. 经相变退火提高成分和组织的均匀性，改善加工工艺性能，并为下道工序做准备 3. 消除铸、锻、焊、轧、冷加工等所产生的残余应力
	均匀化退火	将工件加热至 Ac_3 + 150～200℃，长时间保温后缓慢冷却	使钢材成分均匀，用于消除铸钢及锻轧件等的成分偏析
	完全退火	将工件加热至 Ac_3 + 30～50℃，保温后缓慢冷却	使钢材组织均匀，硬度降低，用于铸、焊件及中碳钢和中碳合金钢锻轧件等
	不完全退火	将工件加热至 Ac_1 + 40～60℃，保温后缓慢冷却	使钢材组织均匀，硬度降低，用于中、高碳钢和低合金钢锻轧件等

（续）

类别	工艺特点		目的和应用
退火	等温退火	加热至 Ac_3+30～50℃（亚共析钢），保温一定时间，随炉冷至稍低于 Ac_1 的温度，进行等温转变，然后空冷	使钢材组织均匀，硬度降低，防止产生白点，用于中碳合金钢和某些高合金钢的重型铸锻件及冲压件等（组织与硬度比完全退火更为均匀）
	锻后余热等温退火	锻坯从停锻温度（一般为 1000～1100℃）快冷至 Ac_1 以下的一定温度（一般为 650℃），保温一定时间后炉冷至 350℃左右，然后出炉空冷	低碳低合金结构钢锻件毛坯采用锻后等温退火处理，可获得均匀、稳定的硬度和组织，提高锻坯的可加工性，降低刀具消耗，也为最后的热处理做好组织上的准备，此外该工艺也有显著的节能效果
	球化退火	在稍高和稍低于 Ac_1 温度间交替加热及冷却，或在稍低于 Ac_1 温度保温，然后慢冷	使钢材碳化物球状化，降低硬度，提高塑性，用于工模具、轴承钢件及结构钢冷挤压件等
	再结晶退火	加热至 Ac_1-50～150℃，保温后空冷	用于经加工硬化的钢件降低硬度，提高塑性，以利加工继续进行，因此，再结晶退火是冷作加工后钢的中间退火
	去应力退火	加热至 Ac_1-100～200℃，保温后空冷或炉冷至 200～300℃，再出炉空冷。对一些精密零件可采用较低的退火温度，减少本工序变形并解除退火前所存在的残余应力	用于消除铸件、锻件、焊接件、热轧件、冷拉件，以及切削、冲压过程中所产生的内应力，对于严格要求减少变形的重要零件在淬火或渗氮前常增加去应力退火
正火	一般将钢件加热至 Ac_3 或 Ac_{cm}+40～60℃，保温一定时间，达到完全奥氏体化和均匀化，然后在自然流通的空气中均匀冷却，大件正火也可采用风冷、喷雾冷却等以获得正火均匀的效果		调整钢件的硬度、细化组织及消除网状碳化物，并为淬火做好组织准备。正火的主要应用如下： 1. 用于碳含量（质量分数）低于 0.25% 的低碳钢工件，使之得到量多且细小的珠光体组织，提高硬度，从而改善其可加工性 2. 消除共析钢中的网状碳化物，为球化退火做准备 3. 作为中碳钢及合金结构钢淬火前的预备热处理，以减少淬火缺陷 4. 作为要求不高的普通结构件的最终热处理 5. 用于淬火件消除残余应力和细化组织，以防重淬时产生变形与开裂
淬火	将工件加热至 Ac_3 或 Ac_1+20～30℃，保温一定时间后快速冷却，获得均匀细小的马氏体组织或均匀细小马氏体和粒状渗碳体混合组织		1. 提高硬度和耐磨性 2. 淬火后经中温或高温回火，可获得良好的综合力学性能
	单介质淬火	将工件加热至淬火温度后，浸入一种淬火介质中，直到工件冷至室温为止。该工艺适合于一般工件的大量流水线生产方式，可根据材料特性和工件有效尺寸，选择不同冷却特性的淬火介质	适用于形状规则的工件，工序简单，质量也较易保证
	双介质淬火	将加热到奥氏体化温度的工件先淬入高温快冷的第一介质（水或盐水）中，冷却至接近马氏体转变温度时，将工件迅速转入低温缓冷的第二种介质（如油）中	主要适用于碳钢和合金钢制成的零件，由于马氏体转变在较为缓和的冷却条件下进行，可减少变形并防止产生裂纹

（续）

类别	工艺特点		目的和应用
淬火	分级淬火	将加热到奥氏体化温度后的工件淬入温度为马氏体转变温度附近的淬火介质中，停留一定时间，使零件表面和心部分别以不同速度达到淬火介质温度，待表里温度趋于一致时再取出空冷	分级淬火法能显著地减小变形和开裂，适合于形状复杂、有效厚度小于20mm的碳素钢、合金钢零件和工具。渗碳齿轮采用分级淬火，可大大减少齿轮的热处理变形
	等温淬火	将加热到奥氏体化温度后的工件淬入温度稍高于马氏体转变温度（贝氏体转变区）的盐浴或碱浴中，保温足够的时间，使其发生贝氏体转变后在空气中冷却	1. 由于变形很小，很适合于处理如冷冲模、轴承、精密齿轮等精密结构零件 2. 组织结构均匀，内应力很小，产生显微和超显微裂纹的可能性小 3. 由于受等温槽冷却速度的限制，工件尺寸不宜过大
回火	将淬火后的工件重新加热到 Ac_1 以下某一温度，保温一段时间，然后取出以一定方式冷却下来		1. 降低脆性，消除内应力，减少工件的变形和开裂 2. 调整硬度，提高塑性和韧性，获得工件所要求的力学性能 3. 稳定工件尺寸
	低温回火	回火温度为150~250℃	降低脆性和内应力的同时，保持钢在淬火后的高硬度和耐磨性，主要用于各种工具、模具、滚动轴承以及渗碳或表面淬火的零件
	中温回火	回火温度为350~500℃	在保持一定韧性的条件下提高弹性和屈服强度，主要用于各种弹簧、锻模、冲击工具和某些要求高强度的零件
	高温回火	回火温度为500~650℃，回火后获得索氏体组织，一般习惯将淬火后经高温回火称为调质处理	可获得强度、塑性、韧性都较好的综合力学性能。广泛用于各种较为重要的结构零件，特别是在交变负荷下工作的连杆、螺栓、齿轮及轴等，不但可作为这些重要零件的最终热处理，而且还常可作为某些精密零件（如丝杠等）的预备热处理，以减小最终热处理中的变形，并为获得较好的最终性能提供组织基础
冷处理	将淬火后的工件，在0℃以下的低温介质中继续冷却，一般到-80~-60℃，待工件截面冷却至温度均匀一致后，取出空冷		可提高工件硬度、抗拉强度和稳定工件尺寸，主要适用于合金钢制成的精密刀具、量具和精密零件，如量块、量规、铰刀、样板、高精度的齿轮等，还可使磁钢更好地保持磁性

表2.7-8　常用结构钢的完全退火温度与硬度

钢牌号	退火温度/℃	退火后的硬度 HBW	钢牌号	退火温度/℃	退火后的硬度 HBW
40Cr	830~850	149~207	50CrVA	830~850	179~229
40MnVB	850~880	156~207	65Mn	800~820	179~229
42CrMo	840~860	197~241	60Si2MnA	830~850	179~229
35CrMo	840~860	197~241	38CrMoAlA	900~920	179~229

表2.7-9　常用工具钢、轴承钢的退火和球化温度与硬度

钢牌号	加热温度/℃	等温温度/℃	等温时间/h	退火后硬度 HBW
T7	740~760	650~680	2~3	140~187
T8A	740~760	650~680	2~3	140~187
T10A	750~770	680~700	2~3	149~197
T12A	750~770	680~700	2~3	149~207
9Mn2V	760~780	670~690	3~4	179~229
9SiCr	790~810	700~720	3~4	197~241
CrWMn	770~790	680~700	3~4	207~255
GCr15	790~810	680~700	3~4	179~229
5CrNiMo	850~870	670~690	3~4	192~241
5CrMnMo	850~870	700~720	3~4	192~241

（续）

钢牌号	加热温度/℃	等温温度/℃	等温时间/h	退火后硬度 HBW
Cr12	850~870	700~730	3~4	207~255
Cr12MoV	850~870	680~700	3~4	207~255
3Cr2W8V	850~870	710~720	3~4	207~255
W18Cr4V	840~860	660~690	4~5	207~255
W6Mo5Cr4V2	840~860	660~690	4~5	223~269
W12Cr4V4Mo	840~860	720~750	4~5	223~269
W6Mo5Cr4V2Al	840~860	720~750	4~5	223~269

表 2.7-10　消除焊接与加工应力的低温退火

类别	装炉方式	加热温度/℃	保温时间/h	冷却方式
焊接件	≤300℃装炉 ≤100~150℃/h	500~550	2~4	炉冷至 300℃出炉空冷
消除加工应力	到温装炉	400~550	2~4	炉冷或空冷

注：1. 对薄壁、易变形焊接件，退火温度应取下限。
2. 要求保持原有硬度的工件，去应力退火加热温度应比最后一次回火温度低 20~30℃。

表 2.7-11　常用钢材的正火温度与硬度

钢牌号	加热温度/℃	正火后硬度 HBW	备　　注
08	910~940	≤131	
15	900~930	≤143	
35	850~880	156~196	
45	830~860	170~217	
20Cr	900~920	131~179	渗碳前的预备热处理
20CrMnTi	950~970	156~207	渗碳前的预备热处理
20MnVB	880~900	156~207	渗碳前的预备热处理
40Cr	850~880	179~229	
40MnVB	860~890	159~207	正火后 680~720℃高温回火
50Mn2	820~840	192~241	正火后 630~650℃高温回火
38CrAlA	950~970	179~229	正火后 700~720℃高温回火
38CrMoAlA	950~970	179~229	正火后 700~720℃高温回火
9Mn2V	860~880	—	消除网状碳化物
GCr15	900~950	—	消除网状碳化物
CrWMn	970~990	—	消除网状碳化物

表 2.7-12　常用钢材的淬火温度与硬度

钢牌号	加热温度/℃	淬火介质	淬火后硬度 HRC
15、20（渗碳后）	770~790	水	≥59
35	830~850	水	≥45
45	820~840	水淬或水淬油冷	≥50
50	820~840	水淬或水淬油冷	≥50
T7~T12	770~800	水淬或水淬油冷	≥60
12CrNi3（渗碳后）	780~800	油	≥59
20Cr（渗碳后）	790~820	油淬或水淬油冷	≥59
20CrMnTi（渗碳后）	850~870（允许渗碳后直接淬火）	油	≥59
20MnVB（渗碳后）	840~860（允许渗碳后直接淬火）	油	≥59
40Cr	840~860	油淬或水淬油冷	≥45
40MnVB	830~850	油	≥45
40CrMnMo	850~870	油	≥62
35CrMnSi	880~900	油	≥45
35CrMo	850~870	油	≥45

（续）

钢牌号	加热温度/℃	淬火介质	淬火后硬度 HRC
42CrMo	840~860	油	—
50Mn2	810~840	油	—
50CrV	850~870	油	≥52
65Mn	790~820	油	≥55
60Si2MnA	840~870	油	≥60
38CrAlA	930~950	油	≥52
38CrMoAlA	930~950	油	≥52
GCr15	830~850	油	≥60
GCr15SiMn	820~840	油	≥60
5CrNiMo	830~850	油	≥52
5CrMnMo	830~850	油	≥52
9Mn2V	790~810	油	≥60
CrMn	840~860	油	≥60
CrWMn	820~840	油	≥60
9SiCr	850~870	油	≥60
Cr12	980~1020	油	≥60
Cr12MoV	980~1020	油	≥60
	1080~1150	油	≥42
3Cr2W8V	1050~1100	油	≥50
W18Cr4V	1260~1300	油或熔盐	≥63
W6Mo5Cr4V2	1210~1240	油或熔盐	≥63
W12Cr4V4Mo	1240~1265	油或熔盐	≥65
W6Mo5Cr4V2Al	1200~1240	油或熔盐	≥65
12Cr13	980~1050	油	≥35
20Cr13	980~1050	油	≥45
30Cr13	980~1050	油	≥47
40Cr13	980~1050	油	≥52

表 2.7-13　常用钢材淬火后不同硬度的回火温度　（℃）

钢牌号	回火后硬度 HRC							备注
	30~35	35~40	40~45	45~50	50~55	55~60	>60	
15、20	—	—	—	—	—	—	160~200	渗碳后淬火
35	360~400	—	—	—	—	—	—	—
45	440~480	400~450	350~380	280~320	200~240	—	—	—
60	480~520	440~480	360~400	320~360	220~260	200~240	180~200	—
T7	—	—	—	350~380	280~320	220~260	160~180	—
T10	—	—	—	—	300~340	220~260	160~180	—
12CrNi3	—	—	—	—	—	180~200	渗碳后淬火	—
20CrMnTi	—	—	—	—	—	180~200	渗碳后淬火	—
20MnVB	—	—	—	—	—	180~200	渗碳后淬火	—
35CrMnSi	—	—	380~420	300~340	200~240	—	—	—
40Cr	—	—	380~420	300~340	200~240	—	—	—
40CrMo	—	—	—	—	—	—	—	—
40CrMnMo	—	—	—	—	—	—	—	—
40MnB	—	—	360~380	280~320	200~240	180~220	—	—
520CrV	—	—	460~480	360~380	280~320	180~200	180~200	—
60Si2Mn	—	—	430~470	400~430	—	—	—	—
65Mn	—	—	400~440	360~400	—	—	—	—
3Cr2W8	—	—	600~640	550~590	540~560	—	—	—
5CrMnMo	—	500~540	460~500	380~400	260~300	—	—	—

（续）

钢牌号	回火后硬度 HRC							备注
	30~35	35~40	40~45	45~50	50~55	55~60	>60	
5CrNiMo	—	500~540	460~500	380~400	260~300	—	—	—
9SiCr	—	—	460~480	400~420	340~360	280~300	180~200	—
9Mn2V	—	—	420~440	380~400	320~340	260~280	180~200	—
CrMn	—	—	420~440	380~400	320~340	280~300	180~200	—
CrWMn	—	—	420~440	380~400	320~340	280~300	180~200	—
Cr12	—	620~860	600~620	560~580	480~520	360~380	180~200	一次硬化
Cr12MoV	—	620~860	600~620	560~580	480~520	360~380	180~200	一次硬化
W18Cr4V	—	—	—	—	—	—	560	回火三次
GCr15	—	—	420~440	360~380	300~320	260~280	180~200	—
GCr15SiMn	—	—	—	—	—	—	—	—
12Cr13	—	—	—	—	—	—	—	—
20Cr13	—	520~540	500~520	360~400	200~220	—	—	—
30Cr13	—	540~560	520~540	360~400	200~220	—	—	—
40Cr13	—	560~580	540~560	380~420	200~220	—	—	—

（2）化学热处理

将工件置于一定温度的活性介质中保温，使一种或几种元素渗入工件表层的工艺称为化学热处理。常用化学热处理的工艺特点、目的和应用见表 2.7-14。

表 2.7-14　常用化学热处理的工艺特点、目的和应用

类别	工艺特点	目的和应用
渗碳	将低碳钢或中碳钢工件放入渗碳介质中加热及保温，使工件表面层增碳，经渗碳的工件必须进行淬火和低温回火，使工件表面渗层获得回火马氏体组织，当渗碳件的某些部位不允许高硬度时，则可在渗碳前采取防渗措施，即对防渗部位进行镀铜敷以防渗涂料，并根据需要在淬火后进行局部退火软化处理	增加钢件表面硬度，提高其耐磨性和疲劳强度，并同时保持心部原材料所具有的韧性。适用于中小型零件和大型重载荷、受冲击、要求耐磨的零件，如齿轮、轴等
渗氮	向工件表面渗入氮原子，形成渗氮层的过程。为了保证工件心部获得必要的力学性能，需要在渗氮前进行调质处理，使心部获得索氏体组织；同时为了减少在渗氮中变形，在切削加工后一般需要进行消除应力的高温回火。渗氮分气体渗氮和液体渗氮，目前广泛应用气体渗氮。按用途还分为强化渗氮和抗蚀渗氮。当工件只需局部渗氮，可将不需要渗氮的部位预先镀锡（用于结构钢工件），或镀镍（用于不锈钢工件），或采用涂料法，或进行磷化处理	提高表面硬度、耐磨性和疲劳强度（可实现这两个目的的为强化渗氮）以及抗蚀能力（抗蚀渗氮）。强化渗氮用钢通常是用含有 Al、Cr、Mo 等合金元素的钢，如 38CrMoAlA（目前专门用于渗氮的钢种），其他如 40Cr、35CrMo、42CrMo、50CrV、12Cr2Ni4A 等钢种也可用于渗氮，用 Cr-Al-Mo 钢渗氮得到的硬度比 Cr-Mo-V 钢渗氮的高，但其韧性不如后者。抗蚀渗氮常用材料是碳钢和铸铁。渗氮层厚度根据渗氮工艺性和使用性能，一般不超过 0.7mm 渗氮广泛用于各种高速传动精密齿轮、高精度机床主轴，如镗杆、磨床主轴；在变向载荷工作条件下要求很高疲劳强度的零件，如高速柴油机轴，及要求变形很小和在一定抗热、耐磨工作条件下耐磨的零件，如发动机的气缸、阀门等
离子渗氮	是利用稀薄的含氮气体的辉光放电现象进行的。气体电离后所产生的氮、氢正离子在电场作用下向零件移动，以很大速度冲击零件表面，氮被零件吸附，并向内扩散形成渗氮层。渗氮前应经过消除切削加工引起的残余应力的人工时效，时效温度低于调质回火温度，高于渗氮温度	基本适用于所有的钢铁材料，但含有 Al、Cr、Ti、Mo、V 等合金元素的合金钢离子渗氮后的钢材表面，比碳钢离子渗氮后表面的硬度高 多用于精密零件，及一些要求耐磨但用其他处理方法又难于达到高的表面硬度的零件，如不锈钢材料
碳氮共渗	在一定温度下同时将碳氮渗入工件的表层奥氏体中，并以渗碳为主的工艺。防渗部位可采用镀铜敷以防渗涂料	提高工件的表面硬度、耐磨性、疲劳强度和耐蚀性。目前碳氮共渗已广泛应用于汽车、拖拉机变速箱齿轮等
氮碳共渗	铁基合金钢工件表层同时渗入氮和碳并以渗氮为主的工艺	提高工件的表面硬度、耐磨性、耐蚀性和疲劳性能，其效果与渗氮相近
渗硼	在一定温度下将硼原子渗入工件表层的工艺	可极大地提高钢的表面硬度、耐磨性、热硬性，提高零件的疲劳强度和抗酸碱腐蚀性
渗硫	使硫渗入已硬化工件表层的工艺	可提高零件的抗擦伤能力

(3) 表面热处理

快速加热工件，使表层组织迅速相变，转变成奥氏体，经淬火冷却，使表层淬硬而心部仍保持材料原有组织和性能的工艺，称表面热处理。常用表面热处理的工艺特点、目的和应用见表 2.7-15。

表 2.7-15 常用表面热处理的工艺特点、目的和应用

类别	工艺特点	目的和应用
感应淬火	将工件的整体或局部置入感应器中，由于高频电流的集肤效应，使零件相应部位由表面向内加热、升温，使表层一定深度组织转变成奥氏体，然后再迅速淬硬的工艺。根据零件材料的特性选择淬火介质。感应淬火件变形小、节能、成本低、生产率高	较大地提高零件的扭转和弯曲疲劳强度及表面的耐磨性。汽车拖拉机零件采用感应淬火的范围很广，如曲轴、凸轮机、半轴、球销等
火焰淬火	用乙炔-氧气或煤气-氧气的混合气体燃烧的火焰，喷射到零件表面上快速加热，达到淬火温度后立即喷水，或用其他淬火介质进行冷却，从而在表层获得较高硬度而同时保留心部的韧性和塑性	适用于单件或小批生产的大型零件和需要局部淬火的工具或零件，如大型轴类与大模数齿轮等。常用钢材为中碳钢，如 35、45 钢及中碳合金钢（合金元素总质量分数<3%），如 40Cr、65Mn 等，还可用于灰铸铁件、合金铸铁件。火焰淬火的淬硬层厚度一般为 2~5mm
电解液淬火	将工件需淬硬的端部浸入电解淬火液中，零件接阴极，电解液接阳极。通电后由于阴极效应而将零件浸入液中的部分表面加热，到达温度之后断电，零件立即被周围的电解液冷却而淬硬	提高淬火表面的硬度，增加耐磨性。因淬硬层很薄，所以变形很小。但由于极间形成高温电弧，造成组织过热、晶粒粗大。采用电解液淬火的典型零件是发动机气阀端
激光淬火	以高能量激光作为热源快速加热并自身冷却淬硬的工艺，对形状复杂的零件进行局部激光扫描淬火，可精确选择淬硬区范围。该工艺生产率高、变形小，一般在激光淬火之后可省略冷加工	提高零件的耐磨性和疲劳性能。典型激光淬火件如滚珠轴承环、缸套或缸体内孔等

4. 热处理对钢材可加工性的影响

钢材的可加工性不是固定不变的，它与切削加工的工艺类别、装备水平、刀具结构、各项工艺参数的选择和冷却介质性能等有关。因此在评价材料的可加工性时必须联系具体的切削条件。

衡量材料可加工性的优劣主要在于刀具寿命的长短和加工后零件的表面粗糙度。被加工材料的硬度越高或组织偏析越严重、硬度越不均匀，都会加快刀具磨损，降低刀具寿命。材料的延展性越好、切削脆性越低，加工时材料越易黏刀，零件的表面粗糙度值越大。因此，通过热处理降低材料硬度、均匀组织、提高切削脆性，是改善材料可加工性的重要措施。

(1) 钢铁材料各种组织的特性

1）铁素体。铁素体是极少量碳和其他合金元素在纯铁中的固溶体，硬度很低，切削时不易断屑，易黏刀形成积屑瘤，影响表面粗糙度。因此，待加工的材料中应避免形成大块的铁素体组织。

2）渗碳体。渗碳体是碳含量 w（C）为 6.67% 的铁和碳的化合物，化学式为 Fe_3C，硬度极高，不能切削加工。材料中的渗碳体含量越高，切削时刀具磨损就越快。合金钢中的碳化物也有与渗碳体相似的特性。

3）珠光体。珠光体是铁素体与渗碳体相间的片状组织，强度较高，有好的切削脆性，经加工后材料表面粗糙度较小。因珠光体的强度高，所以切削力和刀具磨损也相应提高。共析成分的碳素钢退火后其显微组织为 100%（体积分数）珠光体。亚共析钢退火后珠光体含量为

$$\text{珠光体含量}\ (\%) \approx \frac{\text{钢中碳含量}\ (\%)}{0.8}$$

由此可知，钢中碳含量对其可加工性有重要影响。适当的珠光体含量可使钢材既保持必要的切削脆性，同时又保持刀具的低磨损。

4）石墨。石墨是铸铁中碳的一种存在形式，硬度极低，呈游离状态。由于它分割了基体组织，所以它能提高铸铁的切削脆性。

(2) 钢铁材料的硬度和显微组织对可加工性的影响

硬度和显微组织分析是判断钢铁材料可加工性和选择加工工艺参数最重要手段。

1）铸铁。在组织内存在着游离状态的石墨，石墨的强度极低，分布在铸铁基体中。根据石墨的形态和分布状况，不同程度地提高了铸铁的切削脆性。铸铁的基体组织决定了铸造及以后的热处理工艺，基体硬度越高，则可加工性越不好。表 2.7-16 是铸铁的硬度和显微组织对车削加工性能的影响。用热处理方法降低铸铁基体硬度是提高铸铁可加工性的重要措施。如珠光体基体的灰铸铁硬度较高，通过退火可使珠光体分解成铁素体和石墨，硬度则下降，从而改善其可加工性。如将 20% 铁素体和 80% 珠光体的球墨铸铁件进行热处理，即加热到 900℃ 后炉冷至 690℃，

保温 5h 后再按铸件的断面有效厚度尺寸继续保温（600min/25mm），最后从炉内取出空冷。处理后铸件硬度可由原来的 265HBW 降至 183HBW，经处理后切削速度可提高 130%以上。

表 2.7-16　铸铁的硬度和显微组织对车削加工性能的影响

材料	基体显微组织	石墨类型	硬度 HBW	v_{30} /(m/min)	抗拉强度 /MPa	屈服强度 /MPa	伸长率 (%)
灰铸铁	铁素体	片状	100	268	108	—	—
	粗珠光体		195	110	242	—	—
	细珠光体		225	104	311	—	—
	贝氏体		263	61	408	—	—
球墨铸铁	100%铁素体	球状	170	247	484	387	22
	97%铁素体和 3%珠光体		183	174	533	429	20
	60%铁素体和 40%珠光体		207	131	586	483	17
	40%铁素体和 60%珠光体		215	110	642	497	4
	20%铁素体和 80%珠光体		265	73.2	672	546	2
铁素体可锻铸铁 KTH300-06（ASTM 32510）	100%铁素体	回火石墨	109	290	387	225	10
珠光体可锻铸铁 KTZ550-04（ASTM 48004）	球化组织		179	137	484	332	4
珠光体可锻铸铁 KTZ650-02（ASTM 60003）	球化组织		230	85	553	415	3
珠光体可锻铸铁 KTZ700-02（ASTM 80002）	球化组织		250	79	691	553	2

注：采用 C2 硬质合金车刀，v_{30} 表示刀具使用寿命为 30min 时的车削速度。

2）锻钢。钢材组织中因无石墨存在，没有铸铁那样高的切削脆性。基体组织以铁素体为主时，硬度虽很低，但切削时极易黏刀，加工后表面粗糙度值变大；基体以珠光体为主时，则硬度升高，引起刀具磨损加快。组织不均匀造成的硬度不均，也会给切削加工带来困难。因此针对材料的特性不同，正确选择热处理工艺是改善钢材可加工性所必需的。

可加工性最好的组织是珠光体加适量铁素体的均匀分布组织。理论上，碳含量w(C) 为 0.3%~0.35%的碳钢具有最佳的可加工性，而实际上，大量被加工钢材的碳含量不在此范围，因此需要通过热处理方法改善这些钢材的可加工性。表 2.7-17 列出了 AISI 4340 钢用不同热处理规范得到的硬度、显微组织，以及用 AISI T1 高速钢刀具所测出的 v_{60} 和用 C6 硬质合金刀具所测出的 v_{30}。

表 2.7-17　AISI 4340 钢用不同热处理规范得到的硬度、显微组织及可加工性

热处理		显微组织	硬度 HBW	用 AISI T1 刀具测出的 v_{60}/(m/min)	用 C6 刀具测出的 v_{30}/(m/min)
名称	规范				
球化处理	750℃加热快冷至 650℃，12h 后空冷	球化组织	206	23.8	150
退火处理	900℃加热，按有效厚度 60min/25mm 保温，然后按 28℃/h 冷至 790℃后空冷	100%珠光体	221	21.35	123.5
正火处理	870℃加热，按有效厚度 60min/25mm 保温后空冷	细珠光体	321	13.73	88.45
调质处理	843℃加热，淬油，427℃回火	回火马氏体	400	9.15	73.2
调质处理	843℃淬油，316℃回火	回火马氏体	500	5.5	33.55
调质处理	—	—	515	—	25.9

（3）钢材晶粒度对可加工性的影响

钢材晶粒度的粗化会提高材料的淬透性和切削脆性，对淬透性低、塑性好、切削时易黏刀的低碳钢而言，采用粗化晶粒的热处理方法可改善其可加工性。提高加热温度，保证透烧时间可使钢材晶粒长大及组织均匀。在实际生产中，如果加热温度不够或透烧时间不足，会造成混晶和组织不均匀，这将对以后的切削加工和热处理变形产生很不好的影响，应严加控制。

对锻件采用锻后余热快速冷却至一定温度后等温退火的热处理方法，既可保持停锻后的粗晶粒度，又可保持组织和成分的均匀性，对提高切削刀具寿命效果极好。确定等温退火工艺后可根据钢材的特性确定冷却速度和等温温度，并根据锻坯的有效厚度确定等温的保持时间。这种工艺方法可收到节能和降低成本的效果。

例如 SAE 5135 钢锻件经 927℃退火后晶粒度为 6~8 级，若改用锻后余热 704℃等温退火则晶粒度为 3 级。由于晶粒粗化，改善了锻坯的可加工性，刀具寿命可提高 30%。

（4）原材料或毛坯中带状组织对可加工性的影响

显微组织的均匀性是影响钢材特别是低碳钢和低碳低合金结构钢可加工性的一个重要因素。材料中若含有带状铁素体组织，将对可加工性产生严重影响。当带宽为 0.025mm 左右时，不会构成较重偏析，对材料的可加工性无害，甚至还有改善作用。而随带宽的增加，材料的可加工性下降，当带宽接近 1.25mm 时，则会造成刀具快速磨损、切削时黏刀、刀具寿命缩短、工件表面粗糙度值快速变大等后果。铁素体带宽的增加可从切屑形态和断屑能力的恶化反映出来。

带状铁素体组织对不同类型的切削工艺会产生不同的影响。切削方向与带状组织相平行时影响较大，切削时容易出现积屑瘤，加大工件的表面粗糙度值并产生黏刀，严重时会导致打刀，如拉削及齿轮的切齿加工等。切削方向与带状组织相垂直时影响稍小，如车削加工等。

齿轮锻坯的带状铁素体组织过宽时，不仅切齿时齿表面粗糙度变大，甚至在齿根处形成刀痕和拉伤，可能在以后的精加工时也无法消除，造成工作过程的早期疲劳损坏。

对含带状组织材料进行热处理（退火或正火）时，若采用高温状态下以较慢速度冷却，会促进带状铁素体的析出，给以后的切削加工带来不良影响。

带状铁素体组织会妨碍渗碳，易造成渗碳不均。渗碳后若采用缓慢冷却工艺，在渗碳层中易重新析出带状铁素体偏析，严重影响以后的工艺性和工作性能。

对材料中的带状组织，不能用一般的中间退火热处理工艺予以消除。提高退火温度，透烧后采用高温快速冷却，防止高温时的铁素体析出，当冷却到设定温度时再进行等温退火，均有利于减少带状组织的析出。结合高温加热的晶粒粗化，有助于增加切削脆性，改善可加工性。采用高温均匀化退火热处理，理论上可以消除材料中的带状组织，但在机械制造业中难以实现。

由以上可知，严格控制进厂材料的带状组织等级是必要的。

2.7.2 工件质量控制

1. 热处理常见缺陷及控制

（1）金属及钢加热缺陷及控制措施（表 2.7-18）

（2）退火、正火质量缺陷及控制措施（表 2.7-19）

表 2.7-18 金属及钢加热缺陷及控制措施

缺陷		产生原因或加热介质	控制措施
过热	一般过热	炉温仪表失控或混料(如误把高碳钢当作低、中碳钢进行淬火加热)	经退火、正火或多次高温回火后,再在正常加热条件下重新奥氏体化,可使晶粒细化
	断口遗传	加热温度过高,使 MnS 等夹杂物溶入奥氏体并富集于晶界,冷却时这些夹杂物又沿晶界析出	重新加热不能改变这种分布状况,受冲击时仍沿原粗大奥氏体晶界断裂,常做报废处理
	粗大组织遗传性	具有粗大马氏体、贝氏体和魏氏组织的钢材重新奥氏体化时,以满速加热至常规的淬火加热温度,甚至低于正常加热温度	中间退火或多次高温回火
过烧		加热温度过高	无法挽救,只能报废
氧化		空气	1. 工件埋入石英砂+铸铁屑装箱加热 2. 采取感应加热和激光加热方式 3. 涂防氧化涂料 4. 用不锈钢箔密封加热 5. 采用密封炉罐抽真空通保护气氛
		火焰炉燃烧产物	1. 调节燃烧比,使炉气略带还原性 2. 将燃烧产物净化通入炉罐作为保护气氛
		保护气氛	1. 采用一定纯度的惰性气体 2. 在制备气体中,调整到合理的 CO/CO_2、H_2/H_2O 比值
		盐浴	1. 选用优良的脱氧剂,定期脱氧除渣 2. 采用含有脱氧成分的盐浴补充剂或采用不脱氧的长效盐

（续）

缺陷	产生原因或加热介质	控制措施
脱碳	空气	1. 工件埋入石英砂+铸铁屑+木炭粉中装箱加热 2. 工件表面涂防氧化脱碳涂料 3. 用不锈钢箔包装密封加热 4. 采用密封炉罐抽真空，通可控气氛 5. 已脱碳件可在吸热式气氛中复碳
	火焰炉燃烧产物	1. 调节燃烧比，使炉气带还原性可适当减轻脱碳 2. 利用燃烧产物净化通入罐式炉作为保护气氛
	保护气氛	1. 深度净化惰性气体，使 $O_2<10\times10^{-6}$，露点<-50℃ 2. 控制气氛碳势，使碳势接近或等于钢的碳含量
	可控气氛	制备气体中 CO_2、H_2O 要降到能保证所需要的碳势，要采取适当的炉气碳势控制措施
	盐浴	1. 严格要求脱氧 2. 中性盐浴要添加含碳的活性成分，如木炭、CaC、SiC 等 3. 使用常效盐
氢脆	富氢保护气氛	1. 高强度钢避免在富氢气氛中加热，可采用真空 2. 采用低氢气氛，如氢基气氛、精净化放热气氛、放热-吸热气氛 3. 钢件渗碳和碳氮共渗后重新在盐浴中加热淬火 4. 在室温自然时效或回火

表 2.7-19 退火、正火质量缺陷及控制措施

缺陷类型	产生原因	控制措施
硬度过高	1. 冷却速度快或等温温度低，组织中珠光体片间距变细，碳化物弥散度增大或球化不完全 2. 某些高合金钢等温退火时，等温时间不足，随后冷至室温的速度又快，产生部分贝氏体或马氏体转变，使硬度升高 3. 装炉量过大，炉温不均匀	重新退火，严格控制工艺参数
球化不完全	1. 细片状珠光体+点状珠光体。产生原因是退火温度偏低或保温时间不足，原始组织中细片状珠光体溶解不完全，或等温温度低、冷却速度快，碳化物弥散度大 2. 退火温度高或保温时间过长，未溶碳化物少，冷却速度又缓慢或等温温度偏高引起的	重新球化退火
球化不均	球化退火前未消除的网状碳化物在球化退火时发生溶断、聚集形成的	球化退火前通过正火消除网状碳化物
网状碳化物	过共析钢正火冷却速度不够快时，碳化物呈网状或断续网状分布在奥氏体晶界	加快冷却速度，如采用鼓风冷却、喷淋水冷等
粗大的魏氏组织	1. 加快温度过高，奥氏体晶界粗大 2. 冷速较快的中碳钢中常出现粗大奥氏体组织，其铁素体呈片状按羽毛或三角形分布在原奥氏体晶粒内	完全退火或重新正火使晶粒细化
反常组织	先共析铁素体晶界上出现粗大的渗碳体在先共析渗碳体周围出现宽条铁素体。氧含量较高的沸腾钢在 Ar_1 附近冷却速度过低或在 Ar_1 以下长期保温会出现这种组织	重新退火
退火石墨	碳素工具钢和低合金工具钢，退火加热温度过高或保温时间过长，或者多次返修退火，组织中出现石墨碳，并在其周围形成铁素体	可做报废处理，也可通过均匀化退火+重新正常退火挽救
带状组织	锻压或轧制时，枝晶偏析沿变形方向呈条状或带状分布。正火冷却过程中，由于冷却速度较慢，先在这些部位形成铁素体，碳被排挤到枝干形成珠光体	加快正火冷却速度，可减轻带状组织
过烧	加热温度过高使晶界氧化或局部熔化	报废处理

(3) 淬火、回火质量缺陷及控制措施

1) 硬度不足。工件淬火后表面硬度低于所用钢材应有的淬火硬度称为硬度不足，产生硬度不足的原因及控制措施见表 2.7-20。

表 2.7-20 硬度不足的原因及控制措施

序号	原因	控制措施
1	介质冷却能力差,工件表面有铁素体、索氏体等非马氏体组织	1. 采用冷速较快的淬火介质 2. 适当提高淬火加热温度
2	淬火加热温度低,或预冷时间长,淬火冷却速度低,出现非马氏体组织	1. 确保淬火加热温度正常 2. 减少预冷时间
3	亚共析钢加热不足有未溶铁素体	严格控制加热温度、保温时间和炉温均匀性
4	碳钢或低合金钢采用水-油双介质淬火时,在水中停留时间不足,或从水中提出零件后,在空气中停留时间过长	严格控制零件在水中停留时间及操作规范
5	钢的淬透性差,且工件截面尺寸大,不能淬硬	采用淬透性好的钢
6	高碳高合金淬火加热温度高,残留奥氏体过量	降低淬火加热温度或采用深冷处理
7	等温时间过长,引起奥氏体稳定化	严格控制分级或等温时间
8	表面脱碳	采用可控气氛加热或其他防脱碳措施
9	硝盐或碱浴中水分含量过少,分级冷却时有索氏体等非马氏体形成	严格控制盐浴和碱浴中的水分
10	合金元素内氧化,表层淬透性下降,出现索氏体等非马氏体而内部则为马氏体组织	1. 降低炉内气氛中氧化性组分含量 2. 选用冷速快的淬火介质

2) 软点。淬火后工件表面局部区域出现硬度偏低的现象称为软点。碳钢和低合金钢由于淬透性较差，通常易出现淬火软点。淬火软点的产生原因及控制措施见表 2.7-21。

表 2.7-21 淬火软点的产生原因及控制措施

序号	产生原因	控制措施
1	淬火时工件表面气泡未及时破裂致使气泡处冷却速度降低,出现非马氏体组织	1. 增加介质与工件的相对运动 2. 控制水温和水中的杂质(油、皂类)
2	工件表面局部的氧化皮、锈斑或其他附着物(涂料)淬火时未剥落,使冷却速度降低	淬火前清理工件表面
3	原始组织不均匀,有严重的带状组织或碳化物偏析	原材料进行锻造和预备热处理,使组织均匀化

3) 表面腐蚀麻点。工件淬火后经酸洗或喷砂，表面显现出密度较大的点状凹坑称为麻点。它是由介质腐蚀形成的，麻点使工件失去光泽，影响表面粗糙度。形成麻点的原因如下：

① 盐浴中硫酸盐含量过高，使基体遭受腐蚀。

② 盐浴温度偏高或高温淬火加热工件未经预冷便浸入硝盐，致使硝盐发生分解，反应式为

$$2NaNO_3 \rightarrow Na_2O + 2[N] + 5[O]$$

原子态氧［O］与工件表面反应，形成点蚀或均匀腐蚀。

③ 高温盐浴中局部加热的工件，其接近液面并暴露在大气中的局部区域产生麻点，反应式为

$$BaCl_2 + 2H_2O \xrightarrow{高温} Ba(OH)_2 + 2HCl$$

$$Fe + 2HCl \rightarrow H_2 + FeCl_2$$

对非加热部位进行浸盐处理，使之包覆一层固态盐壳，可防止点蚀。

4) 回火缺陷。常见回火缺陷的产生原因及控制措施见表 2.7-22。

5) 淬火畸变。淬火畸变类型及其产生原因见表 2.7-23。

表 2.7-22 常见回火缺陷的产生原因及控制措施

序号	回火缺陷	产生原因	控制措施
1	回火硬度偏高	回火温度过低,或淬火组织中有非马氏体	提高回火温度或延长回火时间
2	回火硬度低	回火温度过高	1. 降低回火温度 2. 改进淬火工艺,提高淬火硬度
3	回火畸变	淬火应力回火时松弛引起畸变	加压回火或趁热校直
4	回火硬度不均	回火炉温不均,装炉量过多,炉气循环不良	炉内应有气流循环风扇或减少装炉量
5	回火脆性	1. 在回火脆性区回火 2. 回火后未快冷引起的第二类回火脆性	1. 避免在第一类回火脆性区回火 2. 在第二类回火脆性区回火后快冷

（续）

序号	回火缺陷	产生原因	控制措施
6	网状裂纹	回火加热速度过快，表层产生多向拉应力	采用较缓慢的回火加热速度
7	回火开裂	淬火后未及时回火形成显微裂纹，在回火时裂纹发展至断裂	减少淬火应力，淬火后应及时回火
8	表面腐蚀	带有残盐的零件回火前未及时清洗	回火前应及时清洗残盐

表 2.7-23　淬火畸变类型及其产生原因

畸变类型	产生原因
体积变化	热处理前后各种组织体积分数不同
形状变化	1. 加热温度不均，形成的加热应力引起畸变或工件在炉中放置不合理，在高温下常因自重产生蠕变畸变 2. 加热时，随加热温度升高，钢的屈服强度降低，已存在于工件内部的残余应力（冷变形应力、焊接应力、机加工应力等）达到高温下的屈服强度时，就会引起工件不均匀塑性变形而造成形状畸变和残余应力松弛 3. 淬火冷却时的不同时性形成的热应力和组织应力使工件局部塑性变形

影响畸变的因素如下：

① 钢的淬透性。淬透性高的钢，组织应力畸变倾向增大，淬透性低的钢热应力畸变倾向增大。

② 工件截面尺寸。工件不能淬透时，截面尺寸越大，淬硬层越浅，热应力畸变倾向越大。

③ Ms 点。Ms 点高，组织应力引起的畸变倾向增大。

④ 钢的碳含量。低碳钢的 Ms 点虽高，但低碳马氏体的体积分数小，组织应力小，一般以热应力畸变为主。中碳钢 Ms 点较高，马氏体的体积分数也较大，通常以组织应力畸变为主。高碳钢虽然马氏体的体积分数大，但 Ms 点低，因此以热应力畸为主。

⑤ 合金元素。碳含量不同的合金钢，合金元素对畸变的影响不同，低碳合金钢热应力畸变倾向较大，中碳合金钢比中碳碳素钢组织应力畸变倾向大。

⑥ 冷却不均匀性。杆、板、轴类工件由于形状不对称或淬入介质的方式不同，工件表面冷却速度不一致，产生弯曲畸变。

⑦ 冷却方式与冷却介质。Ms 点以上慢冷能减少热应力引起的畸变，Ms 点以下慢冷能减少组织应力引起的畸变。水-油双介质淬火以热应力畸变为主。碱浴和硝盐分级淬火对畸变的影响见表 2.7-24。

⑧ 等温淬火时组织转变。在恒温下发生贝氏体转变，且贝氏体体积分数比马氏体小，因此组织应力畸变倾向小。

⑨ 淬火加热温度。淬火加热温度高、冷却速度快，热应力和组织应力畸变都有增大趋势。

⑩ 碳化物偏析。严重的碳化物偏析使平行于碳化物带方向的孔腔胀大，垂直碳化物带方向的孔腔缩小。

减少淬火畸变的途径和方法以及畸变校正方法和措施分别见表 2.7-25 和表 2.7-26。

表 2.7-24　碱浴和硝盐分级淬火对畸变的影响

停留时间		碱浴或硝盐中含水量		分级温度	
长	短	多	少	高	低
组织应力畸变倾向大	热应力畸变倾向大	热应力畸变倾向大	组织应力畸变倾向大	组织应力畸变倾向大	热应力畸变倾向大

表 2.7-25　减少淬火畸变的途径和方法

方法	详细分类说明
采用合理的热处理工艺	1. 降低淬火加热温度对减少热应力和组织应力畸变都有作用 2. 缓慢加热或对工件进行预热，可减少加热过程中的热畸变 3. 静止加热法。极细长和极薄的工件，为了减少盐浴磁搅拌对工件的冲击作用，可采用断电加热 4. 截面尺寸较小的工件，如果对心部强度要求不高，采用快速加热对控制畸变也有一定作用 5. 合理捆扎和吊挂工件 6. 根据工件的形状采用合理的淬火方式 7. 采用分级淬火或等温淬火 8. 根据工件的形状特点及其变形规律，在淬火前人为地使工件反向预变形，使之与淬火后畸变相抵消
合理的设计	1. 工件形状力求对称，截面避免相差悬殊，从而减少因冷却不均引起的畸变 2. 畸变的槽形工件或开口工件，为了减少槽口的胀大或缩小，淬火前使其成为封闭结构，淬火后再切开 3. 合理布设工艺孔 4. 复杂件采用组合结构，即将一个复杂工件分解成几个简单部分，分别实施微畸变淬火后，再组装起来 5. 正确选用钢材，如对精度高、允许热处理畸变小的工模具，可选用微畸变钢

（续）

方法	详细分类说明
合理的锻造和预备热处理	1. 严重的碳化物偏析、带状组织使淬火畸变呈各向异性或不规则。通过锻造改善碳化物分布，不仅能减少畸变，而且对提高工件使用寿命也有利 2. 预备热处理能改善原始组织，消除残余应力，从而减少淬火畸变

表 2.7-26　畸变校正方法和措施

方法	措施
冷压校直	已产生弯曲畸变的工件，在凸出面最高点施加外力使其发生塑性变形，即可实现校直。这种方法适用于硬度低于 35HRC 的轴类工件
热点校直	用氧-乙炔火焰加热畸变工件的凸起部分，然后用水（对碳钢）或油（对合金钢）迅速冷却，使受热部分在热应力作用下收缩，即可消除畸变。这种方法适用于硬度大于 35HRC 的工件
趁热校直	工件淬火冷至 Ms 点附近，组织中尚有大量奥氏体，即从淬火介质中取出进行校直。利用奥氏体的良好塑性和相变超塑性，使畸变得到校正。这种方法适用于高合金钢
回火校直	将淬火后的弯曲畸变工件装入特定夹具中回火，并施加一定压力，很容易使畸变得到校正
反击校直	用硬度大于 60HRC 的钢锤连续敲击弯曲工件的凹处，使工件小面积产生塑性变形，凹处表面向四周扩展延伸，使畸变得到校正。此方法多用于硬度大于 50HRC 的片状工件
缩孔处理	将淬火后内孔发生胀大的工件，加热至 600~700℃透热，为防止内孔进水，用两块薄板盖住工件两端，迅速投入水中急冷，利用热应力使内孔收缩。经一次或多次重复操作，可使胀大的内孔得到校正。然后采取减少内孔胀大措施，重新淬火

6）淬火开裂。淬火裂纹是指热处理应力超过材料的断裂强度时引起的开裂现象。裂纹呈断续的串联分布，断口有淬火油或盐水，无氧化色，裂纹两侧无脱碳现象。淬火开裂的产生原因及防止措施见表 2.7-27。

（4）感应淬火与火焰淬火质量缺陷及控制措施（表 2.7-28 和表 2.7-29）

表 2.7-27　淬火开裂的产生原因及防止措施

缺陷	产生原因	防止措施
淬火开裂	1. 材料管理混乱 2. 冷却不当 3. 未淬透工件心部硬度为 36~45HRC 时，在淬硬层与非淬硬层交界处易形成淬火裂纹 4. 具有最危险淬裂尺寸的工件易形成淬火裂纹 5. 表面严重脱碳易形成网状裂纹 6. 内径较小的深孔工件的内、外表面冷却速度不一致 7. 淬火加热温度过高 8. 重复淬火前未经中间退火 9. 大截面高合金钢工件淬火加热时未经预热或加热速度过快 10. 原始组织欠佳 11. 原材料有显微裂纹、非金属夹杂物、严重碳化物偏析，使淬火开裂倾向增大 12. 锻造裂纹在淬火时扩大 13. 过烧裂纹 14. 淬透性低的钢，用钳子夹持淬火时，被夹持部位淬火冷速慢，有非马氏体组织，钳口位于淬硬层与非淬硬层交界处，其拉应力大，易开裂 15. 工件的尖角、孔、截面突出及粗加工切削刃等因应力集中引起开裂 16. 高速钢、高铬钢分级淬火，工件未冷至室温时，急于清洗（因 Ms 点以下快冷）引起开裂 17. 深冷处理因急冷、急热形成的热应力和组织应力都较大，且低温时材料的脆断强度低，易产生开裂	1. 改进工件结构，截面力求均匀，不同截面处有圆角过渡，尽量减少不通孔、尖角，避免应力集中引起的开裂 2. 合理选择钢材，形状复杂易开裂的工件应选择淬透性高的合金钢制造，以便采用冷速缓慢的淬火介质，减少淬火应力 3. 原材料应避免显微裂纹及严重的非金属夹杂物和碳化物偏析 4. 正确进行预备热处理，避免正火、退火组织缺陷 5. 正确选择加热参数 6. 合理选用淬火介质和淬火方法 7. 对工件易开裂部位，如尖角、薄壁、孔等进行局部包扎 8. 易开裂工件淬火后应及时回火或带温回火

表 2.7-28　感应淬火质量缺陷及控制措施

类型	产生原因	控制措施
硬度不足	单位表面功率低，加热时间短，加热表面与感应器间隙过大，这些因素都使感应加热温度降低，淬火组织中有较多的未溶铁素体	严格控制热处理工艺

（续）

类型	产生原因	控制措施
硬度不足	加热结束至冷却开始的时间间隙过长，喷液时间短，喷液供应量不足或喷液压力低，淬火介质冷却速度慢，使组织中出现索氏体等非马氏体组织	严格控制缩短加热结束至冷却开始的时间间隙、喷液时间、喷液供应量或喷液压力，以及淬火介质的冷却速度
软点	喷水孔堵塞	使喷水孔畅通
	喷水孔太稀	适当增加喷水孔的数量
软带	喷水角度小，加热区返水	调节喷水角度
	工件旋转速度与移动速度不协调，工件旋转一周感应器相对移动距离较大	工件旋转速度与移动速度协调一致
	喷水孔角度不一致，工件在感应器内偏心旋转	尽量使喷水孔角度一致
淬火裂纹	过热，如轴端裂纹、齿面弧形裂纹、齿顶延伸到齿面裂纹	降低比功率，减少加热时间，增大感应器与表面距离，同时加热时降低感应器高度
	冷却过于激烈	采用冷却速度较缓慢的淬火介质，降低喷液供给量和喷液压力
	钢材碳含量较高，如 $w(C)>0.5\%$，开裂倾向急剧增加	精选碳含量，使 45 钢中的碳控制在下限，采用冷却速度缓慢的淬火介质
	工件表面沟槽、油槽使感应电流集中	用铁屑堵塞工件表面沟槽、油槽
	未及时回火	及时回火或采用自行回火
畸变	为热应力型畸变	1. 在工艺上可采用透入式加热，提高比功率，缩短加热时间 2. 轴类工件采用旋转加热，能减少弯曲畸变 3. 为防止齿轮轴内径收缩，内孔加防冷盖，使之与淬火介质隔绝 4. 薄壁齿轮淬火时对内孔喷水加速冷却，可控制内径胀大
硬化区分布不合理	淬硬区与非淬硬区位于工件应力集中处，由于该处存在残余拉应力峰，容易发生断裂	1. 使硬化区离开应力集中的危险断面 6~8mm 2. 对截面的过渡圆角也进行淬火强化或滚压强化
硬化层过厚	1. 设备频率低 2. 感应器与工件的间隙大 3. 加热时间长	在工艺上选用频率高的设备，提高单位面积上的功率，缩小感应器与工件的间隙，减小加热时间，可减小硬化层厚度

表 2.7-29　火焰淬火质量缺陷及控制措施

缺陷类型	产生原因	控制措施
淬火断裂	过热	通过降低加热温度和冷却速度，采用自回火或及时回火，来控制过热裂纹的产生
	重复淬火	淬火开始时降低加热温度，使其成为一个淬火低硬度区。当淬火终结时，喷嘴一旦进入该区，应立即关闭火焰并增加冷却水量
	未及时回火	淬火后及时回火
硬度不足	钢材碳含量低，淬硬性差，如 $w(C)<0.3\%$	选择 $w(C)>0.3\%$ 的钢材
	操作迟缓，冷却不及时	正确操作并及时冷却
	冷却水量不足或水压低	检查冷却装置
	加热温度低	提高加热温度
烧熔	喷嘴火孔变形，误将氧气阀打开大或淬火机床突然停止引起	检查喷嘴火孔
畸变	加热或冷却不均	改进喷嘴形状、尺寸，改善加热和冷却条件来控制淬火畸变，如用旋转淬火代替静止淬火或增加工件旋转速度

(5) 化学热处理常见缺陷及控制措施

1）渗碳和碳氮共渗质量缺陷及控制措施见表 2.7-30。

2）渗氮的常见缺陷及控制措施见表 2.7-31。

3）渗硼的质量缺陷及控制措施见表 2.7-32。

表 2.7-30 渗碳和碳氮共渗质量缺陷及控制措施

缺陷类型	产生原因	控制措施
毛坯硬度偏高	正火温度偏低或保温时间不足，使组织中残留少量硬度较高的（>250HV）的魏氏组织，正火温度超过钢材晶粒显著长大的温度	应重新制订正火工艺，检查控温仪表，校准温度，控制正火冷却速度
毛坯硬度偏低	正火冷却过缓	重新正火，加强冷却
带状偏析	钢材合金元素和杂质偏析，一般正火难以消除	更换材料
层深不足	碳势偏低，温度偏低或渗期不足	提高碳势，检查炉温，调节工艺，延长渗碳（共渗）时间
渗层过深	碳势过高，渗碳（共渗）温度偏高，渗期过长	降低碳势，缩短周期，调整工艺
渗层不均	炉内各部分温度不均，碳势不均，炉气循环不佳，工件相互碰撞，齿面有脏物，渗碳时在齿面结焦	齿轮表面清洗干净，合理设计夹具，防止齿轮相互碰撞，在齿轮斜盘上加导流罩，保证炉内各部温度均匀，严格控制渗碳剂中不饱和碳氢化合物
过共析+共析层比例过大（大于总深度的 3/4）	炉气碳势过高，强渗和扩散时间的比例选择不当	降低碳势，调整强渗与扩散期的比例，如果渗层深度允许，可返修进行扩散处理
过共析+共析层比例过小（小于总深度的 3/4）	炉气碳势过低，强渗时间过短	提高炉气碳势，增加强渗时间，可在炉气碳势较高的炉中补渗
心部铁素体量过多	预冷温度过低或一次加热淬火温度远低于心部的 Ac_1	适当提高预冷温度或一次加热淬火温度
渗层残留奥氏体量过多	炉气碳势高，工件表面碳氮浓度高，且预冷温度不够低	减少渗碳剂供给量，延长扩散时间，降低预冷温度，采用较低的温度进行重新加热淬火或深冷处理
黑色组织	钢中的合金元素 Cr、Mn 等发生内氧化而导致贫化，且氧化物质点又可作为非马氏体相变的核心，从而引起渗层淬透性下降	1. 减少炉内 O_2、CO_2、H_2O 等氧化性气氛含量 2. 改善炉子密封，防止空气进入炉内 3. 排气要充分尽快使炉气呈还原性 4. 提高淬火冷却速度 5. 采用对内氧化敏感性小的钢（内含 Mo、W、Ni 的渗碳钢） 6. 对已形成黑色组织的渗碳或碳氮共渗件可采用喷丸强化，使表面形成残余压应力，以减轻黑色组织对疲劳强度的不利影响
黑色空洞	黑色空洞只有在碳氮共渗（或氮碳共渗）件中出现	控制共渗层氮含量，使 $w(N)<0.5\%$ 是避免黑色空洞的唯一途径，为此应减少含氮介质的供给量和提高共渗温度
畸变	渗碳和碳氮共渗件常以热应力引起的畸变为主，且随表面碳、氮浓度和渗层深度增加，这种畸变趋势更加严重	1. 装料方法要合理，所用的渗碳吊具、料盘的形状、结构等应避免工件因加热和冷却不均引起的畸变 2. 重新加热淬火的渗碳件，降低淬火加热温度 3. 采用热油淬火 4. 金属锻造流线应与渗碳工件外廓相似，严格控制正火后的带状组织和魏氏组织 5. 对渗碳钢的淬透性进行控制，以减少淬透层与深度波动对畸变的影响 6. 为减少大型盘齿轮和齿圈的畸变，采用压床淬火
渗碳开裂	合金元素在渗碳时发生内氧化，使渗层淬透性降低，空冷时表层索氏体下面有一层发生了马氏体转变，导致表层索氏体区出现拉应力，引起开裂	1. 降低缓冷速度，使渗层全部完成共析转变，不出现马氏体区 2. 加快冷却速度，使渗层全部转变为马氏体+残留奥氏体

表 2.7-31　渗氮的常见缺陷及控制措施

序号	缺陷类型	产生原因	控制措施
1	心部硬度偏高	预备热处理时淬火温度偏低,出现游离铁素体,调质回火温度偏高,调质淬火冷却速度不够	提高淬火温度,充分保温,调质回火温度不宜超过渗氮温度过多
2	渗氮层深度过浅	渗氮温度偏低,氮势不足,保温时间过短	提高渗氮温度,检查漏气,提高氮势,增加保温时间
3	表层高硬度区太薄	第一段渗氮温度过低,时间偏短,或第二段渗氮温度过高	调整第一段渗氮温度,延长保温时间
4	硬度梯度过陡	第二段渗氮温度偏低,时间过短	提高第二段渗氮温度,延长保温时间
5	渗层深度不均匀	渗氮温度不均匀,工件之间相互碰撞,气流速度过大	正确设计夹具,合理装炉,气体流量控制适中,离子渗氮采用分解氨改善炉内工件温度的均匀性
6	局部软点	工件表面有氧化皮或其他脏物,防渗镀涂时污染	渗氮前仔细清洗表面,仔细进行防渗镀涂
7	表面硬度偏低	材料有误,渗氮温度过高或过低,渗氮时间不够,氮势偏低	检查核对材料,调整渗氮温度和时间,降低氨分解率,检查炉子是否漏气
8	组织中出现网状或鱼骨状氮化物	表面有脱碳层,渗氮温度过高,氮势过高	控制渗氮温度和氮势,齿轮倒角,留足加工余量
9	表面脆性高,产生剥落	表面氮含量过高,渗氮层太深,表面脱碳,预备热处理有过热现象,导致晶粒粗大	预备热处理时保护加热,留足加工余量,降低氮势,采用二段渗氮,后期采用脱氮法以细化原始晶粒
10	氧化色	出炉温度过高,出炉后工件氧化,冷却过程中停止通入氨气,炉内形成负压而吸入空气;密封性不好,渗氮罐漏气及氨气中含水量多或干燥剂失效等	氧化色不影响渗氮件的力学性能,对表面要求高的工件,喷砂去除氧化色后进行一次 2~3h 的渗氮处理
11	畸变	有未充分消除的机加工应力;装炉方式或工件吊挂不合理,因自重产生蠕变畸变;加热或冷却速度太快,热应力大;炉温不均;工件结构不合理,对称性差等	对畸变量要求不太高的工件,经校正精度后可在较低温度下用高氮势进行补渗

表 2.7-32　渗硼的质量缺陷及控制措施

序号	缺陷类型		产生原因	控制措施
1	严重的疏松或空洞		渗硼温度高,渗硼剂中含有氟硼酸钾及硫脲等活化剂过多	1. 降低固体渗硼剂中硫脲、氟硼酸钾等活化剂的含量。用市场上购买的粒状渗硼剂进行渗硼时,若疏松严重,可在渗剂中掺一定比例的木炭粒 2. 适当降低渗硼温度 3. 采用高碳钢或高碳合金钢渗硼,其疏松比低碳钢、中碳钢轻微
2	裂纹	垂直于表面的裂纹	渗硼后急冷所致	渗硼后应空冷或油冷
		平行于表面的裂纹	多发生在 FeB_2 和 FeB 两相渗硼层中,由于存在相间应力,在附加(热应力或机械应力)作用下形成的裂纹	1. 降低渗硼剂活性,获得单相(FeB_2)渗硼层是避免产生平行裂纹的有效措施 2. 渗硼后采用 600℃去应力退火,对减少这类裂纹也有一定作用
3	铁素体软带		含 Si 的合金钢渗硼时,Si 被驱赶出硼化物,富集在硼化物层内侧。Si 是铁素体的形成元素,在硼化物与基体之间形成铁素体软带	严格控制渗硼钢中的 Si 含量,且 $w(Si)>0.5\%$ 的钢不易进行渗硼处理
4	渗硼层剥落		渗硼层太厚、疏松、裂纹或出现软带	1. 控制渗硼层厚度 2. 改进工件结构 3. 避免尖角 4. 尽可能获得单相(Fe_2B)渗硼层 5. 减少渗硼层缺陷

（续）

序号	缺陷类型	产生原因	控制措施
5	渗硼层太浅	1. 渗硼剂活性不足 2. 渗硼温度低、时间短 3. 固体渗硼时，渗箱密封差、漏气等	1. 增加渗硼剂的活性 2. 严格控制渗硼工艺保证渗硼温度和保温时间 3. 固体渗硼前严格检查渗箱的质量
6	渗硼层过烧	1. 渗硼后重新加热淬火温度过高 2. 膏剂渗硼感应加热温度过高	控制加热温度不超过1080℃

2. 热处理变形及控制

(1) 热处理变形

工件热处理变形产生的原因为外力作用和内应力状态变化。外力是指工件在热处理加热过程中，由于自重、摆放方法不当或其他外部加载的力量。内应力是指工件在热处理过程中，由于热胀冷缩和组织转变的不均匀性所引起的工件内部应力。不同部位热胀冷缩的不均匀性所产生的内应力称为热应力，组织转变不均匀性产生的内应力称为组织应力。无论外力还是内应力，都会引起工件的变形。当应力超过材料的屈服极限时，就会产生塑性变形，也称永久变形。

(2) 变形的类别

热处理变形有三种，即体积变化、形状变化和翘曲变形。具体到一个工件上，往往显示出三种变形的综合交叉形式。

1）体积变化。金属和合金在加热和冷却时发生组织转变，由于不同组织有不同的体积分数，因此产生了体积变化。

2）形状变化。工件不同部位加热和冷却的速度不同、组织转变的不同时性和不均匀性，都将导致工件形状和尺寸的改变。热处理次数越多、加热和冷却的速度越快，工件的形状和尺寸变化越大。因此，对精度要求高的工件应尽量选用高淬透性材料，降低加热和淬火冷却速度，减少组织转变时的不均匀性，则可以降低变形量。在实际生产中，尽量不进行返修，以有利于控制变形。化学热处理工件的渗层越厚，变形也越大，故应严格控制渗层厚度，保持在合理的层厚范围。

3）翘曲变形。翘曲变形是一种非对称的不规则的热处理变形。结构不对称、材料成分不均匀（如局部脱碳等）、工件状态摆放不当、淬火加热冷却不均都会导致翘曲变形，如长轴件的弯曲、内外径失圆、键槽尺寸的胀缩不一等。

(3) 影响工件热处理变形的主要因素、表现形式和解决措施（表2.7-33）

表2.7-33 影响工件热处理变形的主要因素、表现形式和解决措施

类型	影响工件热处理变形的主要因素	表现形式	解决措施
原材料	热处理前材料的残余应力（加工应力）	热处理加热时由于应力释放的不均衡，产生变形	采用热前消除应力的措施
	材料的组织不均匀、成分偏析或局部脱碳等	淬火后由于成分不均造成相变不均衡，各部位胀缩不一致引起变形	严格控制原材料（半成品）的供货技术状态，减少材料缺陷
	高碳钢材料的带状碳化物	淬火后与带状组织相平行的方向容易伸长	可通过锻造消除碳化物，适当提高淬火加热温度，可促使碳化物溶解
热处理工艺因素	加热时间摆放不当，工件受外力或自重的影响	沿受力方向变形或翘曲	改善装料方法，减少热态受力
	工件经校直，保留了弹性变形，内部存在残余应力	由于弹性后效，校直后工件在一段较长的时间内恢复到弹性变形前的状态，形成变形	校直后进行消除应力处理
	淬火后回火不足，马氏体组织不稳定	随时间变化，碳从过饱和的马氏体固溶体中析出，体积收缩造成变形	淬火后应充分回火，使马氏体稳定
	淬火后材料的残留奥氏体数量过多	随时间变化，残留奥氏体逐步转变成马氏体或贝氏体，比体积增大，造成体积和尺寸加大，工件失去精度	对精度要求高的工件，热处理时要严格控制残留奥氏体数量，必要时应进行冷处理
	由于装备或操作因素，工件加热或冷却不均造成相变时的不均衡	不均衡的热应力和组织应力造成工件变形	改善装备和操作条件，使加热和冷却均匀

（续）

类型	影响工件热处理变形的主要因素	表现形式	解决措施
产品工艺性	产品设计结构不利于热处理均匀加热和冷却，如相邻部位截面变化大或形状不对称	不均衡的热应力和组织应力造成工件变形	1. 改善产品设计结构的工艺性 2. 热后校正变形 3. 精密件校正后进行去除应力处理 4. 利用相变超塑性的特性进行加压淬火或加压回火，提高工件的尺寸稳定性，保持较好的精度
	产品结构、精度要求和选择的材料不适应	高精度工件采用淬透性低的快冷淬火材料，热处理时变形大	选择淬透性较高、淬火变形小的材料
产品与材料特性	对结构工件，材料经热处理都要产生各自规律性的尺寸变化	尺寸的改变包括长度的伸缩，直径、角度、锥度的变化，距离的改变，螺距、孔距的变化，齿轮齿向、压力角、接触区及其他各种规律性变形	大量投产之前，应进行各种工艺和材料试验，找出热处理变形规律，提出热前加工尺寸的预补偿或热后修正

3. 淬火件磨削裂纹的预防措施

淬火后工件，特别是表面高硬度、高碳含量工件（包括高碳钢、工具钢及渗碳后的淬火件），磨削时容易出现裂纹。若有磨裂现象，可根据具体情况进行分析并采取适当措施。

磨削裂纹与淬火裂纹的表征不同，用肉眼和磁力检测即可分辨，轻微的磨削裂纹呈与磨削方向相垂直的平行线，而严重者则呈龟裂现象。

（1）热处理因素

由于热处理因素产生磨削裂纹的原因包括：

1）热处理时回火不足，磨削热未及时散失（冷却条件差等原因），磨削热量促使最表层马氏体骤然分解，体积急剧收缩，表面形成的拉应力超过材料的抗拉强度，造成开裂。将回火不足的工件按工艺重新回火，使之回火完全，则可改善磨削的工艺性能。

2）被磨削件表面层的残留奥氏体过多，在磨削过程中由于冷却条件差、磨削热及磨削时应力释放等原因，造成残留奥氏体向马氏体转变，进而马氏体过热分解，体积先胀后缩，表面形成拉应力，造成开裂。因此，热处理后送精加工进行磨削的工件，应严格控制残留奥氏体的数量。

3）被磨削材料表层有网状碳化物，磨削时易产生顺碳化物走向的网状裂纹。网状碳化物严重影响材料及工件的力学性能、工艺性能，应防止产生这种组织。

（2）磨削工艺

由于磨削工艺不当造成裂纹。在制订磨削工艺时，要注意防止产生过大的磨削热。工件被磨削部位由于得不到良好的冷却，造成瞬时升温过高。特别是在磨削平面或内孔时更容易出现这种现象。温升过快，马氏体分解过快，体积骤然收缩，形成大的拉应力是产生磨削裂纹的重要原因。所以，为减少磨削裂纹，应降低磨削热，具体措施是：

1）改善磨削时的冷却条件，防止升温过快、过高。

2）降低砂轮的硬度（提高粒度、降低结合力），减少瞬时磨削热。

3）降低磨削进给量，减少瞬时磨削热。

4）降低磨削线速度，减少瞬时磨削热。

5）提高磨削工件的转速，以缩短砂轮与工件表面的连续接触时间，减少工件被磨部位瞬时产生的磨削热，降低表面温升。

2.7.3 热处理与前后工序间的关系

在制订工艺方案和组织生产准备时，应避免冷、热加工间的工艺脱节，不同专业的工艺人员要互相了解，共同解决工艺上的难点。

1. 热处理在整个工艺路线中的次序

制订工艺方案时，应根据工件材料和产品图样上技术条件要求安排热处理在工艺路线中的次序。

1）根据锻造毛坯工艺水平，应尽量采用锻后直接热处理工艺。这样既能保证材质质量，又可改善后续的可加工性，既节能又降低成本。若现场缺少锻后直接热处理的条件，则在制订工艺质量标准时，要充分考虑机加工和最后热处理对锻坯组织和硬度均匀性的要求。

2）经冷作硬化的半成品不仅精度高，而且强度也相应提高。有时可省略热处理而直接进入下道工序。如以冷拔钢管取代调质钢管，以冷的杆件取代调质杆件直接进入精加工而后装配，是节能、节约原材料、降低成本的措施。应注意的是，材料冷作成形方向与工作受力方向垂直时不宜采用。

3）对铸造毛坯，除应严格控制冶金材质外，还应充分注意铸后的应力状态。铸态毛坯的直接（不进行消除应力的退火处理）应用，必须经实际验证，防止后续时效变形过大。

4）确定机械加工之前进行毛坯调质时，要结合刀具使用寿命、机床刚性、生产率等因素，予以技术经济的全面分析论证。

5）对高精度工件，应从整个工艺过程考虑减小时效变形的措施，如采用稳定化时效处理，粗加工后及冷作（包括校直）后的消除应力处理。为防止或减小弹后效应，如不允许冷校直时，也可利用材料的相变超塑性进行压力淬火和淬火后的回火热定形等措施。必要时需要加大工件的最后加工余量，以保证其最后的精度。

2. 制订热处理工艺时应注意的事项

1）毛坯热处理对后续的加工工艺性能有重要影响，应该有金相组织和硬度的检验标准。对渗碳齿轮的锻坯，为保证其可加工性，还应制订晶粒度及其均匀性的要求，仅有宏观的硬度规定是不够的。热处理与前、后工序的相关要求见表 2.7-34。

表 2.7-34　热处理与前、后工序的相关要求

内容	措　施	备注
热前清洗	1. 由机加工送来的带切削液的半成品，可不在加工车间清洗和防锈 2. 热处理件入炉前有三种清洗、脱脂方法，处理后方可进入可控气氛炉 ①碱液清洗，吹干后入炉 ②用三氯乙烯脱脂后入炉，但应做好环保工作 ③燃烧脱脂，即利用废气余热（或一般加热）将工件表面油脂烧掉然后入炉。这种方法有利节能，降低成本，而且可提高渗层的均匀性	适用于渗碳件
热后清洗及表面清理	1. 热后采用喷淋和浸入相结合的清洗工艺，清除工件表面油污 2. 对热后要进行表面处理（如磷化、镀锌）的工件要进行表面清理，不允许将表面有油污和炭黑的工件送到下道工序 3. 一般的表面清理工艺方法是喷钢（铁）丸或喷砂 4. 酸洗是去除氧化皮的有效措施，但应注意酸洗后防锈	
清理中心孔	采用磨头进行中心孔清理，要注意不能破坏下道工序的定位基准	
确定表面硬化层深度	确定硬化层深度时要考虑加工余量因素，即工艺设计有效硬化层深度=产品图样规定硬化层深度+单面加工余量	
工艺、检验定位基准的前后一致性	根据加工工艺特性进行分析，做到冷、热加工工艺检验定位基准统一。图 2.7-2 所示为汽车半轴感应加热定位。汽车半轴法兰端中心孔深度与法兰内端面的相对位置要准确，以保证法兰内端面与矩形感应器的距离 a。a 值对感应加热热处理十分重要，过大或过小都不能保证热处理质量，造成半轴工作时早期损坏	协调不好将会产生严重质量后果
硬度检测	确定合适的检测部位，避免在后续精加工不能消除硬度检测痕迹的工作面上设立检测点，也要防止影响后工序的工艺定位基准和装配精度	

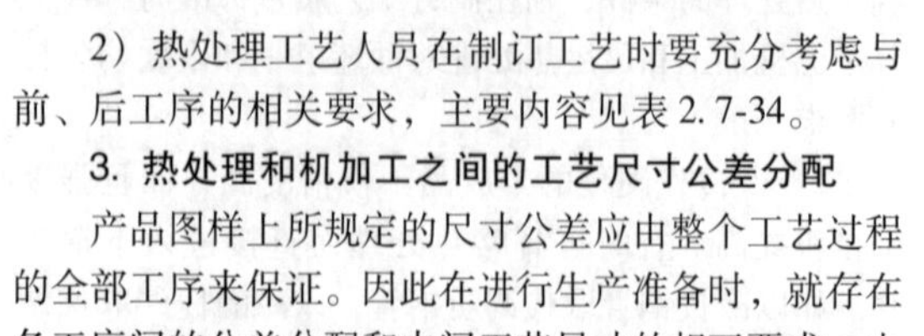

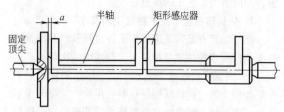

图 2.7-2　汽车半轴感应加热定位示意图

2）热处理工艺人员在制订工艺时要充分考虑与前、后工序的相关要求，主要内容见表 2.7-34。

3. 热处理和机加工之间的工艺尺寸公差分配

产品图样上所规定的尺寸公差应由整个工艺过程的全部工序来保证。因此在进行生产准备时，就存在各工序间的公差分配和中间工艺尺寸的相互要求。由于工件的外形结构、材质、中间各工序水平、热处理前应力状态等的条件不同，也就不可能对公差分配的方法做出统一的规定，必要时应通过工艺试验来确定。

1）影响公差分配的材料因素。同一种钢牌号、不同炉号材料的淬透性在一个范围内波动，控制淬透性的 H 钢，其上下限有个规定。它对淬火变形有较大影响。因此根据产品结构和材料特点，把淬透性控制在合理范围，是保证产品热处理后尺寸和形状精度的重要措施。例如：EQ140 汽车转向蜗杆和变速器滑动齿套，选用钢材为 20CrMnTi，材料的淬透性规定为 30~36HRC。

应该指出，材料的淬透性与现场热处理实际操作有密切的关系，如奥氏体中各种合金元素的固溶程度、晶粒度等。为保证淬透性的稳定，必须严格贯彻热处理工艺制度。

此外，材料的组织和成分不均匀，呈现出的各种带状组织，都需采取工艺措施予以改善，以减小热处理变形。

2）产品结构的热处理工艺性。产品结构应尽力做到外形简单、对称、工艺性好。但若客观上需要，而实际上又难以解决它的热处理变形（包括无法矫正或不允许矫正），则必须增加热处理变形误差占整个公差的密度，及用增加热后加工余量的办法来保证最后的精度，例如加工精度要求高的曲轴。

3）热处理工艺和装备的控制水平。采用先进工艺、改善加热、淬火冷却和气氛介质的均匀条件，可保证工件淬火变形在一个稳定范围内。图 2.7-3 所示为汽车后桥半轴齿轮，通过采用先进渗碳工艺设备、碳势自动控制技术，合理改善渗碳挂具、优化淬火油循环方式及均匀淬火冷却等措施，使材料为 20MnVB 的齿轮渐开线内花键孔两端的 M 值之差，由改善前的 0.1125mm 降至 0.036mm。

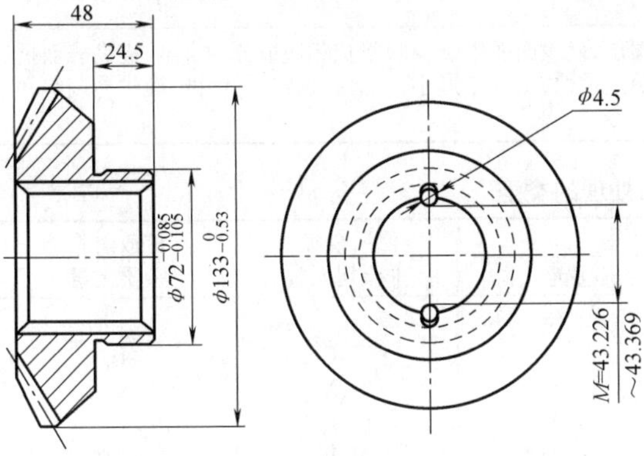

图 2.7-3 汽车后桥半轴齿轮轮廓尺寸

4. 热处理变形的尺寸修正和补偿

有些工件经热处理会产生有规律的变形，这将给以后的加工和装配带来困难。由于变形具有规律性，可采用热前尺寸规律性修正来补偿规律性变形。这种办法经济、有效。现举例如下：

【例 2.7-1】 汽车后桥半轴齿轮（图 2.7-3）的两种钢材齿轮经渗碳淬火后，内花键孔 M 值的变化量为：

20CrMnTi，M 值平均减小 0.028mm；20MnVB，M 值平均减小 0.130mm。

工艺装备设计部门可按以上数据加大热处理前半轴齿轮渐开线内花键孔的拉刀尺寸。

【例 2.7-2】 汽车后桥从动锥齿轮（图 2.7-4），渗碳淬火前、后内孔 D 的变化见表 2.7-35。

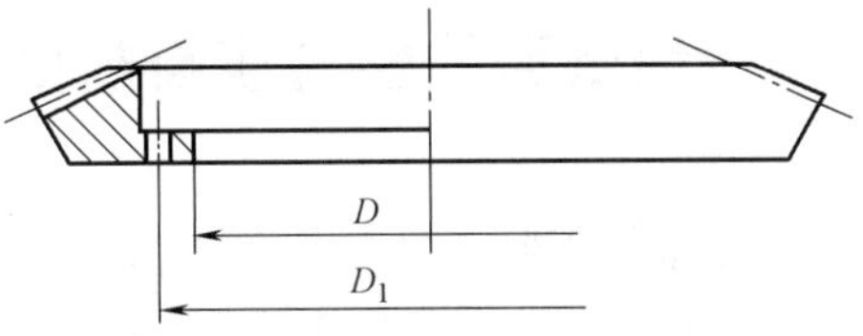

图 2.7-4 汽车后桥从动锥齿轮

表 2.7-35 从动锥齿轮不同材料热处理前、后内孔 D 尺寸 （mm）

产品图样尺寸	热处理前工艺尺寸	实测热处理后平均尺寸	
		20CrMnTi	20MnVB
$234^{+0.045}_{0}$	$233.5^{+0.045}_{0}$	233.6	233.0

D 值依不同材料而异，若材料为 20MnVB，则热前内孔 D 的工艺尺寸应定为 $234^{+0.045}_{0}$mm，连心圆 D_1 值也需相应加大，在确定加工螺栓孔的组合钻床工艺参数 D_1 尺寸时应予以考虑。若事先不进行工艺补偿，则会造成热后 D 孔磨量过大，降低生产率。

由以上两例可知，生产准备失误将会给后续投产带来很多问题，甚至造成质量低、废品多等不应有的损失。

各种工件，特别是形状复杂件，大多有热处理前尺寸预修正以补偿热处理变形的问题。如齿轮啮合圆直径、齿向、内孔、各种轴类外径、长度、带孔件的孔位尺寸及其他等。事先做好热处理尺寸修正以补偿其热处理过程中的变形具有十分重要的意义。

在日常生产中，决定处理材料应深入了解材料特性，做好技术的分析论证和物质条件的准备，可以防止或减少失误。

5. 热处理后工件的加工余量

热处理与机加工工艺人员在确定半成品的中间交接尺寸时，要注意热处理后的最大允差，使之留有足够的加工余量。例如长轴类工件，热处理后两中心孔定位测得直线度误差为 0.10mm 时，其直径留磨量若为 0.20mm，则凹面至多只能保有单面 0.05mm 的加工余量。又如环状件，内孔圆度误差为 0.10mm，直径留磨量为 0.20mm 时，则内孔长轴方向在理论计算上平均只有 0.075mm。在实际生产中若考虑定位、加工误差、热处理不规则变形等因素，则最后的保证加工余最还将进一步减小。

对轴齿轮件和表面化学热处理件而言，在确定热处理的技术条件时，应注意保证轮齿部分的齿圈径向跳动公差和精加工后所保证的最低硬化层深度。

热处理前、后的中间交接尺寸和规定的公差，必须在工艺文件中做出明确规定，作为相互交接验收的依据。

2.8 金属表面改性与表面热处理

2.8.1 表面改性

1. 化学热处理

化学热处理是指将工件置于一定的活性介质中加热，使预定的非金属或金属元素渗入工件的表层中，改变表层的化学成分、组织和性能的热处理工艺方法。广义的化学热处理包括表面扩散渗入和表面涂覆两大类型，但实际上化学热处理主要是表面扩散渗入。

化学热处理及新型表面改性技术，种类繁多，涉及范围很广，根据其特点和形成方式分类见表2.8-1。

按照零件表面化学成分的变化特点，化学热处理分为四个类型：渗入非金属元素、渗入金属元素、渗入金属-非金属元素和扩散消除杂质元素，见表2.8-2。

常用的化学热处理方法及其用途见表2.8-3。

表2.8-1 化学热处理及新型表面改性技术的种类、主要特点及用途

种类		主要特点及用途
化学热处理	扩散合金化	在钢铁及合金表面渗入一种或多种元素，形成固溶体及化合物层，结合强度极高，应用较广，不同渗层分别用于提高工件的耐蚀、抗高温氧化、减摩、耐磨等性能
	热浸镀	在钢铁基体上浸铝、锌铝合金、铅、锡及铅锡合金，比电镀生产率高、成本低、镀层厚，用于标准件、管道、钢丝、钢板及输电铁塔、矿井支架等构件的长效防腐蚀
	镀渗复合处理	在材料表面镀一层金属或合金层，经加热扩散，在表层形成冶金结合的强化相，改善材料表面的硬度与耐磨、减摩性能，提高疲劳强度和耐蚀能力，用于蜗轮、液压泵壳体、轴承、齿轮等
气相沉积	PVD、CVD、PCVD	沉积的多种化合物，结合强度较高，均匀，表面光泽，美观，具有极高的熔点和硬度，优异的耐磨性、良好的耐蚀性，用于装饰性涂层和提高刀具、模具、叶片等寿命，效果显著，还能制备磁性、光泽的润滑膜等
高能束表面改性	激光束 电子束 离子束	利用激光、电子束或离子束辐照材料表面及覆层，使表面强化或(和)形成相应成分的合金，提高表面抗蚀、耐磨及抗疲劳性能；射束能量高度集中，加热速度快，工件变形小，表面晶粒细、无污染，操作易调解和自动化，但设备投资和维修费用较大

表2.8-2 化学热处理的类型

渗入非金属元素		渗入金属元素		渗入金属-非金属元素	扩散消除杂质元素
单元	多元	单元	多元		
C N S B O	N+C N+S N+O N+C+S N+C+O N+C+B	Al Cr Si Ti V Zn Nb	Al、Cr Al、Si Cr、Si Ni、Al Co、Al Al、Cr、Si	Ti、C Ti、N Cr、C Al、B	H O C 其他

表2.8-3 常用的化学热处理方法及其用途

热处理方法	渗入元素	用途
渗碳	C	提高硬度、耐磨性及疲劳强度
渗氮	N	提高硬度、耐磨性、疲劳强度及耐蚀性
碳氮共渗	C、N	提高硬度、耐磨性及疲劳强度
氮碳共渗	N、C	提高疲劳强度、耐磨性、抗擦伤、咬合能力及耐蚀性
渗硫	S	减摩，提高抗咬合能力
硫氮共渗	S、N	减摩，提高抗咬合能力、耐磨性及疲劳强度
硫氰共渗	S、C、N	减摩，提高抗咬合能力、耐磨性及疲劳强度
渗硼	B	提高硬度、耐磨性及耐蚀性
渗硅	Si	提高耐蚀性、耐热性
渗铝	Al	提高抗氧化能力及抗含硫介质的腐蚀性
渗铬	Cr	提高抗氧化能力、耐蚀性及耐磨性
铬铝共渗	Cr、Al	提高抗含硫介质的耐蚀性、抗高温氧化能力和抗疲劳性
硼硅共渗	B、Si	提高硬度和热稳定性
铬硅共渗	Cr、Si	提高耐磨性、耐蚀性和抗氧化能力

与表面淬火、喷丸、滚压等其他表面处理手段相比，化学热处理具有以下特点：

1）通过选择和控制渗入的元素及渗层深度，可使工件表面获得不同的性能，满足各种工作条件对工件的要求。

2）化学热处理通常不受工件几何形状的局限。

3）绝大部分化学热处理具有工件变形小、精度高、尺寸稳定性好的特点。

4）所有化学热处理均可改善工件表面的综合性能，并且在提高力学性能的同时，还能提高表面层的耐蚀、抗氧化、减摩、耐热等性能。

5）化学热处理后的工件实际上具有（表面、心部）复合材料的特点，可大大节约贵重的金属材料，降低成本，经济效益显著。

6）多数化学热处理工艺较复杂，处理周期长，对设备的要求也较高。

2. 等离子体化学热处理

等离子体的分类方法很多，按温度可分为热等离子体（包括高温和低温两种）和冷等离子体。热等离子体中的高温等离子体温度可达 10^8 ~ 10^9K，低温等离子体温度也在 2000~20000K。在冷等离子体中，一般重粒子温度远低于电子的温度，前者接近常温，后者却可高达 10^3 ~ 10^4K。在材料改性技术中，应用的稀薄低压等离子体属于冷等离子体，而等离子喷涂中应用的是低温等离子体。

等离子化学热处理利用辉光放电来激活各种特殊工艺所需的气体源，激活气体源产生一系列重要的作用。

1）能够较好地控制工件表面最终的成分结构，因此渗层质量好。例如，辉光离子渗氮不会形成混合相和化合物区，从而使渗氮层脆性减小。

2）可以在较低的温度下进行扩渗，并且有较快的沉积速率。例如，等离子渗碳是通过增加碳的扩散速度来缩短渗碳时间的，而不是仅仅依靠提高处理温度，不仅提高了生产率，也减少了工件变形。研究表明，在被辉光放电溅射清洗的工件表面上会较快地沉积高碳层。辉光放电可形成高的碳浓度梯度，而不产生炭黑，并在每个特定的工件表面温度下，都能促进碳元素的快速扩散。

3）节约能源、气源，无公害。

等离子体的应用技术因其特点而异。高温等离子体技术利用等离子体的物理性能，低温等离子体则利用其中的高能电子（0~20eV）参与形成的物理、化学反应过程，并完成许多普通气体及高温等离子体难以解决的问题。由于高温等离子体的电子温度和气体（离子）温度达到平衡，不仅电子温度高，重粒子温度也高。在此温度下，难以实现材料表面改性的目的，甚至会损坏基体材料，故在金属材料的表面改性中，主要应用低温等离子体技术。

低温等离子体使材料表面成分及结构发生变化，从而实现材料表面的改性。低温等离子体已广泛应用于金属材料的改性，其具体方法和特点见表 2. 8-4。

表 2. 8-4　低温等离子体工艺方法及其特点

工艺方法	特　　点
低温等离子体渗氮改性	它是将工件置于等离子体反应室，给反应室通入低压氮气，电子在射频电场作用下加速而获得足够的能量，高能电子与氮分子碰撞产生反应，得到活性氮原子。有些活性氮原子具有较高的能量，可以引起溅射反应，使基体中的金属原子溅射出来，这些溅射原子或金属表面的某些原子与活性氮原子发生化学反应，达到为工件渗氮的目的 等离子体渗氮是用辉光放电以激活气体氮，其优点是能较好地控制工件表面的成分和结构及性能，可在低于常规渗氮的温度下进行以保持工件本体的性能，所排放的气体无毒、非爆、不污染环境，使工件表层的尺寸稳定、无脆性化合物剥落倾向，无表面变粗的迹象。等离子体渗氮后，无需精磨或抛光能直接使用，它对于需要增加表面硬度或提高表面耐磨性、耐疲劳性和耐蚀性的工件特别重要
低温等离子体渗碳改性	等离子体渗碳改性技术优于传统的气体渗碳方法，主要表现在等离子体渗碳不用吸热性气体而直接通入甲烷气体进行渗碳、一般要在 0. 13~2. 6Pa 的低气压下（即真空环境）进行渗碳。渗碳温度主要由渗碳层的深度来决定（一般为 900~950℃，当要求渗碳层深度较浅，且用 N_2+CH_3 气体进行碳氮共渗时，也可在 900℃以下进行，渗碳所需高温由电炉提供）。这些工艺特点决定了低温等离子体渗碳的主要特征是不产生晶界氧化，表面碳含量易于控制，多次循环处理可形成复合硬化层
低温等离子体涂覆改性	低温等离子体化学气相沉积（PECVD）是表面改性新工艺。PECVD 是将反应气体（一般两种以上）通入反应室，然后进行辉光放电以产生高能粒子。这些粒子能使气体分子的化学键击断，于是气体分子分解，进而开始化学反应生成所需要的固体产物并沉积在基体表面上。选择反应气体可以形成许多薄膜，如 SiC、SiN、TiN、W_2C 等。这些薄膜具有各种性能，如高硬度、耐磨、耐蚀、防潮等，从而使基体的材料性能改善

3. 离子注入

离子注入是根据被处理表面材料所需要的性能来选择适当种类的原子，使其在真空电场中离子化，并在高电压作用下加速注入工件表层的技术。离子注入设备在真空中将注入的原子电离成离子，用聚束系统形成离子束流，用加速系统以必要的能量加速。由于加速的离子束也可能含有不需要的离子，需要利用质量分析器进行质量分离，只让必要的粒子从狭缝通过。由于通过狭缝的离子束断面具有不均匀性，为使离子束有良好的均匀性，应对离子束做电扫描。离子注入技术在工业上应用广泛，在材料工业中用于金属材料表面合金化，可以提高工程材料的表面性能。

离子注入材料表面改性涉及的主要学科有凝聚态物理、离子束物理、固体中原子碰撞理论、材料科学、表面和界面科学、摩擦学、物理化学、等离子体物理、真空技术和加速器技术等。这些学科的进展为离子注入材料表面改性的发展奠定了坚实的基础。反过来，离子注入材料表面改性技术的发展又对这些学科的进一步发展产生了重要的影响，为之提供新的试验技术手段，研究成果还将推动这些学科进入新的层次和新的领域。离子注入对基体材料表层性能的影响见表 2. 8-5。

表 2. 8-5 离子注入对基体材料表层性能的影响

材料	对组织、性能的影响	目的与效果
金属	硬化相析出、位错钉扎、增加硬度 非晶化、易形成氧化膜 形成压应力 形成合金或致密氧化膜	提高耐磨性 减小摩擦力 提高抗疲劳性能 提高耐蚀性 提高抗氧化性
陶瓷	形成压应力 非晶化	提高断裂抗力 提高抗疲劳性能
高分子聚合物	提高断链作用,抗氧化	提高电导率 提高硬度等

在离子注入过程中，被电离的离子在电场作用下加速运动，离子靠着本身获得的动能进入基体表面，并与表层晶体中的原子不断发生碰撞，其能量不断减少，最终停留在工件表层晶体内。

离子注入表面改性与化学热处理、气相沉积、喷涂、电镀等表面强化、表面改性方法相比，其主要优、缺点见表 2. 8-6。随着离子注入设备和技术的发展，目前存在的难点或缺点，正在逐步解决与克服。

表 2. 8-6 离子注入与其他表面强化方法的比较

优　点	难点或缺点
1. 可将任何元素注入任何固体材料中,注入元素的深度、浓度及分布,可严格控制 2. 无明显突变的界面,不存在类似于涂层与基体结合不牢、易剥落的缺点 3. 注入的温度低,工件基体性能不改变,也不产生变形和翘曲 4. 高的重现性和可控性	1. 由于离子注入的直射性,故对于复杂形状工件,如凹面内腔很难控制 2. 注入层很薄,一般为 0. 05~1. 0μm 3. 处理大面积或大型工件有一定困难 4. 设备昂贵,加工成本较高

4. 阳极氧化与微弧氧化

金属的阳极氧化，即在电解槽中以一定的电解质溶液为电解液，将直流电源的正极接到金属上使之成为阳极，负极接到另一参比电极上作为阴极，控制适当的电极电势进行电解，这时在金属阳极上形成一层可控厚度的氧化膜，从而增加金属的耐蚀性，也称为电化学钝化。

一般情况下，金属作为阳极时金属本身发生溶解，金属越活泼，电极电势越大（负值），金属溶解速度越快。但在有些情况下，正向极化超过一定数值后，由于表面某种吸附层或新成相层的形成，金属的溶解速度不增反降。用控制电势的方法测定阳极氧化曲线，可以清楚地了解金属的钝化过程。

图 2. 8-1 所示为典型的金属阳极氧化曲线。曲线

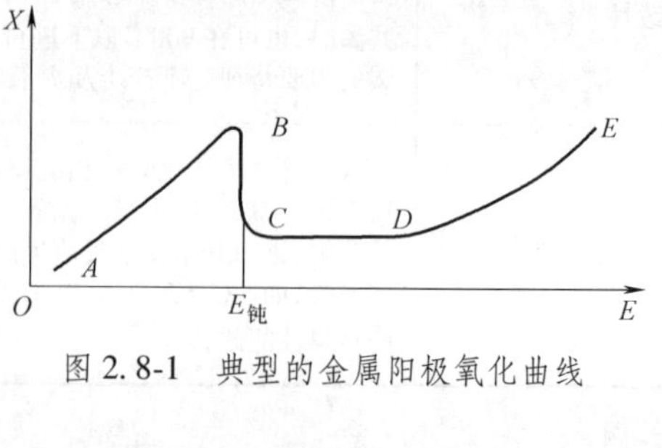

图 2. 8-1　典型的金属阳极氧化曲线

分为四个区域：

1）*AB* 段为正常溶解区，随着电位向正方向偏移，电流密度随之增大，金属溶解速度加快，该段为阳极的电化学极化曲线。当阳极电位达到 $E_{钝}$ 时金属出现钝化现象，故 *B* 点称为临界钝化点，对应于 *B* 点的电流密度和电极电位分别称为临界钝化电流密度和临界钝化电位。

2）*BC* 段是过渡钝化区，随着电位向正方向偏移，电流密度急剧下降，金属溶解速度急剧减小，金属表面由活化状态过渡到钝化状态。

3）*CD* 段是稳定钝化区，这一段电势区通常达 1~2V，有的金属可达几十伏，在此范围内，虽然极化电势继续增大，而电流密度则一直维持在低值，金属溶解速度最小。在整个 *CD* 段金属溶解速度几乎保持不变，金属的钝化达到稳定状态，直到电势超过 *D* 点时，电流密度才重新增加。

4）*DE* 段为过钝化区，当极化电势进入 *DE* 段时，金属溶解速度加快。造成这种现象的原因可能有两种，一是金属的高价态溶解，二是发生了其他阳极反应，如 OH^- 放电析出 O_2。

根据以上分析可知，若把浸在介质中的金属构件和另一辅助电极组成电池，用恒电势仪把电势控制在 *CD* 段内，则可把金属在介质中的腐蚀降低到最小程度并获得氧化膜。这种用阳极氧化使金属得到保护的方法在工业上已被大量使用。

目前，国内外广泛应用的阳极氧化方法见表 2. 8-7。

表 2. 8-7　阳极氧化方法

<table>
<tr><th colspan="2" rowspan="3">方法</th><th colspan="6">典型配方</th><th colspan="2" rowspan="3">特　点</th></tr>
<tr><th colspan="2">溶液</th><th colspan="4">工艺条件</th></tr>
<tr><th>名称</th><th>组成
/(g/L)</th><th>温度
/℃</th><th>电流密度
/(A/dm²)</th><th>槽压
/V</th><th>氧化时间
/min</th></tr>
<tr><td colspan="2">硫酸法</td><td>硫酸</td><td>150~200</td><td>10~50</td><td>018~115</td><td>15~22</td><td>35~45</td><td colspan="2">膜层无色,厚度为 5~20μm,硬度高,吸附能力强,易染色;溶液成分简单、稳定,能耗小,成本较低。不适用于铸件和电焊件等</td></tr>
<tr><td colspan="2">草酸法</td><td>草酸</td><td>25~35</td><td>15~20</td><td>1~2</td><td>60~110</td><td>120</td><td colspan="2">膜层白色、黄铜色或黄褐色,厚度为 8~20μm,硬度高,吸附能力强;成本较高,电能消耗大,电解液稳定性差。不适用于含铜和硅的铝合金件</td></tr>
<tr><td colspan="2">磷酸法</td><td>磷酸
铬酐
氟化胺
磷酸氢二胺
硼酸</td><td>55
22
312
212
1</td><td>34</td><td>115~215</td><td>15~25</td><td>36</td><td colspan="2">膜层灰色,厚度为 10~50μm,硬度较高。因为电解液污染严重、电解液的处理比较困难,因此使用受到一定的限制</td></tr>
<tr><td colspan="2" rowspan="2">铬酸法</td><td>铬酐</td><td>30~40</td><td>38~42</td><td>014~016</td><td>30~40</td><td>60</td><td>适用于要求表面粗糙度值较小和精度较高的零件</td><td rowspan="2">氧化膜较薄(2~5μm),且质地较软,膜的孔隙率较低,具有良好的耐蚀性,但耐磨性较差;由于铬是剧毒物质,因此使用就受到一定的限制</td></tr>
<tr><td>铬酐</td><td>50~60</td><td>32~38</td><td>115~215</td><td>0~40</td><td>60</td><td>适用于铝铸件及含铜量较高的铝合金</td></tr>
<tr><td rowspan="3">混合酸法</td><td>磺基水杨酸-苹果酸法</td><td>磺基水杨酸
苹果酸
硫酸
木质素</td><td>80~120
30~50
1~2
1~2</td><td>0~5</td><td>6~10</td><td>15~20</td><td>60</td><td>硬度大,厚度大约为 100μm</td><td rowspan="3">由于有机酸对膜层的低溶解作用,能获得平滑、致密、膜层较厚、性能优良的氧化膜</td></tr>
<tr><td>酒石酸-草酸法</td><td>硫酸铝
酒石酸
草酸
三乙醇胺</td><td>225
125
75
50</td><td>20~35</td><td>115~315</td><td>20~40</td><td>60</td><td>可以在高温下进行,膜层均匀完整,耐蚀性好,厚度约为 30μm,硬度大</td></tr>
<tr><td>铬酸-草酸法</td><td>铬酐
草酸
硼酸</td><td>50
5
5</td><td>30~50</td><td>018~110</td><td>24~40</td><td>60</td><td>膜层厚度为 4~20μm,膜层结合力好,硬度高,耐磨性、耐蚀性和绝缘性好</td></tr>
</table>

阳极氧化方法也取得了新进展，如复合阳极氧化法和微弧氧化法等。阳极氧化新方法及其特点见表2.8-8。

表2.8-8 阳极氧化新方法及其特点

方法	特点
复合阳极氧化法	复合阳极氧化法就是普通阳极氧化法与其他物理、化学方法的结合使用。通过这种氧化方法，可以提高膜层的硬度和耐蚀性
微弧氧化技术	微弧氧化技术是指将Ti、Al、Ta、Mg等有色金属置于电解液中，利用高电压强电流在材料金属表面所产生的辉光、微弧等现象，使得表面氧化层在微等离子体的高温高压下发生相和结构的变化，使得表面氧化膜转变成晶态的氧化物。微弧氧化技术是电化学过程和物理过程相结合的成膜过程，微弧氧化膜的基本成分是α-Al_2O_3和γ-Al_2O_3，该膜层为晶态的氧化物结构。微弧氧化膜具有硬度高、厚度大、耐蚀性好、耐磨性好等优点
高速高效阳极氧化(HEA)技术	HEA技术并不是单纯的槽液成分，它是一个体系，包括多功能计算机控制的新型电源、特殊的专用添加剂、专门设计的搅拌系统和特殊的冷却系统，能使阳极氧化速度提高到1μm/min
换向电流法阳极氧化技术	换向电流法阳极氧化技术是采用极性转换特殊脉冲电源，在混合酸+添加剂组成的槽液中进行硬质阳极氧化和染色处理，通过对处理过工件的通电极性转换，实现正向电流和反向电流的相互交换，并根据波形变化来控制颜色的深浅，从而使氧化膜层既有较高的硬度，又可染上各种颜色，且工作电压较低，可在室温下操作
磷酸阳极氧化技术	磷酸阳极氧化膜孔径较大，主要用于铝及铝合金电镀的底层，也用于铝合金交接表面的处理。目前，最先进的电解着色技术——三次电解着色技术中就增加了一次磷酸阳极氧化扩孔工序

2.8.2 表面热处理

表面热处理是指对工件表面进行加热、冷却而获得表面硬化层的热处理工艺，是强化金属零件的重要手段之一。经表面热处理后不仅提高了表面层的硬度和耐磨性，而且与经过适当热处理的心部组织相配合，可以获得高的疲劳强度和强韧性。表面热处理具有工艺简单、强化效果显著、变形较小、生产过程易于实现机械化和自动化、生产率高、节能、污染少等优点，具有较高的经济技术指标和社会效益，在生产中广泛应用。根据热源类型或能量密度，表面热处理工艺的分类见表2.8-9。

表2.8-9 表面热处理工艺的分类

方法		能量密度/(10^2W/cm^2)
感应淬火	高频淬火(频率f=30~100kHz)	2~10
	中频淬火(频率f=1~10kHz)	0.5
	工频淬火(频率f=50Hz)	0.1~1
火焰淬火		0.1~10
脉冲淬火	超高频脉冲感应淬火	100~300
	大功率脉冲感应淬火	50
电阻加热淬火 接触电阻加热淬火 电解液加热淬火		≤1~10

1. 感应热处理

近20年来，感应加热的工业应用日益广泛，除感应熔炼、感应焊接及一些场合的特殊应用三个方面外，重点为感应热处理和棒、管、线、板的整体加热、半固态成形中料坯加热等几个方面。在感应热处理中，主要有淬火、回火、去应力处理、退火、正火、球化和烧结等。

在材料表面改性中，感应热处理是相当重要的工艺。它只改变表面层组织而不改变表面化学成分。但是，自S. M. Gugel于1998年申请美国专利并相继发表关于感应渗碳的论文后，人们对感应热处理的认识有了根本性的改变。

1）感应加热电源的发展过程为：

① 机式中频发电机开始淘汰，代以晶闸管电源，频率为1k~8kHz，有宽频带中频，晶闸管元件大部分为国内产品，极少部分进口。

② MOSFET电源及SIT电源均是晶体管型，是取代电子管高频固态电源的主要方向。SIT电源国内已生产多年，可达200~300kHz、300kW。由于SIT电源有高通态损耗（工作于饱和区）的缺点，工业发达国家并不都发展此产品。据报道，G. H. EL IN已有功率25~500kW，频率分50~100kHz、100~200kHz、200~300kHz三档的产品。我国近来有多种手提式高频电源上市，最大功率达到40kW，是MOSFET电源发展的实例。

③ IGBT电源比晶闸管电源节能（约10%），调节性能好，有取代部分晶闸管电源的趋势，已研制出250kW、50kHz的IGBT电源。国内已有多家工厂生产此类设备。美国的IGBT电源现可达300kW、80kHz，西班牙的IGBT电源可达50~100kHz、30~600kW，我国已引进6~30kHz、350kW SAET电源。

2）感应热处理工艺技术进展主要包括：

① 纵向感应淬火。半轴纵向感应淬火技术已用

于汽车、拖拉机工业，即半轴纵向加热后一次淬火。在德国、美国有半轴一次淬火专用机床，使加热、校正、淬火在一台机床上完成，提高了生产率。相同产量的一次淬火与连续淬火设备，占地面积各为 $40m^2$ 与 $115m^2$。

② 曲轴颈圆角淬火。曲轴颈圆角淬火后，零件的疲劳强度比正火的提高一倍，我国生产的康明斯与 NH 发动机曲轴均已采用此种工艺。

③ 低淬透性钢齿轮淬火。俄罗斯低淬钢及控制淬透性钢已大量应用于汽车、拖拉机后桥齿轮、挖掘机齿轮、传动十字轴、火车车厢用滚动轴承、汽车板簧、铁路螺旋弹簧等，取得了极大的经济效益。

④ 感应电阻淬火。转向齿条的齿部采用感应电阻法，国内已有多台进口机床在生产，英国一个机床厂将此工艺用于齿轮，齿轮基本不变形并随后进入装配工序。

⑤ 曲轴轴颈固定加热淬火。用于这项淬火技术的新设备称为 Crankpro TM，用两个半环形固定加热感应器取代 8 字半环形旋转加热感应器，此套设备能对曲轴颈进行淬火和回火。与老工艺相比，新设备具有节能、占地面积小、工件变形小、感应器寿命长等优点。

2. 高能束表面热处理

高能束流加工技术是指利用高能量密度的束流、激光束、电子束等离子体作为热源，对材料或构件进行特种加工的技术。20 世纪 70 年代，高能量密度的束源技术便有了长足的发展，在材料成型、加工、医学、生物等领域引起了广泛的关注。

高能束流包括激光束、电子束、离子束。用这类特殊的热源对材料进行加工，可实现三种类别的加工，即加热、熔化、汽化加工处理。三种不同类别加工的特征是由束流能量密度、束流在材料上的作用时间以及材料本身热物理特性所决定的。在相变温度区域加热，可实现热处理和表面改性（当采用大能量密度、高速加热和冷却），在钢材的熔化温度区域可用于焊接和釉化处理（当采用大能量密度和短的作用时间）；在钢材的汽化温度区域则可实现切割（能量密度约为 $10^4W/cm^2$）。

高能束热处理的热源通常是指激光束、电子束、离子束和电火花等。高能束发生器输出的能量密度为 $10^3 \sim 10^{12}W/cm^2$，可定向作用于金属的表面，使其产生物理、化学或相结构转变，从而达到金属表面改性的目的。这种热处理方式称为高能束热处理。高能束辐射在金属材料表面时，由高能束产生的热量通过热传导机制在材料表层内扩散，造成相应的温度场（能够产生 $10^6 \sim 10^8K/cm$ 的温度梯度），从而导致材料的性能在一定范围内发生变化。

激光束、电子束、离子束等高能束表面改性的作用主要包括两个方面：①利用激光束或电子束的高功率密度，以极高的加热和冷却速度，对材料进行相变处理或获得微晶、非晶及一些亚温合金；②注入或渗入异类元素进行表面合金化，形成新的合金层，赋予材料表层耐磨、耐蚀、抗疲劳、抗高温氧化及光学、磁学、超导等特殊的性能。其涉及范围见表 2.8-10。

激光束、电子束加热的特点是：①能量集中，可对工件局部加热，进行选择性处理；②能量利用率高，加热极为迅速，并靠自激冷冷却；③输入热量少，热变形小，可大大减少后加工工时；④非接触处理，时间短，可在流水线上加工。

表 2.8-10　高能束表面改性技术的涉及范围

激光束处理	离子束处理	电子束处理
激光淬火 激光退火 激光表面合金化 激光熔覆 激光非晶化 激光冲击强化 激光化学气相沉积 激光无力气相沉积	离子注入 离子束增强沉积 多离子束注入 离子束蒸发沉积注入 轰击扩散镀层注入	电子束相变硬化 电子束表面合金化 电子束蒸镀

离子束不仅仅能加热材料表面，离子还会与表层原子发生交互作用，可将任何元素注入各种材料表层。

高能束表面改性技术已应用计算机、机器人等新技术，精确控制处理参数，操纵智能化，形成了机、电、光一体化的全自动装置。同时，高能束还可以与普通化学热处理、气相沉积、喷涂与电镀方法相互结合，进行复合表面改性处理，使其应用范围更加广泛。

激光热处理是研究金属材料及其制品在激光作用下组织和性质的变化规律。激光表面热处理的目的是改变表面层的成分和显微结构，从而提高表面性能，以适应基体材料的需要。目前，激光热处理技术已成为高能束热处理方法中的一种最主要的手段。

电子束热处理包括电子束淬火、电子束表面合金化、电子束熔覆、电子束制备非晶态层等方面。相对于激光热处理，电子束流更易被固体金属吸收，电子束流功率利用率为 90%，激光束只有 6%～7%；电子束热处理的淬硬层深度也高于激光淬火。电子束热处理必须在真空中进行，故热处理品质提高了，但因其工效大幅度降低，限制了其应用领域。

采用高能量离子注入机将各种离子大剂量注入基材表面以后，将引起材料表层的成分和结构的变化以及原子环境和电子组态等微观状态的扰动，由此导致材料的各种物理、化学或力学性能发生变化。载能离子注入金属表面后，由于能量传递及离化效应，形成了辐射损伤，由此形成大量空位和空位团及间隙原子。这些晶体缺陷积聚在表面最终形成了密集的位错网络，增大了位错密度，从而使表面强化，再加上注入离子与位错的交互作用阻碍了位错运动，则使表面进一步强化。

2.9 热处理新工艺进展

2.9.1 稀土化学热处理

1. 概述

表面改性在制造业特别是机械制造业中处于十分重要的地位。对于化学热处理而言，工艺过程所需的温度较高，时间较长，并且能耗高。如何降低工艺温度，缩短周期，减少能耗，同时还能提高处理零件的质量和寿命，是热处理的关键问题。“稀土共渗技术”的诞生，使该难题逐步得以解决。“稀土共渗技术”包括稀土渗碳及碳氮共渗、稀土渗氮及软氮化、等离子体稀土渗氮、稀土渗硼及硼铝共渗、稀土多元共渗、稀土渗金属技术等。

稀土化学热处理是将工件置于含有稀土物质的不同介质中加热，使稀土和相应的元素渗入工件表层，改变表面化学成分和组织，从而改变其性能。该工艺与化学热处理一样，也是金属表面与周围介质之间在一定条件下进行的物质输送过程。通常，是由介质向金属表面输送一种或几种物质，然后进入表面下的某一深度内。表面下相应深度的这一层被称为“渗层”。被输送的物质称为“渗入元素”。不同的渗入元素，赋予工件表面的性能也不一样。一般情况下，稀土化学热处理对工件表面的作用，概括起来有以下三点：①强化或硬化表面，可以提高工件表面的疲劳强度、硬度和耐磨性等；②滑化表面，可以降低表面摩擦因数，提高工件耐磨性；③改善物理、化学性能，可以提高工件表面的耐蚀性和抗氧化性等。

就稀土化学热处理的基本过程而言，它仍然具有一般化学热处理基本过程的特点，同时又有其本身的特殊性。稀土共渗层的形成归结为五个过程：①渗剂（介质）中发生化学反应；②金属表面处的介质中，为交换反应物与反应生成物所进行的扩散（外扩散）；③介质中某些“反应生成物”（诸如欲渗元素原子或离子以及次渗元素原子的某种物质等，以下同，并用 FS 表示）在金属表面上进行吸附和由此产生的各种界面反应；④[FS] 由金属表面向纵深迁移（[FS] 指界面反应后的 FS)；⑤[FS] 与金属中存在的原子之间的反应。

通过上述五个相互关联、相互制约（或促进)、相互交叉又缺一不可的分过程，最终在金属表层形成渗层。

2. 稀土渗剂及其配制方法

（1）渗剂成分设计基本原则

用于化学热处理的渗剂，在设计其成分时，应遵守以下基本原则：①能提供工艺设计所要求的相应的活性渗入组元，比如，碳氮共渗时，所设计的渗剂成分在一定温度下扩渗时应保证有碳和氮的活性原子渗入工件表层，并且结果重现性好；②工艺性能良好，如不会造成腐蚀，流动性好（对液体渗剂)，无毒，没有爆炸危险等；③无公害；④经济性好，所选用的渗剂组分易于获得；⑤考虑工件的服役条件和要求，例如，设计渗硼剂时对要求以耐磨为主，不承受复杂应力的工件，可以设计活性大的渗剂，使工件表面生成 FeB 和 Fe_2B 双相，而对既要求耐磨，又要求脆性小的工件，就应设计只能生成 Fe_2B 单相的渗剂。

（2）渗剂的一般构成

化学热处理用渗剂、通常由供渗剂、活化剂和填充剂等几部分组成。稀土化学热处理，从渗入组元考虑，大致可以分为两类：一类是单渗稀土，即在钢的表面渗入某一种或几种稀土元素，这时渗剂通常由供稀土剂和活化剂（或还原剂）组成，有时还加有填充剂等；另一类是稀土和其他元素复合渗，即在钢的表面同时（或依次）渗入稀土和其他元素，比如硼稀土共渗、碳氮稀土共渗等。这时，通常是将供稀土剂加到相应的其他渗剂中并适当调整相应组分的比例，如在渗硼剂中加入适量供稀土剂可以进行硼稀土共渗，在碳氮共渗剂中加入适量供稀土剂可以进行碳氮稀土共渗。

几种稀土化学热处理工艺方法所用渗剂的组分举例见表 2.9-1。

表 2.9-1 几种稀土化学热处理工艺方法所用渗剂的组分举例

方法	类别				
	供渗剂	活化剂	填充剂（稀释剂）	供稀土剂	其他
单渗稀土	—	NH_4Cl 或 KCl	Al_2O_3	混合 RECl 或稀土金属块(粉)	

（续）

方法		类别				
		供渗剂	活化剂	填充剂（稀释剂）	供稀土剂	其他
稀土复合渗	碳稀土共渗（气）	煤油或天然气	—	甲醇	RECl 或环烷酸稀土、羧酸稀土	
	氮稀土共渗（气）	氨气	—	甲醇	RECl	
	碳氮稀土共渗（气）	渗碳剂+NH_3 或含碳氮有机化合物	—	甲醇	RECl	
	硼稀土共渗（固）	B_4C 或硼铁	KBF_4 或 NH_4Cl	SiC	RECl 或 REO 或稀土精矿粉	膏剂尚需加入黏结剂
	硼铝稀土多元共渗（膏剂）	B_4C Al_2O_3+Al	氟化物	SiC	RECl	黏结剂可用有机树脂
	钒稀土共渗（盐浴）	V_2O_5	Al	硼砂（基盐）	混合稀土金属	
	稀土多元共渗（气）	甲酰胺+硫脲+硼酐	—	甲醇	RECl	

（3）稀土渗剂的配制方法

稀土共渗的渗剂是基于传统化学热处理渗剂，通过添加供稀土剂、调整相应组分比例得到的。供稀土剂通常为稀土化合物或混合稀土化合物，包括氯化稀土、氟化稀土、碳酸稀土、硝酸稀土、羧酸稀土、环烷酸稀土、异环氨酸稀土、稀土氧化物、稀土氮化物等。可因地制宜选用性质稳定、价格较便宜的稀土化合物或混合稀土化合物。改性工艺不同，所采用的稀土原料和稀土加入方法不尽相同。例如，对于气体稀土渗碳，常将稀土卤化物配入某种有机溶剂中制成滴注剂；对于粉末法稀土渗硼，需将稀土氧化物与供硼剂、活化剂、填充剂按一定比例混合制成粉末渗硼剂。稀土添加剂的加入量存在一个合适的范围。在此范围内，稀土催渗效果明显。当稀土含量超过这个范围时，渗速下降，且共渗层组织恶化。所以应根据实际材料、渗剂、设备和工艺过程找出稀土添加剂的最佳添加范围。下面给出了通用于稀土渗碳、稀土碳氮共渗、稀土氮碳共渗、多元稀土共渗（C、N、B、S）等的液态稀土催渗剂和固态稀土催渗剂的配制方法。

1）液态稀土催渗剂的配制。由于气体法的液体渗剂，主要采用易分解且分解产物有利于渗入而又无有害物质的试剂，供稀土剂通常是将稀土物质溶入相应有机溶剂中而成的，扩渗时，将相应试剂和供稀土剂分别滴入（或被吸入）处理炉内。也可以将供稀土剂与相应试剂混溶在一起滴入（或被吸入）处理炉内。比如，碳氮稀土共渗时，是将 8~20g 的混合稀土溶于 1000mL 甲醇中；另将 8~20g 氯化铵溶于 500mL 甲酰胺中，加尿素使溶液饱和，再加入微量 EDTA（乙二胺四乙酸），然后使上述两种溶液混溶，使用时只需将此混溶均匀的溶液滴入（或吸入）炉内，就可实现碳氮稀土共渗。其中氯化镧或氯化铈可用其他可溶于醇类的混合或单质镧或铈的氟化盐、硝酸盐或碳酸盐替代，溶剂甲醇可用乙醇或异丙醇来替代。

2）固态稀土催渗剂的配制。采用固体法进行稀土化学热处理时，通常是将具有相应粒度的各渗剂组分，按一定比例掺和起来即可。采用的粒度应适当，粒度过大会造成渗剂反应表面减少，粒度过小将影响透气性。固体渗剂的配制过程大体为：称量→烘干→混合→球磨→封装保存。由于一些渗剂组分和稀土物质容易吸湿潮解，故在配制时不宜在空气中暴露过长时间。如要制成粒状渗剂，需在混合（或球磨）后，添加适量的黏结剂，然后根据要求使调制好的渗剂通过具有相应孔眼的筛网，初步成型后烘干并摇匀成一定粒度的粒状渗剂。例如，氯化镧或氯化铈稀土盐 10%~40%（其中氯化镧或氯化铈可用混合的或单质的镧和铈的氟化盐、硝酸盐或碳酸盐替代），碳酸钠和碳酸钡 50%~60%，尿素 10%~20%，醋酸钠 15%~20%。当用于固体碳氮共渗时，另加黄血盐 10%~30%。用糖浆和淀粉作为黏合剂，与上述成分均匀混合后挤压成 4~8mm 的颗粒使用。

在原有的工艺参数、渗剂基本不变的情况下，按一定比例添加少量上述稀土催渗剂，即可实现催渗和改善组织性能的效果。配制固体渗剂时不宜在空气中暴露过长时间，防止一些渗剂组分和稀土物质吸湿潮解。另外，固体渗剂粒度应适当。粒度过大会造成渗剂反应表面减少，粒度过小将影响透气性。

3. 稀土化学热处理应用

稀土共渗工艺设计主要包括稀土渗剂的选择、工艺参数的确定和气氛的设计。由于稀土元素的催渗作用，可适当调整工艺温度和工艺时间。例如，稀土低温高浓度气体渗碳方法在滴注式液体渗剂中添加了稀土催渗剂（单位体积甲醇中加入 8g 稀土），并采用较低温度（860~880℃）、高炉气碳势（超过奥氏体饱和碳浓度）渗碳，具有渗入速度快、表面渗层组织细小弥散、变形小等优点。几种稀土化学热处理方法所用渗剂的组分举例见表 2.9-2。

表 2.9-2　几种稀土化学热处理方法所用渗剂的组分举例

序号	应用对象	应用效果
1	模数 3~5mm 的拖拉机变速器齿轮稀土碳氮共渗	材料 20CrMnTi，设备为 90kW 井式渗碳炉，原工艺为 860℃×5h；渗剂为甲酰胺中饱和尿素+煤油，要求层深 0.7~1.0mm。改用稀土碳氮共渗后，共渗 4h 平均深度为 0.8~0.9mm；齿尖碳化物由 6 级下降为 4 级，齿面出现细小弥散颗粒状化合物，其基底为超细马氏体；表层硬度为 62~64HRC，比原工艺提高 1~2HRC
2	模数 5~7mm 的推土机变速器齿轮稀土渗碳	材料 20CrMnMo、20CrMnTi 钢，设备为 90kW 井式渗碳炉，用 CO_2 红外仪控制碳势，渗碳介质为煤油+甲醇，工艺温度为 920℃，层深要求为 1.2~1.6mm。采用 860℃稀土渗碳，达到规定层深下限 1.2mm 需 9h，达到 1.5mm 需 11h。渗层较浅时新旧工艺周期接近，渗层较深时，周期略长。即，炉温升到 860℃较升到 920℃时间相差 30~40min，由 920℃降到 860℃保温及出炉淬火时间约 1.5h。层深≤1.2mm 渗碳的新旧工艺周期基本相同。对层深≤1.2 mm 和 1.5mm，稀土渗碳节电 30%和 25%，变形减少 1/3~1/2，炉子寿命延长 1 倍以上
3	模数 3.5~5.5mm 的收割机传动齿轮稀土渗碳	材料 20CrMnTi，渗层深度 0.8~1.2mm，设备为 75kW 井式炉，原工艺为 920℃煤油单液人工控制渗碳，工艺周期为 7~9h。采用 860℃×7h 稀土渗碳后，达到规定层深中限，节电 30%，齿轮传动噪声下降
4	小中巴车后桥螺旋传动齿轮稀土渗碳	材料 20CrMnTi，设备为 75kW 井式炉，原工艺为 920℃煤油加甲醇渗碳，螺旋盘齿需压床淬火，齿轮轴校直率>75%。改进夹具及采用 860℃稀土渗碳后，螺旋盘齿取消了淬火压床，大幅度提高了生产率。齿轴的校直率下降至 15%以下
5	可控气氛多用炉及连续炉滴注式稀土渗碳	周期作业式渗碳，井式炉与多用炉并无本质的差别，井式炉上的应用成果可直接应用于多用炉。连续炉稀土渗碳，稀土的添加可将推料周期缩短 15%~20%，提高生产率 15%~20%
6	内燃机活塞销稀土渗碳直接淬火	材料 20Cr，存在问题是常规渗碳后奥氏体晶粒长大，马氏体级别超差，需要渗碳后空冷正火，二次加热淬火。采用 860℃稀土渗碳直接淬火取代盐炉二次加热淬火，降低了环境污染，节电 70%；生产周期由 3 天缩短至 1 天，热处理成本下降 60%
7	机床摩擦片稀土渗碳直接淬火	材料 20 钢，原工艺为固体渗碳后盐炉加热压淬，能耗高。改用 860℃稀土渗碳直接淬火，加压回火的工艺方法，使产品合格率达 80%，只有 20%需要在盐炉中再加热压淬，节约能源，提高了工效
8	注射机挤压筒及螺杆的稀土渗氮	材料 38CrMoAl 钢，渗氮后要求层深 0.4~0.5mm，硬度≥950HV。原渗氮工艺为 500℃×(45~50)h 或采用 520~530℃渗氮 35~40h，硬度≤950HV。采用 570℃或 540~570℃稀土渗氮，渗氮时间为 20~24h，达到技术要求，渗层脆性 1~2 级；节电 30~35%，节氨 35~40%，缩短周期 1 天
9	汽轮机及锅炉耐蚀和耐磨零件的稀土渗氮	材料 38Cr2MoA、25Cr2MoV 等钢，要求渗层 0.3~0.35mm，硬度 950~1050HV，脆性 1~2 级。原渗氮温度 490~510℃，时间为 25~30h。采用 570℃稀土渗氮 10~14h，渗层深度为 0.3~0.35mm，硬度 1000~1100HV，脆性 1 级；节电及降低氨消耗效果显著
10	铁路调车场减速顶稀土氮碳共渗	材料 40Cr，氮碳共渗要求层深 0.3~0.4mm，硬度 42~45HRC，耐磨及耐蚀，采用(570±5)℃×(6~8)h 通氨滴醇软氮化。相同温度下采用稀土软氮化 5~6h，层渗≥0.3mm，硬度为 46~48HRC；耐蚀性和耐磨性均提高
11	重载汽车弹簧锁紧件稀土软氮化	材料 08、45、20 钢等，在 560~570℃通氨滴醇软氮化 6~8h，软氮化后硬度要求达到 260~300HV，碳含量低者取下限，反之取上限。原工艺处理后常出现硬度不足及软点。同样温度下采用稀土软氮化 4~5h 即可满足技术要求，硬度均匀，消灭了软点
12	铝合金热挤压模稀土氮碳共渗	模具材料 H13 钢，原工艺为 580℃×4h 软氮化，层深 0.10~0.12mm，硬度 800~850HV。同样处理条件下采用稀土软氮化，层深为 0.14~0.16mm，硬度为 1000~1100HV。原工艺处理的模具，能够挤压铝段 4~7t，稀土软氮化的为 8~25t。加稀土处理使模具寿命提高，铝合金型材的表面质量提高，出材率增加

2.9.2　低温热扩渗表层组织结构纳米化

1. 概述

随着纳米材料研究的不断深入与纳米技术的发展，将表面改性与纳米材料相结合，通过提高材料表面性能来提高构件服役性能受到了人们的重视，同时表面纳米化技术被认为是可将纳米材料应用于工程实际的最重要技术之一。表面纳米化可使材料表面（和整体）的力学和化学性能得到不同程度的改善。表面纳米化可以有效提高材料表面硬度和强度，进而改善材料的摩擦磨损性能。同时表面纳米化可以提高表面韧性及抗冲击性能。表面纳米化的一种常见方法为表面机械加工处理法，即在外加高能量载荷重复作用下，材料表面的粗晶组织通过不同方向产生的强烈塑性变形逐渐再结晶细化至纳米量级。此方法可与化学热处理结合，即在纳米结构表层形成时或形成后进行化学热处理，实现表层组织的尺寸和成分沿厚度方向梯度变化。另一种实现表面组织纳米化的方法是直接利用等离子体低温热扩渗技术，通过调控热力学条件：①在低温渗氮、（稀土）氮碳共渗的同时获得表层组织结构纳米化，实现表面层强韧化；②在低温渗碳的同时表层原位形成纳米石墨/金刚石结构，实现表面层耐磨减摩。

2. 低温热扩渗表层晶粒纳米化及应用

基于低温热扩渗技术实现钢表层纳米化的方法是直接通过低温等离子体渗氮、氮碳共渗或稀土氮碳共渗处理固溶淬火态的合金钢表面获得厚度在 10～150μm 范围可调控的纳米晶层，使钢表面的韧性提高，且表面硬度达 1020～1400HV，具有良好的强韧配合，可承受 1kg 接触载荷无崩裂，同时钢材的耐蚀性不受影响。此方法主要遵循以下步骤：将洁净的固溶态钢放入脉冲等离子体多元共渗炉中；抽真空后施加 450～700V 电压并保持 10～20min；通入渗剂，在温度为 340～520℃、真空度为 100～600Pa 的条件下保持 2～100h；冷却。几种低温热扩渗表层晶粒纳米化实例见表 2.9-3。低温热扩渗表层晶粒纳米化技术可用于高速冲击传动件长寿命表面改性，且该方法可针对固溶态渗氮合金钢、沉淀硬化不锈钢直接实施等离子体表面共渗，共渗的同时伴随时效使基体得以强化，简化了热处理工序且操作简单。

表 2.9-3　几种低温热扩渗表层晶粒纳米化实例

钢号	热扩渗工艺	渗剂	工艺参数及步骤	应用效果
38CrMoAl	等离子体渗氮	渗氮剂：体积比为 1∶1 的 H_2 和 N_2 的混合气体	预处理：940℃固溶 1h 后油冷。将待渗表面打磨、清洗 表面热处理：将炉内真空度降至 10Pa，施加 680V 电压并保持 10min；以 0.1L/min 速度通入 H_2；200℃时，H_2 流量增至 0.3L/min，同时通入 0.3L/min 的 N_2；在 460℃、300Pa 条件下保持 4h；在 N_2 气氛中冷却至室温	100～120μm 厚纳米晶层；共渗层表面硬度达到 1286HV
38CrMoAl	等离子体氮碳共渗	渗氮剂：体积比为 3∶1 的 H_2 和 N_2 的混合气体 渗碳剂：乙醇	预处理：940℃固溶 1h 后油冷。将待渗表面打磨、清洗 表面热处理：将炉内真空度降至 10Pa，施加 400V 电压并保持 10min；以 0.1L/min 速度通入 H_2；200℃时，H_2 流量增至 0.3L/min，同时通入 0.1L/min 的 N_2 和 0.05L/min 速度通入乙醇；在 360℃、400Pa 条件下保持 16h；在 N_2 气氛中冷却至室温	100μm 厚纳米晶层；共渗层表面硬度达到 1085HV
38CrMoAl	等离子体稀土氮碳共渗	渗氮剂：体积比为 1∶1 的 H_2 和 N_2 的混合气体 供稀土碳剂：摩尔比为 1∶1 的硝酸镧和硝酸铈的饱和乙醇溶液	预处理：940℃固溶 1h 后油冷。将待渗表面打磨、清洗 表面热处理：将炉内真空度降至 10Pa，施加 400V 电压并保持 10min；以 0.1L/min 速度通入 H_2；200℃时，H_2 流量增至 0.3L/min，同时通入 0.3L/min 的 N_2；440℃时，以 0.6L/min 速度通入稀土渗剂；在 460℃、400Pa 条件下保持 8h；在 N_2 气氛中冷却至室温	100μm 厚纳米晶层；共渗层表面硬度达到 1400HV

（续）

钢号	热扩渗工艺	渗剂	工艺参数及步骤	应用效果
M50NiL	等离子体渗氮	渗氮剂：体积比为8∶1的H_2和N_2的混合气体	预处理：980℃固溶1h后油冷。将待渗表面打磨、清洗 表面热处理：将炉内真空度降至10Pa，施加650V电压；以0.1L/min速度通入H_2；200℃时，H_2流量增至0.4L/min，同时通入0.05L/min的N_2；在460℃、400Pa条件下保持8h；在N_2气氛中冷却至室温	60μm厚纳米晶层；共渗层表面硬度达到1200HV
17-4PH	等离子体稀土氮碳共渗	渗氮剂：体积比为3∶1的H_2和N_2的混合气体 供稀土碳剂：摩尔比为1∶1的硝酸镧和硝酸铈的饱和乙醇溶液	预处理：1040℃固溶1h后油冷。将待渗表面打磨、清洗 表面热处理：将炉内真空度降至10Pa，施加650V电压并保持10min；以0.1L/min速度通入H_2；200℃时，H_2流量增至0.3L/min，同时通入0.1L/min的N_2；400℃时，以0.1L/min速度通入稀土渗剂；在500℃、300Pa条件下保持4h；在N_2气氛中冷却至室温	55～60μm厚纳米晶层；共渗层表面硬度达到1286HV

3. 低温热扩渗表层纳米石墨/金刚石结构及应用

基于低温热扩渗技术实现钢表层纳米石墨/金刚石结构的方法是直接利用低温等离子体对固溶淬火态的合金钢进行低温高碳势渗碳，使钢表面形成以Fe_3C相为主的渗碳层，进而诱导纳米石墨/金刚石薄膜的形成，实现表面层耐磨减摩。该方法主要遵循以下步骤：将洁净的固溶态钢放入脉冲等离子体多元共渗炉中；抽真空后施加600～700V电压；以有机溶剂（乙醇、丙酮等）作为渗碳剂通过水浴加热与氢气按1∶3～3∶2的体积比通入炉内，在温度为400～550℃、真空度为200～300Pa的条件下保持4h～24h；冷却。为避免炭黑的形成，若提高渗碳温度，则应适当降低炉内碳势。利用该方法对M50NiL钢进行等离子体渗碳处理，以丙酮溶液作为渗碳剂，与氢气按0.15L/min ∶ 0.35L/min流量比通入炉内，经过400℃、12h处理，可获得0.8μm厚的纳米金刚石薄膜，表面硬度达13GPa，且具有稳定的干摩擦因数（0.25）及低磨损率（$1.53\times10^{-6}mm^3\cdot m^{-1}\cdot N^{-1}$）。此方法可与传统等离子体渗碳、氮碳共渗或碳氮共渗等工艺复合，通过调整温度和炉内碳/氮势，在同一炉次内顺序实现深层扩渗和表面成膜，在表面处理效率上具有显著优势。

2.9.3 表层复合热处理

1. 概述

随着现代科学技术的发展，对机械零件的性能提出了越来越高的要求。在提高工件的性能方面，热处理起着重要的作用。工件所必备的性能，因其用途不同而有多方面的要求，一般总希望强度高、重量轻、价格低。当靠传统的单一的热处理方法难以满足这些要求时，可以采用经适当组合的几种热处理即复合热处理的方法，使工件获得理想的优良性能，同时可以尽量节约能源、降低成本、提高生产效率。单一的热处理工序，可以组合成很多种复合热处理工艺。复合热处理不是热处理工序简单地叠加，而是根据单一热处理工序的特点，有机地将它们组合在一起。使参加组合的各道热处理工序赋予工件的性能优点都能充分保留，避免后道工序对前道工序的抵消作用。表2.9-4是常用的复合表面热处理技术。

表2.9-4 常用的复合表面热处理技术

类别	细分	单一热处理	复合表面热处理
一般热处理	淬火、回火等温处理	整体淬火 贝氏体等温淬火	+渗氮 +渗氮，+镀锌
表面热处理	表面硬化	高频淬火 渗碳淬火 渗氮	+渗氮，+渗碳，+渗硫 +高频，+氧化 +整体淬火，+贝氏体等温淬火 +高频，+渗碳，+氧化
	表面强化	软氧化	+整体淬火，+贝氏体等温淬火 +高频，+渗碳，+氧化
	表面润滑化	渗硫（高温、低温）	+高频

（续）

类别	细分	单一热处理	复合表面热处理
电镀	电镀	镀 Sn(钢) 镀 Cu-Sn(钢) 镀 Sn(铜合金) 镀 Cu-In(铝合金)	+热处理(600℃热扩散) +热处理(600℃热扩散) +热处理(400℃热扩散) +热处理(160℃热扩散)
		镀锌	+贝氏体等温淬火

2. 碳氮双渗及应用

碳氮双渗工艺指在钢的渗碳层（1~3mm 厚）表面继续渗氮形成约 100μm 厚的渗氮层的复合化学热处理工艺，其目的是综合渗碳层和渗氮层的优势，即利用渗碳层的高承载能力抵抗接触疲劳破坏、利用渗氮层的高硬度保证表面的耐磨性能，满足传动部件日益提高的性能需求。考虑到渗氮工艺的温度特点，适用于碳氮双渗工艺的钢材渗碳层需具备高温回火稳定性，同时应尽量降低渗氮温度（采用等离子体渗氮），避免渗氮过程中渗碳层和基体回火软化。现举例如下。

英国 GKN-Westland 直升机 Vasco X-2M 齿轮，在传统渗碳的基础上，进行 400~450℃等离子体渗氮，获得表层硬度为 1300HV、渗碳层硬度为 500HV 的复合改性层，有效硬化层深度达 1.75mm，如图 2.9-1 所示。碳氮双渗后的齿轮疲劳寿命较仅渗碳齿轮的接触疲劳寿命提高 1 个数量级。

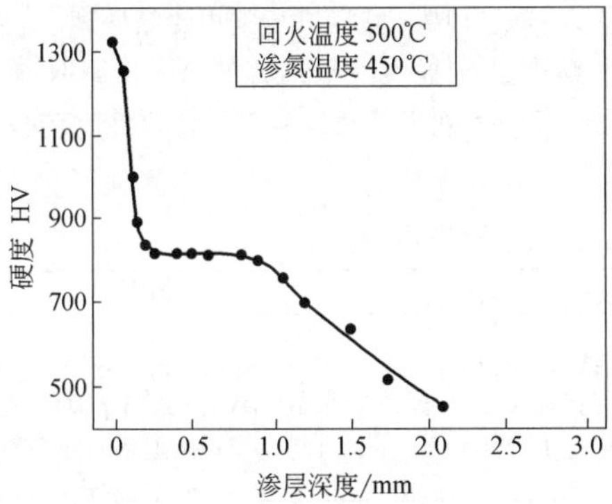

图 2.9-1　Vasco X-2M 钢渗碳后等离子体渗氮的复合改性层硬度分布曲线

M50NiL 钢，在标准气体渗碳（温度 925℃、时间 12h）和回火处理（温度 425/550℃、时间 4h）后，在 400℃等离子体渗氮 60h（氮氢比 1∶3），获得表层硬度为 1300~1400HV、渗碳层硬度为 500HV 的复合改性层，有效硬化层深度达 2.5mm，表面渗氮层厚 100μm，如图 2.9-2 所示。

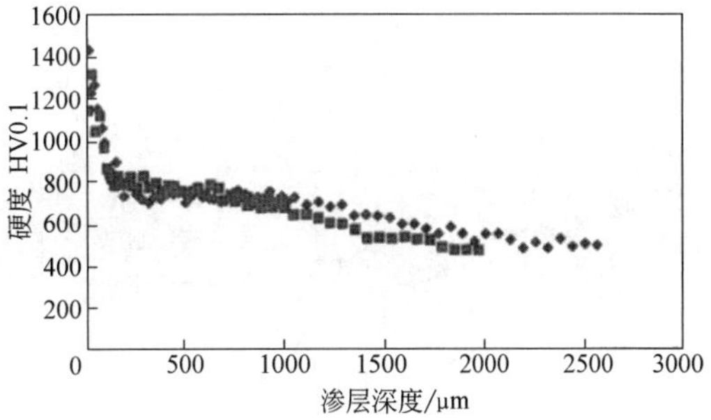

图 2.9-2　M50NiL 钢渗碳后 400℃等离子体渗氮 60h 的复合改性层硬度分布曲线

M50NiL 钢经过以下步骤：①900~940℃气体渗碳淬火；②580℃等离子体渗氮 16h（氮氢比 1∶1）；③整体在 830℃保温 80min 后淬火，可以快速获得高表面硬度（1007HV）且有效硬化层深度约 1mm 的复合改性层，如图 2.9-3 所示，采用高温等离子体渗氮并结合二次淬火工艺，可以显著提高表面渗氮层厚度并弥补心部硬度降低问题。

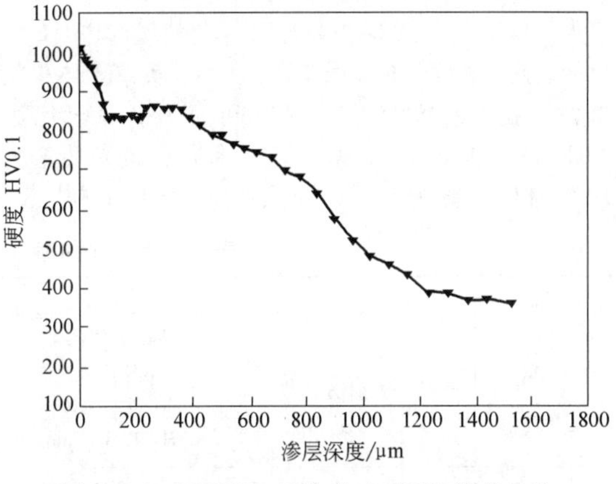

图 2.9-3　M50NiL 钢渗碳后 580℃等离子体渗氮 16h 并二次淬火的复合改性层硬度分布

3. 渗氮层激光淬火深层硬化及应用

在渗氮层激光淬火复合处理，激光淬火可使预先渗氮处理的硬化层深度大幅度提高，而表层硬度变化不大或有所下降。激光功率的增加和扫描速度的降低都可以相应地增加硬化层深度。现举例如下：

40CrNiMoA 钢，经 520℃气体渗氮 20h 后，渗氮层深度为 0.16mm；渗氮层经功率为 1000W、扫描速率为 25mm/s 的激光淬火后，深度达到 0.72mm，是渗氮处理深度的 5 倍，且表层硬度未出现明显软化，如图 2.9-4 所示。

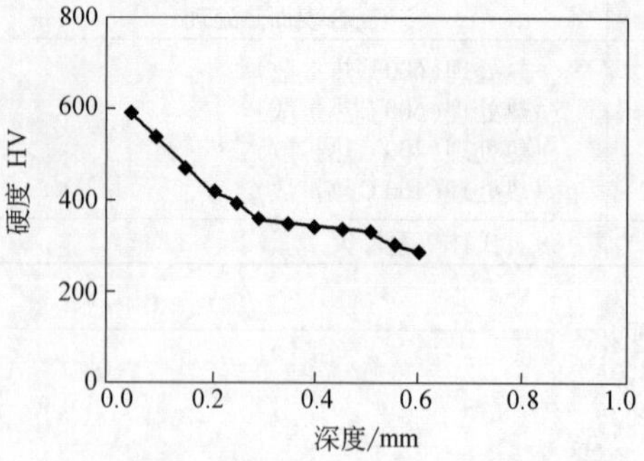

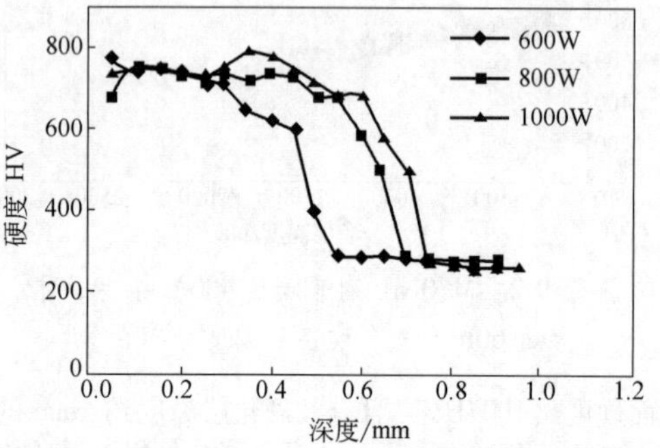

图 2.9-4 40CrNiMoA 钢气体渗氮处理（上图）和渗氮层激光淬火处理（下图）后的改性层硬度分布

30CrMnSi 钢分别经等离子体渗氮（PN）、激光淬火（LQ）和渗氮层激光淬火复合处理（PN+LQ）后的改性层硬度分布如图 2.9-5 所示。等离子体渗氮条件：温度为 500℃，渗氮时间为 8h，氮氢比为 0.1L/min：0.3L/min；激光淬火条件：激光功率为 1kW，扫描速率为 15mm/s。虽然渗氮层激光淬火后

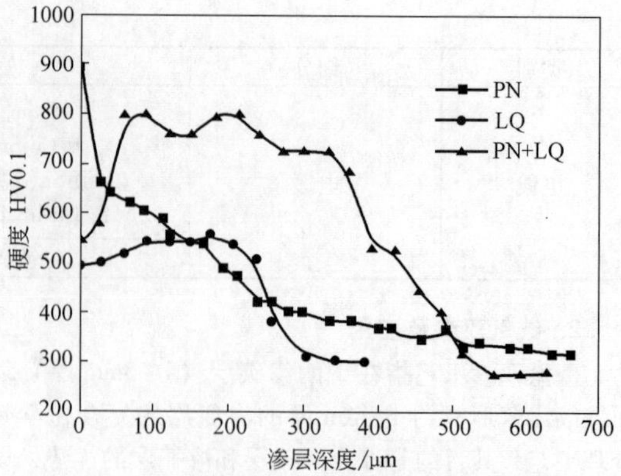

图 2.9-5 30CrMnSi 钢分别经等离子体渗氮、激光淬火和渗氮层激光淬火处理后的改性层硬度分布

表面硬度降低，但复合处理后淬硬层厚度显著增加，且亚表层区域（约 350μm）硬度保持在 700HV。

需要强调的是，渗氮层激光淬火复合处理后须进行 200℃以下的低温回火，使淬火马氏体回火变成回火马氏体，以消除应力、降低脆性。

4. 镀渗改性及应用

对于难以直接通过热扩渗方法获得一定厚度且与基体匹配的改性层的金属（如铝合金、铜合金等），可利用镀渗复合改性方法，借助低温所镀的第三种元素实现后序热扩渗过程中基体金属元素至表层热扩渗元素的连续过渡。例如，对于铝合金和铜合金，可首先在表面预镀钛膜，然后进行常规渗氮处理，获得具有一定深度且与基体冶金结合的 Al/Cu-Ti-N 梯度复合层。表 2.9-5 列出了几种镀渗复合改性工艺技术及应用。

表 2.9-5 几种镀渗复合改性工艺技术及应用

合金	镀膜	热扩渗	改性层组织结构	应用效果
2024 铝合金	磁控溅射镀钛膜	等离子体渗氮 460℃×8h N_2:0.2L/min H_2:0.3L/min	外层:钛氮化合物 中间层:Al_3Ti 内层:$Al_{18}Ti_2Mg_3$	表面硬度从 98HV 提升至 631HV;摩擦因数从 0.52 降至 0.31;磨损率降低 59.4%
C61900 铝青铜	磁控溅射镀钛膜	等离子体渗碳 650℃×4h N_2:0.1L/min H_2:0.1L/min	外层:钛氮化合物 中间层:Cu-Ti 互扩散层 内层:$AlCu_2Ti$	改性层厚 9μm;表面硬度 680HV;磨损率降低 90%
C17200 铍青铜	磁控溅射镀钛膜	等离子体渗氮 650℃×4h N_2:0.1L/min H_2:0.1L/min	外层:钛氮化合物 中间层:Cu-Ti 互扩散层 内层:Be_3Ti_2Cu	改性层厚 10μm;表面硬度提升至 983HV
C17200 铍青铜	磁控溅射镀铜-钛膜 Ti/Cu 原子比 7:1	等离子体渗氮 650℃×4h N_2:0.3L/min H_2:0.1L/min	外层:钛氮化合物 中间层:Cu-Ti 互扩散层 内层:Be_3Ti_2Cu	改性层厚 8μm;磨损率降低 94%

5. 渗氮加淬火与渗氮加渗碳淬火

这种工艺包括渗氮加整体淬火（例如：550℃气体渗氮，800℃整体淬火、180～200℃回火）、渗氮加高频淬火、氮碳共渗加整体淬火、氮碳共渗加高频淬火等。渗氮后增加一道淬火处理，表面层组织发生变化，从而引起力学性能提高，使工件得到更有效的强比，渗氮的工艺效果得到更充分的发挥。表 2. 9-6 为极软钢氮碳共渗后再加热淬火引起的组织变化，括号内的数字为氮的质量分数（%）。

图 2. 9-6 所示为极软钢 570℃×3h 氮碳共渗后再加热淬火时抗拉强度的变化情况。复合热处理使试样的抗拉强度呈上升的趋势，900℃ 淬火时，达到 1108. 5MPa。加热到 700℃ 附近淬火时，强度降低，这是由于氮在 α-Fe 中的固溶度减少，以及 γ 相加马氏体的存在成为不完全淬火组织，使强度降低。

表 2. 9-6　极软钢氮碳共渗后再加热淬火引起的组织变化

加热温度/℃	组织（由表面向内，距表面距离/μm：0，10，20，30，40，50，60）
25	ε(9.0) ｜ ε+γ′ (9.0) (6.3) ｜ γ′+α″+α （即渗氮处理后）
600	e(7.0) ｜ ε+γ′ ｜ γ′+γ ｜ M+α ｜ α
650	ε (4,5) ｜ γ (2.8—2.2) ｜ M (2.2—1.8) ｜ γ+α
700	M ｜ γ+α
750	M ｜ γ+α
800	M ｜ γ+M+α
850	M ｜ γ+M+α
900	M

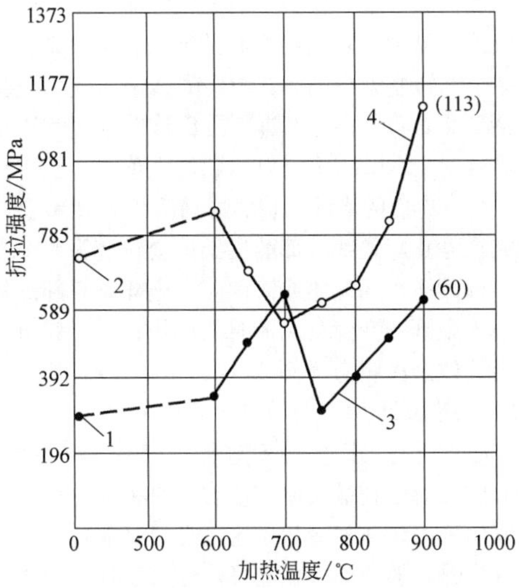

图 2. 9-6　极软钢氮碳共渗后再加热淬火时抗拉强度的变化情况
1—未处理　2—氮碳共渗处理　3—原材料加热水冷　4—氮碳共渗后加热水冷

工件在 570℃ 氮碳共渗后，立即升温至 820℃，同时炉气改为渗碳性气体。渗碳 2 小时后直接油冷淬火。经本工艺复合处理后，最表层（约 20μm 厚）是氮的化合物层，存在大量的细孔，下面是渗碳淬火产生的极细的马氏体组织。试样的耐磨性优于单一热处理。

6. 渗碳（渗氮）加高频淬火

渗碳后，通常用预冷直接淬火或重新加热淬火的方法。用这样的方法淬火虽然表面淬硬，但因为是整体淬火，所以变形大。若渗碳加高频淬火，则由于是表层加热、冷却，使淬火变形减小，表面硬化充分。这对于渗碳齿轮等工件是十分有利的。渗氮后淬火，可以增加硬化层深度，减小渗氮层中的硬度梯度；渗氮加高频淬火复合处理的另一个突出优点是可以提高工件的疲劳强度，特别是滚动接触疲劳强度，这一点对于齿轮这一类承受滚动疲劳的工件来说，有非常重要的意义。

7. 工模具的复合热处理

高速钢刀具的回火温度为 570℃ 左右，与渗氮温度一致。可采用离子渗氮来提高高速钢刀具的使用寿命。但是，离子渗氮后，表面硬度极高，硬度梯度很陡，在严酷的切削条件下，刀具很容易产生缺陷而失效。为了改善表层的硬度分布，可应用离子渗氮加回火的复合热处理。图 2. 9-7 所示为复合处理后的硬度分布曲线。

2. 9. 4　强烈淬火

强烈淬火技术通过采用高速搅拌或高压喷淬等特殊技术措施使试件在马氏体转变区域进行快速而均匀的冷却，在试件整个表面形成一个均匀的具有较高压应力的硬壳，避免了常规淬火马氏体转变区域快速冷却阶段畸变过大和开裂问题的产生。强烈淬火技术已

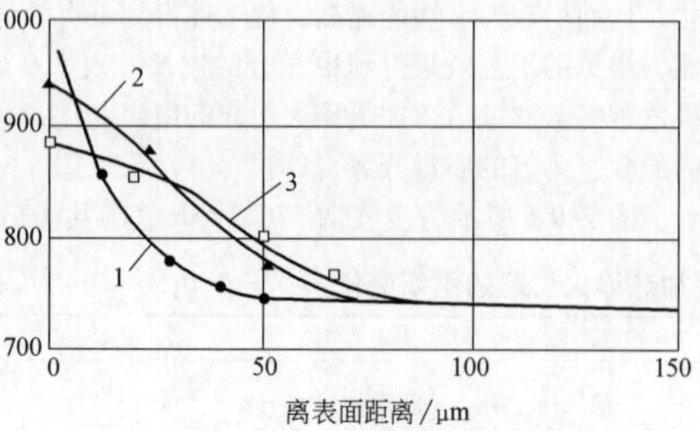

图 2.9-7　复合处理后的硬度分布曲线

1—离子渗氮（550℃×20min，1.33×10^3Pa，$N_2/H_2=20/80$）　2—离子渗氮后 570℃×1h 二次回火　3—离子渗氮后 570℃×1h 三次回火

用在汽车半轴、链轮、轴承圈、紧固件、销轴和模具上。

1. 基本原理

研究表明，淬火冷速和淬火开裂及畸变形成概率存在反常性。如图 2.9-8 所示，在马氏体转变温度区域，非常高的冷却速率也可以有效防止淬火开裂或畸变。可见在较低冷速或特别高冷速情况下都可以减小淬火开裂与变形。

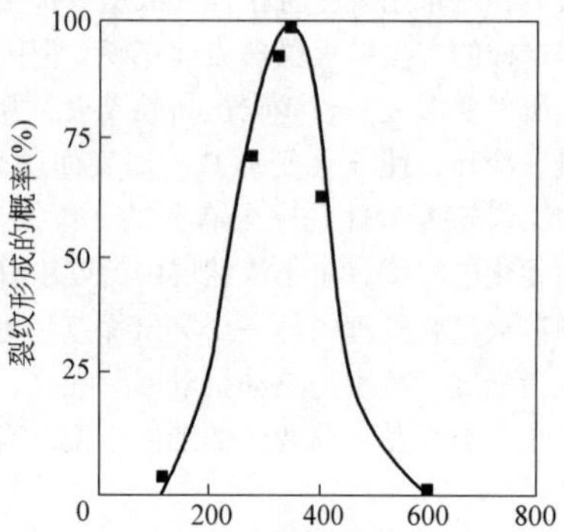

图 2.9-8　马氏体相变冷速和淬火开裂及畸变形成概率关系

强烈淬火过程的相变行为和应力状态不同于传统淬火。强烈淬火工艺会在整个工件表面形成一层均匀的马氏体“壳”，如图 2.9-9 所示。这层均匀、坚硬的“壳”引起了很高的残余压应力，大大减小了淬火开裂与畸变产生的概率。

当表层冷却至 *Ms* 点后，奥氏体转变为比体积较大的马氏体，这时表面转变部分可以看作是由弹簧连接的活块。各活块开始膨胀，就导致了“弹簧”收缩，活块开始受切向压应力作用（图 2.9-10a、b、c）。当工件表层完全转变为马氏体后，心部的奥氏体也开始冷却，但温度一直保持在 *Ms* 点以上。这时心部奥

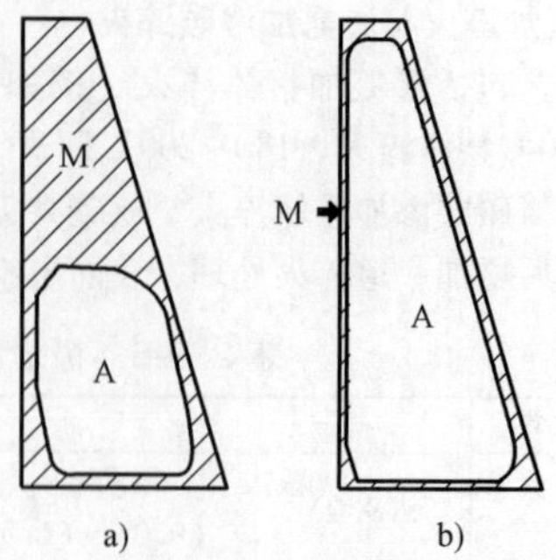

图 2.9-9　常规淬火和强烈淬火相变示意图

a）常规淬火　b）强烈淬火

M—马氏体　A—奥氏体

氏体的体积在明显缩小，这一现象称为“马氏体相变前的收缩”。切向压应力则不断增大，因为心部奥氏体的缩小，使表层有向中间收缩的趋势（图 2.9-10d）。随着时间的延长，心部也开始马氏体相变，体积又逐渐增大，造成表层压应力下降。但这一过程并不会彻底消除残余压应力。因为奥氏体“马氏体相变前的收缩”抵消了随后相变时的膨胀，所以即使心部奥氏体全部转变为马氏体，表层的残余压应力仍然存在（图 2.9-10e）。在心部进行马氏体转变过程中的某一临界时间，表层的压应力达到最大值。一旦工件被取出，由于冷速的降低，心部的马氏体转变将会减缓甚至完全停止。最终心部的奥氏体会转变为一个复杂相，如贝氏体、珠光体或铁素体。这样，心部的体积明显小于全部转变为马氏体时的体积，表层就可以保持较高的残余压应力（图 2.9-10f）。

2. 工艺设计

在心部进行马氏体转变过程中的某一临界时间，表层的压应力达到最大值，这时需要将工件从淬火介质中取出来停止强烈冷却，这是强烈淬火技术中的一个关键步骤。强烈淬火工艺可以分为三种：IQ-1 强烈淬火、IQ-2 强烈淬火和 IQ-3 强烈淬火，如图 2.9-11 所示。

IQ-1 强烈淬火方法多用于中高合金钢零件。采用热油或高浓度的水溶性聚合物类介质把钢件从奥氏体化温度缓慢冷却到马氏体相变开始的温度，这时工件横截面方向上的温度梯度不明显，试样处于同一 *Ms* 点。之后向试样表面喷射水流或者其他淬火介质，使工件在马氏体相变温度区域内快速冷却。

IQ-2 强烈淬火方法使用盐水或其他盐溶液作为冷却液。首先在工件表面以沸腾冷却方式进行快速冷却并产生马氏体相变，为了防止表面的开裂，当表层近 50%的组织转变为马氏体时，即表层仍处于塑性阶段时，需要停止这一阶段。而后在空气中慢冷，从工

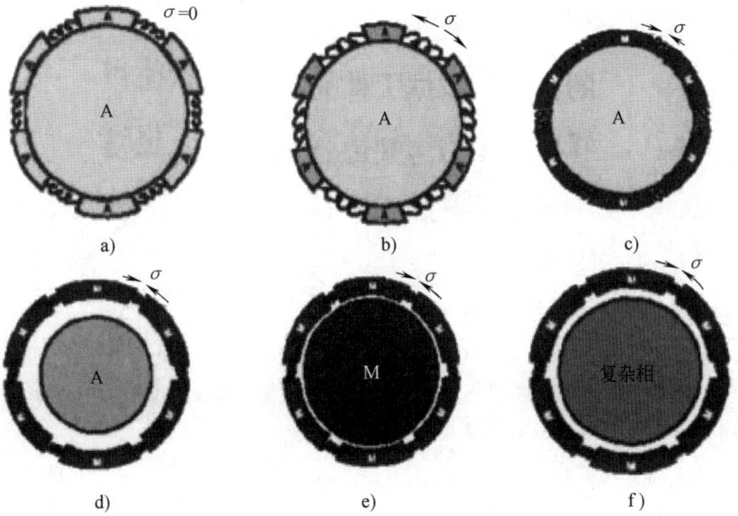

图 2. 9-10　强烈淬火相变和应力状态
A—奥氏体　M—马氏体　σ—应力

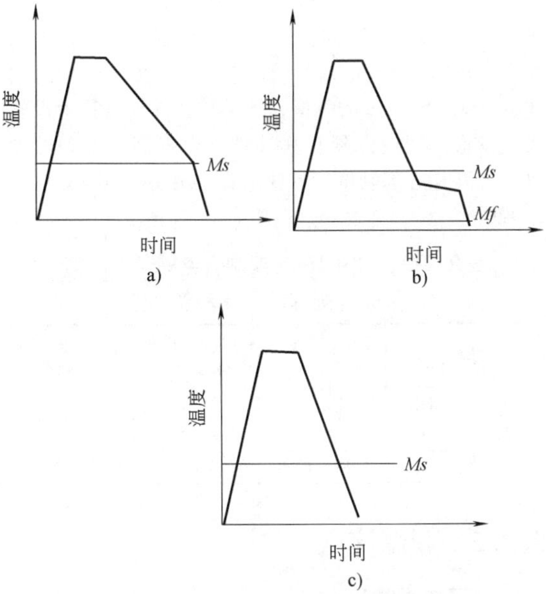

图 2. 9-11　强烈淬火热处理工艺
a）IQ-1 强烈淬火　b）IQ-2 强烈淬火　c）IQ-3 强烈淬火

件心部释放出的热量使表层马氏体进行自回火，使整个工件在横截面方向上具有相同的温度；最后在淬火槽中进行对流冷却。

IQ-3 强烈淬火方法只有对流冷却方式，在工件整个表面的强烈冷却过程是持续且均匀的，最后依据工件的几何形状使得残余压应力达到最合适的量。当表面压应力达到最佳时应该停止强烈冷却过程。IQ-3 强烈淬火方法的缺点：对于具有复杂外形的工件无法保证整个工件表面都有快速且均匀的水流；对于处理厚度小于 6. 35mm 的工件时有较大困难，因为对于薄工件控制合适的温度梯度使其表面为 100% 的马氏体组织而心部却为奥氏体组织的难度很大。

3. 强烈淬火工艺应用

强烈淬火能够显著提高钢制品工件的使用寿命。尺寸为 15. 3mm×120mm 的 M2 高速钢（W6Mo5Cr4V2）自动成形机冲头经强烈淬火后，冲头寿命可提高 1~3 倍，见表 2. 9-7。

表 2. 9-7　自动成形机冲头寿命

冲头编号	冲头寿命(冲压次数)	
	普通淬火(油淬)	强烈淬火
1	6460	15600
2	6670	16500
3	3200	5300
4	4000	12075
5	6620	8110
6	2890	10500
7	2340	7300

某汽车 AISI 9259 钢制弹簧如图 2. 9-12 所示，弹簧丝直径 21mm，弹簧外径为 152mm，展开长度约 547mm，采用 AISI 9259 钢（0. 60%C-0. 90%Si-0. 8%Mn，质量分数）制造。强烈淬火较普通淬火可使弹簧具备更优异的组织结构（表 2. 9-8），且淬火态硬度提高 1~3HRC。另外，强烈淬火后即可获得表面压应力状态，若配合表面喷丸处理，则表面压应力比普通油淬后喷丸表面压应力高 138 ~ 276MPa（图 2. 9-13）。相应地，强烈淬火弹簧的疲劳寿命较普通淬火弹簧提高 27%。

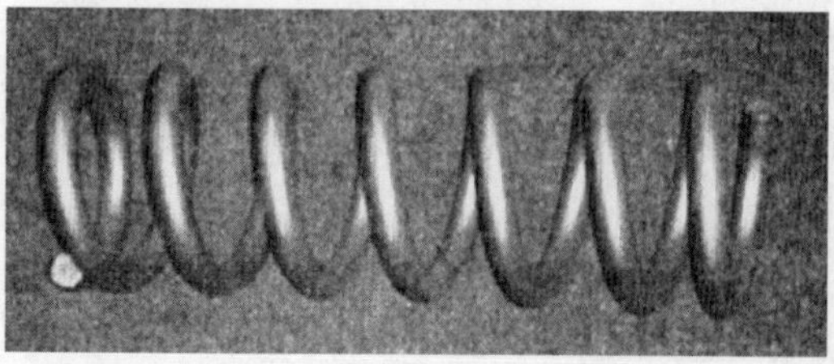

图 2.9-12　某汽车 AISI 9259 钢制弹簧

表 2.9-8　汽车弹簧普通淬火与强烈淬火组织对比

参数		油淬	强烈淬火
贝氏体体积分数(%)	表面	5%~10%	0%
	心部	15%~20%	2%~5%
组织		回火马氏体+贝氏体	回火马氏体+心部少量贝氏体
晶粒尺寸		ASTM 8	ASTM 9

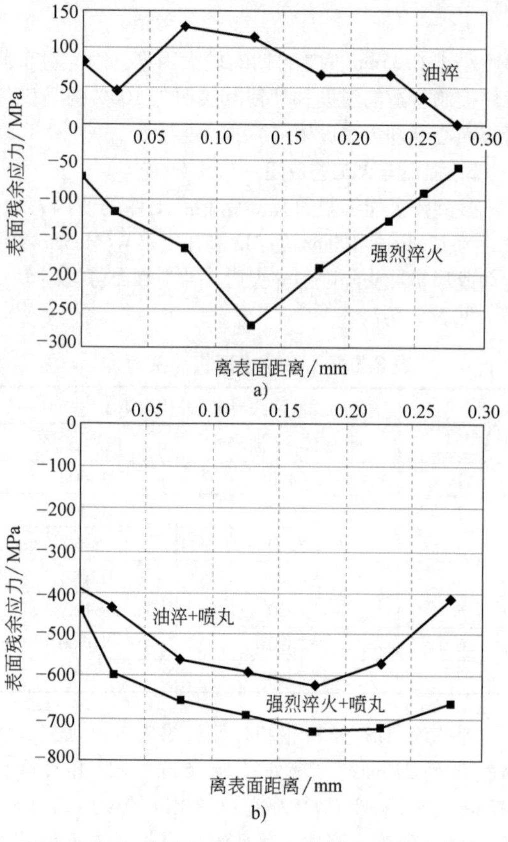

图 2.9-13　油淬和强烈淬火弹簧表面残余应力
a）淬火态　b）淬火+喷丸处理

渗碳与强烈淬火相结合可以显著提高渗层硬度、增加有效渗层深度，因此用此方法可以实现短周期渗碳。如图 2.9-14 所示，汽车差速器轴承保持架用钢 AISI 8617 钢仅需渗碳至原工艺 50%的深度即可通过强烈淬火处理使渗层厚度达到常规渗碳厚度，且渗层整体硬度较常规渗碳处理渗层硬度高 2~5HRC。

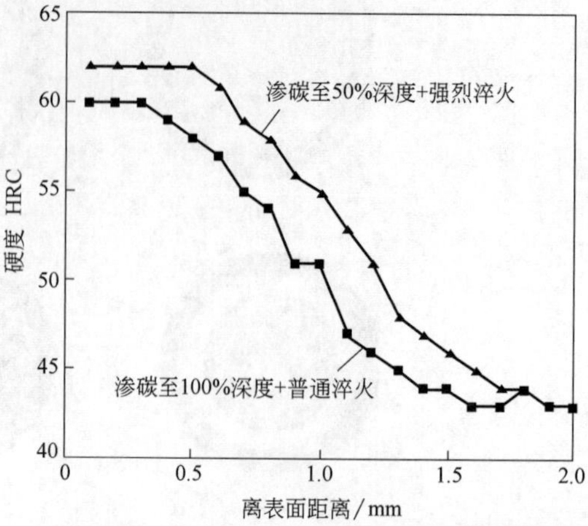

图 2.9-14　AISI 8617 钢经常规渗碳+淬火和短周期渗碳+强烈淬火后的渗层硬度分布

强烈淬火工艺在提高材料强度的同时还可以显著减小工件的变形量。AISI 1045 钢制的尺寸为 ϕ25.4mm×254mm 的某长轴，由于其表面沿轴向有一个 6.4mm×6.4mm 的键槽，该类轴在淬火过程中极易发生变形。利用强烈淬火处理可以提高该类轴的硬度，尤其是心部硬度，且变形量也减小约 50%，见表 2.9-9。

表 2.9-9　AISI 1045 钢制含键槽长轴不同淬火条件处理的硬度和变形量

参数	盐浴加热/冷油淬火	密封淬火炉加热/热油淬火	密封淬火炉加热/强烈淬火
表面硬度　HRC	43.2	51.4	57.4
心部硬度　HRC	32.1	31.0	50.0
变形量/mm	0.20~0.36	0.25~0.51	0.08~0.12

2.9.5　亚温淬火

1. 基本原理

亚温淬火又称临界区淬火，是将具有平衡态或非平衡态原始组织的亚共析结构钢加热至铁素体与奥氏体共存的两相区（即临界区温度区间），保温一定时间，然后进行淬火的热处理工艺。与常规完全淬火工艺不同，亚温淬火的加热温度在相变点 Ac_1~Ac_3 之间，比常规完全淬火降低 50~100℃。图 2.9-15 所示为亚温淬火和常规淬火加热温度范围。

亚温淬火得到复相组织，可以大幅度提高强韧性，原因如下：

1）亚温淬火细化晶粒。由于亚温淬火的加热温度低于 Ac_3，淬火组织中存在未熔铁素体，奥氏体被

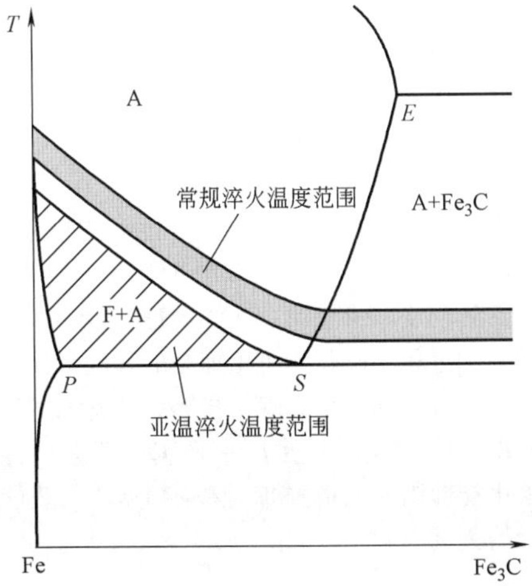

图 2.9-15　亚温淬火和常规淬火加热温度范围

铁素体分割，因此阻碍了奥氏体晶粒的长大，铁素体与奥氏体晶界所占的面积比完全淬火时奥氏体晶界的面积大 10~50 倍，晶粒显著细化。

2）铁素体自身相硬化与马氏体的碳含量升高对强度的贡献。亚温淬火冷却过程中，铁素体由于受到马氏体相变的挤压产生的硬度升高现象称为铁素体的自身相硬化。未溶铁素体的存在，一方面造成马氏体量减少，使钢的硬度有所降低，另一方面又使马氏体的碳含量高于钢经完全淬火后的平均碳含量，马氏体的硬度随着碳含量的升高增加，钢的最终硬度是两方面因素综合作用的结果。铁素体的自身相硬化与马氏体碳含量的升高，往往使结构钢亚温淬火后的强度、硬度与常规完全淬火者相当。

3）未溶铁素体对韧性的贡献和对裂纹扩展的阻碍作用。亚温淬火的主要特点是保留了一部分细小的未溶铁素体。一般认为，铁素体的硬度低、塑性好，能防止应力集中和阻碍裂纹扩展，故能提高钢的冲击韧度。

4）残留奥氏体对裂纹扩展的阻碍作用。由于未溶铁素体的存在，使奥氏体中的碳含量和奥氏体区的合金元素含量升高。因此，淬火后钢的残留奥氏体量增多，所得残留奥氏体较稳定，对裂纹的扩展有阻碍作用。

2. 工艺设计

工艺设计可以按基于温度设计和原始组织设计。

1）按加热温度分类：按照钢在临界区中加热温度的不同，亚温淬火分为高温亚温淬火和低温亚温淬火。前者的加热温度接近 Ac_3 的某一温度区间，适用于中碳结构钢；后者的加热温度处于接近 Ac_1 的某一温度区间，后者适用于低碳双相钢。

2）按原始组织分类：按照钢淬火加热前原始组织的不同，亚温淬火分为平衡态组织亚温淬火和非平衡态组织亚温淬火。前者包括退火态、正火态以及调质态等，后者包括淬火态、分级淬火态、等温淬火态等。

3. 亚温淬火工艺应用

亚温淬火工艺可有效避免淬火裂纹的产生，例如生产所需的尺寸为 50mm×50mm×6mm 的 60 钢板，经过传统弹簧钢淬火工艺（810~830℃保温后水淬）后出现长度不一的纵向裂纹和弧形裂纹。通过改进淬火工艺，在 740~760℃进行亚温淬火后，发现钢板无裂纹、硬度符合要求，且淬火温度越接近 Ac_3 效果越好。

对于低淬透性的大型锻件，如图 2.9-16 所示的碳钢活塞杆（成分为 0.34% C-0.23% Si-0.75% Mn，质量分数），经过调质处理后，再升温至双相区亚温淬火，可大幅提高冲击性能，详见表 2.9-10。

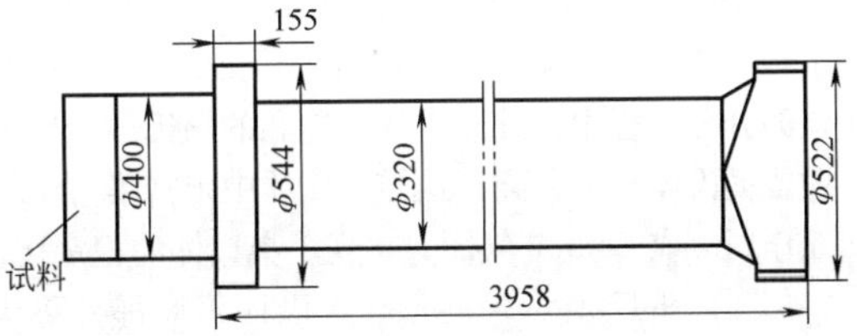

图 2.9-16　碳钢活塞杆尺寸

表 2.9-10　碳钢活塞杆的力学性能

热处理工艺	屈服强度/MPa	抗拉强度/MPa	伸长率（%）	断面收缩率（%）	冲击吸收能量/J	布氏硬度HBW
调质处理后	337	537	26	65	21	154
亚温淬火后	320	510	33	75	61	150

渗碳可与亚温淬火工艺配合，例如某双联泵缸套，材料为 20Cr 钢，渗碳后直接加热到双相区进行亚温淬火，可有效减少渗层中的残留奥氏体含量，使残余应力分布合理，且可显著降低变形量、避免淬火开裂。亚温淬火后内腔硬度为 58~63HRC，内外圆椭圆度均小于 0.1mm，可保证精磨尺寸。

2.9.6　Q&P 工艺

Q&P 工艺通过不完全淬火获得马氏体加奥氏体组织，然后通过碳原子分配使奥氏体因富碳而稳定化，最终获得能在室温下稳定存在的奥氏体以提高钢材的韧性。这种热处理新工艺称为“Q&P”工艺（quenching and partitioning process，淬火-分配工艺）。

1. 基本原理

1）残留奥氏体稳定化原理和作用。高温下存在的奥氏体相由于各种原因在热处理过程中保留下来，常被称为残留奥氏体。奥氏体的稳定化基于科氏（Cottrell）气团机制——碳、氮原子向晶体点阵缺陷处偏聚并使奥氏体机械稳定化。碳、氮原子钉扎位错形成 Cottrell 气团，增加了马氏体相变的切变阻力，稳定奥氏体，大幅降低马氏体转变温度。淬火组织中的残留奥氏体本身是塑性相，能很好地改善钢的塑性和韧性，同时兼有相变诱发塑性效果的效果，而且奥氏体能钝化裂纹的扩展、降低缺口敏感度。所以稳定的残留奥氏体具有强韧化的效果。

2）Q&P 工艺的相变和元素分配行为。使钢中奥氏体能够在室温下稳定存在的最直接、最主要的方法是通过碳原子的扩散和富集。但传统工艺面临两大问题使得奥氏体在室温下稳定存在比较困难。原因在于回火过程中碳化物析出消耗大量的碳原子造成碳浓度不足；碳原子无法在低的淬火温度下进行长程扩散而富集。Q&P 工艺针对碳原子扩散困难这一问题，提高了碳原子的扩散温度，专门设计了碳的分配过程。在碳的分配过程中，碳原子从过饱和的马氏体向周围的残留奥氏体扩散分配，这样奥氏体中碳富集与位错交互作用形成 Cottrell 气团，实现了奥氏体的稳定化。

如图 2. 9-17 所示，钢完全奥氏体化或部分奥氏体化后，快速冷却至 *Ms*～*Mf*，保持较短时间，获得一定数量的马氏体；然后继续冷却（一步处理）或加热至高于等温温度（两步处理），最后快冷至室温。在分配处理过程中，马氏体作为碳的过饱和固溶体通过降低碳含量以趋于稳定。马氏体降低碳含量的途径有两种：析出碳化物或碳原子扩散至未转变的奥氏体。如果钢中含有抑制碳化物形成元素如 Si 和 Al，则马氏体只能通过碳原子向周围奥氏体中的扩散即“分配”来降低自身碳含量。马氏体周围奥氏体由于碳的富集使得 *Ms* 点降低，因而在第二次快速冷却的

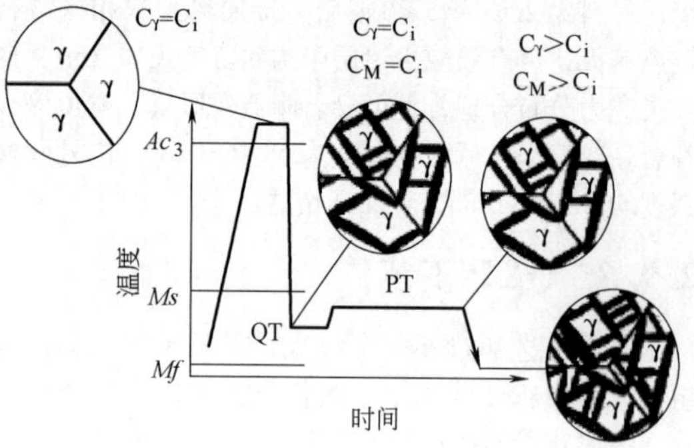

图 2. 9-17　Q&P 工艺碳扩散和残留奥氏体稳定化原理（C_i、$C_γ$ 和 C_M 分别表示原始合金、奥氏体和马氏体内的碳含量，QT 和 PT 分别表示淬火温度和碳分配温度）

过程中不发生转变而稳定至室温，形成残留奥氏体。可见并非所有的钢都可以应用 Q&P 工艺，只有部分含抑制碳化物形成元素 Si 和 Al 等的钢才可以。此外除了加入抑制碳化物形成元素外，还要加入 Mn、Ni 等奥氏体稳定元素。

图 2. 9-18 所示为残留奥氏体的碳浓度示意图。残留奥氏体含量的多少显然取决于其碳的富集程度。而碳的富集程度取决于第一次淬火过程中形成的马氏体量和分配过程中碳化物析出抑制的程度。淬火温度影响马氏体含量的多少，碳化物形成抑制元素决定碳化物析出反应的抑制程度。对于 Q&P 工艺，淬火温度和碳化物抑制元素的添加是决定 Q&P 工艺能否成功进行的关键因素。

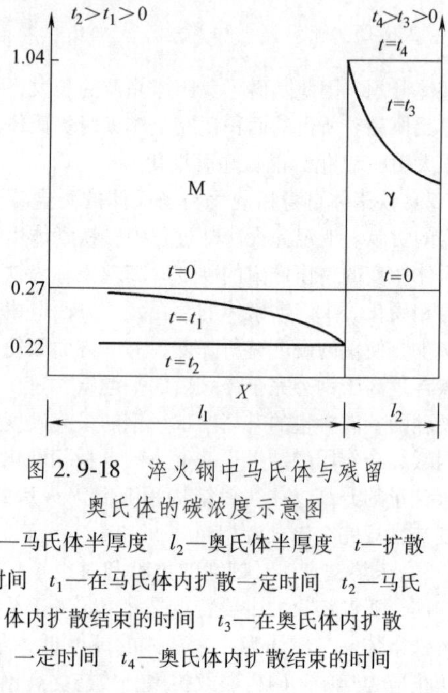

图 2. 9-18　淬火钢中马氏体与残留奥氏体的碳浓度示意图

l_1—马氏体半厚度　l_2—奥氏体半厚度　t—扩散时间　t_1—在马氏体内扩散一定时间　t_2—马氏体内扩散结束的时间　t_3—在奥氏体内扩散一定时间　t_4—奥氏体内扩散结束的时间

2. 组织与工艺设计

1）组织设计。经过 Q&P 工艺处理后，钢的组织主要为马氏体+残留奥氏体。马氏体的大量存在能够保证钢具有较高的强度，而少量残留奥氏体（占 4%～10%）的存在可以显著增加钢的塑韧性。这两种组织的配合能够使得 Q&P 钢兼具高强度、高韧性，Q&P 钢的这一特点使其展现出很好的应用前景。

对于不同成分的钢来说，经过 Q&P 工艺处理后所得到的马氏体和残留奥氏体的显微组织具有不同的分布和形态，进而对钢的力学性能产生不同的影响。对于碳含量较低且含有碳化物形成元素的钢来说，将获得板条马氏体、板条内碳化物以及条间残留奥氏体的组织。图 2. 9-19 所示为 0. 20C-1. 5Mn-1. 5Si-0. 05Nb-0. 13Mo 钢经 Q&P 工艺热处理 180s 后的透射

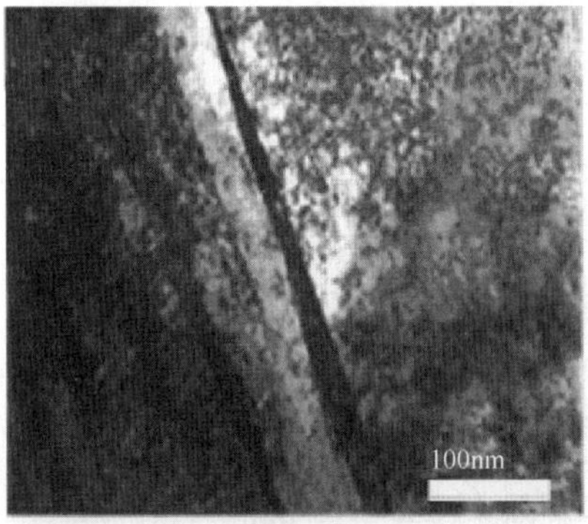

a)

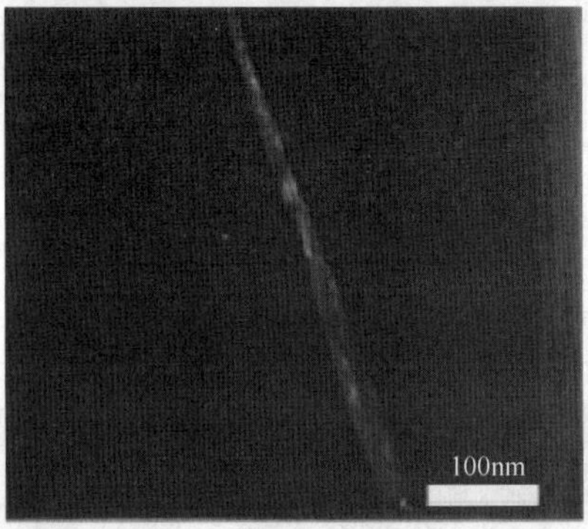

b)

图 2.9-19　0.20C-1.5Mn-1.5Si-0.05Nb-0.13Mo 钢经 Q&P 工艺热处理 180s 后的透射电镜照片

a）明场像　b）残留奥氏体暗场像

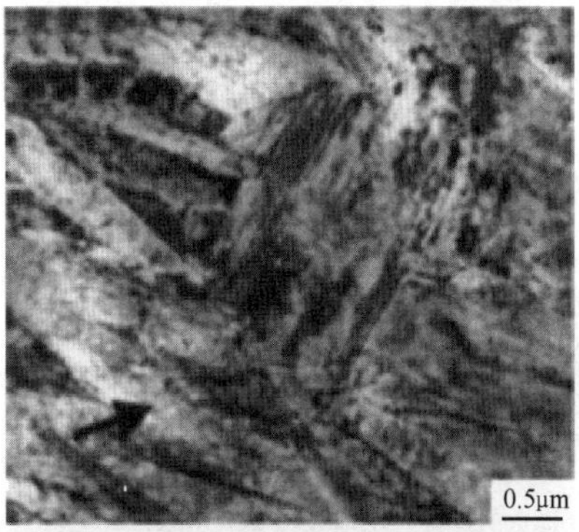

a)

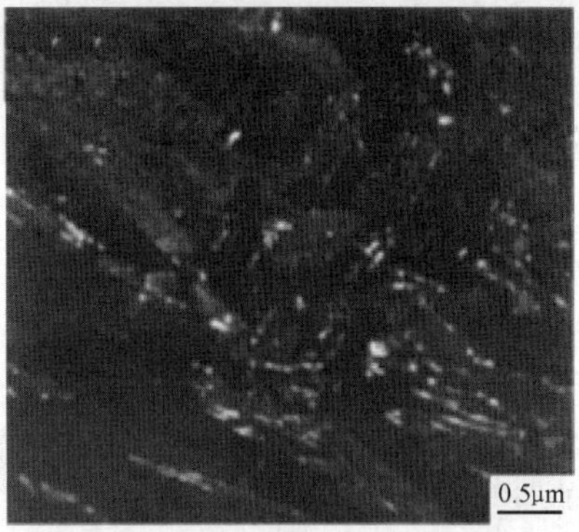

b)

图 2.9-20　典型高碳合金钢经 Q&P 工艺热处理后的透射电镜照片

a）明场像　b）残留奥氏体暗场像

电镜照片。

对于中碳和高碳合金钢，基体除了板条马氏体外，还有少量孪晶马氏体，也可能存在少量贝氏体，而残留奥氏体的形态则不确定，可能呈块状，也可能呈不均匀状态分布在马氏体基体内，如图 2.9-20 所示。

2）工艺设计。钢先在 Ac_3 温度以上进行奥氏体化，随后淬至 Ms～Mf 间的某一温度，根据不同的淬火温度将获得不同比例的马氏体和奥氏体。之后将钢置于该淬火温度或者 Ms 以上某一温度等温停留进行分配，碳原子从马氏体中扩散到奥氏体中使奥氏体富碳，并在冷却至室温后稳定存在。

Q&P 工艺主要分为一步 Q&P 工艺和两步 Q&P 工艺。其主要差别在于碳原子扩散的分配温度不同：一步 Q&P 工艺是在淬火后直接在该温度下进行碳的分配，分配温度 = 淬火温度；两步 Q&P 工艺则在高于 Ms 的温度进行碳的分配，分配温度 > Ms > 淬火温度，如图 2.9-21 所示。一步 Q&P 工艺在操作规程上相对简单，而两步 Q&P 工艺则更有利于碳的分配。

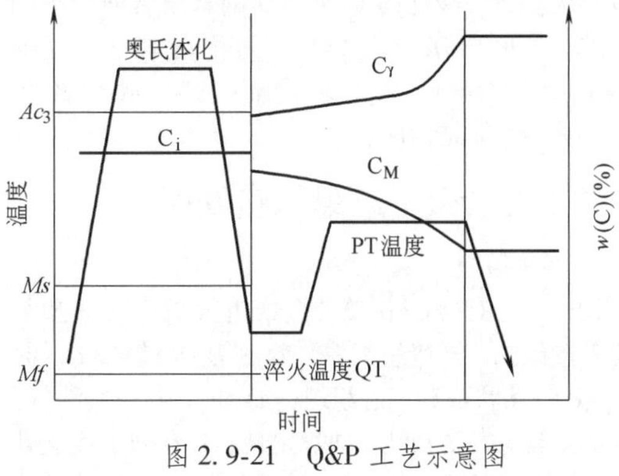

图 2.9-21　Q&P 工艺示意图

3. Q&P 工艺应用

Q&P 工艺用 60Si2Mn、40SiMnCrNiMoV 钢等可以大幅度提高钢的强韧性，见表 2.9-11。

表 2.9-11　Q&P 工艺处理后典型钢的力学性能

钢种	热处理工艺	R_m /MPa	R_{eL} /MPa	A (%)	Z (%)
60Si2Mn	Q&P 工艺	1721	1649	10.6	31
	传统工艺	1655	1570	7.9	—
40SiMnCrNiMoV	Q&P 工艺	1892	1517	19	22
	传统工艺	1890	1587	8	20

Q&P 工艺可应用于相变诱发塑性（TRIP）钢，

使其在具有相当塑性的同时，强度较一般工艺（双相区退火和贝氏体等温淬火）显著提高。表 2. 9-12 列出了 0. 19C-1. 59Mn-1. 63Si 钢经一般工艺和 Q&P 工艺后的力学性能。

表 2. 9-12　0. 19C-1. 59Mn-1. 63Si 钢经一般工艺和 Q&P 工艺后的力学性能

工艺	工艺参数	屈服强度/MPa	抗拉强度/MPa	均匀断后伸长率	总断后伸长率	残留奥氏体含量(体积分数)
双相区退火+贝氏体等温淬火	820℃-180s+400℃-10s	503	1072	15. 8%	19. 6%	7. 1%
双相区退火+贝氏体等温淬火	820℃-180s+400℃-100s	493	905	24. 8%	29. 4%	11. 4%
双相区退火+一步 Q&P	820℃-180s+200℃-10s	740	1424	8. 5%	10. 9%	—
双相区退火+两步 Q&P	820℃-180s+200℃-10s+400℃-10s	781	1179	9. 9%	12. 8%	8. 4%（γ 碳含量 1. 2%）
双相区退火+两步 Q&P	820℃-180s+260℃-10s+400℃-30s	687	1088	13. 9%	18. 8%	9. 6%（γ 碳含量 1. 4%）
单相区退火+两步 Q&P	950℃-180s+220℃-3s+350℃-10s	1201	1483	4. 7%	9. 0%	2. 6%
单相区退火+两步 Q&P	950℃-180s+220℃-3s+450℃-10s	1247	1366	2. 6%	7. 9%	2. 9%

随着 Q&P 工艺的发展，结合残留奥氏体在形变过程中的 TRIP 效应，Q&P 钢能实现较高的加工硬化能力，因而作为一种第三代高强钢陆续应用于汽车结构件。目前，我国钢厂针对 Q&P 钢已开发出无镀层、热镀锌、镀锌合金化等不同产品种类，具有 980MPa、1180MPa 等不同强度级别，以及高塑性、高扩孔性等不同性能特点。冷轧态 Q&P 980 钢总断后伸长率约为 20%，该值与 DP780 双相钢相当，远高于广泛使用的 DP980 双相钢。图 2. 9-22 所示为由 Q&P 980 钢制成的典型汽车结构件。

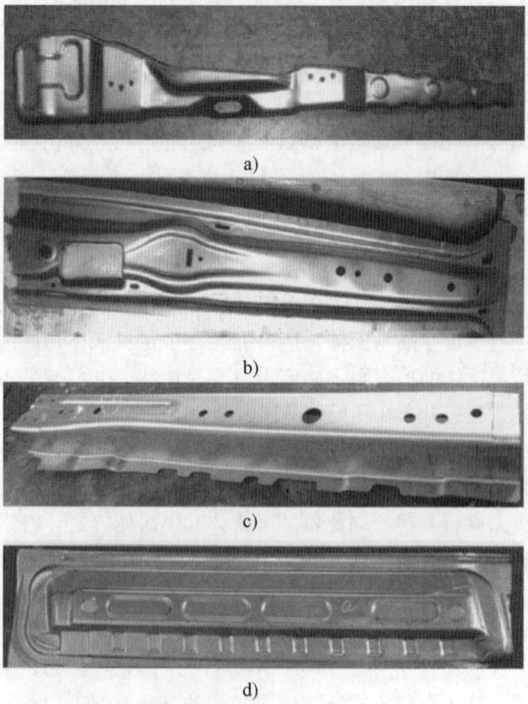

图 2. 9-22　由 Q&P 980 钢制成的典型汽车结构件
a）B 柱加强件（厚度 2. 0mm）　b）B 柱内板（厚度 1. 2mm）
c）前底板侧梁（厚度 1. 8mm）　d）车门内板（厚度 1. 0mm）

2. 9. 7　钛合金三态组织热处理

1. 基本原理

国际上已有的 α+β 钛合金或近 α 钛合金典型组织有等轴组织、网篮组织、时效 β 基体+等轴 α、时效 β 基体+条状 α 和三态组织，如图 2. 9-23 所示。等轴组织虽具有高的塑性和热稳定性，但材料的高温性能、抗疲劳裂纹扩展能力和断裂韧性较差。网篮组织与前者相比，提高了材料的抗蠕变性能、抗冲击和断裂韧性，但是明显降低了塑性和热稳定性，导致“β 脆性”和“组织遗传性”。时效 β 基体+等轴 α，或时效 β 基体+条状组织有效地提高了材料的强度，但热稳定性更差。三态组织（等轴初生 α、条状 α 和转变 β 基体）与前三种组织相比，使钛合金强度、塑性和韧性得以兼顾。

三态组织由约含 20%等轴 α 相，一定量的条状 α 相构成的网篮和 β 转变基体组成。三态组织既有好的塑性又有高的强度和韧性的原因，取决于组织中不同成分的不同变形机理。少量等轴 α 相对变形起着协调作用，推迟了空洞的形核和发展，断裂前将产生更大的变形，从而显示较高的塑性；大量网篮交织的

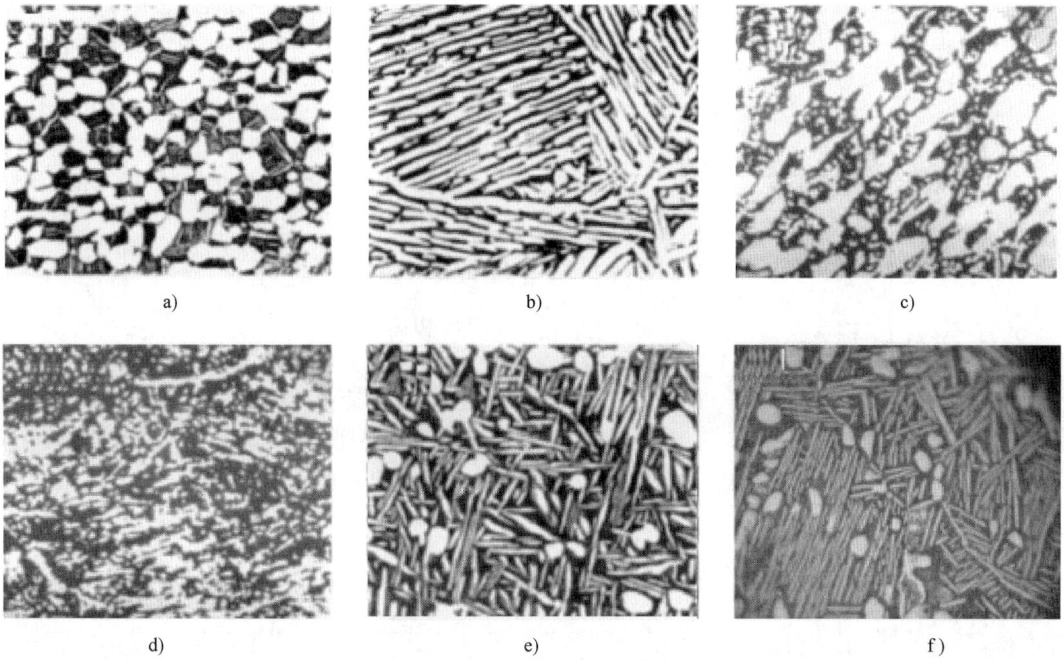

图 2.9-23　钛合金几种典型组织金相观察

a）等轴组织　b）网篮组织　c）时效 β 基体+等轴 α　d）时效 β 基体+条状 α　e）、f）三态组织

条状 α 相不仅增加了相界面，提高了合金强度与抗蠕变能力，而且裂纹扩展将随着 α 片和 α 集束的位向不断改变方向，导致裂纹路径曲折、分枝多，因而断裂韧性好。所以，三态组织是等轴和片状组织两种变形机理的综合。

2. 工艺设计

近 β 锻造可以得到钛合金的三态组织。以 TA15 钛合金为例，近 β 锻造是在相变点以下 10~15℃进行锻造变形的，需反复变形使变形程度达到60%，之后进行热处理得到三态组织。热处理工艺为：965℃-1h-空冷，950℃-1h-空冷，530℃-6h-空冷。但是近 β 锻造的锻造温度过高，影响模具寿命，工艺复杂，生产成本很高，因此开发了三态组织热处理工艺。热处理工艺为两步热处理：一次热处理工艺，在 β 转变温度以下 10~15℃保温，水冷；二次热处理工艺，在 β 转变温度以下 40℃保温，空冷。获得的三态组织同样具有十分优良的综合力学性能。

钛合金三态组织包括等轴 α 相、条状 α 相和时效 β 转变基体。大量试验和生产实践发现，只要组织中保留即使很少量的等轴 α 相，塑性降低就不会太大。图 2.9-24 所示曲线表明，等轴 α 相体积分数为 10%，材料的塑性断面收缩率 Z 仍保持在 30%以上；当等轴 α 相体积分数超过 20%，实际上对塑性贡献并无裨益，相反，抑制了其他性能的发挥。因此三态组织中等轴 α 相的体积分数应该在 20%左右，而条状 α 相的体积分数应在 50%~60%，时效 β 转变基体的体积分数应在 20%~30%。

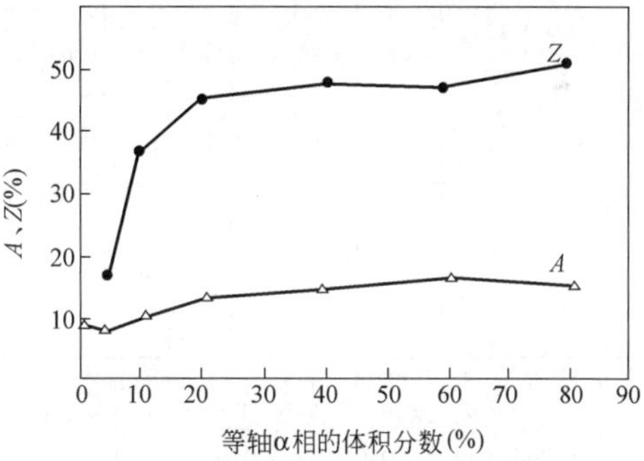

图 2.9-24　等轴 α 相的体积分数对 TA15 钛合金室温塑性的影响

基于钛的多晶转变特性，提高加热温度可使更多的等轴（初生）α 相转变为 β 转变组织，当加热温度低于 960℃时，初生 α 相的体积分数随温度的变化不大，只有当温度升至相变点以下 10~15℃，初生 α 相才能迅速降至 10%左右。但因相变再结晶以及热处理的球化作用，还会增加 10%的等轴 α 相体积分数，从而使等轴 α 相总量控制在 20%左右的最佳配比。

基于以上考虑，设计热处理工艺。热处理工艺分为两步：一次热处理和二次热处理，一次热处理的目的是保留和控制等轴 α 相的体积分数，二次热处理目的是得到适量的条状 α 相。一次热处理在相变点以下 10~15℃进行，二次热处理在相变点以下 40℃左右进行，如图 2. 9-25 所示。

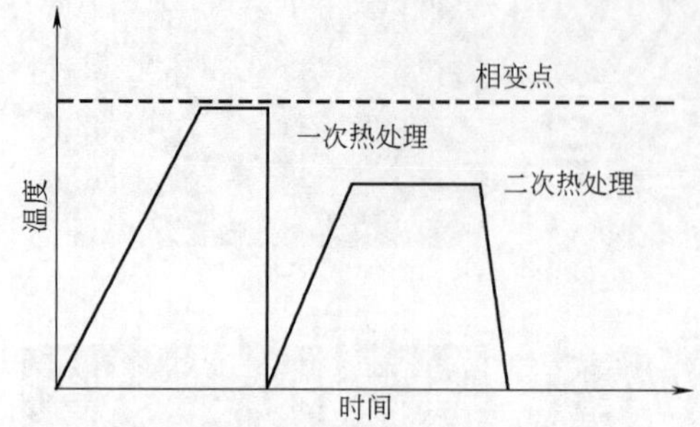

图 2. 9-25　热处理示意图

3. 钛合金三态组织热处理工艺应用

三态组织不仅具有良好的塑性，兼具高热强性和断裂韧性，综合性能优异，详见表 2. 9-13。三态组织 TC11 合金使用温度达到 520℃，较传统工艺处理的 TC11 合金的使用温度提高 20℃。该合金已在 FWP14 发动机中得到了应用。表 2. 9-14 给出了 TA15 不同组织的力学性能。

2. 9. 8　虚拟热处理

1. 概述

虚拟热处理作为智能制造的一个重要环节，是 21 世纪实现制造业提高生产质量和效率、节能减排的重大课题。虚拟热处理具体指利用数值模拟和试验测试相结合方法，在准确预测材料组织性能变化规律的基础上进一步设计、优化热处理生产工艺。

表 2. 9-13　钛合金不同锻造/热处理方法所得组织对应的力学性能

材料	锻造/冷却	热处理	组织	室温拉伸性能				热稳定性能（高温暴露一段时间后的室温拉伸性能）						高温力学性能						断裂韧度/MPa·$m^{1/2}$
														高温拉伸		持久强度		蠕变性能（蠕变应力343MPa）		
								500℃-100h			520℃-100h			500℃	520℃	500℃-100h	520℃-100h	500℃-100h	520℃-100h	
				$R_{p0.2}$/MPa	R_m/MPa	A(%)	Z(%)	R_m/MPa	A(%)	Z(%)	R_m/MPa	A(%)	Z(%)	R_m/MPa	R_m/MPa	R_m/MPa	R_m/MPa	ε(%)	ε(%)	
TC11	常规+空冷	双重退火	等轴	1018	1061	14. 8	46. 2	1087	14. 0	38. 8	1081	12. 0	31. 7	748	698	598	—	0. 129	0. 224	73. 1
TC11	β+水冷	双重退火	片层	990	1083	12. 8	19. 8	1069	11. 3	17. 0	1094	10. 2	16. 4	772	761	706	608	0. 063	0. 125	91. 9
TC11	近 β+水冷	强韧化	三态	1049	1098	16. 8	43. 8	1109	15. 0	37. 0	1153	16. 6	36. 6	774	749	706	607	0. 103	0. 134	88. 6
IMI 685	β+空冷	固溶时效	片层	1000	1060	10. 0	18. 6	—	—	—	—	—	—	750	—	700	—	0. 084	—	74. 7（横）98. 5（纵）

注：1. 双重退火：950℃-1h-空冷+530℃-6h-空冷。
2. 强韧化：965℃-1h-空冷+950℃-1h-空冷+530℃-6h-空冷。
3. 固溶时效：1050℃-2h-油冷+550℃-24h-空冷。

表 2. 9-14　TA15 不同组织的力学性能

编号	组织	常温拉伸试验		冲击韧性试验
		抗拉强度/MPa	伸长率(%)	冲击吸收能量 KV/J
1	网篮组织	1078	10. 42	46. 75
2	双态组织	1056	12. 23	27. 78
3	三态组织	1105	15. 96	45. 44

热处理计算机模拟是在建立热处理工艺过程中温度、相变、应力/应变等多场量耦合数学模型的基础上，发展基于有限元/有限体积/有限差分等的数值计算方法，并开发相应的模拟软件，进而通过高性能计算来获得工艺过程中各类场量演变过程的详细信息，实现温度场、应力场、浓度场、微观组织场、性能场等的预报。热处理计算机模拟是设计、优化热处理工艺过程的核心技术。目前国外成功开发的热处理数值模拟软件有 DEFORM-HT、SYSWELD-HT、COSMAP、DANTE 等；我国上海交通大学研发了热处理模拟软件 Thermal Prophet®。另外，为了保证热处理计算模拟预报的精确度，需要为热处理计算机模拟提供可靠的材料参数，特别是包括相变的热物性和力学性能参数，因此大力开发材料数据库并进行数据挖掘也成为不可或缺的重要发展方向。以美、欧、日为首的国际

组织 IMS——智能制造系统（Intelligent Manufacturing System）于 2003 年组织欧盟、日本、韩国和加拿大的一些大学、企业及研究机构针对热处理变形控制开展了国际合作研究 IMS-VHT，其重点是以试验验证为基础，开发具有新功能、高精度的数值模拟软件，及具有数据挖掘功能的材料数据库、热处理知识库和热处理工艺优化分析系统和虚拟系统。

目前热处理计算机模拟的发展方向可归纳为：①全流程与一体化，即将单个热处理工艺的模拟发展为整个热处理工艺流程，甚至发展为整个热加工工艺过程的模拟；②多尺度的组织性能预测，即建立微观上有明晰物理解释、宏观上吻合试验结果的唯象材料力学本构关系；③多场耦合，即在温度场、组织场、应力场的基础上扩展至考虑电磁场、流场等物理场的物理模型。

2. 虚拟热处理技术应用

(1) 大型齿轮表面剥落问题

大型齿轮热处理过程一般采用渗碳淬火方式进行表面强化，强化效果直接影响零件的力学性能。某大型齿轮零件在热处理工艺完成后在承受冲击载荷时出现表面剥落现象（图 2.9-26），且该问题在考虑多种影响因素并反复试验后均未得到有效改善。利用 DANTE 软件进行齿轮构型并进行 4 层以上六面体实体网格划分，如图 2.9-27 所示。通过调整热处理参数模拟计算齿轮表面碳含量，并在考虑脱碳的情况下，计算使表面渗碳层剥落所需的最大拉应力分布（图 2.9-28），有效地指导渗碳工艺参数的选择，使脱碳现象导致的表面剥落问题得到了避免。

图 2.9-26　某大型齿轮零件渗碳淬火后在冲击时出现表面剥落现象

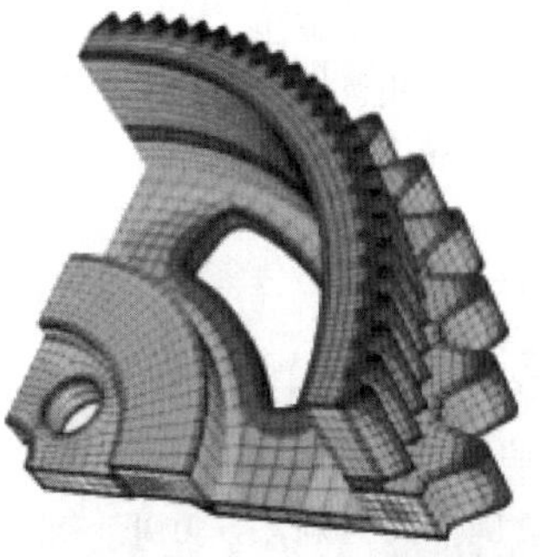

图 2.9-27　某大型齿轮零件三维构型及网格划分

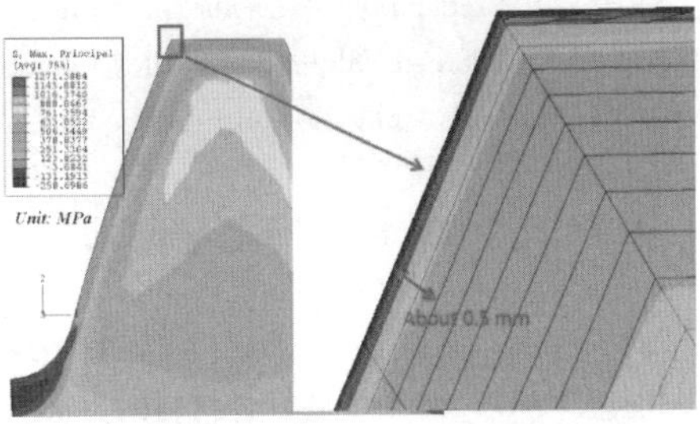

图 2.9-28　表面渗碳层剥落所需的最大拉应力分布

(2) 低压汽轮机转子淬火过程模拟

转子（尺寸为 ϕ2826mm，材料为 30Cr2Ni4MoV 钢，见图 2.9-29）是汽轮机转动部分的主体，由于转速高、承受应力大，对转子材料的综合性能有极高的要求，转子经淬火后应尽量得到马氏体或下贝氏体组织。受工件尺寸和淬裂等因素的限制，在常规淬火过程中，心部冷却速率难以到达临界冷却速率。利用 Thermal Prophet 软件模拟低压汽轮机转子淬火过程中的温度场、组织场、应力场转变，设计并优化出了间歇冷却（空冷 1.5h+水冷 30h）方法，即利用空气预冷来减小工件形状和开裂倾向，同时减小工件整体蓄热量，使一定厚度的次表层冷速增大，加深了淬硬层深度。

图 2.9-29　汽轮机低压转子淬火现场

参 考 文 献

[1]　孟少龙. 机械工艺加工手册：第 1 卷 [M]. 北京：机械工业出版社，1991.

[2]　曾正明. 实用钢铁材料手册 [M]. 3 版. 北京：机械工业出版社，2015.

[3]　曾正明. 机械工程材料手册 [M]. 7 版. 北

京：机械工业出版社，2010.
[4] 陆明炯. 实用机械工程材料手册 [M]. 沈阳：辽宁科学技术出版社，2004.
[5] 中国机械工程学会热处理学会. 热处理手册：第1卷 [M]. 4版修订本. 北京：机械工业出版社，2013.
[6] 沃丁柱. 复合材料大全 [M]. 北京：化学工业出版社，2000.
[7] 王荣国，武卫莉，谷万里. 复合材料概论 [M]. 哈尔滨：哈尔滨工业大学出版社，2015.
[8] SAHIN Y. Preparation and some properties of SiC particle reinforced aluminium alloy composites [J]. Materials and Design，2003，24（8）：671-679.
[9] SAHIN Y，ACILAR M. Production and properties of SiC_p-reinforced aluminium alloy composites [J]. Composites，2003，34（8）：709-718.
[10] 明毅. SiC_w/AZ91镁基复合材料的界面与断裂行为 [D]. 哈尔滨：哈尔滨工业大学，1999.
[11] 孙勇，沈容. 锌基复合材料研究现状与展望 [J]. 昆明理工大学学报，1997，22（1）：129-134.
[12] 邹柳娟，范志强，朱孝谦. 碳纤维增强铜基（碳/铜）复合材料的研究现状与展望 [J]. 材料导报，1998，12（3）：56-59.
[13] 董尚利，杨德庄. 碳化硅晶须和颗粒增强铝基复合材料的时效行为 [J]. 材料工程，1996（8）：45-49.
[14] 吴昆. SiC_w/AZ91镁基复合材料的界面结构和时效行为 [D]. 哈尔滨：哈尔滨工业大学，1995.
[15] 王桂松，张杰，耿林，等. 金属基复合材料的高速超塑性 [J]. 宇航材料工艺，2001（2）：13-19.
[16] 耿林，袁哲俊，杨晖，等. 晶须取向对 SiC_w/Al复合材料切削表面质量的影响 [J]. 材料工程，1994（2）：6-8.
[17] 杨杰，严荣荫，陈厚伦，等. 中国石材 [M]. 北京：中国建材工业出版社，1994.
[18] 刘政，刘小梅. 国外铝基复合材料的开发与应用 [J]. 轻合金加工技术，1994（1）：7-11.
[19] 华林. 金属基复合材料成分、性能与应用 [J]. 材料科学与工艺，1995（4）：37-40.
[20] 王正远. 工程塑料实用手册 [M]. 北京：中国物资出版社，1994.
[21] 虞福荣. 橡胶模具设计制造与使用 [M]. 北京：机械工业出版社，1993.
[22] 中国机械工程学会热处理学会. 热处理手册：第4卷 [M]. 4版修订本. 北京：机械工业出版社，2013.
[23] 陈天民，吴建平. 热处理设计简明手册 [M]. 北京：机械工业出版社，1993.
[24] 曲敬信，汪泓宏. 表面工程手册 [M]. 北京：化学工业出版社，1998.
[25] 郦振声，郦定强. 表面工程手册 [M]. 北京：机械工业出版社，2001.
[26] 拿灿. 等离子体表面改性技术及其在模具中的应用 [J]. 金属热处理，1998（7）：30-33.
[27] 朱元右. 低温等离子体在金属材料表面改性中的应用 [J]. 江苏冶金，2004，32（2）：12-15.
[28] 姜左. 材料的表面处理技术及发展 [J]. 苏州职业大学学报，2003，14（1）：34-37.
[29] 温建辉. 铝和铝合金的阳极氧化 [J]. 晋中师范高等专科学校学报，2004，21（4）：334-335.
[30] 王艳芝. 铝及其铝合金阳极氧化技术研究的进展 [J]. 材料保护，2001，34（9）：22-23.
[31] 崔昌军，彭乔. 铝及其铝合金的阳极氧化研究综述 [J]. 全面腐蚀控制，2002，16（6）：12-17.
[32] 朱祖昌，宋炎炎. 感应热处理工艺的最新进展 [J]. 机械工人，2004（9）：20-23.
[33] 沈庆通. 感应热处理技术的发展 [J]. 金属热处理，2002，27（1）：39-42.
[34] 牛二武，邸英皓. 高能束技术的发展及应用 [J]. 天津冶金，2004（2）：35-50.
[35] 周智慧，樊琳. 高能束热处理及其在工业中的应用 [J]. 机械制造与应用，2004，33（3）：42-44.
[36] 钟华仁. 钢的稀土化学热处理 [M]. 北京：国防工业出版社，1998.
[37] BELL T，SUN Y，LIU Z R，et al. Rare earth surface engineering [J]. Heat Treatment of Metals，2000，27（1）：1-8.
[38] PAN J S，LI X L，ZHANG W M. The current status and prospects of heat treatment surface engineering in China [J]. Heat Treatment of Metals，2005，30（1）：1-8.

第3章

毛坯及余量

主　编　任三平（一汽-大众汽车有限公司）
参　编　孙海洋（一汽-大众汽车有限公司）

3.1　毛坯种类和毛坯余量

在机械制造领域，毛坯占有非常重要的地位。本节主要介绍机械制造领域常用的主要毛坯的制备方法，以及其所能达到的经济精度，以供选择、使用。

3.1.1　轧制件

1. 常用金属轧制件的尺寸与极限偏差（表 3.1-1～表 3.1-16）

表 3.1-1　热轧圆钢直径和方钢边长（摘自 GB/T 702—2017）　　(mm)

5.5	6	6.5	7	8	9	10	11	12	13	14	15
16	17	18	19	20	21	22	23	24	25	26	27
28	29	30	31	32	33	34	35	36	38	40	42
45	48	50	53	55	56	58	60	63	65	68	70
75	80	85	90	95	100	105	110	115	120	125	130
135	140	145	150	155	160	165	170	180	190	200	210
220	230	240	250	260	270	280	290	300	310	320	330
340	350	360	370	380							

注：适用于直径为 5.5～380mm 的热轧圆钢和边长为 5.5～300mm 的热轧方钢。

表 3.1-2　热轧圆钢和方钢尺寸、外形的极限偏差（摘自 GB/T 702—2017）　　(mm)

(1) 热轧圆钢和方钢的尺寸允许偏差

圆钢直径或方钢边长	尺寸允许偏差		
	1 组	2 组	3 组
>5.5～20	±0.25	±0.35	±0.40
>20～30	±0.30	±0.40	±0.50
>30～50	±0.40	±0.50	±0.60
>50～80	±0.60	±0.70	±0.80
>80～110	±0.90	±1.00	±1.10
>110～150	±1.20	±1.30	±1.40
>150～200	±1.60	±1.80	±2.00
>200～280	±2.00	±2.50	±3.00
>280～310	±2.50	±3.00	±4.00
>310～380	±3.00	±4.00	±5.00

(2) 热轧圆钢和方钢的长度

通常长度			短尺长度
截面公称尺寸		钢棒长度	
全部规格		2000～12000	≥1500
碳素钢和合金工具钢	≤75	2000～12000	≥1000
	>75	1000～8000	≥500①

(3) 热轧圆钢的圆度

圆钢公称直径 d	圆度
≤50	≤公称直径公差的 50%
>50～80	≤公称直径公差的 65%
>80	≤公称直径公差的 70%

(4) 方钢对角线长度

方钢公称边长 a	对角线长度
<50	≥公称边长的 1.33 倍
≥50	≥公称边长的 1.29 倍
工具钢全部规格	≥公称边长的 1.29 倍

(5) 弯曲度

组别	每米弯曲度	总弯曲度
2 组	≤4.0	≤钢棒长度的 0.40%

注：1. 表中（1）的尺寸允许偏差组别应在相应产品标准或订货合同中注明，未注明时按第 3 组允许偏差执行。
2. 表中（2）的定尺或倍尺长度允许偏差为 $^{+50}_{0}$ mm。
3. 表中（5）的弯曲度组别应在相应产品标准或订货合同中注明，未注明时按第 2 组执行。
① 包括高速工具钢全部规格。

表 3.1-3　热轧六角钢和八角钢对边距离（摘自 GB/T 702—2017）　　(mm)

8	9	10	11	12	13	14	15
16	17	18	19	20	21	22	23
24	25	26	27	28	30	32	34
36	38	40	42	45	48	50	53
56	58	60	63	65	68	70	

表 3. 1-4　热轧六角钢和八角钢尺寸、外形的极限偏差（摘自 GB/T 702—2017）

（mm）

(1)热轧六角钢和八角钢的尺寸允许偏差

对边距离 S	尺寸允许偏差		
	1 组	2 组	3 组
≥8~17	±0. 25	±0. 35	±0. 40
>17~20	±0. 25	±0. 35	±0. 40
>20~30	±0. 30	±0. 40	±0. 50
>30~50	±0. 40	±0. 50	±0. 60
>50~70	±0. 60	±0. 70	±0. 80

(2)热轧六角钢和八角钢的外形偏差

在同一截面上任何两个对边距离之差	≤公差的 70%

(3)热轧六角钢和八角钢的弯曲度

组别	每米弯曲度	总弯曲度
1 组	≤2. 5	≤钢棒长度的 0. 25%
2 组	≤4. 0	≤钢棒长度的 0. 40%
3 组	≤5. 0	≤钢棒长度的 0. 50%

(4)热轧六角钢和八角钢的长度

通常长度	短尺长度
2000~6000	≥1500

注：1. 表中（1）的尺寸允许偏差组别应在相应产品标准或订货合同中注明，未注明时按第 3 组允许偏差执行。

2. 表中（4）的定尺或倍尺长度允许偏差为$^{+50}_{0}$mm。

表 3. 1-5　热轧扁钢的尺寸（摘自 GB/T 702—2017）

（mm）

(1)一般用途热轧扁钢的尺寸

厚度							
3	4	5	6	7	8	9	10
11	12	14	16	18	20	22	25
28	30	32	36	40	45	50	56
60							
宽度							
10	12	14	16	18	20	22	25
28	30	32	35	40	45	50	55
60	65	70	75	80	85	90	95
100	105	110	120	125	130	140	150
160	180	200					

(2)热轧工具钢扁钢的尺寸

厚度							
4	6	8	10	13	16	18	20
23	25	28	32	36	40	45	50
56	63	71	80	90	100		
宽度							
10	13	16	20	25	32	40	50
63	71	80	90	100	112	125	140
160	180	200	224	250	280	310	

表 3. 1-6　热轧扁钢尺寸、外形的极限偏差（摘自 GB/T 702—2017）（mm）

(1)一般用途热轧扁钢的尺寸允许偏差

宽度 b			厚度 t		
公称尺寸	允许偏差		公称尺寸	允许偏差	
	1 组	2 组		1 组	2 组
10~50	+0. 3 -0. 9	+0. 5 -1. 0	3~16	+0. 2 -0. 4	+0. 3 -0. 5
>50~75	+0. 4 -1. 2	+0. 6 -1. 3			
>75~100	+0. 7 -1. 7	+0. 9 -1. 8	>16~60	+1. 0%t -2. 5%t	+1. 5%t -3. 0%t
>100~150	+0. 8%b -1. 8%b	+1. 0%b -2. 0%b			
>150~200	供需双方协商				

在同一截面任意两点测量的厚度差不得大于厚度公差的 50%

(2)热轧工具钢扁钢的尺寸允许偏差

宽度 b		厚度 t	
公称宽度	允许偏差	公称厚度	允许偏差
10	0~+0. 70	≥4~6	0~+0. 40
>10~18	0~+0. 80	>6~10	0~+0. 50
>18~30	0~+1. 20	>10~14	0~+0. 60
>30~50	0~+1. 60	>14~25	0~+0. 80
>50~80	0~+2. 30	>25~30	0~+1. 20
>80~160	0~+2. 50	>30~60	0~+1. 40
>160~200	0~+2. 80	>60~100	0~+1. 60
>200~250	0~+3. 00	—	—
>250~310	0~+3. 20	—	—

(3)一般用途热轧扁钢弯曲度

组别	弯曲度	
	每米弯曲度	总弯曲度
1 组	≤2. 5	≤钢棒长度的 0. 25%
2 组	≤4	≤钢棒长度的 0. 40%

(4)热轧工具钢扁钢弯曲度

每米弯曲度	总弯曲度
≤5	≤钢棒长度的 0. 50%

表 3.1-7　冷拉圆钢尺寸、外形的极限偏差

（摘自 GB/T 905—1994）　（mm）

（1）冷拉圆钢的直径

3.0　3.2　3.5　4.0　4.5　5.0　5.5　6.0　6.3　7.0　7.5　8.0　8.5
9.0　9.5　10.0　10.5　11.0　11.5　12.0　13.0　14.0　15.0　16.0
17.0　18.0　19.0　20.0　21.0　22.0　24.0　25.0　26.0　28.0
30.0　32.0　34.0　35.0　36.0　38.0　40.0　42.0　45.0　48.0
50.0　52.0　55.0　56.0　60.0　63.0　65.0　67.0　70.0　75.0　80.0

（2）冷拉圆钢直径的允许偏差

圆钢直径	极限偏差				
	8（h8）	9（h9）	10（h10）	11（h11）	12（h12）
3	0 -0.014	0 -0.025	0 -0.040	0 -0.060	0 -0.15
>3~6	0 -0.018	0 -0.030	0 -0.048	0 -0.075	0 -0.12
>6~10	0 -0.022	0 -0.036	0 -0.058	0 -0.090	0 -0.15
>10~18	0 -0.027	0 -0.043	0 -0.070	0 -0.11	0 -0.18
>18~30	0 -0.033	0 -0.052	0 -0.084	0 -0.13	0 -0.21
>30~50	0 -0.039	0 -0.062	0 -0.10	0 -0.16	0 -0.25
>50~80	0 -0.046	0 -0.074	0 -0.12	0 -0.19	0 -0.30

（3）直条圆钢的弯曲度

级　别	每米弯曲度 ≤			总弯曲度 ≤
	尺　寸			
	7~25	>25~50	>50~80	7~80
8~9（h8~h9）	1	0.75	0.5	总长度与每米允许弯曲度的乘积
10~11（h10~h11）	3	2	1	
12（h12）	4	3	2	
供自动切削用钢	2	2	1	

表 3.1-8　冷拉方钢尺寸、外形的极限偏差

（摘自 GB/T 905—1994）　（mm）

（1）冷拉方钢的边长

3.0　3.2　3.5　4.0　4.5　5.0　5.5　6.0　6.3　7.0　7.5　8.0　8.5　9.0
9.5　10.0　10.5　11.0　11.5　12.0　13.0　14.0　15.0　16.0　17.0
18.0　19.0　20.0　21.0　22.0　24.0　25.0　26.0　28.0　30.0　32.0
34.0　35.0　36.0　38.0　40.0　42.0　45.0　48.0　50.0　52.0　55.0
56.0　60.0　63.0　65.0　67.0　70.0　75.0　80.0

（2）冷拉方钢边长的允许偏差

方钢边长	极限偏差			
	10（h10）	11（h11）	12（h12）	13（h13）
3	0 -0.040	0 -0.060	0 -0.15	0 -0.14
>3~6	0 -0.048	0 -0.075	0 -0.12	0 -0.18
>6~10	0 -0.058	0 -0.090	0 -0.15	0 -0.22
>10~18	0 -0.070	0 -0.11	0 -0.18	0 -0.27
>18~30	0 -0.084	0 -0.13	0 -0.21	0 -0.33
>30~50	0 -0.10	0 -0.16	0 -0.25	0 -0.39
>50~80	0 -0.12	0 -0.19	0 -0.30	0 -0.46

（3）冷拉方钢的弯曲度

级　别	每米弯曲度 ≤			总弯曲度 ≤
	尺　寸			
	7~25	>25~50	>50~80	7~80
10~11（h10~h11）	3	2	1	总长度与每米允许弯曲度的乘积
12~13（h12~h13）	4	3	2	

表 3.1-9 冷拉六角钢尺寸、外形的极限偏差

（摘自 GB/T 905—1994） （mm）

（1）冷拉六角钢的对边距离

3.0	3.2	3.5	4.0	4.5	5.0	5.5	6.0	6.3	7.0	7.5	8.0	8.5	9.0
9.5	10.0	10.5	11.0	11.5	12.0	13.0	14.0	15.0	16.0	17.0			
18.0	19.0	20.0	21.0	22.0	24.0	25.0	26.0	28.0	30.0	32.0			
34.0	35.0	36.0	38.0	40.0	42.0	45.0	48.0	50.0	52.0	55.0			
56.0	60.0	63.0	65.0	67.0	70.0	75.0	80.0						

（2）冷拉六角钢对边距离的允许偏差

对边距离	极限偏差			
	10(h10)	11(h11)	12(h12)	13(h13)
3	0 -0.040	0 -0.060	0 -0.15	0 -0.14
>3~6	0 -0.048	0 -0.075	0 -0.12	0 -0.18
>6~10	0 -0.058	0 -0.090	0 -0.15	0 -0.22
>10~18	0 -0.070	0 -0.11	0 -0.18	0 -0.27
>18~30	0 -0.084	0 -0.13	0 -0.21	0 -0.33
>30~50	0 -0.10	0 -0.16	0 -0.25	0 -0.39
>50~80	0 -0.12	0 -0.19	0 -0.30	0 -0.46

（3）冷拉六角钢的弯曲度

级　别	每米弯曲度 ≤			总弯曲度 ≤
	尺　寸			
	7~25	>25~50	>50~80	7~80
10~11 (h10~h11)	3	2	1	总长度与每米允许弯曲度的乘积
12~13 (h12~h13)	4	3	2	

注：供自动切削用六角钢，尺寸为 7~25mm 时，每米弯曲度≤2mm；尺寸>25mm 时，每米弯曲度≤1mm。

表 3.1-10 银亮钢直径及极限偏差（摘自 GB/T 3207—2008）

（mm）

（1）银亮钢直径

1.0	1.10	1.20	1.40	1.50	1.60	1.80	2.00	2.20	2.50	2.80	3.00
3.20	3.50	4.00	4.50	5.00	5.50	6.00	6.30	7.0	7.5	8.0	8.5
9.0	9.5	10.0	10.5	11.0	11.5	12.0	13.0	14.0	15.0	16.0	17.0
18.0	19.0	20.0	21.0	22.0	24.0	25.0	26.0	28.0	30.0	32.0	33.0
34.0	35.0	36.0	38.0	40.0	42.0	45.0	48.0	50.0	53.0	55.0	56.0
58.0	60.0	63.0	65.0	68.0	70.0	75.0	80.0	85.0	90.0	95.0	100.0
105.0	110.0	115.0	120.0	125.0	130.0	135.0	140.0	145.0	150.0	155.0	160.0
165.0	170.0	175.0	180.0								

（2）银亮钢直径极限偏差

公称直径	极限偏差							
	6(h6)	7(h7)	8(h8)	9(h9)	10(h10)	11(h11)	12(h12)	13(h13)
1.0~3.0	0 -0.006	0 -0.010	0 -0.014	0 -0.025	0 -0.040	0 -0.060	0 -0.10	0 -0.14
>3.0~6.0	0 -0.008	0 -0.012	0 -0.018	0 -0.030	0 -0.048	0 -0.075	0 -0.12	0 -0.18

（续）

公称直径	极限偏差							
	6(h6)	7(h7)	8(h8)	9(h9)	10(h10)	11(h11)	12(h12)	13(h13)
>6.0~10.0	0 -0.009	0 -0.015	0 -0.022	0 -0.036	0 -0.058	0 -0.090	0 -0.15	0 -0.22
>10.0~18.0	0 -0.011	0 -0.018	0 -0.027	0 -0.043	0 -0.070	0 -0.11	0 -0.18	0 -0.27
>18.0~30.0	0 -0.013	0 -0.021	0 -0.033	0 -0.052	0 -0.084	0 -0.13	0 -0.21	0 -0.33
>30.0~50.0	0 -0.016	0 -0.025	0 -0.039	0 -0.062	0 -0.100	0 -0.16	0 -0.25	0 -0.39
>50.0~80.0	0 -0.019	0 -0.030	0 -0.046	0 -0.074	0 -0.12	0 -0.19	0 -0.30	0 -0.46
>80.0~120.0	0 -0.022	0 -0.035	0 -0.054	0 -0.087	0 -0.14	0 -0.22	0 -0.35	0 -0.54
>120.0~180.0	0 -0.025	0 -0.040	0 -0.063	0 -0.100	0 -0.16	0 -0.25	0 -0.40	0 -0.63

表 3.1-11　银亮钢的通常长度（摘自 GB/T 3207—2008）

直径/mm	通常长度/m
≤30.0	2~6
>30.0	2~7

表 3.1-12　热锻圆钢和方钢尺寸及极限偏差（摘自 GB/T 908—2019）　（mm）

(1)热锻圆钢和方钢尺寸

40	50	55	60	65	70	75	80	85	90	95	100	105	110	115	120	125	130	135	140
145	150	160	170	180	190	200	210	220	230	240	250	260	270	280	290	300	310	320	330
340	350	360	370	380	390	400													

(2)热锻圆钢和方钢尺寸极限偏差

圆钢直径 d 或方钢公称边长 a	尺寸极限偏差		圆钢直径 d 或方钢公称边长 a	尺寸极限偏差	
	1 组	2 组		1 组	2 组
40~60	+1.5 -1.0	+2.0 -1.0	>220~240	+6.0 -3.0	+7.0 -3.0
>60~80	+2.0 -1.0	+2.5 -1.0	>240~260	+7.0 -3.0	+8.0 -3.0
>80~100	+2.5 -1.0	+3.0 -1.0	>260~300	+8.0 -3.0	+9.0 -3.0
>100~120	+2.5 -1.5	+3.0 -1.5	>300~350	+9.0 -3.0	+10.0 -3.0
>120~140	+3.0 -1.5	+3.5 -1.5	>350~400	+10.0 -3.0	+11.0 -3.0
>140~160	+3.0 -2.0	+4.0 -2.0	>400~500	+11.0 -3.0	+13.0 -3.0
>160~180	+4.0 -2.0	+5.0 -2.0	>500~800	+13.0 -3.0	+15.0 -3.0
>180~200	+5.0 -2.0	+6.0 -2.0	>800~1000	+15.0 -3.0	+17.0 -3.0
>200~220	+5.0 -3.0	+6.0 -3.0	—	—	—

表 3.1-13 热锻扁钢尺寸及极限偏差（摘自 GB/T 908—2019） （mm）

宽度 b			厚度 t		
公称尺寸	尺寸极限偏差		公称尺寸	尺寸极限偏差	
	1 组	2 组		1 组	2 组
40~60	+2.0 -1.0	+2.5 -1.0	20~40	+1.5 -0.5	+2.0 -0.5
>60~100	+3.0 -1.0	+3.5 -1.0	>40~60	+2.0 -1.0	+2.5 -1.0
>100~150	+4.0 -2.0	+4.5 -2.0	>60~100	+3.0 -1.0	+4.0 -1.0
>150~200	+6.0 -2.0	+6.5 -2.0	>100~160	+4.0 -1.0	+5.0 -1.0
>200~250	+7.0 -3.0	+8.0 -3.0	>160~200	+5.0 -1.0	+6.0 -1.0
>250~300	+9.0 -3.0	+10.0 -3.0	>200~350	+7.0 -2.0	+8.0 -2.0
>300~500	+11.0 -3.0	+13.0 -3.0	>350~500	+9.0 -3.0	+10.0 -3.0
>500~800	+13.0 -3.0	+15.0 -3.0	>500~800	+11.0 -3.0	+13.0 -3.0
>800~1200	+15.0 -3.0	+17.0 -3.0	—	—	—
>1200~1500	+17.0 -3.0	+19.0 -3.0	—	—	—

表 3.1-14 磨光圆钢尺寸及极限偏差（摘自 GB/T 908—2019） （mm）

圆钢公称直径	尺寸极限偏差		圆钢公称直径	尺寸极限偏差	
	1 组	2 组		1 组	2 组
>200~220	+5.0 -2.0	+6.0 -2.0	>300~350	+9.0 -2.0	+10.0 -2.0
>220~240	+6.0 -2.0	+7.0 -2.0	>350~400	+10.0 -2.0	+11.0 -2.0
>240~260	+7.0 -2.0	+8.0 -2.0	>400~500	+11.0 -2.0	+13.0 -2.0
>260~300	+8.0 -2.0	+9.0 -2.0	>500~600	+12.0 -2.0	+14.0 -2.0

表 3.1-15 机加工钢棒尺寸及极限偏差（摘自 GB/T 908—2019） （mm）

截面公称尺寸（直径 d、边长 a 或宽度 b、厚度 t）	尺寸极限偏差
≤200	+1.5 0
>200~400	+2.0 0
>400	+3.0 0

表 3.1-16 铝及铝合金挤压棒材尺寸及极限偏差（摘自 GB/T 3191—2019） （mm）

圆棒的直径、方棒或六角棒的厚度	A 级	B 级	C 级	D 级	E 级	
					Ⅰ类	Ⅱ类
5.00~6.00	-0.30	-0.48	—	—	—	—
>6.00~10.00	-0.36	-0.58	—	—	±0.20	±0.25
>10.00~18.00	-0.43	-0.70	-1.10	-1.30	±0.22	±0.30

（续）

圆棒的直径、方棒或六角棒的厚度	A 级	B 级	C 级	D 级	E 级	
					Ⅰ类	Ⅱ类
>18.00~25.00	-0.50	-0.80	-1.20	-1.45	±0.25	±0.35
>25.00~28.00	-0.52	-0.84	-1.30	-1.50	±0.28	±0.38
>28.00~40.00	-0.60	-0.95	-1.50	-1.80	±0.30	±0.40
>40.00~50.00	-0.62	-1.00	-1.60	-2.00	±0.35	±0.45
>50.00~65.00	-0.70	-1.15	-1.80	-2.40	±0.40	±0.50
>65.00~80.00	-0.74	-1.20	-1.90	-2.50	±0.45	±0.70
>80.00~100.00	-0.95	-1.35	-2.10	-3.10	±0.55	±0.90
>100.00~120.00	-1.00	-1.40	-2.20	-3.20	±0.65	±1.00
>120.00~150.00	-1.25	-1.55	-2.40	-3.70	±0.80	±1.20
>150.00~180.00	-1.30	-1.60	-2.50	-3.80	±1.00	±1.40
>180.00~220.00	—	-1.85	-2.80	-4.40	±1.15	±1.70
>220.00~250.00	—	-1.90	-2.90	-4.50	±1.25	±1.95
>250.00~270.00	—	-2.15	-3.20	-5.40	±1.3	±2.0
>270.00~300.00	—	-2.20	-3.30	-5.50	±1.5	±2.4
>300.00~320.00	—	—	-4.00	-7.00	±1.6	±2.5
>320.00~350.00	—	—	-4.20	-7.20	—	—

2. 轴类零件采用轧制材料时的机械加工余量（表 3.1-17~表 3.1-20）

表 3.1-17　轴类零件采用精轧圆棒料时毛坯直径　（mm）

公称尺寸	零件长度与公称尺寸之比				公称尺寸	零件长度与公称尺寸之比			
	≤4	>4~8	>8~12	>12~20		≤4	>4~8	>8~12	>12~20
	毛坯直径					毛坯直径			
5	7	7	8	8	37	40	42	42	42
6	8	8	8	8	38	42	42	42	43
8	10	10	10	11	40	43	45	45	45
10	12	12	13	13	42	45	48	48	48
11	14	14	14	14	44	48	48	50	50
12	14	14	15	15	45	48	48	50	50
14	16	16	17	18	46	50	52	52	52
16	18	18	18	19	50	54	54	55	55
17	19	19	20	21	55	58	60	60	60
18	20	20	21	22	60	65	65	65	70
19	21	21	22	23	65	70	70	70	75
20	22	22	23	24	70	75	75	75	80
21	24	24	24	25	75	80	80	85	85
22	25	25	26	26	80	85	85	90	90
25	28	28	28	30	85	90	90	95	95
27	30	30	32	32	90	95	95	100	100
28	32	32	32	32	95	100	105	105	105
30	33	33	34	34	100	105	110	110	110
32	35	35	36	36	110	115	120	120	120
33	36	38	38	38	120	125	125	130	130
35	38	38	39	39	130	140	140	140	140
36	39	40	40	40	140	150	150	150	150

注：带台阶的轴，如最大直径接近于中间部分，应按最大直径选择毛坯直径；如最大直径接近于端部，毛坯直径可以小些。

表 3.1-18　轧制圆棒料切断和端面加工余量　　（mm）

公称尺寸	切断后不加工时的余量				端面需加工时的余量			
	机械弓锯	切断机床上用圆盘锯	车床上用切断刀	铣床上用圆盘铣刀	零件长度			
					≤300	>300~1000	>1000~5000	>5000
≤30	2	2	3	3	2	2	4	5
>30~50	2	—	4	4	2	4	5	7
>50~60	2	—	5	—	3	6	7	9
>60~80	2	6	7	—	3	7	8	10
>80~150	2	6	—	—	4	8	10	12

注：毛坯切断后不再进行加工的，只给切宽余量；还需进行加工的，则在加工面上附加补充余量。

表 3.1-19　易切削钢轴类外圆的选用（车后不磨）　　（mm）

公称尺寸	车削长度与公称尺寸之比					公称尺寸	车削长度与公称尺寸之比				
	≤4	>4~8	>8~12	>12~16	>16~20		≤4	>4~8	>8~12	>12~16	>16~20
	毛坯直径						毛坯直径				
4	5	5	5	5	5	24	26	26	26	26	26
5	6	6	6	6	6	25	27	27	27	27	27
6	7	7	7	7	7.5	28	30	30	30	30	30
7	8	8	8	8	8.5	30	32	32	32	32	32
8	9	9	9	9.5	9.5	32	34	34	34	34	34
9	10	10	11	11	11	35	38	38	38	38	38
10	11	11	12	12	12	38	40	40	40	40	40
11	12	12	12.5	12.5	12.5	40	42	42	42	42	42
12	13	13	14	14	14	42	44	44	44	44	44
13	14	14	15	15	15	45	47	47	47	47	47
14	15	15	16	16	16	48	50	50	50	50	50
15	16	16	17	17	17	50	52	52	52	52	52
16	17	17	18	18	18	52	55	55	55	55	55
17	18	19	19	19	19	55	58	58	58	58	58
18	19	20	20	20	20	58	60	60	60	60	60
19	21	21	21	21	21	60	64	64	64	64	64
20	22	22	22	22	22	65	68	68	68	68	68
22	24	24	24	24	24	70	75	75	75	75	75
23	25	25	25	25	25	80	85	85	85	85	85

注：带台阶的轴，如最大直径接近于中间部分，应按最大直径选择毛坯直径；如最大直径接近于端部，毛坯直径可以小些。

表 3.1-20　易切削钢轴类外圆的选用（车后需淬火及磨）　　（mm）

公称尺寸	车削长度与公称尺寸之比					公称尺寸	车削长度与公称尺寸之比				
	≤4	>4~8	>8~12	>12~16	>16~20		≤4	>4~8	>8~12	>12~16	>16~20
	毛坯直径						毛坯直径				
4	5.6	5.6	5.6	5.6	5.6	15	17	17	17	17	17
5	6.5	6.5	6.5	6.5	6.5	16	18	18	18	18	18
6	7.5	7.5	7.5	7.5	7.5	17	19	19	19	19	19
7	8.5	8.5	8.5	8.5	8.5	18	20	20	20	20	20
8	9.5	9.5	9.5	9.5	9.5	19	21	21	21	21	21
9	11	11	11	11	11	20	22	22	22	22	22
10	12	12	12	12	12	22	24	24	24	24	24
11	12.5	12.5	12.5	12.5	13	23	25	25	25	25	25
12	14	14	14	14	14	24	26	26	26	26	26
13	15	15	15	15	15	25	27	27	27	27	27
14	16	16	16	16	16	28	30	30	30	30	32

（续）

公称尺寸	车削长度与公称尺寸之比					公称尺寸	车削长度与公称尺寸之比				
	≤4	>4~8	>8~12	>12~16	>16~20		≤4	>4~8	>8~12	>12~16	>16~20
	毛 坯 直 径						毛 坯 直 径				
30	32	32	32	32	34	50	52	55	55	55	55
32	34	34	34	36	36	52	55	55	55	55	55
35	38	38	38	38	38	55	58	58	58	58	60
38	40	40	42	42	42	60	64	64	64	64	64
40	42	42	44	44	44	65	68	68	68	68	70
42	44	45	45	45	45	70	75	75	75	75	75
45	47	48	48	48	48	80	85	85	85	85	85
48	50	52	52	52	52						

注：带台阶的轴，如最大直径接近于中间部分，应按最大直径选择毛坯直径；如最大直径接近于端部，毛坯直径可以小些。

3.1.2　铸件

1. 铸造方法

铸造方法分砂型铸造和特种铸造两大类。

（1）砂型铸造

砂型铸造方法的类别、特点和应用范围见表 3.1-21，砂型的类别、特点和应用范围见表 3.1-22。

（2）特种铸造

特种铸造方法的类别、特点和应用范围见表 3.1-23。

（3）各种铸造方法的经济合理性

各种铸造方法的经济合理性见表 3.1-24。

表 3.1-21　砂型铸造方法的类别、特点和应用范围

造型方法		主要特点	应用范围
手工造型	砂箱造型	在专用的砂箱内造型，造型、起模、修型等操作方便	大、中、小铸件成批或单件生产
	劈箱造型	将模样和砂箱分成相应的几块，分别造型，然后组装，造型、烘干、搬运、合箱和检验等操作方便，但制造模样、砂箱的工作量大	成批生产大型、复杂铸件，如机床床身、大型柴油机机身
	叠箱造型	将几个甚至十几个铸型重叠起来浇注，可节约金属，充分利用生产面积	中、小件成批生产，多用于小型铸钢件
	脱箱造型	造型后将砂箱取走，在无箱或加套箱的情况下浇注，又称无箱造型	小件成批或单件生产
	地坑造型	在车间地坑中造型，不用砂箱或只用箱盖。操作较麻烦，劳动量大，生产周期长	中、大型铸件单件生产，在无合适砂箱时采用
	刮板造型	用专制的刮板刮制铸型，可节省制造模样的材料和工时，但操作麻烦，生产率低	单件、小批生产外形简单或圆形铸件
	组芯造型	在砂箱、地坑中，用多块砂芯组装成铸型，可用夹具组装铸型	单件或成批生产结构复杂的铸件
一般机器造型	振击式	靠造型机的振击来紧实铸型。机构结构简单，制造成本低，但噪声大，生产率低，对厂房基础要求高	大量或成批生产的大、中型铸件
	振压式	在振击后，加压紧实铸型。造型机的制造成本较低，生产率较高，但噪声大	大量或成批生产的小型铸件
	微振压实式	在微振的同时，加压紧实铸型。生产率较高，振击机构容易磨损	大量或成批生产的中、小型铸件
	压实式	用较低的比压压实铸型。机器结构简单，噪声较小，生产率较高	大量或成批生产较小的铸件
	抛砂机	用抛砂方法填实和紧实砂型，机器的制造成本较高	单件、成批生产的大、中型铸件

（续）

造型方法		主要特点	应用范围
高压造型	多触头式	机械方法加砂，高压多触头压实。铸件尺寸精确，生产率高，但机器结构复杂，辅机多，砂箱刚度要求高，制造成本高	大量生产的中型铸件
	脱箱射压式	射砂方式填砂和预紧实，高压压实。铸件尺寸精确，辅机多，砂箱精度要求高。与多触头式相比，机器结构简单，生产率更高	大量生产的中、小型铸件
	无箱挤压式	射砂方式填砂和预紧实，高压压实后，将铸型推出箱框，不用砂箱。铸件尺寸精确，生产率最高，辅机较少；垂直分型时，下芯需有专门机械手	大量生产的中、小型铸件

表 3.1-22　砂型的类别、特点和应用范围

砂型类别	主要特点	应用范围
干型	水分少、强度高、透气性好、成本高、劳动条件差，可用机器造型，但不易实现机械化、自动化	结构复杂，质量要求高，适用于单件小批中、大型铸件
湿型	不用烘干、成本低、粉尘少，可用机器造型，容易实现机械化、自动化；采用膨润土活化砂及高压造型，可以得到强度高、透气性较好的铸型	多用于单件或大批、大量生产的中、小型铸件
自硬型	一般不需烘干，强度高、硬化快、劳动条件好、铸型精度较高。自硬型砂按使用黏结剂和硬化方法不同，各有特点	多用于单件、小批或成批生产的中、大型铸件，对大型铸件效果较好

表 3.1-23　特种铸造的类别、特点和应用范围

铸造方法	主要特点	应用范围
压力铸造	用金属铸型，在高压、高速下充型，在压力下快速凝固。这是效率高、精度高的金属成形方法，但压铸机、压铸型制造费用高。铸件表面粗糙度 *Ra* 为 3.2~0.8μm，结晶细，强度高，毛坯金属利用率可达 95%	大批、大量生产以锌合金、铝合金、镁合金及铜合金为主的中、小型形状复杂、不进行热处理的零件；也用于生产钢铁铸件，如汽车化油器、喇叭、电器、仪表、照相机零件等。不宜用于生产高温下工作的零件
熔模铸造	用蜡模，在蜡模外制成整体的耐火质薄壳铸型，加热熔掉蜡模后，用重力浇注。压型制造费用高，工序繁多，生产率较低。手工操作时，劳动条件差。铸件表面粗糙度 *Ra* 为 12.5~1.6μm，结晶较粗	各种批量生产以碳钢、合金钢为主的各种合金和难于加工的高熔点合金复杂零件。零件重量和轮廓尺寸不能过大，一般铸件重量小于 10kg。多用于生产刀具、刀杆、叶片、风动工具、自行车零件、机床零件等
金属型铸造	用金属铸型，在重力下浇注成形。对非铁合金铸件有细化组织的作用，灰铸铁件易出白口。生产率高，无粉尘，设备费用高。手工操作时，劳动条件差。铸件表面粗糙度 *Ra* 为 12.5~6.3μm，结晶细，加工余量小	成批大量生产，以非铁合金为主；也可用于生产铸钢、铸铁的厚壁、简单或中等复杂的中小铸件；或用于生产数吨大件，如铝活塞、水暖器材、水轮机叶片等
低压铸造	用金属型、石墨型、砂型，在气体压力下充型及结晶凝固，铸件致密，金属收缩率高。设备简单，生产率中等。铸件表面粗糙度 *Ra* 为 12.5~3.2μm，加工余量小，液态合金利用率可达 95%	单件、小批或大量生产以铝、镁等非铁合金为主的中大薄壁铸件，如发动机缸体、缸盖、壳体、箱体，船用螺旋桨，纺织机零件等。壁厚相差较悬殊的零件不宜选用
离心铸造	用金属型或砂型，在离心力作用下浇注成形。铸件组织致密，强度高，设备简单，成本低，生产率高。铸件内孔粗糙，加工余量大，最小壁厚为 3~5mm	单件、成批大量生产铁管、铜套、轧辊、叶轮、滑动轴承、气缸套等回转体型零件，铸件大小不限
陶瓷型铸造	采用高精度模样，用自硬耐火浆料灌注成形，重力浇注。铸件精度高，表面粗糙度数值小。陶瓷浆料价格高	单件、小批生产中、小型，壁厚中等、复杂的零件，特别适宜制作金属型、模板、热芯盒及各种热锻模具
实型铸造	用泡沫聚苯乙烯塑料模，局部或全部代替木模或金属模造型，在浇注时烧失。可节约木材，简化工序，但烟尘有害气体较多	单件、小批生产的中、大型铸件，尤以 1~2 件为宜，或取模困难的铸件部分

（续）

铸造方法	主要特点	应用范围
磁型铸造	用磁性材料（铁丸、钢丸）代替型砂作为造型材料。磁性材料可重复使用，简化了砂处理设备，但铸钢件表面渗碳、涂料干燥时间长，生产率低	大批、大量生产中小型中等复杂的钢铁零件，如锚链、阀体等
连续铸造	铸型是水冷结晶器，金属液连续浇入后，凝固的铸件不断从结晶器的另一端拉出。生产率高，但设备费用高	大批、大量生产各类合金的铸管、铸锭、铸带、铸杆等
真空吸铸	在结晶器内抽真空，造成负压，吸入液体金属成形。铸件无气孔、砂眼，组织致密，生产率高，设备简单	大批、大量生产铜合金、铝合金的筒形和棒类铸件
挤压铸造	先在铸型的下型中浇入定量的液体金属，迅速合型，并在压力下凝固。铸件组织致密，无气孔，但设备较复杂。挤压钢铁合金时模具寿命较短	大批生产以非铁合金为主的形状简单、内部质量要求高或轮廓尺寸大的薄壁铸件
石墨型铸造	用石墨材料制成铸型，在重力下浇注成形。铸件组织致密，尺寸精确，生产率高，但铸型质脆、易碎，手工操作时劳动条件差	成批生产铜合金螺旋桨等形状不太复杂的中、小型零件，也可用于生产钛合金铸件
壳型铸造	铸件尺寸精度高，表面粗糙度数值小，易于实现生产过程的机械化和自动化，节省车间生产面积	成批大量生产，适用铸造各种材料。多用于形成泵体、壳体、轮毂等金属型或砂型铸造零件的内腔

表 3.1-24　各种铸造方法的经济合理性

铸造方法	零件最大外廓尺寸/mm	零件形状复杂程度	经济合理性		
			单　件	成　批	大　量
砂型铸造	100 以下	简单	+	−	−
		中等	+	−	−
		复杂	+	+	+
	100～400	简单	+	−	−
		中等	+	−	−
		复杂	+	+	+
	400～1000	简单	+	−	−
		中等	+	+	+
		复杂	+	+	+
	1000～3000	简单	+	+	+
		中等	+	+	+
		复杂	+	+	+
金属型铸造	100 以下	简单	−	+	+
		中等	−	+	+
		复杂	−	−	−
	100～400	简单	−	+	+
		中等	−	+	+
		复杂	−	−	−
	400～1000	简单	−	+	+
		中等	−	+	+
		复杂	−	−	−
熔模铸造	100 以下	简单	+	+	−
		中等	+	+	+
		复杂	+	+	+
	100 以上	简单	+	+	−
		中等	+	+	+
		复杂	+	+	+
压力铸造	100 以下	简单	−	+	+
		中等	−	+	+
		复杂	−	+	+

（续）

铸造方法	零件最大外廓尺寸/mm	零件形状复杂程度	经济合理性		
			单件	成批	大量
压力铸造	100~400	简单	-	+	+
		中等	-	+	+
		复杂	-	+	+
	400 以上	简单	-	+	+
		中等	-	-	+
		复杂	-	-	-
壳型铸造	100 以下	简单	-	+	+
		中等	-	-	-
		复杂	-	-	-
	100~400	简单	-	+	+
		中等	-	+	+
		复杂	-	-	-
	400 以上	简单	-	+	+
		中等	-	+	+
		复杂	-	-	-

注：“+”号表示该方法适用；“-”号表示该方法不适用。

2. 铸件公差及选用

（1）铸件的尺寸公差（GB/T 6414—2017）

铸件的尺寸公差代号为 DCT，铸件尺寸公差等级（DCTG）分为 16 级，标记为 DCTG1~DCTG16，各级公差数值列于表 3.1-25。壁厚尺寸公差可以比一般尺寸的公差降一级，如图样上规定一般尺寸的公差为 DCTG10，则壁厚尺寸公差为 DCTG11。公差带应对称于铸件公称尺寸设置，有特殊要求时，也可采用非对称设置，但应在图样上注明。铸件公称尺寸是铸件图样上给定的尺寸，包括机械加工余量。

表 3.1-25　铸件尺寸公差数值

（mm）

公称尺寸		铸件尺寸公差等级（DCTG）及相应的线性尺寸公差值															
大于	至	1	2	3	4	5	6	7	8	9	10	11	12	13	14	15	16
—	10	0.09	0.13	0.18	0.26	0.36	0.52	0.74	1	1.5	2	2.8	4.2	—	—	—	—
10	16	0.1	0.14	0.2	0.28	0.38	0.54	0.78	1.1	1.6	2.2	3	4.4	—	—	—	—
16	25	0.11	0.15	0.22	0.3	0.42	0.58	0.82	1.2	1.7	2.4	3.2	4.6	6	8	10	12
25	40	0.12	0.17	0.24	0.32	0.46	0.64	0.9	1.3	1.8	2.6	3.6	5	7	9	11	14
40	63	0.13	0.18	0.26	0.36	0.5	0.7	1	1.4	2	2.8	4	5.6	8	10	12	16
63	100	0.14	0.2	0.28	0.4	0.56	0.78	1.1	1.6	2.2	3.2	4.4	6	9	11	14	18
100	160	0.15	0.22	0.3	0.44	0.62	0.88	1.2	1.8	2.5	3.6	5	7	10	12	16	20
160	250	—	0.24	0.34	0.5	0.7	1	1.4	2	2.8	4	5.6	8	11	14	18	22
250	400	—	—	0.4	0.56	0.78	1.1	1.6	2.2	3.2	4.4	6.2	9	12	16	20	25
400	630	—	—	—	0.64	0.9	1.2	1.8	2.6	3.6	5	7	10	14	18	22	28
630	1000	—	—	—	0.72	1	1.4	2	2.8	4	6	8	11	16	20	25	32
1000	1600	—	—	—	0.8	1.1	1.6	2.2	3.2	4.6	7	9	13	18	23	29	37
1600	2500	—	—	—	—	—	—	2.6	3.8	5.4	8	10	15	21	26	33	42
2500	4000	—	—	—	—	—	—	—	4.4	6.2	9	12	17	24	30	38	49
4000	6300	—	—	—	—	—	—	—	—	7	10	14	20	28	35	44	56
6300	10000	—	—	—	—	—	—	—	—	—	11	16	23	32	40	50	64

注：1. DCTG1~DCTG15 的壁厚公差应比其他尺寸的一般公差粗一级。
2. DCTG16 等级仅适用于一般定义为 DCTG15 级的铸件壁厚。

（2）铸件的几何公差（GB/T 6414—2017）

铸件的几何公差代号为 GCT，铸件几何公差等级（GCTG）分为 7 级，标记为 GCTG2~GCTG8。GCTG1 是为需要更高精度的几何公差值预留的等级。各级公差数值列于表 3.1-26~表 3.1-29。各表中给出的公差为单向正公差，是允许的几何公差的最大值。

表 3.1-26　铸件直线度公差　(mm)

公称尺寸		铸件几何公差等级(GCTG)及相应的直线度公差						
大于	至	2	3	4	5	6	7	8
—	10	0.08	0.12	0.18	0.27	0.4	0.6	0.9
10	30	0.12	0.18	0.27	0.4	0.6	0.9	1.4
30	100	0.18	0.27	0.4	0.6	0.9	1.4	2
100	300	0.27	0.4	0.6	0.9	1.4	2	3
300	1000	0.4	0.6	0.9	1.4	2	3	4.5
1000	3000	—	—	—	3	4	6	9
3000	6000	—	—	—	6	8	12	18
6000	10000	—	—	—	12	16	24	36

表 3.1-27　铸件平面度公差　(mm)

公称尺寸		铸件几何公差等级(GCTG)及相应的平面度公差						
大于	至	2	3	4	5	6	7	8
—	10	0.12	0.18	0.27	0.4	0.6	0.9	1.4
10	30	0.18	0.27	0.4	0.6	0.9	1.4	2
30	100	0.27	0.4	0.6	0.9	1.4	2	3
100	300	0.4	0.6	0.9	1.4	2	3	4.5
300	1000	0.6	0.9	1.4	2	3	4.5	7
1000	3000	—	—	—	4	6	9	14
3000	6000	—	—	—	8	12	18	28
6000	10000	—	—	—	16	24	36	56

表 3.1-28　铸件圆度、平行度、垂直度和对称度公差　(mm)

公称尺寸		铸件几何公差等级(GCTG)及相应的公差						
大于	至	2	3	4	5	6	7	8
—	10	0.18	0.27	0.4	0.6	0.9	1.4	2
10	30	0.27	0.4	0.6	0.9	1.4	2	3
30	100	0.4	0.6	0.9	1.4	2	3	4.5
100	300	0.6	0.9	1.4	2	3	4.5	7
300	1000	0.9	1.4	2	3	4.5	7	10
1000	3000	—	—	—	6	9	14	20
3000	6000	—	—	—	12	18	28	40
6000	10000	—	—	—	24	36	56	80

表 3.1-29　铸件同轴度公差　(mm)

公称尺寸		铸件几何公差等级(GCTG)及相应的同轴度公差						
大于	至	2	3	4	5	6	7	8
—	10	0.27	0.4	0.6	0.9	1.4	2	3
10	30	0.4	0.6	0.9	1.4	2	3	4.5
30	100	0.6	0.9	1.4	2	3	4.5	7
100	300	0.9	1.4	2	3	4.5	7	10
300	1000	1.4	2	3	4.5	7	10	15
1000	3000	—	—	—	9	14	20	30
3000	6000	—	—	—	18	28	40	60
6000	10000	—	—	—	36	56	80	120

(3) 铸件公差等级的选用（GB/T 6414—2017）

1）大批量生产的毛坯铸件的尺寸公差等级见表 3.1-30。对于大批量重复生产方式，通过调整和控制型芯的位置，可达到比表 3.1-30 所列更高的尺寸公差等级。铸件的精度取决于许多因素，其中包括：铸件的复杂程度；模样的类型；铸件材质；模样状况；

铸造工艺。

2）小批量或单件生产的毛坯铸件的尺寸公差等级见表 3.1-31。对小批量或单件生产的毛坯铸件，不适当地采用过高的工艺要求来提高公差等级，通常是不经济的。

3）铸件几何公差等级见表 3.1-32。

表 3.1-30 大批量生产的毛坯铸件的尺寸公差等级

铸造方法		铸件尺寸公差等级 DCTG								
		钢	灰铸铁	球墨铸铁	可锻铸铁	铜合金	锌合金	轻金属合金	镍基合金	钴基合金
砂型铸造手工造型		11~13	11~13	11~13	11~13	10~13	10~13	9~12	11~14	11~14
砂型铸造机器造型和壳型		8~12	8~12	8~12	8~12	8~10	8~10	7~9	8~12	8~12
金属型铸造（重力铸造或低压铸造）		—	8~10	8~10	8~10	8~10	7~9	7~9	—	—
压力铸造		—	—	—	—	6~8	4~6	4~7	—	—
熔模铸造	水玻璃	7~9	7~9	7~9	—	5~8	—	5~8	7~9	7~9
	硅溶胶	4~6	4~6	4~6	—	4~6	—	4~6	4~6	4~6

注：表中所列出的尺寸公差等级是在大批量生产下铸件通常能够达到的尺寸公差等级。

表 3.1-31 小批量或单件生产的毛坯铸件的尺寸公差等级

铸造方法	造型材料	铸件尺寸公差等级 DCTG							
		钢	灰铸铁	球墨铸铁	可锻铸铁	铜合金	轻金属合金	镍基合金	钴基合金
砂型铸造手工造型	黏土砂	13~15	13~15	13~15	13~15	13~15	11~13	13~15	13~15
	化学黏结剂砂	12~14	11~13	11~13	11~13	10~12	10~12	12~14	12~14

注：1. 表中所列出的尺寸公差等级是砂型铸造小批量或单件时，铸件通常能够达到的尺寸公差等级。

2. 本表中的数值一般适用于公称尺寸大于 25mm 的铸件，对于较小尺寸的铸件，通常能够保证下列较精的尺寸公差：①公称尺寸≤10mm：精度等级提高三级；②10mm<公称尺寸≤16mm：精度等级提高二级；③16mm<公称尺寸≤25mm：精度等级提高一级。

表 3.1-32 铸件几何公差等级

铸造方法	铸件几何公差等级 GCTG								
	钢	灰铸铁	球墨铸铁	可锻铸铁	铜合金	锌合金	轻金属合金	镍基合金	钴基合金
砂型铸造手工造型	6~8	5~7	5~7	5~7	5~7	5~7	5~7	6~8	6~8
砂型铸造机器造型和壳型	5~7	4~6	4~6	4~6	4~6	4~6	4~6	5~7	5~7
金属型铸造（不包括压力铸造）	—	—	—	—	3~5	—	3~5	—	—
压力铸造	—	—	—	—	2~4	2~4	2~4	—	—
熔模铸造	—	3~5	3~5	3~5	3~5	2~4	3~5	—	—

注：对于熔模铸件，采用以下等级时应符合相应的规定：①GCTG2 级：只可用于特殊协议；②GCTG3 级：外形不带侧向滑块的普通铸件；③GCTG4 级：复杂铸件和外形带侧向滑块的铸件。

3. 铸件机械加工余量及估算

（1）铸件机械加工余量（表 3.1-33 和表 3.1-34）

表 3.1-33 铸件机械加工余量（GB/T 6414—2017） （mm）

公称尺寸		铸件的机械加工余量等级（RMAG）及对应的机械加工余量 RMA									
大于	至	A	B	C	D	E	F	G	H	J	K
—	40	0.1	0.1	0.2	0.3	0.4	0.5	0.5	0.7	1	1.4
40	63	0.1	0.2	0.3	0.3	0.4	0.5	0.7	1	1.4	2

（续）

公称尺寸		铸件的机械加工余量等级(RMAG)及对应的机械加工余量 RMA									
大于	至	A	B	C	D	E	F	G	H	J	K
63	100	0.2	0.3	0.4	0.5	0.7	1	1.4	2	2.8	4
100	160	0.3	0.4	0.5	0.8	1.1	1.5	2.2	3	4	6
160	250	0.3	0.5	0.7	1	1.4	2	2.8	4	5.5	8
250	400	0.4	0.7	0.9	1.3	1.8	2.5	3.5	5	7	10
400	630	0.5	0.8	1.1	1.5	2.2	3	4	6	9	12
630	1000	0.6	0.9	1.2	1.8	2.5	3.5	5	7	10	14
1000	1600	0.7	1	1.4	2	2.8	4	5.5	8	11	16
1600	2500	0.8	1.1	1.6	2.2	3.2	4.5	6	9	13	18
2500	4000	0.9	1.3	1.8	2.5	3.5	5	7	10	14	20
4000	6300	1	1.4	2	2.8	4	5.5	8	11	16	22
6300	10000	1.1	1.5	2.2	3	4.5	6	9	12	17	24

注：等级 A 和 B 只适用于特殊情况，如带有工装定位面、夹紧面和基准面的铸件。

表 3.1-34　铸件的机械加工余量等级（GB/T 6414—2017）

铸造方法	机械加工余量等级								
	钢	灰铸铁	球墨铸铁	可锻铸铁	铜合金	锌合金	轻金属合金	镍基合金	钴基合金
砂型铸造手工造型	G~J	F~H	F~H	F~H	F~H	F~H	F~H	G~K	G~K
砂型铸造机器造型和壳型	F~H	E~G	E~G	E~G	E~G	E~G	E~G	F~H	F~H
金属型铸造(重力铸造或低压铸造)	—	D~F	D~F	D~F	D~F	D~F	D~F	—	—
压力铸造	—	—	—	—	B~D	B~D	B~D	—	—
熔模铸造	E	E	E	—	E	—	E	E	E

注：本表也适用于经供需双方商定的本表未列出的其他铸造工艺和铸件材料。

（2）铸件机械加工余量的估算

铸件机械加工余量可近似地按下式估算：

$$A = CB_{max}^{0.2}B^{0.15}$$

式中　A——余量（mm）；

B——加工表面基本尺寸（mm）；

B_{max}——铸件的最大尺寸（mm）；

C——系数，见表 3.1-35。

当 B_{max} 及 B 小于 120mm 时，均按 120mm 计算。

表 3.1-35　计算铸件机械加工余量的系数 C

浇注时位置	铸铁件			铸钢件		
	大批大量生产	中批生产	单件小批生产	大批大量生产	中批生产	单件小批生产
顶面、底	0.65	0.75	0.85	0.80	0.95	1.0
面及侧面	0.45	0.55	0.65	0.60	0.75	0.8

4. 铸件浇注位置及分型面选择

（1）浇注位置选定原则

1）铸件的重要加工面或主要工作面，一般应处于底面或侧面（图 3.1-1），避免气孔、砂眼、缩松、缩孔等缺陷出现在工作面上。对于体收缩大的合金铸件，为放置冒口和修整毛坯方便，重要加工面或主要工作面可以朝上（图 3.1-2）。

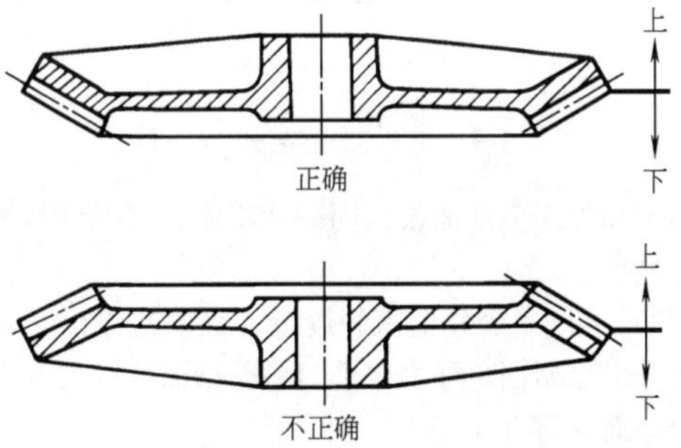

图 3.1-1　锥齿轮的浇注位置

2）铸件的大平面尽可能朝下，或采用倾斜浇注，避免夹砂和夹渣缺陷（图 3.1-3）。

3）将铸件的薄壁部分放在铸型的下部或侧面，以免产生浇不足、冷隔等（图 3.1-4）。

（2）分型面选定原则

1）铸件尽可能放在一个砂箱内（图 3.1-5），或

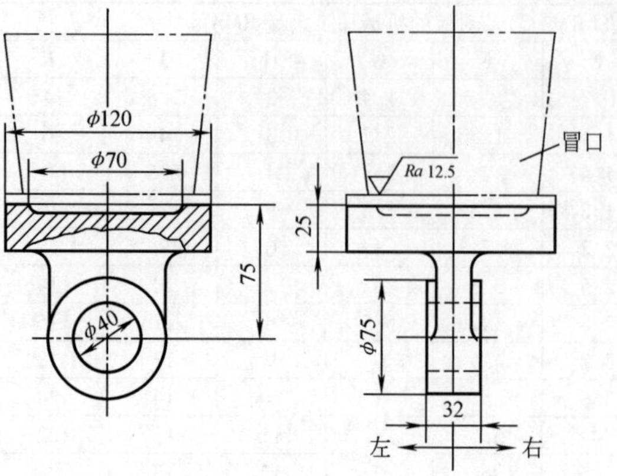

图 3.1-2 缸头的浇注位置

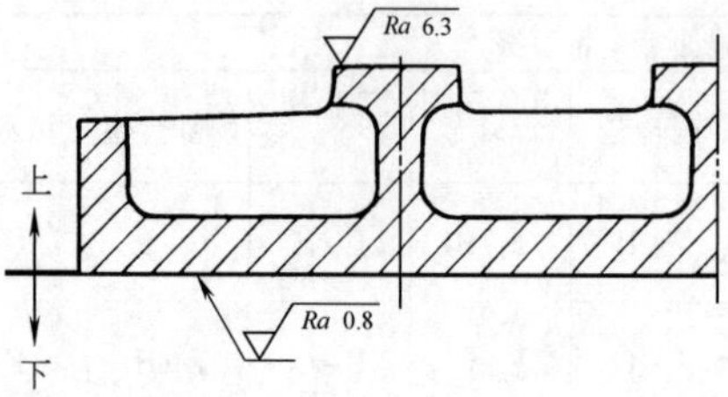

图 3.1-3 平板的浇注位置

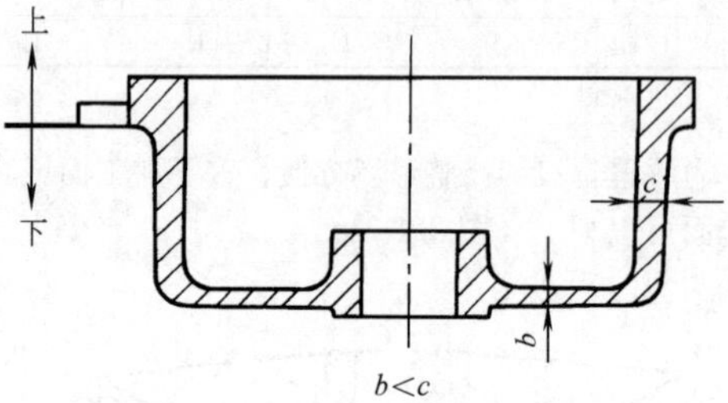

图 3.1-4 电动机端盖的浇注位置

加工面和加工基准面放在同一砂箱内，以保证铸件的尺寸精度。

2）尽量减少分型面的数量。机器造型时，通常只有一个分型面，并力求采用平分型面代替特殊形状的分型面（图 3.1-6）。

3）尽量减少型芯或活块的数量，并尽量减小砂箱高度（图 3.1-7），以便于起模和修型。

4）将主要型芯放在下半砂箱中，以利于下芯、合型，以及便于检查型腔尺寸（图 3.1-8）。

5. 铸件上几种结构单元的工艺尺寸

（1）铸造孔的最小尺寸

1）在铸造工艺上，为了制造方便，当铸件上的孔径小于表 3.1-36 中的尺寸时，一般均不铸出。

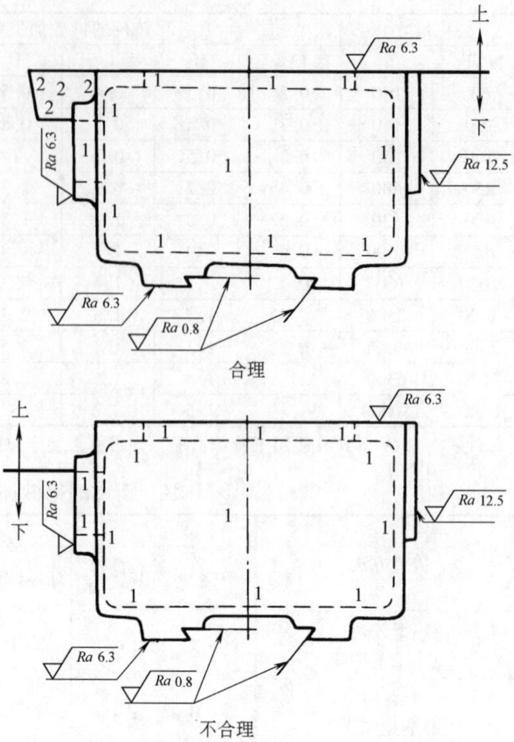

图 3.1-5 床身分型面的选定

（图中数字代表装入顺序不同的两块泥芯）

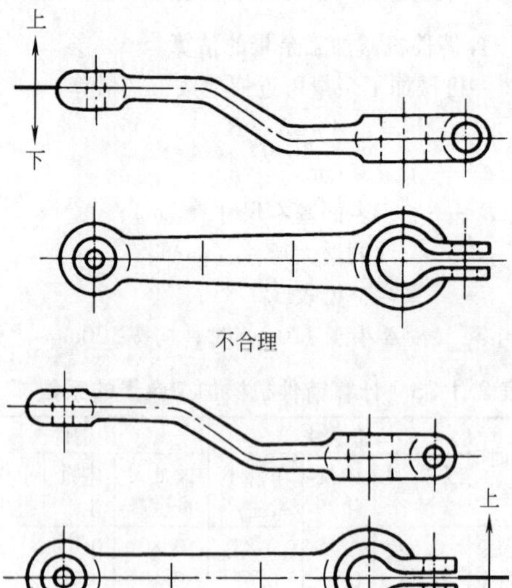

图 3.1-6 起重臂分型面的选定

2）零件上的孔如难以机械加工，或考虑到避免形成缩孔，最小孔径也可按表 3.1-37 中的数据予以铸出。

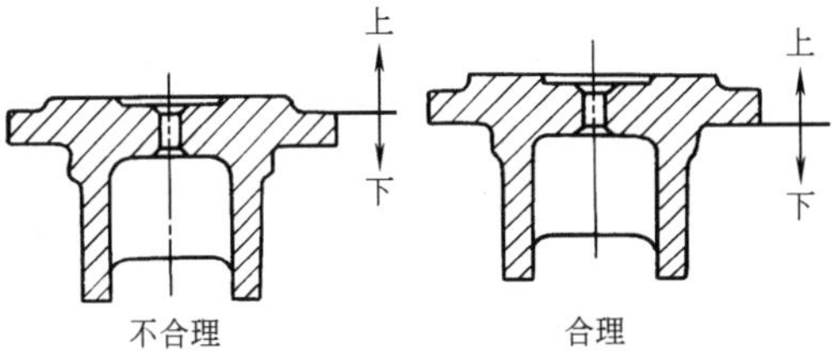

图 3.1-7　端盖分型面的选定

表 3.1-36　最小孔径尺寸　（mm）

铸造方法	成批生产	单件生产
砂型铸造	30	50
金属型铸造	10～20	—
压力铸造及熔模铸造	5～10	—

（2）铸造壁的最小厚度

各种铸造方法的铸件最小壁厚见表 3.1-38。

（3）铸造壁（或肋）间的最小距离

铸件壁（或肋）间的最小距离及高度见表 3.1-39。

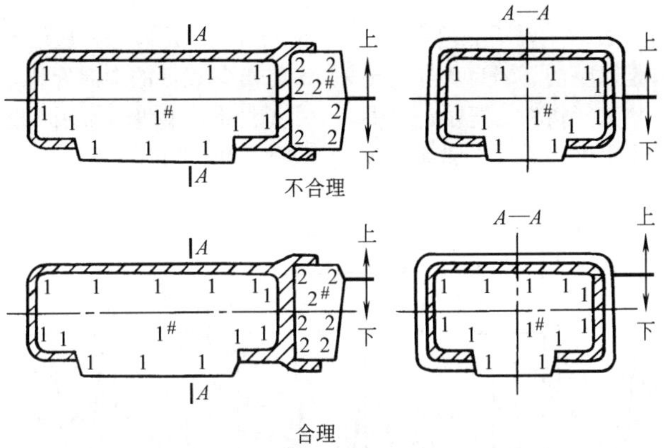

图 3.1-8　机床支柱分型面的选定

（图中数字代表装入顺序不同的两块泥芯）

表 3.1-37　铸件铸出孔的最小尺寸

铸造方法	合金种类	孔的最小直径/mm	最大深径比	
			盲　孔	通　孔
砂型及壳型铸造	全　部	8～10	5	10
金属型铸造	有色金属	5	4	8
压力铸造	锌合金	1	4	8
	铝合金	2.5	3(<ϕ5)、4(>ϕ5)	5(<ϕ5)、7(>ϕ5)
	镁合金	2	3(<ϕ5)、4(>ϕ5)	6(<ϕ5)、8(>ϕ5)
	铜合金	3	2(<ϕ5)、3(>ϕ5)	4(<ϕ5)、6(>ϕ5)
熔模铸造	有色金属	2	1	2
	黑色金属	2.5	1	2

表 3.1-38　各种铸造方法的铸件最小壁厚

铸件的表面积 /cm²	铸件最小壁厚/mm																
	砂型铸造			金属型铸造			壳型铸造				压力铸造					熔模铸造
	铝硅合金	ZM5 ZL201 ZL301	铸铁	铝硅合金	ZM5 ZL201 ZL301	铸铁	铝镁合金	铜合金	铸铁	钢	铝锡合金	锌合金	镁合金	铝合金	铜合金	钢
～25	2	3	2	2	3	2.5	2	2	2	2	0.6	0.8	1.3	1	1.5	1.2
25～100	2.5	3.5	2.5	2.5	3	3	2	2	2	2	0.7	1	1.8	1.5	2	1.6
100～225	3	4	3	3	4	3.5	2.5	3	2.5	4	1.1	1.5	2.5	2	3	3.2
225～400	3.5	4.5	4	4	5	4	3	3.5	3	4	1.5	2	3	2.5	3.5	3
400～1000	4	5	5	4	6	4.5	4	4	4	5	—	—	4	4	—	—
1000～1600	5	6	6	—	—	—	4	4	4	6	—	—	—	—	—	—
1600 以上	6	7	7	—	—	—	—	—	—	—	—	—	—	—	—	—

表 3.1-39 铸件壁（或肋）间的最小距离及高度

铸造方法	壁(或肋)间的最小距离/mm	壁(或肋)的高度与壁(或肋)间距离的比值	
		位于上铸型的壁	位于下铸型的壁
不带型芯的砂型铸造	10	1∶2	1∶1
带型芯的砂型及壳型铸造	8	—	10∶1
金属型铸造	4	—	6∶1
压力铸造	4	—	5∶1
熔模铸造	有色合金 3 钢 4	—	4∶1

(4) 铸造斜度

1）铸件垂直于分型面的表面上需有铸造斜度，如图 3.1-9 所示。图 3.1-9a 是以壁的下端为基点，向上逐渐增加壁厚形成斜度，增大了铸件的壁厚，适用于薄壁和受力零件，以及高度不大的零件。图 3.1-9c 是以壁的上端为基点，向下逐渐减小壁厚形成斜度，使铸件的壁厚减小，适用于厚壁零件，较少应用。图 3.1-9b 是以壁的中部为基点，上部增加壁厚和下部减小壁厚形成斜度，常用于壁较高的零件。通常多采用图 3.1-9a 的形式。

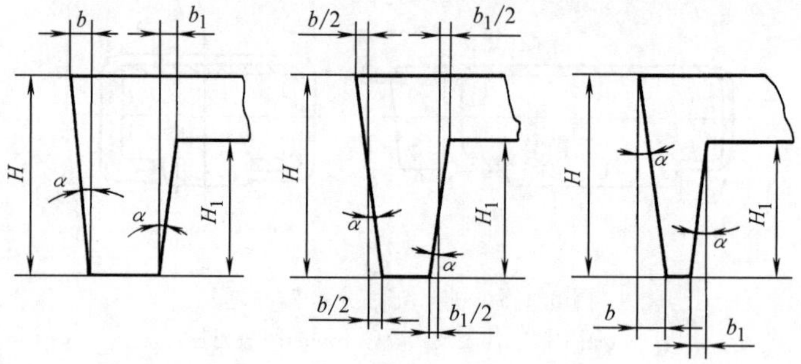

a)　　b)　　c)

图 3.1-9　铸造斜度的形式

2）铸造斜度的大小按下列原则确定：金属的收缩阻力大时，斜度应大；收缩量大和熔点高的合金，斜度应大；铸件需要起模部分的尺寸大时，斜度应小，反之斜度应大。

3）铸件上各面斜度的数值应尽可能一致，以便于制造模具及造型。待加工表面的斜度数值可以大一些。对于砂型及金属型铸件，常选用 3°；对于压铸件，常选用 1°′30～2°。对于非加工表面，斜度数值可适当减小，一般参照表 3.1-40 所列数据确定。

表 3.1-40　各种铸造方法的最小铸造斜度

斜度位置	铸造方法			
	砂型铸造	金属型铸造	壳型铸造	压力铸造
外表面 内表面	0°30′ 1°	0°30′ 1°	0°20′ 0°20′	0°15′ 0°30′

(5) 圆角半径

1）铸件壁部连接处的内转角应有铸造圆角。各种铸造方法的铸造圆角计算公式及所允许的最小半径数值见表 3.1-41。计算时，热裂性较大的合金取较大值。

表 3.1-41　铸造圆角

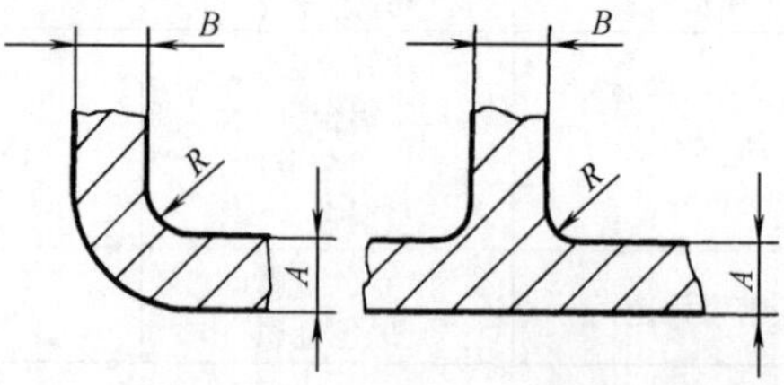

铸造方法	铸造圆角计算公式	最小圆角半径/mm				
		铝合金	镁合金	铜合金	锌合金	黑色金属
砂型铸造	$R=\left(\frac{1}{5}\sim\frac{1}{10}\right)(A+B)$	2	3	3	2	3
金属型铸造	$R=\left(\frac{1}{4}\sim\frac{1}{6}\right)(A+B)$	1	2	2	—	2
壳型铸造	$R=\left(\frac{1}{3}\sim\frac{1}{5}\right)(A+B)$	1	1.5	1.5	—	2
压力铸造	$R=\left(\frac{1}{3}\sim\frac{1}{4}\right)(A+B)$	1	1	1.5	1	2
熔模铸造	$R=\left(\frac{1}{3}\sim\frac{1}{5}\right)(A+B)$	1	—	1	—	1

2）算出数值后，应选取与其接近的机械制造业常用的标准尺寸（详见 GB/T 2822—2005）。为便于制造，半径应尽可能统一。例如，对于砂型及金属型铸件，一般统一用 $R3$mm 或 $R5$mm，对压铸件用 $R1$mm 或 $R2$mm。

6. 铸造工艺余量

铸造工艺余量是为了确保铸件质量，满足铸造工艺和机械加工工艺要求，而多加在铸件毛坯上的金属。在零件加工完毕时，应将它除掉。如果不影响零件的使用性能，又经设计部门允许，也可保留在零件上。

铸造工艺余量的大小、形状及位置，取决于工艺需要及零件结构，它在铸件图上的表示方法与加工余量相同，常见的工艺余量形式如下：

1）工艺凸台。如图 3.1-10 所示，内外壁需要在一次安装中车削加工，因而需要多铸出一个工艺凸台（卡头），机械加工完毕后切除。

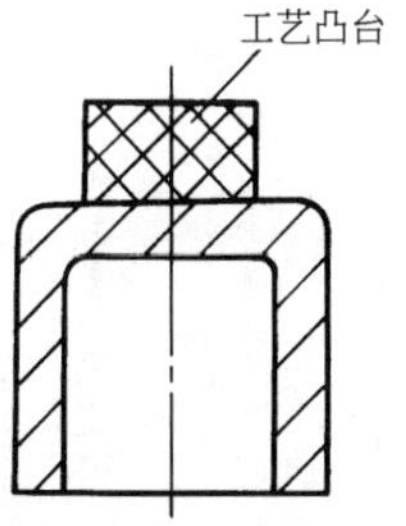

图 3.1-10　工艺凸台

2）增强刚度的支撑。如图 3.1-11 所示，为防止在悬臂上钻孔时臂部变形而影响加工精度，可加铸支撑。

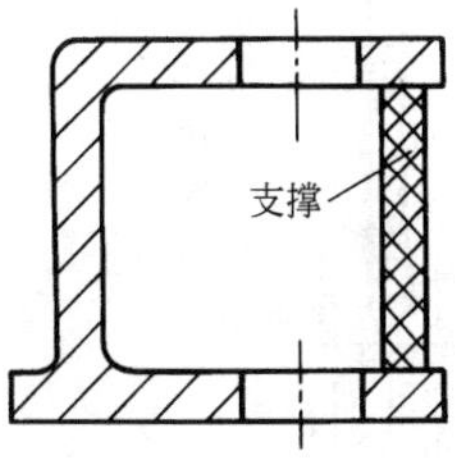

图 3.1-11　支撑

3）补缩余量。对于高度很大及壁很薄的铸件，为了补充冒口对下部金属的补缩，常在零件上部多铸出一块锥形金属，如图 3.1-12 所示。

4）工艺肋。为了防止铸件在冷却时发生开裂或变形，可在铸件适当部位加铸工艺肋，如图 3.1-13 所示。工艺肋一般在热处理后切除。由铸造车间切除的用双点画线表示，由加工车间切除或保留在铸件上的，表示方法与加工余量相同。

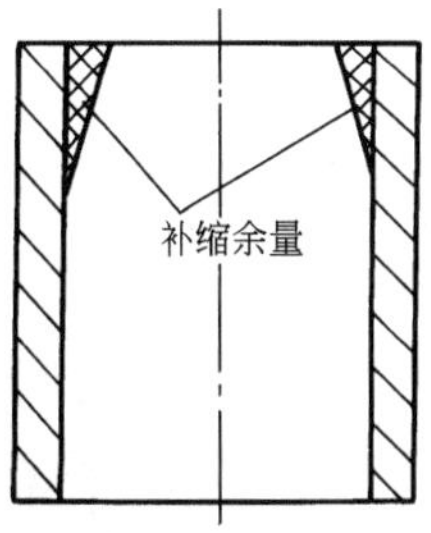

图 3.1-12　补缩余量

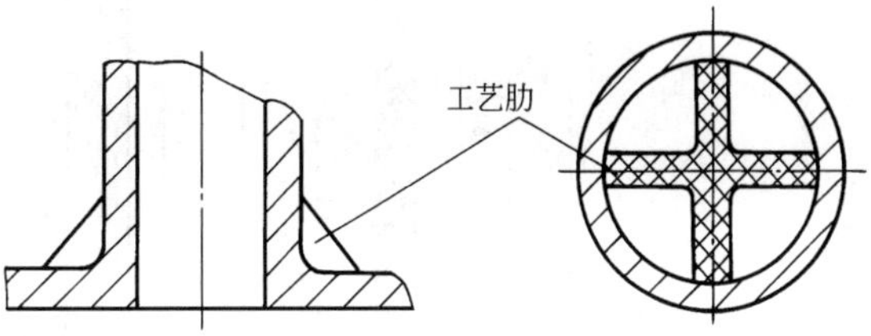

图 3.1-13　工艺肋

7. 铸造毛坯图

（1）铸造毛坯图的内容

铸造毛坯图一般包括以下内容：铸造毛坯的形状、尺寸及公差，加工余量与工艺余量，铸造斜度及圆角，分型面，浇冒口残根位置，工艺基准、合金牌号、铸造方法及其他有关技术要求。

在毛坯图上只标注有特殊要求的公差、铸造斜度及圆角，一般的不注在图上，而写在技术要求中。

（2）技术要求

铸造毛坯图上的技术要求一般包括下列内容：

1）合金牌号。抄自零件图。

2）铸造方法。根据具体条件合理确定。

3）铸造的精度等级。参照零件图确定。

4）未注明的铸造斜度及圆角半径。一般抄自零件图。

5）铸件综合技术条件及检验规则的文件号。抄自零件图或按有关文件自行确定。

6）铸件的检验等级。抄自零件图。

7）铸件的交货状态：

① 铸件的表面状态应符合标准。

② 允许浇冒口残根的大小，一般为 2~5mm。对于熔模铸件及压铸件常取较小值；对于砂型铸件及金属型铸件常取较大值，特别是大型零件。

③ 对于镁铸件，应特别注意是否要进行防锈及浸润处理。

8）铸件是否进行气压或液压试验。抄自零件图。

9）热处理硬度。抄自零件图，或按机械加工要求确定。

（3）铸造毛坯图实例（图 3.1-14）

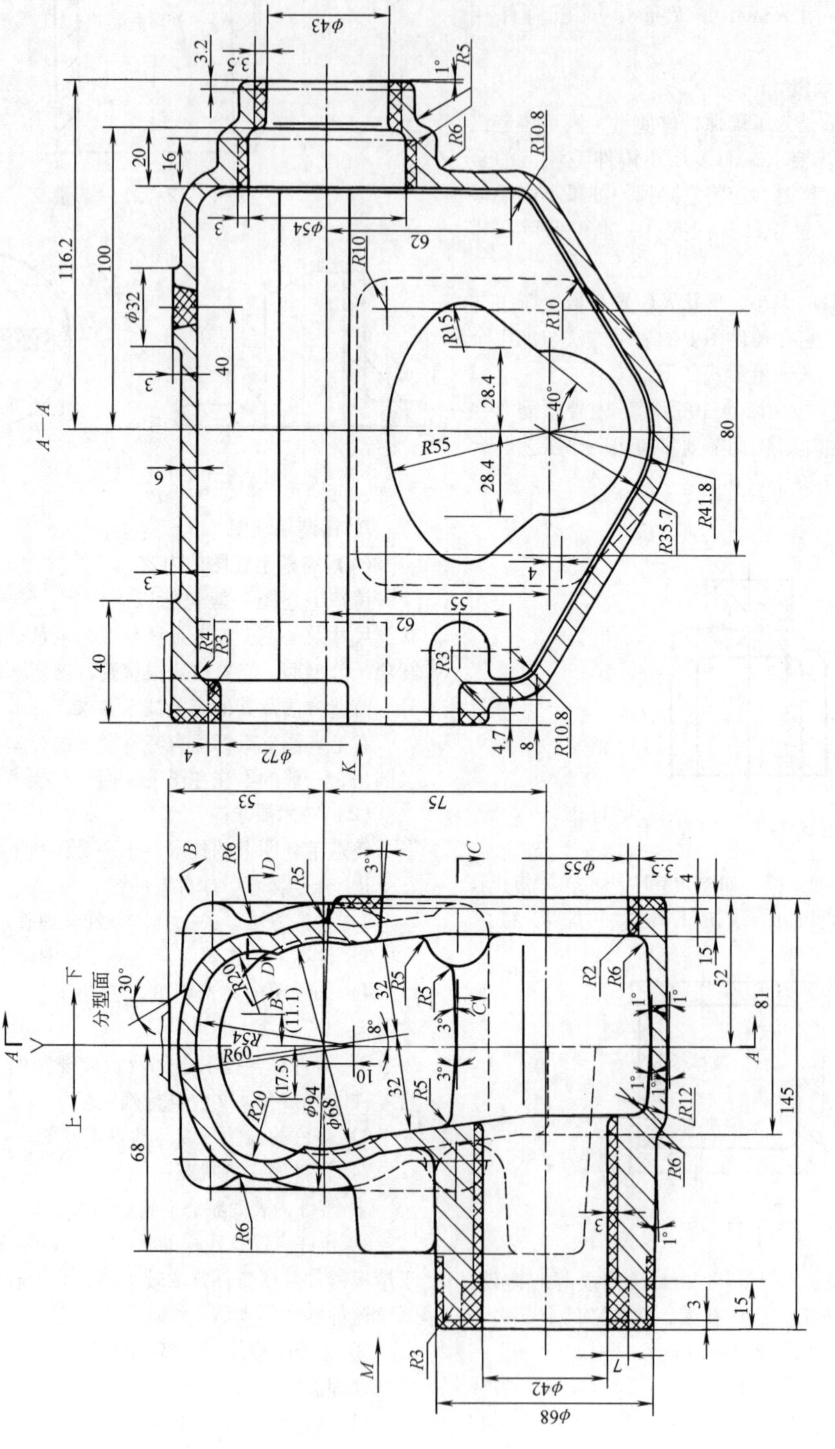
A—A
ϕ43
3.2
3.5
1°
R5
R6
R10.8
20
16
116.2
100
ϕ54
62
R10
ϕ32
R15
R10
3
40
28.4
40°
R55
28.4
80
6
R41.8
R35.7
4
3
55
62
40
R4
R3
R3
ϕ72
4
4.7
8
R10.8
K
53
75
B
R6
D
R5
3°
C
ϕ55
3.5
4
分型面
30°
下
上
R20
D
B
(11.1)
R54
R60
(17.5)
ϕ94
ϕ68
8°
10
32
32
R5
R5
R5
3°
3°
C
15
52
81
R2
R6
1°
1°
1°
1°
R12
R6
145
A
A
R20
68
R6
3
1°
3
15
R3
M
ϕ42
L
ϕ68

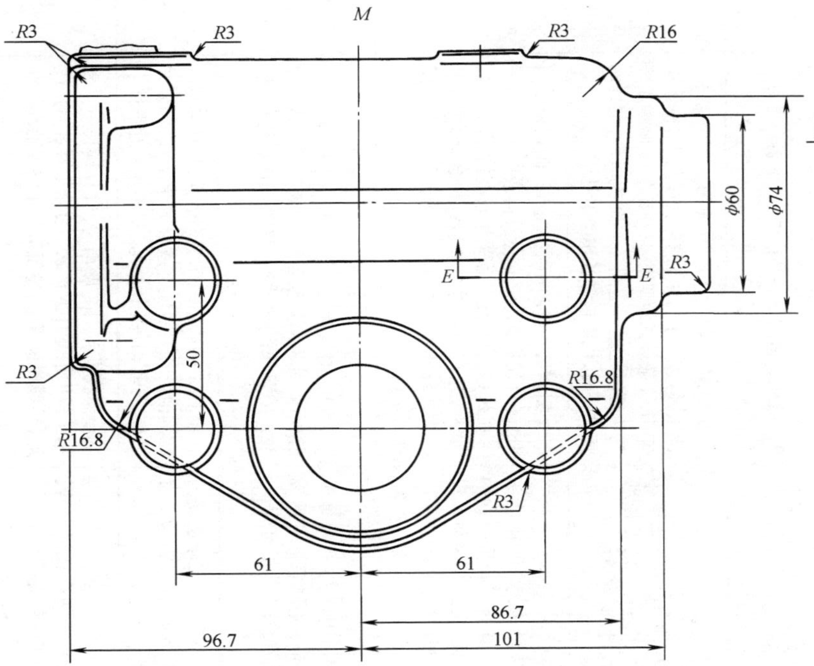

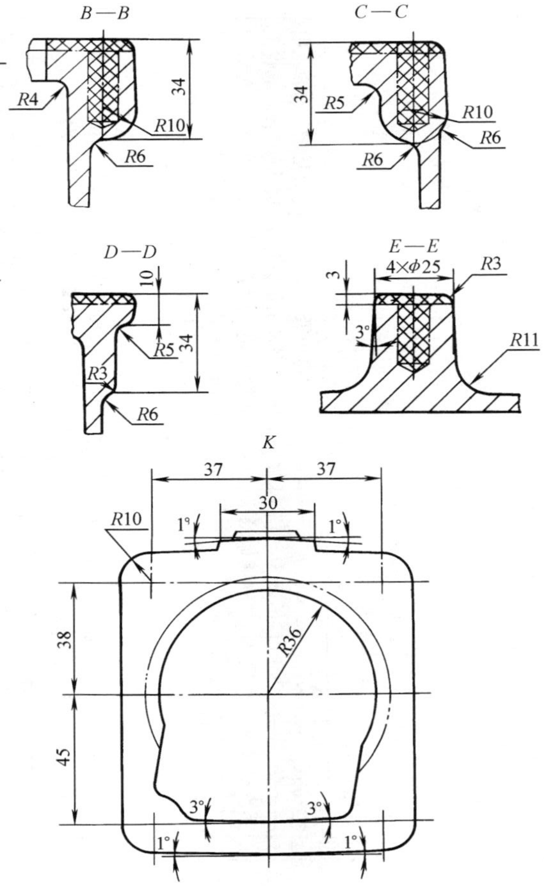

技术要求

1.未注明铸造圆角为$R3$。

2.未注明壁厚为6。

3.有关铸件缺陷修理、清理、涂漆、表面质量、内部质量要求等，见专门标准。

图 3.1-14　转向机壳体铸件图

3.1.3 锻件

1. 锻造方法（表 3.1-42）

2. 自由锻件机械加工余量

自由锻件机械加工余量计算公式见表 3.1-43。

表 3.1-42 主要锻造方法及工艺特点

锻造方法	设备类型		工艺特点	生产规模
	名　　称	构造特点		
自由锻造	空气锤 蒸汽空气锤 水压机	行程不固定，上下锤头为平的。空气锤振动大，水压机无振动	原材料为锭料或轧材，人工掌握完成各道工序，形状复杂的零件需要多次加热，宜用于锻造形状简单，以及大的环形、盘形零件。适用于锭料开坯、模锻前制坯、新产品试制	单件小批
胎模锻	空气锤 蒸汽空气锤 水压机	行程不固定，上下锤头为平的。空气锤振动大，水压机无振动	在自由锻设备上采用活动胎膜。与自由锻相比，锻件形状较复杂，尺寸较精确，节省金属材料，生产率高，设备能力较大。与模锻相比，适用范围广，胎膜制造简单，但生产率较低，锻件表面质量较差，模具寿命较短	批量
锤上模锻	有砧座锤	行程不固定，工作速度为6~8m/s。振动大，有砧座，无顶杆，行程速度为60~100次/min	可以多次打击成形，打击轻重可以控制。适宜多腔锻模，便于进行拔长、滚压。适用于各类锻件，多采用带飞边开式锻模	大批量
	无砧座锤	下锤头活动，无砧座，模锻时无振动	上下模上下对击，操作不方便，不宜于拔长、滚压。适用于各类锻件，多采用带飞边开式锻模	
热模锻压力机上模锻	热模锻压力机	行程固定，工作速度为0.5~0.8m/s，行程速度为35~90次/min。设备刚性好，导向准确，有顶杆	金属在每一模腔中一次成形，不宜于拔长、滚压，但可用于挤压，锻件精度较高，模锻斜度小，一般要求联合模锻及无氧化加热或严格清理氧化皮。适用于短轴类锻件；配备制坯设备时，也能模锻长轴类锻件	大批量
平锻	平锻机	行程固定，工作速度为0.3m/s，具有互相垂直的两组分型面，无顶出装置。设备刚性好，导向准确	金属在每一模腔中一次成形，除积聚镦粗外，还可切边、穿孔，余量及模锻斜度较小，易于机械化、自动化。需采用较高精度的棒料，加热要求严格。适合锻造各种合金锻件，带大头的长杆形锻件，环形、筒形锻件，多采用闭式锻模	大批量
螺旋压力机上模锻	摩擦螺旋压力机	行程不固定，工作速度为1.5~2m/s，有顶杆。一般设备刚性差，打击能量可调	每分钟行程次数低，金属冷却快，不宜拔长、滚压，对偏载敏感。一般用于中、小件单膛模锻；配备制坯设备时，也能模锻形状较为复杂的锻件；还可用于镦锻、精锻、挤压、冲压、切边、弯曲、校正	批量
水压机上模锻	水压机	行程不固定，工作速度为0.1~0.3m/s，无振动，有顶杆	模锻时一次成形，不宜多腔模锻，复杂零件在其他设备上制坯。适合锻造镁、铝合金大锻件，深孔锻件，不太适合锻造小尺寸锻件	大批量
辊锻	辊锻机	模腔置于两扇轧辊上，辊锻时轧辊相对旋转	金属在模腔中变形均匀，适宜拔长。主要用于模锻前制坯或形状不复杂锻件的直接成形，模锻扁长锻件；冷辊锻用于终成形或精整工序	大批量
碾扩	扩孔机	轧辊相对旋转，工作轧辊上刻出环的截面	变形连续，压下量小，具有表面变形特征，壁厚均匀，精度较高。热碾扩主要用于生产等截面的大、中型环形毛坯，碾扩直径范围为40~5000mm，重量在6t以上	大批量

（续）

锻造方法	设备类型		工艺特点	生产规模
	名　　称	构造特点		
热精压	普通模锻设备		与热模锻工艺相比，通常要增加精压工序，要有制造精密锻模以及无氧化、少氧化加热和冷却的手段，加热温度低，变形量小。适用于叶片等精密模锻	
冷精压	精压机	滑块与曲轴借助于杠杆机构，滑块行程小，压力大	不加热，其余工艺特点同热精压。适用于压制零件不加工的配合表面，零件强度及表面硬度均有提高	大批量
冷挤压	机械压力机	采用摩擦压力机需设顶出装置，在模具上设导向、限程装置；采用曲柄压力机需增强刚度，加强顶出装置	适用于挤压深孔、薄壁、异形端面小型零件，生产率高，操作简便，材料利用率达70%以上。冷挤压用材料应有较好的塑性，较低的冷作硬化敏感性。冷挤压分正挤压、反挤压、复合挤压、镦挤结合几种方式。模具强度、硬度要求较高，锻件精度高	大批量
热挤压	液压挤压机、机械挤压机	采用摩擦压力机需设顶出装置，在模具上设导向、限程装置；采用曲柄压力机需增强刚度，加强顶出装置	适用于各种等截面型材、不锈钢、轴承钢零件，以及非铁合金的坯料。变形力很大，凸凹模强度、硬度要求高，表面应光洁	大批量
镦锻	热镦机70	行程固定，工作速度为1.25~1.5m/s，行程速度为50~80次/min。设备刚度好，导向准确，四个成形工位都有顶杆	采用整根圆坯料整体加热，自动化热切下料，下料质量高。锻件采用四工位闭式模锻工艺成形，锻件质量高。广泛应用于高质量锻件的大批量生产	大批量
	热镦机50	行程固定，工作速度为2.4~4.0m/s，行程速度为60~100次/min。设备刚度好，导向准确，四个成形工位都有顶杆	采用整根圆坯料整体加热，自动化热切下料，下料质量高。锻件采用四工位闭式模锻（无飞边锻造）工艺成形，锻件质量高。广泛应用于高质量锻件的大批量生产	大批量

表3.1-43　自由锻件机械加工余量计算公式　　　　（mm）

锻件形状简图	余量计算公式	备　　注
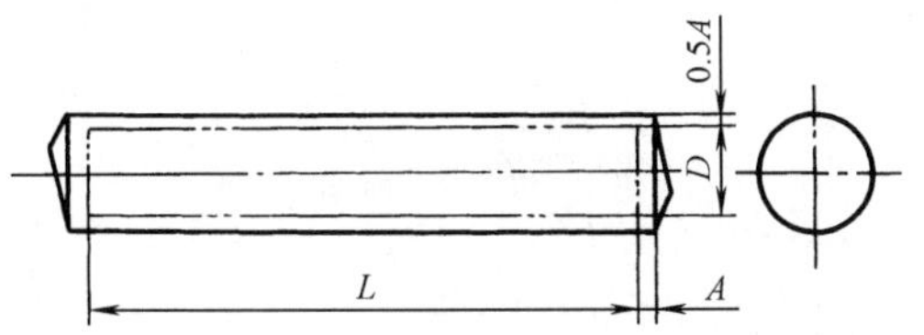	$A=0.22L^{0.2}D^{0.5}$	$D<65$mm时，按65mm计算 $L<300$mm时，按300mm计算
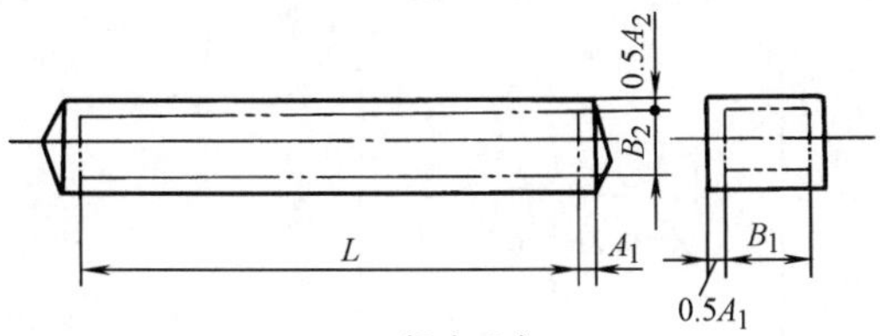 $(B_1>B_2)$	$A_i=0.24L^{0.2}B_i^{0.5}$ $i=1,2$	

（续）

锻件形状简图	余量计算公式	备　注
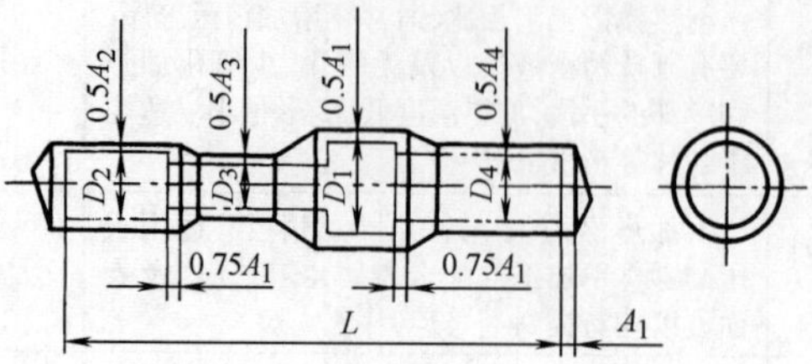 （设D_1最大）	$A_i = 0.26L^{0.2}D_i^{0.5}$ $i=1,2,3,4$	$D<65$mm 时，按 65mm 计算 $L<300$mm 时，按 300mm 计算
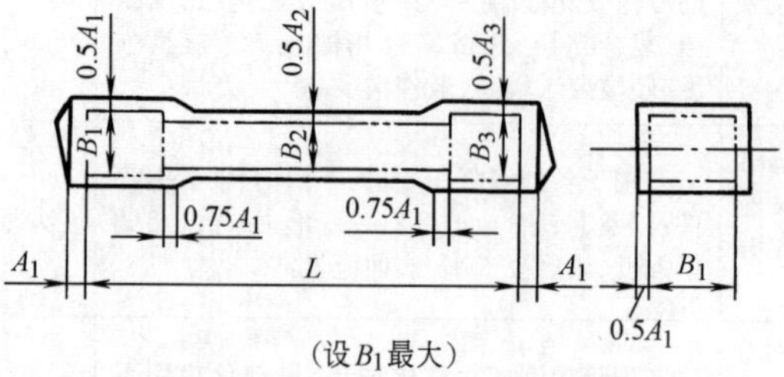 （设B_1最大）	$A_i = 0.28L^{0.2}B_i^{0.5}$ $i=1,2,3$	
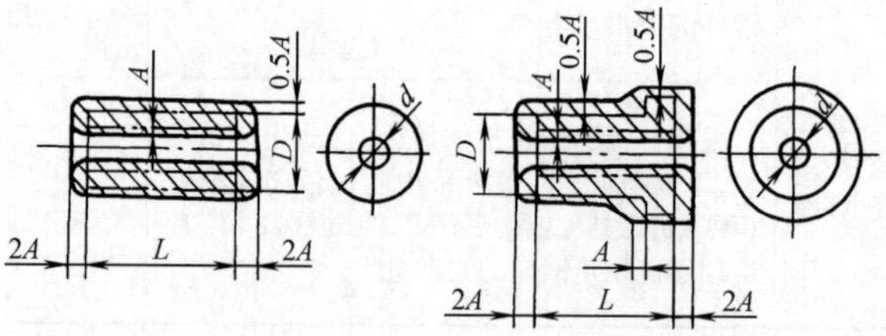 （$d<D/2$）	$A=0.4L^{0.5}D^{0.5}$	适用于 $D\geqslant 70$mm、$L\geqslant 200$mm 的锻件
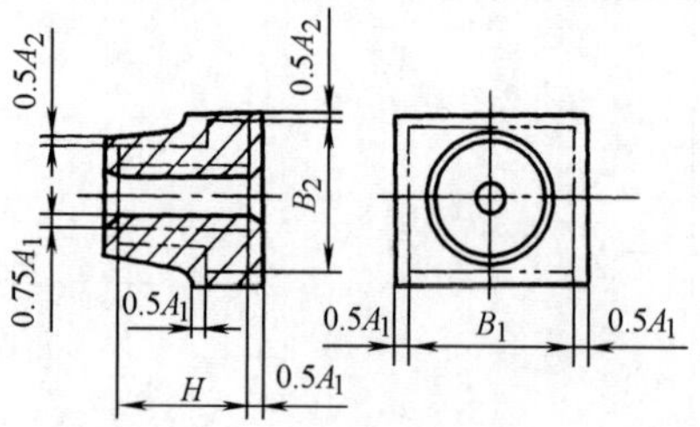 （$B_1>B_2$）	$A_i = 0.25H^{0.2}B_i^{0.55}$ $i=1,2$	$B<100$mm 时，按 100mm 计算 $H<50$mm 时，按 50mm 计算
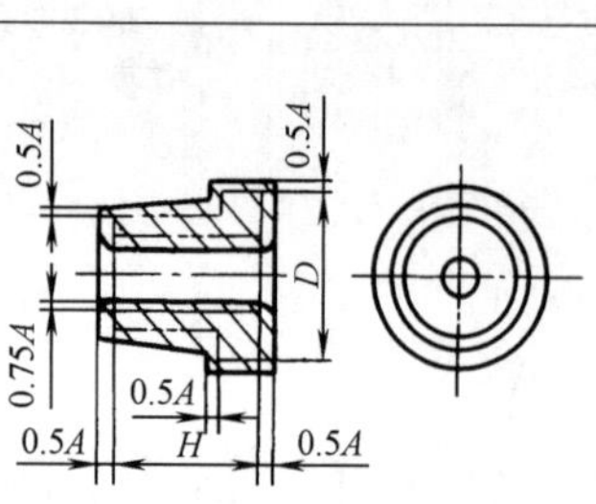	$A=0.2H^{0.2}D^{0.55}$	

（续）

<table>
<tr><th>锻件形状简图</th><th>余量计算公式</th><th>备　注</th></tr>
<tr><td>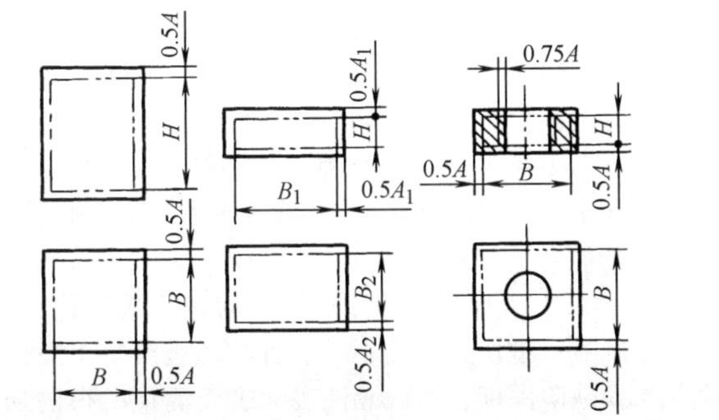

(B₁>B₂)</td><td>$A_i=0.18H^{0.2}B_i^{0.55}$
$i=1,2$</td><td rowspan="2">B<100mm 时，按 100mm 计算
H<50mm 时，按 50mm 计算</td></tr>
<tr><td>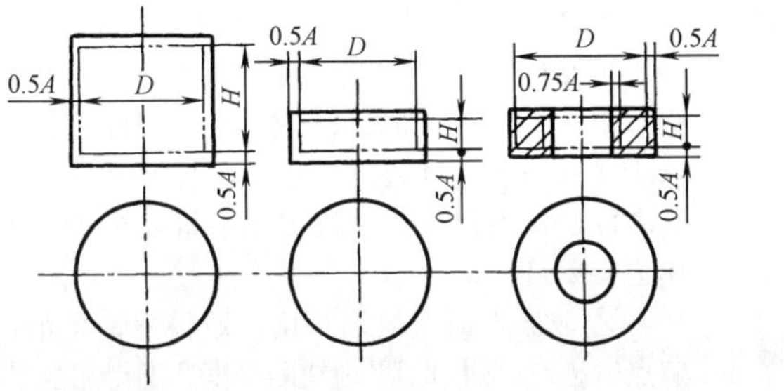
</td><td>$A=0.18H^{0.2}D^{0.55}$</td></tr>
</table>

3. 钢质模锻件公差及机械加工余量（摘自 GB/T 12362—2016）

所摘标准适用于质量小于或等于 500kg、长度（最大尺寸）小于或等于 2500mm 在模锻锤、热模锻压力机、螺旋压力机和平锻机等锻压设备上生产的结构钢模锻件。其他钢种的锻件亦可参照使用。

锻件公差分为两级：普通级和精密级。普通级公差适用于一般模锻工艺能够达到技术要求的锻件。精密级公差适用于有较高技术要求的锻件。精密级公差可用于某一锻件的全部尺寸，也可用于局部尺寸。

（1）确定各种锻件公差和机械加工余量的主要因素

1）锻件质量 m_f。根据锻件图的公称尺寸进行计算，并按此质量查表确定公差和机械加工余量。

2）锻件形状复杂系数 S。它是锻件质量 m_f 与相应的锻件外廓包容体质量 m_N 的比值，即

$$S=\frac{m_f}{m_N}$$

锻件形状复杂系数分为 4 级：简单（$0.63<S_1\leqslant1$）；一般（$0.32<S_2\leqslant0.63$）；较复杂（$0.16<S_3\leqslant0.32$）；复杂（$0<S_4\leqslant0.16$）。当锻件为薄形圆盘或法兰件，且圆盘厚度和直径之比 $t/d\leqslant0.2$ 时，不必计算而直接确定为复杂级。

3）锻件分模线形状。锻件分模线形状分为两类：平直分模线或对称弯曲分模线；不对称弯曲分模线。

4）锻件材质系数 M。锻件材质系数分为 M_1 和 M_2 两级。

M_1 为最高碳的质量分数小于 0.65%的碳钢，或合金元素最高总的质量分数小于 3.0%的合金钢。

M_2 为最高碳的质量分数大于或等于 0.65%的碳钢，或合金元素最高总的质量分数大于或等于 3.0%的合金钢。

5）零件的加工表面粗糙度。零件加工表面粗糙度是确定锻件加工余量的重要参数。适用于机械加工表面粗糙度 $Ra\geqslant1.6\mu m$ 的表面。当加工表面粗糙度 $Ra<1.6\mu m$ 时，其余量要适当加大。

6）锻件加热条件。所给数值是按电、油或煤气（包括天然气）燃料考虑的。

（2）钢质模锻件公差

1）长度、宽度和高度公差。这些公差是指在分模线一侧同一块模具上，沿长度、宽度、高度方向上的尺寸公差。如图 3.1-15 所示的锻件，a_1、a_2 为一块模具中的锻件长度方向尺寸；b_1、b_2 为一块模具中的锻件宽度方向尺寸；c_1、c_2 为一块模具中的锻件高

度方向尺寸；h_1、h_2 为跨越分模线的厚度尺寸；f 为落差尺寸。

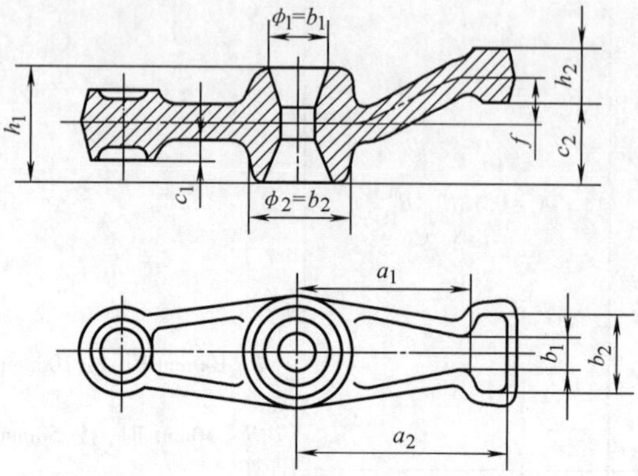

图 3. 1-15　锻件长、宽、高尺寸

当锻件形状复杂系数为 S_1 和 S_2 级，且长宽比小于 3. 5 时，其公差可按最大外形尺寸查表确定同一公差值，以简化工作量。

锻件的长度、宽度、高度极限偏差及错差、残留飞边公差见表 3. 1-44 和表 3. 1-45。

落差公差是高度公差的一种形式，上、下极限偏差值按±1/2 比例分配。它应比高度公差放宽一档，标注在锻件图上。

2）错差。错差是锻件在分模线上、下两部分对应点所偏移的距离（图 3. 1-16）。错差值由表 3. 1-44 和表 3. 1-45 查得，其应用与其他公差无关。

3）横向残留飞边及切入锻件深度公差。由于切边条件的变化，在锻件四周可能存在横向残留飞边或切入深度（图 3. 1-16），横向残留飞边公差由表 3. 1-44 和表 3. 1-45 查得。切入深度公差和横向残留飞边公差数值相等，两者与其他公差无关。

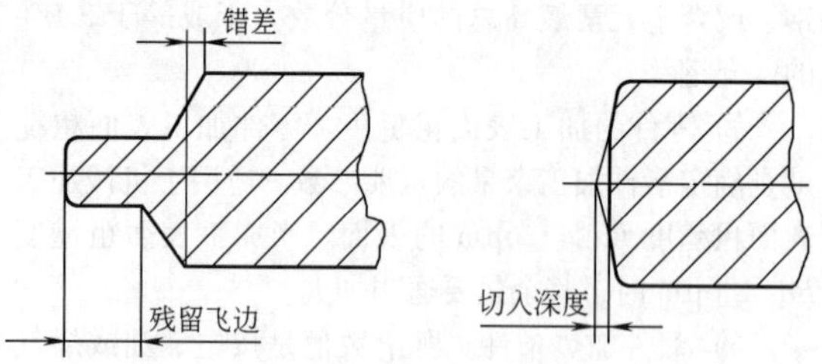

图 3. 1-16　错差、残留飞边及切入深度

4）冲孔公差。按孔径尺寸在表 3. 1-44 或表 3. 1-45 中查得极限偏差，算出总公差。其上、下极限偏差按+1/4 和−3/4 比例分配。若要更严格地限制冲孔尺寸公差，则应作为特殊公差标注在锻件图的相应尺寸上。

5）厚度公差。指跨越分模线的厚度尺寸的公差。根据模锻工艺的特点，锻件所有的厚度尺寸公差应是一致的。因此，其极限偏差可按锻件的最大厚度尺寸，在表 3. 1-46 和表 3. 1-47 中查得。

6）锻件顶料杆压痕公差。具有顶料机构的模具，在锻件上产生一定深度和高度的压痕，其极限偏差由表 3. 1-46 和表 3. 1-47 查得。一般深度不超过总公差之半。其直径和位置应在锻件图上标注。压痕公差与其他公差无关。

7）表面缺陷深度。锻件的表面缺陷包括凹陷、麻点、碰伤、凹凸不平、折叠和裂纹等。锻件的表面缺陷深度，指从锻件实际表面测量所得的局部凹陷或凸起的尺寸数值。该数值不计入锻件的实测尺寸。

① 加工面的缺陷深度。若锻件的实际尺寸恰好等于其公称尺寸，则上述列举的所有缺陷之深度，不得大于锻件的单边加工余量之半；若锻件的实际尺寸大于（或小于）其公称尺寸，则上述列举的所有缺陷之深度，不得大于单边加工余量之半加（或减）单边实际偏差值。

② 非加工面的缺陷深度。锻件表面上的凹陷、麻点、碰伤、凹凸不平之缺陷深度，不得超过最大厚度公差的 1/3，且允许不予清除，锻件表面上的折叠、裂纹之缺陷，应当打磨清除。清除的表面必须圆滑过渡。其打磨宽度不小于打磨深度的 6 倍，打磨深度不得大于最大厚度公差的 1/3。

8）直线度和平面度公差。直线度公差是指零件的理论中心线与实际中心线之间的极限偏差值。平面度公差是指零件的理论平面与实际平面的允许偏差值。模锻件非加工面的直线度公差由表 3. 1-48 查得。模锻件加工面的直线度、平面度公差由表 3. 1-49 查得。

9）中心距尺寸极限偏差见表 3. 1-50。该表数据仅适用于平面直线分模，并在同一块模具内的中心距尺寸。不适用于下列情况：直线分模，但在投影平面上具有弯曲轴线的锻件（图 3. 1-17a）；具有落差的曲线分模锻件（图 3. 1-17b）；由曲面连接的平面间凸部的中心距（图 3. 1-17c）。

10）内、外圆角半径数值及公差。

① 内、外圆角半径数值的确定。锻件上的凸角圆角半径为外圆角半径 r，凹角圆角半径为内圆角半径 R（图 3. 1-18）。为保证锻件凸角处的最小余量，r_1 = 余量+零件的倒角值；若无倒角，r_2 = 余量（图 3. 1-19）。通常按图 3. 1-18 所示锻件各部分的高度与宽度之比 H/B 来计算圆角半径，计算公式见表 3. 1-51。计算所得数值应考虑余量大小加以修正。为

表 3.1-44 模锻件的长度、宽度、高度极限偏差及错差、残留飞边公差（普通级） （mm）

错差	残留飞边公差	分模线 非对称	分模线 平直或对称	锻件质量/kg 大于	锻件质量/kg 至	锻件材质系数 M_1 M_2	形状复杂系数 S_1 S_2 S_3 S_4	锻件公称尺寸 大于 0 至 30	大于 30 至 80	大于 80 至 120	大于 120 至 180	大于 180 至 315	大于 315 至 500	大于 500 至 800	大于 800 至 1250	大于 1250 至 2500
								公差值及极限偏差								
0.4	0.5			0	0.4			$1.1^{+0.8}_{-0.3}$	$1.2^{+0.8}_{-0.4}$	$1.4^{+0.9}_{-0.5}$	$1.6^{+1.1}_{-0.5}$	$1.8^{+1.2}_{-0.6}$	—	—	—	—
0.5	0.6			0.4	1.0			$1.2^{+0.8}_{-0.4}$	$1.4^{+0.9}_{-0.6}$	$1.6^{+1.1}_{-0.5}$	$1.8^{+1.2}_{-0.6}$	$2.0^{+1.3}_{-0.7}$	$2.2^{+1.5}_{-0.7}$	—	—	—
0.6	0.7			1.0	1.8			$1.4^{+0.9}_{-0.5}$	$1.6^{+1.1}_{-0.6}$	$1.8^{+1.2}_{-0.6}$	$2.0^{+1.3}_{-0.7}$	$2.2^{+1.5}_{-0.7}$	$2.5^{+1.7}_{-0.8}$	$2.8^{+1.9}_{-0.9}$	—	—
0.8	0.8			1.8	3.2			$1.6^{+1.1}_{-0.5}$	$1.8^{+1.2}_{-0.6}$	$2.0^{+1.3}_{-0.7}$	$2.2^{+1.5}_{-0.7}$	$2.5^{+1.7}_{-0.8}$	$2.8^{+1.9}_{-0.9}$	$3.2^{+2.1}_{-1.1}$	$3.6^{+2.4}_{-1.2}$	—
1.0	1.0			3.2	5.6			$1.8^{+1.2}_{-0.6}$	$2.0^{+1.3}_{-0.7}$	$2.2^{+1.5}_{-0.7}$	$2.5^{+1.7}_{-0.8}$	$2.8^{+1.9}_{-0.9}$	$3.2^{+2.1}_{-1.1}$	$3.6^{+2.4}_{-1.2}$	$4.0^{+2.7}_{-1.3}$	$4.5^{+3.0}_{-1.5}$
1.2	1.2			5.6	10.0			$2.0^{+1.3}_{-0.7}$	$2.2^{+1.5}_{-0.7}$	$2.5^{+1.7}_{-0.8}$	$2.8^{+1.9}_{-0.9}$	$3.2^{+2.1}_{-1.1}$	$3.6^{+2.4}_{-1.2}$	$4.0^{+2.7}_{-1.3}$	$4.5^{+3.0}_{-1.5}$	$5.0^{+3.3}_{-1.7}$
1.4	1.4			10.0	20.0			$2.2^{+1.5}_{-0.7}$	$2.5^{+1.7}_{-0.8}$	$2.8^{+1.9}_{-0.9}$	$3.2^{+2.1}_{-1.1}$	$3.6^{+2.4}_{-1.2}$	$4.0^{+2.7}_{-1.3}$	$4.5^{+3.0}_{-1.5}$	$5.0^{+3.3}_{-1.7}$	$5.6^{+3.7}_{-1.9}$
1.6	1.7			20.0	50.0			$2.5^{+1.7}_{-0.8}$	$2.8^{+1.9}_{-0.9}$	$3.2^{+2.1}_{-1.1}$	$3.6^{+2.4}_{-1.2}$	$4.0^{+2.7}_{-1.3}$	$4.5^{+3.0}_{-1.5}$	$5.0^{+3.3}_{-1.7}$	$5.6^{+3.7}_{-1.9}$	$6.3^{+4.2}_{-2.1}$
1.8	2.0			50.0	120.0			$2.8^{+1.9}_{-0.9}$	$3.2^{+2.1}_{-1.1}$	$3.6^{+2.4}_{-1.2}$	$4.0^{+2.7}_{-1.3}$	$4.5^{+3.0}_{-1.5}$	$5.0^{+3.3}_{-1.7}$	$5.6^{+3.7}_{-1.9}$	$6.3^{+4.2}_{-2.1}$	$7.0^{+4.7}_{-2.3}$
2.0	2.4			120.0	250.0			$3.2^{+2.1}_{-1.1}$	$3.6^{+2.4}_{-1.2}$	$4.0^{+2.7}_{-1.3}$	$4.5^{+3.0}_{-1.5}$	$5.0^{+3.3}_{-1.7}$	$5.6^{+3.7}_{-1.9}$	$6.3^{+4.2}_{-2.1}$	$7.0^{+4.7}_{-2.3}$	$8.0^{+5.3}_{-2.7}$
2.4	2.8			250.0	500.0			$3.6^{+2.4}_{-1.2}$	$4.0^{+2.7}_{-1.3}$	$4.5^{+3.0}_{-1.5}$	$5.0^{+3.3}_{-1.7}$	$5.6^{+3.7}_{-1.9}$	$6.3^{+4.2}_{-2.1}$	$7.0^{+4.7}_{-2.3}$	$8.0^{+5.3}_{-2.7}$	$9.0^{+6.0}_{-3.0}$
2.8	3.2							$4.0^{+2.7}_{-1.3}$	$4.5^{+3.0}_{-1.5}$	$5.0^{+3.3}_{-1.7}$	$5.6^{+3.7}_{-1.9}$	$6.3^{+4.2}_{-2.1}$	$7.0^{+4.7}_{-2.3}$	$8.0^{+5.3}_{-2.7}$	$9.0^{+6.0}_{-3.0}$	$10.0^{+6.7}_{-3.3}$
								—	$5.0^{+3.3}_{-1.7}$	$5.6^{+3.7}_{-1.9}$	$6.3^{+4.2}_{-2.1}$	$7.0^{+4.7}_{-2.3}$	$8.0^{+5.3}_{-2.7}$	$9.0^{+6.0}_{-3.0}$	$10.0^{+6.7}_{-3.3}$	$11.0^{+7.3}_{-3.7}$
								—	—	$6.3^{+4.2}_{-2.1}$	$7.0^{+4.7}_{-2.3}$	$8.0^{+5.3}_{-2.7}$	$9.0^{+6.0}_{-3.0}$	$10.0^{+6.7}_{-3.3}$	$11.0^{+7.3}_{-3.7}$	$12.0^{+8.0}_{-4.0}$
								—	—	$7.0^{+4.7}_{-2.3}$	$8.0^{+5.3}_{-2.7}$	$9.0^{+6.0}_{-3.0}$	$10.0^{+6.7}_{-3.3}$	$11.0^{+7.3}_{-3.7}$	$12.0^{+8.0}_{-4.0}$	$13.0^{+8.7}_{-4.3}$
								—	—	$8.0^{+5.3}_{-2.7}$	$9.0^{+6.0}_{-3.0}$	$10.0^{+6.7}_{-3.3}$	$11.0^{+7.3}_{-3.7}$	$12.0^{+8.0}_{-4.0}$	$13.0^{+8.7}_{-4.3}$	$14.0^{+9.3}_{-4.7}$

注：1. 锻件的高度或台阶尺寸及中心到边缘尺寸的上、下极限偏差按±1/2 比例分配，长度、宽度尺寸的上、下极限偏差按+2/3、−1/3 比例分配。

2. 内表面尺寸的允许极限偏差，其正负符号与表中相反。

3. 锻件质量为 6kg，材质系数为 M_1，形状复杂系数为 S_2，尺寸为 160mm，平直分模线时各类公差查法如表中箭头所示。

表 3.1-45　模锻件的长度、宽度、高度极限偏差及错差、残留飞边公差（精密级）　　（mm）

错差	残留飞边公差	锻件质量/kg 大于	锻件质量/kg 至
0.3	0.3	0	0.4
0.4	0.4	0.4	1.0
0.5	0.5	1.0	1.8
0.6	0.6	1.8	3.2
0.7	0.7	3.2	5.6
0.8	0.8	5.6	10.0
1.0	1.0	10.0	20.0
1.2	1.2	20.0	50.0
1.2	1.2	50.0	120.0
1.4	1.4	120.0	250.0
1.4	1.7	250.0	500.0
1.6	2.0		

分模线（非对称、平直或对称）　锻件材质系数 M_1 M_2　形状复杂系数 S_1 S_2 S_3 S_4

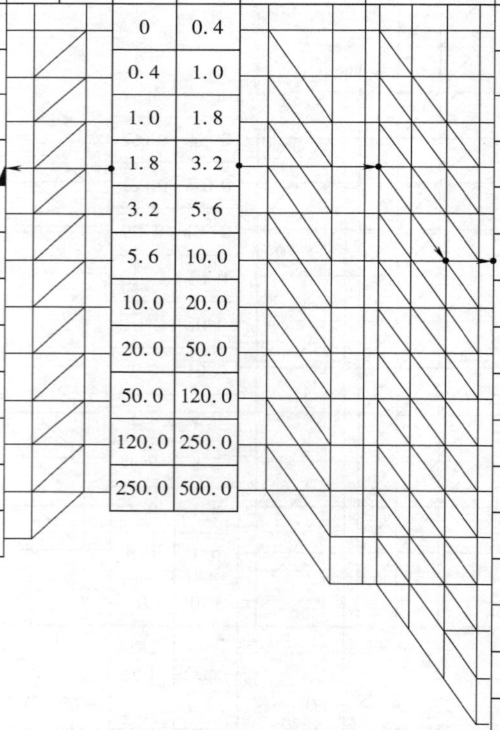

锻件公称尺寸 大于	0	30	80	120	180	315	500	800	1250
至	30	80	120	180	315	500	800	1250	2500
公差值及极限偏差									
	$0.7^{+0.5}_{-0.2}$	$0.8^{+0.5}_{-0.3}$	$0.9^{+0.6}_{-0.3}$	$1.0^{+0.7}_{-0.3}$	$1.2^{+0.8}_{-0.4}$	—	—	—	—
	$0.8^{+0.5}_{-0.3}$	$0.9^{+0.6}_{-0.3}$	$1.0^{+0.7}_{-0.3}$	$1.2^{+0.8}_{-0.4}$	$1.4^{+0.9}_{-0.5}$	$1.6^{+1.1}_{-0.5}$	—	—	—
	$0.9^{+0.6}_{-0.3}$	$1.0^{+0.7}_{-0.3}$	$1.2^{+0.8}_{-0.4}$	$1.4^{+0.9}_{-0.5}$	$1.6^{+1.1}_{-0.5}$	$1.8^{+1.2}_{-0.6}$	$2.0^{+1.3}_{-0.7}$	—	—
	$1.0^{+0.7}_{-0.3}$	$1.2^{+0.8}_{-0.4}$	$1.4^{+0.9}_{-0.5}$	$1.6^{+1.1}_{-0.5}$	$1.8^{+1.2}_{-0.6}$	$2.0^{+1.3}_{-0.7}$	$2.2^{+1.5}_{-0.7}$	$2.5^{+1.7}_{-0.8}$	—
	$1.2^{+0.8}_{-0.4}$	$1.4^{+0.9}_{-0.5}$	$1.6^{+1.1}_{-0.5}$	$1.8^{+1.2}_{-0.6}$	$2.0^{+1.3}_{-0.7}$	$2.2^{+1.5}_{-0.7}$	$2.5^{+1.7}_{-0.8}$	$2.8^{+1.9}_{-0.9}$	$3.2^{+2.1}_{-1.1}$
	$1.4^{+0.9}_{-0.5}$	$1.6^{+1.1}_{-0.5}$	$1.8^{+1.2}_{-0.6}$	$2.0^{+1.3}_{-0.7}$	$2.2^{+1.5}_{-0.7}$	$2.5^{+1.7}_{-0.8}$	$2.8^{+1.9}_{-0.9}$	$3.2^{+2.1}_{-1.1}$	$3.6^{+2.4}_{-1.2}$
	$1.6^{+1.1}_{-0.5}$	$1.8^{+1.2}_{-0.6}$	$2.0^{+1.3}_{-0.7}$	$2.2^{+1.5}_{-0.7}$	$2.5^{+1.7}_{-0.8}$	$2.8^{+1.9}_{-0.9}$	$3.2^{+2.1}_{-1.1}$	$3.6^{+2.4}_{-1.2}$	$4.0^{+2.7}_{-1.3}$
	$1.8^{+1.2}_{-0.6}$	$2.0^{+1.3}_{-0.7}$	$2.2^{+1.5}_{-0.7}$	$2.5^{+1.7}_{-0.8}$	$2.8^{+1.9}_{-0.9}$	$3.2^{+2.1}_{-1.1}$	$3.6^{+2.4}_{-1.2}$	$4.0^{+2.7}_{-1.3}$	$4.5^{+3.0}_{-1.5}$
	$2.0^{+1.3}_{-0.7}$	$2.2^{+1.5}_{-0.7}$	$2.5^{+1.7}_{-0.8}$	$2.8^{+1.9}_{-0.9}$	$3.2^{+2.1}_{-1.1}$	$3.6^{+2.4}_{-1.2}$	$4.0^{+2.7}_{-1.3}$	$4.5^{+3.0}_{-1.5}$	$5.0^{+3.3}_{-1.7}$
	$2.2^{+1.5}_{-0.7}$	$2.5^{+1.7}_{-0.8}$	$2.8^{+1.9}_{-0.9}$	$3.2^{+2.1}_{-1.1}$	$3.6^{+2.4}_{-1.2}$	$4.0^{+2.7}_{-1.3}$	$4.5^{+3.0}_{-1.5}$	$5.0^{+3.3}_{-1.7}$	$5.6^{+3.7}_{-1.9}$
	$2.5^{+1.7}_{-0.8}$	$2.8^{+1.9}_{-0.9}$	$3.2^{+2.1}_{-1.1}$	$3.6^{+2.4}_{-1.2}$	$4.0^{+2.7}_{-1.3}$	$4.5^{+3.0}_{-1.5}$	$5.0^{+3.3}_{-1.7}$	$5.6^{+3.7}_{-1.9}$	$6.3^{+4.2}_{-2.1}$
	$2.8^{+1.9}_{-0.9}$	$3.2^{+2.1}_{-1.1}$	$3.6^{+2.4}_{-1.2}$	$4.0^{+2.7}_{-1.3}$	$4.5^{+3.0}_{-1.5}$	$5.0^{+3.3}_{-1.7}$	$5.6^{+3.7}_{-1.9}$	$6.3^{+4.2}_{-2.1}$	$7.0^{+4.7}_{-2.3}$
	$3.2^{+2.1}_{-1.1}$	$3.6^{+2.4}_{-1.2}$	$4.0^{+2.7}_{-1.3}$	$4.5^{+3.0}_{-1.5}$	$5.0^{+3.3}_{-1.7}$	$5.6^{+3.7}_{-1.9}$	$6.3^{+4.2}_{-2.1}$	$7.0^{+4.7}_{-2.3}$	$8.0^{+5.3}_{-2.7}$
	$3.6^{+2.4}_{-1.2}$	$4.0^{+2.7}_{-1.3}$	$4.5^{+3.0}_{-1.5}$	$5.0^{+3.3}_{-1.7}$	$5.6^{+3.7}_{-1.9}$	$6.3^{+4.2}_{-2.1}$	$7.0^{+4.7}_{-2.3}$	$8.0^{+5.3}_{-2.7}$	$9.0^{+6.0}_{-3.0}$
	—	$4.5^{+3.0}_{-1.5}$	$5.0^{+3.3}_{-1.7}$	$5.6^{+3.7}_{-1.9}$	$6.3^{+4.2}_{-2.1}$	$7.0^{+4.7}_{-2.3}$	$8.0^{+5.3}_{-2.7}$	$9.0^{+6.0}_{-3.0}$	$10.0^{+6.7}_{-3.3}$
	—	—	$5.6^{+3.7}_{-1.9}$	$6.3^{+4.2}_{-2.1}$	$7.0^{+4.7}_{-2.3}$	$8.0^{+5.3}_{-2.7}$	$9.0^{+6.0}_{-3.0}$	$10.0^{+6.7}_{-3.3}$	$11.0^{+7.3}_{-3.7}$

注：1. 锻件的高度或台阶尺寸及中心到边缘尺寸的上、下极限偏差按±1/2 比例分配，长度、宽度尺寸的上、下极限偏差按+2/3、−1/3 比例分配。

2. 内表面尺寸的允许极限偏差，其正负符号与表中相反。

3. 锻件质量为 3kg，材质系数为 M_1，形状复杂系数为 S_3，尺寸为 120mm，平直分模线时各类公差查法如表中箭头所示。

表 3.1-46 模锻件厚度、顶料杆压痕公差及允许极限偏差（普通级） （mm）

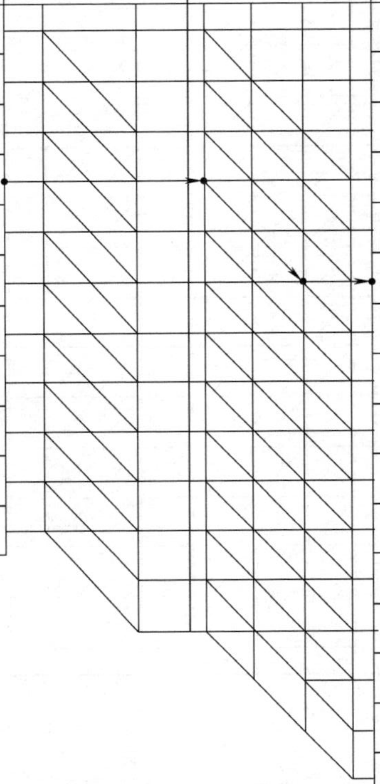

顶料杆压痕		锻件质量/kg		锻件材质系数 M_1 M_2	形状复杂系数 S_1 S_2 S_3 S_4	锻件公称尺寸						
					大于	0	18	30	50	80	120	180
					至	18	30	50	80	120	180	315
+(凸)	-(凹)	大于	至			公差值及极限偏差						
0.8	0.4	0	0.4			$1.0^{+0.8}_{-0.2}$	$1.1^{+0.8}_{-0.3}$	$1.2^{+0.9}_{-0.3}$	$1.4^{+1.0}_{-0.4}$	$1.6^{+1.2}_{-0.4}$	$1.8^{+1.4}_{-0.4}$	$2.0^{+1.5}_{-0.5}$
1.0	0.5	0.4	1.0			$1.1^{+0.8}_{-0.3}$	$1.2^{+0.9}_{-0.3}$	$1.4^{+1.0}_{-0.4}$	$1.6^{+1.2}_{-0.4}$	$1.8^{+1.4}_{-0.4}$	$2.0^{+1.5}_{-0.5}$	$2.2^{+1.7}_{-0.5}$
1.2	0.6	1.0	1.8			$1.2^{+0.9}_{-0.3}$	$1.4^{+1.0}_{-0.4}$	$1.6^{+1.2}_{-0.4}$	$1.8^{+1.4}_{-0.4}$	$2.0^{+1.5}_{-0.5}$	$2.2^{+1.7}_{-0.5}$	$2.5^{+1.9}_{-0.6}$
1.5	0.8	1.8	3.2			$1.4^{+1.0}_{-0.4}$	$1.6^{+1.2}_{-0.4}$	$1.8^{+1.4}_{-0.4}$	$2.0^{+1.5}_{-0.5}$	$2.2^{+1.7}_{-0.5}$	$2.5^{+1.9}_{-0.6}$	$2.8^{+2.1}_{-0.7}$
1.8	0.9	3.2	5.6			$1.6^{+1.2}_{-0.4}$	$1.8^{+1.4}_{-0.4}$	$2.0^{+1.5}_{-0.5}$	$2.2^{+1.7}_{-0.5}$	$2.5^{+1.9}_{-0.6}$	$2.8^{+2.1}_{-0.7}$	$3.2^{+2.4}_{-0.8}$
2.2	1.2	5.6	10.0			$1.8^{+1.4}_{-0.4}$	$2.0^{+1.5}_{-0.5}$	$2.2^{+1.7}_{-0.5}$	$2.5^{+1.9}_{-0.6}$	$2.8^{+2.1}_{-0.7}$	$3.2^{+2.4}_{-0.8}$	$3.6^{+2.7}_{-0.9}$
2.8	1.5	10.0	20.0			$2.0^{+1.5}_{-0.5}$	$2.2^{+1.7}_{-0.5}$	$2.5^{+1.9}_{-0.6}$	$2.8^{+2.1}_{-0.7}$	$3.2^{+2.4}_{-0.8}$	$3.6^{+2.7}_{-0.9}$	$4.0^{+3.0}_{-1.0}$
3.5	2.0	20.0	50.0			$2.2^{+1.7}_{-0.5}$	$2.5^{+1.9}_{-0.6}$	$2.8^{+2.1}_{-0.7}$	$3.2^{+2.4}_{-0.8}$	$3.6^{+2.7}_{-0.9}$	$4.0^{+3.0}_{-1.0}$	$4.5^{+3.4}_{-1.1}$
4.5	2.5	50.0	120.0			$2.5^{+1.9}_{-0.6}$	$2.8^{+2.1}_{-0.7}$	$3.2^{+2.4}_{-0.8}$	$3.6^{+2.7}_{-0.9}$	$4.0^{+3.0}_{-1.0}$	$4.5^{+3.4}_{-1.1}$	$5.0^{+3.8}_{-1.2}$
6.0	3.0	120.0	250.0			$2.8^{+2.1}_{-0.7}$	$3.2^{+2.4}_{-0.8}$	$3.6^{+2.7}_{-0.9}$	$4.0^{+3.0}_{-1.0}$	$4.5^{+3.4}_{-1.1}$	$5.0^{+3.8}_{-1.2}$	$5.6^{+4.2}_{-1.4}$
8.0	3.6	250.0	500.0			$3.2^{+2.4}_{-0.8}$	$3.6^{+2.7}_{-0.9}$	$4.0^{+3.0}_{-1.0}$	$4.5^{+3.4}_{-1.1}$	$5.0^{+3.8}_{-1.2}$	$5.6^{+4.2}_{-1.4}$	$6.3^{+4.8}_{-1.5}$
						$3.6^{+2.7}_{-0.9}$	$4.0^{+3.0}_{-1.0}$	$4.5^{+3.4}_{-1.1}$	$5.0^{+3.8}_{-1.2}$	$5.6^{+4.2}_{-1.4}$	$6.3^{+4.8}_{-1.5}$	$7.0^{+5.3}_{-1.7}$
						$4.0^{+3.0}_{-1.0}$	$4.5^{+3.4}_{-1.1}$	$5.0^{+3.8}_{-1.2}$	$5.6^{+4.2}_{-1.4}$	$6.3^{+4.8}_{-1.5}$	$7.0^{+5.3}_{-1.7}$	$8.0^{+6.0}_{-2.0}$
						$4.5^{+3.4}_{-1.1}$	$5.0^{+3.8}_{-1.2}$	$5.6^{+4.2}_{-1.4}$	$6.3^{+4.8}_{-1.5}$	$7.0^{+5.3}_{-1.7}$	$8.0^{+6.0}_{-2.0}$	$9.0^{+6.8}_{-2.2}$
						$5.0^{+3.8}_{-1.2}$	$5.6^{+4.2}_{-1.4}$	$6.3^{+4.8}_{-1.5}$	$7.0^{+5.3}_{-1.7}$	$8.0^{+6.0}_{-2.0}$	$9.0^{+6.8}_{-2.2}$	$10.0^{+7.5}_{-2.5}$
						$5.6^{+4.2}_{-1.4}$	$6.3^{+4.8}_{-1.5}$	$7.0^{+5.3}_{-1.7}$	$8.0^{+6.0}_{-2.0}$	$9.0^{+6.8}_{-2.2}$	$10.0^{+7.5}_{-2.5}$	$11.0^{+8.3}_{-2.7}$

注：1. 上、下极限偏差按+3/4、-1/4 比例分配，若有需要也可按+2/3、-1/3 比例分配。

2. 锻件质量为 3kg，材质系数为 M_1，形状复杂系数为 S_3，最大厚度尺寸为 45mm 时各类公差查法如表中箭头所示。

表 3.1-47 模锻件厚度、顶料杆压痕公差及允许极限偏差（精密级） (mm)

顶料杆压痕		锻件质量/kg		锻件材质系数 M_1 M_2	形状复杂系数 S_1 S_2 S_3 S_4	锻件公称尺寸 大于	0	18	30	50	80	120	180
+(凸)	-(凹)	大于	至			至	18	30	50	80	120	180	315
						公差值及极限偏差							
0.6	0.3	0	0.4				$0.6^{+0.5}_{-0.1}$	$0.8^{+0.6}_{-0.2}$	$0.9^{+0.7}_{-0.2}$	$1.0^{+0.8}_{-0.2}$	$1.2^{+0.9}_{-0.3}$	$1.4^{+1.0}_{-0.4}$	$1.6^{+1.2}_{-0.4}$
0.8	0.4	0.4	1.0				$0.8^{+0.6}_{-0.2}$	$0.9^{+0.7}_{-0.2}$	$1.0^{+0.8}_{-0.2}$	$1.2^{+0.9}_{-0.3}$	$1.4^{+1.0}_{-0.4}$	$1.6^{+1.2}_{-0.4}$	$1.8^{+1.4}_{-0.4}$
1.0	0.5	1.0	1.8				$0.9^{+0.7}_{-0.2}$	$1.0^{+0.8}_{-0.2}$	$1.2^{+0.9}_{-0.3}$	$1.4^{+1.0}_{-0.4}$	$1.6^{+1.2}_{-0.4}$	$1.8^{+1.4}_{-0.4}$	$2.0^{+1.5}_{-0.5}$
1.2	0.6	1.8	3.2				$1.0^{+0.8}_{-0.2}$	$1.2^{+0.9}_{-0.3}$	$1.4^{+1.0}_{-0.4}$	$1.6^{+1.2}_{-0.4}$	$1.8^{+1.4}_{-0.4}$	$2.0^{+1.5}_{-0.5}$	$2.2^{+1.7}_{-0.5}$
1.6	0.8	3.2	5.6				$1.2^{+0.9}_{-0.3}$	$1.4^{+1.0}_{-0.4}$	$1.6^{+1.2}_{-0.4}$	$1.8^{+1.4}_{-0.4}$	$2.0^{+1.5}_{-0.5}$	$2.2^{+1.7}_{-0.5}$	$2.5^{+1.9}_{-0.6}$
1.8	1.0	5.6	10.0				$1.4^{+1.0}_{-0.4}$	$1.6^{+1.2}_{-0.4}$	$1.8^{+1.4}_{-0.4}$	$2.0^{+1.5}_{-0.5}$	$2.2^{+1.7}_{-0.5}$	$2.5^{+1.9}_{-0.6}$	$2.8^{+2.1}_{-0.7}$
2.2	1.2	10.0	20.0				$1.6^{+1.2}_{-0.4}$	$1.8^{+1.4}_{-0.4}$	$2.0^{+1.5}_{-0.5}$	$2.2^{+1.7}_{-0.5}$	$2.5^{+1.9}_{-0.6}$	$2.8^{+2.1}_{-0.7}$	$3.2^{+2.4}_{-0.8}$
2.8	1.5	20.0	50.0				$1.8^{+1.4}_{-0.4}$	$2.0^{+1.5}_{-0.5}$	$2.2^{+1.7}_{-0.5}$	$2.5^{+1.9}_{-0.6}$	$2.8^{+2.1}_{-0.7}$	$3.2^{+2.4}_{-0.8}$	$3.6^{+2.7}_{-0.9}$
3.5	2.0	50.0	120.0				$2.0^{+1.5}_{-0.5}$	$2.2^{+1.7}_{-0.5}$	$2.5^{+1.9}_{-0.6}$	$2.8^{+2.1}_{-0.7}$	$3.2^{+2.4}_{-0.8}$	$3.6^{+2.7}_{-0.9}$	$4.0^{+3.0}_{-1.0}$
4.5	2.5	120.0	250.0				$2.2^{+1.7}_{-0.5}$	$2.5^{+1.9}_{-0.6}$	$2.8^{+2.1}_{-0.7}$	$3.2^{+2.4}_{-0.8}$	$3.6^{+2.7}_{-0.9}$	$4.0^{+3.0}_{-1.0}$	$4.5^{+3.4}_{-1.1}$
6.0	3.0	250.0	500.0				$2.5^{+1.9}_{-0.6}$	$2.8^{+2.1}_{-0.7}$	$3.2^{+2.4}_{-0.8}$	$3.6^{+2.7}_{-0.9}$	$4.0^{+3.0}_{-1.0}$	$4.5^{+3.4}_{-1.1}$	$5.0^{+3.8}_{-1.2}$
							$2.8^{+2.1}_{-0.7}$	$3.2^{+2.4}_{-0.8}$	$3.6^{+2.7}_{-0.9}$	$4.0^{+3.0}_{-1.0}$	$4.5^{+3.4}_{-1.1}$	$5.0^{+3.8}_{-1.2}$	$5.6^{+4.2}_{-1.4}$
							$3.2^{+2.4}_{-0.8}$	$3.6^{+2.7}_{-0.9}$	$4.0^{+3.0}_{-1.0}$	$4.5^{+3.4}_{-1.1}$	$5.0^{+3.8}_{-1.2}$	$5.6^{+4.2}_{-1.4}$	$6.3^{+4.8}_{-1.5}$
							$3.6^{+2.7}_{-0.9}$	$4.0^{+3.0}_{-1.0}$	$4.5^{+3.4}_{-1.1}$	$5.0^{+3.8}_{-1.2}$	$5.6^{+4.2}_{-1.4}$	$6.3^{+4.8}_{-1.5}$	$7.0^{+5.3}_{-1.7}$
							$4.0^{+3.0}_{-1.0}$	$4.5^{+3.4}_{-1.1}$	$5.0^{+3.8}_{-1.2}$	$5.6^{+4.2}_{-1.4}$	$6.3^{+4.8}_{-1.5}$	$7.0^{+5.3}_{-1.7}$	$8.0^{+6.0}_{-2.0}$
							$4.5^{+3.4}_{-1.1}$	$5.0^{+3.8}_{-1.2}$	$5.6^{+4.2}_{-1.4}$	$6.3^{+4.8}_{-1.5}$	$7.0^{+5.3}_{-1.7}$	$8.0^{+6.0}_{-2.0}$	$9.0^{+6.8}_{-2.2}$

注：1. 上、下极限偏差按+3/4、−1/4 比例分配，若有需要也可按+2/3、−1/3 比例分配。

2. 锻件质量为 3kg，材质系数为 M_1，形状复杂系数为 S_3，最大厚度尺寸为 45mm 时各类公差查法如表中箭头所示。

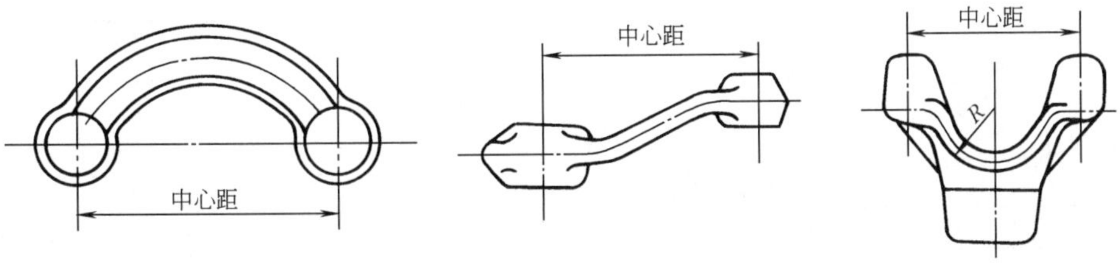

a)　　b)　　c)

图 3.1-17　中心距尺寸公差不适用的情况

表 3.1-48　模锻件非加工面的直线度公差

（mm）

锻件最大长度 l		公差值
大于	至	
0	120	0.7
120	250	1.1
250	400	1.4
400	630	1.8
630	1000	2.2
1000	—	0.22%l

方便制造模具所用刀具的标准化，应对所取数值圆整为下列圆角半径系列：1.0mm、1.5mm、2.0mm、2.5mm、3.0mm、4.0mm、5.0mm、6.0mm、8.0mm、10.0mm、12.0mm、15.0mm、…，圆角半径大于15mm 时，逢 5 递增。

② 内、外圆角半径公差。一般情况下，不做要求和检查，需要时可按表 3.1-52 确定。

11）内、外模锻斜度的数值与公差。

① 内、外模锻斜度数值的确定。锻件在冷缩时，趋向离开模壁的部分为外模锻斜度，用 α 表示；反之为内模锻斜度，用 β 表示（图 3.1-18）。模锻斜度的数值根据表 3.1-53 确定。

表 3.1-49　模锻件加工面的直线度、平面度公差　（mm）

外轮廓尺寸	大于	0	30	80	120	180	250	315	400	500	630	800	1000	1250	1600	2000
	至	30	80	120	180	250	315	400	500	630	800	1000	1250	1600	2000	2500
正火锻件 调质锻件																
公差值	普通级	0.6	0.6	0.7	0.8	1.0	1.1	1.2	1.4	1.6	1.8	2.0	2.2	2.5	2.8	3.2
	精密级	0.4	0.4	0.5	0.6	0.7	0.7	0.8	0.9	1.0	1.1	1.2	1.4	1.6	1.8	2.0

注：当锻件长度为 240mm，热处理为调质时，直线度和平面度公差值；普通级为 1.2mm，精密级为 0.8mm。

表 3.1-50　模锻件中心距尺寸极限偏差　（mm）

中心距	大于	0	30	80	120	180	250	315	400	500	630	800	1000	1250	1600	2000
	至	30	80	120	180	250	315	400	500	630	800	1000	1250	1600	2000	2500
一般锻件 有一道校正 或精压工序 同时有校正 及精压工序																
极限偏差	普通级	±0.3	±0.3	±0.4	±0.5	±0.6	±0.8	±1.0	±1.2	±1.6	±2.0	±2.5	±3.2	±4.0	±5.0	±6.0
	精密级	±0.25	±0.25	±0.3	±0.4	±0.5	±0.6	±0.8	±1.0	±1.2	±1.6	±2.0	±2.5	±3.2	±4.0	±5.0

注：当锻件中心距尺寸为 300mm。有一道校正或精压工序，查得中心距极限偏差为普通级±1.0mm，精密级±0.8mm。

② 模锻斜度公差。一般情况下，不做要求和检查，需要时由表 3.1-54 确定。

12）纵向毛刺及冲孔变形公差。切边或冲孔后，需经加工的锻件边缘允许存在少量残留纵向毛刺及变形，其公差值由表 3.1-55 查得。毛刺高度及位置应在锻件图上标明。纵向毛刺与其他公差无关。

13）剪切端变形公差。坯料剪切时杆部产生局部变形，其公差值由表 3.1-56 查得。

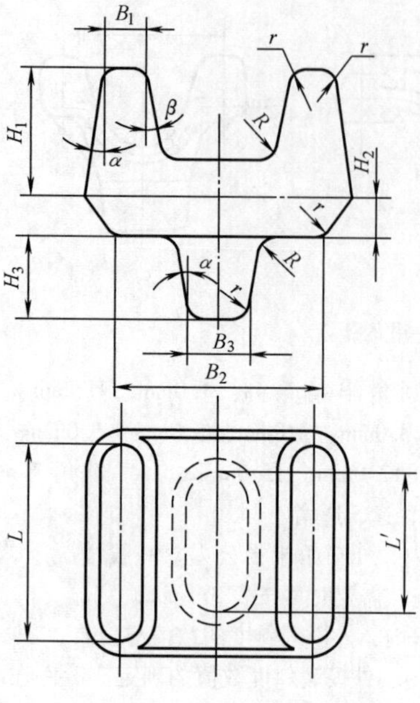

图 3.1-18　内、外圆角半径

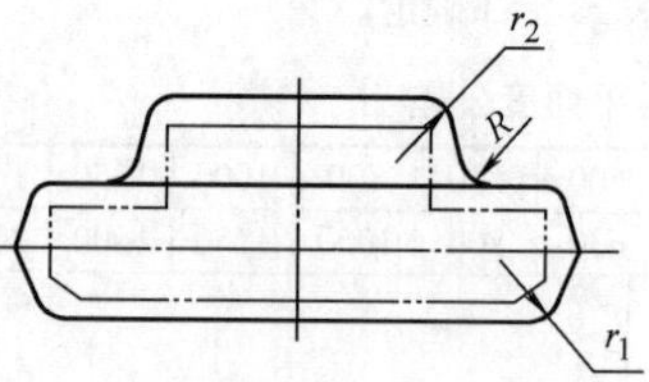

图 3.1-19　圆角半径与余量

表 3.1-51　圆角半径计算公式

H/B	r	R
≤2	0.05H+0.5mm	2.5r+0.5mm
>2~4	0.06H+0.5mm	3.0r+0.5mm
>4	0.07H+0.5mm	3.5r+0.5mm

表 3.1-52　模锻件的内、外圆角半径极限偏差

公称尺寸		圆角半径	上极限偏差	下极限偏差
大于	至		(+)	(−)
—	10	R	0.60R	0.30R
		r	0.40r	0.20r
10	50	R	0.50R	0.25R
		r	0.30r	0.15r
50	120	R	0.40R	0.20R
		r	0.25r	0.12r
120	180	R	0.30R	0.15R
		r	0.20r	0.10r
180	—	R	0.25R	0.12R
		r	0.20r	0.10r

注：r 为外圆角半径；R 为内圆角半径。

表 3.1-53　锤上锻件外模锻斜度 α 的数值

L/B		H/B				
		≤1	>1~3	>3~4.5	>4.5~6.5	>6.5
≤1.5	α	5°	7°	10°	12°	15°
>1.5		5°	5°	7°	10°	12°

注：1. 内模锻斜度 β 可按表中数值加大 2°或 3°。
2. 在热模锻压力机和螺旋压力机上使用顶料机构时，模锻斜度可比表中数值减少 2°或 3°。
3. 当上、下模模膛深度不相等时，应按模锻较深一侧计算模锻斜度。

表 3.1-54　锻件的模锻斜度公差

锻件高度尺寸/mm		公差值	
大于	至	普通级	精密级
0	6	5°00′	3°00′
6	10	4°00′	2°30′
10	18	3°00′	2°00′
18	30	2°30′	1°30′
30	50	2°00′	1°15′
50	80	1°30′	1°00′
80	120	1°15′	0°50′
120	180	1°00′	0°40′
180	260	0°50′	0°30′
260	—	0°40′	0°30′

表 3.1-55　锻件切边冲孔纵向毛刺及局部变形公差

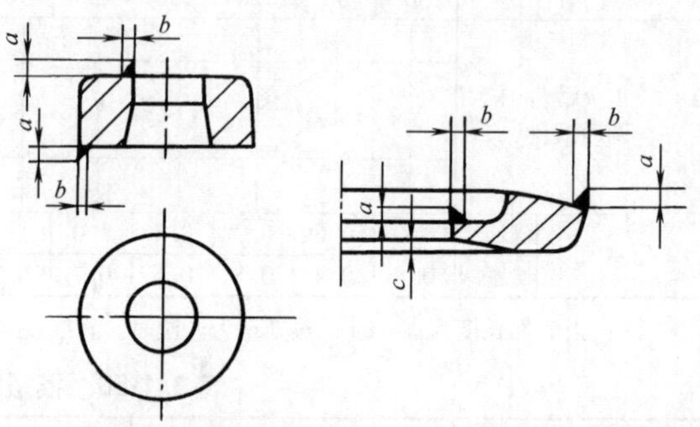

锻件质量/kg	纵向毛刺公差/mm		变形 c/mm
	高度 a	宽度 b	
≤1	1.0	0.5	0.5
>1~5	1.6	0.8	0.8
>5~30	2.5	1.2	1.0
>30~55	3.0	2.0	1.5
>55	4.0	2.5	2.0

(3) 平锻件公差确定的特殊要求

1）确定平锻件公差的主要条件。

① 镦锻部分的质量。局部镦锻的平锻件，其质量只按镦锻部分计算。当平锻件在两端进行镦锻时，其镦锻要分两次在两个方向进行。为便于确定公差，两次镦粗可按锻件较复杂的一端计算质量。对其中

表 3.1-56　剪切端变形公差　（mm）

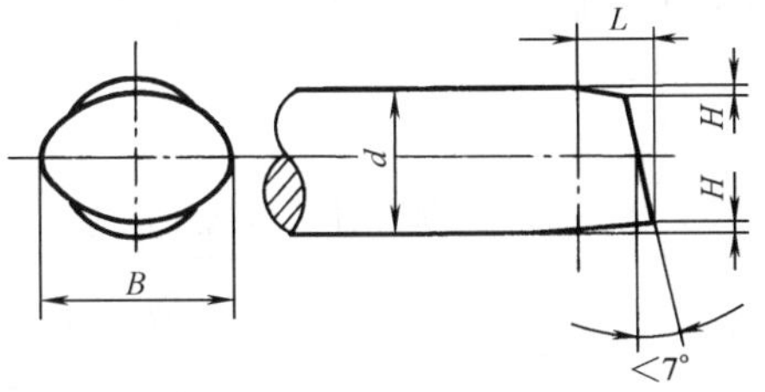

公称尺寸 d	公差值	
	H	L
≤36	$0.07d$	$1.0d$
>36~70	$0.05d$	$0.7d$
>70	$0.04d$	$0.6d$
$B<1.05d$		

“不锻”棒料部分的长度小于棒料直径的 2 倍时，可看作一个完整的锻件来计算质量。

② 不锻棒料部分的质量。由前一道锻造工序形成的任何镦锻部分，连同“不锻”杆部的质量，均视为“不锻”棒料部分的质量。

③ 锻件的材质系数同钢质模锻件。

④ 镦锻部分的形状复杂系数同钢质模锻件。特殊情况：当$\frac{l_1}{d_1}\leqslant 0.2$或$\frac{l_2}{d_2}>4$时，采用形状复杂系数 S_4（图 3.1-20），当冲孔深度大于直径的 1.5 倍时，形状复杂系数提高一级。

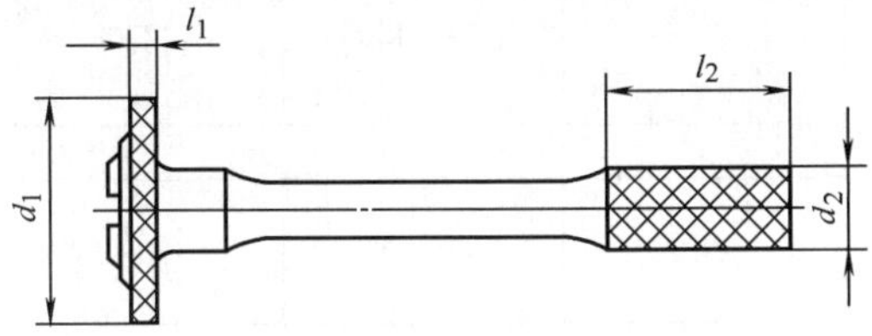

图 3.1-20　形状复杂系数的特殊情况

2）平锻件的杆部长度、宽度（外径）尺寸公差。该公差应根据以上四个条件，由表 3.1-44 查得。

① 平锻件的杆部长度公差。这是指镦锻部分的内侧到锻件最后端面之间距离的公差。它按包括不锻的棒料长度及台阶部分在内的总长度尺寸确定。按总长度和质量由表 3.1-44 查得。

对于两端都进行镦锻的平锻件，其长度公差是指某一端的镦锻部分的内侧，至相对端面之间距离（如图 3.1-21 中长度尺寸 L_1 和 L_2）的公差。但只选 L_1 或 L_2 之中公差较大的一个标注在锻件图上。

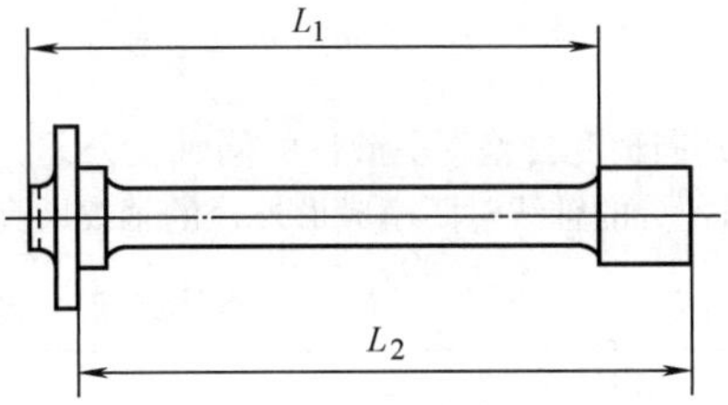

图 3.1-21　两端镦锻平锻件长度公差

② 平锻件的直径公差。其公差值由表 3.1-44 查得。当确定在凹模内成形的镦锻部分尺寸公差时，该部分所有直径均采用与最大直径相同的公差值。

3）平锻件的台阶及厚度尺寸公差。

① 平锻件的台阶尺寸公差。平锻件的台阶尺寸，是指镦锻成形部分（即冲头外和凹模内）沿轴线方向的台阶尺寸 p（图 3.1-22）。其尺寸公差可按四个条件在表 3.1-44 中查得。其上、下极限偏差按+2/3 和−1/3 比例分配。

② 平锻件的厚度尺寸公差。其厚度尺寸是指从凸模越过分模线到凹模间的尺寸 h（图 3.1-22a）。其尺寸公差由表 3.1-47 查得。上、下极限偏差按+3/4 和−1/4 比例分配，也可只给上极限偏差。

如果平锻件的法兰盘一侧有较高的凸出部分（$p\geqslant 1.5d_0$）时，其全厚度尺寸公差应以 H_{max} 全长厚度作为计算依据（图 3.1-22b）。在法兰两侧均有较高凸台时，则用其中较大直径尺寸作为厚度的计算依据，由表 3.1-46 查得。

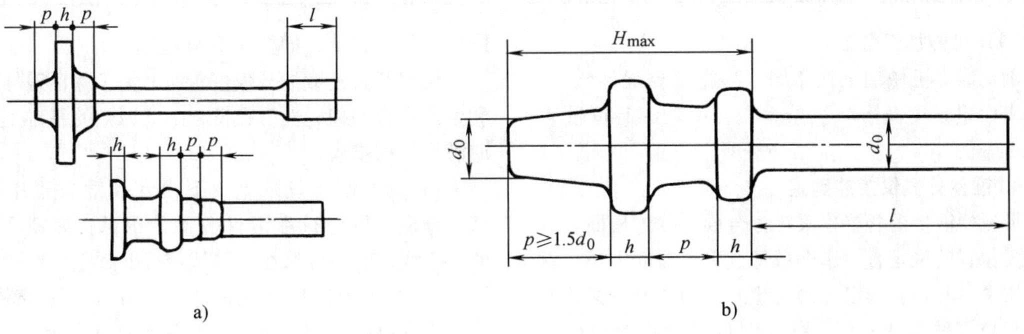

图 3.1-22　平锻件台阶尺寸

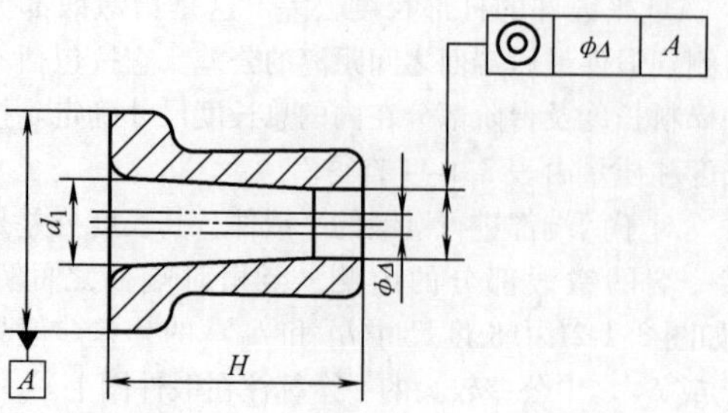

图 3.1-23　平锻冲孔件同轴度

4）同轴度公差。平锻件的同轴度公差，是指凸模成形部分的轴线对凹模成形外径的轴线所允许的偏移值。同轴度公差由表 3.1-44 确定，数值为错差的 2 倍。冲孔件同轴度公差（图 3.1-23）由表 3.1-57 查得。当孔深小于或等于孔径的 1.5 倍时，不采用同轴度公差。

表 3.1-57　平锻冲孔件同轴度公差

相对孔深 $\frac{H}{d_1}$	公差值/mm
>1.5~3.0	0.5~0.8
>3.0~5.0	0.8~1.2
>5.0	$0.24H/d_1$

5）平锻件各种模锻斜度数值见表 3.1-58。

表 3.1-58　平锻件各种模锻斜度数值

(1) 冲头内成形模锻斜度 α

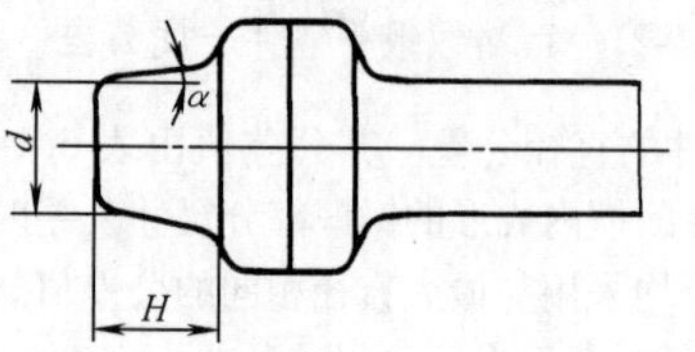

$\frac{H}{d}$	≤1	>1~3	>3~5
α	0°15′	0°30′	1°00′

(2) 内孔模锻斜度 γ

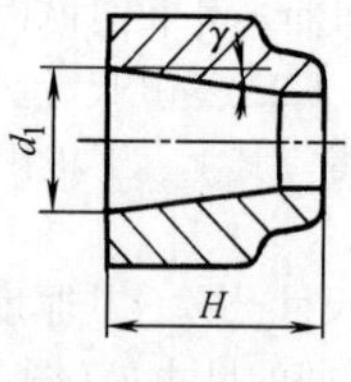

$\frac{H}{d_1}$	≤1	>1~3	>3~5
γ	0°30′	0°30′~1°00′	1°30′

(3) 凹模成形内模锻斜度 β

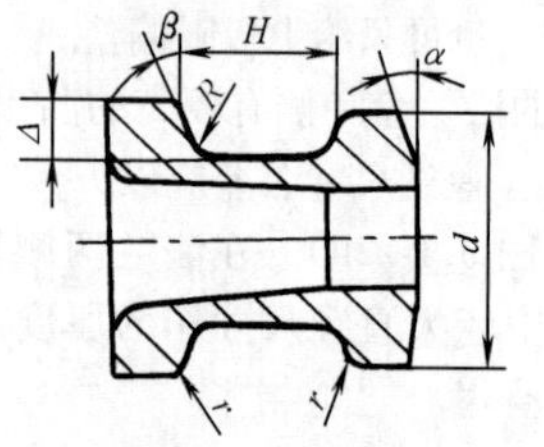

d	≤10	>10~20	>20~30
β	5°~7°	7°~10°	10°~12°
α	3°~5°	3°~5°	3°~5°

（4）机械加工余量

确定锻件机械加工余量时，根据估算锻件质量、零件表面粗糙度及形状复杂系数，由表 3.1-59 和表 3.1-60 查得。

4. 锻件分模位置的确定

形成模锻件的各扇模具之分合面，称为模面。锻件分模位置的确定直接影响锻件成形、锻件出模、材料利用率等问题。选定分模位置的原则主要是保证锻件形状与零件形状一致，并使锻件从锻模中取出方便。为此，锻件的分模位置应选择在具有最大水平投影尺寸的位置上，如图 3.1-24 所示。

确定开式模锻的分模位置时，为了保证锻件质量和生产过程的稳定性，在符合上述原则的基础上，还应满足下列要求：

1）为了便于发现上、下模在模锻过程中的错移，分模位置应选在锻件侧面的中部，如图 3.1-24 的 *A-A* 线，而不应选在 *B-B* 线或 *C-C* 线上。

2）为了使锻模结构简单并防止上、下模错移，分模应尽可能采用直线状，如图 3.1-25 所示。

3）对不宜用直线状分模的两端头部尺寸较大的

表 3.1-59　锻件内外表面加工余量　(mm)

锻件质量/kg		零件表面粗糙度 Ra/μm		形状复杂系数		单边余量							
						厚度方向	水平方向						
							大于	0	315	400	630	800	1250	1600
大于	至	≥1.6	<1.6	S_1	S_3		至	315	400	630	800	1250	1600	2500
0	0.4					1.0~1.5		1.0~1.5	1.5~2.0	2.0~2.5	—	—	—	—
0.4	1.0					1.5~2.0		1.5~2.0	1.5~2.0	2.0~2.5	2.0~3.0	—	—	—
1.0	1.8					1.5~2.0		1.5~2.0	1.5~2.0	2.0~2.7	2.0~3.0	—	—	—
1.8	3.2					1.7~2.2		1.7~2.2	2.0~2.5	2.0~2.7	2.0~3.0	2.5~3.5	—	—
3.2	5.6					1.7~2.2		1.7~2.2	2.0~2.5	2.0~2.7	2.5~3.5	2.5~4.0	—	—
5.6	10.0					2.0~2.5		2.0~2.5	2.0~2.5	2.3~3.0	2.5~3.5	2.7~4.0	3.0~4.5	—
10.0	20.0					2.0~2.5		2.0~2.5	2.0~2.7	2.3~3.0	2.5~3.5	2.7~4.0	3.0~4.5	—
20.0	50.0					2.3~3.0		2.3~3.0	2.5~3.0	2.5~3.5	2.7~4.0	3.0~4.5	3.0~4.5	—
50.0	120.0					2.5~3.2		2.5~3.2	2.5~3.5	2.7~3.5	2.7~4.0	3.0~4.5	3.5~4.5	4.0~5.5
120.0	250.0					3.0~4.0		2.5~3.5	2.5~3.5	2.7~4.0	3.0~4.5	3.0~4.5	3.5~4.5	4.0~5.5
250.0	500.0					3.5~4.5		2.7~3.5	2.7~3.5	3.0~4.0	3.0~4.5	3.0~5.0	4.0~5.0	4.5~6.0
						4.0~5.5		2.7~4.0	3.0~4.0	3.0~4.5	3.5~4.5	3.5~5.0	3.0~5.5	4.5~6.0
						4.5~6.5		3.0~4.0	3.0~4.5	3.5~4.5	3.5~5.0	4.0~5.0	4.5~6.0	5.0~6.5

注：当锻件质量为 3kg，零件表面粗糙度 $Ra=3.2\mu m$，形状复杂系数为 S_3，长度为 480mm 时，查出该锻件余量是：厚度方向为 1.7~2.2mm，水平方向为 2.0~2.7mm。

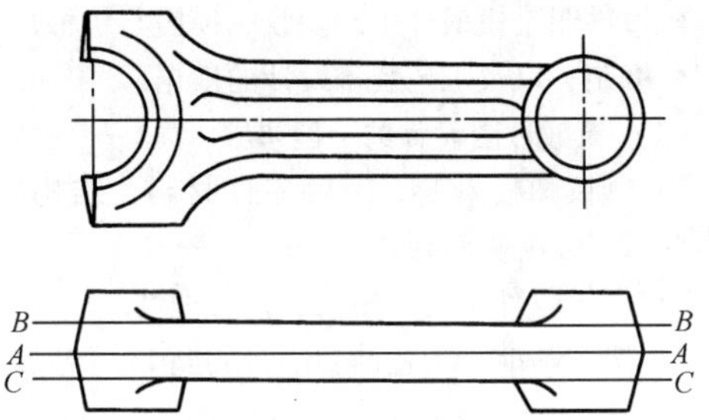

图 3.1-24　锻件分模位置

表 3.1-60　锻件内孔直径的单面机械加工余量

(mm)

孔径		孔深					
大于	至	大于	0	63	100	140	200
		至	63	100	140	200	280
—	25	2.0		—	—	—	—
25	40	2.0		2.6	—	—	—
40	63	2.0		2.6	3.0	—	—
63	100	2.5		3.0	3.0	4.0	—
100	160	2.6		3.0	3.4	4.0	4.6
160	250	3.0		3.0	3.4	4.0	4.6
250	—	3.4		3.4	4.0	4.6	5.2

锻件，为了保证尖角充满成形，应采用折线状分模，

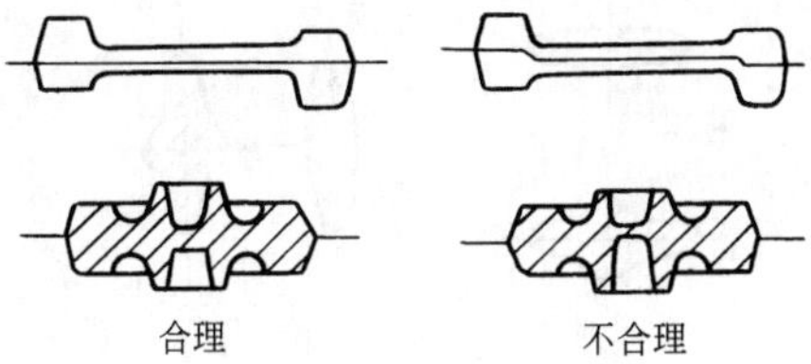

图 3.1-25　采用直线状分模面

使上、下模的型槽深度大致相等，如图 3.1-26 所示。

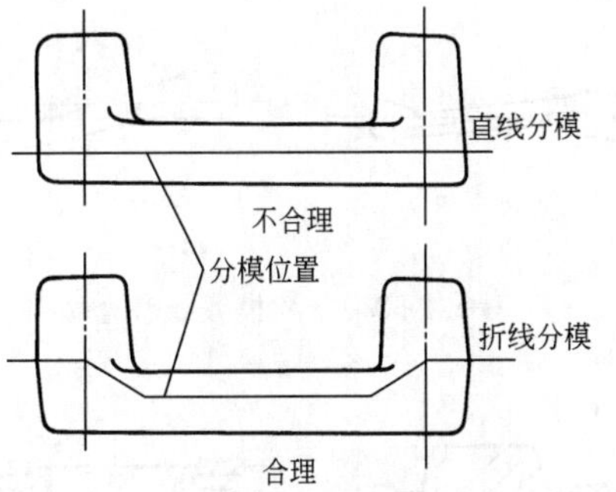

图 3.1-26　采用折线状分模面

4）为了便于锻模和切边模的加工制造，以及减少金属损耗，当圆盘类锻件的 $H \leqslant D$ 时（图 3.1-27a），应取轴向分模（图 3.1-27b），而不宜径向分模（图

3.1-27c)。此外，采用轴向分模，锻件还可以冲内孔，使材料利用率得到提高。

5）锻件内部的金属流线方向，应适应锻件在工作时的受力状况。如图 3.1-28 所示锻件，在工作时，Ⅱ-Ⅱ处要承受剪应力，故金属流线方向应与剪应力方向垂直，选择Ⅰ-Ⅰ作为分模面是合理的。

此外，在确定分模位置时，还应使金属易于充满模腔（图 3.1-29）、模锻错移力得到平衡（图 3.1-30），以及飞边易于切除（图 3.1-31）等。

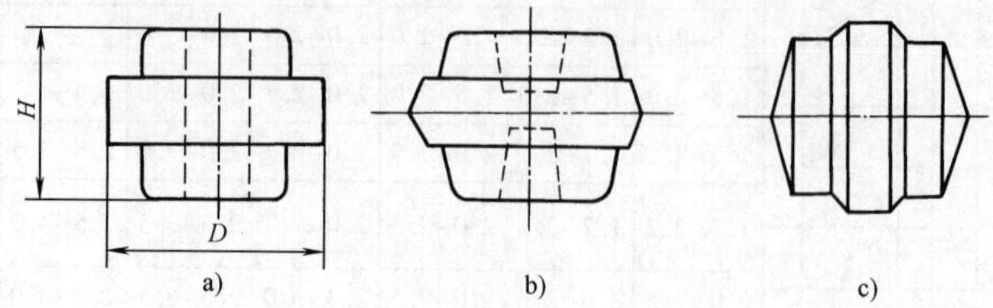

图 3.1-27　圆盘类锻件的分模面

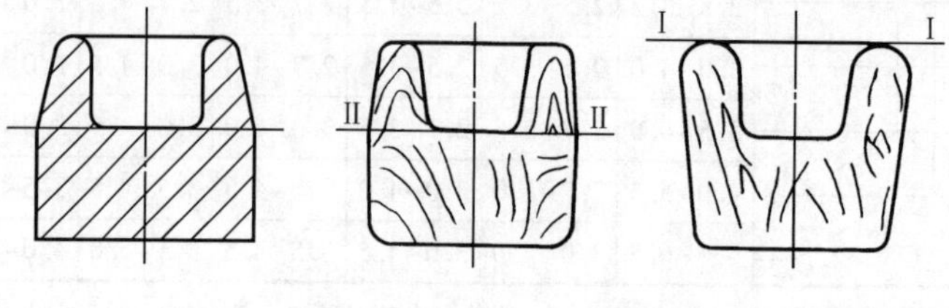

图 3.1-28　考虑锻件工作受力状况

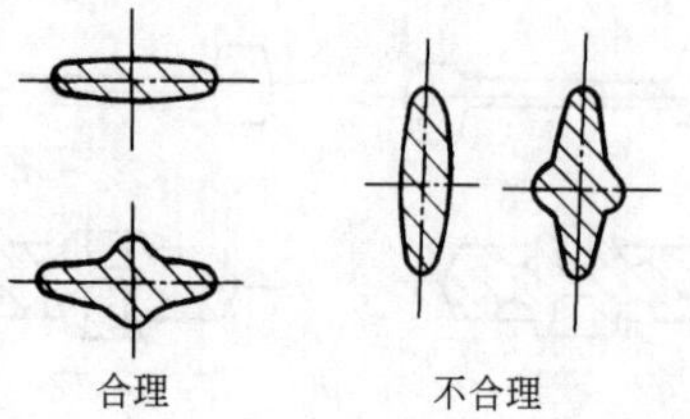

图 3.1-29　考虑金属易于充满模腔

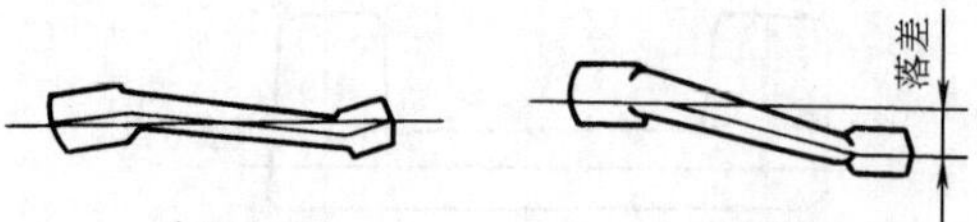

图 3.1-30　平衡模锻错移力

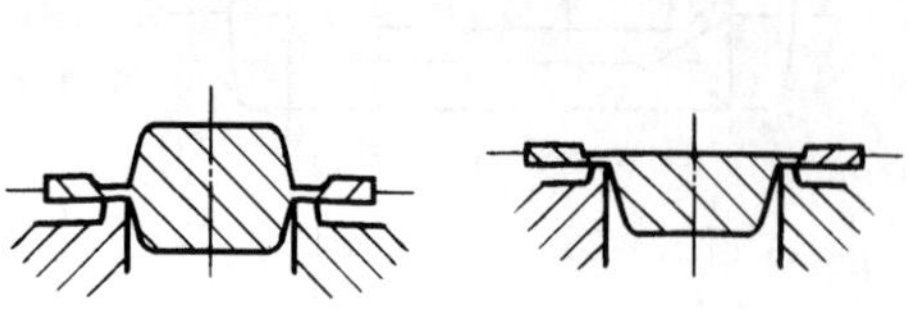

图 3.1-31　易于切除飞边

5. 锻件图

模锻件图是模锻件生产验收、模锻与机械加工工艺规程编制，以及工艺装备设计的依据。

(1) 模锻件图设计的一般步骤

1）阅读图样资料，了解零件材料、结构特点、使用要求、装配基面等。

2）审核零件结构的模锻工艺合理性。

3）协调基准、工艺凸台、余量等冷、热加工工艺要求。

4）选择锻造方法和分模位置。

5）绘制图形、加放余量，确定模锻斜度、圆角半径、孔腔形状、校核壁厚，考虑各种工艺及理化检验要求，最终完善图样。

(2) 图样标注

1）尺寸标注。锻件图尺寸的标注，除符合有关规定外，还应能与零件相应尺寸比较。为便于了解零件的大致形状和锻件各部分余量分布情况，在锻件图的具有代表性的投影面上，用假想线画出零件的轮廓，并采用与机械加工相同的基准，使检验、划线方便。

① 零件尺寸用括号标注于相应的锻件尺寸下方。

② 水平尺寸一般从交点标注（图 3.1-32a），而不从分模面上标注。

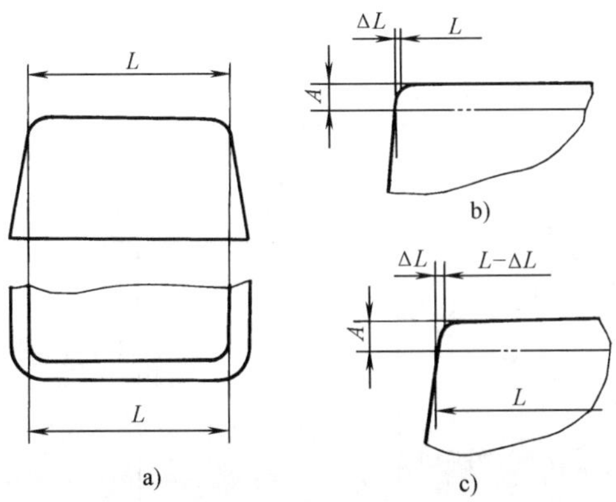

图 3.1-32　水平尺寸的标注

当侧表面不加工，而高度方向有加工余量 A 时，若所注水平方向基本尺寸不变，将引起侧面位置改变 ΔL（图 3.1-32b）。一般 A 小于 3mm 时是允许的。若需保持侧表面位置不变，标注时，应将水平方向基本尺寸减去 ΔL（图 3.1-32c）。

③ 尺寸标注基准，应与机械加工时的基准一致，避免链式标注。

④ 倾斜走向的肋，应注出定位尺寸，避免注为角度，如图 3.1-33 所示。

⑤ 外形尺寸不应从变动范围大的工艺半径的圆心注出，如图 3.1-34a 所示。图 3.1-34b 是合理的。

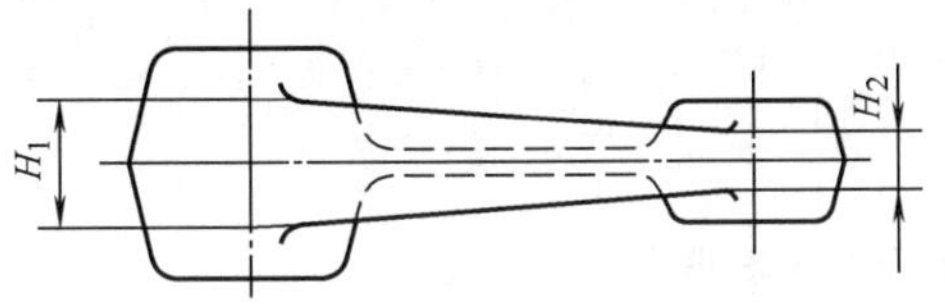

图 3.1-33　斜肋尺寸标注

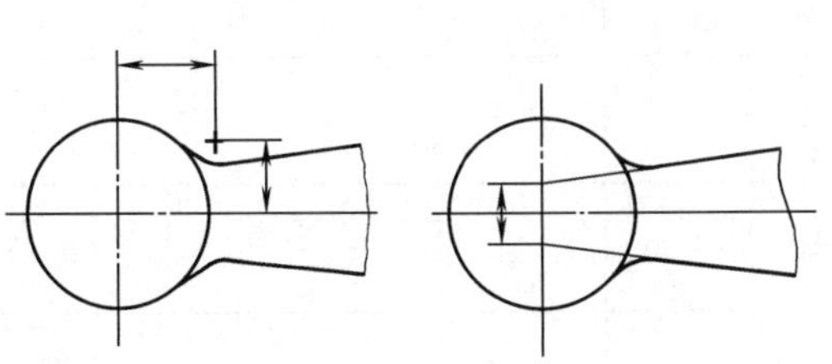

图 3.1-34　外形尺寸标注
a）不合理　b）合理

⑥ 以下尺寸一般不注出：建立分模线的尺寸；余量和余块的大小；零件的尺寸公差。

2）标记、检印及检查硬度位置的确定。标记位置应在非加工表面上，位置要集中，并应使打刻和查看方便。在模具上刻字的位置，应避开金属流动剧烈的部位。

检印位置一般应在非加工表面上，应考虑打印方便且锻件不会产生变形。

检查硬度位置应在较厚部分需加工的平面上，并考虑检查前便于打磨（钢件），检查时放置方便、稳定。

（3）锻件技术条件

有关锻件质量及其他检验要求，凡在锻件图上无法表示的，均列入技术条件中。技术条件所包含的内容一般如下：

1）锻件热处理及硬度要求，测定硬度的位置。

2）需要取样检查试件的金相组织和力学性能时，应注明取样位置。

3）未注明的模锻斜度、圆角半径、尺寸公差。

4）锻件表面质量要求，清理氧化皮方法，表面允许缺陷深度等。

5）锻件外形的极限偏差：分模面上，上、下模的极限错差，允许的残留飞边宽度，锻件允许的弯曲和翘曲量，允许的壁厚差等。

6）锻件质量（即重量）。

7）锻件内在质量要求。

8）锻件检验等级及验收的技术条件。

9）打印零件号和熔批号的位置等。

（4）锻件公差应用举例

1）转向垂臂（图 3.1-35、表 3.1-61）。

2）常啮合齿轮（图 3.1-36、表 3.1-62）。

3.1.4　冲压件

1. 冲压件的特点

1）金属经过塑性变形，内部组织得到改善，机械强度有所提高。

2）有一定的尺寸和形状精度，可以满足一般的装配和使用要求。

3）重量轻、刚度大。

4）工件的尺寸可大可小。

5）工件可以是金属板材，也可以是非金属材料。

6）工件形状可以简单，也可以比较复杂。

7）工件外表面光滑、美观。

8）便于采用冲压与焊接、冲压与胶接等复合工艺。

2. 冲压的基本工序

冲压的基本工序可分为分离与成形两大类，见表 3.1-63 和表 3.1-64。

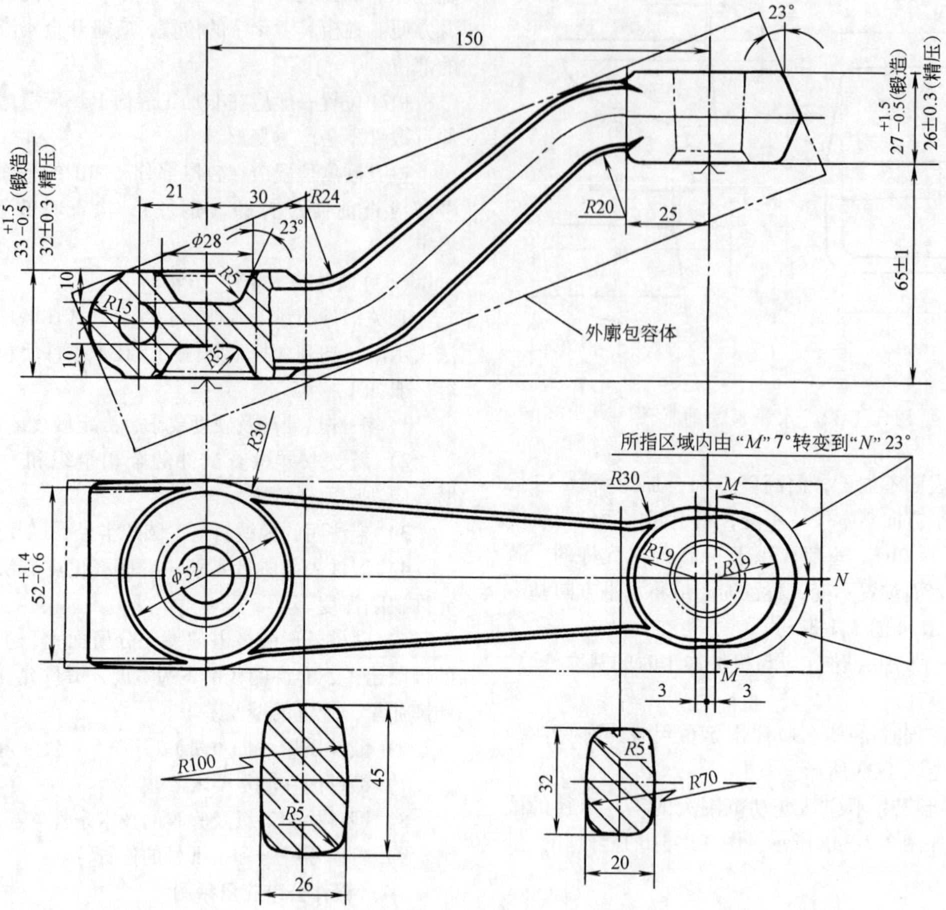

图 3.1-35　转向垂臂锻件图

表 3.1-61　转向垂臂锻件的尺寸极限偏差

锻件质量/kg	包容体质量/kg	形状复杂系数	材质系数		精度等级
1.86	5.51	S_2	40MnB	M_1	普　通
尺寸种类/mm		极限偏差/mm	根　据	备　注	
长　度	208	+1.9 −0.9	表 3.1-44		
宽　度	52	+1.4 −0.6	表 3.1-44		
厚　度	33	+1.5 −0.5	表 3.1-46		
落　差	65	±1	表 3.1-44	按表 3.1-44 公差值对称分布	
错　差	—	1.0	表 3.1-44		
残留飞边	—	1.0	表 3.1-44		
余　量	—	0.5	表 3.1-59	精　压　件	

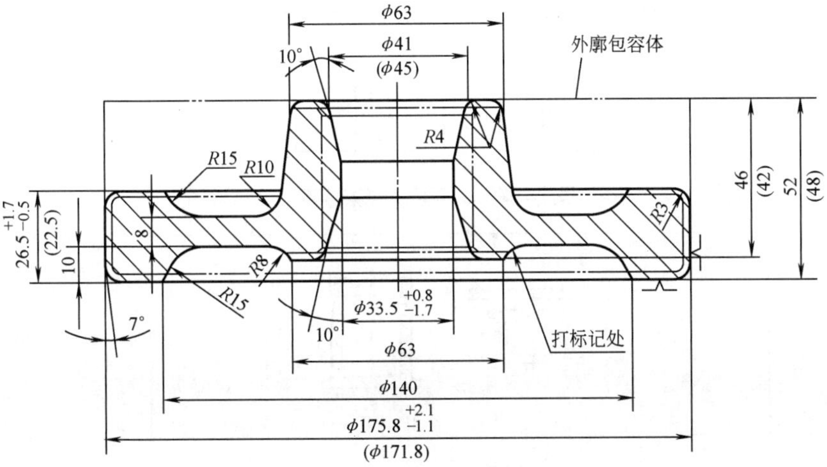

图 3.1-36　常啮合齿轮锻件图

表 3.1-62　常啮合齿轮锻件的尺寸极限偏差

锻件质量/kg	包容体质量/kg	形状复杂系数	材质系数		精度等级
4.63	10.18	S_3	18CrMnTi	M_1	普　通
尺寸种类/mm		极限偏差/mm	根　据	备　注	
直　径	φ175.8	+2.1 −1.1	表 3.1-50		
	φ33.5	+1.7 −0.8	表 3.1-50		
厚　度	26.5	+1.7 −0.5	表 3.1-46		
残留飞边	—	1.0	表 3.1-50		
平面度	—	0.8	表 3.1-49	正火锻件	
余　量	外径、高度	2.0	表 3.1-59		
	内　径	2.0	表 3.1-60		

表 3.1-63　分离工序的分类

工序名称	简　图	特点与应用
切　断		用剪刀或冲模切断板材，切断线不封闭
落　料	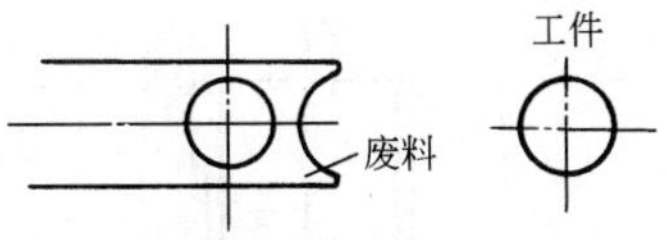	用冲模沿封闭线冲切板料，冲下来的部分为制件
冲　孔	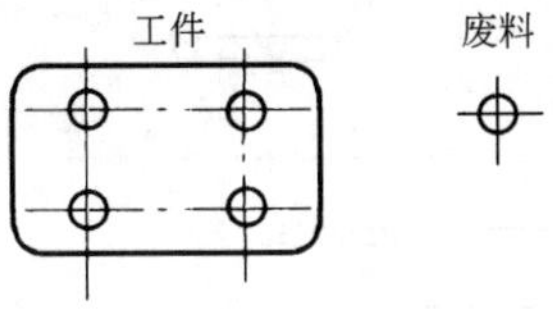	用冲模沿封闭线冲切板料，冲下来的部分为废料

（续）

工序名称	简　图	特点与应用
切　口	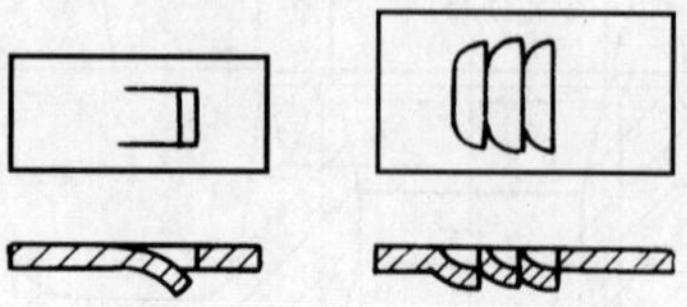	在坯料上沿不封闭线冲出缺口，切口部分发生弯曲，如通风板
切　边	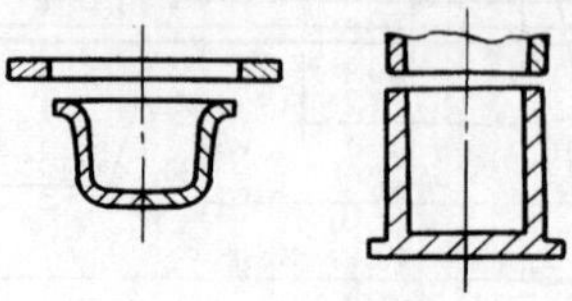	将制件的边缘部分切掉
剖　切	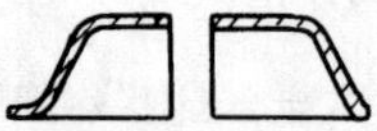	把半成品切成两个或几个制件，常用于成双冲压

表 3.1-64　成形工序的分类

工序名称		简　图	特点与应用
弯　曲	弯曲	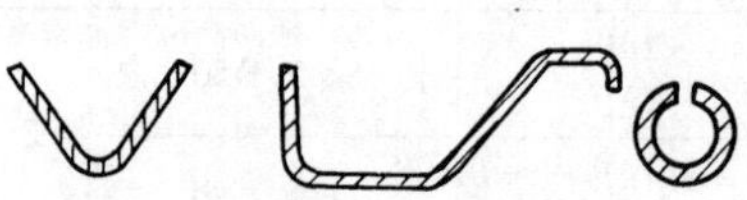	把板料弯成一定的形状
	卷圆	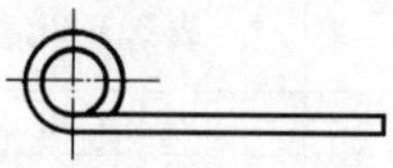	把板料端卷圆，如合页
	扭曲	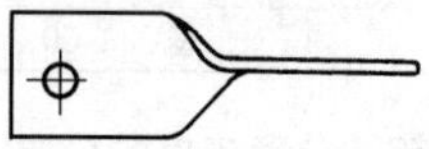	把制件扭转成一定角度
拉　延	拉延	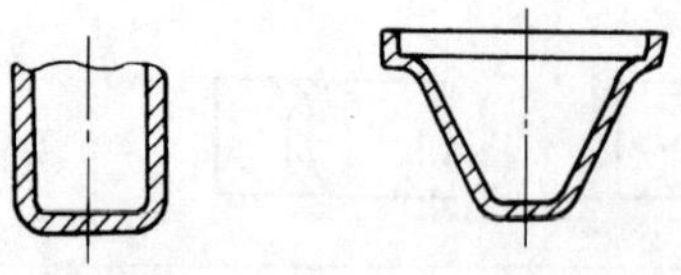	把平板形坯料制成空心制件，壁厚基本不变
	变薄拉延	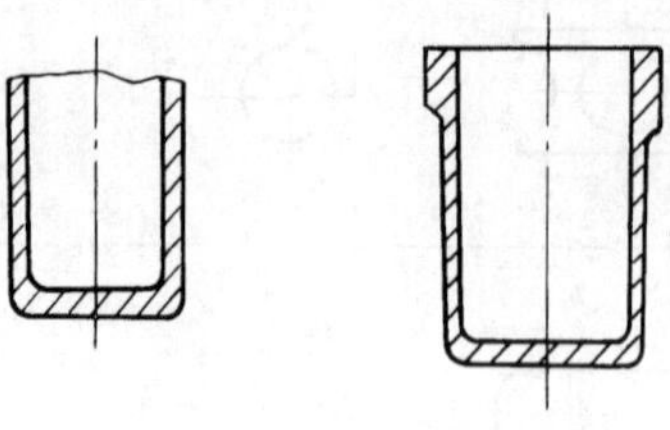	把空心制件拉延成侧壁比底部薄的制件
成　形	翻孔	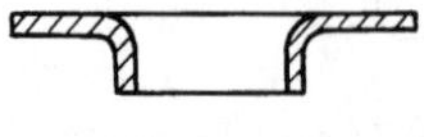	把制件上有孔的边缘翻出，呈竖立边缘

（续）

工序名称		简　图	特点与应用
成　形	翻边	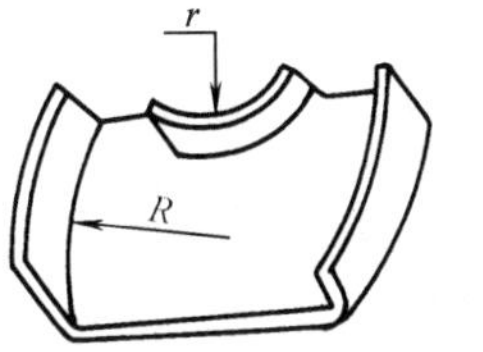	把制件的外缘翻起，呈圆弧或曲线状的竖立边缘
	扩口	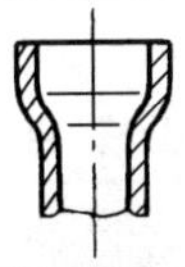	把空心制件的口部扩大，常用于管子
	缩口	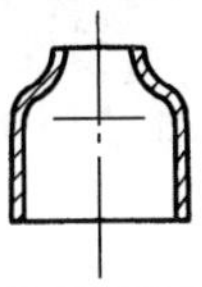	把空心制件的口部缩小
	滚弯	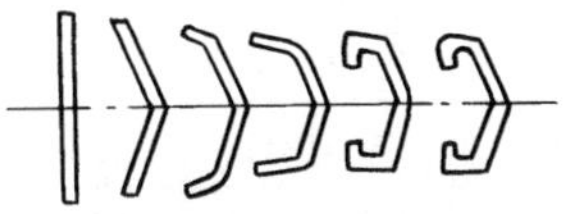	通过一系列轧辊，把平板卷料滚弯成复杂形状
	起伏	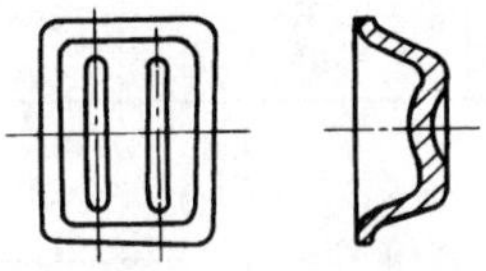	在制件上压出肋条、花纹或文字，在起伏处的整个厚度上都有变形
	卷边	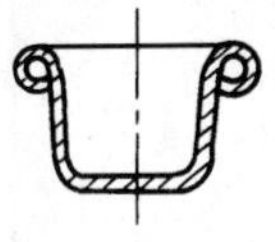	把空心制件的边缘卷成一定的形状
	胀形	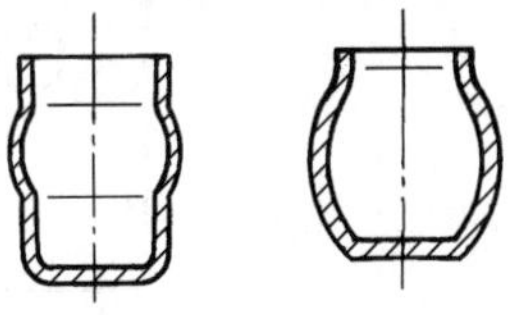	使制件的一部分凸起，呈凸肚形
	旋压		把平板形坯料用小滚轮旋压出一定形状（分变薄与不变薄两种）
	整形	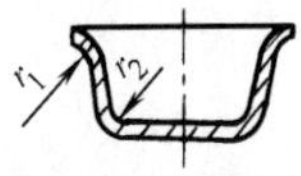	把形状不太准确的制件校正成形，如获得小的圆角等
	校平		校正制件的平直度
	压印		在制件上压出文字或花纹，只在制件厚度的一个平面上有变形

3. 冲裁件的结构要素（摘自 GB/T 30570—2014）

（1）圆角半径

冲裁件的外形和内孔应避免尖锐的清角，宜有适当的圆角。一般圆角半径 R 应大于或等于板厚 t 的一半，即 $R \geqslant 0.5t$（图 3.1-37）。

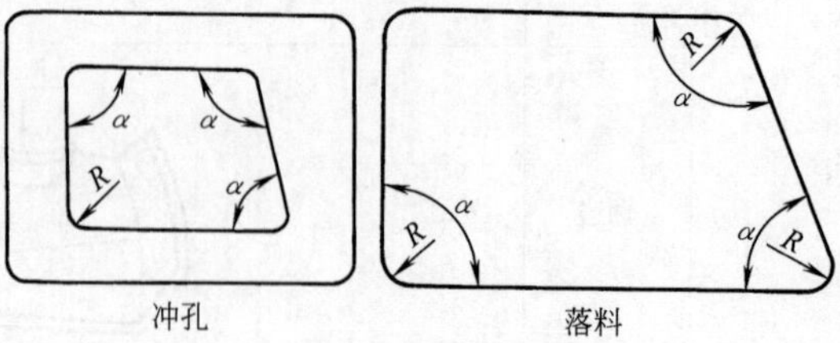

图 3.1-37 冲裁件的圆角半径

（2）冲孔尺寸

优先选用圆形孔。冲孔的最小尺寸与孔的形状、材料力学性能和材料厚度有关。自由凸模冲孔的直径 d 或边宽 a 按表 3.1-65 的规定。

表 3.1-65 自由凸模冲孔的尺寸

材料	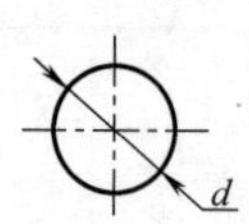	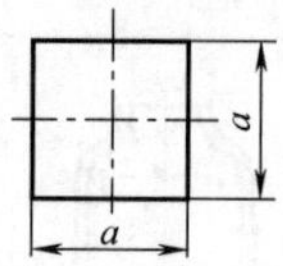	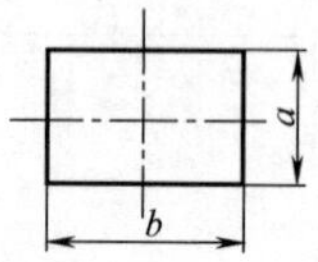	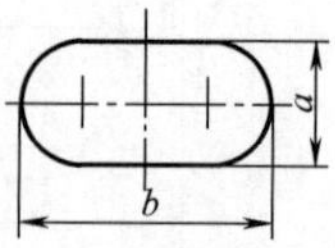
钢(R_m>690MPa)	$d \geqslant 1.5t$	$a \geqslant 1.35t$	$a \geqslant 1.2t$	$a \geqslant 1.1t$
钢(490MPa<R_m≤690MPa)	$d \geqslant 1.3t$	$a \geqslant 1.2t$	$a \geqslant 1.0t$	$a \geqslant 0.9t$
钢(R_m≤490MPa)	$d \geqslant 1.0t$	$a \geqslant 0.9t$	$a \geqslant 0.8t$	$a \geqslant 0.7t$
黄铜、铜	$d \geqslant 0.9t$	$a \geqslant 0.8t$	$a \geqslant 0.7t$	$a \geqslant 0.6t$
铝、锌	$d \geqslant 0.8t$	$a \geqslant 0.7t$	$a \geqslant 0.6t$	$a \geqslant 0.5t$

（3）凸出和凹入尺寸（图 3.1-38）

冲裁件上应避免窄长的悬臂和凹槽。一般凸出和凹入部分的宽度 B，应大于或等于板厚 t 的 1.5 倍，即 $B \geqslant 1.5t$。对高碳钢、合金钢等较硬材料，允许值应增加 30%~50%；对黄铜、铝等软材料，应减少 20%~25%。

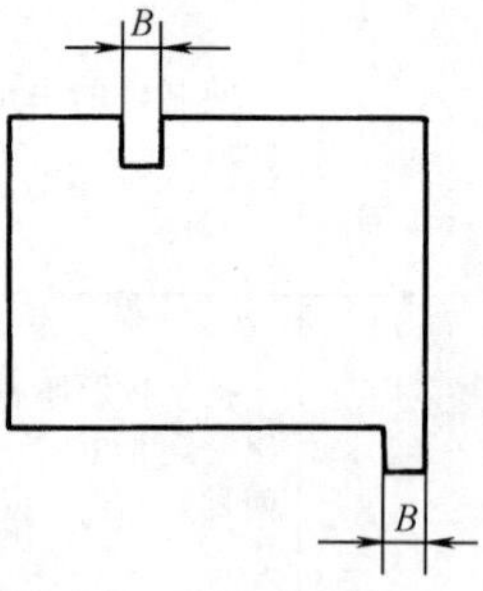
图 3.1-38 凸出和凹入尺寸

（4）孔边距和孔间距

孔边距 A 和孔间距 B，应大于或等于板厚 t 的 1.5 倍，即 $A \geqslant 1.5t$，$B \geqslant 1.5t$，如图 3.1-39 所示。

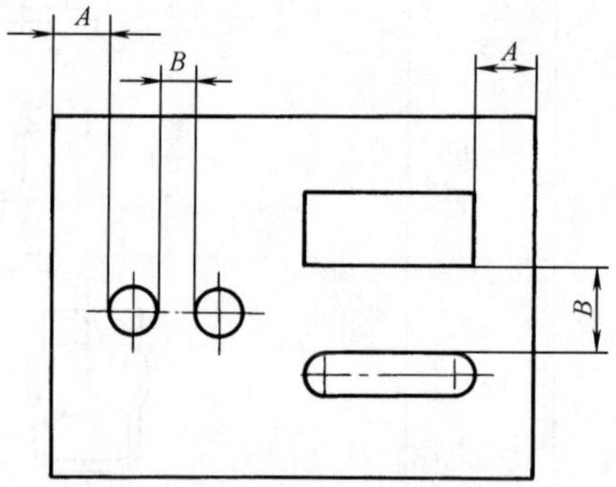
图 3.1-39 孔边距和孔间距尺寸

4. 平冲压件的公差（摘自 GB/T 13914—2013）

经平面冲裁工序加工而成的冲压件，称为平冲压件。平冲压件的公差分为 11 个等级，即 ST1~ST11，等级依次降低。该尺寸公差适用于平冲压件，也适用于成形冲压件上经过冲裁工序加工而成的尺寸。平冲压件的基本尺寸如图 3.1-40 所示，平冲压件尺寸公差见表 3.1-66，平冲压件尺寸公差等级见表 3.1-67。

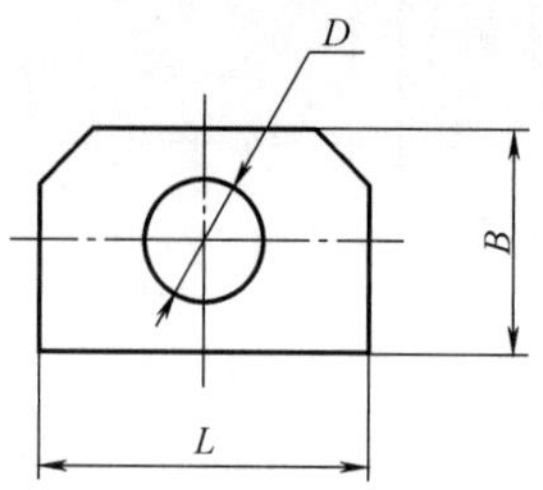
图 3.1-40 平冲压件的基本尺寸

表 3.1-66 平冲压件尺寸公差

(mm)

基本尺寸 B、D、L		板材厚度		公差等级										
大于	至	大于	至	ST1	ST2	ST3	ST4	ST5	ST6	ST7	ST8	ST9	ST10	ST11
0.5	1	—	0.5	0.008	0.010	0.015	0.020	0.030	0.040	0.060	0.080	0.120	0.160	—
		0.5	1	0.010	0.015	0.020	0.030	0.040	0.060	0.080	0.120	0.160	0.240	—
		1	1.5	0.015	0.020	0.030	0.040	0.060	0.080	0.120	0.160	0.240	0.340	—
1	3	—	0.5	0.012	0.018	0.026	0.036	0.050	0.070	0.100	0.140	0.200	0.280	0.400
		0.5	1	0.018	0.026	0.036	0.050	0.070	0.100	0.140	0.200	0.280	0.400	0.560
		1	3	0.026	0.036	0.050	0.070	0.100	0.140	0.200	0.280	0.400	0.560	0.780
		3	4	0.034	0.050	0.070	0.090	0.130	0.180	0.260	0.360	0.500	0.700	0.980
3	10	—	0.5	0.018	0.026	0.036	0.050	0.070	0.100	0.140	0.200	0.280	0.400	0.560
		0.5	1	0.026	0.036	0.050	0.070	0.100	0.140	0.200	0.280	0.400	0.560	0.780
		1	3	0.036	0.050	0.070	0.100	0.140	0.200	0.280	0.400	0.560	0.780	1.100
		3	6	0.046	0.060	0.090	0.130	0.180	0.260	0.360	0.480	0.680	0.980	1.400
		6		0.060	0.080	0.110	0.160	0.220	0.300	0.420	0.600	0.840	1.200	1.600
10	25	—	0.5	0.026	0.036	0.050	0.070	0.100	0.140	0.200	0.280	0.400	0.560	0.780
		0.5	1	0.036	0.050	0.070	0.100	0.140	0.200	0.280	0.400	0.560	0.780	1.100
		1	3	0.050	0.070	0.100	0.140	0.200	0.280	0.400	0.560	0.780	1.100	1.500
		3	6	0.060	0.090	0.130	0.180	0.260	0.360	0.500	0.700	1.000	1.400	2.000
		6		0.800	0.120	0.160	0.220	0.320	0.440	0.600	0.880	1.200	1.600	2.400
25	63	—	0.5	0.036	0.050	0.070	0.100	0.140	0.200	0.280	0.400	0.560	0.780	1.100
		0.5	1	0.050	0.070	0.100	0.140	0.200	0.280	0.400	0.560	0.780	1.100	1.500
		1	3	0.070	0.100	0.140	0.200	0.280	0.400	0.560	0.780	1.100	1.500	2.100
		3	6	0.090	0.120	0.180	0.260	0.360	0.500	0.700	0.980	1.400	2.000	2.800
		6		0.110	0.160	0.220	0.300	0.440	0.600	0.860	1.200	1.600	2.200	3.000
63	160	—	0.5	0.040	0.060	0.090	0.120	0.180	0.260	0.360	0.500	0.700	0.980	1.400
		0.5	1	0.060	0.090	0.120	0.180	0.260	0.360	0.500	0.700	0.980	1.400	2.000
		1	3	0.090	0.120	0.180	0.260	0.360	0.500	0.700	0.980	1.400	2.000	2.800
		3	6	0.120	0.160	0.240	0.320	0.460	0.640	0.900	1.300	1.800	2.500	3.600
		6		0.140	0.200	0.280	0.400	0.560	0.780	1.100	1.500	2.100	2.900	4.200
160	400	—	0.5	0.060	0.090	0.120	0.180	0.260	0.360	0.500	0.700	0.980	1.400	2.000
		0.5	1	0.090	0.120	0.180	0.260	0.360	0.500	0.700	1.000	1.400	2.000	2.800
		1	3	0.120	0.180	0.260	0.360	0.500	0.700	1.000	1.400	2.000	2.800	4.000
		3	6	0.160	0.240	0.320	0.460	0.640	0.900	1.300	1.800	2.600	3.600	4.800
		6		0.200	0.280	0.400	0.560	0.780	1.100	1.500	2.100	2.900	4.200	5.800
400	1000	—	0.5	0.090	0.120	0.180	0.240	0.340	0.480	0.660	0.940	1.300	1.800	2.600
		0.5	1	—	0.180	0.240	0.340	0.480	0.660	0.940	1.300	1.800	2.600	3.600
		1	3	—	0.240	0.340	0.480	0.660	0.940	1.300	1.800	2.600	3.600	5.000
		3	6	—	0.320	0.450	0.620	0.880	1.200	1.600	2.400	3.400	4.600	6.600
		6		—	0.340	0.480	0.700	1.000	1.400	2.000	2.800	4.000	5.600	7.800
1000	6300	—	0.5	—	—	0.260	0.360	0.500	0.700	0.980	1.400	2.000	2.800	4.000
		0.5	1	—	—	0.360	0.500	0.700	0.980	1.400	2.000	2.800	4.000	5.600
		1	3	—	—	0.500	0.700	0.980	1.400	2.000	2.800	4.000	5.600	7.800
		3	6	—	—	—	0.900	1.200	1.600	2.200	3.200	4.400	6.200	8.000
		6		—	—	—	1.000	1.400	1.900	2.600	3.600	5.200	7.200	10.000

表 3.1-67 平冲压件尺寸公差等级

加工方法	尺寸类型	公差等级										
		ST1	ST2	ST3	ST4	ST5	ST6	ST7	ST8	ST9	ST10	ST11
精密冲裁	外形	—	—	—	—	—						
	内形	—	—	—	—							
	孔中心距	—	—	—	—							
	孔边距				—	—	—					
普通平面冲裁	外形		—	—	—	—	—	—	—	—	—	—
	内形		—	—	—	—	—	—	—	—	—	—
	孔中心距		—	—	—	—	—	—	—	—	—	—
	孔边距				—	—	—	—	—	—	—	—
成形冲压冲裁	外形					—	—	—	—	—	—	—
	内形				—	—	—	—	—	—	—	—
	孔中心距				—	—	—	—	—	—	—	—
	孔边距						—	—	—	—	—	—

5. 冲压件的合理结构（表 3.1-68）

表 3.1-68 冲压件的合理结构

说明	图例	
	不合理	合理
为防止产生毛刺或塌角，冲压件轮廓应避免细长尖角	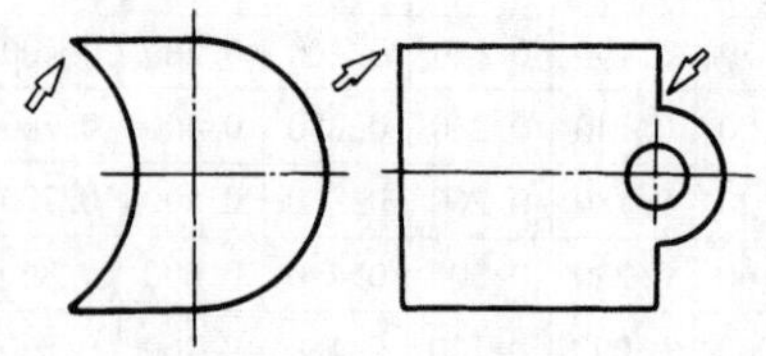	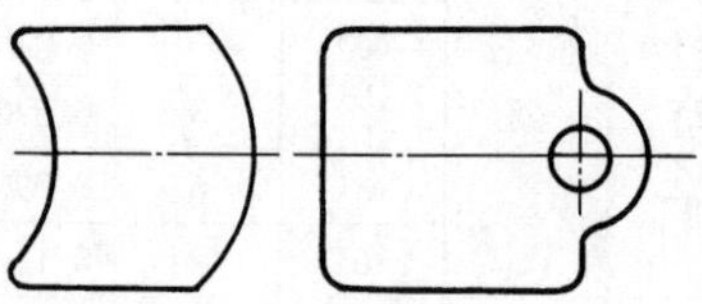
用窄料进行小半径弯曲，为防止在弯曲处变形，应在该处留切口	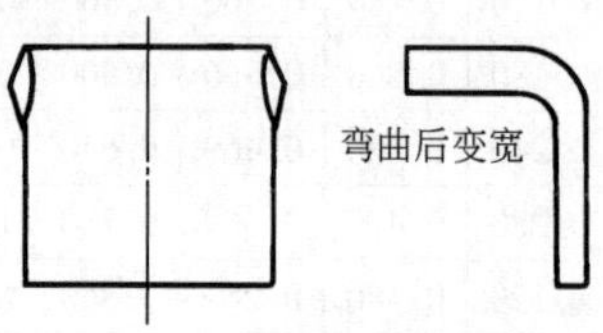	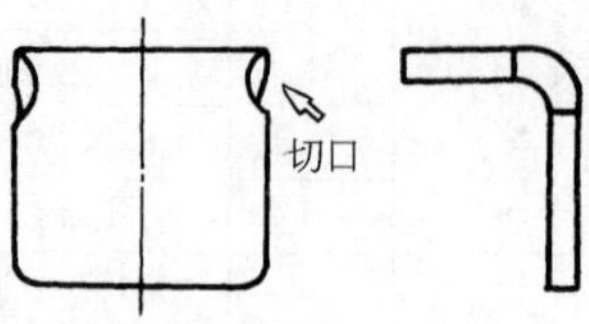
局部切口带压弯的冲压件，为了防止工件从凹模中退出时，舌部与凹模内壁擦碰，舌部应有斜度	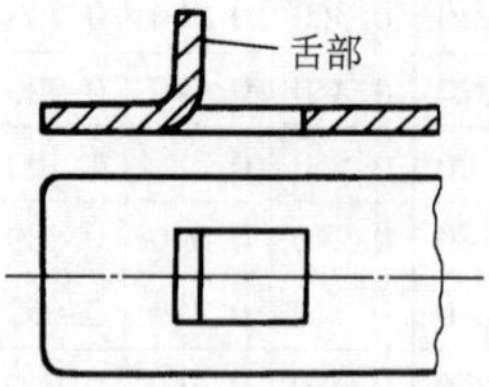	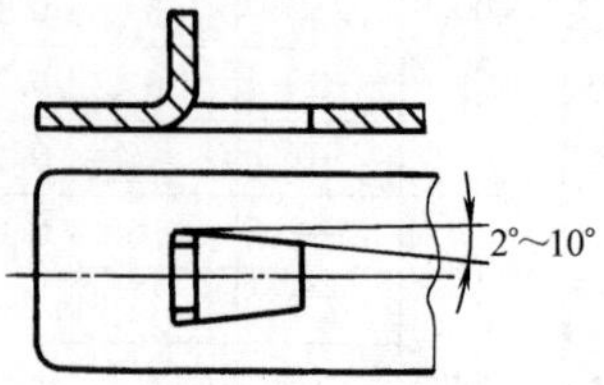
毛坯上如在弯曲线附近有孔，为防止弯曲时，孔产生变形，可在工件上预冲出月牙槽	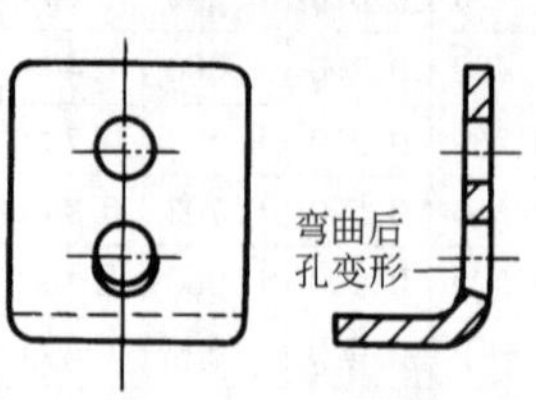	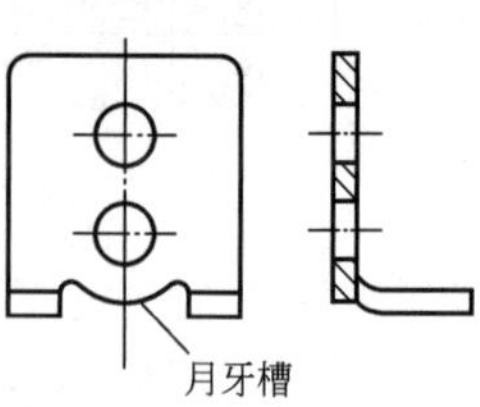

（续）

说明	图例	
	不合理	合理
仅有局部弯曲的弯曲件，为防止在交界处产生撕裂，应在该处切槽或将弯曲线移开一定距离	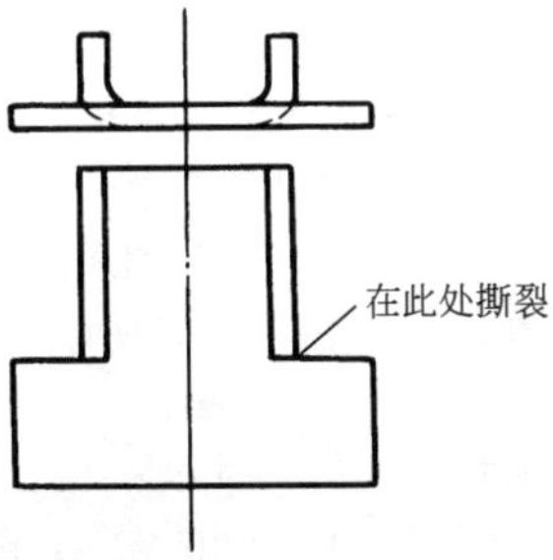	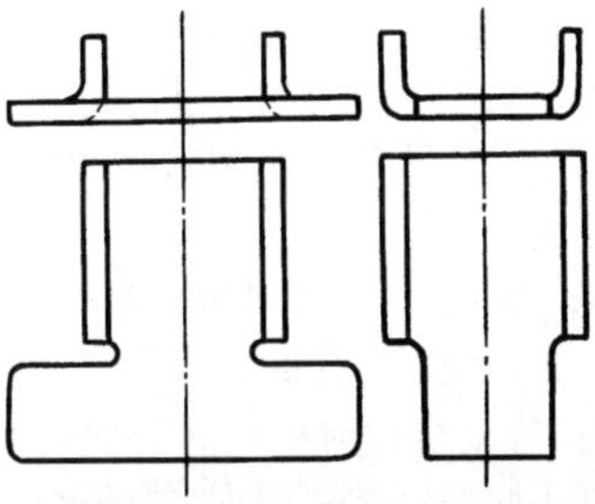
如在弯曲件的弯曲部分压肋，可提高冲压件的刚度，减小弯角部分的回弹，提高其尺寸精度	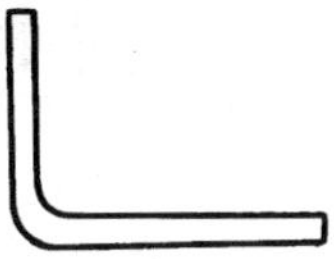	
弯曲件的外形轮廓，应考虑尽量简化展开料的形状	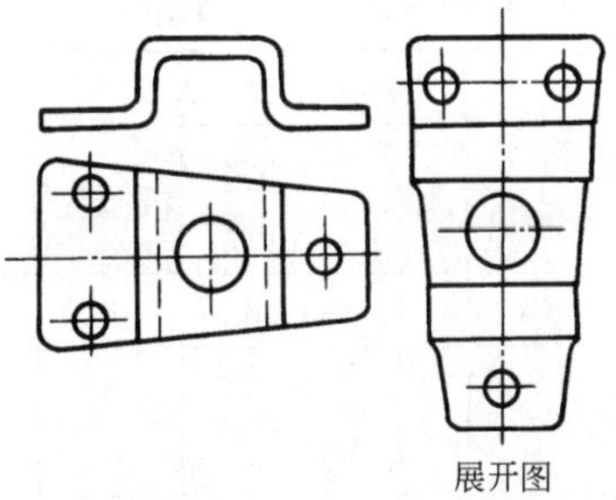	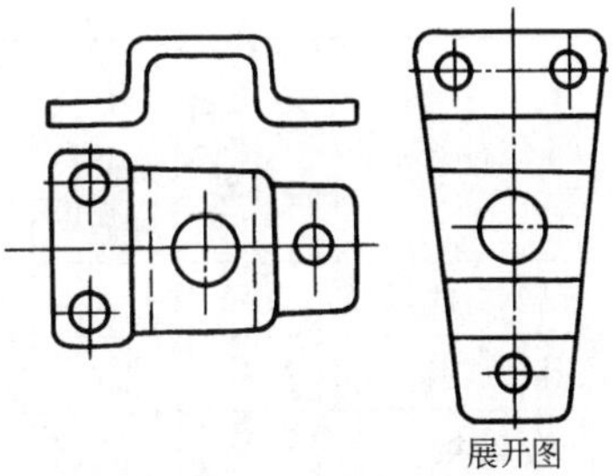
带竖边的弯曲件，为避免在弯曲处起皱，可切去弯角处的部分竖边	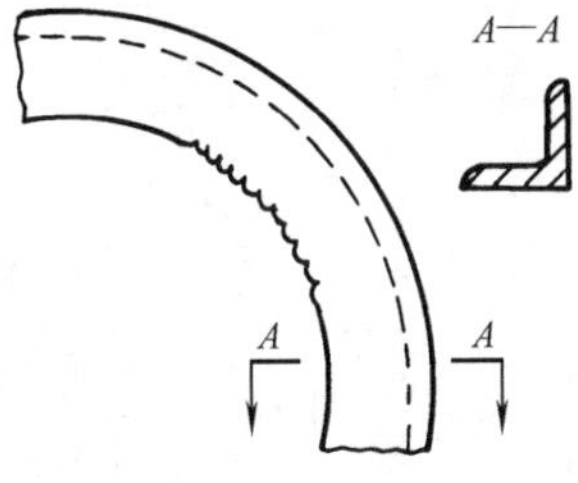	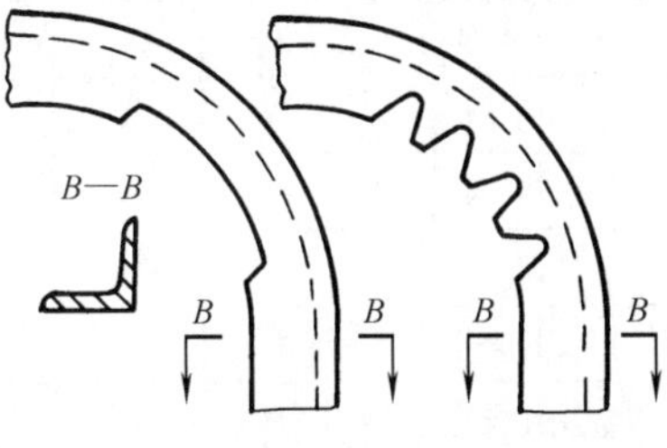
弯曲件两侧的支承孔，为了保持弯曲后的同心，应在弯曲的同时翻出短边	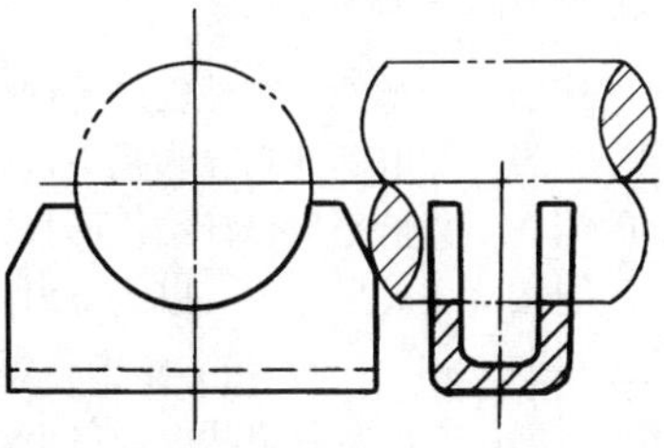	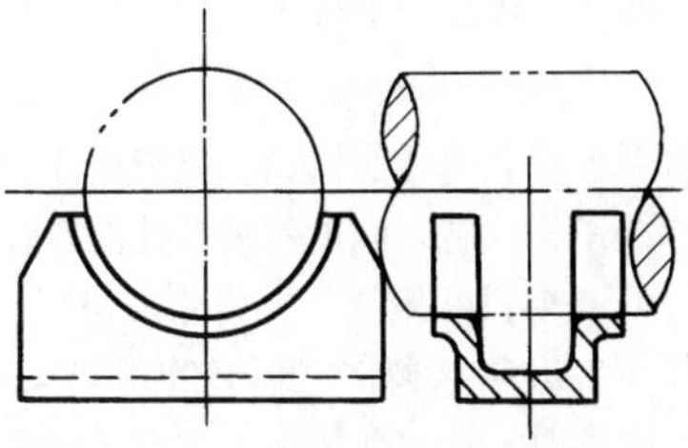
在不影响使用要求的情况下，设计冲压件的外形轮廓时，应考虑合理利用材料	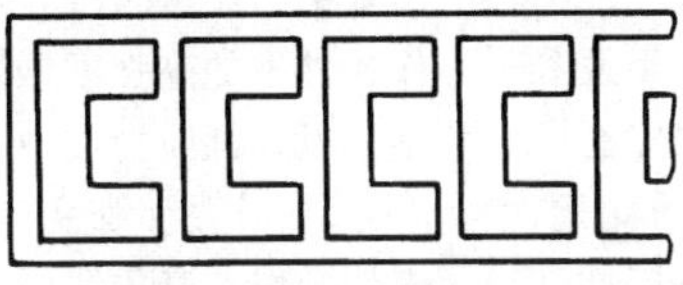	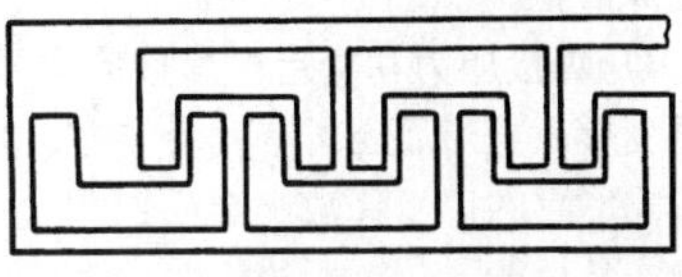

3.1.5 焊接件

1. 焊接结构的特点及应用

1）与铆接结构相比，有较高的强度和刚度，较轻的结构重量，而且施工简便。

2）可以全用轧制的板材、型材、管材焊成，也可以用轧材、铸件、锻件拼焊而成，给结构设计提供了很大的灵活性。

3）焊接件的壁厚可以相差很大，可按受力情况最优化设计配置材料重量。

4）焊接结构内可以有不同材质，可按实际需要，在不同部位选用不同性能的材料。

5）焊接件外形平整，加工余量小。

6）与铸锻件相比，省掉了木模或锻模的制造工时和费用。对于单件小批生产的零部件，采用焊接结构，可缩短生产周期，减轻重量，降低成本。

7）特大零部件采用以小拼大的电渣焊结构，可大幅度降低所需铸锻件的重量等级，并可就近加工，减少运输费用。

焊接结构已基本取代铆接结构，在船体、车辆底盘、起重及挖掘等机械的梁、柱、桁架、吊臂、锅炉等各种容器中，都已采用焊接结构。对机座、机身、壳体及各种箱形、框形、筒形、环形构件，也广泛采用焊接结构。

2. 采用焊接结构应注意的问题

1）材料的焊接性。碳含量和合金含量较高的钢，一般有较高的强度和刚度，但焊接性较差，增加了焊接困难，降低了焊缝可靠性。一般碳的质量分数<0.25%的碳钢、碳的质量分数<0.20%的低合金钢，焊接性良好；碳的质量分数>0.53%的碳钢、碳的质量分数>0.40%的合金钢，焊接性不好，这种钢需在预热条件下方能可靠焊接，一般不采用，若必须采用时，应在设计和工艺上采取必要措施。

各种金属材料的焊接性见表3.1-69。

表3.1-69 各种金属材料的焊接性

金属材料	焊接方法										
	气焊	焊条电弧焊	埋弧焊	CO_2保护焊	氩弧焊	电子束焊	电渣焊	点焊 缝焊	对焊	摩擦焊	钎焊
铸铁	A	A	C	C	B	B	B	D	D	D	B
铸钢	A	A	A	A	A	A	A	D	B	B	B
低碳钢	A	A	A	A	A	A	A	A	A	A	A
高碳钢	A	A	B	B	B	A	B	B	A	A	B
低合金钢	B	A	A	A	A	A	A	A	A	A	A
不锈钢	A	A	B	B	A	A	B	A	A	A	A
耐热钢	B	A	B	C	A	A	D	B	C	D	A
铜	B	A	C	C	A	B	D	C	A	A	A
铝及其合金	B	C	C	D	A	A	D	A	A	B	C
钛及其合金	D	D	D	D	A	A	D	B~C	C	D	B

注：A—焊接性良好；B—焊接性较好；C—焊接性较差；D—焊接性不好。

2）结构的刚度和吸振能力。普通钢材的抗拉强度和弹性模量都比铸铁高，但吸振能力低于铸铁。当用焊接结构代替对刚度和吸振性能有较高要求的铸铁部件时（如机床床身、大型柴油机机身等），不能按许用应力削减其截面，而必须考虑结构的刚度和振动。必要时，还应在接头设计中采取增大刚度和阻尼的特殊措施。

3）焊接应力和变形。焊接应力可能导致裂纹和严重变形，变形后还留有残余应力，对结构强度有一定影响。它的逐步释放又会引起尺寸和形状的变化，影响产品性能。较重要的构件，尤其当采用焊接性和塑性、韧性较差的钢材时，焊后应进行热处理，或采取其他消除和减小残余应力的措施。但是，首先必须恰当地设计结构形状、焊缝布置、焊接接头形式、坡口尺寸等，以减小焊接应力，控制焊接变形。

4）应力集中。焊接结构截面变化大，变化处过渡常较急陡，圆角小，若设计不当可能产生很大的应力集中，严重时可导致结构失效。在动载荷或低温工作条件下的高强度钢结构，更需采取磨削或堆焊等措施，以降低应力集中。

5）应尽量避免焊接缺陷。构件设计应考虑方便焊接操作，避免仰焊，焊缝应避开高应力区，重要焊缝应进行无损检测。同时应通过类比和模拟试验，以确定缺陷的允许标准，避免对焊缝质量提出过高要求而造成浪费。

6）焊接接头处的不均匀性。焊缝及热影响区的化学成分、金相组织、力学性能等，都可能不同于母材。在选择焊接材料、制定焊接工艺时，应保证接头处性能符合设计要求。

3. 焊接件的合理结构（表 3.1-70）

表 3.1-70　焊接件的合理结构

说　明	图例	
	不合理	合　理
要保证焊接作业的最小空间，并使焊条在操作时保持适宜角度	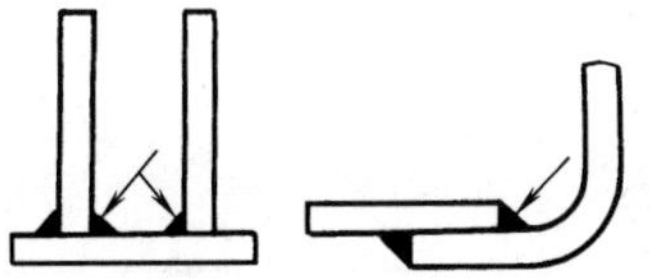	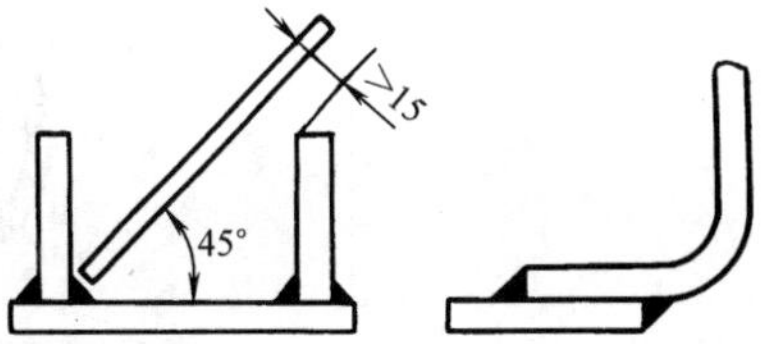
将焊缝端部的锐角变钝	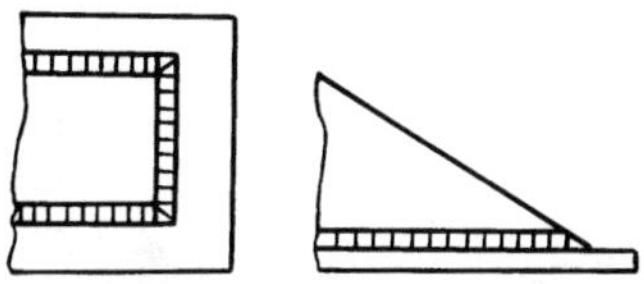	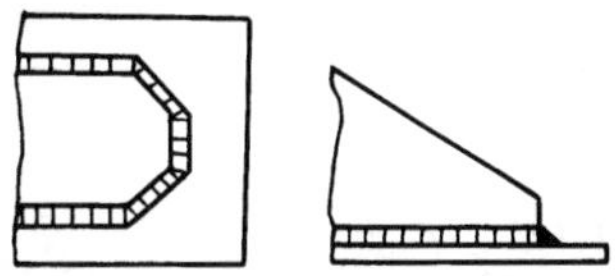
为减少变形，防止焊件产生裂纹，几个焊缝的坡口不应过分集中	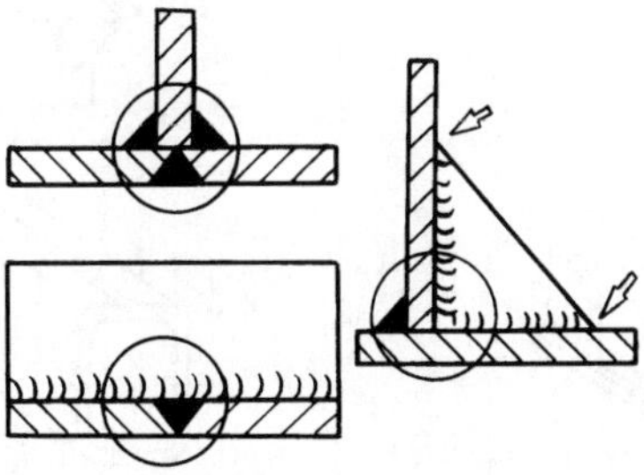	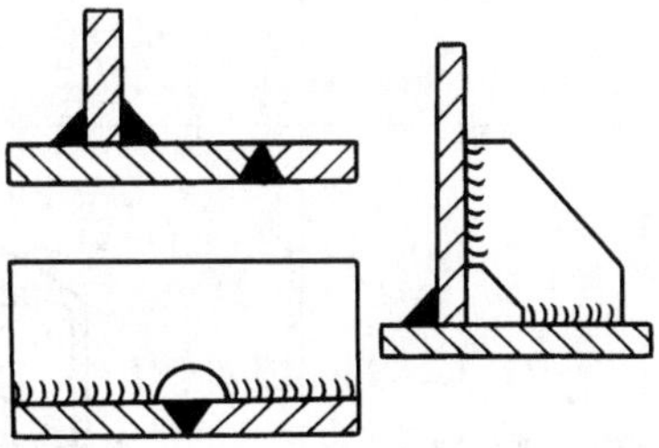
焊接前应用焊住几点的方法，将工件预先装配在一起	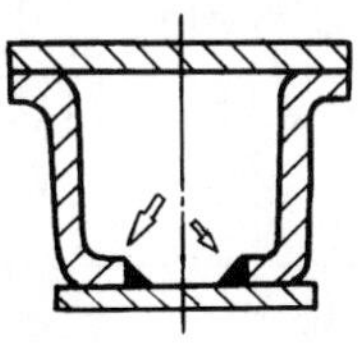	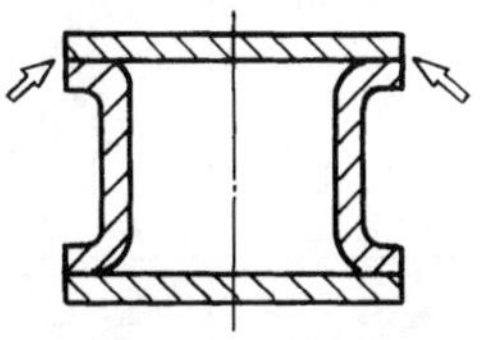
受弯曲的焊缝，未施焊的一侧不宜放在拉应力区	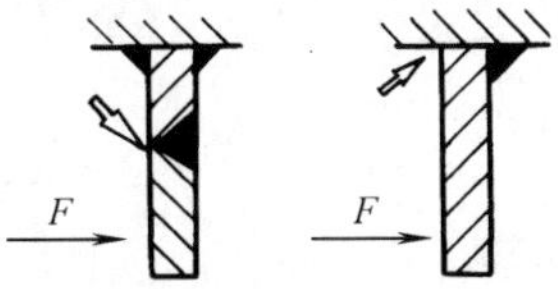	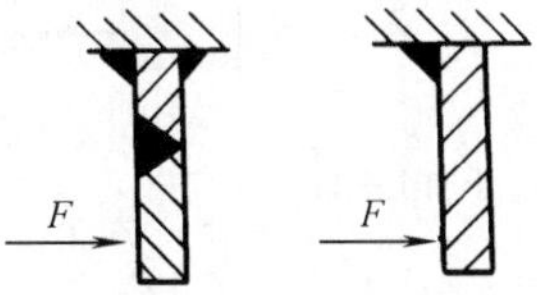
布置焊缝位置时，应以最小焊接量达到最佳效果	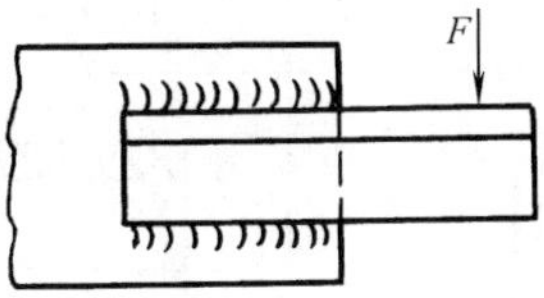	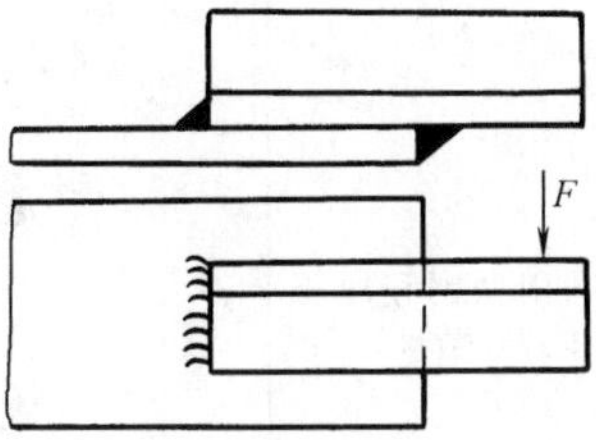

（续）

说　明	图例	
	不 合 理	合　理
焊缝应尽量避开最大应力或应力集中处	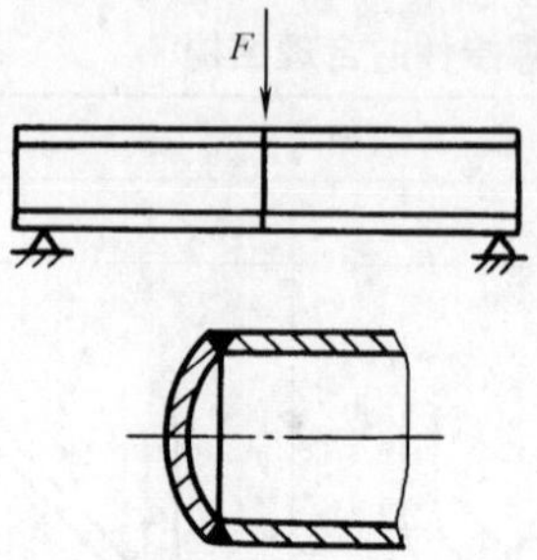	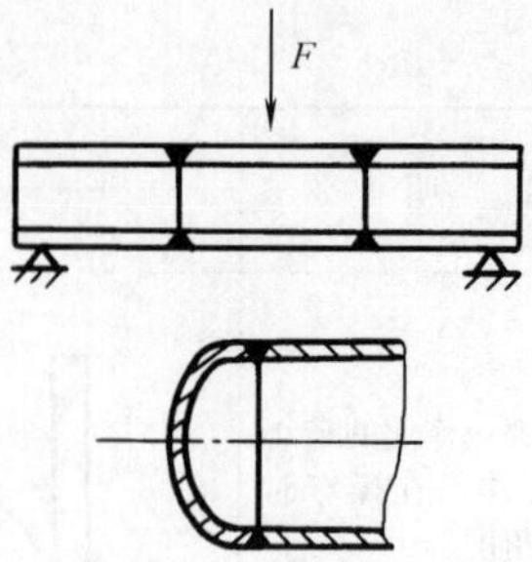
焊接不同厚度的钢板时，需要有一定斜度的过渡	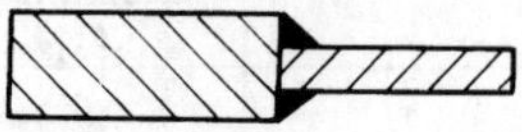	
传动件或承受冲击载荷的焊接件，应防止焊缝在中心区十字交叉	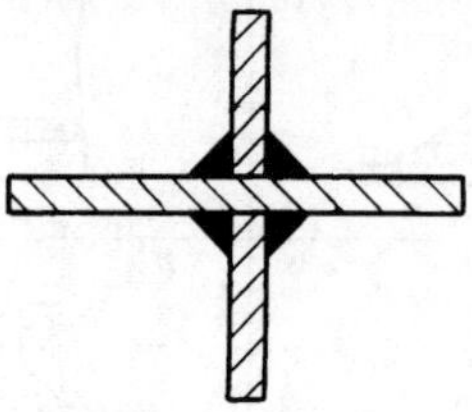	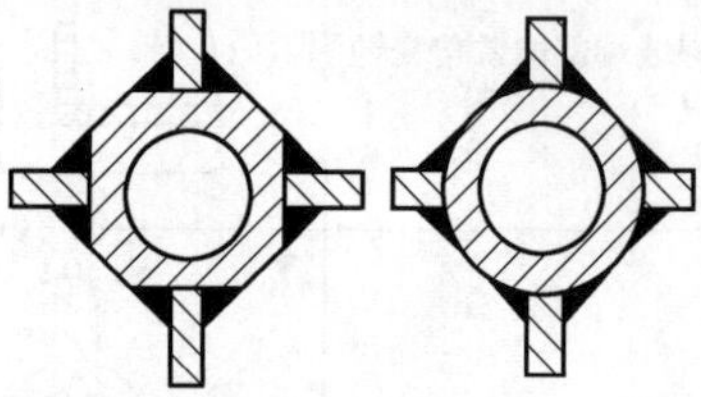
焊缝应尽量对称布置	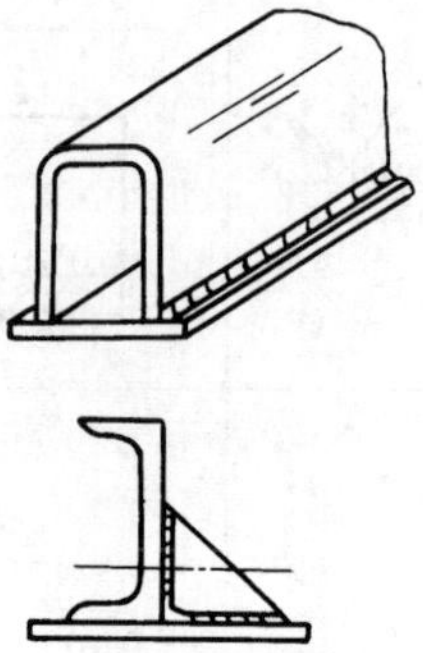	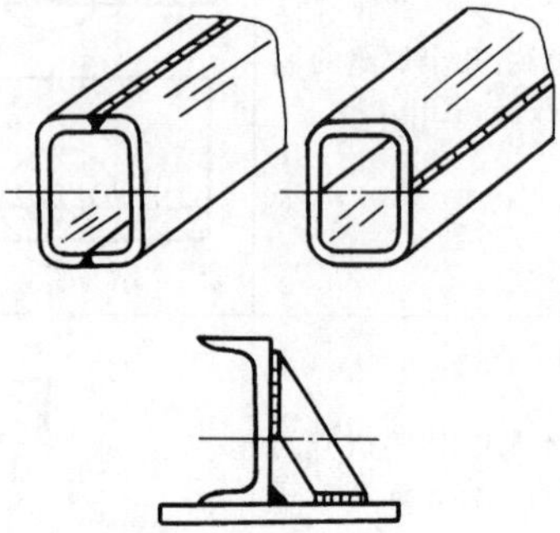
焊缝应避开加工表面	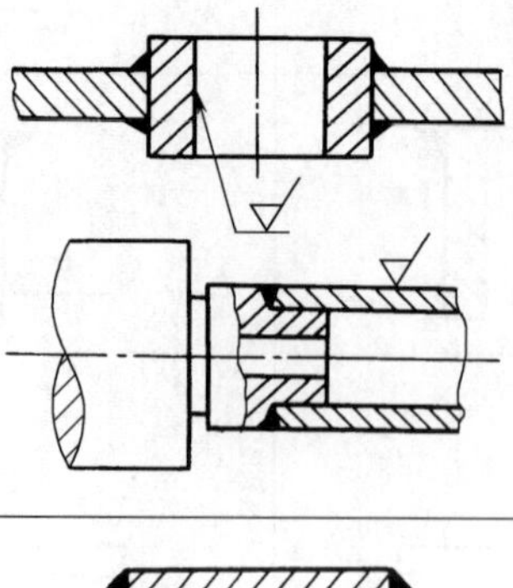	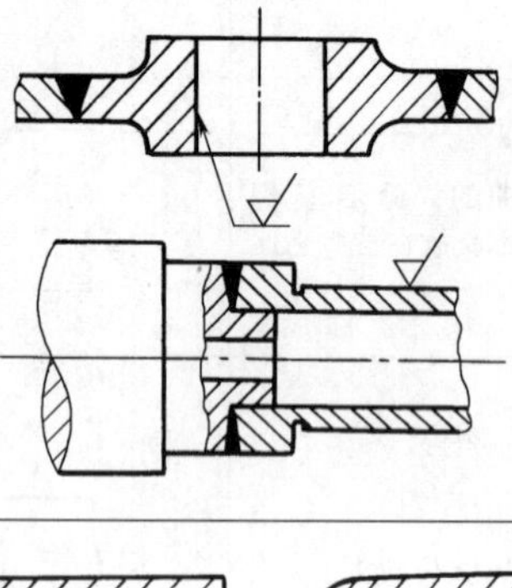
适当利用型钢和冲压件，以减少焊缝数量	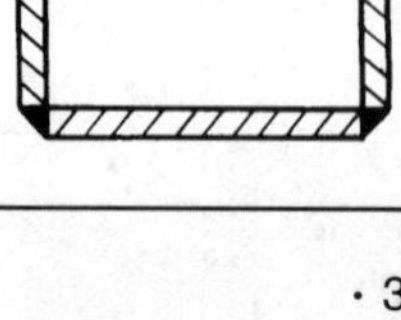	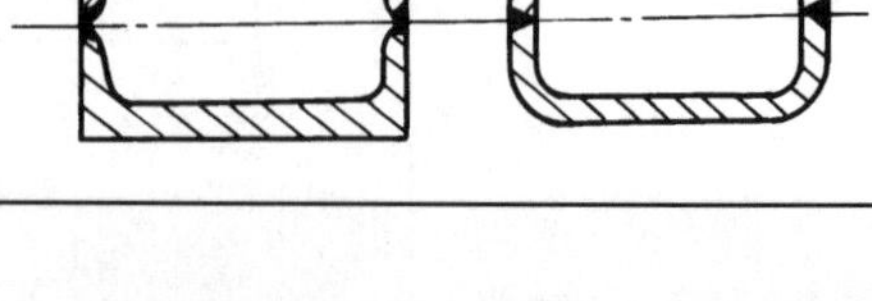

4. 焊接件的连接方式（表 3.1-71）

表 3.1-71　焊接件的连接方式示例

连接方式	图　　例
型材的角接	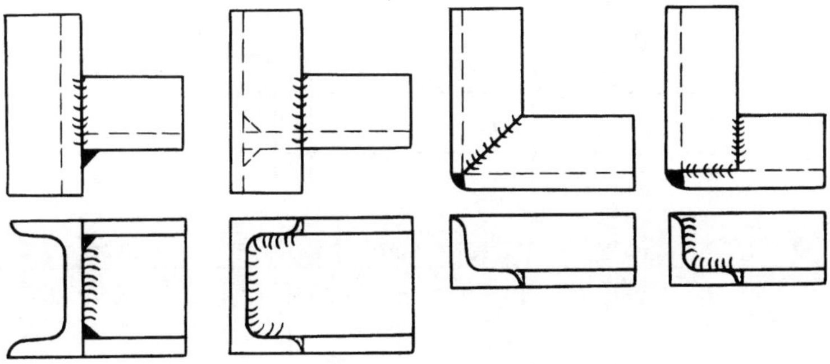 a)　b)　c)　d) 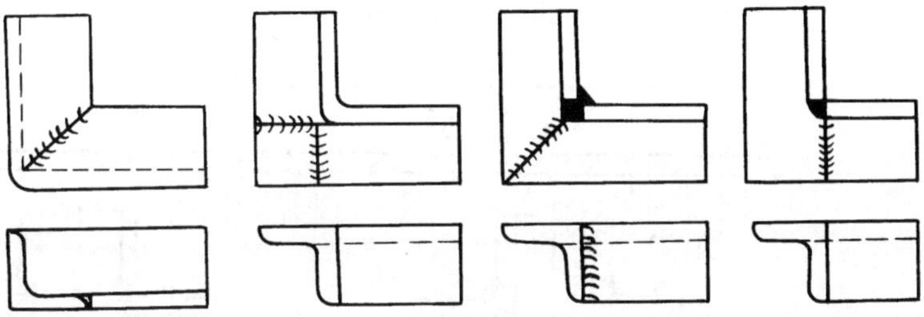 e)　f)　g)　h)
L 形连接	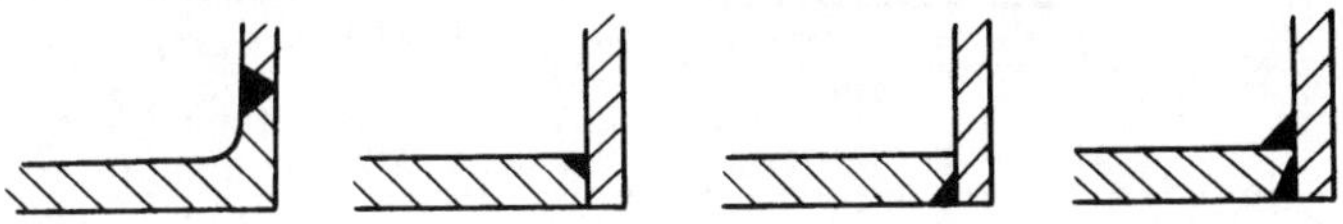 a)　b)　c)　d) 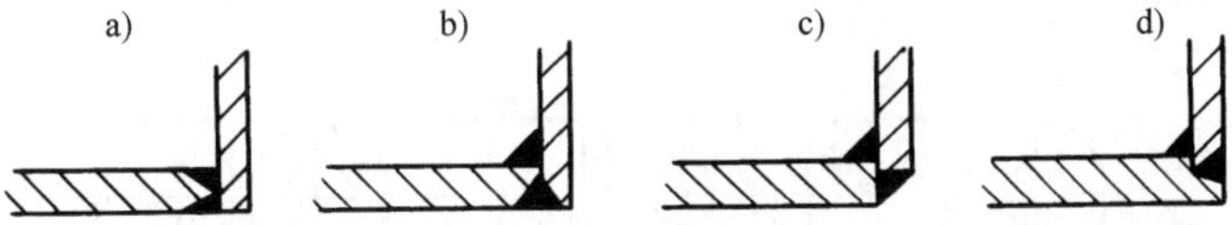 e)　f)　g)　h)
T 形连接	 a)　b)　c)　d)　e)  f)　g)　h)　i)　j)

（续）

连接方式	图　　例
轮毂的连接（一）	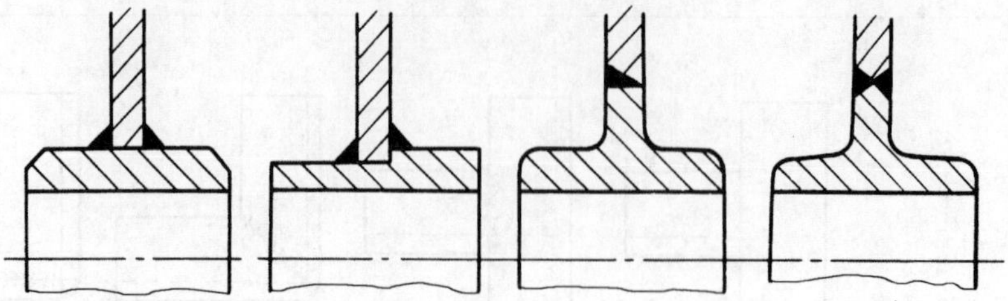 a)　b)　c)　d)
轮毂的连接（二）	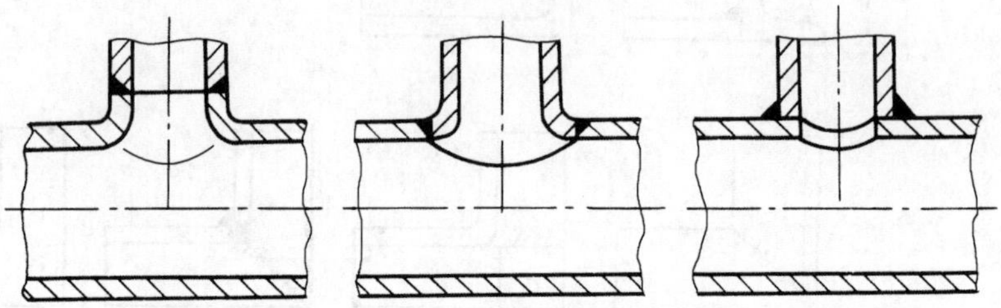 a)　b)　c) 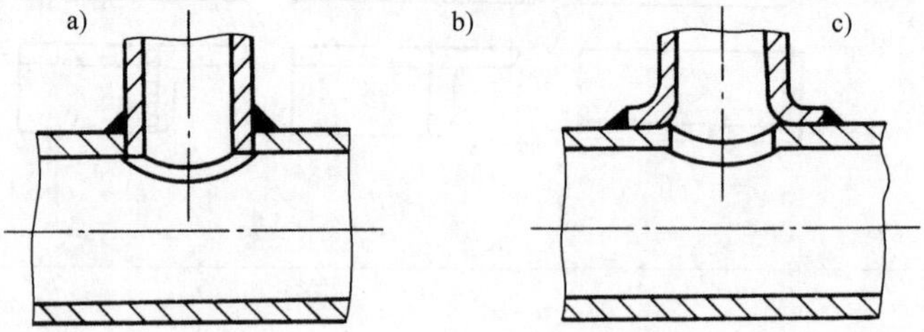 d)　e)
轮毂的连接（三）	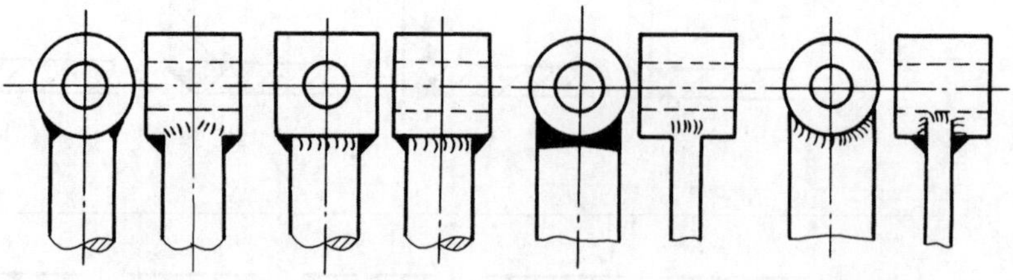 a)　b)　c)　d)
多板连接	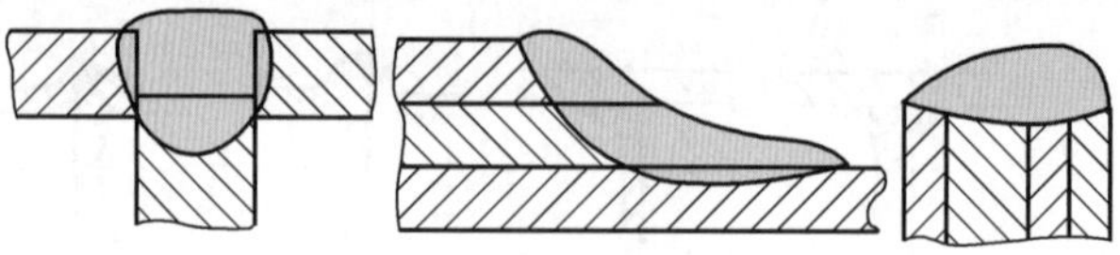 a)　b)　c)

（续）

连接方式	图　　例
塞焊	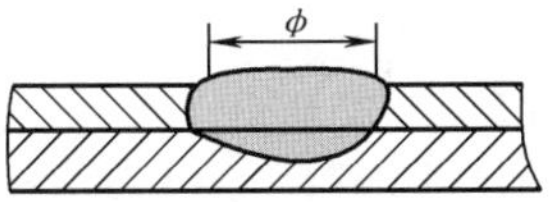

5. 焊接件图例

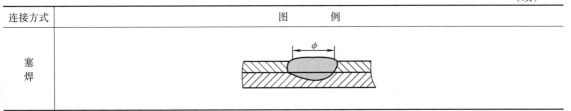

如图 3.1-41 所示的机架，由机架本体、轴承、加强肋、凸台、机架座等组成，采用焊接结构。

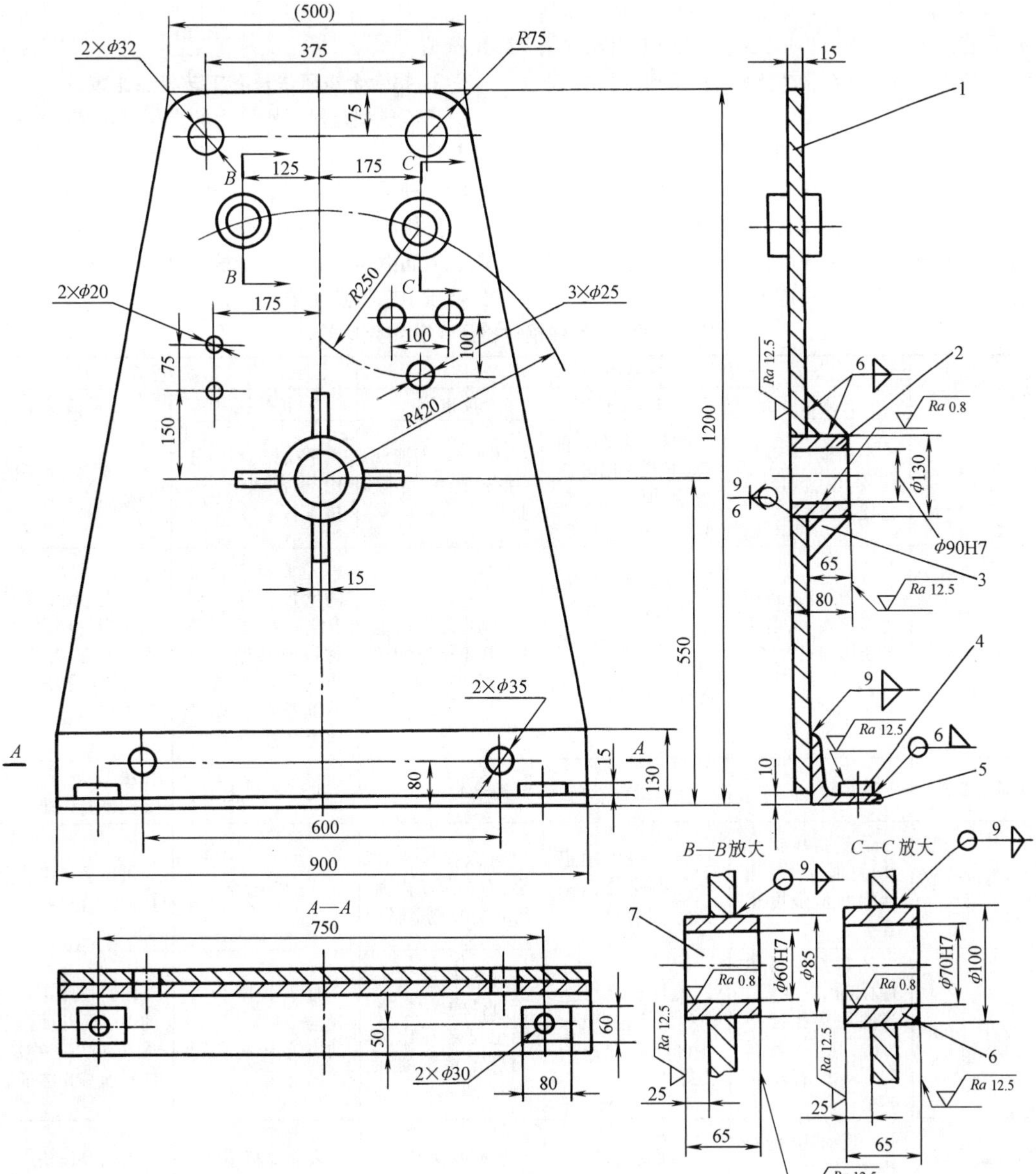

图 3.1-41　机架焊接结构

1—机架本体　2、6、7—轴承　3—加强肋　4—凸台　5—机架座

3.1.6 铝合金挤压件

铝合金型材挤压法加工是一种节约材料、生产率较高的工艺方法，顺应了节约资源和产品轻量化的发展趋势，广泛应用于航空航天、国防军工、交通运输、电子电器、能源化工、机械制造、建筑工程、文体卫生等各行各业。

相比于轧制、锻造等加工方法，挤压工艺方法具有更大的优势和可靠性。

1. 铝合金挤压加工的特点

1）铝合金材料在挤压过程中，可以充分发挥其本身所具有的塑性，因此，挤压法可以加工用轧制法或锻造法加工困难、甚至根本无法加工的低塑性、难变形的金属或合金。

2）挤压法既可以生产断面形状较为简单的管材、棒材、线材等产品，还可以生产断面变化、形状复杂的型材，如渐变断面型材、形状极其复杂的空心型材和变断面管材等，可减少设备投资、提高金属材料利用率，从而降低产品总成本。

3）挤压加工灵活性大，只需更换模具就可以在一台设备上生产形状、规格、品种不同的产品。

4）挤压制品的精度和表面质量也优于热轧、锻造的产品。

5）挤压工艺流程短，生产操作简便，设备投资少，模具费用低，经济效益高。

6）铝合金具有良好的挤压特性，可通过多种挤压工艺和多种模具组合进行加工。同时，对于某些具有挤压效应的铝合金来说，经过挤压形成的产品在淬火时效后，可以获得良好的纵向机械性能，对于有特殊使用要求的场合具有很好的实用价值。

2. 铝合金挤压法及其工艺特点比较

挤压成型是对挤压筒内的金属锭坯施加外力，使其从特定的模孔中流出，从而获得所需断面形状和尺寸的一种塑性加工方法。按照不同的标准可分为正挤压、反挤压、侧向挤压；冷挤压、热挤压；有润滑挤压、无润滑挤压，等等。表 3.1-72 中列出了各种铝材挤压工艺特点比较。

表 3.1-72 各种铝材挤压工艺特点比较

挤压类型	热挤压			冷挤压	
	无润滑正挤压	有润滑正挤压	反挤压	正挤压	静液挤压
工具形式	平面模，可以使用分流组合模挤压	圆锥形或曲面模，不能使用分流组合模挤压空心件	平面模，不能使用分流组合模挤压	平面模，不能使用分流组合模挤压	平面模，不能使用分流组合模挤压
挤压力	坯料长时，挤压力显著增大，由于与挤压筒的摩擦，挤压力可升高30%~40%	坯料长的，挤压力要升高一些，很难避免挤压初期阶段的压力峰值	挤压力低而恒定，与正挤压相比要低30%~40%	随原材料长度的增加挤压力要升高一些，由于原材料前端做成适当的形状而可以消除挤压初期的压力峰值	挤压力低而恒定，由于润滑和原材料前端做成适当的形状，可以消除挤压初期的压力峰值
工具寿命	寿命短	寿命较短	寿命短	几千次以上	模具寿命长，挤压筒的密封困难
坯料材质	适于挤压铝合金，特别适合挤压纯铝和低强度铝合金	适于挤压硬铝合金和脆的铝铜合金、复合材料	可以挤压铝合金，空心制品内面可包衬其他金属	各种铝合金	可以挤压各种铝合金和复合材料
坯料尺寸、形状	坯料长度可达直径的3~4倍，当使用穿孔针挤压时，对空心坯料的同心度有较高要求	坯料长度可达直径的5倍，空心坯料同心度高的为好	坯料长度可大于直径的5倍，直径也可选择比无润滑正挤压的坯料大	坯料长度为直径的3~5倍，长的空心坯料要保证同心度	坯料长度可达直径的10倍，断面形状任选，也可以是螺旋形，坯料前端为圆锥形
坯料表面精整	一般不用表面精整	表面要精整	表面要精整	表面要精整	表面要精整
材料变形均匀度	纵向、横向不均匀	比较均匀	比较均匀	比较均匀	纵向、横向均匀

（续）

挤压类型	热挤压			冷挤压	
	无润滑正挤压	有润滑正挤压	反挤压	正挤压	静液挤压
制品尺寸、形状	制品外接圆可接近挤压筒直径，可以挤压多孔、复杂、中空制品，挤压比大小任选（8~100）	制品外接圆可接近挤压筒直径，不能挤压多孔制品，可挤压复合材料，形状不能太复杂	制品外接圆是正挤压的 70%，多孔挤压，调整空心制品的同心度困难。形状不太复杂的制品，挤压比为 20~80	形状比较简单，纯铝挤压比为 100~300，6063 合金挤压比为 50~100，6351 合金挤压比为 25~50	制品外接圆比正挤压要小，形状比热挤压简单，有可能扭转
制品精度、表面	表面没有氧化膜，美观、制品精度较高	表面没有氧化膜，美观、制品精度较高	尺寸较均匀，精度比正挤压高，但表面质量不如正挤压	表面质量好、精度高，精度可达 ±0.025mm，表面粗糙度值在 1μm 以下	表面粗糙度值在 1μm 以下，管子的偏心为 0.01~0.03mm
制品强度	纵向不均匀，有些合金存在挤压效应	纵向均匀	纵向均匀	因挤压比大而引起软化，可通过固溶化、淬火、挤压、急冷来提高强度	因挤压比大而引起软化
表面缺陷	因材料品种不同而不同，挤压速度或挤压温度高会出现挤压裂纹	坯料有表面缺陷，易出现氧化膜	坯料有表面缺陷，易出现氧化膜	暴露出坯料的表面缺陷	暴露出坯料的表面缺陷
内部缺陷	从坯料断面看，表层缺陷容易向内部延伸，高速挤压会使晶粒变粗，易出现粗晶环和缩尾	用平面模具会生成制品皮下缺陷，用圆锥形模具情况良好	不易产生内部缺陷	不易产生内部缺陷	不易产生内部缺陷
挤压残料	厚度大	中等程度厚度	是无润滑正挤压厚度的一半，与坯料长度的比值更小	使加压板面粗糙，挤压残料厚度可减小	为了防止模具圆锥部分飞出，挤压残料体积要留大些
挤压速度	受晶粒粗大化和表面裂纹的限制，6××× 系铝合金的挤压速度为 2~25mm/s，用不等温加热可以适当提高挤压速度	对于铝合金，可达到无润滑正挤压的 2~5 倍	对于铝合金，可达到无润滑正挤压的 3 倍	可达到铝合金热挤压的几十倍	可达到铝合金热挤压的几十倍
挤压以外的工序	工序短，容易矫正扭曲	需要润滑和挤压后去除润滑剂的工序	坯料装入、取出残料的工序要比正挤压多	工序少	工序多，但若用厚膜润滑法可减少工序
加工装置	在模具附近可设置制品冷却装置，如在线淬火等	在模具附近可设置制品冷却装置，如在线淬火等	要改造正挤压机，设计新规程和特殊结构工具与模具	与热挤压比较，需要大容量的挤压机，不需要挤压坯料的加热装置	需要特殊装置，但若用厚膜挤压法，则普通的挤压机也可以

3. 挤压铝合金型材断面设计原则

1）断面大小：一般用外接圆表示，外接圆直径越大，所需要的挤压力就越大。外接圆是指能够将型材横截面完全包围的最小的圆，如图 3. 1-42 所示。

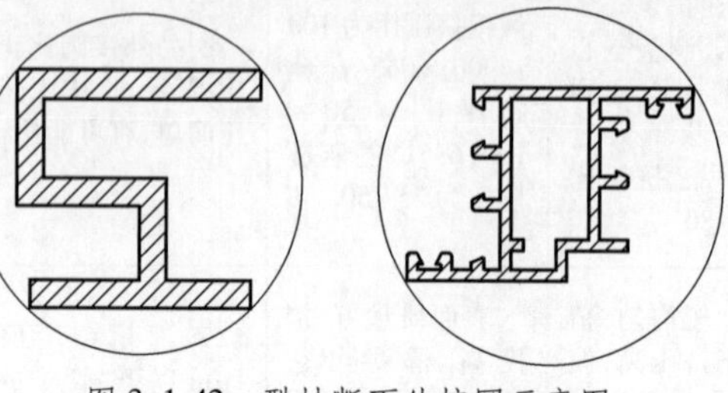

图 3. 1-42　型材断面外接圆示意图

2）断面形状：一般分为实心型材、半空心型材、空心型材三类，如图 3. 1-43 所示。

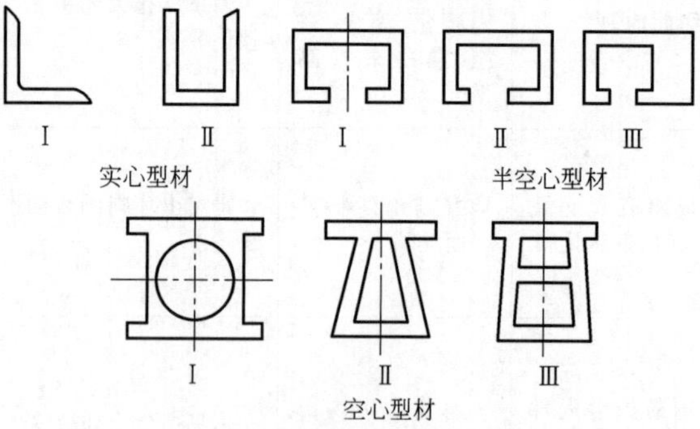

图 3. 1-43　型材断面形状

3）挤压系数：描述挤压变形的难易程度。挤压系数越大，材料越容易挤压成型。

$$\lambda=\frac{A_1}{A_2}$$

式中　λ——挤压系数（$\lambda>1$）；

A_1——铸锭断面面积（挤压筒断面面积）；

A_2——挤压制品断面面积。

4）型材壁厚：其最小值与型材外接圆直径大小、合金成分（挤压难易程度）以及形状等因素有关。

5）包围空间面积：从型材的断面形状上看，凡有三面被包围，一面开口的部分，称为包围空间面积。

6）直角间的圆角半径：即两相交面之间的过渡圆角半径。

7）型材的断面尺寸公差：其取决于型材的使用条件、加工余量、挤压的难易程度、形状及部位等条件。

8）其他：如几何公差等。

4. 铝合金挤压材料尺寸偏差

（1）铝及铝合金挤压型材（GB/T 14846—2014）

1）型材分类（表 3. 1-73）。

2）偏差分级（表 3. 1-74）。

3）尺寸偏差要求。

① 横截面尺寸偏差。横截面的壁厚尺寸如图 3. 1-44 所示。其中：*A* 为翅壁壁厚；*B* 为封闭空腔周壁壁厚；*C* 为两个封闭空腔间的隔断壁厚；*H* 为非壁厚尺寸；*E* 为对开口部位的 *H* 尺寸偏差有重要影响的基准尺寸。

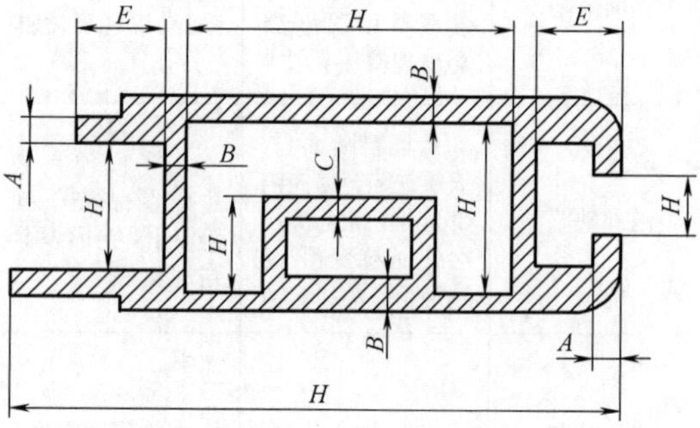

图 3. 1-44　壁厚尺寸

Ⅰ类型材壁厚尺寸允许偏差见表 3. 1-75。Ⅱ类型材壁厚尺寸允许偏差见表 3. 1-76。

表 3. 1-73　铝及铝合金挤压型材分类

牌号系别	型材类别		型材典型牌号	
	Ⅰ类	Ⅱ类	Ⅰ类型材典型牌号	Ⅱ类型材典型牌号
1×××	所有	—	1050A、1060、1100、1200、1350	—
2×××	—	所有	—	2A11、2A12、2017、2017A、2014、2014A、2024
3×××	所有	—	3A21、3003、3102、3103	—
4×××	所有	—	—	—
5×××	Mg 的质量分数平均值小于 4. 0%	Mg 的质量分数平均值不小于 4. 0%	5A02、5A03、5005、5005A、5051A、5049、5251、5052、5154A、5454、5754	5A05、5A06、5019、5083、5086
6×××	所有	—	6A02、6101A、6101B、6005、6005A、6106、6008、6110A、6014、6351、6060、6360、6061、6261、6262、6262A、6063、6063A、6463、6463A、6065、6081、6082	—
7×××	—	所有	—	7A04、7003、7005、7108、7108A、7020、7021、7022、7049A、7075、7178

表 3.1-74　铝及铝合金挤压型材尺寸偏差等级

偏差项目		偏差等级
横截面①、②	壁厚尺寸偏差	普通级、高精级、超高精级
	非壁厚尺寸偏差	普通级、高精级、超高精级
	角度偏差①	普通级、高精级、超高精级
	倒角半径及圆角半径偏差①	不分级
曲面间隙		不分级
平面间隙①		普通级、高精级、超高精级
弯曲度①	纵向弯曲度	普通级、高精级、超高精级
	纵向波浪度(或硬弯)	普通级、高精级、超高精级
	纵向侧弯度	不分级
扭拧度①		普通级、高精级、超高精级
切斜度①		普通级、高精级、超高精级
长度偏差①		不分级

① 当产品标准或图样上对尺寸偏差另有规定时，型材的尺寸偏差按产品标准或图样上的规定执行；若产品标准或图样上未规定尺寸偏差，型材的尺寸偏差按 GB/T 14846—2014 执行。

② 图样上未标注偏差且不能直接测量的横截面尺寸偏差不检测。

表 3.1-75　Ⅰ类型材壁厚尺寸允许偏差　(mm)

级别	公称壁厚	对应于下列外接圆直径的型材壁厚尺寸允许偏差											
		≤100.00			>100.00~300.00			>300.00~500.00			>500.00~1000.00		
		A 组	B 组	C 组	A 组	B 组	C 组	A 组	B 组	C 组	A 组	B 组	C 组
普通级	≤1.50	±0.23	±0.30	±0.38	±0.30	±0.45	±0.53	±0.38	—	—	—	—	—
	>1.50~3.00	±0.23	±0.38	±0.45	±0.38	±0.60	±0.75	±0.53	±0.90	±1.13	±0.60	±1.20	±1.50
	>3.00~6.00	±0.30	±0.60	±0.75	±0.45	±0.90	±1.13	±0.60	±1.20	±1.50	±0.75	±1.50	±1.80
	>6.00~10.00	±0.38	±0.90	±1.13	±0.53	±1.20	±1.50	±0.68	±1.50	±1.80	±0.83	±1.80	±2.25
	>10.00~15.00	±0.45	±1.20	±1.50	±0.60	±1.50	±1.82	±0.75	±1.80	±2.25	±0.90	±2.25	±2.85
	>15.00~20.00	±0.53	±1.80	±2.25	±0.68	±2.25	±2.85	±0.83	±2.55	±3.00	±0.98	±3.00	±3.75
	>20.00~30.00	±0.60	±2.25	±2.85	±0.75	±2.70	±3.30	±0.90	±3.00	±3.75	±1.05	±3.75	±4.50
	>30.00~40.00	±0.68	—	—	±0.90	±3.00	±3.75	±1.05	±3.30	±4.05	±1.20	±4.05	±4.95
	>40.00~50.00	—	—	—	±1.05	—	—	±1.20	—	—	±1.35	—	—
高精级	≤1.50	±0.15	±0.20	±0.25	±0.20	±0.30	±0.35	±0.25	—	—	—	—	—
	>1.50~3.00	±0.15	±0.25	±0.30	±0.25	±0.40	±0.50	±0.35	±0.60	±0.75	±0.40	±0.80	±1.00
	>3.00~6.00	±0.20	±0.40	±0.50	±0.30	±0.60	±0.75	±0.40	±0.80	±1.00	±0.50	±1.00	±1.20
	>6.00~10.00	±0.25	±0.60	±0.75	±0.35	±0.80	±1.00	±0.45	±1.00	±1.20	±0.55	±1.20	±1.50
	>10.00~15.00	±0.30	±0.80	±1.00	±0.40	±1.00	±1.20	±0.50	±1.20	±1.50	±0.60	±1.50	±1.90
	>15.00~20.00	±0.35	±1.20	±1.50	±0.45	±1.50	±1.90	±0.55	±1.70	±2.00	±0.65	±2.00	±2.50
	>20.00~30.00	±0.40	±1.50	±1.90	±0.50	±1.80	±2.20	±0.60	±2.00	±2.50	±0.70	±2.50	±3.00
	>30.00~40.00	±0.45	—	—	±0.60	±2.00	±2.50	±0.70	±2.20	±2.70	±0.80	±2.70	±3.30
	>40.00~50.00	—	—	—	±0.70	—	—	±0.80	—	—	±0.90	—	—
超高精级	≤1.50	±0.10	±0.13	±0.17	±0.13	±0.20	±0.23	±0.17	—	—	—	—	—
	>1.50~3.00	±0.10	±0.17	±0.20	±0.15	±0.25	±0.28	±0.23	±0.38	±0.40	±0.27	±0.40	±0.45
	>3.00~6.00	±0.13	±0.27	±0.33	±0.18	±0.40	±0.50	±0.27	±0.53	±0.67	±0.33	±0.67	±0.80
	>6.00~10.00	±0.17	±0.40	±0.50	±0.20	±0.53	±0.67	±0.30	±0.67	±0.80	±0.37	±0.80	±1.00
	>10.00~15.00	±0.19	±0.53	±0.67	±0.20	±0.67	±0.80	±0.33	±0.80	±1.00	±0.40	±1.00	±1.27
	>15.00~20.00	±0.21	±0.80	±1.00	±0.23	±1.00	±1.27	±0.37	±1.13	±1.33	±0.43	±1.33	±1.67

（续）

级别	公称壁厚	对应于下列外接圆直径的型材壁厚尺寸允许偏差											
		≤100.00			>100.00~300.00			>300.00~500.00			>500.00~1000.00		
		A组	B组	C组	A组	B组	C组	A组	B组	C组	A组	B组	C组
超高精级	>20.00~30.00	±0.23	±1.00	±1.27	±0.25	±1.20	±1.47	±0.40	±1.33	±1.67	±0.46	±1.67	±2.00
	>30.00~40.00	±0.25	—	—	±0.30	±1.33	±1.67	±0.47	±1.47	±1.80	±0.48	±1.80	±2.20
	>40.00~50.00	—	—	—	±0.36	—	—	±0.53	—	—	±0.60	—	—

注：1. 当偏差不采用对称的“±”偏差时，则正、负偏差的绝对值之和应为表中对应数值的两倍。
2. 表中无数值处表示偏差不要求。
3. 含封闭空腔的空心型材（图 3.1-45a~c），若空腔两对边壁厚不相等，且厚边壁厚大于或等于其对边壁厚的 3 倍，其壁厚允许偏差由供需双方商定。
4. 含封闭空腔的空心型材（图 3.1-45a~c），所包围的空腔截面面积小于 $70mm^2$ 时，若空腔两对边壁厚相等，其空腔壁厚的允许偏差采用 A 组；若空腔两对边壁厚不相等，且厚边壁厚小于其对边壁厚的 3 倍，其任一边壁厚的允许偏差采用两对边平均壁厚对应的 A 组。
5. 含封闭空腔的空心型材（图 3.1-45a~c），所包围的空腔截面面积不小于 $70mm^2$ 时，若空腔两对边壁厚相等，其空腔壁厚的允许偏差采用 B 组；若空腔两对边壁厚不相等，且厚边壁厚小于其对边壁厚的 3 倍，其任一边壁厚的允许偏差采用两对边平均壁厚对应的 B 组。
6. 含不完全封闭空腔的半空心型材（图 3.1-45d、e），当所包围空腔截面面积小于豁口尺寸（H_1）二次方的 2 倍（即 $2H_1^2$）时，其空腔周壁壁厚的允许偏差采用 A 组；当所包围空腔截面面积不小于豁口尺寸（H_1）平方的 2 倍（即 $2H_1^2$）时，采用含封闭空腔的空心型材的壁厚偏差。
7. 通过芯棒生产的型材，B 组应采用 C 组壁厚允许偏差值。

表 3.1-76 Ⅱ类型材壁厚尺寸允许偏差 （mm）

级别	公称壁厚	对应于下列外接圆直径的型材壁厚尺寸允许偏差											
		≤100.00			>100.00~300.00			>300.00~500.00			>500.00~1000.00		
		A组	B组	C组	A组	B组	C组	A组	B组	C组	A组	B组	C组
普通级	≤1.50	±0.30	±0.45	±0.53	±0.38	±0.60	±0.75	±0.53	—	—	—	—	—
	>1.50~3.00	±0.38	±0.53	±0.68	±0.45	±0.75	±0.98	±0.68	±1.05	±1.35	±0.75	±1.35	±1.80
	>3.00~6.00	±0.45	±0.82	±0.90	±0.53	±1.05	±1.35	±0.90	±1.35	±1.80	±0.90	±1.50	±1.95
	>6.00~10.00	±0.53	±1.13	±1.50	±0.68	±1.50	±1.95	±0.98	±1.80	±2.25	±1.05	±2.25	±2.85
	>10.00~15.00	±0.60	±1.50	±1.95	±0.75	±1.95	±2.55	±1.05	±2.25	±2.85	±1.20	±2.70	±3.45
	>15.00~20.00	±0.68	±2.25	±2.85	±0.83	±2.70	±3.30	±1.12	±3.00	±3.75	±1.28	±3.75	±4.65
	>20.00~30.00	±0.75	±2.70	±3.30	±0.90	±3.30	±4.05	±1.20	±2.75	±4.65	±1.35	±4.50	±5.55
	>30.00~40.00	±0.90	—	—	±1.05	±3.75	—	±1.35	±4.50	—	±1.50	±4.80	—
	>40.00~50.00	—	—	—	±1.20	—	—	±1.50	—	—	±1.65	—	—
高精级	≤1.50	±0.20	±0.30	±0.35	±0.25	±0.40	±0.50	±0.35	—	—	—	—	—
	>1.50~3.00	±0.25	±0.35	±0.45	±0.30	±0.50	±0.65	±0.45	±0.70	±0.90	±0.50	±0.90	±1.20
	>3.00~6.00	±0.30	±0.55	±0.60	±0.35	±0.70	±0.90	±0.60	±0.90	±1.20	±0.60	±1.00	±1.30
	>6.00~10.00	±0.35	±0.75	±1.00	±0.45	±1.00	±1.30	±0.65	±1.20	±1.50	±0.70	±1.50	±1.90
	>10.00~15.00	±0.40	±1.00	±1.30	±0.50	±1.30	±1.70	±0.70	±1.50	±1.90	±0.80	±1.80	±2.30
	>15.00~20.00	±0.45	±1.50	±1.90	±0.55	±1.80	±2.20	±0.75	±2.00	±2.30	±0.85	±2.50	±3.10
	>20.00~30.00	±0.50	±1.80	±2.20	±0.60	±2.20	±2.70	±0.80	±2.50	±3.10	±0.90	±3.00	±3.70
	>30.00~40.00	±0.60	—	—	±0.70	±2.50	—	±0.90	±3.00	—	±1.00	±3.20	—
	>40.00~50.00	—	—	—	±0.80	—	—	±1.00	—	—	±1.10	—	—
超高精级	≤1.50	±0.13	±0.20	±0.23	±0.15	±0.23	±0.25	±0.30	—	—	—	—	—
	>1.50~3.00	±0.13	±0.23	±0.28	±0.15	±0.28	±0.30	±0.30	±0.38	±0.40	±0.35	±0.40	±0.45
	>3.00~6.00	±0.15	±0.37	±0.40	±0.18	±0.47	±0.60	±0.35	±0.60	±0.80	±0.38	±0.67	±0.87
	>6.00~10.00	±0.17	±0.50	±0.67	±0.20	±0.67	±0.87	±0.38	±0.80	±1.00	±0.41	±1.00	±1.27
	>10.00~15.00	±0.19	±0.67	±0.87	±0.20	±0.87	±1.13	±0.40	±1.00	±1.27	±0.41	±1.20	±1.53
	>15.00~20.00	±0.21	±1.00	±1.27	±0.23	±1.20	±1.47	±0.41	±1.33	±1.67	±0.43	±1.67	±2.07

（续）

级别	公称壁厚	对应于下列外接圆直径的型材壁厚尺寸允许偏差											
		≤100.00			>100.00~300.00			>300.00~500.00			>500.00~1000.00		
		A 组	B 组	C 组	A 组	B 组	C 组	A 组	B 组	C 组	A 组	B 组	C 组
超高精级	>20.00~30.00	±0.23	±1.20	±1.47	±0.25	±1.47	±1.50	±0.43	±1.67	±2.07	±0.46	±2.00	±2.30
	>30.00~40.00	±0.25	—	—	±0.30	±1.50	—	±0.45	±2.00	—	±0.48	±2.13	—
	>40.00~50.00	—	—	—	±0.36	—	—	±0.50	—	—	±0.60	—	—

注：1. 当偏差不采用对称的“±”偏差时，则正、负偏差的绝对值之和应为表中对应数值的两倍。
2. 表中无数值处表示偏差不要求。
3. 含封闭空腔的空心型材（图 3.1-45a~c），若空腔两对边壁厚不相等，且厚边壁厚大于或等于其对边壁厚的 3 倍，其壁厚允许偏差由供需双方商定。
4. 含封闭空腔的空心型材（图 3.1-45a~c），所包围的空腔截面面积小于 $70mm^2$ 时，若空腔两对边壁厚相等，其空腔壁厚的允许偏差采用 A 组；若空腔两对边壁厚不相等，且厚边壁厚小于其对边壁厚的 3 倍，其任一边壁厚的允许偏差采用两对边平均壁厚对应的 A 组。
5. 含封闭空腔的空心型材（图 3.1-45a~c），所包围的空腔截面面积不小于 $70mm^2$ 时，若空腔两对边壁厚相等，其空腔壁厚的允许偏差采用 B 组；若空腔两对边壁厚不相等，且厚边壁厚小于其对边壁厚的 3 倍，其任一边壁厚的允许偏差采用两对边平均壁厚对应的 B 组。
6. 含不完全封闭空腔的半空心型材（图 3.1-45d、e），当所包围空腔截面面积小于豁口尺寸（H_1）二次方的 2 倍（即 $2H_1^2$）时，其空腔周壁壁厚的允许偏差采用 A 组；当所包围空腔截面面积不小于豁口尺寸（H_1）平方的 2 倍（即 $2H_1^2$）时，采用含封闭空腔的空心型材的壁厚偏差。
7. 通过芯棒生产的型材，B 组应采用 C 组壁厚允许偏差值。

横截面的非壁厚尺寸（如图 3.1-45 所示型材的 H、H_1、H_2），按其包含的实体金属百分比，划分为两组：实体金属部分不小于 75%（简称实体不小于 75%）的尺寸和实体金属部分小于 75%（简称实体小于 75%）的尺寸。

Ⅰ类型材非壁厚尺寸 H 的普通级允许偏差见表 3.1-77，Ⅰ类型材非壁厚尺寸 H 的高精级允许偏差见表 3.1-78，Ⅰ类型材非壁厚尺寸 H 的超高精级允许偏差见表 3.1-79。Ⅱ类型材非壁厚尺寸 H 的普通级允许偏差见表 3.1-80，Ⅱ类型材非壁厚尺寸 H 的高精级允许偏差见表 3.1-81，Ⅱ类型材非壁厚尺寸 H 的超高精级允许偏差见表 3.1-82。

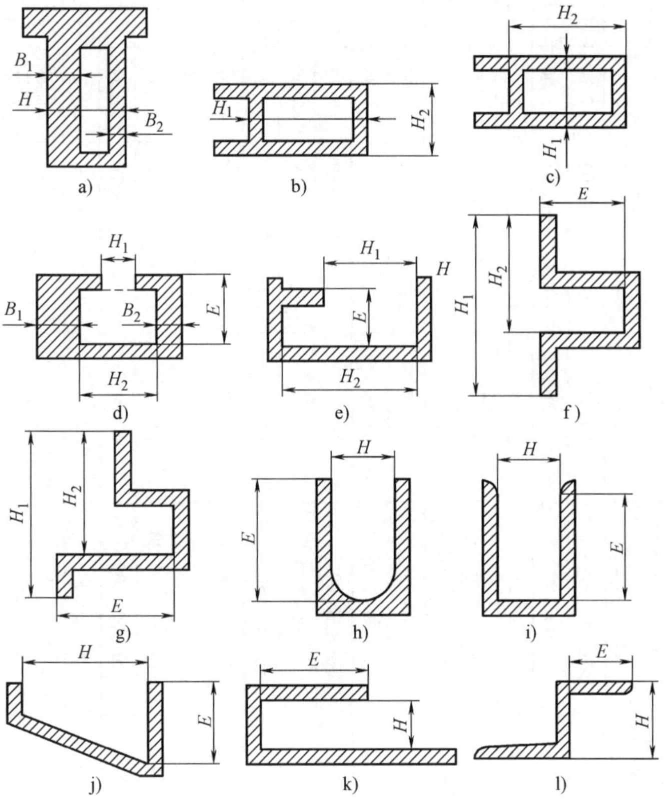

图 3.1-45　非壁厚尺寸

表 3.1-77 Ⅰ类型材非壁厚尺寸 H 的普通级允许偏差 (mm)

外接圆直径	H 尺寸	实体不小于 75% 的 H 尺寸的允许偏差	实体小于 75% 的 H 尺寸对应于下列 E 尺寸的允许偏差											
			≤20.00	>20.00~30.00	>30.00~40.00	>40.00~60.00	>60.00~80.00	>80.00~100.00	>100.00~125.00	>125.00~150.00	>150.00~180.00	>180.00~210.00	>210.00~250.00	>250.00
		2栏	3栏	4栏	5栏	6栏	7栏	8栏	9栏	10栏	11栏	12栏	13栏	14栏
≤100.00	≤10.00	±0.30	±0.30	±0.48	±0.60	±0.78	±0.90	±1.02	—	—	—	—	—	—
	>10.00~25.00	±0.36	±0.36	±0.54	±0.66	±0.84	±0.96	±1.08	—	—	—	—	—	—
	>25.00~50.00	±0.60	±0.60	±0.78	±0.90	±1.08	±1.20	±1.32	—	—	—	—	—	—
	>50.00~100.00	±0.84	±0.84	±1.02	±1.14	±1.32	±1.44	±1.56	—	—	—	—	—	—
>100.00~200.00	≤10.00	±0.36	±0.36	±0.54	±0.66	±0.84	±0.96	±1.08	±1.32	±1.56	±1.80	—	—	—
	>10.00~25.00	±0.48	±0.48	±0.66	±0.78	±0.96	±1.08	±1.20	±1.44	±1.68	±1.92	—	—	—
	>25.00~50.00	±0.72	±0.72	±0.90	±1.02	±1.20	±1.32	±1.44	±1.68	±1.92	±2.16	—	—	—
	>50.00~100.00	±1.08	±1.08	±1.26	±1.38	±1.56	±1.68	±1.80	±2.04	±2.28	±2.52	—	—	—
	>100.00~150.00	±1.32	±1.32	±1.50	±1.62	±1.80	±1.92	±2.04	±2.28	±2.52	±2.76	—	—	—
	>150.00~200.00	±1.56	±1.56	±1.74	±1.86	±2.04	±2.16	±2.28	±2.52	±2.76	±3.00	—	—	—
>200.00~300.00	≤10.00	±0.42	±0.42	±0.60	±0.72	±0.90	±1.02	±1.14	±1.38	±1.62	±1.86	±2.10	±2.34	±2.58
	>10.00~25.00	±0.60	±0.60	±0.78	±0.90	±1.08	±1.20	±1.32	±1.56	±1.80	±2.04	±2.28	±2.52	±2.76
	>25.00~50.00	±0.96	±0.96	±1.14	±1.26	±1.44	±1.56	±1.68	±1.92	±2.16	±2.40	±2.64	±2.88	±3.12
	>50.00~100.00	±1.32	±1.32	±1.50	±1.62	±1.80	±1.92	±2.04	±2.28	±2.52	±2.76	±3.00	±3.24	±3.48
	>100.00~150.00	±1.56	±1.56	±1.74	±1.86	±2.04	±2.16	±2.28	±2.52	±2.76	±3.00	±3.24	±3.48	±3.72
	>150.00~200.00	±1.80	±1.80	±1.98	±2.10	±2.28	±2.40	±2.52	±2.76	±3.00	±3.24	±3.48	±3.72	±3.96
	>200.00~300.00	±2.04	±2.04	±2.22	±2.34	±2.52	±2.64	±2.76	±3.00	±3.24	±3.48	±3.72	±3.96	±4.20
>300.00~500.00	≤10.00	±0.48	±0.48	±0.66	±0.78	±0.96	±1.08	±1.20	±1.44	±1.68	±1.92	±2.16	±2.40	±2.64
	>10.00~25.00	±0.72	±0.72	±0.90	±1.02	±1.20	±1.32	±1.44	±1.68	±1.92	±2.16	±2.40	±2.64	±2.88
	>25.00~50.00	±1.08	±1.08	±1.26	±1.38	±1.56	±1.68	±1.80	±2.04	±2.28	±2.52	±2.76	±3.00	±3.24
	>50.00~100.00	±1.56	±1.56	±1.74	±1.86	±2.04	±2.16	±2.28	±2.52	±2.76	±3.00	±3.24	±3.48	±3.72
	>100.00~150.00	±1.80	±1.80	±1.98	±2.10	±2.28	±2.40	±2.52	±2.76	±3.00	±3.24	±3.48	±3.72	±3.96
	>150.00~200.00	±2.16	±2.16	±2.34	±2.46	±2.64	±2.76	±2.88	±3.12	±3.36	±3.60	±3.84	±4.08	±4.32
	>200.00~300.00	±2.52	±2.52	±2.70	±2.82	±3.00	±3.12	±3.24	±3.48	±3.72	±3.96	±4.20	±4.44	±4.68
	>300.00~450.00	±3.36	±3.36	±3.54	±3.66	±3.84	±3.96	±4.08	±4.32	±4.56	±4.80	±5.04	±5.28	±5.52
	>450.00~600.00	±4.56	±4.56	±4.74	±4.86	±5.04	±5.16	±5.28	±5.52	±5.76	±6.00	±6.24	±6.48	±6.72

（续）

外接圆直径	H尺寸	实体不小于75%的H尺寸的允许偏差	实体小于75%的H尺寸对应于下列E尺寸的允许偏差											
			≤20.00	>20.00~30.00	>30.00~40.00	>40.00~60.00	>60.00~80.00	>80.00~100.00	>100.00~125.00	>125.00~150.00	>150.00~180.00	>180.00~210.00	>210.00~250.00	>250.00
		2栏	3栏	4栏	5栏	6栏	7栏	8栏	9栏	10栏	11栏	12栏	13栏	14栏
>500.00~1000.00	≤10.00	±0.60	±0.60	±0.78	±0.90	±1.08	±1.20	±1.32	±1.56	±1.80	±2.04	±2.28	±2.52	±2.76
	>10.00~25.00	±0.84	±0.84	±1.02	±1.14	±1.32	±1.44	±1.56	±1.80	±2.04	±2.28	±2.52	±2.76	±3.00
	>25.00~50.00	±1.20	±1.20	±1.38	±1.50	±1.68	±1.80	±1.92	±2.16	±2.40	±2.64	±2.88	±3.12	±3.36
	>50.00~100.00	±1.80	±1.80	±1.98	±2.10	±2.28	±2.40	±2.52	±2.76	±3.00	±3.24	±3.48	±3.72	±3.96
	>100.00~150.00	±2.04	±2.04	±2.22	±2.34	±2.52	±2.64	±2.76	±3.00	±3.24	±3.48	±3.72	±3.96	±4.20
	>150.00~200.00	±2.40	±2.40	±2.58	±2.70	±2.88	±3.00	±3.12	±3.36	±3.60	±3.84	±4.08	±4.32	±4.56
	>200.00~300.00	±2.88	±2.88	±3.06	±3.18	±3.36	±3.48	±3.60	±3.84	±4.08	±4.32	±4.56	±4.80	±5.04
	>300.00~450.00	±3.60	±3.60	±3.78	±3.90	±4.08	±4.20	±4.32	±4.56	±4.80	±5.04	±5.28	±5.52	±5.76
	>450.00~600.00	±5.04	±5.04	±5.22	±5.34	±5.52	±5.64	±5.76	±6.00	±6.24	±6.48	±6.72	±6.96	±7.20
	>600.00~800.00	±6.00	±6.00	±6.18	±6.30	±6.48	±6.60	±6.72	±6.96	±7.20	±7.44	±7.68	±7.92	±8.16

注：1. 当偏差不采用对称的“±”偏差时，则正、负偏差的绝对值之和应为表中对应数值的两倍。
2. 表中无数值处表示偏差不要求。
3. 图3.1-45f~l所示型材，尺寸H（或H_1、H_2）采用其对应E尺寸的允许偏差值（3栏~14栏）。
4. 图3.1-45d、e所示型材，尺寸H_1采用尺寸H_2对应E尺寸的允许偏差值（3栏~14栏）。
5. 图3.1-45a所示型材，H尺寸的实体金属部分小于H的75%时，采用其对应3栏的允许偏差值。
6. 图3.1-45b、c所示型材，尺寸H_1采用尺寸H_2对应4栏的允许偏差值，若此偏差值小于H_1对应2栏的允许偏差值，则采用H_1对应2栏的允许偏差值。
7. 图3.1-45a所示型材，H尺寸的实体金属部分不小于H的75%时，采用其对应2栏的允许偏差值。
8. 图3.1-45f、g所示型材，即使尺寸H_1、H_2包含的实体金属部分不小于75%，也不采用其对应2栏的允许偏差值，而是采用其对应E尺寸的允许偏差值（3栏~14栏）。
9. 2栏偏差不适用于O状态和TX510状态型材，O状态和TX510状态型材允许偏差值由供需双方协商，并在图样或订货单（或合同）中注明。

表3.1-78　Ⅰ类型材非壁厚尺寸*H*的高精级允许偏差　（mm）

外接圆直径	H尺寸	实体不小于75%的H尺寸的允许偏差	实体小于75%的H尺寸对应于下列E尺寸的允许偏差											
			≤20.00	>20.00~30.00	>30.00~40.00	>40.00~60.00	>60.00~80.00	>80.00~100.00	>100.00~125.00	>125.00~150.00	>150.00~180.00	>180.00~210.00	>210.00~250.00	>250.00
		2栏	3栏	4栏	5栏	6栏	7栏	8栏	9栏	10栏	11栏	12栏	13栏	14栏
≤100.00	≤10.00	±0.25	±0.25	±0.40	±0.50	±0.65	±0.75	±0.85	—	—	—	—	—	—
	>10.00~25.00	±0.30	±0.30	±0.45	±0.55	±0.70	±0.80	±0.90	—	—	—	—	—	—
	>25.00~50.00	±0.50	±0.50	±0.65	±0.75	±0.90	±1.00	±1.10	—	—	—	—	—	—
	>50.00~100.00	±0.70	±0.70	±0.85	±0.95	±1.10	±1.20	±1.30	—	—	—	—	—	—
>100.00~200.00	≤10.00	±0.30	±0.30	±0.45	±0.55	±0.70	±0.80	±0.90	±1.10	±1.30	±1.50	—	—	—
	>10.00~25.00	±0.40	±0.40	±0.55	±0.65	±0.80	±0.90	±1.00	±1.20	±1.40	±1.60	—	—	—
	>25.00~50.00	±0.60	±0.60	±0.75	±0.85	±1.00	±1.10	±1.20	±1.40	±1.60	±1.80	—	—	—
	>50.00~100.00	±0.90	±0.90	±1.05	±1.15	±1.30	±1.40	±1.50	±1.70	±1.90	±2.10	—	—	—
	>100.00~150.00	±1.10	±1.10	±1.25	±1.35	±1.50	±1.60	±1.70	±1.90	±2.10	±2.30	—	—	—
	>150.00~200.00	±1.30	±1.30	±1.45	±1.55	±1.70	±1.80	±1.90	±2.10	±2.30	±2.50	—	—	—

（续）

外接圆直径	H 尺寸	实体不小于 75% 的 H 尺寸的允许偏差	实体小于 75% 的 H 尺寸对应于下列 E 尺寸的允许偏差											
			≤20.00	>20.00~30.00	>30.00~40.00	>40.00~60.00	>60.00~80.00	>80.00~100.00	>100.00~125.00	>125.00~150.00	>150.00~180.00	>180.00~210.00	>210.00~250.00	>250.00
		2 栏	3 栏	4 栏	5 栏	6 栏	7 栏	8 栏	9 栏	10 栏	11 栏	12 栏	13 栏	14 栏
>200.00~300.00	≤10.00	±0.35	±0.35	±0.50	±0.60	±0.75	±0.85	±0.95	±1.15	±1.35	±1.55	±1.75	±1.95	±2.15
	>10.00~25.00	±0.50	±0.50	±0.65	±0.75	±0.90	±1.00	±1.10	±1.30	±1.50	±1.70	±1.90	±2.10	±2.30
	>25.00~50.00	±0.80	±0.80	±0.95	±1.05	±1.20	±1.30	±1.40	±1.60	±1.80	±2.00	±2.20	±2.40	±2.60
	>50.00~100.00	±1.10	±1.10	±1.25	±1.35	±1.50	±1.60	±1.70	±1.90	±2.10	±2.30	±2.50	±2.70	±2.90
	>100.00~150.00	±1.30	±1.30	±1.45	±1.55	±1.70	±1.80	±1.90	±2.10	±2.30	±2.50	±2.70	±2.90	±3.10
	>150.00~200.00	±1.50	±1.50	±1.65	±1.75	±1.90	±2.00	±2.10	±2.30	±2.50	±2.70	±2.90	±3.10	±3.30
	>200.00~300.00	±1.70	±1.70	±1.85	±1.95	±2.10	±2.20	±2.30	±2.50	±2.70	±2.90	±3.10	±3.30	±3.50
>300.00~500.00	≤10.00	±0.40	±0.40	±0.55	±0.65	±0.80	±0.90	±1.00	±1.20	±1.40	±1.60	±1.80	±2.00	±2.20
	>10.00~25.00	±0.60	±0.60	±0.75	±0.85	±1.00	±1.10	±1.20	±1.40	±1.60	±1.80	±2.00	±2.20	±2.40
	>25.00~50.00	±0.90	±0.90	±1.05	±1.15	±1.30	±1.40	±1.50	±1.70	±1.90	±2.10	±2.30	±2.50	±2.70
	>50.00~100.00	±1.30	±1.30	±1.45	±1.55	±1.70	±1.80	±1.90	±2.10	±2.30	±2.50	±2.70	±2.90	±3.10
	>100.00~150.00	±1.50	±1.50	±1.65	±1.75	±1.90	±2.00	±2.10	±2.30	±2.50	±2.70	±2.90	±3.10	±3.30
	>150.00~200.00	±1.80	±1.80	±1.95	±2.05	±2.20	±2.30	±2.40	±2.60	±2.80	±3.00	±3.20	±3.40	±3.60
	>200.00~300.00	±2.10	±2.10	±2.25	±2.35	±2.50	±2.60	±2.70	±2.90	±3.10	±3.30	±3.50	±3.70	±3.90
	>300.00~450.00	±2.80	±2.80	±2.95	±3.05	±3.20	±3.30	±3.40	±3.60	±3.80	±4.00	±4.20	±4.40	±4.60
	>450.00~600.00	±3.80	±3.80	±3.95	±4.05	±4.20	±4.30	±4.40	±4.60	±4.80	±5.00	±5.20	±5.40	±5.60
>500.00~1000.00	≤10.00	±0.50	±0.50	±0.65	±0.75	±0.90	±1.00	±1.10	±1.30	±1.50	±1.70	±1.90	±2.10	±2.30
	>10.00~25.00	±0.70	±0.70	±0.85	±0.95	±1.10	±1.20	±1.30	±1.50	±1.70	±1.90	±2.10	±2.30	±2.50
	>25.00~50.00	±1.00	±1.00	±1.15	±1.25	±1.40	±1.50	±1.60	±1.80	±2.00	±2.20	±2.40	±2.60	±2.80
	>50.00~100.00	±1.50	±1.50	±1.65	±1.75	±1.90	±2.00	±2.10	±2.30	±2.50	±2.70	±2.90	±3.10	±3.30
	>100.00~150.00	±1.70	±1.70	±1.85	±1.95	±2.10	±2.20	±2.30	±2.50	±2.70	±2.90	±3.10	±3.30	±3.50
	>150.00~200.00	±2.00	±2.00	±2.15	±2.25	±2.40	±2.50	±2.60	±2.80	±3.00	±3.20	±3.40	±3.60	±3.80
	>200.00~300.00	±2.40	±2.40	±2.55	±2.65	±2.80	±2.90	±3.00	±3.20	±3.40	±3.60	±3.80	±4.00	±4.20
	>300.00~450.00	±3.00	±3.00	±3.15	±3.25	±3.40	±3.50	±3.60	±3.80	±4.00	±4.20	±4.40	±4.60	±4.80
	>450.00~600.00	±4.20	±4.20	±4.35	±4.45	±4.60	±4.70	±4.80	±5.00	±5.20	±5.40	±5.60	±5.80	±6.00
	>600.00~800.00	±5.00	±5.00	±5.15	±5.25	±5.40	±5.50	±5.60	±5.80	±6.00	±6.20	±6.40	±6.60	±6.80

注：1. 当偏差不采用对称的“±”偏差时，则正、负偏差的绝对值之和应为表中对应数值的两倍。

2. 表中无数值处表示偏差不要求。

3. 图 3.1-45f~l 所示型材，尺寸 H（或 H_1、H_2）采用其对应 E 尺寸的允许偏差值（3 栏~14 栏）。

4. 图 3.1-45d、e 所示型材，尺寸 H_1 采用尺寸 H_2 对应 E 尺寸的允许偏差值（3 栏~14 栏）。

5. 图 3.1-45a 所示型材，H 尺寸的实体金属部分小于 H 的 75%时，采用其对应 3 栏的允许偏差值。

6. 图 3.1-45b、c 所示型材，尺寸 H_1 采用尺寸 H_2 对应 4 栏的允许偏差值，若此偏差值小于 H_1 对应 2 栏的允许偏差值，则采用 H_1 对应 2 栏的允许偏差值。

7. 图 3.1-45a 所示型材，H 尺寸的实体金属部分不小于 H 的 75%时，采用其对应 2 栏的允许偏差值。

8. 图 3.1-45f、g 所示型材，即使尺寸 H_1、H_2 包含的实体金属部分不小于 75%，也不采用其对应 2 栏的允许偏差值，而是采用其对应 E 尺寸的允许偏差值（3 栏~14 栏）。

9. 2 栏偏差不适用于 O 状态和 TX510 状态型材，O 状态和 TX510 状态型材允许偏差值由供需双方协商，并在图样或订货单（或合同）中注明。

表 3.1-79　Ⅰ类型材非壁厚尺寸 H 的超高精级允许偏差

（mm）

外接圆直径	H 尺寸	实体不小于75%的 H 尺寸的允许偏差	实体小于75%的 H 尺寸对应于下列 E 尺寸的允许偏差											
			≤20.00	>20.00~30.00	>30.00~40.00	>40.00~60.00	>60.00~80.00	>80.00~100.00	>100.00~125.00	>125.00~150.00	>150.00~180.00	>180.00~210.00	>210.00~250.00	>250.00
		2栏	3栏	4栏	5栏	6栏	7栏	8栏	9栏	10栏	11栏	12栏	13栏	14栏
≤100.00	≤10.00	±0.17	±0.17	±0.27	±0.33	±0.43	±0.50	±0.57	—	—	—	—	—	—
	>10.00~25.00	±0.20	±0.20	±0.30	±0.37	±0.47	±0.53	±0.60	—	—	—	—	—	—
	>25.00~50.00	±0.33	±0.33	±0.43	±0.50	±0.60	±0.67	±0.73	—	—	—	—	—	—
	>50.00~100.00	±0.47	±0.47	±0.57	±0.63	±0.73	±0.80	±0.87	—	—	—	—	—	—
>100.00~200.00	≤10.00	±0.20	±0.20	±0.30	±0.37	±0.47	±0.53	±0.60	±0.73	±0.87	±1.00	—	—	—
	>10.00~25.00	±0.27	±0.27	±0.37	±0.43	±0.53	±0.60	±0.67	±0.80	±0.93	±1.07	—	—	—
	>25.00~50.00	±0.40	±0.40	±0.50	±0.57	±0.67	±0.73	±0.80	±0.93	±1.07	±1.20	—	—	—
	>50.00~100.00	±0.60	±0.60	±0.70	±0.77	±0.87	±0.93	±1.00	±1.13	±1.27	±1.40	—	—	—
	>100.00~150.00	±0.73	±0.73	±0.83	±0.90	±1.00	±1.07	±1.13	±1.27	±1.40	±1.53	—	—	—
	>150.00~200.00	±0.87	±0.87	±0.97	±1.03	±1.13	±1.20	±1.27	±1.40	±1.53	±1.67	—	—	—
>200.00~300.00	≤10.00	±0.23	±0.23	±0.33	±0.40	±0.50	±0.57	±0.63	±0.77	±0.90	±1.03	±1.17	±1.30	±1.43
	>10.00~25.00	±0.33	±0.33	±0.43	±0.50	±0.60	±0.67	±0.73	±0.87	±1.00	±1.13	±1.27	±1.40	±1.53
	>25.00~50.00	±0.53	±0.53	±0.63	±0.70	±0.80	±0.87	±0.93	±1.07	±1.20	±1.33	±1.47	±1.60	±1.73
	>50.00~100.00	±0.73	±0.73	±0.83	±0.90	±1.00	±1.07	±1.13	±1.27	±1.40	±1.53	±1.67	±1.80	±1.93
	>100.00~150.00	±0.87	±0.87	±0.97	±1.03	±1.13	±1.20	±1.27	±1.40	±1.53	±1.67	±1.80	±1.93	±2.07
	>150.00~200.00	±1.00	±1.00	±1.10	±1.17	±1.27	±1.33	±1.40	±1.53	±1.67	±1.80	±1.93	±2.07	±2.20
	>200.00~300.00	±1.13	±1.13	±1.23	±1.30	±1.40	±1.47	±1.53	±1.67	±1.80	±1.93	±2.07	±2.20	±2.33
>300.00~500.00	≤10.00	±0.27	±0.27	±0.37	±0.43	±0.53	±0.60	±0.67	±0.80	±0.93	±1.07	±1.20	±1.33	±1.47
	>10.00~25.00	±0.40	±0.40	±0.50	±0.57	±0.67	±0.73	±0.80	±0.93	±1.07	±1.20	±1.33	±1.47	±1.60
	>25.00~50.00	±0.60	±0.60	±0.70	±0.77	±0.87	±0.93	±1.00	±1.13	±1.27	±1.40	±1.53	±1.67	±1.80
	>50.00~100.00	±0.87	±0.87	±0.97	±1.03	±1.13	±1.20	±1.27	±1.40	±1.53	±1.67	±1.80	±1.93	±2.07
	>100.00~150.00	±1.00	±1.00	±1.10	±1.17	±1.27	±1.33	±1.40	±1.53	±1.67	±1.80	±1.93	±2.07	±2.20
	>150.00~200.00	±1.20	±1.20	±1.30	±1.37	±1.47	±1.53	±1.60	±1.73	±1.87	±2.00	±2.13	±2.27	±2.40
	>200.00~300.00	±1.40	±1.40	±1.50	±1.57	±1.67	±1.73	±1.80	±1.93	±2.07	±2.20	±2.33	±2.47	±2.60
	>300.00~450.00	±1.87	±1.87	±1.97	±2.03	±2.13	±2.20	±2.27	±2.40	±2.53	±2.67	±2.80	±2.93	±3.07
	>450.00~600.00	±2.53	±2.53	±2.63	±2.70	±2.80	±2.87	±2.93	±3.07	±3.20	±3.33	±3.47	±3.60	±3.73
>500.00~1000.00	≤10.00	±0.33	±0.33	±0.43	±0.50	±0.60	±0.67	±0.73	±0.87	±1.00	±1.13	±1.27	±1.40	±1.53
	>10.00~25.00	±0.47	±0.47	±0.57	±0.63	±0.73	±0.80	±0.87	±1.00	±1.13	±1.27	±1.40	±1.53	±1.67
	>25.00~50.00	±0.67	±0.67	±0.77	±0.83	±0.93	±1.00	±1.07	±1.20	±1.33	±1.47	±1.60	±1.73	±1.87
	>50.00~100.00	±1.00	±1.00	±1.10	±1.17	±1.27	±1.33	±1.40	±1.53	±1.67	±1.80	±1.93	±2.07	±2.20
	>100.00~150.00	±1.13	±1.13	±1.23	±1.30	±1.40	±1.47	±1.53	±1.67	±1.80	±1.93	±2.07	±2.20	±2.33

（续）

外接圆直径	H尺寸	实体不小于75%的H尺寸的允许偏差	实体小于75%的H尺寸对应于下列E尺寸的允许偏差											
			≤20.00	>20.00~30.00	>30.00~40.00	>40.00~60.00	>60.00~80.00	>80.00~100.00	>100.00~125.00	>125.00~150.00	>150.00~180.00	>180.00~210.00	>210.00~250.00	>250.00
		2栏	3栏	4栏	5栏	6栏	7栏	8栏	9栏	10栏	11栏	12栏	13栏	14栏
>500.00~1000.00	>150.00~200.00	±1.33	±1.33	±1.43	±1.50	±1.60	±1.67	±1.73	±1.87	±2.00	±2.13	±2.27	±2.40	±2.53
	>200.00~300.00	±1.60	±1.60	±1.70	±1.77	±1.87	±1.93	±2.00	±2.13	±2.27	±2.40	±2.53	±2.67	±2.80
	>300.00~450.00	±2.00	±2.00	±2.10	±2.17	±2.27	±2.33	±2.40	±2.53	±2.67	±2.80	±2.93	±3.07	±3.20
	>450.00~600.00	±2.80	±2.80	±2.90	±2.97	±3.07	±3.13	±3.20	±3.33	±3.47	±3.60	±3.73	±3.87	±4.00
	>600.00~800.00	±3.33	±3.33	±3.43	±3.50	±3.60	±3.67	±3.73	±3.87	±4.00	±4.13	±4.27	±4.40	±4.53

注：1. 当偏差不采用对称的“±”偏差时，则正、负偏差的绝对值之和应为表中对应数值的两倍。
2. 表中无数值处表示偏差不要求。
3. 图 3.1-45f~1 所示型材，尺寸 H（或 H_1、H_2）采用其对应 E 尺寸的允许偏差值（3 栏~14 栏）。
4. 图 3.1-45d、e 所示型材，尺寸 H_1 采用尺寸 H_2 对应 E 尺寸的允许偏差值（3 栏~14 栏）。
5. 图 3.1-45a 所示型材，H 尺寸的实体金属部分小于 H 的 75%时，采用其对应 3 栏的允许偏差值。
6. 图 3.1-45b、c 所示型材，尺寸 H_1 采用尺寸 H_2 对应 4 栏的允许偏差值，若此偏差值小于 H_1 对应 2 栏的允许偏差值，则采用 H_1 对应 2 栏的允许偏差值。
7. 图 3.1-45a 所示型材，H 尺寸的实体金属部分不小于 H 的 75%时，采用其对应 2 栏的允许偏差值。
8. 图 3.1-45f、g 所示型材，即使尺寸 H_1、H_2 包含的实体金属部分不小于 75%，也不采用其对应 2 栏的允许偏差值，而是采用其对应 E 尺寸的允许偏差值（3 栏~14 栏）。
9. 2 栏偏差不适用于 O 状态和 TX510 状态型材，O 状态和 TX510 状态型材允许偏差值由供需双方协商，并在图样或订货单（或合同）中注明。

表 3.1-80　Ⅱ类型材非壁厚尺寸 H 的普通级允许偏差

（mm）

外接圆直径	H尺寸	实体不小于75%的H尺寸的允许偏差	实体小于75%的H尺寸对应于下列E尺寸的允许偏差											
			≤20.00	>20.00~30.00	>30.00~40.00	>40.00~60.00	>60.00~80.00	>80.00~100.00	>100.00~125.00	>125.00~150.00	>150.00~180.00	>180.00~210.00	>210.00~250.00	>250.00
		2栏	3栏	4栏	5栏	6栏	7栏	8栏	9栏	10栏	11栏	12栏	13栏	14栏
≤100.00	≤10.00	±0.48	±0.48	±0.66	±0.78	±0.96	±1.08	±1.20	—	—	—	—	—	—
	>10.00~25.00	±0.60	±0.60	±0.78	±0.90	±1.08	±1.20	±1.32	—	—	—	—	—	—
	>25.00~50.00	±0.96	±0.96	±1.14	±1.26	±1.44	±1.56	±1.68	—	—	—	—	—	—
	>50.00~100.00	±1.20	±1.20	±1.38	±1.50	±1.68	±1.80	±1.92	—	—	—	—	—	—
>100.00~200.00	≤10.00	±0.60	±0.60	±0.78	±0.90	±1.08	±1.20	±1.32	±1.56	±1.80	±0.34	—	—	—
	>10.00~25.00	±0.84	±0.84	±1.02	±1.14	±1.32	±1.44	±1.56	±1.80	±2.04	±0.38	—	—	—
	>25.00~50.00	±1.08	±1.08	±1.26	±1.38	±1.56	±1.68	±1.80	±2.04	±2.28	±0.42	—	—	—
	>50.00~100.00	±1.44	±1.44	±1.62	±1.74	±1.92	±2.04	±2.16	±2.40	±2.64	±0.48	—	—	—
	>100.00~150.00	±1.80	±1.80	±1.98	±2.10	±2.28	±2.40	±2.52	±2.76	±3.00	±0.54	—	—	—
	>150.00~200.00	±2.28	±2.28	±2.46	±2.58	±2.76	±2.88	±3.00	±3.24	±3.48	±0.62	—	—	—
>200.00~300.00	≤10.00	±0.66	±0.66	±0.84	±0.96	±1.14	±1.26	±1.38	±1.62	±1.86	±0.35	±2.34	±2.58	±2.82
	>10.00~25.00	±0.96	±0.96	±1.14	±1.26	±1.44	±1.56	±1.68	±1.92	±2.16	±0.40	±2.64	±2.88	±3.12
	>25.00~50.00	±1.20	±1.20	±1.38	±1.50	±1.68	±1.80	±1.92	±2.16	±2.40	±0.44	±2.88	±3.12	±3.36

（续）

外接圆直径	H尺寸	实体不小于75%的H尺寸的允许偏差	实体小于75%的H尺寸对应于下列E尺寸的允许偏差											
			≤20.00	>20.00~30.00	>30.00~40.00	>40.00~60.00	>60.00~80.00	>80.00~100.00	>100.00~125.00	>125.00~150.00	>150.00~180.00	>180.00~210.00	>210.00~250.00	>250.00
		2栏	3栏	4栏	5栏	6栏	7栏	8栏	9栏	10栏	11栏	12栏	13栏	14栏
>200.00~300.00	>50.00~100.00	±1.56	±1.56	±1.74	±1.86	±2.04	±2.16	±2.28	±2.52	±2.76	±0.50	±3.24	±3.48	±3.72
	>100.00~150.00	±2.04	±2.04	±2.22	±2.34	±2.52	±2.64	±2.76	±3.00	±3.24	±0.58	±3.72	±3.96	±4.20
	>150.00~200.00	±2.64	±2.64	±2.82	±2.94	±3.12	±3.24	±3.36	±3.60	±3.84	±0.68	±4.32	±4.56	±4.80
	>200.00~300.00	±3.00	±3.00	±3.18	±3.30	±3.48	±3.60	±3.72	±3.96	±4.20	±0.74	±4.68	±4.92	±5.16
>300.00~500.00	≤10.00	±0.72	±0.72	±0.90	±1.02	±1.20	±1.32	±1.44	±1.68	±1.92	±0.36	±2.40	±2.64	±2.88
	>10.00~25.00	±1.08	±1.08	±1.26	±1.38	±1.56	±1.68	±1.80	±2.04	±2.28	±0.42	±2.76	±3.00	±3.24
	>25.00~50.00	±1.44	±1.44	±1.62	±1.74	±1.92	±2.04	±2.16	±2.40	±2.64	±0.48	±3.12	±3.36	±3.60
	>50.00~100.00	±1.92	±1.92	±2.10	±2.22	±2.40	±2.52	±2.64	±2.88	±3.12	±0.56	±3.60	±3.84	±4.08
	>100.00~150.00	±2.16	±2.16	±2.34	±2.46	±2.64	±2.76	±2.88	±3.12	±3.36	±0.60	±3.84	±4.08	±4.32
	>150.00~200.00	±2.88	±2.88	±3.06	±3.18	±3.36	±3.48	±3.60	±3.84	±4.08	±0.72	±4.56	±4.80	±5.04
	>200.00~300.00	±3.36	±3.36	±3.54	±3.66	±3.84	±3.96	±4.08	±4.32	±4.56	±0.80	±5.04	±5.28	±5.52
	>300.00~450.00	±4.20	±4.20	±4.38	±4.50	±4.68	±4.80	±4.92	±5.16	±5.40	±0.94	±5.88	±6.12	±6.36
	>450.00~600.00	±5.40	±5.40	±5.58	±5.70	±5.88	±6.00	±6.12	±6.36	±6.60	±1.14	±7.08	±7.32	±7.56
>500.00~1000.00	≤10.00	±0.84	±0.84	±1.02	±1.14	±1.32	±1.44	±1.56	±1.80	±2.04	±0.38	±2.52	±2.76	±3.00
	>10.00~25.00	±1.32	±1.32	±1.50	±1.62	±1.80	±1.92	±2.04	±2.28	±2.52	±0.46	±3.00	±3.24	±3.48
	>25.00~50.00	±1.56	±1.56	±1.74	±1.86	±2.04	±2.16	±2.28	±2.52	±2.76	±0.50	±3.24	±3.48	±3.72
	>50.00~100.00	±2.16	±2.16	±2.34	±2.46	±2.64	±2.76	±2.88	±3.12	±3.36	±0.60	±3.84	±4.08	±4.32
	>100.00~150.00	±2.40	±2.40	±2.58	±2.70	±2.88	±3.00	±3.12	±3.36	±3.60	±0.64	±4.08	±4.32	±4.56
	>150.00~200.00	±3.24	±3.24	±3.42	±3.54	±3.72	±3.84	±3.96	±4.20	±4.44	±0.78	±4.92	±5.16	±5.40
	>200.00~300.00	±3.72	±3.72	±3.90	±4.02	±4.20	±4.32	±4.44	±4.68	±4.92	±0.86	±5.40	±5.64	±5.88
	>300.00~450.00	±4.56	±4.56	±4.74	±4.86	±5.04	±5.16	±5.28	±5.52	±5.76	±1.00	±6.24	±6.48	±6.72
	>450.00~600.00	±6.00	±6.00	±6.18	±6.30	±6.48	±6.60	±6.72	±6.96	±7.20	±1.24	±7.68	±7.92	±8.16
	>600.00~800.00	±7.20	±7.20	±7.38	±7.50	±7.68	±7.80	±7.92	±8.16	±8.40	±1.44	±8.88	±9.12	±9.36

注：1. 当偏差不采用对称的“±”偏差时，则正、负偏差的绝对值之和应为表中对应数值的两倍。

2. 表中无数值处表示偏差不要求。

3. 图3.1-45f~l所示型材，尺寸H（或H_1、H_2）采用其对应E尺寸的允许偏差值（3栏~14栏）。

4. 图3.1-45d、e所示型材，尺寸H_1采用尺寸H_2对应E尺寸的允许偏差值（3栏~14栏）。

5. 图3.1-45a所示型材，H尺寸的实体金属部分小于H的75%时，采用其对应3栏的允许偏差值。

6. 图3.1-45b、c所示型材，尺寸H_1采用尺寸H_2对应4栏的允许偏差值，若此偏差值小于H_1对应2栏的允许偏差值，则采用H_1对应2栏的允许偏差值。

7. 图3.1-45a所示型材，H尺寸的实体金属部分不小于H的75%时，采用其对应2栏的允许偏差值。

8. 图3.1-45f、g所示型材，即使尺寸H_1、H_2包含的实体金属部分不小于75%，也不采用其对应2栏的允许偏差值，而是采用其对应E尺寸的允许偏差值（3栏~14栏）。

9. 2栏偏差不适用于O状态和TX510状态型材，O状态和TX510状态型材允许偏差值由供需双方协商，并在图样或订货单（或合同）中注明。

表 3. 1-81　Ⅱ类型材非壁厚尺寸 *H* 的高精级允许偏差

（mm）

外接圆直径	*H* 尺寸	实体不小于 75% 的 *H* 尺寸的允许偏差	实体小于 75% 的 *H* 尺寸对应于下列 *E* 尺寸的允许偏差											
			≤20.00	>20.00~30.00	>30.00~40.00	>40.00~60.00	>60.00~80.00	>80.00~100.00	>100.00~125.00	>125.00~150.00	>150.00~180.00	>180.00~210.00	>210.00~250.00	>250.00
		2 栏	3 栏	4 栏	5 栏	6 栏	7 栏	8 栏	9 栏	10 栏	11 栏	12 栏	13 栏	14 栏
≤100.00	≤10.00	±0.40	±0.40	±0.55	±0.65	±0.80	±0.90	±1.00	—	—	—	—	—	—
	>10.00~25.00	±0.50	±0.50	±0.65	±0.75	±0.90	±1.00	±1.10	—	—	—	—	—	—
	>25.00~50.00	±0.80	±0.80	±0.95	±1.05	±1.20	±1.30	±1.40	—	—	—	—	—	—
	>50.00~100.00	±1.00	±1.00	±1.15	±1.25	±1.40	±1.50	±1.60	—	—	—	—	—	—
>100.00~200.00	≤10.00	±0.50	±0.50	±0.65	±0.75	±0.90	±1.00	±1.10	±1.30	±1.50	±1.70	—	—	—
	>10.00~25.00	±0.70	±0.70	±0.85	±0.95	±1.10	±1.20	±1.30	±1.50	±1.70	±1.90	—	—	—
	>25.00~50.00	±0.90	±0.90	±1.05	±1.15	±1.30	±1.40	±1.50	±1.70	±1.90	±2.10	—	—	—
	>50.00~100.00	±1.20	±1.20	±1.35	±1.45	±1.60	±1.70	±1.80	±2.00	±2.20	±2.40	—	—	—
	>100.00~150.00	±1.50	±1.50	±1.65	±1.75	±1.90	±2.00	±2.10	±2.30	±2.50	±2.70	—	—	—
	>150.00~200.00	±1.90	±1.90	±2.05	±2.15	±2.30	±2.40	±2.50	±2.70	±2.90	±3.10	—	—	—
>200.00~300.00	≤10.00	±0.55	±0.55	±0.70	±0.80	±0.95	±1.05	±1.15	±1.35	±1.55	±1.75	±1.95	±2.15	±2.35
	>10.00~25.00	±0.80	±0.80	±0.95	±1.05	±1.20	±1.30	±1.40	±1.60	±1.80	±2.00	±2.20	±2.40	±2.60
	>25.00~50.00	±1.00	±1.00	±1.15	±1.25	±1.40	±1.50	±1.60	±1.80	±2.00	±2.20	±2.40	±2.60	±2.80
	>50.00~100.00	±1.30	±1.30	±1.45	±1.55	±1.70	±1.80	±1.90	±2.10	±2.30	±2.50	±2.70	±2.90	±3.10
	>100.00~150.00	±1.70	±1.70	±1.85	±1.95	±2.10	±2.20	±2.30	±2.50	±2.70	±2.90	±3.10	±3.30	±3.50
	>150.00~200.00	±2.20	±2.20	±2.35	±2.45	±2.60	±2.70	±2.80	±3.00	±3.20	±3.40	±3.60	±3.80	±4.00
	>200.00~300.00	±2.50	±2.50	±2.65	±2.75	±2.90	±3.00	±3.10	±3.30	±3.50	±3.70	±3.90	±4.10	±4.30
>300.00~500.00	≤10.00	±0.60	±0.60	±0.75	±0.85	±1.00	±1.10	±1.20	±1.40	±1.60	±1.80	±2.00	±2.20	±2.40
	>10.00~25.00	±0.90	±0.90	±1.05	±1.15	±1.30	±1.40	±1.50	±1.70	±1.90	±2.10	±2.30	±2.50	±2.70
	>25.00~50.00	±1.20	±1.20	±1.35	±1.45	±1.60	±1.70	±1.80	±2.00	±2.20	±2.40	±2.60	±2.80	±3.00
	>50.00~100.00	±1.60	±1.60	±1.75	±1.85	±2.00	±2.10	±2.20	±2.40	±2.60	±2.80	±3.00	±3.20	±3.40
	>100.00~150.00	±1.80	±1.80	±1.95	±2.05	±2.20	±2.30	±2.40	±2.60	±2.80	±3.00	±3.20	±3.40	±3.60
	>150.00~200.00	±2.40	±2.40	±2.55	±2.65	±2.80	±2.90	±3.00	±3.20	±3.40	±3.60	±3.80	±4.00	±4.20
	>200.00~300.00	±2.80	±2.80	±2.95	±3.05	±3.20	±3.30	±3.40	±3.60	±3.80	±4.00	±4.20	±4.40	±4.60
	>300.00~450.00	±3.50	±3.50	±3.65	±3.75	±3.90	±4.00	±4.10	±4.30	±4.50	±4.70	±4.90	±5.10	±5.30
	>450.00~600.00	±4.50	±4.50	±4.65	±4.75	±4.90	±5.00	±5.10	±5.30	±5.50	±5.70	±5.90	±6.10	±6.30
>500.00~1000.00	≤10.00	±0.70	±0.70	±0.85	±0.95	±1.10	±1.20	±1.30	±1.50	±1.70	±1.90	±2.10	±2.30	±2.50
	>10.00~25.00	±1.10	±1.10	±1.25	±1.35	±1.50	±1.60	±1.70	±1.90	±2.10	±2.30	±2.50	±2.70	±2.90
	>25.00~50.00	±1.30	±1.30	±1.45	±1.55	±1.70	±1.80	±1.90	±2.10	±2.30	±2.50	±2.70	±2.90	±3.10
	>50.00~100.00	±1.80	±1.80	±1.95	±2.05	±2.20	±2.30	±2.40	±2.60	±2.80	±3.00	±3.20	±3.40	±3.60
	>100.00~150.00	±2.00	±2.00	±2.15	±2.25	±2.40	±2.50	±2.60	±2.80	±3.00	±3.20	±3.40	±3.60	±3.80

（续）

外接圆直径	H尺寸	实体不小于75%的H尺寸的允许偏差	实体小于75%的H尺寸对应于下列E尺寸的允许偏差											
			≤20.00	>20.00~30.00	>30.00~40.00	>40.00~60.00	>60.00~80.00	>80.00~100.00	>100.00~125.00	>125.00~150.00	>150.00~180.00	>180.00~210.00	>210.00~250.00	>250.00
		2栏	3栏	4栏	5栏	6栏	7栏	8栏	9栏	10栏	11栏	12栏	13栏	14栏
>500.00~1000.00	>150.00~200.00	±2.70	±2.70	±2.85	±2.95	±3.10	±3.20	±3.30	±3.50	±3.70	±3.90	±4.10	±4.30	±4.50
	>200.00~300.00	±3.10	±3.10	±3.25	±3.35	±3.50	±3.60	±3.70	±3.90	±4.10	±4.30	±4.50	±4.70	±4.90
	>300.00~450.00	±3.80	±3.80	±3.95	±4.05	±4.20	±4.30	±4.40	±4.60	±4.80	±5.00	±5.20	±5.40	±5.60
	>450.00~600.00	±5.00	±5.00	±5.15	±5.25	±5.40	±5.50	±5.60	±5.80	±6.00	±6.20	±6.40	±6.60	±6.80
	>600.00~800.00	±6.00	±6.00	±6.15	±6.25	±6.40	±6.50	±6.60	±6.80	±7.00	±7.20	±7.40	±7.60	±7.80

注：1. 当偏差不采用对称的“±”偏差时，则正、负偏差的绝对值之和应为表中对应数值的两倍。

2. 表中无数值处表示偏差不要求。

3. 图3.1-45f~l所示型材，尺寸H（或H_1、H_2）采用其对应E尺寸的允许偏差值（3栏~14栏）。

4. 图3.1-45d、e所示型材，尺寸H_1采用尺寸H_2对应E尺寸的允许偏差值（3栏~14栏）。

5. 图3.1-45a所示型材，H尺寸的实体金属部分小于H的75%时，采用其对应3栏的允许偏差值。

6. 图3.1-45b、c所示型材，尺寸H_1采用尺寸H_2对应4栏的允许偏差值，若此偏差值小于H_1对应2栏的允许偏差值，则采用H_1对应2栏的允许偏差值。

7. 图3.1-45a所示型材，H尺寸的实体金属部分不小于H的75%时，采用其对应2栏的允许偏差值。

8. 图3.1-45f、g所示型材，即使尺寸H_1、H_2包含的实体金属部分不小于75%，也不采用其对应2栏的允许偏差值，而是采用其对应E尺寸的允许偏差值（3栏~14栏）。

9. 2栏偏差不适用于O状态和TX510状态型材，O状态和TX510状态型材允许偏差值由供需双方协商，并在图样或订货单（或合同）中注明。

表3.1-82 Ⅱ类型材非壁厚尺寸H的超高精级允许偏差 （mm）

外接圆直径	H尺寸	实体不小于75%的H尺寸的允许偏差	实体小于75%的H尺寸对应于下列E尺寸的允许偏差											
			≤20.00	>20.00~30.00	>30.00~40.00	>40.00~60.00	>60.00~80.00	>80.00~100.00	>100.00~125.00	>125.00~150.00	>150.00~180.00	>180.00~210.00	>210.00~250.00	>250.00
		2栏	3栏	4栏	5栏	6栏	7栏	8栏	9栏	10栏	11栏	12栏	13栏	14栏
≤100.00	≤10.00	±0.24	±0.24	±0.32	±0.38	±0.47	±0.53	±0.59	—	—	—	—	—	—
	>10.00~25.00	±0.29	±0.29	±0.38	±0.44	±0.53	±0.59	±0.65	—	—	—	—	—	—
	>25.00~50.00	±0.47	±0.47	±0.56	±0.62	±0.71	±0.76	±0.82	—	—	—	—	—	—
	>50.00~100.00	±0.59	±0.59	±0.68	±0.74	±0.82	±0.88	±0.94	—	—	—	—	—	—
>100.00~200.00	≤10.00	±0.29	±0.29	±0.38	±0.44	±0.53	±0.59	±0.65	±0.76	±0.88	±1.00	—	—	—
	>10.00~25.00	±0.41	±0.41	±0.50	±0.56	±0.65	±0.71	±0.76	±0.88	±1.00	±1.12	—	—	—
	>25.00~50.00	±0.53	±0.53	±0.62	±0.68	±0.76	±0.82	±0.88	±1.00	±1.12	±1.24	—	—	—
	>50.00~100.00	±0.71	±0.71	±0.79	±0.85	±0.94	±1.00	±1.06	±1.18	±1.29	±1.41	—	—	—
	>100.00~150.00	±0.88	±0.88	±0.97	±1.03	±1.12	±1.18	±1.24	±1.35	±1.47	±1.59	—	—	—
	>150.00~200.00	±1.12	±1.12	±1.21	±1.26	±1.35	±1.41	±1.47	±1.59	±1.71	±1.82	—	—	—
>200.00~300.00	≤10.00	±0.32	±0.32	±0.41	±0.47	±0.56	±0.62	±0.68	±0.79	±0.91	±1.03	±1.15	±1.26	±1.38
	>10.00~25.00	±0.47	±0.47	±0.56	±0.62	±0.71	±0.76	±0.82	±0.94	±1.06	±1.18	±1.29	±1.41	±1.53
	>25.00~50.00	±0.59	±0.59	±0.68	±0.74	±0.82	±0.88	±0.94	±1.06	±1.18	±1.29	±1.41	±1.53	±1.65

（续）

外接圆直径	H 尺寸	实体不小于75%的 H 尺寸的允许偏差	实体小于75%的 H 尺寸对应于下列 E 尺寸的允许偏差											
			≤20.00	>20.00~30.00	>30.00~40.00	>40.00~60.00	>60.00~80.00	>80.00~100.00	>100.00~125.00	>125.00~150.00	>150.00~180.00	>180.00~210.00	>210.00~250.00	>250.00
		2栏	3栏	4栏	5栏	6栏	7栏	8栏	9栏	10栏	11栏	12栏	13栏	14栏
>200.00~300.00	>50.00~100.00	±0.76	±0.76	±0.85	±0.91	±1.00	±1.06	±1.12	±1.24	±1.35	±1.47	±1.59	±1.71	±1.82
	>100.00~150.00	±1.00	±1.00	±1.09	±1.15	±1.24	±1.29	±1.35	±1.47	±1.59	±1.71	±1.82	±1.94	±2.06
	>150.00~200.00	±1.29	±1.29	±1.38	±1.44	±1.53	±1.59	±1.65	±1.76	±1.88	±2.00	±2.12	±2.24	±2.35
	>200.00~300.00	±1.47	±1.47	±1.56	±1.62	±1.71	±1.76	±1.82	±1.94	±2.06	±2.18	±2.29	±2.41	±2.53
>300.00~500.00	≤10.00	±0.35	±0.35	±0.44	±0.50	±0.59	±0.65	±0.71	±0.82	±0.94	±1.06	±1.18	±1.29	±1.41
	>10.00~25.00	±0.53	±0.53	±0.62	±0.68	±0.76	±0.82	±0.88	±1.00	±1.12	±1.24	±1.35	±1.47	±1.59
	>25.00~50.00	±0.71	±0.71	±0.79	±0.85	±0.94	±1.00	±1.06	±1.18	±1.29	±1.41	±1.53	±1.65	±1.76
	>50.00~100.00	±0.94	±0.94	±1.03	±1.09	±1.18	±1.24	±1.29	±1.41	±1.53	±1.65	±1.76	±1.88	±2.00
	>100.00~150.00	±1.06	±1.06	±1.15	±1.21	±1.29	±1.35	±1.41	±1.53	±1.65	±1.76	±1.88	±2.00	±2.12
	>150.00~200.00	±1.41	±1.41	±1.50	±1.56	±1.65	±1.71	±1.76	±1.88	±2.00	±2.12	±2.24	±2.35	±2.47
	>200.00~300.00	±1.65	±1.65	±1.74	±1.79	±1.88	±1.94	±2.00	±2.12	±2.24	±2.35	±2.47	±2.59	±2.71
	>300.00~450.00	±2.06	±2.06	±2.15	±2.21	±2.29	±2.35	±2.41	±2.53	±2.65	±2.76	±2.88	±3.00	±3.12
	>450.00~600.00	±2.65	±2.65	±2.74	±2.79	±2.88	±2.94	±3.00	±3.12	±3.24	±3.35	±3.47	±3.59	±3.71
>500.00~1000.00	≤10.00	±0.41	±0.41	±0.50	±0.56	±0.65	±0.71	±0.76	±0.88	±1.00	±1.12	±1.24	±1.35	±1.47
	>10.00~25.00	±0.65	±0.65	±0.74	±0.79	±0.88	±0.94	±1.00	±1.12	±1.24	±1.35	±1.47	±1.59	±1.71
	>25.00~50.00	±0.76	±0.76	±0.85	±0.91	±1.00	±1.06	±1.12	±1.24	±1.35	±1.47	±1.59	±1.71	±1.82
	>50.00~100.00	±1.06	±1.06	±1.15	±1.21	±1.29	±1.35	±1.41	±1.53	±1.65	±1.76	±1.88	±2.00	±2.12
	>100.00~150.00	±1.18	±1.18	±1.26	±1.32	±1.41	±1.47	±1.53	±1.65	±1.76	±1.88	±2.00	±2.12	±2.24
	>150.00~200.00	±1.59	±1.59	±1.68	±1.74	±1.82	±1.88	±1.94	±2.06	±2.18	±2.29	±2.41	±2.53	±2.65
	>200.00~300.00	±1.82	±1.82	±1.91	±1.97	±2.06	±2.12	±2.18	±2.29	±2.41	±2.53	±2.65	±2.76	±2.88
	>300.00~450.00	±2.24	±2.24	±2.32	±2.38	±2.47	±2.53	±2.59	±2.71	±2.82	±2.94	±3.06	±3.18	±3.29
	>450.00~600.00	±2.94	±2.94	±3.03	±3.09	±3.18	±3.24	±3.29	±3.41	±3.53	±3.65	±3.76	±3.88	±4.00
	>600.00~800.00	±3.53	±3.53	±3.62	±3.68	±3.76	±3.82	±3.88	±4.00	±4.12	±4.24	±4.35	±4.47	±4.59

注：1. 当偏差不采用对称的“±”偏差时，则正、负偏差的绝对值之和应为表中对应数值的两倍。
2. 表中无数值处表示偏差不要求。
3. 图 3.1-45f~l 所示型材，尺寸 H（或 H_1、H_2）采用其对应 E 尺寸的允许偏差值（3 栏~14 栏）。
4. 图 3.1-45d、e 所示型材，尺寸 H_1 采用尺寸 H_2 对应 E 尺寸的允许偏差值（3 栏~14 栏）。
5. 图 3.1-45a 所示型材，H 尺寸的实体金属部分小于 H 的 75%时，采用其对应 3 栏的允许偏差值。
6. 图 3.1-45b、c 所示型材，尺寸 H_1 采用尺寸 H_2 对应 4 栏的允许偏差值，若此偏差值小于 H_1 对应 2 栏的允许偏差值，则采用 H_1 对应 2 栏的允许偏差值。
7. 图 3.1-45a 所示型材，H 尺寸的实体金属部分不小于 H 的 75%时，采用其对应 2 栏的允许偏差值。
8. 图 3.1-45f、g 所示型材，即使尺寸 H_1、H_2 包含的实体金属部分不小于 75%，也不采用其对应 2 栏的允许偏差值，而是采用其对应 E 尺寸的允许偏差值（3 栏~14 栏）。
9. 2 栏偏差不适用于 O 状态和 TX510 状态型材，O 状态和 TX510 状态型材允许偏差值由供需双方协商，并在图样或订货单（或合同）中注明。

② 角度偏差。横截面的角度允许偏差见表 3. 1-83。

表 3. 1-83　横截面的角度允许偏差

型材类别	角度允许偏差		
	普通级	高精级	超高精级
Ⅰ类	±2.0°	±1.0°	±0.5°
Ⅱ类	±2.5°	±1.5°	±1.0°

注：当偏差不采用对称的“±”偏差时，则正、负偏差的绝对值之和应为表中对应数值的两倍。

③ 倒角半径 r 及圆角半径 R（图 3. 1-46）。

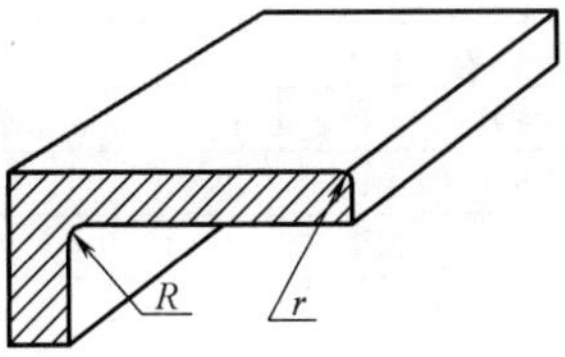

图 3. 1-46　型材横截面上的倒角（或过渡圆角）半径 r 及圆角半径 R

横截面倒角半径 r 见表 3. 1-84。横截面圆角半径 R 的允许偏差见表 3. 1-85。

表 3. 1-84　横截面倒角半径 r　（mm）

壁厚	倒角半径 r,不大于	
	Ⅰ类型材	Ⅱ类型材
≤3.00	0.5	0.6
>3.00~6.00	0.6	0.8
>6.00~10.00	0.8	1.0
>10.00~50.00	1.0	1.0

表 3. 1-85　横截面圆角半径 R 的允许偏差

（mm）

圆角半径 R	圆角半径的允许偏差
≤5.0	±0.5
>5.0	±10%R

注：当偏差不采用对称的“±”偏差时，则正、负偏差的绝对值之和应为表中对应数值的两倍。

4）曲面间隙。型材对曲面间隙有要求时，应供需双方协商曲面弧样板。型材曲面间隙应符合表 3. 1-86 的规定或在图样上注明。

表 3. 1-86　允许的曲面间隙　（mm）

曲面弦长	型材的曲面间隙值
≤30.00	≤0.3
>30.00~60.00	≤0.5
>60.00~90.00	≤0.7
>90.00~120.00	≤1.0
>120.00~150.00	≤1.2
>150.00~200.00	≤1.5
>200.00~250.00	≤2.0
>250.00~300.00	≤2.5
>300.00~400.00	≤3.0
>400.00~500.00	≤3.5
>500.00~1000.00	≤4.0

5）平面间隙。型材的平面间隙应符合表 3. 1-87 的规定。

表 3. 1-87　允许的平面间隙　（mm）

型材公称宽度 W	平面间隙,不大于				
	普通级	高精级			超高精级
		含封闭空腔的空心型材(图 3. 1-45a~c),或含不完全封闭空腔且所包围空腔截面面积不小于豁口尺寸 H_1 二次方的 2 倍(即 $2H_1^2$)的空心型材(图 3. 1-45d、e)		其他型材	
		壁厚≤5.00	壁厚>5.00		
≤30.00	0.50	0.30	0.20	0.20	0.20
>30.00~60.00	0.80	0.40	0.30	0.30	0.30
>60.00~100.00	1.20	0.60	0.40	0.40	0.40
>100.00~150.00	1.50	0.90	0.60	0.60	0.50
>150.00~200.00	2.30	1.20	0.80	0.80	0.70
>200.00~250.00	3.00	1.60	1.00	1.00	0.85
>250.00~300.00	3.80	1.80	1.20	1.20	1.00
>300.00~400.00	4.50	2.40	1.60	1.60	1.30
>400.00~500.00	6.00	3.00	2.00	2.00	1.70
>500.00~600.00	7.00	3.60	2.40	2.40	2.00
>600.00~1000.00	8.00	4.00	3.00	3.00	2.50
宽度 W 大于 100.00mm 时,在任意 100.00mm 宽度上	1.50	0.70	0.60	0.60	0.50

6）弯曲度。

① 纵向弯曲度：除 O、TX510 状态外的其他型材，其纵向弯曲度应符合表 3.1-88 的规定。O、TX510 状态型材的纵向弯曲度应由供需双方商定，并在图样或订货单（或合同）中注明。

② 纵向波浪度（或硬弯）：除 O、TX510 状态外的其他型材，其纵向波浪度应符合表 3.1-89 的规定。O、TX510 状态型材的纵向波浪度应由供需双方商定，并在图样或订货单（或合同）中注明。

③ 纵向侧弯度（或刀弯）：楔形型材和带圆头的型材，其纵向侧弯度在每米长度上不超过 4mm，在全长（L 米）上不超过 $4L$ 毫米。当其他型材有纵向侧弯度要求时，应供需双方商定，并在图样或订货单（或合同）中注明。

7）扭拧度。型材的扭拧度应符合表 3.1-90 的规定。

表 3.1-88　允许的纵向弯曲度

（mm）

外接圆直径	型材最小公称壁厚	纵向弯曲度					
		普通级		高精级		超高精级	
		每米长度上	全长（L 米）上	每米长度上	全长（L 米）上	每米长度上	全长（L 米）上
≤40.00	≤2.50	不检验	不检验	≤4.0	≤4.0×L	≤2.0	≤2.0×L
	>2.50	≤2.0	≤2.0×L	≤1.0	≤1.0×L	≤0.6	≤0.6×L
>40.00~300.00	—	≤2.0	≤2.0×L	≤1.0	≤1.0×L	≤0.6	≤0.6×L
>300.00~1000.00	—	≤2.5	≤2.5×L	≤1.5	≤1.5×L	—	—

表 3.1-89　允许的纵向波浪度

外接圆直径/mm	型材最小公称壁厚/mm	300mm 长度上的波浪高度 h_s/mm	普通级	高精级	超高精级
≤40.00	≤2.50	≤1.0	不检验	允许	允许
		>1.0~1.3	不检验	允许	不允许
		>1.3	不检验	不允许	不允许
	>2.50	≤0.3	允许	允许	允许
		>0.3~0.5	允许	允许	每 2m 最多 1 处
		>0.5	不允许	不允许	不允许
>40.00~1000.00	—	≤0.3	允许	允许	允许
		>0.3~0.5	允许	允许	每 2m 最多 1 处
		>0.5~1.0	允许	每米最多 1 处	不允许
		>1.0~2.0	每米最多 1 处	不允许	不允许
		>2.0	不允许	不允许	不允许

表 3.1-90　允许的扭拧度

（mm）

公称宽度 W	下列长度（L 米）上的扭拧度，不大于								
	<1m	1~6m	>6m	<1m	1~6m	>6m	<1m	1~6m	>6m
	普通级			高精级			超高精级		
≤30.00	2.0	5.0	5.5	1.2	2.5	3.0	1.0	2.0	2.5
>30.00~50.00	2.5	5.0	6.5	1.5	3.0	4.0	1.0	2.0	3.5
>50.00~100.00	4.0	6.5	13.0	2.0	3.5	5.0	1.0	2.5	4.2
>100.00~200.00	4.5	12.0	15.0	2.5	5.0	7.0	1.2	3.5	5.8
>200.00~300.00	6.0	14.0	21.0	2.5	6.0	8.0	1.8	4.5	6.7
>300.00~450.00	8.0	21.0	31.0	3.0	8.0	1.5×L	2.5	6.5	1.2×L
>450.00~600.00	12.0	31.0	40.0	3.5	9.0		3.0	7.5	
>600.0~1000.00	16.0	40.0	50.0	4.0	10.0		3.5	8.3	

8）切斜度。型材两端的切斜度应符合表 3.1-91 的规定，需要高精级或超高精级时，应在订货单（或合同）中注明，未注明时按普通级供货。

表 3.1-91　允许的切斜度

项目	普通级	高精级	超高精级
端部切斜度	≤5°	≤3°	≤1°

9）长度允许偏差。定尺或以倍尺作为定尺交货的型材，其长度允许偏差为+20mm。对于倍尺型材应在订货单（或合同）中注明因锯口增加的锯口余量（每个锯口的锯口余量为 3~5mm）。

(2) 铝及铝合金建筑型材（GB/T 5237.1—2017）

1）产品分类。产品牌号及状态见表 3.1-92。

表 3.1-92 产品牌号及状态

牌号	状态
6060、6063	T5、T6、T66①
6005、6063A、6463、6463A	T5、T6
6061	T4、T6

注：如果同一建筑制品同时选用 6005、6060、6061、6063 等不同牌号（或同一牌号不同状态），采用同一工艺进行阳极氧化，将难以获得颜色一致的阳极氧化表面，建议选用牌号和状态时，充分考虑颜色不一致性对建筑结构的影响。

① 固溶热处理后人工时效，通过工艺控制使力学性能达到其要求的特殊状态。

2）尺寸偏差要求

① 横截面尺寸偏差。横截面的壁厚尺寸如图 3.1-47 所示。其中：A 为翅壁壁厚；B 为封闭空腔周壁壁厚；C 为两个封闭空腔间的隔断壁厚；H 为非壁厚尺寸；E 为对开口部位的 H 尺寸偏差有重要影响的基准尺寸。

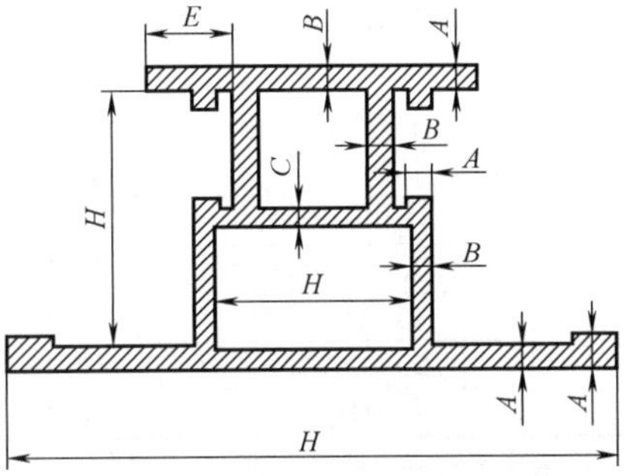

图 3.1-47 壁厚尺寸

壁厚公称尺寸及允许偏差相同的各个面的壁厚差应不大于相应的壁厚公差之半。有装配关系的 6060T5、6063T5、6063AT5、6463T5、6463AT5 基材㊀的壁厚允许偏差，应选用表 3.1-93 中的高精级或超高精级，或严于超高精级的偏差要求。

横截面的非壁厚尺寸（如图 3.1-48 所示基材的 H、H_1、H_2）允许偏差分为普通级、高精级、超高精级，见表 3.1-94 ~ 表 3.1-96 所示。有装配关系的 6060T5、6063T5、6063AT5、6463T5、6463AT5 基材的非壁厚允许偏差，应选用表 3.1-95 中的高精级，需要超高精级或严于超高精级的偏差要求时，应供需双方商定。

表 3.1-93 壁厚尺寸允许偏差 （mm）

级别	公称壁厚	对应于下列外接圆直径的基材壁厚尺寸允许偏差					
		≤100		>100~250		>250~350	
		A 组	B、C 组	A 组	B、C 组	A 组	B、C 组
普通级	1.20~2.00	±0.15	±0.23	±0.20	±0.30	±0.38	±0.45
	>2.00~3.00	±0.15	±0.25	±0.23	±0.38	±0.54	±0.57
	>3.00~6.00	±0.18	±0.30	±0.27	±0.45	±0.57	±0.60
	>6.00~10.00	±0.20	±0.60	±0.30	±0.90	±0.62	±1.20
	>10.00~15.00	±0.20	—	±0.30	—	±0.62	—
	>15.00~20.00	±0.23	—	±0.35	—	±0.65	—
	>20.00~30.00	±0.25	—	±0.38	—	±0.69	—
	>30.00~40.00	±0.30	—	±0.45	—	±0.72	—
高精级	1.20~2.00	±0.13	±0.20	±0.15	±0.23	±0.20	±0.30
	>2.00~3.00	±0.13	±0.21	±0.15	±0.25	±0.25	±0.38
	>3.00~6.00	±0.15	±0.26	±0.18	±0.30	±0.38	±0.45
	>6.00~10.00	±0.17	±0.51	±0.20	±0.60	±0.41	±0.90
	>10.00~15.00	±0.17	—	±0.20	—	±0.41	—
	>15.00~20.00	±0.20	—	±0.23	—	±0.43	—
	>20.00~30.00	±0.21	—	±0.25	—	±0.46	—
	>30.00~40.00	±0.26	—	±0.30	—	±0.48	—
超高精级	1.20~2.00	±0.09	±0.10	±0.10	±0.12	±0.15	±0.25
	>2.00~3.00	±0.09	±0.13	±0.10	±0.15	±0.15	±0.25
	>3.00~6.00	±0.10	±0.21	±0.12	±0.25	±0.18	±0.35

㊀ 基材即门、窗、幕墙、护栏等建筑用的、未经表面处理的铝合金热挤压型材。

（续）

级别	公称壁厚	对应于下列外接圆直径的基材壁厚尺寸允许偏差					
		≤100		>100~250		>250~350	
		A组	B、C组	A组	B、C组	A组	B、C组
超高精级	>6.00~10.00	±0.11	±0.34	±0.13	±0.40	±0.20	±0.70
	>10.00~15.00	±0.12	—	±0.14	—	±0.22	—
	>15.00~20.00	±0.13	—	±0.15	—	±0.23	—
	>20.00~30.00	±0.15	—	±0.17	—	±0.25	—
	>30.00~40.00	±0.17	—	±0.20	—	±0.30	—

注：1. 表中无数值处表示允许偏差不要求。

2. 含封闭空腔的空心基材（图3.1-48a~c），或含不完全封闭空腔、但所包围空腔截面面积不小于豁口尺寸二次方的2倍的空心基材（图3.1-48d、e，$S \geqslant 2H_1^2$），当空腔某一边的壁厚大于或等于其对边壁厚的3倍时，其壁厚允许偏差应供需双方商定；当空腔对边壁厚不相等，且厚边壁厚小于其对边壁厚的3倍时，其任一边壁厚的允许偏差均应采用两对边平均壁厚对应的允许偏差值。

3. 图3.1-48d、e所示的基材，当基材所包围的空腔截面面积S不小于$70mm^2$，且大于或等于豁口尺寸H_1二次方的2倍时（图3.1-48d，$S \geqslant 2H_1^2$），未封闭的空腔周壁壁厚允许偏差采用B组壁厚允许偏差。

4. 含封闭空腔的空心基材（图3.1-48a~c），所包围的空腔截面面积S小于$70mm^2$时，其空腔周壁壁厚允许偏差采用A组壁厚允许偏差。

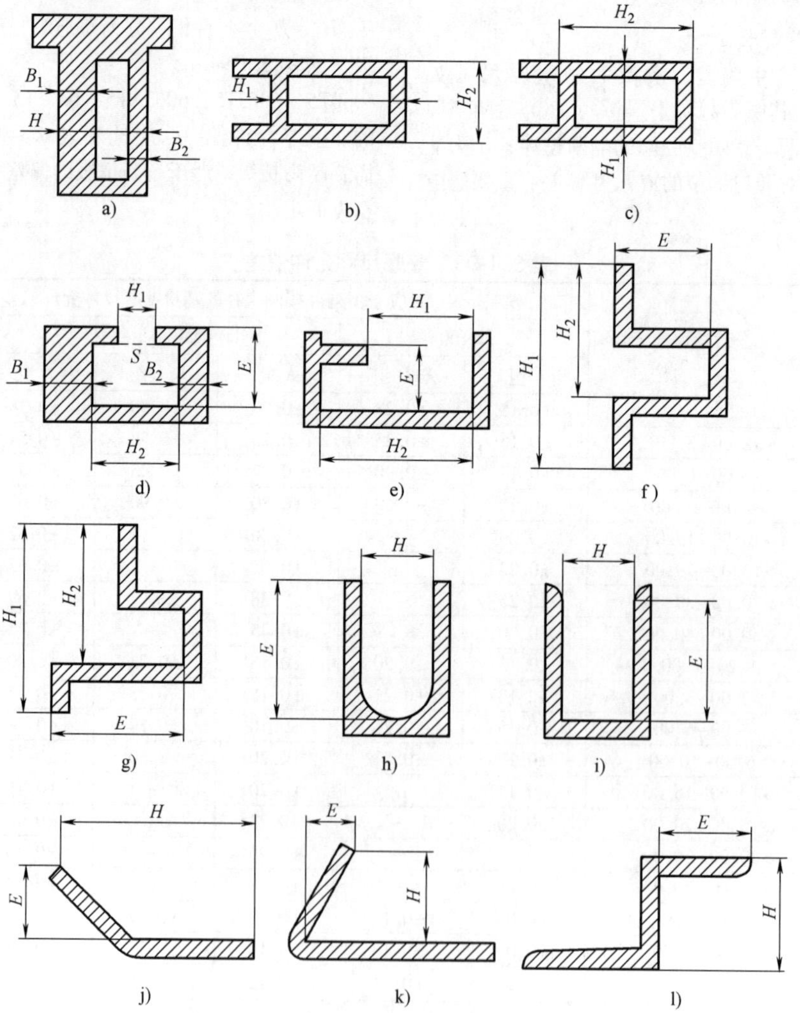

图3.1-48　非壁厚尺寸

表 3.1-94　非壁厚尺寸 H 允许偏差（普通级）　　（mm）

外接圆直径	H 尺寸	实体金属部分不小于 75%的 H 尺寸的允许偏差	实体金属部分小于 75%的 H 尺寸对应于下列 E 尺寸的允许偏差					
			>6~15	>15~30	>30~60	>60~100	>100~150	>150~200
	1 栏	2 栏	3 栏	4 栏	5 栏	6 栏	7 栏	8 栏
≤100	≤3.00	±0.15	±0.25	±0.30	—	—	—	—
	>3.00~10.00	±0.18	±0.30	±0.36	±0.41	—	—	—
	>10.00~15.00	±0.20	±0.36	±0.41	±0.46	±0.51	—	—
	>15.00~30.00	±0.23	±0.41	±0.46	±0.51	±0.56	—	—
	>30.00~45.00	±0.30	±0.53	±0.58	±0.66	±0.76	—	—
	>45.00~60.00	±0.36	±0.61	±0.66	±0.79	±0.91	—	—
	>60.00~100.00	±0.61	±0.86	±0.97	±1.22	±1.45	—	—
>100~250	≤3.00	±0.23	±0.33	±0.38	—	—	—	—
	>3.00~10.00	±0.27	±0.39	±0.45	±0.51	—	—	—
	>10.00~15.00	±0.30	±0.47	±0.51	±0.58	±0.61	—	—
	>15.00~30.00	±0.35	±0.53	±0.58	±0.64	±0.67	—	—
	>30.00~45.00	±0.45	±0.69	±0.73	±0.83	±0.91	±1.00	—
	>45.00~60.00	±0.54	±0.79	±0.83	±0.99	±1.10	±1.20	±1.40
	>60.00~90.00	±0.92	±1.10	±1.20	±1.50	±1.70	±2.00	±2.30
	>90.00~120.00	±0.92	±1.10	±1.20	±1.50	±1.70	±2.00	±2.30
	>120.00~150.00	±1.30	±1.50	±1.60	±2.00	±2.40	±2.80	±3.20
	>150.00~200.00	±1.70	±1.80	±2.00	±2.60	±3.00	±3.60	±4.10
	>200.00~250.00	±2.10	±2.10	±2.40	±3.20	±3.70	±4.30	±4.90
>250~350	≤3.00	±0.54	±0.64	±0.69	—	—	—	—
	>3.00~10.00	±0.57	±0.67	±0.76	±0.89	—	—	—
	>10.00~15.00	±0.62	±0.71	±0.82	±0.95	±1.50	—	—
	>15.00~30.00	±0.65	±0.78	±0.93	±1.30	±1.70	—	—
	>30.00~45.00	±0.72	±0.85	±1.20	±1.90	±2.30	±3.00	—
	>45.00~60.00	±0.92	±1.20	±1.50	±2.20	±2.60	±3.30	±4.60
	>60.00~90.00	±1.30	±1.60	±1.80	±2.50	±2.90	±3.60	±4.90
	>90.00~120.00	±1.30	±1.60	±1.80	±2.50	±2.90	±3.60	±4.90
	>120.00~150.00	±1.70	±1.90	±2.20	±2.90	±3.20	±3.80	±5.20
	>150.00~200.00	±2.10	±2.30	±2.50	±3.20	±3.50	±4.10	±5.40
	>200.00~250.00	±2.40	±2.60	±2.90	±3.50	±3.80	±4.40	±5.70
	>250.00~300.00	±2.80	±3.00	±3.20	±3.80	±4.10	±4.70	±6.00
	>300.00~350.00	±3.20	±3.30	±3.60	±4.10	±4.40	±5.00	±6.20

注：1. 当允许偏差不采用对称的正、负允许偏差时，则正、负允许偏差的绝对值之和应为表中对应数值的两倍。
2. 表中无数值处表示允许偏差不要求。
3. 图 3.1-48f~l 所示基材，尺寸 H（或 H_1、H_2）采用其对应 E 尺寸的允许偏差值（3 栏~8 栏）。
4. 图 3.1-48d、e 所示基材，尺寸 H_1 采用以尺寸 H_2 作为 H 尺寸，对应 E 尺寸的允许偏差值（3 栏~8 栏）。
5. 图 3.1-48a 所示基材，H 尺寸的实体金属部分小于 H 的 75%时，采用对应 3 栏的允许偏差值。
6. 图 3.1-48b、c 所示基材，尺寸 H_1 采用尺寸 H_2 对应 3 栏的允许偏差值，若此允许偏差值小于 H_1 对应 2 栏的允许偏差值时，则采用 H_1 对应 2 栏的允许偏差值。
7. 图 3.1-48a 所示基材，H 尺寸的实体金属部分不小于 H 的 75%时，采用其对应 2 栏的允许偏差值。
8. 图 3.1-48f、g 所示基材，即使尺寸 H_1、H_2 包含的实体金属部分不小于 75%，也不采用其对应 2 栏的允许偏差值，而是采用其对应 E 尺寸的允许偏差值（3 栏~8 栏）。
9. 当 E 等于或小于 6mm 时，按 2 栏确定其允许偏差。

表 3.1-95　非壁厚尺寸 H 允许偏差（高精级）（mm）

外接圆直径	H 尺寸	实体金属部分不小于 75%的 H 尺寸的允许偏差	实体金属部分小于 75%的 H 尺寸对应于下列 E 尺寸的允许偏差					
			>6~15	>15~30	>30~60	>60~100	>100~150	>150~200
	1栏	2栏	3栏	4栏	5栏	6栏	7栏	8栏
≤100	≤3.00	±0.13	±0.21	±0.25	—	—	—	—
	>3.00~10.00	±0.15	±0.26	±0.31	±0.35	—	—	—
	>10.00~15.00	±0.17	±0.31	±0.35	±0.39	±0.43	—	—
	>15.00~30.00	±0.21	±0.35	±0.39	±0.43	±0.48	—	—
	>30.00~45.00	±0.26	±0.45	±0.49	±0.56	±0.65	—	—
	>45.00~60.00	±0.31	±0.52	±0.56	±0.67	±0.77	—	—
	>60.00~100.00	±0.52	±0.73	±0.82	±1.04	±1.23	—	—
>100~250	≤3.00	±0.15	±0.25	±0.30	—	—	—	—
	>3.00~10.00	±0.18	±0.30	±0.36	±0.41	—	—	—
	>10.00~15.00	±0.20	±0.36	±0.41	±0.46	±0.50	—	—
	>15.00~30.00	±0.23	±0.41	±0.46	±0.50	±0.56	—	—
	>30.00~45.00	±0.30	±0.53	±0.58	±0.66	±0.76	±0.88	—
	>45.00~60.00	±0.36	±0.60	±0.66	±0.78	±0.91	±1.05	±1.25
	>60.00~90.00	±0.60	±0.86	±0.96	±1.20	±1.45	±1.70	±2.03
	>90.00~120.00	±0.60	±0.86	±0.96	±1.20	±1.45	±1.70	±2.03
	>120.00~150.00	±0.86	±1.10	±1.25	±1.63	±1.98	±2.39	±2.79
	>150.00~200.00	±1.10	±1.35	±1.55	±2.08	±2.50	±3.05	±3.55
	>200.00~250.00	±1.35	±1.63	±1.88	±2.50	±3.05	±3.68	±4.30
>250~350	≤3.00	±0.36	±0.46	±0.50	—	—	—	—
	>3.00~10.00	±0.38	±0.48	±0.56	±0.71	—	—	—
	>10.00~15.00	±0.41	±0.50	±0.60	±0.76	±1.25	—	—
	>15.00~30.00	±0.43	±0.56	±0.69	±1.00	±1.50	—	—
	>30.00~45.00	±0.48	±0.60	±0.86	±1.50	±2.03	±2.54	—
	>45.00~60.00	±0.60	±0.86	±1.10	±1.78	±2.29	±2.79	±4.30
	>60.00~90.00	±0.86	±1.10	±1.35	±2.03	±2.54	±3.05	±4.55
	>90.00~120.00	±0.86	±1.10	±1.35	±2.03	±2.54	±3.05	±4.55
	>120.00~150.00	±1.10	±1.35	±1.63	±2.29	±2.79	±3.30	±4.83
	>150.00~200.00	±1.35	±1.63	±1.88	±2.54	±3.05	±3.55	±5.08
	>200.00~250.00	±1.63	±1.88	±2.13	±2.79	±3.30	±3.80	±5.33
	>250.00~300.00	±1.88	±2.13	±2.39	±3.05	±3.55	±4.05	±5.59
	>300.00~350.00	±2.13	±2.39	±2.64	±3.30	±3.80	±4.30	±5.84

注：1. 当允许偏差不采用对称的正、负允许偏差时，则正、负允许偏差的绝对值之和应为表中对应数值的两倍。
2. 表中无数值处表示允许偏差不要求。
3. 图 3.1-48f~l 所示基材，尺寸 H（或 H_1、H_2）采用其对应 E 尺寸的允许偏差值（3 栏~8 栏）。
4. 图 3.1-48d、e 所示基材，尺寸 H_1 采用以尺寸 H_2 作为 H 尺寸，对应 E 尺寸的允许偏差值（3 栏~8 栏）。
5. 图 3.1-48a 所示基材，H 尺寸的实体金属部分小于 H 的 75%时，采用对应 3 栏的允许偏差值。
6. 图 3.1-48b、c 所示基材，尺寸 H_1 采用尺寸 H_2 对应 3 栏的允许偏差值，若此允许偏差值小于 H_1 对应 2 栏的允许偏差值时，则采用 H_1 对应 2 栏的允许偏差值。
7. 图 3.1-48a 所示基材，H 尺寸的实体金属部分不小于 H 的 75%时，采用其对应 2 栏的允许偏差值。
8. 图 3.1-48f、g 所示基材，即使尺寸 H_1、H_2 包含的实体金属部分不小于 75%，也不采用其对应 2 栏的允许偏差值，而是采用其对应 E 尺寸的允许偏差值（3 栏~8 栏）。
9. 当 E 等于或小于 6mm 时，按 2 栏确定其允许偏差。

表 3.1-96　非壁厚尺寸 H 允许偏差（超高精级）　（mm）

外接圆直径	H 尺寸	实体金属部分不小于 75%的 H 尺寸的允许偏差	实体金属部分小于 75%的 H 尺寸对应于下列 E 尺寸的允许偏差		
			>6~15	>15~60	>60~120
	1 栏	2 栏	3 栏	4 栏	5 栏
≤100	≤3.00	±0.10	±0.14	±0.14	—
	>3.00~10.00	±0.11	±0.14	±0.14	—
	>10.00~15.00	±0.13	±0.18	±0.18	—
	>15.00~30.00	±0.15	±0.22	±0.22	—
	>30.00~45.00	±0.18	±0.27	±0.27	±0.41
	>45.00~60.00	±0.27	±0.36	±0.36	±0.50
	>60.00~100.00	±0.37	±0.41	±0.41	±0.59
>100~350	≤3.00	±0.10	±0.15	±0.15	—
	>3.00~10.00	±0.12	±0.15	±0.15	—
	>10.00~15.00	±0.13	±0.20	±0.20	—
	>15.00~30.00	±0.15	±0.25	±0.25	—
	>30.00~45.00	±0.20	±0.30	±0.30	±0.45
	>45.00~60.00	±0.24	±0.40	±0.40	±0.55
	>60.00~90.00	±0.40	±0.45	±0.45	±0.65
	>90.00~120.00	±0.45	±0.57	±0.60	±0.80
	>120.00~150.00	±0.57	±0.73	±0.80	±1.00
	>150.00~200.00	±0.75	±0.89	±1.00	±1.30
	>200.00~250.00	±0.91	±1.09	±1.20	±1.50
	>250.00~300.00	±1.25	±1.42	±1.50	±1.80
	>300.00~350.00	±1.42	±1.58	±1.73	±2.16

注：1. 当允许偏差不采用对称的正、负允许偏差时，则正、负允许偏差的绝对值之和应为表中对应数值的两倍。
2. 表中无数值处表示允许偏差不要求。
3. 图 3.1-48f~l 所示基材，尺寸 H（或 H_1、H_2）采用其对应 E 尺寸的允许偏差值（3 栏~5 栏）。
4. 图 3.1-48d、e 所示基材，尺寸 H_1 采用以尺寸 H_2 作为 H 尺寸，对应 E 尺寸的允许偏差值（3 栏~5 栏）。
5. 图 3.1-48a 所示基材，H 尺寸的实体金属部分小于 H 的 75%时，采用对应 3 栏的允许偏差值。
6. 图 3.1-48b、c 所示基材，尺寸 H_1 采用尺寸 H_2 对应 3 栏的允许偏差值，若此允许偏差值小于 H_1 对应 2 栏的允许偏差值时，则采用 H_1 对应 2 栏的允许偏差值。
7. 图 3.1-48a 所示基材，H 尺寸的实体金属部分不小于 H 的 75%时，采用其对应 2 栏的允许偏差值。
8. 图 3.1-48f、g 所示基材，即使尺寸 H_1、H_2 包含的实体金属部分不小于 75%，也不采用其对应 2 栏的允许偏差值，而是采用其对应 E 尺寸的允许偏差值（3 栏~5 栏）。
9. 当 E 等于或小于 6mm 时，按 2 栏确定其允许偏差。

② 角度偏差。图样上有标注，且能直接测量的角度，其角度允许偏差应符合表 3.1-97 的规定，精度等级需在图样或订货单（或合同）中注明。未注明时，6060T5、6063T5、6063AT5、6463T5、6463AT5 基材角度允许偏差按高精级执行，其他基材角度允许偏差按普通级执行。不采用对称的正、负允许偏差时，正、负允许偏差的绝对值之和应为表中对应数值的两倍。

表 3.1-97　横截面的角度允许偏差

级别	角度允许偏差
普通级	±1.5°
高精级	±1.0°
超高精级	±0.5°

③ 倒角半径 r 及圆角半径 R（图 3.1-49）。倒角（或过渡圆角）半径 r 见表 3.1-98。圆角半径 R 允许偏差见表 3.1-99。

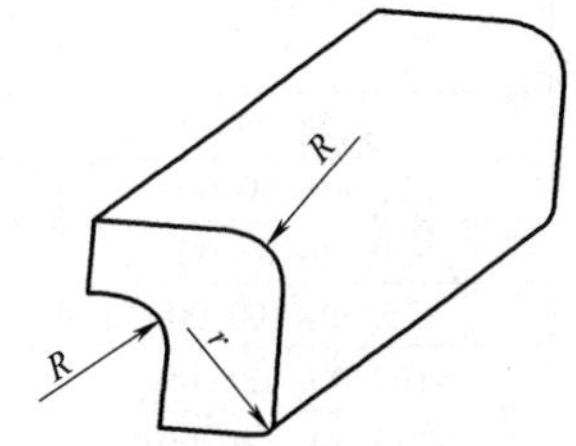

图 3.1-49　倒角（或过渡圆角）半径 r 及圆角半径 R 示意图

表 3.1-98 倒角（或过渡圆角）半径 r

（mm）

夹角边公称壁厚	倒角(或过渡圆角)半径最大允许值
≤3.00	0.5
>3.00~6.00	0.6
>6.00~10.00	0.8
>10.00~20.00	1.0
>20.00~40.00	1.5

注：夹角边公称壁厚尺寸不相等时，倒角（或过渡圆角）半径的最大允许值应按其中较大的公称壁厚尺寸来确定。

表 3.1-99 圆角半径 R 允许偏差

（mm）

圆角半径 R	圆角半径的允许偏差
≤1.0	±0.3
>1.0~5.0	±0.5
>5.0	±0.1R

3）曲面间隙。对曲面间隙有要求时，应供需双方商定曲面弧样板。任意 25mm 弦长上的圆弧曲面间隙不超过 0.13mm。当横截面圆弧部分的圆心角不大于90°时，基材的曲面间隙不超过 0.13mm×弦长/25mm，弦长不足 25mm 时，按 25mm 计算；当横截面圆弧部分的圆心角大于 90°时，基材的曲面间隙不超过 0.13mm×(90°圆心角对应弦长+其余数圆心角对应弦长)/25mm，弦长不足 25mm 时，按 25mm 计算。

4）平面间隙。平面间隙应符合表 3.1-100 的规定。精度等级未明确要求时，6060T5、6063T5、6063AT5、6463T5、6463AT5 基材平面间隙按高精级执行，其他基材按普通级执行。

5）弯曲度。弯曲度应符合表 3.1-101 的规定。精度等级未明确要求时，6060T5、6063T5、6063AT5、6463T5、6463AT5 基材弯曲度按高精级执行，其他基材按普通级执行。

6）扭拧度。公称长度小于或等于 7000mm 的基材，扭拧度应符合表 3.1-102 的规定。当未注明精度等级时，6060T5、6063T5、6063AT5、6463T5、6463AT5 基材扭拧度按高精级执行，其他基材按普通级执行。公称长度大于 7000mm 时，基材扭拧度应由供需双方商定。

表 3.1-100 平面间隙

（mm）

公称宽度 W	平面间隙,不大于		
	普通级	高精级	超高精级
≤25.00	0.20	0.15	0.10
>25.00~100.00	0.70%W	0.50%W	0.40%W
>100.00~350.00	0.80%W	0.60%W	0.33%W
任意 25.00mm 宽度上	0.20	0.15	0.10

表 3.1-101 弯曲度

（mm）

外接圆直径	最小壁厚	下列长度上的弯曲度,不大于					
		普通级		高精级		超高精级	
		任意 300mm	全长 L	任意 300mm	全长 L	任意 300mm	全长 L
≤38	≤2.40	1.3	0.004L	1.0	0.003L	0.3	0.0006L
	>2.40	0.5	0.002L	0.3	0.001L	0.3	0.0006L
>38	—	0.5	0.0015L	0.3	0.0008L	0.3	0.0005L

表 3.1-102 扭拧度

（mm）

精度等级	公称宽度 W	下列长度 L 上的扭拧度,不大于					
		≤1000	>1000~2000	>2000~3000	>3000~4000	>4000~5000	>5000~7000
普通级	≤25.00	1.30	2.00	2.30	3.10	3.30	3.90
	>25.00~50.00	1.80	2.60	3.90	4.20	4.70	5.50
	>50.00~75.00	2.10	3.40	5.20	5.80	6.30	6.80
	>75.00~100.00	2.30	3.50	6.20	6.60	7.00	7.40
	>100.00~125.00	3.00	4.50	7.80	8.20	8.40	8.60
	>125.00~150.00	3.60	5.50	9.80	9.90	10.10	10.30
	>150.00~200.00	4.40	6.60	11.70	11.90	12.10	12.30
	>200.00~350.00	5.50	8.20	15.60	15.80	16.00	16.20

（续）

精度等级	公称宽度 W	下列长度 L 上的扭拧度，不大于					
		≤1000	>1000~2000	>2000~3000	>3000~4000	>4000~5000	>5000~7000
高精级	≤25.00	1.20	1.80	2.10	2.60	2.60	3.00
	>25.00~50.00	1.30	2.00	2.60	3.20	3.70	3.90
	>50.00~75.00	1.60	2.30	3.90	4.10	4.30	4.70
	>75.00~100.00	1.70	2.60	4.00	4.40	4.70	5.20
	>100.00~125.00	2.00	2.90	5.10	5.50	5.70	6.00
	>125.00~150.00	2.40	3.60	6.40	6.70	7.00	7.20
	>150.00~200.00	2.90	4.30	7.60	7.90	8.10	8.30
	>200.00~350.00	3.60	5.40	10.20	10.40	10.70	10.90
超高精级	≤25.00	1.00	1.20	1.50	1.80	2.00	2.00
	>25.00~50.00	1.00	1.20	1.50	1.80	2.00	2.00
	>50.00~75.00	1.00	1.20	1.50	1.80	2.00	2.00
	>75.00~100.00	1.00	1.20	1.50	2.00	2.20	2.50
	>100.00~125.00	1.00	1.50	1.80	2.20	2.50	3.00
	>125.00~150.00	1.20	1.50	1.80	2.20	2.50	3.00
	>150.00~200.00	1.50	1.80	2.20	2.60	3.00	3.50
	>200.00~350.00	1.80	2.50	3.00	3.50	4.00	4.50

7）长度允许偏差。要求定尺时，应在订货单（或合同）中注明，公称长度小于或等于 6000mm 时，允许偏差为$^{+15}_{0}$mm；公称长度大于 6000mm 时，允许偏差应供需双方商定。以倍尺交货的基材，其长度允许偏差为$^{+20}_{0}$mm，需要加锯口余量时，应特别注明。

8）端头切斜度。端头切斜度不应超过 2°。

（3）铝及铝合金管材（GB/T 4436—2012）

1）挤压无缝圆管外形尺寸及允许偏差。

① 外径：挤压无缝圆管的外径偏差应符合表 3.1-103 的规定，需要高精级时，应在订货单（或合同）中注明，未注明时按普通级。

② 壁厚：挤压无缝圆管的壁厚偏差应符合表 3.1-104 的规定，需要高精级时，应在订货单（或合同）中注明，未注明时按普通级。

③ 弯曲度：挤压无缝圆管的弯曲度应符合表 3.1-105 的规定，需要高精级时，应在订货单（或合同）中注明，未注明时按普通级。

表 3.1-103　挤压无缝圆管的外径允许偏差　（mm）

公称外径④	外径允许偏差①								
	平均外径与公称外径的允许偏差② 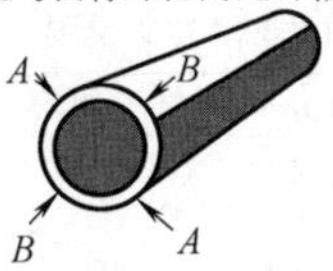 (AA+BB)/2与公称外径的偏差				任一外径与公称外径的允许偏差⑤ 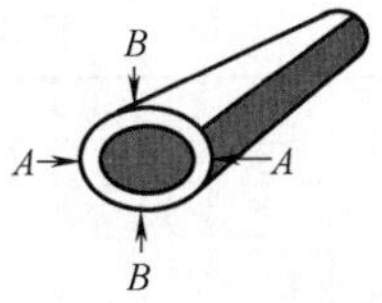 AA或BB与公称外径的偏差				
	普通级	高精级		普通级		高精级			
		高镁③合金	其他合金	高镁③合金	其他合金	除退火、淬火⑥、H111 状态外的其他状态		除 TX510 外的淬火⑥状态	O、H111、TX510 状态
						高镁③合金	其他合金		
8.00~12.50	—	±0.38	±0.24	±0.98	±0.66	±0.76	±0.40	±0.60	±1.50
>12.50~18.00	—	±0.38	±0.24	±0.98	±0.66	±0.76	±0.40	±0.60	±1.50
>18.00~25.00	—	±0.38	±0.24	±0.98	±0.66	±0.76	±0.50	±0.70	±1.80
>25.00~30.00	—	±0.46	±0.30	±1.30	±0.82	±0.96	±0.50	±0.70	±1.80
>30.00~50.00	—	±0.46	±0.30	±1.30	±0.82	±0.96	±0.60	±0.90	±2.20

（续）

公称外径④	外径允许偏差①								
	平均外径与公称外径的允许偏差② 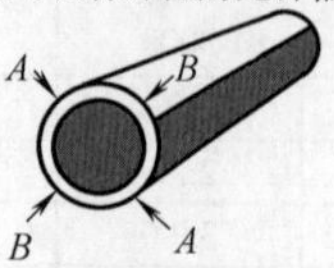 (AA+BB)/2与公称外径的偏差			任一外径与公称外径的允许偏差⑤ 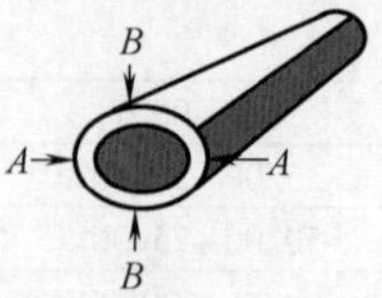 AA或BB与公称外径的偏差					
	普通级	高精级		普通级		高精级			
		高镁③合金	其他合金	高镁③合金	其他合金	除退火、淬火⑥、H111状态外的其他状态		除TX510外的淬火⑥状态	O、H111、TX510状态
						高镁③合金	其他合金		
>50.00~80.00	—	±0.58	±0.38	±1.50	±0.98	±1.14	±0.70	±1.10	±2.60
>80.00~100.00	—	±0.58	±0.38	±1.50	±0.98	±1.14	±0.76	±1.40	±3.60
>100.00~120.00	—	±0.96	±0.60	±2.50	±1.70	±1.90	±0.90	±1.40	±3.60
>120.00~150.00	—	±0.96	±0.61	±2.50	±1.70	±1.90	±1.24	±2.00	±5.00
>150.00~200.00	—	±1.34	±0.88	±3.70	±2.50	±2.84	±1.40	±2.00	±5.00
>200.00~250.00	—	±1.74	±1.14	±5.00	±3.30	±3.80	±1.90	±3.00	±7.60
>250.00~300.00	—	±2.10	±1.40	±6.20	±4.10	±4.78	±1.90	±3.00	±7.60
>300.00~350.00	—	±2.49	±1.40	±7.40	±5.00	±5.70	±1.90	±3.00	±7.60
>350.00~400.00	—	±2.84	±1.90	±8.70	±5.80	±6.68	±2.80	±4.00	±10.00
>400.00~450.00	—	±3.24	±1.90	—	—	±7.60	±2.80	±4.00	±10.00

① 需要非对称偏差时，其允许偏差上、下限数值的绝对值之和应与表中对应一致。

② 不适用于TX510、TX511状态管材。

③ 高镁合金为平均镁的质量分数大于或等于4.0%的铝镁合金。

④ 当外径、内径和壁厚均有规定时，表中偏差只适用于这些尺寸中的任意两个，当规定了内径和壁厚时，应根据该管材的公称外径取表中对应的偏差作为内径的允许偏差。

⑤ 壁厚小于或等于管材外径的2.5%时，表中偏差不适用，其允许偏差符合下述规定：
——壁厚与外径比>0.5%~1.0%时，允许偏差为表中对应数值的4.0倍；
——壁厚与外径比>1.0%~1.5%时，允许偏差为表中对应数值的3.0倍；
——壁厚与外径比>1.5%~2.0%时，允许偏差为表中对应数值的2.0倍；
——壁厚与外径比>2.0%~2.5%时，允许偏差为表中对应数值的1.5倍。

⑥ 淬火状态是指产品或试样经过固溶热处理的状态。

表3.1-104　挤压无缝圆管的壁厚允许偏差　（mm）

级别	公称壁厚	壁厚允许偏差①,②								
		平均壁厚与公称壁厚的允许偏差 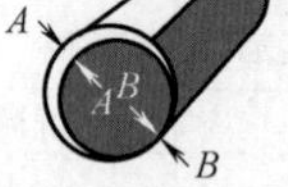 (AA+BB)/2与公称壁厚的偏差								任一点处壁厚与平均壁厚的允许偏差(壁厚不均度) 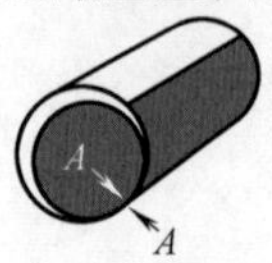 AA与平均壁厚的偏差
		公称外径								
		≤30.00		>30.00~80.00		>80.00~130.00		>130.00		
		高镁③合金	其他合金	高镁③合金	其他合金	高镁③合金	其他合金	高镁③合金	其他合金	
普通级	5.00~6.00	±0.54	±0.35	±0.54	±0.35	±0.77	±0.50	±1.10	±0.77	平均壁厚的±15% 最大值:±2.30
	>6.00~10.00	±0.65	±0.42	±0.65	±0.42	±0.92	±0.62	±1.50	±0.96	
	>10.00~12.00	—	—	±0.87	±0.57	±1.20	±0.80	±2.00	±1.30	
	>12.00~20.00	—	—	±1.10	±0.77	±1.60	±1.10	±2.60	±1.70	

（续）

级别	公称壁厚	壁厚允许偏差[①,②]								
		平均壁厚与公称壁厚的允许偏差 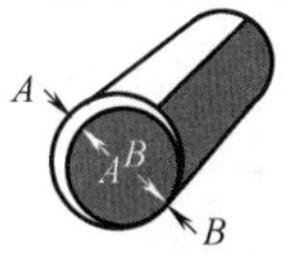 (AA+BB)/2与公称壁厚的偏差								任一点处壁厚与平均壁厚的允许偏差(壁厚不均度) 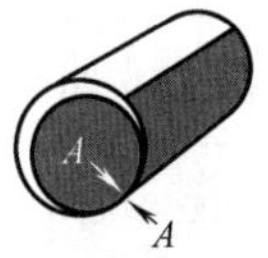 AA与平均壁厚的偏差
		公称外径								
		≤30.00		>30.00~80.00		>80.00~130.00		>130.00		
		高镁[③]合金	其他合金	高镁[③]合金	其他合金	高镁[③]合金	其他合金	高镁[③]合金	其他合金	
普通级	>20.00~25.00	—	—	—	—	±2.00	±1.30	±3.20	±2.10	平均壁厚的±15% 最大值:±2.30
	>25.00~38.00	—	—	—	—	±2.60	±1.70	±3.70	±2.50	
	>38.00~50.00	—	—	—	—	—	—	±4.30	±2.90	
	>50.00~60.00	—	—	—	—	—	—	±4.88	±3.22	
	>60.00~80.00	—	—	—	—	—	—	±5.48	±3.60	±4.50
	>80.00~90.00	—	—	—	—	—	—	±6.00	±3.98	
	>90.00~100.00	—	—	—	—	—	—	±6.60	±4.36	
高精级	5.00~6.00	±0.36	±0.23	±0.36	±0.23	±0.50	±0.33	±0.76	±0.50	平均壁厚的±8% 最大值:±1.50
	>6.00~10.00	±0.43	±0.28	±0.43	±0.28	±0.60	±0.41	±0.96	±0.64	
	>10.00~12.00	—	—	±0.58	±0.38	±0.80	±0.53	±1.35	±0.88	
	>12.00~20.00	—	—	±0.76	±0.51	±1.05	±0.71	±1.73	±1.14	
	>20.00~25.00	—	—	—	—	±1.35	±0.88	±2.10	±1.40	平均壁厚的±10% 最大值:±1.50
	>25.00~38.00	—	—	—	—	±1.73	±1.14	±2.49	±1.65	
	>38.00~50.00	—	—	—	—	—	—	±2.85	±1.90	
	>50.00~60.00	—	—	—	—	—	—	±3.25	±2.15	
	>60.00~80.00	—	—	—	—	—	—	±3.65	±2.40	±3.00
	>80.00~90.00	—	—	—	—	—	—	±4.00	±2.65	
	>90.00~100.00	—	—	—	—	—	—	±4.40	±2.90	

① 当外径、内径和壁厚均有规定时，表中偏差只适用于这些尺寸中的任意两个，当规定了外径和内径时，其壁厚偏差不适用。

② 需要非对称偏差时，其允许偏差上、下限数值的绝对值之和应与表中对应一致。

③ 高镁合金为平均镁的质量分数大于或等于 4.0%的铝镁合金。

表 3.1-105　挤压无缝圆管的弯曲度　（mm）

外径[②]	弯曲度[①]				
	普通级	高精级		超高精级	
	平均每米长度	任意 300mm 长度	平均每米长度	任意 300mm 长度	平均每米长度
8.00~150.00	≤3.0	≤0.8	≤1.5	≤0.3	≤1.0
>150.00~250.00	≤4.0	≤1.3	≤2.5	≤0.7	≤2.0

① 不适用于退火状态的管材。

② 不适用于外径大于 250.00mm 的管材。

④ 长度：挤压无缝圆管的不定尺供应长度应不小于 300mm，定尺长度偏差应符合表 3.1-106 的规定。需要高精级时，应在订货单（或合同）中注明，未注明时按普通级。以倍尺作为定尺供货的管材，每个锯口宜留有 5mm 的锯切量。

⑤ 切斜度：挤压无缝圆管的两端端部不得有毛刺，切斜度应符合表 3.1-107 的规定。需要高精级时，应在订货单（或合同）中注明，未注明时按普通级。

2）挤压有缝圆管外形尺寸及允许偏差。

① 外径：挤压有缝圆管的外径偏差应符合表 3.1-108 的规定。

② 壁厚：挤压有缝圆管的壁厚偏差应符合表 3.1-109 的规定，需要高精级时，应在订货单（或合同）中注明，未注明时按普通级。

表 3.1-106　挤压无缝圆管的定尺长度允许偏差　（mm）

外径	定尺长度允许偏差			
	普通级	高精级		
		定尺长度		
		≤2000	>2000~5000	>5000~10000
8.00~100.00		$^{+5}_{0}$	$^{+7}_{0}$	$^{+10}_{0}$
>100.00~200.00	$^{+15}_{0}$	$^{+7}_{0}$	$^{+9}_{0}$	$^{+12}_{0}$
>200.00~450.00		$^{+8}_{0}$	$^{+11}_{0}$	$^{+14}_{0}$

表 3.1-107　挤压无缝圆管的切斜度　（mm）

外径	切斜度 N			
	普通级	高精级		
		长度		
		≤2000	>2000~5000	>5000~10000
≤100.00	—	≤2.5	≤3.5	≤5.0
>100.00~200.00	—	≤3.5	≤4.5	≤6.0
>200.00~450.00	—	≤4.0	≤5.5	≤7.0

表 3.1-108　挤压有缝圆管的外径允许偏差　（mm）

公称外径③	外径允许偏差①			
	平均外径与公称外径的允许偏差② 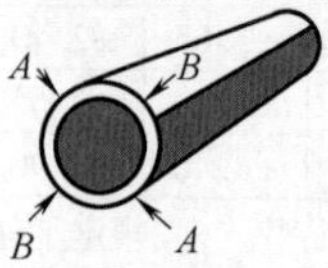 (AA+BB)/2与公称外径的偏差	任一外径与公称外径的允许偏差④ 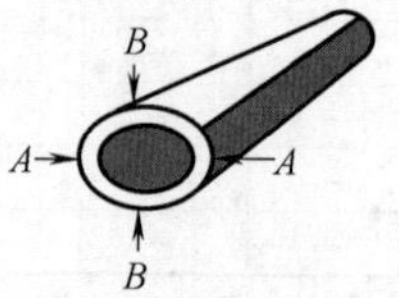 AA或BB与公称外径的偏差		
		除退火、淬火⑤、H111外的其他状态	除TX510外的淬火⑤状态	O、H111、TX510状态
8.00~18.00	±0.24	±0.40	±0.60	±1.50
>18.00~30.00	±0.30	±0.50	±0.80	±1.80
>30.00~50.00	±0.34	±0.60	±0.90	±2.20
>50.00~80.00	±0.40	±0.70	±1.10	±2.60
>80.00~120.00	±0.60	±0.90	±1.40	±3.60
>120.00~200.00	±0.90	±1.40	±2.00	±5.00
>200.00~350.00	±1.40	±1.90	±3.00	±7.60
>350.00~450.00	±1.90	±2.80	±4.00	±10.00

① 需要非对称偏差时，其允许偏差上、下限数值的绝对值之和应与表中对应一致。

② 不适用于TX510、TX511状态管材。

③ 当外径、内径和壁厚均有规定时，表中偏差只适用于这些尺寸中的任意两个，当规定了内径和壁厚时，应根据该管材的公称外径取表中对应的偏差作为内径的允许偏差。

④ 壁厚小于或等于管材外径的2.5%时，表中偏差不适用，其允许偏差符合下述规定：
——壁厚与外径比>0.5%~1.0%时，允许偏差为表中对应数值的4.0倍；
——壁厚与外径比>1.0%~1.5%时，允许偏差为表中对应数值的3.0倍；
——壁厚与外径比>1.5%~2.0%时，允许偏差为表中对应数值的2.0倍；
——壁厚与外径比>2.0%~2.5%时，允许偏差为表中对应数值的1.5倍。

⑤ 淬火状态是指产品或试样经过固溶热处理的状态。

表 3.1-109　挤压有缝圆管壁厚允许偏差　（mm）

公称壁厚	任一点处壁厚与公称壁厚的允许偏差①			
	普通级	高精级		
		外径		
		≤150.00	>150.00~300.00	>300.00
≤3.00	公称壁厚的±15%	公称壁厚的±7%	公称壁厚的±9%	公称壁厚的±11%
>3.00~5.00		公称壁厚的±6%	公称壁厚的±8%	公称壁厚的±10%
>5.00		公称壁厚的±5%	公称壁厚的±7%	公称壁厚的±9%

① 当外径、内径和壁厚均有规定时，表中偏差只适用于这些尺寸中的任意两个，当规定了外径和内径时，其壁厚偏差不适用。

③ 弯曲度：挤压有缝圆管的弯曲度应符合表 3.1-110 的规定，需要高精级时，应在订货单（或合同）中注明，未注明时按普通级。

④ 长度：挤压有缝圆管的不定尺供应长度应不小于 300mm，定尺长度偏差应符合表 3.1-111 的规定。需要高精级时，应在订货单（或合同）中注明，未注明时按普通级。以倍尺作为定尺供货的管材，每个锯口宜留有 5mm 的锯切量。

⑤ 切斜度：挤压有缝圆管的两端端部不得有毛刺，切斜度应符合表 3.1-112 的规定。需要高精级时，应在订货单（或合同）中注明，未注明时按普通级。

表 3.1-110　挤压有缝圆管的弯曲度　（mm）

外径②	壁厚	弯曲度①	
		任意 300mm 长度	平均每米长度
8.00~30.00	≤2.40	≤1.5	≤4.0
	>2.40	≤0.5	≤2.0
>30.00~150.00	所有	≤0.8	≤1.5
>150.00~250.00	所有	≤1.3	≤2.5
>250.00~450.00	所有	≤1.8	≤3.5

① 不适用于壁厚小于外径的 1.5%的管材。
② 不适用于外径大于 450mm 的管材。

表 3.1-111　挤压有缝圆管的定尺长度允许偏差　（mm）

外径	定尺长度允许偏差							
	定尺长度							
	≤2000		>2000~5000		>5000~10000		>10000~15000	
	普通级	高精级	普通级	高精级	普通级	高精级	普通级	高精级
8.00~100.00	+9 0	+5 0	+10 0	+7 0	+12 0	+10 0	+16 0	—
>100.00~200.00	+11 0	+7 0	+12 0	+9 0	+14 0	+12 0	+18 0	—
>200.00~450.00	+12 0	+8 0	+14 0	+11 0	+16 0	+14 0	+20 0	—

表 3.1-112　挤压有缝圆管的切斜度　（mm）

外径	切斜度 *N*							
	长度							
	≤2000		>2000~5000		>5000~10000		>10000~15000	
	普通级	高精级	普通级	高精级	普通级	高精级	普通级	高精级
8.00~100.00	+4.5 0	+2.5 0	+5 0	+3.5 0	+6 0	+5 0	+8 0	—
>100.00~200.00	+5.5 0	+3.5 0	+6 0	+4.5 0	+7 0	+6 0	+9 0	—
>200.00~450.00	+6 0	+4 0	+7 0	+5.5 0	+8 0	+7 0	+10 0	—

3）挤压有缝矩形管、正方形管、正六边形管、正八边形管外形尺寸及允许偏差。

① 边长或面间距（任意两平行相对面间的距离）：挤压有缝矩形管、正方形管、正六边形管、正八边形管的边长或面间距偏差应符合表3.1-113的规定。

② 壁厚：挤压有缝矩形管、正方形管、正六边形管、正八边形管的壁厚偏差应符合表3.1-114的规定。

③ 弯曲度：除退火状态管材和壁厚小于外接圆直径的1.5%的管材外，其他管材任意300mm长度的弯曲度不大于0.6mm，平均每米长度的弯曲度不大于1.5mm。

④ 平面间隙：挤压有缝矩形管、正方形管、正六边形管、正八边形管的平面间隙应符合表3.1-115的规定。需要高精级时，应在订货单（或合同）中注明，未注明时按普通级。

表3.1-113 挤压有缝矩形管、正方形管、正六边形管、正八边形管的边长或面间距允许偏差

（mm）

边长或面间距	边长或面间距的允许偏差							
	外接圆直径							
	≤100.00		>100.00~200.00		>200.00~300.00		>300.00~350.00	
	1栏	2栏	1栏	2栏	1栏	2栏	1栏	2栏
≤10.00	±0.24	±0.40	±0.30	±0.50	±0.34	±0.54	±0.40	±0.60
>10.00~25.00	±0.30	±0.50	±0.40	±0.70	±0.50	±0.80	±0.60	±0.90
>25.00~50.00	±0.50	±0.80	±0.60	±0.90	±0.80	±1.00	±0.90	±1.20
>50.00~100.00	±0.70	±1.00	±0.90	±1.20	±1.10	±1.30	±1.30	±1.60
>100.00~150.00	—	—	±1.10	±1.50	±1.30	±1.70	±1.50	±1.80
>150.00~200.00	—	—	±1.30	±1.90	±1.50	±2.20	±1.80	±2.40
>200.00~300.00	—	—	—	—	±1.70	±2.50	±2.10	±2.80
>300.00~350.00	—	—	—	—	—	—	±2.80	±3.50

注：1. 需要非对称偏差时，其允许偏差上、下限数值的绝对值之和应与表中对应一致。
2. 不适用于O、TX510状态管材。
3. 壁厚小于或等于管材最大面间距的2.5%时，表中偏差不适用，其允许偏差符合下述规定：
——壁厚与最大面间距比>0.5%~1.0%时，允许偏差为表中对应数值的4.0倍；
——壁厚与最大面间距比>1.0%~1.5%时，允许偏差为表中对应数值的3.0倍；
——壁厚与最大面间距比>1.5%~2.0%时，允许偏差为表中对应数值的2.0倍；
——壁厚与最大面间距比>2.0%~2.5%时，允许偏差为表中对应数值的1.5倍。
4. 2栏适用于2×××系、7×××系、平均镁的质量分数大于2.0%的5×××系以及Si与Mg的最大含量之和不小于2.0%的6×××系合金管材，1栏适用于2栏外的其他管材。

表3.1-114 挤压有缝矩形管、正方形管、正六边形管、正八边形管的壁厚允许偏差 （mm）

壁厚	壁厚允许偏差					
	外接圆直径					
	≤100.00		>100.00~300.00		>300.00~350.00	
	1栏	2栏	1栏	2栏	1栏	2栏
0.50~1.50	±0.20	±0.30	±0.30	±0.40	—	—
>1.50~3.00	±0.25	±0.35	±0.40	±0.50	±0.60	±0.70
>3.00~6.00	±0.40	±0.55	±0.60	±0.70	±0.80	±0.90
>6.00~10.00	±0.60	±0.75	±0.80	±1.00	±1.00	±1.20
>10.00~15.00	±0.80	±1.00	±1.00	±1.30	±1.20	±1.50
>15.00~20.00	±1.20	±1.50	±1.50	±1.80	±1.70	±2.00
>20.00~30.00	±1.50	±1.80	±1.80	±2.20	±2.00	±2.50
>30.00~40.00	—	—	±2.00	±2.50	±2.00	±3.00

注：1. 需要非对称偏差时，其允许偏差上、下限数值的绝对值之和应与表中对应一致。
2. 2栏适用于2×××系、7×××系、平均镁的质量分数大于2.0%的5×××系以及Si与Mg的最大含量之和不小于2.0%的6×××系合金管材，1栏适用于2栏外的其他管材。

表3.1-115　挤压有缝矩形管、正方形管、正六边形管、正八边形管的平面间隙　(mm)

宽度 W	平面间隙 f			
	壁厚			
	≤5.00		>5.00	
	普通级	高精级	普通级	高精级
≤30.00	≤0.30	≤0.30	≤0.20	≤0.20
>30.00~60.00	≤0.48	≤0.40	≤0.36	≤0.30
>60.00~100.00	≤0.80	≤0.60	≤0.60	≤0.40
>100.00~150.00	≤1.20	≤0.90	≤0.90	≤0.60
>150.00~200.00	≤1.60	≤1.20	≤1.20	≤0.80
>200.00~350.00	≤2.80	≤1.80	≤2.10	≤1.20

⑤ 扭拧度：挤压有缝矩形管、正方形管、正六边形管、正八边形管的扭拧度应符合表3.1-116的规定。需要高精级时，应在订货单（或合同）中注明，未注明时按普通级。

⑥ 角度：挤压有缝矩形管、正方形管的角度偏差应符合表3.1-117的规定。需要高精级时，应在订货单（或合同）中注明，未注明时按普通级。

表3.1-116　挤压有缝矩形管、正方形管、正六边形管、正八边形管的扭拧度　(mm)

宽度 W	扭拧度							
	任意1000mm长度		全长					
			≤1000		>1000~6000		>6000	
	普通级	高精级	普通级	高精级	普通级	高精级	普通级	高精级
10.00~30.00	≤1.5	≤1.2	≤1.5	≤1.2	≤3.0	≤2.5	≤3.5	≤3.0
>30.00~50.00	≤2.0	≤1.5	≤2.0	≤1.5	≤3.5	≤3.0	≤4.5	≤4.0
>50.00~100.00	≤2.5	≤2.0	≤2.5	≤2.0	≤4.0	≤3.5	≤5.5	≤5.0
>100.00~200.00	≤3.0	≤2.5	≤3.0	≤2.5	≤5.5	≤5.0	≤7.5	≤7.0
>200.00~350.00	≤3.5	≤2.5	≤3.5	≤2.5	≤6.5	≤6.0	≤8.5	≤8.0

表3.1-117　挤压有缝矩形管、正方形管的角度偏差　(mm)

组成角度的短边长度 B	角度偏差 Z	
	普通级	高精级
≤30.00	≤1.0	≤0.4
>30.00~50.00	≤1.7	≤0.7
>50.00~80.00	≤2.7	≤1.0
>80.00~120.00	≤4.0	≤1.4
>120.00~180.00	≤6.2	≤2.0
>180.00~240.00	≤8.2	≤2.6
>240.00~350.00	≤12.0	≤3.1

挤压有缝正六边形管、正八边形管角度允许偏差普通级不超过边长允许偏差值的3倍，角度允许偏差高精级不超过边长的允许偏差值。需要高精级时，应在订货单（或合同）中注明，未注明时按普通级。

⑦ 倒角半径：在尖角处未注明圆角半径或倒角半径的挤压有缝矩形管、正方形管、正六边形管、正八边形管，允许对尖角处轻微倒圆，使其圆滑，但倒角半径应符合表3.1-118的规定。需要高精级时，应在图样、订货单（或合同）中注明，未注明时按普通级。

⑧ 圆角半径：挤压有缝矩形管、正方形管、正六边形管、正八边形管的圆角半径偏差应符合表3.1-119的规定。

表3.1-118　挤压有缝矩形管、正方形管、正六边形管、正八边形管的倒角半径　(mm)

壁厚	倒角半径	
	普通级	高精级
≤5.00	≤1.5	≤0.8
>5.00	≤2.0	≤1.5

表3.1-119　挤压有缝矩形管、正方形管、正六边形管、正八边形管的圆角半径允许偏差　(mm)

圆角半径	圆角半径允许偏差
≤5.00	±0.5
>5.00	圆角半径的±10%

⑨ 长度：挤压有缝矩形管、正方形管、正六边形管、正八边形管的不定尺供应长度应不小于300mm，定尺长度偏差应符合表3.1-120的规定。需要高精级时，应在订货单（或合同）中注明，未注明时按普通级。以倍尺作为定尺供货的管材，每个锯口宜留有5mm的锯切量。

⑩ 切斜度：挤压有缝矩形管、正方形管、正六边形管、正八边形管的两端端部不得有毛刺，切斜度应符合表3.1-121的规定。需要高精级时，应在订货单（或合同）中注明，未注明时按普通级。

表3.1-120　挤压有缝矩形管、正方形管、正六边形管、正八边形管的定尺长度允许偏差　（mm）

边长或面间距	定尺长度允许偏差							
	定　尺　长　度							
	≤2000		>2000~5000		>5000~10000		>10000~15000	
	普通级	高精级	普通级	高精级	普通级	高精级	普通级	高精级
8.00~100.00	$^{+9}_{0}$	$^{+5}_{0}$	$^{+10}_{0}$	$^{+7}_{0}$	$^{+12}_{0}$	$^{+10}_{0}$	$^{+16}_{0}$	—
>100.00~200.00	$^{+11}_{0}$	$^{+7}_{0}$	$^{+12}_{0}$	$^{+9}_{0}$	$^{+14}_{0}$	$^{+12}_{0}$	$^{+18}_{0}$	—
>200.00~450.00	$^{+12}_{0}$	$^{+8}_{0}$	$^{+14}_{0}$	$^{+11}_{0}$	$^{+16}_{0}$	$^{+14}_{0}$	$^{+20}_{0}$	—

表3.1-121　挤压有缝矩形管、正方形管、正六边形管、正八边形管的切斜度　（mm）

边长或面间距	切斜度 N							
	长度							
	≤2000		>2000~5000		>5000~10000		>10000~15000	
	普通级	高精级	普通级	高精级	普通级	高精级	普通级	高精级
8.00~100.00	$^{+4.5}_{0}$	$^{+2.5}_{0}$	$^{+5}_{0}$	$^{+3.5}_{0}$	$^{+6}_{0}$	$^{+5}_{0}$	$^{+8}_{0}$	—
>100.00~200.00	$^{+5.5}_{0}$	$^{+3.5}_{0}$	$^{+6}_{0}$	$^{+4.5}_{0}$	$^{+7}_{0}$	$^{+6}_{0}$	$^{+9}_{0}$	—
>200.00~450.00	$^{+6}_{0}$	$^{+4}_{0}$	$^{+7}_{0}$	$^{+5.5}_{0}$	$^{+8}_{0}$	$^{+7}_{0}$	$^{+10}_{0}$	—

4）冷拉、冷轧有缝圆管和无缝圆管外形尺寸及允许偏差。

① 外径：冷拉、冷轧有缝圆管和无缝圆管的外径偏差应符合表3.1-122的规定。需要高精级时，应在订货单（或合同）中注明，未注明时按普通级。

② 壁厚：冷拉、冷轧有缝圆管和无缝圆管的壁厚偏差应符合表3.1-123的规定。需要高精级时，应在订货单（或合同）中注明，未注明时按普通级。

表3.1-122　冷拉、冷轧有缝圆管和无缝圆管的外径允许偏差　（mm）

公称外径④	外径允许偏差①									
	平均外径与公称外径的允许偏差② 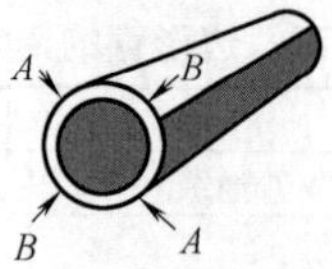 (AA+BB)/2与公称外径的偏差		任一外径与公称外径的允许偏差⑤ 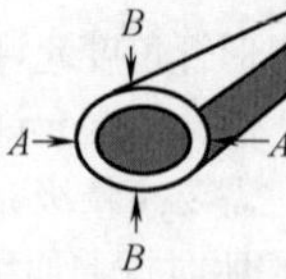 AA或BB与公称外径的偏差							
			除退火、淬火⑥、H111状态外的其他状态				除TX510外的淬火⑥状态		O、H111、TX510状态	
			高镁合金③		非高镁合金					
	普通级	高精级	普通级	高精级	普通级	高精级	普通级	高精级	普通级	高精级
6.00~8.00	±0.12	±0.04	±0.20	±0.08	±0.12	±0.08	±0.23	±0.12	±0.72	±0.25
>8.00~12.00	±0.12	±0.05	±0.20	±0.08	±0.12	±0.08	±0.23	±0.15	±0.72	±0.30
>12.00~18.00	±0.15	±0.05	±0.20	±0.09	±0.15	±0.09	±0.30	±0.15	±0.90	±0.30
>18.00~25.00	±0.15	±0.06	±0.20	±0.10	±0.15	±0.10	±0.30	±0.20	±0.90	±0.40

（续）

公称外径④	外径允许偏差①									
	平均外径与公称外径的允许偏差② 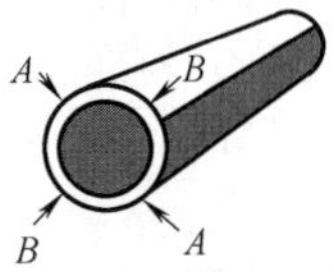 (AA+BB)/2与公称外径的偏差		任一外径与公称外径的允许偏差⑤ 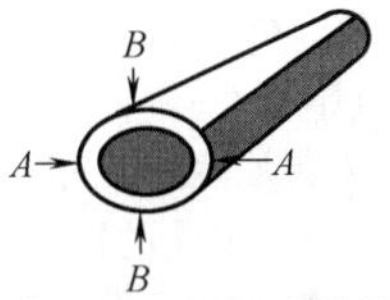 AA或BB与公称外径的偏差							
			除退火、淬火⑥、H111状态外的其他状态				除TX510外的淬火⑥状态		O、H111、TX510状态	
			高镁合金③		非高镁合金					
	普通级	高精级	普通级	高精级	普通级	高精级	普通级	高精级	普通级	高精级
>25.00~30.00	±0.20	±0.06	±0.30	±0.10	±0.20	±0.10	±0.38	±0.20	±1.20	±0.40
>30.00~50.00	±0.20	±0.07	±0.30	±0.12	±0.20	±0.12	±0.38	±0.25	±1.20	±0.50
>50.00~80.00	±0.23	±0.09	±0.35	±0.15	±0.23	±0.15	±0.45	±0.30	±1.38	±0.70
>80.00~120.00	±0.30	±0.14	±0.50	±0.20	±0.30	±0.20	±0.62	±0.41	±1.80	±1.20

① 需要非对称偏差时，其允许偏差上、下限数值的绝对值之和应与表中对应一致。
② 不适用于TX510、TX511状态管材。
③ 高镁合金为平均镁的质量分数大于或等于4.0%的铝镁合金。
④ 当外径、内径和壁厚均有规定时，表中偏差只适用于这些尺寸中的任意两个，当规定了内径和壁厚时，应根据该管材的公称外径取表中对应的偏差作为内径的允许偏差。
⑤ 壁厚小于或等于管材外径的2.5%时，表中偏差不适用，其允许偏差符合下述规定：
——壁厚与外径比>0.5%~1.0%时，允许偏差为表中对应数值的4.0倍；
——壁厚与外径比>1.0%~1.5%时，允许偏差为表中对应数值的3.0倍；
——壁厚与外径比>1.5%~2.0%时，允许偏差为表中对应数值的2.0倍；
——壁厚与外径比>2.0%~2.5%时，允许偏差为表中对应数值的1.5倍。
⑥ 淬火状态是指产品或试样经过固溶热处理的状态。

表3.1-123 冷拉、冷轧有缝圆管和无缝圆管的壁厚允许偏差 （mm）

级别	公称壁厚③	壁厚允许偏差①			
		平均壁厚与公称壁厚的允许偏差 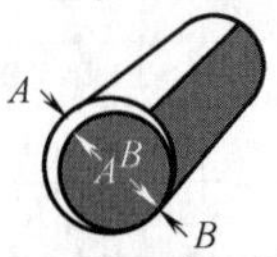 (AA+BB)/2与公称壁厚的偏差	任一点处壁厚与公称壁厚的允许偏差 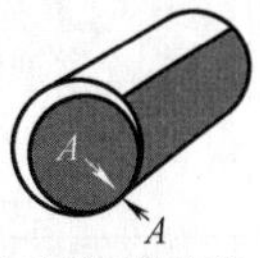 AA与公称壁厚的偏差		
			高镁合金②	非高镁合金	
				非淬火④管	淬火④管
普通级	≤0.80	±0.10	—	±0.14	不超过公称壁厚的±15% 最小值：±0.12
	>0.80~1.20	±0.12	±0.20	±0.19	
	>1.20~2.00	±0.20	±0.20	±0.22	
	>2.00~3.00	±0.23	±0.30	±0.27	
	>3.00~4.00	±0.30	±0.40	±0.40	
	>4.00~5.00	±0.40	±0.50	±0.50	
高精级	≤0.80	±0.05	±0.05	±0.05	不超过公称壁厚的±10% 最小值：±0.08
	>0.80~1.20	±0.08	±0.08	±0.08	
	>1.20~2.00	±0.10	±0.10	±0.10	
	>2.00~3.00	±0.13	±0.15	±0.15	
	>3.00~4.00	±0.15	±0.20	±0.20	不超过公称壁厚的±9%
	>4.00~5.00	±0.15	±0.20	±0.20	

① 需要非对称偏差时，其允许偏差上、下限数值的绝对值之和应与表中对应一致。
② 高镁合金为平均镁的质量分数大于或等于4.0%的铝镁合金。
③ 当外径、内径和壁厚均有规定时，表中偏差只适用于这些尺寸中的任意两个，当规定了外径和内径时，其壁厚偏差不适用。
④ 淬火状态是指产品或试样经过固溶热处理的状态。

③ 弯曲度：冷拉、冷轧有缝圆管和无缝圆管的弯曲度见表 3. 1-124。

④ 长度：冷拉、冷轧有缝圆管和无缝圆管的不定尺供应长度应不小于 300mm，定尺长度偏差应符合表 3. 1-125 的规定。需要高精级时，应在订货单（或合同）中注明，未注明时按普通级。以倍尺作为定尺供货的管材，每个锯口宜留有 5mm 的锯切量。

⑤ 切斜度：冷拉、冷轧有缝圆管或无缝圆管的两端端部不得有毛刺，切斜度应符合表 3. 1-126 的规定。需要高精级时，应在订货单（或合同）中注明，未注明时按普通级。

5）冷拉正方形管、矩形管外形尺寸及允许偏差。

① 宽度或高度：冷拉有缝或无缝正方形管、矩形管的宽度或高度偏差应符合表 3. 1-127 的规定。需要高精级时，应在订货单（或合同）中注明，未注明时按普通级。

表 3. 1-124　冷拉、冷轧有缝圆管和无缝圆管的弯曲度　（mm）

外径	弯曲度①		
	普通级	高精级	
	平均每米长度	任意 300mm 长度	平均每米长度
8. 00～10. 00	≤2	≤0. 5	≤1. 0
>10. 00～100. 00	≤2	≤0. 5	≤1. 0
>100. 00～120. 00	≤2	≤0. 8	≤1. 5

① 不适用于 O 状态管材、TX510 状态管材和壁厚小于外径的 1. 5%的管材。

表 3. 1-125　冷拉、冷轧有缝圆管和无缝圆管的定尺长度允许偏差　（mm）

外径	定尺长度允许偏差			
	普通级	高精级		
		定尺长度		
		≤2000	>2000～5000	>5000～10000
2. 00～100. 00	$^{+15}_{0}$	$^{+5}_{0}$	$^{+7}_{0}$	$^{+10}_{0}$
>100. 00～120. 00		$^{+7}_{0}$	$^{+9}_{0}$	$^{+12}_{0}$

表 3. 1-126　冷拉、冷轧有缝圆管或无缝圆管的切斜度　（mm）

外径	切斜度 *N*			
	普通级	高精级		
		长度		
		≤2000	>2000～5000	>5000～10000
≤100. 00	—	≤2. 5	≤3. 5	≤5. 0
>100. 00～120. 00	—	≤3. 5	≤4. 5	≤6. 0

表 3. 1-127　冷拉有缝或无缝正方形管、矩形管的宽度或高度允许偏差　（mm）

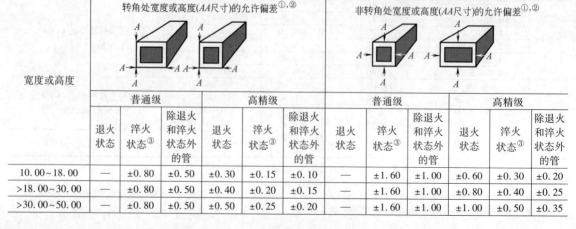

宽度或高度	转角处宽度或高度(*AA*尺寸)的允许偏差①,② 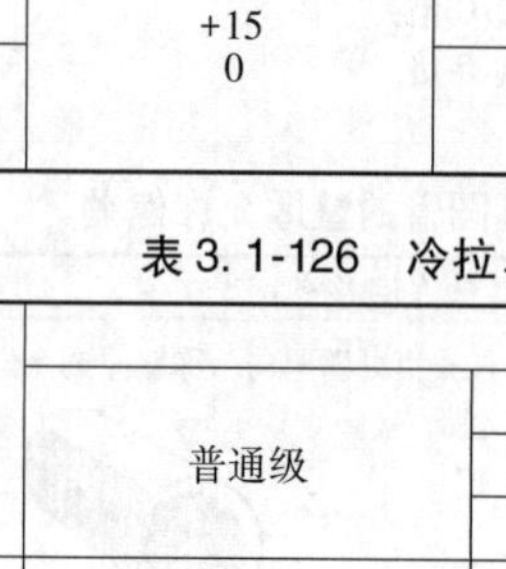						非转角处宽度或高度(*AA*尺寸)的允许偏差①,② 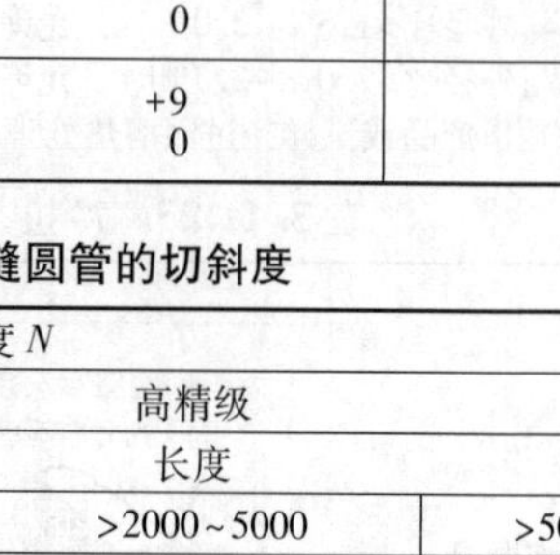					
	普通级			高精级			普通级			高精级		
	退火状态	淬火状态③	除退火和淬火状态外的管	退火状态	淬火状态③	除退火和淬火状态外的管	退火状态	淬火状态③	除退火和淬火状态外的管	退火状态	淬火状态③	除退火和淬火状态外的管
10. 00～18. 00	—	±0. 80	±0. 50	±0. 30	±0. 15	±0. 10	—	±1. 60	±1. 00	±0. 60	±0. 30	±0. 20
>18. 00～30. 00	—	±0. 80	±0. 50	±0. 40	±0. 20	±0. 15	—	±1. 60	±1. 00	±0. 80	±0. 40	±0. 25
>30. 00～50. 00	—	±0. 80	±0. 50	±0. 50	±0. 25	±0. 20	—	±1. 60	±1. 00	±1. 00	±0. 50	±0. 35

（续）

宽度或高度	转角处宽度或高度(*AA*尺寸)的允许偏差①,② 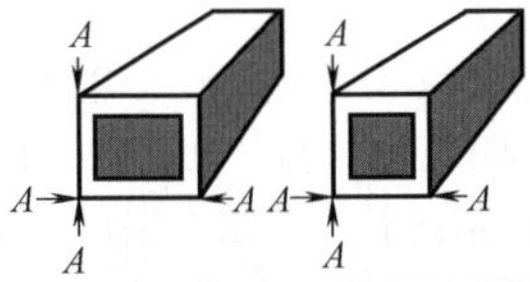						非转角处宽度或高度(*AA*尺寸)的允许偏差①,② 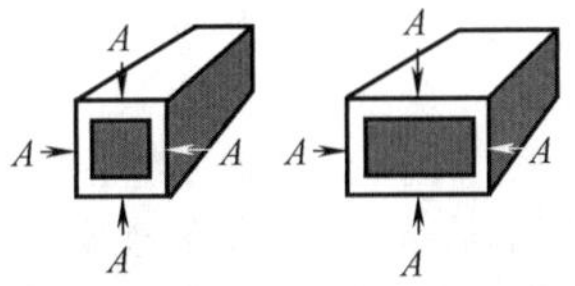					
	普通级			高精级			普通级			高精级		
	退火状态	淬火状态③	除退火和淬火状态外的管	退火状态	淬火状态③	除退火和淬火状态外的管	退火状态	淬火状态③	除退火和淬火状态外的管	退火状态	淬火状态③	除退火和淬火状态外的管
>50.00~60.00	—	±1.00	±0.55	±0.70	±0.35	±0.25	—	±2.00	±1.10	±1.40	±0.70	±0.50
>60.00~80.00	—	±1.00	±0.65	±0.80	±0.40	±0.30	—	±2.00	±1.30	±1.40	±0.70	±0.50
>80.00~120.00	—	±1.40	±1.00	±1.00	±0.50	±0.35	—	±2.80	±2.00	±2.00	±1.00	±0.70

① 需要非对称偏差时，其允许偏差上、下限数值的绝对值之和应与表中对应一致。
② 壁厚不大于管材宽度的2.5%时，表中偏差不适用，其允许偏差符合下述规定：
——壁厚与管材宽度比>0.5%~1.0%时，允许偏差为表中对应数值的4.0倍；
——壁厚与管材宽度比>1.0%~1.5%时，允许偏差为表中对应数值的3.0倍；
——壁厚与管材宽度比>1.5%~2.0%时，允许偏差为表中对应数值的2.0倍；
——壁厚与管材宽度比>2.0%~2.5%时，允许偏差为表中对应数值的1.5倍。
③ 淬火状态是指产品或试样经过固溶热处理的状态。

② 壁厚：冷拉有缝或无缝正方形管、矩形管的壁厚偏差应符合表3.1-128的规定。需要高精级时，应在订货单（或合同）中注明，未注明时按普通级。

③ 弯曲度：冷拉有缝或无缝正方形管、矩形管的弯曲度应符合表3.1-129的规定。需要高精级时，应在订货单（或合同）中注明，未注明时按普通级。

表3.1-128　冷拉有缝或无缝正方形管、矩形管的壁厚允许偏差　（mm）

公称壁厚	平均壁厚与公称壁厚的允许偏差① 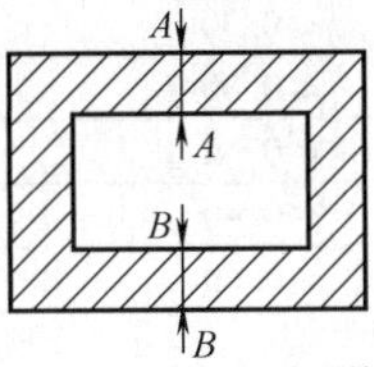 (*AA*+*BB*)/2与公称壁厚的偏差		任一点处壁厚与公称壁厚的允许偏差① 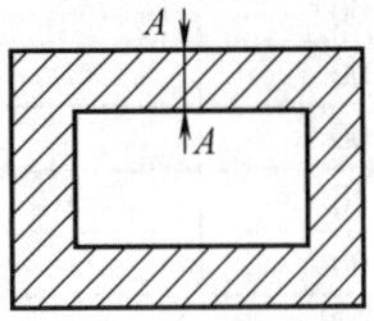 *AA*与公称壁厚的偏差	
	普通级	高精级	普通级	高精级
1.00~1.20	±0.12	±0.08	不超过公称壁厚的±15%	不超过公称壁厚的±10%
>1.20~2.00	±0.20	±0.10		
>2.00~3.00	±0.23	±0.13		
>3.00~4.00	±0.30	±0.15		
>4.00~5.00	±0.40	±0.15		

① 需要非对称偏差时，其允许偏差上、下限数值的绝对值之和应与表中对应一致。

表3.1-129　冷拉有缝或无缝正方形管、矩形管的弯曲度　（mm）

外接圆直径	弯曲度①		
	普通级	高精级	
	平均每米长度	任意300mm长度	平均每米长度
8.00~10.00	—	≤0.5	≤1.0
>10.00~100.00	≤2	≤0.5	≤1.0
>100.00~120.00	≤2	≤0.8	≤1.5

① 不适用于O状态管材、TX510状态管材和壁厚小于外接圆直径的1.5%的管材。

④ 扭拧度：冷拉有缝或无缝正方形管、矩形管的扭拧度应符合表3.1-130的规定。需要高精级时，应在订货单（或合同）中注明，未注明时按普通级。

⑤ 平面间隙：冷拉有缝或无缝正方形管、矩形管的平面间隙应符合表3.1-131的规定。需要高精级时，应在订货单（或合同）中注明，未注明时按普通级。

⑥ 角度：冷拉有缝或无缝正方形管、矩形管的角度偏差应符合表3.1-132的规定。需要高精级时，应在订货单（或合同）中注明，未注明时按普通级。

⑦ 长度：冷拉有缝或无缝正方形管、矩形管的不定尺供应长度应不小于300mm，定尺长度偏差应符合表3.1-133的规定。需要高精级时，应在订货单（或合同）中注明，未注明时按普通级。以倍尺作为定尺供货的管材，每个锯口宜留有5mm的锯切量。

⑧ 切斜度：冷拉有缝或无缝正方形管、矩形管的两端端部不得有毛刺，切斜度应符合表3.1-134的规定。需要高精级时，应在订货单（或合同）中注明，未注明时按普通级。

表3.1-130　冷拉有缝或无缝正方形管、矩形管的扭拧度　（mm）

平面宽度 W	扭拧度①							
	任意1000mm长度		全长					
			≤1000		>1000~6000		>6000	
	普通级	高精级	普通级	高精级	普通级	高精级	普通级	高精级
10.00~30.00	≤1.5	≤1.2	≤1.5	≤1.2	≤3.0	≤2.5	≤3.5	≤3.0
>30.00~40.00	≤2.0	≤1.5	≤2.0	≤1.5	≤3.5	≤3.0	≤4.5	≤4.0
>40.00~50.00	≤2.5	≤1.5	≤2.5	≤1.5	≤4.0	≤3.0	≤5.5	≤4.0
>50.00~70.00	≤3.0	≤2.0	≤3.0	≤2.0	≤5.5	≤3.5	≤7.5	≤5.0

① 不适用于O状态的管材。

表3.1-131　冷拉有缝或无缝正方形管、矩形管的平面间隙　（mm）

平面宽度 W	平面间隙 f		
	普通级	高精级	
		壁厚	
		≤5.00	>5.00
≤12.50	≤0.50	≤0.30	≤0.20
>12.50~25.00	≤0.50	≤0.30	≤0.20
>25.00~30.00	≤0.50	≤0.30	≤0.20
>30.00~50.00	≤0.50	≤0.40	≤0.30
>50.00~60.00	≤0.75	≤0.40	≤0.30
>60.00~70.00	≤0.75	≤0.60	≤0.40

表3.1-132　冷拉有缝或无缝正方形管、矩形管的角度偏差　（mm）

组成角度的短边长度 B	角度偏差 Z	
	普通级	高精级
≤30.00	—	≤0.4
>30.00~50.00	—	≤0.7
>50.00~80.00	—	≤1.0
>80.00~120.00	—	≤1.4

表3.1-133　冷拉有缝或无缝正方形管、矩形管的定尺长度允许偏差　（mm）

外接圆直径	定尺长度允许偏差			
	普通级	高精级		
		定尺长度		
		≤2000	>2000~5000	>5000~10000
2.00~100.00	$^{+15}_{0}$	$^{+5}_{0}$	$^{+7}_{0}$	$^{+10}_{0}$
>100.00~120.00		$^{+7}_{0}$	$^{+9}_{0}$	$^{+12}_{0}$

表3.1-134　冷拉有缝或无缝正方形管、矩形管的切斜度　（mm）

外接圆直径	切斜度 N			
	普通级	高精级		
		长度		
		≤2000	>2000~5000	>5000~10000
≤100.00	—	≤2.5	≤3.5	≤5.0
>100.00~120.00	—	≤3.5	≤4.5	≤6.0

6）冷拉有缝或无缝椭圆形管外形尺寸及允许偏差。

① 长轴和短轴：冷拉有缝或无缝椭圆形管的长轴和短轴的偏差应符合表3.1-135的规定。需要高精级时，应在订货单（或合同）中注明，未注明时按普通级。

② 壁厚：冷拉有缝或无缝椭圆形管的壁厚偏差应符合表3.1-136的规定。需要高精级时，应在订货单（或合同）中注明，未注明时按普通级。

③ 弯曲度：冷拉有缝或无缝椭圆形管的弯曲度应符合表3.1-137的规定。需要高精级时，应在订货单（或合同）中注明，未注明时按普通级。

表3.1-135　冷拉有缝或无缝椭圆形管的长轴和短轴的允许偏差　（mm）

级别	长轴	长轴允许偏差	短轴	短轴允许偏差
普通级	27.00~40.50	±1.00	11.50~17.00	±0.50
	>40.50~60.50	±1.50	>17.00~25.50	±0.80
	>60.50~81.00	±2.00	>25.50~48.50	±1.00
	>81.00~114.50	±2.50		
高精级	27.00~40.50	+1.00 −0.64	11.50~17.00	+0.64 −0.38
	>40.50~60.50		>17.00~25.50	
	>60.50~81.00	+1.25 −0.90	>25.50~48.50	+0.90 −0.64
	>81.00~114.50			

表3.1-136　冷拉有缝或无缝椭圆形管的壁厚允许偏差　（mm）

公称壁厚	平均壁厚与公称壁厚的允许偏差 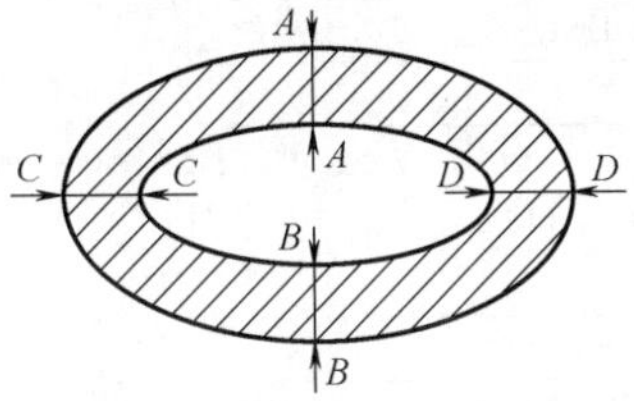 (AA+BB)/2或(CC+DD)/2与公称壁厚的偏差		任一点处壁厚与公称壁厚的允许偏差 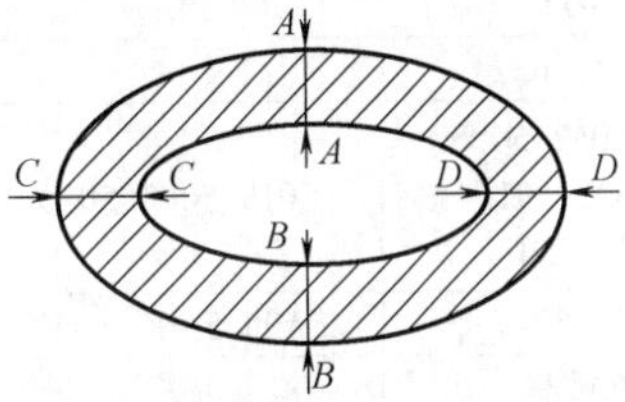 AA、BB、CC或DD与公称壁厚的偏差	
	普通级	高精级	普通级	高精级
≤1.00	±0.12	±0.05	不超过公称壁厚的±15% 最小值：±0.12	不超过公称壁厚的±10% 最小值：±0.08
>1.00~1.50	±0.18	±0.08		
>1.50~2.00	±0.22	±0.10		
>2.00~2.50	±0.25	±0.13		

表3.1-137　冷拉有缝或无缝椭圆形管的弯曲度　（mm）

宽度	普通级①		高精级①	
	任意1000mm长度	全长 （以米为单位的全长的数值 L）	任意1000mm长度	全长 （以米为单位的全长的数值 L）
≤10.00	≤60	≤60×L	≤42	≤42×L
>10.00~115.00	≤2	≤2×L	≤1	≤1×L

① 不适用于O状态的管材。

④ 长度：冷拉有缝或无缝椭圆形管的不定尺供应长度应不小于 300mm，定尺长度的允许偏差为$^{+15}_{0}$mm。以倍尺作为定尺供货的管材，每个锯口宜留有 5mm 的锯切量。

⑤ 切斜度：冷拉有缝或无缝椭圆形管的两端应切齐，不得有毛刺。

（4）铝及铝合金挤压棒材（GB/T 3191—2019）

1）产品牌号、供应状态及尺寸规格。棒材的牌号、供应状态和尺寸规格应符合表 3. 1-138 的规定。需要其他牌号、供应状态和尺寸规格的棒材，由供需双方协商，并在订货单（或合同）中注明。

2）尺寸及允许偏差。

① 截面尺寸：棒材截面尺寸的允许偏差应符合表 3. 1-139 中 D 级的规定，需要其他级别或有特殊要求时，应在订货单（或合同）中注明。

② 倒角半径：方棒或六角棒的倒角（或过渡圆角）半径应符合表 3. 1-140 普通级的规定。需要高精级时，应在订货单（或合同）中注明。

表 3. 1-138　产品牌号、供应状态及尺寸规格

牌号		供应状态③	尺寸规格/mm		
Ⅰ类①	Ⅱ类②		圆棒的直径	方棒或六角棒的厚度	长度
1035、1060、1050A	—	O、H112	5~350	5~200	1000~6000
1070A、1200、1350	—	H112			
—	2A02、2A06、2A50、2A70、2A80、2A90	T1、T6			
—	2A11、2A12、2A13	T1、T4			
—	2A14、2A16	T1、T6、T6511			
—	2017A	T4、T4510、T4511			
—	2017	T4			
—	2014、2014A	O、T4、T4510、T4511、T6、T6510、T6511			
—	2024	O、T3、T3510、T3511、T8、T8510、T8511			
—	2219	O、T3、T3510、T1、T6			
—	2618	T1、T6、T6511、T8、T8511			
3A21、3003、3103	—	O、H112			
3102	—	H112			
4A11、4032	—	T1			
5A02、5052、5005、5005A、5251、5154A、5454、5754	5019、5083、5086	O、H112			
5A03、5049	5A05、5A06、5A12	H112			
6A02	—	T1、T6			
6101A、6101B、6082	—	T6			
6005、6005A、6110A	—	T5、T6			
6351	—	T4、T6			
6060、6463、6063A	—	T4、T5、T6			
6061	—	T4、T4510、T4511、T6、T6510、T6511			
6063	—	O、T4、T5、T6			
—	7A04、7A09、7A15	T1、T6			
—	7003	T5、T6			
—	7005、7020、7021、7022	T6			
—	7049A	T6、T6510、T6511			
—	7075	O、T1、T6、T6510、T6511、T73、T73510、T73511			
8A06	—	O、H112			

① Ⅰ类为 1×××系、3×××系、4×××系、6×××系、8×××系合金棒材及镁的质量分数平均值小于 4%的 5×××系合金棒材。
② Ⅱ类为 2×××系、7×××系合金棒材及镁的质量分数平均值大于或等于 4%的 5×××系合金棒材。
③ 可热处理强化合金的挤压状态，按 GB/T 16475—2008 的规定由原 H112 状态修改为 T1 状态。

表 3. 1-139　棒材的截面尺寸偏差　　(mm)

圆棒的直径、方棒或六角棒的厚度	A 级	B 级	C 级	D 级	E 级	
					Ⅰ类	Ⅱ类
5.00~6.00	-0.30	-0.48	—	—	—	—
>6.00~10.00	-0.36	-0.58	—	—	±0.20	±0.25
>10.00~18.00	-0.43	-0.70	-1.10	-1.30	±0.22	±0.30
>18.00~25.00	-0.50	-0.80	-1.20	-1.45	±0.25	±0.35
>25.00~28.00	-0.52	-0.84	-1.30	-1.50	±0.28	±0.38
>28.00~40.00	-0.60	-0.95	-1.50	-1.80	±0.30	±0.40
>40.00~50.00	-0.62	-1.00	-1.60	-2.00	±0.35	±0.45
>50.00~65.00	-0.70	-1.15	-1.80	-2.40	±0.40	±0.50
>65.00~80.00	-0.74	-1.20	-1.90	-2.50	±0.45	±0.70
>80.00~100.00	-0.95	-1.35	-2.10	-3.10	±0.55	±0.90
>100.00~120.00	-1.00	-1.40	-2.20	-3.20	±0.65	±1.00
>120.00~150.00	-1.25	-1.55	-2.40	-3.70	±0.80	±1.20
>150.00~180.00	-1.30	-1.60	-2.50	-3.80	±1.00	±1.40
>180.00~220.00	—	-1.85	-2.80	-4.40	±1.15	±1.70
>220.00~250.00	—	-1.90	-2.90	-4.50	±1.25	±1.95
>250.00~270.00	—	-2.15	-3.20	-5.40	±1.3	±2.0
>270.00~300.00	—	-2.20	-3.30	-5.50	±1.5	±2.4
>300.00~320.00	—	—	-4.00	-7.00	±1.6	±2.5
>320.00~350.00	—	—	-4.20	-7.20	—	—

表 3. 1-140　方棒或六角棒的倒角半径　　(mm)

方棒或六角棒的厚度	普通级	高精级
<25.00	≤2.0	≤1.0
≥25.00~50.00	≤3.0	≤1.5
>50.00~200.00	≤5.0	≤2.0

③ 弯曲度：除 O 状态外，其他状态棒材的纵向弯曲度应符合表 3. 1-141 普通级的规定，需要高精级或超高精级时，应在订货单（或合同）中注明。O 状态棒材有纵向弯曲度要求时，应供需双方协商并在订货单（或合同）中注明。

④ 切斜度：棒材两端的切斜度应符合表 3. 1-142 的规定。

⑤ 扭拧度：方棒的扭拧度应符合表 3. 1-143 普通级的规定。需要高精级或超高精级时，应在订货单（或合同）中注明，未注明时按普通级供货。

表 3. 1-141　棒材弯曲度　　(mm)

圆棒的直径、方棒或六角棒的厚度①	普通级		高精级		超高精级	
	每米长度上	全长 L 米上	每米长度上	全长 L 米上	每米长度上	全长 L 米上
>10.00~80.00	≤3.0	≤3.0×L	≤2.5	≤2.5×L	≤2.0	≤2.0×L
>80.00~120.00	≤6.0	≤6.0×L	≤3.0	≤3.0×L	≤2.0	≤2.0×L
>120.00~150.00	≤10.0	≤10.0×L	≤3.5	≤3.5×L	≤3.0	≤3.0×L
>150.00~200.00	≤14.0	≤14.0×L	≤4.0	≤4.0×L	≤3.0	≤3.0×L
>200.00~350.00	≤20.0	≤20.0×L	≤15.0	≤15.0×L	≤6.0	≤6.0×L

① 当圆棒的直径、方棒或六角棒的厚度不大于 10mm 时，棒材允许有用手轻压即可消除的纵向弯曲。

表 3. 1-142　棒材的切斜度

圆棒的直径、方棒或六角棒的厚度/mm	棒材端部允许的切斜度
<50.00	≤5°
50.00~350.00	≤3°

表 3.1-143　方棒的扭拧度　　　　(mm)

方棒的厚度	普通级		高精级		超高精级	
	每米长度上	全长 L 米上	每米长度上	全长 L 米上	每米长度上	全长 L 米上
≤30.00	≤4.0	≤4.0×L	≤2.0	≤6.0	≤1.0	≤3.0
>30.00~50.00	≤6.0	≤6.0×L	≤3.0	≤8.0	≤1.5	≤4.0
>50.00~120.00	≤10.0	≤10.0×L	≤4.0	≤10.0	≤2.0	≤5.0
>120.00~150.00	≤13.0	≤13.0×L	≤6.0	≤12.0	≤3.0	≤6.0
>150.00~200.00	≤15.0	≤15.0×L	≤7.0	≤14.0	≤3.0	≤6.0

六角棒的扭拧度应符合表 3.1-144 普通级的规定。需高精级、超高精级或有特殊要求时，应在订货单（或合同）中注明，未注明时按普通级供货。

⑥ 棒材的长度及允许偏差：定尺供货棒材的长度允许偏差为 $^{+15}_{0}$ mm。倍尺供应的棒材应加入锯切余量，对每个锯口按 5mm 计算。不定尺供货棒材的长度范围应在 500~6000mm 内。

表 3.1-144　六角棒的扭拧度　　　　(mm)

六角棒的厚度	普通级		高精级		超高精级	
	每米长度上	全长 L 米上	每米长度上	全长 L 米上	每米长度上	全长 L 米上
≤14.00	≤4.0	≤4.0×L	≤3.0	≤3.0×L	≤2.0	≤2.0×L
>14.00~38.00	≤11.0	≤11.0×L	≤8.0	≤8.0×L	≤5.0	≤5.0×L
>38.00~100.00	≤18.0	≤18.0×L	≤12.0	≤12.0×L	≤9.0	≤9.0×L
>100.00~150.00	≤25.0	≤25.0×L	—	—	—	—

3.2　机械加工工序间加工余量

毛坯进行机械加工以后，成为成品零件，用于后续的装配和使用。对于不同的机械加工工艺，其所能达到的加工精度都受特定加工条件的限制。本节主要介绍不同机械加工工艺条件下的加工精度及余量，供选择使用。

3.2.1　外圆柱表面加工余量及偏差（表 3.2-1~表 3.2-8）

表 3.2-1　轴的折算长度（确定半精车及磨削加工余量用）

光　　轴	台　阶　轴	
(1) 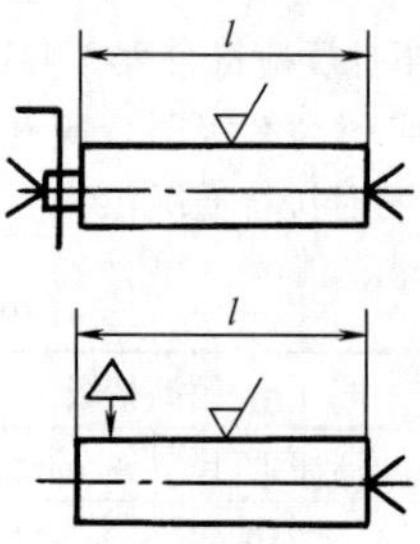 取L = l	(2) 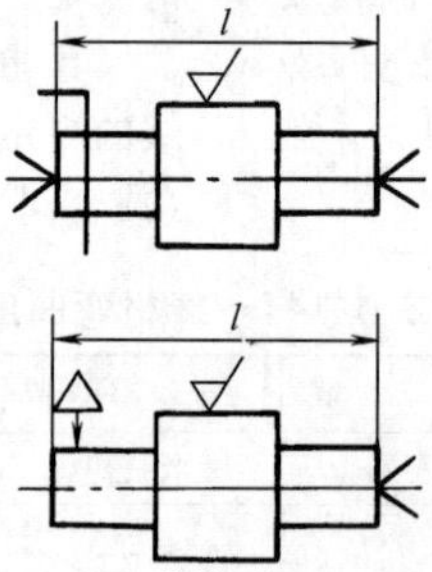 取L = l	(3) 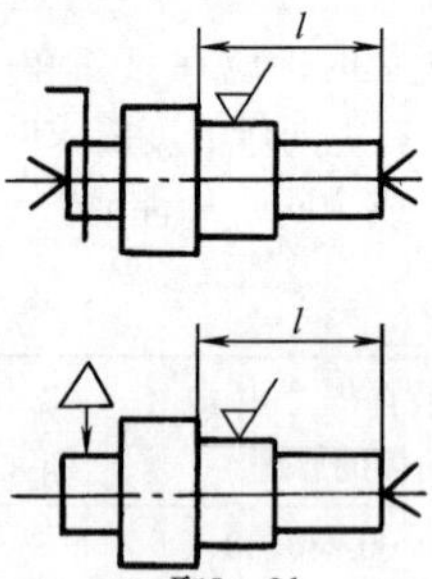 取L = 2l
(4) 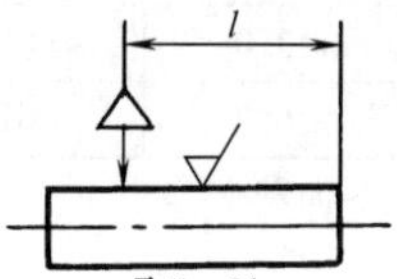 取L = 2l	(5) 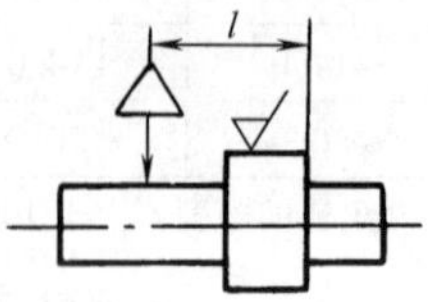 取L = 2l	

注：轴类零件的加工中，受力变形与其长度和装夹方式（顶尖或卡盘）有关。轴的折算长度可分为表中五种情形。(1)、(2)、(3) 轴件装在顶尖间，或装在卡盘与顶尖间，相当于简支梁。其中 (2) 为加工轴的中段；(3) 为加工轴的边缘（靠近端部的两段），轴的折算长度 L 是轴的端面到加工部分最远一端之间距离的 2 倍。(4)、(5) 轴件仅一端夹紧卡盘内，相当于悬臂梁，其折算长度是卡爪端面到加工部分最远一端之间距离的 2 倍。

表 3.2-2　粗车及半精车外圆加工余量及偏差　(mm)

零件公称尺寸	直径加工余量						直径偏差	
	经或未经热处理零件的粗车		半精车					
			未经热处理		经热处理		荒车 (h14)	粗车 (h12~h13)
	折算长度							
	≤200	>200~400	≤200	>200~400	≤200	>200~400		
3~6	—	—	0.5	—	0.8	—	-0.30	-0.12~-0.18
>6~10	1.5	1.7	0.8	1.0	1.0	1.3	-0.36	-0.15~-0.22
>10~18	1.5	1.7	1.0	1.3	1.3	1.5	-0.43	-0.18~-0.27
>18~30	2.0	2.2	1.3	1.3	1.3	1.5	-0.52	-0.21~-0.33
>30~50	2.0	2.2	1.4	1.5	1.5	1.9	-0.62	-0.25~-0.39
>50~80	2.3	2.5	1.5	1.8	1.8	2.0	-0.74	-0.30~-0.45
>80~120	2.5	2.8	1.5	1.8	1.8	2.0	-0.87	-0.35~-0.54
>120~180	2.5	2.8	1.8	2.0	2.0	2.3	-1.00	-0.40~-0.63
>180~250	2.8	3.0	2.0	2.3	2.3	2.5	-1.15	-0.46~-0.72
>250~315	3.0	3.3	2.0	2.3	2.3	2.5	-1.30	-0.52~-0.81

注：加工带凸台的零件时，其加工余量要根据零件的最大直径来确定。

表 3.2-3　半精车后磨外圆加工余量及偏差　(mm)

零件公称尺寸	直径加工余量										直径偏差	
	第一种		第二种				第三种				第一种磨削前半精车或第三种粗磨 (h10~h11)	第二种粗磨 (h8~h9)
	经或未经热处理零件的终磨		热处理后				热处理前粗磨		热处理后半精磨			
			粗磨		半精磨							
	折算长度											
	≤200	>200~400	≤200	>200~400	≤200	>200~400	≤200	>200~400	≤200	>200~400		
3~6	0.15	0.20	0.10	0.12	0.05	0.08	—	—	—	—	-0.048~-0.075	-0.018~-0.030
>6~10	0.20	0.30	0.12	0.20	0.08	0.10	0.12	0.20	0.20	0.30	-0.058~-0.090	-0.022~-0.036
>10~18	0.20	0.30	0.12	0.20	0.08	0.10	0.12	0.20	0.20	0.30	-0.070~-0.110	-0.027~-0.043
>18~30	0.20	0.30	0.12	0.20	0.08	0.10	0.12	0.20	0.20	0.30	-0.084~-0.130	-0.033~-0.052
>30~50	0.30	0.40	0.20	0.25	0.10	0.15	0.20	0.25	0.30	0.40	-0.100~-0.160	-0.039~-0.062
>50~80	0.40	0.50	0.25	0.30	0.15	0.20	0.25	0.30	0.40	0.50	-0.120~-0.190	-0.064~-0.074
>80~120	0.40	0.50	0.25	0.30	0.15	0.20	0.25	0.30	0.40	0.50	-0.140~-0.220	-0.054~-0.087
>120~180	0.50	0.80	0.30	0.50	0.20	0.30	0.30	0.50	0.50	0.80	-0.160~-0.250	-0.063~-0.100
>180~250	0.50	0.80	0.30	0.50	0.20	0.30	0.30	0.50	0.50	0.80	-0.185~-0.290	-0.072~-0.115
>250~315	0.50	0.80	0.30	0.50	0.20	0.30	0.30	0.50	0.50	0.80	-0.210~-0.320	-0.081~-0.130

表 3.2-4　无心磨外圆加工余量及偏差　(mm)

零件公称尺寸	直径加工余量									直径偏差	
	第一种				第二种	第三种		第四种		终磨前半精车或第四种粗磨 (h10~h11)	第三种粗磨 (h8~h9)
	终磨未车过的棒料				最终磨削	热处理后		热处理前粗磨	热处理后半精磨		
	未经热处理		经热处理								
	冷拉棒料	热轧棒料	冷拉棒料	热轧棒料		粗磨	半精磨				
3~6	0.3	0.5	0.3	0.5	0.2	0.10	0.05	0.1	0.2	-0.048~-0.075	-0.018~-0.030
>6~10	0.3	0.6	0.3	0.7	0.3	0.12	0.08	0.2	0.3	-0.058~-0.090	-0.022~-0.036
>10~18	0.5	0.8	0.6	1.0	0.3	0.12	0.08	0.2	0.3	-0.070~-0.110	-0.027~-0.043
>18~30	0.6	1.0	0.8	1.3	0.3	0.12	0.08	0.3	0.4	-0.084~-0.130	-0.033~-0.052
>30~50	0.7	—	1.3	—	0.4	0.20	0.10	0.3	0.4	-0.100~-0.160	-0.039~-0.062
>50~80	—	—	—	—	0.4	0.25	0.15	0.3	0.5	-0.120~-0.190	-0.046~-0.074

表 3.2-5　用金刚石刀精车外圆加工余量　(mm)

零件材料	零件公称尺寸	直径加工余量
轻合金	≤100	0.3
	>100	0.5
青铜及铸铁	≤100	0.3
	>100	0.4
钢	≤100	0.2
	>100	0.3

注：1. 如果采用两次车削（半精车及精车），则精车的加工余量为 0.1mm。
2. 精车前，零件加工的公差按 h9、h8 决定。
3. 本表所列的加工余量，适用于零件的长度为直径的 3 倍以内。超过此限时，加工余量应适当加大。

表 3.2-6　研磨外圆加工余量　（mm）

零件公称尺寸	直径加工余量	零件公称尺寸	直径加工余量
≤10	0.005~0.008	>50~80	0.008~0.012
>10~18	0.006~0.009	>80~120	0.010~0.014
>18~30	0.007~0.010	>120~180	0.012~0.016
>30~50	0.008~0.011	>180~250	0.015~0.020

注：经过精磨的零件，其手工研磨余量为 3~8μm，机械研磨余量为 8~15μm。

表 3.2-7　抛光外圆加工余量　（mm）

零件公称尺寸	≤100	>100~200	>200~700	>700
直径加工余量	0.1	0.3	0.4	0.5

注：抛光前的加工精度为 IT7。

表 3.2-8　超精加工余量

上道工序表面粗糙度 Ra/μm	直径加工余量/mm
>0.63~1.25	0.01~0.02
>0.16~0.63	0.003~0.01

3.2.2　内孔加工余量及偏差（表 3.2-9~表 3.2-20）

表 3.2-9　基孔制 7 级精度（H7）孔的加工　（mm）

零件公称尺寸	直径 钻 第一次	钻 第二次	用车刀镗以后	扩孔钻	粗　铰	精　铰
3	2.8	—	—	—	—	3H7
4	3.9	—	—	—	—	4H7
5	4.8	—	—	—	—	5H7
6	5.8	—	—	—	—	6H7
8	7.8	—	—	—	7.96	8H7
10	9.8	—	—	—	9.96	10H7
12	11.0	—	—	11.85	11.95	12H7
13	12.0	—	—	12.85	12.95	13H7
14	13.0	—	—	13.85	13.95	14H7
15	14.0	—	—	14.85	14.95	15H7
16	15.0	—	—	15.85	15.95	16H7
18	17.0	—	—	17.85	17.94	18H7
20	18.0	—	19.8	19.8	19.94	20H7
22	20	—	21.8	21.8	21.94	22H7
24	22	—	23.8	23.8	23.94	24H7
25	23	—	24.8	24.8	24.94	25H7
26	24	—	25.8	25.8	25.94	26H7
28	26	—	27.8	27.8	27.94	28H7
30	15.0	28	29.8	29.8	29.93	30H7
32	15.0	30.0	31.7	31.75	31.93	32H7
35	20.0	33.0	34.7	34.75	34.93	35H7
38	20.0	36.0	37.7	37.75	37.93	38H7
40	25.0	38.0	39.7	39.75	39.93	40H7
42	25.0	40.0	41.7	41.75	41.93	42H7
45	25.0	43.0	44.7	44.75	44.93	45H7

（续）

零件公称尺寸	直径					
	钻		用车刀镗以后	扩孔钻	粗　铰	精　铰
	第一次	第二次				
48	25.0	46.0	47.7	47.75	47.93	48H7
50	25.0	48.0	49.7	49.75	49.93	50H7
60	30	55.0	59.5	59.5	59.9	60H7
70	30	65.0	69.5	69.5	69.9	70H7
80	30	75.0	79.5	79.5	79.9	80H7
90	30	80.0	89.3	—	89.9	90H7
100	30	80.0	99.3	—	99.8	100H7
120	30	80.0	119.3	—	119.8	120H7
140	30	80.0	139.3	—	139.8	140H7
160	30	80.0	159.3	—	159.8	160H7
180	30	80.0	179.3	—	179.8	180H7

注：1. 在铸铁上加工直径小于 15mm 的孔时，不用扩孔钻和镗孔。
2. 在铸铁上加工直径为 30mm 与 32mm 的孔时，仅用直径为 28mm 与 30mm 的钻头各钻一次。
3. 若仅用一次铰孔，则铰孔的加工余量为本表中粗铰与精铰的加工余量之和。
4. 钻头直径大于 75mm 时，采用环孔钻。

表 3.2-10　基孔制 8 级精度（H8）孔的加工　（mm）

零件公称尺寸	直径					零件公称尺寸	直径				
	钻		用车刀镗以后	扩孔钻	铰		钻		用车刀镗以后	扩孔钻	铰
	第一次	第二次					第一次	第二次			
3	2.9	—	—	—	3H8	30	15.0	28	29.8	29.8	30H8
4	3.9	—	—	—	4H8	32	15.0	30	31.7	31.75	32H8
5	4.8	—	—	—	5H8	35	20.0	33	34.7	34.75	35H8
6	5.8	—	—	—	6H8	38	20.0	36	37.7	37.75	38H8
8	7.8	—	—	—	8H8	40	25.0	38	39.7	39.75	40H8
10	9.8	—	—	—	10H8	42	25.0	40	41.7	41.75	42H8
12	11.8	—	—	—	12H8	45	25.0	43	44.7	44.75	45H8
13	12.8	—	—	—	13H8	48	25.0	46	47.7	47.75	48H8
14	13.8	—	—	—	14H8	50	25.0	48	49.7	49.75	50H8
15	14.8	—	—	—	15H8	60	30.0	55	59.5	—	60H8
16	15.0	—	—	15.85	16H8	70	30.0	65	69.5	—	70H8
18	17.0	—	—	17.85	18H8	80	30.0	75	79.5	—	80H8
20	18.0	—	19.8	19.8	20H8	90	30.0	80.0	89.3	—	90H8
22	20.0	—	21.8	21.8	22H8	100	30.0	80.0	99.3	—	100H8
24	22.0	—	23.8	23.8	24H8	120	30.0	80.0	119.3	—	120H8
25	23.0	—	24.8	24.8	25H8	140	30.0	80.0	139.3	—	140H8
26	24.0	—	25.8	25.8	26H8	160	30.0	80.0	159.3	—	160H8
28	26.0	—	27.8	27.8	28H8	180	30.0	80.0	179.3	—	180H8

注：1. 在铸铁上加工直径为 30mm 与 32mm 的孔时，仅用直径为 28mm 与 30mm 的钻头各钻一次。
2. 钻头直径大于 75mm 时，采用环孔钻。

表 3.2-11　半精镗后磨孔加工余量及偏差　(mm)

<table>
<tr><th rowspan="3">零件公称尺寸</th><th colspan="6">直径加工余量</th><th colspan="2">直径偏差</th></tr>
<tr><th>第一种</th><th colspan="2">第二种</th><th colspan="2">第三种</th><th rowspan="2">终磨前半精镗或第三种粗磨(H10)</th><th rowspan="2">第二种粗磨(H8)</th></tr>
<tr><th>经或未经热处理零件的终磨</th><th>热处理后 粗　磨</th><th>热处理后 半精磨</th><th>热处理前 粗　磨</th><th>热处理后 半精磨</th></tr>
<tr><td>6~10</td><td>0.2</td><td>—</td><td>—</td><td>—</td><td>—</td><td>—</td><td>—</td></tr>
<tr><td>>10~18</td><td>0.3</td><td>0.2</td><td>0.1</td><td>0.2</td><td>0.3</td><td>+0.07</td><td>+0.027</td></tr>
<tr><td>>18~30</td><td>0.3</td><td>0.2</td><td>0.1</td><td>0.2</td><td>0.3</td><td>+0.084</td><td>+0.033</td></tr>
<tr><td>>30~50</td><td>0.3</td><td>0.2</td><td>0.1</td><td>0.3</td><td>0.4</td><td>+0.10</td><td>+0.039</td></tr>
<tr><td>>50~80</td><td>0.4</td><td>0.3</td><td>0.1</td><td>0.3</td><td>0.4</td><td>+0.12</td><td>+0.046</td></tr>
<tr><td>>80~120</td><td>0.5</td><td>0.3</td><td>0.2</td><td>0.3</td><td>0.5</td><td>+0.14</td><td>+0.054</td></tr>
<tr><td>>120~180</td><td>0.5</td><td>0.3</td><td>0.2</td><td>0.5</td><td>0.5</td><td>+0.16</td><td>+0.063</td></tr>
</table>

表 3.2-12　拉孔加工余量（用于 H7~H11 级精度孔）　(mm)

<table>
<tr><th rowspan="3">零件公称尺寸</th><th colspan="3">拉　孔　长　度</th><th rowspan="3">上道工序偏差(H11)</th></tr>
<tr><th>16~25</th><th>25~45</th><th>45~120</th></tr>
<tr><th colspan="3">直径加工余量</th></tr>
<tr><td>10~18</td><td>0.5</td><td>0.5</td><td>—</td><td>+0.11</td></tr>
<tr><td>>18~30</td><td>0.5</td><td>0.5</td><td>0.5</td><td>+0.13</td></tr>
<tr><td>>30~38</td><td>0.5</td><td>0.7</td><td>0.7</td><td>+0.16</td></tr>
<tr><td>>38~50</td><td>0.7</td><td>0.7</td><td>1.0</td><td>+0.16</td></tr>
<tr><td>>50~60</td><td>—</td><td>1.0</td><td>1.0</td><td>+0.19</td></tr>
</table>

表 3.2-13　用金刚石刀精镗孔加工余量　(mm)

<table>
<tr><th rowspan="3">零件公称尺寸</th><th colspan="8">直径加工余量</th><th colspan="2">上道工序偏差</th></tr>
<tr><th colspan="2">轻合金</th><th colspan="2">巴氏合金</th><th colspan="2">青铜及铸铁</th><th colspan="2">钢</th><th rowspan="2">镗孔前偏差(H10)</th><th rowspan="2">粗镗偏差(H8~H9)</th></tr>
<tr><th>粗镗</th><th>精镗</th><th>粗镗</th><th>精镗</th><th>粗镗</th><th>精镗</th><th>粗镗</th><th>精镗</th></tr>
<tr><td>≤30</td><td>0.2</td><td rowspan="10">0.1</td><td>0.3</td><td rowspan="3">0.1</td><td>0.2</td><td rowspan="9">0.1</td><td>0.2</td><td rowspan="11">0.1</td><td>+0.084</td><td>+0.033~+0.052</td></tr>
<tr><td>>30~50</td><td>0.3</td><td>0.4</td><td rowspan="2">0.3</td><td rowspan="8">0.3</td><td>+0.10</td><td>+0.039~+0.062</td></tr>
<tr><td>>50~80</td><td>0.4</td><td>0.5</td><td>+0.12</td><td>+0.046~+0.074</td></tr>
<tr><td>>80~120</td><td rowspan="7">0.5</td><td rowspan="7">0.6</td><td rowspan="7">0.2</td><td rowspan="6">0.4</td><td>+0.14</td><td>+0.054~+0.087</td></tr>
<tr><td>>120~180</td><td>+0.16</td><td>+0.063~+0.10</td></tr>
<tr><td>>180~250</td><td>+0.185</td><td>+0.072~+0.115</td></tr>
<tr><td>>250~315</td><td>+0.21</td><td>+0.081~+0.13</td></tr>
<tr><td>>315~400</td><td>+0.23</td><td>+0.089~+0.14</td></tr>
<tr><td>>400~500</td><td>+0.25</td><td>+0.097~+0.155</td></tr>
<tr><td>>500~630</td><td rowspan="2">0.5</td><td rowspan="3">0.2</td><td rowspan="2">0.4</td><td>+0.28</td><td>+0.11~+0.175</td></tr>
<tr><td>>630~800</td><td rowspan="2">—</td><td rowspan="2">—</td><td rowspan="2">—</td><td rowspan="2">—</td><td>+0.32</td><td>+0.125~+0.20</td></tr>
<tr><td>>800~1000</td><td>0.6</td><td>0.5</td><td>0.2</td><td>+0.36</td><td>+0.14~+0.23</td></tr>
</table>

表 3.2-14　珩磨孔加工余量　(mm)

零件公称尺寸	直径加工余量						珩磨前偏差(H7)
	精镗后		半精镗后		磨　后		
	铸铁	钢	铸铁	钢	铸铁	钢	
≤50	0.09	0.06	0.09	0.07	0.08	0.05	+0.025
>50~80	0.10	0.07	0.10	0.08	0.09	0.05	+0.03
>80~120	0.11	0.08	0.11	0.09	0.10	0.06	+0.035
>120~180	0.12	0.09	0.12	—	0.11	0.07	+0.04
>180~260	0.12	0.09	—	—	0.12	0.08	+0.046

表 3.2-15　研磨孔加工余量　(mm)

零件公称尺寸	直径加工余量	
	铸　铁	钢
≤25	0.010~0.020	0.005~0.015
>25~125	0.020~0.100	0.010~0.040
>125~300	0.080~0.160	0.020~0.050
>300~500	0.120~0.200	0.040~0.060

注：经过精磨的零件，手工研磨余量为 0.005~0.010mm。

表 3.2-16　单刃钻后深孔加工余量　(mm)

零件公称尺　寸	加工后经热处理						加工后不经热处理					
	钻　孔　深　度											
	≤1000	>1000~2000	>2000~3000	>3000~5000	>5000~7000	>7000~10000	≤1000	>1000~2000	>2000~3000	>3000~5000	>5000~7000	>7000~10000
	直径加工余量											
>35~100	4	6	8	10	—	—	2	4	6	8	—	—
>100~180	4	6	8	10	12	14	2	4	6	8	10	12
>180~400	—	—	—	12	14	16	—	—	—	10	12	14

表 3.2-17　刮孔加工余量　(mm)

零件公称尺寸	孔　长　度			
	≤100	>100~200	>200~300	>300
	直径加工余量			
≤80	0.05	0.08	0.12	—
>80~180	0.10	0.15	0.20	0.30
>180~360	0.15	0.20	0.25	0.30
>360	0.20	0.25	0.30	0.35

注：1. 刮孔前的加工精度为 H7。
2. 若两轴承相连，则刮孔前两轴承的公差均以大轴承的公差为准。
3. 表中列举的刮孔加工余量，是根据正常加工条件而定的，当轴线有显著弯曲时，应将表中数值增大。

表 3.2-18　多边形孔拉削余量　(mm)

孔内最大边长	余量	预加工尺寸上极限偏差	孔内最大边长	余量	预加工尺寸上极限偏差
10~18	0.8	+0.24	>50~80	1.5	+0.40
>18~30	1.0	+0.28	>80~120	1.8	+0.46
>30~50	1.2	+0.34	—	—	—

表 3. 2-19　花键孔拉削余量　（mm）

花键规格		定心方式		花键规格		定心方式	
键数 z	外径 D	大径定心	小径定心	键数 z	外径 D	大径定心	小径定心
6	35~42	0. 4~0. 5	0. 7~0. 8	10	45	0. 5~0. 6	0. 8~0. 9
6	42~50	0. 5~0. 6	0. 8~0. 9	16	38	0. 4~0. 5	0. 7~0. 8
6	55~90	0. 6~0. 7	0. 9~1. 0	16	50	0. 5~0. 6	0. 8~0. 9
10	30~42	0. 4~0. 5	0. 7~0. 8				

表 3. 2-20　攻螺纹前钻孔用麻花钻直径（摘自 GB/T 20330—2006）　（mm）

普 通 螺 纹						麻花钻直径 d
公称直径 D	螺　距 P	内螺纹小径 D_1				
		5H max	6H max	7H max	5H、6H、7H min	
（1）粗牙普通螺纹						
1. 0	0. 25	0. 785	—	—	0. 729	0. 75
1. 1		0. 885			0. 829	0. 85
1. 2		0. 985			0. 929	0. 95
1. 4	0. 3	1. 142	1. 160		1. 075	1. 10
1. 6	0. 35	1. 301	1. 321		1. 221	1. 25
1. 8		1. 501	1. 521		1. 421	1. 45
2. 0	0. 4	1. 657	1. 679		1. 567	1. 60
2. 2	0. 45	1. 813	1. 838		1. 713	1. 75
2. 5		2. 113	2. 138		2. 013	2. 05
3. 0	0. 5	2. 571	2. 599	2. 639	2. 459	2. 50
3. 5	0. 6	2. 975	3. 010	3. 050	2. 850	2. 90
4. 0	0. 7	3. 382	3. 422	3. 466	3. 242	3. 30
4. 5	0. 75	3. 838	3. 878	3. 924	3. 688	3. 70
5. 0	0. 8	4. 294	4. 334	4. 384	4. 134	4. 20
6. 0	1	5. 107	5. 153	5. 217	4. 917	5. 00
7. 0	1	6. 107	6. 153	6. 217	5. 917	6. 00
8. 0	1. 25	6. 859	6. 912	6. 982	6. 647	6. 80
9. 0		7. 859	7. 912	7. 982	7. 647	7. 80
10. 0	1. 5	8. 612	8. 676	8. 751	8. 376	8. 50
11. 0		9. 612	9. 676	9. 751	9. 376	9. 50
12. 0	1. 75	10. 371	10. 441	10. 531	10. 106	10. 20
14. 0	2	12. 135	12. 210	12. 310	11. 835	12. 00
16. 0		14. 135	14. 210	14. 310	13. 835	14. 00
18. 0	2. 5	15. 649	15. 744	15. 854	15. 294	15. 50
20. 0		17. 649	17. 744	17. 854	17. 294	17. 50
22. 0		19. 649	19. 744	19. 854	19. 294	19. 50
24. 0	3	21. 152	21. 252	21. 382	20. 752	21. 00
27. 0		24. 152	24. 252	24. 382	23. 752	24. 00
30. 0	3. 5	26. 661	26. 771	26. 921	26. 211	26. 50
33. 0		29. 661	29. 771	29. 921	29. 211	29. 50
36. 0	4	32. 145	32. 270	32. 420	31. 670	32. 00
39. 0		35. 145	35. 270	35. 420	34. 670	35. 00
42. 0	4. 5	37. 659	37. 799	37. 979	37. 129	37. 50
45. 0		40. 659	40. 799	40. 979	40. 129	40. 50

（续）

公称直径 D	螺　距 P	内螺纹小径 D_1 5H max	6H max	7H max	5H、6H、7H min	麻花钻直径 d
48.0	5	43.147	43.297	43.487	42.587	43.00
52.0		47.147	47.297	47.487	46.587	47.00
56.0	5.5	50.646	50.796	50.996	50.046	50.50

（2）细牙普通螺纹

公称直径 D	螺距 P	5H max	6H max	7H max	5H、6H、7H min	麻花钻直径 d
2.5	0.35	2.201	2.221	—	2.121	2.15
3.0		2.701	2.721		2.621	2.65
3.5		3.201	3.221		3.121	3.10
4.0	0.5	3.571	3.599	3.639	3.459	3.50
4.5		4.071	4.099	4.139	3.959	4.00
5.0		4.571	4.599	4.639	4.459	4.50
5.5		5.071	5.099	5.139	4.959	5.00
6.0	0.75	5.338	5.378	5.424	5.188	5.20
7.0		6.338	6.378	6.424	6.188	6.20
8.0		7.338	7.378	7.424	7.188	7.20
9.0		8.338	8.378	8.424	8.188	8.20
10.0		9.338	9.378	9.424	9.188	9.20
11.0		10.338	10.378	10.424	10.188	10.20
8.0	1	7.107	7.153	7.217	6.917	7.00
9.0		8.107	8.153	8.217	7.917	8.00
10.0		9.107	9.153	9.217	8.917	9.00
11.0		10.107	10.153	10.217	9.917	10.00
12.0		11.107	11.153	11.217	10.917	11.00
14.0		13.107	13.153	13.217	12.917	13.00
15.0		14.107	14.153	14.217	13.917	14.00
16.0		15.107	15.153	15.217	14.917	15.00
17.0		16.107	16.153	16.217	15.917	16.00
18.0		17.107	17.153	17.217	16.917	17.00
20.0		19.107	19.153	19.217	18.917	19.00
22.0		21.107	21.153	21.217	20.917	21.00
24.0		23.107	23.153	23.217	22.917	23.00
25.0		24.107	24.153	24.217	23.917	24.00
27.0		26.107	26.153	26.217	25.917	26.00
28.0		27.107	27.153	27.217	26.917	27.00
30.0		29.107	29.153	29.217	28.917	29.00
10.0	1.25	8.859	8.912	8.982	8.647	8.80
12.0		10.859	10.912	10.982	10.647	10.80
14.0		12.859	12.912	12.982	12.647	12.80
12.0	1.5	10.612	10.676	10.751	10.376	10.50
14.0		12.612	12.676	12.751	12.376	12.50
15.0		13.612	13.676	13.751	13.376	13.50
16.0		14.612	14.676	14.751	14.376	14.50
17.0		15.612	15.676	15.751	15.376	15.50
18.0		16.612	16.676	16.751	16.376	16.50
20.0		18.612	18.676	18.751	18.376	18.50
22.0		20.612	20.676	20.751	20.376	20.50

（续）

普通螺纹						
公称直径 D	螺距 P	内螺纹小径 D_1				麻花钻直径 d
		5H max	6H max	7H max	5H、6H、7H min	
24.0	1.5	22.612	22.676	22.751	22.376	22.50
25.0		23.612	23.676	23.751	23.376	23.50
26.0		24.612	24.676	24.751	24.376	24.50
27.0		25.612	25.676	25.751	25.376	25.50
28.0		26.612	26.676	26.751	26.376	26.50
30.0		28.612	28.676	28.751	28.376	28.50
32.0		30.612	30.676	30.751	30.376	30.50
33.0		31.612	31.676	31.751	31.376	31.50
35.0		33.612	33.676	33.751	33.376	33.50
36.0		34.612	34.676	34.751	34.376	34.50
38.0		36.612	36.676	36.751	36.376	36.50
39.0		37.612	37.676	37.751	37.376	37.50
40.0		38.612	38.676	38.751	38.376	38.50
42.0		40.612	40.676	40.751	40.376	40.50
45.0		43.612	43.676	43.751	43.376	43.50
48.0		46.612	46.676	46.751	46.376	46.50
50.0		48.612	48.676	48.751	48.376	48.50
52.0		50.612	50.676	50.751	50.376	50.50
18.0	2	16.135	16.210	16.310	15.835	16.00
20.0		18.135	18.210	18.310	17.835	18.00
22.0		20.135	20.210	20.310	19.835	20.00
24.0		22.135	22.210	22.310	21.835	22.00
25.0		23.135	23.210	23.310	22.835	23.00
27.0		25.135	25.210	25.310	24.835	25.00
28.0		26.135	26.210	26.310	25.835	26.00
30.0		28.135	28.310	28.310	27.835	28.00
32.0		30.135	30.210	30.310	29.835	30.00
33.0		31.135	31.210	31.310	30.835	31.00
36.0		34.135	34.210	34.310	33.835	34.00
39.0		37.135	37.210	37.310	36.835	37.00
40.0		38.135	38.210	38.310	37.835	38.00
42.0		40.135	40.210	40.310	39.835	40.00
45.0		43.135	43.210	43.310	42.835	43.00
48.0		46.135	46.210	46.310	45.835	46.00
50.0		48.135	48.210	48.310	47.835	48.00
52.0		50.135	50.210	50.310	49.835	50.00
30.0	3	27.152	27.252	27.382	26.752	27.00
33.0		30.152	30.252	30.382	29.752	30.00
36.0		33.152	33.252	33.382	32.752	33.00
39.0		36.152	36.252	36.382	35.752	36.00
40.0		37.152	37.252	37.382	36.752	37.00
42.0		39.152	39.252	39.382	38.752	39.00
45.0		42.152	42.252	42.382	41.752	42.00
48.0		45.152	45.252	45.382	44.752	45.00
50.0		47.152	47.252	47.382	46.752	47.00

（续）

普通螺纹						麻花钻直径 d
公称直径 D	螺距 P	内螺纹小径 D_1				
		5H max	6H max	7H max	5H、6H、7H min	
52.0	3	49.152	49.252	49.382	48.752	49.00
42.0	4	38.145	38.270	38.420	37.670	38.00
45.0		41.145	41.270	41.420	40.670	41.00
48.0		44.145	44.270	44.420	43.670	44.00
52.0		48.145	48.270	48.420	47.670	48.00

注：本表所列麻花钻直径适用于一般生产条件下的钻孔。随生产条件的不同，可按实际需要，在麻花钻标准系列中选用相近的尺寸。在螺纹孔小径公差范围内，尽可能选用较大尺寸的麻花钻，以减轻攻螺纹工序的载荷，提高丝锥寿命。

3.2.3　轴端面加工余量及偏差（表 3.2-21 和表 3.2-22）

表 3.2-21　半精车轴端面加工余量及偏差　（mm）

零件长度（全长）	端面最大直径					粗车端面尺寸偏差（IT12～IT13）
	≤30	>30～120	>120～260	>260～500	>500	
	端面余量					
≤10	0.5	0.6	1.0	1.2	1.4	-0.15～-0.22
>10～18	0.5	0.7	1.0	1.2	1.4	-0.18～-0.27
>18～30	0.6	1.0	1.2	1.3	1.5	-0.21～-0.33
>30～50	0.6	1.0	1.2	1.3	1.5	-0.25～-0.39
>50～80	0.7	1.0	1.3	1.5	1.7	-0.30～-0.46
>80～120	1.0	1.0	1.3	1.5	1.7	-0.35～-0.54
>120～180	1.0	1.3	1.5	1.7	1.8	-0.40～-0.63
>180～250	1.0	1.3	1.5	1.7	1.8	-0.46～-0.72
>250～500	1.2	1.4	1.5	1.7	1.8	-0.52～-0.97
>500	1.4	1.5	1.7	1.8	2.0	-0.70～-1.10

注：1. 加工有台阶的轴时，每个台阶的加工余量应根据该台阶的直径及零件的全长分别选用。
2. 表中余量指单边余量，偏差指长度偏差。
3. 加工余量及偏差适用于经热处理及未经热处理的零件。

表 3.2-22　磨轴端面加工余量及偏差　（mm）

零件长度（全长）	端面最大直径					半精磨端面尺寸偏差（IT11）
	≤30	>30～120	>120～260	>260～500	>500	
	端面余量					
≤10	0.2	0.2	0.3	0.4	0.6	-0.09
>10～18	0.2	0.3	0.3	0.4	0.6	-0.11
>18～30	0.2	0.3	0.3	0.4	0.6	-0.13
>30～50	0.2	0.3	0.3	0.4	0.6	-0.16
>50～80	0.3	0.3	0.4	0.5	0.6	-0.19
>80～120	0.3	0.3	0.5	0.5	0.6	-0.22
>120～180	0.3	0.4	0.5	0.6	0.7	-0.25
>180～250	0.3	0.4	0.5	0.6	0.7	-0.29
>250～500	0.4	0.5	0.6	0.7	0.8	-0.40
>500	0.5	0.6	0.7	0.7	0.8	-0.44

注：1. 加工有台阶的轴时，每个台阶的加工余量应根据该台阶的直径及零件的全长分别选用。
2. 表中余量指单边余量，偏差指长度偏差。
3. 加工余量及偏差适用于经热处理及未经热处理的零件。

3.2.4 平面加工余量及偏差（表 3.2-23~表 3.2-31）

表 3.2-23 平面第一次粗加工余量 （mm）

平面最大尺寸	毛坯制造方法					
	铸造			热冲压	冷冲压	锻造
	灰铸铁	青铜	可锻铸铁			
≤50	1.0~1.5	1.0~1.3	0.8~1.0	0.8~1.1	0.6~0.8	1.0~1.4
>50~120	1.5~2.0	1.3~1.7	1.0~1.4	1.3~1.8	0.8~1.1	1.4~1.8
>120~260	2.0~2.7	1.7~2.2	1.4~1.8	1.5~1.8	1.0~1.4	1.5~2.5
>260~500	2.7~3.5	2.2~3.0	2.0~2.5	1.8~2.2	1.3~1.8	2.2~3.0
>500	4.0~6.0	3.5~4.5	3.0~4.0	2.4~3.0	2.0~2.6	3.5~4.5

表 3.2-24 平面粗刨后精铣加工余量 （mm）

平面长度	平面宽度		
	≤100	>100~200	>200
≤100	0.6~0.7	—	—
>100~250	0.6~0.8	0.7~0.9	—
>250~500	0.7~1.0	0.75~1.0	0.8~1.1
>500	0.8~1.0	0.9~1.2	0.9~12

表 3.2-25 铣平面加工余量 （mm）

零件厚度	荒铣后粗铣						粗铣后半精铣					
	宽度≤200			宽度>200~400			宽度≤200			宽度>200~400		
	平面长度											
	≤100	>100~250	>250~400	≤100	>100~250	>250~400	≤100	>100~250	>250~400	≤100	>100~250	>250~400
>6~30	1.0	1.2	1.5	1.2	1.5	1.7	0.7	1.0	1.0	1.0	1.0	1.0
>30~50	1.0	1.5	1.7	1.5	1.5	2.0	1.0	1.0	1.2	1.0	1.2	1.2
>50	1.5	1.7	2.0	1.7	2.0	2.5	1.0	1.3	1.5	1.3	1.5	1.5

表 3.2-26 磨平面加工余量 （mm）

零件厚度	第一种						第二种											
	经热处理或未经热处理零件的终磨						热处理后											
							粗磨						半精磨					
	宽度≤200			宽度>200~400			宽度≤200			宽度>200~400			宽度≤200			宽度>200~400		
	平面长度																	
	≤100	>100~250	>250~400	≤100	>100~250	>250~400	≤100	>100~250	>250~400	≤100	>100~250	>250~400	≤100	>100~250	>250~400	≤100	>100~250	>250~400
>6~30	0.3	0.3	0.5	0.3	0.5	0.5	0.2	0.2	0.3	0.2	0.3	0.3	0.1	0.1	0.2	0.1	0.2	0.2
>30~50	0.5	0.5	0.5	0.5	0.5	0.5	0.3	0.3	0.3	0.3	0.3	0.3	0.2	0.2	0.2	0.2	0.2	0.2
>50	0.5	0.5	0.5	0.5	0.5	0.5	0.3	0.3	0.3	0.3	0.3	0.3	0.2	0.2	0.2	0.2	0.2	0.2

表 3.2-27 铣及磨平面时的厚度偏差 （mm）

零件厚度	荒铣(IT14)	粗铣(IT12~IT13)	半精铣(IT11)	精磨(IT8~IT9)
>3~6	-0.30	-0.12~-0.18	-0.075	-0.018~-0.030
>6~10	-0.36	-0.15~-0.22	-0.09	-0.022~-0.036
>10~18	-0.43	-0.18~-0.27	-0.11	-0.027~-0.043
>18~30	-0.52	-0.21~-0.33	-0.13	-0.033~-0.052
>30~50	-0.62	-0.25~-0.39	-0.16	-0.039~-0.062
>50~80	-0.74	-0.30~-0.46	-0.19	-0.046~-0.074
>80~120	-0.87	-0.35~-0.54	-0.22	-0.054~-0.087
>120~180	-1.00	-0.43~-0.63	-0.25	-0.063~-0.100

表 3.2-28　刮平面加工余量及偏差　(mm)

平面长度	平面宽度					
	≤100		>100~300		>300~1000	
	余量	偏差	余量	偏差	余量	偏差
≤300	0.15	+0.06	0.15	+0.06	0.20	+0.10
>300~1000	0.20	+0.10	0.20	+0.10	0.25	+0.12
>1000~2000	0.25	+0.12	0.25	+0.12	0.30	+0.15

表 3.2-29　凹槽加工余量及偏差　(mm)

凹槽尺寸			宽度余量		宽度偏差	
长	深	宽	粗铣后半精铣	半精铣后磨	粗铣(IT12~IT13)	半精铣(IT11)
≤80	≤60	>3~6	1.5	0.5	+0.12~+0.18	+0.075
		>6~10	2.0	0.7	+0.15~+0.22	+0.09
		>10~18	3.0	1.0	+0.18~+0.27	+0.11
		>18~30	3.0	1.0	+0.21~+0.33	+0.13
		>30~50	3.0	1.0	+0.25~+0.39	+0.16
		>50~80	4.0	1.0	+0.30~+0.46	+0.19
		>80~120	4.0	1.0	+0.35~+0.54	+0.22

注：1. 半精铣后磨凹槽的加工余量，适用于半精铣后经热处理和未经热处理的零件。
2. 宽度余量指双面余量（即单面余量是表中所列数值的二分之一）。

表 3.2-30　研磨平面加工余量　(mm)

平面长度	平面宽度		
	≤25	>25~75	>75~150
≤25	0.005~0.007	0.007~0.010	0.010~0.014
>25~75	0.007~0.010	0.010~0.014	0.014~0.020
>75~150	0.010~0.014	0.014~0.020	0.020~0.024
>150~260	0.014~0.018	0.020~0.024	0.024~0.030

注：经过精磨的零件，手工研磨余量，单面 0.003~0.005mm；机械研磨余量，单面 0.005~0.010mm。

表 3.2-31　外表面拉削余量　(mm)

工件状态		单面余量
小件	铸造	4~5
	模锻或精密铸造	2~3
	经预先加工	0.3~0.4
中件	铸造	5~7
	模锻或精密铸造	3~4
	经预先加工	0.5~0.6

3.2.5　有色金属及其合金的加工余量（表 3.2-32~表 3.2-36）

表 3.2-32　有色金属及其合金孔轴类零件的加工余量　(mm)

(1) 孔加工

加工方法	直径余量(按孔公称尺寸取)		
	≤18	>18~50	>50~80
钻后镗或扩	0.8	1.0	1.1
镗或扩后铰或预磨	0.2	0.25	0.3
预磨后半精磨、铰后拉或半精铰	0.12	0.14	0.18
拉或铰后精铰或精镗	0.10	0.12	0.14
精铰或精镗后珩磨	0.008	0.012	0.015
精铰或精镗后研磨	0.006	0.007	0.008

（续）

（2）外回转表面加工

加工方法	直径余量(按轴公称尺寸取)		
	≤18	>18~50	>50~80
铸造后粗车或一次车：			
砂型(地面造型)	1.7	1.8	2.0
离心浇注	1.3	1.4	1.6
金属型或薄壳体模	0.8	0.9	1.0
熔模造型	0.5	0.6	0.7
压力浇注	0.3	0.4	0.5
粗车或一次车后半精车或预磨	0.2	0.3	0.4
预磨后半精磨或一次车后磨	0.1	0.15	0.2

（3）端面加工

加工方法	端面余量(按加工表面直径取)			
	≤18	>18~50	>50~80	>80~120
铸造后粗车或一次车：				
砂型(地面造型)	0.80	0.90	1.00	1.10
离心浇注	0.65	0.70	0.75	0.80
金属型或薄壳体模	0.40	0.45	0.50	0.55
熔模造型	0.25	0.30	0.35	0.40
压力浇注	0.15	0.20	0.25	0.35
粗车后半精车	0.12	0.15	0.20	0.25
半精车后磨	0.05	0.06	0.08	0.08

表 3.2-33　有色金属及其合金圆筒形零件的加工余量　(mm)

（1）铸造孔加工

加工方法	直径余量(按孔公称尺寸取)					
	≤30	>30~50	>50~80	>80~120	>120~180	>180~260
铸造后粗镗或扩：						
砂型(地面造型)	2.70	2.80	3.00	3.00	3.20	3.20
离心浇注	2.40	2.50	2.70	2.70	3.00	3.00
金属型或薄壳体模	1.30	1.40	1.50	1.50	1.60	1.60
粗镗后半精镗或拉	0.25	0.30	0.40	0.40	0.50	0.50
半精镗后拉、精镗、铰或预磨	0.10	0.15	0.20	0.20	0.25	0.25
预磨后半精磨	0.10	0.12	0.15	0.15	0.20	0.20
铰后精铰	0.05	0.08	0.08	0.10	0.10	0.15
精铰后研磨	0.008	0.01	0.015	0.02	0.025	0.03

（2）外回转表面加工

加工方法	直径余量(按轴公称尺寸取)				
	≤50	>50~80	>80~120	>120~180	>180~260
铸造后粗车：					
砂型(地面造型)	2.00	2.10	2.20	2.40	2.60
离心浇注	1.60	1.70	1.80	2.00	2.20
金属型或薄壳体模	0.90	1.00	1.10	1.20	1.30
粗车后半精车或预磨	0.40	0.50	0.60	0.70	0.80
半精车后预磨或精车	0.15	0.20	0.25	0.25	0.30
粗磨后半精磨	0.10	0.15	0.15	0.20	0.20
半精车后珩磨或精磨	0.01	0.015	0.02	0.025	0.03
精车后研磨、超精研或抛光	0.006	0.008	0.010	0.012	0.015

（3）端面加工

加工方法	端面余量(按加工表面直径取)				
	≤50	>50~80	>80~120	>120~180	>180~260
铸造后粗车或一次车：					
砂型(地面造型)	0.80	0.90	1.10	1.30	1.50
离心浇注	0.60	0.70	0.80	0.90	1.20
金属型或薄壳体模	0.40	0.45	0.50	0.60	0.70
粗车后半精车	0.10	0.13	0.15	0.15	0.15
粗车后磨	0.08	0.08	0.08	0.11	0.11

表 3.2-34　有色金属及其合金圆盘形零件的加工余量　(mm)

(1) 外回转表面加工

加工方法	直径余量(按轴公称尺寸取)				
	120~180	>180~260	>260~360	>360~500	>500~630
铸造后粗车:					
砂型(地面造型)	2.70	2.80	3.20	3.60	4.00
金属型或薄壳体模	1.30	1.40	1.60	1.80	2.00
粗车后半精车或预磨	0.30	0.30	0.35	0.35	0.40
半精车或一次车后磨	0.20	0.20	0.25	0.25	0.30
半精车后精车	0.05	0.08	0.08	0.10	0.15
半精磨后精磨	0.02	0.025	0.03	0.035	0.04

(2) 端面加工

加工方法	端面余量(按加工表面直径取)				
	120~180	>180~260	>260~360	>360~500	>500~630
铸造后粗车或半精车:					
砂型(地面造型)	1.10	1.30	1.50	1.80	2.10
金属型或薄壳体模	0.60	0.70	0.80	0.90	1.10
粗车后半精车	0.15	0.15	0.17	0.17	0.20
半精车后磨	0.11	0.11	0.13	0.13	0.15

(3) 凸台和凸起面加工

加工方法	单面余量(按加工面最大尺寸取)			
	≤30	>30~50	>50~80	>80~120
铸造后锪端面、半精铣、刨或车:				
砂型(地面造型)	0.60	0.65	0.70	0.75
金属型或薄壳体模	0.30	0.35	0.40	0.45
粗铣、刨或车后半精刨或半精车	0.08	0.10	0.13	0.17

表 3.2-35　有色金属及其合金壳体类零件的加工余量　(mm)

(1) 平面加工

加工方法	单面余量 (按加工面最大尺寸取)											
	≤50	>50~120	>120~180	>180~260	>260~360	>360~500	>500~630	>630~800	>800~1000	>1000~1250	>1250~1600	>1600~2000
铸造后粗 (或一次) 铣或刨:												
砂型 (地面造型)	0.65	0.75	0.80	0.85	0.95	1.10	1.25	1.40	1.60	1.80	2.10	2.50
金属型或薄壳体模	0.35	0.45	0.50	0.55	0.65	0.85	0.95	1.10	1.30	1.50	—	—
熔模造型	0.25	0.32	0.38	0.46	0.56	0.70	0.83	1.00	—	—	—	—
压力浇注	0.15	0.25	0.30	0.35	0.45	0.60	0.75	—	—	—	—	—
粗刨后半精刨或铣	0.07	0.09	0.11	0.14	0.18	0.23	0.30	0.37	0.45	0.55	0.65	0.80
半精刨或铣后磨	0.04	0.06	0.07	0.09	0.12	0.15	0.20	0.25	0.30	0.38	0.48	0.60

（续）

（2）铸造孔加工

加工方法	直径余量(按孔公称尺寸取)	
	≤50	>50~120
铸造后粗镗或扩:		
砂型(地面造型)	2.80	3.00
金属型或薄壳体模	1.40	1.50
熔模造型	0.80	0.90
压力浇注	0.40	0.45
粗镗或扩后半精镗	0.30	0.40
半精镗后精镗、铰或预磨	0.15	0.20
铰后半精铰或预磨后半精磨	0.12	0.18

（3）端面加工

加工方法	端面余量(按加工面直径取)				
	≤30	>30~50	>50~80	>80~120	>120~180
铸造后粗车或一次车:					
砂型(地面造型)	0.65	0.70	0.80	0.90	1.00
金属型或薄壳体模	0.35	0.40	0.45	0.55	0.65
熔模造型	0.25	0.30	0.35	0.45	0.55
压力浇注	0.15	0.20	0.25	0.35	0.45
粗车后半精车	0.08	0.10	0.13	0.17	0.23
半精车后磨	0.04	0.05	0.07	0.09	0.12

（4）铸造窗口加工

加工方法	双面余量(按加工窗口尺寸取)				
	≤50	>50~80	>80~120	>120~180	>180~260
铸造后预铣或凿:					
砂型(地面造型)	1.30	1.40	1.50	1.60	1.80
金属型或薄壳体模	0.70	0.80	0.90	1.00	1.20
熔模造型	0.45	0.50	0.55	0.60	0.65
压力浇注	0.25	0.30	0.35	0.40	0.45
预加工后按轮廓半精铣或凿	0.35	0.40	0.45	0.55	0.65

（5）座耳和凸起面加工

加工方法	单面余量(按加工面最大尺寸取)			
	≤18	>18~50	>50~80	>80~120
铸造后锪端面、粗(或一次)铣、刨或车:				
砂型(地面造型)	0.60	0.65	0.70	0.75
金属型或薄壳体模	0.30	0.35	0.40	0.45
熔模造型	0.20	0.25	0.30	0.35
压力浇注	0.12	0.15	0.20	0.25
预加工后半精铣、刨或车	0.07	0.10	0.13	0.17

表 3.2-36 有色金属及其合金类零件的平面加工余量 (mm)

加工方法	单面余量(按加工面最大尺寸取)												
	≤50	>50~80	>80~120	>120~180	>180~260	>260~360	>360~500	>500~630	>630~800	>800~1000	>1000~1250	>1250~1600	>1600~2000
铸造后粗铣或一次铣或刨:													
砂型(地面造型)	0.80	0.90	1.00	1.20	1.40	1.70	2.10	2.50	3.00	3.60	4.20	5.00	6.00
金属型或薄壳体模	0.50	0.60	0.70	0.90	1.10	1.40	1.80	2.20	2.60	3.00	3.50	4.00	4.50
熔模造型	0.40	0.50	0.60	0.80	1.00	1.30	1.70	2.10	2.50	—	—	—	—
压力浇注	0.30	0.40	0.50	0.70	0.90	1.10	1.30	1.70	—	—	—	—	—
粗加工后半精刨或铣	0.08	0.09	0.11	0.14	0.18	0.23	0.30	0.37	0.45	0.55	0.65	0.80	1.00
半精加工后磨	0.05	0.06	0.07	0.09	0.12	0.15	0.20	0.25	0.30	0.40	0.50	0.60	0.80

3.2.6　切除渗碳层的加工余量(表 3.2-37)

表 3.2-37　切除渗碳层的加工余量　　(mm)

渗碳层深度	尺寸范围	表面性质		公差按 IT12~IT13
		外圆和内孔直径余量	端面和平面单面余量	
0.4~0.6	≤30	1.5	1	0.21~0.33
	>30~50	1.7		0.25~0.39
	>50~80			0.30~0.46
	>80~120		1.2	0.35~0.54
	>120~180			0.40~0.63
>0.6~0.8	≤30	2	1.2	0.21~0.33
	>30~50			0.25~0.39
	>50~80			0.30~0.46
	>80~120	2.2	1.5	0.35~0.54
	>120~180			0.40~0.63
	>180~250			0.46~0.72
>0.8~1.1	≤30	2.5		0.21~0.33
	>30~50	2.7		0.25~0.39
	>50~80			0.30~0.46
	>80~120		1.7	0.35~0.54
	>120~180	3		0.40~0.63
	>180~250			0.46~0.72
	>250~315		2	0.52~0.81
	>315~400			0.57~0.89
	>400~500			0.63~0.97
>1.1~1.4	≤30	3.2	1.8	0.21~0.33
	>30~50			0.25~0.39
	>50~80	3.5		0.30~0.46
	>80~120		2	0.35~0.54
	>120~180			0.40~0.63
	>180~250			0.46~0.72
	>250~315	4	2.3	0.52~0.81
	>315~400			0.57~0.89
	>400~500			0.63~0.97
>1.4~1.8	≤30	4	2.2	0.21~0.33
	>30~50			0.25~0.39
	>50~80	4.2		0.30~0.46
	>80~120		2.5	0.35~0.54
	>120~180			0.40~0.63

（续）

渗碳层深度	尺寸范围	表面性质		公差按 IT12~IT13
		外圆和内孔直径余量	端面和平面单面余量	
>1.4~1.8	>180~250	4.5	2.5	0.46~0.72
	>250~315		2.7	0.52~0.81
	>315~400			0.57~0.89
	>400~500			0.63~0.97

注：1. 此表适用于零件上不要求渗碳的表面，采取所谓“余量保护法”，即对不要求渗碳的表面，在渗碳前留有较大的余量，在渗碳后用机械加工方法将碳层切除，然后再淬火、回火。

2. 为便于查阅而又偏于可靠，也可采用下面简化表，车去渗碳层：

（mm）

渗碳层深度	直径加工余量
0.4~0.6	2.0
>0.6~0.8	2.5
>0.8~1.1	3.0
>1.1~1.4	4.0
>1.4~1.8	5.0

3.2.7 齿轮和花键精加工余量（表3.2-38~表3.2-48）

表3.2-38 精滚齿和精插齿的齿厚加工余量 （mm）

模数	2	3	4	5	6	7	8	9	10	11	12
齿厚加工余量	0.6	0.75	0.9	1.05	1.2	1.35	1.5	1.7	1.9	2.1	2.2

表3.2-39 剃齿的齿厚加工余量（剃前滚齿） （mm）

模数	齿轮直径			
	≤100	>100~200	>200~500	>500~1000
≤2	0.04~0.08	0.06~0.10	0.08~0.12	0.10~0.15
>2~4	0.06~0.10	0.08~0.12	0.10~0.15	0.12~0.18
>4~6	0.10~0.12	0.10~0.15	0.12~0.18	0.15~0.20
>6	0.10~0.15	0.12~0.18	0.15~0.20	0.18~0.22

表3.2-40 磨齿的齿厚加工余量（磨前滚齿） （mm）

模数	齿轮直径				
	≤100	>100~200	>200~500	>500~1000	>1000
≤3	0.15~0.20	0.15~0.25	0.20~0.30	0.20~0.40	0.25~0.45
>3~5	0.18~0.25	0.20~0.30	0.25~0.35	0.25~0.45	0.30~0.50
>5~10	0.25~0.40	0.30~0.50	0.35~0.60	0.40~0.65	0.50~0.80
>10	0.35~0.50	0.40~0.60	0.50~0.70	0.50~0.70	0.60~0.80

表3.2-41 直径大于400mm渗碳齿轮的磨齿齿厚加工余量 （mm）

模数	齿　　数					
	≥40~50	>50~75	>75~100	>100~150	>150~200	>200
≥3~5	—	—	—	0.45~0.6	0.5~0.7	0.6~0.8
>5~7	—	—	0.45~0.6	0.5~0.7	0.6~0.8	—

（续）

模数	齿　　数					
	≥40~50	>50~75	>75~100	>100~150	>150~200	>200
>7~10	—	0.45~0.6	0.5~0.7	0.6~0.8	—	—
>10~12	0.45~0.6	0.5~0.7	0.6~0.8	—	—	—

注：1. 小数值的余量是用于小模数及齿数少的齿轮。
2. 在选择余量时，必须考虑各种牌号的钢在热处理时的变形情况。

表 3.2-42　珩齿加工余量　（mm）

珩齿工艺要求	单面余量
珩前齿形经剃齿精加工，珩齿主要用于改善齿面质量	0.005~0.025（中等模数取 0.015~0.020）
磨齿后珩齿以降低齿面粗糙度参数值	0.003~0.005

表 3.2-43　交错轴斜齿轮及准双曲线齿轮精加工的齿厚加工余量　（mm）

模数	1.25~1.75	2.0~2.75	3.0~4.5	5.0~7.0	8.0~11.0	12.0~19.0	20.0~30.0
齿厚加工余量	0.5	0.6	0.8	1.0	1.2	1.6	2.0

表 3.2-44　锥齿轮精加工的齿厚加工余量　（mm）

模数	3	4	5	6	7	8	9	10	11	12
齿厚加工余量	0.5	0.57	0.65	0.72	0.8	0.87	0.93	1.0	1.07	1.5

表 3.2-45　蜗轮精加工的齿厚加工余量　（mm）

模数	3	4	5	6	7	8	9	10	11	12
齿厚加工余量	1	1.2	1.4	1.6	1.8	2.0	2.2	2.4	2.6	3.0

表 3.2-46　蜗杆精加工的齿厚加工余量　（mm）

模数	齿厚加工余量		模数	齿厚加工余量	
	粗铣后精车	淬火后磨削		粗铣后精车	淬火后磨削
≤2	0.7~0.8	0.2~0.3	>5~7	1.4~1.6	0.5~0.6
>2~3	1.0~1.2	0.3~0.4	>7~10	1.6~1.8	0.6~0.7
>3~5	1.2~1.4	0.4~0.5	>10~12	1.8~2.0	0.7~0.8

表 3.2-47　精铣花键的加工余量　（mm）

花键轴公称尺寸	花键长度			
	≤100	>100~200	>200~350	>350~500
	花键厚度及直径的加工余量			
≥10~18	0.4~0.6	0.5~0.7	—	—
>18~30	0.5~0.7	0.6~0.8	0.7~0.9	—
>30~50	0.6~0.8	0.7~0.9	0.8~1.0	—
>50	0.7~0.9	0.8~1.0	0.9~1.2	1.2~1.5

表 3.2-48　磨花键的加工余量　（mm）

花键轴公称尺寸	花键长度			
	≤100	>100~200	>200~350	>350~500
	花键厚度及直径的加工余量			
≥10~18	0.1~0.2	0.2~0.3	—	—
>18~30	0.1~0.2	0.2~0.3	0.2~0.4	—
>30~50	0.2~0.3	0.2~0.4	0.3~0.5	—
>50	0.2~0.4	0.3~0.5	0.3~0.5	0.4~0.6

3.2.8 石材的加工要求和允许偏差

现在石材的应用越来越广泛，特别是在建筑行业。由于石材具有脆硬的特点，对其加工一般都采用锯切（采用金刚石锯片）、磨削及抛光的方法。

1. 砌筑用石材

石材按其加工后的外形规则程度，可分为料石和毛石，其加工要求和极限偏差见表3.2-49。

2. 天然大理石板材（GB/T 19766—2016）

按照板材形状分为毛光板、普型板、圆弧板、异型板；按照表面加工分为镜面板和粗面板；按照加工质量和外观质量分为A、B、C三级。

1）毛光板平面度公差和厚度偏差应符合表3.2-50的规定。

2）普型板规格尺寸允许偏差应符合表3.2-51的规定。

3）普型板平面度允许公差应符合表3.2-52的规定。

4）普型板角度允许公差应符合表3.2-53的规定。对于普型板的拼缝板材，其正面与侧面的夹角不得大于90°。

表3.2-49 砌筑用石材的加工要求和极限偏差 （mm）

序号	料石种类	规格尺寸	叠砌面和接砌面的表面凹入深度	极限偏差	
				宽度、厚度	长度
1	细料石	截面宽度、高度≥200mm，且≥$\frac{1}{4}$×长度	≤10	±3	±5
2	粗料石		≤20	±5	±7
3	毛料石	外形大致方正，一般不加工或稍加修整，高度≥200mm	≤25	±10	±15
4	毛石	形状不规则，中部厚度≥200mm	—	—	—

注：如设计有特殊要求，应按设计要求加工。

表3.2-50 毛光板平面度公差和厚度偏差 （mm）

项目		技术指标		
		A	B	C
平面度公差		0.8	1.0	1.5
厚度偏差	厚度≤12	±0.5	±0.8	±1.0
	厚度>12	±1.0	±1.5	±2.0

表3.2-51 普型板规格尺寸允许偏差 （mm）

项目		技术指标		
		A	B	C
长度、宽度偏差		0 -1.0		0 -1.5
厚度偏差	厚度≤12	±0.5	±0.8	±1.0
	厚度>12	±1.0	±1.5	±2.0

表3.2-52 普型板平面度允许公差 （mm）

板材长度	技术指标					
	镜面板材			粗面板材		
	A	B	C	A	B	C
≤400	0.2	0.3	0.5	0.5	0.8	1.0
>400~800	0.5	0.6	0.8	0.8	1.0	1.4
>800	0.7	0.8	1.0	1.0	1.5	1.8

表3.2-53 普型板角度允许公差 （mm）

板材长度	技术指标		
	A	B	C
≤400	0.3	0.4	0.5
>400	0.4	0.5	0.7

5）圆弧板各部位名称如图 3.2-1 所示，其壁厚最小值应不小于 20mm，规格尺寸允许偏差应符合表 3.2-54 的规定。

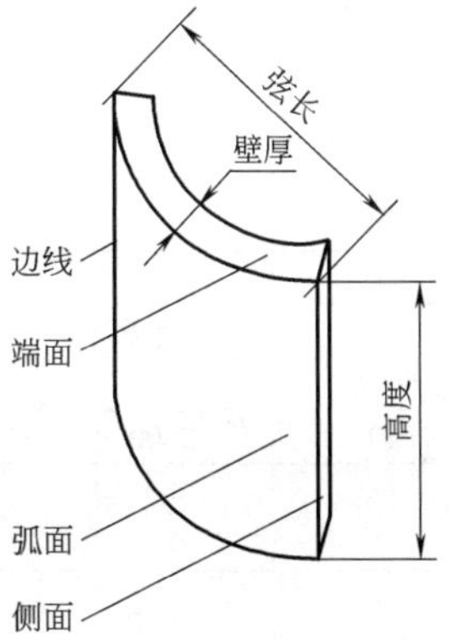

图 3.2-1 圆弧板各部位名称

表 3.2-54 圆弧板规格尺寸允许偏差

（mm）

项目	技术指标		
	A	B	C
弦长偏差	0 -1.0		0 -1.5
高度偏差	0 -1.0		0 -1.5

6）圆弧板直线度与线轮廓度允许公差应符合表 3.2-55 的规定。

7）圆弧板端面角度允许公差：A 级为 0.4mm，B 级为 0.6mm，C 级为 0.8mm。

8）圆弧板侧面角 α（图 3.2-2）应不小于 90°。

9）镜面板材的镜向光泽度应不低于 70 光泽单位，圆弧板镜向光泽度以及光泽度有特殊需要时由供需双方协商确定。

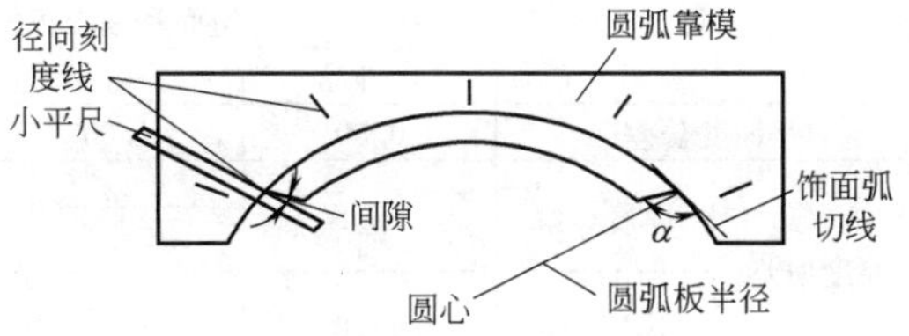

图 3.2-2 圆弧板侧面角 α

10）异型板的检验项目、偏差和测量方法由供需双方协商确定。

11）天然大理石板材外观质量：同一批板材的色调应基本调和，花纹应基本一致；板材允许粘接和修补，但粘接和修补后应不影响板材的装饰效果，不降低板材物理性能；板材正面的外观缺陷应符合表 3.2-56 的规定。

表 3.2-55 圆弧板直线度与线轮廓度允许公差 （mm）

项 目		技术指标					
		镜面板材			粗面板材		
		A	B	C	A	B	C
直线度（按板材高度）	≤800	0.6	0.8	1.0	1.0	1.2	1.5
	>800	0.8	1.0	1.2	1.2	1.5	1.8
线轮廓度		0.8	1.0	1.2	1.2	1.5	1.8

表 3.2-56 天然大理石板材外观缺陷要求

缺陷名称	规定内容	技术指标		
		A	B	C
裂纹	长度≥10mm 的条数（条）	0		
缺棱①	长度≤8mm、宽度≤1.5mm（长度≤4mm、宽度≤1mm 不计），每米长允许个数（个）	0	1	2
缺角①	沿板材边长顺延方向，长度≤3mm、宽度≤3mm（长度≤2mm、宽度≤2mm 不计），每块板允许个数（个）			
色斑	面积≤$6cm^2$（面积<$2cm^2$ 不计），每块板允许个数（个）			
砂眼	直径<2mm		不明显	有，不影响装饰效果

① 对毛光板不做要求。

3. 天然花岗石板材（GB/T 18601—2009）

按照板材形状分为毛光板、普型板、圆弧板、异型板；按照表面加工分为镜面板、细面板、粗面板；按照加工质量和外观质量分为 A（优等品）、B（一等品）、C（合格品）三级。

1）毛光板平面度公差和厚度偏差应符合表 3.2-57 的规定。

2）普型板规格尺寸允许偏差应符合表 3.2-58 的规定。

3）普型板平面度允许公差应符合表3.2-59的规定。

4）普型板角度允许公差应符合表3.2-60的规定。对于普型板的拼缝板材，其正面与侧面的夹角不得大于90°。

5）圆弧板各部位名称如图3.2-1所示，其壁厚最小值应不小于18mm，规格尺寸允许偏差应符合表3.2-61的规定。

6）圆弧板直线度与线轮廓度允许公差应符合表3.2-62的规定。

7）圆弧板端面角度允许公差：A（优等品）级为0.4mm，B（一等品）级为0.6mm，C（合格品）级为0.8mm。

表3.2-57　毛光板平面度公差和厚度偏差　（mm）

项目		技术指标					
		镜面和细面板材			粗面板材		
		优等品	一等品	合格品	优等品	一等品	合格品
平面度公差		0.80	1.00	1.50	1.50	2.00	3.00
厚度偏差	厚度≤12	±0.5	±1.0	+1.0 −1.5	—		
	厚度>12	±1.0	±1.5	±2.0	+1.0 −2.0	±2.0	+2.0 −3.0

表3.2-58　普型板规格尺寸允许偏差　（mm）

项目		技术指标					
		镜面和细面板材			粗面板材		
		优等品	一等品	合格品	优等品	一等品	合格品
长度、宽度偏差		0 −1.0		0 −1.5	0 −1.0		0 −1.5
厚度偏差	厚度≤12	±0.5	±1.0	+1.0 −1.5	—		
	厚度>12	±1.0	±1.5	±2.0	+1.0 −2.0	±2.0	+2.0 −3.0

表3.2-59　普型板平面度允许公差　（mm）

板材长度 L	技术指标					
	镜面和细面板材			粗面板材		
	优等品	一等品	合格品	优等品	一等品	合格品
≤400	0.20	0.35	0.50	0.60	0.80	1.00
>400~800	0.50	0.65	0.80	1.20	1.50	1.80
>800	0.70	0.85	1.00	1.50	1.80	2.00

表3.2-60　普型板角度允许公差　（mm）

板材长度 L	技术指标		
	优等品	一等品	合格品
≤400	0.30	0.50	0.80
>400	0.40	0.60	1.00

表3.2-61　圆弧板规格尺寸允许偏差　（mm）

项目	技术指标					
	镜面和细面板材			粗面板材		
	优等品	一等品	合格品	优等品	一等品	合格品
弦长偏差	0 −1.0		0 −1.5	0 −1.5	0 −2.0	0 −2.0
高度偏差				0 −1.0	0 −1.0	0 −1.5

表 3.2-62 圆弧板直线度与线轮廓度允许公差 (mm)

项目		技术指标					
		镜面和细面板材			粗面板材		
		优等品	一等品	合格品	优等品	一等品	合格品
直线度（按板材高度）	≤800	0.80	1.00	1.20	1.00	1.20	1.50
	>800	1.00	1.20	1.50	1.50	1.50	2.00
线轮廓度		0.80	1.00	1.20	1.00	1.50	2.00

8）圆弧板侧面角 α（图 3.2-2）应不小于 90°。

9）镜面板材的镜向光泽度应不低于 80 光泽单位，圆弧板镜向光泽度以及光泽度有特殊需要时由供需双方协商确定。

10）天然花岗石板材外观质量：同一批板材的色调应基本调和，花纹应基本一致；板材正面的外观缺陷应符合表 3.2-63 的规定，毛光板外观缺陷不包括缺棱和缺角。

表 3.2-63 天然花岗石板材外观缺陷要求

<table>
<tr><th rowspan="2">缺陷名称</th><th rowspan="2">规定内容</th><th colspan="3">技术指标</th></tr>
<tr><th>优等品</th><th>一等品</th><th>合格品</th></tr>
<tr><td>缺棱</td><td>长度≤10mm、宽度≤1.2mm（长度<5mm、宽度<1.0mm 不计），周边每米长允许个数（个）</td><td rowspan="5">0</td><td rowspan="3">1</td><td rowspan="3">2</td></tr>
<tr><td>缺角</td><td>沿板材边长，长度≤3mm、宽度≤3mm（长度≤2mm、宽度≤2mm 不计），每块板允许个数（个）</td></tr>
<tr><td>裂纹</td><td>长度不超过两端顺延至板边总长度的 1/10（长度<20mm 不计），每块板允许条数（条）</td></tr>
<tr><td>色斑</td><td>面积≤15mm×30mm（面积<10mm×10mm 不计），每块板允许个数（个）</td><td rowspan="2">2</td><td rowspan="2">3</td></tr>
<tr><td>色线</td><td>长度不超过两端顺延至板边总长度的 1/10（长度<40mm 不计），每块板允许条数（条）</td></tr>
</table>

注：干挂板材不允许有裂纹存在。

3.2.9 铝合金型材挤压工艺尺寸参数选择

采用挤压法生产铝及铝合金型材，其工艺制定的主要原则是在保证制品表面质量和组织性能的前提下，尽量提高产品成品率和生产率，降低材料损耗和能源消耗，并合理分配设备负荷。

1. 挤压系数 λ

挤压系数可以根据挤压机吨位大小、挤压筒直径大小、比压和合金变形抗力大小来确定。表 3.2-64 列出了不同挤压筒合理挤压系数的选取范围，其中软合金取上限值，硬合金取下限值。

2. 挤压残料长度

挤压残料是指为了保证挤压制品的尾部组织和性能满足技术标准要求，挤压完成时残留在挤压筒内的那部分铸锭。挤压残料长度分为基本残料长度和增大残料长度两种，见表 3.2-65～表 3.2-67。

表 3.2-64 不同挤压筒合理挤压系数的选取范围（适用于硬铝合金）

挤压筒直径/mm	500	420	360	300	260	200、170	130、115	95
挤压系数 λ	10～15	11～20	11～25	11～30	15～40	18～35	25～40	30～45

表 3.2-65 型材（硬合金）正向挤压基本残料长度 (mm)

挤压筒直径	500	420	360	300	200	170	130	115	95	85
一般制品基本残料长度	85	85	65	65	40	40	25	25	20	20

表 3.2-66 型材反向挤压基本残料长度 (mm)

挤压筒直径	420	320	260
一般制品基本残料长度	50	50	35

表 3.2-67　型材正常规定切尾长度　(mm)

壁厚或直径	$L_{正}$	$L_{余}$
≤4.0	500	200
4.1~10.0	600	300
>10.0	800	500

3. 挤压长度

挤压制品按用户的使用要求分为定尺产品和不定尺产品。

1）定尺产品的定尺余量的确定。为了保证产品的交货长度，要求挤压出的长度比定尺长度长出一部分，简称定尺余量。实际工作中可以参照表 3.2-68 选择定尺余量，铝合金型材挤压制品的切头、切尾长度见表 3.2-69。

2）定尺长度和定尺倍数的设定。实际生产中可以按照表 3.2-70 来设定定尺长度和定尺倍数。

3）制品合理压出长度可根据（表 3.2-71）确定。

4. 挤压工序余量和偏差控制

对于需要经过拉伸矫直的型材，其挤压工序尺寸偏差一般控制原则是：上极限偏差只考虑最小拉伸余量，下极限偏差应考虑工艺余量，见表 3.2-72。对于不需进行拉伸矫直的型材，其挤压工序尺寸偏差应符合成品尺寸偏差要求。

表 3.2-68　挤压型材定尺余量

挤压模孔数	1	2	4	≥6
型材定尺余量/mm	1000~1200	1200~1500	1500~1800	1800~2500

对于以下特殊产品，工艺余量应参照表 3.2-68 所列适当增加：

① 高精级型材：应多留 600mm。

② 壁厚差大的角材：应多留 500~800mm。

③ 易扩、缩口的型材：应多留 500~800mm。

④ 空心型材：应多留 800~1500mm，空心部位小的取下限，空心部位大的取上限。

⑤ 外形小而壁厚大（>10mm）的型材：应多留 400mm。

⑥ 对要求粗晶环的大梁型材（梳状件）：应多留 800~1500mm。

⑦ 宽厚比大的型材：应多留 800~1000mm。

表 3.2-69　铝合金型材挤压制品的切头、切尾长度　(mm)

型材壁厚	前端切去的最小长度	基本残料挤压时的最小切尾长度		增大残料挤压时的切尾长度
		硬合金	软合金	
≤4.0	100	500	500	300
4.1~10.0	100	600	600	300
>10.0	300	800	800	300

表 3.2-70　型材的定尺长度和定尺倍数（无冷床工作台挤压机）

定尺长度/m	1.0	1.5	2.0	3.0~3.5	4.0~4.5	≥5.0
定尺倍数	不限	4~5	3~4	2	1~2	1

注：对于有冷床装置的长出料台的挤压机，其压出长度可以在冷床工作台长度内任意选择。

表 3.2-71　制品合理压出长度

挤压机规格/MN	50	45(反挤)	25(反挤)	20	16	12	8
工作台长度/m	16.5	30	26.4	13.2	13	13	12.5
挤压筒直径/mm	500、420、360、300	420、320	260	200、170	200、170	130、115	95、85
制品合理压出长度/m	10	≤28	≤24	9	9	8	8

表 3.2-72　型材挤压偏差允许值　(mm)

型材公称尺寸	标准规定偏差	厚度尺寸			外形尺寸		
		挤压偏差	拉伸余量	工艺余量	挤压偏差	拉伸余量	工艺余量
≤1.49	+0.2 -0.1	+0.21 0	0.01	0.10			

（续）

型材公称尺寸	标准规定偏差	厚度尺寸			外形尺寸		
		挤压偏差	拉伸余量	工艺余量	挤压偏差	拉伸余量	工艺余量
1. 50~2. 90	±0. 20	+0. 22 −0. 05	0. 02	0. 15			
3. 00~3. 50	±0. 25	+0. 28 −0. 06	0. 03	0. 19			
3. 60~6. 00	±0. 30	+0. 34 −0. 08	0. 04	0. 22			
6. 10~12. 00	±0. 35	+0. 40 −0. 10	0. 05	0. 25	+0. 45 +0. 05	0. 10	0. 40
12. 10~25. 00	±0. 45	+0. 40 −0. 10	0. 05	0. 35	+0. 57 +0. 10	0. 12	0. 55
25. 10~50. 00	±0. 60	+0. 50 −0. 10	0. 05	0. 45	+0. 75 +0. 20	0. 15	0. 80
50. 10~75. 00	±0. 70	+0. 75 −0. 20	0. 05	0. 50	+1. 00 +0. 30	0. 30	1. 00
75. 10~100. 00	±0. 85	+0. 90 −0. 30	0. 05	0. 55	+1. 20 +0. 40	0. 35	1. 25
100. 10~125. 00	±1. 00	+1. 00 −0. 45	0. 05	0. 55	+1. 40 +0. 50	0. 40	1. 50
125. 10~150. 00	±1. 10	+1. 10 −0. 50	0. 05	0. 60	+1. 70 +0. 55	0. 60	1. 65
150. 10~175. 00	±1. 20				+1. 90 +0. 60	0. 70	1. 80
175. 10~200. 00	±1. 30				+2. 00 +0. 65	0. 70	1. 95
200. 10~225. 00	±1. 50				+2. 30 +0. 75	0. 80	2. 25
225. 10~250. 00	±1. 60				+2. 50 +0. 90	0. 90	2. 50
250. 10~275. 00	±1. 70				+2. 80 +1. 00	1. 10	2. 70
275. 10~300. 00	±1. 90				+3. 10 +1. 00	1. 10	2. 90
300. 10~325. 00	±2. 00				+3. 10 +1. 00	1. 10	3. 00

3. 3　加工余量和工序尺寸的计算

3. 3. 1　基本术语

1. 加工总余量和工序余量

加工总余量即毛坯余量，是指毛坯尺寸与零件图的设计尺寸之差。

工序余量是指相邻两工序的尺寸之差。

加工总余量 A_0 与工序余量 A_i 的关系为

$$A_0 = \sum_{i=1}^{n} A_i$$

式中　n——工序或工步数目。

2. 公称余量

毛坯公称尺寸与零件图上的公称尺寸之差，相邻两工序的公称尺寸之差，称为公称余量，以 A_{0j} 与 A_{ij} 表示。

3. 单面余量和双面余量

对于内孔、外圆等回转表面，单面余量是指相邻两工序的半径差，双面余量是指相邻两工序的直径差；对于平面，单面余量是指以一个表面为基准，加工另一个表面时，相邻两工序的尺寸差，双面余量是指以加工表面的对称平面为基准，同时加工两面时，相邻两工序的尺寸差。一般，对于回转表面是指双面（直径）余量，对于平面是指单面余量，分别以 2A 与 A 表示。

图 3.3-1 所示为平面加工余量，图 3.3-2 所示为回转表面加工余量。

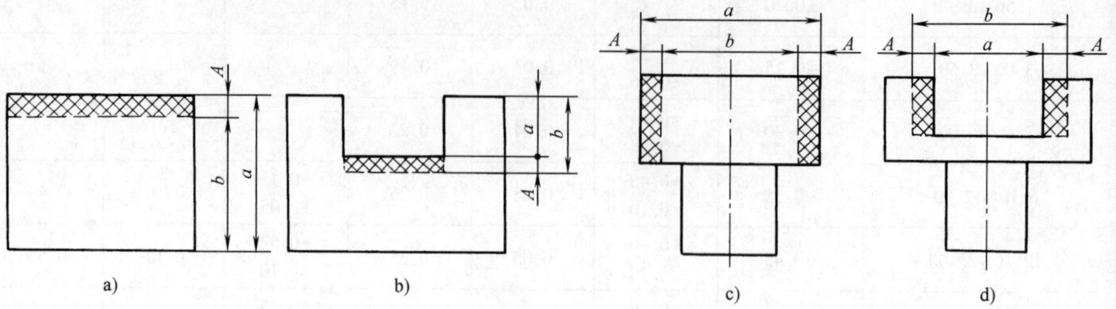

图 3.3-1　平面加工余量

a）单面外表面加工　b）单面内表面加工　c）双面外表面加工　d）双面内表面加工

A—本工序余量　a—上工序的工序尺寸　b—本工序的工序尺寸

注：对于外表面　单面余量 $A=a-b$；双面余量 $2A=a-b$

对于内表面　单面余量 $A=b-a$；双面余量 $2A=b-a$

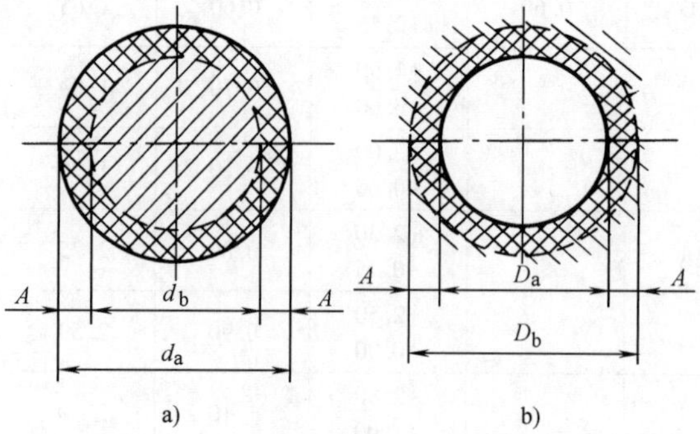

图 3.3-2　回转表面加工余量

a）外圆加工　b）内孔加工

d_a、D_a—上工序直径尺寸　d_b、D_b—本工序直径尺寸

注：对于外圆表面　$2A=d_a-d_b$

对于内孔表面　$2A=D_b-D_a$

4. 最大余量、最小余量及余量公差

工序尺寸的公差，一般规定按“入体”原则标注。对于外表面，上极限尺寸就是公称尺寸；对于内表面，下极限尺寸就是公称尺寸。

由于各工序（工步）尺寸有公差，所以加工余量不是一个固定值，有最大余量、最小余量之分。余量的变动范围也称余量公差。

最大余量、最小余量的计算，有“极值计算法”和“误差复映计算法”两种。试切法加工时，通常采用“极值计算法”；调整法加工时，采用“误差复映计算法”较为适宜。

（1）极值计算法

根据极值法原理（图 3.3-3），对于外表面加工，最大余量是上工序的上极限尺寸与本工序的下极限尺寸之差；最小余量是上工序的下极限尺寸与本工序的上极限尺寸之差。内表面加工则相反。

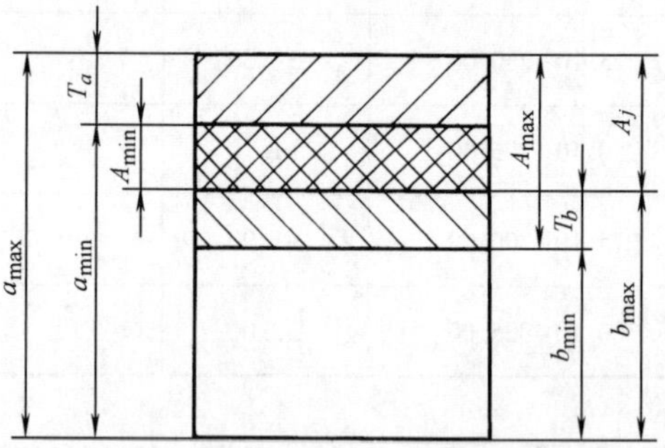

图 3.3-3　极值法工序尺寸、余量关系图

① 对于外表面加工：

$$A_{\max} = a_{\max} - b_{\min} = A_j + T_b$$

$$A_{\min} = a_{\min} - b_{\max} = A_j - T_a$$

$$T_A = A_{\max} - A_{\min} = a_{\max} - a_{\min} + b_{\max} - b_{\min} = T_a + T_b$$

② 对于外圆加工：

$$2A_{\max} = d_{a\max} - d_{b\min} = 2A_j + T_b$$

$$2A_{\min} = d_{a\min} - d_{b\max} = 2A_j - T_a$$

$$2T_A = T_a + T_b$$

③ 对于内表面加工：

$$A_{max} = b_{max} - a_{min} = A_j + T_b$$
$$A_{min} = b_{min} - a_{max} = A_j - T_a$$
$$T_A = A_{max} - A_{min} = b_{max} - b_{min} + a_{max} - a_{min}$$
$$= T_a + T_b$$

④ 对于内圆加工：

$$2A_{max} = D_{bmax} - D_{amin} = 2A_j + T_b$$
$$2A_{min} = D_{bmin} - D_{amax} = 2A_j - T_a$$
$$2T_A = T_a + T_b$$

式中　A_{max}、A_{min}——本工序最大、最小单面余量；
T_A——本工序单面余量公差；
a_{max}、d_{amax}、D_{amax}——上工序上极限尺寸；
a_{min}、d_{amin}、D_{amin}——上工序下极限尺寸；
b_{max}、d_{bmax}、D_{bmax}——本工序上极限尺寸；
b_{min}、d_{bmin}、D_{bmin}——本工序下极限尺寸；
T_a、T_b——上工序、本工序尺寸公差，对于回转表面系指直径公差。

无论内、外表面，余量公差均等于上工序尺寸公差与本工序尺寸公差之和。

(2) 误差复映计算法

1) 根据误差复映规律，当上工序的工序尺寸是最大时，本工序也将是最大尺寸，反之亦然，如图 3.3-4 和图 3.3-5 所示。

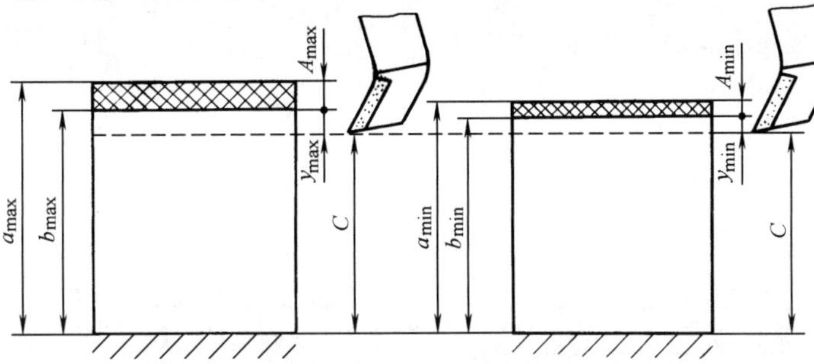

图 3.3-4　加工外表面时的最大、最小余量
C—工序调整尺寸　y_{max}、y_{min}—工艺系统弹性变形量

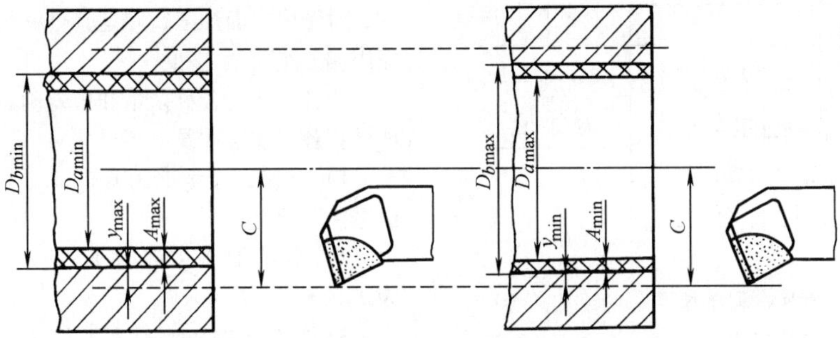

图 3.3-5　加工内表面时的最大、最小余量
C—工序调整尺寸　y_{max}、y_{min}—工艺系统弹性变形量

① 外表面加工：$A_{max} = a_{max} - b_{max}$
$A_{min} = a_{min} - b_{min}$

② 内表面加工：$A_{max} = b_{min} - a_{min}$
$A_{min} = b_{max} - a_{max}$

③ 外圆加工：$2A_{max} = d_{amax} - d_{bmax}$
$2A_{min} = d_{amin} - d_{bmin}$

④ 内孔加工：$2A_{max} = D_{bmin} - D_{amin}$
$2A_{min} = D_{bmax} - D_{amax}$

2) 根据“偏差入体”原则，误差复映法计算的最大余量就是公称余量。余量公差与工序尺寸公差的关系如下：

① 对于外表面加工：

$$A_j = A_{max} = a_{max} - b_{max}$$
$$= (a_{min} + T_a) - (b_{min} + T_b)$$
$$= A_{min} + T_a - T_b$$
$$T_A = A_{max} - A_{min} = T_a - T_b$$

② 对于内表面加工：

$$A_j = A_{max} = b_{min} - a_{min}$$
$$= (b_{max} - T_b) - (a_{max} - T_a)$$
$$= A_{min} + T_a - T_b$$

$$T_A = A_{max} - A_{min} = T_a - T_b$$

③ 对于外圆加工：

$$2A_j = 2A_{max} = d_{amax} - d_{bmax}$$

$$= 2A_{min} + T_a - T_b$$

$$2T_A = T_a - T_b$$

④ 对于内孔加工：

$$2A_j = 2A_{max} = D_{bmin} - D_{amin}$$

$$= 2A_{min} + T_a - T_b$$

$$2T_A = T_a - T_b$$

3.3.2 加工余量、工序尺寸及公差的关系

极值计算法与误差复映计算法加工余量、工序尺寸及公差的关系如图 3.3-6 所示。

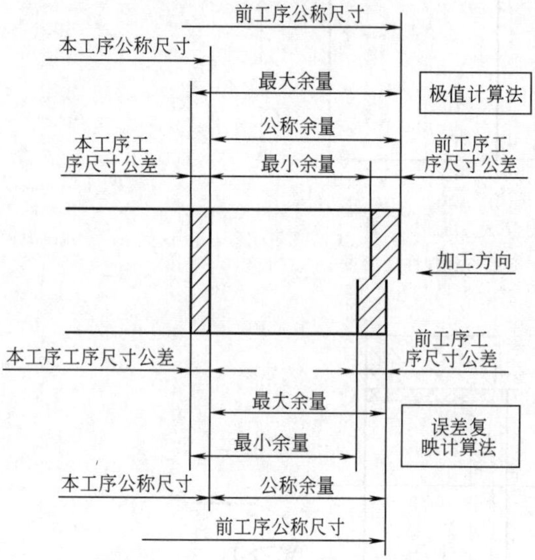

图 3.3-6 加工余量、工序尺寸及公差的关系

3.3.3 工序尺寸、毛坯尺寸及总余量的计算

计算每一工序（工步）的尺寸时，可根据图 3.3-7 所示的加工余量、工序尺寸及公差分布图，由最终尺寸逐步向前推算，便可得到每一工序的工序尺寸，最后得到毛坯的尺寸。

图中 A_{j1}、A_{j2}、A_{j3} 为粗加工、半精加工、精加工的公称余量。对于极值计算法：$A_j = A_{min} + T_a$；对于误差复映计算法：$A_j = A_{min} + T_a - T_b$。

最小加工余量可由查表法或分析计算法确定。

图中 T_1、T_2 为粗加工、半精加工的工序尺寸公差，通常根据各种加工方法的经济精度等级确定。T_0

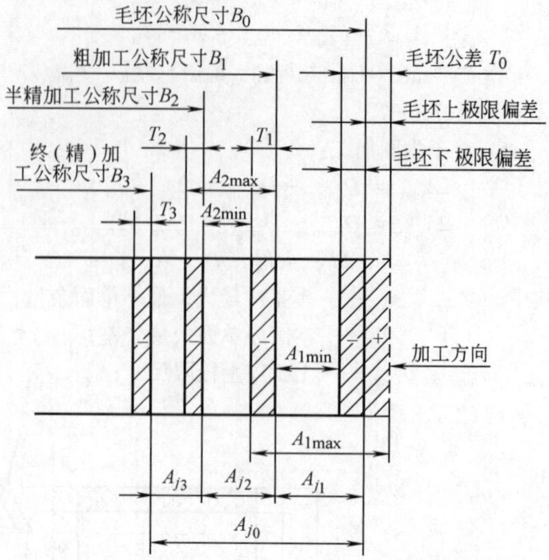

图 3.3-7 加工余量、工序尺寸及公差分布图

为毛坯公差，见 3.1 节。T_3 为精加工（终加工）尺寸公差，由零件图规定。

毛坯尺寸的偏差一般是双向的。第一道工序的公称余量，是毛坯的公称尺寸与第一道工序的公称尺寸之差，不是最大余量。对于外表面加工，第一道工序的最大余量，是其公称余量与毛坯尺寸上极限偏差之和；对于内表面加工，则是其公称余量与毛坯尺寸下极限偏差绝对值之和。

当各工序的公称余量和公差确定后，可按下述顺序计算各工序尺寸及毛坯尺寸：

1）终加工（精加工）的工序尺寸 B_3、公差 T_3 由零件图规定。

2）半精加工的工序尺寸 $B_2 = B_3 + A_{j3}$、公差为 T_2。

3）粗加工的工序尺寸 $B_1 = B_2 + A_{j2} = B_3 + A_{j3} + A_{j2}$，公差为 T_1。

4）毛坯尺寸 $B_0 = B_1 + A_{j1} = B_3 + A_{j3} + A_{j2} + A_{j1}$，公差为 T_0。

5）加工总余量为 $A_{j0} = A_{j1} + A_{j2} + A_{j3}$。

3.3.4 用分析计算法确定加工余量

1. 最小余量的组成

对于平面加工

$$A_{min} = Rz_a + H_a + \sqrt{\rho_a^2 + \varepsilon_b^2}$$

对于回转表面加工

$$2A_{min} = 2(Rz_a + H_a) + 2\sqrt{\rho_a^2 + \varepsilon_b^2}$$

式中 Rz_a——上工序表面粗糙度数值；

H_a——上工序表面缺陷层深度；

ρ_a——上工序表面形状和位置误差；

ε_b——本工序工件装夹误差，包括定位误差与夹紧误差。

计算最小余量的特殊情况：试切法加工平面时，不考虑 ε_b；加工孔所用定位基准是该孔时，不考虑 ρ_a；用拉刀及浮动铰刀、浮动镗刀加工孔时，不考虑 ρ_a 和 ε_b；研磨超精加工时，不考虑 H_a、ρ_a、ε_b；抛光时，仅考虑 Rz_a。

上述计算公式中没有计入热处理后的变形与扩张量。前者会造成形状误差，后者会造成尺寸误差，在计算最小加工余量时必须予以考虑。例如，粗磨热处理后，轴承环内孔的最小加工余量可写为

$$2A_{\min} = 2(Rz_a + H_a) + 2\sqrt{\Delta_a^2 + \rho_a^2 + \varepsilon_b^2} + K$$

上式各符号的含义（余量成分）见表3.3-1。

2. 计算回转表面加工余量和工序尺寸的算法流程（图3.3-8）

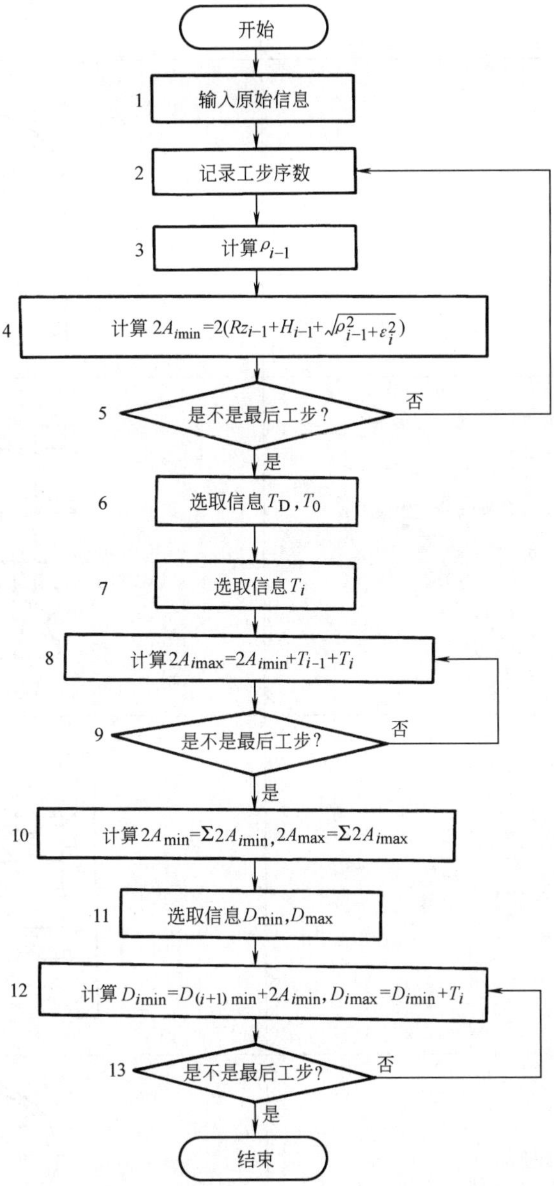

图3.3-8 用误差复映法计算回转表面加工余量和工序尺寸的算法流程

ρ_{i-1}—上工序空间偏差 Rz_{i-1}—上工序表面粗糙度 H_{i-1}—上工序表面缺陷层深度 ε_i—本工序工件装夹误差

T_D—加工面尺寸公差 T_0—毛坯公差 T_{i-1}—上工序尺寸公差 T_i—本工序尺寸公差

$D_{\max}$、$D_{\min}$—最大、最小工序尺寸 $A_{\max}$、$A_{\min}$—最大、最小半径加工余量

表 3.3-1　粗磨轴承环内孔余量的组成

序号	加工余量成分	简　图
1	表面粗糙度数值 Rz	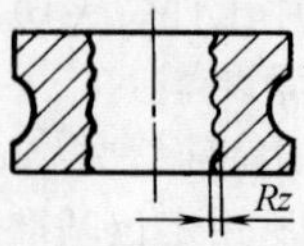
2	热处理后脱碳层深度 H_a	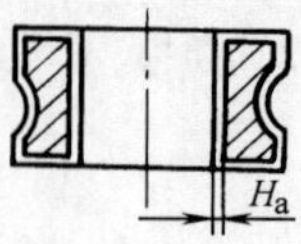
3	热处理变形量 Δ_a $\Delta_a = \frac{1}{2}(d_{max} - d_{min})$	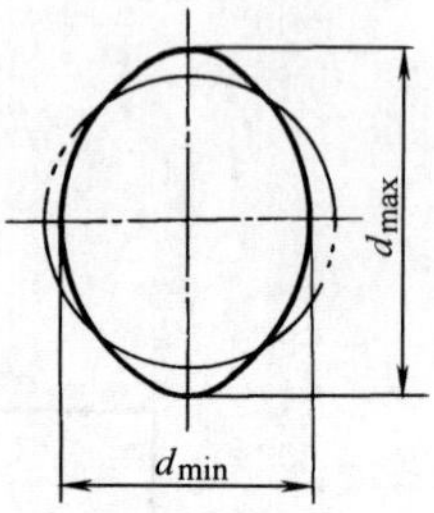
4	加工面与定位基准间的位置误差 ρ_a $\rho_a = \sqrt{e^2 + t^2}$	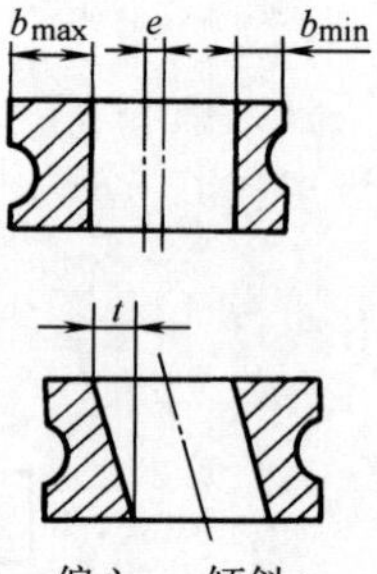 偏心 e　倾斜 t
5	本工序安装误差 ε_b $\varepsilon_b = \frac{S}{2}$	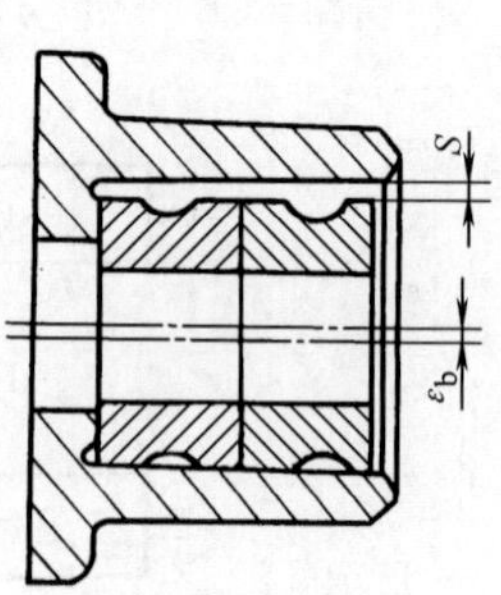
6	热处理扩张量 K $K = d_1 - d_2$	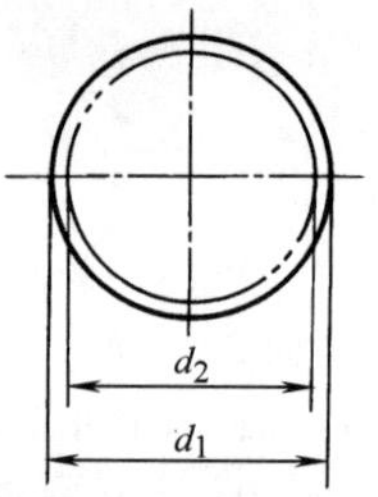

参考文献

[1] 王先逵. 机械加工工艺手册［M］. 2版. 北京：机械工业出版社，2006.
[2] 张耀宸. 机械加工工艺设计手册［M］. 北京：航空工业出版社，1987.
[3] 机械工程手册电机工程手册编辑委员会. 机械工程手册［M］. 2版. 北京：机械工业出版社，1997.
[4] 科希洛夫. 装配工艺学原理与自动装配设备［M］. 潘传尧，高国猷，译. 北京：中国农业机械出版社，1983.
[5] 李庆春. 铸件形成理论基础［M］. 北京：机械工业出版社，1992.
[6] 中国机械工程学会铸造分会，李卫. 铸造手册：第1卷　铸铁［M］. 4版. 北京：机械工业出版社，2021.
[7] 中国机械工程学会铸造分会，娄延春. 铸造手册：第2卷　铸钢［M］. 4版. 北京：机械工业出版社，2021.
[8] 中国机械工程学会铸造分会，戴圣龙，丁文江. 铸造手册：第3卷　铸造非铁合金［M］. 4版. 北京：机械工业出版社，2021.
[9] 中国机械工程学会铸造分会，李远才. 铸造手册：第4卷　造型材料［M］. 4版. 北京：机械工业出版社，2021.
[10] 中国机械工程学会铸造分会，苏仕方. 铸造手册：第5卷　铸造工艺［M］. 4版. 北京：机械工业出版社，2021.
[11] 中国机械工程学会铸造分会，吕志刚. 铸造手册：第6卷　特种铸造［M］. 4版. 北京：机械工业出版社，2021.
[12] 张志文. 锻造工艺学［M］. 北京：机械工业出版社，1983.
[13] 王德拥. 简明锻工手册［M］. 2版. 北京：机械工业出版社，2004.
[14] 中国机械工程学会焊接学会. 焊接手册：第1卷　焊接方法及设备　修订本［M］. 3版. 北京：机械工业出版社，2016.
[15] 中国机械工程学会焊接学会. 焊接手册：第2卷　材料的焊接　修订本［M］. 3版. 北京：机械工业出版社，2014.
[16] 中国机械工程学会焊接学会. 焊接手册：第3卷　焊接结构　修订本［M］. 3版. 北京：机械工业出版社，2015.
[17] 王先逵. 机械制造工艺学［M］. 4版. 北京：机械工业出版社，2019.
[18] 李益民. 加工余量、工序尺寸和公差的误差复映计算法［J］. 现代制造工程，1983（7）：28-30.
[19] 于春艳，张国兴. 工程制图［M］. 北京：中国电力出版社，2004.
[20] 刘静安，阎维刚，谢永生. 铝合金型材生产技术［M］. 北京：冶金工业出版社，2012.
[21] 刘静安，黄凯，谭炽东. 铝合金挤压工模具技术［M］. 北京：冶金工业出版社，2009.

参考文献

第4章

机械加工质量及其检测

主　编　杨晓冬（哈尔滨工业大学）
参　编　高胜东（哈尔滨工业大学）
马惠萍（哈尔滨工业大学）
张晓光（哈尔滨工业大学）

4.1　机械加工精度

4.1.1　基本概念

1. 加工精度与加工误差

机械加工精度是指零件经过加工后的几何参数（尺寸、几何要素的形状和相互位置）的实际值与设计理想值的符合程度，而它们之间的偏离程度称为加工误差。加工误差越小，加工精度越高。加工精度和加工误差是零件加工后几何参数的两种表示方法。

零件的加工精度包括三个方面：

1）尺寸精度。限制加工表面与其基准面间尺寸误差不超过一定的范围。尺寸精度用标准公差等级表示，分为 20 级。

2）形状精度。限制加工表面宏观几何形状误差，如圆度、圆柱度、平面度、直线度等。形状精度用形状公差等级表示。

3）位置精度。限制加工表面与其基准面间的相互位置误差，如平行度、垂直度、同轴度等。位置精度用位置公差等级表示。

尺寸精度、形状精度和位置精度相互之间是有联系的。形状公差应限制在位置公差内，位置公差要限制在尺寸公差内。一定的尺寸精度必须有相应的形状精度和位置精度，而一定的位置精度必须有相应的形状精度。零件加工精度要求是根据设计要求、工艺的经济指标等因素综合分析而确定的。

2. 加工原始误差的种类及产生原因（表 4.1-1）

表 4.1-1　加工原始误差的种类及产生原因

<table>
<tr><th colspan="2">误差种类</th><th colspan="2">产　生　原　因</th></tr>
<tr><td rowspan="9">加工前的误差</td><td>理论误差</td><td colspan="2">采用了近似的加工运动或近似的刀具廓形。如用成形铣刀加工锥齿轮，用车削方法加工多边形工件等</td></tr>
<tr><td rowspan="2">装夹误差</td><td>试切法</td><td>找正误差和度量误差</td></tr>
<tr><td>调整法</td><td>1. 定位基准与设计基准或测量基准不合
2. 在夹紧力作用下，使原始定位位置产生偏移
3. 夹具误差</td></tr>
<tr><td rowspan="3">机床制造、安装误差及磨损</td><td colspan="2">移动部件的直线运动误差：机床导轨副运动部件实际运动方向与理论运动方向不一致；导轨副长期使用中的不均匀磨损；机床水平调整不良或地基下沉</td></tr>
<tr><td colspan="2">机床主轴的回转误差：主轴轴线的径向圆跳动、轴向窜动和漂移</td></tr>
<tr><td colspan="2">机床传动误差：它取决于各传动元件的制造和装配误差。对于车、铣、磨螺纹，滚、插、磨齿轮等加工，该误差会造成加工表面的形状误差</td></tr>
<tr><td>刀具误差</td><td colspan="2">刀具的制造误差，包括刀具的尺寸误差、刀具的形状误差和切削刃的几何形状误差</td></tr>
<tr><td>夹具误差</td><td colspan="2">夹具制造时产生的误差，包括定位元件、导向元件、对刀元件、分度机构、夹具体等的加工误差和装配误差</td></tr>
<tr><td>调整误差</td><td colspan="2">刀具与工件的相互位置调整不准确。试切法加工时，调整误差受测量误差、机床的进给误差和工艺系统受力变形的影响；调整法加工时，除上述原因外，还与调整方法有关，采用定程机构调整时，受机构的制造误差、安装误差、磨损以及电、液、气动控制元件的工作性能影响；采用样件、样板、对刀块、导套等调整时，受其制造、安装误差、磨损以及测量误差的影响</td></tr>
<tr><td rowspan="5">加工中的误差</td><td>工艺系统受力变形</td><td colspan="2">工艺系统在切削力、传动力、重力、惯性力等外力作用下产生变形，破坏了刀具与工件间正确的相对位置，造成加工误差</td></tr>
<tr><td>工艺系统热变形</td><td colspan="2">工艺系统在加工中受切削热、摩擦热、环境温度、辐射热等的影响而产生变形，造成加工误差</td></tr>
<tr><td>刀具磨损</td><td colspan="2">刀具磨损后改变了刀具的尺寸、形状和切削刃廓形，直接影响加工精度</td></tr>
<tr><td>测量误差</td><td colspan="2">此项误差的产生与量具量仪的原理、制造精度、测量条件（温度、湿度、振动、测量力、清洁度等）以及测量技术水平等有关</td></tr>
<tr><td>残余应力引起的变形</td><td colspan="2">具有残余应力的零件，其内部组织的平衡状态极不稳定，有恢复到无应力状态的强烈倾向。一旦应力完全松弛，零件将发生翘曲变形而丧失其原有的加工精度</td></tr>
</table>

4.1.2 影响加工精度的基本因素及消减途径

影响加工精度的基本因素及消减途径见表4.1-2~表4.1-5。

加工表面间的位置精度除与工件装夹方式有关外，还与其他因素有关，影响加工面位置精度的误差因素及作用环节如图4.1-1所示。图中，在加工中相互重合的表面之间用“双线”表示；有精度关系的表面之间用“双向箭头线”表示；夹具装夹零件加工表面与定位基准之间位置精度用“虚线”表示。

表4.1-2 影响尺寸精度的基本因素及消减途径

获得尺寸精度的方法	影响因素	消减途径
试切法	1. 试切测量误差	合理选择量具、量仪，控制测量条件
	2. 微量进给误差	提高进给机构的制造精度、传动刚度，减小摩擦力，用千分表控制进给量，采用新型微量进给机构
	3. 微薄切削层的极限厚度	选择切削刃钝圆半径小的刀具材料，精细研磨刀具刃口，提高刀具刚度
调整法	除试切法影响因素外： 1. 定程机构的重复定位误差	提高定程机构的刚性及操纵机构的灵敏性
	2. 抽样误差	试切一组工件，提高一批工件尺寸分布中心位置的判断准确性
	3. 刀具尺寸磨损	及时调整机床或更换刀具
	4. 样件的尺寸误差，对刀块、导套的位置误差	提高样件的制造精度及对刀块、导套的安装精度
	5. 工件的装夹误差	正确选择定位基准面，提高定位副的制造精度
	6. 工艺系统热变形	合理确定调整尺寸，机床热平衡后调整加工
定尺寸刀具法	1. 刀具的尺寸误差	刀具的尺寸精度应高于加工面尺寸精度
	2. 刀具的磨损	控制刀具的尺寸磨损量，提高耐磨性
	3. 刀具的安装误差	对刀具安装提出位置精度要求
	4. 刀具的热变形	提高冷却润滑效果
自动控制法	控制系统的灵敏性与可靠性	1. 提高自动检测精度 2. 提高进给机构的灵敏性及重复定位精度 3. 减小切削刃钝圆半径及提高刀具刚度

表4.1-3 影响形状精度的基本因素及消减途径

加工方法	影响因素	消减途径
轨迹法	1. 机床主轴回转误差 采用滑动轴承时，主轴颈的圆度误差（对于工件回转类机床）、轴承内表面的圆度误差（对于刀具回转类机床）、加工表面的圆度误差 采用滚动轴承时，轴承内外滚道不圆、滚道有波纹、滚动体尺寸不等、轴颈与箱体孔不圆等会造成加工面圆度误差；滚道、主轴止推轴肩、过渡套或垫圈等的端面圆跳动会造成加工端面的平面度误差	1. 提高主轴支承轴颈与轴瓦的形状精度 2. 若为滚动轴承时，对前后轴承进行角度选配 3. 对滚动轴承预加载荷，消除间隙 4. 采用高精度滚动轴承或液体、气体静压轴承 5. 采用固定顶尖支承工件，避免主轴回转误差的影响 6. 刀具或工件与机床主轴浮动连接，采用高精度夹具镗孔或磨孔，使加工精度不受机床主轴回转误差的影响
	2. 机床导轨的导向误差 导轨在水平面或垂直面内的直线度误差、前后导轨的平行度误差造成工件与切削刃间的相对位移，若此位移沿被加工表面法线方向，则会使加工表面产生平面度或圆柱度误差 导轨润滑油压力过大，引起工作台不均匀漂浮及导轨的磨损，这都会降低导向精度	1. 选择合理的导轨形式和组合方式，适当增加工作台与床身导轨的配合长度 2. 提高导轨的制造精度与刚度 3. 保证机床的安装技术要求 4. 采用液体静压导轨或合理的刮油润滑方式，适当控制润滑油压力 5. 预加反向变形，抵消导轨制造误差

（续）

加工方法	影响因素	消减途径
轨迹法	3. 成形运动轨迹间几何位置关系误差会造成圆度、圆柱度误差	提高机床的几何精度
	4. 刀尖尺寸磨损在加工大型表面、难加工材料、精度要求高的表面、自动线或自动机连续加工时，会造成圆柱度等形状误差	1. 精细研磨刀具并定时检查 2. 采用耐磨性好的刀具材料 3. 选择适当的切削速度 4. 自动补偿刀具磨损
成形法	除成形运动本身误差及成形运动间位置关系误差外： 1. 刀具的制造误差、安装误差与磨损直接造成加工表面的形状误差 2. 加工螺纹时成形运动间的速比关系误差等造成螺距误差。造成速比关系误差的因素有：母丝杠的制造安装误差、机床交换齿轮的近似传动比、传动齿轮的制造与安装误差等	提高刀具的制造精度、安装精度、刃磨质量与耐磨性 1. 采用短传动链结构 2. 提高母丝杠的制造与安装精度 3. 采用降速传动 4. 提高末端传动元件的制造和安装精度 5. 采用校正装置（校正尺、偏心齿轮、行星校正机构、数控校正装置、激光校正装置）
	1. 刀具轴回转误差，立柱导轨、工作台导轨误差，其间位置关系误差 2. 刀具与工件两个回转运动的速比关系误差（分度蜗轮、蜗杆、传动齿轮等的制造与安装误差） 3. 刀具的制造、刃磨与安装误差	1. 根据加工要求选择机床 2. 缩短传动链，采用降速传动，提高末端传动元件的制造与安装精度 3. 采用校正机构（偏心校正机构，凸轮、摆杆校正机构） 4. 按一定技术要求选择、重磨、安装刀具
非成形运动法	采用机床加工，刀具与工件间相对运动轨迹的复杂程度影响各点相互接触和干涉的概率，因而影响误差均化效果 采用手工刮研或研磨方法，需要适时地对工件进行检测，检具（标准平尺、平台等）误差、检测方法误差是重要的影响因素	1. 采用运动轨迹复杂的加工方法 2. 合理选用标准平台与平尺的形状和结构 3. 采用材质与结构适当的研具 4. 采用三板互研法提高检具、研具精度 5. 采用精密量具、量仪，采用被加工工件或检具自检和互检的方法提高检测精度

表 4.1-4　影响加工精度的共同因素及消减途径

变形	影响因素	消减途径
工艺系统热变形	1. 机床热变形破坏机床静态几何精度	1. 减轻热源的影响：移出热源、隔离热源、冷却热源 2. 用补偿法均衡温度场，减少热变形 3. 合理安排主轴箱、修整器等定位点位置，减小热变形的影响 4. 进行空运转或局部加热，保持工艺系统热平衡 5. 改善摩擦特性，减少发热 6. 控制环境温度
	2. 工件受热变形时加工，冷却到室温后出现形状误差	1. 进行充分有效的冷却 2. 选择适当的切削用量 3. 改善细长轴、薄板等热容量小的工件装夹方法 4. 根据工件热变形规律，预加反向变形
	3. 在一次走刀时间较长时，刀具热变形造成工件表面的形状误差	1. 充分冷却 2. 减小刀杆悬伸长度，增大截面
工艺系统受力变形	1. 工艺系统刚度在不同加工位置上差别较大会造成形状误差 2. 毛坯余量或材料硬度不均匀引起切削力变化造成加工误差。工艺系统刚度较低时，有较大的误差复映	1. 提高工艺系统的刚度（尤其是低刚度环节） 2. 采用辅助支承、跟刀架等，减小刚度变化 3. 改进刀具几何角度，减小背向力 4. 精度高的零件需要安排预加工工序

（续）

变形	影响因素	消减途径
工件残余应力引起的变形	1. 加工时破坏了残余应力平衡条件，使残余应力重新分布，工件形状发生变化 2. 温度等条件变化使残余应力重新平衡，工件丧失原有精度	1. 改善结构，使壁厚均匀，焊缝均匀，减小毛坯的残余应力 2. 铸件、锻件、焊接件应进行回火或退火，工件淬火后回火 3. 用热校直代替冷校直，精密零件不校直 4. 粗、精加工之间应间隔一定时间，松开后施加较小的夹紧力 5. 精密零件加工需要安排多次时效，毛坯加工及粗加工后进行高温时效，半精加工后进行低温时效

注：表列因素对尺寸精度、形状精度和位置精度均有影响。

表 4.1-5　影响位置精度的基本因素及消减途径

装夹方式	影响因素	消减途径
直接装夹	工件定位基准面与机床装夹面直接接触 1. 刀具切削成形面与机床装夹面的位置误差 2. 工件定位基准面与加工面设计基准面间的位置误差	1. 提高机床的几何精度 2. 采用加工面的设计基准面为定位基准 3. 提高加工面的设计基准面与定位基准面间的位置精度
找正装夹	将工件装夹或支承在机床上，用找正工具按机床切削成形面调整工件，使其基准面处于正确位置 1. 找正方法与量具的误差 2. 找正基面或基线的误差 3. 工人操作技术水平	1. 采用与加工精度相适应的找正工具 2. 提高找正基面与基线的精度 3. 提高工人操作技术水平
夹具装夹	工件定位基准面与夹具定位元件相接触或相配合 1. 刀具切削成形面与机床装夹面的位置误差 2. 工件定位基准面与加工面设计基准面间的位置误差 3. 夹具的制造误差与刚度 4. 夹具的安装误差与接触变形 5. 工件定位基准面的位置误差	1. 提高机床的几何精度 2. 提高夹具的制造、安装精度和刚度 3. 减少定位误差

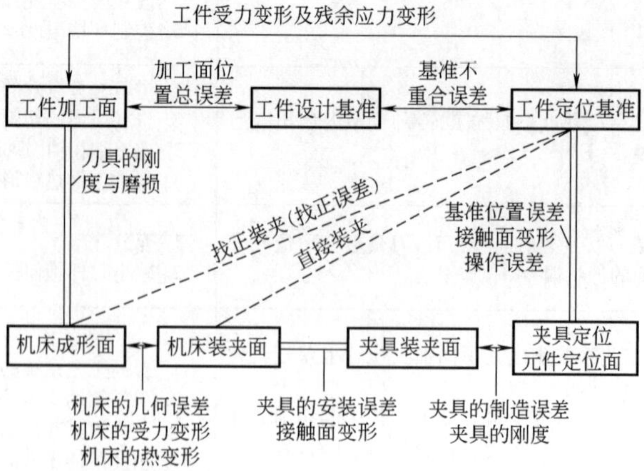

图 4.1-1　影响加工面位置精度的误差因素及作用环节

4.1.3　加工误差

1. 加工误差的分类

各种加工误差按其在一批工件中出现规律的不同可分为系统误差和随机误差。

1）系统误差。在一次调整后顺次加工一批工件时，误差大小和方向都不变或者按一定规律变化的误差。前者为常值系统误差，与加工顺序有关；后者为变值系统误差，与加工顺序无关。

2）随机误差。在顺次加工一批工件时，误差大小和方向呈不规律变化的误差。

2. 造成各类加工误差的原始误差（表 4.1-6）

3. 加工误差的计算方法（表 4.1-7~表 4.1-11）

表 4.1-6　造成各类加工误差的原始误差

系统误差		随机误差
常值系统误差	变值系统误差	
原理误差 刀具的制造与调整误差 机床几何误差(主轴回转误差中有随机成分)与磨损 机床调整误差(对一次调整而言) 工艺系统热变形(系统热平衡后) 夹具的制造、安装误差与磨损 测量误差(由量仪制造、对零不准、设计原理、磨损等产生) 工艺系统受力变形(加工余量、材料硬度均匀时) 夹紧误差(机动夹紧)	刀具的尺寸磨损(砂轮、车刀、面铣刀、单刃镗刀等) 工艺系统热变形(系统热变形前) 多工位机床回转工作台的分度误差和其上夹具安装误差	工艺系统受力变形(加工余量、材料硬度不均匀时) 工件定位误差 行程挡块的重复定位误差 残余应力引起的变形 夹紧误差(手动夹紧) 测量误差(由量仪传动链间隙、测量条件不稳定、读数不准等造成) 机床调整误差(多台机床加工同批工件、多次调整加工大批工件)

表 4.1-7　加工误差的计算方法

计算方法	适用范围	说　明
分析计算法	适用于分析计算各系统误差对加工精度的影响,如成批大量生产中主要工序关键零件系统性加工误差的分析计算	查明对某项加工误差有影响的各原始误差;通过分析计算或实验建立加工误差与每一原始误差间的数学关系式;测量或计算出各原始误差的数值,计算加工误差;将计算的各单项加工误差代数相加,得总加工误差
统计分析法	适用于受随机性多因素影响的工艺过程加工误差的分析计算	统计分析法的计算公式见表 4.1-8。机械加工中常见的分布规律见表 4.1-9。各种加工方法的加工误差分布曲线系数见表 4.1-10

表 4.1-8　统计分析法的计算公式

方法	参数名称	计算公式或计算图	说　明
分布图分析法	正态曲线方程式	$y=\frac{1}{\sigma\sqrt{2\pi}}e^{-\frac{x^2}{2\sigma^2}}$ 式中　x——横坐标,表示工件尺寸 y——纵坐标,表示一批工件中某一尺寸工件出现的密度 e——自然对数的底,e=2.718 σ——标准差	
	算术平均值	$\bar{x}=\frac{1}{n}\sum_{i=1}^{n}x_i$ 或 $\bar{x}=\frac{x_1'm_1+x_2'm_2+\cdots+x_i'm_i}{m_1+m_2+\cdots+m_i}$ 式中　n——一批工件总数 x_i——第 i 个工件的尺寸 x_i'——第 i 组工件的平均尺寸 m_i——第 i 组工件数	$\bar{x}$ 决定分布曲线的位置

（续）

方法	参数名称	计算公式或计算图	说　明
分布图分析法	标准差	$\sigma=\sqrt{\frac{1}{n}\sum_{i=1}^{n}(x_i-\bar{x})^2}$	σ 决定分布曲线的形状和尺寸分散范围
	尺寸分散范围	正态分布　$\Delta=6\sigma$ 非正态分布　$\Delta=\frac{6\sigma}{k_i}$ 式中　k_i——相对分布系数	相对分布系数 k_i 见表 4.1-9 和表 4.1-10
	工艺能力系数	正态分布 $C_p=\frac{T}{6\sigma}$ 有偏离时 $C_p=(1-e_i)\frac{T}{6\sigma}$ $e_i=\frac{(S_U+S_L)/2-\bar{x}}{(S_U-S_L)/2}$ 式中　T——零件公差 e_i——相对不对称系数 S_U、S_L——零件图注明的极限尺寸	$C_p>1$，废品主要由常值系统误差引起，可重新调整系统（如改变刀具位置）或在相反方向用一常值系统误差加以抵消；$C_p<1$，废品不可避免，分析误差产生原因，并进行改进 相对不对称系数 e_i 见表 4.1-9 和表 4.1-10
点图分析法		1. 在一批工件的加工过程中，依次测量每个工件的尺寸，记入以顺次加工的工件号为横坐标、工件尺寸（或加工误差）为纵坐标的图表中 2. 对测量数据进行处理，将随机误差、变值与常值系统误差区别开来。每个工件的加工误差（实测尺寸减去公称尺寸）等于其随机误差与系统误差（变值与常值）之和 3. 找出变值系统误差的规律，采用误差补偿法加以消除 4. 与 X-R 图联合使用，可以预报次品出现的可能性，对加工过程进行控制	用于发现按一定规律变化的变值系统误差
相关分析法	回归方程	$\bar{y}=bx+a$ 式中　bx——前工序加工误差（输入误差）转移到本工序的遗传误差，b 为传递系数，对于直线尺寸链，$b=1$ a——只取决于本工序加工条件的自有误差，$a<(1-b)\bar{x}$，可提高精度能力；否则为薄弱环节 $\bar{x}$——输入误差的均值	用于查明各种随机变量间的关系，如毛坯误差与成品误差间，上道工序与下道工序间，多刀多轴加工工序中同时得到的各尺寸误差间的关系。因而可由某一道工序的技术要求，求前一道工序的技术要求；已知毛坯误差均值和各工序的回归方程，确定最终工序（或中间任一工序）输出误差的均值
	前道工序公差	$T_x=\sqrt{\frac{(T_y)^2-4l^2S_a^2}{b}}$ 式中　T_y——本工序公差 l——与样本容量 n 及显著水平 α 有关的系数，见表 4.1-11 S_a——自有误差的方差 $S_a=(1-r_{x,y}^2)S_y^2$ $r_{x,y}$——相关系数 S_y——本工序大样本的标准差	

（续）

方法	参数名称	计算公式或计算图	说　　明
相关分析法	最终工序（或中间任一工序）的输出误差均值	$\bar{y}_n = a_n + b_n a_{n-1} + [\prod_{i=n-1}^{n} b_i] a_{n-2} + [\prod_{i=n-2}^{n} b_i] a_{n-3} + \cdots + [\prod_{i=3}^{n} b_i] a_2 + [\prod_{i=2}^{n} b_i] a_1 + [\prod_{i=1}^{n} b_i] \bar{x}_1$ 式中　$\prod_{i=1}^{n} b_i$——第 1 至第 n 道工序 b 值的积，以此类推 $\bar{x}_1$——第 1 道工序输入误差的算术平均值	用于查明各种随机变量间的关系，如毛坯误差与成品误差间，上道工序与下道工序间，多刀多轴加工工序中同时得到的各尺寸误差间的关系。因而可由某一道工序的技术要求，求前一道工序的技术要求；已知毛坯误差均值和各工序的回归方程，确定最终工序（或中间任一工序）输出误差的均值

表 4.1-9　机械加工中常见的分布规律

分布规律		分布曲线简图	相对分布系数 k_i	相对不对称系数 e_i	发生条件与场合
正态分布		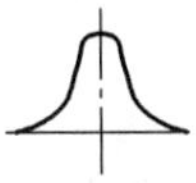	1	0	在机械加工中，若同时满足下列三个条件，则工件的加工尺寸服从正态分布： 1. 无变值系统误差（或有而不显著） 2. 各随机因素是相互独立的 3. 在各随机因素中没有一个是起主导作用的，算术平均值 $\bar{x}$ 与公差带不重合，说明存在系统误差；实际分布与正态分布相近，说明无变值系统误差；6σ（尺寸分散范围）代表随机误差的大小
等腰三角形分布（辛浦生分布）		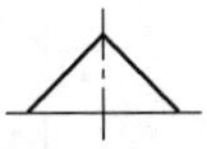	1.22	0	由两个具有相同分散范围的均匀分布随机变量相加构成的分布。例如，两块长度尺寸在同一公差带范围内的量块，其误差是均匀分布的，将两量块叠放在一起后，其总长度尺寸的误差呈等腰三角形分布
等概率分布		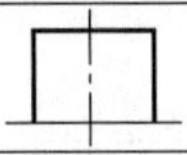	1.73	0	切削刀具在正常磨损阶段（呈线性磨损）所引起的误差分布
平顶分布		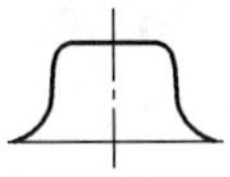	1.1～1.5	0	可看成是随着时间平移的众多正态分布曲线叠加的效果。刀具线性磨损影响显著时工件加工尺寸的分布
偏离分布	轴类零件	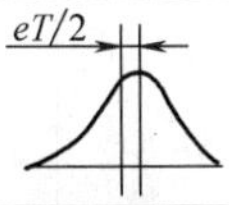	≈1.17	≈0.26	试切法切削轴颈时，为避免不可修废品，主观地使轴颈加工宁大勿小，或调整法加工时，刀具热变形显著，孔的加工尺寸大的多，小的少
	孔槽类零件	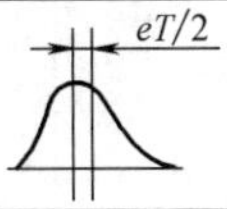	≈1.17	≈-0.26	试切法加工孔或槽时，主观地使孔径、槽深宁小勿大，或调整法加工时，刀具热变形显著，轴的加工尺寸小的多，大的少
瑞利分布（偏心分布）		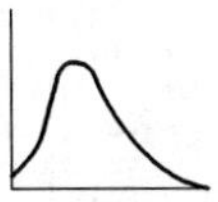	-0.28	1.14	若加工中所产生的误差是分散在平面上的矢量误差，且两个独立分量属于以 σ 为标准差的正态分布，则误差的分布将遵从此分布，如全圆形零件的壁厚差，阶梯轴及孔的同轴误差，齿轮齿圈的几何偏心误差等，此类误差属正值误差
差数模分布		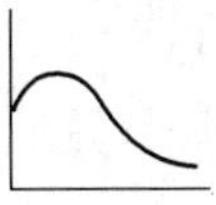			若在一个自由度方向上的两个随机变量皆服从正态分布，则它们的差数之模将服从差数模分布。平行度误差、垂直度误差、对称度误差、锥度误差等，均属差数模分布的正值误差
多峰分布		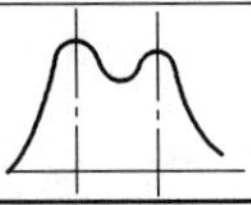			由两台精度不同、调整状况不同的机床完成同一工序加工时，一批工件混合后的尺寸分布。这时存在常值系统误差

表 4. 1-10　各种加工方法的加工误差分布曲线系数

序号	工件尺寸说明	加工方法	加工方法可能产生的误差/mm	加工误差分布曲线系数			
				调整法加工		非调整法加工	
				e_i	k_i	e_i	k_i
1	由孔轴线到基准面的距离尺寸(箱体、轴架、支承等)	1. 刮研基准平面(按孔测量)	0. 01~0. 10	—	—	+0. 5	1. 4~1. 5
		2. 磨削基准平面(按孔测量)	0. 04~0. 10	—	—	+0. 4	1. 3~1. 4
		3. 精铣基准平面(按孔测量)	0. 06~0. 12	+0. 2	1. 1~1. 2	—	—
			0. 10~0. 20			+0. 3	1. 2~1. 3
		4. 在坐标镗床上加工孔	0. 02~0. 04	—	—	+0. 2	1. 2~1. 3
		5. 在精镗床上加工孔	0. 04~0. 10	0	1. 1~1. 2	—	—
		6. 在卧式镗床或摇臂钻床上应用夹具及导向套加工孔	0. 10~0. 20	0	1. 1~1. 2	—	—
		7. 在卧式镗床或摇臂钻床上用划线法加工孔(不用夹具)	0. 4~1. 0	—	—	+0. 3	1. 3~1. 4
2	孔与孔之间的距离尺寸(箱体、轴架、支承等的孔心距尺寸)	1. 在坐标镗床上加工孔	0. 01~0. 04	—	—	0	1. 2~1. 3
		2. 在精镗床上加工孔	0. 04~0. 10	0	1. 1~1. 2	—	—
		3. 在卧式镗床或摇臂钻床上应用夹具及导向套加工孔	0. 10~0. 20	0	1. 1~1. 2	—	—
		4. 在卧式镗床或摇臂钻床上用划线法加工孔(不用夹具)	0. 4~1. 0	—	—	0	1. 3~1. 4
3	孔轴线与基准平面的平行度、垂直度或角度误差(箱体、轴架等)	1. 刮研基准平面(按孔测量)	$\frac{0.01}{L}\sim\frac{0.10}{L}$	—	—	0	1. 3~1. 4
		2. 磨削基准平面(按孔测量)	$\frac{0.04}{L}\sim\frac{0.10}{L}$	—	—	0	1. 2~1. 3
		3. 精铣基准平面(按孔测量)	$\frac{0.06}{L}\sim\frac{0.12}{L}$	0	1. 1~1. 2	—	—
			$\frac{0.10}{L}\sim\frac{0.20}{L}$	—	—	0	1. 2~1. 3
		4. 在坐标镗床上加工孔	$\frac{0.02}{L}\sim\frac{0.04}{L}$	—	—	0	1. 2~1. 3
		5. 在精镗床上加工孔	$\frac{0.04}{L}\sim\frac{0.10}{L}$	0	1. 1~1. 2	—	—
		6. 在卧式镗床或摇臂钻床上应用夹具及导向套加工孔	$\frac{0.10}{L}\sim\frac{0.20}{L}$	0	1. 1~1. 2	—	—
		7. 在卧式镗床或摇臂钻床上用划线法加工孔(不用夹具)	$\frac{0.4}{L}\sim\frac{1.0}{L}$	—	—	0	1. 3~1. 4

（续）

序号	工件尺寸说明	加工方法	加工方法可能产生的误差/mm	加工误差分布曲线系数			
				调整法加工		非调整法加工	
				e_i	k_i	e_i	k_i
4	孔与孔轴线之间的平行度、垂直度或角度误差	1. 在坐标镗床上加工孔	$\frac{0.02}{L}\sim\frac{0.04}{L}$	—	—	0	1.2~1.3
		2. 在精镗床上加工孔	$\frac{0.04}{L}\sim\frac{0.20}{L}$	0	1.1~1.2	—	—
		3. 在卧式镗床或摇臂钻床上应用夹具及导向套加工孔	$\frac{0.10}{L}\sim\frac{0.20}{L}$	0	1.1~1.2	—	—
		4. 在卧式镗床或摇臂钻床上用划线法加工孔	$\frac{0.40}{L}\sim\frac{1.0}{L}$	—	1.1~1.2	—	1.3~1.4
5	平面与平面间的平行度、垂直度或角度误差（箱体、滑块、支架等）	1. 在平面全长 L 内进行刮研	$\frac{0.01}{L}\sim\frac{0.10}{L}$	—	—	0	1.3~1.4
		2. 磨削平面	$\frac{0.02}{300}\sim\frac{0.05}{300}$	—	—	0	1.2~1.3
		3. 在专门铣床或龙门刨床上精铣或精刨平面	$\frac{0.08}{300}\sim\frac{0.15}{300}$	0	1.1~1.2	—	—
			$\frac{0.12}{300}\sim\frac{0.20}{300}$	—	—	0	1.3~1.4
		4. 在镗床上加工平面	$\frac{0.1}{300}\sim\frac{0.2}{300}$	—	—	0	1.3~1.4
		5. 在牛头刨床上加工平面	$\frac{0.12}{300}\sim\frac{0.2}{300}$	—	—	—	—
		6. 在立式铣床上加工平面	$\frac{0.2}{300}\sim\frac{0.3}{300}$	0	1.1~1.2	0	1.3~1.4
6	平面与平面之间的距离尺寸	1. 刮研平面	0.01~0.10	—	—	0	1.4~1.5
		2. 磨削平面	0.02~0.08	—	—	0	1.3~1.4
		3. 在铣床及刨床上铣刨平面或在镗床及钻床上加工端面	0.1~0.5	0	1.1~1.2	—	—
			0.3~1.0	—	—	0	1.3~1.4
		4. 在车床上车端面	0.1~0.3	—	—	0	1.3~1.4
		5. 在多刀车床或转塔车床上加工平面	0.2~0.4	0	1.1~1.2	—	—
7	箱体内壁、滑块内槽平面及轴肩两内端面间的距离尺寸	1. 平面刮研加工	0.01~0.10	—	—	−0.5	1.4~1.5
		2. 表面磨削加工	0.02~0.10	—	—	−0.4	1.3~1.4
		3. 在铣床、刨床上加工内端面或在镗床、钻床上加工内端面	0.1~0.5	−0.2	1.1~1.2	—	—
			0.3~1.0	—	—	−0.4	1.3~1.4
		4. 在车床上加工内端面	0.1~0.3	—	—	−0.4	1.3~1.4
		5. 在多刀车床或转塔车床上加工内端面	0.2~0.4	−0.2	1.1~1.2	—	—

（续）

序号	工件尺寸说明	加工方法	加工方法可能产生的误差/mm	加工误差分布曲线系数：调整法加工 e_i	调整法加工 k_i	非调整法加工 e_i	非调整法加工 k_i
8	箱体外壁、滑块外端面及轴肩两外端面间的距离尺寸	1. 表面刮研加工	0.01~0.10	—	—	+0.5	1.4~1.5
		2. 表面磨削加工	0.02~0.10	—	—	+0.4	1.3~1.4
		3. 在铣床、刨床上加工外端面或在镗床、钻床上加工外端面	0.1~0.5 0.3~1.0	+0.2 —	1.1~1.2 —	— +0.3	— 1.2~1.3
		4. 在车床上加工外端面	0.1~0.3	—	—	+0.3	1.2~1.3
		5. 在多刀车床或转塔车床上加工外端面	0.2~0.4	+0.2	1.1~1.2	—	—
9	轴、轴颈套筒、环件、盘件、法兰凸缘及其他零件的外圆直径	1. 外圆磨削加工	0.01~0.1	—	—	+0.4	1.3~1.4
		2. 在万能车床或立式车床上加工外圆表面	0.1~0.5	—	—	+0.3	1.2~1.3
		3. 在多刀车床、转塔车床或自动、半自动车床上加工外圆表面	0.1~0.5	+0.2	1.1~1.2	—	—
10	各种零件上的内孔直径	1. 内孔研磨加工	0.005~0.06	—	—	−0.4	1.2~1.3
		2. 内孔磨削加工	0.01~0.10	—	—	−0.4	1.2~1.3
		3. 拉内孔	0.01~0.10	−0.2	1.1~1.2	—	—
		4. 在精镗床上加工内孔	0.02~0.1	−0.2	1.1~1.2	—	—
		5. 在坐标镗床上加工内孔	0.02~0.1	—	—	−0.3	1.2~1.3
		6. 在镗床、摇臂钻床、立式车床或转塔车床上钻及铰孔或镗内孔	0.02~0.1	−0.2	1.1~1.2	—	—
		7. 在卧式车床上镗内孔	0.05~0.2	—	—	−0.3	1.2~1.3
11	轴、套筒、环件、盘件、法兰及其他零件外圆表面的径向圆跳动	1. 表面磨削加工	0.01~0.02	—	—	−0.3	1.14~1.73
		2. 在卧式车床或立式车床上加工外圆	0.02~0.10	—	—	−0.3	1.2~2.0
		3. 在转塔车床、多刀车床或自动、半自动车床上加工外圆	0.02~0.10	−0.3	1.14~1.73	—	—

（续）

序号	工件尺寸说明	加工方法	加工方法可能产生的误差/mm	加工误差分布曲线系数			
				调整法加工		非调整法加工	
				e_i	k_i	e_i	k_i
12	轴、套筒、环件、法兰及其他零件等端面的轴向圆跳动	1. 端面磨削加工 2. 在卧式车床或立式车床上加工端面 3. 在转塔车床、多刀车床或自动、半自动车床上车端面	0.01~0.02 0.02~0.10 0.02~0.10	— — -0.4	— — 1.14~1.73	-0.3 -0.3 —	1.14~1.73 1.2~2.0 —

注：L 代表全长。

表 4.1-11　系数 l 值（$\alpha=0.05$）

样本容量 n	20	25	30	40	50	60	70	80	90	100	200	300	400	500
l	4.39	4.20	4.10	3.94	3.84	3.76	3.70	3.66	3.63	3.60	3.47	3.41	3.37	3.35

4.1.4　经济加工精度

机械加工时，每种机床上所达到的精度越高，则所耗费的工时越多，成本越高。当所达到的精度超过一定限度以后，加工工时就会迅速增加，生产率大大下降，加工成本急剧上升，因而经济性很差。每种机床在正常生产条件下能经济地达到的加工精度是有一定范围的，该精度范围就是这种加工方法的经济精度。所谓正常生产条件是指：设备完好、工夹量具适应、工人技术水平相当、工时定额合理。

1. 各种加工方法能达到的尺寸经济精度（表 4.1-12～表 4.1-23）

表 4.1-12　孔加工的经济精度

加工方法		公差等级(IT)
钻孔及用钻头扩孔		11~12
扩孔	粗扩	12
	铸孔或冲孔后一次扩孔	11~12
	钻或粗扩后的精扩孔	9~10
铰孔	粗铰	9
	精铰	7~8
	精密铰	7
镗孔	粗镗	11~12
	精镗	8~10
	高速镗	8
	精密镗	6~7

（续）

加工方法		公差等级(IT)
拉孔	粗拉铸孔或冲孔	7~9
	粗拉或钻孔后精拉孔	7
磨孔	粗磨	7~8
	精磨	6~7
	精密磨	6
研磨、珩磨		6
滚压、金刚石挤压		6~10

表 4.1-13　圆锥孔加工的经济精度

加工方法		公差等级(IT)	
		锥孔	深锥孔
扩孔	粗扩	11	
	精扩	9	
镗孔	粗镗	9	9~11
	精镗	7	
铰孔	机动	7	7~9
	手动	高于 7	
磨孔		高于 7	7
研孔		6	6~7

表 4.1-14　圆柱深孔加工的经济精度

加工方法		公差等级(IT)
用麻花钻、扁钻、环孔钻钻孔	钻头回转	11~13
	工件回转	11
	钻头和工件都回转	11
扩孔		9~11
深孔钻钻孔或镗孔	刀具回转	9~11
	工件回转	9
	刀具和工件都回转	9
镗刀块镗孔		7~9
铰孔		7~9
磨孔		7
珩孔		7
研磨		6~7

表 4.1-15　花键孔加工的经济精度

加工方法	公差等级(IT)
插削	9
拉削	7~9
磨削	7~9

表 4.1-16　外圆柱表面加工的经济精度

加工方法		公差等级(IT)
车削	粗车	11~12
	半精车或一次车	8~10
	精车	6~7
	精密车(或金刚石车)	5~6
磨削	粗磨	8
	精磨	6~7
	精密磨	5~6
研磨、超精加工		5
滚压、金刚石压平		5~6

表 4.1-17　端面加工的经济精度　(mm)

加工方法		直径			
		≤50	>50~120	>120~260	>260~500
车削	粗车	0.15	0.20	0.25	0.40
	精车	0.07	0.10	0.13	0.20
磨削	普通磨	0.03	0.04	0.05	0.07
	精密磨	0.02	0.025	0.03	0.035

注：指端面至基准的尺寸精度。

表 4.1-18　成形铣刀加工的经济精度　(mm)

表面长度	粗铣		精铣	
	铣刀宽度			
	≤120	>120~180	≤120	>120~180
≤100	0.25		0.10	
>100~300	0.35	0.45	0.15	0.20
>300~600	0.45	0.50	0.20	0.25

注：指加工表面至基准的尺寸精度。

表 4.1-19　同时加工平行表面的经济精度　（mm）

加工性质	表面长和宽					
	≤120			>120~300		
	表面高度					
	≤50	>50~80	>80~120	≤50	>50~80	>80~120
用三面刃铣刀同时铣削	0.05	0.06	0.08	0.06	0.08	0.10

注：指两平行表面距离的尺寸精度。

表 4.1-20　平面加工的经济精度

加工方法		公差等级（IT）	加工方法		公差等级（IT）
刨削和圆柱铣刀及面铣刀铣削	粗	11~14	磨削	粗	8~9
	半精或一次加工	11~12		半精或一次加工	7~9
	精	10		精	7
	精密	6~9		精密	5~6
拉削	粗拉铸面及冲压表面	10~11	研磨、刮研		5
	精拉	6~9	用钢珠或滚珠工具滚压		7~10

注：1. 本表适用于尺寸<1m、结构刚性好的零件加工，用光洁的加工表面作为定位和测量基准。
2. 面铣刀铣削的加工精度在相同条件下大体比圆柱铣刀铣削高一级。
3. 精密铣仅用于面铣刀铣削。

表 4.1-21　米制螺纹加工的经济精度

加工方法		公差带（GB/T 197—2018）	加工方法	公差带（GB/T 197—2018）
车削	外螺纹	4h~6h	带径向或切向梳刀的自动张开式板牙	6h
	内螺纹	5H~7H		
用梳形刀车螺纹	外螺纹	4h~6h	旋风切削	6h~8h
	内螺纹	5H~7H		
用丝锥攻内螺纹		4H、5H~7H	搓丝板搓螺纹	6h
用圆板牙加工外螺纹		6h~8h	滚丝模滚螺纹	4h~6h
带圆梳刀自动张开式板牙		4h~6h	单线或多线砂轮磨螺纹	4h 以上
梳形螺纹铣刀		6h~8h	研磨	4h

表 4.1-22　花键加工的经济精度

花键的最大直径	轴				孔			
	用磨制的滚铣刀		成形磨		拉削		推削	
	精度				热处理前精度			
	花键宽	底圆直径	花键宽	底圆直径	花键宽	底圆直径	花键宽	底圆直径
18~30	0.025	0.05	0.013	0.027	0.013	0.018	0.008	0.012
>30~50	0.040	0.075	0.015	0.032	0.016	0.026	0.009	0.015
>50~80	0.050	0.10	0.017	0.042	0.016	0.030	0.012	0.019
>80~120	0.075	0.125	0.019	0.045	0.019	0.035	0.012	0.023

表 4.1-23　齿形加工的经济精度

加工方法		公差等级(IT)
多头滚刀滚齿(m=1~20mm)		8~10
单头滚刀滚齿(m=1~20mm)	滚刀精度等级:AA A B C	6~7 8 9 10
圆盘形插齿刀插齿(m=1~20mm)	插齿刀精度等级:AA A B	6 7 8
圆盘形剃齿刀剃齿(m=1~20mm)	剃齿刀精度等级:A B C	5 6 7
模数铣刀铣齿		9 级以下
珩齿		6~7
磨齿	成形砂轮成形法 盘形砂轮展成法 两个盘形砂轮展成法(马格法) 蜗杆砂轮展成法	5~6 3~6 3~6 4~6
用铸铁研磨轮研齿		5~6
直齿锥齿轮刨齿		8
弧齿锥齿轮刀盘铣齿		8
蜗轮模数滚刀滚蜗轮		8
热轧齿轮(m=2~8mm)		8~9
热轧后冷校齿形(m=2~8mm)		7~8
冷轧齿轮(m≤1.5mm)		7

2. 各种加工方法能达到的形状经济精度(表 4.1-24~表 4.1-26)

表 4.1-24　平面度和直线度的经济精度

加工方法	公差等级(IT)
研磨、精密磨、精刮	1~2
研磨、精磨、刮	3~4
磨、刮、精车	5~6
粗磨、铣、刨、拉、车	7~8
铣、刨、车、插	9~10
各种粗加工	11~12

表 4.1-25　圆柱度的经济精度

加工方法	公差等级(IT)
研磨、超精磨	1~2
研磨、珩磨、精密磨、精密车、精密镗	3~4
磨、珩、精车及精镗、精铰、拉	5~6
精车及镗、铰、拉、精扩及钻孔	7~8
车、镗、钻	9~10

3. 各种加工方法能达到的位置经济精度(表 4.1-27~表 4.1-33)

表 4.1-26　型面加工的经济精度

加　工　方　法		在直径上的形状误差/mm	
		经济的	可达到的
按样板手动加工		0.2	0.06
在机床上加工		0.1	0.04
按划线刮及刨		2	0.40
按划线铣		3	1.60
在机床上用靠模铣	用机械控制	0.4	0.16
	用跟随系统	0.06	0.02
靠模车		0.24	0.06
成形刀车		0.1	0.02
仿形磨		0.04	0.02

表 4.1-27　平行度的经济精度

加工方法	公差等级(IT)
研磨、金刚石精密加工、精刮	1~2
研磨、珩磨、刮、精密磨	3~4
磨、坐标镗、精密铣、精密刨	5~6
磨、铣、刨、拉、车、镗	7~8
铣、镗、车、铰、按导套钻	9~10
各种粗加工	11~12

表 4.1-28　轴向圆跳动和垂直度的经济精度

加工方法	公差等级(IT)
研磨、金刚石精密加工、精密磨	1~2
研磨、精磨、精刮、精密车	3~4
磨、刮、精铣、精刨、精镗	5~6
磨、铣、刨、镗、刮	7~8
半精铣、镗、车、刨	9~10
各种粗加工	11~12

表 4.1-29　同轴度的经济精度

加工方法	公差等级(IT)
研磨、珩磨、精密磨、金刚石精密加工	1~2
精磨、精密车，一次装夹下的内圆磨、珩磨	3~4
磨、精车，一次装夹下的内圆磨及镗	5~6
粗磨、车、镗、拉、铰	7~8
车、镗、钻	9~10
各种粗加工	11~12

表 4.1-30　轴线相互平行的孔的位置经济精度

加工方法		两孔轴线的距离误差或自孔轴线到平面的距离误差/mm
立钻或摇臂钻上钻孔	按划线	0.5~1.0
	用钻模	0.1~0.2
立钻或摇臂钻上镗孔	用镗模	0.05~0.1
车床上镗孔	按划线	1.0~3.0
	在角铁式夹具上	0.1~0.3
坐标镗床上镗孔	用光学仪器	0.004~0.015
精镗床上镗孔		0.008~0.02
多轴组合机床上镗孔	用镗模	0.05~0.2
卧式镗床上镗孔	按划线	0.4~0.6
	用游标卡尺	0.2~0.4
	用内径规或塞尺	0.05~0.25
	用镗模	0.05~0.08
	按定位器的指示读数	0.04~0.06
	用程序控制的坐标装置	0.04~0.05
	用定位样板	0.08~0.2
	用量块	0.05~0.1

表 4.1-31　轴线相互垂直的孔的位置经济精度

加工方法		在 100mm 长度上轴线的垂直度/mm	轴线的位置度/mm
立钻上钻孔	按划线	0.5~1.0	0.5~2
	用钻模	0.1	0.5
铣床上镗孔	回转工作台	0.02~0.05	0.1~0.2
	回转分度头	0.05~0.1	0.3~0.5
多轴组合机床上镗孔	用镗模	0.02~0.05	0.01~0.03
卧式镗床上镗孔	按划线	0.5~1.0	0.5~2.0
	用镗模	0.04~0.2	0.02~0.06
	回转工作台	0.06~0.3	0.03~0.08
	带有百分表的回转工作台	0.05~0.15	0.05~0.1

表 4.1-32 在各种机床上加工时形状、位置的平均经济精度

机床类型			圆度/mm	某一长度上的圆柱度/mm	某一直径对应的平面度(凹入)/mm
普通机床	最大加工直径/mm	≤400	0.01	0.0075 : 100	0.015 : 200 0.02 : 300 0.025 : 400 0.03 : 500 0.04 : 600 0.05 : 700 0.06 : 800 0.07 : 900 0.08 : 1000
		>400~800	0.015	0.025 : 300	
		>800~1600	0.02	0.03 : 300	
		>1600~3200	0.025	0.04 : 300	
高精度卧式车床		≤500	0.005	0.01 : 150	0.01 : 200
外圆磨床	最大磨削直径/mm	≤200	0.003	0.0055 : 500	
		>200~400	0.004	0.01 : 1000	
		>400~800	0.006	0.015 : 全长	
无心磨床			0.005	0.004 : 100	等径多边形偏差 0.003
珩磨机			0.005	0.01 : 300	

机床类型			圆度/mm	某一长度上的圆柱度/mm	某一直径对应的平面度(凹入)/mm	成批工件尺寸的分散度/mm 直径	成批工件尺寸的分散度/mm 长度
转塔车床	最大棒料直径/mm	≤12	0.07	0.007 : 300	0.02 : 300	0.04	0.12
		>12~32	0.01	0.01 : 300	0.03 : 300	0.05	0.15
		>32~80	0.01	0.02 : 300	0.04 : 300	0.06	0.18
		>80	0.02	0.025 : 300	0.05 : 300	0.09	0.22

机床类型			圆度/mm	某一长度上的圆柱度/mm	某一直径对应的平面度(凹入)/mm	某一长度上孔加工的平行度/mm	某一长度上孔和端面加工的垂直度/mm
卧式镗床	镗杆直径/mm	≤100	外圆 0.025 内孔 0.02	0.02 : 200	0.04 : 300	0.05 : 300	0.05 : 300
		>100~160	外圆 0.025 内孔 0.02	0.025 : 300	0.05 : 500		
		>160	外圆 0.03 内孔 0.025	0.03 : 400			
内圆磨床	最大磨孔直径/mm	≤50	0.004	0.004 : 200	0.009		0.015
		>50~200	0.0075	0.0075 : 200	0.013		0.018
		>200	0.01	0.01 : 200	0.02		0.022
立式精镗床			0.004	0.01 : 300			0.03 : 300

（续）

<table>
<tr><th colspan="3" rowspan="2">机床类型</th><th rowspan="2">平面度/mm</th><th rowspan="2">平行度(加工面对基面)/mm</th><th colspan="2">垂直度/mm</th></tr>
<tr><th>加工面对基面</th><th>加工面相互间</th></tr>
<tr><td colspan="3">卧式铣床</td><td>0.06：300</td><td>0.06：300</td><td>0.04：300</td><td>0.05：300</td></tr>
<tr><td colspan="3">立式铣床</td><td>0.06：300</td><td>0.06：300</td><td>0.04：150</td><td>0.05：300</td></tr>
<tr><td rowspan="2">龙门铣床</td><td rowspan="4">最大加工宽度/mm</td><td>≤2000</td><td rowspan="2">0.05：1000</td><td rowspan="2">0.03：1000
0.05：2000
0.06：3000
0.07：4000
0.10：6000
0.13：8000</td><td rowspan="2">侧加工面间的平行度
0.03 ：1000</td><td>0.06：300</td></tr>
<tr><td>>2000</td><td>0.10：500</td></tr>
<tr><td rowspan="2">龙门刨床</td><td>≤2000</td><td rowspan="2">0.03：1000</td><td rowspan="2">0.03：1000
0.05：2000
0.06：3000
0.07：4000
0.10：6000
0.12：8000</td><td rowspan="2">—</td><td>0.03：300</td></tr>
<tr><td>>2000</td><td>0.05：500</td></tr>
<tr><td rowspan="4">插床</td><td rowspan="4">最大插削长度/mm</td><td>≤200</td><td>0.05：300</td><td>—</td><td>0.05：300</td><td>0.05：300</td></tr>
<tr><td>>200~500</td><td>0.05：300</td><td>—</td><td>0.05：300</td><td>0.05：300</td></tr>
<tr><td>>500~800</td><td>0.06：500</td><td>—</td><td>0.06：500</td><td>0.06：500</td></tr>
<tr><td>>800~1250</td><td>0.07：500</td><td>—</td><td>0.07：500</td><td>0.07：500</td></tr>
<tr><td rowspan="4">平面磨床</td><td colspan="2">立、卧轴矩台</td><td>—</td><td>0.02：1000</td><td>—</td><td>—</td></tr>
<tr><td colspan="2">卧轴矩台(提高精度)</td><td>—</td><td>0.009：500</td><td>—</td><td>0.01：100</td></tr>
<tr><td colspan="2">卧轴圆台</td><td>—</td><td>0.02：工作台直径</td><td>—</td><td>—</td></tr>
<tr><td colspan="2">立轴圆台</td><td>—</td><td>0.03：1000</td><td>—</td><td>—</td></tr>
<tr><td colspan="3">牛头刨床</td><td>0.04：300</td><td>0.07：3000</td><td>0.07：3000</td><td>0.07：3000</td></tr>
</table>

表 4.1-33　在组合机床和自动线上加工孔的位置经济精度

工步名称	被加工孔的直径 d/mm	孔的轴线位置度/μm 刀具与导套的间隙/μm 30	100	150
钻 孔	10~18	120	100	240
	18~30	140	120	270
扩 孔	10~18	80	160	210
	18~30	60	130	180
铰 孔	10~18	60	130	180
	18~30	40	110	150

注：1. 表中所列数据适用于灰铸铁。在加工铝合金时，位置偏差值要乘以 0.7。
2. 表中所列的轴线位置度适用于以下条件：
1）刀具夹持在主轴上，与主轴刚性连接。
2）钻套长度为（2~2.5）d，刀具伸出钻套末端的长度为 30mm。
3）工件的定位基准是一平面和两个垂直于该平面的销孔。

4.2 机械加工表面质量

4.2.1 机械加工表面质量的基本概念

机械加工表面质量即已加工表面质量，也称为表面完整性。它包括两方面内容：

1）表面几何学特征。它主要指零件最外层表面的几何形状，通常用表面粗糙度、波纹度和纹理表示。

2）表面层材质的变化。零件加工后在一定深度的表面层内出现与基体材料组织不同的变质层。在此表面层内，金属的机械、物理及化学性质均发生变化，如塑性变形、硬度变化、微观裂纹、残余应力、晶粒变化、热损伤区、微观组织变化以及化学性质及电特性的变化等。

一般将表面粗糙度、表面层的加工硬化程度及冷硬程度、表面层残余应力的性质、大小及分布状况等作为已加工表面质量的主要标志。

表面质量的重要性在于它对机器零件的使用性能有很大影响，因此对机器零件的重要表面要提出一定的表面质量要求。

4.2.2 表面粗糙度的影响因素及其控制

1. 切削加工的表面粗糙度

切削加工表面的粗糙度可以用高度特性参数、间距特性参数和形状特性参数评定。为了正确反映零件使用性能的要求，对零件同一表面可以采用一个或几个表面粗糙度评定参数，并已形成标准。

零件表面过于粗糙，会造成接触刚度降低、耐磨性差、疲劳强度与耐蚀性下降、配合性质改变，如相对运动件的表面粗糙度值太小，不易储存润滑油，加重磨损。过小的表面粗糙度值会大大提高制造成本。尺寸公差等级与表面粗糙度数值见表 4.2-1。

表 4.2-1 尺寸公差等级与表面粗糙度数值

<table>
<tr><th rowspan="3">尺寸公差等级（IT）</th><th colspan="8">公称尺寸/mm</th></tr>
<tr><th>>6~10</th><th>>10~18</th><th>>18~30</th><th>> 30~50</th><th>>50~80</th><th>>80~120</th><th>>120~180</th><th>>180~250</th></tr>
<tr><th colspan="8">表面粗糙度数值 Ra/μm，≤</th></tr>
<tr><td>6</td><td colspan="3">0.2</td><td colspan="4">0.4</td><td>0.8</td></tr>
<tr><td>7</td><td colspan="4">0.8</td><td colspan="4">1.6</td></tr>
<tr><td>8</td><td colspan="2">0.8</td><td colspan="6">1.6</td></tr>
<tr><td>9</td><td colspan="5">1.6</td><td colspan="3">3.2</td></tr>
<tr><td>10</td><td colspan="3">1.6</td><td colspan="4">3.2</td><td>6.3</td></tr>
<tr><td>11</td><td>1.6</td><td colspan="5">3.2</td><td colspan="2">6.3</td></tr>
<tr><td>12</td><td colspan="5">3.2</td><td colspan="3">6.3</td></tr>
</table>

影响切削加工表面粗糙度的因素及控制措施见表 4.2-2。

表 4.2-2 影响切削加工表面粗糙度的因素及控制措施

影响因素及控制措施		说明
影响因素	残留面积	理论残留面积高度是由刀具相对于工件表面的运动轨迹所形成，它是影响表面粗糙度的主要因素。其高度可以根据刀具的主偏角 κ_r、副偏角 κ_r'、刀尖圆弧半径 r_ε 和进给量 f 计算出来。由于没有考虑在极为复杂的动态切削过程中各种因素对表面粗糙度生成的干扰和影响，实际的表面粗糙度最大值往往高于理论残留面积高度
	鳞刺	在较低及中等速度下，用高速钢、硬质合金及陶瓷刀片切削塑性材料（低中碳钢、铬钢、不锈钢、铝合金及纯铜等）时，在已加工表面常出现鳞片状毛刺，使表面粗糙度数值增大。鳞刺的形成与切削速度等因素有关，也与被加工材料的性能及金相组织有关
	积屑瘤	当切削钢、合金钢、铝合金等塑性金属时，常在靠近切削刃及刀尖的前刀面上产生积屑瘤。积屑瘤的硬度很高，在相对稳定时可以代替切削刃进行切削，积屑瘤会伸出切削刃及刀尖之外，在加工表面造成一定的过切量，积屑瘤的形状不规则，在加工表面上刻出一些深浅和宽度不同的纵向沟纹；积屑瘤的顶部常常反复生成与分裂，一部分留在已加工表面上形成鳞片状毛刺；同时引起振动，使加工表面恶化
	切削过程中的变形	由于切削过程中的变形，在挤裂或单元切屑的形成过程中，在加工表面上留下波浪形挤裂痕迹；在崩碎切屑的形成过程中，造成加工表面的凹凸不平；在切削刃两端的已加工表面及待加工表面处，工件材料被挤压而产生隆起。这些均使加工表面粗糙度数值进一步增大

（续）

影响因素及控制措施		说　明
影响因素	刀具主（副）切削刃磨损	刀具在副后刀面上因磨损而产生的沟槽，会在已加工表面上形成锯齿状的凸出部分，使加工表面粗糙度的数值增大
	切削刃与工件的位置变动	机床主轴回转精度不高，各滑动导轨面的形状误差及润滑状况不良，材料性能的不均匀，切屑的不连续性等，使刀具与工件间已调好的相对位置，发生附加的微量变化，引起切削厚度、切削宽度或切削力的变化，甚至诱发自激振动，从而使表面粗糙度数值增大
控制措施	刀具方面	在工艺系统刚度足够时，采用较大的刀尖圆弧半径 r_ε，较小的副偏角 κ_r'；使用长度比进给量稍大一些的 $\kappa_r'=0°$ 的修光刃，采用较大的前角 γ_o 加工塑性较大的材料；提高刀具的刃磨质量，减小刀具前后刀面的粗糙度数值，使其不大于 1.25μm；选用与工件亲和力小的刀具材料，如用陶瓷或碳化钛基硬质合金刀具切削碳素工具钢，用金刚石或矿物陶瓷刀加工有色金属等；对刀具进行氧氮化处理（如对加工 20CrMo 与 45 钢齿轮的高速钢插齿刀）；限制副切削刃上的磨损量；选用细颗粒的硬质合金作为刀具材料等
	工件方面	应有适宜的金相组织（低碳钢、低合金钢应有铁素体加低碳马氏体、索氏体或片状珠光体，高碳钢、高合金钢中应有粒状珠光体）；加工中碳钢及中碳合金钢时，若采用较高的切削速度，应为粒状珠光体，若采用较低的切削速度，应为片状珠光体组织。合金元素中碳化物的分布要细而匀；易切钢中应含有硫、铅等元素；对工件进行调质处理，以提高硬度、降低塑性；减少铸铁中石墨的颗粒尺寸等
	切削条件方面	以较高的切削速度切削塑性材料（用 YT15 切削 35 钢，临界切削速度 v>100m/min）；减小进给量；采用高效切削液（极压切削液、10%～12%极压乳化液和离子型切削液）；提高机床的运动精度，增强工艺系统的刚度；采用超声振动切削加工等

2. 磨削加工的表面粗糙度

1）磨削表面粗糙度形成原因。

① 砂轮表面形貌图。磨粒在砂轮中的位置分布和取向是随机的。每颗磨粒可能有多个切削刃。设 xy 坐标平面与砂轮最外层工作表面相接触，则砂轮磨粒切削刃在 x、y、z 坐标空间内的分布状态如图 4.2-1 所示。

图 4.2-1 中，平行于 yz 坐标平面所截取的磨粒切削刃轮廓图，称为砂轮工作表面的形貌图。图中 L_{g1}、L_{g2} 表示在该截面内各磨粒平均中线间的距离；L_{s1}、L_{s2} 表示在该截面内各切削刃间的距离；Z_{s1}、Z_{s2} 表示各切削刃尖端离砂轮表层顶部平面的距离。

砂轮表面形貌图在磨削过程中是不断变化的，是磨削时间的函数，它的变化取决于磨削条件。

② 磨粒磨削过程。由于磨粒的刃形及分布处于随机状态，磨粒呈负前角切削，高速运转的磨粒切入工件时，产生如下切削过程（图 4.2-2）：由于切削厚度极小，磨粒负前角很大，磨粒仅在工件表面滑移，随着挤入厚度增大，磨粒及工件表面的摩擦及挤压作用加剧，热效应急剧上升，少量材料被切成切屑，大多数材料则被“耕犁”在磨粒滑移轨迹的两旁，形成沟槽；当挤入厚度继续增加，挤压力大于工件材料的强度极限时，被切材料沿剪切面滑移被“切削”形成切屑。

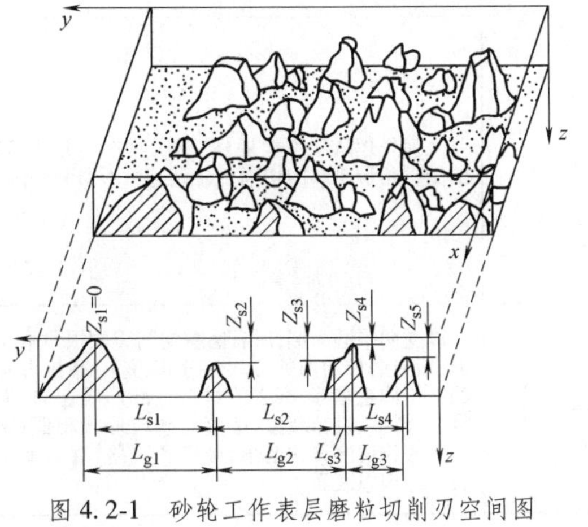

图 4.2-1　砂轮工作表层磨粒切削刃空间图

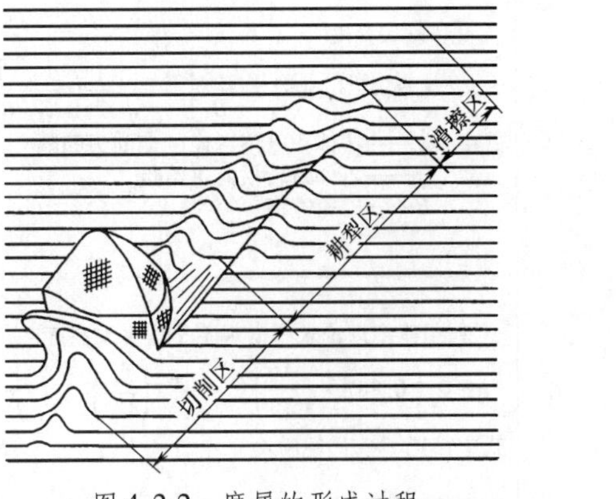

图 4.2-2　磨屑的形成过程

③ 磨削表面粗糙度的计算（表4.2-3）。

表4.2-3　磨削表面粗糙度的理论公式

序号	公式形式	导出条件
1	垂直于磨削方向的理论轮廓最大高度 $Rz=\left(\frac{v_\omega}{2v_s me}\right)^{2/3}\left(\frac{R_\omega+R_s}{2R_\omega R_s}\right)^{1/3}$ 式中　v_s,v_ω——砂轮与工件的线速度 R_s,R_ω——砂轮与工件的半径 m——单位面积上的磨粒数 e——切屑宽度与切屑平均厚度的比值	外圆磨削时磨粒的切削刃在砂轮表面上是均匀分布的，高度完全一致
2	磨削方向的微观不平度平均高度 外圆磨削 $Rz=\left[\frac{1}{8}\frac{R_s+R_\omega}{R_sR_\omega}\left(\frac{v_\omega}{v_s}\right)^2a^2+\frac{1}{4}\frac{b^2}{d_0}\right]k$ 平面磨削 $Rz=\left[\frac{1}{8}\frac{1}{R_s}\left(\frac{v_\omega}{v_s}\right)^2a^2+\frac{1}{4}\frac{b^2}{d_0}\right]k$ 内圆磨削 $Rz=\left[\frac{1}{8}\frac{R_\omega-R_s}{R_sR_\omega}\left(\frac{v_\omega}{v_s}\right)^2a^2+\frac{1}{4}\frac{b^2}{d_0}\right]k$ 式中　k——系数 a——连续两切削刃的间隔 b——磨痕宽度 d_0——磨粒的直径（切削刃刀尖的圆弧半径）	从几何学的观点建立磨削表面粗糙度的形成模型 如果a,b,d_0采用平均值，则公式就表示平均表面粗糙度
3	轮廓算术平均偏差 $Ra=k\left(\frac{1}{d_s}+\frac{1}{d_\omega}\right)^{1/9}\left(\frac{v_\omega}{v_sC\tan2\phi}\right)^{2/9}H_0^{2/3}$ 式中　d_s,d_ω——砂轮与工件的直径 C——砂轮上磨粒的线宽度 ϕ——三角形磨粒的刀尖半角 H_0——某一深度下平均单位面积上的累积磨粒数与复制法测量的砂轮密度相等时的深度	外圆磨削情况下，砂轮、工件都不考虑厚度，磨粒切削刃半径R_s的砂轮外圆随机排列，按二维处理 然后考虑下列实际情况加以完善：砂轮、工件具有一定宽度；磨粒按三维分布；磨粒形状呈倒三角形
4	轮廓最大高度 $Rz=\sqrt{\frac{2v_\omega}{v_sA\sqrt{2\rho d_s}}}+h_0$ 式中　h_0——特别凸出的少数切削刃高度 A——深度比h_0深时的切削刃密度的增加率 ρ——假想球状切削刃刀尖的曲率半径	从磨削表面是由磨粒所作的船底形立体面的累积着手，按照立体交叉线的高度提出公式
5	轮廓最大高度 $Rz=1.36\gamma^{6/5}(\cot\phi)^{2/5}\frac{f}{B}\left[\frac{v_s}{v_\omega}\sqrt{\frac{1}{2}\left(\frac{1}{R_s}+\frac{1}{R_\omega}\right)}\right]^{2/5}$ 式中　γ——按体积密度考虑的切削刃间隔 f——工件每转横向进给量 B——砂轮宽度	几何处理从二维扩展到三维，具有顶角为2ϕ的倒三角形轮廓的切削刃在纵进给下磨削外圆
6	利用概率理论求得微观不平度平均高度 $Rz=\left[0.887\times\left(\frac{16}{15}\right)^{-0.4}W_s^{0.4}\left(\frac{v_\omega}{v_s}\right)^{0.4}\left(\frac{1}{d_s}\right)^{0.2}\times(\cos\phi)^{0.4}\right]$ 式中　W_s——砂轮粒度	以逆向平磨为例，所有磨粒切削刃的顶角均相等；所有磨粒的切削刃均匀分布，每一磨粒占有的平均体积相等，磨去的材料全部形成切屑，无隆起、滑擦、耕犁现象，磨痕与磨粒形状相似；不考虑磨粒切削刃的磨损、破碎和脱落；磨前加工表面为理想表面

由于磨粒的形状和分布都处于随机状态，切削条件也并不完全相同，只有处于砂轮表面最外层的锋利磨粒，才可能连续产生上述滑擦、耕犁和切削三个阶段，处于中间层的较钝磨粒，可能只存在滑擦和耕犁而不产生切削，有的磨粒甚至只在工件表面滑擦而过。

磨削表面的成因既有几何因素（残留面积），也有塑性变形、软化微熔等物理因素，以及砂轮于工件相对位置的微量变动的影响。

2）影响磨削表面粗糙度的因素及改善措施（表 4.2-4）。

表 4.2-4　影响磨削表面粗糙度的因素及改善措施

影响因素	改 善 措 施
磨削条件	1. 提高砂轮速度或降低工件速度，使$\frac{v_s}{v_w}$的比值增大，可获得较小的表面粗糙度值 2. 采用较小的纵向进给量f_a，减小$\frac{f_a}{B}$的比值，使工件表面上某一点被磨的次数增多，可获得较低的表面粗糙度值 3. 径向进给量f_r减小，能按一定比例降低表面粗糙度值 4. 正确使用切削液的种类、浓度、压力、流量和清洁度 5. 提高砂轮的平衡精度、磨床主轴的回转精度、工作台的运动平衡性及整个工艺系统的刚度，削减磨削时的振动，可使表面粗糙度值大大降低
砂轮特性及修整	1. 采用细粒度砂轮，砂轮粒度越细，表面粗糙度值就越小 2. 应选择与工件材料亲和力小的磨料。例如：磨削高速钢时，宜选用白刚玉、单晶刚玉等；磨削硬质合金时，宜选用碳化硼或绿碳化硅 3. 磨具的硬度。工件材料软、黏时，应选较硬的磨具；工件材料硬、脆时，应选较软的磨具 4. 采用直径较大的砂轮和增大砂轮宽度，皆可降低表面粗糙度值 5. 采用耐磨性好的金刚笔，合适的刃口形状和安装角度，当修整用量适当时（纵向进给量应小些），能使磨粒切削刃获得良好的等高性，降低表面粗糙度值

3. 各种加工方法能达到的表面粗糙度（表 4.2-5）

表 4.2-5　各种加工方法能达到的表面粗糙度

加 工 方 法			表面粗糙度 $Ra/\mu m$
自动气割、带锯或圆盘锯割断			50~12.5
切断	车		50~12.5
	铣		25~12.5
	砂轮		3.2~1.6
车削外圆	粗 车		12.5~3.2
	半精车	金属	6.3~3.2
		非金属	3.2~1.6
	精车	金属	3.2~0.8
		非金属	1.6~0.4
	精密车（或金刚石车）	金属	0.8~0.2
		非金属	0.4~0.1
车削端面	粗 车		12.5~6.3
	半精车	金属	6.3~3.2
		非金属	6.3~1.6
	精车	金属	6.3~1.6
		非金属	6.3~1.6
	精密车	金属	0.8~0.4
		非金属	0.8~0.2

（续）

加工方法			表面粗糙度 Ra/μm
切槽	一次行程		12.5
	二次行程		6.3~3.2
高速车削			0.8~0.2
钻	≤ϕ15mm		6.3~3.2
	>ϕ15mm		25~6.3
扩孔	粗(有表皮)		12.5~6.3
	精		6.3~1.6
锪倒角(孔的)			3.2~1.6
带导向的锪平面			6.3~3.2
镗孔	粗镗		12.5~6.3
	半精镗	金属	6.3~3.2
		非金属	6.3~1.6
	精镗	金属	3.2~0.8
		非金属	1.6~0.4
	精密镗(或金刚石镗)	金属	0.8~0.2
		非金属	0.4~0.2
高速镗			0.5~0.2
铰孔	半精铰(一次铰)	钢	6.3~3.2
		黄铜	6.3~1.6
	精铰(二次铰)	铸铁	3.2~0.8
		钢、轻合金	1.6~0.8
		黄铜、青铜	0.8~0.4
	精密铰	钢	0.8~0.2
		轻合金	0.8~0.4
		黄铜、青铜	0.2~0.1
圆柱铣刀铣削	粗		12.5~3.2
	精		3.2~0.8
	精密		0.8~0.4
面铣刀铣削	粗		12.5~3.2
	精		3.2~0.4
	精密		0.8~0.2
高速铣削	粗		1.6~0.8
	精		0.4~0.2
刨削	粗		12.5~6.3
	精		3.2~1.6
	精密		0.8~0.2
	槽的表面		6.3~3.2
插削	粗		25~12.5
	精		6.3~1.6
拉削	精		1.6~0.4
	精密		0.2~0.1
推削	精		0.8~0.2
	精密		0.4~0.025

（续）

加工方法			表面粗糙度 $Ra/\mu m$
外圆磨 内圆磨	半精(一次加工)		6.3~0.8
	精		0.8~0.2
	精密		0.2~0.1
	精密、超精密磨削		0.050~0.025
	镜面磨削(外圆磨)		<0.050
平面磨	精		0.8~0.4
	精密		0.2~0.05
珩磨	粗(一次加工)		0.8~0.2
	精、精密		0.2~0.025
研磨	粗		0.4~0.2
	精		0.2~0.05
	精密		<0.050
超精加工	精		0.8~0.1
	精密		0.1~0.05
	镜面磨削(两次加工)		<0.025
抛光	精		0.8~0.1
	精密		0.1~0.025
	砂带抛光		0.2~0.1
	砂布抛光		1.6~0.1
	电抛光		1.6~0.012
螺纹加工	切削	板牙、丝锥、自开式板牙头	3.2~0.8
		车刀或梳刀车、铣	6.3~0.8
		磨	0.8~0.2
		研磨	0.8~0.05
	滚轧	搓丝模	1.6~0.8
		滚丝模	1.6~0.2
齿轮及花键加工	切削	粗滚	3.2~1.6
		精滚	1.6~0.8
		精插	1.6~0.8
		精刨	3.2~0.8
		拉	3.2~1.6
		剃	0.8~0.2
		磨	0.8~0.1
		研	0.4~0.2
	滚轧	热轧	0.8~0.4
		冷轧	0.2~0.1
刮削	粗		3.2~0.8
	精		0.4~0.05
滚压加工			0.4~0.05
钳工锉削			12.5~0.8
砂轮清理			50~6.3

4. 表面粗糙度与加工精度和配合之间的关系（表 4. 2-6 和表 4. 2-7）

表 4. 2-6　轴的表面粗糙度与加工精度和配合之间的关系

<table>
<tr><td rowspan="5">公称尺寸
/mm</td><td colspan="16">公差等级(IT)</td></tr>
<tr><td>6</td><td colspan="5">7</td><td>8</td><td colspan="3">9</td><td>10</td><td>11</td><td>12、13</td><td>14</td><td>15</td><td>16</td></tr>
<tr><td colspan="16">配合</td></tr>
<tr><td>h5、
s5、
r5、
n5、
m5、
k5、
j5、
g5、
f5</td><td>s7、
u5、
u6</td><td>h6、
r6、
s6、
n6、
m6、
k6、
js6、
g6</td><td>f7</td><td>e8</td><td>d8</td><td>h7、
n7、
m7、
k7、
j7、
js7</td><td>h7、
h9</td><td>f9</td><td>d9、
d10</td><td>h10</td><td>h11</td><td>h12、
h13</td><td>h14</td><td>h15</td><td>h16</td></tr>
<tr><td colspan="16">表面粗糙度 Ra/μm</td></tr>
<tr><td>≥1~3</td><td>0. 16
0. 32</td><td rowspan="3">0. 63</td><td rowspan="3">0. 32</td><td rowspan="3">0. 63</td><td>0. 63</td><td rowspan="5">1. 25</td><td>0. 32</td><td rowspan="4">1. 25</td><td rowspan="2">1. 25</td><td>1. 25</td><td rowspan="4">2. 5</td><td rowspan="3">2. 5</td><td rowspan="3">5</td><td rowspan="3">10</td><td rowspan="5">20</td><td rowspan="2">20</td></tr>
<tr><td>>3~6</td><td>0. 32</td><td rowspan="5">1. 25</td><td rowspan="3">0. 63</td><td rowspan="4">2. 5</td></tr>
<tr><td>>6~10</td><td rowspan="3">0. 32</td><td rowspan="4">2. 5</td><td rowspan="2">40</td></tr>
<tr><td>>10~18</td><td rowspan="4">1. 25</td><td rowspan="4">0. 63</td><td rowspan="4">1. 25</td><td rowspan="4">5</td><td rowspan="4">10</td><td rowspan="6">20</td></tr>
<tr><td>>18~30</td><td rowspan="4">1. 25</td><td rowspan="4">2. 5</td><td rowspan="5">5</td><td rowspan="8">80</td></tr>
<tr><td>>30~50</td><td rowspan="4">0. 63</td><td rowspan="2">2. 5</td><td rowspan="3">5</td><td rowspan="4">40</td></tr>
<tr><td>>50~80</td><td>2. 5</td><td rowspan="4">5</td></tr>
<tr><td>>80~120</td><td rowspan="5">2. 5</td><td rowspan="3">1. 25</td><td rowspan="5" colspan="3">2. 5</td><td rowspan="5">10</td><td rowspan="5">20</td></tr>
<tr><td>>120~180</td><td rowspan="4">2. 5</td><td rowspan="4">5</td><td rowspan="4">10</td></tr>
<tr><td>>180~260</td><td rowspan="3">1. 25</td><td rowspan="3">10</td><td rowspan="3">40</td><td rowspan="3">80</td></tr>
<tr><td>>260~360</td><td rowspan="2">2. 5</td><td rowspan="2">10</td></tr>
<tr><td>>360~500</td></tr>
</table>

表 4.2-7 孔的表面粗糙度与加工精度和配合之间的关系

<table>
<tr><th rowspan="5">公称尺寸
/mm</th><th colspan="16">公差等级(IT)</th></tr>
<tr><th>6</th><th colspan="5">7</th><th>8</th><th colspan="3">9</th><th>10</th><th>11</th><th>12、13</th><th>14</th><th>15</th><th>16</th></tr>
<tr><th colspan="16">配合</th></tr>
<tr><th>H6、N6、G6、M6、K6、J6、JS6</th><th>U7、S7</th><th>H7、R7、R8、S7、N7、M7、K7、J7、G7</th><th>F8</th><th>E8、E9</th><th>D8、D9</th><th>H8、N8、M8、K8、J8</th><th>H8、H9</th><th>F9</th><th>D9、D10</th><th>H10</th><th>H11、D11、B11、C11、A11</th><th>H12、H13</th><th>H14</th><th>H15</th><th>H16</th></tr>
<tr><th colspan="16">表面粗糙度 Ra/μm</th></tr>
<tr><td>≥1~3</td><td rowspan="3">0.32</td><td>0.63</td><td rowspan="3">0.63</td><td>0.63</td><td rowspan="4">1.25</td><td rowspan="3">1.25</td><td>0.63</td><td rowspan="4">1.25</td><td rowspan="2">1.25</td><td>1.25</td><td rowspan="4">2.5</td><td rowspan="3">2.5</td><td rowspan="3">5</td><td rowspan="3">10</td><td rowspan="5">20</td><td rowspan="2">20</td></tr>
<tr><td>>3~6</td><td rowspan="4">1.25</td><td rowspan="5">1.25</td><td rowspan="4">1.25</td><td rowspan="4">2.5</td></tr>
<tr><td>>6~10</td><td rowspan="4">2.5</td><td rowspan="3">40</td></tr>
<tr><td>>10~18</td><td rowspan="5">0.63</td><td rowspan="4">1.25</td><td rowspan="5">2.5</td><td rowspan="5">5</td><td rowspan="4">10</td><td rowspan="6">20</td></tr>
<tr><td>>18~30</td><td rowspan="5">2.5</td><td rowspan="4">2.5</td><td rowspan="4">5</td></tr>
<tr><td>>30~50</td><td rowspan="7">2.5</td><td rowspan="5">2.5</td><td rowspan="4">5</td><td rowspan="4">40</td><td rowspan="7">80</td></tr>
<tr><td>>50~80</td><td rowspan="5">2.5</td><td rowspan="4">5</td></tr>
<tr><td>>80~120</td><td rowspan="5">2.5</td><td rowspan="5">20</td></tr>
<tr><td>>120~180</td><td rowspan="4">1.25</td><td rowspan="4">5</td><td rowspan="4">5</td><td rowspan="4">10</td><td rowspan="4">10</td></tr>
<tr><td>>180~260</td><td rowspan="3">5</td><td rowspan="3">10</td><td rowspan="3">40</td><td rowspan="3">80</td></tr>
<tr><td>>260~360</td><td rowspan="2">5</td><td rowspan="2">10</td></tr>
<tr><td>>360~500</td><td>5</td></tr>
</table>

5. 各种连接表面的粗糙度（表 4.2-8~表 4.2-12）

表 4.2-8　动连接接合表面的粗糙度

接合面性质			滑动或移动速度/(m/s)	
			≤0.5	>0.5
			表面粗糙度 Ra/μm	
滑动导轨面	平面度(A : 100000)	A≤6	0.32	0.16
		A≤10	0.63	0.32
		A≤30	1.25	0.63
		A≤50	2.5	1.25
		A>50	5	2.5
滚动导轨面	平面度(A : 100000)	A≤6	0.16	0.08
		A≤10	0.32	0.16
		A≤30	0.63	0.32
		A≤50	1.25	0.63
		A>50	2.5	1.25
推力轴承端面	端面跳动/μm	A≤6	0.32	0.16
		A≤10	0.63	0.32
		A≤30	1.25	0.63
		A≤50	2.5	1.25
		A>50	5	2.5

表 4.2-9　静连接接合表面的粗糙度

接合面性质			表面粗糙度 Ra/μm
壳体零件的连接表面	密封的	带衬垫	5、2.5
		不带衬垫	1.25、0.63
	不密封的		10、5
支承端面	垂直度(A : 100000)	A≤6	0.63
		A≤10	0.63
		A≤30	1.25
		A≤50	2.5
		A>50	5

表 4.2-10　丝杠传动接合表面的粗糙度

公差等级（IT）	车削螺纹的工作表面	
	传动或承重丝杠的螺母	传动或承重丝杠
	表面粗糙度 Ra/μm	
1	0.63、0.32	0.32
2	1.25	0.63
3	2.5	1.25

表 4.2-11　螺纹连接的工作表面粗糙度

公差等级(IT)	螺纹工作表面	
	紧固螺栓、螺钉和螺母	锥体形轴、拉杆、套筒和其他零件
	工作表面粗糙度 Ra/μm	
4~5	1.25	0.63
5~6	2.5	1.25
6~7	5	2.5

表 4.2-12　齿轮、蜗轮和蜗杆的工作表面粗糙度

形式	公差等级(IT)								
	3	4	5	6	7	8	9	10	11
	工作表面粗糙度 Ra/μm								
直、斜齿圆柱齿轮、蜗轮	0.32 0.16	0.63 0.32	0.63 0.32	0.63	1.25 0.63	2.5	5	10	20
直、斜、曲线齿锥齿轮	—	—	0.63 0.32	0.63	0.63	1.25	2.5	5	10
蜗杆	0.16	0.32	0.32	0.63	0.63	1.25	2.5	—	—

注：齿轮、蜗轮和蜗杆的齿根圆表面粗糙度推荐为与其工作表面粗糙度相同；齿顶圆表面粗糙度推荐为 Ra5~2.5μm。

4.2.3　表面层物理力学性能的影响因素及其控制

1. 表面层的冷作硬化

1）加工硬化产生的原因及对零件使用性能的影响。

① 加工硬化的成因。机械加工中，加工表层在力的作用下经受了复杂的塑性变形，使金属的晶格发生扭曲，晶粒拉长、破碎，阻碍了金属的进一步变形而使金属强化，硬度显著提高。已加工表面除了受力变形外，还受到切削变形的影响。切削温度使金属弱化，甚至引起相变。因此，已加工表面的硬度就是这种强化、弱化、相变作用的综合结果。当塑性变形占主导作用时，已加工表面就硬化；当切削温度起主导作用时，还需视相变的温度而定，如磨削淬火钢引起退火，则表面硬度降低引起软化，但在充分冷却的条件下，再次淬火而出现硬化。

② 加工硬化对零件使用性能的影响。经机械加工的表面，由于加工硬化使加工表面层的显微硬度增加，如果表面粗糙度值较低，则耐磨性有所提高。加工硬化达到一定的程度时，磨损量降到最小值。如果再进一步提高硬化程度，金属组织会出现过度变形，特别是表面较粗糙时，会使磨损加剧，甚至出现裂纹、剥落，反而使耐磨性降低。如果已加工表面层的金相组织发生变化，则会改变原来的硬度，而影响其耐磨性。

在一定的加工表面粗糙度的条件下，加工硬化可以阻碍表面疲劳裂纹的产生和缓和已有裂纹的扩张，有利于提高疲劳强度。但加工硬化程度过高时，可能出现较大的脆性裂纹而降低疲劳强度，因此应控制表面层的加工硬化程度。

2）影响加工表面硬化的因素（表 4.2-13）。

表 4.2-13　影响加工表面硬化的因素

加工方法	影响因素	
切削加工	刀具	刀具的前角越大，切削层金属的塑性变形越小，故硬化层深度 h_c 越小。当前角从 $-60°$ 增大到 $0°$ 时，表层金属的显微硬度 HV 从 730 减至 450，冷硬深度从 200μm 减少到 50μm 切削刃钝圆半径 r_n 越大，已加工表面在形成过程中受挤压的程度越大，故加工硬化也越大 随着刀具后刀面磨损量 *VB* 的增加，后刀面与已加工表面的摩擦随之增大，从而加工硬化层深度也增大。刀具后刀面磨损宽度 *VB* 从 0 增大到 0.2mm，表层金属的显微硬度 HV 由 220 增大到 340。但磨损宽度 *VB* 继续增大，摩擦热急剧增大，弱化趋势明显增加，表层金属的显微硬度 HV 逐渐下降，直至稳定在某一水平上
	工件	材料的塑性越大，强化指数越大，则硬化越严重。对于一般碳素结构钢，碳含量越少，塑性越大，硬化越严重。高锰钢 Mn12 的强化指数很大，切削后已加工表面的硬度增加 2 倍以上。有色金属合金的熔点低，容易弱化，加工硬化比结构钢轻得多，铜件比钢件小 30%，铝件比钢件小 75%左右
	切削条件	当进给量比较大时，加大进给量，切削力增大，表层金属的塑性变形加剧，冷硬程度增加。对于切削厚度比较小的情况，表面层的金属冷硬程度不仅不会减小，相反还会增大。这是由于切削厚度减小，切削比压要增大 切削速度增加时，塑性变形会减小，塑性变形区也减小，因此硬化层深度减小。另一方面，切削速度增加时，切削温度升高，弱化过程加快。但切削速度增加，又会使导热时间缩短，因而弱化来不及进行。当切削温度超过 Ac_3 时，表面层组织将发生相变，形成淬火组织。因此，硬化层深度及硬化程度又将增加。硬化层深度先是随切削速度的增加而减小，然后又随切削速度的增加而增大 采取有效的冷却润滑措施，也可使加工硬化层深度减小
磨削加工	工件材料	材料的塑性好，导热性好，硬化的倾向性大。纯铁与高速工具钢相比，其塑性好，磨削时塑性变形大，强化倾向大；纯铁的导热性比高碳钢高，热量不易集中于表面层，弱化的倾向性小
	磨削用量	加大背吃刀量，磨削力随之增大，磨削过程的塑性变形加剧，表面冷硬趋向增大 加大纵向进给量，每个磨粒的切削厚度增大，磨削力增大，晶格畸变，晶粒间应力加大，冷硬增大。但提高纵向进给速度，有时会使磨削区产生较大的热量而使冷硬减弱。加工表面的冷硬状况要综合上述两种因素的综合作用 在工件纵向进给速度不变的情况下，提高工件的回转速度，就会缩短砂轮对工件的热作用时间，使弱化倾向减弱，表面冷硬增大 在其他条件不变的情况下，提高磨削速度的影响：可使每颗磨粒的切削厚度变小，减弱了塑性变形的程度，表面冷硬减小；磨削区的温度升高，弱化倾向增大，冷硬减小；由于塑性变形速度的原因，使钢的蓝脆性范围向高温区转移，工件材料的塑性降低，弱化倾向降低，冷硬减弱
	砂轮粒度	砂轮粒度越大，每颗磨粒的载荷越小，冷硬也越小
	冷却条件	在正常磨削条件下，若切削液充分而背吃刀量又不大，强化作用占主导地位。如果砂轮钝化或修整不良，切削液不充分，磨削过程中热因素的作用占主导地位，弱化恢复作用逐步增强，金相显微组织发生相变，以致在磨削表面层一定深度内出现回火软化区

3）加工硬化的测定方法。加工硬化通常以硬化层深度 h_c 及硬化程度 N 表示。h_c 表示已加工表面至未硬化处的垂直距离，单位为 μm。硬化程度 N 是已加工表面显微硬度的增加值对原始显微硬度的百分数：

$$N = \frac{H - H_0}{H_0} \times 100\%$$

式中 H——已加工表面的显微硬度；

H_0——原金属基体的显微硬度。

也有用加工前、后硬度之比表示的，即

$$N = \frac{H}{H_0} \times 100\%$$

一般硬化层的深度 h_c 可达几十到几百微米，而硬化程度可达 120%~200%。

测定加工表面冷硬层的显微硬度时，可直接在试件的垂直截面中测量（此法只适用于测定 h_c>0.5mm 的冷硬层）或在斜面上测量。

① 平面试件。按图 4.2-3a 所示磨出斜面，将测量结果用图 4.2-3b 表示。

$$N = \frac{H}{H_0} \quad h_c = l\sin\alpha + Rz$$

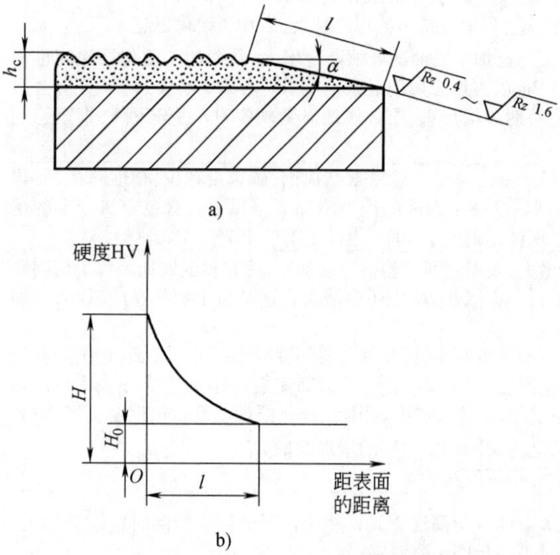

图 4.2-3 在斜面上测量显微硬度

在斜面上测量显微硬度相当于把硬化深度放大了 n 倍。$n \approx \frac{l}{h_c} = \frac{1}{\sin\alpha}$，当 α 取为 1°~2°30′时，$n$ = 30~50。

② 圆柱形试件。按图 4.2-4 所示磨出平面，在磨出的平面上沿 L 方向逐点测量显微硬度，求得 H 与 H_0，然后分别测量 R、B、L、a，即可根据下列公式计算 N、h_c。

$$N = \frac{H}{H_0}$$

$$h_c = R - \sqrt{B^2 + \left(\frac{L}{2} - a\right)^2} + Rz = R - \sqrt{R^2 + a^2 - La} + Rz$$

式中 a——测量平面上的冷硬层深度。

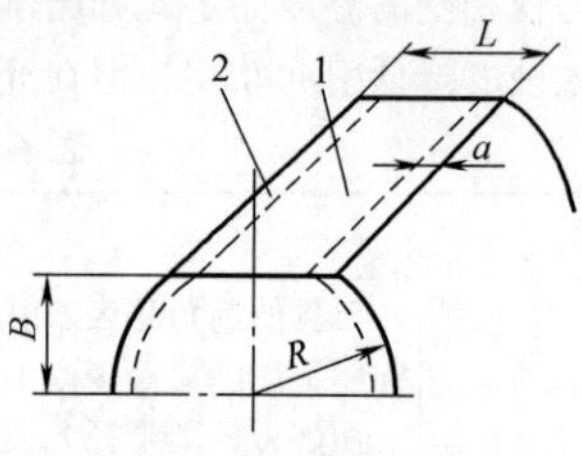

图 4.2-4 圆柱形工件表面显微硬度测量方法

1—原材料 2—冷硬层

影响测试结果的因素：载荷大小；施加载荷的速度与时间；金属的显微组织；磨片方法；读数误差；振动等。为使测量结果可靠，施加的载荷应使所形成的印痕大于 15~20μm，对于一般的碳钢，以选择 50~100g 载荷较适宜，并使冷硬层深度至少大于印痕深度的 10 倍。加载应放慢速度，持续时间以 10~15s 为宜。载荷的选择还应考虑到显微组织结晶颗粒的大小，印痕的尺寸应小于显微组织结晶颗粒的尺寸。磨片制备时要避免产生附加硬化。显微硬度仪器应安置在坚固的地基上，并应定期检查其精度。

4）几种加工方法的冷硬程度及冷硬深度（表 4.2-14）。

表 4.2-14 几种加工方法的冷硬程度及冷硬深度

加工方法	冷硬程度 N（%）		冷硬深度 h_c/μm	
	平均值	最大值	平均值	最大值
普通车和高速车	120~150	200	30~50	200
精密车	140~180	220	20~60	—
端铣	140~160	200	40~100	200
圆周铣	120~140	180	40~80	110
钻和扩	160~170	—	180~200	250
铰	—	—	—	300
拉	150~200	—	20~75	—

（续）

加工方法	冷硬程度 N（%）		冷硬深度 h_c/μm	
	平均值	最大值	平均值	最大值
滚齿和插齿	160~200	—	120~150	—
剃齿	—	—	<100	—
圆磨非淬火钢	140~160	200	30~60	—
圆磨低碳钢	160~200	250	30~60	—
圆磨淬火钢①	125~130	—	20~40	—
平磨	150	—	16~35	—
研磨（用研磨膏）	112~117	—	3~7	—

① 磨削用量大、冷却条件不好时，会发生淬火钢的回火转化，表层金属的显微硬度要降低，回火层的深度有时可达 200μm。

2. 表面层材料金相组织变化

1）磨削烧伤。磨削烧伤的实质是磨削表面层组织在磨削热作用下产生回火层（0.01~0.02mm），存在残余拉应力，显微硬度降低，回火马氏体呈不均匀分布。该变质层稳定性差，在外载荷作用下，由于残余应力重新分布而形成裂纹，耐磨性及疲劳强度显著下降。但烧伤不一定都伴有裂纹。

磨削热导率低、比热容小、密度大的材料时易烧伤；淬火钢比回火钢易烧伤；同样热处理条件下，碳含量高的材料易烧伤。

根据烧伤外观的不同，磨削烧伤有全面烧伤、斑状烧伤、均匀线条状烧伤和周期性线条烧伤。

在磨削淬火钢时，由于磨削条件不同，产生的磨削烧伤有三种情况：

① 回火烧伤。当表面层温度显著超过马氏体转变温度（中碳钢为 260~270℃）而又低于其相变临界温度 Ac_3（中碳钢约为 720℃）时，工件表面原来的马氏体组织将产生回火现象，转变成硬度较低的索氏体和屈氏体组织，表面硬度降低。

② 二次淬火烧伤。淬火钢的马氏体组织在 750~800℃以上的磨削高温下，很快变成奥氏体，若冷却速度很高，则会出现残留奥氏体，若冷却速度低，则会重新变为马氏体，零件表层比原淬火硬度稍有提高。二次淬火金属层厚度取决于磨削用量及切削液是否充分，一般为 0.004~0.006mm。

③ 退火烧伤。工件表面温度超过相变温度，由于不用切削液进行干磨，工件冷却缓慢，表层金属产生退火组织，磨后表面硬度急剧下降。

2）烧伤的评定方法与识别。

① 观色法。随着磨削区温度的升高，钢材表面会产生氧化膜，由于膜的厚度不同，反射光线干涉状态不同，可呈现黄、草黄、褐、紫等不同的"回火色"。表面没有烧伤颜色并不意味着表面层没有烧伤。此法鉴别烧伤的准确性较低。

表 4.2-15 为磨削淬火 GCr15 钢时，不同背吃刀量下加工表面烧伤颜色和氧化膜厚度。

表 4.2-15　烧伤颜色与氧化膜厚度

背吃刀量/μm	烧伤颜色	氧化膜厚度/μm
17	银白色	未烧伤
33	麦黄色	46
50	褐色	52
90	红褐色	58
110	紫色	68
155	蓝色	72

② 酸蚀法。利用钢材不同的金相组织对酸腐蚀有不同的敏感性，将加工完毕的工件表面在 3%~5%硝酸溶液中浸洗 30~40s 后取出，在灯光下观察。如淬火后的 GCr15 正常组织是回火马氏体，酸蚀后呈灰色。发生严重回火烧伤时，酸蚀后呈黑色。发生二次淬火烧伤时，酸蚀后呈白色。该法灵敏度不高，不适于轴承等零件。

③ 金相组织法。通过观察表层金相组织的变化评定烧伤类别。

④ 显微硬度法。不同性质的烧伤具有不同性质的显微硬度分布图。测量硬度后即可判断烧伤类别。此法的优点是反应灵敏，数值可靠，并可测定变质层深度。缺点是需要制作试件，费时费工，适用于抽样检查。

⑤ 临界常数法。磨削钢件时发生磨削烧伤的临界状态为

$$v_w L \geqslant C_b$$

式中　v_w——工件速度（m/min）；

L——砂轮与工件的接触弧长（mm）；

C_b——产生磨削烧伤的临界常数（mm·m/min）。

C_b 与工件材料传热系数 h_w、密度 ρ_w、比热容 c_w 及砂轮性质、冷却条件有关。h_w、ρ_w、c_w 越小，砂轮粒度越细，硬度越高，表面越钝，C_b 值越小，越易烧伤。几种钢产生磨削烧伤的临界常数见表 4.2-16。

表 4.2-16 几种钢产生磨削烧伤的临界常数 C_b

材料	$\sqrt{h_w\rho_w c_w}$	C_b /(mm·m/min)	发生烧伤的临界切深 /μm
轴承钢淬火 880HV	0.20	890	18
w(C)=1.2%的钢淬火 440HV	0.23	940	20
w(C)=0.6%的钢淬火 630HV	0.27	990	22
w(C)=1.2%的钢淬火 275HV	0.31	1440	47
w(C)=0.6%的钢退火 200HV	0.33	1550	55
w(C)=0.2%的钢退火 110HV	0.35	1770	72

3）消减烧伤的工艺途径。

① 正确选用砂轮。砂轮的硬度、粒度对磨削烧伤有很大影响。图 4.2-5 所示为磨削淬火轴承钢时，砂轮粒度、硬度对临界烧伤常数 C_b 的影响。砂轮越硬、越细，C_b 值越小，不产生烧伤的范围越窄，越易烧伤。

磨削导热性差的材料、干磨、磨削空心薄壁零件或工件与砂轮接触弧较长时，应选用较软的砂轮；结合剂应有弹性（如橡胶、树脂结合剂）；砂轮组织应疏松（大气孔）；在砂轮表面上开槽、在砂轮的气孔内浸入石蜡之类的润滑物质也有一定效果。减小砂轮直径，特别是对于内圆磨削有良好效果。砂轮直径与工件直径之比一般小于 0.75。

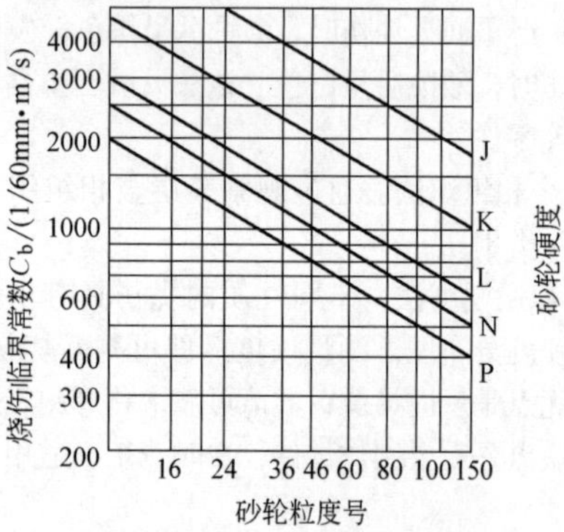

图 4.2-5 砂轮硬度、粒度与磨削烧伤临界常数的关系

② 合理选择磨削用量。为减轻烧伤，应减小背吃刀量 a_p，增加光磨时间。过小的 a_p 会导致烧伤。一般情况下，砂轮速度 v_s 增大易烧伤，工件速度 v_w 增大会减轻烧伤。磨削速度与径向进给量对烧伤的影响（图 4.2-6），随着 v_s 与 f_r 的增大，烧伤变得严重。

另有研究表明，增加工件速度 v_w 虽可增加磨削区温度，但受热影响区的深度较浅。当砂轮速度从 33m/s 增大到 55m/s 时，烧伤程度可降低 2～3 级，

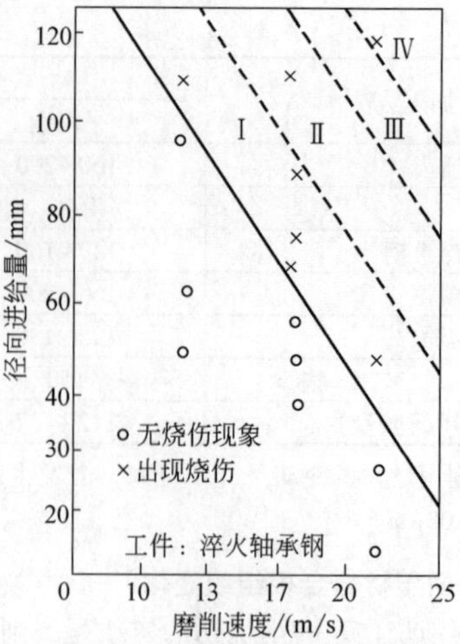

图 4.2-6 磨削速度与径向进给量对烧伤的影响

Ⅰ—黄色 Ⅱ—褐色 Ⅲ—赤褐色 Ⅳ—紫色

当工件速度从 49m/min 增大到 143m/min 时，烧伤程度可降低 1～2 级。同时提高砂轮速度 v_s 和工件速度 v_w 可避免烧伤（图 4.2-7 中区域Ⅰ），增加纵向进给量和增加横向进给量一样也会增加烧伤程度。

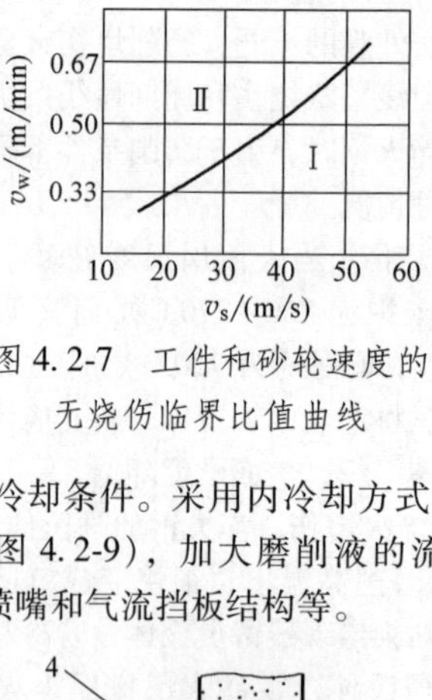

图 4.2-7 工件和砂轮速度的无烧伤临界比值曲线

③ 改善冷却条件。采用内冷却方式和开槽砂轮（图 4.2-8 和图 4.2-9），加大磨削液的流量与压力，改进磨削液喷嘴和气流挡板结构等。

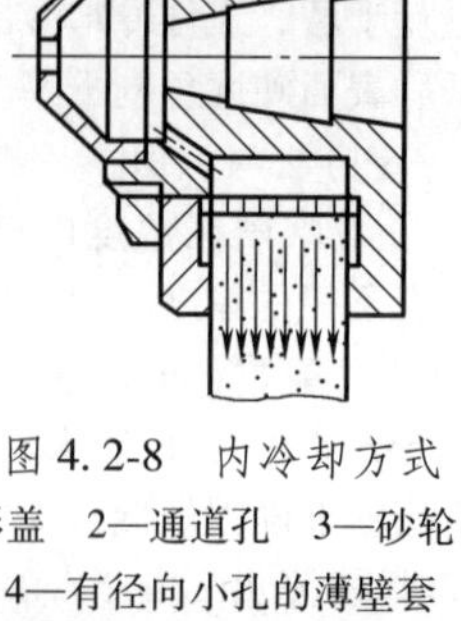

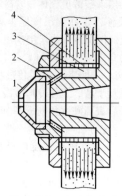

图 4.2-8 内冷却方式

1—锥形盖 2—通道孔 3—砂轮中心孔 4—有径向小孔的薄壁套

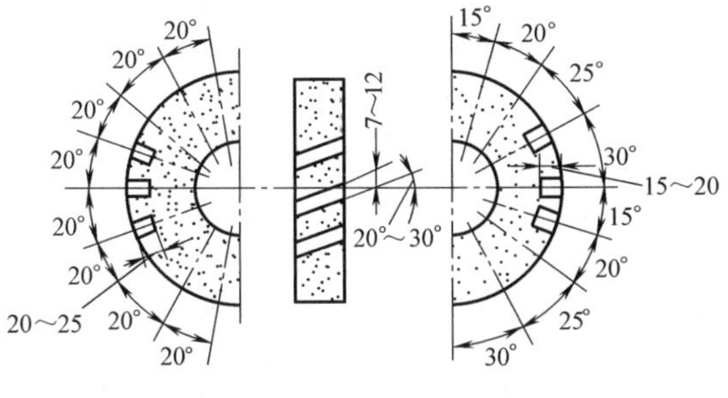

图 4.2-9　开槽砂轮
a）槽均匀分布　b）槽不均匀分布

④ 安排回火工序。对有些塑性低、热容量及热导率小的材料，如淬火高碳钢、渗碳钢、耐热合金钢、不锈钢、球墨铸铁和硬质合金等，磨削前在适当的温度下回火，可减少裂纹的产生。对于 GCr15 钢，回火温度从常规的 160℃ 提高到 200℃，其硬度虽有降低（0.5HRC 左右），但耐磨性能增加。

⑤ 采用低应力磨削工艺。当采用较软的砂轮（硬度为 G 或 H），在较低的磨削速度（v_s = 10～15m/s）、较小的径向进给量（f_r = 0.005～0.015mm），并使用极压磨削液的条件下，可在磨削表面 0.025mm 深度下，形成小于 120MPa 的残余压应力。低应力磨削与普通磨削、高应力磨削的比较如图 4.2-10 所示。

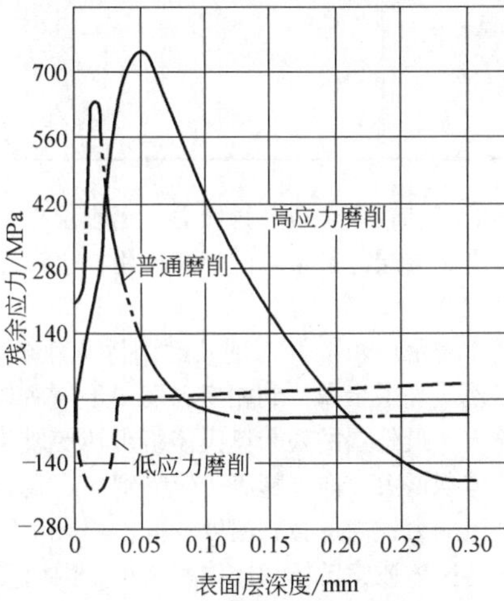

图 4.2-10　低应力磨削与普通磨削、高应力磨削的比较

⑥ 及时修正砂轮。避免钝化与堵塞。

3. 表面残余应力

残余应力是指在没有外力作用的情况下，在物体内部保持平衡而存留的应力。残余应力有残余压应力（$-\sigma$）和残余拉应力（$+\sigma$）。

1）残余应力对工件性能的影响。

① 残余应力会引起工件变形，影响精度的稳定性。

② 残余应力影响塑性材料的屈服极限，致使脆性材料产生裂纹，从而降低工件的静态强度。

③ 残余应力影响工件的疲劳强度。残余拉应力使疲劳强度下降，残余压应力使疲劳强度提高。

④ 残余拉应力会降低工件的抗化学腐蚀性。

⑤ 残余应力影响工件的磁性。

2）切削加工残余应力产生的原因。

① 机械应力引起的塑性变形。切削过程中，切削刃前方的工件材料受前刀面的挤压，使即将成为已加工表面层的金属，在切削方向（沿已加工表面方向）产生压缩性塑性变形，在切削后受到与之连成一体的里层未变形金属的牵制，从而在表层产生残余拉应力，里层产生残余压应力。另外，刀具的后刀面与已加工表面产生很大的挤压与摩擦，使表层金属产生拉伸塑性变形，刀具离开后，在里层金属的作用下，表层金属产生残余压应力，相应的里层金属产生残余拉应力。

已加工表面不仅沿切削速度方向会产生残余应力 σ_v，而且沿进给方向也会产生残余应力 σ_f；在已加工表面最外层往往是 $\sigma_v>\sigma_f$。

② 热应力引起的塑性变形。切削（磨削）时的强烈塑性变形与摩擦，使已加工表面的表层有很高的温度，而里层温度却很低。温度高的表层，体积膨胀，将受到里层金属的阻碍，从而使表层金属产生热应力。当热应力超过材料的屈服极限时，将使表层金属产生压缩塑性变形。切削后待表层金属温度冷却至室温时，体积收缩又受到里层金属的牵制，因而使表层金属产生残余拉应力，里层产生残余压应力。

③ 相变引起的体积变化。切削（磨削）时若表层温度大于相变温度，则表层组织可能发生相变；由于各种金相组织的体积不同，从而产生残余应力。当高速切削碳钢时，工作表面层的温度可达 600～800℃（相变温度为 720℃），发生相变形成奥氏体，冷却后变为马氏体。由于马氏体的体积比奥氏体大，因而表层金属膨胀，产生残余压应力，里层产生残余拉应力。当加工淬火钢时，若表层金属产生退火，则马氏体转变为屈氏体或索氏体，体积缩小，使表层产生残余拉应力，里层产生残余压应力。

已加工表面层内出现的残余应力，是上述诸因素综合作用的结果，其大小和符号则由起主导作用的因素决定。

3）影响切削加工表面残余应力的因素及减少残余应力的措施（表 4.2-17）。

4）影响磨削加工表面残余应力的因素。

① 典型情况。磨削表面的残余应力由磨削时的塑变应力、热变应力、相变应力三者所形成，其中热的影响较大。图 4.2-11 所示为三种典型情况。

表 4.2-17　影响切削加工表面残余应力的因素及减少残余应力的措施

影响残余应力的因素		减少残余应力的措施
刀具前角	当前角由正值逐渐变为负值时，表层的残余拉应力逐渐减小，但残余应力层的深度增大。在一定的切削用量下，采用绝对值较大的负前角可使已加工表面层得到残余压应力。因此，刀具前角对残余应力的深度影响较大，负前角时比正前角的深度增大一倍	1. 选择合适的切削用量以保证较高的刀具寿命与较低的表面粗糙度值，必须用尖锐的切削刃，无细小锯齿状缺口，后刀面磨损应控制在 0.2mm 左右 2. 机床的刚性好，避免产生振动。钻孔时，最好有导向套，尽可能增大钻头的刚度，钻出的孔边缘应进行倒角 3. 用挤压方法和喷丸处理增大表层的残余应力，可提高疲劳强度。例如：与剃齿相比，精挤齿轮齿面的残余应力较大，硬度较高；电火花加工、电解加工与电解抛光后进行喷丸处理，可显著提高高温合金的疲劳强度 4. 进行热处理
刀具磨损	刀具后刀面的磨损量 VB 增加时，一方面使后刀面与已加工表面的摩擦增加，但另一方面也使已加工表面上的切削温度升高，从而由热应力引起的残余应力的作用逐渐增强，已加工表面的残余拉应力增大，残余应力层的深度随之增加	
切削条件	切削速度增加时，切削温度随之升高，热应力占主导地位，表面层产生残余拉应力，其随着切削速度的增加而增大；当切削速度超过一定值时残余应力下降 由于切削力随着切削速度的增加而减小，因而塑性变形区随之减小，残余应力层的深度减小。当切削温度超过金属的相变温度时，残余应力的大小及符号取决于表面层金相组织的变化 进给量增加时，切削力及塑性变形区随之增大，且热应力引起的残余拉应力占优势，应力的大小及应力层深度都随之增加 加工退火钢时，背吃刀量对残余应力的影响不太显著。加工淬火后回火的 45 钢时，随着背吃刀量的增加，表面的残余拉应力稍有减小	
工件	塑性较大的材料，切削加工后通常产生残余拉应力，塑性越大，残余拉应力越大，如工业纯铁、奥氏体不锈钢等。切削灰铸铁等脆性材料时，由于切削时后刀面的挤压与摩擦起主导作用，使加工表面层产生残余压应力	

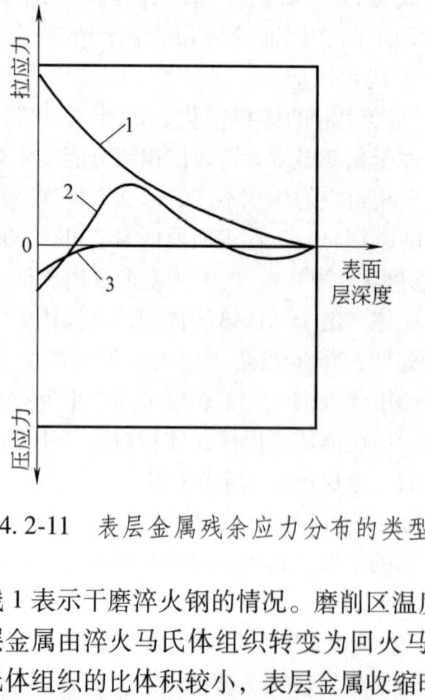

图 4.2-11　表层金属残余应力分布的类型

曲线 1 表示干磨淬火钢的情况。磨削区温度比较高，表层金属由淬火马氏体组织转变为回火马氏体。回火马氏体组织的比体积较小，表层金属收缩时受到内部金属的牵制，产生残余拉应力。当表层冷却时收缩较快，受到内层冷态金属的牵制作用，也产生残余拉应力。

曲线 2 表示用水溶性切削液磨削淬火钢的情况。磨削高温使最外层金属达到相变温度，迅速冷却而发生二次淬火。最外层的残余奥氏体组织转变成淬火马氏体，比体积增大，向外膨胀，但受到内层金属的牵制而产生压应力；内层金属温度较低，淬火马氏体转变成回火马氏体或索氏体，比体积略小，因而受到拉应力。

曲线 3 表示在较理想的情况下磨削淬火钢的情况。当适当提高工件的速度时，由于传入工件内层的热量较少，表面可具有残余压应力，深度较浅，应力也较小。

② 影响磨削加工表面残余应力的因素。

a. 磨削温度引起金相组织变化。在一定磨削温度条件下，工件材料会产生金相组织变化。不同的金相组织具有不同的密度，如马氏体的密度是各种金相组织中最小的，而奥氏体的密度最大。当金相组织发生变化时，由于密度不同，体积就要发生变化。工件表层在加工时的温度超过相变温度时，如果体积膨胀，则受到里层的限制，产生残余压应力；反之，如果体积缩小，则产生残余拉应力。如磨削淬火钢，当砂轮修整较好、冷却较充分时，表层金属二次淬火，部分残留奥氏体转变成马氏体，体积增加，表层产生残余压应力。若不加切削液，温度因素占主导地位，磨后表层产生残余拉应力。

b. 磨削温度引起热塑性变形。在磨削过程中，磨削温度很高，工件表面层热膨胀，而里层温度较低，因此表层的热膨胀受到里层的阻碍而产生热压缩应力。如果表层的温度超过材料的弹性变形范围，则表层产生热塑性变形而相对缩短。磨削结束冷却时，表层收缩，当温度降到弹性变形范围，将受到表层的阻碍而产生残余拉应力，里层产生平衡的压应力。如粗磨时表层温度很高，易产生热塑性变形，产生的残余拉应力较大。

c. 磨削方法。精细磨削或光磨时，温度不高，磨削力起主导作用，表层产生残余压应力，里层产生平衡的拉应力。

5）残余应力的测量方法。表面层残余应力的测定方法大致分为物理法和机械法两类。物理法是利用材料的物理性质来测定残余应力的无损检测法，如 X 射线法、超声波法、磁性法和光弹法等。机械法是利用残余应力的不平衡使工件发生变形，再根据应力应变的理论计算出应力的大小。要使应力不平衡，只能破坏工件原有的形状，因此它不是无损的。

① 用 X 射线法测量表面残余应力。利用 X 射线衍射仪，将一定波长的 X 射线射向被测工件表面，根据衍射线的强度、宽度和移动、转动方向，确定加工表面残余应力的性质和数值。由于是以局部特定晶面的应力、应变为依据，故只能测量局部区域的应力。如欲测量工件表面金属层的残余应力分布情况，需将被测表面用腐蚀方法逐层剥除、逐层测定。测量时，X 射线应顺主切削运动方向入射。加工表面层弹塑性变形不均匀对弹性模量 E 的影响以及 X 射线穿透深度超过加工表面变质层（精密磨削加工变质层较薄）而引起的测量误差应予重视。

② 用机械法测量表面残余应力。以整体应变为依据，适用于测定平板、圆筒等形状简单的零件。以圆筒形零件为例说明。

圆筒试件尺寸为 $D_1 \times D_2 \times L$（外径×内径×长度），圆筒表面残余应力 σ 应为三维应力之和，包括切向残余应力 σ_s、轴向残余应力 σ_a、径向残余应力 σ_r，即 $\sigma = \sigma_s + \sigma_a + \sigma_r$。

测量切向残余应力 σ_s 时，在圆筒上割取圆环（图 4.2-12），使圆环的轴向长度及径向厚度小于圆环直径的 1/10，以忽略 σ_a、σ_r 对 σ_s 的影响。测量步骤如下：

a. 测量试件原始尺寸：外径 D_{10}、内径 D_{20}、长度 L。

b. 做切口标记。标记点距 S_0 = 切口宽 b+2mm，标记可是精确的划线或印痕，测量 S_0。

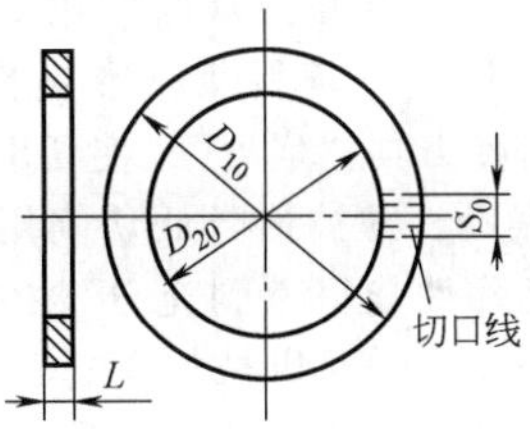

图 4.2-12　圆环试件

c. 第一次破坏试件。沿轴线切口，切口宽度为 b，切口前用清漆将标记点加以防护。

d. 测量切口后的 S_0，已变化为 S。

e. 第二次破坏试件。电解剥层外表面以测定外表面应力（若要测定内表面，则电解剥层内表面），不需要电解的表面用清漆防护，剥层厚度 d_a 应由时间控制，并提前做好电解剥层时间 t 与剥层厚度 d_a 的关系曲线。

f. 测量电解剥层后的 S_0，已变化为 S_1。

g. 第二次电解剥层，测出已变化的 S_2。

h. 第 n 次电解剥层，测出已变化的 S_n，当 S_n 值不变化了，试验停止。

i. 计算 $\pm\Delta S = S - S_0$

$\pm\Delta D_{10} = \dfrac{\pm\Delta S}{\pi}$　（S 增加取"+"，反之取"−"）

计算 $\pm\Delta S_1 = S_1 - S$，…，$\pm\Delta S_n = S_n - S$。

画出 $\Delta S_n - t$ 曲线，按曲线取 ΔS_n。

j. 计算 $\pm\Delta D_{1n} = \dfrac{\pm\Delta S_n}{\pi}$

画出 $\pm\Delta D_{1n} - d_a$ 曲线，按曲线取 $\pm dD_{1n}/d_a$。

k. 用计算机计算出 σ_s。

l. 作图 σ_s-h，h 为电解层总厚度。

圆环试件 σ_s、σ_a 的计算公式见有关文献，径向残余应力 σ_r 在薄壁圆环试件中可忽略不计。

采用机械法测量时，破坏应力平衡的方法有钻孔法、切割法、化学腐蚀法和电解抛光法等。在破坏应力平衡时应避免产生附加应力。测试过程中应减少外界力和热的影响，要保证零件本身的内应力充分平衡后再测量其变形量。变形量的测量可用光学测量的原理或用电测非电量的原理。

4.3 机械加工过程中的振动

机械加工过程中常常会产生振动，一般来说振动是一种极其有害的现象，它对机械加工有很大的影响。其影响主要表现为：振动使工件加工表面出现振纹，从而降低工件的加工精度和表面质量；振动使加工系统持续承受动态交变载荷作用，影响机床、夹具和刀具的使用寿命；振动所引起的噪声，产生环境污染，影响操作者健康；剧烈的振动可使刀具“崩刃”，使切削过程无法进行，为避免振动，常被迫降低切削用量，致使机床、刀具的工作性能得不到充分发挥，限制生产率的提高。因此，研究机械加工过程中产生振动的原因、掌握消减振动的措施，是机械加工实现优质高产、低消耗的重要保证。

4.3.1 机械加工振动的类型及特点

按照工艺系统振动的性质，机械加工中常见的振动可以分为三类：自由振动、强迫振动和自激振动。自由振动是一种最简单的振动，是工艺系统受初始干扰力或原有干扰力取消后产生的振动，其振动频率只取决于振动系统的刚度和质量。在机械加工过程中，当切削力产生一个突然的波动或者工艺系统受到一个外界冲击时，工艺系统便会产生自由振动。由于振动过程中没有外来能量的补充，且系统中存在着阻尼，所以这种振动往往迅速衰减，从而也就对机械加工过程的影响较小。在研究探讨机械加工振动时，往往更为关注的是强迫振动和自激振动，因为它们是不能自然衰减而且是危害较大的振动。

1. 强迫振动

强迫振动又称受迫振动，它是外界周期性干扰力作用而引起的不衰减的振动。其主要特点如下：

1）强迫振动本身不能改变干扰力，干扰力一般与切削过程无关（由切削过程本身引起的强迫振动除外）。干扰力消除，振动停止。

2）强迫振动的频率与外界周期性干扰力的频率相同，或是它的整数倍。

3）干扰力的频率与系统固有频率的比值等于或接近于 1 时，产生共振，振幅达到最大值。

4）强迫振动的振幅与干扰力、系统的刚度及阻尼大小有关。干扰力越大、刚度及阻尼越小，则振幅越大。

2. 自激振动（颤振）

由振动系统本身引起的交变力作用而产生的振动称为自激振动。即使不受外界周期性干扰力的作用，自激振动也会发生。在金属切削过程中的自激振动称为切削颤振，简称为颤振。其主要特点如下：

1）自激振动是一种不衰减振动，振动过程本身能引起某种力的周期性变化，振动系统能通过这种力的变化，从不具备交变特性的能源中周期性获得能量补充，从而维持这个振动。偶然性的外部干扰（工件材料硬度不均、加工余量不均等）可能在最初激发振动时起作用，但它不是产生这种振动的内在原因，维持自激振动的干扰力根本上是由振动过程本身激发，故振动中止，干扰力及能量补充过程也立即消失。

2）自激振动的频率等于或接近于系统的固有频率，即自激振动的频率由振动系统本身的振动参数所决定，这与强迫振动有根本区别。

3）自激振动能否产生及其振幅的大小，取决于每一振动周期内系统所获得的能量与阻尼消耗能量的对比情况。如果系统所获得的能量大于所消耗的能量，则振幅将不断增大；反之，若系统所获得的能量小于所消耗的能量，则振幅将不断减小。

4.3.2 强迫振动的振源、诊断及消减措施

1. 强迫振动的振源

1）高速回转零部件质量不平衡所引起的周期性变化的离心力。如电动机转子、带轮、联轴器、砂轮及回转工件等质量不平衡将引起周期性振动。

2）运动传递过程中传动件制造误差和缺陷所引起的周期性变化的传动力。如传动齿轮的齿距误差引起传递运动的不均匀、主轴与轴承间隙过大、主轴轴径圆度超差、轴承精度不高、带接头不均匀，以及液压系统的油压脉动等都能引起振动。

3）切削过程本身不均匀所引起的周期性变化的切削力。如多齿多刃刀具的制造误差、断续切削及工件材料的硬度不均、加工余量不均等都会引起切削过程的不平稳，从而产生冲击和振动。

4）往复运动部件运动方向改变时产生的惯性冲击。

5）由外界其他振源传来的干扰力。例如，机床附近的振源经过地基传入正在工作的机床，从而引起工艺系统的振动。

2. 强迫振动的诊断

1）在机床运动参数与切削时完全相同的情况下

进行空运转试验，拾取振动信号并做频谱分析，画频谱图，如果频谱图上有峰值，则可判定加工中存在强迫振动成分。

2）机床正常加工，拾取加工过程中的振动信号，做频谱分析，画频谱图。

3）比较空运转试验和加工中所得到的频谱图。如果两者的谱线成分完全相同，只是峰值大小有所不同，则可判定加工中的振动是强迫振动；如果加工时的谱线图上有与机床空运转的谱线成分不同（或是它的整数倍）的频率成分，则可判定除有强迫振动外，还有自激振动。

4）在停机状态下做环境试验，对所测振动信号进行频谱分析，可判断是否有机外振源的干扰。

5）根据各运动部件的运动参数，计算各运动部件的干扰力频率，并与机床运转试验谱线图比较，可找出机内振源。

6）开停一切可能成为振源的部件，并改变其运动参数，对所测信号进行频谱分析，最终确定强迫振源。

3. 消减强迫振动的措施

1）减少或消除振源的激振力。如精确平衡各回转零部件，电动机的转子和砂轮不但要做静平衡，更要进行动平衡；提高传动零件的制造精度和装配质量等。

2）提高工艺系统的动刚度及阻尼，使强迫振动的频率远离系统的固有频率，避开共振区。如刮研接触面，提高部件的接触刚度；采用跟刀架、中心架等增强工艺系统刚度；采用黏结结构的基础件及薄壁封砂结构的床身等来增加阻尼；调整轴承及镶条等处的间隙，改变系统的固有频率等。

3）减小切削过程中的冲击。如按需要改变刀具转速，保证刀具冲击频率远离机床共振频率及其倍数；增加铣刀齿数；以顺铣代替逆铣；设计不等距刀齿结构等。

4）改进传动机构的缺陷与隔振。为了防止液压传动引起的振动，最好将液压泵与机床分离开，并采用软管连接。要求高的精密机床最好采用叶片泵或螺旋泵，以减少压力脉动。对于从机床外部由地基传来的干扰振动，主要是采用隔振措施，使由内、外振源激起的振动不能传到刀具和工件上去。隔离外部或内部振源常用的隔振材料和隔振器见表 4.3-1。

5）采用减振装置。如果不能从根本上消除机内外干扰力，又不能有效地改善加工工艺系统的抗振能力，而又要保证必要的加工质量和生产率，这时就要考虑采用减振装置，详见 4.3.4 节。

表 4.3-1　隔离外部或内部振源常用的隔振材料和隔振器

名称	特性	应用
橡胶隔振器	承载能力大，刚度大，阻尼大（阻尼系数为 0.15~0.3），有蠕变效应。可做成各种形式，能自由选取三个方向的刚度	用于静变形较小系统的积极隔振，载荷较大时做成承压式，载荷较小时做成承切式。对高频振源隔振时，要和金属弹簧配合
金属弹簧隔振器	承载能力强，变形量大，阻尼小（阻尼系数为 0.01），水平刚度较竖直刚度小，易晃动	用于消极隔振和大激振力的积极隔振。由于易晃动，精密设备不宜采用。当需要较大阻尼时，可与橡胶等联合使用
空气弹簧隔振器	刚度由压缩空气内能决定，阻尼系数为 0.1~0.5	用于有特殊要求的精密仪器和设备的消极隔振。需要对空气源恒压
软木	质轻，有一定弹性，阻尼系数为 0.08~0.12，有蠕变效应	用于静变形较小系统的积极隔振，或和橡胶、金属弹簧结合做辅助隔振器。应防止软木吸水和吸油
泡沫橡胶	富有弹性，刚度小，阻尼系数为 0.1~0.15，固有频率可设计得很低，承载能力低，性能不稳定	用于小型仪器仪表的消极隔振。严禁日晒雨淋，防止与酸、碱、油接触
泡沫塑料	刚度小，承载能力低，易老化	用于特别小型仪器仪表的消极隔振
毛毡	阻尼大，在干湿反复作用下易变硬，丧失弹性	用于抗冲击的隔振，常用厚度为 6.5~7.5mm
其他	木屑、玻璃纤维、黄砂等	用于抗冲击的隔振和隔除地板与设备间的振动

4.3.3　自激振动产生的原因、诊断及消减措施

1. 自激振动产生的原因

在机械加工过程中常常会产生自激振动，它不是由切削过程以外的周期性干扰力所引起的，也不是由周期性的断续切削（如铣削）所引起的。产生并维持切削过程自激振动的交变动态力由加工系统本身所产生并调节，当加工系统本身运动一停止，交变动态力也就随之消失，自激振动也就停止。图 4.3-1 给出了机床自激振动的闭环系统。

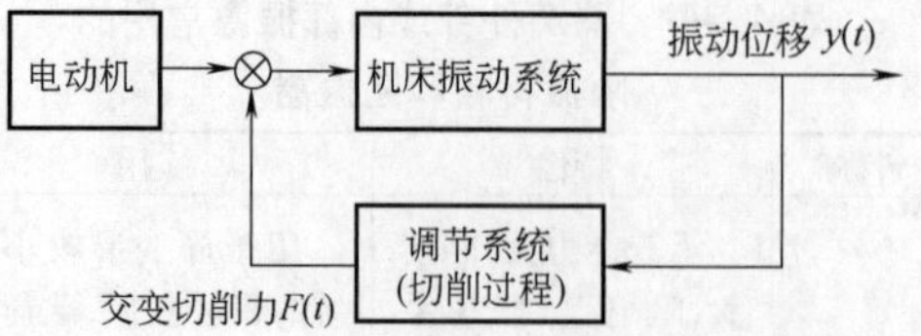

图 4. 3-1　机床自激振动的闭环系统

用传递函数的概念来分析，机械加工系统是由一个振动系统（工件、刀具及机床）和调节系统（动态切削过程）所组成的闭环反馈自控系统。激励机械加工系统产生振动的交变力由切削过程产生，而切削过程同时又受机床系统的振动控制，机床系统的振动一旦停止，交变切削力也就随之消失，机床系统就不会有自激振动产生。如果切削过程很平稳，即使系统存在产生自激振动的条件，也因切削过程没有交变切削力而不会产生自激振动。但在实际加工过程中，偶然性的外界干扰（工件材料硬度不均、加工余量不均等）总是存在的，这种偶然性的外界干扰所产生的切削力变化就会作用在机械加工系统上，使机械加工系统产生振动，这种振动又将引起工件与刀具间相对位置的周期性变化，从而导致切削过程产生维持振动的应变切削力。如果加工系统不存在产生自激振动的条件，由偶然性外界干扰引发的振动将因系统存在阻尼而逐渐衰减；如果加工系统存在产生自激振动的条件，就可能使机械加工系统产生持续的振动。

自激振动产生的基本条件为：刀具切离时所获得的能量大于刀具切入时所消耗的能量，即 $W_0>W_i$。上述条件还可描述为：对于振动轨迹的任一指定位置 y_i 而言，振动系统切离时通过 y_i 点的力 $F_0(y_i)$，应大于切入时通过同一点 y_i 的力 $F_i(y_i)$，即 $F_0(y_i)>F_i(y_i)$。有关自激振动产生的学说主要有以下几种：

1）再生颤振。先来研究车刀做自由正交切削的情况，如图 4. 3-2 所示，此时车刀只做横向进给。在这种切削条件下，车刀切削的是工件前一转所留下的表面。

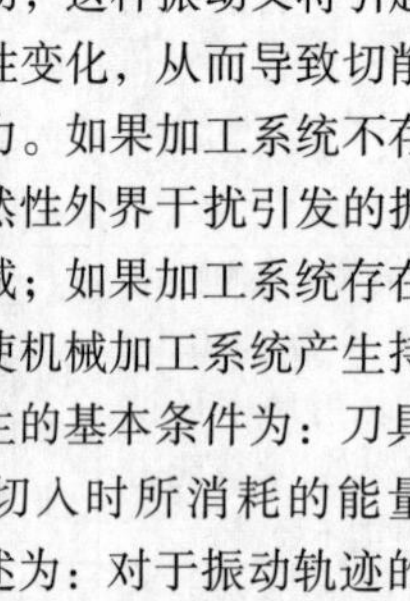

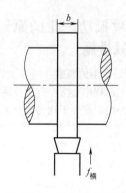

图 4. 3-2　自由正交切削

假定切削过程受到一个瞬时的偶然性扰动的作用（图 4. 3-3a），于是刀具与工件便会发生相对振动（自由振动），振动的幅值将因有阻尼存在而逐渐衰减。此种振动当然会在加工表面上留下一段振纹，如图 4. 3-3b 所示。当工件转过一转后，刀具便会在留有振纹的表面上重复切削，如图 4. 3-3c 所示，此时切削厚度将发生变化，从而造成切削力的波动，产生了动态切削力 F_d。F_d 作用在工艺系统上又引起了工艺系统的振动，如果各种条件的匹配是促进振动的，那么便会进一步发展到图 4. 3-3d 所示的持续颤振状态。这种由切削厚度的变化而使切削力变化的效应称为再生效应，由此产生的自激振动简称为再生颤振。

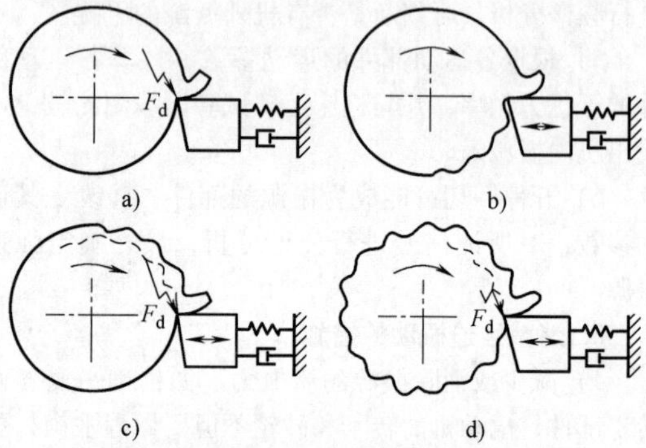

图 4. 3-3　再生颤振的产生过程

图 4. 3-4 表示的是前后两转（次）切削的情况。一般来说，后转（次）切削的振纹与前转（次）切削的振纹总不会同步，它们在相位上总有一个差值 ψ。若在振动的一个周期内动态切削力所做的功为 E，则其正负与 ψ 角有关：当 $0<\psi<\pi$ 时，$E>0$，系统输入能量；当 $\pi<\psi<2\pi$ 时，$E<0$，系统消耗能量。当后一转（次）的振纹滞后于前一转（次）振纹的角度 ψ 为 0°~180°时，切离时的切屑截面大于切入时的切屑截面，因此有 $F_0(y_i)>F_i(y_i)$，满足产生自激振动的条件。

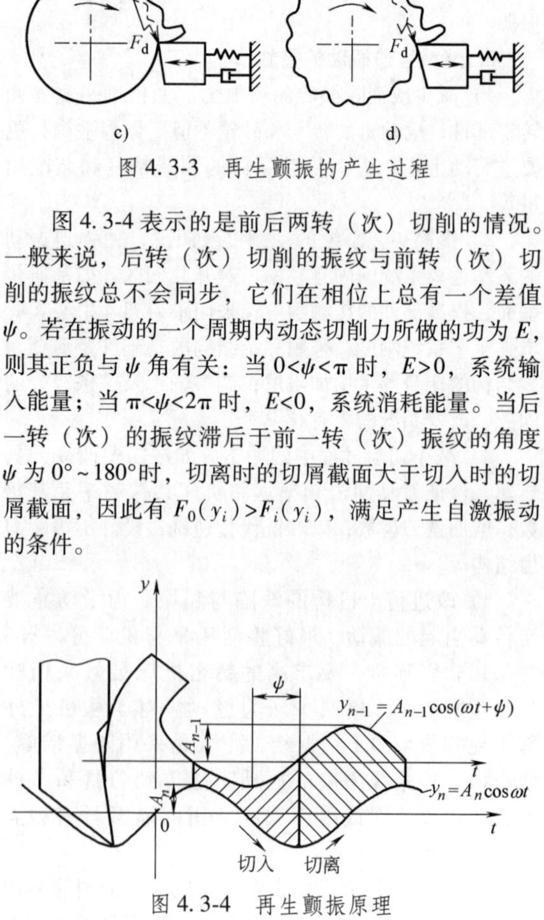

图 4. 3-4　再生颤振原理

机械加工工艺系统抵抗切削颤振的能力称为工艺系统的稳定性。机床切削从没有颤振到有颤振产生之间会存在着明显的界限，这个界限称为稳定性极限。机床切削的稳定性极限一般用极限切削宽度 $b_{\lim}$ 来评定，极限切削宽度可通过对切削过程的动态特性和工艺系统的动态特性来进行分析获得。工艺系统的动态特性用动柔度 $W_{Fdy(w)}$ 表示，切削过程的动态特性用动柔度 $W_{C(w)}$ 表示，它是一条平行于虚轴的直线，如图 4.3-5 所示。只有在工艺系统的动柔度曲线与切削过程的动柔度曲线相切或相交的条件下，工艺系统才有可能产生再生颤振，再生颤振的稳定性极限条件为 $W_{Fdy(w)}=W_{C(w)}$，与此对应的切削宽度 b 称为极限切削宽度 $b_{\lim}$。极限切削宽度为

$$b_{\lim}=\frac{1}{2k_c[-G]_{\max}}$$

式中　$[-G]_{\max}$——当 $b=b_{\lim}$ 时，动柔度矢量在负实轴上的投影，称为工艺系统的最大负实部（μm/N）；

k_c——单位切削宽度的切削刚度［N/(mm·μm)］。

当实际切削宽度 $b<b_{\lim}$ 时，切削过程稳定，工艺系统无颤振发生；只有当 $b\geqslant b_{\lim}$ 时，切削过程才有可能发生颤振。极限切削宽度 $b_{\lim}$ 是衡量工艺系统稳定性的一个重要指标，$b_{\lim}$ 越大，说明工艺系统越不容易产生颤振。

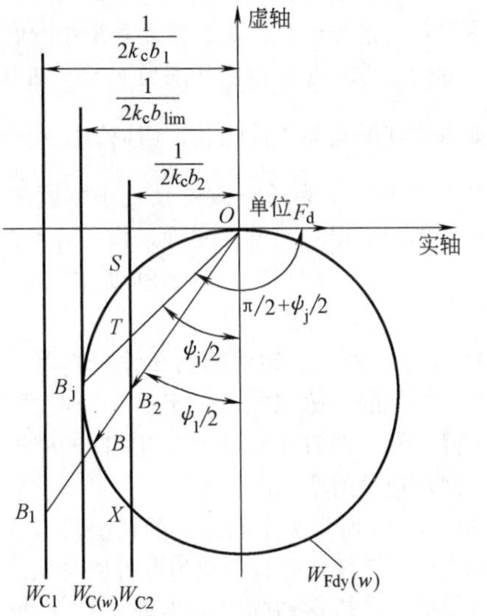

图 4.3-5　工艺系统的动态特性与切削过程的动态特性

图 4.3-5 中，切削过程动柔度曲线与工艺系统动柔度曲线的每一个交点都有对应的 b 值与 ψ 值。ψ 值可通过工件转速 n(r/min) 及颤振频率 f(Hz) 计算求得。以车削加工为例，加工表面的每转振痕数为

$$J=\frac{60f}{n}=J_z+J_1$$

式中　J_z——J 的整数部分；

J_1——J 的小数部分。

此时，相位差为

$$\psi=2\pi(1-J_1)$$

据此，可得到图 4.3-6 所示的切削过程稳定性图和颤振频率变化图。颤振频率变化图表示了颤振频率随转速变化的关系，对应于每一个耳垂状曲线，颤振频率都是由小变大，颤振频率 f 随机床主轴转速 n 呈锯齿状变化，这是再生颤振的一个特点。

在切削过程稳定性图上，两耳垂状曲线的交点对应着两种不同的颤振频率，这就意味着在某种切削宽度和工件转速条件下，可能出现频率较高的颤振，也可能出现频率较低的颤振。

根据切削过程的稳定程度，可将切削过程稳定性图划分为三种不同区域，即稳定区、有条件稳定区和不稳定区。在耳垂线以上的区域，不论转速取值多大，都将发生颤振，称为不稳定区。在 $b=b_{\lim}$ 以下，不论转速取值多大，都不发生颤振，称为稳定区，介于稳定区与不稳定区之间的，称为有条件稳定区。在某一切削宽度条件下切削，转速取值不同，有时有颤振发生（此时处于不稳定区），有时就没有颤振发生（此时处于有条件稳定区）。

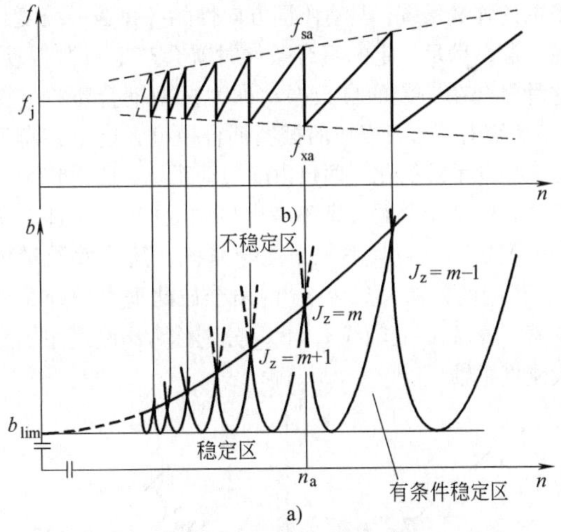

图 4.3-6　切削过程稳定性图和颤振频率变化图
a）切削过程稳定性图　b）颤振频率变化图

前述分析都是基于假设刀具对工件做自由正交切削的情况下进行的。在自由正交切削条件下，工件前一转（次）切削所产生的振纹和后一转（次）切削产生的振纹完全重叠，此时重叠系数 $\mu=1$；而在一般加工中，重叠系数 μ 都小于 1，车外圆时的重叠系数可按图 4.3-7 所示图形计算：

$$\mu=\frac{CD}{AB}=1-\frac{\sin\kappa_r\sin\kappa_r'}{\sin(\kappa_r+\kappa_r')}\frac{f_e}{a_p}$$

式中 f_e——进给量；

a_p——背吃刀量；

κ_r——车刀主偏角；

κ_r'——车刀副偏角。

由于在一般加工中，重叠系数μ小于1，所以动态切削力、切削过程动柔度的表达式均与自由正交切削时不同，μ越小，就越不容易产生再生颤振。

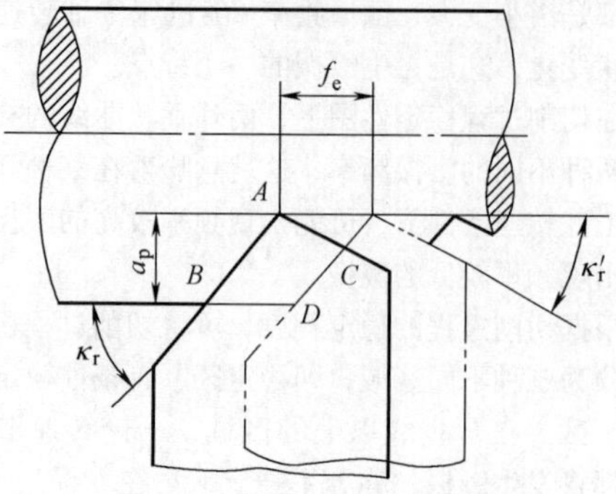

图 4.3-7　车外圆时的重叠系数

2）振型耦合颤振。前述的再生颤振分析主要是对单一自由度振动系统而言，即对切削速度方向的振动系统或对垂直于切削速度方向的振动系统而言。而在实际生产中，机械加工系统一般是具有不同刚度和阻尼的弹簧系统，具有不同方向性的各弹簧系统复合在一起，满足一定的组合条件时就会产生自激振动，这种复合在一起的自激振动称为振型耦合颤振。图4.3-8给出了车刀刀架的振型耦合模型，这里将车刀刀架振动系统简化为两自由度振动系统。假设切削前工件表面是光滑的（即不考虑再生效应），工件系统的刚度较高，刀具系统是主振系统，其等效质量为m，由刚度分别为k_1和k_2的两个彼此垂直的弹簧支承着，$k_1<k_2$，其轴线x_1和x_2分别称为小刚度主轴和大刚度主轴。

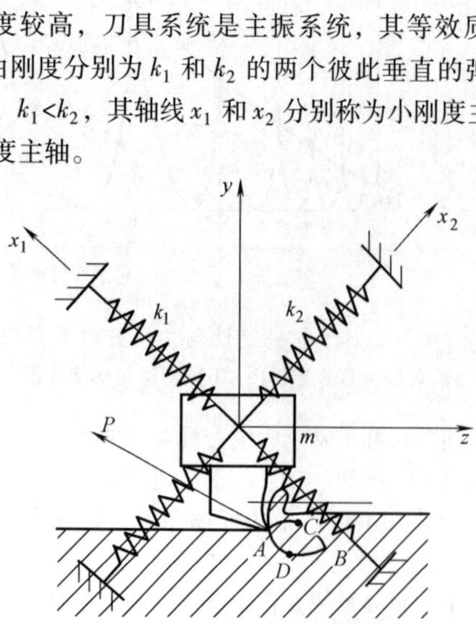

图 4.3-8　振型耦合模型

如果刀架系统在y、z两个坐标方向上产生了角速度为ω的振动，其振动必有相位差ψ。ψ值不同，振动系统将有不同的振动轨迹，一般为椭圆形封闭曲线，如图4.3-9所示。

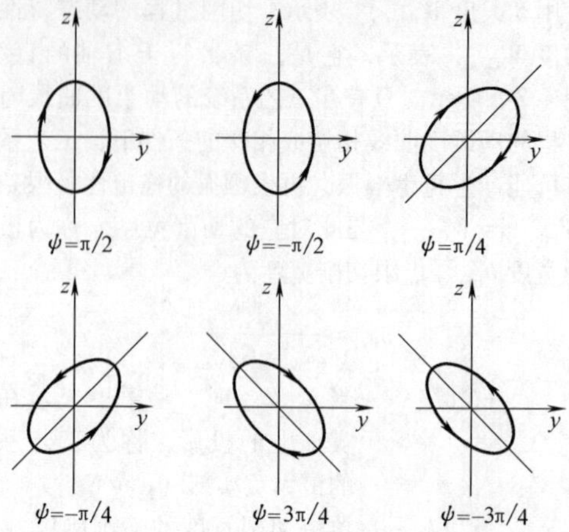

图 4.3-9　相位差与振动轨迹的关系

图4.3-9中，椭圆形曲线的旋向如果为顺时针，刀具从A到B则做切入运动，切削厚度较薄，切削力较小；在刀具从B向A做切离运动时，切削厚度较大，切削力较大，因而$F_0(y_i)>F_i(y_i)$，满足产生自激振动的条件，故有持续的颤振产生。研究表明，不产生振型耦合颤振的条件是：振动系统小刚度主轴相对于y轴的方位角α应位于切削力F与y轴夹角β之外，如果实在受实际条件限制，切记勿使$\alpha=\frac{\beta}{2}$。

图4.3-10所示为通过改变系统小刚度主轴位置消除振型耦合颤振的实例。实验条件：$k_1=10\text{N}/\mu\text{m}$，$k_2=30\text{N}/\mu\text{m}$，$\beta=68°10'$。当小刚度主轴位于0°~68°10′时，系统不稳定。

3）负摩擦颤振。在切削韧塑性材料时，刀具前刀面与切屑间的摩擦因数在一定的滑动速度范围内，具有下降特性，即刀具前刀面与切屑间的摩擦力将随着相对滑动速度的增加而减小。

图4.3-11a所示为车削加工的切削模型，将其简化为单自由度系统，刀具简化为等效质量m，刀具只沿y方向运动。稳态切削时刀尖处于y_0位置，切屑以滑动速度v_0沿刀具前刀面流出，这时对应的切削力为F_{y0}，如图4.3-11b所示。

当切削过程产生振动时，刀具相对于工件在其平衡位置y_0附近做往复运动。刀具切入时，其运动方向与切屑流出方向相反，相对滑动速度增加到$v_0+\dot{y}$，径向切削力减小为F_{y1}。刀具切离时，相对滑动速度减小为$v_0-\dot{y}$，径向切削力增加为F_{y2}。切入时动态切

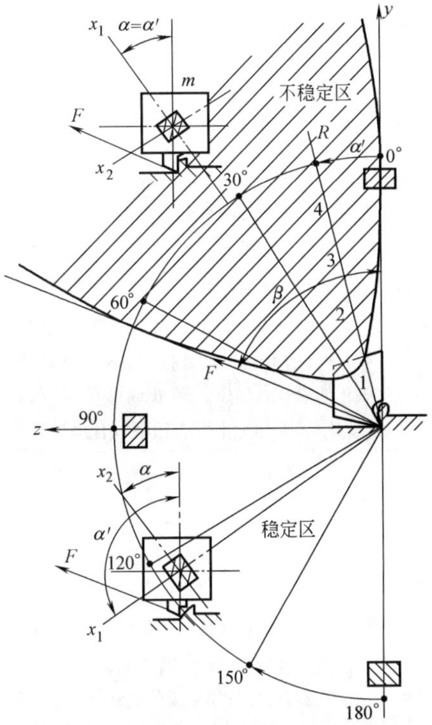

图 4.3-10　刚度主轴位置对颤振的影响

削力做负功，即振动系统要消耗能量；切离时动态切削力做正功，即振动系统从切削过程吸收一部分能量储存在振动系统中。在刀具切入的半个周期中，切削力所做的负功小于刀具切离工件的半个周期中所做正功，在一个振动周期中，便有多余的能量输入振动系统，满足产生自激振动的条件，故有持续的自激振动产生。正功与负功之差（曲线 *abcda* 所包围的面积），即为一个振动周期中系统所获得的能量补充。这种由于切削过程中存在负摩擦特性而产生的自激振动简称为负摩擦颤振。

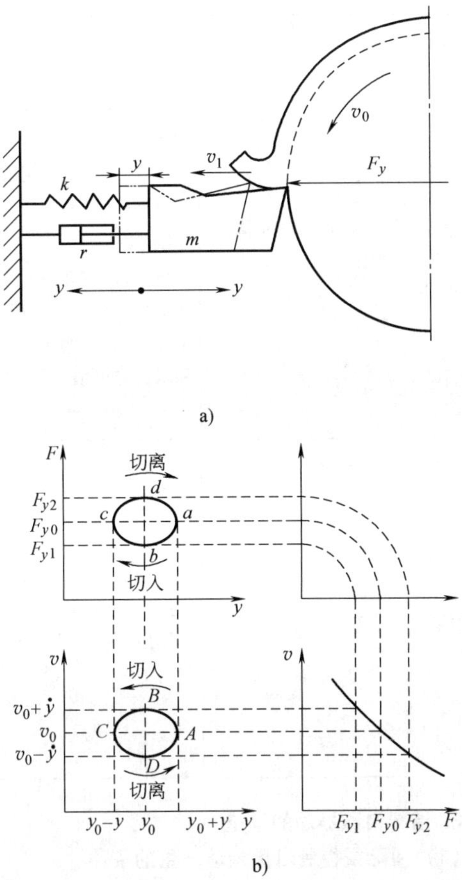

图 4.3-11　负摩擦颤振原理

2. 自激振动类别诊断（表 4.3-2）

表 4.3-2　自激振动类别诊断

颤振类别	诊断参数	测量计算	诊断要领
再生颤振	前后两转（次）切削振纹的相位差	1）测量工件的转速 n，测量精度为 0.01r/min 2）测量自振频率 f，测量精度为 0.02Hz 3）计算加工表面振纹数 $J=\dfrac{60f}{n}=J_z+J_1$ 其中，J_z、J_1 分别为 J 的整数部分和尾数部分 4）计算相位差 ψ $\psi=360°(1-J_1)$	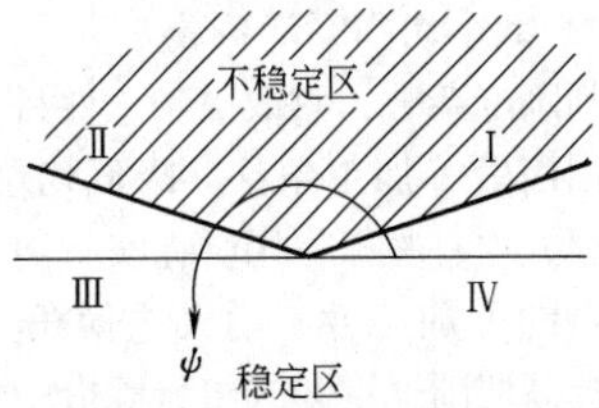 如果 $0°<\psi<180°$，则可判断切削加工中可能有再生颤振发生；如果 $180°<\psi<360°$，则可判断切削加工中发生的颤振不是再生颤振
	提高振痕分布的旋向（在副切削刃不参与二次切削的条件下）	目测	如果振痕分布为右旋，则可判断切削加工中可能有再生颤振产生；如果振痕分布为左旋，则可判断切削加工中的颤振不是再生颤振

（续）

颤振类别	诊断参数	测量计算	诊断要领
振型耦合颤振	各向振动位移的相位差	1)测量 y 向振动位移和 z 向振动位移(通常它们都是混频信号) 2)求所测 y、z 两混频信号的互谱密度函数 $s_{yz}(f)$,测 $s_{yz}(f)$ 在颤振频率成分上的相位差 $\psi_{yz}(f)$ 3)求被测信号 $y(t)$ 与 $z(t)$ 的凝聚函数 $\gamma_{yz}(f)$,检查信号的相关程度。如果 $\gamma_{yz}(f)>0.7$,则 $y(t)$ 与 $z(t)$ 大体相关,所测相位差 $\psi_{yz}(f)$ 值可信	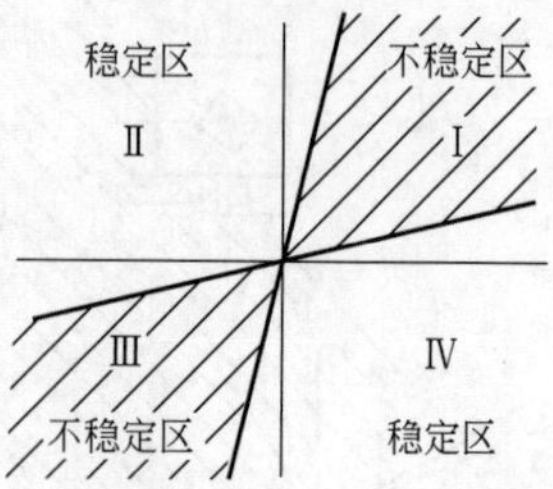 如果 $\psi_{yz}(f)$ 位于第Ⅰ或第Ⅲ象限的阴影区,则可判断切削加工中有振型耦合颤振;如果 $\psi_{yz}(f)$ 位于第Ⅱ或第Ⅳ象限,则可判断切削加工中没有振型耦合颤振发生
负摩擦颤振	切削力随切削速度变化的特性	在加工条件(除切削速度外,其他条件均与实际加工相同)下,改变切削速度 v,测量切削力 F_y,作 F_y-v 曲线	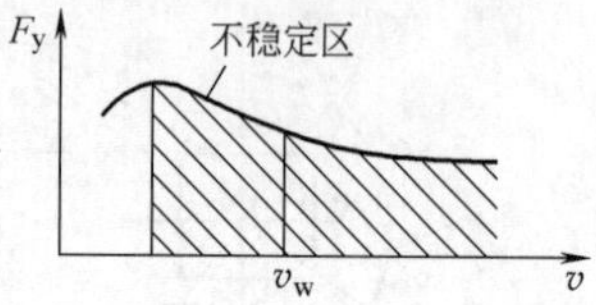 如果工作速度 v_w 落在 F_y-v 曲线的下降特性区(阴影区),则可判断切削加工中有负摩擦颤振;如果工作速度 v_w 落在 F_y-v 曲线的上升特性区,则可判断切削加工中发生的颤振不是负摩擦颤振

3. 消减自激振动的措施

(1) 消除或控制自激振动产生的条件

1）减小重叠系数 μ。重叠系数 μ 直接影响再生颤振，它取决于加工方式、刀具几何参数和切削用量等。例如从外圆车削的重叠系数定义可知，减小背吃刀量 a_p，增大进给量 f_e，适当增大主偏角 κ_r 和副偏角 κ_r' 都能使重叠系数 μ 减小。因此车外圆时，在副偏角 κ_r' 相等的条件下，用 $\kappa_r=90°$ 的直角偏刀比主偏角 $\kappa_r<90°$ 的情况下的重叠系数 μ 小。

2）减小切削刚度系数 k_c。k_c 为单位切削宽度上的切削刚度系数，它取决于工件材料、刀具几何形状和切削用量等加工条件。降低切削刚度系数 k_c，对各类颤振均有减振作用。在实际加工中，采用改善工件材料的可加工性、增大主偏角 κ_r、增大前角 γ_o、适当提高切削速度和进给量等措施均可使切削刚度系数 k_c 下降。

3）增加切削阻尼。适当减小刀具的后角（$\alpha_o=2°\sim3°$），在后刀面上磨出消振棱，适当增大钻头的横刃，适当使刀尖高于（车外圆）、低于（镗内孔）工件中心线，以获得小的工作后角。

4）合理调整机械加工系统刚度主轴方位。机械加工系统刚度主轴方位对机械加工振动有很大的影响。在实际加工中，如将薄弱模态的小刚度主轴设法置于切削力 F 相对于 y 轴（加工表面的法线方向）的夹角之外，就不会有耦合型颤振发生。改变薄弱环节主轴方位可消除或减小振动，调整切削力 F 的方向可消减机械加工系统的振动，车外圆时车刀反装即为一实例。在镗杆长度相同的条件下，采用削扁镗杆反而比相同直径的圆形截面镗杆加工的振动小，这也是一个通过合理调整机械加工系统刚度主轴方位来减小振动的实例。

5）合理选择切削用量。合理调整切削速度，避开临界切削速度 v_{lim}，可以消减切削过程动态特性引起的自振。在切断、车端面或使用宽刃刀具、成形刀具和螺纹刀具时，宜取 $v<v_{lim}$。纵车和切环形工件端面时，宜取 $v>v_{lim}$。切削 45 钢的自振临界速度见表 4.3-3。

表 4.3-3　切削 45 钢的自振临界速度

进给量 f/(mm/r)	0.025	0.075	0.150	0.225
临界速度 v_{lim}/(m/min)	110~130	75~95	45~55	30~40

周期性改变车、磨的主轴转速（变化幅度为 10%~20%），可消除再生颤振。研究表明，工件变速磨削能抑制或延缓磨削颤振的发展。工件变速磨削时，颤振后期振幅均方根的平均值及工件表面振纹高度的均方值较恒速磨削均有显著下降。变速周期对抑振效果的影响不明显，变速波形以速度变化较大的矩

形波、锯齿波的抑振效果较明显。变速幅值的最佳值约为工件转速的 20%。

（2）提高加工工艺系统的动态特性

1）提高加工工艺系统的刚度。提高加工工艺系统薄弱环节的刚度，可有效提高加工工艺系统的稳定性。提高各零件结合面的接触刚度、对滚动轴承施加预载荷、加工细长轴时采用中心架或跟刀架、镗孔时对镗杆加镗套等措施，都可提高加工工艺系统的刚度。

2）增大加工工艺系统的阻尼。加工工艺系统的阻尼来源于工件材料的内阻尼、结合面上的摩擦阻尼及其他附加阻尼。

材料内摩擦产生的阻尼称为内阻尼。不同材料的内阻尼不同，铸铁的内阻尼比钢大，故机床床身、立柱等大型支撑件一般用铸铁制造。除了选用内阻尼大的材料制造零件外，有时还可将大阻尼材料附加到内阻尼较小的材料上，以增大零件的内阻尼。

零件结合面上的摩擦阻尼是机床阻尼的主要来源，应通过各种途径加大结合面间的摩擦阻尼。对于机床的活动结合面，应注意调整其间隙，必要时可施加预紧力以增大其摩擦阻尼。对于机床的固定结合面，应选择适当的加工方法、表面粗糙度等级及结合面上的比压。

（3）采用减振装置

如果不能从根本上消除（或减小）产生自激振动的条件，又不能有效地改善加工工艺系统的动态特性，为防止产生自激振动，也需考虑采用附加的减振装置，详见 4.3.4 节。

4.3.4　减振装置

减振装置对消减强迫振动与自激振动都有显著效果。常用的减振装置见表 4.3-4。

表 4.3-4　常用的减振装置

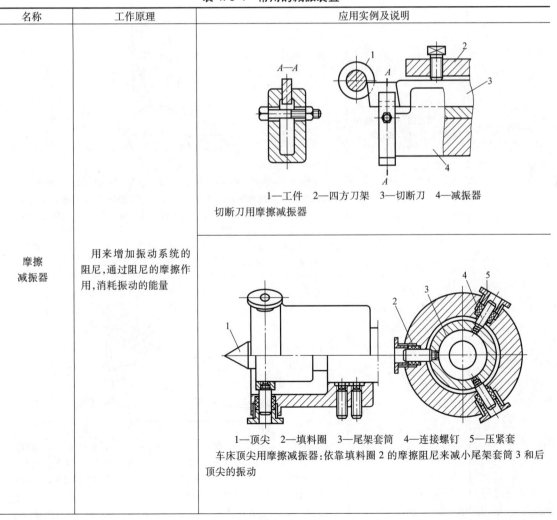

名称	工作原理	应用实例及说明
摩擦减振器	用来增加振动系统的阻尼，通过阻尼的摩擦作用，消耗振动的能量	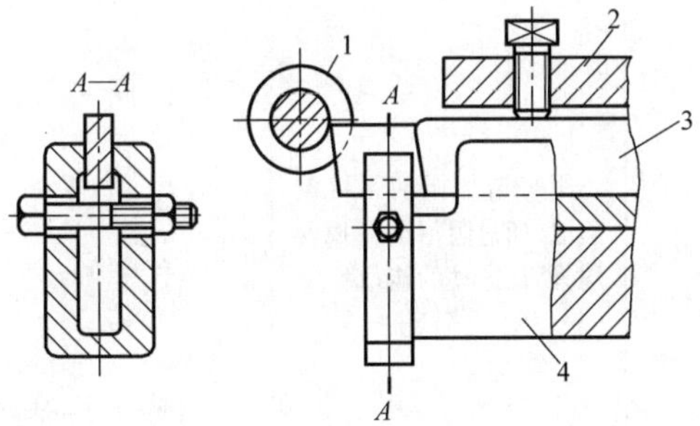 1—工件　2—四方刀架　3—切断刀　4—减振器 切断刀用摩擦减振器
		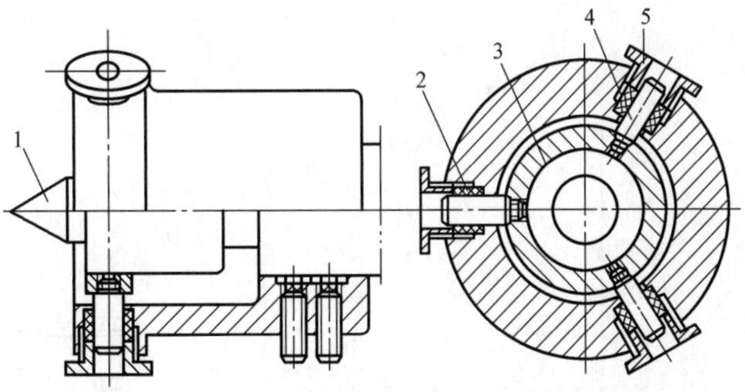 1—顶尖　2—填料圈　3—尾架套筒　4—连接螺钉　5—压紧套 车床顶尖用摩擦减振器：依靠填料圈 2 的摩擦阻尼来减小尾架套筒 3 和后顶尖的振动

（续）

<table>
<tr><th>名称</th><th>工作原理</th><th>应用实例及说明</th></tr>
<tr><td rowspan="3">摩擦减振器</td><td rowspan="3">用来增加振动系统的阻尼，通过阻尼的摩擦作用，消耗振动的能量</td><td>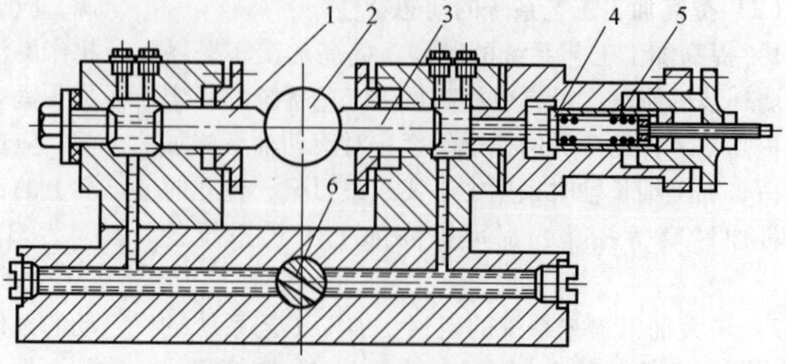

1、3、4—活塞　2—工件　5—弹簧　6—节流阀
双柱塞液体摩擦减振器：外形与中心架相似。工件振动时，活塞1和3随工件一起振动，油从一腔挤入另一腔，节流阀6用于调节阻尼的大小，由于油液流通时存在阻尼，因而能够减振。弹簧5用来推动活塞4而使活塞1、3压在工件上，其弹力可由螺杆调节</td></tr>
<tr><td>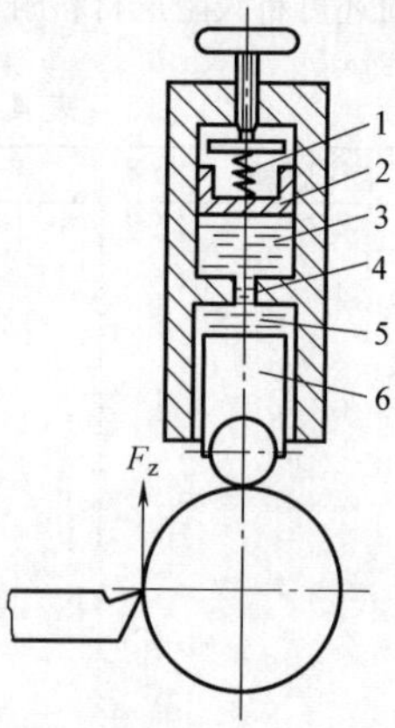

1—弹簧　2—活塞　3—液压缸后腔　4—小孔　5—液压缸前腔　6—柱塞
单柱塞液体摩擦减振器：工件产生的振动传递给柱塞6，柱塞6通过液体机械油的液体传递，将机械能转化为液体机械油的高压能，液体机械油的压力进而推动活塞2运动，将动能传递给弹簧1，一部分使弹簧产生压缩形变，另一部分传递给缸塞。通过上述振动能量的传递和转化，最大限度削弱了机械加工产生的振动，其主要是利用液态机械油的减振作用来消耗振动的能量</td></tr>
<tr><td>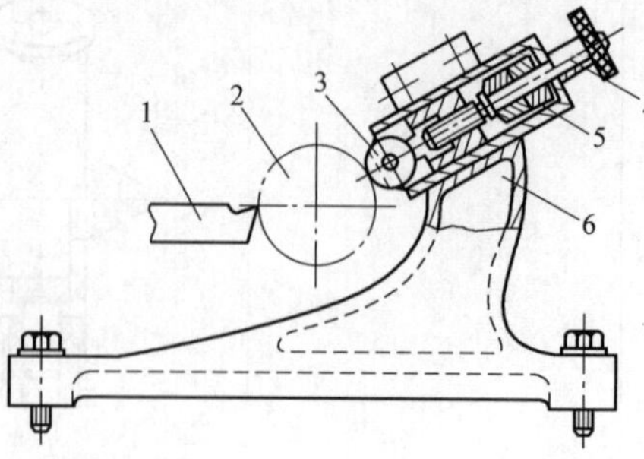

1—车刀　2—工件　3—滚子　4—调节螺钉　5—碟形弹簧　6—跟刀架
跟刀架式摩擦减振器：车削时，滚子3将振动传递给碟形弹簧5，碟形弹簧有减振和吸收能量的功效，通过调节螺钉4的进给，进而调节碟形弹簧的松紧程度，可有效地降低振动对加工精度的影响</td></tr>
</table>

（续）

<table>
<tr><th>名称</th><th>工作原理</th><th>应用实例及说明</th></tr>
<tr><td rowspan="2">摩擦减振器</td><td rowspan="2">用来增加振动系统的阻尼，通过阻尼的摩擦作用，消耗振动的能量</td><td>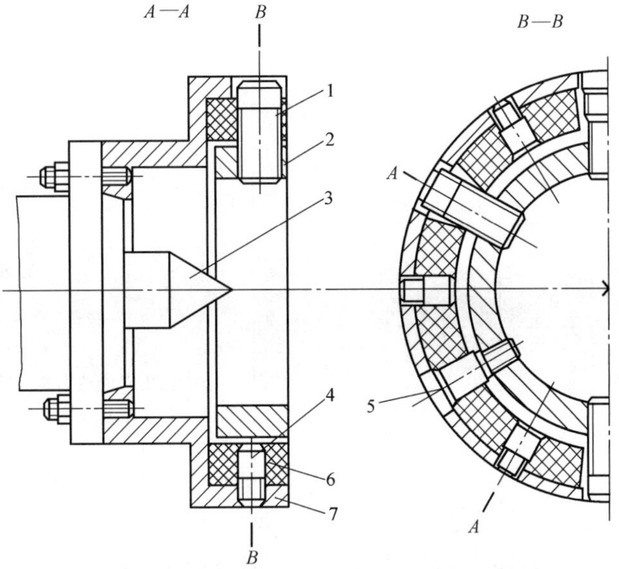

1—夹紧螺钉　2—支承环　3—顶尖　4、5—连接螺钉　6—橡皮减振元件　7—外壳

拨盘式摩擦减振器：其是与顶尖相连接的环形件，顶尖 3 的轴线与支承环 2 的轴线同轴。夹紧螺钉 1 将工件进行径向固定，顶尖 3 在轴向上牵制固定工件，连接螺钉 4、5 和橡皮减振元件 6 缓冲消耗工件产生的振动，减小振动造成的影响</td></tr>
<tr><td>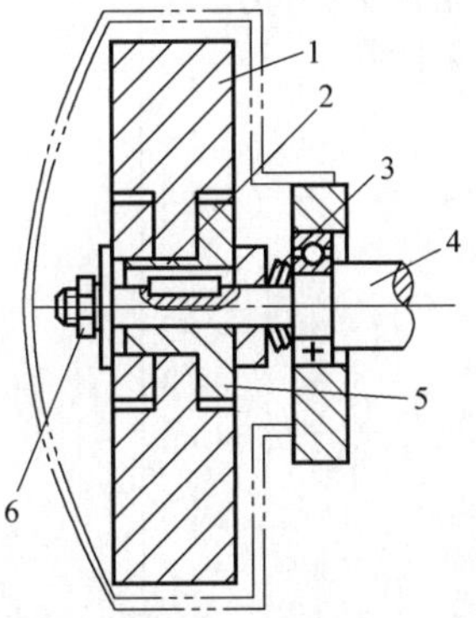

1—飞轮　2—摩擦垫　3—弹簧　4—主轴　5—摩擦盘　6—螺母

滚齿机用消减扭振摩擦减振器：机床主轴 4 与摩擦盘 5 相连，弹簧 3 使飞轮 1 与摩擦盘 5 之间的摩擦垫 2 压紧。当摩擦盘随主轴一起扭转时，因飞轮有较大惯性，不可能与摩擦盘同步，于是两者之间有相对运动，摩擦垫起了消耗能量的作用。减振效果取决于螺母 6 调节弹簧压力的大小</td></tr>
</table>

（续）

名称	工作原理	应用实例及说明
动力减振器	相当于在原振动系统附加一个振动系统，用附加系统的动态力抵消激振力 分三种类型：附加质量与主系统间只有弹性元件的无阻尼元件动力减振器；只有阻尼元件的纯阻尼动力减振器（兰契斯特减振器）；既有弹性元件又有阻尼元件的阻尼动力减振器	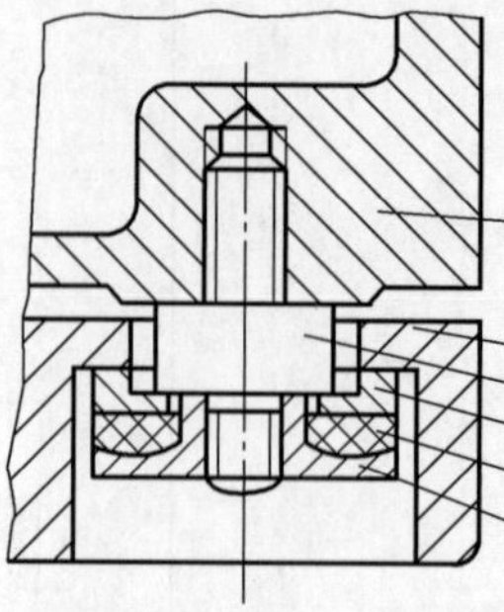 1—螺母　2—弹性阻尼元件　3—垫圈　4—紧固螺钉 5—附加质量块　6—机架 滚齿机用阻尼动力减振器：它是利用弹性阻尼元件2将附加质量块5连接到机架6主振动系统上的减振装置，利用附加质量的动力作用，使弹性阻尼元件2附加给主振动系统上的力与干扰力尽量平衡，以此来消耗振动能量
		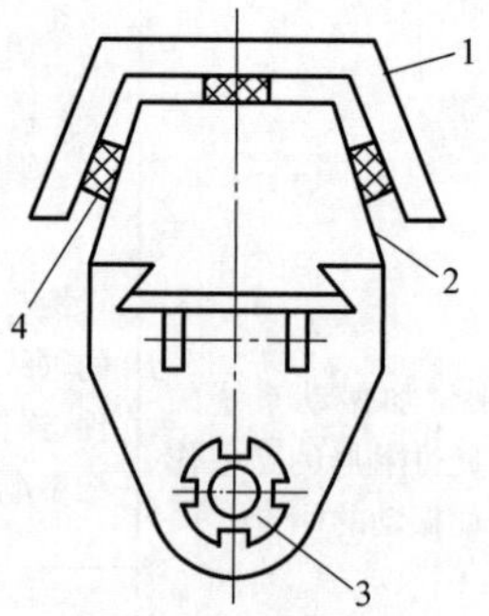 1—附加质量　2—铣床横梁　3—铣刀杆　4—弹性阻尼元件 卧式铣床用阻尼动力减振器
		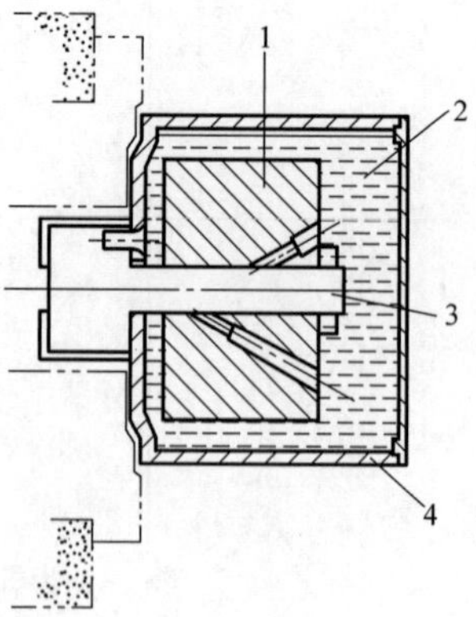 1—飞轮（附加质量）　2—阻尼油（硅油等）　3—小轴　4—壳体 无心磨床用纯阻尼动力减振器：用来消除无心磨床砂轮主轴的振动，其外壳与砂轮主轴自由端刚性连接，附加质量块套在减振器的轴上，质量块和外壳间充以阻尼油

（续）

<table>
<tr><th>名称</th><th>工作原理</th><th>应用实例及说明</th></tr>
<tr><td rowspan="2">动力减振器</td><td rowspan="2">相当于在原振动系统附加一个振动系统，用附加系统的动态力抵消激振力
分三种类型：附加质量与主系统间只有弹性元件的无阻尼元件动力减振器；只有阻尼元件的纯阻尼动力减振器（兰契斯特减振器）；既有弹性元件又有阻尼元件的阻尼动力减振器</td><td>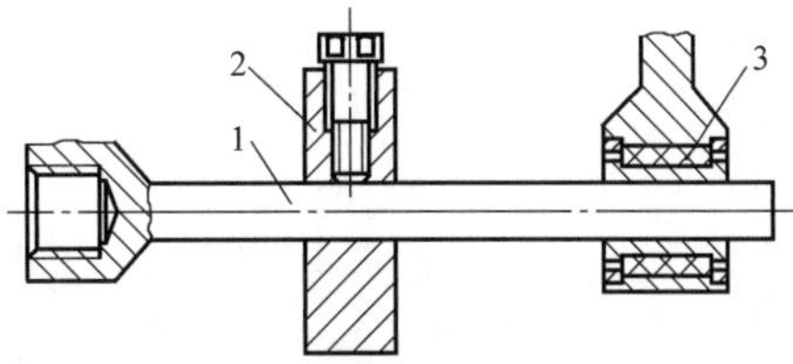

1—杆（弹性元件）　2—重物　3—微孔橡皮垫圈（阻尼元件）
用于铣床刀杆的阻尼动力减振器：杆（弹性元件）1 相当于附加振动系统的刚度系数，重物 2 为附加质量，改变重物在杆上的位置即可调节该振动系统刚度系数的大小，调整微孔橡皮垫圈 3 即可改变附加振动系统的阻尼大小</td></tr>
<tr><td>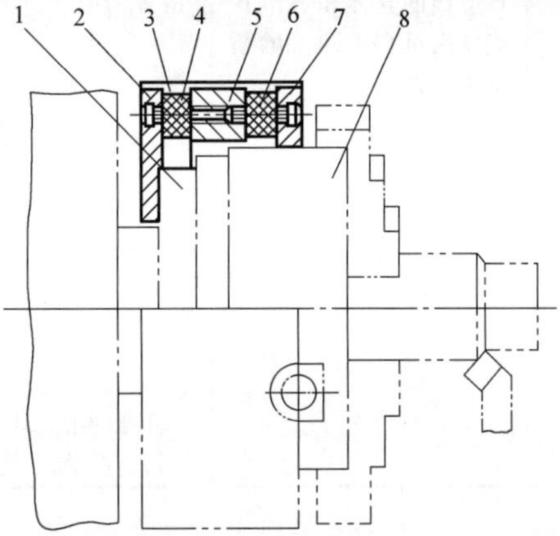

1—主轴前端　2、7—夹持圆盘　3—罩壳　4、6—阻尼元件
5—辅助圆盘（惯性质量）　8—卡盘
车床用阻尼动力减振器：由辅助圆盘 5 与阻尼元件 4、6 组成的附加振动系统，其振动能量吸收车床振动系统部分激振能量</td></tr>
<tr><td rowspan="2">冲击式减振器</td><td rowspan="2">由一个与振动系统刚性连接的壳体和一个在壳体内可自由冲击的质量块组成</td><td>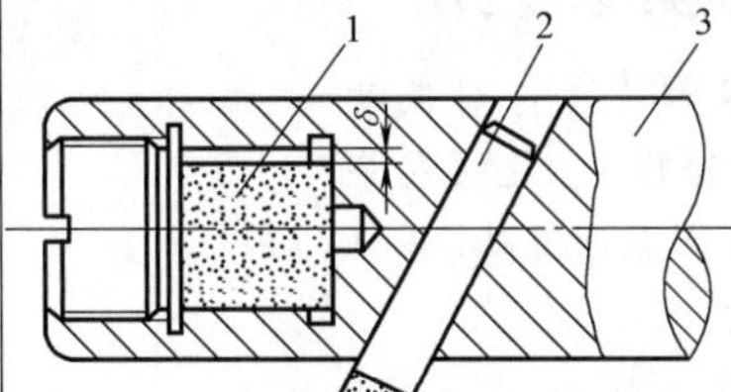

1—冲击块　2—镗刀　3—镗杆　δ—间隙
冲击式减振镗杆：当系统振动时，由于冲击块反复冲击壳体，消耗了能量，故而可显著衰减振动。冲击块的质量要大一些，常用密度较大的铅，外面包以缸套。其质量为镗杆外伸部分质量的 1/10～1/8。冲击块和孔的径向间隙为 δ，其配合一般取 H7/g6，轴向间隙较大，以免妨碍冲击块的运动</td></tr>
<tr><td>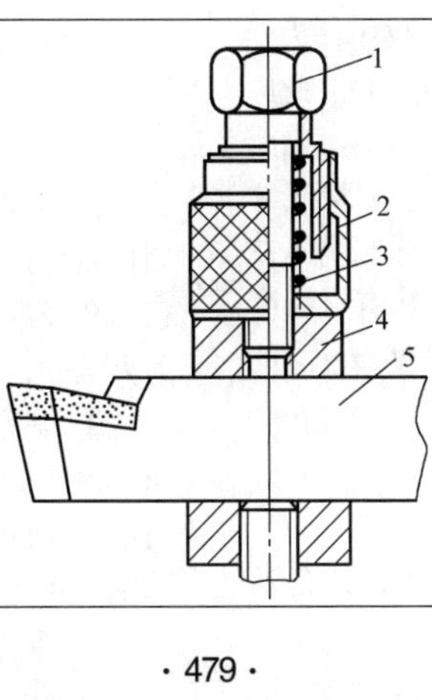

1—调压螺钉　2—质量块　3—弹簧
4—减振器壳体　5—车刀
车床用冲击式减振器：当车刀 5 发生振动时，质量块 2 在减振器壳体 4 和调压螺钉 1 的头部之间做往复运动，产生冲击，吸收能量</td></tr>
</table>

（续）

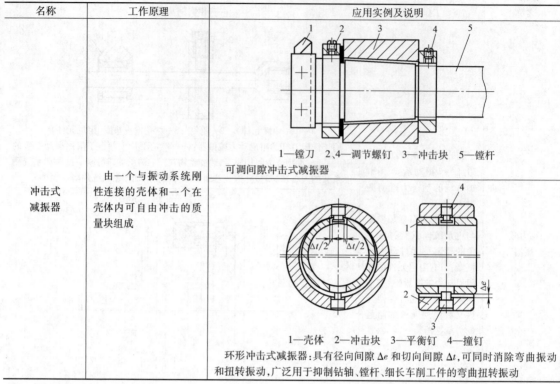

名称	工作原理	应用实例及说明
冲击式减振器	由一个与振动系统刚性连接的壳体和一个在壳体内可自由冲击的质量块组成	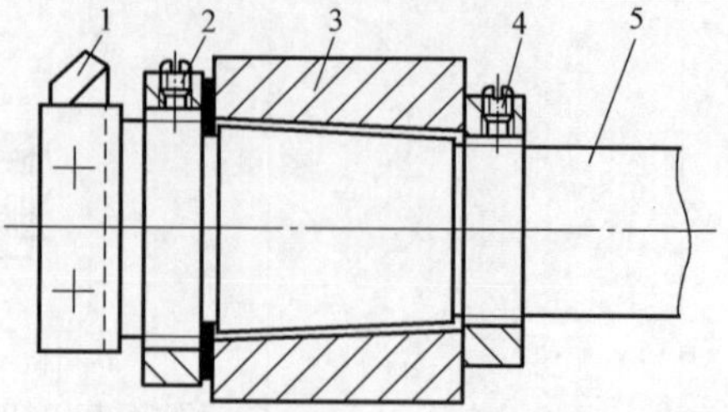 1—镗刀 2、4—调节螺钉 3—冲击块 5—镗杆 可调间隙冲击式减振器 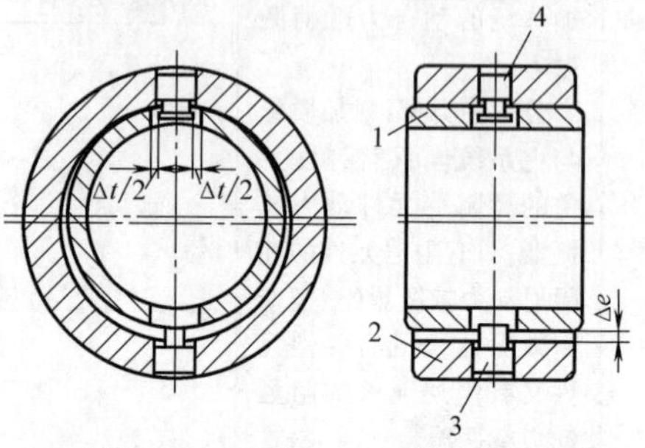 1—壳体 2—冲击块 3—平衡钉 4—撞钉 环形冲击式减振器：具有径向间隙 Δe 和切向间隙 Δt，可同时消除弯曲振动和扭转振动，广泛用于抑制钻轴、镗杆、细长车削工件的弯曲扭转振动

4.4 机械加工质量检测

4.4.1 机械加工质量通用检测技术方法

机械加工质量通用检测技术主要是针对长度（包括轴径、孔径）、角度（包括锥度）、几何误差（包括形状误差、方向误差、位置误差、跳动误差）和表面粗糙度等的基本测量方法。

1. 尺寸误差的测量

(1) 长度测量

1）长度测量的基本原则。在进行长度测量时，为保证测量准确，应使被测工件的尺寸线和量仪中作为标准的刻度尺重合或顺次排成一条直线（图 4.4-1），此原则称为阿贝原则。

图 4.4-2 所示为在并联式线纹比较仪上测量线纹尺。被测尺和标准尺并联安装，被测线和标准线不在同一直线上，即不符合阿贝原则。由于导轨有直线度误差，工作台移动距离为 L 时，倾斜了角度 φ，由此而引起的误差 ΔL_1 为

$$\Delta L_1 = s\tan\varphi \approx s\varphi$$

式中 s——被测线与标准线之间的距离；

φ——因导轨的直线度误差引起工作台的角运动误差。

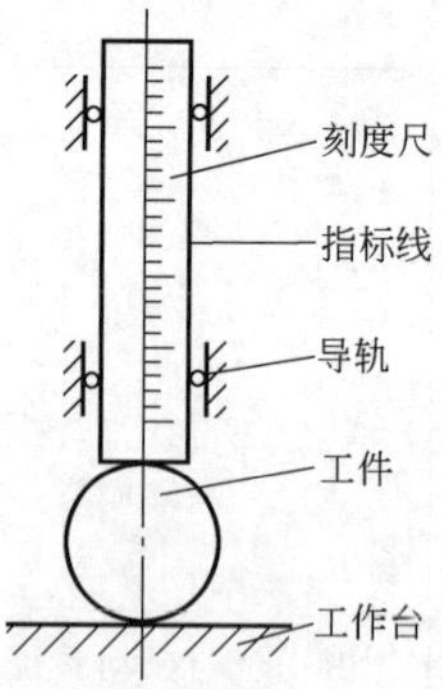

图 4.4-1 阿贝原则示意图

2）轴径和孔径的测量。从结构特征而言，轴径测量属外尺寸测量，而孔径测量属内尺寸测量。从轴径和孔径的尺寸大小来分，又将轴径和孔径的测量分为大尺寸、中等尺寸、小尺寸轴径和孔径的测量。

① 中等尺寸轴径和孔径的测量。在工厂生产车间的检验中，对于轴径的测量，生产批量较大时常采用量规进行检验，而生产批量不大或单件生产时，可采用表 4.4-1 所列的量具和仪器进行测量。其中光

学、电学和机械式测微仪一般用于精度要求较高的轴径测量，且采用相对测量方式。常用孔径测量仪器性能见表 4. 4-2。对于精度要求较高的孔径测量，若生产批量较大时，则可采用气动量仪配合内径气动测头进行测量。

② 小尺寸轴径和孔径的测量。小尺寸轴径测量可采用量杆直径为 3mm 的平面测头千分尺或用适于高精度小尺寸测量的带有刀口测头的座式杠杆千分尺测量，一般在 25mm 范围内示值误差为 ±0. 5μm。一般的光学计、万能测长仪、电感测微仪也可用于小尺寸轴径测量。被测轴径尺寸在 0. 1mm 以下时，一般采用激光衍射法测量。

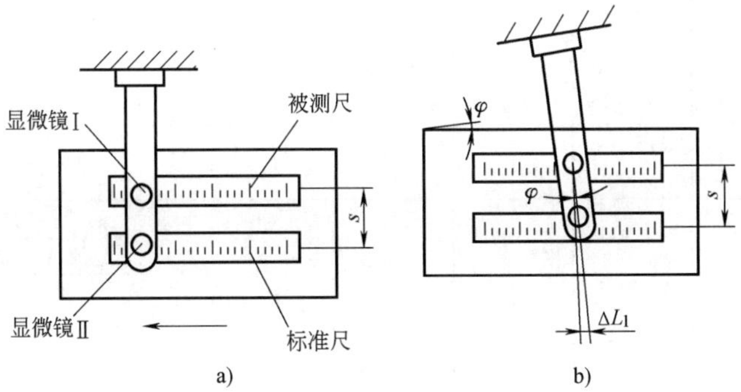

图 4. 4-2　并联式线纹比较仪
a）原理图　b）阿贝误差

表 4. 4-1　常用轴径测量仪器性能

仪器名称	测量方法	示值范围 /μm	测量范围 /mm	最小刻度值 /μm	测量极限误差 /μm	备注
卡尺	绝对	—	0~500	20	±(20~100)	误差随测量范围有所不同
千分尺	绝对	—	0~500	10	±(2~10)	测量范围:0~300 按 25 分段; 300~500 按 100 分段
指示表	相对	80	0~100	2	±(2~4)	测量范围:0~100 按 25 分段
杠杆百分表	相对	±(4~5) ×10^2	—	10	±(6~25)	
杠杆千分表	相对	0~200	—	2	±(2~5)	
杠杆齿轮传动测微仪	相对	±50 ±100	—	1	±(5~10)	
扭簧测微仪	相对	±(3~30)	—	0. 01~1	±(0. 1~0. 5)	误差随测量范围有所不同
电感测微仪	相对	±(5~100)	—	0. 01	±(0. 1~1)	
电容测微仪	相对	±(20~40)	—	0. 01	±(0. 1~0. 2)	
立式光学计	相对	± 100	0~150	1	±0. 25	
卧式光学计	相对	± 100	0~225	1	±0. 25	
立式测长仪	绝对	—	0~100	1	$\pm\left(1+\frac{L}{100}\right)$	L—测量范围(mm)
	相对		0~250			
万能测长仪	绝对	—	0~100	1	$\pm\left(1.5+\frac{L}{100}\right)$	
	相对		0~500			
工具显微镜 小型	绝对	—	0~25	10	$\pm\left(7+\frac{L}{7}\right)$	
工具显微镜 大型	绝对	—	0~50	5	$\pm\left(8+\frac{L}{9}\right)$	
工具显微镜 万能	绝对	1000	0~100	1	影像法: $\pm\left(6+\frac{L}{67}\right)$ 轴切法: $\pm\left(2.7+\frac{L}{67}\right)$	

表 4.4-2　常用孔径测量仪器性能

仪器名称	型号	测量方法	测量范围/mm	最小刻度值/μm	最大测孔深度/mm	测量力/N	测量极限误差/μm	备注
内径指示表	按 GB/T 8122—2004 规定	相对	$\phi10\sim\phi450$	10	Ⅰ型≤250、Ⅱ型≥130	2.5~4.5	±12	测量误差和测量力根据测量范围而有所不同
						4.0~7.0	±15	
						5.0~9.0	±20	
内径测微计	蔡司	相对	$\phi2\sim\phi11$	2	9~40	20±0.2	$\pm\left(2.8+\frac{D}{200}\right)$	
万能测长仪	JDY-2 或 JD5	绝对	$\phi1\sim\phi20$	1	4~50	0	$\pm\left(2+\frac{D}{100}\right)$	用电眼法
		相对	$\phi10\sim\phi200$		1.5~2.5			用内测钩法
一米测长机	JD9	相对	$\phi13.5\sim\phi800$	1	5~50	1.5~2.0	$\pm\left(2+\frac{D}{200}\right)$	用内测钩法
万能工具显微镜	19J 或 19JA	绝对	$<\phi200$	1	15	2.1×10^{-2}	$\pm\left(3+\frac{D}{30}+\frac{HD}{400}\right)$	用影像法
			$\phi5\sim\phi200$				$\pm\left(2.5+\frac{D}{700}+\frac{HD}{8000}\right)$	用光学测孔器，测量误差为仪器纵向误差
万能线值比较仪	莱茨 200 型	绝对	$\phi0.1\sim\phi200$	1	$D/L=0.1$	0	$\pm\left(0.5+\frac{D}{300}+\frac{H}{100}\right)$	用光学触测法
小孔显微镜	蔡司	绝对	$\phi0.05\sim\phi2$	1	4	1×10^{-4}	±1.0	
自准直孔径测量仪	MAIRIX	相对	$\phi2.5\sim\phi75$	0.25	25	$<2.8\times10^{-1}$	±0.25	用 0 级量块比较
孔径测量仪	37J	绝对	$\phi0.01\sim\phi25$	1	$D/L=0.1$	0	±1	用光学触测法
	701	相对	$\phi1\sim\phi50$	0.1	30	$(3\sim5)\times10^{-2}$	±0.5	用 0 级量块比较
内孔比长仪	DMC-1	相对	$\phi1\sim\phi100$	0.1	35	$\leqslant1\times10^{-2}$	±0.3	用 0 级量块比较

注：D—孔径（mm）；L—孔深（mm）；H—零件高度（mm）。

（2）角度测量

1）二面角的测量。二面角是指两平面间的夹角，如角度块的角度，它以两平面组成工作面。工件的角度也以二面角为多。测量二面角常用的方法有整量测量法和微差测量法。

① 整量测量法。所谓整量测量法是指能从测量仪器中读出整个被测量值的测量方法。

二面角可用测角仪和分度头（或分度台）进行整量测量。

用测角仪测量二面角如图 4.4-3 所示。测量时，首先将测角仪调整到工作状态，并将度盘置于预定起始位置上，被测工件 1 放置在测角仪的工作台 3 上，并将被测角的顶点置于工作台两水平调整螺钉（图上未表示）之间，工作面Ⅰ大致垂直于自准直望远镜 5 的光轴，并使两工作面中心部位的法线交点与工作台的回转中心大致重合，工件装好后压紧，这时被测工件 1 与工作台 3 和度盘 2 可同时回转。在自准直望远镜 5 对准工作面Ⅰ、Ⅱ时，用调整螺钉调整工作台，使从两工作面反射回来的十字线的水平刻线均位于视场中央。用仪器主轴的微动机构，使工作面Ⅰ位于自准直望远镜照准位置，从仪器读数装置 4 读出 a 值，然后转动工作台，使Ⅱ面再次位于照准位置，读出 b 值，被测角 α 由下式计算：

$$\alpha=180°-(b-a)$$

上式适用于读数 b 大于 a 的情形。若起始读数 a 较大，而第二次读 b 时，度盘的位置超过零位，这时 b 值反而变小，此时应将 b 值加上 360°，再按上式计算 α 角，也可将上式改写为下面形式，此时各种情况均适用。

$$\alpha=|180°-|b-a||$$

若测角仪度盘的误差经检定后为已知，则可在角度的测量值中予以修正，以便提高测量精度。若该项误差未知，为了提高测角的精确度，测量时用度盘的几个均布位置作为每次测量的起始点，均布的间隔等于被测角的补角，最后取不同起始点测得角度值的算术平均值作为测得值，这样可以消除或减小度盘分度

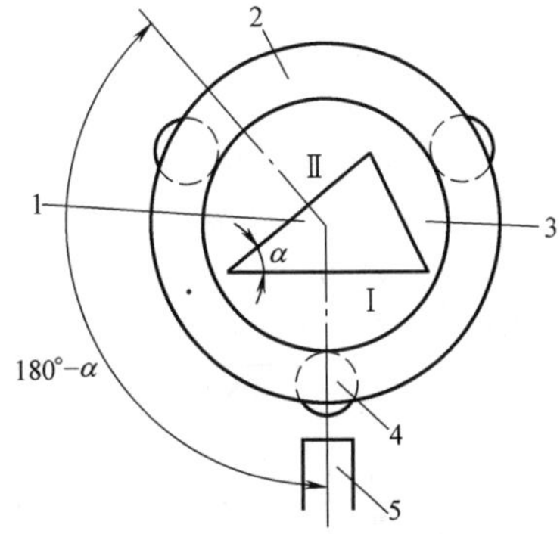

图 4.4-3　用测角仪测量二面角
1—被测工件　2—度盘　3—工作台
4—仪器读数装置　5—自准直望远镜

误差的影响。

若用分度头（或分度台）测量二面角，还需添加一些必要的设备，如自准直仪等，组成类似于测角仪的装置，如图 4.4-4 所示。将分度头 2 固定在底座 1 上，并使主轴 *A-A* 垂直于底座，将带有圆锥轴的平面工作台 3 装入分度头主轴上的锥孔中。将分度值不大于 1in 的自准直仪 5 用支架或垫块 6 置于分度头底座的一侧，自准直仪的光轴应高出分度头平面工作台 3mm 左右，并且垂直于分度头的主轴，4 为被测工件，这样类似于测角仪测量二面角。

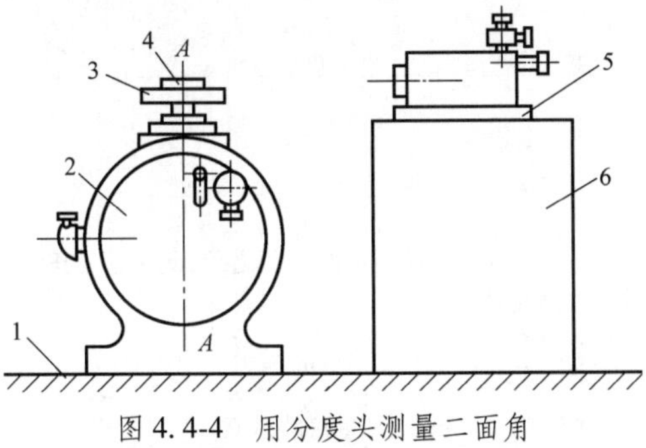

图 4.4-4　用分度头测量二面角
1—底座　2—分度头　3—工作台　4—被测工件
5—自准直仪　6—垫块

② 微差测量法。微差测量法是指将被测量与其量值有微小差别的已知同类标准量相比较，从而得出该两个量值间差值的测量方法。因此，这种测量方法必须有一定精度的已知标准量和进行比较的设备，比较常用的设备如测角仪或光学分度头等。这里介绍一种专用比较设备——自准直式角度比较仪。

图 4.4-5 所示为自准直式角度比较仪，它由自准直仪 1、反射镜 2、旋转工作台 4 及底座 5 等组成，工作台上装有两个定位销 3。

测量时，先将标准角度块置于工作台上，使其一个工作面紧靠两个定位销，另一工作面转至与自反射镜 2 反射来的光线垂直，这时在自准直仪中可观察到由标准角度块工作面反射来的十字线像，并可读出 α_1 值。保持比较仪的各部分位置不变，用公称值相同的被测工件替代标准角度块，由自准直仪读出第二个读数值 α_2，两次读数之差即为被测角与标准角度块的角度偏差 δ_α：

$$\delta_\alpha=\alpha_2-\alpha_1$$

上式适用于角度的增减方向与自准直仪读数增减方向一致时的情况，也可用下面介绍的锥度测量方法实现角度的微差测量。

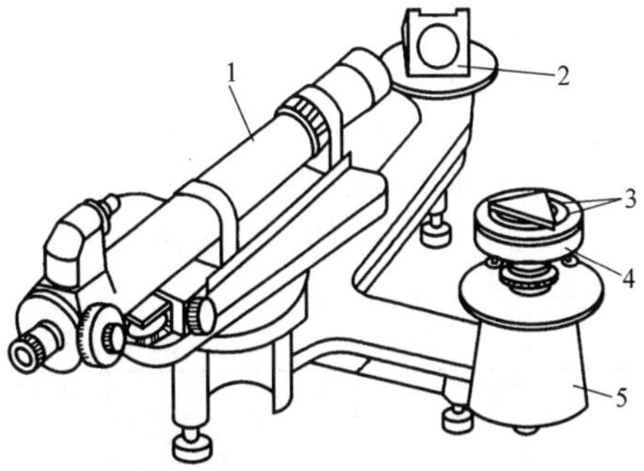

图 4.4-5　自准直式角度比较仪
1—自准直仪　2—反射镜　3—定位销
4—旋转工作台　5—底座

2）锥度测量。

① 圆锥体的基本参数。圆锥体的基本参数见表 4.4-3。

表 4.4-3　圆锥体的基本参数

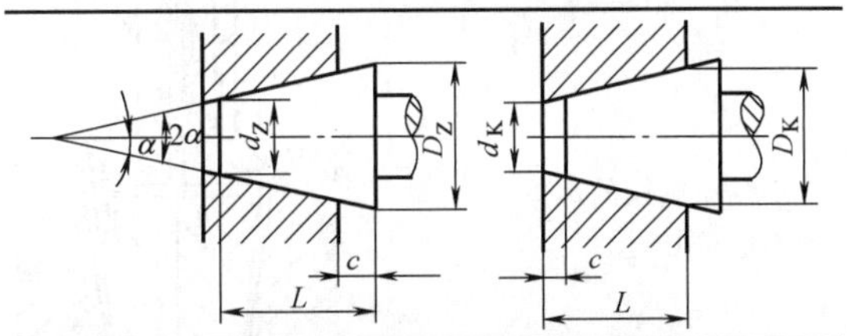

名称	代号	计算公式
大端直径	D	$D=d+2L\tan\alpha=d+LK$
小端直径	d	$d=D-2L\tan\alpha=d-LK$
斜角	α	$\alpha=\arctan\dfrac{D-d}{2L}=\arctan\dfrac{K}{2}$
锥角	2α	$2\alpha=2\arctan\dfrac{K}{2}$
锥体长度	L	$L=\dfrac{D-d}{2\tan\alpha}=\dfrac{D-d}{K}$
锥度	K	$K=\dfrac{D-d}{L}=2\tan\alpha=2i$
斜度	i	$i=\dfrac{D-d}{2L}=\tan\alpha=\dfrac{K}{2}$
基面距	c	$c=\dfrac{D_Z-D_K}{K}$ 或 $c=\dfrac{d_Z-d_K}{K}$

② 锥度测量方法。用涂色法检验锥度，在塞规或被测外锥体的锥面上，用特种红铅笔或其他涂料沿圆周等分划三条轴向直线，色层厚度为2～3μm。然后把量规放在被测锥体上，紧接触转动几次，转角不大于30°。再将量规错位90°，重复上述检验，根据接触情况判断锥度的准确性。

用通用量仪测量锥度的方法见表4.4-4。

用正弦规测量锥度的方法见表4.4-5。

在平台上测量锥度的方法见表4.4-6。

圆锥体基准量规可用干涉式锥度测量仪进行测量，该仪器由多齿分度台、激光干涉小角度测量仪和用以瞄准的白光干涉仪等三部分组成。

表4.4-4　用通用量仪测量锥度的方法

测量仪器	测量简图	测量方法和计算公式
工具显微镜	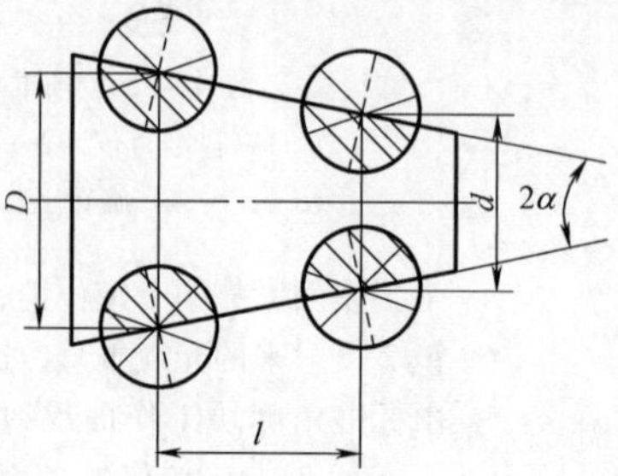	用影像法或轴切法在纵横方向测出 l、D 及 d，则 $\tan\alpha=\dfrac{D-d}{2l}$
万能工具显微镜或具有Z坐标的万能测长仪	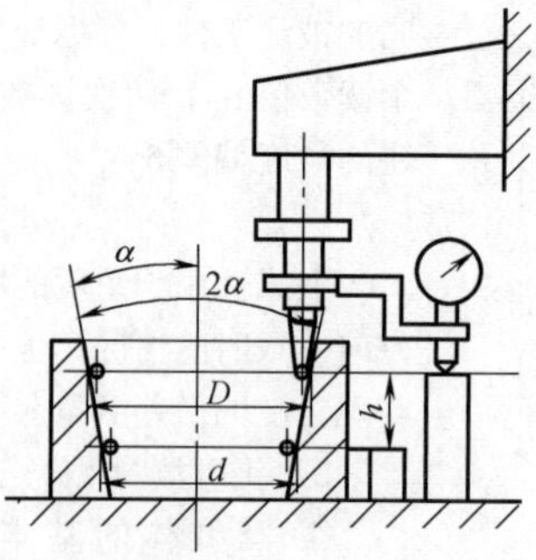	用灵敏杠杆瞄准，测量出 D、d 及 h，则 $\tan\alpha=\dfrac{D-d}{2h}$
用气动量仪的锥体塞规测量锥孔	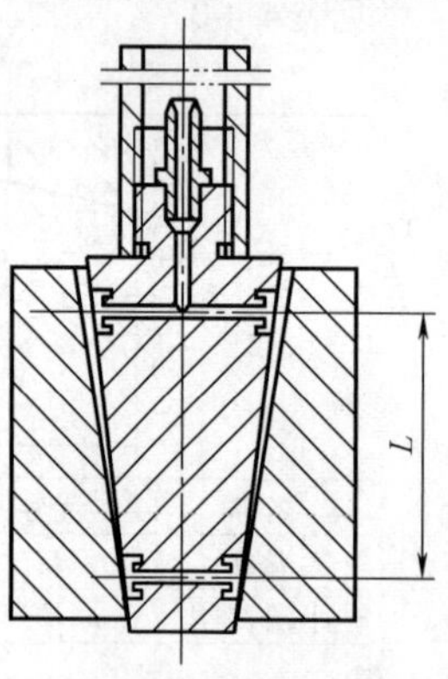	用气动量仪测量两直径之差，测量前先按标准锥孔对零 $\tan\alpha=\dfrac{a}{2L}$ 式中　a——气动量仪的示值

表4.4-5　用正弦规测量锥度的方法

测量简图	计算公式	测量方法	特点
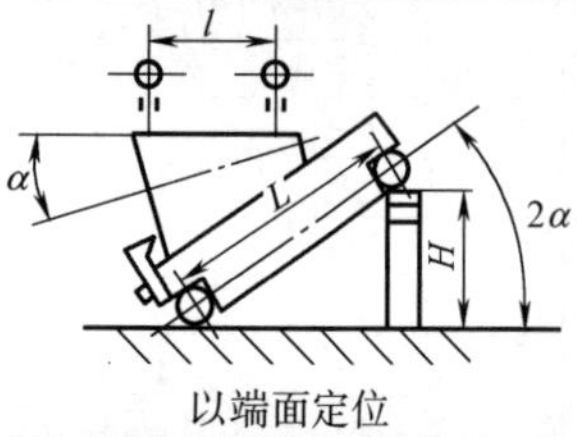以端面定位	测量锥角 $H=L\sin2\alpha=\dfrac{4LC}{4+C^2}$ 式中　C——锥度	用测微表打锥体两端，得示值差为α 角度误差为$\dfrac{\alpha}{l}$	1）端面定位引起误差小，但端面窄时不便定位 2）适宜锥角和端面直径同时测量

（续）

测量简图	计算公式	测量方法	特点
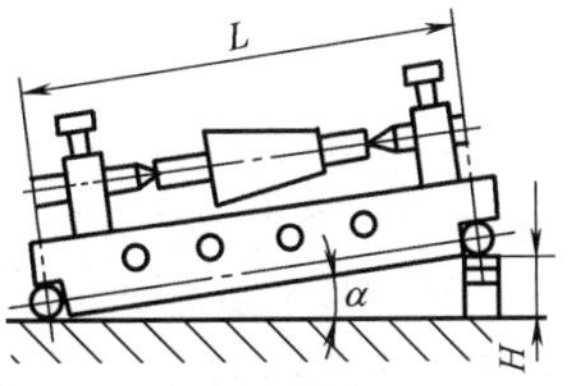 中心孔定位	测量斜角 $H=L\sin\alpha=\dfrac{LC}{\sqrt{4+C^2}}$	用测微表打锥体两端，得示值差为 α 角度误差为$\dfrac{\alpha}{l}$	1）定位稳定，但中心孔对锥体轴线的同轴度将影响测量精确度 2）可测量大锥角、直刃锥铰刀等

表 4.4-6　在平台上测量锥度的方法

测量方法	测量简图	已知参数	计算公式
用圆柱测量圆锥体的锥度及大小端直径	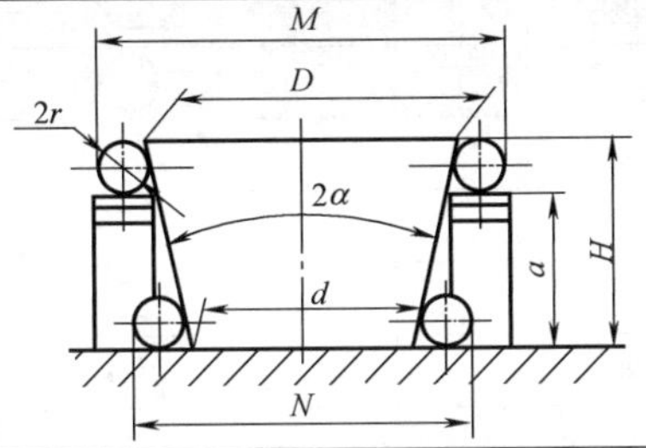	H a M N r	$\tan\alpha=\dfrac{M-N}{2a}$ $d=N-2r[1+\cot(45°-\alpha)]$ $D=d+2H\tan\alpha$
用一个钢球测量圆锥孔锥度	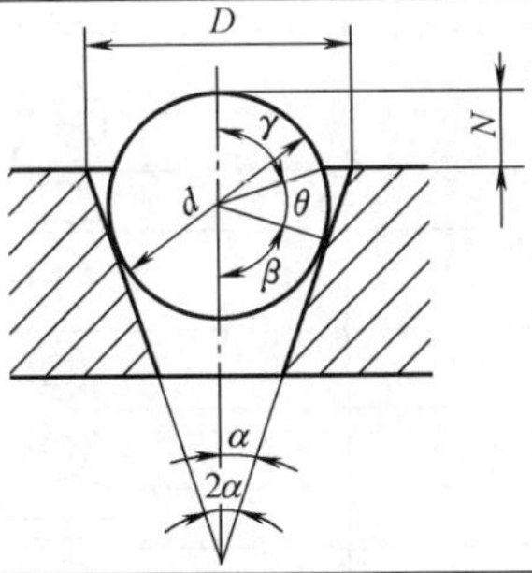	D d N	$\alpha=90°-\beta$ $\beta=180°-\gamma-\theta$ $\tan\gamma=\dfrac{D/2}{(d/2)-N}$ $\cos\theta=\dfrac{d\sin\gamma}{D}$
用两个钢球测量圆锥孔的锥度及大小端直径	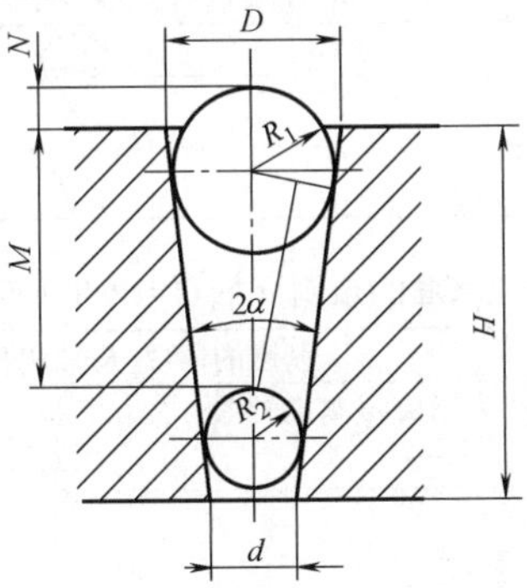	R_1 R_2 M N H	$\sin\alpha=\dfrac{R_1-R_2}{(M+N)+(R_1-R_2)}$ $D=2\left(\dfrac{R_1}{\sin\alpha}+R_1-N\right)\tan\alpha$ $d=D-2H\tan\alpha$

2. 几何误差的测量

形状、方向、位置和跳动误差简称几何误差，是指被测要素的提取要素对其理想要素或具有确定的形状、方向和位置的理想要素的变动量，其所对应的几何公差项目及符号见表 4.4-7。

（1）几何误差检测基础

1）几何误差的评定原则。评定几何误差的基本原则是最小条件。所谓最小条件，是指被测要素的提取要素对其理想要素的最大变动量为最小。评定时可用各种最小包容区域的宽度或直径大小表示几何误差值。对于形状误差，应是符合最小条件的最小包容区域（线、面轮廓度有例外）；对于方向误差，应是定向最小包容区域；对于位置误差，应是定位最小包容区域。

在满足零件功能的前提下允许采用近似评定法。

2）基准的建立与体现。基准是用于确定被测要素的理想方向和理想位置的依据。由基准要素建立基准时，基准由在实体外对基准要素或其提取组成要素进行拟合得到的拟合组成要素的方位要素建立，拟合方法有最小外接法、最大内切法、实体外约束的最小区域法和实体外约束的最小二乘法。基准可分为三类：单一基准（由一个基准要素建立）、公共基准（由两个或两个以上同时考虑的基准要素建立）和基准体系（由两个或三个单一基准或公共基准按一定顺序排列建立）。测量时，体现基准的方法有拟合法和模拟法，其示例见表 4.4-8。

3）几何公差与尺寸公差的关系。对不同的公差原则应采用不同的检测方法。

4）几何误差的检测精度。由于各种测量方法均有测量误差，测量不确定度表征了测得值的分散性。为保证测量结果的可靠性，应使测量不确定度不超过最大允许值——目标不确定度，见表 4.4-9。

表 4.4-7　几何公差项目及符号

公差类型	公差项目	项目符号	有无基准
形状公差	直线度	⏤	无
	平面度	⏥	无
	圆度	○	无
	圆柱度	⌭	无
	线轮廓度	⌒	无
	面轮廓度	⌓	无
方向公差	平行度	//	有
	垂直度	⊥	有
	倾斜度	∠	有
	线轮廓度	⌒	有
	面轮廓度	⌓	有
位置公差	位置度	⌖	有
	同心度	◎	有
	同轴度	◎	有
	对称度	⌯	有
	线轮廓度	⌒	有
	面轮廓度	⌓	有
跳动公差	圆跳动	↗	有
	全跳动	⌰	有

表 4.4-8　模拟法和拟合法体现基准的示例（摘自 GB/T 1958—2017）

基准示例		基准的体现(模拟法和拟合法)	
		模拟法(采用模拟基准要素:非理想要素)	拟合法(采用拟合基准要素:理想要素)
基准点	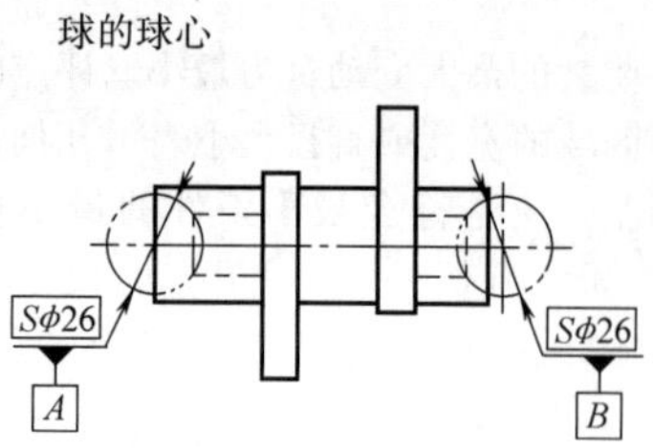	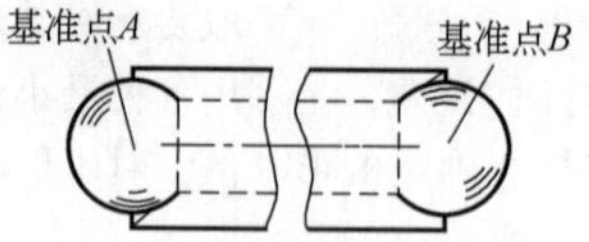 采用高精度的球分别与基准要素 A、B 接触，由球心体现基准	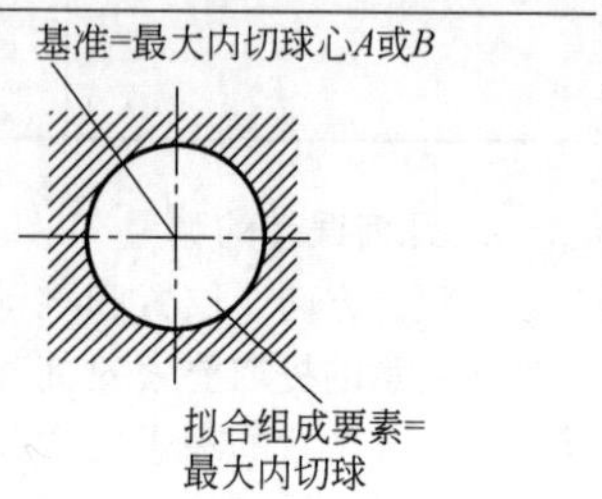 对基准要素的提取组成要素(圆球表面)进行分离、提取、拟合等操作，得到拟合组成要素的方位要素[拟合导出要素(球心)]，并以此体现基准点 A 或 B

（续）

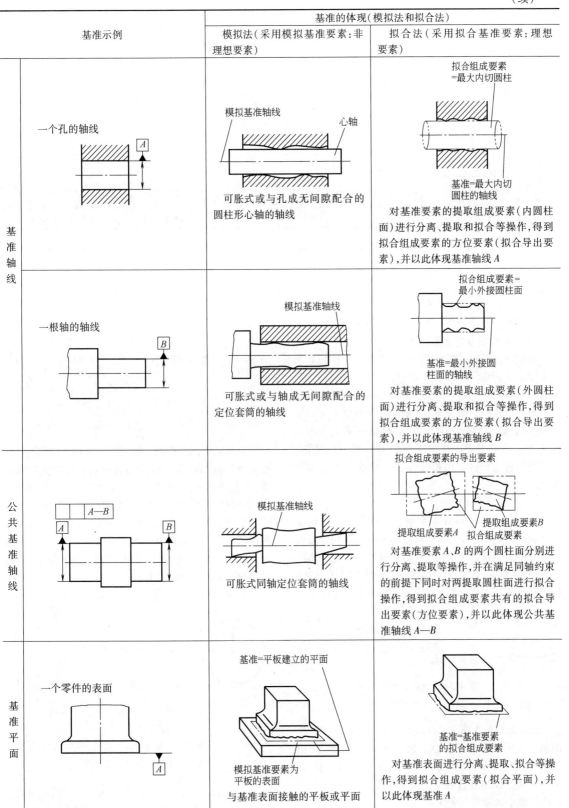

<table>
<tr><th colspan="2" rowspan="2">基准示例</th><th colspan="2">基准的体现（模拟法和拟合法）</th></tr>
<tr><th>模拟法（采用模拟基准要素：非理想要素）</th><th>拟合法（采用拟合基准要素：理想要素）</th></tr>
<tr><td rowspan="2">基准轴线</td><td>一个孔的轴线
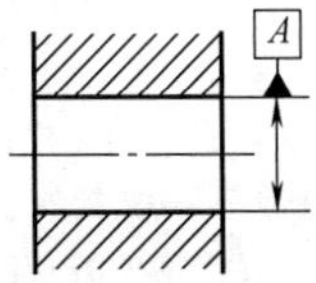</td><td>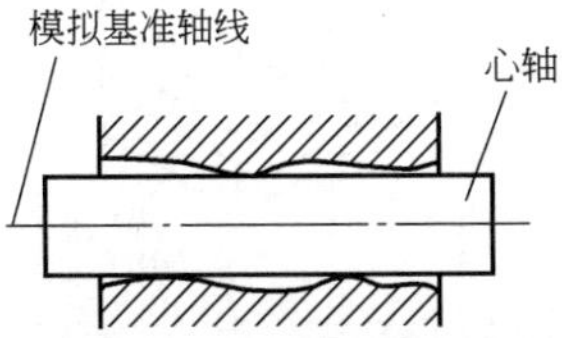
可胀式或与孔成无间隙配合的圆柱形心轴的轴线</td><td>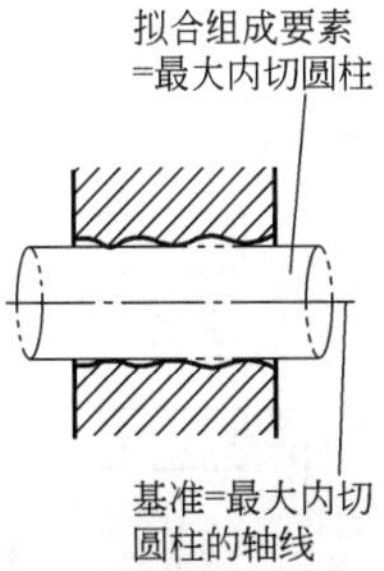
对基准要素的提取组成要素（内圆柱面）进行分离、提取和拟合等操作，得到拟合组成要素的方位要素（拟合导出要素），并以此体现基准轴线 A</td></tr>
<tr><td>一根轴的轴线
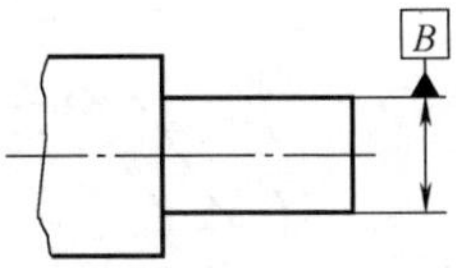</td><td>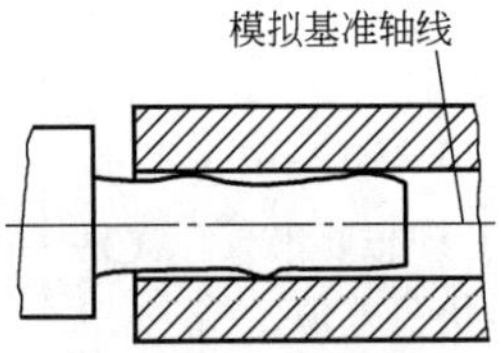
可胀式或与轴成无间隙配合的定位套筒的轴线</td><td>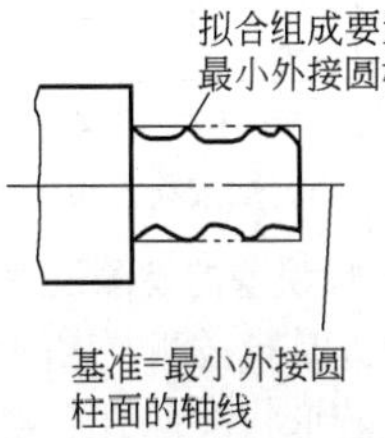
对基准要素的提取组成要素（外圆柱面）进行分离、提取和拟合等操作，得到拟合组成要素的方位要素（拟合导出要素），并以此体现基准轴线 B</td></tr>
<tr><td>公共基准轴线</td><td>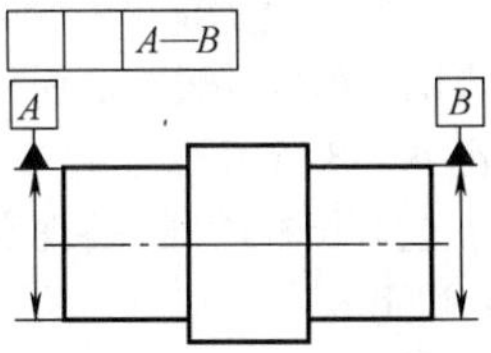</td><td>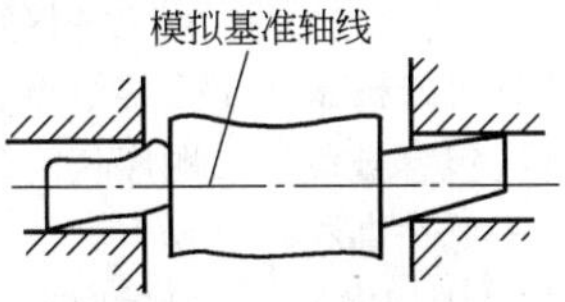
可胀式同轴定位套筒的轴线</td><td>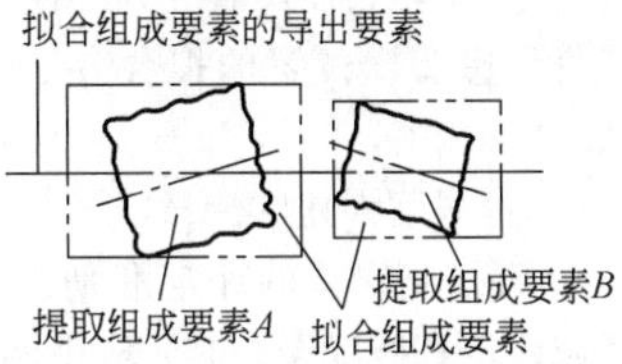
对基准要素 A、B 的两个圆柱面分别进行分离、提取等操作，并在满足同轴约束的前提下同时对两提取圆柱面进行拟合操作，得到拟合组成要素共有的拟合导出要素（方位要素），并以此体现公共基准轴线 A—B</td></tr>
<tr><td>基准平面</td><td>一个零件的表面
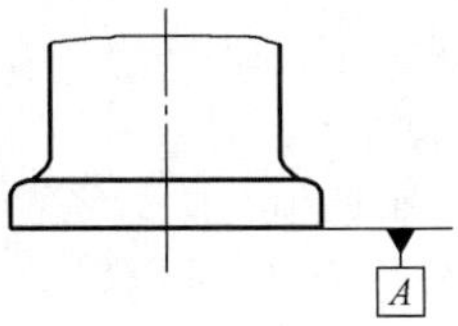</td><td>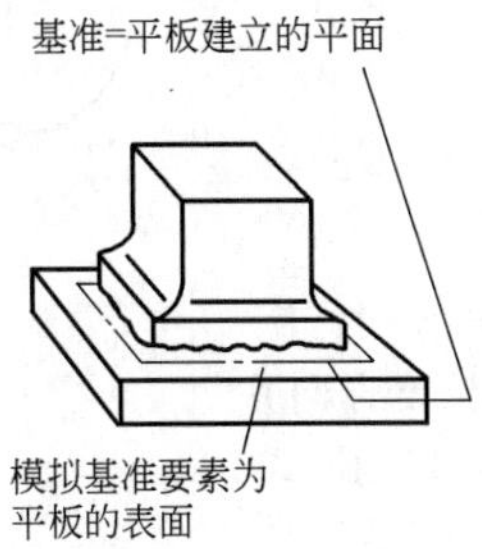
与基准表面接触的平板或平面</td><td>
对基准表面进行分离、提取、拟合等操作，得到拟合组成要素（拟合平面），并以此体现基准 A</td></tr>
</table>

（续）

基准示例		基准的体现（模拟法和拟合法）	
		模拟法（采用模拟基准要素：非理想要素）	拟合法（采用拟合基准要素：理想要素）
基准中心平面	一个零件上的两个表面的中心平面 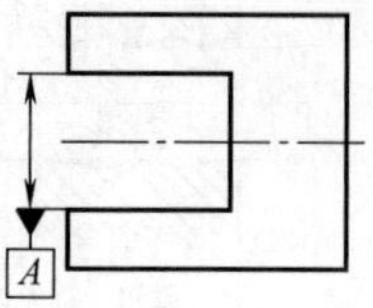	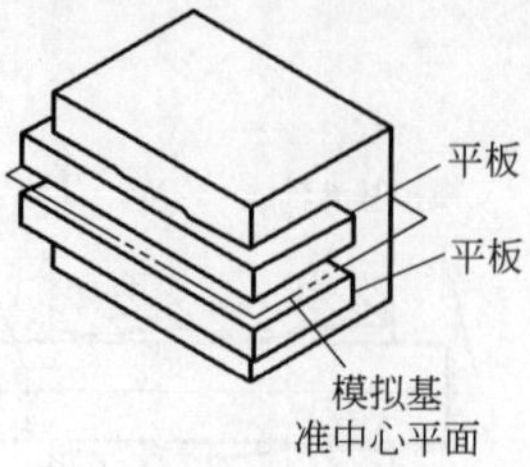 与基准表面接触的两平行平板的工作面的中心平面	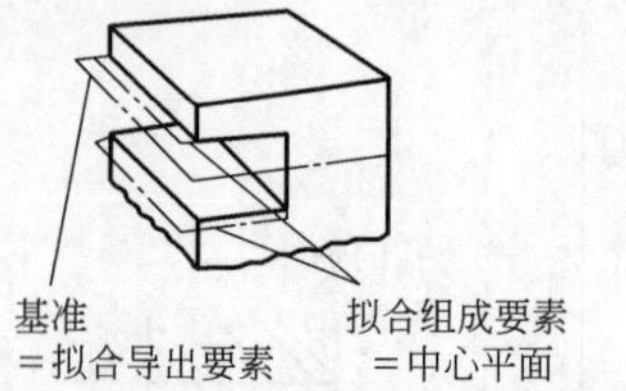 对基准要素的两个实际组成要素（实际表面）进行分离、提取、拟合等操作，得到拟合组成要素的方位要素（拟合导出要素），并以此体现基准中心平面 *A*

表 4.4-9　测量不确定度的最大允许值（目标不确定度）的推荐参考值（摘自 GB/T 1958—2017）

被测要素的公差等级①	0	1	2	3	4	5	6	7	8	9	10	11	12
目标不确定度②	33%			25%		20%		16%		12.5%		10%	

① 公差等级见 GB/T 1184—1996 附录 B。

② 目标不确定度按其占相应规范的百分比计算。

（2）形状误差的检测及评定

形状误差是指被测要素的提取要素对其理想要素的变动量，若形状误差值不大于相应的形状公差值，则认为合格。理想要素的位置由对被测要素的提取要素进行拟合得到，拟合的方法有最小区域法 C（切比雪夫法）、最小二乘法 G、最小外接法 N 和最大内切法 X 等。如果工程图样上无相应的符号专门规定，则获得理想要素位置的拟合方法一般默认为最小区域法。

1）直线度误差的测量。

① 直线度误差的评定准则。在给定平面内按最小区域评定直线度误差时，应由两平行直线包容被测要素的提取要素，至少成低—高—低或高—低—高相间三点接触形式之一，即相间准则，如图 4.4-6 所示。

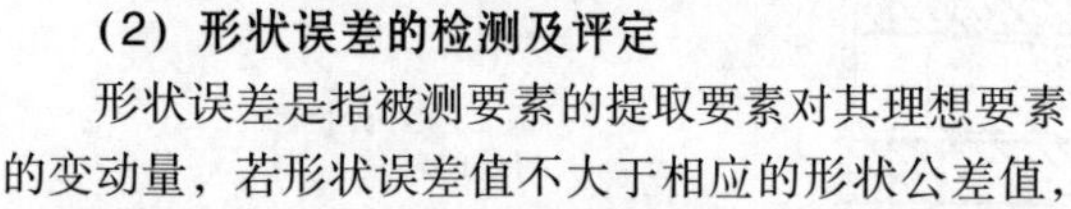

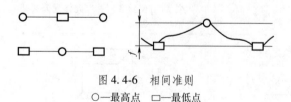

图 4.4-6　相间准则

○—最高点　□—最低点

在给定方向上按最小区域评定直线度误差时，应由两平行平面包容提取线，沿主方向（长度方向）上至少成低—高—低或高—低—高相间三点接触形式之一，可按投影进行判别（图 4.4-7），再按给定平面内的最小区域判别准则处理。

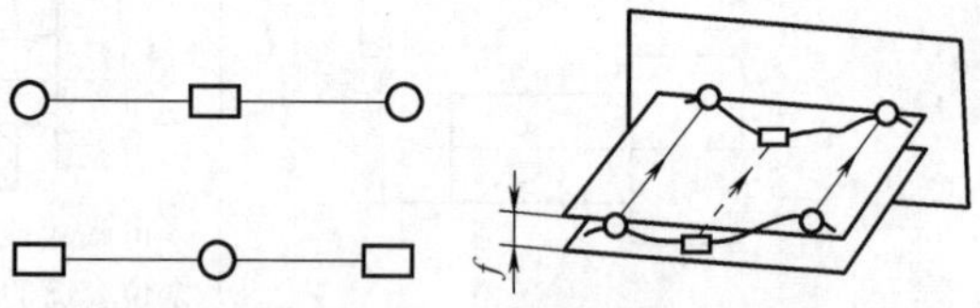

图 4.4-7　在给定方向上的最小包容区域

在任意方向上按最小区域评定直线度误差时，应作最小包容圆柱面，该圆柱面的直径即为直线度误差。这个圆柱面与被测提取线至少有三点、四点、五点三种接触形式之一，这里主要介绍三点接触。其三个接触点必须在包容圆柱的同一轴截面内，且按轴向顺序相间分布，如图 4.4-8 所示，有 1、2、3 三个接触点，1、3 两点处在包容圆柱的同一条素线上，2 点沿轴向在 1、3 两点之间。

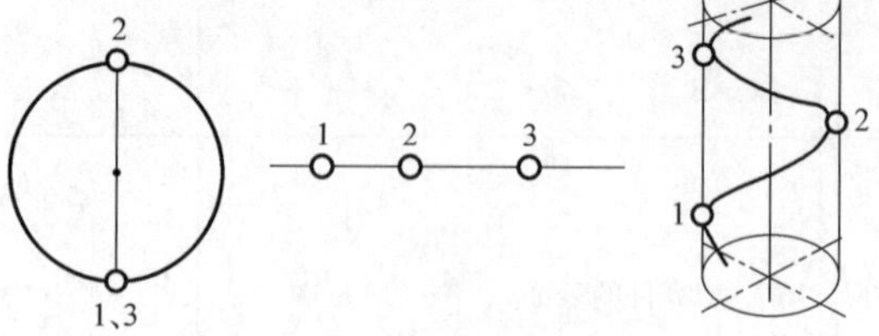

图 4.4-8　在任意方向上的最小包容区域（三点接触）

注：1、3 两点沿轴线方向的投影重合在一起，即 1 与 3 两点在同一条素线上。

近似评定直线度误差，常用两端点连线作为理想要素，作平行于该连线的两条平行直线将被测的实际要素包容，此两条平行直线间的纵坐标距离（按误差读取方向不变的原则）即为直线度误差，如图 4.4-9 所示。应注意，按两端点连线求得的直线度误差值可能大于也可能等于按最小区域法评定的结果。

② 直线度误差的常用测量方法。直线度误差的测量方法见表 4.4-10。

2）平面度误差的测量。

① 平面度误差的评定准则。按最小包容区域评定平面度误差时，应用两平行平面包容提取表面，至少有三点或四点与之接触，有下列三种准则：

a. 三角形准则：出现三个高极点与一个低极点，而低极点位于三个高极点连成的三角形区域内（或相反），如图 4.4-10a 所示。

b. 交叉准则：出现两个高极点与两个低极点，且两高极点连线与两低极点连线相交，如图 4.4-10b 所示。

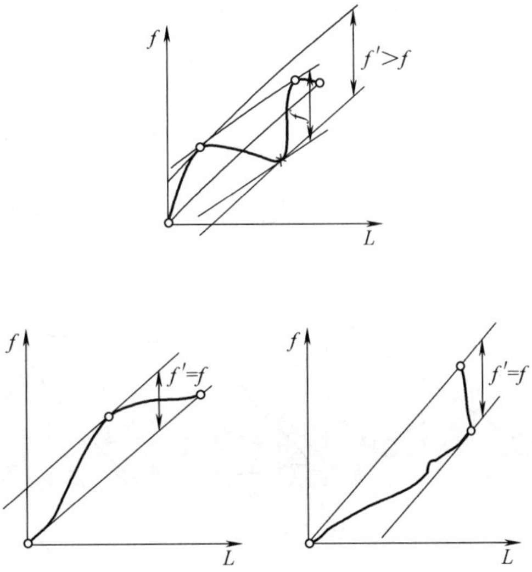

图 4.4-9　按两端点连线评定直线度误差

表 4.4-10　直线度误差的测量方法

测量方法分类	具体检测方案	测量原理及特点	适用场合
直接测量法	间隙法	用刀口尺或样板平尺作为理想要素，使其与被测线贴合，观测光隙大小，可直接得直线度误差	被测长度不大于 300mm
	平板测微仪法	用测量平板或平尺作为理想要素，用测量仪测量被测线上各点相对测量平板的变动量	中、小型零件
	干涉法	用平晶表面作为理想平面，贴在被测狭面上，根据干涉条纹的弯曲量，确定被测线对平晶表面的变动量	高精度光亮表面，被测长度不大于 300mm
	光轴法	用几何光轴作为理想要素，测量被测线上各点相对光轴的变动量	中、长导轨或孔系轴线直线度测量
	钢丝法	用拉紧的钢丝作为理想要素，与被测要素水平平行放置，测量被测线上各点相对钢丝的变动量	中、长导轨水平方向直线度测量
	用双频激光干涉仪测量法	利用夹角为 φ 的双面反射镜，在垂直光轴方向有位移时，夹角为 φ 的两路双频激光的多普勒频移数值随之变化，可求出反射镜垂直光轴方向的移动量	最大检测距离到 3m 或 30m，测量精度最高为±1.5μm
间接测量法	水平仪法	利用与水平面平行的各平面作为测量基面，测取被测线上相邻两点连线对基面的倾角，得相邻点高度差	大、中型零件
	自准直仪法	以自准直仪的主光轴作为测量基线，测取被测线上相邻两点连线对基线的倾角，再求出相邻两点高度差	大、中型零件
	跨步仪法	每段测量均以跨步仪两固定支点连线作为测量基线，测量第三点对测量基线的偏离量	中、小型零件
	表桥法	以桥板两端点连线作为测量基线，测出中间点对测量基线的偏离量	中、小型零件
	平晶法	以平晶某一直径上的两边缘点连线作为测量基线，再测出中间点差量	窄长精研表面（没有大平晶一次测量时）
组合测量法	反向消差法	利用误差分离技术，通过正、反两个方向测量消除基线本身的直线度误差	高精度的直线度误差测量
	移位消差法	利用误差分离技术，通过起始测量位置的变动消除测量基线本身的直线度误差	高精度的直线度误差测量
	多测头消差法	利用误差分离技术，通过 2~3 测头同时测量，消除测量基线本身的直线度误差	高精度的直线度误差测量
量规检验法	刚性量规法	用位置量规判断被测实际零件是否超越实效边界的检验法	轴线直线度公差遵守最大实体原则的工件
	气动量规法	用气动量规，在圆柱或圆锥孔三个或更多个截面进行测量，以确定其轴线直线度误差	大批生产中测圆柱或圆锥孔轴线直线度误差

c. 直线准则：只出现两个高极点和一个低极点，且低极点在两高极点的连线上（或相反），如图 4.4-10c 所示。

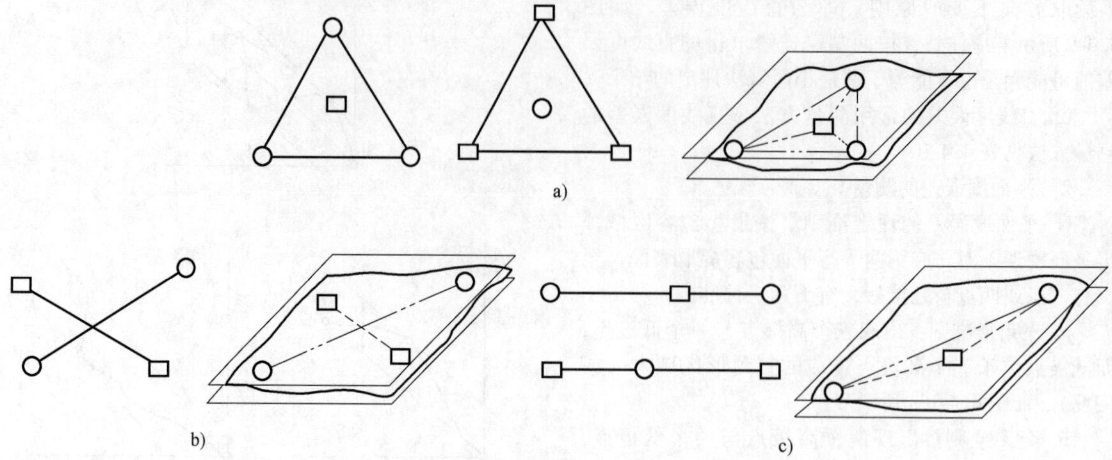

图 4.4-10　按最小区域评定平面度误差

a）三角形准则　b）交叉准则　c）直线准则

○—高极点　□—低极点

② 近似评定平面度误差，常用下列方法：

a. 以最小二乘平面 S_{LS} 作为评定基面：最小二乘平面是使实际平面上各点到该平面的距离平方和为最小的一个理想平面，如图 4.4-11 所示。以 S_{LS} 为评定基面求得平面度误差近似值

$$f_{LS}=d_{max}-d_{min}$$

计算中 d 在 S_{LS} 上方取正值，在下方取负值。

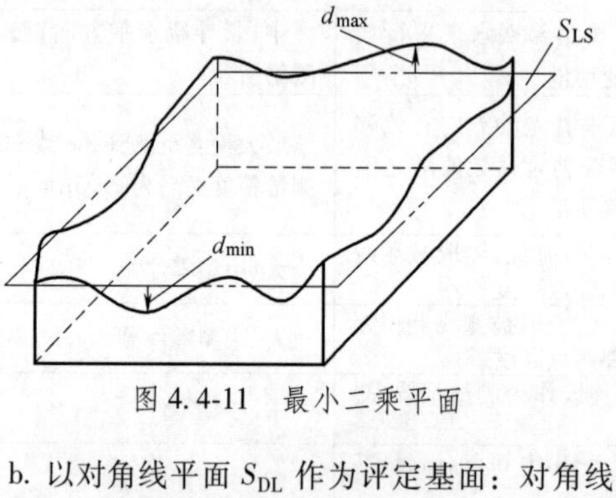

图 4.4-11　最小二乘平面

b. 以对角线平面 S_{DL} 作为评定基面：对角线平面是通过实际平面上一对角上的两个角点，且平行于另一对角上两角点连线的理想平面，如图 4.4-12 所示。以 S_{DL} 为评定基面求得平面度误差近似值

$$f_{DL}=d_{max}-d_{min}$$

计算中 d 在 S_{DL} 上方取正值，在下方取负值。

c. 以三远点平面 S_{TP} 作为评定基面：三远点平面是通过实际平面上三个相距最远点的理想平面，如图 4.4-13 所示。以 S_{TP} 为评定基面求得平面度误差近似值

$$f_{TP}=d_{max}-d_{min}$$

计算中 d 在 S_{TP} 上方取正值，在下方取负值。

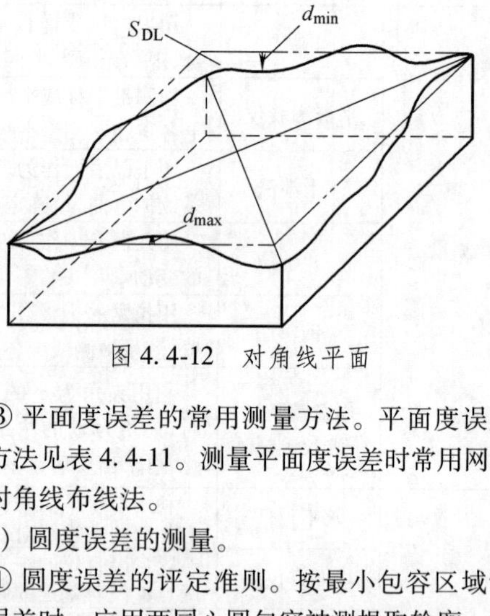

图 4.4-12　对角线平面

③ 平面度误差的常用测量方法。平面度误差的测量方法见表 4.4-11。测量平面度误差时常用网格布线或对角线布线法。

3）圆度误差的测量。

① 圆度误差的评定准则。按最小包容区域评定圆度误差时，应用两同心圆包容被测提取轮廓，此时至少有四个实测点内外相间地在两个圆周上，如图 4.4-14 所示。

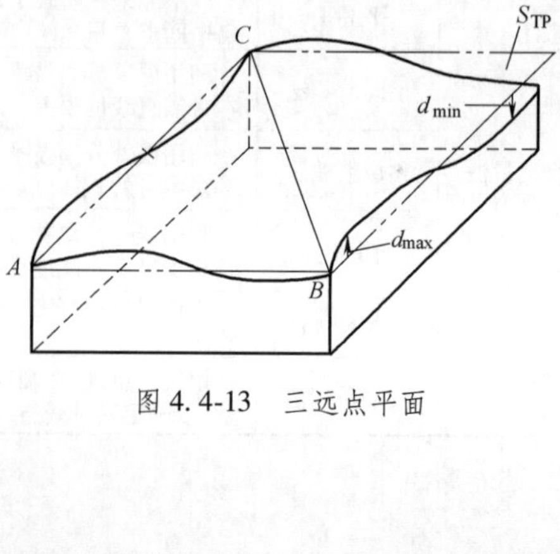

图 4.4-13　三远点平面

表 4.4-11　平面度误差的测量方法

测量方法分类	具体检测方案	测量原理及特点	适用场合
直接测量法	间隙法	按间隙法测量被测面若干个截面上的直线度误差，取其中最大的直线度误差为平面度误差近似值	磨削或研磨加工的小平面
	平板测微仪法	以测量平板工作表面作为测量基面，用带架测量仪测出各点对测量基面的偏离量	中、小型平面
	光轴法	用几何光轴建立测量基面，测出被测实际面相对测量基面的偏离量	大平面
	平晶干涉法	以光学平晶工作面作为测量基面，利用光波干涉原理测得平面度误差	精研小平面
	液面法	用液体的水平面作为测量基面，测出被测实际面对测量基面的偏离量	大平面
间接测量法	水平仪法	以水平面作为测量基准，按一定布线测得相邻点高度差，再换算出各点对同一水平面的高度差值	大、中型平面
	自准直仪法	以光轴线作为测量基线，按对角线布线在被测平面的若干截面上测量直线度误差，通过坐标变换获得被测面上各点对同一基面的高度坐标值	大平面
	跨步仪法	以跨步仪两固定支点连线作为测量基线，按对角线布线测出第三点对测量基线的偏离量，通过坐标变换求得被测面上各点对同一基面的高度坐标值	中、小型平面
	表桥法	以表桥两固定支点连线作为测量基线，按对角线布线测出中间点对测量基线的偏离量，通过坐标变换求得被测面上各点对同一基面的高度坐标值	中、小型平面
	用双频激光干涉仪测量法	用双频激光器、偏振分光镜和双角锥棱镜组可测最小角度，即可测直线度误差，再按对角线布线法测量平面度误差	高精度大平面
组合测量法	反向消差法	利用误差分离技术，通过正、反两个方向测量消除测量基线本身的形状误差对测量结果的影响	窄长的高精度平面
	平晶互检测量法	用相同规格、相同精度的三个平晶按干涉法互检，再通过数据处理求出每块平晶的平面度误差	无标准平晶时

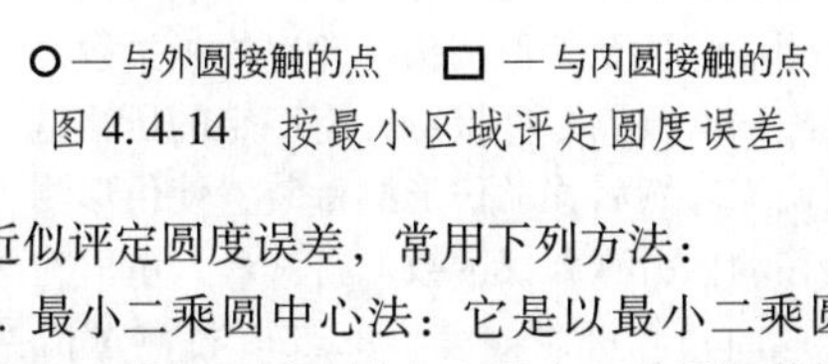

(交叉准则)

○—与外圆接触的点　□—与内圆接触的点

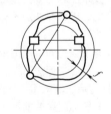

图 4.4-14　按最小区域评定圆度误差

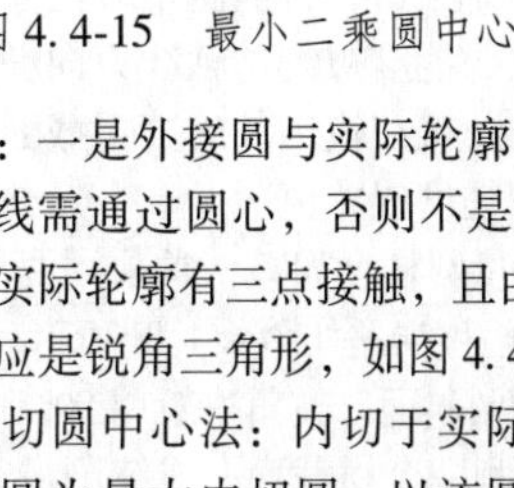

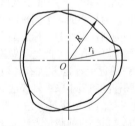

图 4.4-15　最小二乘圆中心

近似评定圆度误差，常用下列方法：

a. 最小二乘圆中心法：它是以最小二乘圆的中心作为内、外包容圆的圆心。最小二乘圆是使被测实际轮廓上各点到该圆的径向距离的平方和为最小的圆，如图 4.4-15 所示。

b. 最小外接圆中心法：外接于实际轮廓且半径为最小的理想圆为最小外接圆，以该圆的圆心作为内、外包容圆的圆心来评定圆度误差。形成最小外接圆有两种可能：一是外接圆与实际轮廓有两点接触，这时两点的连线需通过圆心，否则不是最小外接圆；二是外接圆与实际轮廓有三点接触，且由这三点连线组成的三角形应是锐角三角形，如图 4.4-16 所示。

c. 最大内切圆中心法：内切于实际轮廓且半径为最大的理想圆为最大内切圆，以该圆的圆心作为内、外包容圆的圆心来评定圆度误差。形成最大内切圆也有两种可能：一是内切圆与实际轮廓只有两点接触，两接触点连线通过内切圆圆心，同时还应满足该

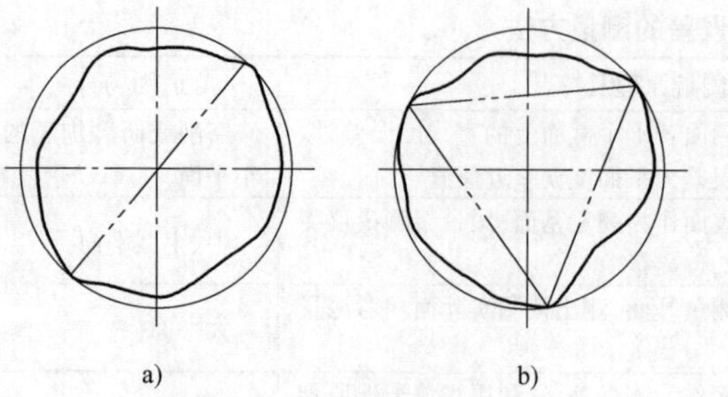

图 4.4-16　最小外接圆中心
a）两点接触　b）三点接触

圆心在垂直于两内切点连线的方向上向两边移动时，所作出的内切圆均变小的条件；二是内切圆与实际轮廓有三点接触，且圆心须落在三接触点连成的三角形内，如图 4.4-17 所示。

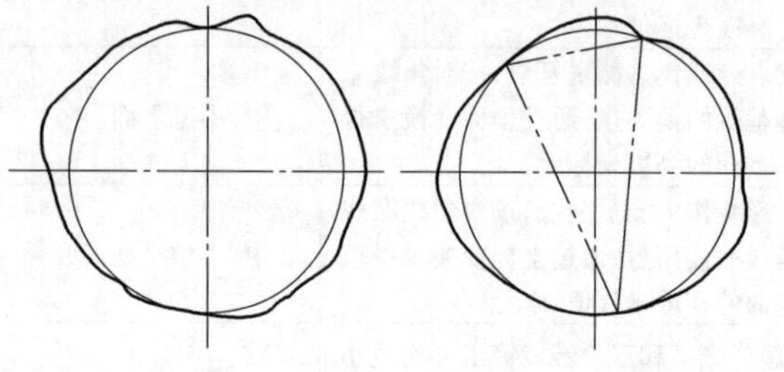

图 4.4-17　最大内切圆中心
a）两点接触　b）三点接触

② 圆度误差的常用测量方法。圆度误差的测量方法见表 4.4-12。

4）圆柱度误差的测量。

① 圆柱度误差的评定。按最小区域评定圆柱度误差，是由半径差为最小的两个同轴圆柱面包容被测表面，取半径差为圆柱度误差。标志最小区域的接触形式繁多，需用电算法评定，此处不做说明。

圆柱度误差的近似评定方法有：最小外接圆柱法、最大内切圆柱法和最小二乘轴线法等。

② 圆柱度误差的常用测量方法。圆柱度公差是较新的形状公差项目，目前测量方法还不多，主要测量法可用测量头能沿被测件轴线方向精确移动的圆度仪或三坐标测量机在被测件的若干截面上测量，再用电算法求出圆柱度误差值。

在车间测量圆柱度误差，常采用两点法和三点法。三点法测量圆柱度误差如图 4.4-18 所示，其固定支承是宽面 V 形块的两斜面，夹角一般用 90°和 120°，测量时工件回转一周测一个横截面，连续测量若干个横截面，取测微仪在整个测量过程中的最大变动量之半作为圆柱度误差值。三点法主要用于测量奇数棱形状误差。测量圆柱度的固定支承长度不应小于工件的轴向长度。

5）轮廓度（无基准）误差的测量。轮廓度误差

表 4.4-12　圆度误差的测量方法

检测方案	测量原理及特点	适用场合
投影比较法	将被测要素的投影与极限同心圆比较	薄形或刃口形边缘的小零件
圆度仪法	用精密回转轴系上的一个动点(测点)所产生的理想圆与被测实际轮廓比较,测得半径变动量(也可工件转动、测头不动)	精度要求较高的零件
坐标测量法	用坐标测量原理,测得被测轮廓上多点的坐标值,再进行数据处理求得圆度误差值	没有圆度仪,一般测量精度不高
两点、三点法	按测量特征参数的原则,在被测圆周上通过对径上两点或两固定支承和一测头共三点进行测量,确定圆度误差	在车间检测圆度误差,三点法也可用于高精度测量

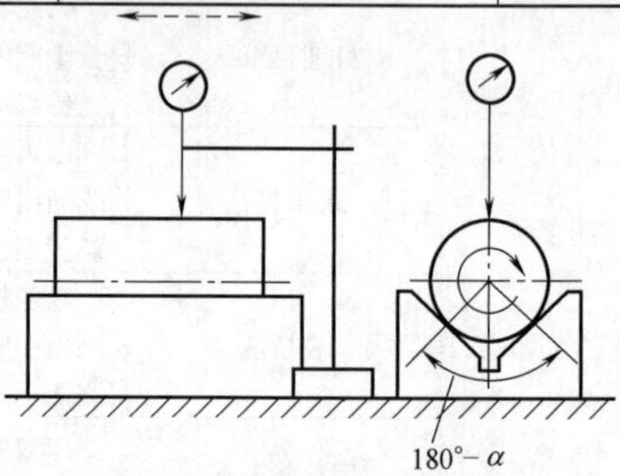

图 4.4-18　三点法测量圆柱度误差

是指被测提取轮廓对其理想拟合轮廓的变动量，理想轮廓的形状由理论正确尺寸确定。按轮廓度公差的要求不同，其理想轮廓可只指自身形状（标注轮廓度公差时无基准要素）；或理想轮廓相对于基准有方向或位置要求。轮廓度公差带是相对于理想轮廓双向等距分布的，因此在评定轮廓度误差时应作双向等距的最小包容区域。

轮廓度误差的常用测量方法有仿形法、轮廓样板法、投影法、坐标法和多点比较测量法。

① 仿形法。图 4.4-19 和图 4.4-20 是用仿形法测量线、面轮廓度误差的示意图，它是用轮廓样板作为仿形靠模，调整好被测零件和轮廓样板的位置后，移动仿形测量装置至仿形测头与轮廓样板接触，同时使测微仪测头与被测零件接触并有一定的压缩量，再将测微仪调零。然后移动仿形测量装置使仿形测头沿轮廓样板移动，由测微仪读数。将其最大示值的两倍作为线（或面）轮廓度误差（必要时将测量值换算至被测轮廓的法线方向）。

采用仿形测量法，应使测微仪测头与仿形测头形状相同。

② 轮廓样板法。用轮廓样板测量线轮廓度误差时可根据光隙法估读间隙的大小，取最大间隙作为该零件的线轮廓度误差。

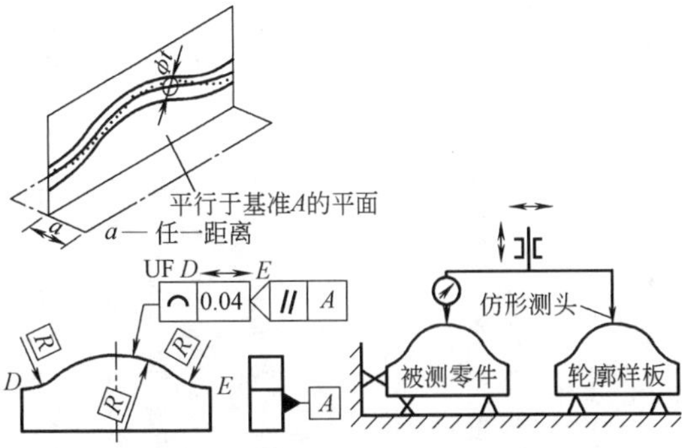

图 4.4-19　仿形法测量线轮廓度误差

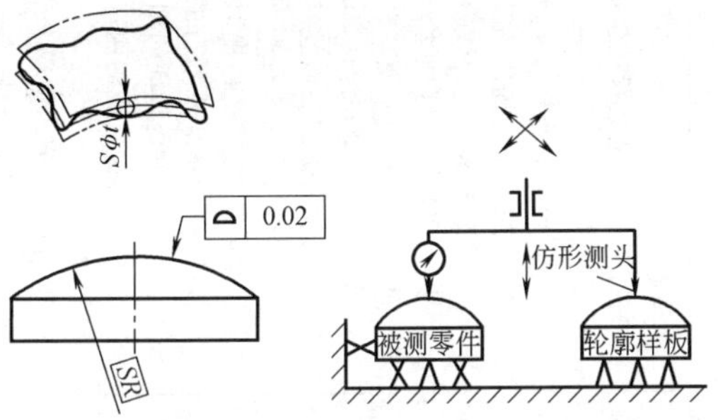

图 4.4-20　仿形法测量面轮廓度误差

③ 投影法。投影法只适用于检测线轮廓度误差，且零件较小、较薄，能利用投影仪在投影屏上获得清晰的放大轮廓影像。首先按投影放大倍数画出线轮廓度公差带图，然后根据被测轮廓的影像是否能落在公差带内来判断合格性。

④ 坐标法。利用工具显微镜、三坐标测量机、光学分度头加辅助设备均可测量被测轮廓上各点的坐标值。将测得的坐标值与理想轮廓的坐标值进行比较，即可求出被测件的轮廓度误差值。

⑤ 多点比较测量法。工程测量中，常利用多尺寸测量装置来测量中、小型零件的轮廓形状误差。多尺寸测量装置是一种模块化测量装置，一般利用多台电感比较仪作为测量系统，利用这些比较仪可测出被测件上预定数量测量点的轮廓误差。测量前先利用标准件（一般常在高精度三坐标测量机上测出“参考零件”上各对应点的几何误差，将它作为标准件，在以后对零时还可进行误差修正）对零位，对零完毕后即比较测量得出被测件上各测量点的轮廓误差。该方法测量效率高，批量生产中可采用。

（3）方向误差的检测及评定

方向误差是指被测要素的提取要素对具有确定方向的理想要素的变动量。理想要素的方向由基准（和理论正确尺寸）确定。方向误差值用定向最小包容区域（简称定向最小区域）的宽度或直径表示。方向误差包括平行度、垂直度、倾斜度和轮廓度。参照 GB/T 1958—2017《产品几何技术规范（GPS）　几何公差　检测与验证》附录 C，方向误差的常用检测与验证方案见表 4.4-13。

方向误差的最小区域评定：

① 平面（或直线）对基准平面的平行度。由定向两平行平面包容被测要素的提取要素时，至少有两个实测点与之接触；一个为最高点，一个为最低点，如图 4.4-21 所示。这两平行平面间的区域为定向最小区域，其宽度为平面（或直线）对基准平面的平行度误差值 f。

② 平面对基准平面的垂直度。由定向两平行平面包容被测提取表面时，至少有两点或三点与之接触，在基准平面上的投影具有图 4.4-22 所示形式之一。这两平行平面间的区域为定向最小区域，其宽度为平面对基准平面的垂直度误差值 f。

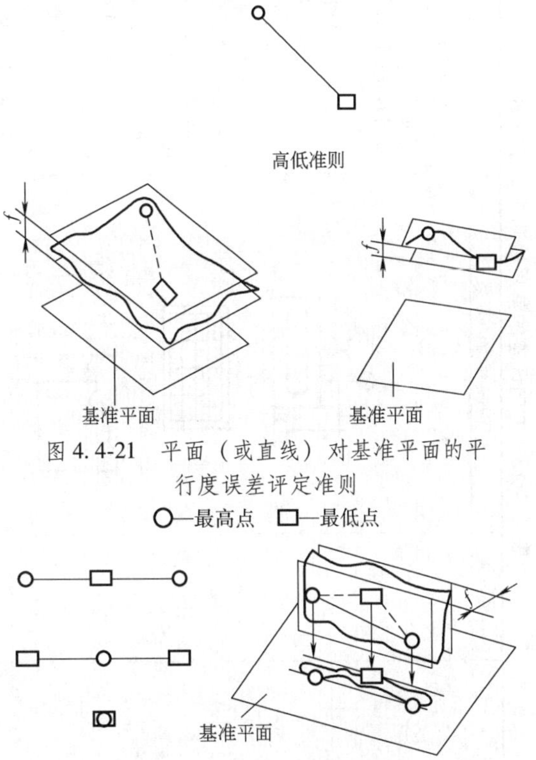

图 4.4-21　平面（或直线）对基准平面的平行度误差评定准则

○—最高点　□—最低点

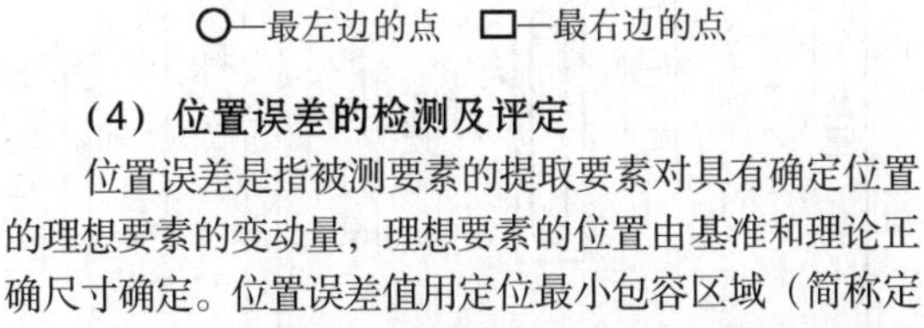

图 4.4-22　平面对基准平面的垂直度误差评定准则

○—最左边的点　□—最右边的点

（4）位置误差的检测及评定

位置误差是指被测要素的提取要素对具有确定位置的理想要素的变动量，理想要素的位置由基准和理论正确尺寸确定。位置误差值用定位最小包容区域（简称定位最小区域）的宽度 f 或直径 d 表示。位置误差包括位置度、同心度、同轴度、对称度和轮廓度。参照 GB/T 1958—2017《产品几何技术规范（GPS）　几何公差　检测与验证》附录 C，位置误差的常用检测与验证方案见表 4.4-14。

表 4.4-13　方向误差的常用检测与验证方案

类别	图例	测量装置	检测与验证方案	检验操作集
平行度误差	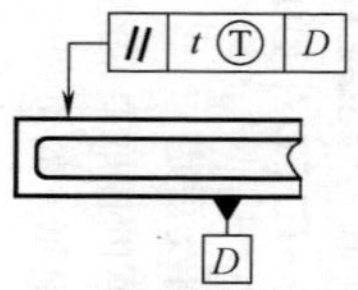 a) 图例 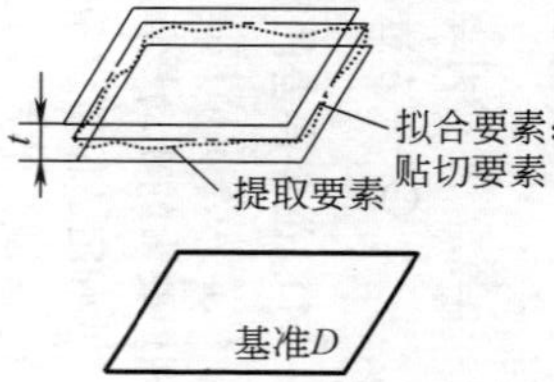 b) 公差带	1. 平板 2. 带指示计的测量架	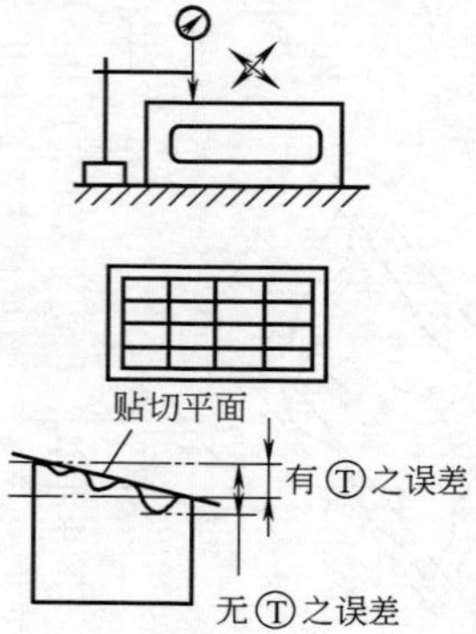	1. 预备工作 将被测件稳定地放置在平板上，且尽可能使基准表面 *D* 与平板表面之间的最大距离为最小 2. 基准体现 采用平板（模拟基准要素）体现基准 *D* 3. 被测要素测量与评估 1）分离：确定被测表面及其测量界限 2）提取：按一定的提取方案（如矩形栅格方案） 对被测表面进行测量，获得提取表面 3）拟合：采用（外）贴切法对被测要素的提取表面进行拟合，获得提取表面的（贴切）拟合平面 4）拟合：在与基准 *D* 平行的约束下，采用最小区域法对提取表面的（贴切）拟合平面进行拟合，获得具有方位特征的拟合平行平面（即定向最小区域） 5）评估：包容提取表面的（贴切）拟合平面的两定向平行平面之间的距离，即平行度误差值 4. 符合性比较 将得到的误差值与图样上给出的公差值进行比较，判定被测要素对基准的平行度是否合格
	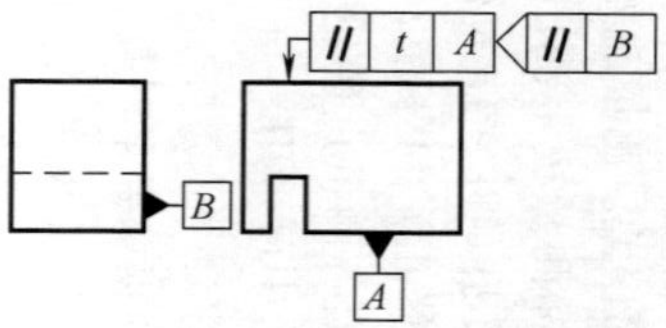 a) 图例 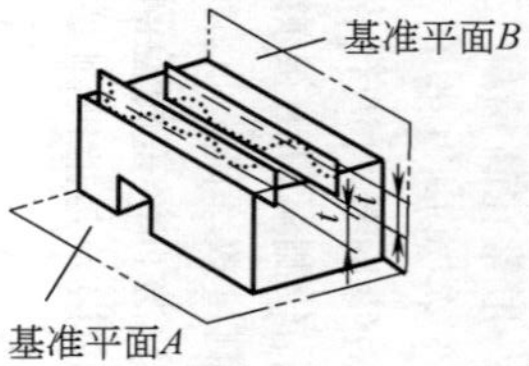 b) 公差带	坐标测量机	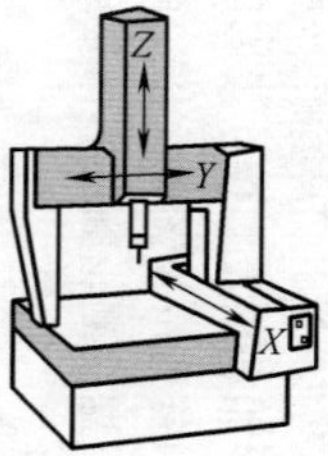 	1. 预备工作 将被测件稳定地放置在坐标测量机的工作台上 2. 基准体现 1）分离：确定基准要素 *A* 及其测量界限 2）提取：按一定的提取方案（如平行线方案）对基准要素 *A* 进行提取，得到基准要素 *A* 的提取表面 3）拟合：采用最小区域法对提取表面在实体外进行拟合，得到其拟合平面，并以此平面体现基准 *A* 3. 被测要素测量与评估 1）分离：确定被测表面及其测量界限 2）提取：沿与平面 *A* 和平面 *B* 平行的方向，采用平行线布点方案对被测表面进行测量，获得提取线 3）拟合：在与基准 *A* 平行的约束下，采用最小区域法对提取线进行拟合，获得具有方位特征的拟合平行线（即定向最小区域） 4）评估：包容提取线的两定向平行线之间的距离，即平行度误差值 4. 符合性比较 将得到的误差值与图样上给出的公差值进行比较，判定被测要素对基准的平行度是否合格

（续）

类别	图例	测量装置	检测与验证方案	检验操作集
平行度误差	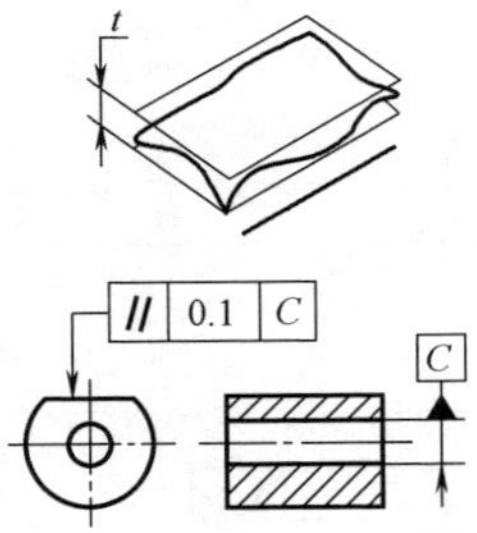	1. 平板 2. 等高支承 3. 心轴 4. 带指示计的测量架	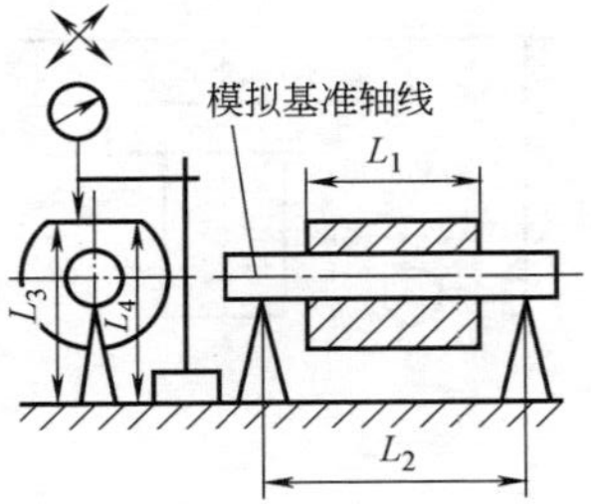	1. 预备工作 基准要素由心轴模拟体现。安装心轴，且尽可能使心轴与基准孔之间的最大间隙为最小；将等高支承支承在心轴上，调整（转动）被测件，使 $L_3=L_4$ 2. 基准体现 采用心轴（模拟基准要素）体现基准 C 3. 被测要素测量与评估 1）分离：确定被测表面及其测量界限 2）提取：按一定的提取方案对被测表面进行测量，获得提取表面 3）拟合：在给定方向上保持与基准 C 平行的约束下，采用最小区域法对提取表面进行拟合，获得具有方位特征的拟合平行平面（即定向最小区域） 4）评估：包容提取表面的两定向平行平面之间的距离，即平行度误差值 4. 符合性比较 将得到的误差值与图样上给出的公差值进行比较，判定被测要素对基准的平行度是否合格
		坐标测量机	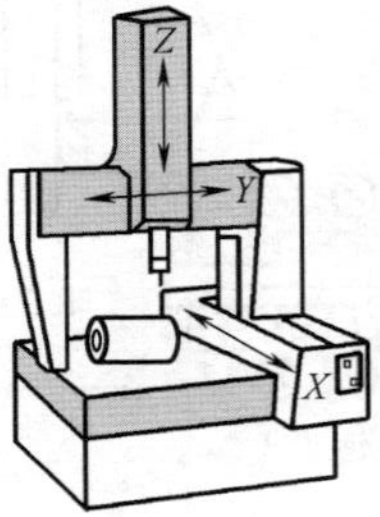	1. 预备工作 将被测件稳定地放置在坐标测量机的工作台上 2. 基准体现 1）分离：确定基准要素 C 及其测量界限 2）提取：按一定的提取方案对被测内圆柱面进行提取，得到提取内圆柱面 3）拟合：采用最大内切法对提取内圆柱面在实体外进行拟合，得到其导出拟合轴线，并以此轴线体现基准 C 3. 被测要素测量与评估 1）分离：确定被测表面及其测量界限 2）提取：沿与基准轴线 C 平行的方向，采用平行线布点方案对被测表面进行测量，获得提取表面 3）拟合：在与基准 C 平行的约束下，采用最小区域法对提取表面进行拟合，获得具有方位特征的拟合平行平面（即定向最小区域） 4）评估：包容提取表面的两定向平行平面之间的距离，即平行度误差值 4. 符合性比较 将得到的误差值与图样上给出的公差值进行比较，判定被测要素对基准的平行度是否合格

（续）

类别	图例	测量装置	检测与验证方案	检验操作集
垂直度误差	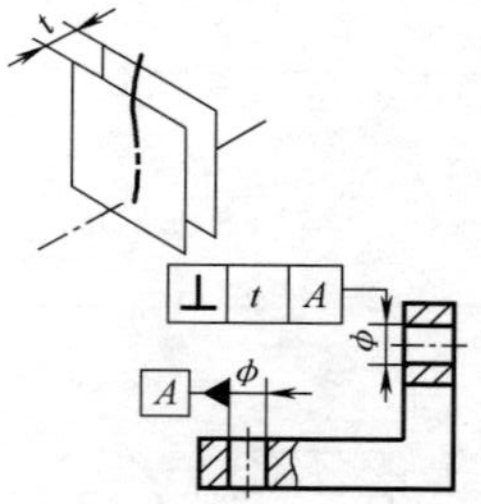	1. 平板 2. 直角尺 3. 心轴 4. 固定和可调支承 5. 带指示计的测量架	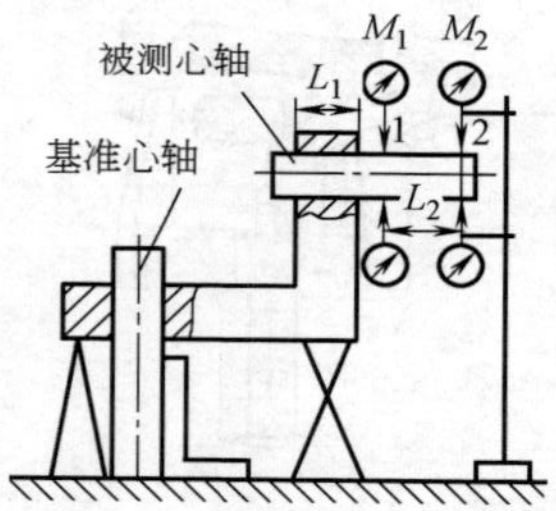	1. 预备工作 基准轴线和被测轴线均由心轴模拟。安装心轴，且尽可能使心轴与被测孔、心轴与基准孔之间的最大间隙为最小。将被测件放置在等高支承上，并调整模拟基准要素（心轴）与测量平板垂直 2. 基准体现 采用心轴（模拟基准要素）体现基准 A 3. 被测要素测量与评估 1）分离：确定被测要素的模拟被测要素（心轴）及其测量界限 2）提取：在轴向相距为 L_2 的两个平行于基准轴线 A 的正截面上测量，分别记录测位 1 和测位 2 上的指示计示值差 M_1 和 M_2 3）评估：垂直度误差值按下式进行计算得到： $f=\frac{L_1}{2L_2}\mid M_1-M_2\mid$ 4. 符合性比较 将得到的误差值与图样上给出的公差值进行比较，判定被测要素对基准的垂直度是否合格
	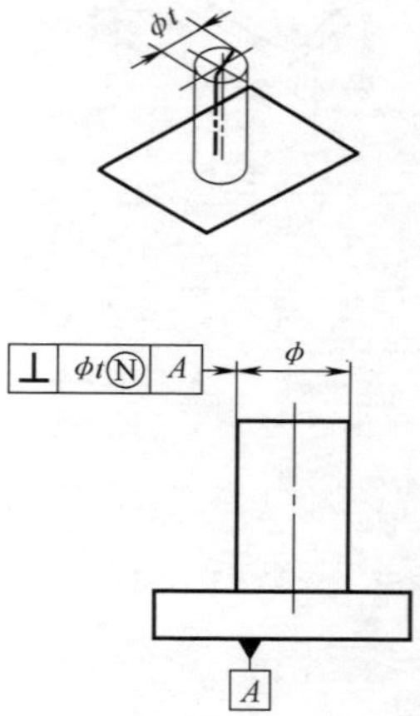	1. 转台 2. 直角座 3. 带指示计的测量架	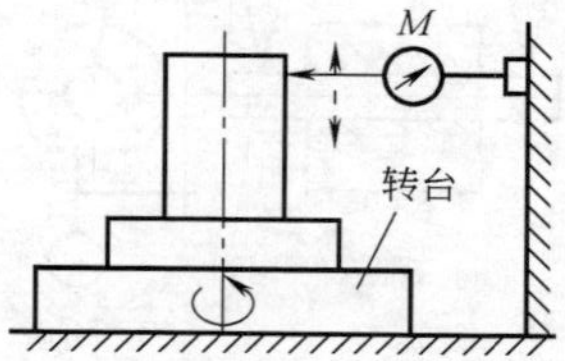	1. 预备工作 将被测件放置在转台上，对被测件进行调心和调平，使被测件的基准要素与转台平面之间的最大距离为最小，同时被测轴线与转台回转轴线对中 2. 基准体现 采用转台（模拟基准要素）体现基准 A 3. 被测要素测量与评估 1）分离：确定被测要素的组成要素及其测量界限 2）提取：按一定的提取方案对被测中心线的组成要素进行测量，即测量若干个截面轮廓的测值，获得提取圆柱面 3）拟合：按图样规范，符号Ⓝ要求对提取圆柱面采用最小外接法进行拟合，得到提取圆柱面的拟合导出要素（轴线） 4）拟合：在与基准 A 垂直的约束下，采用最小区域法对拟合导出要素（轴线）进行拟合，获得具有方位特征的拟合圆柱面（即定向最小区域） 5）评估：包容提取导出要素的定向拟合圆柱面的直径，即被测要素（任意方向）的垂直度误差值 4. 符合性比较 将得到的误差值与图样上给出的公差值进行比较，判定被测要素对基准的垂直度是否合格

（续）

类别	图例	测量装置	检测与验证方案	检验操作集
垂直度误差	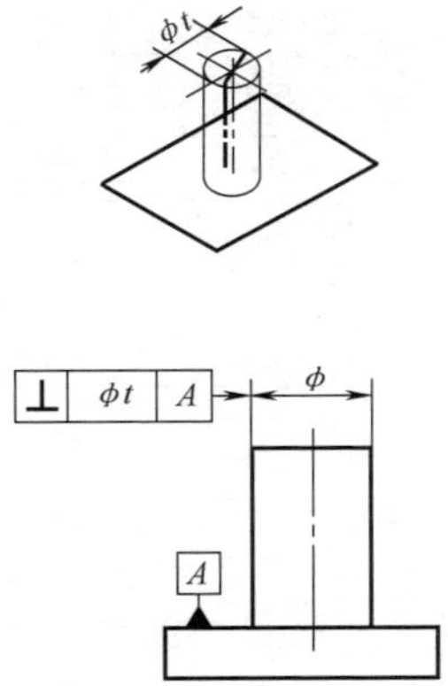	坐标测量机	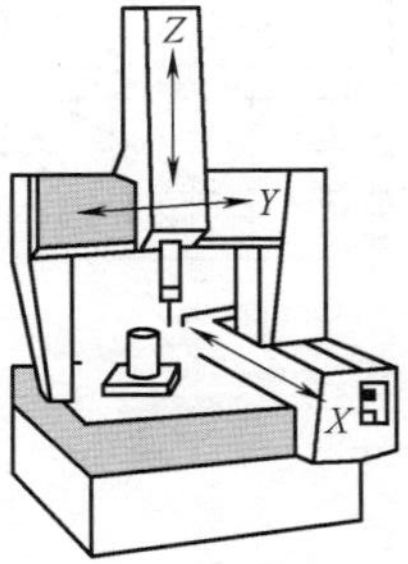	1. 预备工作 将被测件稳定地放置在坐标测量机的工作台上 2. 基准体现 1)分离:确定基准要素 A 及其测量界限。 2)提取:按一定的提取方案对基准要素进行提取,得到基准要素的提取表面 3)拟合:采用最小区域法对提取表面在实体外进行拟合,得到其拟合平面,并以此平面体现基准 A 3. 被测要素测量与评估 1)分离:确定被测要素的组成要素及其测量界限 2)提取:按一定的提取方案对被测中心线的组成要素进行测量,获得提取圆柱面 3)拟合:采用最小二乘法对提取圆柱面进行拟合,获得拟合圆柱面的轴线 4)构建、分离:垂直于拟合圆柱面的轴线,通过构建和分离操作,获得一系列提取截面圆 5)拟合:采用最小二乘法分别对一系列提取截面圆进行拟合,得到一系列截面圆圆心 6)组合:将各提取截面圆的圆心进行组合,得到被测件的提取导出要素(中心线) 7)拟合:在与基准 A 垂直的约束下,采用最小区域法对提取导出要素进行拟合,获得具有方位特征的定向拟合圆柱面(即定向最小区域) 8)评估:包容提取导出要素的定向拟合圆柱面的直径,即垂直度误差值 4. 符合性比较 将得到的误差值与图样上给出的公差值进行比较,判定被测要素对基准的垂直度是否合格
倾斜度误差	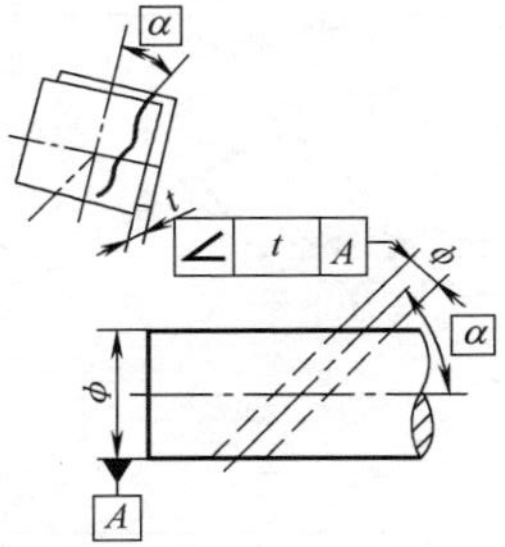	1. 定角样板 2. 心轴 3. 塞尺	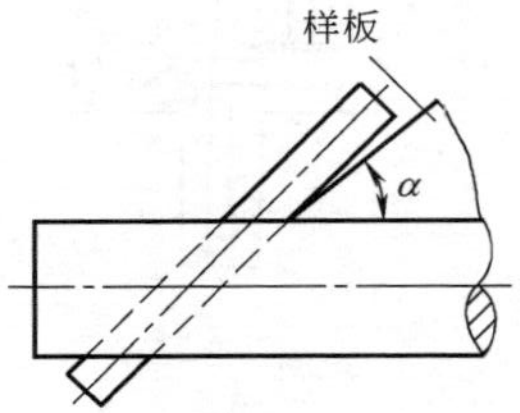	1. 预备工作 被测要素由心轴模拟体现,安装心轴,且尽可能使心轴与被测孔之间的最大间隙为最小 2. 基准体现 基准轴线由其外圆柱面体现 3. 被测要素测量与评估 1)拟合:在被测件的轴平面内,将定角样板的一条边(或面)与体现基准的外圆柱面直接接触,并使两者之间的最大缝隙为最小 2)评估:用塞尺测量定角样板的另一条边(或面)与心轴(被测模拟要素)之间的最大缝隙值,该值即为倾斜度误差值 4. 符合性比较 将得到的误差值与图样上给出的公差值进行比较,判定被测要素对基准的倾斜度是否合格

（续）

类别	图例	测量装置	检测与验证方案	检验操作集
倾斜度误差	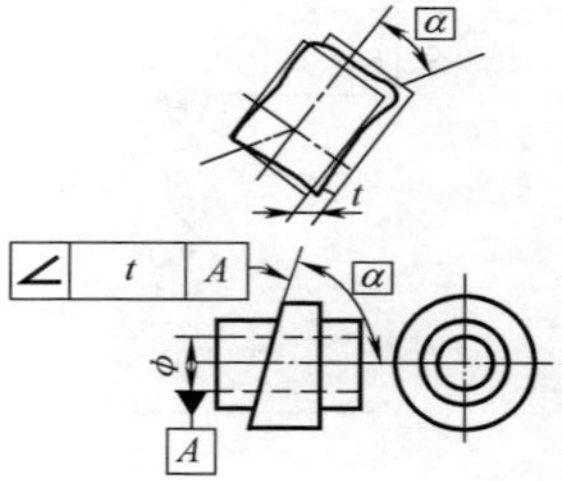	坐标测量机	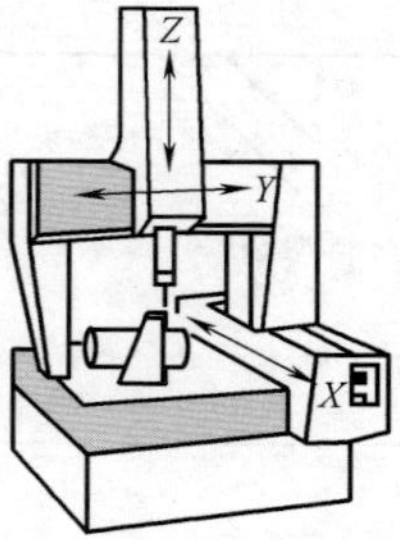	1. 预备工作 将被测件稳定地放置在坐标测量机的工作台上 2. 基准体现 1)分离:确定基准要素 A 及其测量界限 2)提取:按一定的提取方案对被测内圆柱面进行提取,得到提取内圆柱面 3)拟合:采用最大内切法对提取内圆柱面在实体外进行拟合,得到其导出拟合轴线,并以此轴线体现基准 A 3. 被测要素测量与评估 1)分离:确定被测表面及其测量界限 2)提取:选择一定的提取方案,对被测表面进行测量,获得提取表面 3)拟合:在基准 A 及理论正确尺寸 α 的约束下,采用最小区域法对提取表面进行拟合,获得具有方位特征的定向拟合平行平面(即定向最小区域) 4)评估:包容提取表面的两定向平行平面之间的距离,即被测要素的倾斜度误差值 4. 符合性比较 将得到的误差值与图样上给出的公差值进行比较,判定被测要素对基准的倾斜度是否合格
	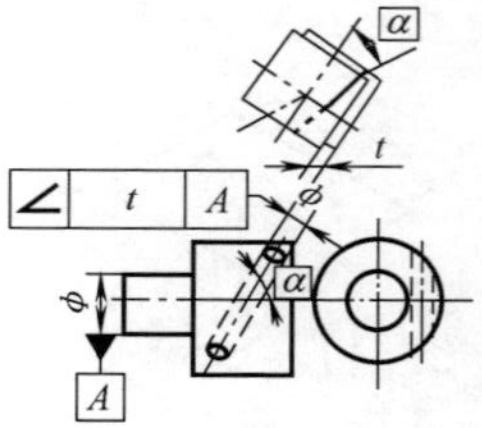	1. 平板 2. 定角导向座 3. 心轴 4. 带指示计的测量架	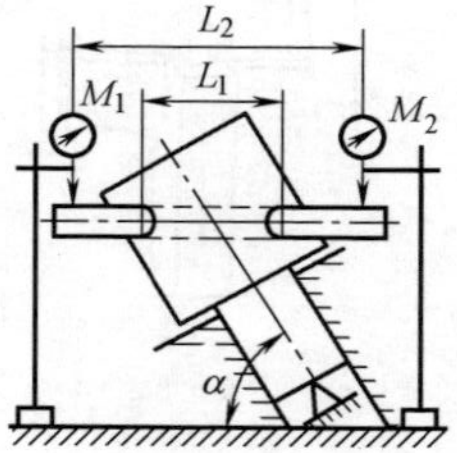	1. 预备工作 基准由定角导向座模拟体现,将被测件放在定角导向座上,调整使心轴平行于测量装置导向座定角 α 所在平面 被测要素由心轴模拟体现,安装心轴,且尽可能使心轴与被测孔之间的最大间隙为最小 2. 基准体现 采用定角导向座(模拟基准要素)体现基准 A 3. 被测要素测量与评估 1)分离:确定被测要素的模拟被测要素(心轴)及其测量界限 2)提取:在模拟被测要素(心轴)上、距离为 L_2 的两个截面或多个截面上,按截面圆周法提取方案对模拟被测要素(心轴)进行提取操作,得到被测要素的各提取截面圆 3)拟合:采用最小二乘法对被测要素的各提取截面圆分别进行拟合,得到各提取截面圆的圆心 4)组合:将各提取截面圆的圆心进行组合,得到被测要素的提取导出要素(中心线) 5)拟合:在基准 A 和理论正确尺寸 α 的约束下,采用最小区域法对提取导出要素(中心线)在给定方向上进行拟合,获得具有方位特征的定向两拟合平行平面(即定向最小区域) 6)评估:包容提取导出要素(中心线)的定向拟合平行平面之间的距离,即被测要素给定方向的倾斜度误差值 4. 符合性比较 将得到的误差值与图样上给出的公差值进行比较,判定被测要素对基准的倾斜度是否合格

表 4.4-14　位置误差的常用检测与验证方案

类别	图例	测量装置	检测与验证方案	检验操作集
位置度误差	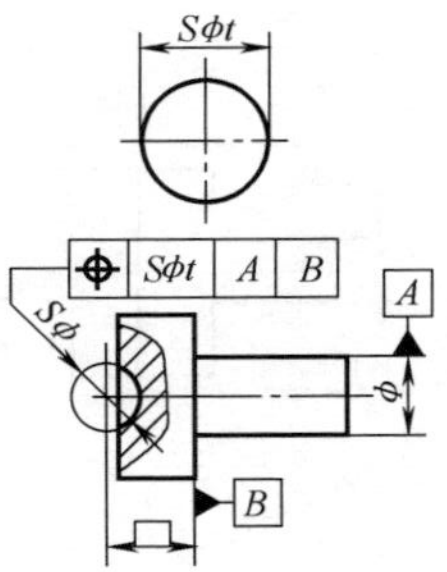	1. 标准钢球 2. 回转定心夹头 3. 平板 4. 带指示计的测量架	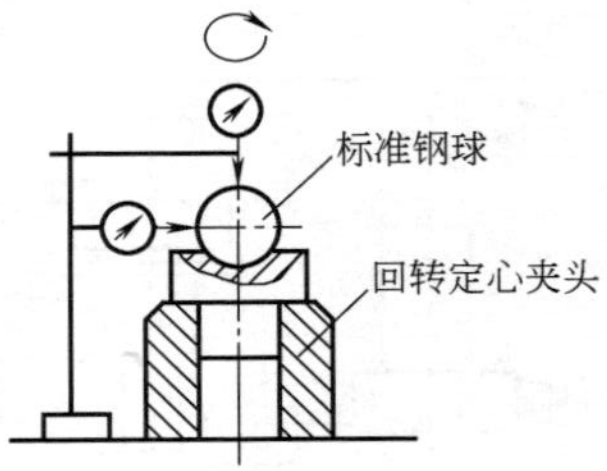	1. 预备工作 将被测件稳定地放置在回转定心夹头上，且被测件与回转定心夹头的内孔和上表面稳定接触，使它们之间的最大距离为最小 将标准钢球放置在被测件的球面上且稳定接触，使两者之间的最大距离为最小 2. 基准体现 采用回转定心夹头的中心线和上表面（模拟基准要素）体现基准 A 和 B 3. 被测要素测量与评估 1）分离：确定被测要素的模拟被测要素（标准钢球）及其测量界限 2）提取：在标准钢球回转一周过程中，采用等间距提取方案对标准钢球面进行提取操作，记录径向指示计最大示值差值之半为相对基准轴线 A 的径向误差 f_x 和垂直方向指示计最大示值差值之半为相对于基准 B 的轴向误差 f_y 3）评估：被测点位置度误差值为 $$f=2\sqrt{f_x^2+f_y^2}$$ 4. 符合性比较 将得到的误差值与图样上给出的公差值进行比较，判定球心的位置度是否合格
	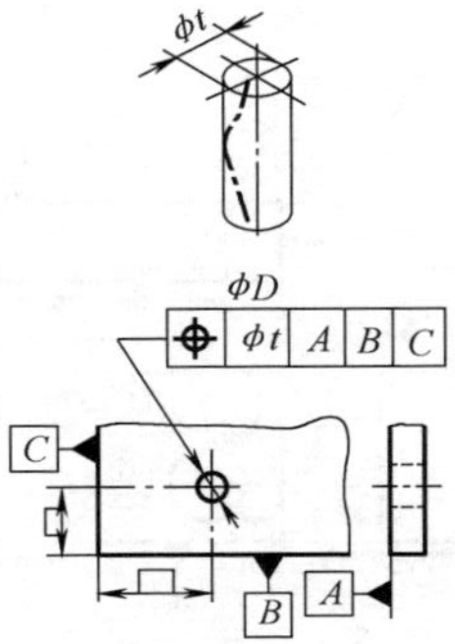	坐标测量机	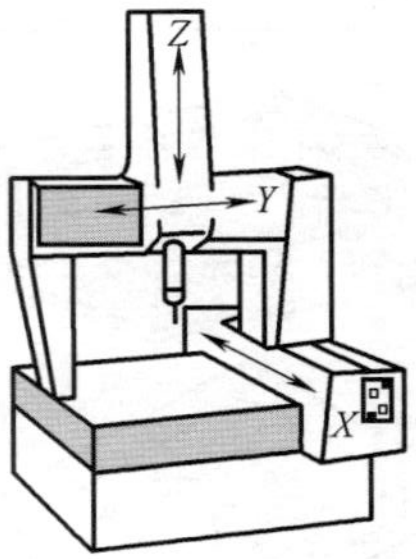	1. 预备工作 将被测件放置在坐标测量机的工作台上 2. 基准体现 1）分离：确定基准要素 A、B、C 及其测量界限 2）提取：按米字形提取方案分别对基准要素 A、B、C 进行提取，得到基准要素 A、B、C 的提取表面 3）拟合：采用最小区域法对提取表面 A 在实体外进行拟合，得到其拟合平面，并以此平面体现基准 A 在保证与基准要素 A 的拟合平面垂直的约束下，采用最小区域法在实体外对基准要素 B 的提取表面进行拟合，得到其拟合平面，并以此拟合平面体现基准 B 在保证与基准要素 A 的拟合平面垂直，然后又与基准要素 B 的拟合平面垂直的约束下，采用最小区域法在实体外对基准要素 C 的提取表面进行拟合，得到其拟合平面，并以此拟合平面体现基准 C 3. 被测要素测量与评估 1）分离：确定被测要素的组成要素及其测量界限 2）提取：采用等间距布点策略沿被测圆柱横截面圆周进行测量，在轴线方向等间距测量多个横截面，得到多个提取截面圆 3）拟合：采用最小二乘法分别对每个提取截面圆进行拟合，得到各提取截面圆的圆心 4）组合：将各提取截面圆的圆心进行组合，得到被测件的提取导出要素（中心线） 5）拟合：在基准 A、B、C 的约束下，以由理论正确尺寸确定的理想轴线的位置为轴线，采用最小区域法对提取导出要素进行拟合，得到包容提取导出要素（中心线）的圆柱 6）评估：包容提取导出要素（中心线）圆柱的直径值，即位置度误差值 4. 符合性比较 将得到的误差值与图样上给出的公差值进行比较，判定位置度是否合格。 对于多孔孔组的位置度误差的测量与评估，则可按上述方法逐孔测量和计算

（续）

类别	图例	测量装置	检测与验证方案	检验操作集
位置度误差	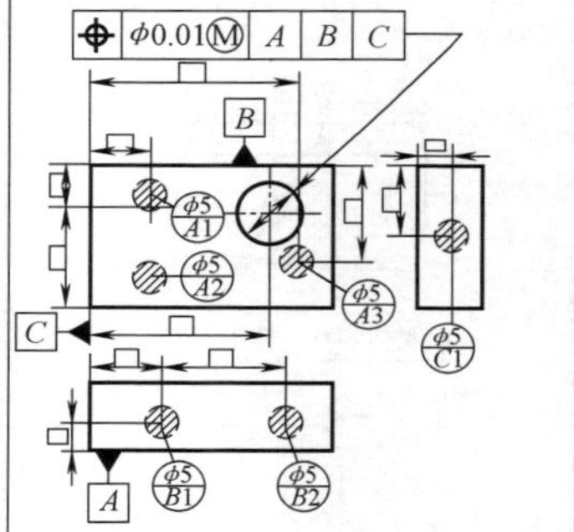	1. 功能检具 2. 千分尺	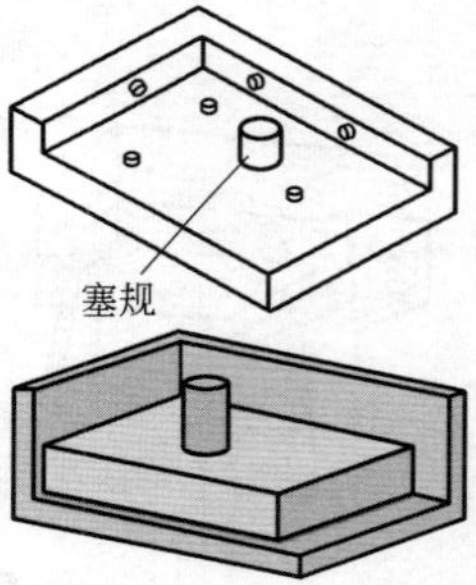	1. 预备工作 将被测件稳定地放置在检具上 2. 基准体现 基准目标法（检具上的小平面）体现基准 3. 被测要素测量与评估 1）实际尺寸的检验：采用普通计量器具（如千分尺等）测量被测要素实际轮廓的局部实际尺寸，其任一局部实际尺寸均不得超越其最大实体尺寸和最小实体尺寸 2）体外作用尺寸的检验：功能量规的检验部位与被测要素的实际轮廓相结合，如果被测件能通过功能量规，则说明被测要素实际轮廓的体外作用尺寸合格 4. 符合性比较 局部实际尺寸和体外作用尺寸全部合格时，才可判定被测要素合格
同轴度误差	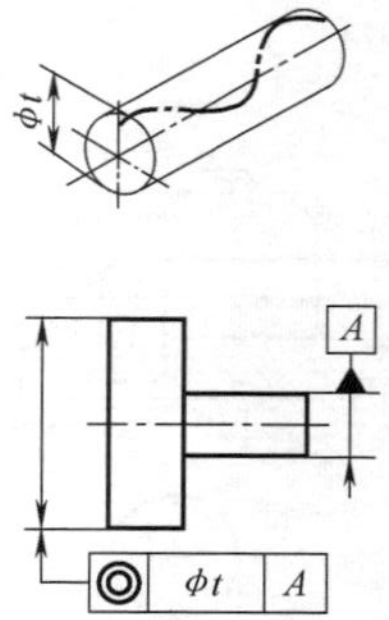	圆柱度仪	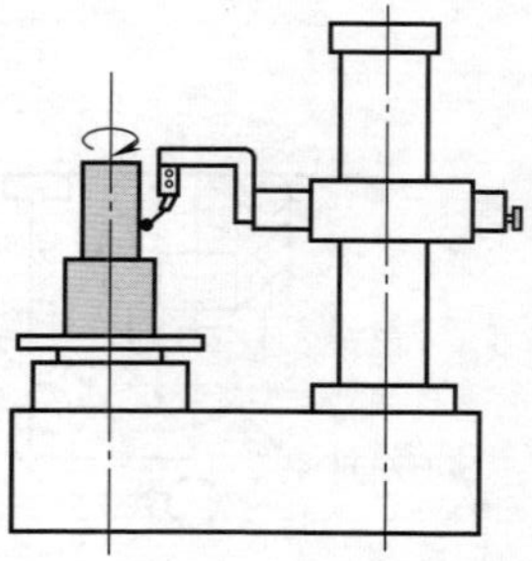	1. 预备工作 将被测件放置在圆柱度仪回转工作台上，并调整被测件使其基准轴线与工作台回转轴线同轴 2. 基准体现 1）分离：确定基准要素的组成要素及其测量界限 2）提取：采用周向等间距提取方案，垂直于回转轴线，对基准要素的多个提取截面进行测量，得到基准要素的提取圆柱面 3）拟合：在实体外采用最小外接圆柱法对提取圆柱面进行拟合，得到拟合圆柱面的轴线（方位要素），并以此轴线（拟合导出要素）体现基准 3. 被测要素测量与评估 1）分离：确定被测要素的组成要素及其测量界限 2）提取：采用周向等间距提取方案，垂直于回转轴线，对被测要素的组成要素进行测量，获得一系列提取截面圆 3）拟合：采用最小二乘法分别对一系列提取截面圆进行拟合，得到一系列提取截面圆圆心 4）组合：对各提取截面圆的圆心进行组合操作，获得被测要素的提取导出要素 5）拟合：在与基准同轴的约束下，采用最小区域法对提取导出要素进行拟合，获得具有方位特征的拟合圆柱面（即定位最小区域） 6）评估：包容提取导出要素的定位拟合圆柱面的直径，即同轴度误差值 4. 符合性比较 将得到的误差值与图样上给出的公差值进行比较，判定被测要素对基准 A 的同轴度是否合格

（续）

类别	图例	测量装置	检测与验证方案	检验操作集
同轴度误差	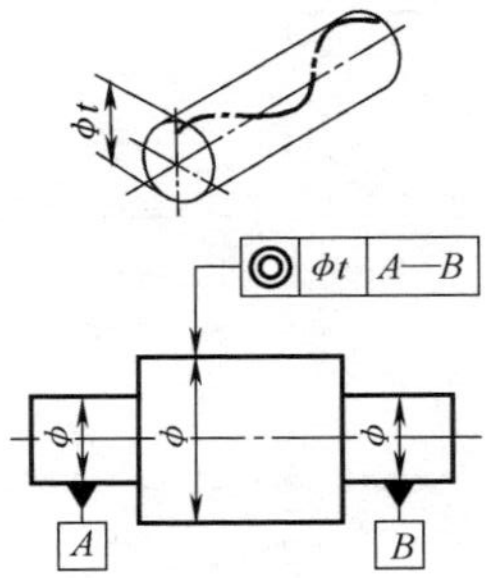	坐标测量机	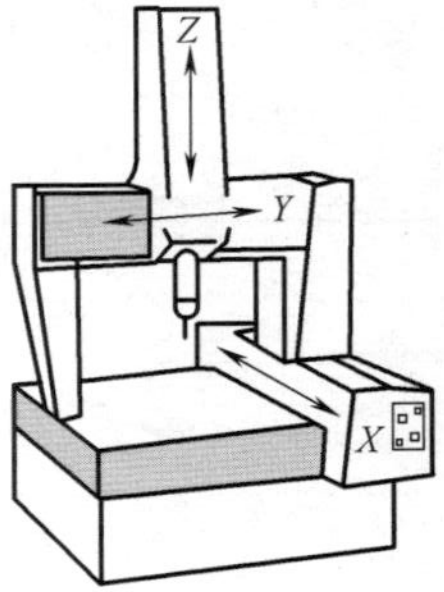	1. 预备工作 将被测件放置在坐标测量机的工作台上 2. 基准体现 1）分离：确定基准要素的组成要素及其测量界限 2）提取：采用一定的提取方案，分别对基准要素 A、B 进行测量，得到基准要素 A、B 的提取组成要素 3）拟合：采用一组同轴圆柱面，在实体外同时对 A、B 的提取组成要素采用最小外接法进行拟合，得到拟合组成要素共有的拟合导出要素（轴线），并以此共有的轴线体现基准 $A—B$ 3. 被测要素测量与评估 1）分离：确定被测要素的组成要素及其测量界限 2）提取：选择一定的提取方案对被测中心线的组成要素进行测量，获得提取圆柱面 3）拟合：采用最小二乘法对提取圆柱面进行拟合，获得拟合圆柱面的轴线 4）构建、分离；垂直于拟合圆柱面的轴线，通过构建和分离操作，获得一系列提取截面圆 5）拟合：采用最小二乘法分别对一系列提取截面圆进行拟合，得到一系列截面圆圆心 6）组合：将各提取截面圆的圆心进行组合操作，获得被测要素的提取导出要素（轴线）。 7）拟合：在与基准 $A—B$ 同轴的约束下，采用最小区域法对被测要素的提取导出要素（轴线）进行拟合，获得具有方位特征的拟合圆柱（即定位最小区域） 8）评估：具有方位特征的拟合圆柱的直径，即同轴度误差值 4. 符合性比较 将得到的误差值与图样上给出的公差值进行比较，判定被测要素对基准的同轴度是否合格
	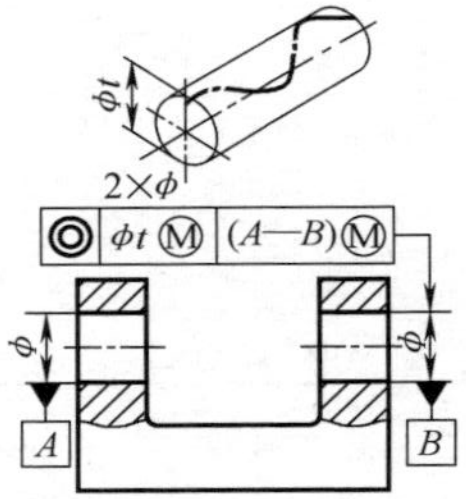	1. 整体型功能量规 2. 千分尺	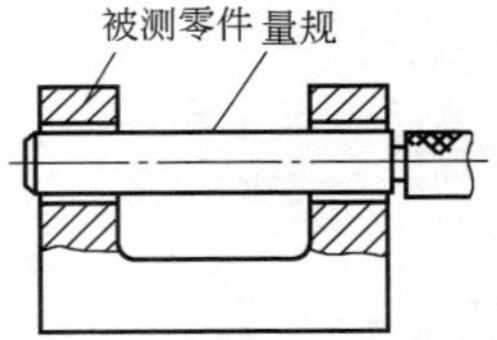	1. 预备工作 采用整体型功能量规，将量规与被测表面相结合 2. 基准体现 用功能量规的定位部位体现基准 3. 被测要素测量与评估 1）实际尺寸的检验：采用普通计量器具（如千分尺等）测量被测要素实际轮廓的局部实际尺寸，其任一局部实际尺寸均不得超越其最大实体尺寸和最小实体尺寸 2）体外作用尺寸的检验：功能量规的检验部位与被测要素的实际轮廓相结合，如果被测件能通过功能量规，则说明被测要素实际轮廓的体外作用尺寸合格 4. 符合性比较 局部实际尺寸和体外作用尺寸全部合格时，才可判定被测要素合格

（续）

类别	图例	测量装置	检测与验证方案	检验操作集
对称度误差	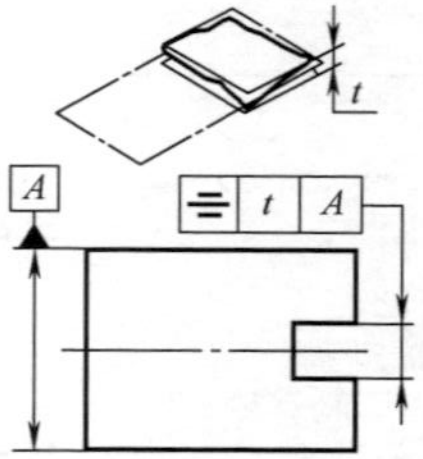	1. 平板 2. 带指示计的测量架	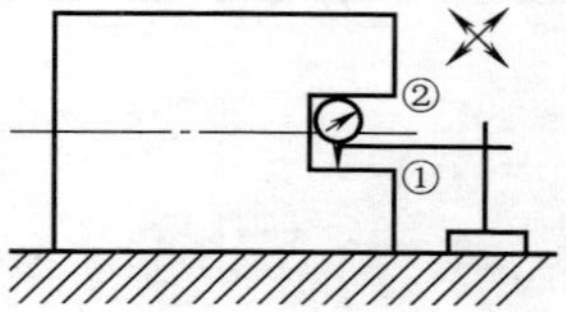	1. 预备工作 将被测件稳定地放置在平板上 2. 基准体现 1）分离：确定基准要素的组成要素及其测量界限 2）提取：选择一定的提取方案，对基准要素的组成要素进行测量，得到两个提取表面（提取组成要素） 3）拟合：采用一组满足平行约束的平行平面，在实体外同时对两个提取组成要素进行最大内切法拟合，得到拟合组成要素的拟合中心平面（方位要素），并以此拟合中心平面体现基准 A 3. 被测要素测量与评估 1）分离：确定被测要素的组成要素及其测量界限 2）提取：选择一定的提取方案，对被测要素的组成要素（①和②）进行测量，得到两个提取表面（提取组成要素） 3）分离、组合：将提取表面（提取组成要素）的各对应点连线中点进行分离、组合操作，得到被测要素的提取导出要素（中心面） 4）拟合：在基准 A 的约束下，采用最小区域法对被测要素的提取导出要素（中心面）进行拟合，获得具有方位特征的两定位拟合平行平面（即定位最小区域） 5）评估：包容提取导出要素（中心面）的两定位平行平面之间的距离，即对称度误差值 4. 符合性比较 将得到的误差值与图样上给出的公差值进行比较，判定被测中心平面对基准的对称度是否合格
	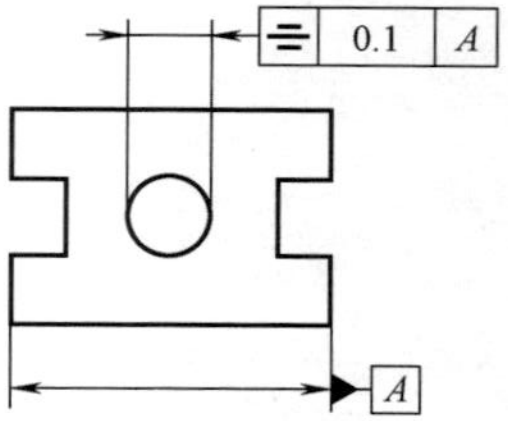	1. 平板 2. 带指示计的测量架	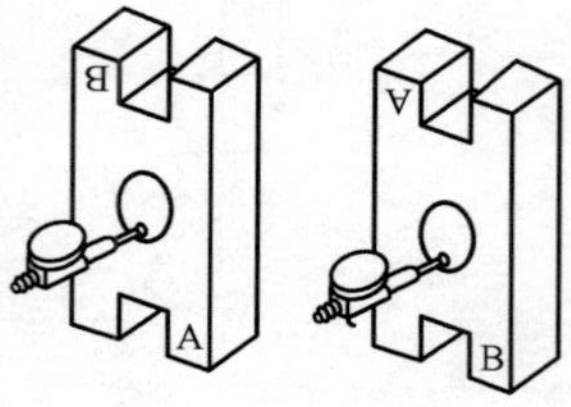上下方向回转180° a)　　b)	1. 预备工作 将被测件稳定地放置在两块平行的平板之间，且尽可能保持它们之间的最大距离为最小 2. 基准体现 采用两块平行的平板（模拟基准要素）体现基准 A 3. 被测要素测量与评估 1）分离：确定被测要素的组成要素及其测量界限 2）提取：如图 a 所示进行测量，沿孔素线方向测量（至少测量三个点），然后将被测件上下方向回转 180°，如图 b 所示进行测量，沿孔素线方向对应测量几个点，得到两条提取线 3）评估：两条提取线各对应点之间的差值作为被测要素的对称度误差值 4. 符合性比较 将得到的误差值与图样上给出的公差值进行比较，判定被测中心平面对基准的对称度是否合格

（续）

类别	图例	测量装置	检测与验证方案	检验操作集
对称度误差	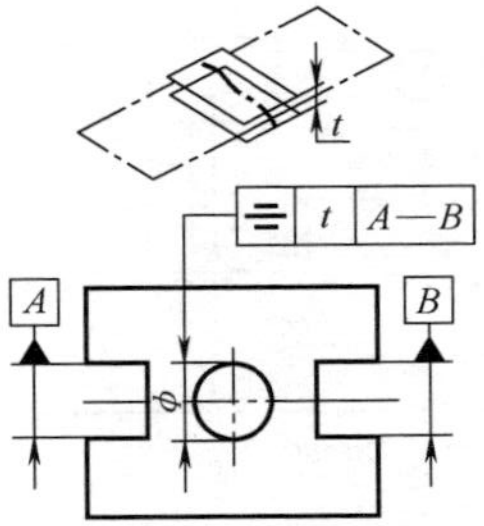	坐标测量机	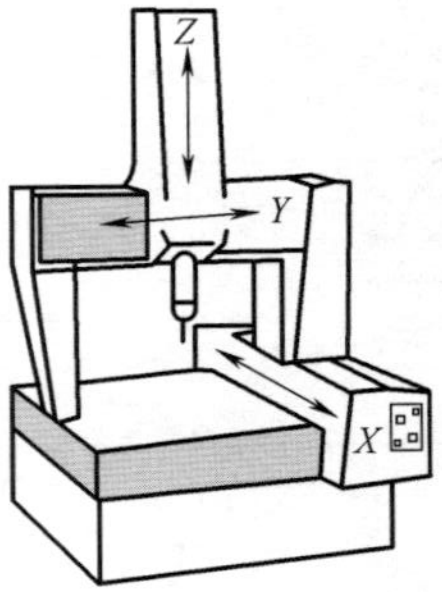	1. 预备工作 将被测件放置坐标测量机的工作台上 2. 基准体现 1）分离：确定基准要素的组成要素及其测量界限 2）提取：选择一定的提取方案，对基准要素的组成要素进行测量，分别得到基准要素 *A*、*B* 的两组提取组成要素 3）拟合：采用两组满足平行且对称中心平面共面约束的平行平面，在实体外同时对基准要素 *A*、*B* 的两组实际表面（或提取组成要素）进行最小区域法拟合，得到拟合组成要素共有的拟合中心平面（方位要素），并以此共有的拟合中心平面体现基准 *A*—*B* 3. 被测要素测量与评估 1）分离：确定被测要素的组成要素及其测量界限 2）提取：按截面圆周法提取方案对被测内圆柱面进行多截面测量，得到被测要素的各截面提取截面圆 3）拟合：采用最小二乘法对被测要素的各提取截面圆分别进行拟合，得到各提取截面圆的圆心 4）组合：对各提取截面圆的圆心进行组合操作，获得被测内圆柱面的提取导出要素（中心线） 5）拟合：在基准 *A*—*B* 的约束下，采用最小区域法对被测要素的提取导出要素（中心线）进行拟合，获得具有方位特征的两定位拟合平行平面（即定位最小区域） 6）评估：包容提取导出要素（中心线）的两定位平行平面之间的距离，即被测要素对称度的误差值 4. 符合性比较 将得到的误差值与图样上给出的公差值进行比较，判定被测中心线对基准的对称度是否合格

位置误差的最小区域评定。以同轴度为例说明位置误差的最小区域评定的方法。同轴度误差的最小区域判别法用以基准轴线为轴线的圆柱面包容提取中心线，提取中心线与该圆柱面至少有一点接触，则该圆柱面内的区域即为同轴度误差的最小包容区域，如图 4.4-23 所示，该圆柱的直径 d 为同轴度的误差值。

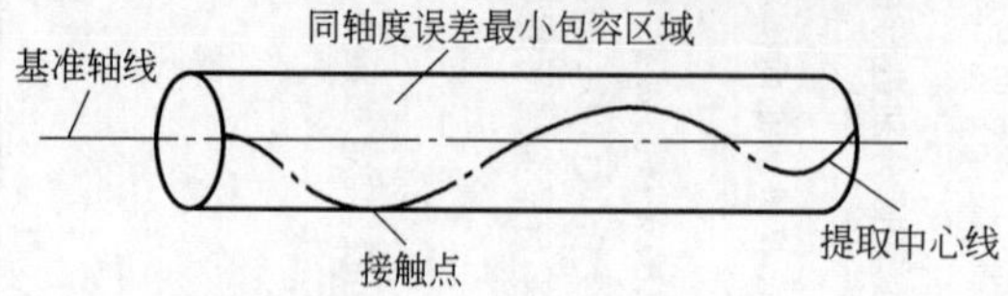

图 4.4-23　同轴度误差评定准则

（5）跳动误差的检测及评定

跳动是一项综合误差，该误差根据被测要素是线要素或是面要素分为圆跳动和全跳动。圆跳动是任一被测要素的提取要素绕基准轴线做无轴向移动的相对回转一周时，测头在给定计值方向上测得的最大与最小示值之差。全跳动是被测要素的提取要素绕基准轴线做无轴向移动的相对回转一周，同时测头沿给定方向的理想直线连续移动过程中，由测头在给定计值方向上测得的最大与最小示值之差。

参照 GB/T 1958—2017《产品几何技术规范（GPS）　几何公差　检测与验证》附录 C，跳动误差的常用检测与验证方案见表 4.4-15。

表 4.4-15　跳动误差的常用检测与验证方案

类别	图例	测量装置	检测与验证方案	检验操作集
圆跳动误差	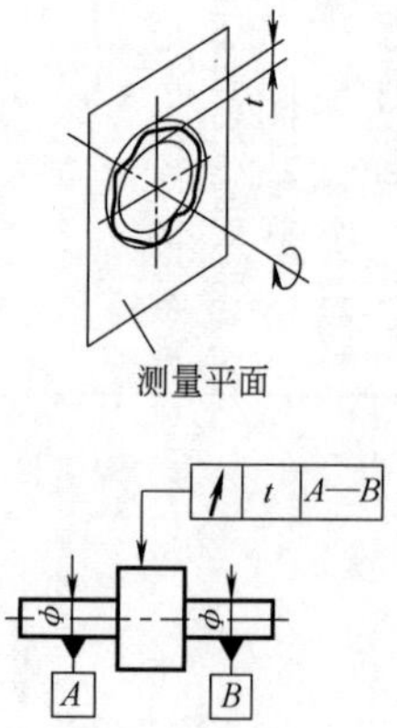	1. 一对同轴圆柱导向套筒 2. 带指示计的测量架	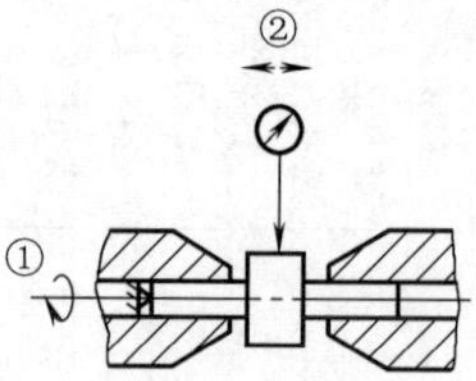	1. 预备工作 将被测件支承在两个同轴圆柱导向套筒内，并在轴向定位 2. 基准体现 采用同轴圆柱导向套筒（模拟基准要素）体现基准 *A—B* 3. 被测要素测量与评估 1）分离：确定被测要素及其测量界限 2）提取：在垂直于基准 *A—B* 的截面（单一测量平面）上，且当被测件回转一周的过程中，对被测要素进行测量，得到一系列测量值（指示计示值） 3）评估：取其指示计示值的最大差值，即为单一测量平面的径向圆跳动 重复上述提取、评估操作，在若干个截面上进行测量。取各截面上测得的径向圆跳动量中的最大值，作为该零件的径向圆跳动 4. 符合性比较 将得到的径向圆跳动值与图样上给出的公差值进行比较，判定被测件的径向圆跳动是否合格
	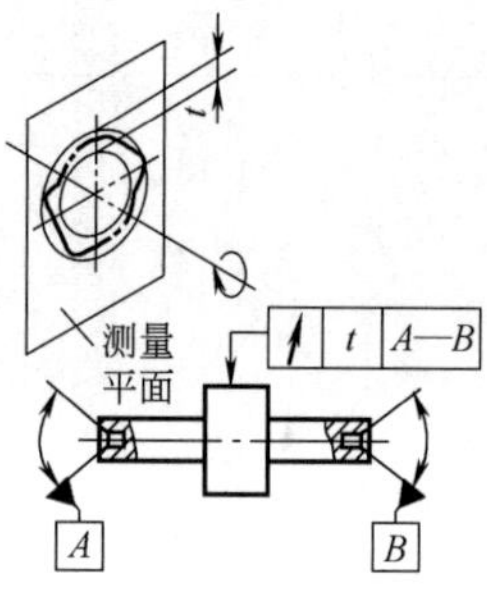	1. 一对同轴顶尖 2. 带指示计的测量架	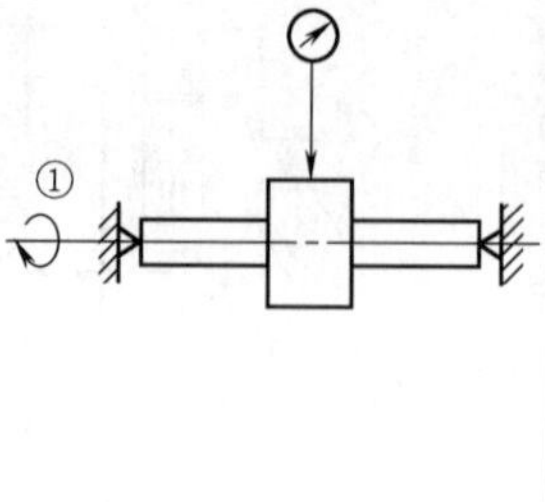	1. 预备工作 将被测件安装在两同轴顶尖之间 2. 基准体现 采用同轴顶尖（模拟基准要素）的公共轴线体现基准 *A—B* 3. 被测要素测量与评估 1）分离：确定被测要素及其测量界限 2）提取：在垂直于基准 *A—B* 的截面（单一测量平面）上，且当被测件回转一周的过程中，对被测要素进行测量，得到一系列测量值（指示计示值） 3）评估：取其指示计示值的最大差值，即为单一测量平面的径向圆跳动 重复上述提取、评估操作，在若干个截面上进行测量。取各截面上测得的径向圆跳动量中的最大值，作为该零件的径向圆跳动 4. 符合性比较 将得到的径向圆跳动值与图样上给出的公差值进行比较，判定被测件的径向圆跳动是否合格

（续）

类别	图例	测量装置	检测与验证方案	检验操作集
圆跳动误差	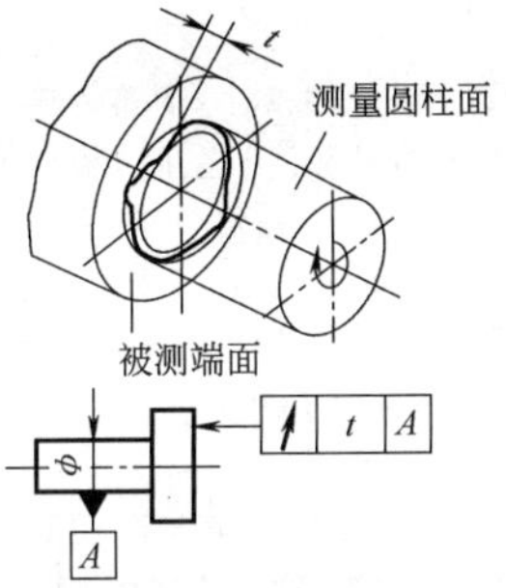	1. 导向套筒 2. 带指示计的测量架	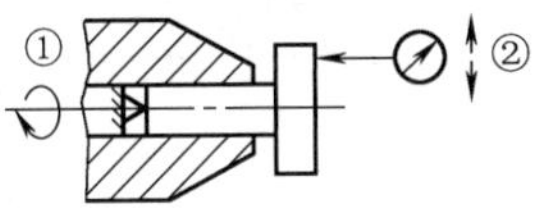	1. 预备工作 将被测件固定在导向套筒内，并在轴向上固定 2. 基准体现 采用导向套筒（模拟基准要素）体现基准 *A* 3. 被测要素测量与评估 1）分离：确定被测要素（端面）及其测量界限 2）构建、提取：在被测要素（端面）的某一半径位置处，沿被测件的轴向，构建相应与基准 *A* 同轴的测量圆柱面；在测量圆柱面上，且当被测件回转一周的过程中，对被测要素进行测量，得到一系列测量值（指示计示值） 3）评估：取其指示计示值的最大差值，即为单一测量圆柱面的轴向圆跳动 重复上述构建、提取、评估操作，在对应被测要素（端面）不同半径位置处的测量圆柱面上进行测量。取各测量圆柱面上测得的轴向圆跳动量中的最大值，作为该零件的轴向圆跳动 4. 符合性比较 将得到的轴向圆跳动值与图样上给出的公差值进行比较，判定被测件的轴向圆跳动是否合格
全跳动误差	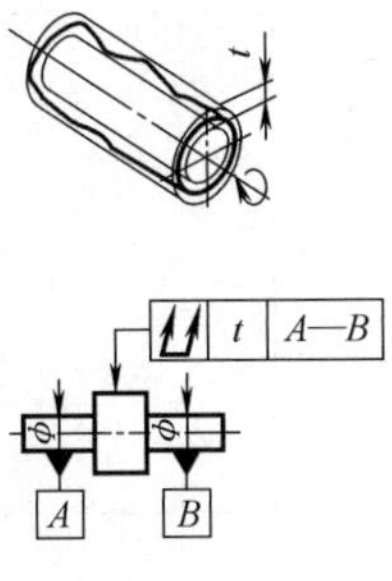	1. 一对同轴导向套筒 2. 平板 3. 支承 4. 带指示计的测量架	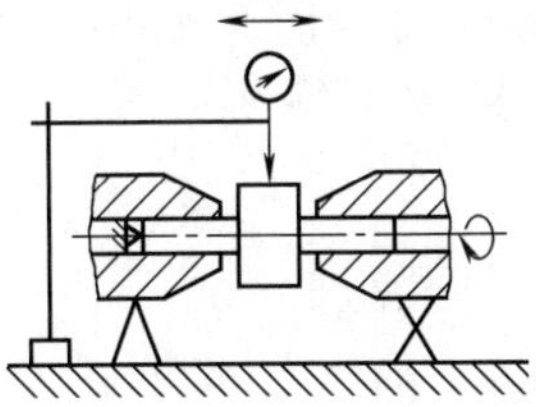	1. 预备工作 将被测件固定在两同轴导向套筒内，同时在轴向上固定，并调整两导向套筒，使其同轴且与测量平板平行 2. 基准体现 采用同轴导向套筒（模拟基准要素）体现基准 *A*—*B* 3. 被测要素测量与评估 1）分离：确定被测要素（外圆柱面）及其测量界限 2）提取：在被测件相对于基准 *A*—*B* 连续回转、指示计同时沿基准 *A*—*B* 方向做直线运动的过程中，对被测要素进行测量，得到一系列测量值（指示计示值） 3）评估：取其指示计示值的最大差值，即为该零件的径向全跳动 4. 符合性比较 将得到的径向全跳动值与图样上给出的公差值进行比较，判定被测件的径向全跳动是否合格

（续）

类别	图例	测量装置	检测与验证方案	检验操作集
全跳动误差	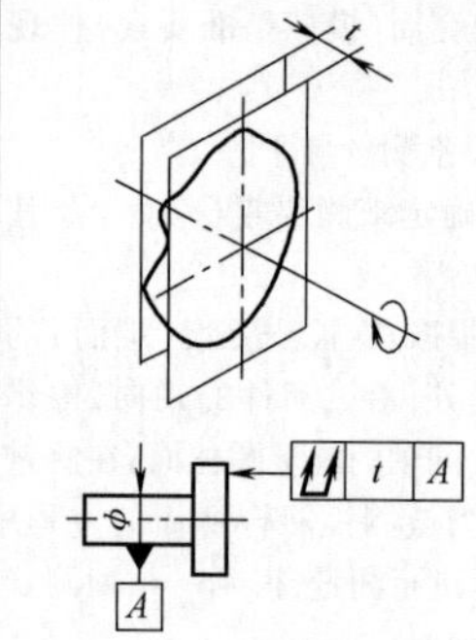	1. 导向套筒 2. 平板 3. 支承 4. 带指示计的测量架	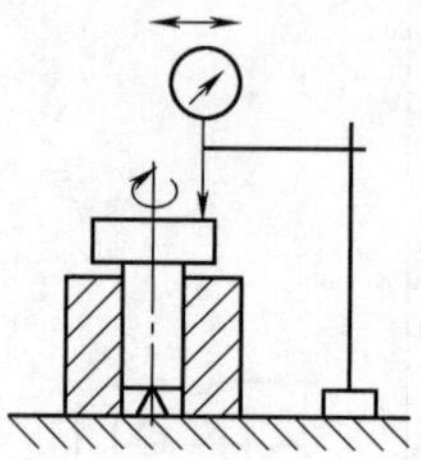	1. 预备工作 将被测件支承在导向套筒内，并在轴向上固定。导向套筒的轴线应与测量平板垂直 2. 基准体现 采用导向套筒（模拟基准要素）体现基准A 3. 被测要素测量与评估 1）分离：确定被测要素（端面）及其测量界限 2）提取：在被测件相对于基准A连续回转、指示计同时沿垂直于基准A方向做直线运动的过程中，对被测要素（端面）进行测量，得到一系列测量值（指示计示值） 3）评估：取其指示计示值的最大差值，即为该零件的轴向全跳动。 4. 符合性比较 将得到的轴向全跳动值与图样上给出的公差值进行比较，判定被测件轴向全跳动是否合格

3. 表面粗糙度的测量

1）表面粗糙度的基本概念与评定参数。表面轮廓不平度可分为形状误差、表面波纹度与表面粗糙度。

2）表面粗糙度的测量方法。常用的表面粗糙度测量方法见表 4.4-16。

表 4.4-16 常用的表面粗糙度测量方法

类别	测量方法		原理与特点	适用对象	一般测量范围	备注
综合评定[①]	比较法	目测法	1. 与比较样块进行比较 2. 比较样块需和被测件具有同样形状，由同样加工方法得到 3. 为提高比较精度，可视需要采用放大镜或比较显微镜	外表面	目视：Ra=3.2~50μm Rz=12.5~200μm 放大镜： Ra=0.8~3.2μm Rz=3.2~12.5μm 比较显微镜： Ra=0.1~0.8μm Rz=0.4~3.2μm	车间广泛应用
		触觉法	1. 用手指或指甲抚摸被检表面与比较样块 2. 同目测法第 2 项要求 3. 对光线无要求，但要求被测件与比较样块有相同温度，否则易产生错觉	外表面 内表面	Ra=0.8~6.3μm Rz=3.2~25μm	车间广泛应用

（续）

类别	测量方法		原理与特点	适用对象	一般测量范围	备注
综合评定①	气隙法	电容法	1. 电容极板靠三个支承点与被测表面接触，按电容量大小评定 2. 极板需与被测面形状相同	外表面	$Ra=0.2\sim6.3\mu m$ $Rz=0.8\sim25\mu m$	用于大批需 100% 检验表面粗糙度的场合 需用标准样板进行仪器标定
	漫反射法③	激光反射法	1. 对非理想镜面，在光线入射时除镜面反射外还产生漫反射 2. 可以根据漫反射光能与镜面反射能量之比确定被测件表面粗糙度，称为数值法 3. 可以根据斑点形状确定被测件表面粗糙度，称为图像法	抛光与精加工外表面 可用于动态测量	$Ra=0.008\sim0.2\mu m$ $Rz=0.025\sim0.8\mu m$	有广阔应用前景 需有标准样板标定
		光纤法	1. 一组光纤以随机方式组成光纤束，其中一部分用作发射光束，另一部分用作接收光束。在一定范围内，接收到的光能，随被测件表面粗糙度值的增大而增加 2. 光能还与气隙有关，需注意调整气隙	可测外表面，也可测内孔、沟槽、曲面 可利用光纤将光束引到加工区，进行加工中测量	$Ra<0.4\mu m$ $Rz<1.6\mu m$	
截面评定②	光切法（双管显微镜）		一束平行光通过具有平直边缘的狭缝以一定角度照射到被测表面上，经反射，在目镜里看到狭缝的像，像的折曲程度与截面表面轮廓一致	平面、外圆表面	$Ra=0.4\sim25\mu m$ $Rz=1.6\sim100\mu m$	车间、实验室均用
	显微干涉法（干涉显微镜）		照明光经分光镜分成两路，一路由参考镜反射返回，另一路由被测表面反射返回，形成干涉条纹，被测表面有微观不平度时，形成弯曲的干涉条纹	平面、外圆表面	$Ra=0.008\sim0.2\mu m$ $Rz=0.025\sim0.8\mu m$	实验室用
	针描法	电感法（电感轮廓仪）	1. 传感器由驱动箱带动，使传感器触针在工作表面划过 2. 触针通过杠杆系统带动磁心运动，传感器输出与被测表面不平度成正比的信号 3. 由电路或计算机自动计算各表征参数值 4. 通过记录器画出表面轮廓曲线	内外表面，不能测柔软易划伤工件	$Ra=0.008\sim6.3\mu m$ $Rz=0.025\sim25\mu m$	实验室广泛应用

（续）

类别	测量方法		原理与特点	适用对象	一般测量范围	备注
截面评定②	针描法	压电法（压电轮廓仪）	1. 同电感法1~3项。只是触针位移使压电晶体发生变形输出与被测表面不平度成正比的信号 2. 无须精确调整传感器位置 3. 由于传感器不宜工作在低频情况下，不便于笔式记录器配用，需描绘轮廓图形时应配用示波管等器件	内外表面，测力比电感法大，不能测柔软易划伤工件	Ra=0.05~25μm Rz=0.2~100μm	车间、实验室均用
		干涉仪法（表面粗糙度和波纹度、形状测量仪）	1. 激光干涉仪的角隅棱镜安装在测量杠杆上随轮廓仪触针上下运动，触针的位移通过干涉计数的方法得到 2. 量程大，无须仔细调整，可同时测得工件的表面粗糙度、波纹度和形状误差 3. 轮廓图形荧光屏显示，数字打印输出	内外表面，不能用于测柔软和易划伤表面	Ra=0.008~6.3μm Rz=0.025~25μm	具有广泛应用前景
		光触针法	1. 由安装在轮廓仪内部的半导体激光器发出的光，经光路聚焦于被测表面上，由于轮廓表面不平，当焦点不在工件表面上时光斑产生散焦，由表面反射回来的散焦信号驱动直线电动机，使测量杠杆位置变化，直至光斑重新聚焦到工件表面，测量杠杆位移由电感传感器测出 2. 不接触测量	内外表面，可测量柔软及易划伤表面	Ra=0.05~3.2μm Rz=0.2~12.5μm	具有广泛应用前景
间接测量	印模法		用塑性材料贴合在被测表面上，将被测表面轮廓复制成印模，然后测量印模	深孔、盲孔、凹槽、内螺纹、大工件及其他难测部位	Ra=0.1~100μm Rz=0.4~400μm	
三维测量	全息法		由被测表面反射的光束与参考光束形成全息图像，可得到一区域内三维轮廓形貌图	平面	Ra=0.025~0.2μm Rz=0.1~0.8μm	
	电感法		在一般电感轮廓仪基础上增加横向工作台和相应驱动及数据处理软件，获得三维轮廓信息	内外表面，不能测柔软易划伤工件	Ra=0.008~6.3μm Rz=0.025~25μm	具有发展前景

① 综合评定法通常对给定的小区域进行综合评定，只能通过样块标定给出轮廓高度参数值的范围，不能绘出轮廓图，也难以给出各种间距参数的值。

② 截面评定法则在给定的截面上进行测量，能给出表面轮廓的形貌图及包括高度参数、间距参数、综合参数在内的各种参数值。

③ 漫反射法还有散斑法、超声波法等，它们各具优点，如散斑法可测相当光滑的表面，超声波法可在有切削液的情况下进行测量。

4.4.2　其他检测技术与方法

1. 三坐标测量技术

1）概况。随着时代的不断发展，越来越多形状复杂、尺寸精度要求较高的零件出现，传统的检测工具及检测技术已不能满足产品生产的检测要求，在20世纪60年代发展起一种新型、高效、多功能的精密测量仪器——三坐标测量机（Coordinate Measuring Machine，CMM）。目前，CMM已广泛用于机械制造业、汽车工业、电子工业、航空航天工业和国防工业等各行业，成为现代工业检测和质量控制不可缺少的精密测量设备，已形成了规格品种齐全的系列产品。三坐标测量机是一种以精密机械为基础，综合应用电子技术、计算机技术、光栅及激光技术、气动技术等先进技术的测量设备，其三个坐标轴互成直角配置，由三个坐标值确定被测件测点的空间位置。

2）三坐标测量机的测量原理。三坐标测量机的基本原理是将被测物体置于三坐标测量机的测量空间，精确地测出被测件表面的点在空间三个坐标位置的数值，将这些点的坐标数值经过计算机数据处理，拟合形成测量元素，如圆、球、圆柱、圆锥等，再经过数学计算的方法得出其形状、位置公差和其他几何尺寸数据。

如图4.4-24所示，要测量工件上一圆柱孔的直径，可以在垂直于孔轴线的截面Ⅰ内，触测内孔壁上三个点（点1、2、3），然后根据这三点的坐标值即可计算出孔的直径及圆心坐标。如果在该截面内触测更多的点（点1，2，…，n，n为测点数），则可根据最小二乘法或最小条件法计算出该截面圆的圆度误差；如果对多个垂直于孔轴线的截面圆（Ⅰ，Ⅱ，…，m，m为测量的截面圆数）进行测量，则根据测得点的坐标值可计算出孔的圆柱度误差及各截面圆的圆心坐标，再根据各圆心坐标值又可计算出孔轴线位置；如果再在孔端面A触测三点，则可计算出孔轴线对端面的位置度误差。由此可见，三坐标测量机的这一工作原理使得其具有很大的通用性与柔性。从原理上说，它可以测量任何工件的任何几何元素的任何参数。

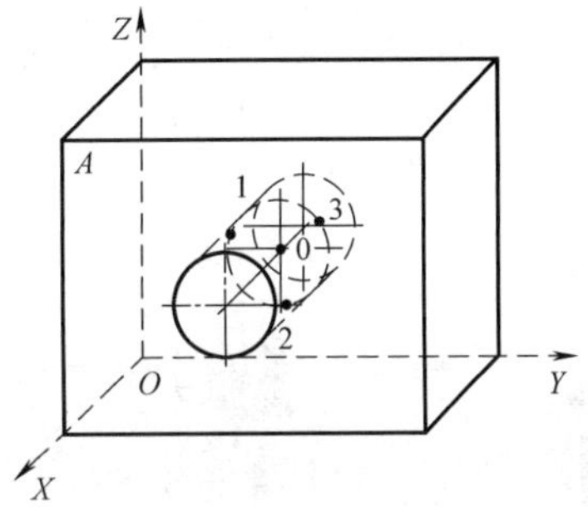

图4.4-24　坐标测量原理

3）三坐标测量机的分类。三坐标测量机的分类方法有很多，其中最常见的是按结构型式分类，见表4.4-17。

表4.4-17　三坐标测量机的分类

类型	图示	优点	缺点
移动桥式	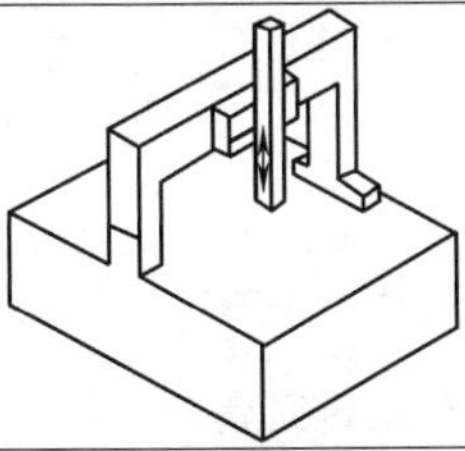	操作性能好，对小型测量机容易达到较高的精度，兼有桥式的刚度和悬臂式操作方便的特点	对中型及大型存在惯性大，X轴行程不能太大，设计时要注意解决运动时桥架两端同步
固定龙门式	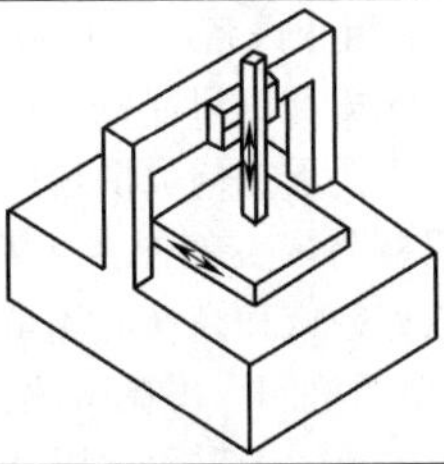	刚度和导轨运动精度较龙门移动式好，多为精密及中、小型三坐标测量机所采用的	工作台运动惯性大，故不宜测量重型工件
固定桥式（大型龙门）	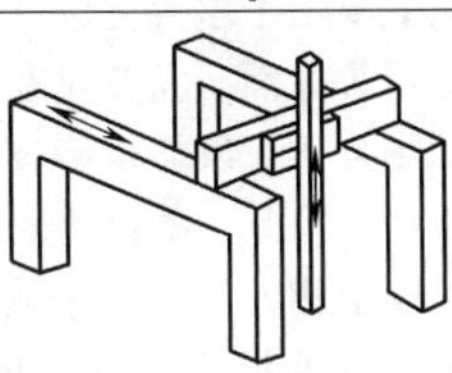	刚性好，X、Y、Z轴行程都可增大，可以达到较高测量精度，是大型测量机的最佳型式，也可以用于中、小型测量机	不易调整，操作性能不够理想，特别在中型测量机中最为不利，设计时要防止X方向的蠕动现象

（续）

类型	图示	优点	缺点
悬臂桥式	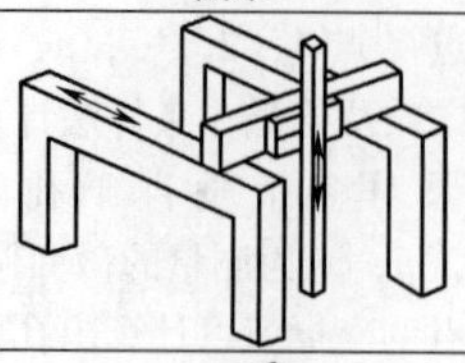	操作性能比固定桥式好	刚度比固定桥式差
固定悬臂式	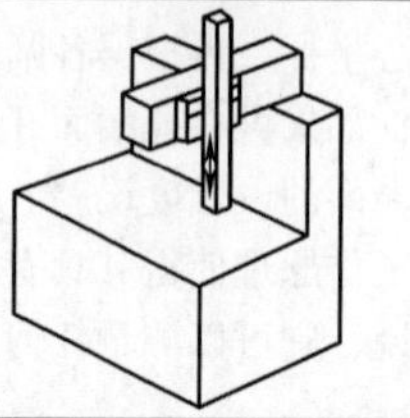	工作面开阔，装卸工件方便，操作性能好，可装夹大于工作台面积的工件，并可在一次安装中测到立方体的五个面	悬臂易产生变形，且变形 Y 轴位置而变化，需增加补偿悬臂变形的结构，精度不高，适用于 X 轴小于 1000mm，Z 轴小于 3000mm，Y 轴小于 500mm

4）三坐标测量机的结构和组成。三坐标测量机主要包括坐标测量机主机、探测系统、控制系统和软件系统，如图 4.4-25 所示。

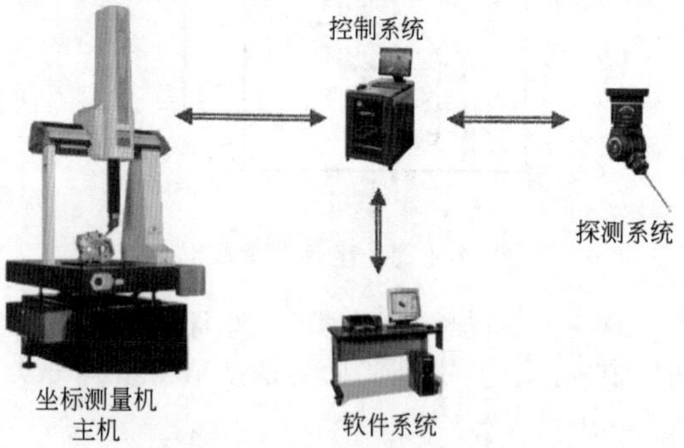

图 4.4-25　三坐标测量机的结构和组成

5）三坐标测量的一般流程如图 4.4-26 所示。

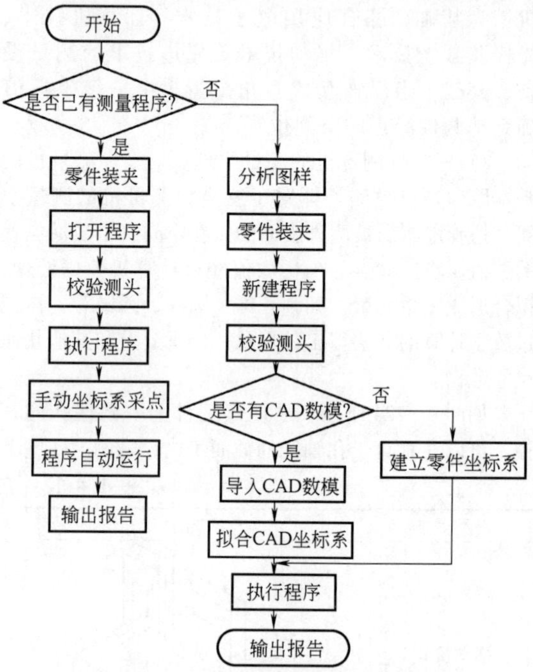

图 4.4-26　三坐标测量一般流程

2. 新的长度测量方法

从 20 世纪 50 年代至 70 年代，栅式测量系统从感应同步器发展到光栅、磁栅、容栅和球栅，这五种测量系统都是将一个栅距周期内的绝对式测量和周期外的增量式测量结合起来，测量单位不是像激光一样的光波波长，而是通用的米制标尺。它们有各自的优点，相互补充，在竞争中都得到了发展。

1）光栅检测。光栅测量系统的综合技术性能优于感应同步器、磁栅、容栅和球栅，而且其制造费用又比感应同步器、磁栅、球栅低，因此光栅发展最快，技术性能最高，市场占有率最高，产业最大。在栅式测量系统中，光栅的占有率已超过 80%，光栅长度测量系统的分辨率已覆盖微米级、亚微米级和纳米级，测量速度为 60~480m/min，测量长度从 1m、3m 至 30m 和 100m。

光栅一般成对使用，其中一个用于发射，另一个用于接收。光源一般是红外不可见的光。光栅的工作原理：如果光栅发射出的光在中途被阻断，即接收的光栅没有收到完整的光源，就会把这个信号发给 PLC，从而阻止设备的工作或发出报警信号。光栅也分为安全光栅和测量光栅，但所有的光栅都具有测量的功能，主要看如何灵活运用，达成所需而已。

光栅检测装置如图 4.4-27 所示，目前广泛应用在各种数控领域和高精度测量领域。

2）磁栅检测。磁栅检测技术已有 30 余年的发展历史，它主要用于磁分度以及齿轮、丝杠传动链误差的动态测量等方面。尤其是在某些特殊情况或环境比较恶劣的场合下，磁栅检测技术显示了它特有的机动性和灵活性。因此，磁栅检测技术仍是精密检测技术及数控机床检测方面的一个重要手段。

磁栅传感器主要由磁栅和磁头组成，如图 4.4-28a

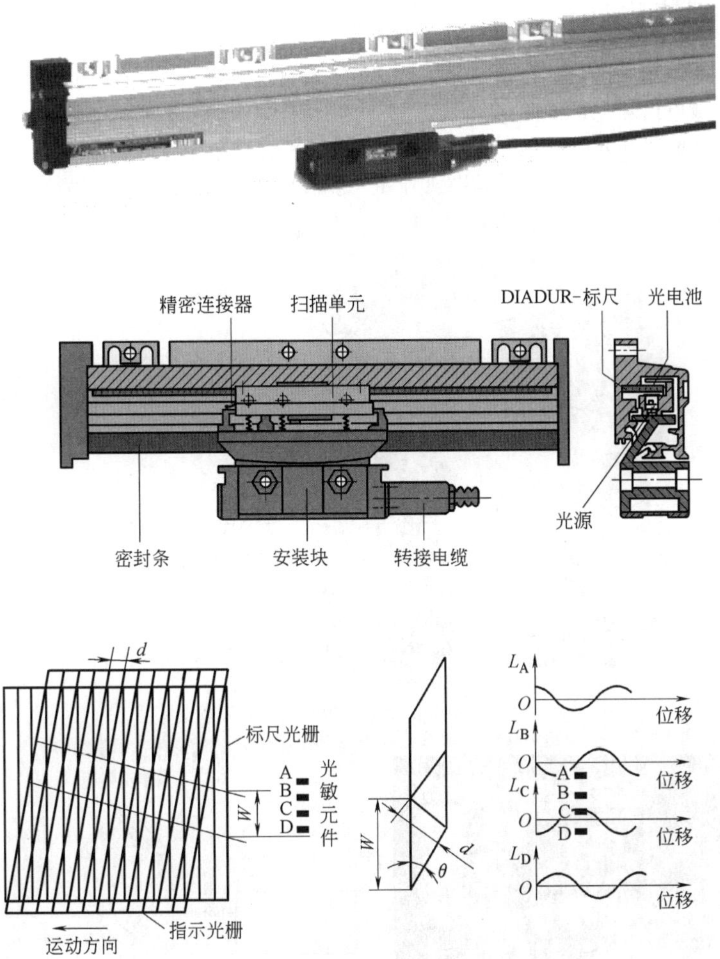

图 4.4-27　光栅检测装置

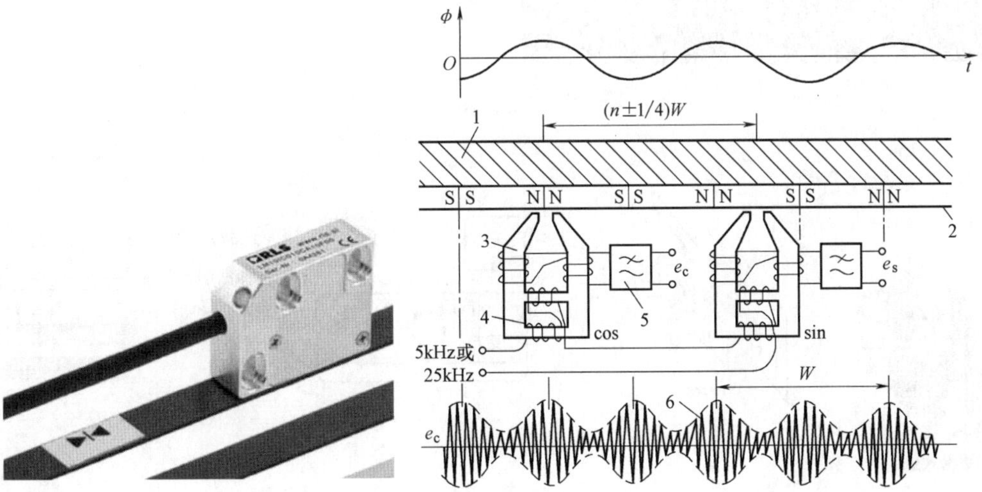

a)　　b)

图 4.4-28　磁栅检测装置

1—磁栅　2—磁性薄膜　3—磁头　4—激励绕组　5—输出电路　6—磁头信号波形

所示。磁栅上录有等间距的磁信号，它相当于一把磁尺。磁栅传感器工作时，磁头相对于磁栅做相对位移。在位移过程中，磁头把磁栅上的磁信号检测出来，这样就把检测位移转换成电信号，如图 4.4-28b 所示。

3）激光检测。激光具有方向性强、亮度高、单色性好和相干性好的优点。激光技术用于检测工作主要是利用激光的这些优异特性，将它作为光源，配以相应的光电元件来实现的。它具有精度高，测量范围大，检测时间短，非接触式等优点。激光检测技术由于其自身的优势，正在逐步深入信息处理、通信、生物、医疗、制造业等各个领域，形成大规模产业。激光检测常见应用有激光跟踪仪（图 4.4-29a)、激光干涉仪（图 4.4-29b)、激光测距仪（图 4.4-29c）和激光准直仪等。

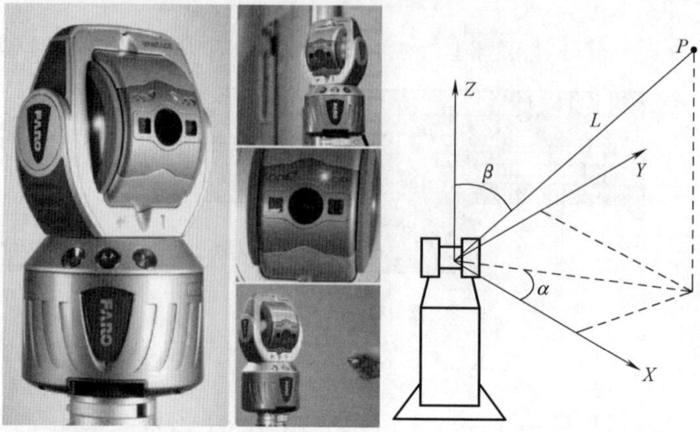

a)

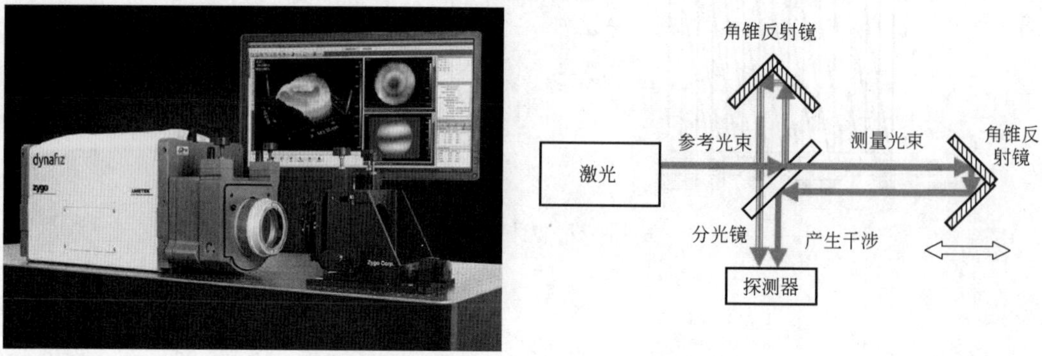

b)

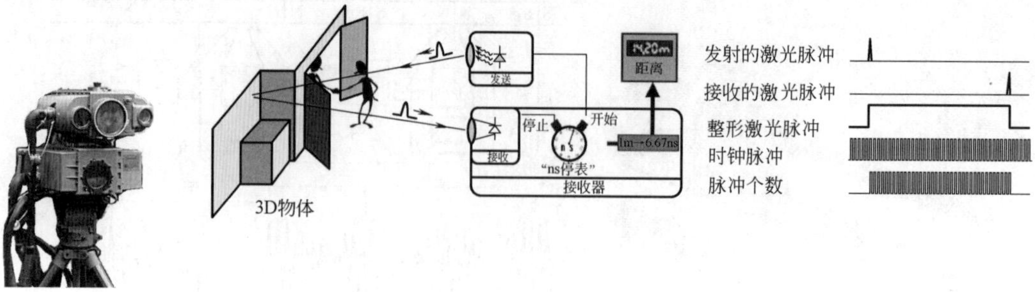

c)

图 4.4-29　激光检测装置

a）激光跟踪仪　b）激光干涉仪　c）激光测距仪

3. 微纳尺度的测量

1）扫描隧道显微镜。扫描隧道显微镜（Scanning Tunneling Microscope，STM）如图 4.4-30 所示。它作为一种扫描探针显微术工具，可以让科学家观察和定位单个原子，扫描隧道显微镜具有比它的同类原子力显微镜更加高的分辨率。STM 使人类第一次能够实时地观察单个原子在物质表面的排列状态和与表面电子行为有关的物化性质，在表面科学、材料科学、生命科学等领域的研究中有着重大的意义和广泛的应用前景，被国际科学界公认为 20 世纪 80 年代世界十大科技成就之一。此外，扫描隧道显微镜在低温（4K）下可以利用探针尖端精确操纵原子，因此它在纳米科技中既是重要的测量工具又是加工工具。

图 4.4-30　扫描隧道显微镜

扫描隧道显微镜的工作原理（图 4.4-31）：当原子尺度的针尖在不到 1nm 的高度上扫描样品时，此处电子云重叠，外加一电压（2mV～2V），针尖与样品之间产生隧道效应而有电子逸出，形成隧道电流。电流和针尖与样品间的距离有函数关系，当探针沿物质表面按给定高度扫描时，因样品表面原子凹凸不平，使探针与物质表面间的距离不断发生改变，从而引起电流不断发生改变。将电流的这种改变图像化即可显示出原子水平的凹凸形态。图 4.4-32 所示为扫描隧道显微镜下观察到的血细胞。

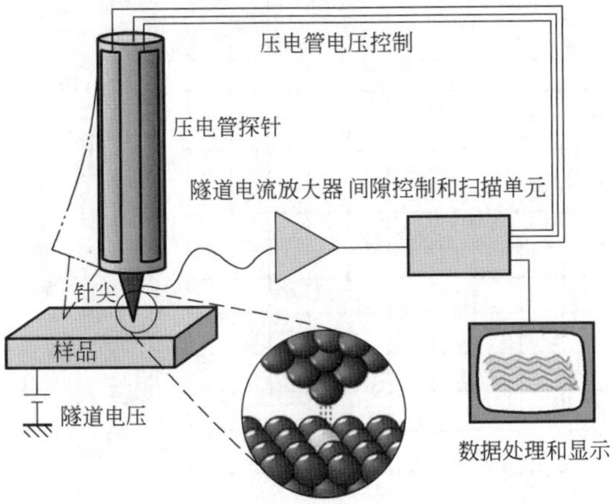

图 4.4-31　扫描隧道显微镜的工作原理

图 4.4-32　扫描隧道显微镜下观察到的血细胞

2）原子力显微镜。原子力显微镜（Atomic Force Microscope，AFM）如图 4.4-33 所示，它是一种可用来研究包括绝缘体在内的固体材料表面结构的分析仪器。它通过检测待测样品表面和一个微型力敏感元件之间的极微弱的原子间相互作用力来研究物质的表面结构及性质。将一对微弱力极端敏感的微悬臂一端固定，另一端的微小针尖接近样品，这时它将与其相互作用，作用力将使得微悬臂发生形变或运动状态发生变化。扫描样品时，利用传感器检测这些变化，就可获得作用力分布信息，从而以纳米级分辨率获得表面形貌结构信息及表面粗糙度信息，如图 4.4-34 所示。

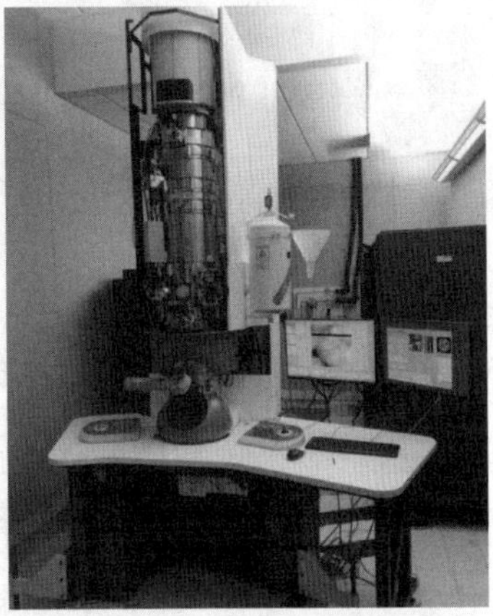

图 4.4-33　原子力显微镜

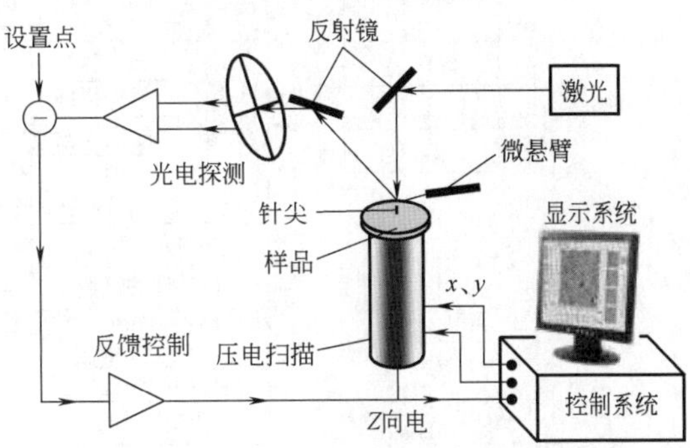

图 4.4-34　原子力显微镜的工作原理

原子力显微镜与扫描隧道显微镜相比，由于能观测非导电样品，因此具有更为广泛的适用性。当前在科学研究和工业界广泛使用的扫描力显微镜，其基础就是原子力显微镜。

4.4.3 数控加工检测方法

数控加工检测与一般加工检测方法有所不同，它与数控机床的运动控制性能关系密切，因此它包含数控机床的精度检测和数控加工精度的检测两大部分。

1. 数控机床的精度检测

（1）精度及影响精度的因素

数控机床的精度要求比较多，影响精度的因素也是错综复杂的，下面分析影响其几何精度、定位精度及伺服精度的因素。

1）数控机床几何精度分析。机床在工作时，切削过程中的力、热作用通过机床结构而影响其几何精度，对于数控机床也是这样，如图 4.4-35 所示。然而，几何精度的检测通常是在静态下进行，没有考虑切削过程中的力、热作用，由于数控机床是自动运行，所以对数控机床来说是不能忽视的，数控机床的几何精度检测应该在静态和动态两种情况下进行，才能保证精度要求。

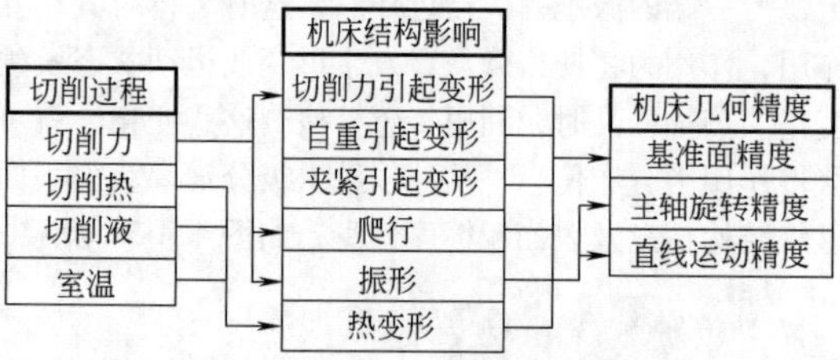

图 4.4-35　影响数控机床几何精度的因素分析

在静态下检测几何精度，要求在检测前预先运转机床，待温度、润滑等状态稳定后，才能进行。

在动态下检测几何精度，一般是通过典型试件来进行，试件的设计应尽量避免试件本身、刀具、夹具等造成的影响，也就是其形状要不易受力、热变形，这样通过试件的检验就可以知道机床的几何精度了。

通常，把影响机床几何精度的因素分为内部因素和外部因素两部分，内部因素即机床本身的因素，如导轨的直线度、工作台面的平面度等；外部因素，即机床以外的如切削过程中工件、刀具等被施加和产生的力、热等。显然，对于数控机床，必须重视外部因素的影响。

2）数控机床定位精度分析。数控机床的定位精度是十分重要的，从结构上来说，它的许多特点都是由于定位精度的要求而引起的。影响定位精度的主要环节是进给系统，其中包括机械结构和控制电路两部分。

机床进给系统的结构对定位精度的影响与采用的伺服运动装置的类型有关，如图 4.4-36 所示，开环、

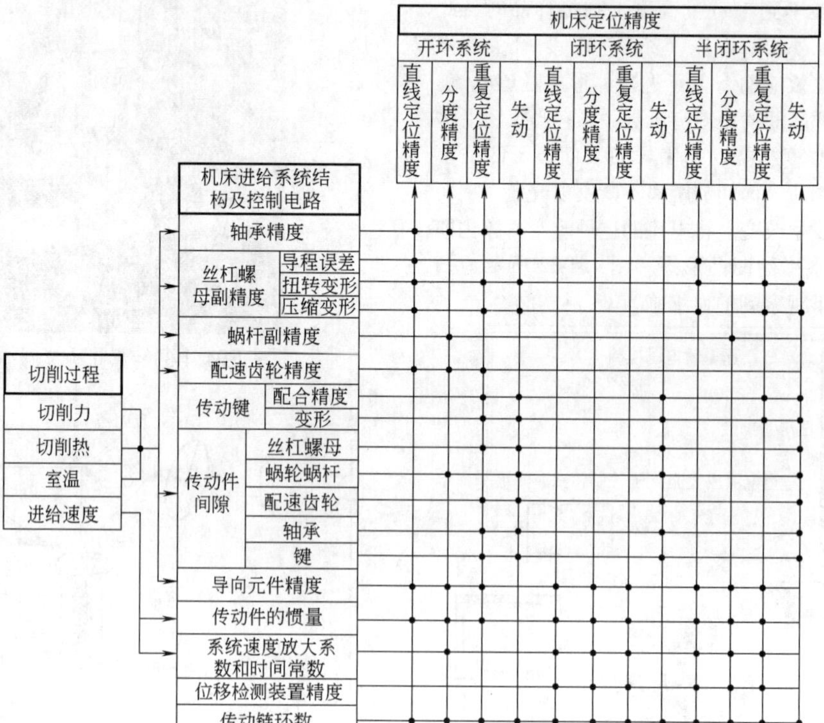

图 4.4-36　影响数控机床定位精度的因素分析

闭环及半闭环系统的影响因素是不一样的。例如在闭环系统中，由于有位移检测装置，丝杠螺母副的精度对定位精度的影响较小。但绝不能认为丝杠螺母副的精度可以很低，相反，应该保证丝杠螺母副有一定的精度才行。

3）数控机床伺服精度分析。从图 4.4-37 可以看出，影响数控机床伺服精度的因素比较复杂，可以分为结构及控制电路两个方面。

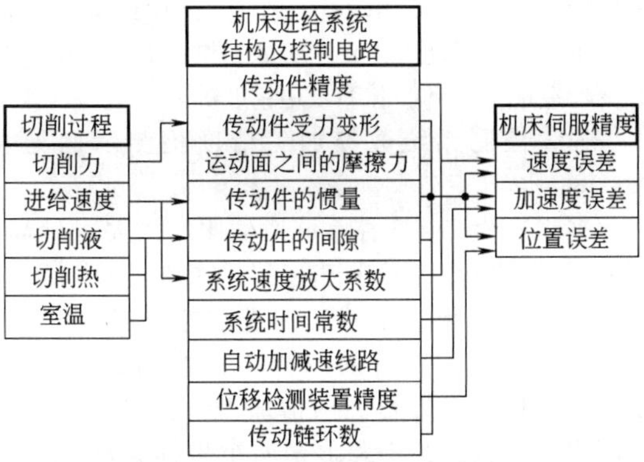

图 4.4-37　影响数控机床伺服精度的因素分析

数控机床出厂时的检验项目中，没有单独检查伺服精度的项目，但是伺服精度会直接影响加工精度及定位精度，因此通过定位精度和加工精度的检验可以反映出伺服精度存在的问题。但在进行数控机床的设计和试验时，要做伺服精度方面的研究。

对于开环伺服装置，其组成部件有步进电动机、齿轮、丝杠及工作台等，进给运动的指令脉冲发出后，步进电动机就有速度误差，经过传动链到工作台，指令脉冲的误差会增大，因此系统越简单越好。对于闭环随动装置，虽然有位移检测装置，但是传动链越长，调整就越复杂，也是不利的。这种情况，对加速度误差和位置误差也是一样。

（2）数控机床精度的检测方法

在进行机床精度检测时，测量点的距离越大，误差也越大，即两点间的定位误差随两点间的距离增大而增大。因此，对于单坐标运动，应考虑检测两个极限位置间的精度；对于两坐标运动，任一坐标的精度至少要在另一坐标的两个极限位置上分别检测，如图 4.4-38 所示，x 向的精度应在 y_F、y_B 范围内测定，y 向的精度应在 x_L、x_R 范围内测定，检测范围是一个长方形平面；对于三坐标运动，任一坐标的精度至少应在另两个坐标的四个极限位置上检测，如图 4.4-39 所示，检测范围是一个立方体。这样就提出了检测区的概念。检测区是根据工作区而来的，工作区就是数控机床可能的加工区域，它是在数控机床设计时就已确定的，检测区的范围应该比工作区大些，至少是相等。

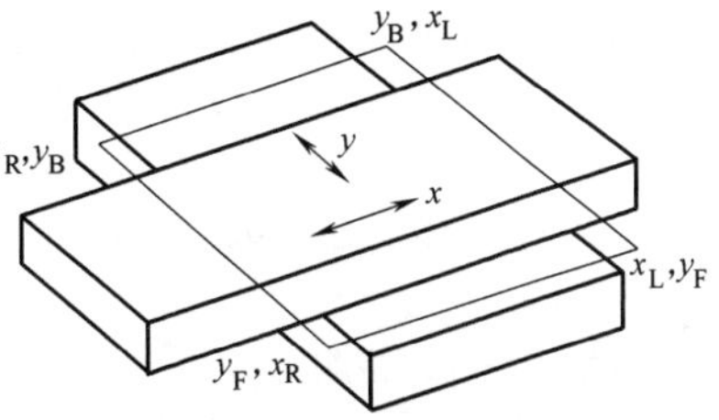

图 4.4-38　数控机床加工的平面检测区

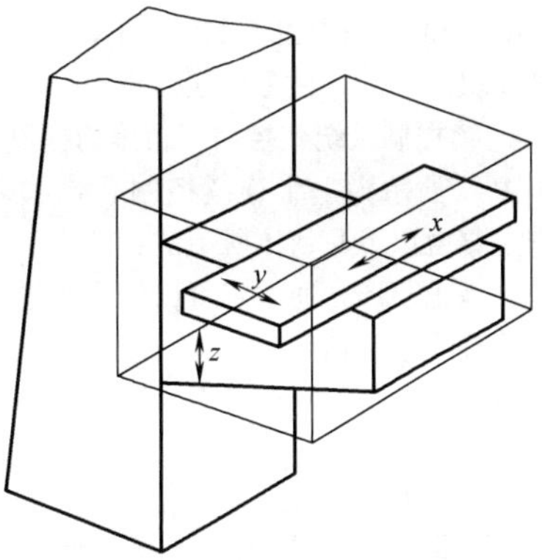

图 4.4-39　数控机床加工的立方体检测区

数控机床精度的检测方法可以归纳为以下几种：

1）直接法。用检测被加工工件的精度来评定机床的精度。这种方法比较综合，适用于检测加工精度；但由于影响精度的因素错综复杂，不易分析影响因素，故多用于生产厂的产品出厂检验。

2）跟踪法（或称检测试件法）。这种方法是要先研制一个标准的精确检测试件，把检测试件装在机床上代替工件，在机床上装刀具的位置装上一个检测传感器，数控程序为检测试件应检测的轨迹，传感器通过显示器即可给出检测试件的形状，从而可以进行分析比较。检测试件跟踪法是一种静态精度的综合检验，它易于实现检验的自动化，关键是要设计合适的检测试件以及测试装置。图 4.4-40 所示为数控镗铣床的检测试件，它可以检测孔间距、平面度和垂直度等。

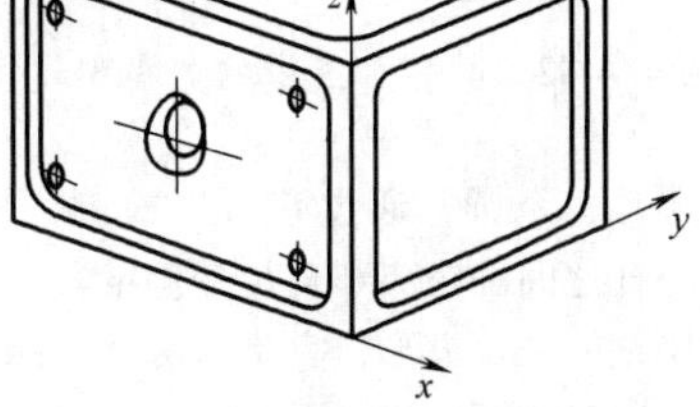

图 4.4-40　数控镗铣床的检测试件

3）间接法。通过测量机床本身的精度来评价加工的精度。这是最常用的方法，但只是考虑到机床本身而没有考虑加工时的一些影响，所以称为间接法。现在数控机床的检验中，几何精度、定位精度都是用这种间接法来进行检测，而伺服精度和加工精度用直接法来进行检查。

2. 数控加工精度的检测

数控加工精度的检测可通过切削特殊设计的试件来进行，加工精度的检测可以综合反映机床定位精度、伺服精度和几何精度的问题，在设计试件时，应该能分别反映才好，以便分析误差因素。

(1) 连续控制系统数控加工精度的检测

图 4. 4-41 所示为一个连续控制系统数控加工的试件，它主要由以下几何体所组成：

第一层是正菱形，通过它可以检测两坐标同时运动所形成的直线位置精度，如平行度、垂直度和直线度等。另一方面，通过它也可以检测欠程和超程，如图 4. 4-42 所示。

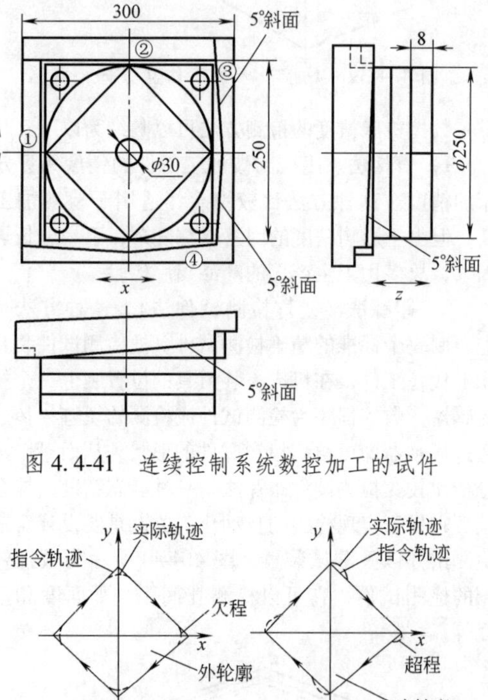

图 4. 4-41　连续控制系统数控加工的试件

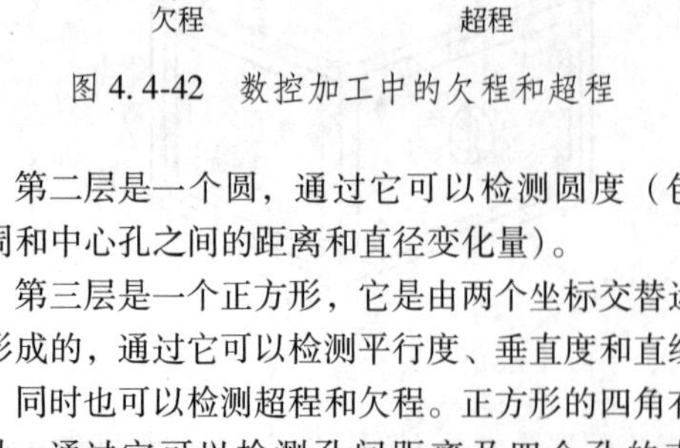

图 4. 4-42　数控加工中的欠程和超程

第二层是一个圆，通过它可以检测圆度（包括圆周和中心孔之间的距离和直径变化量）。

第三层是一个正方形，它是由两个坐标交替运动所形成的，通过它可以检测平行度、垂直度和直线度等，同时也可以检测超程和欠程。正方形的四角有四个孔，通过它可以检测孔间距离及四个孔的直径变量。

第四层是小角度的小斜率的面，面①是由 y、z 两坐标形成的 5°斜面；面③是由 x、y 两坐标所形成的两个 5°斜面，其中 x 有反向；面④是由 x、y 两坐标所形成的两个 5°斜面，其中 y 有反向。小角度面的切削是由两个坐标同时运动而形成的，其特点是一个坐标进给速度很快而另一个坐标进给速度极慢，条件是比较严格的。通过它可以检查平面度、斜度和定位精度中的周期误差。由于一个坐标运动很慢，有时甚至是单脉冲，因此可以检测机床工作台的灵敏度、受力变形造成的失动和脉冲步距精度等。

连续控制系统数控加工精度检测示例见表 4. 4-18。

有些连续控制数控系统对伺服精度要求较高，因此设计了偏重于检测速度误差和加速度误差影响的试件，并规定用不同的进给速度进行切削，图 4. 4-43 为这种试件的一例。在这个试件中，加了一个菱形和正方形的内槽加工，主要是为了检验超程和欠程，其中菱形是两个坐标移动合成直线时的情况，正方形是两个坐标交替移动而形成的，两者情况有所不同。

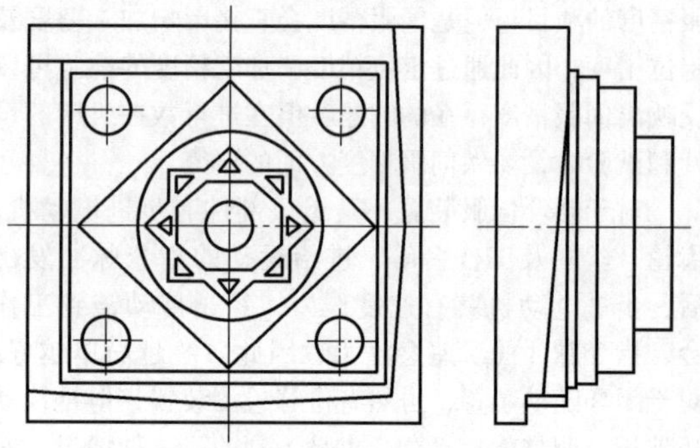

图 4. 4-43　偏重于检测速度误差和加速度误差影响的连续控制数控系统试件

(2) 点位控制系统数控加工精度的检测

点位控制系统数控加工精度也是通过切削试件来进行检测的，但试件比较简单。点位控制系统数控加工精度检测示例见表 4. 4-19，可见检验项目比连续控制系统的要少得多。

无论是连续控制系统或点位控制系统的数控机床的加工精度检验，一般切削 5 ~ 7 个试件比较合适，将所得数据分配曲线进行处理，便可得到各项精度值及重复精度值。试件在切削时，切削用量的选择和加工条件的情况（如刀具类型、刀具材料、切削液等）对加工精度都有较大影响，因此应进行多方面的试验。

表 4.4-18　连续控制系统数控加工精度检测示例

序号	检验项目	简图	允差/mm
1	平面度	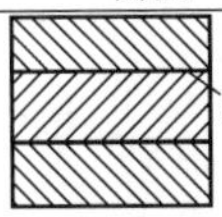	0.02/300mm^2
2	接刀台阶		0.015
3	平行度	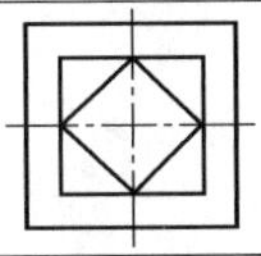	0.02/200mm
4	垂直度		0.02/200mm
5	直线度		0.01/200mm
6	圆度	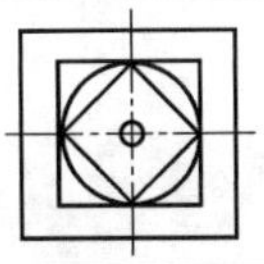	0.06
7	小角度切削偏差		0.06/300mm
8	孔间距	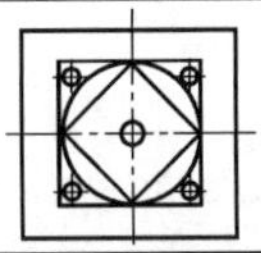	0.025/200mm
9	孔径偏差		0.02/ϕ30mm

表 4.4-19　点位控制系统数控加工精度检测示例

序号	检验项目	简图	允差/mm
1	平面度	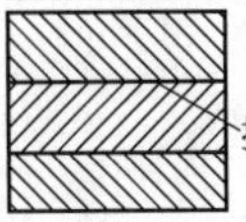	0.02/300mm^2
2	接刀台阶		0.015
3	平行度	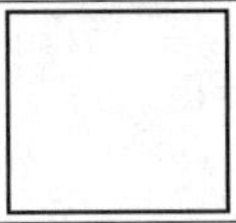	0.03/300mm
4	垂直度		0.03/300mm
5	直线度		0.015/300mm
6	孔间距	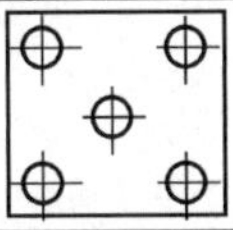	0.025/200mm
7	孔径偏差		0.02/ϕ30mm

参 考 文 献

[1]　杨叔子. 机械加工工艺师手册 [M]. 2 版. 北京：机械工业出版社，2011.

[2]　冯之敬. 制造工程与技术原理 [M]. 北京：清华大学出版社，2004.

[3]　陈日曜. 金属切削原理 [M]. 2 版. 北京：机械工业出版社，1993.

[4]　王杰，李方信，肖素梅. 机械制造工程学 [M]. 北京：北京邮电大学出版社，2004.

[5]　王先逵. 机械制造工艺学 [M]. 4 版. 北京：机械工业出版社，2019.

[6]　程景苑. 现代实用机械制造新工艺、新技术与新标准 [M]. 北京：当代中国出版社，2004.

[7]　陈宏钧. 实用机械加工工艺手册 [M]. 4 版. 北京：机械工业出版社，2016.

[8]　张军，唐文彦，强锡富. 切削振动条件下工件表面轮廓的形成机理 [J]. 仪器仪表学报，2000，21 (3)：225-228.

[9]　捷姆金，等. 机器零件的表面质量和接触 [M]. 金同熹，译. 北京：机械工业出版社，1986.

[10]　吴祥，沈德和，薛秉源，等. 外圆磨削颤振及工件变速磨削抑振的研究 [J]. 机械制造，1986 (3)：8-11.

[11]　韩正铜. 磨削颤振与磨削表面形貌误差的研究 [M]. 北京：中国矿业大学出版社，2005.

第 5 章

机械加工工艺规程制定

主　编　王广林（哈尔滨工业大学）
副主编　邵东向（哈尔滨工业大学）
参　编　王慧峰（哈尔滨工业大学）
潘旭东（哈尔滨工业大学）
李跃峰（哈尔滨工业大学）

5.1　机械制造工艺基本术语

常用的机械制造工艺基本术语见表 5.1-1。

表 5.1-1　常用的机械制造工艺基本术语
（摘自 GB/T 4863—2008）

名词	含义
机械制造工艺	各种机械的制造方法和过程的总称
典型工艺	根据零件的结构和工艺特征进行分类、分组，对同组零件制定的统一加工方法和过程
零件结构工艺性	零件在能满足设计功能和精度要求的前提下，制造的可行性和经济性
生产过程	将原材料转变为成品的全过程
工艺过程	改变生产对象的形状、尺寸、相对位置和性质等，使其成为成品或半成品的过程
工艺方案	根据产品设计要求、生产类型和企业的生产能力，提出工艺技术准备工作具体任务和措施的指导性文件
工艺文件	指导工人操作和用于生产、工艺管理的各种技术文件
工艺路线	产品或零部件在生产过程中，由毛坯准备到成品包装入库，经过企业各有关部门或工序的先后顺序
工艺规程	规定产品或零部件制造工艺过程和操作方法等的工艺文件
工艺设计	编制各种工艺文件和设计工艺装备等的过程
工艺参数	为了达到预期的技术指标，工艺过程中所需选用或控制的有关量
工艺准备	产品投产前所进行的一系列工艺工作的总称。其主要内容包括：对产品图样进行工艺性分析和审查；拟定工艺方案；编制各种工艺文件；设计、制造和调整工艺设备；设计合理的生产组织形式等
工艺试验	为考查工艺方法、工艺参数的可行性或材料的可加工性等而进行的试验
工艺装备［工装］	产品制造过程中所用的各种工具总称。包括刀具、夹具、模具、量具、检具、辅具、钳工工具和工位器具等
工艺系统	在机械加工中由机床、刀具、夹具和工件所组成的统一体

（续）

名词	含义
成组技术	将企业的多种产品、部件和零件，按一定的相似性准则，分类编组，并以这些组为基础，组织生产各个环节，从而实现多品种中小批量生产的产品设计、制造和管理的合理化
生产纲领	企业在计划期内应当生产的产品产量和进度计划
生产类型	企业（或车间、工段、班组、工作地）生产专业化程度的分类。一般分为大量生产、成批生产和单件生产三种类型
生产批量	一次投入或产出的同一产品（或零件）的数量
生产节拍	流水生产中，相继完成两件制品之间的时间间隔
毛坯	根据零件（或产品）所要求的形状、工艺尺寸等而制成的供进一步加工用的生产对象
工件	加工过程中的生产对象
工艺关键件	技术要求高、工艺难度大的零、部件
机械加工	利用机械力对各种工件进行加工的方法
切削加工	利用切削工具从工件上切除多余材料的加工方法
工序	一个或一组工人，在一个工作地对同一个或同时对几个工件所连续完成的那一部分工艺过程
安装	工件（或装配单元）经一次装夹后所完成的那一部分工序
工位	为了完成一定的工序部分，一次装夹工件后，工件（或装配单元）与夹具或设备的可动部分一起相对刀具或设备的固定部分所占据的每一个位置
工步	在加工表面（或装配时的连接表面）和加工（或装配）工具不变的情况下，所连续完成的那一部分工序
走刀	在一个工步内当被加工表面的切削余量较大，需分几次切削时，则每进行一次切削称为一次走刀

（续）

名词	含义
工艺基准	在工艺过程中所采用的基准
工序基准	在工序图上用来确定本工序所加工表面加工后的尺寸、形状、位置的基准
工艺尺寸	根据加工的需要，在工艺附图或工艺规程中所给出的尺寸
加工总余量（毛坯余量）	毛坯尺寸与零件图的设计尺寸之差
工序余量	相邻两工序的工序尺寸之差
工艺留量	为工艺需要而增加的工件（或毛坯）的尺寸
加工误差	零件加工后的实际几何参数（尺寸、形状和位置）对理想几何参数的偏离程度
加工精度	零件加工后的实际几何参数（尺寸、形状和位置）对理想几何参数的符合程度
加工经济精度	在正常加工条件下（采用符合质量标准的设备、工艺装备和标准技术等级的工人，不延长加工时间）所能保证的加工精度
工艺过程卡片	以工序为单位简要说明产品或零、部件的加工（或装配）过程的一种工艺文件
工艺卡片	按产品或零、部件的某一工艺阶段编制的一种工艺文件。它以工序为单元，详细说明产品（或零、部件）在某一工艺阶段中的工序号、工序名称、工序内容、工艺参数、操作要求以及采用的设备和工艺装备等
工序卡片	在工艺过程卡片或工艺卡片的基础上，按每道工序所编制的一种工艺文件。一般具有工艺简图，并详细说明该工序的每个工步的加工（或装配）内容、工艺参数、操作要求以及所用的设备和工艺装备等
调整卡片	对自动、半自动机床或某些齿轮加工机床等进行调整用的一种工艺文件
工艺附图	附在工艺规程上用以说明产品或零、部件加工或装配的简图或图表
夹具	用以装夹工件（和引导刀具）的装置
装夹	将工件在机床上或夹具中定位、夹紧的过程

（续）

名词	含义
对刀	调整刀具切削刃相对工件或夹具的正确位置的过程
粗加工	以切除大部分加工余量为主要目的的加工
半精加工	粗加工与精加工之间的加工
精加工	使工件达到预定的精度和表面质量的加工
光整加工	精加工后，从工件上不切除或切除极薄金属层，用以提高工件表面质量或强化其表面的加工过程
超精密加工	按照超稳定、超微量切除等原则，实现加工尺寸误差和形状误差在 0.1μm 以下的加工技术
试切法	通过试切—测量—调整—再试切，反复进行到被加工尺寸达到要求为止的加工方法
调整法	先调整好刀具和工件在机床上的相对位置，并在一批零件的加工过程中保持这个位置不变，以保证工件被加工尺寸的方法
定尺寸刀具法	用刀具的相应尺寸来保证工件被加工部位尺寸的方法
典型工艺过程卡片	具有相似结构和工艺特征的一组零、部件所能通用的工艺过程卡片
典型工艺卡片	具有相似结构和工艺特征的一组零、部件所能通用的工艺卡片
典型工序卡片	具有相似结构和工艺特征的一组零、部件所能通用的工序卡片
计算机辅助工艺规程编制	通过向计算机输入被加工零件的原始数据、加工条件和加工要求，由计算机自动地进行编码、编程，直到最后输出经过优化的工艺规程卡片的过程
计算机辅助制造	利用计算机分级结构将产品的设计信息自动地转换成制造信息，以控制产品的加工、装配、检验、试验、包装等全过程以及与这些过程有关的全部物流系统和初步生产调度
柔性制造系统	利用计算机控制系统和物料输送系统，把若干台设备联系起来，形成没有固定加工顺序和节拍，在加工完一定批量的某种工件后，能在不停机调整的情况下，自动地向另一种工件转化的自动化制造系统

5.2　机械加工工艺规程的编制

5.2.1　机械加工工艺规程的作用及制定程序

1. 机械加工工艺规程的作用

1）机械加工工艺规程是组织车间生产的主要技术文件。机械加工工艺规程是车间中一切从事生产的人员都要严格、认真贯彻执行的工艺技术文件，按照它组织生产，就能做到各工序科学地衔接，实现优质、高产和低消耗。

2）机械加工工艺规程是生产准备和计划调度的主要依据。有了机械加工工艺规程，在产品投入生产之前就可以根据它进行一系列的准备工作，如原材料和毛坯的供应，机床的调整，专用工艺装备（如专用夹具、刀具和量具）的设计与制造，生产作业计划的编排，劳动力的组织，以及生产成本的核算等。有了机械加工工艺规程，就可以制定所生产产品的进度计划和相应的调度计划，使生产均衡、顺利地进行。

3）机械加工工艺规程是新建或扩建工厂、车间的基本技术文件。在新建或扩建工厂、车间时，只有根据机械加工工艺规程和生产纲领，才能准确确定生产所需机床的种类和数量，工厂或车间的面积，机床的平面布置，生产工人的工种、等级、数量，以及各辅助部门的安排等。

2. 机械加工工艺规程制定程序

制定机械加工工艺规程的原始资料主要是产品图样、生产纲领、生产类型、现场加工设备及生产条件等。生产类型的划分见表 5.2-1，各生产类型的主要工艺特征见表 5.2-2。

表 5.2-1　生产类型的划分

生产类型	工作地每月担负的工序数	年产量/台
单件生产	不做规定	1～10
小批生产	>20～40	>10～150
中批生产	>10～20	>150～500
大批生产	>1～10	>500～5000
大量生产	1	>5000

注：表中生产类型的年产量应根据各企业产品具体情况而定。

表 5.2-2　生产类型的主要工艺特征

比较项目	单件生产	成批生产	大量生产
加工对象	经常变换，很少重复	周期性变换，重复	固定不变
毛坯成形	1. 型材（锯床、热切割） 2. 木模手工砂型铸造 3. 自由锻造 4. 弧焊（手工或通用焊机） 5. 冷作（旋压等）	1. 型材下料（锯、剪） 2. 金属模砂型机器造型 3. 模锻 4. 冲压 5. 弧焊（专机）、钎焊 6. 压制（粉末合金）	1. 型材剪切 2. 机器造型生产线 3. 压力铸造 4. 热模锻生产线 5. 冲压生产线 6. 压焊、弧焊生产线
机床设备	通用设备（普通机床、数控机床、加工中心）	1. 通用和专用、高效设备 2. 柔性制造系统（多品种小批量）	1. 组合机床、刚性生产线 2. 柔性生产线（多品种大量生产）
机床布置	按机群布置	按加工零件类别分工段排列	按工艺路线布置成流水线或自动线
工件尺寸获得方法	试切法，划线找正	定程调整法，部分试切、找正	调整法自动化加工
夹具	通用夹具、组合夹具	通用、专用或成组夹具	高效专用夹具
刀具	通用标准刀具	专用或标准刀具	专用刀具
量具	通用量具	部分专用量具或量仪	专用量具、量仪和自动检验装置

（续）

比较项目	单件生产	成批生产	大量生产
物流设备	叉车、行车、手推车	叉车、各种输送机	各种输送机、搬运机器人、自动化立体仓库
装配	1. 以修配法及调整法为主 2. 固定装配或固定式流水装配	1. 以互换法为主，调整法、修配法为辅 2. 流水装配或固定式流水装配	1. 互换法装配、高精度偶件配磨或选择装配 2. 流水装配线、自动装配机或自动装配线
涂装	1. 喷漆室 2. 搓涂、刷涂	1. 混流涂装生产线 2. 喷漆室	涂装生产线（静电喷涂、电泳涂漆等）
热处理	周期式热处理炉，如： 1. 密封箱式多用炉 2. 盐浴炉（中小件） 3. 井式炉（细长件）	1. 真空热处理炉 2. 密封箱式多用炉 3. 感应热处理炉	1. 连续式渗碳炉 2. 网带炉、铸链炉、滚棒式炉、滚筒式炉 3. 感应热处理炉
工艺文件	编制简单的工艺过程卡片	编制较详细的工艺规程及关键工序的操作卡	编制详细的工艺规程、工序卡片及调整卡片
产品成本	较高	中等	低
生产率	传统方法生产率低，采用数控机床效率高	中等	高
工人技术水平	高	中	操作工人要求低，调整工人要求高
产品实例	重型机器、重型机床、汽轮机、大型内燃机、大型锅炉、机修配件	机床、工程机械、水泵、风机阀门、机车车辆、起重机、中小锅炉、液压件	汽车、拖拉机、摩托车、自行车、内燃机、滚动轴承、电器开关等

1）分析加工零件的工艺性。

① 了解零件的各项技术要求，提出必要的改进意见。分析产品的装配图和零件的工作图，熟悉该产品的用途、性能及工作条件，明确被加工零件在产品中的位置和作用，进而了解零件上各项技术要求制定的依据，找出主要技术要求和加工关键，以便在拟定工艺规程时采取适当的工艺措施加以保证，对图样的完整性、技术要求的合理性以及材料选择是否恰当等提出意见。

② 审查零件结构的工艺性。详见5.3节。

2）选择毛坯。选择毛坯的种类和制造方法时，应全面考虑机械加工成本和毛坯制造成本，以达到降低零件生产总成本的目的。影响毛坯选择的因素是：生产规模的大小；零件结构形状和尺寸；零件的力学性能要求；本厂现有设备和技术水平。毛坯的种类、制造方法和尺寸偏差详见第3章。

3）拟定工艺过程。包括划分工艺过程的组成、选择定位基准、选择零件表面的加工方法、安排加工顺序和组合工序等。

4）工序设计。包括选择机床和工艺装备、确定加工余量、计算工序尺寸及其公差、确定切削用量及计算工时定额等。

5）编制工艺文件。按照标准格式和要求编制工艺文件。

5.2.2 工艺过程设计

1. 定位基准的选择与定位、夹紧符号

定位基准的选择在最初的工序中是铸造、锻造或轧制等得到的表面，这种未经加工的基准称为粗基准。用粗基准定位加工出光洁的表面以后，就应该用加工过的表面作为以后工序的定位表面。加工过的基准称为精基准。为了便于装夹和易于获得所需的加工精度，在工件上特意制作出的定位表面称为辅助基准。

（1）粗基准的选择原则

1）如果必须首先保证工件上加工表面与不加工

表面之间的位置要求，则应以不加工表面作为粗基准。如果在工件上有很多不需加工的表面，则应以其中与加工面的位置精度要求较高的表面作为粗基准。

2）如果必须首先保证工件某重要表面的余量均匀，则应选择该表面作为粗基准。

3）选作粗基准的表面，应平整，没有浇口、冒口或飞边等缺陷，以便定位可靠。

4）粗基准（主要定位基准）一般只能使用一次，以免产生较大的位置误差。

（2）精基准的选择原则

1）用工序基准作为精基准，实现“基准重合”，以免产生基准不重合误差。

2）当工件以某一组精基准定位可以较方便地加工其他各表面时，应尽可能在多数工序中采用此组精基准定位，实现“基准统一”，以减少工装设计制造的费用，提高生产率，避免基准转换误差。

3）当精加工或光整加工工序要求余量尽可能小而均匀时，应选择加工表面本身作为精基准，即遵循“自为基准”原则。该加工表面与其他表面间的位置精度要求由先行工序保证。

4）为了获得均匀的加工余量或较高的位置精度，可遵循“互为基准”原则，反复加工各表面。

5）所选定位基准应便于定位、装夹和加工，要有足够的定位精度。

（3）机械加工工艺定位、夹紧和装置符号（摘自 JB/T 5061—2006）

定位、夹紧和装置符号的使用说明：

1）在专用工艺装备设计任务书中，一般用定位、夹紧符号标注。

2）在工艺规程中一般使用装置符号标注。

3）在上述两种情况中，允许仅用一种符号标注或两种符号混合标注。

4）尽可能用最少的视图标全定位、夹紧或装置符号。

5）夹紧符号的标注方向应与夹紧力的实际方向一致。

6）当仅用符号表示不明确时，可用文字补充说明。

定位、夹紧符号见表 5.2-3。

常用装置符号见表 5.2-4。

定位、夹紧符号与装置符号综合标注示例见表 5.2-5。

定位、夹紧符号应用示例见表 5.2-6。

表 5.2-3　定位、夹紧符号

分类		符号			
		独立		联合	
		标注在视图轮廓线上	标注在视图正面	标注在视图轮廓线上	标注在视图正面
定位支承	固定式				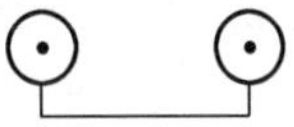
	活动式				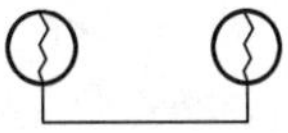
辅助支承				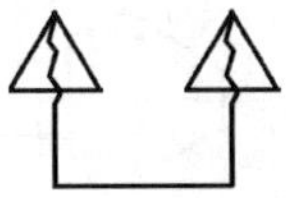	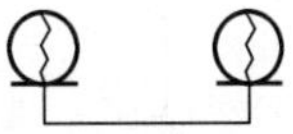
手动夹紧			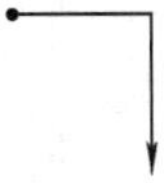	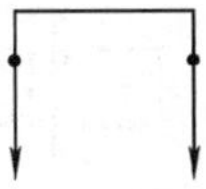	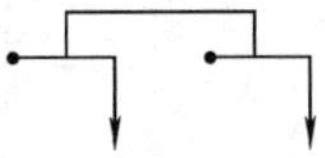
液压夹紧			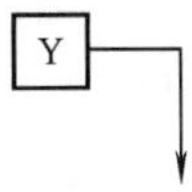	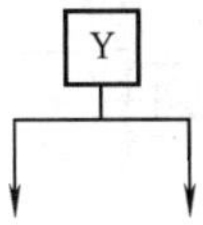	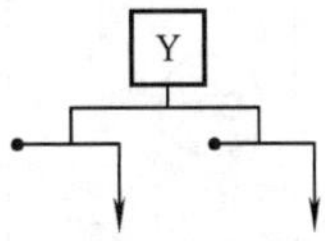

（续）

分类	符号			
	独立		联合	
	标注在视图轮廓线上	标注在视图正面	标注在视图轮廓线上	标注在视图正面
气动夹紧		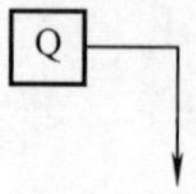	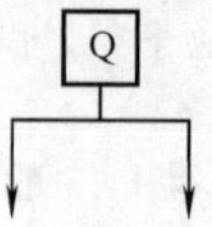	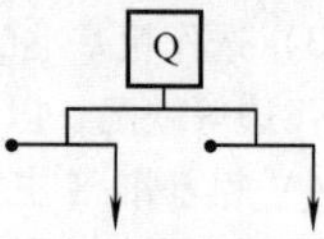
电磁夹紧	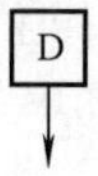	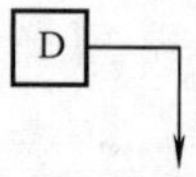	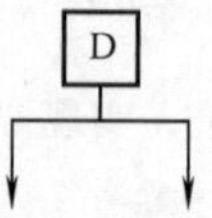	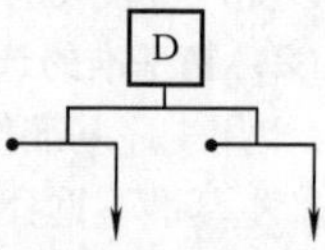

表 5.2-4 常用装置符号

序号	符号	名称	简图
1		固定顶尖	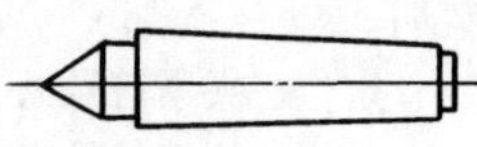
2	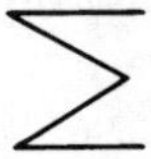	内顶尖	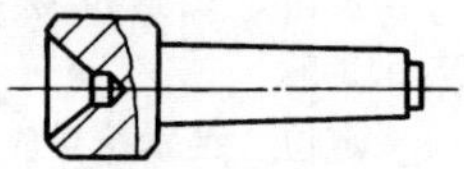
3	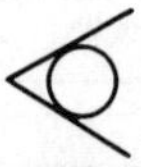	回转顶尖	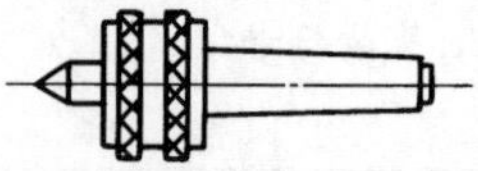
4	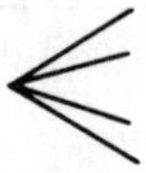	内拨顶尖	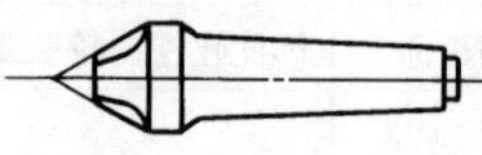
5		外拨顶尖	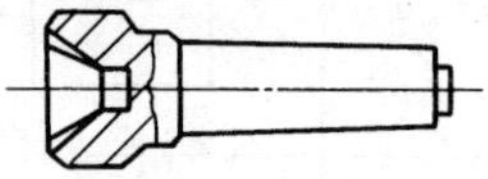
6		浮动顶尖	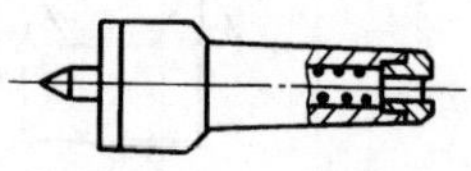
7	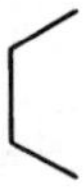	伞形顶尖	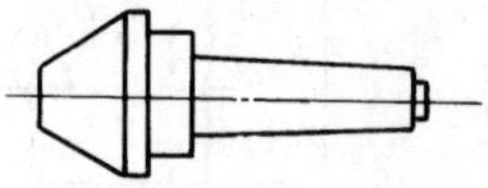
8	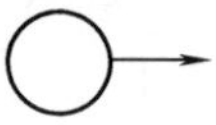	圆柱心轴	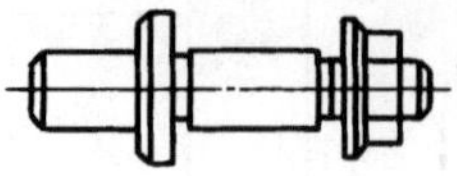
9	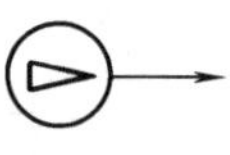	锥度心轴	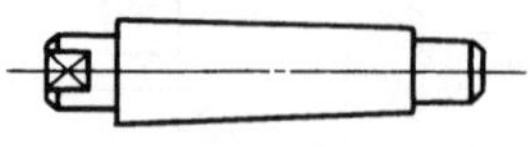
10	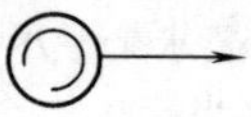	螺纹心轴	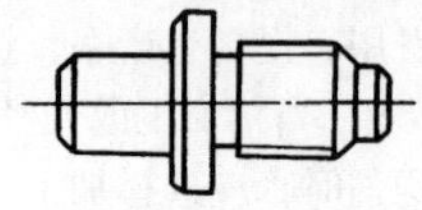 （花键心轴也用此符号）
11	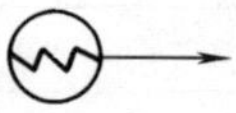	弹性心轴	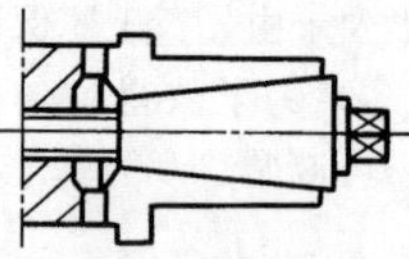 （包括塑料心轴）
		弹性夹头	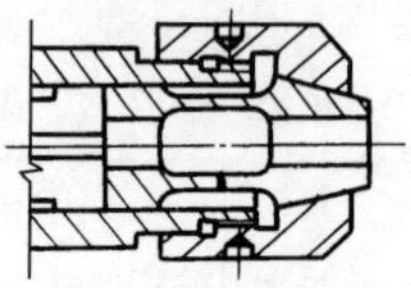
12	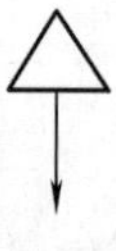	自定心卡盘	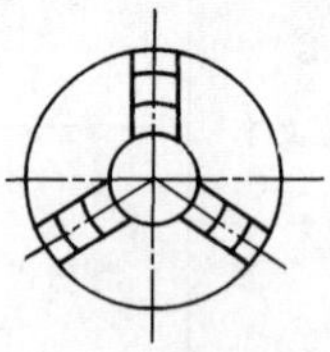
13		单动卡盘	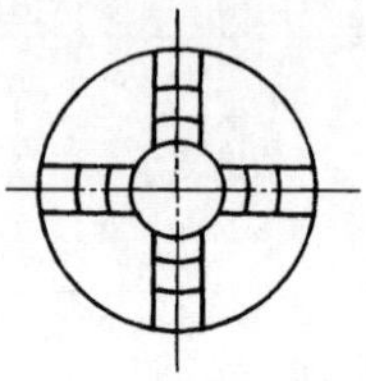
14		中心架	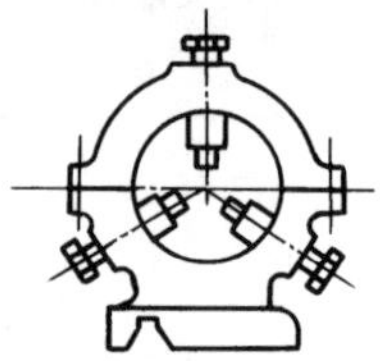

（续）

序号	符号	名称	简图	序号	符号	名称	简图
15		跟刀架	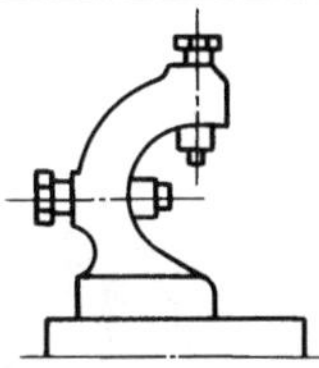	21	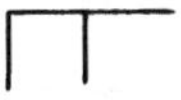	压板	
				22	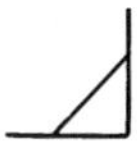	角铁	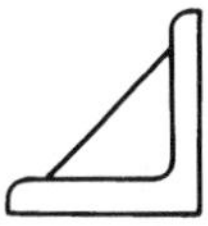
16	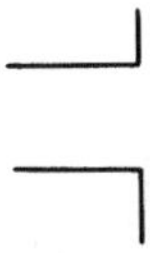	圆柱衬套	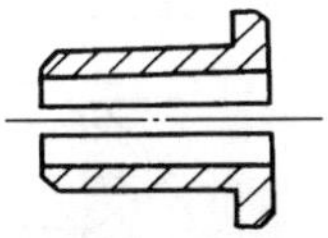	23		可调支承	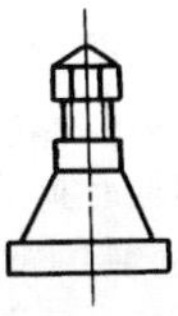
17	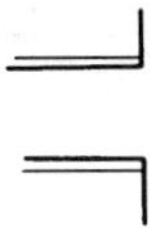	螺纹衬套	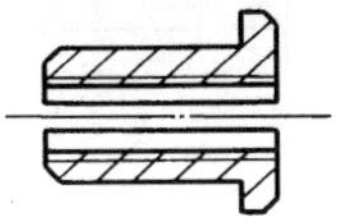	24	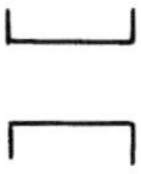	平口钳	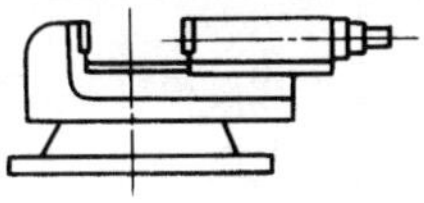
18		止口盘	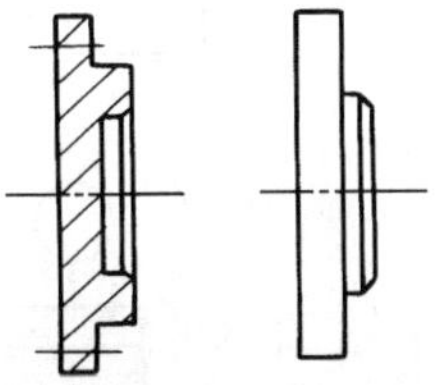	25	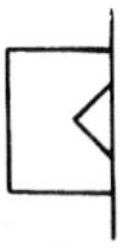	中心堵	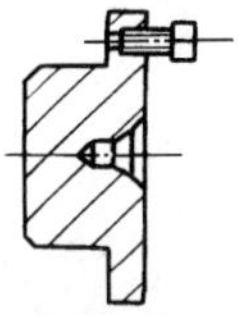
				26		V形块	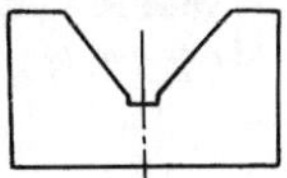
19	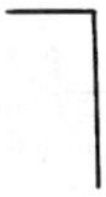	拨杆	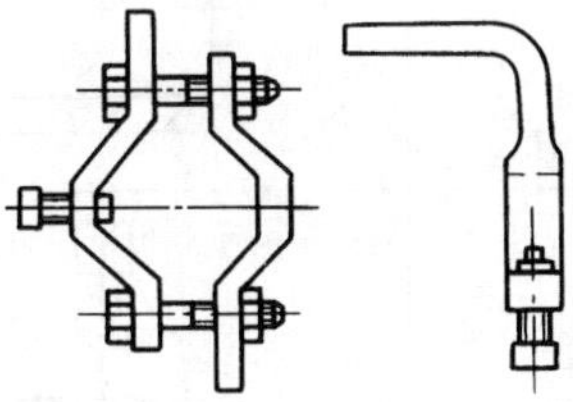	27		软爪	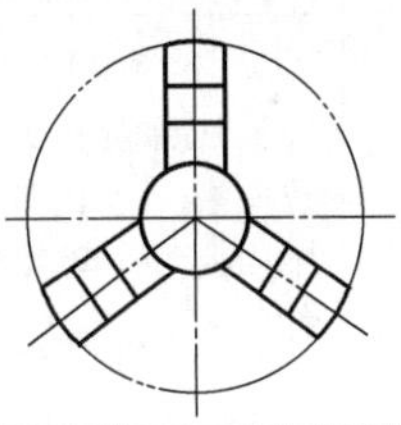
20		垫铁					

表 5.2-5　定位、夹紧符号与装置符号综合标注示例

序号	说明	定位、夹紧符号标注示意图	装置符号标注或与定位、夹紧符号联合标注示意图	备注
1	床头固定顶尖、床尾固定顶尖定位，拨杆夹紧	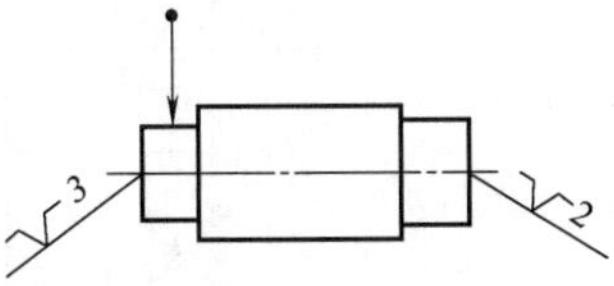	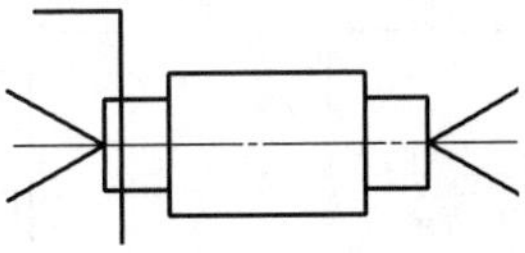	
2	床头固定顶尖、床尾浮动顶尖定位，拨杆夹紧	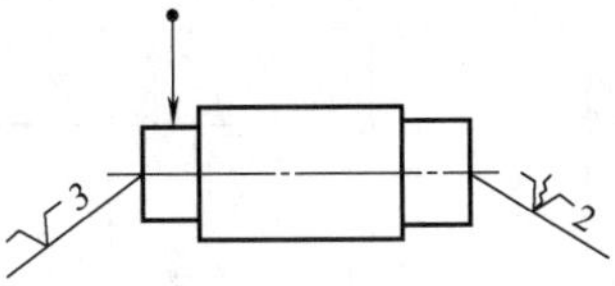	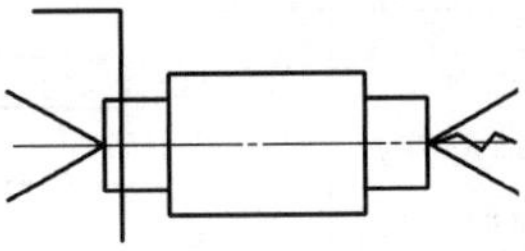	

（续）

序号	说明	定位、夹紧符号标注示意图	装置符号标注或与定位、夹紧符号联合标注示意图	备注
3	床头内拨顶尖、床尾回转顶尖定位夹紧(轴类零件)	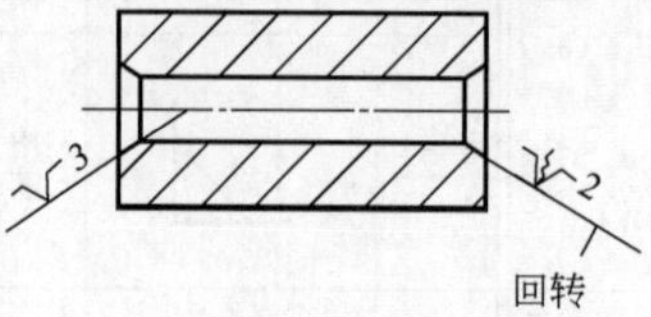	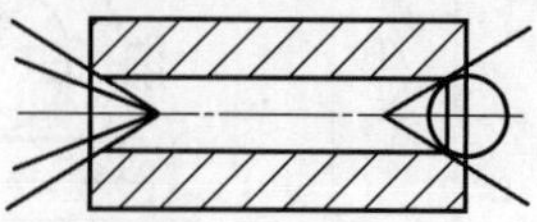	
4	床头外拨顶尖、床尾回转顶尖定位夹紧(轴类零件)	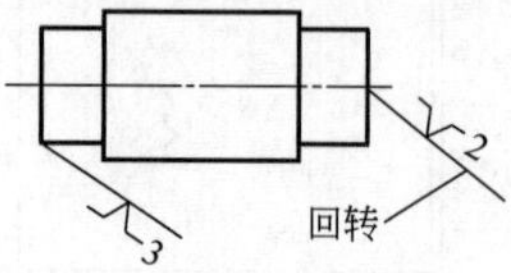	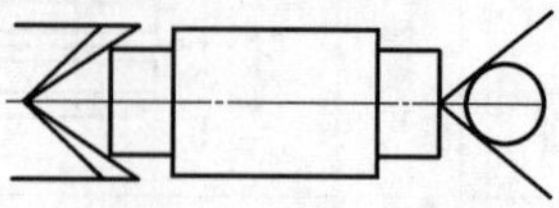	
5	床头弹簧夹头定位夹紧,夹头内带有轴向定位,床尾内顶尖定位(轴类零件)	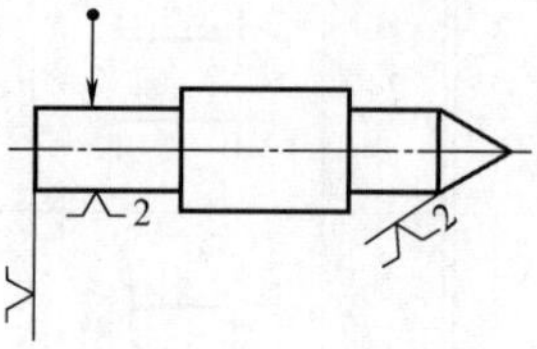	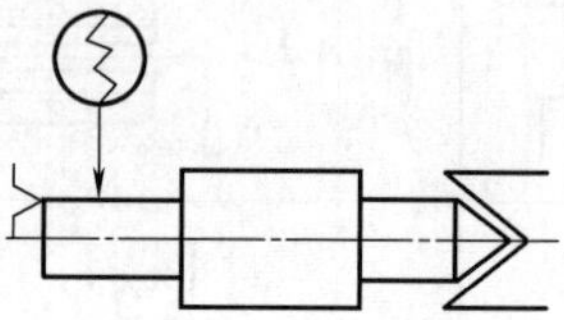	
6	弹簧夹头定位夹紧(套类零件)	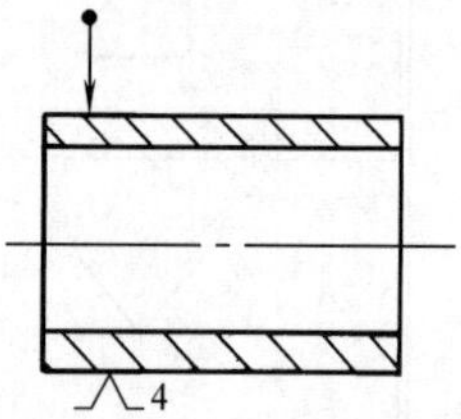	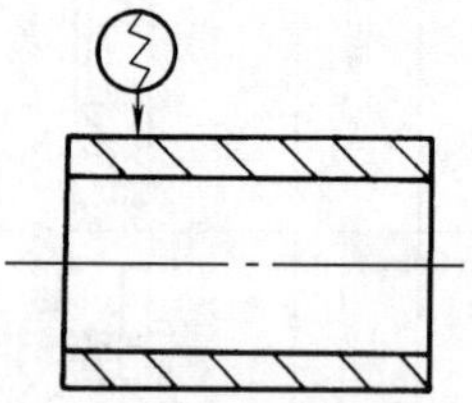	
7	液压弹簧夹头定位夹紧,夹头内带有轴向定位(套类零件)	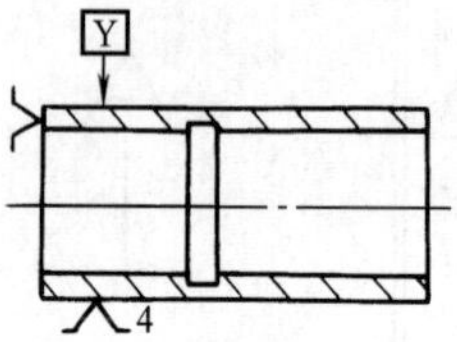	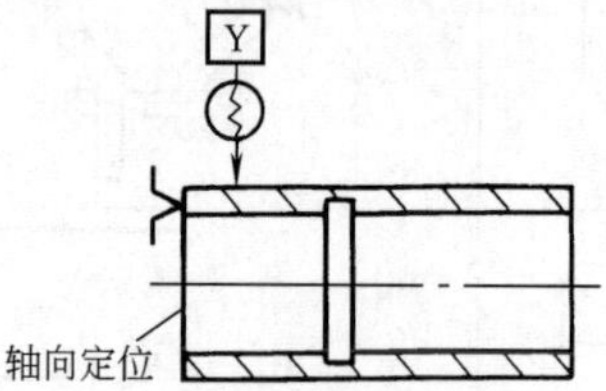	轴向定位由一个定位点控制
8	弹性心轴定位夹紧(套类零件)	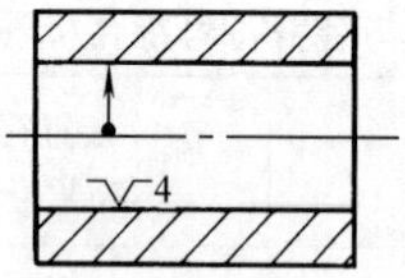	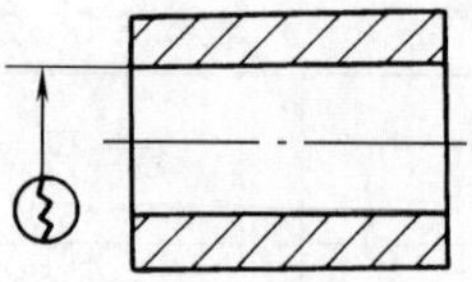	
9	气动弹性心轴定位夹紧,带端面定位(套类零件)	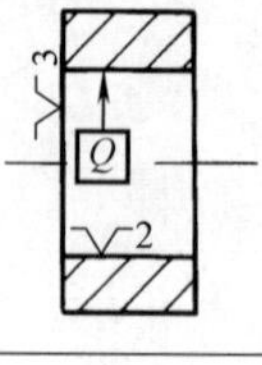	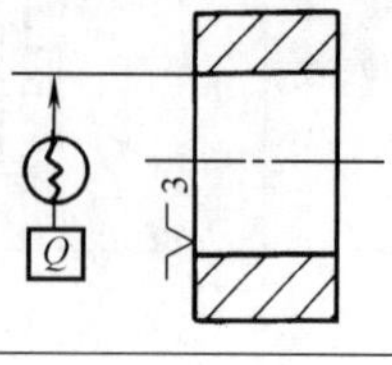	端面定位由三个定位点控制
10	锥度心轴定位夹紧(套类零件)	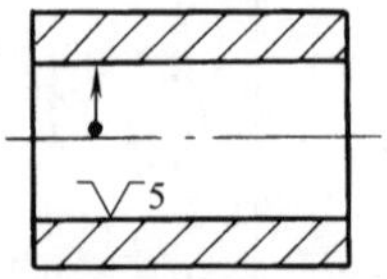	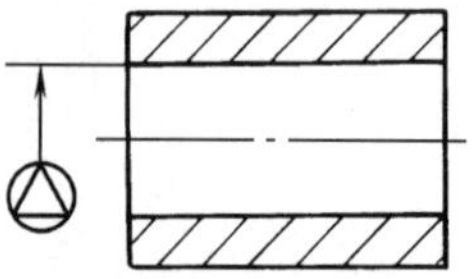	

（续）

序号	说明	定位、夹紧符号标注示意图	装置符号标注或与定位、夹紧符号联合标注示意图	备注
11	圆柱心轴定位夹紧，带端面定位（套类零件）	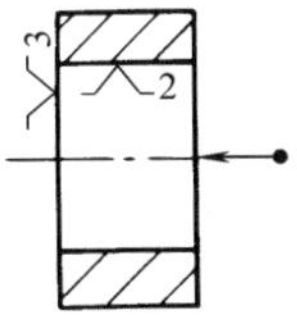	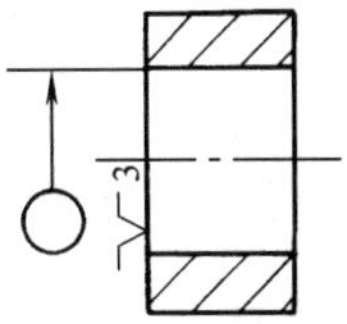	
12	自定心卡盘定位夹紧（短轴类零件）	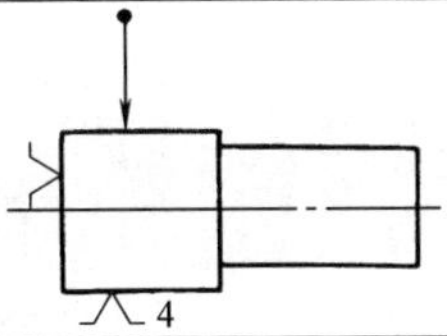	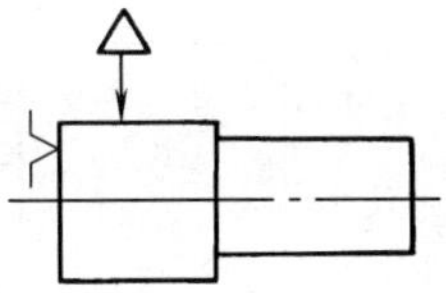	
13	液压自定心卡盘定位夹紧，带端面定位（盘类零件）	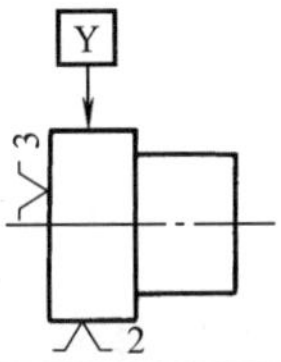	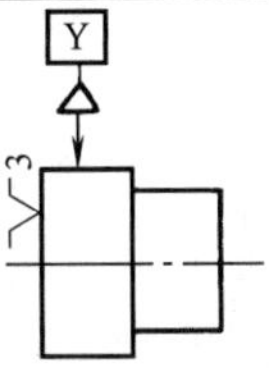	
14	单动卡盘定位夹紧，带轴向定位（短轴类零件）	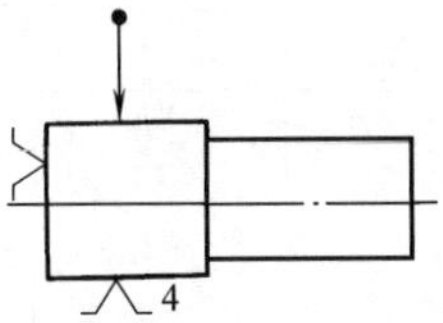	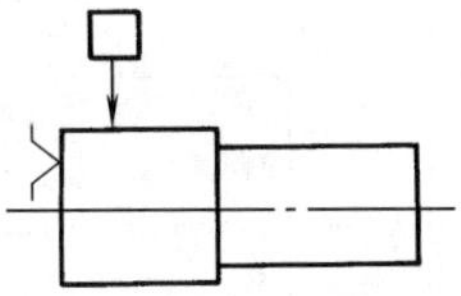	
15	单动卡盘定位夹紧，带端面定位（盘类零件）	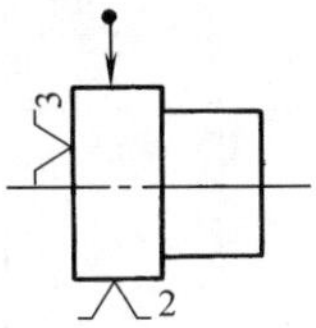	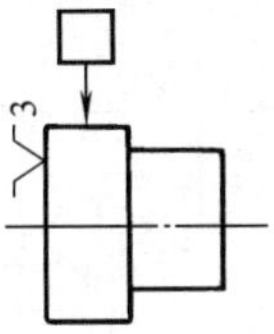	
16	床头固定顶尖、床尾浮动顶尖、中部有跟刀架辅助支承定位，拨杆夹紧（细长轴类零件）	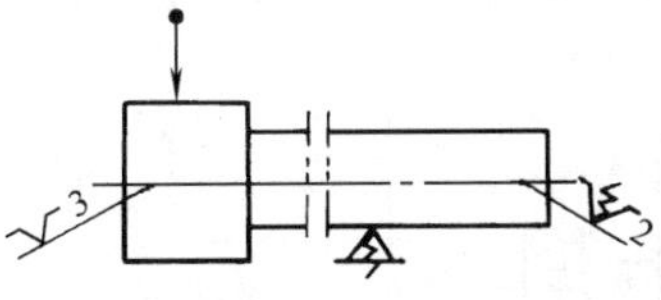	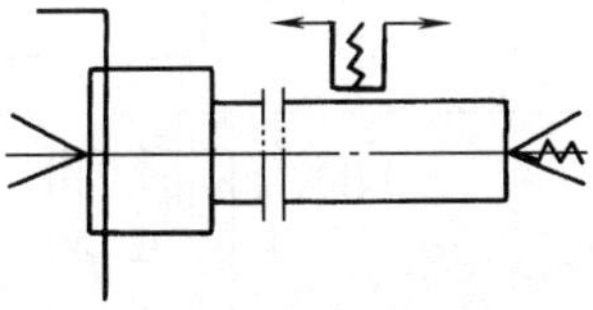	
17	床头自定心卡盘带轴向定位夹紧，床尾中心架支承定位（长轴类零件）	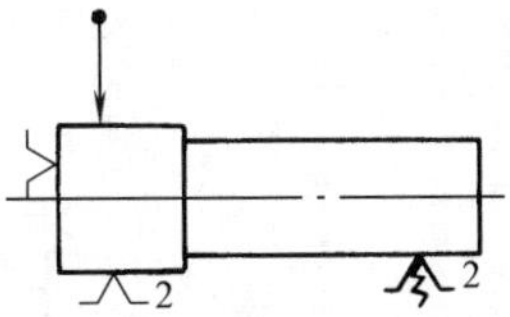	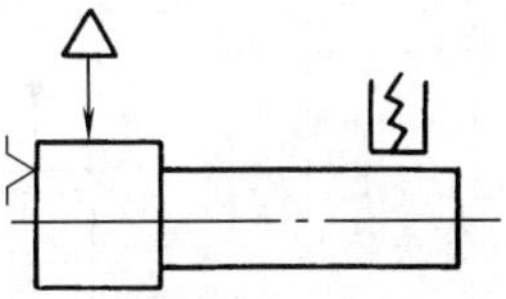	
18	止口盘定位螺栓压板夹紧	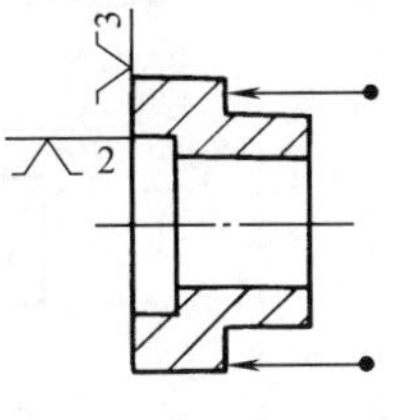	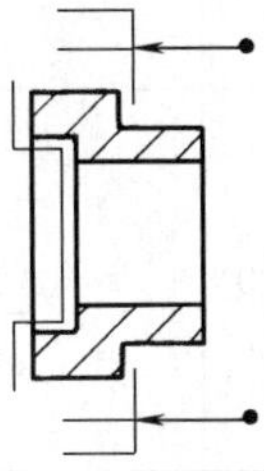	

（续）

序号	说明	定位、夹紧符号标注示意图	装置符号标注或与定位、夹紧符号联合标注示意图	备注
19	止口盘定位气动压板联动夹紧	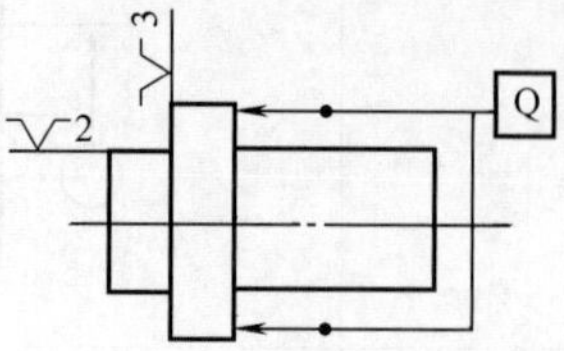	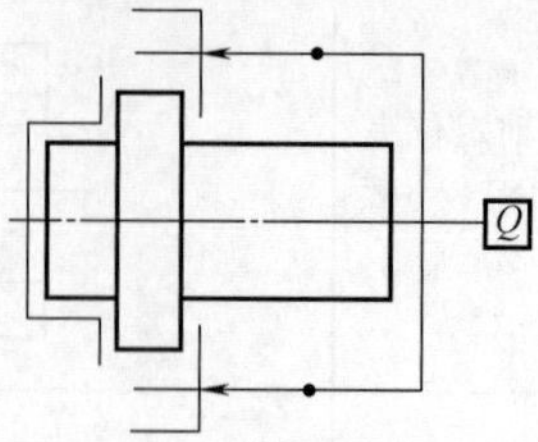	
20	螺纹心轴定位夹紧（环类零件）	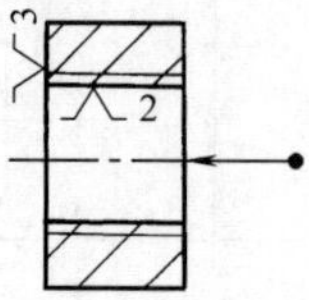	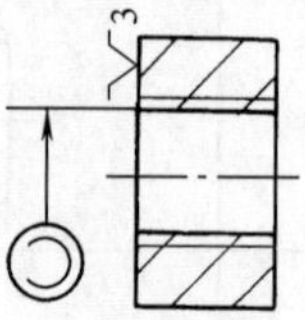	
21	圆柱衬套带有轴向定位，外用自定心卡盘夹紧（轴类零件）	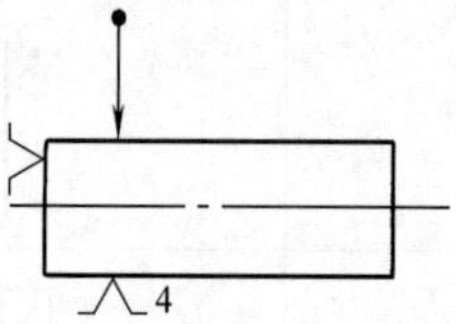	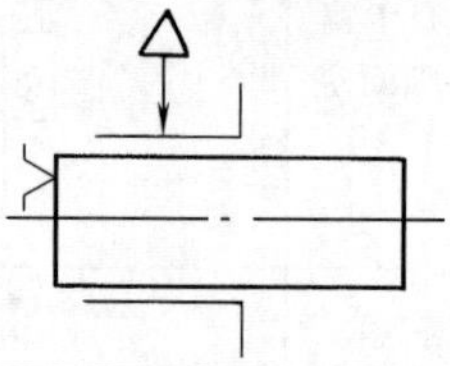	
22	螺纹衬套定位，外用自定心卡盘夹紧	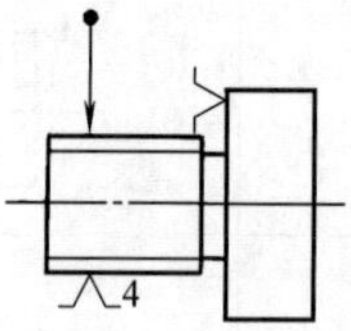	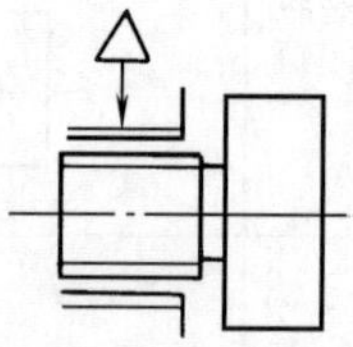	
23	平口钳定位夹紧	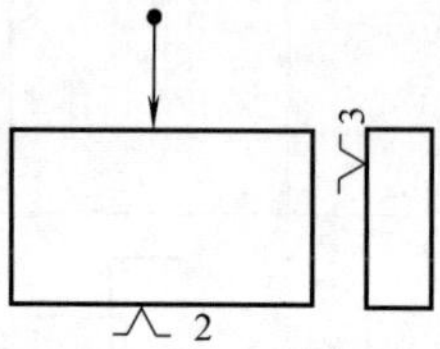	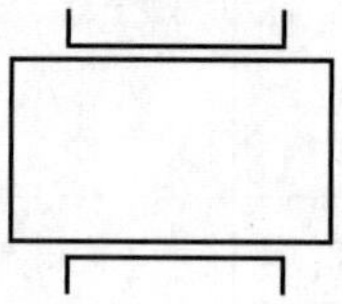	
24	电磁盘定位夹紧	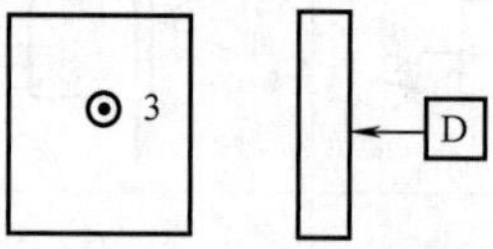		
25	软爪自定心卡盘定位夹紧（薄壁零件）	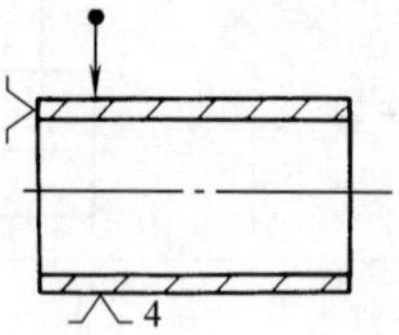	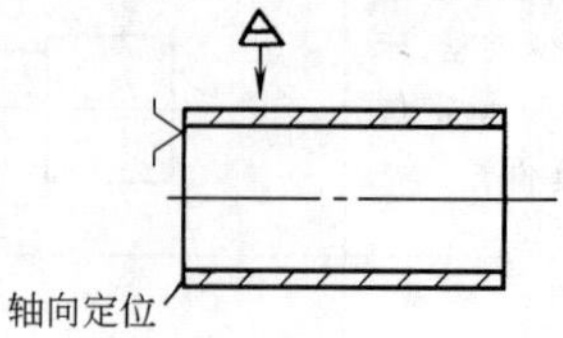	
26	床头伞形顶尖、床尾伞形顶尖定位，拨杆夹紧（筒类零件）	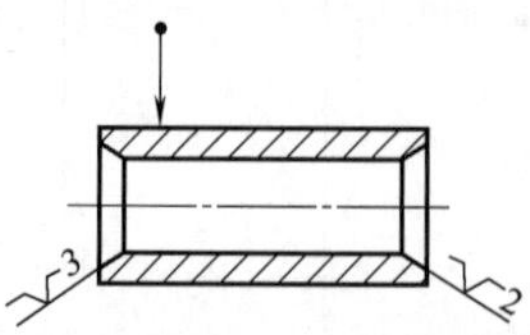	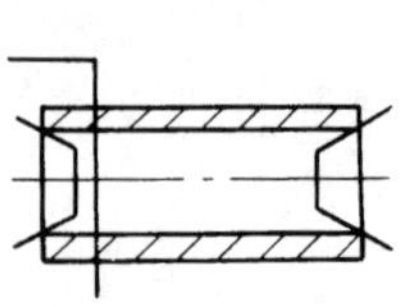	

（续）

序号	说明	定位、夹紧符号标注示意图	装置符号标注或与定位、夹紧符号联合标注示意图	备注
27	床头中心堵、床尾中心堵定位，拨杆夹紧（筒类零件）	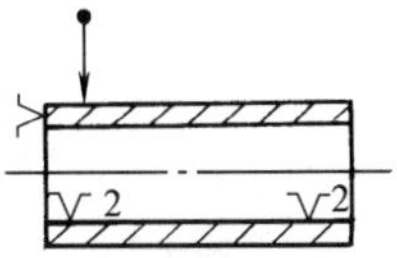	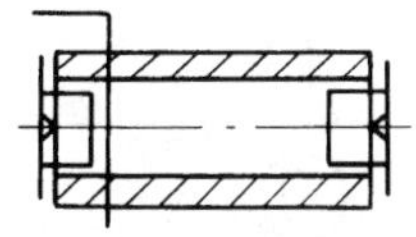	
28	角铁、V 形块及可调支承定位，下部加辅助可调支承，压板联动夹紧	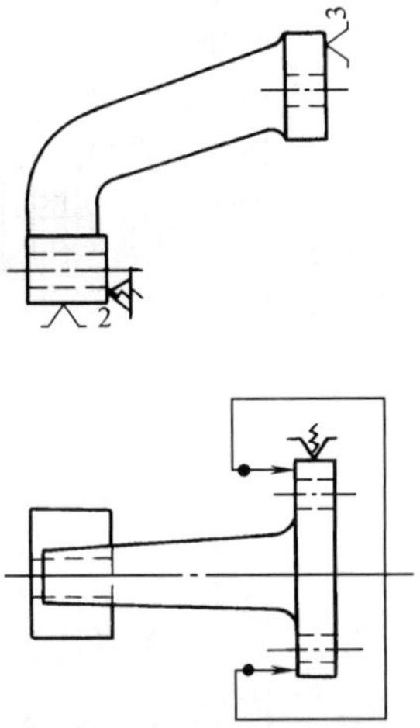	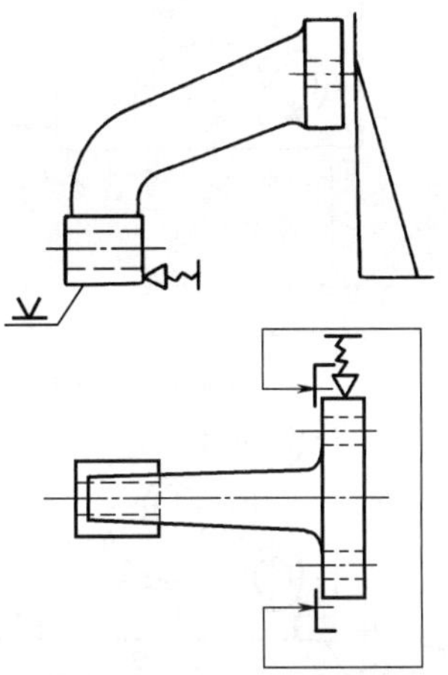	
29	一端固定 V 形块，下平面垫铁定位，另一端可调 V 形块定位夹紧	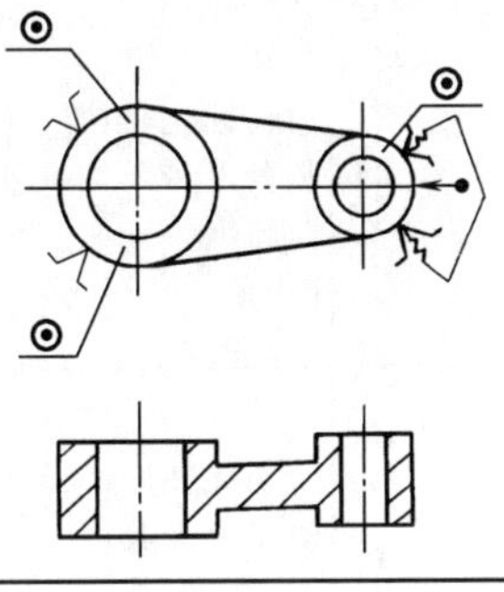	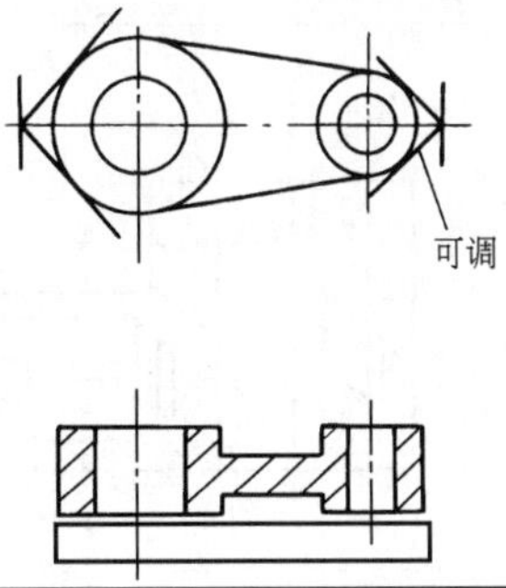	

表 5.2-6　定位、夹紧符号应用示例

（续）

序号	说明	定位、夹紧符号应用示例
1	装夹在 V 形夹具体内的销轴（铣槽）	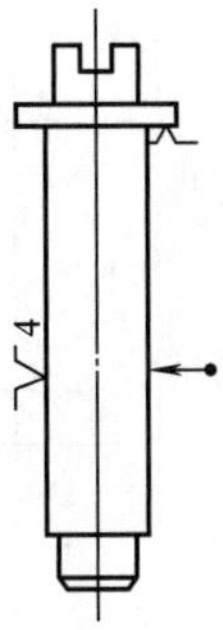 （三件同时加工）
2	装夹在铣齿机底座上的齿轮（齿形加工）	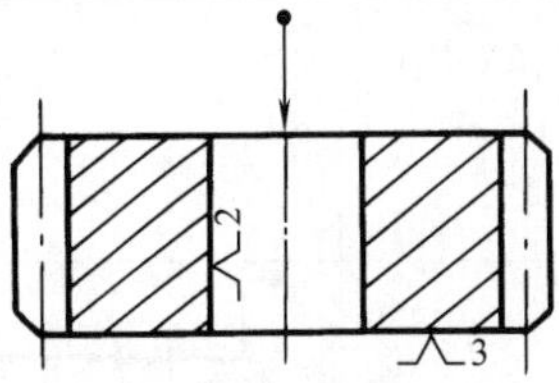
3	用单动卡盘找正夹紧或自定心卡盘夹紧及回转顶尖定位的曲轴（车曲轴）	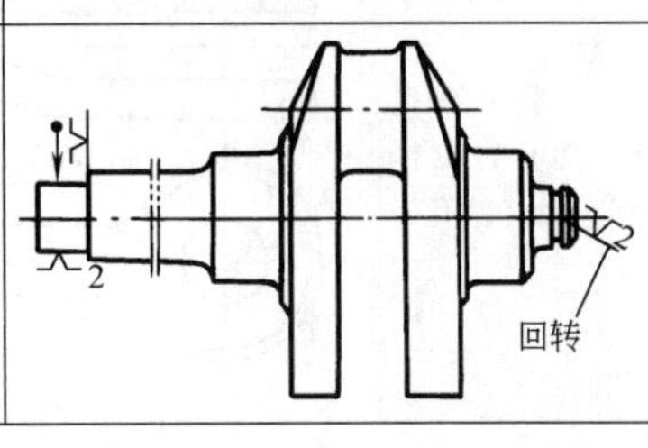

（续）

序号	说明	定位、夹紧符号应用示例
4	装夹在一圆柱销和一菱形销夹具上的箱体（箱体镗孔）	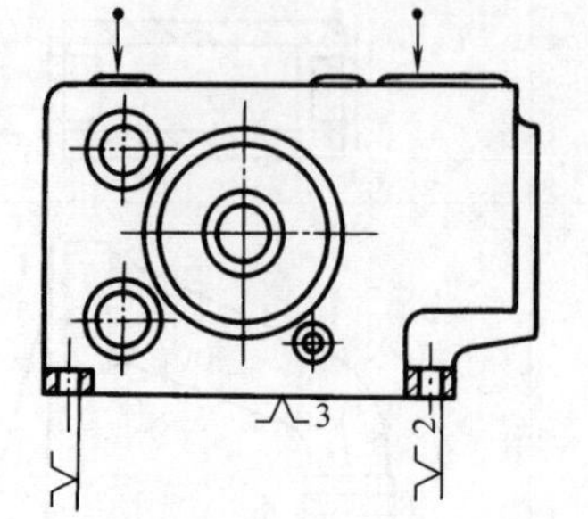
5	装夹在三面定位夹具上的箱体（箱体镗孔）	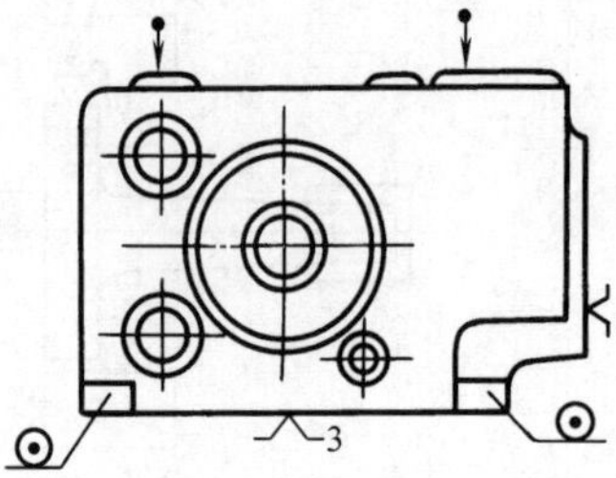
6	装夹在钻模上的支架（钻孔）	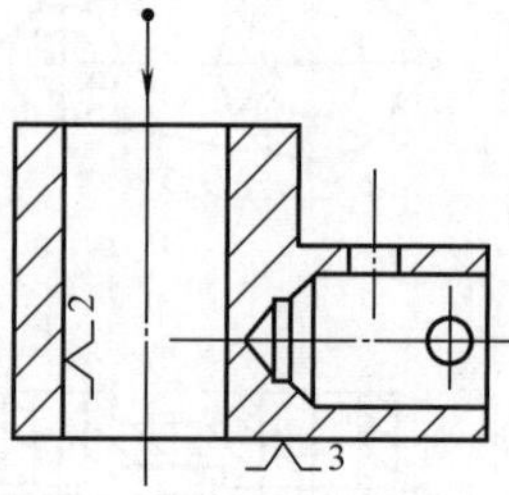
7	装夹在齿轮、齿条压紧钻模上的法兰盘（钻孔）	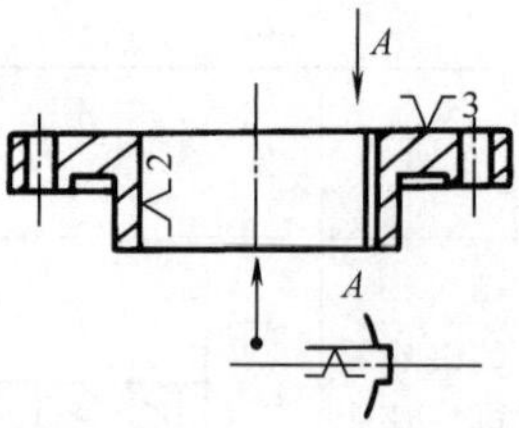
8	装夹在夹具上的拉杆叉头（钻孔）	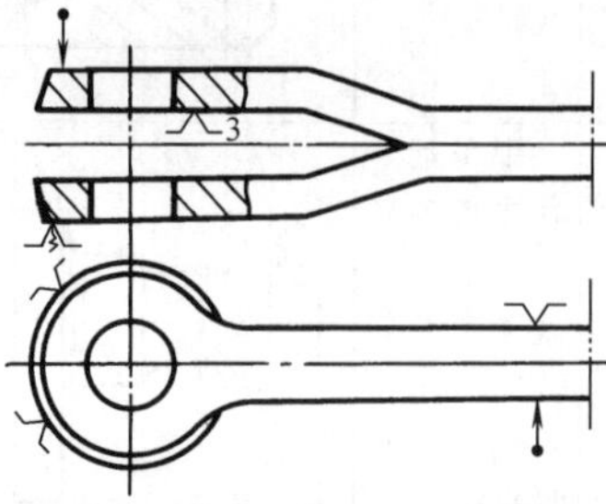

（续）

序号	说明	定位、夹紧符号应用示例
9	装夹在专用曲轴夹具上的曲轴（铣曲轴侧面）	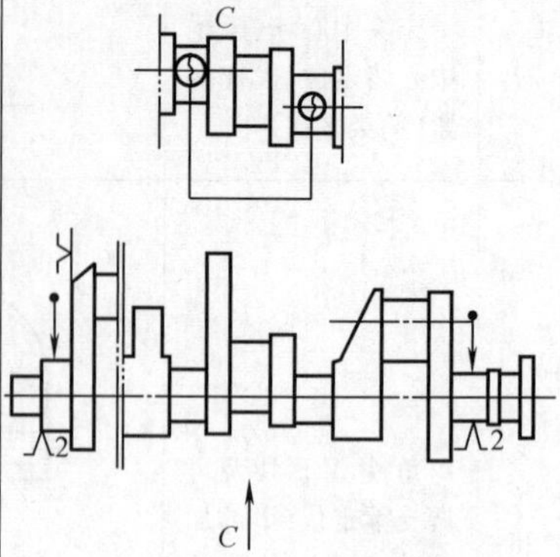
10	装夹在联动定位装置上带双孔的工件（仅表示工件两孔定位）	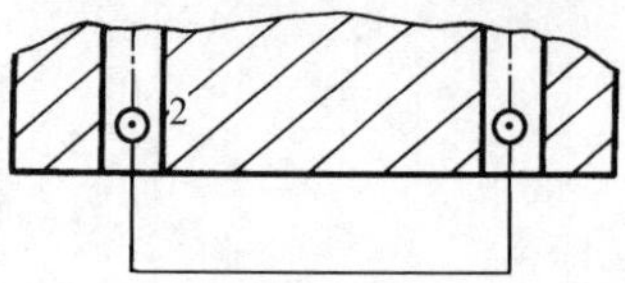
11	装夹在联动辅助定位装置上带不同高度平面的工件	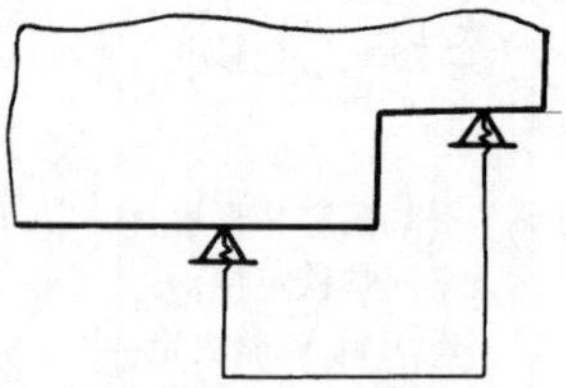
12	装夹在联动夹紧夹具上的垫块（加工端面）	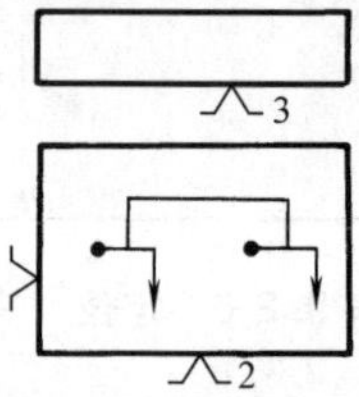
13	装夹在联动夹紧夹具上的多件短轴（加工端面）	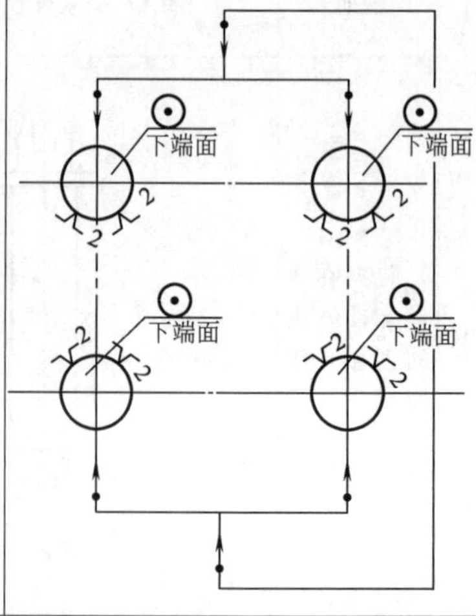

（续）

序号	说明	定位、夹紧符号应用示例
14	装夹在液压杠杆夹紧夹具上的垫块（加工侧面）	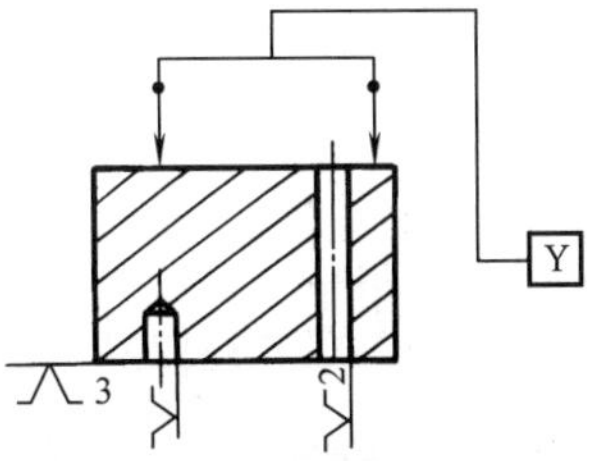
15	装夹在气动铰链杠杆夹紧夹具上的圆盘（加工上平面）	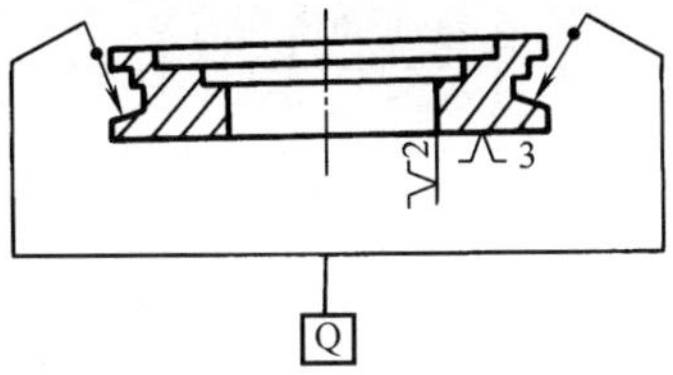

2. 零件表面加工方法的选择

零件表面的加工方法，首先取决于加工表面的技术要求。这些技术要求还包括由于基准不重合而提高对某些表面的加工要求，由于被作为精基准而可能对其提出更高的加工要求。根据各加工表面的技术要求，首先选择能保证该技术要求的最终加工方法，然后确定各工序、工步的加工方法。

（1）加工方法的选择原则

1）所选加工方法的加工经济精度范围要与加工表面的精度、表面粗糙度要求相适应。

2）保证加工面的几何形状精度、表面相互位置精度的要求。

3）与零件材料的可加工性相适应。如淬火钢宜采用磨削加工。

4）与生产类型相适应。大批量生产时，应采用高效的机床设备和先进的加工方法；单件小批生产时，多采用通用机床和常规的加工方法。

（2）各种表面加工方法及适用范围（表 5.2-7～表 5.2-9）

表 5.2-7　外圆表面加工方法的适用范围

序号	加工方法	经济精度(IT)	表面粗糙度 *Ra*/μm	适应范围
1	粗车	11～13	25～6.3	适用于淬火钢以外的各种金属
2	粗车→半精车	8～10	6.3～3.2	
3	粗车→半精车→精车	6～9	1.6～0.8	
4	粗车→半精车→精车→滚压(或抛光)	6～8	0.2～0.025	
5	粗车→半精车→磨削	6～8	0.8～0.4	适用于淬火钢、未淬火钢
6	粗车→半精车→粗磨→精磨	5～7	0.4～0.1	
7	粗车→半精车→粗磨→精磨→超精加工	5～6	0.1～0.012	
8	粗车→半精车→精车→精磨→研磨	5 级以上	<0.1	
9	粗车→半精车→粗磨→精磨→超精磨(或镜面磨)	5 级以上	<0.05	
10	粗车→半精车→精车→金刚石车	5～6	0.2～0.025	适用于有色金属

表 5.2-8　内圆表面加工方法的适用范围

序号	加工方法	经济精度(IT)	表面粗糙度 *Ra*/μm	适应范围	
1	钻	12～13	12.5	孔径≤15mm	加工未淬火钢及铸铁的实心毛坯，也可用于加工有色金属(但表面粗糙度值稍大)
2	钻→铰	8～10	3.2～1.6		
3	钻→粗铰→精铰	7～8	1.6～0.8		
4	钻→扩	10～11	12.5～6.3	孔径>15～20mm	
5	钻→扩→粗铰→精铰	7～8	1.6～0.8		
6	钻→扩→铰	8～9	3.2～1.6		
7	钻→扩→机铰→手铰	6～7	0.4～0.1		
8	钻→(扩)→拉	7～9	1.6～0.1	大批量生产，精度根据拉刀精度来确定	

（续）

序号	加工方法	经济精度(IT)	表面粗糙度 $Ra/\mu m$	适应范围
9	粗镗(或扩孔)	11~13	12.5~6.3	毛坯有铸孔或锻孔的未淬火钢及铸件
10	粗镗(粗扩)→半精镗(精扩)	9~10	3.2~1.6	
11	扩(镗)→铰	9~10	3.2~1.6	
12	粗镗(扩)→半精镗(精扩)→精镗(铰)	7~8	1.6~0.8	
13	镗→拉	7~9	1.6~0.1	毛坯有铸孔或锻孔的铸件及锻件(未淬火)
14	粗镗(扩)→半精镗(精扩)→浮动镗刀块精镗	6~7	0.8~0.4	
15	粗镗→半精镗→磨孔	7~8	0.8~0.2	淬火钢或非淬火钢
16	粗镗(扩)→半精镗→粗磨→精磨	6~7	0.2~0.1	
17	粗镗→半精镗→精镗→细镗	6~7	0.4~0.05	有色金属加工
18	钻→(扩)→粗铰→精铰→珩磨	6~7	0.2~0.025	黑色金属高精度大孔的加工
	钻→(扩)→拉→珩磨			
	粗镗→半精镗→精镗→珩磨			
19	粗镗→半精镗→精镗→研磨	6级以上	<0.1	
20	钻(粗镗)→扩(半精镗)→精镗→细镗→脉冲滚挤	6~7	0.1	有色金属件及铸件上的小孔

表5.2-9 平面加工方法的适用范围

序号	加工方法	经济精度(IT)	表面粗糙度 $Ra/\mu m$	适用范围
1	粗车	10~11	12.5~6.3	未淬硬钢、铸铁、有色金属端面加工
2	粗车→半精车	8~9	6.3~3.2	
3	粗车→半精车→精车	6~7	1.6~0.8	
4	粗车→半精车→磨削	7~9	0.8~0.2	钢、铸铁端面加工
5	粗刨(粗铣)	12~14	12.5~6.3	未淬硬的平面
6	粗刨(粗铣)→半精刨(半精铣)	11~12	6.3~1.6	
7	精刨(粗铣)→精刨(精铣)	7~9	6.3~1.6	
8	粗刨(粗铣)→半精刨(半精铣)→精刨(精铣)	7~8	3.2~1.6	
9	粗铣→拉	6~9	0.8~0.2	大量生产未淬硬的小平面
10	粗刨(粗铣)→精刨(精铣)→宽刃刀精刨	6~7	0.8~0.2	未淬硬的钢件、铸铁件及有色金属件
11	粗刨(粗铣)→半精刨(半精铣)→精刨(精铣)→宽刃刀低速精刨	5	0.8~0.2	
12	粗刨(粗铣)→精刨(精铣)→刮研	5~6	0.8~0.1	高精度平台、导轨等加工
13	粗刨(粗铣)→半精刨(半精铣)→精刨(精铣)→刮研			

（续）

序号	加工方法	经济精度(IT)	表面粗糙度 $Ra/\mu m$	适用范围
14	粗刨(粗铣)→精刨(精铣)→磨削	6~7	0.8~0.2	淬硬或未淬硬的黑色金属工件
15	粗刨(粗铣)→半精刨(半精铣)→精刨(精铣)→磨削	5~6	0.4~0.2	
16	粗铣→精铣→磨削→研磨	5 级以上	<0.1	

3. 加工顺序的安排

(1) 加工阶段的划分

按加工性质和作用的不同，工艺过程一般可划分为粗加工阶段、半精加工阶段、精加工阶段和光整加工阶段。

下列情况可以不划分加工阶段：加工质量要求不高的零件；加工质量要求较高，但毛坯刚性好、精度高的零件；加工余量小（如在自动机床上加工）的零件；装夹、运输不方便的重型零件等。在采用加工中心加工工件时，一般也不要求划分加工阶段。

划分加工阶段的作用有以下几点：

1）避免加工残余应力释放过程中引起工件的变形。

2）避免粗加工时较大的夹紧力和切削力所引起的变形对精加工的影响。

3）及时发现毛坯的缺陷，避免不必要的损失。

4）便于精密机床长期保持精度。

5）热处理工序安排的要求。

(2) 加工顺序的安排原则（表 5.2-10）

表 5.2-10　加工顺序的安排原则

工序类别	工序	安排原则
机械加工		1. 对于形状复杂、尺寸较大的毛坯或尺寸偏差较大的毛坯，应首先安排划线工序，为精基准的加工提供找正基准 2. 按“先基面后其他”的顺序，首先加工精基准面 3. 在重要表面加工前应先对精基准进行修正 4. 按“先主后次、先粗后精”的顺序，对精度要求较高的各主要表面进行粗加工、半精加工和精加工 5. 对于与主要表面有位置要求的次要表面，应安排在主要表面加工之后加工 6. 对于易出现废品的工序，精加工和光整加工可适当提前，一般情况下主要表面的精加工和光整加工应放在最后阶段进行
热处理	退火与正火	属于毛坯预备性热处理，应安排在机械加工之前进行
	时效	为了消除残余应力，对于尺寸大、结构复杂的铸件，需在粗加工前、后各安排一次时效处理；对于一般铸件，在铸造后或粗加工后安排一次时效处理；对于精度要求高的铸件，在半精加工前、后各安排一次时效处理；对于精度高、刚度低的零件，在粗车、粗磨、半精磨后需各安排一次时效处理
	淬火	淬火后工件硬度提高且易变形，应安排在精加工阶段的磨削加工前进行
	渗碳	渗碳易产生变形，应安排在精加工前进行，为控制渗碳层厚度，渗碳前应安排精加工工序
	渗氮	一般安排在工艺过程的后部、待渗氮表面的最终加工之前，渗氮处理前应调质
辅助工序	中间检验	一般安排在粗加工全部结束之后，精加工之前；送往外车间加工的前后(特别是热处理前后)；耗费工时较多或重要工序的前后
	特种检验	X 射线、超声波探伤等多用于工件材料内部质量的检验，一般安排在工艺过程的开始；荧光检验、磁力探伤主要用于表面质量的检验，通常安排在精加工阶段。荧光检验若用于检查毛坯的裂纹，则应安排在加工前
	表面处理	电镀、涂层、发蓝、阳极化等表面处理工序一般安排在工艺过程的最后进行

(3) 工序的组合

工序的组合可采用工序分散或工序集中的原则。

1) 工序分散的特点：工序多，工艺过程长，每个工序所包含的加工内容很少，极端情况下每个工序只有一个工步；所使用的工艺设备与装备比较简单，易于调整和掌握；有利于选用合理的切削用量，缩短基本时间；设备数量多，生产面积大，设备投资少；易于更换产品。

2) 工序集中的特点：工件各个表面的加工集中在少数几个工序内完成，每个工序的内容和工步较多；有利于采用高效的专用设备和工艺装备；生产面积和操作工人的数量减少，辅助时间缩短，加工表面间的位置精度易于保证；设备、工装投资大，调整、维护复杂，生产准备工作量大，更换新产品困难。

工序的分散和集中程度应根据生产规模、零件的结构特点和技术要求、工艺设备与装备等具体条件综合分析确定。

5.2.3 工序设计

工序设计包括机床与工艺装备的选择、加工余量的确定、工序尺寸的确定、切削用量的确定、时间定额的确定等。这里只对机床与工艺装备的选择、时间定额的计算提出一般原则，其他详见各有关章节。

1. 机床的选择

1) 机床的加工尺寸范围应与零件的外廓尺寸相适应。

2) 机床的工作精度应与工序要求的精度相适应。

3) 机床的生产率应与零件的生产类型相适应。

4) 机床的选择应考虑车间现有设备条件，尽量采用或改装现有设备，设计专用设备。

2. 工艺装备的选择

1) 夹具的选择。在单件小批生产中，应尽量选用通用夹具和组合夹具；在大批大量生产中，应根据工序加工要求设计制造专用夹具。

2) 刀具的选择（详见第1章）。刀具的选择主要取决于工序所采用的加工方法、加工表面的尺寸、工件材料、所要求的加工精度和表面粗糙度、生产率及经济性等，一般应尽可能采用标准刀具，必要时采用高生产率的复合刀具及其他专用刀具。

3) 量具的选择。量具的选择主要根据生产类型和加工精度。在单件小批生产中，应尽量采用通用量具、量仪；在大批大量生产中，应采用各种量规以及高效的检验仪器和检验夹具等。

3. 时间定额的组成及缩减单件时间的措施

(1) 时间定额的组成

时间定额是在一定生产条件下，规定生产一件产品或完成一道工序所需消耗的时间，用 t_i 表示。时间定额是安排生产计划、核算成本的主要依据，在设计新厂时，是计算设备数量、布置车间、计算工人数量的依据。时间定额由下述几部分组成：

1) 基本时间。直接改变生产对象的尺寸、形状、相对位置、表面状态或材料性质等工艺过程所消耗的时间，用 t_m 表示。

2) 辅助时间。为实现工艺过程所必须进行的各种辅助动作所消耗的时间，用 t_a 表示。

基本时间和辅助时间的总和称为作业时间，即直接用于制造产品零件、部件所消耗的时间，用 t_b 表示。

3) 布置工作地时间。为使加工正常进行，工人照管工作场地（如更换刀具、润滑机床、清理切屑、收拾工具等）所消耗的时间，用 t_s 表示，一般按作业时间的百分数 α 计算。

4) 休息与生理需要时间。工人在工作班内为恢复体力和满足生理上的需要所消耗的时间，用 t_r 表示，一般按作业时间的百分数 β 计算。

5) 准备与终结时间。工人为了生产一批产品和零、部件，进行准备和结束工作所消耗的时间，用 t_e 表示。

成批生产时的时间定额

$$t_i = t_m + t_a + t_s + t_r + \frac{t_e}{N}$$

$$= (t_m + t_a)\left(1 + \frac{\alpha + \beta}{100}\right) + \frac{t_e}{N}$$

大量生产时的时间定额

$$t_i = (t_m + t_a)\left(1 + \frac{\alpha + \beta}{100}\right)$$

式中 N——零件批量。

t_m 的计算详见各加工方法章节。t_a 的参考数据见表 5.2-11 ~ 表 5.2-45。一些机床的布置工作地时间、休息与生理需要时间及它们占作业时间的百分比 $(\alpha+\beta)$ 见表 5.2-46。

表 5.2-11 卧式车床上装夹工件时间 (min)

装夹方式	加力方式	工件重量/kg								
		0.5	1	2	3	5	8	15	25	100
自定心卡盘	手动	0.07	0.08	0.09	0.10	0.11	0.13	0.18		
自定心卡盘与顶尖	手动	0.09	0.10	0.11	0.12	0.14	0.18	0.26	0.37	

（续）

装夹方式	加力方式	工件重量/kg								
		0.5	1	2	3	5	8	15	25	100
两个顶尖或自定心卡盘与中心架	手动	0.05	0.06	0.06	0.07	0.08	0.10	0.15	0.22	1.10
专用夹具、螺栓、压板夹紧	手动				0.42	0.44	0.47	0.55	0.67	
两个顶尖、顶尖与卡盘或制动销	气动	0.03	0.03	0.04	0.04	0.04	0.05	0.06	0.07	
自定心卡盘或可胀心轴	气动	0.03	0.03	0.04	0.04	0.05	0.06	0.08		

注：1. 本表时间包括伸手取工件装到卡盘或顶尖间，开动气阀或转动顶尖手轮或用扳手夹紧工件，最后手离工件、扳手或手轮。

2. 长工件经主轴孔装入时加 0.01min。

3. 需要装心轴的工件，装夹时间加 0.07min。

表 5.2-12　卧式车床上松开卸下工件时间　（min）

装夹方式	加力方式	工件重量/kg								
		0.5	1	2	3	5	8	15	25	100
自定心卡盘	手动	0.06	0.06	0.07	0.07	0.08	0.10	0.14		
自定心卡盘与顶尖	手动	0.07	0.07	0.08	0.09	0.11	0.13	0.20	0.28	
两个顶尖或自定心卡盘与中心架	手动	0.03	0.03	0.04	0.04	0.04	0.07	0.12	0.19	0.76
专用夹具、螺栓、压板夹紧	手动				0.12	0.19	0.22	0.30	0.42	
两个顶尖、顶尖与卡盘或制动销	气动	0.02	0.02	0.03	0.03	0.03	0.03	0.05	0.06	
自定心卡盘或可胀心轴	气动	0.02	0.02	0.03	0.03	0.04	0.05	0.07		

注：1. 本表时间包括手伸向扳手或气阀，取扳手，松开夹具或开动气阀，从夹具上取下工件、放下，最后手离工件。

2. 长工件经主轴孔卸下时加 0.01min。

3. 需要装心轴的工件，松卸时间加 0.05min。

4. 工件调头或松开转动一定角度的时间，按一次装夹、一次松卸时间之和的 60%计算。

表 5.2-13　卧式车床操作机床时间　（min）

操作名称		时间	
使主轴回转	用按钮 用杠杆	0.01 0.02	
纵向移动滑鞍	移动量/mm	靠近工件	离开工件
	50 100 200 300	0.03 0.04 0.06 0.08	0.02 0.03 0.05 0.07
横向移动滑板	移动量/mm	靠近工件	离开工件
	20 40 60 80 100	0.03 0.04 0.05 0.07 0.09	0.02 0.03 0.04 0.06 0.08

操作名称		时间
对刀 接通或停止走刀 转动刀架 90°		0.02 0.01 0.02
使主轴完全停止回转	C616	0.01
	其他机床	0.03
移动尾座 尾座装刀或卸刀 主轴变速 变换进给量		0.06 0.04 0.04 0.03

表 5.2-14 卧式车床上测量工件时间 (min)

(1)测量直径

直径/mm		30	50	75	100	150	>150
测量方法	用卡规、塞规(测量精度 0.01~0.1mm)	0.06	0.07	0.08	0.09	0.10	0.11
	用游标卡尺(测量精度 0.01~0.1mm)	0.08	0.09	0.10	0.11	0.15	0.18
	用卡规、塞规(测量精度 0.11~0.3mm)	0.05	0.06	0.07	0.08	0.09	0.10
	用游标卡尺(测量精度 0.01~0.1mm)	0.07	0.08	0.09	0.10	0.13	0.15

(2)测量螺纹

螺纹直径/mm	30	50	100	>100
时间	0.17	0.19	0.21	0.27

(3)测量长度

长度/mm		30	50	70	100	150	>150
测量方法	用游标卡尺	0.08	0.09	0.10	0.11	0.12	0.14
	用样板	0.06	0.07	0.08	0.09	0.11	

注：1. 测量工件时间包括伸手取量具，测量，放下工件、量具。

2. 本表是测量一次的时间，单件定额的测量时间等于表中时间乘以测量的百分比。

表 5.2-15 万能卧式、立式铣床上装夹工件时间 (min)

定位方法	夹紧方法	工件重量/kg									
		0.5	1	2	3	5	8	15	25	50	75
平面凸台或V形块	带拉杆的压板手动	0.04	0.04	0.05	0.06	0.07	0.10	0.16			
	带拉杆的压板气动	0.03	0.03	0.04	0.05	0.06	0.08	0.10	0.15		
	带快换垫圈的压板手动	0.11	0.11	0.12	0.13	0.14	0.16	0.21	0.40	0.60	0.80
	带快换垫圈的压板气动	0.05	0.06	0.07	0.08	0.09	0.11	0.17			
销子	带拉杆的压板手动	0.06	0.07	0.08	0.09	0.10	0.12	0.18	0.30		
	带拉杆的压板气动	0.05	0.06	0.07	0.08	0.09	0.11	0.16	0.20	0.24	
	带快换垫圈的压板手动	0.12	0.12	0.13	0.14	0.15	0.17	0.22			
	带快换垫圈的压板气动	0.06	0.07	0.08	0.09	0.10	0.12	0.18	0.22		
平口钳	手动	0.05	0.06	0.07	0.09						
	气动	0.03	0.04	0.05							
自定心卡盘与顶尖	气动	0.04	0.05	0.06							
	手动		0.06	0.07	0.08	0.09	0.11				
孔或凹座	带拉杆的压板气动	0.06	0.07	0.08	0.09	0.10	0.12	0.18	0.22		
	不夹紧	0.03	0.03	0.04							
心轴	带快换垫圈的压板手动	0.12	0.12	0.13							
	带快换垫圈的压板气动	0.05	0.06	0.07	0.08	0.09	0.10				

注：1. 本表时间包括伸手取工件装到夹具上，开动气阀或用扳手夹紧工件，最后手离工件或扳手。

2. 需要定向的装夹，增加 0.01min。

3. 多件装夹的时间折算系数：2~3 件，0.7；4~6 件，0.6；7~12 件，0.5。

表 5.2-16 万能卧式、立式铣床上松开卸下工件时间 (min)

定位方法	夹紧方法	工件重量/kg									
		0.5	1	2	3	5	8	15	25	50	75
平面凸台或V形块	带拉杆的压板手动	0.03	0.03	0.04	0.05	0.06	0.09	0.15			
	带拉杆的压板气动	0.02	0.02	0.03	0.04	0.05	0.07	0.09	0.12		
	带快换垫圈的压板手动	0.05	0.05	0.06	0.07	0.08	0.11	0.17	0.30	0.40	0.50
	带快换垫圈的压板气动	0.04	0.04	0.05	0.06	0.07	0.10	0.16			

（续）

定位方法	夹紧方法	工件重量/kg									
		0.5	1	2	3	5	8	15	25	50	75
销子	带拉杆的压板手动	0.05	0.06	0.07	0.08	0.09	0.11	0.17	0.28		
	带拉杆的压板气动	0.04	0.05	0.06	0.07	0.08	0.10	0.15	0.19	0.22	
	带快换垫圈的压板手动	0.06	0.06	0.07	0.08	0.11	0.17				
	带快换垫圈的压板气动	0.05	0.05	0.06	0.07	0.08	0.10	0.16	0.20		
平口钳	手动	0.04	0.05	0.06	0.08						
	气动	0.02	0.03	0.04							
自定心卡盘与顶尖	气动	0.03	0.04	0.05							
	手动		0.05	0.06	0.07	0.08	0.10				
孔或凹座	带拉杆的压板气动	0.05	0.06	0.07	0.08	0.09	0.11	0.17	0.21		
	不夹紧	0.02	0.02	0.03							
心轴	带快换垫圈的压板手动	0.06	0.06	0.07							
	带快换垫圈的压板气动	0.04	0.05	0.06	0.07	0.08	0.09				

注：1. 本表时间包括手伸向气阀或取扳手，松开工件并取出，最后手离工件或扳手。
2. 多件松卸的时间折算系数：2~3 件，0.7；4~6 件，0.6；7~12 件，0.5。

表 5.2-17　万能卧式、立式铣床操作机床时间　（min）

操作名称		时间		
开动、停止主轴回转	用按钮	0.01		
接通工作台移动	用按钮	0.01		
改变工作台移动方向	用手柄	0.01		
打开或关闭切削液开关		0.02		
纵向快速移动工作台	移动量/mm	靠近工件	离开工件	
	50	0.03	0.02	
	100	0.05	0.04	
	200	0.07	0.06	
	300	0.10	0.09	
	500	0.18	0.17	
横向快速移动工作台	移动量/mm	靠近工件	离开工件	
	25	0.04	0.03	
	50	0.06	0.05	
	100	0.09	0.08	
升降工作台/mm	10	0.02		
	20	0.03		
用刷子清除夹具上的切屑	工件重量/kg	从平面上清除	从凹座内清除	
	≤5	0.03	0.04	
	5~15	0.06	0.08	
	15~25	0.10	0.12	
转动夹具	转动部分重量/kg	转 45°	转 90°	转 180°
	30	0.02	0.02	0.03
	50	0.02	0.03	0.04
	100	0.03	0.04	0.05

（续）

操作名称		时间	
	工件重量/kg	气动夹紧	手动夹紧
转动工件	0.5	0.03	0.04
	3	0.04	0.06
	15	0.05	0.08
	25	0.06	0.10
	50	0.07	0.12

注：1. 多件加工的除屑时间折算系数：2~3 件，0.7；4~6 件，0.6；7~12 件，0.5。

2. 转动夹具包括拔出定位销、转位、对定等。

3. 转动工件包括松开工件、翻转、重新装夹等。

表 5.2-18 万能卧式、立式铣床上测量工件时间 (min)

测量长度/mm		30	50	75	100	150	300
测量方法和位置	游标卡尺测平面	0.10	0.12	0.14	0.16	0.18	0.20
	样板测槽面	0.07	0.08	0.09			
	样板测平面	0.04	0.05	0.06			

表 5.2-19 立式、摇臂钻床上装夹工件时间 (min)

定位方法	夹紧方法	加力方式	工件重量/kg									
			0.5	1	2	3	5	8	15	25	35	50
平面或V形块	压板	手动	0.04	0.05	0.05	0.06	0.07	0.08	0.10	0.18	0.24	0.28
	带手轮螺杆	手动	0.05	0.06	0.07	0.08	0.10	0.12	0.15			
	平口钳	手动	0.03	0.03	0.04	0.05	0.06	0.07	0.09			
	自定心卡盘	手动	0.06	0.07	0.08	0.09	0.11	0.14	0.17			
	压板	气动	0.02	0.03	0.04	0.05	0.06	0.07	0.09			
	自定心卡盘或可胀心轴	气动	0.02	0.02	0.03	0.04	0.05	0.06	0.08			
	不夹紧		0.01	0.02	0.02	0.03	0.04	0.05	0.07			
l<100mm的销子	压板	手动	0.05	0.05	0.06	0.06	0.08	0.09	0.11	0.20	0.26	0.30
	带手轮螺杆	手动	0.06	0.07	0.08	0.09	0.11	0.13	0.17			
	压板或可胀心轴	气动	0.03	0.04	0.05	0.06	0.07	0.08	0.10			
	不夹紧		0.02	0.02	0.06	0.03	0.04	0.05	0.08			
l>100mm的销子	压板	手动	0.06	0.06	0.06	0.07	0.08	0.10	0.12			
	不夹紧		0.03	0.04	0.04	0.05	0.06	0.07	0.09			
孔或凹座	带手轮螺杆	手动	0.05	0.06	0.07	0.08	0.10	0.12	0.15			
	不夹紧		0.01	0.02	0.02	0.03	0.04	0.05	0.07			
	压板	手动	0.04	0.05	0.05	0.06	0.07	0.10	0.10	0.18		

注：1. 本表时间包括伸手取工件装到夹具上，扳动手柄夹紧工件，最后手离手柄。

2. 需要定向的装夹，时间加 0.01min。

3. 液压夹紧与气动夹紧时间相同。

表 5.2-20 立式、摇臂钻床上松开卸下工件时间 (min)

定位方法	夹紧方法	加力方式	工件重量/kg									
			0.5	1	2	3	5	8	15	25	35	50
平面或V形块	压板	手动	0.03	0.04	0.04	0.05	0.06	0.07	0.09	0.16	0.22	0.25
	带手轮螺杆	手动	0.04	0.05	0.06	0.07	0.09	0.11	0.13			
	平口钳	手动	0.04	0.04	0.05	0.06	0.07	0.08	0.10			
	自定心卡盘	手动	0.05	0.06	0.07	0.08	0.11	0.13	0.15			

（续）

定位方法	夹紧方法	加力方式	工件重量/kg									
			0.5	1	2	3	5	8	15	25	35	50
平面或V形块	压板	气动	0.02	0.02	0.03	0.05	0.06	0.07	0.08			
	自定心卡盘或可胀心轴	气动	0.02	0.02	0.03	0.04	0.05	0.06	0.07			
	不夹紧		0.01	0.02	0.02	0.03	0.04	0.05	0.06			
l<100mm的销子	压板	手动	0.04	0.04	0.05	0.06	0.07	0.08	0.10	0.18	0.24	0.27
	带手轮螺杆	手动	0.05	0.06	0.07	0.08	0.10	0.12	0.15			
	压板或可胀心轴	气动	0.02	0.03	0.04	0.05	0.06	0.07	0.09			
	不夹紧		0.02	0.02	0.03	0.03	0.04	0.06	0.07			
l>100mm的销子	压板	手动	0.05	0.05	0.06	0.07	0.08	0.09	0.11			
	不夹紧		0.03	0.04	0.04	0.05	0.06	0.07	0.08			
孔或凹座	带手轮螺杆	手动	0.04	0.05	0.06	0.07	0.09	0.11	0.13			
	不夹紧		0.01	0.02	0.02	0.03	0.04	0.05	0.06			
	压板	手动	0.03	0.04	0.04	0.05	0.06	0.07	0.09	0.16		

注：本表时间包括手伸向手柄，松开工件，取出、放下，最后手离工件。

表 5.2-21　立式、摇臂钻床操作机床时间　（min）

操作名称		时间		
使主轴回转或停止		0.02		
在摇臂上移动主轴箱/mm	100	0.01		
	200	0.02		
	300	0.03		
刀具快速下降接近工件/mm		$\phi12$	$\phi25$	$\phi50$
	100	0.01	0.02	0.03
	200	0.02	0.03	0.04
使刀具对准孔位		0.02		
刀具快速上升离开工件/mm	100	0.01	0.01	0.02
	200	0.01	0.02	0.03
	300	0.02	0.03	0.04
快换夹头换刀		0.03	0.04	0.06
更换钻套		0.04	0.05	0.07
移动工件（包括夹具转动部分）重量/kg	5	0.02		
	15	0.03		
	25	0.04		
	35	0.05		
	50	0.06		
移动夹具/mm	200	0.02		
	500	0.03		
回转摇臂 45°		0.04		
变换进给量		0.02		
消除切屑	从平面	0.03		
	从凹座	0.05		
退钻清屑（深度）/mm		$\phi12$	$\phi25$	$\phi50$
	20	0.04	0.03	
	40	0.05	0.04	0.03
	60	0.06	0.05	0.04

注：本表中 $\phi12$mm、$\phi25$mm、$\phi50$mm 是指最大钻孔直径。

表 5.2-22　立式、摇臂钻床上测量工件时间　（min）

孔径/mm		25	35	50
测量方法	塞规测量孔径	0.04	0.05	0.06
	螺纹塞规测量螺纹	0.09	0.15	0.17

表 5.2-23　外圆磨床上装夹和松卸工件时间　（min）

装夹方法		工件重量/kg								
		0.5	1	2	3	5	8	15	25	35
装在两顶尖间，手柄或踏板液压（弹簧）夹紧	装夹	0.05	0.05	0.06	0.06	0.07	0.08	0.11	0.15	0.19
	松卸	0.03	0.03	0.04	0.04	0.04	0.04	0.05	0.08	0.10
装在心轴上，用扳手固定，手柄或踏板液压（弹簧）夹紧	装夹	0.13	0.14	0.15	0.16	0.18	0.21	0.27		
	松卸	0.06	0.07	0.08	0.09	0.12	0.15	0.23		
装在带锥度心轴上，手柄或踏板液压（弹簧）夹紧	装夹	0.05	0.06	0.06	0.07	0.07				
	松卸	0.04	0.05	0.05	0.06	0.06				
鸡心夹头装夹，手柄或踏板液压（弹簧）夹紧	装夹	0.06	0.08	0.09	0.11	0.15				
	松卸	0.04	0.05	0.06	0.07	0.09				
装在自定心卡盘上，手动夹紧	装夹	0.07	0.08	0.09						
	松卸	0.06	0.07	0.08						

注：1. 装夹工件时间包括伸手取工件，把工件装到夹具上、夹紧，最后手离工件。
　　2. 松卸工件时间包括手伸向手柄或扳手，松开工件，取下后手离工件。

表 5.2-24　内圆磨床上装夹和松卸工件时间　（min）

装夹方法		工件重量/kg						
		0.5	1	2	3	5	8	15
以外圆或齿形定位，液压夹紧	装夹	0.06	0.06	0.07	0.07	0.08	0.08	
	松卸	0.03	0.03	0.04	0.04	0.05	0.05	
装在自定心卡盘上，手动夹紧	装夹	0.10	0.10	0.12				
	松卸	0.09	0.09	0.10				
齿轮套上隔圈装在卡盘上，液压夹紧	装夹	0.08	0.08	0.09	0.09	0.10	0.10	0.11
	松卸	0.05	0.05	0.06	0.06	0.07	0.07	0.08
以柱销或钢球置于齿上装入卡盘，手动夹紧	装夹	0.14	0.18	0.29	0.40			
	松卸	0.09	0.10	0.11	0.12			

注：本表时间所包括的工作内容同外圆磨床。

表 5.2-25　磨床操作机床时间　（min）

操作名称		时间
开动或停止工件、砂轮转动、工作台往复运动		0.02
接通砂轮快速引进或退出		0.02
纵向引进或退出砂轮/mm	200	0.04
	300	0.05
	400	0.06

（续）

操作名称		时间	
		引进	退出
横向引进或退出砂轮	M1631、M1632	0.04	0.03
	其他外圆磨	0.03	0.03
	往复平面磨	0.02	0.02
手动对刀	磨外圆	0.03	
	磨外圆和端面	0.05	
	磨有长度公差要求的端面	0.08	
	磨内圆	0.04	
	磨内圆和端面	0.07	
	磨平面（往复平面磨）	0.06	
拉上防护罩		0.02	
取下靠表		0.01	
清除工作台切屑		0.18	

注：1. 放置靠表时间重合于进刀时间。
2. 手动退刀时间重合于砂轮退出时间。
3. 计算单件定额时，用清除工作台切屑时间除以同时磨削件数。

表 5.2-26　磨床上测量工件时间　（min）

（1）用卡规测量外圆

直径/mm		30	50	75
测量精度/mm	0.01～0.05	0.05	0.06	0.07
	0.06～0.15	0.04	0.05	0.06
	0.16～0.30	0.03	0.04	0.05

（2）用千分尺测量外圆

直径/mm		30	50	75
测量精度/mm	0.01～0.05	0.07	0.08	0.09
	0.06～0.15	0.06	0.07	0.08

（3）用千分尺测量长度

长度/mm	30	50	75
时间	0.06	0.07	0.08

（4）用卡规测量厚度

厚度/mm		10	30
测量精度/mm	0.06～0.10	0.06	0.07
	0.11～0.20	0.05	0.06

（5）用塞规测量孔

孔径/mm		25	35	50	65	80	100
测量精度/mm	0.01～0.05	0.07	0.08	0.09	0.10	0.13	0.16
	0.06～0.15	0.06	0.07	0.08	0.09		

（6）用内径千分尺测量孔（测量精度 0.01～0.05mm）

孔径/mm	35	50	65	80	100
时间	0.09	0.10	0.11	0.12	0.13

表 5.2-27 单轴自动车床上装夹棒料时间 (min)

棒料直径/mm		~8	9~12	13~20	21~30	31~40
操作内容		装夹棒料时间				
圆(截面)棒料	卸下余料	0.20	0.22	0.24	0.27	0.29
	装夹棒料	0.21	0.25	0.34	0.44	0.53
	切除料头	0.26	0.29	0.38	0.48	0.58
	每根棒料合计	0.67	0.76	0.96	1.19	1.40
其他截面棒料	卸下余料	0.20	0.22	0.24	0.27	0.29
	装夹棒料	0.23	0.27	0.35	0.46	0.57
	切除料头	0.26	0.29	0.38	0.48	0.58
	每根棒料合计	0.69	0.78	0.97	1.21	1.44

注：1. 卸下余料：从一根棒料加工最后一个工件、刀架退回原位起，松开弹簧夹头，余料掉下，至手离手柄或按钮。

2. 装夹棒料：操作者应利用机动时间将棒料放到料架上，装夹棒料是指卸下余料后，把将要加工的棒料从料管插入夹头，并操作手柄或按钮夹紧。

3. 切除料头：包括开动机床切除棒料料头，至开始正常工作循环止。

4. 圆截面棒料包括圆截面管料，直径按外圆计算。其他截面棒料包括六角形或半圆形等截面棒料，按截面距离最大的两点尺寸计算。

表 5.2-28 多轴自动车床上装夹棒料时间 (min)

直径/mm		~12	13~20	21~30	31~40	41~50	51~60
操作内容		装夹棒料时间					
圆(截面)棒料	卸下余料	0.24	0.26	0.28	0.30	0.32	0.34
	装夹棒料	0.29	0.32	0.40	0.57	0.70	0.85
	切除料头	0.20	0.26	0.34	0.46	0.58	0.72
	每根棒料合计	0.73	0.84	1.02	1.33	1.60	1.91
其他截面棒料	卸下余料	0.24	0.26	0.28	0.30	0.32	0.34
	装夹棒料	0.31	0.35	0.42	0.60	0.73	1.00
	切除料头	0.20	0.26	0.34	0.46	0.58	0.72
	每根棒料合计	0.75	0.87	1.04	1.36	1.63	2.06

注：多轴自动车床装夹棒料各操作内容与单轴自动车床相同。

表 5.2-29 自动车床操作机床时间 (min)

操作名称	时间
起动主轴	0.02
接通刀架进刀	0.07
停止刀架进刀	0.03
使主轴停止回转至完全停止	0.04
每根棒料合计	0.16

表 5.2-30 转塔车床上装夹和松卸工件时间 (min)

装夹方法	动作	工件重量/kg						
		~0.5	0.6~1.0	1.1~2.0	2.1~3.0	3.1~5.0	5.1~8.0	8.1~15.0
		时间						
自定心卡盘,气动、液压夹紧	装夹		0.05	0.06	0.07	0.08	0.09	0.12
	松卸		0.04	0.05	0.06	0.07	0.08	0.10
自定心卡盘,定向装夹,气动、液压夹紧	装夹	0.08	0.09	0.10	0.13	0.16	0.19	
	松卸	0.05	0.06	0.07	0.08	0.09	0.10	

（续）

装夹方法	动作	工件重量/kg						
		~0.5	0.6~1.0	1.1~2.0	2.1~3.0	3.1~5.0	5.1~8.0	8.1~15.0
		时间						
自定心卡盘,手动夹紧	装夹	0.07	0.08	0.09	0.10	0.11	0.13	0.18
	松卸	0.06	0.07	0.08	0.09	0.10	0.12	0.17
弹簧夹头	装夹	0.04	0.05	0.05				
	松卸	0.03	0.04	0.04				

注：1. 装夹工件时间包括从伸手取工件装到卡盘起，开动阀门或用扳手紧固工件至手离工件或扳手止。松卸工件时间包括从手伸向扳手向气动、液力开关起，松开、取下工件至手离工件止。

2. 定向夹紧是指外形特殊的工件，装夹时需要对准位置。

表 5.2-31　转塔车床上装夹棒料时间　（min）

(1)装棒料时间		
棒料直径/mm	20	40
松开夹头,拿起一根棒料插入机床主轴孔的时间	0.20	0.30
(2)棒料送料时间		
棒料直径/mm	20	40
松开夹头,伸手将棒料拉向限位挡块、夹紧至手离开的夹紧始末时间	0.06	0.08

表 5.2-32　转塔车床上刀架移动时间　（min）

项目		时间	
		靠近工件	离开工件
转塔刀架快速进退/mm	~100	0.04	0.03
	101~200	0.05	0.04
	201~300	0.06	0.05
	301~400	0.07	0.06
	401~500	0.08	0.07
回轮刀架快速进退/mm	~100	0.02	0.01
	101~200	0.03	0.03
	201~300	0.05	0.04
	301~400	0.07	0.06
横刀架快速进退/mm	~50	0.03	
	51~100	0.05	
	101~200	0.09	
刀架转位	角度	转塔刀架	回轮刀架
	60°	0.04	0.03
	90°	0.05	
	120°	0.06	
	180°	0.07	
	270°		0.05

表 5.2-33　转塔车床操作机床时间　(min)

操作名称		时间
使主轴回转或改变主轴回转方向	用按钮	0.01
	用杠杆	0.02
接通或停止走刀	用手柄	0.02
变换主轴转速	用手柄	0.04
变换进给量	用手柄	0.03
使主轴完全停止回转		0.03
限位装置复位		0.01
打开或关闭切削液开关		0.01
在丝锥或板牙上刷润滑油	用刷子	0.03
打开或关上防溅板		0.02

表 5.2-34　多刀半自动车床和仿形车床上装夹工件时间　(min)

装夹方法	加力方式	工件重量/kg							
		1	3	5	8	12	18	25	80
		时间							
双顶尖或一端顶尖、一端凹座(凸台)	气动、液压	0.03	0.04	0.05	0.06	0.08	0.11	0.13	
双顶尖、一端装压板	气动、液压			0.12	0.13	0.15	0.18	0.22	
一端顶尖、一端装在销子或花键轴上	气动、液压	0.05	0.06	0.07					
可胀心轴	气动、液压	0.05	0.06	0.08	0.10	0.12			
装快换垫圈的心轴	气动、液压	0.06	0.07	0.09	0.11				
自定心卡盘	气动、液压	0.06	0.07	0.09	0.10	0.13	0.17	0.23	
一端顶尖、一端装在卡盘上	气动、液压	0.08	0.09	0.10					
一端顶尖、一端装在卡盘上	手动	0.31	0.32	0.33	0.34	0.35	0.37	0.40	0.60

注：1. 本表时间包括伸手取工件装到卡盘或顶尖间，开动气阀或用扳手夹紧工件，最后手离气阀或扳手。

2. 工件装在带中心孔的心轴上加工，按双顶尖装夹考虑，工件装到心轴上和从心轴上取下，一般利用自动进刀时间进行。

3. 工件调头或松开转动一定角度的时间，按一次装夹、一次松卸时间之和的60%计算。

表 5.2-35　多刀半自动车床和仿形车床上松开卸下工件时间　(min)

装夹方法	加力方式	工件重量/kg							
		1	3	5	8	12	18	25	80
		时间							
双顶尖或一端顶尖、一端凹座(凸台)	气动、液压	0.02	0.03	0.04	0.05	0.07	0.09	0.13	
双顶尖、一端装压板	气动、液压			0.05	0.06	0.08	0.10	0.14	
一端顶尖、一端装在销子或花键轴上	气动、液压	0.04	0.05	0.06					
可胀心轴	气动、液压	0.03	0.04	0.06	0.07	0.08			
装快换垫圈的心轴	气动、液压	0.04	0.05	0.07	0.08				
自定心卡盘	气动、液压	0.04	0.05	0.06	0.07	0.09	0.12	0.16	
一端顶尖、一端装在卡盘上	气动、液压	0.07	0.08	0.09					
一端顶尖、一端装在卡盘上	手动	0.20	0.21	0.23	0.24	0.25	0.26	0.30	0.40

表 5.2-36　多刀半自动车床和仿形车床操作机床时间　(min)

操作名称		时间
使主轴回转	用按钮	0.01
	用手柄	0.02
打开或合上挡板		0.02
刀架快速移动/mm	50	0.03
	100	0.04
	150	0.05
	200	0.06
	300	0.07
	400	0.08
	500	0.09
停止主轴回转		0.05
接通刀架快速移动		0.01

表 5.2-37　多刀半自动车床和仿形车床上测量工件时间

(1)用卡规测量

直径/mm	30	50	75	100	150
时间/min	0.05	0.06	0.07	0.08	0.09

(2)用塞规、螺纹环规测量

直径/mm	30	50
时间/min	0.17	0.19

(3)用样板测量

长度/mm	10	20	30
时间/min	0.04	0.05	0.06

(4)用游标卡尺测量

直径/mm	30	50	75	100	150	>150
时间/min	0.08	0.09	0.10	0.11	0.12	0.14

表 5.2-38　立式和卧式拉床上装夹和松卸工件时间（一）　(min)

工件重量/kg		1	3	5	8	15	25
拉刀直径/mm	动作内容	时间					
~30	装夹	0.04	0.05	0.06	0.07		
	松卸	0.03	0.04	0.05	0.06		
31~50	装夹	0.05	0.06	0.08	0.11	0.13	
	松卸	0.04	0.05	0.07	0.09	0.11	
51~80	装夹	0.06	0.07	0.09	0.12	0.14	0.16
	松卸	0.05	0.06	0.08	0.10	0.12	0.13
81~100	装夹		0.08	0.10	0.13	0.15	0.17
	松卸		0.07	0.08	0.11	0.13	0.14

注：1. 本表适用于自动定心拉削孔或花键孔。

2. 本表时间包括伸手取工件，套在拉刀上，将拉刀插入卡盘，至手离拉刀（装夹）；伸手取工件，至手离工件（松卸）。

3. 用定位销或心轴定位时，装、卸时间各加 0.01min。

4. 一次装卸两件时，每件时间应乘以 0.8。

表 5.2-39　立式和卧式拉床上装夹和松卸工件时间（二）　(min)

(1)卧式拉床拉削						
工件重量/kg		40	50	80	100	130
加工面	动作内容	时间				
孔	装夹	0.20	0.22	0.25		
	松卸	0.17	0.20	0.23		
平面	装夹	0.13	0.14	0.15	0.20	0.25
	松卸	0.11	0.12	0.13	0.16	0.20
(2)立式拉床外拉						
工件重量/kg		~1.0	1.1~3.0	3.1~5.0	5.1~8.0	8.1~12.0
时间	装夹	0.03	0.04	0.05	0.06	0.06
	松卸	0.03	0.03	0.04	0.04	0.05

注：1. 本表适用于工件装在气动或液压夹具上拉削。
2. 本表时间包括伸手取工件装到夹具上，开动阀门，夹紧工件，至手离阀门（装夹）；伸手开动阀门，松开工件并取下，至手离工件。

表 5.2-40　用塞规测量拉孔直径时间　(min)

孔径/mm	25	35	50	65	80	100
测量精度/mm	时　间					
0.01~0.05	0.10	0.11	0.12	0.13	0.15	0.17
0.06~0.15	0.09	0.10	0.11	0.12	0.14	0.16
0.16~0.30	0.08	0.09	0.10	0.11	0.13	0.15

注：花键塞规测量花键孔也可用本表，孔径按花键外径计算。

表 5.2-41　拉床操作机床时间　(min)

操作名称		时　间
开动机床行程		0.01
拉刀快速水平进退/mm	~500	0.03
	501~750	0.04
	751~1000	0.05
	1001~1500	0.06
	1501~2000	0.07
拉刀快速升降/mm	~500	0.04
	501~1000	0.05
	1001~1500	0.07
	1501~2000	0.08
立式拉床工作台引进或退出/mm	150	0.02
	200	0.03
清除拉刀、夹具上的切屑	卧式拉床	0.08
	立式拉床(外拉)	0.05
	立式拉床(内拉)	0.03

表 5.2-42　滚齿机上装夹和松卸工件时间　(min)

工件重量/kg			0.5	1	2	3	5	8	15	20
装夹方法			时间							
工件带鸡心夹头装到两顶尖间	液压装夹	装夹	0.09	0.11	0.13	0.15	0.18	0.20	0.22	
		松卸	0.05	0.07	0.09	0.11	0.14	0.16	0.18	
装到心轴上，顶尖支承	螺母快换垫圈，扳手夹紧	装夹	0.18	0.20	0.22	0.24	0.26	0.28	0.30	0.32
		松卸	0.15	0.17	0.19	0.21	0.23	0.25	0.28	0.30
	液压顶尖、压板夹紧	装夹	0.14	0.17	0.19	0.21	0.23	0.25	0.27	
		松卸	0.11	0.14	0.16	0.18	0.20	0.22	0.24	
装在自定心卡盘和顶尖间	手动夹紧	装夹		0.21	0.23	0.25	0.27	0.29		
		松卸		0.19	0.21	0.23	0.25	0.27		

注：1. 装到心轴上，顶尖支承，液压顶尖、压板压紧，如果压板是固定的压头，则装卸时间各减少 0.01min。
2. 顶尖升降时间包括在装、卸时间内。
3. 带中心架的装、卸，各增加 0.02min。
4. 本表适用于双轴滚齿机一个轴的装卸。
5. 多件加工时，工件之间的中间环每装一个 0.03min，每卸一个 0.02min。
6. 多件加工的装卸时间折算系数：2 件，0.7；3 件，0.6；4~5 件，0.5。

表 5.2-43　滚齿机上操作时间　(min)

操作名称		时间	操作名称		时间
使工件和铣刀回转或停止	用按钮	0.01	刀架快速垂直退回/mm	~50 51~100	0.05 0.08
工件快速靠近或离开刀架/mm	~50 51~100	0.05 0.08	手动进、退刀		0.09
刀架快速靠近或离开工件/mm	~50 51~100	0.08 0.15	清理夹具上的切屑	用刷子	0.04

注：若要计算单件时间，则应将本表时间除以同时加工件数。

表 5.2-44　插齿机上装夹和松卸工件时间　(min)

工件重量/kg		0.5	1	3	8	15
装夹方法		时间				
装于心轴上，如垫圈或压板，用扳手拧紧螺母	装夹	0.14	0.16	0.20	0.24	0.28
	松卸	0.12	0.14	0.18	0.22	0.26
装于心轴或销柱上，加快换垫圈，气动或液压压紧	装夹	0.09	0.11	0.13	0.16	0.19
	松卸	0.07	0.09	0.11	0.13	0.16
装于弹簧夹头或自定心卡盘上，气动或液压夹紧	装夹		0.13	0.15	0.19	0.23
	松卸		0.12	0.14	0.18	0.22

注：1. 装夹工件时间包括伸手取工件，装到夹具上，扳动夹具开关或用扳手紧固工件，最后手离开关或扳手。
2. 松卸工件时间包括手伸向扳手或开关，松开工件，取下垫圈、工件，最后手离开工件。
3. 多件加工的装卸时间折算系数：2 件，0.7；3 件，0.6；4~6 件，0.5；7~8 件，0.4。
4. 工件装在两个销子上时，装、卸时间各加 0.01min。

表 5.2-45 插齿机操作时间 (min)

操作名称		时间	操作名称		时间
使插刀上下运动和工件回转	用按钮	0.01	使刀架离开工件	用摇把	0.05
	用摇把	0.02	刀具快速离开工件	用按钮	0.01
使刀架靠近工件	用摇把	0.07	清除夹具上的切屑	用刷子	0.04

注：若要计算单件时间，则应将本表时间除以同时加工件数。

表 5.2-46 布置工作地、休息和生理需要时间 (min)

机床名称	布置工作地时间	休息和生理需要时间	共占作业时间百分比(%)	机床名称		布置工作地时间	休息和生理需要时间	共占作业时间百分比(%)
卧式车床	56	15	21.8	立式圆工作台铣床		65	15	20
转塔车床	51	15	15.9	单轴自动车床	一台	45	10	12.9
立式钻床	42	15	15.7		两台	58	10	16.5
摇臂钻床	47	15	17.4	多轴自动车床	一台	78	10	22.4
外圆磨床	60	15	18.5		两台	95	10	28
内圆磨床	50	15	15.7	半自动车床		70	15	21.5
矩台平面磨床	49	15	15.4	卧式拉床		53	15	16.5
圆台平面磨床	67	15	17.6	立式拉床		51	15	15.9
无心磨床	58	15	17.9	精镗床		60	15	18.5
卧式铣床	53	15	16.5	滚齿机		44	15	14
立式铣床	51	15	15.9	插齿机		25	15	9.1

(2) 缩减单件时间的措施

1）缩减基本时间的措施。提高切削用量，减小切削行程，合并工步，采用多件加工（顺序多件加工，平行多件加工，平行、顺序多件加工），改变加工方法，采用新工艺、新技术。

2）缩减辅助时间的措施。采用先进夹具，采用转位工作台、直线往复式工作台等，采用连续加工，采用自动、快速换刀装置，采用主动检验或数字显示自动测量装置。

3）缩减准备与终结时间的措施。使夹具和刀具调整通用化，采用可换刀架或刀夹，采用刀具的微调和快调，缩短夹具在机床上的装夹、找正时间，采用准备与终结时间极短的先进加工设备。

5.2.4 工艺工作程序及工艺文件

1. 工艺工作程序（JB/T 9169.2—1998）

工艺工作程序如图 5.2-1 所示，说明如下：

1）工艺性调研和工艺性审查。

① 新产品设计调研或老产品用户访问由主管工艺人员参加，以便了解国内外同类产品情况及用户对该产品的意见和要求。

② 讨论新产品设计方案和老产品改进设计方案，针对产品结构、性能、精度的特点和企业的技术水平进行工艺分析，提出改进产品结构工艺性的意见。

③ 由有关工艺人员对产品设计图样进行工艺性审查，提出工艺性审查意见，并应在设计图样上签字。

2）编制工艺方案。工艺方案是工艺技术准备工作的重要指导性文件，由主管工艺人员负责编写。

① 编制工艺方案的依据。产品图样及有关技术文件和企业生产大纲；总工艺师（或有关技术领导）对该产品工艺工作的指示，以及有关科室和车间的意见；产品的生产性质和生产类型；有关工艺资料（如企业的设备能力、设备精度、工人级别和技术水平等）；有关同类产品的国内外资料和信息。

② 工艺方案内容。根据产品的生产性质、生产类型确定工艺文件的种类；提出专用设备、关键设备的购置、改装、设计意见；提出关键工装设计项目和特殊的外购工具、刀具、量具；提出新工艺、新材料在本产品上的应用意见；提出工艺关键件（或部分工艺关键件）工艺方案和工艺试验项目，并进行必要的技术经济分析，提出主要外制件和外协件项目；提出确保产品质量的特殊工艺要求；提出装配方案，装配方式、场地、产品验收的工艺准备等；提出产品工艺关键件制造周期和生产节拍的安排意见；提出对材料和毛坯的特殊要求，针对产品提出生产组织和生产路线（设备）调整意见。

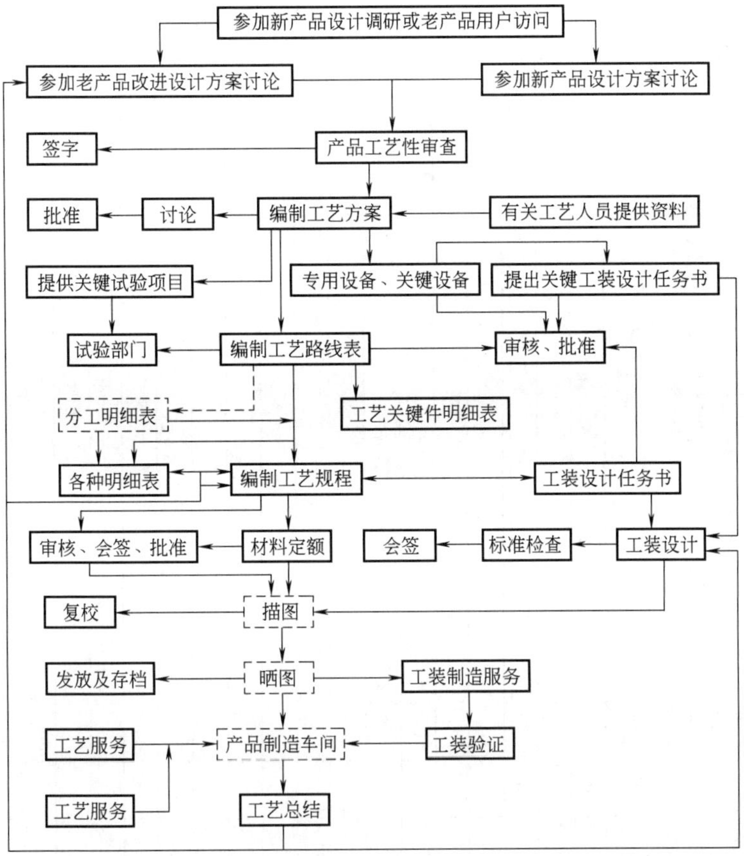

注：图中虚线部分为选用项目。

图 5.2-1　工艺工作程序图

3）设计关键工装，参加制造服务和装调、验证，对关键工艺进行试验。

4）编制工艺路线表和有关明细表。

① 编制产品零件工艺路线表，或产品零（部）件分工明细表。

② 编制产品工艺关键件明细表。

③ 编制外制件明细表。

5）编制工艺文件，其中包括：

① 根据产品零（部）件工艺路线表或产品零（部）件分工明细表，由各专业工艺人员编制冷、热加工、装配等工艺规程卡片。

② 提出专用工艺装备和专用设备、关键设备的设计任务书。

③ 冷、热加工相互提出特殊技术要求。

④ 加工和装配相互提出特殊技术要求。

⑤ 编制各种零件明细表（视各厂需要）。

⑥ 编制外购工具明细表。

⑦ 编制厂标准工具明细表。

⑧ 编制专用工艺装备明细表。

⑨ 编制组合夹具明细表。

6）工装设计人员按工装设计任务书进行工装设计。

7）编制各种材料定额明细表和汇总表。

8）复校各种图样、表格和卡片。

9）开展对车间的工艺服务工作。

10）工艺总结。对各种生产类型的产品，当生产一个循环后都要进行工艺总结，内容包括：工艺准备阶段小结；投产后工艺、工装验证情况；产品在生产中发生的工艺问题及其解决情况；对今后工艺改进提出意见，为工艺整顿提出初步设想。

11）根据工艺总结进行工艺整顿。

2. 工艺文件格式及填写规则（摘自 JB/T 9165.2—1998）

1）机械加工工艺过程卡片格式及填写规则（图 5.2-2、表 5.2-47）。

2）机械加工工序卡片格式及填写规则（图 5.2-3、表 5.2-48）。

3）标准零件（或典型零件）工艺过程卡片格式（图 5.2-4）。

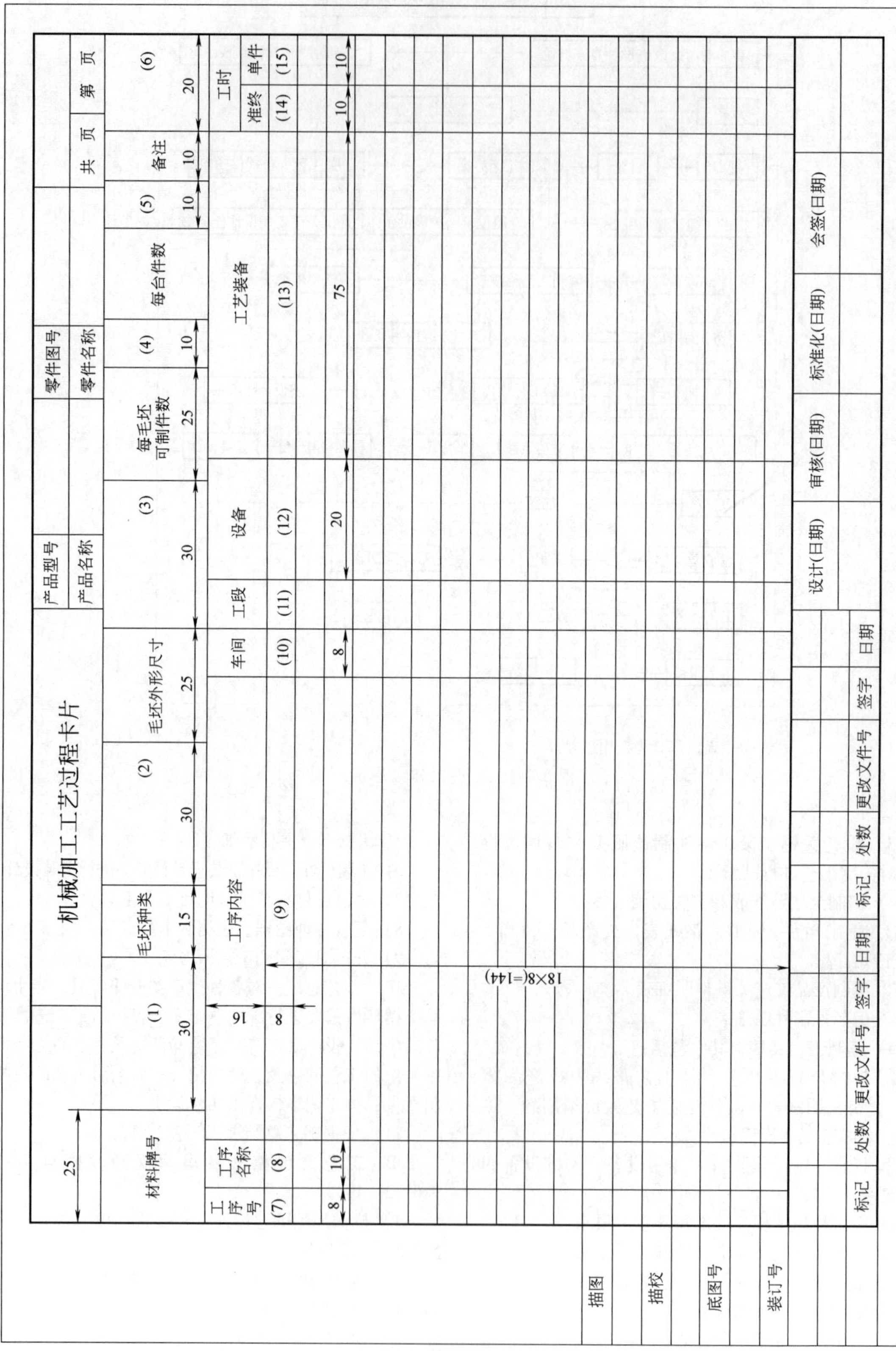

机械加工工艺过程卡片
产品型号
产品名称
零件图号
零件名称
共 页
第 页
材料牌号
(1)
毛坯种类
(2)
毛坯外形尺寸
(3)
每毛坯可制件数
(4)
每台件数
(5)
备注
(6)
工序号
工序名称
工序内容
车间
工段
设备
工艺装备
工时
准终
单件
(7)
(8)
(9)
(10)
(11)
(12)
(13)
(14)
(15)
25
30
15
30
25
30
25
10
10
10
20
16
8
8
10
8
20
75
10
10
18×8(=144)
描图
描校
底图号
装订号
设计(日期)
审核(日期)
标准化(日期)
会签(日期)
标记
处数
更改文件号
签字
日期
标记
处数
更改文件号
签字
日期

图 5.2-2 机械加工工艺过程卡片格式

表 5.2-47　机械加工工艺过程卡片的填写

空格号	填　写　内　容
(1)	材料牌号按产品图样要求填写
(2)	毛坯种类填写铸件、锻件、条钢、板钢等
(3)	进入加工前的毛坯外形尺寸
(4)	每毛坯可制零件数
(5)	每台件数按产品图样要求填写
(6)	备注可根据需要填写
(7)	工序号
(8)	各工序名称
(9)	各工序和工步、加工内容和主要技术要求，工序中的外协序也要填写，但只写工序名称和主要技术要求，如热处理的硬度和变形要求、电镀层的厚度等。产品图样标有配作、配钻时，或根据工艺需要装配时配作、配钻时，应在配作前的最后工序另起一行注明，如，“××孔与××件装配时配钻”，“××部位与××件装配后加工”等
(10)、(11)	分别填写加工车间和工段的代号或简称
(12)	填写设备的型号或名称，必要时还应填写设备编号
(13)	填写各工序（或工步）所使用的夹、模、辅具和刀、量具。其中属专用的，按专用工艺装备的编写（名称）填写；属标准的，填写名称、规格和精度，有编号的也可填写编号
(14)、(15)	分别填写准备与终结时间和单位时间定额

表 5.2-48　机械加工工序卡片的填写

空格号	填　写　内　容
(1)	执行该工序的车间名称或代号
(2)~(8)	按图 5.2-2 中的相应项目填写
(9)~(11)	填写该工序所用设备的型号或名称，必要时还应填写设备编号
(12)	在机床上同时加工的件数
(13)、(14)	该工序需使用的各种夹具的名称和编号
(15)	该工序需使用的各种工位器具的名称和编号
(16)、(17)	机床所用切削液的名称和编号
(18)、(19)	工序工时的准终、单件时间
(20)	工步号
(21)	各工步的名称、加工内容和主要技术要求
(22)	各工步所需用的模辅具、刀具、量具，专用的填编号，标准的填规格、精度、名称
(23)~(27)	切削规范，一般工序可不填，重要工序可根据需要填写
(28)、(29)	分别填写本工序机动时间和辅助时间定额

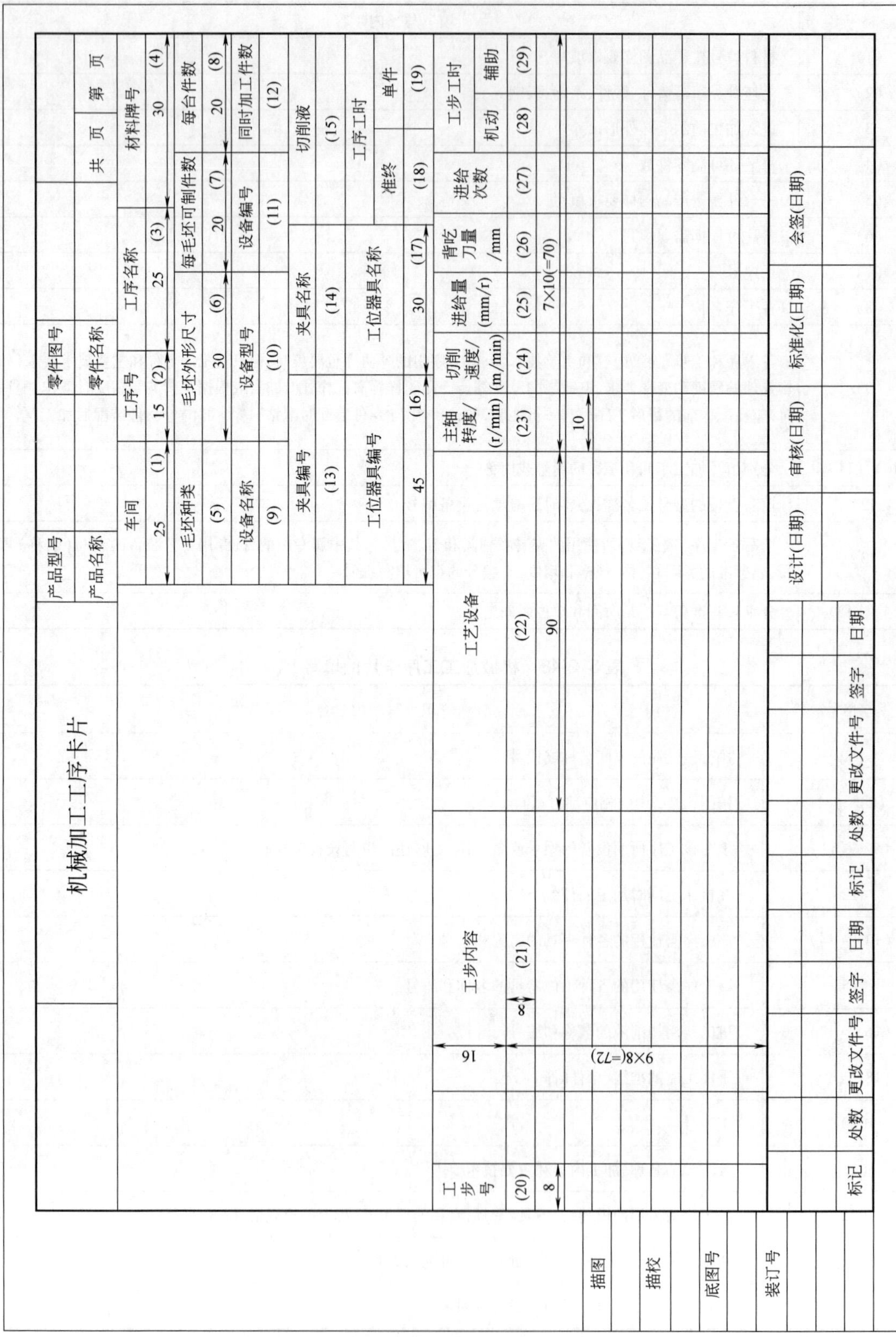

机械加工工序卡片
产品型号
零件图号
产品名称
零件名称
共 页
第 页
车间
工序号
工序名称
材料牌号
毛坯种类
毛坯外形尺寸
每毛坯可制件数
每台件数
设备名称
设备型号
设备编号
同时加工件数
夹具编号
夹具名称
切削液
工位器具编号
工位器具名称
工序工时
准终
单件
工步号
工步内容
工艺设备
主轴转度/(r/min)
切削速度/(m/min)
进给量/(mm/r)
背吃刀量/mm
进给次数
工步工时
机动
辅助
描图
描校
底图号
装订号
设计(日期)
审核(日期)
标准化(日期)
会签(日期)
标记
处数
更改文件号
签字
日期

图 5.2-3 机械加工工序卡片格式

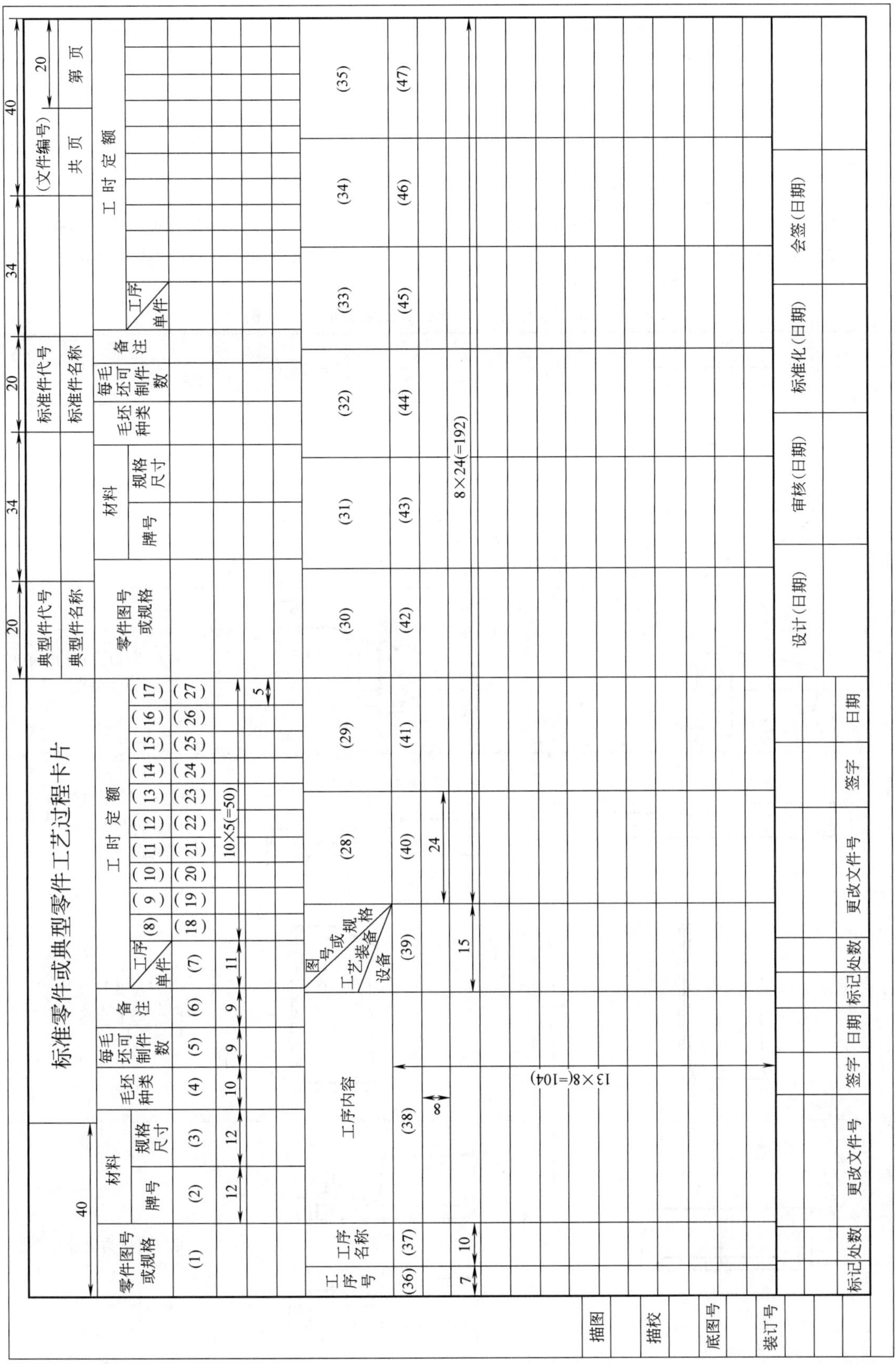
标准零件或典型零件工艺过程卡片
典型件代号
典型件名称
标准件代号
标准件名称
(文件编号)
共　页
第　页
零件图号或规格
材料
牌号
规格尺寸
毛坯种类
每毛坯可制件数
备注
工时定额
工序
单件
工序号
工序名称
工序内容
图号或规格
工艺装备
设备
(1)
(2)
(3)
(4)
(5)
(6)
(7)
(8)
(9)
(10)
(11)
(12)
(13)
(14)
(15)
(16)
(17)
(18)
(19)
(20)
(21)
(22)
(23)
(24)
(25)
(26)
(27)
(28)
(29)
(30)
(31)
(32)
(33)
(34)
(35)
(36)
(37)
(38)
(39)
(40)
(41)
(42)
(43)
(44)
(45)
(46)
(47)
40
20
34
12
10
9
11
10×5(=50)
5
7
8
15
24
13×8(=104)
8×24(=192)
设计(日期)
审核(日期)
标准化(日期)
会签(日期)
标记
处数
更改文件号
签字
日期
描图
描校
底图号
装订号

图 5.2-4　标准零件或典型零件工艺过程卡片格式

5.3 零件结构的机械加工工艺性

1. 工件便于装夹和减少装夹次数

工件应便于在机床或夹具上装夹（表 5.3-1），并尽量减少装夹次数（表 5.3-2）。

2. 减少刀具调整与走刀次数（表 5.3-3）

3. 采用标准刀具，减少刀具种类（表 5.3-4）

4. 减少刀具切削空行程（表 5.3-5）

5. 避免内凹表面及内表面的加工（表 5.3-6）

6. 加工时便于进刀、退刀和测量（表 5.3-7）

7. 减少加工表面数和缩小加工表面面积（表 5.3-8）

8. 提高刀具的刚度与寿命（表 5.3-9）

9. 保证工件加工时必要的刚度（表 5.3-10）

10. 合理地采用组合件和组合表面（表 5.3-11）

表 5.3-1 工件便于在机床或夹具上装夹的结构示例

序号	图例		说明
	改进前	改进后	
1	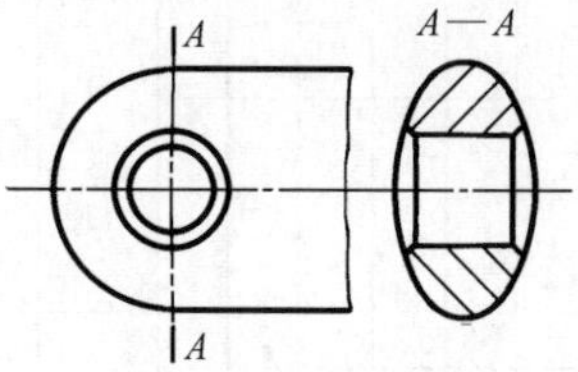	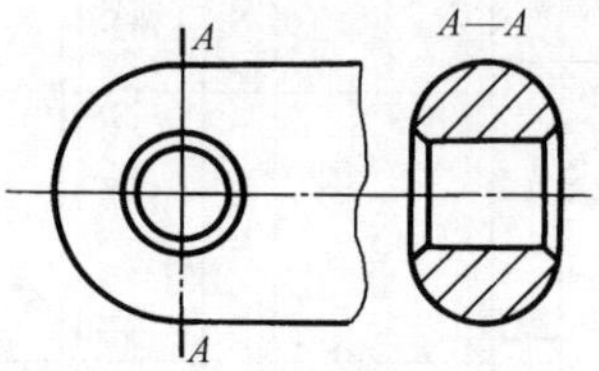	将圆弧面改成平面，便于装夹和钻孔
2	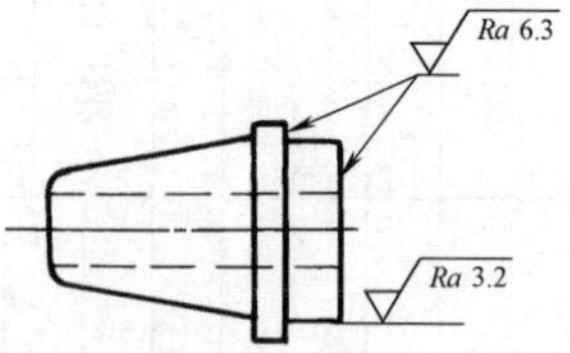	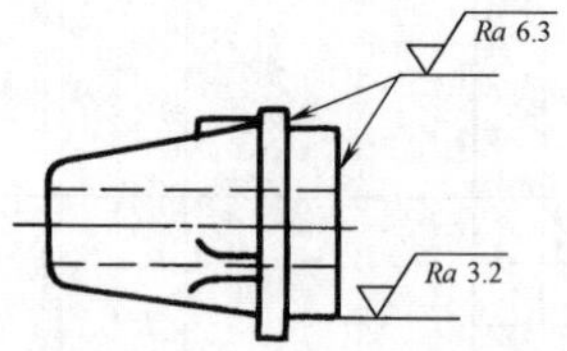	锥形零件应制作出装夹工艺面，以便装夹
3		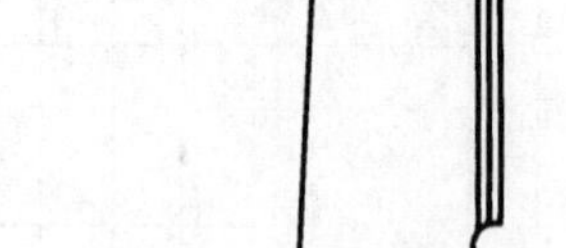	车床小刀架应制作出工艺凸台，以便加工下部燕尾导轨面
	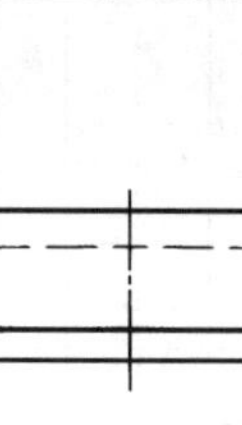	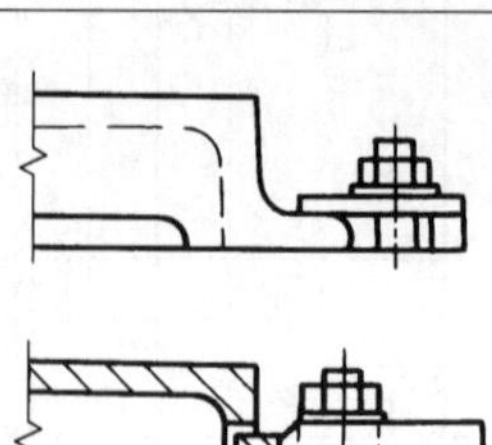	为加工立柱导轨面，在斜面上设置工艺凸台（加工后铣去）
4		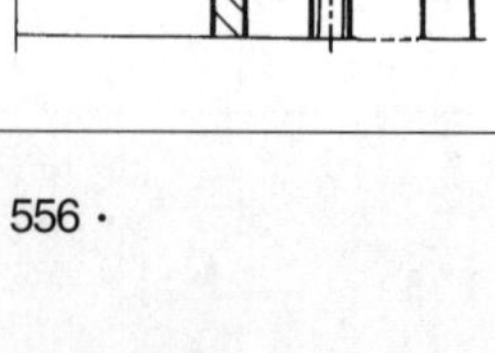	增加夹紧边缘或夹紧孔

（续）

序号	图例		说　明
	改进前	改进后	
5	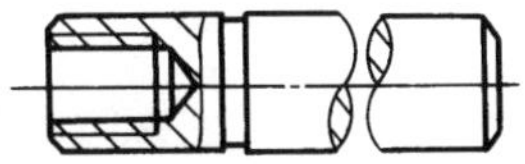	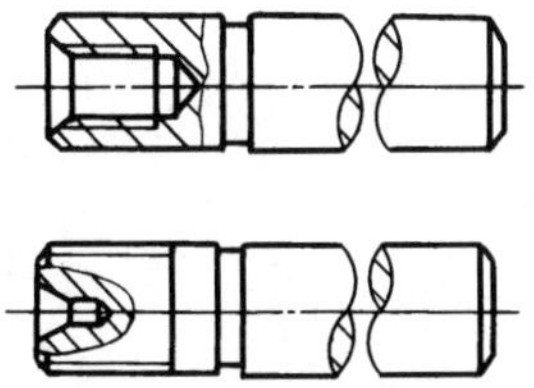	将内螺纹改为外螺纹或者在内螺纹端增加 60° 内锥面
6	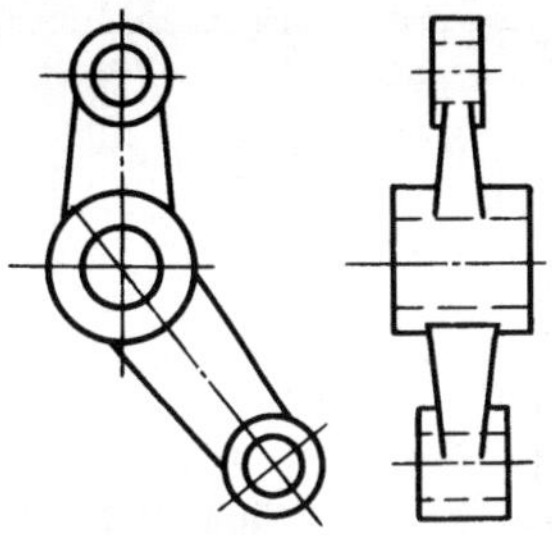	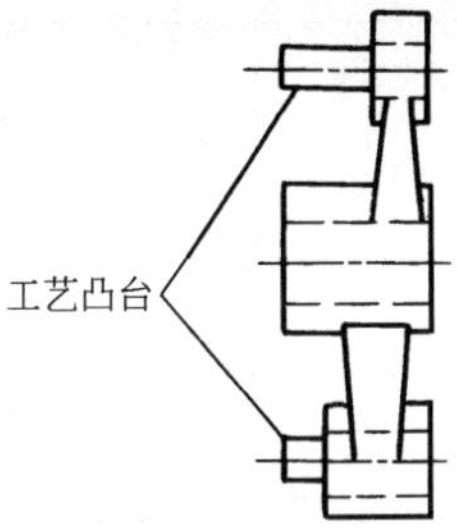	改造后不仅右端面处于同一平面上，而且设计了两个工艺凸台。其直径分别小于被加工孔，孔钻漏时，凸台脱落
7	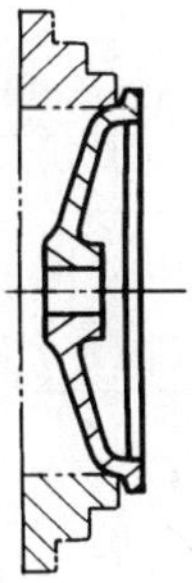 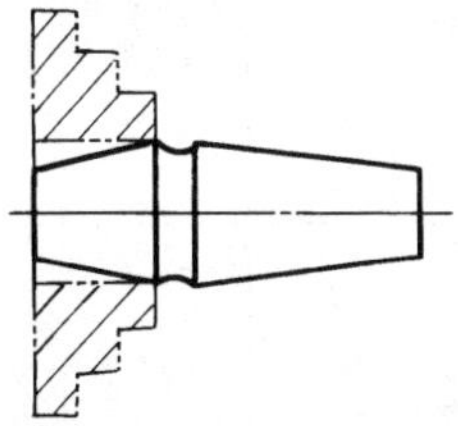	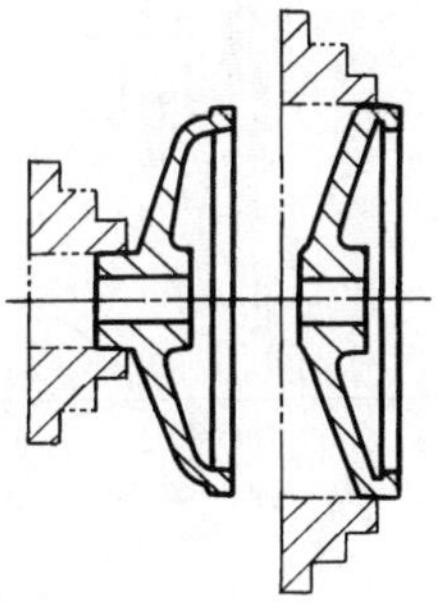 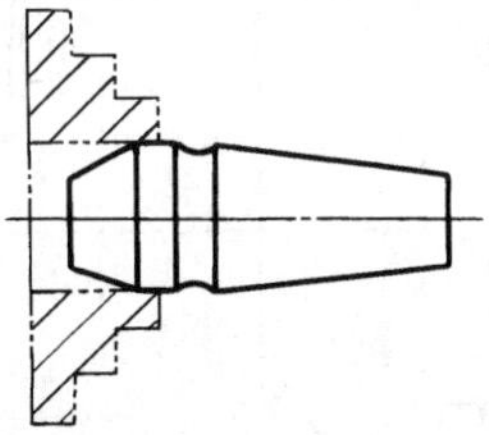	改进后，工件与卡爪的接触面积增大，装夹可靠

表 5.3-2　减少装夹次数的结构示例

序号	图例		说　明
	改进前	改进后	
1	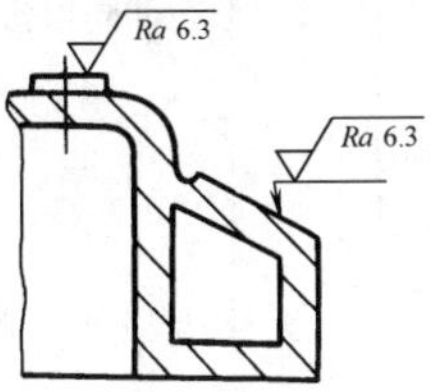	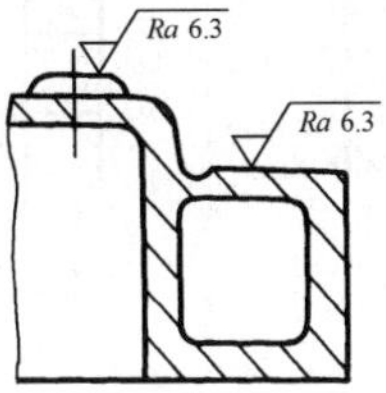	避免设置倾斜的加工面

（续）

序号	图例		说明
	改进前	改进后	
1	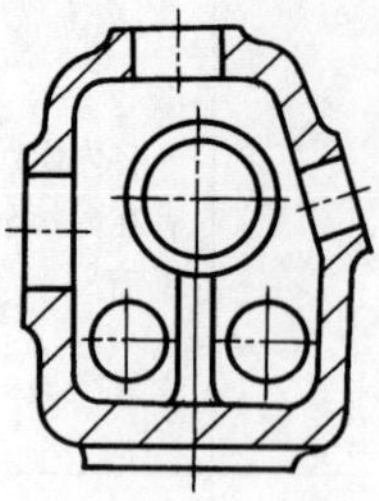	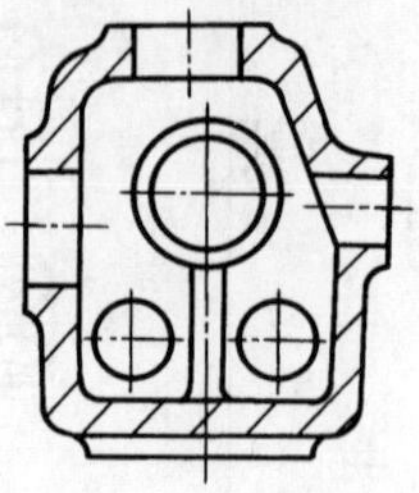	避免设置倾斜的加工面
2	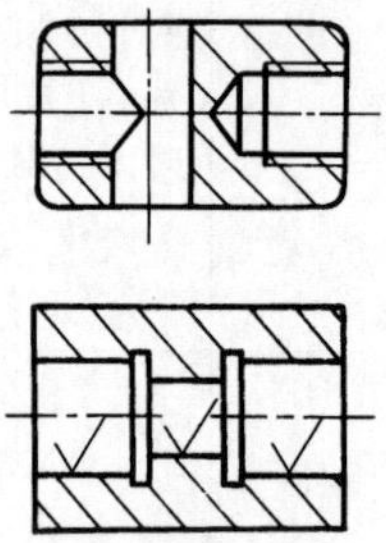	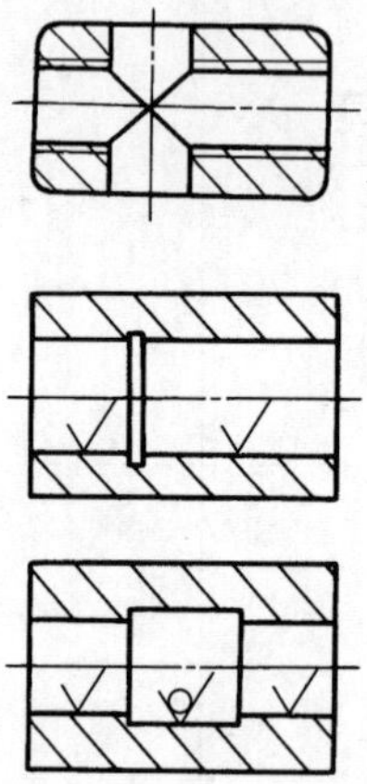	改为通孔或扩大中间孔可减少装夹次数，保证孔的同轴度
3	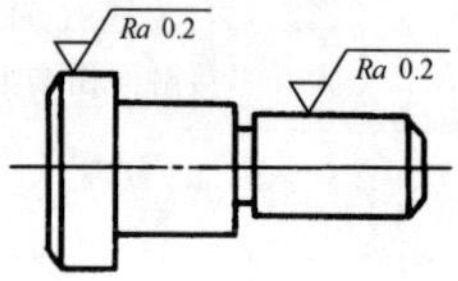	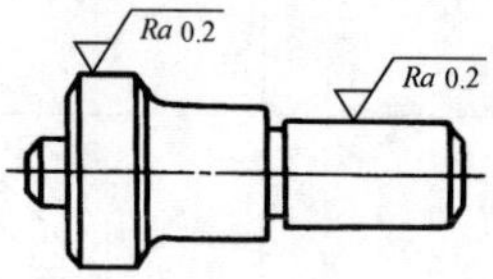	改进前需两次装夹磨削，改进后只需一次装夹即可磨削完毕
4	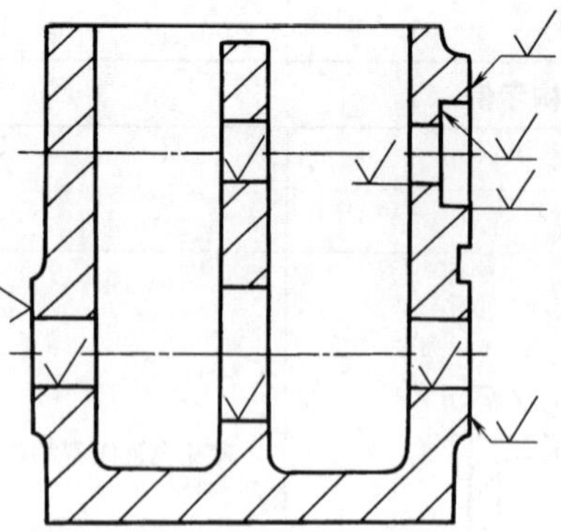	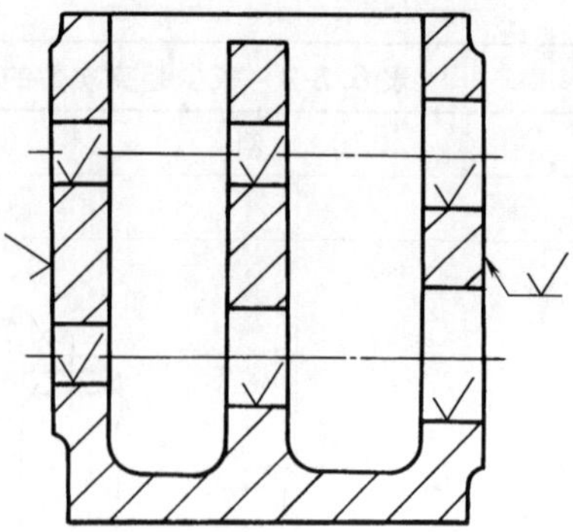	无台阶顺次缩小孔径，可在一次装夹中同时加工全部同轴孔

表 5.3-3　减少刀具调整与走刀次数的结构示例

序号	图例		说明
	改进前	改进后	
1	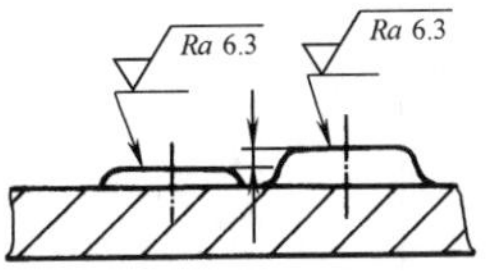	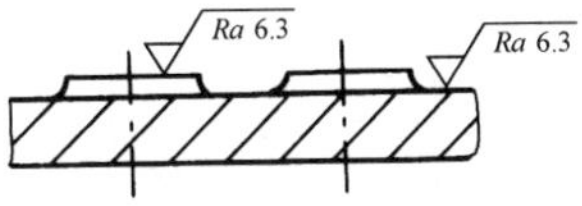	将被加工表面设置在同一平面上，可一次走刀加工，缩短调整时间
2	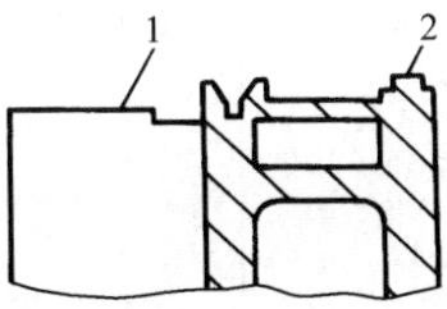	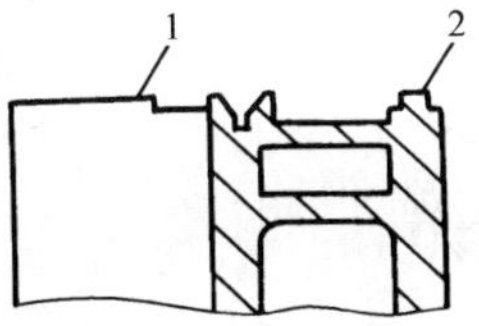	尽量将被加工表面设计在同一平面上，可以一次走刀加工，缩短调整时间，保证加工面的相对位置精度
3	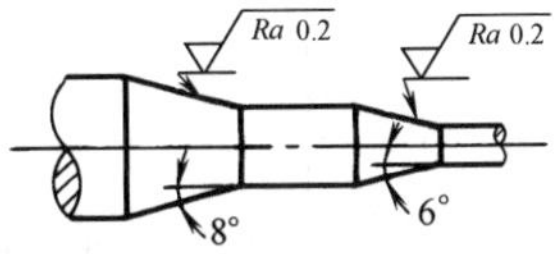	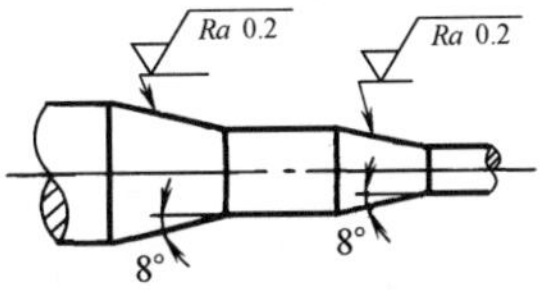	锥度相同只需做一次调整
4	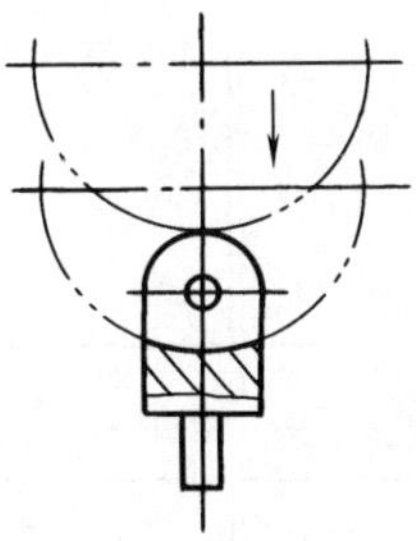	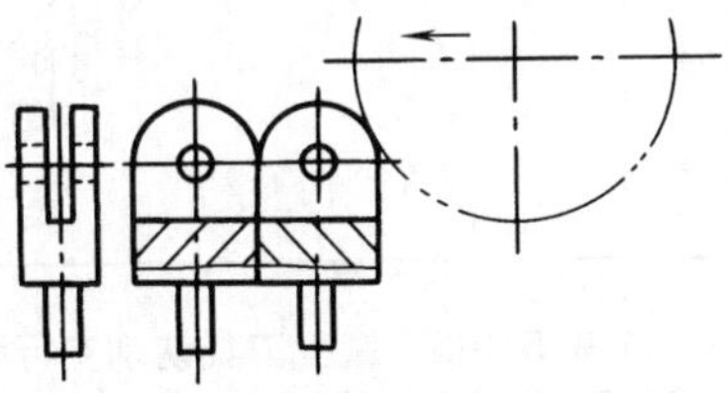	底部为圆弧形，只能单件垂直进刀加工，改成平面，可多件同时加工

表 5.3-4　减少刀具种类的结构示例

序号	图例		说明
	改进前	改进后	
1	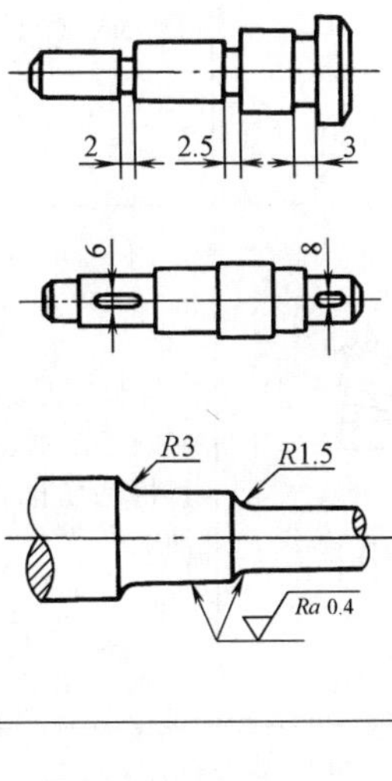	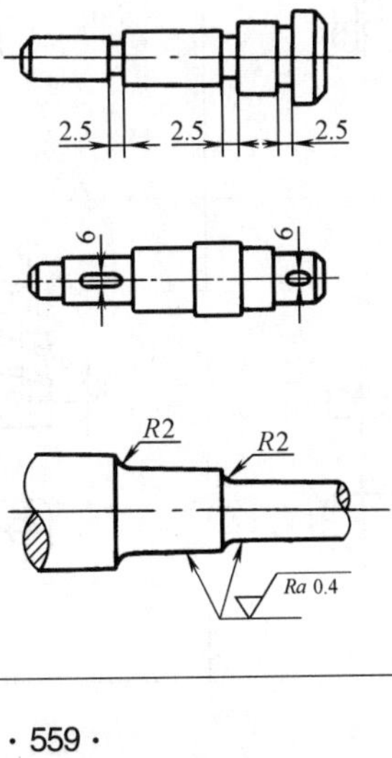	轴上的沉割槽、键槽或过渡圆角应尽量一致，以减少刀具种类

（续）

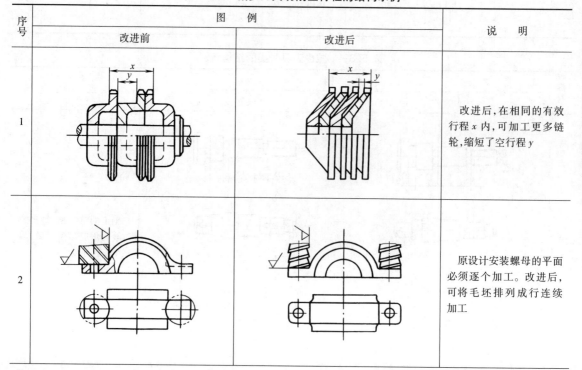

序号	图例		说　明
	改进前	改进后	
2	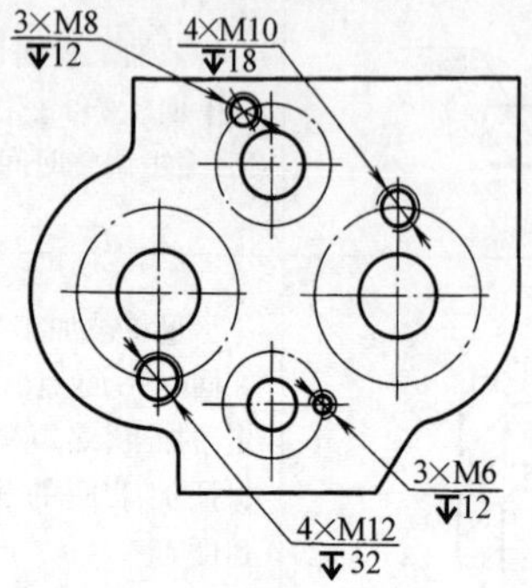	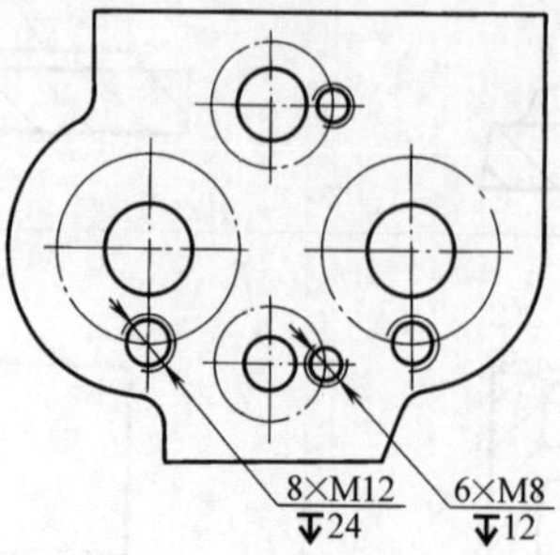	箱体上的螺纹孔应尽量一致或减少种类
3	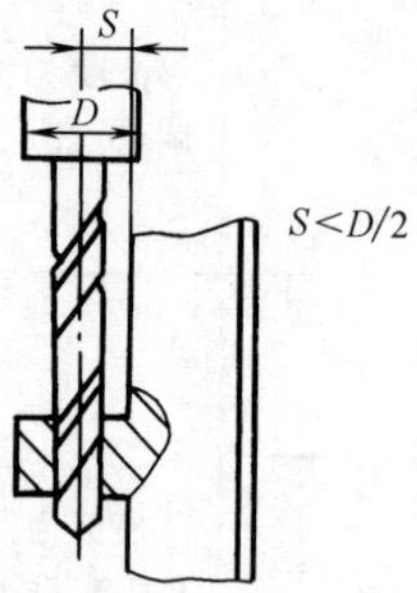	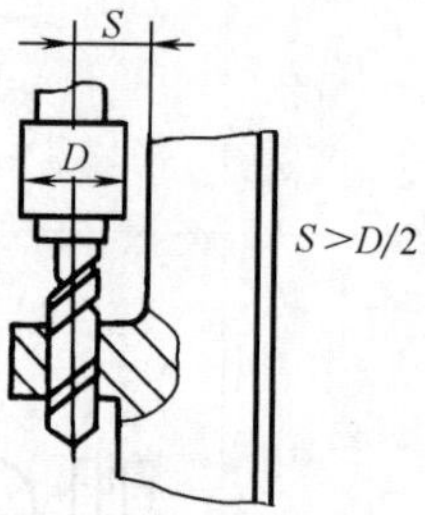	刀具应易于加工切削部位，避免采用接长钻头等非标准刀具

表 5.3-5　减少刀具切削空行程的结构示例

序号	图例		说　明
	改进前	改进后	
1	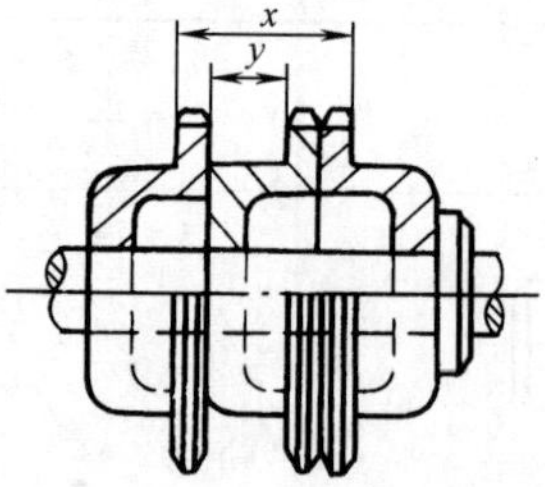	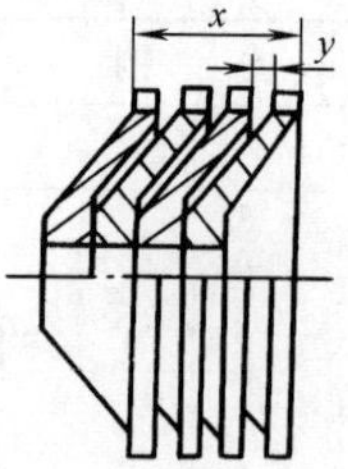	改进后，在相同的有效行程 x 内，可加工更多链轮，缩短了空行程 y
2	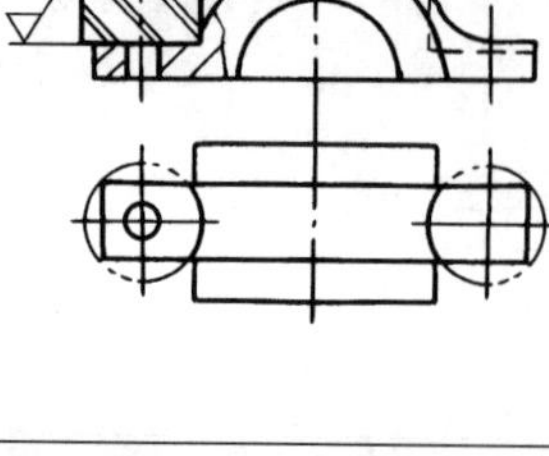	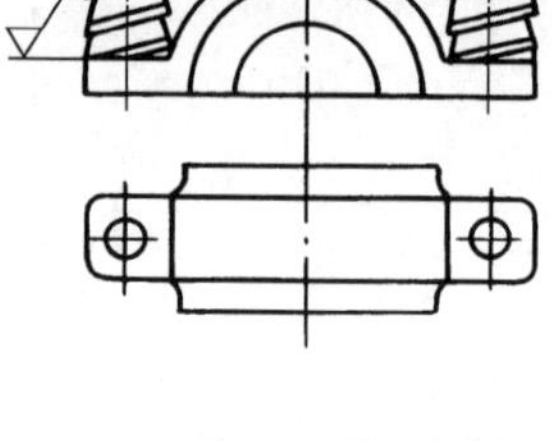	原设计安装螺母的平面必须逐个加工。改进后，可将毛坯排列成行连续加工

（续）

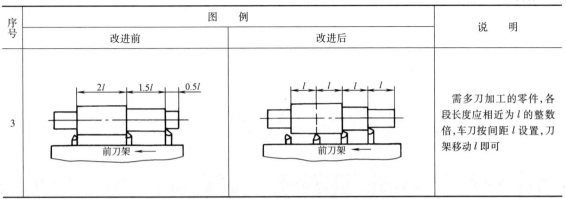

序号	图例		说　明
	改进前	改进后	
3	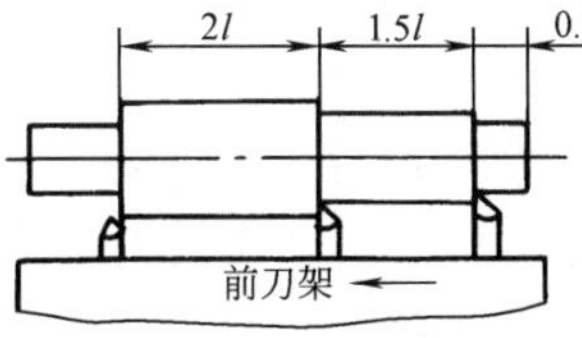	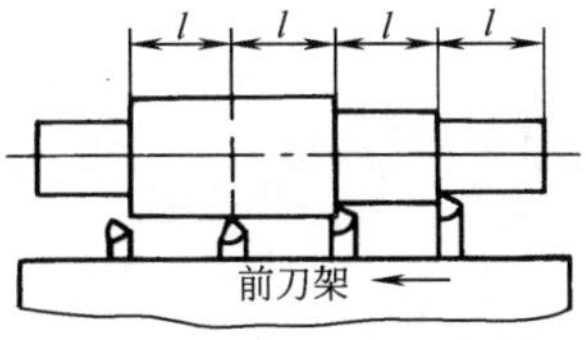	需多刀加工的零件，各段长度应相近为 l 的整数倍，车刀按间距 l 设置，刀架移动 l 即可

表 5.3-6　避免内凹表面及内表面加工的结构示例

序号	图例		说　明
	改进前	改进后	
1	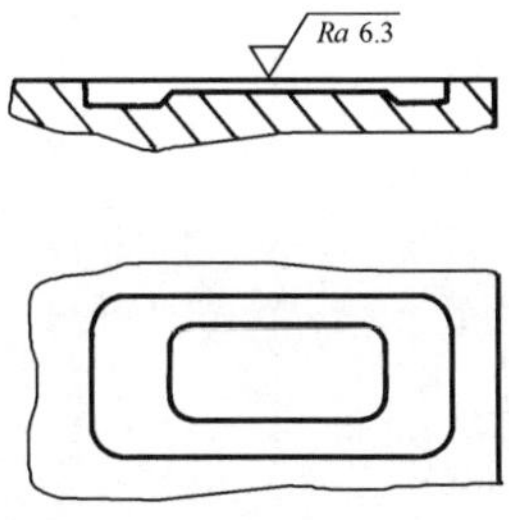	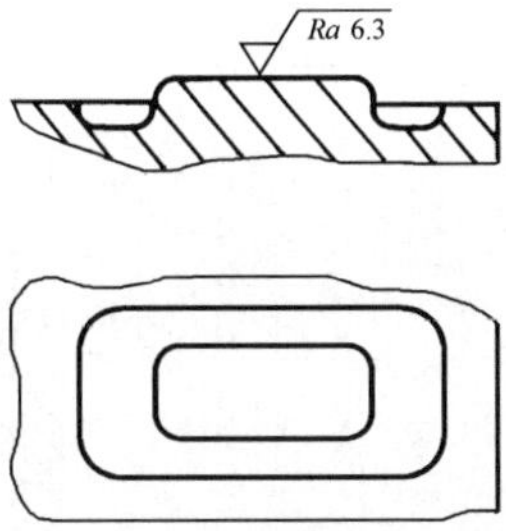	表面粗糙度应标注在凸台上
	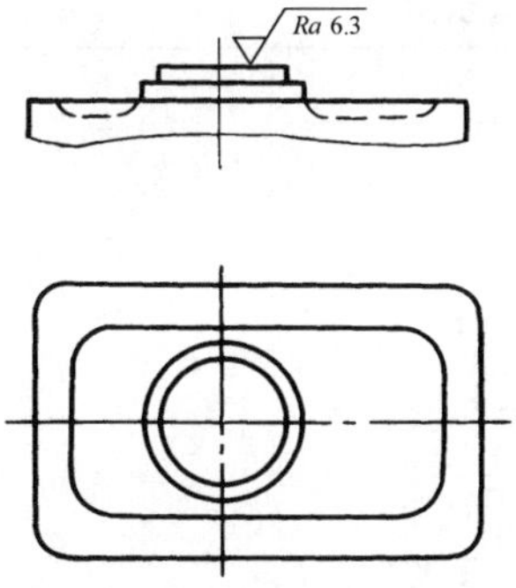	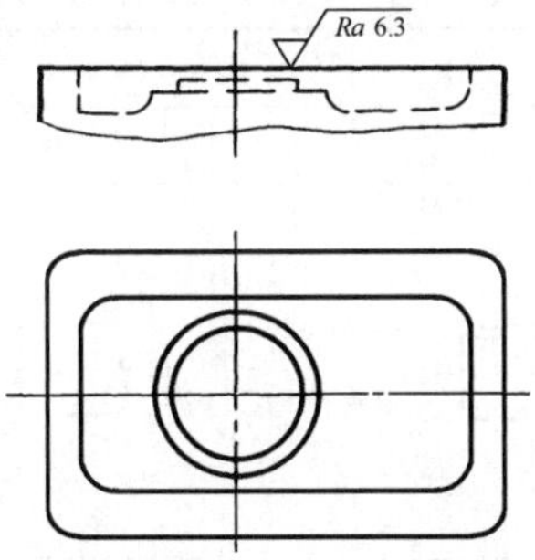	表面粗糙度应标注在环形表面上
2	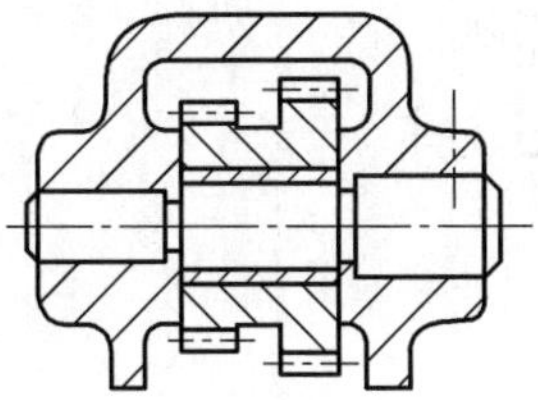	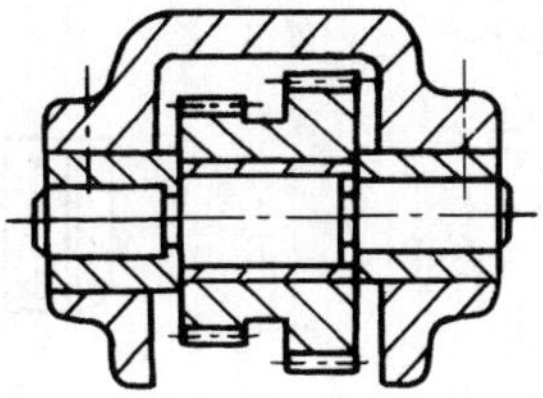	由于采用了轴套，箱体零件内端面不与齿轮端面直接接触，可以不加工

（续）

序号	图例		说明
	改进前	改进后	
3	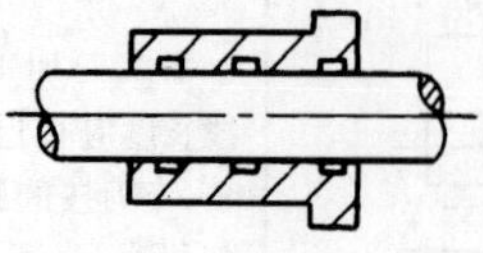	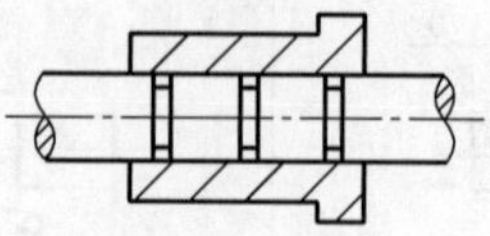	将加工面由外套的内表面换成套筒的外表面，加工方便，易于保证精度
	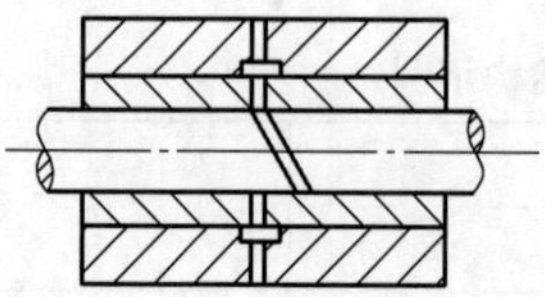	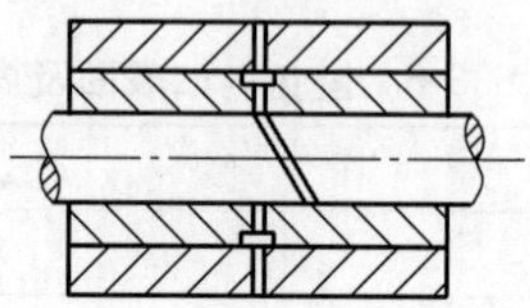	
	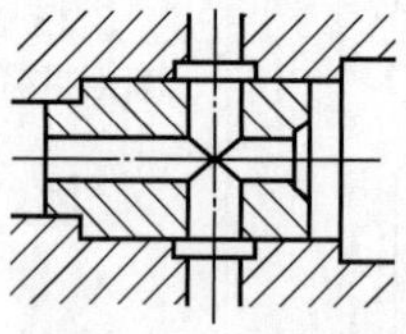	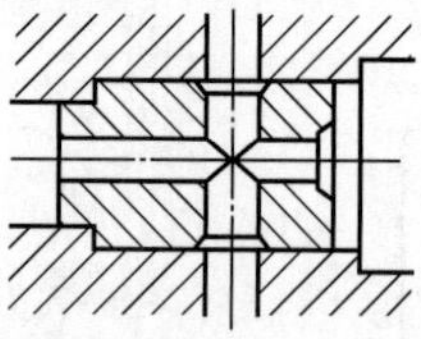	

表 5.3-7　便于进刀、退刀和测量的结构示例

序号	图例		说明
	改进前	改进后	
1	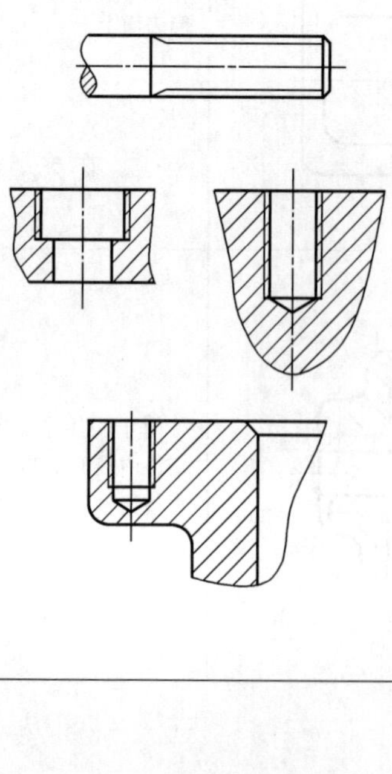	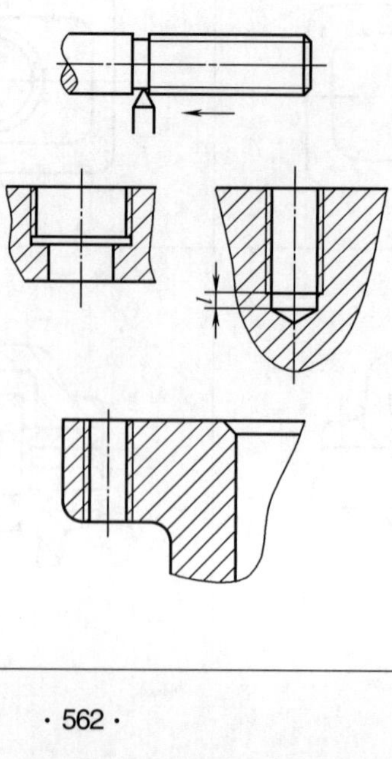	加工螺纹时应留有退刀槽或开通，或具有螺纹尾扣，以方便退刀

（续）

序号	图例		说明
	改进前	改进后	
2	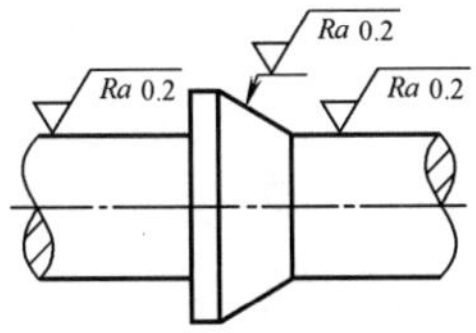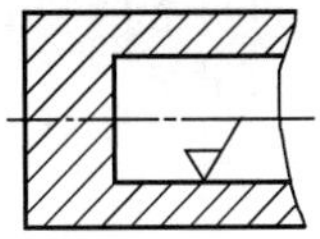	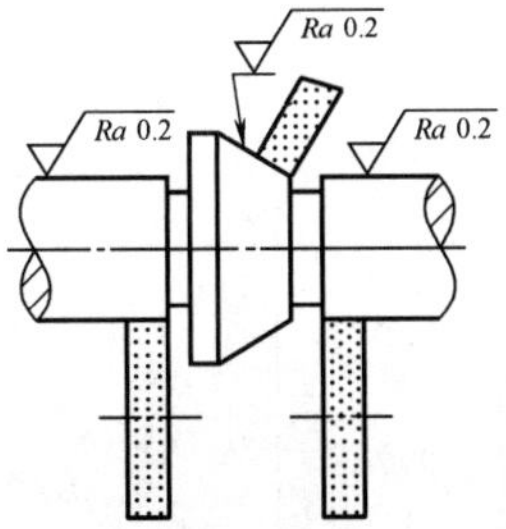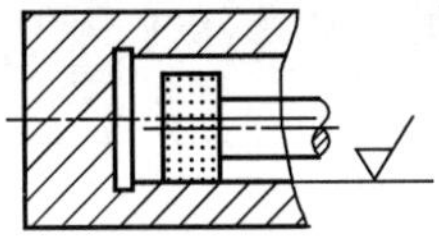	磨削时各表面间的过渡部分，应留有越程槽
3	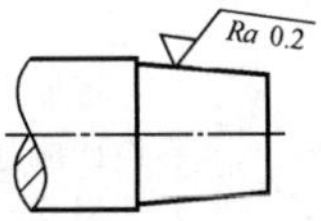	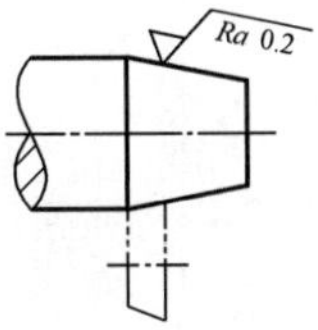	改进前磨削锥度部分时，由于轴肩关系，使进给量减小，生产率低
4	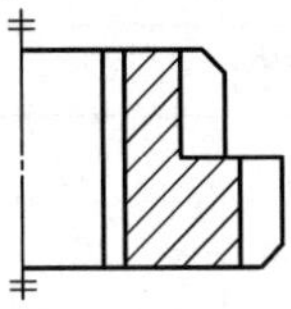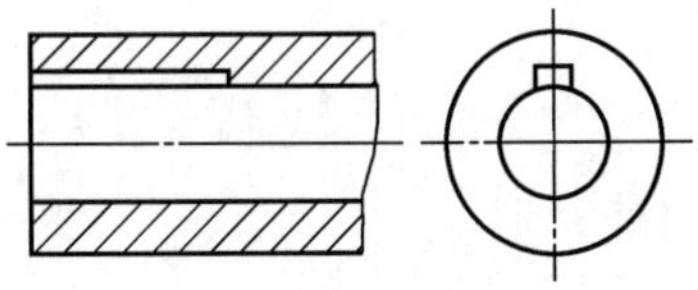	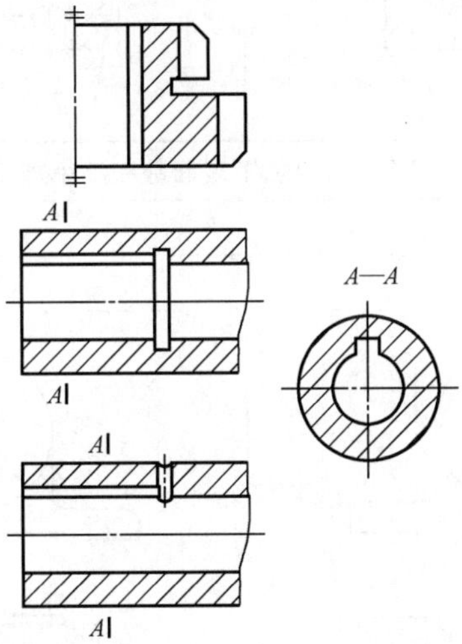	加工多联齿轮或插键槽时，应留有空刀
5	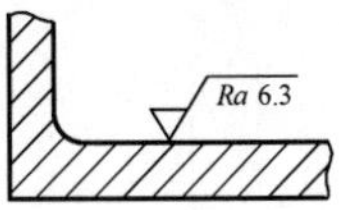	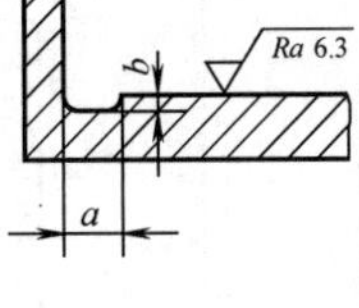	刨削时，应在平面的前端留有让刀部位

（续）

序号	图例 改进前	图例 改进后	说　明
6	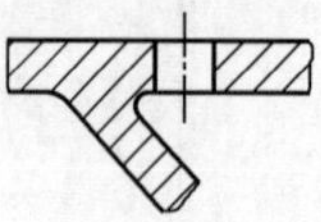	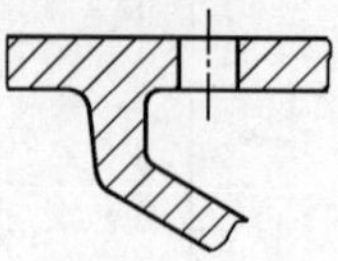	留有较大的空间，以保证快速钻削的正常进行
7	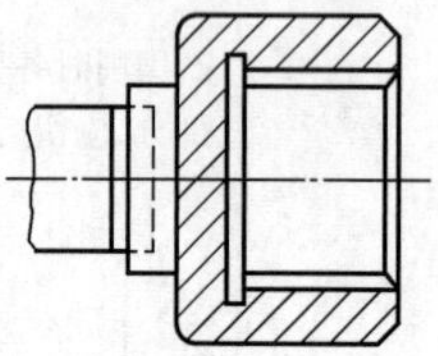	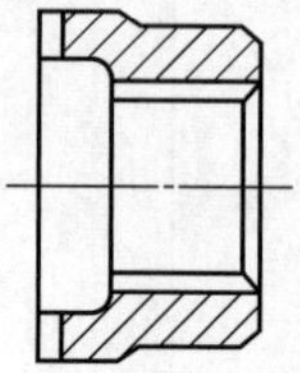	将花键孔开通，可采用拉削加工，提高效率，保证质量
8	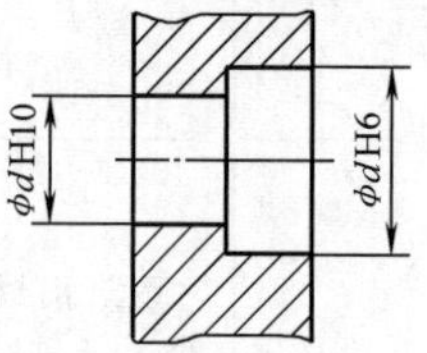 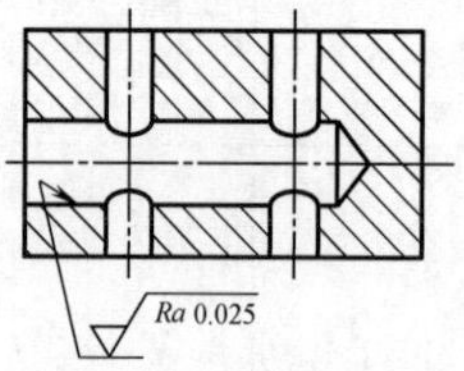	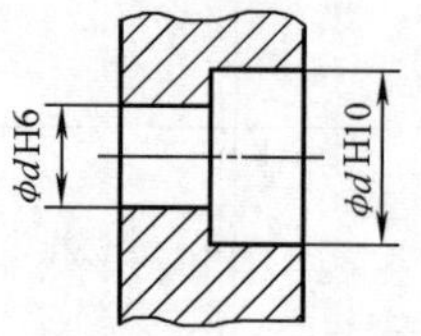 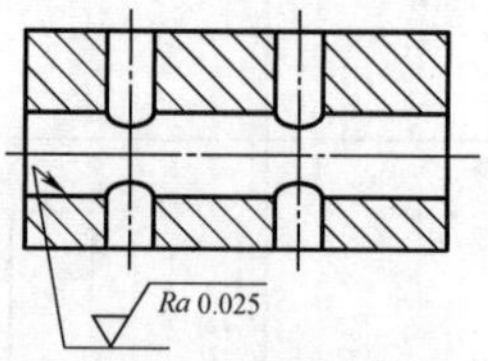	将加工精度要求高的孔设计成通的，便于加工与测量

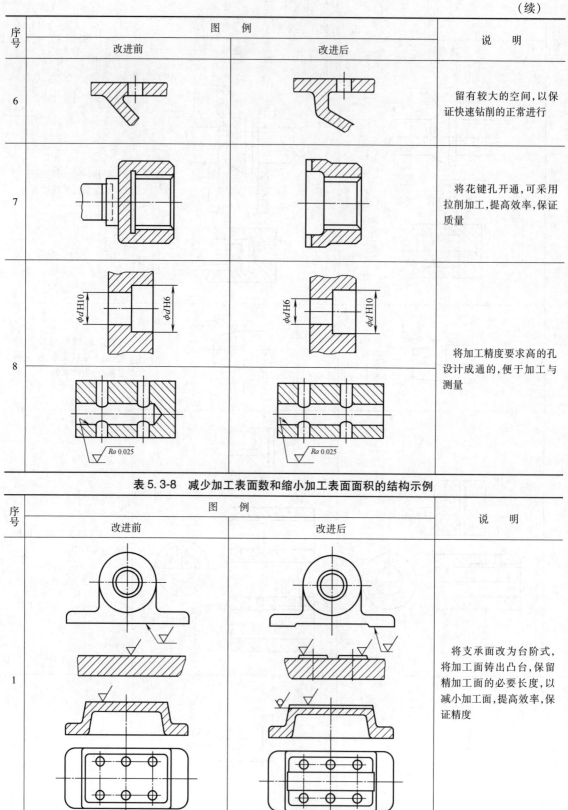

表 5.3-8　减少加工表面数和缩小加工表面面积的结构示例

序号	图例 改进前	图例 改进后	说　明
1	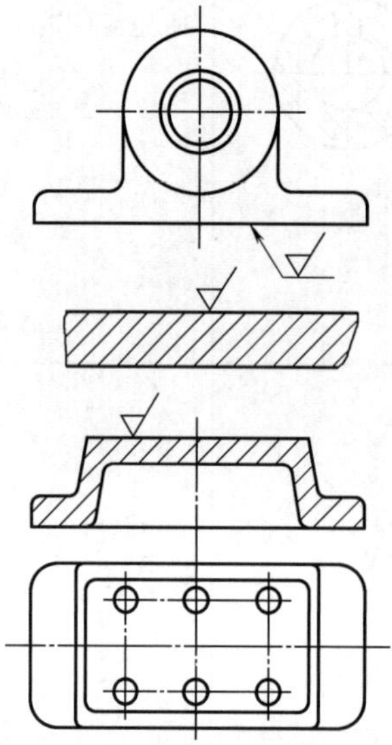	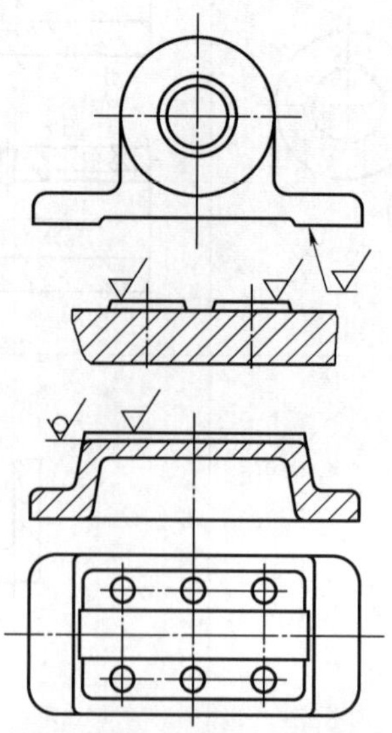	将支承面改为台阶式，将加工面铸出凸台，保留精加工面的必要长度，以减小加工面，提高效率，保证精度

（续）

序号	图例		说明
	改进前	改进后	
2	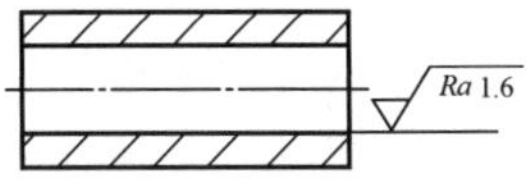	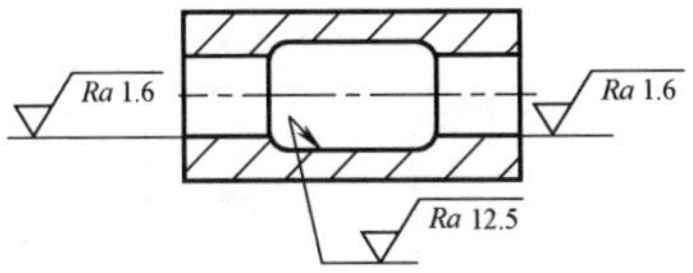	将中间部位多粗车一些，以减小精车长度
3	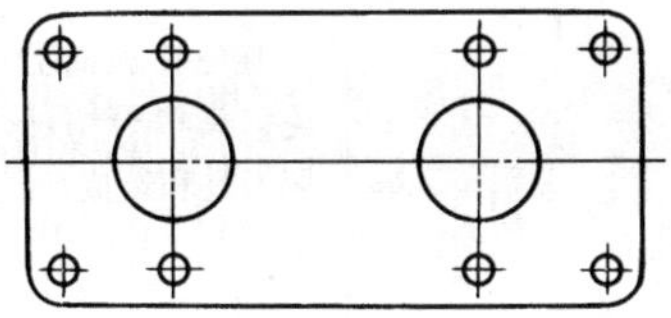	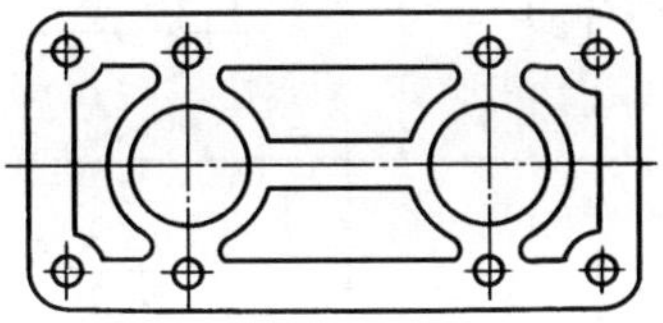	减少大面积的磨削加工
4	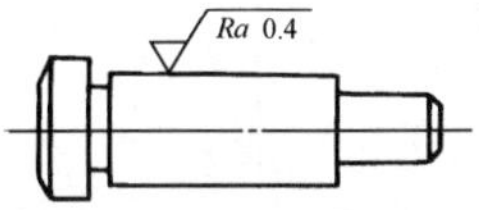	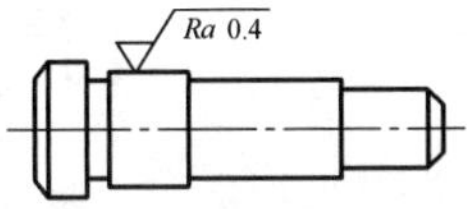	若轴上仅一部分直径有较高的精度要求，则应将轴设计成阶梯状，以缩短磨削时间
5	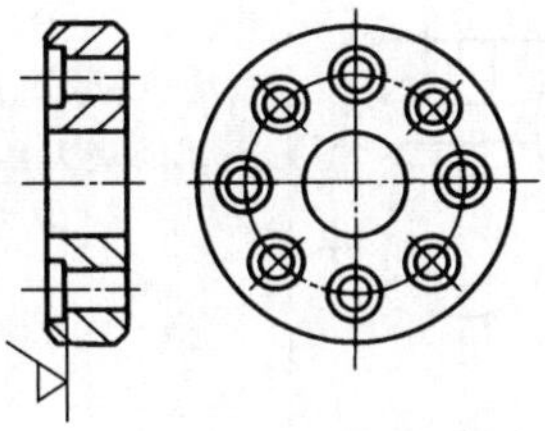	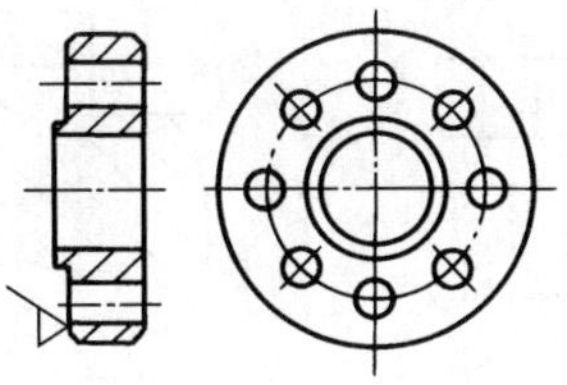	将孔的锪平面改为端面车削，可减少加工表面数
6	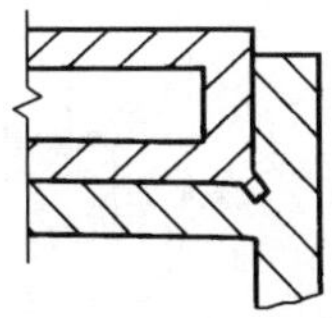	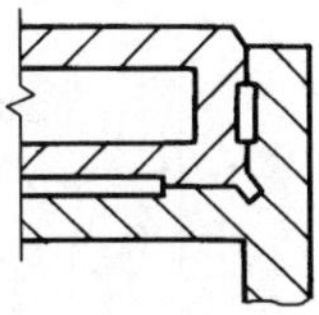	把相配的接触面改成环形带

表 5.3-9　提高刀具刚度与寿命的结构示例

序号	图例		说明
	改进前	改进后	
1	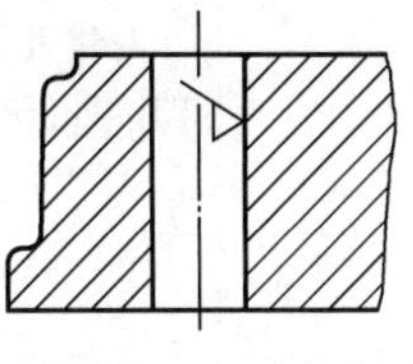	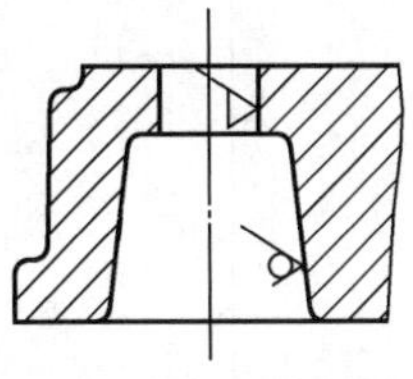	避免深孔加工，改善排屑和冷却条件

（续）

序号	图例 改进前	图例 改进后	说明
2	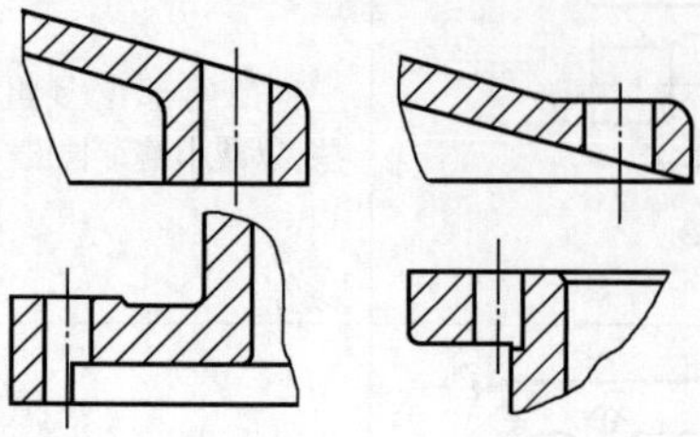 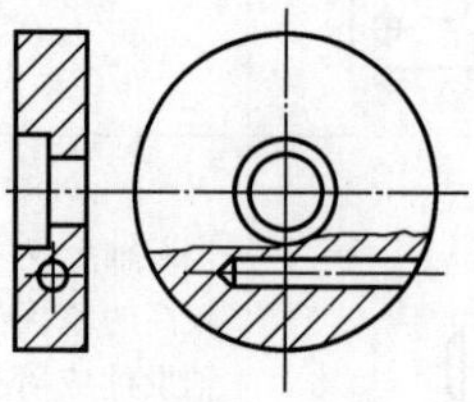	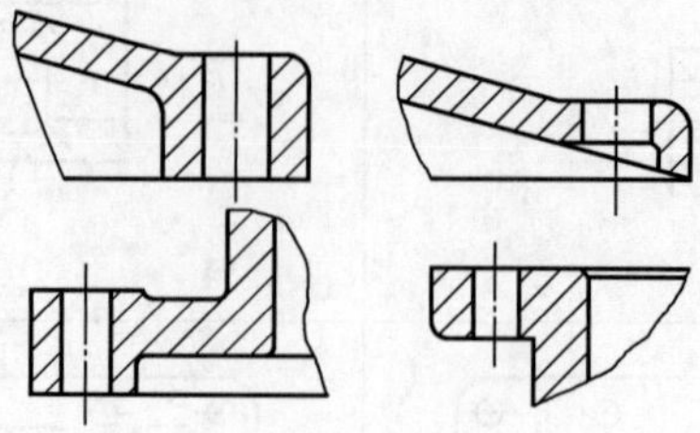 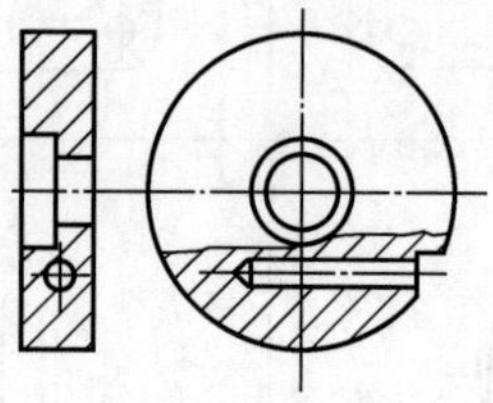	避免在斜面上钻孔，避免钻头单刃切削，防止损坏刀具和造成加工误差
3	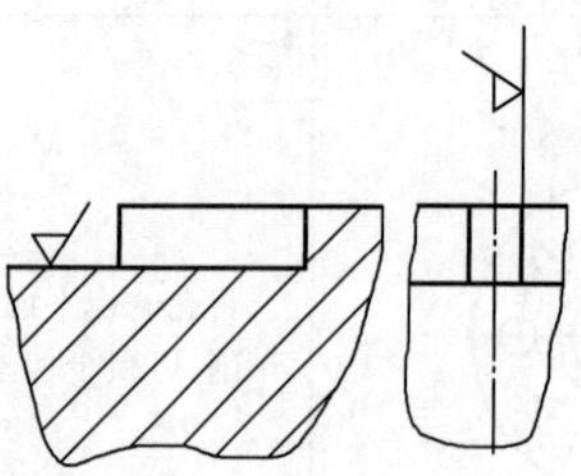	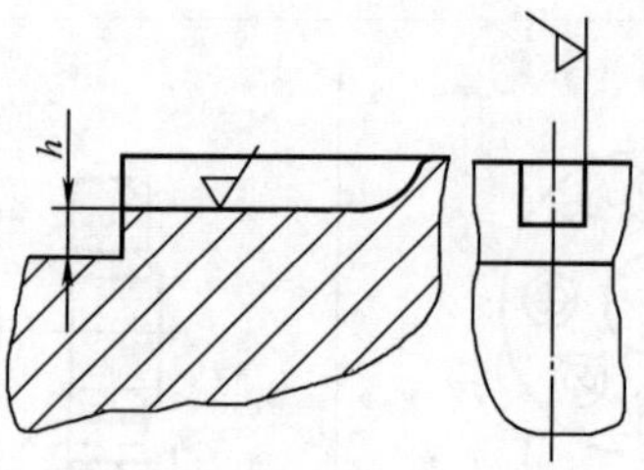	槽面不应与其他表面平齐，以改善刀具工作条件
4	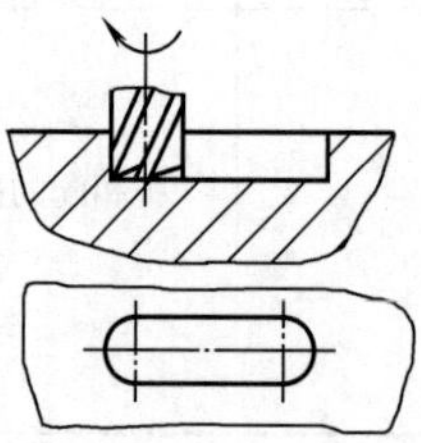	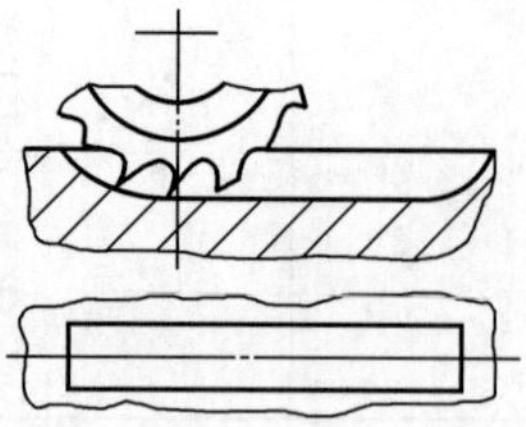	避免用立铣刀加工封闭窄槽
5	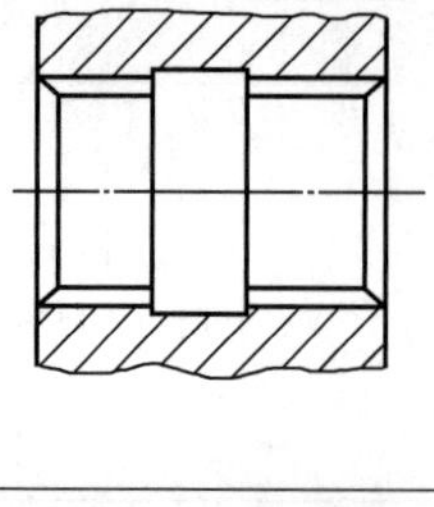	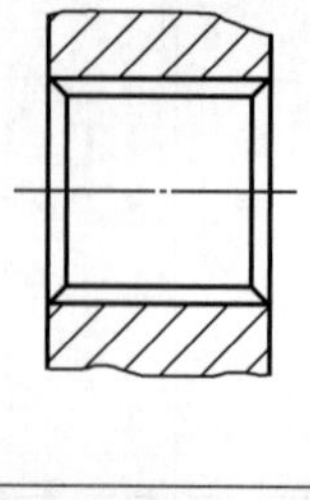	花键孔应设计成连续的，防止刀具损坏

（续）

序号	图例 改进前	图例 改进后	说明
6	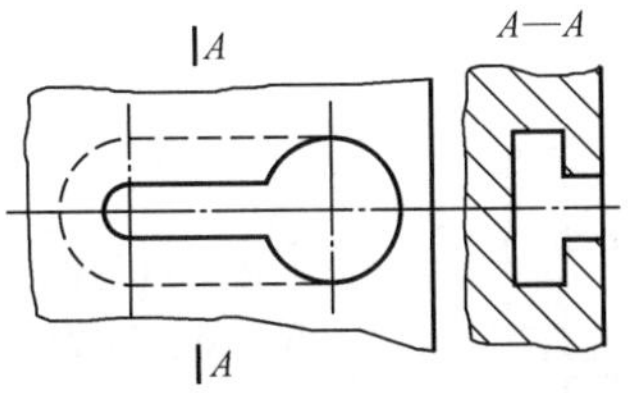	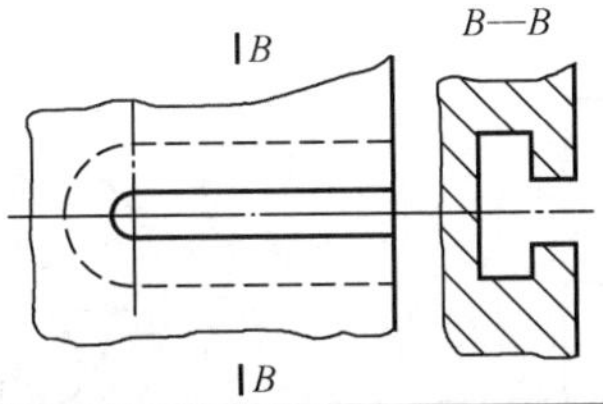	避免封闭的凹窝和不穿透的槽

表 5.3-10　增强工件刚度的结构示例

序号	图例 改进前	图例 改进后	说明
1		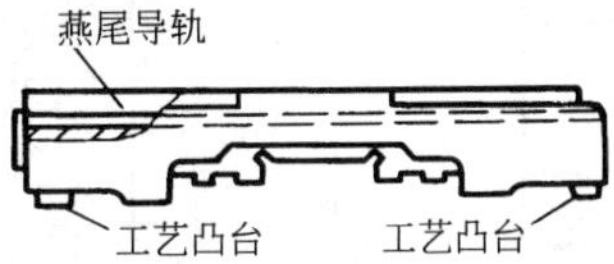	增设支承用工艺凸台，可提高刚度，且装夹方便
2	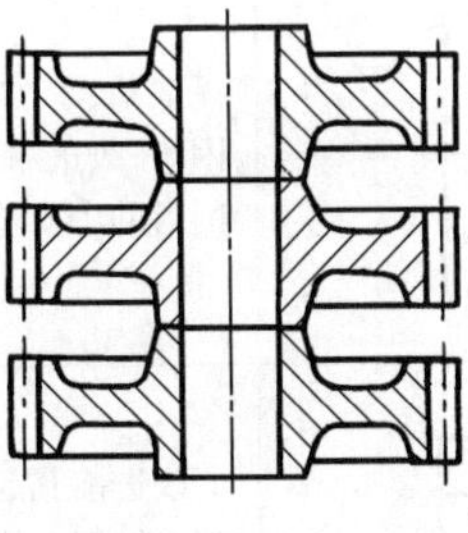	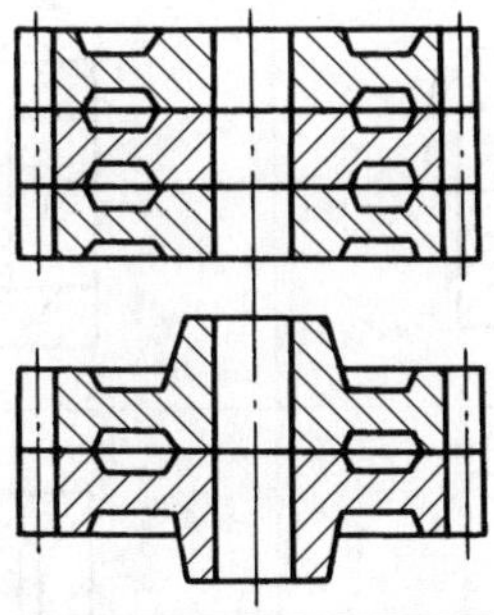	改进后的结构可提高加工时的刚度，且便于多件加工
3	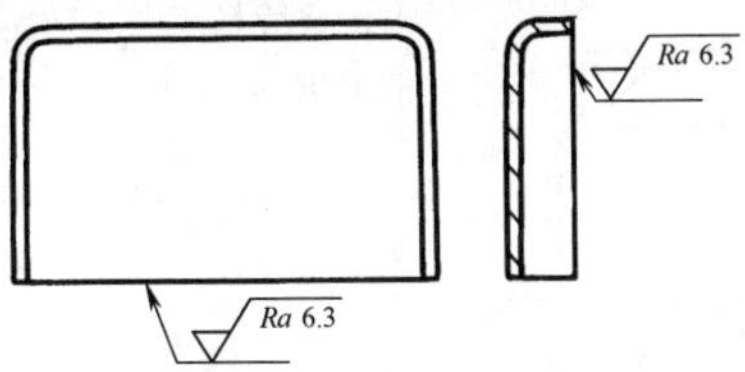 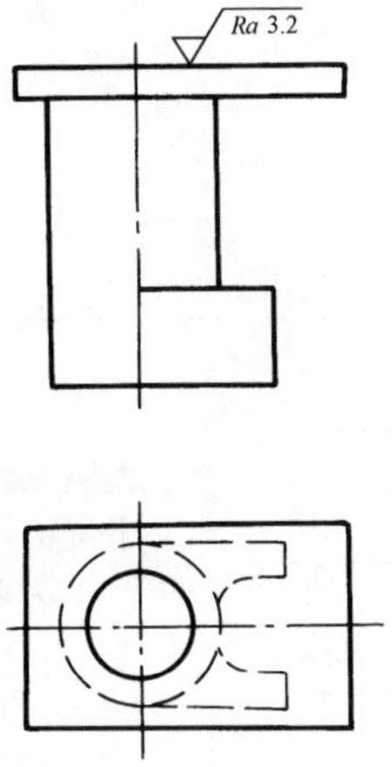	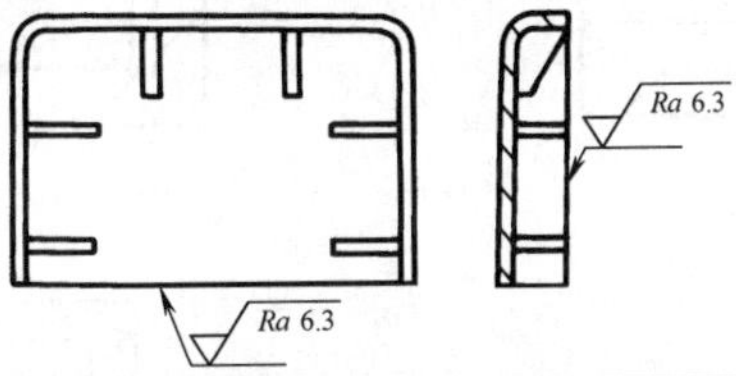 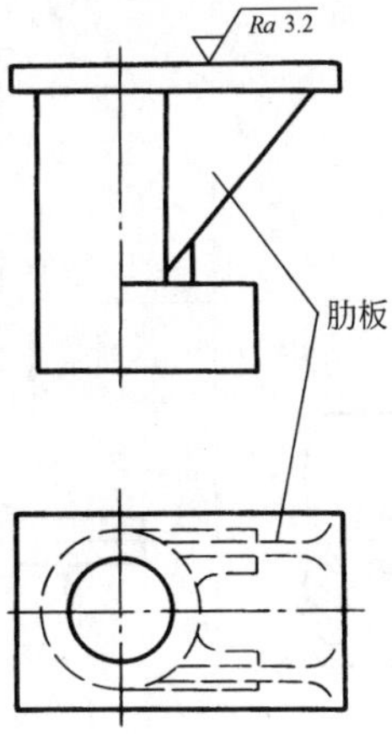	对于较大面积的薄壁、悬臂零件，应增设加强肋

表 5.3-11　采用组合件和组合表面的结构示例

序号	图例 改进前	图例 改进后	说　明
1	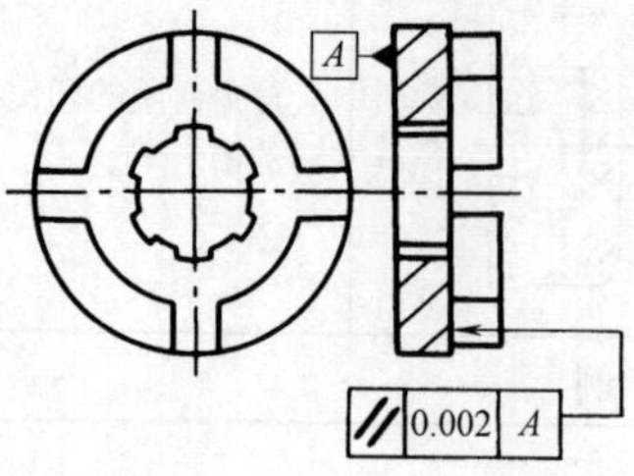	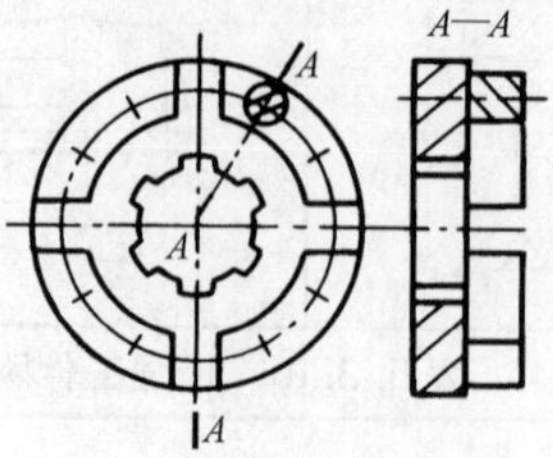	改进后，槽底面的平行度要求较易保证
2	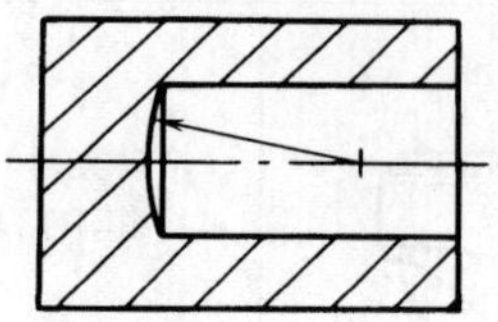	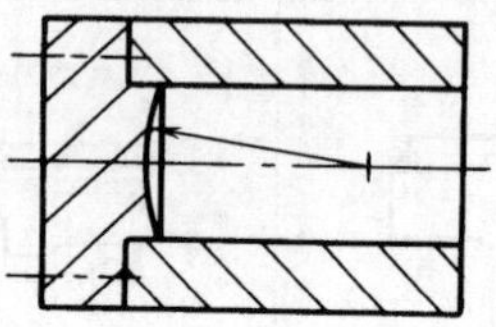	改进后的结构便于加工
3	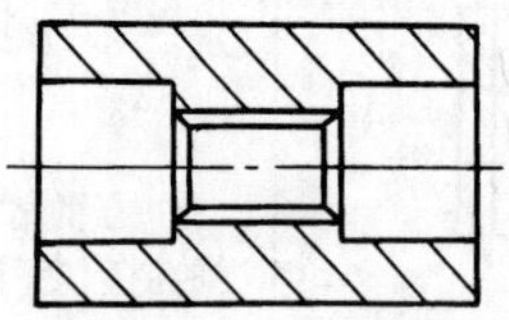	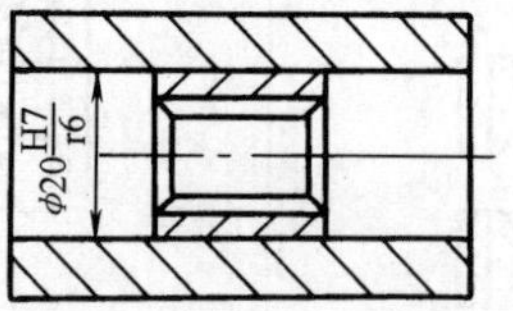	改进前，加工花键孔很困难；改进后，用管材和拉削后的中间体组合而成
4	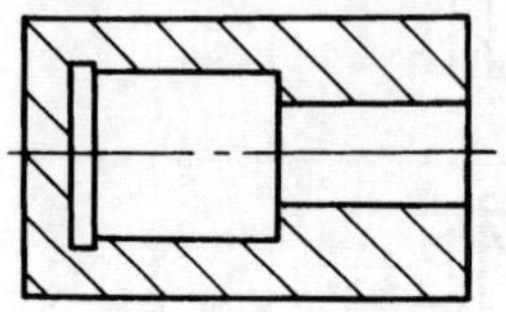	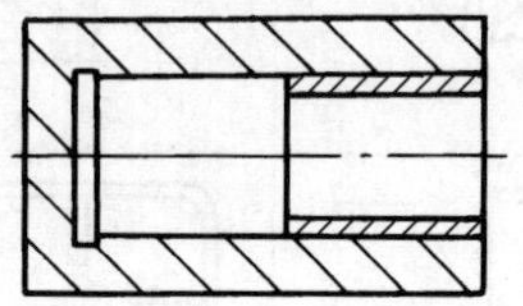	改进前孔越深加工越困难，又难以保证内部大孔的尺寸精度和表面粗糙度要求
5	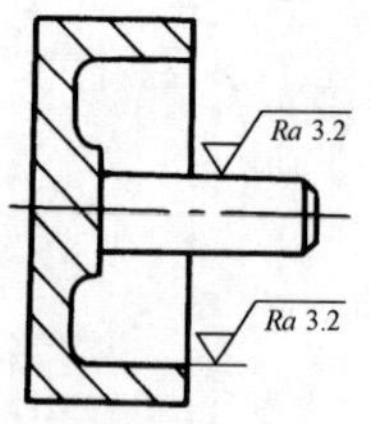	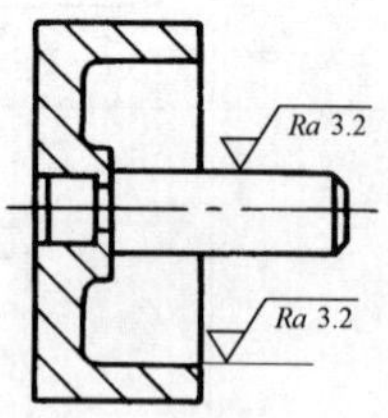	将复杂型面改为组合件，加工方便，易于保证精度
6	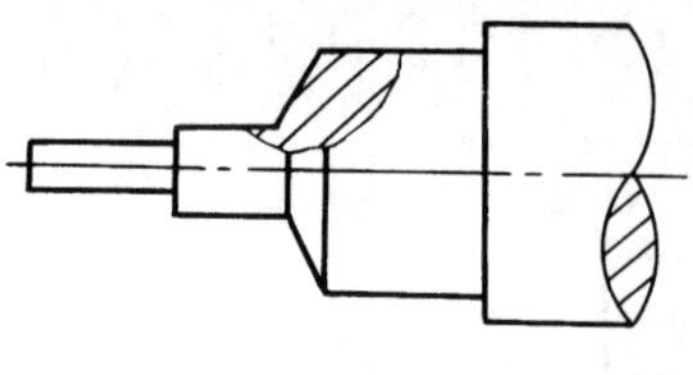	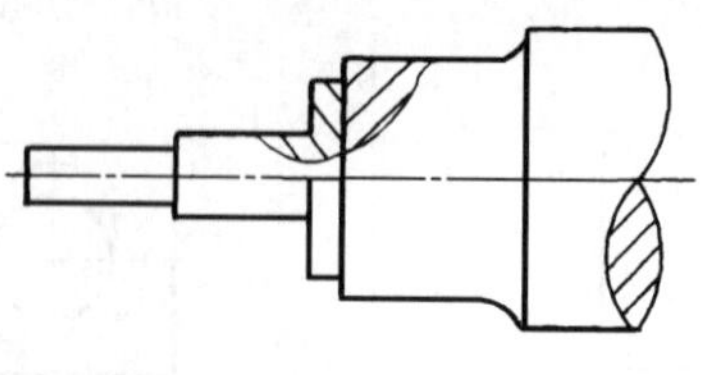	细小轴端的加工比较困难，损耗也大，搬运时容易碰弯，改为装配式后较为合理

（续）

序号	图例		说明
	改进前	改进后	
7	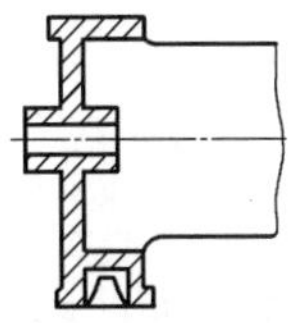	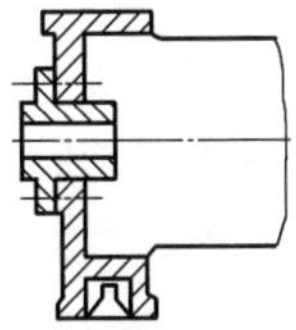	在大箱体类铸件上，安装轴承的轴承座宜采用装配式
8	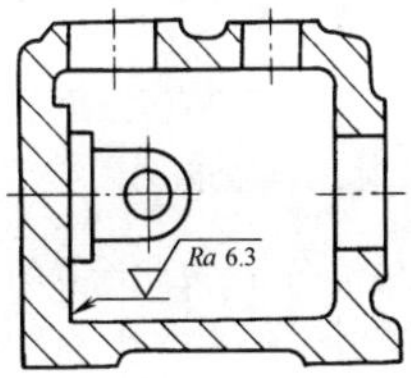	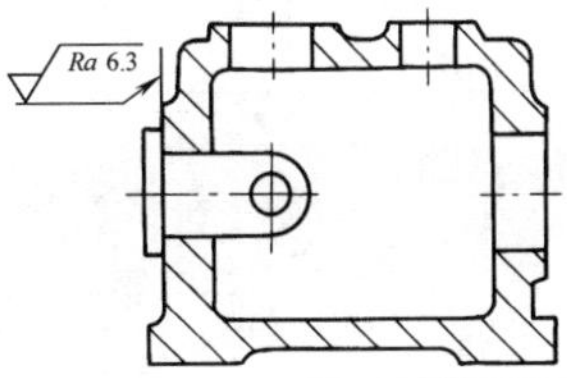	箱体内的轴承，由箱内装配改为外部装配，避免了箱体内表面的加工

5.4　工艺尺寸链的解算

5.4.1　工艺尺寸链的计算参数与计算公式（摘自 GB/T 5847—2004）

1. 计算参数

有关尺寸、偏差、公差及计算系数等参数的符号见表 5.4-1，各参数间的关系如图 5.4-1 所示。

2. 计算公式

尺寸链的计算，主要计算封闭环与组成环的公称尺寸、公差及极限偏差之间的关系。计算公式见表 5.4-2。

表 5.4-1　计算参数

序号	符号	含　义	序号	符号	含　义
1	L	公称尺寸	11	m	组成环环数
2	L_{max}	上极限尺寸	12	ξ	传递系数
3	L_{min}	下极限尺寸	13	k	相对分布系数
4	ES	上极限偏差	14	e	相对不对称系数
5	EI	下极限偏差	15	T_{av}	平均公差
6	X	实际偏差	16	T_L	极值公差
7	T	公差	17	T_S	统计公差
8	Δ	中间偏差	18	T_Q	平方公差
9	$\overline{X}$	平均偏差	19	T_E	当量公差
10	$\phi(X)$	概率密度函数			

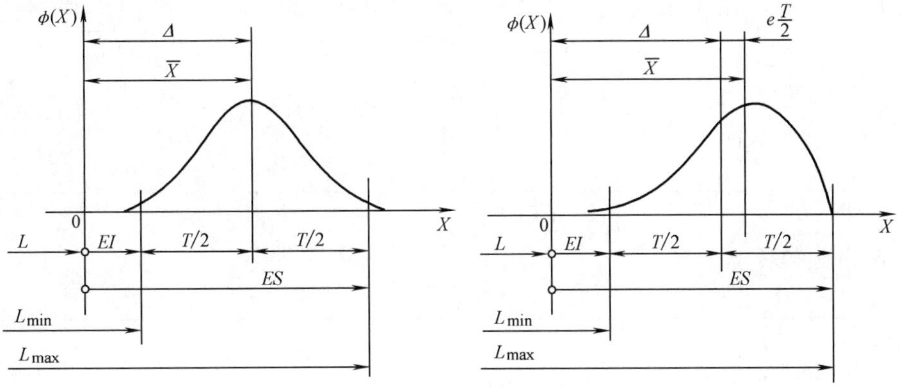

图 5.4-1　各参数间的关系

表 5.4-2 计算公式

序号	计算内容		计算公式	说明
1	封闭环公称尺寸		$L_0=\sum_{i=1}^{m}\xi_i L_i$	下角标"0"表示封闭环,"i"表示组成环及其序号。下同
2	封闭环中间偏差		$\Delta_0=\sum_{i=1}^{m}\xi_i\left(\Delta_i+e_i\frac{T_i}{2}\right)$	当 $e_i=0$ 时,$\Delta_0=\sum_{i=1}^{m}\xi_i\Delta_i$
3	封闭环公差	极值公差	$T_{0L}=\sum_{i=1}^{m}\mid\xi_i\mid T_i$	在给定各组成环公差的情况下,按此计算的封闭环极值公差 T_{0L},其公差值最大
		统计公差	$T_{0S}=\frac{1}{k_0}\sqrt{\sum_{i=1}^{m}\xi_i^2k_i^2T_i^2}$	当 $k_0=k_i=1$ 时,平方公差 $T_{0Q}=\sqrt{\sum_{i=1}^{m}\xi_i^2T_i^2}$,在给定各组成环公差的情况下,按此计算的封闭环平方公差 T_{0Q},其公差值最小。使 $k_0=1,k_i=k$ 时,当量公差 $T_{0E}=k\sqrt{\sum_{i=1}^{m}\xi_i^2T_i^2}$,它是统计公差 T_{0S} 的近似值。其中 $T_{0L}>T_{0S}>T_{0Q}$
4	封闭环极限偏差		$ES_0=\Delta_0+\frac{1}{2}T_0$ $EI_0=\Delta_0-\frac{1}{2}T_0$	
5	封闭环极限尺寸		$L_{0\max}=L_0+ES_0$ $L_{0\min}=L_0+EI_0$	
6	组成环平均公差	极值公差	$T_{av,L}=\frac{T_0}{\sum_{i=1}^{m}\mid\xi_i\mid}$	若直线尺寸链 $\mid\xi_i\mid=1$,则 $T_{av,L}=\frac{T_0}{m}$。在给定封闭环公差的情况下,按此计算的组成环平均极值公差 $T_{av,L}$,其公差值最小
		统计公差	$T_{av,S}=\frac{k_0T_0}{\sqrt{\sum_{i=1}^{m}\xi_i^2k_i^2}}$	当 $k_0=k_i=1$ 时,组成环平均平方公差 $T_{av,Q}=\frac{T_0}{\sqrt{\sum_{i=1}^{m}\xi_i^2}}$;若直线尺寸链 $\mid\xi_i\mid=1$,则 $T_{av,Q}=\frac{T_0}{\sqrt{m}}$,在给定封闭环公差的情况下,按此计算的组成环平均平方公差 $T_{av,Q}$,其公差值最大。使 $k_0=1,k_i=k$ 时,组成环平均当量公差 $T_{av,E}=\frac{T_0}{k\sqrt{\sum_{i=1}^{m}\xi_i^2}}$;若直线尺寸链 $\mid\xi_i\mid=1$,则 $T_{av,E}=\frac{T_0}{k\sqrt{m}}$,它是统计公差 $T_{av,S}$ 的近似值。其中 $T_{av,L}<T_{av,S}<T_{av,Q}$
7	组成环极限偏差		$ES_i=\Delta_i+\frac{1}{2}T_i$ $EI_i=\Delta_i-\frac{1}{2}T_i$	
8	组成环极限尺寸		$L_{i\max}=L_i+ES_i$ $L_{i\min}=L_i+EI_i$	

3. 系数 e 与 k 的取值

1）大批大量生产条件下，在稳定工艺过程中，工件尺寸趋近正态分布，可取 $e=0$，$k=1$。

2）在不稳定工艺过程中，当尺寸随时间近似线性变动时，形成均匀分布。计算时没有任何参考的统计数据，尺寸与位置误差一般可当作均匀分布，取 $e=0$，$k=1.73$。

3）两个分布范围相等的均匀分布相结合，形成三角分布。计算时没有参考的统计数据，尺寸与位置误差也可当作三角分布，取 $e=0$，$k=1.22$。

4）单件小批生产条件下，工件尺寸也可能形成偏态分布，偏向最大实体尺寸一边，取 $e=\pm0.26$，$k=1.17$。

5）各组成环在其公差带内按正态分布时，封闭环也必按正态分布；各组成环具有各自不同分布时，只要组成环数不太小（$m\geqslant5$），各组成环分布范围相差又不太大时，封闭环也趋近正态分布。因此，通常取 $e_0=0$，$k_0=1$。

6）当组成环环数较小（$m<5$），各组成环又不按正态分布时，封闭环也不同于正态分布；计算时没有参考的统计数据，可取 $e_0=0$，$k_0=1.1\sim1.3$。

5.4.2　工艺尺寸链的特点与基本类型

1. 工艺尺寸链的特点

1）在工件加工过程中，由有关工序尺寸、设计尺寸或加工余量等所组成的尺寸链为工艺尺寸链。它是由机械加工工艺过程、加工的具体方法所决定的。加工时装夹方式、表面尺寸形成方法、刀具的形状，都可能影响工艺尺寸链的组合关系。

2）工艺尺寸链的封闭环，是由加工过程和加工方法所决定的，是最后形成、间接保证的尺寸。当封闭环为设计尺寸时，其数值必须按要求严格保证；当封闭环为未注公差尺寸或余量时，其数值由工艺人员根据生产条件自行确定。

在单件小批生产中采用试切法加工，前、后工序尺寸误差累积在余量上，形成余量偏差；按图样标注的尺寸公差直接加工，误差累积在未注明尺寸上，不必按设计尺寸选择封闭环。在成批大量生产中采用调整法加工，封闭环取决于工艺方案。封闭环的正确判断是解算工艺尺寸链的关键问题之一。

3）工艺尺寸链的组成环，通常是中间工序的加工尺寸、对刀调整尺寸和走刀行程尺寸等。其公差值可根据加工方法的经济精度确定。

4）工件加工方法不同，工序尺寸公差间的相互影响也不同，即各个尺寸之间误差的综合和累积关系不同。加工过程中“间接获得尺寸”是造成加工尺寸误差累积的根本原因。当对间接获得尺寸有要求时，工序尺寸的误差对尺寸链会产生如下影响：要压缩粗加工或半精加工尺寸的公差，使前面中间工序尺寸的公差小于最后保证尺寸的公差；压缩某些设计尺寸的公差，提高其精度要求；对个别尺寸可能采取特殊的、不对称分布的公差分配形式（尽量安排在容易测量的尺寸环上）；可能引起余量偏差过大（在精加工时有时不允许）。

5）经工艺尺寸链分析计算，发现原设计要求精度无法保证时，可以改进工艺方案，以改变工艺尺寸链的组成，变间接保证为直接保证，或采取措施，提高某些环的加工精度。

6）工艺尺寸链的分析计算，一般应用“极值法”，只有在大批大量生产情况下，当所计算的工序尺寸公差偏严而感到不经济时，可应用“概率法”。

2. 工艺尺寸链的基本类型

（1）工艺尺寸换算

零件尺寸的标注（设计尺寸）不一定能完全符合加工制造的要求，有时很难直接加工。这时要用工艺尺寸（测量、调整、走刀尺寸）代替原设计尺寸，这种尺寸的代换称“工艺尺寸换算”。换算的目的是保证原设计要求、便于加工、提高生产率。工艺尺寸换算的类型通常有以下几种：

1）基准不重合时的工艺尺寸换算。表 5.4-3 所示为一个有孔心距公差要求的轴承座，加工轴孔时有三种不同的方案，当工艺基准与设计基准不重合时，需进行工艺尺寸换算。

2）走刀次序与走刀方式不同时的工艺尺寸换算。例如加工阶梯轴时，虽然基准不变、加工方法相同，但由于走刀次序和走刀方式不同，也要进行工艺尺寸换算，见表 5.4-4。

3）定程控制尺寸精度所要求的工艺尺寸换算。当自动定程控制获得尺寸时，由于工件装夹方式不同，或者应用刀具和走刀定程方式的不同，实际需要的加工调整尺寸完全不一样。应根据加工的具体条件，进行工艺尺寸换算，见表 5.4-5。

表 5.4-3　基准不重合时的工艺尺寸换算

加工方案	以底面 B 为基准，一次装夹，在卧式镗床上镗孔。先加工孔 C，再以 C 为基准调整对刀，镗孔 D	以底面 B 为基准，在两台机床上分别镗两孔	上、下表面 A 与 B 加工后，先以底面 B 为基准，加工孔 C；然后以上表面 A 为基准，加工孔 D
简图	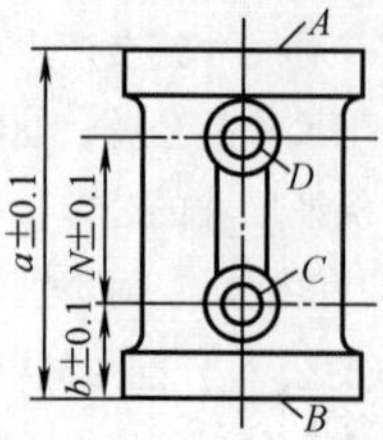	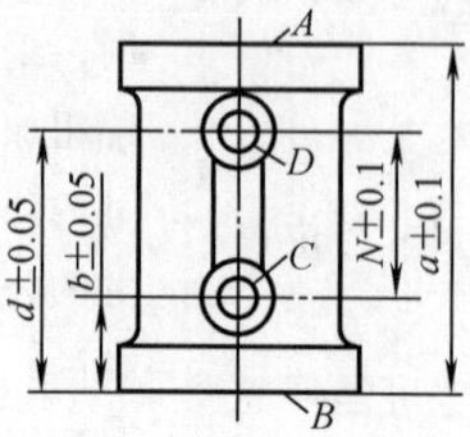	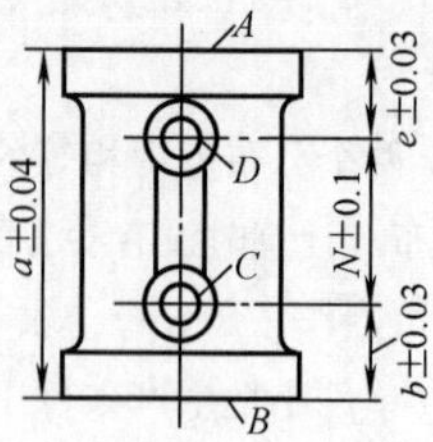
工艺尺寸换算		$T_{0L}=\sum_{i=1}^{2}T_i=T_b+T_d=\pm0.1\text{mm}$ 设 $T_b=T_d=T_{av,L}$ $T_{av,L}=\dfrac{T_{0L}}{2}=\pm0.05\text{mm}$ 加工 C 孔的工艺尺寸：$b\ \pm0.05$mm 加工 D 孔的工艺尺寸：$d\ \pm0.05$mm	$T_{0L}=\sum_{i=1}^{3}T_i=T_a+T_b+T_e=\pm0.1\text{mm}$ 设 $T_a=\pm0.04$mm，则 $T_b=T_e=\pm0.03\text{mm}$ $T_{av,L}=\dfrac{T_{0L}}{2}=\pm0.05\text{mm}$ A、B 面距离尺寸：$a\ \pm0.04$mm 加工 C 孔的工艺尺寸：$b\ \pm0.03$mm 加工 D 孔的工艺尺寸：$e\ \pm0.03$mm
说明	工序尺寸与设计尺寸完全符合，不必进行工艺尺寸换算	在原设计图样上没有尺寸 d，需通过工艺尺寸换算求得。由于两次装夹分别加工，镗孔 C 和镗孔 D 的误差都对孔心距尺寸精度有影响，有时需压缩原设计尺寸的制造公差来满足孔心距的加工要求	需要计算新的工艺尺寸 e 来实现孔 D 的加工。这时，对孔心距产生影响的因素是 a、b、e 三个尺寸的误差。应根据孔心距的公差重新确定 a、b、e 的公差

表 5.4-4　走刀次序与走刀方式不同时的工艺尺寸换算

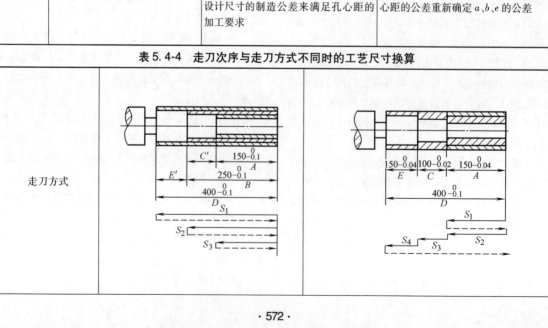

走刀方式	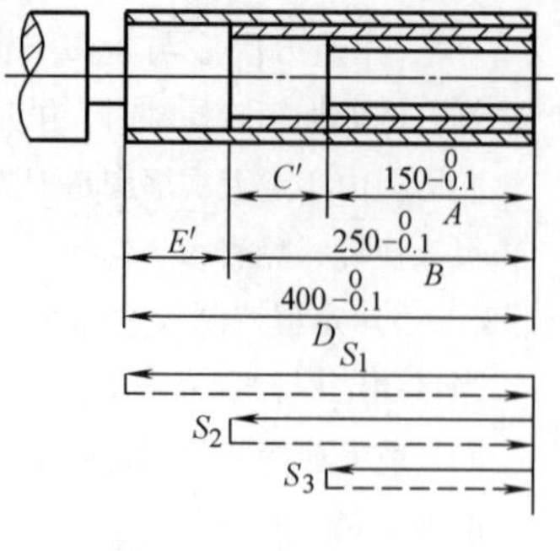	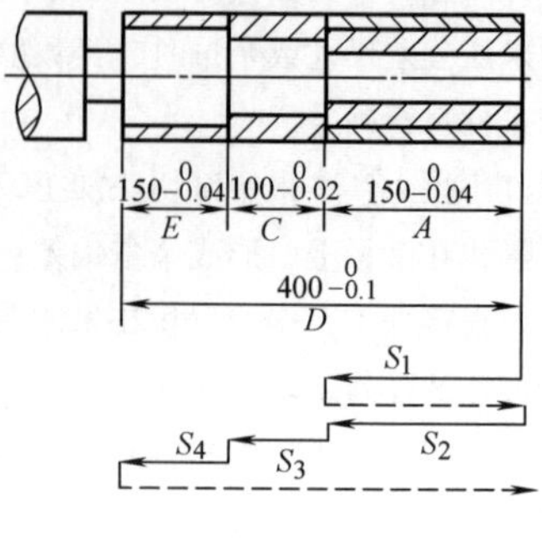

（续）

工艺尺寸换算		新的工艺尺寸：$C=B-A$，$E=D-B$ 为确保原设计尺寸 B、D 的公差，有 $T_B=T_A+T_C\leqslant0.1\text{mm}$ $T_D=T_B+T_E=(T_A+T_C)+T_E=0.1\text{mm}$ 设 $T_A=T_C=T_E=T_{av,L}$ $T_{av,L}=\dfrac{T_0}{3}=\dfrac{T_B}{3}\left(或\dfrac{T_D}{3}\right)=\dfrac{0.1\text{mm}}{3}\approx0.033\text{mm}$ 根据加工情况，各组成环公差做如下分配： $T_A=T_E=0.04\text{mm}$，$T_C=0.02\text{mm}$ $T_B=T_A+T_C=0.06\text{mm}$ 验算各组成环的极限偏差： $ES_B=ES_A+ES_C=0\text{mm}+ES_C=0\text{mm}$，$ES_C=0\text{mm}$ $EI_B=EI_A+EI_C=(-0.04\text{mm})+EI_C=-0.06\text{mm}$ $EI_C=-0.02\text{mm}$ 新工艺尺寸为 $C_{-0.02}^{\ 0}\text{mm}$ 同理得 $E_{-0.04}^{\ 0}\text{mm}$
说明	走刀方式 S_1、S_2 及 S_3 按阶梯递减，工作行程等于空行程，刀具移动距离大，生产率低。工艺尺寸不需换算	走刀长度缩短，生产率高。原设计尺寸 B、D 间接获得，新工艺尺寸 C、E 需经换算。但是需压缩各个尺寸的制造公差，来保证原设计公差，增加了加工难度

表 5.4-5　定程控制尺寸精度所要求的工艺尺寸换算

加工方法	在卧式车床上应用定程挡铁自动控制尺寸加工	用夹具装夹，在自动或半自动机床上应用多刀刀架自动定程加工
零件	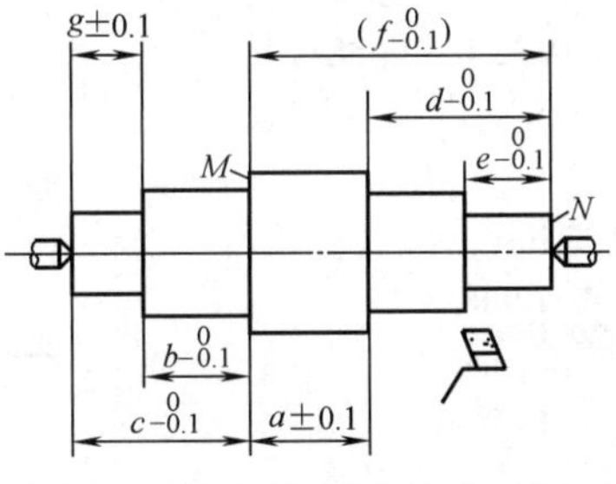	
加工简图与尺寸链	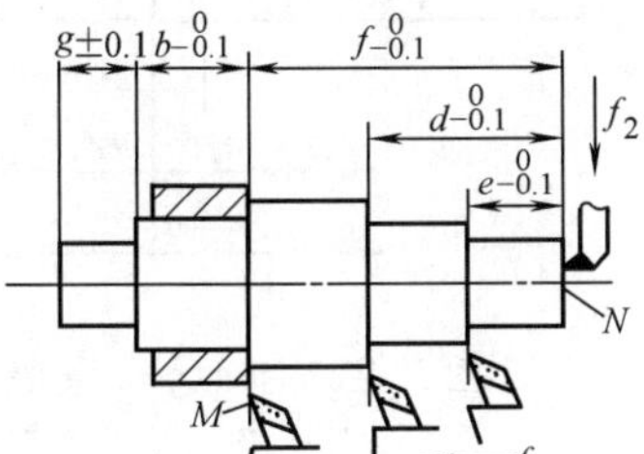	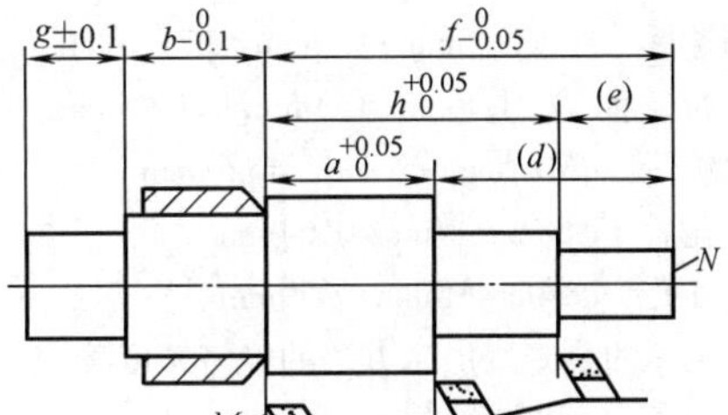

（续）

工艺尺寸换算	$f = a + d$ $T_{0L} = T_a = 0.2\text{mm}$ $T_{0L} = \sum_{i=1}^{2} T_i = T_f + T_d = 0.2\text{mm}$ $T_f = 0.2\text{mm} - T_d = 0.2\text{mm} - 0.1\text{mm} = 0.1\text{mm}$ $ES_0 = ES_f - EI_d = ES_f - (-0.1\text{mm}) = +0.1\text{mm}$ $ES_f = 0\text{mm}$ $EI_0 = EI_f - ES_d = EI_f - 0\text{mm} = -0.1\text{mm}$ $EI_f = -0.1\text{mm}$ 所以新工艺尺寸为$f^{0}_{-0.1}\text{mm}$	$T_e = T_f + T_h, T_d = T_f + T_a, T_d = 0.1\text{mm}$ 设 $T_f = T_a = 0.05\text{mm}$ 工艺尺寸$f^{0}_{-0.05}\text{mm}$ $ES_0 = ES_d = ES_f - EI_a = 0\text{mm} - EI_a = 0\text{mm}, EI_a = 0\text{mm}$ $EI_0 = EI_d = EI_f - ES_a = (-0.05\text{mm}) - ES_a = -0.1\text{mm}$ $ES_a = 0.05\text{mm}$ 因此可得工艺尺寸　$a^{+0.05}_{0}\text{mm}$ 同理，由上一组尺寸链可得　$h^{+0.05}_{0}\text{mm}$
说明	以M面定位，调整各挡铁的距离尺寸，首先调整M面与N面之间的距离，即新工艺尺寸f，然后再以调整好的第一个挡铁为基准，逐一调整另外两个挡铁。这两个定程挡铁所需的调整尺寸与原设计尺寸相同，不需要换算。原设计尺寸a为封闭环	工件以M面定位，三把刀的位置都以M面为基准确定，需换算新的工艺尺寸a、f和h，以进行对刀调整。原设计尺寸d、e为两个尺寸链的封闭环

（2）同一表面需要经过多次加工时工序尺寸的计算

加工精度要求较高、表面粗糙度值要求较小的工件表面，通常都要经过多次加工。这时各次加工的工序尺寸计算比较简单，不必列出工艺尺寸链，只需先确定各次加工的加工余量便可直接计算（对于平面加工，只有当各次加工时的基准不转换的情况下才可直接计算）。

如加工某一钢质零件上的内孔，其设计尺寸为$\phi72.5^{+0.03}_{0}$mm，表面粗糙度为$Ra0.2\mu m$。现经过扩孔、粗镗、半精镗、精镗、精磨五次加工，计算各次加工的工序尺寸及公差。

查表确定各工序的基本余量如下：

精磨　0.7mm　精镗　1.3mm
半精镗　2.5mm　粗镗　4.0mm
扩孔　5.0mm　总余量　13.5mm

各工序的工序尺寸如下：

精磨后　由零件图知$\phi72.5$mm
精镗后　$\phi72.5\text{mm}-0.7\text{mm}=\phi71.8\text{mm}$
半精镗后　$\phi71.8\text{mm}-1.3\text{mm}=\phi70.5\text{mm}$
粗镗后　$\phi70.5\text{mm}-2.5\text{mm}=\phi68\text{mm}$
扩孔后　$\phi68\text{mm}-4\text{mm}=\phi64\text{mm}$
毛坯孔　$\phi64\text{mm}-5\text{mm}=\phi59\text{mm}$

各工序的公差按加工方法的经济精度确定，并按“入体原则”标注如下：

精磨　由零件图知　$\phi72.5^{+0.03}_{0}$mm
精镗　按IT7　$\phi71.8^{+0.045}_{0}$mm
半精镗　按IT10　$\phi70.5^{+0.12}_{0}$mm
粗镗　按IT11　$\phi68^{+0.19}_{0}$mm
扩孔　按IT13　$\phi64^{+0.46}_{0}$mm
毛坯　$\phi59^{+1}_{-2}$mm

根据计算结果可作出加工余量、工序尺寸及其公差分布图，如图5.4-2所示。

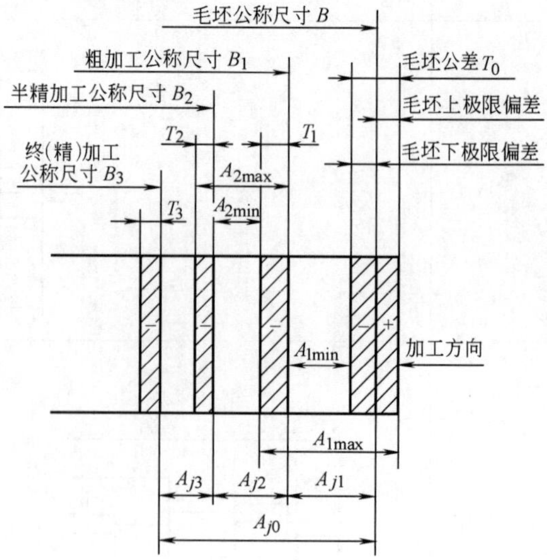

图5.4-2　孔的加工余量、工序尺寸及公差分布图

（3）其他类型工艺尺寸的计算（表5.4-6）

表 5.4-6 其他类型工艺尺寸的计算

尺寸链类型及说明	图例	工艺尺寸计算
1. 多尺寸保证时工艺尺寸的计算 零件图上往往存在几个尺寸由同一基准面标出，而该基准面的精度要求较高、表面粗糙度值要求小，经常在工艺过程的精加工阶段进行最后加工。基准面最终一次加工只能直接保证一个设计尺寸，另一些设计尺寸被间接保证。一般情况下，宜选取精度要求高的设计尺寸作为最终加工时直接获得的尺寸，精度要求不高的设计尺寸作为封闭环 图中阶梯轴，安装轴承的 $\phi30\pm0.007$mm 轴颈，需在最后进行磨削加工，同时修磨轴肩，保证轴承的轴向定位。在磨削轴肩以后，可以得到三个尺寸：$25_{-0.03}^{\ 0}$mm、$20_{-0.15}^{\ 0}$mm 和 $80_{-0.2}^{\ 0}$mm。其中 $25_{-0.03}^{\ 0}$mm 是直接测量控制达到的，而 $20_{-0.15}^{\ 0}$mm 和 $80_{-0.2}^{\ 0}$mm 均为间接获得尺寸	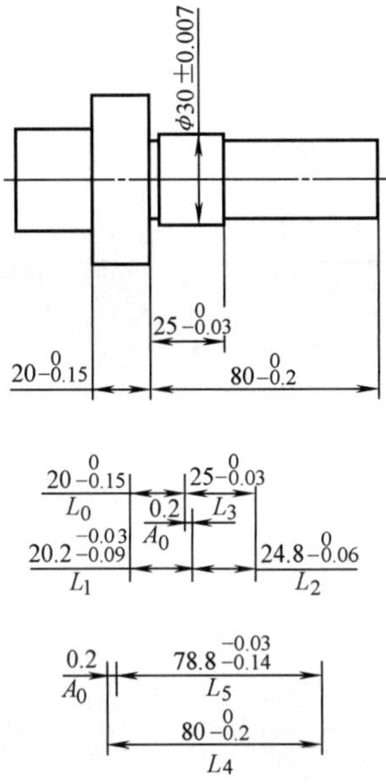	封闭环 $L_0=20_{-0.15}^{\ 0}$mm，$T_0=0.15$mm $T_{av,L}=\dfrac{0.15\text{mm}}{3}=0.05$mm 按平均公差确定工序尺寸公差，并压缩原设计尺寸公差，设 $L_3=25_{-0.03}^{\ 0}$mm，$L_2=24.8_{-0.06}^{\ 0}$mm，$T_1=0.06$mm 磨削余量 $A_0=25\text{mm}-24.8\text{mm}=0.2$mm $T_A=T_3+T_2=0.03\text{mm}+0.06\text{mm}=0.09$mm $ES_A=ES_3-EI_2=0\text{mm}-(-0.06\text{mm})=+0.06$mm $EI_A=EI_3-ES_2=(-0.03\text{mm})-0\text{mm}=-0.03$mm $A_0=0.2_{-0.03}^{+0.06}$mm $T_0=T_A+T_1=0.09\text{mm}+0.06\text{mm}=0.15$mm $ES_0=ES_1-EI_A=ES_1-(-0.03\text{mm})=0$mm $ES_1=-0.03$mm $EI_0=EI_1-ES_A=EI_1-0.06\text{mm}=-0.15$mm $EI_1=-0.09$mm $L_1=L_0+A_0=20\text{mm}+0.2\text{mm}=20.2$mm 因此 $L_1=20.2_{-0.09}^{-0.03}$mm 即间接获得的尺寸 $20_{-0.15}^{\ 0}$mm，由精车轴肩尺寸 80mm 后间接获得尺寸 $20.2_{-0.09}^{-0.03}$mm 来保证 同理，应用下一个尺寸链可求得工序尺寸 L_5
2. 自由加工工艺的工艺尺寸计算 对于电火花磨削、研磨、珩磨、抛光、超精加工等以加工表面本身为基准的加工，其加工余量需在工艺过程中直接控制，即加工余量在工艺尺寸链中是组成环，而加工所得工序尺寸却是封闭环 如图所示齿轮轴的有关工序为：精车 D 面。以 D 面为基准精车 B 面，保持工序尺寸 L_1，以 B 面为基准精车 C 面，保持工序尺寸 L_2；热处理，以余量 $A=0.2\pm0.05$mm 磨 B 面，达到图样要求。求工序尺寸 L_1 和 L_2 由于在磨 B 面的工序中，出现两个间接获得的尺寸，因此必须将并联尺寸链分解成两个单一的尺寸链解算	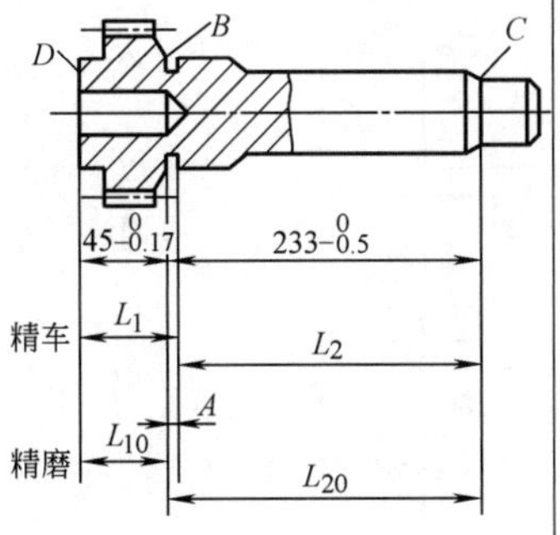	$L_{10}=45_{-0.17}^{\ 0}$mm，$T_{10}=0.17$mm $A=0.2\pm0.05$mm，$T_A=0.1$mm $L_1=L_{10}+A=45.2$mm $T_{av,L}=\dfrac{0.17\text{mm}}{2}=0.085$mm $T_1=T_{10}-T_A=0.17\text{mm}-0.1\text{mm}=0.07$mm $ES_{10}=ES_1-EI_A=ES_1-(-0.05\text{mm})=0$ $ES_1=-0.05$mm $EI_{10}=EI_1-ES_A=EI_1-(+0.05\text{mm})=-0.17$mm $EI_1=-0.12$mm 因此工序尺寸 $L_1=45.2_{-0.12}^{-0.05}$mm 同理，可求得 $L_2=232.8_{-0.45}^{-0.05}$mm

（续）

尺寸链类型及说明	图例	工艺尺寸计算
3. 表面处理工序的工艺尺寸计算 （1）渗入类表面处理工序的工艺尺寸计算 对于渗碳、渗氮、碳氮共渗等工序工艺尺寸链计算要解决的问题是，在最终加工前使渗入层达到一定深度，然后进行最终加工，要求在加工后能保证获得图样上规定的渗入层深度。此时，图样上所规定的渗入层深度被间接保证，是尺寸链的封闭环 如图所示直径为 $120^{+0.04}_{0}$mm 的孔，需进行渗氮处理，渗氮层深度要求为 0.3～0.5mm。其有关工艺路线为精车、渗氮、磨孔。如果渗氮后磨孔的加工余量为 0.3mm（双边），则渗氮前孔的尺寸 D_1 应为 $119.7^{+0.06}_{0}$mm，终加工前的渗氮层深度为 t_1，则 D_1、D_2、t、t_1 及 A_0 组成另一个尺寸链，A_0 为封闭环	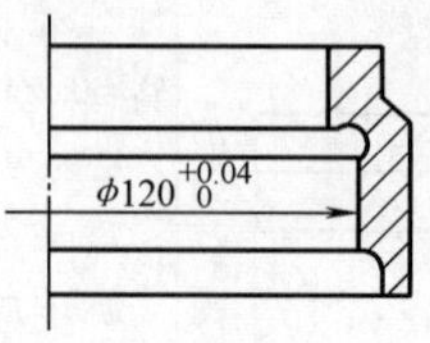 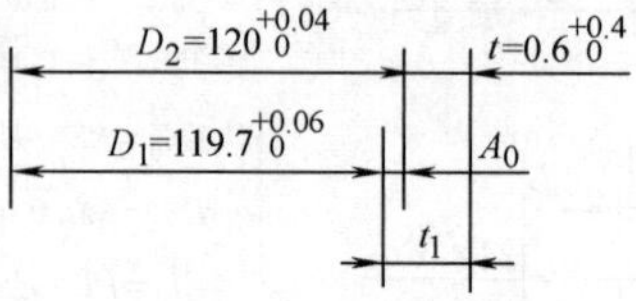 	A_0（双边）= 0.3mm $D_1=D_2-A_0=120\text{mm}-0.3\text{mm}=119.7\text{mm}$ $R_1=59.85\text{mm}$ 以下按半径和单边余量计算 $t_1=t+A_0=0.3\text{mm}+0.15\text{mm}=0.45\text{mm}$ $T_{0L}=T_t=0.2\text{mm}$ 精车工序公差 $T_1=0.03\text{mm}$ 精车孔尺寸 $R_1=59.85^{+0.03}_{0}\text{mm}$ $T_{t1}=T_t-T_1=0.2\text{mm}-0.03\text{mm}=0.17\text{mm}$ 确定余量偏差： $T_A=T_2+T_1=0.02\text{mm}+0.03\text{mm}=0.05\text{mm}$ $ES_A=ES_2-EI_1=0.02\text{mm}-0\text{mm}=0.02\text{mm}$ $EI_A=EI_2-ES_1=0\text{mm}-0.03\text{mm}=-0.03\text{mm}$ $A_0=0.15^{+0.02}_{-0.03}\text{mm}$ 根据另一组尺寸链： $ES_t=ES_{t1}-EI_{A0}=ES_{t1}-(-0.03\text{mm})$ $=+0.2\text{mm}$ $ES_{t1}=+0.17\text{mm}$ $EI_t=EI_{t1}-ES_{A0}=EI_{t1}-(+0.02\text{mm})=0\text{mm}$ $EI_{t1}=0.02\text{mm}$ 工艺尺寸 $t_1=0.45^{+0.17}_{+0.02}\text{mm}$
（2）镀层类表面处理工序的工艺尺寸计算 对于镀铬、镀锌、镀铜、镀镉等工序，生产中常有两种情况，一种是零件表面镀层后无需加工，另一种是零件表面镀层后尚需加工。对镀层后无需加工的情况，当生产批量较大时，可通过控制电镀工艺条件，直接保证电镀层厚度，此时电镀层厚度为组成环；当单件、小批生产或镀后表面尺寸精度要求特别高时，电镀表面的最终尺寸精度通过电镀过程中不断测量来直接控制，此时电镀层厚度为封闭环。当镀后有较高的表面质量要求时，需在镀后对其进行精加工，则镀前、镀后的工序尺寸和公差对镀层厚度有影响，故镀层厚度为封闭环 图中零件，使电镀层厚度控制在一定公差范围内，$\phi30^{\ 0}_{-0.05}$mm 是间接形成的，是尺寸链的封闭环，需确定电镀前的预加工尺寸与公差，图中尺寸链为无减环尺寸链	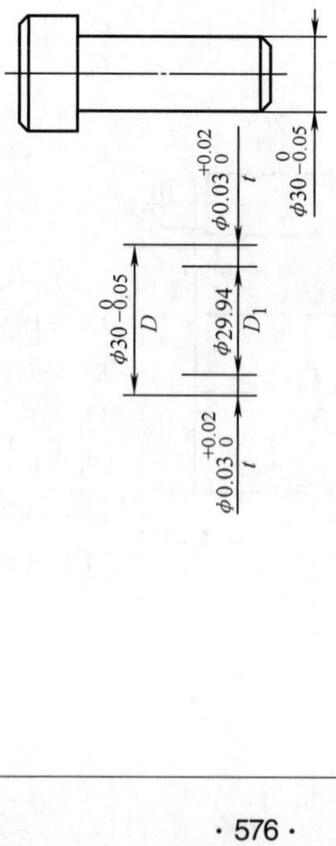 	$D_1=D-2t=30\text{mm}-0.06\text{mm}=29.94\text{mm}$ $ES_D=ES_{D1}+2ES_t=ES_{D1}+2\times(+0.02\text{mm})=0\text{mm}$ $ES_{D1}=-0.04\text{mm}$ $EI_D=EI_{D1}+2EI_t=EI_{D1}+2\times0$ $=-0.05\text{mm}$ $EI_{D1}=-0.05\text{mm}$ 因此 $D_1=29.94^{-0.04}_{-0.05}\text{mm}=29.9^{\ 0}_{-0.01}\text{mm}$

（续）

尺寸链类型及说明	图例	工艺尺寸计算
4. 中间工序尺寸计算 在零件的机械加工过程中，凡与前后工序尺寸有关的工序尺寸属于中间工序尺寸 图中所示零件的加工过程为：镗孔至 $\phi39.6^{+0.1}_{0}$mm；插键槽，工序基准为镗孔后的下母线，工序尺寸为 B；热处理；磨内孔至 $\phi40^{+0.05}_{0}$mm，同时保证设计尺寸 $43.6^{+0.34}_{0}$mm 尺寸链图中，尺寸 $19.8^{+0.05}_{0}$mm 是前工序镗孔所得到的半径尺寸，尺寸 $20^{+0.025}_{0}$mm 是在后工序磨孔直接得到的尺寸，尺寸 B 是本工序加工中直接得到的尺寸，均为组成环。尺寸 $43.6^{+0.34}_{0}$mm 则是将在磨孔工序中间接得到的尺寸，由上述三个尺寸共同形成，故为封闭环	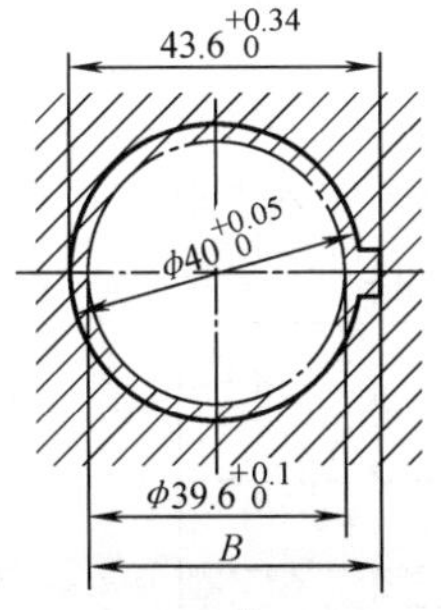 a) 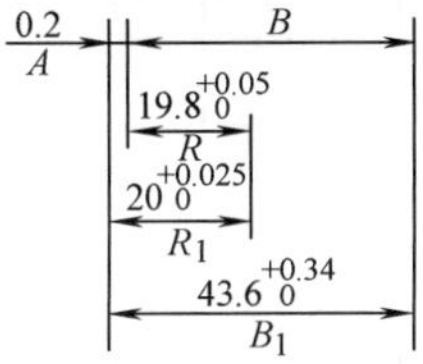 b)	$L_0=B_1=43.6\text{mm}$ $T_0=T_{B1}=0.34\text{mm}$ $T_{av,L}=\dfrac{0.34\text{mm}}{3}\approx0.113\text{mm}$ $R_1=20\text{mm}, T_{R1}=0.025\text{mm}$ A(单边余量)$=0.2\text{mm}$ $T_A=T_{R1}+T_R=0.025\text{mm}+0.05\text{mm}=0.075\text{mm}$ $ES_A=ES_{R1}-EI_R=0.025\text{mm}-0=0.025\text{mm}$ $EI_A=EI_{R1}-ES_R=0\text{mm}-0.05\text{mm}=-0.05\text{mm}$ $A=0.2^{+0.025}_{-0.050}\text{mm}$ $B=B_1-A=43.6\text{mm}-0.2\text{mm}=43.4\text{mm}$ $T_B=T_{B1}-T_{R1}-T_R=0.34\text{mm}-0.025\text{mm}-0.05\text{mm}=0.265\text{mm}$ $ES_{B1}=ES_B+ES_A=ES_B+(+0.025\text{mm})=0.34\text{mm}$ $ES_B=0.315\text{mm}$ $EI_{B1}=EI_B+EI_A=EI_B+(-0.05\text{mm})=0\text{mm}$ $EI_B=+0.05\text{mm}$ $B=43.4^{+0.315}_{+0.050}\text{mm}=43.45^{+0.265}_{0}\text{mm}$
5. 精加工余量校核 当多次加工某一表面时，由于采用的工艺基准可能不相同，因此本工序余量的变动量不仅与本工序的公差及前一工序的公差有关，而且与其他工序的公差有关。以本工序的加工余量为封闭环的工艺尺寸链中，如果组成环数目较多，由于误差累积的原因，有可能使本工序的余量过大或过小。特别是精加工余量过小可能造成废品，应进行余量校核 图中小轴的加工过程为：车端面 1；车肩面 2（保证其间尺寸 $49.5^{+0.3}_{0}$mm）；车端面 3（保证总长 $80^{0}_{-0.2}$mm）；钻中心孔；热处理；磨肩面 2（以端面 3 定位，保证尺寸 $30^{0}_{-0.14}$mm）。应校核磨肩面 2 的余量 尺寸链的封闭环为肩面磨削余量。计算结果余量最小值为零，说明有的零件肩面无余量可磨。为解决这个问题，在保持设计要求尺寸及公差不变的情况下，可减小 B_2 的公差。通过给定一最小余量值，计算 B_2 的最大值	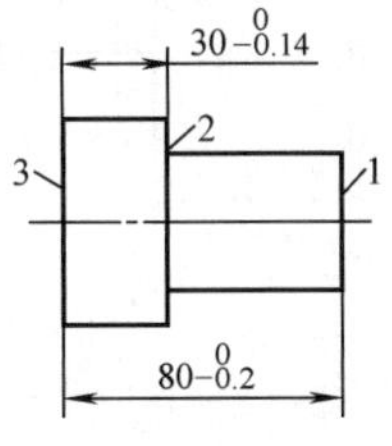 a) 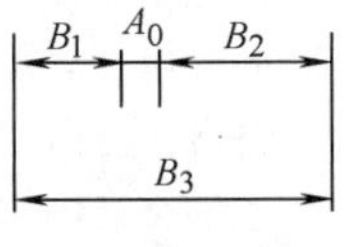 b)	$A_0=B_3-B_1-B_2=80\text{mm}-30\text{mm}-49.5\text{mm}=0.5\text{mm}$ $ES_{A0}=ES_{B3}-EI_{B1}-EI_{B2}=0\text{mm}-(-0.14\text{mm})-0\text{mm}=+0.14\text{mm}$ $EI_{A0}=EI_{B3}-ES_{B1}-ES_{B2}=-0.2\text{mm}-0\text{mm}-(+0.3\text{mm})=-0.5\text{mm}$ $A_{0max}=A_0+ES_{A0}=0.5\text{mm}+(+0.14\text{mm})=0.64\text{mm}$(余量太大，不经济) $A_{0min}=A_0+EI_{A0}=0.5\text{mm}+(-0.5\text{mm})=0\text{mm}$ 取 $A_{0min}=0.1\text{mm}, A_{0max}=0.54\text{mm}$ 则 $B_2=49.5^{+0.2}_{+0.1}\text{mm}=49.6^{+0.1}_{0}\text{mm}$

5.4.3 直线工艺尺寸链的跟踪图表解法

该法适用于工件形状复杂、工艺过程较长、工艺基准多次转换、工艺尺寸链环数很多时工艺尺寸链的解算。

1. 跟踪图表的绘制

跟踪图表的格式如图 5.4-3 所示。跟踪图表的绘制过程如下：

1）在图表的上方画出零件的简图（当零件形状对称时，可只画出它的一半），标出有关设计尺寸，并对有关表面向下作出引线。

2）按加工顺序，自上而下地填入工序号。

3）用查表法或经验比较法确定工序平均余量填入表中。

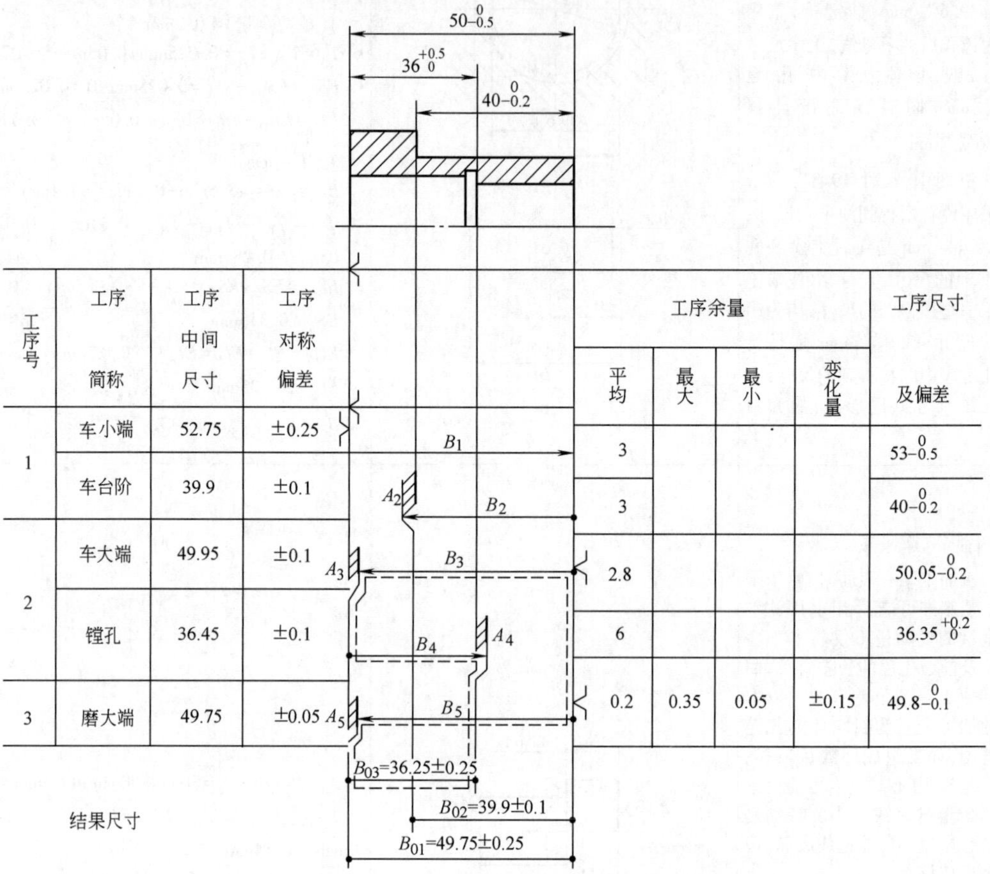

$50_{-0.5}^{0}$
$36_{0}^{+0.5}$
$40_{-0.2}^{0}$
工序号
工序简称
工序中间尺寸
工序对称偏差
工序余量
平均
最大
最小
变化量
工序尺寸及偏差
1
车小端
52.75
±0.25
B_1
3
$53_{-0.5}^{0}$
车台阶
39.9
±0.1
A_2
B_2
3
$40_{-0.2}^{0}$
2
车大端
49.95
±0.1
A_3
B_3
2.8
$50.05_{-0.2}^{0}$
镗孔
36.45
±0.1
B_4
A_4
6
$36.35_{0}^{+0.2}$
3
磨大端
49.75
±0.05
A_5
B_5
0.2
0.35
0.05
±0.15
$49.8_{-0.1}^{0}$
结果尺寸
B_{03}=36.25±0.25
B_{02}=39.9±0.1
B_{01}=49.75±0.25

图 5.4-3 工艺尺寸链的跟踪图表

4）按图 5.4-4 规定的符号，标出定位基面、工序基准、加工表面、工序尺寸、相关尺寸、结果尺寸及加工余量。加工余量的剖面线部分按“入体”方向标出；与确定工序尺寸无关的粗加工余量一般不标符号；自由加工的尺寸应按结果尺寸标注，而自由加工的余量则按工序尺寸标注；同一工序内的所有工序尺寸，应按加工或尺寸调整时的先后顺序依次列出。

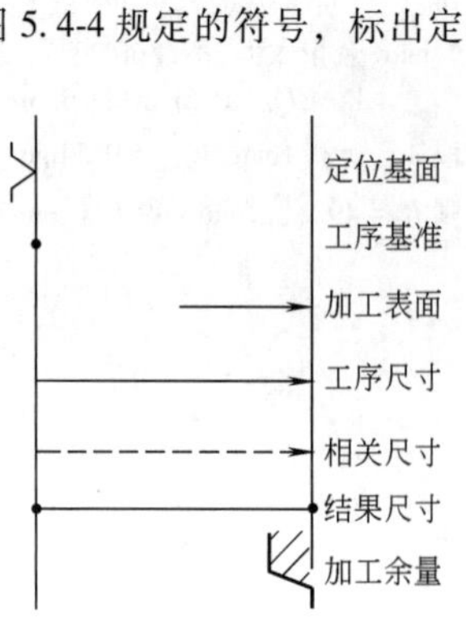

图 5.4-4 跟踪图表中的符号

5）为计算方便，应将设计尺寸的公差换算成对称偏差的形式，标于结果尺寸栏内。

2. 用跟踪法列工艺尺寸链的方法

在一般情况下，设计要求尺寸和加工余量是工艺尺寸链的封闭环，应查找出以所有设计要求尺寸和加工余量为封闭环的工艺尺寸链。查找方法为：从结果尺寸或加工余量符号的两端出发，沿零件表面引线同时垂直向上跟踪，当遇到圆点时就通过而继续向上跟踪，当遇到尺寸箭头时就沿箭头拐入，经过该尺寸线到末端后垂直折向继续向上跟踪，直至两路跟踪线在加工区内汇合封闭为止。图 5.4-3 中虚线所示就是以结果尺寸 B_{03} 为封闭环向上跟踪所找出的一个工艺尺寸链。按照上述方法可列出如图 5.4-5 所示的五个工艺尺寸链。

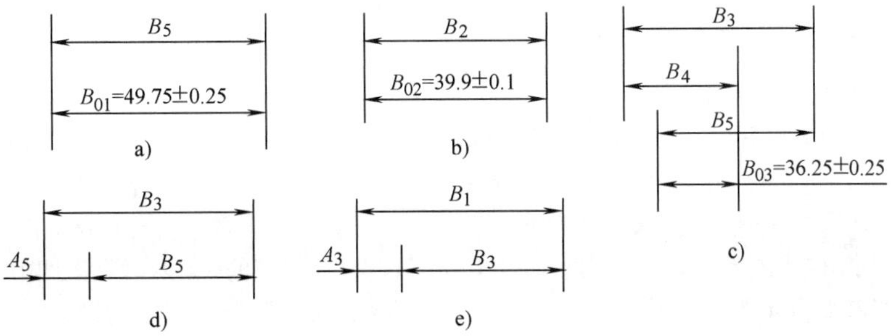

图 5.4-5 用跟踪法列出的工艺尺寸链

3. 工艺尺寸链的解算顺序

有一些作为组成环的工序尺寸同时参与了不止一个尺寸链，而成为公共环。参与尺寸链比较多的公共环，应首先满足设计要求较高、组成环数目较多的那个尺寸链的要求，其次解以其他设计要求为封闭环的尺寸链，最后解以精加工余量为封闭环的尺寸链，以防余量偏差过大。

在本例中，图 5.4-5d 所列尺寸链不是独立的，它可以由图 5.4-5c 分解出来。在图 5.4-5a、b、c、e 四个尺寸链中，公共环 B_5 同时属于图 5.4-5a、c 所列尺寸链。比较图 5.4-5a、c 可见，应先解图 5.4-5c 所列尺寸链。解算过程如下：

1）解图 5.4-5c 所列尺寸链。

① 确定各工序尺寸的公称尺寸。

② 确定各工序尺寸的公差。将封闭环 B_{03} 的公差按等公差原则并考虑到加工方法的经济精度及加工的难易程度分配予各工序尺寸。

2）解图 5.4-5b 所列尺寸链。因 B_2 不是有关尺寸链的公共环，故可直接解图 5.4-5b 所列尺寸链得到。

3）解图 5.4-5e 所列尺寸链。因 B_1 也不是有关尺寸链的公共环，所以可直接由图 5.4-5e 所列尺寸链解得。

4）按图 5.4-5d 所列尺寸链验算磨削余量。

5）将各工序尺寸公差按“偏差入体”原则标注。

6）将上述计算过程的有关数据及计算结果填入跟踪图表中。

4. 特殊情况下跟踪图表解法的应用

1）当最后加工为研磨、抛光、超精加工等工序时跟踪线的画法。由于这类工序的作用主要是降低表面粗糙度参数值，对尺寸误差影响很小，故分析误差的累积时可以不计入这类工序。画跟踪线时，应该越过这类工序的工序尺寸。当遇到这些尺寸线时，跟踪线不随这类工序尺寸的箭头而拐弯，应当继续向上查找，才能得出正确的尺寸误差累积关系。在计算各工序尺寸公差时，也不计入这类工序的误差，但应给这类工序留有一定的加工余量。

2）双面切削时跟踪线的画法。不管槽口是双边同时切削或是单边分别切削，画加工尺寸线时一律都按单边分别切削对待，即对两侧面分别画两条加工线；把确定槽口相对其他基准面位置的表面，作为有关槽口加工的第一条加工线，以确定槽口位置尺寸的基准面为工序尺寸的基准，箭头指向被加工的槽口侧面；切槽的其他加工工序，用已加工好的第一个侧面为基点，两侧面交替互为基准加工，两侧面的加工余量相等且对称分布；对于高精度槽口的加工，最后磨侧面时，第一个磨削工序仍应按确定槽口位置处理。以工件的基准面到槽口一侧的距离为加工尺寸线，磨另一侧面的尺寸线则以已磨好的侧面为尺寸标注的起始原点。

3）多刀切削时跟踪线的画法。多刀加工时一组刀具的安装，必须有一个刀具作为校对刀架行程位置的基准刀具，其他刀具以此基准刀具来对刀调整。这些刀具的对刀尺寸，如果应用同一基准原则，相对基准刀具分别对刀，则形成并联尺寸链，如果以顺序更换基准对刀，则形成串联尺寸链。调刀尺寸不同，跟踪线的画法也不同。

应首先确定基准刀具，然后根据对刀方式确定各刀具间的尺寸关系，工序尺寸链的排列方向和顺序，只以其中的一个基准刀具为基准画跟踪线，标明和其他尺寸的联系，计算时只计算基准刀具和其他工序尺寸的累积误差；确定基准刀具相对定程挡铁的控制尺寸，画跟踪线时正确标明该工序的控制尺寸，跟踪线沿这个尺寸，跨越刀具之间的对刀尺寸向前一工序的工序尺寸跟踪。

5.4.4 计算机辅助求解工序尺寸

1. 计算机跟踪寻找尺寸链的原理

为便于叙述，结合图 5.4-6 所示尺寸联系图加以说明。图中 B_i 表示工序尺寸，A_i 表示加工余量，B_{0i} 表示间接保证的设计尺寸（结果尺寸）。对于加工中直接保证的设计尺寸用方框标出，以示区别。

（1）图样信息转变为计算机信息

为了使计算机能够识别尺寸联系图，必须将图上的各种符号转变为计算机可识别的数字。

1）工序尺寸位置和方向的数字化。首先将每一加工表面按从左到右的先后顺序编号，如图 5.4-6 中的①、②、…，这样每一条尺寸界线就可以用一个数字表示。同时，将每一个工序尺寸也按加工的先后顺序编号，即 B_1、…、B_n。为了说明工序尺寸箭头的方向，也用一个数字来表示，这里用“1”表示箭头方向向左，用“-1”表示箭头方向向右。对于没有方向的结果尺寸，用“0”来表示。

经过上述转化，每个工序尺寸的顺序、位置、方向可用四个数字完全确定下来。如图 5.4-6 中的 B_1，可用 1、4、6、1 表示，其中第一个数 1 表示该工序尺寸为第一号工序尺寸，第二个数 4 表示 B_1 的左端尺寸界线，第三个数 6 表示 B_1 的右端尺寸界线，第四个数 1 表示 B_1 的指向向左。同理 B_5 可用 5、1、3、-1 表示，B_{10} 可用 10、1、6、-1 表示等。

2）加工余量的信息转化。由于工序余量是与工序尺寸相对应的，在尺寸联系图中，余量与工序尺寸的某条尺寸界线处于同一位置上，所以也可以作为工序尺寸的一个特性，并用一个数字表示。这里用“1”表示工序尺寸的箭头指向余量的左侧，“-1”表示工序尺寸的箭头指向余量的右侧。当该工序加工的是毛坯表面，不必通过尺寸链来计算余量时，余量特性就用“0”来表示。如图 5.4-6 中 A_6 可用“-1”表示，A_7 可用“1”表示，而 B_1、B_2 等对应的余量特性，则用“0”来表示。

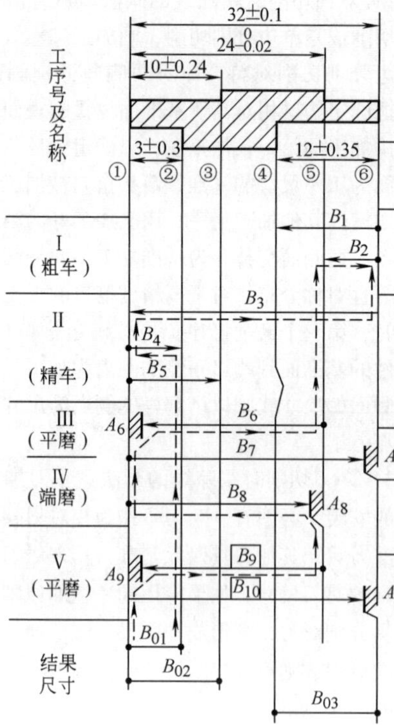

$\pm\frac{1}{2}T_{Bi}$ 初拟	$\pm\frac{1}{2}T_{Bi}$ 修正后	$\pm\frac{1}{2}T_{Ai}$	$A_{i\min}$	A_{iM}	B_{iM}
±0.01	±0.01				12.38
±0.1	±0.05				8.31
±0.01	±0.01				32.72
±0.05	±0.05				3.34
±0.05	±0.05				10.34
±0.02	±0.015	±0.165	0.1	0.265	24.145
±0.02	±0.02	±0.085	0.1	0.185	32.27
±0.02	±0.015	±0.03	0.05	0.08	24.065
[±0.01]	±0.01	±0.025	0.05	0.075	[23.93]
[±0.1]	±0.1	±0.145	0.05	0.195	[32]
[±0.3]					[3]
[±0.24]					[10]
[±0.35]					[12]

图 5.4-6　套筒轴向加工工序尺寸联系图

综上所述，工序尺寸可用五个数字来表示其全部特征：

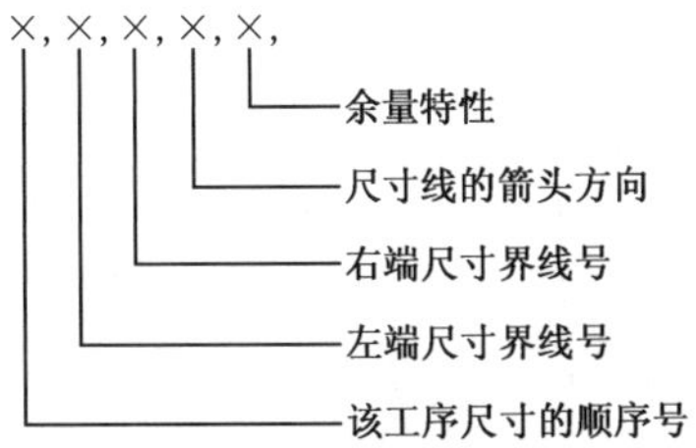

对于结果尺寸，完全可用上述方法表示，只是没有箭头和余量，第四个和第五个数字均为“0”。

根据上述信息转换原则，将尺寸联系图上的有关信息数字化以后，便可得到一个 $(N_1+N_2)\times5$ 的数字矩阵，其中 N_1 为工序尺寸数，N_2 为结果尺寸数，用 $\boldsymbol{V}(N_1+N_2, 5)$ 表示，称尺寸联系矩阵。如果将图 5.4-6 所示的尺寸联系图转化为矩阵形式，即如图 5.4-7 所示。将这个矩阵输入计算机，计算机就可以自动查找和建立尺寸链。

B_1	1	4	6	1	0	N_1
B_2	2	5	6	1	0	
B_3	3	1	6	1	0	
B_4	4	1	2	−1	0	
B_5	5	1	3	−1	0	
B_6	6	1	5	1	−1	
B_7	7	1	6	−1	1	
B_8	8	1	5	−1	1	
B_9	9	1	5	1	−1	
B_{10}	10	1	6	−1	1	
B_{01}	1	1	2	0	0	N_2
B_{02}	2	1	3	0	0	
B_{03}	3	4	6	0	0	

图 5.4-7　尺寸联系矩阵 $\boldsymbol{V}(10+3, 5)$

（2）结果尺寸链组成环的查找

计算机查找尺寸链时首先确定左右跟踪线的起始位置，其中左起始位置由 $\boldsymbol{V}$ 矩阵的第 2 列元素决定，右起始位置由 $\boldsymbol{V}$ 矩阵的第 3 列元素决定。以结果尺寸 B_{01} 为例，即图 5.4-7 中的第 11 行。令 L 表示左跟踪线，R 表示右跟踪线，于是有 $L=\boldsymbol{V}(11, 2)=1$，$R=(11, 3)=2$。然后，计算机从 $\boldsymbol{V}$ 矩阵中最后一个工序尺寸 B_{10}，即第 10 行开始，逐行向上搜寻。由 $\boldsymbol{V}(10, 4)=-1$ 可以判断，B_{10} 的箭头指向右尺寸界线，因此 $\boldsymbol{V}(10, 3)$ 元素代表了 B_{10} 箭头所指的尺寸界限序号。将 $\boldsymbol{V}(10, 3)=6$ 与 L 和 R 的值相比较，均不相等，说明左右跟踪线在第 10 行均未遇到箭头，可见 B_{10} 不是 B_{01} 结果尺寸链的组成环，于是计算机越过第 10 行，继续向上搜寻。至第 9 行，$\boldsymbol{V}(9, 4)=1$，表示工序尺寸 B_9 箭头向左，$\boldsymbol{V}(9, 2)=1$ 代表 B_9 所指的尺寸界线。再将 $\boldsymbol{V}(9, 2)$ 与 L 和 R 的值相比较，有 $L=\boldsymbol{V}(9, 2)=1$，即表示左跟踪线遇到 B_9 向左的箭头。于是可判断 B_9 为该尺寸链的增环。计算机将查得的这个结果记录在另一个矩阵中。此后，计算机令 $L=\boldsymbol{V}(9, 3)=5$，表示左跟踪线沿 B_9 的尺寸线，横向跟踪至 B_9 的右端尺寸界线，并遇到圆点。这样左跟踪线改变其位置，由①→⑤。右跟踪线未遇箭头，仍在原来的位置上，即 $R=\boldsymbol{V}(11, 3)=2$。而后计算机继续查寻第 8 行，即 B_8。由 $\boldsymbol{V}(8, 4)=-1$ 可知，B_8 箭头指向右，$\boldsymbol{V}(8, 3)=5$ 是该箭头所指的尺寸界线。将 $\boldsymbol{V}(8, 3)$ 与 L 和 R 的值相比较，相当于左、右跟踪线同时升到 B_8 尺寸线的位置上，有 $L=\boldsymbol{V}(8, 3)$，表示左跟踪线又遇向右箭头，于是可以判断出工序尺寸 B_8 是该尺寸链的减环。接着令 $L=\boldsymbol{V}(8, 2)=1$，表示左跟踪线沿 B_8 的尺寸线横向跟踪至 B_8 的左端尺寸界线，并遇到圆点。此时左跟踪线又改变其位置，由⑤→①。此后，计算机重复上述的判断，继续跟踪，一直到第 2 行，即 B_2，出现 $L=R$ 的情况，即左右跟踪线重合，于是跟踪停止。由以上跟踪过程可以确定 B_9、B_6、B_4 和 B_2 为 B_{01} 尺寸链的增环，B_8 和 B_3 为减环，其结果与图 5.4-8 所示的人工跟踪所得结果完全相同。

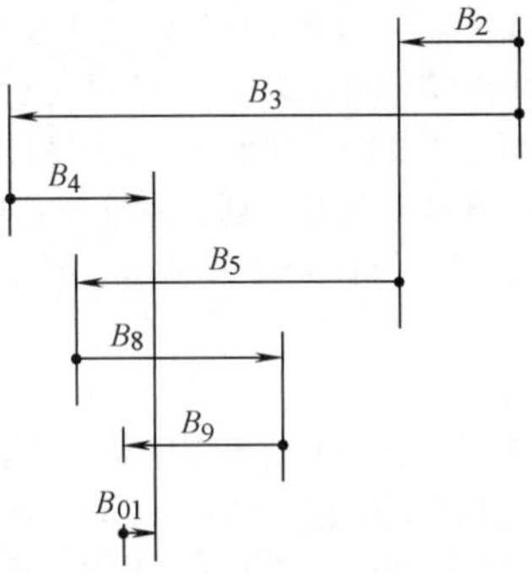

图 5.4-8　B_{01} 结果尺寸链图

（3）余量尺寸链组成环的查找

余量尺寸链的跟踪由余量本身所在的行开始。由于余量与所对应的工序尺寸连在一起，故该工序尺寸为该余量尺寸链的一个组成环，即余量尺寸链在跟踪的一开始就将遇到工序尺寸的箭头。但余量封闭环的左右端点开始在同一尺寸界线上，从那一边开始，可利用 $\boldsymbol{V}$ 矩阵的第 5 列元素的数值加以判断：当第 5 列元素为“1”时，表示工序尺寸箭头指向余量左侧，于是首先从余量左侧，即 L 线开始跟踪；其值为“−1”时，首先从余量右侧，即 R 线开始跟踪。例如，对于余量 A_6，其相对应的工序尺寸为 B_6，A_6 和

B_6 处于同一行上。由 $\boldsymbol{V}$（6，5）= -1 可知，B_6 的箭头指向 A_6 的右侧，A_6 的左右端点在 B_6 的左端尺寸线上，因而左右跟踪线的起始位置为 $L=R=\boldsymbol{V}$（6，2）= 1。根据上面的判断，A_6 余量尺寸链的跟踪首先应从右跟踪线开始，即右跟踪线逆箭头沿 B_6 尺寸线横向跟踪至 B_6 的圆点处，即令 $R=\boldsymbol{V}$（6，3）= 5，显然 B_6 为减环。至此，A_6 的左右跟踪线已分开，即 $L=\boldsymbol{V}$（6，2）= 1，$R=\boldsymbol{V}$（6，3）= 5。然后按照与查找工序尺寸链组成环相同的方法，继续下去，最后可得 B_6、B_2 为减环，B_3 为增环，这与人工跟踪所得结果（图 5.4-9）完全相同。

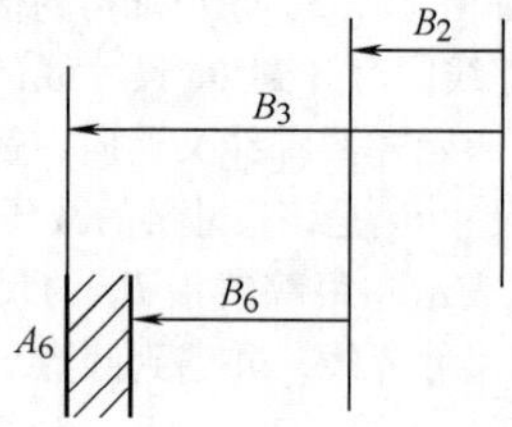

图 5.4-9　A_6 余量尺寸链图

（4）尺寸链的建立

计算机根据上述原理找到组成环后，就要建立起尺寸链（结果尺寸链和余量尺寸链）。计算机通过尺寸链矩阵，将查找到的组成环逐一地记录下来，此矩阵记为 $\boldsymbol{T}$（N_1+N_2，N_1）。为了与尺寸联系矩阵（$\boldsymbol{V}$ 矩阵）相对应，$\boldsymbol{T}$ 矩阵也取（N_1+N_2）行，每一行对应一个封闭环。$\boldsymbol{T}$ 矩阵的列数 N_1 与工序尺寸数相同，每一列代表一个工序尺寸，列的序号与工序尺寸的序号相同。$\boldsymbol{T}$ 矩阵中的各元素分别由“1”“-1”或“0”组成，当 $\boldsymbol{T}$（I，J）= 1 时，表示工序尺寸 B_J 是第 I 个尺寸链的增环，T（I，J）= -1 表示工序尺寸 B_J 是第 I 个尺寸链的减环，$\boldsymbol{T}$（I，J）= 0 表示第 I 个尺寸链中不包括工序尺寸 B_J。例如，计算机根据图 5.4-7 所示的尺寸联系矩阵，可以建立起如图 5.4-10 所示的尺寸链矩阵。其中第 6 行至第 10 行为余量尺寸链，第 11 行至第 13 行为结果尺寸链。虽然在 $\boldsymbol{V}$ 矩阵中（图 5.4-7 中第 1 行至第 5 行）已表明不考虑 A_1 至 A_5 的余量尺寸链，但为了保持 $\boldsymbol{T}$ 矩阵与 $\boldsymbol{V}$ 矩阵之间行、序的一一对应关系，以便于计算机处理，这五个余量在 $\boldsymbol{T}$ 矩阵中仍占有相应的行，只不过这些行的各个元素均为零，如图 5.4-10 中第 1 行至第 5 行。

每一行元素值的确定过程（以第 11 行即 B_{01}，结果尺寸链为例）：计算机从 B_{01} 的左右端开始跟踪查找，当判断 B_{10} 不是其组成环时，计算机就在 $\boldsymbol{T}$（11，9）处赋以“0”值，当判断出 B_9 为增环时，就赋给 $\boldsymbol{T}$（11，9）以“1”值；当判断出 B_8 为减环时，就赋给 $\boldsymbol{T}$（11，8）以“-1”值。如此

工序尺寸

	B_1	B_2	B_3	B_4	B_5	B_6	B_7	B_8	B_9	B_{10}
	0	0	0	0	0	0	0	0	0	0
	0	0	0	0	0	0	0	0	0	0
	0	0	0	0	0	0	0	0	0	0
	0	0	0	0	0	0	0	0	0	0
	0	0	0	0	0	0	0	0	0	0
A_6	0	-1	1	0	0	-1	0	0	0	0
A_7	0	0	0	0	0	1	-1	0	0	0
A_8	0	0	0	0	0	1	0	-1	0	0
A_9	0	0	0	0	0	0	0	1	-1	0
A_{10}	0	0	0	0	0	0	0	-1	1	-1
B_{01}	0	1	-1	1	0	1	0	-1	1	0
B_{02}	0	1	-1	0	1	1	0	-1	1	0
B_{03}	1	-1	0	0	0	-1	0	1	-1	1

图 5.4-10　尺寸链矩阵

继续下去，当左右跟踪线相重合后，剩余的尚未判断过的工序尺寸自然不是组成环，因此在同一行上，相应列处的元素均赋以“0”值。由前述判断可知，B_9、B_6、B_4、B_2 为 B_{01} 尺寸链的增环，B_8 和 B_3 为减环，因此第 11 行的元素排列为 0，1，-1，1，0，1，0，-1，1，0。

跟踪寻找结果尺寸链的框图如图 5.4-11 所示。

2. 计算机解算尺寸链的过程

（1）原始数据的输入

尺寸链解算前必须将已知条件预先输入计算机。已知条件包括：图样的尺寸和公差，与工序尺寸有关的数据，初拟的工序尺寸公差，工序余量，最小余量等。

1）与图样有关的数据。

① 图样尺寸的个数 u。

② 图样信息矩阵 $\boldsymbol{S}$（u，5）：

$\boldsymbol{S}(u,5)=$	一、图样尺寸左端号	二、图样尺寸右端号	三、图样尺寸中间值	四、图样尺寸对称偏差值	五、经计算机计算后实际能保证的公差值

$\boldsymbol{S}$ 矩阵中第 1、2 两列的左、右端界线号的划分，与尺寸联系图中加工表面序号的划分相同。矩阵中每一行为一个图样尺寸，原有图样尺寸偏差若为非对称分布标注，则一律换算成中间尺寸和对称分布偏差。

$\boldsymbol{S}$ 矩阵中行的排列顺序应使结果尺寸在前，工序

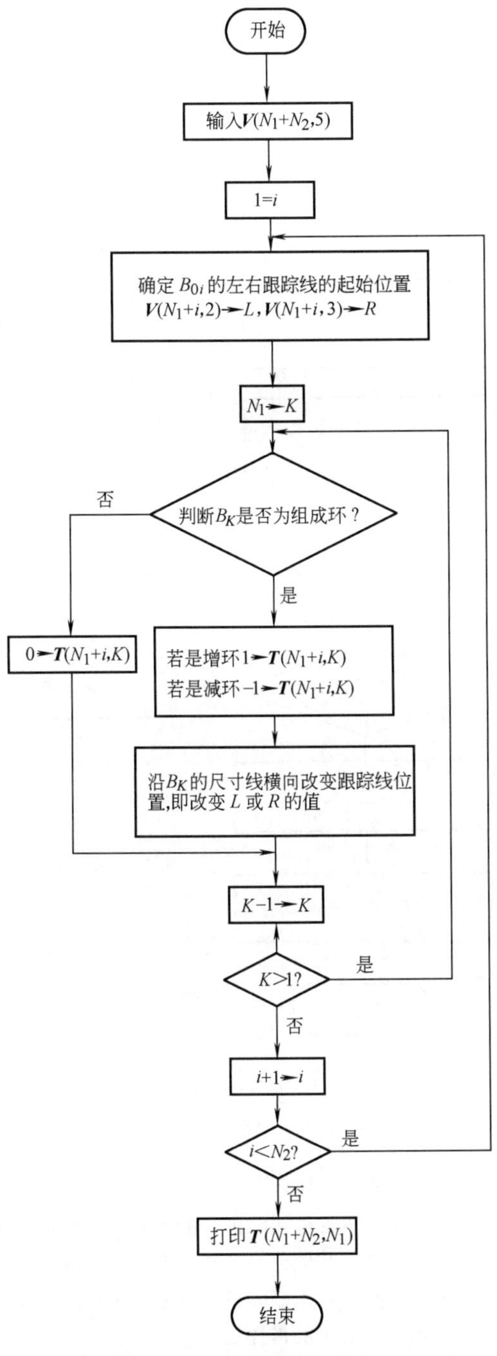

图 5.4-11　跟踪寻找结果尺寸链的框图

中直接保证的图样尺寸在后，而结果尺寸之间的排列顺序应与 **V** 矩阵中一致。**S** 矩阵中第 1 列至第 4 列需要用户输入，第 5 列为计算机的计算结果。

2）与工序尺寸有关的数据。

① 工序尺寸的个数 N_1。

② 结果尺寸的个数 N_2。

③ 工序尺寸信息矩阵 **G**（N_1，8）：

$$\boldsymbol{G}(N_1,8)=\begin{bmatrix}\text{一、工序尺寸号} & \text{二、基准面端号} & \text{三、被加工面端号} & \text{四、基准面性质} & \text{五、被加工面性质} & \text{六、是否直接保证图样尺寸} & \text{七、被直接保证的图样尺寸} & \text{八、工序尺寸基本值}\end{bmatrix}$$

G 矩阵共 N_1 行，每一个工序占一行。前七列数据需要用户输入，第 8 列为计算的中间结果。第 2、3 两列的端号就是尺寸联系图中的加工表面序号。第 4、5 两列由+1、-1 或 0 组成，“+1”表示外表面（相当于轴类），“-1”表示内表面（相当于孔类），“0”表示中心线。第 6 列以“1”表示“是”，以“0”表示“否”，根据尺寸联系图判断。第 7 列的图样尺寸号即 **S** 矩阵中图样尺寸的行号。

3）尺寸联系矩阵 **V**（N_1+N_2，5）。

4）初拟的工序尺寸公差、工序余量及允许的最小余量。这些数据由用户输入到 **J** 矩阵（计算结果矩阵）的第 6、7、8 三列中。

（2）中间计算过程

1）尺寸分段与工序尺寸基本值的计算。尺寸分段是为了求出各相邻两端号之间的尺寸基本值。有了分段尺寸就可以用统一的公式求出任意两个端面之间的尺寸。计算所得的工序尺寸基本值，按工序尺寸号，由计算机自动存入 **G** 矩阵的第 8 列。

2）尺寸链的查找与建立。计算机根据输入的 **V** 矩阵的数据，按跟踪法查找各尺寸链的组成环，并将查得的结果存入 **T** 矩阵中，从而建立起各种尺寸链。

3）校核图样要求，确定可行的工序尺寸公差、建立尺寸链矩阵（即 **T** 矩阵），存入各工序尺寸公差于 **J** 矩阵的第 6 列中后，可根据 **T** 矩阵中结果尺寸链，计算实际加工能达到的结果尺寸公差，以校核是否满足图样要求。

经过计算，如果初拟的工序尺寸公差满足不了结果尺寸公差的要求，则需对所拟的工序尺寸公差进行修正。修正工作可由计算机按一定规则进行，也可采用人机对话方式修正。

最后将校核后的各工序尺寸公差存入 **J** 矩阵的第 3 列中，结果尺寸公差存入 **S** 矩阵的第 5 列中。

4）计算余量公差，校核初拟工序余量。当各结果尺寸公差均得到满足后，就可根据校核后的各工序尺寸公差，即 **J** 矩阵中的第 3 列元素，并利用 **T** 矩阵中的余量尺寸链，计算余量公差 T_A。求得余量公差后，再根据已存入 $\boldsymbol{J}$ 矩阵第 7、8 列中的初拟工序余量 A_M 和最小余量 A_{min}，进一步校核初拟余量是否满足加工要求，其校核公式为

$$A_M - T_A/2 \geqslant A_{min}$$

若上式不满足，则以 0.1mm 为步长加大 A_M，以加 0.3mm 为限。将校核后的各工序余量和余量公差分别存入 $\boldsymbol{J}$ 矩阵的第 4、5 两列中。

5）求工序尺寸。实际的工序尺寸是由工序尺寸的基本值和加工余量两部分组成的。其计算公式为

$$L_k = L_{Jk} + \sum P_k A_i$$

式中 L_k——第 k 道工序的工序尺寸中间值；

L_{Jk}——第 k 道工序的工序尺寸基本值，该值已存入 $\boldsymbol{G}$ 矩阵的第 8 列中；

P_k——k 工序基准端面或被加工端面性质，该值已存入 $\boldsymbol{G}$ 矩阵的第 4、5 列中；

A_i——从（k+1）工序开始直至加工结束前，两端所切去的加工余量。

上式求得的中间尺寸存入 $\boldsymbol{J}$ 矩阵的第 2 列中。

（3）计算结果的输出

计算机在计算结束前，将打印出计算结果矩阵 $\boldsymbol{J}(N_1, 8)$：

$$\boldsymbol{J}(N_1,8)=\begin{bmatrix}\text{一、工序尺寸号} & \text{二、工序尺寸中间值} & \text{三、实际采用的工序尺寸公差} & \text{四、实际采用的工序余量中间值} & \text{五、余量变动量} & \text{六、初拟的工序尺寸公差} & \text{七、初拟的工序余量} & \text{八、最小余量}\end{bmatrix}$$

（4）计算程序的框图

计算程序框图如图 5.4-12 所示。

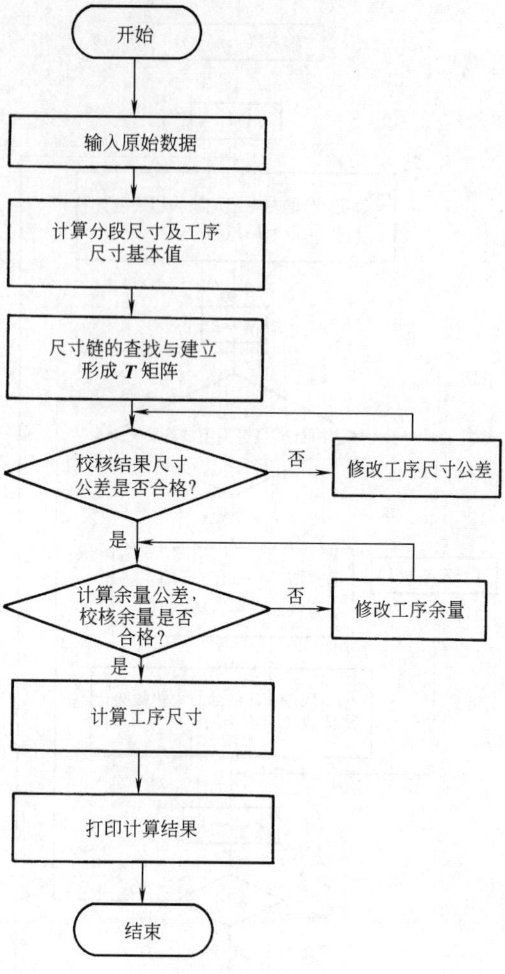

图 5.4-12 计算程序框图

5.5 工艺设计的技术经济分析

机械制造工艺设计所要解决的基本问题是如何用最小的劳动（活劳动和物化劳动）消耗，生产出一定数量的合乎规定质量要求的产品。因此，必须重视技术经济分析。

5.5.1 产品工艺方案的技术经济分析

同一种机械产品（零件）的生产，往往可以用几种不同的工艺方案完成。不同的工艺方案取得的效益和消耗的劳动不相同。对工艺方案进行全面的技术经济分析，就是要选出既能符合技术标准要求，又具有较好技术经济效果的最佳工艺方案。

1. 表示产品工艺方案技术经济特性的指标

1）产品工艺方案技术特性主要指标（表 5.5-1）。

表 5.5-1 产品工艺方案技术特性主要指标

指标名称	意义及作用
劳动消耗量	用工时数和台时数表示，说明消耗活劳动的多少，标志着生产率的高低
设备构成比	所采用的各种设备占设备总数的比例。高生产率设备占的比例大，活劳动消耗少，但负荷系数小，会导致产品成本增加

（续）

指标名称	意义及作用
工艺装备系数	采用的专用夹具、量具、刀具的数目与所加工工件的工序数目之比。这个系数大，加工所用劳动量少，但会引起投资与使用费用的增加和生产准备时间的延长。产量不大时，可能引起工艺成本增加
工艺过程的分散与集中程度	用每个工件的平均工序数表示。通常，在单件、小批生产中，用分散工序的方法可获得较好的经济效果；在大批大量生产中，用自动、多刀、多轴等机床可获得较好的经济效果
金属消耗量	取决于选用毛坯的种类和毛坯车间工艺过程的特征。计算金属消耗量时，需要把毛坯生产的工艺方案和机械加工工艺方案综合起来比较分析
占用生产面积数	在设计新车间或改建现有车间时，厂房面积与选择合理的工艺过程方案密切相关

2）机械加工工艺过程技术特性指标：年产量（件/年）；毛坯种类；毛坯重量；制造毛坯所需金属重量；毛坯的成品率；材料的成品率；机械加工工序总数（调整工序、自动工序、手动工序的数目）；各类机床总数（专用机床、自动机床数量）；机床负荷系数；设备总功率；机动时间系数；专用夹具数量（其中包括多工位夹具、自动化夹具）；专用夹具装备系数；通用夹具装备系数；量具装备系数；刀具装备系数；机床工作总台时；操作工人的平均等级；钳工修整劳动量及其占机床工作量的比例；生产面积、总面积；平均每台机床占用生产面积；平均每台机床占用总面积。

对不同工艺方案进行概略评价时，必须综合分析上述各项指标；只有当其他指标没有显著差别时，才可集中分析某一有显著差别的指标。如果认为这样的概略分析没有把握说明工艺方案的经济合理性，就应当再做工艺成本分析。

2. 工艺成本的构成

工艺成本仅指与工艺方案有关的费用的总额，与工艺方案无关的费用，进行工艺方案经济分析时无须考虑。对机械加工工艺方案进行经济分析时，常用的工艺成本项目见表 5.5-2，工艺成本计算公式见表 5.5-3，工艺成本与年产量的关系见表 5.5-4。

表 5.5-2　常用的工艺成本项目

与年产量有关的可变费用 V		与年产量无关的不变费用 C	
S_1	材料费	S_7	专用夹具维护及折旧费
S_2	机床工人工资		
S_3	机床电费	S_8	专用机床维护及折旧费
S_4	万能机床折旧费		
S_5	万能夹具维护及折旧费	S_9	调整工人工资与调整杂费
S_6	刀具维护及折旧费		

表 5.5-3　工艺成本计算公式

项目	计算公式
材料费 S_1	$S_1=C_mW_m+C_nW_n$　（元/件） 式中　C_m——材料价格（元/kg） W_m——毛坯重量（kg） C_n——切削价格（元/kg） W_n——切削重量（kg）
机床工人工资 S_2	$S_2=\frac{t_nz}{60}\left(1+\frac{a}{100}\right)$　（元/件） 式中　t_n——单件时间（min） z——机床工人每小时工资（元/h） a——与工资有关的杂费系数，常数 $a=12\sim14$
机床电费 S_3	$S_3=\frac{t_mN_c\eta_cz_n}{60}$　（元/件） 式中　t_m——基本时间（min） N_c——机床电动机额定功率（kW） η_c——机床电动机平均负荷率，一般为 50%～60% z_n——每千瓦小时的电费[元/(kW·h)]
万能机床折旧费 S_4	$S_4=\frac{S_8t_m}{F\times60\eta_m}$　（元/件） 式中　F——每年工作总时数（h） η_m——机床利用率，一般为 80%～95%
万能夹具维护及折旧费 S_5	$S_5=\frac{S_7t_m}{F\times60\eta_j}$　（元/件） 式中　η_j——夹具利用率
刀具维护及折旧费 S_6	$S_6=\frac{C_p+kC_w}{T\ (k+1)}t_m$　（元/件） 式中　C_p——刀具价格（元） T——刀具寿命（min） k——可重磨次数 C_w——每磨一次刀所花费用（元）

（续）

项目	计算公式
刀具维护及折旧费 S_6	$C_w=\frac{t_i z_i}{60}\left(1+\frac{\beta}{100}\right)$ 式中 t_i——磨刀时间(min) z_i——磨刀工人每小时工资(元/h) β——考虑工人劳保待遇及砂轮折旧等费用系数
专用夹具维护及折旧费 S_7	$S_7=C_j(P_{j1}+P_{j2})$(元) 式中 C_j——夹具成本(元) P_{j1}——夹具折旧率,每年 33% P_{j2}——维护费折合百分数,每年为 25%~27%
专用机床维护及折旧费 S_8	$S_8=C_m P_m$ （元） 式中 C_m——机床价格(包括运输、安装费,约占机床价格的 15%)(元) P_m——机床折旧率,$P_m=P_{m1}+P_{m2}$ P_{m1}——机床本身折旧率,每年为 16%~25% P_{m2}——机床修理费所占百分数,每年为 10%~15%
调整工人工资与调整杂费 S_9	$S_9=\frac{t_a z_a}{60}\left(1+\frac{a}{100}\right)$ (元) 式中 t_a——每调整一次所需时间(min) z_a——调整工人每小时工资(元/h) a——杂费系数

表 5.5-4 工艺成本与年产量的关系

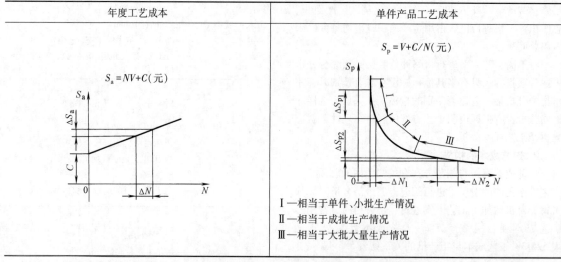

年度工艺成本	单件产品工艺成本
$S_a=NV+C$(元) 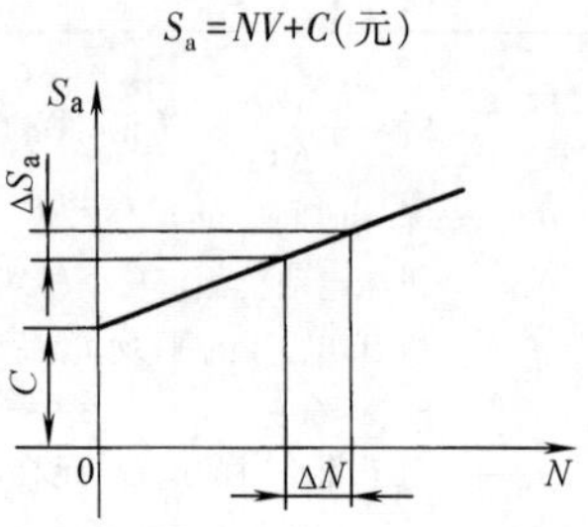	$S_p=V+C/N$(元) 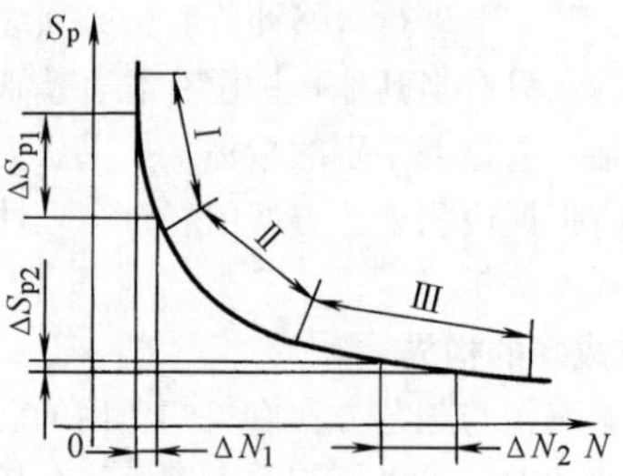 Ⅰ—相当于单件、小批生产情况 Ⅱ—相当于成批生产情况 Ⅲ—相当于大批大量生产情况

注：S_a—工艺方案年度工艺成本；S_p—工艺方案单件产品（零件）工艺成本；V—工艺成本中单位产品的可变费用（元/件）；C—工艺成本中年度假定不变费用（元/年）；N—采用该工艺方案生产的产品产量（件/年）。

3. 工艺方案的经济评定

制定工艺规程时，对于生产纲领较大的主要零件，应通过计算来评定工艺方案的经济性；对于一般零件，可利用各种技术经济指标，如每台机床的年产量（t/台、件/台），每一生产工人的年产量（t/人、件/人），每平方米生产面积的年产量（t/m^2、件/m^2），材料利用率，设备负荷率等，结合生产经验，对不同工艺方案进行经济论证，从而决定取舍。

1）两种工艺方案的基本投资相近或都采用现有设备时。

① 两方案中少数工序不同，多数工序相同时，可通过计算少数不同工序的单件工艺成本进行比较：

$$S_{p1}=V_1+\frac{C_1}{N} \qquad S_{p2}=V_2+\frac{C_2}{N}$$

产量 N 为一定数时，可根据上式直接算出 S_{p1} 及 S_{p2}。若 $S_{p1}>S_{p2}$，则第二方案经济性好。

若产量 N 为一变量时，则可根据上述公式作出曲线进行比较（图 5.5-1），产量 N 小于临界产量 N_k 时，第二方案可取，否则应选第一方案。

② 两方案中多数工序不同，少数工序相同时，

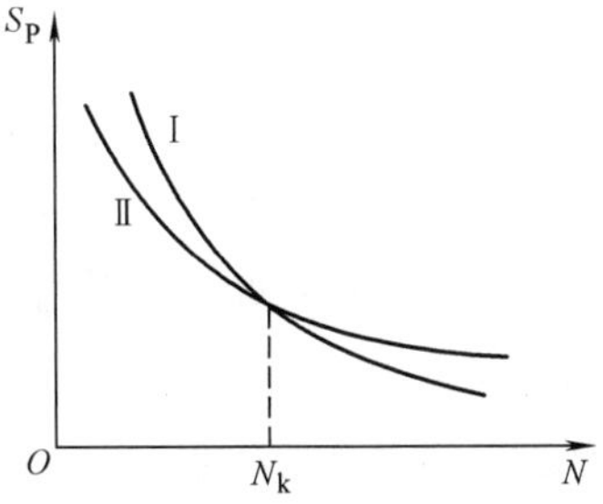

图 5.5-1　单件工艺成本的比较

可对该零件的全年工艺成本进行比较：

$$S_{a1} = NV_1 + C_1 \quad S_{a2} = NV_2 + C_2$$

产量 N 为一定数值时，可根据上式直接算出 S_{a1} 及 S_{a2}。若 $S_{a1}>S_{a2}$，则取第二方案。

若产量 N 为一变量时，则可根据上述公式作图进行比较（图 5.5-2），当 $N<N_k$ 时，宜采用第二方案；当 $N>N_k$ 时，宜采用第一方案。临界产量为

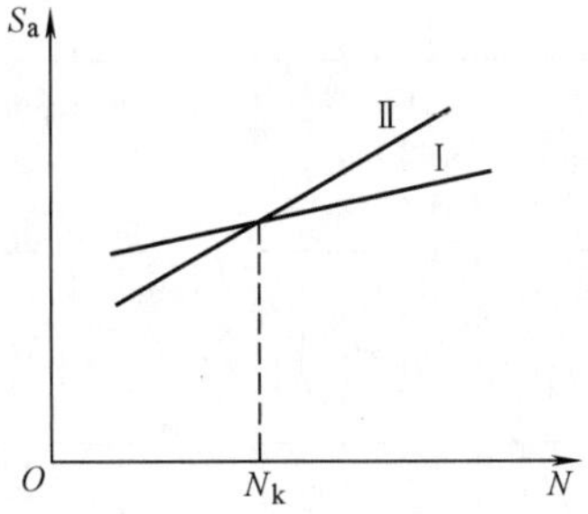

图 5.5-2　全年工艺成本的比较

$$N_k = \frac{C_2 - C_1}{V_1 - V_2}$$

2）两种工艺方案的基本投资差额较大时。在考虑工艺成本的同时，还要考虑基本建设差额的回收期限

$$\tau = \frac{K_1 - K_2}{S_{a1} - S_{a2}} = \frac{\Delta K}{\Delta S}$$

式中　τ——回收期限（年）；

ΔK——基本投资差额（元）；

ΔS——全年生产费用的节约额（元/年）。

回收期限越短，经济效果越好。一般回收期限 τ 应满足以下要求：

1）回收期限应小于所采用的设备或工艺装备的使用期限。

2）回收期限应小于该产品由于结构性能及国家计划安排等因素所决定的生产年限。

3）回收期限应小于国家所规定的标准回收期限，例如采用新夹具的标准回收期限通常规定为 2~3 年，采用新机床则规定为 4~6 年。

5.5.2　采用工装设备的技术经济分析

1. 采用夹具的技术经济分析

1）采用夹具减少的劳动工时量（h/件）：

$$\Delta t = \frac{\sum_{i=1}^{m}(t_{i1} - t_{i2})}{M_s}$$

式中　t_{i1}、t_{i2}——采用夹具前、后第 i 道工序所需工时数（h）；

m——工艺过程的工序数；

M_s——工艺过程中所用夹具总数。

2）采用夹具节约的基本生产工人工资额（元/件）：

$$\Delta z = \frac{\sum_{i=1}^{m}(t_{i1}z_{i1} - t_{i2}z_{i2})}{M_s}$$

式中　z_{i1}、z_{i2}——采用夹具前、后第 i 道工序的工资率（元/h）。

3）在按工资分摊间接费用（车间经费、全厂费用）的条件下，包括间接费用在内的总节约额：

$$\Delta C = (1 + \delta)\Delta z$$

式中　δ——间接费用分摊率。

4）采用夹具获得节约额的条件：

$$C_a < \Delta CN$$

式中　C_a——与采用夹具有关的年度费用（元/年）；

N——采用该种夹具的零件年产量（件/年）。

5）两种夹具经济效果相同时的临界产量：

$$N_k = \frac{C_{a2} - C_{a1}}{\Delta C_2 - \Delta C_1}$$

式中　C_{a1}、C_{a2}——两种不同价格的夹具年度费用；

ΔC_1、ΔC_2——两种夹具对应的节约额。

当价格较高的夹具，其节约额较小时，应采用价格较低的夹具。当零件年产量大于 N_k 时，应采用价格较高的夹具。

2. 采用自动线的技术经济分析

（1）投资额的确定

1）自动线的总投资额：

$$K_j = K_g + K_n + K_i$$

式中　K_g——购置自动线的费用；

K_n——运输和安装自动线的费用，取 $K_n = 0.08K_g$；

K_i——调整自动线的费用，取 $K_i = (0.07 \sim 0.17)K_g$。

2）单机流水线的设备总投资额：

$$K_l=(1.12\sim1.14)(\sum K_h+\sum K_m+\sum K_q)$$

式中 $\sum K_h$——购买各种专用机床的费用；

$\sum K_m$——购买各种万能机床的费用；

$\sum K_q$——购买各种起重运输设备的费用。

（2）确定工件的工艺成本

$$C_{ln}=z_{ln}+0.17K_l$$

$$C_{en}=z_{em}+0.17K_g$$

式中 C_{ln}——流水线全年工艺成本；

C_{en}——自动线全年工艺成本；

z_{ln}——流水线全年工人工资及附加工资；

z_{em}——自动线全年工人工资及附加工资；

$0.17K_l$——流水线设备折旧和维护修理费；

$0.17K_g$——自动线设备折旧和维护修理费。

（3）确定自动线的追加投资回收期（τ_a）

$$\tau_a=\frac{K_g-K_l}{(C_{ln}-C_{en})-0.17(K_g-K_l)}(\text{年})$$

若 τ_a 接近于部门规定的标准投资回收期，则表明采用自动线在经济上是合理的。

5.5.3 切削和磨削加工工序成本的计算

1. 普通切削加工工序成本的计算

计算零件的加工成本需要积累必要的劳动工资定额和价格资料，然后对零件各工序的各种费用逐项分析和计算。每个工序的加工成本基本上是由机床费用和工具费用两部分所组成。常用切削加工工序单个零件加工成本的计算公式见表 5.5-5。

表 5.5-5 常用切削加工工序单个零件加工成本的计算公式

工序	一个零件的加工成本 = 单位时间的总费用 × 单件工序时间 + $\dfrac{1}{\text{刀具两次刃磨期间加工件数}}$ ×（刀具折旧费用 + 刀具重磨费用 + 重焊或重装刀片费用 + 刀片费用 + 砂轮费用 + 刀具预调费用）
车、刨、镗	$C=Mt+\dfrac{t_m}{T}\left(\dfrac{C_p}{k_1+1}+Gt_s+\dfrac{Gt_b}{k_2}+\dfrac{C_o}{k_3}+C_m+Gt_p\right)$
铣削	$C=Mt+\dfrac{t_m}{2T}\left(\dfrac{C_p}{k_1+1}+Gt_s+\dfrac{Gt_b}{k_2}+\dfrac{2C_o}{k_3}+C_m+Gt_p\right)$
钻孔、铰孔	$C=Mt+\dfrac{t_m}{T}\left(\dfrac{C_p}{k_1+1}+Gt_s+Gt_p\right)$
攻螺纹	$C=Mt+\dfrac{t_m}{T}\left(\dfrac{C_p}{k_1+1}+Gt_s+Gt_p\right)$

注：C——一个零件的加工成本（元/件）；M—单位时间的总费用（元/min）；t—车、刨、镗、铣、钻、铰、攻螺纹各工序的单件工序时间（min）；C_p—刀具价格（元/把）；C_o——一个刀片或镶刀片的价格（元/片）；C_m—重磨刀的砂轮费用（元/把）；t_b—刀片重焊或重装定位时间（min）；t_p—机外（在工具车间等）对刀时间（min）；t_s—车刀、刨刀、镗刀、铣刀、钻头、丝锥重磨时间（min）；G—工具修磨和对刀的劳动工资和管理费（元/min）；k_1—刀具报废前重磨次数；k_2—刀片重焊或重装定位前的重磨次数；k_3—刀片或镶刀片在报废前重磨次数；t_m—基本时间（min）；T—刀具寿命（min）。

表中的单位时间总费用 M 包括劳动工资、生产管理费、机床折旧费和机床管理费（如安装费、维修费及能源消耗费等）。

表中的单件加工费 C 没有包括工件装卸和机床调整两部分费用，在计算指定工序成本时，应加入上述费用。装卸和调整费用 C_0 用下式计算：

$$C_0=M\left(t_L+\frac{t_0}{N_L}\right)(\text{元/件})$$

式中 t_L——装卸工件时间（min）；

t_0——完成某一工序的机床调整时间（min）；

N_L——一批加工的工件数。

2. 磨削加工工序成本的分析计算

1）切入进给外圆磨削工序单件成本。总工序成本由下列费用组成：快速行程时间的费用；进给时间的费用；无火花光磨时间的费用；装卸工件时间的费用；调整时间的费用；修整时间的费用；更换砂轮时间的费用；磨削时砂轮磨损的费用；修整时砂轮损耗的费用；砂轮修整器的损耗费用。

工序单件成本为

$$C = \frac{M}{60}\ \frac{R}{r} + \frac{M}{60}\left(\frac{a_r}{f_r} + \frac{a_f}{f_f}\right) + \frac{M}{60}t_a + \frac{M}{60}t_1 + \frac{M}{60}\ \frac{t_0}{N} + \frac{M}{60}\ \frac{t_d}{N_d} + \frac{M}{60}\ \frac{t_c}{N_m} + C_a\frac{V}{G} + \frac{C_a\pi d_a a_d b_a}{N_d} + \frac{C_d}{N_{td}}$$

式中　C——磨削工序单件成本（元/件）；

M——磨削工序工人工资、动力消耗及管理费（元/h）；

R——快速行程的距离（mm）；

r——快进和快退的速度（mm/min）；

a_r——粗磨时砂轮的径向进给距离（mm）；

f_r——粗磨时的径向进给量（mm/min）；

a_f——精磨时砂轮的径向进给距离（mm）；

f_f——精磨时的径向进给量（mm/min）；

t_a——无火花光磨的时间（min）；

t_1——装卸工件的时间（min）；

t_0——调整时间（min）；

N——批量（件）；

t_d——修整砂轮的时间（min）；

N_d——在两次砂轮修整期间内磨削的工件数（件）；

t_c——更换砂轮的时间（min）；

N_m——在更换砂轮期间内磨削的工件数（件）；

C_a——砂轮费用（元/mm^3）；

V——每个工件被磨除的体积（mm^3/件）；

G——磨削比；

d_a——砂轮直径（mm）；

a_d——修整砂轮时总的径向修整量（mm）；

b_a——砂轮宽度（mm）；

C_d——修整装置的费用（元）；

N_{td}——在砂轮修整器寿命期限内磨削的工件数（件）。

2）纵向进给外圆磨削工序单件成本。

$$C = \frac{M}{60}\ \frac{R}{r} + \frac{M}{60}\ \frac{L}{f_L}\left(\frac{a_r}{f_{ar}} + \frac{a_f}{f_{af}}\right) + \frac{M}{60}t_a + \frac{M}{60}t_1 + \frac{M}{60}\ \frac{t_0}{N} + \frac{M}{60}\ \frac{t_d}{N_d} + \frac{M}{60}\ \frac{t_c}{N_m} + C_a\frac{V}{G} + \frac{C_a\pi d_a a_d b_a}{N_d} + \frac{C_d}{N_{td}}$$

式中　L——产生磨削负荷的轴向行程长度（mm）；

f_L——纵向进给量（mm/min）；

f_{ar}——粗磨时砂轮的径向进给量（mm/dst）；

f_{af}——精磨时砂轮的径向进给量（mm/dst）。

3）卧式主轴往复工作台式平面磨削工序单件成本。总工序成本由下列费用组成：快速行程时间的费用；向下进给时间的费用；为补偿砂轮磨耗而附加的向下进给时间的费用；无火花光磨时间的费用；装卸工件时间的费用；修整时间的费用；磨削时砂轮磨损的费用；修整时砂轮损耗的费用；砂轮修整器的损耗费用。

工序单件成本为

$$C = \frac{M}{60p}\ \frac{R}{r} + \frac{M}{60p}\left(\frac{L+L_e}{v_m}\right)\left(\frac{b_m+b_n}{f_b}\right)\times\left(\frac{a_r}{f_{ar}} + \frac{a_f}{f_{af}}\right) + \frac{M}{60p}\left(\frac{L+L_e}{v_m}\right)\times\left(\frac{b_m+b_n}{f_b}\right)\frac{a_w b_m L}{\pi d_a b_n f_{af} G} + \frac{M}{60p}\left(\frac{L+L_e}{v_m}\right)\times\left(\frac{b_m+b_n}{f_b}\right)S_p + \frac{M}{60p}t_1 + \frac{M}{60p}\ \frac{t_0}{N} + \frac{M}{60p}\ \frac{t_d}{N_d} + C_a\frac{a_w b_m L}{pG} + C_a\frac{\pi d_a a_d b_n}{pN_d} + \frac{C_d}{pN_{td}}$$

式中　p——每次磨削时，装在工作台上的工件数（件）；

L——工作台上所有工件产生磨削负荷行程的总长度（mm）；

L_e——工作台的附加行程长度（mm）；

v_m——工作台的速度（mm/min）；

b_m——工作台上所有工件的安装宽度（mm）；

b_n——附加的横向行程（mm）；

f_b——横向进给量（mm/dst）；

a_r——粗磨时磨去的工件厚度（mm）；

f_{ar}——粗磨时的向下进给量（mm/dst）；

a_f——精磨时磨去的工件厚度（mm）；

f_{af}——精磨时的向下进给量（mm/dst）；

a_w——工件被磨去的总厚度（mm），$a_w=a_r+a_f$；

S_p——无火花光磨时砂轮通过工件的次数（次）；

N_d——在两次砂轮修整期间内磨削工件的批数；

N_{td}——在砂轮修整器寿命期限内磨削工件的批数。

4）立式主轴回转工作台式平面磨削工序单件成本。

$$C = \frac{M}{60p}\ \frac{R}{r} + \frac{M}{60p}\left(\frac{a_r+e}{f_{rr}} + \frac{a_f}{f_{rf}}\right) + \frac{M}{60p}\ \frac{A_m a_w}{GA_r f_{rf}} + \frac{M}{60p}\ \frac{S_r}{n_m} + \frac{M}{60p}t_1 + \frac{M}{60p}\ \frac{t_0}{N} + \frac{M}{60p}\ \frac{t_d}{N_d} + C_a\frac{A_m a_w}{G} + C_a\frac{A_r a_d}{pN_d} + \frac{C_d}{pN_{td}}$$

式中 a_r——粗磨时磨去的工件厚度（mm）；

e——附加的向下进给空磨量（mm）；

f_{rr}——粗磨时的向下进给量（mm/min）；

a_f——精磨时工件磨去的厚度（mm）；

f_{rf}——精磨时的向下进给量（mm/min）；

A_m——每个工件被磨削表面的面积（mm^2）；

a_w——工件被磨去的总厚度（mm），$a_w=a_r+a_f$；

A_r——砂轮表面的面积（mm^2）；

S_r——无火花光磨时所需的工件转数；

n_m——工作台的转速（r/min）；

a_d——修整砂轮时砂轮端面总的修整量（mm）。

5.6 典型零件加工工艺过程

5.6.1 车床主轴加工工艺过程

某车床主轴零件图如图 5.6-1 所示，是大批生产，其加工工艺过程见表 5.6-1。

表 5.6-1 某厂车床主轴加工工艺过程

工序号	工序名称	工序简图	设备
1	备料		
2	精密锻造		
3	热处理	正火	
4	锯头		
5	铣端面 钻中心孔		中心孔机床
6	粗车处理		卧式车床
7	热处理	调质	
8	车大端各部	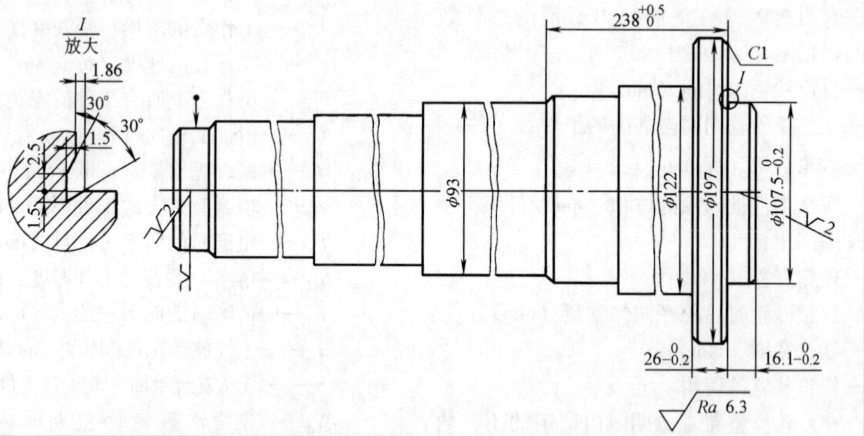	卧式车床
9	车小端各部	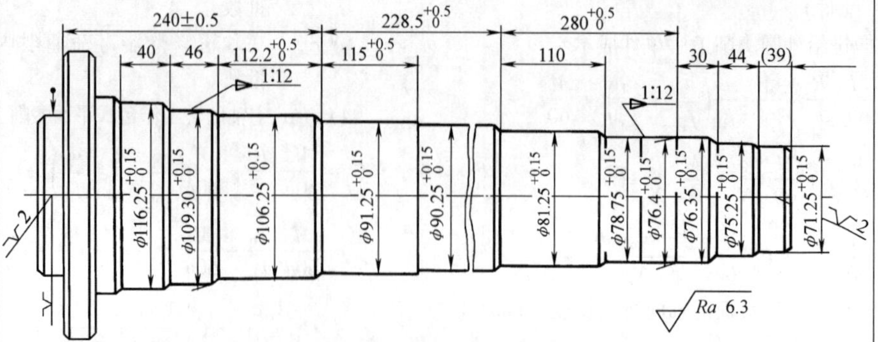	仿形车床

（续）

<table>
<tr><th>工序号</th><th>工序名称</th><th>工序简图</th><th>设备</th></tr>
<tr><td>10</td><td>钻深孔</td><td>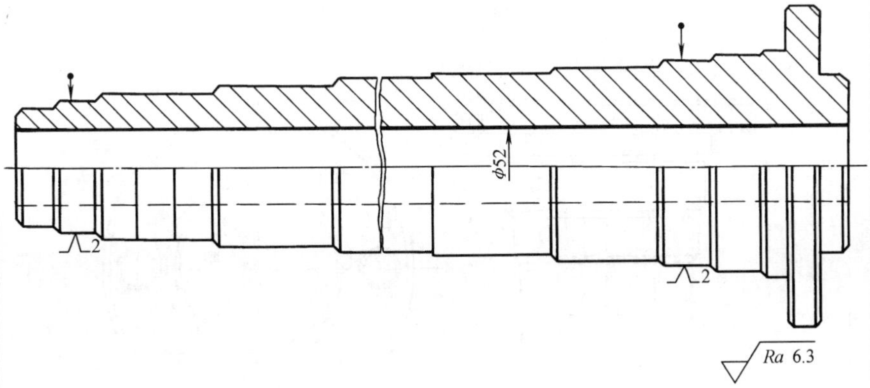
</td><td>深孔钻床</td></tr>
<tr><td>11</td><td>精车莫氏6°前锥孔和 7°7′30″短锥</td><td>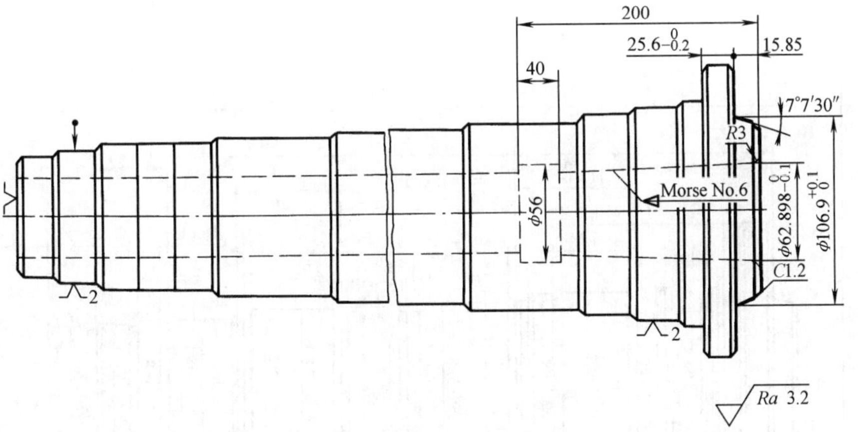

技 术 要 求
6°锥孔和 7°7′30″短锥用涂色法检查，接触率≥50%。</td><td>卧式车床</td></tr>
<tr><td>12</td><td>精车 1：20后锥孔</td><td>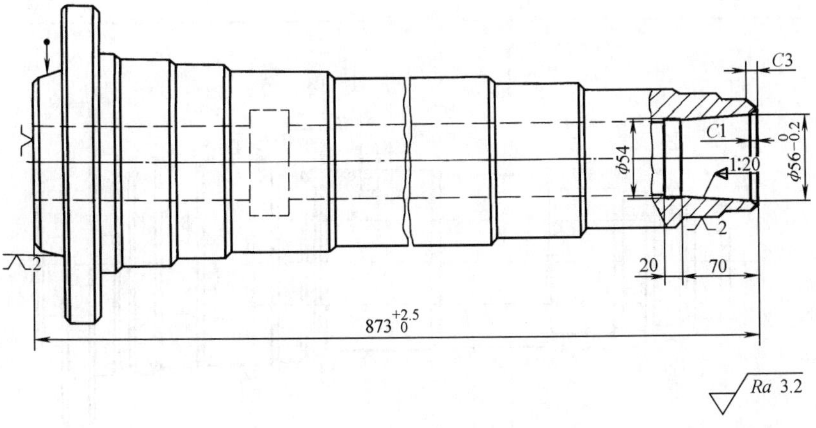

技术要求
1：20 锥孔用涂色法检查，接触率≥50%。</td><td>卧式车床</td></tr>
</table>

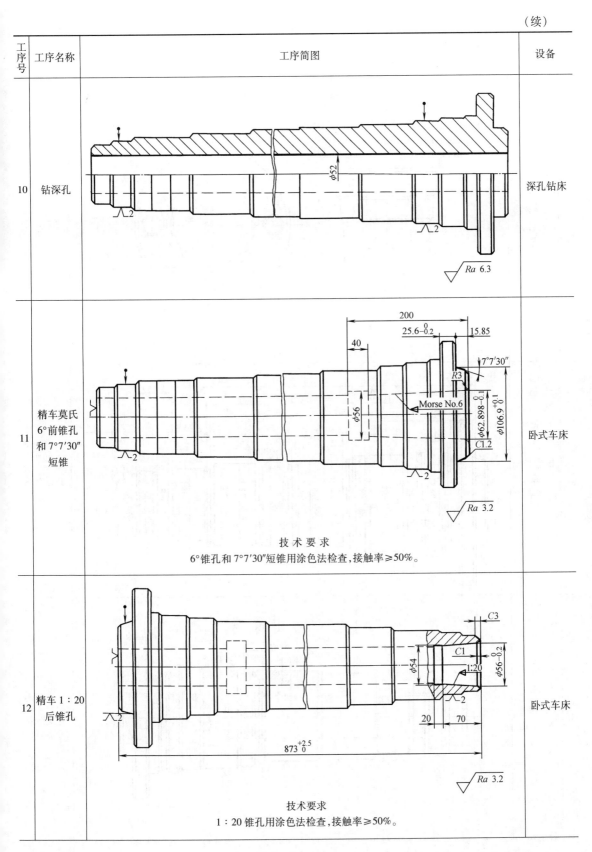

（续）

工序号	工序名称	工序简图	设备
13	钻、铰、攻螺纹大端端面各孔	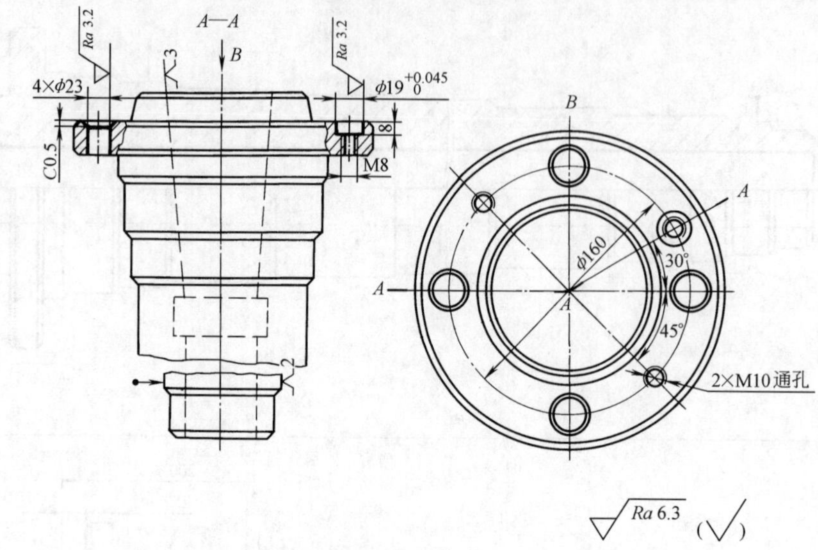	立式钻床
14	精车小头外圆并切槽	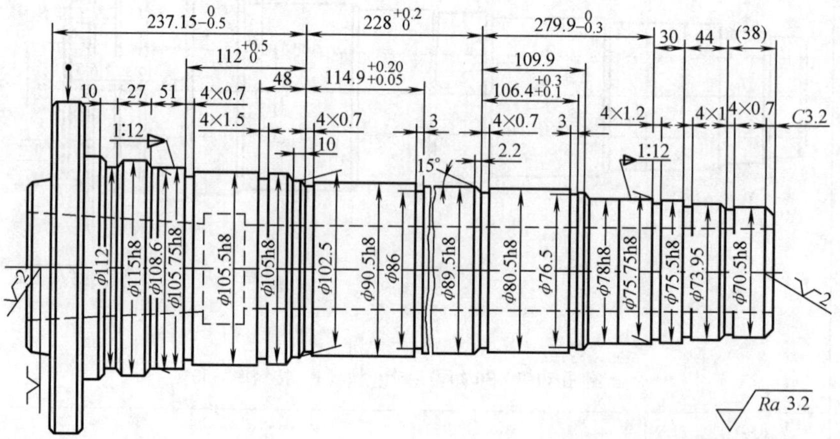	数控车床
15	钻、铰ϕ4H7孔	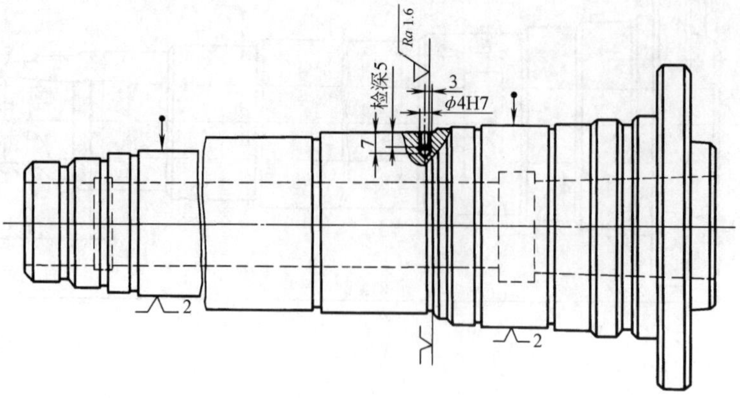	立式钻床

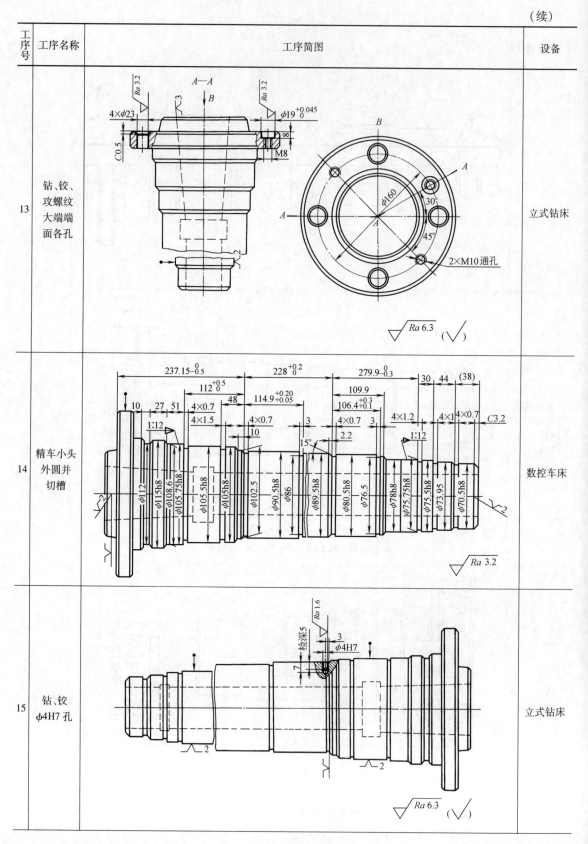

（续）

工序号	工序名称	工序简图	设备
16	局部高频淬火，硬度至 52HRC		高频淬火炉
17	粗磨莫氏 6°锥孔	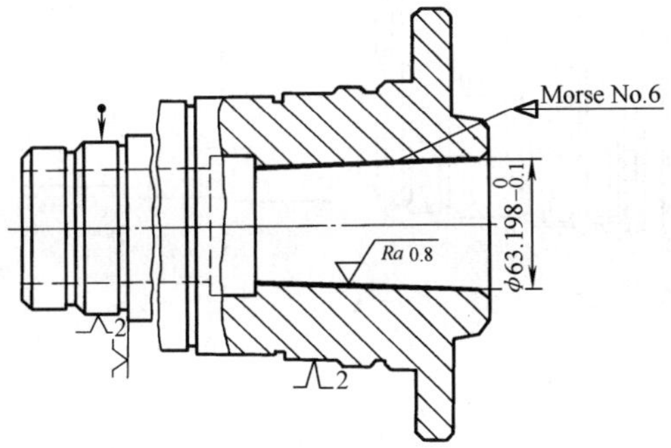 技 术 要 求 粗磨莫氏 6°锥孔用涂色法检查，接触率≥60%。	内圆磨床
18	粗精铣花键	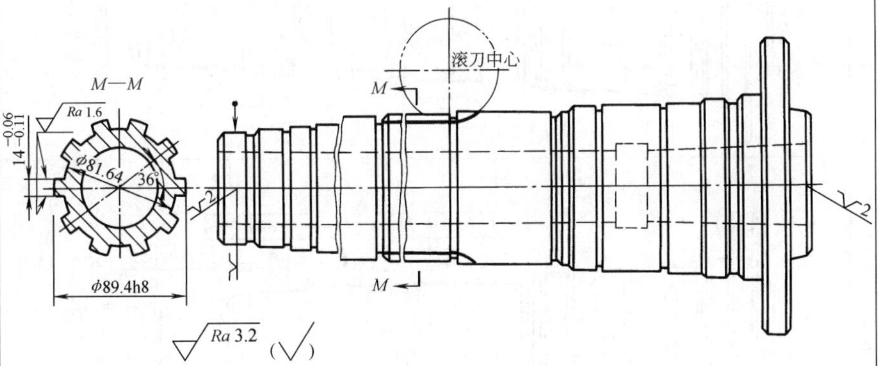 技 术 要 求 1. 花键不等分累积误差和花键对定心直径中心线的偏移公差为 0.02mm。 2. 键侧对定心直径中心线的平行度公差为 0.02mm/100mm。	花键铣床
19	粗、精铣键槽	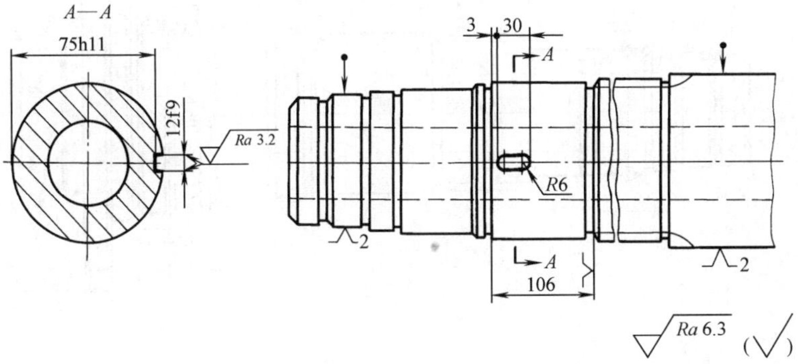	铣床

（续）

工序号	工序名称	工序简图	设备
20	车大头内侧面，车三处螺纹（配螺母）	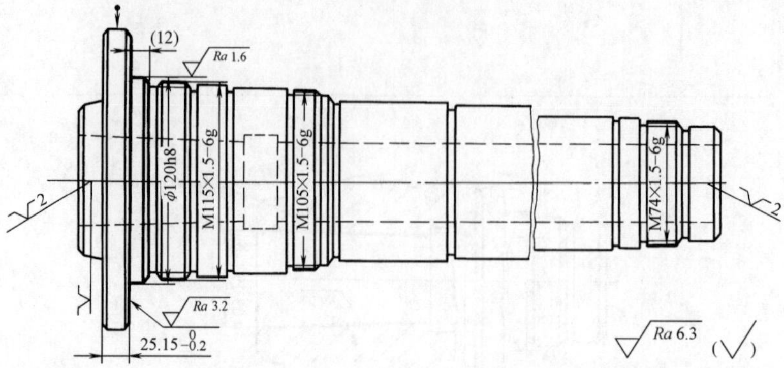	卧式车床
21	粗磨外圆及 *E*、*F* 两端面	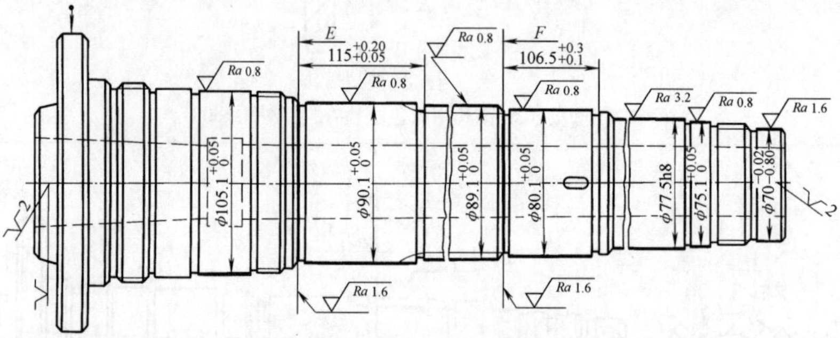	外圆磨床
22	精磨外圆至尺寸	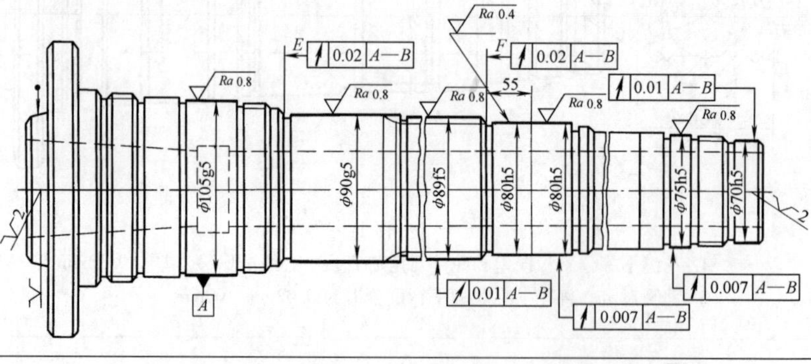	外圆磨床
23	粗磨 1∶12 外锥和 7°7′30″短锥至尺寸	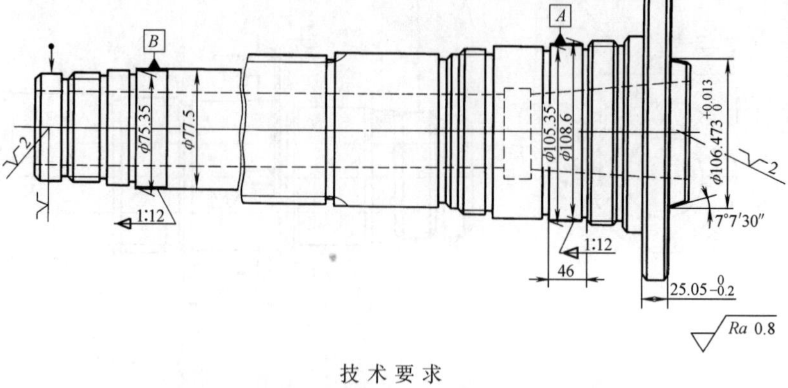 技 术 要 求 1∶12 和 7°7′30″两处锥度用涂色法检查，接触率≥70%。	专用组合磨床

（续）

工序号	工序名称	工序简图	设备
24	精磨 1∶12 外锥和 7°7′30″ 短锥至尺寸	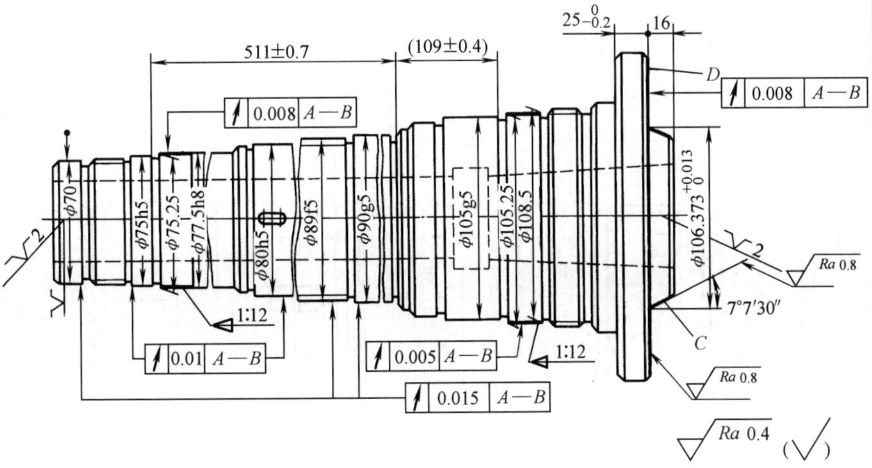 技 术 要 求 1. 用环规紧贴 C 面，环规端面和 D 面的间隙为 0. 05～0. 10mm。 2. 1∶12 锥面和 7°7′30″锥面用涂色法检查，接触率≥70%。	专用组合磨床
25	粗磨莫氏 6°锥孔	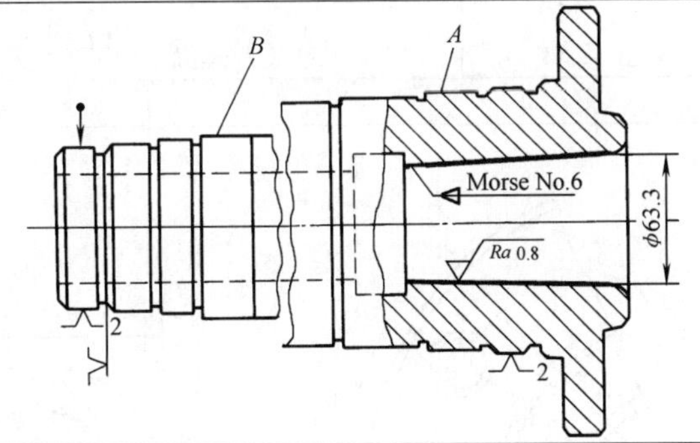	主轴锥孔磨床
26	精磨莫氏 6°锥孔	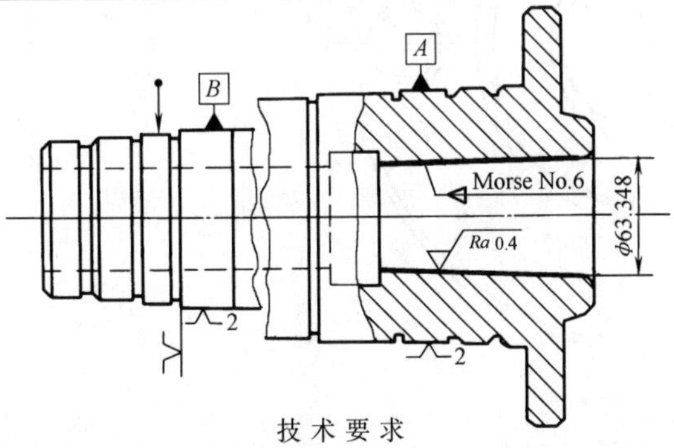 技 术 要 求 1. 莫氏锥孔用涂色法检查，接触率为工作长度的 75%以上，锥孔的接触应靠近大端。 2. 莫氏 6°锥孔对轴颈 A、B 的圆跳动：近轴端，0. 005mm；300mm 处，0. 01mm。 3. 莫氏 6°锥孔对主轴端面的位移偏差为±2mm。	主轴锥孔磨床
27	去锐边、毛刺，校正 M8、M10 螺孔		
28	检查		

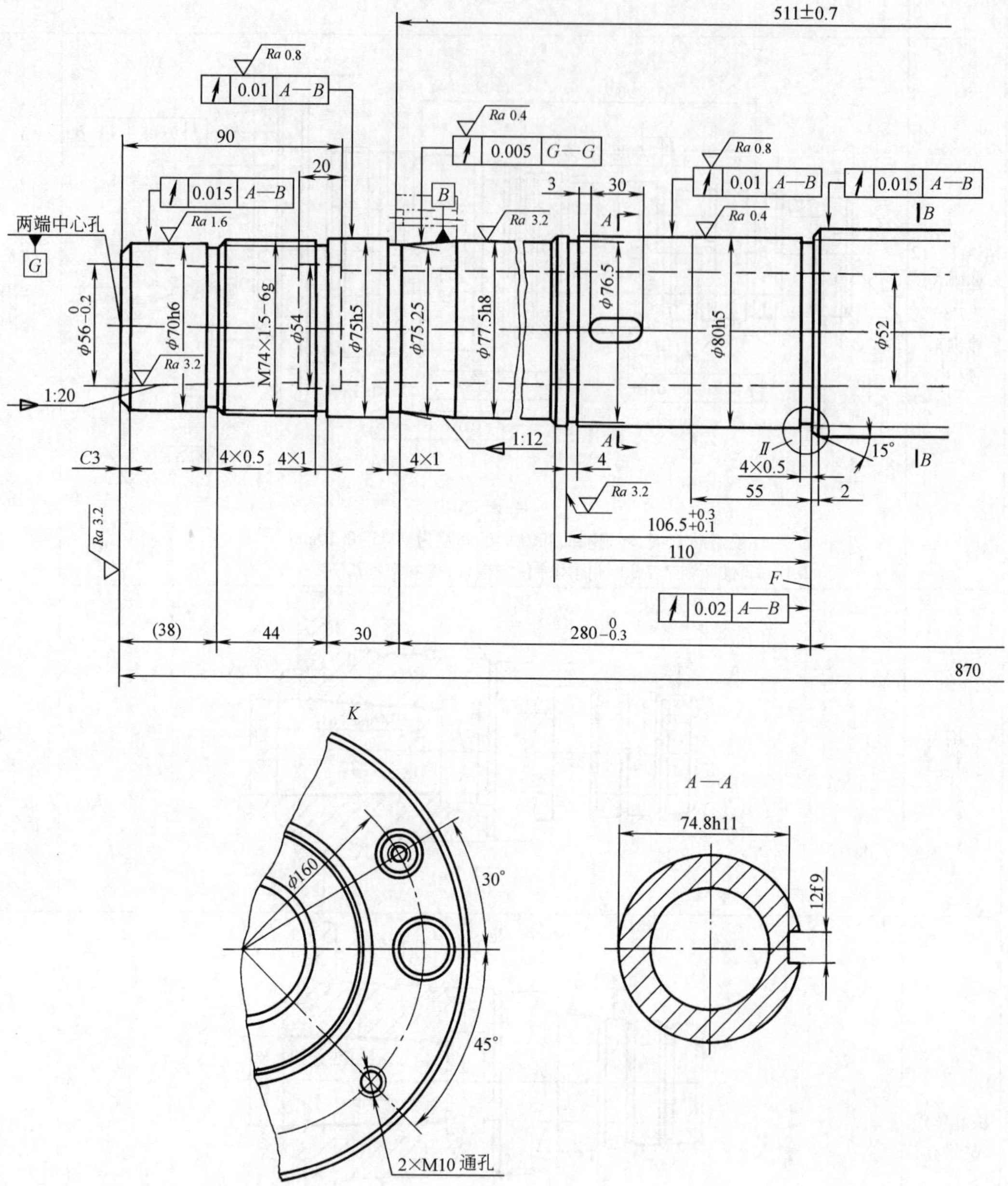

技 术 要 求

1. 莫氏锥度及 1∶12 锥面用涂色法检查，接触率>70%。
2. 莫氏 6°锥孔对主轴端面的位移偏差为±2mm。
3. 用环规紧贴 *C* 面，环规端面与 *D* 面的间隙为 0.05~0.1mm。
4. 花键不等分累积误差和花键对定心直径中心线的偏移公差为 0.02mm。

图 5.6-1 某车

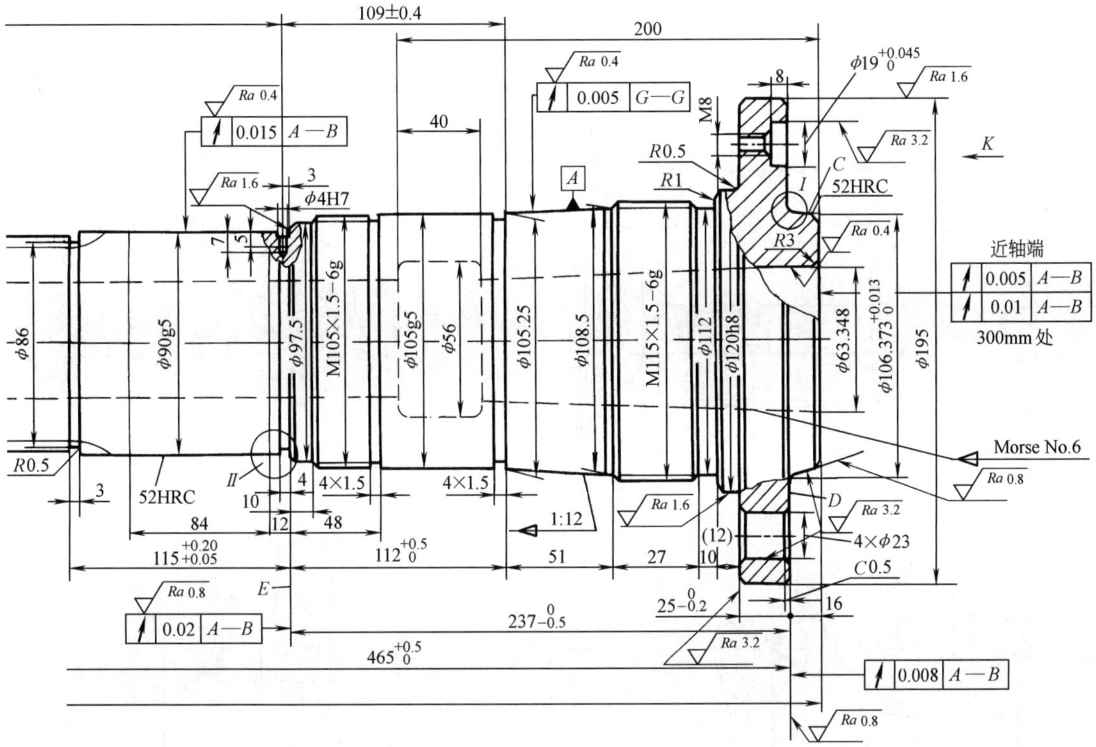
109±0.4
200
Ra 0.4
0.005 G—G
Ra 0.4
0.015 A—B
40
8
M8
ϕ19 +0.045 0
Ra 1.6
Ra 3.2
K
R0.5
R1
A
C
I
52HRC
Ra 1.6
3
ϕ4H7
Ra 0.4
R3
近轴端
0.005 A—B
0.01 A—B
300mm 处
ϕ86
ϕ90g5
ϕ97.5
M105×1.5−6g
ϕ105g5
ϕ56
ϕ105.25
ϕ108.5
M115×1.5−6g
ϕ112
ϕ120h8
ϕ63.348
ϕ106.373 +0.013 0
ϕ195
Morse No.6
Ra 0.8
R0.5
52HRC
II
4×1.5
4×1.5
Ra 1.6
1:12
D
Ra 3.2
4×ϕ23
C0.5
84
12
48
115 +0.20 +0.05
112 +0.5 0
51
27
10
(12)
Ra 0.8
E
0.02 A—B
25 0 −0.2
237 0 −0.5
16
465 +0.5 0
Ra 3.2
0.008 A—B
Ra 0.8

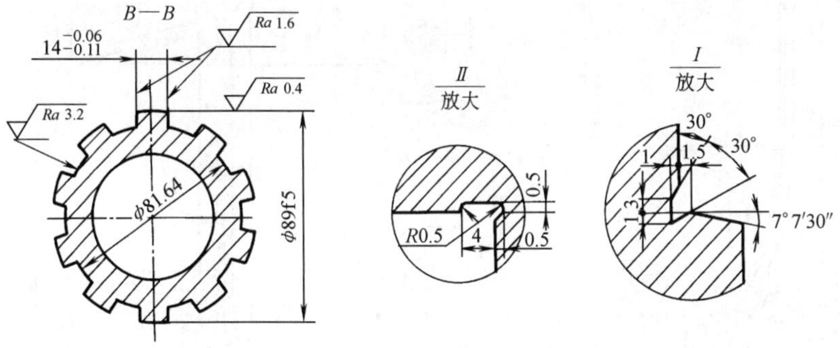
B—B
14 −0.06 −0.11
Ra 1.6
Ra 0.4
Ra 3.2
ϕ81.64
ϕ89f5
II
放大
0.5
R0.5
4
0.5
I
放大
30°
30°
1.5
1
1.3
7° 7′30″

床主轴零件图

5.6.2 汽车连杆加工工艺过程

某汽车的连杆体、连杆盖及连杆总成简图如图 5.6-2~图 5.6-5 所示。其大量生产的机械加工工艺过程见表 5.6-2~表 5.6-4。

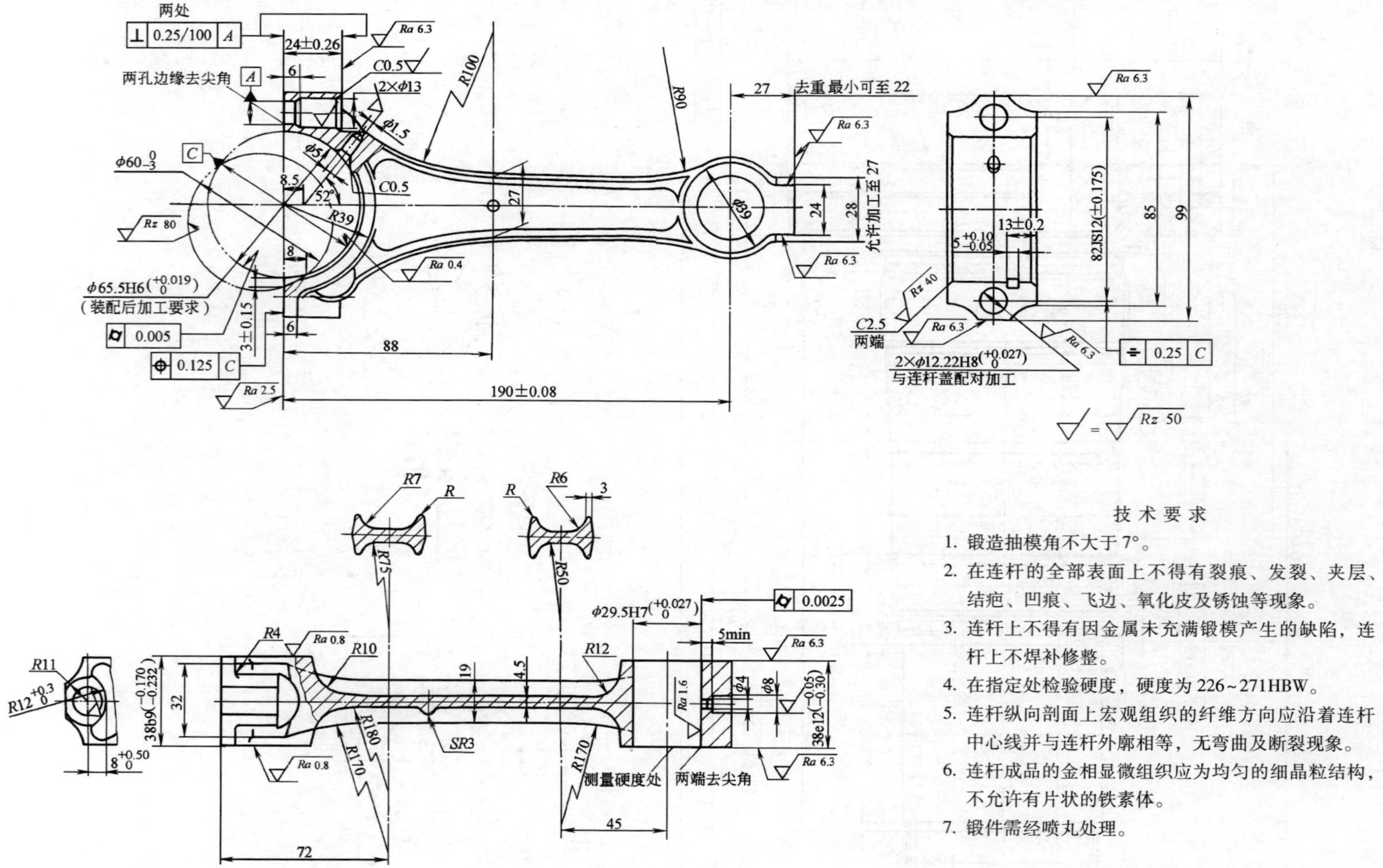

图 5.6-2　连杆体结构简图

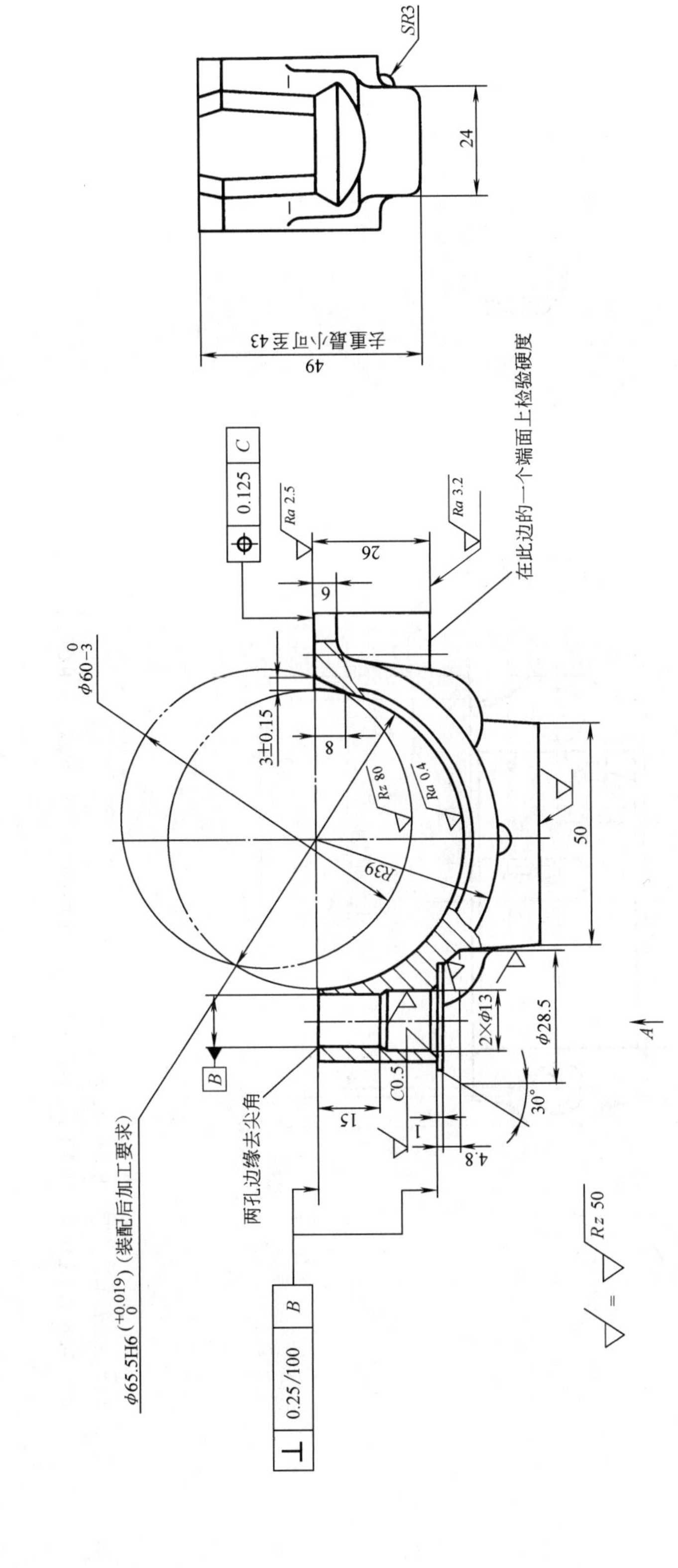

图 5.6-3　连杆盖结构简图

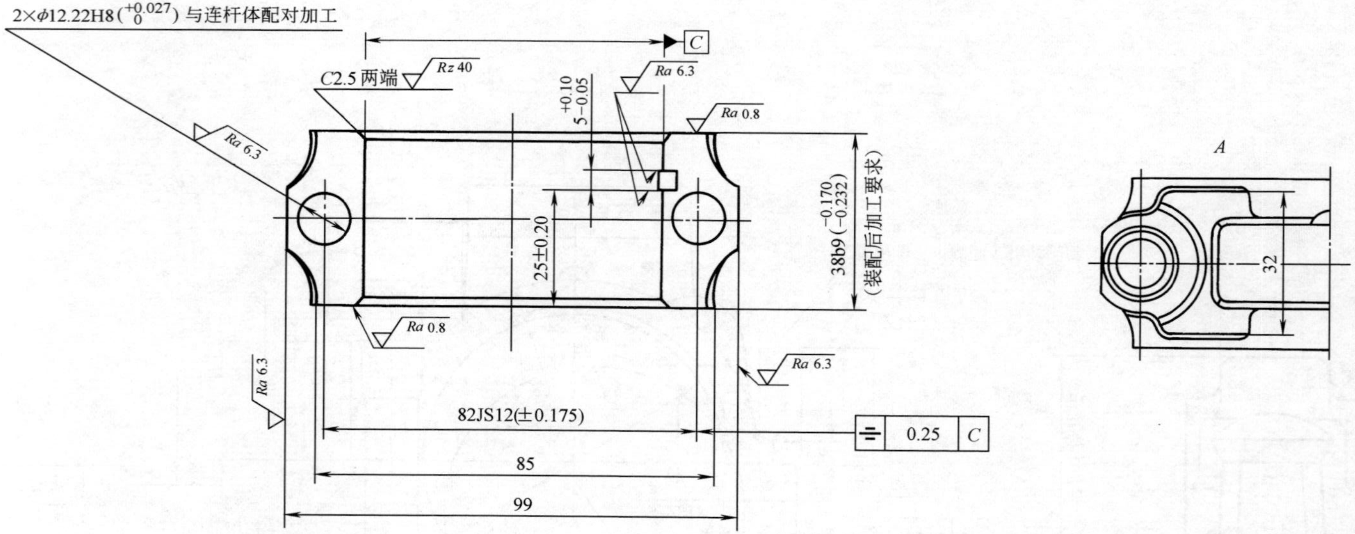

技术要求

1. 连杆螺母的拧紧力矩为 100~120N · m。
2. 下列情况的连杆可进行矫正：连杆两端孔的中心线位于同一平面上的偏差在 100mm 的长度上不得大于 0. 2mm。

图 5. 6-4　连杆盖零件简图

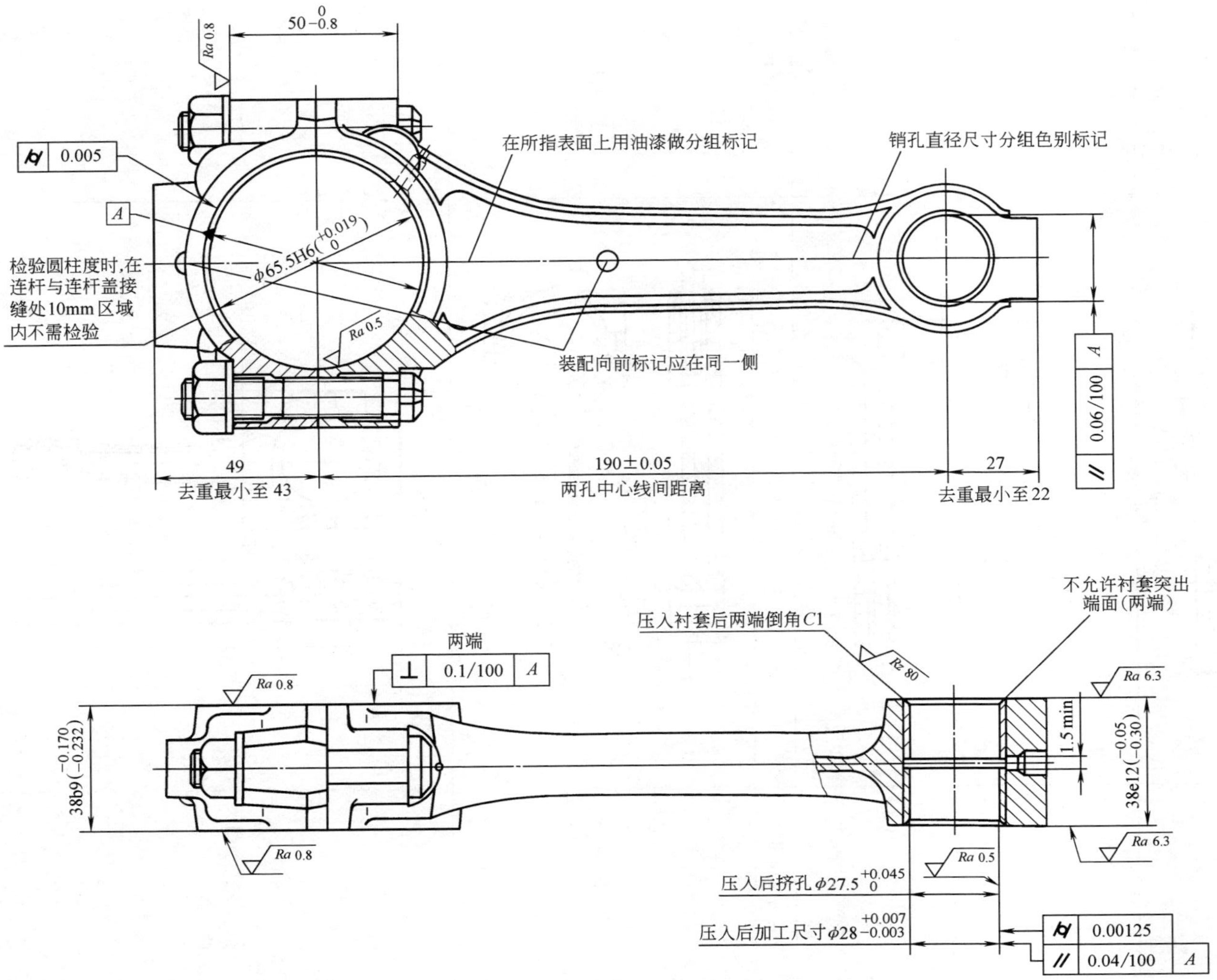

连杆大、小头重量分组

组别	大头重量/g	小头重量/g	标志颜色
Ⅰ	1000±8	440±5	红
Ⅱ	1096±8	440±5	绿

连杆活塞销孔直径分组
（按最小处尺寸）

组别	活塞销孔直径/mm	标志颜色	备注
0 0	28.0120 ~28.0095	粉红	补充说明（仅用于装配，不用于备件）
0	28.0095 ~28.0070	绿	
Ⅰ	28.0070 ~28.0045	浅蓝	
Ⅱ	28.0045 ~28.0020	红	
Ⅲ	28.0020 ~27.9995	白	
Ⅳ	27.9995 ~27.9970	黑	

图 5.6-5　连杆总成部件简图

表 5.6-2　连杆体加工工艺过程

工序号	工序名称	工序简图	设备
1	粗磨大小头两端面(先标记朝上)	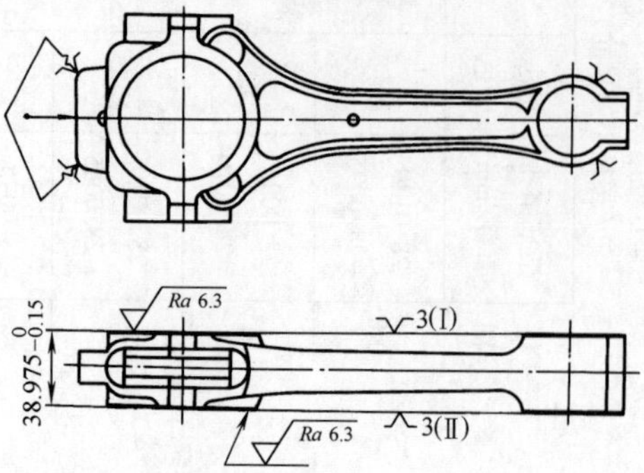	平面磨床
2	钻连杆小头孔(标记朝上)	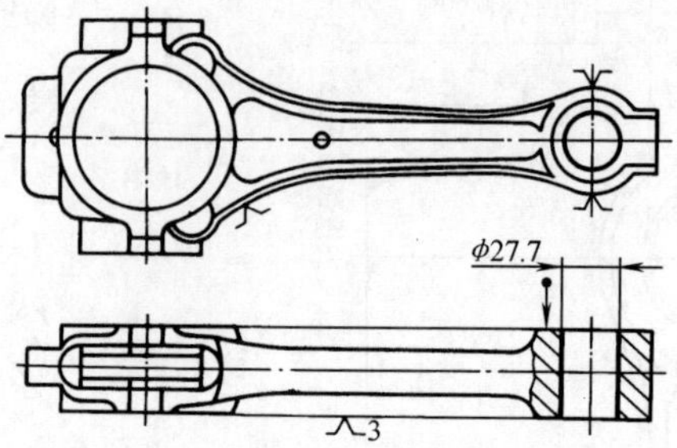	立式六轴组合机床
3	小头孔两端倒角		立式钻床
4	拉小头孔	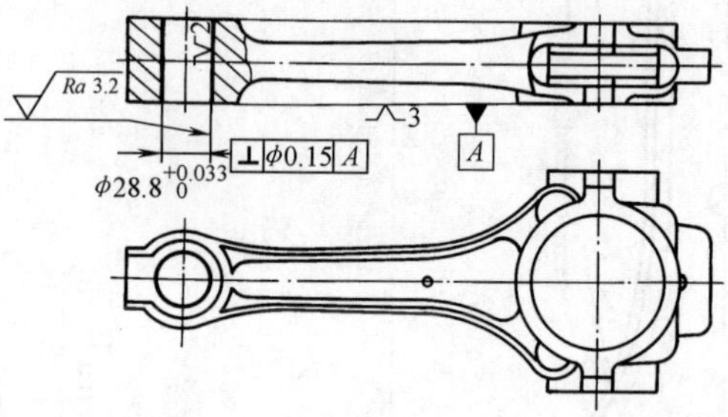	立式拉床
5	拉大头去重凸头及两侧面	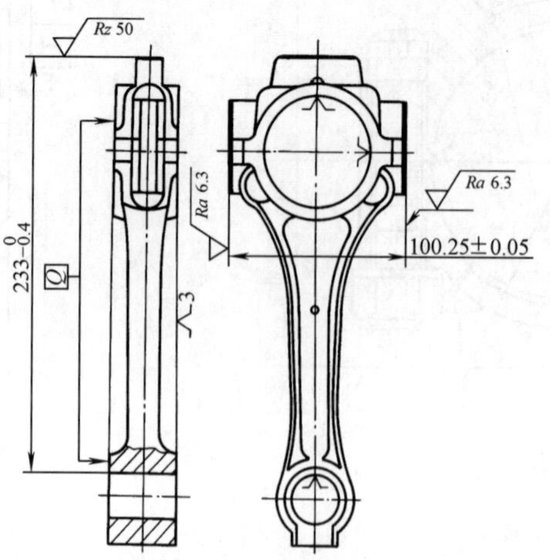	立式拉床

（续）

工序号	工序名称	工序简图	设备
6	切开连杆体和盖	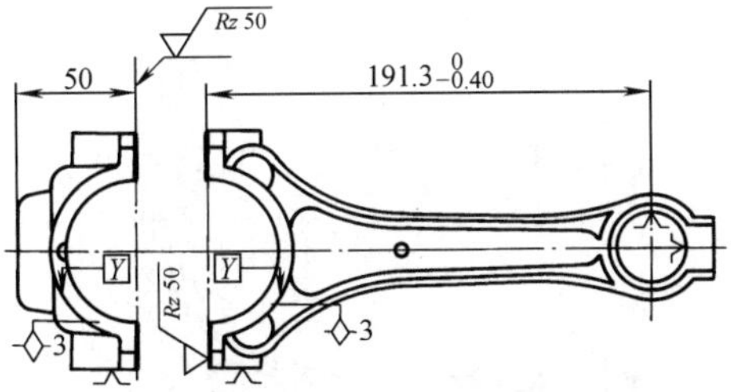	双面切断机床
7	扩大头孔（标记朝下）	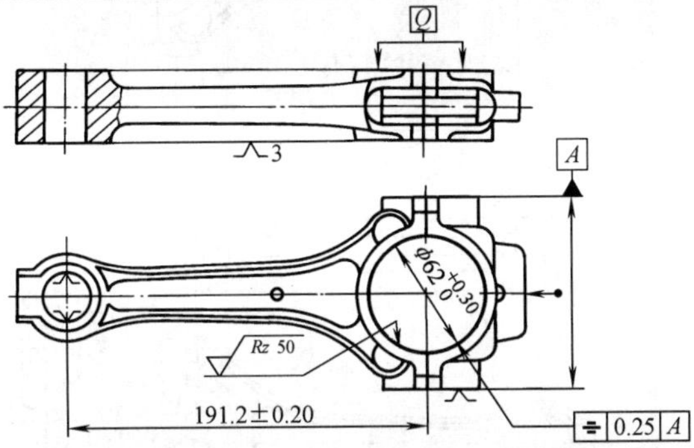	立式八轴组合机床
8	拉小头去重凸头	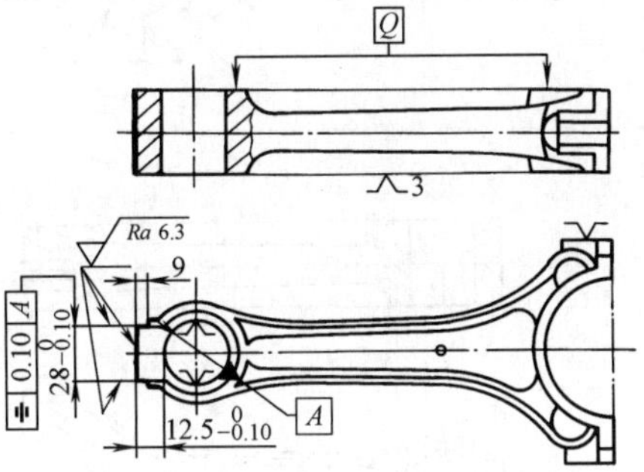	立式拉床
9	拉两侧面、半圆面和结合面	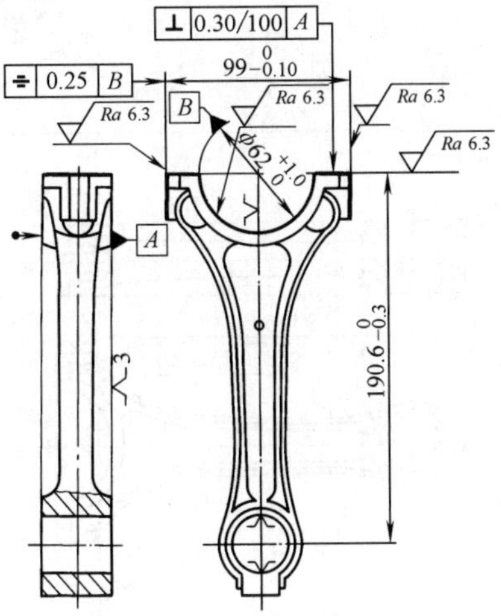	卧式连续拉床

（续）

工序号	工序名称	工序简图	设备
10	中间检查		
11	粗锪连杆体上两螺栓座面	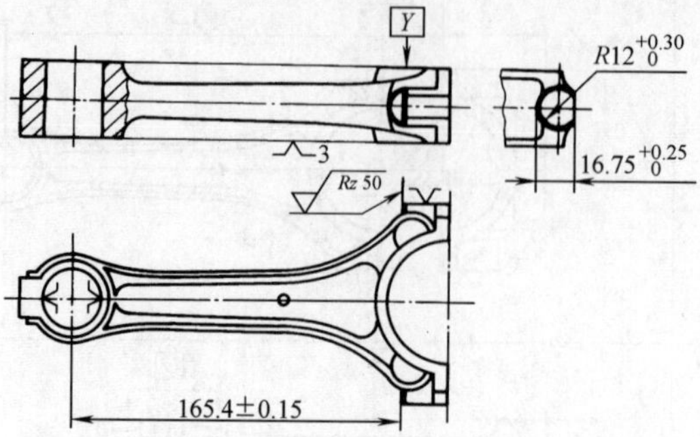	卧式组合机床
12	铣轴瓦锁口槽（标记朝里）	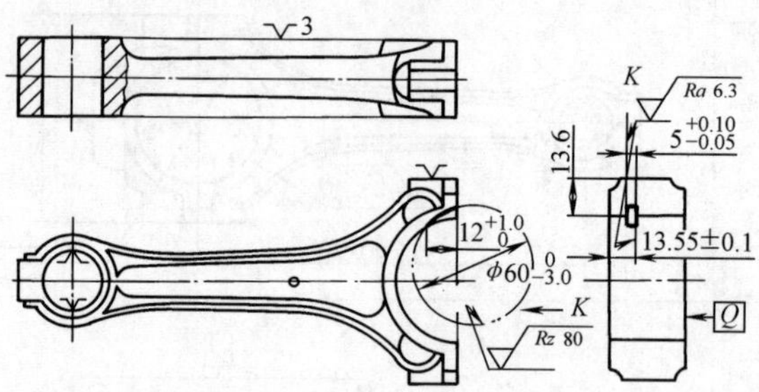	卧式铣床
13	钻大头阶梯油孔	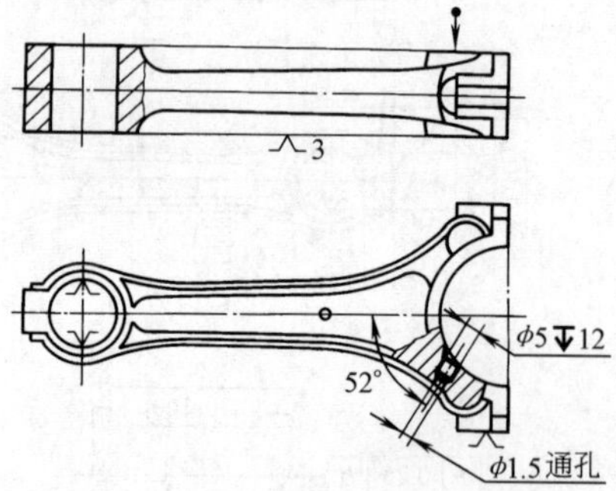	组合钻床
14	精铣两螺栓座面	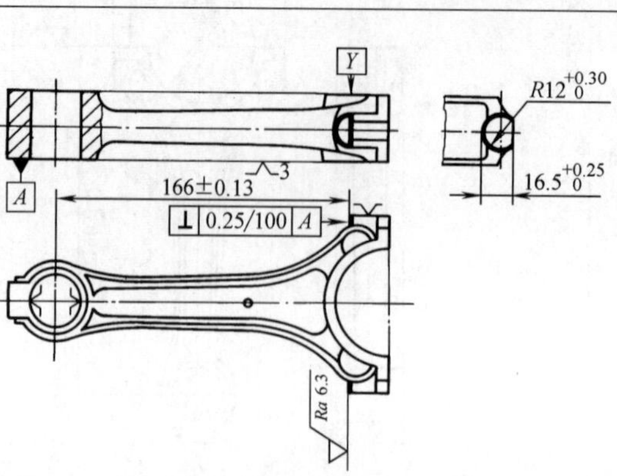	卧式五轴铣床

（续）

工序号	工序名称	工序简图	设备
15	去毛刺		
16	精磨结合面	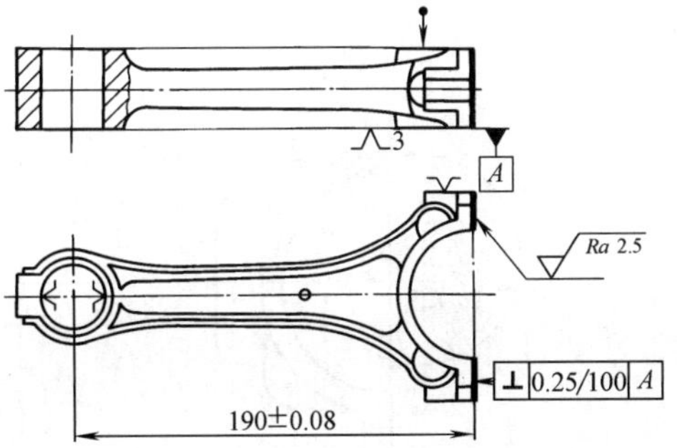	半自动双磨头立轴圆台平面磨床
17	检查		

表 5.6-3　连杆盖加工工艺过程

工序号	工序名称	工序简图	设备
1	拉两侧面、半圆面和结合面	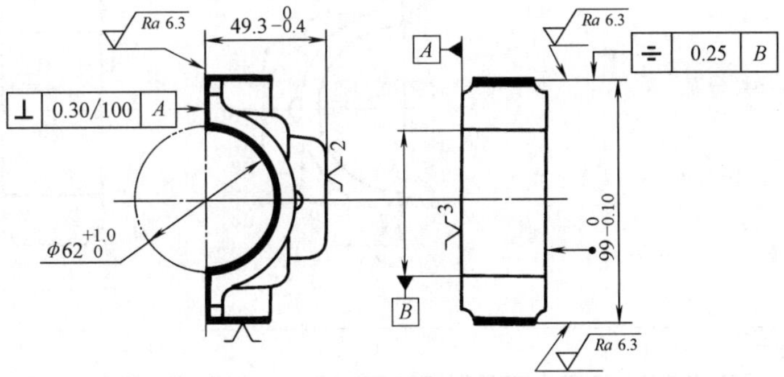	卧式连续拉床
2	粗铣两螺母端面	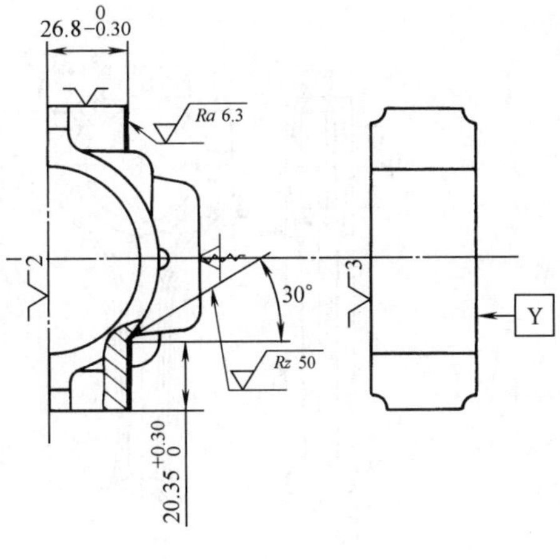	卧式组合机床

（续）

工序号	工序名称	工序简图	设备
3	去毛刺		
4	铣轴瓦锁口槽	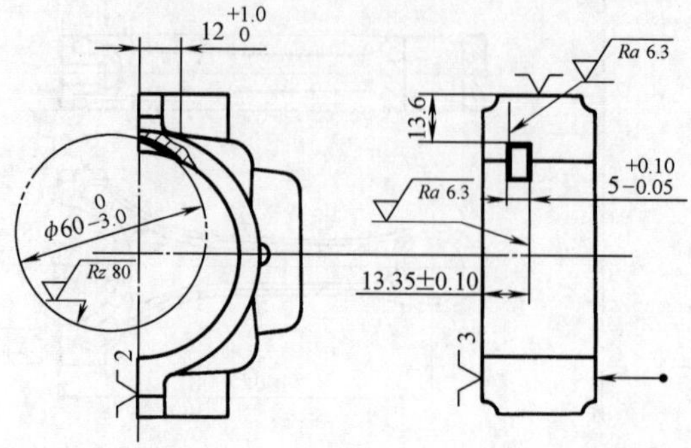	铣槽机床
5	精磨结合面	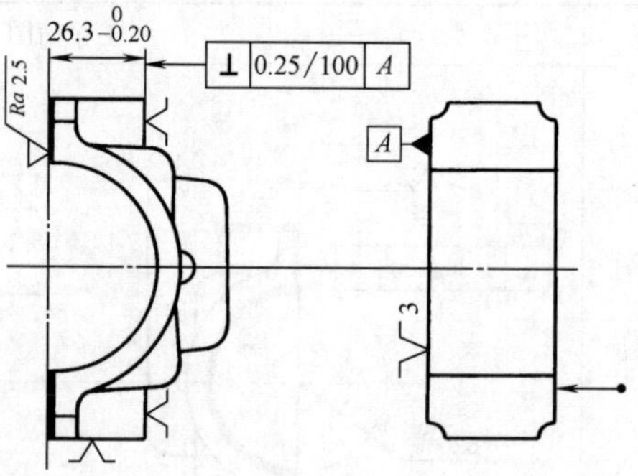	立轴圆台平面磨床
6	检查		

表 5.6-4　连杆总成加工工艺过程

工序号	工序名称	工序简图	设备
1	精铣连杆盖上两螺母座面	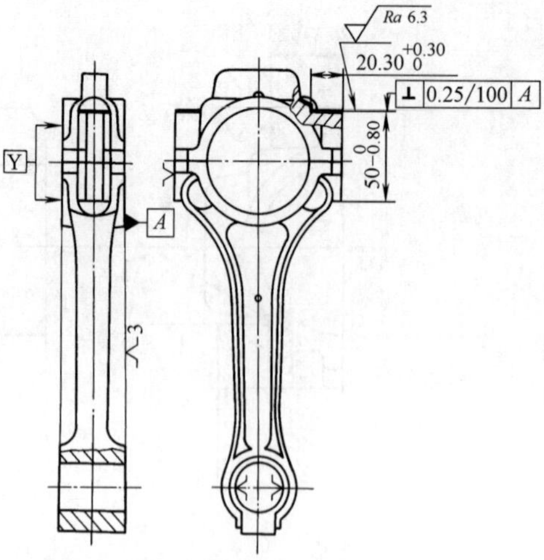	卧式五轴铣床

（续）

工序号	工序名称	工序简图	设备
2	从连杆盖方向钻、扩、铣螺栓孔（成对装卸）	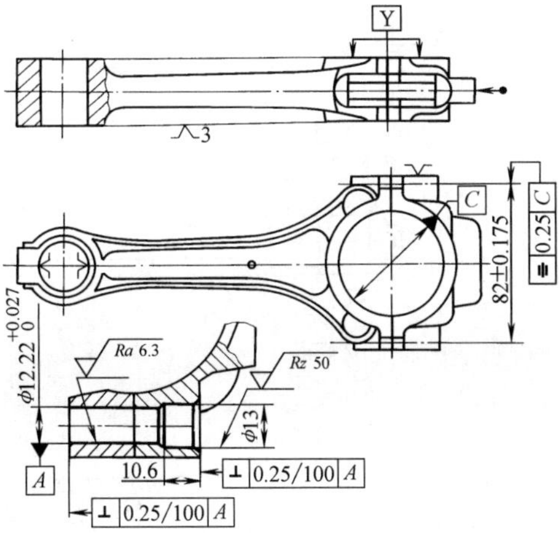	八工位卧式组合机床
3	从连杆体方向扩螺栓孔，孔口倒角	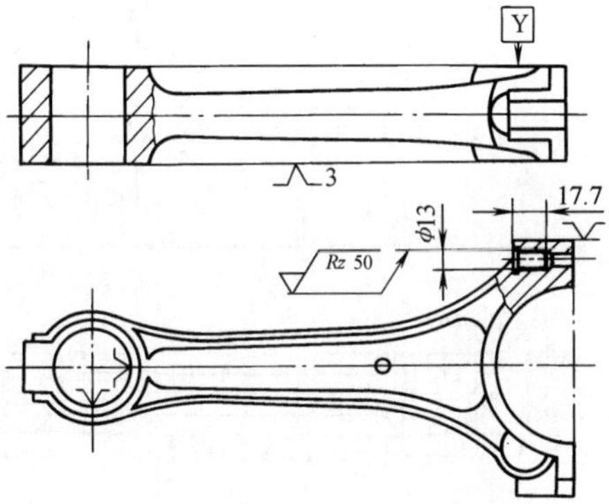	卧式组合机床
4	去结合面毛刺		去毛刺机床
5	清洗或吹净		
6	中间检查		
7	装配连杆体和盖（标记同向）		装配机
8	紧固连杆螺栓		装配机
9	扩大头孔	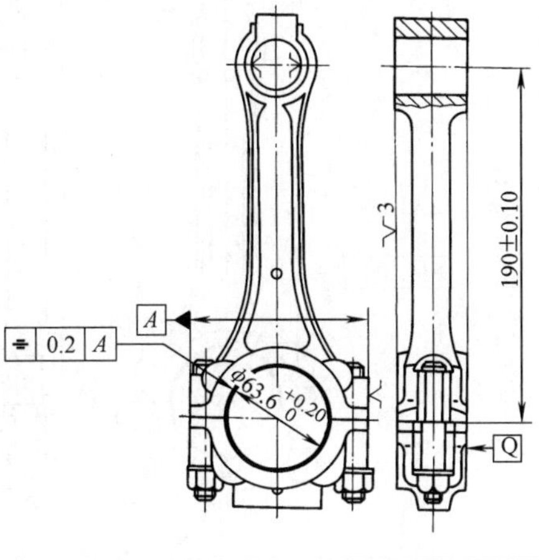	立式八轴组合机床

（续）

工序号	工序名称	工序简图	设备
10	大头孔两端倒角	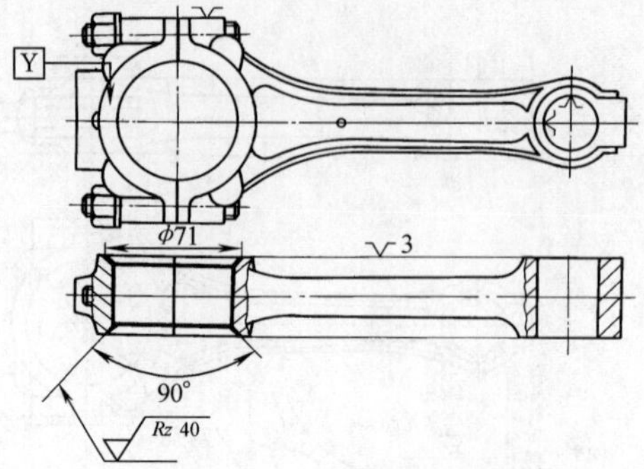	双磨头倒角机床
11	半精磨大小头两端面（先标记朝上）	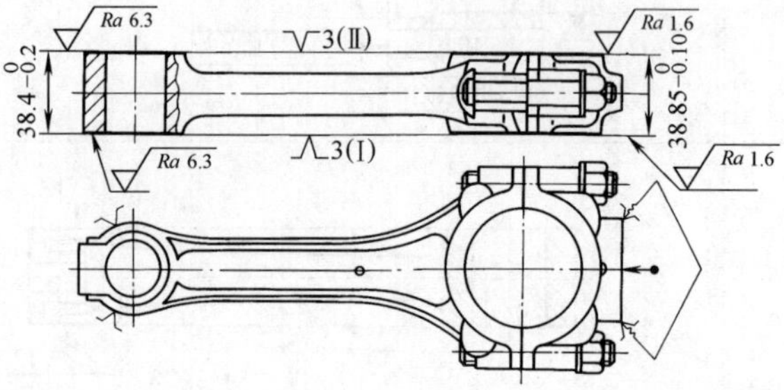	双磨头立轴圆台平面磨床
12	精磨大小头两端面（先标记朝上）	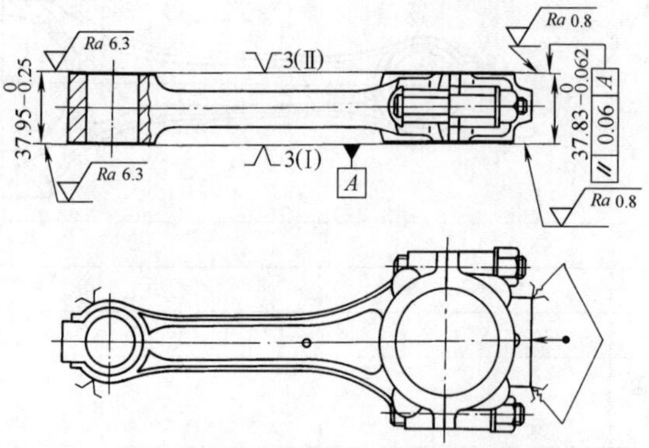	双磨头立轴圆台平面磨床
13	粗镗大头孔	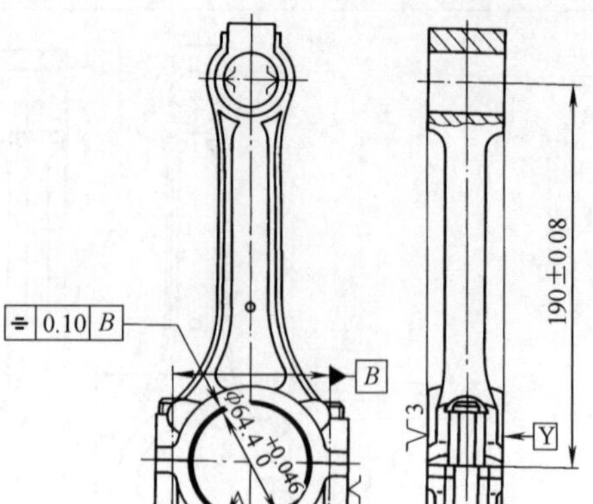	精镗床

（续）

工序号	工序名称	工序简图	设备
14	半精镗大头孔及精镗小头孔	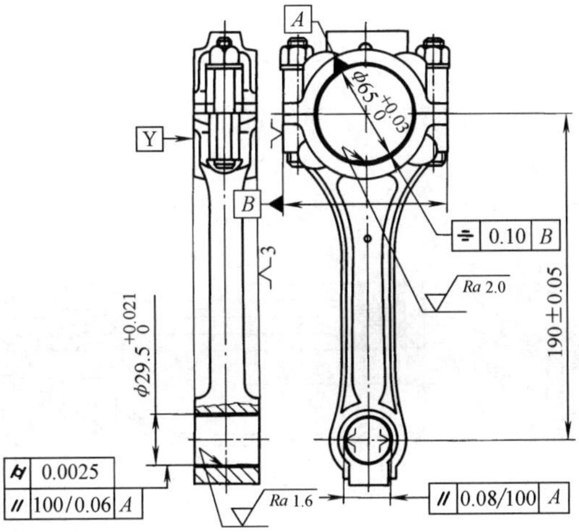	精镗床
15	清洗或吹净		
16	中间检查		
17	称大小头重量		电子秤
18	铣去大小头多余重量	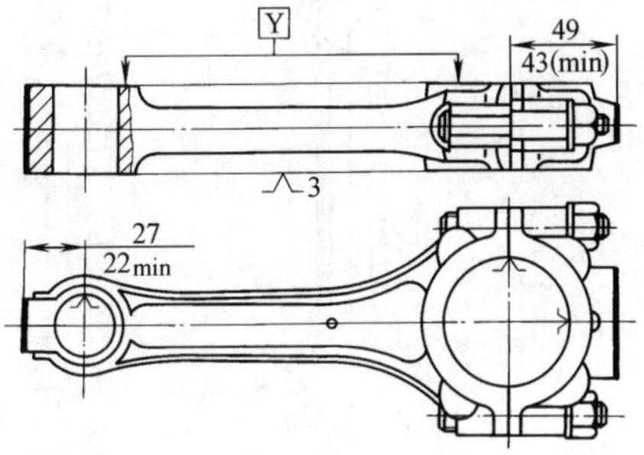	数控机床
19	去大小头凸块毛刺		
20	复称重量并分组		电子秤
21	钻小头油孔	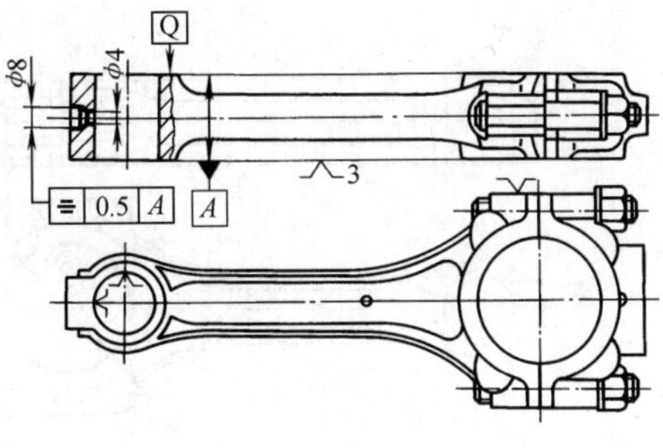	三工位组合机床

（续）

工序号	工序名称	工序简图	设备
22	铰小头孔内油孔毛刺		专用铰床
23	小头孔两端倒角		立式钻床
24	小头两端压铜衬套		双面压套机
25	挤压铜衬套	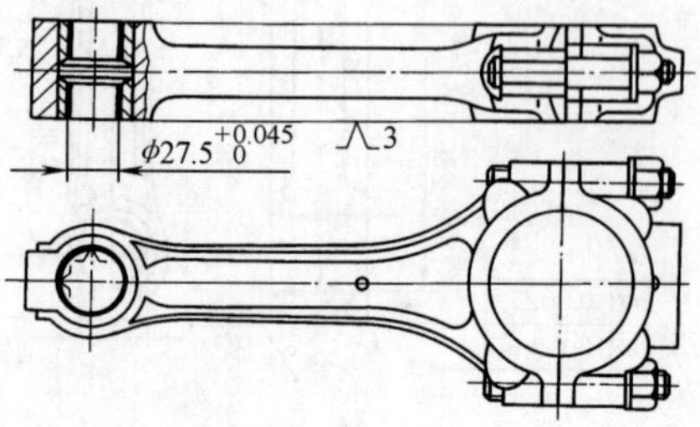	压力机
26	铜衬套两端倒角		立式钻床
27	精镗大头孔和小头衬套孔	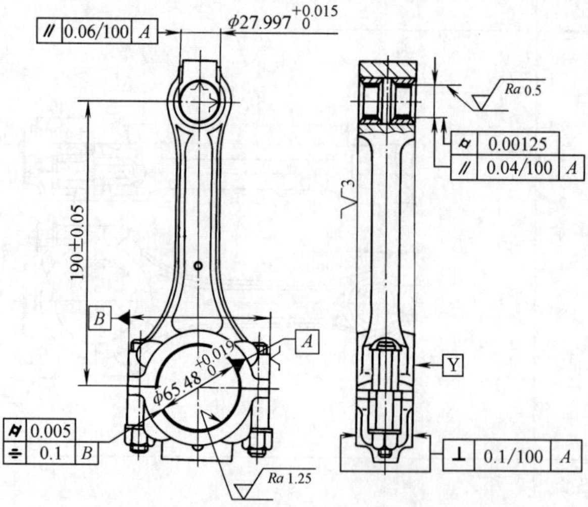	精密镗床或双面精镗床
28	清洗吹干擦净		
29	中间检查		
30	珩磨大头孔	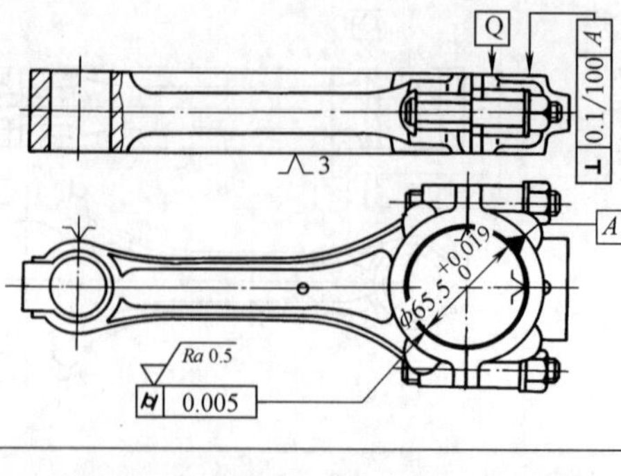	珩磨机床

（续）

工序号	工序名称	工序简图	设备
31	清洗吹干擦净		
32	按需要程度去全部毛刺		
33	终检(尺寸分组)		
34	校正		
35	返修铜衬套(换超差铜衬套后,重复本表工序号 24 以后的加工)		压力机

5.7　计算机辅助工艺规程设计

5.7.1　计算机辅助工艺规程设计的基本原理和类型

1. 计算机辅助工艺规程设计的基本原理

国内外已经开发和正在研究的计算机辅助工艺规程设计（Computer Aided Process Planning，CAPP）系统，其基本原理可分为以下几类：检索式、派生式（或称样件法、变异式）、创成式（或称生成式）、混合式和工具型等，见表 5.7-1。

2. 计算机辅助工艺规程设计的类型

根据计算机辅助工艺规程设计系统的设计功能和自动化程度，计算机辅助工艺规程设计目前有六种类型，见表 5.7-2。

表 5.7-1　计算机辅助工艺规程设计的基本原理

类型	检索式	派生式	创成式	混合式	工具型
基本原理	根据输入信息,直接检索整个工艺过程的结果来制定相应的工艺	利用零件的工艺相似性,通过检索和修改标准工艺(典型工艺)来制定相应的工艺	利用输入的几何和工艺等信息与一定的决策规则相结合,按逻辑推理方式实现工艺设计	沿用以派生式为主的检索——编辑原理,若零件不能归入系统已存的零件族,则转向创成式工艺规程设计,在编辑时引入创成式的决策逻辑原理	遵循以“人为主、机为辅”的开发思想,即 CAPP 是辅助人去设计零件的工艺,让其承担设计过程中大量的重复劳动和简单劳动,让设计者去从事创造性的工艺规程设计工作

表 5.7-2　计算机辅助工艺规程设计的类型

CAPP 系统类型	工艺规程检索管理	工艺规程参考设计	工艺规程综合设计	按加工顺序描述生成工艺规程	按工作描述生成工艺规程	自动生成工艺规程
基本原理	纯检索式	派生式		创成式		
输入内容	1. 有关生产任务数据 2. 工艺文件编号	1. 零件分类码 2. 有关生产任务数据	1. 零件分类码 2. 有关生产任务数据 3. 需要修改的信息	1. 描述零件加工顺序 2. 有关生产任务数据	1. 有关零件几何形状和加工要求 2. 有关生产任务数据	1. 描述零件几何形状和加工要求 2. 有关生产任务数据

（续）

CAPP系统类型	工艺规程检索管理	工艺规程参考设计	工艺规程综合设计	按加工顺序描述生成工艺规程	按工作描述生成工艺规程	自动生成工艺规程
系统功能与工作内容	仅能存取工艺文件	1. 检索出零件组的标准工艺,供人工编辑参考 2. 计算有关工艺参数	1. 检索出零件组的标准工艺 2. 修改、编辑 3. 计算有关工艺参数	1. 根据加工顺序生成有关工艺数据 2. 选择机床 3. 设计工艺过程	1. 根据零件几何形状生成加工顺序及工艺数据 2. 设计工艺过程	1. 生成零件加工所需要的几何和工艺数据 2. 存取工艺和决策规则 3. 通过逻辑推理设计工艺规程
输出内容	按规定格式和要求输出工艺规程					
自动化程度	低→高					

5.7.2 计算机辅助工艺规程设计的基本过程

1. 输入原始信息

（1）原始信息的准备

在制定机械加工工艺规程时，必须具备下列原始资料：产品的装配图和零件的工作图，产品的生产纲领和批量、生产条件、工艺手册。工艺人员从以上资料中可获得下列信息：有关加工对象的结构、形状、材质及加工要求与生产系统对应关系的信息，有关生产系统的信息等。用CAPP系统辅助进行工艺规程设计时，必须根据系统的输入设备，开发相应的输入语言，用于描述各种信息。

有关生产系统的信息，如生产设备、工、夹、量具、加工方法、工序、工步等可进行编码，用字符或数字描述。各种关系用表格形式组织为数据文件或数据库。这些信息可在建立辅助设计系统时一次性输入，在运行过程中只做少量补充和修改。

（2）零件的描述

零件描述方法基本分为两大类：一类为面向设计的，主要是形状、尺寸参数描述；另一类为面向制造的，除了几何描述外，还要做工艺描述，描述加工精度和表面质量。工艺描述语言有两种：一种是面向数控的，如APT语言；另一种是面向计算机辅助工艺规程设计的，目前还没有较通用的语言。零件的描述方法有很多种，下面简要介绍几种方法。

1）整体特征描述法。这种方法在成组技术中普遍采用，就是用特征编码来粗略描述零件的形状、尺寸、精度等信息。为此要建立编码规则，根据特征信息可以获得工艺过程粗框。应用这种方法简单易行，但它对零件的描述过粗，对零件的具体形状、尺寸及精度无法描述，导致CAPP系统不能得到足够的信息来详细地进行工艺运算，以获得完善的工艺规程。因此，一般在CAPP系统中仅作为辅助描述方法。

2）单元几何要素描述法。其基本思想是任何一个零件都可以逐层地分解成更简单的组成部分，直至最后分解成基本元素为止。针对不同用途可以有不同的分解方法。对于三维实体造型的CAD系统来说，可以按体素来分解零件，其基本元素为方体、圆柱体、锥台体等。而二维CAD系统是绘制平面图形的，可用单元图形要素来描述，其基本元素为直线、斜线、圆弧及其他二次曲线等。作为二维数控加工的走刀路线，通常采用图形要素描述法。

面向计算机辅助工艺规程设计的零件形状描述方法是将零件作为一个由很多型面组成的面素模型。基本面型元素一般是简单的表面，如平面、圆柱面、球面等。有些组合表面虽然可进一步分解为更简单的表面，但它们若由一定的标准刀具、由一个工步完成，则可视为基本元素，不再分解。例如，用三面刃铣刀加工的直槽面，用切槽刀车出的环形槽，用角度刀车出的螺旋面，用展成法加工的花键和齿形等。

在计算机辅助工艺规程设计系统中，基本元素的描述通常采用数码，原则上各种元素的编码可自行定义，但为了使编码有一定层次含义，便于识别，应该使用科学的、统一的编码规则。

回转体类零件用单元型面描述法描述非常成功，因而获得广泛应用，成为一项比较成熟的技术，这是由于这类零件型面较少，特别是其空间相对位置都在同轴上，便于描述。用单元型面描述法描述箱体及其他复杂的不规则零件则显得繁琐，且比较困难，因而未获得实际应用。

3）图论描述法。用图论的基本原理描述零件的结构形状：以图5.7-1a所示的零件为例，用结点表示零件的形状要素，形状要素均以固定代码表示。用边表示两个相邻表面的连接情况。边侧数值代表两个相邻表面的夹角。假定：外面上两相邻表面的夹角按逆时针转向求得，置“+”；内孔上两相邻表圆的夹角按逆时针转向求得，置“-”，在某一表面上附加的形状要素，如槽、辅助孔等以 0°表示它们的夹角。两表面完全无关时，无边，如图 5.7-1b 所示。

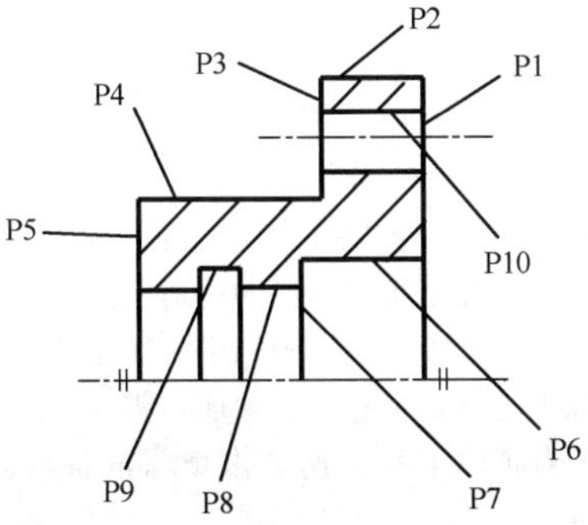

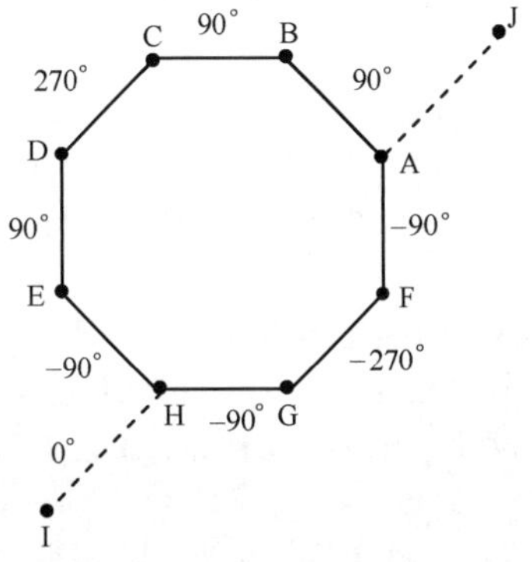

图 5.7-1　零件的图论描述

4）方位特征要素描述法。上述几种描述方法用来描述形状比较简单、较有规律的回转类零件是行之有效的，但对于形状复杂，特别是非回转类零件（如箱体等），就不那么方便了。箱体类零件形体结构复杂，型面参数繁多，完整、详细、准确地描述是十分困难的。因此不少学者正在研究各种有效的描述方法，其中方位特征要素描述法是比较有代表性的一种方法。

箱体类零件的一个显著工艺特点是往往需要从不同的角度上进行加工，也就是说加工中工件相对机床成形运动的位置是多变的，型面间位置关系复杂。为了简化零件的描述，获得清晰的数据信息，方位特征要素描述法的第一步是把零件按加工方位进行分解，然后对每个方位进行单独的描述。

箱体可视为一个多面体，在三维空间坐标中，多面体的任何一个型面所处方位不外乎有下列十种：

① 法线指向正 X 方向。

② 法线指向正 Y 方向。

③ 法线指向正 Z 方向。

④ 法线指向负 X 方向。

⑤ 法线指向负 Y 方向。

⑥ 法线指向负 Z 方向。

⑦ 法线垂直（型面平行）于 X 轴。

⑧ 法线垂直（型面平行）于 Y 轴。

⑨ 法线垂直（型面平行）于 Z 轴。

⑩ 法线与 X、Y、Z 均不垂直。

因此任意复杂的箱体都可以分成上述十个方位来描述。

若箱体加工面是多层的，还可以分层描述。作为方位特征要素描述法的第二步，就是对整个方位上的有关信息进行具体描述，在这里当然也可以用前述的单元型面描述法描述，但由于箱体每个方位的形状远比回转体复杂，很难像回转体零件那样详细准确描述。实际上尽管箱体形状复杂，加工工艺并不一定很复杂。因此从工艺设计的角度来说，不需要精确描述出零件的几何结构，只需要描述出加工型面及其空间位置，而且尽可能地以组合型面（如 T 形槽、燕尾槽、带空刀槽孔等）和型面域等方式来简化描述。也就是说，不进行全部详细的描述，而是抓住特征要素来描述，以获得简单明了的信息。

（3）信息的输入

目前最普遍的信息输入方法是在计算机屏幕提示下，以人机对话形式输入信息。

1）问答式。如输入外圆柱面时的人机对话。该法虽简单，但不够直观，操作人员需要记住型面编码。

2）菜单式。在显示器屏幕上列菜单，通过键盘上的相应数字、字符及功能键实现选择输入。操作人员不需记住型面编码，编码由计算机自行生成。

全部信息输入完毕，计算机内部生成一个零件基本元素信息表，它是解算工艺课题的原始依据。

2. 计算机解算工艺课题

（1）工艺课题解算的类型

1）以解析方法求解。主要步骤是建立数学模型，如切削用量、工时定额、材料消耗定额的计算等。

2）以逻辑判断方法求解（决策）。首先根据各种约束条件与解之间的明确逻辑关系建立模型，存入计算机。系统工作时，根据输入信息，以 IF-THEN

的逻辑定向法求解。工艺规程设计过程中，凡是能进行逻辑模式化的部分，如通用加工方法的选择、通用工装及设备的选择、简单工艺路线的设计等均由计算机完成。

3）创造性决策。工艺设计中目前尚不能表达为明确逻辑模式的内容，由工艺人员参与以人机对话方式决策，如复杂零件加工路线和基准的选择以及新加工方法的选用等。

（2）工艺课题解算的层次与要求

工艺课题的解算过程是一个多层次的交互过程。

1）工艺粗框设计：确定毛坯种类、工艺方法、加工阶段等。

2）工艺路线设计：确定工序组成及其顺序，每道工序所用的设备型号、定位方案、工步组成、工步的加工要求等。

3）工序工艺设计：确定工序详细构成及有关切削参数。

4）工步工艺设计：如编制数控程序、确定刀具运动轨迹及机床控制指令。

解算工艺课题的要求体现在工艺过程设计是多方案的，为了最终获得唯一设计结果，程序系统应具有寻求最佳方案的能力。寻求最佳方案的目标是最低成本。为了提高寻优效率，应在各层次的设计中，对方案进行筛选，在最佳方案基础上进行下一层次设计。在最后一个层次设计中，用计算机程序进行最低工艺成本的导优选择。

（3）工艺路线生成的基本过程

1）派生式（样件法）生成工艺路线的基本过程。

① 派生式 CAPP 的基本原理。在计算机辅助工艺规程设计过程中，应用典型工艺规程可以明显降低设计难度，提高设计质量，缩短编制算法和程序的时间。这种方法就称为派生法，亦称样件法。在当前的技术水平下，这是一种生产中较实用的方法。

派生式 CAPP 以成组技术为基础，其准备阶段，即系统建立过程如图 5.7-2a 所示。首先对所有被加工零件按编码法则进行编码，然后按工艺相似性将零件分组（族），建立零件组特征矩阵，并为每组的代表零件（样件）设计出加工工艺规程，该工艺过程就称为典型工艺规程。各零件组的分组特征矩阵及对应的典型工艺规程都以文件形式存放在数据库中，同时还要将有关刀具、夹具、量具、机床的数据，材料数据及切削参数等以文件形式存入，再配以相应的一整套计算机算法程序，就组成了样件法计算机辅助工艺规程设计系统。

当要对一个新的零件设计工艺规程时，启动系统后，系统就按图 5.7-2b 所示的流程进行工作。第 1 步，输入原始信息，其中包括组成零件的型面特征及其参数。零件的特征编码可以作为原始信息输入，也可以根据输入的零件型面特征及参数由系统自动生成。第 2 步，由零件族搜索模块对文件中的零件组特征矩阵进行搜索，按编码寻找新零件属于哪一个零件族。第 3 步，若找不到所属零件族，则程序转向人机对话生成工艺规程模块。若找到所属零件族，则第 4 步就从典型工艺文件中将对应的典型工艺规程调入内存。第 5 步，程序根据输入的原始信息，对典型工艺规程进行编辑加工，生成新零件的加工工艺规程。确定有工序卡片上所要求填写的各项内容，如切削用量、机动工时、工序成本等。第 6 步，将编制好的工艺规程存盘或打印输出。

② 主样件及典型工艺路线。主样件应该具有全组零件的结构和工艺特征。当组内找不到这样代表性的零件时，可以用合成办法生成虚拟的主样件。对于品种多的零件组，可以先把全部零件按特征接近原则划分成小组，每组找一个基础件，把小组其他零件的不同特征叠加到基础件上，生成子样件，然后再由子样件合成主样件，当零件品种不多时则可由零件组直接合成主样件，主样件的合成如图 5.7-3 所示。

典型工艺规程设计可以用合成法完成，即通过对单个零件的工艺规程的综合，形成典型工艺规程。但设计时要尽量采用本企业的先进经验，适合本企业生产条件，确保方案技术经济指标达到最佳水平。

2）创成法生成工艺路线的基本过程。创成法生成工艺路线采用系统的决策算法，对零件各表面的加工工步进行排列组合，形成工序，再对工序进行排列组合，形成加工阶段及整个工艺规程。工步的选择仍然是建立在典型加工工艺方法的基础上，但没有零件组的典型工艺路线，这种系统原则上适用于各种零件。创成法的程序和算法系统要比样件法复杂得多。为了使运算得以进行，通常算法是多层次的。图 5.7-4 所示为多层次算法框图，其中 2~6 步为生成工艺路线运算过程。

① 建立工艺粗框的算法。第一步输入原始信息，第二步运用算法 W_μ，求得组成零件各表面的加工方法和加工路线，这是一种逻辑决策方法。根据各种加工方法的经济加工精度和表面粗糙度可制定选择加工方法的决策表。选择加工方法可以采用正算法，也可以用逆算法。

② 加工阶段划分的算法。解决了单个型面的加工链，要进一步把各表面加工工步集合 GC 划分成加工阶段，以便将同一阶段的工步归纳为工序，其算法为 W_j。

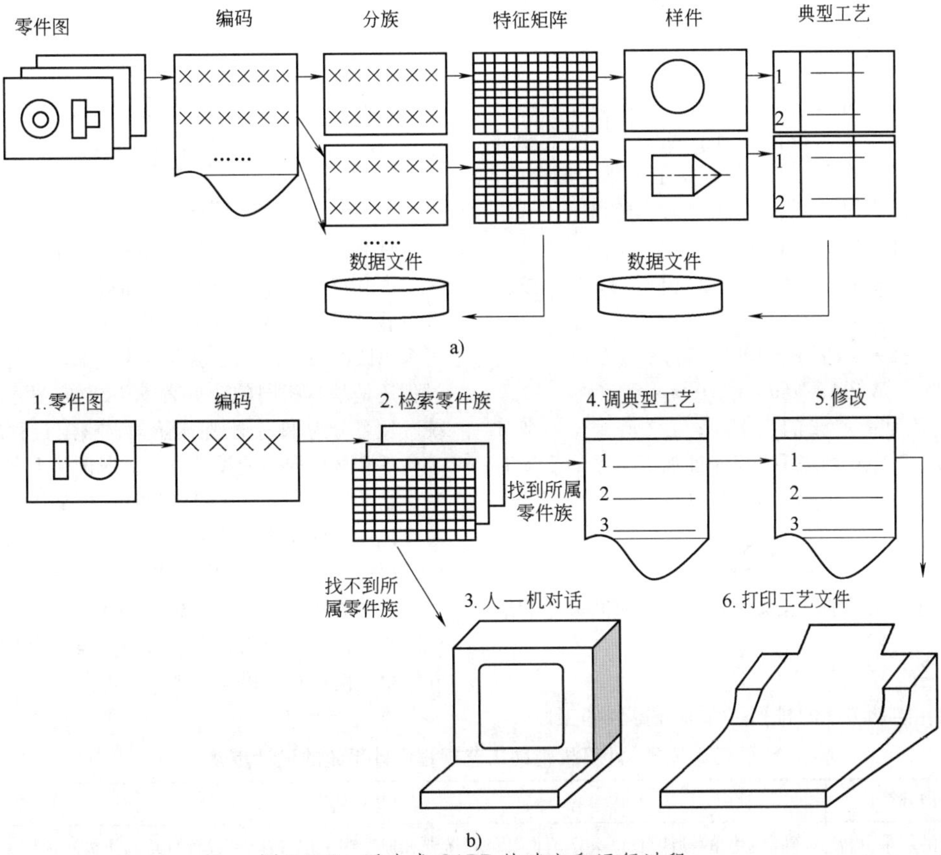

图 5.7-2　派生式 CAPP 的建立和运行过程
a）建立系统　b）运行系统

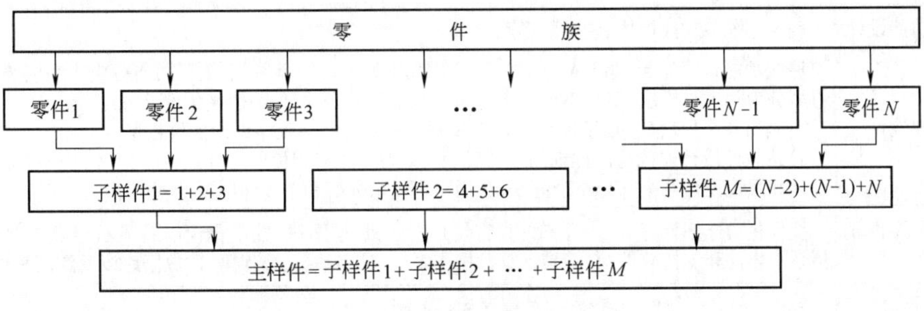

图 5.7-3　主样件的合成

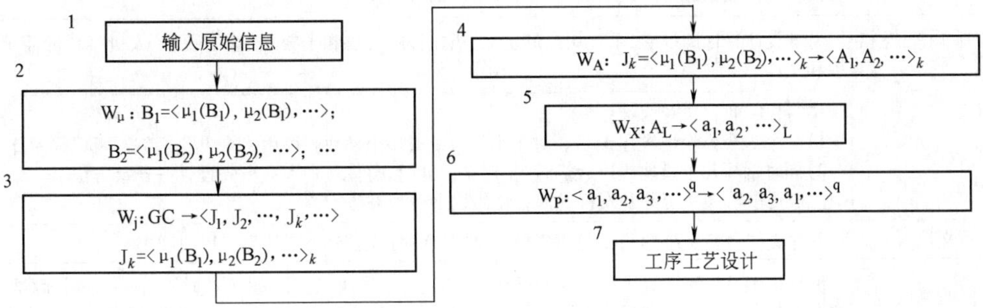

图 5.7-4　多层次算法框图

③ 生成零件加工工艺路线的过程。首先，将各阶段的工步集合，按设备的工艺可能性分解成不相交子集，这一步可表示为

$$W_A: J_k = <\mu_1(B_1), \mu_2(B_2), \cdots>_k \rightarrow <A_1, A_2, \cdots>_k$$

其中，A_1，A_2，…为按设备加工的工艺可能性归并后的工步子集，称为大工序，它是工序集中的极限。若将大工序作为加工工序，则在效率和经济上不一定合理，还要进一步将工序细分。

其次，将划分得到的大工序（同阶段的）按秩序排列。

再次，将大工序划分成加工工序：

$$W_X: A_L \rightarrow \langle a_1, a_2, \cdots, a_k \rangle_L$$

其中，A_L 为某一阶段的大工序；a_1，a_2，…为细分得到的加工工序；算法 W_X 应保证加工工序的工序时间 t_j 总和小于大工序的工序时间 T_A：

$$T_A = \sum_{j=1}^{k} t_j$$

并从满足这个条件的方案集中选出工序时间最短的最佳方案：$\sum_{j=1}^{k} t_j \rightarrow \min$

最后，同秩工序的排列。将细分得到的工序 a_j，在同一加工阶段范围内进行编排，算法可表达为

$$W_P: <a_1, a_2, a_3, \cdots>^q \rightarrow <a_2, a_3, a_1, \cdots>^q$$

排序算法 W_P 主要取决于加工表面的位置精度要求、车间机床平面布置和企业的工艺习惯。

5.7.3 计算机辅助工艺规程设计系统的设计步骤

计算机应用软件按其程序量大小可以划分为小、中、大和特大规模几个等级。随规模大小的不同，计算机软件开发难度也不同，并且在具体步骤划分以及每个阶段的设计内容上也有较大差别，但是软件开发过程还是基本相同的，见表 5.7-3。它显示 CAPP 系统开发可分为 11 个步骤或阶段，整个过程应贯穿从上向下和从外向内的设计方法。所谓从上向下设计方法是指从抽象到具体的设计过程，即从用户要求到系统设计；从外向内是指先设计系统人机界面和接口，然后再设计系统内部程序结构，这就将用户要求放在首位，体现用户第一的思想。表 5.7-3 中的一些步骤可以交叉进行，但第 6 步以后的步骤不能在第 6 个步骤结束之前进行，以免出现大量返工。

表 5.7-3 计算机辅助工艺规程设计系统的设计步骤

设计步骤	具体内容
1. 系统的需求分析	确定系统的设计目标,确定所设计的系统要完成哪些工作;按软件设计规范写出需求说明书
2. 工艺设计标准化	包括加工方法和加工余量分配,设备,工、夹、刀、量具和切削参数选择原则,加工工艺描述用语和语句格式规范化,工艺规程和工序图格式标准化等
3. 系统的功能设计	确定系统各功能模块、绘制数据流向图
4. 系统详细设计	1)按功能设计结果,将 CAPP 系统划分成几个大模块,一般一个主要功能对应一个模块,每个大模块再划分为几个小模块,每个小模块再划分为几个子程序,即采用模块化设计方法 2)画出各个模块(包括子模块和子程序)的逻辑框图,为程序设计提供依据 3)按软件设计规范写出详细的设计说明书。对于中等规模的 CAPP 系统,一般可以将需求分析、功能设计和系统设计几个部分结合起来,最后写出需求分析和系统详细设计说明书
5. 硬件及软件的选择	硬件包括选用计算机(内存和外存容量)、打印机、绘图机、数字化仪以及显示器规格型号等;软件包括系统软件和支持软件,它们是计算机操作系统、汉字系统、编程语言、数据库以及绘图软件等
6. 人机接口设计	包括 CAPP 系统的输入/输出和程序运行控制
7. 数据结构和文件设计	文件结构的设计对 CAPP 系统程序的设计编写有比较大的影响。它涉及文件数据的存取速度,是否方便对文件数据进行修改及发生灾难性错误的可能性
8. 编制系统规格说明	系统设计目标的说明、系统用户的定义、描述程序模块和子模块、系统硬件、人机接口的需求、数据结构和文件
9. 编写程序	编写程序的方法有两种: 1)一个一个模块地顺序编写。对于小的系统或一个模块程序由一个人负责编写可以采用此方法 2)同时编写几个模块程序,然后连接起来。此时,总体负责人应事先设计好连接方法 一般规模较大系统的开发都是混合使用以上两种方法
10. 编写文档	程序文档包括系统的两类说明资料:一种是程序说明书,另一种是使用说明书
11. 程序的测试	编程程序员将测试每个模块中的子程序,测试各个模块,最后是几个模块连在一起进行测试。其他程序员对各个模块和整个程序进行系统的测试。程序的使用者对程序进行严格的检查

参考文献

[1]　陈宏钧. 实用机械加工工艺手册［M］. 4 版. 北京：机械工业出版社，2016.

[2]　于馨芝，王宁，闻济世. 机械设计、制造工艺、质量检测与标准规范全书［M］. 北京：电子工业出版社，2003.

[3]　王启平，王振龙，狄士春. 机械制造工艺学［M］. 5 版. 哈尔滨：哈尔滨工业大学出版社，2005.

[4]　赵良才. 计算机辅助工艺设计：CAPP 系统设计［M］. 北京：机械工业出版社，1994.

[5]　肖伟跃. CAPP 中的智能信息处理技术［M］. 长沙：国防科技大学出版社，2002.

[6]　单忠臣，赵长发. 计算机辅助工艺过程设计［M］. 哈尔滨：哈尔滨工程大学出版社，2001.

第 6 章

机床夹具设计

主　编　李　旦（哈尔滨工业大学）
副主编　陈明君（哈尔滨工业大学）
参　编　吴春亚（哈尔滨工业大学）
致　谢　李家宝（哈尔滨工业大学）
　　　　　葛鸿翰（哈尔滨工业大学）

6.1　机床夹具的基本概念及分类

6.1.1　定义

在机床上用于装夹工件或导引刀具的装置，称为机床夹具，通常也简称为夹具。

6.1.2　机床夹具的分类

机床夹具一般可按夹具的通用性和使用特点，所使用的机床类型，以及所用动力源进行分类，如图 6.1-1 所示。

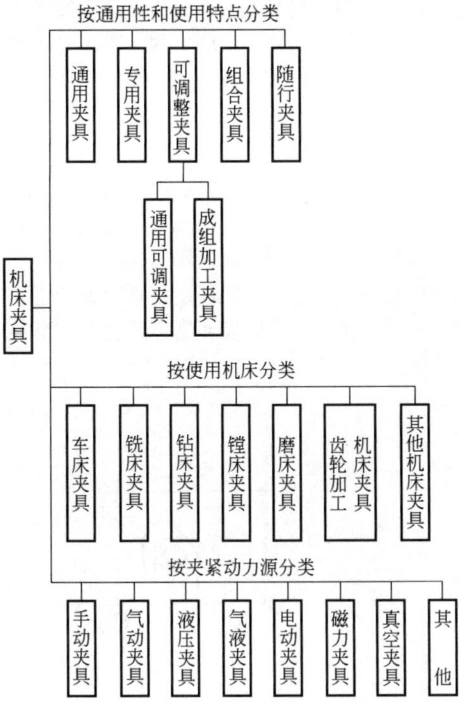

图 6.1-1　机床夹具的分类

6.1.3　夹具的组成元件

按在夹具中的作用、地位及结构特点，组成夹具的元件可划分为以下各类：

1）定位元件及定位装置。

2）夹紧元件及夹紧装置（或称夹紧机构）。

3）夹具体。

4）对刀、导引元件及装置（包括刀具导向元件、对刀装置及靠模装置等）。

5）动力装置。

6）分度、对定装置。

7）其他元件及装置（包括夹具各部分相互连接用的以及夹具与机床相连接用的紧固螺钉、销钉、键和各种手柄等）。

每个夹具不一定具备所有各类组成元件，如手动夹具没有动力装置，一般的车床夹具不一定有刀具导向元件及分度装置。反之，按照加工等方面要求，有些夹具上还需要设有其他装置及机构，如在有的自动化夹具中必须有上、下料装置等。

一些常用的机床夹具零件及部件已有标准，设计专用夹具时可参阅与机床夹具零件及部件相关的行业标准，如 JB/T 8004.1—1999、JB/T 8046.3—1999 等。

6.1.4　定位、夹紧和装夹的概念

工件在加工之前必须安放在夹具中，使其得到一个正确的位置或方向，并使其在加工过程中虽然受到切削力及其他外力的影响，仍能保证正确位置或方向。

确定工件在机床上或夹具中有正确位置的过程，称为定位。

工件定位后将其固定，使其在加工过程中保持定位位置不变的操作，称为夹紧。

将工件在机床上或夹具中定位、夹紧的过程，称为装夹。

6.2　工件在夹具中的定位

6.2.1　工件在夹具中定位的基本原理

1. 设计夹具常用基准的概念及其相互关系

设计夹具时常用基准的基本概念（根据 GB/T 4863—2008）及它们之间的相互关系如图 6.2-1 所示。

基准：
- 设计基准——设计图样上所采用的基准
- 工艺基准——在加工工艺中采用的基准
- 工序基准——在工序图上用来确定本工序被加工表面加工后的尺寸、形状、位置的基准
- 定位基准——在加工中用作定位的基准

图 6.2-1　设计夹具常用基准的概念及其相互关系

2. 六点定则

保证工件在夹具中定位准确的主要标志有两个：同一个工件安放在夹具中，特别是对于被加工表面而言，只能有一个位置，同批工件先后安放在夹具中，特别是对于被加工表面而言，也能保证按要求得到一致的位置。

例如图 6.2-2 是一个大球并具有 3 个小球为支脚的整体零件，它在空间必然有沿 3 个互相垂直坐标轴移动及绕此 3 个互相垂直坐标轴转动的 6 个自由度[⊖]（图中以①、②、③、④、⑤、⑥表示；一般可用$\vec{X}$、$\vec{Y}$、$\vec{Z}$、$\overset{\frown}{X}$、$\overset{\frown}{Y}$、$\overset{\frown}{Z}$表示）。

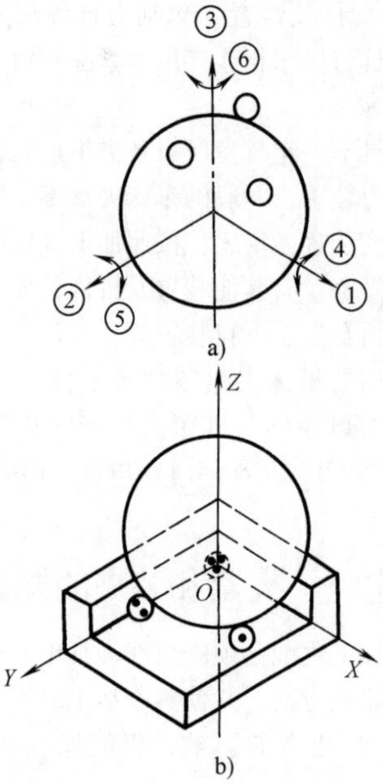

图 6.2-2　工件在空间的 6 个自由度和完全限制 6 个自由度的定位示例

若要使这个工件完全消除 6 个自由度，则必须采用如图 6.2-2b 所示的定位法，使 3 个支脚与 3 个坐标平面靠好，此时 3 个支脚与 3 个坐标平面的接触点为 6 个（*XOY*、*YOZ*、*XOZ* 3 个坐标平面上分别有 3、2、1 个接触点），即相当于有 6 个固定支承点托住工件。*XOY* 坐标平面上的 3 个支承点限制了工件的③、④、⑤ 3 个自由度；*YOZ* 坐标平面上的两个支承点限制了工件的①、⑥两个自由度；*XOZ* 坐标平面上的一个接触点限制了工件的②这最后一个自由度。由这一例子可以看出，若定位过程中定位元件相当于的固定支承点数少于 6 个，或虽然等于 6 个，但分布情况并不相当于在 3 个互相垂直的坐标平面上各为 3、2、1 个点的话，则不能完全限制 6 个自由度。但另一方面，如果定位元件相当于的固定支承点数多于 6 个，则对于一个工件虽可以得到一个固定的位置，但对一批工件而言仍然不能得到一致的位置。

图 6.2-3 所示为矩形立方体工件定位时的情况，若要完全限制住 6 个自由度，则必须如图中所示用相当于 6 个支承点的定位元件，并按图中的分布，即对应于工件底面 *A* 用 3 个支承点，对应于工件侧面 *B* 用 2 个支承点，对应于后端面 *C* 用 1 个支承点来定位。如果对于工件的底面 *A* 和侧面 *B* 改用两个整体平面的定位元件，或分别各相当于 3 个定位支承点的定位元件，后端面仍保持用 1 个支承点定位。此时共相当于七点定位。显而易见，对于一个工件定位而言，限制 6 个自由度就可得到一个确定的位置，现其中必有一个支承点（相当于支承点）不起定位作用，是多余的；对于一批工件而言，由于底面及侧面都不可能是绝对准确的平面，另一方面底面 *A* 与侧面 *B* 之间的夹角也不可能绝对完全准确相等，因此一批工件中，某一工件定位后如果底面 *A* 能够与定位元件的 3 个支承点很好接触，则侧面 *B* 不可能同时与其 3 个支承点很好接触，而另一工件可能是侧面 *B* 能够与其 3 个支承点很好接触，但底面 *A* 则不可能与 3 个支承点完全接触，从而这一批工件装夹以后不可能得到一致的位置。

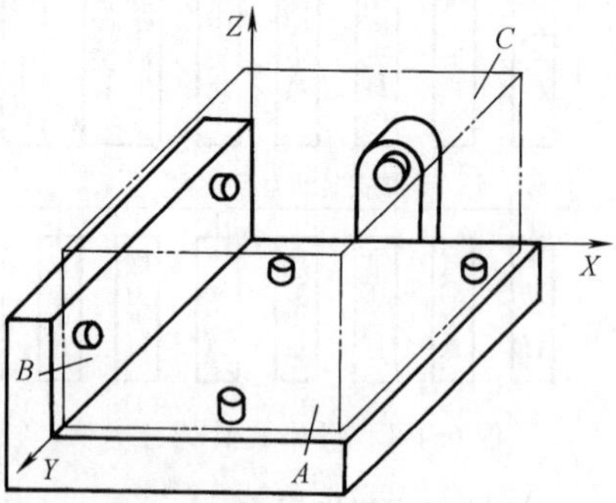

图 6.2-3　立方体工件的定位示例

根据以上分析，得出以下定则：任何一批工件在夹具中定位时，要保证完全限制 6 个自由度，并使所有工件定位后得到一致的位置，则必须使定位元件所相当的支承点数目刚好等于 6 个，且应相当于按 3、2、1 的数目分布在 3 个相互垂直的坐标平面上。此定则即称六点定则，或称为六点定位原理。

因为定位元件比定位基准要精确得多，故判定定

⊖ 这里所用的自由度概念与力学上的自由度概念不完全一致，是指工件在空间位置的不确定程度，而不是运动的概念。有的文献中把“自由度”改称“不定度”。

位元件所相当于的支承点数的最简单方法是：将定位元件视为绝对理想的几何表面，而将工件定位基准视为有几何形状误差的表面，两者定位时最多能有几个点接触，即相当于有几个支承点。

判别支承点数是否相当于按 3、2、1 的数目分布时的最简单方法，就是查看定位元件所能限制的自由度数目是否与所相当于的支承点数相等。

设计和使用夹具的过程中，常用到有关六点定则的以下名词和概念：

1）完全定位：定位元件所能限制的自由度数目，等于所需要限制和可能有的全部 6 个自由度时的定位情况。

2）不完全定位：定位元件所能限制的自由度数目，不少于所需限制的自由度数，但却少于 6 个自由度的定位情况。

3）欠定位：定位元件所能限制的自由度数，少于按加工工艺要求所需限制的自由度数的定位情况。

4）过定位：定位元件所相当于的支承点数多于所能限制的自由度数，即所相当于的多个支承点重复限制同一个自由度的定位情况。例如图 6.2-3 所示例子中，工件的底面 A 和侧面 B 改用整体平面的定位元件，或分别各相当于 3 个定位支承点的定位元件时，即属于过定位。

显而易见，完全定位和不完全定位都是符合六点定则的定位；欠定位和过定位是不符合六点定则的定位。实际生产应用中，过定位并不是必须完全避免的。有时，因为要加强工件刚度，或者特殊原因，必须使用相当于比 6 个支承点多的定位元件，或不得不违反 3、2、1 点分布的情况，而又希望起到不违反六点定则的作用时，可将多于 3、2、1 点分布情况的其余支承点，采用活动的、自动定位的或可以调节的定位元件，即使之实际上不起定位作用。

图 6.2-4 所示为环状工件的定位情况，要求限制除了绕 Z 轴旋转（即$\widehat{Z}$）之外的其他 5 个自由度，若采用图示平面及圆锥销为定位元件，并设圆锥销是固定不动的，则平面相当于 3 支承点定位，固定圆锥销也相当于 3 支承点定位，共相当于 6 个支承点；而所能消除的自由度数为除$\widehat{Z}$之外的其他 5 个自由度。即所相当于的定位支承点数多于所能消除的自由度数，故为过定位。也就是说，固定圆锥销能限制$\vec{X}$、$\vec{Y}$、$\vec{Z}$ 3 个自由度，平面定位元件能限制$\vec{Z}$、$\widehat{X}$、$\widehat{Y}$ 3 个自由度，其中$\vec{Z}$这个自由度，由圆锥销及平面定位元件所相当的定位支承点做了重复限制，这是违反六点定则的。若圆锥销采用图中所示浮动式的，则等于其中一点不起定位作用，或它不限制$\vec{Z}$这个自由度，即相当于两点定位，从而仍不违反六点定则。

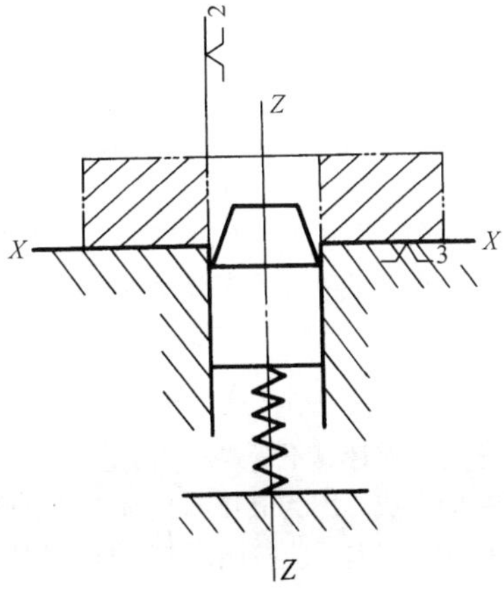

图 6.2-4　环状工件的定位情况

3. 工件在夹具中加工时的各项误差

要使所设计的夹具能保证工件的加工精度，一方面要正确确定定位方法及定位元件，使其尽量不违反六点定则；另一方面还应该进行有关误差的分析，了解产生误差的原因，判定所选择的定位方法及定位元件是否合理。

如图 6.2-5 所示的定位方法，若在工件 2 上加工出表面 EB，使 EB 与 C 点的距离为 A，即加工尺寸为 $A_{-T_A}^{\ 0}$，工序基准为 C 点，定位基准为外圆柱表面，刀具 1 已事先调整好，在同批工件加工过程中产生误差的原因如下：

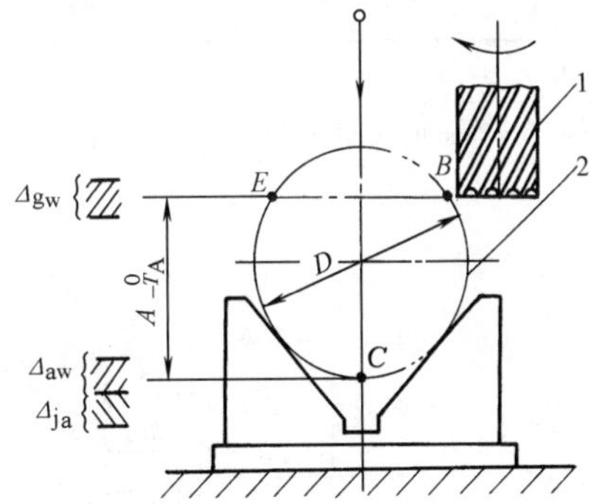

图 6.2-5　铣圆柱形工件时的误差分析示例
1—刀具　2—工件

1）由于定位基准的误差、定位方法的不同以及夹紧变形的大小不同等因素的作用，引起同批工件基准 C 的位置发生变化，变化量为 Δ_{aw}。这类误差称为安装工件到夹具中有关的误差。

2）由于夹具安装到机床上，安装、调整得不准确等原因，也会使工序基准 C 点的位置发生变化，其变化量为Δ_{ja}。这类误差称为安装夹具到机床中有关的误差。

3）由于加工过程中刀具在加工尺寸方向上的安装误差及磨损、机床的不准确，以及切削力、热应力、内应力等所引起刀具、机床、夹具、工件的变形，也会使被加工表面EB的位置发生变化，其变化量为Δ_{gw}。这类误差称为与加工方法有关的误差。

以上三类误差的总和不应该超过加工尺寸公差的范围T_A，即

$$\Delta_{aw}+\Delta_{ja}+\Delta_{gw}\leqslant T_A$$

上式称为误差计算不等式。式中左端三项之和表示三类误差的合成。因为其中有的属于偶然性误差，有的属于规律性误差，应按照误差的概率相加法进行综合。

安装工件到夹具中有关的误差Δ_{aw}，主要是由定位及夹紧过程中有关的因素所引起的。

由与定位有关的各种不准确因素所引起的同批工件加工尺寸的最大可能变化量称为定位误差，以符号Δ_{dw}表示。

由夹紧力的关系所引起的同批工件加工尺寸的最大可能变化量称为夹紧误差，以符号Δ_{jw}表示。

6.2.2 常用定位方法及定位元件

1. 工件以平面为定位基准的定位方法及定位元件

当工件以一个平面为定位基准时，一般不以一个完整的大平面作为定位元件的工作接触表面，常用三个支承钉或两、三个支承板作为定位元件。各定位钉（板）的位置应尽量远离，以使工件定位可靠。有时由于某种特殊原因，如工件很薄、很小，而不得不用平面定位元件，此时可去除中间的一部分或开若干小槽，以便提高定位精度并便于清除切屑。

（1）支承钉与支承板

支承钉的主要结构及尺寸见表6.2-1，其中A型用于定位基准已加工过的情况，B型、C型用于定位基准未加工过的情况。支承板也主要用于已加工过的定位基准，它的主要结构及尺寸见表6.2-2，其中B型与A型的主要区别在于工作接触表面上有斜槽，这样使接触面积减小，且斜槽中有碎屑时不易影响定位精度。

表6.2-1 支承钉的规格尺寸（JB/T 8029.2—1999） （mm）

技术条件
材料：T8，按GB/T 1299—2014的规定 热处理：55～60HRC 其他技术条件按JB/T 8044—1999的规定
标记示例
D=16mm、H=8mm的A型支承钉：支承钉 A16×8 JB/T 8029.2—1999

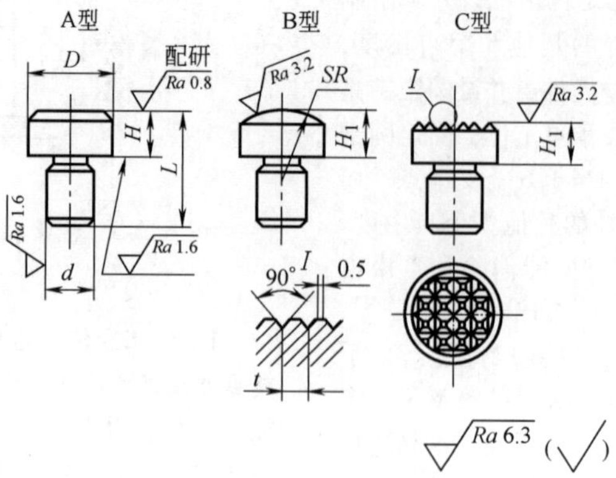

（续）

D	H	H_1		L	d		SR	t
		公称尺寸	极限偏差 h11		公称尺寸	极限偏差 r6		
5	2	2	0 −0.060	6	3	+0.016 +0.010	5	1
	5	5	0 −0.075	9				
6	3	3		8	4	+0.023 +0.015	6	
	6	6		11				
8	4	4		12	6		8	1.2
	8	8	0 −0.090	16				
12	6	6	0 −0.075		8	+0.028 +0.019	12	
	12	12	0 −0.110	22				
16	8	8	0 −0.090	20	10		16	1.5
	16	16	0 −0.110	28				
20	10	10	0 −0.090	25	12	+0.034 +0.023	20	
	20	20	0 −0.130	35				
25	12	12	0 −0.110	32	16		25	2
	25	25	0 −0.130	45				
30	16	16	0 −0.110	42	20	+0.041 +0.028	32	
	30	30	0 −0.130	55				
40	20	20		50	24		40	
	40	40	0 −0.160	70				

（2）调节支承及浮动支承

当一个夹具常用于加工不同批工件，而不同批工件定位基准形状变化很大时，往往需要定位元件中的某一个或两个支承钉能够调节位置。图 6.2-6 是用标准零件组装成的调节支承的几种结构方案示例。其中图 6.2-6a 所示结构可用手直接调节；图 6.2-6d、e 所示结构最为简单，图 6.2-6b、c 所示结构具有衬套，不易磨损。

当为了增加工件刚度或者其他原因，需要使定位元件所相当于的支承点数多于六点定则所规定的点数时，如前所述，必须使其中多余的点数，成为浮动的或自动定位的（或称自动调节的）。图 6.2-7 是几种浮动支承的结构示例，其中图 6.2-7a、b、c 是两点浮动，图 6.2-7d 是三点浮动，都只起相当于一个支承点的定位作用。

表 6.2-3 所列是常用自动调节支承的主要结构及尺寸，它不起定位作用，只起增加刚度的辅助作用，故又可称辅助支承。

2. 工件以外圆柱面为定位基准的定位方法及定位元件

以工件的一个外圆柱面作为定位基准时，常用的定位方法是将外圆柱装在圆孔、半圆孔、V形块或定心夹紧机构中。其中后两种方法最为常用。

表6.2-4中为常用V形块的规格尺寸，表6.2-5中为固定V形块的规格尺寸，表6.2-6为活动V形块的规格尺寸，表6.2-7中为导板的规格尺寸。

表6.2-2 支承板的规格尺寸（JB/T 8029.1—1999） （mm）

技术条件

材料：T8，按GB/T 1299—2014的规定
热处理：55~60HRC
其他技术条件按JB/T 8044—1999的规定

标记示例

H=16mm、L=100mm的A型支承板：支承板 A16×100 JB/T 8029.1—1999

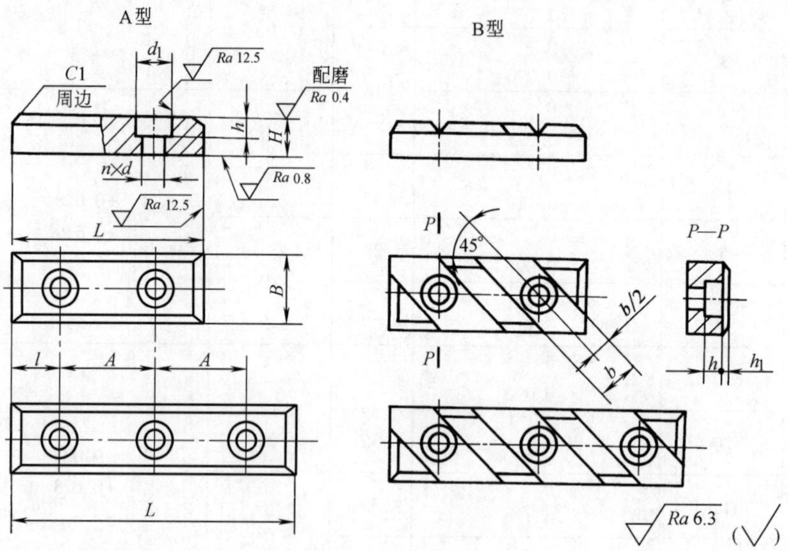

H	L	B	b	l	A	d	d_1	h	h_1	孔数 n
6	30	12	—	7.5	15	4.5	8	3	—	2
	45									3
8	40	14		10	20	5.5	10	3.5		2
	60									3
10	60	16	14	15	30	6.6	11	4.5	1.5	2
	90									3
12	80	20	17	20	40	9	15	6		2
	120									3
16	100	25			60					2
	160									3
20	120	32	20	30		11	18	7	2.5	2
	180									3
25	140	40			80					2
	220									3

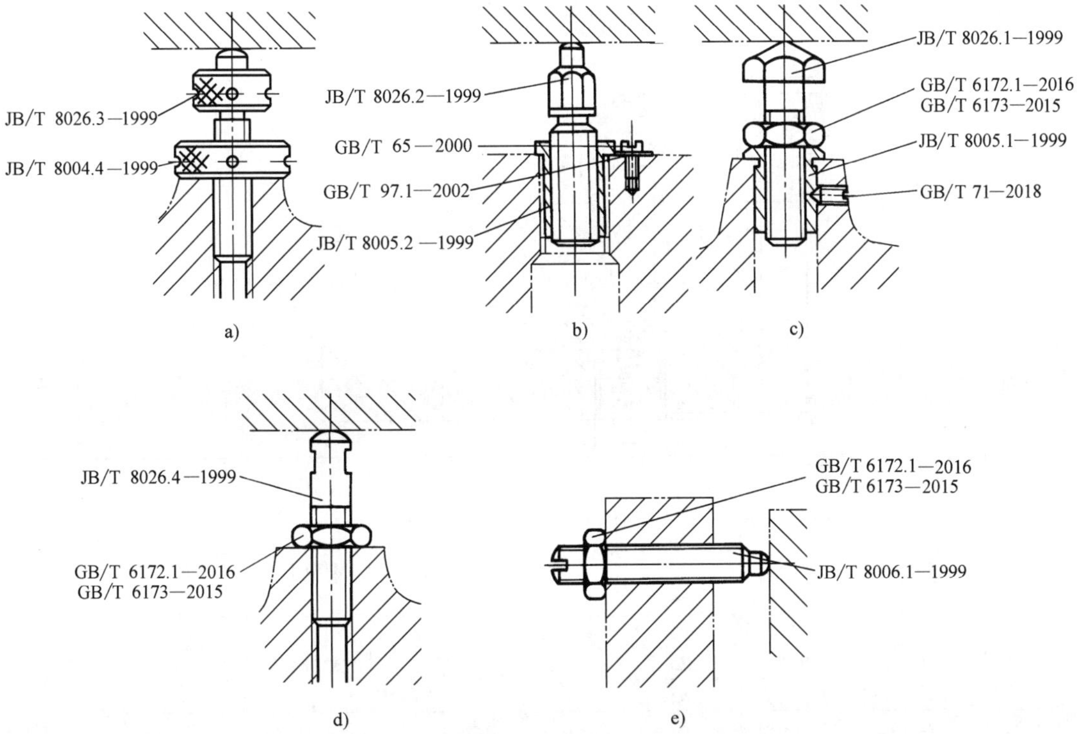

图 6.2-6　调节支承

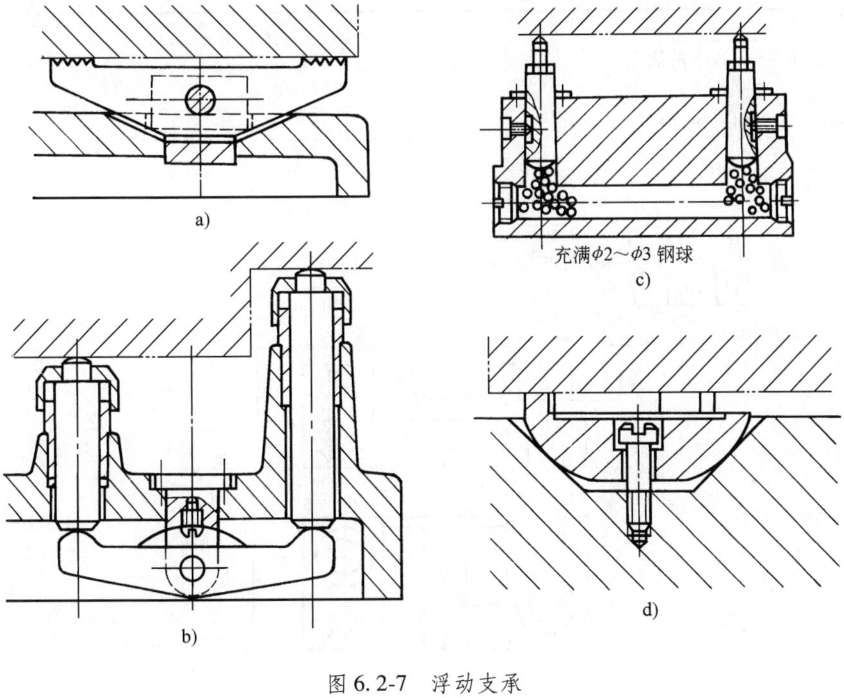

图 6.2-7　浮动支承

表 6.2-3　自动调节支承的规格尺寸（JB/T 8026.7—1999）　　（mm）

标记示例

d=12mm、H=45mm 的自动调节支承：支承　12×45　JB/T 8026.7—1999

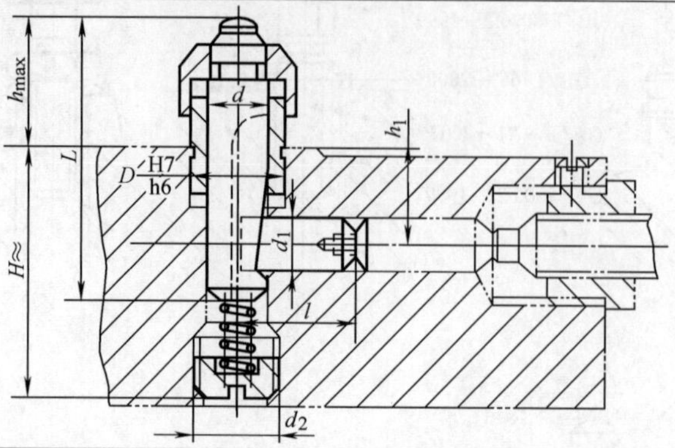

d	H ≈	h_{max}	L	D	d_1	d_2	h_1	l
12	45	32	58	16	10	M18×1.5	16	18.2
	49		62				20	
	55		68				26	
16	56	36	65	22	12	M22×1.5	18	22.3
	66		75				28	
	76		85				38	
20	72	45	85	26	16	M27×1.5	25	30.6
	82		95				35	
	92		115				45	

表 6.2-4　V 形块的规格尺寸（JB/T 8018.1—1999）　　（mm）

技术条件

材料：20 钢，按 GB/T 699—2015 的规定

热处理：渗碳深度 0.8~1.2mm，58~64HRC

其他技术条件按 JB/T 8044—1999 的规定

标记示例

N=24mm 的 V 形块：V 形块　24　JB/T 8018.1—1999

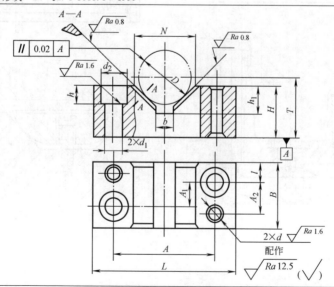

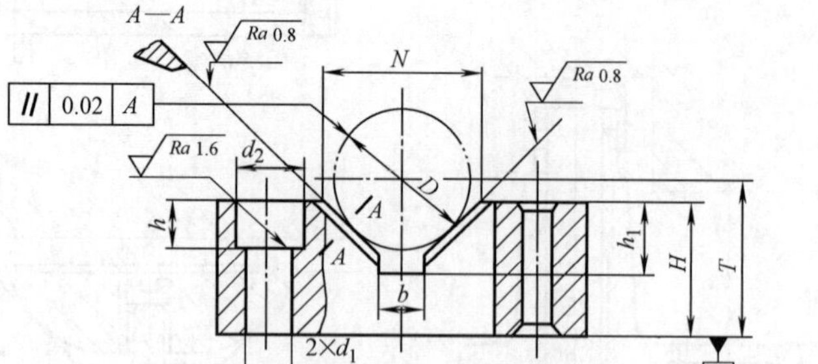

（续）

N	D	L	B	H	A	A_1	A_2	b	l	d 公称尺寸	d 极限偏差 H7	d_1	d_2	h	h_1
9	5~10	32	16	10	20	5	7	2	5.5	4	+0.012 0	4.5	8	4	5
14	>10~15	38	20	12	26	6	9	4	7			5.5	10	5	7
18	>15~20	46	25	16	32	9	12	6	8	5		6.6	11	6	9
24	>20~25	55		20	40			8							11
32	>25~35	70	32	25	50	12	15	12	10	6		9	15	8	14
42	>35~45	85	40	32	64	16	19	16	12	8	+0.015 0	11	18	10	18
55	>45~60	100		35	76			20							22
70	>60~80	125	50	42	96	20	25	30	15	10		13.5	20	12	25
85	>80~100	140		50	110			40							30

注：尺寸 T 按公式计算：$T=H+0.707D-0.5N$。

表 6.2-5　固定 V 形块的规格尺寸（JB/T 8018.2—1999）　　（mm）

技术条件
材料:20 钢,按 GB/T 699—2015 的规定 热处理:渗碳深度 0.8~1.2mm,58~64HRC 其他技术条件按 JB/T 8044—1999 的规定
标记示例
N=18mm 的 A 型固定 V 形块:V 形块　A18　JB/T 8018.2—1999

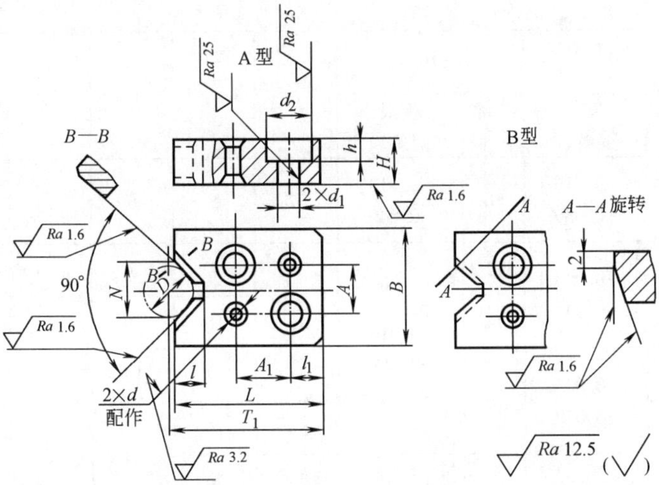

N	D	B	H	L	l	l_1	A	A_1	d 公称尺寸	d 极限偏差 H7	d_1	d_2	h
9	5~10	22	10	32	5	6	10	13	4	+0.012 0	4.5	8	4
14	>10~15	24	12	35	7	7		14	5		5.5	10	5
18	>15~20	28	14	40	10	8	12				6.6	11	6
24	>20~25	34	16	45	12	10	15	15	6				
32	>25~35	42		55	16	12	20	18	8	+0.015 0	9	15	8
42	>35~45	52	20	68	20	14	26	22	10		11	18	10
55	>45~60	65		80	25	15	35	28					
70	>60~80	80	25	90	32	18	45	35	12	+0.018 0	13.5	20	12

注：尺寸 T 按公式计算：$T=L+0.707D-0.5N$。

表 6.2-6 活动 V 形块的规格尺寸（JB/T 8018.4—1999）

（mm）

技术条件

材料:20 钢,按 GB/T 699—2015 的规定

热处理:渗碳深度为 0.8~1.2mm,58~64HRC

其他技术条件按 JB/T 8044—1999 的规定

标记示例

N=18mm 的 A 型活动 V 形块:V 形块 A18 JB/T 8018.4—1999

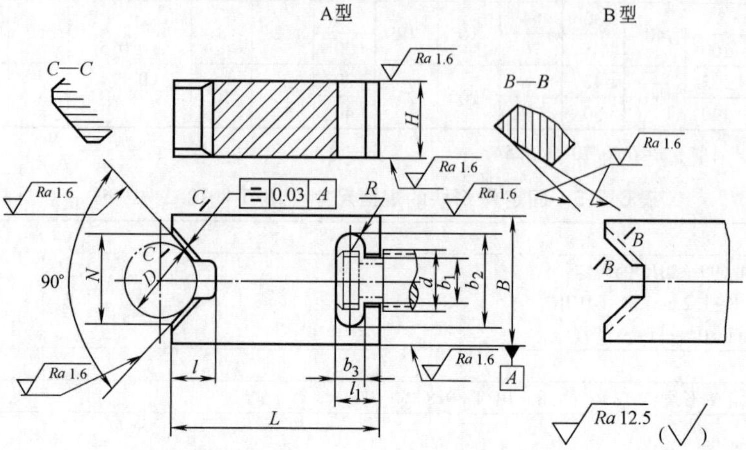

N	D	B		H		L	l	l_1	b_1	b_2	b_3	相配件 d
		公称尺寸	极限偏差 f7	公称尺寸	极限偏差 f9							
9	5~10	18	−0.016 −0.034	10	−0.013 −0.049	32	5	6	5	10	4	M6
14	>10~15	20	−0.020 −0.041	12	−0.016 −0.059	35	7	8	6.5	12	5	M8
18	>15~20	25		14		40	10	10	8	15	6	M10
24	>20~25	34	−0.025 −0.050	16		45	12	12	10	18	8	M12
32	>25~35	42				55	16	13	13	24	10	M16
42	>35~45	52	−0.030 −0.060	20	−0.020 −0.072	70	20					
55	>45~60	65				85	25	15	17	28	11	M20
70	>60~80	80		25		105	32					

表 6.2-7 导板的规格尺寸（JB/T 8019—1999）

（mm）

技术条件

材料:20 钢,按 GB/T 699—2015 的规定

热处理:渗碳深度 0.8~1.2mm,58~64HRC

其他技术条件按 JB/T 8044—1999 的规定

标记示例

b=20mm 的 A 型导板:导板 A20 JB/T 8019—1999

（续）

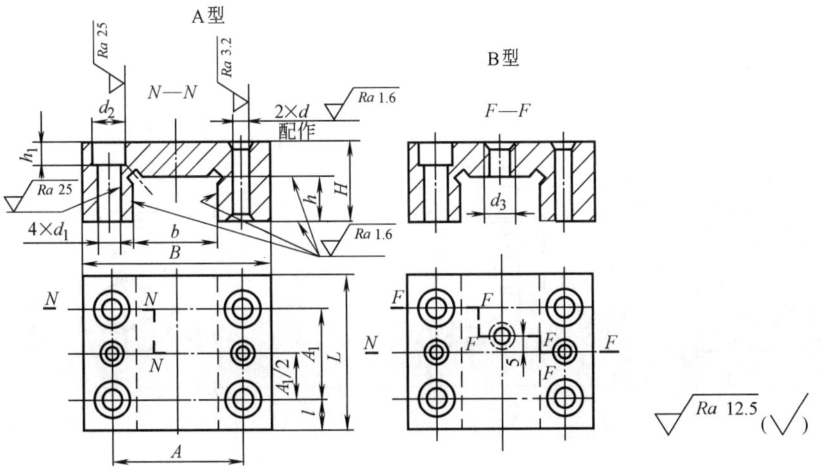

b 公称尺寸	b 极限偏差 H7	h 公称尺寸	h 极限偏差 H8	B	L	H	A	A_1	l	h_1	d 公称尺寸	d 极限偏差 H7	d_1	d_2	d_3
18	+0.018 0	10	+0.022 0	50	38	18	34	22	8	6	5	+0.012 0	6.6	11	M8
20	+0.021 0	12	+0.027 0	52	40	20	35		9						
25		14		60	42	25	42	24			6				
34	+0.025 0	16		72	50	28	52	28	11	8		+0.015 0	9	15	M10
42				90	60	32	65	34	13	10	8		11	18	
52	+0.030 0	20	+0.033 0	104	70	35	78	40	15		10				M12
65				120	80		90	48	15.5	12			13.5	20	
80		25		140	100	40	110	66	17		12	+0.018 0			

3. 工件以圆孔为定位基准的定位方法及定位元件

定位基准为圆孔的工件，常用定位销及定位心轴定位。此外，还可利用定心夹紧机构进行定位。

（1）定位销

它的主要结构类型分为固定式定位销（表 6.2-8）和可换定位销（表 6.2-9）两大类。前者可按过盈配合直接装在夹具体中，后者则可按间隙配合通过套筒再装在夹具体上。表 6.2-8 和表 6.2-9 中具有台阶的定位销，主要用于工件除以圆孔为定位基准外，同时还以垂直于圆孔轴线的端面也为定位基准的情况。两个表中的 B 型结构又称为削边定位销，它主要用于工件以两圆孔为定位基准的情况。

工件同时以圆孔和端面定位时，除可使用具有台阶的定位销外，还可用圆锥定位销，如图 6.2-8 所示。圆锥定位销多采用较大的锥度，此时相当于三点定位。

表 6.2-8　固定式定位销的规格尺寸（JB/T 8014.2—1999）　（mm）

技术条件
材料：$D\leqslant$18mm，T8 按 GB/T 1299—2014 的规定；$D>$18mm，20 钢按 GB/T 699—2015 的规定 热处理：T8 为 55～60HRC；20 钢渗碳深度 0.8～1.2mm，55～60HRC 其他技术条件按 JB/T 8044—1999 的规定
标记示例
D=11.5mm、公差带为 f7、H=14mm 的 A 型固定式定位销：定位销　A11.5f7×14　JB/T 8014.2—1999

（续）

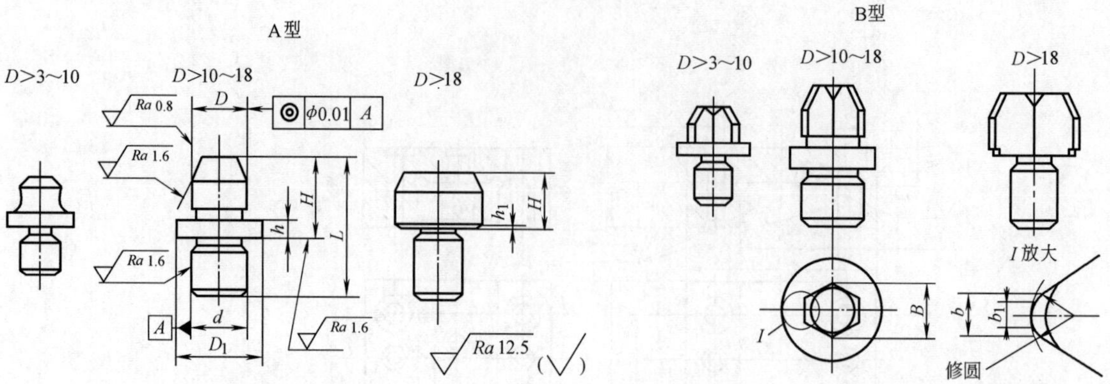

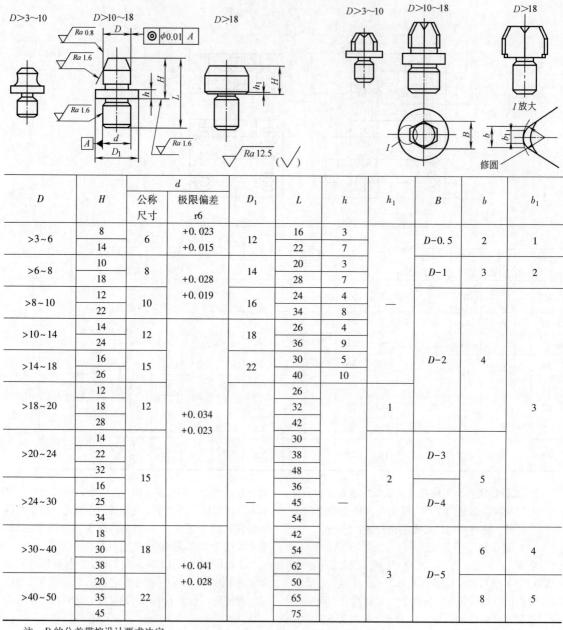

D	H	d 公称尺寸	d 极限偏差 r6	D_1	L	h	h_1	B	b	b_1
>3~6	8	6	+0.023 +0.015	12	16	3	—	D−0.5	2	1
	14				22	7				
>6~8	10	8	+0.028 +0.019	14	20	3		D−1	3	2
	18				28	7				
>8~10	12	10		16	24	4		D−2	4	3
	22				34	8				
>10~14	14	12	+0.034 +0.023	18	26	4				
	24				36	9				
>14~18	16	15		22	30	5				
	26				40	10				
>18~20	12	12		—	26	—	1			
	18				32					
	28				42					
>20~24	14	15			30		2	D−3	5	
	22				38					
	32				48					
>24~30	16				36			D−4		
	25				45					
	34				54					
>30~40	18	18	+0.041 +0.028		42		3	D−5	6	4
	30				54					
	38				62					
>40~50	20	22			50				8	5
	35				65					
	45				75					

注：D 的公差带按设计要求决定。

表 6.2-9 可换定位销的规格尺寸（JB/T 8014.3—1999） （mm）

技术条件
材料：D≤18mm，T8 按 GB/T 1299—2014 的规定；D>18mm，20 钢按 GB/T 699—2015 的规定 热处理：T8 为 55~60HRC；20 钢渗碳深度 0.8~1.2mm，55~60HRC 其他技术条件按 JB/T 8044—1999 的规定
标记示例
D=12.5mm、公差带为 f7、H=14mm 的 A 型可换定位销：定位销 A12.5f7×14 JB/T 8014.3—1999

（续）

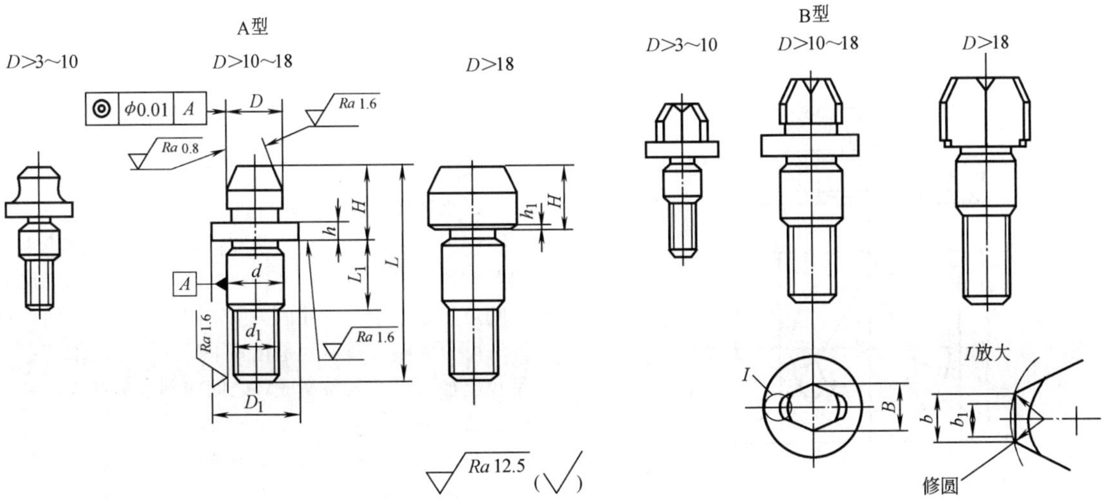

D	H	d 公称尺寸	d 极限偏差 h6	d_1	D_1	L	L_1	h	h_1	B	b	b_1
>3~6	8	6	0 −0.008	M5	12	26	8	3	—	D−0.5	2	1
	14					32		7				
>6~8	10	8	0 −0.009	M6	14	28		3		D−1	3	2
	18					36		7				
>8~10	12	10	0 −0.009	M8	16	35	10	4		D−2	4	3
	22					45		8				
>10~14	14	12	0 −0.011	M10	18	40	12	4				
	24					50		9				
>14~18	16	15		M12	22	46	14	5				
	26					56		10				
>18~20	12	12	0 −0.011	M10	—	40	12	—	1	D−2	4	3
	18					46						
	28					55						
>20~24	14	15		M12		45	14		2	D−3	5	
	22					53						
	32					63						
>24~30	16					50	16			D−4		
	25					60						
	34					68						
>30~40	18	18	0 −0.013	M16		60	20		3	D−5	6	4
	30					72						
	38					80						
>40~50	20	22		M20		70	25				8	5
	35					85						
	45					95						

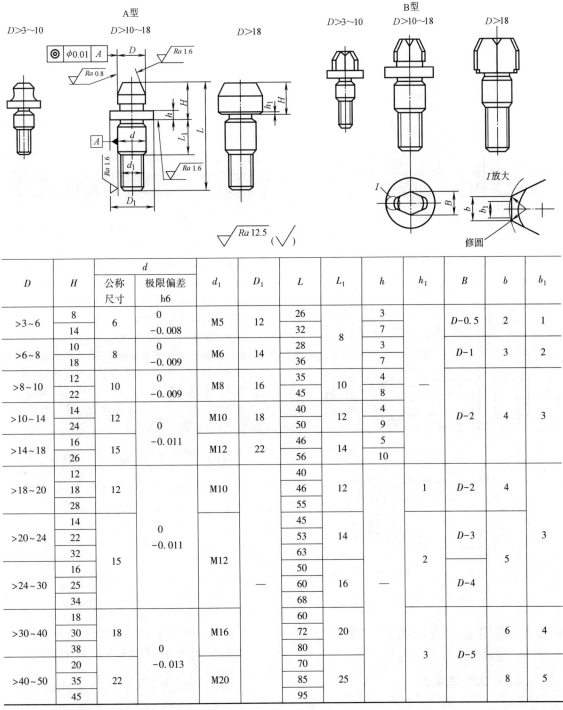

注：D 的公差带按设计要求决定。

（2）定位心轴

图 6.2-9 是常用圆柱心轴的三种主要结构示例。图 6.2-9a 是过盈配合心轴，装卸工件时既不方便又很慢，但可以对工件的两个端面进行加工；图 6.2-9b 是间隙配合心轴，因此装卸工件比较方便，但定心精度较差，主要用在工件端面也起定位基准作用的情况下。图 6.2-9c 是一种定心夹紧心轴，该心轴利用钢球外移的作用，迫使薄壁套外涨，从而使工件得到定心夹紧。

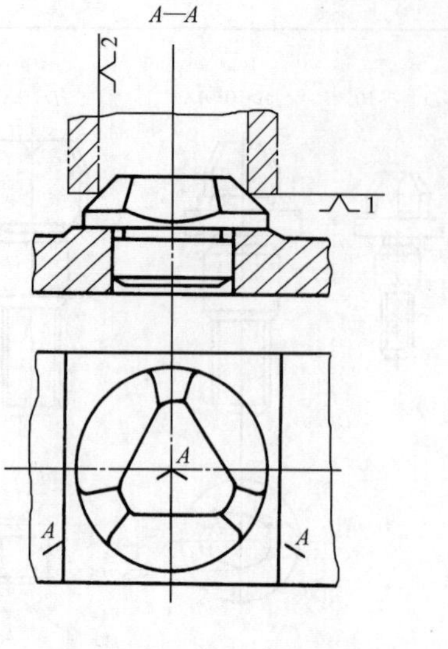

图 6.2-8　圆锥定位销

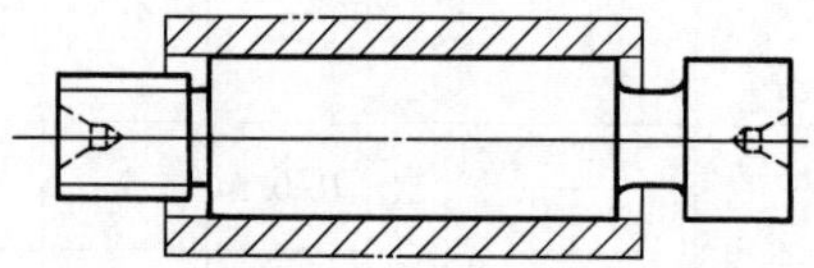

a)

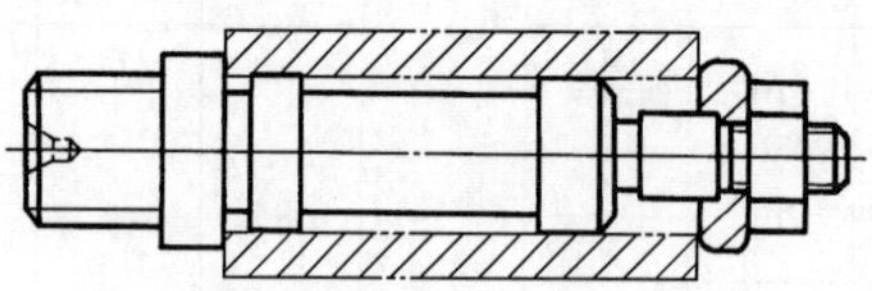

b)

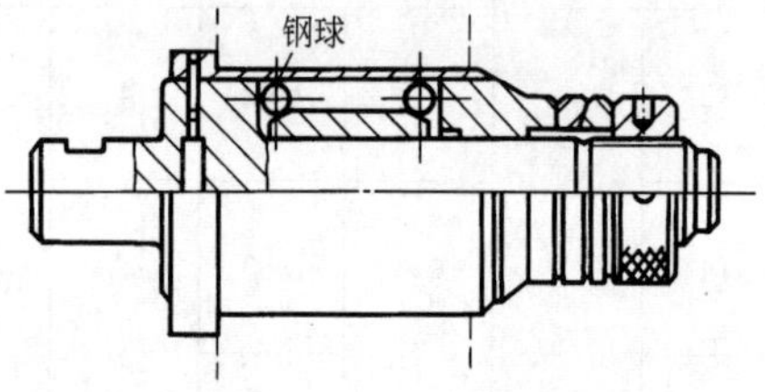

c)

图 6.2-9　圆柱心轴

6.2.3　常用定位方法的定位误差分析与计算

1. 定位误差产生的原因

任意一批工件装夹在夹具中进行加工时，引起加工尺寸产生误差的主要原因有两类：

1）由于定位基准本身的尺寸和几何形状误差，以及定位基准与定位元件之间的间隙，所引起的同批工件定位基准沿加工尺寸方向（或沿指定轴向）的最大位置变动，称为定位基准位置误差，以 Δ_{wz} 表示。

2）由于工序基准与定位基准不重合，所引起的同批工件工序基准相对于定位基准而言沿加工尺寸方向（或沿指定轴向）的最大位置变动，称为基准不重合误差，以 Δ_{bc} 表示。

上述两类误差之和即为定位误差，故可得

$$\Delta_{dw} = \Delta_{wz} + \Delta_{bc} \tag{6.2-1}$$

2. 定位误差的计算

产生定位误差的定位基准位置误差和基准不重合误差，各自又可能包括许多组成环，它们与加工尺寸之间可能是一个空间几何关系。因此定位误差的计算方法可分为两大类：一是化为平面几何方法求解；二是找出加工尺寸与各组成环之间的函数关系式，利用微分法求解。

几何解法，一般可先在不考虑加工尺寸方向的情况下，把常用各种定位法中，沿指定坐标轴方向上的定位基准位置误差和基准不重合误差分别求出来。这样每次求具体情况下的定位误差时，只要根据沿指定轴向的定位基准位置误差和基准不重合误差，再通过几何换算即可求得最后结果。

下面对定位误差微分解法的基本原理进行叙述。

根据全微分定义得知，若将同批工件在夹具中定位后所得的加工尺寸 A，视作其他所有影响它的尺寸变化的诸因素（即尺寸 x_1、x_2、x_3 等）的函数，则只要能列出 A 与 x_1、x_2、x_3 等的关系式，即可得出全微分的公式，即

$$\mathrm{d}A = \frac{\partial\phi}{\partial x_1}\mathrm{d}x_1 + \frac{\partial\phi}{\partial x_2}\mathrm{d}x_2 + \frac{\partial\phi}{\partial x_3}\mathrm{d}x_3 + \cdots$$

其中，$\mathrm{d}A$ 代表同批工件由于 x_1，x_2，x_3 等诸因素的影响，所产生的 A 的微小变化量，即定位误差 Δ_{dw}，而 $\mathrm{d}x_1$，$\mathrm{d}x_2$，$\mathrm{d}x_3$，…代表同批工件 x_1，x_2，x_3，…的微小变化量，即各尺寸的公差 T_{x1}，T_{x2}，T_{x3}，…，最终得

或 $A=\phi(x_1, x_2, x_3, \cdots)$，则

$$\Delta_{dw} = \frac{\partial\phi}{\partial x_1}T_{x1} + \frac{\partial\phi}{\partial x_2}T_{x2} + \frac{\partial\phi}{\partial x_3}T_{x3} + \cdots \tag{6.2-2}$$

综上所述，用微分法求定位误差的步骤如下：

1）列出加工尺寸 A 与各相关尺寸之间的函数式，即 $A = \phi(x_1, x_2, x_3, \cdots)$。

2）对 A 的函数式中有尺寸变化量的诸尺寸 x_1，x_2 等求偏微分，得$\frac{\partial\phi}{\partial x_1}$，$\frac{\partial\phi}{\partial x_2}$等。

3）找出有尺寸变化量诸尺寸 x_1，x_2 等的公差 T_{x1}，T_{x2} 等。

4）代入微分式（6.2-2），即得定位误差的最后结果。

由上述步骤可知，求定位误差时，由于微分解法列加工尺寸 A 的函数式有时较为困难，故往往多用几何解法。但从理论上说，微分解法可以应用于任何复杂的定位情况，并可使用计算机而求得精确解。

(1) 常用单定位基准定位法的定位基准位置误差与基准不重合误差

常用单定位基准定位方法中，沿指定坐标轴方向上的定位基准位置误差及某些难判定的基准不重合误差，可以综合得出表 6.2-10。

表 6.2-10　常用单定位基准定位法的定位基准位置误差与基准不重合误差

序号	定位方法	定位草图	定位基准位置误差 Δ_{wz}	基准不重合误差 Δ_{bc}
1	以平面为定位基准，以支承钉或支承板或平面为定位元件	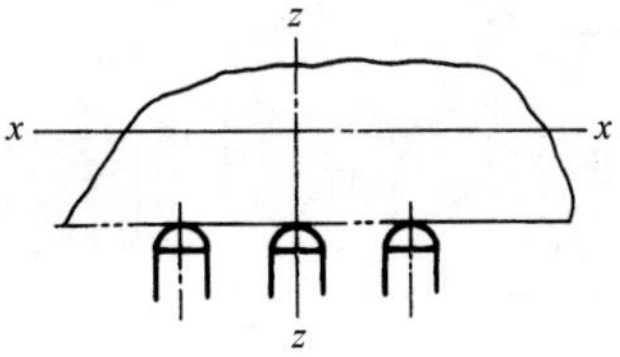	$\Delta_{wz(z)}=0$ $\Delta_{wz(x)}=\infty$	为工序基准与定位基准间所有关系尺寸的公差之和
2	以圆孔为定位基准，以圆柱心轴或圆柱定位销为定位元件（以外圆柱面为定位基准，以圆孔为定位元件的情况亦同）	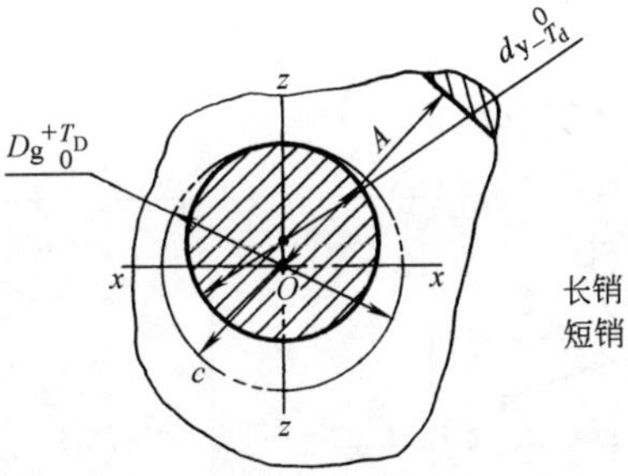长销：$\sqrt{}$4 短销：$\sqrt{}$2 O—定位基准　c—工序基准	1. 间隙配合 1) 定位元件位于垂直（或虽位于水平但工件与定位元件可朝任一方向靠） $\Delta_{wz(径向)}=T_D+T_d+\Delta_{min}$	$\Delta_{bc(c)}=0$
			2) 定位元件位于水平，工件只能向下靠 $\Delta_{wz(x)}\approx 0$ $\Delta_{wz(z)}=\dfrac{T_D+T_d}{2}$	$\Delta_{bc(c)}=\dfrac{T_D}{2}$
			2. 过渡配合 $\Delta_{wz(径向)}=0$	$\Delta_{bc(c)}=\dfrac{T_D}{2}$
3	以圆孔为定位基准，以圆锥心轴或圆锥定位销为定位元件	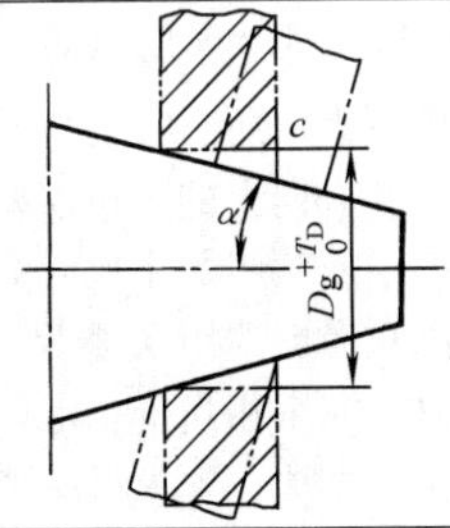长销：$\sqrt{}$5 短销：$\sqrt{}$3	$\Delta_{wz(径向)}\approx 0$ $\Delta_{wz(轴向)}=\dfrac{T_D}{2\tan\alpha}$	$\Delta_{bc(c)}=\dfrac{T_D}{2}$
4	以外圆柱面为定位基准，以 V 形块为定位元件	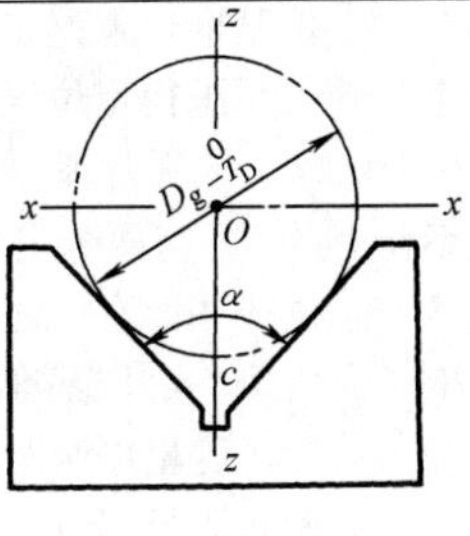长 V 形块：$\sqrt{}$4 短 V 形块：$\sqrt{}$2 O—定位基准　c—工序基准	$\Delta_{wz(z)}=\dfrac{T_D}{2\sin\dfrac{\alpha}{2}}$ $\Delta_{wz(x)}=0$	$\Delta_{bc(c)}=\dfrac{T_D}{2}$

（续）

序号	定位方法	定位草图	定位基准位置误差 Δ_{wz}	基准不重合误差 Δ_{bc}
5	以外圆柱面为定位基准，以半圆孔为定位元件	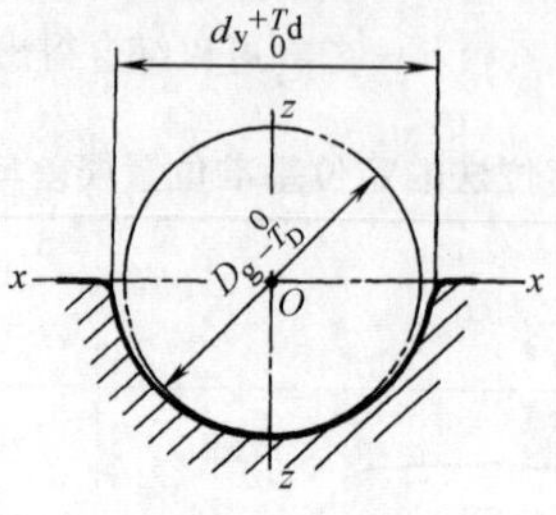 长半径孔：∨2 短半径孔：∨1	$\Delta_{wz(x)} \approx 0$ $\Delta_{wz(z)} = \dfrac{T_D + T_d}{2}$	
6	以外圆柱面为定位基准，以平面为定位元件	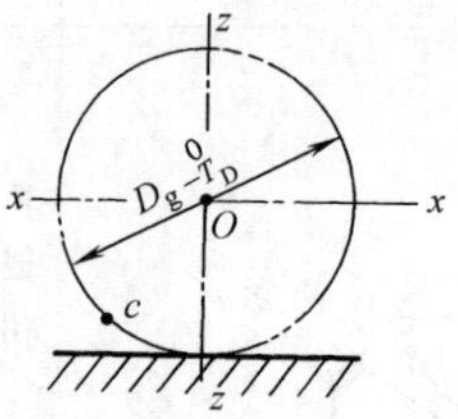	$\Delta_{wz(x)} \approx \infty$ $\Delta_{wz(z)} = \dfrac{T_D}{2}$	$\Delta_{bc(c)} = \dfrac{T_D}{2}$
7	以锥孔为定位基准，以锥体为定位元件	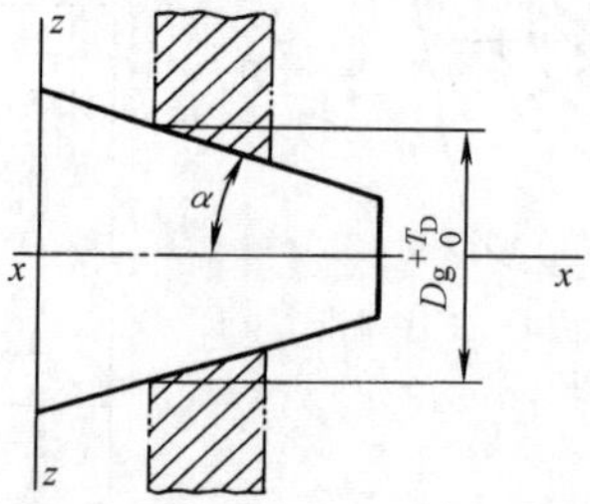	$\Delta_{wz(轴向)} = \dfrac{T_D}{2\tan\alpha}$ $\Delta_{wz(径向)} \approx 0$	

注：T_D—工件直径 D_g 的公差；T_d—定位元件直径 d_y 的公差；Δ_{min}—最小配合间隙。

(2) 常用两定位基准定位法的定位误差计算

常用的两定位基准定位法中，可能有好几个工序基准，每个工序基准与定位基准又可能是通过一、两组关系尺寸而相互联系。工序基准与定位基准的相互关系，一般可能有如图 6.2-10 所示的几种不同情况。

图 6.2-10a 表示工序基准分别通过两组关系尺寸（图中只用两个单尺寸 L_1、L_2 表示）而与第一、第二个定位基准发生关系，但第一组关系尺寸只与第一个定位基准发生关系，而第二组关系尺寸只与第二个定位基准发生关系。图 6.2-10b 表示虽然通过两组关系尺寸与定位基准发生关系，但其中一组关系尺寸（图中只以一个尺寸 L'表示）只与一个定位基准发生关系，而另一组关系尺寸（图中只以一个尺寸 L 表示）则同时与两个定位基准发生关系。

显而易见，只要先分别得知各定位基准通过各组关系尺寸最终对于加工尺寸的影响，然后综合起来，即可得出所有各定位基准以及各关系尺寸对于该加工尺寸方向上的定位误差。

若某组关系尺寸只与某一个定位基准发生关系，则只考虑这组关系尺寸及这一定位基准的定位情况时，完全相当于单定位基准的定位法，于是可按单定位基准法，先求得所考虑的定位基准及关系尺寸的定位基准位置误差及基准不重合误差，然后即可按几何关系求得定位误差。

当工序基准的某一组关系尺寸，如图 6.2-10b 中的 L，与两个定位基准同时发生关系时，往往可以抓住一些元素，通过寻求它的极端情况，而使问题简化为按单定位基准的定位法进行求解。

这里以两圆孔定位基准如何求定位误差为例，如图 6.2-11 所示，设孔 O_1、O_2 为两个定位基准，已知其沿 z 轴方向的定位基准位置误差为 $\Delta_{wz1(z)}$ 和 $\Delta_{wz2(z)}$，并设工序基准为 G_A、G_B，各自通过一组关

系尺寸 L'、L''与 O_1、O_2 同时发生关系。同批工件定位以后，O_1O_2 连线产生位置变动的最坏极端情况为图中的 EF、DP 与 DF、EP。

当工序基准为 G_A（即在两定位基准之间）时，产生 O_1O_2 位置误差沿 z 轴方向的最坏极端情况应为 EF 与 DP，故此时 O_1O_2 连线的角度位置误差 α'_{wz} 为

$$\tan\alpha'_{wz} = \frac{\Delta_{wz2(z)} - \Delta_{wz1(z)}}{2L}$$

所以 $$\Delta_{wzA(z)} = \Delta_{wz2(z)} - 2L'_2\tan\alpha'_{wz}$$

或 $$\Delta_{wzA(z)} = \Delta_{wz2(z)} - \frac{L'_2}{L}(\Delta_{wz2(z)} - \Delta_{wz1(z)})$$

当工序基准为 G_B（即在两定位基准之右侧）时，产生 O_1O_2 位置误差沿 z 轴方向的最坏极端情况应为 DF 与 EP，故此时 O_1O_2 连线的角度位置误差 α_{wz} 为

$$\tan\alpha_{wz} = \frac{\Delta_{wz2(z)} + \Delta_{wz1(z)}}{2L}$$

所以 $$\Delta_{wzB(z)} = \Delta_{wz2(z)} + 2L_2\tan\alpha_{wz}$$

或 $$\Delta_{wzB(z)} = \Delta_{wz2(z)} + \frac{L_2}{L}(\Delta_{wz2(z)} + \Delta_{wz1(z)})$$

以上所求得的定位基准位置误差，都是沿 z 轴方向而言的。如果工序基准与定位基准相重合，而且加工尺寸方向也沿 z 轴方向，则上述求得的定位基准位置误差 $\Delta_{wzA(z)}$ 和 $\Delta_{wzB(z)}$ 即为定位误差。

常用两定位基准定位法中，各基准的位置误差和两个基准的角度位置误差，可以综合得出表 6.2-11。

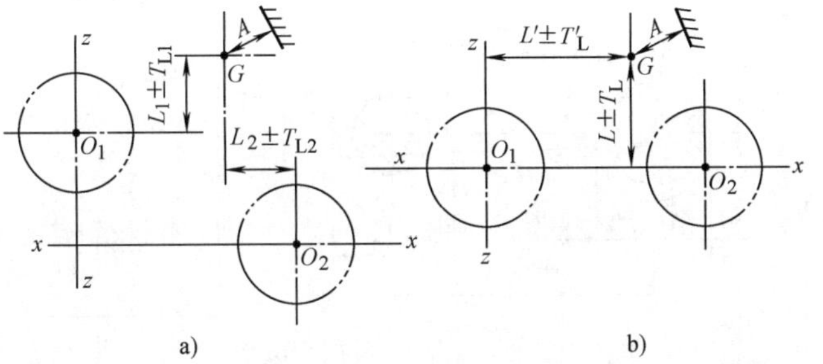

图 6.2-10　两定位基准时，工序基准与定位基准的关系示例

O_1、O_2—定位基准　G—工序基准

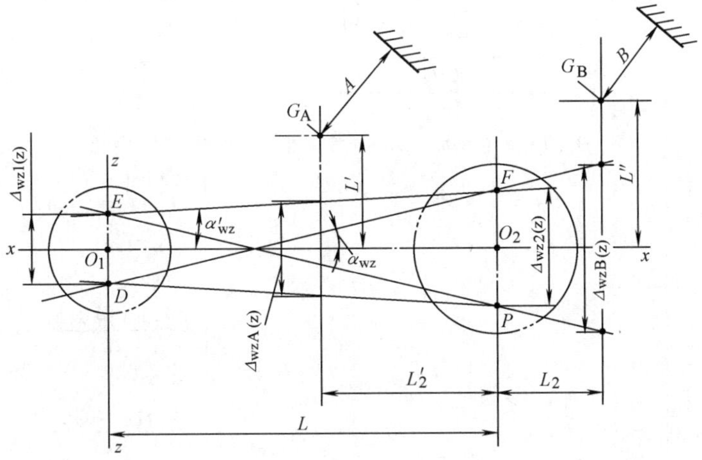

图 6.2-11　两定位基准求定位基准位置误差示例

O_1、O_2—定位基准　G_A、G_B—工序基准

表 6.2-11　常用两定位基准定位法的定位基准位置误差和基准不重合误差

序号	定位方法	定位及元件草图	定位基准位置误差; 基准不重合误差	备　注
1	两圆孔为定位基准,两圆柱销为定位元件,使第一孔得到较准确的定位	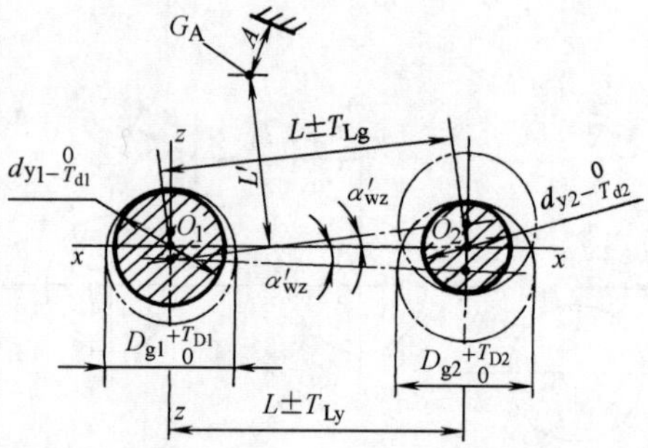	$\Delta_{wz1(x)}$ $=\Delta_{wz1(z)}$ $=T_{d1}+T_{D1}+\Delta_{min1}$ $\Delta_{wz2(x)}$ $=\Delta_{wz1(x)}+2T_{Lg}$ $\Delta_{wz2(z)}$ $=T_{d2}+T_{D2}-\Delta_{min2}+2T_{Ly}+2T_{Lg}$ $\tan\alpha_{wz}$ $\approx\dfrac{\Delta_{wz2(z)}+\Delta_{wz1(z)}}{2L}$ $\tan\alpha'_{wz}$ $=\dfrac{\Delta_{wz2(z)}-\Delta_{wz1(z)}}{2L}$	Δ_{min1}—第一销与第一孔的最小配合间隙,$\Delta_{min1}=D_{g1}-d_{y1}$ Δ_{min2}—为使最坏极端情况时易于配合的第二孔与第二销的最小配合间隙
2	两圆孔为定位基准,两圆柱销为定位元件,两销沿中心连线方向均起定位作用	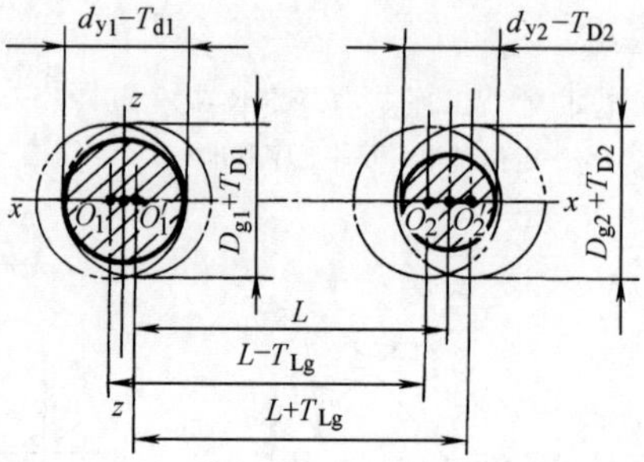 O_1、O_2—定位基准　G_A—工序基准	$\Delta_{wz1(x)}$ $=\Delta_{wz1(z)}$ $=T_{d1}+T_{D1}+\Delta_{min1}+T_{Ly}+T_{Lg}$ $\Delta_{wz2(x)}$ $=\Delta_{wz2(z)}$ $=T_{d2}+T_{D2}+\Delta_{min2}+T_{Ly}+T_{Lg}$ $\tan\alpha_{wz}$ $\approx\dfrac{\Delta_{wz2(z)}+\Delta_{wz1(z)}}{2L}$ $\tan\alpha'_{wz}$ $\approx\dfrac{\Delta_{wz2(z)}-\Delta_{wz1(z)}}{2L}$	

（续）

序号	定位方法	定位及元件草图	定位基准位置误差；基准不重合误差	备　注
3	两圆孔为定位基准，一圆柱销及一削边销为定位元件，使第一孔得到较准确的定位	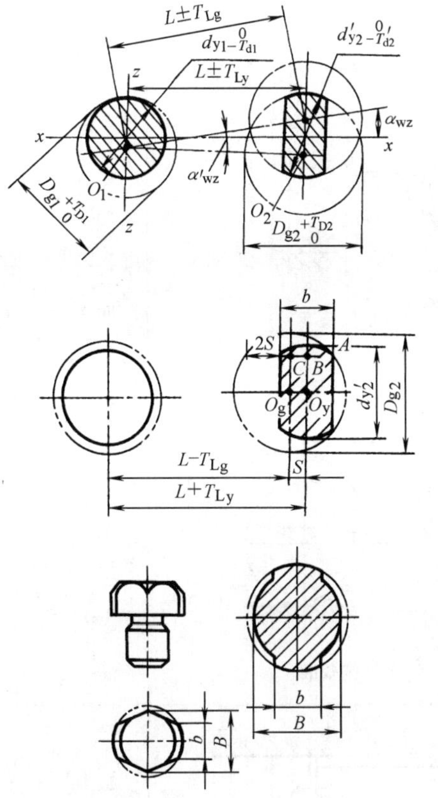 O_1、O_2—定位基准	$\Delta_{wz1(x)}$ $=\Delta_{wz1(z)}$ $=T_{d1}+T_{D1}+\Delta_{min1}$ $\Delta_{wz2(x)}$ $=\Delta_{wz1(x)}+2T_{Lg}$ $\Delta_{wz2(z)}$ $=T_{D2}+T'_{d2}+\Delta'_{min2}$ $\tan\alpha_{wz}$ $\approx\dfrac{\Delta_{wz2(z)}+\Delta_{wz1(z)}}{2L}$ $\tan\alpha'_{wz}$ $=\dfrac{\Delta_{wz2(z)}-\Delta_{wz1(z)}}{2L}$	Δ'_{min2}—削边销圆弧部分与第二孔的最小配合间隙 削边销的宽 b 为 $b\leqslant\dfrac{D_{g2}\Delta'_{min2}}{2S}$ $(S=T_{Lg}+T_{Ly})$
4	两外圆柱表面为定位基准，两 V 形块为定位元件	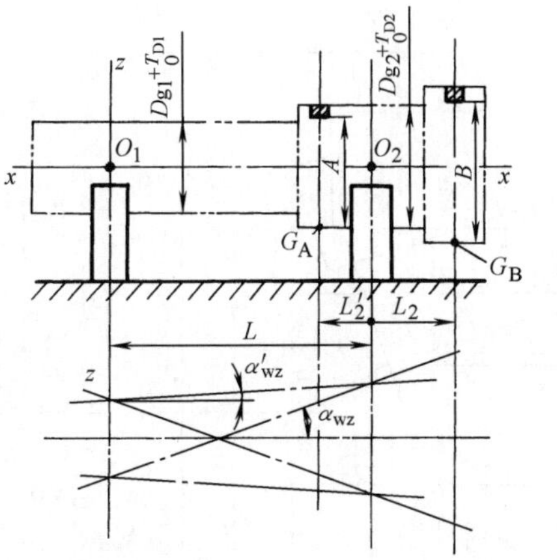 O_1、O_2—定位基准　G_A、G_B—工序基准	$\Delta_{wz1(z)}=\dfrac{T_{D1}}{2\sin\dfrac{\alpha_1}{2}}$ $\Delta_{wz2(z)}=\dfrac{T_{D2}}{2\sin\dfrac{\alpha_2}{2}}$ $\tan\alpha_{wz}$ $=\dfrac{\Delta_{wz2(z)}+\Delta_{wz1(z)}}{2L}$ $\tan\alpha'_{wz}$ $=\dfrac{\Delta_{wz2(z)}-\Delta_{wz1(z)}}{2L}$ Δ_{wzA} $=\Delta_{wz2(z)}-2L'_2\tan\alpha'_{wz}$ Δ_{wzB} $=\Delta_{wz2(z)}+2L_2\tan\alpha_{wz}$ Δ_{bcA}、Δ_{bcB} 分别等于 G_A、G_B 与 O_1O_2 之间关系尺寸的公差	α_1，α_2—第一、第二个 V 形块的工作面夹角

（续）

序号	定位方法	定位及元件草图	定位基准位置误差；基准不重合误差	备　注
5	两外圆柱表面为定位基准，一V形块及一平面支承板为定位元件，V形块与支承板底面相平行	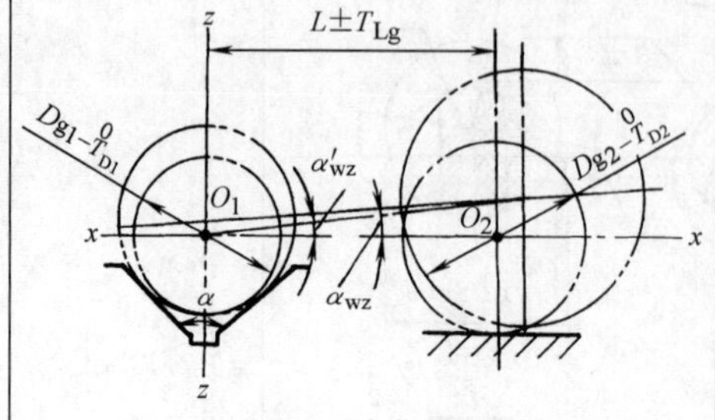 O_1、O_2—定位基准	$\Delta_{wz1(x)}=0$ $\Delta_{wz1(z)}=\dfrac{T_{D1}}{2\sin\dfrac{\alpha}{2}}$ $\Delta_{wz2(x)}=2T_{Lg}$ $\Delta_{wz2(z)}=\dfrac{T_{D2}}{2}$ $\tan\alpha_{wz}\approx\dfrac{\Delta_{wz1(z)}+\Delta_{wz2(z)}}{L}$ $\tan\alpha'_{wz}\approx\dfrac{\Delta_{wz2(z)}-\Delta_{wz1(z)}}{L}$	
6	两外圆柱表面为定位基准，一V形块及一平面支承板为定位元件，V形块与支承板底面相垂直	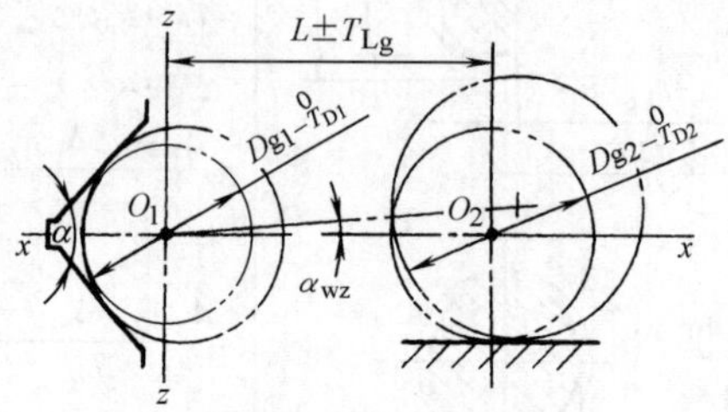 O_1、O_2—定位基准	$\Delta_{wz1(x)}=\dfrac{T_{D1}}{2\sin\dfrac{\alpha}{2}}$ $\Delta_{wz1(z)}=0$ $\Delta_{wz2(x)}=\Delta_{wz1(x)}+2T_{Lg}$ $\Delta_{wz2(z)}=\dfrac{T_{D2}}{2}$ $\tan\alpha_{wz}\approx\dfrac{\Delta_{wz2(z)}}{L}$	
7	两外圆柱表面为定位基准，一固定V形块及一活动V形块为定位元件	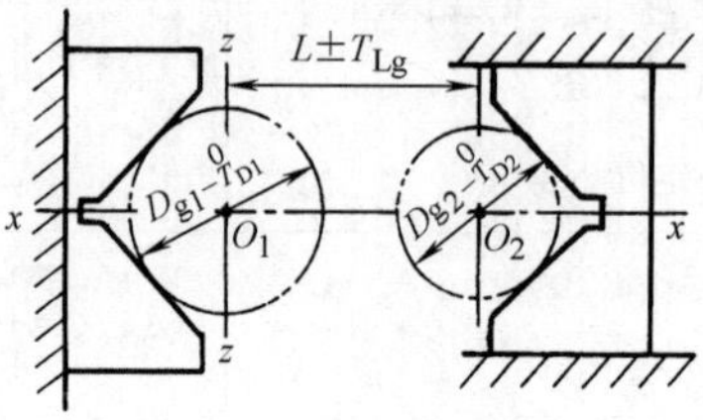 O_1、O_2—定位基准	$\Delta_{wz1(x)}=\dfrac{T_{D1}}{2\sin\dfrac{\alpha}{2}}$ $\Delta_{wz1(z)}=0$ $\Delta_{wz2(z)}=0$ $\Delta_{wz2(x)}=\Delta_{wz1(x)}+2T_{Lg}$	
8	以两平行的平面为定位基准；以支承钉为定位元件	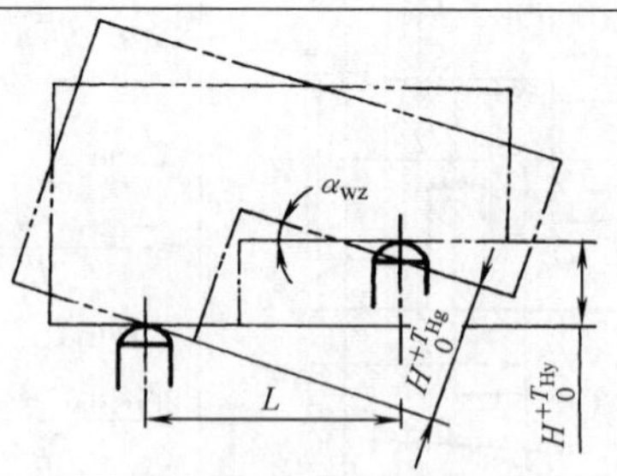 	$\tan\alpha_{wz}\approx\dfrac{T_{Hg}+T_{Hy}}{L}$	
9	以一平面及一圆孔为定位基准，以削边销及支承钉为定位元件，使平面得到较准确的定位	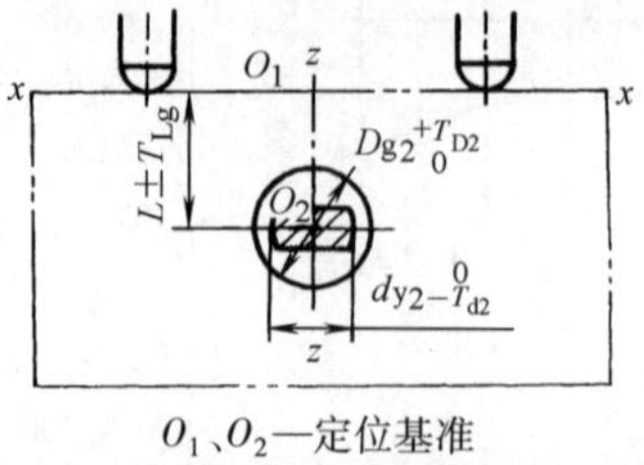 O_1、O_2—定位基准	$\Delta_{wz1(z)}=0$ $\Delta_{wz1(x)}$ $=\Delta_{wz2(x)}$ $=T_{D2}+T_{d2}+\Delta'_{min2}$ $\Delta_{wz2(z)}=2T_{Lg}$	Δ'_{min2}—定位孔与削边销圆弧部分的最小配合间隙

（续）

序号	定位方法	定位及元件草图	定位基准位置误差；基准不重合误差	备　注
10	以一平面及一圆孔为定位基准，以定位销及支承钉为定位元件，使孔得到较准确的定位	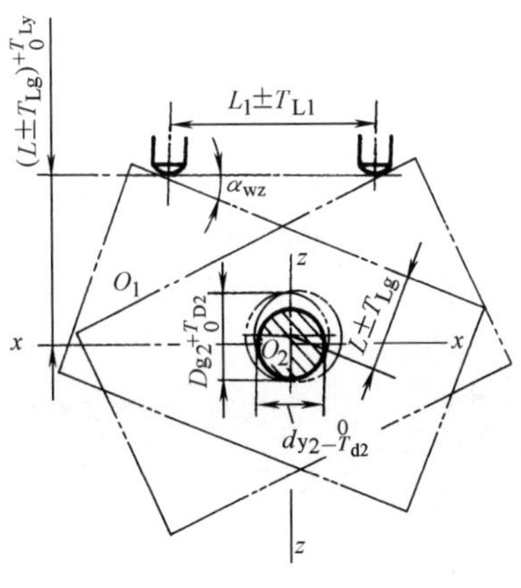 O_1、O_2—定位基准	$\Delta_{wz2(x)}$ $=\Delta_{wz2(z)}$ $=T_{D2}+T_{d2}+\Delta_{min2}$ $\tan\alpha_{wz}$ $\approx\dfrac{2\left(2T_{Lg}+T_{Ly}+\dfrac{\Delta_{wz2(z)}}{2}\right)}{L_1}$	Δ_{min2}—定位孔与定位销的最小配合间隙

6.3　工件在夹具中的夹紧

夹紧的目的是保证工件在夹具中的定位，不致因加工时受切削力、重力或伴生力（离心力、惯性力、热应力等）的作用而产生移动或振动。

夹紧装置是夹具完成夹紧作用的一个重要而不可缺少的组成部分，除非工件在加工过程中所受到的各种力不会使它离开定位时所确定的位置，才可以没有夹紧装置。夹紧装置设计的优劣，对于提高夹紧的精度和工作效率、减轻劳动强度都有很大影响。

夹紧装置可按夹紧机构的类型和夹紧装置的动力源来分类，如图 6.3-1 所示。

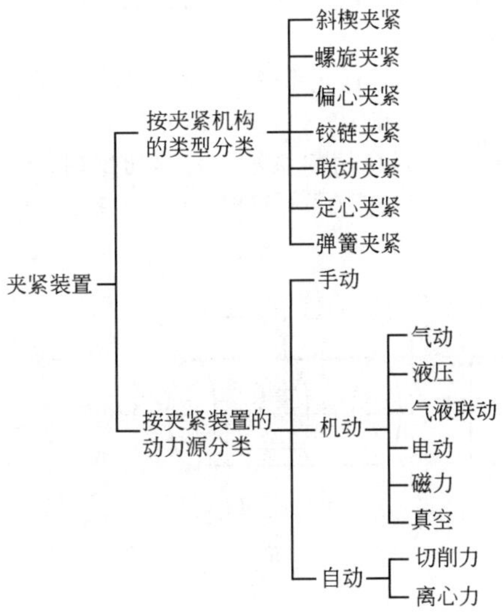

图 6.3-1　夹紧装置的分类

设计夹紧装置时，应满足下述主要要求：

1）夹紧装置在对工件夹紧时，不应破坏工件的定位，为此，必须正确选择夹紧力的方向及着力点。

2）夹紧力的大小应该可靠、适当，要保证工件在夹紧后的变形和受压表面的损伤不致超出允许范围。

3）夹紧装置结构简单合理，夹紧动作要迅速，操纵方便、省力和安全。

4）夹紧力或夹紧行程在一定范围内可进行调整和补偿。

6.3.1　确定夹紧力的基本原则

1. 夹紧力计算的假设条件

为简便起见，在计算夹紧力时，规定了如下的假设条件：

1）把夹紧力的动态性质假设为静态性质。

2）把夹具和工件的柔性系统假设为刚性系统。

3）在切削过程中，把切削力、材料以及温度等变化因素假设为在最不利的条件下固定不变。

应当指出，通过对夹紧力的动态测试结果，不难看出，夹紧力在切削过程中是在不断地变化着的。对于工件精度要求很高或对工件变形控制很严的情况下，夹紧力的计算和夹紧装置的结构选择都要更加精确，必要时应采取夹紧力的闭环控制系统。根据对夹紧力的动态识别和工件的变形值，对夹紧力进行动态调节，实现夹紧的智能化。这种智能化的夹紧装置在智能机器人中已得到了应用。

2. 夹紧装置设计的内容和步骤

设计夹紧装置时，可按以下四个步骤确定夹紧力：

1）根据工序图绘制夹紧力示意图，在图中应标明夹紧力的作用点与方向及应考虑的其他力的作用情况。

2）计算所需夹紧力。

3）确定夹紧元件结构。

4）确定夹紧装置所能产生的夹紧力。

① 夹紧力的作用点及作用方向。在选择夹紧力的作用点及作用方向时应考虑以下几点：

a. 夹紧力应有助于定位，而不应破坏定位。在夹紧力作用下，工件不应离开支承点。首先要保证主要定位基准与定位元件可靠接触，最好使工件对各个支承都有一定的压力。如图 6. 3-2 所示定位情况，应使夹紧力 W_1 作用在主要定位基准的中心位置，以便对主要定位基准 A、B、C 支承点均产生压力。若有两个夹紧力，则 W_2 应垂直作用在 D 点。在这种情况下，也可用夹紧力 W_3 代替 W_1 与 W_2 同时作用在主要定位支承上和辅助定位支承上，使工件得到可靠定位。

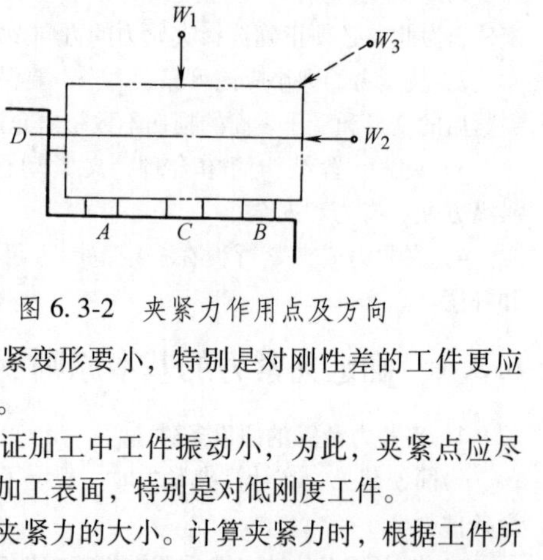

图 6. 3-2 夹紧力作用点及方向

b. 夹紧变形要小，特别是对刚性差的工件更应予以注意。

c. 保证加工中工件振动小，为此，夹紧点应尽量接近被加工表面，特别是对低刚度工件。

② 夹紧力的大小。计算夹紧力时，根据工件所受切削力 P（或切削力矩 M）、夹紧力 W 以及摩擦力 F（或摩擦力矩 M_F），对于大工件还应考虑重力 G，运动的工件还应考虑惯性力等，绘制夹紧示意图，如图 6. 3-3 所示。然后，根据静力平衡条件，计算出理论夹紧力 W_P，再乘以安全系数 k，得出实际夹紧力 W。

在不考虑重力和其他伴生力的情况下，夹紧力的大小既与切削力的大小有关，也与切削力对支承的作用方向有关，图 6. 3-3 为几种典型加工情况的夹紧示意图，所需夹紧力（N）为

钻削、拉削（图 6. 3-3a、b）：

$$W = kM/(f_1R_{f1} + f_2R_{f2})$$

铣削（图 6. 3-3c）：

$$W = kP/(f_1 + f_2)$$

车削（图 6. 3-3d）：

$$W = kP/f \approx kP_z/3f$$

式中 k——安全系数，可按下式计算

$$k = k_1k_2k_3k_4$$

M——切削力矩；

f_1、f_2——夹紧元件、定位元件各自与工件接触表面间的摩擦因数；

R_{f1}、R_{f2}——夹紧元件、定位元件各自与工件接触表面间的摩擦力矩半径；

R——工件半径；

f——夹紧爪与工件间的摩擦因数；

k_1——一般安全系数，考虑增加夹紧力的可靠性和因工件材料性质及加工余量不均匀等引起的切削力的变化，一般取 k_1 = 1.5~2；

k_2——加工性质系数，粗加工取 1. 2，精加工取 1；

k_3——刀具钝化系数，考虑刀具磨钝后，切削力增大，一般取 k_3 = 1. 1~1. 3；

k_4——断续切削系数。断续切削时，取 k_4 = 1. 2；连续切削时，取 k_4 = 1。

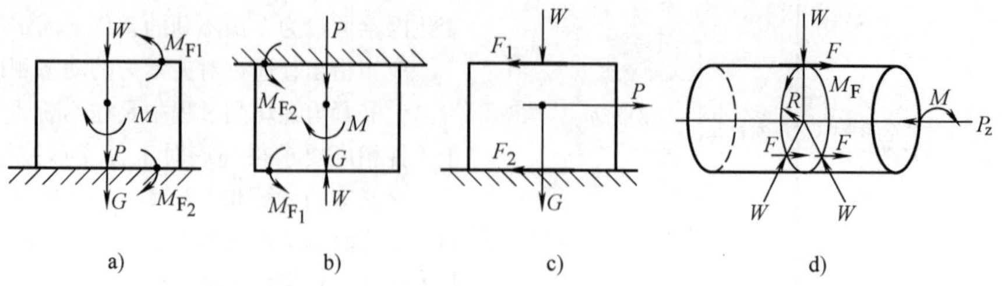

图 6. 3-3 夹紧示意图

表 6.3-1 列出了常见夹紧形式所需夹紧力近似计算　　公式。

表 6.3-1　常见夹紧形式所需夹紧力近似计算公式

夹紧形式	加工简图及计算公式
用卡盘夹紧工件外圆进行车削	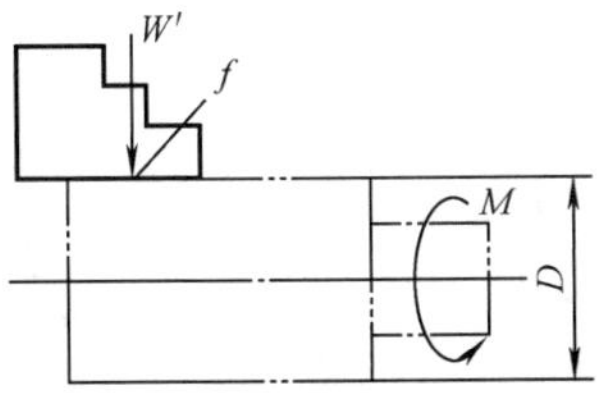 $W'=\frac{2kM}{nDf}$
用压板夹紧工件端面车削内孔	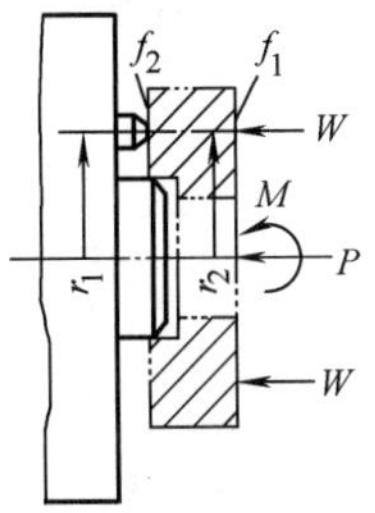 $W=\frac{kM-f_2Pr_1}{f_1r_2+f_2r_1}$
用拉杆压板夹紧工件端面进行车削	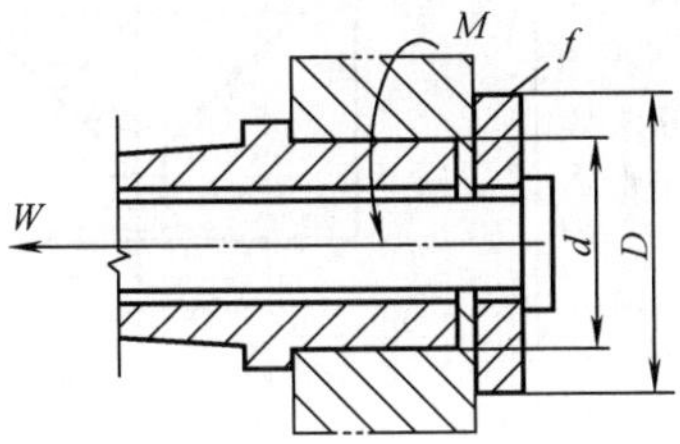 $W=\frac{2kM}{\frac{2}{3}f\left(\frac{D^2-d^3}{D^2-d^2}\right)}$
用压板夹紧工件端面进行钻削	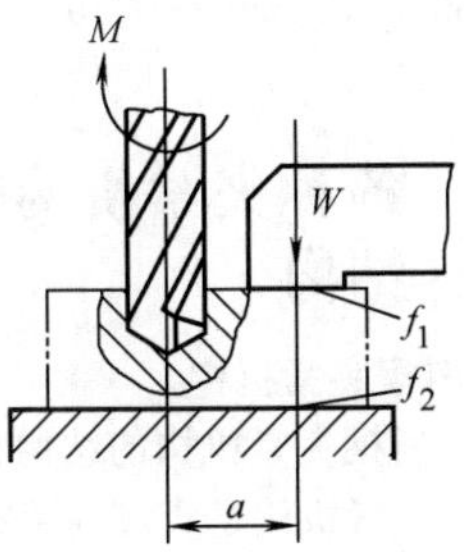 $W=\frac{kM}{a(f_1+f_2)}$
用弹簧夹头夹紧工件进行车削	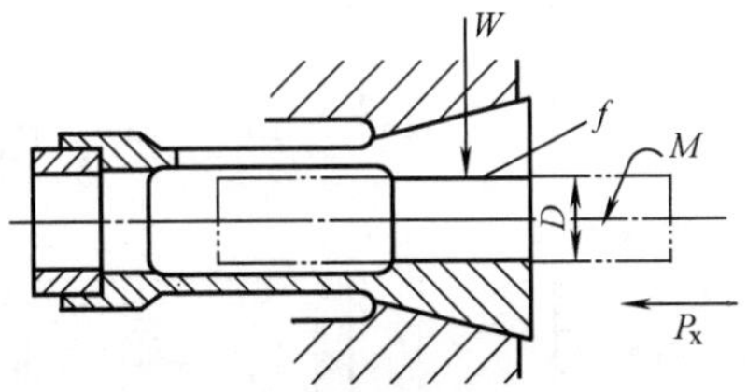 $W=\frac{k}{f}\sqrt{\frac{4M^2}{D^2}+P_x^2}$
用钻模板直接夹紧工件进行钻削	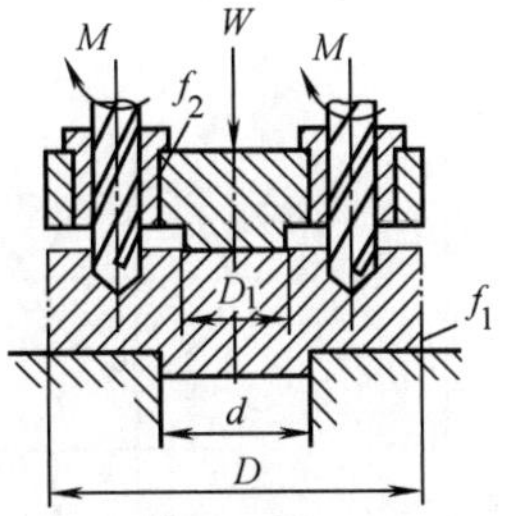 $W=\frac{3kMn_1}{f_1\left(\frac{D^2-d^3}{D^2-d^2}\right)+f_2D_1}$
用钳口夹紧工件端面进行铣削	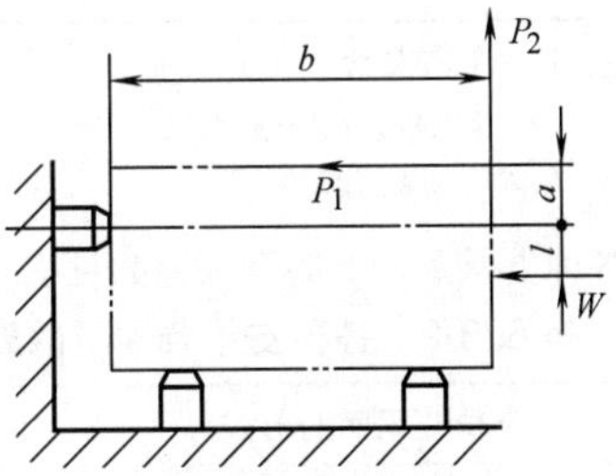 $W=\frac{k(P_1a+P_2b)}{l+f\,b}$

（续）

夹紧形式	加工简图及计算公式	夹紧形式	加工简图及计算公式
用压板夹紧工件端面进行铣削	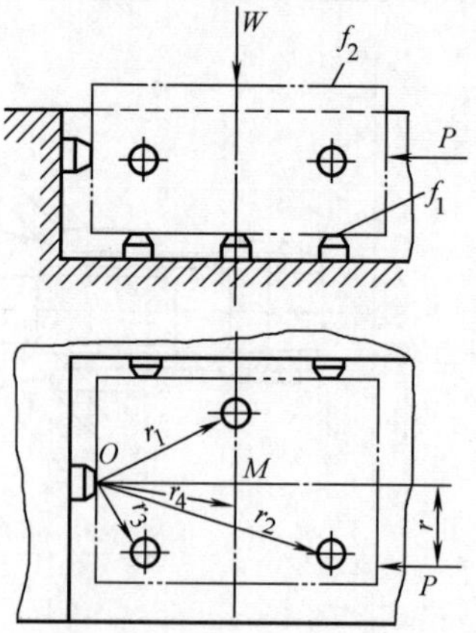 $W=\dfrac{3kPr}{f_1(r_1+r_2+r_3)+3f_2r_4}$	以一面双销定位、以压板夹紧工件进行铣削	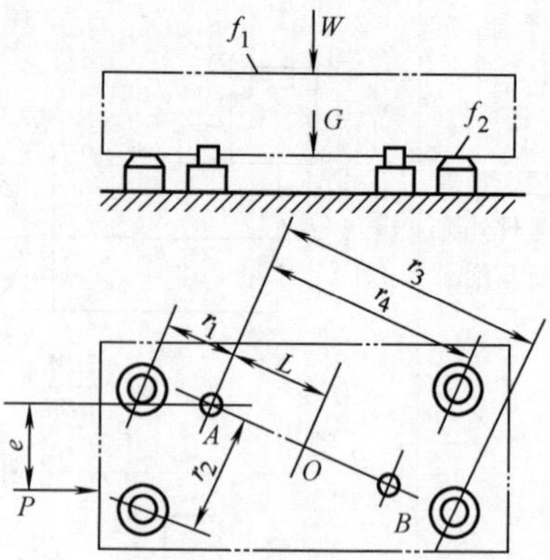 $W=\dfrac{4kPe-Gf_2(r_1+r_2+r_3+r_4)}{f_2(r_1+r_2+r_3+r_4)+4f_1L}$
用钳口夹紧工件端面进行铣削	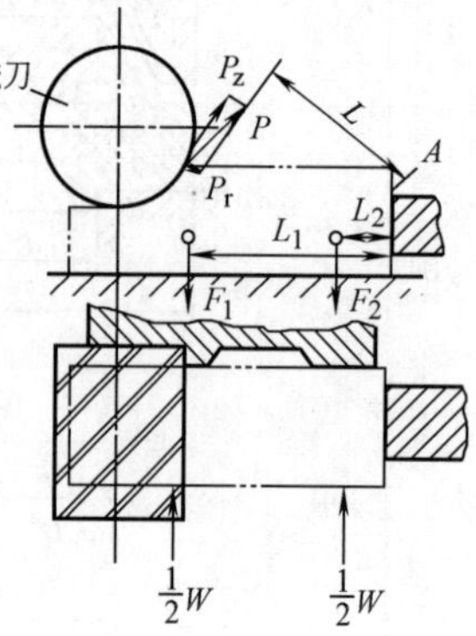 $W=\dfrac{2kPL}{f(L_1+L_2)}$	用压板和V形块夹紧工件进行铣削	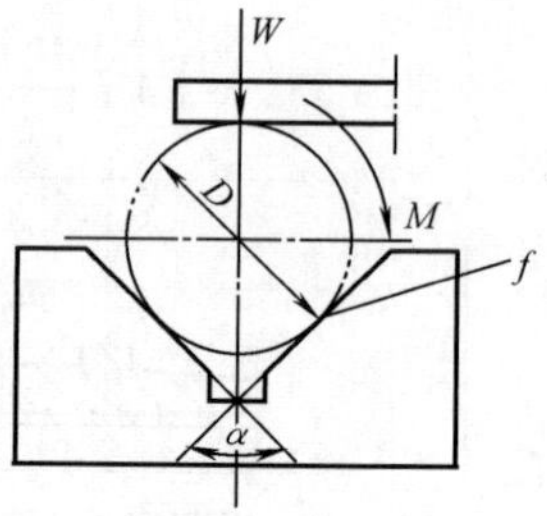 $W=\dfrac{2Mk}{Df}\times\dfrac{\sin\dfrac{\alpha}{2}}{1+\sin\dfrac{\alpha}{2}}$

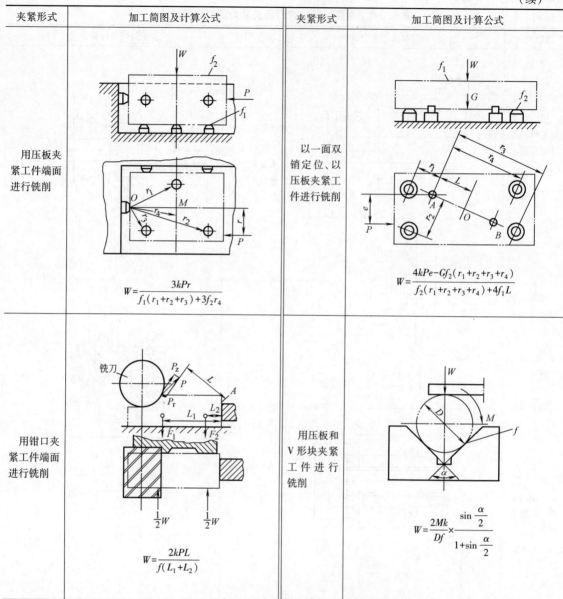

注：W—所需夹紧力（N）；W'——一个卡爪产生的夹紧力（N）；M—切削力矩（N·mm）；P、P_1、P_2—切削力（N）；n—卡爪数；n_1—钻头数；D—工件直径（mm）；k—安全系数，精加工取 $k=1.5\sim2.0$，粗加工取 $k=2.5\sim3.0$；f、f_1、f_2—摩擦因数。

各种支承条件下的摩擦因数见表 6.3-2。

表 6.3-2　各种支承条件下的摩擦因数

定位支承面的形式	摩擦因数 f
光滑表面	0.16~0.25
具有与切削力方向一致的直沟槽	0.30
具有与切削力方向垂直的直沟槽	0.10
具有交错的网状沟槽	0.70~0.80

6.3.2　各种夹紧机构的设计及其典型结构

1. 斜楔夹紧机构

（1）斜楔夹紧机构的结构特点

斜楔夹紧机构是直接利用有斜面的楔块对工件进行夹紧的，通常与其他机构联合使用，可转变作用力的方向，有手动和机动两种结构型式，机动的动力源多采用气动和液压。图 6.3-4 为几种斜楔夹紧机构。

图 6.3-4a 为斜楔夹紧机构与螺纹夹紧机构联合使用的实例，由于斜楔夹紧的增力比 i_P 较小，一般 $i_P=2\sim5$，为了得到较大的夹紧力，宜用气动和液压驱动。图 6.3-4b、c 为用于气动和液压夹具的例子。斜楔夹紧也常用在自定心夹紧机构中。

（2）斜楔夹紧机构的夹紧力计算

图 6.3-5a 为单楔夹紧机构受力分析简图。夹紧时以力 Q 作用于楔块的大端，楔块所产生的夹紧力 W 的大小，可以根据图 6.3-5a 所示的受力情况进行计算。

夹紧时 Q、W'、R' 三力处于平衡，故三力如图 6.3-5b 所示呈封闭三角形 ABC。由图可知

$$W=\frac{Q}{\tan\varphi_2+\tan(\alpha+\varphi_1)}$$

当斜楔夹角 α 以及摩擦角 φ_1、φ_2 均很小，且设 $\varphi_1=\varphi_2=\varphi$ 时，上式可近似地简化为

$$W\approx\frac{Q}{\tan(\alpha+2\varphi)}$$

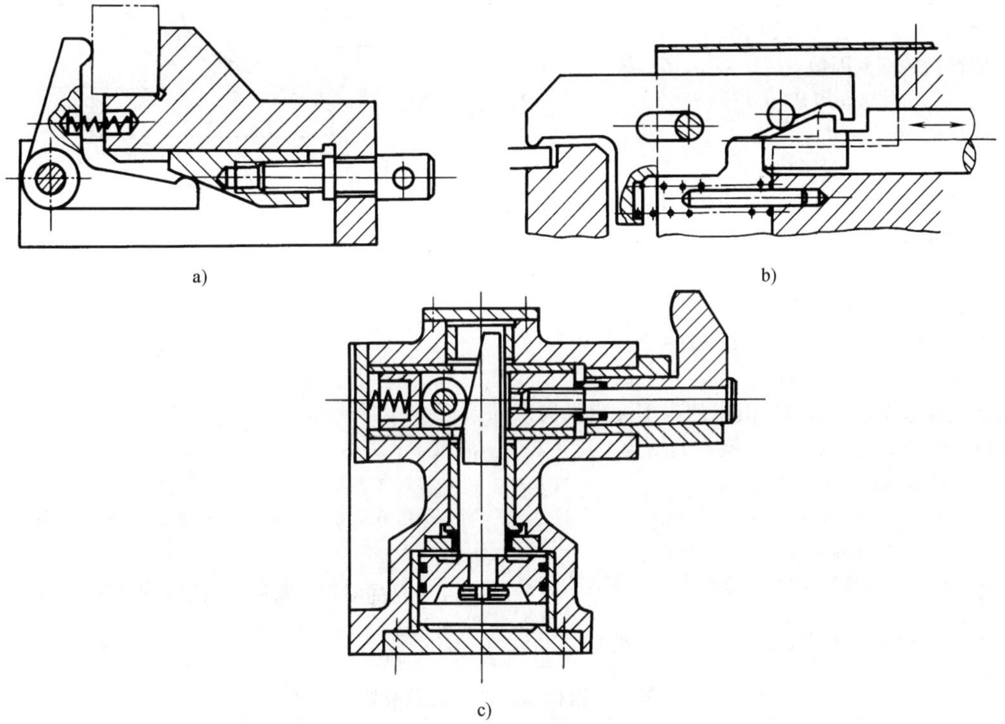

图 6.3-4　斜楔夹紧机构

a）斜楔-螺纹夹紧机构　b）、c）气动、液压斜楔夹紧机构

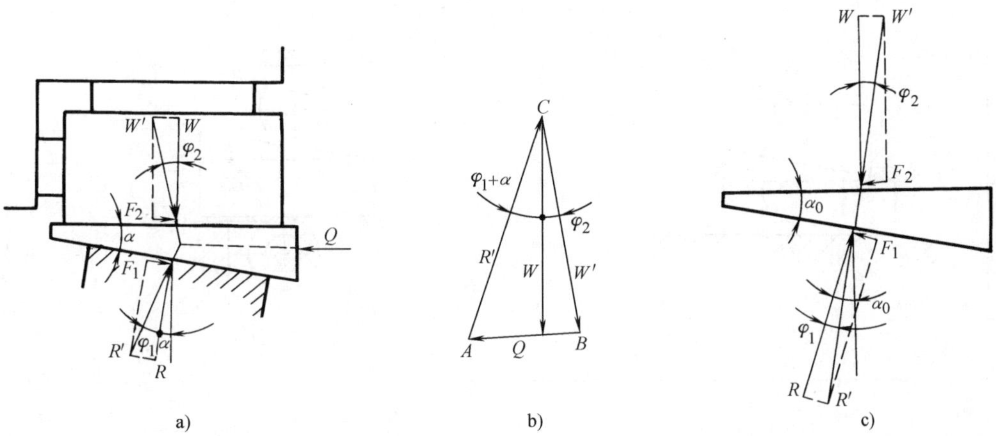

图 6.3-5　斜楔夹紧机构受力分析图

(3) 斜楔夹紧机构的自锁条件

当用人力夹紧时，原始力 Q 不能长期作用在楔块上。因此要求在解除原始力 Q 后，楔块仍能保持对工件的夹紧作用，这种要求称为对夹紧机构的自锁要求。自锁条件是楔角 α 不能超过某一个数值 α_0。从分析图 6.3-5c 所示楔块在自锁极限条件下的受力情况，可求得 α_0 值：

$$\varphi_2 = \alpha_0 - \varphi_1$$
$$\alpha_0 = \varphi_1 + \varphi_2$$

以上是极限情况，所以自锁条件为

$$\alpha \leqslant \alpha_0 = \varphi_1 + \varphi_2 = 2\varphi (设\ \varphi_1 = \varphi_2 = \varphi)$$

一般钢铁的摩擦因数：f=0.1~0.15，故

$$\alpha \leqslant 11° \sim 17°$$

为可靠起见取

$$\alpha = 6° \sim 8°$$

用气动、液压和其他能保证自锁的机构联合使用时，斜楔的 α 角不受此限。

(4) 斜楔夹紧机构的增力特性

从夹紧力公式可得增力比为

$$i_P = W/Q = 1/[\tan\varphi_2 + \tan(\alpha + \varphi_1)]$$
$$\approx 1/[\tan(\alpha + 2\varphi)]$$

为了提高效率，可采用带滚子的斜楔夹紧机构，但自锁性能稍差，它一般用在机动夹紧场合，其夹紧力 W（N）计算如图 6.3-6 所示。

$$Q = W\tan(\alpha + \varphi'_1) + W\tan\varphi_2$$
$$W = Q/[\tan(\alpha + \varphi'_1) + \tan\varphi_2]$$

式中 φ'_1——滚子对斜面的当量摩擦角，由下式求得：

$$\tan\varphi'_1 \approx 2\rho/D = f_1\ (d/D) = \frac{d}{D}\tan\varphi_1;$$

d——滚子销轴直径（mm）；

D——滚子直径（mm）；

φ_1——滚子与销轴的摩擦角；

φ_2——斜楔对底面的摩擦角。

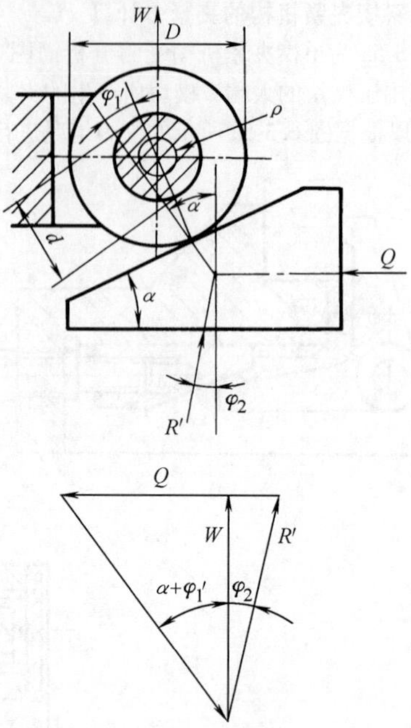

图 6.3-6 滚子斜楔夹紧机构受力分析图

常见的斜楔夹紧机构的增力比及夹紧力计算公式见表 6.3-3。

表 6.3-3 斜楔夹紧机构的增力比及夹紧力计算公式

机构形式	机构简图及计算公式			
无移动柱塞式夹紧机构	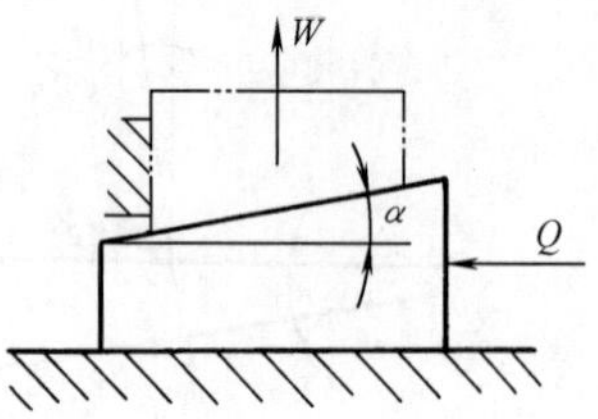		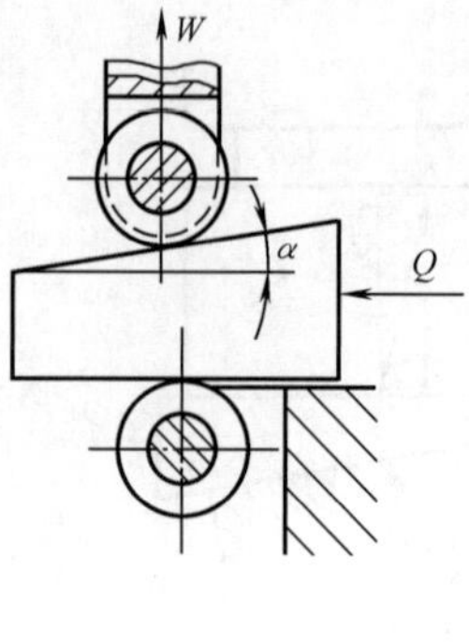	
	i_P	$i_P = \dfrac{1}{\tan(\alpha+\varphi_1)+\tan\varphi_2}$	i_P	$i_P = \dfrac{1}{\tan(\alpha+\varphi_{10})+\tan\varphi_{20}}$
	W	$W = i_P Q$	W	$W = i_P Q$

（续）

<table>
<tr><th>机构形式</th><th colspan="4">机构简图及计算公式</th></tr>
<tr><td rowspan="6">无移动柱塞式夹紧机构</td><td colspan="2">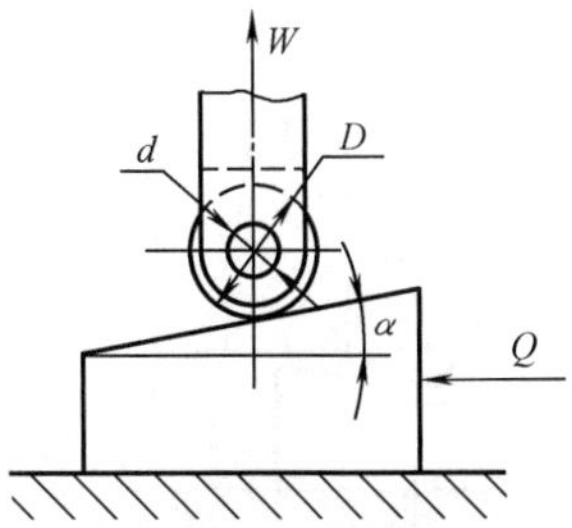
</td><td colspan="2">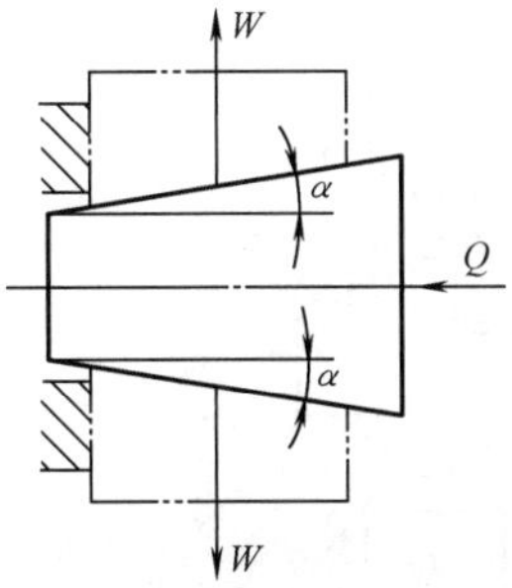
</td></tr>
<tr><td>i_P</td><td>$i_P=\dfrac{1}{\tan(\alpha+\varphi_{10})+\tan\varphi_2}$</td><td>$i_P$</td><td>$i_P=\dfrac{1}{\tan(\alpha+\varphi_1)}$</td></tr>
<tr><td>W</td><td>$W=i_PQ$</td><td>W</td><td>$W=i_PQ$</td></tr>
<tr><td colspan="2">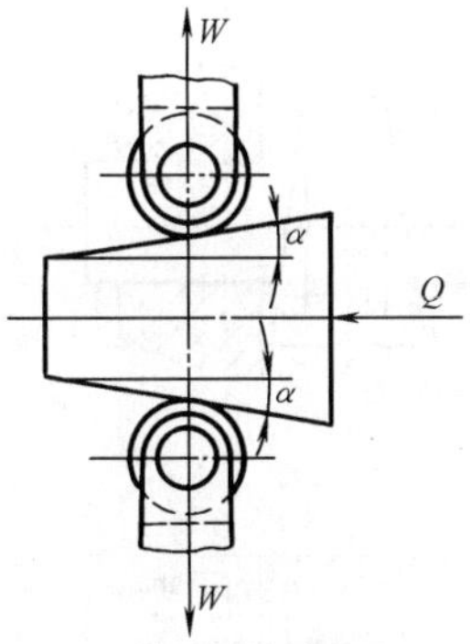
</td><td colspan="2">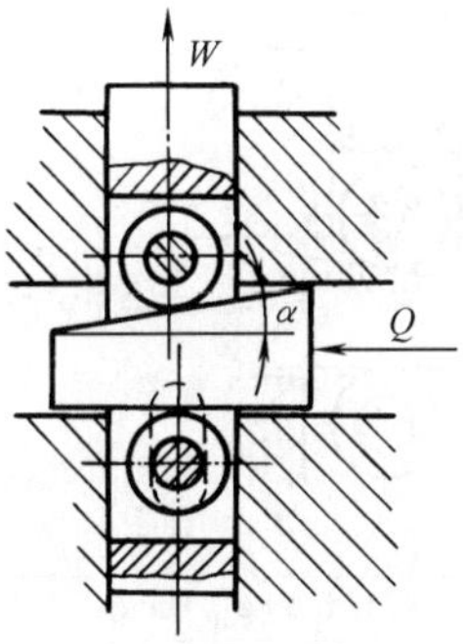
</td></tr>
<tr><td>i_P</td><td>$i_P=\dfrac{1}{\tan(\alpha+\varphi_{10})}$</td><td>$i_P$</td><td>$i_P=\dfrac{1-\tan(\alpha+\varphi_{10})\tan\varphi_3}{\tan(\alpha+\varphi_{10})+\tan\varphi_{20}}$</td></tr>
<tr><td>W</td><td>$W=i_PQ$</td><td>W</td><td>$W=i_PQ$</td></tr>
<tr><td rowspan="3">移动柱塞式夹紧机构</td><td colspan="2">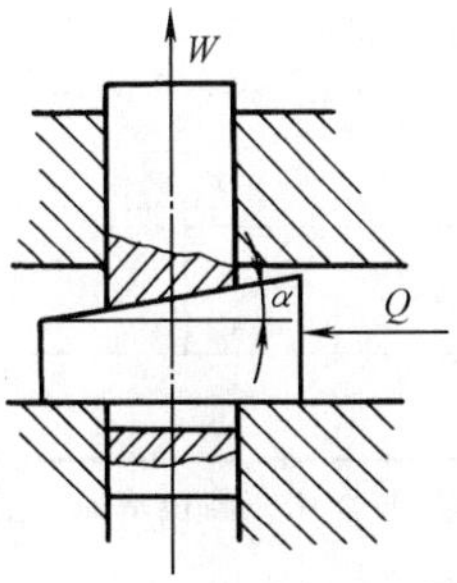
</td><td colspan="2">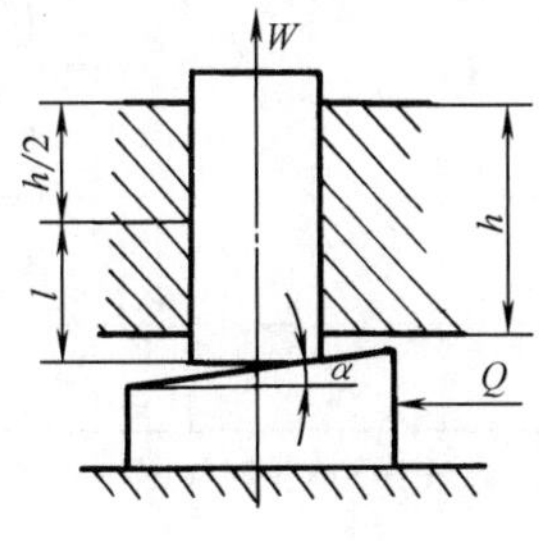
</td></tr>
<tr><td>i_P</td><td>$i_P=\dfrac{1-\tan(\alpha+\varphi_1)\tan\varphi_3}{\tan(\alpha+\varphi_1)+\tan\varphi_2}$</td><td>$i_P$</td><td>$i_P=\dfrac{1-\tan(\alpha+\varphi_1)\tan\varphi_{30}}{\tan(\alpha+\varphi_1)+\tan\varphi_2}$</td></tr>
<tr><td>W</td><td>$W=i_PQ$</td><td>W</td><td>$W=i_PQ$</td></tr>
</table>

（续）

机构形式	机构简图及计算公式			
移动柱塞式夹紧机构	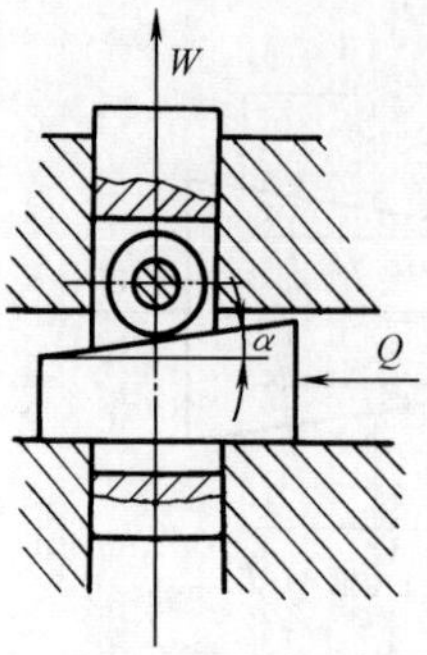		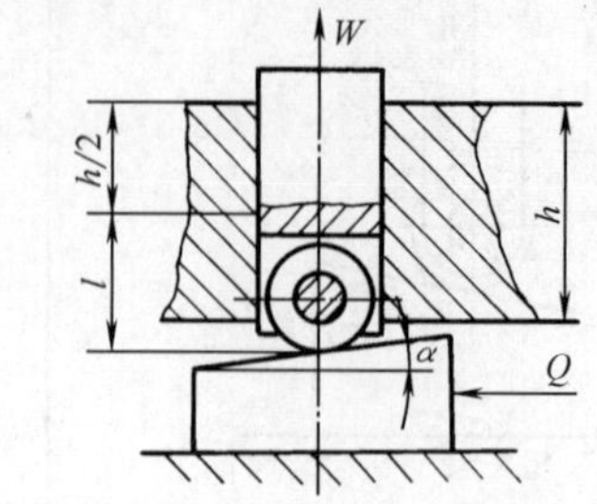	
	i_P	$i_P=\dfrac{1-\tan(\alpha+\varphi_{10})\tan\varphi_3}{\tan(\alpha+\varphi_{10})+\tan\varphi_2}$	i_P	$i_P=\dfrac{1-\tan(\alpha+\varphi_{10})\tan\varphi_{30}}{\tan(\alpha+\varphi_{10})+\tan\varphi_2}$
	W	$W=i_PQ$	W	$W=i_PQ$
	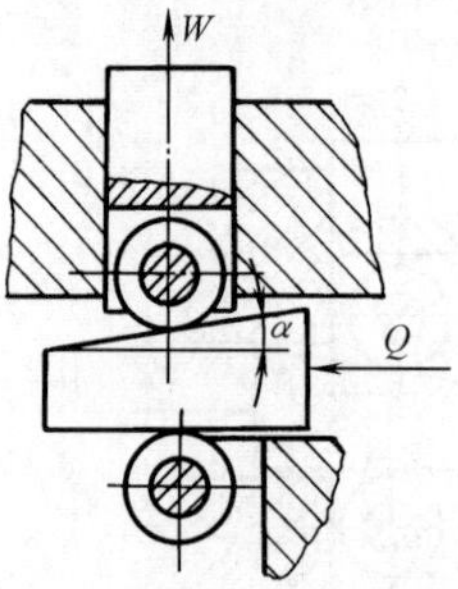		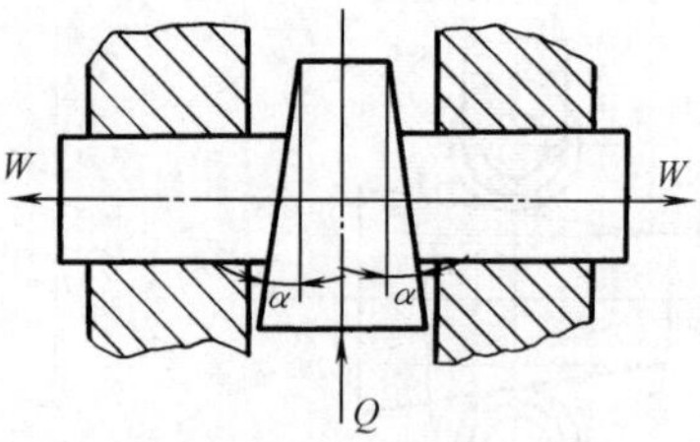	
	i_P	$i_P=\dfrac{1-\tan(\alpha+\varphi_{10})\tan\varphi_{30}}{\tan(\alpha+\varphi_{10})+\tan\varphi_{20}}$	i_P	$i_P=\dfrac{1-\tan(\alpha+\varphi_1)\tan\varphi_{30}}{\tan(\alpha+\varphi_1)}$
	W	$W=i_PQ$	W	$W=i_PQ$
	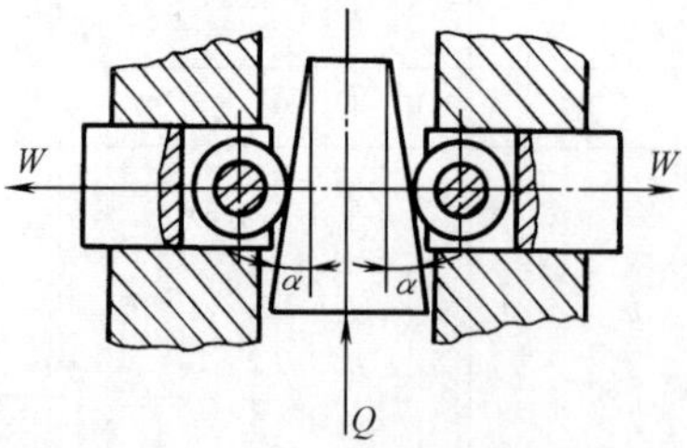			
	i_P	$i_P=\dfrac{1-\tan(\alpha+\varphi_{10})\tan\varphi_{30}}{\tan(\alpha+\varphi_{10})}$		
	W	$W=i_PQ$		

注：α—楔块升角；φ_1—平面摩擦时作用在斜楔斜面上的摩擦角；φ_2—平面摩擦时作用在斜楔基面上的摩擦角；φ_3—移动柱塞双头导向时导向孔对柱塞的摩擦角；φ_{10}—滚子作用在斜楔斜面上的当量摩擦角，$\tan\varphi_{10}=\dfrac{d}{D}\tan\varphi_1$；$d$—滚子转轴直径（mm）；$D$—滚子外径（mm）；$\varphi_{20}$—滚子作用在斜楔基面上的当量摩擦角，$\tan\varphi_{20}=\dfrac{d}{D}\tan\varphi_2$；$\varphi_{30}$—移动柱塞单头导向时导向孔对柱塞的当量摩擦角，$\tan\varphi_{30}=\dfrac{3l}{h}\tan\varphi_3$；$l$—移动柱塞导向孔中点至斜楔面的距离（mm）；$h$—移动柱塞导向孔长度（mm）；$Q$—作用在楔块上的原始力（N）。

(5) 楔块工作行程 h 值的确定

由图 6.3-7 可知，当利用斜楔机构直接夹紧工件时，夹紧行程 h 值为

$$h = b = S\tan\alpha \geqslant \Delta S_1 + \Delta S_2 + \Delta S_3$$

式中　S——楔块移动距离（mm）；

ΔS_1——装卸工件的间隙（mm），一般不大于 0.5mm；

ΔS_2——工件夹紧表面尺寸公差（mm）；

ΔS_3——工件在夹紧过程中产生的弹性变形（mm），一般取 0.05～0.15mm。

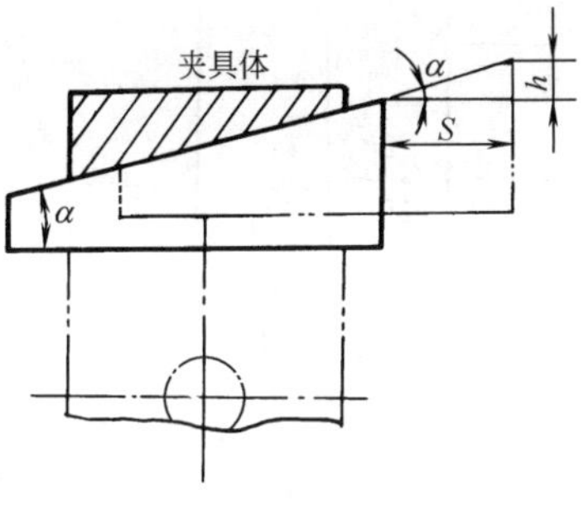

图 6.3-7　夹紧行程

2. 螺旋夹紧机构

(1) 螺旋夹紧机构的结构特点

螺旋夹紧在生产中使用极为普遍，图 6.3-8a 所示为简单的螺钉夹紧结构。生产中常用图 6.3-8b 所示结构，压块与螺钉浮动连接，以保证与工件表面的良好接触，压块结构如图 6.3-9 所示。图 6.3-10 所示为螺母夹紧结构，图 6.3-10a 是最简单的螺母夹紧；图 6.3-10b 用星形螺母夹紧，可以直接用手拧动；图 6.3-10c、d、e、f 是手柄螺母夹紧的各种典型结构。

螺母夹紧机构具有增力比大，自锁性能好的特点，很适合于手动夹紧，它的主要缺点是夹紧动作慢，因此在快速机动夹紧中应用较少。

(2) 螺旋夹紧机构的夹紧力计算

螺旋夹紧机构的夹紧力计算与斜楔相似，螺旋可以看作是绕在圆柱体上的斜楔。螺旋夹紧受力分析如图 6.3-11 所示，施加在手柄上的力矩 $M=QL$。根据平衡条件，最后可得

$$W = \frac{QL}{\frac{1}{2}d_2\tan(\alpha + \varphi_1) + r'\tan\varphi_2}$$

式中　W——夹紧力（N）；

Q——原始作用力（N）；

L——作用力臂（mm）；

d_2——螺纹中径（mm）；

α——螺纹升角（°）；

φ_1——螺纹处摩擦角（°）；

φ_2——螺杆端部与工件（或压块）的摩擦角（°）；

r'——螺杆端部与工件（或压块）的当量摩擦半径（mm），其数值见表 6.3-4。

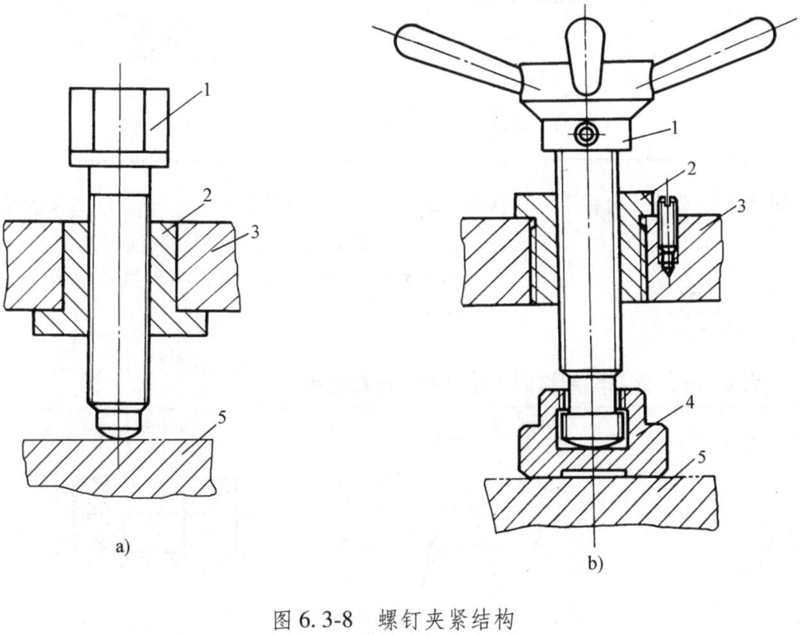

图 6.3-8　螺钉夹紧结构

1—螺钉　2—螺母　3—夹具体　4—压块　5—工件

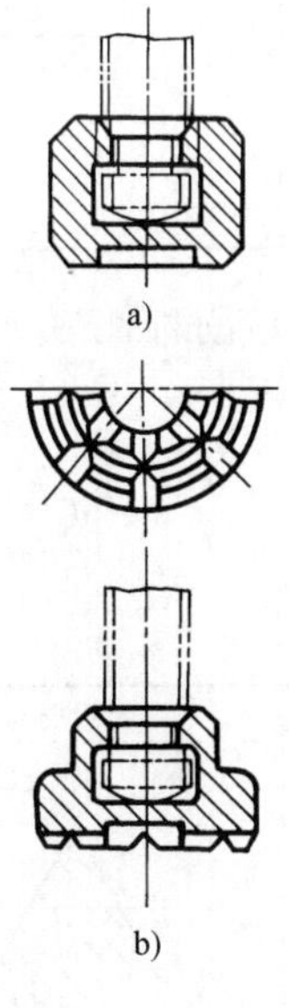

图 6.3-9　压块结构

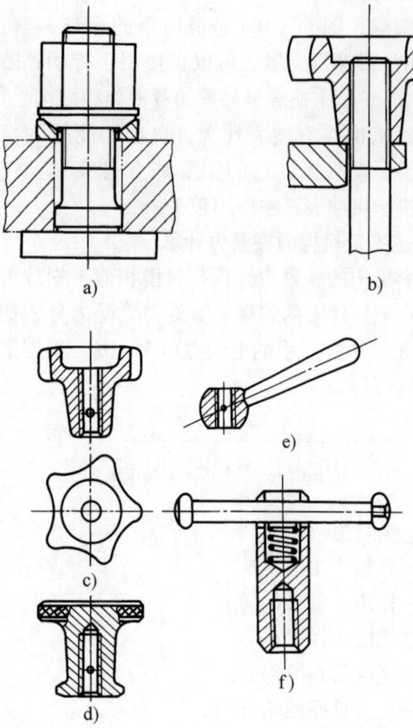

图 6.3-10　螺母夹紧结构

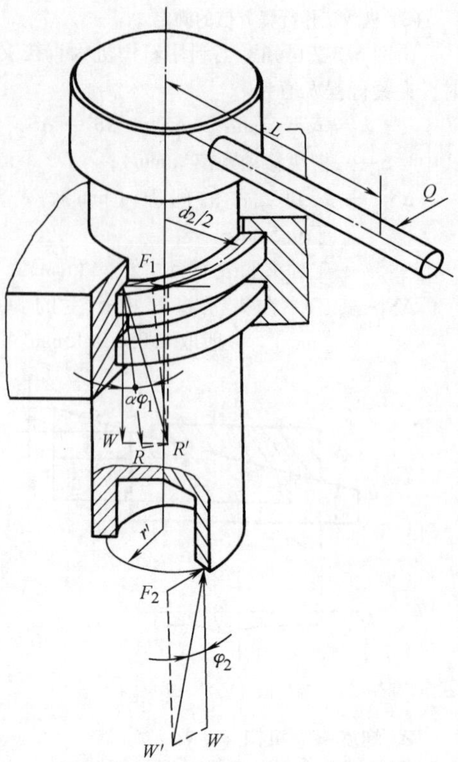

图 6.3-11　螺旋夹紧受力分析

表 6.3-4　螺杆端部与工件（或压块）的当量摩擦半径计算公式

	Ⅰ	Ⅱ	Ⅲ
压脚形状	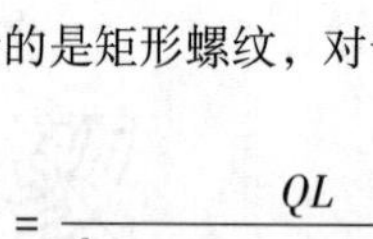	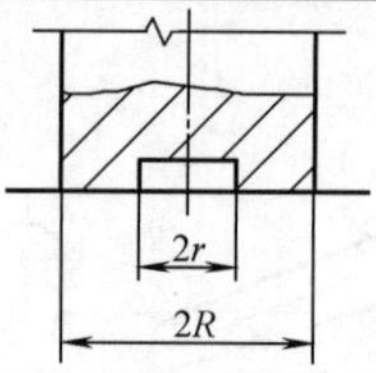	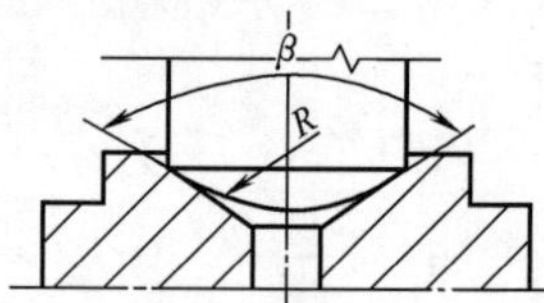
r'	$r'=0$	$r'=\dfrac{2}{3}\dfrac{R^3-r^3}{R^2-r^2}$	$r'=R\cot\dfrac{\beta}{2}$

以上分析的是矩形螺纹，对于其他螺纹，可按下式计算：

$$W=\frac{QL}{\dfrac{d_2}{2}\tan(\alpha+\varphi_1')+r'\tan\varphi_2}$$

式中　φ_1'——螺母与螺钉的当量摩擦角，其数值见表 6.3-5，其余符号同前。

简单螺旋夹紧机构的类型与夹紧力计算公式见表 6.3-6。

表 6.3-5　螺母与螺钉的当量摩擦角计算公式

	三角形螺纹	梯形螺纹	矩形螺纹
螺纹形状	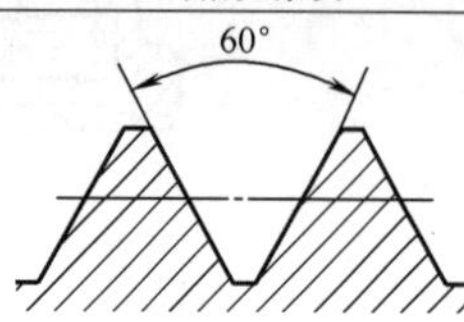	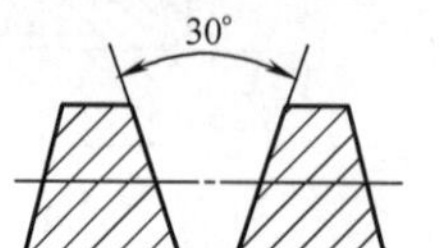	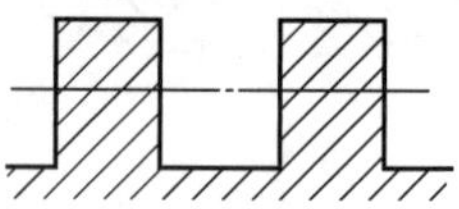
φ_1'	$\varphi_1'=\arctan(1.15\tan\varphi_1)$	$\varphi_1'=\arctan(1.03\tan\varphi_1)$	$\varphi_1'=\varphi_1$

注：摩擦角 $\varphi_1=\arctan f$。

表 6.3-6　简单螺旋夹紧机构的类型与夹紧力计算公式

<table>
<tr><th>类型</th><th>机 构 简 图</th><th>螺纹公称直径
d/mm</th><th>螺纹中径
d_2/mm</th><th>手柄长度
L/mm</th><th>手柄作用力
Q/N</th><th>夹紧力
W/N</th></tr>
<tr><td rowspan="7">螺杆端面为点接触</td><td rowspan="6">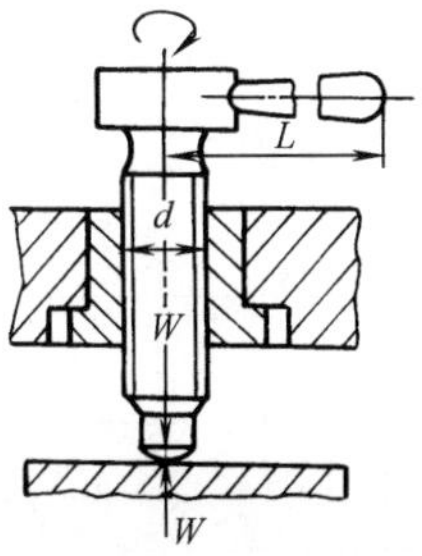</td><td>M8</td><td>7. 188</td><td>80</td><td>1. 5</td><td>195</td></tr>
<tr><td>M10</td><td>9. 026</td><td>120</td><td>2. 5</td><td>393</td></tr>
<tr><td>M12</td><td>10. 863</td><td>140</td><td>3. 5</td><td>539</td></tr>
<tr><td>M16</td><td>14. 701</td><td>190</td><td>6. 5</td><td>1055</td></tr>
<tr><td>M20</td><td>18. 376</td><td>240</td><td>10. 0</td><td>1639</td></tr>
<tr><td>M24</td><td>22. 051</td><td>310</td><td>13. 0</td><td>2295</td></tr>
<tr><td>夹紧力计算公式</td><td colspan="5">$W=\dfrac{2QL}{d_2\tan(\alpha+\varphi)}$</td></tr>
<tr><td rowspan="7">螺杆端面为平面接触</td><td rowspan="6">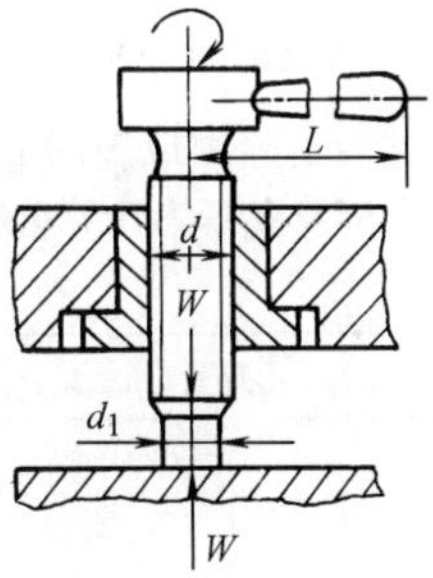</td><td>M8</td><td>7. 188</td><td>80</td><td>1. 5</td><td>145</td></tr>
<tr><td>M10</td><td>9. 026</td><td>120</td><td>2. 5</td><td>291</td></tr>
<tr><td>M12</td><td>10. 863</td><td>140</td><td>3. 5</td><td>399</td></tr>
<tr><td>M16</td><td>14. 701</td><td>190</td><td>6. 5</td><td>773</td></tr>
<tr><td>M20</td><td>18. 376</td><td>240</td><td>10. 0</td><td>1202</td></tr>
<tr><td>M24</td><td>22. 052</td><td>310</td><td>13. 0</td><td>1682</td></tr>
<tr><td>夹紧力计算公式</td><td colspan="5">$W=\dfrac{2QL}{d_2\tan(\alpha+\varphi)+\dfrac{2}{3}fd_1}$</td></tr>
<tr><td rowspan="7">螺杆端面为圆周接触</td><td rowspan="6">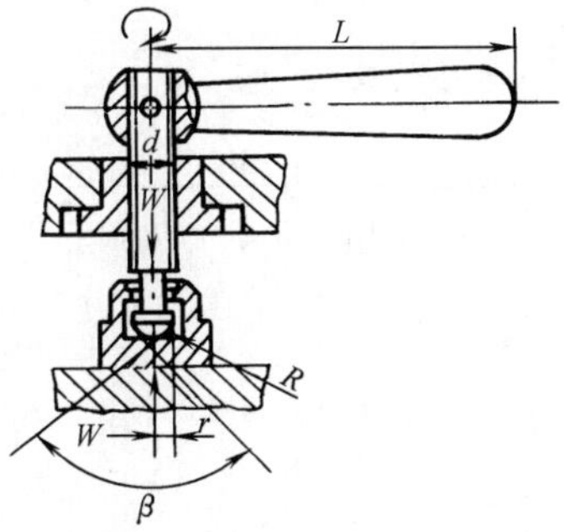</td><td>M8</td><td>7. 188</td><td>80</td><td>1. 5</td><td>111</td></tr>
<tr><td>M10</td><td>9. 026</td><td>120</td><td>2. 5</td><td>224</td></tr>
<tr><td>M12</td><td>10. 863</td><td>140</td><td>3. 5</td><td>306</td></tr>
<tr><td>M16</td><td>14. 701</td><td>190</td><td>6. 5</td><td>570</td></tr>
<tr><td>M20</td><td>18. 376</td><td>240</td><td>10. 0</td><td>917</td></tr>
<tr><td>M24</td><td>22. 052</td><td>310</td><td>13. 0</td><td>1283</td></tr>
<tr><td>夹紧力计算公式</td><td colspan="5">$W=\dfrac{2QL}{d_2\tan(\alpha+\varphi)+2R\cot\dfrac{\beta}{2}f}$</td></tr>
</table>

（续）

类型	机构简图	螺纹公称直径 d/mm	螺纹中径 d_2/mm	手柄长度 L/mm	手柄作用力 Q/N	夹紧力 W/N
螺杆端面为环面接触	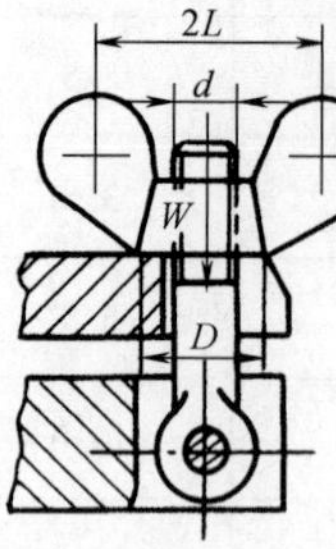	M4	3.545	8	1	13.0
		M5	4.480	9	1.5	17.8
		M6	5.350	10	2	21.8
		M8	7.188	14	3	33.9
		M10	9.026	17	4	45
		M12	10.836	24.5	6	79.8
	夹紧力计算公式	$W=\dfrac{2QL}{d_2\tan(\alpha+\varphi)+\dfrac{2}{3}f\dfrac{D^3-d^3}{D^2-d^2}}$				

注：1. 表中符号：α—螺纹升角，$\tan\alpha=t/\pi d_2$；t—螺距；φ—螺纹摩擦角；f—螺杆（螺母）端面与工件间的摩擦因数；R—球头圆弧半径；d_1—平头螺杆端部直径；d_2—螺纹中径。

2. 表中夹紧力数值是在下述条件下计算的：$\varphi=6°34'$，$f=0.1$，$d_1=0.8d$，$R=d$，$D=2d$，$\beta=120°$。

（3）螺旋压板夹紧机构

螺旋夹紧多与压板和其他机构组合成复合机构应用。螺旋压板夹紧机构是应用最多的复合夹紧机构。常用螺旋压板夹紧机构及夹紧力计算公式见表 6.3-7。

表 6.3-7　常用螺旋压板夹紧机构及夹紧力计算公式

机构简图	夹紧力计算公式
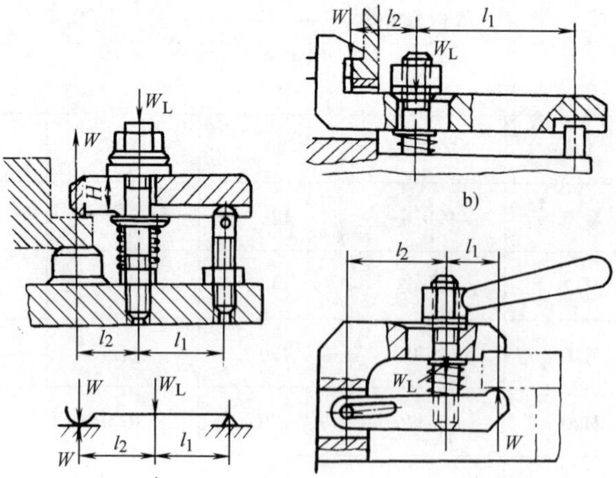a)　b)　c)	$W=(W_L-q)\dfrac{l_1}{l_1+l_2}\eta$ $W_L=\dfrac{M}{\dfrac{1}{2}d_2\tan(\alpha+\varphi_1)+fR\cot\dfrac{\beta}{2}}$

（续）

机　构　简　图	夹紧力计算公式
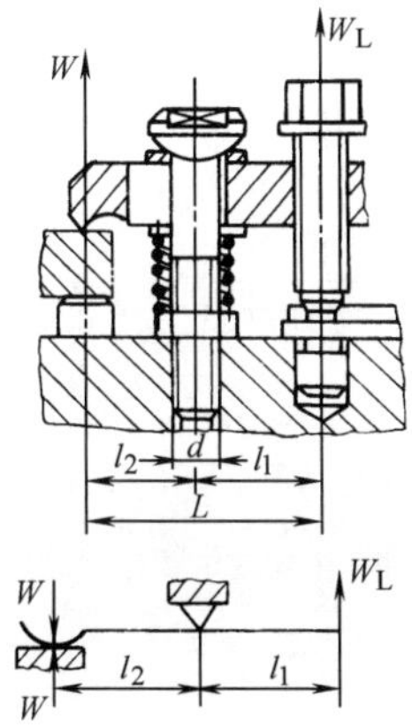 a) 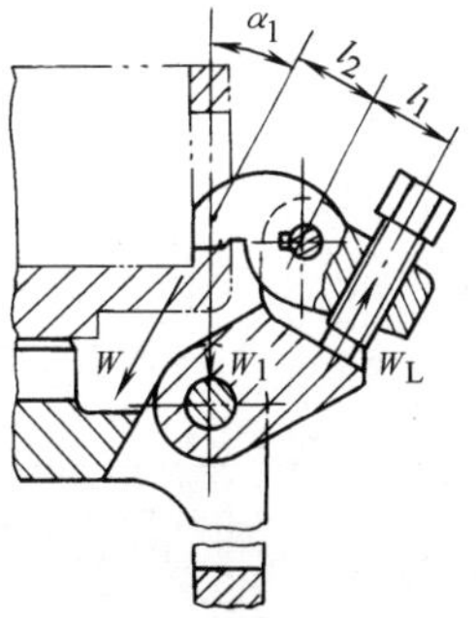 b) 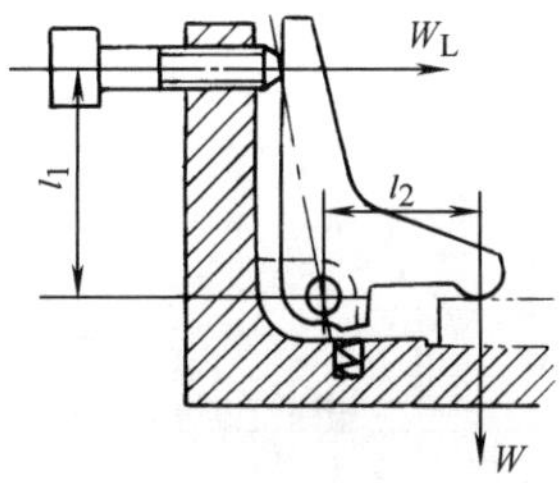 c) 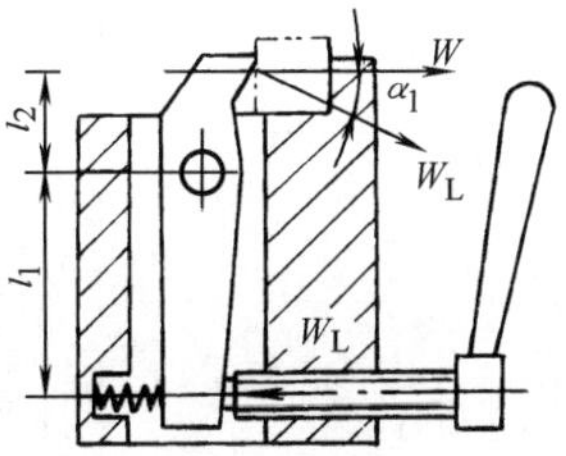 d)	$W=W_L\dfrac{l_1}{l_2}\eta$ $W_L=\dfrac{M}{\dfrac{1}{2}d_2\tan(\alpha+\varphi)}$ $W_1=\dfrac{W}{\cos\alpha_1}$
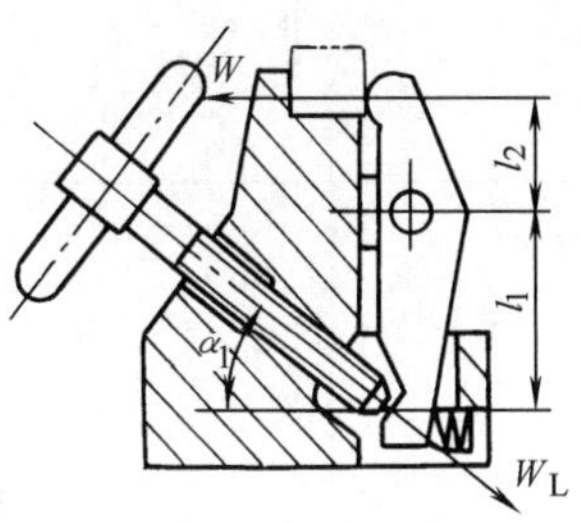	$W=W_L\cos\alpha_1\dfrac{l_1}{l_2}\eta$ $W_L=\dfrac{M}{\dfrac{1}{2}d_2\tan(\alpha+\varphi)}$
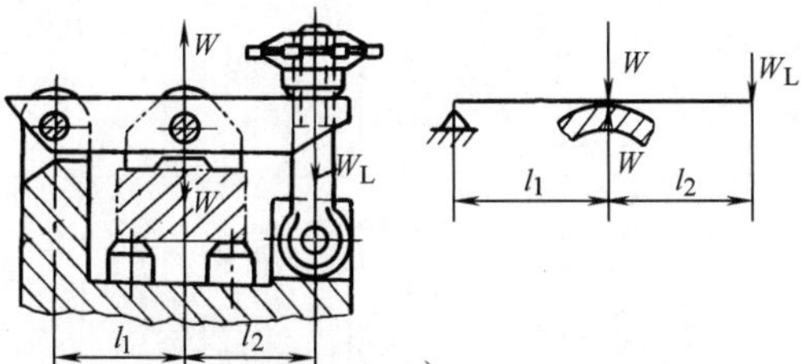 a) 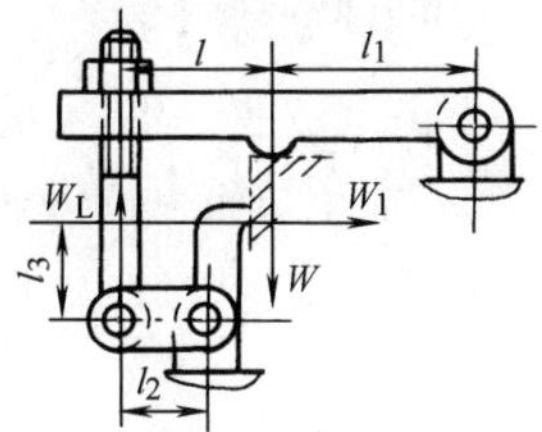 b)	$W=W_L\dfrac{l+l_1}{l_1}\eta$ $W_1=W_L\dfrac{l_2}{l_3}\eta$ $W_L=\dfrac{2M}{d_2\tan(\alpha+\varphi)+\dfrac{2}{3}f\dfrac{D^3-d^3}{D^2-d^2}}$

（续）

机 构 简 图	夹紧力计算公式
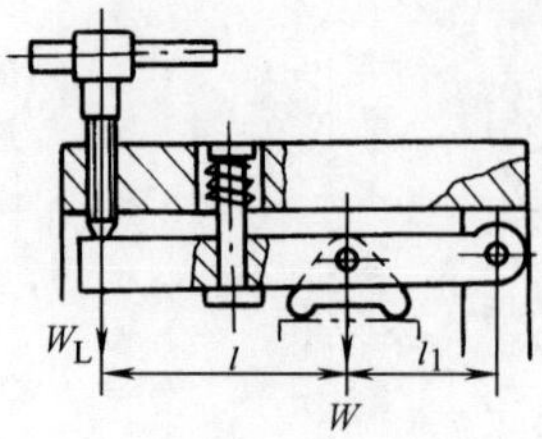	$W=W_L\frac{l+l_1}{l_1}\eta$ $W_L=\frac{2M}{d_2\tan(\alpha+\varphi)}$
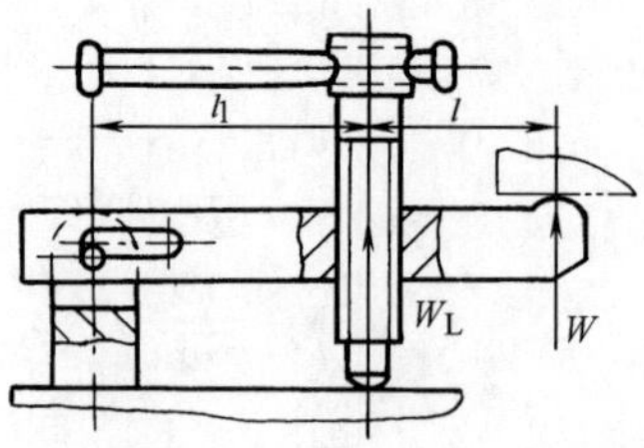	$W=W_L\frac{l_1}{l+l_1}\eta$ $W_L=\frac{2M}{d_2\tan(\alpha+\varphi)}$
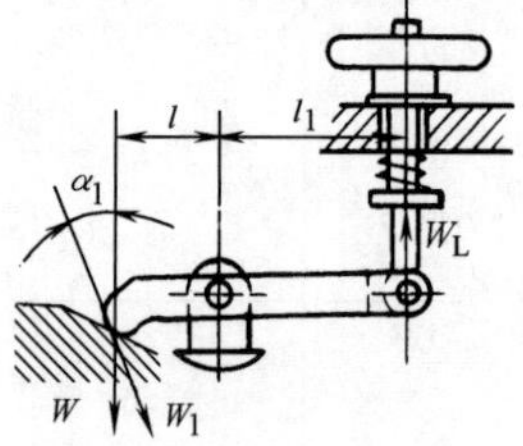	$W=(W_L-q)\frac{l_1}{l}\eta$ $W_L=\frac{2M}{d_2\tan(\alpha+\varphi)+\frac{2}{3}f\frac{D^3-d^3}{D^2-d^2}}$ $W_1=\frac{W}{\cos\alpha_1}$
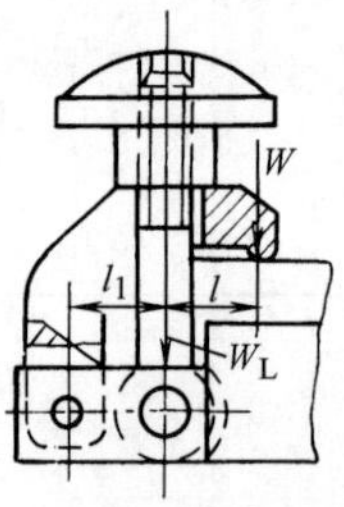	$W=W_L\frac{l_1}{l+l_1}\eta$ $W_L=\frac{2M}{d_2\tan(\alpha+\varphi)+\frac{2}{3}f\frac{D^3-d^3}{D^2-d^2}}$
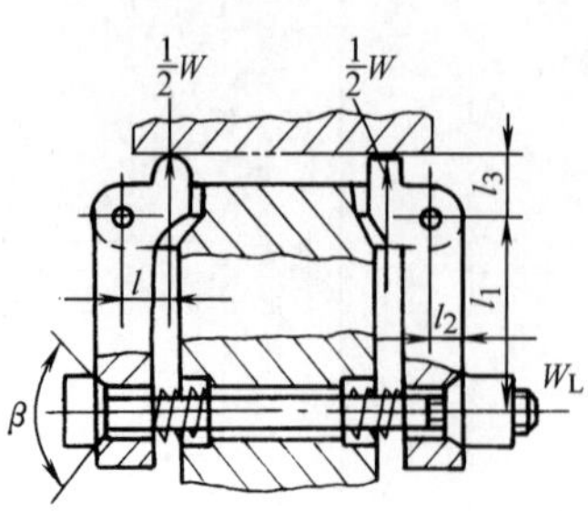	$W=(W_L-2q)\frac{l_1}{l}\eta$ $W_L=\frac{M}{\frac{1}{2}d_2\tan(\alpha+\varphi)+R\cot\frac{\beta}{2}f}$

（续）

<table>
<tr><th>机 构 简 图</th><th>夹紧力计算公式</th></tr>
<tr><td>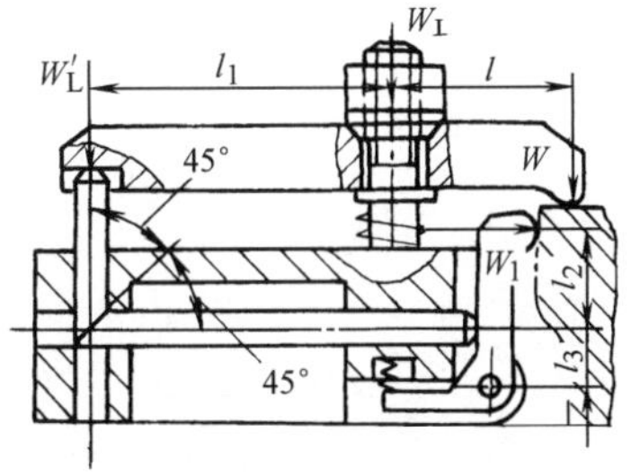
</td><td>$W=(W_L-q)\frac{l_1}{l+l_1}\eta$
$W_L=\frac{M}{\frac{1}{2}d_2\tan(\alpha+\varphi)+R\cot\frac{\beta}{2}f}$
$W_1=(W_L-q)\frac{l_1}{l+l_1}\cdot\frac{l_3}{l_2}\eta_1$</td></tr>
<tr><td>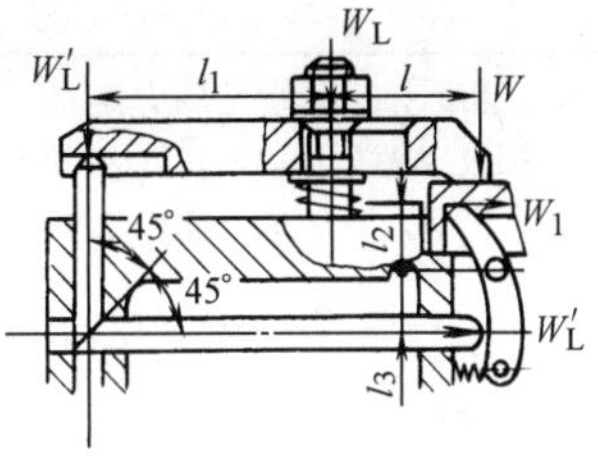
</td><td>$W=(W_L-q)\frac{l_1}{l+l_1}\eta$
$W_L=\frac{M}{\frac{1}{2}d_2\tan(\alpha+\varphi)+R\cot\frac{\beta}{2}f}$
$W_1=(W_L-q)\frac{l_1}{l+l_1}\cdot\frac{l_3}{l_2}\eta_1$</td></tr>
<tr><td>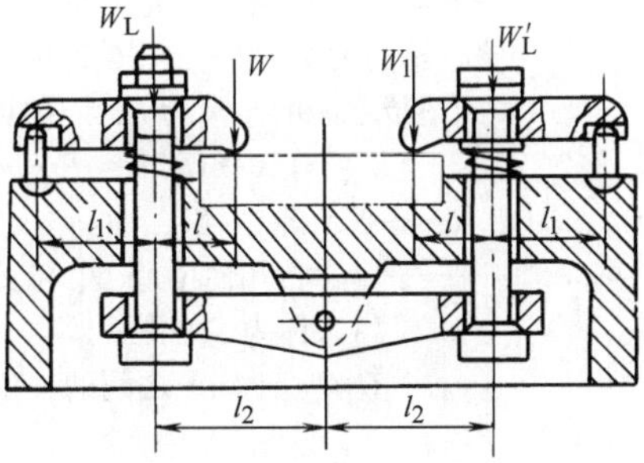
</td><td>$W=(W_L-q)\frac{l_1}{l+l_1}$
$W_L=\frac{M}{\frac{1}{2}d_2\tan(\alpha+\varphi)+R\cot\frac{\beta}{2}f}$
$W_1=(W_L-q)\frac{l_1}{l+l_1}$</td></tr>
<tr><td>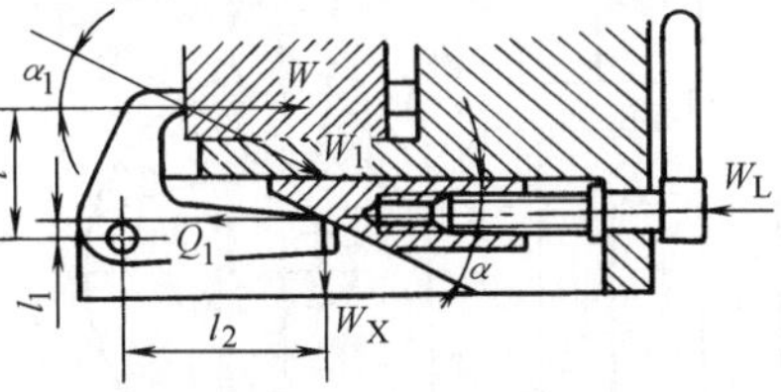
</td><td>$W=\frac{2M}{d_2\tan(\alpha+\varphi)+\frac{2}{3}\frac{D^3-d^3}{D^2-d^2}l}\times$
$\frac{l_2-\tan(\alpha_1+\varphi_1)l_1}{\tan(\alpha_1+\varphi_1)+\tan\varphi_2}$</td></tr>
<tr><td>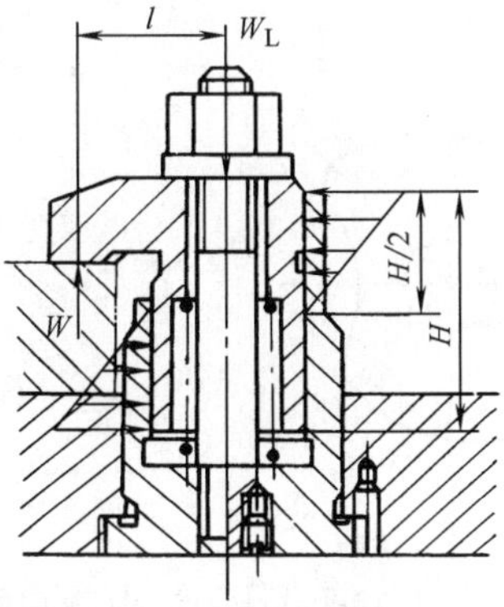
</td><td>$W=W_L-\frac{q}{1+\frac{3l}{H}f_1}$
$W_L=\frac{2M}{d_2\tan(\alpha+\varphi)+\frac{2}{3}f\frac{D^3-d^3}{D^2-d^2}}$</td></tr>
</table>

（续）

机 构 简 图	夹紧力计算公式
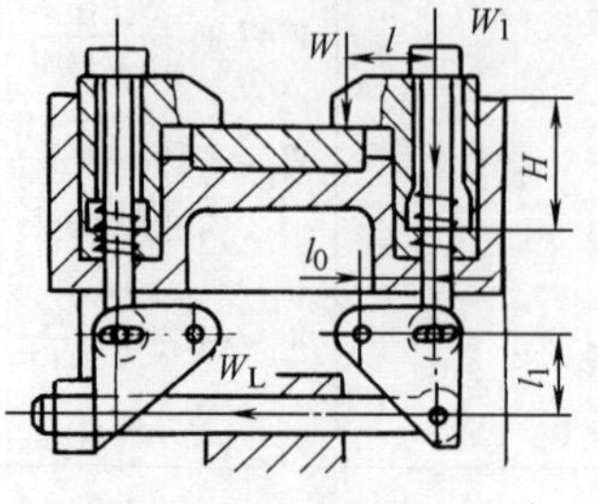	$W=W_1-\dfrac{q}{1+\dfrac{3l}{H}f_1}$ $W_1=\dfrac{W_L l_1 \eta}{2l_0}$ $W_L=\dfrac{2M}{d_2\tan(\alpha+\varphi)+\dfrac{2}{3}f\dfrac{D^3-d^3}{D^2-d^2}}$

注：W—作用在工件上的夹紧力（N）；W_L—螺旋夹紧力（N）；M—螺旋上的原始作用力矩（N · mm），$M=QL$；Q—手柄上的作用力（N）；L—手柄长度（mm）；α—螺纹升角；φ—螺纹摩擦角；φ_1，φ_2—楔块与杠杆、夹具体间的摩擦角；η—机构的传递效率，一般取 0.85～0.95；η_1—机构的传递效率，一般取 0.70～0.80；q—弹簧阻力（N），$q=k(\delta_0+s)=\dfrac{12.75\times10^{-9}Gd^4}{nD^3}(\delta_0+s)$；$\delta_0$—弹簧的预压缩量（mm）；$s$—夹紧工件时弹簧的压缩行程（mm）；$G$—弹簧材料的切变模量（Pa）；$k$—弹簧的刚度（N/mm）；$d$—弹簧丝的直径（mm）；$d_2$—螺纹中径（mm）；$D$—弹簧的中径（mm）；$n$—弹簧的工作圈数。

3. 偏心夹紧机构

（1）偏心夹紧机构的结构特点

偏心夹紧是指由偏心轮或偏心凸轮实现夹紧的夹紧机构，常用的偏心结构如图 6.3-12 所示。图 6.3-13 所示是一种常见的偏心压板夹紧机构。偏心夹紧机构具有结构简单、制造方便、夹紧迅速、操作方便的优点。缺点是夹紧行程和增力比较小，自锁性能较差。

（2）偏心夹紧机构的几何特性

偏心轮的夹紧原理如图 6.3-14a 所示，设小轴中心 O_2 到垫板之间的距离为 h，由图可知：

$$h = O_1X - O_1M = R - e\cos\gamma$$

式中　R——偏心轮半径；

e——偏心轮几何中心 O_1 与转动中心 O_2 的距离，称为偏心距；

γ——O_1O_2 与 O_1X 之间的夹角。

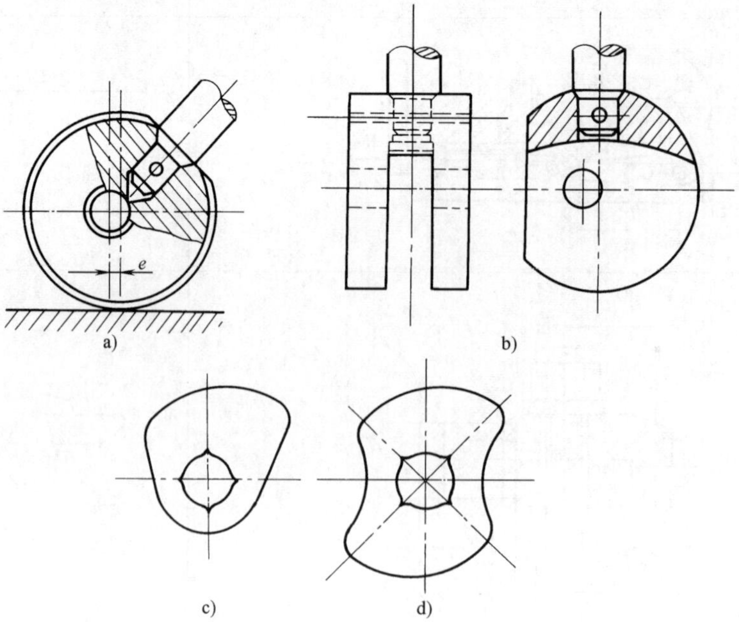

图 6.3-12　常用的偏心结构

a）典型的圆偏心轮　b）可增大夹紧空行程的圆偏心轮　c）凸轮曲线偏心轮　d）双凸轮曲线偏心轮

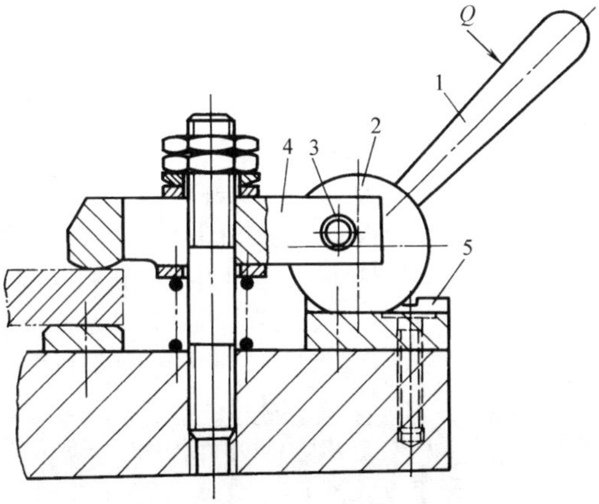

图 6.3-13　偏心压板夹紧机构

1—手柄　2—偏心轮　3—轴　4—压板　5—垫板

转动偏心轮将引起距离 h 的变化，其值与角度 γ 有关。随着 γ 角由 $0\to\pi$，h 值将从（$R-e$）变为（$R+e$）。偏心轮（按圆弧 $\widehat{OA}$ 展开）实际上相当于图 6.3-14b 所示形状的一个特形斜楔，其特点为升角 α（相当于楔角）不是一个常数，而与夹紧点 X 的位置（即与 γ 角）有关。

（3）偏心夹紧元件设计

1）偏心量 e。偏心轮偏心量 e 的大小影响其夹紧行程。若夹紧时，偏心轮从 $\gamma=0$ 转至 $\gamma=\pi$，即利用半圆弧 $\widehat{OA}$ 工作，则如图 6.3-14b 所示，其行程为

$$S = h_A - h_O = 2e$$

但为了操作方便，或其他原因，一般仅利用一段圆弧 $\widehat{BC}$，如图 6.3-15 所示，这时偏心轮的行程为

$$S = h_C - h_B = R - e\cos\gamma_2 - (R - e\cos\gamma_0)$$
$$= e(\cos\gamma_0 - \cos\gamma_2)$$

在夹具中，一般常取 $\gamma_2 = 180°$，即利用 $\widehat{BA}$ 工作。这时

$$S = e(\cos\gamma_0 - \cos180°) = e(\cos\gamma_0 + 1)$$

偏心轮的工作行程 S 应满足下列要求（图 6.3-15）：

$$S = S_1 + S_2 + S_3 + S_4$$

式中　S_1——为装卸工件方便所需的空隙，一般 $S_1 \geqslant 0.3$mm；

S_2——夹紧机构弹性变形量：$S_2 = W/j$，W 为夹紧力，j 为夹紧机构的刚度；

S_3——工件在夹紧方向上的尺寸误差补偿量（mm），即为工件尺寸公差 δ；

S_4——行程贮备量（mm），一般 S_4=0.1~0.3。

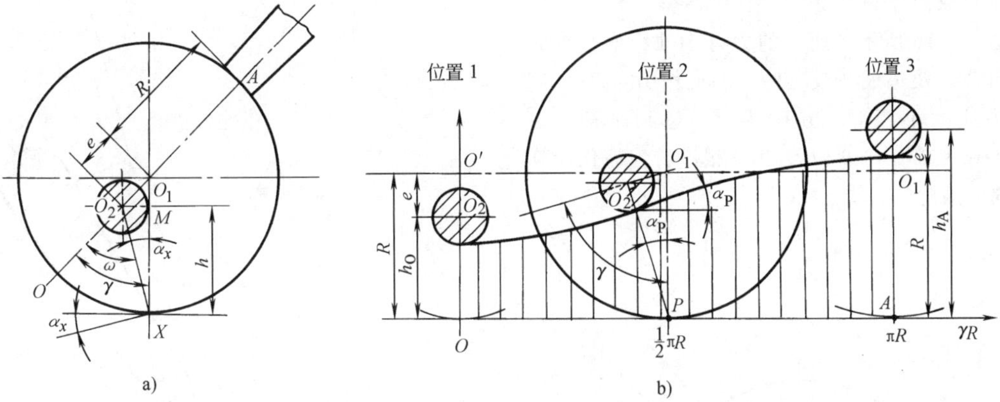

图 6.3-14　偏心夹紧原理

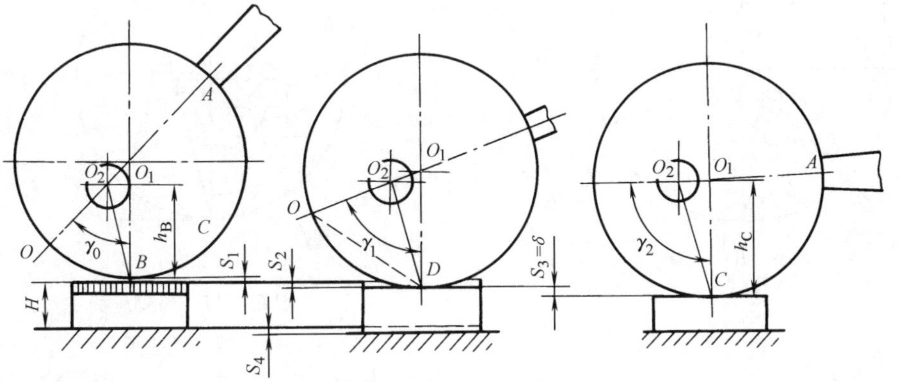

图 6.3-15　偏心量的计算简图

机构中没有可调节环时，考虑偏心轮制造误差及磨损时应取大值，确定 $S=S_1+S_2+S_3+S_4$ 值之后，按下式计算 e 值：

$$e=\frac{S}{\cos\gamma_1-\cos\gamma_2}$$

当利用半圆弧 $\widehat{OA}$ 工作时

$$e=S/2$$

当利用圆弧 $\widehat{BA}$ 工作时

$$e=\frac{S}{1+\cos\gamma_0}$$

从图 6.3-15 可见，真正用于夹紧工件的行程为 S_3，相当于圆弧 $\widehat{DC}$，即相当于从 $\gamma=\gamma_1$ 转到 $\gamma=\gamma_2$。在这一范围内，偏心轮应具有自锁性能。而对 $\widehat{BD}$ 这一段则没有严格要求。有时为了增大 S_1 以利于装卸工件，甚至可以将偏心轮铣去一块。所以在偏心夹紧设计中也常按行程 $S=S_3+S_4$ 来计算 e 值：

$$e=\frac{S_3+S_4}{\cos\gamma_1-\cos\gamma_2}$$

2）偏心轮半径 R。偏心量确定后，偏心轮半径 R 主要取决于自锁条件。这时，偏心轮受力情况如图 6.3-16 所示，所受的力有小轴给偏心轮的反作用力 R' 及垫板（或工件）的反作用力 W'。这两个力应大小相等，方向相反，达到平衡。由图 6.3-16 可知，$\alpha-\theta=\varphi_2$，因 θ 很小，为简化计算可忽略。因此

$$R=e\left(\frac{\sin\gamma}{f_2}+\cos\gamma\right)$$

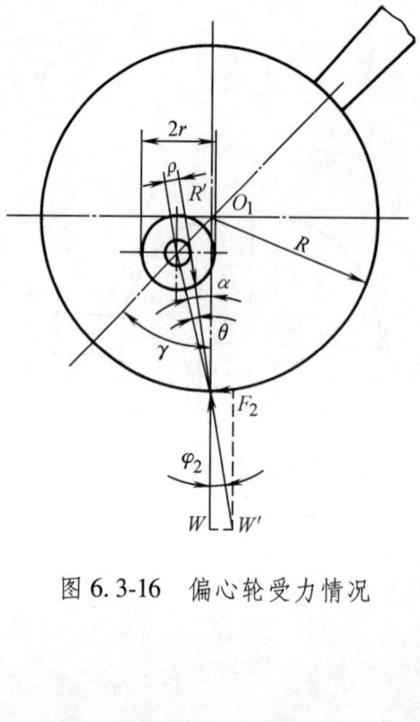

图 6.3-16　偏心轮受力情况

此为极限情况，一般应使

$$R\geqslant e\left(\frac{\sin\gamma}{f_2}+\cos\gamma\right)$$

式中　f_2——偏心轮与垫板（或工件）间的摩擦因数，$f_2=\tan\varphi_2$。

3）夹紧力及手柄长度。偏心轮的夹紧力可从图 6.3-17 中求出。夹紧时偏心轮上作用的力有：手柄上的原始力 Q；轴销处的反作用力 R'；垫板（或工件）的反作用力 W'（为夹紧反作用力 W 及摩擦力 F_2 的合力）。三者应处于平衡状态，设 $f_1=f_2=f$，可得

$$W=\frac{QL}{f(R+r)+e(\sin\gamma-f\cos\gamma)}$$

式中　W——夹紧力（N）；

Q——施加在手柄上的原始作用力（N）；

L——力臂长（mm）；

f——摩擦因数；

R——偏心轮半径（mm）；

r——轴销半径（mm）；

e——偏心量（mm）；

γ——偏心轮几何中心和转动中心连线 O_1O_2 与偏心轮几何中心和夹紧点连线 O_1C 之间的夹角。

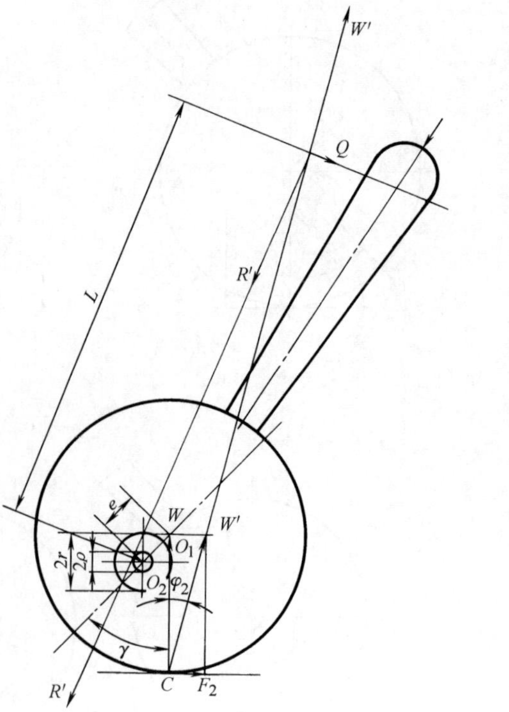

图 6.3-17　偏心轮的夹紧力

（4）偏心轮的特点及应用

根据夹紧点不同，偏心轮可以分为三种类型，如

图 6.3-18 所示。Ⅰ型偏心利用圆弧 $\overset{\frown}{PA}$ 或 P 点左右一段弧进行夹紧。P 点处升角 α 最大，故计算时，以 P 点作为代表。当 $R/e=10$ 时，$\overset{\frown}{PA}$ 对应几何中心 O_1 的夹角 $\theta_P\approx96°$。Ⅱ型偏心为利用 $\overset{\frown}{CA}$ 弧段夹紧，对应几何中心夹角 $\theta_C\leqslant96°$，设计计算按角度 θ_C 的实际值进行。Ⅲ型偏心为利用 A 点夹紧，计算时即按 A 点考虑。其中用于对工件进行夹紧的有Ⅰ型及Ⅱ型两种。

(5) 各种偏心夹紧机构的夹紧力计算（表 6.3-8）

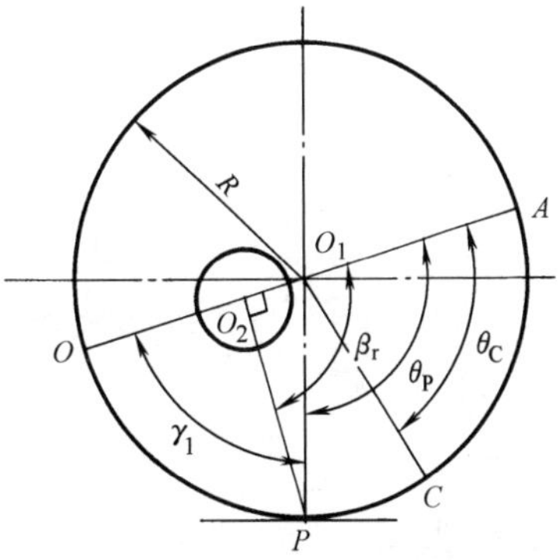

图 6.3-18　偏心分类简图

表 6.3-8　偏心夹紧机构的夹紧力计算

机构简图	夹紧力计算公式
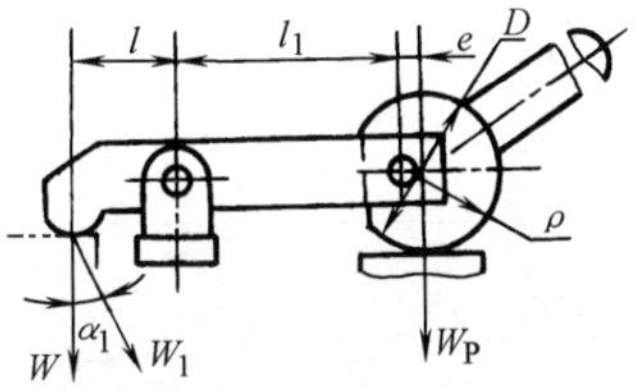	$W_P=\dfrac{M}{\rho[\tan(\alpha+\varphi_1)+\tan\varphi_2]}$ $W=\dfrac{Ml_1\eta}{\rho[\tan(\alpha+\varphi_1)+\tan\varphi_2]l}$ $W_1=\dfrac{W}{\cos\alpha_1}$
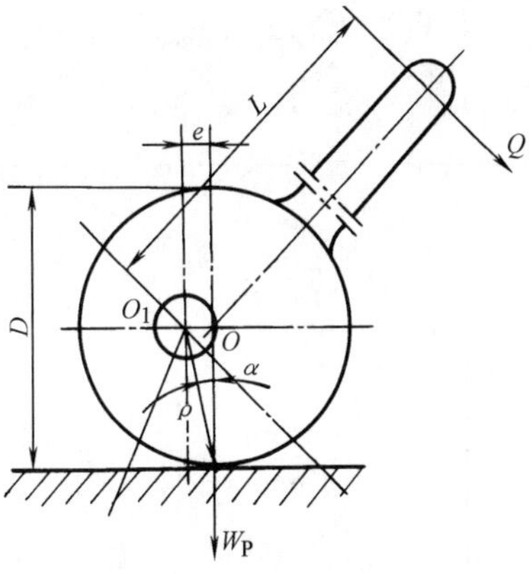	$W_P=\dfrac{M}{\rho[\tan(\alpha+\varphi_1)+\tan\varphi_2]}$ $M=QL$ $\rho=\dfrac{R+e\sin\beta}{\cos\alpha}$
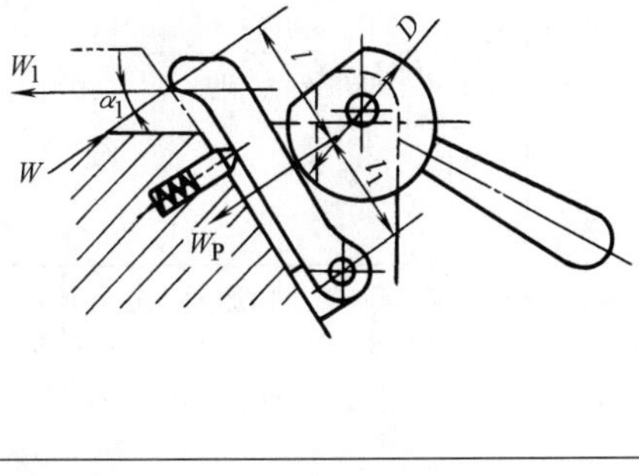	$W=\dfrac{Ml_1\eta}{\rho[\tan(\alpha+\varphi_1)+\tan\varphi_2](l+l_1)}$ $W_1=W\cos\alpha_1$

（续）

机 构 简 图	夹紧力计算公式
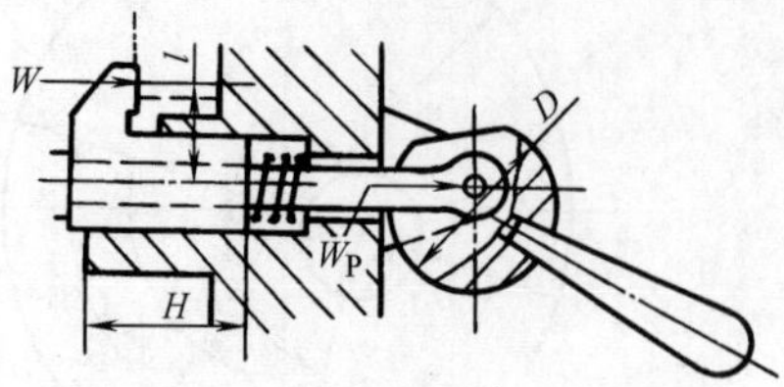	$W=\dfrac{W_P-q}{1+\dfrac{3l}{H}f_1}$ $W_P=\dfrac{M}{\rho[\tan(\alpha+\varphi_1)+\tan\varphi_2]}$
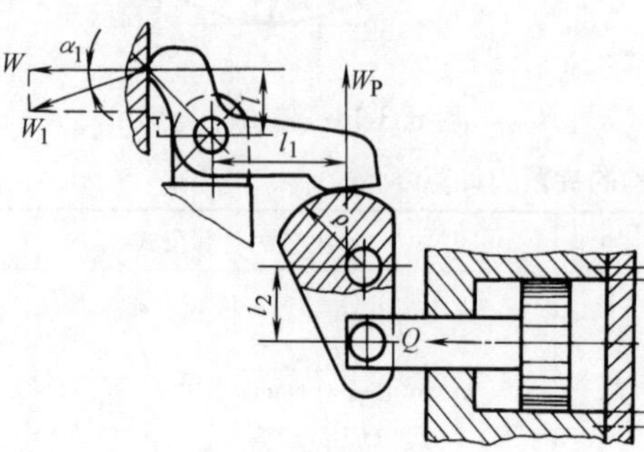	$W=\dfrac{Ql_2l_1\eta}{\rho[\tan(\alpha+\varphi_1)+\tan\varphi_2]l}$ $W_1=\dfrac{W}{\cos\alpha_1}$
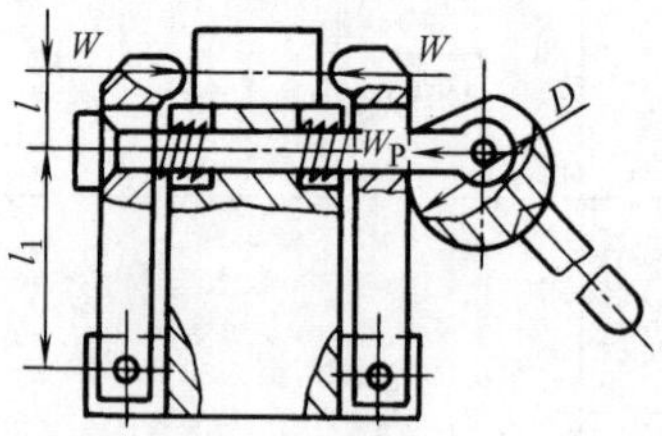	$W=\dfrac{W_Pl_1\eta}{2(l+l_1)}-q$ $W_P=\dfrac{M}{\rho[\tan(\alpha+\varphi_1)+\tan\varphi_2]}$
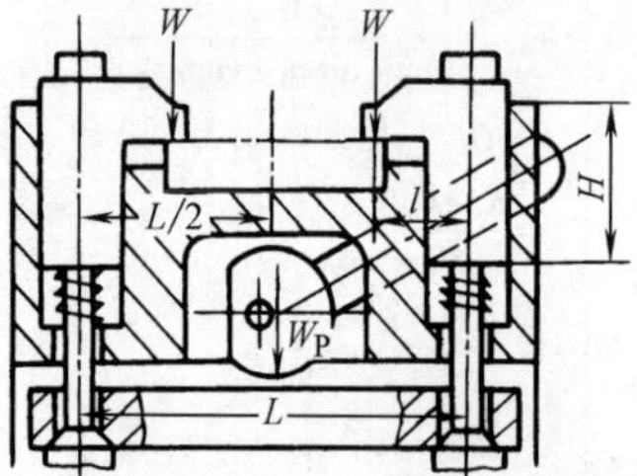	$W=\dfrac{\dfrac{W_P}{2}\eta-q}{1+\dfrac{3l}{H}f_1}$ $W_P=\dfrac{M}{\rho[\tan(\alpha+\varphi_1)+\tan\varphi_2]}$
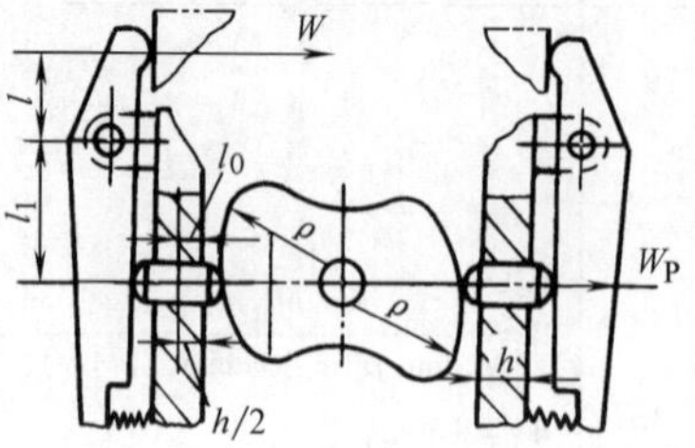	$W=\dfrac{W_P(1-\tan\varphi_1k)l_1\eta}{l}$ $W_P=\dfrac{M}{\rho[\tan(\alpha+\varphi_1)+\tan\varphi_2]}$ $k=\dfrac{3l_0}{h}$

注：W—作用在工件上的夹紧力（N）；W_P—偏心轮夹紧力（N）；M—作用在偏心轮上的原始力矩（N·mm），$M=QL$；Q—手柄上的作用力（N）；L—手柄长度（mm）；η—机械效率，一般取 0.85～0.95；ρ—偏心轮回转中心到受力点的距离，$\rho=(D+2e\sin\beta)/2\cos\alpha$；$D$—圆偏心轮直径（mm）；$\alpha$—圆偏心升角；$e$—偏心距（mm）；$\beta$—圆偏心的回转角；$q$—弹簧阻力（N）。

4. 铰链夹紧机构

(1) 铰链夹紧机构的结构特点

铰链夹紧机构是一种增力机构，由于结构简单，增力倍数较大，但不具有自锁性能，因此常作为气动夹紧的增力机构，以弥补气缸或气室推力的不足。图 6.3-19 所示是它的三种基本结构。

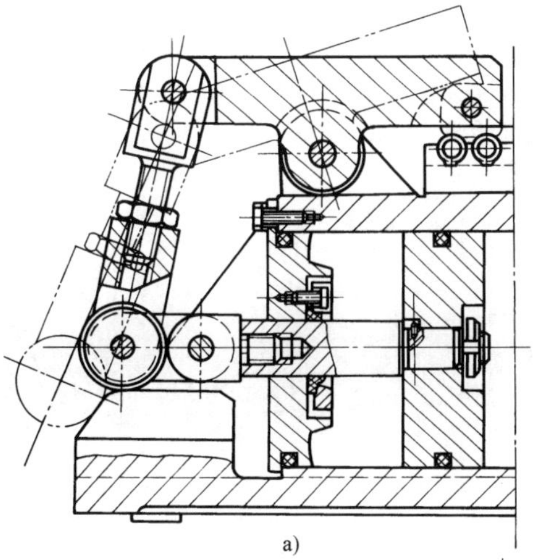

a)

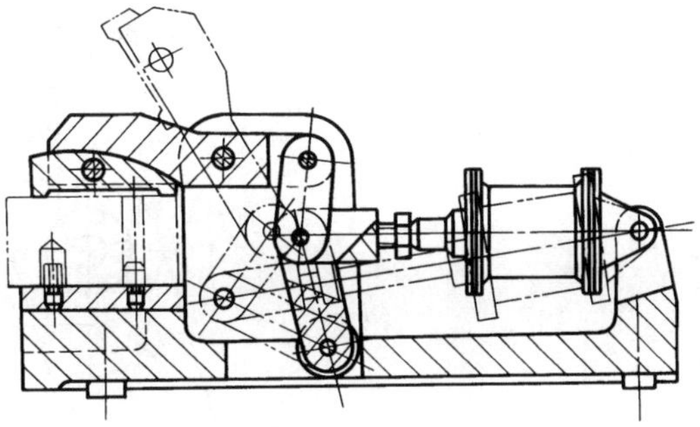

b)

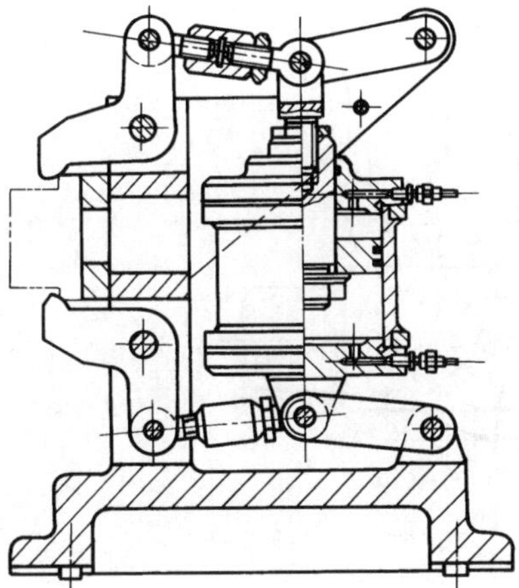

c)

图 6.3-19　铰链夹紧机构

a) 单臂铰链夹紧机构　b) 双臂单作用铰链夹紧机构　c) 双臂双作用铰链夹紧机构

(2) 铰链夹紧机构的夹紧力计算

单臂铰链夹紧机构的夹紧力 W 可通过图 6.3-20 得出。轴销 3 受到拉杆 4 的作用力，此力近似地等于原始作用力 Q。轴销 3 还受到滚子的作用力 F，此力的方向通过接触点 A 与轴销 3 处的摩擦圆相切。连杆 1 对轴销 3 的作用力 N 则与上下两个摩擦圆相切。这三个力应处于静力平衡，如图 6.3-20 所示。因此

$$Q - N\sin(\alpha_j + \varphi') - F\sin\varphi'_1 = 0$$

$$N\cos(\alpha_j + \varphi') - F\cos\varphi'_1 = 0$$

作用力 N 通过连杆 1 和轴销 5 作用于压板 2，其垂直方向分力即为产生夹紧作用的夹紧力，其值为

$$W = N\cos(\alpha_j + \varphi')$$

联解上述三个方程式可得

$$W = Q/[\tan(\alpha_j + \varphi') + \tan\varphi'_1] = i_P Q$$

$$i_P = 1/[\tan(\alpha_j + \varphi') + \tan\varphi'_1]$$

式中　W——夹紧力 (N)；

Q——原始作用力 (N)；

α_j——夹紧时，臂的倾斜角 (°)；

i_P——机构增力比；

φ'——臂两端铰链的当量摩擦角 (°)，$\tan\varphi' \approx 2\rho/L = (2r\tan\varphi_1)/L$；

φ_1'——滚子滚动当量摩擦角 (°)，$\tan\varphi_1' \approx (r\tan\varphi_1)/R$；

$\tan\varphi_1'$——铰链轴承和滚子轴承中的摩擦因数；

L——臂上铰链孔中心距 (mm)；

R——滚子半径 (mm)；

r——铰链和滚子轴承半径 (mm)。

(3) 铰链夹紧机构的设计步骤及其参数的确定

铰链夹紧机构的有关参数计算公式，见表 6.3-9，其设计步骤如下：

1）初步确定结构尺寸。

2）确定行程量和臂的倾斜角。铰链夹紧机构末端 A 有一个行程终点（$\alpha=0°$）。当机构处于夹紧状态时，A 端离其最终点应保持有一个最小储备量 S_c（表 6.3-9 中机构简图），否则机构可能失效。一般认为 $S_c \geqslant 0.5$mm 比较安全。但也不宜过大，因为过大将影响夹紧机构的增力比。确定 S_c 后，可根据表中公式计算出相应的储备角 α_c（或直接取储备角 $\alpha_c \geqslant 5°$）。A 端的行程应包括两部分：一部分为空行程 S_1，用于获得足够的空隙来装卸工件；一部分为夹紧行程 S_2+S_3，其中 S_2 用于补偿工件夹紧表面的尺寸偏差，S_3 用于补偿系统的受力变形。根据 S_2+S_3 可计算出臂的夹紧起始倾斜角 α_j，根据 $S_2+S_3+S_1$ 可计算出行程起始倾斜角 α_0。

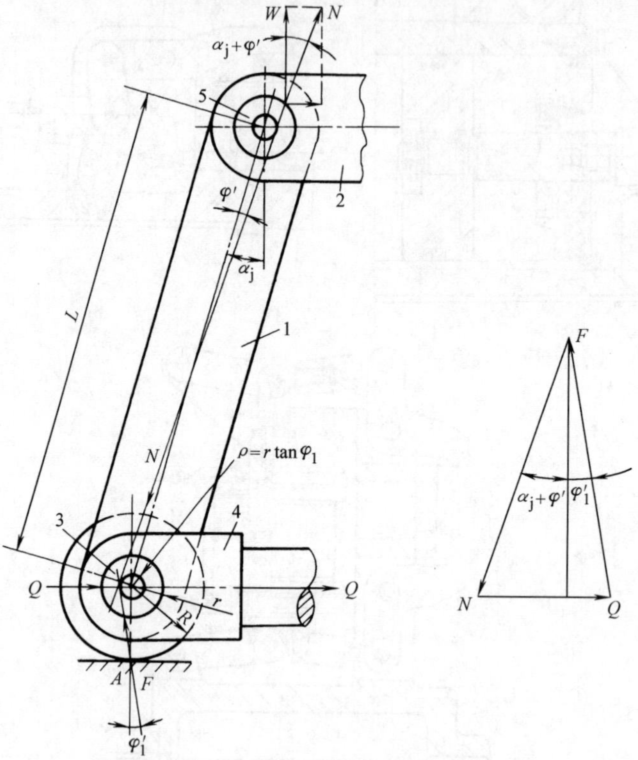

图 6.3-20　单臂铰链夹紧机构受力分析

1—连杆　2—压板　3、5—轴销　4—拉杆

表 6.3-9　铰链夹紧机构计算公式

类型	机构简图	计算项目	计算公式
I	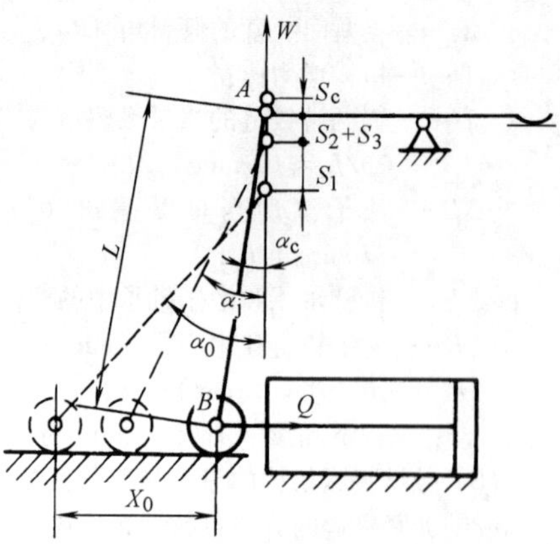	α_c	$\alpha_c=\arccos\dfrac{L-S_c}{L}$
		α_j	$\alpha_j=\arccos\dfrac{L\cos\alpha_c-(S_2+S_3)}{L}$
		i_P	$i_P=\dfrac{1}{\tan(\alpha_j+\varphi')+\tan\varphi_1'}$
		W	$W=i_P Q$
		α_0	$\alpha_0=\arccos\dfrac{L\cos\alpha_c-(S_1+S_2+S_3)}{L}$
		X_0	$X_0=L(\sin\alpha_0-\sin\alpha_c)$

（续）

类型	机构简图	计算项目	计算公式
Ⅱ	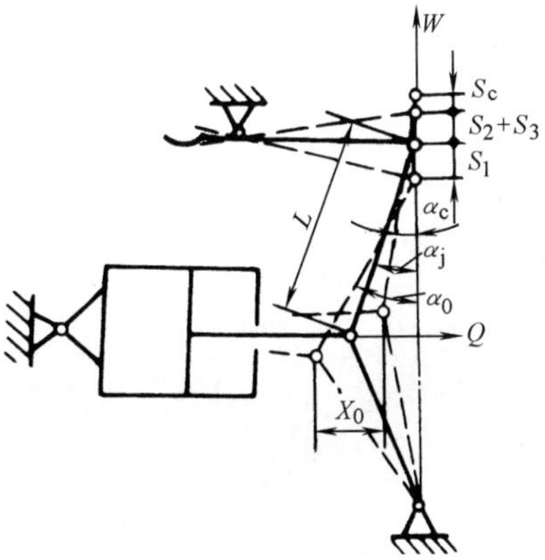	α_c	$\alpha_c=\arccos\dfrac{2L-S_c}{2L}$
		α_j	$\alpha_j=\arccos\dfrac{2L\cos\alpha_c-(S_2+S_3)}{2L}$
		i_P	$i_P=\dfrac{1}{2\tan(\alpha_j+\varphi')}$
		W	$W=i_P Q$
		α_0	$\alpha_0=\arccos\dfrac{2L\cos\alpha_c-(S_1+S_2+S_3)}{2L}$
		X_0	$X_0=L(\sin\alpha_0-\sin\alpha_c)$
Ⅲ	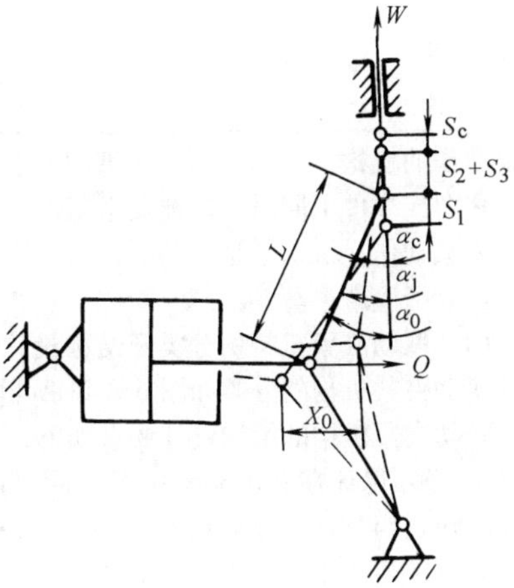	α_c	$\alpha_c=\arccos\dfrac{2L-S_c}{2L}$
		α_j	$\alpha_j=\arccos\dfrac{2L\cos\alpha_c-(S_2+S_3)}{2L}$
		i_P	$i_P=\dfrac{1}{2}\ \dfrac{1}{\tan(\alpha_j+\varphi')-\tan\varphi_2'}$
		W	$W=i_P Q$
		α_0	$\alpha_0=\arccos\dfrac{2L\cos\alpha_c-(S_1+S_2+S_3)}{2L}$
		X_0	$X_0=(\sin\alpha_0-\sin\alpha_c)$
Ⅳ	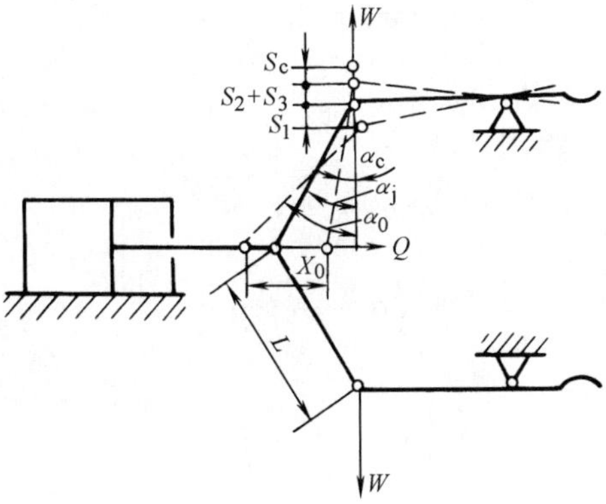	α_c	$\alpha_c=\arccos\dfrac{L-S_c}{L}$
		α_j	$\alpha_j=\arccos\dfrac{L\cos\alpha_c-(S_2+S_3)}{L}$
		i_P	$i_P=\dfrac{1}{2\tan(\alpha_j+\varphi')}$
		W	$W=i_P Q$
		α_0	$\alpha_0=\arccos\dfrac{L\cos\alpha_c-(S_1+S_2+S_3)}{L}$
		X_0	$X_0=L(\sin\alpha_0-\sin\alpha_c)$

（续）

类型	机构简图	计算项目	计算公式
V	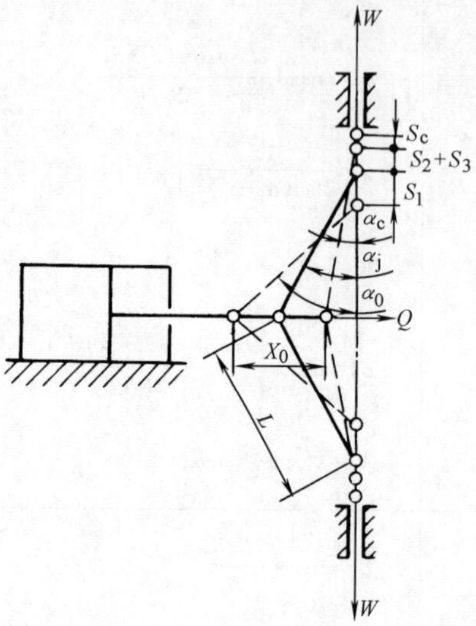	α_c α_j i_P W α_0 X_0	$\alpha_c=\arccos\dfrac{L-S_c}{L}$ $\alpha_j=\arccos\dfrac{L\cos\alpha_c-(S_2+S_3)}{L}$ $i_P=\dfrac{1}{2}\dfrac{1}{\tan(\alpha_j+\varphi')-\tan\varphi_2'}$ $W=i_PQ$ $\alpha_0=\arccos\dfrac{L\cos\alpha_c-(S_1+S_2+S_3)}{L}$ $X_0=L(\sin\alpha_0-\sin\alpha_c)$

3）计算机构的夹紧力 W 或原始作用力 Q。先按表 6.3-9 中的相应公式计算出增力比 i_P，然后用预定的原始力 Q 乘以增力比 i_P，可以算出夹紧力 W。

4）计算动力装置的结构尺寸。根据确定的原始作用力 Q，可以计算出动力气缸直径。根据确定的臂的行程起始倾斜角 α_0 和储备角 α_c，计算出气缸行程 X_0。

（4）常用铰链夹紧机构简图及夹紧力计算公式（表 6.3-10）

5. 联动夹紧机构

联动夹紧机构是指利用一个原始力来完成若干个预定动作的机构，采用联动夹紧机构不仅能保证在多点、多向或多件上同时均匀地夹紧工件，而且由于各点的夹紧动作在机构上是联动的，因此缩短了辅助工时，提高了生产率。

（1）联动夹紧机构的分类及结构设计要求

联动夹紧机构的分类如图 6.3-21 所示。

联动夹紧机构的结构设计要求如下：

1）必须保证在几个夹紧位置上同时而均匀地夹紧（不包括与其他动作联动的机构）。在联动夹紧机构中应设置浮动环节以调节夹紧力，常用浮动环节与机构见表 6.3-11。

表 6.3-10　常用铰链夹紧机构简图及夹紧力计算公式

机构简图	夹紧力计算公式
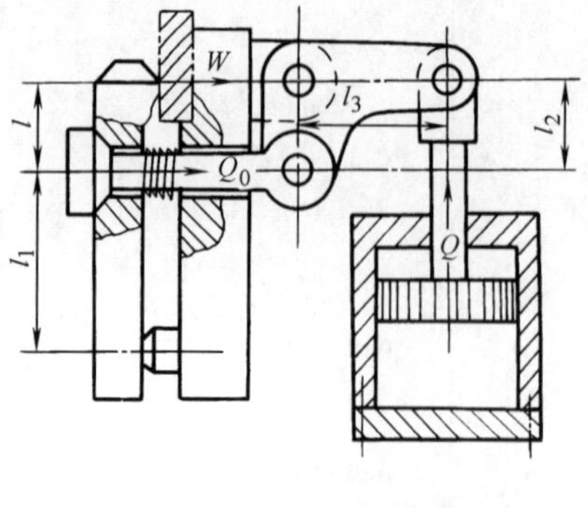	$W=\left(Q\dfrac{l_3}{l_2}\eta-q\right)\dfrac{l_1}{l+l_2}$

（续）

机构简图	夹紧力计算公式
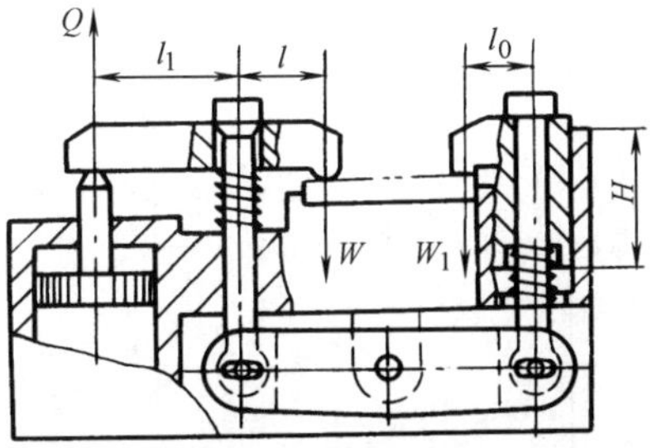	$W=\frac{Ql_1\eta}{l}$ $W_1=\frac{[Q(l_1+l)\eta/l-q]\eta_1}{\frac{1+3/l_0}{H}}$
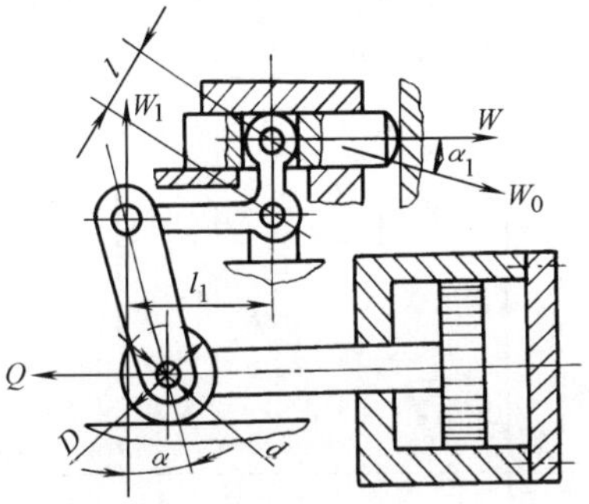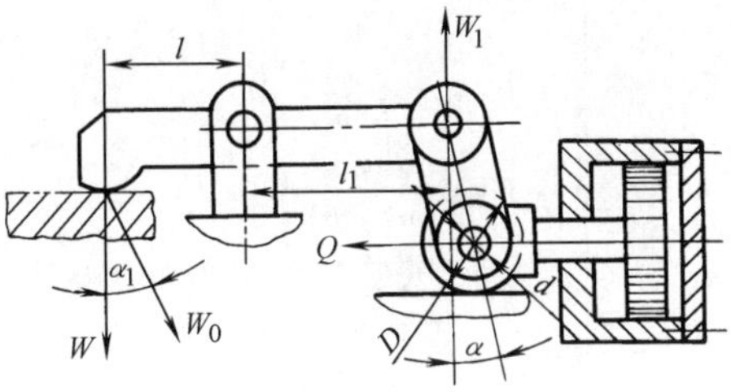	$W=\frac{Ql_1\eta}{\left[\tan(\alpha+\beta)+\tan\varphi\left(\frac{d}{D}\right)\right]l}$ $W_0=\frac{W}{\cos\alpha_1}$
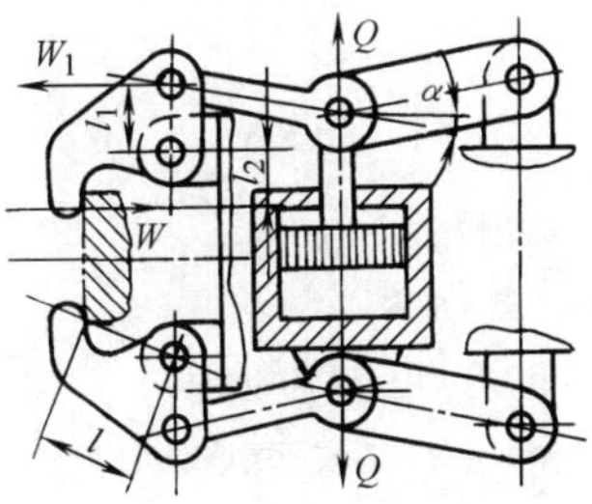	$W=\frac{Ql_1\eta}{l_2\tan(\alpha+\beta)}$

（续）

机构简图	夹紧力计算公式
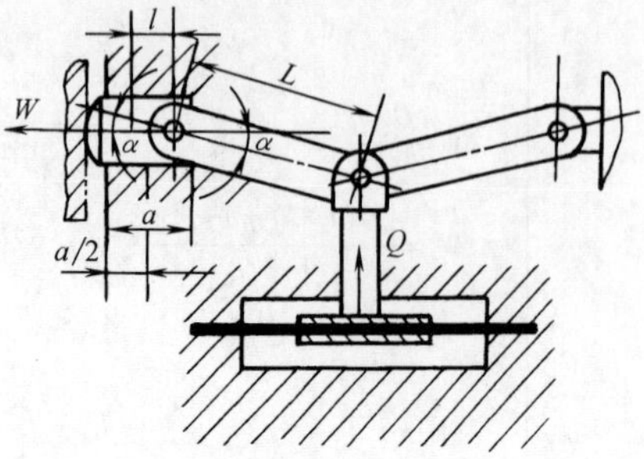	$W=\dfrac{Q}{2}\left[\cot(\alpha+\beta)+\dfrac{3l}{\alpha}\tan\varphi_3\right]$
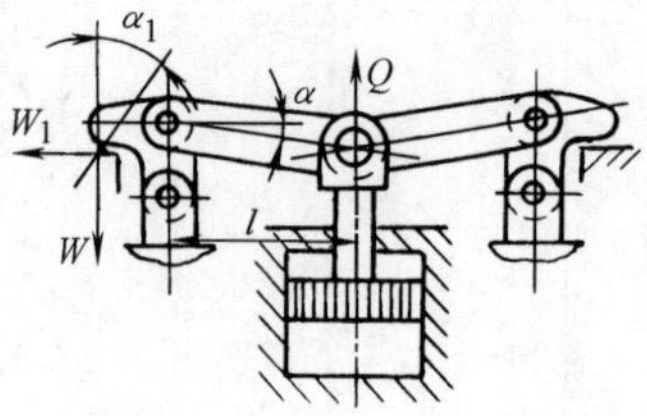	$W=\left[\dfrac{Q}{2}\cot(\alpha+\beta)\cot\alpha_1\right]\eta$
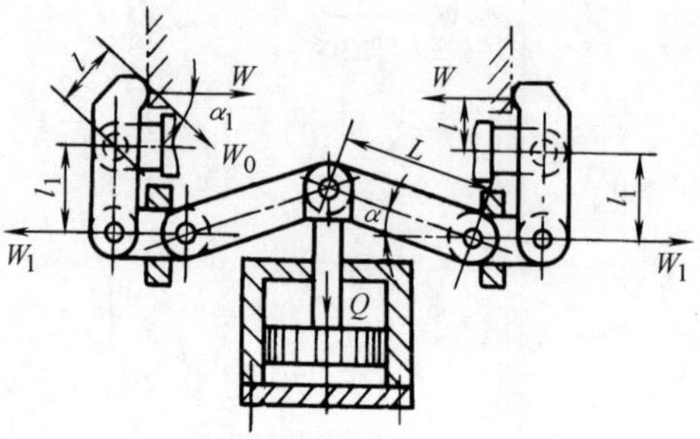	$W=\dfrac{Ql_1\eta}{2l\tan(\alpha+\beta)}$ $W_0=\dfrac{W}{\cos\alpha_1}$

注：Q—气缸活塞的推力（N）；q—弹簧阻力（N）；η，η_1—机械效率，一般取 0.85~0.95。

- 联动夹紧机构
  - 多点联动夹紧机构
  - 多向联动夹紧机构
  - 多件联动夹紧机构
    - 多件平行夹紧机构
    - 多件依次连续夹紧机构
  - 夹紧与其他动作的联动机构
    - 夹紧与移动压板的联动机构
    - 夹紧与锁紧辅助支承的联动机构
    - 先定位后夹紧的联动机构

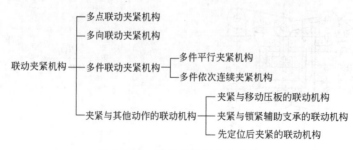

图 6.3-21　联动夹紧机构的分类

表6.3-11　联动夹紧常用浮动环节与机构

机构简图	机构简图
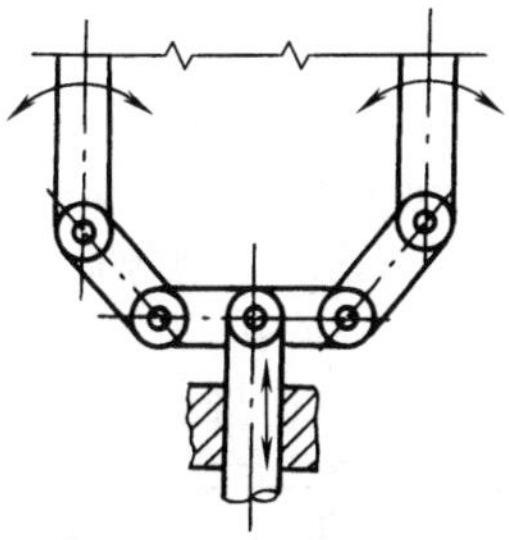	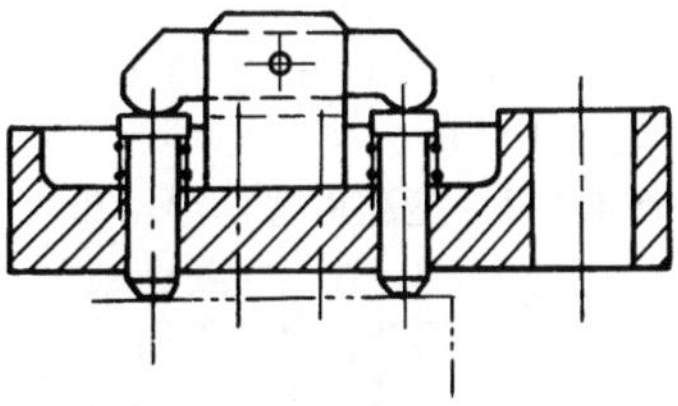
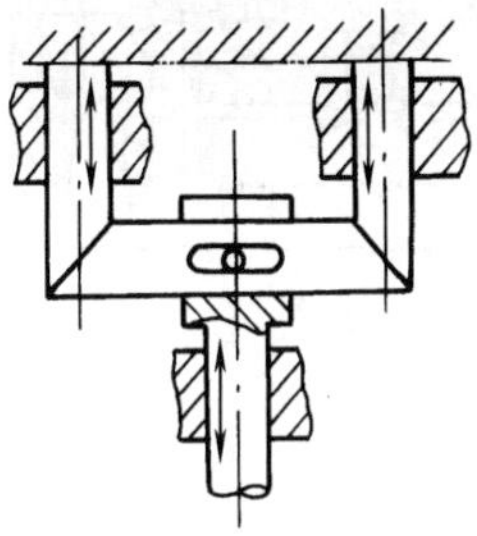	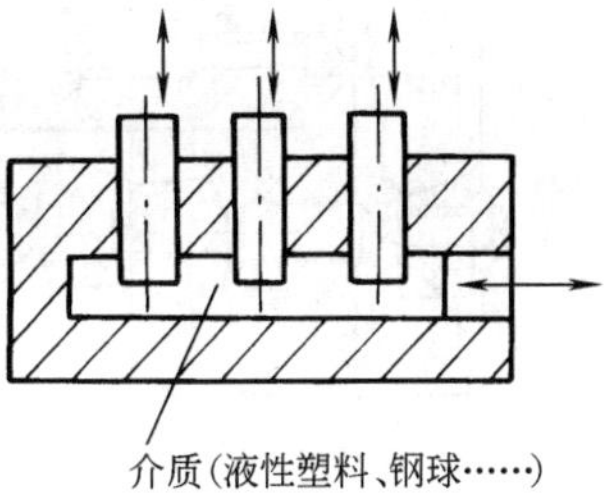
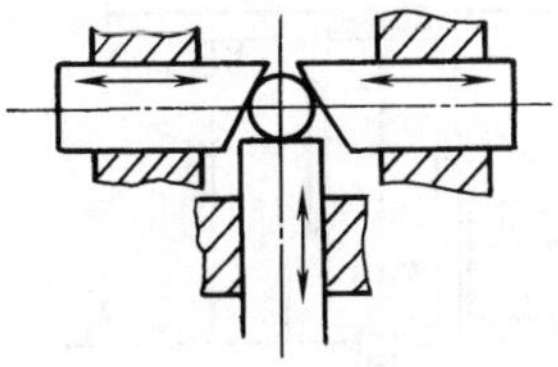	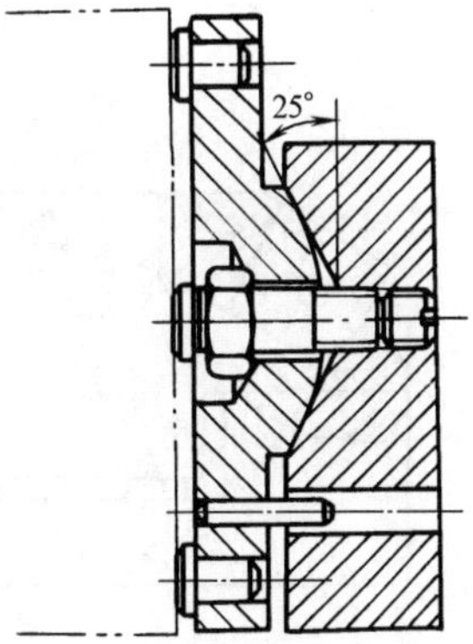
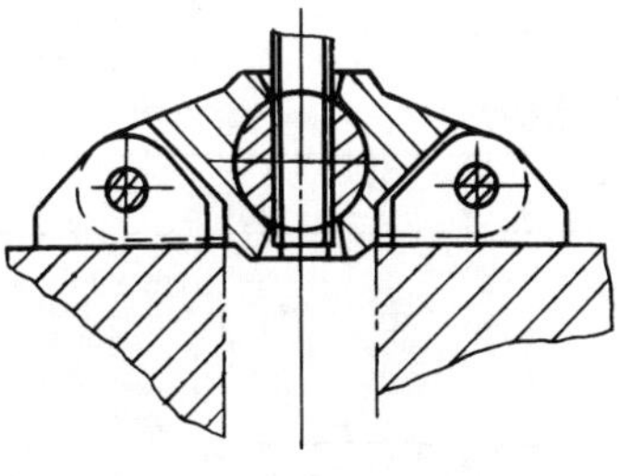	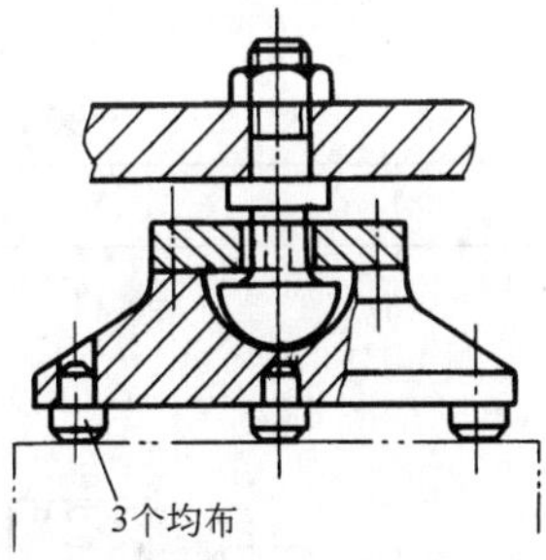

2）在选择多件联动夹紧机构的类型时，必须对加工精度做出估计，以避免影响工件的加工精度。例如，在使用多件依次连续夹紧机构加工一批工件时，工件定位基准的位置误差是逐个积累的，最后一个工件的定位基准的位置误差为

$$\Delta_{wz} = (n-1)T_W$$

式中　n——工件件数；

T_W——工件定位基准的尺寸公差。

3）在设计多件联动夹紧机构时，夹持工件数量的多少，应从夹紧动作的可靠性、结构的复杂程度、效率高低等因素综合考虑。

4）在设计联动夹紧机构时，必须注意进行运动分析和受力分析，以确保机构设计的可靠性。

（2）多点联动夹紧机构

多点联动夹紧机构是用一个原始作用力，使工件在同一方向上，同时获得多点均匀夹紧的机构。图

6.3-22是两个典型结构示例，其中图6.3-22a是依靠滑柱的浮动实现两点联动；图6.3-22b是依靠摇板的浮动实现两点均匀压紧。

(3) 多向联动夹紧机构

多向联动夹紧机构是利用一个原始作用力在不同方向上同时夹紧工件的机构，典型示例如图6.3-23所示，其中图6.3-23a是利用组合浮动压块实现对工件的多向夹紧；图6.3-23b是利用两个铰链压板实现对工件的交叉式浮动夹紧。

(4) 多件联动夹紧机构

多件联动夹紧机构是利用一个原始力，将一次装夹的若干个工件同时并均匀夹紧的机构。多件联动夹紧机构一般有两种基本形式，即多件平行夹紧机构和多件依次连续夹紧机构，典型结构见表6.3-12。

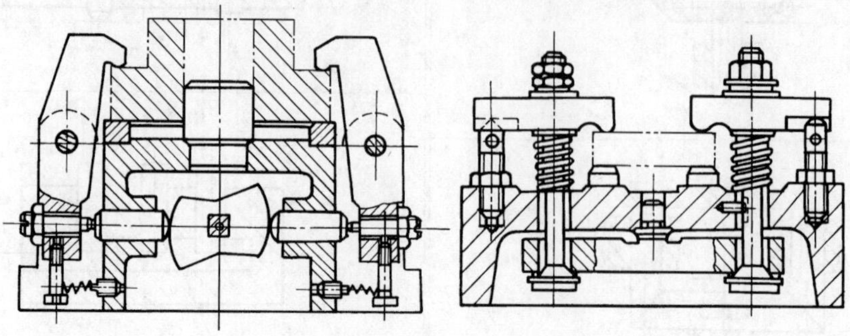

a)　　　　b)

图6.3-22　多点联动夹紧机构示例

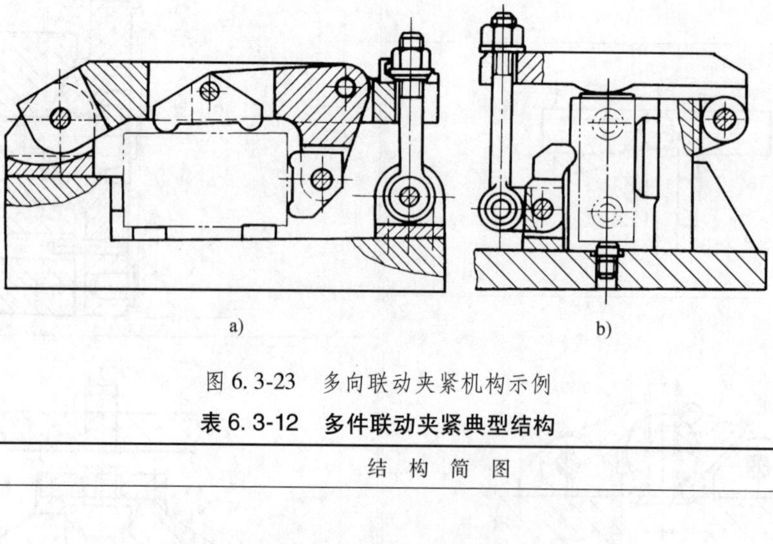

a)　　　　b)

图6.3-23　多向联动夹紧机构示例

表6.3-12　多件联动夹紧典型结构

类型		结构简图
多件平行夹紧机构	气动斜楔传动	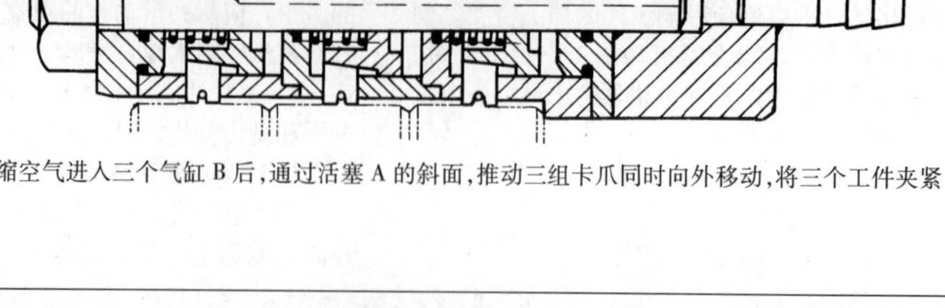 压缩空气进入三个气缸B后，通过活塞A的斜面，推动三组卡爪同时向外移动，将三个工件夹紧

（续）

类型		结构简图
多件依次连续夹紧机构	螺纹传动	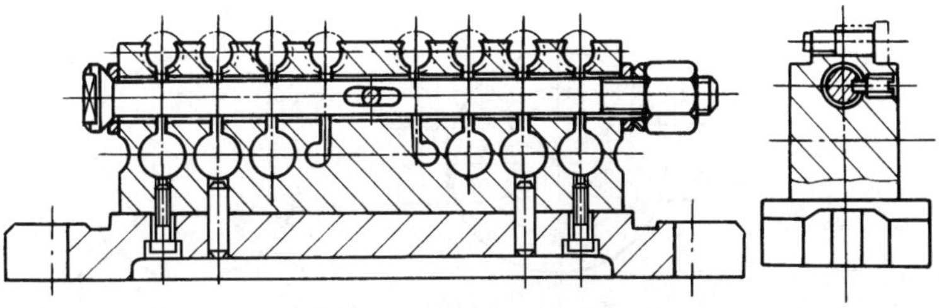
	楔式传动	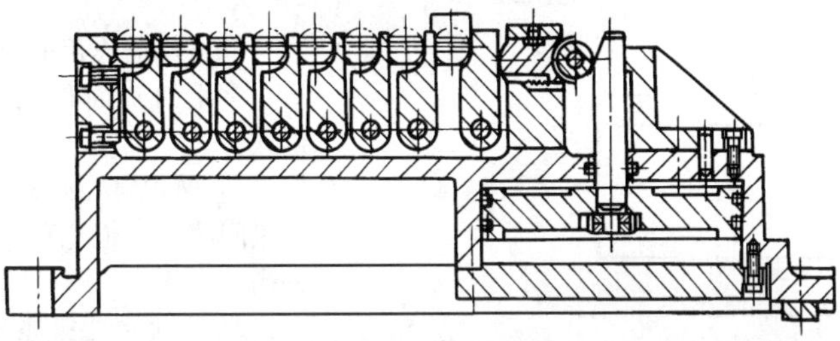

6. 定心夹紧机构

（1）定心夹紧机构的结构特点

定心夹紧机构可分为刚性定心夹紧机构和弹性定心夹紧机构两种，刚性定心夹紧机构的定心精度不高，但夹紧行程大，常在粗加工中使用；弹性定心夹紧机构的定心精度高，但夹紧行程小，常用于精加工。图 6.3-24 所示是各种定心夹紧机构的结构简图。图 6.3-24a 是利用螺旋的刚性定心夹紧原理的定心台虎钳夹紧机构；图 6.3-24b 是利用偏心及杠杆原理的定心夹紧机构；图 6.3-24c 是楔块定心夹紧机构；图 6.3-24d 是弹簧夹头定心夹紧机构，它是弹性定心夹紧机构的一种。按自动定心夹紧原理来分，定心夹紧装置可分为：

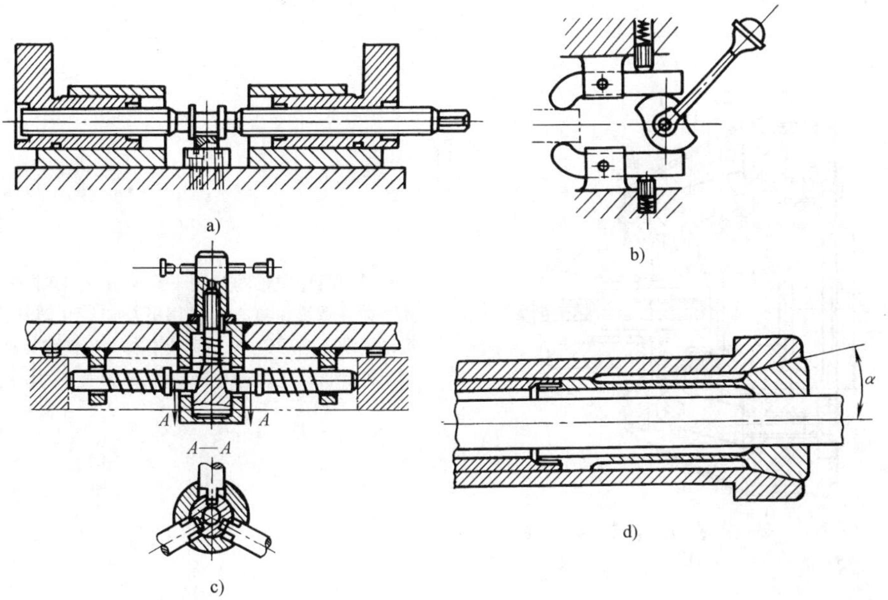

图 6.3-24 定心夹紧机构示例

1）对工件的一个定位基准进行定心夹紧的，如图 6. 3-25 所示。图 6. 3-25a 所示结构的定心误差 $\Delta_x=0$，图 6. 3-25b 所示结构的定心误差 $\Delta_x=\Delta_z=\Delta_{径}=0$。

2）对工件的两个定位基准进行定心夹紧，如图 6. 3-26 所示，此时的定心误差为：$\Delta_{wz1(x)}=\Delta_{wz2(x)}=T_L$，即定心误差平分到两个定位基准上。

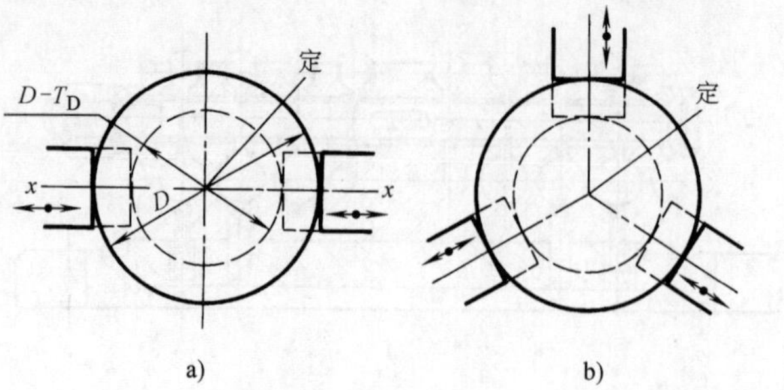

图 6. 3-25　一个定位基准定心夹紧

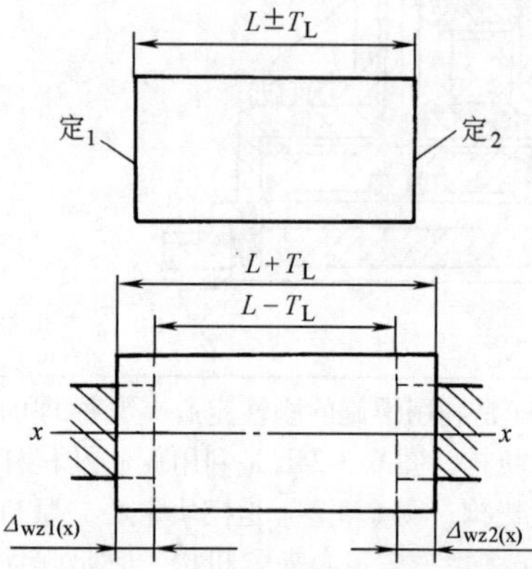

图 6. 3-26　两个定位基准定心夹紧

（2）斜面作用的定心夹紧机构

常用的斜面作用的定心夹紧机构有以下几种形式：

1）楔式定心夹紧机构。这种结构夹紧行程较小，夹紧间隙小，但它的定心精度比螺旋定心夹紧机构的高。

2）螺旋定心夹紧机构。它与螺母的配合间隙较大，定心精度不高，但其夹紧力和夹紧行程较大。

3）凸轮定心夹紧机构。

4）自夹紧斜面定心夹紧机构。它是一种不用专门动力装置的机动夹紧，通常是利用切削力或机床运动产生的离心力来夹紧工件的。

表 6. 3-13 列出了斜面作用的定心夹紧机构典型结构。

表 6. 3-13　斜面作用的定心夹紧机构典型结构

类型	结构简图
离心力夹紧的定心夹紧机构	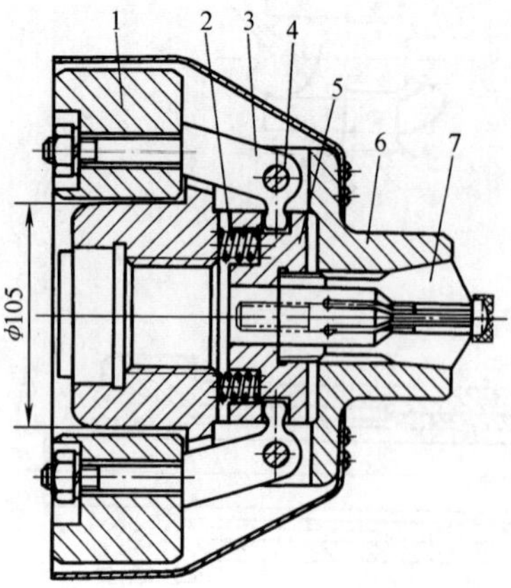 1—重块　2—弹簧　3—拨杆　4—销钉　5—滑块　6—夹具体　7—弹簧夹头 夹具在机床主轴的带动下高速旋转，四个重块 1 产生了离心力。重块在离心力作用下绕销钉 4 转动，通过拨杆 3 扳动滑块 5 向后运动，从而夹具体 6 迫使弹簧夹头 7 收缩夹紧工件。机床主轴停止转动时，靠弹簧 2 的作用松开工件

（续）

类型	结 构 简 图	
齿轮齿条定心夹紧机构	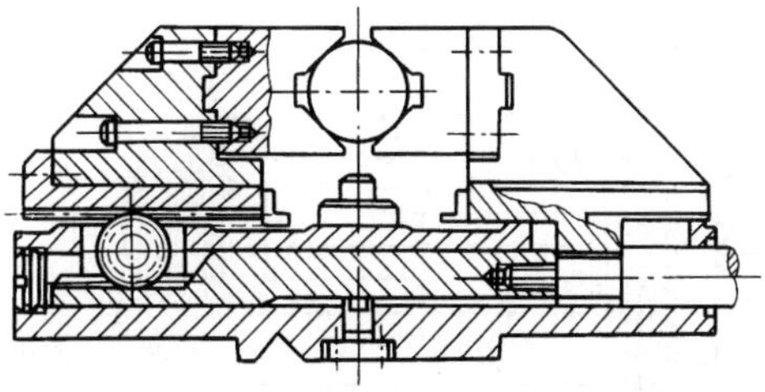	
楔式定心夹紧机构	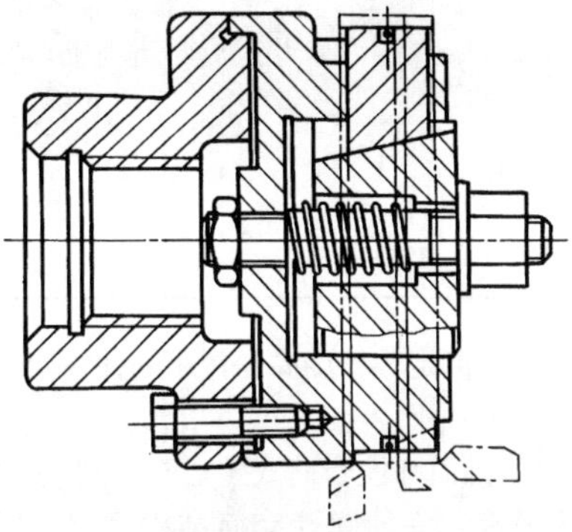	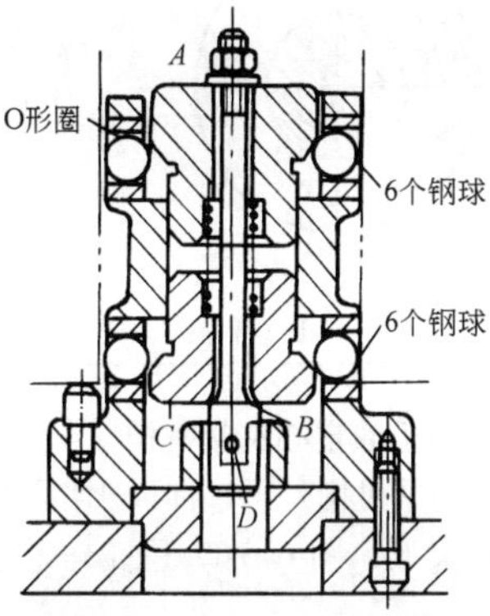
	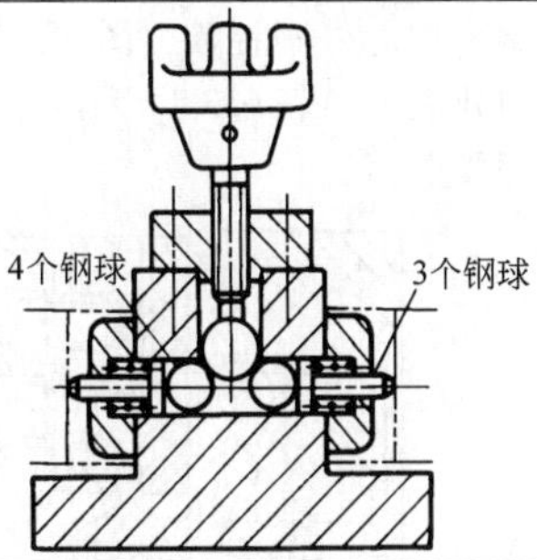	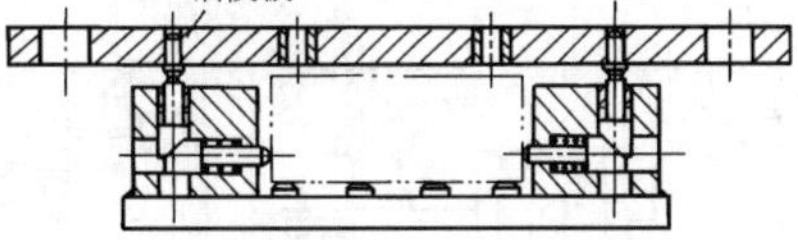
螺旋定心夹紧机构	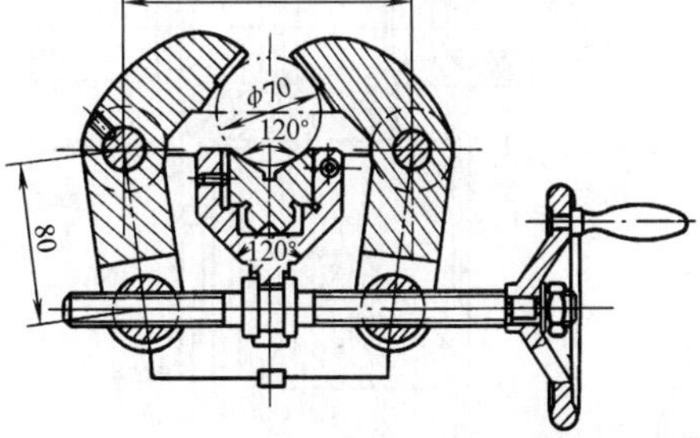	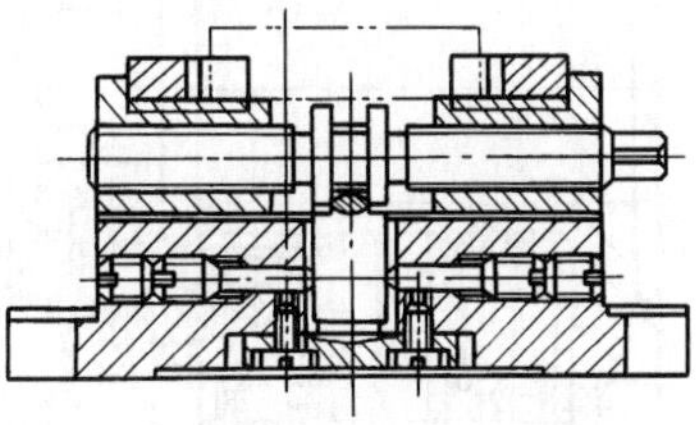
凸轮定心夹紧机构	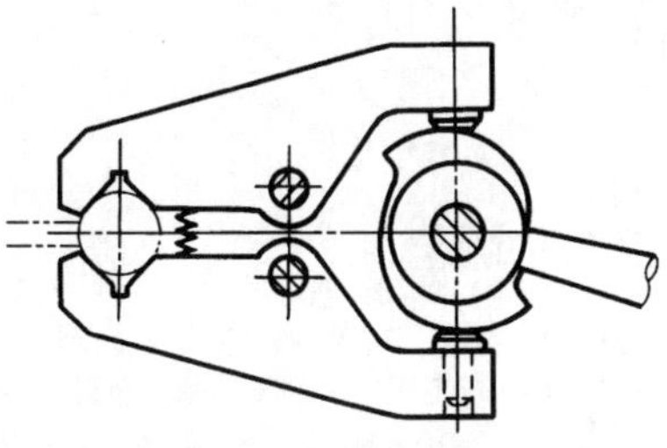	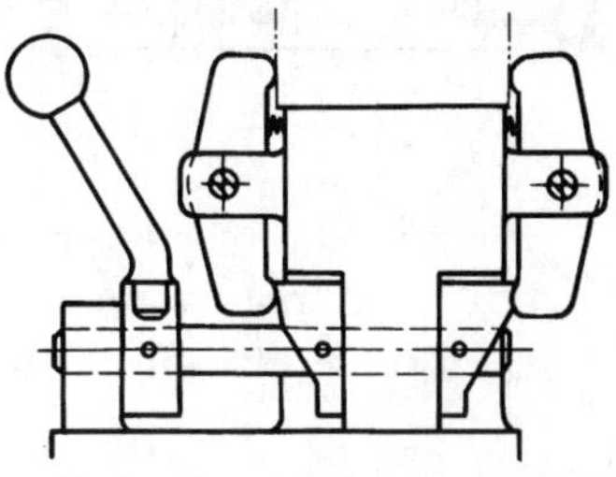

（续）

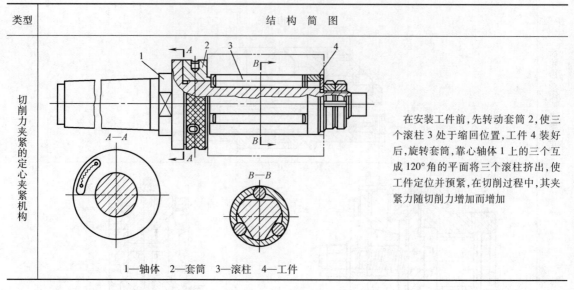

类型	结 构 简 图
切削力夹紧的定心夹紧机构	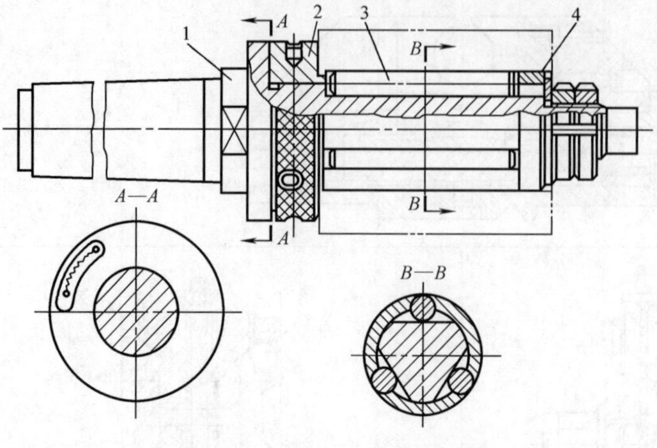 在安装工件前，先转动套筒 2，使三个滚柱 3 处于缩回位置，工件 4 装好后，旋转套筒，靠心轴体 1 上的三个互成 120°角的平面将三个滚柱挤出，使工件定位并预紧，在切削过程中，其夹紧力随切削力增加而增加 1—轴体　2—套筒　3—滚柱　4—工件

(3) 杠杆作用的定心夹紧机构

杠杆定心夹紧机构是通过杠杆比相等的原理实现对工件的定心夹紧，图 6.3-27 是杠杆定心夹紧的典型结构示例。

(4) 弹性定心夹紧机构

弹性定心夹紧机构，是利用弹性元件受力后的均匀弹性变形来实现对工件的自动定心。这种定心夹紧行程小，但定心精度高，常用的弹性定心夹紧机构有以下几种：

1）锥面弹性套筒式定心夹紧机构。图 6.3-28 所示为弹簧夹头的弹性套筒结构型式，图 6.3-28a、b 用于夹紧工件的外圆柱面，图 6.3-28c、d 用于夹紧工件的内孔表面。表 6.3-14 列出了弹性套筒的材料及热处理要求。

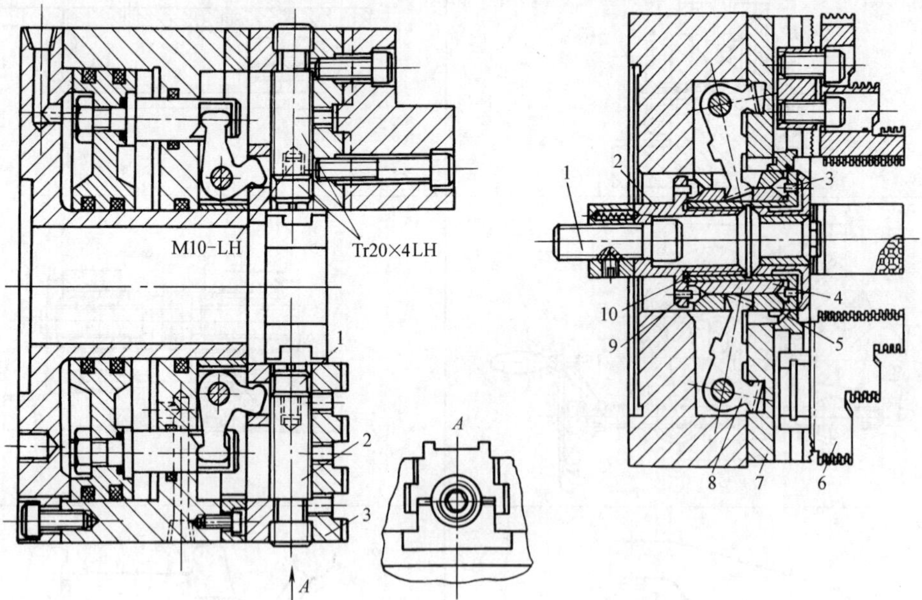

a)　　b)

图 6.3-27　杠杆传动自动定心卡盘

a）自动定心卡盘
1—螺钉　2—调整螺杆　3—卡爪座

b）单动卡盘
1—拉杆　2—拉套　3、9—锥销　4—内套
5—外套　6—卡爪　7—卡爪座　8—拨杆
10—螺套

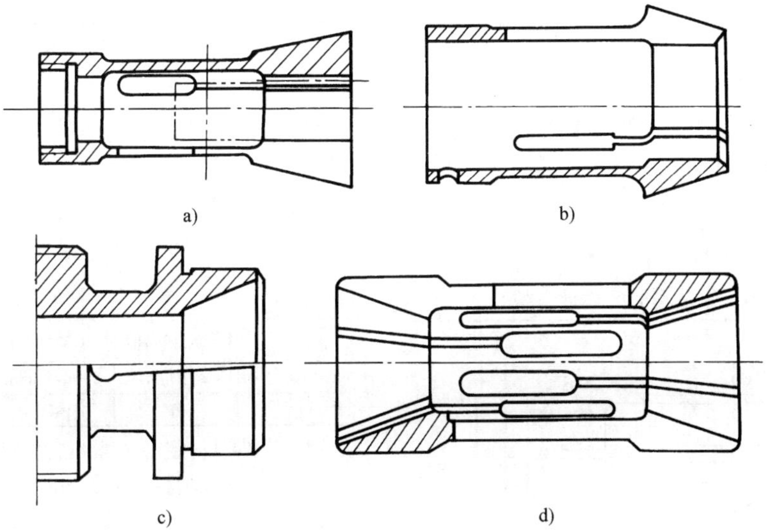

图 6.3-28　弹性套筒结构型式

表 6.3-14　弹性套筒的材料及热处理要求

钢号	硬度 HRC		钢号	硬度 HRC	
	工作部分	尾部		工作部分	尾部
T7A	43~52	30~32	4SiCrV	57~60	47~50
T8A	55~60	32~35	9SiCr	56~62	40~45
T10A	52~56	40~45	65Mn	57~62	40~45

计算弹簧夹头夹紧力及确定其参数时，参阅图 6.3-29a 所示的工件轴向定位时的受力分析图，由图得：

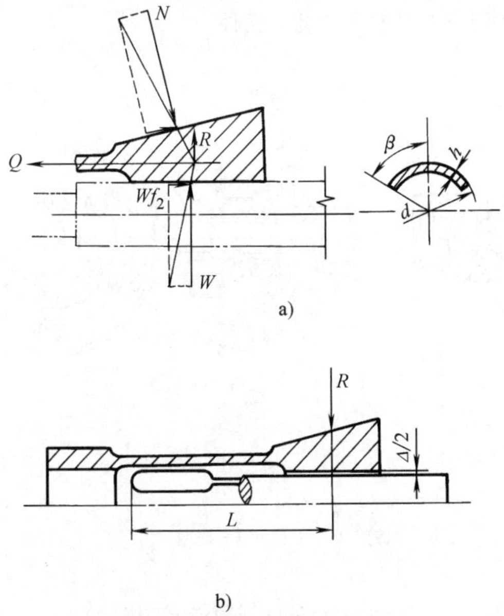

图 6.3-29　弹簧夹头夹紧力 W 与卡爪弹性阻力 R 的计算分析图

$$W = \frac{Q - R\tan(\alpha + \varphi_1)}{\tan(\alpha + \varphi_1) + \tan\varphi_2}$$

式中　W——工件承受的夹紧力（N）；

Q——作用在弹性套筒上的轴向拉力（N）；

α——弹性套筒的锥角之半（°）；

φ_1——套筒与外套间的摩擦角（°）；

φ_2——套筒与工件间的摩擦角（°）；

R——弹性卡爪的弹性变形阻力（N）。

弹性卡爪的弹性变形阻力 R（图 6.3-29b）可按下式计算：

$$R = 0.1875\frac{nhE\Delta d^3}{L^3}\left(\beta + \sin\beta\cos\beta - \frac{2\sin^2\beta}{\beta}\right)$$

式中　E——弹性卡爪材料的弹性模量（MPa）；

Δ——卡爪与工件直径间的间隙（mm）；

d——簧瓣外径（mm）；

L——卡爪中心到簧瓣根部的距离（mm）；

n——卡爪数；

β——每瓣卡爪的扇形角之半（rad）；

h——簧瓣薄壁部分壁厚（mm）。

令 $k=0.1875nE\left(\beta+\sin\beta\cos\beta-\frac{2\sin^2\beta}{\beta}\right)$，则

$$R = k\frac{nh\Delta d^3}{L^3}$$

若取 $E=2.1\times105\text{MPa}$，$\beta=\dfrac{\pi}{n}$，则得 k 值

n	3	4	5
k	600	200	40

工件无轴向定位时，夹紧力的大小按下式计算：

$$W=\frac{Q}{\tan(\alpha+\varphi_1)}-R$$

弹簧夹头的弹性套筒的设计参数列于表 6.3-15。

表 6.3-15　弹性套筒的设计参数

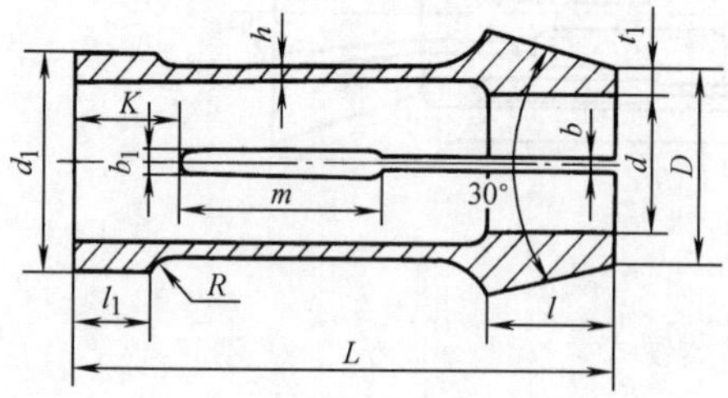

当 $D/d_1=0.8\sim1.0$ 时

计算项目	计算公式
D	$D=d+2t_1$
l	$l=1.67\sqrt[3]{d_1^3}$
h	$h=0.37\sqrt{d_1}$（常取 $h=1.5\sim3\text{mm}$）
b	$b=0.6\sqrt[3]{d_1}$
K	$K=2.9\sqrt{d_1}+0.5\text{mm}$
R	$R=(0.1\sim0.2)d_1$
L	$L=\dfrac{3.3d_1}{\sqrt[6]{d_1}}+13\text{mm}$
l_1	$l_1=2.72\sqrt{d_1}$
t_1	$t_1=0.75\sqrt{d_1}$
b_1	$b_1=\dfrac{0.88(d_1+2)-1}{\sqrt{d_1}}$
m	$m=4.5\sqrt{d_1}$

当 d 为下列值时，i（槽数）值的确定

d	≤30mm	>30~80mm	>80mm
i	3	4	6

2）液性塑料定心夹紧机构。液性塑料定心夹紧机构是利用液性塑料或液压油的不可压缩性，将压力均匀地传给薄壁套筒，使套筒产生均匀的弹性变形夹紧工件。液性塑料定心夹紧机构的定心精度高，通常可保证被加工面与定位基准面间的同轴度在 0.01mm 以内，最高可达 0.003~0.005mm。但受薄壁套筒本身材料弹性极限的限制，其变形量不能过大，因此对工件定位基准面有较高的加工精度要求。一般当定位直径小于 40mm 时，可采用 H7/g6 配合，大于 40mm 时，可采用 H8/f8 配合。

液性塑料夹紧的结构原理如图 6.3-30 所示，图 6.3-30a 是以工件的内圆柱面为定位基准，图 6.3-30b 是以外圆柱面为定位基准。

薄壁套筒的结构如图 6.3-31 所示，其中每种结构又可分为内胀式（用于夹紧工件外径）和外胀式（用于夹紧工件的内孔）两种。

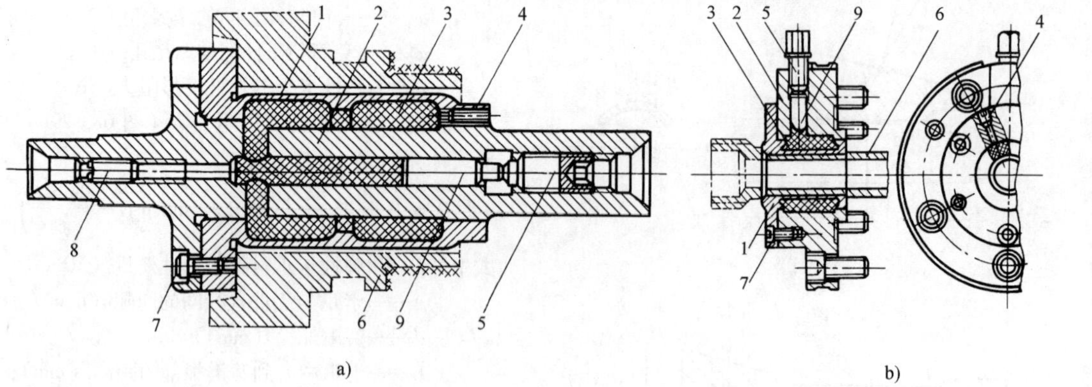

图 6.3-30　液性塑料夹紧的结构原理

1—薄壁套筒　2—夹具体　3—液性塑料　4、5、7、8—螺钉　6—工件　9—柱塞

薄壁套筒径向的最大允许变形量 $\Delta D_{\max}$ 为

$$\Delta D_{\max}=\frac{R_e}{Ek}D=\frac{D[\sigma]}{E}$$

式中　R_e——套筒材料的屈服强度（MPa）；

E——套筒材料的弹性模量（MPa），一般取 $E=2.1\times10^5\text{MPa}$；

D——套筒定位面直径（mm）；

k——套筒安全系数，一般取 1.2～1.5；

$[\sigma]$——套筒材料的许用应力（MPa）。

套筒的变形量 ΔD 应满足：

$$T_1 + T_2 + \Delta \leqslant \Delta D < \Delta D_{max}$$

式中　T_1——套筒直径公差（mm）；

T_2——工件定位直径公差（mm）；

Δ——保证工件可靠夹紧所需的过盈量。

薄壁套筒壁厚 h 的值见表 6.3-16。

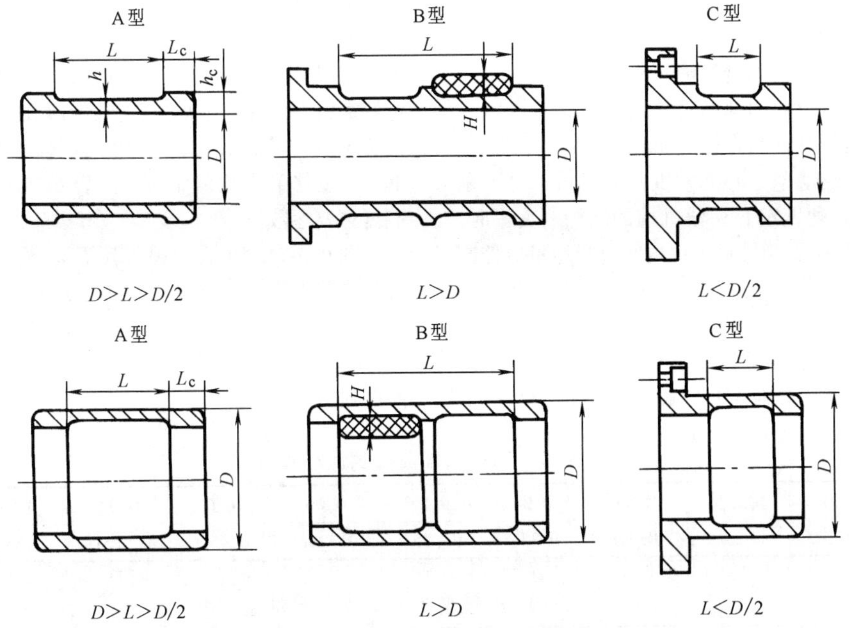

图 6.3-31　薄壁套筒的结构

表 6.3-16　薄壁套筒壁厚 h 的值　　（mm）

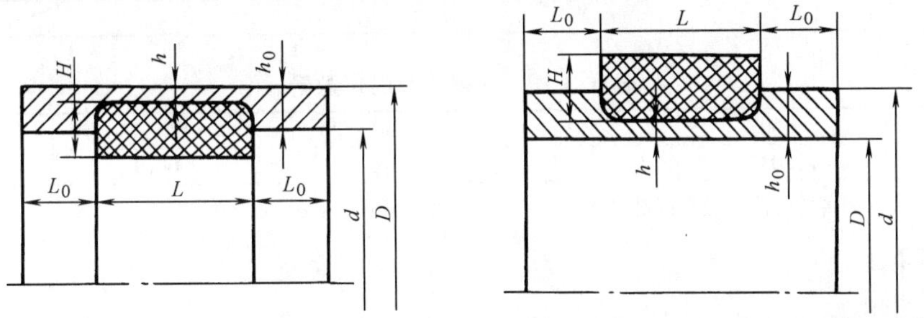

直径	套筒薄壁长度 L	套筒壁厚 h	
		$D=10\sim50$	$D>50\sim150$
$D<150$	$D>L\geqslant D/2$ $D/2>L\geqslant D/4$ $D/4>L\geqslant D/8$	$h=0.015D+0.5$ $h=0.01D+0.5$ $h=0.01D+0.25$	$h=0.025D$ $h=0.02D$ $h=0.015D$
$D>150$	$L>0.3D$	$h=\dfrac{pD^2}{2E\Delta D_{max}}=\dfrac{p}{2[\sigma]}D$	
	$L<0.3D$	$h=1.6\dfrac{pDL}{E\Delta D_{max}}=1.6\dfrac{pL}{[\sigma]}$	

注：1. $D<150$mm 的计算公式为经验公式，适用于钢材，弹性模量 $E=2.1\times10^5$MPa，套筒与工件间的摩擦因数 $f=0.2$；$D>150$mm 的计算公式为近似计算公式。

2. D—套筒定位面直径（mm）；p—塑料所产生的单位压力（MPa），一般为 30MPa；E—套筒材料的弹性模量，一般钢为 2.1×10^5MPa；ΔD_{max}—套筒的最大允许变形量（mm）；$[\sigma]$—套筒材料的许用应力（MPa）。

薄壁套筒薄壁的最小长度值见表 6.3-17。

薄壁套筒 L_c、h_c、H 的值见表 6.3-18。

夹具体与薄壁套筒的配合过盈量见表 6.3-19。

夹紧力 W 的计算如下：

$$W=\frac{2h\Delta E}{D^2}$$

式中 h——套筒壁厚（mm）；

Δ——夹紧工件的过盈量（mm）；

E——套筒材料的弹性模量；

D——套筒的外圆直径（mm）。

3）弹性折纹薄壁定心夹紧机构。图 6.3-32 所示为一种弹性折纹薄壁定心夹紧机构的结构。夹紧时，折纹套筒的变形应在弹性极限以内，直径增量应控制在 $\Delta D \leqslant 0.003D$ 范围之内。定心精度可达 0.01～0.005mm，对工件定位表面尺寸精度要求较高。当 $D<35$mm 时，应不低于 6 级；当 $D>35$mm 时，应不低于 7 级。折纹套筒材料常用 T10A、65Mn、33CrSiAl 等，热处理硬度为 45～50HRC。

4）弹性膜片定心夹紧机构。弹性膜片定心夹紧机构是利用弹性膜片受力后产生的弹性变形定心夹紧工件的。弹性膜片的结构有两类：一类是将弹性膜片与卡爪做成一体；另一类是将弹性膜片做成碟形、X 形和波纹形等。图 6.3-33 所示为膜片卡盘的结构。定心和夹紧元件为弹性膜片 1，用螺钉 2 和螺母 3 紧固在夹具体 4 上。膜片上有 6～12 个卡爪，爪上装有可调螺钉 5，用于对工件 6 定心和夹紧。为了保证卡爪定位表面与机床主轴回转中心同轴，夹具装到机床上后，要修磨卡爪的定位面。表 6.3-20 所列是膜片卡盘主要参数。

图 6.3-34a 所示为碟形膜片心轴，旋紧螺钉 3 时，垫圈 1 推动碟形膜片 2 使之变形，工件得到定心夹紧。图 6.3-34b 所示为 X 形膜片心轴，向左移动拉杆 1 时通过垫圈 2、3、4 使 X 形膜片 5 受压变形，工件得到定心夹紧。

表 6.3-17 薄壁套筒薄壁的最小长度值

$2h/D$	0.01	0.02	0.03	0.04	0.05	0.06	0.07	0.08	0.09	0.10
L_{min}	$0.175D$	$0.25D$	$0.3D$	$0.35D$	$0.375D$	$0.425D$	$0.45D$	$0.525D$	$0.55D$	$0.575D$

表 6.3-18 薄壁套筒 L_c、h_c、H 的值 （mm）

L	≤30	>30～50	>50～80	>80～120	>120～160	>160～200	>200～250
L_c	6	8	11	16	22	28	36
h_c	5	6	9	12	16	18	26
H	$H=2\cdot\sqrt[3]{D}$						

表 6.3-19 薄壁套筒的过盈量 （mm）

D	≤50	>50～80	>80～120	>120～150	>150～250
δ_c	0.03	0.05	0.07	0.10	0.15

注：当切削力大，而薄壁套筒又无螺钉紧固时，其过盈量可按下式计算：$\delta_c=0.0012D$。

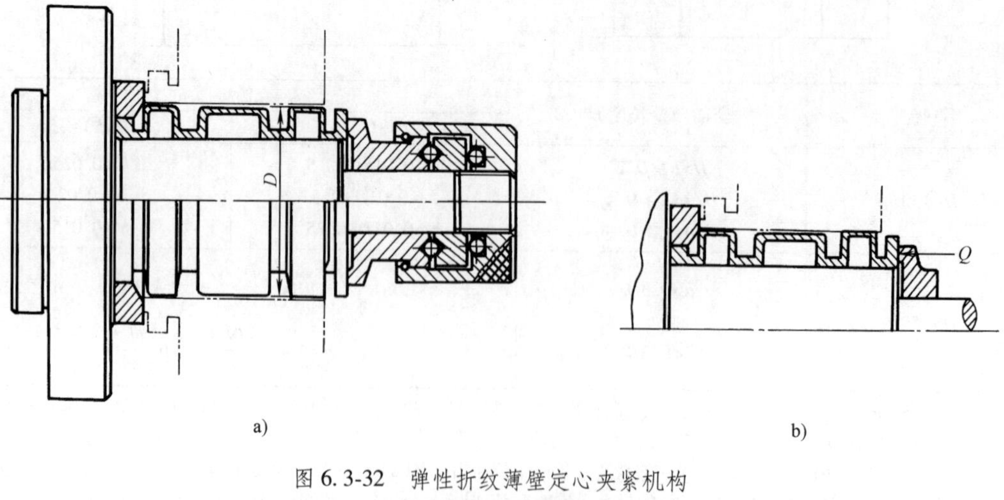

图 6.3-32 弹性折纹薄壁定心夹紧机构

a）松开状态 b）夹紧状态

表 6.3-20 膜片卡盘主要参数

结构简图	主要参数	计算公式
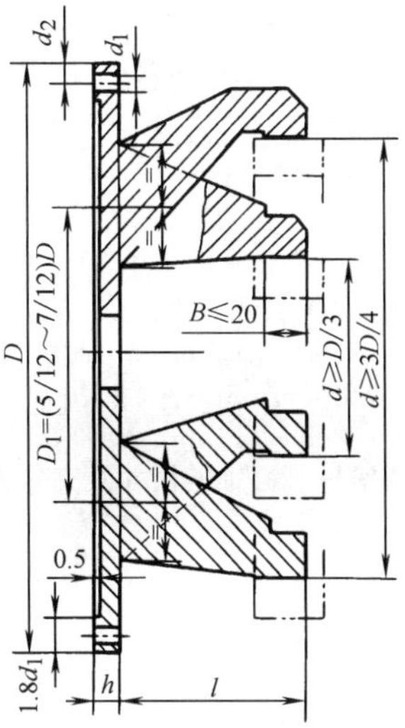	卡盘安装直径 D	$D=(1.33\sim3)d$
	卡盘悬伸长 l	$l \leqslant D/3$
	薄盘厚度 h	$h=0.025D$（全靠弹性夹紧力夹紧时） $h=0.03D$（由手动螺钉拉紧时） $h=0.035D$（气动拉紧时）
	卡爪夹紧面宽度 B	$B \leqslant 20\text{mm}$
	卡爪根部平均直径 D_1	$D_1=\left(\frac{5}{12}\sim\frac{7}{12}\right)D$

注：d—工件被夹紧部位直径。

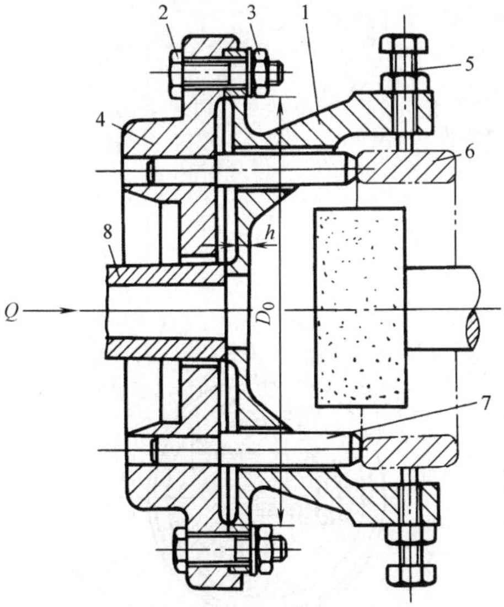

图 6.3-33 膜片卡盘

1—弹性膜片 2—螺钉 3—螺母 4—夹具体 5—可调螺钉 6—工件 7—顶杆 8—推杆

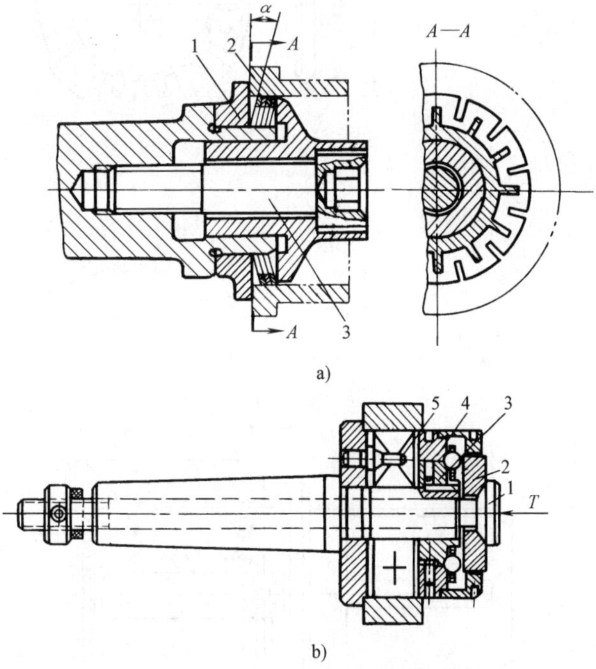

图 6.3-34 碟形和 X 形膜片心轴结构

a）碟形膜片心轴 b）X 形膜片心轴

1—垫圈 2—碟形膜片 3—螺钉 1—拉杆 2、3、4—垫圈 5—X 形膜片

5）V 形弹性盘定心夹紧机构。其工作原理由图 6.3-35 所示的结构可见，法兰盘 1 与机床主轴相连接，V 形弹性盘 6 安装在心轴 2 上并用隔套 4 隔开，安装在 V 形弹性盘上的工件 8，轴向用端面垫板 3 定

位。旋转螺母 5 通过隔套将轴向力加在 V 形弹性盘上，使其径向胀大面将工件定心并夹紧。限位盘 7 起轴向限位作用，以防止 V 形弹性盘变形超过弹性极限。V 形弹性盘的结构如图 6.3-36 所示。

(5) 自夹紧机构

直接利用机床的运动或切削过程来夹紧工件的机构为自夹紧机构，如切削力夹紧机构。

图 6.3-37 为利用切削力夹紧工件的装置。夹具中的滚柱 1 两端各有一个小轴颈，放在支架 2 的四个相应槽内，支架用定位销 3 和螺钉 4 与心轴 5 固定，工件套在心轴上沿切削力方向略加转动，滚柱即楔入工件定位孔圆柱面与心轴的楔形空间，在切削力的作用下，滚柱将进一步楔紧工件。由于此夹具不能准确定心，所以不宜用于精加工。

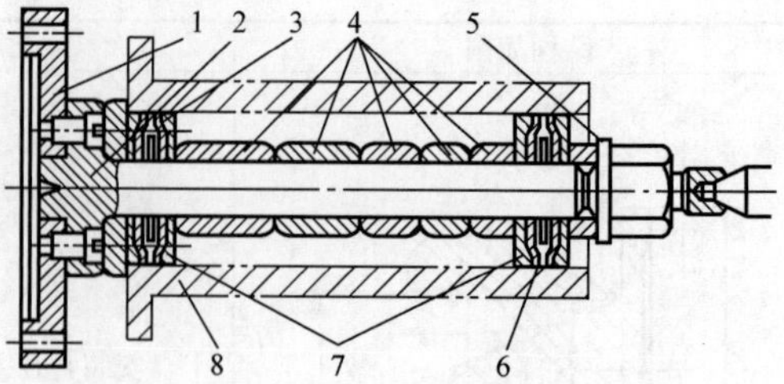

图 6.3-35　V 形弹性盘夹紧心轴

1—法兰盘　2—心轴　3—端面垫板　4—隔套　5—螺母　6—V 形弹性盘　7—限位盘　8—工件

利用切削力夹紧的滚柱、心轴的尺寸及夹紧力的计算，见表 6.3-21。

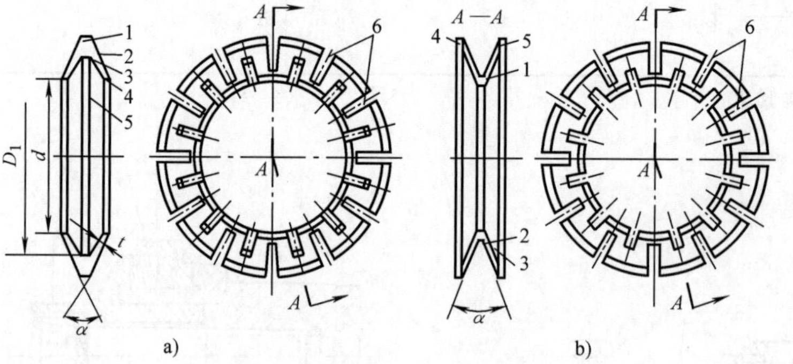

图 6.3-36　V 形弹性盘的结构

a）用于套类零件　b）用于轴类零件

1—定心凸台　2、3—斜面　4、5—凸台　6—径向槽

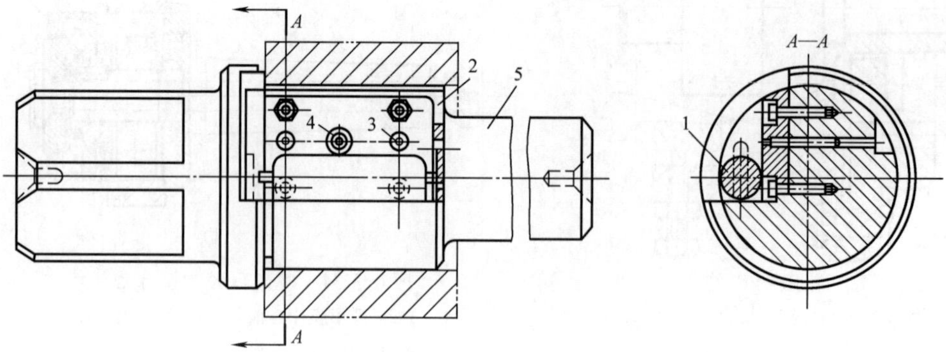

图 6.3-37　切削力夹紧夹具

1—滚柱　2—支架　3—定位销　4—螺钉　5—心轴

表 6.3-21　滚柱、心轴的尺寸及夹紧力计算

简　图	计算项目	计算公式
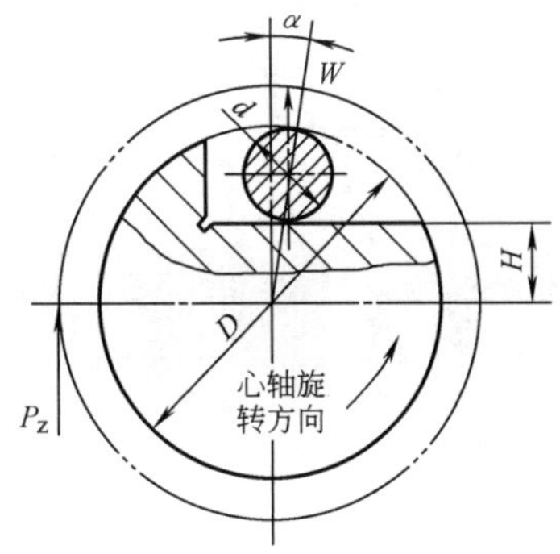	接触点升角 α	取 4°~7°，一般取 7°，接触表面润滑条件较好时可取小一些
	滚柱直径 d	$d=\dfrac{D\cos\alpha-2H}{1+\cos\alpha}$，一般取 $d=(0.25\sim0.30)D$
	滚柱长度 l	$l\geqslant1.5d$
	心轴中心至夹紧滚柱的平面之间的距离 H	$H=0.5D\cos\alpha-0.5d(1+\cos\alpha)$ $=0.5(D-d)\cos\alpha-0.5d$
	夹紧力 W	$W=\dfrac{P_z}{n\tan\dfrac{\alpha}{2}}$ 式中　P_z——主切削力(N) n——滚柱数
	检验滚柱强度	$\sigma_{压}=0.418\sqrt{\dfrac{2WE}{ld}}\leqslant[\sigma]_{压}$ 式中　E——弹性模量

6.3.3　夹紧的动力装置

夹紧的动力装置是指代替人的体力进行夹紧的机动夹紧装置。常见的机动夹紧方式有气动、液压、气液联合、电动以及利用机床的运动进行夹紧等。机动夹紧时，原始夹紧力在夹紧过程中是连续作用的，夹紧可靠，夹紧机构不必具有自锁性能。

1. 气动夹紧

气动夹紧的动力源是压缩空气，一般由压缩空气站通过管路供应，进入夹具的压缩空气压力多用 0.4~0.6MPa。供气管路系统如图 6.3-38 所示。

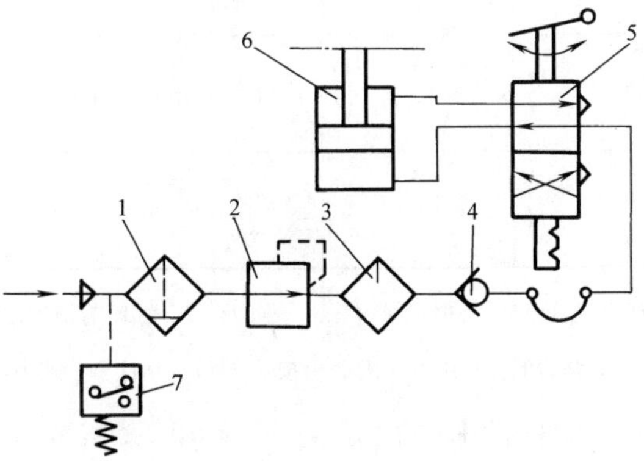

图 6.3-38　供气管路系统

1—滤气器　2—调压阀　3—油雾器　4—单向阀　5—配气阀　6—气缸　7—气压继电器

气缸是气动夹紧机构的执行元件，气缸的类别，按结构可分为活塞式和膜片式两大类；按安装方式可分为固定式、摆动式及回转式；按其作用力方向可分为双向作用的和单向作用的；按其增力形式可分为多活塞串联和杠杆与活塞组合；按其输出轴旋转方式可分为摆动杠杆式、齿轮齿条式、叶片转子式和螺旋式。

(1) 活塞式气缸

1) 活塞式气缸如图 6.3-39 所示。

2) 活塞杆作用力和气缸直径的计算见表 6.3-22。表 6.3-22 中的 T 和 T_1 与密封圈形式、尺寸、工作压力、润滑情况、滑动表面的质量等因素有关。

(2) 膜片式气缸

1) 膜片式气缸如图 6.3-40 所示。活塞杆 1 上的作用力是由两部分组成的，一部分是气压作用在托盘 5 上的力，另一部分是气压作用在膜片 4 环形面积上的力。由于膜片是紧固在上、下壳体 3 与 2 之间，膜片 4 变形所消耗的内应力也增大，因此活塞杆上的作用力逐渐减小。当膜片行程达到最大行程 S_{max} 的 0.8 时，作用力明显下降。实验证明，作用力 Q 的大小和膜片有效直径与托盘直径的比值 D/D_0 有关，当气缸直径一定时，托盘直径越大，作用力 Q 也越大，但行程减少。

2) 活塞杆作用力计算见表 6.3-23，膜片式气缸作用力计算见表 6.3-24。

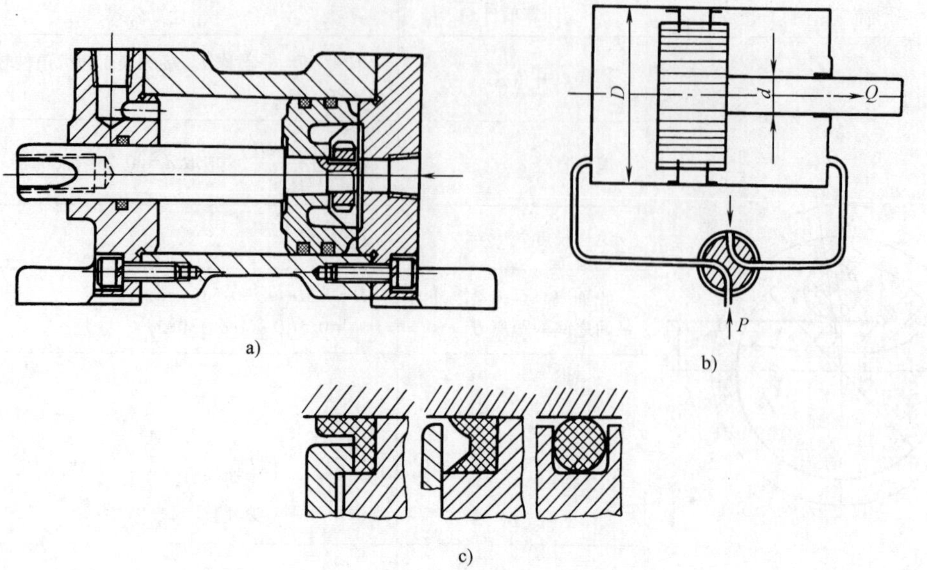

图 6. 3-39　活塞式气缸

a）结构　b）动作简图　c）密封圈的形式

表 6. 3-22　活塞杆作用力和气缸直径的计算

类　型		理论计算	简化计算
单向作用气缸	作用力 Q	$Q=\frac{\pi}{4}D^2p-(T+q)$	$Q=\frac{\pi D^2}{4}p\eta-q$
	气缸直径 D	$D=\sqrt{\frac{4(Q+q+T)}{\pi p}}$	$D=\sqrt{\frac{4(Q+q)}{\pi p\eta}}$
双向作用气缸	推力 Q_1	$Q_1=\frac{\pi}{4}D^2p-(T+T_1)$	$Q_1=\frac{\pi D^2}{4}p\eta$
	气缸直径 D	$D=\sqrt{\frac{4(Q_1+T+T_1)}{\pi p}}$	$D=\sqrt{\frac{4Q_1}{\pi p\eta}}$
	拉力 Q_2	$Q_2=\frac{\pi}{4}(D^2-d^2)p-(T+T_1)$	$Q_2=\frac{\pi}{4}(D^2-d^2)p\eta$
	气缸直径 D	$D=\sqrt{\frac{4(Q_2+T+T_1)}{\pi p}+d^2}$	$D=\sqrt{\frac{4Q_2}{\pi p\eta}+d^2}$

注：D—活塞直径（m）；p—压缩空气压力（MPa）；d—活塞杆直径（m），一般取 $d=\left(\frac{1}{4}\sim\frac{1}{5}\right)D$；$T$—缸筒与活塞之间的摩擦力（N）；$T_1$—缸盖与活塞杆之间的摩擦力（N）；$q$—弹簧的反作用力（N），可按 $q=c(l+s)$ 计算，式中：l—弹簧预压量（cm）；s—活塞行程（cm）；c—弹簧刚度，即弹簧压缩 1cm 所需的力，$c=\frac{Gd_1^4}{8D_1^3n}\times10^{-4}$，式中：$G$—材料的抗剪模量（Pa）；$d_1$—弹簧钢丝直径（cm）；$D_1$—弹簧有效直径（cm）；$n$—弹簧有效圈数；$\eta$—机械效率，一般取 $\eta=0.85\sim0.96$，当 $D<100$mm 时，取 $\eta=0.65\sim0.80$。

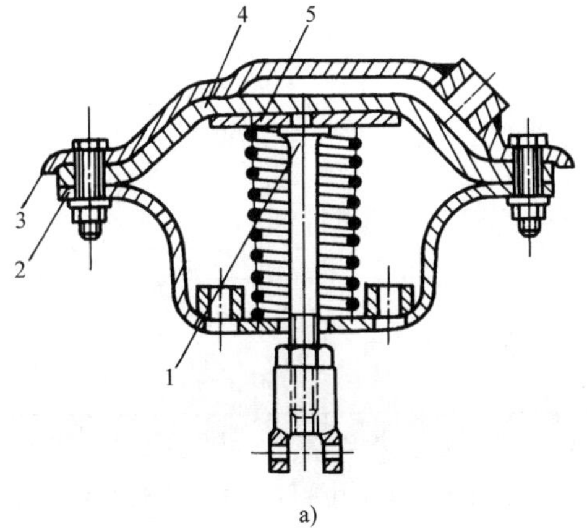

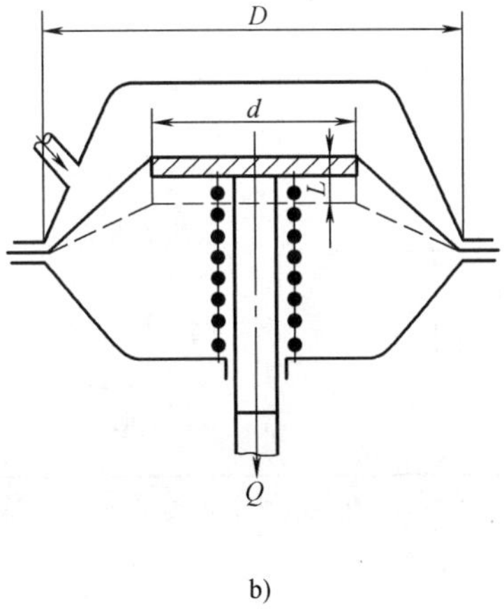

图 6.3-40　膜片式气缸
a）结构　b）动作简图
1—活塞杆　2—下壳体　3—上壳体　4—膜片　5—托盘

表 6.3-23　双活塞双向作用气缸的作用力与直径计算

简　图	计算参数	计算公式
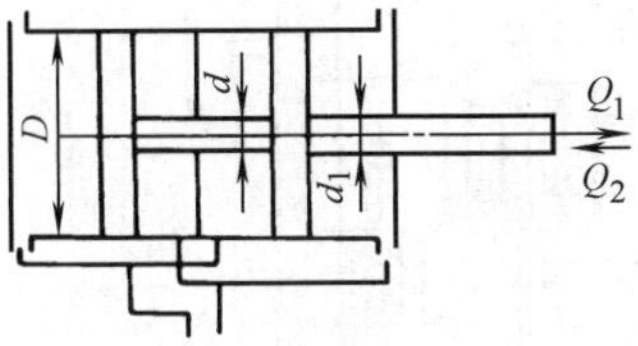	推力 Q_1	$Q_1=\frac{\pi}{4}(2D^2-d^2)p\eta$
	气缸直径 D	$D=\sqrt{\frac{2Q_1}{\pi p\eta}+\frac{d^2}{2}}$
	拉力 Q_2	$Q_2=\frac{\pi}{4}(2D^2-d^2-d_1^2)p\eta$
	气缸直径 D	$D=\sqrt{\frac{2Q_2}{\pi p\eta}+\frac{d^2+d_1^2}{2}}$

表 6.3-24　膜片式气缸作用力计算

膜片形状	材料	推杆行程范围	推杆位置	作用力 Q 计算公式
碟形膜片 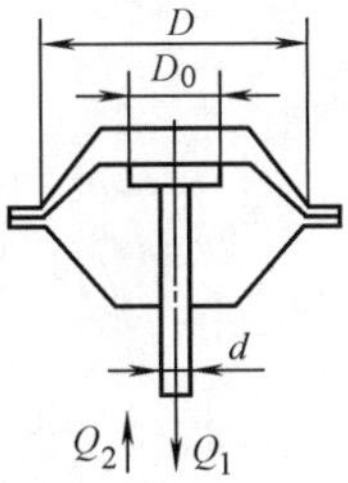	夹布橡胶 耐油橡胶	—	起始位置 $s=0$	$Q_1=\frac{\pi p}{16}(D+D_0)^2$ $Q_2=\frac{\pi p}{16}[(D+D_0)^2-4d^2]$
	夹布橡胶	$(0.22\sim0.36)D$ （单面）	接近终端位置 $s=0.3D$	$Q_1=\frac{0.75\pi p}{16}(D+D_0)^2$ $Q_2=\frac{0.75\pi p}{16}[(D+D_0)^2-4d^2]$

（续）

膜片形状	材料	推杆行程范围	推杆位置	作用力 Q 计算公式
圆板形膜片 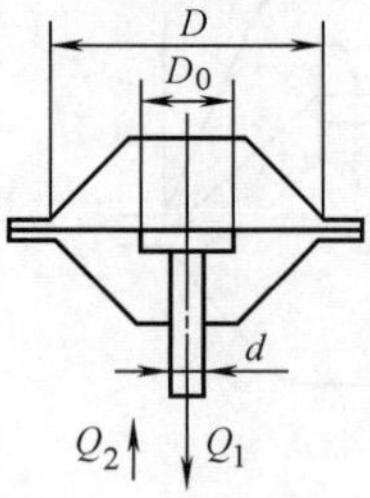	夹布橡胶	$(0.06\sim0.07)D$ （单面）	$s=0.07D$	$Q_1=\frac{0.75\pi p}{16}(D+D_0)^2$ $Q_2=\frac{0.75\pi p}{16}[(D+D_0)^2-4d^2]$
	耐油橡胶 夹布橡胶	—	$s=0$	$Q_1=\frac{\pi}{4}D_0^2p$ $Q_2=\frac{\pi}{4}(D_0^2-d^2)p$
	膜片上、下均有托盘时	$(0.17\sim0.22)D$ （单面）	$s=0.22D$	$Q_1=\frac{0.9\pi}{4}D_0^2p$ $Q_2=\frac{0.9\pi}{4}(D_0^2-d^2)p$

注：Q_1—推力；Q_2—拉力；如为单面作用气缸，膜片的推力应为 Q_1-q，q—弹簧阻力；p—压缩空气压力（MPa）。

（3）回转气缸

回转气缸通常用在车床上，因为车床夹具安装在主轴上，随主轴旋转，这需要用专用的导气接头。回转气缸在主轴上的安装及与夹具的连接如图 6.3-41 所示。图 6.3-42 所示为导气接头的一种结构型式，其作用原理：轴 1 用螺母紧固在气缸盖上，随气缸一起在轴承内转动。阀体 2 固定不动，压缩空气可由接头 4 经过通道 a 进入气缸左腔，或由接头 3 经过通道 b 进入气缸右腔。阀体与轴间间隙应为 0.007～0.015mm。

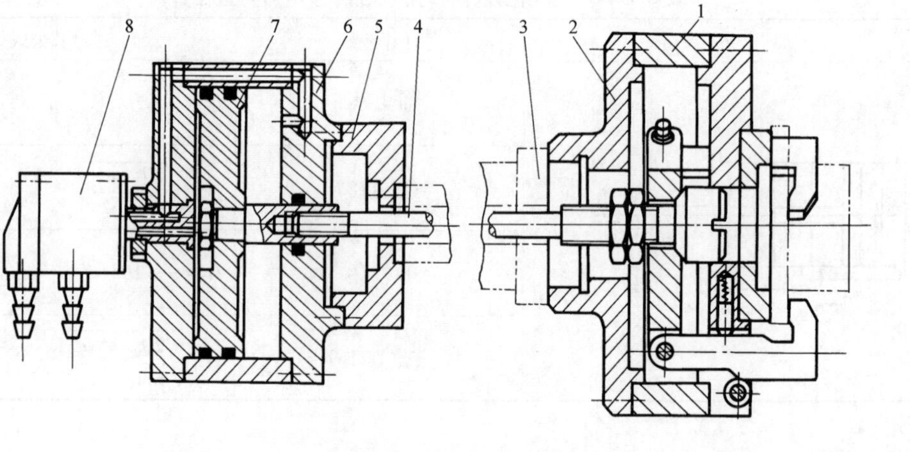

图 6.3-41　回转气缸

1—夹具　2、5—过渡盘　3—主轴　4—拉杆　6—气缸　7—活塞　8—导气接头

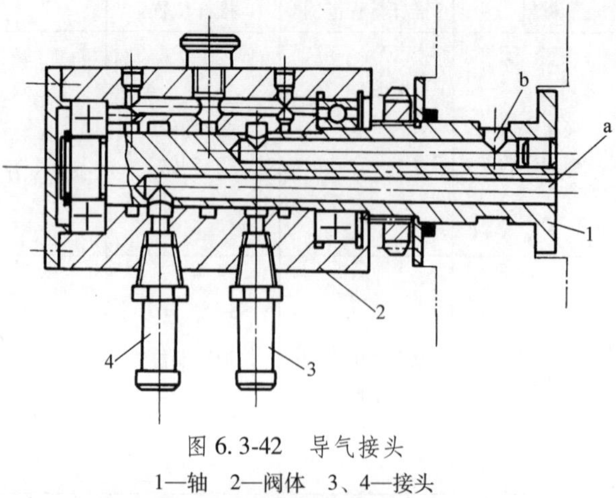

图 6.3-42　导气接头

1—轴　2—阀体　3、4—接头

2. 液压夹紧

液压夹紧装置是用液压油作为动力源的，它较气动夹紧有下列优点：液压油的压强可达 6MPa，比气压高 10 余倍，因此液压缸尺寸比气缸尺寸小很多，通常不需要用增力机构，所以可使夹具结构简单紧凑；液体不可压缩，因此液压夹紧的刚性大，工作平稳，夹紧可靠；液压夹具噪声小，劳动条件好。它的工作原理及结构与气动夹紧相似。

液压夹紧不如气动夹紧应用广泛，其主要原因是在没有液压传动装置的机床上，如果要采用液压夹紧，就必须为夹具增加一套专用的液压辅助装置，导致夹具成本提高。随着液压机床的增多和液压技术的发展，液压夹具的应用也日益广泛。

液压夹紧机构的传动系统一般有两种驱动方式：随机驱动，即由机床液压系统分出一个支路，通过一个调压阀传给夹具；独立驱动，即专为一台或多台夹具设置液压装置。

液压缸活塞的推力：

单向液压缸

$$Q_1=\frac{\pi D^2}{4}p-\sum p_1-q$$

双向液压缸

$$Q_1=\frac{\pi D^2}{4}p-\sum p_1-p_2$$

式中　$\sum p_1$——液压缸中密封装置摩擦阻力总和（N）；

q——弹簧阻力（N）；

p_2——回油腔作用力（N）。

生产实际中，可用下式做粗略计算：

单向液压缸

$$Q_1=\frac{\pi D^2}{4}p\eta-q$$

双向液压缸

$$Q_1=\frac{\pi D^2}{4}p\eta$$

$$Q_2=\frac{\pi}{4}(D^2-d^2)p\eta$$

3. 气-液增力夹紧

气-液增力夹紧机构的能量来源为压缩空气。它的主要特点是：比气动和液压驱动力都大，由增压器所产生的高压油压力通常为 9.8～19.6MPa，为一般液压传动的 4～8 倍，为气压传动的 30～40 倍；当输出推力相同时，它比气压和液压传动所需液压缸尺寸都小；同时不需要机械增力机构，使夹紧机构简化。气-液增力夹紧机构工作原理如图 6.3-43 所示。压缩空气进入增压器的 A 腔，推动活塞 1 左移。增压器 B 腔内充满油，并与工作油缸接通。当活塞左移时，活塞杆就推动 B 腔的油进入工作油缸，从而推动活塞 2 夹紧工件。设 B 腔油压为 p_1，A 腔气压为 p_0，根据活塞 1 受力平衡的条件可得

当 $D_1 \gg d_1$ 时，$p_1 \gg p_0$，如 $\frac{D_1}{d_1}=5$，$\eta=0.8$ 时，$p_1=20p_0$。

工作油缸夹紧力为

$$W=\frac{\pi D^2}{4}p_1=\frac{\pi D^2}{4}\left(\frac{D_1}{d_1}\right)^2 p_0\eta$$

为了获得高压油，必须使 d_1 尽可能小。另一方面，为了使工作油缸具有足够大的夹紧力，D 必须足够大，通常 D 总是大于 d_1，这就造成活塞 1 的行程大于工作油缸中活塞 2 的夹紧行程。设活塞 1 的行程为 s_1，活塞 2 的行程为 s_2，根据油的体积不可压缩的原理可得：$\frac{s_1}{s_2}=\left(\frac{D}{d_1}\right)^2$。其结果必然是气缸活塞行程大，增压器结构大，空气消耗大。图 6.3-44a 所示是结构较为完善的气-液增压器；图 6.3-44b 为工作原理，压缩空气进入左气缸 B 腔，活塞右移，输出低压油至夹具的夹紧油缸，完成夹紧的空程动作，此时夹紧力为

$$W_1=\frac{\pi D_0^2}{4}p=\frac{\pi D_0^2}{4}\left(\frac{D}{D_1}\right)^2 p_0\eta$$

完成夹紧的空程动作后，手柄由预夹紧位置转到高压位置，压缩空气同时进入右气缸 C 腔。使活塞 2 向左移动，先将油腔 a 与油腔 b 断开，并输出高压油至夹紧油缸，此时夹紧力为

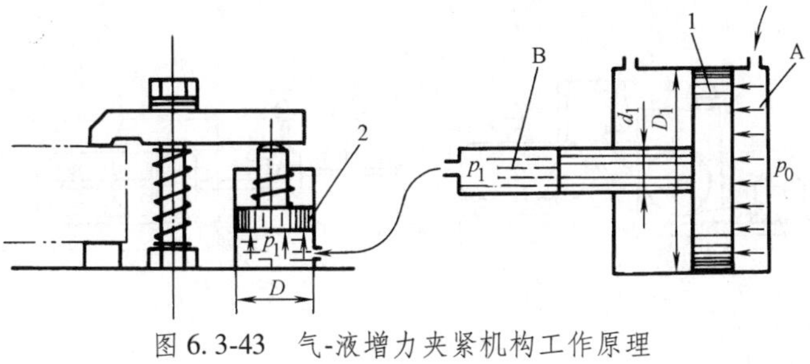

图 6.3-43　气-液增力夹紧机构工作原理

1、2—活塞

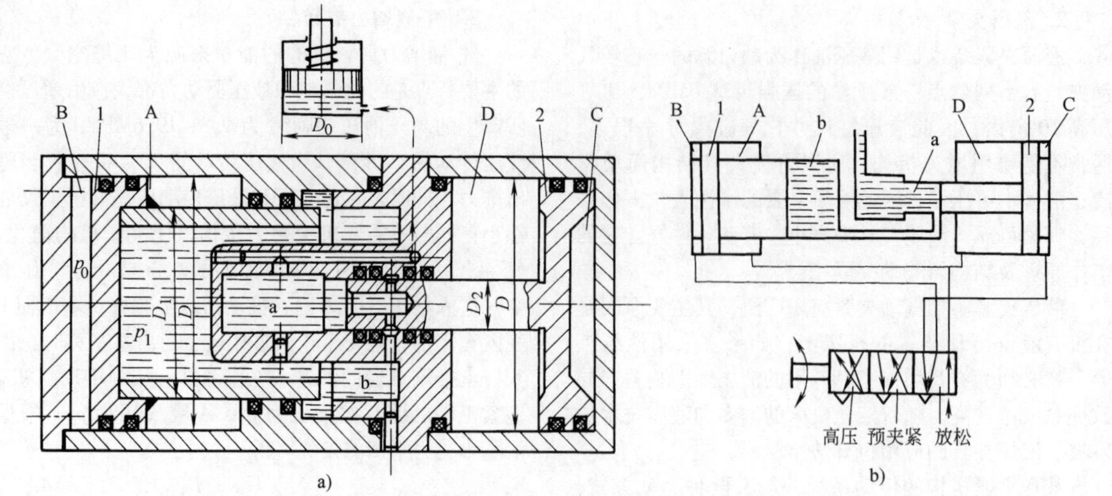

图 6.3-44 气-液增压器

1、2—活塞 A、B、C、D—气缸腔

$$W=\frac{\pi D_0^2}{4}p=\frac{\pi D_0^2}{4}\left(\frac{D}{D_2}\right)^2 p_0\eta$$

$$p=\left(\frac{D}{D_2}\right)^2 p_0\eta$$

把手柄转到放松位置时，压缩空气进入 A、D 两腔，使活塞 1 左移，活塞 2 右移，夹紧油缸复位，松开工件。

4. 真空夹紧

真空夹紧是利用封闭腔内的真空度吸紧工件，即为大气压力压紧工件，图 6.3-45 所示为真空夹紧工作原理。图 6.3-45a 是松开状态，图 6.3-45b 是夹紧状态。工件放在密封圈 B 上，工件与夹具体形成密封腔 A，通过孔道 C 用真空泵抽出 A 腔内空气，使其形成一定的真空度，在大气压力的作用下，工件被压紧在夹具的支承面上，夹紧力为

$$W=S(p_a-p_0)-P_m$$

式中 S——空腔 A 的有效面积（cm^2）；

p_a——大气压强，$p_a=1.01325\times10^5$Pa；

p_0——腔内剩余压强（Pa）；

P_m——橡皮密封圈的反作用力（N）。

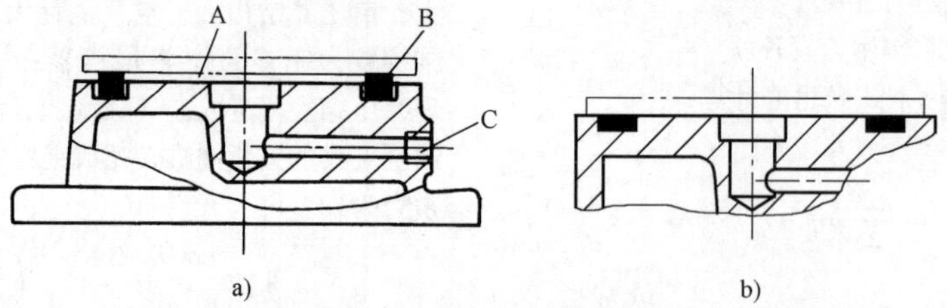

图 6.3-45 真空夹紧工作原理

a）松开状态 b）夹紧状态

真空夹紧系统如图 6.3-46 所示。真空罐 3 经常处于真空状态，当它与夹具密封腔接通后，迅速使腔内形成真空，从而夹紧工件。真空罐的容积应比密封腔容积大 15~20 倍。

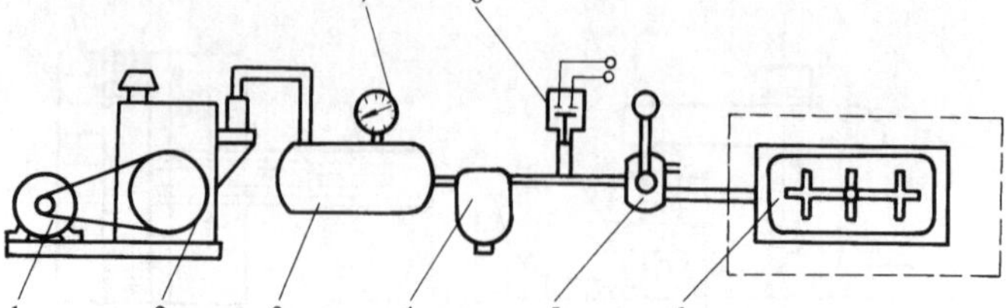

图 6.3-46 真空夹紧系统

1—电动机 2—真空泵 3—真空罐 4—空气滤清器 5—操纵阀 6—真空夹具 7—真空表 8—紧急断路器

设计真空夹紧机构应注意：真空腔的密封，在加工尺寸不大、刚性不好的工件时，使用直径不小于5mm、易变形的圆形截面密封衬垫。加工大型的刚性好的工件，最好用4mm×4mm 的方形或矩形截面的衬垫。图 6. 3-47 所示为密封衬垫结构。在接触面粗糙度为 $Ra0.63\sim3.2\mu m$ 的条件下，密封垫相对压缩量 $\varepsilon=\Delta H/H$，可在 5%～7%范围内选取；当表面粗糙度低于 $Ra0.63\mu m$ 时，衬垫的相对压缩量应低于 5%；当表面粗糙度高于 $Ra3.2\mu m$ 时，取 $\varepsilon=10\%\sim15\%$。衬垫沟槽的高度按公式 $h=H(1-\varepsilon)$ 计算，宽度按公式 $L=b+\Delta b$ 计算，式中 Δb 为衬垫宽度的增大量，一般情况下通过试验确定，在满足相对压缩量 ε 的条件下，使密封衬垫能充满整个沟槽即可。图 6. 3-48 所示为精车磁盘盘片端面的真空夹具。磁盘材料为铝合金，盘片外径为 336mm，盘片厚度为 1. 9mm。

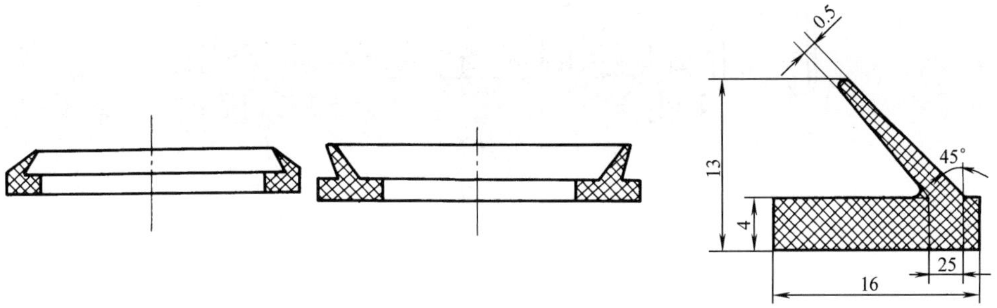

图 6. 3-47　密封衬垫结构

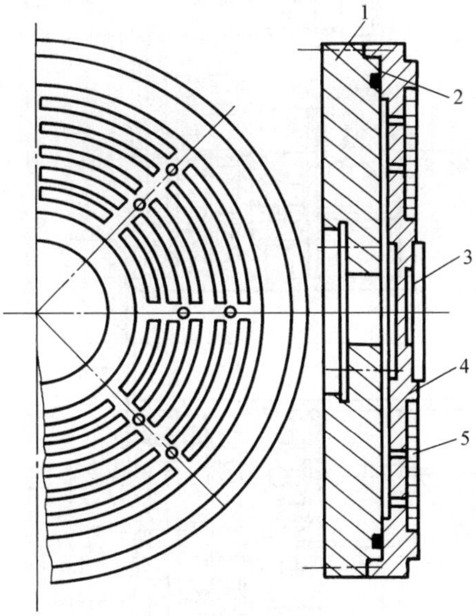

图 6. 3-48　真空夹具

1—联接盘　2—密封圈　3—挡板　4—吸盘　5—工件

5. 电动夹紧

电动夹紧机构通常是由电动机、传动机构和电气控制系统组成的。图 6. 3-49 所示为电动夹紧示意图。旋转运动从电动机 1 经减速器 2，通过爪形离合器 3（图 6. 3-49a）或带内凸缘的齿轮 8（图 6. 3-49b）传递给轴 4。在图 6. 3-49a 所示的结构中，当达到所需夹紧力时，由于斜齿的作用，装在滑动键上的右半离合器能克服弹簧 7 的阻力，向右移动，离合器打滑，关闭电动机。图 6. 3-49b 所示结构是通过调整电流继电器电流的大小来控制夹紧力的。在夹紧工件时，电动机轴的转矩急剧上升，电流也相应增大，电流继电器控制关闭电动机。这两种情况都是把丝杠 5 的旋转运动变成拉杆 6 的直线运动。

传给夹紧元件的力按下式计算：

$$Q=\frac{M}{r_z\tan(\alpha+\varphi)}\eta i$$

式中　M——电动机轴转矩（N · m）；

r_z——丝杠副中径之半（m）；

i——减速器的传动比；

η——传动机构的机械效率；

α——丝杠的螺旋角；

φ——丝杠副的摩擦角。

图 6. 3-50 所示为电动卡盘结构。通过少齿差减速器进行减速和扩力的自动定心夹紧机构，传动轴 8 的前端装有偏心轴套 3，偏心轴上装有两个平动齿轮 4、5，来自电动机的高速转动，通过偏心轴传给平动齿轮 4、5，由于八个固定销 7 的作用，使平动齿轮只能做高速行星摆动，无法自转。因此与其啮合的齿轮 6 便得到了低速、大转矩的旋转摆动运动，使卡盘卡爪实现了对工件的夹紧和松开。夹紧力的大小通过调节电流继电器电流的大小来控制。

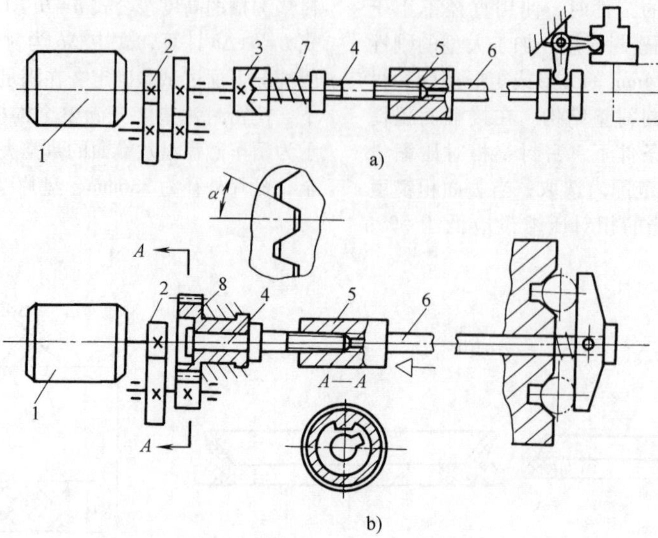

图 6.3-49 电动夹紧示意图

1—电动机 2—减速器 3—爪形离合器 4—轴 5—丝杠 6—拉杆 7—弹簧 8—带内凸缘的齿轮

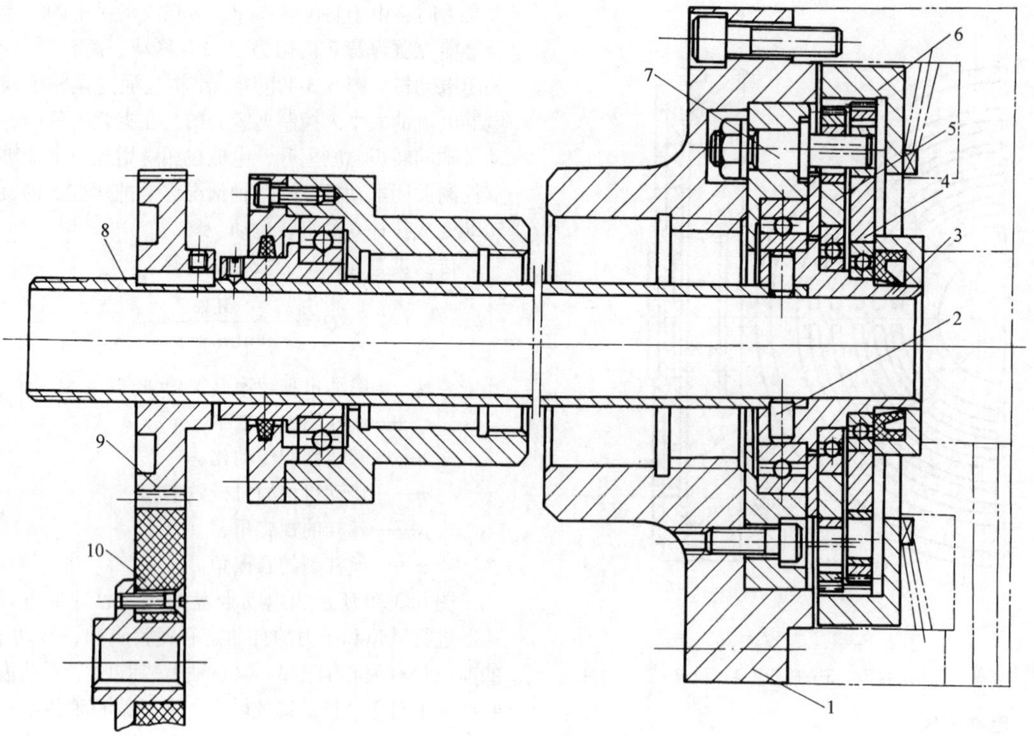

图 6.3-50 电动卡盘结构

1—法兰 2—销子 3—偏心轴套 4、5—平动齿轮 6—齿轮
7—固定销 8—传动轴 9、10—传动齿轮

6. 磁力夹紧

按磁力性质分为电磁夹紧和永磁夹紧。图 6.3-51a 是电磁夹紧。磁力线通过铁心 5、导磁体 3、工件 1 和第二个导磁体 3、第二个铁心 5 以及底座 7 构成闭合回路，靠磁力把工件吸紧在工作台面上。图 6.3-51b 是永磁夹紧。磁力线通过铁心 5，沿导磁体 3 通过工件 1，再沿导磁体 8、导磁体 6、底座 7 构成闭合回路。为了避免磁通短路，用隔磁体 4 使导磁体与工作台面绝缘。

表 6.3-25 列出几种电磁夹紧吸盘的结构。对电磁吸盘的要求是：要达到磁盘的平均吸着力和均匀吸着力的设计要求；在保证工作台刚度的条件下，工作台越薄越好；吸盘要有防水保护性能；在设计精加工用的吸盘时，要注意减小激磁电流引起的热效应对工作台变形的影响；电磁铁的铁心和台面磁极一般采用 10 钢制造，台体用 10 钢制造。N 极块和 S 极块之间用铜或巴氏合金隔磁。工作台面的表面粗糙度为 $Ra0.4\mu m$，直线度不超过 0.02mm/300mm。

图 6.3-52 是用于磨削高精度轴承内外滚道的电磁无心夹紧夹具。该夹具由工件驱动部分和工件定位部分组成。工件驱动部分由电刷 1、集电环 2、线圈 3、铁心和磁极组成。当电流经电刷 1、集电环 2 通入线圈 3 时，工件以端面在磁极上定位并被吸紧，由主轴驱动其旋转；工件定位部分由夹具体、槽盘、滑板、支承和电刷组件组成。

磁力无心磨削夹具是利用了外圆柱表面通过无心磨削可获得较高精度这一特点，加上合理设计支承，用这种夹具加工可使工件的圆度误差控制在 0.002～0.008mm。

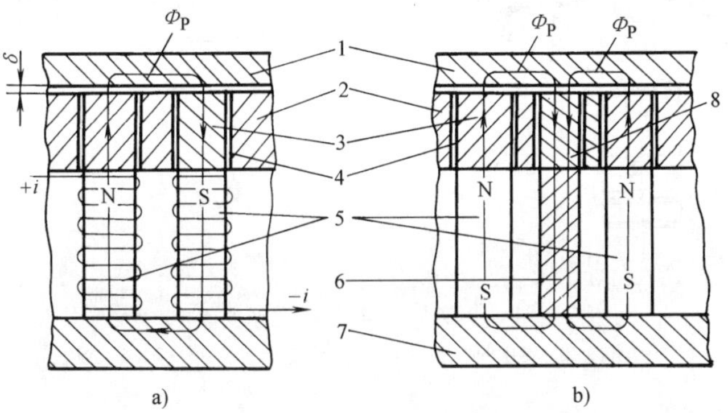

图 6.3-51　磁力夹紧工作原理

1—工件　2—夹具体　3、6、8—导磁体　4—隔磁体　5—铁心　7—底座

表 6.3-25　电磁夹紧吸盘的结构

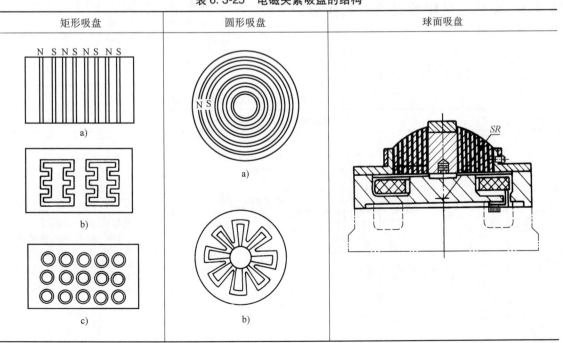

矩形吸盘	圆形吸盘	球面吸盘
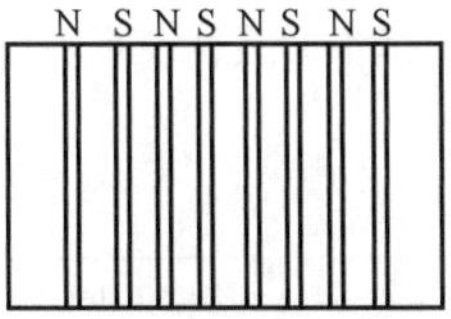 N S N S N S N S a) 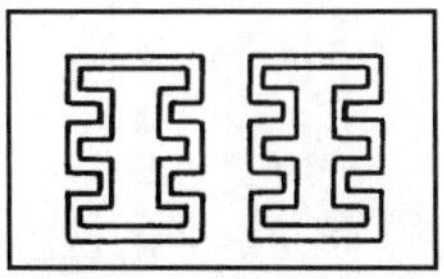 b) 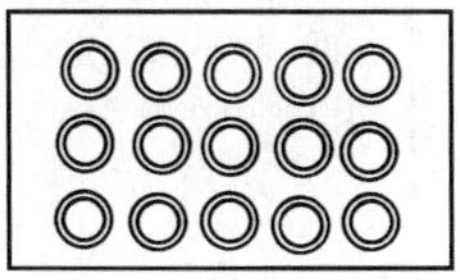 c)	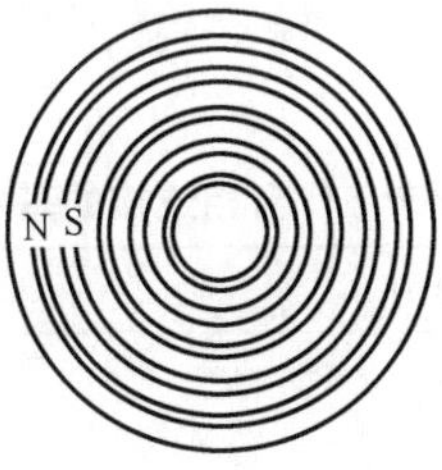 N S a)  b)	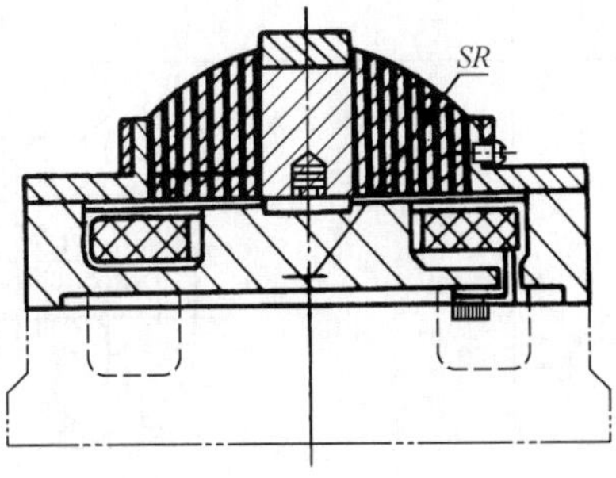 SR

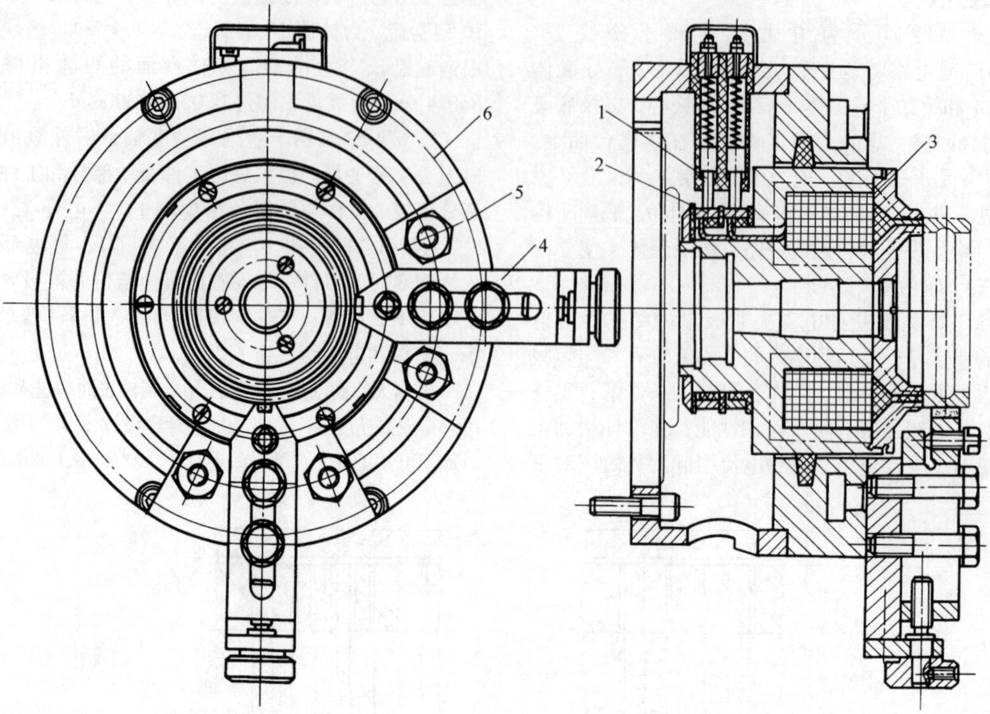

图 6.3-52 电磁无心夹紧夹具

1—电刷 2—集电环 3—线圈 4—支承 5—滑板 6—槽盘

6.4 夹具的对定

6.4.1 夹具与机床的连接方式和有关元件

夹具与机床相连接的形式，主要可以分为两大类：一类是夹具通过连接元件安装在机床的工作台上，如铣床、刨床、镗床夹具等；另一类是夹具安装在机床的回转主轴上，如车床、内圆磨床夹具等。

夹具相对于机床工作台的对定，一般是通过定位键相连接，这类连接方法的基本形式见表 6.4-1。

表 6.4-1 夹具与机床工作台相连接的基本形式

序号	基本形式简图	简要说明
1	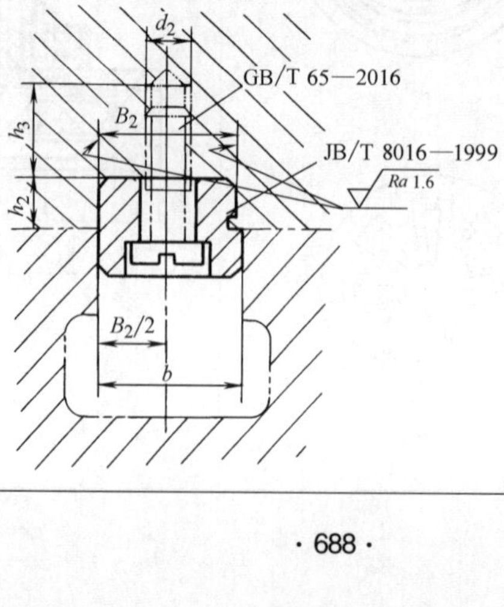	利用定位键进行连接，标准定位键(JB/T 8016—1999)的详细结构尺寸可参阅表 6.4-2。定位键由螺钉紧固在夹具体上

（续）

序号	基本形式简图	简要说明
2	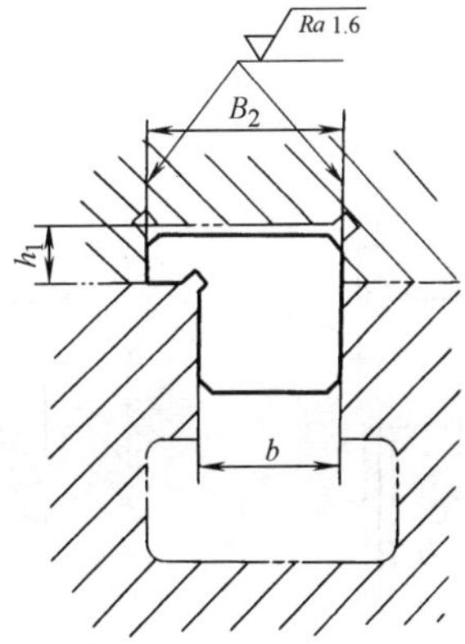	利用定向键进行连接，标准定向键（JB/T 8017—1999）的规格、结构尺寸可参阅表 6.4-3。在连接过程中，定向键是活动的，并未紧固
3	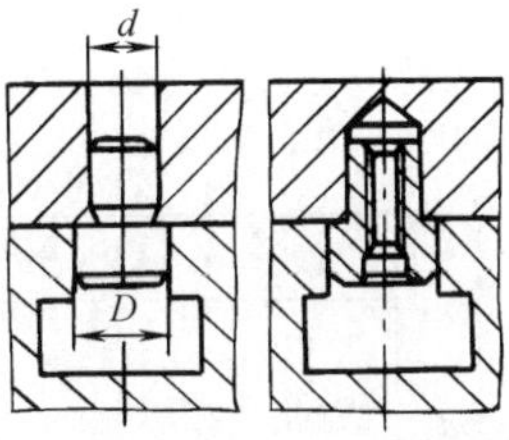	利用阶梯形圆柱销进行连接，多用在小型夹具中。其中螺纹孔是供取下圆柱销时用的
4	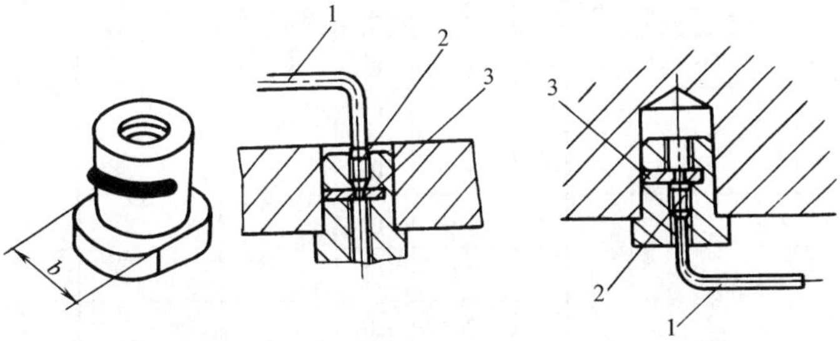a)　b)　c)	图 a 是结构比较完整的圆柱定位键；图 b、c 表示装入夹具体的固定方式。用扳手 1 旋紧螺钉 2，迫使月牙块 3 向外涨开，卡紧在夹具体内

表 6.4-2　定位键的规格尺寸（JB/T 8016—1999）　（mm）

技术条件
材料：45 钢，按 GB/T 699—2015 的规定 热处理：40～45HRC 其他技术条件按 JB/T 8044—1999 的规定
标记示例
B＝18mm、公差带为 h6 的 A 型定位键：定位键　A18h6　JB/T 8016—1999

（续）

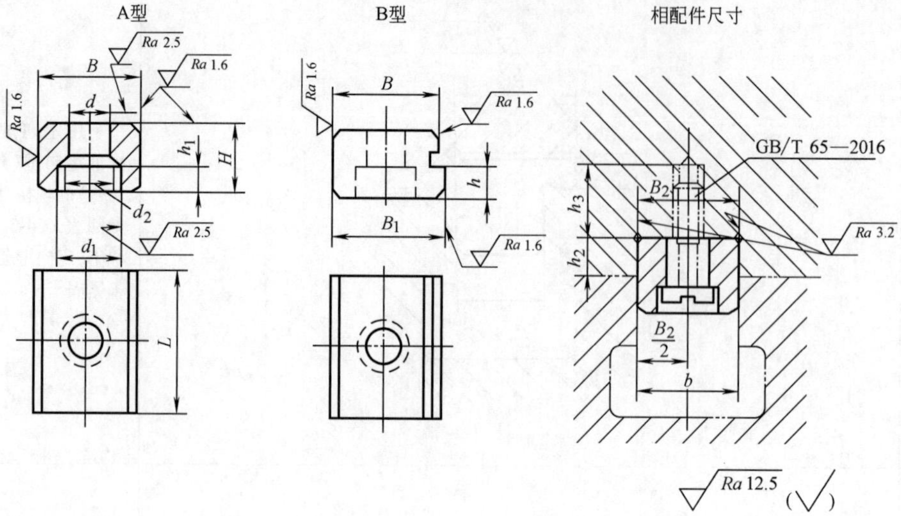

B 公称尺寸	B 极限偏差 h6	B 极限偏差 h8	B_1	L	H	h	h_1	d	d_1	d_2	相配件 T形槽宽度 b	相配件 B_2 公称尺寸	相配件 B_2 极限偏差 H7	相配件 B_2 极限偏差 JS6	相配件 h_2	相配件 h_3	相配件 螺钉 GB/T 65—2016
8	0 −0.009	0 −0.022	8	14	8	3	3.4	3.4	6	—	8	8	+0.015 0	±0.0045	4	8	M3×10
10			10	16			4.6	4.5	8		10	10					M4×10
12	0 −0.011	0 −0.027	12	20			5.7	5.5	10		12	12	+0.018	±0.0055		10	M5×12
14			14								14	14					
16			16	25	10	4	6.8	6.6	11		(16)	16			5	13	M6×16
18			18		12	5					18	18			6		
20	0 −0.013	0 −0.033	20	32							(20)	20	+0.021 0	±0.0065			
22			22								22	22					
24			24	40	14	6	9	9	15		(24)	24			7	15	M8×20
28			28		16	7					28	28			8		
36	0 −0.016	0 −0.039	36	50	20	9	13	13.5	20	16	36	36	+0.025 0	±0.008	10	18	M12×25
42			42	60	24	10					42	42			12		M12×30
48			48	70	28	12	17.5	17.5	26	18	48	48			14	22	M16×35
54	0 −0.019	0 −0.045	54	80	32	14					54	54	+0.030 0	±0.0095	16		M16×40

注：1. 尺寸 B_1 留磨量 0.5mm，按机床 T 形槽宽度配作，公差带为 h6 或 h8。

2. 括号内尺寸尽量不采用。

表 6.4-3　定向键的规格尺寸（JB/T 8017—1999）　（mm）

技术条件

材料:45 钢,按 GB/T 699—2015 的规定

热处理:40～45HRC

其他技术条件按 JB/T 8044—1999 的规定

标记示例

B=24mm、B_1=18mm、公差带为 h6 的定向键:定向键　24×18h6　JB/T 8017—1999

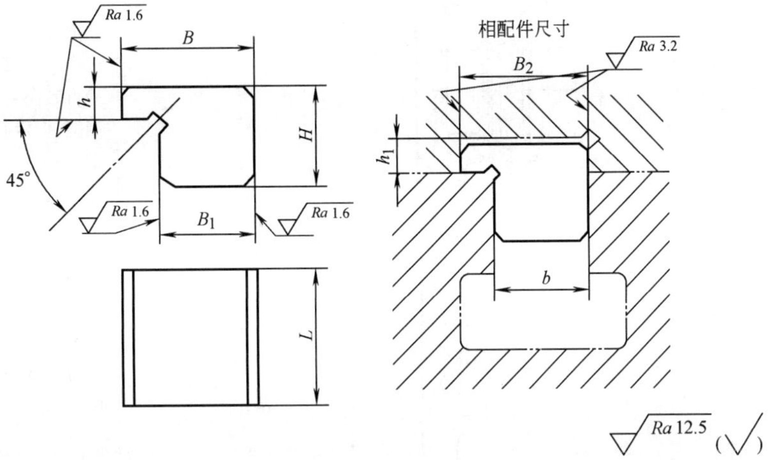

B 公称尺寸	B 极限偏差 h6	B_1	L	H	h	相配件 T 形槽宽度 b	相配件 B_2 公称尺寸	相配件 B_2 极限偏差 H7	相配件 h_1
18	0 -0.011	8	20	12	4	8	18	+0.018 0	6
		10				10			
		12				12			
		14				14			
24	0 -0.013	16	25	18	5.5	(16)	24	+0.021 0	7
		18				18			
		20				(20)			
28		22	40	22	7	22	28		9
		24				(24)			
36	0 -0.016	28				28	36	+0.025 0	
48		36	50	35	10	36	48		12
		42				42			
60	0 -0.019	48	65	50	12	48	60	+0.030 0	14
		54				54			

注：1. 尺寸 B_1 留磨量 0.5mm，按机床 T 形槽宽度配作，公差带为 h6 或 h8。

2. 括号内尺寸尽量不采用。

夹具安装在机床回转轴上的对定形式，主要的有　表 6.4-4 所示的四种连接方法。

表 6.4-4　夹具与机床回转轴相连接的基本形式

序号	基本形式简图	简要说明
1	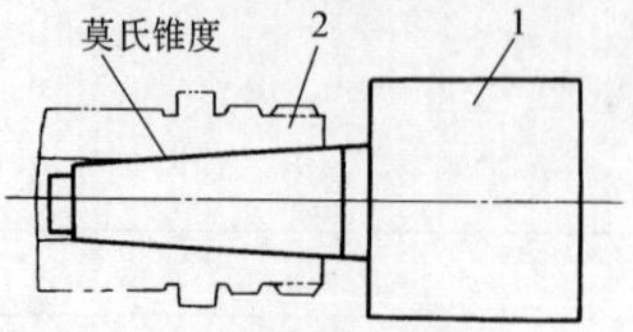	夹具体 1 以长锥体尾柄装在机床主轴 2 的锥孔内。此种连接方式装拆方便,但刚性较差,适用于小型夹具
2	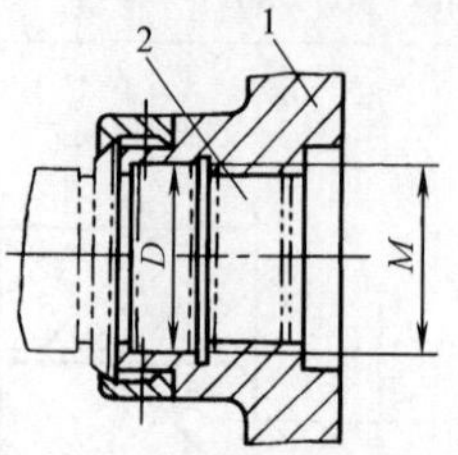	夹具体 1 以端面及短圆孔在机床主轴 2 上定位,依靠螺纹进行紧固。此种连接方式易于制造,但定心精度较低
3	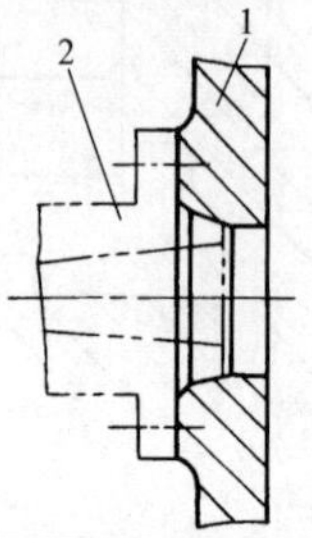	夹具体 1 由短锥及端面在机床主轴 2 上定位,另用螺钉进行紧固。此种连接方式定心精度高,连接刚性也较好,但制造比较困难
4	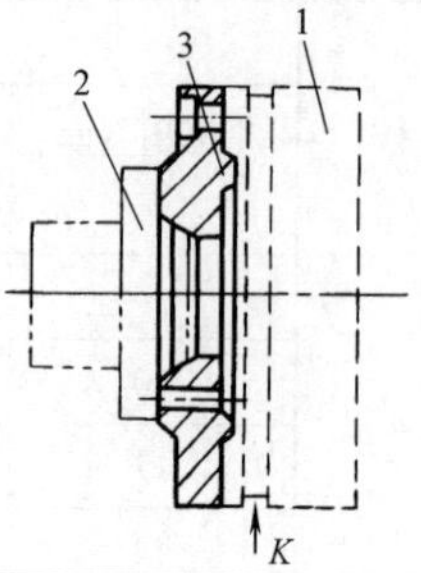	夹具体 1 通过过渡盘 3 而装在机床主轴 2 上。夹具上设有校正基面 K,以提高夹具的安装精度

6.4.2　对刀、导引元件

1. 对刀装置与元件

对刀装置主要用于铣床夹具，它包括对刀块、塞尺及其他对刀元件。

表 6.4-5 所示是几种对刀装置典型结构应用示例。常用的标准对刀块与塞尺的规格与结构尺寸见表 6.4-6~表 6.4-8，以及图 6.4-1~图 6.4-3。

表 6.4-5　对刀装置典型结构应用示例

序号	简　图	简 要 说 明
1	高度对刀装置 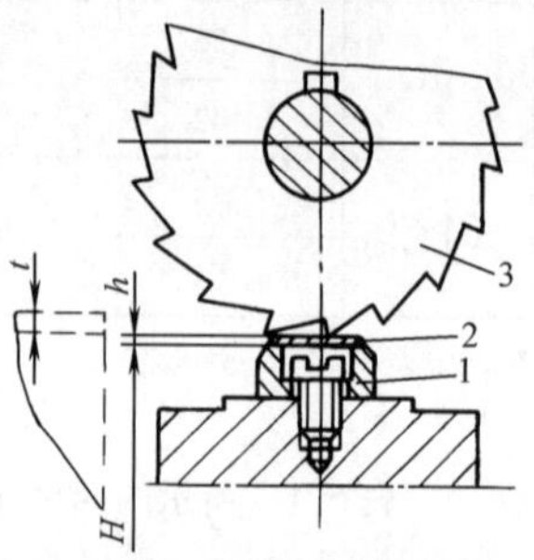	铣厚度为 t 的平面时所用的高度对刀装置。用对刀块 1 及平塞尺 2 来控制铣刀 3 相对于夹具的高度位置

（续）

序号	简　图	简 要 说 明
2	直角对刀装置 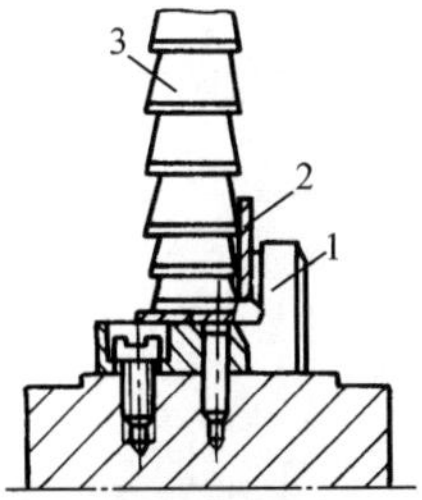	铣槽时所用的直角对刀装置。用对刀块 1 及平塞尺 2 来控制铣刀 3 相对于夹具的高度及侧面位置
3	V 形对刀装置 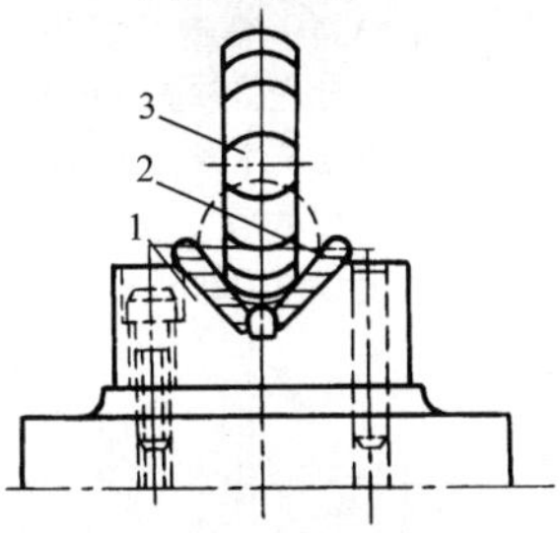	用 V 形对刀块 1 及平塞尺 2 来控制成形刀具 3 与夹具间的相对位置
4	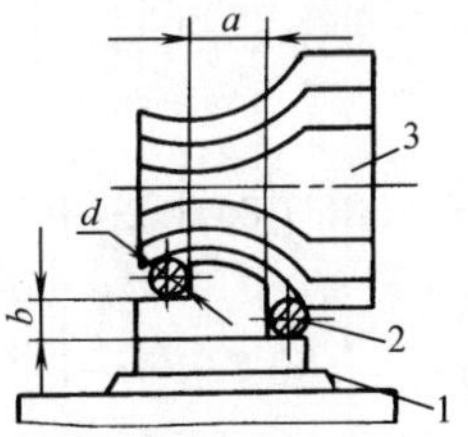	用特殊对刀块 1 与圆柱塞尺 2 来控制成形刀具 3 与夹具间的相对位置

表 6.4-6　圆形对刀块的规格尺寸（JB/T 8031.1—1999）　　（mm）

技术条件
材料:20 钢,按 GB/T 699—2015 的规定 热处理:渗碳深度 0.8~1.2mm,58~64HRC 其他技术条件按 JB/T 8044—1999 的规定
标记示例
D=25mm 的圆形对刀块:对刀块　25　JB/T 8031.1—1999

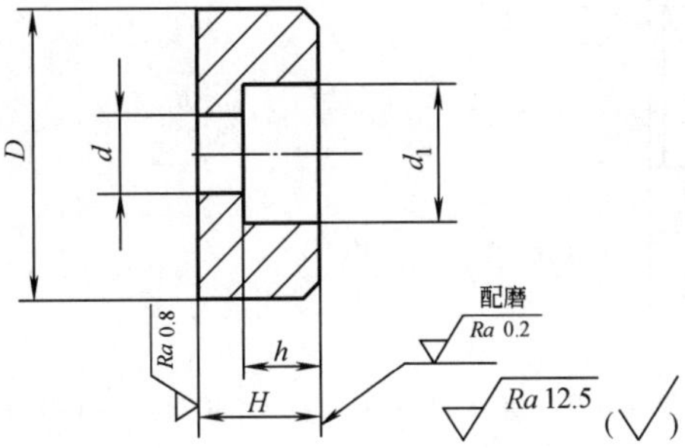

（续）

D	H	h	d	d_1
16	10	6	5.5	10
25		7	6.6	11

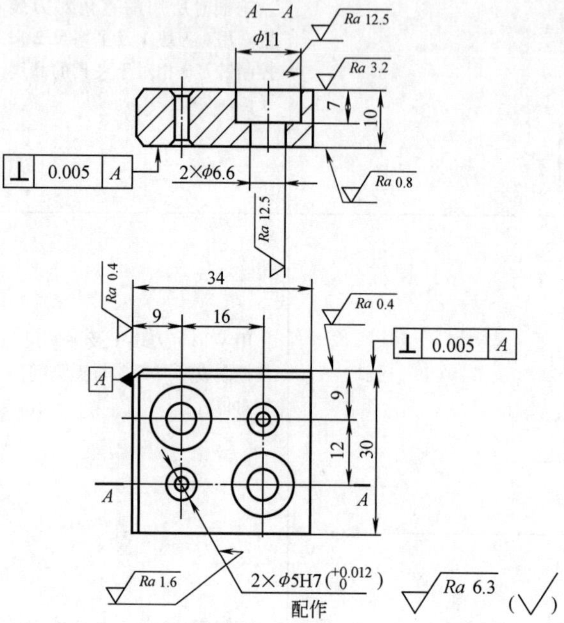

技术条件
材料：20 钢，按 GB/T 699—2015 的规定
热处理：渗碳深度 0.8～1.2mm，58～64HRC
其他技术条件按 JB/T 8044—1999 的规定
标记示例
方形对刀块：对刀块　JB/T 8031.2—1999

图 6.4-1　方形对刀块（JB/T 8031.2—1999）

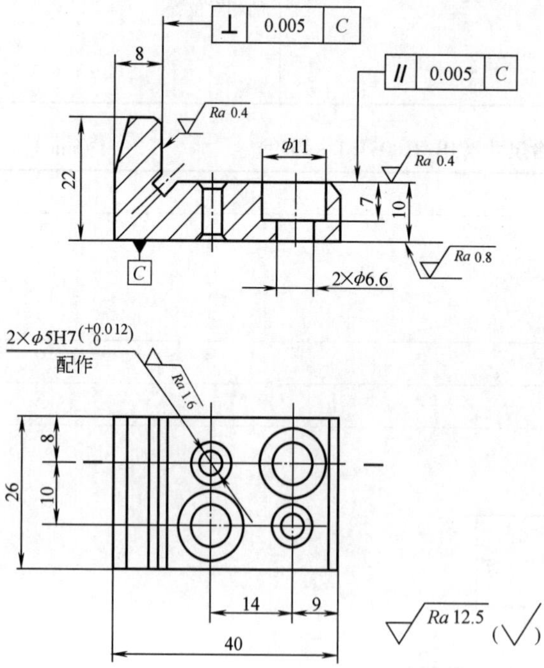

技术条件
材料：20 钢，按 GB/T 699—2015 的规定
热处理：渗碳深度 0.8～1.2mm，58～64HRC
其他技术条件按 JB/T 8044—1999 的规定
标记示例
直角对刀块：对刀块　JB/T 8031.3—1999

图 6.4-2　直角对刀块（JB/T 8031.3—1999）

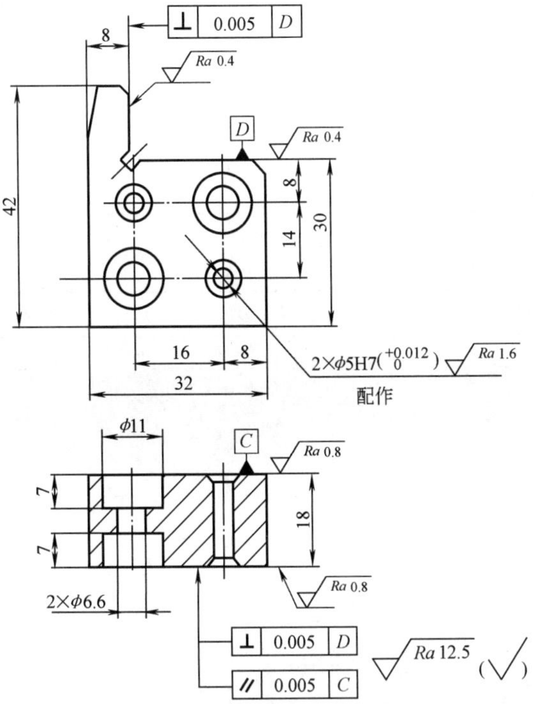

技术条件

材料：20 钢，按 GB/T 699—2015 的规定

热处理：渗碳深度 0.8~1.2mm，58~64HRC

其他技术条件按 JB/T 8044—1999 的规定

标记示例

侧装对刀块：对刀块　JB/T 8031.4—1999

图 6.4-3　侧装对刀块（JB/T 8031.4—1999）

表 6.4-7　对刀平塞尺的规格尺寸（JB/T 8032.1—1999）　（mm）

技术条件
材料:T8,按 GB/T 1299—2014 的规定 热处理:55~60HRC 其他技术条件按 JB/T 8044—1999 的规定
标记示例
H=5mm 的对刀平塞尺:塞尺　5　JB/T 8032.1—1999

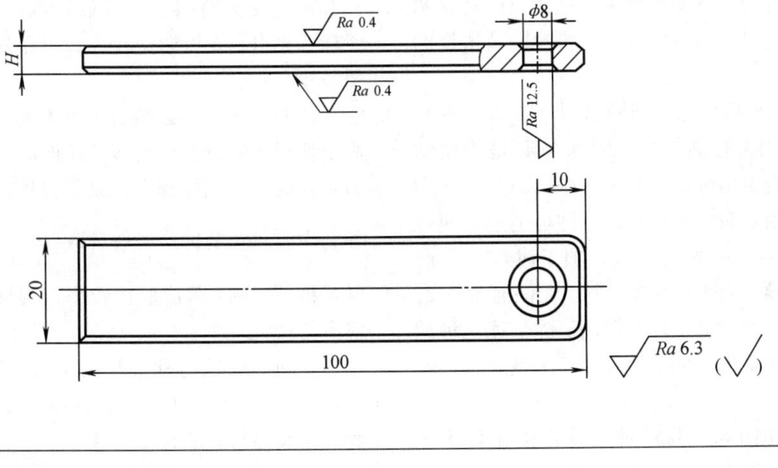

（续）

H	
公称尺寸	极限偏差 h8
1	0 −0.014
2	
3	
4	0 −0.018
5	

表 6.4-8 对刀圆柱塞尺的规格尺寸（JB/T 8032.2—1999） （mm）

技术条件

材料：T8，按 GB/T 1299—2014 的规定

热处理：55~60HRC

其他技术条件 JB/T 8044—1999 的规定

标记示例

d=5mm 的对刀圆柱塞尺：塞尺 5 JB/T 8032.2—1999

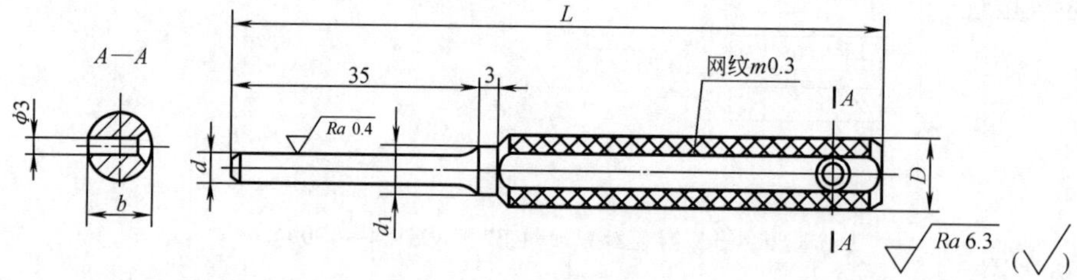

d		D	L	d_1	b
公称尺寸	极限偏差 h8	（滚花前）			
3	0 −0.014	7	90	5	6
5	0 −0.018	10	100	8	9

2. 刀具导引元件

刀具导引元件多用在钻床及镗床夹具中。前者称钻模套筒，简称钻套；后者称镗模套筒，简称镗套，两者又可统称为导套。导套可分为不动式及回转式两大类。不动式导套又可分为固定的、可换的及快换的三种。

图 6.4-4 是三种典型导套结构示例。图 6.4-4a 是固定式钻套，它固装在夹具中。图 6.4-4b 是快换钻套，它按过渡配合自由地装在衬套 7 中，而衬套 7 则固装在夹具中，沿逆时针方向转动，即可迅速方便地调换导套。图 6.4-4c 是回转镗套，加工时镗刀杆由导套 3 的内孔引导，由于导套 3 与衬套 1 间有滚针 2，故导套能随镗刀杆在衬套中自由转动。除上述三种结构示例外，导套还可根据加工的具体情况做成各种特殊的结构型式。

导套的高 h（图 6.4-4a）对刀具 4 在导套 5 中的正确位置影响很大，h 越大则刀具与导套中心线间可能产生的偏倾角越小，因此精度也越高；但 h 与 d 之比越大，则刀具带入导套的切屑越易于使刀具和导套受到磨损。一般最好取 $h=(1.5\sim2)d$。对于较小的孔，h 可取得较大；对于较大的孔，h 应取得较小。

导套 5 的下端必须离工件 6 有一定距离 c，是因为要使得大部分的切屑容易从四周排出，而不致于被刀具同时带入到导套中，以免刀具被卡死或切削刃在导套中容易被磨钝。一般可取 $c=\frac{1}{3}d\sim1.0d$。被加工材料越硬，则 c 值应取得较小；若材料越软，则 c 值应取得较大。

一般导套已有标准化的结构及尺寸。表 6.4-9~表 6.4-12 所示分别为固定钻套、可换钻套、快换钻套和钻套用衬套的行业标准。

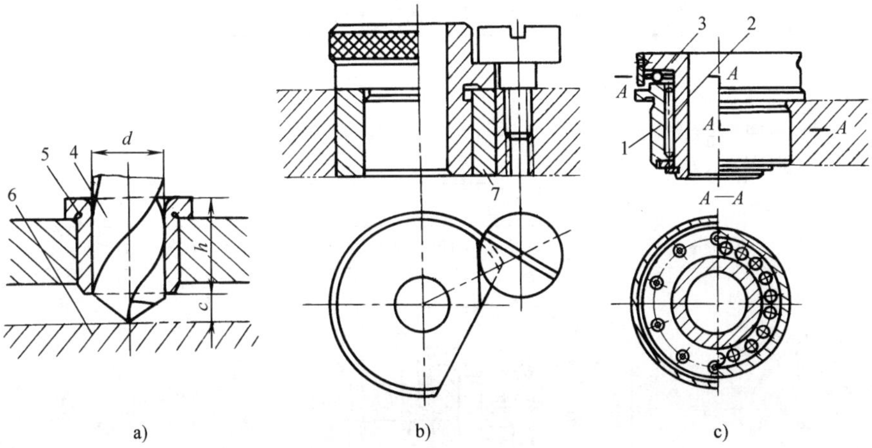

图 6. 4-4　典型导套结构示例

1、7—衬套　2—滚针　3、5—导套　4—刀具　6—工件

表 6. 4-9　固定钻套的规格尺寸（JB/T 8045. 1—1999）　　（mm）

技术条件

材料：d≤26mm，T10A 按 GB/T 1299—2014 的规定；d>26mm，20 钢按 GB/T 699—2015 的规定

热处理：T10A 为 58～64HRC；20 钢渗碳深度 0. 8～1. 2mm，58～64HRC

其他技术条件按 JB/T 8044—1999 的规定

标记示例

d=18mm、H=16mm 的 A 型固定钻套：钻套　A18×16　JB/T 8045. 1—1999

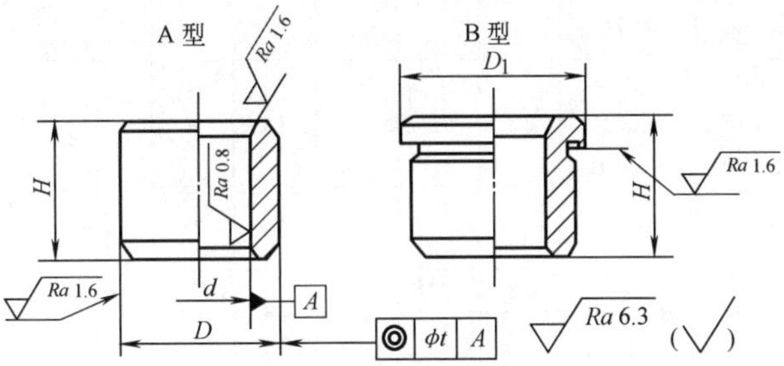

d		D		D_1	H			t
公称尺寸	极限偏差 F7	公称尺寸	极限偏差 n6					
>6～8	+0. 028 +0. 013	12	+0. 023 +0. 012	15	10	16	20	0. 008
>8～10		15		18	12	20	25	
>10～12	+0. 034 +0. 016	18		22				
>12～15		22	+0. 028 +0. 015	26	16	28	36	
>15～18		26		30				0. 012
>18～22	+0. 041 +0. 020	30		34	20	36	45	
>22～26		35	+0. 033 +0. 017	39				
>26～30		42		46	25	45	56	

表 6.4-10　可换钻套的规格尺寸（JB/T 8045.2—1999）　（mm）

技术条件

材料：d≤26mm，T10A 按 GB/T 1299—2014 的规定；d>26mm，20 钢按 GB/T 699—2015 的规定
热处理：T10A 为 58~64HRC；20 钢渗碳深度 0.8~1.2mm，58~64HRC
其他技术条件按 JB/T 8044—1999 的规定

标记示例

d=12mm、公差带为 F7，D=18mm、公差带为 k6，H=16mm 的可换钻套：钻套　12F7×18k6×16　JB/T 8045.2—1999

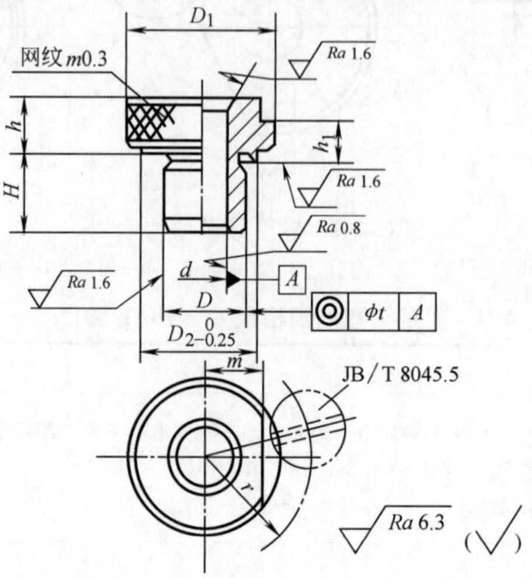

d 公称尺寸	d 极限偏差 F7	D 公称尺寸	D 极限偏差 m6	D 极限偏差 k6	D_1（滚花前）	D_2	H			h	h_1	r	m	t	配用螺钉 JB/T 8045.5—1999
>0~3	+0.016 +0.006	8	+0.015 +0.006	+0.010 +0.001	15	12	10	16	—	8	3	11.5	4.2	0.008	M5
>3~4	+0.022 +0.010														
>4~6		10			18	15	12	20	25			13	5.5		
>6~8	+0.028 +0.013	12	+0.018 +0.007	+0.012 +0.001	22	18				10	4	16	7		M6
>8~10		15			26	22	16	28	36			18	9		
>10~12	+0.034 +0.016	18			30	26						20	11		
>12~15		22	+0.021 +0.008	+0.015 +0.002	34	30	20	36	45	12	5.5	23.5	12		M8
>15~18		26			39	35						26	14.5	0.012	
>18~22	+0.041 +0.020	30			46	42	25	45	56			29.5	18		
>22~26		35	+0.025 +0.009	+0.018 +0.002	52	46						32.5	21		
>26~30		42			59	53	30	56	67			36	24.5		

表 6.4-11　快换钻套的规格尺寸（JB/T 8045.3—1999）　（mm）

技术条件

材料：d≤26mm，T10A 按 GB/T 1299—2014 的规定；d>26mm，20 钢按 GB/T 699—2015 的规定
热处理：T10A 为 58~64HRC；20 钢渗碳深度 0.8~1.2mm，58~64HRC
其他技术条件按 JB/T 8044—1999 的规定

标记示例

d=12mm、公差带为 F7，D=18mm、公差带为 k6，H=16mm 的快换钻套：钻套　12F7×18k6×16　JB/T 8045.3—1999

（续）

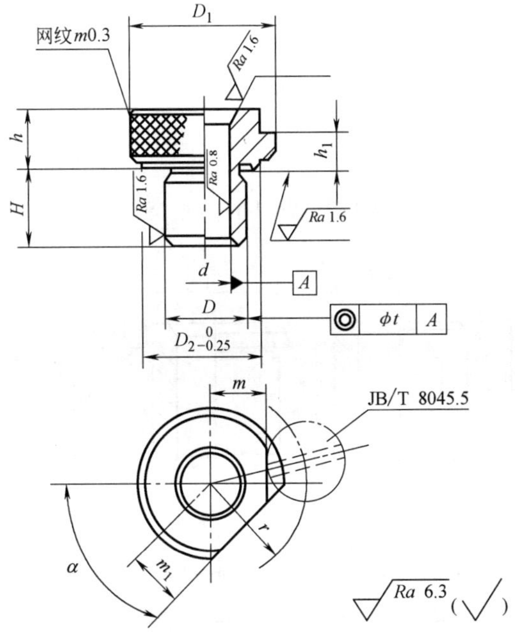

d 公称尺寸	d 极限偏差 F7	D 公称尺寸	D 极限偏差 m6	D 极限偏差 h6	D_1（滚花前）	D_2	H			h	h_1	r	m	m_1	α	t	配用螺钉 JB/T 8045.5
>0~3	+0.016 +0.006	8	+0.015 +0.006	+0.010 +0.001	15	12	10	16	—	8	3	11.5	4.2	4.2	50°	0.008	M5
>3~4	+0.022 +0.010																
>4~6		10			18	15	12	20	25			13	6.5	5.5			
>6~8	+0.028 +0.013	12	+0.018 +0.007	+0.012 +0.001	22	18				10	4	16	7	7			M6
>8~10		15			26	22	16	28	36			18	9	9	55°		
>10~12	+0.034 +0.016	18			30	26						20	11	11			
>12~15		22	+0.021 +0.008	+0.016 +0.002	34	30	20	36	45	12	55	23.5	12	12			M8
>15~18		26			39	35						26	14.5	14.5		0.012	
>18~22	+0.041 +0.021	30			46	42	25	45	56			29.5	18	18			
>22~26		35	+0.025 +0.009	+0.018 +0.002	52	46						32.5	21	21			
>26~30		42			59	53	30	56	67			36	24.5	25	65°		M10
>30~35		48			66	60						41	27	28			
>35~42	+0.050 +0.025	55	+0.030 +0.011	+0.021 +0.002	74	68						45	31	32			
>42~48		62			82	76	35	67	78			49	35	36	70°		
>48~50		70			90	84						53	39	40		0.040	
>50~55	+0.060 +0.030																
>55~62		78			100	94	40	78	105	16	7	58	44	45			
>62~70		85	+0.035 +0.013	+0.025 +0.003	110	104						63	49	50			
>70~80		95			120	114	45	89	112			68	54	55	75°		
>78~80		105			130	124						73	59	60			
>80~85	+0.071 +0.036																

表 6.4-12　钻套用衬套的规格尺寸（JB/T 8045.4—1999）　（mm）

技术条件

材料：d≤26mm，T10A 按 GB/T 1299—2014 的规定；d>26mm，20 钢按 GB/T 699—2015 的规定
热处理：T10A 为 58～64HRC；20 钢渗碳深度 0.8～1.2mm，58～64HRC
其他技术条件按 JB/T 8044—1999 的规定

标记示例

d=18mm、H=28mm 的 A 型钻套用衬套：衬套　A18×28　JB/T 8045.4—1999

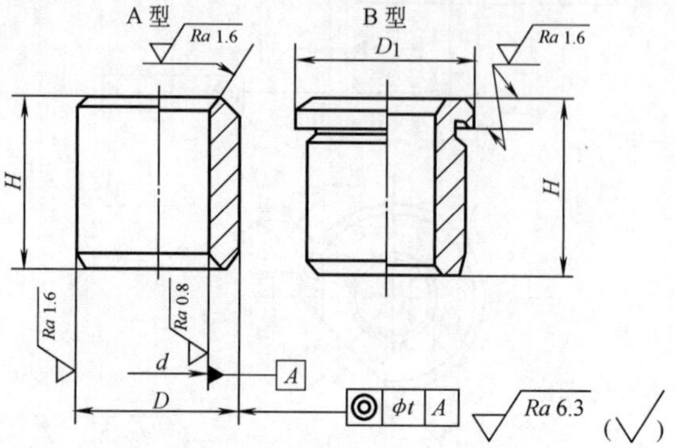

d		D		D_1	H			t
公称尺寸	极限偏差 F7	公称尺寸	极限偏差 n6					
8	+0.028 +0.013	12	+0.023 +0.012	15	10	16	—	0.008
10		15		18	12	20	25	
12	+0.034 +0.016	18		22				
(15)		22	+0.028 +0.015	26	16	28	36	
18		26		30				0.012
22	+0.041 +0.020	30		34	20	36	45	
(26)		35	+0.033 +0.017	39				
30		42		46	25	45	56	
35	+0.050 +0.025	48		52				
(42)		55	+0.039 +0.020	59	30	56	67	
(48)		62		66				

6.4.3　分度装置

分度装置常用在铣床或钻床的转动工作台或其他必须分度的夹具上。

分度装置一般由分度销（或称对定销）与分度盘两个主要部分所组成。其中之一装在夹具需要分度转动的部位上，另一个则装在夹具的固定部位上。

图 6.4-5 是常用分度装置的典型示例。拉开分度销 2 后，即可进行分度回转。图 6.4-5a、b 的主要区别在于，前者是沿分度盘 1 的轴向进行分度，而后者是沿径向进行分度。图 6.4-5a 中的分度销 2 是圆柱形的；图 6.4-5b 中的是双斜面楔形的。此外，圆锥形的分度销也比较常见。图 6.4-5c 是手动分度的结构示例。当向外拉手柄时，分度销压缩弹簧而退出分度盘；然后将手柄回转 90°，使小销 3 顶住固定套 4 的凸缘而停留在拉出的位置上，即可进行分度回转；分度完毕后，再将手柄回转 90°到小销 3 正好对准固定套 4 凸缘上的槽口时，弹簧即推动分度销进入分度盘的下一个分度套筒 5 中。

设计分度装置时，最主要的问题如下：

1）保证必要的分度精度。产生分度误差的原因很多，主要的原因是分度销 2 与分度套筒 5 之间的间隙；分度销 2 与固定套 4 之间的间隙；分度套筒装在分度盘上的位置不准确；以及分度套内、外两圆柱面的偏心差等。

2）保证分度动作的方便可靠。加工批量较大的工件时，常用机械化、自动化的分度，批量较小时，多用手动分度，但往往可使分度的若干动作同时由一个手柄操纵进行。

3）保证分度销结构具有足够的强度。为保证分

度销的足够强度，在受力较大的情况下，往往使分度销只起分度对定作用，而避免承受任何外力，因此分度完毕后，必须由另外的紧定装置，使整个分度装置连同工件紧固在分度后的位置。

表 6. 4-13 和表 6. 4-14 所示分别为由机床附件厂制造和供应的机械分度头和等分分度头。

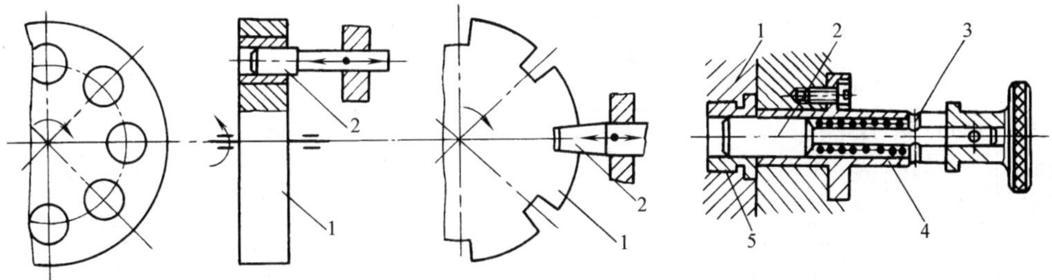

a)　b)　c)

图 6. 4-5　常用分度装置典型示例

1—分度盘　2—分度销　3—小销　4—固定套　5—分度套筒

表 6. 4-13　机械分度头

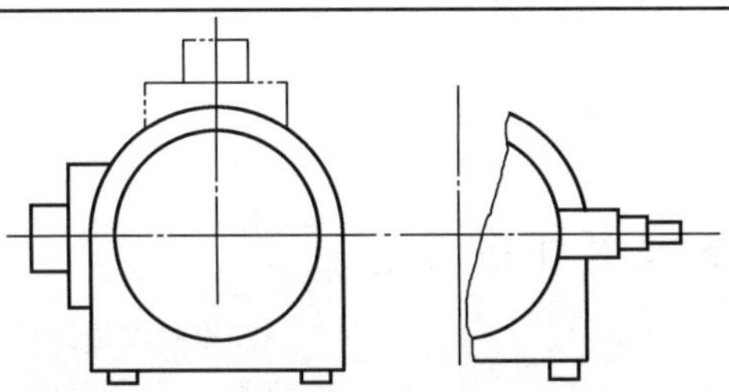

产品名称	型号	原型号	技术规格												外形尺寸/mm（长×宽×高）	净重/kg
			中心高/mm	主轴锥孔锥度号（莫氏）	主轴锥孔大端直径/mm	主轴法兰盘定位短锥直径/mm	蜗杆副传动比	主轴水平位置升降角/(°)	定位键宽度/mm	所配圆工作台直径/mm	分度精度/(′)		重复精度/(″)			
											普通	精密	普通	精密		
万能分度头	F1180	FW80	80	3 号	23. 825	36. 541	40	+90 ~ −6	14		1				334×334×147	36
	F11125A	FW125	125	4 号	31. 267	53. 975			18						416×373×309	80
	F11160	FW160	160	4 号	31. 267	53. 975			18						477×477×260	125
	F11100A		100	3 号	23. 825	41. 275	40	+95 ~ −5	14	125	1		±45		410×375×190	67
	F11125A		125	4 号	31. 267	53. 975			18	160					470×330×225	119
	F11160A		160	4 号	31. 267	53. 975			18	200					470×330×260	125
半万能分度头	F1280	FB80	80	3 号	23. 825	36. 541	40		14		1				317×206×147	27
	F12100	FB100	100	3 号	23. 825	41. 275									389×251×186	57
	F12125	FB125	125	4 号	31. 267	53. 975			18						477×318×225	88
	F12160	FB160	160	4 号	31. 267	53. 975									477×318×260	95

表 6. 4-14　等分分度头

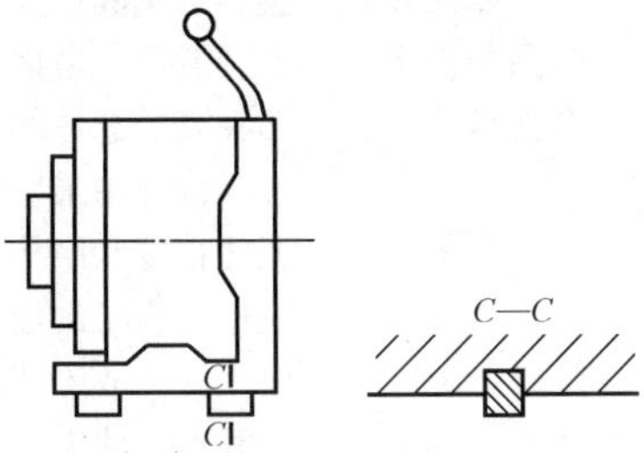

（续）

产品名称	型号	原型号	技术规格										外形尺寸/mm（长×宽×高）	净重/kg
			中心高/mm	主轴锥孔锥度号（莫氏）	主轴锥孔大端直径/mm	可等分数	工作台直径/mm	立时轴肩面至底面高度/mm	主轴法兰盘定位短锥直径/mm	定位键宽度/mm	配套卡盘型号	分度精度/(′)		
立卧等分分度头	F43125A	FNL125A	125			2、3、4					K11160		245×185×225	75
	F43160A	FNL160A	160	4号	31.267	6、8			53.975	18	K11200	2	245×185×257	87
	F43160	FNL160	160			12、24							300×265×180	92
											螺钉槽宽度/mm			
	F43100C	FNL100C	100	3号	23.825	2、3、4、6	125	<125	41.275	14	14	1	153.5×275×178.5	67
	F43125C	FNL125C	125	4号	31.267	8、12、24	160	<150	53.975	18	18		172×282×222.5	
	F43160C	FNL160C	160	4号	31.267		200	<150	53.975	18	18		172×282×262.5	

6.5 专用夹具的设计方法

6.5.1 专用夹具的基本要求和设计步骤

1. 专用夹具的基本要求

对机床夹具的基本要求可归纳为四个方面：

1）稳定地保证工件的加工精度。

2）提高机械加工的劳动生产率和降低工件的制造成本。

3）结构简单，操作方便，省力和安全，便于排屑。

4）具有良好的结构工艺性，便于夹具的制造、装配、检验、调整与维修。

在设计过程中，首先必须保证工件的加工要求，同时应根据具体情况综合处理好加工质量、生产率、劳动条件和经济性等方面的关系。在大批大量生产中，为提高生产率应采用先进的结构和机械传动装置。在小批生产中，夹具的结构应尽量简单以降低夹具的制造成本。工件加工精度很高时，则应着重考虑保证加工精度。

专用夹具适用于产品相对稳定的批量生产。在小批量生产中，由于每个品种的零件数较少，所以设计制造专用夹具的经济效益很差。因此，在多品种小批量生产中往往设计和使用可调整夹具、组合夹具及其他易于更换产品品种的夹具结构。

2. 专用夹具的设计步骤

专用夹具设计的主要步骤如下：

1）收集并分析原始资料，明确设计任务。设计夹具时必要的原始资料为工件的有关技术文件，本工序所用机床的技术特性、夹具零部件的标准及夹具结构图册等。

首先根据设计任务书，分析研究工件的工作图、毛坯图，有关部件的装配图、工艺规程等，明确工件的结构、材料、年产量及其在部件中的作用，深入了解本工序加工的技术要求、与前后工序的联系、毛坯（或半成品）种类、加工余量和切削用量等。

为使夹具的设计符合本厂实际情况，还要熟悉本工序所用的设备、辅助工具中与设计夹具有关的技术性能和规格、安装夹具部位的基本尺寸、所用刀具的有关参数、本厂工具车间的技术水平及库存材料情况等。

在设计中应充分利用各方面的成功经验，参考生产中行之有效的典型结构和先进夹具，熟悉夹具零部件标准，以使所设计夹具具有实用性和先进性。

2）拟定夹具的结构方案，绘制结构草图。在此阶段主要应解决的问题大致顺序是：遵照六点定位规则确定工件的定位方式，并设计相应的定位元件；确定刀具的导引方案，设计对刀、导引装置；研究确定工件的夹紧部位和夹紧方法，并设计可靠的夹紧装置；确定其他元件或装置的结构型式，如定向键、分度装置等；考虑各种装置和元件的布局，确定夹具体和夹具的总体结构。

设计中最好考虑几个不同方案、画出草图、经过工序精度和结构型式的综合分析比较和计算，同时也应进行粗略的经济分析，选取最佳方案。设计人员还应广泛听取工艺部门、制造部门和使用车间有关人员的意见，使夹具方案进一步完善。

3）绘制夹具总图。夹具总装配图应遵循国家标准绘制，比例尽量选用 1∶1，必要时也可采用 1∶2、1∶5、2∶1、5∶1 等比例。在能够清楚表达夹具的工作原理、整体结构和各种装置、元件间相互位置关系的前提下，应使总图中的视图数量尽量少，还应尽量选择面对操作者的方向为主视图。绘制夹具总图的顺序如下：

① 用双点画线或红色铅笔绘出工件的轮廓外形和主要表面（定位面、夹紧面、待加工面），并用网线表示出加工余量。

② 视工件轮廓为透明体，按工件的形状和位置依次绘出定位元件、对刀导引元件、夹紧元件及其他元件或装置。最后绘出夹具体，形成一个夹具整体。绘图后还要对夹具零件进行编号并填写零件明细栏和标题栏。

③ 标注有关尺寸和夹具的技术要求，见表 6.5-1。

表 6.5-1　夹具总图的技术要求

<table>
<tr><th>应标注的技术要求</th><th>技术要求公差值</th><th colspan="4">配　合　精　度</th></tr>
<tr><td rowspan="10">1. 夹具外形的最大轮廓尺寸
2. 定位元件工作部分的位置尺寸
3. 夹具与刀具的联系尺寸
4. 夹具与机床的联系尺寸
5. 其他装配尺寸
6. 有关夹具制造和使用的特殊要求</td><td rowspan="10">1. 夹具上与工件加工精度有关的尺寸公差，可取工件相应尺寸公差的 1/5～1/2
2. 工件上的尺寸和角度未标公差时，夹具上相应尺寸和角度的公差分别可取 ±0.1mm 和 ±10′
3. 夹具上工作面的相互位置公差可取工件有关表面位置公差的 1/3～1/2
4. 工件加工表面未标相互位置公差时，夹具有关表面的位置公差不应超过 0.02～0.05mm/100mm</td><td rowspan="4">钻套</td><td>刀具与钻套</td><td colspan="2">孔径公差为 F7、G7、H7、G6 的基轴制配合</td></tr>
<tr><td rowspan="2">钻套与衬套</td><td>固定式</td><td>$\frac{H7}{g6}$、$\frac{H7}{f7}$、$\frac{H7}{h6}$、$\frac{H6}{g5}$</td></tr>
<tr><td>可换式
快换式</td><td>$\frac{F7}{n6}$、$\frac{F7}{k6}$</td></tr>
<tr><td>衬套或钻套与钻模板</td><td colspan="2">$\frac{H7}{n6}$、$\frac{H7}{r6}$</td></tr>
<tr><td rowspan="3">镗套</td><td>镗套与镗杆</td><td colspan="2">$\frac{H7}{g6}$、$\frac{H7}{h6}$、$\frac{H6}{g5}$、$\frac{H6}{h5}$</td></tr>
<tr><td>镗套与衬套</td><td colspan="2">$\frac{H7}{h6}$、$\frac{H7}{js6}$、$\frac{H6}{h5}$、$\frac{H6}{js5}$</td></tr>
<tr><td>衬套与支架</td><td colspan="2">$\frac{H7}{h6}$、$\frac{H6}{n5}$</td></tr>
<tr><td rowspan="3">其他配合件</td><td>相对运动件</td><td colspan="2">$\frac{H9}{d9}$、$\frac{H11}{c11}$</td></tr>
<tr><td rowspan="2">固定不动件</td><td>无紧固件固定</td><td>$\frac{H7}{n6}$、$\frac{H7}{p6}$、$\frac{H7}{r6}$、$\frac{H7}{u6}$</td></tr>
<tr><td>有紧固件固定</td><td>$\frac{H7}{js6}$、$\frac{H7}{k6}$、$\frac{H7}{m6}$、$\frac{H8}{k7}$</td></tr>
</table>

4）绘制夹具零件图。夹具总图中的非标准件都要绘制零件图。在确定夹具零件的尺寸、公差和技术要求时，要考虑满足夹具总图中规定的精度要求。夹具精度通常是在装配时获得的。夹具的装配精度可由各有关零件相应尺寸的精度保证，或采用装配时直接加工、修配法等来保证。若采用后一种方法，在标注零件图中有关尺寸时，应标明对装配的要求。

设计人员应注意夹具制造、装配和试用过程中出现的问题，及时加以改进，直至夹具能投入生产使用为止。

3. 夹具体的设计

在专用夹具中，夹具体的形状和尺寸往往是非标准的。设计夹具体时应注意以下问题：

1）应有足够的刚度和强度。铸造夹具体壁厚一般为 15～30mm，焊接夹具体壁厚为 8～10mm。必要时可用加强筋或框式结构，以提高刚度。

2）力求结构简单，装卸工件方便。在保证刚度和强度的前提下，尽可能使体积小、重量轻，便于操作。

3）尺寸要稳定。夹具体的制造应进行必要的热处理，以防其日久变形。

4）要有良好的结构工艺性。夹具体的结构应便于加工夹具体的安装基面、安装定位元件的表面和安装对刀或导引装置的表面，并有利于实现这些表面的加工精度要求。夹具体上毛面与工件表面之间应留有 4～15mm 的空隙，加工面应高出不加工面。

5）清除切屑要方便。切屑不多时，可加大定位元件工作表面与夹具体之间的距离或增设容屑沟。若加工时产生大量切屑，则应设置排屑口，还应考虑能排除切削液。

6）在机床上安装要稳定、可靠、安全。夹具体毛坯可用铸造（大多采用 HT150 或 HT200 灰铸铁，也可用铸钢或铸铝）、焊接、锻造或用标准零部件装配的方法获得。

4. 夹具的材料

夹具材料的选择应根据其硬度、强度、韧性、耐磨性、脆性和可加工性来确定。

铸铁通常用于制造夹具体；中、低碳钢一般用作结构件、压板、螺杆和螺母等；高碳钢则用于制作易磨损件，如定位元件、对刀导引元件等；工具钢用于需要高强度和耐磨损的夹具元件；铝材加工性好、重量轻，是夹具中使用的有色金属材料；另外，木材、塑料、橡胶、环氧树脂等在多品种小批量生产中也可用作夹具材料。

5. 夹具的结构工艺性

夹具的工作精度通常是采用调整、修配、就地配作等方法进行装配来保证的。设计中应注意：

1）正确选择装配基准。对装配基准面的要求是：在夹具上其位置不再做调整或修配；且其他零件对其进行调整或修配时，不会发生相互干涉或牵连现象。

2）夹具结构中某些零部件要具有可调性。作为补偿环节的元件应留有余量，以便于用调整、修配法保证夹具的装配精度。

3）夹具结构应便于进行测量和检验，必要时可增设工艺孔。应用工艺孔时需注意：

① 工艺孔的位置应便于加工和测量，并尽可能设计在夹具体上。

② 为简化计算过程，工艺孔的位置一般选在工件的对称轴线方向上，或使其中心线通过所钻孔或定位元件的轴线。

③ 工艺孔的位置尺寸应取整数，并标注双向偏差。一般位置尺寸偏差为±0.01~±0.02mm，角度公差为工件相应公差的1/5。

④ 工艺孔径一般为6mm、8mm或10mm，与量规的配合采用$\frac{\mathrm{H7}}{\mathrm{h6}}$，其中心线对夹具安装基面的平行度、垂直度、对称度均不大于0.05mm/100mm。

4）夹具结构应便于维修和更换易磨损件，某些配合的零件应易于拆卸。

6. 夹具的经济性

机床夹具费用是工艺成本的组成部分，它直接影响工艺过程的经济性及产品成本。

机床夹具的经济性可用下述不等式评价：

$$SN \geqslant C$$

式中　S——使用机床夹具后生产费用的节约，即经济效果；

N——用机床夹具全年加工的工件数量，即工件的年产量；

C——使用机床夹具的全年费用。

1）使用机床夹具的经济效果。机床夹具的使用缩减了单件时间。一个工件的某一工序因使用机床夹具而缩减的单件时间为

$$\Delta t = t_1 - t_2$$

式中　t_1，t_2——使用机床夹具前后工件的单件时间。

若比较两种机床夹具的经济性，t_1 和 t_2 又分别代表用两种夹具加工工件的单件时间。

由于使用机床夹具而节省的工人工资额为

$$\Delta Z = Z_1 t_1 - Z_2 t_2$$

式中　Z_1，Z_2——使用机床夹具前后机床工人每分钟的工资额。

若考虑杂费方面 H 的节约，使用机床夹具的经济效果为

$$S = \Delta Z(1 + 0.01H)$$

2）使用机床夹具的全年费用。一套专用夹具的全年费用为

$$C = \left(\frac{1 + A_s}{T} + A_y\right) C_z$$

式中　A_s——专用夹具的设计系数，通常取0.5；

A_y——专用夹具的使用系数，一般取专用夹具制造价格的0.2~0.3；

T——专用夹具的使用年限，简单夹具 $T=1$ 年，中等复杂夹具 $T=2\sim3$ 年，复杂夹具 $T=4\sim5$ 年；

C_z——专用夹具的制造价格，由下式计算

$$C_z = \delta Q + t Z_p(1 + 0.01H)$$

式中　δ——材料的平均价格（元/kg）；

Q——夹具毛坯的重量（kg）；

t——夹具制造工时（h）；

Z_p——工人平均工资（元/h）；

H——工具车间杂费百分比。

7. 设计实例

表6.5-2所示为钻削转向摇臂零件大端直径为14mm锁紧孔的立式钻床夹具的设计实例，产量为中批生产。

6.5.2　自动化夹具的设计要点

在实际生产中，影响中小批生产生产率提高的主要因素，往往只是个别的单元操作动作。在通用机床上使用自动化夹具是提高劳动生产率、减轻劳动强度的途径之一，在一定条件下能收到投资少、周期短、收益大的经济效果。

按自动上下料装置的自动化程度可分为自动化夹具及半自动化夹具，前者的工件定向自动完成，而后者则由人工完成。

自动化夹具的基本组成如图6.5-1所示，分为三大部分：

1）自动上下料部分。由工件的定向机构、输料槽、隔料器、上料机构、卸料机构等组成，用以实现工件的自动定向和输送。

表 6.5-2　专用夹具设计实例

结构设计说明	
结构设计步骤	简　图
1. 工件加工工艺分析 本工序钻锁紧孔前,除 5mm 开口槽外,其余各表面均已加工完毕,故按图示定位夹紧方案设计钻模,并要保证以下加工精度要求:中心距 $20.25_{-0.2}^{\ 0}$mm,距离 16± 0.10mm,垂直度不大于 0.10mm	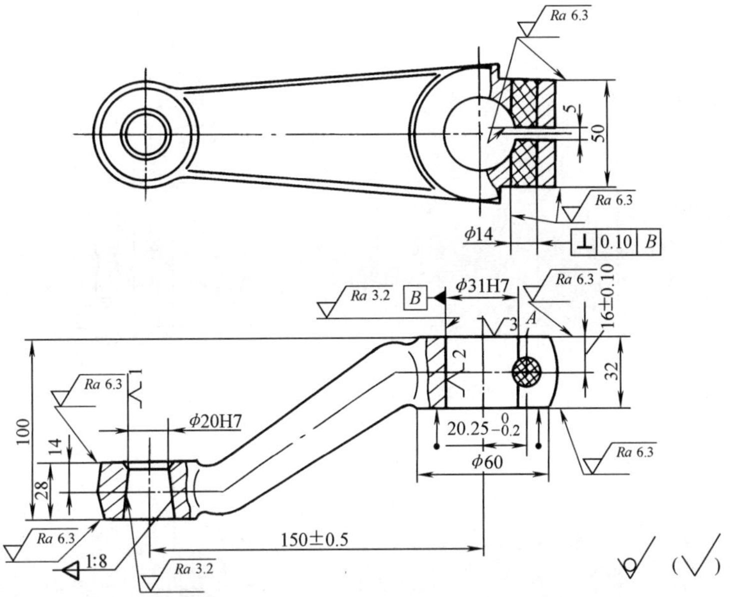 工序图
2. 定位方案和定位元件设计 用 *A* 面及 φ31H7、φ20H7 两孔以一面两销实现完全定位。φ31H7 孔中设置圆柱销,以利于保证其与锁紧孔间的精度要求。为利于减小转角误差并保证工件装卸,将削边销设计成可沿孔心距方向做适当的调整	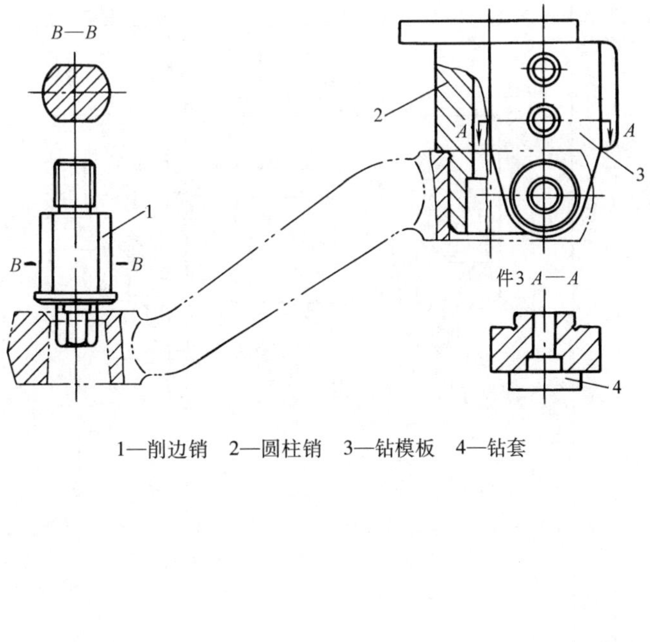 1—削边销　2—圆柱销　3—钻模板　4—钻套
3. 导引方案及导引元件设计 一次钻削加工采用固定式钻套。在钻模板上设计导向面,便于装配时做位置调整,以利于精确固定钻模板	

（续）

结构设计说明	
结构设计步骤	简　图
4. 夹紧方案及夹紧元件设计 采用转动式开口垫圈及端面斜楔夹紧，动作迅速可靠，自锁性好	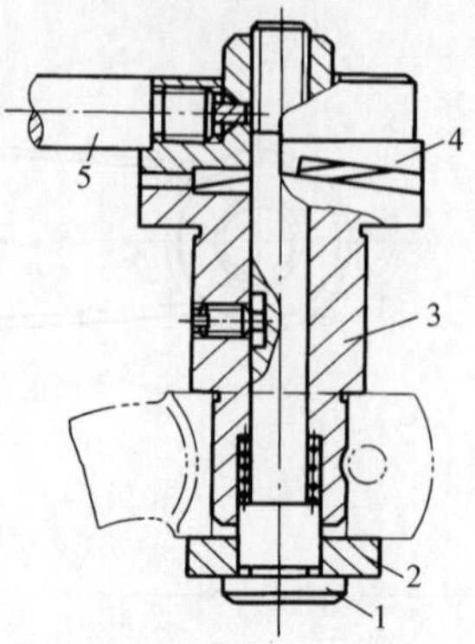 1—夹紧螺柱　2—转动式开口垫圈　3—圆柱销（支承体）　4—端面斜楔　5—手柄
5. 夹具体的设计 根据以上各主要元件的设计，将各部分联成一整体，构成钻模的设计装配草图 （当结构方案确定后，有时根据需要还应进行精度分析和误差计算）	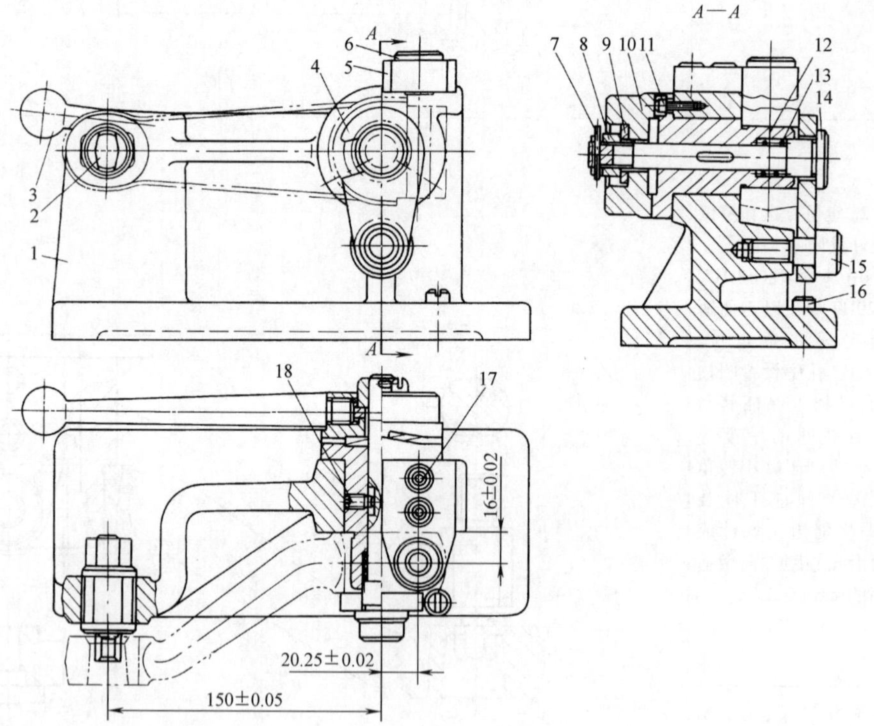 1—座体　2—移动式菱形销　3—手柄　4—转动式开口垫圈　5—钻模板　6—带肩钻套　7—开口销　8—六角槽形螺母　9—圆垫圈　10—端面斜楔　11、16—圆柱头螺钉　12—支承体　13—弹簧　14—夹紧螺柱　15—支承钉　17—内六角螺钉　18—紧定螺钉

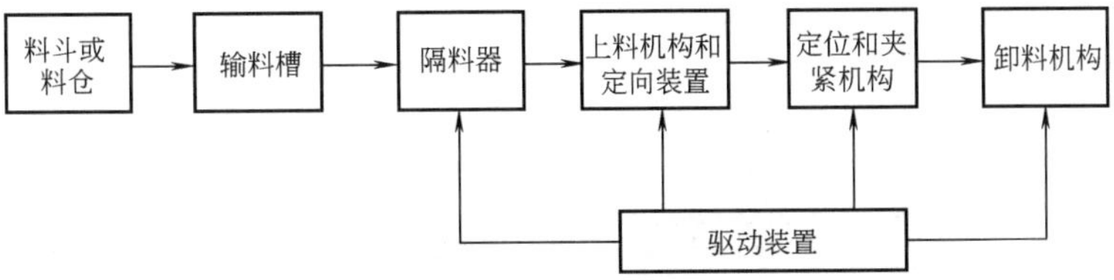

图 6.5-1　自动化夹具的基本组成

2）工件的自动装夹部分。主要由自动定位和夹紧机构组成，用以完成工件的装夹。

图 6.5-2 所示自动装夹机构，利用顶尖实现工件的定位，当工件被后活动顶尖压向前顶尖时，平顶咬齿 2 嵌入工件端面，完成自动夹紧，机床动力则可经主轴和平顶咬齿 2 传给工件。

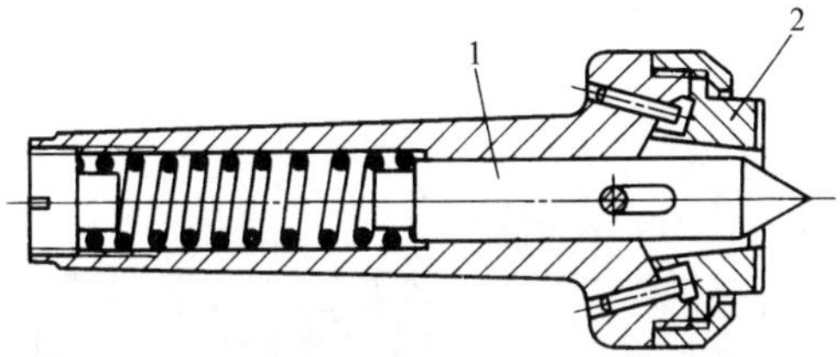

图 6.5-2　自动装夹顶尖
1—弹簧顶尖　2—平顶咬齿

设计自动装夹机构时应注意以下问题：

① 应广泛采用活动定位元件，便于自动上料、卸料和输送料，夹紧力尽量设计成可调节的，以确保工件的定位与夹紧可靠。

② 为使用最少的动力源驱动自动化夹具的多种动作，要求大量使用联动机构，尽量设计多功能元件，以简化夹具结构。

③ 易于排除切屑和输送切削液，必要时可采用强制排屑机构。

3）自动化夹具的动力源。驱动装置的动力一般有：气动、液压、电动或机床本身的运动。动力源的设计和选用，应尽量考虑采用标准化部件，可参考动力装置设计的有关手册资料。

图 6.5-3 所示为钻床半自动化夹具。

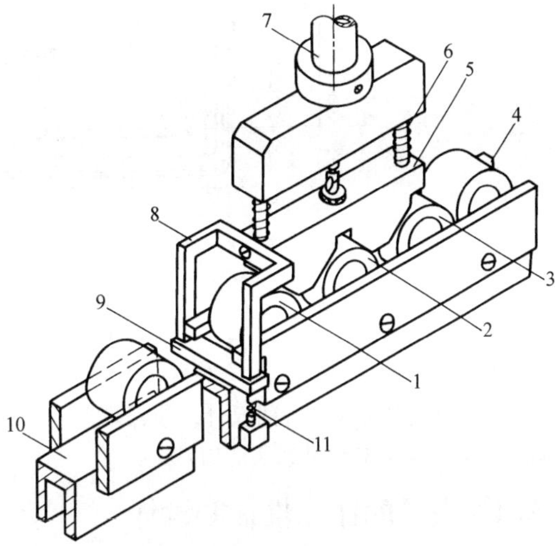

图 6.5-3　钻床半自动化夹具
1—已加工工件　2—待加工工件　3—将加工工件
4—滚道　5—悬挂式钻模板　6、11—弹簧　7—主轴
8—压杆　9—限位器　10—下料滚道

6.5.3　数控机床夹具的设计要点

根据数控加工的特点，设计数控加工用夹具时，除遵循一般夹具设计的原则外，还应注意以下问题。

1）在数控加工中，为了确定加工点的空间位置，必须建立坐标系。工件、机床及位置测量系统都有各自的坐标系，这些坐标系的原点或零点可能是重合的，但一般是不重合的。为实现数控加工，必须建立各坐标系原点间的坐标联系。

图 6.5-4 所示为数控钻床夹具的坐标系示例。工件坐标系一般以零件图上的设计基准（点、线或面）作为工件原点。通常零件的设计基准与工艺基准是重合的，因此用夹具将工件固定在机床工作台上时，工件原点即成为机床坐标系中一个确定的点。

机床工作台坐标轴构成的坐标系的原点即工作台原点。工作台原点分固定原点和浮动原点，固定原点一般选在工作台的左下角。

工件总是装夹在机床工作台上便于加工的位置。在使用固定原点的机床时，必须使工件的坐标系纳入机床工作台坐标系，将有关加工尺寸通过坐标变换，用其在机床工作台坐标系中的坐标来表示。

2）数控加工批量较小，故应尽可能采用标准化的通用夹具或组合夹具等。

3）为满足数控加工精度，要求夹具的定位、夹紧精度高。

4）夹具的结构应使工件在一次装夹后，能进行多个表面的多种加工。

5）夹紧件应牢靠，其位置应注意防止在进退刀或变换工位时发生碰撞，必要时应进行碰撞计算。

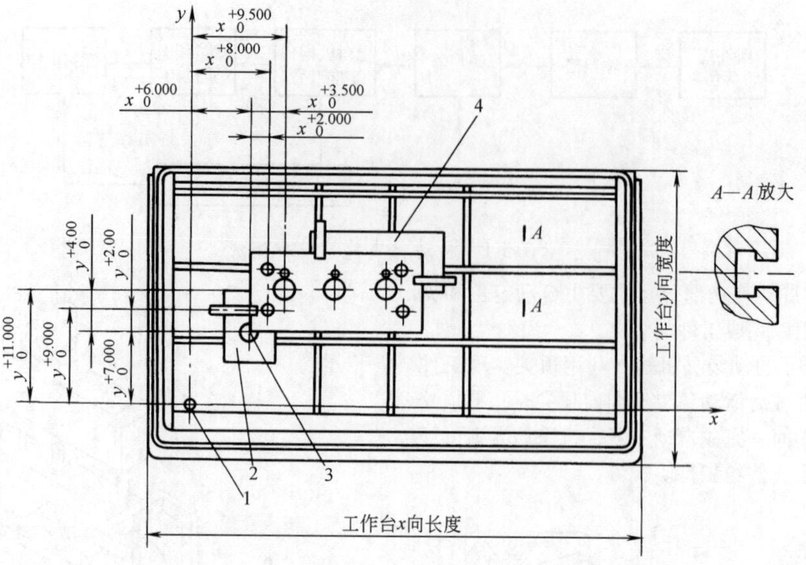

图 6.5-4　数控钻床夹具的坐标系示例
1—工作台原点　2—定位块　3—工件原点　4—支承及夹紧件

6）自动让刀夹紧装置的设计，应保证其动作的准确可靠以及与刀具运动轨迹的协调。

6.5.4　夹具的计算机辅助设计

1. 设计原理与设计流程

计算机辅助夹具设计（Computer-Aided Fixture Design，CAFD）包括装夹工艺规划、夹具规划、夹具配置设计和夹具设计验证，如图 6.5-5 所示。装夹工艺规划用来确定装夹的次数、每次装夹时工件的方位及在每次装夹中的加工表面。夹具规划用来确定工件表面上的定位基准面和定位/夹紧位置，以保证完全约束定位和可靠夹紧。夹具配置设计用来根据不同的生产要求（如批量生产和加工条件）以生成夹具装配图样。夹具设计验证用来分析夹具设计性能，以判断是否满足生产要求，如定位完整性、误差累积、可接近性、装夹稳定性和操作的简便性。

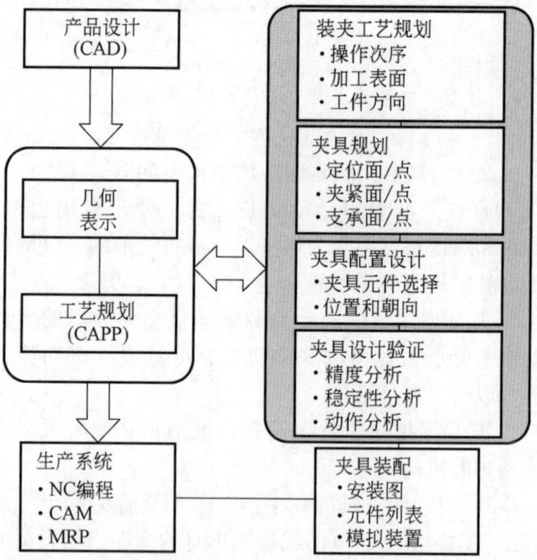

图 6.5-5　计算机辅助夹具设计

计算机辅助专用夹具结构设计分为两个阶段：基本设计和详细设计，如图 6.5-6 所示。在计算机辅助设计中，一方面利用计算机的高速运算能力来实现设计模型的解析，另一方面利用人机对话，审查研究和判定模型的解析结果并修改模型，使人的丰富经验和直觉知识在设计中发挥有效的作用，从而形成了人与计算机紧密配合、各尽所长的交互工作的新方法。这样，不仅能大大提升设计质量和工作效率，而且可以使设计工作的面貌大为改观。

2. 专用夹具的基本设计

计算机辅助专用夹具结构基本设计的目的是获得初步结构设计结果，包括标准夹具元件的选择、定制支座（用于将定位元件、夹紧元件与夹具体相连接的支承块）的生成、夹具元件的装配。基于对专用夹具的结构分析，需要为计算机辅助专用夹具设计建立下述五个表示或模型。

（1）装夹需求表示

在夹具规划阶段定义装夹需求时，需要考虑装夹精度、可达性和稳定性。装夹需求表示的结果包括装夹位置、所需夹具单元的数量和类型，以及装夹面和装夹点的属性。由于一个功能性夹具单元对应于工件上指定的装夹面/点，所以装夹面/点的表示应能为生成夹具单元提供信息。装夹需求表示可以通过几何和加工数据进行定义：

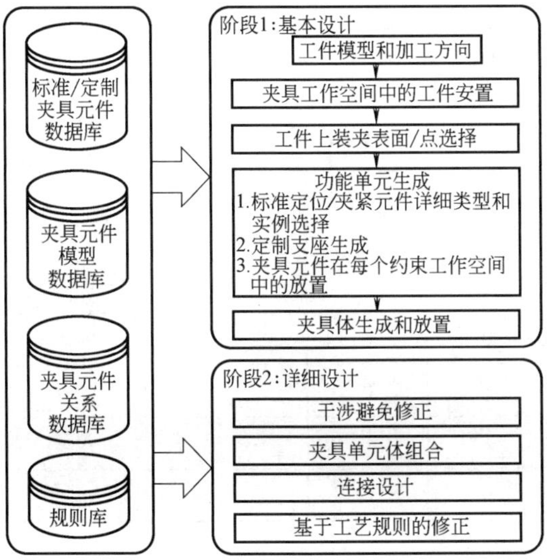

图 6.5-6　计算机辅助专用夹具结构设计流程

$$M_{FS\_WP}=\{F_{id},F_{geo\_type},F_{func\_type},F_{finish},F_{DOF},\vec{n},p_1,p_2,S_{accs},P_{accs},S_{tiff}\}$$

式中　F_{id}——装夹面 ID 号（整数）；

F_{geo_type}——装夹面的几何类型（平面、内或外圆柱）；

F_{func_type}——装夹面上的装夹作用类型；

F_{finish}——装夹面的表面粗糙度；

F_{DOF}——需要消除的不定度数量；

$\vec{n}$——当 F_{geo_type} 为平面时，为装夹面的法向矢量；当 F_{geo_type} 为圆柱面时，为轴向矢量；

p_1——主装夹点；

p_2——任意支承点，确定定位/夹紧元件的朝向时使用；

S_{accs}——表面可达性值；

P_{accs}——装夹点可达性值；

S_{tiff}——对夹具单元的刚度要求。

（2）标准夹具元件模型

夹具功能元件（定位/夹紧元件）直接与工件接触，易磨损，所以通常为标准件，并且一定尺寸系列的产品可通过商业途径获得。夹具功能元件中具有相同三维空间几何特性（外形、构造及尺寸链）的结构元素，划归为统一类型。例如，平头支承钉为一类，球头支承钉则为另一类，支承 V 形块、自动定心机构等分别属于其他类型。结构元素的同种类型中，按其工作参数的不同可划分为不同规格。

一个标准夹具元件可以用其元件类型、功能表面和尺寸进行表示，以上述内容作为检索信息进行标准夹具元件的选择。其中，夹具元件类型信息用来确定在夹具设计中如何使用这些元件，夹具元件上用来定位或夹紧工件的表面即为功能表面。尺寸信息是标准夹具元件模型的重要组成部分，主要设计尺寸决定了主尺寸、作用高度和标准夹具元件的主要连接尺寸。定位和夹紧机构都是根据其主要尺寸加以选择的，其他尺寸可以通过与主要设计尺寸的某些关系进行定义。特别地，标准元件库中的定位和夹紧机构都是由一组具有不同尺寸或细节特征略有不同的相似元件族组成，每个元件族都有大致的基本模型，该族所有实例均与之相似。通常情况下，定位和夹紧机构与工件发生关系的那部分结构及尺寸取决于工件有关部位的结构与尺寸，不能随便给定，而夹具元件与夹具体连接部分可人为确定。例如，定位销的位置和尺寸受工件上定位孔位置和孔径的限制，而定位销是采用固定式还是活动式则可人为确定。

（3）定制支座模板模型

在夹具设计中，支座的作用是将定位/夹紧机构连接到夹具体上并保证夹具单元的高度。尽管支座的基本形状一般已预先定义形成，但为了获得不同的夹具设计方案，支座的具体形状、尺寸和装配位置都可能需要做相应改变。因此，采用若干基本支座模板，通过改变其形状和尺寸来获得合适的支座元件。与标准夹具元件相似，每个夹具支座模板均基于其形状、作用面和尺寸进行建模。支座上用来支承定位/夹紧机构的表面即为作用面。支座模板的主要尺寸为表示作用高度的尺寸，当作用面的高度尺寸数值需要更改以适应定位/夹紧机构与夹具体之间的距离时，支座的其他尺寸也需要进行相应修改。

（4）夹具元件关系数据库

计算机辅助夹具设计的数据库通常包括夹具结构元件数据库、夹具元件关系数据库、典型图形数据库、设备数据说明书、材料标准、夹具制造条件数据库等，汇集了夹具设计中有关标准元件、典型结构、材料选择、本厂设备情况和制造条件、设计说明的数据表格等多方面的必要资料。数据库在计算机辅助设计中起着重要作用，其中主要部分是夹具结构元件数据库和夹具元件关系数据库。

在夹具结构元件数据库中存储有典型结构元件的装配图、零件图、配合关系、使用条件及特性、零件明细栏等。如果需要判定某一特殊支座是否能与选中的定位/夹紧机构联合使用，则需要利用夹具元件关系数据库所提供的元件关系参考信息。夹具元件关系数据库通常以交互或自动形式建立，可以通过表 6.5-3 样式进行描述。在交互模式下，使用者可以决定定位/夹紧机构与支座模板之间的匹配关系及表中对应值的大小。当使用自动方法时，在考虑作用类型及定位/夹紧机构与支座模板之间的几何匹配条件下，需要利用特征识别和关系推理技术确定数据库。

表 6.5-3 夹具元件关系数据库

序号	支座类型	定位/夹紧机构类型					
		1	2	3	4	…	m
		平头支承钉	球头支承钉	矩形支承板	螺旋夹紧	…	可调压板
1	支承钉与螺旋夹紧用卧式支座	1	1	0	1	…	0
2	支承钉用立式支座	1	1	0	0	…	0
3	支承板用立式支座	0	0	1	0	…	0
⋮	…	…	…	…	…	…	…
n	可调压板用立式支座	0	0	0	0	…	1

注：某一特殊支座可与选中的定位/夹紧机构联合使用，即为 1，否则为 0。

(5) 基于约束的夹具元件装配模型

为了能够正确地装配夹具元件，基于约束的夹具元件装配模型需要遵循以下三条规则：

1）约束必须完整。

2）元件不能过约束。

3）对其他元件的依赖必须减小到最低程度。

为了确定定位/夹紧机构与工件之间的空间约束关系，定义夹具工作空间，为夹具装配提供一个全局基准。以夹具工作空间为基础，为基于约束的夹具元件装配定义了四种关系：

1）工件与夹具工作空间之间的关系。

2）定位/夹紧机构与夹具工作空间之间的关系。

3）支座与夹具工作空间之间的关系。

4）夹具体与夹具工作空间之间的关系。

为将工件放入夹具工作空间中，在工件模型中定义坐标系，用于将工件放置到和机床坐标系中的 z 轴相对应的位置。如图 6.5-7 所示，为了将定位/夹紧机构放入夹具工作空间中，必须确定定位/夹紧机构与夹具工作空间之间的约束关系，NEW_DATUM_P 表示在夹具工作空间中创建的基准特征点，对应工件上的装夹点，DATUM_PLA 表示夹具工作空间中的基准平面特征，其法线方向与工件装夹表面的法向/轴向平行。因此，定位/夹紧机构可以引入夹具工作空间，该空间与工件保持约束关系。同时，相应的支座需要按照其与夹具工作空间之间的约束关系进行配置（图 6.5-8），夹具体也按照与工件装配同样的原理被放入夹具工作空间，夹具体的尺寸由工件和夹具单元组合后的整体尺寸决定。

基于前面定义的夹具工作空间关系，可以自动生成专用夹具结构，设计步骤如下：

1）生成一个夹具工作空间。

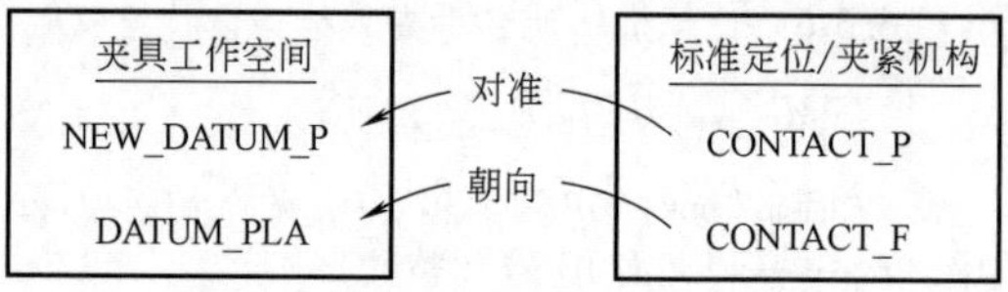

图 6.5-7 标准定位/夹紧机构装配约束模型

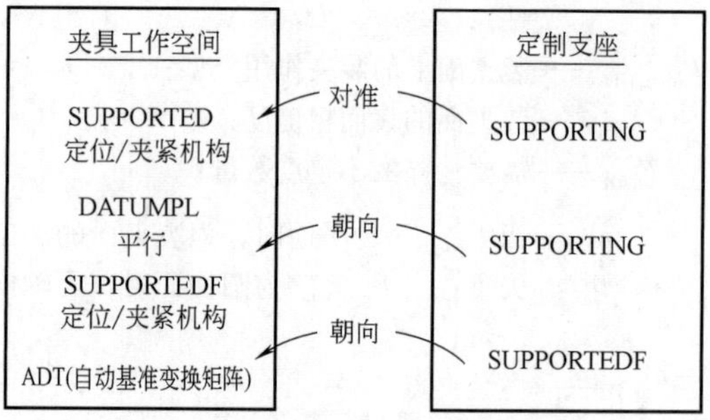

图 6.5-8 定制支座装配约束模型

2）根据基于约束的装配关系，将工件置于夹具工作空间中。

3）选择定位/夹紧机构的类型和尺寸，根据基于约束的装配关系，将其装配到夹具工作空间中。

4）根据夹具元件关系选择支座模板，确定支座的尺寸符合主要设计尺寸，根据基于约束的装配关系将支座装入夹具工作空间。

5）根据基于约束的装配关系，选择或生成夹具体，并将其装入夹具工作空间。

3. 专用夹具的详细设计

计算机辅助专用夹具结构详细设计的目的是对初步设计结果进行再设计，直到获得一个完整和优化的专用夹具结构。详细设计包括干涉避免修正、夹具单元体组合、连接设计和基于工艺规则的修正，基本模块见表 6.5-4。

表 6.5-4　详细设计系统中的基本模块

干涉避免修正	夹具单元体组合	连接设计	基于工艺规则的修正
◆ 局部干涉检查 ◆ 整体干涉检查	◆ 单元体组合规则库管理 ◆ 交互式单元体组合 ◆ 自动单元体组合	◆ 连接设计生成	◆ 工艺知识库管理 ◆ 自动分析与修正 ◆ 交互式分析与修正

(1) 干涉避免修正

干涉避免修正是通过检索任何可能出现在基本设计结果中的干涉，并做出适当的修改，使得干涉在设计阶段能够得以消除。因此，干涉避免修正可以分为两个步骤：

1）根据几何和拓扑信息，对用于描述夹具对象的实体模型进行检查以发现存在的干涉。由于夹具元件需要正确地放置在工件表面或工件周围，并且与其他元件和刀具轨迹不产生干涉，故夹具设计中的干涉类型主要包括夹具元件之间的干涉、夹具元件和工件之间的干涉，以及夹具元件与加工路径之间的干涉。

2）当干涉检查功能发现干涉时，需要对基本设计进行适当修改以避免或消除干涉，解决方法包括改变夹具元件的尺寸、形状、朝向，改变装配中互相干涉部件之间的距离以及合并夹具元件。

(2) 夹具单元体组合

夹具单元体组合的目的是使夹具结构最优，同时保证装夹功能不变，通过基于功能的、空间的以及其他实际应用方面的考虑，将两个或更多的夹具单元体组合成一个多用途夹具单元体。为了支持夹具单元体的组合过程，常用的组合基本规则包括范围规则和功能规则。范围规则描述了在一定距离范围内的多个夹具单元体可以组合成一个；功能规则规定了组合的类型。基于上述两条规则可能存在的不确定性，在建立一个夹具单元体组合规则时，还需要考虑干涉与可加工性。可加工性是一个函数，包括所需要的公差，一定生产企业的设备、原料、零件的数量，产品的形状、体积及其他变量。相对于可加工性，干涉是更为主要的优先项目，可操作的规则可以设定如下：

1）如果夹具单元体组合是唯一的消除或避免干涉的方法，则无条件组合。

2）如果夹具单元体组合不是唯一的消除或避免干涉的方法，但同时如果夹具单元体组合能提高可加工性，则进行组合。

3）如果夹具单元体组合不是唯一的消除或避免干涉的方法，同时夹具单元体组合不能提高可加工性，则不进行组合。

(3) 连接设计

在基本设计阶段，需要依据夹具元件关系数据库选择初步的支座模板，并基于支座模板进行详细设计。连接设计的目的是确定连接特征，包括定位/夹紧元件与夹具支座之间、夹具支座与夹具体之间的连接特征。

定位/夹紧元件是标准夹具组件，当它们被选中并载入系统中时，其连接特征类型和连接尺寸已经确定，可以从标准夹具元件数据库中找到定位/夹紧元件的连接特征信息，从而可确定与之相匹配的夹具支座的连接特征。

夹具支座与夹具体之间有多种连接方法，但在实际生产中，专用夹具设计大量采用螺纹连接或焊接。连接设计的第一阶段是选择连接方式，需要考虑可重用性。若专用夹具系统从不需要拆卸或很少拆卸，适合选用永久连接方式（如焊接），若有拆卸需求，适合选用螺纹连接方式。由于螺纹连接（布局设计与尺寸设计）和焊接都已经标准化，可建立螺纹连接标准数据库和焊接标准数据库，以支持连接设计过程。查询索引包括基础支座模板的尺寸信息和切削力信息等。

(4) 基于工艺规则的修正

基于工艺规则的修正以能提高夹具性能的工艺知识为基础（如考虑刚度、稳定性、减轻重量、方便工件装卸等），对基本设计结果，尤其是对生成的定制夹具支座进行修正，实现专用夹具多方面性能提升的目的。为了支持基于工艺规则的修正，通常需要建立一个工艺知识库。

6.6　组合夹具

组合夹具（JB/T 3626—1999）的主要原理是：使用一套具有互换性和高耐磨性的标准元件和合件，可以多次迅速地、不断循环地拼合成各种不同夹具，每次用完后，又可以拆散保存，作为下次拼合新夹具之用。

使用组合夹具与专用夹具过程的比较如图 6.6-1

所示。组合夹具元件可以根据不同的任务多次循环使用，从而改变了对夹具的整个设计、制造及组织管理面貌。

组合夹具，大致可以分为槽系列和孔系列两大类。槽系组合夹具，主要通过键与槽确定元件之间的相互位置；孔系组合夹具，主要通过销和孔确定元件之间的相互位置。最早出现的组合夹具是苏联的УСП系统，它是典型的槽系组合夹具。典型的孔系组合夹具是德国的蔡司系统（Zeiss）。除此之外，世界各国还有许多不同的组合夹具。近年来随着NC机床和加工中心的普遍使用，还出现了在孔系组合夹具基础上发展起来的，德国Blüco公司的矩阵式组合夹具。

我国在生产中大量采用了槽系列与孔系列的组合夹具。图6.6-2所示为双臂曲柄工件钻2×ϕ10孔组合夹具。组合夹具各元件均由相应的连接件连接。组合夹具的基础件见表6.6-1。

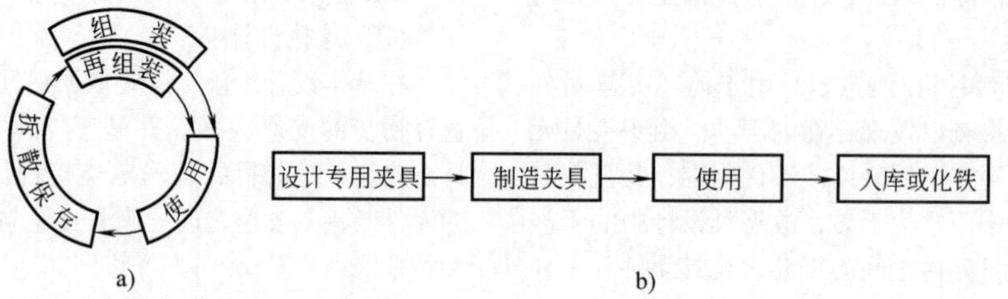

图6.6-1　使用组合夹具与专用夹具过程的比较

a）组合夹具　b）专用夹具

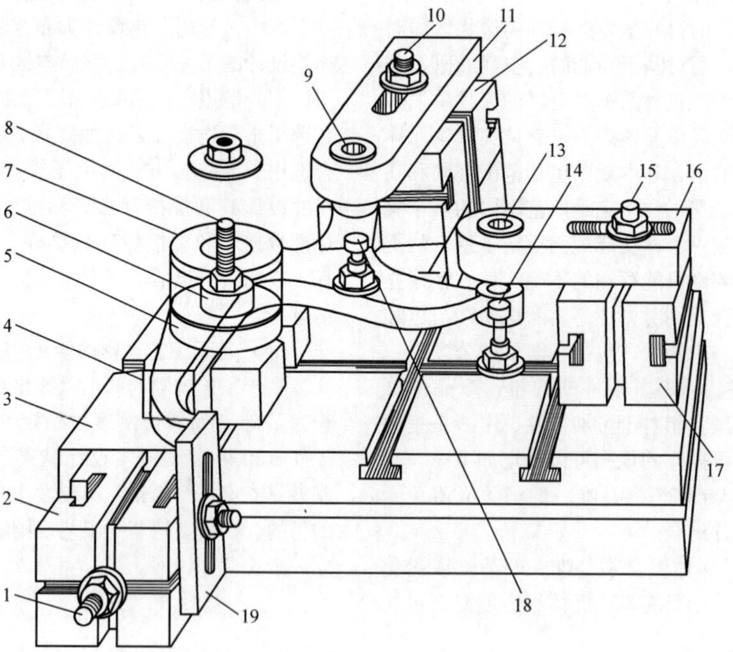

图6.6-2　双臂曲柄工件钻2×ϕ10孔组合夹具

1、8、10、15—槽用方头螺栓　2、4、12、17—方形支承　3—长方形基础板　5—圆形定位盘　6—圆形定位销　7—工件　9—a孔　11、16—钻模板　13—b孔　14、18—可调辅助支承　19—伸长板

表 6.6-1　组合夹具的基础件

代号	名称	结构示意图	尺寸/mm(长×宽×高)	标记
100	简式方形基础板	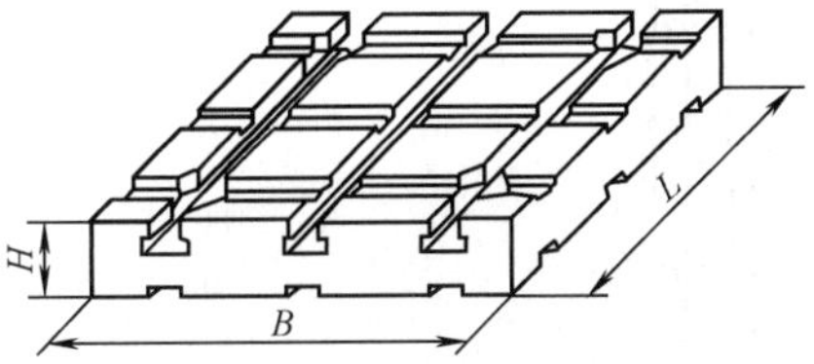	180×180×30	$\frac{100}{L\times B\times H}$
101	二侧槽方形基础板	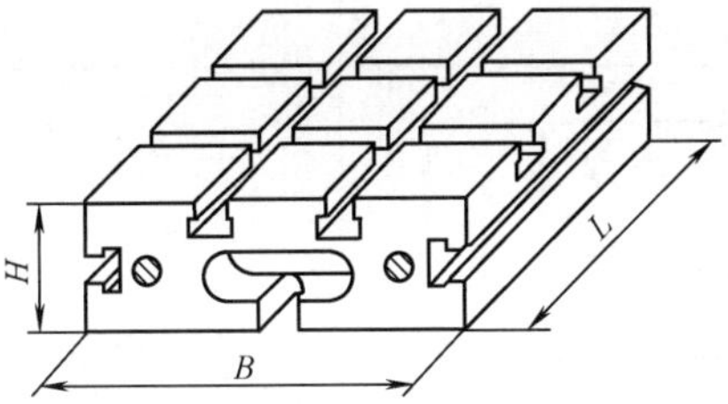	180×180×60 240×240×60 300×300×60 360×360×60 420×420×60	$\frac{101}{L\times B\times H}$
102	四侧槽方形基础板	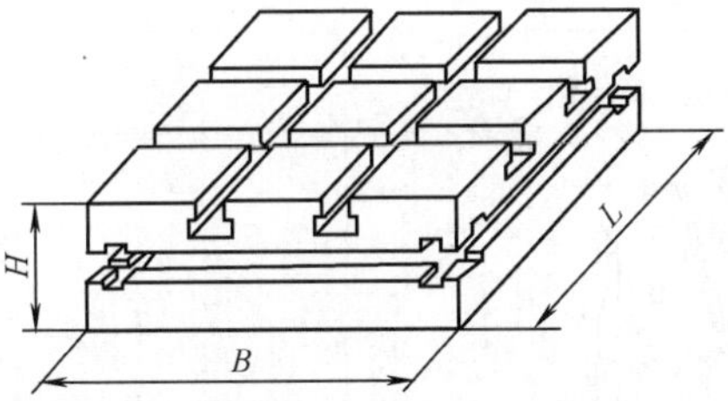	240×240×60 300×300×60 360×360×60	$\frac{102}{L\times B\times H}$
110	简式长方形基础板	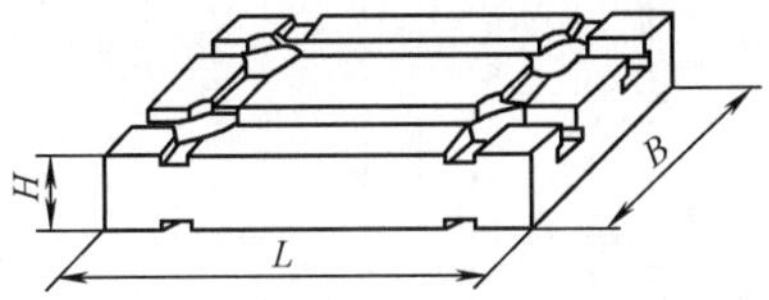	180×120×30 240×120×30 300×120×40 240×180×30 300×180×40	$\frac{110}{L\times B\times H}$
111	长方形基础板	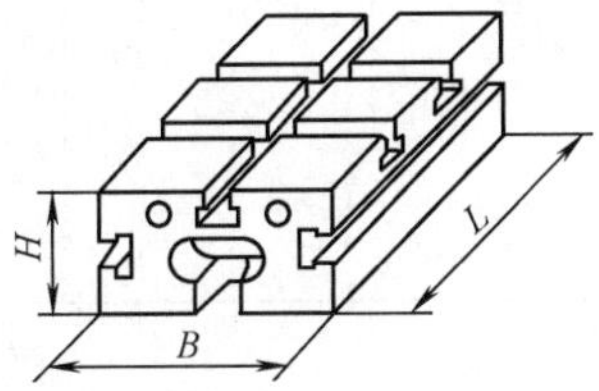	180×120×60 240×120×60 300×120×60 360×120×60 480×120×60 240×180×60 300×180×60 360×180×60 480×180×60 480×240×60 600×240×60 480×300×60 600×300×60	$\frac{111}{L\times B\times H}$

（续）

代号	名称	结构示意图	尺寸/mm（长×宽×高）	标记
130	基础角铁	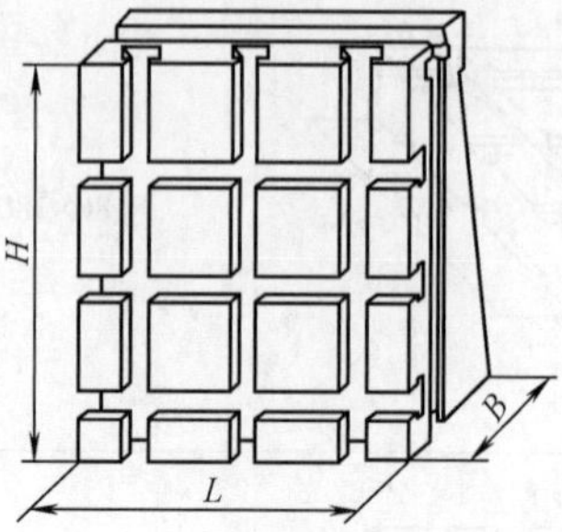	120×90×200 180×90×200 120×150×300 180×150×300	$\frac{130}{L\times B\times H}$
140	45°圆形基础板	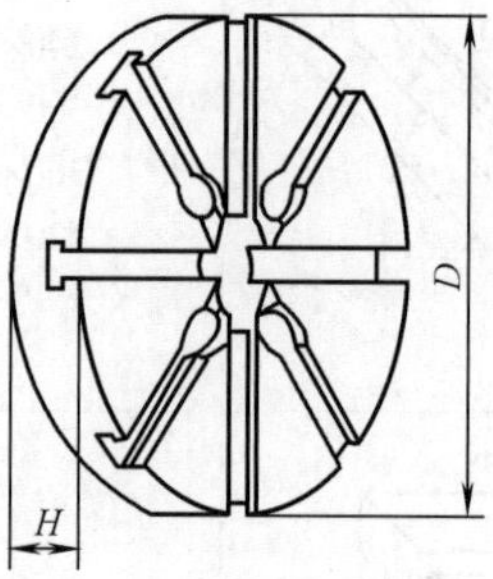	240×35 360×45	$\frac{140}{D\times H}$
141	60°圆形基础板	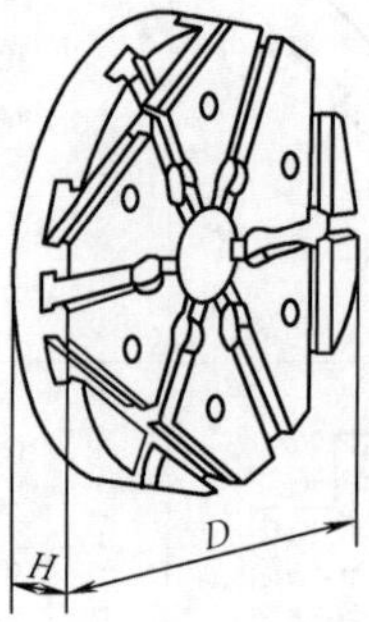	240×35 360×45	$\frac{141}{D\times H}$
142	90°圆形基础板	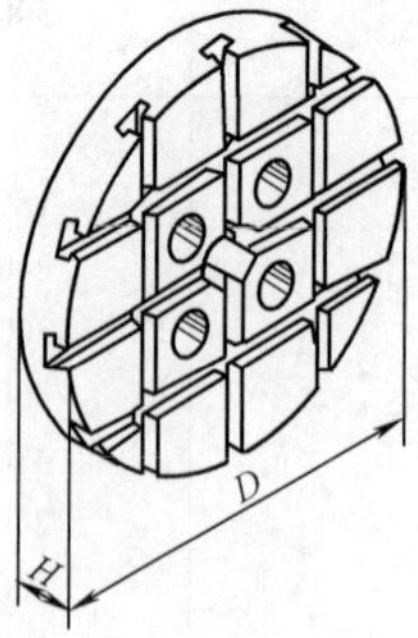	240×35 300×40 360×45 480×50	$\frac{142}{D\times H}$

注：表中数据来自原 JB 3930.1～5—1985（已作废）。

为了便于广泛地推广使用组合夹具，有的国家设有专门生产组合夹具的工厂，有的国家还在大城市建立了组合夹具租赁站或组装站，我国既有组合夹具的专门生产工厂，又有组装站。

一整套组合夹具，主要由基础件、支承件、定位件、导向件、压紧件、紧固件、合件以及其他件八大类元件所组成。我国的槽系组合夹具分为大型、中型、小型三个系列。

大型组合夹具：主要支承截面为 75mm×75mm，基础板厚度为 75mm，槽宽为 16mm，紧固螺栓为 M16×1.5，钻模板最大孔径为 58mm，基础板槽距为 75mm，支承件侧面槽距为 45mm，螺栓允许载荷为 160000N，预紧力为 60000N。

中型组合夹具：主要支承截面为 60mm×60mm，基础板厚度为 60mm，槽宽为 12mm，紧固螺栓为 M12×1.5，基础板槽距为 60mm，螺栓允许载荷为 60000N，预紧力为 30000N。

小型组合夹具：主要支承截面为 30mm×30mm，基础板厚度有 30mm 和 45mm 两种，基础板槽距为 30mm，支承件侧面槽距也是 30mm。螺栓允许载荷：M8 为 26000N，M6 为 14000N，预紧力：M8 为 13300N，M6 为 7600N。

组合夹具各类元件的分类编号由分子与分母两部分组成：

1）分子表示元件的型、类、组、品种，称为“分类代号”。

元件分大、中、小型，用汉语拼音的首字母表示，即：

D——大型组合夹具元件；

Z——中型组合夹具元件；

X——小型组合夹具元件。

类、组、品种各用一位数字表示：

第一位数字表示元件的“类”，按元件的用途划分，用数字 1~9 表示。

1—基础件；2—支承件；3—定位件；4—导向件；5—压紧件；6—紧固件；7—其他件；8—合件；9—组装工具。

第二位数字表示“类”中的“组”，按元件的形状划分，用数字 0~9 表示。

第三位数字表示“组”中的“品种”，按元件的结构特征划分，用数字 0~9 表示。

2）分母表示元件的规格特征尺寸，一般用 $L\times B\times H$ 表示，称为“规格”。

分类编号示例：

Z——型号
2——支承件
5——支承件中的5号组（伸长板组）
4——伸长板中的4号品种

$$\frac{Z\ 2\ 5\ 4}{180\times90\times30}$$

180×90×30——规格（$L\times B\times H$）

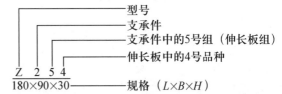

槽系组合夹具的一些主要元件的材料，多用 12CrNi3A、18CrMnTi、18CrMnMo，也有用 40Cr 的，经过表面渗碳淬火，硬度达到 58~62HRC；有些小型零件，如键、套筒、支承钉等的材料可用 T10、T12，热处理淬火后硬度为 50~60HRC。主要元件各表面之间以及槽孔之间的垂直度与平行度均要求小于 0.01mm/100mm。孔系蔡司系统的各类元件，特别是基础件，一般都无特殊的精度及耐磨性要求，也大大降低了对材料的要求，而是靠组装时进行仔细调整，因此蔡司系统元件的材料用一般淬火钢即可。

图 6.6-3 所示为组合夹具应用示例。图 6.6-3a 是由槽系元件所组装成；图 6.6-3b 是由孔系蔡司系统所组装成。图 6.6-3a 所示是已拼装成的同时钻双孔用钻模，其中 1 是二侧槽方形基础板，属基础件；2 是具有对称槽的方形支承，属支承件；3 属定位件；4 属导向件，由钻模板及钻套所组成；5 是圆形压板，属压紧件；6 是长方头螺栓及带肩六角螺母，属紧固件；7 是定位键，属其他件。

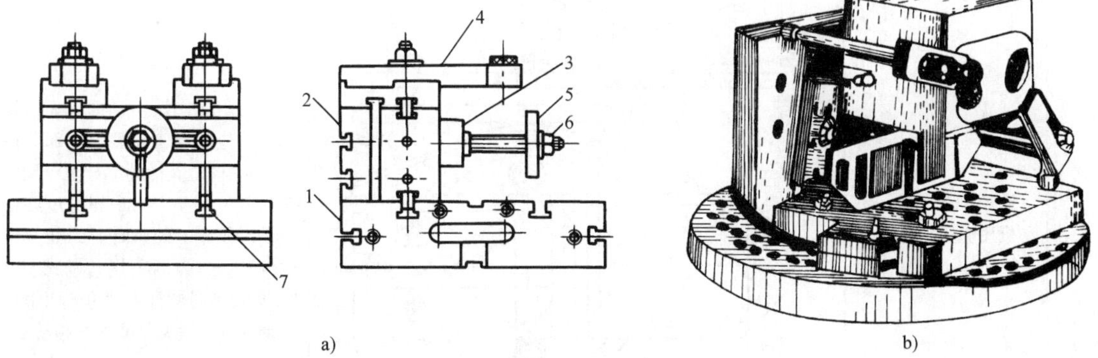

图 6.6-3　组合夹具应用示例

6.7　可调整夹具

通用可调夹具与成组加工夹具都是可调整夹具的特殊形式，是为适应多品种小批量生产特点的一类新式夹具。所有的各种可调整夹具都具有一个共同特点，即基本上是由通用基本部分和可调整部分联合组成的。每次使用时可根据工件的不同形状及加工要求，在通用基本部分的基础上对某些元件进行调换、调整或附加加工，以组成所需要的夹具，这样就可以多次使用。而只需更换可调整部分，这部分占整个夹具的制造劳动量和所需金属的比例都是很小的，从而比设计制造专用夹具可大大节省劳动量及成本。这类夹具的通用基本部分主要包括夹具体、传动装置、操纵机构等，可调整部分主要包括定位元件、夹紧元件、导向对刀元件等。

通用可调夹具与成组加工夹具的主要区别是：通用可调夹具应用范围较广，它的可调整部分是由可调整件所组成，调换可调整件以后即可用于加工不同的工件；成组加工夹具只能用于加工根据成组工艺要求，针对一组结构、形状等相类似的工件，它的可调整部分在许多情况下对同组的不同工件可不必调换，仅需调整距离或位置。

可调整夹具的通用基本部分，最常用的主要是各类卡盘、各种机用虎钳、滑柱钻模等。可调整部分也可以采用标准件或已制成的出售件。

表 6.7-1 所列是用机用虎钳作为通用基本部分，调换可调整部分以构成各种用途的通用可调夹具示例。

图 6.7-1 所示为以滑柱钻模为通用基本部分的通用可调夹具示例。可换垫板 1 及下端做成 V 形的压紧套 3 是用于钻、铰连杆小头孔的可调整件，分别装在钻模的本体及钻模板 4 上，工件以定位销 2 和槽 *C* 得到初步定位。摇动手柄使钻模板下降，即可通过压紧套 3 使工件获得最后定心并夹紧。

图 6.7-2 所示为成组加工夹具示例。它用于加工盘、盘类工件圆周上的等分孔。钻模板 7 可以沿工件的径向及高度方向调整距离，从而可用于加工不同高度及直径的工件。松开螺钉 2 即可调节钻模板 7 的高度到所需位置，然后拧紧螺钉 2，挤压钢球 5，通过两个滑销，即可使钻模板 7 连同托块 1 紧固在两个滑柱 9 上。当需要调整钻模板的径向位置时，可松开螺钉 3，即可根据待加工工件孔中心位置，将钻模板 7 调至所需位置，然后拧紧螺钉 3 推动推杆 4，通过滑键 6 使钻模板 7 固定。自定心卡盘部分可以连同工件进行分度，分度时先将手柄 10 沿逆时针方向旋转，凸块 14 即将定位销 8 顶出定位槽，而手柄 10 上的棘爪 11 已处于另一个棘轮槽处（如图示位置）。然后将手柄沿顺时针方向旋转，于是棘爪 11 推动棘轮 13、工作台、工件等一起回转，当分度盘 12 的定位槽转至定位销处时，弹簧即使定位销 8 自动插入定位槽而定位。

表 6.7-1　以机用虎钳为通用基本部分的通用可调夹具示例

序号	所属部分	结构简图	概要说明
1	通用基本部分：手动机用虎钳	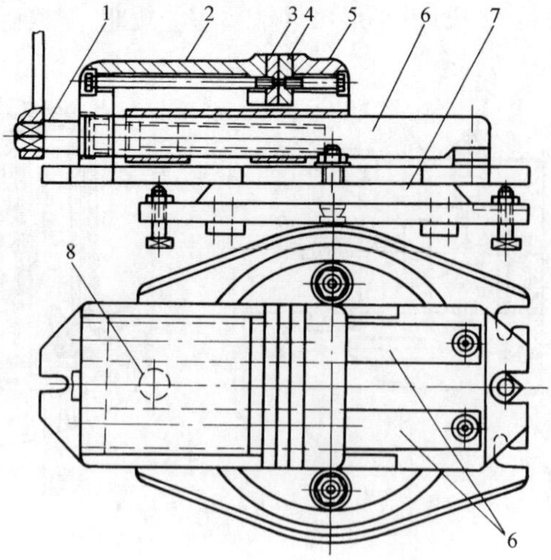 1—螺杆　2—固定部分　3、4—钳口 5—活动部分　6—圆柱形导轨 7—分度底座　8—圆柱形螺母	由固定部分 2、活动部分 5 以及两个圆柱形导轨 6 等主要部分所组成，在固定及活动部分上分别安装钳口 3、4；整个台虎钳分度底座 7 可以固定在水平面上的任一角度位置。当操纵手柄转动螺杆 1 时，即可通过圆柱形螺母 8 而带动活动部分 5 做夹紧或松开移动

（续）

序号	所属部分	结构简图	概要说明
2	可调整部分：可换钳口	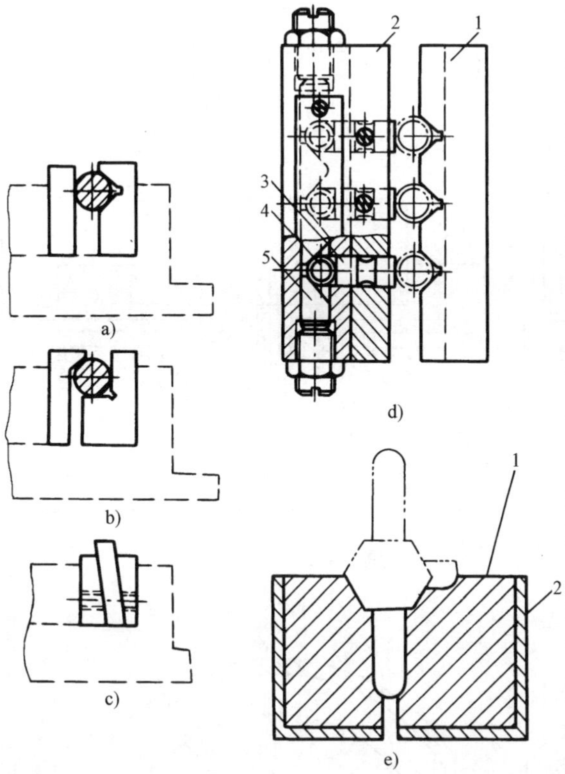	图 a 所示是用 V 形块及平板作为可换钳口加工小圆柱形工件的例子 图 b 是夹紧小圆柱形工件的，使其同时受到向下的夹紧力所用的可换钳口 图 c 是夹紧较小工件时，使其得到一定的倾斜角度所用的可换钳口 图 d 所示是同时夹紧三个工件所用的可换钳口，图中 1 是固定钳口，2 是活动钳口，滑柱 3、小圆柱体 4 及斜面滑柱 5 是作为自动调整保证三个工件同时夹紧用的 图 e 是用塑料制成的活动钳口。塑料中可加入金属或其他添加剂，用以提高塑料的抗磨损性能。添加剂与塑料 1 在冷却状态下混合在一起，然后加热倾注到可换钳口壳体 2 中，铸成与工件外形相吻合的钳口形状

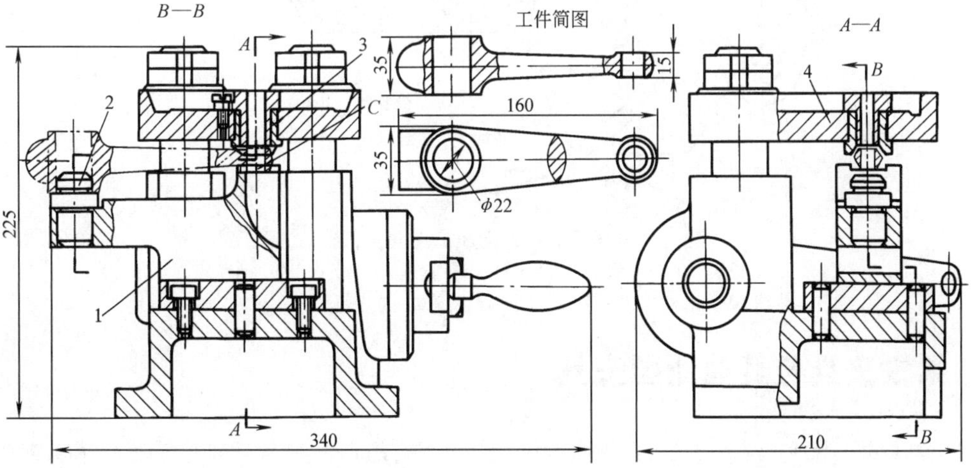

图 6.7-1　以滑柱钻模为通用基本部分的通用可调夹具示例
1—可换垫板　2—定位销　3—压紧套　4—钻模板

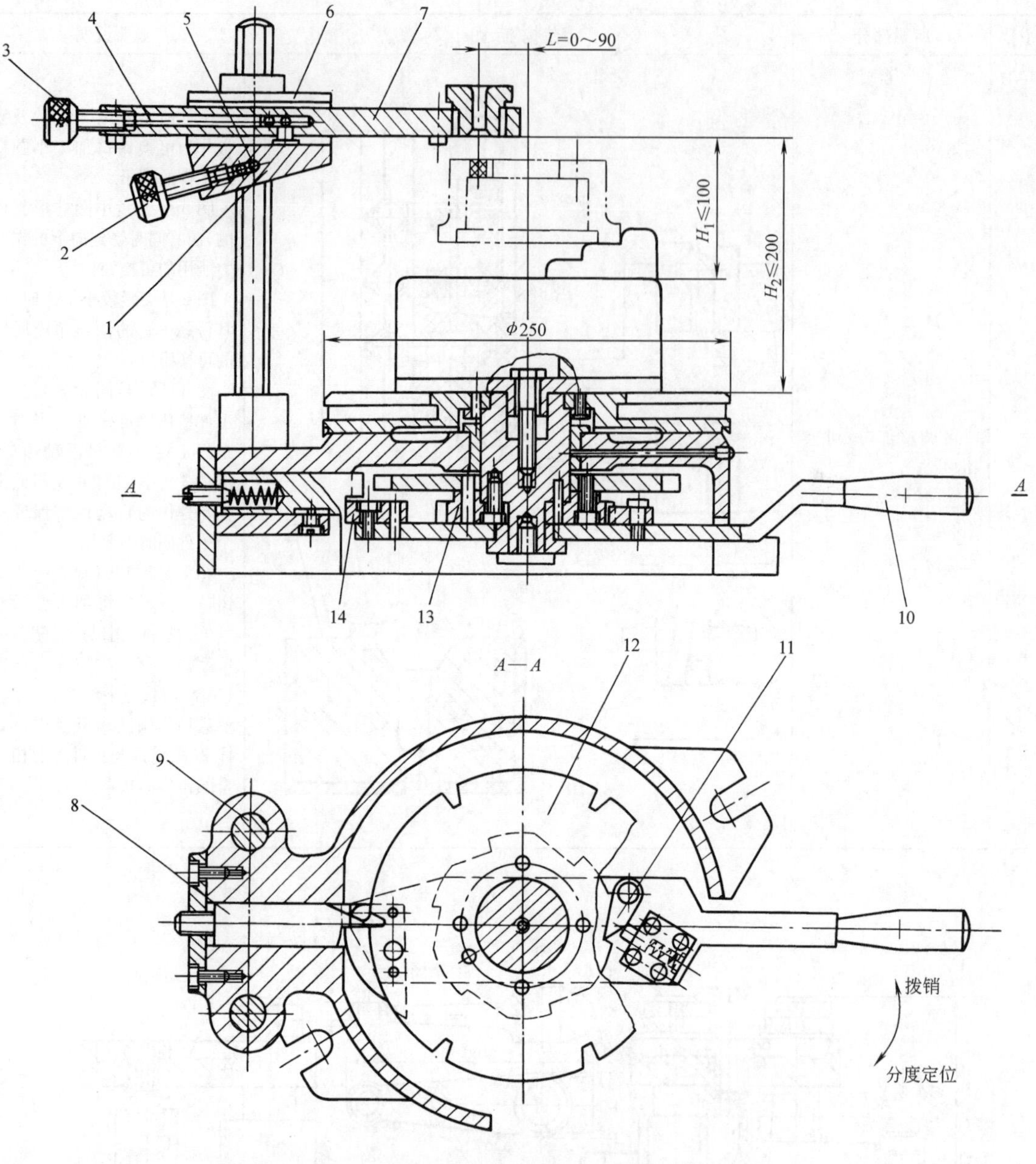

图 6.7-2　成组加工夹具示例

1—托块　2、3—螺钉　4—推杆　5—钢球　6—滑键　7—钻模板
8—定位销　9—滑柱　10—手柄　11—棘爪　12—分度盘　13—棘轮　14—凸块

6.8　柔性夹具与其他新型夹具

柔性夹具是由一套预先制造好的各种不同形状、不同尺寸规格、不同功能的系列化、标准化元件、合件组装而成的。柔性夹具元件、合件具有较好的互换性和较高的精度及耐磨性。

柔性夹具元件分三个系列：槽系列夹具元件、孔系列夹具元件、光面系列夹具元件。槽系列夹具元件分中型元件和大型元件两种，其使用特点是组装灵活多变，使用可靠。孔系列夹具元件也分中型元件和大型元件两种，其使用的突出特点是定位可靠、组装简单，在国内外应用较为普遍。光面系列夹具元件主要是基础元件，该系列夹具元件的突出特点是灵活性更高，投资小且见效快，这种夹具元件在美国、西欧应用则较为普遍。

6.8.1　柔性夹具的应用

图 6.8-1 所示是槽系长方形基础板在机床拖板上的应用实例。在长方形基础板上，用几个支承件和连接板、螺栓、螺母就组装成了一套用于卧式加工中心机床的夹具，该夹具结构简单。图 6.8-2 所示是用于数控机床的一套气动夹具，零件被倒挂压紧在转接板上进行加工。

图 6.8-1　槽系长方形基础板

6.8.2　柔性夹具的发展趋势

柔性夹具是近年来发展起来的一种新型夹具，其进一步发展的趋势主要包括以下几个方面：

1）夹具元件的多功能模块化。

图 6.8-2　用于数控机床上的气动夹具

2）柔性夹具具有高强度、高刚度与高精度等特点。

3）柔性夹具易于实现专用夹具、组合夹具与成组夹具的一体化。

4）柔性夹具的工件夹紧的快速化与自动化。

6.8.3　其他新型夹具

近年来，随着科学技术的不断发展以及零件加工复杂程度与自动化程度的提高，出现了一些新型夹具，如磁流体夹具、加工中心用夹具、多面体加工夹具等。为了进一步简化夹具的设计过程，并使其规范化、标准化，采用计算机辅助过程设计可对其进行三维设计、三维造型，可对夹具的运动、干涉、夹紧变形进行计算机仿真模拟与计算，并采用模块化设计理念，使夹具的设计与制造得到了更快的发展，有关这些方面内容，可参阅相关参考手册与国内外期刊。

参考文献

[1] 刘文剑，等. 夹具工程师手册［M］. 哈尔滨：黑龙江科学技术出版社，1992.

[2] 陶济贤，谢明才. 机床夹具设计［M］. 北京：机械工业出版社，1987.

[3] 叶伟昌. 机械工程及自动化简明设计手册［M］. 2 版. 北京：机械工业出版社，2008.

[4] 陈宏钧. 实用机械加工工艺手册［M］. 4 版. 北京：机械工业出版社，2016.

[5] 孙本绪，熊万武. 机械加工余量手册［M］. 北京：国防工业出版社，1999.

[6] 徐鸿本. 机床夹具设计手册［M］. 沈阳：辽宁科学技术出版社，2004.

[7] 方和平. 柔性夹具的发展与应用［J］. 现代制造工程，2002（1）：55-57.

[8] RONG Y M，ZHU Y. Computer-aided Fixture Design［M］. New York：Marcel Dekker，1999.

[9] KANG Y，RONG Y M，YANG J. Computer-aided Fixture Design Verification［J］. Assembly Automation，2002，22（4）：350-359.

[10] 徐利云，范徐笑，刘智斌. 现代计算机辅助夹具设计［M］. 北京：北京理工大学出版社，2018.

[11] AN Z，HUANG S，RONG Y M，et al. Development of Automated Dedicated Fixture Configuration Design Systems with Predefined Fixture Component Types：Part 1　Basic Design［J］. International Journal of Advanced Manufacturing Technology，1999，15：99-105.

[12] BI Z M，ZHANG W J. Flexible Fixture Design and Automation：Review，Issues and Future Directions［J］. International Journal of Production Research，2010，39（13）：2867-2894.

[13] 陈树峰，刘浩. 液性塑料夹具中的薄壁套筒精确设计与分析［J］. 煤矿机械，2003（9）：11-13.

[14] 李文玉. 液性塑料夹具中的薄壁套筒的力学分析［J］. 现代制造技术与装备，2010（4）：54-55.

第7章

机械装配工艺

主　编　王宛山（东北大学）

参　编　李兴山（沈阳理工大学）

巩亚东（东北大学）

于天彪（东北大学）

朱立达（东北大学）

史家顺（东北大学）

杨耀勇（机械工业第九设计研究院股份有限公司）

王　巍（沈阳航空航天大学）

黎柏春（中国民航大学）

孔祥志（沈阳机床（集团）有限责任公司）

7.1　机械装配工艺基础

任何机械都是由许多零件装配而成的。装配是机械制造中的最后一个阶段，它包括装配、调整、检验、试验等工作。机器的质量最终是通过装配保证的，装配质量在很大程度上决定了机械的最终质量，机械装配工艺是机械制造工艺中的重要组成部分。另外，通过机械的装配过程，可以发现机械设计和零件加工质量等所存在的问题，并加以改进，以保证机械的质量。

机械装配工艺是根据产品结构、制造精度、生产批量、生产条件和经济情况等因素，将这一过程具体化——制定机械装配工艺规程，机械装配工艺必须保证生产质量稳定、技术先进、经济合理。

7.1.1　机械装配概述

1. 机械装配的基本组成

任何机械都是由零件、套件、组件、部件等组成的。为保证有效地进行装配工作，通常将机械划分为若干能进行独立装配的部分，称为装配单元。

零件是组成机械的最小单元，它由整块金属或其他材料制成。零件一般都预先装成套件、组件、部件后才安装到机械上，直接装入机械的零件并不太多。

套件是在一个基准零件上，装上一个或若干个零件构成的。它是最小的装配单元。例如装配式齿轮（图 7.1-1），由于制造工艺的原因，分成两个零件，在基准零件 1 上套装齿轮 3 并用铆钉 2 固定。为此进行的装配工作称为套装。

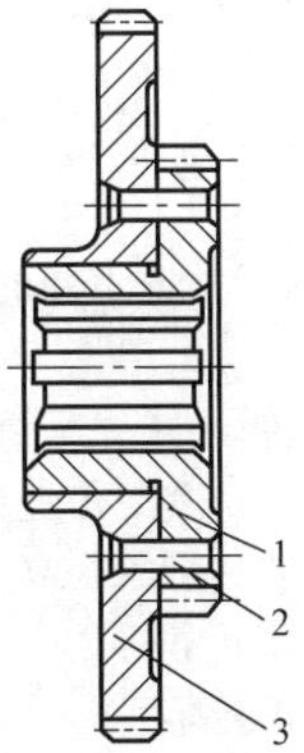

图 7.1-1　装配式齿轮（套件）
1—基准零件　2—铆钉　3—齿轮

组件是在一个基准零件上，装上若干套件及零件而构成的。例如机床主轴箱中的主轴，在基准轴件上装上齿轮、套、垫片、键及轴承的组合件称为组件。为此而进行的装配工作称为组装。

部件是在一个基准零件上，装上若干组件、套件和零件构成的。部件在机器中能完成一定的、完整的功用。把零件装配成部件的过程称为部装，如车床的主轴箱装配就是部装。主轴箱箱体为部装的基准零件。

在一个基准零件上，装上若干部件、组件、套件和零件就成为整台机器，把零件和部件装配成最终产品的过程称为总装。例如：卧式车床就是以床身为基准零件，由主轴箱、进给箱、溜板箱等部件及其他组件、套件、零件组成的。

2. 机械装配的生产类型和特点

在生产过程中，对于不同的产品，由于它们的特点、用途、使用材料、结构复杂程度与精密程度等的不同，制造企业存在着不同的生产类型。对于不同的生产类型，其生产的组织方式也是不同的。

（1）大批量生产

大批量生产的特点是生产的产品品种少，每一品种的产量大，生产稳定地不断重复地进行。一般这类产品在一定时期内具有相对稳定的大量的社会需求，如螺钉、螺母、轴承、家电产品、小轿车等。大批量生产由于产品品种少、产量大、重复性高和稳定性高，其装配方式多采用生产线或流水线，所使用的设备和工艺装备具有高效、专用、专业化程度高的特点。

（2）单件小批生产

单件小批生产的特点是产品对象基本上是一次性需求的专用产品，如重型机器、大型发电设备、远洋船舶等，一般不重复生产。而且，产品多是根据客户的要求专门设计的。因此，生产中品种繁多，生产对象不断在变化，生产设备和工艺装备必须采用通用性的，专业化程度也较低。对工人的技术水平要求较高，需要掌握多种操作技能，以适应产品多变的生产要求。

（3）多品种中小批量生产

多品种中小批量生产类型介于大批量生产和单件小批生产类型之间，它的特点是生产的产品品种较多，生产具有重复性，每个品种的产量不大，都不能维持常年连续生产，在生产中形成了多种产品轮番生产的局面。由于生产的品种多、生产的稳定性差，建立正规生产线和流水线的难度较大，无法采用高生产率的专用生产设备和工艺装备；专业化程度不高，生产率较低，但可以建立多品种的对象生产单元，使工件的生产过程基本上在生产单元内封闭地完成。

3. **装配的生产组织形式**

对应于不同的生产类型，装配工作具有不同的生产组织形式。根据产品的生产纲领，装配的不同生产组织形式分别介绍如下。

（1）按集中原则进行的固定式装配

它是单件小批生产的大型机电产品常用的生产方式，其特点是全部装配工作都由一组工人在固定的装配地完成（图 7.1-2），所有的零部件都根据装配需要不断从附近的贮存地或生产车间运来。这种装配方式连接种类多，对工人的技术要求高而全面，零件基本单件或少量生产，在装配过程中可能会出现修配的现象，装配周期也较长，劳动生产率较低，生产的组织管理相对简单，如重型机械中大型船用柴油机的装配。

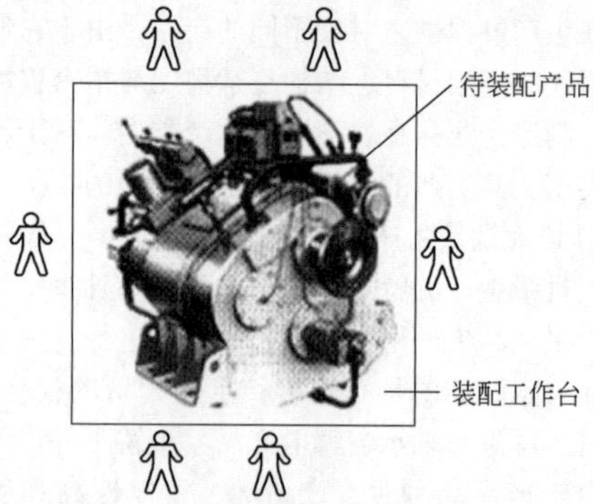

图 7.1-2　集中固定式装配示意图

（2）按分散原则进行的固定式装配

这种装配方式是把装配过程划分为几个部分，装配地点也同时分为相同的数量，若干组工人按各自的装配内容顺次由前一个装配点移动到下一个装配点，并重复规定的装配工作，产品在各装配点完成装配任务（图 7.1-3）。所需的零部件则源源不断地送至各个装配点。这种装配方式适用于以下几种情况：

1）多品种小批量的轮换生产，如机床的装配。

2）大而重、难以移动的产品装配。

3）制品刚度差，移动时易变形的产品。

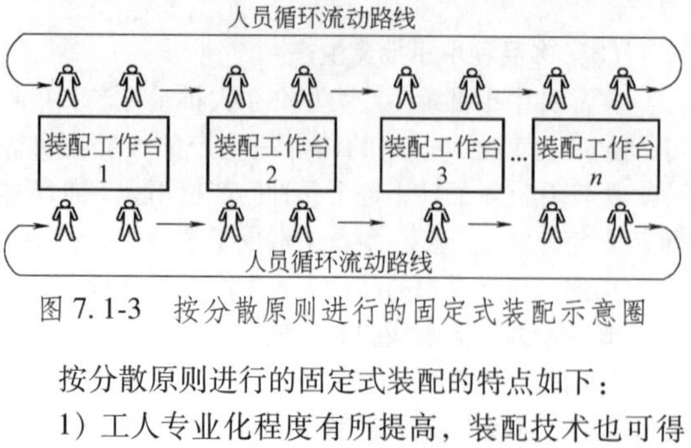

图 7.1-3　按分散原则进行的固定式装配示意圈

按分散原则进行的固定式装配的特点如下：

1）工人专业化程度有所提高，装配技术也可得到提高。

2）工艺文件编制比较复杂，各组工人之间的工作量要安排合适并尽可能均衡，以减少互相等候怠工。

3）装配工具的专用性提高。

4）工人走的路较多，每个（组）工人要配备工具小车或便携式工具盒以适应移动作业。

5）劳动生产率比集中固定式稍高。

（3）自由移动式装配

移动式装配是指制品在装配过程中由一个位置移动到下一个位置，根据装配顺序和内容，不断地将所装的零部件运送到相应的装配位置，装配工人在各自固定的工作位置重复进行相同的装配作业，如小批量生产汽车，它可分为自由移动式装配和强制移动式装配。自由移动式装配一般是将在制品置于专门设计的带轮支架上，推动小车移动。还有一种形式是将每个在制品置于各装配点的固定支架上，利用天车调运将在制品移位（图 7.1-4）。

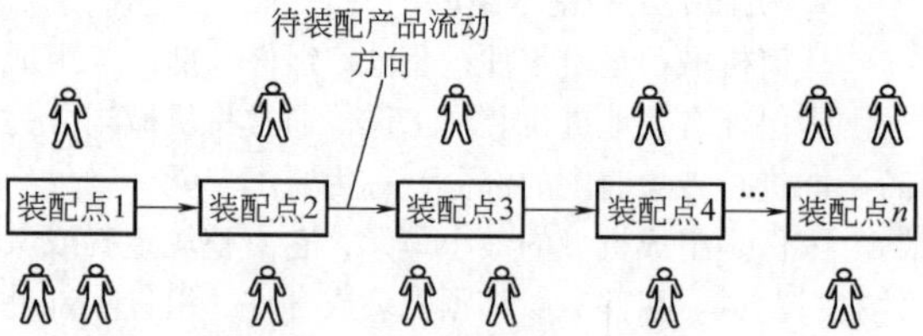

图 7.1-4　移动式装配示意图

自由移动式装配的特点如下：

1）生产节拍较长且不十分严格，各装配点之间相互制约较少，不一定同步移动，具有一定的自由度。

2）各个装配位置的装配工人是固定的，且各自完成固定的装配任务。因此，需对每个工人制定详细的作业内容，并力求相互之间工作量和工作时间一致。

3）各装配点附近根据不同的装配内容摆放不同的零部件。

4）此种生产组织形式优于流水线生产，因而在工艺文件的编制要求及装配作业的机具、技术水平、专业化程度等都有进一步的提高，生产现场的组织、管理更加严密，要求更高。

（4）强制移动式装配

在产品大批量生产时，装配方式一般采用强制移动式装配，也称为“自动流水线装配”，如图 7.1-5 所示。它是在自由移动式装配的基础上增加了装配点，在制品由天车、手推带轮支架等不同步的移动，由称为“总装配线”的设备实现强制同步移动。它是当今大批量生产汽车广泛采用的装配方式。

图 7.1-5　强制移动式装配示意图

强制移动式装配的特点如下：

1）生产率高。

2）生产节奏性强，工人作业分工细，专业化程度高。

3）生产组织和管理更加复杂严密，更具科学化、现代化，有利于企业信息化的发展和生产率的提高。

常用装配方法和组织形式以及使用效果，见表 7.1-1。

表 7.1-1　常用装配方法和组织形式以及使用效果

机械化程度	生产规模	装配方法和组织形式	使用效果	备注
手工	单件大产品或特殊订货产品	一般都用手工和普通工具操作，仅从经济上考虑，一般不采用特种夹具和装备，依靠操作者的技术素质来保证装配质量	生产率低，必须密切注意经常检测、调整，才能保持质量稳定	对装配工人技术水平要求较高
夹具或工作台位	成批生产（仪器以至飞机）	各工位备有装配夹具、模具和各种工具，以完成规定的工作。可分部件装配和总装配，或采用不分工的装配方式。也可组成装配对象固定而操作者移动的流水线	能适当提高生产率，能满足质量要求，需用设备不多	工作台位之间一般不用机械化输送
人工流水线	小批或成批轻型产品	每个操作者只完成一定的工作，装配对象用人工依次移动（可带随行夹具），装备按装配工作顺序布置	生产率较高，操作者的熟练程度可稍低，装备费用较低	工艺相似的多品种可变流水线，可采用自由节拍移动或工位间具有灵活的传送，即柔性装配传送线
机械化传送线	成批或大批生产	通常按产品专用，有周期性间歇移动和连续移动两类传送线	生产率高，节奏性强，待装零部件不能脱节，装备费用较贵	
半自动、自动装配线（机）	大批大量生产	半自动装配上下料用手工。全自动装配包括上下料为自动。装配线（机）均需要专门设计制造	生产率高，质量稳定，产品变动灵活性差，对零件及装备维修要求都高，装备费用昂贵	全部装配过程可在单独或几个连接起来的装配线（机）上完成

7.1.2　零部件装配结构工艺性

1. 普通装配的结构工艺性

机械零部件装配的结构工艺性和零部件结构的机械加工工艺性一样，对机械的整个生产过程有较大的影响，也是评价机械设计的指标之一。装配过程的难易、装配周期的长短、耗费劳动量的大小、成本的高低，以及机械使用质量的优劣等，在很大程度上取决于它本身的装配结构工艺性。

机械零部件的装配结构工艺性的要求，主要在机械装配过程中，使相互连接的零部件不用或少用修配和机械加工，就能按要求顺利地、用比较少的劳动量装配起来并达到设计规定的装配精度。

根据机械的装配实践和装配工艺的需要，对机械结构的装配工艺性提出下述基本要求。

（1）机械结构应能分成独立的装配单元

为了最大限度地缩短机械的装配周期，有必要把机器分成若干独立的装配单元，以便能够使许多装配工作同时进行，它是评定机械结构装配工艺性的重要标志之一。

所谓划分成独立的装配单元，就是要求机械结构能划分成独立的组件、部件等。首先按组件或部件分别进行装配，然后再进行总装配。将机械划分成独立装配单元，对装配过程有如下好处：

1）便于部件规格化、系列化和标准化，并可减少劳动量，提高装配生产率和降低成本。

2）可由各专业工厂分别生产独立单元，各单元装配互不妨碍，然后再集中进行装配，便于组织多厂协作生产、组织平行的装配作业，能缩短总机装配周期。

3）各独立装配单元可预先进行调整试验和试车，各部件以较完善的状态进入总装，这样既可保证总机的装配质量，又可减少总装配的工作量。

4）机械的局部结构改进后，整个机器只是局部变动，使机械改装起来方便，有利于产品的改进和更新换代。

5）有利于机械的维护检修，给重型机器的包装、运输带来很大方便。

图7.1-6a所示为转塔车床改进前的结构，快速行程轴的一端装在箱体5内，轴上装有一对圆锥滚子轴承和一个齿轮，轴的另一端装在拖板的操纵箱1内，这种结构装配起来很不方便。为此，将快速行程轴分拆成两个零件，如图7.1-6b所示。箱体、操纵箱便成为两个独立的装配单元，分别平行装配。

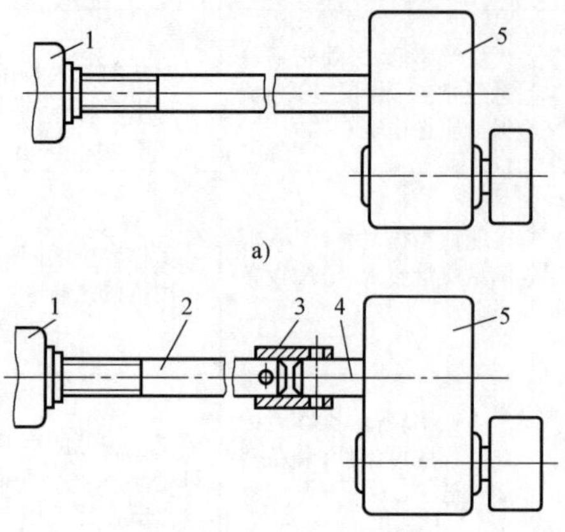

图7.1-6　转塔车床的两种结构比较

a）改进前的结构　b）改进后的结构

1—操纵箱　2—光轴　3—联轴器　4—阶梯轴　5—箱体

（2）减少装配时的修配和机械加工

多数机械在装配过程中，难免要对某些零部件进行修配。这些工作多数由手工操作，不仅对技术水平要求高，而且难以事先确定工作量。因此，对装配过程有较大的影响。在机械结构设计时，应尽量减少装配时的修配工作量。为了在装配时尽量减少修配工作量，首先要尽量减少不必要的配合面。

图7.1-7a所示为车床溜板与床身导轨改进前的结构，其间的间隙是靠修配法来保证的。图7.1-7b所示结构是以调整法来代替修配法，以保证溜板压板与床身导轨间具有合理的间隙。

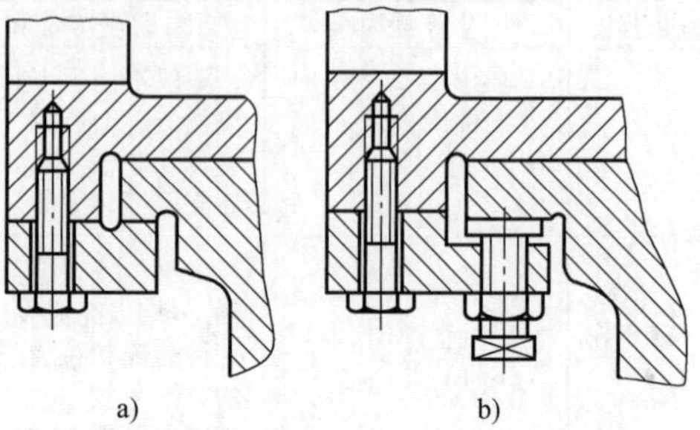

图7.1-7　车床溜板与床身导轨的两种结构

a）改进前的结构　b）改进后的结构

（3）机械结构应便于装配和拆卸

机械的结构设计应使装配工作简单、方便。如图7.1-8a所示，扳手空间过小，造成扳手放不进去。如图7.1-8b左图所示，其旋转范围过小，螺栓拧紧困难；而图7.1-8b右图所示结构则比较合理。如图7.1-8c所示，由于螺栓长度L_0大于箱体凹入部分的高度L，致使螺栓无法装入螺孔中。若螺栓长度过短，则螺栓拧入深度不够，连接不牢固。

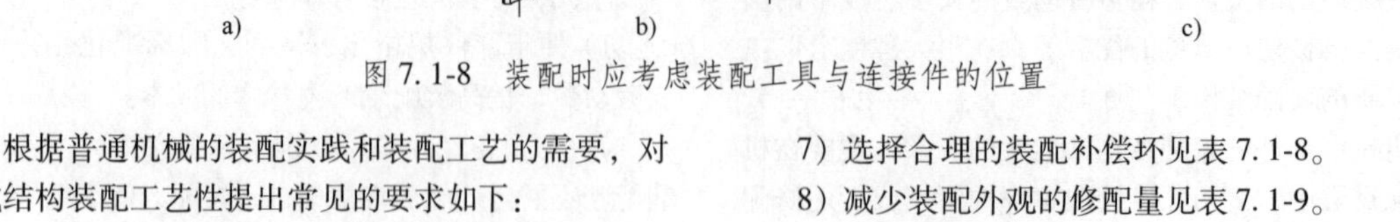

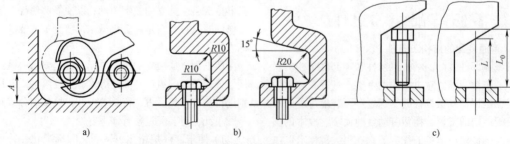

图7.1-8　装配时应考虑装配工具与连接件的位置

根据普通机械的装配实践和装配工艺的需要，对机械结构装配工艺性提出常见的要求如下：

1）机械结构应能分成独立的装配单元见表7.1-2。

2）机械应具有合适的装配基面见表7.1-3。

3）考虑机械装配过程的合理性见表7.1-4。

4）考虑机械装配的方便性见表7.1-5。

5）考虑机械拆卸的方便性见表7.1-6。

6）考虑机械装配工作量最小见表7.1-7。

7）选择合理的装配补偿环见表7.1-8。

8）减少装配外观的修配量见表7.1-9。

2. 自动装配的结构工艺性

机械在自动装配条件下，对零部件结构工艺性有一些特殊的要求。

（1）便于自动装料

自动装料包括零件的上料、定向、运输、分离等过程的自动化，为使零件有利于自动供料，零件的结

表 7. 1-2　机械结构应能分成独立的装配单元

序号	注意事项	图例		说明
		改进前	改进后	
1	尽可能组成单独的箱体或部件	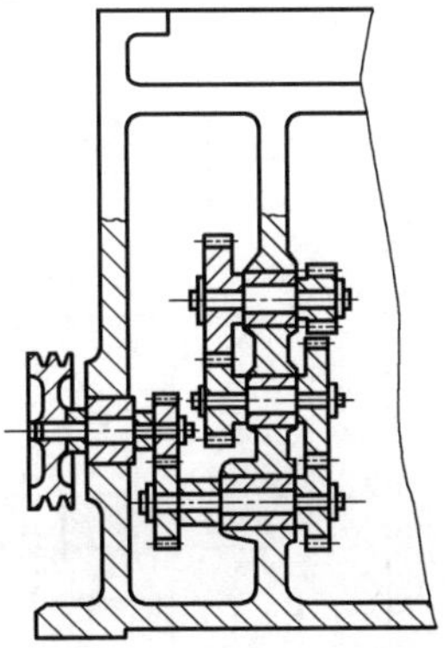	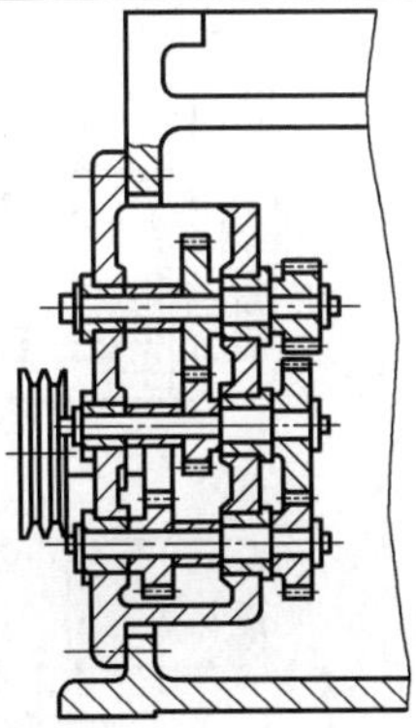	将传动齿轮组成单独的齿轮箱，以便分别装配，提高工效，便于维修
2	将部件分成若干装配单元，以便组装	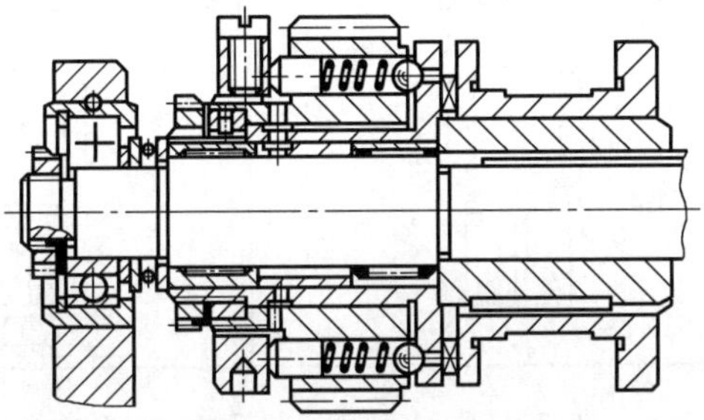		如图所示，轴上的安全离合器等件可以分别单独装配，然后组装
3	同一轴上的零件，尽可能考虑能从箱体一端成套装卸	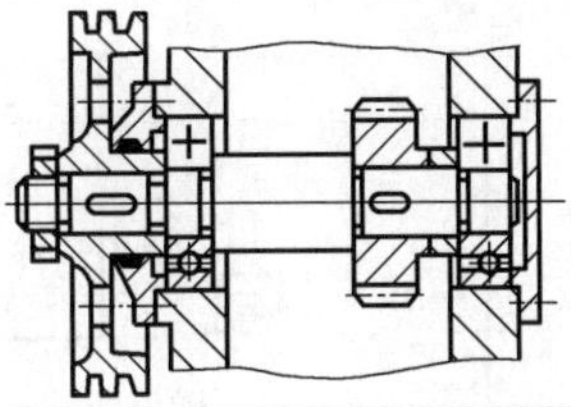	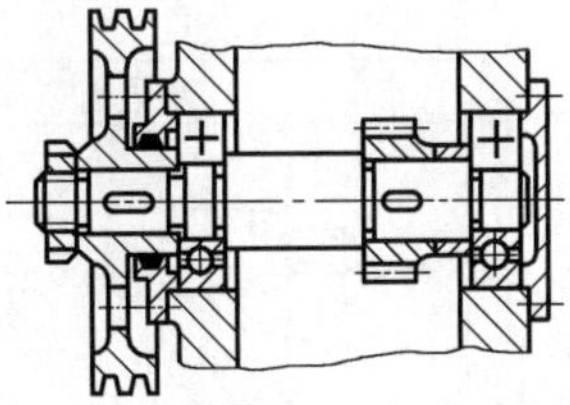	改进前，轴上齿轮大于轴承孔，需在箱内装配；改进后，轴上零件可在组装后一次装入箱体内

表 7. 1-3　机械应具有合适的装配基面

序号	注意事项	图例		说明
		改进前	改进后	
1	零件装配位置不应是游动的，而应有定位基面	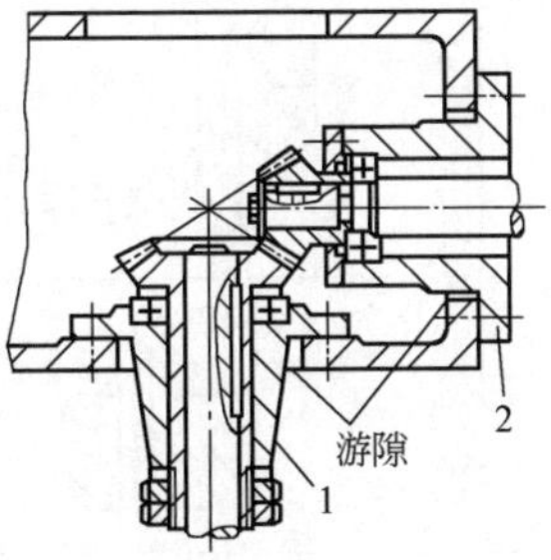 1、2—支架	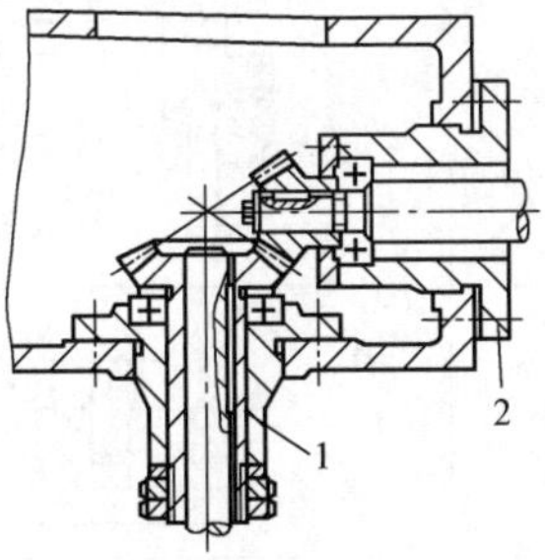 1、2—支架	改进前，支架 1 和 2 都是套在无定位面的箱体孔内，调整装配锥齿轮，需用专用夹具；改进后，做出支架定位基面，可使装配调整简化
2	避免用螺纹定位	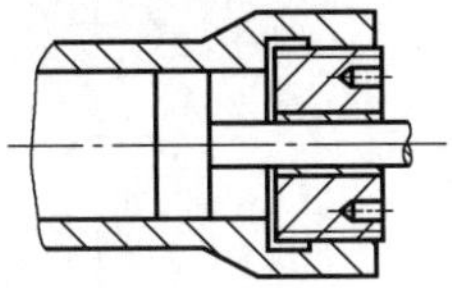	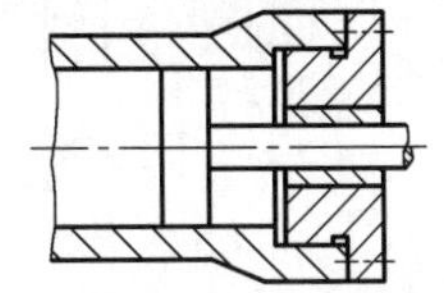	改进前，由于有螺纹间隙，不能保证端盖孔与液压缸的同轴度；改进后用圆柱配合面定位

（续）

序号	注意事项	图例 改进前	图例 改进后	说明
3	互相有定位要求的零件，应按同一基准来定位	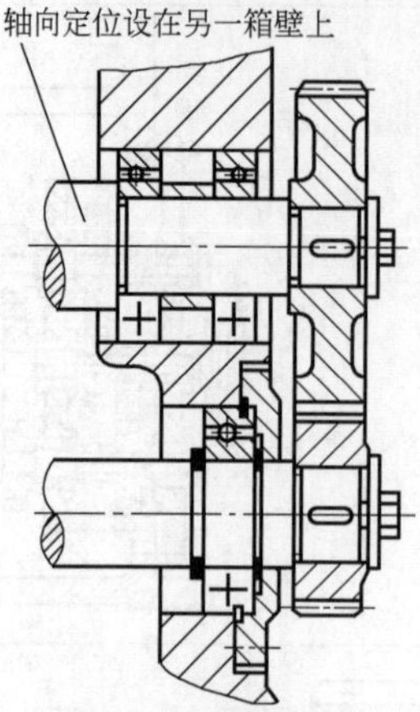	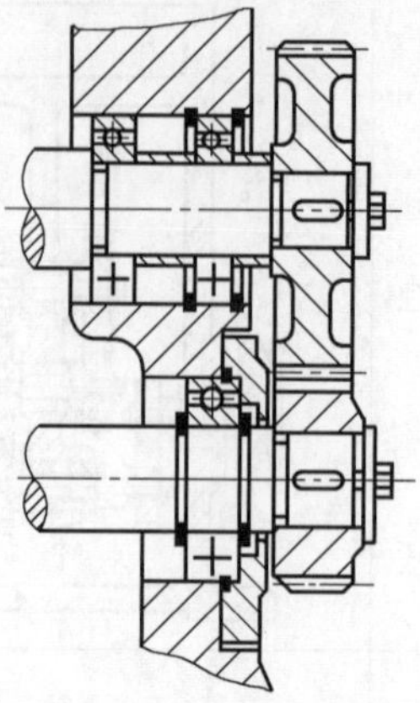	改进前，交换齿轮两根轴不在同一箱体壁上做轴向定位，当孔和轴加工误差较大时，齿轮装配相对偏差加大；改进后，在同一壁上做轴向固定
4	挠性连接的部件，可以用不加工面做基面	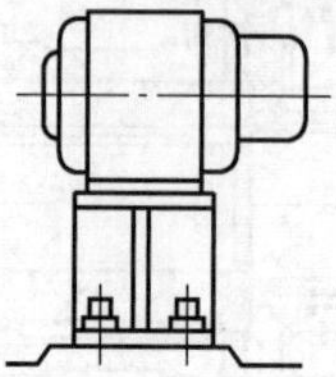	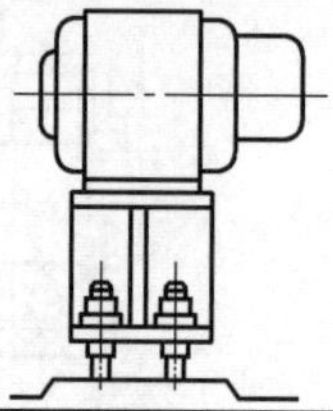	电动机和液压泵组装件，两端以电线和油管连接，无配合要求，可用不加工面定位

表 7.1-4　考虑机械装配过程的合理性

序号	注意事项	图例 改进前	图例 改进后	说明
1	轴和轴毂的配合在锥形轴头上必须留有一充分伸出部分 a，不许在锥形部分之外加轴肩	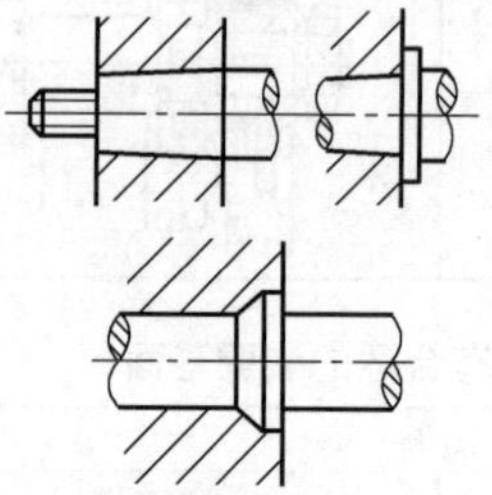	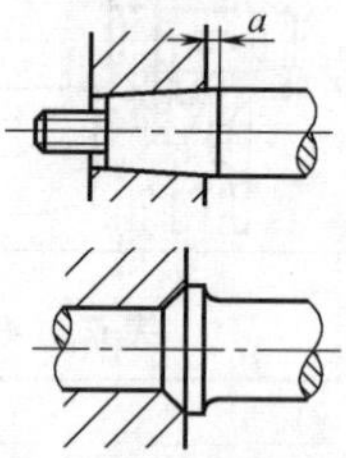	使轴和轴毂能保证紧密配合
2	圆形的铸件加工面必须与不加工处留有充分的间隙 a	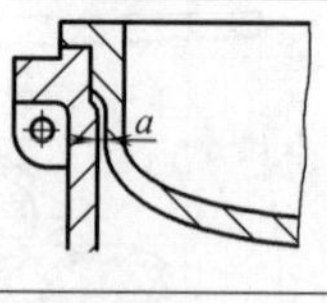	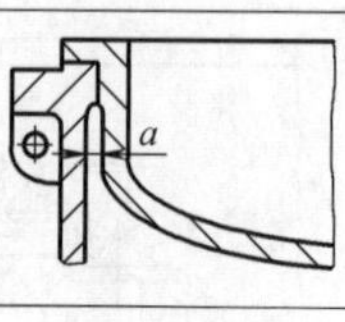	防止铸件圆度有误差，两件相互干涉
3	定位销的孔应尽可能钻通	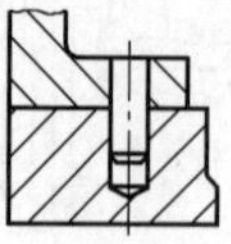	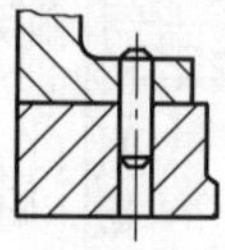	销子容易取出
4	螺纹端部应倒角	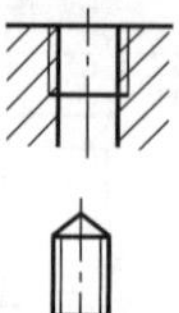	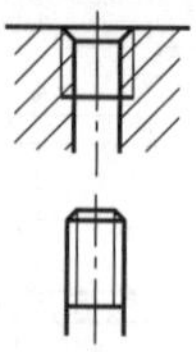	避免装配时将螺纹端部损坏

表 7.1-5　考虑机械装配的方便性

序号	注意事项	图例：改进前	图例：改进后	说明
1	考虑装配时能方便地找正和定位	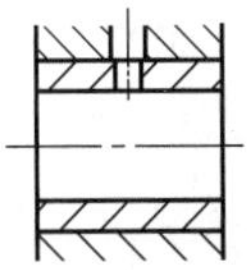	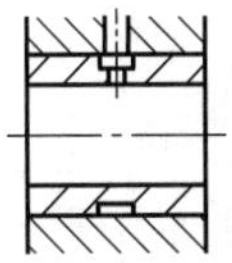	为便于装配时找正油孔，做出环形槽
		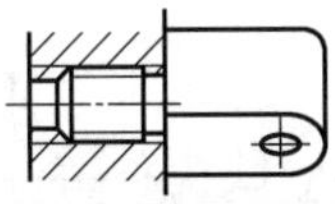	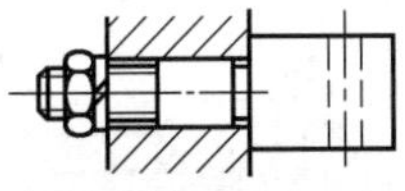	有方向性的零件应采用适应方向要求的结构，改进后的图例可调整孔的位置
2	轴上几个有配合的台阶表面，避免同时入孔装配	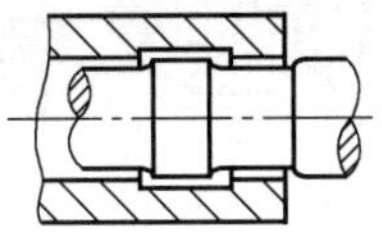	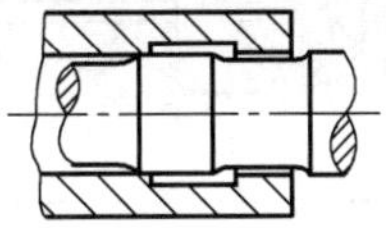	轴上几个台阶同时装配，找正不方便，且易损坏配合面。右图可改善工艺性
3	轴与套相配部分较长时，应做退刀槽	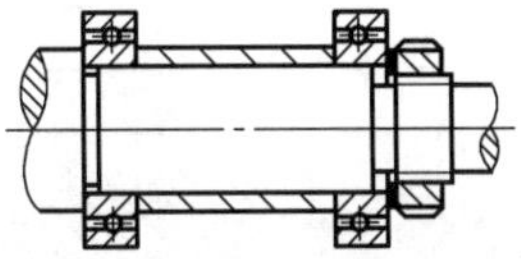	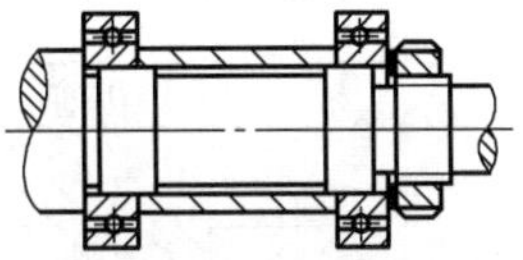	避免装配接触面过长
4	尽可能把紧固件布置在易于装拆的部位	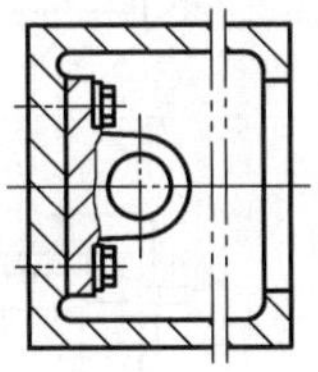	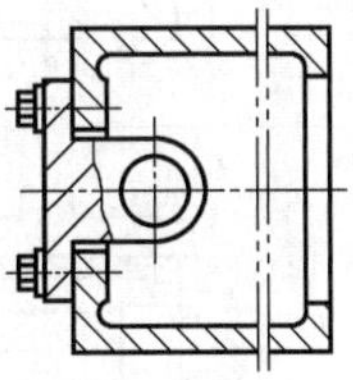	改进前，轴承架需专用工具装拆；改进后，则比较简便
5	应考虑电气、润滑、冷却等部分安装、布线和接管的要求			在床身、立柱、箱体、罩、盖等设计中，应综合考虑电气、润滑、冷却及其他附属装置的布线要求，例如做出凸台、孔、龛及在铸件中敷设钢管等

表 7.1-6　考虑机械拆卸的方便性

序号	注意事项	图例：改进前	图例：改进后	说明
1	在轴、法兰、压盖、堵头及其他零件的端面，应有必要的工艺螺孔	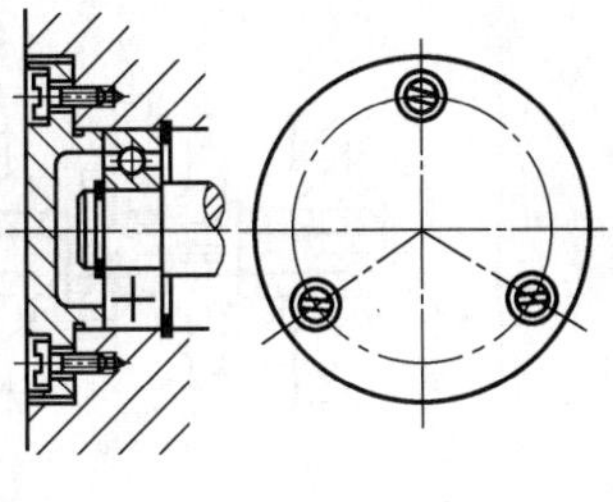	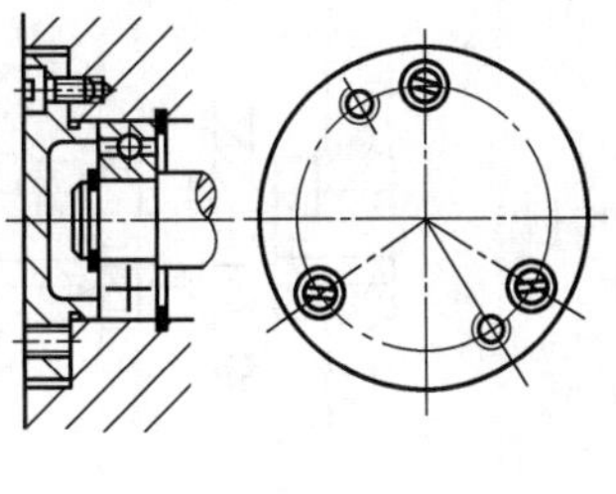	避免使用非正常拆卸方法，因其易损坏零件

（续）

序号	注意事项	图例		说明
		改进前	改进后	
2	做出适当的拆卸窗口、孔槽	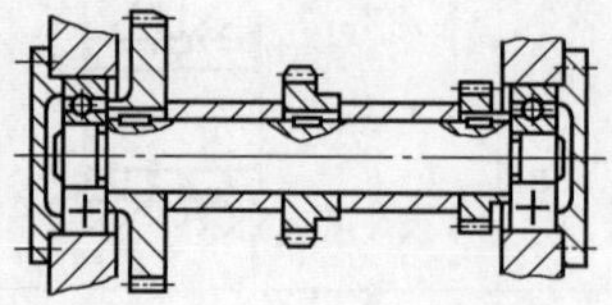	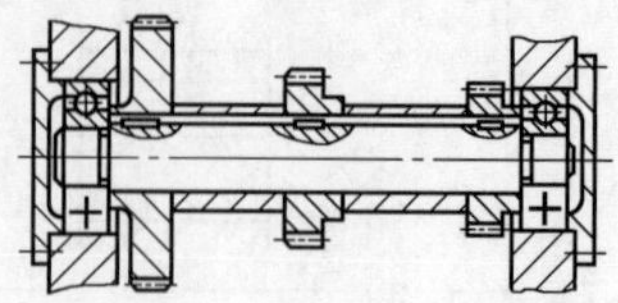	在隔套上做出键槽，便于安装，拆卸时不需将键拆下
3	当调整维修个别零件时，避免拆卸全部零件	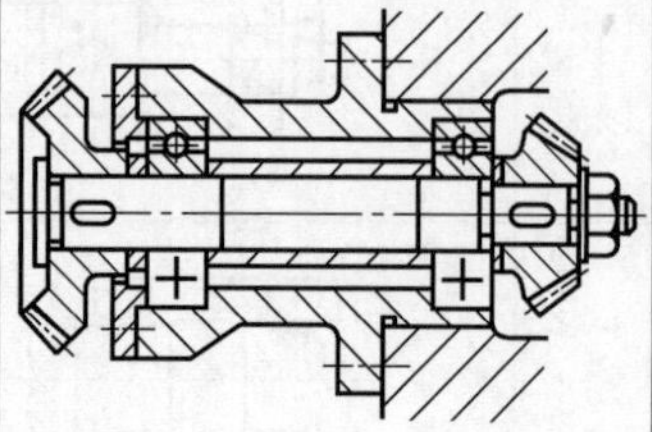	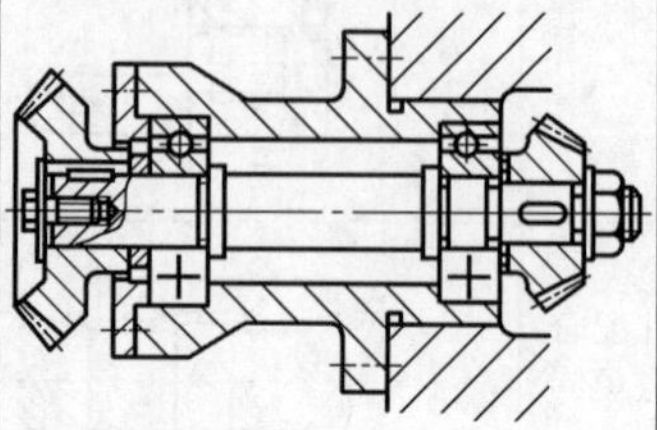	改进前，在拆卸左边调整垫圈时，几乎需拆下轴上全部零件；改进后，则更方便

表 7.1-7　考虑机械装配工作量最小

序号	注意事项	图例		说明
		改进前	改进后	
1	尽量减少不必要的配合面	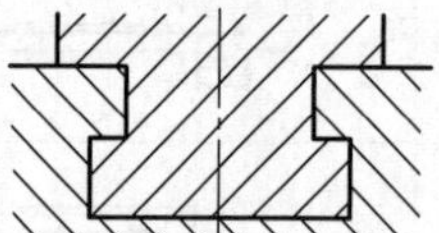		配合面过多，零件尺寸公差要求严格，不易制造，并增加装配时的修配工作量
2	应避免将配作的切屑带入难以清理的内部	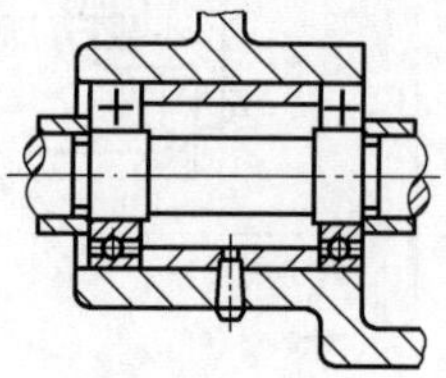	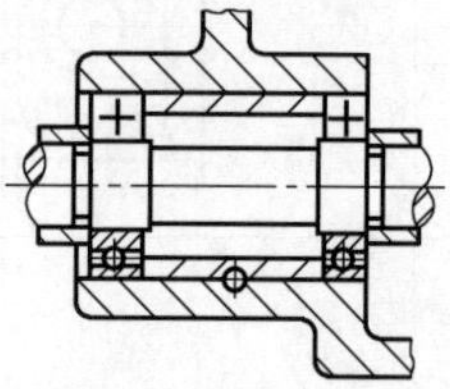	在便于钻孔部位，将径向销改为切向销，避免将切屑带入轴承内部
3	减少装配时的刮研和手工修配工作量	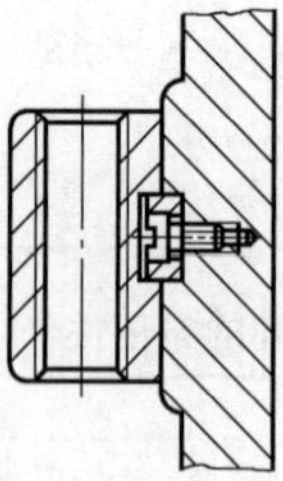	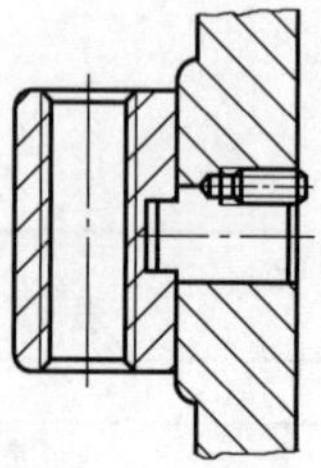	用键定位的丝杠螺母，为保证螺母轴线与刀架导轨的平行度，通常要进行修配；如用两侧削平的圆柱销来代替键，就可转动圆柱销来对导轨调整定位，最后固定圆柱销，不用修配
4	减少装配时的机加工配作	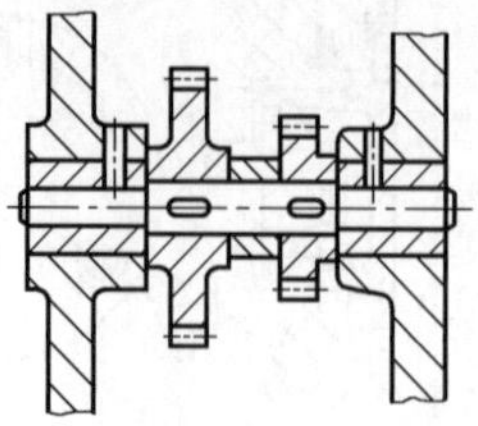	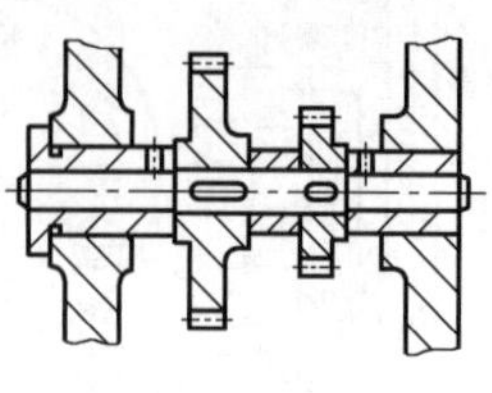	将箱体上配钻的油孔，改在轴套上，预先钻出

（续）

序号	注意事项	图例 改进前	图例 改进后	说明
4	减少装配时的机加工配作	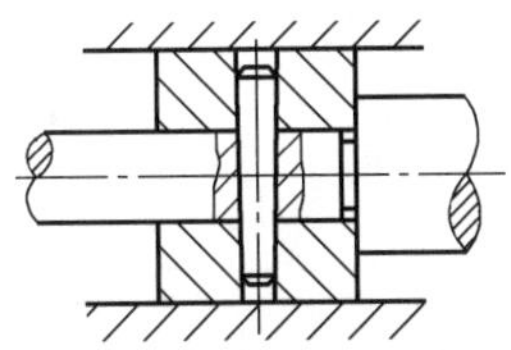	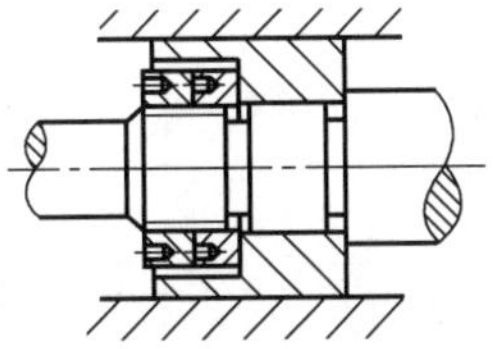	将活塞上配钻销孔的销钉连接改为螺纹连接

表 7.1-8　选择合理的装配补偿环

序号	注意事项	图例 改进前	图例 改进后	说明
1	在零件的相对位置需要调整的部位，应设置调整补偿环，以补偿尺寸链误差，简化装配工作	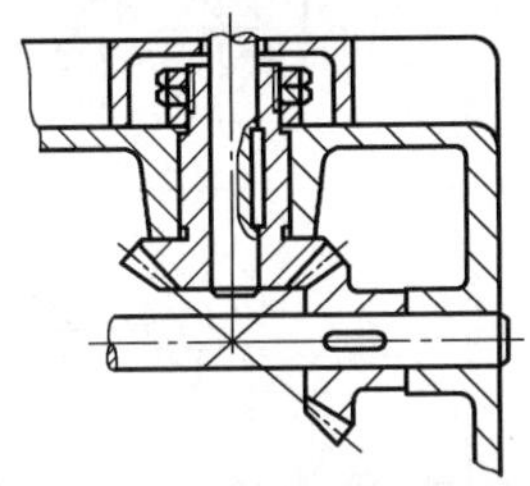	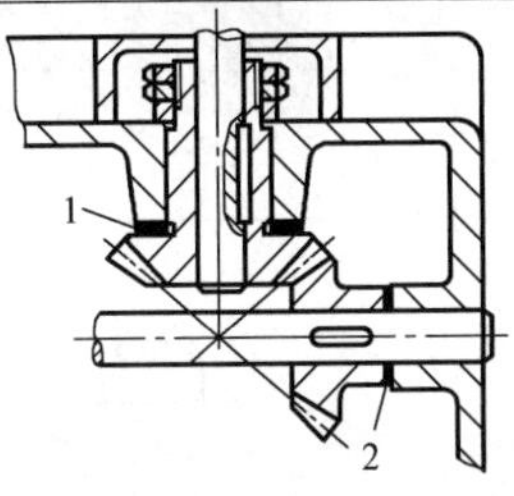 1、2—调整垫	改进前，锥齿轮的啮合要靠反复修配支承面来调整；改进后，则可靠修磨调整垫 1 和 2 的厚度来调整
		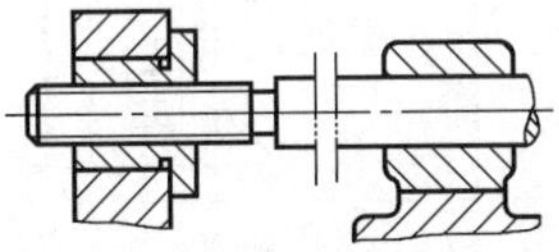	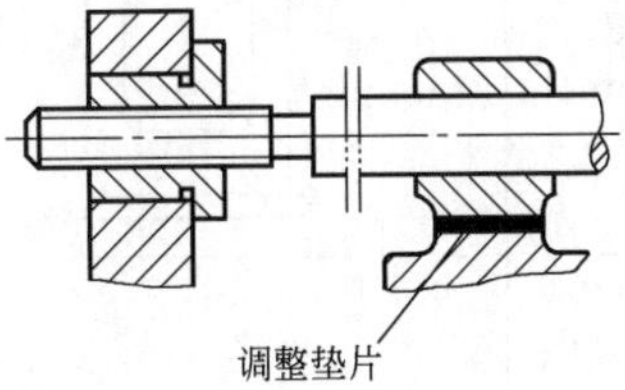	用调整垫片来调整丝杠支承与螺母的同轴度
2	调整补偿环应考虑测量方便	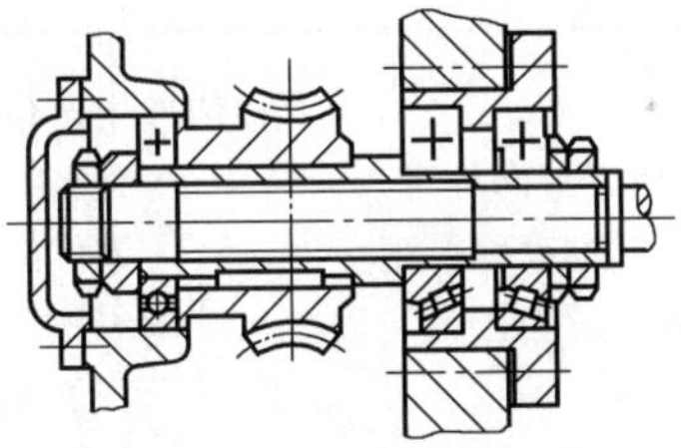		调整垫尽可能布置在易于拆卸的部位
3	调整补偿环应考虑调整方便	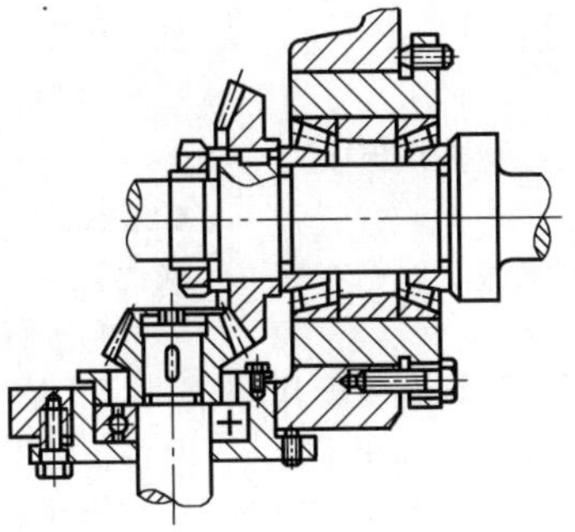		精度要求不太高的部位，采用调整螺钉代替调整垫，可省去修磨垫片，并避免孔的端面加工

表 7.1-9　减少装配外观的修配量

序号	注意事项	图例		说明
		改进前	改进后	
1	零件的轮廓表面，尽可能具有简单的外形和圆滑的过渡			床身、箱体、外罩、盖、小门等零件，尽可能具有简单外形，便于制造装配，并可使外形很好地吻合
2	部件接合处，可适当采用装饰性凸边	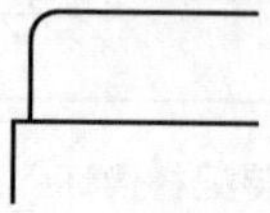	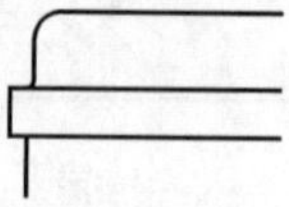	装饰性凸边可掩盖外形不吻合误差，减少加工和整修外形的工作量
3	铸件外形结合面的圆滑过渡处，应避免作为分型面	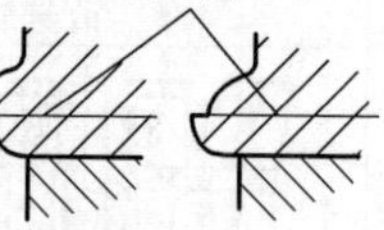	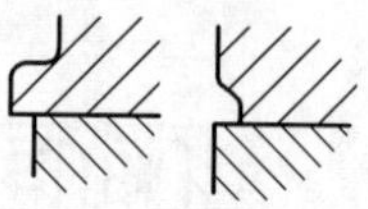	在圆滑过渡处做分型面，当砂箱偏移时，就需要修整外观
4	零件上的装饰性肋条应避免直接对缝连接	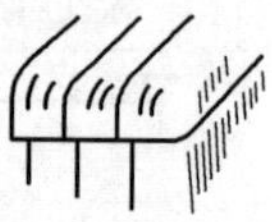	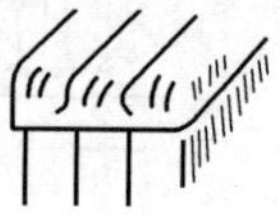	装饰性肋条直接对缝很难对准，反而影响外观整齐
5	不允许一个罩（或盖）同时与两个箱体或部件相连	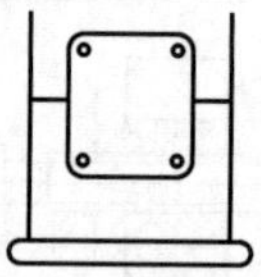	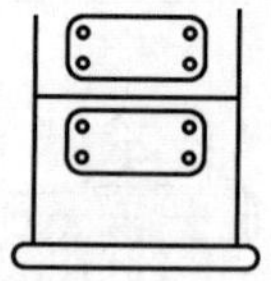	同时与两件相连时，需要加工两个平面，装配时也不易找正对准，外观不整齐
6	在冲压的罩、盖、门上适当布置凸条			在冲压的零件上适当布置凸条，可增加零件刚性，并具有较好的外观

构工艺性应该符合以下要求：

1）零件的几何形状力求对称，便于定向处理。

2）如果零件由于本身结构要求不能对称，则应该使其不对称程度按其物理和几何特征适当扩大，以便于自动定向。

3）将零件的一端做成圆弧面，以易于导向。

4）某些零件自动供料时，必须防止镶嵌在一起，对于具有通槽的零件，宜将槽的位置错开；对于具有相同内外锥度表面的零件，应使内外锥度不等，防止套入卡住。

5）装配零件的结构型式应便于在运输槽中输送。

（2）有利于零件自动传递

装配基础件和辅助基础件的自动传递，是指在装配工位之间传递。其具有如下要求：

1）为使零件易于自动传递，零件除具有装配基准面以外，还需要考虑必须有装夹的基面，以便于传递装置装夹或支承。

2）零部件的结构应带有加工的表面和孔，便于传递中定位。

3）零件外形应尽量简单，规格尺寸小、重量轻。

零件结构应该避免相互纠缠，见表 7.1-10；零件结构应该避免在运输过程中相互错位，见表 7.1-11。

（3）有利于零件自动装配作业

1）零件的尺寸公差及表面特征，应该保证按完全互换的方法进行装配。

2）装配零件数尽可能少，用现代制造技术，可加工更复杂的零件，从而可以减少零件数量，同时尽量减少紧固件的数量。

3）尽量采用适于自动装配的连接方式，如应减少螺纹连接，而采用粘接、过盈连接、焊接等连接方式代替。

4）零件材料若为易碎材料，宜采用塑料材料代替。

5）最大限度地采用标准件，以减少机械加工，且便于装配。

零件结构易于定位，见表 7.1-12；零件结构易于简化装配线上的设备，见表 7.1-13。

表 7.1-10　零件结构应该避免相互纠缠

序号	注意事项	图例		说明
		改进前	改进后	
1	薄壁有通槽的零件容易缠结	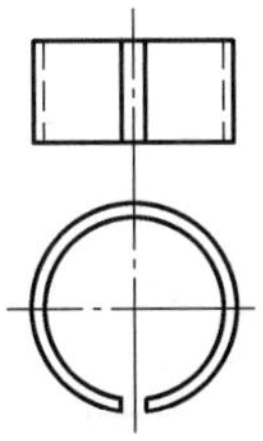	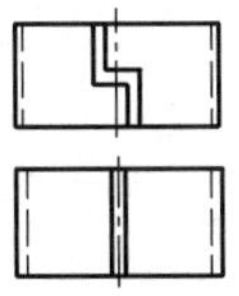	零件具有通槽时，为避免工件相互套住，可将槽位置错开，或使槽宽度小于工件壁厚
2	零件具有相同的内外锥度表面时，容易互相“卡死”	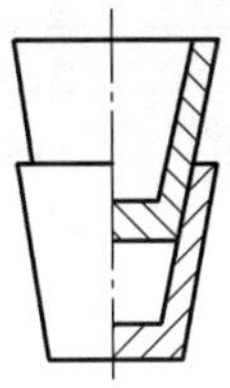	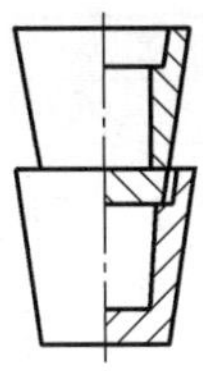	可使内外锥度不等
3	零件的凸出部分易于进入另外同类零件的孔中，造成装配困难	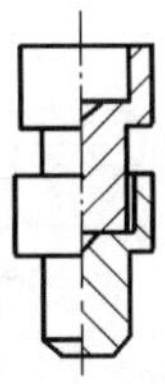	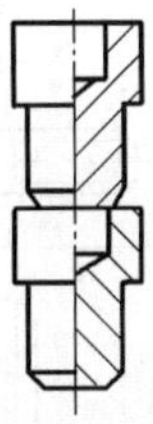	宜使凸出部分直径大于孔径

表 7.1-11　零件结构应该避免在运输过程中相互错位

序号	注意事项	图例		说明
		改进前	改进后	
1	薄壁平构件的结构要满足输送要求，构件应能互相接触而不阻碍移送	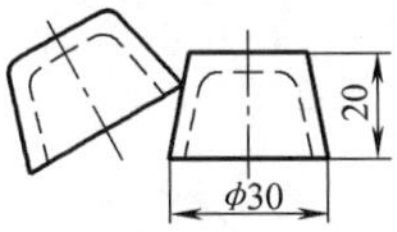	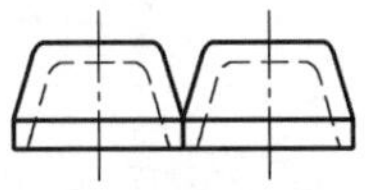	改进前，锥部极易相互重叠而发生堵塞；改进后把构件下部设计成圆柱形，可以防止构件重叠及堵塞
2	平薄小、不规则等构件，必须以固定位置输送给下道工序	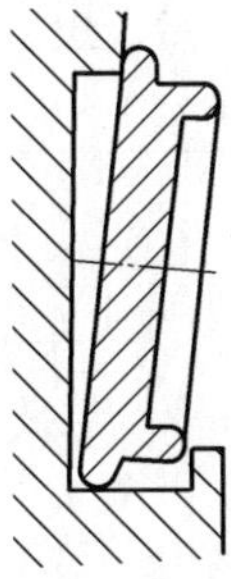	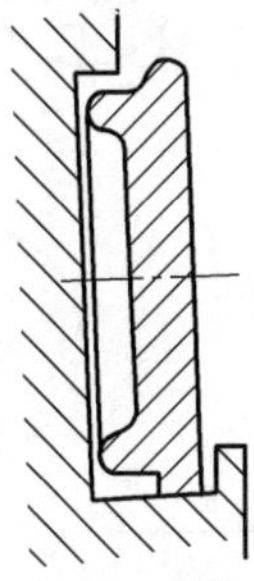	改进前，输送位置不正确；改进后，构件处于正确输送位置
3	零件形状应便于装卸运输	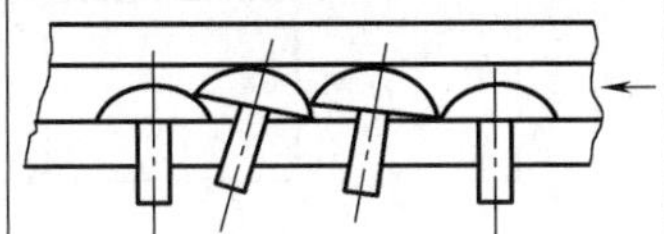	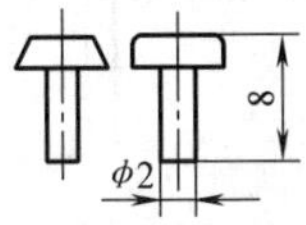	圆柱头铆钉比圆头铆钉易于拆卸、装配

（续）

序号	注意事项	图例 改进前	图例 改进后	说明
4	为了避免零件在运输过程中相互错位	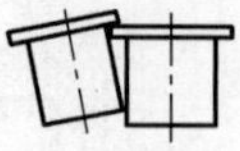 a)  c)	 b)  d) 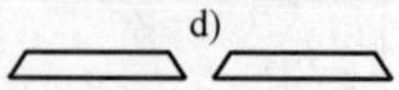 e)	将零件接触面积加大（图 b、d），或者增大接触处的角度（图 e）

表 7.1-12 零件结构易于定位

序号	注意事项	图例 改进前	图例 改进后	说明
1	零件形状尽可能设计成对称的	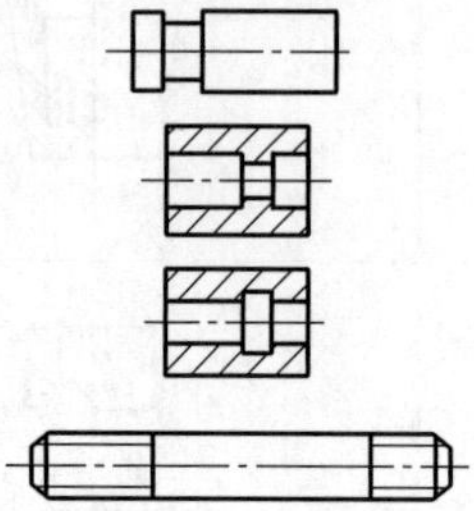	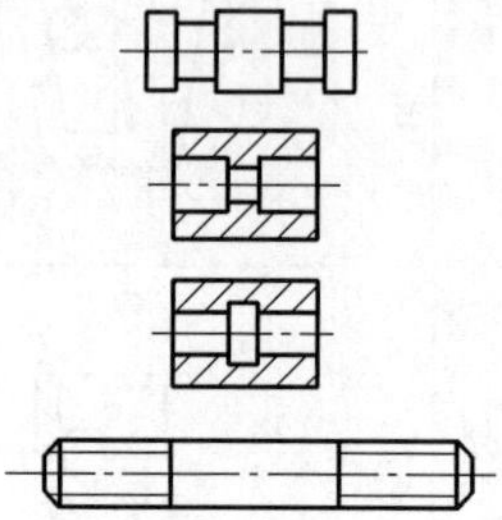	改为对称，便于确定正确位置，避免错装
2	为保证装配正确，宜在零件上做出记号	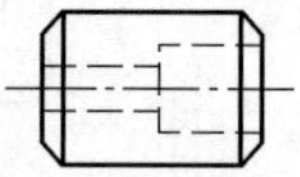	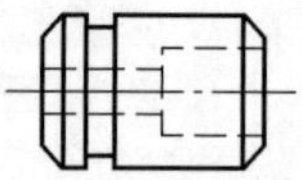	孔径不同，宜在相对于小孔径处切槽或倒角，以便识别
3	为保证自动装配，有时需增加加工面	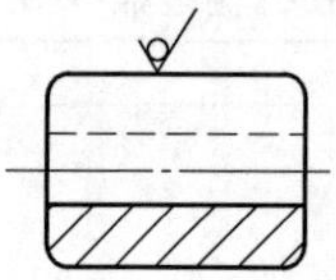	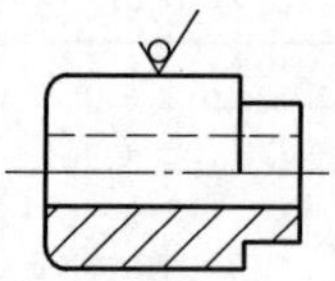	自由装配时，宜将夹紧处车削为圆柱面，使其与内孔同轴
4	为保证孔的位置，可在零件上加工一小平面	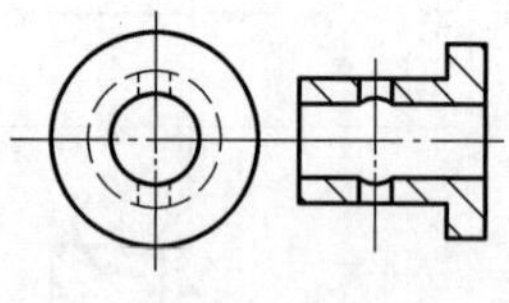	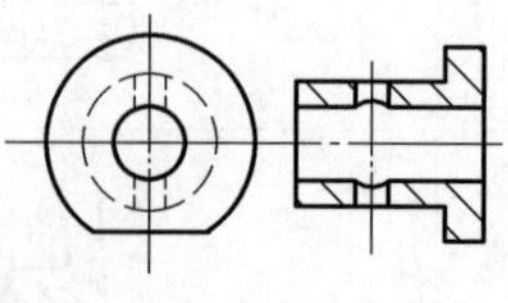	孔的方向要求一定，若不影响零件性能，可铣一小平面，其位置与孔成一定关系，平面较孔易于定位
5	为保证垫片上偏心位置，可加工一小平面	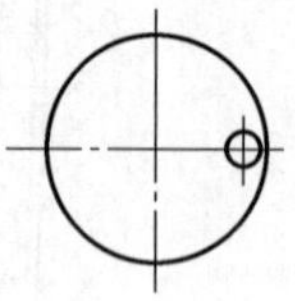	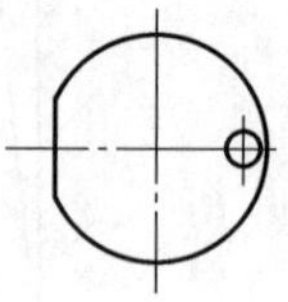	为保证偏心孔正确位置，可再加一小平面
6	为便于输送，可把零件底部设计成弧面	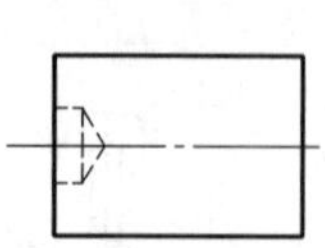	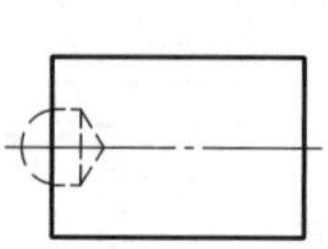	工件底端为弧面时，便于导向，有利于自动装配的输送

表 7.1-13　零件结构易于简化装配线上的设备

序号	注意事项	图例		说明
		改进前	改进后	
1	有可能做成一体的两个零件，应尽可能做成一体	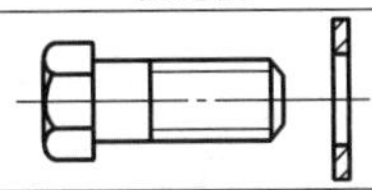	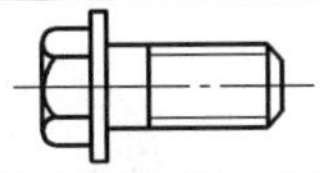	螺钉与垫圈一体时，可节省送料机构
2	定位面要便于安装和调整	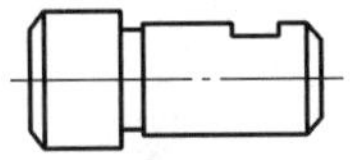	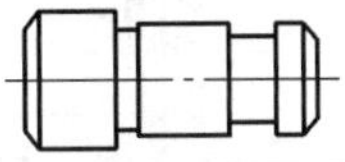	改为环形槽，装配时省去按径向调整机构
3	改变互相配合零件的表面，可简化装配	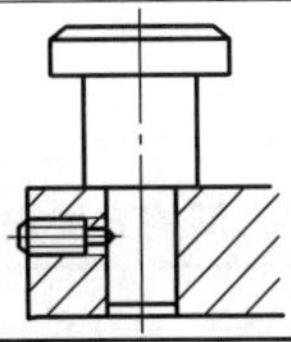	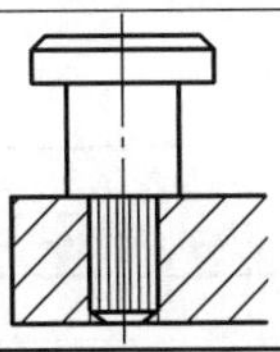	轴一端滚花，与其配合件为过盈配合效果好

3. 装配吊装的结构工艺性

设计中型以上零部件时，从零件的结构工艺性上，必须考虑装配过程中机械吊装的问题：

1）采用吊环螺钉和预先铸造出的工艺搭子起吊，如图 7.1-9 所示。

2）采用预先铸造出的孔洞起吊，如图 7.1-10 所示。

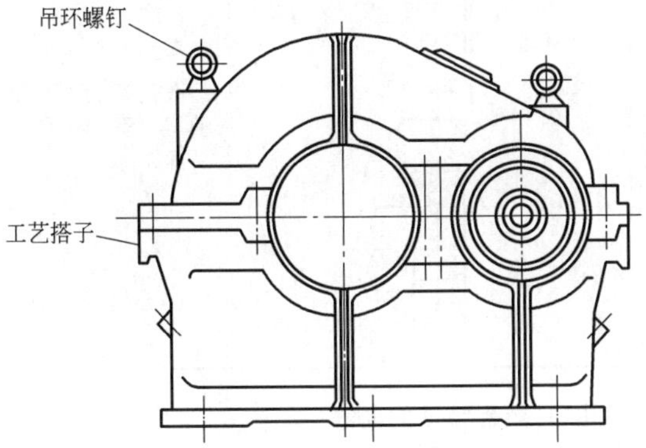

图 7.1-9　采用吊环螺钉及工艺搭子起吊

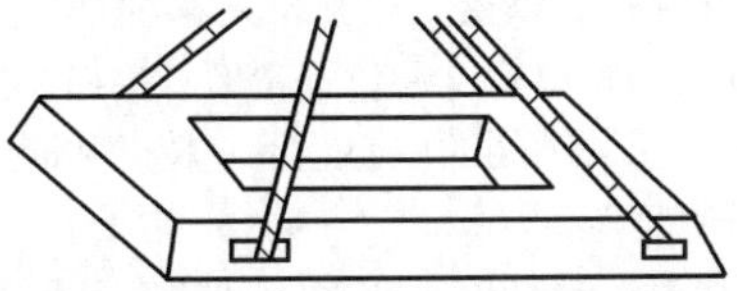

图 7.1-10　采用预先铸造出的孔洞起吊

4. 装配修配和维修的结构工艺性

零部件的结构工艺性不仅应该考虑方便机械的装配过程，而且应该考虑机械在使用过程中，各个零部件可能出现的问题，以方便机械的修配和维修过程。机械上有的零部件，由于工作环境和条件的限制，其使用寿命仅为整个机械寿命的 15%～20%，甚至于更少。所以，在机械的使用过程中，这些易损零部件需要多次更换。因此，这些零部件应该具有良好的维修结构工艺性，以方便机械的维修，这样就可以延长机械的使用周期，降低设备的使用成本。

1）轴套、环和销等零件，应有自由的通道或具有其他结构措施，使其具有拆卸的可能性。

2）轴、法兰、压盖和其他零件，如果具有外露的螺孔或外螺纹，则可以利用带耳环的螺钉或螺母拆下这些零件。

3）滚动轴承与轴颈应严格按照所定的配合装配，在设计时，必须考虑在装入或拆卸轴承时，最好不使用锤子而靠压力进行装配，或者可以使用带螺纹的拆卸工具。

4）轴头设计装有带轮、大齿轮等零件时，应该设计成带有锥度的轴头，以便于拆卸。

5）在一根轴上的全部零件，最好能从轴的一端套入。

考虑零件修配和维修的可能性和方便性，见表 7.1-14。

保证维修零件拆卸的方便性，见表 7.1-15。

表 7.1-14　考虑零件修配和维修的可能性和方便性

序号	注意事项	图例		说明
		改进前	改进后	
1	大尺寸齿轮应考虑磨损修复的可能性	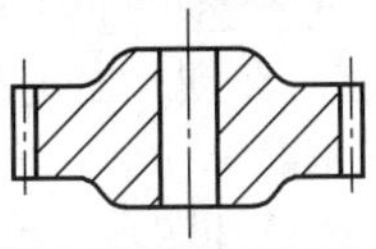	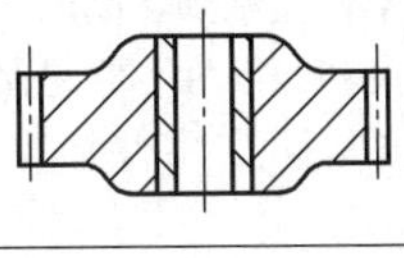	改进后，加套易于修复

（续）

序号	注意事项	图例		说明
		改进前	改进后	
2	设计时应考虑修配的方式	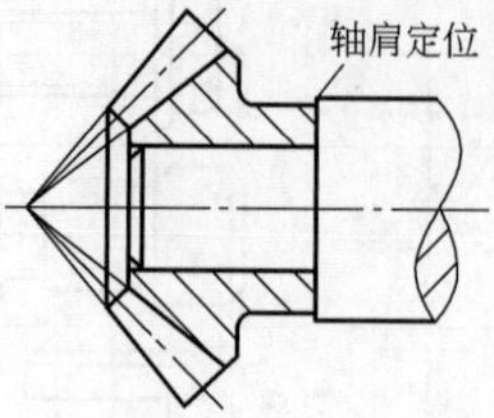	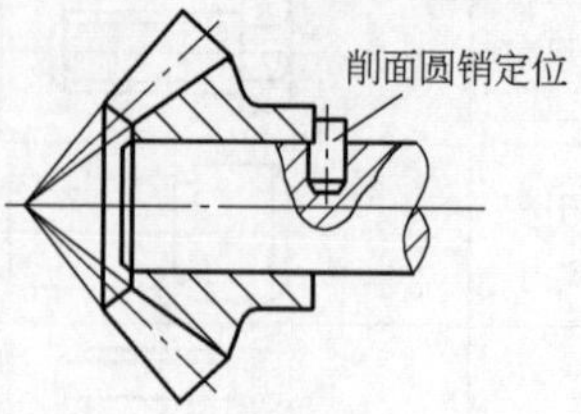	改进后，修刮圆销面积小，修配方便

表 7.1-15　保证维修零件拆卸的方便性

序号	注意事项	图例		说明
		改进前	改进后	
1	将销孔结构钻成通孔，便于拆卸	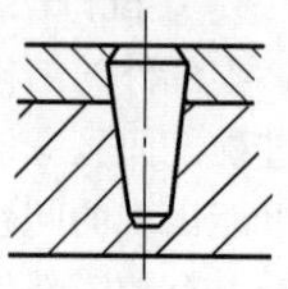	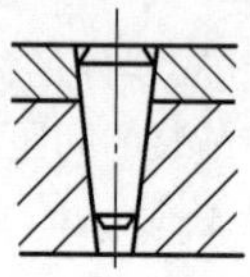	改进后，销子取出方便
2	轴肩及台肩应按规定尺寸设计	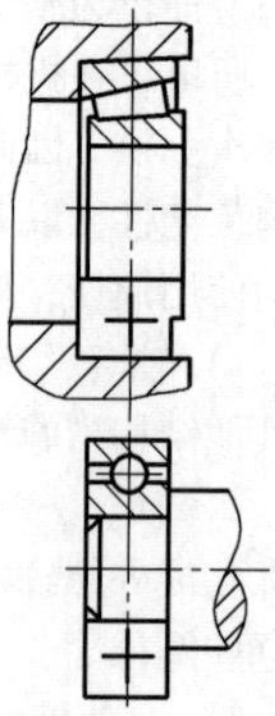	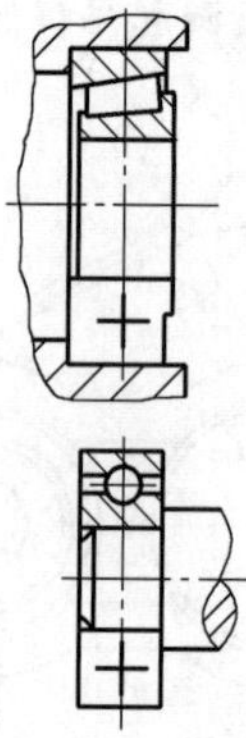	改进前，台肩及轴肩过高，轴承不易拆卸

7.1.3　机械装配的尺寸链

机械的质量主要取决于机器结构设计的正确性、零件的加工质量以及机械的装配精度，零件的精度又是影响机械装配精度的主要因素。通过建立、分析计算装配尺寸链，可以解决零件精度与装配精度之间的关系。

1. 装配精度与零件精度

装配精度不仅影响机器或部件的工作性能，而且影响它们的使用寿命。对于机床，装配精度将直接影响在机床上加工零件的精度。

正确地规定机械、部件的装配精度要求，是产品设计的重要环节之一。它不仅关系到产品的质量，还关系到产品制造的难易程度和经济性。它是制定装配工艺规程的主要依据，也是确定零件加工精度的依据。

（1）装配精度的内容

产品装配精度所包括的内容可根据机械的工作性能来确定，一般包括以下内容：

1）相互位置精度。相互位置精度是指产品中相关零部件间的距离精度和位置精度。例如，机床主轴箱装配时，相关轴间的中心距尺寸精度和同轴度、平行度、垂直度等。

2）相对运动精度。相对运动精度是指产品中有相对运动的零部件之间在运动方向和相对运动速度上的精度。运动方向的精度常表现为部件间相对运动的平行度和垂直度，如机床溜板在导轨上的移动精度，溜板移动轨迹对主轴中心线的平行度。相对运动速度的精度即传动精度，如滚齿机滚刀主轴与工作台的相对运动精度，它将直接影响滚齿机的加工精度。

3）相互配合精度。相互配合精度包括配合表面间的配合质量和接触质量。配合质量是指零件配合表面之间达到规定的配合间隙或过盈的程度，它影响配合的性质。接触质量是指两配合或连接表面间达到规定的接触面积的大小和接触点分布的情况，它影响接触刚度，也影响配合质量。

不难看出，各装配精度间有密切的关系，相互位置精度是相对运动精度的基础，相互配合精度对相对位置精度和相对运动精度的实现有较大的影响。

(2) 装配精度与零件精度的关系

机器和部件是由许多零件装配而成的。所以，零件的精度特别是关键零件的精度会直接影响相应的装配精度。

例如，在卧式车床装配中，要满足尾座移动对溜板移动的平行度要求，只要保证床身上溜板移动的导轨 A 与尾座移动的导轨 B 相互平行即可，如图 7.1-11 所示。这种由一个零件的精度来保证某项装配精度的情况，称为“单件自保”。

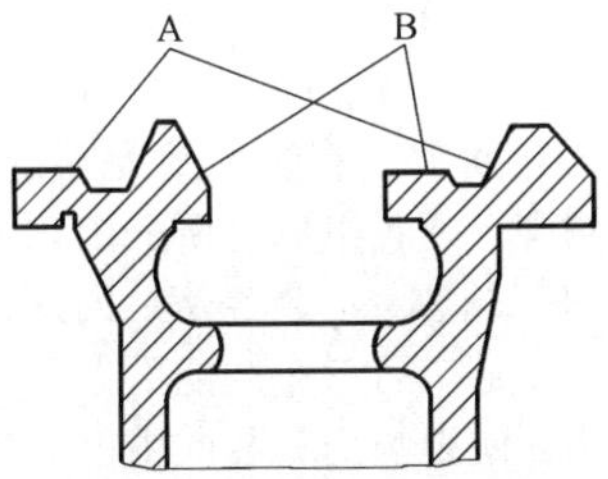

图 7.1-11 尾座对溜板的移动精度由床身导轨精度单件自保

但是，多数装配精度均与和它相关的零件或部件的加工精度有关，即这些零件的加工误差的累积将影响装配精度。例如，卧式车床主轴锥孔中心线和尾座顶尖套的锥孔中心线对床身导轨的等高度要求，这项精度与床身4、主轴箱1、尾座2、底板3等零部件的加工精度有关，如图 7.1-12 所示。

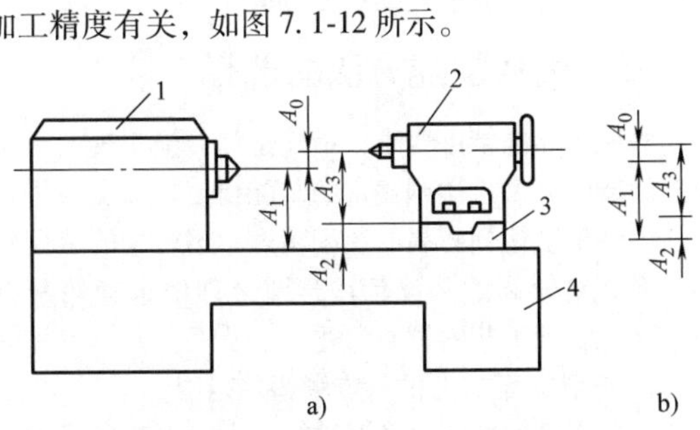

图 7.1-12 主轴箱主轴与尾座套筒中心线等高结构的示意图

1—主轴箱 2—尾座 3—底板 4—床身

从上述分析中可以看出，在装配时零件的加工误差的累积将会影响产品的装配精度，在加工条件允许时，可以合理地规定有关零件的制造精度，使它们的累积误差仍不超出装配精度所规定的范围，从而简化装配过程，这对于大批大量生产过程是十分必要的。

但是，零件的加工精度受工艺条件、经济性的限制，不能简单地按照装配精度要求来加工，常在装配时采取一定的工艺措施（如修配、调整等）来保证最终装配精度。

2. 装配尺寸链的建立

在不同的装配方法中，零件加工精度与装配精度间具有不同的相互关系，为了定量地分析这种关系，常将尺寸链的基本理论应用于装配过程，即建立装配尺寸链。通过解算装配尺寸链，最后确定零件精度与装配精度之间的定量关系。在解决具有累积误差的装配精度问题时，建立并解算装配尺寸链是最关键的步骤。

(1) 装配尺寸链的基本概念

在机器的装配关系中，由相关零件的尺寸或相互位置关系所组成的尺寸链，称为装配尺寸链。

装配尺寸链的封闭环就是装配所要保证的装配精度或技术要求。装配精度（封闭环）是零部件装配后才最后形成的尺寸或位置关系。

在装配关系中，对装配精度有直接影响的零部件的尺寸和位置关系，都是装配尺寸链的组成环。如同工艺尺寸链一样，装配尺寸链的组成环也分为增环和减环。

例如，图 7.1-13 所示为轴与孔配合的装配尺寸链，装配后要求轴、孔有一定的间隙。轴、孔之间的间隙 A_0 就是该尺寸链的封闭环，它是由孔尺寸 A_1 与轴尺寸 A_2 装配后形成的尺寸。

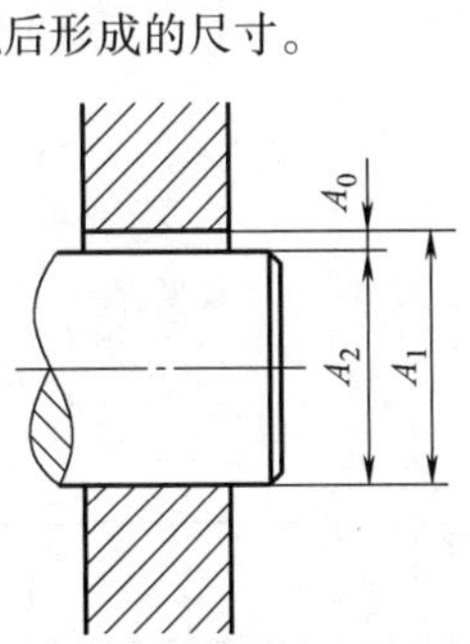

图 7.1-13 轴与孔配合的装配尺寸链

若孔尺寸 A_1 增大，间隙 A_0（封闭环）也随之增大，故 A_1 为增环。反之，轴尺寸 A_2 为减环。其尺寸链方程为

$$A_0 = A_1 - A_2$$

(2) 装配尺寸链的分类

装配尺寸链可以按各环的几何特征和所处空间位

置不同而分为四类。

1）直线尺寸链。由长度尺寸组成，且各环尺寸彼此平行，如图 7.1-13 所示。

2）角度尺寸链。由角度、平行度、垂直度等构成。例如，卧式车床的第 18 项精度——精车端面的平面度要求：工件直径 $D\leqslant200$mm 时，端面只许凹 0.015mm。该项要求可简化为图 7.1-14 所示的角度尺寸链。其中 α_0 为封闭环，即该项装配精度 T_{α_0} = 0.015mm/100mm。a_1 为主轴回转轴线与床身棱形导轨在水平面内的平行度，α_2 为溜板上燕尾导轨对床身棱形导轨的垂直度。

3）平面尺寸链。由成角度关系布置的长度尺寸构成，且各环处于同一或彼此平行的平面内。例如，车床溜板箱装配在床鞍下面时，溜板箱齿轮 O_2 与床鞍横进给齿轮 O_1 应保持适当的啮合间隙，这个装配关系构成了平面尺寸链，如图 7.1-15 所示。其中 X_1、Y_1 为床鞍上齿轮 O_1 的坐标尺寸，X_2、Y_2 为溜板箱上齿轮 O_2 的坐标尺寸，r_1、r_2 分别为两齿轮的分度圆半径，P_0 为两齿轮的啮合侧隙，是封闭环。

4）空间尺寸链。由位于三维空间的尺寸构成的尺寸链。在一般机器装配中较为少见，故这里不做介绍。

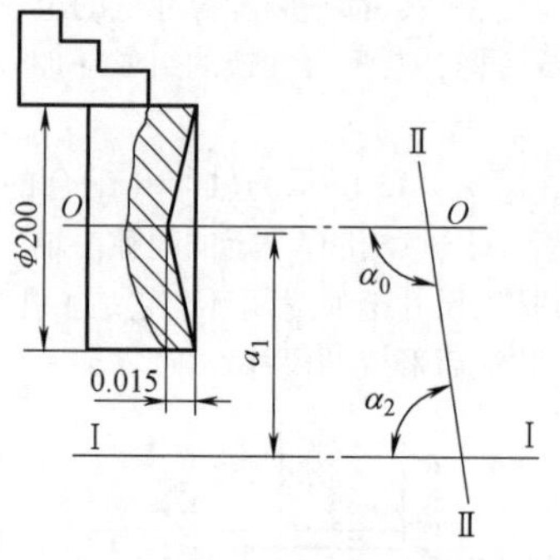

图 7.1-14　角度尺寸链

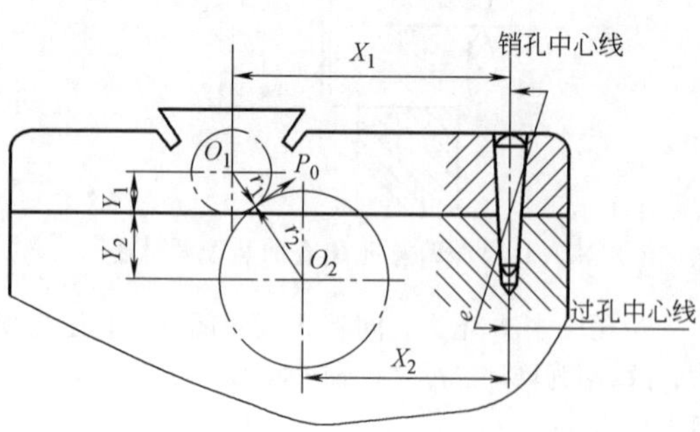

图 7.1-15　平面尺寸链

3. 装配尺寸链的查找方法及注意事项

正确地查明装配尺寸链的组成，并建立尺寸链是进行尺寸链计算的基础。

（1）装配尺寸链的查找方法

首先根据装配精度要求确定封闭环，再以封闭环两端的任一个零件为起点，沿装配精度要求的位置方向，以装配基准面为查找的线索，分别找出影响装配精度要求的相关零件（组成环），直至找到同一基准零件，甚至是同一基准表面为止。这一过程与查找工艺尺寸链的跟踪法在实质上是一致的。

当然，装配尺寸链也可从封闭环的一端开始，依次查找相关零部件直至封闭环的另一端；也可以从共同的基准面或零件开始，分别查到封闭环的两端。

（2）查找装配尺寸链应注意的问题

1）装配尺寸链应该进行必要的简化。机械产品的结构通常都比较复杂，对装配精度有影响的因素很多，查找尺寸链时，在保证装配精度的前提下，可以不考虑那些影响较小的因素，使装配尺寸链适当简化。

2）装配尺寸链组成应该是“一件一环”。由尺寸链的基本理论可知，在装配精度既定的条件下，组成环环数越少，则各组成环所分配到的公差值就越大，零件加工越容易、越经济。因此，在产品结构设计时，在满足产品工作性能的条件下，应尽量简化产品结构，使影响产品装配精度的零件数尽量减少。

3）装配尺寸链的“方向性”。在同一装配结构中，当不同位置方向都有装配精度的要求时，应按不同方向分别建立装配尺寸链。例如，蜗杆副传动结构，为保证正常啮合，要同时保证蜗杆副两轴线间的距离精度、垂直度、蜗杆轴线与蜗轮中间平面的重合精度，这是三个不同位置方向的装配精度，因而需要在三个不同方向分别建立尺寸链。

7.1.4　机械装配方法的选择

机械产品的精度要求，最终是靠装配实现的。用合理的装配方法来达到规定的装配精度，以实现用较低的零件精度达到较高的装配精度，用最少的装配劳动量来达到较高的装配精度，即合理地选择装配方法，这是装配工艺的核心问题。

1. 各种装配方法的特点和适用范围

根据产品的性能要求、结构特点、生产形式和生产条件等，可采取不同的装配方法。保证产品装配精度的方法有：互换装配法（包括完全互换法和不完全互换法）、选择装配法、修配装配法和调整装配法。各种装配方法的工艺特点、适用范围和注意事项见表 7.1-16。

表 7.1-16　各种装配方法的工艺特点、适用范围和注意事项

装配方法		工艺特点	适用范围	注意事项
互换装配法	完全互换法	1. 配合件公差之和小于或等于规定的装配公差 2. 装配操作简单 3. 便于组织流水作业 4. 有利于维修工作 5. 对零件的加工精度要求较高	适用于零件数较少、批量大、零件可用经济加工精度制造的产品；或零件数较多、批量较小，但装配精度要求不高的产品 汽车、拖拉机、中小型柴油机和缝纫机等产品中的一些部件装配，应用较广	
	不完全互换法	1. 配合件公差平方和的平方根小于或等于规定的装配公差 2. 仍具有完全互换法的 2、3、4 条特点 3. 会出现极少数超差配合	适用于零件略多、批量大、装配精度有一定要求；零件加工公差较完全互换法适当放宽 如上述完全互换法产品中其他一些部件的装配	装配时要注意检查，对不合格的零件须退修或更换能补偿偏差的零件
选择装配法	分组选配法	1. 零件的加工误差较装配要求的公差大数倍，以尺寸分组选配来达到装配精度 2. 以质量分级进行分组选配 3. 增加对零件的测量分组、贮存和管理工作	适用于大批量生产中零件少、装配精度要求较高又不便于采用其他调整装置时 如中小型柴油机的活塞和活塞销、活塞和缸套的配合；滚动轴承内外圈和滚动体的配合；连杆活塞组件重量分级选配	1. 严格加强对零件的组织管理工作 2. 一般分组以 2~4 组为宜 3. 为避免库存积压选配剩余的零件，可调整下批零件的加工公差
	修配装配法	1. 预留修配量的零件，在装配过程中通过手工修配或机械加工，获得高要求的装配精度。很大程度上依靠操作者的技术水平 2. 复杂精密的部件或产品，装配后作为一个整体，进行一次配合精加工，消除其累积误差	单件小批生产中，装配要求高的场合下采用 如主轴箱底面用磨削或刮研与床身配合；汽轮机叶轮装上主轴时，修配调节环控制轴向尺寸 平面磨床工作台进行自磨	1. 一般应选择易于拆装且修配面较小的零件作为修配件 2. 尽可能利用精密加工方法代替手工修配，如配磨或配研
调整装配法		1. 零件按经济精度加工，装配过程中调整零件之间的相对位置，使各零件相互抵消其加工误差取得装配精度 2. 选用尺寸分级的调整件，如垫片、垫圈、隔圈等调整间隙，选用方便，流水作业均适用 3. 选择可调件或调整机构，如斜面、螺纹等调整有关零件的相对位置，以获得最小的装配累积误差	适用于零件较多、装配精度高，但不宜选配法时 应用面较广，如安装滚动轴承的主轴用隔圈调整游隙；锥齿轮副以垫片调整侧隙；以及机床导轨的镶条和内燃机气门的调节螺钉	1. 调整件的尺寸分组数，视装配精度要求而定 2. 选择可调件时应考虑防松措施 3. 增加调整件或调整机构易影响配合副的刚度

2. 各种装配方法的尺寸链计算方法

装配方法与装配尺寸链的解算方法密切相关，同一项装配精度，采用不同装配方法时，其装配尺寸链的解算方法也不相同。

1）采用完全互换法时，应用极大极小计算法；或者在大批大量生产条件下，也可应用概率计算法。

2）采用不完全互换法时，应用概率计算法。

3）采用分组选配法时，组内互配件公差一般均按极大极小计算法。

4）采用修配装配法或调整装配法时，大部分情况下都应用极大极小计算法来确定修配量或调整量。如是在大批大量生产条件下采用调整装配法，也可应用概率计算法。

表 7.1-17 所列为不同装配方法的直线装配尺寸链计算公式。

表 7.1-17　不同装配方法的直线装配尺寸链计算公式

序号	计算内容	计算公式	适用范围
1	封闭环公称尺寸	$A_0 = \sum_{i=1}^{m} \xi_i A_i$	$\lvert\xi_i\rvert=1$

（续）

<table>
<tr><th>序号</th><th colspan="3">计算内容</th><th>计算公式</th><th colspan="2">适用范围</th></tr>
<tr><td rowspan="2">2</td><td colspan="3" rowspan="2">封闭环中间偏差</td><td>$\Delta_0 = \sum_{i=1}^{m} \xi_i \left(\Delta_i + e_i \frac{T_i}{2} \right)$</td><td colspan="2">$e_i \neq 0$
各组成环尺寸为非对称分布</td></tr>
<tr><td>$\Delta_0 = \sum_{i=1}^{m} \xi_i \Delta_i$</td><td colspan="2">$e_i = 0$
各组成环尺寸为对称分布</td></tr>
<tr><td rowspan="2">3</td><td colspan="3" rowspan="2">封闭环极限偏差</td><td>$ES_0 = \Delta_0 + T_0/2$</td><td colspan="2" rowspan="4">各种装配方法</td></tr>
<tr><td>$EI_0 = \Delta_0 - T_0/2$</td></tr>
<tr><td rowspan="2">4</td><td colspan="3" rowspan="2">封闭环极限尺寸</td><td>$A_{0\max} = A_0 + ES_0$</td></tr>
<tr><td>$A_{0\min} = A_0 + EI_0$</td></tr>
<tr><td rowspan="4">5</td><td rowspan="4">封闭环公差</td><td colspan="2">极值公差</td><td>$T_{0l} = \sum_{i=1}^{m} T_i$</td><td colspan="2">除大数互换装配法以外任何装配方法</td></tr>
<tr><td rowspan="3">统计公差</td><td>统计公差</td><td>$T_{0s} = \frac{1}{k_0} \sqrt{\sum_{i=1}^{m} k_i^2 T_i^2}$</td><td>$k_0 \neq 1, k_i \neq 1$，组成环尺寸、封闭环尺寸皆呈非正态分布</td><td rowspan="3">$T_{0e} = T_{0s}$
给定组成环时
$T_{0l} > T_{0s} > T_{0q}$
大数互换装配法</td></tr>
<tr><td>当量公差</td><td>$T_{0e} = k \sqrt{\sum_{i=1}^{m} T_i^2}$</td><td>$k_0 = 1, k_i = k$，封闭环尺寸呈正态分布，各组成环尺寸分布曲线相同</td></tr>
<tr><td>平方公差</td><td>$T_{0q} = \sqrt{\sum_{i=1}^{m} T_i^2}$</td><td>$k_0 = k_i = 1$，各组成环和封闭环尺寸均呈正态分布</td></tr>
<tr><td rowspan="4">6</td><td rowspan="4">组成环平均公差</td><td colspan="2">平均极值公差</td><td>$T_{avl} = \frac{T_0}{m}$</td><td colspan="2">除大数互换装配法以外任何装配方法</td></tr>
<tr><td rowspan="3">统计公差</td><td>平均统计公差</td><td>$T_{avs} = \frac{k_0 T_0}{\sqrt{\sum_{i=1}^{m} k_i^2}}$</td><td>$k_0 \neq 1, k_i \neq 1$，组成环尺寸、封闭环尺寸皆呈非正态分布</td><td rowspan="3">$T_{avl} = T_{avs}$
给定封闭环时
$T_{avl} < T_{avs} < T_{avq}$
大数互换装配法</td></tr>
<tr><td>平均当量公差</td><td>$T_{ave} = \frac{T_0}{k\sqrt{m}}$</td><td>$k_0 = 1, k_i = k$，封闭环尺寸呈正态分布，各组成环尺寸分布曲线相同</td></tr>
<tr><td>平均平方公差</td><td>$T_{avq} = \frac{T_0}{\sqrt{m}}$</td><td>$k_0 = k_i = 1$，各组成环和封闭环尺寸均呈正态分布</td></tr>
<tr><td rowspan="2">7</td><td colspan="3" rowspan="2">组成环极限偏差</td><td>$ES_i = \Delta_i + T_i/2$</td><td colspan="2" rowspan="4">各种装配方法</td></tr>
<tr><td>$EI_i = \Delta_i - T_i/2$</td></tr>
<tr><td rowspan="2">8</td><td colspan="3" rowspan="2">组成环极限尺寸</td><td>$A_{i\max} = A_i + ES_i$</td></tr>
<tr><td>$A_{i\min} = A_i + EI_i$</td></tr>
</table>

3. 各种装配方法与尺寸链计算实例

（1）互换装配法

互换装配法是在装配过程中，零件互换后仍能达到装配精度要求的装配方法。产品采用互换装配法时，装配精度主要取决于零件的加工精度，装配时不经任何调整和修配，就可以达到装配精度。互换装配法的实质就是通过控制零件的加工误差来保证产品的装配精度。

根据零件的互换程度不同，互换装配法又可分为完全互换装配法和大数互换装配法（即不完全互换装配法）。

1）完全互换装配法。在全部产品中，装配时各组成环不需挑选或改变其大小或位置，装配后即能达到装配精度要求，这种装配方法称为完全互换装配法。采用完全互换装配法时，装配尺寸链采用极值公差公式计算（与工艺尺寸链计算公式相同）。

【例 7-1】 图 7.1-16a 所示为齿轮部件装配图，轴是固定不动的，齿轮在轴上回转，要求齿轮与挡圈的轴向间隙为 0.1～0.35mm，已知 $A_1 = 30$mm，$A_2 = 5$mm，$A_3 = 43$mm，$A_4 = 3_{-0.05}^{\ 0}$mm（标准件），$A_5 = 5$mm，现采用完全互换装配法装配，试确定各组成环公差和极限偏差。

解： ① 画装配尺寸链图，校验各环公称尺寸。

依题意，轴向间隙为 0.1～0.35mm，则封闭环 $A_0 = 0_{+0.10}^{+0.35}$mm，封闭环公差 $T_0 = 0.25$mm。A_3 为增环，A_1、A_2、A_4、A_5 为减环，$\xi_3 = +1$，$\xi_1 = \xi_2 = \xi_4 = \xi_5 = -1$，装配尺寸链如图 7.1-16b 所示。

封闭环公称尺寸为

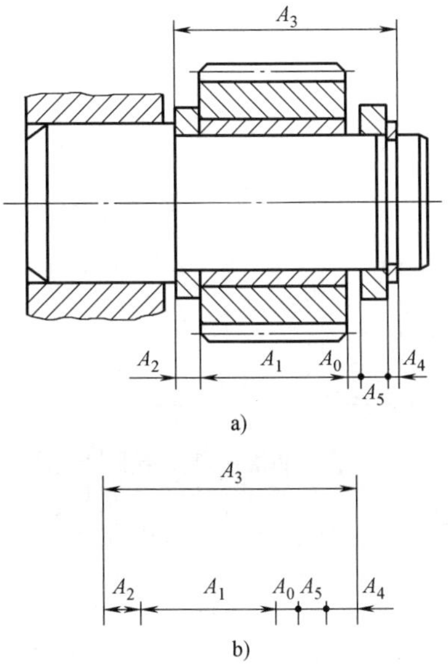

图 7.1-16　齿轮与轴的装配关系

$$A_0 = \sum_{i=1}^{m} \xi_i A_i = A_3-(A_1+A_2+A_4+A_5)$$
$$=[43-(30+5+3+5)]\text{mm}=0\text{mm}$$

由计算可知，各组成环公称尺寸无误。

② 确定各组成环公差和极限偏差。

计算各组成环平均极值公差

$$T_{\text{avl}} = \frac{T_0}{\sum_{i=1}^{m} |\xi_i|} = \frac{T_0}{m} = \frac{0.25}{5}\text{mm} = 0.05\text{mm}$$

以平均极值公差为基础，根据各组成环尺寸、零件加工难易程度，确定各组成环公差。

A_5 为一垫圈，易于加工和测量，故选 A_5 为协调环。A_4 为标准件，$A_4=3_{-0.05}^{\ 0}$mm、$T_4=0.05$mm，其余各组成环根据其尺寸和加工难易程度选择公差为：$T_1=0.06$mm、$T_2=0.04$mm、$T_3=0.07$mm，各组成环公差等级约为 IT9。

A_1、A_2 为外尺寸，按基轴制（h）确定极限偏差：$A_1=30_{-0.06}^{\ 0}$mm，$A_2=5_{-0.04}^{\ 0}$mm；A_3 为内尺寸，按基孔制（H）确定其极限偏差：$A_3=43_{\ 0}^{+0.07}$mm。

封闭环的中间偏差 Δ_0 为

$$\Delta_0 = \frac{ES_0+EI_0}{2} = \frac{0.35+0.10}{2}\text{mm} = 0.225\text{mm}$$

各组成环的中间偏差分别为

$\Delta_1=-0.03$mm，$\Delta_2=-0.02$mm，$\Delta_3=0.035$mm，$\Delta_4=-0.025$mm。

③ 计算协调环极值公差和极限偏差。

协调环 A_5 的极值公差为

$$T_5 = T_0-(T_1+T_2+T_3+T_4)$$
$$=[0.25-(0.06+0.04+0.07+0.05)]\text{mm}=0.03\text{mm}$$

协调环 A_5 的中间偏差为

$$\Delta_5 = \Delta_3-\Delta_0-\Delta_1-\Delta_2-\Delta_4$$
$$=[0.035-0.225-(-0.03)-(-0.02)-(-0.025)]\text{mm}$$
$$=-0.115\text{mm}$$

协调环 A_5 的极限偏差 ES_5、EI_5 分别为

$$ES_5 = \Delta_5 + \frac{T_5}{2} = \left(-0.115+\frac{0.03}{2}\right)\text{mm} = -0.10\text{mm}$$

$$EI_5 = \Delta_5 - \frac{T_5}{2} = \left(-0.115-\frac{0.03}{2}\right)\text{mm} = -0.13\text{mm}$$

所以，协调环 A_5 的尺寸为

$$A_5 = 5_{-0.13}^{-0.10}\text{mm}$$

最后可得各组成环尺寸分别为

$A_1=30_{-0.06}^{\ 0}$mm，$A_2=5_{-0.04}^{\ 0}$mm，$A_3=43_{\ 0}^{+0.07}$mm，$A_4=3_{-0.05}^{\ 0}$mm，$A_5=5_{-0.13}^{-0.10}$mm。

2）大数互换装配法。完全互换装配法的装配过程虽然简单，但它是根据极大、极小的极端情况来建立封闭环与组成环的关系式，在封闭环为既定值时，各组成环所获公差过于严格，常使零件加工过程产生困难。

在绝大多数产品中，装配时各组成环不需挑选或改变其大小或位置，装配后即能达到装配精度的要求，但少数产品有出现废品的可能性，这种装配方法称为大数互换装配法（或部分互换装配法）。采用大数互换装配法装配时，装配尺寸链应用统计公差公式计算。

为了便于比较，仍然采用如图 7.1-16 所示装配关系为例加以说明。

【例 7-2】 在图 7.1-16 中，已知 $A_1=30$mm，$A_2=5$mm，$A_3=43$mm，$A_4=3_{-0.05}^{\ 0}$mm（标准件），$A_5=5$mm，装配后齿轮与挡圈的轴向间隙为 0.1～0.35mm。现采用大数互换装配法装配，试确定各组成环公差和极限偏差。

解：① 画装配尺寸链图，校验各环公称尺寸，与例 7-1 过程相同。

② 确定各组成环公差和极限偏差。

该产品在大批大量生产条件下，工艺过程稳定，各组成环尺寸趋近正态分布，$k_0=k_i=1$，$e_0=e_i=0$，则各组成环平均平方公差为

$$T_{\text{avq}} = \frac{T_0}{\sqrt{m}} = \frac{0.25}{\sqrt{5}}\text{mm} \approx 0.11\text{mm}$$

A_3 为一轴类零件，与其他零件相比较难加工，现选择较难加工零件 A_3 为协调环。以平均平方公差为基础，参考各零件尺寸和加工难易程度，从严选取

各组成环公差。

$T_1=0.14\text{mm}$，$T_2=T_5=0.08\text{mm}$，其公差等级为IT11。$A_4=3_{-0.05}^{\ 0}\text{mm}$（标准件），$T_4=0.05\text{mm}$，由于$A_1$、$A_2$、$A_5$皆为外尺寸，其极限偏差按基轴制（h）确定，则$A_1=30_{-0.14}^{\ 0}\text{mm}$，$A_2=5_{-0.08}^{\ 0}\text{mm}$，$A_5=5_{-0.08}^{\ 0}\text{mm}$。各环的中间偏差分别为

$\Delta_0=0.225\text{mm}$，$\Delta_1=-0.07\text{mm}$，$\Delta_2=-0.04\text{mm}$，$\Delta_4=-0.025\text{mm}$，$\Delta_5=-0.04\text{mm}$。

③ 计算协调环公差和极限偏差。

协调环A_3的公差为

$$T_3=\sqrt{T_0^2-(T_1^2+T_2^2+T_4^2+T_5^2)}$$
$$=\sqrt{0.25^2-(0.14^2+0.08^2+0.05^2+0.08^2)}\text{mm}$$
$$=0.16\text{mm}（只舍不进）$$

协调环A_3的中间偏差为

$$\Delta_0=\sum_{i=1}^{m}\xi_i\Delta_i=\Delta_3-(\Delta_1+\Delta_2+\Delta_4+\Delta_5)$$
$$\Delta_3=\Delta_0+(\Delta_1+\Delta_2+\Delta_4+\Delta_5)$$
$$=[0.225+(-0.07-0.04-0.025-0.04)]\text{mm}$$
$$=0.05\text{mm}$$

协调环A_3的上、下极限偏差ES_3、EI_3分别为

$$ES_3=\Delta_3+\frac{1}{2}T_3=\left(0.05+\frac{1}{2}\times0.16\right)\text{mm}=0.13\text{mm}$$

$$EI_3=\Delta_3-\frac{1}{2}T_3=\left(0.05-\frac{1}{2}\times0.16\right)\text{mm}=-0.03\text{mm}$$

所以，协调环$A_3=43_{-0.03}^{+0.13}\text{mm}$。

最后可得各组成环尺寸分别为

$A_1=30_{-0.14}^{\ 0}\text{mm}$，$A_2=5_{-0.08}^{\ 0}\text{mm}$，$A_3=43_{-0.03}^{+0.13}\text{mm}$，$A_4=3_{-0.05}^{\ 0}\text{mm}$，$A_5=5_{-0.08}^{\ 0}\text{mm}$。

经比较例7-1与例7-2计算结果可知：

在装配尺寸链中，在各组成环公称尺寸、公差及其分布固定不变的条件下，采用极值公差公式（用于完全互换装配法）计算的封闭环极值公差$T_{0l}=0.25\text{mm}$，采用统计公差公式（用于大数互换装配法）计算的封闭环平方公差$T_{0q}\approx0.116\text{mm}$，显然$T_{0l}>T_{0q}$，如图7.1-17所示。但是$T_{0l}$包括装配中封闭环所能出现的一切尺寸，取$T_{0l}$为装配精度时，所有装配结果都是合格的，即装配之后封闭环尺寸出现在T_{0l}范围内的概率为100%。而当T_{0q}在正态分布下取值$6\sigma_0$时，装配结果尺寸出现在T_{0q}范围内的概率为99.73%。仅有0.27%的装配结果超出T_{0q}，即当装配精度为T_{0q}时，仅有0.27%的产品可能成为废品，如图7.1-17所示。

由此可以看出，在组成环尺寸和公差相同的条件下，采用大数互换装配法时，各组成环公差远大于采用完全互换装配法时各组成环的公差，其组成环（m个）平均公差将扩大$\sqrt{m}$倍。本例中，$\dfrac{T_{avq}}{T_{avl}}=\dfrac{0.11}{0.05}=2.2\approx\sqrt{5}$，因此零件平均公差扩大两倍多，零件公差等级由IT9下降为IT11，致使加工成本有所降低。

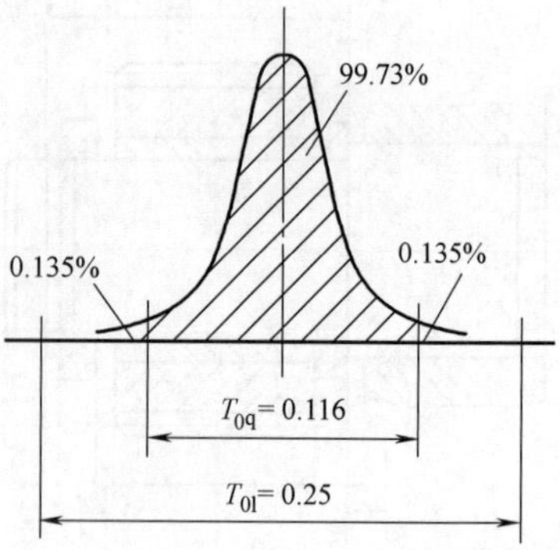

图7.1-17 大数互换装配法与完全互换装配法的比较

（2）选择装配法

选择装配法是将尺寸链中组成环的公差放大到经济可行的程度，然后选择合适的零件进行装配，以保证装配精度的要求。

选择装配法有三种不同的形式：直接选配法、分组选配法和复合选配法。

1）直接选配法。在装配时，工人从许多待装配的零件中，直接选择合适的零件进行装配，以保证装配精度的要求。

这种装配方法的优点是能达到很高的装配精度。其缺点是装配时，工人凭经验和必要的判断性测量来选择零件，所以装配时间不易准确控制，装配精度在很大程度上取决于工人的技术水平。这种装配方法不宜用于生产节拍要求较严的大批大量流水作业中。

另外，采用直接选配法装配，在一批零件中，严格按同一精度要求装配时，最后可能出现无法满足要求的“剩余零件”，当各零件加工误差分布规律不同时，“剩余零件”可能更多。

2）分组选配法。当封闭环精度要求很高时，采用完全互换装配法或大数互换装配法解尺寸链，组成环公差非常小，使加工十分困难而又不经济。因此，在加工零件时，常将各组成环的公差相对完全互换装配法所求数值放大数倍，使其尺寸能按经济精度加工，再按实际测量尺寸将零件分为数组，按照对应组分别进行装配，以达到装配精度的要求。由于同组内零件可以互换，故这种方法又称为分组互换法。

在大批大量生产中，对于组成环环数少而装配精

度要求高的部件，常采用分组选配法。例如，滚动轴承的装配、发动机气缸活塞环的装配、活塞与活塞销的装配、精密机床中某些精密部件的装配等。

现以汽车发动机中活塞销与活塞的装配为例，说明分组选配法的原理和装配过程。

【例 7-3】 图 7.1-18 所示为活塞销与活塞的装配关系，按技术要求，销轴直径 d 与销孔直径 D 在冷态装配时，应有 0.0025～0.0075mm 的过盈量（Y），即

$$Y_{min}=d_{min}-D_{max}=0.0025\text{mm}$$
$$Y_{max}=d_{max}-D_{min}=0.0075\text{mm}$$

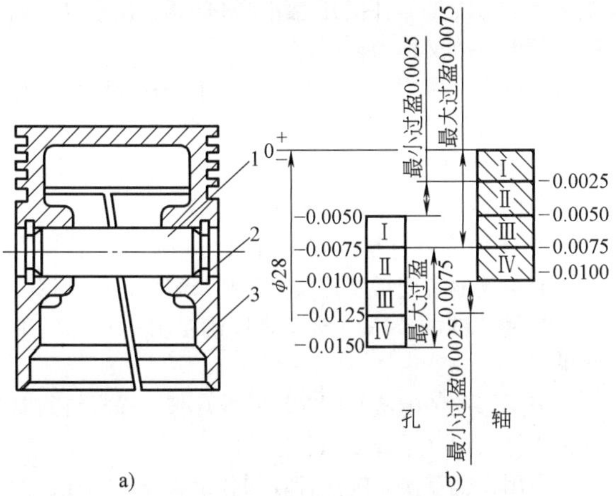

图 7.1-18　活塞销与活塞的装配关系
1—活塞销　2—卡环　3—活塞

此时封闭环的公差为

$$T_0=Y_{max}-Y_{min}=(0.0075-0.0025)\text{mm}=0.0050\text{mm}$$

如果采用完全互换装配法装配，则销与孔的平均公差仅为 0.0025mm。由于销轴是外尺寸，按基轴制（h）确定极限偏差，以销孔为协调环，则

$$d=\phi28_{-0.0025}^{\ 0}\text{mm}$$
$$D=\phi28_{-0.0075}^{-0.0050}\text{mm}$$

显然，制造这种精度的销轴与销孔既困难又不经济。在实际生产中，若采用分组选配法，则可将销轴与销孔的公差在相同方向上放大 4 倍（采取上极限偏差不动，变动下极限偏差），即

$$d=\phi28_{-0.010}^{\ 0}\text{mm}$$
$$D=\phi28_{-0.015}^{-0.005}\text{mm}$$

这样，活塞销可用无心磨加工，活塞销孔用精镗床加工，然后用精密量具测量其尺寸，并按尺寸大小分成 4 组，涂上不同颜色加以区别，或分别装入不同容器内，以便进行分组选配，具体分组情况见表 7.1-18。

正确地使用分组选配法，关键是保证分组后各对应组的配合性质和配合精度仍能满足原装配精度的要求。为此，应满足以下条件：

表 7.1-18　活塞销与活塞销孔直径分组　（mm）

组别	标志颜色	活塞销直径 $\phi28_{-0.010}^{\ 0}$	活塞销孔直径 $\phi28_{-0.015}^{-0.005}$	配合情况	
				最小过盈	最大过盈
Ⅰ	红	$\phi28_{-0.0025}^{\ 0}$	$\phi28_{-0.0075}^{-0.0050}$	0.0025	0.0075
Ⅱ	白	$\phi28_{-0.0050}^{-0.0025}$	$\phi28_{-0.0100}^{-0.0075}$		
Ⅲ	黄	$\phi28_{-0.0075}^{-0.0050}$	$\phi28_{-0.0125}^{-0.0100}$		
Ⅳ	绿	$\phi28_{-0.0100}^{-0.0075}$	$\phi28_{-0.0150}^{-0.0125}$		

① 为保证分组后各组的配合性质及配合精度与原装配要求相同，配合件的公差范围应相等，公差应同方向增加，增大的倍数应等于以后的分组数。

从上例销轴与销孔的配合来看，它们原来的公差相等：$T_{轴}=T_{孔}=T=0.0025\text{mm}$。采用分组选配法后，销轴与销孔的公差在相同方向上同时扩大 $n=4$ 倍：$T_{轴}=T_{孔}=nT=0.010\text{mm}$，加工后再将它们按尺寸大小分为 $n=4$ 组。装配时，大销配大孔（Ⅰ组），小销配小孔（Ⅳ组），从而使各组内都保证销与孔配合的最小过盈量与最大过盈量皆符合装配精度要求，如图 7.1-18b 所示。

现取任意的轴、孔间隙配合加以说明。设轴、孔的公差分别为 $T_{轴}$、$T_{孔}$，且 $T_{轴}=T_{孔}=T$。轴、孔为间隙配合，其最大间隙为 X_{max}，最小间隙为 X_{min}。

现采用分组选配法，将轴、孔公差同向放大 n 倍，则轴、孔公差为 $T'_{轴}=T'_{孔}=nT=T'$。零件加工后，按轴、孔尺寸大小分为 n 组，则每组内轴、孔公差为 $\frac{T'}{n}=\frac{nT}{n}=T$。任取第 k 组计算最大间隙与最小间隙，由图 7.1-19 可知：

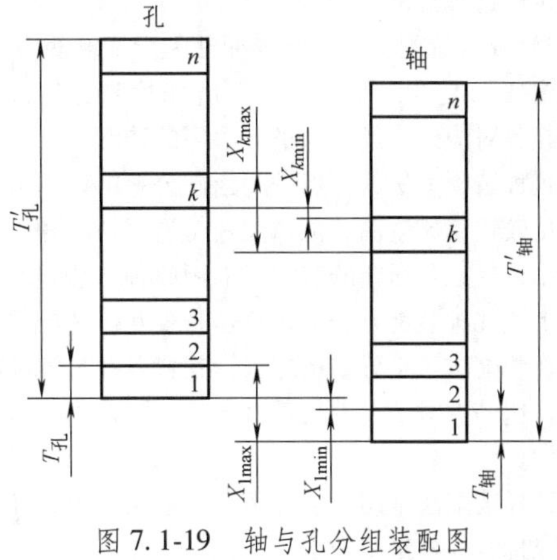

图 7.1-19　轴与孔分组装配图

$$
\begin{aligned}
X_{k\max} &= X_{\max}+(k-1)T_{孔}-(k-1)T_{轴} \\
&= X_{\max}+(k-1)(T_{孔}-T_{轴}) \\
&= X_{\max} \\
X_{k\min} &= X_{\min}+(k-1)T_{孔}-(k-1)T_{轴} \\
&= X_{\min}+(k-1)(T_{孔}-T_{轴}) \\
&= X_{\min}
\end{aligned}
$$

由此可见，当配合件公差相等、公差同向扩大倍数等于分组数时，可保证任意组内配合性质与精度不变。但如果配合件公差不等时，配合性质改变，如 $T_{孔}>T_{轴}$，则配合间隙增大。

② 为保证零件分组后数量相匹配，应使配合件的尺寸分布为相同的对称分布（如正态分布）。

如果分布曲线不相同或为不对称分布曲线，将产生各组相配件数量不等，造成一些零件的积压浪费，如图 7.1-20 所示。其中第 1 组与第 4 组中的轴与孔零件数量相差较大，在生产实际中，常专门加工一批与剩余零件相配的零件，以解决零件配套问题。

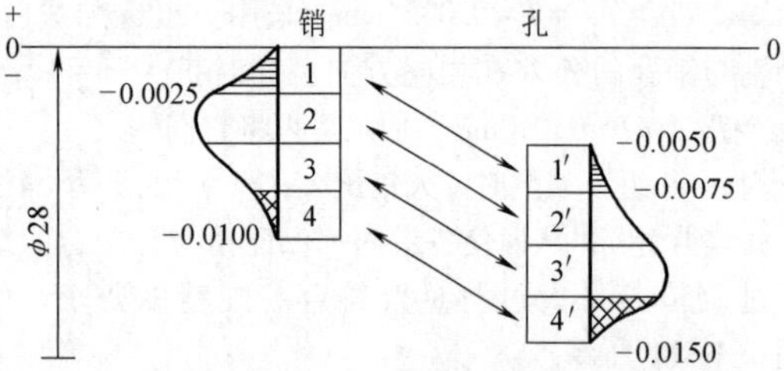

图 7.1-20 活塞销与活塞销孔的各组数量不等

③ 配合件的表面粗糙度、相互位置精度和形状精度不能随尺寸精度放大而任意放大，应与分组公差相适应，否则，将不能达到要求的配合精度及配合质量。

④ 分组数不宜过多，零件尺寸公差只要放大到经济加工精度即可。否则，就会因零件的测量、分类、保管工作量的增加而使生产组织工作复杂，甚至造成生产过程混乱。

3）复合选配法。复合选配法是分组选配法与直接选配法的复合，即零件加工后先检测分组，装配时，在各对应组内经工人进行适当的选配。

这种装配方法的特点是配合件公差可以不等、装配速度较快、质量高，能满足一定生产节拍的要求，如发动机气缸与活塞的装配多采用此种方法。

上述几种装配方法，无论是完全互换装配法、大数互换装配法还是分组选配法，其特点都是零件能够互换，这一点对于大批大量生产的装配来说，是非常重要的。

选择装配法常用于装配精度要求高而组成环数较少的成批或大批量生产中。

（3）修配装配法

在成批生产或单件小批生产中，当装配精度要求较高，组成环数目又较多时，若采用互换装配法，对组成环的公差要求过严，从而造成加工困难；而采用分组选配法又因生产零件数量少、种类多而难以分组。因此，常采用修配装配法来保证装配精度的要求。

修配装配法是将尺寸链中各组成环，按照经济加工精度制造，装配时，通过改变尺寸链中某一预先确定的组成环尺寸来保证装配精度。装配时进行修配的零件称为修配件，相应组成环称为修配环。由于这一组成环的修配是为补偿其他组成环的累积误差以保证装配精度，故又称为补偿环。

采用修配装配法装配时，应正确选择补偿环。补偿环一般应满足以下要求：

① 便于装拆，零件形状比较简单，易于修配。如果采用刮研修配，则刮研面积要小。

② 不应为公共环，即该件只与一项装配精度有关，而与其他装配精度无关。否则修配后，虽然保证了一个尺寸链的要求，却又难以满足另一尺寸链的要求。

采用修配装配法装配时，补偿环被去除材料的厚度称为补偿量（或修配量）（F）。

设用完全互换装配法计算的各组成环公差分别为 T'_1、T'_2、…、T'_m，则

$$T'_{01}=\sum_{i=1}^{m}|\xi_i|T'_i=T_0$$

现采用修配装配法装配，将各组成环公差在上述基础上放大为 T_1、T_2、…、T_m，则

$$T_{01}=\sum_{i=1}^{m}|\xi_i|T_i \quad (T_i>T'_i)$$

显然，$T_{01}>T'_{01}$，此时最大补偿量为

$$
\begin{aligned}
F_{\max} &= T_{01}-T'_{01}=\sum_{i=1}^{m}|\xi_i|T_i-\sum_{i=1}^{m}|\xi_i|T'_i \\
&= T_{01}-T_0
\end{aligned}
$$

采用修配装配法装配时，解尺寸链的主要问题是：在保证补偿量足够且最小的原则下，计算补偿环的尺寸。

补偿环被修配后对封闭环尺寸变化的影响有两种情况：一是使封闭环尺寸变大；一是使封闭环尺寸变小。因此，用修配装配法解装配尺寸链时，可分别根据这两种情况来进行计算。

1）补偿环被修配后封闭环尺寸变大。

【例 7-4】 现仍以图 7.1-16 所示齿轮与轴的装配关系为例加以说明。已知 $A_1=30\text{mm}$，$A_2=5\text{mm}$，$A_3=43\text{mm}$，$A_4=3_{-0.050}^{\ 0}\text{mm}$（标准件），$A_5=5\text{mm}$，装配后

齿轮与挡圈的轴向间隙为 0.1～0.35mm。现采用修配装配法装配，试确定各组成环的公差及其分布。

解：① 选择补偿环。从装配图可以看出，组成环 A_5 为一垫圈，此件装拆较为容易，又不是公共环，修配也很方便，故选择 A_5 为补偿环。从尺寸链可以看出，A_5 为减环，修配后封闭环尺寸变大。由已知条件得

$$A_0=0^{+0.35}_{+0.10}\text{mm},\ T_0=0.25\text{mm}$$

② 确定各组成环公差。按经济精度分配各组成环公差，各组成环公差相对完全互换装配法可有较大增加，即 $T_1=T_3=0.20\text{mm}$，$T_2=T_5=0.10\text{mm}$，A_4 为标准件，其公差仍为确定值 $T_4=0.05\text{mm}$，各加工件公差约为 IT11，可以经济加工。

③ 计算补偿环 A_5 的最大补偿量。

$$T_{0l}=\sum_{i=1}^{m}|\xi_i|T_i=T_1+T_2+T_3+T_4+T_5$$
$$=(0.20+0.10+0.20+0.05+0.10)\text{mm}=0.65\text{mm}$$
$$F_{\max}=T_{0l}-T_0=(0.65-0.25)\text{mm}=0.40\text{mm}$$

④ 确定各组成环（除补偿环外）的极限偏差。A_3 为内尺寸，按基孔制（H）取 $A_3=43^{+0.20}_{0}\text{mm}$；$A_1$、$A_2$ 为外尺寸，按基轴制（h）取 $A_1=30^{0}_{-0.20}\text{mm}$，$A_2=5^{0}_{-0.10}\text{mm}$，$A_4$ 为标准件，$A_4=3^{0}_{-0.05}\text{mm}$。各组成环的中间偏差为

$$\Delta_1=-0.10\text{mm},\ \Delta_2=-0.05\text{mm},\ \Delta_3=+0.10\text{mm},$$
$$\Delta_4=-0.025\text{mm},\ \Delta_0=+0.225\text{mm}$$

⑤ 计算补偿环 A_5 的极限偏差。

补偿环 A_5 的中间偏差为

$$\Delta_0=\sum_{i=1}^{m}\xi_i\Delta_i=\Delta_3-(\Delta_1+\Delta_2+\Delta_4+\Delta_5)$$
$$\Delta_5=\Delta_3-(\Delta_1+\Delta_2+\Delta_4)-\Delta_0$$
$$=[0.10-(-0.10-0.05-0.025)-0.225]\text{mm}$$
$$=0.05\text{mm}$$

补偿环 A_5 的极限偏差为

$$ES_5=\Delta_5+\frac{1}{2}T_5=\left(0.05+\frac{1}{2}\times0.10\right)\text{mm}=0.10\text{mm}$$
$$EI_5=\Delta_5-\frac{1}{2}T_5=\left(0.05-\frac{1}{2}\times0.10\right)\text{mm}=0\text{mm}$$

所以补偿环尺寸为

$$A_5=5^{+0.10}_{0}\text{mm}$$

⑥ 验算装配后封闭环极限偏差。

$$ES_0=\Delta_0+\frac{1}{2}T_{0l}=\left(0.225+\frac{1}{2}\times0.65\right)\text{mm}=0.55\text{mm}$$
$$EI_0=\Delta_0-\frac{1}{2}T_{0l}=\left(0.225-\frac{1}{2}\times0.65\right)\text{mm}=-0.10\text{mm}$$

由题意可知，封闭环要求的极限偏差为

$$ES_0'=0.35\text{mm},\ ES_0'=0.10\text{mm}$$

则
$$ES_0-ES_0'=(0.55-0.35)\text{mm}=+0.20\text{mm}$$
$$EI_0-EI_0'=(-0.10-0.10)\text{mm}=-0.20\text{mm}$$

故补偿环需改变±0.20mm，才能保证原装配精度不变。

⑦ 确定补偿环 A_5 的尺寸。在本例中，补偿环 A_5 为减环，被修配后，齿轮与挡圈的轴向间隙变大，即封闭环尺寸变大。所以，只有当装配后封闭环的实际最大尺寸（$A_{0\max}=A_0+ES_0$）不大于封闭环要求的最大尺寸（$A'_{0\max}=A_0+ES_0'$）时，才可能进行装配，否则不能进行修配，故应满足如下不等式

$$A_{0\max}\leqslant A'_{0\min}\text{即}\ ES_0\leqslant ES_0'$$

根据修配量足够且最小原则，应有

$$A_{0\max}=A'_{0\min}\text{即}\ ES_0=ES_0'$$

本例题则应

$$ES_0=ES_0'=0.35\text{mm}$$

当补偿环 $A_5=5^{+0.10}_{0}\text{mm}$ 时，装配后封闭环 $ES_0=0.55\text{mm}$。只有 A_5（减环）增大后，封闭环才能减小。为满足上述等式，补偿环 A_5 应增加 0.20mm，封闭环将减小 0.20mm，才能保证 $ES_0=0.35\text{mm}$，使补偿环具有足够的补偿量。

所以，补偿环最终尺寸为

$$A_5=(5+0.20)^{+0.10}_{0}\text{mm}=5.20^{+0.10}_{0}\text{mm}$$

2）补偿环被修配后封闭环尺寸变小。

【例 7-5】 现以图 7.1-12a 所示卧式车床装配为例加以说明。在装配时，要求尾座中心线比主轴中心线高 0～0.06mm。已知 $A_1=202\text{mm}$，$A_2=46\text{mm}$，$A_3=156\text{mm}$，现采用修配装配法装配，试确定各组成环的公差及其分布。

解：① 建立装配尺寸链。依题意可建立装配尺寸链，如图 7.1-12b 所示。其中，封闭环 $A_0=0^{+0.06}_{0}\text{mm}$，$T_0=0.06\text{mm}$，$A_1$ 为减环，$\xi_1=-1$，A_2、A_3 为增环，$\xi_2=\xi_3=+1$。

校核封闭环尺寸

$$A_0=\sum_{i=1}^{m}\xi_iA_i=(A_2+A_3)-A_1=[(46+156)-202]\text{mm}=0\text{mm}$$

按完全互换装配法的极值公式计算各组成环平均极值公差为

$$T_{\text{avl}}=\frac{T_0}{m}=\frac{0.06}{3}\text{mm}=0.02\text{mm}$$

显然，各组成环公差太小，零件加工困难。现采用修配装配法装配，确定各组成环公差及其极限偏差。

② 选择补偿环。从装配图可以看出，组成环 A_2 为底板，其表面积不大，工件形状简单，便于刮研和拆装，故选择 A_2 为补偿环。A_2 为增环，修配后封闭环尺寸变小。

③ 确定各组成环公差。根据各组成环加工方法，按经济精度确定各组成环公差，A_1、A_3 可采用镗削加工，取 $T_1=T_3=0.10\text{mm}$；底板采用半精刨加工，取 A_2 的公差 $T_2=0.15\text{mm}$。

④ 计算补偿环 A_2 的最大补偿量。

$$T_{01}=\sum_{i=1}^{m}|\xi_i|T_i=T_1+T_2+T_3=(0.10+0.15+0.10)\text{mm}=0.35\text{mm}$$

$$F_{\max}=T_{01}-T_0=(0.35-0.06)\text{mm}=0.29\text{mm}$$

⑤ 确定各组成环（除补偿环外）的极限偏差。A_1、A_3 都是表示孔位置的尺寸，公差常选为对称分布

$$A_1=(202\pm0.05)\text{mm},\ A_3=(156\pm0.05)\text{mm}$$

各组成环的中间偏差为

$$\Delta_1=0\text{mm},\ \Delta_3=0\text{mm},\ \Delta_0=+0.03\text{mm}$$

⑥ 计算补偿环 A_2 的极限偏差。

补偿环 A_2 的中间偏差为

$$\Delta_0=\sum_{i=1}^{m}\xi_i\Delta_i=(\Delta_2+\Delta_3)-\Delta_1$$

$$\Delta_2=\Delta_0+\Delta_1-\Delta_3=(0.03+0-0)\text{mm}=0.03\text{mm}$$

补偿环 A_2 的极限偏差为

$$ES_2=\Delta_2+\frac{1}{2}T_2=\left(0.03+\frac{1}{2}\times0.15\right)\text{mm}=0.105\text{mm}$$

$$EI_2=\Delta_2-\frac{1}{2}T_2=\left(0.03-\frac{1}{2}\times0.15\right)\text{mm}=-0.045\text{mm}$$

所以补偿环尺寸为

$$A_2=46^{+0.105}_{-0.045}\text{mm}$$

⑦ 验算装配后封闭环极限偏差。

$$ES_0=\Delta_0+\frac{1}{2}T_{01}=\left(0.03+\frac{1}{2}\times0.35\right)\text{mm}=+0.205\text{mm}$$

$$EI_0=\Delta_0-\frac{1}{2}T_{01}=\left(0.03-\frac{1}{2}\times0.35\right)\text{mm}=-0.145\text{mm}$$

由题意可知，封闭环要求的极限偏差为

$$ES_0'=0.06\text{mm},\ EI_0'=0\text{mm}$$

则 $$ES_0-ES_0'=(0.205-0.06)\text{mm}=+0.145\text{mm}$$

$$EI_0-EI_0'=(-0.145-0)\text{mm}=-0.145\text{mm}$$

故补偿环需改变±0.145mm，才能保证原装配精度不变。

⑧ 确定补偿环 A_2 的尺寸。在本装配中，补偿环底板 A_2 为增环，修配后底板尺寸减小，尾座中心线降低，即封闭环尺寸变小。所以，只有当装配后封闭环的实际最小尺寸（$A_{0\min}=A_0+EI_0$）不小于封闭环要求的最小尺寸（$A_{0\min}'=A_0+EI_0'$）时，才可能进行修配，否则即便修配也不能达到装配精度要求。故应满足如下不等式

$$A_{0\min}\geqslant A_{0\min}'\quad \text{即 } EI_0\geqslant EI_0'$$

根据修配量足够且最小原则，应有

$$A_{0\min}=A_{0\min}'\quad \text{即 } EI_0=EI_0'$$

本例题则应

$$EI_0=EI_0'=0\text{mm}$$

为满足上述等式，补偿环 A_2 应增加 0.145mm，封闭环最小尺寸（$A_{0\min}$）才能从-0.145mm（尾座的中心低于主轴中心）增加到0（尾座中心与主轴中心等高），以保证具有足够的补偿量。所以，补偿环最终尺寸为

$$A_2=(46+0.145)^{+0.105}_{-0.045}\text{mm}=46^{+0.25}_{+0.10}\text{mm}$$

由于本装配有特殊工艺要求，即底板的底面在总装时必须留有一定的修刮量，而上述计算是按 $A_{0\min}=A_{0\min}'$ 条件求出 A_2 尺寸的。此时最大修刮量为0.29mm，符合总装要求，但最小修刮量为0，这不符合总装要求，故必须再将 A_2 尺寸放大些，以保留最小修刮量。从底板修刮工艺来说，最小修刮量留0.1mm即可，所以修正后 A_2 的实际尺寸应再增加0.1mm，即

$$A_2=(46+0.10)^{+0.25}_{+0.10}\text{mm}=46^{+0.35}_{+0.20}\text{mm}$$

3）修配的方法。实际生产中，通过修配来达到装配精度的方法很多，但最常见的方法有以下三种。

① 单件修配法。单件修配法是在多环装配尺寸链中，选定某一固定的零件作为修配件（补偿环），装配时用去除金属层的方法改变其尺寸，以满足装配精度的要求。在例7-4中，齿轮与轴的装配，以轴向垫圈为修配件来保证齿轮的轴向间隙。在例7-5中，车床尾座与主轴箱的装配，以底板为修配件来保证尾座中心线与主轴中心线的等高性。这种修配方法在生产中应用最为广泛。

② 合并加工修配法。这种方法是将两个或更多的零件合并在一起再进行加工修配，合并后的尺寸可看作一个组成环，这样就减少了装配尺寸链组成环的数目，并可以相应减少修配的劳动量。如例7-5中车床尾座与主轴箱装配时，也可以采用合并加工修配法，即把尾座体（A_3）与底板（A_2）相配合的平面分别加工好，并配刮横向小导轨，然后将两零件装配为一体。再以底板的底面为定位基准，套筒孔镗削加工，这样 A_2 与 A_3 合并为一环 $A_{2\text{-}3}$，此环公差可加大，而且可以给底板面留较小的刮研量，使整个装配工作更加简单。

合并加工修配法由于零件合并后再加工和装配，给组织装配生产带来很多不便，因此这种方法多用于单件小批生产中。

③ 自身加工修配法。在机床制造中，有些装配精度要求较高，若单纯依靠限制各零件的加工误差来

保证，势必要求各零件有很高的加工精度，甚至无法加工，而且不易选择适当的修配件。此时，在机床总装时，用机床加工自身的方法来保证机床的装配精度，这种修配法称为自身加工修配法。例如，在牛头刨床总装后，用自刨的方法加工工作台表面，这样就可以较容易地保证滑枕运动方向与工作台面平行度的要求。

又如图 7.1-21 所示的转塔车床，一般不用修刮 A_3 的方法来保证主轴中心线与转塔上各孔中心线的等高要求，而是在装配后，在车床主轴上安装一把镗刀，转塔做纵向进给运动，依次镗削加工转塔上的六个孔。这种自身加工修配法可以方便地保证主轴中心线与转塔上的六个孔中心线的等高性。此外，平面磨床用自身的砂轮磨削机床工作台面也属于这种修配方法。

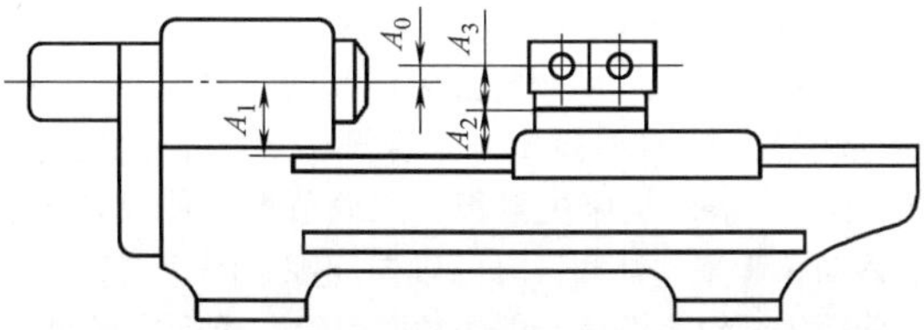

图 7.1-21　转塔车床的自身加工

（4）调整装配法

对于精度要求高而组成环又较多的产品或部件，在不能采用互换装配法装配时，除了可用修配装配法外，还可以采用调整装配法来保证装配精度。

在装配时，用改变产品中可调整零件的相对位置或选用合适的调整件以达到装配精度的方法称为调整装配法。

调整装配法与修配装配法的实质相同，即各零件公差仍按经济精度的原则来确定，并且仍选择一个组成环为调整环（此环的零件称为调整件），但在改变补偿环尺寸的方法上有所不同：修配装配法采用机械加工的方法去除补偿环零件上的金属层；调整装配法采用改变补偿环零件的位置或更换新的补偿环零件的方法来满足装配精度要求。两者的目的都是补偿由于各组成环公差扩大后所产生的累积误差，以最终满足封闭环的要求。最常见的调整方法有固定调整法、可动调整法和误差抵消调整法三种。

1）固定调整法。在装配尺寸链中，选择某一零件为调整件，根据各组成环形成累积误差的大小来更换不同尺寸的调整件，以保证装配精度要求，这种方法称为固定调整法。常用的调整件有轴套、垫片、垫圈等。

采用固定调整法时要解决以下三个问题：

① 选择调整范围。

② 确定调整件的分组数。

③ 确定每组调整件的尺寸。

为了便于比较各种装配方法，仍然以图 7.1-16 所示齿轮与轴的装配关系为例加以说明。

【例 7-6】　在图 7.1-16 中，已知 $A_1=30\text{mm}$，$A_2=5\text{mm}$，$A_3=43\text{mm}$，$A_4=3_{-0.05}^{\ 0}\text{mm}$（标准件），$A_5=5\text{mm}$，装配后齿轮与挡圈的轴向间隙为 0.1～0.35mm。现采用固定调整法装配，试确定各组成环的尺寸偏差，并求调整件的分组数及尺寸系列。

解： ① 画装配尺寸链图，校核各环公称尺寸，与例 7-1 过程相同。

② 选择调整件。A_5 为一垫圈，其加工比较容易、装卸方便，故选择 A_5 为调整件。

③ 确定各组成环公差。按经济精度确定各组成环公差：$T_1=T_3=0.20\text{mm}$，$T_2=T_5=0.10\text{mm}$，A_4 为标准件，其公差仍为已知数 $T_4=0.05\text{mm}$。各加工件公差约为 IT11，可以经济加工。

④ 计算调整件 A_5 的调整量。

$$T_{01}=\sum_{i=1}^{m}|\xi_i|T_i=T_1+T_2+T_3+T_4+T_5$$

$$=(0.20+0.10+0.20+0.05+0.10)\text{mm}=0.65\text{mm}$$

调整量 F 为

$$F=T_{01}-T_0=(0.65-0.25)\text{mm}=0.40\text{mm}$$

⑤ 确定各组成环的极限偏差。按入体原则确定各组成环的极限偏差：$A_1=30_{-0.20}^{\ 0}\text{mm}$，$A_2=5_{-0.10}^{\ 0}\text{mm}$，$A_3=43_{\ 0}^{+0.20}\text{mm}$，$A_4=3_{-0.05}^{\ 0}\text{mm}$，则 $\Delta_1=-0.10\text{mm}$，$\Delta_2=-0.05\text{mm}$，$\Delta_3=+0.10\text{mm}$，$\Delta_4=-0.025\text{mm}$，$\Delta_0=+0.225\text{mm}$。

⑥ 计算调整件 A_5 的极限偏差。

调整件 A_5 的中间偏差为

$$\Delta_0=\sum_{i=1}^{m}\xi_i\Delta_i=\Delta_3-(\Delta_1+\Delta_2+\Delta_4+\Delta_5)$$

$$\Delta_5=\Delta_3-\Delta_0-(\Delta_1+\Delta_2+\Delta_4)$$

$$=[+0.10-0.225-(-0.10-0.05-0.025)]\text{mm}=0.05\text{mm}$$

调整件 A_5 的极限偏差为

$$ES_5=\Delta_5+\frac{1}{2}T_5=\left(0.05+\frac{1}{2}\times0.10\right)\text{mm}=0.10\text{mm}$$

$$EI_5=\Delta_5-\frac{1}{2}T_5=\left(0.05-\frac{1}{2}\times0.10\right)\text{mm}=0\text{mm}$$

所以，调整件 A_5 的尺寸为

$$A_5=5_{\ 0}^{+0.10}\text{mm}$$

⑦ 确定调整件的分组数 Z。取封闭环公差与调整件公差之差作为调整件各组之间的尺寸差 S，则

$$S=T_0-T_5=(0.25-0.10)\text{mm}=0.15\text{mm}$$

调整件的分组数 Z 为

$$Z=\frac{F}{S}+1=\frac{0.40}{0.15}+1=3.67\approx 4$$

分组数不能为小数，取 $Z=4$。当实际计算的 Z 值和圆整数相差较大时，可采用改变各组成环公差或调整件公差的方法，使 Z 值近似为整数。另外，分组数不宜过多，否则将给生产组织工作带来困难。由于分组数随调整件公差的减小而减少，所以，如有可能，应使调整件公差尽量小些。一般分组数 Z 取 3~4 为宜。

⑧ 确定各组调整件的尺寸。在确定各组调整件尺寸时，可根据以下原则来计算：

当调整件的分组数 Z 为奇数时，预先确定的调整件尺寸是中间的一组尺寸，其余各组尺寸相应增加或减少各组之间的尺寸差 S。

当调整件的分组数 Z 为偶数时，则以预先确定的调整件尺寸为对称中心，再根据尺寸差 S 确定各组尺寸。

本例中分组数 $Z=4$，为偶数，故以 $A_5=5^{+0.10}_{0}$mm 为对称中心，各组尺寸差 $S=0.15$mm，则各组尺寸分别为

Z_1 组：$A_5=(5-0.075-0.15)^{+0.10}_{0}$mm

Z_2 组：$A_5=(5-0.075)^{+0.10}_{0}$mm

对称中心尺寸：$5^{+0.10}_{0}$mm

Z_3 组：$A_5=(5+0.075)^{+0.10}_{0}$mm

Z_4 组：$A_5=(5+0.075+0.15)^{+0.10}_{0}$mm

所以，$A_5=5^{-0.125}_{-0.225}$mm，$5^{+0.025}_{-0.075}$mm，$5^{+0.175}_{+0.075}$mm，$5^{+0.325}_{+0.225}$mm。

固定调整法装配多用于大批大量生产中。在产量大、装配精度要求高的生产中，固定调整件可以采用多件组合的方式，如预先将调整垫做成不同的厚度（1mm、2mm、5mm、10mm），再制作一些更薄的金属片（0.01mm、0.02mm、0.05mm、0.10mm 等），装配时根据尺寸组合原理（同量块使用方法相同），将不同厚度的垫片组成各种不同尺寸，以满足装配精度的要求。这种调整方法比较简便，它在汽车、拖拉机生产中广泛应用。

2）可动调整法。采用改变调整件的相对位置来保证装配精度的方法称为可动调整法。在机械产品的装配中，零件可动调整的方法有很多，如图 7.1-21 所示卧式车床中可动调整法应用实例。图 7.1-22a 是通过调整套筒的轴向位置来保证齿轮的轴向间隙；图 7.1-22b 表示机床中滑板采用调节螺钉使楔块上、下移动来调整丝杠和螺母的轴向间隙；图 7.1-22c 是主轴箱用螺钉来调整端盖的轴向位置，最后达到调整轴承间隙的目的；图 7.1-22d 表示小滑板上通过调整螺钉来调节镶条的位置，保证导轨副的配合间隙。

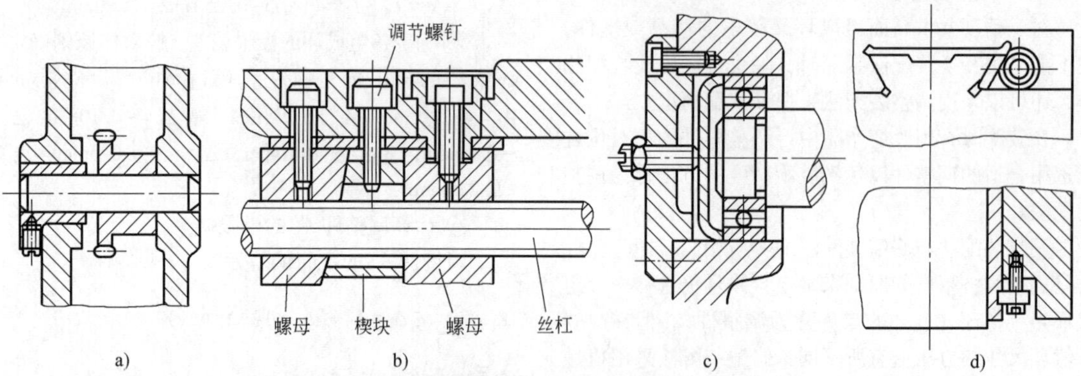

图 7.1-22　卧式车床中可动调整法应用实例

可动调整法能按经济加工精度加工零件，而且装配方便，可以获得比较高的装配精度。在使用期间，可以通过调整件来补偿由于磨损、热变形所引起的误差，使之恢复原来的精度要求。它的缺点是增加了一定的零件数目，以及要具备较高的调整技术，这种方法优点突出，因而使用较为广泛。

3）误差抵消调整法。在产品或部件装配时，通过调整有关零件的相互位置，使其加工误差相互抵消一部分以提高装配精度，这种方法称为误差抵消调整法。这种方法在机床装配时应用较多，如在装配机床主轴时，通过调整前后轴承的径向圆跳动方向来控制主轴的径向圆跳动，在滚齿机工作台分度蜗轮装配中，采用调整两者偏心方向来抵消误差，最终提高了分度蜗轮的装配精度。

7.1.5　装配工艺规程的制定

装配工艺规程是指导装配生产的主要技术文件，制定装配工艺规程是生产技术准备工作的主要内容之一。

目前，在许多工厂中，装配的主要工作是靠手工

劳动完成的。所以，选择合适的装配方法，制定合理的装配工艺规程，不仅是保证机器装配质量的手段，也是提高产品生产率、降低制造成本的有力措施。

装配工艺规程的作用主要有三个方面：

1）组织生产的主要技术文件，从事装配作业的人员均应严格执行，是实现优质、高产、低耗的保障。

2）生产准备和计划调度的主要依据，在产品投入生产之前，可按装配工艺规程进行一系列的准备工作，如物料供应、设备采购和调整、工艺装备设计和制造、劳动力组织等。在生产中可按装配工艺规程制定计划进度，使生产均衡顺利。

3）新建厂或扩建厂的基本技术文件，按装配工艺规程能正确选定设备、工具及其性能和数量；确定工艺平面布置、厂房等级和装配作业人员的等级、数量以及辅助部门的安排等。

1. 制定装配工艺规程的基本原则和原始资料

（1）制定装配工艺规程的基本原则

1）保证产品装配质量，力求提高质量，以延长产品的使用寿命。

2）合理安排装配顺序和工序，尽量减少钳工手工劳动量，缩短装配周期，提高装配效率。

3）尽量减少装配占地面积，提高单位面积的生产率。

4）尽量减少装配工作所占的成本。

（2）制定装配工艺规程的原始资料

制定装配工艺规程的原始资料主要是产品图样及其技术要求；生产纲领、生产类型；目前机械制造水平和人文环境等。

1）机械产品的装配图及验收技术标准。机械产品的装配图应包括总装图和部件装配图，并能清楚地表示出：所有零件相互连接的结构视图和必要的剖视图；零件的编号；装配时应保证的尺寸；配合件的配合性质及公差等级；装配的技术要求；零件的明细栏等。为了在装配时对某些零件进行补充机械加工和核算装配尺寸链，有时还需要某些零件图。

机械产品的验收技术条件、检验内容和方法也是制定装配工艺规程的重要依据。

2）机械产品的生产纲领。机械产品的生产纲领就是其年生产量。生产纲领决定了产品的生产类型。生产类型不同，致使装配工艺规程有很大的不同，如装配生产的组织形式，产品关键部位的装配方法及其设备，零部件的贮存和传送方法及其设备，装配作业的机械化自动化程度，装配基础件的确定等。

大批大量生产的产品应尽量选择专用的装配设备和工具，采用流水装配方法。现代装配生产中则大量采用机器人，组成自动装配线。对于成批生产、单件小批生产，则多采用固定装配方式，手工操作比重大。在现代柔性装配系统中，已开始采用机器人装配单件小批产品。

3）生产条件。如果是在现有条件下制定装配工艺规程，则应了解现有工厂的装配工艺设备、工人技术水平、装配车间面积等。如果是新建厂，则应适当选择先进的装备和工艺方法。

（3）装配的生产节拍和时间定额

1）装配的生产节拍。在生产规模不大、机械化程度不高的单件小批生产时，一般以固定工作台位手工作业为主。当产品的批量增大时，为提高设备负荷率和劳动生产率，以及便于生产管理等，需采用流水线装配。在流水线上连续装配两个产品所需的时间间隔，称为装配的生产节拍，计算公式为

$$\tau=\frac{60F}{N}$$

式中　τ——装配的生产节拍（min）；

F——流水线的年时间基数，一般机械制造厂，一班制为 1970h，二班制为 3820h；

N——产品的年产量（台或件）。

若在流水线上进行多种产品装配时，则 N 为年多种产品的产量之和；另外由于更换产品，流水线需做调整，应将 τ 乘以系数 0.85~0.95，系数大小与调整的复杂程度和次数有关。

在连续移动的传送带上，每一工位完成装配工序的时间 t 应与 τ 相等或接近。

在间隙移动的传送带上，每一工位完成装配工序的时间 t 加上产品移动一个工位的时间（传送时间），应与 τ 相等或接近。

2）装配的时间定额。在一定的生产条件下，规定装配成一个产品，或装配成一个部件，或完成一道装配工序所消耗的时间，称为时间定额。时间定额是安排生产计划和成本核算的主要依据；在设计新厂时用于计算装配设备、装配台位、装配场地的面积等；将时间定额乘以装配台位的工作密度（一个装配台位或一道装配工序，同时进行装配作业的人数），用以计算装配作业人员的数量。时间定额由下述几项组成。

① 基本时间：直接对零部件或产品改变形状、尺寸、相对位置等进行装配所消耗的时间。

② 辅助时间：在完成装配过程中所必须进行的各种辅助工作的时间（在以手工作业为主的装配过程，不单独列出），如润滑设备、更换工具等。

基本时间和辅助时间之和称为装配作业时间。

③ 布置作业场地时间：为使生产正常进行，照管作业场地所消耗的时间。一般按照装配作业时间的

百分数计算，单件小批生产占的比例大。

④ 作业人员生理需要的时间：按作业的劳动强度，为恢复作业人员的体力以及其他自然需要所消耗的时间。一般按照装配作业时间的百分数计算，劳动强度大的占的比例大。

⑤ 准备与结束时间：为了装配一批产品（部件），进行准备和结束工作所消耗的时间。批量越大，分摊到每个产品（部件）的时间越少。

应积极采用新工艺、新技术，增大产品投入批量，提高机械化自动化装配程度，才能缩短时间定额和提高劳动生产率。

2. 制定装配工艺规程的步骤

根据上述基本原则和原始资料，可以按下列步骤制定装配工艺规程。

（1）研究产品的装配图及验收技术条件

审核产品图样的完整性、正确性；分析产品的结构工艺性；审核产品装配的技术要求和验收标准；分析与计算产品的装配尺寸链。

1）了解产品的装配图和零件图以及该产品的性能特点、用途、使用环境等，认识各部件在产品中的位置和作用，找出装配过程的关键技术。

2）在充分理解产品设计的基础上，审查其结构的装配工艺性，对装配工艺不利的结构应提出改进意见，尤其在机械化、自动化装配程度较高时，显得更为重要，会起到事半功倍的作用。

（2）确定装配方法与组织形式

装配方法和组织形式主要取决于产品的结构特点（尺寸和质量等）和生产纲领，并应考虑现有的生产技术条件和设备。

装配组织形式主要分为固定式和移动式两种。固定式装配是指全部装配工作在一个固定的地点完成，多用于单件小批生产，或质量大、体积大的产品批量生产中。移动式装配是将产品按装配顺序从一个装配地点移动到下一个装配地点，分别完成一部分装配工作，各装配地点工作的总和就完成了产品的全部装配工作。根据移动的方式不同又分为连续移动、间歇移动和变节奏移动三种。这种装配组织形式常用于产品的大批大量生产中，以组成流水作业线和自动作业线。

（3）划分装配单元和确定装配顺序

将产品划分为套件、组件及部件等装配单元是制定工艺规程中最重要的一个步骤，这对大批大量生产结构复杂的产品尤为重要。

无论是哪一级装配单元，都要选定某一零件或比它低一级的装配单元作为装配基准件。装配基准件通常应是产品的基体或主干零部件。基准件应有较大的体积和质量，有足够的支承面，以满足陆续装入零部件时的作业要求和稳定性要求。例如：

1）床身零件是床身组件的装配基准零件。

2）床身组件是床身部件的装配基准组件。

3）床身部件是机床产品的装配基准部件。

在划分装配单元、确定装配基准零件以后，即可安排装配顺序，并以装配系统图的形式表示出来。一般是先下后上，先内后外，先难后易，先重大后轻小，先精密后一般，预处理工序在前。另外，处于同方位的装配作业应集中安排，避免或减少装配过程中基件翻身或移位；使用同一工艺装备或要求在特殊环境中的作业，应尽可能集中，以免重复安装或来回运输。

图 7.1-23 所示为卧式车床床身装配简图，图 7.1-24 所示为床身部件装配系统图。

（4）划分装配工序进行装配工序设计

装配顺序确定后，就可将装配工艺过程划分为若干工序，其主要工作如下：

1）确定工序集中与分散的程度。

2）划分装配工序，确定工序内容。

3）确定各工序所需的设备和工具，如需专用夹具与设备，则应拟定设计任务书。

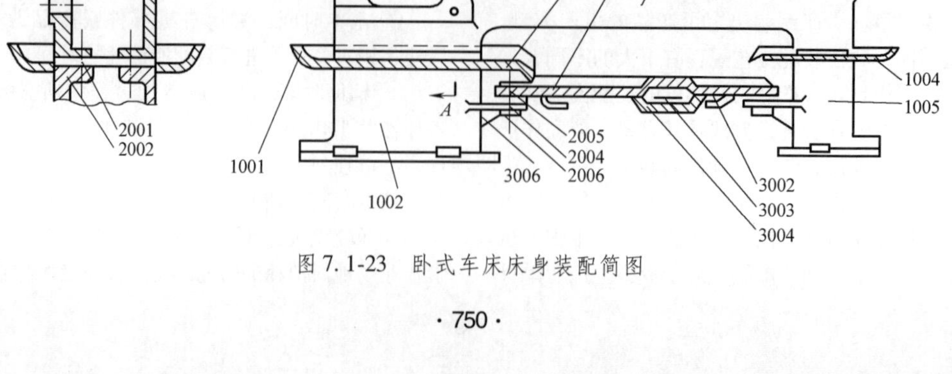

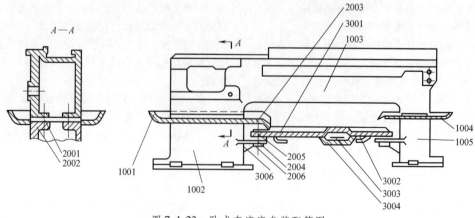

图 7.1-23　卧式车床床身装配简图

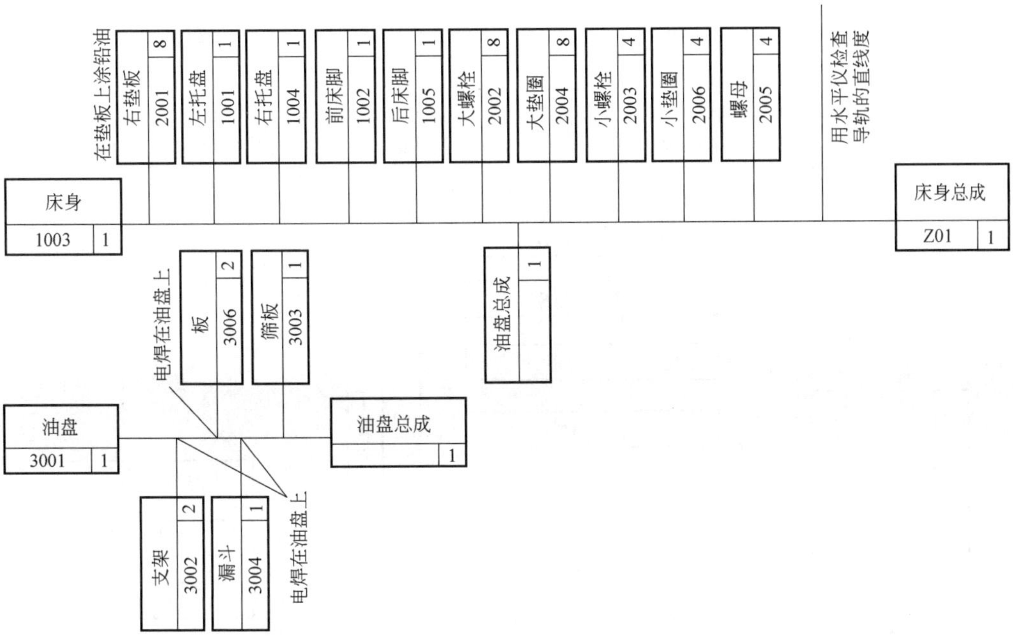

图 7. 1-24　床身部件装配系统图

4）制定各工序装配操作规范，如过盈配合的压入力、变温装配的装配温度以及紧固件的力矩等。

5）制定各工序装配质量要求与检测方法。

6）确定工序时间定额，平衡各工序节拍。

(5) 编制装配工艺文件

单件小批生产时，通常只绘制装配系统图。装配时，按产品装配图及装配系统图工作。

成批生产时，通常还制定部件、总装的装配工艺卡，写明工序顺序、简要工序内容、设备名称、工夹具名称与编号、工人技术等级和时间定额等项。

大批大量生产时，不仅要制定装配工艺卡，而且要制定装配工序卡，以直接指导工人进行产品装配。

此外，还应按产品图样要求，制定装配检验及试验卡片。

3. 制定装配工艺规程应该注意的问题

1）进入装配的零件必须符合清洁度要求，并注意贮存期限和防锈。过盈配合或单配的零件，装配前应严格对有关尺寸进行复检，并打好配对记号。

2）按产品结构、装配设备和场地条件，安排先后进入装配作业场地的零部件顺序，使作业场地保持整洁有序。

3）在选择装配基准件时，基准件的外形和质量在所有零部件中应该占主要地位，并有较多的公共结合面。对于大型基准件，如机床床身，要注意其就位时的水平度，防止因重力或紧固产生变形而影响装配精度。

4）按产品技术要求，选择合适的工艺和设备。例如：对于过盈连接，选用压配法或温差配合法，并确定其技术参数；调整、修配工作要选定合适的环节；几何误差校正时，确定找正和调节方法；不仅要达到装配精度，而且应争取最大的精度储备，延长产品的使用寿命。

5）通常装配区域不宜安装切削加工设备，对不可避免的配钻、配铰或配刮削等装配工序间的加工，要及时清理切屑，保持场地清洁。

6）精密仪器、轴承及机床装配时，装配区域除了不应产生切屑和尘埃外，还要考虑温度、湿度、清洁度、隔振等要求。对就位精度要求很高的重大关键件，要具备超慢速的吊装设备；对重型产品，如挖掘机等的搬运、移动，装配区域要考虑耐压、耐磨地坪。

7）推广和发展新工艺新技术，积极开展新工艺试验，使装配工艺规程技术先进，经济合理。

8）自动装配工艺应注意以下几方面：

① 装配工序的划分，应使各个工位完成的工序时间大致相等或成倍数（可相应增加工位）。

② 装配过程中应尽量减少或避免装配基准件的翻身、转位、升降等，以免影响定位精度，并简化输送装置。

③ 需经二次或多次定向的某些特殊零件，必要时可采用手工定向，以保证技术可靠和经济合理。简单零件的自动装配可与成形相结合，对零件的定向和给料有利。

④ 对于关键工序和易出故障的工序，应设置自

动检测工位。

4. 装配工艺规程文件的种类和作用

装配工艺规程对保证装配质量、提高装配生产率、缩短装配周期、减轻工人劳动强度、缩小装配占地面积、降低生产成本等都有重要的影响，合理选择装配工艺规程的种类十分重要。

装配工艺规程由很多张卡和文件组成，形式多样，目前尚无统一格式，归纳起来如图 7. 1-25 所示。

(1) 装配工艺流程图

将产品全部零部件按照装配工艺组合成多个装配单元，编制成产品的装配工艺流程图，如图 7. 1-26 所示。

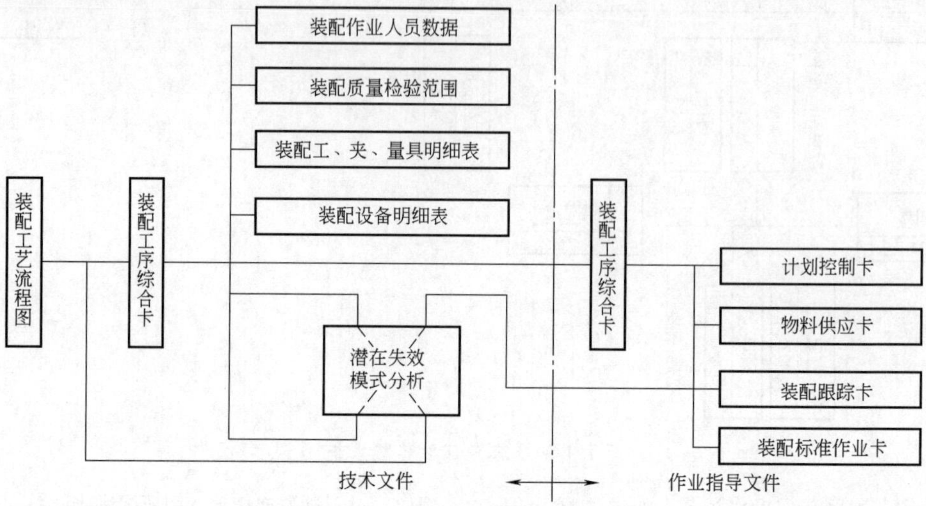

图 7. 1-25　装配工艺规程内容及编制顺序框图

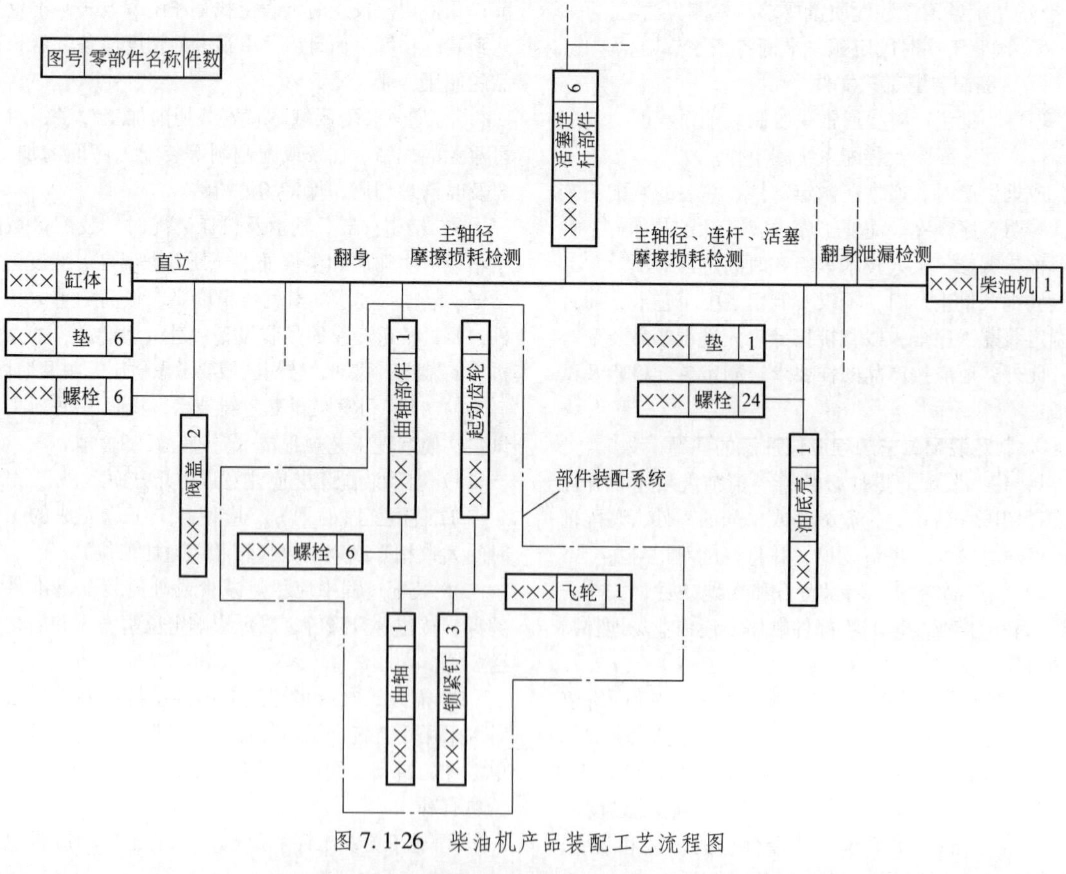

图 7. 1-26　柴油机产品装配工艺流程图

装配工艺流程图表明了产品装配单元的划分、隶属关系、装配顺序、主要装配工艺和装配对象的位置变换等，是装配工艺规程的总纲（基础）。

装配单元一般分为以下几类：

1）副组件，一种最简单的零件组合。

2）组件，多种零件（包括副组件）的组合。

3）部件，几个组件和零件的组合，具有独立的外部功能和作用。

在组合装配单元时应考虑以下几方面：

1）便于装合和拆开。

2）选择好装配单元的基件。

3）尽可能减少进入总装配的单独零件，缩短总装配的周期。

（2）装配工序综合卡

装配工序综合卡是装配工序分析卡的综合，是产品装配的全过程（表 7.1-19）。制定装配工序（不划分工步），在每道工序中说明装配技术要求，采用的装配设备和装配工具等。在生产规模不大、机械化程度不高时，一般仅制定装配工序综合卡，不制定装配工序分析卡。但在工序名称栏目内应详细列出装配工序的内容和技术要求及其参数；列出采用的装配设备与装配主要工具及其技术规格和使用参数；说明生产环境要求，如清洁度（包括含酸、含盐等）、温度、湿度、振动、电磁波等；最后制定时间定额。

表 7.1-19　装配工序综合卡

<table>
<tr><td colspan="4">工作要素</td><td colspan="3">装配工序综合卡</td><td colspan="2">产品(部件)要素</td></tr>
<tr><td rowspan="2">工序号</td><td rowspan="2">工序名称</td><td rowspan="2">工作密度</td><td rowspan="2">作业人员等级</td><td colspan="2">采用的装配设备</td><td colspan="2">采用的装配主要工具（含量具）</td><td rowspan="2">时间定额</td></tr>
<tr><td>编号</td><td>名称</td><td>编号</td><td>名称</td></tr>
<tr><td></td><td></td><td></td><td></td><td></td><td></td><td></td><td></td><td></td></tr>
<tr><td colspan="9">技术管理要素</td></tr>
</table>

注：1. 工作要素：工作相关内容等。

2. 产品（部件）要素：产品（部件）名称、型号、一台产品部件数量等。

3. 技术管理要素：编制、校对、审核等人员姓名、签字（会签）、日期等；修改的标记、内容及其修改人员姓名、签字（会签）、日期等；页码、页数等。

4. 工作密度：同时进行装配作业的人员数量。

（3）装配工序分析卡

在大批大量生产或流水作业装配时，需编制装配工序分析卡（表 7.1-20）。详细列出每一工步，说明装配操作过程；列出必须控制的问题，如装配尺寸、工件压入的压合力、温差配合的温度、螺纹拧紧方法及力矩以及用溶液处理时的溶液浓度、温度等；有时还应说明在装配过程中不宜或禁忌的操作方法；复杂的应绘制工序示意图表示清楚；列出采用的装配设备与装配工具及其技术规格和使用参数；说明生产环境要求，如清洁度（包括含酸、含盐等）、温度、湿度、振动、电磁波等；按工步制定时间定额。

表 7.1-20　装配工序分析卡

<table>
<tr><td colspan="5" rowspan="2">工作要素</td><td colspan="3" rowspan="2">装配工序分析卡</td><td colspan="3" rowspan="2">产品(部件)要素</td><td colspan="2">工序号</td><td>工序名称</td></tr>
<tr><td colspan="2"></td><td></td></tr>
<tr><td rowspan="2">工步号</td><td rowspan="2">操作过程</td><td colspan="3">装配零(部)件</td><td rowspan="2">工作密度</td><td rowspan="2">作业人员等级</td><td colspan="3">采用的装配设备</td><td colspan="3">采用的装配工具（含量具）</td><td rowspan="2">时间定额</td></tr>
<tr><td>图号</td><td>名称</td><td>数量</td><td>编号</td><td>名称</td><td>技术规格</td><td>编号</td><td>名称</td><td>技术规格</td></tr>
<tr><td></td><td></td><td></td><td></td><td></td><td></td><td></td><td></td><td></td><td></td><td></td><td></td><td></td><td></td></tr>
<tr><td colspan="14">技术管理要素</td></tr>
</table>

在制定时间定额时要与装配生产节拍协调平衡，以达到适宜的劳动强度（以手工作业为主时），最佳的设备利用率。装配工序分析卡是实际指导装配作业人员的操作书。有时将其精练，并配以图片，制成装配标准作业卡，挂于相应的装配作业岗位上，以便指导操作。

（4）潜在失效模式及其后果分析卡

在实际装配过程中，由于设备、工具或操作方法等因素均会影响装配工艺的顺利实施，故上述装配工序综合卡和装配工序分析卡制定完成后，需进一步对可能存在的失效模式进行后果及原因分析，见表 7.1-21。

失效模式对被装工件（产品）产生的后果可用以下三个指标表明其危害程度。

1）严重度。根据产品设计部门制定的关键特性表及以往的经验，确定每种失效模式对产品性能影响的严重程度，通常用 1~10 表示。

2）频度数。即此类失效模式发生的频率，通常用 1~10 表示。

表 7.1-21　潜在失效模式及其后果分析卡

工作要素		潜在失效模式及其后果分析卡								产品(部件)或工序要素			
工序过程	潜在失效模式	潜在失效模式导致		潜在失效模式产生		设计工艺控制方法	不易探测度数	风险顺序数	建议改进措施	改进后的风险			
		对产品的后果	严重度数	原因	频度数					严重度数	频度数	不易探测度数	风险顺序数
技术管理要素													

3）不易探测度。一个失效模式即使非常严重且频繁发生，但如果很容易被发现，也是较容易控制的，通常用1~10表示。

将上述三个指标连乘，得到的结果称作风险顺序数，数字越大，说明该失效模式对产品的危害程度越大。当风险顺序数较大时，应采取相应的改进措施，甚至可改变装配工艺。潜在失效模式及其后果分析卡可直接影响装配工艺的技术先进与经济合理。

（5）装配跟踪卡和计划控制卡

1）装配跟踪卡。按工序发到装配现场，由作业人员填写，如零件进料数、完工数、有无次品等，目的是确保产品的可追溯和无漏装现象。

2）计划控制卡。主要是控制计划进度，对物料供应部门和质量管理部门具有指导意义。

7.1.6　机械装配中的人机工效

在机械装配过程中，所有的设备都是由人进行操作或使用的。因此，在生产中，人和机器联系在一起形成一个不可分割的整体，两者之间相互作用、相互配合、相互制约。所以，在这一人机系统中，必须考虑人的生理和心理特性，使得操作人员更容易、更方便、更有效率地进行操作，提高装配的效率，同时提高装配过程中的安全性、降低操作人员的疲劳度和压力、增加操作人员的舒适度，从而在保证安全的前提下，提高劳动生产率。

1. 人机工效的基础

（1）人机工效的基本概念

人机工效是研究与解决人—机械—环境相互关系和相互作用的规律，保持三者协调统一，使机械设备适合人的生理和心理的要求，从而达到工作环境舒适安全、操作准确、简便省力，减轻操作疲劳和提高工作效率的一门科学。

“人—机系统”就是人和一些机器、装置、工具、用具等为完成某项工作或生产任务所组成的系统。更确切地说，这种系统还应包括环境条件在内。所以，人—机系统实际上是指人—机—环境组成的一个不可分割的整体。

（2）人机工效研究的基本内容

1）人体各部分的尺寸，人的视觉和听觉的正常生理值，人工作时的姿势，人体活动范围、动作节奏和速度，劳动条件引起工作疲劳的程度以及人的能量消耗和补充。

2）机器的显示器（仪表刻度、光学信号、标记、警报声响、示波屏幕等），控制器（把手、操纵杆、驾驶盘、按钮的结构型式和色调等）和其他与人发生联系的各种装备（桌、椅、工作台等）。

3）人所处工作环境的温度、湿度、声响、振动、照明、色彩、气味等。

（3）人体的主要尺度数据

人体尺寸主要决定人—机系统的操作是否方便、省力和舒适，决定操作中人员是否可以保持好的工作状态，降低疲劳，保证安全生产。

人体尺度是指人体所占有的三维空间，包括人体的高度、宽度和胸廓前后径，以及各部分肢体的大小尺寸等，它通常由直接测量的数据，根据统计分析获得。

成年人体尺度由于国家、地区、民族、性别、年龄和生活状态的不同而有所差异。图7.1-27为人体尺寸图，我国不同地区人体各部位的平均尺寸见表7.1-22。

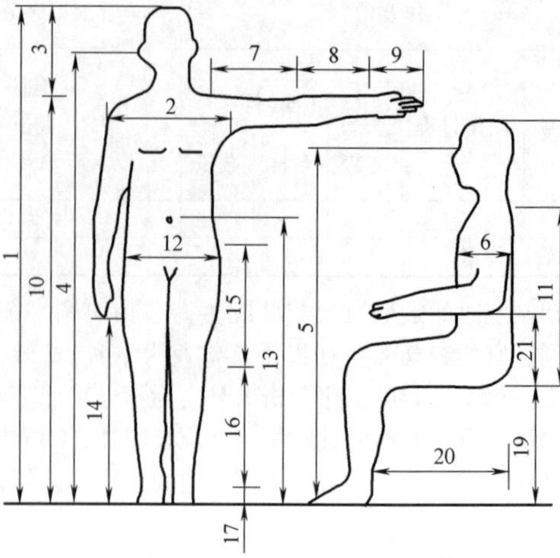

图 7.1-27　人体尺寸图[㊀]

㊀ 图中数字为编号，具体表示什么及数值见表7.1-22。图7.1-28情况同此。

表 7.1-22　我国不同地区人体各部位的平均尺寸　（mm）

编号	部位	较高身材地区		中等身材地区		较矮身材地区	
		男	女	男	女	男	女
1	人体高度	1690	1580	1670	1560	1630	1530
2	肩宽度	420	387	415	397	414	386
3	肩峰至头顶高度	293	285	291	282	285	269
4	正立时眼的高度	1573	1474	1547	1443	1512	1420
5	正坐时眼的高度	1203	1140	1181	1110	1144	1078
6	胸廓前后径	200	200	201	203	205	220
7	上臂长度	308	291	310	293	307	289
8	前臂长度	238	220	238	220	245	220
9	手掌长	196	184	192	178	190	178
10	肩峰高度	1397	1295	1379	1278	1345	1261
11	上身高度	600	561	586	546	565	524
12	臀部宽度	307	307	309	319	311	320
13	肚脐高度	992	948	983	925	980	920
14	指尖至地面高度	633	612	616	590	606	575
15	大腿长度	415	395	409	379	403	378
16	小腿长度	397	373	392	369	391	365
17	脚高度	68	63	68	67	67	65
18	坐高	893	846	877	825	850	793
19	腓骨头的高度	414	390	407	382	402	382
20	大腿水平长度	450	435	445	425	443	422
21	肘关节至椅面高	243	240	239	230	220	216

注：较高身材地区—如河北、山东、辽宁；中等身材地区—如江苏、浙江、安徽；较矮身材地区—如云南、贵州、四川。

图 7.1-28 所示为人体站立与坐姿尺度，表 7.1-23 所列为人体各部分尺度与身高的比例，表 7.1-24 所列为我国人体站立与坐姿尺度分布的平均值和标准离差值，表 7.1-25 所列为我国成年男子身高与体重的关系。

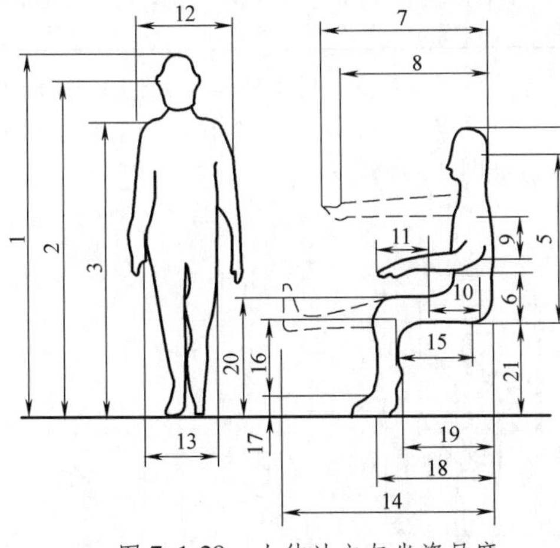

图 7.1-28　人体站立与坐姿尺度

2. 装配过程与人体的关系

装配时，操作人员施力的大小和方向也是影响其能量消耗的重要因素。根据人机工效学原理，人体各部位都有其活动范围，施力角度不同，其对应的最大力量也不同。

表 7.1-23　人体各部分尺度与身高的比例
（按中等身材地区计算，身高 = 100）

项目	百分比(%)	
	男	女
两臂展开长度与身高之比	102.1	101.0
肩峰至头顶高度与身高之比	17.6	17.9
上肢长度与身高之比	44.2	44.4
下肢长度与身高之比	52.3	52.0
前臂长度与身高之比	14.3	14.1
上臂长度与身高之比	18.9	18.8
大腿长度与身高之比	24.6	24.2
小腿长度与身高之比	23.5	23.4
坐高与身高之比	52.5	52.8

在立姿作业中，上臂在垂直水平线方向产生最大的施力，在平行水平线方向产生最小的施力，也就是说当装配作业的施力方向垂直于水平线时，操作人员能产生最大的施力，其能量消耗较小；当装配作业的施力方向平行于水平线时，操作人员施力能力很小，但能量消耗很大。所以，合理设计装配空间，使操作人员的施力方向最优化能有效减少其能量消耗。

操作频率和操作时间对能量消耗的影响也很大，操作频率越快，操作的次数就越多，人体消耗的能量越多；操作时间越长，能量消耗越多，所以合理安排生产节奏也是保证安全有效生产的重要手段。

表 7.1-24 我国人体站立与坐姿尺度分布的平均值和标准离差值 (mm)

编号	项目	男		女	
		平均值	标准离差值	平均值	标准离差值
1	身高	1688.25	81.83	1586.17	51.29
2	眼高	1585.32	61.61	1480.25	76.02
3	肩高	1420.98	54.35	1320.26	60.96
4	坐高	896.53	36.12	848.52	31.58
5	坐姿眼高	794.00	—	743.00	—
6	肘至座平面	245.53	41.81	238.63	25.63
7	上肢前伸长	837.78	36.81	784.50	37.98
8	拳前伸长	730.87	47.07	688.84	36.79
9	大臂长	269.21	16.36	260.74	19.79
10	小臂长	247.08	13.22	225.93	17.03
11	手长	192.33	9.46	179.00	9.52
12	肩宽	426.32	20.35	391.71	21.67
13	臀宽	333.75	22.62	394.71	23.99
14	下肢前伸长	1015.91	58.91	976.79	50.84
15	大腿长	422.48	28.44	409.21	35.39
16	小腿长	401.34	21.57	368.60	22.21
17	足高	70.69	5.46	65.78	6.94
18	膝臀间距	550.78	27.49	527.77	31.28
19	大腿平长	422.92	23.31	431.76	30.34
20	膝上到足底	515.08	24.67	479.89	23.61
21	膝弯到足底	405.79	19.49	382.77	20.83

表 7.1-25 我国成年男子身高与体重的关系（女子体重平均减少 2.5kg） (kg)

身高/mm	年龄				
	30~34 岁	35~39 岁	40~44 岁	45~49 岁	50~60 岁
1530	50.3	51.1	52.0	52.4	52.4
1540	50.7	51.5	52.6	52.9	52.9
1550	51.2	52.0	53.2	53.4	53.4
1560	51.7	52.5	53.6	53.9	53.9
1570	52.1	52.8	54.1	54.5	54.5
1580	52.6	53.3	54.7	55.0	55.0
1590	53.1	53.9	55.4	55.7	55.7
1600	53.6	54.5	55.9	56.3	56.3
1610	54.3	55.2	56.6	57.0	57.0
1620	54.9	55.9	57.3	57.7	57.7
1630	55.5	56.6	58.0	58.5	58.5
1640	56.3	57.4	58.7	59.2	59.0
1650	56.9	58.1	59.4	60.0	60.0
1660	57.6	58.8	60.2	60.7	60.7
1670	58.4	59.5	60.9	61.5	61.5
1680	59.1	60.3	61.7	62.3	62.3
1690	59.8	61.0	62.6	63.1	63.1
1700	60.5	61.8	63.4	63.8	63.8
1710	61.3	62.5	64.1	64.8	64.6
1720	62.0	63.3	65.0	65.4	65.4
1730	62.8	64.1	65.9	66.3	66.3
1740	63.0	65.0	66.8	67.3	67.4
1750	64.5	65.9	67.7	68.4	68.7
1760	65.4	66.8	68.6	69.4	69.5
1770	66.5	67.7	69.5	70.4	70.5
1780	67.5	68.6	70.4	71.4	71.5
1790	68.4	69.7	71.3	72.3	72.6
1800	69.5	70.9	72.3	73.5	73.8
1810	70.6	72.0	73.4	74.7	75.0
1820	71.7	73.0	74.5	75.9	76.0
1830	72.7	74.0	75.2	77.2	77.4

(1) 操作空间与人体限制尺寸

在设计机械装配工艺过程中，装配者需要进行多种工作姿态的操作。为了保证装配者舒适地操作，装配场地应该具有足够的操作空间，这就需要确定人体各种姿态下的尺度数据。男子身体处于不同姿态时的限制尺寸如图 7.1-29 所示，人体在不同空间工作的限制尺寸如图 7.1-30 所示。

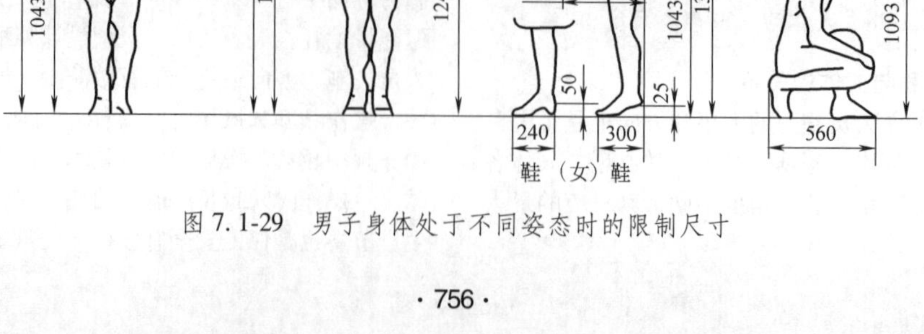

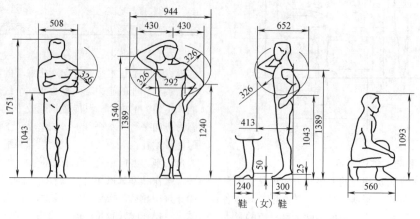

图 7.1-29 男子身体处于不同姿态时的限制尺寸

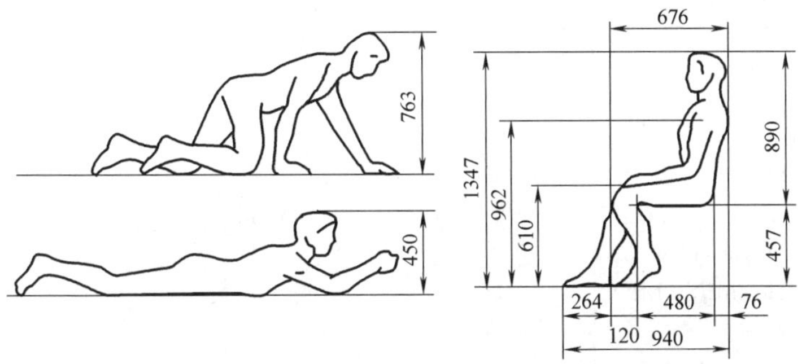

图 7. 1-29　男子身体处于不同姿态时的限制尺寸（续）

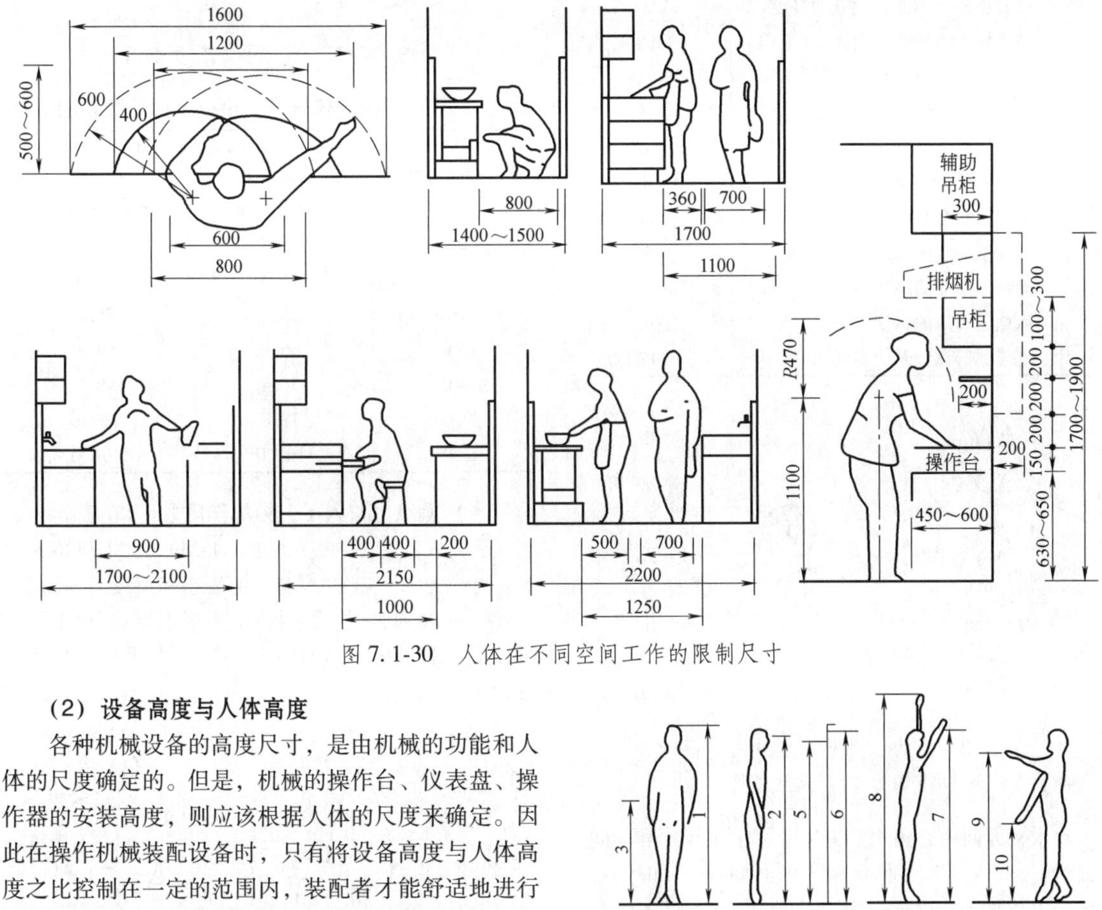

图 7. 1-30　人体在不同空间工作的限制尺寸

（2）设备高度与人体高度

各种机械设备的高度尺寸，是由机械的功能和人体的尺度确定的。但是，机械的操作台、仪表盘、操作器的安装高度，则应该根据人体的尺度来确定。因此在操作机械装配设备时，只有将设备高度与人体高度之比控制在一定的范围内，装配者才能舒适地进行操作，图 7. 1-31 所示为人体高度与设备高度的关系，表 7. 1-26 所列为设备高度与人体高度之比。如果确定装配控制台的高度，则可以根据表 7. 1-26 中的 14 号进行查找；如果确定装配设备操作把手的安装高度，则可在表 7. 1-26 中的 12 号查找等。

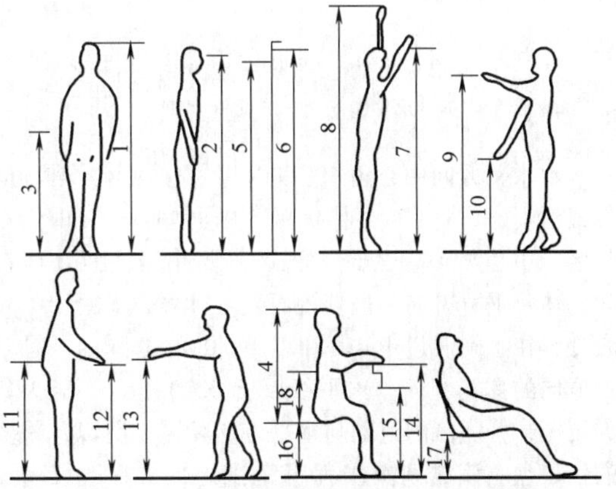

图 7. 1-31　人体高度与设备高度的关系

（3）仪表盘与人的视野

为了保证装配者在最佳的工作条件下操纵设备，必须对操作器、显示器提出工效要求，其中一项重要的要求是操作仪表盘的布置应具有高的视读效果。一般来说，操作者距离仪表盘中心视距最短，视力感最好，最清晰，认读效率最高；距离仪表盘中心视距最长，认读效率最差。图 7. 1-32 所示为人的水平与垂直方向的视野。

表 7.1-26　设备高度与人体高度之比

编号	定义	设备高度与人体高度之比
1	与人同高的设备	1/1
2	设备与眼睛同高	11/12
3	设备与人体重心同高	5/9
4	设备与坐高(上半身高)相同	6/11
5	眼睛能够看见设备的高度(上限)	10/11
6	能挡住视线的设备高度	33/34
7	站着用手能放进和取出物件的台面高度(上限)	7/6
8	站着手向上伸能够达到的高度	4/3
9	站姿使用方便的台面高度(上限)	6/7
10	站姿使用方便的台面高度(下限)	3/8
11	站姿最适宜的工作点高度	6/11
12	站姿用工作台高度	10/19
13	便于用最大力牵拉的高度	3/5
14	坐姿控制台高度	7/17
15	台面下的空间高度(下限)	1/3
16	操纵用座椅的高度	3/13
17	休息用座椅的高度	1/6
18	座椅到操纵台面的高度	3/17

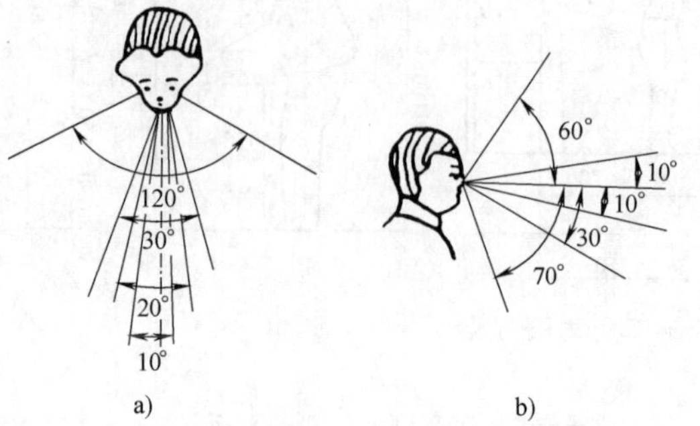

图 7.1-32　人的水平与垂直方向的视野
a）水平视野　b）垂直视野

在水平方向中心角 10°以内为最佳视区，辨别问题最清晰，1.5°～3°为特优区，中心角 30°以内为有效区，中心角 120°为最大视区，要相当注意才能辨认物体。垂直方向的最佳视野约在水平线以下 10°左右处，在水平线以上 10°和以下 30°的范围内，是垂直方向的良好视区。水平线以上 60°和以下 70°为最大视区，特优区的范围与水平方向相同。所以，重要的仪表盘应该放到操作者 3°范围之内，一般仪表盘放在 20°～30°范围之内。

从视觉特征的角度上来说，仪表盘的视距最好是 700mm 左右，其高度最好与眼睛相平，而且仪表盘与操作者的视线成直角为最佳。如图 7.1-33 所示，仪表盘面后仰角为 15°～30°，即盘面与地面成 60°～75°交角。而且对操作者的视距与仪表盘大小以及标记的数量也应该有一定的要求，见表 7.1-27。

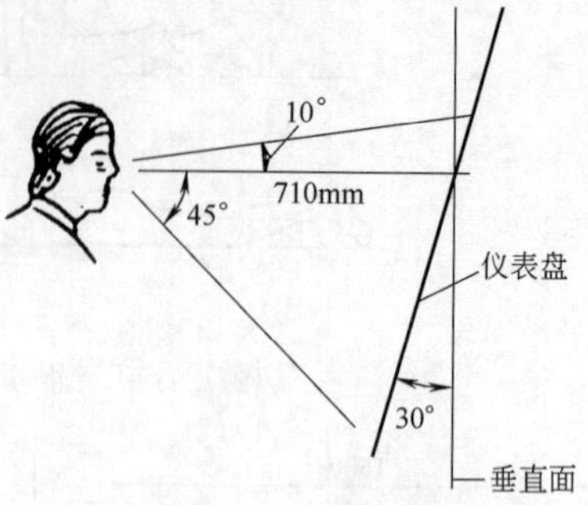

图 7.1-33　仪表盘的空间位置

表 7.1-27　视距与仪表盘大小以及标记数量的关系

标记的数量	仪表盘的最小许用直径/mm	
	观察距离 500mm 时	观察距离 900mm 时
38	25.4	25.4
50	25.4	32.5
70	25.4	45.5
100	36.4	64.3
150	54.4	98.0
200	72.8	129.6
300	109.0	196.0

（4）操纵力与人手、脚的作用力

一般人的右手握力（图 7.1-34）约为 380N，左手握力约为 350N。握力与人的姿态和持续时间有关，当持续一段时间之后，握力显著下降。如果持续 1min 后，右手平均握力约为 280N，左手平均握力约为 250N。

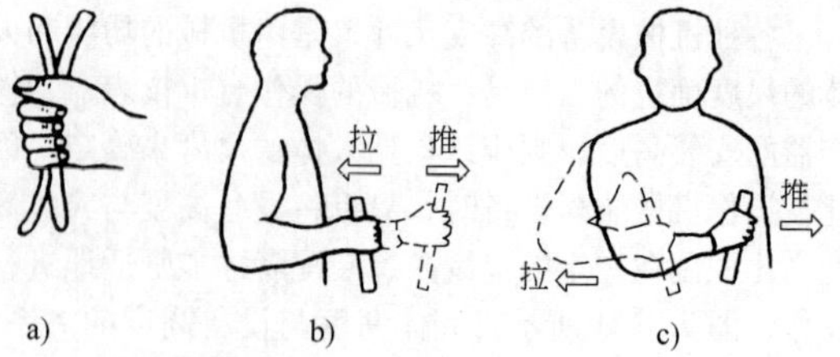

图 7.1-34　人的握力和推拉力
a）握力　b）前后推拉　c）左右推拉

为了使装配操作者工作更加便利，保持在工作期间不过度疲劳，应将操作者手控制力、操作扭矩的大小以及脚的操作力大小控制在一定范围内。表 7.1-28 所列为控制器许用的最大作用力，表 7.1-29 所列为操作者平稳转动控制器的最大用力，表 7.1-30 所列为最适宜手柄的操纵力。

表7.1-28　控制器许用的最大作用力

操纵控制器的形式	许用的最大作用力/N
轻型按钮	5
重型按钮	30
脚踩按钮	20～90
轻型转换开关	4.6
重型转换开关	20
前后动作的杠杆	153
左右动作的杠杆	132
手轮	153
方向盘	153

表7.1-29　操作者平稳转动控制器的最大用力

操作特征	最大用力/N
用手操作的转动控制器	10以内
用手和前臂操作的转动控制器	20～40
用手和臂操作的转动控制器	80～100
用手以最高速度旋转的控制器	9～20
要求精度高时的转动控制器	20～25

表7.1-30　最适宜手柄的操纵力

手柄距地面的高度/cm	手的用力/N					
	右手			左手		
	向上	向下	向侧方	向上	向下	向侧方
50～65	140	70	40	120	120	30
65～105	120	120	60	100	100	40
105～140	80	80	60	60	60	40
140～160	90	140	40	40	60	30

脚动控制器主要在下列场合选择：

1）需要连续进行操作，而采用手不方便的场合。

2）无论是连续操作或间歇操作，其控制力超过50～150N的情况。

3）手控工作量太大，只依靠手不能完成控制任务时。

装配操作者采用脚进行控制时，可以采用脚踏板、脚踏按钮、脚踏开关等，如图7.1-35所示，操作者的脚踏力应该控制在表7.1-31规定的范围之内。

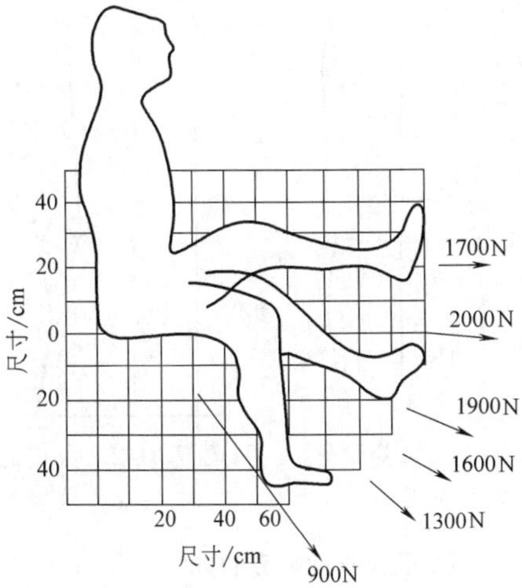

图7.1-35　人脚的蹬力

表7.1-31　人脚的操纵力　（N）

脚别	屈曲力		伸出力	
	男	女	男	女
右脚	333	239	488	351
左脚	305	213	430	305

3. 基于人机工效的装配工艺设计

（1）基于人机工效装配设计的原则

1）按照装配时工人所用工具、所处位置以及作业姿势，并根据人体尺寸数据，给予工人合适的作业空间，使装配人员能够保持合理的装配姿势，最大程度的满足人体作业时的舒适性。

2）设计装配动作时，尽量减少和避免容易产生疲劳或致伤的姿势进行作业。

3）应确保装配作业中的举/放、推/拉、搬运、抓/松等操作在人体力量限度内，防止装配人员由于瞬时劳动强度过大而致伤。

4）应保持装配人员在工作日中的工作负荷和难度适当，以保证装配人员的持续工作能力、装配质量和效率。

5）应保持每个工作人员的工作负荷和任务难度大致相当，以保证完成装配任务时间大致相等，减少装配瓶颈，使流水化装配顺利进行。

6）装配工艺设计应尽量使装配操作能单手或一人完成，尽可能避免需要双手或多人参与的操作。

7）同类型同系统的零、部件应尽量安排在同一区域，减少装配人员执行同类工作时的移动和查找时间。

8）装配人员任务分配时，单个装配人员的任务尽可能分布在产品同一侧，减少工人的移动距离和时间，避免工人间的相互干扰。

9）装配产品应有良好的可达性和可视性，应将装配点布局在可见的并便于接近的位置上，而且具有足够的操作空间，使装配操作尽可能方便。

10）装配环境充分考虑人员的生理和心理因素，如适度的照明条件，噪声不超过规定标准等。

11）确保装配中的安全性，避免发生装配人员伤亡或产品损坏，在可能发生危险的部位应提供醒目的标记、警告灯、声响警告等辅助预防手段。

（2）装配时人体的最佳工作姿态

装配姿势是操作人员在进行装配操作时采取的身体姿态，良好的作业姿态能减少作业时的能量消耗，减少疲劳，不良的作业姿态使操作人员产生不舒适的感觉，并加重劳动负荷。

常见的装配作业不良动作主要有：静止不动的坐姿；长期或反复弯腰，特别是弯度超过150°；弯腰并伴有身体扭曲，弯腰姿势进行作业的能量损耗是以坐姿进行作业的 1.5 倍；负荷不平衡，单侧身体承重；长时间双手举起或前伸；长时间高频率地使用一组肌肉等。在实际生产中，应尽量避免使用以上动作。故在不影响装配作业的情况下，合理设计装配姿势是减轻生理疲劳的有效手段。

在机械装配中，立姿操作时，应该允许操作者自由移动身体。在机械装配过程中，如举高和搬运操作时，要注意让脊骨伸展，避免冲击式举重等危险操作。应利用辅助工具，提、抬载荷要贴近身体，并使载荷由身体平均承受。在图 7.1-36 中，左边姿势是明显不对的，一个是容易发生肌肉扭伤，另一个是容易发生脊骨疲劳，均易产生安全隐患。

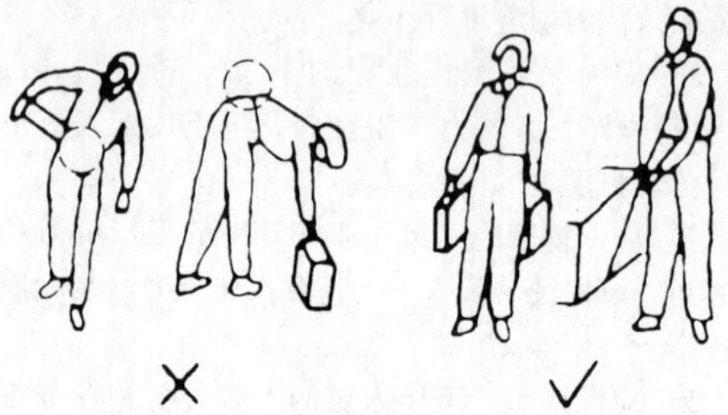

图 7.1-36 立姿操作的不同方式

（3）装配时人手操作的最佳位置

在工业设计中，人体尺寸只是一个参量。但是人在操作设备或从事作业时是一个动态的过程。在工作中，人在站立姿势条件下，正常人站立时的活动空间如图 7.1-37 所示，人站立姿势时手能及的最大范围如图 7.1-38 所示。

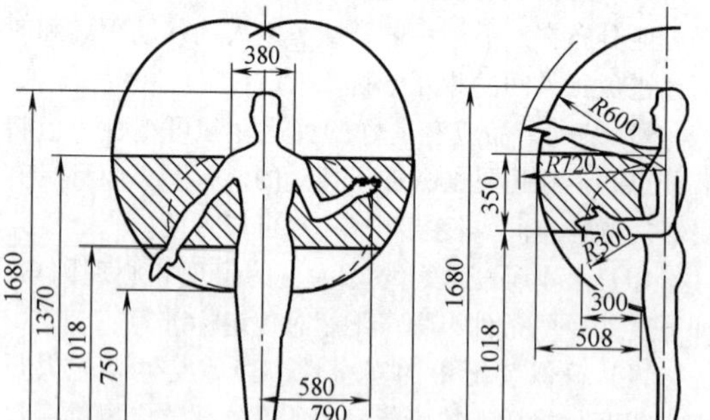

图 7.1-37 正常人站立时的活动空间

图中虚线表示最佳范围；点画线表示人躯干不活动时，手能及的最大范围；细实线表示人躯干活动时，手能及的最大范围。为了避免疲劳和保证较好的工作效率，一般应当要求各种操作装置位于人躯干不活动时手能及的范围之内。所以在机械装配中，用双手拿起物体的最初位置，手距地面高度 H 为 500～

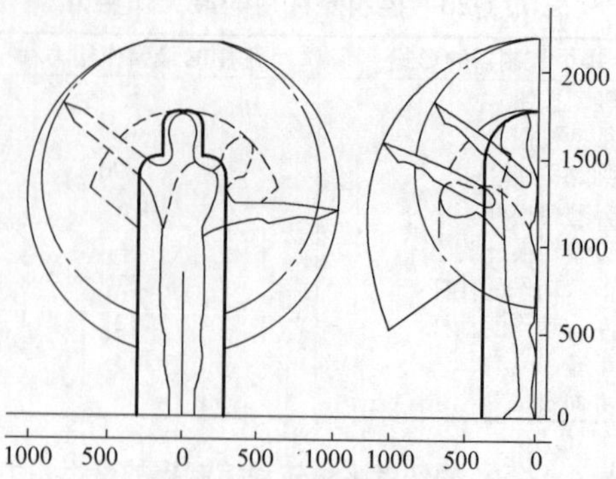

图 7.1-38 人站立姿势时手能及的最大范围（单位：mm）

600mm，低于此值拿起物体，则须弯腰，消耗体力，如图 7.1-39 所示。装配操作中，人手水平操作的最佳位置，既水平推或拉的位置，握柄位置离地面的适宜高度 H 为 850～950mm，如图 7.1-40 所示。

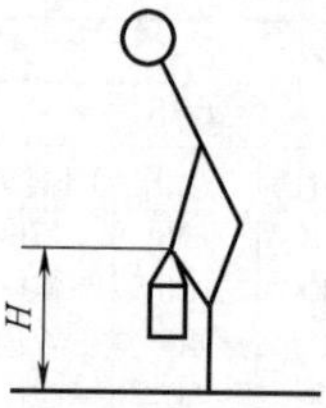

图 7.1-39 物体的最初位置

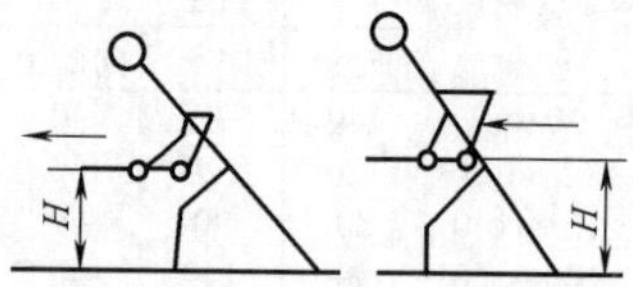

图 7.1-40 握柄适宜高度

图 7.1-41 所示为立姿弯臂时力的分布，由图可知，大约在 70°处操作力可达到最大值。所以，在装配操作时，人立姿弯臂的角度应该小于 70°。拉链时手的位置从最高 1700mm（H_1）拉下至 1200mm（H_2）为最佳，如图 7.1-42 所示，这样可以有效利用肢体能力，符合人的运动特性。

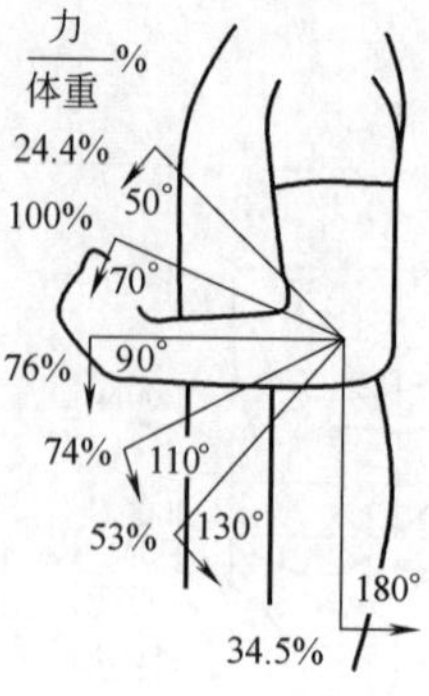

图 7.1-41 立姿弯臂时力的分布

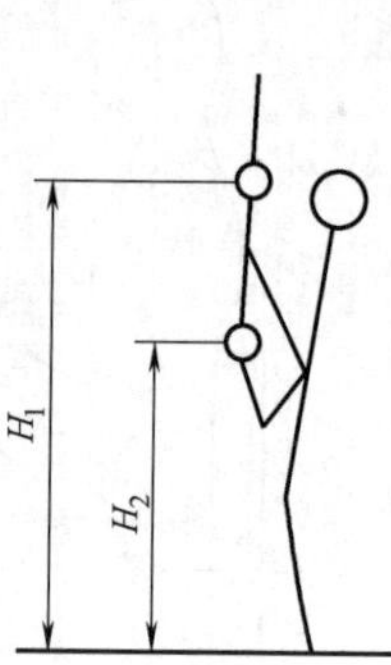

图 7.1-42 拉链时手的最佳位置

（4）减少装配作业疲劳的方法

作业疲劳是指人在作业过程中，人产生作业机能衰退、作业能力下降，有时并伴随疲倦感等主观症状的现象。过度的作业疲劳不仅使作业能力下降、劳动质量低、大脑与动作迟钝、反应能力降低，而且增加事故发生率，甚至造成财产损失。作业疲劳是一系列复杂的综合体，既有人的生理和心理因素，又有设备技术系统的因素，还受环境的影响。

在机械装配的人—机关系中，仪器、设备及零件的堆放高度都应首先考虑是否满足人体尺寸及人手能及的尺寸，其尺寸必须设计合理，这一切都以人在生产中安全为中心，营造舒适的环境，降低疲劳，从而提高生产率。

目前，我国装配车间的作业环境都不十分理想，温度、湿度、照明、噪声、振动、油污等，还有作业空间小、劳动强度大、作业时间长，所有这一切对人的影响是不可忽视的。人在比较差的环境下作业时，发生人为差错的概率会大大增加，容易造成误动作，从而增大了安全隐患。

例如噪声，我国 1979 年颁布的《工业企业噪声卫生标准》中规定：工业企业的生产车间和作业场所的工作地点的噪声标准为 85dB（A）。现有工业企业经过努力暂时达不到标准时，可适当放宽，但不得超过 90dB（A）。人在噪声环境中会产生“噪声烦恼”，工作容易疲劳，反应也迟钝，给生产和工作带来一定的影响，特别是要求注意力高度集中的工作，影响更为显著。根据资料显示，112~120dB 的稳态噪声能影响睫状肌而降低视物速度，130dB 以上的噪声可引起眼球振颤及眩晕，180dB 的噪声能使金属变软，190dB 的噪声能使铆钉脱落。由此可见，工作环境对人的影响之大。

4. 装配工艺的人机工效评价

装配工艺中的人机工效学研究，是一种反复求证的过程，如图 7.1-43 所示，即首先根据产品装配要求形成初步的装配工艺，然后对其进行人机工效的评定；根据评定结果调整装配工艺（有可能的话可调整产品设计）和增加机械化设备，形成新的装配工艺设计；对新的装配工艺方案再进行人机工效的评定，以此反复，直至最后确定可以实施的装配工艺文件。需要提出的是，即使在装配工艺的实施阶段，仍可以根据人机工效对装配工艺进行调整。

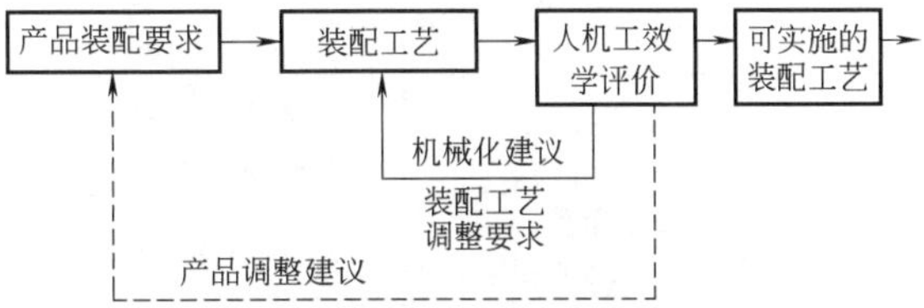

图 7.1-43　人机工效学实施流程

（1）装配工艺人机工效评价的流程

对装配工艺方案的人机工效评价可以从两方面入手——产品特性因素和工艺设定因素。

1）产品特性因素：由产品的结构性因素组成，包括由此所产生的部件划分、材料搬运、运输方式、装配工具使用等。尽管产品特性因素可以通过设计的手段予以改进，但往往这些因素是作为产品特点而存在，所以在装配工艺中应该承认这些因素，通过科学且先进的装配工艺手段来进行调整，解决人机工效方面的不足。

2）工艺设定因素：由装配作业过程中的因素组成，其中大部分直接涉及对操作者的影响。在装配工艺的设计中，反复调整这些因素，可使人机工效得到充分发挥。

对整个装配过程进行分解，不仅要分解到每个装配工序，而且要分解到每个装配动作。然后根据人机工效学原理判别每一个动作的合理性、有效性和必要性。判别时可逐项进行，详见表 7.1-32 和表 7.1-33。如果对于同一个操作者、同一个工位、同一个工序时间中累积统计的“需调整”和“尚可”的作业动作比较多，则说明这个工位、这个操作者的劳动强度过大，必须对此进行调整。这种调整应该将注意力集中在改进工艺方法，或增加机械化设备，或分散作业内容等方面，至少可以增加休息次数的安排。

表 7.1-32　机械装配工艺中的人机工效评价项目表（产品特性因素）

评价内容	双手装配作业面高度/cm	双手水平悬伸工作距离/cm	工作面相对操作者的方位	操作者手的活动空间(四周)/cm	零件的放入难度	装配时需选择不同的零件种类
佳	90~120	<30	顶部或前面	>30	能自对准或非重要	无须挑选
一般	60~90 120~150	30~60	侧面	15~30	有导向/粗定位	2~3
尚可	30~60	60~90	底面或后面（带有导向）	2.5~15		4~10
需调整	<30, >150	>90	底面或后面（无导向）	<2.5	依赖于操作者判断	>10

（续）

评价内容	扳手力矩/N·m	握力力矩/N·m	螺钉旋具力矩/N·m	用手推入力/N	用指推入力/N
佳	<10	<2	<1	<25	<10
一般	10~20	2~3	1~1.5	25~50	10~25
尚可	20~40	3~6	1.5~3	50~75	25~45
需调整	>40	>6	>3	>75	>45
评价内容	紧固作业	所提取部件或零件的质量/kg	被装部件或零件的长宽高之和/cm	所提取部件或零件的直径/cm	部件或零件在运输箱内的状态
佳	单手作业,无须另取扳手	<0.5	<30	2.5~7.6	单独放置
一般	手持零件和扳手	0.5~4.5	30~150	0.6~2.5	成小堆放置
尚可	手指转动(挤出孔)	4.5~12	150~300	>7.6	放在大包装箱中
需调整	双手作业,需另取扳手,或自攻螺钉	>12	>300	<0.6	叠放或杂乱放置

表 7.1-33　机械装配工艺中的人机工效评价项目表（工艺设定因素）

评价内容	重复性动作数/(次/工序)	小时重复性动作数①/(次/小时)	作业活动的范围	作业基本姿势	背部姿势(保持 10s 以上的状态②)
佳	1	0~150	可直接到达工件的上面或垂直表面	带有靠背的坐势	<20°
一般	2~5	150~300	作业通路上有障碍	站势,无依托坐势	20°~45°
尚可	6~10	300~600	需要弯腰或伸臂(>65cm)	不经常坐势,需要扭动的坐势	20°~45°(带扭动)
需调整	>10	>600	需要钻入工件内部	侧卧、跪势、蹲势	>45°
评价内容	颈部姿势(保持 10s 以上的状态②)	双手活动空间范围	手部活动姿势(保持 10s 以上的状态②)	5s 以上姿势②的累加(握、推、拉、弯腰、蹲下)	双手搬物动量=水平距离×提物重量/(kg·cm)
佳	<20°低头	在舒适空间③内	<20°	<10%工序周期	<14.5
一般	20°~45°低头	在舒适空间边缘	20°~45°	10%~32%工序周期	14.5~42.5
尚可	>45°低头	超出舒适空间 10s②以内	20°~45°伴随扭动	32%~50%工序周期	42.5~70
需调整	>20°低头并带有扭动、弯腰或向后伸展	超出舒适空间 10s②以上	>20°并带有绕尺骨/桡骨的转动	>50%工序周期	>70

评价内容	单手提物/kg	搬运(推、拉)物体/kg	每分钟行走步数(75cm/步)	每分钟内登高/下降的距离和/m
佳	<2.2	<4.5	3~5	<0.3
一般	2.2~4.5	4.5~9	6~10	0.3~0.6
尚可	4.5~9	9~13.6	11~30	0.6~1.5
需调整	>9	>13.6	>30	>1.5

① 小时重复性动作数=重复性动作数×每小时完成工序数。

② 以每工序时间内计算。

③ 舒适空间的定义：以人站立时为标准，肩部为高，髋部为底，双臂侧伸时的肘部为宽，双臂前伸时的腕部为前端，由此形成的为舒适空间。

（2）装配工艺人机工效评价系统

人机工效评价系统是由人体建模与仿真以及人机工效评价软件组成的，可以检查与评价机械装配工艺设计是否符合人体工程学，可以设计、分析和优化具体的人工操作，提高装配产品的工效学因素和改进装配任务，使机械装配提高效率和降低成本。图 7.1-44 所示为人机工效评价系统。

系统提供多种 3D 虚拟人工模型，如图 7.1-45 所示。它们可以实现对人工作业的准确模拟以及对人体工程学和组装时间的分析，可以对人工装配作业进行可行性检查，改善装配人员工作条件，评估不同的装配工艺设计方案。人机工效评价系统的评价过程如下：

1）操作者模拟。选择不同类型的操作者，可以从下列菜单中选择不同类型的人：

① 不同比例尺寸的女性和男性模型。

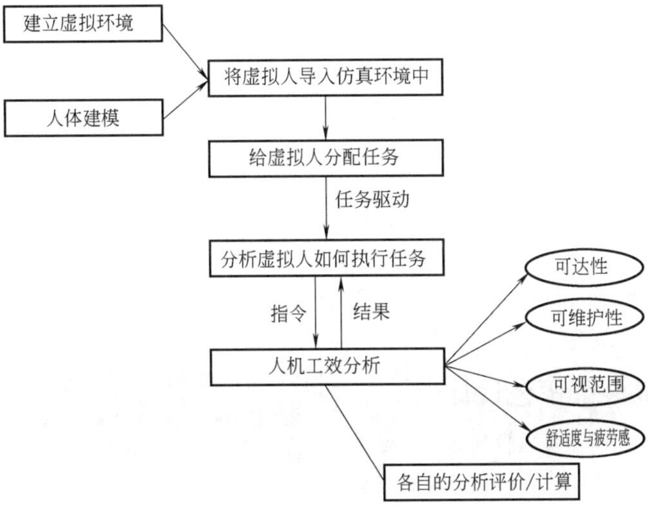

图 7.1-44　人机工效评价系统

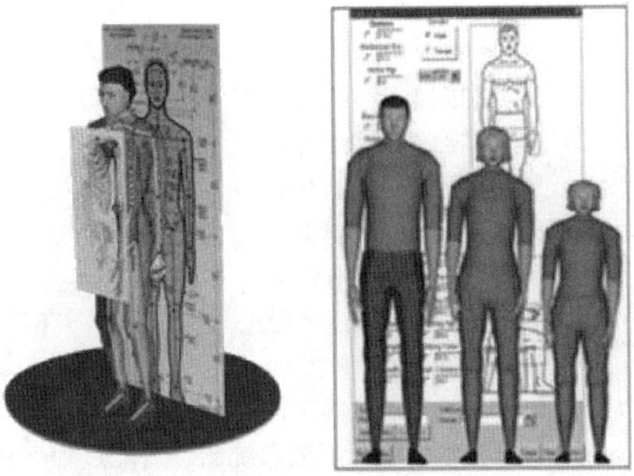

图 7.1-45　模拟操作者

图 7.1-46　虚拟操作 3D 环境

② 高级运动学及运动能力。

③ 整体的再次变形。

④ 标准站姿和坐姿。

⑤ 迅速作业和模拟指令。

⑥ 运动装置自动追随。

⑦ 姿势库。

⑧ 分析可及范围以迅速布置工作间。

⑨ 时间分析。

⑩ 视野分析。

⑪ 为了记录和介绍演示而进行的抓图（AVI 格式）。

⑫ 生产人体工程学报告及动画式工作指令。

2）人工操作的具体设计。系统提供一套虚拟操作 3D 环境，如图 7.1-46 所示。用户可以在该环境中设计和优化人工操作，建立不同性别与体格的人类模型库，以确保工作间设计与职工的广泛性相符。

3）评价装配作业的人机工效。如图 7.1-47 所示，系统能发现人体与环境之间的碰撞以及分析可及

图 7.1-47　评价装配作业的人机工效

范围，确保人类作业的可行性。一个显示了工人视野的单独屏幕窗口，让用户可以从工人的视角仔细检查其作业。

4）人机工效评价系统评价的结果。

① 组装周期时间得到优化。

② 策划时间缩短，成本降低。

③ 策划结果沟通得到改善。

④ 生产设施的生产力得到提高。

⑤ 工作间人体工程学状况得到改善。

⑥ 最佳工艺的完整记录与重复使用。

7.1.7 计算机辅助装配工艺设计

计算机辅助装配工艺设计是计算机辅助工艺设计的一部分。由于在产品生产过程中，装配工作的成本往往占到全部制造成本的40%~50%，故利用计算机对装配工艺进行设计，可以提高装配工作的效率和装配工作质量，降低装配成本，有利于提高装配过程的自动化程度。

1. 计算机辅助装配工艺设计（CAAPP）的介绍

计算机辅助装配工艺设计（Computer Aided Assembly Process Planning，CAAPP）从本质上说就是用计算机模拟人编制装配工艺的方式，自动生成装配工艺文件的过程。计算机辅助装配工艺设计为扩大CAD/CAPP/CAM（包括装配在内）的集成范围提供了条件，能及时向产品设计的CAD系统反馈可装配性的信息，满足并行工程的需要。

传统二维CAAPP系统主要依靠有经验的装配工艺人员，依据图样、装配技术要求、相关装配工艺以及个人经验，借助于计算机系统完成产品的装配工艺设计。目前国内的很多生产部门都在使用这种方法，相比较手工装配工艺设计提高了设计的效率，降低了成本与设计难度。国内企业的传统CAAPP技术应用比较普遍，简单的如同基于Word、Excel或AutoCAD绘制空白的工艺卡片。

（1）计算机辅助装配工艺设计的功能

应用CAAPP系统，使实践经验较少的工艺人员也能设计出较好的工艺规程，这样能使有经验的工艺人员从繁琐重复性劳动中解放出来，致力于改进现行工艺和研究新工艺。CAAPP系统不仅可充分发挥计算机高速处理信息的能力，而且可将工艺专家集体智慧融合在CAAPP系统中，所以保证了高速获得质量优化的工艺过程，使工艺规程标准化、最优化，工艺术语和文件的规范化提高到新的水平，使工艺设计周期大幅缩短，保证工艺设计质量，降低产品成本，提高产品在市场上的竞争能力。

在总结有实践经验的工艺设计人员经验的基础上，形成智能化CAAPP系统，提高企业工艺的继承性。对于解决企业缺乏有经验的工艺设计人员方面具有特殊的意义。开发CAAPP系统平台，可以适应日趋自动化制造过程的需要，为实现计算机集成制造系统（CIMS）和集成化的CAD系统，创造必要的技术基础。

CAAPP系统具有以下功能：

1）提取产品装配图中的信息并送到产品信息数据库中。

2）根据装配工艺知识库进行装配工艺的设计。

3）对系统生成的装配顺序在虚拟装配环境下，进行虚拟装配的设置与演示，分析装配的几何可行性，调整装配顺序。

4）对装配工艺知识库进行动态维护，包括知识的添加、删除和修改，知识库的添加、导出和导入。

5）通过网络实现装配工艺知识库、装配工艺文件以及虚拟装配过程的传输与发布。

计算机辅助装配工艺设计主要包括的内容：

1）划分装配单元，确定零部件的装配顺序。

2）研究零部件的可装配性。

3）装配过程的计算机仿真。

4）确定装配设备和器具。

5）确定装配线的节拍。

6）装配机械手（人）编程。

7）计算装配时间。

8）确定各装配工位的零件贮存量。

9）计算机绘制装配工艺系统图、装配过程卡片或装配工序卡片，并编制装配工艺说明书等。

（2）计算机辅助装配工艺设计系统的组成

计算机辅助装配工艺设计系统以产品信息为输入，以装配工艺知识、装配工艺管理方法和装配资源为约束，在工艺人员和计算机系统的支持下，产生装配工艺文件和装配工艺管理信息，如图7.1-48所示。

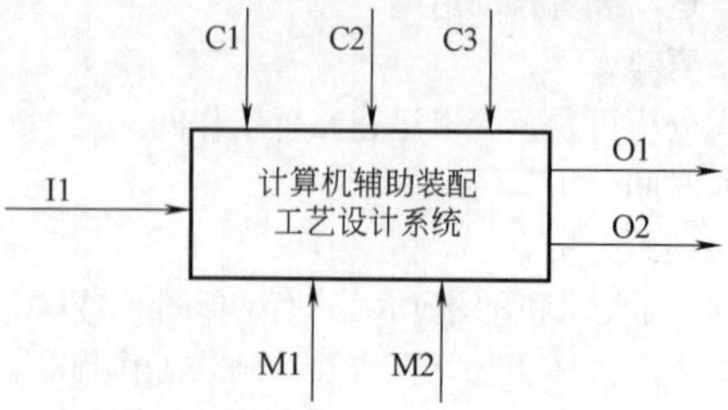

C1：装配工艺知识　　C2：装配工艺管理方法
C3：装配资源　　I1：产品信息
O1：装配工艺文件　　O2：装配工艺管理信息
M1：人　　M2：计算机

图7.1-48　计算机辅助装配工艺设计系统的IDEF0模型（A-0）

尽管 CAAPP 系统的种类很多，但基本结构都离不开基础层、数据层、工具层、功能层和界面层等五大组成部分，图 7.1-49 所示为计算机辅助装配工艺设计系统的体系结构。

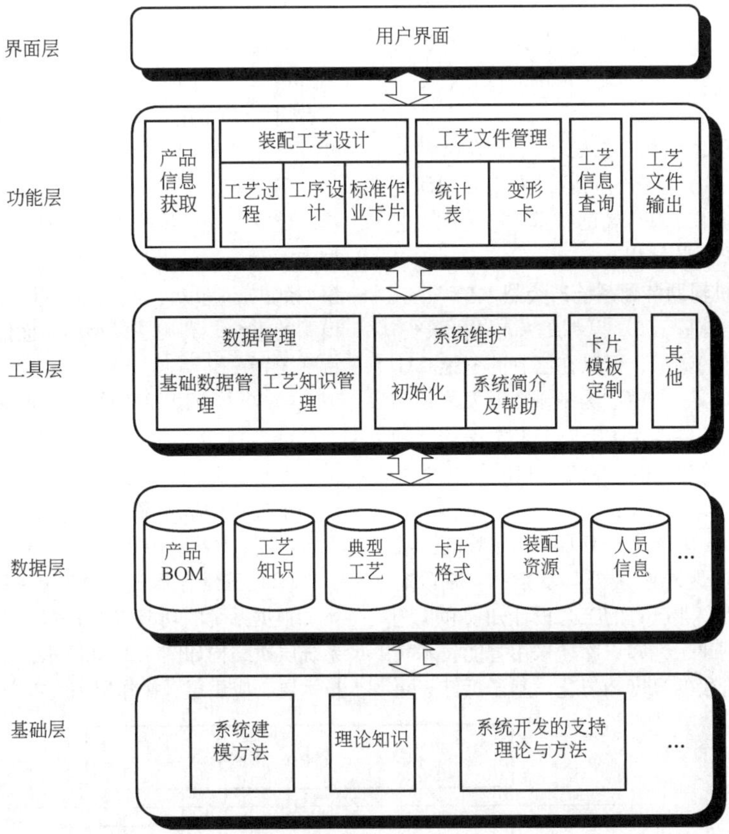

图 7.1-49　计算机辅助装配工艺设计系统的体系结构

1）基础层。系统开发建立的基础理论和方法，包括系统建模方法和实现功能层各种应用功能的支持理论与方法。系统模型从过程上分为功能模型、信息模型和数据模型。

2）数据层。用来存储、管理系统工作过程中所需要和产生的各种数据和信息，包括产品结构信息、装配资源、工艺知识、典型工艺、用户信息等数据以及支持系统各功能或模块之间进行数据交换的动态数据库。

3）工具层。包括数据管理、典型工艺维护以及装配工艺管理等。数据管理工具包括基础数据管理和工艺知识管理，典型工艺维护与装配工艺管理主要完成工艺卡片、工序卡片以及各种统计卡片的维护等。

4）功能层。功能层具体由产品信息获取模块、装配工艺设计模块、工艺文件管理模块、工艺信息查询模块以及工艺文件输出模块组成。该系统以数据信息为主线，各模块之间的数据传递和交换以工程数据库为基础，便于实现数据共享、减小数据冗余。

5）界面层。即系统与用户之间的交互界面，实现信息输入与输出、人机交互等功能。提示信息简单易懂，友好的交互方式，良好的出错处理等。

（3）计算机辅助装配工艺设计系统的局限性

现有的多数 CAAPP 系统是基于工艺卡片的工作层面，主要是文字的描述，缺乏信息集成，导致二维 CAAPP 无法实现与三维 CAD/CAM 的信息共享，以及无法用三维实体的装配形式阐述其他之间的关系。

CAAPP 装配设计结果的好坏依然是依赖装配工艺人员的经验知识，依赖其对工程图样的理解，具有很大的不确定性、主观性、经验性和局限性：

1）工艺设计难度大。在装配工艺规划与装配工艺信息的编辑时涉及大量的工艺文件，这些工艺文件以表格和卡片的形式存在，需要大量的汇总工作，造成很大的设计难度。

2）设计效率低和成本高。手工装配工艺设计需要设计人员具有丰富的实践经验，并且需要阅读大量图样与装配工艺规程，造成工艺设计的效率难以提高，增加了设计成本。

3）一致性差。同样的生产条件，同一个产品，不同工艺人员会编制出不同的工艺文件。

4）设计质量难以保证。工艺信息的掌握依赖于工艺人员对几何信息图样和装配信息图样的理解，具有主观经验性，容易产生理解的歧义性和不确定性。

5）优化程度低。具有经验的工艺设计人员设计出来的工艺规程，由于个人经验考虑的局限性，很难得到最优的设计。

2. 三维计算机辅助装配工艺设计（3D-CAAPP）

为解决 CAAPP 系统存在的问题，人们开始研究基于三维模型并借助于计算机辅助技术进行装配工艺规划，自动生成装配工艺规程。

（1）三维计算机辅助装配系统的类型

三维 CAAPP 是指基于 3D 模型的 CAAPP 系统，实现 CAD 与 CAAPP 的集成，可以在已有的三维 CAD 软件上开发，也可以以三维模型为基础，开发能识别和提取特征的系统。三维 CAAPP 是未来发展的一种趋势，具有智能化、知识化、参数化和网络化的特征，按照特征可分为以下四类：

1）基于知识的智能化 3D-CAAPP 系统。在 CAAPP 系统中很多问题求解是极其复杂的，常没有算法可循，现在利用企业已有的工艺设计知识和工艺专家的经验知识，创建工艺知识库，采用智能技术实现工艺设计各过程阶段的高度知识化。基于拆卸、更换工具和夹具的产生式规则，并通过图搜索得出了装配工艺，基于知识实现了装配工艺的自动生成。

2）基于平台技术的知识化 3D-CAAPP 系统。工艺设计标准不统一，通用型 CAAPP 不能满足企业的全部需求，利用基于数据库集成平台 IDP 和集成开发平台 IDE，运用系统的二次开发接口，在已有系统上开发专用的 CAAPP 系统 。

3）基于零部件三维模型的参数化 3D-CAAPP 系统。建立基于三维模型的装配工艺设计，充分利用模型中的特征信息进行工艺设计，基于 STEP 进行三维模型数据的提取，运用 OpenGL 的高质图像进行三维模型的重绘，利用了模型的曲面信息，提高了模型的特征识别度。

4）支持 PLM 的网络化 3D-CAAPP 系统。运用同一产品数据源，以信息为支撑，在 CAD/CAM/PDM 平台下将工艺设计扩展到生产管理的全过程，实现生产加工过程中成本资源的合理配置，基于 Web 采用平台/插件体系结构开发的 CAAPP 系统。

（2）三维计算机辅助装配系统的层次结构

根据系统的功能需求分析，数字化装配工艺设计系统层次结构如图 7.1-50 所示，主要由数据层、核心技术层、应用层、操作层和人机交互层五部分组成。

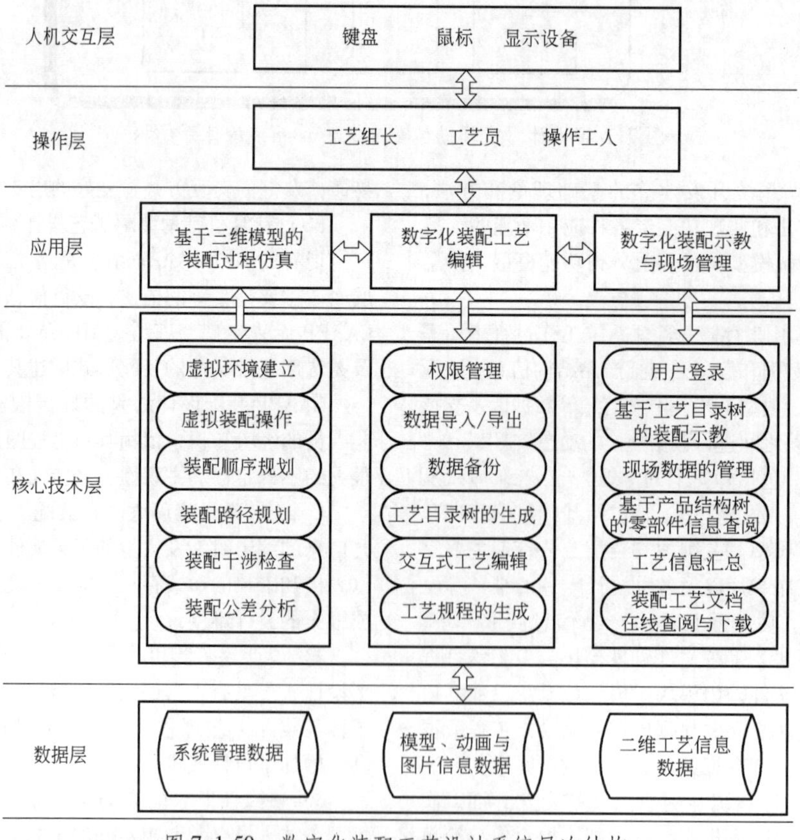

图 7.1-50　数字化装配工艺设计系统层次结构

1）数据层的内容可以归纳为三种：系统管理数据，模型、动画与图片信息数据，以及二维工艺信息数据。系统管理数据主要存储用户管理信息等；模型、动画与图片信息数据主要存储工艺附图、装配资源、辅助材料和产品零部件相关信息；二维工艺信息数据是指一些在装配过程中的文字描述，如装配工艺编辑生成的工序、工步及其所包含的工艺操作信息。

2）核心技术层为应用层提供支撑，并与数据层完成数据的交互，它是整个系统的核心技术体现。在虚拟环境中，人机交互的可视化更便于进行各种装配操作，完成装配顺序规划、装配路径规划、装配干涉检查以及装配公差分析，使装配工艺规划得到优化，获得更好的装配工艺方法。

3）应用层是系统功能的体现，直接操作数据层的数据。包括基于三维模型的装配过程仿真、数字化装配工艺编辑以及数字化装配示教与现场管理。通过基于三维模型的装配过程仿真，得到装配顺序树和仿真动画；将装配顺序树导入工艺编辑软件，根据装配工艺规划结果，进行装配工艺的编辑，并将装配工艺信息发布成数据库信息和工艺卡片的形式；发布的装配工艺信息直接面向现场装配操作，由数字化装配示教软件读取数据信息，以交互的三维可视化模式和工艺卡片模式对装配过程进行指导。

4）操作层包含系统中的主要操作者：工艺组长、工艺员和操作工人，由其直接操作应用层。工艺组长和工艺员共同操作工艺编辑软件，另外工艺员还负责基于三维模型的装配过程仿真，操作工人负责数字化装配示教与现场管理。

5）人机交互层用来实现操纵者与系统之间的信息交流，借助于应用层访问数据库中的信息，实现系统的显示与操作功能，主要通过鼠标、键盘和显示设备，完成工艺操作信息、模型信息、仿真动画和声音的展示。

3. 三维计算机辅助装配工艺设计的应用实例

三维计算机辅助装配工艺设计的应用包括数字化装配过程仿真、数字化装配工艺信息编辑与验证、装配工艺卡片的自动生成。下面以减速机 3D-CAAPP 装配应用为例进行说明。

（1）3D-CAAPP 装配过程仿真

数字化装配过程仿真在 Tecnomatix 中进行，将 JT 模型导入系统并基于三维模型生成产品目录树，导出 XML 文件，如图 7.1-51 所示。然后进行装配序列规划，如图 7.1-52 所示，生成装配顺序树和装配路径。最后进行干涉检查，通过装配过程仿真得到合理的装配序列，如图 7.1-53 所示。

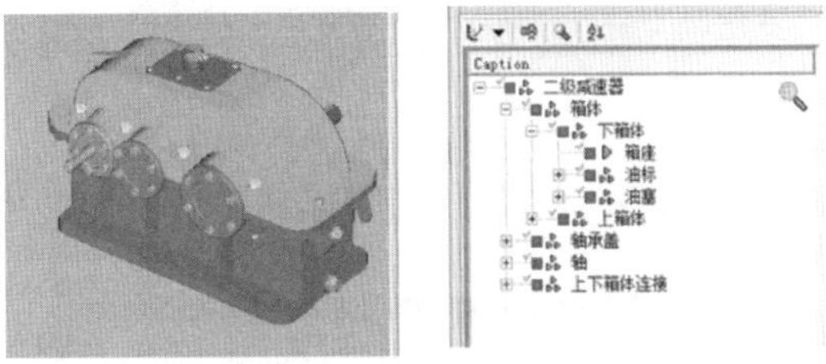

a)　　b)

图 7.1-51　JT 模型导入与产品结构

a）三维模型　b）产品结构

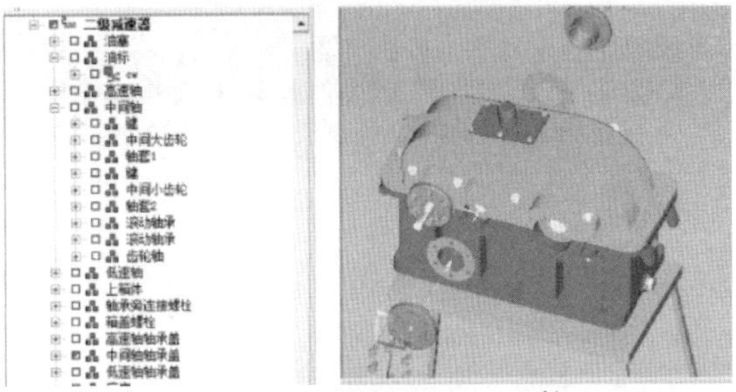

a)　　b)

图 7.1-52　装配序列规划

a）装配顺序树　b）装配路径

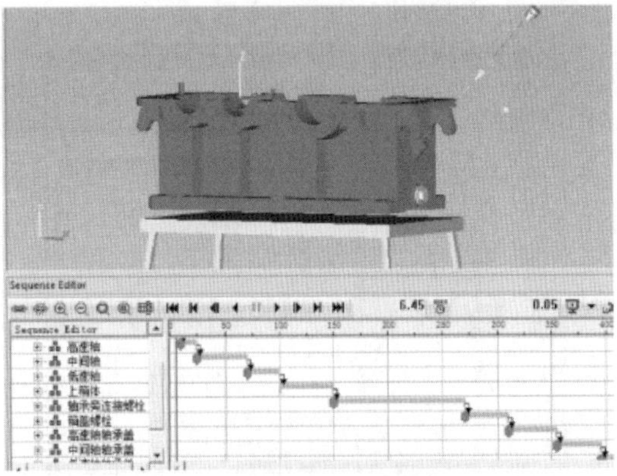

图 7.1-53　装配过程仿真

（2）3D-CAAPP 装配工艺信息编辑与验证

连接数据库后，按照用户权限分配，工艺组长管理装配资源与辅助材料库，并分配给工艺员编辑权限。工艺员导入产品结构和装配顺序并在主页面载入各个树结构，对拥有权限的工艺进行工艺信息的管理、完善与集成。辅助材料信息管理模块如图 7.1-54 所示，辅助材料树与属性如图 7.1-55 所示。

为方便操作人员从繁杂的装配资源中选择出自己想要的工装、工具或仪器，软件提供了“资源类别过滤”选项，装配资源管理模块如图 7.1-56 所示，装配资源详细信息如图 7.1-57 所示。

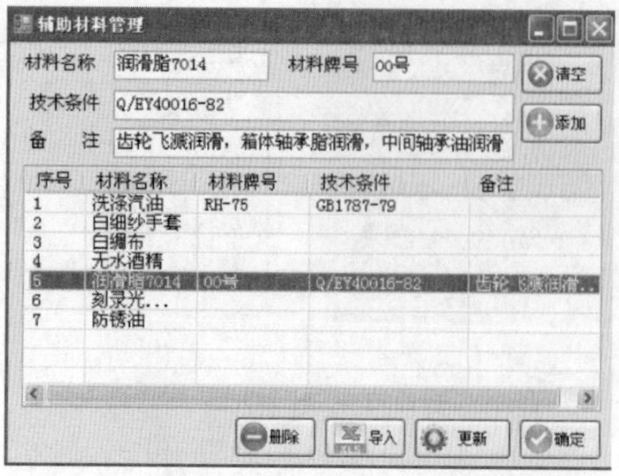

图 7. 1-54　辅助材料信息管理模块

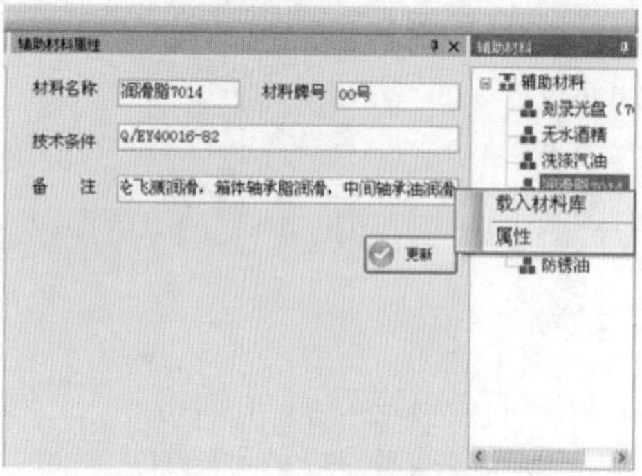

图 7. 1-55　辅助材料树与属性

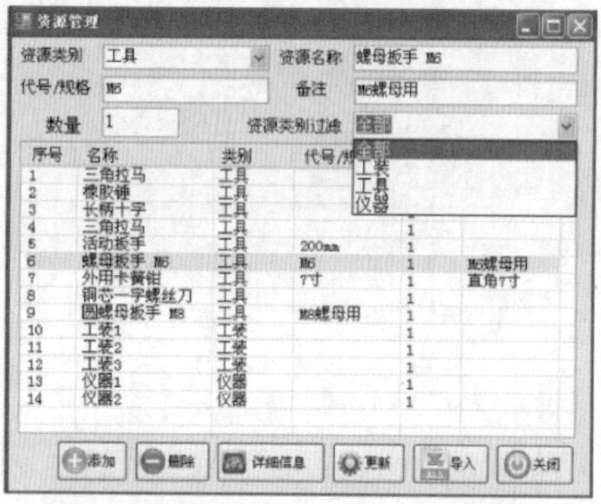

图 7. 1-56　装配资源管理模块

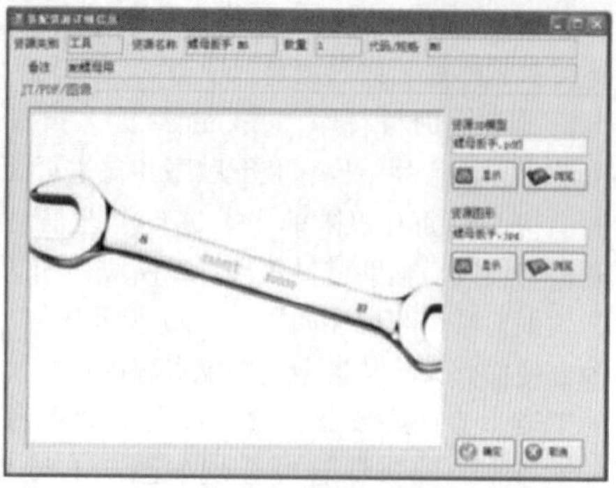

图 7. 1-57　装配资源详细信息

在装配资源信息表（TOOLSDB）中，通过“载入资源”，选择装配工装、工具和仪器等，如图 7. 1-58 所示。

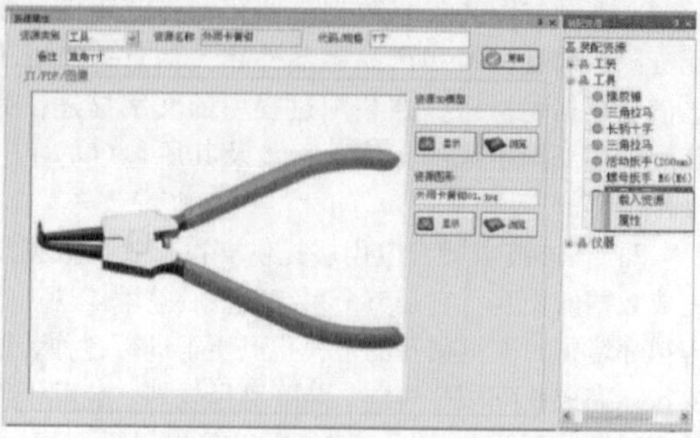

图 7. 1-58　装配资源树和节点属性

1）产品结构与装配顺序导入。产品结构树和装配顺序树分别通过产品结构导入模块和装配顺序树导入模块导入到工艺编辑软件中。

① 产品结构导入。在模型显示模块，通过零部件树显示或隐藏相关零部件，实现 3D 测量和 3D 标注，完成视图全屏、视角切换，以及查看切面等功能，如图 7. 1-59 所示。产品结构树和属性模块如图 7. 1-60 所示。

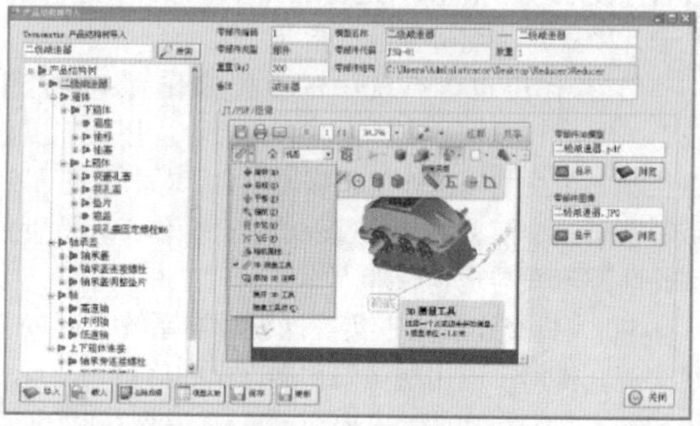

图 7. 1-59　产品结构导入模块

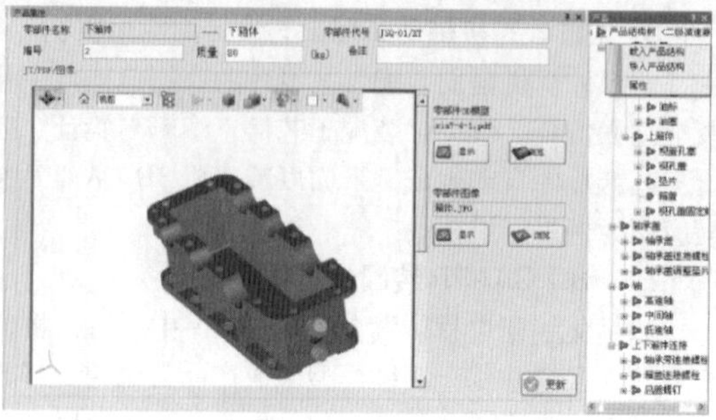

图 7. 1-60　产品结构树和属性模块

② 装配顺序树导入。装配顺序树导入模块如图 7. 1-61 所示，装配工艺树如图 7. 1-62 所示。

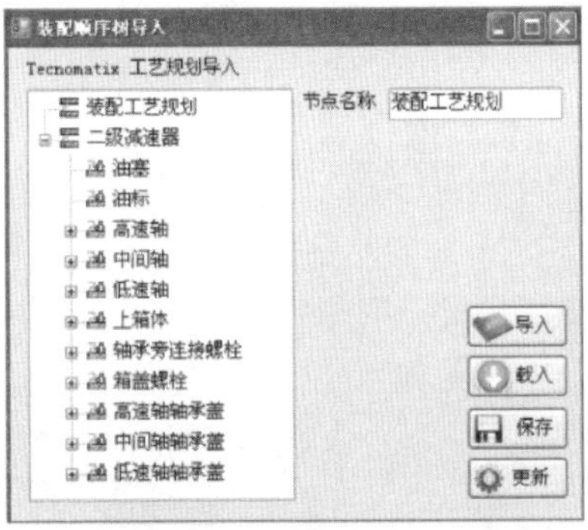

图 7.1-61　装配顺序树导入模块

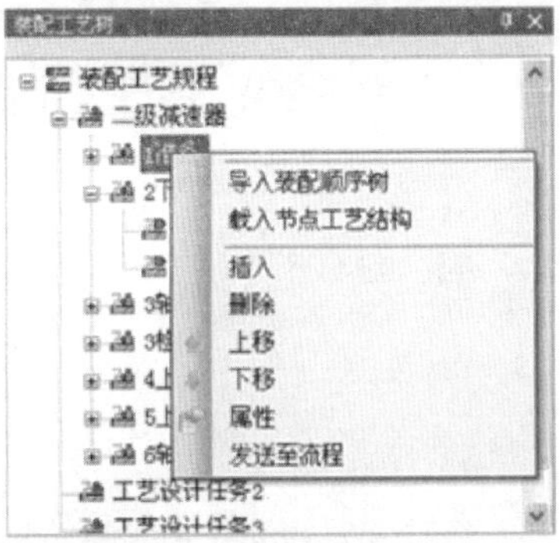

图 7.1-62　装配工艺树

2）工艺目录树编辑。工艺员接收工艺数据信息，将工艺目录树、装配顺序树、装配资源和辅助材料载入之后，进行装配的编辑工作，调整装配顺序和合并装配任务，生成工艺目录树，然后基于工艺目录树进行三维工艺编辑。

① 装配工艺编辑。

a. 工艺基本信息。装配工艺的基本信息包括装配工艺规程名称、工艺规程代号、零部件名称、零部件代码、编制单位以及技术状态信息等，如图 7.1-63a 所示。

b. 工艺仿真动画。工艺仿真动画模块可以进行添加、删除、更新和多视频切换等操作，视频提供了开始、暂停、快进、快退和全屏等功能，如图 7.1-63b 所示。

c. 信息汇总。对该工艺下所有工步信息的汇总，内容包括工艺操作信息汇总、零部件配套信息汇总、装配资源汇总、辅助材料汇总等，如图 7.1-63c 所示。

d. 工艺附图。工艺附图编辑模块可以对工艺附图信息进行添加、删除、多图片切换等操作，如图 7.1-63d 所示。

e. 工艺编号。工艺编辑过程中涉及的每一个工艺文档都有自己唯一的编号，以便于文档的调用，如图 7.1-63e 所示。

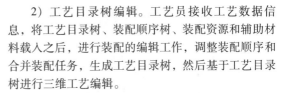

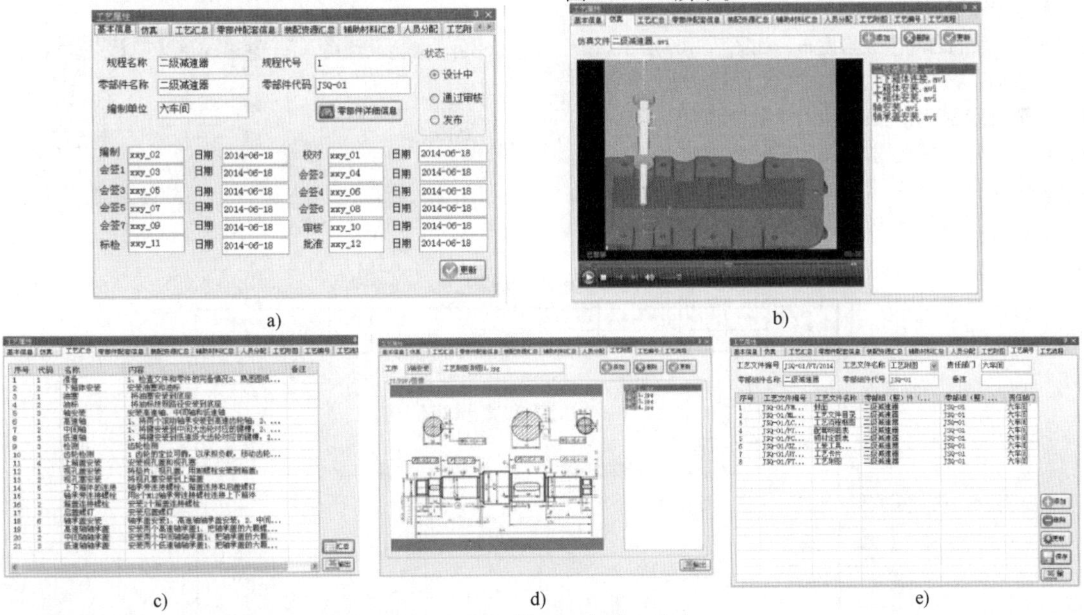

图 7.1-63　装配工艺基本信息

a）工艺基本信息　b）工艺仿真动画　c）信息汇总　d）工艺附图　e）工艺编号

② 装配工序编辑。工序类型有装配前的准备工序、产品装配工序、检测工序等。工序编辑的内容包括工序节点基本信息，主要有工序号、工序名称、零部件名称、零部件代号、工序内容、备注信息以及修改日期等，如图 7.1-64 所示。

③ 装配工步编辑。工步是装配的最小组成单元，包括：

a. 基本信息。如工步号、工步名称、工步内容、

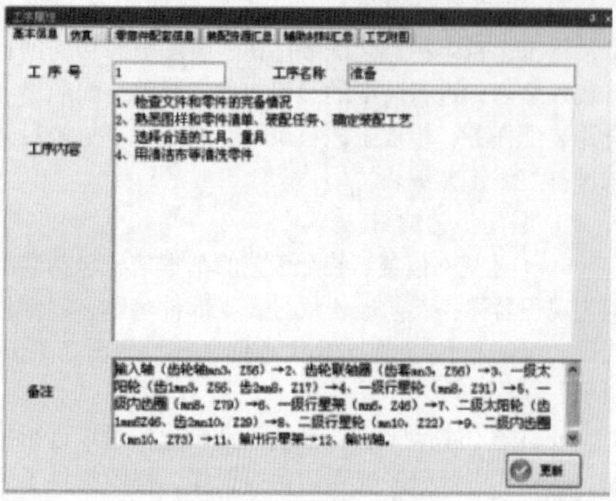

图 7.1-64　装配工序编辑

有无测量记录项目等，如图 7.1-65a 所示。其中，工步内容是对该工步详细操作的描述。

b. 零部件、装配资源和辅助材料信息的汇总。为本工步的零部件和装配资源模块，提供了三维模型的浏览与编辑，如图 7.1-65b 所示。

工艺目录树编辑完成后，编制人员发起流程，经过装配工艺文件的传递并由各个部门签字确认，才能进行二维和三维装配工艺的发布。

（3）3D-CAAPP 装配工艺卡片的自动生成

数据传递流程完成之后，通过工艺发布窗口，进行装配工艺卡片的自动生成与发布，如图 7.1-66 所示。

生成的工艺文档包括封面、文件目录表、配套明细表、辅材定额表、工艺卡片、配套数据、辅材汇总数据、工艺汇总数据以及工艺路线编辑数据表等。图 7.1-67 为装配工艺卡片封面，图 7.1-68 为装配工艺卡片信息，图 7.1-69 为装配工艺附 3D 图卡片。

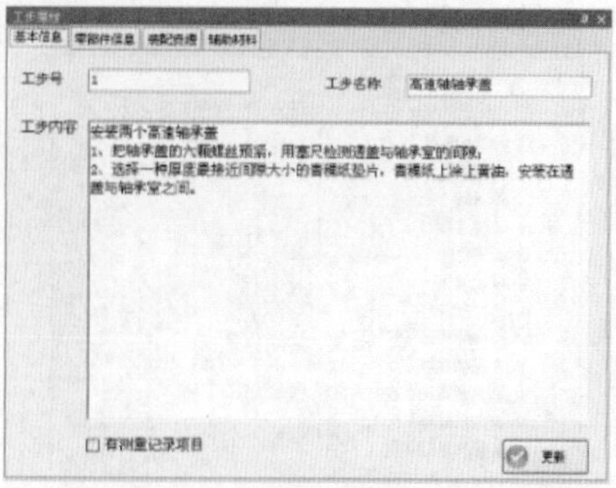

a)

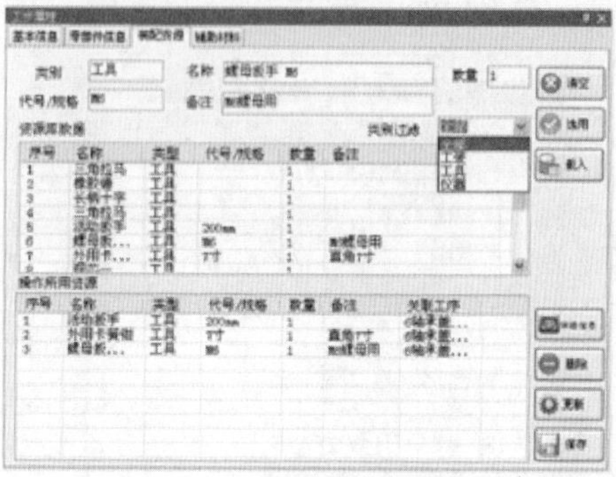

b)

图 7.1-65　装配工步编辑

a）基本信息　b）装配资源信息

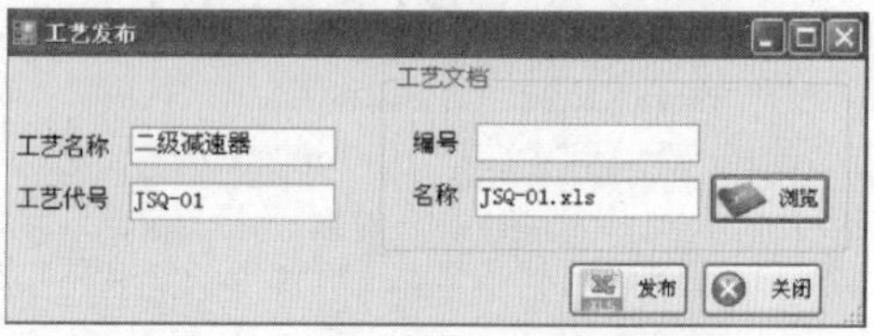

图 7.1-66　工艺发布窗口

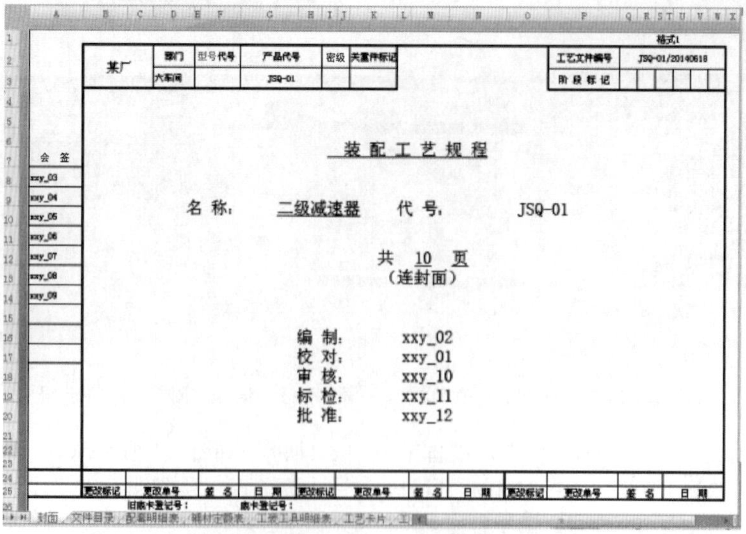

图 7.1-67　装配工艺卡片封面

格式 35

一四九厂	装配工艺卡片	产品代号	数量	代号	名称	工艺文件编号
			1	JSQ-01	二级减速器	JSQ-01/GY/20140618

会签	序号	工艺名称	装配检测内容	装配检测结果	车间	一岗	二岗	检验	工艺装备	工时定额/h 准结	单件
			6、将安装完成的齿轮轴安装到箱底对应位置。								
会签	3	低速轴	1、将键安装到低速级大齿轮对应的键槽；								
			2、安装低速级大齿轮和轴套；								
			3、安装两个滚动轴承；								
			4、将安装完成的齿轮轴安装到箱底对应位置。								
	3	检测	齿轮检测								
	1	齿轮检测	1 齿轮的定位可靠，以承担负载，移动齿轮的灵活性。								
			2 圆柱啮合齿轮的啮合齿面宽度差不得超过5%（及两个齿轮的错位）。								
	4	箱盖安	安装视孔盖和视孔塞								
	1	孔盖安	将垫片、视孔盖，用M6螺栓安装到箱盖；								
	2	孔塞安	将视孔塞安装到上箱盖								
	5	箱体的	轴承旁连接螺栓、箱盖连接和起盖螺钉								
	1	旁连接	用8个M12轴承旁连接螺栓连接上下箱体								
	2	盖连接	安装2个箱盖连接螺栓								

				定额		编制	xxy_02	阶段标记
						校对	xxy_01	
						审核	xxy_10	
更改标记	更改单号	签名	日期			标检	xxy_11	第2页

封面　文件目录　配套明细表　辅材定额表　工装工具明细表　工艺卡片　工艺附图

图 7.1-68　装配工艺卡片信息

格式7

一四九厂	工艺附图	产品代号	代号	名称	工序号	工艺文件编号
			JSQ-01	二级减速器	轴安装	JSQ-01/FT/20140618

会签
xxy_03
xxy_04
xxy_05
xxy_06
xxy_07
xxy_08
xxy_09

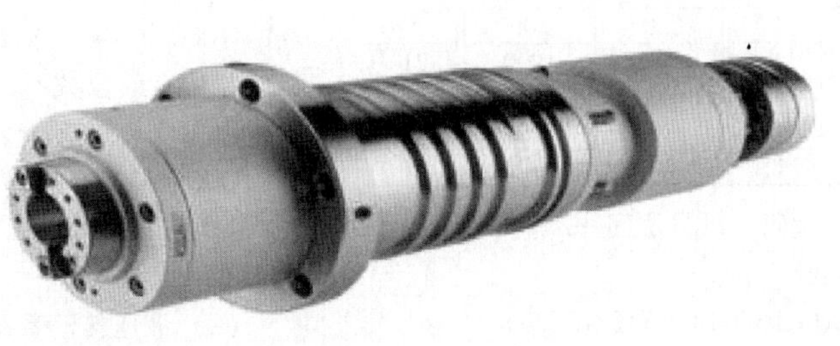

			编制	xxy_02	阶段标记
			校对	xxy_01	
			审核	xxy_10	
更改标记	更改单号	签名	日期	xxy_11	第1页

封面　文件目录　配套明细表　辅材定额表　工装工具明细表　工艺卡片　工艺附图

图 7.1-69　装配工艺附 3D 图卡片

7.2 装配前期准备工作

7.2.1 清洗作业

清洗是指清除工件表面上液态和固态的污染物，使工件表面达到一定的清洁度。清洗过程是清洗介质、污染物、工件表面三者之间的一种复杂的物理、化学作用过程，不仅与污染物的性质、种类、形态及黏附的程度有关，还与清洗介质的理化性质、工件的材质、表面形态，以及清洗条件，如温度、压力及附加的振动、机械外力等有关。只有选择科学合理的清洗方法，才能取得理想的效果。

1. 机械产品的清洁度

机械产品清洁度通常是指产品的零件、总成及整机特定部位的清洁程度，通常以从规定部位、用规定的方法采集到的污染物微粒的大小、数量和重量来表示。

（1）金属零部件中清洁度要求

1）零件清洁度等级。在给定尺寸段内，零件的清洁度等级按照表7.2-1确定，以零件每1000cm^{2}表面积上所含微粒的总质量（m）来表示的。

表7.2-1 零件清洁度等级的定义

每1000cm^{2}表面积上所含微粒质量 m/mg		清洁度等级	每1000cm^{2}表面积上所含微粒质量 m/mg		清洁度等级
大于	小于或等于		大于	小于或等于	
0	0	00	1.0	2.0	12
0	0.0005	0	2.0	4.0	13
0.0005	0.001	1	4.0	8.0	14
0.001	0.002	2	8.0	16	15
0.002	0.004	3	16	32	16
0.004	0.008	4	32	64	17
0.008	0.016	5	64	125	18
0.016	0.032	6	125	250	19
0.032	0.064	7	250	500	20
0.064	0.125	8	500	1000	21
0.125	0.25	9	1000	2000	22
0.25	0.5	10	2000	4000	23
0.5	1.0	11	4000	8000	24

2）零件清洁度代码。以单位面积/容积表示的清洁度代码如下所示：

CCC=MA(C16/D18/EF12/G-J20)

其中，CCC为字母数字序列，包含括号、斜杠分隔符（/）、尺寸段和清洁度等级代码；字母MA说明代码是以零件的1000cm^{2}表面积作为参考；C表示尺寸段；16表示C尺寸段的清洁度等级。

当零件清洁度代码CCC涉及全部尺寸范围时，根据颗粒尺寸的分段（表7.2-2），将所有字母和相应的清洁度水平都要写出，例如：

CCC=MA(B20/C16/D18/E12/F12/G12/H8/I0/J0/K00)

当零件清洁度代码CCC涉及部分尺寸段时，仅列出相关的字母和相应的清洁度等级，例如：

CCC=MA(C16/D18/E12/F12/G12/J0)

表7.2-2 颗粒尺寸分级表

尺寸段	尺寸 x 范围/μm	尺寸段	尺寸 x 范围/μm
B	$5 \leqslant x < 15$	G	$150 \leqslant x < 200$
C	$15 \leqslant x < 25$	H	$200 \leqslant x < 400$
D	$25 \leqslant x < 50$	I	$400 \leqslant x < 600$
E	$50 \leqslant x < 100$	J	$600 \leqslant x < 1000$
F	$100 \leqslant x < 150$	K	$1000 \leqslant x$

3）零件清洁度要求的计算。设 A_C 为零件表面积（cm^2），m 是按表7.2-1确定的每1000cm^{2}污染物质量（mg），则单个零件的污染物质量 m_{CP}（mg）为

$$m_{CP}=\frac{mA_C}{1000}$$

4）零部件的清洁度要求。常用零部件的清洁度要求见表7.2-3，其还规定了按零件大小对清洁度要求（m_{CP}）取值的允许修正范围，以及使用的滤网要求。对于轴承、油封和电气元件，清洁度要求按相关国家标准。而对于表7.2-3中没有列出的零件，必须按清洁度代码和公式换算成单个零件的污染物质量（m_{CP}）。

实例：某输入轴的表面积 A_C = 495cm^2，CCC = MA(E-K14)X=2mg。

清洁度代码CCC表示尺寸≥5μm的微粒，每1000cm^{2}表面积总质量（m）为4~8mg。在本例中，取 m=6mg/1000cm^2，则单个零件污染物总质量 m_{CP} = mA_C/1000=6×495mg/1000=2.97mg≈3mg。注意：计算结果的有效位数不大于2。

以单个零件所含污染物的质量来表示，可以写作：CCC=m_{CP}(B-K3)X=2mg。表示污染物用5μm滤网过滤，标准为：最大总质量为3mg，最大颗粒质量为2mg。

（2）液压传动系统的油液中固体颗粒污染等级所采用的代号

使用自动颗粒计数器计数所报告的污染等级代号由三个代码组成，该代码分别代表如下的颗粒尺寸及其分布：

第一个代码代表每毫升油液中颗粒尺寸≥4μm（c）[㊀]的颗粒数；

㊀ μm（c）的意思是指按照GB/T 18854—2015校准的自动颗粒计数器测量的颗粒尺寸。

表 7.2-3　常用零部件的清洁度要求

序号	零件类别	零件名称	清洁度要求/mg		备注
			名义值	修正范围	
1	齿轮/轴	一轴(不带齿圈)	2.6	±0.3	X=2mg;滤网:5μm
2		一轴(带齿圈)	3	±0.3	X=2mg;滤网:5μm
3		二轴(齿轮轴)	6	±1	X=2mg;滤网:5μm
4		二轴(没有齿轮)	4	±0.2	X=2mg;滤网:5μm
5		中间轴	4.5	±1	X=2mg;滤网:5μm
6		带齿圈的齿轮总成	2.6	±0.4	X=2mg;滤网:5μm
7		不带齿圈的齿轮	2.4	±0.8	X=2mg;滤网:5μm
8		倒挡惰轮轴	0.35	0	滤网:5μm
9	壳体	离合器壳体	42	±1	X=2mg;滤网:5μm
10		后盖	17	±5	X=2mg;滤网:5μm
11		中间板或中间板总成	3.8	±0.3	X=2mg;滤网:5μm
12	标准件	螺栓(≤M6)	0.06	0	滤网:5μm
13		螺栓(≥M8)	0.16	0	滤网:5μm
14		螺塞、螺母	0.16	0	滤网:5μm
15		垫圈	0.06	0	滤网:5μm
16		弹性销	0.04	0	滤网:5μm
17		钢球	0.015	0	滤网:5μm
18		挡圈/止动环(≤50mm)	0.08	0	滤网:5μm
19		挡圈/止动环(>50mm)	0.12	0	滤网:5μm
20		定位销	0.1	0	滤网:5μm
21	弹簧	弹簧/扭簧(钢丝直径>1.6mm)	0.2	0	滤网:5μm
22		弹簧/扭簧(钢丝直径≤1.6mm)	0.1	0	滤网:5μm
23	同步器/同步环	同步器总成	2.5	0	滤网:5μm
24		同步环(单锥面)	0.45	0	滤网:5μm
25		同步环组件(双锥)	1.1	0	滤网:5μm
26		同步环组件(三锥)	1.1	0	滤网:5μm
27	内部控制系统	拨叉轴	0.6	±0.15	滤网:5μm
28		拨块/摇臂	0.32	±0.1	滤网:5μm
29		拨叉或拨叉总成	1.2	±0.4	滤网:5μm
30		拨叉轴衬套	0.08	0	滤网:5μm
31		定位钢球总成	0.15	±0.05	滤网:5μm
32		互锁板	0.5	0	滤网:5μm

第二个代码代表每毫升油液中颗粒尺寸≥6μm（c）的颗粒数；

第三个代码代表每毫升油液中颗粒尺寸≥14μm（c）的颗粒数。

代码是根据每毫升液样中的颗粒数确定的，见表7.2-4，摘自GB/T 14039—2002《液压传动　油液　固体颗粒污染等级代号》。正如表7.2-4中所给出的，每毫升液样中颗粒数的上、下限之间，采用了通常为2的等比级差，使代码保持在一个合理的范围内，并且保证每一等级都有意义。表7.2-5所列为各类液压元件的清洁度。

表 7.2-4　代码的确定

每毫升的颗粒数		代码	每毫升的颗粒数		代码
大于	小于或等于		大于	小于或等于	
2500000		>28	80000	160000	24
1300000	2500000	28	40000	80000	23
640000	1300000	27	20000	40000	22
320000	640000	26	10000	20000	21
160000	320000	25	5000	10000	20

（续）

每毫升的颗粒数		代码	每毫升的颗粒数		代码
大于	小于或等于		大于	小于或等于	
2500	5000	19	2.5	5	9
1300	2500	18	1.3	2.5	8
640	1300	17	0.64	1.3	7
320	640	16	0.32	0.64	6
160	320	15	0.16	0.32	5
80	160	14	0.08	0.16	4
40	80	13	0.04	0.08	3
20	40	12	0.02	0.04	2
10	20	11	0.01	0.02	1
5	10	10	0.00	0.01	0

注：代码小于8时，重复性受液样中所测的实际颗粒数的影响。

表7.2-5 各类液压元件的清洁度

液压元件	清洁度代码
伺服阀	14/11
叶片泵、活塞泵、液压马达、大部分变量泵	16/13
齿轮泵、液压马达、摆动液压缸	17/14
一般控制阀、液压缸、蓄能器	18/15

2. 清洗剂的类型和选择

（1）清洗剂的类型

机械制造过程中的零部件清洗常用的清洗剂，按化学组成可分为无机化学清洗剂和有机化学清洗剂，清洗剂的类型见表7.2-6。

表7.2-6 清洗剂的类型

类型	清洗机理	特性	主要产品
水	溶解、分离	异常的温度-体积特性，很强的溶解能力，很高的表面张力	
非水溶剂	以溶解污物为基础，化学成分不改变	对油污的溶解速度快，除油效率高，对高聚物的溶解、溶胀作用强	烃类溶剂、卤代烃溶剂、醇类溶剂、酮类溶剂、脂类溶剂、酚类溶剂
混合溶剂	对污物溶解、乳化	将两种溶解范围不同的溶剂，或将一种有机溶剂与水混合所得到的混合液，使溶剂的优点得到最大限度发挥	乳化液型
化学清洗剂	能与污垢发生化学反应	主要用于对金属制件的去锈和除水垢。由于腐蚀作用强，需加缓蚀剂	盐酸、硫酸、铬酸碳酸钠、磷酸钠、硅酸钠等
金属离子螯合剂	能与污垢中的金属离子发生螯合反应	使污垢转变为易溶于清洗剂的螯合物，常用于锈垢及无机盐垢的清洗	主要有氨基羧酸类和羟基羧酸类等

（2）清洗剂的选择

清洗剂的评价要素主要是去污力强、安全可靠、价格低廉、质量稳定、环保性能好等。选择清洗剂时需考虑的因素见表7.2-7。

表7.2-7 清洗剂选择考虑因素

考虑因素	影响效果	选择参考范围
零件的材质	单一金属零件，选择对该金属有效的水基清洗剂；多种金属的组合件，选择对多金属都有效的清洗剂	使水基清洗剂的pH值满足所清洗金属的适应范围
喷漆工序	应保证残留的微量清洗剂对漆层的性能无不良影响	选用清洗能力高、漂洗性能好、不含无机盐的清洗剂
表面处理和热处理工序	防止金属表面生成钝化膜，影响表面处理和热处理的质量	选择漂洗性好的清洗剂，而且要求清洗剂不具有防锈性
直接装配或封存工序	清洗剂具有良好的防锈性	特殊指标的清洗剂，而绝不能混在一起使用
水射流清洗压力	化学清洗和物理清洗的综合应用，清洗压力可提高至150N/cm^{2}左右	一般不选用水基金属清洗剂进行清洗，宜用浓度配比很低的低泡型清洗剂

（续）

考虑因素	影响效果	选择参考范围
清洗剂浓度	浓度过低会导致清洗能力下降且影响清洗剂的防锈性，浓度过高浪费	表面活性剂的浓度稍高于临界胶束浓度，浓缩型的使用浓度一般为 2%～5%，使用高压清洗机械的浓度可配成 0.1%～0.5%
清洗温度	清洗温度的升高可以提高清洗能力，但清洗剂的最高温度不能高于清洗剂中表面活性剂的浊点	清洗温度一般为 50～80℃。清洗轻油污时为 50～60℃
硬水适应性	硬水中的钙镁离子与清洗剂中的表面活性剂易形成难溶于水的沉淀物，严重影响清洗效率	超精密清洗和高要求的表面清洗，如电镀前清洗或抛光后处理清洗，最好用去离子水清洗和漂洗
清洗剂 pH 值	pH 值高的清洗剂的去油污能力强，pH 值过高的清洗剂会腐蚀清洗工件表面或造成工件碱脆	pH 值为 7～9 的中性和弱碱性清洗剂适合于黑色金属和有色金属的清洗，pH 值为 9～11 的碱性清洗剂适合于黑色金属的清洗
防锈与防腐性	水基金属清洗剂中，为提高清洗剂的清洗效率，相应地就会降低其防锈性、防腐性	在漂洗液中加入一定量的防锈液对工件进行防锈
环保要求	水基金属清洗剂，应考虑定期更换的废清洗剂和漂洗水的治理	考虑其毒性和易燃易爆可能

3. 清洗方法

装配前，需要根据被清洗对象的不同及清洗效果的要求选择清洗方法。表 7.2-8 列出了常用清洗方法、特点及其适用范围。

表 7.2-8　常用清洗方法、特点及其适用范围

清洗方法	清洗剂	主要特点	适用范围
擦洗	汽油、煤油、二甲苯、丙酮、常温水基金属清洗剂	操作简易、装备简单，生产率低。机械擦洗可提高生产率，降低劳动强度	小批量生产中的小工件，大型工件的局部清洗，严重污垢工件的头道清洗
浸泡清洗（浸洗）	各种清洗剂均适用，可使用高泡清洗剂	设备简单，清洗作用主要依靠清洗剂的性能，清洗时间长	轻度油脂污垢的工件，批量小、形状复杂的工件
低压喷洗	除了多泡的水基清洗剂外的水基清洗剂均可以使用	常有机械运输装置配套使用。①间隙输送定点定位喷洗；②连续输送，连续喷洗；③工件固定，喷头旋转喷洗。此类设备较复杂，但生产率高	成批生产的工件（形状复杂的不宜采用），清洗黏附较严重的半固体污垢
高压喷洗		能去除固态污垢，工作压力>5MPa。一般为手工操作，也可机动	油垢严重的大型工件，中小批生产的中型工件油污严重处，重要工件的重要部位，如曲轴油道
振动清洗	各种清洗剂均适用	视工件形状和设备大小的变化较大。操作简易，清洗时间可调，可实现自动化清洗	中小批生产，内腔复杂，喷洗不易到达位置的小型工件。常用于中间清洗
超声波清洗	各种清洗剂均适用	清洗效果好，设备复杂，操作维护要求高，易实现自动化清洗	形状复杂、带有盲孔的工件，清洁度要求高的中小工件，多步清洗中的后道或最终清洗
气相清洗	三氯乙烯、三氯乙烷等有机溶剂及替代的清洗剂	清洗效果好，零件表面清洁度高，设备复杂，生产率高	清洁度要求高的工件，成批生产中的中小型工件。常用于多步清洗中的最终清洗
电化学清洗	水基金属清洗剂，有机溶剂	可以获得较为彻底的清洗效果，但投资大、能耗高	一般用于最终清洗或涂装、电镀前的清洗
电解清洗	碱液和水基清洗剂（要有一定的导电性）	清洗效果好于浸洗。除一般清洗作用外，将工件作为电极的一极，主要依靠上面附着的气泡爆裂所产生的机械作用，剥离金属表面污垢。需配置直流电源	成批生产的中小型工件，能清除重度污染且质量要求较高的工件。用于粗洗和精洗

（续）

清洗方法	清洗剂	主要特点	适用范围
多步清洗	按工件清洁度要求和不同清洗工艺，选用不同的清洗方法和相应清洗剂	一般连续自动进行，常将浸洗、喷洗、超声波清洗、气相清洗等几种甚至全部组合在一起，以获得高清洁度。配以机械化输送，以实现自动化连续生产	大批大量生产的工件，清洁度要求较高的成批生产的中小型工件
饱和蒸汽清洗	饱和蒸汽	具有高清洁度、节水、清洁、环保、安全、经济、钝化、磷化、效率高、防锈、方便和工艺灵活等特点	适用机械、喷漆、冷（热）加工、电子、食品和交通运输等行业
激光清洗	高强度的光束	不需使用任何化学药剂和清洗剂，清洗下来的废料基本上都是固体粉末，体积小，易于存放，可回收，不污染环境。激光清洗的无研磨和非接触，对清洗物体表面无机械作用力，且不会造成二次污染。可清洗多种材料，效率高，节省时间，运行成本低	模具、武器装备、飞机旧漆、楼宇外墙、电子工业、核电站内管道等

(1) 喷洗

喷洗与淋洗是有区别的。喷洗指使用经过加压的液流，淋洗是借助重力作用使液体从上而下运动，利用下落时重力作用进行清洗。喷洗有压力作用，对污垢的冲刷作用较强，而淋洗主要靠溶剂本身的作用力使污垢解离分散，其力量相对较弱。因此清洗工艺中利用喷洗较多，淋洗则作为漂洗工艺的手段。

表 7.2-9 列出了喷洗方法的分类、特性与适用范围，表 7.2-10 列出了喷洗设备的分类、特性与适用范围。

表 7.2-9 喷洗方法的分类、特性与适用范围

分类要素	喷洗类型	特性与适用范围
喷嘴位置	喷嘴位置固定喷射清洗	清洗小型工件时，使用位置固定的喷嘴进行喷射清洗。可以设计成使被清洗工件旋转或使喷嘴从不同方向同时喷射的组合结构。清洗缸体内部时，可利用固定的多个喷嘴呈放射状进行喷射
	喷射位置移动喷射清洗	大型设备的容器壁面、机器外形以及桥梁、飞机、火车外壳等设备适合用可移动的喷射装置进行清洗。经过泵加压后的洗液，通过疏松水龙管及喷嘴，由人工控制喷射到任意方向
射流的物质状态	高压液体清洗	射流是液体介质，有常温高压和高温高压两种。高温高压清洗机是常温高压清洗机中装有加热设备
	蒸汽清洗	喷射出的射流是水蒸气，利用水蒸气冷凝时放出的凝聚热使污垢受热溶化或软化而被清除。特别适合对黏性油泥污垢的清洗和表面形状复杂的工件清洗
	固液双相射流清洗	固液双相射流中的液相是水，固相是有一定黏度的石英砂或其他韧性的固体颗粒。适合于对难溶的脆性污垢进行清洗，缺点是设备和管线有磨损

表 7.2-10 喷洗设备的分类、特性与适用范围

喷洗设备类型	特性与适用范围
万能式清洗机	被清洗工件固定不动，压力为 2~13MPa，常温至 140℃高温的高压射流喷枪对工件各个面进行清洗，适合于清洗重型、大型工件的油污及车辆外表的灰尘
旋转式清洗机	被清洗工件置于自动旋转的工作台上，其中清洗剂可循环使用，适合清洗小批量的机械工件上的油污和污垢
螺旋输送式清洗机	工件由螺旋槽输送，经过清洗剂清洗、清水漂洗与热风干燥三个工位，可清洗螺钉、螺母、链条、滚子等标准件以及密集型放置的小型工件
网带式连续输送清洗机	工件由网带输送至清洗剂清洗、清水漂洗及压缩空气吹干三个工位，主要适用于机加工工件的工序间清洗
网带式步进输送清洗机	工件由网带输送至清洗剂清洗、清水漂洗及压缩空气吹干三个工位后停止不动，由喷嘴旋转清洗，适合于机加工后工件的清洗
液压步进输送清洗机	工件由液压输送至清洗、漂洗和吹干工位后停止不动，由喷嘴对准工件进行清洗，适合于柴油机、内燃机气缸体及缸盖的清洗
悬挂链式清洗机	工件挂于悬链上通过清洗、漂洗及吹干工位，清洗机既可浸泡清洗也可喷射清洗，适用于喷漆线和装配线上工件的连续自动清洗

(2) 超声波清洗

超声波清洗原理如图 7.2-1 所示。由电磁振荡器产生的单频率简谐电信号（电磁波）通过超声波发生器把电磁波转化为同频率的超声波，通过清洗槽中的媒液把超声波传递到清洗对象。超声波发生器通常固定在清洗槽的下部，有时也可以装在清洗槽的侧面。在用超声波清洗大缸体内表面时，可以采用可移动的超声波发生器装置。

表 7.2-11 列出了超声波清洗需注意的问题及解决问题的方法。

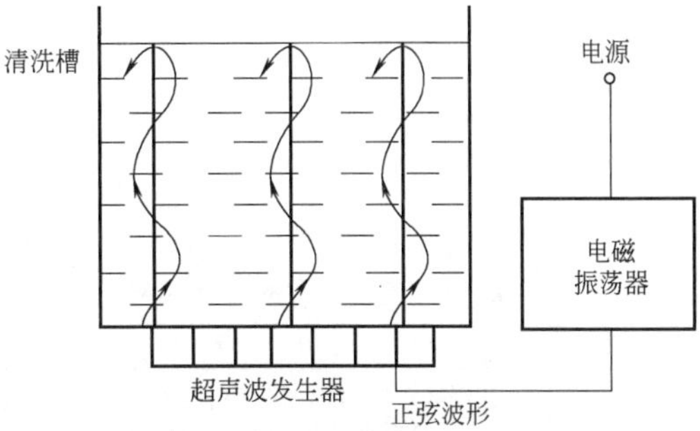

图 7.2-1　超声波清洗原理

表 7.2-11　超声波清洗需注意的问题及解决问题的方法

需注意的问题	解决问题的方法
空穴的不均匀性	采用移动清洗物体、改变清洗剂的深度、使用合成超声波及防止驻波的生成等方法克服产生空穴的不均匀性
参数对清洗效果的影响	温度:清洗剂温度对清洗效果有很大影响。清洗剂温度升高时空穴数量增加,对产生空穴有利,但温度过高,气泡中蒸气压增大,空化强度会降低
	压力:当清洗剂压力大时不易产生空穴,所以超声波清洗都是在敞口容器中进行,在密闭扣压容器中进行时效果较差
	流速:清洗剂最好不流动,清洗剂流速过快时有些空穴核心还没有完全生长和崩溃就离开清洗表面使空化程度降低。需要清洗剂流动更新,流动速度不能过快以免降低清洗效率
	气体含量:清洗剂中存在非空穴核的大气泡时会对超声波的传播及空穴强度产生不利影响,需要降低清洗剂中气体含量
超声波被反射造成的效果不均匀性	超声波清洗物体的内侧表面会影响超声波清洗效果,尽量避免用超声波清洗有复杂外形结构
空穴对清洗物体的损伤破坏作用	空穴的强烈作用有时会损伤被清洗物体,使其性能变坏,避免用超声波处理有锋利刀刃的刀具以及电子机械上用的极薄的金属片

(3) 气相清洗

气相清洗是利用沸腾溶剂的蒸汽在被清洗工件的表面进行冷凝使工件表面油脂溶解并随溶剂一起流下，整个过程可持续进行到工件表面温度与溶剂蒸汽温度相同为止。气相清洗原理如图 7.2-2 所示。

表 7.2-12 列出了五种常用气相清洗溶剂的理化参数，表 7.2-13 列出了气相清洗的注意事项。

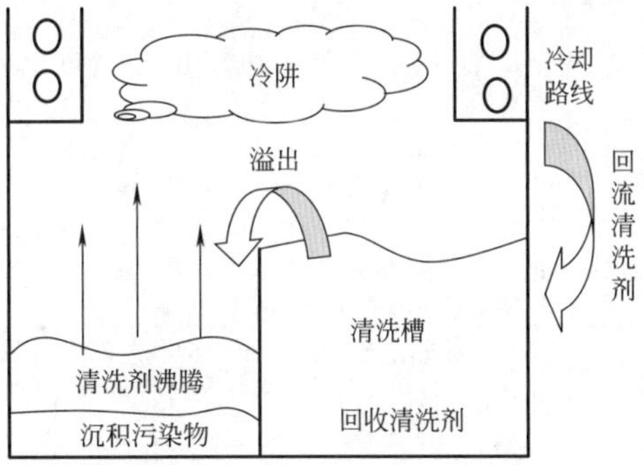

图 7.2-2　气相清洗原理

(4) 饱和蒸汽清洗

饱和蒸汽清洗是利用饱和蒸汽（压力 1MPa，温度 180℃）的高温及外加高压对工件表面的油膜、油渍污垢进行清洗。饱和蒸汽可以结合任意选用的一种能生物分解的去垢剂进行清洁、去油污，形成保护膜及磷化处理任何形式的表面和机件。在 1MPa 和 180℃下的饱和蒸汽可以降解任何顽固油污并使之汽化蒸发，不需要采用溶剂去垢，并且这种饱和蒸汽本身可以剥离并去除油渍和残留物。饱和蒸汽清洗适用机械、喷漆、冷（热）加工、电子、食品、交通运输（航空航天、火车、汽车、船舶）等行业。表 7.2-14 列出了饱和蒸汽清洗的特点与适用范围。

表 7.2-12　五种常用气相清洗溶剂的理化参数

理化参数	CFC-113	SOLDRY MS	SFISOL56	Enasolv 422	NOVECNFE
主要成分	三氯三氟乙烷	四氟二氯乙烷	正溴丙烷	三氯二氟乙烷	乙烷氟化液
沸点/℃	48	40	69	72	61
冰点/℃	-35	-103.5	-103	-86	-135

（续）

理化参数	CFC-113	SOLDRY MS	SFISOL56	Enasolv 422	NOVECNFE
闪点	无	无	无	无	无
密度/(g/cm^3)	1.56	1.21	1.23	1.46	4.52
表面张力/(MN/m)	17.3	16.4	19.3	18.0	13.6
动力黏度/MPa·s	0.68	0.45	0.43	0.62	0.425

表 7.2-13　气相清洗的注意事项

清洗溶剂	注意事项
三氯乙烯	在光和水中溶剂易分解，会产生盐酸和光气，为提高其稳定性，须添加如二乙胺、二苯胺、三乙胺等稳定剂
	清洗槽最好采用不锈钢，若采用普通钢板须进行防腐蚀处理
	因能溶解橡胶，故其清洗系统中的泵、阀、管路等密封件不能选用橡胶制品
	三氯乙烯属低毒物质，所以清洗设备均需考虑机械排风
	为防止蒸汽外溢，影响环境并浪费溶剂，清洗槽口均应设有冷凝回收装置

表 7.2-14　饱和蒸汽清洗的特点与适用范围

特点	适用范围
高清洁度	具有高清洁度要求的多种材质清洗
节水	36kW 的设备清洗任何表面耗水量仅为 50L/h
洁净	高温高压饱和蒸汽能降解目前工业上使用的所有油脂，因此，用饱和蒸汽清洗过的表面可达到超净状态
工艺灵活	工作节拍可调，可根据厂家要求特别制定清洗工艺
安全	因为饱和蒸汽是空气的代替物，使用非常安全。清洗机设有电子防护、压力保护等数道防护措施
经济	与传统高压水清洗方法比较，其大大减少了水的消耗，节省了废水、废物处理和排放费用
钝化	饱和蒸汽与混有钝化物质的可生物降解的清洗剂相结合，对金属零件表面进行钝化处理，可形成完好均匀的保护层
磷化	工件表面清洗干净后，再用饱和蒸汽作为载体对表面进行磷化处理，既不浪费磷化液，也不需对废液进行处理
干燥	高温饱和蒸汽的特点是被清洗的表面始终是干燥的，所以可以直接对各种电气电机及集成电路进行清洗而不会损坏它们
效率高	饱和蒸汽清洗是当前世界上公认的效率最高、效果最好的清洗方式，清洗效率达到 98%以上
防锈	饱和蒸汽与可生物降解的除锈、防锈清洗剂相结合，可在清洗的同时起到对金属表面进行防锈的作用
方便	集多种复合操作于特殊的清洗方法中，简单、便捷地实现清洗、烘干、防锈（钝化、磷化）等数道工序一步完成
环保	清洗下来的污物残渣在清洗的同时自动回收，不会产生和排放污水及有害化学物质，对清洗作业的工人没有任何的伤害

（5）激光清洗

激光清洗是基于由高强度的光束、短脉冲激光及污染层之间的相互作用所导致的光物理反应。激光器发射的光束被需处理表面上的污染层所吸收，大能量的吸收形成急剧膨胀的等离子体，产生冲击波，冲击波使污染物变成碎片并被剔除。激光清洗具有无研磨、非接触、无热效应和适用于各种材质的物体等清洗特点。激光清洗可以解决采用传统清洗方法无法解决的问题。激光清洗的工作原理如图 7.2-3 所示。

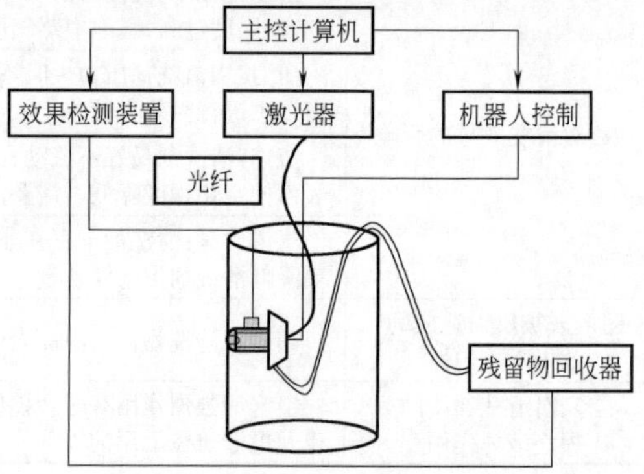

图 7.2-3　激光清洗的工作原理

表 7.2-15 列出了激光清洗的特点，表 7.2-16 列出了激光清洗的适用范围。

表 7.2-15　激光清洗的特点

特点	具体内容
绿色的清洗	不需使用任何化学药剂和清洗剂，清洗下来的废料基本上都是固体粉末，体积小，易于存放，可回收，不污染环境
非接触清洗	激光清洗的无研磨和非接触，对清洗物体表面无机械作用力，且不会造成二次污染
实现远距离操作	激光可以通过光纤传输，与机器人相配合，可方便地实现远距离操作，能清洗传统方法不易达到的部位，适宜一些危险的清洗
清洗多种材料	激光清洗能够清除各种材料表面的各种类型的污染物，达到常规清洗无法达到的清洁度，还可有选择性地清洗材料表面
高效率	激光清洗效率高，节省时间
运行成本低	购买激光清洗系统虽然前期一次性投入较高，但清洗系统可以长期稳定使用，运行成本低，后续消耗仅需电费

表 7.2-16　激光清洗的适用范围

清洗种类	适 用 范 围
模具的清洗	节省待机时间、避免模具损坏、工作安全、节省原材料和经济效益良好。特别适合橡胶和食品工业模具的清洗
武器装备的清洗	可以高效、快捷地清除锈蚀、污染物,并可以对清除部位进行选择,实现清洗的自动化。适用于武器维护保养和军事装备清洗
飞机旧漆的清除	可在两天之内将一架 A320 空中客车表面的漆层完全除掉,且不会损伤到金属表面。适用于航空器清洗
楼宇外墙的清洗	可以对各种石材、金属、玻璃上的各种污染物进行有效清洗,且比常规清洗效率高很多倍。适用于保护古建筑和恢复外观
电子工业中的清洗	特别适合电子工业需要的高精度地去污,去污过程中不损伤元器件。适用于半导体晶圆片的清洗
精确去酯清洗	激光去酯可以将酯类及矿物油完全去除,不损伤零件表面。适用于精密零件加工制造的清洗
核电站内管道清洗	远距离操作,可以确保工作人员的安全

4. 清洗设备

清洗设备分为清洗槽、清洗机和清洗生产线。通常清洗机由下列组成：①清洗系统，包括清洗剂的净化过滤、加热加压、储液容器、输液管道和阀门、喷嘴及其活动机构等；②工件输送系统，包括工件的移动、定位、翻转以及满足清洗要求的其他动作；③干燥系统，包括冷热空气吹干、辐射烘干、热空气循环干燥等；④围护隔热系统，包括整个构架和内外保护隔断；⑤排风系统，包括废气治理和把混合气体排至室外；⑥控制系统，包括所有系统的控制。

(1) 清洗设备分类

实际生产中化学清洗的同时，往往还包含有各种物理清洗对各种清洗工艺的强化。在机械制造过程中，常用的金属零部件清洗系统有浸渍清洗系统、喷射清洗系统、蒸汽清洗系统等。清洗设备分类如下：

- 清洗设备
  - 清洗槽（以手工操作为主）
    - 常温清洗槽
    - 加热清洗槽
    - 溶剂清洗槽
    - 超声波清洗槽
  - 清洗机
    - 喷洗
      - 万能式清洗机
      - 旋转式清洗机
      - 螺旋输送式清洗机
      - 网带式连续输送清洗机
      - 网带式步进输送清洗机
      - 液压步进输送清洗机
      - 悬挂链式清洗机
    - 气相清洗
      - 间歇式清洗
      - 组合清洗
    - 超声波清洗
      - 低频超声波清洗
      - 高频超声波清洗
      - 双频超声波清洗
      - 调频超声波清洗
    - 组合清洗
      - 热浸、冷浸、超声波、气相
      - 粗喷、精喷、气相
  - 清洗生产线（由数台不同型式清洗机或清洗槽组成）

(2) 清洗机实例

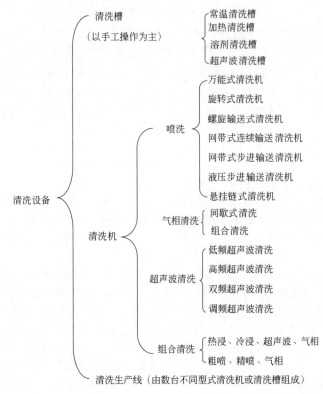

清洗机是集泵、阀、水射流、机械结构、输送、自动化等主要技术以及密封、通风、交换、清洗剂过滤、除油、除屑等辅助技术为一体的成套装置。清洗机通常采用模块化设计，各种功能单元的设计要满足装配性能且易实现扩展性、互换性要求。

1）典型缸体清洗机工艺结构。某厂典型的缸体清洗机工艺结构如图7.2-4所示。该清洗机用于缸体加工生产线上，采用电动抬起步进机构输送工件，上料端接加工中心，下料端接检测设备。

① 清洗工艺流程：上料→粗洗六面、水套腔→缸体翻转180°，清洗曲轴箱内腔、缸套、主轴瓦座和副油道，同时清洗底面及螺纹孔→精洗缸体顶面、往复插洗凸轮轴孔、主轴孔、间隙式精堵洗两主油道孔→对曲轴箱内腔、缸套进行往复式高压漂洗，定位清洗水套腔→往复翻转倒水→采用压缩空气脉冲定点对位吹净→热风烘干→下料。

② 设备各工位详述。

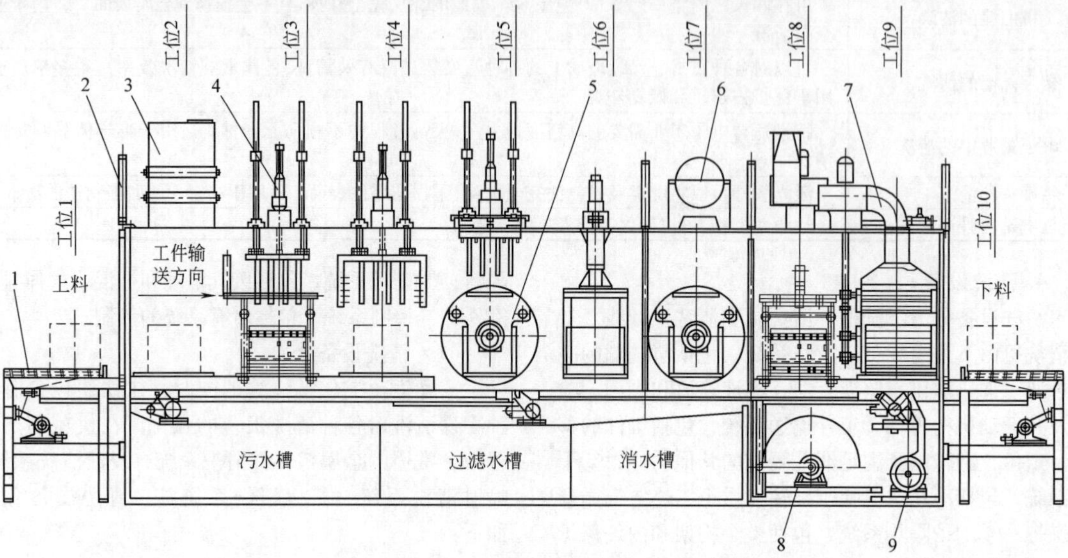

图7.2-4 典型缸体清洗机工艺结构

1—机动辊道 2—关门气缸 3—蒸汽冷凝回收装置 4—移动清洗装置 5—缸体回转装置 6—压缩空气储气罐 7—热风吹干装置 8—摆杆式输送驱动电机 9—输送机抬起驱动装置

工位1：上料工位。此工位采用机动滚道上料，操作员将缸体推至机动滚道处，机动滚道自动将缸体运送至上料所需位置，在安装时可调整，此工位设有挡隔料装置和料位开关。

工位2：消雾工位。此工位可有效地防止清洗过程中逸出水雾。

工位3：粗洗六面。移动清洗装置下降，使喷水盒罩住缸体，将喷水盒中的喷嘴对准缸体除底面外的各个面的孔道，对其进行粗洗，兼顾清洗缸体外表面。在活动梁下设喷水管对缸体底面及孔道进行自下向上的定位清洗。

工位4：将缸体翻转180°，使缸体曲轴箱朝上。将上部清洗装置插入清洗曲轴箱内腔、缸套、主轴瓦座，同时清洗底面及螺纹孔。在活动梁下设喷水管对缸体顶面及孔道进行自下向上的定位清洗，有利于顶面盲孔的清洗。清洗完后将工件转回复位，排水，清洗压力为0.6MPa。

工位5：精洗缸体顶面、往复插洗凸轮轴孔、主轴孔、间隙式精堵洗两主油道孔。清洗压力为1.0MPa，同时兼顾定位精洗缸体顶面各孔道和螺纹孔。

工位6：移动清洗装置下降，使喷水盒罩住缸体。将喷水盒中的喷嘴对准缸体除底面外的各个面的孔道，对其进行定位精洗，并清洗缸体外表面。将清洗装置插入对曲轴箱内腔、缸套进行往复式清洗，清洗压力为1.0MPa。

工位7：吹干、排水工位。在此工位将缸体翻转180°，来回翻转二至三次，实现翻转排水功能，完成后将工件转回复位。

工位8：在此工位同时采用压缩空气脉冲定点对位吹净各表面和各孔积水。

工位9：烘干工位。采用蒸汽加热从室体内抽取的热空气来烘干缸体。

工位10：下料工位。用机动辊道将工件输送到下一工序并设置料满报警装置。

2）多槽式蒸汽清洗装置。三槽式清洗装置如图7.2-5所示。其中第一槽是带有超声波的有机溶剂浸渍清洗槽。由于采用超声波会使有机溶剂温度上升而挥发、泄漏，所以会产生一定气味。第二槽是有机溶剂冷却冲洗槽。在该槽中用有机溶剂进行漂洗的同时也使清洗工件的温度降低，有利于提高在第三槽中进行蒸汽清洗的效果。第三槽是蒸汽清洗槽。清洗工件表面冷凝的溶剂蒸汽把污垢溶解，在重力作用下溶有污垢的液体溶剂在清洗工件表面运动并最终下落滴入溶剂中。当清洗槽下部的溶剂中所含污垢浓度增大到一定程度后，会被送入溶剂精制回收装置中，在去除污垢之后清洁的有机溶剂被送入溶剂罐中再次投入使用。经过蒸汽清洗的工件还要用喷射方式进一步清洗，最后得到清洁度很高的产品。

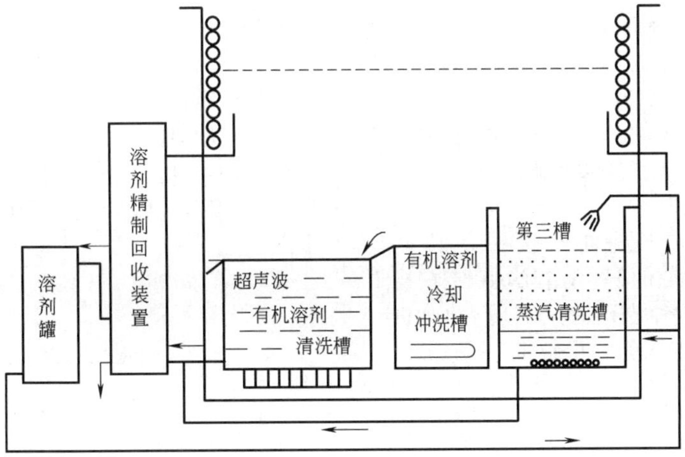

图 7.2-5　三槽式清洗装置

7.2.2　平衡校正

在平衡状态下，转子旋转时与不旋转时，对轴承产生的压力相同。但工程中的各种转子，由于转子材质不均、结构不对称、加工和装配误差及运行后的变形等多种因素的影响，会导致转子上每个微小质点产生的离心惯性力不能相互抵消，转子重心偏离其旋转中心（即存在不平衡量），使机器运行时产生振动和噪声，加速轴承磨损。不同的机器只能允许转子有一定的不平衡量存在。平衡校正的目的就是通过一定的方法和手段，降低转子的不平衡量，保证机器运转时，产生的振动和噪声在允许范围内。

盘状转子的离心力也可理解为来自完全处于质量分布平衡状态的转子上存在的一个偏离转子旋转轴线的质量（块）所产生的离心力。此偏置的质量通常被称为不平衡质量。而转子的质量分布的不平衡程度可以用转子的不平衡量描述，其量值一般用该不平衡质量的质量与其质心偏离转子旋转轴线的半径距离的乘积来表示，即 $U=mr$，常用单位为 g · mm。图 7.2-6 所示为不平衡的转子，F_1、F_2 为转子旋转时所产生的离心力，动态和静态均不平衡。若 m_1、m_2 分别位于转子旋转中心的两侧并且其相位差 180°，且满足 $m_1r_1=m_2r_2$（r_1、r_2 分别为 m_1、m_2 所处位置的半径），则静态平衡，动态不平衡。

术语“不平衡度”为转子单位质量的不平衡量。在量值上，不平衡度相当于单位质量的偏心距，常用 e 表示，即

$$e=U/M \qquad (7.2\text{-}1)$$

式中　e——偏心距（g · mm/kg）；

　　M——转子质量（kg）。

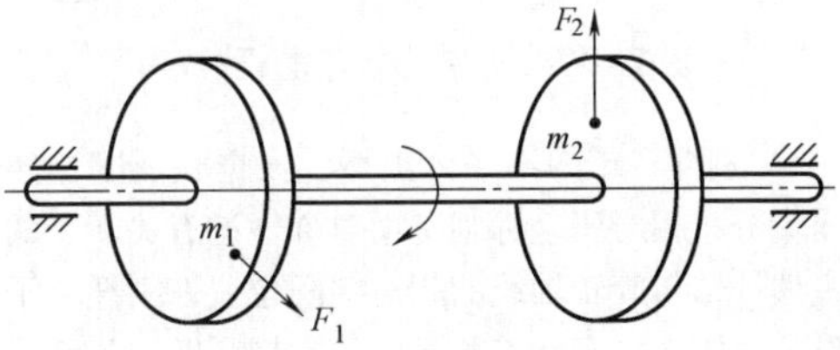

图 7.2-6　不平衡的转子

由于转子质量分布的不平衡状态很难用常规的度量衡仪器直接测量出来，一般通过对转子旋转时的离心力的动态测试间接测量其质量分布的不平衡状态。工业上则通过对旋转时转子的离心力所引发轴颈的振动或产生作用在轴承上的动压力，即“转子-轴承”系统的不平衡振动响应的测试，来检测出转子质量分布的不平衡状态及其程度。

平衡校正就是调整转子的质量分布，以保证转子的剩余不平衡量或由不平衡引起的振动或作用在轴承上的动压力减小到技术条件规定的允许范围内的一种作业。一般可通过在转子预先确定的平衡校正平面上施加或去除适量质量的材料来实现。

1. 平衡方法和适用范围

（1）校正平面

校正平面是指沿转子轴线选定一个或一个以上的垂直平面，并在此平面上修正（去重或加重等方法）转子原始不平衡量，使转子剩余不平衡量在允许范围内。静平衡在一个校正平面上即可消除其不平衡量；刚性转子动平衡在两个校正平面上消除其不平衡量；

挠性转子动平衡则通常需在 $n+2$ 个校正平面上消除其不平衡量（n 为转子在工作转速内所经过临界转速的次数）。

（2）平衡方法

转子的平衡方法有静平衡、刚性转子动平衡及挠性转子动平衡等。为了提高静平衡的精度，可用产生离心力的动态平衡方法来校正。平衡方法的选用，应根据机器运转条件、工作转速和转子的结构形状、尺寸等因素，按照表 7.2-17 所列要求确定。

（3）刚性转子校正

如果转子的最高工作转速低于其第一阶临界转速的 50%~70%，而且由它的不平衡离心力引起的挠曲变形很小，可忽略，这种转子称为刚性转子，如机床的主轴、中小型电机转子等，如图 7.2-7 所示。

图 7.2-7　机床主轴与电机转子

1）刚性转子的不平衡类型。根据表征刚性转子的质量分布相对于坐标轴平面对称性的有关转子的中心主惯性轴与旋转轴线的相对空间位置，刚性转子的质量分布的不平衡状态共有四种类型，即转子的静不平衡、准静不平衡、偶不平衡和动不平衡。

① 静不平衡。静不平衡为中心主惯性轴平行于旋转轴线的（转子）不平衡状态。静不平衡状态下转子的质点离心力系的合力不为零，而合力矩为零，转子仅存在合成不平衡量。这种不平衡相当于把一个不平衡质量块 m 加在一根质量为 M、半径为 r 的完全平衡的转子质心（径向）平面上，如图 7.2-8 所示。此时，转子的质心 c 偏离原来的旋转中心 O 点，距离为 $e(e=mr/M)$。当转子仅存在合成不平衡量时，转子在静力学上处于不平衡状态，采用静力学的方法可发现和检测，故定义为静不平衡。

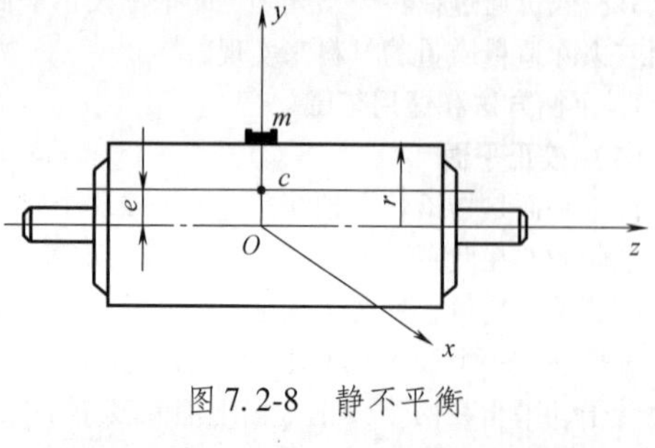

图 7.2-8　静不平衡

② 准静不平衡。准静不平衡为中心主惯性轴与旋转轴线在质心外的某点相交的（转子）不平衡状态。准静不平衡状态下转子的质点离心力系的合力及合力矩均不为零，但合力与合力矩相互正交，合力的作用线位于合力矩的作用平面上。这种不平衡相当于在一个完全平衡的转子上过 O' 点的径向平面上增加了一个不平衡质量块 m，如图 7.2-9 所示。此时，转子的中心主惯性轴与旋转轴线相交。由于转子的质点离心力系的最终简化结果仅为一个单独的合力，犹如静不平衡那样，但不在质心平面上，故定义为准静不平衡。

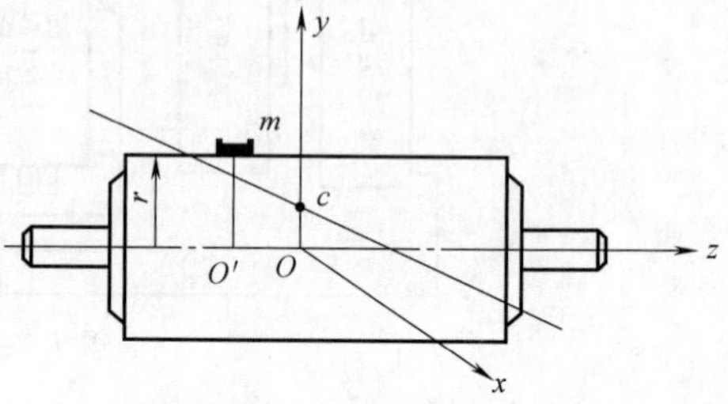

图 7.2-9　准静不平衡

③ 偶不平衡。偶不平衡为中心主惯性轴与旋转轴线在质心相交的（转子）不平衡状态。偶不平衡状态下转子的质点离心力系的合力为零，转子的质心位于旋转轴线上，而合力矩不为零，转子仅存在一个合成不平衡矩。合成不平衡矩通常可表示为在一个完全平衡的转子上任意两个不同的径向平面内的一对大小相等、方向相反的不平衡质量块 m 的偶矩，如图 7.2-10 所示。转子的中心主惯性轴和旋转轴线相交于质心 c 点，故定义为偶不平衡。

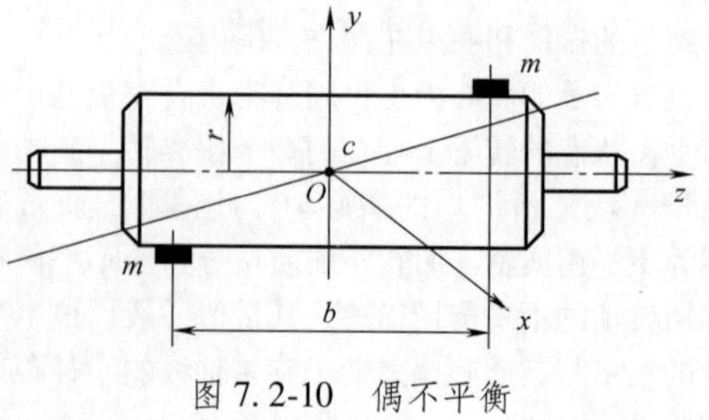

图 7.2-10　偶不平衡

④ 动不平衡。动不平衡为中心主惯性轴与旋转轴线两者既不相交又不平行的（转子）不平衡状态。动不平衡状态下转子的质点离心力系的合力及合力矩均不为零，这是一般刚性转子普遍存在的质量分布不平衡状态。转子既存在合成不平衡量，同时又存在着合成不平衡矩。这种不平衡相当于在一个完全平衡的转子两端面上分别加上一个不平衡质量块 m_1 和 m_2 $(m_1 \neq m_2)$，如图 7.2-11 所示。转子的中心主惯性轴和旋转轴线既不相交又不平行，该不平衡状况被定义

为动不平衡。动不平衡可以由分别位于指定的径向平台上的两个等效不平衡量给出，能完全表示转子总的不平衡量。转子的动不平衡必须采用动力学的方法才能发现和检测。

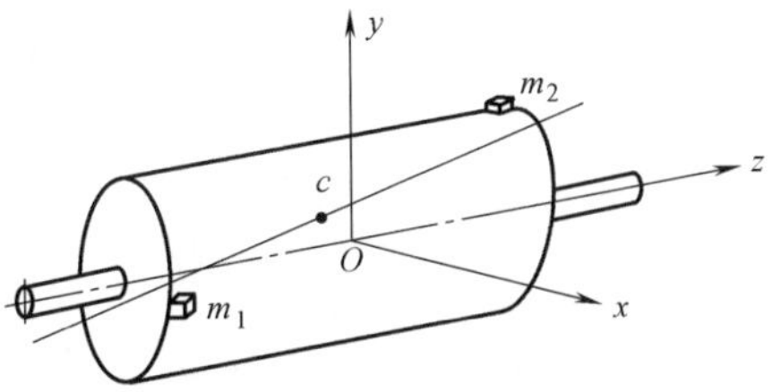

图 7.2-11　动不平衡

转子的动不平衡是一种最为常见的普遍状态，静不平衡、准静不平衡和偶不平衡都可视为它的特例。静不平衡和偶不平衡是转子的最基本的两种不平衡，而准静不平衡和动不平衡可由静不平衡和偶不平衡两者合成、派生而出。

2）刚性转子平衡品质的表达方法。刚性转子经过动平衡后，允许最大不平衡有以下三种表示方法。

① 许用不平衡量（重径积）U_{per}。

$$U_{per}=Wr \qquad (7.2\text{-}2)$$

式中　W——剩余不平衡量（g）；

r——剩余不平衡量所处位置的半径（mm）。

② 许用不平衡度（转子许用偏心距）e_{per}（μm）。

$$e_{per}=U_{per}/M \qquad (7.2\text{-}3)$$

式中　M——转子质量（kg）。

③ 平衡品质等级（转子偏心速度）G（mm/s）。

$$G=e_{per}\omega/1000 \qquad (7.2\text{-}4)$$

式中　ω——转子最大工作转速时的角速度（rad/s）。

实践证明，转子转速越高，不平衡产生的离心力越大，机器振动也越激烈。式（7.2-2）和式（7.2-3）中，未能表示转子转速对平衡的影响。式（7.2-3）中的 G，不仅表示了转子的不平衡品质，而且表达了转子质量偏心距与工作转速间的关系。ISO 1940-1：2003 标准，将平衡品质等级划分成 G0.4、G1、G2.5、G6.3、G16、G40、G100、G250、G630、G1600、G4000 等 11 个等级。另外，还规定了不同等级 G 的最大工作转速和剩余不平衡量之间的关系。我国 GB/T 9239.1—2006《机械振动　恒态（刚性）转子平衡品质要求　第 1 部分：规范与平衡允差的检验》等效此标准。

表 7.2-18 给出了各种类型刚性转子的平衡品质等级。

表 7.2-17　转子分类和平衡方法

类别	转子结构和特性	平 衡 方 法	实　　例
圆盘状转子	圆盘体最大直径与其宽度之比不小于 5，工作转速小于 1500r/min。可在一个校正平面上校正不平衡	静平衡	汽轮机、水泵、风机的叶轮、飞轮、联轴器、大齿轮等
1 类转子（刚性转子）	圆盘体最大直径与其宽度之比小于 5，轴承间跨距较大，工作转速大于 1000r/min，且小于第一阶临界转速的转子。可用两个校正平面校正不平衡。校正平衡后，能使转子自低速至最大工作转速时，不产生明显振动变化	刚性转子低速动平衡	高速传动齿轮，内燃机曲轴，水泵、风机、离心机及砂轮机的转子
2 类转子（准刚性转子）	工作转速小于第一阶临界转速，轴承间跨距较大的中高速转子。转子虽不能看作刚性，但可用改进的刚性转子平衡技术来平衡。其中，大部分可用两个校正平面校正不平衡，也有用三个校正平面的。外伸悬臂转子也可用一个校正平面校正不平衡	刚性转子低速动平衡	砂轮、印刷机滚筒、轴流式压缩机转子、高速内燃机曲轴、整锻式汽轮机转子
3 类转子（挠性转子）	工作转速大于第一阶临界转速，轴承间跨距大，并有轴向不平衡分量，能使转子内部发生挠曲变形的转子。应采用多个校正平面校正不平衡	挠性转子高速动平衡	大型汽轮机高、中压转子，高速多级离心泵（或风机）转子，燃气轮机、压缩机转子，大型发电机转子
4 类转子（刚性、挠性转子）	属 1、2 或 3 类转子范畴，但转子上有一个或多个本身是柔性的部件。这类转子只能在某一特定转速下做动平衡	可在转子的工作转速，或高于工作转速的特定转速下做动平衡	橡胶叶片风机，具有离心起动离合器的转子
5 类转子（挠性转子）	由于经济性或批量生产等理由，仅在某一特定转速下做动平衡	挠性转子在高速或在某一特定转速下做动平衡	高速电动机转子

表 7. 2-18　各种类型刚性转子的平衡品质等级

机械类型:一般示例	平衡品质级别 G	量值 $e_{per}\omega$ /(mm/s)
固有不平衡的大型低速船用柴油机(活塞速度小于 9m/s)的曲轴驱动装置	G4000	4000
固有平衡的大型低速船用柴油机(活塞速度小于 9m/s)的曲轴驱动装置	G1600	1600
弹性安装的固有不平衡的曲轴驱动装置	G630	630
刚性安装的固有不平衡的曲轴驱动装置	G250	250
汽车、卡车和机车用的往复式发动机整机	G100	100
汽车车轮、轮毂、车轮总成、传动轴、弹性安装的固有平衡的曲轴驱动装置	G40	40
农业机械 刚性安装的固有平衡的曲轴驱动装置 粉碎机 驱动轴(万向传动轴、螺旋轴)	G16	16
航空燃气轮机 离心机(分离机、倾注洗涤器) 最高额定转速达 950r/min 的电动机和发电机(轴中心高不低于 80mm) 轴中心高小于 80mm 的电动机 风机 齿轮 通用机械 机床 造纸机 流程工业机器 泵 透平增压机 水轮机	G6. 3	6. 3
压缩机 计算机驱动装置 最高额定转速大于 950r/min 的电动机和发电机(轴中心高不低于 80mm) 燃气轮机和蒸汽轮机 机床驱动装置 纺织机械	G2. 5	2. 5
声音、图像设备 磨床驱动装置	G1	1
陀螺仪 高精密系统的主轴和驱动件	G0. 4	0. 4

(4) 不平衡量消除

不平衡量消除方法一般包括以下三种：

1）施加质量法（加重校正）。采用焊接（点焊或堆焊）、锡焊、镶嵌、压装、螺纹连接或喷涂等方法，根据平衡测试的示值——初始不平衡量的量值大小及所在相位角，在转子相应的圆周角位置（俗称“轻点”）施加上适量的材料质量（块），减小初始不平衡量。常用的场合有汽车传动轴的平衡校正（堆焊）、微小型电动机转子的平衡校正（锡焊）、小轿车轮胎的平衡校正（镶嵌），如图 7. 2-12 所示。

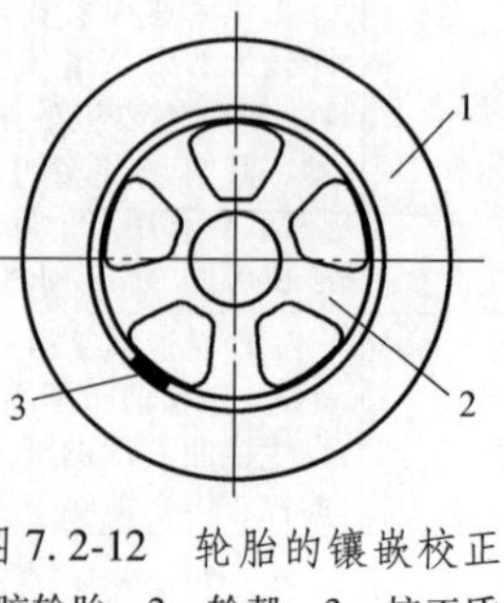

图 7. 2-12　轮胎的镶嵌校正

1—橡胶轮胎　2—轮毂　3—校正质量块

2）去除质量法（去重校正）。采用钻削、铣削、磨削、刨削、偏心车削、打磨、抛光或激光熔化等方法，根据平衡测试的示值在转子相应的圆周角位置（俗称“重点”）去除适量质量的材料，减小初始不平衡量，如图 7. 2-13 所示。机械加工中，常采用钻削校正方法，此方法操作简单快速，去重的相角位置容易掌握，便于实现校正的半自动化和全自动化。

3）配重块调整法。在加重校正法中，有时用两个几何尺寸形状完全相同的校正质量块（配重块）来校正，如图 7. 2-14 所示。两个配重金属块被置于

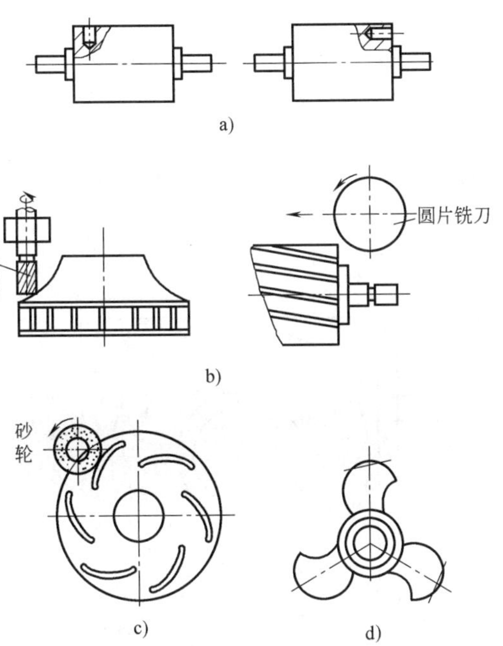

图 7.2-13　去除质量法校正
a）钻削　b）铣削　c）磨削　d）冲剪

校正平面内的平衡（环）槽内，槽的截面为燕尾形，俗称“燕尾槽”。当配重金属块被置于同一直径的角度位置上时，它们在校正平面内不构成不平衡量。若调整两配重金属块的圆周位置以及它们之间夹角的大小，则可获得不同量值及不同相位角的校正量的校正效果。此方法常应用于汽轮机转子和发电机转子的平衡校正，在这些转子本体两端的台面上都设计有平衡槽和配重金属块，专供平衡校正使用。

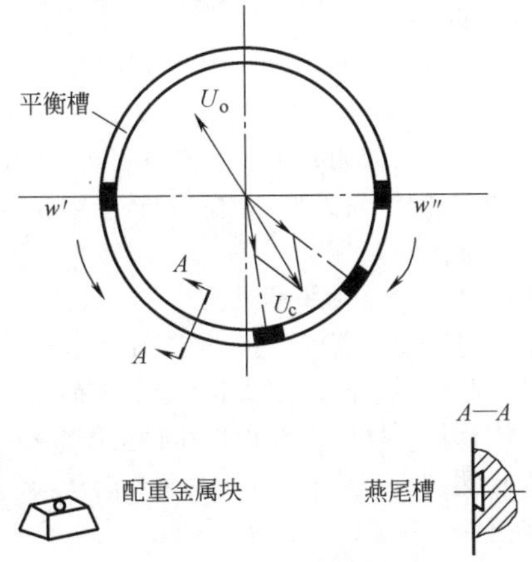

图 7.2-14　配重块调整法校正

对于曲轴类的转子，可将其毛坯的质量中心轴线同时作为回转轴线和加工时的中心线，并以此加工出中心孔。此方法能使平衡校正时的原始不平衡量大幅减少。另外，汽轮机等的大型转子，可先求出转子轴质量偏心值，再将待装的动叶片逐一用天平或用力矩称秤重，通过计算机的优化分配，使装配后的转子质量中心与回转中心重合。

2. 静平衡

转子的质心位于回转轴线上就称为静平衡。将圆盘状的转子装上静平衡设备，在重力的作用下，确定其不平衡量和位置，并在一个校正平面内予以消除的方法，称为静平衡法。

（1）静平衡工艺

将转子或装上工艺轴的圆盘状转子放在静平衡台上，使其沿水平方向来回自由滚动。滚动停止后，在通过中心的铅垂线上半部某一选定半径处，试加重量，直至转子在任何角度均能静止；取下试加的重量，用等效法去重或加重后，再校平衡，即达到静平衡。

经过静平衡的转子，可确定其剩余不平衡量。即在校正平面上将圆周八等分，在各等分线处于水平位置时试加重量，逐个测出 8 个开始转动的重量，取最大试重与最小试重之差的 1/2，即为静平衡后的剩余不平衡量。

静平衡的精度应按机器的工作条件和重要性来选定。在没有具体规定时，可参照 JB/T 3329—2016《汽轮机旋转零部件　静平衡》中有关规定。保证静平衡后的转子，在工作转速下，剩余不平衡量产生的离心力不超过转子自重的 5%。

（2）静平衡设备

为提高生产率和平衡精度，可用专用的静平衡机或离心式单面平衡机进行平衡。产量不大时，按转子重量，采用结构简单、操作方便的静平衡台进行平衡，其平衡精度与支承的精度及操作者的经验有关。图 7.2-15 所示为静平衡台型式。

平行导轨的截面有矩形、圆形、菱形、刀刃形等。圆形截面的导轨易产生挠度，适合于轻型转子的静平衡试验。矩形和菱形截面的导轨因其为面接触，所以摩擦力较大，但不易产生挠度，适合重型转子的静平衡试验。导轨的长度一般大于或等于转子最大直径的 2 倍。支承转子轴（或工艺轴）的表面硬度要高，表面粗糙度值要低，一般采用磨削方法进行精加工。在使用工艺轴时，应考虑有足够的支承刚度和尽可能地减小与导轨接触工艺轴的直径，以提高平衡精度。

图 7.2-16 所示为静平衡机结构示意图。如转子在半径 r 处存在有不平衡量 m，则它对轴线的重力矩为 mgr。此时支托在下面带有反射镜的支座 2 产生倾斜，则反射出的光束偏转，并投射于不平衡量指示器 4，光点与极坐标原点也产生相应偏离，即可测出不

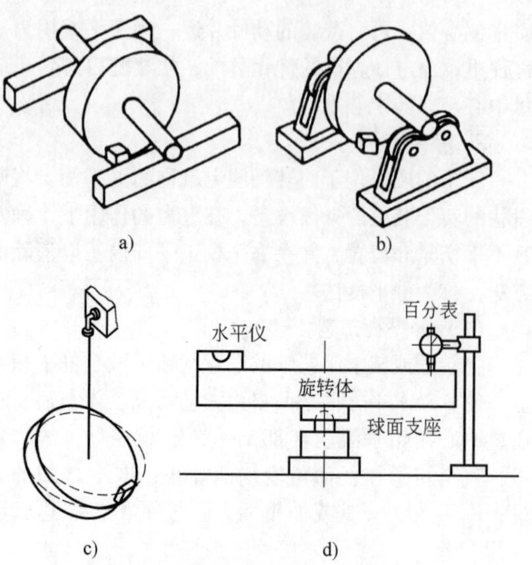

图 7.2-15　静平衡台型式
a）平行导轨式　b）滚柱式
c）悬吊式　d）球面式

平衡量 m 的大小和位置。

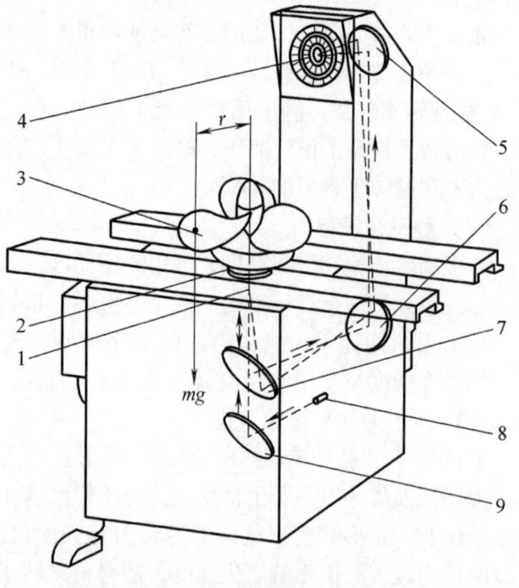

图 7.2-16　静平衡机结构示意图
1、5、6、9—反射镜　2—支座　3—转子　4—不平衡量指示器　7—半反射镜　8—光源
注：反射镜 1 在支座 2 的下面，因台面以下图中无法表示，因此图中 1 是虚指的位置。

静平衡机通常在其测试平台下，设置有 3 个秤重传感器，同处在一个圆周上且相隔 120°分布，如图 7.2-17 所示。当被测转子放置在测试平台上并定心后，若转子存在不平衡，其质心不在平台的几何中心，3 个秤重传感器的测量压力不相等，通过测量单元可计算并显示出转子质心的偏心距值及其所在的圆周位置，即转子的静不平衡量及相位角。静平衡机的单次测量时间可控制在 2~5s，并允许转子在安装的测试平台上进行平衡校正作业，校正后能随即复测转子的剩余不平衡量，直至把剩余不平衡量校正减小至规定的允许范围内。这种静平衡机操作便捷，在检测过程中不受外力的影响，可同时确定转子的不平衡量和转子的质量，并且无需驱动和安全防护装置。

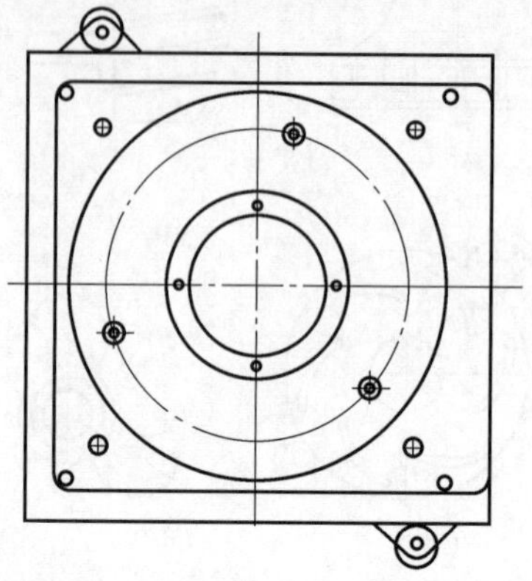

图 7.2-17　静平衡机原理

3. 刚性转子动平衡

刚性转子平衡只是一种低速动平衡。将转子视作绝对刚体，可在选定的两个校正平面上，以等效于 F_1、F_2（图 7.2-6）的值来修正，使转子达到平衡。

（1）刚性转子动平衡转速

选择刚性转子动平衡的转速，应能使转子产生足够的离心力，且处于平衡机的最佳测试状态，以保证动平衡精度。为减少操作时间和功率消耗，平衡转速宜低些。为此，刚性转子的平衡转速一般小于第一阶临界转速的 30%。

为防止动平衡机支承系统受到超载或超速的损害，动平衡机制造厂对外形对称的转子，规定一个“质量-速度”限值 Mn^2（M 为转子质量，n 为选定的动平衡机转速）。对外形不对称的转子则要换算成等效质量。

（2）刚性转子动平衡工艺

转子进行动平衡校正前，应装上所有经过称重或静平衡合格的零部件，并固定锁紧，再彻底清洁转子上的所有部位。仔细检查动平衡机上的润滑、驱动、支承和检测系统等是否正常，然后将转子与动平衡机联轴器连接。

刚性转子动平衡的方式有两种：在动平衡机上平衡和在动平衡台上平衡。

1）在动平衡机上平衡。在动平衡机上检验时，可以直接测量出校正平面上的剩余不平衡量。这种方式可直接找出不平衡量及方位，工艺操作简便，平衡效率高，准确可靠。转子在动平衡机上的支承点，应尽可能和工作支承点一致，校正平面应选择最靠近支承的端面，以提高校正效果，同时也便于试加重量。但检验时动平衡机性能参数中的不平衡量减少率（URR）和最小可达剩余不平衡量必须满足 GB/T 9239.21—2019/ISO 21940-21：2012 的要求。刚性转子动平衡工艺过程见表 7.2-19。

表 7.2-19 刚性转子动平衡工艺过程

序号	名称	操作过程
1	安装调整	转子装上动平衡机，与动平衡机调整中心调整水平，然后与联轴器连接
2	测原始不平衡量	起动动平衡机，升速至平衡转速，在仪表上显示并记录转子的原始不平衡量
3	试加重量	按测得原始不平衡量进行标定、计算，并得出在校正平面上试加的重量
4	校正	移去试加重量，用加重或减重法校正
5	复核	再次起动动平衡机，检验校正后的剩余不平衡量是否符合规定。复核时需将联轴器转过 180°，以确定动平衡机本身的可靠性

在动平衡机上测试时应注意：①每次测试时的转子转速必须相同或十分接近；②试验质量块的大小应以能引起振动示值有明显变化为宜；③如果怀疑测试的准确度，特别是线性度，可采用 n 块量值不同的试验质量块，每次施加在同一平面上的同一角度位置，多次重复测试并记录响应的不平衡振动，以此来评定其线性度；④动平衡机的旋转方向一般不做规定，但对某些转子，如汽轮机、风机等带叶片的转子，则应考虑减少空气湍流、噪声和驱动功率，并不影响叶片等零件的装配位置；⑤动平衡机的安装应避免附近设备振动的影响，一般须在基础部分采取防振隔振措施。

2）在动平衡台上平衡。实际生产中，多使用框架式动平衡台进行动平衡。这种动平衡台的框架下面常用橡胶、弹簧或调节螺钉为支托，以调整转子的水平状态。平衡转速应高于转子和框架组成系统的共振转速，一般可取 150~300r/min。利用降速时，转子处于共振转速的特点完成测量。用动平衡台，不平衡量和位置的确定都很复杂，一般有两点法和三点法，且都需经过多次起动，进行测试。

（3）动平衡设备

动平衡机主要用于检测刚性转子的动不平衡量，也可检测刚性转子的静不平衡量。动平衡机一般由三个主要部分组成：支承部分（软支承或硬支承）、驱动和传动部分、测量及计算部分。此外，部分动平衡机还附有校正装置，为被检测转子进行去重或加重校正提供方便。

对于支承部分，卧式动平衡机一般设置有两个完全对称且相同的支承座，可根据被测转子两轴颈的位置及跨距在动平衡机床身上沿导轨做移动调整，如图 7.2-18 所示。支承座既能支承被测转子的运转，还能为转子的不平衡量测试创造稳定、可靠的动力学条件，是决定动平衡机主要性能指标参数的核心部件。

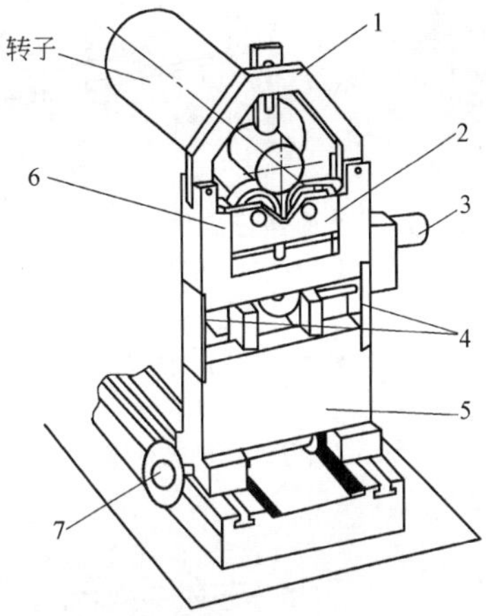

图 7.2-18 卧式动平衡机支承座的一般结构示意
1—防护架 2—轴承组件 3—传感器 4—支承弹簧 5—底座 6—轴承架 7—移动手轮

对于驱动和传动部分，通常有万向联轴器驱动（也称端面驱动）、圈带驱动、摩擦轮驱动、电磁感应驱动、压缩空气驱动和自驱动等多种方式，如图 7.2-19 所示。动平衡机驱动装置的选择，应结合被测刚性转子的结构、质量、几何尺寸、平衡转速以及平衡品质等级要求，同时还应分析不同驱动方式对转子的平衡测试带来的影响。

对于测量及计算部分，其基本功能是对来自传感器的电信号做滤波、放大和运算处理，以消除各种频率杂音信号的干扰，并对左、右两支承座的振动信号进行相关的平面分离运算处理，显示被测转子在校正平面内的等效不平衡量及相位角。

通用卧式动平衡机的典型结构如图 7.2-20 所示。转子不平衡产生的支承振动或振动力，由左、右传感器转换成相应的电信号。其输出信号分别与左、右校正平面上的不平衡量有关，同时与转子同轴旋转的相位发生器发出参考信号。上述两信号输入测量电路，经处理后，即可检测出两校正平面上的不平衡量和相位角。

（4）动平衡误差

由于反映和代表刚性转子不平衡状态的等效不平

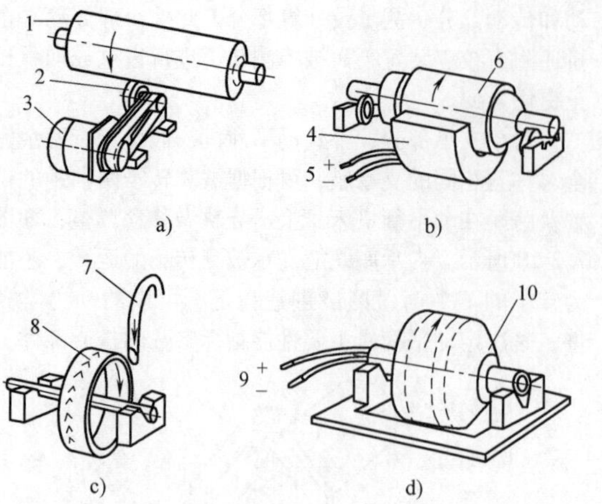

图 7.2-19　动平衡设备的常用驱动方式

a）摩擦轮驱动　b）电磁感应驱动　c）压缩空气驱动　d）自驱动

1、6—转子　2—摩擦轮　3—电动机及驱动轮　4—定子　5、9—电源　7—空气喷嘴　8—转子叶轮　10—转子及电动机总成

衡量均为一至两个径向平面上的合成不平衡矢量，所以动平衡误差包括量值误差（也称幅值误差）和相位角误差。根据动平衡误差中的各误差源及误差性质，动平衡误差分为三种。

1）系统误差：误差的量值及其相位角可通过统计计算或实验测量评定。系统误差源通常包括平衡机驱动轴的固有不平衡量、传动轴的径向和轴向跳动、转子轴颈与支承面间的同心度、平衡机滚轮支承的滚动轴承的径向和轴向跳动、键与键槽装配不合理、平衡设备及平衡仪表误差等。

2）随机误差：误差的量值及其相位角随机变化且不可预见，无法通过计算或测量评定。随机误差源通常包括零部件松动、沾染的油污和尘土、热效应引起的畸变、风阻（气阻）效应等。

3）标量误差：仅能评价或估算误差的最大量值，无法评定其相位角。标量误差源通常包括万向联轴器间隙过大、心轴与主轴的间隙过大、设计和制造公差、平衡机支承转子的滚轮直径与转子的轴径相同或两者成整数倍率引起的滚轮跳动等。有关误差示例

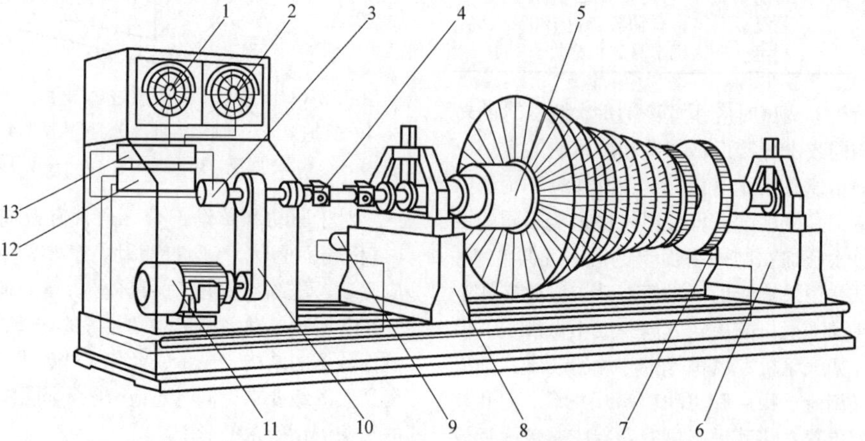

图 7.2-20　通用卧式动平衡机的典型结构

1—左指示器　2—右指示器　3—相位发生器　4—联轴器　5—转子（被测工件）　6—右支承架　7—右传感器　8—左支承架　9—左传感器　10—变速机构　11—电动机　12—平面分离电路　13—测量电路

及减少和评价误差的方法，可参阅 GB/T 9239.14—2017/ISO 21940-14：2012《机械振动　转子平衡　第14部分：平衡误差的评估规程》。

4. 挠性转子动平衡

为使挠性转子在不同转速下，由变形所产生的附加不平衡力，限制在一个允许的范围内，即使在临界转速时也不出现峰值，需要对挠性转子进行高速动平衡。这种动平衡实际上是一种高转速多校正平面的动平衡。

如何合理地选择和设置校正平面的数目及轴向位置，是挠性转子实施机械平衡的关键。挠性转子在高速动平衡前，一般须经刚性转子的低速动平衡。常用的挠性转子动平衡方法有振型平衡法、影响系数法和谐分量法三种。

(1) 振型平衡法

振型平衡法利用转子的转速接近某阶临界转速时，转子的挠曲形状和该阶振型相似的特点，选取振型顶峰处作为校正平面，将平衡配量加在校正平面上，使产生的振型与回转中心重合。对于某些工作转速达到高阶临界转速的转子，则利用振型的正交特

性，分别在不同的临界转速下平衡，以消除各阶振型的不平衡量。经振型平衡后，可使转子在从低到高的整个工作转速范围内，都能具有较好的平衡精度。振型平衡法的优点是准确性较好，但是校正平面多，且必须知道转子的临界转速和振型。

振型平衡法的操作步骤如下：

1）将转子安装在高速平衡机或由工作轴承座构成的平衡试验台上。为了使转子在现场运行时的振型能在平衡过程中充分呈现，减少后续的现场平衡，平衡设备上的轴承支承条件应接近于现场工作轴承的支承条件。测试开始之前，驱动连接对转子振动产生的约束要小，且驱动系统中联轴器的不平衡量也应小些。

2）转子的动态矫直。让转子在某一个或适宜的低转速下运转一段时间，以消除任何的临时弯曲。

3）低速平衡。挠性转子的低速平衡是指在转子的第一阶临界转速的 30%以下的条件下，视转子为刚性转子，做双面动平衡。具体按同类刚性转子的平衡品质等级要求（详见 GB/T 9239.1—2006《机械振动　恒态（刚性）转子平衡品质要求　第 1 部分：规范与平衡允差的检验》）进行平衡校正，并做检查和考核。

4）将转子驱动并升速至第一阶临界转速附近（一般取 90%）的某一转速为第一阶振型平衡转速。待转速稳定后，测量并记录轴承座的不平衡振动响应的幅值及其相位角。

5）在转子的两轴承座的跨度中央附近，即一阶振型曲线波峰附近的一个径向平面上加一个试验质量块，其大小能使步骤 4）中不平衡振动的测量值发生明显变化。

6）起动转子并升速至与步骤 4）相同的转速，即第一阶振型平衡转速。在与步骤 4）相同的转速和工况条件下，测量并记录轴承座的不平衡振动响应的幅值及其相位角。

7）由步骤 4）和 6）记录的振动示值进行响应矢量运算，求得平衡校正量的大小及相位角，用以减小或消除第一阶振型不平衡量。

8）从转子上取下试验质量块，随后在该径向平面（即校正平面）上根据矢量运算结果所求得的校正质量块的量值及其相位角，采用加重或去重（相位角加 180°）的平衡校正工艺方法对转子进行平衡校正。

9）将转子驱动并升速至第二阶临界转速附近（一般取 90%）的某一转速为第二阶振型平衡转速。待转速稳定后，测量并记录轴承座的不平衡振动响应的幅值及其相位角。

10）选择一对适当大小的试验质量块，其大小能使步骤 8）中不平衡振动的测量值发生明显变化。将它们分别加在转子的二阶振型曲线的波峰和波谷附近所选择的径向平面上，且两者所加的相位角位置相互差 180°。

11）由步骤 9）和 10）记录的振动示值进行响应矢量运算，求出一组平衡校正量的大小及其相位角，用以减小或消除转子的第二阶振型不平衡量。

12）从转子上取下两试验质量块，在转子的该两校正平面上，根据上述计算所得的第二阶振型不平衡量，采用加重或去重法对转子进行平衡校正。由于测量和校正过程中的误差，一般需多次重复该平衡操作，以将第二阶振型不平衡减小至允许程度。

13）在转子的最高连续工作转速的范围内，依次逐阶地在每一阶临界转速附近的某一个安全转速下，相继做第一、第二、第三阶振型的不平衡振动测试和平衡校正，即做振型平衡。在做 N 阶振型平衡时，至少必须要沿转子轴向分布由 N 个集中不平衡校正质量块构成的一组校正质量块，且每组校正质量块仅校正对应的振型不平衡量。

14）在转子的最高工作转速的范围内所包含的 N 阶振型不平衡都做了振型平衡并达到了规定的允许值之后，如果转子在最高工作转速运转时仍存在明显的不平衡振动，很有可能是由超过转子最高工作转速的第 $N+1$ 阶振型不平衡所激发。所以可在转子的最高工作转速下，对转子做第 $N+1$ 阶振型的不平衡测试和平衡校正，直至将不平衡振动减小至允许的程度，最终保证转子在其最高工作转速及其在起动升速过程中都能平稳、安全地运行。

目前振型平衡法常用 $N+2$ 法和 N 法两种方法。

1）$N+2$ 法。N 为转子达到工作转速所经过的临界转速的次数，如只经过第一阶临界转速，则 $1+2=3$，采用 3 个校正平面。一般认为 $N+2$ 法较为精确，且具有补偿转子内部不平衡力矩的作用。

2）N 法。此法使转子运行在临界转速附近，以 N 个校正平面和 N 个振型进行逐阶的平衡。N 法的优点是在高阶平衡时，不会破坏已平衡的低阶振型，而且转子可以不经过刚性低速动平衡，直接进行高速动平衡。但可能增加起动次数。

表 7.2-20 以 $N+2$ 法举例说明振型平衡法的工艺过程。平衡前，转子应先经过低速动平衡，在两个校正面上只加置配重而不做校正。做第一阶临界转速 n_{e1} 挠性动平衡时，取平衡转速 $n_1=0.9n_{e1}$；同样，做第二阶临界转速 n_{e1} 挠性动平衡时，取平衡转速 $n_2=0.9n_{e2}$。

表 7.2-20　振型平衡法的工艺过程

序号	名称	操作内容
1	测量原始不平衡量	转子安装找正后，升速至 n_1，测量并记录左右支承处的原始不平衡量，以振幅或振动力等表示，并定出相位
2	试加重量	在振型顶峰处（如对称轴则在1/2支承跨距处）的任意圆周方向，试加重量
3	测响应值	重复起动测量，得出试加重量后的响应值
4	求校正量	通过作矢量图或计算机计算，得出校正量数值及相位，进行校正
5	复核	重新起动测量，合格则可进行下一步工作，否则应再做补偿校正
6	刚性低速动平衡	观察高速动平衡后，对低速动平衡的影响
7	进行二阶平衡	方法与一阶相同

N 法与 N+2 法比较，仅是校正平面的数量不同，而平衡方法、求解、加重等与 N+2 法均相同。

（2）影响系数法

影响系数法是将转子不平衡量引起的振动，看作是整个转子不平衡量叠加的结果，即转子各不平衡量所引起振动的总和。为此，转子不平衡产生的振动，对支承系统的变化呈线性关系，可用线性方程组表达。常用方法有两种：消除支承动反力法和使各测点剩余不平衡量的平方和为最小值的最小二乘法。

影响系数法的工艺原则是：测点应选取在支承附近的轴颈处，校正平面的数量和位置可根据振型来确定，其平衡转速应选在临界转速附近，由低速到高速，直至工作转速。先做第一阶，后做第二、第三阶。为保证振幅的测量精度，应严格控制转速精度。表 7.2-21 列出了影响系数法的平衡工艺过程。

两种方法比较而言，对于工作转速在 n_{e1}、n_{e2} 附近的转子，振型平衡法的效果较为显著，方法也较为简单。影响系数法的处理过程和计算程序比较复杂，但对于在整个转速范围内，转子的平衡校正较为有效，同时还适用于轴系或整机平衡。

大型汽轮机、发电机、透平式风机和轴流式压缩机等的转子，在做挠性转子动平衡时，为减小驱动功率、降低噪声和确保安全，一般在高速动平衡室内进行。高速动平衡室是一内衬钢板、外浇钢筋混凝土的密封筒体，内径为 5~8m，长度可达 15m 左右，工作时筒体内要求有 133Pa 左右的真空度。高速动平衡室驱动功率目前已有：电动机驱动 15000kW；汽轮机驱动 6000kW。在高速动平衡室内，除了可进行挠性转子的动平衡，还可进行超速试验（120% 的额定转速），以及转子的其他性能试验。

表 7.2-21　影响系数法的平衡工艺过程

序号	名称	操作内容
1	测原始不平衡量	转子安装找正后，升速至平衡转速，测量并记录左右支承处的原始不平衡量，以振幅或振动力等表示，并定出相位
2	试加重量	分别在选定的校正平面上试加重量
3	测响应值	重复起动测量，得出试加重量后的响应值
4	求影响系数和校正量	用计算机求出各点的影响系数及校正量，在校正平面上进行校正，使校正后的转子剩余不平衡量所产生的挠度和支承动反力，降至允许范围内
5	复核	升速至平衡转速，检查不平衡量，如不合格，则重复上述工作，直至符合要求

（3）谐分量法

谐分量法的出发点是对称振动分量由一阶振型的不平衡分布引起，反对称振动分量由二阶振型的不平衡分布引起，相互之间没有干扰。如果在转子上施加对称形式的质量组，即可消除一阶振型的振动。若施加反对称形式的质量组，即可消除二阶振型的振动。

谐分量法的操作步骤如下：

1）起动转子至平衡转速，测量两端轴承原始振动，将其分解为对称和反对称分量。

2）在选定的两个校正面上同时加上试加质量组，将其分解为对称和反对称分量。

3）测量加上试加质量组后的振动，将其分解为对称和反对称分量。

4）谐分量法认为，加上试加质量组前后对称振动分量的变化是由于对称试加质量组引起的，反对称振动分量的变化是由于反对称试加质量组引起的。据此可分别计算对称和反对称试加质量组的影响系数。

5）根据对称和反对称影响系数，分别计算对称、反对称校正质量组分量。

将对称、反对称校正质量组在两个平面上合成，得到两个平面上的校正质量组。

5. 整机动平衡

对于运转平衡性要求高的机器，须在工况条件下进行整机平衡，也称为现场平衡。大型电站设备一般都应经过整机平衡。平衡时将汽轮机、发电机和励磁机等的转子串接成轴系，然后进行高速、多支点、多平面的挠性转子动平衡。

根据现场平衡过程所需设置的平衡校正平面的数

目，可分为单面平衡、双面平衡和多面平衡（轴系的平衡）。

（1）单面平衡

图 7. 2-21 所示为鼓风机一类的旋转机械装置，其中转子的长径比较小，可以仅考虑转子的合成不平衡量而忽略其合成不平衡矩。此类机械设备或装置在做现场平衡时通常采用单面平衡。

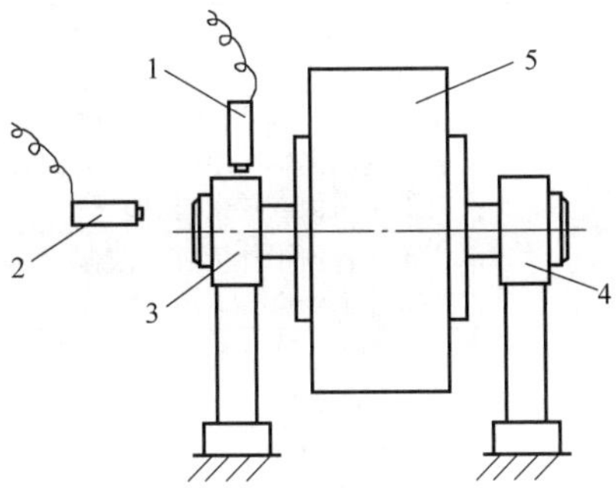

图 7. 2-21　风机的现场平衡
1—振动传感器　2—光电转速传感器　3—轴承 A　4—轴承 B　5—风机

单面平衡的具体操作方法及步骤如下：

1）在靠近转子叶轮的其中一个轴承座上安装振动传感器，在转子的轴端附近安装一个光电转速传感器来测量转速，并将此信号处理成相位角参考信号；在转子轴端附近的外圆表面上粘贴白色的反光薄膜标志线作为 0°的相位角参考标记；然后完成整个现场平衡仪器装置及其显示记录系统的连接。

2）起动转子至某一工作转速，测量并记录轴承座的不平衡振动响应，包括其振幅值及其相位角。

3）在转子的校正平面上，在某一任意相位角方向上的半径为 r_t 的圆周表面处，加上质量为 m_t 的试验质量块，由它构成转子的试验不平衡量 $U_t = m_t r_t$。

4）再次起动转子至相同的测试转速，测量并记录轴承的不平衡振动的响应。

5）计算确定转子的平衡校正量的大小及其相位角。

6）取下试验质量块 m_t，然后对转子进行校正作业。

7）再次测量转子经过平衡校正后剩余不平衡振动响应。若其量值大小已经被减小至该机械设备规定的允许范围之内，则完成现场平衡；若尚未减小到允许值，则继续步骤 5）、6）的计标和校正，并求得剩余不平衡量后对其校正，直至达到该机械设备规定的允许范围之内。

（2）双面平衡

双面平衡是现场平衡中最为普遍的平衡作业，根据被测对象的性能和平衡要求，熟悉现场的条件和环境，选择好合适的现场平衡仪，设置两个振动传感器和一个光电转速传感器，并完成连接线的连接，即可完成双面平衡。

双面平衡的具体操作方法及步骤如下：

1）在转子的两轴承座上安装振动传感器，在转子的轴端附近安装一个光电转速传感器来测量转速，并将此信号处理成相位角参考信号；在转子表面粘贴反光的标志线；完成整个平衡测量显示及记录系统的连接。

2）起动转子至某一工作转速，测量并记录轴承座的初始不平衡振动响应。

3）在转子左侧的平衡校正平面 P_L 上施加一个试验质量块 m_{t1}，并记录它的不平衡量为 $U_{t1} = m_{t1} r_{t1}$，r_{t1} 为施加的半径。

4）起动转子至步骤 2）的同一工作转速，测量并记录两轴承座的不平衡振动响应。

5）取下试验质量块 m_{t1}，在转子右侧的平衡校正平面 P_R 上施加一个试验质量块 m_{t2}，并记录它的不平衡量为 $U_{t2} = m_{t2} r_{t2}$，r_{t2} 为施加的半径。

6）起动转子至步骤 2）的同一工作转速，测量并记录两轴承座的不平衡振动响应。

7）计算转子在平衡校正平面 P_L 和 P_R 内的初始不平衡量。

8）取下试验质量块 m_{t2}，对转子进行平衡校正，再次测量转子经过平衡校正后两轴承座的振动。若其量值已被减小至该机械设备规定的允许范围之内，则完成现场平衡。若尚未减小到允许值，则重复步骤 7）做计算，然后对转子进行平衡校正，直至两轴承座的振动减小至机械设备规定的允许范围内，完成转子的现场平衡。

以大型风机现场整机动平衡为例，其动平衡原理为：动平衡系统首先利用时域相关分析得到测点振动的幅值与相位，然后融合某平面相互垂直方向上振动信号的基频表达式，求得转子在该平面的振动高点（矢量），最后利用双校正面影响系数法求解，得到转子所需配重的大小和相位。图 7. 2-22 所示为双校正面影响系数法整机动平衡结构示意图，在轴的左右两端 A、B 处相互垂直的位置上各安装两个振动传感器，在右轴颈处安装光电转速传感器。

某些特殊的转子（如航空用涡轮发动机转子）由多级叶轮构成，在它的平衡测试过程中会产生强烈的鼓风现象，严重影响和干扰整机动平衡测试。为此，常需专门设计重量轻、强度高的外罩，将转子罩入其中进行动平衡测试，以减小鼓风对测试及其环境的影响和干扰，如图 7. 2-23 所示。

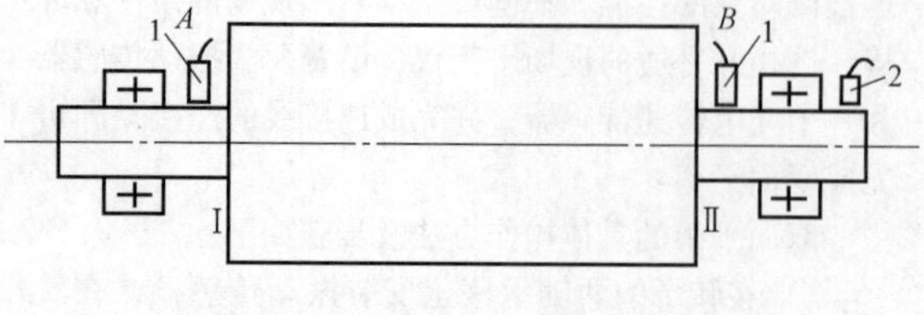

图 7.2-22　双校正面影响系数法整机动平衡结构示意图
1—振动传感器（水平和垂直方向各1个，共4个）
2—光电转速传感器（1个）

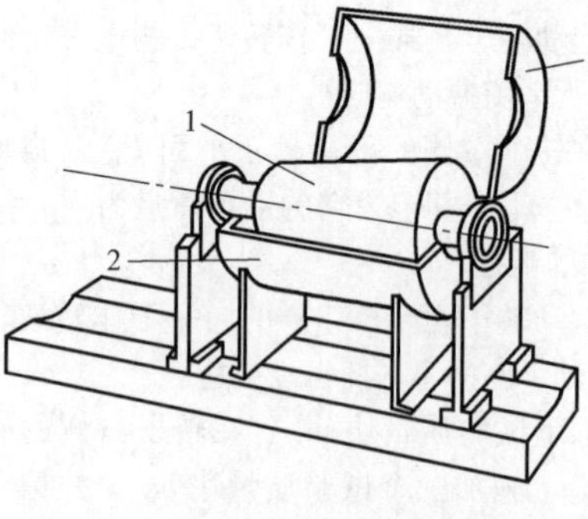

图 7.2-23　涡轮发动机转子平衡用罩壳
1—转子　2—转子平衡用罩壳　3—转子平衡用外罩壳盖

多面平衡是在两个以上平面上进行平衡校正的方法，经常用于轴系的平衡。当多个转子通过联轴器连接在一起组成轴系时，可以采用多面动平衡。但是，在轴系中一般是某一根轴或轴承振动过大，工程中往往是针对振动过大的轴或轴承单独采用单面或双面校正方法完成平衡校正。轴系中多轴或多轴承同时振动过大的情况并不常见，因此从经济性和操作性上，使用多面平衡方法的情况比较少。

7.2.3　刮削加工

刮削是机械制造和修理中最终精加工各种型面（如机床导轨面、连接面、轴瓦、配合球面等）的一种重要方法。刮削的作用是提高互动配合零件之间的配合精度，改善存油条件。刮削运动的同时工件之间的研磨挤压可提高工件表面的硬度，刮削后留在工件表面的小坑可存油，使配合工件在往复运动时得到足够的润滑，不致因过热而引起拉毛现象。

1. 刮削特点与分类

刮削的过程是将显示剂涂于工件表面，通过研规或相配工件互研，使工件表面不平整部位显示出高点，再用刮刀对高点进行刮削；如此反复涂色、显点和合理刮削，直到工件获得较高的尺寸精度、形状精度、位置精度及接触精度。刮削的装饰性刀花还能改善润滑性能。通常，不淬硬的金属件、聚四氟乙烯等软板，都可以进行刮削。

表 7.2-22 列出了刮削的特点及应用范围，表 7.2-23 列出了刮削的主要应用场合，表 7.2-24 列出了刮削表面的分类和应用实例。

表 7.2-22　刮削的特点及应用范围

刮削的特点	应用范围
提高形状精度和配合精度	消除工件机械加工中残留的刀痕、表面细微的不平，提高工件的形状精度和配合精度，如机床导轨和滑行面之间、转动的轴和轴承之间的接触面、工具量具的接触面以及密封表面等
用于手工操作	不受任何工件位置的限制，也不受工件大小的约束
产生的热量极低	不会引起工件的受力和受热变形，因此能做精密加工
修整装配精度	在装配中选择好修配环，可以用刮研修整封闭尺寸链的精度
表面接触点分布均匀	接触刚性比较好，磨损也比较少
工件表面质量高	提高工件的耐磨性，延长使用寿命
硬度提高	刮削后的工件表面组织比原来致密，硬度提高，并得到较低的表面粗糙度值
改善润滑性能	改善润滑性能，减少摩擦阻力，还可根据花纹的消失判定机件磨损程度
加工余量相对少	加工余量较一般机械加工要少

表 7.2-23　刮削的主要应用场合

应用场合	刮削后的效果
相对运动的导轨副	有良好的接触率，承受压力大，耐磨性好，运动精度稳定
相互连接的结合面	增加连接刚性，部件的几何精度稳定，不易变形
密封性结合面	提高密封性能，防止泄漏气体或液体
具有配合公差的面(孔)	有良好的接触率，理想的配合公差，运动精度稳定
机床几何精度	各部件相互位置精度和运动精度达到要求，保证机床工作精度

表 7.2-24　刮削表面的分类和应用实例

分类		应用实例
平面	单个平面	平尺、平板、工作台等
	组合平面	平V形导轨面、燕尾槽导轨面、矩形导轨面等
曲面	圆柱面、圆锥面	圆孔、锥孔滑动轴承，圆柱导柱、锥面轨、锥形圆环导轨等
	球面	自位球面轴承、配合球面等
	成形面	齿条、蜗轮、齿轮的齿面等

2. 刮削基本用具

（1）刮刀

刮刀的刃口锋利，并具有较高的硬度（一般高于 60HRC）。刀刃部分通常采用碳素钢（T8、T10、T12、T12A）和滚动轴承钢（GCr15）制成，并经刃磨和热处理淬硬，刀体部分采用中碳钢。当工件表面较硬时，也可用焊接高速钢或硬质合金刀头制成。

1）刮刀的分类。根据用途不同，刮刀可分为平面刮刀和曲面刮刀两大类。

① 平面刮刀主要用来刮削平面，如平板、工作台等，也可用来刮削外曲面。

平面刮刀按所刮表面的精度要求不同，又可分为粗刮刀、细刮刀和精刮刀三种。刮刀长短宽窄的选择由于人体手臂的不同而不同，但并无严格规定，以使用适当为宜。表 7.2-25 所列为普通手推平刮刀的参考尺寸。

表 7.2-25　普通手推平刮刀的参考尺寸

（mm）

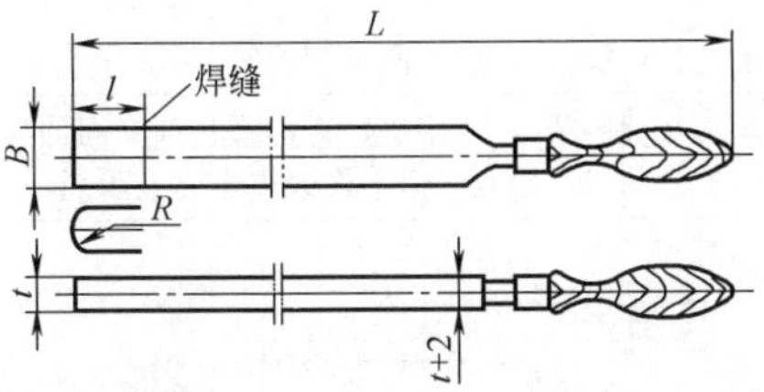

种类	L	l	B	t	R	用途
长刮刀	450~600	150	25~30	3~4		粗刮
中刮刀	350~450	100	25	3	60	细刮
狭刮刀	300~350	75	20	2~3	55	精刮或刮花
小刮刀	200~300	50	12	2	40	小工件精刮

平面刮刀按形状不同分直头刮刀和弯头刮刀，如图 7.2-24 所示，其中图 7.2-24a 为手刮刀柄，图 7.2-24b 为挺刮刀柄。

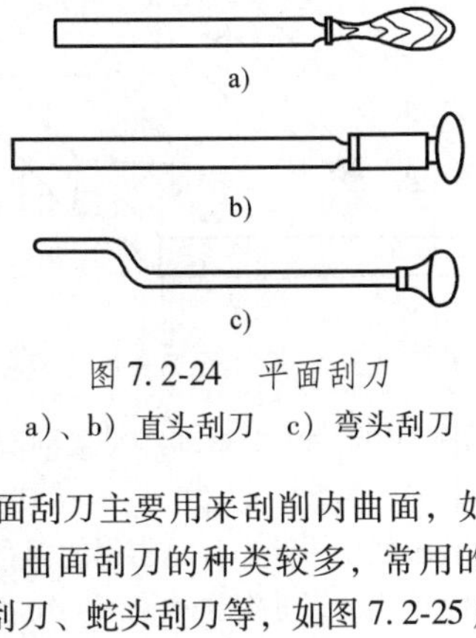

图 7.2-24　平面刮刀

a)、b）直头刮刀　c）弯头刮刀

② 曲面刮刀主要用来刮削内曲面，如滑动轴承的内孔等。曲面刮刀的种类较多，常用的有三角刮刀、柳叶刮刀、蛇头刮刀等，如图 7.2-25 所示。

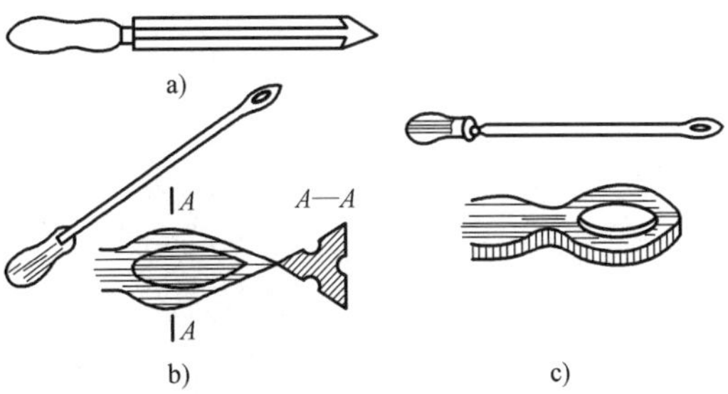

图 7.2-25　曲面刮刀

a）三角刮刀　b）柳叶刮刀　c）蛇头刮刀

2）刮刀的几何角度。

① 平面刮刀刀刃的几何角度，可根据工件材料特性和粗、细、精刮的不同要求而定。前角 $\gamma=-15°\sim35°$，后角 $\alpha=20°\sim40°$，楔角 $\beta=90°\sim100°$，切削角 $\delta=125°\sim145°$，如图 7.2-26 所示。前角 γ 一般粗刮取 $0°\sim-3°$，细刮取 $-3°\sim-6°$；精刮取 $-6°\sim-10°$。通常粗刮刀楔角为 $90°\sim92.5°$，刀刃平直；细刮刀楔角为 95°左右，刀刃稍带圆弧；精刮刀楔角为 97.5°左右，刀刃带圆弧，如图 7.2-27a~c 所示。刮韧性材料的刮刀，可磨成正前角，但这种刮刀只适用于粗刮，如图 7.2-27d 所示。

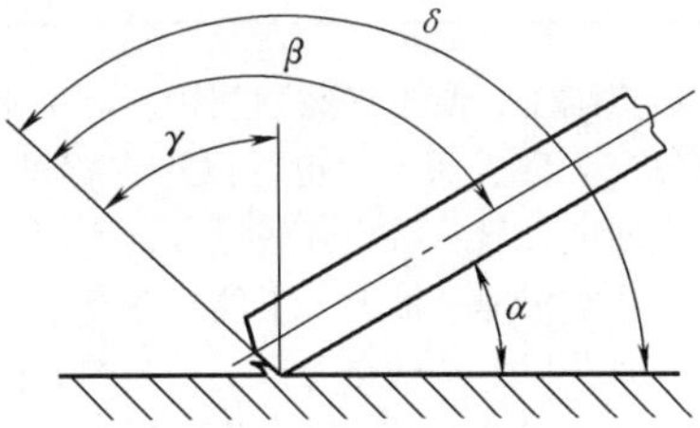

图 7.2-26　平面刮刀切削角度

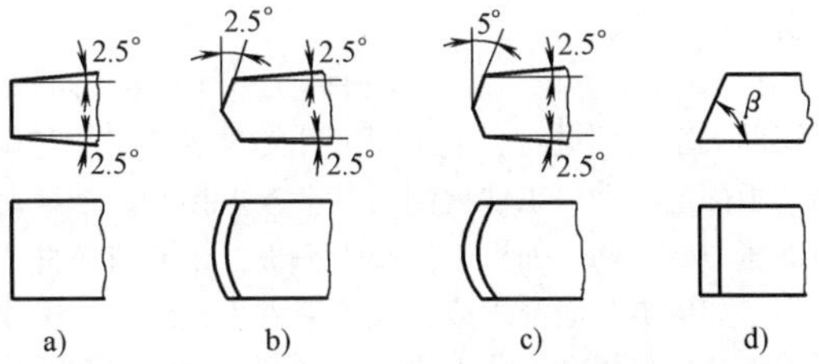

图 7.2-27　刮刀切削部分的角度

a）粗刮刀　b）细刮刀　c）精刮刀　d）韧性材料刮刀

② 曲面刮削使用的刮刀，常用的有三角刮刀，其刮削时的几何角度如图 7.2-28 所示，一般选正前角 γ。正前角刮削的切屑较厚，刀迹较深。当刮削较长内孔时，因摆动角度不大，可采用负前角刮削。

（2）显示剂

校准工具与工件对研时所用的有颜色的涂料称为显示剂，用来显示被加工表面和标准表面之间的接触

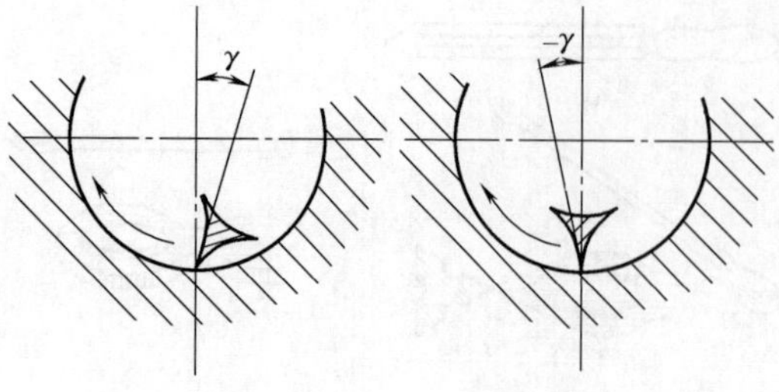

图 7.2-28　三角刮刀工作时的几何角度
a）正前角刮削　b）负前角刮削

情况。

1）特点及应用。其作用是显示刮削工件与研规的接触情况。对显示剂的要求是：粒度细腻，显示研点真实而清楚，对工件无腐蚀作用，对操作者的健康无害。常用的各种显示剂的特点及应用场合见表7.2-26。

2）显示剂使用方法。红丹粉与机油调和时，油不能加得太多，只要能润开就行。粗刮时，红丹粉可调得稍薄些，便于涂布，这样显示出的研点较大，便于刮削；精刮时，可调得稍厚些，应薄而均匀，这样显示出的研点细小，便于提高刮削精度。刮削时，红丹粉可以涂在工件表面上，也可以涂在标准平板上。涂在工件表面上，显示后呈红底黑点，不闪光，看得比较清楚。涂在标准平板上，工件只在高处着色，显示清楚，同时铁屑不易粘在刀口上，刮削方便，且可减少涂布次数。但是随着刮削工作的进行，研点逐渐增多，尤其是精刮时，显示研点就模糊，此时应将红丹粉涂在工件表面上。

表 7.2-26　常用的各种显示剂的特点及应用场合

种类	成　分	特　点	应用场合
红丹	一氧化铅再次氧化制成，俗称铅丹，分子式：Pb_3O_4。配方为：红丹：N32G 液压油：煤油≈100：7：3	呈橘黄色，粒度细腻，研点真实，无腐蚀作用；但研点后颜色较淡，对眼睛有反光刺激，虽有铅毒现象产生，但对人体无较大妨害	应用于铸钢件及部分有色金属的刮削，是金属切削机床结合面涂色法检验及评定，锥孔接触精度评定的显示剂
	俗称氧化铁红，分子式：Fe_2O_3。配方为：红丹：N32G 液压油：煤油=100：7：3	呈红褐色，粒度较细，研点清楚，对眼睛无反光作用	用于铸钢件及部分有色金属的刮削，但不能作为接触精度评定的显示剂
普鲁士蓝油	普鲁士蓝粉，混合适量机械油与蓖麻油	呈深蓝色，研点小而清楚，刮点显示真实；当室内温度较低时不易涂刷	用于精密工件，特别适用于有色金属刮削和检验
印红油	碱性品红溶解在乙醇中，加入甘油配制而成	呈鲜红色，对眼睛略有反光刺激，取材方便	用于锥孔接触及刮削面的接触判别，但不作为评定用显示剂

3）显点的方法。显点应根据工件不同的形状和面积的大小区别进行。中小型工件的显点，一般是标准平板固定不动，工件被刮面在平板上推研，推研时施加压力要均衡。如果工件小于平板，推研时最好不出头。如果被刮面等于或稍大于工件平板面时，推研时工件超出平板的部分不得大于工件长度的1/3，如图7.2-29所示。大型工件一般是将工件固定，平板在工件的被刮面上推研。推研时，平板超出工件被刮面的长度应小于平板长度的1/5。质量不对称工件一般应是在工件某个部位托或压，如图7.2-30所示，用力的大小要适当、均衡。若两次显点有矛盾，则应及时纠正。薄板工件因其厚度薄、刚性差、易变形，所以只能靠自身的质量在平板上推研，即使用手按住推研，也要使受的力均匀分布在整个薄板上，以反映出正确的显点。否则，往往会出现中间凹的情况。

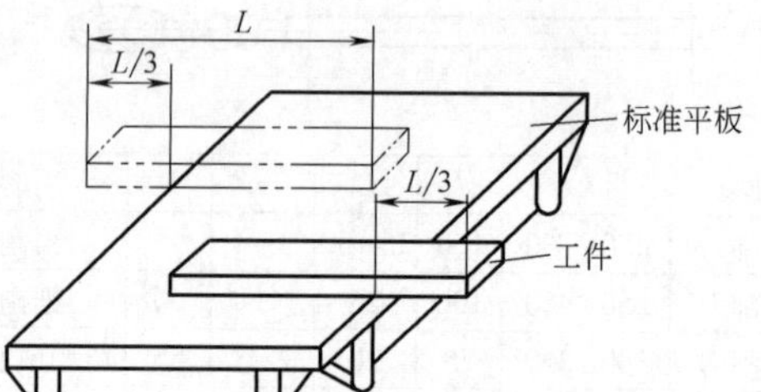

图 7.2-29　工件在标准平板上显点

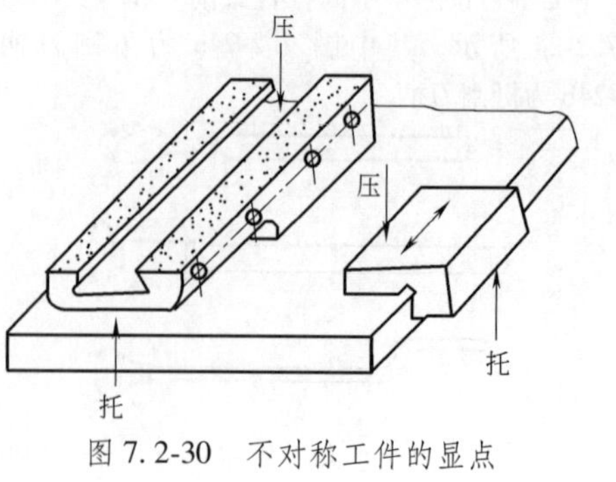

图 7.2-30　不对称工件的显点

4）使用显示剂应注意事项。显示剂必须经常保持清洁，不能混进污物、砂粒、铁屑等其他脏东西，免得把工件表面划伤。涂布红丹粉用的棉布团或刷子必须干净，涂布均匀，才能显示真实的贴合情况。

（3）刮规

刮规可用来检验工件刮削面接触点多少和均匀程度，同样可用于涂色法检验，以及评定结合面的接触质量。刮规分通用和专用两类。通用刮研工具有标准平板、工字形直尺（单面和双面）、桥式直尺、角度直尺等，如图 7.2-31 所示。

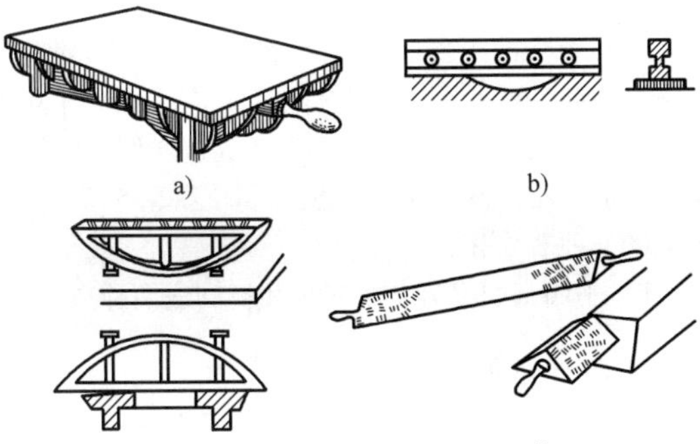

图 7.2-31　通用刮研工具
a）标准平板　b）工字形直尺　c）桥式直尺
d）角度直尺

标准平板主要用来检验较宽的平面，其面积尺寸有多种规格。选用时，它的面积一般应不大于刮削面的 3/4。单面工字形直尺的一面经过精刮，精度较高，常用来检验较短导轨的直线度；双面工字形直尺的两面都经过精刮并且互相平行，常用来检验狭长平面相对位置的准确性。桥式直尺主要用来检验大导轨的直线度。角度直尺主要用来校验两个刮面成角度的组合平面，如燕尾导轨的角度等。其结构和形状如图 7.2-31d 所示。两基准面经过精刮，并成为所需的标准角度，如 55°、60°等。第三面只是作为放置时的支承面，所以不必经过精密加工。

检验各种曲面，一般是用与其相配合的零件作为标准工具。如检查内曲面刮削质量时，校准工具一般采用与其配合的轴。

专用刮规根据工件形状和精度要求设计制造。图 7.2-32 所示为专用刮规。

使用刮规研点时，其注意事项如下：

1）研点时，刮规应保持自由状态移动，不宜在刮规的局部位置上加压，使刮点失真，影响精度。

2）刮规移动时，伸出工件刮削面的长度，应小于刮规长度的 1/5。

3）如刮规的重量大于工件的重量，可以将工件放在刮规上研点，如图 7.2-33 所示；也可以采取刮规部分卸荷的方法，如图 7.2-34 所示，以减少由刮规重量引起工件的变形。

4）刮规经过反复使用后，当工件刮点不易显示时，若刮规工作面仍然有较好的形状位置精度，则可在刮规工作面进行刮刀花，使刮点重新显示。

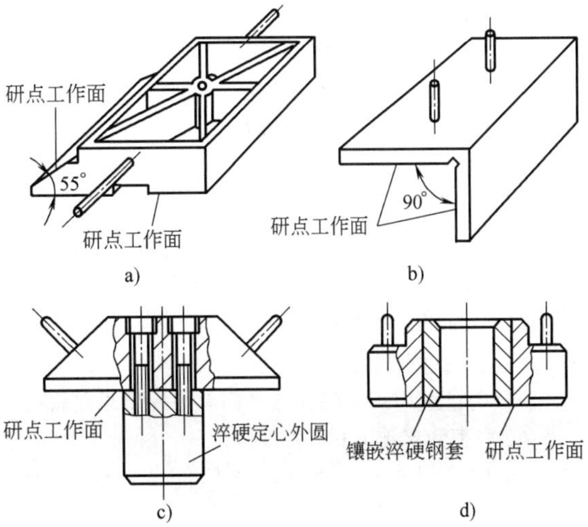

图 7.2-32　专用刮规
a）、b）刮角度面　c）、d）刮圆柱孔端面

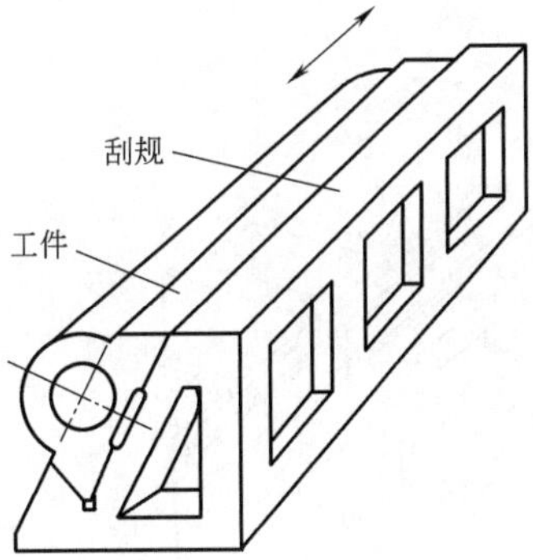

图 7.2-33　工件在刮规上研点

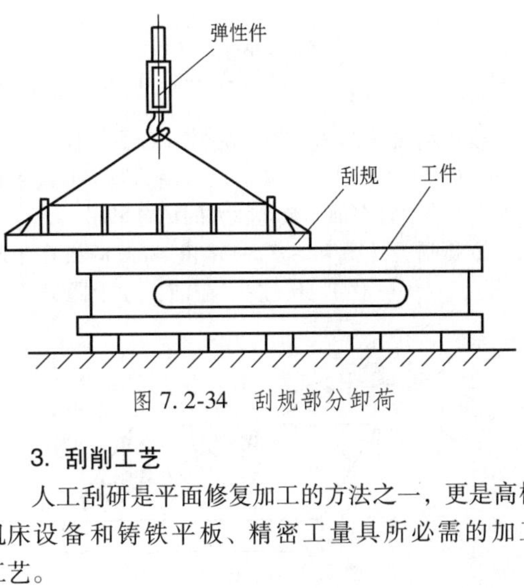

图 7.2-34　刮规部分卸荷

3. 刮削工艺

人工刮研是平面修复加工的方法之一，更是高档机床设备和铸铁平板、精密工量具所必需的加工工艺。

(1) 刮削基面的选择

当工件有两个以上的刮削面，且有位置精度要求时，应正确选择其中的一面作为刮削基面，其他刮削面均按确定的基面进行误差修整。

一般选择刮削基面的依据如下：

1）设计规定的测量基准面。

2）需与其他工件结合的面，且与结合工件精度相关的面。

3）该面的精度是主导的。

4）在大面与小面中，选择大面。

5）与已经精加工的孔或平面有精度要求的面。

(2) 工件支承方式

刮削及研点时，工件尽量保持自由状态，不应由于支承面受到附加应力。工件的支承必须放置平稳，应选择合理的支承点，以便刮削时无摇动现象。例如刮削刚性好、质量大、面积大的工件或平板，应该用两点支承。为了防止刮削时工件翻转，可在其中一个支点的两边适当加木块垫实。对于细长易变形的工件，应在距两端$\frac{2}{9}L$处用两点支承。对于刚性好、质量大、面积大的工件（如机器底座、大型平板等），应该用垫铁三点支承。安放工件时，应考虑工件刮削面位置的高低，一般是近腰部上下，这样便于操作者发挥力量。几种典型的支承方式如图7.2-35所示。

(3) 平面刮削

1）平面刮削姿势：手刮法和挺刮法两种。

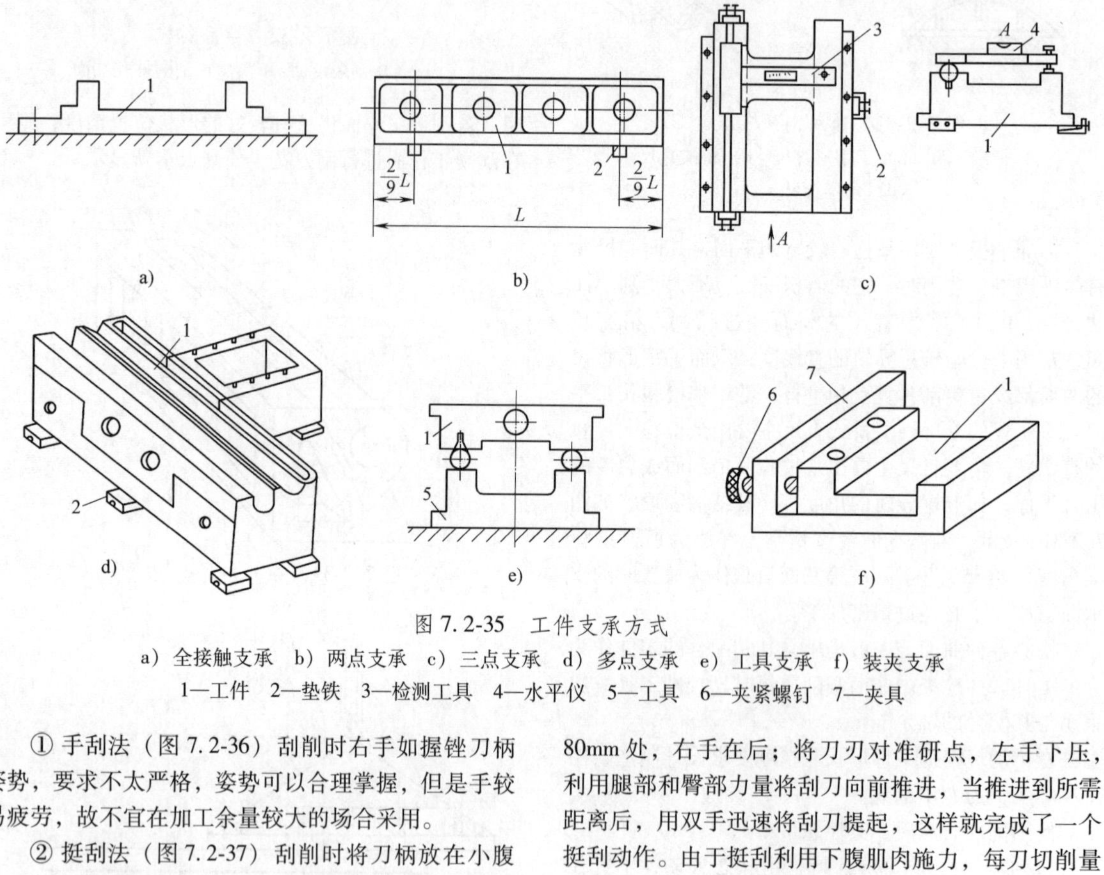

图7.2-35　工件支承方式

a）全接触支承　b）两点支承　c）三点支承　d）多点支承　e）工具支承　f）装夹支承

1—工件　2—垫铁　3—检测工具　4—水平仪　5—工具　6—夹紧螺钉　7—夹具

① 手刮法（图7.2-36）刮削时右手如握锉刀柄姿势，要求不太严格，姿势可以合理掌握，但是手较易疲劳，故不宜在加工余量较大的场合采用。

② 挺刮法（图7.2-37）刮削时将刀柄放在小腹右下侧，双手握住刀身，左手在前，握于距刀刃约80mm处，右手在后；将刀刃对准研点，左手下压，利用腿部和臀部力量将刮刀向前推进，当推进到所需距离后，用双手迅速将刮刀提起，这样就完成了一个挺刮动作。由于挺刮利用下腹肌肉施力，每刀切削量

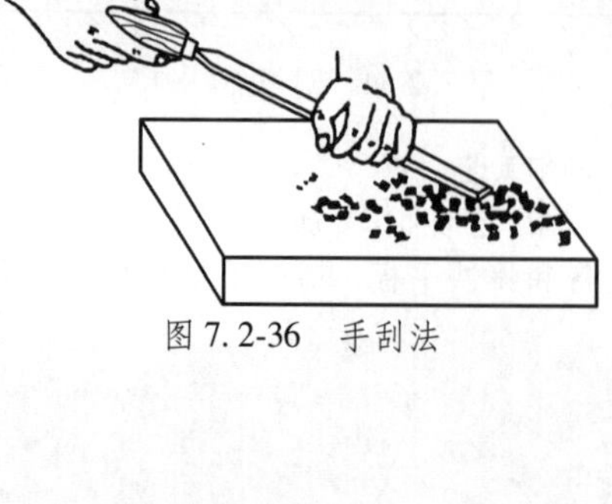

图7.2-36　手刮法

图7.2-37　挺刮法

较大，所以适合大余量的刮削，工作效率较高，需要弯曲身体操作，故腰部易疲劳。

2）平面刮削步骤：粗刮、细刮、精刮和刮花。

① 粗刮：若工件表面比较粗糙、加工痕迹较深或表面严重生锈、不平或扭曲、刮削余量在 0.05mm 以上时，应先粗刮。粗刮的特点是采用长刮刀，行程较长（10～15mm 之间），刀痕较宽（10mm），刮刀痕迹顺向，成片不重复。机械加工的刀痕刮除后，即可研点，并按显出的高点刮削。当工件表面研点每 25mm×25mm 上为 4～6 点，表面粗糙度值为 2.5～3.2μm 时停止粗刮。粗刮运刀的四个方向如图 7.2-38 所示。第一遍粗刮时，刮削方向与刨刀纹呈 45°，第二遍刮削时呈垂直方向进行。在粗刮时，也需涂上一层显示剂，使刀花明显，以免重刀或漏刀。

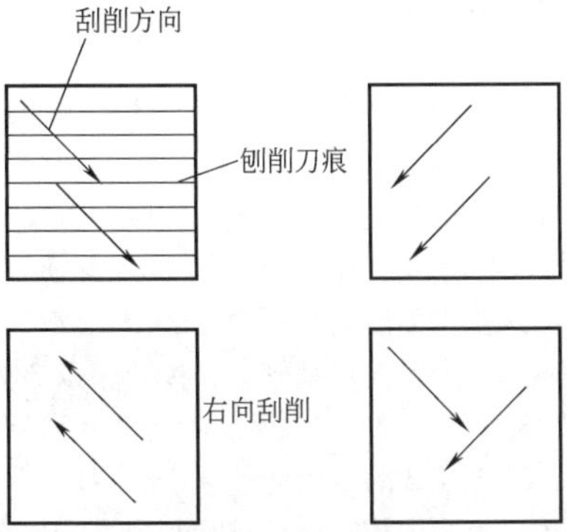

图 7.2-38 粗刮运刀的四个方向

② 细刮：细刮就是将粗刮后的高点刮去，其特点是采用短刮法（刀痕宽 6～8mm，长 10～12mm），研点分散快。细刮时要朝着一定方向刮，刮完一遍后，第二遍时要成 45°或 60°方向交叉刮出网纹。当平均研点每 25mm×25mm 上为 10～14 点，平面度达到 $0.01\text{mm}/500\text{mm}^2$，表面粗糙度值为 1.6～3.2μm 时，应兼顾几何公差，即可结束细刮。

③ 精刮：在细刮的基础上进行精刮，采用小刮刀或带圆弧的精刮刀，刀痕宽 5～7mm，或者更窄。当平均研点每 25mm×25mm 上应为 20～25 点，平面度达到 $0.01\text{mm}/500\text{mm}^2$ 以下，表面粗糙度值为 0.8～1.6μm 时，结束精刮。常用于检验工具、精密导轨和紧密工具接触面的刮削。

④ 刮花：刮花是在刮削面或机器外露表面上利用刮刀刮出装饰性的花纹，刮花的作用一是美观，二是有积存润滑油的功能。常见的花纹有斜花纹、鱼鳞花纹和半月花纹三种，如图 7.2-39 所示。另外，还可通过观察原花纹的完整和消失的情况来判断平面工作后的磨损程度。

在不同的刮削步骤中，每刮一刀的深度，应适当

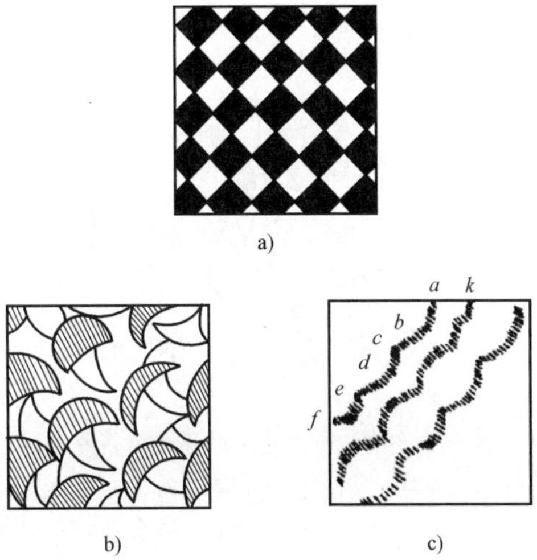

图 7.2-39 刮花的花纹

a）斜花纹 b）鱼鳞花纹 c）半月花纹

控制。刀迹的深度，可以从刀迹的宽度上反映出来，因此可以通过控制刀迹宽度来控制刀迹深度。当左手对刮刀施加的压力大时，刮后的刀迹则宽而深。粗刮时，刀迹宽度不要超过刃口宽度的 2/3～3/4，否则刀刃的两侧容易陷入刮削面造成沟纹。细刮时，刀迹宽度为刃口宽度的 1/3～1/2，刀迹过宽也会影响单位面积内的研点数。精刮时，刀迹宽度应该更窄。

3）平行面和垂直面的刮削方法。

① 平行面的刮削方法。先确定被刮削的一个平面为基准面，首先进行粗、细、精刮，达到单位面积研点数的要求后，就以此面为基准面，再刮削对应的平行面。刮削前用百分表测量该面对基准面的平行度误差，确定粗刮时各刮削部分的刮削量，并以标准平板为测量基准，结合显点刮削，以保证平面度要求。在保证平面度和初步达到平行度的情况下，进入细刮工序。细刮时除了用显点方法来确定刮削部位外，还要结合百分表进行平行度测量，以做必要的刮削修正。达到细刮要求后，可进行精刮，直到单位面积的研点数和平行度都符合要求为止。

用百分表测量平行度时，将工件的基准平面放在标准平板上，百分表底座与平板相接触，百分表的测头触及加工表面，如图 7.2-40 所示。当测头触及被测表面时，应调整到使其有 0.3mm 左右的初始读数，然后将百分表沿着工件被测表面的四周及两条对角线方向进行测量，测得最大读数和最小读数之差即为平行度误差。

② 垂直面的刮削方法。垂直面的刮削方法与平行面的刮削方法相似，先确定一个平面进行粗、细、精刮后作为基准面，然后对处置面进行测量，以确定粗刮的刮削部分和刮削量，并结合显点刮削，以保证

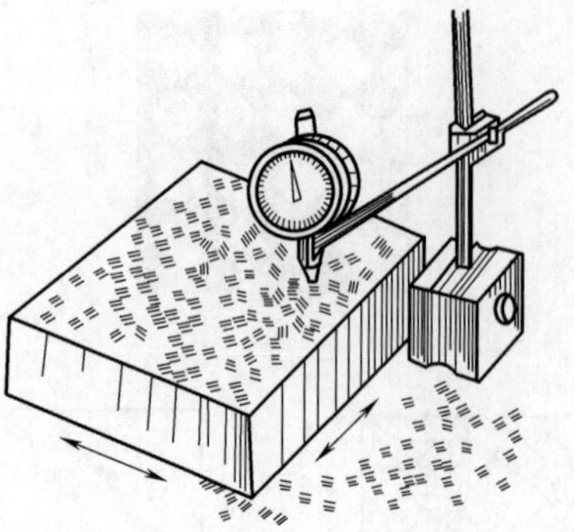

图 7.2-40　用百分表测量刮研表面

达到平行度要求。细刮和精刮时，除按研点进行刮削外，还要不断地进行垂直度测量，直到被刮面的单位面积上的研点数和垂直度符合要求为止。

4）平面刮削实例。

实例 1：原始平板的刮削。校准平板是检验、划线及刮削中的基本工具，要求非常精密。校准平板可以在已有的校准平板上用合研显点的方法刮削。如果没有校准平板，则可用三块平板互研互刮的方法，刮成原始的精密平板。刮削原始平板要经过正研和对角研两个步骤。

① 正研。

a. 正研的刮削原理。先将三块平板单独进行粗刮，去除机械加工的刀痕和锈斑等。然后将原始平板分别编号为 1、2、3，采用 1 与 2、1 与 3、3 与 2 合研。对研方向如图 7.2-41 中箭头所示。由图中可以看出，2、3 号平板都和 1 号平板对研，1 号平板称为过渡基准。刮研的结果是：图 7.2-41a 为 2 号凸，图 7.2-41b 为 3 号凸，图 7.2-41c 则可消除 2 号和 3 号的凸。如果再分别以 2、3 号平板为过渡基准重复上面的过程，即三块轮换的刮削方法，能消除平板表面的不平部分。

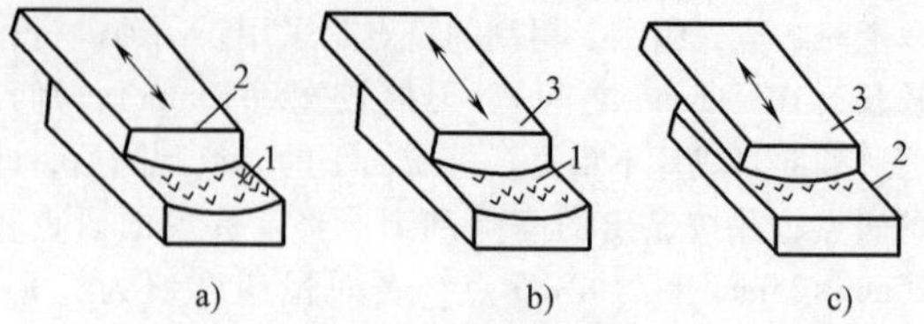

图 7.2-41　正研刮削原理

b. 正研的步骤和方法。正研刮削的具体步骤如图 7.2-42 所示。

一次循环：以 1 为过渡基准；1 与 2 互研互刮，至贴合。再将 3 与 1 互研，单刮 3 使 3 与 1 贴合。然后 2 与 3 互研互刮，至贴合。此时 2 与 3 的平面度略有改进。

二次循环：在上一循环基础上，按顺序以 2 为过渡基准，1 与 2 互研，单刮 1，然后 1 与 3 互研互刮，至全部贴合，这样平面度又有所提高。

三次循环：在上一循环基础上，按顺序以 3 为过渡基准，2 与 3 互研，单刮 2，然后 1 与 2 互研互刮，至全部贴合，则 1 与 2 的平面度进一步提高。

重复上述三个顺序依次循环进行刮削，循环次数越多则平板的平面度越高，直到三块平板中任取两块对研，显点基本一致，即在每 25mm×25mm 内达到 12 个研点左右，正研即告完成。

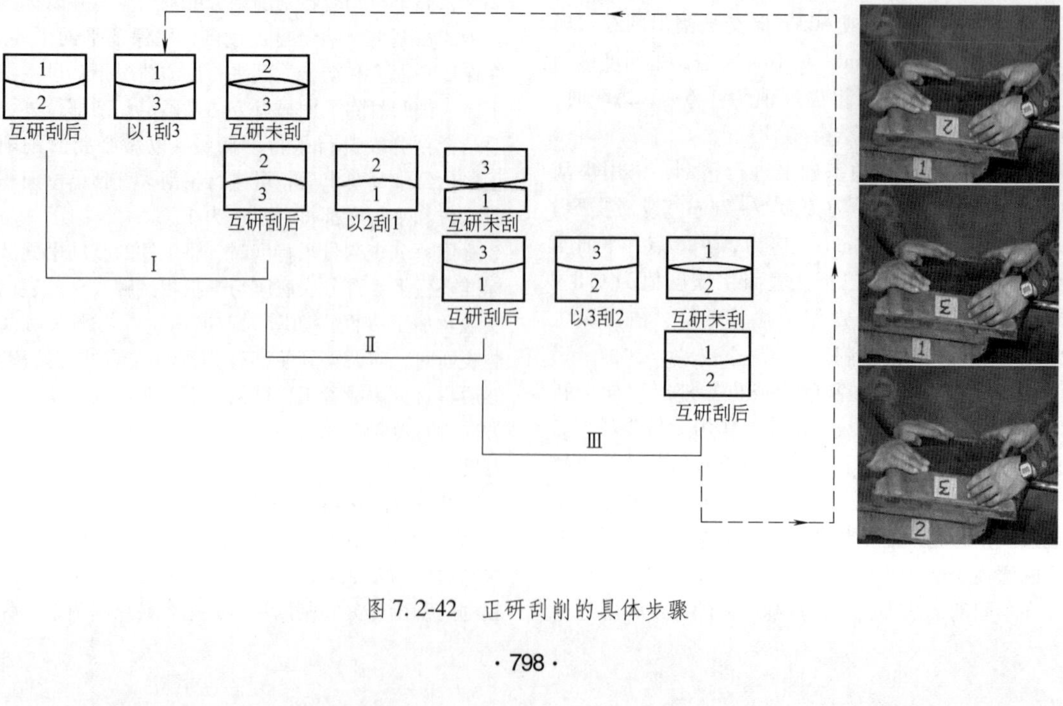

图 7.2-42　正研刮削的具体步骤

c. 正研存在的问题。正研是一种传统的工艺方法，其机械地按照一定顺序配研，刮后的显点虽能符合要求，但有的显点不能反映出平面的真实情况。如图 7. 2-43 所示，在正研过程中出现三块平板在相同的位置上有扭曲现象，称为同向扭曲。即都是 *AB* 对角高，而 *DC* 对角低。如果采取其中任意两块平板互研，则是高处（+）正好和低处（-）重合，经刮削后其显点也可能分布得很好，但扭曲却依然存在，而且越刮扭曲越严重，故不能继续提高平板的精度。

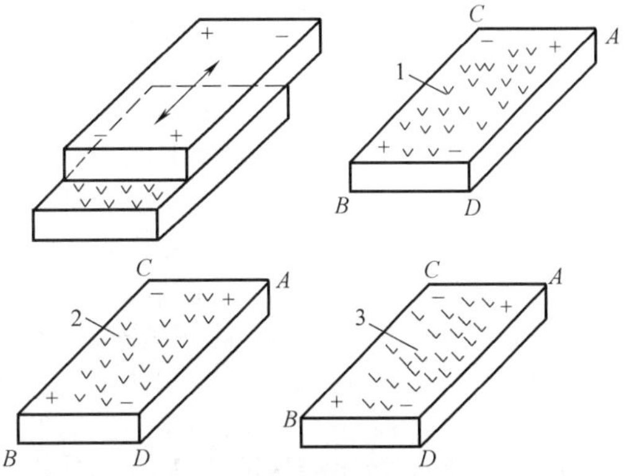

图 7. 2-43　正研同向扭曲现象

② 对角研。为进一步消除扭曲并提高精度，可采用对角研的方法进行刮研，如图 7. 2-44 所示。

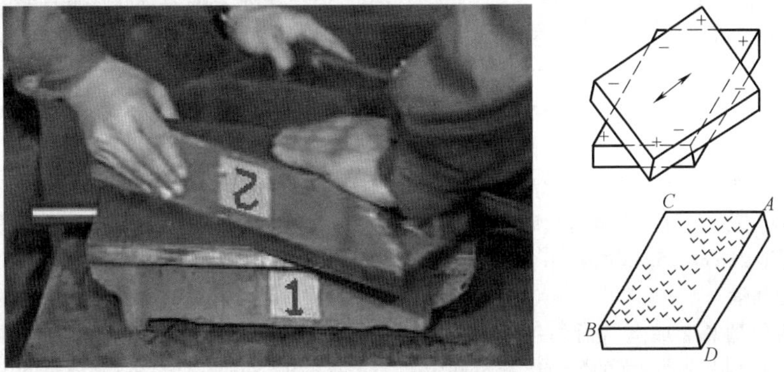

图 7. 2-44　对角研方法

实例 2：大型数控转台圆形静压导轨的刮研。工作台导轨的加工精度较高，基本满足精度要求，刮研的工作量较小，故采用两导轨对研的方法。所谓对研法，就是依次采用工作台导轨和底座导轨作为回转研点的基准，进行反复刮削，直至达到精度要求的一种方法。采用此方法必须使两导轨在回转对研时具有很好的定心性，这样才能使两导轨面上的高点总能保持接触，使之显示出来而被刮去。

在进行初次刮研时，如果平面度很差，则可根据平面度的检测数据，先把高点进行打磨，然后再对研。工作台导轨的精度要好于底座导轨，所以先以工作台导轨为基准刮研底座导轨。首先把底座导轨分为 12 个区域，在非刮削面做好标记。然后在底座导轨上涂红丹粉，与工作台在 40°范围内来回转动两次。吊起工作台，观察底座导轨的接触斑点，并把每个区域接触斑点的分布情况，如斑点的稀疏、轻重等详细地记录下来，如图 7. 2-45 所示。

再把底座重新涂红丹粉，把工作台相对底座旋转

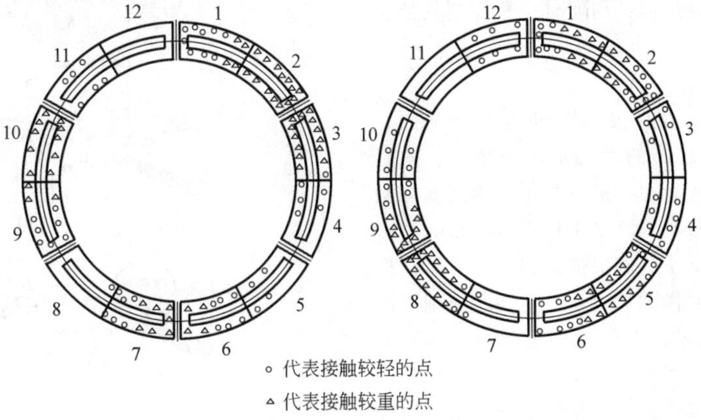

图 7. 2-45　大型数控转台圆形静压导轨的刮研

45°后装在底座上进行对研，观察底座导轨的接触斑点，并按上述方法记录斑点的分布情况。根据这两次斑点的分布，如果在同一个区域同时有接触斑点并且斑点较硬，则说明该区域是底座导轨高点的概率较大，需进行刮削。由图 7.2-45 可以看出，区域 1、2、4、5、6、9、10 在两次对研中都有接触斑点，需对其进行刮削。对接触较重的点，打磨时力度稍微重一点；对接触较轻的点，打磨时力度稍微轻一点。相反，如果同一个区域一次有斑点，一次没有斑点，则说明该区域是底座导轨高点的概率较小，暂不进行刮削。由图 7.2-45 可以看出，区域 3、7、8、11、12 在两次对研中，一次有接触斑点，一次没有接触斑点，所以不进行刮削。

接着把底座重新涂红丹粉，把工作台相对底座再次旋转 45°后装在底座上进行对研，重复上述刮研过程。对底座刮削四次后，再以底座导轨为基准，按上述方法刮研工作台导轨。一般对工作台刮研两次后，再以工作台导轨为基准，对底座导轨进行刮研。如此对工作台和底座进行反复刮研，直至每次研点时，所有区域的点均达到每 25mm×25mm 内 4~6 点即可。

(4) 刮削精度补偿

刮削时应考虑机器总装或运行后的各种变化因素，如温度、载荷和磨损等对精度的影响，合理确定刮削偏差及其方向以进行误差补偿。

1）温度变化影响的补偿。气温变化会使机床床身上下部出现温差，产生热弯曲，引起精度变化，对于大型或精密机床尤为明显。设床身为结构均匀的长方体，床身产生温差时，其床身导轨在垂直面内的直线度变化值 δ(mm) 为

$$\delta=\frac{L^2\alpha\Delta t}{8H} \tag{7.2-5}$$

式中 L——床身长度（mm）；

H——床身高度（mm）；

α——床身材料的线膨胀系数（1/℃）；

Δt——床身上下部的温度差（℃）。

当气温升高时，导轨在垂直面内凸起，下降时则下凹。刮削时应根据此控制其精度误差。一般应在床身上下部的温差比较小时进行床身导轨的精度检查。在床身与地坪之间加垫铁，也是减小温差的措施之一。

2）局部载荷影响的补偿。工件装配后局部承受较大的载荷，该处的精度容易产生变化，刮削时可以采用配重的方法补偿，如图 7.2-46 所示。配重的大小和位置应与安装的部件一致。机床的横梁导轨，因受磨头或铣头等重量的影响，使导轨产生向下的弯曲变形，刮削时要考虑导轨有适量的中间凸起。

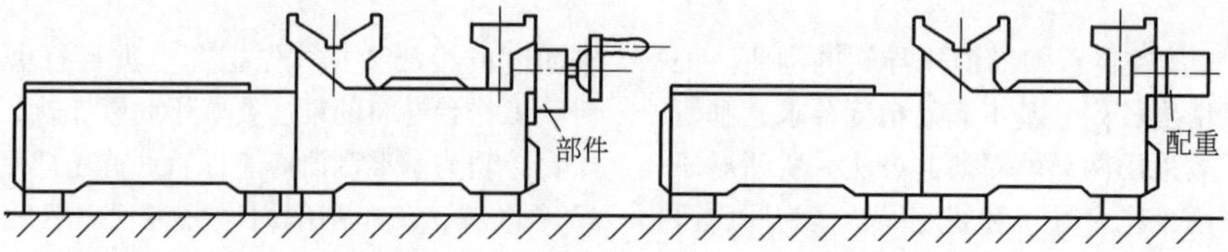

图 7.2-46　刮削床身导轨时的配重

3）磨损影响的补偿。有些工件由于局部磨损会降低或丧失精度，刮削时应控制接触点分布或偏差的数值和方向。如 400mm 车床头尾座中心等高，标准要求尾座中心高 0~0.06mm，刮削时一般控制其公差在 0.03~0.06mm。

(5) 曲面刮削

1）曲面刮削姿势。曲面刮削一般是指内曲面刮削。如对于某些要求较高的滑动轴承的轴瓦、衬套等，为了得到良好的配合也要进行刮削。内曲面的刮削姿势有两种，第一种如图 7.2-47b 所示，刮削时右手握刀柄，左手掌心向下，四指横握刀身，大拇指抵住刀身，左、右手同时做圆弧运动，并顺曲面刮刀做后拉或前推的螺旋运动，刀迹与曲面轴线成 45°夹角，且交叉进行。第二种如图 7.2-47c 所示，刮刀并搁在右手臂上，双手握住刀身，刮削动作和刮刀轨迹与上一种姿势相同。

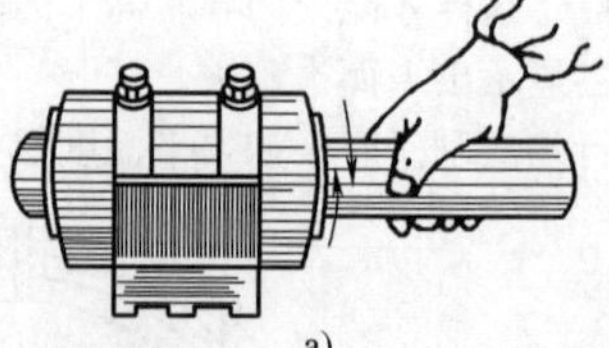

a)

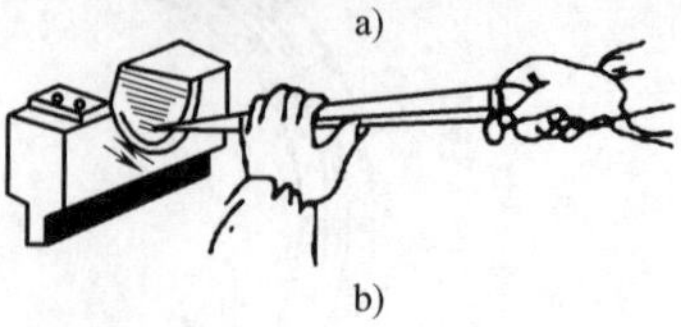

b)

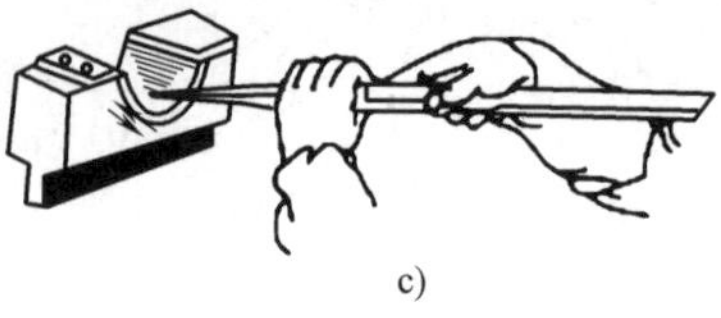

c)

图 7.2-47　内曲面的显示方法与刮削姿势

内曲面刮削时，应根据形状和刮削要求，选择合适的刮刀和显点方法。一般是以标准轴（也称为工艺轴）或与其相配合的轴作为内曲面研点的校准工具。研合时将显示剂涂在轴的圆周上，使轴在内曲面中旋转显示研点，如图 7.2-47a 所示，然后根据研点进行刮削。

2）曲面刮削步骤。曲面刮削通常是使用三角刮刀进行的。刮削时，刮刀做圆弧运动，以心棒或轴作为标准工具。当刮削轴瓦（轴承）时，其刮削步骤如下：

① 磨点子：在轴瓦上磨点子，一般是用与轴瓦槽相配的轴进行的。首先，将显示剂均匀地涂在轴面上，并小心地把轴放在轴瓦里，盖上轴承盖，并拧紧螺钉，然后转动轴，便可磨出贴合点。这个过程，在每刮削一次后都要重复一次，一直到符合要求为止。

② 三角刮刀的使用：三角刮刀的握法如图 7.2-48 所示。使用三角刮刀进行刮削时的位置，如图 7.2-49a 所示，因有一个很大的负前角，只起着刮刀起屑作用，所以刮屑很薄，不会造成凹陷，因而刮出来的面很光滑。假如把刮刀的倾斜度减小一些，如图 7.2-49b 所示，即负前角也就小些，这时刮刀还有起屑作用，但刮出的屑较厚。刮轴承时，可以用这种改变刮刀负前角的方法，把凸出较明显的表面或凸出较小表面分别刮好。若三角刮刀的两个刀刃都接触到轴孔的曲面上，如图 7.2-50 所示，则产生了正前角。刮刀在这种情况下刮削，就变成切削的起屑作用，能一次切去很厚的切屑，但却容易刮成难以消除的凹痕。

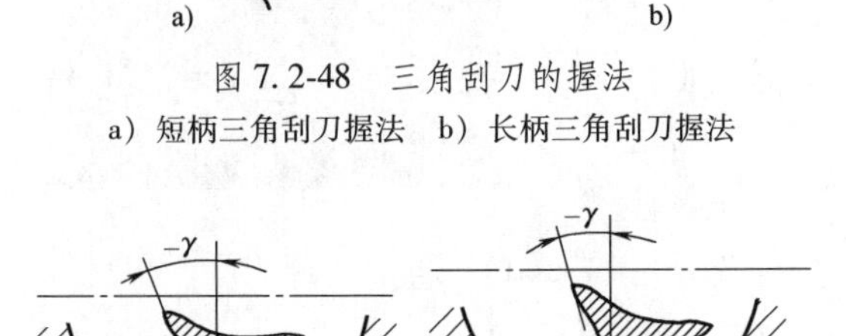

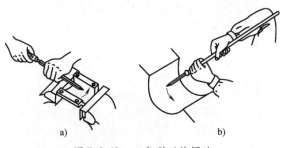

图 7.2-48　三角刮刀的握法

a）短柄三角刮刀握法　b）长柄三角刮刀握法

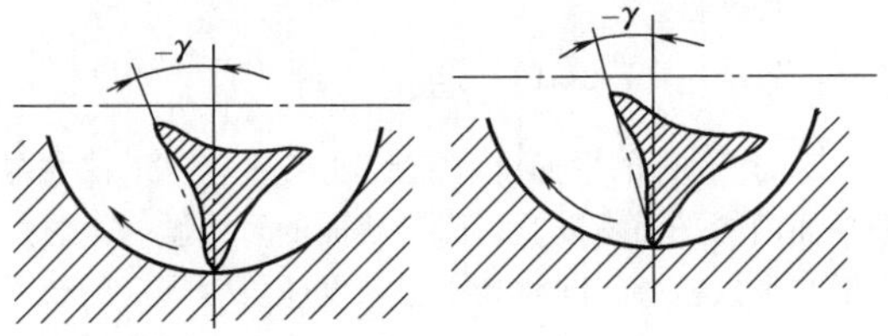

图 7.2-49　正确的刮削位置

a）负前角大　b）负前角小

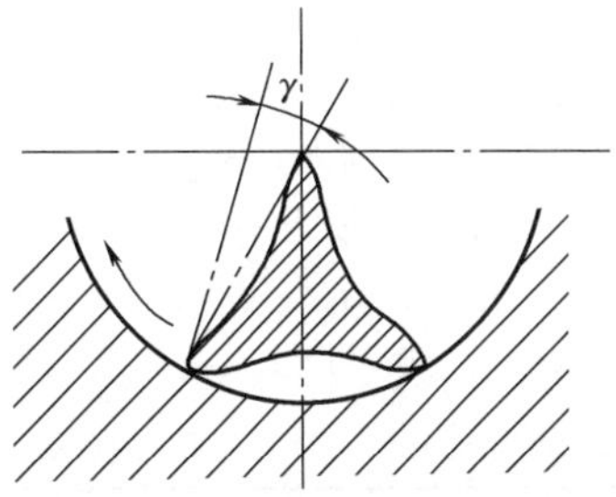

图 7.2-50　错误的刮削位置

使用三角刮刀刮削时，每一刀都要注意，落刀时压力要小些，然后逐渐增加，等到将要起刀时便逐渐减小压力，以避免刮刀在落刀和起刀时刮屑偏厚，致使轴瓦表面出现刀痕。

3）曲面刮削时的注意事项：

① 刮削时用力不可太大，以不发生抖动，不产生振痕为宜。

② 交叉刮削，刀迹与曲面内孔中心线约成 45°，以防止刮面产生波纹，研点也不会为条状。

③ 研点时相配合的轴应沿着曲面做来回转动，精刮时转动弧长应小于 25mm，切忌沿轴线方向做直线研点。

④ 一般情况下孔的前后端磨损快，因此刮削时，前后端的研点要多一些，中间的研点可以少一些。

4）曲面刮削实例。刮削内孔时，采用相配合的工件轴或工艺轴作为基准轴。前者较多应用于单件小批生产，配合效果好，但经过反复研点后，轴的表面容易产生拉毛起线现象，使表面粗糙；后者适用于中大批量生产，刮削效率高。在一些滑动轴承的刮削中，常使工艺轴比工件轴的轴径大 0.03～0.05mm。

实例 1：滑动轴承的刮削。

① 轴承孔点分布无特殊要求，一般两端稍硬，中间略软。如有油槽，应将油槽两边刮点刮软些，以便建立油膜，但油槽的两端刮点应密布均匀，以防漏油。

② 低速轴承刮点应均匀，刀迹要深些，以便存油。

③ 高速轴承刮点应细密而均匀，刀迹要浅，以便建立油膜。

④ 为保持轴承孔的刮削精度，轴承外径与壳体孔应配合良好，一般轴承外径取 js6～js5，壳体孔取 H7～H6。

⑤ 为保证前后轴承的同轴度要求，应以相配工件轴或工艺轴与前后轴承孔同时研点后刮削，直至两孔刮点均匀。

⑥ 内锥孔轴承研点时，必须将轴承孔中心线竖直安放，配合工件轴或工艺轴在竖直的条件下进行。

实例 2：轴承端面与孔中心线垂直度的刮削。刮削轴承端面与孔中心线垂直度时，使用图 7.2-32c 所示与回转轴连在一起的刮规，其定心外圆与相配孔之间为间隙配合。垂直度要求不高的场合，其间隙大些；垂直度要求较高的场合，其间隙小些。因定心外圆直接与轴承孔面接触易产生拉毛起线现象，所以采用图 7.2-32d 所示可膨胀心轴轴承孔固定，避免了与轴承孔面摩擦。细刮和精刮有时可以直接用相配工件进行刮研。

实例 3：对开式钨金轴瓦的刮研。

① 用内径千分尺检查轴瓦内径公差、圆度及锥度，确定刮研余量，记录下来以便研瓦时校正。轴瓦内孔刮研余量按表 7.2-27 确定。检查上下轴瓦钨金厚度，并记录偏心方向准备刮研时纠正。

表 7.2-27　轴瓦内孔刮研余量

轴瓦直径/mm	转速<1000r/min		转速>1000r/min	
	刮研余量	最大间隙/mm	刮研余量	最大间隙/mm
80~120	0.08~0.16	0.16	0.12~0.21	0.22
120~180	0.10~0.195	0.20	0.15~0.25	0.26
180~250	0.12~0.225	0.24	0.18~0.295	0.30
250~360	0.14~0.25	0.26	0.21~0.34	0.40
360~500	0.16~0.30	0.30	0.24~0.40	0.45

② 轴瓦与轴承座的刮研。首先将下轴瓦与轴承座配合之外圆部分均匀薄涂一层显示剂；再将下轴瓦放在轴承座内沿圆周方向来回滑动数次取出查看接触情况，然后在轴承座支梁上进行适当修刮使其接触良好，上轴瓦也同样按此方法操作。

③ 测量瓦间隙。将下轴瓦放入轴承座内，将转子吊放在下轴瓦上，测量瓦间隙并做好记录，将转子沿顺时针、逆时针方向各转几圈，检查轴瓦与转子接触面积并做好记录。

④ 初研轴瓦。在轴瓦内圆表面上薄涂一层显示剂，取下轴瓦在轴径上沿圆周方向左右反复研磨数次，将初研后的下轴瓦放在工作台上，检视钨金表面的亮线条和亮点，用圆弧刮刀沿圆周方向依次刮研；反复刮研后，最后使钨金表面在 90°~120°内均匀地分布密集线条后停止刮研下轴瓦；依上述方法同样刮研上轴瓦至顶部 60°范围内有密集线条为止，120°宽度范围 b 为：$b=L/6$。

⑤ 精刮研轴瓦。将下轴瓦放入轴承座内，再将转子落于下轴瓦上，检查轴瓦两侧与轴径间的间隙是否均匀，检查轴瓦端面与两侧轴肩间隙是否均匀，若不均匀则需调整均匀。在轴瓦上涂上薄薄的一层润滑液，转动转子，分别沿顺时针、逆时针方向旋转 5~10 圈后将转子吊下，然后检查轴瓦上亮点，根据研磨后的亮点情况决定刮刀的用力轻重，最大点全部刮去，中等点刮去中间一小片，小点不刮，先从一个方向刮再从另一个方向刮，刀纹要相交成 90°角；将下轴瓦擦干净再放入轴承座内，转子重新落于下轴瓦，反复操作，直至刮到轴瓦在规定范围内有不低于每平方厘米两点的均匀接触。上轴瓦的刮研按下轴瓦刮研方法操作。

4. 刮削质量

(1) 刮削表面的质量评定

刮削表面的质量要求一般包括：接触点、尺寸精度、形状位置精度、表面粗糙度及刮削缺陷的程度。根据工件的工作要求不同，检查刮削精度的方法主要有下列两种：

1) 以接触点的数目来评定。接触点的评定是通过刮规或相配工件涂显示剂互研后，显示出工件表面的黑点和亮点，以检测范围面积内黑点或亮点的多少作为评定指标。通常以边长为 25mm 的正方形内含研点数目的多少来评定，如图 7.2-51 所示。

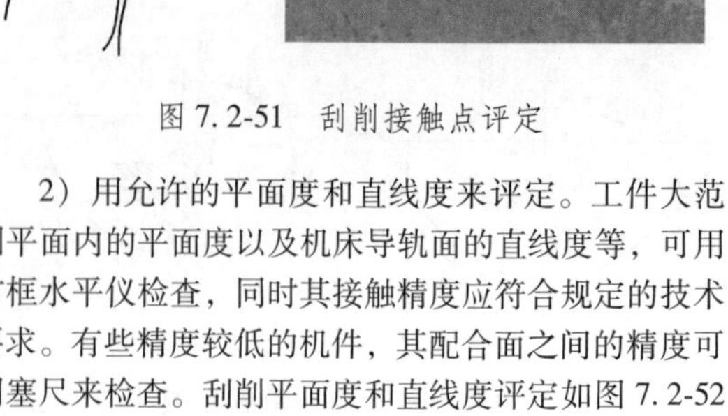

图 7.2-51　刮削接触点评定

2) 用允许的平面度和直线度来评定。工件大范围平面内的平面度以及机床导轨面的直线度等，可用方框水平仪检查，同时其接触精度应符合规定的技术要求。有些精度较低的机件，其配合面之间的精度可用塞尺来检查。刮削平面度和直线度评定如图 7.2-52 所示。

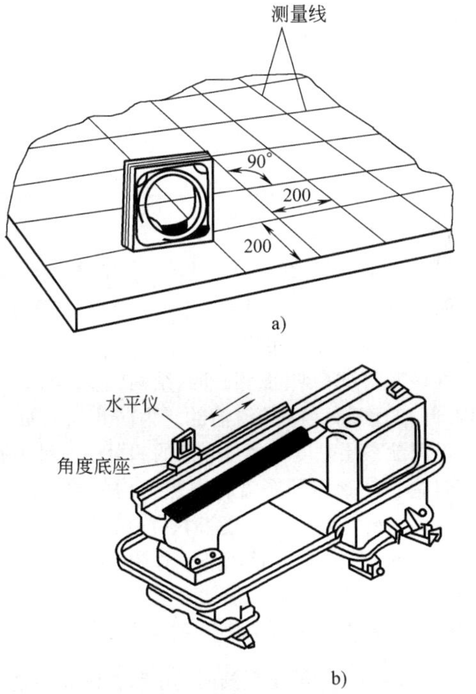

图 7.2-52　刮削平面度和直线度评定
a）检查平面度　b）检查直线度

平面接触点数要求见表 7.2-28。对于金属切削机床和滑动轴承的接触点，可参考专门的标准。相配合的两个工件表面评定接触点数时，其中一个面必须采用刮规检验接触点数合格并符合精度要求，以该面做基准检验另一表面的接触点数。不可以在没有基准的情况下进行互相研点刮削。采用成套刮规分别检查相配合件时，必须注意刮规应有良好的接触精度。两个配合件的表面：一个是刮削面，另一个是通过机加工的表面。如以后者为基准检验前者的接触点时，其接触点数不得少于表 7.2-29 中规定点数的 75%。

接触点数是在规定计算面积内平均计算的。个别 25mm×25mm 面积内的最低点数，不得少于表 7.2-28 规定点数的 50%。刮削前的机械加工形状位置公差应不低于 GB/T 1184—1996 附录 B 中的 9 级精度。显示剂应涂在被检工件的表面。滑动轴承接触点数要求见表 7.2-30。

（2）刮削所需余量

因每次的刮削量很少，所以要求机械加工后所留下的刮削余量不能太大，一般为 0.05~0.4mm。具体数值依情况而异，刮削面积大，刮削前加工误差大，工件结构刚性差，刮削余量大。平面刮削所需的余量见表 7.2-31，内孔刮削所需的余量见表 7.2-32。

表 7.2-28　平面接触点数要求

表面类型	每 25mm×25mm 内的接触点数	刮削前工件的表面粗糙度 Ra/μm	应用举例
超精密面	>25	3.2	0 级平板、高精度机床导轨、精密量具
精密面	20~25	3.2	1 级平板、精密量具
	16~20	6.3	精密机床导轨、精密滑动轴承、直尺
一般平面	12~16	6.3	机床导轨及导向面、工具基准面、量具接触面
	8~12	6.3	机器台面、一般基准面、机床导向面、密封结合面
	5~8	6.3	一般结合面
	2~5	6.3	较粗糙机件的固定结合面

表 7.2-29　金属切削机床接触点数要求

机床精度等级（按 GB/T 25372—2010）	静压、滑动、滚动导轨		移置导轨		镶条压板滑动面	特别重要固定结合面
	每条导轨宽度/mm					
	≤250	>250	≤100	>100		
	每 25mm×25mm 内的接触点数					
Ⅲ级和Ⅲ级以上	20	16	16	12	12	12
Ⅳ级	16	12	12	10	10	8
Ⅴ级	10	8	8	6	6	6

表 7.2-30　滑动轴承接触点数要求

轴承直径/mm	机床或精密机械主轴			锻压设备、通用机械		动力机械、冶金设备	
	高精度	精密	一般	重要	一般	重要	一般
	每 25mm×25mm 内的接触点数						
≤120	25	20	16	12	8	8	5
>120	20	16	10	8	6	6	2

表 7.2-31 平面刮削所需的余量 (mm)

工件宽度	工件长度				
	100~500	500~1000	1000~2000	2000~4000	4000~6000
≤100	0.10	0.15	0.20	0.25	0.30
>100~500	0.15	0.20	0.25	0.30	0.40
>500~1000	0.25	0.25	0.35	0.45	0.50

表 7.2-32 内孔刮削所需的余量 (mm)

内孔直径	内孔长度		
	≤100	>100~200	>200~300
≤80	0.04~0.06	0.06~0.09	0.09~0.12
>80~120	0.07~0.10	0.10~0.13	0.13~0.16
>120~180	0.10~0.13	0.13~0.16	0.16~0.19
>180~260	0.13~0.16	0.16~0.19	0.19~0.22
>260~360	0.16~0.19	0.19~0.22	0.22~0.25

(3) 刮削缺陷分析和防止方法

刮削是一种除量很少的精密加工，故一般不易产生废品。但在刮削有配合公差要求的工件时，也很容易产生缺陷。刮削缺陷分析和防止方法见表 7.2-33。

表 7.2-33 刮削缺陷分析和防止方法

缺陷	特征	产生原因	防止方法
凹坑	刮面局部接触点稀少	刮刀刃口圆弧半径过小，粗刮时用力过猛，同方向重复刮削	适当控制刀刃圆弧大小，刮削时用力要均匀，刀迹应交叉
滑边	刮面的边缘接触点少或出现锯齿形波纹	刀迹与工件边缘平行，刮刀没有控制好，滑出刮面边缘	刮刀与工件边缘夹角应大于30°，接近边缘时应控制力量
撕痕	刮面上有条状刮痕，较正常刀迹深	刮刀歪斜使刀尖划伤工件表面，刀刃不光洁、不锋利	刮刀刀刃应与工件接触稳定，刃口刃磨达到表面粗糙度要求，无缺口现象
振痕	刮面上出现有规则的波纹	多次同方向刮削，刀迹没有交叉	刀迹方向应交叉
划道	刮面上出现深浅不一的线条	研点时夹有砂粒、铁屑等杂质，显示剂不洁净	主要加强清洁工作

7.2.4 零件试验

1. 零件的密封性试验

影响密封性能的因素包括安装和运行两个方面。其中，安装方面包括密封系统、安装公差、零件的材质和硬度、表面粗糙度以及支承环的材质；运行方面包括流体介质、压力、速度、速度/压力循环、行程、温度和外部环境。在应用密封件标准试验结果预测密封件实际应用的性能时，需要考虑以上所有因素及它们对密封件性能的潜在影响。

(1) 气压试验

试验介质是气体时，试验压力至少是阀门在20℃时允许最大工作压力的1.1倍，且试验压力应在试验持续时间内得到保持。

在做密封试验期间，除油封结构旋塞阀外，其他结构阀门的密封面应是清洁的。为防止密封面被划伤，可以涂一层黏度不超过煤油的润滑油。对于有两个密封副、在阀体和阀盖有中腔结构的阀门（如闸阀、球阀、旋塞阀等），试验时，应将该中腔内充满试验压力的介质。除止回阀外，对规定了介质流向的阀门，应按规定的流向施加试验压力。主要类型阀门的试验方法和检查按表 7.2-34 的规定。

表 7.2-34 主要类型阀门的试验方法和检查

阀门种类	试验方法和检查
闸阀 球阀 旋塞阀	封闭阀门两端，阀门的启闭件处于部分开启状态，给阀门内腔充满试验介质，逐渐加压到规定的试验压力，关闭阀门的启闭件；按规定的时间保持一端的试验压力，释放另一端的试验压力，检查该端的泄漏情况 重复上述步骤和动作，将阀门换方向进行试验和检查
截止阀 隔膜阀	封闭阀门对阀座密封不利的一端，关闭阀门的启闭件，给阀门内腔充满试验介质，逐渐加压到规定的试验压力，检查另一端的泄漏情况
蝶阀	封闭阀门的一端，关闭阀门的启闭件，给阀门内腔充满试验介质，逐渐加压到规定的试验压力，在规定的时间内保持试验压力不变，检查另一端的泄漏情况 重复上述步骤和动作，将阀门换方向进行试验
止回阀	止回阀在阀瓣关闭状态，封闭止回阀出口端，给阀门内腔充满试验介质，逐渐加压到规定的试验压力，检查进口端的泄漏情况
双截断与排放结构	关闭阀门的启闭件，在阀门的一端充满试验介质，逐渐加压到规定的试验压力，在规定的时间内保持试验压力不变，检查两个阀座中腔的螺塞孔处泄漏情况 重复上述步骤和动作，将阀门换方向试验另一端的泄漏情况
单向密封结构	关闭阀门的启闭件，按阀门标记显示的流向封闭该端，充满试验介质，逐渐加压到规定的试验压力，在规定的时间内保持试验压力不变，检查另一端的泄漏情况

试验不允许有可见泄漏通过阀瓣、阀座背面与阀体接触面等处，并应无结构损伤（弹性阀座密封面的塑性变形不作为结构上的损坏考虑）。根据 GB/T 13927—2008《工业阀门　压力试验》，在试验持续时间内，气体试验介质通过密封副的最大允许泄漏率按表 7.2-35 的规定。

表 7.2-35　密封试验的气体最大允许泄漏率

泄漏率单位	A 级	AA 级	B 级	C 级	CC 级	D 级	E 级	EE 级	F 级	G 级
mm^3/s	在试验压力保持时间内无可见泄漏	0.18×DN	0.3×DN	3×DN	22.3×DN	30×DN	300×DN	470×DN	3000×DN	6000×DN
气泡/min		0.18×DN	0.28×DN	2.75×DN	20.4×DN	27.5×DN	275×DN	428×DN	2750×DN	5500×DN

注：泄漏率是指 1 个大气压状态。

(2) 液压试验

液压试验装置示意图如图 7.2-53 所示，装配要求如图 7.2-54 所示。

支承环槽体材料为钢材，隔离套材料为磷青铜。支承环材料为聚酯织物/聚酯材料，不应含有玻璃、陶瓷、金属或其他会造成磨损的填料，支承环应符合 GB/T 15242.2—2017 的要求。试验用活塞杆应满足表 7.2-36 的要求。

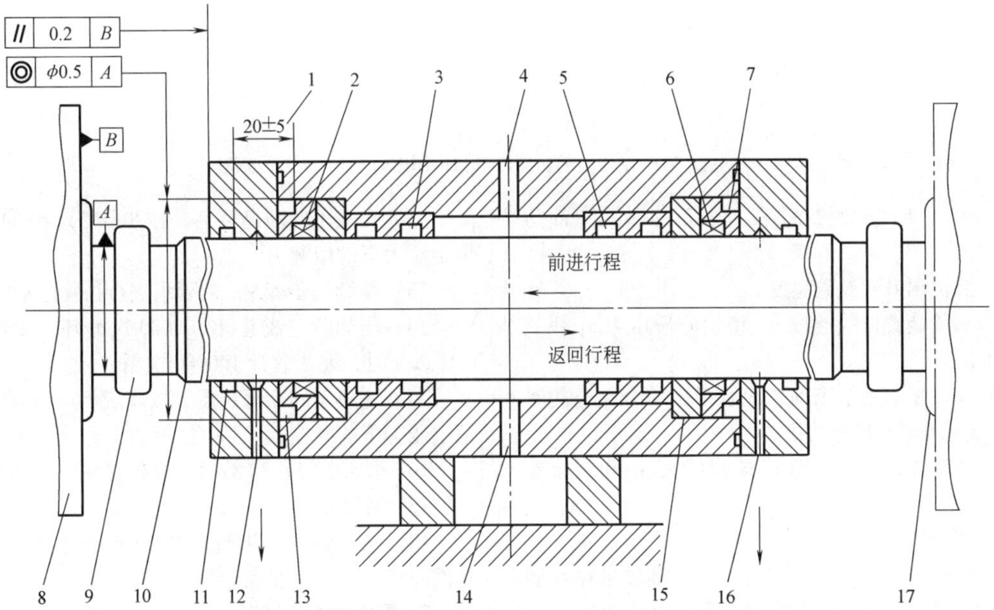

图 7.2-53　液压试验装置示意图

1—泄漏收集区　2—试验密封件 A　3、5—支承环　4—流体出口　6—试验密封件 B　7—试验密封件槽体　8—线性驱动器　9—测力传感器　10—试验活塞杆　11—防尘圈　12—泄漏测量口 1　13—静密封 O 形圈和挡圈　14—流体入口　15—隔离套　16—泄漏测量口 2　17—可选的驱动器和测力传感器位置

表 7.2-36　试验用活塞杆的要求

参数	要求
直径	φ36mm，公差 f8（GB/T 1800.2—2020）
材质	活塞杆的材质为一般工程用钢材，感应淬火后镀厚度为 0.015~0.03mm 的硬铬
表面粗糙度	研磨、抛光到 Ra=0.08~0.15μm

行程控制在 500mm±20mm。试验密封件沟槽槽体材料为磷青铜，沟槽表面粗糙度值应小于 0.8μm。

试验介质应符合 GB/T 7631.2—2003 规定的 ISO-L-HS 32 合成烃型液压油。试验过程中，试验介质温度应保持在 60~65℃。为获得合理数据，每一类型密封件至少进行 6 次试验。按照以下步骤进行密封测试：

1）按 GB/T 10610—2009 沿着活塞杆轴向测量试验活塞杆表面粗糙度 Ra，每次取样长度为 0.8mm，评定长度为 4mm。

2）使用分辨率为 0.02mm 的非接触测量仪器测量新试验密封件尺寸：d_1，d_2，S_1，S_2 和 h。

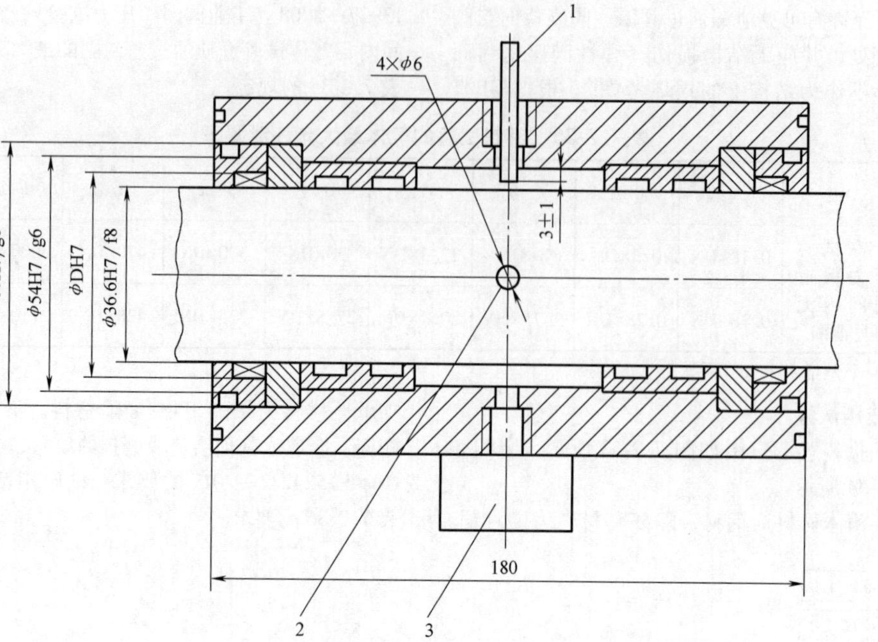

图 7.2-54 装配要求

1—热电偶 2—试验油的底部入口和顶部出口 3—压力传感器

3）安装新试验密封件和两个新的泄漏集油防尘圈。

4）将油温升到试验温度。

5）试验装置以线速度 v、稳定介质压力 p_1 往复运动 1h。

6）在往复运动结束前，记录至少一个循环的摩擦力曲线，并记录摩擦力 F_1。

7）停止往复运动，维持试验压力 p_1 和试验温度 16h。

8）测量启动摩擦力。

9）试验装置继续以线速度 v 按循环要求往复运动，压力在前进行程 p_1 和返回行程 p_2 之间交替。

10）完成 200000 次不间断循环（线速度为 0.05m/s 时，完成 60000 次循环）。如果循环中断，忽略重新启动至达到平稳状态时的泄漏。

11）在不间断循环过程中，每试验 24h 后和完成 200000 次循环后，收集、测量并记录每个密封件的泄漏量。

12）完成不间断循环后，按步骤 5）和 6）测量恒定压力下的摩擦力。

13）继续按步骤 9）的要求进行往复运动。

14）不间断完成总计 300000 次循环。线速度为 0.05m/s 时，完成总计 100000 次循环。

15）完成不间断循环后，按步骤 5）和 6）测量恒定压力下的摩擦力。

16）按步骤 7）和 8）再次启动测量启动摩擦力。

17）停止试验。

18）按步骤 2）测量拆下的试验密封件，并对密封件的状况进行拍照和记录。

2. 零件的性能试验

（1）机械性能试验

机械性能测试可以应用到生产的任何阶段，从测试原材料质量直到检查制成品的耐用性。测试可对广泛多样的材料和产品进行。机械性能测试可证明其产品的耐用性、稳定性和安全性，从而获得竞争优势。机械性能测试主要项目见表 7.2-37。

表 7.2-37 机械性能测试主要项目

大类	具体项目	测试意义
硬度试验	洛氏硬度、维氏硬度、显微维氏硬度、布氏硬度、肖(邵)氏硬度、纳米压痕硬度	硬度是指“固体材料抗拒永久形变的特性”。固体对外界物体入侵的局部抵抗能力，是比较各种材料软硬的指标

（续）

大类	具体项目	测试意义
拉伸试验	抗拉强度、屈服强度、断后伸长率、断面收缩率、弹性模量、泊松比、拉伸应变硬化指数、应变硬化	拉伸试验可测定材料的一系列强度指标和塑性指标。强度通常是指材料在外力作用下抵抗产生弹性变形、塑性变形和断裂的能力。塑性是指金属材料在载荷作用下产生塑性变形而不致破坏的能力，常用的塑性指标是断后伸长率和断面收缩率
弯曲与压缩性能	弯曲强度、弯曲模量、压缩强度、压缩屈服强度、压缩弹性模量	弯曲试验主要用于测定脆性和低塑性材料（如铸铁、高碳钢、工具钢等）的抗弯强度，并能反映塑性指标的挠度。弯曲试验还可用来检查材料的表面质量。试样破坏时的最大压缩载荷除以试样的横截面积，称为压缩强度极限或抗压强度。压缩试验主要适用于脆性材料，如铸铁、轴承合金和建筑材料等。对于塑性材料，无法测出压缩强度极限，但可以测量出弹性模量、比例极限和屈服强度等
冲击韧性试验	冲击强度、冲击韧度、低温脆性、简支梁冲击、悬臂梁冲击	材料抵抗冲击载荷的能力，冲击韧度指标的实际意义在于揭示材料的变脆倾向
断裂韧度试验	断裂韧度、裂纹张开位移、动态断裂韧度	测定带裂纹构件抵抗裂纹失稳扩展能力
疲劳性能	对称应力下的疲劳、非对称循环应力下的疲劳、应变疲劳（低周疲劳）、疲劳裂纹扩展速率、热疲劳试验、腐蚀疲劳试验、接触疲劳试验、高温疲劳试验、低温疲劳试验	疲劳试验是结构试验内容之一，借以研究和验证飞行器结构或构件的疲劳与断裂性能。疲劳破坏是机械零部件早期失效的主要形式，疲劳研究的主要目的是精确地估算材料结构的零部件的疲劳寿命，保证在服役期内零部件不会发生疲劳失效
高温力学性能	高温蠕变、持久强度、应力松弛、高温短时拉伸试验	高温下零部件因抵抗外力作用而产生各种变形和应力的能力，如强度、弹性、塑性等在高温下，由于液相的出现，液相的性质、数量及分布状态，对材料的力学性能影响极大
磨损性能	黏着磨损、磨粒磨损、接触磨损、微动磨损	在给定摩擦条件下测量材料的磨损量及摩擦因数的试验方法，是测定材料抵抗磨损能力的一种试验，可比较材料的耐磨性优劣
剥离强度	胶带剥离强度、剥离强度测试（覆铜板、PCB）	剥离强度是指粘贴在一起的材料，从接触面进行单位宽度剥离时所需要的力。剥离时角度有90°或180°，单位：牛顿/米（N/m）。它反映材料的黏结强度

（2）电气性能试验

对低压机电气机械结构进行检测时，按照GB/T 37144—2018《低压机柜　电气机械结构》进行试验。检测表面要求：金属材料（包括导体材料）应被覆处理，表面应光滑，无毛刺、无擦伤、无明显的裂纹，环境适应性试验前后无明显变化；绝缘材料的表面应均匀平整，无明显凹凸和裂纹、杂质、飞边、色泽不均等缺陷，环境适应性试验前后无明显变化。

高温试验按GB/T 2423.2—2008，采用试验Bb，严酷等级为：温度+50℃，持续时间16h。低温试验按GB/T 2423.1—2008，采用试验Ab，严酷等级为：温度-10℃，持续时间16h。恒定湿热试验按GB/T 2423.3—2016，严酷等级为：试验温度（30±2）℃，相对湿度（85±3）%，持续时间16h。盐雾试验按GB/T 2423.17—2008规定执行，严酷等级为：96h。电气机械结构绝缘性能检测标准见表7.2-38，电气机械结构机械性能检测标准见表7.2-39。电气性能检测时要求产品导体零件或组件的导电率不低于95%，回路电阻测试精度为0.01Ω。主回路的正常负载、过载特性和短路特性应根据GB/T 14048.1—2012执行。

表7.2-38　电气机械结构绝缘性能检测标准

大类	标准号
电气间隙	GB/T 16935.1—2008中5.1
爬电距离	GB/T 16935.1—2008中5.2
绝缘电阻	GB/T 16935.1—2008中6.2
泄漏电流	GB/T 12113—2003
表面耐电痕	GB/T 4207—2012
耐受冲击电压试验能力	GB/T 16935.1—2008中6.1
耐受交流工频电压试验能力	GB/T 16935.1—2008中6.1
温升	GB/T 11021—2014
耐灼热丝试验	GB/T 5169.10—2017和GB/T 5169.11—2017

表 7.2-39　电气机械结构机械性能检测标准

大　类	标　准　号
冲击	GB/T 2423. 5—2019
碰撞	GB/T 2423. 5—2019
自由跌落	GB/T 2423. 7—2018
振动	GB/T 2423. 10—2019
机械寿命	以空载操作循环(不通电)次数表征,应不低于 500 次
外壳防护等级	GB/T 4208—2017

7.3　装配基本作业

7.3.1　常用装配工具和仪器

1. 常用手工工具

(1) 扳手

扳手是用来旋紧六角头、正方头螺钉和各种螺母的。常用工具钢、合金钢或可锻铸铁制成。它的开口处要求光整、耐磨。扳手分为通用的、专用的和特殊的三类。

1）通用扳手。通用扳手也称为活动扳手或活扳子，如图 7.3-1 所示。它由扳手体 4、固定钳口 2、活动钳口 1 和螺杆 3 组成。它的开口尺寸可以在一定范围内进行调节。活动扳手的规格见表 7.3-1。

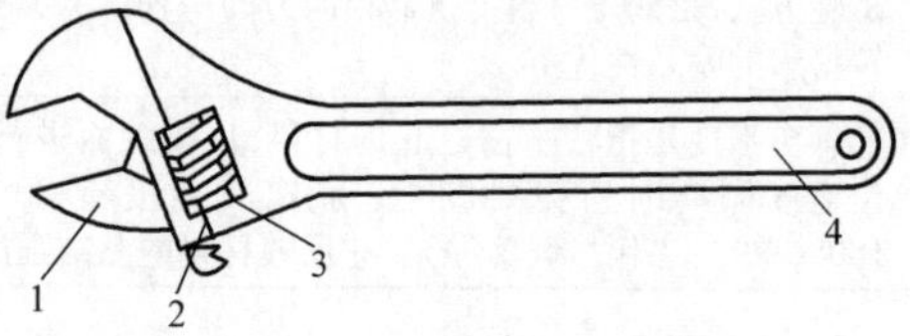

图 7.3-1　活动扳手（活扳子）

1—活动钳口　2—固定钳口　3—螺杆　4—扳手体

表 7.3-1　活动扳手的规格

长度	米制/mm	100	150	200	250	300	375	450	600
	寸制/in	4	6	8	10	12	15	18	24
开口最大宽度/mm		14	19	24	30	36	46	55	65

使用活动扳手时，应使其固定钳口承受主要作用力（图 7.3-2a），否则容易损坏扳手。钳口的开度应适合螺母对边间距尺寸，过宽会损坏螺母。不同规格的螺母（或螺钉），应选用相应规格的活动扳手。扳手手柄不可任意接长，以免拧紧力矩过大而损坏扳手或螺母。活动扳手常常不能正确设定开口尺寸，操作费时，同时所定的尺寸在使用过程中经常会改变，活动钳口容易歪斜，往往会损坏螺母或螺钉的头部表面。

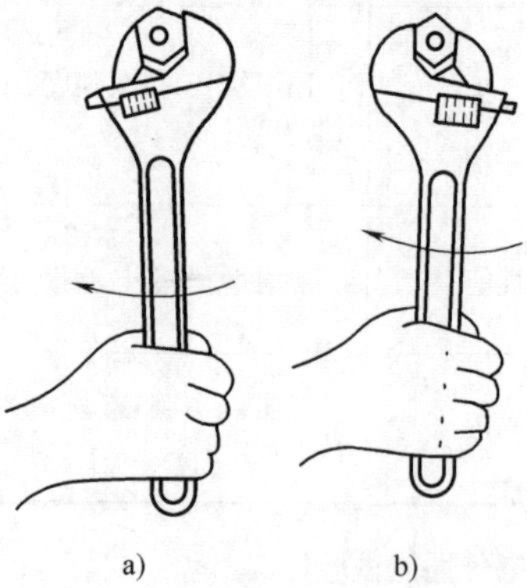

a)　　b)

图 7.3-2　活动扳手的使用

a）正确　b）错误

2）专用扳手。专用扳手只能扳一种尺寸的螺母或螺钉，根据其用途的不同可分为开口扳手、整体扳手、成套套筒扳手、锁紧扳手和内六角扳手，见表 7.3-2。

表 7.3-2　专用扳手

种类	图　示		特　点
开口扳手	旋松时扳手施力方向	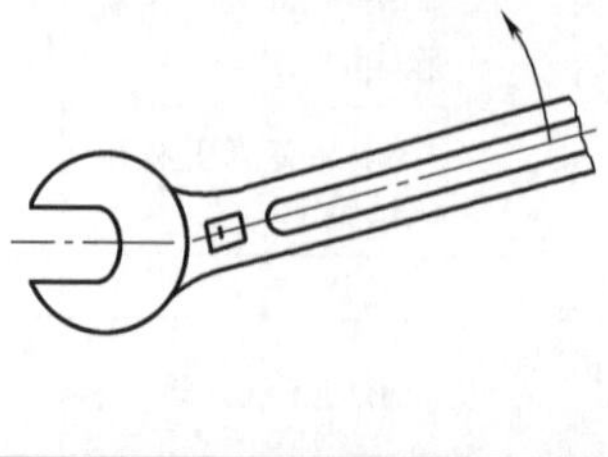	开口扳手用于装拆六角头或方头的螺母或螺钉,有单头和双头之分。它的开口尺寸应与螺母或螺钉头的对边间距尺寸相适应,并根据标准尺寸做成一套。常用 10 件一套的双头扳手两端开口尺寸(单位为 mm)如下:5. 5×7、8×10、9×11、12×14、14×17、17×19、19×22、22×24、24×27、30×32

（续）

种类	图　示		特　点
开口扳手	拧紧时扳手施力方向	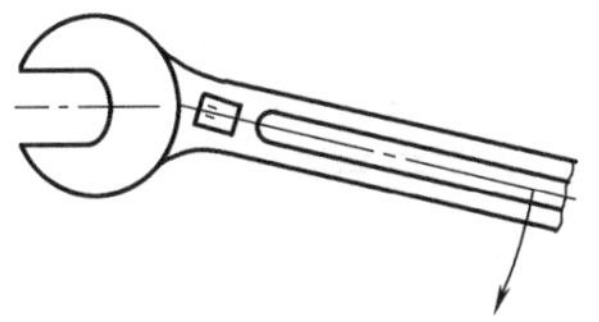	开口扳手用于装拆六角头或方头的螺母或螺钉，有单头和双头之分。它的开口尺寸应与螺母或螺钉头的对边间距尺寸相适应，并根据标准尺寸做成一套。常用 10 件一套的双头扳手两端开口尺寸（单位为 mm）如下：5. 5×7、8×10、9×11、12×14、14×17、17×19、19×22、22×24、24×27、30×32
整体扳手	正方形扳手	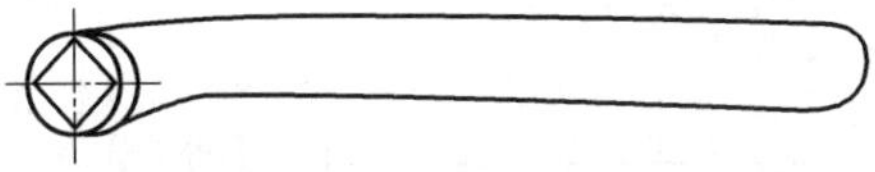	整体扳手可分为正方形扳手、六角形扳手、十二边形扳手（梅花扳手）等。梅花扳手适合于各种六角螺母或螺钉头，操作中只要转过 30°就可再次进行拧紧或松开螺钉的动作，并可避免损坏螺母或螺钉 梅花扳手常常是双头的，其两端尺寸通常是连续的。通常有大弯头梅花扳手、小弯头梅花扳手和平型梅花扳手三种，使用最多的是大弯头梅花扳手 还有一种梅花开口组合扳手，又称两用扳手，这是开口扳手和梅花扳手的结合，其两端尺寸规格相同。其优点是：只要螺母或螺钉容易转动，就可以使用操作更快的开口扳手这一端；如果螺母或螺钉很难转动，就将扳手转过来，用梅花扳手这一端继续旋紧
	六角形扳手	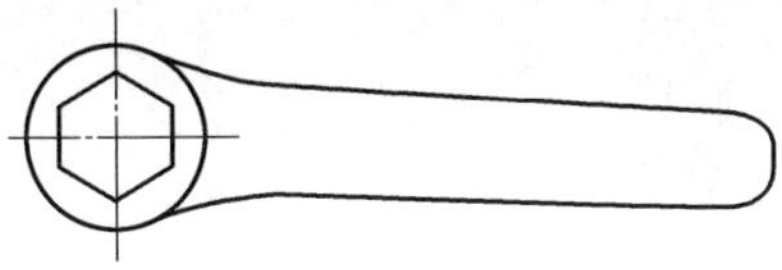	
	梅花扳手　单头	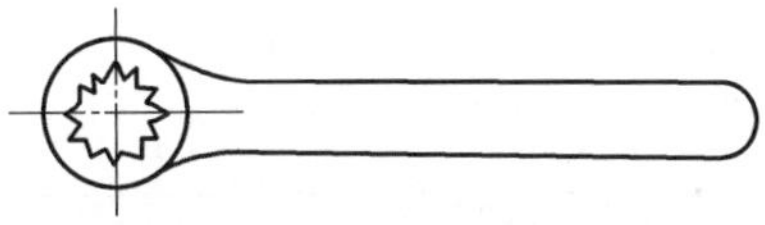	
	梅花扳手　双头	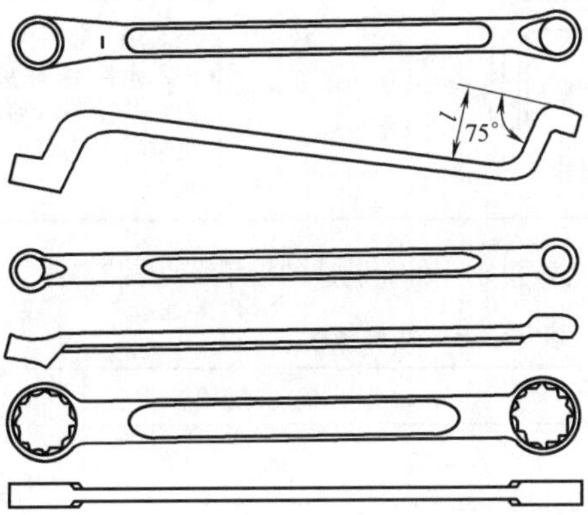	
	梅花开口组合扳手	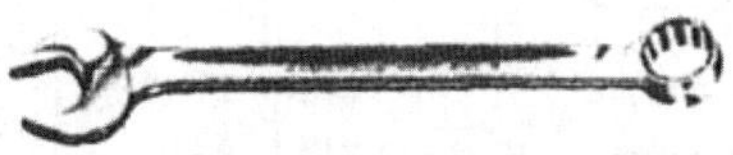	
成套套筒扳手		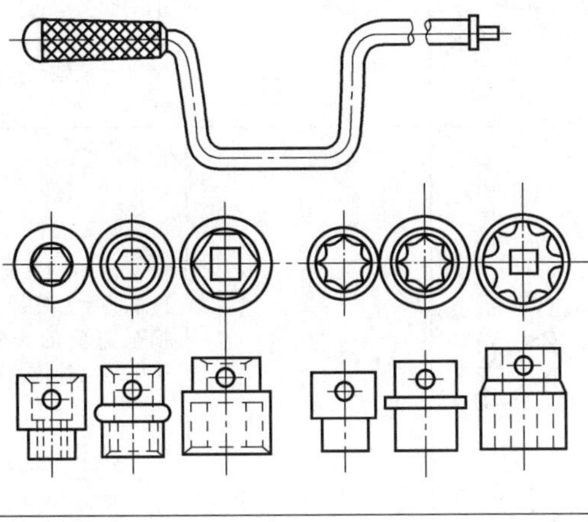	它由一套尺寸不等的套筒组成。套筒有内六角形和十二边形两种，可将整个螺钉头套住，从而不易损坏螺母或螺钉头。使用时，将扳手柄的方榫插入梅花套筒方孔内。弓形手柄能连续地转动，使用方便，工作效率较高。为了能转动套筒，套筒的上端均有一个方孔，其常规尺寸为 3/8in、1/2in 和 3/4in。其中 1/2in 的方孔应用最多。为防止套筒在使用时滑出附件，附件的方榫上有一个弹性钢珠。为此，在套筒方孔上也开有一个小孔或四个凹槽

（续）

种类	图示		特点
锁紧扳手	钩头锁紧扳手	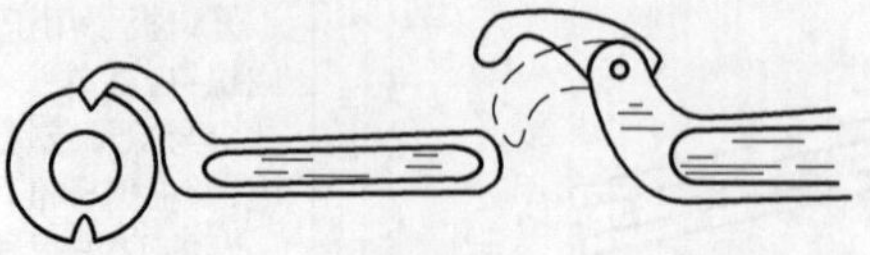	专门用来锁紧各种结构的圆螺母，其结构多种多样
	U形锁紧扳手	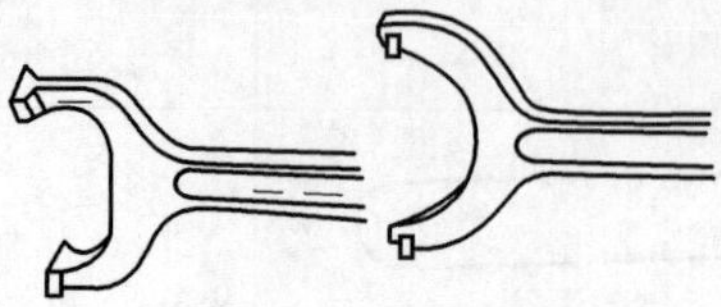	
	冕形锁紧扳手		
	锁头锁紧扳手	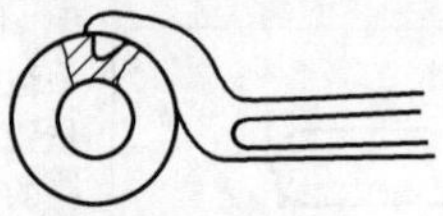	
内六角扳手	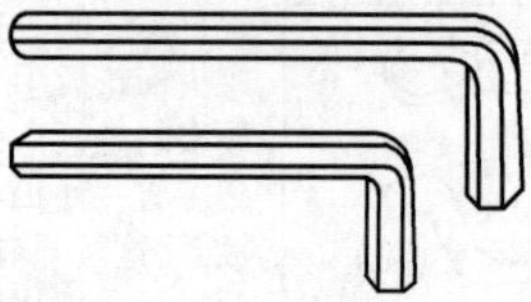		其用于装拆内六角螺钉。常用的有直角内六角扳手、球头直角内六角扳手和T形内六角扳手三种。成套的内六角扳手，可供装拆M4~M30的内六角螺钉使用

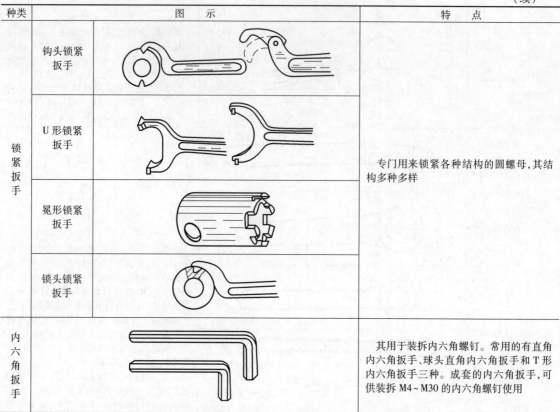

3）特殊扳手。特殊扳手就是根据某些特殊要求　　而制造的扳手，见表7.3-3。

表7.3-3　特殊扳手

种类		图示	说明	特点
棘轮扳手		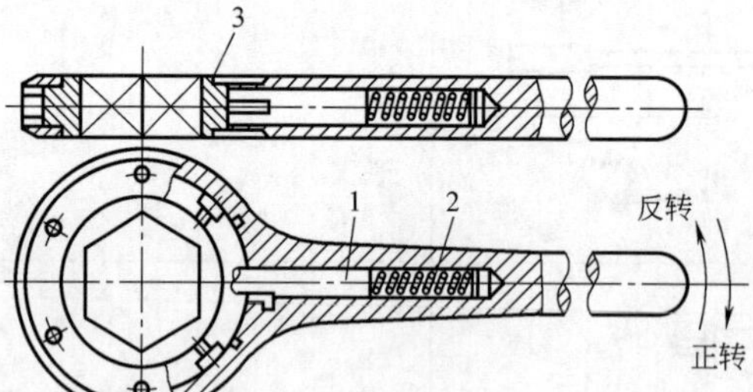	1—棘爪　2—弹簧 3—内六角套筒	棘轮扳手使用方便，效率较高。工作时，正转手柄，棘爪1在弹簧2的作用下进入内六角套筒3（棘轮）的缺口内，套筒便随之转动，拧紧螺母或螺钉。反转手柄时，棘爪从套筒缺口的斜面上滑过去，因而螺母（或螺钉）不会随着反转，这样反复摆动手柄则可逐渐拧紧
气动扳手（气动拧紧枪）	单轴	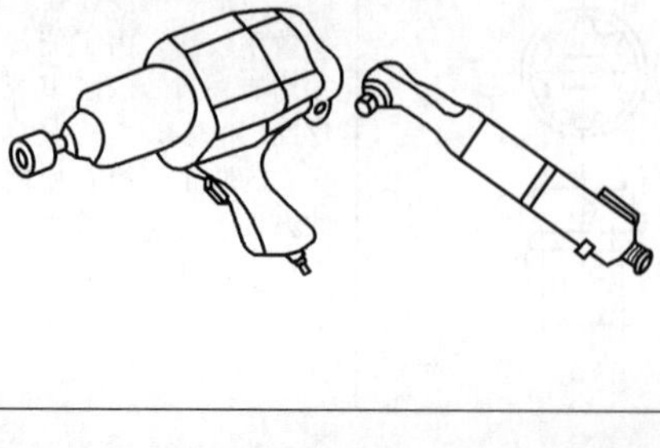		它由小型气动叶轮构成，速度高，用多级行星齿轮机构转换至需要的力矩（小于990 N·m）与速度

（续）

<table>
<tr><th>种类</th><th colspan="2">图　　示</th><th>说明</th><th>特　　点</th></tr>
<tr><td>气动扳手（气动拧紧枪）</td><td>多轴</td><td>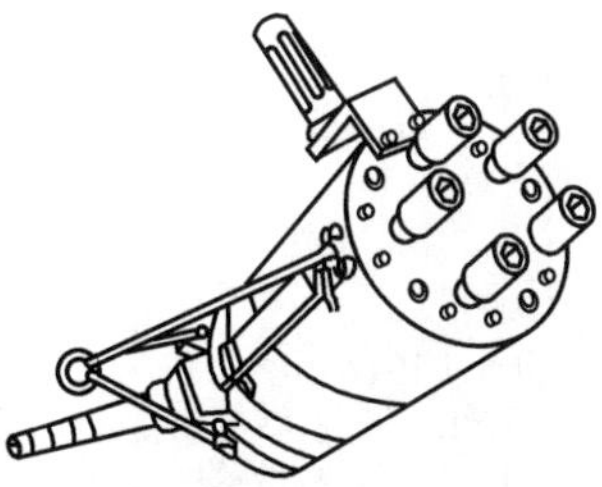</td><td></td><td>它由小型气动叶轮构成，速度高，用多级行星齿轮机构转换至需要的力矩（小于 990 N・m）与速度</td></tr>
<tr><td>液压扳手</td><td colspan="2">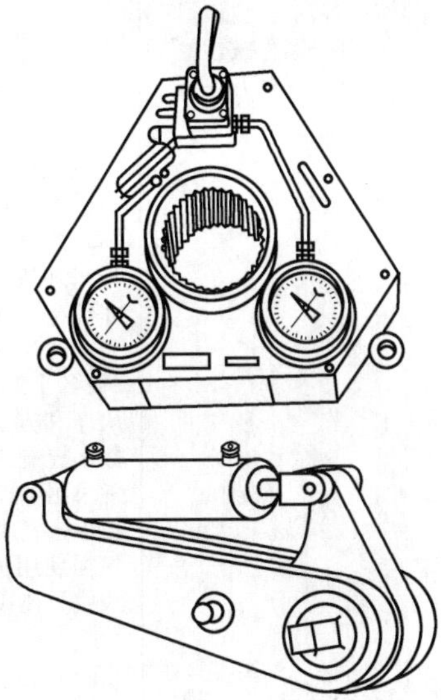</td><td></td><td>常用于拧紧大型的螺栓或螺母，其拧紧力矩很大，从几千到几万 N・m。这种扳手由一个活塞通过多次往复循环，带动棘爪式扳手将螺栓拧紧，其力矩值由液压信号及力矩臂通过仪表直接读出，准确度可达 ±(2~10)%</td></tr>
<tr><td>电动扳手（电动拧紧枪）</td><td colspan="2">—</td><td></td><td>实际上是细长形的直流电动机，在正转或反转时能输出相同的力矩，一般内置有力矩传感器、角度编码器，以及其他能够直接或间接地监控螺纹连接的预紧力装置，并与控制模块、电动机等组成一个闭环控制系统。当螺纹拧紧到某一设定值时，电动机停止工作。工作时，力矩精度可达±1%，转角精度可达±0.5°，使用时噪声低
电动扳手有手持式和固定（轴）式两种。手持式输出力矩小，一般为 6~140N・m，控制系统较简单，功能较少，但重量轻。固定式可单独使用，也可组合成多轴拧紧系统，工作效率高。表 7.3-4 列出了电动扳手的技术参数</td></tr>
</table>

（续）

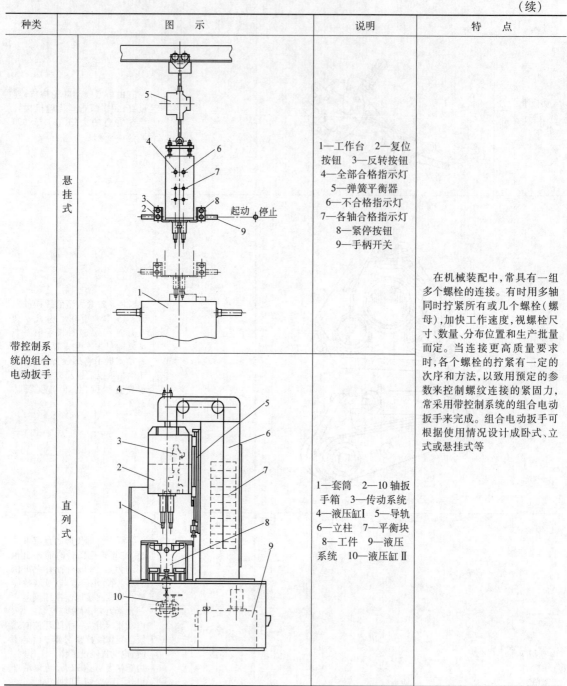

<table>
<tr><th colspan="2">种类</th><th>图　示</th><th>说明</th><th>特　点</th></tr>
<tr><td rowspan="2">带控制系统的组合电动扳手</td><td>悬挂式</td><td>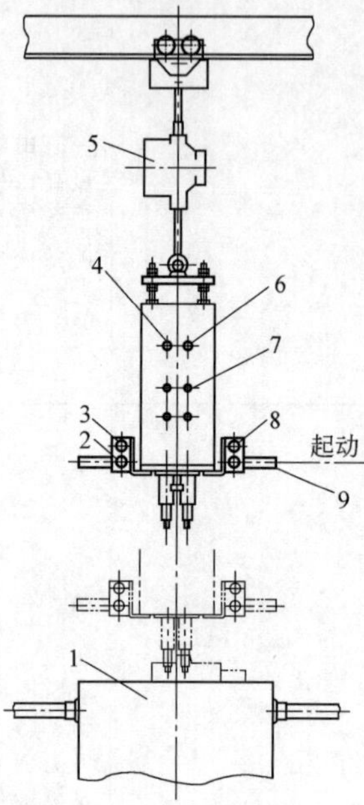
</td><td>1—工作台　2—复位按钮　3—反转按钮　4—全部合格指示灯　5—弹簧平衡器　6—不合格指示灯　7—各轴合格指示灯　8—紧停按钮　9—手柄开关</td><td rowspan="2">在机械装配中，常具有一组多个螺栓的连接。有时用多轴同时拧紧所有或几个螺栓（螺母），加快工作速度，视螺栓尺寸、数量、分布位置和生产批量而定。当连接更高质量要求时，各个螺栓的拧紧有一定的次序和方法，以致用预定的参数来控制螺纹连接的紧固力，常采用带控制系统的组合电动扳手来完成。组合电动扳手可根据使用情况设计成卧式、立式或悬挂式等</td></tr>
<tr><td>直列式</td><td>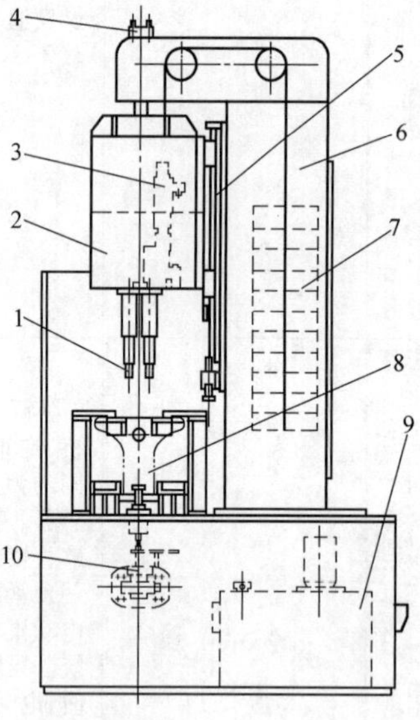
</td><td>1—套筒　2—10轴扳手箱　3—传动系统　4—液压缸Ⅰ　5—导轨　6—立柱　7—平衡块　8—工件　9—液压系统　10—液压缸Ⅱ</td></tr>
</table>

表 7.3-4　电动扳手的技术参数

力矩范围/N·m	空载转速/(r/min)		最大电压/V	最大功率/kW
6~12	55	450	50	0.3
20~40	40	330	50	0.7
60~115	40	255	50	1.0
140~280	35	235	100	2.0
250~500	20	135	100	2.0
500~1000	10	65	100	2.0

除了以上介绍的普通扳手以外，为了满足不同需要，还可采用各种专用工具，如液力拉伸器、拆卸双头螺柱工具等。

（2）钻孔工具

1）钻孔设备。钻孔的常用设备主要有台式钻床、立式钻床、摇臂钻床和手电钻等，见表7.3-5。

表 7.3-5 钻孔设备结构

钻孔设备	图示	说明	特点
台式钻床	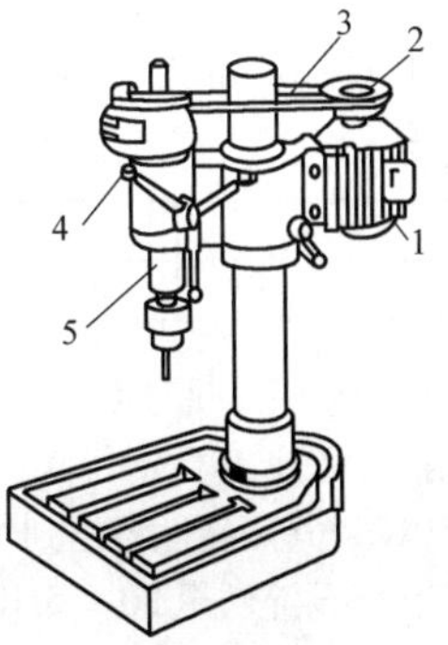	1—电动机 2—带轮 3—V 带 4—手柄 5—主轴	台式钻床是一种小型钻床，是装配工作中常用的设备。一般可钻直径小于 12mm 的孔，但有的台式钻床的最大钻孔直径为 20mm，这种钻床体积也较大
立式钻床	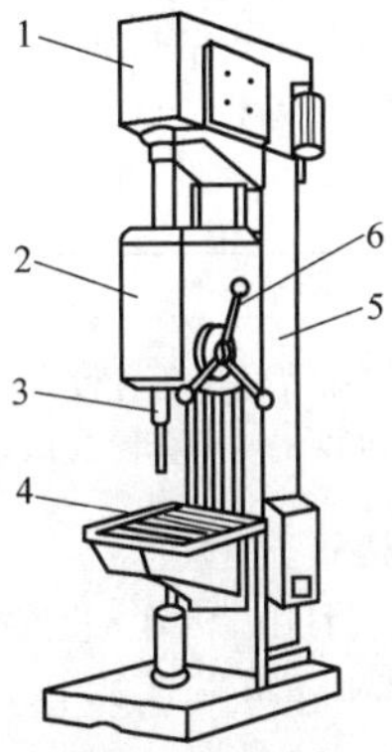	1—主轴变速箱 2—进刀机构 3—主轴 4—工作台 5—立柱 6—手柄	立式钻床最大钻孔直径有 25mm、35mm、40mm、50mm 几种，适用于钻削中型工件，它有自动进刀机构，生产率较高，并能得到较高的加工精度。立式钻床的主轴转速和进给量有较大的变动范围，适用于不同材质的刀具，能够进行钻孔、锪孔和攻螺纹等加工
摇臂钻床	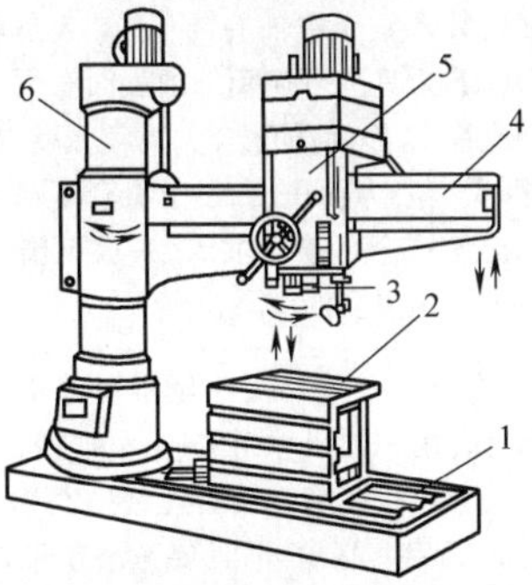	1—底座 2—工作台 3—主轴 4—摇臂 5—主轴箱 6—立柱	摇臂钻床最大钻孔直径有 35mm、50mm、75mm、80mm、100mm 等几种，一般由底座、立柱、摇臂、钻轴变速箱、自动进给箱、工作台等主要部分组成。它的摇臂能回转 360°，并能自动升降和夹紧定位。因它调速、进刀调整范围广，故可利用它进行钻孔、扩孔、锪平面、锥坑、铰孔、镗孔、环切大圆和攻螺纹等加工
手电钻	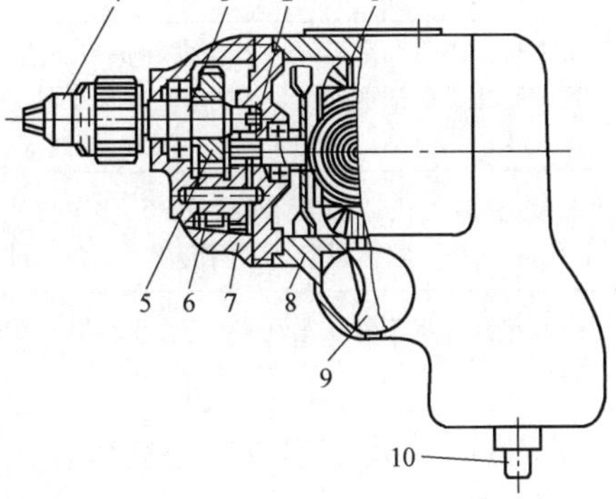	1—电动机 2—小齿轮 3—主轴 4—钻夹头 5—大齿轮 6—齿轮 7—前壳 8—后壳 9—开关 10—电线	手电钻种类较多，规格大小不等，携带方便，使用灵活，尤其在检修工作中使用广泛。手电钻有单相(电压为 220V)，其钻孔直径有 6mm、10mm、13mm、19mm；三相(电压为 380V)，其钻孔直径有 13mm、19mm、23mm、32mm 等规格。使用手电钻必须注意安全，要严格按照操作规程进行操作

2）钻头。钻头是钻孔的主要工具，其种类有麻花钻、扁钻、深孔钻、中心钻等。它们的几何形状虽然不同，但都有两个对称排列的切削刃，使得钻削时产生的力保持平衡，其切削原理都相同。其中以麻花钻最为常用。

麻花钻由柄部、颈部和工作部分组成。它有直柄和锥柄两种。直柄所能传递的扭矩较小，钻头直径一般都在13mm以内；较大钻头一般均为锥柄钻头，表7.3-6给出了锥柄钻头的详细规格。

锥柄的扁尾用来增加传递的扭矩，避免钻头在主轴孔或钻套中打滑，并作为把钻头从主轴孔或钻套中退出之用，颈部为制造钻头供砂轮退刀之用，一般也用来刻印商标和规格。

表7.3-6　莫氏锥柄钻头直径

莫氏锥柄号	1	2	3	4	5	6
钻头直径/mm	6~15.5	15.6~23.5	23.6~32.5	32.6~49.5	49.6~65	65.1~80

工作部分由导向部分和切削部分组成。导向部分在切削过程中，能保持钻头正直的钻削方向和具有修光孔壁的作用，工作部分担任主要的切削工作。两条螺旋槽用来形成切削刃，并起排屑和输送切削液的作用。

钻头直径为6~8mm时，常制成焊接式的，其工作部分一般用高速工具钢（W18Cr4V）制作，淬硬至62~68HRC，其热硬性可达到550~600℃。柄部一般用45钢制作，淬硬至30~45HRC。

3）钻孔夹具。钻孔加工除必需的钻孔设备、钻头外，有时还需一些钻孔夹具。钻孔夹具可分为钻头夹具和工件夹具两类，见表7.3-7。

表7.3-7　钻孔夹具分类

钻孔夹具		说明
钻头夹具	钻夹头	钻夹头用来装夹13mm以内的直柄钻头(特殊情况下还有较大一点的钻夹头),在夹头的三个斜孔内装有带螺纹的夹爪,夹爪螺纹和装在夹头套筒的螺纹相旋合。旋转套筒使三个爪同时张开或合拢,将钻头夹紧或松开
	快换钻夹头	当在钻床上加工工件,尤其是加工同一工件时,往往需要多次更换钻头、铰刀等,使用快换钻夹头可以做到不停车换装刀具,既可提高加工精度,又大大提高了生产率。快换钻夹头的结构如图7.3-3所示 图7.3-3中,5是夹头体,它的锥柄部位装入钻床主轴的锥孔内。3是可换套,可根据孔加工的需要制作多个,并预先装好所需要的刀具。可换套外圆表面有两个凹坑,钢球2嵌入时便可传递动力。1是滑套,内孔与夹头体为间隙配合。当需要更换刀具时,不必停车,只需用手把滑套向上推,两粒钢球因受离心力而飞出,贴于滑套端部大孔表面,此时另一只手就可把装有刀具的可换套取出,把另一个可换套插入,并放下滑套,使两粒钢球复位,新的可换套就装好了。弹簧环4用于限制滑套的上下位置
	钻套和楔铁	钻套是用来装夹圆锥柄钻头的夹具。由于钻头或钻夹头尾锥尺寸不同,为了适应钻床主轴锥孔,用锥体钻套做过渡连接。钻套是由不同尺寸组成的,可根据钻床主轴锥孔与钻头锥柄尺寸进行选择使用,也可把几个钻套连接起来。钻套规格见表7.3-8 当把几个钻套配接起来用时,不仅增加了装拆麻烦,而且要考虑主轴与钻头的同轴度,此时可采用特制的钻套,如内锥孔为1号,而外锥面为3号。另外可根据钻套的标准尺寸自制钻套,此时可将钻套根据所需尺寸加长
工件夹具	手虎钳、平行夹板、台虎钳	使用手虎钳、平行夹板、台虎钳等夹持小工件和薄板件。一般钻8mm以下直径的孔时,可手持工件,工作比较方便,但一定要防止工件把手划伤。不能拿住的加工件必须使用上述夹具夹持工作
	V形铁	在圆柱形工件上钻孔应使用V形铁,钻较大孔时,应配合使用压板,将工件压牢固。钻圆柱形工件两端面孔时,应使用卡盘将工件夹紧,卡盘应压紧固定在工作台上进行钻孔
	T形螺母	钻较大孔时应使用T形螺母、压板、垫铁等将工件压紧在平台上,或在钻头旋转方向上用一牢固的物体或螺栓等将工件靠住
	弯板、专用工作台	使用弯板与专用工作台,将工件装夹紧固后钻孔。工件的夹具应随着工件形状的变化而确定

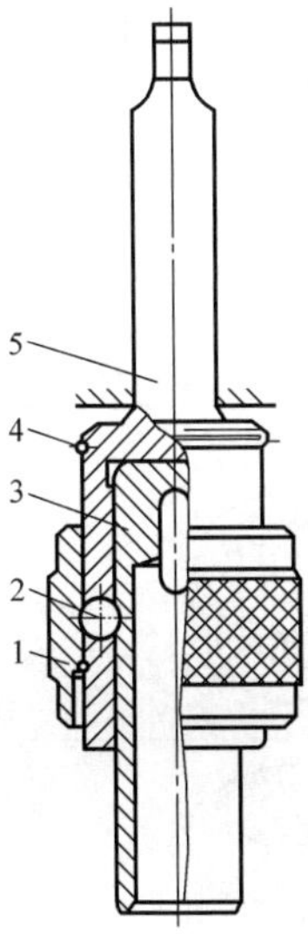

图 7.3-3　快换钻夹头的结构
1—滑套　2—钢球　3—可换套　4—弹簧环
5—夹头体

表 7.3-8　钻套规格

1 号钻套	内锥孔为 1 号莫氏锥度	外圆锥为 2 号莫氏锥度
2	2	3
3	3	4
4	4	5
5	5	6

(3) 螺纹旋具

1）攻螺纹的工具。攻螺纹的工具包括丝锥、攻螺纹扳手和安全夹头，见表 7.3-9。其中，丝锥的结构和加工场合见表 7.3-10。

2）套螺纹的工具。套螺纹的工具包括板牙和板牙架，板牙包括固定板牙、可调式圆板牙、方板牙和活络管子板牙，板牙架是装夹板牙的工具，它分为圆板牙架、可调式板牙架和管子板牙架，见表 7.3-12。使用板牙架（圆板牙架）时，将板牙装入架内，板牙上的锥坑与架上的紧固螺钉要对准，紧固后使用。装入可调式板牙架后，旋转调整螺钉，使刀刃接近坯

表 7.3-9　攻螺纹的工具

种类	说　明
丝锥	丝锥是用来切削内螺纹的刀具，主要由高速工具钢制作，并经淬火硬化制成，其构造如图 7.3-4 所示
攻螺纹扳手	攻螺纹扳手又称为铰杠。攻螺纹扳手是用来夹持丝锥的工具，分为普通扳手和丁字形扳手两类。各种扳手又分为固定式和活动式两种，扳手方孔尺寸与柄的长度都有一定的规格，使用时应根据丝锥尺寸大小选择不同规格的扳手，见表 7.3-11 如在凸凹台旁攻螺纹时，可采用丁字形扳手。由于扳手构造简单，工作时可根据实际情况自行制作固定式扳手或丁字形扳手
安全夹头	在钻床上攻螺纹或使用手提式电钻攻螺纹时，要用安全夹头来夹持丝锥，以免当丝锥负荷过大时或攻不通孔到底时，产生丝锥折断或损坏工件等现象 常用的安全夹头有钢球式安全夹头和锥体摩擦式安全夹头等，使用时，其安全扭矩应注意按照丝锥直径的大小进行调节

表 7.3-10　丝锥的结构和加工场合

结构	切削部分	在丝锥前端呈圆锥形，有锋利的切削刃，切削刃的前角为 8°~10°，后角为 4°~6°，用来完成切削螺纹工作
	修光部分（校准部分）	修光部分具有完整的齿形，可以修光和校准已切出的螺纹，并引导丝锥沿轴向运动
	屑槽部分	屑槽部分有容纳、排除切屑和形成切削刃的作用，常用的丝锥上有 3~4 条屑槽
	柄部	用于夹持丝锥和传递扭矩。通常采用圆柱形状的柄和方头结构。可分为粗柄、粗柄带颈和细柄等型式
加工场合	手用	原先手用丝锥一般由两支或三支组成一组，分为头锥、二锥、三锥。由于制造丝锥材料的提高，现在一般 M10 以下丝锥大部分为一组一支，M10 以上的为一组两支，三支一组的已经很少见了。通常普通丝锥还包括管子丝锥，它又分为圆柱形管子丝锥和圆锥形管子丝锥
	机用	用于机械攻螺纹，为了装夹方便，丝锥柄部较长。一般机用丝锥是一支攻螺纹一次完成。它适用于攻通孔螺纹，不便于攻浅孔螺纹。机用丝锥也可用于手工攻螺纹

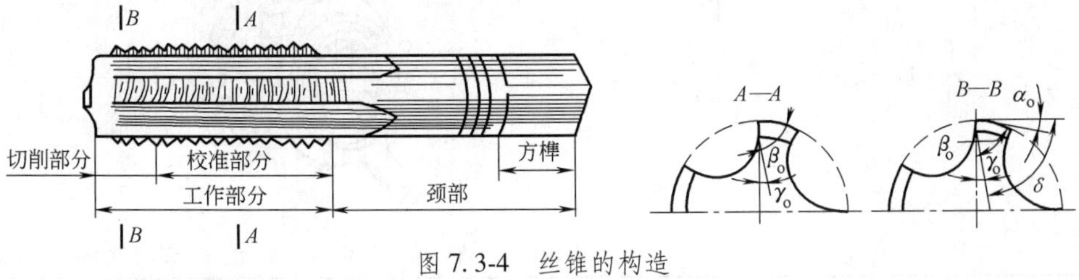

图 7.3-4　丝锥的构造

表 7.3-11　常用攻螺纹扳手规格

（mm）

丝锥直径	≤6	8~10	12~ 14	≥16
扳手长度	150~200	200~250	250~300	400~450

料。管子板牙架可装三副不同规格的活络管子板牙，扳动手柄可使每副的四块板牙同时合拢或张开，以适应切削不同直径的螺纹，或调节切削量。组装活络管子板牙时，应注意每组四块上都有顺序标记，按板牙架上标记依次装上。

表 7.3-12　套螺纹的工具

种类		图示
板牙	固定板牙	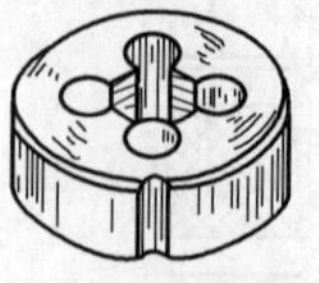
	可调式圆板牙	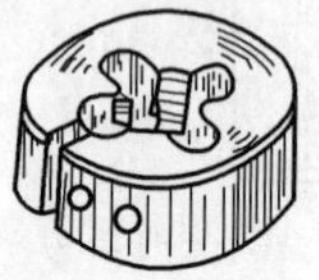
	方板牙	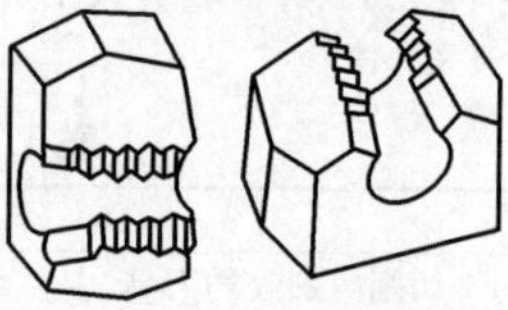
	活络管子板牙	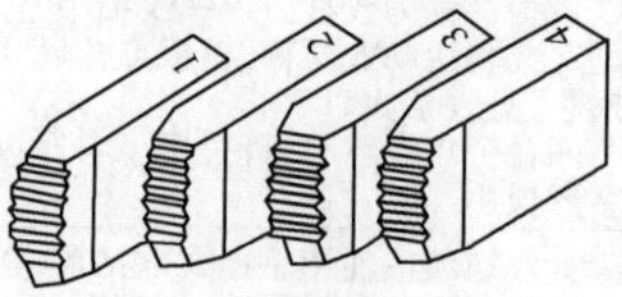
板牙架	圆板牙架	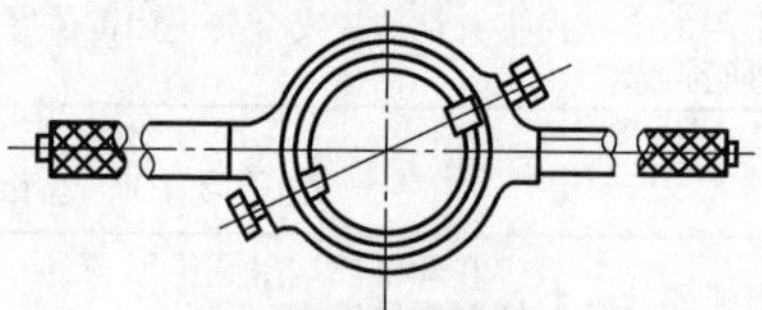
	可调式板牙架	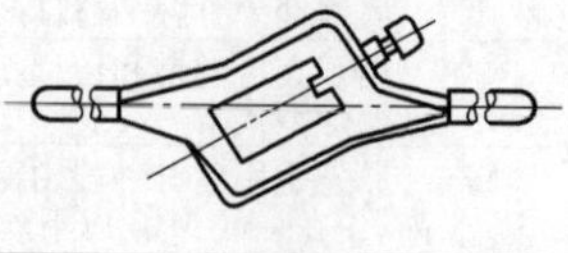
	管子板牙架	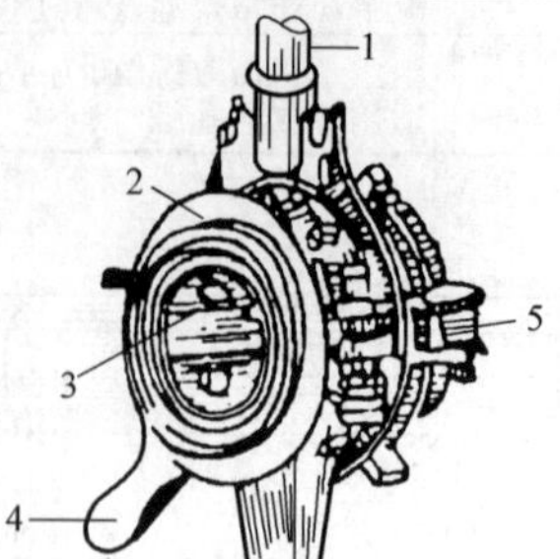 1—套螺纹扳动手柄　2—本体　3—板牙　4—板牙手柄　5—螺杆

(4) 修配工具

修配的主要操作方式包括锯削、錾削、锉削、刮削和研磨，其对应的修配工具见表 7.3-13。其中，刮削操作，需要刮刀、校准工具、显示剂相互配合才能完成，而刮刀是刮削工件表面的主要工具。研具是研磨时决定工件表面几何形状的标准工具。研具的材料一般有以下两点要求：一是研具材料比工件软，且组织要均匀，使磨粒嵌入研具表面，对工件进行切削不会嵌入工件表面，但也不能太软，否则嵌入研具太深而失去切削作用；二是要容易加工，寿命长和变形小。常用的材料有灰铸铁、软钢、纯铜、铅、塑料和硬木等，其中灰铸铁的润滑性能好，有较好的耐磨性，硬度适中，研磨效率较高，是制作研磨工具最常用的材料。软钢的韧性较好，常作为小型研具，如研磨螺纹和小孔的研具。纯铜的性质较软，容易被磨粒嵌入，适用于做粗研时的研具，其研磨效率也较高。铅、塑料、硬木则更软，用于研磨铜等软金属。

表 7.3-13　修配方式及工具

方式		工具		图　示	说　明
锯削	锯断	锯条		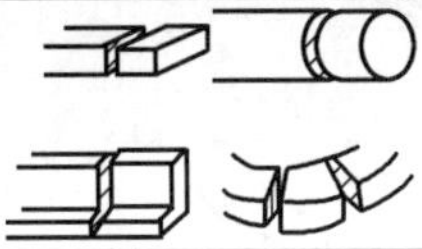	锯削是通过锯齿的切削运动来完成对金属材料的一种切削加工，其加工工具主要为锯条。一般锯条以每25mm长度内齿数的多少来区分：粗齿为14～18个齿，中齿为22～24个齿，细齿为32个齿。锯条的选用应根据加工材料的软硬和厚度大小来确定，通常粗齿用于锯切低碳钢、铜、铝、塑料等软材料以及截面厚实的材料；细齿用于锯切硬材料、板料和薄壁管子等；加工普通钢材、铸铁及中等厚度的材料，多用中齿锯条
	锯掉			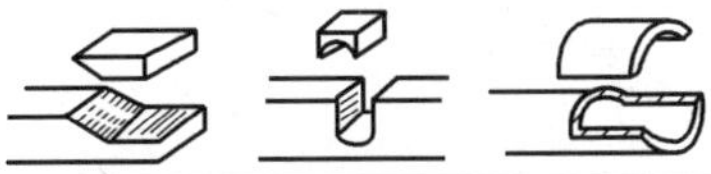	
	锯槽				
錾削		锤子			锤子由锤头和锤柄两部分组成。锤柄装得不好，会直接影响操作。因此安装锤柄时要使锤柄中线与锤头中线垂直，装好后打入锤楔，以防使用时锤头脱出
		錾子	扁錾	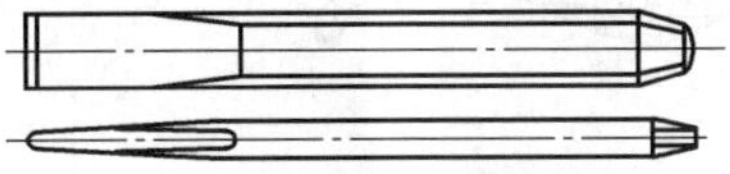	有较宽的刃，宽度一般在25mm左右。一般应用于凿开薄的板料、直径较细的棒料，錾削平面，去除焊件、锻件、铸件上的毛刺及飞边等
			尖錾	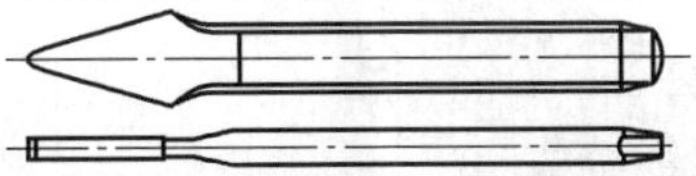	刃较窄，一般为2～10mm。主要应用于手凿槽或配合扁錾錾削较宽的平面
			油槽錾	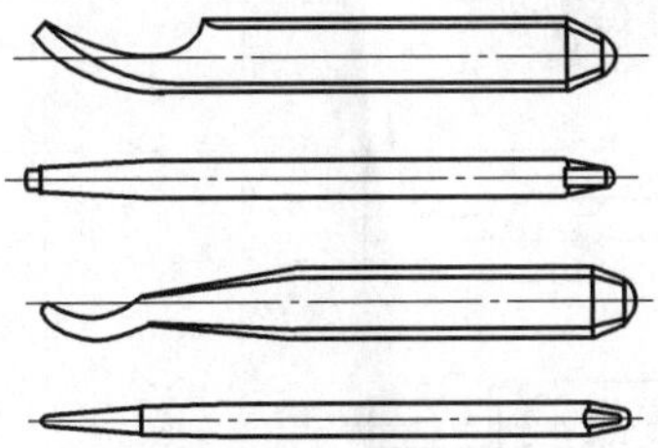	它应用于錾削轴瓦和一些设备上的油槽等
			圆口錾	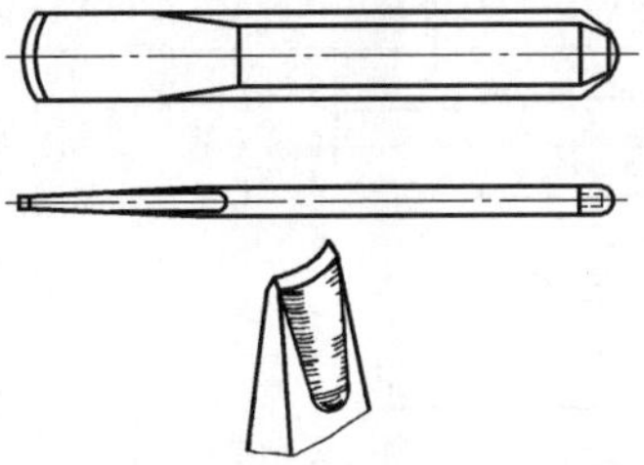	用于錾削曲线或圆孔。凸凹圆弧錾刃可根据工件加工部位尺寸确定

（续）

方式	工具		图示	说明
锉削	见表 7.3-14 和表 7.3-15			锉削加工的工具主要为锉刀，锉刀一般采用 T12 或 T12A 碳素工具钢经过轧制、锻造、退火、磨削、剁齿和淬火等工序加工而成，经表面淬火热处理后，其硬度不小于 62HRC
刮削	平面刮刀	直头刮刀	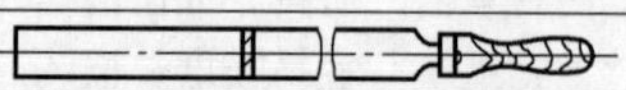	用于刮削平面和刮一般的花纹，大多采用 T12A 钢材锻制而成，有时因平面较硬，也采用焊接合金钢刀头或硬质合金刀头
		弯头刮刀（鸭嘴刮刀）	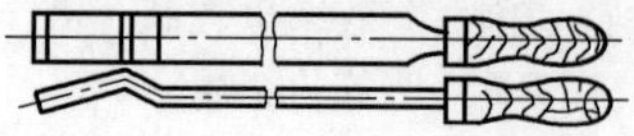	
	曲面刮刀	三角刮刀	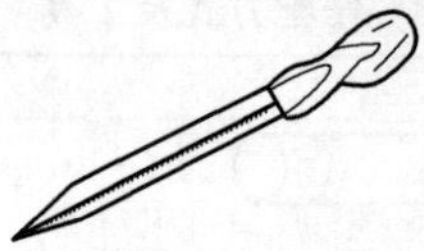	用于刮削曲面
		匙形刮刀	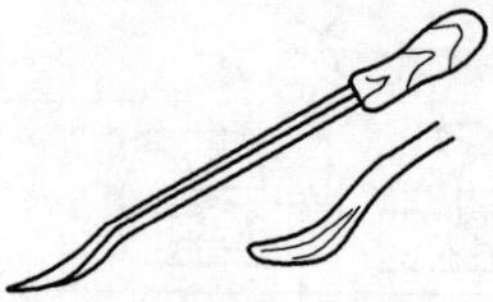	
		圆头刮刀	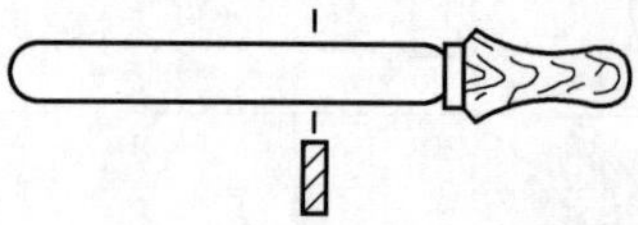	
		柳叶刮刀	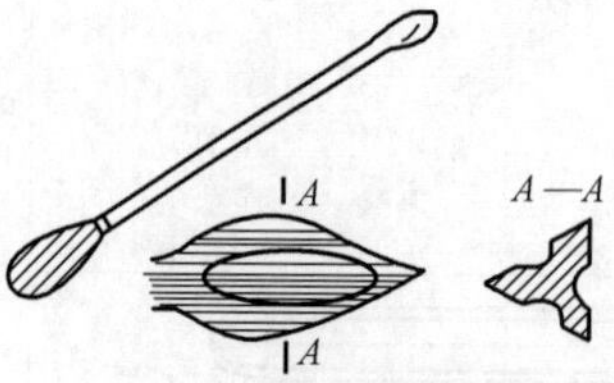	
研磨	板条形研具			板条形研具通常用来研磨量块及各种精密量具
	整体式	圆柱形研具	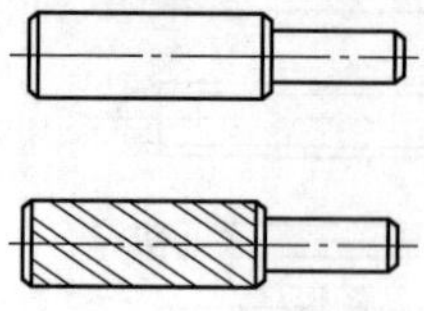	整体式研具结构简单，制造方便，但由于没有调整量，在磨损后无法补偿，故只用于单件或小批量生产。制作整体式研具时，可按研磨工件的实际加工尺寸、研具的磨损量、工件研磨的切削量，制作一组 1~3 个不同公差的研具，对工件进行研磨。小批量生产时，可适当增加孔较大公差、外圆较小公差的研具，以补充不足
		圆锥形研具	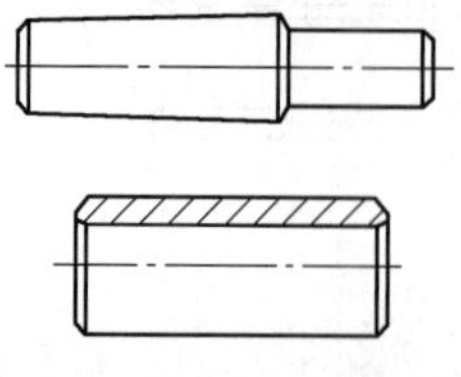	

（续）

方式	工具		图　　示	说　　明
研磨	可调式	外圆柱研具	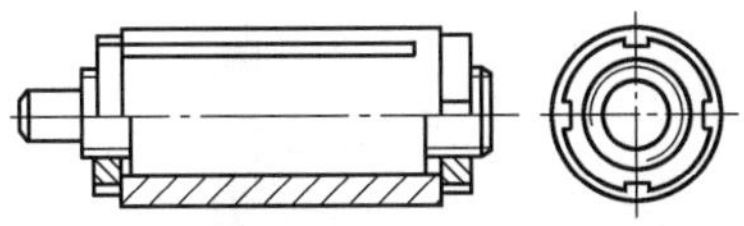	可调式研具适用于研磨成批生产的工件。由于这种研具可在一定范围内调节尺寸，因此使用寿命较长，但结构复杂，制造比较困难，成本较高，一般工厂很少使用
		内圆柱研具	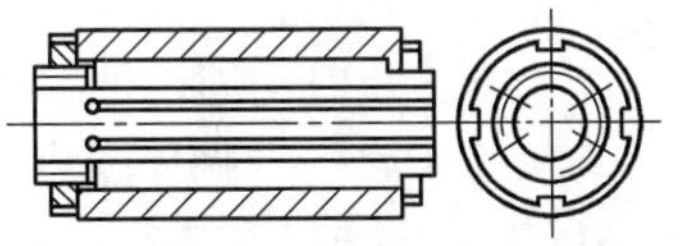	
		外圆锥研具	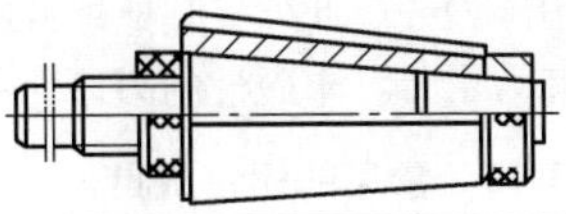	
		内圆锥研具	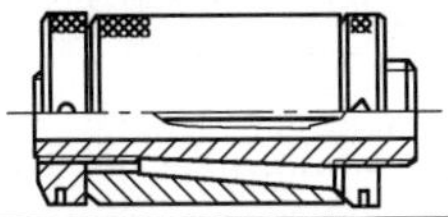	

表 7.3-14　锉刀的种类和用途

名称	形状	锉号	齿形形状	用途	截面图
大方锉	正方形、向头部逐渐缩小	1、2	四面有齿	平面粗加工	
大平锉	全长截面相等	1、2	两面或三面有齿	平面粗加工	
平头短锉	长方形、向头部逐渐缩小	3、4、5	三面有齿	平面和凸起的曲面	
方锉	正方形、向头部逐渐缩小	3、4、5	四面有齿	方形通孔、方槽	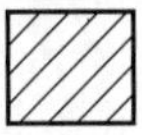
三角锉	正三角形、向头部逐渐缩小	1、2、3、4、5	三面有齿	三角形通孔、三角槽	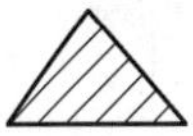
锯锉	向头部逐渐缩小	3、4、5	宽边双齿 狭边单齿	锉锯齿	
刀口锉	向头部逐渐缩小	2、3、4、5	宽边双齿 狭边单齿	楔形或燕尾形的通孔	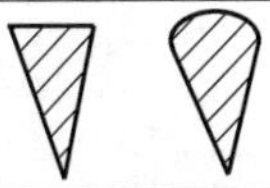
圆锉	向头部逐渐缩小	1、2、3、4、5	大锉双齿 小锉单齿	圆孔和圆槽	
半圆锉	向头部逐渐缩小	1、2、3、4、5	平面双齿 圆面单齿	平面和通孔	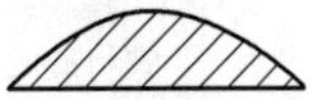
菱形锉	向头部逐渐缩小	2、3、4、5	双齿	有尖角的槽和通孔	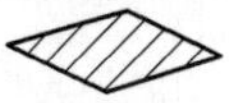
扁三角锉	向头部逐渐缩小	2、3、4、5	下面一边双齿	有尖角的槽和通孔	
橄榄锉	向头部逐渐缩小	1、2、3、4、5	全部双齿	半径较大的凹圆面	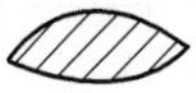
什锦锉（组锉）	向头部逐渐缩小	1、2、3、4、5	全部双齿	各种形状的通孔	各种形状
木锉	向头部逐渐缩小	1、2	锉齿大	软材料	各种形状

表 7.3-15 锉刀齿纹齿距粗细等级分类

编号	锉刀种类	齿距/mm
1	粗齿锉刀	2.3~0.83
2	中齿锉刀	0.77~0.42
3	细齿锉刀	0.33~0.25
4	油光锉刀	0.25~0.2
5	细油光锉刀	0.2~0.16

(5) 拆卸工具

螺钉旋具是常用的拆卸工具，它用于旋紧或松开头部带沟槽的螺钉。一般螺钉旋具的工作部分用碳素工具钢制成，并经淬火硬化。高质量的螺钉旋具为了使刀体强度高以及为预防损坏刀刃，工作部分是由铬-钒合金钢制成的。手柄是由木材或塑料制成的，目前大多数螺钉旋具的手柄是根据人体工学特别设计的，使工作中的手感舒适方便。常见的螺钉旋具见表 7.3-16。标准螺钉旋具由手柄 1、刀体 2 和刃口 3 组成。它以刀体部分的长度代表其规格，常用规格有 100mm、150mm、200mm、300mm、400mm 等几种，使用时应根据螺钉沟槽的宽度选用与它相适应的螺钉旋具。对于大螺钉旋具，为了能够施加更大的力，其手柄下端通常会有一个六角部分，可用于扳手操作。此外，其他螺钉旋具中还有一种螺钉旋具采用了具有永磁性的刃口，用以吸附螺钉。

表 7.3-16 常见的螺钉旋具

种类		图示	说明
标准螺钉旋具	一字螺钉旋具	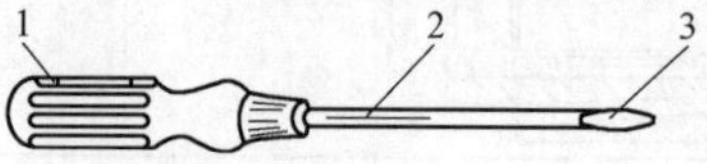 1—手柄 2—刀体 3—刃口	用于拧紧或松开头部带一字槽的螺钉。为防止刃口划出螺钉槽，刃口的前端必须是平的
	十字螺钉旋具	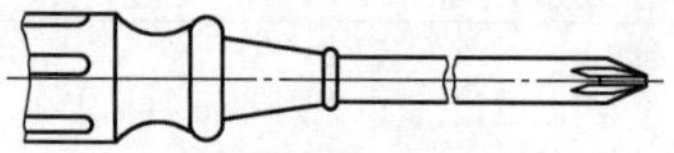	用于拧紧或松开头部带十字形槽的螺钉。由于其在旋紧或旋松时的接触面积更大，在较大的拧紧力作用下，也不易从槽中划出。同时，十字形槽螺钉使得十字螺钉旋具更容易放置，从而使操作更快
其他螺钉旋具	拳头螺钉旋具	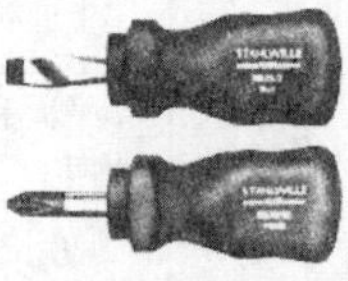	其形状粗而短，适用于螺钉头上方空间较小的场合
	直角螺钉旋具	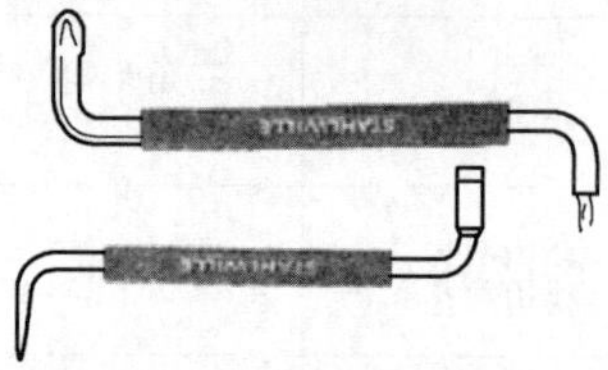	适用于螺钉上部空间更小的场合。直角螺钉旋具的两端均有刃口，十字直角螺钉旋具的两端尺寸是不相同的，而一字直角螺钉旋具两端刃口的尺寸是相同的，但它们互成 90°
	锤击螺钉旋具		其用于那些普通螺钉旋具难以松开螺钉的场合。可设定为顺转，也可设定为逆转。锤击螺钉旋具对于各种类型的螺钉有不同的可换刃口
	夹紧螺钉旋具	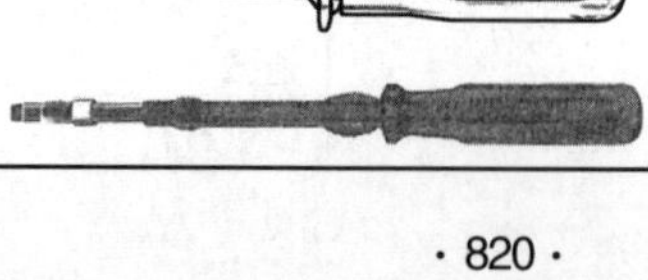	用于在那些操作性很差的地方安装螺钉。它有两种不同的类型，一种是刀体被分成两部分，通过把一个环移动到前端，刃口在槽中将螺钉夹住；另一种是有两个夹紧弹簧平行于刃口，通过向前推动环就能夹住螺钉头

2. 常见专用设备

(1) 液压铆接机

液压铆接机是利用液压产生的压力使钉杆变形并形成铆钉头的铆接设备。铆接机有固定式和移动式两种。固定式铆接机的生产率很高，但由于设备投资费用较高，故只适用于专业生产中；移动式铆接机工作灵活性好，因而应用广泛。

图 7.3-5 所示为移动式液压铆接机，由机架、液压缸、活塞、罩模和顶模等组成。工作时高压油进入液压缸，推动活塞，带动罩模向下运动，与顶模配合完成铆接工作。

移动式液压铆接机通过弹簧连接器与可移动的吊车连接。弹簧连接器起缓冲作用，这样可使铆接机移动方便，灵活性大，并可减少铆接时的振动。

(2) 手提式压铆机

压铆机可分固定式、悬挂式和手提式三类。手提式压铆机比较轻便，其钳口尺寸小，适用于组合件边缘处的铆接。图 7.3-6 所示为手提式压铆机。其固定臂 11 和活动臂 5 可以更换，以改变 H 和 M 两个尺寸来适应不同尺寸工件的铆接。压铆时前后两个气缸同时作用，压铆力可达 35kN。回程只需一个气缸工作。

3. 常用量具和仪器

(1) 通用量具

通用量具见表 7.3-17。

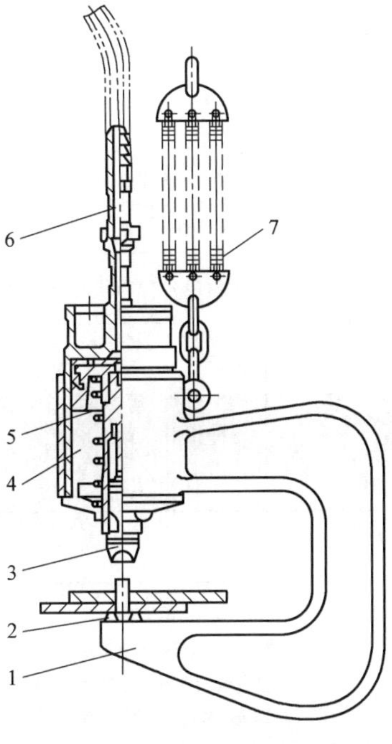

图 7.3-5　移动式液压铆接机

1—机架　2—顶模　3—罩模　4—液压缸　5—活塞　6—管接头　7—弹簧连接器

(2) 专用量具

专用量具见表 7.3-18。

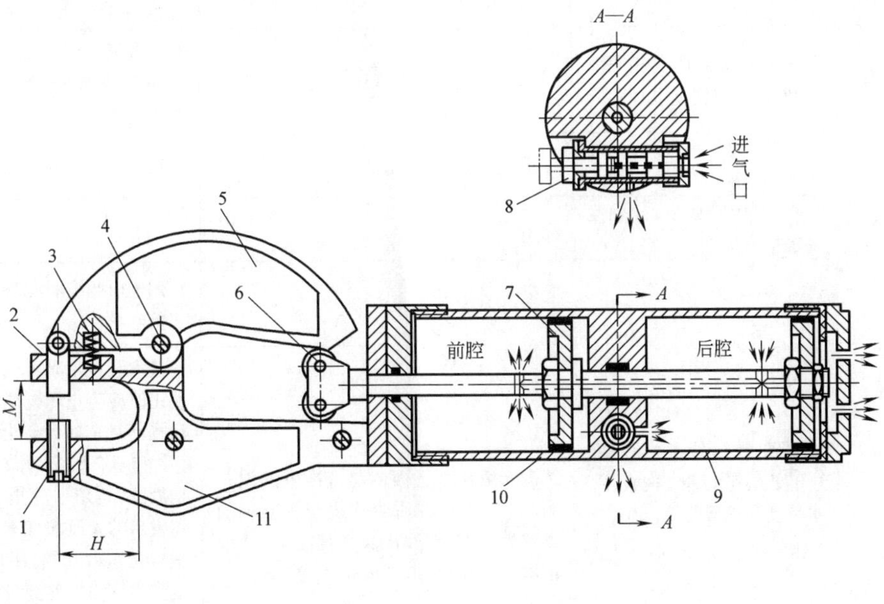

图 7.3-6　手提式压铆机

1—调节螺钉　2—上模　3—顶簧　4—轴销　5—活动臂　6—滚轮　7—活塞　8—气门　9—后气缸　10—前气缸　11—固定臂

表 7.3-17 通用量具

名称	测量项目	精 度	备 注
平尺	直线度、平面度及零部件相对位置	测量误差为 0.03~0.50mm	一般与塞尺、百分表、水平仪等配合使用
角度尺	垂直度和各种角度值	测量误差为 0.02~0.03mm，角度分度值为 2′~5′	
塞尺	间隙及其他几何误差	最薄塞尺 0.02mm	可多片组合使用
百分表（千分表）	测量各种形状和几何误差	分度值为 0.01mm（千分表分度值为 0.001mm）	配装附件后可扩大使用范围或组成专用量具
卡尺	平行度、等高度、中心距等各种相对位置	分度值有 0.02mm、0.05mm 及 0.1mm 三种，带电子仪表分度值为 0.01mm	
千分尺		分度值为 0.01mm（数字千分尺的分度值为 0.001mm）	有内、外径深度千分尺及数字千分尺

表 7.3-18 专用量具

名称	测量项目	精 度	备 注
水准仪	水平度（常用于校正机身、底座、导轨、工作台、垫箱等基准件）、平面度、垂直度	普通型：分度值为 0.02~0.15mm/m 框式：分度值为 0.02~0.15mm/m 合像式：分度值为 0.01~0.02mm/m 电子式：分辨率为 0.2″、0.5″、1″	
比较仪	精密测量各种形状和几何误差	杠杆齿轮式的分度值为 0.5~1.0μm，扭簧式的分度值为 0.1~1.0μm	使用时应避免冲击或超过标定示值，以免损坏机件
测微准直望远镜	提供基准视线，以测量直线度、同轴度、水平度、倾斜度、等高度、垂直度等	见表 7.3-19	装置中带有位移和角度分划板及照明系统
工具经纬仪		见表 7.3-20	能在水平面及垂直面内做转动测量，还配有水准器和测垂直面的五棱镜
光学直角头（器）	提供与基准视线相垂直的视线，用以测量垂直度	基准视线与垂直视线的误差为 1″~2″	有普通光学直角头、零距光学直角头、偏距光学直角头和三向光学直角头
平面扫描仪	基准面的平面度或大面积的倾斜平面	分度值为 0.02mm	可做 360°回转扫描大平面
光学平直仪	直线度、平面度、同轴度和水平度等	分度值为 1″	
准直仪与自准直仪	同轴度、直线度、倾斜度（角度）、平行度、垂直度、水平度和平面度等	分度值为 1″	用光电瞄准时测量精度可提高一倍
激光准直仪		激光束在水平面内与视准轴的误差为±（2″~4″），在垂直面内与视准轴的误差为±（4″~6″），准直精度在 10~70m 范围内为 0.05~0.20mm	最大测量距离可达 100~200m。使用时应防止环境温度变化和气流扰动对光轴稳定性的影响 图 7.3-7 所示为激光准直仪结构简图，其是一种用半导体激光器发出的光经准直透镜后出射的平行光作为基线，用四象限光电池作为探测器的测量仪器。其特点是测量结果直观地反映了被测件的形状或位置偏差，易于判断和调试

（续）

名称	测量项目	精　　度	备　　注
双频激光干涉仪	同轴度、直线度、倾斜度（角度）、平行度、垂直度、水平度和平面度等	分辨率为 0.01~0.08μm	双频激光干涉仪（图 7.3-8）是在单频激光干涉仪的基础上发展的一种外差式干涉仪。被测信号载波在一个固定频差上，整个系统成为交流系统，大大提高了抗干扰能力，特别适合现场条件下使用 可测量最大长度为 60m，最大移动速度为 330mm/s。应用双频激光干涉仪可装成三坐标测量机
拉钢丝	直线度、同轴度、等高度、垂直度、对称度等	测量误差为 0.02~0.05mm	钢丝直径应小于 0.3 mm，配以导电测量可提高精度
龙门式三坐标测量机	几何尺寸及各种几何误差	单轴精度：<1μm/m 三维空间精度：1~2μm/m	测量机的正常工作需要良好的环境，环境因素主要有温度、湿度、振动、气源质量、电源等，具体技术参数见表 7.3-21。检测工件的物理形态对测量结果有一定的影响，如工件的表面粗糙度和加工留下的铁屑、切削液、机油和灰尘等
关节臂式三坐标测量仪			便于携带、组装，避免了工件运输和装夹，应用广泛

表 7.3-19　测微准直望远镜的精度

测量距离/m	1	9	18	36
瞄准点的偏离值/mm	0.015	0.135	0.27	0.54

表 7.3-20　工具经纬仪的精度

测量距离/m	3	9	19	36
基准视线的误差/mm	0.03	0.1	0.2	0.5

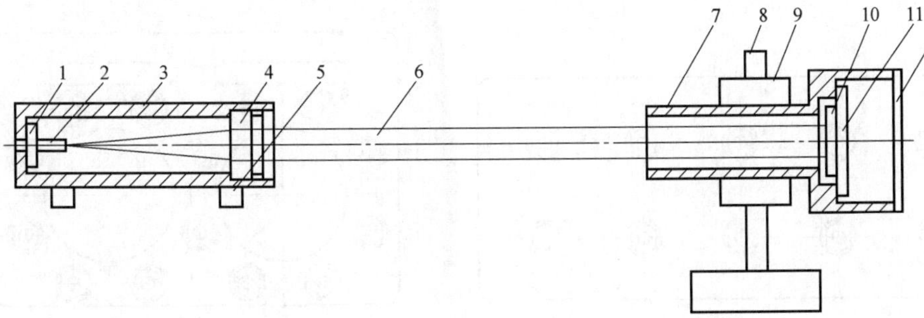

图 7.3-7　激光准直仪结构简图

1—激光器座　2—半导体激光器　3—激光器框　4—透镜组　5—调整螺钉　6—激光束　7—基座　8—支架　9—连接块　10—四象限光电池　11—基板　12—盖板

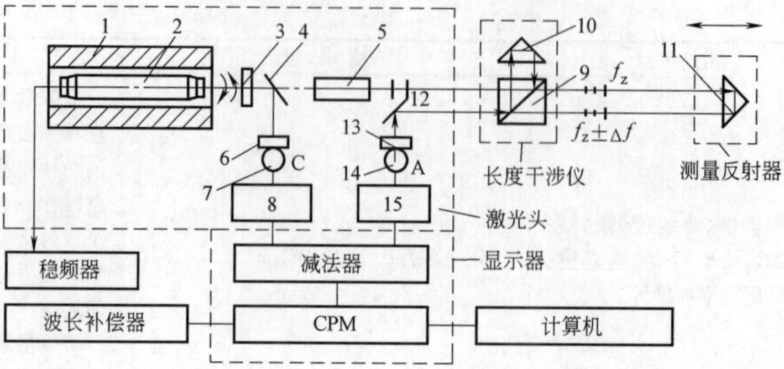

图 7.3-8 双频激光干涉仪测量系统原理

1—纵向磁场 2—单模激光器 3—λ/4 波片 4—析光镜 5—扩束器 6、13—检偏器 7、14—光电检测器 8、15—前置放大整形电路 9—偏振分光镜 10—基准反射镜 11—测量反射镜 12—反射镜

表 7.3-21 工作环境条件

温湿度	温度范围:(20±2)℃	
	温度空间梯度:≤1℃/m	
	湿度:25%~75%	
	最理想湿度:40%~60%	
振动	频率 0~6Hz	振幅<0.0076mm
	频率 6~50Hz	振幅<0.0025mm
	频率>50Hz	振幅<0.0076mm
气源质量	供气压力:0.55~0.8MPa	
	含水:<6g/m³	
	含油:<5mg/m³	
	微粒大小:<40μm	
	微粒浓度:<10mg/m³	
	气源出口温度:(20±4)℃	
电源	电压:220V±10%	
	电流:15A	
	频率:50Hz±2%,无干扰	
	独立专用的接地线:接地电阻≤4Ω(一般在测量机工作电源前加一个 UPS 电源,对强大电流有缓冲作用)	

7.3.2 螺纹连接

1. 一般螺纹连接

螺纹连接的装配要求如下:

1) 螺栓不应有歪斜或弯曲现象，螺母应与被连接件接触良好。

2) 被连接件平面要有一定的紧固力，受力均匀，连接牢固。

3) 在多点螺纹连接中，应根据被连接件形状、螺栓的分布情况，按一定顺序逐次（一般 2~3 次；有时采用顺序拧紧后再松开，然后第二次顺序拧紧）拧紧螺母，如图 7.3-9 所示。若有定位销，则拧紧要从定位销附近开始。

4) 预紧力要求不严的紧固螺纹，推荐采用表 7.3-22 所列拧紧力矩值。

5) 涂密封胶的螺塞，推荐采用表 7.3-23 所列拧紧力矩值。

螺纹连接中螺纹的防松很重要，必须依据产品的设计要求，认真做好螺纹的防松作业。

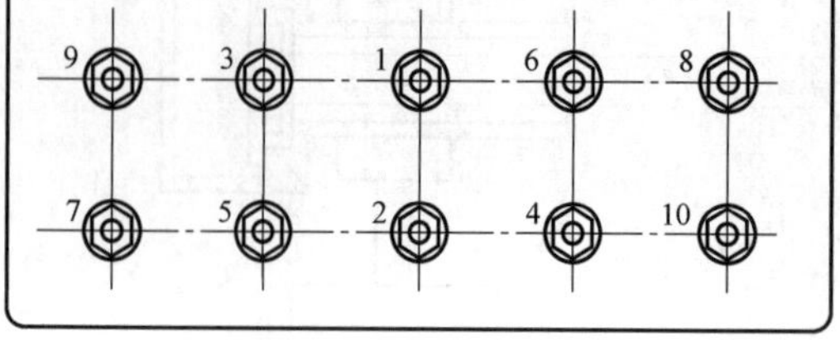

a)

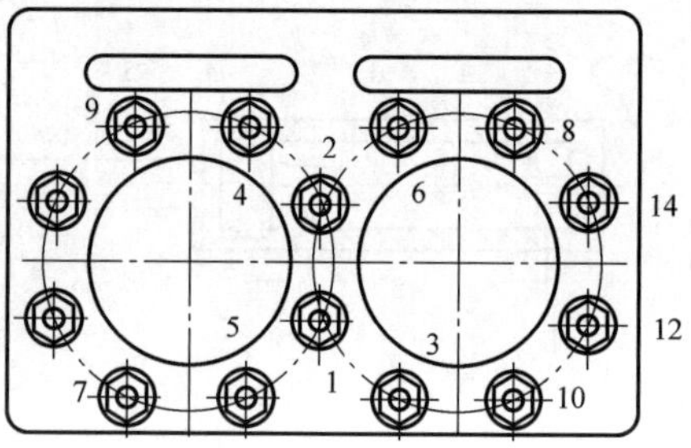

b)

图 7.3-9 螺母拧紧顺序

a) 直线双排 b) 复合形

表 7.3-22　螺母的拧紧力矩　（N·m）

螺纹公称直径 d/mm	性能等级[①]				
	4.6	5.8	8.8	10.9	12.9
4	1.2	2.0	3.2	4.5	5.4
10	19.3	32.2	51.5	72.0	86.9
20	160.0	266.0	426.0	598.0	718.0
27	398.0	664.0	1059.0	1491.0	1798.0

① 螺栓、螺钉和螺柱的力学性能等级，见 GB/T 3098.1—2010。

表 7.3-23　涂密封胶的螺塞拧紧力矩

螺纹公称直径 d/in	3/8	1/2	3/4	1
拧紧力矩/N · m	15±2	23±3	26±4	45±4

注：1in = 25.4mm。

2. 保证拧紧力的螺纹连接

螺纹连接为达到连接可靠和紧固的目的，要求螺纹牙间有一定的摩擦力矩，所以螺纹连接装配时应有一定的拧紧力矩，螺纹牙间产生足够的预紧力。

（1）拧紧力矩的确定

在旋紧螺母时总要克服摩擦力，一类是螺母的内螺纹和螺栓的外螺纹螺纹牙之间的摩擦力 F_G；另一类是螺母与垫圈、垫圈与零件以及零件与螺栓头的接触表面之间的摩擦力 F_K。因此，拧紧力矩 M 决定于其摩擦因数 f_G 和 f_K 的大小，其值可通过表 7.3-24 和表 7.3-25 确定。然后从表 7.3-26 中可查到装配时预紧力和拧紧力矩的大小。在摩擦因数的两个表中考虑了材料的种类、表面处理状况、螺纹制造方法以及润滑情况等各种因素。

【例 7-7】 某一连接使用 M20 镀锌（Zn6）钢制螺栓，性能等级是 8.8，此螺栓经润滑油润滑，且用镀锌螺母旋紧。被连接材料是表面经铣削加工的铸钢。请查表确定其预紧力及拧紧力矩。

解： 首先，根据表 7.3-24 可查出 f_G 的值介于 0.10 和 0.18 之间，由于优先选用粗体字的值，因此 f_G 的值为 0.10。用同样的方法根据表 7.3-25 可确定 f_K 的值，其值也是 0.10。

然后，根据螺栓公称直径、性能等级以及已经确定的摩擦因数 f_G 和 f_K，从表 7.3-26 中可查到：预紧力 F_M = 126000N，拧紧力矩 M_A = 350N · m。

表 7.3-24　摩擦因数 f_G

条件				钢制外螺纹（螺栓）								
				滚压			切削	切削或滚压				
				干燥	加油	加 MoS_2	加油	干燥	加油	干燥	加油	干燥
				发黑或用磷酸处理				镀锌（Zn6）		镀镉（Cd6）		黏结处理
钢制内螺纹	切削	干燥	光亮	0.12~0.18	**0.10**~0.16	0.08~0.12	0.10~0.16	—	0.10~0.18	—	0.08~0.14	0.16~0.25
			镀锌	0.10~**0.16**	—	—	—	0.12~**0.20**	**0.10**~0.18	—	—	**0.14**~0.25
			镀镉	0.08~**0.14**	—	—	—	—	—	**0.12**~0.16	**0.12**~0.14	—
铸铁内螺纹			光亮	—	**0.10**~0.18	—	**0.10**~0.18	—	**0.10**~0.16	—	**0.08**~0.16	—
铝镁合金内螺纹			光亮	—	**0.08**~0.20	—	—	—	—	—	—	—

表 7.3-25　摩擦因数 f_K

条件				钢制螺栓头									
				滚压			车削		磨削	滚压			
				干燥	加油	加 MoS_2	加油	加 MoS_2	加油	干燥	加油	干燥	加油
				发黑或用磷酸处理						镀锌（Zn6）		镀镉（Cd6）	
钢制被连接件	磨削	干燥	光亮	—	**0.16**~0.22	—	**0.10**~0.18	—	**0.16**~0.22	0.10~**0.18**	—	0.08~**0.16**	—
	金属切削		光亮	0.12~0.18	0.10~0.18	0.08~0.12	0.10~0.18	0.08~0.12	—	0.10~0.18		0.08~0.16	0.08~0.14
			镀锌	**0.10**~0.16		—	**0.10**~0.16	—	**0.10**~0.18	0.16~0.20	**0.10**~0.18	—	—
			镀镉	0.10~0.16						—	—	0.12~**0.20**	**0.12**~0.14
铸铁被连接件	磨削		光亮	—	**0.10**~0.18	—	—	—	0.10~0.18			0.08~**0.16**	—
	金属切削			—	0.14~0.20	—	**0.10**~0.18	—	**0.14**~0.22	0.10~**0.18**	**0.10**~0.16	0.08~0.16	—
铝镁合金被连接件				—	0.08~0.20				—	—	—	—	—

表 7.3-26　装配时预紧力和拧紧力矩的确定

螺纹公称直径	性能等级	预紧力 F_M/N							拧紧力矩 M_A/N·m						
		f_G							f_K						
		0.08	0.10	0.12	0.14	0.16	0.20	0.24	0.08	0.10	0.12	0.14	0.16	0.20	0.24
M4	8.8	4400	4200	4050	3900	3700	3400	3150	2.2	2.5	2.8	3.1	3.3	3.7	4.0
	10.9	6400	6200	6000	5700	5500	5000	4600	3.2	3.7	4.1	4.5	4.9	5.4	5.9
	12.9	7500	7300	7000	6700	6400	5900	5400	3.8	4.3	4.8	5.3	5.7	6.4	6.9
M5	8.8	7200	6900	6600	6400	6100	5600	5100	4.3	4.9	5.5	6.1	6.5	7.3	7.9
	10.9	10500	10100	9700	9300	9000	8200	7500	6.3	7.3	8.1	8.9	9.6	10.7	11.6
	12.9	12300	11900	11400	10900	10500	9600	8800	7.4	8.5	9.5	10.4	11.2	12.5	13.5
M6	8.8	10100	9700	9400	9000	8600	7900	7200	7.4	8.5	9.5	10.4	11.2	12.5	13.5
	10.9	14900	14300	13700	13200	12600	11600	10600	10.9	12.5	14.0	15.5	16.5	18.5	20.0
	12.9	17400	16700	16100	15400	14800	13500	12400	12.5	14.5	16.5	18.0	19.5	21.5	23.5
M7	8.8	14800	14200	13700	13100	12600	11600	10600	12.0	14.0	15.5	17.0	18.5	21.0	22.5
	10.9	21700	20900	20100	19300	18500	17000	15600	17.5	20.5	23.0	25	27	31	33
	12.9	25500	24500	23500	22600	21700	19900	18300	20.5	24.0	27	30	32	36	39
M8	8.8	18500	17900	17200	16500	15800	14500	13300	18	20.5	23	25	27	31	33
	10.9	27000	26000	25000	24200	23200	21300	19500	26	30	34	37	40	45	49
	12.9	32000	30500	29500	28500	27000	24900	22800	31	35	40	43	47	53	57
M10	8.8	29500	28500	27500	26000	25000	23100	21200	36	41	46	51	55	62	67
	10.9	43500	42000	40000	38500	37000	34000	31000	52	60	68	75	80	90	98
	12.9	50000	49000	47000	45000	43000	40000	36500	61	71	79	87	94	106	115
M12	8.8	43000	41500	40000	38500	36500	33500	31000	61	71	79	87	94	106	115
	10.9	63000	61000	59000	56000	54000	49500	45500	90	104	117	130	140	155	170
	12.9	74000	71000	69000	66000	63000	58000	53000	105	121	135	150	160	180	195
M14	8.8	59000	57000	55000	53000	50000	46500	42500	97	113	125	140	150	170	185
	10.9	87000	84000	80000	77000	74000	68000	62000	145	165	185	205	220	250	270
	12.9	101000	98000	94000	90000	87000	80000	73000	165	195	215	240	260	290	320
M16	8.8	81000	78000	75000	72000	70000	64000	59000	145	170	195	215	230	260	280
	10.9	119000	115000	111000	106000	102000	94000	86000	215	250	280	310	340	380	420
	12.9	139000	134000	130000	124000	119000	110000	101000	250	300	330	370	400	450	490
M18	8.8	102000	98000	94000	91000	87000	80000	73000	210	245	280	300	330	370	400
	10.9	145000	140000	135000	129000	124000	114000	104000	300	350	390	430	470	530	570
	12.9	170000	164000	157000	151000	145000	133000	122000	350	410	460	510	550	620	670
M20	8.8	131000	126000	121000	117000	112000	103000	95000	300	350	390	430	470	530	570
	10.9	186000	180000	173000	166000	159000	147000	135000	420	490	560	620	670	750	820
	12.9	218000	210000	202000	194000	187000	171000	158000	500	580	650	720	780	880	960
M22	8.8	163000	157000	152000	146000	140000	129000	118000	400	470	530	580	630	710	780
	10.9	232000	224000	216000	208000	200000	183000	169000	570	670	750	830	900	1020	1110
	12.9	270000	260000	250000	243000	233000	215000	197000	670	780	880	970	1050	1190	1300
M24	8.8	188000	182000	175000	168000	161000	148000	136000	510	600	670	740	800	910	990
	10.9	270000	260000	249000	239000	230000	211000	194000	730	850	960	1060	1140	1300	1400
	12.9	315000	305000	290000	280000	270000	247000	227000	850	1000	1120	1240	1350	1500	1650
M27	8.8	247000	239000	230000	221000	213000	196000	180000	750	880	1000	1100	1200	1350	1450
	10.9	350000	340000	330000	315000	305000	280000	255000	1070	1250	1400	1550	1700	1900	2100
	12.9	410000	400000	385000	370000	355000	325000	300000	1250	1450	1650	1850	2000	2250	2450
M30	8.8	300000	290000	280000	270000	260000	237000	218000	1000	1190	1350	1500	1600	1800	2000
	10.9	430000	415000	400000	385000	370000	340000	310000	1450	1700	1900	2100	2300	2600	2800
	12.9	500000	485000	465000	450000	430000	395000	365000	1700	2000	2250	2500	2700	3000	3300
M33	8.8	375000	360000	350000	335000	320000	295000	275000	1400	1600	1850	2000	2200	2500	2700
	10.9	530000	520000	495000	480000	460000	420000	390000	1950	2300	2600	2800	3100	3500	3900
	12.9	620000	600000	580000	560000	540000	495000	455000	2300	2700	3000	3400	3700	4100	4500

（续）

螺纹公称直径	性能等级	预紧力 F_M/N							拧紧力矩 M_A/N·m						
		f_G							f_K						
		0.08	0.10	0.12	0.14	0.16	0.20	0.24	0.08	0.10	0.12	0.14	0.16	0.20	0.24
M36	8.8	440000	425000	410000	395000	380000	350000	320000	1750	2100	2350	2600	2800	3200	3500
	10.9	630000	600000	580000	560000	540000	495000	455000	2500	3000	3300	3700	4000	4500	4900
	12.9	730000	710000	680000	660000	630000	580000	530000	3000	3500	3900	4300	4700	5300	5800
M39	8.8	530000	510000	490000	475000	455000	420000	385000	2300	2700	3000	3400	3700	4100	4500
	10.9	750000	730000	700000	670000	650000	600000	550000	3300	3800	4300	4800	5200	5900	6400
	12.9	880000	850000	820000	790000	760000	700000	640000	3800	4500	5100	5600	6100	6900	7500

注：1. 确定螺栓装配预紧力 F_M 和拧紧力矩 M_A（设 f_G、f_K=0.10）时，一般设定螺杆是全螺纹的，且是粗牙普通螺纹六角头螺栓或内六角圆柱头螺钉。

2. 螺栓或螺钉的性能等级由两个数字组成，数字之间有一个点。该数值反映了螺栓或螺钉的抗拉强度和屈服强度。抗拉强度=点左边的数字×100MPa；屈服强度=点左边的数字×点右边的数字×10MPa。

（2）拧紧力矩的控制

拧紧力矩或预紧力的大小是根据要求确定的。一般紧固螺纹连接无预紧力要求，采用普通扳手、风动或电动扳手拧紧。规定预紧力的螺纹连接，常用控制扭矩法、控制螺母扭角法、控制螺栓伸长法和扭断螺母法来保证准确的预紧力，以上四种控制预紧力的方法仅适用于中、小型螺栓；对于大型螺栓，可用加热拉伸法，见表 7.3-27。

表 7.3-27　拧紧力矩的控制方法

方法	工具		说明
控制扭矩法	测力扳手	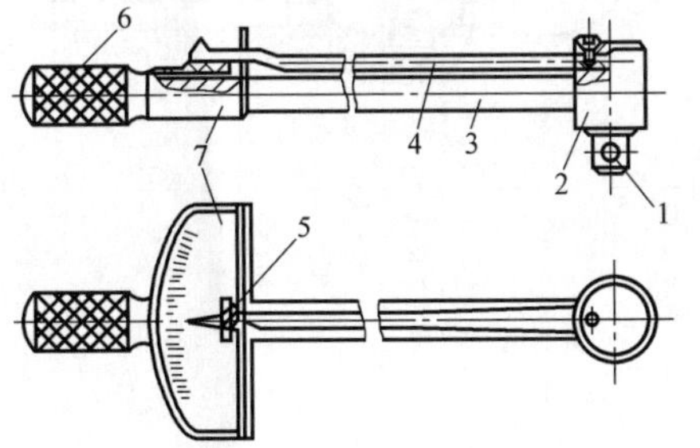 1—钢球　2—柱体　3—弹性扳手柄　4—长指针 5—指针尖　6—手柄　7—刻度盘	它有一个长的弹性扳手柄 3，一端装有手柄 6，另一端装有带方头的柱体 2。方头上套装一个可更换的梅花套筒，可用于拧紧螺钉或螺母。柱体 2 上还装有一个长指针 4，刻度盘 7 固定在柄座上。工作时，由于扳手柄和刻度盘一起向旋转的方向弯曲，因此指针就可在刻度盘上指出拧紧力矩的大小
	定扭矩扳手	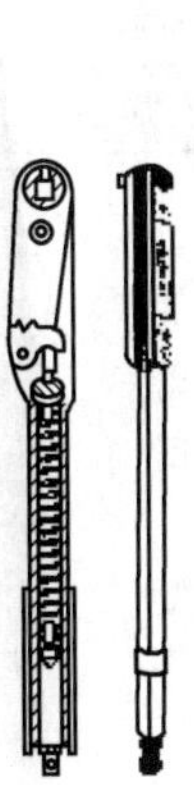	定扭矩扳手需要事先对扭矩进行设置。通过旋转扳手手柄轴尾端上的销子可以设定所需的扭矩值，且通过手柄上的刻度可以读出扭矩值。扳手的另一端装有带方头的柱体，可以安装套筒。在拧紧时，当扭矩达到设定值时，操作人员会听到扳手发出响声且有所感觉，从而停止操作。这种扳手的优点是预先可以设定拧紧力矩，且在操作过程中不需要操作人员去读数，但操作完毕后，应将定扭矩扳手的扭矩设为零

（续）

<table>
<tr><th>方法</th><th colspan="2">工　具</th><th>说　明</th></tr>
<tr><td>控制螺母
扭角法</td><td>定扭角
扳手</td><td></td><td>使用定扭角扳手时，通过控制螺母拧紧时应转过的角度来控制预紧力。在操作时，先用定扭角扳手对螺母施加一定的预紧力矩，使夹紧零件紧密地接触，然后在角度刻度盘上将角度设定为零，再将螺母扭转一定角度来控制预紧力。使用这种扳手时，螺母和螺栓之间的摩擦力已经不会对操作产生影响。这种扳手主要用于汽车制造以及钢制结构中预紧螺栓的应用</td></tr>
<tr><td>控制螺栓
伸长法</td><td>液力拉
伸器</td><td>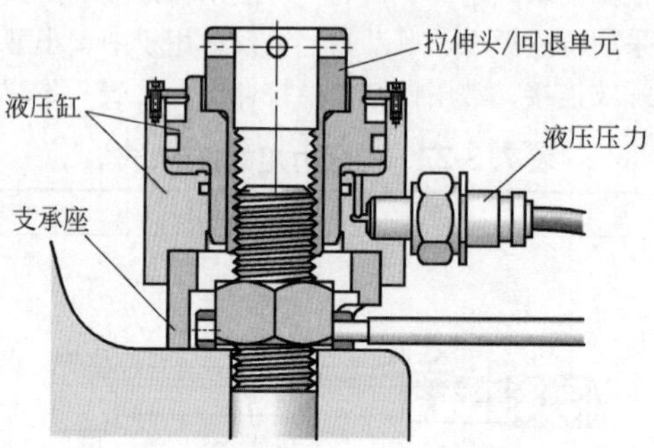
</td><td>用液力拉伸器使螺栓达到规定的伸长量以控制预紧力，螺栓不承受附加力矩，误差较小</td></tr>
<tr><td>扭断螺母法</td><td colspan="2">—</td><td>在螺母上切一定深度的环形槽，将扳手套在环形槽上部，以螺母环形槽处扭断来控制预紧力。这种方法误差较小，操作方便。但螺母本身的制造和修理、重装不太方便</td></tr>
<tr><td rowspan="4">加热
拉伸法</td><td>火焰加热</td><td>用喷灯或氧乙炔加热器加热，操作方便</td><td rowspan="4">用加热法（加热温度一般小于400℃）使螺栓伸长，然后采用一定厚度的垫圈（常为对开式）或螺母扭紧弧长来控制螺栓的伸长量，从而控制预紧力。这种方法误差较小</td></tr>
<tr><td>电阻加热</td><td>将电阻加热器放在螺栓轴向深孔或通孔中，加热螺栓的光杆部分，常采用低电压（< 45V）、大电流（>300A）</td></tr>
<tr><td>电感加热</td><td>将导线绕在螺栓光杆部分进行加热</td></tr>
<tr><td>蒸汽加热</td><td>将蒸汽通入螺栓轴向通孔中进行加热</td></tr>
</table>

3. 保证防松的螺纹连接

螺纹连接一般都具有自锁性，在静载荷下不会自行松脱。但在冲击、振动或交变载荷作用下，会使螺纹牙之间的正压力突然减小，以致摩擦力矩减小，螺母回转，使螺纹连接松动。

螺纹连接应有可靠的防松装置，以防止摩擦力矩减小和螺母回转。常用螺纹防松装置主要有以下几类。

（1）利用附加摩擦力防松

利用附加摩擦力防松主要通过锁紧螺母（双螺母）、弹簧垫圈、自锁螺母、扣紧螺母和 DUBO 弹性垫圈，见表 7.3-28。

（2）利用零件变形防松

此类防松零件是一种既安全又廉价的防松元件。在装配过程中，防松零件通过变形来阻止螺母的回松。通常在螺母下和螺栓头下安装止动垫片。止动垫片通常用钢或黄铜制成，由于变形（弯曲）的原因，只可使用一次。表 7.3-29 所列为利用零件变形的防松装置。

（3）其他防松形式

其他防松形式包括开口销与带槽螺母、穿联钢丝锁链和利用胶黏剂，见表 7.3-30。

表 7.3-28　利用附加摩擦力防松装置

<table>
<tr><th colspan="3">防松装置</th><th>图　　示</th><th>说　　明</th></tr>
<tr><td colspan="3">锁紧螺母
（双螺母）</td><td>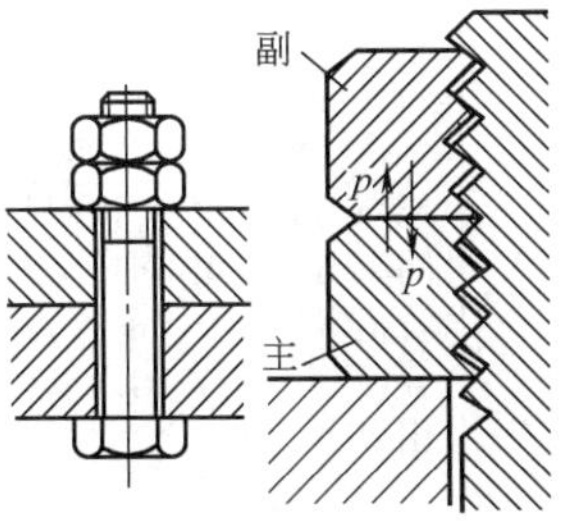</td><td>这种装置使用了主、副两个螺母。先将主螺母拧紧至预定位置，然后拧紧副螺母。当拧紧副螺母后，在主、副螺母之间这段螺杆因受拉伸长，使主、副螺母分别与螺杆牙形的两个侧面接触，都产生正压力和摩擦力。当螺杆再受某个方向突变载荷时，就能始终保持足够的摩擦力，因而起到防松作用
这种防松装置由于要用两只螺母，增加了结构尺寸和重量，一般用于低速重载或载荷较平稳的场合</td></tr>
<tr><td rowspan="7">弹簧垫圈</td><td colspan="2">普通弹簧垫圈</td><td>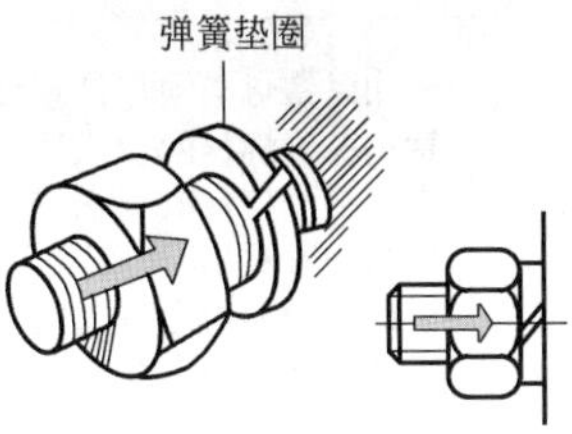</td><td>这种垫圈是用弹性较好的材料 65Mn 制成的，开有 70°～80°的斜口并在斜口处有上下拨开间距。把弹簧垫圈放在螺母下，当拧紧螺母时，垫圈受压，产生弹力，顶着螺母。从而在螺纹副的接触面间产生附加摩擦力，以防止螺母松动。同时斜口的楔角分别抵住螺母和支承面，也有助于防止回松
这种防松装置容易刮伤螺母和被连接件表面，同时由于弹力分布不均，螺母容易偏斜。它构造简单，防松可靠，一般应用在不经常装拆的场合</td></tr>
<tr><td colspan="2">球面弹簧垫圈</td><td>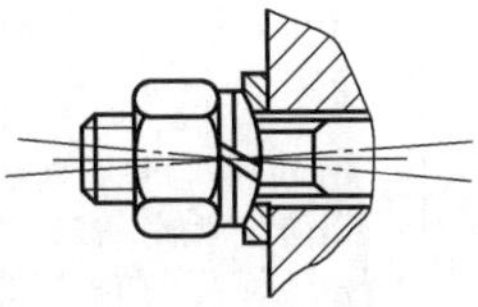</td><td>球面弹簧垫圈应用于螺栓需要调节的场合。此调节量最大可达 3°</td></tr>
<tr><td rowspan="2">鞍形和波形弹簧垫圈</td><td>鞍形</td><td>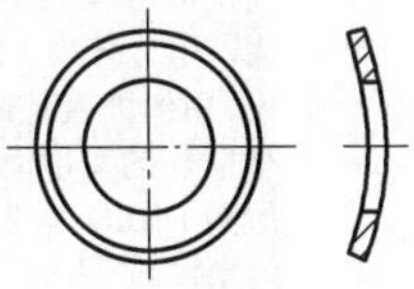</td><td rowspan="2">鞍形和波形的弹簧垫圈可制作成开式和闭式两种。使用开式或闭式的波形弹簧垫圈时，由于其接触面不在斜口处，因而不会损坏零件的接触表面。闭式的鞍形和波形弹簧垫圈主要用于汽车车身的装配，适宜于中等载荷。由于汽车车身表面比较光滑，所以此处的防松完全依靠弹力和摩擦力</td></tr>
<tr><td>波形</td><td>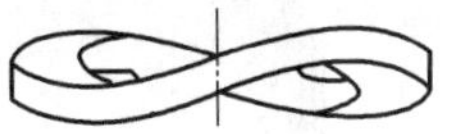</td></tr>
<tr><td colspan="2">杯形弹簧垫圈</td><td>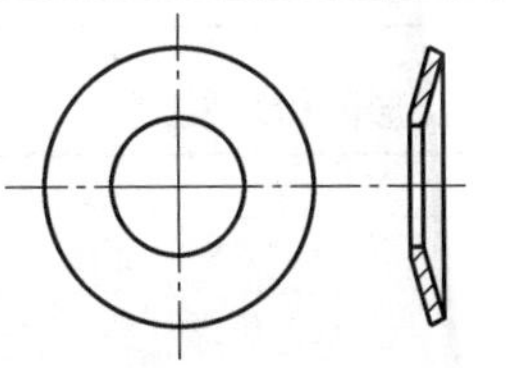</td><td>形式和鞍形弹簧垫圈一样，只不过其弹性更大而已</td></tr>
<tr><td rowspan="2">有齿弹簧垫圈</td><td>内齿</td><td>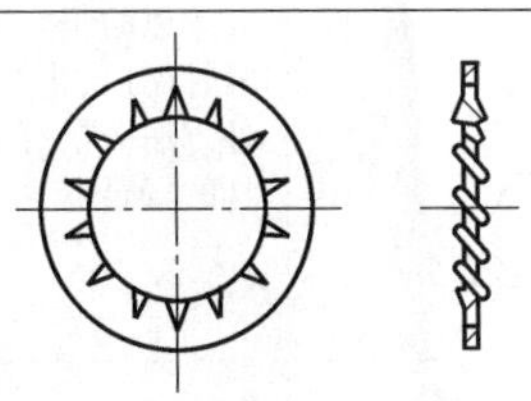</td><td rowspan="2">此类型弹簧垫圈可分为开式外齿垫圈和开式内齿垫圈，以及闭式外齿垫圈和闭式内齿垫圈。有齿弹簧垫圈所产生的弹力可满足诸如电气等轻型结构的紧固需要。它的缺点是在旋紧过程中，易使接触面变得十分粗糙</td></tr>
<tr><td>外齿</td><td>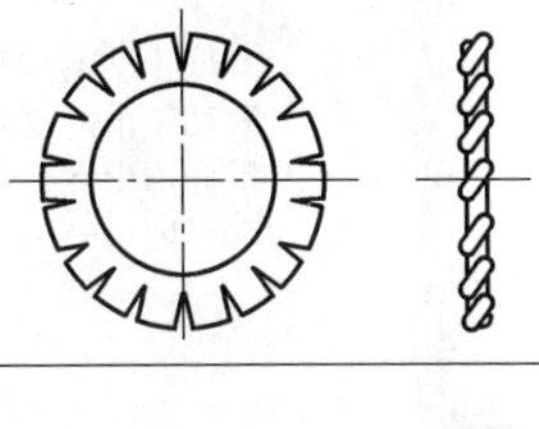</td></tr>
</table>

（续）

防松装置	图示		说明
自锁螺母	拧紧前	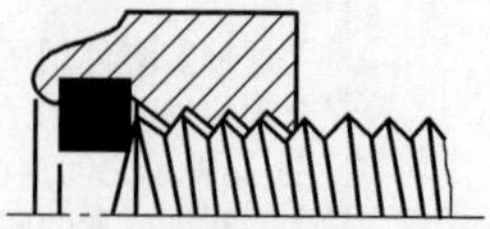	自锁螺母将一个弹性尼龙圈或纤维圈压入螺母缩颈尾部内的沟槽内，该圈的内径约在螺纹小径与中径之间。当旋紧螺母时，此圈将变形并紧紧包住螺杆，从而防止螺母松开。此外，此圈还可保护螺母内的螺纹部分，防止螺母内的螺纹腐蚀。这种自锁螺母可重复使用多次
	拧紧后	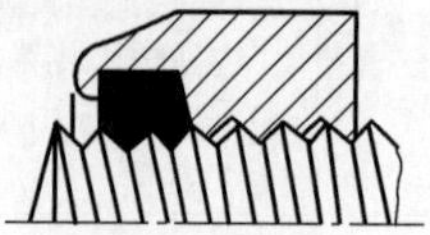	
扣紧螺母	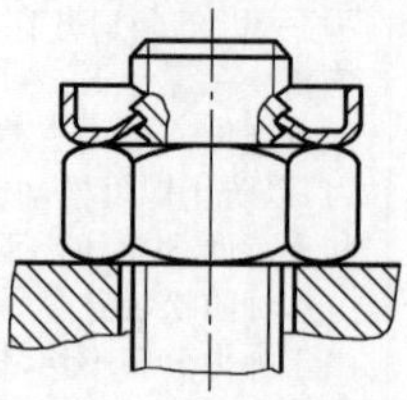		扣紧螺母必须与普通六角螺母或螺栓配合使用。弹簧钢扣紧螺母的齿需适应螺纹的螺距。在拧紧时，其齿会弹性地压在螺栓齿的一侧，从而防止螺母回松。旋松扣紧螺母时，首先必须将六角螺母旋紧，从而使扣紧螺母的齿与螺栓之间的压力减小，利于其旋松。扣紧螺母上一般有6个或9个齿
DUBO 弹性垫圈	拧紧前	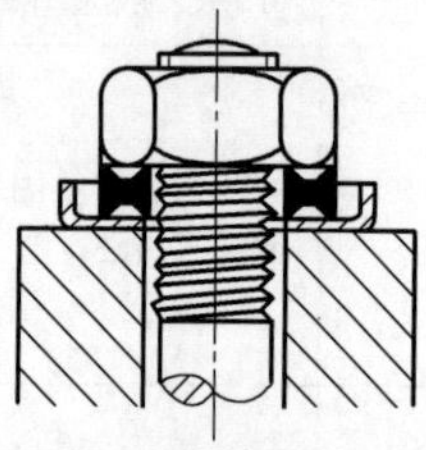	DUBO 弹性垫圈具有双重作用，既可以防止回松，也可以防止泄漏。被锁紧的螺母不可过度旋紧，且要求缓慢地旋紧。防松用的弹性垫圈可经多次使用。当用高性能等级的钢制螺栓时，应使用钢质杯形弹性垫圈（无齿或有齿）。有齿杯形弹性垫圈有三种功能：首先，用作弹簧垫圈；其次，使紧固后的 DUBO 弹性垫圈有良好的变形而包围在螺母外表面；最后，使紧固后变形的 DUBO 弹性垫圈有一部分挤入被连接件和螺栓间的空隙内
	拧紧后	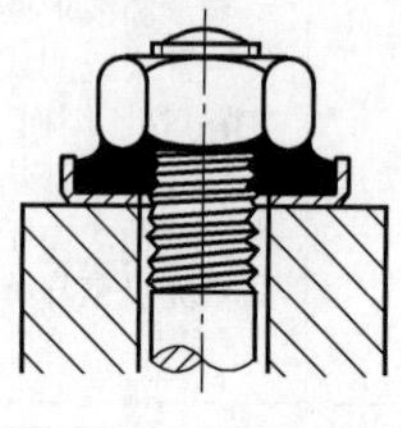	

表 7.3-29　利用零件变形防松装置

防松装置	图示	说明
带耳止动垫片	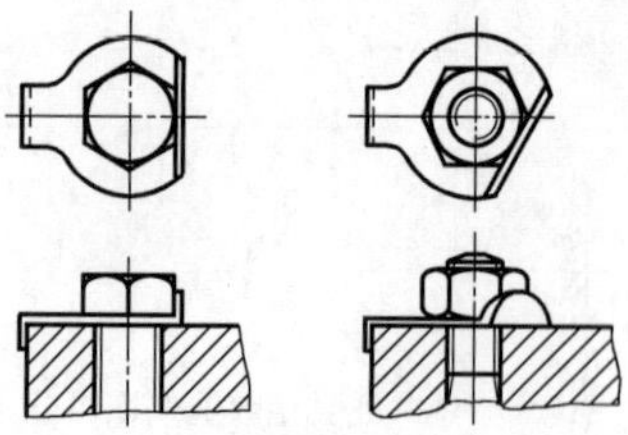	用以防止六角螺母回松的几个应用实例。当拧紧螺母后，将垫片的耳边弯折，并与螺母贴紧。这种方法防松可靠，但只能用于连接部分可容纳弯耳的场合
圆螺母止动垫片	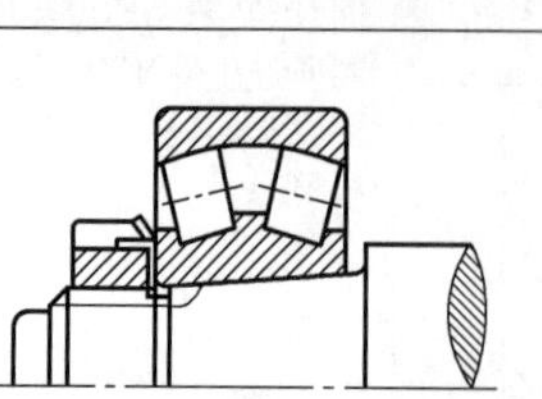	该止动垫片常与带槽圆螺母配合使用，常用于滚动轴承的固定。装配时，先把垫片的内翅插入螺杆槽中，然后拧紧螺母，再把外翅弯入螺母的外缺口内

（续）

防松装置	图　　示	说　　明
外舌止动垫片	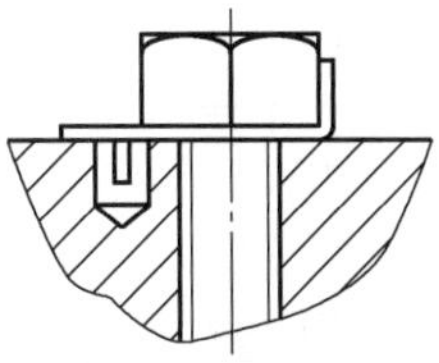	该止动垫片常安装于螺母或螺栓头部下面
多折止动垫片	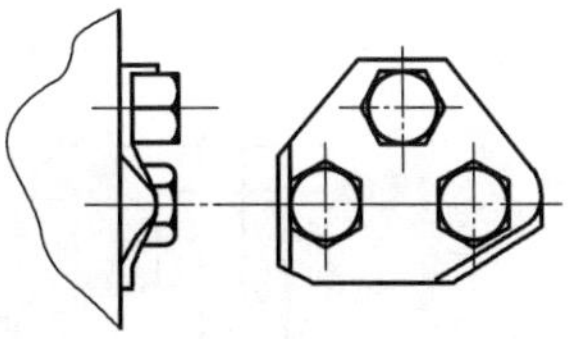	多折止动垫片的应用及功能与带耳止动垫片相似。但由于各孔间的孔距不同,故其需按尺寸进行定制

表 7.3-30　其他防松形式

防松形式	图　　示	说　　明
开口销与带槽螺母	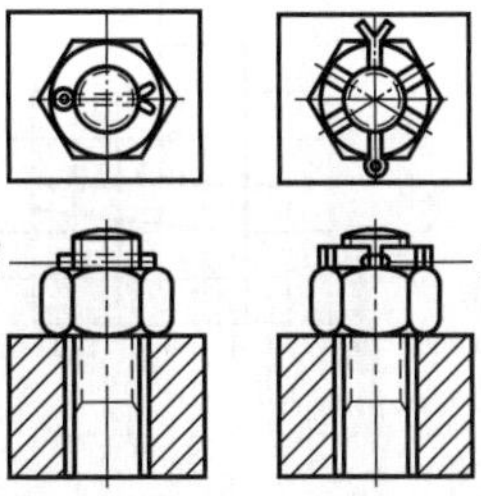	采用这种形式时,必须在螺栓的螺杆上钻出一个小孔,使开口销能穿过螺杆,并用开口销把带槽螺母直接锁在螺栓上,从而防止螺母松开。为了能调整轴承的间隙,连接螺纹应采用细牙螺纹。操作时必须小心谨慎,因为这样的连接如果松开,其后果将会十分严重。此防松形式虽然防松可靠,但螺杆上销孔位置不易与螺母最佳锁紧位置的槽口吻合,多用于变载或振动的场合,如汽车轮毂的防松
穿联钢丝锁链	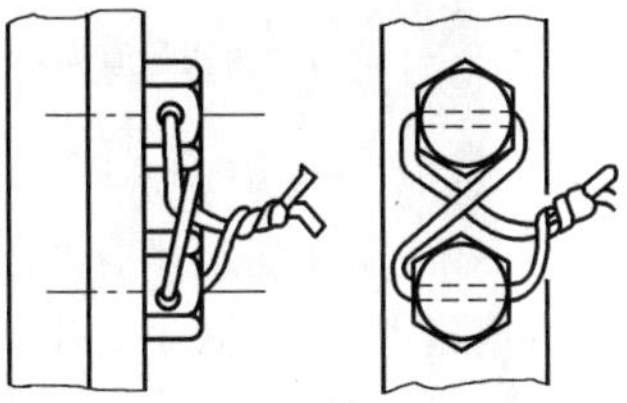	用钢丝连接穿过一组螺钉头部的径向小孔(或螺母和螺栓的径向小孔),以钢丝的牵制作用来防止回松。它适用于布置较紧凑的成组螺纹连接。装配时应注意钢丝的穿丝方向,以防止螺钉或螺母仍有回松的余地
利用胶黏剂	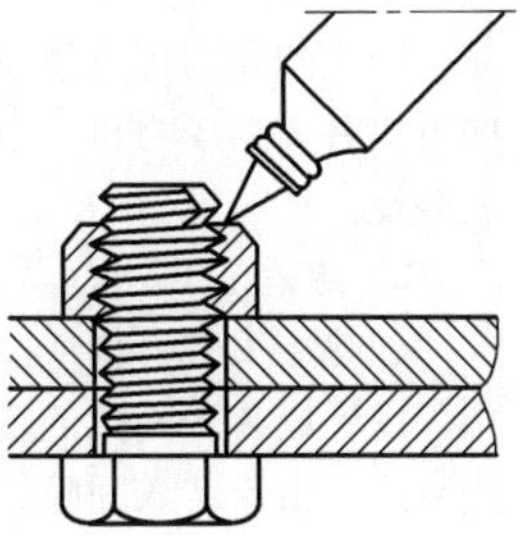	正常情况下,螺栓和螺母的螺纹之间存在间隙,因此可以将胶黏剂注入此间隙内进行防松,但并非所有的胶黏剂都可用于螺纹间的防松,常用的是厌氧性的胶黏剂。这种胶黏剂通常由树脂与固化剂组成的稀薄混合形式供应,只要氧气存在,固化剂就不起作用;而在无空气场合下即发生固化。因此,只要此液体胶注入窄的间隙中,不再和空气接触,即可发生固化作用。这种防松粘接牢固,粘接后不易拆卸,适用于各种机械修理场合,效果良好 在装配过程中,也常将此类胶黏剂涂于装配的零件上。现今,越来越多的螺栓和螺母在供应前已事先涂上干态涂层作为防松措施。这种干态涂层内含有一种微囊体,它在装配时易于破裂,从而释放一种活性物质流入螺纹间,填满间隙,并使固化过程开始,既起到防松又起到密封的作用

7.3.3 过盈连接

1. 过盈连接装配的要点

过盈连接一般属于机械零件之间不可拆卸的固定连接。过盈连接装配的方法有压入法、温差法，以及具有可拆性的液压套装法等。在装配过程中，包容件与被包容件的配合面均要清洁，它们之间的相对位置要准确，实际过盈量必须符合要求。

过盈连接装配通过包容件（孔）和被包容件（轴）配合后的过盈量来达到紧固连接的目的，是机械设备装配中常见的装配形式。采用过盈连接装配后，由于材料的弹性变形，在包容件和被包容件配合面间产生压力。工作时，依靠此压力产生的摩擦力传递转矩、轴向力或两者均有的复杂载荷。这种连接的结构简单，对中性好，承载能力强，能承受交变载荷和冲击力，还可避免由于加工键槽等原因而削弱零件强度，但过盈连接的配合面加工精度要求较高。

过盈连接装配具有以下要点：

1）过盈连接装配的配合表面，应具有足够好的表面质量，并要十分注意配合面的清洁处理。零件经加热或冷却后，配合面要擦拭干净。

2）在压合前，配合面必须用机油润滑，以免装配时擦伤表面。

3）对于细长的薄壁件，要特别注意其过盈量和形状偏差，装配时最好垂直压入，以防变形和倾斜。

2. 压入法

压入法装配利用人工锤击或压力机等将被包容件装入包容件。人工锤击装入的质量不易保证，一般用于过盈量较小，并由销或键承载的轴和轮的连接。压力机压装的导向好，效率高。压入法装配常会引起连接件的配合面变形，以致损伤，所以连接的承载能力比温差法低。

（1）压入法装配压力的计算

压入法装配压力 F(kN) 一般按经验公式计算：

$$F=9.8aYL$$

式中 Y——两配合零件测得的实际过盈量（mm）；

L——配合面轴向长度（mm）；

a——经验系数，见表 7.3-31。

（2）压力法装配工艺特点

1）配合面必须清洁，并涂润滑油。

2）压入时，须保证两配合面轴线的同轴度满足要求。

3）压入过程应连续，压入速度不宜过快，一般为 2~3mm/s。

4）对于特殊零件，如薄壁件、细长件，应检查其形状误差和实际过盈量。

表 7.3-31 经验系数 a

包容件	被包容件	a	说明
钢	钢或青铜	$\frac{10}{c_1+c_2}$	c_1 及 c_2 根据图 7.3-10 查出
生铁	生铁或青铜	$\frac{8}{c_1+c_2}$	
生铁	钢	$\frac{15}{1.5c_1+2c_2}$	
钢	生铁	$\frac{14}{2c_1+1.5c_2}$	

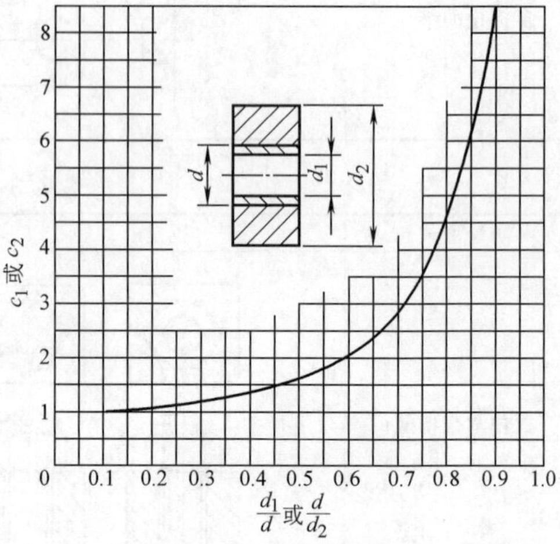

图 7.3-10 c_1 或 c_2 曲线

d—零件配合公称直径 d_1—被包容件孔径 d_2—包容件外径

注：$\frac{d_1}{d}$值时，曲线数值为 c_1；$\frac{d}{d_2}$值时，曲线数值为 c_2。

（3）压力机型式

压入法装配的压力机有机械式、气动式、液压式和电磁式。机械式中又有齿条、螺旋和杠杆三种，压力为 10~10000kN。气动式的压力不超过 50kN，主要用于过盈量不大的连接件，在成批或大量生产中使用较普遍。液压式的压力一般在 500kN 以上。对于压力大、行程短的大型、重型连接件，有时用液压垫压入，即将 2~3mm 的钢板制成空心盒，注入压力液体，产生的压力可大于 10000kN，在单件或小批生产中可代替大型压力机。电磁式的压力较小，常用于仪表装配。

3. 温差法

加热胀大包容件或冷却收缩被包容件，或两者兼用，以形成装入间隙的过盈连接装配方法，称为温差法装配。由于装入间隙的存在，可使零件配合面保持原有状态，且接合贴切，因而连接的承载能力大于压入法装配。

冷却收缩被包容件进行装配，尽管费用较高，但其优点在于某些包容件体积大、形状复杂、不易加热，而被包容件体积小、形状规则，且在装配工艺中被包容件一般不是装配基件，所以便于实现机械化自动化装配。如汽车发动机缸盖上的气门导管，被冷缩后可自动装入缸盖。

（1）包容件加热温度计算

包容件加热温度 t（℃）的计算公式为

$$t=\frac{Y+\Delta}{\alpha d}+t_0$$

式中　Y——两配合零件测得的实际过盈量（mm）；

Δ——最小装入间隙（mm）；

d——配合直径（mm）；

α——包容件材料的线膨胀系数（1/℃）；

t_0——装配环境温度（℃）。

为了保证能在包容件冷却收缩（或被包容件升温膨胀）致使装入间隙消失之前套装完毕，应选取合适的最小装入间隙 Δ，一般取（0.001～0.002）d。包容件（或被包容件）质量小，配合长度短，配合直径大，操作熟练时，可选用小些，反之较大些。

（2）包容件加热方法

加热方法通常有火焰加热、介质加热和电加热。

1）火焰加热。可用喷灯、氧乙炔、丙烷等加热装置，加热的温度小于350℃。丙烷（或其他气体燃料）加热器热量集中，温度易于控制，操作简便，适用于局部受热和要求严格控制热胀尺寸的中、大型连接件。图7.3-11所示为大型曲轴曲柄的丙烷加热装置。丙烷经减压阀4后，压力一般控制在120kPa，并由丙烷调节阀6降至20kPa，点火后升至50kPa。

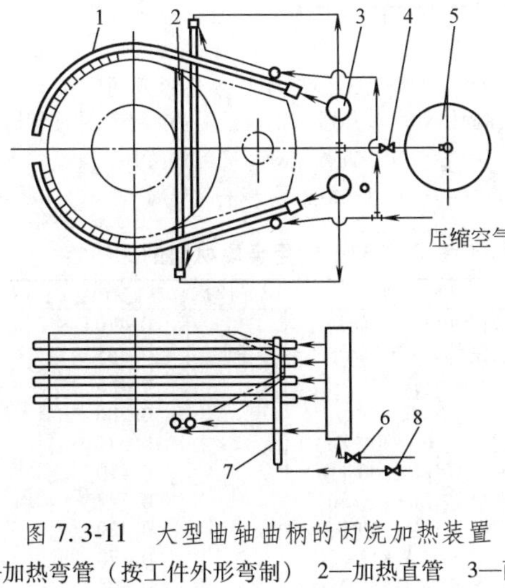

图7.3-11　大型曲轴曲柄的丙烷加热装置

1—加热弯管（按工件外形弯制）　2—加热直管　3—丙烷分配器　4—减压阀　5—丙烷储存器　6—丙烷调节阀　7—空气分配器　8—空气调节阀

在点火前先开空气调节阀8，吹掉周围可燃气，即行关闭，点火后再打开。

2）介质加热。有沸水槽（80～100℃）、热油槽（90～320℃）、蒸汽加热槽（100～120℃）加热。此加热方法热胀均匀，适用于过盈量较小的连接件，如滚动轴承、连杆衬套、齿轮等。图7.3-12所示为轴承加热油槽。轴承应避免和槽壁及高温区接触。对于忌油的氧气压缩机连接件，只能用沸水槽和蒸汽槽加热。

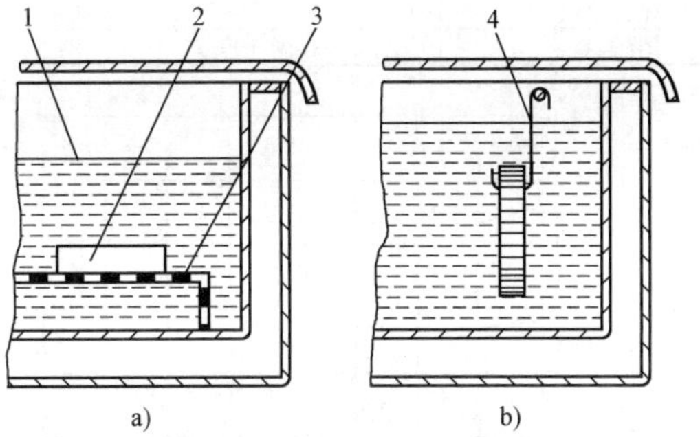

图7.3-12　轴承加热油槽

a）轴承放在网格上　b）轴承挂在吊钩上

1—油　2—轴承（工件）　3—网格　4—钩子

3）电加热。有电阻炉、红外线辐射加热箱及电磁感应加热器加热等。此加热方法热胀均匀，表面洁净，易实现自动控制。感应加热比较适用于重型、中大型连接件，如叶轮、大型压榨机部件等。感应器应配合工件的尺寸形状设计，以提高装置的热效率，缩短加热时间。

（3）冷却被包容件的冷源选定

热胀包容件的装配，可以任意选择包容件的加热温度；而冷缩被包容件的装配，一旦冷却剂被确定，则被包容件的冷却温度即为该冷却剂的沸点温度，见表7.3-32。

$$L\frac{L_{293}-L_T}{L_{293}}\geqslant\Delta+Y$$

式中　Y——两配合零件测得的实际过盈量（mm）；

Δ——最小装入间隙（mm）；

L——被包容件长度或直径（mm）；

L_{293}——被包容件在20℃（293K）下的长度或直径（mm）；

L_T——被包容件在冷却温度 T（K）下的长度或直径（mm）；

$\frac{L_{293}-L_T}{L_{293}}$——收缩比，按冷却温度（K），查图7.3-13和图7.3-14。

在采用低温箱冷却时，常按低温箱最低控制温度核定能否满足要求。低温箱的控制温度一般可在-40~-140℃之间调节，设定某一温度后进行自控。

表 7.3-32 常用冷却剂的主要物理参数

冷却剂	在 101.325kPa 下		
	沸点/℃	汽化热/(kJ/kg)	密度/(kg/m³)
固体二氧化碳（干冰）	-78.5(升华)	572（升华）	1564
液态氧	-183	213	1140
液态空气	-194.5	209	873
液态氮	-195.8	199	810

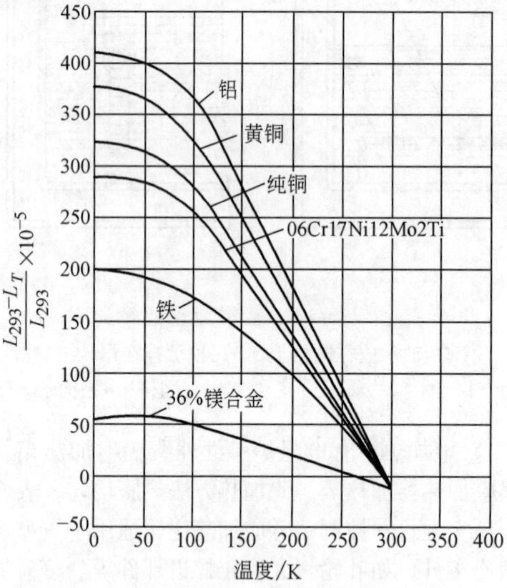

图 7.3-13 常用金属材料的收缩比

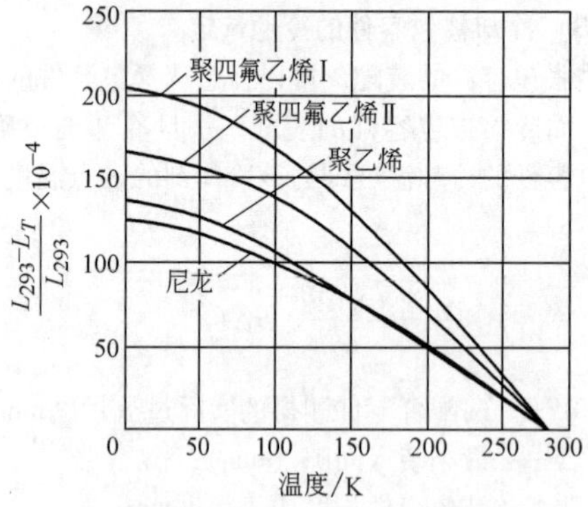

图 7.3-14 常用非金属材料的收缩比

（4）冷却剂消耗量计算

图 7.3-15 为冷却方法示意图，图 7.3-15a、b 为间接冷却，工件放在箱中；图 7.3-15c、d 为直接冷却，工件置于冷却剂中。间接冷却的冷却剂消耗量，比直接冷却省，但冷却时间较长。冷却时间通常按工件壁厚 1cm 需要 1min 估算。冷却时间一般为 10~20min。被包容件的冷却剂近似消耗量 V(L) 可参照下式计算。

$$V=\frac{(mc+m_1c_1)\Delta T\times10^3}{\gamma K\rho}+A$$

式中 m——被包容件质量（kg）；

m_1——间接冷却时容器质量（kg）；

c——被包容件材料比热容［kJ/(kg·K)］，见表 7.3-33；

c_1——间接冷却时容器材料比热容［kJ/(kg·K)］，见表 7.3-33；

ΔT——容器和被包容件冷却温度（K）；

A——工件冷却完毕，槽内残存冷却剂体积（L）；

γ——冷却剂的汽化热（kJ/kg），见表 7.3-32；

K——利用系数，$K=0.3\sim0.8$；

ρ——冷却剂的密度（kg/m³），见表 7.3-32。

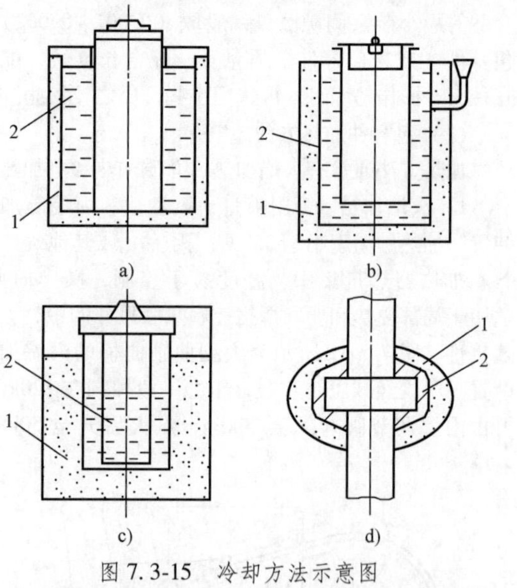

图 7.3-15 冷却方法示意图

a）在固体 CO_2 冷却器中 b）、c）在液态气体冷却器中 d）在固体 CO_2 冷包装置中

1—绝热层 2—冷却剂

表 7.3-33 常用金属材料的比热容

材料名称	比热容/[kJ/(kg·K)]
灰铸铁($w_C\approx3\%$)	0.470
碳钢($w_C\approx0.5\%$)	0.465
纯铁	0.455
纯铜	0.386
黄铜(70%Cu+30%Zn)	0.377
铜合金(60%Cu+40%Ni)	0.410
青铜(89%Cu+11%Sn)	0.343
铝青铜(90%Cu+10%Al)	0.420
铝合金(87%Al+13%Si)	0.870
铝合金(92%Al+8%Mg)	0.904
纯铝	0.902
铅	0.128

(5) 装配方法和注意事项

1) 装配前必须事先妥善准备；装配时动作迅速，时间短，以保证装入间隙消失前结束装配，不宜用锤子敲打工件。

2) 冷缩被包容件时，应缓慢放入液态冷却剂中，此时液体表面立即产生激烈的翻腾蒸发现象。几分钟之后，液面逐渐平静，表明工件已降至冷却剂温度，此时取出被包容件，迅速装入包容件之中。

3) 装配时，以配合面为基准有立装和卧装两种方法。立装利用被装零件自重垂直装入，操作容易，时间短；卧装时，两零件的纵向必须保持水平并在同一轴线上，使能顺利装入。

4) 装配时，轴向冷缩量或热胀量会引起配合件的轴向误差。当轴向要求精确定位时，可将两配合件套装后，用水或压缩空气喷射定位端，促使定位端先行紧固，保证轴向定位。有些小型连接件配合后，一端不允许留有轴向间隙，则套装后，可在另一端施加一定的轴向推力，保证轴向定位。若零件结构上无可靠定位，则必须采用专用定位装置。

5) 操作者必须穿着全身防护工作服，遵守安全操作规程。冷缩场地上空及周围不准有火种，工地要清扫干净。

4. 液压套装法

液压套装是利用高压油（压力可达 275MPa）注入配合面间，使包容件胀大后，将被包容件压入。配合面常有小的锥度，加工要求高。它具有可拆性，适用于过盈量较大的大中型连接件。对于轴向定位要求高的圆柱配合面的连接，用温差法装配后，可再用液压套装法精确调整其相对轴向位置。

液压套装法工艺要求严格，配合面的接触要均匀，接触面积应大于 80%。装配工艺要点如下：

1) 套装时，配合面应保持十分洁净，涂上一层经过滤的轻质润滑油。

2) 对圆锥面连接件应严格控制压入行程，以保证连接件的承载能力。轴压入轮毂长度的检测和限位如图 7.3-16 所示。

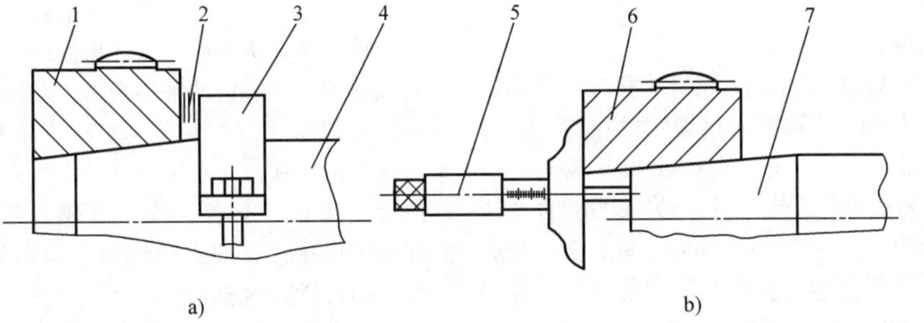

图 7.3-16　轴压入轮毂长度的检测和限位

a) 用套环检测和限位　b) 直接检测

1、6—轮毂（工件）　2—测隙仪　3—测量用套环　4、7—轴（工件）　5—深度卡尺

3) 压入速度开始时应小；升压到规定油压值而行程未达到时，稍停压入；待包容件逐渐胀大后，再继续压入到规定行程。

4) 达到规定行程后，应先缓慢地消除全部径向油压，然后消除轴向油压，否则包容件常会弹出而造成事故。拆卸时也应注意。

5) 拆卸时的油压比套合时低，每拆一次再套合时，压入行程一般稍有增加，增加量与配合面锥度及加工精度有关。

液压套装型式较多，但原理和结构基本相同，图 7.3-17 所示为轴和轮毂液压套装实例。

整套工具用活塞 3 上的螺纹与被装配的轴端连接。低压系统的压力为 35MPa，高压系统的压力为 200MPa。操作时，先将低压系统压力升高（注意用螺塞 5 放掉液压缸 4 内的空气），使轮毂 6 和轴 7 紧密结合，再逐步升高高压系统压力。当达到规定的压

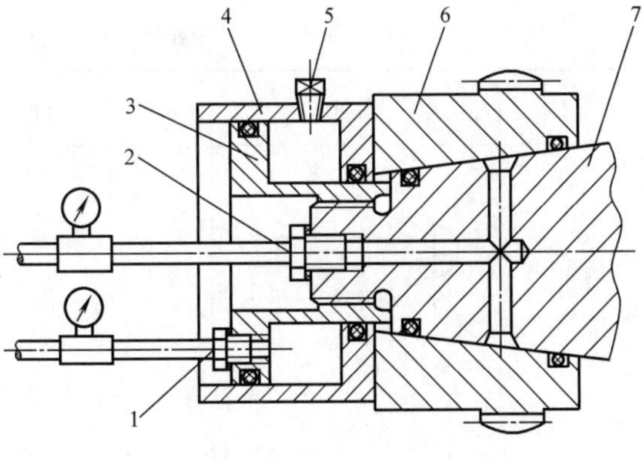

图 7.3-17　轴和轮毂液压套装实例

1—轴向压入低压油系统　2—轮毂胀大高压油系统

3—活塞　4—液压缸　5—螺塞　6—被装配的轮毂

7—被装配的轴

入量后，先卸去高压系统压力，然后卸去低压系统压力，拆下整套工具1~5，装上轴向定位螺母等零件。

7.3.4 铆接

铆接是用铆钉把两个或更多个零件连接成不可拆卸整体的操作方法。铆接过程如图 7.3-18 所示。铆接时，将铆钉插入待连接的两个工件的铆钉孔内，并使铆钉头紧贴工件表面，然后用压力将露出工件表面的铆钉镦粗而成为铆合头。这样，就把两个工件连接起来。

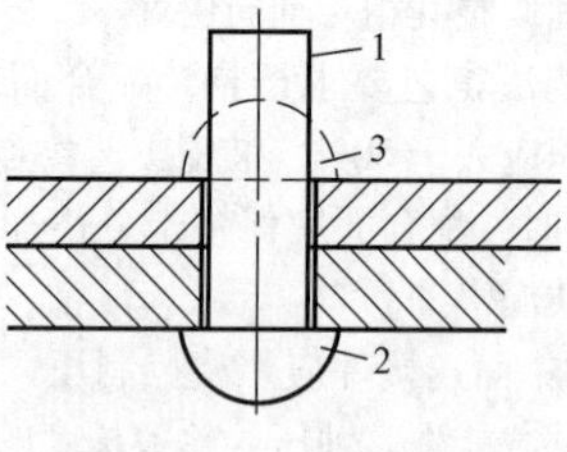

图 7.3-18　铆接过程

1—铆钉杆　2—铆钉圆头　3—铆成的铆钉头（铆合头）

1. 铆接的种类

铆接按其铆接温度的不同，可分为热铆和冷铆。

1）热铆。热铆是指铆接时将铆钉加热到一定温度后再进行的铆接。对于直径>10mm 的钢铆钉，加热到 1000~1100℃后，以大小为 650~800N 的力锤合，其连接紧密性好。在进行热铆时，只有把孔径放大 0.5~1mm，才能使铆钉在热态下容易插入，由于钉杆与钉孔有间隙，故不参与传力。

2）冷铆。冷铆是指铆接时不需将铆钉加热，直接镦出铆合头的铆接。由铜、铝等塑性较好的有色金属、轻金属制成的铆钉，通常用冷铆法。钢铆钉冷铆的最大直径，一般手铆为 8mm，铆钉枪铆为 13mm，铆接机铆为 20mm。在铆合时，由于钉杆被镦粗而胀满钉孔，可以参与传力。

铆接按其使用要求的不同，可分为铰接铆接、强固铆接、紧密铆接及强密铆接。

1）铰接铆接。铰接铆接指铆钉只构成不可卸的销轴，被连接的部分可相互转动，如各种手用钳、剪刀、圆规等的铆接。

2）强固铆接。强固铆接主要用于飞机蒙皮与框架、起重建筑的桁架等要求连接强度高的场合，其铆钉受力大。

3）紧密铆接。紧密铆接用于接合缝要求紧密、防漏的场合，如水箱、油罐、低压容器，此时铆钉受力较小，铆缝中常夹有橡胶或其他填料。

4）强密铆接。强密铆接又称为密固铆接，其用于既要求铆钉能承受大的作用力，又要求接合缝紧密的场合，如蒸汽锅炉、压缩空气罐及其他高压容器的铆接。

2. 铆钉的种类与用途

铆钉是铆接结构中最基本的连接件，它由圆柱铆杆、铆钉头和镦头所组成。根据结构的型式、要求及其用途不同，铆钉的种类很多。在钢结构连接中，常见的铆钉型式有半圆头铆钉、平锥头铆钉、沉头铆钉、半沉头铆钉、平头铆钉、扁圆头铆钉和扁平头铆钉等。其中：半圆头铆钉、平锥头铆钉和平头铆钉用于强固铆接；扁圆头铆钉用于铆接处表面有微小凸起，防止滑跌的地方或非金属材料的连接；沉头铆钉用于工件表面要求平滑的铆接。

选用铆钉时，铆钉材质应与铆件相同，且应具有较好塑性。常用钢铆钉材质有 Q195、Q235、10、15 等；铜铆钉有 T3、H62 等；铝铆钉有 2A01、2A10、5B05 等。常见铆钉的种类及用途见表 7.3-34。

表 7.3-34　常见铆钉的种类及用途

名称	简图	标准	钉杆		一般用途
			d/mm	L/mm	
半圆头铆钉	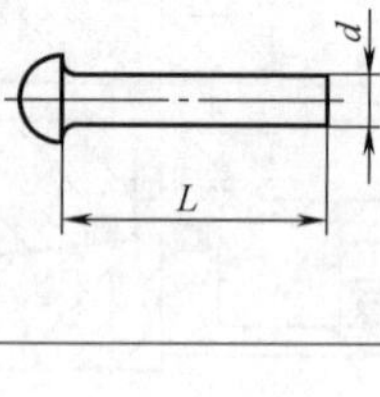	GB 863.1—1986(粗制)	12~36	20~200	锅炉、房架、桥梁、车辆等承受较大横向载荷的铆缝
		GB 867—1986	0.6~16	1~100	
平锥头铆钉	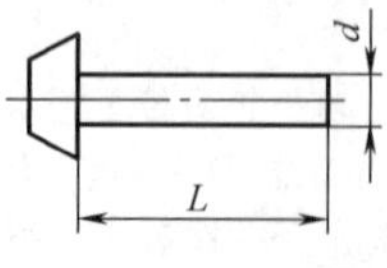	GB 864—1986(粗制)	12~36	20~200	钉头肥大、耐蚀，用于船舶、锅炉
		GB 868—1986	2~16	3~110	

（续）

名称	简图	标准	钉杆		一般用途
			d/mm	L/mm	
沉头铆钉	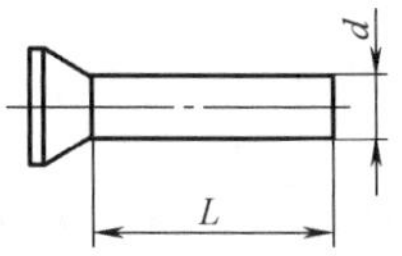	GB 865—1986（粗制）	12～36	20～200	承受较大作用力的结构，并要求铆钉不凸出或不全部凸出工件表面的铆缝
		GB 869—1986	1～16	2～100	
半沉头铆钉	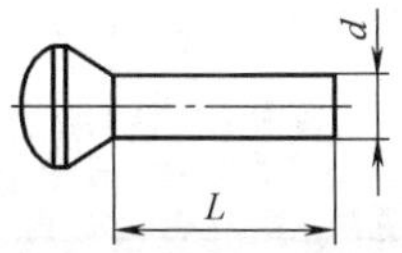	GB 866—1986（粗制）	12～36	20～200	
		GB 870—1986	1～16	2～100	
扁平头铆钉	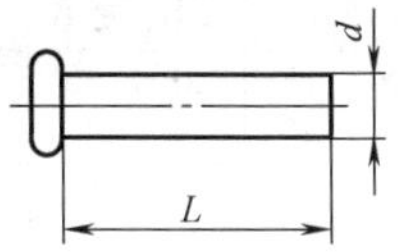	GB 872—1986	2～10	1.5～50	薄板和有色金属的连接，并适于冷铆
扁圆头铆钉	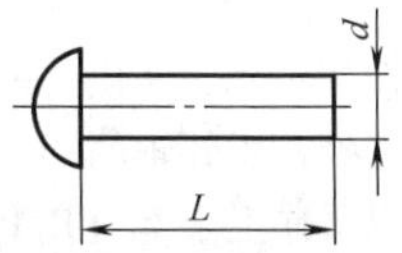	GB 871—1986	1.2～10	1.5～50	

除此之外，在小型结构中，还常用表 7.3-35 所列的空心或开口铆钉。

表 7.3-35　空心或开口铆钉

半空心式	空心式	开口式	压合	螺纹式	钻通式
				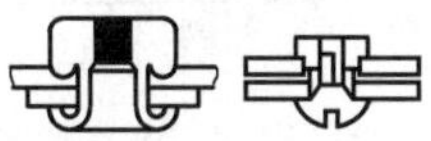	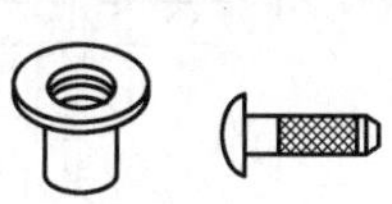

在技术条件和装配合适时，半空心式铆钉本质上变成了实心元件，因为孔深刚够形成铆钉头，主要用于铆合头压力不很大的连接。空心式铆钉用于纤维、塑料板和其他软材料的铆接。

3. 铆接的基本形式

铆接件连接的基本形式是由零件相互结合的位置所决定的，有搭接连接、对接连接和角接连接三种，见表 7.3-36。

1）搭接连接。搭接是铆接结构中最简单的叠合方式，它是将板件边缘对搭在一起用铆钉加以固定连接的结构。搭接连接形式包括两块平板和一块板折边，见表 7.3-36。

2）对接连接。对接是将连接的板件置于同一个平面，上面覆盖有盖板，用盖板把板件铆接在一起。对接连接形式包括单盖板式和双盖板式，见表 7.3-36。

3）角接连接。角接是互相垂直或组成一定角度板件的连接。这种连接要在角接处覆以搭叠零件——角钢。角接连接形式包括单角钢式和双角钢式，见表 7.3-36。

表 7.3-36　铆接件的连接形式

搭接连接		对接连接		角接连接	
两块平板	一块板折边	单盖板式	双盖板式	单角钢式	双角钢式
			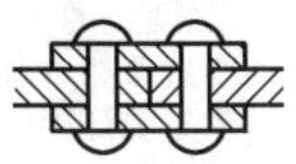		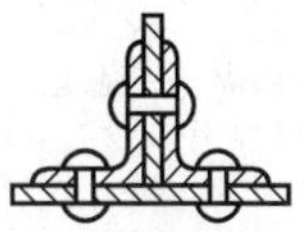

4. 铆接的方法

机械装配中常用的铆接方法有锤铆、压铆和辗铆，分别采用不同的设备，并有不同的特点。编制工艺时，可根据连接材料和技术要求等选择铆接方法。

（1）锤铆

锤铆是人工操纵铆枪进行的铆接。采用锤铆时，有正铆和反铆两种形式。正铆用顶铁顶住钉头，铆枪的锤击力作用在钉杆端形成铆头；反铆则是铆枪在钉头端锤击，在顶铁顶住的顶杆端形成铆头。

用铆枪进行铆接，简单灵活，但铆接质量取决于作业人员的技术水平。由于铆接时噪声大、劳动强度高，故已较少采用。半圆头铆钉铆接步骤如图 7.3-19 所示。

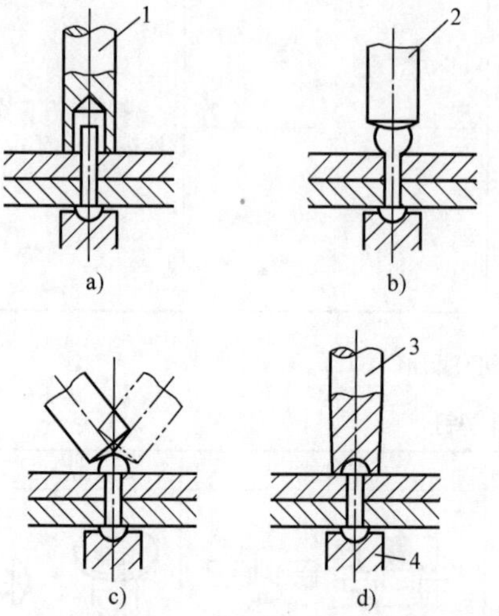

图 7.3-19　半圆头铆钉铆接步骤

a）将被铆件压贴实　b）镦粗铆钉　c）斜着锤打周边　d）罩模铆打成形

1—压紧模　2—锤头　3—罩模　4—顶模铁

（2）压铆

压铆是用静力将铆钉挤压，挤粗钉杆，压成铆头。采用压铆可改善锤铆的不足。采用冷铆压铆时，对于不同材料、不同直径的铆钉，所需的压力 F(N) 可用下列公式计算：

$$F = 2KR_m d^2$$

式中　K——材料冷作硬化，摩擦力作用修正系数，可取 2.0~2.2；

R_m——铆钉材料的抗拉强度（MPa）；

d——铆钉直径（mm）。

不同材料铆钉所需的压力见表 7.3-37。

表 7.3-37　不同材料铆钉所需的压力

（kN）

铆钉材料	铆钉直径/mm							
	2.6	3.0	3.5	4.0	5.0	6.0	8.0	10.0
铝合金	8	9.5	15	20	30	39	80	125
碳素钢	11	17	22	28	42	52	100	155
合金钢	18	25	34	43	58	80	120	

（3）辗铆

辗铆是较新的铆接技术，实质是一种特殊的二辊轧制方法。其特殊之处在于轧辊的形状与运动。辗铆的锥体模轮廓线可以看作上半部分孔型，下辊为型腔模具。辗铆工艺的特点如下：

1）辗铆时加压是逐渐进行的，使金属内部组织更为紧密完善，可控制被铆件间的松紧，根据需要可形成活动连接（铰接式铆接）或固定连接。

2）钉杆受力小，不易弯曲，有利于进行钉杆长度和直径比大的铆接。

3）连接工艺较为精密，辗成的铆头几何形状均匀一致，表面粗糙度值不大于 0.8μm。铆前需对钉杆长度进行精确计算（通过铆头体积计算出钉杆的长度）。

4）铆接过程噪声小、无振动，能适应陶瓷、玻璃等脆性材料零件的铆接。

几种辗铆方法的比较见表 7.3-38。辗铆工作头基本结构及运动轨迹如图 7.3-20~图 7.3-23 所示。

表 7.3-38　几种辗铆方法的比较

成形方法	工作原理	工艺和铆接工具	特　点
旋转辊子成形	工具的旋转运动和工具上的垂直压力结合，形成辗铆运动和辗铆力	工具由两个配对的、具有精密形状、表面淬硬、抛光的钢辊子组成。铆接时合成力的分布，使材料自中心向外连续径向流动，形成需要的形状尺寸。视材料的尺寸，成形周期在 1/4 ~1s	铆接质量好，铆头表面光滑，组织细密。工具的直径较大，使用场合受一定限制。有些材料铆接时，要加润滑剂，不能用润滑剂时可采用硬质合金辊子
周向旋辗成形	工具架的高速旋转运动和圆锥形的回转运动结合，加上垂直压力，形成辗铆运动和辗铆力	在工具架中插入成形的模具组成，两者的轴线交叉成一个角度，其交叉点为模具的成形端。成形端与铆钉接触时，做一个同心圆锥形的轨迹运动	铆接速度和质量均高，操作过程无声，一般用于要求极为紧密的铆合。通过调整工具，可获得不同松紧程度的铆接连接。钉杆可能略有变形，工具架费用相对较高，但模具的寿命极长，近年应用发展较快

（续）

成形方法	工作原理	工艺和铆接工具	特　　点
径向滚辗成形	工具以玫瑰花形轨迹运动，环状运动的向外揉力作用形成铆头	工具组合与周向旋辗成形相似，工具的轴心与铆杆端头中心相重合，但不旋转。通过工具以玫瑰花形的环状切向交搭运动，达到较高的铆接质量	成形运动比较复杂，增加了成形时间。操作过程无声，能调节铆接的松紧程度。铆接质量控制比周向旋辗成形略好

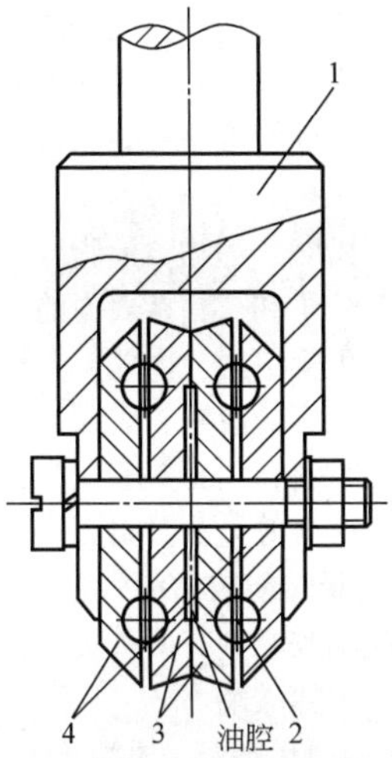

图 7.3-20　旋转辊子成形工作头

1—支架　2—滚子　3—左右辗模　4—左右滚子座

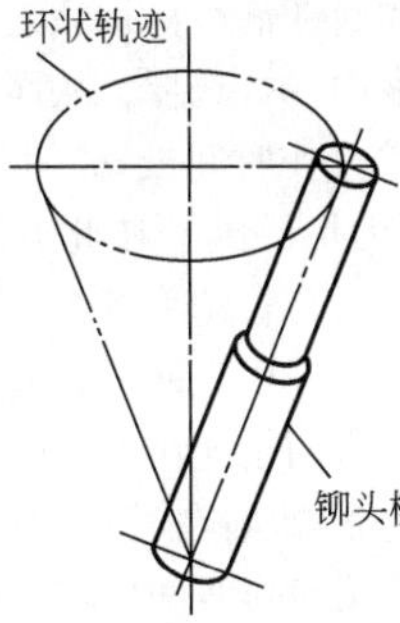

图 7.3-21　工作头周向旋辗成形运动轨迹

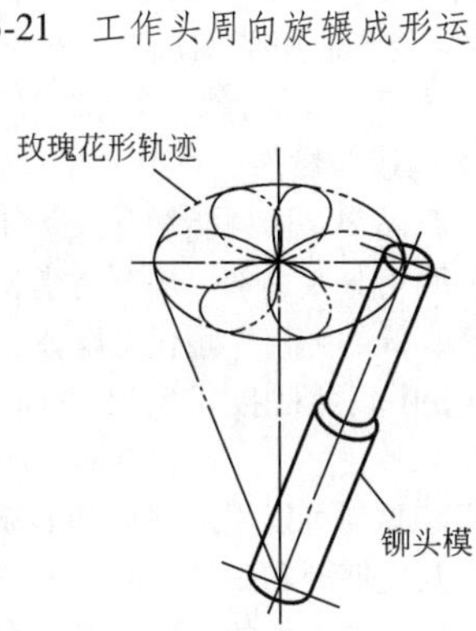

图 7.3-22　工作头径向滚辗成形运动轨迹

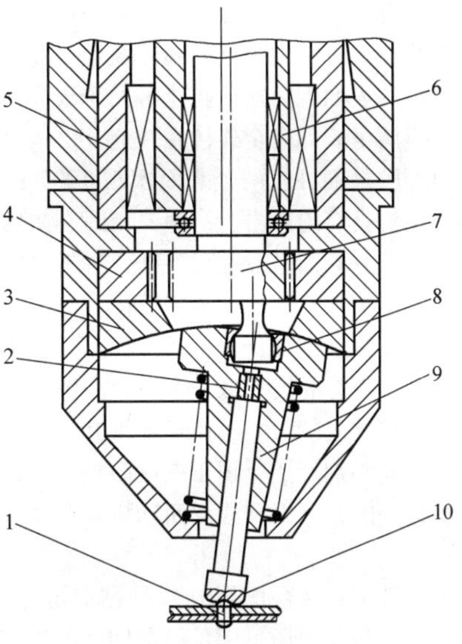

图 7.3-23　径向铆接机结构示意图

1—铆钉　2—磁性环　3—压力环　4—内齿环　5—主轴套　6—偏心轴套　7—偏心齿轮轴　8—关节轴承　9—夹座　10—铆头模

7.3.5　粘接

1. 常用胶黏剂

到目前为止，已应用的胶黏剂牌号繁多，其品种多样，组分各异。除天然和无机胶外，仅合成胶黏剂大致有 25 种，而且以每年 1 种的速度增加，其中每种胶黏剂中又有 10~20 个改性类型。如此之多的胶黏剂，可供人们在选用胶黏剂时，特别是在选用两种或多种胶黏剂组合时，有更大的选择自由度，更宽广的范围。

为进一步了解胶黏剂的基本知识和性能，现介绍厌氧型胶黏剂等六种胶黏剂的组成、特性、固化条件、应用概况和选胶注意事项，以便在粘接操作中参考。

（1）厌氧型胶黏剂

此类胶黏剂主要用于粘接小型零件，如磁铁、铁氧体磁心、金属薄板或金属箔、玻璃、精密设备中的小型金属零件、烧结材料和陶器等。这种胶黏剂粘接牢固，可以在200℃以下工作，且固化迅速，在实际生产中广泛应用。

厌氧型胶黏剂是单组分室温固化的胶黏剂。它由树脂和固化剂组成，在室温下为黏稠液体，流动性好，只要氧气存在，固化剂即不起作用，而在无氧气场合下即发生固化。因此，使用时只需把胶黏剂滴到待装配的零件表面上，装配后，胶黏剂便完全地填满了这些装配零件表面间的微小空隙，不再和空气接触，而固化成具有一定强度的固体胶层，将自己牢牢地铺在粗糙的表面上。这样防止了两个表面间的任何移动，并将两个表面完全连接在一起。

厌氧型胶黏剂可使两个表面实现100%的完全连接。粘接接头具有耐冲击、抗振、密封和防腐蚀的特点。且厌氧型胶黏剂一般不含溶剂，挥发性低，毒性小，固化不需加热、加压，工艺简便。缝隙外侧残留的胶黏剂由于接触空气仍保持液态，可方便地将其清除干净。其缺点是黏度太低，不适合间隙较大部位的密封，且粘接强度较大，不便经常拆卸。

厌氧型胶黏剂广泛应用于螺纹防松、管道螺纹密封、圆柱接头的紧固以及法兰面和机械箱体接合面等的密封。

室温条件下，多数的厌氧型胶黏剂可存放一年。但在可透气的包装中还可延长保存期，因为有空气存在可防止胶黏剂过早的固化。

（2）腈基丙烯酸酯胶黏剂

这是一种粘接速度快、强度高和操作简单的综合性能良好的胶黏剂。此类胶黏剂在数秒钟内即可固化，且固化后其拉伸强度可高达35MPa。此类产品可直接取之于包装中，但也可用于全自动生产过程中。

通常来讲，胶黏剂必须能铺开，将被粘接表面完全湿润，并穿透进入所有的表面不平处。然后，胶黏剂即自液态转换成固态，两个表面即粘接在一起。

1）固化机理。在包装内，由于酸性稳定剂的存在，防止胶黏剂分子形成链状，使快速胶黏剂仍保持液态。粘接后，稳定剂被部分电离的水分子所中和，胶黏剂分子即形成链状，固化开始。实际上直接暴露于空气的每个表面上都有这样的水分子，一经涂敷胶黏剂，这些水分子即消除稳定剂的作用。然后，胶黏剂分子开始黏合起来，并开始固化。

这一固化过程可被下列因素所阻止：

① 环境的水分含量（相对湿度）过低。

② 胶黏剂涂敷层过厚，仅依靠表面湿度不能达到固化要求。

③ 胶黏剂涂敷过多，与表面的尺寸不成比例。

④ 表面上有残余的酸（例如，由此操作前所进行的表面处理所导致）。

必须结合下列因素来寻找负面效果的原因：

① 环境过于干燥，如使用中央空调系统（相对湿度为60%）。

② 使用过多的胶黏剂。

③ 粘接接头设计上有缺陷。

④ 清洗效果不好或表面处理不当。

2）粘接作用。粘接作用是由胶黏剂分子和被粘接表面的分子之间的吸引力所造成的。两者靠得越近，吸引力就越大。与胶黏剂铺在不平整表面上可以提高粘接的机械锁固程度一样，粘接作用这一特性也起重要作用。

当表面被污染时，污物、油脂、铁锈或电镀残留物等将使胶黏剂分子和被粘接表面的分子间的距离增加，以致不能产生吸引力。因此，在粘接操作前要对被粘接表面进行认真的清洗和表面处理。此外，还必须熟悉被粘接的材料，因为并非每个表面与快速胶黏剂的分子间都会产生等量的吸引力。

（3）改性丙烯酸酯胶黏剂

改性丙烯酸酯胶黏剂有两种类型：非混合型丙烯酸酯和预混合型丙烯酸酯。

1）非混合型丙烯酸酯。非混合型丙烯酸酯包含树脂和活性剂，它们可以分别涂敷在工件表面上。只有当工件连接后，胶黏剂方可固化。其优点是，不需将树脂和活性剂按比例配制且不需要混合。

此外，树脂和活性剂可分别涂敷，这将使固化时间可以在一定限度内自行选择，从而使胶黏剂快速聚合的难题（即粘接操作时间极短）得到解决。

2）预混合型丙烯酸酯。在此方法中，仅在涂敷使用前才在静态的混合管内将各个组分调和起来。然后将此调和物涂敷在工件表面上，并立即将两连接件进行装配。此方法适用于连接件之间具有较大间隙的场合。但其缺点是胶黏剂在其组分调和时即开始固化。所以，所需粘接操作时间极短。同时，通过添加增韧剂，此类胶黏剂还具有高的强度和韧性（抗劈裂能力）。丙烯酸酯适用范围较广，在仪器、仪表以及汽车车身制造等方面都有着广泛的应用。

（4）环氧树脂胶黏剂

环氧树脂胶黏剂是由树脂和室温条件下能固化的固化剂组成的两组分胶黏剂。环氧树脂胶黏剂具有很高的粘接强度、低的弹性、耐化学腐蚀和固化收缩率小的特点，适用于对粘接接头有坚固耐用要求的场合。

环氧树脂胶黏剂可以用来制造高承载能力的牢固接头。然而，其抗劈裂和耐冲击的能力却很低。其相对较高的黏度增加了操作的难度。但可通过稍微提高零件的温度，使胶黏剂易于流动，从而改善其操作工艺。

可在室温条件下固化的胶黏剂通常较易流动，因为在胶黏剂调和期间会产生放热反应，从而使胶黏剂温度升高。其结果是这类胶黏剂具有较低的黏性，但也缩短了胶黏剂的调和处理时间。

环氧树脂胶黏剂可在相对较低的温度下固化，但固化时间很长，有12～24h。将温度增至80～100℃，如在烤箱中进行热固化，即可加速固化过程。提高温度除了可缩短固化时间外，还可以得到更好的化学综合性能，在实践中可得到较高的耐化学腐蚀能力和较高的强度。但是在操作中仍应小心处理，因在较高温度下固化并冷却后会造成很大的收缩应力。

由于环氧树脂胶黏剂通常较脆，所以不宜用于要求有柔性的接头上。环氧树脂胶黏剂除可用作胶黏剂外，还常用于修理中。用作修理时，常向树脂中添加填料，以填充间隙和空穴。

（5）聚氨酯胶黏剂

聚氨酯胶黏剂内含有固化剂，通过水分起作用。这个过程是基于加聚作用原理，通过和环境中存在的水分以及被粘接表面上存在的水分起作用而发生固化。

将粘接接头加热或添加足够的水分可使固化过程加速。但是添加足够水分时，如在粘接接头上喷水，应小心地进行，以防止添水过量而形成气泡。

通过改变聚氨酯胶黏剂的组成成分，也可影响诸如强度、附着力、弹性、耐高温能力和固化速度等许多特性。此类胶黏剂可与多种材料粘接良好，无须一定和底胶配套使用。因此，这种胶黏剂应用范围很广。

如果使用底层涂胶，则可与更多不同种类材料粘接。若省略底层涂胶这一道表面处理，多数会达不到预期效果。底层涂胶的功能就是改善附着力，从而提高粘接设备的耐用性。

由于此胶分子结构中含有异氰酸酯基团，此基团毒性较大，所以在食品、药物包装等粘接中不能选用。如果选用，应把异氰酸酯基团含量降至最低程度。同时，异氰酸酯基团可与水分起作用，并对手和眼都有刺激作用，所以操作时必须采取相应的保护措施。

（6）硅酮胶黏剂

硅酮胶黏剂可在室温条件下固化，此时需从被粘接表面上和周围空气中摄取水分。其固化时间极长，每天只能固化1～2mm，可用于粘接玻璃和一些塑料，密封金属零件等。硅酮胶黏剂在很大温度范围内仍可保持其弹性，并具有耐高温、防潮湿和防气候影响等特点。在电子工业中应用时，对于诸如低介电损失和低介电常数等特性极为重要。

2. 粘接接头的选择

在粘接金属件时，工件的接头形式对粘接强度有很大影响。为此，在选择粘接接头时，必须考虑粘接技术对结构设计的特殊需求，使粘接接头能最佳发挥其粘接强度，能尽可能大地承受和传递载荷，并应尽量避免应力集中，减少产生剥离、劈开和弯曲的可能性。为此，粘接结构必须设计成只承受剪切载荷、压缩载荷和拉伸载荷，而要避免承受偏心拉伸载荷、剥离载荷和劈裂载荷，见表7.3-39。

表7.3-39　粘接的载荷形式

载荷形式		图例
a)	剪切载荷	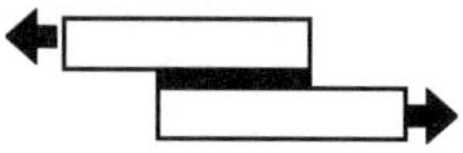
b)	压缩载荷	
c)	拉伸载荷	
d)	偏心拉伸载荷	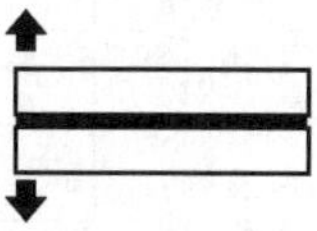
e)	剥离载荷	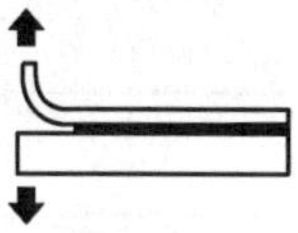
f)	劈裂载荷	

最佳的粘接接头是承受剪切应力的接头。同时，增大粘接接头的搭接面积，可降低接头内的应力，以提高承载能力。粘接接头形式见表7.3-40，其中，a、d为不良的粘接接头形式，其余为好的粘接接头形式。当粘接接头承受大载荷时，应注意采用一些特殊措施来克服这些载荷。这些措施包括在胶黏剂内添加填料或改善接头的结构。表7.3-41所列是一些不良粘接接头形式及其改进。图7.3-24所示为管材粘接接头形式。

3. 胶黏剂的涂敷方法

液体胶黏剂可用下述方法涂敷：刷涂法、刮涂法、喷涂法、印刷法、辊筒涂胶法、浸涂法、浇注法、调胶配胶法和热熔法。

表 7.3-40　粘接接头形式

粘接接头形式		图例
a)	不良	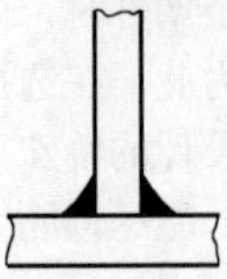
b)	好	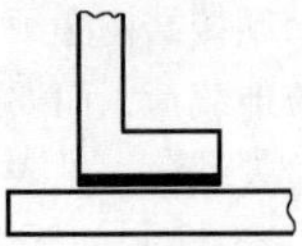
c)		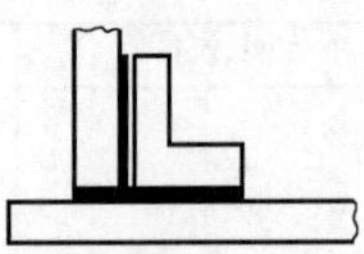
d)	不良	
e)	双面盖板接头（良好）	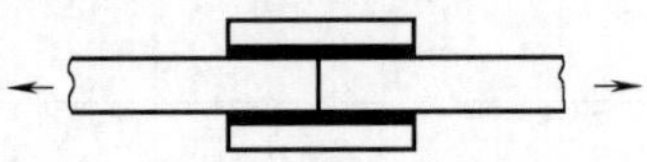
f)	(30°)楔面对接接头（非常好）	
g)	双槽双盖板接头（良好）	
h)	双面搭接接头（良好）	

表 7.3-41　粘接接头形式的改进

粘接接头形式的改进		图例
a)	剥离载荷（不好）	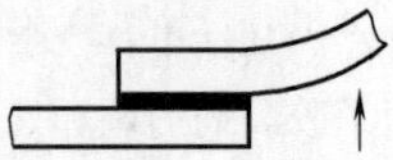
b)	劈裂载荷（不好）	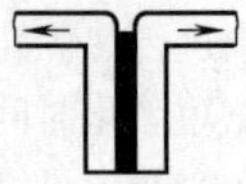
c)	变为拉伸和压缩载荷（良好）	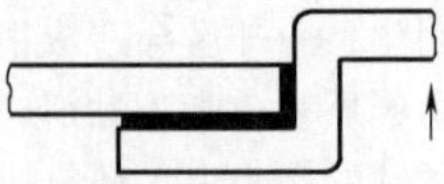
d)	变为拉伸和剪切载荷（良好）	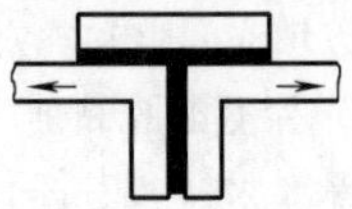
e)	加强刚性（良好）	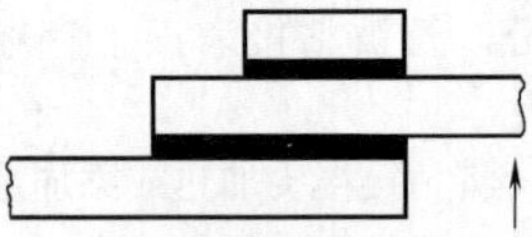
f)	加强刚性（良好）	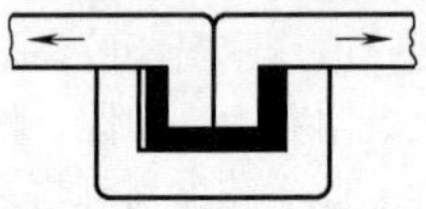

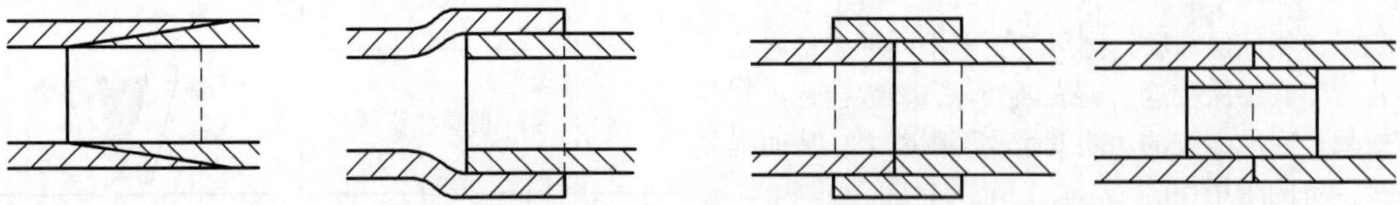

图 7.3-24　管材粘接接头形式

（1）刷涂法

刷涂法一般用于使胶黏剂涂于复杂形状的被粘接物上，或者用于表面的局部区域而无须使用遮盖物将其余部位盖住。这种方法的优点是易于掌握，投资很小，可使用在任何场合。缺点是胶黏剂膜宽度不易控制，膜厚度不均且会起泡，易造成胶黏剂溢出和剩余胶黏剂干结。

建议通过刷柄向刷子提供胶黏剂，并通过压力容器与贮存器连接起来。为防止工作间休息时胶黏剂干结，必须将刷子放置在溶剂的上方，且最好是封闭的地方，如图 7.3-25 所示。建议涂敷稀薄的胶黏剂时，使用软的长毛刷；涂敷稠厚的胶黏剂时，使用硬的短毛刷。

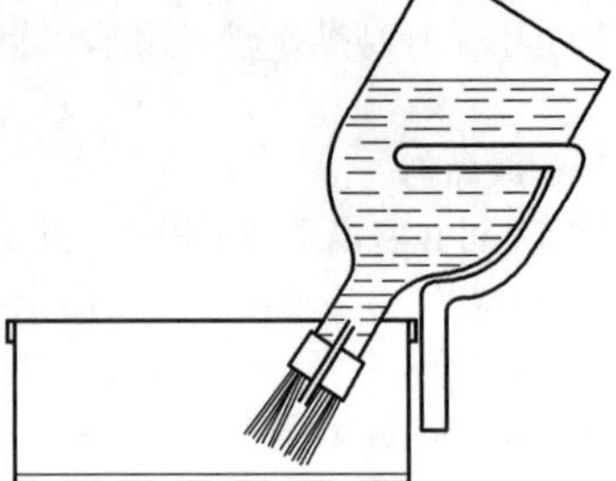

图 7.3-25　胶黏剂刷子和贮存器

(2) 刮涂法

如图 7. 3-26 所示，刮胶机或刮刀适用于平整表面。刮刀片的刀刃有直线刀刃和曲线刀刃两种，刀刃和被粘接物表面之间的距离决定了胶黏剂涂层的厚度。当使用直线刀刃时，必须使其沿着零件表面小心地移动，以得到均匀涂敷的胶黏剂。刮涂法的优点在于可迅速大面积地刮涂均匀的胶黏剂层。

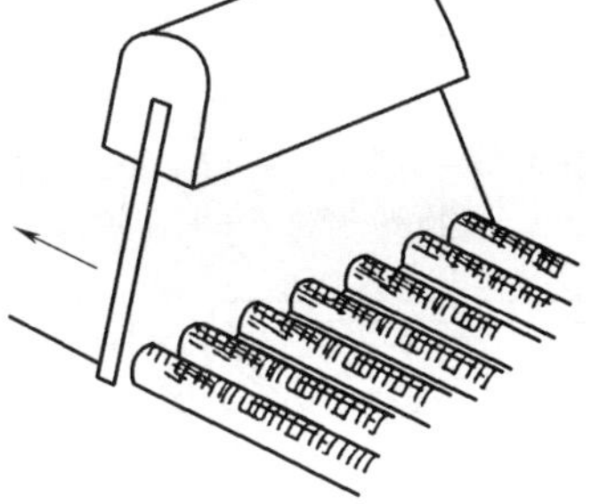

图 7. 3-26　刮胶机（刮刀）

(3) 喷涂法

喷涂法有喷雾法和压力喷涂法两种。

1）喷雾法。喷雾器像一把喷枪，胶黏剂在其中被压缩空气所雾化。此种方法适用于在各种形状的表面上迅速喷涂均匀的胶黏剂。但这种方法的缺点是喷雾容易喷洒在不需涂敷的表面上。

在喷雾器中必须安装排气装置，其部分原因是安全的需要，更主要的原因是除了用压缩空气进行雾化外，还可以在高压下将胶黏剂通过细的喷嘴（无空气喷涂枪）进行雾化。

在喷雾过程中可形成“蜘蛛网”和由于小的雾滴而形成不均匀涂敷层（橘皮效应），这种现象对于有溶剂胶黏剂来说，比无溶剂胶黏剂更为严重。蜘蛛网现象可通过改用“旋转式喷枪”或改进溶剂来避免。橘皮效应可通过改用另一种缓慢蒸发的溶剂来解决。要想得到均匀的胶黏剂涂层，必须将胶黏剂以交叉方式涂敷。

2）压力喷涂法。压力喷涂法使用一个胶黏剂容器，并将其用软管和一个可更换的喷嘴相连接，如图 7. 3-27 所示。用压缩空气或泵压的方法，使胶黏剂受压经过软管和喷嘴，喷涂到零件表面上，也就是说胶黏剂未经雾化。压力喷涂枪也可和刮胶机结合使用，依靠各种喷嘴，可以涂敷条状、轨迹状和点状等形式。

(4) 印刷法

众所周知的印刷法有丝网印刷法和胶印法。胶印法和图片印刷工业中所用方法相同，利用涂胶机上蚀刻或雕刻的辊子可以将某些图案印制在另一物体上。丝网印刷法中，用涂胶机使胶黏剂受挤压通过丝网，

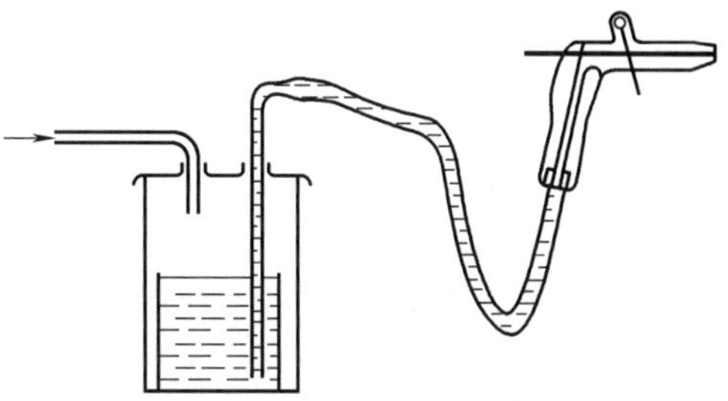

图 7. 3-27　压力喷涂法

并用局部地盖住丝网的方法，可以形成胶黏剂的某些图形。在这两种方法中，溶剂的类型和数量对于胶黏剂成分来讲是十分重要的。但并非每种胶黏剂都适用于此方法。

(5) 辊筒涂胶法

在此方法中，胶黏剂是用辊筒将其涂布在被粘接的表面上。最简单的类型是带有贮存容器的手压辊筒，如图 7. 3-28 所示。在更为机械化的使用方式中，辊筒是由电动机驱动的（适用于大型或小型的平面）。涂胶用的辊筒可以是平滑的、滚花的或装有栅格的，还可以与涂胶机或配胶辊筒配合使用，但胶黏剂必须有适当的黏度。

为得到均匀的和精确的胶黏剂涂层，辊筒应装在有循环系统的贮存容器中，如图 7. 3-29 所示。这样，在使用含溶剂的胶黏剂时，可以测量和调节其黏度。

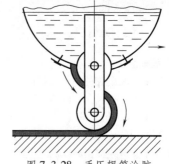

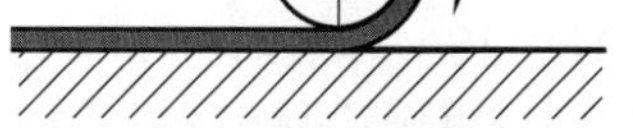

图 7. 3-28　手压辊筒涂胶

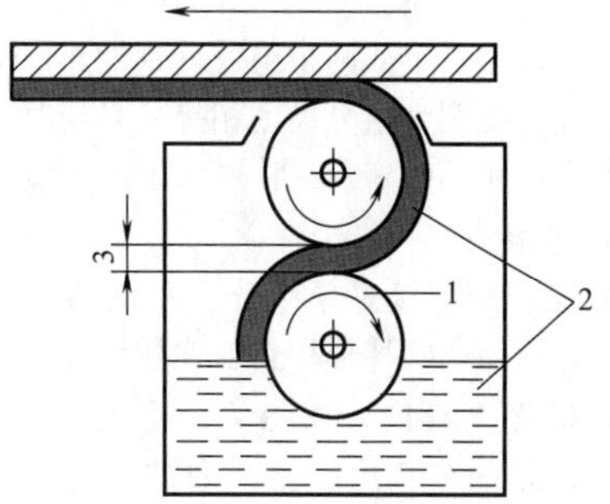

图 7. 3-29　辊筒涂胶
1—主动轮　2—胶黏剂　3—胶黏剂涂层厚度（可调节）

（6）浸涂法

浸涂法并不是把被粘接零件直接浸入胶黏剂内，而是将与被粘接表面相适应的一个模板在胶黏剂贮存容器中浸入一段时间后，然后以机械方式上升，并紧压在被粘接零件表面上，当被粘接表面已附着胶黏剂时，模板再次沉入贮存容器中，同时贮存容器被盖上。

（7）浇注法

当要求涂胶层比辊筒涂胶法更厚时，或需要更高生产率时，可使用“帘式淋涂”设备向被粘接表面供应胶黏剂。其过程是：用泵将胶黏剂从贮存容器送至进料口，进料口上开有缝，并和贮存容器相连，这样即生成胶黏剂帘；然后用传送带将被粘接表面运送通过这条胶黏剂帘，即可进行涂胶，如图 7.3-30 所示。通常使用黏度控制器来控制胶黏剂的黏度。

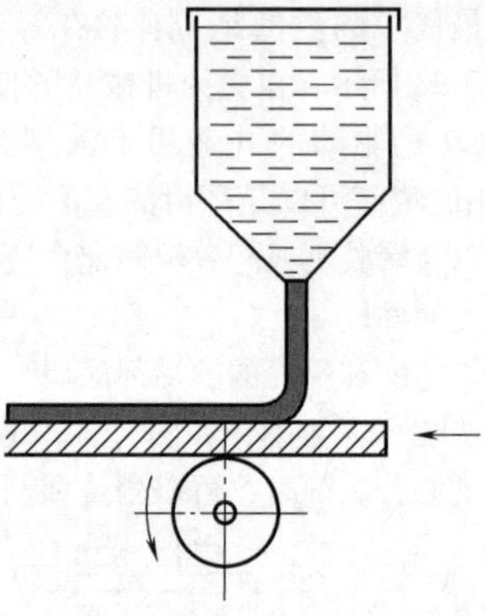

图 7.3-30　浇注法

（8）调胶配胶法

用于胶黏剂调胶配胶的各种设备都可以从市场购得，胶黏剂供应商可提供此方面的方案。调胶配胶设备如图 7.3-31 所示，此类设备有供混合型胶黏剂混合和配料用的专用装置。在混合时，各个组分从贮存容器连续地或不连续地按正确比例送至混合室。混合后，此胶黏剂即可用于涂敷或被送至诸如辊筒和涂胶机等涂胶设备。此时各个组分的黏度对混合十分重要，所以，常将一个或两个组分分别加热以降低其各自黏度，或是使两个组分黏度相等，必要时，还需要有冲洗混合室用的装置。

（9）热熔法

热熔胶黏剂粘接是单组分胶黏剂的一种粘接方法。将胶黏剂做成圆柱形棒料，在使用前将其放在专用的手动操作工具内，如图 7.3-32 所示的热熔枪。使用时，胶黏剂在“涂胶器”内被熔化，然后以精确的剂量涂敷在被连接工件上。涂敷胶黏剂后，应立即将工件连接起来，在几秒钟内胶黏剂即会冷却。热熔法主要应用于仪器、汽车工业和家用器具制造中。

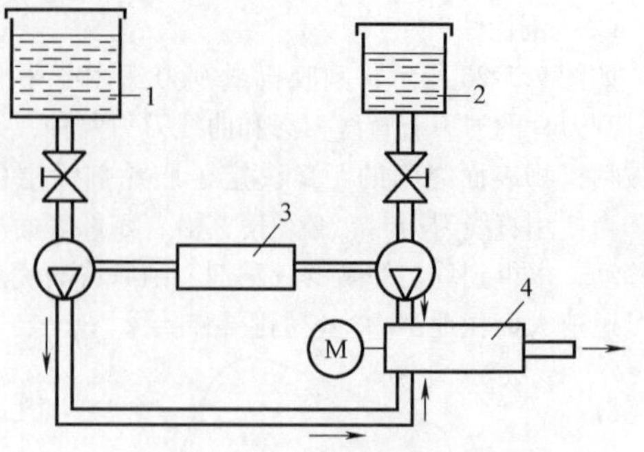

图 7.3-31　调胶配胶设备

1—组分 A　2—组分 B　3—所需混合比例用的可交换驱动器　4—混合室

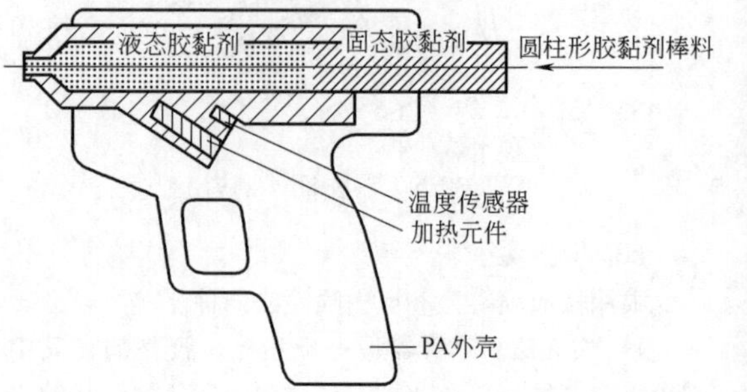

图 7.3-32　热熔枪

7.3.6　几何误差校正

1. 几何误差修整

（1）修配法

改变装配中一个指定零件的尺寸，以达到要求的装配精度。一般要求该零件留有可以去除的修整量，如用钳工修磨垫片、垫圈；刮削机床导轨面、机座结合面；或利用机床本身进行自车、自磨等。

（2）调整法

选用补偿件或改变其中一个特种零件的位置（移动位置或旋转角度）来调整尺寸，以达到要求的装配精度。常用的补偿件有调整垫、调整环、调节螺钉、偏心轴、偏心套，以及可调整的长槽或椭圆孔等。

2. 形状误差的校正

（1）直线度误差校正

图 7.3-33 所示为用光学平直仪校正接长导轨垂直面和水平面内的直线度。安装接长导轨 3 时连接成一体，置于垫块 4 上；调整反射镜 1，从光学平直仪 6 的目镜中观察，使分别在导轨两端反射回来的刻线像位于十字形视场中心位置；将反射镜 1 由近及远往返移动，调整光学平直仪 6 的测微鼓轮，使刻线像同样位于十字形视场中心位置，记下测微鼓轮上的读数；在各测点上取其往返读数的平均值，用图解法或

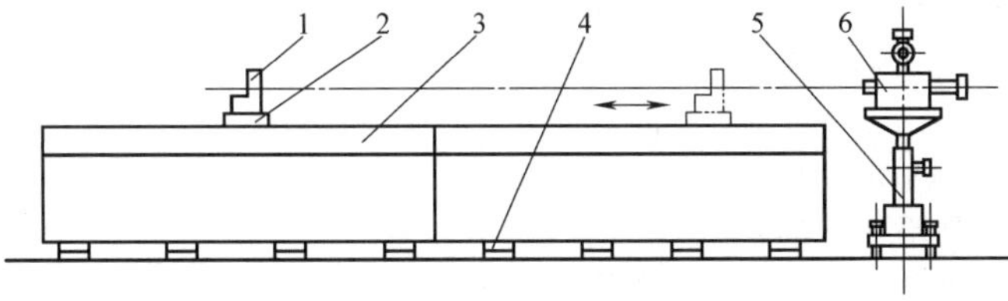

图7.3-33　用光学平直仪校正接长导轨垂直面和水平面内的直线度
1—反射镜　2—检具　3—接长导轨　4—垫块　5—测量架　6—光学平直仪

计算法求出直线偏差；然后通过修刮导轨面或调整垫块高度进行校正。

（2）平面度与水平度误差校正

图7.3-34所示为用自准直仪测量装配基座的平面度。自准直仪1安装于支架上，置于装配基座3之外（图7.3-34a），也可直接置于基座平面上。类似直线度测量，用反射镜2先校正近一段基座平面作为基准；然后将反射镜2逐渐外移（图7.3-34b）；记录每次自准直仪的读数，用图解法或对角线法计算装配基座上各个测量位置相对基准平面的偏差；根据偏差进行修磨或刮削。

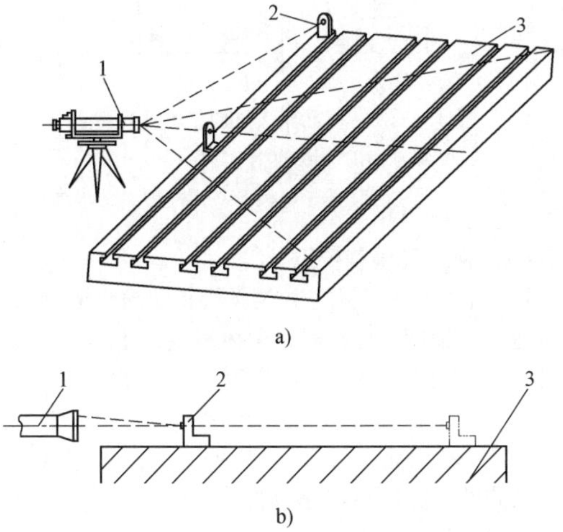

图7.3-34　用自准直仪测量装配基座的平面度
a）自准直仪安装　b）反射镜外移
1—自准直仪　2—反射镜　3—装配基座

3. 位置误差的校正

（1）垂直度误差校正

1）图7.3-35所示为校正水压机横梁台面与立柱的垂直度。先用水准仪4校正下横梁2台面的水平度；再用水准仪在立柱3的上、中、下三个位置的外圆柱面上，各测得四组读数，取其平均值。测量时，应校验各立柱的相互位置尺寸l_1、l_2、l_3、l_4，根据测量数据可修刮下横梁2与紧固螺母1的接触面，或立柱3与下横梁2间内锥套配合面。

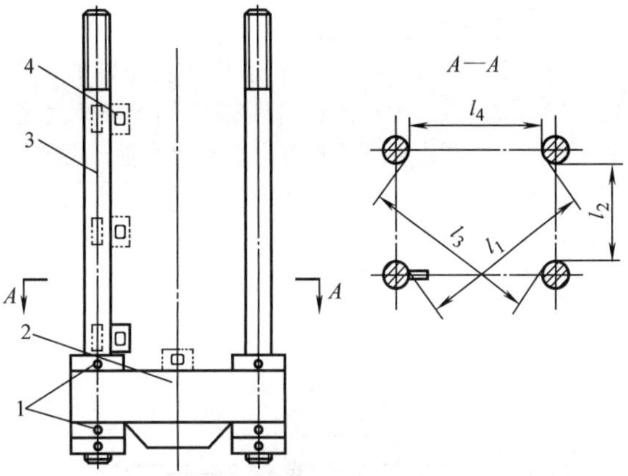

图7.3-35　校正水压机横梁台面与立柱的垂直度
1—紧固螺母　2—下横梁　3—立柱　4—水准仪

2）图7.3-36所示为用测微准直望远镜和光学直角器校正镗床立柱导轨与水平导轨的垂直度。测量和校正过程如下：

① 建立水平测量基准视线，将测微准直望远镜1置于已校正好水平度的水平导轨2一端的平面上，用靶标4调整好望远镜视线与水平导轨面的平行度，以建立水平基准视线。

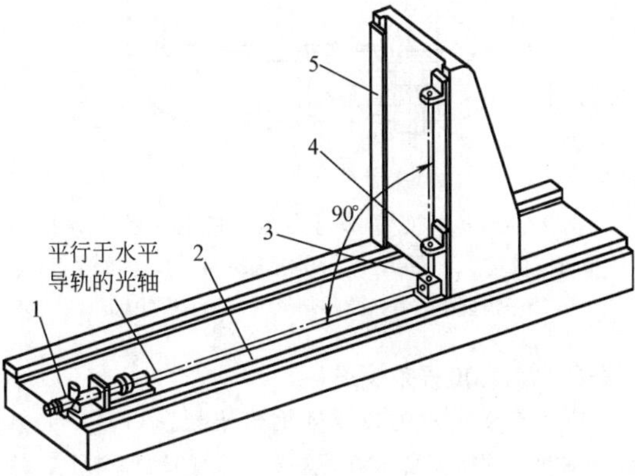

图7.3-36　用测微准直望远镜和光学直角器校正镗床立柱导轨与水平导轨的垂直度
1—测微准直望远镜　2—水平导轨　3—光学直角器
4—靶标　5—立柱

② 调整光学直角器建立90°折射基准视线。将光学直角器3连同支架装在水平导轨面上进行调整，使光学直角器出射窗口的中心至立柱5表面的距离，与所用的靶标4底面（与立柱的贴合面）至靶标中心的距离相等，以建立90°折射基准视线。

③ 校正立柱垂直度。在立柱上各测定点处安放靶标4，检测和调整靶标4的中心十字线，与望远镜发出并经光学直角器折射后的基准视线重合。按测出的偏差刮削立柱底面或与水平导轨的接触面。

(2) 平行度误差校正

图7.3-37所示为校正变速器中各齿轮轴的平行度。将水准仪置于大小齿轮轴两端轴颈上，其尺寸差用量块调节，测出两端垂直方向平行度偏差，用内外卡尺测两轴水平方向平行度偏差。校正的方法：对于滑动轴承，可改变轴承外部调整垫铁的厚度，也可少量修刮轴瓦内孔；对于滚动轴承，则可采用定向装配，以抵消误差。

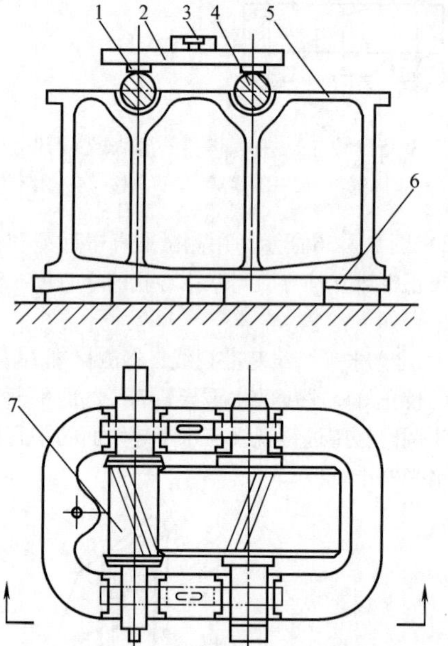

图7.3-37 校正变速器中各齿轮轴的平行度
1—量块 2—平尺 3—水准仪 4—大齿轮轴 5—齿轮箱 6—调整垫铁 7—小齿轮轴

(3) 对称度误差校正

图7.3-38所示为校正轧钢机机架窗口对中心线的对称度。两机架2放在已校好水平的轨座4上，用水准仪5校正窗口底平面的水平偏差（要求两机架底面在同一水平面上），以及窗口导轨面的垂直度，用垫板3或其他修配件调整。然后在两机架的中间位置安装拉紧钢丝、滚轮及悬重，以钢丝为基准，在Ⅰ—Ⅰ至Ⅳ—Ⅳ剖面处测量 x、y，移动其中一个机架，最后使 x 和 y 的差值在允许范围内。

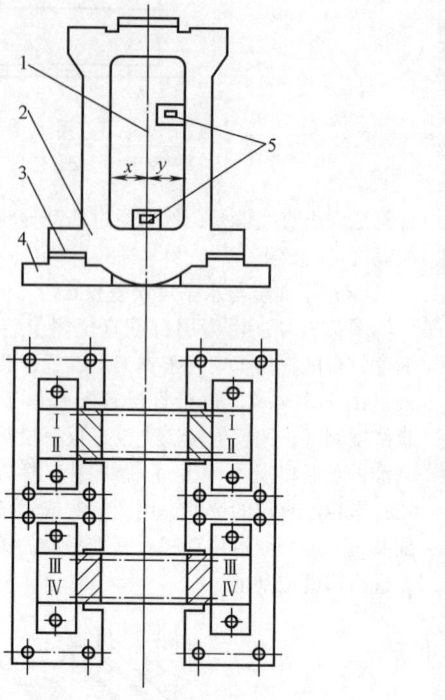

图7.3-38 校正轧钢机机架窗口对中心线的对称度
1—钢丝 2—机架 3—垫板 4—轨座 5—水准仪

(4) 同轴度误差校正

1）图7.3-39所示为拉钢丝校正压缩机气缸与中体滑道的同轴度。校正时以中体滑道2上 $C—C$ 剖面和机身3的圆心为基准，校正钢丝；再逐段校正气缸1和中体滑道2的轴线。分别测得 a、b、c、d 四个读数（见 $C—C$ 剖面），而后经比较，调整结合面处内外圆的间隙，或修刮零件的端面。

轴线总长度宜小于16m，钢丝端悬重 W(kg) 可按下式计算：

$$W=80d_0^2$$

式中 d_0——钢丝直径（mm）。

外伸端过长时，应增加辅助支承。钢丝自重的挠度影响应予修正。任意点挠度近似值 f_x(μm) 可按下式计算：

$$f_x=38.3(L-x)x$$

式中 L——钢丝跨距（m）；

x——与钢丝固定端的距离（m）。

常用拉钢丝导电测量如图7.3-40所示，其可减小测量误差。钢丝的滚轮及固定点均须绝缘。

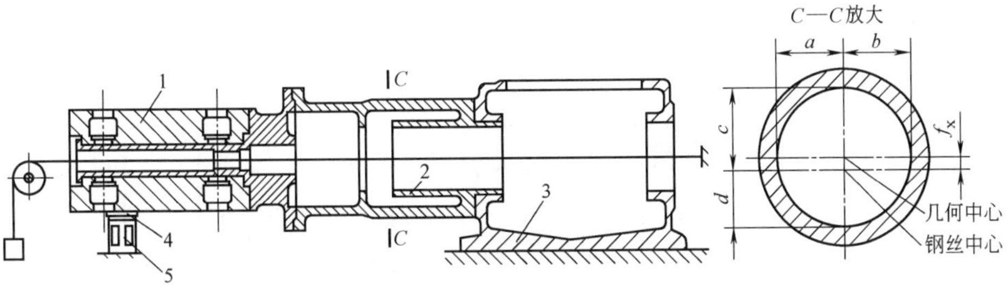

图 7.3-39　拉钢丝校正压缩机气缸与中体滑道的同轴度
1—气缸　2—中体滑道　3—机身　4—调整垫铁　5—垫箱

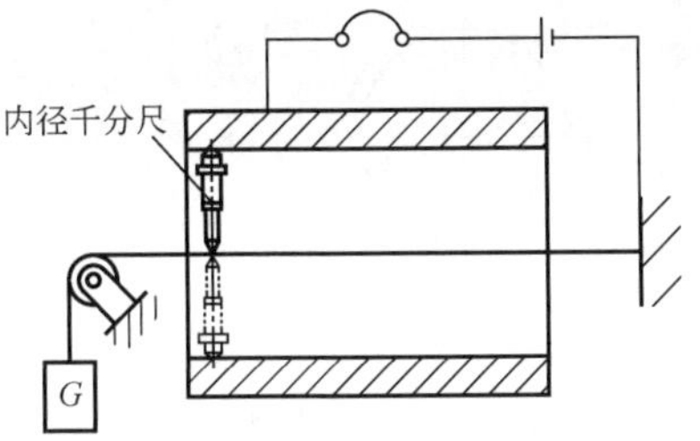

图 7.3-40　常用拉钢丝导电测量

2）图 7.3-41 所示为激光准直仪校正大型汽轮发电机组轴系的同轴度。大型汽轮发电机组系由汽轮机、发电机及励磁机等 6~8 个转子轴串联而成，轴系可长达几十米。

校正程序如下：

① 校正基准线激光束。将机组置于已经校正水平度和平面度并作为装配基准的装配垫铁上。将激光准直仪 5 放在机组的一端位置，而在另一端放置光电监视靶 1，以监视激光束光轴的漂移。调整激光束的水平度，并初调与轴承座中心的同轴度（调整读数输入显示器为零位）。调整好的激光束作为各轴承座中心的一条水平基准线。

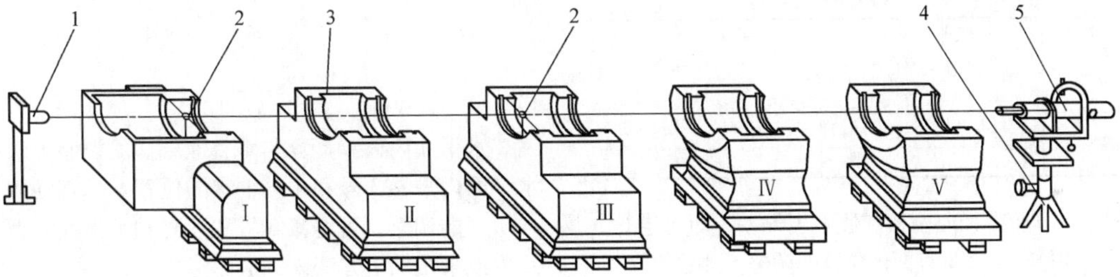

图 7.3-41　激光准直仪校正大型汽轮发电机组轴系的同轴度
1—光电监视靶　2—光电接收靶　3—轴承座（Ⅰ~Ⅴ）　4—支架　5—激光准直仪

② 校正各轴承座。将装有光电接收靶 2 的定心器，分别置于各轴承座的轴承档，激光束对准定心器上的光电接收靶 2。当轴承座实际轴线与光轴轴线有偏移时，光电接收靶收到的光感量有变化，经放大后可在显示器上反映其偏移量的大小和方向，据此进行调整。

调整的方法是移动轴承座或可调整垫铁，改变轴承座轴线，使其符合机组轴线要求。

3）联轴器校正的基本要求，应保证两旋转体轴线同轴度和两联轴器端面平行度。如燃气轮机、透平式压缩机等，校正联轴器的允许偏差，一般在设计或安装技术要求中有规定，其两个联轴器的径向圆跳动和轴向圆跳动应控制在 0.01~0.02mm 以内。

测量联轴器同轴度偏差一般采用普通量具，如百分表、平尺、塞尺等。通过盘动转子，可测量联轴器径向圆跳动和轴向圆跳动，再经过计算可求得调整量。

联轴器径向、轴向联合测量法如图 7.3-42 所示。图 7.3-42a 为两旋转体支承在轴承 1 上，校正前联轴器的位置。选定 2 为基准轴和 4 为被调整轴，在一个联轴器上装上测量支架 3，同时转动两轴，用百分表或塞尺在另一个联轴器外圆等分的四个测点处，按图 7.3-42b 所示位置测得各点外圆 a_1，a_2，a_3，a_4 和端面 b_1，b_1'，…，b_4，b_4'等读数。如果加工精确，则可只转动其中一个联轴器轴，但须防止轴向窜动，否则应同步转动联轴器的两轴。读数测量后，可按表 7.3-42 进行计算，求得两联轴器的偏差。

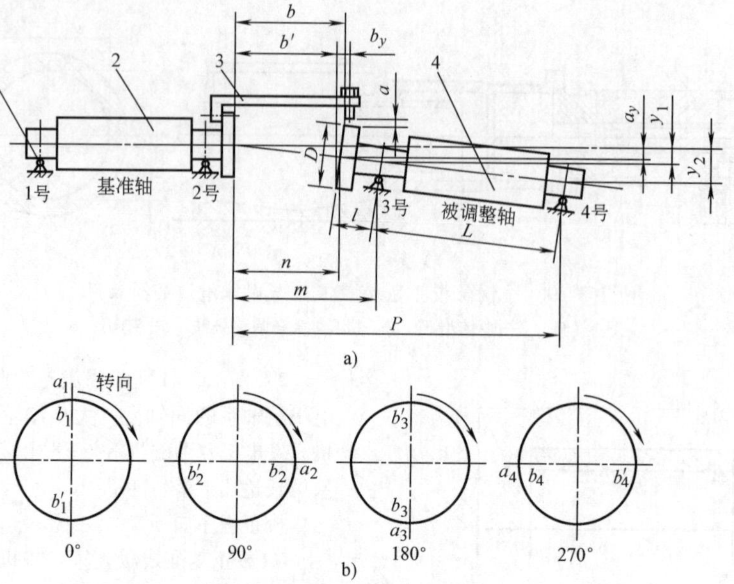

图 7.3-42　校正联轴器示意图

a）两联轴器校正前位置　b）联轴器盘动四个位置的读数

1—轴承（1号~4号）　2—基准轴　3—测量支架　4—被调整轴

表 7.3-42　联轴器偏差计算

偏差位置	水平方向	垂直方向
径向	$a_x=\dfrac{a_2-a_4}{2}$	$a_y=\dfrac{a_1-a_3}{2}$
倾斜	$b_x=\dfrac{(b_2+b_4')-(b_2'+b_4)}{2}$	$b_y=\dfrac{(b_1+b_3')-(b_1'+b_3)}{2}$

根据计算所得径向位移和倾斜度偏差，即可进行3号轴承和4号轴承在垂直面内位置的调整，其数值为

$$y_1=\frac{l}{D}b_y+a_y$$

$$y_2=\frac{L+l}{D}b_y+a_y$$

水平面内偏差计算与垂直面相同。调整方法是在水平面内平移3号和4号轴承的位置。垂直面内偏差 y_1、y_2 的调整，可增减3号和4号轴承下面的调整垫片，或采用加工方法来完成。

7.4　典型部件装配

7.4.1　滑动轴承装配

滑动轴承按油膜承载机理分为动压轴承、静压轴承、动静压轴承、不完全油膜轴承、固体润滑轴承、无润滑轴承和电磁轴承等。滑动轴承因结构型式不同，所能达到的回转精度也不同。

1. 可倾瓦扇形轴承装配

图 7.4-1 所示为精密磨床砂轮架可倾瓦扇形动压轴承。扇形瓦支承方式有固定式和可调式，如图 7.4-2 所示。扇形瓦1的支承球面与球面螺钉2的支承球面配对研磨，接触面积不小于80%。扇形瓦应成组装配，并按旋转方向，以免弄错。扇形瓦轴承装配与调整见表 7.4-1。

2. 外圆内锥动压轴承装配

图 7.4-4 所示为精密磨床砂轮架主轴部件。其前轴承为外圆内锥动压轴承，后轴承为径向推力滚动轴承。

（1）轴承装配

1）涂色法初检锥轴承9的锥孔与主轴锥颈的接触面应不小于85%。

2）用相配主轴做心轴，按壳体孔配磨锥轴承9外圆及肩面。外圆与壳体孔的配合间隙为0.008~0.012mm，表面粗糙度值小于0.2μm。

3）用端面刮规，以壳体孔为基准，修刮壳体孔端面，接触点数为8~10点/25mm×25mm。

4）前端装锥轴承9，后端壳体孔中装刮削用定位套（外圆采用1∶3000锥度与壳体孔配合，内孔与同心刮削心轴的配合间隙为0.002~0.007mm），用同心刮削心轴修刮锥轴承9的锥面，接触点数为16点/25mm×25mm。

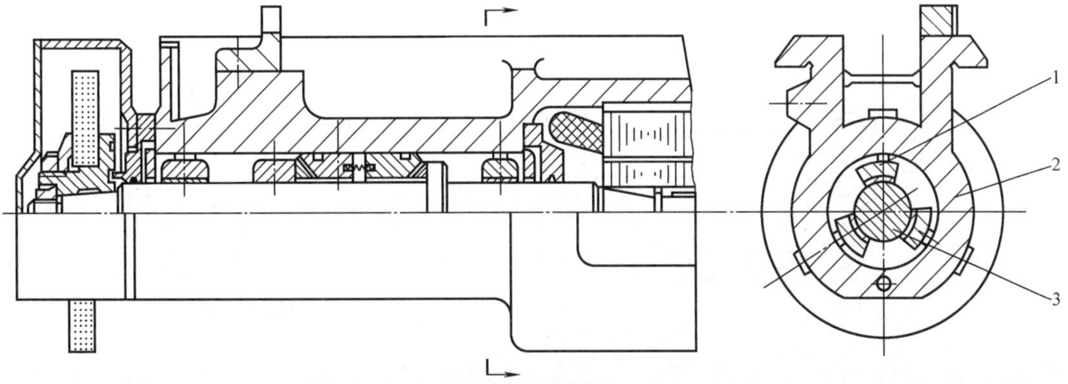

图7.4-1　精密磨床砂轮架可倾瓦扇形动压轴承
1—扇形瓦　2—壳体　3—主轴

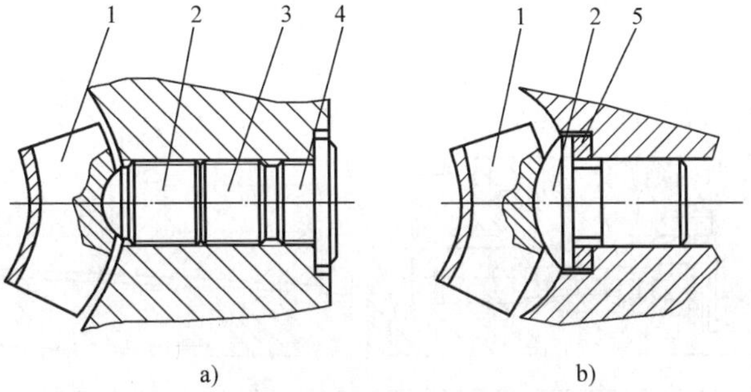

图7.4-2　扇形瓦支承方式
a）可调式　b）固定式
1—扇形瓦　2—球面螺钉　3—锁紧螺钉　4—防尘螺钉　5—垫圈

表7.4-1　扇形瓦轴承装配与调整

序号	装配精度要求	调整与检验方法
1	扇形瓦与主轴轴颈的接触面积不小于85%，接触点数为12点/25mm×25mm，且分布均匀	成批生产，采用专用设备刮削或配磨；小批生产，采用研磨或珩磨轴瓦，最后用轴瓦与主轴轴颈着色检验，若不符合要求，按检验情况修刮瓦面
2	前、后扇形瓦轴承两孔同轴度和与基面的平行度误差不大于0.01mm	采用定心工艺套定位，如图7.4-3所示，先检验主轴与壳体孔同轴度并与基面平行。在此基础上调整扇形瓦位置（可调整球面螺钉），使瓦与主轴轴颈贴紧。若定心工艺套能轻松抽去，即已符合要求。最后再用量具及百分表验证
3	调整扇形瓦的配合间隙，当直径小于100mm时，配合间隙为0.01～0.02mm；高精度型的配合间隙为0.002～0.01mm	将扇形瓦顶面的球面螺钉按规定间隙调整，然后用锁紧螺钉锁紧，并用百分表测量间隙，应符合规定要求
4	转动灵活，无轻重阻滞现象	调整完毕后检验灵活度，转动主轴应无轻重阻滞现象

5）用主轴复检接触面积不小于85%。

6）彻底清洗壳体及全部零件。

7）按顺序装配，安装滚动轴承4与7之前，应配磨好内衬圈6与外衬圈5的厚度差，以达到规定的预紧要求，并采用定向装配法提高主轴回转精度。

（2）轴承间隙调整

在冷态下调整主轴8与锥轴承9的间隙。

1）调节蜗杆1传动齿圈螺母2，使螺纹套3与主轴8等左移，同时在弹簧力作用下使主轴8与锥轴承9相互贴紧，消除其径向间隙。然后在轴端装上百分表，将读数调整到零位。

2）相反方向转动蜗杆1，观察百分表读数，当主轴向右轴向移动达到规定数值s时，即已调整到主轴与锥轴承的径向间隙Δ。它们之间的关系为：

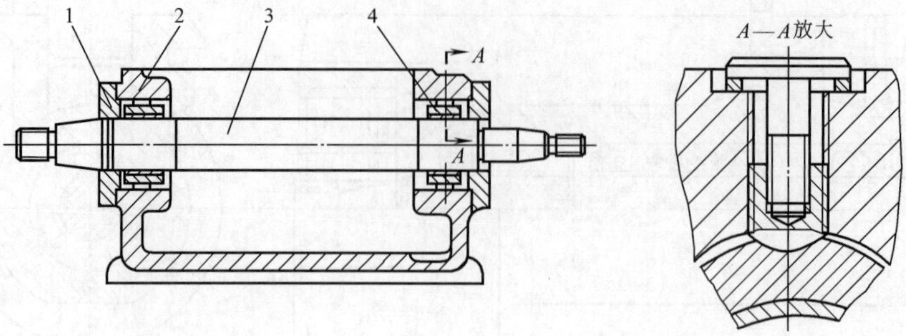

图 7.4-3　用定心工艺套保证主轴与壳体孔同心

1—定心工艺套　2—壳体　3—主轴　4—扇形瓦

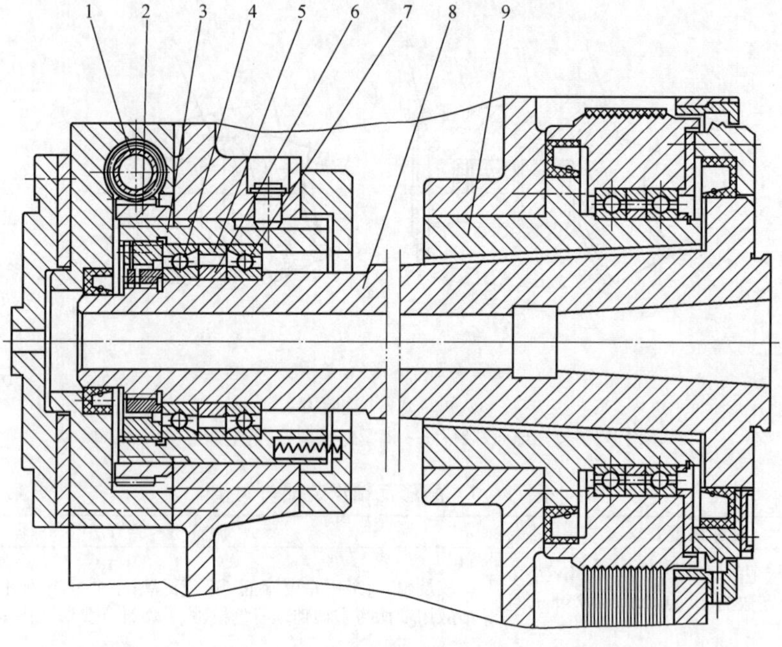

图 7.4-4　精密磨床砂轮架主轴部件

1—蜗杆　2—齿圈螺母　3—螺纹套　4、7—滚动轴承　5—外衬圈　6—内衬圈　8—主轴　9—锥轴承

$\Delta = Ks$（式中，K 为锥轴承的锥度）。

3）调整好后，在蜗杆 1 的调整盘上根据“零位”与“s 值”两个位置做好等分标记，使用时就可根据需要，方便地调整主轴与锥轴承间隙。

4）检测主轴径向圆跳动与轴向窜动应不大于 0.002mm。

5）运转试车，直至热平衡，温升应不大于 20℃，热检主轴精度应符合规定。

3. 空气轴承装配

图 7.4-5 所示为空气静压球轴承，该轴承的回转精度较高，一般可达 0.05μm，主要用于超精密车床主轴和精密高速机械的轴系，尤其是用在不宜用液体润滑的机械中。其装配要点如下：

1）圆球 8、圆柱轴承 1 分别与凹半球轴承 9、10 及凹半球轴承座 6 的球面进行配研，接触面积应不小于 85%。

2）圆球 8 与凹半球轴承 9、10 应保证配合间隙不大于 0.012mm，圆柱轴承 1 与凹半球轴承座 6 应保证配合间隙不大于 0.018mm（适用于球轴承直径 60~80mm），可分别调整凹半球轴承 9 与 10 的结合面和支承板 4 端面上弹簧 2 的压力来达到配合间隙要求。

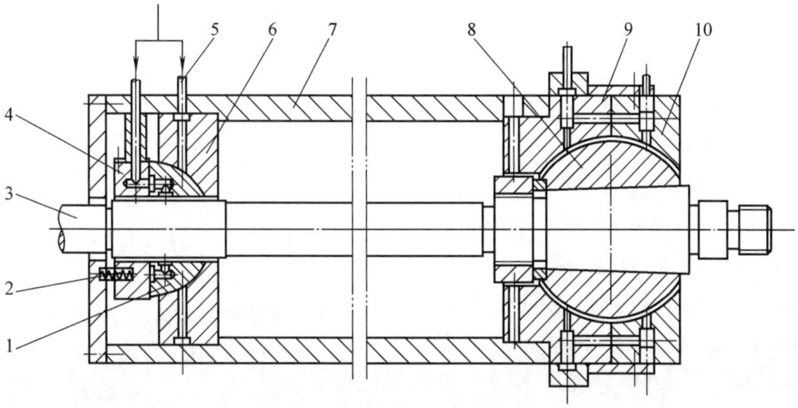

图 7.4-5　空气静压球轴承

1—圆柱轴承　2—弹簧　3—主轴　4—支承板　5—压缩空气进气口　6—凹半球轴承座　7—主轴套筒　8—圆球　9、10—凹半球轴承

3）彻底清洗管路系统，保证进入前后轴承各气孔（直径为 0.3mm）的气体畅通无阻。

4）进入气路的气体必须经过过滤、干燥和稳压，保证主轴可靠运转。

5）将圆柱轴承 1 外圆制成凸半球，并与凹半球轴承座 6 配对，当压缩气体进入凹半球气路后，圆柱轴承 1 有浮动和自位作用。

4. 液体摩擦轴承装配

液体摩擦轴承根据滑动轴承两个相对运动表面油膜形成的原理不同，可以分为液体静压轴承和液体动压轴承。

（1）液体动压轴承的装配步骤及要点

整体式径向滑动轴承由轴承座和轴承套组成，其装配步骤及要点主要有以下几个方面。

1）装配前应仔细检查机体内径和轴套外径尺寸是否符合规定要求。

2）对两配合体要仔细地倒棱和去毛刺，并清洗干净。

3）装配前应给配合件涂润滑油。

4）压入轴承套，若过盈量小，则可用锤子在好的轴承套上加垫块或心棒敲入，如图 7.4-6 所示；若过盈量较大，则可用压力机或拉紧工具压入，用压力机压入时要防止轴套歪斜，压入开始时可用导向环或导向心轴导向。

5）负荷较大的滑动轴承压入后，还要安装定位销或紧定螺钉定位，常用轴承的定位方式如图 7.4-7 所示。

6）修整压入后轴套孔壁，消除装压时产生的内孔变形，如内径缩小、椭圆形、圆锥形等。

7）按规定的技术要求检验轴套内孔，用内径百分表在孔的两三处相互垂直方向上检查轴套的圆度误差，用塞尺检验轴套孔的轴线与轴承体端面的垂直度误差。

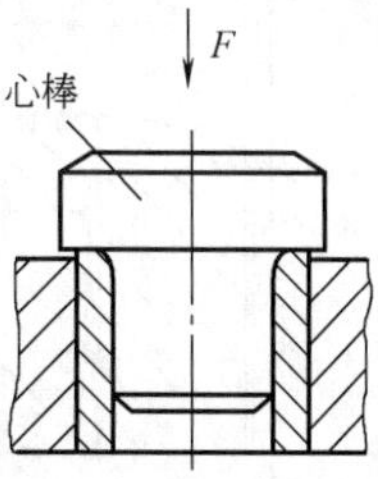

图 7.4-6　用心棒压入轴套

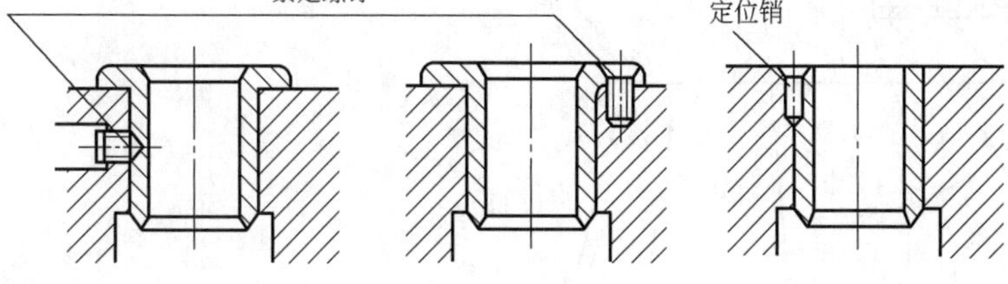

图 7.4-7　轴承的定位方式

（2）液体静压轴承的装配步骤及注意事项

液体静压轴承的装配步骤如下：

1）装配前，必须将全部零件及油管系统用汽油彻底清洗，不允许用面纱等擦洗，防止纤维物质堵塞

节流孔。

2）仔细检查主轴与轴承间隙，一般双边间隙为0.035~0.04mm，然后将轴承压入壳体中。

3）轴承装入壳体孔后，应保证其前后轴承的同轴度要求和主轴与轴承的间隙。

4）试车前，液压供给系统需运转 2h，然后清洗过滤器，再接入静压轴承中试车。

液体静压轴承装配的注意事项如下：

1）将静压轴承压入轴承壳体时，要防止擦伤外圆表面，以免引起油腔互通。如大径较大或过盈量较大，尽量经冷缩后装入。

2）静压轴承压入壳体后，应进行研磨，使前后轴承孔同轴，并保证轴径的间隙符合要求。

3）装配后的静压轴承及供油系统，必须严格清理和清洗。

4）静压轴承必须经过空运转试验，精心仔细调整，以获得良好的刚度和旋转精度。

5）工作试验时，起动轴承供油泵后运转起动主轴。要求各油腔压力表读数相同，压力稳定，主轴旋转平稳无振动。

5. 高精度磨床头架主轴动静压轴承装配

图 7.4-8 所示为高精度磨床头架主轴动静压轴承部件。

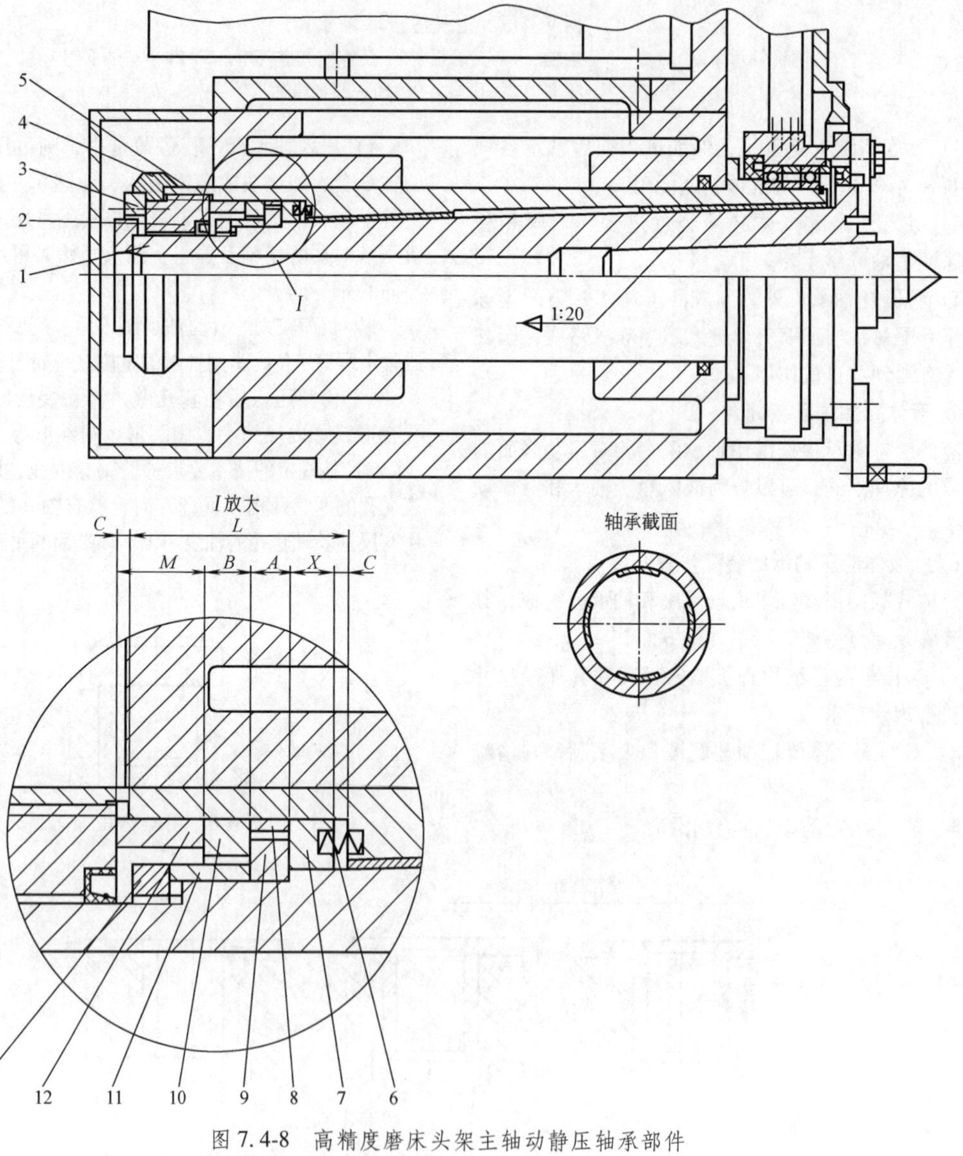

图 7.4-8　高精度磨床头架主轴动静压轴承部件

1—主轴　2—调整螺母　3—压紧盖　4—刻度盘　5—动静压整体长轴承　6—弹簧
7、9、10—平面轴承　8—衬圈　11—内衬圈　12—外衬圈　13—螺母

（1）轴承装配

1）仔细检查主轴 1 与动静压整体长轴承 5 锥体接触面积应不小于 85%，若不符要求，则采用配磨或研磨达到。

2）按主轴轴向间隙要求配磨平面轴承 9 和衬圈 8 的厚度。一般要求件 8 比件 9 厚 0.03~0.04mm。两件平行度误差应不大于 0.001mm。

3）配磨平面轴承 7 的厚度 X，以保证主轴轴向位移量，使轴与轴承配合的径向间隙在规定范围内。一般径向间隙推荐为 0.002~0.006mm。平面轴承厚度 X(mm) 可按下式计算：

$$X=(L+C)-(A+B+M+C)$$

式中　L——动静压整体长轴承 5 内孔端面至外肩面的距离（mm）；

A——衬圈 8 的厚度（mm）；

B——平面轴承 10 的厚度（mm）；

C——保证主轴与轴承径向间隙所需的轴向位移量，一般推荐为 0.15mm；

M——外衬圈 12 的厚度（mm）。

（2）轴承间隙调整

1）拧松调整螺母 2，主轴 1 在弹簧 6 的张力作用下向左移动，主轴锥颈与轴承贴紧，使径向间隙为零。在主轴前端面安装千分表，使测头接触端面，校正读数为零。旋紧压紧盖 3 上的 4 只螺钉，使件 2 与件 3 无相对运动，转动调整螺母 2，在千分表指示值将动未动的瞬间，主轴与轴承间隙仍为零。

2）松开压紧盖 3 上的 4 只螺钉，转动刻度盘 4，使盘上的零位线对准动静压整体长轴承 5 外壳上的标线。旋紧压紧盖 3 上的 4 只螺钉，使件 2、3、4 固定，此时零位已调好。

3）继续旋转调整螺母 2（同时转动主轴），观察主轴向右移动量。当千分表指示值读数增加到某一值（0.10mm）时，标线所指刻度盘 4 上刻度值为主轴与轴承的径向配合间隙值（0.005mm）。在刻度盘圆周上划分若干等份，使用时，可根据主轴不同转速，方便地调整所需径向间隙。

4）间隙调好后，通入压力为 0.4~0.7MPa 的润滑油（5 号主轴油），运转试车 4h，复测主轴温升和回转精度，应符合规定。

7.4.2　滚动轴承装配

一般机械中（某些精密回转机械例外），轴承安装后均有工作游隙存在，工作游隙过大，轴承内载荷不稳定，运动时产生振动，轨迹漂移，精度和疲劳强度差，寿命缩短；工作游隙过小，将造成运转温度过高，易产生“热咬住”，以至损坏。所以安装轴承时，应根据工作精度、使用场合、转速高低，选择合适的轴承工作游隙。轴承安装后，还应考虑轴承与轴和外壳孔配合以及设备运转时温度等因素。选用时，一般高速运转的轴承采用较大工作游隙；低速重载荷的轴承，采用较小工作游隙，以得到优化的载荷分布和最长的使用寿命。

1. 滚动轴承游隙要求和测量

滚动轴承的游隙分为轴向游隙和径向游隙，其测量方法如图 7.4-9 所示。滚动轴承的轴向游隙要求见表 7.4-2~表 7.4-4。

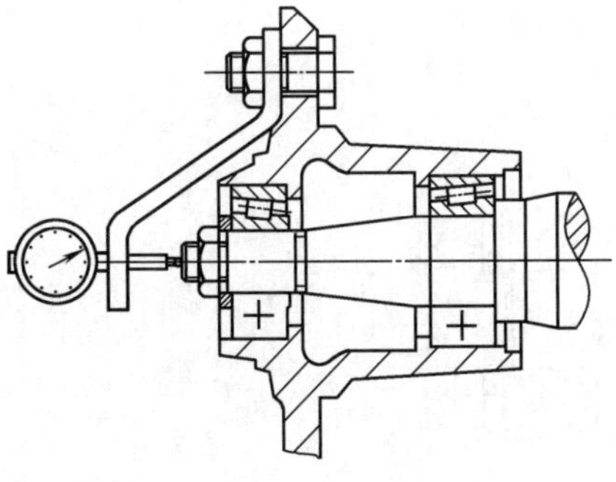

a)

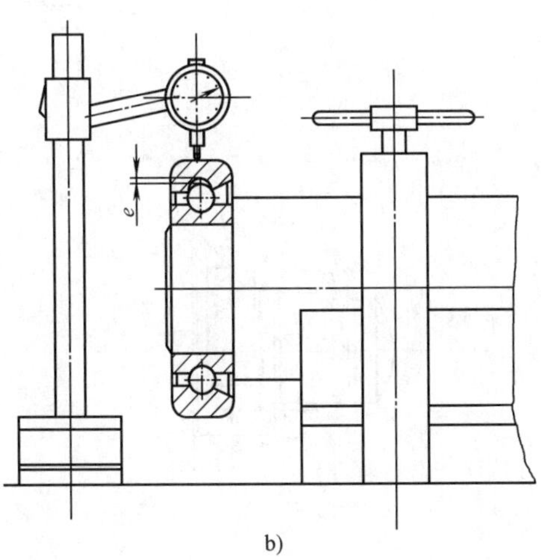

b)

图 7.4-9　轴承游隙的测量

a）轴向游隙的测量　b）径向游隙的测量

表 7.4-2　圆锥滚子轴承的轴向游隙

（mm）

系列	轴的直径			
	≤30	>30~50	>50~80	>80~120
轻系列	0.03~0.10	0.04~0.11	0.05~0.13	0.06~0.15
中系列及重系列	0.04~0.11	0.05~0.13	0.06~0.15	0.07~0.18

表 7.4-3　角接触球轴承的轴向游隙

（mm）

系列	轴的直径			
	≤30	>30~50	>50~80	>80~120
轻系列	0.02~0.06	0.03~0.09	0.04~0.10	0.05~0.12
中系列及重系列	0.03~0.09	0.04~0.10	0.05~0.12	0.06~0.15

表 7.4-4　双列角接触球轴承的轴向游隙

（mm）

系列	轴的直径			
	≤30	>30~50	>50~80	>80~120
轻系列	0.03~0.08	0.04~0.10	0.05~0.12	0.06~0.15
中系列及重系列	0.05~0.11	0.06~0.12	0.07~0.14	0.10~0.18

2. 滚动轴承的安装和拆卸

（1）圆柱孔滚动轴承

滚动轴承由于使用场合不一，其内圆与轴、外圆与孔常采用不同的配合性质，安装时对不可分离型滚动轴承先安装过盈量大的配合面，后安装过盈（或间隙）量小的配合面，如图 7.4-10 所示。严禁借用滚动轴承体传递压入（出）力，这样会破坏轴承的精度。当滚动轴承内外圈配合过盈量相同时，将图 7.4-10c 中工具 3 的端面制成能同时压入轴承的内外圈。分离型滚动轴承可分别安装内外圈。图 7.4-10d、e 为滚动轴承的拆卸。直径和过盈量大的轴承，按结构特点可考虑采用液压套装法拆卸。

精密轴承或配合过盈量较大的轴承，常采用温差法装配，以减少变形量。其加热温度不应高于 100℃，冷却温度不应低于−80℃。加热介质常用机油，加热时应注意轴承不能直接接触油槽底部。常采用低温箱或固态二氧化碳（干冰）来冷却轴承。

（2）圆锥孔滚动轴承

调心滚子轴承、调心球轴承的内锥孔可直接安装在有锥度的主轴轴颈上，如图 7.4-11a 所示，或安装在紧定套和退卸套的锥面上，如图 7.4-11b、c 所示，其配合过盈量取决于轴承内圈沿轴颈锥面的轴向移动量 L。

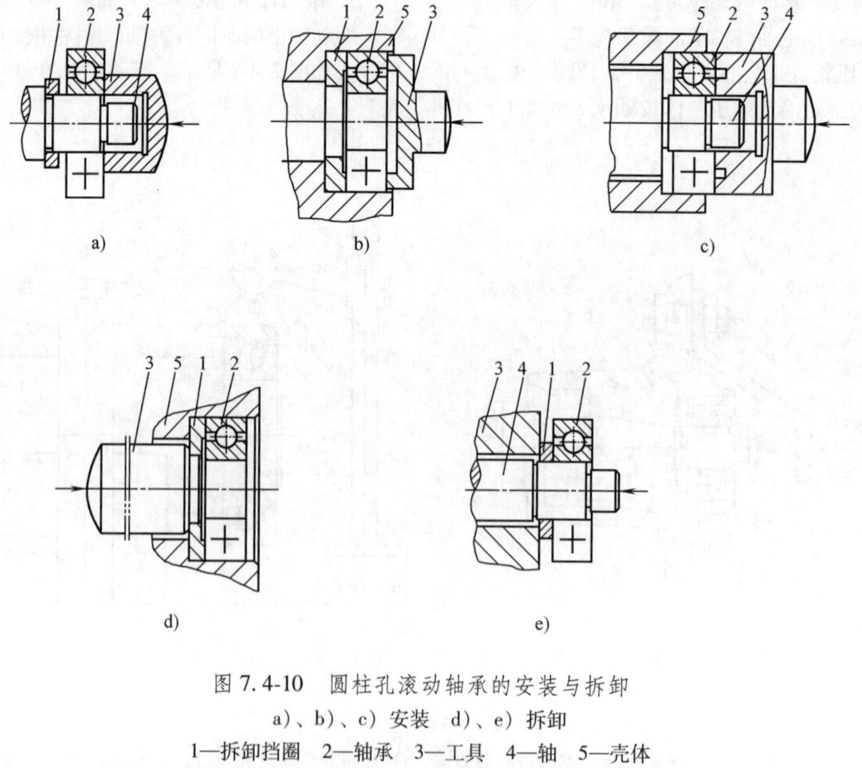

图 7.4-10　圆柱孔滚动轴承的安装与拆卸

a)、b)、c) 安装　d)、e) 拆卸

1—拆卸挡圈　2—轴承　3—工具　4—轴　5—壳体

轴向移动量 L 与径向工作游隙减小量 Δ 之间的关系为

$$\Delta = KL$$

式中　K——内锥孔锥度。

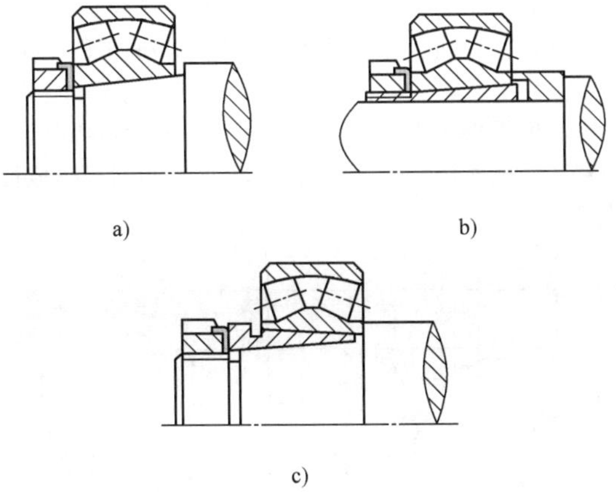

图 7.4-11　圆锥孔滚动轴承的安装

a）直接安装在主轴轴颈上　b）装在紧定套上
c）装在退卸套上

（3）圆锥滚子轴承、推力球轴承和角接触球轴承

角接触球轴承和圆锥滚子轴承通常成对使用，轴承的工作游隙必须在装配时进行调整，一般采用下列方法：

1）用垫圈调整轴承的轴向工作游隙，如图 7.4-12a 所示。该类轴承一般轴是转动的，内圈与轴是过盈配合，外圈与外壳孔是间隙配合。调整时垫圈厚度 a(mm) 按下式确定：

$$a = a_1 + \Delta$$

式中　Δ——规定的轴向工作游隙（mm）；

a_1——消除轴向游隙后，法兰盖端面与外壳孔端面的间隙（mm）。

测量 a_1 时注意如下：

① 间隙 a_1 的测量必须在零游隙条件下进行，可用测量仪测量，也可凭手感加轻微轴向力后，确定是否属于零游隙。

② 测量时必须使法兰盖端面与外壳孔中心线垂直，并取相距 120°三点的平均值（普通垫圈的平行度误差应不大于 0.01mm，精密部件垫圈的平行度误差应不大于 0.005mm）。

2）用锁紧螺母调整轴承的轴向工作游隙，如图 7.4-12b 所示。该类轴承一般轴承外壳是转动部分，轴是静止的。此时，外圈与外壳孔是过盈配合，内圈与轴是间隙配合，轴承的工作游隙用螺母来调整。先旋紧螺母使轴承游隙消除，然后将螺母松开一定角度 α，使轴承得到规定的轴向工作游隙 Δ。计算公式如下：

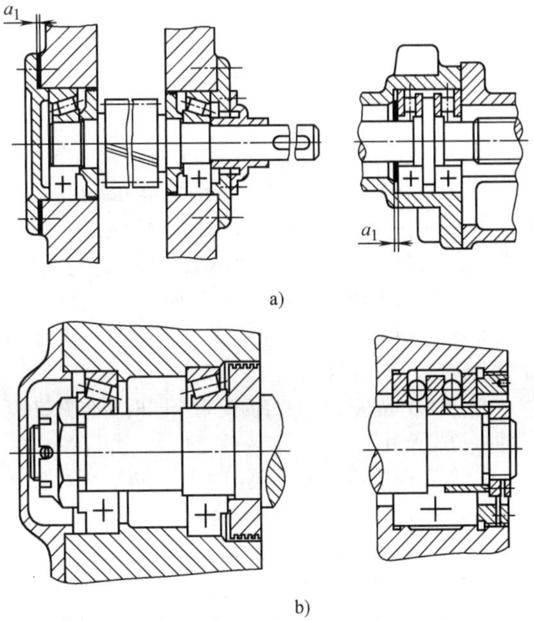

图 7.4-12　调整轴承的轴向工作游隙

a）用垫圈调整　b）用锁紧螺母调整

$$\alpha = \frac{360°\Delta}{P}$$

式中　P——锁紧螺母的螺距（mm）；

Δ——规定的轴向工作游隙（mm）。

用锁紧螺母调整时，要求螺母端面与螺纹中心线垂直，工作游隙的稳定性取决于防松装置。

3）角接触球轴承成对安装。通过调整两轴承间内外间隔套的厚度来控制轴向工作游隙，如图 7.4-13 所示。

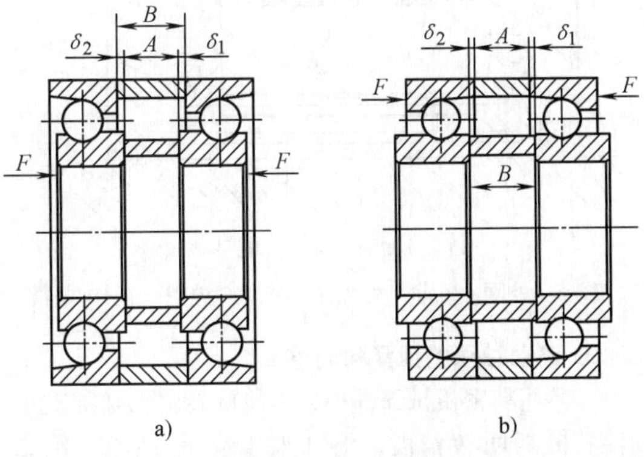

图 7.4-13　成对安装角接触球轴承用间隔套调整轴向工作游隙

a）背对背安装　b）面对面安装

F—消除轴承游隙的力

注：$A = B - (\delta_1 + \delta_2) + \Delta$（式中，$\Delta$ 为规定的轴向工作游隙）。

精密部件中常采用成对安装轴承的方法来获得精确的工作游隙。

4）四列圆锥滚子轴承安装。这类轴承多用于薄板轧机，一般具有三个外圈、两个内圈、三个隔圈和四套带圆锥滚子的保持架，如图 7.4-14 所示。所有零件组成完整一体，不能互换，轴承内的隔圈已保证了轴承内部具有一定的游隙。装配时应做好标记，以免将轴承套圈混乱。同时，应严格按如下顺序进行装配：

① 装配前先校正外壳孔与水平面的垂直度。

② 将外圈 1 装入外壳孔，其端面应与外壳孔端面完全接触。

③ 装入外隔圈 2，并将内圈 8 连同两套带圆锥滚子的保持架及外圈 3 一起装入外壳孔。

④ 装入内隔圈 7 和外隔圈 4 后，再装入内圈 6 连同两套圆锥滚子的保持架和外圈 5。

⑤ 把四列圆锥滚子轴承在外壳孔内组装后，再连同外壳一起用压力法或液压套合法装配到轴颈上。

具有特殊规定游隙的或磨损后需重新装配调整游隙的轴承，可修磨外隔圈 2、4 和内隔圈 7。调整时应注意同一轴承中，各列滚子之间的游隙值尽量相等。隔圈两端面的平行度误差，应不超过各列滚子轴向游隙误差的 1/2~1/3。

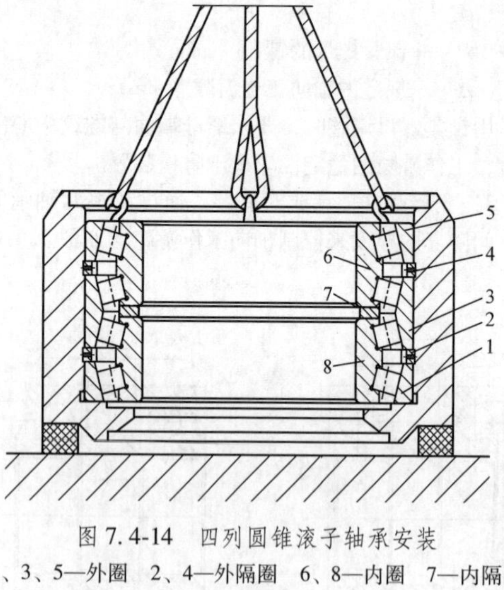

图 7.4-14　四列圆锥滚子轴承安装

1、3、5—外圈　2、4—外隔圈　6、8—内圈　7—内隔圈

3. 滚动轴承的预紧和调整

在某些精密机械部件中，为使旋转主轴增加支承刚性和提高回转精度，滚动轴承安装后必须预紧（负工作游隙）。

（1）预紧的方法

预紧方法分径向和轴向两类，如图 7.4-11 所示调整至负工作游隙，即为径向预紧；如图 7.4-12 和图 7.4-13 所示调整至负工作游隙，即为轴向预紧。另外，轴向借弹簧力推紧轴承外圈（内圈），则不受或少受轴承磨损或热变形影响预紧力。

（2）预紧力的测量和调整

利用垫圈或间隔套的预紧方法，必须在给定的预紧力 F 作用下，测量轴承内外圈端面的错位量，以调整垫圈或内外间隔套的厚度，其测量方法如图 7.4-15 所示。

精密部件装配，轴承预紧可采用图 7.4-16 所示方法。此法比较精确，接近工作状态，也适用于成批生产。

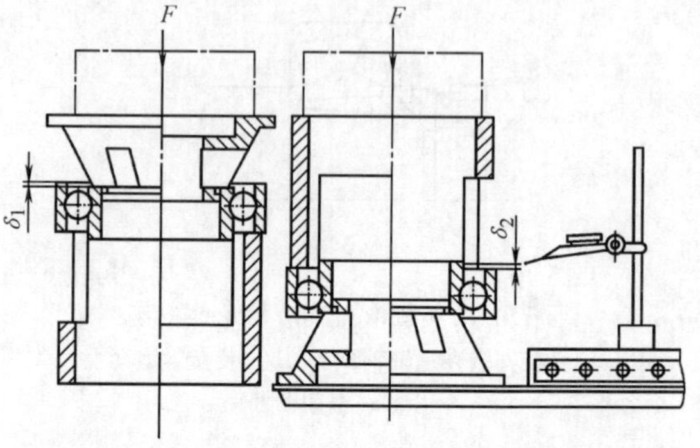

图 7.4-15　在给定预紧力 F 下测量内外圈端面错位量

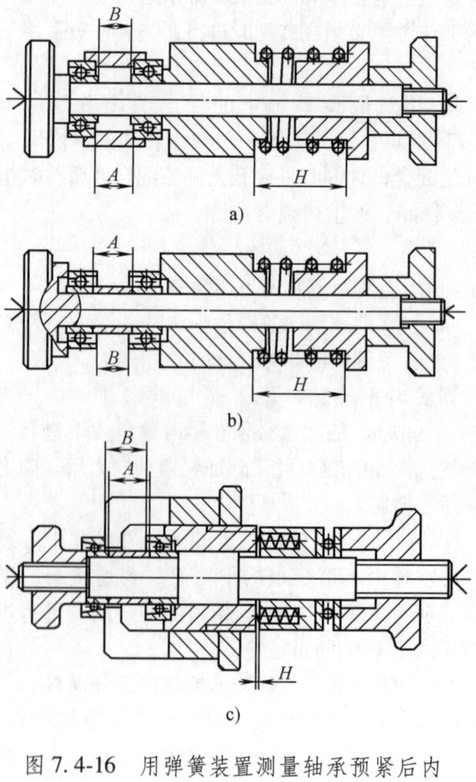

图 7.4-16　用弹簧装置测量轴承预紧后内外圈端面错位量

a）角接触球轴承背对背安装　b）角接触球轴承面对面安装　c）角接触球轴承串联安装

如图 7.4-16a、b 所示，通过转动螺母，压缩弹簧至 H 尺寸，使弹簧的张力符合规定的预紧力；测出 B，与定位值 A 进行比较，得出内外圈端面的错位量，即为安装轴承时内外间隔套所需的配磨量。如图 7.4-16c 所示，首先转动右端螺母，给轴承以少量预紧；然后调节中间螺母，使两轴承受力相等；再转动右端螺母，压缩弹簧至 H 值，测出 B 与 A 的差值，即为所需的外间隔套调整量。

高速精密内圆磨具使用的滚动轴承，其预紧力较小或仅需消除轴承游隙，除采用上述方法测量外，还可凭经验丰富的操作者用图 7.4-17 所示的感觉法。此法将手或重块压紧轴承外圈或内圈（压紧力相当于预紧力），另一只手拨动内外间隔套，验证预紧力是否适当，如感觉松紧一样或阻力适中，即内外间隔套的厚度差已符合要求。当然也可用其他类似的检测法来验证。

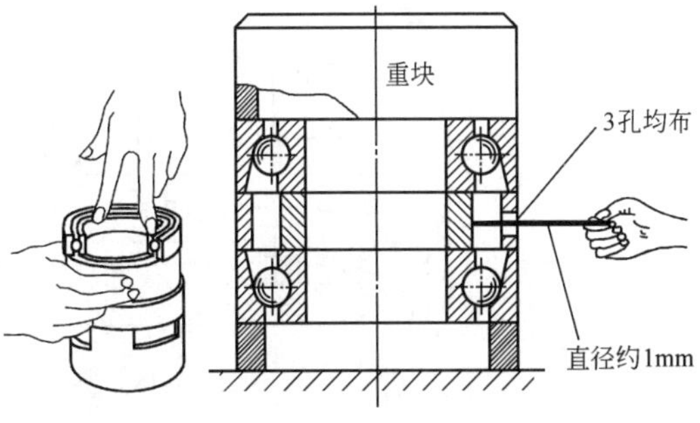

a)　　b)

图 7.4-17　用感觉法预紧轴承

a）手拨法（角接触球轴承串联安装）

b）棒拨法（角接触球轴承面对面安装）

4. 精密机床主轴部件装配

精密机床（坐标镗床、磨齿机、螺纹磨床、高精度外圆磨床等）的主轴部件已广泛采用滚动轴承，其装配和调整的质量直接影响主轴回转精度、主轴部件的工作性能和使用寿命。

（1）轴承与相配零件的选配

轴承与相配零件的选配项目及推荐精度见表 7.4-5。

表 7.4-5　轴承与相配零件的选配项目及推荐精度　（μm）

轴承精度等级及直径/mm		装于同一孔内轴承内外径的直径误差	配合公差		配合表面全跳动误差		同轴度误差		定位肩面跳动误差	垫圈两端面平行度误差
			轴承内圈与轴配合(过盈或间隙)	轴承外圈与外壳孔配合	轴	外壳孔	轴	外壳孔		
D 级与 C 级	≤ϕ80	2	5	2～6	2	3	3	5	3	3
	>ϕ80	3	8	3～10	3	5	5	8	5	5

表 7.4-5 对轴承与相配件的配合要求给出了一定范围，安装时应根据主轴部件的精度要求、受力大小、转速高低、允许温升、外壳孔壁厚、散热条件等因素合理选择。

（2）轴承内外径尺寸的测量

同一外壳孔内的几个轴承外径尺寸和同一轴颈上的几个轴承内径尺寸的合理选择，是保证轴承对轴颈和外壳孔达到预设配合精度的基础，即同一外壳孔内的几个轴承外径尺寸和同一轴颈上的几个轴承内径尺寸有较高的一致性。轴承内外径尺寸的测量一般应精确到 1μm。

现在，成组供货的高精度主轴轴承其内外直径达到了很高的精度，且给出了精确的尺寸数值可供用户选择。

（3）提高轴承内外圈的配合精度

为保证轴承内外圈的配合精度，主轴轴颈及外壳孔一般都在选定轴承后，以轴承内外径实际尺寸为基准进行最后的精加工。

为提高套筒型外壳孔的尺寸精度和形状位置精度，用高精度的专用磨夹具在精密的内圆磨床上进行精磨。对于箱体型外壳孔，则可在精镗后用研磨工具精研。

为提高套筒型外壳孔的同轴度，用 V 形磨夹具在精密磨床上精磨外壳孔（误差小于 1μm）。对于箱体型外壳孔，常需在精镗后用研磨工具精研。

（4）轴承锁紧螺母的调整

精密主轴部件轴承安装时，若采用锁紧螺母预紧，则锁紧螺母的端面与螺纹中心线的垂直度误差及螺纹齿面误差，在螺母拧紧后会造成主轴弯曲及轴承内外圈倾斜，影响主轴的回转精度。图 7.4-18 所示为高精度万能外圆磨床的内圆磨具。拧紧螺母后，测出主轴径向圆跳动的最高点，并在其反向 180°处，在螺母上做出标记；拧下螺母，在做标记处修刮螺母结合端面；再拧上重复测量调整，直至主轴回转精度合格为止。解决螺母端面与螺纹中心线垂直度的另一途径，可装在 1∶1000 的螺纹锥度心轴上来修磨螺母定位肩面。绝不允许用敲打锁紧螺母的方法来达到主轴回转精度。

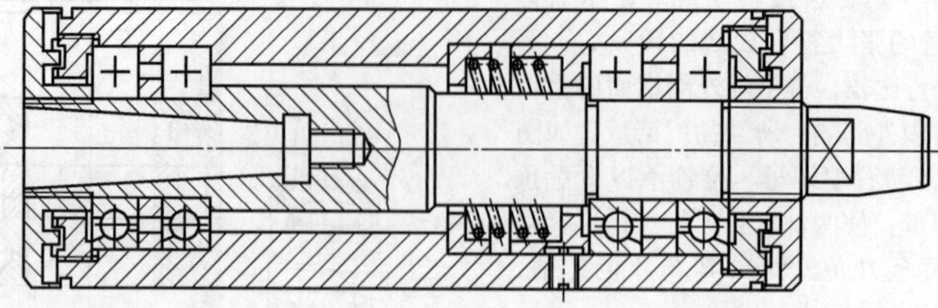

图 7.4-18　高精度万能外圆磨床的内圆磨具

装配后在主轴锥孔中插入检验心棒，在离主轴锥孔端面 150mm 处，其径向圆跳动应小于 0.005mm。

（5）误差的定向装配

滚动轴承的内外圈，都具有不同程度的径向圆跳动，主轴轴端的定心锥孔与轴颈也存在一定的偏差。因此，在轴承部件装配时，可采用误差定向装配，以提高主轴的回转精度。图 7.4-18 所示的高精度万能外圆磨床的内圆磨具，即通过误差定向装配法来提高主轴回转精度。

误差定向装配示意图如图 7.4-19 所示。装配时，将前后轴承内圈的径向最大跳动点安装于同一方向，同时使主轴内锥孔中心线与轴颈中心线的最大偏差置于同一轴向剖面内，其方向相反，如图 7.4-19a 所示。这种装配法在前后轴承径向圆跳动量及主轴锥孔中心线与轴颈中心线偏差不变的条件下，与其他不同方向装配相比，主轴检验处的径向圆跳动量 δ 最小。同样，轴承外圈也应按上述方法进行装配。对于箱体型壳体，因测量外壳孔偏差较费时，可只将前后轴承外圈的最大径向跳动点装于外壳孔内同一方向。另外，为提高安装精度，内圈径向圆跳动量较大的轴承应安装于部件的后支承上。

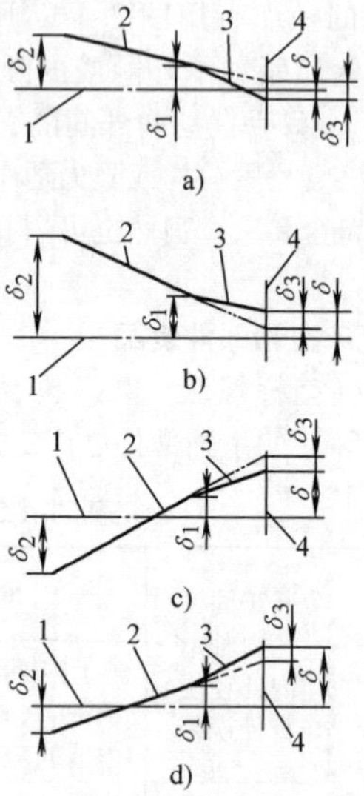

图 7.4-19　误差定向装配示意图

a）完全定向　b）、c）、d）不完全定向

δ_1、δ_2—前后轴承内圈径向圆跳动量

δ_3—主轴锥孔中心线与轴颈中心线偏差

1—旋转轴线　2—主轴颈中心线　3—主轴锥孔中心线

4—主轴端面（测量面）

（6）综合误差缩小法

综合误差缩小法装配可提高主轴部件的装配精度。图 7.4-20 所示为精密坐标镗床主轴部件。装配时，采用装配与精加工相互交替进行的方法来缩小综合误差，达到主轴部件的最佳精度。

主轴 12 经精加工后，先压装上前后轴承内套 11、7（过盈量：当直径小于 100mm 时，推荐采用 0.01~0.02mm），再与主轴 12 一起进行最终加工，以减小轴承与主轴的装配误差。前后轴承中滚柱 10 应进行精研，要求圆度、锥度误差小于 0.5μm，表面粗糙度值小于 0.10μm，且与前后轴承外套 9、6 单配，过盈量前轴承为 0.002~0.005mm，后轴承为 0.002mm。零件经仔细清洗后，进行主轴部件初装。分别调整内螺母 2 及外螺母 1，使推力球轴承获得所规定的预紧力。待主轴部件装配精度达到要求后，还需将其安装于 V 形座中，通过主轴自转来精磨内锥孔，以减小主轴内锥孔中心线与轴承旋转中心的偏差。最终将主轴部件拆开，所有零件进行彻底清洗，重新按原方向和位置进行顺序装配，以获得高精度。

7.4.3　带传动、链传动部件装配

1. 带传动部件装配

（1）带传动部件的装配技术要求

1）表面粗糙度。轮槽工作表面的表面粗糙度值要适当，过小易使传动带打滑，过大则传动带工作时易发热而加剧磨损。其表面粗糙度值一般取为 3.2μm，轮槽的棱边要倒圆。

2）安装精度。带轮装在轴上后不应有歪斜和跳动，通常带轮在轴上的安装精度应不低于下述规定：带轮的径向圆跳动公差和轴向圆跳动公差均为 0.2~

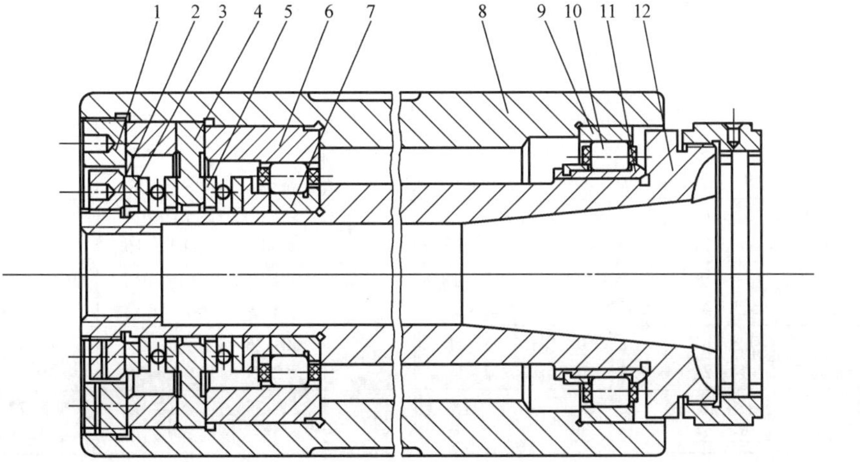

图 7.4-20　精密坐标镗床主轴部件

1—外螺母　2—内螺母　3—垫圈　4—衬圈　5—推力球轴承　6—后轴承外套　7—后轴承内套　8—套筒　9—前轴承外套　10—滚柱　11—前轴承内套　12—主轴

0.4mm；安装后两轮槽的对称平面与带轮轴线的垂直度误差为±30′；两带轮轴线应互相平行，相应轮槽的对称平面应重合，其误差不超过±20′。

3）包角。带在带轮上的包角不能太小。因为张紧力一定时，包角越大，摩擦力也就越大。对 V 带来说，其小带轮的包角不能小于 120°，否则容易打滑。

4）张紧力。带的张紧力对其传动能力、寿命和轴向压力都有很大影响。张紧力不足、传递载荷的能力降低，效率也低，且会使小带轮急剧发热，加快带的磨损；张紧力过大则会缩短带的寿命，轴和轴承上的承载增大，轴承发热，并加剧磨损。因此，适当的张紧力是保证带传动正常工作的重要因素。

（2）带轮的装配

带轮孔与轴一般采用过渡配合（H7/k6），有少量过盈，对同轴度要求较高。为了传递较大的转矩，需用键和紧固件进行周向、轴向的固定。图 7.4-21 所示为带轮在轴上的几种固定方式。

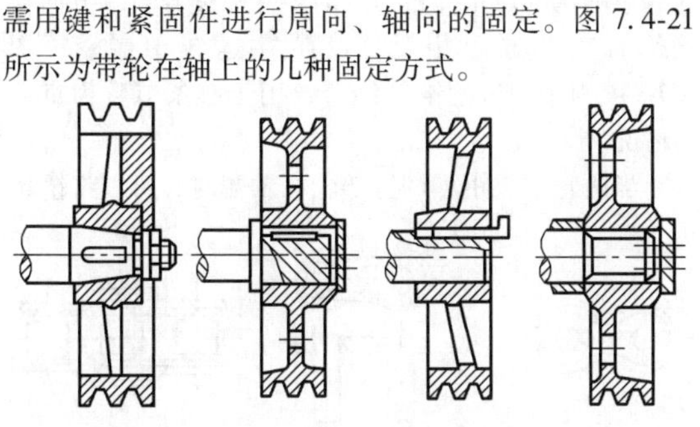

图 7.4-21　带轮与轴的连接

a）圆锥轴颈、挡圈轴向固定　b）轴肩、挡圈轴向固定　c）楔键周向、轴向固定　d）隔套、挡圈轴向固定

安装带轮前，先按轴和轴毂孔的键槽修配键，然后清理安装面并涂上润滑油。用木锤或铜棒将带轮轻轻打到轴上，或用螺旋压入工具将带轮压到轴上，如图 7.4-22 所示。

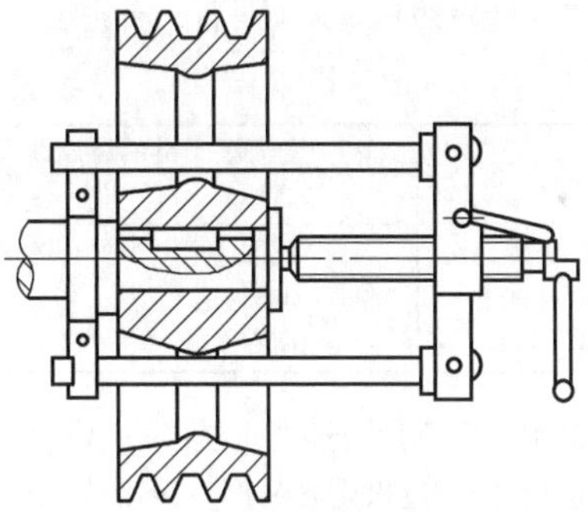

图 7.4-22　用螺旋压入工具装带轮

带轮装到轴上后，要检查带轮的径向圆跳动量和轴向圆跳动量。一般可用刻度盘检查，要求较高时可用百分表检查。此外，还要检查两带轮的相互位置精度，中心距较小时可用直尺测量，较大时可用拉线法测量。

（3）传动带的安装与调整

1）带的安装。先将两带轮的中心距调小，将带套在小带轮上，再将带旋入大带轮。

2）张紧力的检查。在带与两带轮的切点连线的中点处，垂直于传动带加一重物 M，通过测量 M 产生的挠度 y 来检查张紧力的大小。在 V 带传动中，规定在 M 的作用下，中点挠度应大致等于带与两带轮切点跨距长度 L 的 1.6/100，即 $y=1.6L/100$。载荷 M

的大小与 V 带的型号、小带轮直径及带速有关，生产中可按表 7.4-6 选取。

表 7.4-6　测定张紧力所需的载荷 M　(N)

普通V带	小轮直径/mm	带速/(m/s) 0~10	10~20	20~30	普通V带	小轮直径/mm	带速/(m/s) 0~10	10~20	20~30
Z	50~100 >100	5~7 >7~10	4.2~6 >6~8.5	3.5~5.5 >5.5~7	C	200~400 >400	36~54 >54~85	30~45 >45~70	25~38 >38~56
A	75~140 >140	9.5~14 >14~21	8~12 >12~18	6.5~10 >10~15	D	355~600 >600	74~108 >108~162	62~94 >94~140	50~75 >75~108
B	125~200 >200	18.5~28 >28~42	15~22 >22~33	12.5~18 >18~27	E	500~800 >800	145~217 >217~325	124~186 >186~280	100~150 >150~225
SPZ	67~95 >95	9.5~14 >14~21	8~13 >13~19	6.5~11 >11~18	SPB	160~265 >265	30~45 >45~58	26~40 >40~52	22~34 >34~47
SPA	100~140 >140	18~26 >26~38	15~21 >21~32	12~18 >18~27	SPC	224~355 >355	58~82 >82~106	48~72 >72~96	40~64 >64~90

3）张紧力的调整。传动带工作一段时间后，会产生永久性变形，从而使张紧力减小。为此需要利用调整张紧力的机构来改变两带轮的中心距。在安装新带或调整时，最初的张紧力可为正常张紧力的 1.5 倍，以保证传递所要求的功率，可以通过调整中心距和使用张紧轮两种方法进行。

2. 链传动部件装配

(1) 链传动部件的装配技术要求

1）两个链轮的轴线必须平行，否则会加剧链条或链轮的磨损，降低传动的平稳性，并增加噪声。

2）两个链轮之间的轴向偏移量不能太大。一般当两链轮中心距≤500mm 时，轴向偏移量应在 1mm 以下；当两带轮中心距>500mm 时，轴向偏移量应小于 2mm。一般情况下，轴向偏移量可以用钢直尺检查，当中心距较大时可用拉线法检查。

3）链轮在轴上固定后，其径向圆跳动和轴向圆跳动均需符合要求。链轮的允许跳动量必须符合表 7.4-7 所列数值的要求。

表 7.4-7　链轮的允许跳动量　(mm)

链轮的直径	套筒滚子链的链轮跳动量 径向(δ)	轴向(a)	链轮的直径	套筒滚子链的链轮跳动量 径向(δ)	轴向(a)
100 以下 >100~200 >200~300	0.25 0.5 0.75	0.3 0.5 0.8	>300~400 400 以上	1.0 1.2	1.0 1.5

4）链条的下垂度要适当。链条安装过紧会增加负荷、加剧磨损；过松则容易产生振动或脱链。对于水平或倾斜 45°以下的链传动，链条的下垂度 f 不应大于 $0.02l$；对于垂直传动或倾斜 45°以上的链传动，链条的下垂度 f 不应大于 $0.002l$，如图 7.4-23 所示，图中 f 为下垂度，l 为两链轮的中心距。

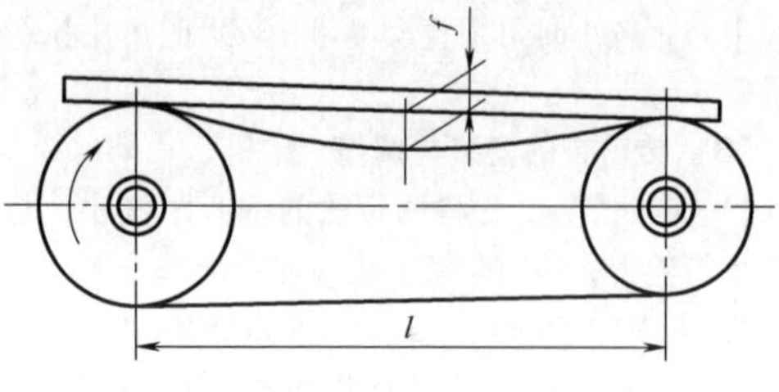

图 7.4-23　链条的下垂度

(2) 链传动部件的装配

链轮在轴上的装配及固定方法与带轮基本相同。

套筒滚子链的接头形式如图 7.4-24 所示。图 7.4-24a 为用开口销固定活动销轴，图 7.4-24b 为用弹簧卡片固定活动销轴，这两种方法都用于链条节数为偶数的情况。用弹簧卡片时要注意使开口端方向与链条的速度方向相反，以防在运转中脱落。图 7.4-24c 为采用过渡链节结合，用于链条节数为奇数的情况。

当两轮中心距可调且链轮在轴端时，可以将链条

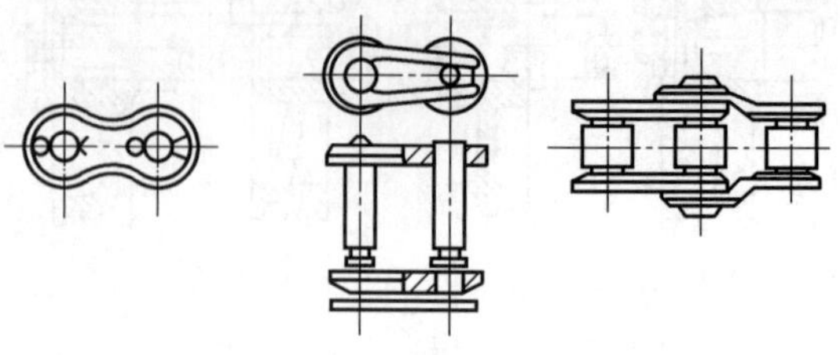

a)　　b)　　c)

图 7.4-24　套筒滚子链的接头形式

两端预先接好，再装到链轮上。如果受结构限制，只能先将链条套在链轮上再进行连接，此时可以采用专用的拉紧工具，如图 7.4-25 所示。

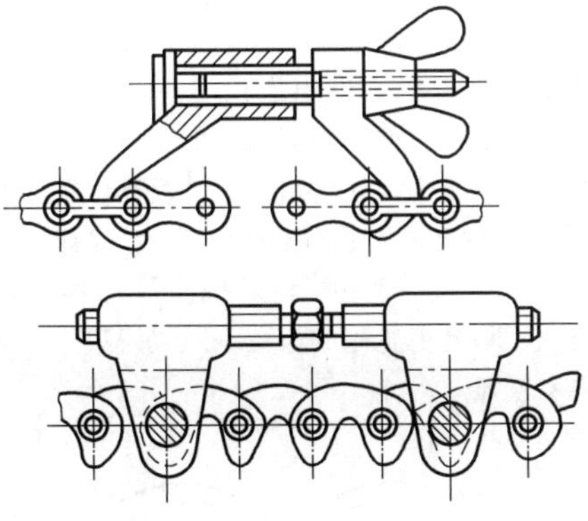

图 7.4-25　拉紧链条

3. 无级变速器装配

(1) 传动方式

无级变速技术采用传动带和工作直径可变的主、从动轮相配合来传递动力，可以实现传动比的连续改变，从而得到传动系与发动机工况的最佳匹配。常见的无级变速器有液力机械式无级变速器和金属带式无级变速器。为实现无级变速，按传动方式可采用液体传动、电力传动和机械传动三种方式。

1）液体传动。液体传动分为两类：一类是液压式，另一类是液力式。其主要特点是：调速范围大，可吸收冲击和防止过载，传动效率较高，寿命长，易于实现自动化；但制造精度要求高，价格较贵，输出特性为恒转矩，滑动率较大，运转时容易发生漏油。

2）电力传动。其主要分为电磁滑动式、直流电动机式和交流电动机式三类。

3）机械传动。其主要特点是：转速稳定，滑动率小，工作可靠，具有恒功率机械特性，传动效率较高，而且结构简单，维修方便，价格相对便宜；但零部件加工及润滑要求较高，承载能力较低，抗过载及耐冲击性较差，故一般适合于中、小功率传动。

(2) 装配要点

1）箱体里的两对链轮应相互对准，如图 7.4-26 所示，即当 $i=1:1$ 时，两对链轮的对称中心线偏移不允许过大。

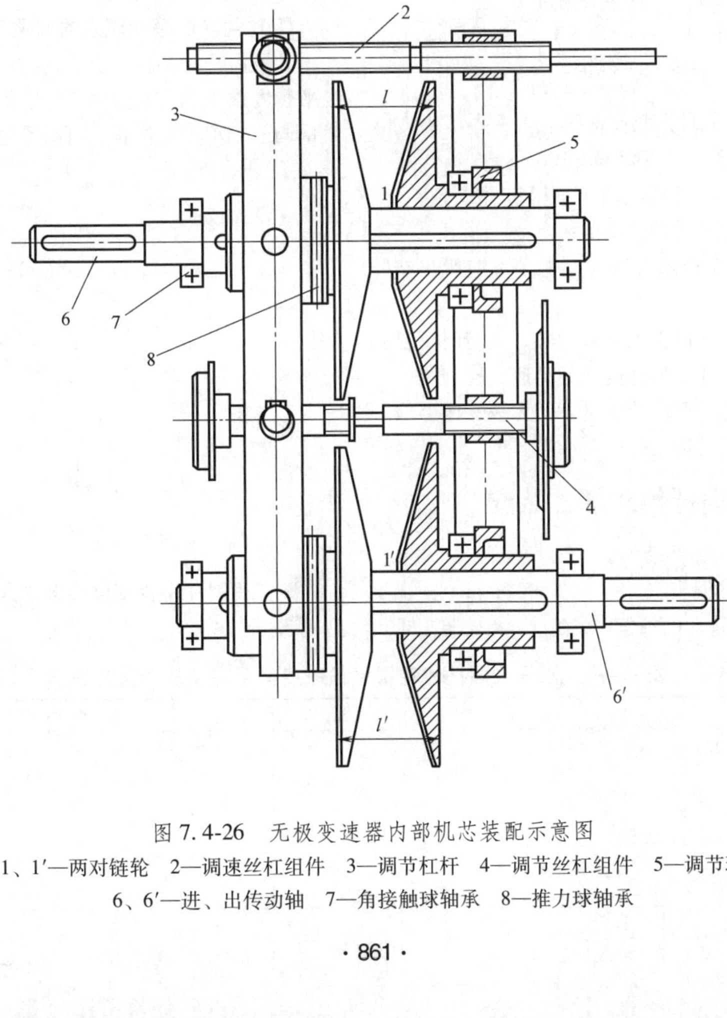

图 7.4-26　无极变速器内部机芯装配示意图
1、1′—两对链轮　2—调速丝杠组件　3—调节杠杆　4—调节丝杠组件　5—调节环
6、6′—进、出传动轴　7—角接触球轴承　8—推力球轴承

2）如图 7.4-27 所示，加压架的弧形压脚 3 应位于链条的居中位置上，与链条平行接触并加压，且弹簧压力正常。

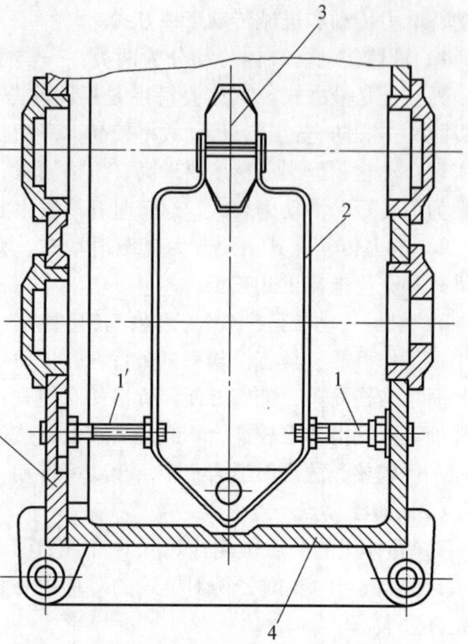

图 7.4-27　加压架安装位置示意图

1、1′—加压架支轴　2—加压架（上）3—弧形压脚　4—箱体　5—侧盖

3）全机保持水平时，两传动轴相互平行，并与底脚面也平行，平行度≤0.025mm/100mm。

4）各转动部分应回转灵活，不得有扎刹现象；各密封处不得有渗油或漏油迹象。

5）当手轮转至两极限位置时，链条不应脱出链轮或发生打滑现象。

6）最好能进行 2h 以上的空载运转，运转时反复试验其调速手轮，指针从最低速到最高速，检查是否有异声、发烫或其他不正常的情况。当无级变速器检查合格后，便可装上设备运行。

7.4.4　齿轮及蜗杆传动部件装配

1. 圆柱齿轮传动部件装配

（1）运动精度的调整

1）齿圈径向圆跳动的补偿。装配前，齿轮装在标准心轴上，先测出齿圈径向圆跳动最大值及其相位，并做好标记；再测出轴承内圈和安装齿轮的轴颈径向圆跳动最大值及其相位，并做好标记。然后进行相位调整，补偿运动误差，使传动精度符合规定。

2）齿距累积误差的补偿。如图 7.4-28 所示，先测量两个配对齿轮的齿距累积误差，并符合精度要求。然后分别测量两个配对齿轮的 k 个同侧齿面的实际尺寸，找出一个齿轮的最大尺寸及其位置，并做记号“+”；再找出配对齿轮的最小尺寸及其位置，并做记号“-”。最后使两齿轮累积误差大小相互补偿。该方法用于啮合齿轮副的齿数相同或齿数之比为整数时，效果较显著。

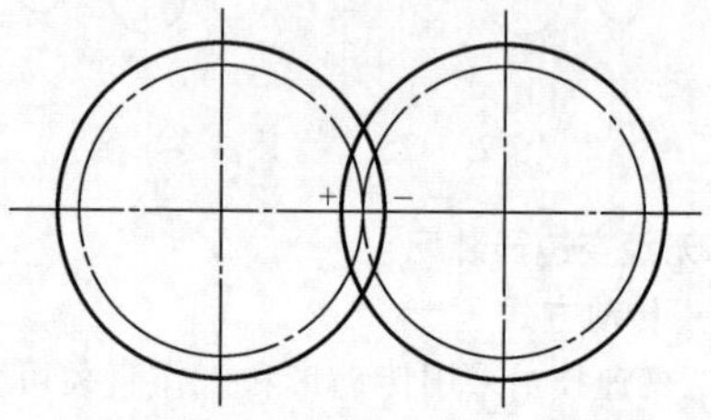

图 7.4-28　齿距累积误差补偿示意图

（2）齿轮副接触斑点的调整

导致齿轮副接触斑点不良的因素常是安装轴的轴线平行度误差，如图 7.4-29 所示。通过修刮轴瓦或微量调节轴承支座位置，可减小轴线平行度误差。

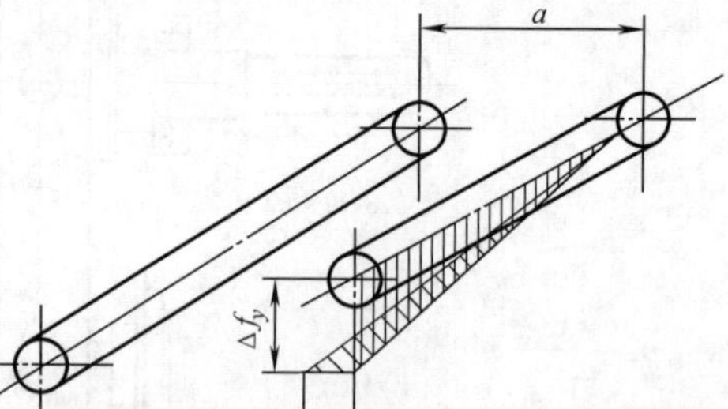

图 7.4-29　轴线平行度误差示意图

渐开线圆柱齿轮副接触斑点常见现象及调整方法见表 7.4-8。

表 7.4-8　渐开线圆柱齿轮副接触斑点常见现象及调整方法

接触斑点	原　因	调整方法
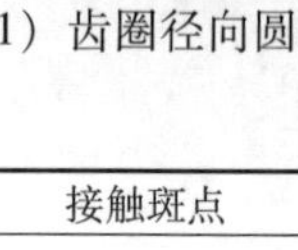 正常		

（续）

接触斑点	原　　因	调 整 方 法
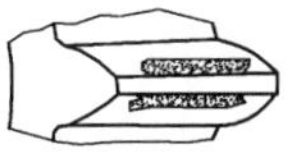 上齿面接触	中心距偏大	调整轴承支座或刮削轴瓦
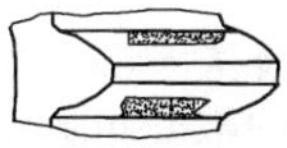 下齿面接触	中心距偏小	调整轴承支座或刮削轴瓦
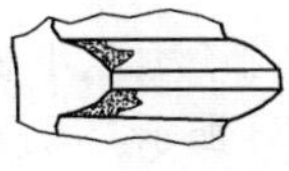 一端接触	齿轮副轴线平行度误差	微调可调环节或刮削轴瓦
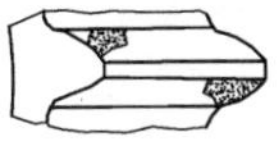 搭角接触	齿轮副轴线相对歪斜	调整可调环节或刮削轴瓦
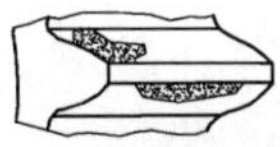 异侧齿面接触不同	两面齿向误差不一致	调换齿轮
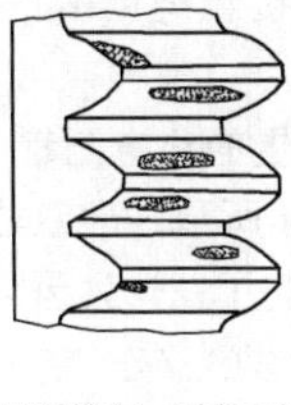 不规则接触，时好时差	齿圈径向圆跳动量较大	1）采用定向装配法调整 2）消除齿轮定位基面异物（包括毛刺、凸点等）
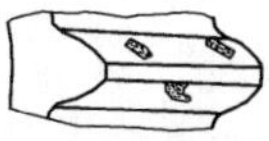 鳞状接触	齿面波纹或带有毛刺等	1）去除毛刺、硬点 2）低精度可采用磨合措施

（3）齿轮副侧隙的检验和调整

1）齿轮副侧隙的检验。

① 压熔丝（或铅条）检验齿轮副法向侧隙如图 7.4-30 所示。在齿面的两端并垂直于齿线处，放置两条熔丝（或铅条），齿宽大者放 3~4 条。熔丝直径或铅条厚度不宜大于规定最小法向极限侧隙的 4 倍。经转动齿轮压挤后，熔丝或铅条最薄处厚度，即为齿轮副实测的法向侧隙。

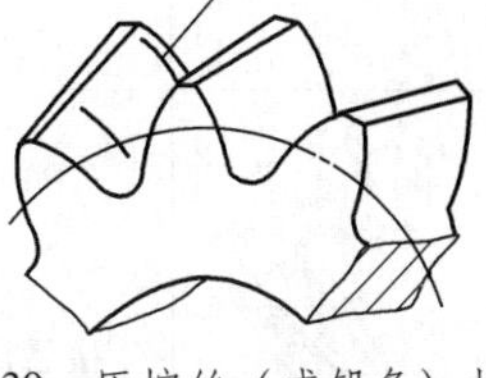

图 7.4-30　压熔丝（或铅条）检验齿轮副法向侧隙

② 百分表检验齿轮副圆周侧隙如图 7.4-31 所示。百分表（或千分表）测头指在齿轮一齿的齿线附近，并与齿面垂直，再将另一齿轮固定，然后正、反方向转动与百分表（或千分表）测头接触的齿轮，表上的游动量即为齿轮副的圆周侧隙。

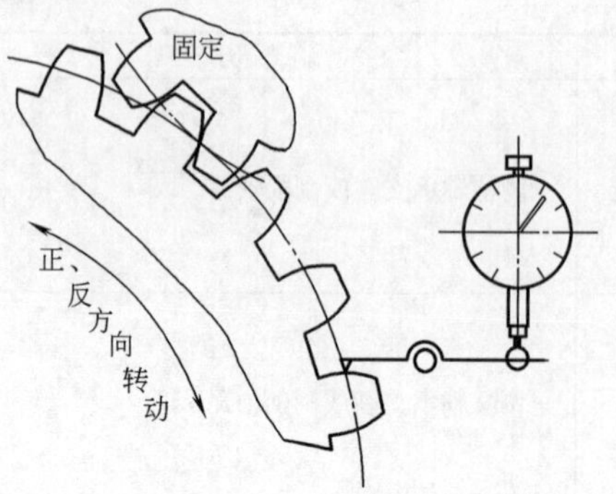

图 7.4-31　百分表检验齿轮副圆周侧隙

2）齿轮副侧隙的调整。齿轮副要求的规定侧隙，一般通过调整齿轮副的中心距来获得。齿轮副中心距的变动，同时也会影响齿面接触斑点分布位置的变动。

2. **锥齿轮传动部件装配**

(1) 锥齿轮副的轴向定位

锥齿轮副装配时，应先将小齿轮定位，再安装大齿轮。小齿轮定位后调节安装距 R，可使用专用测量装置测出安装距 R 和壳体上尺寸 A，以确定调整垫圈的厚度，如图 7.4-32 所示。

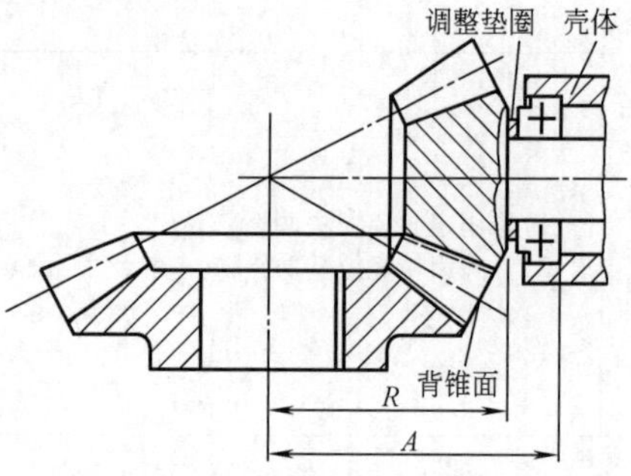

图 7.4-32　小齿轮轴向调整环节

大齿轮用背锥面做基准的锥齿轮副，装配时将两齿轮的背锥面对成齐平，大齿轮轴向位置基本确定，也可凭借齿轮副侧隙初步确定大齿轮的轴向位置。检验背锥面对成齐平时，可用目测、直尺透光、直尺着色等方法。

(2) 直齿锥齿轮副接触斑点和侧隙的调整

锥齿轮副在其齿数比不小于 2 : 1 的情况下，当大齿轮单独轴向移动时，只是使齿轮副侧隙有较大变化，对齿面接触斑点影响极小；当小齿轮单独轴向移动时，齿轮副接触斑点会沿齿高方向发生较大变化，对齿轮副侧隙影响较小。

锥齿轮副齿面接触斑点随着载荷增加从小端伸向大端，且高度也增大，如图 7.4-33 所示。因此安装好的齿轮副，在轻微力的制动下转动后，接触区应在齿长中部稍近于小端位置。

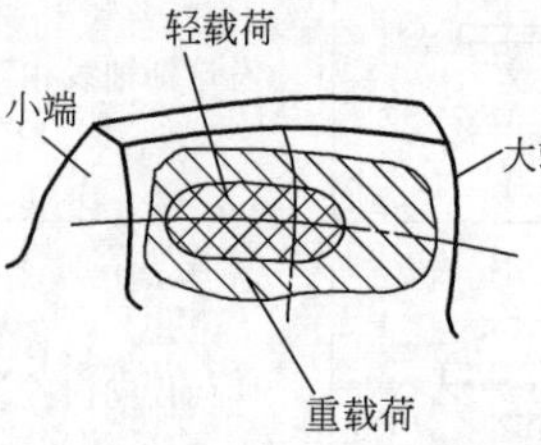

图 7.4-33　锥齿轮受载荷后接触斑点的变化

直齿锥齿轮副经检验如发生接触斑点不正常时，按表 7.4-9 所列的方法调整。

(3) 准双曲面齿轮副轴向位置的动态测量

1）齿轮副特点。如图 7.4-34 所示，准双曲面齿轮传动在轿车的变速系统中广泛使用，这种齿轮副的特点是主动轮轴线相对于从动轮轴线有一定的偏置距，其他方面与曲线齿锥齿轮副相似。主、从动轮正确啮合，也同样取决于两齿轮的轴向位置，但其精确度要求更高。

表 7.4-9　直齿锥齿轮副接触不正常的调整方法

接触斑点 从动齿轮(大轮) 主动齿轮(小轮)	现　象	原　因	调 整 方 法
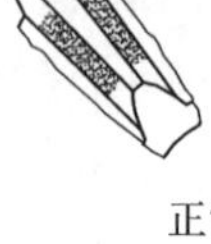 正常接触	接触区在齿长中部偏小端	齿轮副轴向位置正确	—

（续）

接触斑点 从动齿轮(大轮) 主动齿轮(小轮)	现　　象	原　　因	调 整 方 法
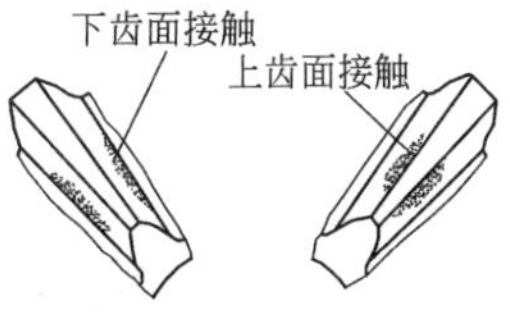 上下齿面接触	接触区:小齿轮在上齿面,大齿轮在下齿面	小齿轮轴向位置误差	小齿轮沿轴线向背离大齿轮方向移出，若侧隙过大，则将大齿轮朝小齿轮方向轴向移近
	接触区:小齿轮在下齿面,大齿轮在上齿面	小齿轮轴向位置误差	小齿轮沿轴线向大齿轮方向移近,若侧隙过小,则将大齿轮沿轴线向背离小齿轮方向移出
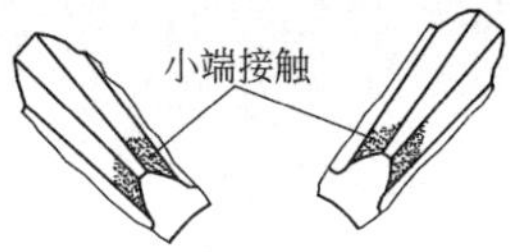 同向偏接触	齿轮副同在近小端处接触	齿轮副轴线交角太大	不能用一般方法调整,必要而可能时修轴瓦或返修箱体
	齿轮副同在近大端处接触	齿轮副轴线交角太小	
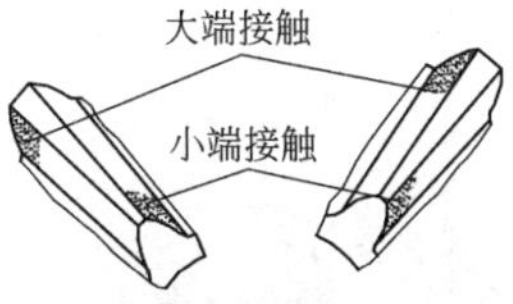 异向偏接触	两齿轮分别在轮齿的一侧大端接触,另一侧小端接触	齿轮副轴线偏移	检查零件误差,必要时修刮轴瓦
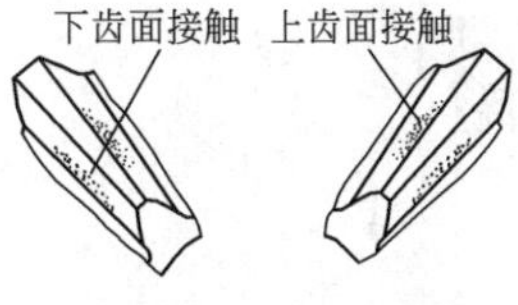 异侧齿面分别上下接触	同一齿的接触区,一侧在上齿面,另一侧在下齿面	齿形加工误差(异侧齿面不统一)	若只做单向传动,可调整小齿轮轴向位置,使工作齿面接触正常,否则需调换齿轮

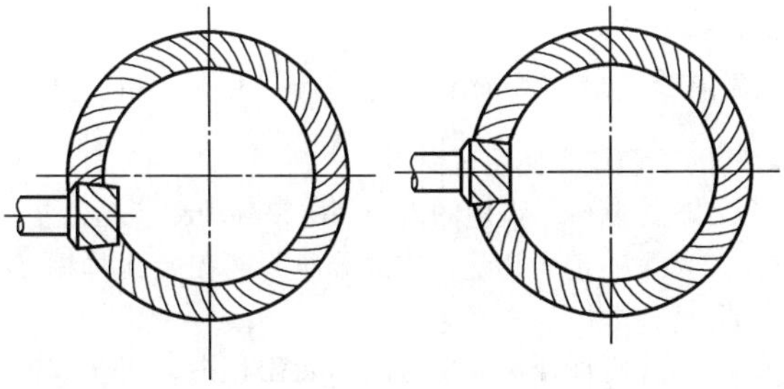

a)　　　b)

图 7.4-34　准双曲面齿轮副与曲线齿锥齿轮副
a）准双曲面齿轮副　b）曲线齿锥齿轮副

2）动态测量。准双曲面齿轮副轴向安装位置可用专用量具做静态测量定位，如使用专机做动态测量定位则更精确可靠。齿轮副动态测量示意如图 7.4-35 所示，其中主减速器壳体、侧盖、轴承箱、大齿轮连同圆锥滚子轴承、小齿轮连同双列圆锥滚子轴承等，均置于同一测量台面上。待测量台自动上升到位后，测量机使齿轮副处于规定的轴承预紧力和正确接触状态下啮合转动，同时测量头测量各被测零件的有关实际尺寸，测得的数据通过传感器输入计算机进行处理，最后显示出齿轮副轴向调整所需垫圈的厚度规格。

3）垫圈厚度。测量前用样规校正各测量头零位，然后对比测量实物的尺寸 m、n、p（动态测出）、A、B、C、D、E，如图 7.4-36 所示。

轴向调整垫圈厚度 x_1、x_2、x_3 的计算：

$$x_1 = A-B-\mathrm{m}+V-h$$
$$x_2 = C-n+V+h$$
$$x_3 = P-D-p-E$$

式中　V——保持圆锥滚子轴承预紧力所需的轴向尺寸（mm）；

h——齿轮副侧隙所需的轴向尺寸（mm）。

其余尺寸如图 7.4-36 所示。

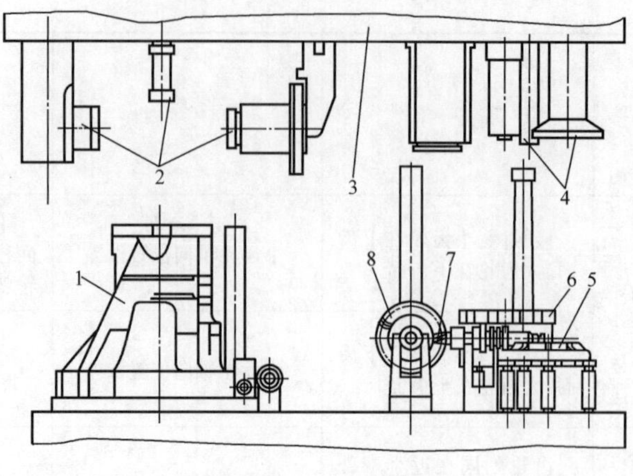

图 7.4-35　齿轮副动态测量示意

1—主减速器壳体　2、4—测量头　3—齿轮副测量机体　5—侧盖　6—轴承箱　7—小齿轮　8—大齿轮

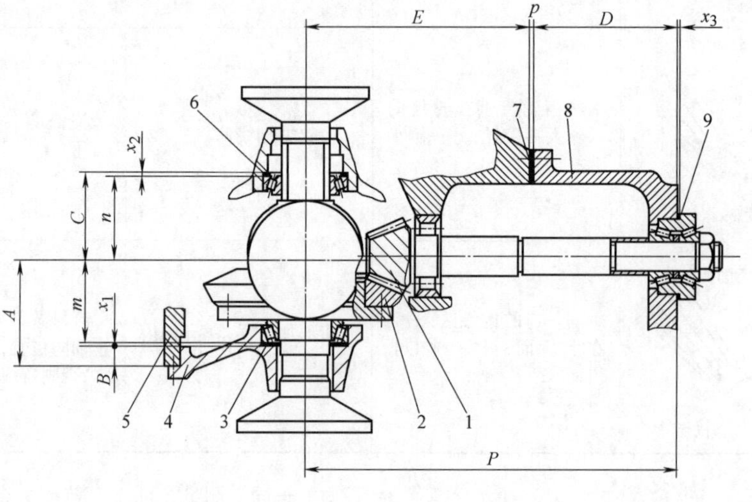

图 7.4-36　齿轮副轴向垫圈厚度

1—小齿轮组件　2—大齿轮组件　3、6、9—调整垫圈　4—侧盖　5—主减速器壳体　7—密封垫　8—轴承箱

4）齿轮副接触区。准双曲面齿轮的齿面接触区，应是沿节锥母线方向无断裂地接触分布斑点，空载时通常接触区是稍近小端，不允许沿轮齿全长接触。控制空载状态下接触区位置和大小，对齿轮副是至关重要的。

用动态测量方法能精确测定齿轮副轴向位置，能获得真实的接触斑点分布位置和大小。准双曲面齿轮安装误差对接触精度特别敏感，如检验发现问题，应按表 7.4-10 所列的方法调整。

3. 行星齿轮传动装置装配

(1) 行星齿轮传动装置的装配要点

行星齿轮传动装置装配时，除了一般性的工艺要求外，还应特别注意提高和检查各齿轮间的啮合质量，使各行星齿轮的载荷尽量分布均匀，从而保证其运转的平稳性和使用寿命。

1）控制各个齿轮的齿圈径向圆跳动和齿厚公差。

2）采用定向装配，使部分误差能在装配时相互抵消。

3）注意保证机体、齿圈、端盖和主、从动轴的同轴度。

(2) 行星齿轮传动装置的装配与检查

NGW 型行星齿轮传动原理如图 7.4-37 所示，按其啮合特点系属 NGW 型，其特点是齿轮 3 和太阳轮 1 与公用的行星轮 2 相啮合。当太阳轮做高速旋转时，行星轮在太阳轮和齿轮间既做自转运动，又绕太阳轮做公转运动。行星转架则将行星轮的低速公转运动输出。图 7.4-38 所示为 NGW 型二级减速器结构。

表 7.4-10　轿车主减速器齿轮副接触斑点及调整方法

从动齿轮齿面接触区		现象	调整方法
正车	倒车		
	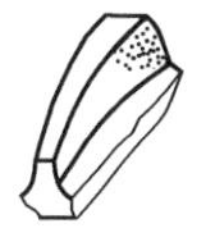	大端接触	增加小齿轮垫圈厚度,使小齿轮向大齿轮移近,若侧隙过小,则将大齿轮移开 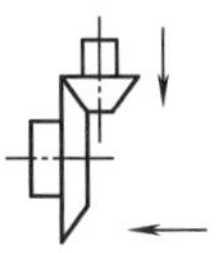
	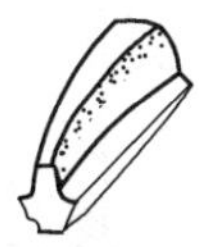	上齿面接触	调整方法与大端接触时相同
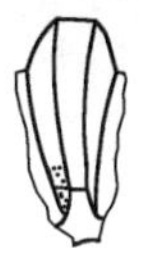	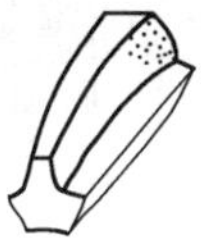	错角接触	因齿轮副两轴偏置距的误差所致,需调换零件

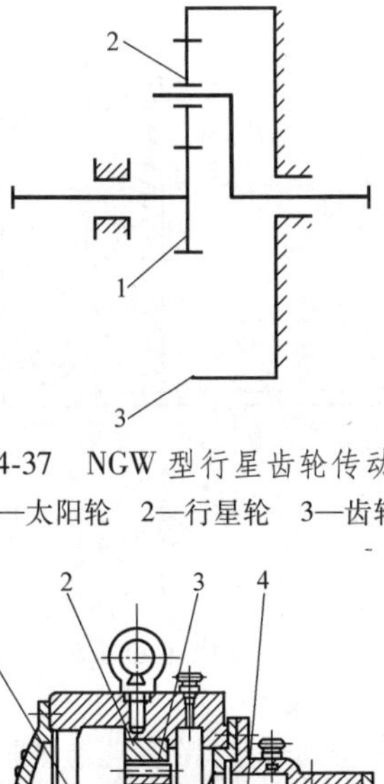

图 7.4-37　NGW 型行星齿轮传动原理
1—太阳轮　2—行星轮　3—齿轮

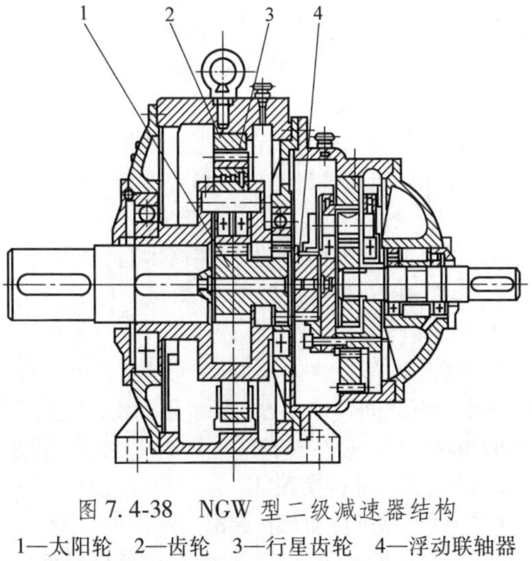

图 7.4-38　NGW 型二级减速器结构
1—太阳轮　2—齿轮　3—行星齿轮　4—浮动联轴器

1）齿侧间隙的检查。NGW 型行星变速器的中心距一般都是不可调整的，齿侧间隙主要由各零部件的加工精度及齿厚减薄量予以保证，安装时一般不可做测量。若需检查间隙，则可用压铅法，其方法与测量圆柱齿轮相同。当太阳轮和齿圈均采用浮动式结构时，如欲测量齿侧间隙，应在专用工具上将各浮动件找正并固定后再进行测量。当齿圈为非浮动式结构时，为了使齿圈和各行星齿轮间的齿侧间隙分布均匀，在安装解体后再装配齿圈、壳体和端盖时，应按原定位销进行装配，否则应尽量校正各零件与齿圈的同轴度。

2）接触精度的检查。检查接触精度时，一般采用涂色法，为了便于鉴别，应在行星齿轮上涂色，并逐个进行检查，观察其与太阳轮及齿圈的接触情况。对于双面工作的变速器，应在正反方向各做一次检查。对于高速行星变速器，一般要求齿面接触精度不低于 6 级。

3）轴向间隙的检查。当变速箱内有一个或数个浮动元件串列时，浮动元件和非浮动元件之间或各浮动元件之间均应留有一定的轴向间隙，一般为 0.5~1mm，安装时应注意检查，切勿顶死，以保证其有自由调整径向和轴向位置的可能性。

4. 变速动力箱装配

（1）变速动力箱的结构组成与工作原理

变速动力箱的工作原理如图 7.4-39 所示。变速动力箱由带轮 1 输入动力，经卸荷装置 2、第一传动轴 3 驱动第二传动轴 4，第二传动轴 4 通过直齿轮和锥齿轮等传递，实现了两个方向动力的传动，一路驱动第三传动轴 5 和另一路驱动第四传动轴 7。第三传动轴与第四传动轴成 90°夹角，可实现一轴输入两轴变速输出的功能。从上述工作原理可以看出，变速动力箱一般由传动系统、能源系统和支承部件三部分组成。

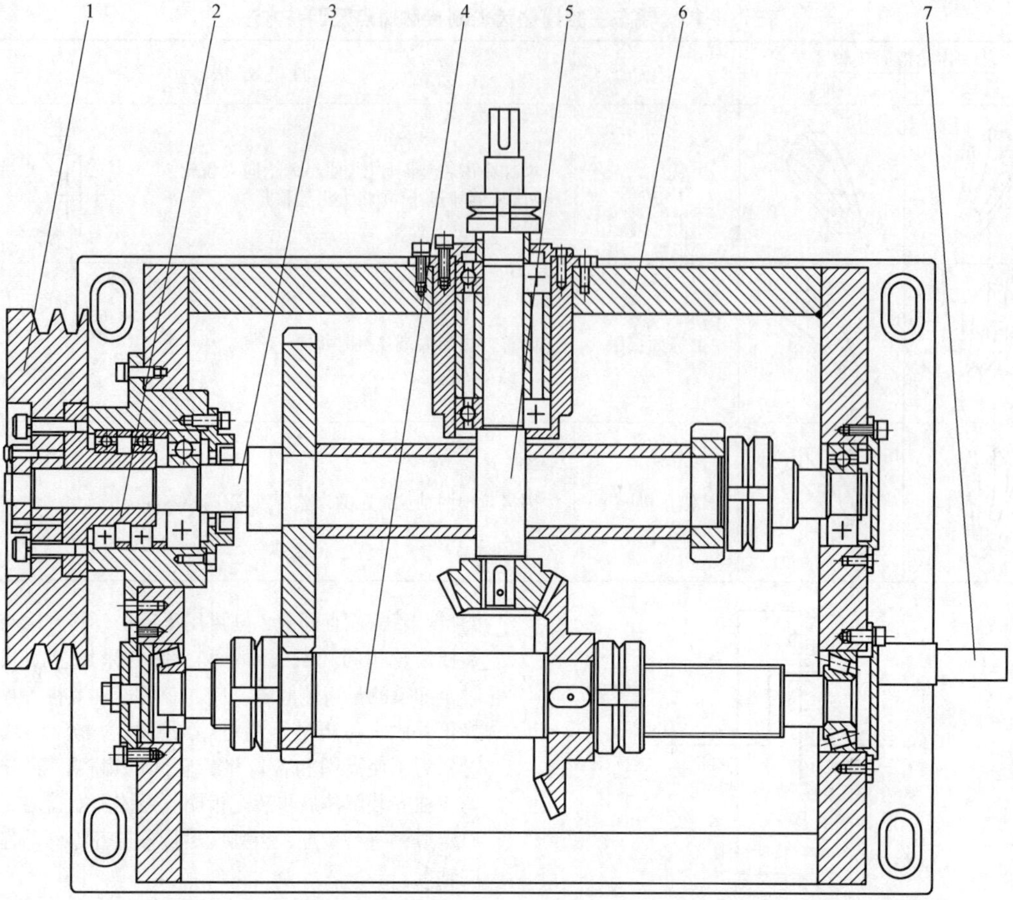

图 7.4-39　变速动力箱的工作原理

1—带轮　2—卸荷装置　3—第一传动轴　4—第二传动轴　5—第三传动轴　6—变速箱体　7—第四传动轴

（2）变速动力箱的装配要点

1）装配前的准备工作内容较多，首先要读懂变速动力箱的装配图，理解变速箱的装配技术要求；了解零件之间的配合关系；检查零件的精度，特别是对配合要求较高的部位零件，检查是否达到加工要求；按装配要求配齐所有零件，根据装配要求选用装配时必要的工具。

2）按先装配齿轮、后装配传动轴，先装配内部件、后装配外部件，先装配难装配件、后装配易装配件的原则，进行变速动力箱的零件装配和部件装配。例如，对于锥齿轮的装配，要调整间隙，保证锥齿轮运转顺畅。

3）对于装配后的变速动力箱，进行手动转动，检查转动是否灵活，有无卡阻现象。

（3）变速动力箱的装配步骤

1）将变速箱体用相应螺钉固定在底板上，并将相应齿轮固定在第一传动轴上。

2）将第一传动轴、卸荷装置安装在变速箱体上，将相应齿轮安装在第二传动轴上。

3）将第二传动轴安装在变速箱体上，将相应齿轮安装在第三传动轴上。

4）将第三传动轴安装在变速箱体上。

5）将相应齿轮、轴承、端盖等安装在第四传动轴上。

6）将第四传动轴安装在变速箱体上。

7）对变速动力箱进行整体调试，使其运转自如，无卡顿现象。

8）变速动力箱整体安装后，调整各个齿轮间隙，保证相互之间转动灵活，无卡阻现象，调整变速箱体的相对位置，使变速箱体与其他模块配合顺畅。

5. 蜗杆传动部件装配

（1）圆柱蜗杆传动部件装配

1）传动精度的调整。影响蜗杆副传动精度的主要因素是蜗轮的齿圈径向圆跳动偏差。应按圆柱齿轮齿圈径向圆跳动的补偿法安装蜗轮，以确保传动精度。

2）蜗杆副侧隙和接触质量的调整。蜗杆副圆周侧隙可用空程角法测量，如图 7.4-40a 所示。空程角指蜗杆副中蜗轮固定不动时（观察百分表），蜗杆从工作齿面接触到非工作齿面接触所转过的角度；也可直接盘动蜗轮用百分表的方法测量。用百分表直接与蜗轮齿面接触有困难时，可在蜗轮轴上装一测量杆（图 7.4-40b），测出杆上的百分表数值，然后换算成圆周侧隙。

圆柱蜗杆副齿面接触质量指接触斑点痕迹分布的形状、位置和大小。蜗杆副接触斑点不应遍布于整个齿面，否则会导致在齿棱、齿根和啮入、啮出处应力集中。故在空载传动时应控制接触面积，同时分布位置应偏向齿面的啮出端，避免承载后发生全齿面接触。对于高精度分度蜗杆副，其接触面积可适当大些；对于承受重载荷或冲击载荷的蜗杆副，其接触面积应小些，如图 7.4-41 所示。对于做正反向传动的蜗杆副，接触分布区可调整到齿宽中部位置。

现以图 7.4-42 所示的可调精密蜗杆传动部件为例，简述保证蜗杆与蜗轮相互位置精确度的装配工艺要点。

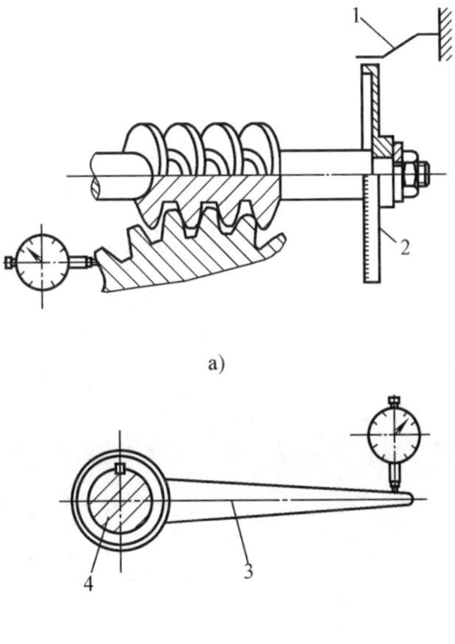

图 7.4-40　蜗杆副侧隙测量
a）空程角法　b）测量杆法
1—指针　2—分度盘　3—测量杆　4—蜗轮轴

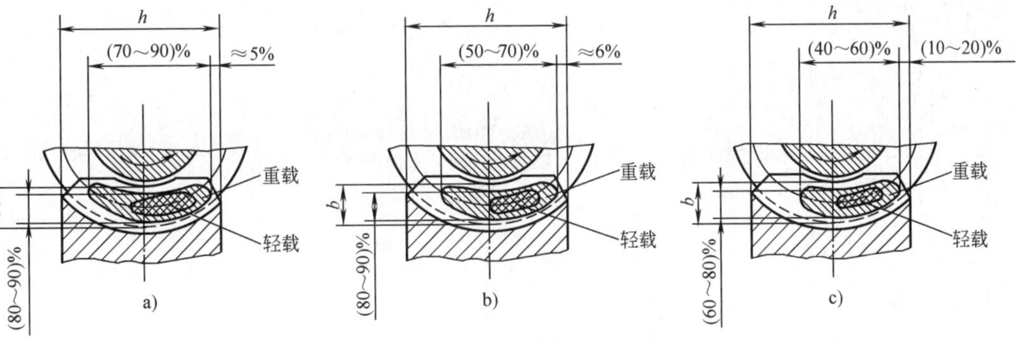

图 7.4-41　蜗杆副接触斑点
a）高精度分度蜗杆副　b）一般重载荷蜗杆副　c）受冲击载荷蜗杆副
h—蜗轮齿宽　b—蜗轮工作齿高

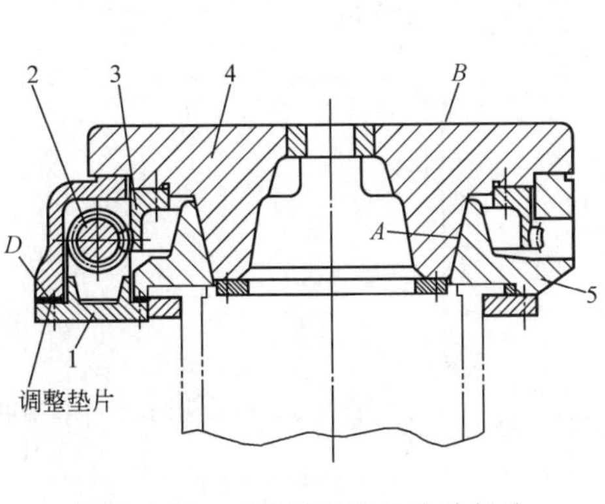

图 7.4-42　可调精密蜗杆传动部件
1—蜗杆座　2—蜗杆　3—蜗轮　4—工作台　5—壳体

① 先配刮壳体与工作台结合的锥面 A，接触点为 16~20 点/25mm×25mm；再刮削工作台 B 面，接触点为 16~20 点/25mm×25mm，并使 B 面对工作台回转轴线的垂直度偏差在全长上小于 0.005mm；然后以 B 面为加工安装基面（蜗轮已与工作台连接），对蜗轮进行精加工。精加工刀具与工作蜗杆的齿形、导程应一致，加工时中心距离偏差应小于±0.01mm。

② 刮削蜗杆座基面 D，接触点应为 8~10 点/25mm×25mm，蜗杆座轴承孔轴线对基面 D 的平行度偏差应小于 0.015mm。检验方法如图 7.4-43 所示。检验合格后装配蜗杆，检验蜗杆副侧隙和齿面接触斑点均符合规定后，最终固定蜗杆座位置并装上定位

销。若齿面接触斑点分布不正常，则可按表 7.4-11 所列方法调整，并配磨调整垫片。

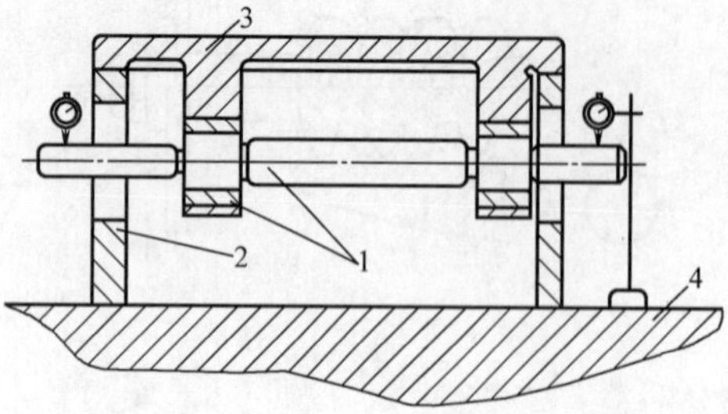

图 7.4-43　蜗杆座轴承孔轴线对基面 D 平行度的检验
1—测量轴、套　2—平行方箱　3—蜗杆座　4—平板

（2）环面蜗杆副的装配和精调

1）蜗杆副位置初装。如图 7.4-44 所示，调整环面蜗杆的径向和轴向位置，相应修整调整垫片 1 和蜗杆垫圈，符合要求后适量固紧蜗杆座。如图 7.4-45 所示，用比较法调整环面蜗杆上下位置，使蜗杆轴线在蜗轮中间平面内，然后定位并固紧蜗杆座。

高度规的高度 H(mm) 由下式确定：

$$H=h+\frac{1}{2}D$$

式中　h——壳体上平面至蜗轮中间平面的高度（mm）；

D——蜗杆轴颈的外径（mm）。

表 7.4-11　蜗轮齿面常见的接触斑点及调整方法

正反转接触斑点	接触特征	原　因	调整方法
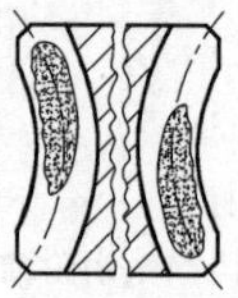	正常接触		
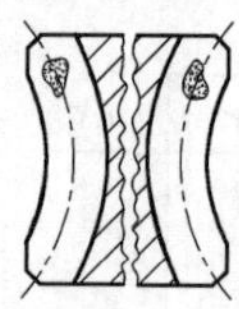 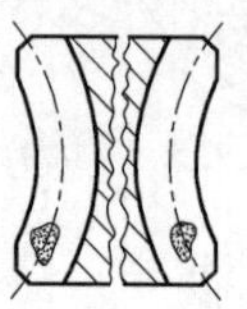	偏端面接触	蜗轮中间平面与蜗杆轴线不在同一平面内，且偏差较大	调整垫片厚度，使蜗杆轴线向蜗轮中间平面贴近
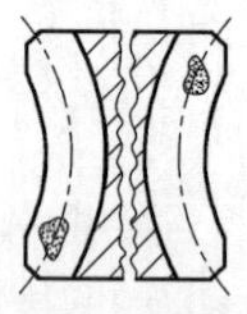	左右齿面对角接触	蜗杆副轴交角偏差较大，或中心距较大	1）调整蜗杆座位置向蜗轮靠近，减小中心距 2）修整蜗杆座基准面，减小蜗杆副轴交角偏差
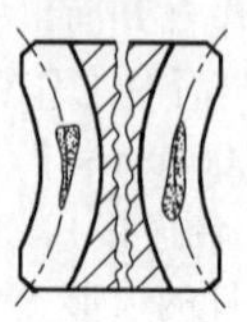	中间接触	中心距较小	蜗杆座位置外移，增大中心距
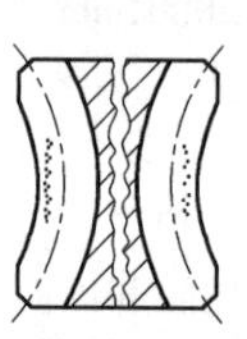	上齿面或下齿面接触	蜗杆齿形与蜗轮终加工刀具的齿形不一致	1）若为可调中心距的蜗杆副，则可返修蜗轮 2）调换蜗杆或蜗轮

（续）

正反转接触斑点	接触特征	原　因	调整方法
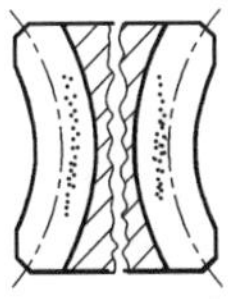	上齿面或下齿面接触	蜗杆齿形与蜗轮终加工刀具的齿形不一致	1）若为可调中心距的蜗杆副，则可返修蜗轮 2）调换蜗杆或蜗轮
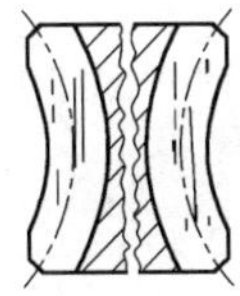	带状条纹接触	蜗杆齿槽径向圆跳动量大或加工误差造成	1）用相位补偿法调整蜗杆轴承，或修刮轴瓦 2）调换蜗轮，或采用磨合措施

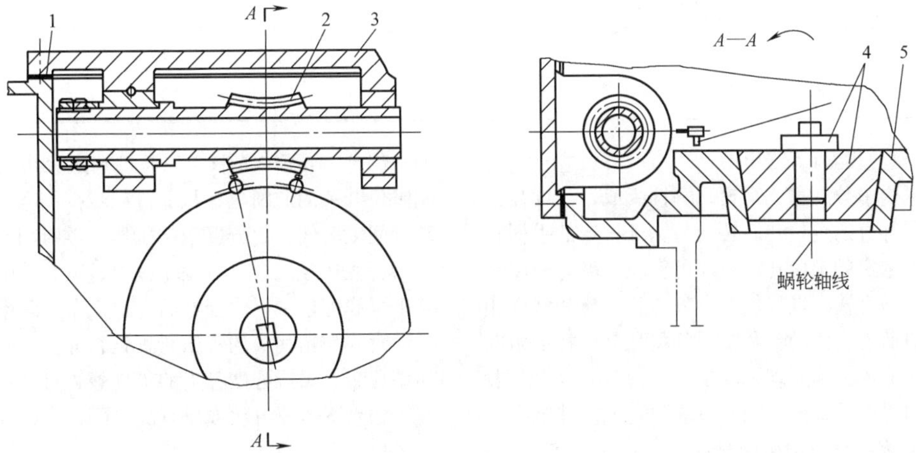

图 7.4-44　环面蜗杆轴向位置和径向位置调整示意图

1—调整垫片　2—环面蜗杆　3—蜗杆座　4—专用测量轴、套　5—壳体

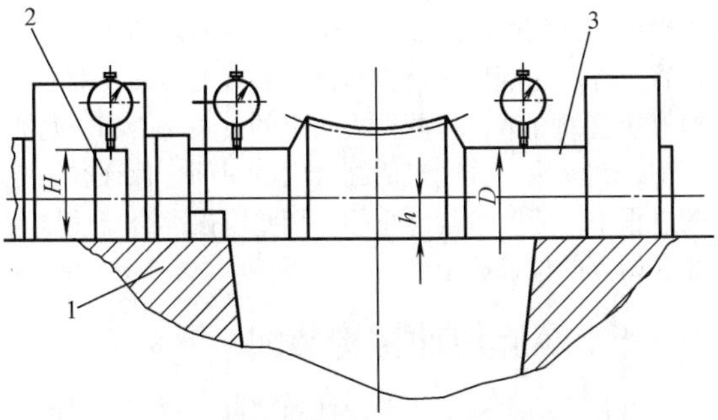

图 7.4-45　将环面蜗杆轴线调整到蜗轮中间平面内示意图

1—壳体　2—高度规　3—环面蜗杆

2）蜗杆副位置精调。环面蜗杆副接触斑点分布特征，能充分反映出蜗杆与蜗轮相互安装位置的准确度，故通常借检验接触斑点来实施对蜗杆副安装位置的精调。环面蜗杆副正常接触时，蜗杆的工作齿面近于全部接触，蜗轮接触斑点自啮入端开始应达齿宽的(60~70)%。若检验发现接触斑点分布不正常，则可参照表 7.4-12 所列方法调整。

6. 凸轮控制式电磁离合器和精密分度盘装配

(1) 凸轮控制式电磁离合器和精密分度盘的工作原理

1）凸轮控制式电磁离合器的工作原理。图 7.4-46 为凸轮控制式电磁离合器的传动简图。其主传动是由传动轴 1 通过斜齿轮 2 进行交错传递，轴承座 3 起到支承作用，通过电磁离合器 4 间歇传递动力，蜗杆 5 和蜗轮 6 相互配合驱动蜗轮轴 7 进行转动，最终驱动分度盘 9 进行转动，卸荷装置 8 可保护蜗轮轴不受径向力，凸轮 10 需经修配才能和电磁离合器配合动作，控制自动钻床进给机构与分度盘的间歇配合。

表 7.4-12　环面蜗杆副常见接触斑点及调整方法

正反转接触斑点	原　因	调 整 方 法
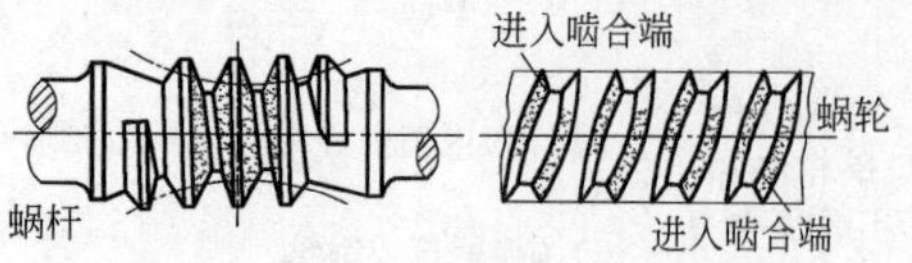 正常接触	—	—
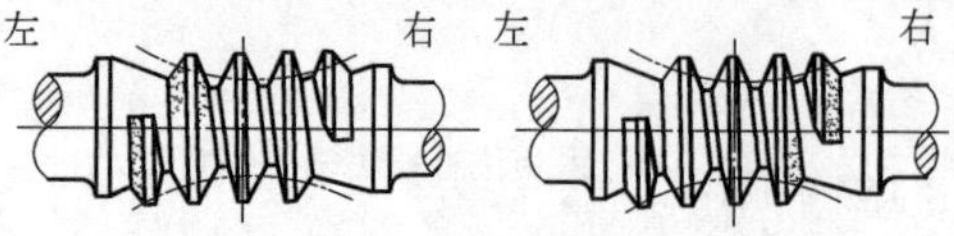 蜗杆近左端或右端部接触	蜗轮轴向位置偏离中心	调换或修磨调整垫片，使蜗杆沿蜗轮中间平面移向中心
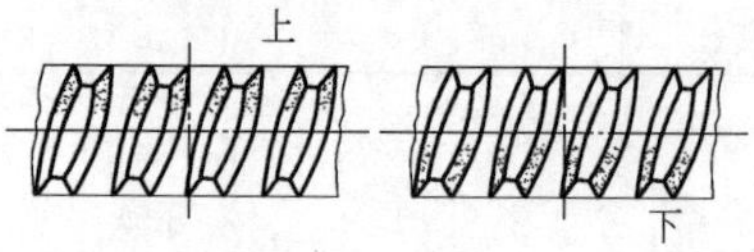 蜗轮偏端面接触	蜗轮中间平面与蜗杆轴线不在同一平面内，且偏差较大	用比较法测定蜗杆上下位置，将蜗杆轴线调整在蜗轮中间平面内

2）精密分度盘的工作原理

分度机构由分度盘、蜗轮、蜗杆组成，分度盘上有多圈不同等分的定位孔。转动与蜗杆相连的手柄将定位销插入选定的定位孔内，即可实现分度。分度盘工作原理：动力输入端提供动力来源，蜗轮和蜗杆相互交错传递动力，传动轴和驱动分度盘进行特定角度的转动。从上述工作原理可以看出，精密分度盘一般由工作机构、传动系统、能源系统和支承部件组成。

（2）精密分度盘的装配要点

1）读懂分度盘的装配图，理解分度盘的装配技术要求，了解零件之间的配合关系。

2）按先装配蜗杆、后装配蜗轮等原则进行分度盘的零件装配和部件装配。例如蜗轮、蜗杆的装配，先将蜗杆装配在相应的轴承座内，并达到配合要求，然后将蜗轮装配在分度箱体内，检查蜗杆和蜗轮之间的间隙并适当调整，确定间隙符合要求。

3）安装分度盘，将分度盘用定位销定位后装配预紧，调整分度盘与传动轴之间的同轴度，并符合要求时，拧紧紧固螺钉。

4）对于装配后的分度盘，手动转动一定角度，检查转动是否灵活，有无卡阻现象。

（3）凸轮控制式电磁离合器的修配与调整

1）电磁离合器间隙控制测量方法。在安装电磁离合器的过程中，先调整轴承座的等高，然后检测电磁离合器之间的间隙，将其控制在 0.3mm 之内，确保不磨齿，离合效果好。

2）圆盘凸轮的修配与调整方法。圆盘凸轮突出的一部分为其整体的 1/4，通过圆盘突出的一部分控制限位开关的通断电，从而进一步控制电磁离合器的离合间歇时间，使分度盘的工作间歇时间与钻夹头的进给行程相互配合。可用小锉刀进行凸轮的修配，注意不可修配过量，修配好后进行试车，观察分度盘的转动时间与钻夹头的进给行程是否冲突，当钻夹头开始钻孔时，保持分度盘上的工件静止且与钻头相互垂直，如果不需要再次或反复的修配，应达到相应的技术要求。

3）凸轮控制式电磁离合器和精密分度头的调整。凸轮控制式电磁离合器和精密分度头整体安装后，必须安装好限位开关，同时检测并修配凸轮的外形轮廓达到相关技术要求。最后，调整好凸轮的相对位置及外形轮廓后进行空车试运转。通电试车前必须检查所有的环节，检测钻夹头上的钻头是否超出行程范围，钻夹头与分度盘的配合间歇时间，保证在钻孔的过程中，分度盘是静止的，调整电磁离合器使分度盘起始点的位置居中。

7.4.5　螺旋传动机构装配

螺旋传动机构主要由丝杠和螺母组成。其作用主要是把旋转运动转变为直线运动，具有传动结构简单、制造方便、工作平稳、传动精度高等优点，但是由于螺杆和螺母的牙侧表面之间的相对运动摩擦是滑动摩擦，因此也存在摩擦阻力大、磨损较快等问题。为了改善这些缺陷，近年来，经常采用滚珠螺旋传动新技术，且在数控机床上得到了极为广泛的应用。

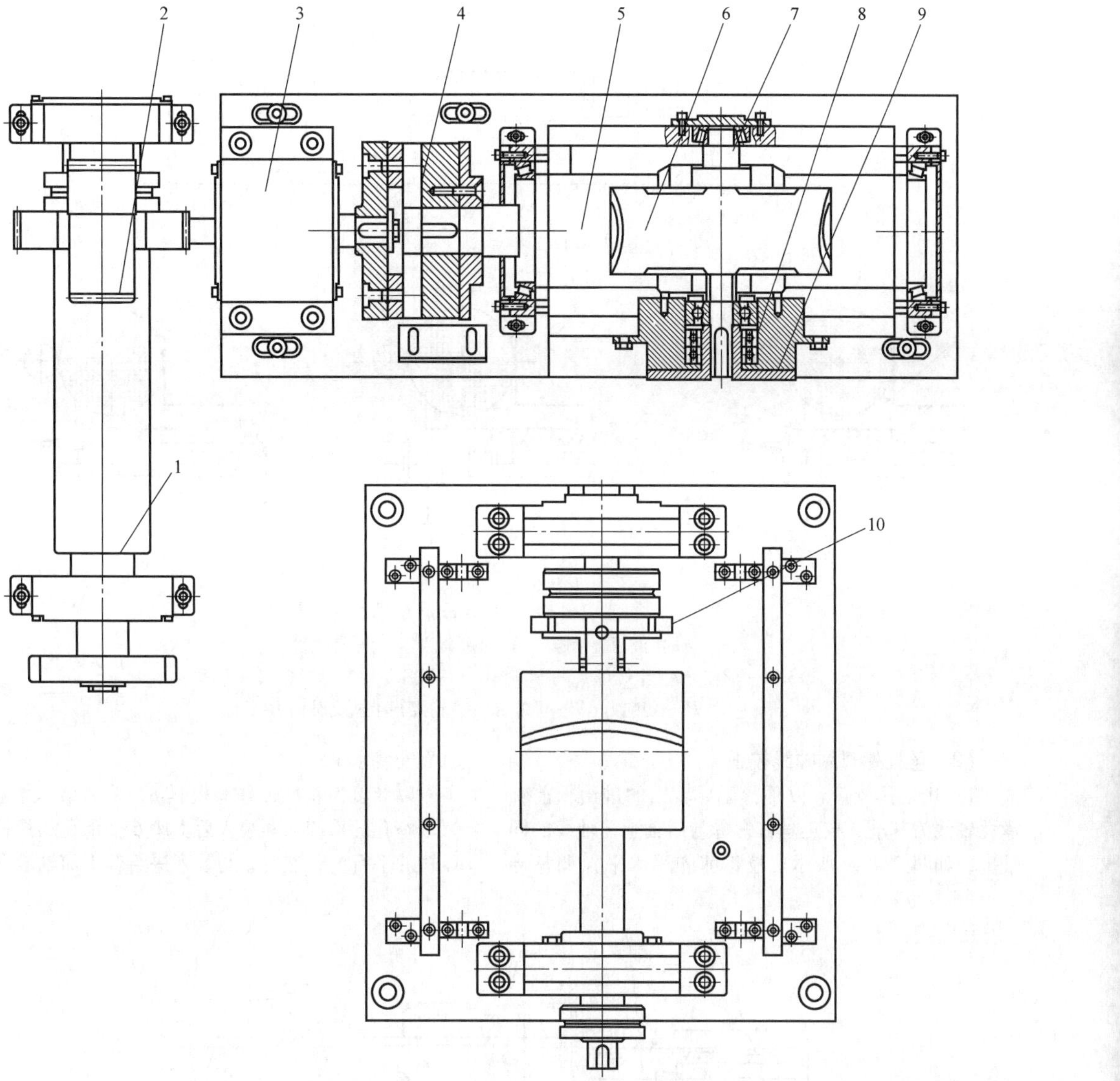

图 7. 4-46　凸轮控制式电磁离合器的传动简图
1—传动轴　2—斜齿轮　3—轴承座　4—电磁离合器　5—蜗杆　6—蜗轮　7—蜗轮轴
8—卸荷装置　9—分度盘　10—凸轮

精密传动的丝杠螺母副装配时应满足规定的要求：①丝杠螺母副应有较高的配合精度和准确的配合间隙；②螺母中心线与丝杠中心线的同轴度及其与基面的平行度；③丝杠和螺母之间的相互运转应灵活；④传动精度和定位精度。

1. 普通螺旋传动机构的装配与调整

（1）丝杠螺母副配合间隙的测量和调整

加工时应严格控制丝杠螺母副的径向间隙，装配后一般不做调整。其测量的方法如图 7. 4-47 所示。测量时压下或抬起螺母的作用力 F 应略大于螺母重量，螺母应在距丝杠一端 3～5 个螺距处，以避免丝杠弹性变形引起误差。

丝杠螺母副的轴向间隙对产品的使用性能影响较大，在很多场合要求轴向无间隙传动。轴向消隙机构有单螺母和双螺母两种结构。

1）单螺母结构。单螺母消隙机构如图 7. 4-48 所示，调整液压缸压力、弹簧拉力、重锤的质量，使螺母与丝杠保持单面接触，以消除轴向间隙。

2）双螺母结构。通过调整两螺母的轴向相对位置来消除轴向间隙并实现预紧。

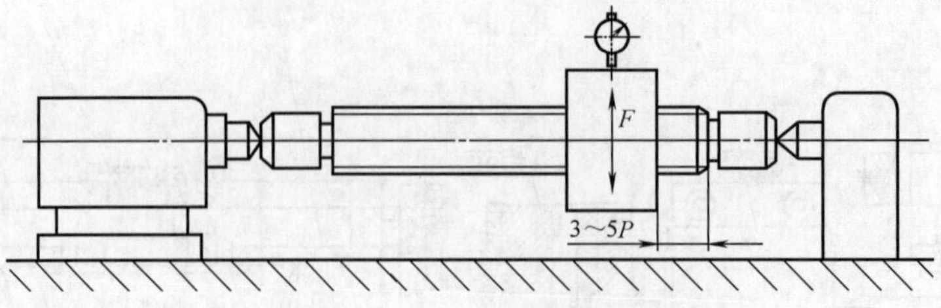

图 7.4-47　径向间隙测量示意图

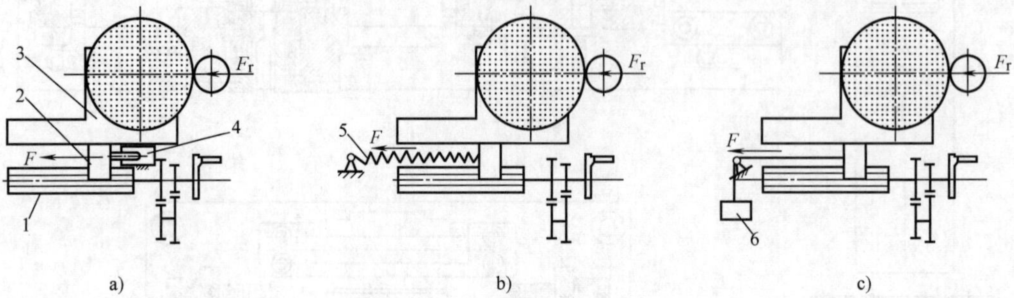

图 7.4-48　单螺母消隙机构

a）液压缸消隙　b）弹簧消隙　c）重锤消隙

1—丝杠　2—半螺母　3—砂轮架　4—液压缸　5—弹簧　6—重锤

F_r—切削力　F—半螺母（砂轮架）上所受轴向力

（2）丝杠螺母副轴线校正

1）用量具校正。以平行于导轨面的进给箱前轴承孔轴线为基准，校正丝杠螺母与后轴承孔轴线的同轴度，如图 7.4-49 所示。校正前先用水平仪调整导轨面安装水平。

以导轨为基准，移动检具 8，检测装入溜板箱 3 螺母座孔的检棒 4 和装入后支座 6 轴承孔的检棒 5 与导轨的平行度；然后，与装入进给箱 1 前轴承孔检棒

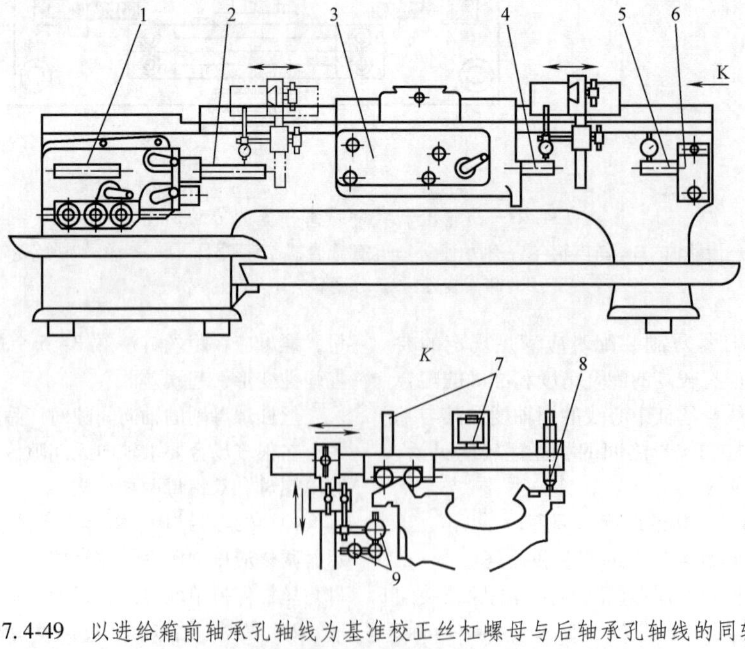

图 7.4-49　以进给箱前轴承孔轴线为基准校正丝杠螺母与后轴承孔轴线的同轴度

1—进给箱　2、4、5—检棒　3—溜板箱　6—后支座　7—水平仪　8—检具　9—百分表

2 上的侧母线进行比较，若不符合要求，则调整垫片或修刮溜板箱 3、后支座 6 与床身的结合面，以达到三孔同轴度公差要求；最后，装定位锥销。检棒与轴承孔配合间隙应小于 0.02mm，以减少测量误差。

2）用平-V 形专用量规校正。成批生产或大型机床的丝杠螺母副，一般采用图 7.4-50 所示的平-V 形专用量规校正同轴度。即用平-V 形专用量规 1（凸）代替工作台导轨，平-V 形专用量规 2（凹）代替床身导轨。先调整好定心座 4、5 基准孔的同轴度。调整时，将凹、凸检规分别安装于工作台和床身导轨上，用检验心轴分别校正螺母孔和前后轴承座孔的同轴度。

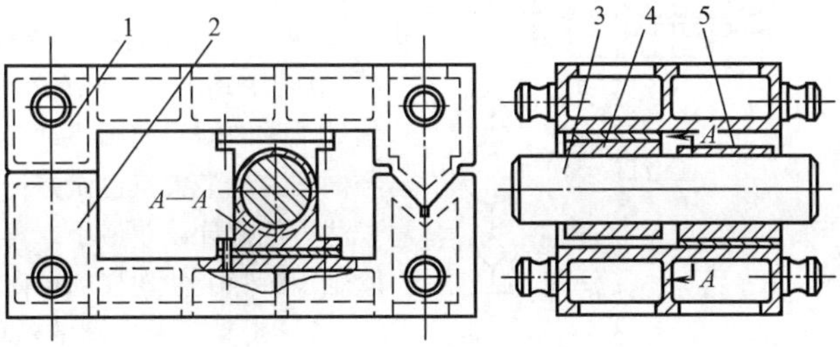

图 7.4-50　用平-V 形专用量规校正同轴度

1—平-V 形专用量规（凸）　2—平-V 形专用量规（凹）　3—检验心轴　4、5—定心座

(3) 丝杠螺母副灵活度调整

1）以端面定位的滑动丝杠螺母副。装配前，采用角尺工具认真刮削工作台螺母座的定位端面，使其与螺母定位肩面接触良好，保证紧固螺钉时不产生变形。装配时，修整螺纹不完整牙和清除毛刺，各零件应洁净并涂上润滑剂。缓缓旋入螺母，以防“咬死”，凭感觉发现有轻重或阻滞现象，须加以消除。

2）滚动丝杠螺母副。滚动丝杠螺母副如图 7.4-51 所示，由三个（或多个）辊子组成，辊子是无螺纹升角的环形齿圈。

装配时，调整左右垫圈 2、5 的厚度，使三个辊子的轴向位置依次与丝杠差为 $P/3$（P 为螺距），从而保证三个辊子的齿圈面同时与丝杠的螺纹面单面接触。然后，调整辊子轴 1 的偏心量（三根辊子轴中有一根制成偏心），使三个辊子与丝杠同时啮合，并消除丝杠与螺母的配合间隙，在规定的配合精度下达到灵活转动。

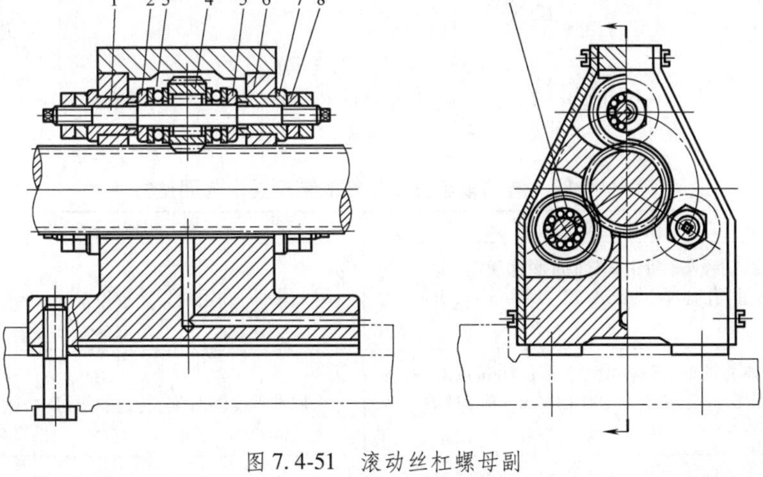

图 7.4-51　滚动丝杠螺母副

1—辊子轴　2、5—垫圈　3—推力球轴承　4—辊子　6—辊子座　7—导套　8—调节螺母　9—滚针轴承

3）静压丝杠螺母副。静压丝杠螺母副如图 7.4-52 所示。压力油经过薄膜反馈节流器 4 进入螺母内螺纹面左右两侧油腔，在齿侧面形成油膜，使丝杠居中。当丝杠不受外加载荷时，螺纹两侧间隙相等，即 $h_1=h_2$。当外加载荷变化时，由于薄膜节流的反馈作用，螺纹左、右两侧间隙的变化极小。

① 装配前检查丝杠螺母副垂直放置时的灵活度，螺母（或丝杠）由于自重，应能自由下降，无阻滞现象。

② 装配时，应仔细冲洗油路系统，油液须经粗

精两道过滤再进入油腔，以防堵塞节流器。

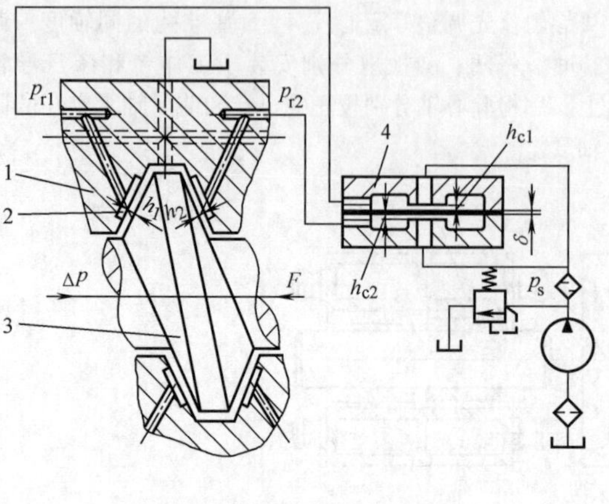

图 7.4-52　静压丝杠螺母副

1—静压螺母　2—油腔　3—丝杠　4—薄膜反馈节流器

Δp—两侧油腔的压力差　F—外加载荷

③ 装丝杠前，先用通油法检查螺母内左右齿面油腔的排油量是否均匀，必要时应加以修整排油量小的出油孔。

④ 在规定配合间隙下，检查螺纹左右两侧的油腔压力是否相等。

⑤ 根据实际配合间隙，仔细调整供油压力 p_s、节流间隙 h_c 和薄膜厚度 δ，使油膜刚度最佳。

(4) 丝杠旋转精度调整

1）滚动轴承支承的丝杠。装配前，应先测量出滚动轴承内圈径向圆跳动最大点，并做好记号，丝杠径向圆跳动最大点也做好记号。装配时，采用定向装配法，使累计误差最小。再预紧滚动轴承，减小或消除轴承游隙，使丝杠的径向圆跳动和轴向窜动最小。

2）滑动轴承支承的丝杠。滑动轴承支承的丝杠如图 7.4-53 所示。装配时，应保证丝杠与各相配件的配合精度。滑动轴承支承丝杠的精度要求与调整方法见表 7.4-13。

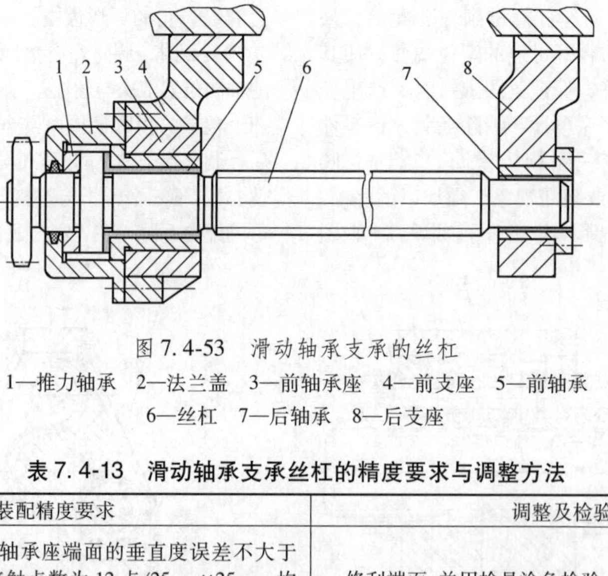

图 7.4-53　滑动轴承支承的丝杠

1—推力轴承　2—法兰盖　3—前轴承座　4—前支座　5—前轴承

6—丝杠　7—后轴承　8—后支座

表 7.4-13　滑动轴承支承丝杠的精度要求与调整方法

序号	装配精度要求	调整及检验方法
1	前后轴承孔轴线与轴承座端面的垂直度误差不大于 0.005mm，接触面的接触点数为 12 点/25mm×25mm，均匀分配（孔口较密）	修刮端面，并用检具涂色检验
2	前后轴承座与轴承的配合：直径小于 100mm 时，过盈量为 0.01～0.02mm；直径为 100～160mm 时，过盈量为 0.02～0.04mm	采用轴承冷缩装配，若过盈量过大，则可研磨轴承座孔
3	丝杠轴肩与前轴承端面接触面应大于 80%，接触点均匀分布	以轴肩端面为基准，检验端面接触情况，以修刮轴承端面
4	止推轴承的轴向配合要求： 1）两端面平行度误差不大于 0.002mm 2）表面粗糙度值小于 $Ra0.32\mu m$ 3）配合间隙推荐采用 0.01～0.03mm	配磨后，精研止推轴承两平面达到要求
5	丝杠轴颈与轴承孔配合间隙：当直径为 30～100mm 时，推荐采用 0.01～0.03mm	检验轴颈与孔径，过紧时再研磨轴承孔

2. 滚珠螺旋传动机构的装配与调整

（1）滚珠丝杠的循环方式

滚珠丝杠螺母上的回珠滚道形式称为滚珠丝杠的循环方式，它有图 7.4-54 所示的外循环和内循环两种。

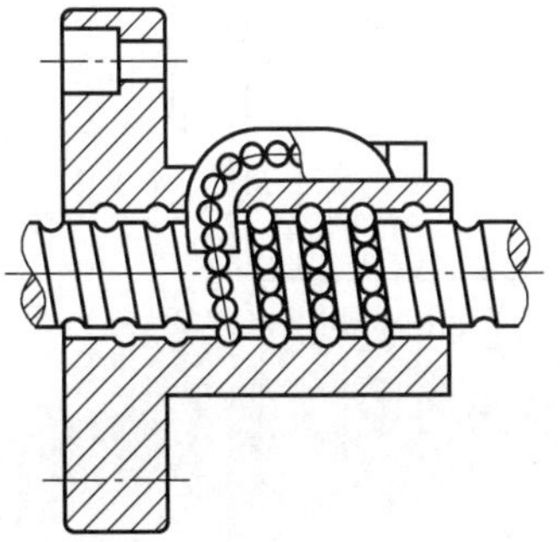

a)

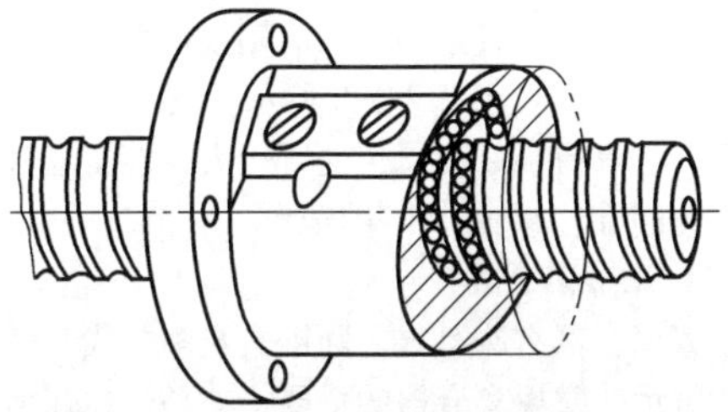

b)

图 7.4-54　滚珠丝杠的循环方式

a）外循环　b）内循环

（2）滚珠丝杠的安装与调整

滚珠丝杠装配与调整时，除常规的直线度、跳动等安装要求外，最重要的工作是滚珠丝杠螺母副的预紧，它是提高丝杠刚度、减小传动间隙的重要措施。滚珠丝杠螺母副的预紧方法与螺母结构（单螺母或双螺母）有关，具体如下。

1）单螺母丝杠预紧。单螺母结构的滚珠丝杠预紧主要有图 7.4-55 所示的增加滚珠直径、螺母夹紧、变位导程三种方法。

① 增加滚珠直径预紧法。这是通过增加滚珠直径，消除间隙、实现预紧的方法，其原理如图 7.4-55a 所示。其预紧力在额定动载荷的 2%~5%时性能最佳，因此其预紧力一般不能超过额定动载荷的 5%。

② 螺母夹紧预紧法。这是通过滚珠夹紧实现预紧的方法，其预紧力可调。螺母夹紧预紧的结构原理如图 7.4-55b 所示。螺母夹紧预紧结构简单、容易实现、预紧力调整方便，但它将影响螺母刚度和外形尺寸。螺母夹紧预紧的最大预紧力一般也以额定动载荷的 5%左右为宜。

③ 变位导程预紧法。如图 7.4-55c 所示，这是一种通过螺母的整体变位，使螺母相对丝杠产生轴向移动的预紧方法。这种方法的特点是结构紧凑、工作可靠、整体方便；但单螺母的预紧力难以准确控制，故多用于双螺母丝杠。

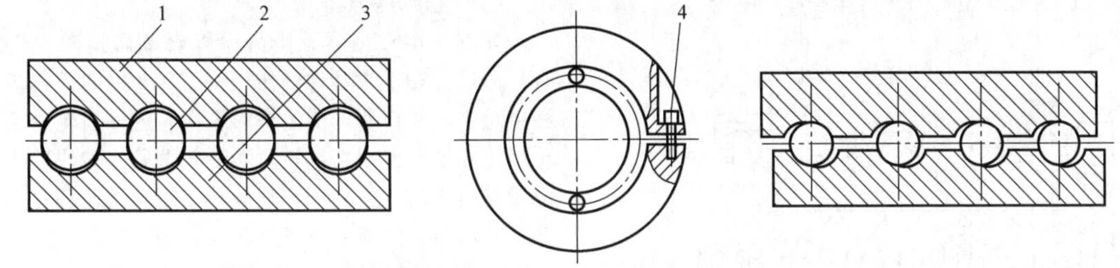

a)　b)　c)

图 7.4-55　单螺母滚珠丝杠的预紧原理

a）增加滚珠直径预紧　b）螺母夹紧预紧　c）变位导程预紧

1—螺母　2—滚珠　3—丝杠　4—螺栓

2）双螺母丝杠预紧。双螺母结构的滚珠丝杠的预紧结构简单、刚性好，其最大预紧力可达到额定动载荷的 10%左右或工作载荷的 33%。预紧通过改变两个螺母的轴向相对位移来实现，其常用的方法有垫片预紧法、螺纹预紧法和齿差预紧法三种。

① 垫片预紧法。垫片预紧原理如图 7.4-56 所示。垫片有嵌入式和压紧式两种，预紧时只要改变垫片厚度，就可以改变左右螺母的轴向位移量，从而改变预紧力。

② 螺纹预紧法。如图 7.4-57 所示，这种丝杠的一个螺母外侧加工有凸缘，另一螺母加工有伸出螺母座的螺纹，通过调整预紧螺母 2，便可以改变预紧力，同时固定丝杠螺母。丝杠螺母 1 和 3 之间安装有键 4，它可防止预紧时的螺母传动。

③ 齿差预紧法。齿差预紧原理如图 7.4-58 所示，这种丝杠的两个螺母 1 和 4 的外侧凸缘上加工有齿数相差一个齿的外齿轮，它们可分别与螺母座中具有相同齿数的内齿轮啮合。由于左右螺母的齿轮齿数不同，所以，即使两螺母同方向转过一个齿，螺母实际转过的角度也不同，从而可产生轴向相对位移，实现预紧。

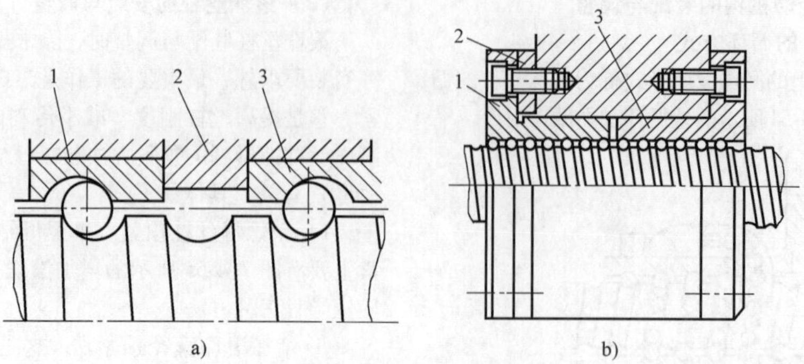

图 7. 4-56　垫片预紧原理
a）嵌入式　b）压紧式
1、3—螺母　2—垫片

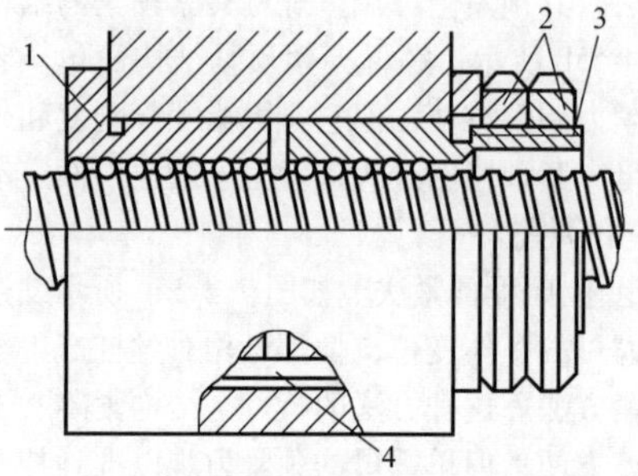

图 7. 4-57　螺纹预紧原理
1、3—丝杠螺母　2—预紧螺母　4—键

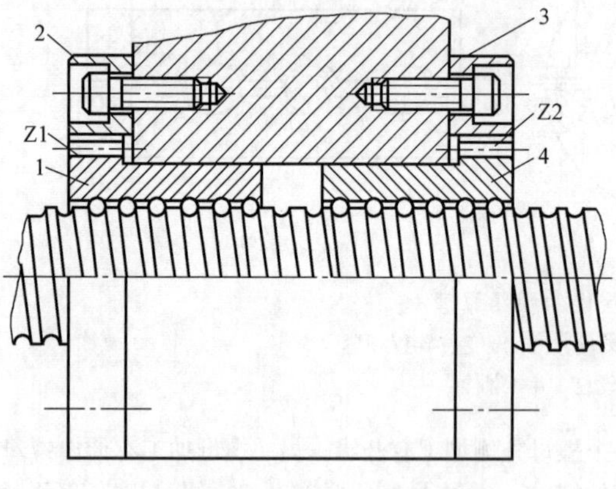

图 7. 4-58　齿差预紧原理
1、4—螺母　2、3—外齿轮

7. 4. 6　离合器装配

1. 离合器的结构及应用

（1）侧齿式离合器

侧齿式离合器又称为牙嵌离合器，如图 7. 4-59a 所示。它由两个在端面上制有侧齿的套筒组成，是依靠侧齿互相嵌合来传递转矩的。侧齿齿形有梯形、锯齿形及矩形等，如图 7. 4-59b 所示，其中以梯形齿应用最广，它具有强度高，传递转矩大，能自动补偿齿的磨损与间隙，减少冲击等优点。

（2）摩擦离合器

摩擦离合器有圆盘式、圆锥式及多片式等，如图 7. 4-60 所示。摩擦离合器的主要特点是，在任何不同转速条件下，两轴可以随时接合或分开。摩擦面之间的接合较为平稳，无冲击，振动小，过载时摩擦面之间打滑，故起一定的保护作用。

（3）超越离合器

如图 7. 4-61 所示，当齿轮外套 2 做逆时针转动时，通过弹簧 5 等零件的作用将滚珠 3 推向齿轮外套和星轮 1 的缺口所形成的楔形缝中，这样齿轮外套逆转星轮和轴 6 也跟着逆转。若轴 6 由另外的快速电动机带动沿逆时针方向做高速旋转，当其转速超过齿轮外套转速时，两者就按各自转速转动。

2. 离合器的装配技术要求

1）接合和分开时，动作要灵活，同轴度好，能传递足够的转矩，工作要求平稳可靠。

2）对侧齿式离合器，齿形间的啮合间隙要尽量小些，以防旋转时产生冲击。

3）对圆盘式及圆锥式摩擦离合器，盘与盘的平面接触要好，圆锥与圆锥面接触要均匀，锥角一致，同轴度要好。

4）摩擦离合器接合时，应有一定均匀的轴向压力，以保证传递一定的转矩。

5）对多片式摩擦离合器内外摩擦片的基本要求：平整平行及具有一定硬度和耐磨性。在一定的轴向压力作用下，能传递一定的转矩；在消除轴向作用力时，要保证各内外摩擦片全部脱开，做相对转动。

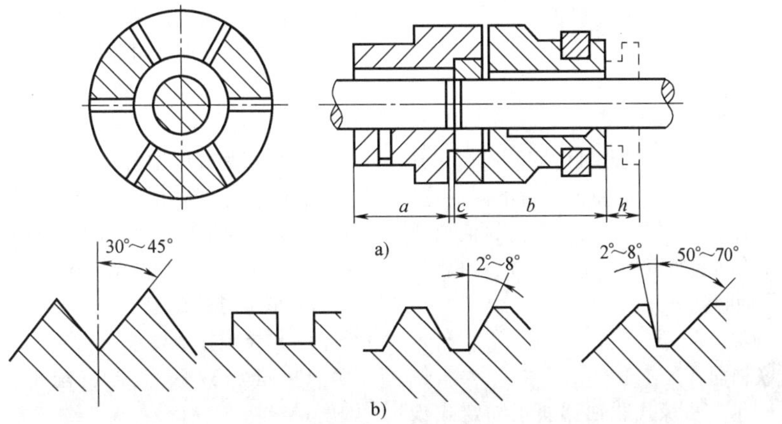

图 7.4-59　侧齿式离合器

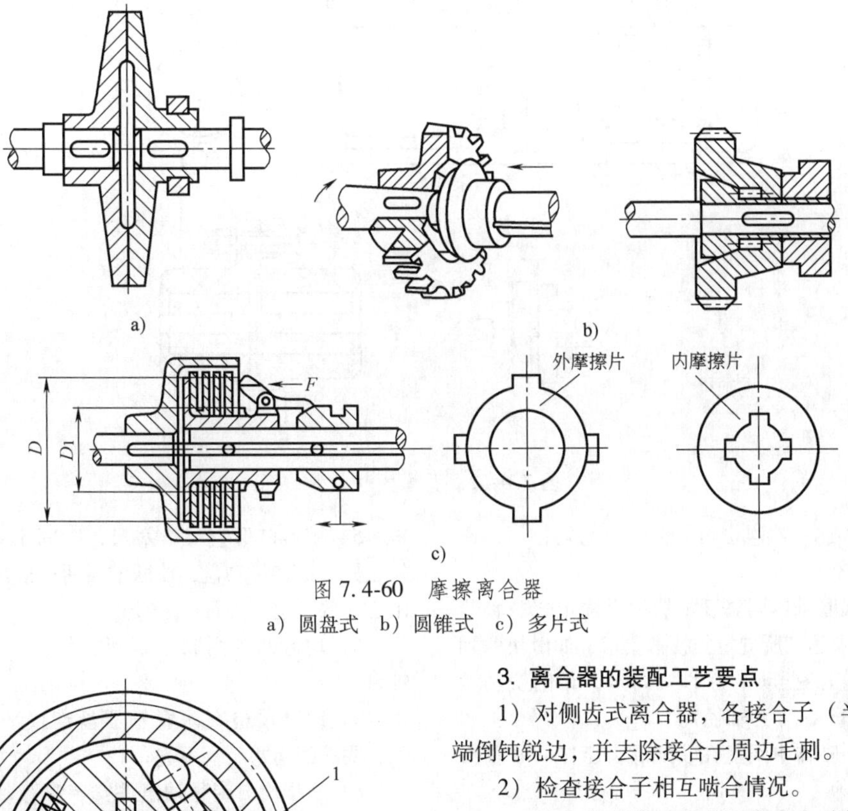

图 7.4-60　摩擦离合器

a）圆盘式　b）圆锥式　c）多片式

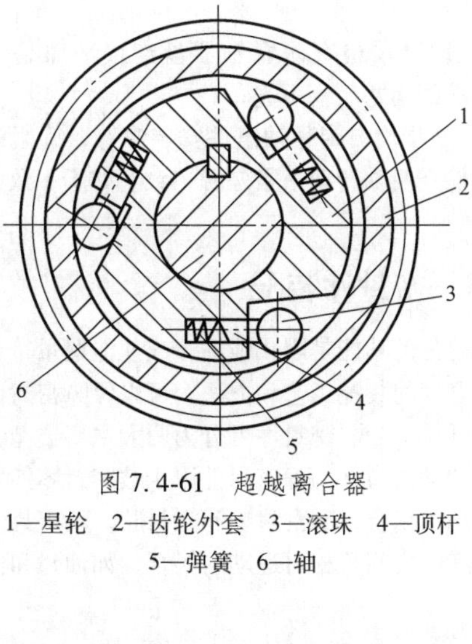

图 7.4-61　超越离合器

1—星轮　2—齿轮外套　3—滚珠　4—顶杆　5—弹簧　6—轴

3. 离合器的装配工艺要点

1）对侧齿式离合器，各接合子（半离合器）顶端倒钝锐边，并去除接合子周边毛刺。

2）检查接合子相互啮合情况。

3）将离合器的一部分固定在主动轴上，另外部分与从动轴通过导键连接，这一部分能在轴上灵活地做轴向移动，便于两接合面的接合和分开。

4）主动轴与从动轴同轴度要好。

5）圆盘式和圆锥式摩擦离合器在装到轴上后，要做接触面的涂色检查，保证在整个接触面上，接触斑点分布均匀。

6）对圆盘式、圆锥式及多片式摩擦离合器，都必须做传递转矩大小的试验。此时必须保证有足够的轴向压紧力，因为在摩擦面接触良好的情况下，轴向压紧力的大小是决定离合器传递转矩大小的重要因素。

7.4.7 联轴器装配

联轴器与离合器都是用作轴与轴之间的连接，并通过它们来传递动力的中间连接装置。所不同的是，联轴器是用来将两轴连为一体，以传递转矩；而离合器则用来使传动件之间随时可接合也可分离，也就是传动时接合，不传动时就分开。

1. 联轴器的种类

(1) 固定式联轴器

如图 7.4-62 所示，凸缘式联轴器属于固定式刚性联轴器，对两轴之间的对中性要求很高，但由于结构简单，使用方便，可传递较大转矩，故在低速、无冲击和轴的刚性、对中性较好的场合，得到广泛应用。

(2) 可移式联轴器

被连接的两轴由于工作中不可能保证严格的对中性，总会出现某种程度的相对位移和偏斜，此时可选用可移式联轴器，如图 7.4-63 所示。

2. 联轴器的装配

(1) 装配技术要求

1) 固定式联轴器装配时，要求严格的同轴度。

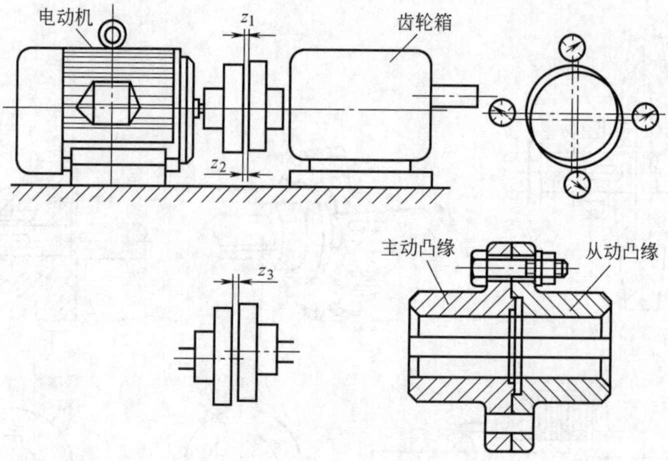

图 7.4-62　凸缘式联轴器

2) 保证各连接件连接可靠，受力均匀，不允许有回松脱落现象。

3) 可移式联轴器同轴度虽然没有固定式联轴器要求高，但必须达到所规定的技术要求，如滑块联轴器一般情况下轴向摆动量为 1~2.5mm，径向摆动量为 $0.01d+0.25$mm（d 为轴径）。

4) 滑块联轴器中间盘在装配后，能在两联轴器之间自由滑动。

5) 对弹性套柱销或弹性柱销可移式联轴器，两连接盘柱销插入孔及柱销固定孔，应均匀分布，同轴度好，以保证连接起动后，各柱销均匀受力。

(2) 装配工艺要点

1) 测出两被连接轴各自轴线与各自安装平面之间的距离。

2) 将两联轴盘通过键分别装在两轴上。

3) 把一轴所装组件固定在基准平面上。

4) 通过调整垫铁，使两联轴器、盘轴线高低一致。

5) 用刀口形直尺、塞尺，以固定轴组为基准，校正另一被连接轴盘，使联轴器两连接盘在水平面上中心一致，也可用百分表校正。

6) 均匀连接两联轴器盘，依次均匀旋紧连接螺钉。

7) 用塞尺检查两联轴器盘连接平面是否有间隙，要求四周塞尺塞不进。

8) 逐步均匀旋紧轴组件安装螺钉，旋紧螺钉的同时，检查两轴转动松紧是否一致。如不一致，需重新调整。

7.4.8 密封件装配

密封件的功能是阻止泄漏，或使泄漏量符合设计要求。合理的装配工艺和方法，可以保障密封件的可靠性并延长寿命。密封件可分为两大主要类型，即静密封件和动密封件。静密封件用于被密封零件之间无相对运动的场合，如密封垫和密封胶。动密封件用于被密封零件之间有相对运动的场合，如油封和机械式

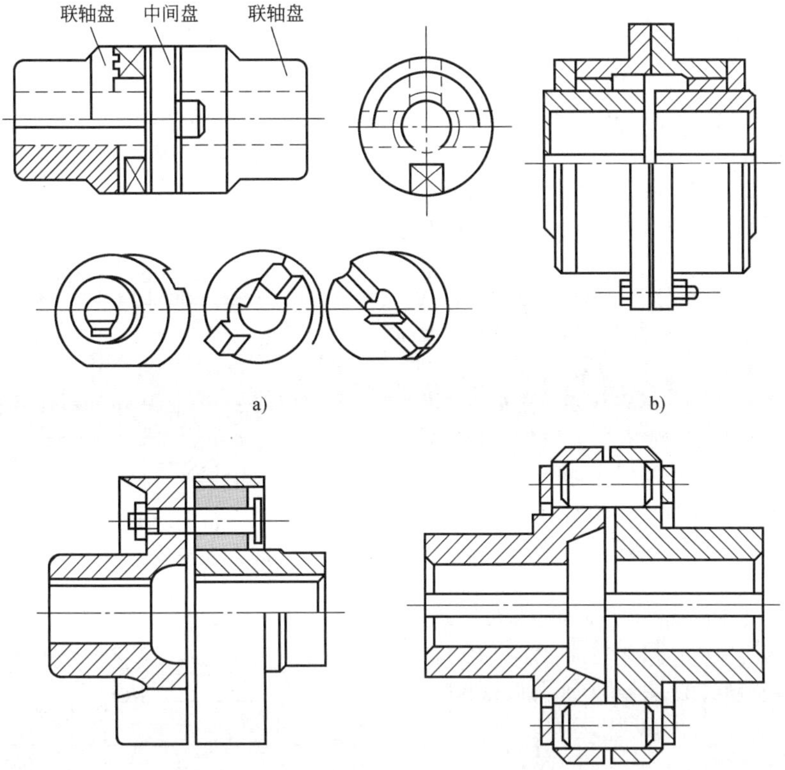

a)　　b)

c)　　d)

图 7.4-63　可移式联轴器
a）滑块式　b）齿式　c）弹性套柱销　d）弹性柱销

密封件。其中，动密封根据其是否与零件接触，可分为接触型密封与非接触型密封。

1. 静密封件装配

(1) 密封垫片的装配

根据工作时的压力、温度、被密封介质的性质、结合面的结构形状和表面情况，选用各种密封垫片。

1）一般垫片外径应比密封面外径稍小，而垫片内径应比密封面内径稍大，以免垫片压紧后变形伸出。

2）安装垫片部位及垫片表面不得划伤及损坏。不允许将垫片材料置于密封部位，用敲打方式配制垫片。

3）安装垫片部位与垫片应清理干净。

4）垫片四周的紧固螺栓应按对称循环方式，分次拧紧到规定转矩。

5）装在光滑面处的管道密封垫片，尤其是金属垫片，应注意保证与管道内径同心。

6）窄的金属包芯垫片，应在结合面上设置凹窝，凹窝中的垫片可避免拧紧时芯料受压而使垫片损坏。

(2) 密封胶的施胶与装配

密封胶是一种新型密封材料，将其涂敷在结合面之间，并施加一定的结合力后，可堵塞泄漏缝隙。根据工作时的介质、温度、压力、机器振动、拆卸以及结合面之间的间隙等因素选择密封胶。

1）液态密封胶。液态密封胶在常温下一般呈可流动的黏稠液体，也有呈膏状，颜色有多种。按涂敷后成膜的性状，分为干性可剥型、干性固着型、半干性黏弹型和不干性黏着型。

2）厌氧胶。厌氧胶在空气中保持稳定的液态，当与空气隔离后，在金属离子的催化作用下固化，形成具有粘接和密封功能的胶膜。厌氧胶常用于既要密封又要固定的结合面。为确保质量，其结合面间的间隙不能大于 0.8mm。

3）施胶工艺与装配。

① 清除结合面上的锈迹、油污，并应清洗干净，表面粗糙度值较低时，应设法适当提高。

② 使用合适的工具进行涂胶，涂布均匀，厚度视结合面粗糙和间隙而定。对旋入或插入件施胶，胶液应涂布于旋入端四周，胶量要适当，以免挤出污及

其他部位。

③ 装配时不能错动结合面。含溶剂的密封胶应待溶剂适当挥发后再进行装配紧固。

④ 装配后检查并清除流淌出的多余密封胶。

(3) 密封圈的装配

1) O 形橡胶密封圈的装配。

① 应保证往复运动的轴与孔有较好同轴度，使圆周上的间隙均匀一致。

② 装配过程中，应防止 O 形橡胶密封圈擦伤、刮伤。装入孔口或轴端时应有导锥，锥面与圆柱面要光滑过渡。

③ 应先在 O 形橡胶密封圈安装槽中涂布适量润滑脂后，再将 O 形橡胶密封圈装入。装配后，运动件能活动自如，防止 O 形橡胶密封圈扭曲。

④ 拉伸状态下安装的 O 形橡胶密封圈，为使伸张后的断面恢复成圆形，装入槽后，应放置适当时间再将配套件装合。

⑤ O 形橡胶密封圈装拆时，应使用装拆工具。装拆工具的材料和式样应选用适当。端部和刃口修钝，禁用钢针类尖而硬的工具挑动 O 形橡胶密封圈，以免其表面受伤。

2) 唇形密封圈的装配。

① 仔细检查唇形密封圈，唇口处不应有损伤等缺陷，同时检查被密封部位有关尺寸公差、表面粗糙度、倒角、锐边修光等是否符合要求。

② 在装配唇形密封圈时，方向不得弄错，圈间应涂布适量润滑剂。需通过螺纹表面和退刀槽时，必须在通过部位套上专用套筒，以保护唇部。

③ 为避免唇形密封圈受力过大，允许采用加热法装配唇形密封圈，但加热方法、介质和温度必须选择适当。

④ V 形圈重叠使用，装配时应将各圈之间相互压紧。

2. 动密封件装配

常见的接触型动密封类型有填料密封、皮碗密封、胀圈密封和机械密封等；非接触型动密封类型有间隙密封、迷宫密封、离心密封、螺旋密封和气动密封等。

(1) 油封装配

1) 未装弹簧的油封唇口直径与轴径之间须有一定的过盈量，同时弹簧应有合适的拉紧力，以保持良好的密封性。装配前，应检查轴的表面粗糙度、孔和轴的尺寸，以及油封唇口是否有损伤等缺陷。

2) 油封安装方向不得弄错。须穿过轴端键槽、轴肩及螺纹时，应用轴套保护，防止划伤油封唇口，如图 7.4-64 所示。

3) 压装油封时，油封外圈或壳体孔内应涂布适量润滑油；油封与壳体孔应对准，避免安装偏斜。油封的纵向若在壳体上无定位肩面，可利用工具以壳体或主轴的一个平面为基准来定位，如图 7.4-65 所示。油封压装到位后，压头在此位置至少停止 2s，以避免油封反弹。

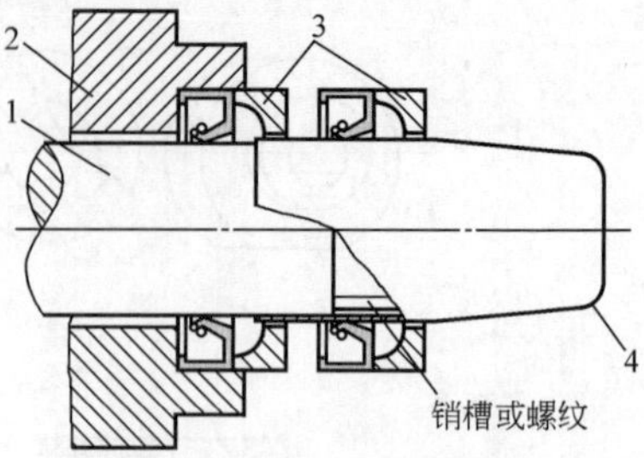

图 7.4-64 保护套装油封

1—轴 2—壳体 3—压入工具 4—保护套

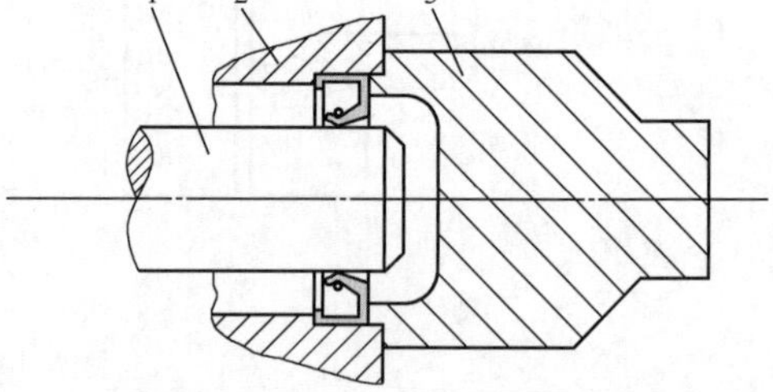

图 7.4-65 用工具固定油封纵向位置

1—轴 2—壳体 3—装配工具

(2) 软填料密封件装配

1) 清理填料腔，并检查轴表面应光滑无划伤、毛刺等现象。填料腔内和轴表面应涂布与介质相适应的润滑剂。

2) 检测密封部位轴的径向圆跳动。

3) 条状填料的切断面应与轴表面垂直，并与轴线成 45°交叉。长条成卷的填料，先用工具缠绕成形，然后装入填料腔；单卷叠成的填料，其切口应相互错开装入填料腔。

4) 用工具或压盖给装好的填料施加均匀的压力，使其预压缩 5%~10%，同时转动主轴有合适的松紧度，然后应对称分次拧紧压盖螺钉。运转试验后，若密封不良，可继续压紧填料；若发热过大时，可将填料放松一些。

5) 软硬不同的填料组合使用时，硬填料应在深部，软填料在压盖附近，或软硬交替放置。

6) 当填料宽度与填料腔的宽度不一致时，禁用锤敲扁，否则填料厚度不匀，影响密封。

7) 软填料密封如图 7.4-66 所示，封液环 3 的两侧应装相同硬度的填料。封液环处不得堵塞，由封液环注入润滑剂，真空密封时用以输入润滑油、水或其他密封液。

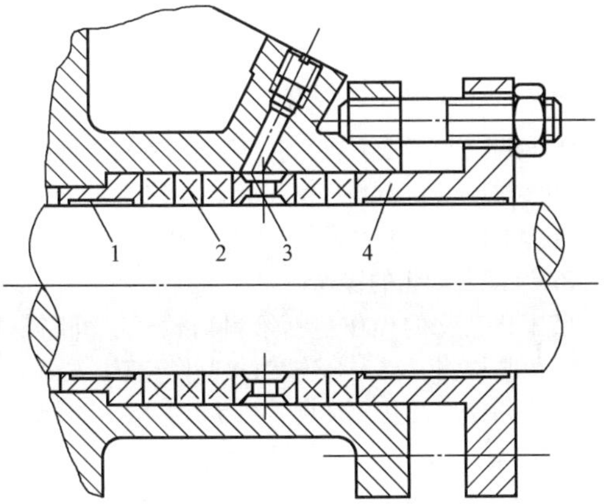

图 7.4-66　软填料密封
1—底衬套　2—填料　3—封液环　4—压盖

（3）机械密封装配

机械密封又称为端面密封，如图 7.4-67 所示，用于旋转轴的动密封。密封面垂直于旋转轴线，具有弹性元件和辅助密封圈等构成的轴向磨损补偿机构。动静环构成的密封面平面度误差不大于 0.6μm，表面粗糙度值不大于 0.1μm。

1）主轴在动环部位的径向圆跳动应不大于 0.06mm，旋转部件的轴向窜动应不大于±0.5mm，密封端盖的端面圆跳动应不大于 0.02mm，并检查动、静环与主轴的间隙等是否符合要求。

2）在动、静环端面上涂一层清洁的润滑油（机油或汽轮机油）。装配过程中，不允许用工具直接敲击密封元件。

3）动、静环与相配的元件之间，不得发生连续的相对转动，不得有泄漏。动环与动环密封圈要正确装配，应使动环能在轴上灵活移动。对于平衡型机械密封，为防止动环在轴肩上“压死”，一般应保持间隙 $c=2\sim3$mm。静环与壳体用密封圈防止介质泄漏，并与箱体保持必要的间隙。

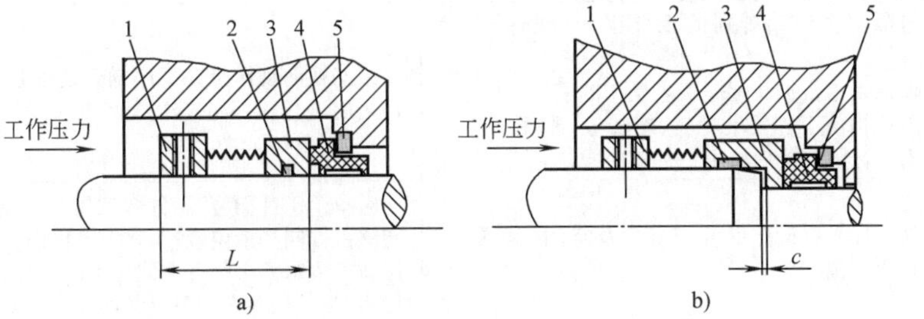

图 7.4-67　机械密封
a）非平衡型机械密封　b）平衡型机械密封
1—弹簧座　2—动环密封圈　3—动环　4—静环　5—静环密封圈

4）若用大弹簧作为压紧密封件的元件，其两端面与轴线的垂直度误差应不大于 100∶1，放在平板上没有摇动。若用多个小弹簧，刚度应相同，高度应一致。调整弹簧座轴向位置和旋转部件装配尺寸 L 要符合规定，以保证动、静环密封面上压力适当，既保证密封又不产生过大的摩擦力矩。

5）必须使动、静环具有一定的浮动量，以便在运行中能适应动、静环密封端面接触的各种偏差。

6）装配后转动主轴，检查是否灵活，必要时进行密封性试验。

（4）毡圈密封装配

1）由于毡圈密封结构简单，同时具有密封、储油、防尘、抛光作用，因此，使用的毡圈需用细羊毛毡冲裁成圈，不能用毡条装入槽中代替毡圈。

2）毡圈不能压紧在轴上，装配时毡圈既要与轴接触，又不能压得过紧。

3）毡圈装在斜度为 4°的梯形沟槽中，毡圈外径与槽底面之间的径向间隙应保持为 0.4～0.8mm，轴和壳体之间的间隙应为 0.25～0.40mm。

（5）皮碗密封、成形填料密封装配

1）安装部位的各锐棱应倒钝，圆角半径应大于 0.1～0.3mm，特别是在安装 O 形密封圈时，零件轴头、台肩处应有倒角，且 O 形密封圈安装时途径之处的棱角和毛刺要用锉刀修整。

2）应按载荷方向安装密封圈，切勿装反，否则会将载荷加到密封圈的背面，使密封圈失去密封作用。

3）安装前，对密封圈将要通过的表面涂润滑油，对用于气动装置的密封圈则涂润滑脂。

4）安装时，要仔细操作并防止密封圈被划伤或切断，若确有损伤，应检查原因并切实排除隐患后，更换新件重新安装。

(6) 螺旋密封装配

1）实现正确的密封，必须弄清楚螺旋密封的赶油方向。还要特别注意螺旋槽是开在转动件上还是静止件上，两种情况螺旋槽的旋向要注意区分。

2）一般来说，转动件和静止件不能采用同一种材料，以防止发生胶合，若转动件与静止件必须是同一种材料，则应考虑加其他材质的衬套或衬环。

7.5 装配自动化

7.5.1 装配自动化工作流程与操作

1. 装配自动化工作流程

自动化装配在很大程度上模仿了人工装配的方式。其工作流程包括送料过程、装配过程及卸料过程。对于送料过程，在自动化装配工序中，需要连接的工件通常都采用自动送料装置；对于装配过程，采用振盘或机械手将待连接的工件移送到定位夹具上，定位夹具具有对工件进行准确定位的功能；对于卸料过程，可以采用简单的气动机构或者通过机械手将工件从定位夹具中取下。

2. 装配自动化的操作

装配自动化的操作包括给料与输送、分隔与换向、定位与检测、装入与连接、卸件等五个方面。装配自动化的操作及其含义见表7.5-1。

表7.5-1　装配自动化的操作及其含义

序号	操作	基本含义	应用说明
1	给料与输送	在具体的工艺操作之前，将需要被工序操作的对象(零件、部件、半成品)从其他地方移送到进行工序操作的位置	通常用于自动化生产线。工件须在各台专机之间顺序流动，一台专机完成工序操作后要将半成品自动传送到下一台相邻的专机进行新的工序操作
2	分隔与换向	分隔是把连续排列的工件逐个分隔开来的过程 换向是指根据装配等工艺操作的需要，通过一定的机构使工件发生翻转、旋转等，改变工件的姿态。分隔与换向属于一种辅助操作	某些换向动作是在工序操作之前进行，某些则在工序操作之后进行，而某些情况下则与工序操作同时进行
3	定位与检测	使工件具有确定的姿态方向及空间位置的过程称为定位	对单个工件而言，工件多次重复放置在定位装置中时都能够占据同一个位置；对一批工件而言，每个工件放置在定位装置中时都必须占据同一个准确位置。定位是进行各种加工、装配等操作的先决条件
		在装配过程中，根据装配需要，所采取的测量工作称为检测	一般检测项目包括装入零件缺件、装入零件方向、装入零件位置、装入零件中零件夹持误差、装入过程异物混入、装配后密封性质量、装入零件分选误差、螺纹连接件装配质量、部件装配后的灵活性和其他性能
4	装入与连接	工件经定向、送进至装入工位后，通过机构对准基件进行装入	装入可分为间隙配合、过盈配合、套合、灌入等
		用螺钉、螺栓和铆钉等紧固件将两种分离型材或零件连接成一个复杂零件或部件的过程称为连接	装配中连接方法一般有螺纹连接、铆接、焊接、粘接等，其中螺纹连接便于装拆、应用普遍
5	卸件	完成工序操作后，必须将完成工序操作后的工件移出定位夹具，以便进行下一个工作循环	卸料的方法多种多样，例如在一些小型工件的装配中，经常采用气缸将完成工序操作后的工件推入一个倾斜的滑槽，让工件在重力的作用下滑落。对于一些不允许相互碰撞的工件，经常采用机械手将工件取下。还有一些工序操作直接在输送线上进行，通过输送线直接将工件往前输送

7.5.2 装配自动化机械结构

1. 输送机构

装配的给料和定向装置的作用是将装配工件从料斗或料仓中送出，经定向及隔料，把工件按装配节拍一个或数个分离出来，再经料道或传送机构进入待装位置，由装配机械进行装配。有时直接由机械手从料仓或料道中取出工件，送到装配工位。使用机械手时，还可使工件重新定向。

(1) 给料机构

在选择或设计给料装置时，应使其型式和结构符合待装工件的具体条件（如工件的大小、精密度、形状的复杂程度等）、生产批量、与自动装配机的联系等。给料机构包括料斗式给料、料仓式给料、振动式给料等。

1）料斗式给料。将散乱堆放在料斗中的工件，使其产生各种不同方式的运动，逐个分离并定向给料。有的工件可在一次定向后即达到装配要求；有的则须再经特设的定向装置进行二次或多次定向，才能达到装配要求。料斗式给料适用于形状简单的小型工件，应用较广。

为使料斗内散乱堆放的工件，能在送料前整齐排列、定向，一般采用电磁振动、机械驱动或流体射方式，使工件在料斗内运动。

装配时常用的几种料斗包括振动型、回转型、摇摆型、往复型、喷射型等，其类型及其特点见表 7.5-2。

表 7.5-2　装配时常用料斗的类型及其特点

类型		示意图	特点						应用示例
			给料速度	适用工件	工件数量	定向能力	工件损伤度	装置尺寸	
振动型	圆筒式	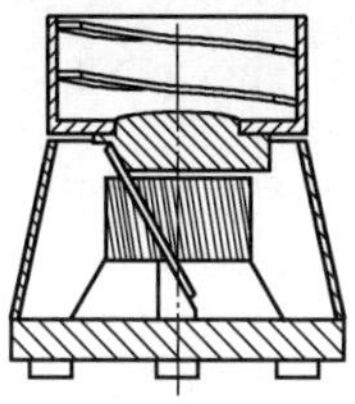	大~小	小	少	大	中~小	小	料斗中螺旋槽上设有各种定向装置
	直线式	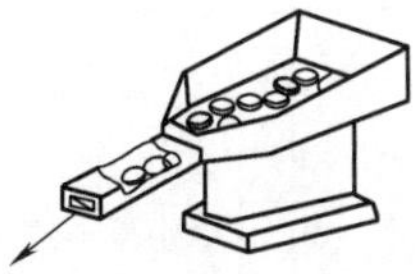	大~小	小	少	小	中~小	小	用于各种工件的排列，但不能定向，多做料道使用
回转型	转盘式	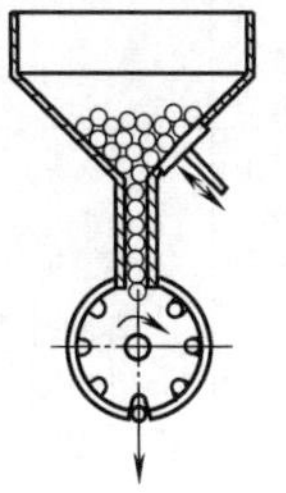	大	中~小	少	中	小	中~小	适用于销钉、螺栓或球形工件等
	水平式	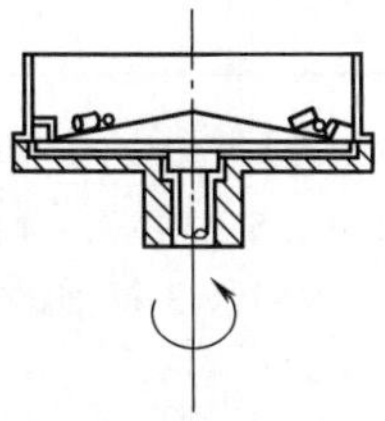	大~中	大~小	少	小	小	大~中	适用于管状或圆柱形工件等
摇摆型	箱式	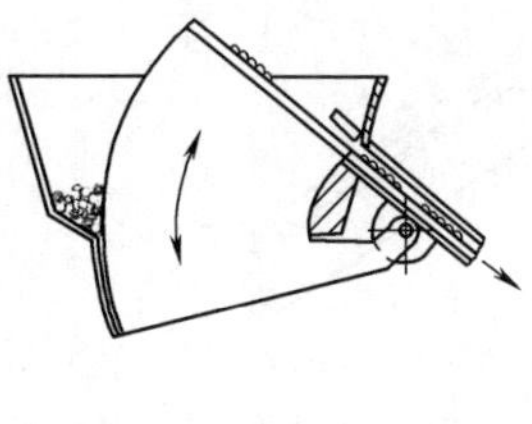	中	中~小	中	小	中	中~小	适用于销钉、螺栓、铆钉等

（续）

类型		示意图	特点						应用示例
			给料速度	适用工件	工件数量	定向能力	工件损伤度	装置尺寸	
摇摆型	板式	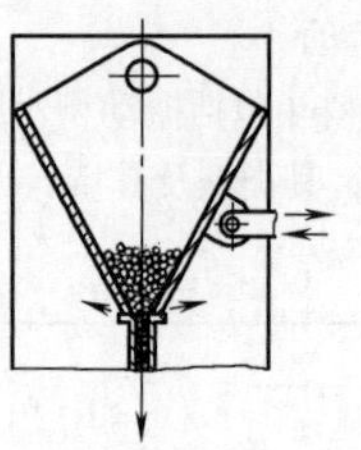	中~小	中~小	多	中	小	中	适用于圆柱形工件，最适用于细长杆件
往复型	漏斗式	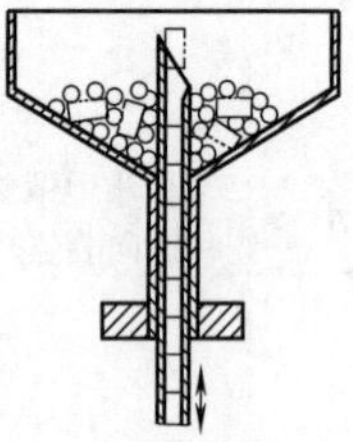	中~小	中~小	多	中	中~小	中	适用于球形、圆柱形工件等
	滑板式	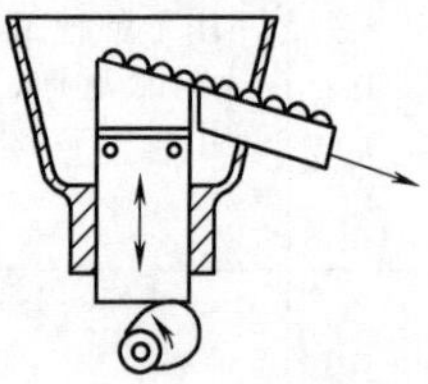	中	中~小	中	小	中	中~小	适用于销钉、螺栓、铆钉及圆柱形工件等
喷射型	液体式	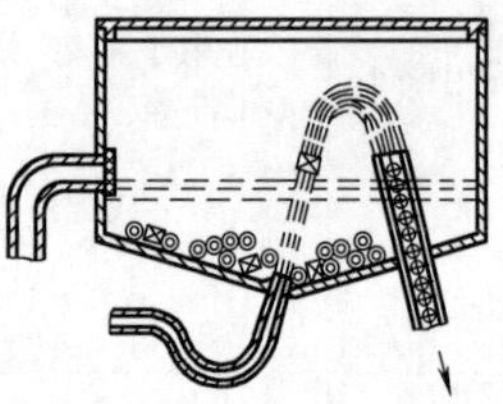	小	小	中	中	小	小	适用于精密件，更适宜于被油脂或静电作用粘吸在一起的细小工件

2）料仓式给料。料仓式给料是由人工或机械将工件定向、排列在料仓内，经隔料机构送出。这种给料方式适用于形状比较复杂或较大型的工件，也适用于精密及脆性件。

料仓的结构型式，一般取决于待装工件的外形尺寸、复杂程度以及自动装配机的生产率等。其种类较多，一部分可与机加工上、下料通用。主要有水平式料仓、立式料仓、漏斗式料仓和回转式料仓等多种类型。

① 水平式料仓（图 7.5-1）。环形工件 3 在悬臂上运动，送料板 2 按工作节拍向前推送一只工件落入倾斜的料道 4，自动滚到待装位置。

② 立式料仓（图 7.5-2）。立式料仓可垂直或倾斜配置，给料一般在仓底进行。表面质量好的工件应由下向上推送给料。如图 7.5-2 所示，顶件 1 将料仓 4 中的工件 2 向上顶送，送料板 3 每推进一次，送出一个工件。

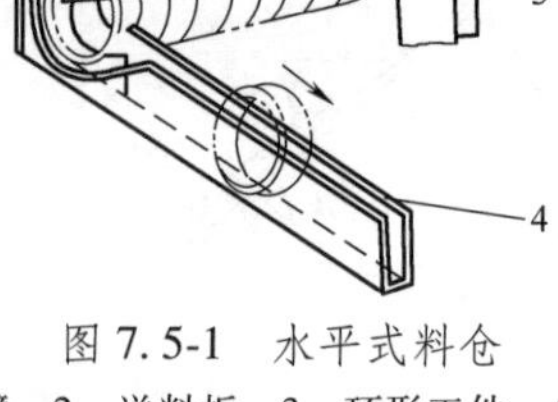

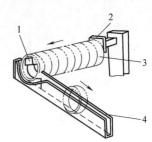

图 7.5-1 水平式料仓

1—悬臂 2—送料板 3—环形工件 4—料道

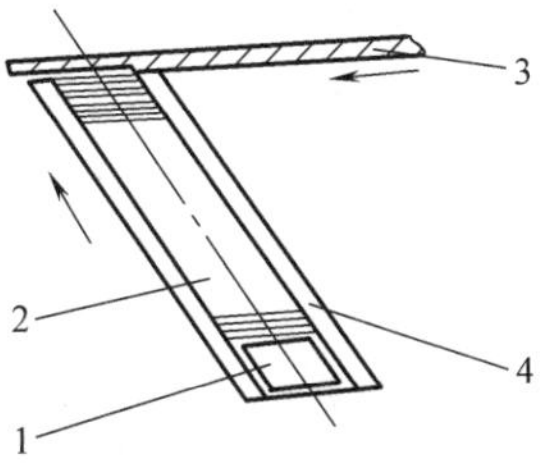

图 7.5-2　立式料仓

1—顶件　2—工件　3—送料板　4—料仓

③ 漏斗式料仓（图 7.5-3）。工件 3 从料仓 1 通过倾斜料道向下落到底部。送料板 4 每推进一次，送出一工件待装。为避免料仓颈口部倾轧堵塞，设置振动器 2 使料仓产生振动。

④ 回转式料仓（图 7.5-4）。圆盘形料仓 2 固定于间歇回转的转盘 1 上。拨料杆 4 的支柱可上下移动和左右摇摆，摆动角度与转盘 1 的回转角相等。工作时，拨料杆 4 按节拍时间将工件 3 逐个拨入料道 5 的辊道待装位置。当工件用完后，更换另一个装满工件的料仓。

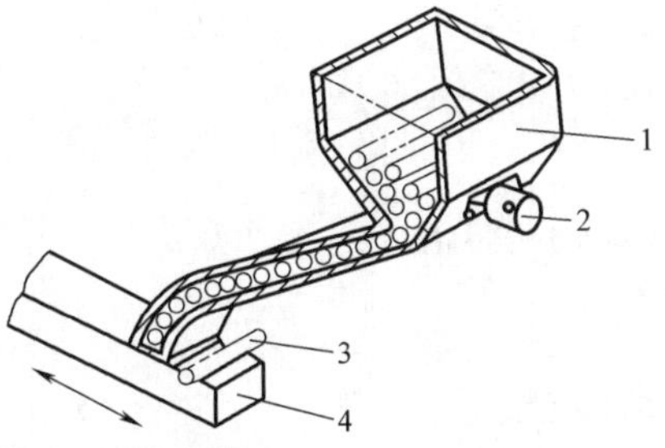

图 7.5-3　漏斗式料仓

1—料仓　2—振动器　3—工件　4—送料板

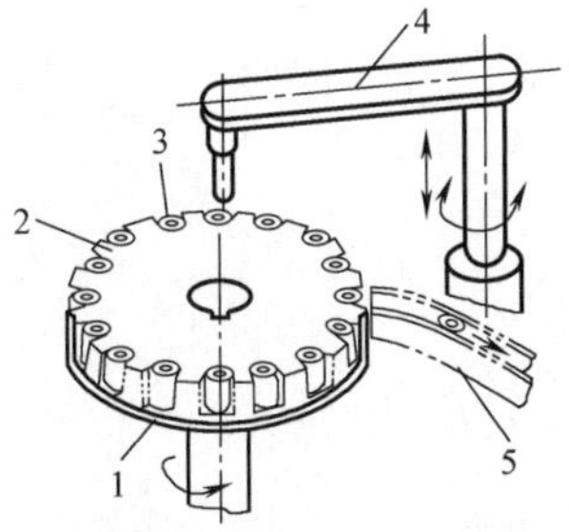

图 7.5-4　回转式料仓

1—转盘　2—料仓　3—工件　4—拨料杆　5—料道

3）振动式给料。振动盘给料器是所有料斗式进料装置中最适合于小型工程零件的给料器，如图 7.5-5 所示。零件滑行的轨道是螺旋状的，沿着一个浅圆柱漏斗状和盘状料斗内壁上升。料盘通常支承在三片或四片板弹簧上，板弹簧紧固在一个巨大基座上。安装在底座上的电磁铁使料盘摆动，支承系统约束料盘的运动，这样就同时产生了一个在垂直轴上的扭转振动和一个垂直线性振动。斜坡轨道的任何一小段均可以看作一段段的近似直线的轨道，这个轨道与水平面倾斜成一定角度。该角度比轨道的倾斜角稍大，也就可以把运动看作是在近似直线短轨道上的振动。当零件放置在料盘内时，振动作用使零件沿轨道上移到料盘顶端的出口处。

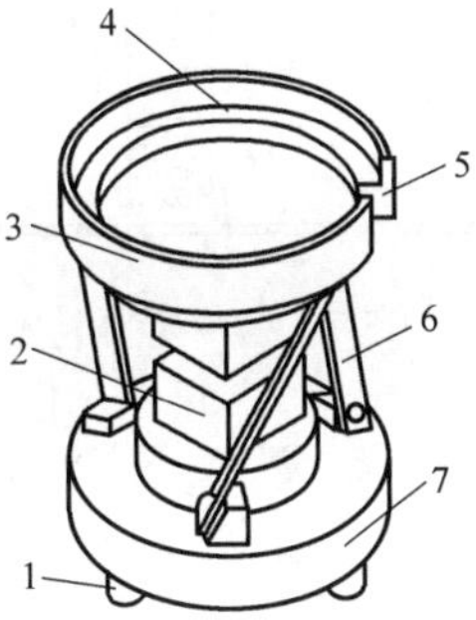

图 7.5-5　振动盘给料器

1—减振支架　2—电磁铁　3—料盘　4—料道

5—出料口　6—板弹簧　7—基座

（2）定向装置

料斗给料的工件，大多数利用料斗本身的结构特征完成定向要求。但对于在料斗中一次定向不能满足装配要求的工件，应设立单独的定向装置，对工件进行二次或多次定向，以满足装配要求。

1）振动斜板定向装置（图 7.5-6）。倾斜的平板以适当的频率不断振动。当两端形状（重量）有明显差别的工件 1 从料管 2 中落在平板上时，即滚入沟槽 3 并按箭头方向排列定向，经料道 4 送到装配工位。

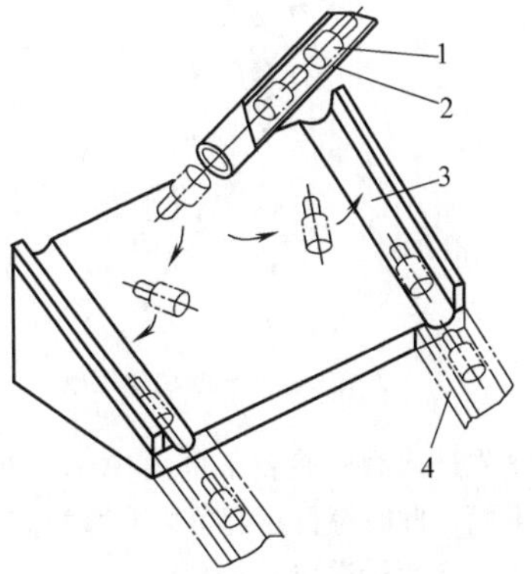

图 7.5-6　振动斜板定向装置

1—工件　2—料管　3—沟槽　4—料道

2）油液定向装置（图 7.5-7）。当工件 3 由料管 2 落入装满油液的容器中时，因其两端重量有明显差别，故在下沉过程中（油液起缓冲作用）重端向下，通过导管 1 定向进入传送带 4（限位板 5 使工件整齐排列），由传送带提升供料。

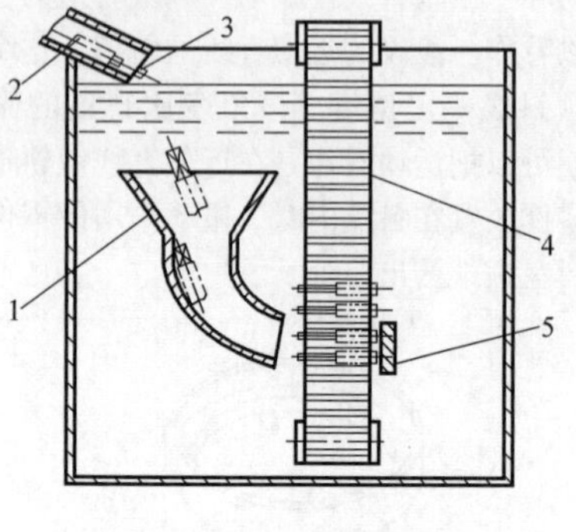

图 7.5-7　油液定向装置
1—导管　2—料管　3—工件
4—传送带　5—限位板

3）推杆定向装置（图 7.5-8）。这是利用工件形状特征的一种定向装置。工件 3 一端开口另一端封闭，当它由料管 4 落下时，如果封闭端对着送料杆 5（图 7.5-8a）时，就直接将工件推至出料口 1 供料。如果工件落下时，其开口端对着送料杆 5（图 7.5-8b），则送料杆先套入工件，在送料杆退回时，由片簧 2 钩住工件边缘，使其脱出送料杆，自行翻转落下，定向给料。

4）振动定向及合套装置（图 7.5-9）。螺钉 8 和垫圈 2 分别沿振动螺旋槽 7 和 1 前进（图 7.5-9a）。在前进过程中，整列板 6 使竖立螺钉卧倒沿槽底前进，到达开口槽 5 时，螺钉杆部嵌入开口槽中，再经整列板 4 完成定向。垫圈 2 通过整列板 3 呈单片整齐排列，沿槽底前进。

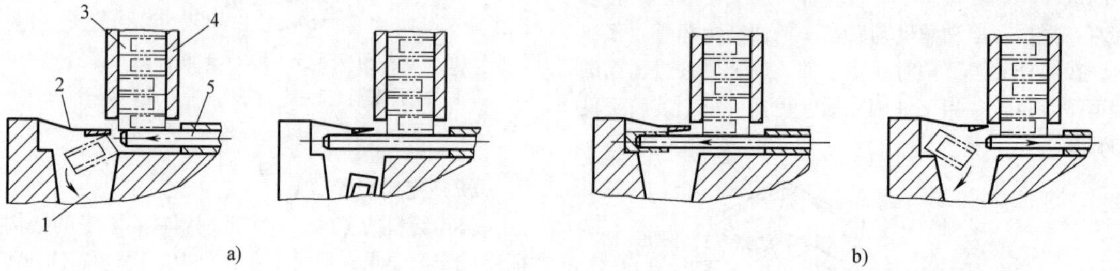

图 7.5-8　推杆定向装置
1—出料口　2—片簧　3—工件　4—料管　5—送料杆

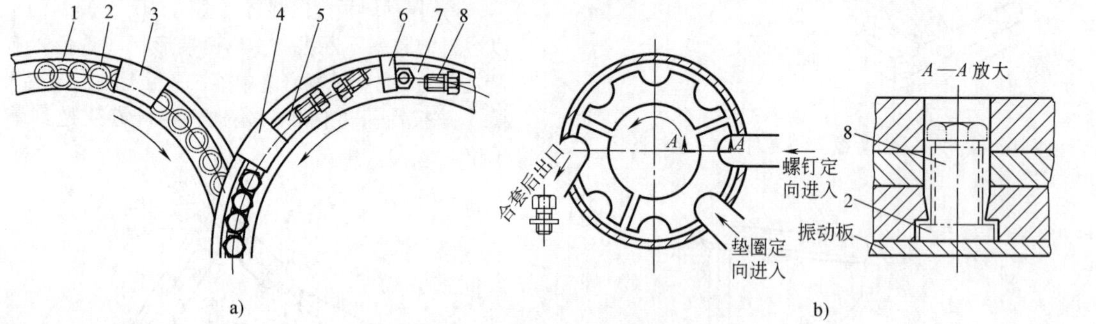

图 7.5-9　振动定向及合套装置
a）振动定向　b）合套
1、7—振动螺旋槽　2—垫圈　3、4、6—整列板　5—开口槽　8—螺钉

垫圈 2 先进入合套装置下部（图 7.5-9b），再转到螺钉 8 下面，此时螺钉正好落入合套装置，螺钉与垫圈一起进入合套后送出。

（3）传送机构

装配传送装置是将装配过程中的工件按要求从一个工位传送到另一个工位。

1）装配传送装置的选择。装配传送装置关系到装配机（线）的生产率和装配精度，可根据装配作业对传送装置的要求以及工件本身的特点，综合考虑选择装配传送装置。

2）传送装置的传送方式。传送装置的传送方式有下列几种：

- 传送方式
  - 连续传送
  - 间歇传送
    - 同步传送
      - 固定节拍传送
      - 非固定节拍传送
    - 非同步传送

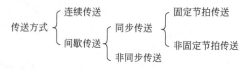

传送方式的特征、优缺点及适用范围见表 7.5-3。

表 7.5-3　传送方式的特征、优缺点及适用范围

传送方式	特　征	优　缺　点	适用范围
连续传送	工件连续恒速传送,装配作业与传送过程重合,工位上装配工作头需连续地与工件同步回转或直线往复	生产速度高,节奏强,但不便采用固定的装配机械和装配时相对定位。工作头和工件的传送同步有一定困难	结构简单的中小型产品的自动装配和大型产品的机械化流水装配
间歇传送	工件间歇地从一个工位移动到另一个工位。装配作业在工件处于停止状态下进行	便于采用固定的装配机械和装配时相对定位。可避免装配作业受传送平稳性的影响	不便于采用连续传送的场合
同步传送	每隔一段时间,全部工件同时向下一工位移动。多数情况下,所隔时间是一定的,即固定节拍传送。少数场合,需待装配持续时间最长的工位完成装配后才能传送	同步传送的生产速度较高,节奏性较强,但一个工位出现故障,常导致全线停车。固定节拍同步传送的各工位节拍必须平衡。非固定节拍同步传送效率较低	固定节拍传送适于产量大、零件少、节拍短的场合;非固定节拍传送仅适于操作速度波动较大的场合
非同步传送	全线各工位间随行夹具的传送不受最长工序时间限制,完成上道工序的工件连同夹具由连续运行的传送带移向下一工位或积存在下一工位前面,待下道工序完成,即可从上面积存中放出一个进入空出的装配工位	由于各工位间"柔性"连接,工位操作速度不受节拍的严格控制,允许波动,平均装配速度可提高;夹具传送时间可缩短,而且个别工位出现短时间可以修复的故障时,不会影响全机工作,设备利用率提高	节拍有波动、装配工序复杂的手工工位与自动工位组成在一条装配线上

3）传送装置的类型及特点。传送装置的类型不仅关系到装配机（线）的结构型式和布置方式，而且在很大程度上决定着装配机（线）的工作性能。常用传送装置的类型及其特点见表 7.5-4。

表 7.5-4　常用传送装置的类型及其特点

类型	示　意　图	特　点	应用示例
辊道	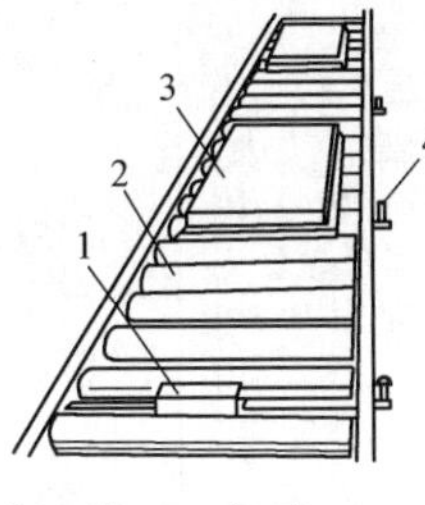 1—自动停止器　2—辊子　3—工作托盘 4—手动停止手柄	辊道常用宽度为 0.3～1m,辊子可双列布置,可设置升降、翻转和转位等机构。有动力辊道和自由辊道两种。动力辊道能保持一定的传送速度,适用于上料时有冲击的场合	底面平整或有托盘的工件
气垫	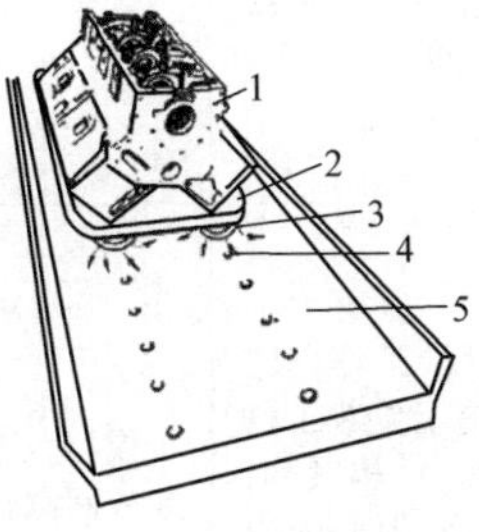 1—工件　2—托盘　3—气垫单元 4—出气口　5—工作台支承面	摩擦阻力小,承载能力大,运行平稳,移动方向不受限制,易于移动和定位。结构简单,维护方便。但要求支承面光滑,无缺陷	可用于各种工件的排列,但不能定向,多作为料道使用

（续）

类型	示意图	特点	应用示例
机械手	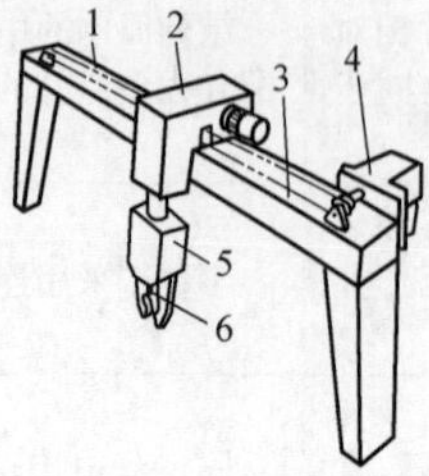 1—传送链 2—升降齿轮箱 3—龙门横梁 4—转位齿轮箱 5—抓爪机构 6—工件抓爪	能按程序自动运行，通用性和灵活性好。有一定的起重能力和定位精度。能实现直线式长步距传送或对圆周排列的装配机械进行蛛网式传送	装配机械之间或装配机械与传送带之间的传送和连接
带式	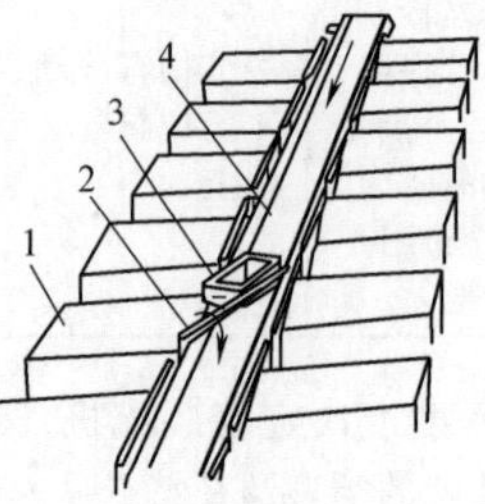 1—工作台 2—卸料器 3—工作托盘 4—传送带	常用带宽为0.5~1m，工件或托盘由卸料器分配到两侧的工作台。工位间有中间贮存。结构简单，传送平稳，但速度较低，常用速度为0.02~0.3m/s。对重量大或油污的工件可采用钢带	仪器仪表等
车式	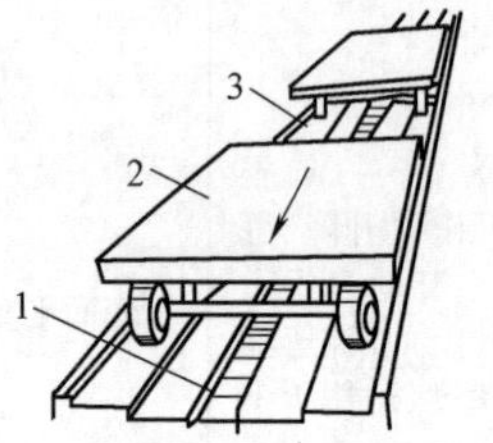 1—牵引链 2—小车 3—导轨	有地面型和高架型两种。小车与牵引链连接，承载能力大，但运行平稳性和精确性较差，因而不便采用自动装配机械。工作速度低，常用速度为0.3~1m/min	拖拉机、内燃机等
板式	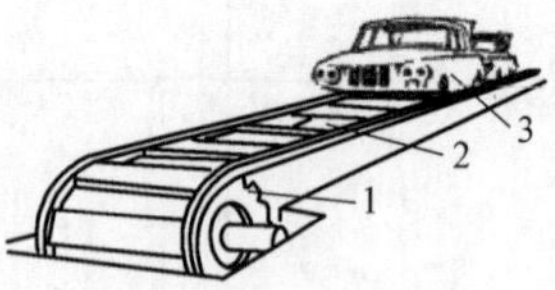 1—驱动链轮 2—板条 3—汽车车身	常用板带宽度为0.5~3m，板条可单排或双排布置，上面可设置装配支架，平整宽敞。承载能力大，但自重大，速度低，制造维修较复杂。常用速度为0.35~2.5m/min	在低速、重负荷和有冲击条件下工作，如汽车、拖拉机等
回转工作台	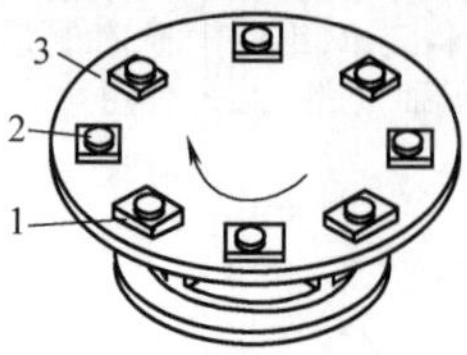 1—夹具 2—工件 3—回转工作台	工位及给料装置沿工作台圆周布置，只需在上料工位对工件进行一次定位夹紧。结构紧凑，节拍短，定位精度高，但装配机构的布置受到限制	仪器仪表、轻工机械等连续或间歇传送的装配机

2. 分隔与换向机构

(1) 分隔机构

分隔机构按工件的形状，可分为圆柱形工件分隔机构、矩形工件分隔机构、片状工件分隔机构及其他分隔机构，见表 7.5-5。

表 7.5-5　分隔机构的种类、原理及应用

种类	原　　理	应　　用
圆柱形工件分隔机构	圆柱形工件(或球形工件)是形状最简单的一类工件,在圆柱形工件或球形工件紧密排列时,工件之间除接触点外仍存在较大的弧形空间,因此只要用一个薄的插片即可轻易地将工件分开	采用分料气缸分料,如图 7.5-10 和图 7.5-11 所示。利用气缸,并加装两块片状挡片使其能够顺利插入到相邻的两个工件之间,即可直接使用
		采用分料机构分料,如图 7.5-12 所示。气缸每完成一个缩回、伸出的动作循环,机构放行一个工件。该机构利用了工件的自重,输送不需要外力
		图 7.5-13 所示为圆柱形工件的另一种分料机构,该机构采用了凸轮,凸轮在气缸驱动下每进行一次往复运动放行一个工件
矩形工件分隔机构	先对紧密排列的工件进行分隔处理,让一个工件单独停留在暂存位置 图 7.5-14 所示为工程上一种典型的矩形工件分料机构,其中挡料杆 1 可实现对工件的阻挡及放行;铝型材机架 2 通常是组成带输送线或链输送线的结构材料,可直接将分料机构通过螺钉从侧面安装在输送线两侧铝型材的安装槽孔中;气缸为驱动元件,驱动连杆 6 摆动,从而带动挡料杆 1 及夹料杆 4 在安装座 5 的导向孔中交替反向运动。为了节省空间并简化安装,采用了短行程系列标准气缸	如图 7.5-14a 所示,该机构的工作过程如下: 1)挡料杆将输送线上依次排列的工件全部挡住 2)当输送线前方的工件已经被处理完毕(如装配、检测等),需要分料机构向前方放行一个工件,控制气缸活塞杆伸出,在连杆 6 的作用下,挡料杆缩回,将阻挡住的第一个工件放行。由于夹料杆与挡料杆是同步运动的,所以夹料杆同步地伸出,将紧接着的下一个工件从侧面夹紧,挡料杆才缩回到位将第一个工件放行,这就是图 7.5-14b 所示状态 3)当挡料杆的放料动作完成后,控制气缸又缩回,机构又回到图 7.5-14a 所示的挡料准备状态,被夹料杆从侧面夹紧的工件在输送线的驱动下自动前进到挡料杆的位置,等待下一次循环
片状工件分隔机构	工件在水平状态下由振盘送料装置自动送料。由于焊接装配是对工件逐个进行的,而工件在振盘输料槽内是紧密排列的,因此需要在振盘输料槽设计一个分料机构,逐个放行工件	图 7.5-15 所示为某传感器自动化焊接专机上的分料机构实例。工件为不锈钢波纹圆片状冲压件,工件的中央有一凸起部分。图 7.5-15a 所示为工件被阻挡的状态,图 7.5-15b 所示为分料机构动作、工件被放行的状态
其他分隔机构	连杆式分料机构,只要工件上带有台阶形状,无论是圆柱形工件还是矩形工件都可以使用	图 7.5-16 所示为气缸缩回状态,工件在带输送线上输送,前方的挡杆将工件放行,后方的挡杆同步地将紧挨着的下一个工件挡住。当工件被放行后,气缸再伸出,前方的挡杆又伸出准备第二次挡料,后方的挡杆同步地缩回,将被挡住的下一个工件放行,让其进入前方挡杆的挡料位置。如此循环,将连续排列的工件逐个放行到暂存位置 该机构利用了相邻工件之间因工件的台阶而形成的空间,因为工件带有台阶,所以有使分料机构的一个挡杆伸向两相邻工件之间而不与工件发生干涉的空间。如果工件没有上述台阶,则这种机构难以完成分料动作
	尺寸较小的带台阶圆柱形工件,如电器制造业的银触头、铆钉等自动化装配中,银触头或铆钉通常是由振盘自动送料,工件紧密排列,再通过一段输料槽送到装配部位	在图 7.5-17 所示的分料机构中,工件 2 经过振盘自动送出,在自身重力的作用下,工件沿一倾斜的输料槽 1 下滑。在输料槽 1 的末端设计了一块阻挡弹簧片 4,所有工件都依次紧密排列在一起。由于每次装配循环只需要一个工件,所以在弹簧片下方的适当位置设计了一个夹具 3,当夹具向前方运动时自动克服弹簧片 4 的压力,使工件自动套入夹具中,因此每当夹具单向通过一次时自动套入一个工件

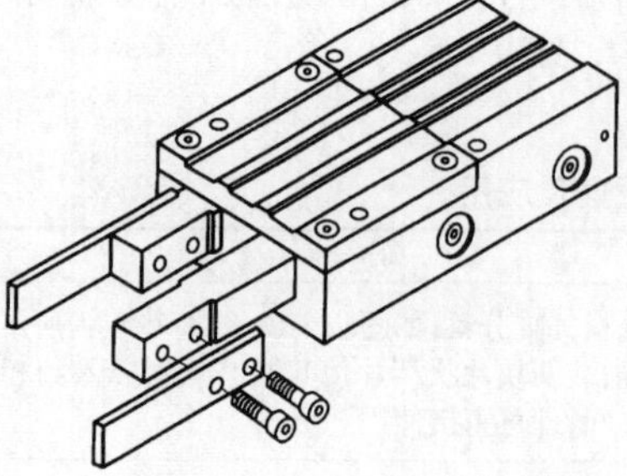

图 7.5-10　分料气缸的外形示意图

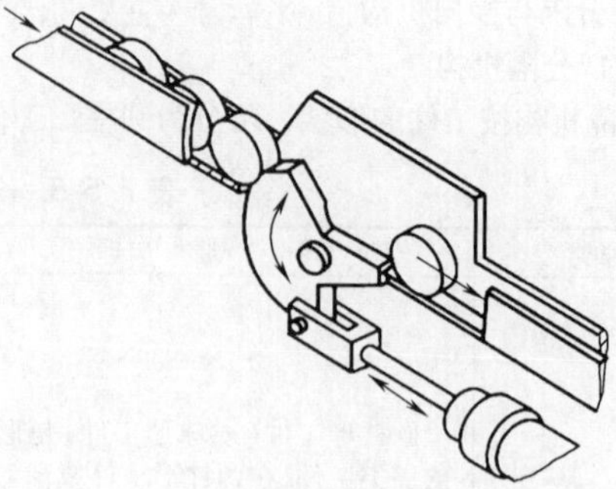

图 7.5-13　圆柱形工件分料机构实例（二）

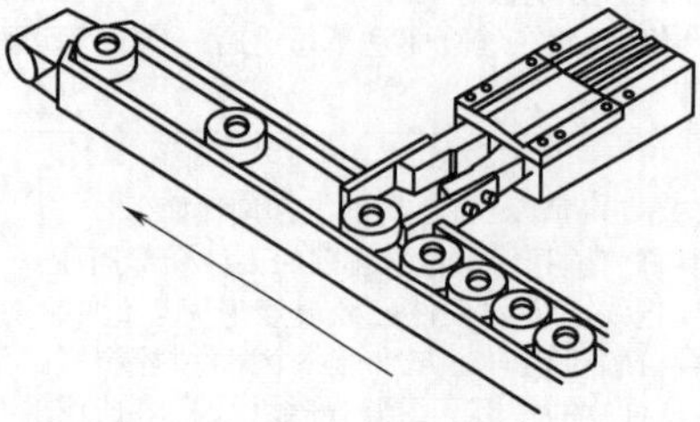

图 7.5-11　分料气缸的应用实例

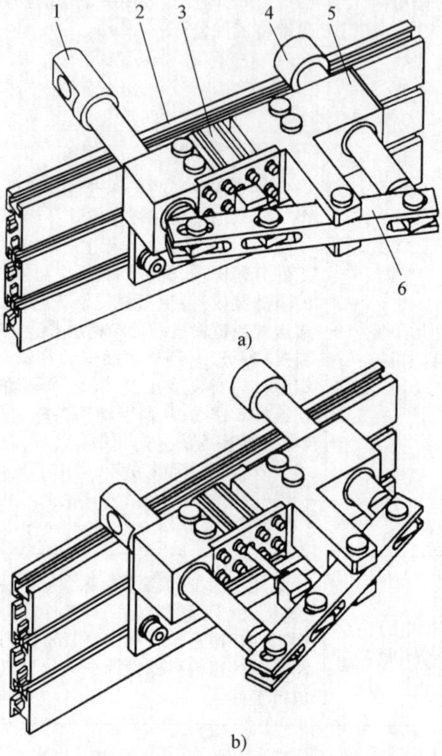

图 7.5-14　典型的矩形工件分料机构实例

1—挡料杆　2—铝型材机架　3—短行程气缸　4—夹料杆　5—安装座　6—连杆

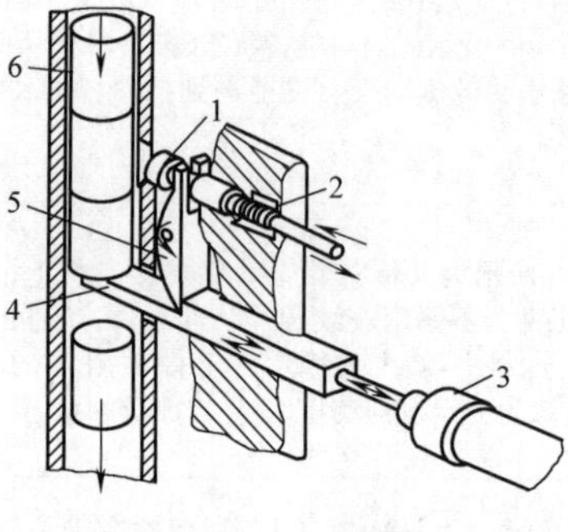

图 7.5-12　圆柱形工件分料机构实例（一）

1—夹头　2—压缩弹簧　3—气缸　4—档杆　5—杠杆　6—料仓

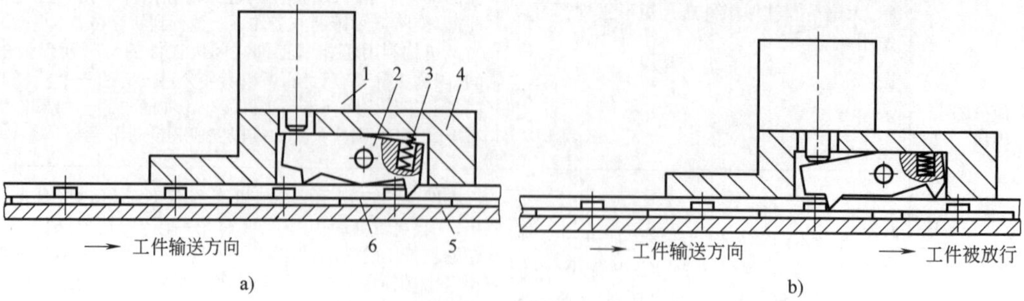

图 7.5-15　片状工件分料机构实例

a）工件被阻挡状态　b）工件被放行状态

1—气缸　2—挡料爪　3—压缩弹簧　4—安装座　5—振盘输料槽　6—工件

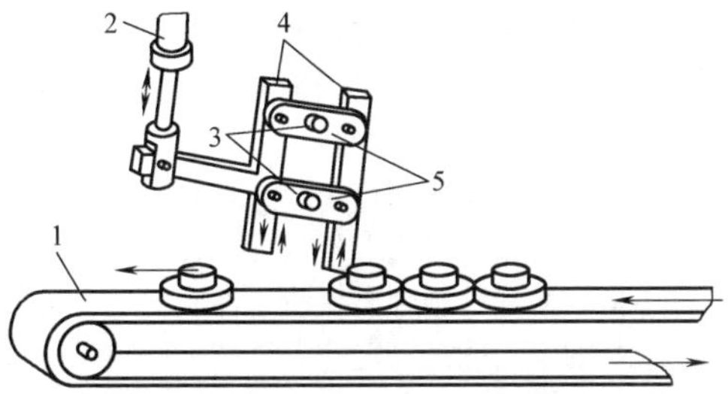

图 7.5-16　带台阶工件的连杆式分料机构
1—带输送线　2—气缸　3—固定铰链
4—挡杆　5—连杆

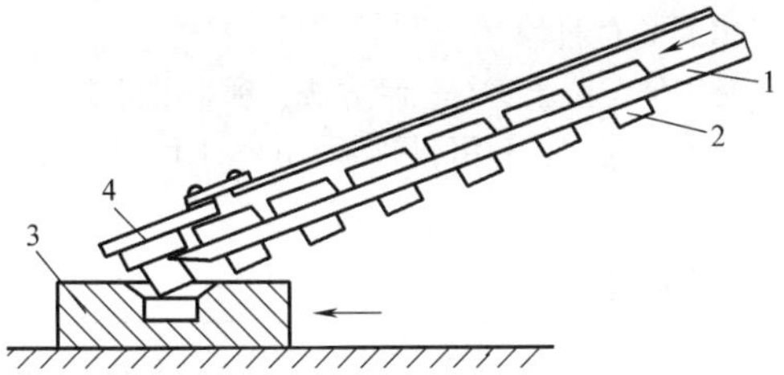

图 7.5-17　银触头或铆钉分料机构
1—输料槽　2—工件　3—夹具
4—弹簧片

（2）换向机构

1）翻转换向机构。在自动生产线上，经常需要改变工件的姿态方向，如将工件由竖直状态放置改为水平状态放置，或者由水平状态放置改为竖直状态放置，因而需要在输送线上翻转换向或者在装配工作站上翻转换向。这种换向需要用专门的换向机构来实现，翻转的角度可以为 90°、180°或任意角度。

① 气动翻转机构。要实现工件的翻转，最简单的方法就是利用气缸作为驱动元件，使工件及夹具同时翻转。这种气动翻转机构的驱动元件采用标准气缸，将气缸的直线运动转换为定位夹具一定角度的翻转运动，使工件随定位夹具一起实现翻转，翻转的角度为 90°的情况居多。

图 7.5-18 所示为某自动化装配检测生产线上的气动翻转机构实例。该机构用于生产线上的某自动化点胶专机，其功能为将工件（塑壳断路器）连同定位夹具一起翻转 90°。工件在带输送线上是以竖直状态放置并输送的，自动点胶专机对工件进行工序操作的表面应位于工件的侧面，由于工序操作一般都是按从上而下的方向进行，所以需要改变工件的姿态方向后再进行工序操作。

机构在翻转时必须考虑工件是否会在重力的作用下坠落或改变位置，所以经常需要考虑是否采用夹紧措施，例如在图 7.5-18 中通过调整气缸活塞杆缩回的速度就可以避免工件的位置发生移动，从而省略夹

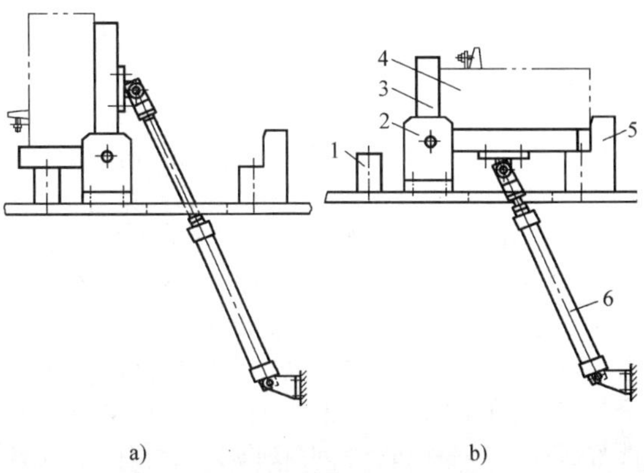

图 7.5-18　气动翻转机构实例
a）机构翻转前状态　b）机构翻转后状态
1—定位块 A　2—支架　3—翻转夹具
4—工件　5—定位块 B　6—气缸

紧措施，气缸伸出时的速度就可以相对快些；如果采用在机械手的末端进行翻转，由于机械手都采用真空吸盘将工件吸住或气动手指将工件夹住，也不需要考虑夹紧措施。

② 在机械手上实现工件的自动翻转。在机械手的末端采用气动手指时，有一种方法可以很容易地实现工件的自动翻转，只要改变气动手指在工件上的夹持位置，同时对气动手指两侧的夹块稍加改造，即在两侧夹块上各加装一只微型深沟球轴承，轴承外圈与夹块紧配合，轴承内圈则与夹头紧配合连接在一起，因此两侧的夹块相对气动手指是可以自由转动的，夹块夹紧工件后依靠工件的偏心就可使工件自动翻转 180°。图 7.5-19 为气动手指夹块结构示意图。要实现工件 180°的自动翻转，除需要气动手指的夹块进行改进设计外，还需要在工件上选择合适的夹持点进行夹持。

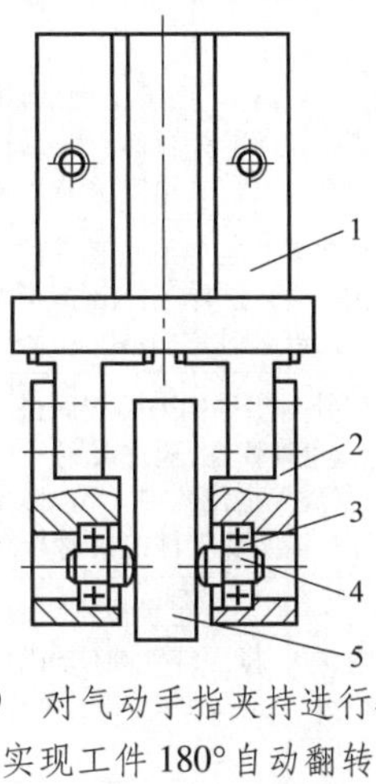

图 7.5-19　对气动手指夹持进行特殊设计实现工件 180°自动翻转
1—气动手指　2—夹块　3—深沟球轴承
4—夹头　5—矩形工件

③ 在输送线上方设置挡块或挡条实现工件的自动翻转。在自动化生产线上经常采用带输送线、平顶链输送线等实现工件的自动化输送，各专机上完成的工序操作内容不同，工件在进行工序操作时的姿态方向也不同。为了简化专机的结构，经常在输送线上实现工件的换向，最典型的情况如使工件自动翻转90°。许多机械都利用了重力的作用，在换向机构设计中更是如此。对于具有一定高度而且重心较高的工件，可以在输送线上方设置一个固定挡块（或挡条），以实现工件的90°自动翻转。例如，输送线在工件底部对工件施加一个向前的摩擦驱动力，而工件在上方受到挡块的阻挡，因此工件的重心逐渐发生偏移直至最后翻倒，实现工件的90°自动翻转。

2）回转换向机构。除翻转换向机构外，还有一种对工件进行换向的简单方法，就是利用各种回转换向机构。多数况下是使工件绕竖直轴线进行回转，也有少数情况下是使工件绕水平轴线进行回转。很多场合都需要对工件进行部分回转和连续回转动作。

如果需要在圆周方向连续或多点对工件进行装配或加工，一般的做法是使工件进行回转、装配执行机构位置不变。在这种场合需要使工件回转一定角度或一周，最好的方法就是对定位夹具及工件同时进行回转，这是工程上最常用的方法。这种方法的好处是充分利用了电动机的控制特性，电动机的起动、停止、回转角度都很容易进行精确控制。

3. 定位与夹紧机构

（1）定位机构

对工件定位主要有三种方法：利用平面定位、利用工件轮廓定位、利用圆柱面定位。工件定位的主要方法及其特点见表7.5-6。

表7.5-6　工件定位的主要方法及其特点

方法	特　点	说明
利用平面定位	支承钉定位　一平整的平面可采用3个具有相同高度的球状定位支承钉来定位 其说明如下： 1)一个立方体可以通过6个定位钉来限制其沿 X、Y、Z 轴的移动及绕 X、Y、Z 轴的转动 2)机加工过的平面采用端部为平面的垫块或球状定位支承钉定位 3)辅助支承。为了防止工件在工序操作中产生振动和变形，可采用附加的辅助支承	
利用工件轮廓定位	(1)定位板定位　采用一个具有与工件相同的轮廓、周边配合间隙都相同的定位板来定位，这是一种较粗略的定位方法	参见图7.5-20
	(2)定位销定位　在工件轮廓的适当部位设置定位销	参见图7.5-21
	(3)可调偏心定位销定位　在不同批次工件的尺寸有一定变化的情况下，可以采用一种可调偏心定位销来定位，使定位机构适应不同批次工件尺寸的变化，如图7.5-22所示，工件右侧有一个经过铣削加工的平面，在每一批工件中该面与工件中心的距离 L 都具有一致性，只要针对每一批工件旋转调整可调偏心定位销3到适当的位置，最后将螺钉4固定即可完成定位尺寸的调整	参见图7.5-22
	(4)精密定位板定位　定位板的内孔轮廓与工件的实体外部轮廓相匹配，并设计有合适的配合间隙，工件可以放入定位板的内孔轮廓中，又可提供足够满足工序需要的定位精度 定位板的高度必须低于工件的高度，以保证机械手手指或人工能够方便地取出工件，对于厚度较薄的板材冲压件，需要设计卸料专用的卸料槽。调整完定位板相对于夹具底板的位置后，采用定位销来固定其位置，并通过螺钉与夹具底板连接固定	参见图7.5-23
利用圆柱面定位	(1)圆柱销定位　当利用工件的内圆柱孔进行定位时，只要将定位销放入工件配套的定位孔中即可，这样工件沿 X、Y 轴方向的移动及绕 X 轴的转动都被限制，当从上方进行夹紧后，沿 Z 轴方向的移动最后也被限制	参见图7.5-24
	(2)圆柱孔对工件的外圆柱面进行定位　在这种定位方式下，为了提高定位夹具的工作寿命及可维修性，通常采用一种衬套来实现，衬套孔口必须设计足够的倒角，以方便工件顺利放入定位孔中。此外，在衬套长度较大的情况下，衬套定位圆孔的中部必须避开工件，以实现工件的快速装卸	参见图7.5-25
	(3)V形槽对工件的外圆柱面进行定位：1)粗定位。V形槽多用于对外圆柱面进行定位，如图7.5-26所示。将工件外圆柱面紧靠V形槽的两侧，即可确定工件的中心。这种固定的V形槽只用于粗略的定位，通常用螺钉及定位销与夹具连接固定在一起	参见图7.5-26
	(3)V形槽对工件的外圆柱面进行定位：2)精密定位。考虑工件尺寸的变化，更精确的V形槽定位装置必须将V形槽设计成可调的，使V形槽能够沿其中心移动	参见图7.5-27

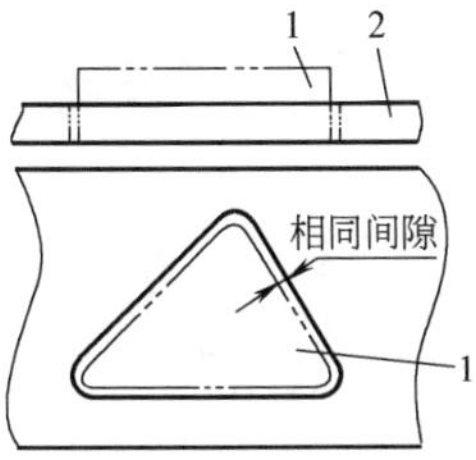

图 7.5-20　利用工件轮廓定位

1—工件　2—定位板

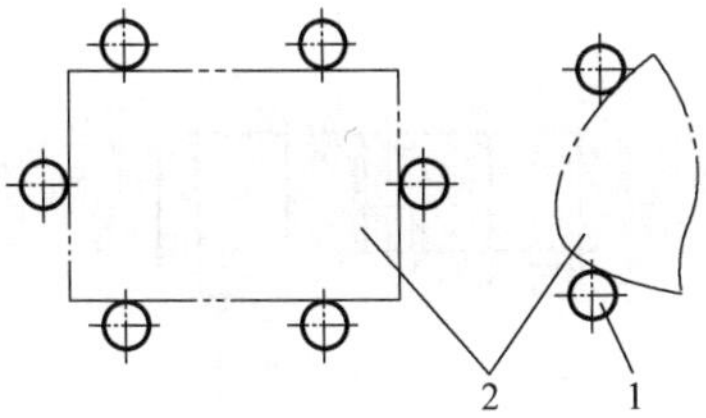

图 7.5-21　利用定位销对工件轮廓定位

1—定位销　2—工件

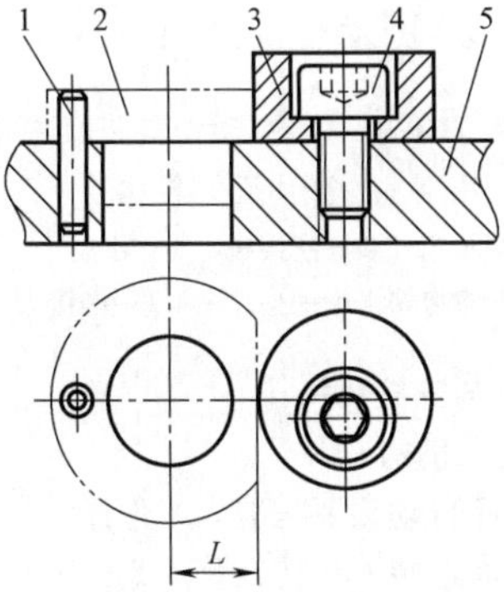

图 7.5-22　利用可调偏心定位销对尺寸有变化的工件进行定位

1—定位销　2—工件　3—可调偏心定位销

4—螺钉　5—夹具底板

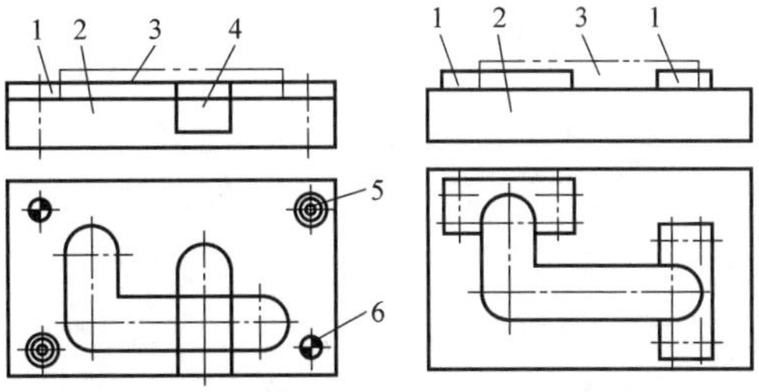

a)　　b)

图 7.5-23　利用精密定位板对工件轮廓进行定位

a）全部轮廓定位　b）部分轮廓定位

1—定位板　2—夹具底板　3—工件　4—卸料槽

5—螺钉　6—定位销

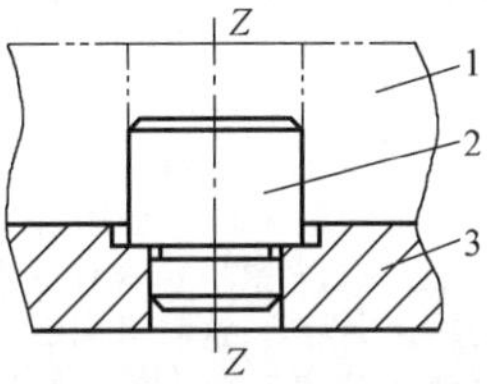

图 7.5-24　利用圆柱销对工件的内圆柱孔进行定位

1—工件　2—定位销　3—夹具底板

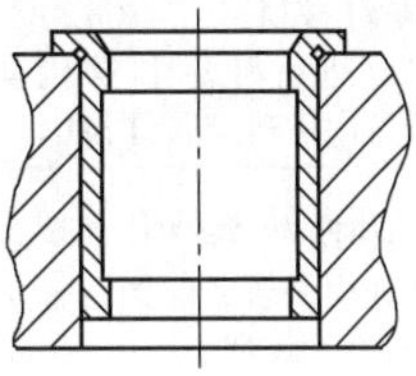

图 7.5-25　利用圆柱孔对工件的外圆柱面进行定位

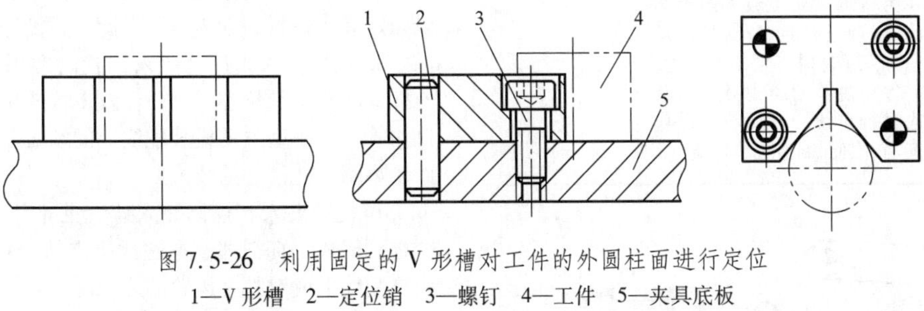

图 7.5-26　利用固定的 V 形槽对工件的外圆柱面进行定位

1—V 形槽　2—定位销　3—螺钉　4—工件　5—夹具底板

（2）夹紧机构

在自动化生产中，对工件的夹紧可采用各种夹紧机构自动完成，在加工或装配操作之前对工件进行定位与夹紧，在加工或装配操作完成之后需要将工件松开。因此，夹紧机构需要完成自动夹紧和自动放松两个动作。根据驱动方式的不同，工程上采用的自动夹紧机构主要有以下几种类型：气动夹紧机构、液压夹紧机构、弹簧夹紧机构、手动快速夹紧机构。典型的

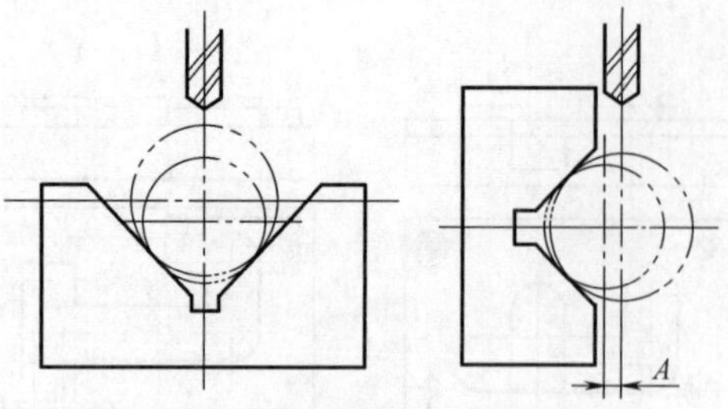

图 7.5-27　V 形槽的正确安装方向

自动夹紧机构及其特点见表 7.5-7。

表 7.5-7　典型的自动夹紧机构及其特点

机构	特点	说明
气动夹紧机构	自对中夹紧当工件尺寸发生变化时,夹紧机构能够使工件总是处于夹紧机构的中心	参见图 7.5-28 和图 7.5-29
液压夹紧机构	由于工件的质量较大或者加工装配过程中产生的附加力较大,需要夹紧机构具有更大的输出夹紧力,这时可用液压缸或气液增力缸作为夹紧机构的驱动元件	
弹簧夹紧机构	最典型的例子是冲压模具中对工件材料的预压紧机构、铆接模具中对工件的预压紧机构。在冲压和铆接过程中,必须先对材料或工件进行夹紧,才能进行冲压和铆接动作,以防止材料及工件移位	参见图 7.5-30
手动快速夹紧机构	手动快速夹紧机构(如快速夹具)利用了著名的四连杆机构的死点原理,具有以下特点: ①夹紧快速,放松快,开口空间大,不妨碍装卸工件;②力放大倍数高;③施加很小的作用力就可以获得较大的夹紧力;④自锁性能好;⑤足以承受加工工件时产生的附加力,并保持足够的压力对夹紧状态进行自锁;⑥体积小,操作轻巧、方便,制造成本低廉	

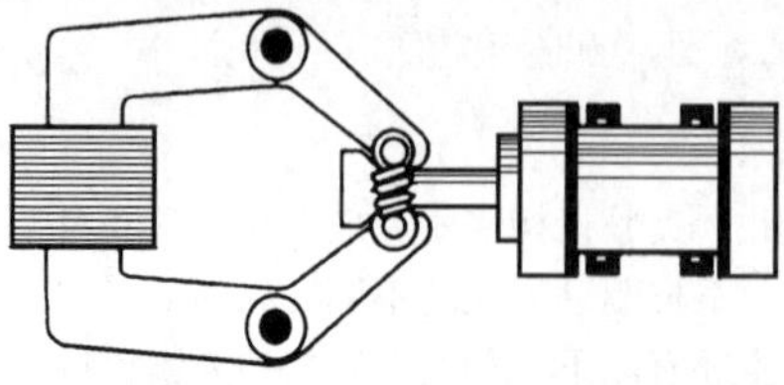
图 7.5-28　矩形工件的自对中夹紧机构实例

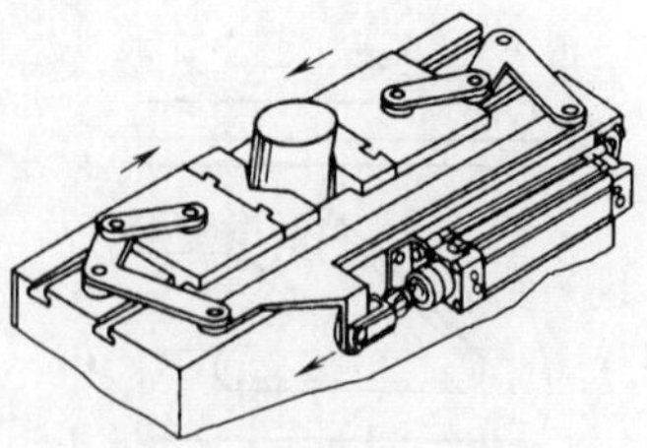
图 7.5-29　圆柱形工件的自对中夹紧机构实例

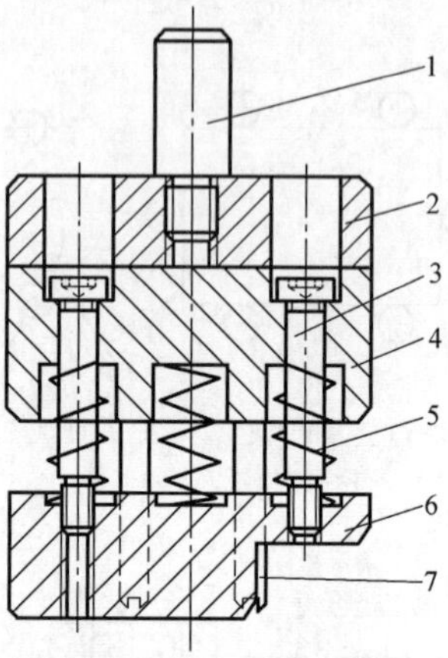

图 7.5-30　某自动铆接模具中的弹簧预压紧机构

1—模柄　2、4—连接板　3—导板　5—预压压缩弹簧　6—压紧块　7—铆接刀具

4. 装入与连接机构

(1) 装入机构

装入工序自动化要求装入工件经定向和传送至装入工位后，通过装入机构在装配基件上对准、装入。

1）设计要点。装入自动化的设计要点如下：

① 选择装入方式。常用装入方式有三种：重力装入、机械推入和机动夹入。

a. 重力装入。一般不需要控制装入位置的机构，不需外加动力，常用机械挡块、定位杆、调节支架等以确定装入位置，如钢球、套圈、弹簧等的装入。

b. 机械推入。控制装入位置的常用机构有曲柄连杆、凸轮、棘轮和气缸、油缸直接连接的往复运动机构等，如小型电动机装配线上的端盖、轴承以及套件、垫圈、柱销等的装入。

c. 机动夹入。控制装入位置的常用机构主要是带有机械式、真空式、电磁式等夹持机构的机械手，如装配线上成对啮合齿轮的装入。

② 正确夹持装入零件。一般应在装入零件的非定位面上夹持，夹持后不改变定向。常用夹持方式的种类及其特点见表 7.5-8。

2）装入机构类型。

① 垫圈装入如图 7.5-31 所示。垫圈 5 由送料器 9

表 7.5-8　常用夹持方式的种类及其特点

夹持方式	一般需求	特点及适用范围
抓爪式	抓爪形状须与装入零件夹持部分的外形相适应，应有足够的夹紧力和张开角	通用性好。常用于抓取齿轮等盘状零件和轴类零件等
内径弹簧式	应有足够的张紧力，夹持部分的表面须粗加工	定位性好。常用于抓取套装件
外径弹簧式	防止夹持过程中滑动	常用于抓取轴类及中小零件等
真空式	吸盘尺寸应尽可能地小，应有足够的吸力；吸盘与装入零件应紧贴	吸附过程动作快，常用于吸附光滑的薄壁件、轻型板件、小型零件等
电磁式	合理选取吸板间距，以保证足够的吸力，吸盘尺寸应尽可能小	耐用性较好。常用于抓取磁性材料的中型零件等

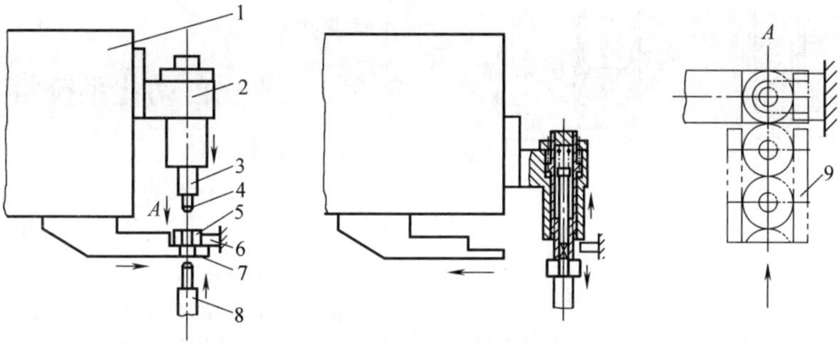

图 7.5-31　垫圈装入

1—传动箱　2—滑座　3—套筒　4—中心杆　5—垫圈　6—定位块　7—滑架　8—基件　9—送料器

水平送进，依靠滑架 7 和中心杆 4 定位。随后，滑座 2 下行，中心杆 4 插入垫圈孔内，同时基件 8 上升与中心杆 4 接合，滑架 7 退回。套筒 3 下行，用机械推入方式将垫圈装入基件 8。整个装入过程动作迅速、可靠，结构简单。

② 柱销装入如图 7.5-32 所示。柱销 7 用弹簧夹头 6 夹持。当夹头下降时，通过夹头下端的内锥面与基件 2 上端的外锥面定位。然后推杆 5 下行，用机械推入方式将柱销装入基件。

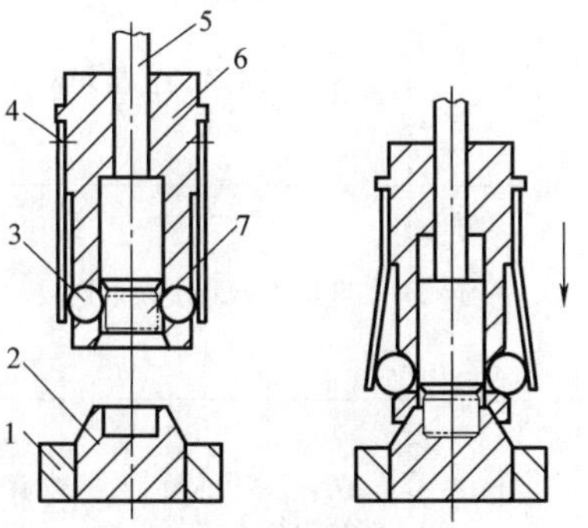

图 7.5-32　柱销装入

1—装配夹具　2—基件　3—钢球　4—片簧　5—推杆　6—弹簧夹头　7—柱销

③ 弹簧装入如图 7.5-33 所示。由绕簧机绕制好的弹簧 1 直接传送到弯杆 2 上。气缸 8 推动齿条 5、齿轮 6 和传送臂 3，将弯杆连同弹簧传送到装配工位上，利用重力装入方式将弹簧装入基件 9。

装入过程的定位通过调节弯杆在传送臂上的位置和活动支架 7 的位置来保证。弯杆 2 的形状须通过试验确定，以保证弹簧套装在弯杆上传送时不致掉落。

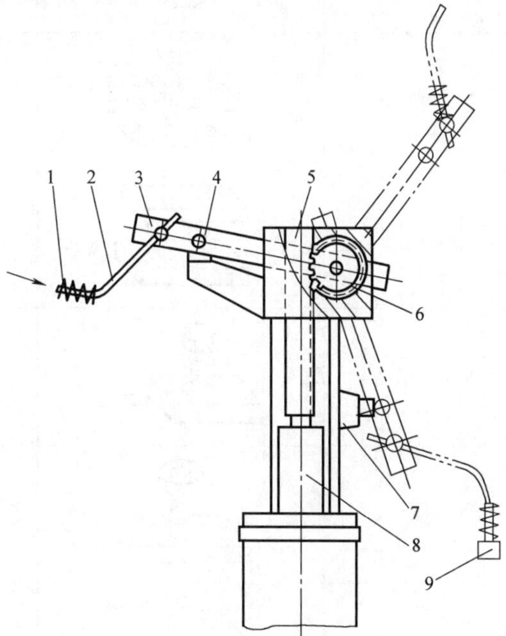

图 7.5-33　弹簧装入

1—弹簧　2—弯杆　3—传送臂　4—限位销　5—齿条　6—齿轮　7—活动支架　8—气缸　9—基件

④ 螺母装入如图 7. 5-34 所示。螺母 5 经料槽 4 定向、传送，再由送料器 6 传送至扳手头 3（图 7. 5-34b）。当扳手头停止在一定方向时，螺母由送料器 6 水平送入，并由扳手头的片簧 2 和销子 1 夹持（图 7. 5-34a）。然后扳手头回转并前进，直至螺母拧在螺柱 7 上，扳手头随即返回。

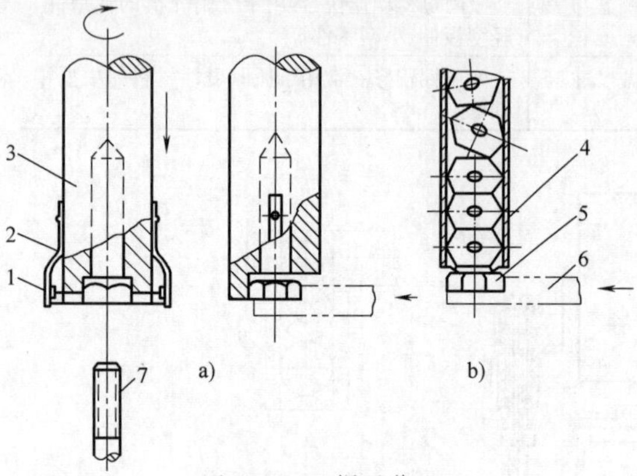

图 7. 5-34 螺母装入

1—销子 2—片簧 3—扳手头 4—料槽 5—螺母 6—送料器 7—螺柱

（2）连接机构

装配中的连接方法一般有螺纹连接、铆接、焊接、粘接等，其中螺纹连接便于装拆、应用普遍。螺纹连接自动化需对螺钉、螺母、垫圈等进行自动运送、对准、拧入和拧紧，并要求有一定的拧紧力矩，所以螺纹连接的自动化比较复杂。

采用自动化装配时，应优先考虑劳动强度较大的工作内容，如拧紧工作。对于有些实现自动化难度较大的工作，如自动对准及自动拧入，有时可结合采用手工操作，经济可靠，效果较好。几种典型的连接动作要求见表 7. 5-9。

7. 5. 3 装配自动化系统常用器件

1. 给料器

给料器主要有振动式给料器、料斗式给料器、料仓式给料器等几种，其原理及应用见表 7. 5-10。

2. 装配机器人

装配机器人是自动化装配工作现场中的主要部分，经常用来完成自动化装配工作，也可以作为装配线的一部分介入节拍自动化装配。

表 7. 5-9 几种典型的连接动作要求

名称	原理示图	运动	说明
插入（简单连接）	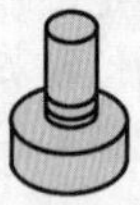		有间隙连接，靠形状定心
插入并旋转	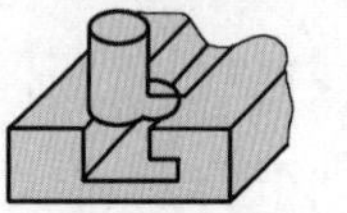		属于形状偶合连接
适配	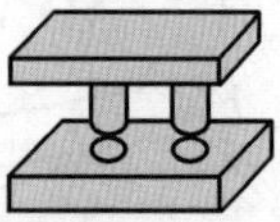		为寻找正确的位置精密地补偿
插入并锁住	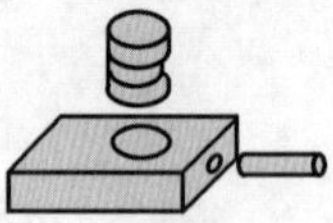		顺序进行两次简单连接
旋入	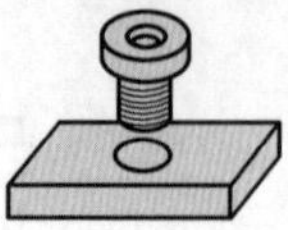		两种运动的复合，一边旋转一边按螺距往里钻
压入	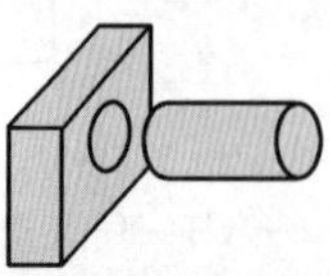		过盈连接

（续）

名　　称	原 理 示 图	运　　动	说　　明
取走			从零件储备仓取走零件
运动	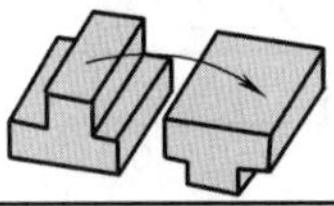		零件位置和方向的变化

表 7.5-10　给料器的种类、原理及应用

种类	原　　理	应　　用
振动式给料器	利用电磁力产生微小的振动，依靠惯性力和摩擦力的综合作用使工件向前移动并实现自动定向	图 7.5-35 所示为圆盘式振动料斗，其具有上料平稳、通用性广等特点。工件堆放在圆盘底部，在微小振动作用下，沿圆筒内部的螺旋形料道向上运动
料斗式给料器	具有自动定向机构，工人把毛坯成批地倒入料斗中，并对上料装置及整个机器工作过程进行监督	一般对于批量大、生产率高、工序时间短、要求上料频繁的及工件形状简单、重量不大的毛坯，往往采用料斗式上料装置，如图 7.5-36 所示
料仓式给料器	料仓式上料装置由料仓、料道、上料器、卸料器和隔料器等机构组成。料仓的作用是贮存已定向好的工件，料道的作用是将工件从料仓（或料斗）输送到上料器中，有时还兼有贮料的作用	它适用于因重量、尺寸或几何形状的特点而难于自动定向排列的工件，如曲轴、连杆、凸轮轴等工件。基于摆动式送料器的料仓上料装置如图 7.5-37 所示，其摆臂上面为工件止动面，兼有隔料作用。摆臂夹着工件送至机床中心后，由推料杆将工件送至夹具中，摆臂返回，弹簧压板碰挡块略张开，以便使料仓中工件落入槽中

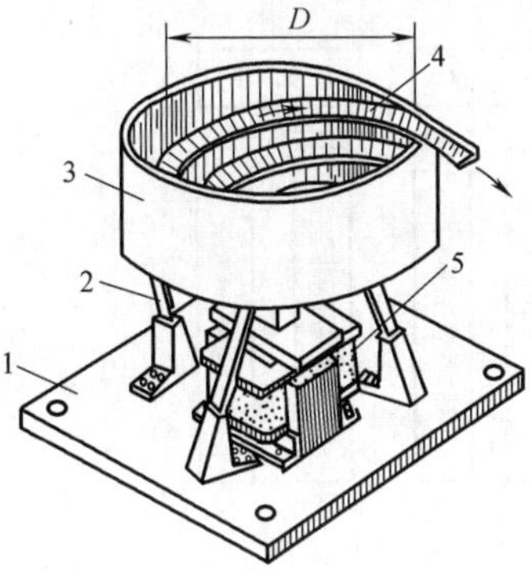

图 7.5-35　圆盘式振动料斗

1—底座　2—板弹簧　3—料斗　4—螺旋形料槽　5—电磁铁

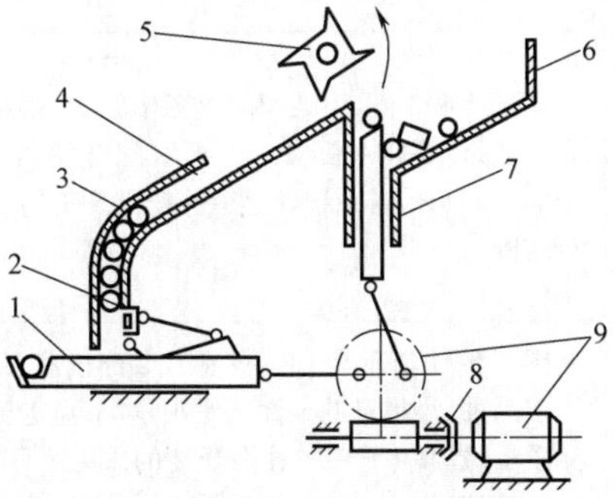

图 7.5-36　料斗式上料装置

1—上下料机构　2—隔料器　3—料仓　4—料道　5—剔除器　6—料斗　7—定向机构（搅拌器）　8—离合器　9—电动机

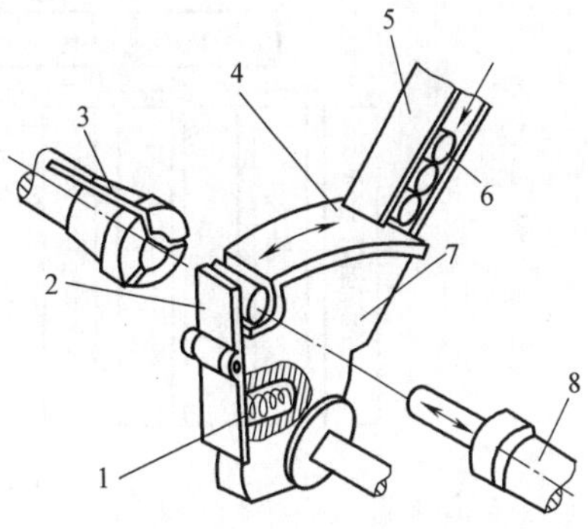

图 7.5-37　基于摆动式送料器的料仓上料装置

1—弹簧　2—弹簧压板　3—弹簧夹头　4—工件止动面　5—料仓　6—工件　7—摆臂　8—推料杆

装配机器人可以按照图 7.5-38 所示划分成几类。根据它们的运动学结构，装配机器人有各种不同的工作空间和坐标系统。

装配机器人的主要特征参数有：①工作空间的大小和形状；②连接运动的方向；③连接力的大小；④能搬送多大质量的工件；⑤定位误差的大小；⑥运动速度（循环时间、节拍时间）。

机器人本体的结构如图 7.5-39 所示。装配机器人大致由手臂、手（手爪）、控制器、示教盒、传感器等部分组成。

装配机器人的种类、特点及应用见表 7.5-11。

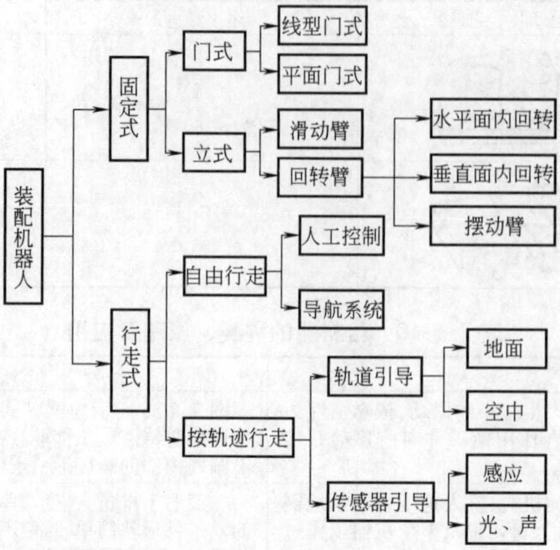

图 7. 5-38　按照用途划分装配机器人的种类

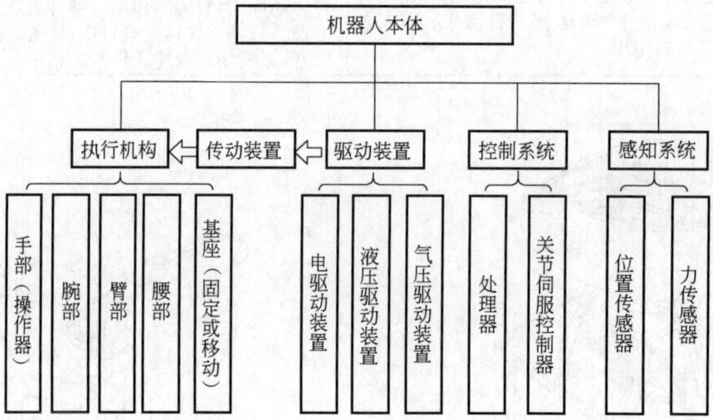

图 7. 5-39　机器人本体的结构

表 7. 5-11　装配机器人的种类、特点及应用

种类	特　点	应　用
SCARA 型	水平方向上具有顺应性,垂直插入方向有较大的刚性。既可以防止歪扭倾斜又可以修正装配时的偏心。结合点承担装配作用力有足够的稳定性,它有大臂回转、小臂回转、腕部升降与回转四个自由度	图 7. 5-40 所示为装配间里工作的 SCARA 机器人。通过 SCARA 机器人 1 抓取配合件储备仓 4 中的零件与传送系统 3 上工件托盘 5 中的零件进行装配
DEA 型	其有三个自由度,每个自由度之间的空间夹角为直角;具有高可靠性、高速度、高精度等特点	图 7. 5-41 所示为 DEA 平移式装配机器人,适用于多品种、小批量的柔性化作业,对于稳定提高产品质量、提高生产率有十分重要的作用
摇臂型	运动速度快	摇臂机器人适用于小零件装配
摆头型	方向改变灵活	摆头机器人允许较小载荷,用于小产品的自动化包装等

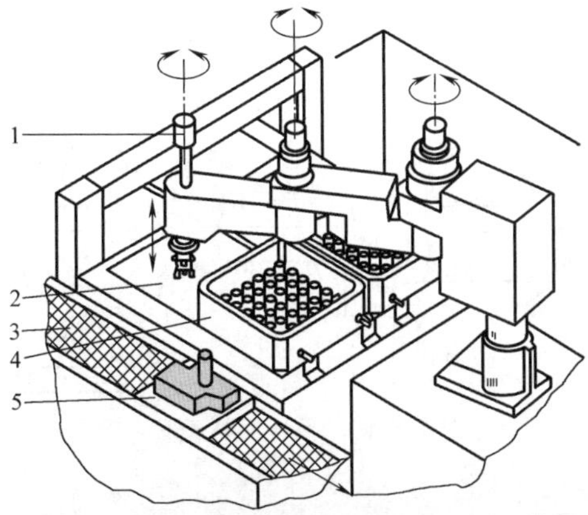

图 7.5-40　装配间里工作的 SCARA 机器人
1—SCARA 机器人　2—配合件预备位置
3—传送系统　4—配合件储备仓
5—工件托盘

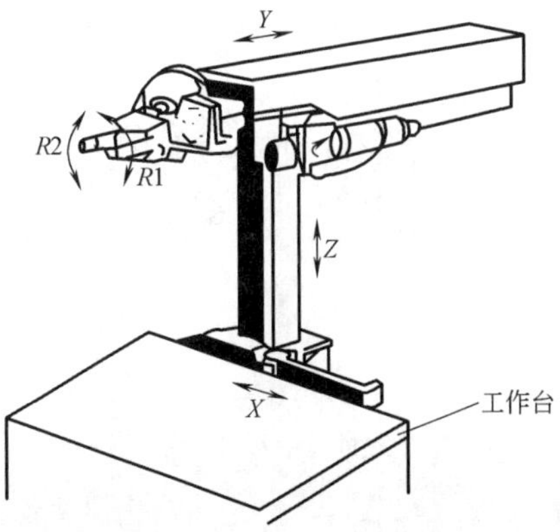

图 7.5-41　DEA 平移式装配机器人

其中，机器人手爪及自动夹紧装置的种类、原理、特点及应用见表 7.5-12。

表 7.5-12　机器人手爪及自动夹紧装置的种类、原理、特点及应用

种类	原　理	特　点	应　用
机械夹紧	用气动或液压装置对零件施加一个表面压力。这类手爪可分为三种型式，如图 7.5-42 所示	平行夹爪适应性强；钳形夹爪夹持力稳定；弹性夹爪可夹持柔性零件或特殊形状的零件	(1)平行爪片　把零件夹在平面或 V 形表面之间。这种手爪可以有一个或两个可移动爪片，如图 7.5-43 所示 (2)钳形夹爪 如图 7.5-44 所示，把零件抱夹在手爪内或在夹片的最端部抓取，一般只适用于外部夹取。图 7.5-45 为三指气动式手指剖视图 (3)伸长或收缩爪　它有一个柔性夹持件，如薄膜、气囊等。手爪工作时，伸长或收缩，从而对零件施加一个摩擦力，如图 7.5-46 所示。这种机构一般在特殊情况下采用，如夹持精密零件或被夹持的零件形状特殊，无法应用刚性夹持方法时
磁性夹紧	通过电磁力夹持零件	在一定程度上不受零件形状的限制	适用于能被电磁力夹持的材料，而且要求工位环境能抵抗电磁场而不致受到损伤。磁性吸着机械手如图 7.5-47 所示
真空夹紧	通过施加负压使零件贴紧在夹爪上	平整的平面可用单层吸盘，不平整的平面使用双层吸盘。吸盘的材料为聚氨酯、乙腈和硅橡胶等	真空手爪最常用的形式是用按一定方式排列的一组吸盘向零件提供真空。在使用一组吸盘时，若其中一个吸盘失灵，为保护真空状态不被破坏，必须使用真空保护阀，如图 7.5-48 所示

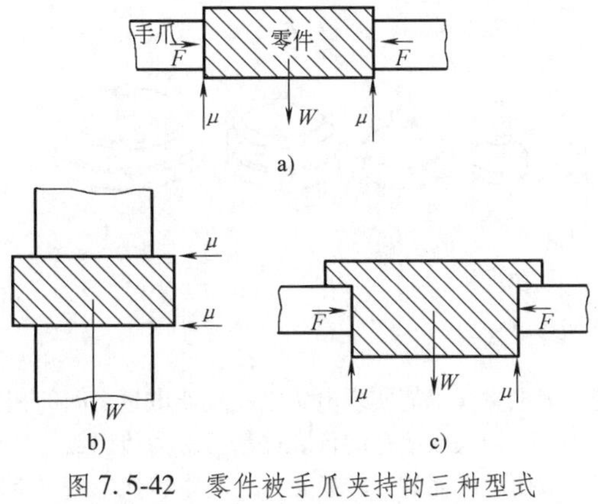

图 7.5-42　零件被手爪夹持的三种型式
a）平行夹爪　b）钳形夹爪　c）弹性夹爪

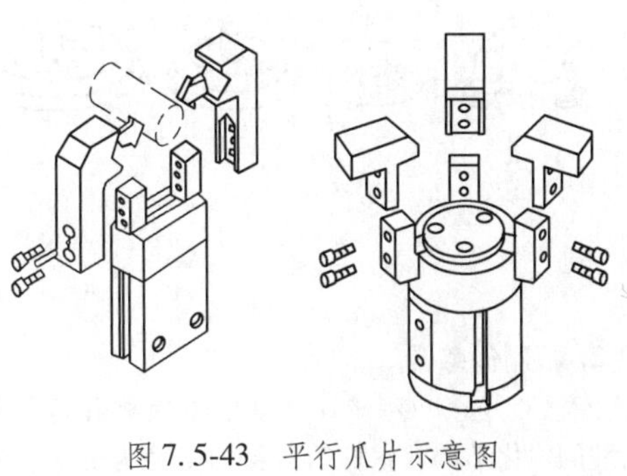

图 7.5-43　平行爪片示意图

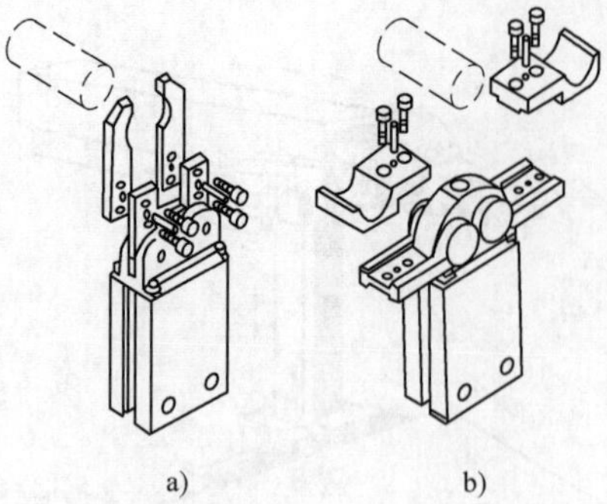

图 7.5-44　钳形夹爪示意图

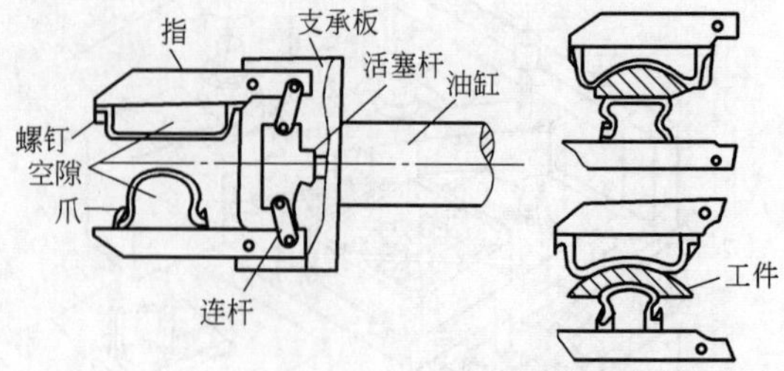

图 7.5-46　弹性夹持机械手

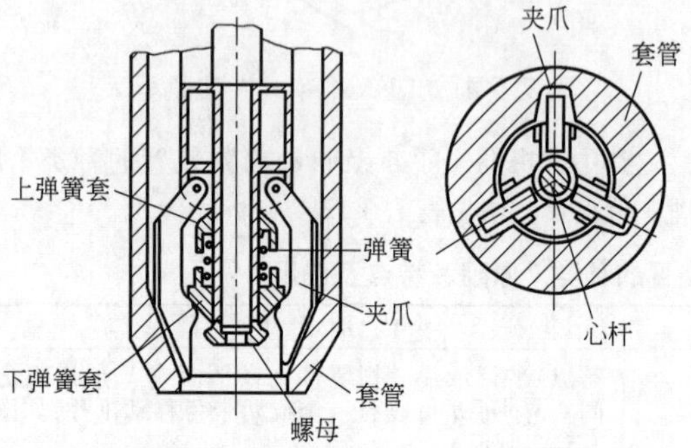

图 7.5-45　三指气动式手指剖视图

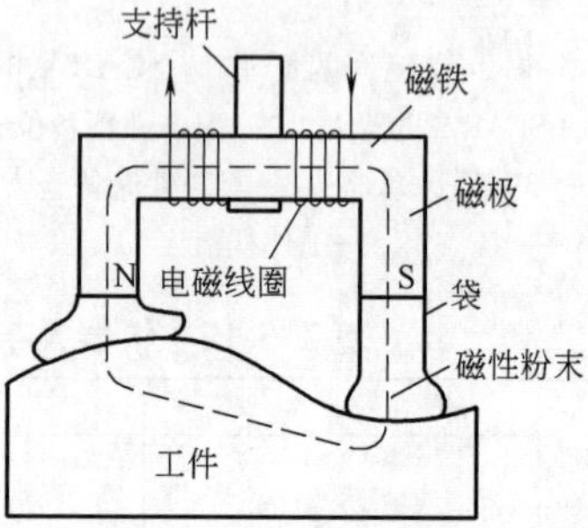

图 7.5-47　磁性吸着机械手

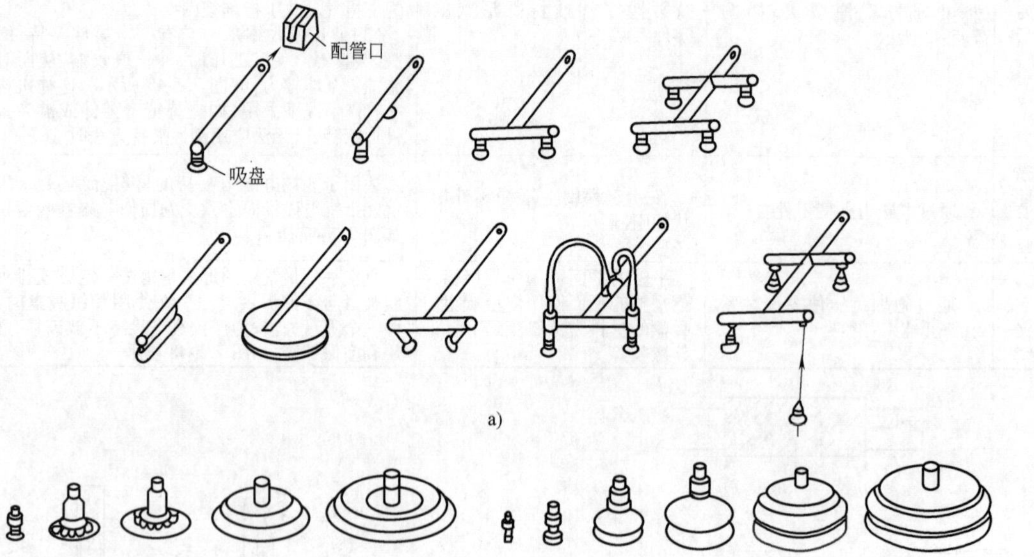

图 7.5-48　真空夹紧

a）真空吸着手　b）真空吸盘

3. 检测传感器

传感器是按一定规律实现信号检测并将被测量（物理的、化学的和生物的信息）变换为另一种物理量（通常是电量）的器件或仪表。它既能把非电量变换为电量，也能实现电量之间或非电量之间的相互转换。一切获取信息的仪表件都可称为传感器。传感器一般由敏感元件、转换元件、基本转换电路三部分组成，见表 7.5-13。

表 7.5-13　传感器的一般组成

组成	原理	举例
敏感元件	直接感受被测量,并以确定关系输出某一物理量的元件	弹性敏感元件可将力转换为位移或应变
转换元件	将敏感元件输出的非电物理量转换成电路参数量	
基本转换电路	将电路参数量转换成便于测量的电信号	电压、电流、频率等

位置及力、力矩检测传感器的原理及用途见　表 7.5-14。

表 7.5-14　位置及力、力矩检测传感器的原理及用途

种类		基本原理	用途	说明
位置检测传感器	视觉传感器	识别来自摄像器件的图像信号,变换为计算机易于处理的数字图像作为输入,然后进行前处理,识别对象物,并且抽取所需的空间信息	确定对象物的位置和姿态,图像识别,确定对象物的特征(识别符号、读出文字、识别物体),检查零件形状和尺寸方面的缺陷	黑白或彩色摄像机、CCD 图像传感器、超声波传感器和半导体位置检测器件等。图 7.5-49 所示为半导体位置检测器件
	电感传感器	利用电磁感应原理,将被测非电量的变化转换成线圈自感变化的装置。图 7.5-50 所示为单线变气隙式电感传感器	可用来测量位移、压力、振动、流量等参数,既可动态测量,又可静态测量	图 7.5-51 所示为电感传感器在物体摆放位置错误检测和货盘分类检测上的应用
	电容传感器	以电容器作为敏感元件,将被测物理量的变化转换为电容量变化的装置。图 7.5-52 所示为电容传感器原理:当平行板电容器的两极板之间的遮盖面积或极板之间的间距发生改变时,传感器的电容量也随着发生变化,经测量电路转换成相应的电流或电压变化	用于精密测量的非接触式器件,可以测量导电目标的位置或绝缘材料的厚度或密度	应用于半导体、磁盘驱动器以及那些精度和高频响应的精密制造工业。当测量绝缘体时,常用来检测标签、监控覆盖层的厚度以及测量涂料、纸张和薄膜的厚度
	光电传感器	将光通量变化转换为电量的变化,理论基础是光电效应。对所有类型的物体都能够响应,其可以检测几毫米到 100m 距离远的物体。光电传感器的发射器一直处于工作状态,直到其接收器检测到它产生的光束。当光束被隔断时,就检测到了物体的存在	用于非接触测量零件直径、表面粗糙度、位移以及工作状态识别等	图 7.5-53 是应用光电法自动检测分选出的销子,经送料器 2 传送后是否到达受料管 3 图 7.5-54 是应用光电法自动检测钢球缺件的装置
力、力矩检测传感器		检测设备内部力或与外界环境相互作用的力	通过检测物体弹性变形、压电效应和压磁效应等方法测量力;通过检测电动机电流及液压马达油压等方法测量力;通过速度与加速度的测量推导出作用力	图 7.5-55 所示为机器人手用力矩传感器 图 7.5-56 所示为无触点力矩检测原理

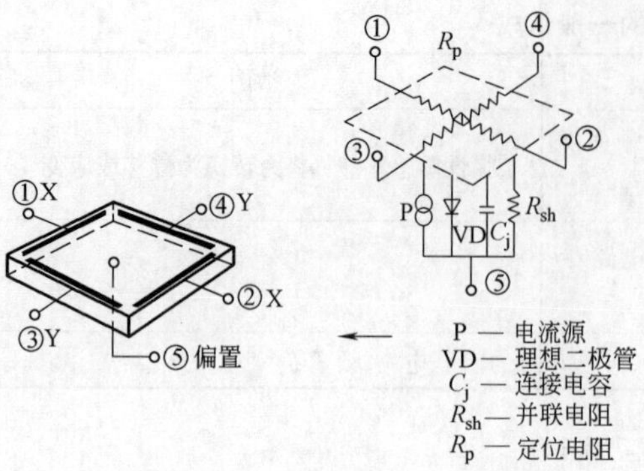

a)　b)

图 7.5-49　半导体位置检测器件

a）电极的配置　b）等价电路

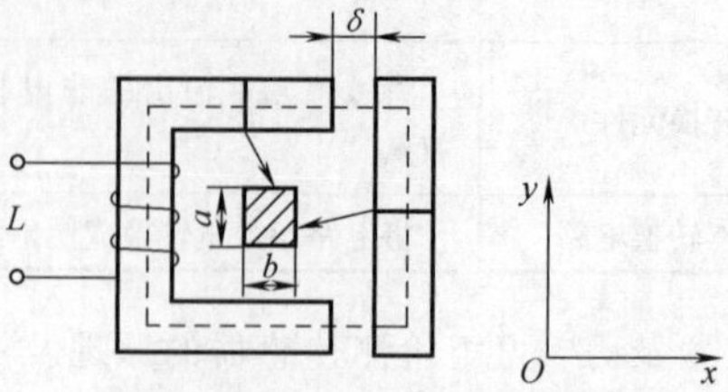

图 7.5-50　单线变气隙式电感传感器

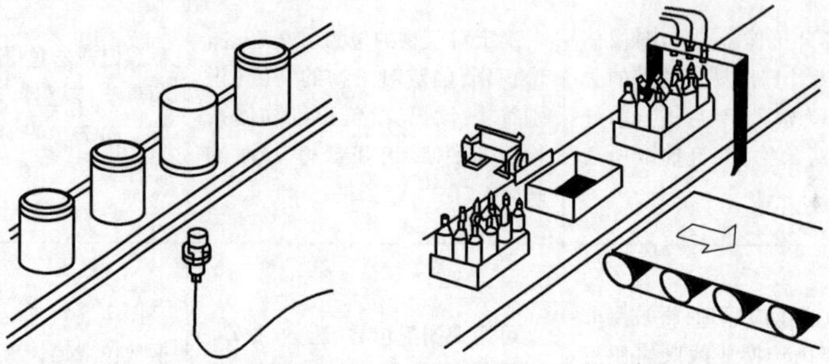

图 7.5-51　电感传感器在物体摆放位置错误检测和货盘分类检测上的应用

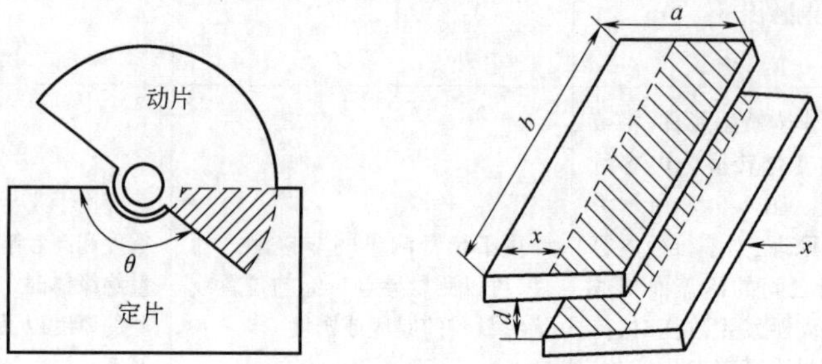

a)　b)

图 7.5-52　电容传感器原理（改变 S 方法）

a）角位移结构　b）直线位移结构

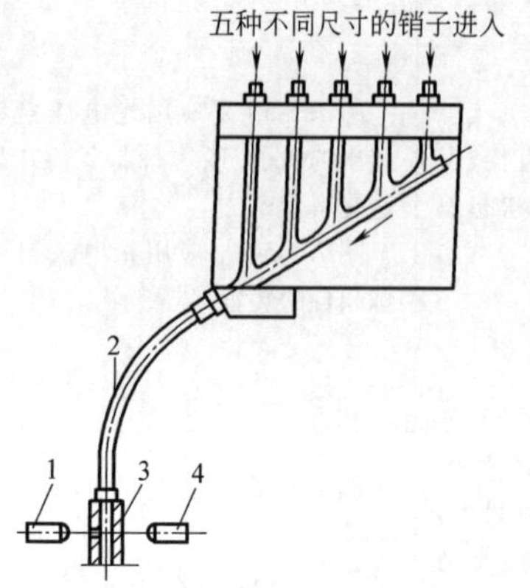

图 7.5-53　光电法自动检测销子缺件

1—发光器　2—送料器　3—受料管　4—受光器

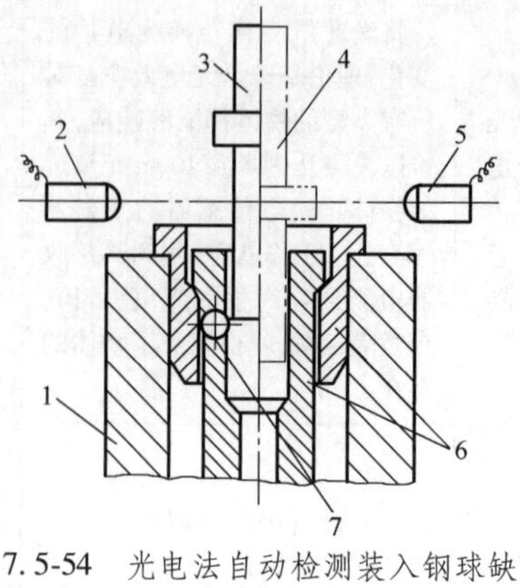

图 7.5-54　光电法自动检测装入钢球缺件

1—装配夹具　2—发光器　3—检查棒正常位置　4—缺件时检查位置　5—受光器　6—套筒　7—装入钢球

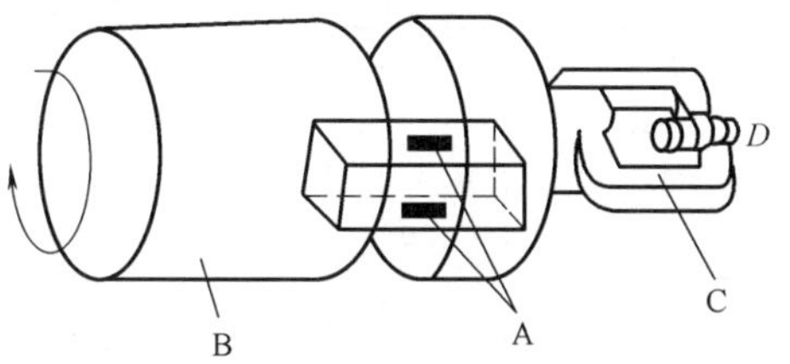

图 7.5-55　机器人手用力矩传感器

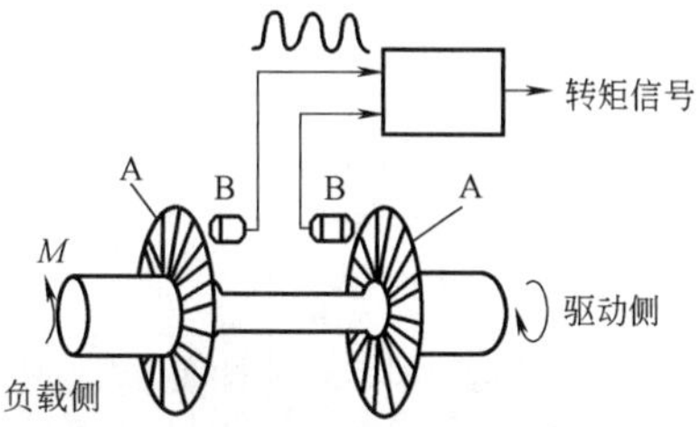

图 7.5-56　无触点力矩检测原理

4. 驱动元件

在自动装配系统中，要实现各种运动，必须有各种运动的驱动装置，表 7.5-15 列出了气动、液压元件及控制电动机的原理、组成和用途。

表 7.5-15　气动、液压元件及控制电动机的原理、组成和用途

分类	工作原理	组成	特点及作用	典型元件	应用举例
气动驱动	利用压缩空气作为工作介质，在控制和辅助元件的配合下，通过执行元件去控制负载的运动，把空气的压力能转换为机械能	执行元件	将气体能转换成机械能以实现往复运动或回转运动的执行元件	气缸：实现直线往复运动，输出力和直线位移，分单作用式和双作用式两种。图 7.5-57 所示为一种气缸及其结构	图 7.5-58 所示为气动系统在装配过程中的应用
				气马达：实现回转运动，输出力矩和角位移，其分类见表 7.5-16	
		控制元件	在气动系统中，控制气流的流动状态	通过其能改变工作介质的压力、流量或流动方向实现执行元件所规定的运动，其分类见表 7.5-17	
液压驱动	用具有一定压力的液体作为工作介质，传动中要经过两次能量变换，先是泵把机械能转变为液体的压力能，然后又把压力能转变成驱动负载运动的机械能	动力元件	向系统提供压力油	油泵	
		执行元件	系统的执行机构	油缸或液压马达，其分类见表 7.5-18	
		控制元件	用来控制与调节油液的流动方向、压力和流量，以保证液压传动系统的平稳性	按工作原理和用途可分为三大类：一类是方向控制阀，如单向阀、换向阀等；另一类是压力控制阀，如溢流阀、顺序阀、减压阀和压力继电器等；第三类是流量控制阀，如节流阀、调速阀和分流阀等	
		辅助元件	输送、储存、散热及过滤液体等作用	油管、油箱、过滤器等	
电气驱动	电气控制系统的动力部件利用电能产生机械能，通过调节电枢电压、电流，以及通电相序来控制电动机的运行速度、输出力矩、运行方向等	步进电动机	将电脉冲信号转换成直线或角位移，转子角位移和转速与输入脉冲的数量和脉冲频率成正比	从励磁相数来分，有两相、三相、五相等步进电动机。按照转子的结构来分，常将步进电动机分为表 7.5-19 所列的三种	
		交流伺服电动机	它为三相永磁同步电动机，由定子绕组、转子永磁体和导磁体构成。图 7.5-62 所示为交流伺服电动机	按特点可分为同步型和异步型两种	图 7.5-63 所示为串联机器人，图 7.5-64 所示为并联机器人，这两种机器人的关节及推杆均采用伺服电动机驱动 图 7.5-65 所示数控车床刀架的纵向运动也是采用伺服电动机驱动的

（续）

分类	工作原理	组成	特点及作用	典型元件	应用举例
电气驱动	电气控制系统的动力部件利用电能产生机械能，通过调节电枢电压、电流，以及通电相序来控制电动机的运行速度、输出力矩、运行方向等	直流伺服电动机		按磁场产生方式，可分为他励式、永磁式、并励式、串励式和复励式等	
		直接驱动电动机		直流力矩电动机、变磁阻电动机	

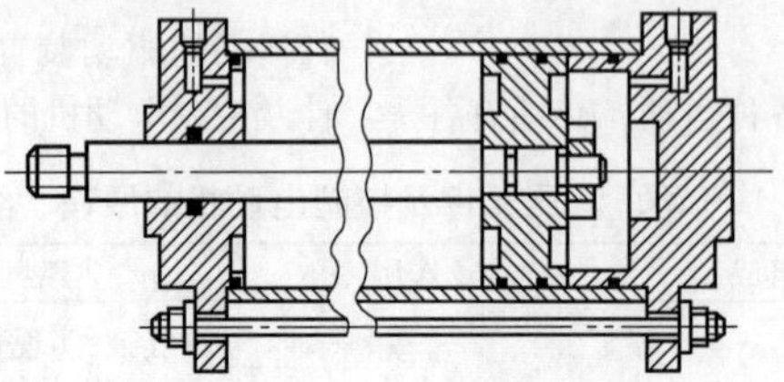

图 7.5-57　气缸及其结构

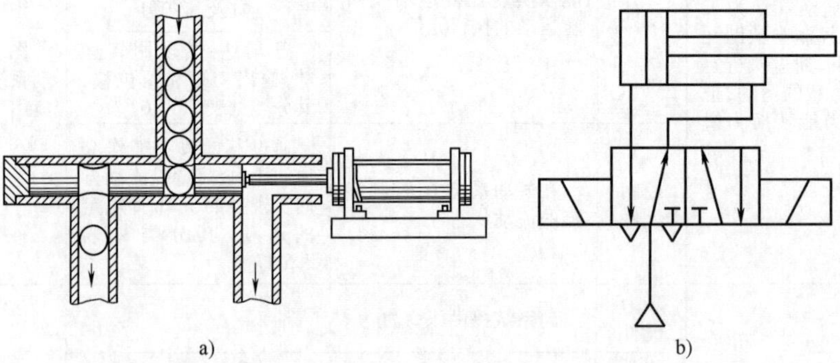

图 7.5-58　气动系统在装配过程中的应用

a）工件由输入滑槽分配到两个输出滑槽中　b）实现气缸运动功能的气动系统原理图

表 7.5-16　气马达的分类

类型	特　点	种类	特点及应用
摆动型	有限回转运动，依靠装在轴上的销轴来传递扭矩	叶片式	结构紧凑、工作效率高
		螺杆式	利用螺杆将活塞的直线运动变为回转运动
回转型	连续回转运动，可以实现无级调速和过载保护	叶片式	转速高，叶片与定子间的密封比较困难，低速时效率不高，用于驱动大型阀的开闭机构
		活塞式	转矩大，用于驱动齿轮齿条带动负荷运动

表 7.5-17　气动控制元件的分类

类型	原　理	应　用	典型元件举例
压力控制阀	利用空气压力和弹簧力相平衡的原理来工作	主要用来控制系统中气体的压力，满足各种压力要求	图 7.5-59 所示为气动减压阀及其内部结构
流量控制阀	通过改变阀的流道面积来实现流量控制	主要是控制流体的流量以达到改变执行机构运动速度的目的	图 7.5-60 所示为气动节流阀及其内部结构
方向控制阀	通过改变阀芯的位置来改变气体流动通道	主要用来控制管道内气流的通断和气流的流动方向	图 7.5-61 所示为双电磁铁直动式换向阀原理

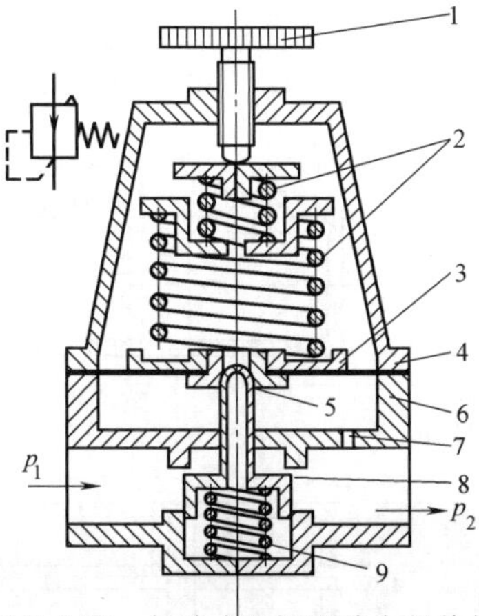

图 7.5-59　气动减压阀及其内部结构

1—调整手柄　2—调压弹簧　3—下弹簧座　4—膜片　5—阀芯　6—阀套　7—阻尼孔　8—阀口　9—复位弹簧

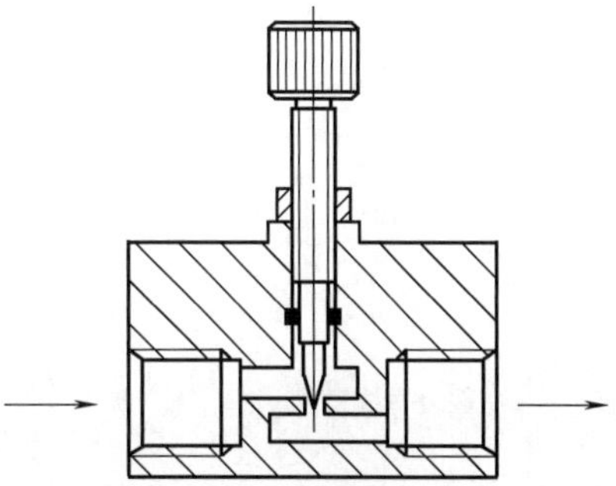

图 7.5-60　气动节流阀及其内部结构

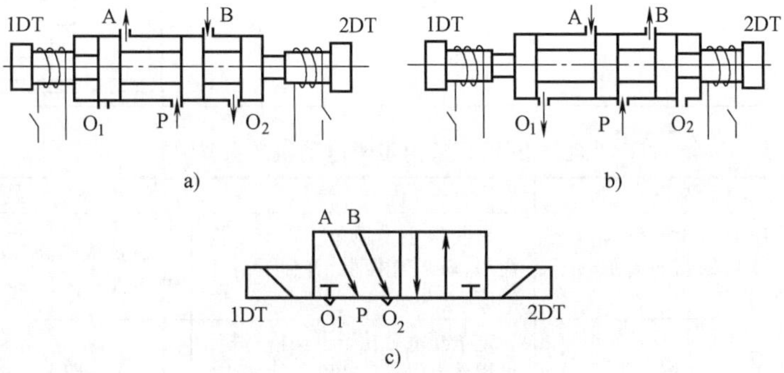

图 7.5-61　双电磁铁直动式换向阀原理

a）电磁铁 1DT 通电、2DT 断电时的状态　b）电磁铁 2DT 通电、1DT 断电时的状态　c）换向阀的职能符号

表 7.5-18　液压执行元件的分类

执行元件	特　点	分类	应用图示
液压马达	旋转运动,其原理和结构与液压泵相同,但工况相反	齿轮式 柱塞式 叶片式	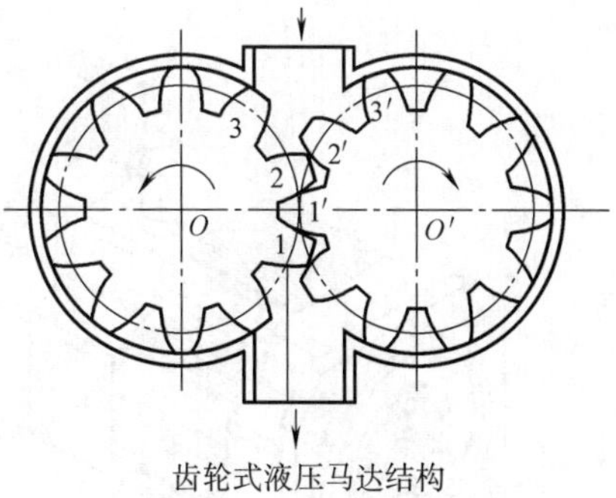 齿轮式液压马达结构
油缸	往复直线运动	单作用型	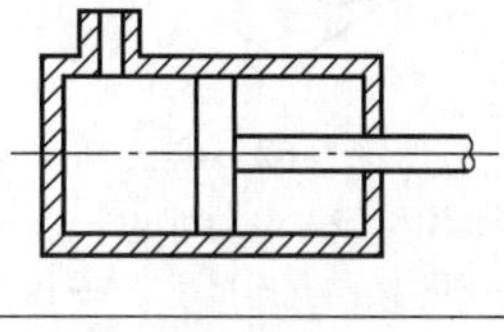

（续）

执行元件	特　点	分类	应用图示
油缸	往复直线运动	双作用型	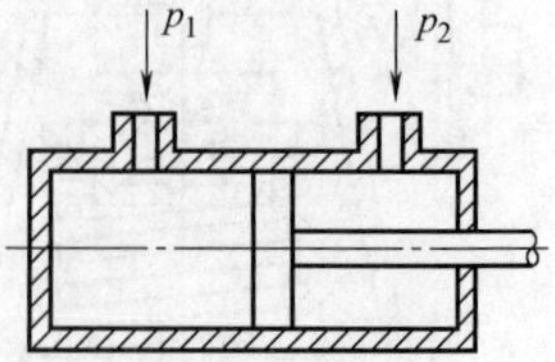
		双作用双杆型	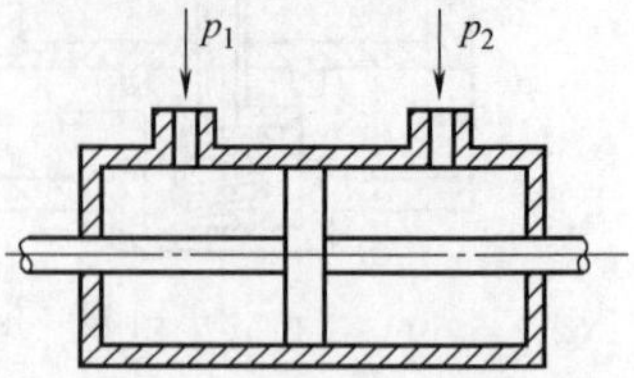
		双作用伸缩型	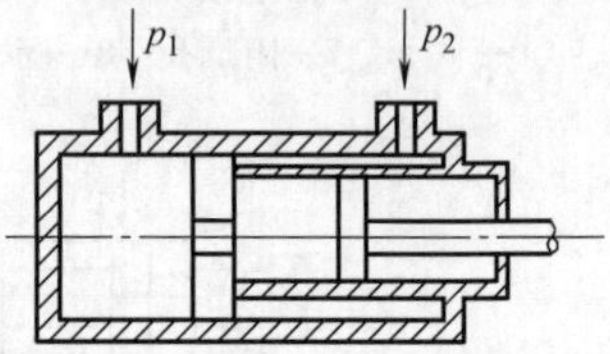

表 7.5-19　常用步进电动机的分类

分类	结构特点	优　点	缺　点
反应式	由定子绕组产生的反应电磁力吸引用软磁钢制的齿形转子做步进驱动	易获得小步距角。转子结构简单、转子直径小、有利于高速响应	制造成本高、效率低、转子的阻尼差、噪声大
永磁式	转子采用永久磁铁	定子断电后转子可保持转矩，可用作定位驱动。励磁功率小、效率高、造价低	一般步距角大、转子惯量大
混合式	转子中含有一个轴向磁化的永磁体，由软磁体制作的两段齿形转子被磁化为 N 极和 S 极	具有反应式步距角小的特点，还具有永磁式励磁功率小、效率高的特点	

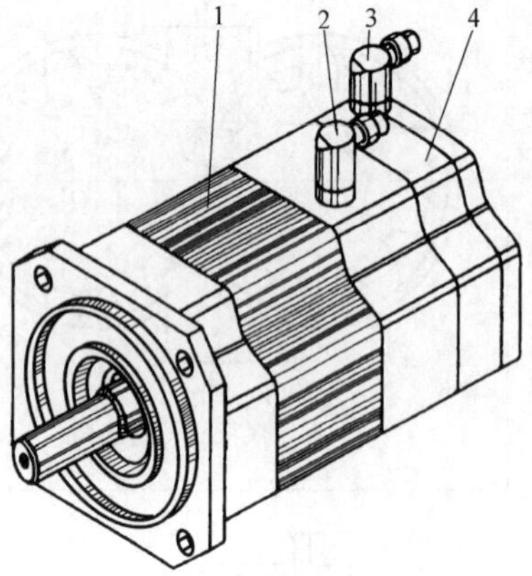

图 7.5-62　交流伺服电动机

1—电动机本体　2—电动机电源连接座（U、V、W 相）　3—光电编码器连接座　4—内装光电编码器

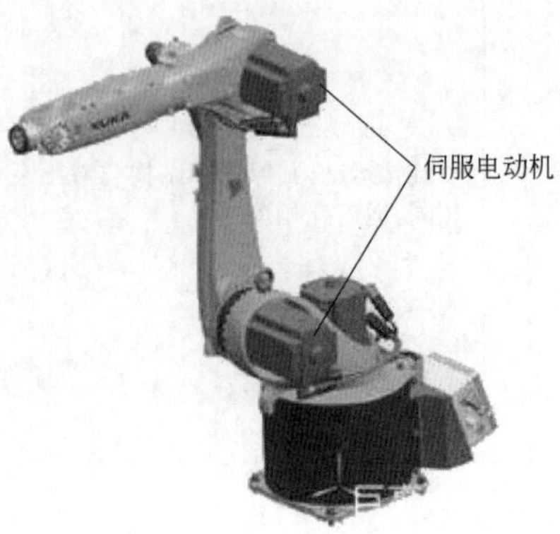

图 7.5-63　串联机器人

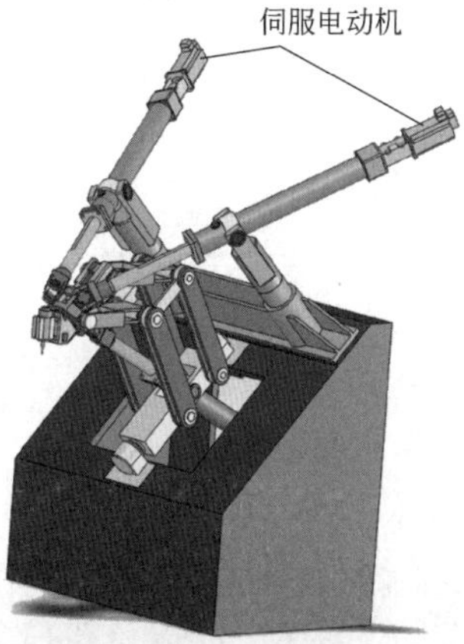

图 7.5-64　并联机器人

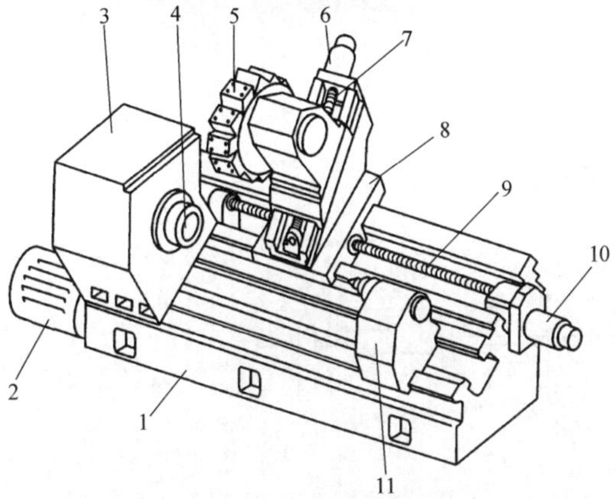

图 7.5-65　数控车床内部结构

1—床身　2—主轴电动机　3—主轴箱　4—主轴　5—回转刀架　6—X 轴进给电动机　7—X 轴滚珠丝杠　8—床鞍　9—Z 轴滚珠丝杠　10—Z 轴进给电动机　11—尾座

7.5.4　装配自动化的控制技术

1. 装配控制的主要任务

在装配工作中控制的任务是：开动运动单元、连接单元和检验单元；实现工艺过程、操作人员、控制系统之间的信息交换；整个装配系统的监控、诊断和安全保证。

2. 装配系统的控制技术

（1）凸轮控制

凸轮控制是在大量生产中的固定程序的装配机的重要组成部分，控制凸轮既作为传递运动的驱动环节，又作为信息载体，如图 7.5-66 所示。凸轮控制可以达到很高的运动精度。

凸轮控制被用于装配机上，在节拍时间为 0.5～5s 的情况下工作。当节拍时间小于 3s 时，仍可以做到无冲击传动。其节拍顺序和运动规律是事先规定、不能改变的。

按照凸轮形状分类，有盘形凸轮、圆柱形凸轮和槽形凸轮。在凸轮传动机构中，从动环节可以跟随凸轮实现无滞后的运动。凸轮盘可以连续匀速运动。凸轮副的空间配置取决于装配机的结构，在纵向节拍式装配机上采用一个通长的控制轴是合适的。

（2）计算机控制

为使得自动装配控制速度快、寿命长、可靠性好，经常采用模块化结构和计算机控制的方式。

如图 7.5-67a 所示，工件（基础件）由料仓供给，料仓上装备有一个光反射式检测器，以检测工件是否存在。工件的传递由棘爪推杆来完成。工件由工

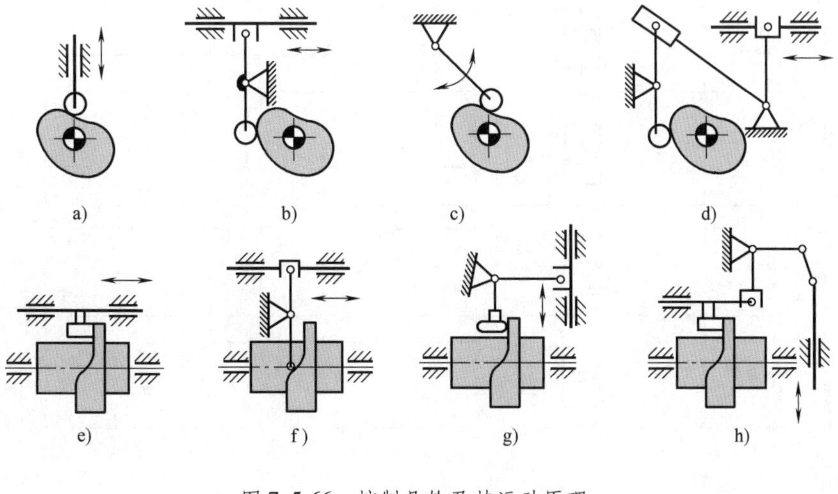

图 7.5-66　控制凸轮及其运动原理

a）盘形凸轮和直接的直线运动　b）盘形凸轮和间接的直线运动　c）盘形凸轮和摆杆　d）盘形凸轮和杠杆传动　e）鼓形（圆柱形）凸轮和直接的直线运动　f）～h）鼓形凸轮和间接的直线运动

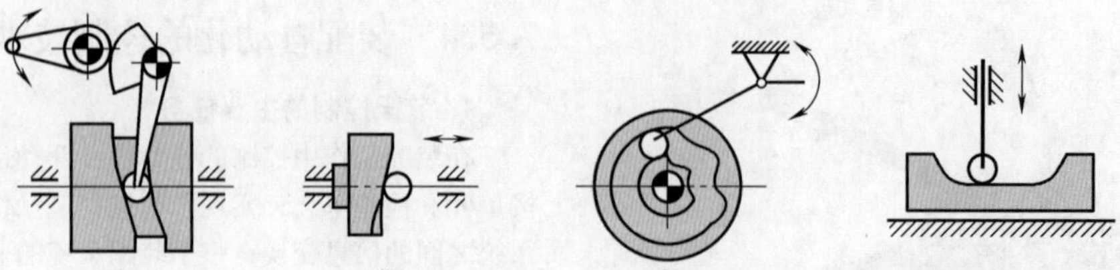

图 7.5-66　控制凸轮及其运动原理（续）
i）圆柱形带槽凸轮　j）端面凸轮　k）盘形带槽凸轮　l）板形凸轮

作缸 Z3 从侧面夹紧，当工件即将到达预定位置时，工作缸 Z3 才能开始动作。推杆返回时，若棘爪碰到工件，则会自动向下翻转躲开工件。所有这些运动的控制都由一台 PLC（可编程序控制器）来完成。图 7.5-67c 中给出了所有需要的输入和输出信号以及它们所控制的功能。所有的运动都由终端开关和起始器来监测。

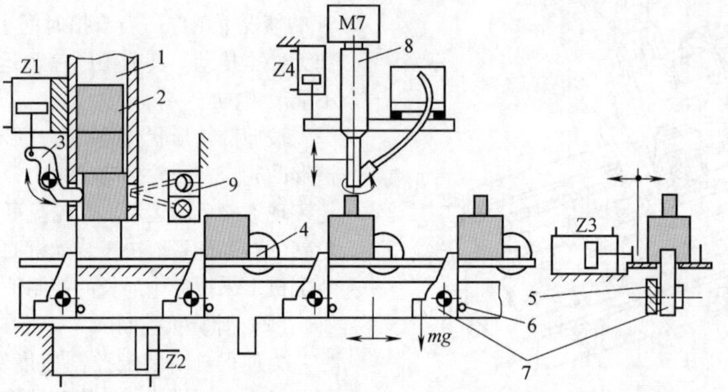

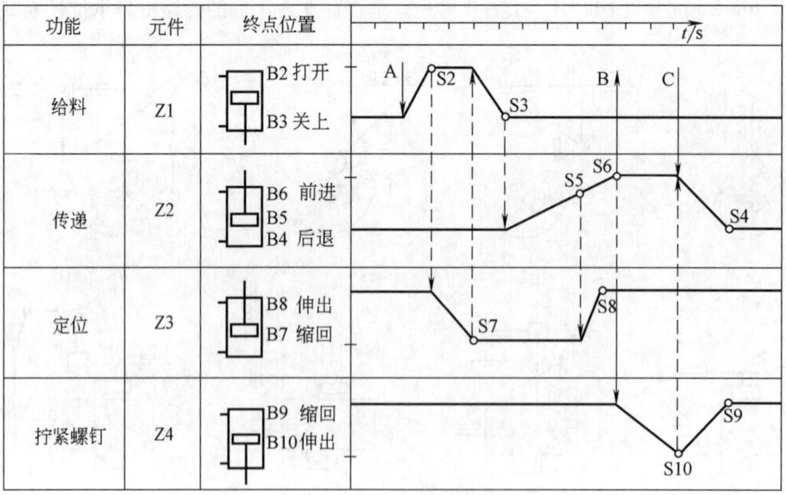

图 7.5-67　装配机的运动控制
a）工艺简图　b）功能流程图

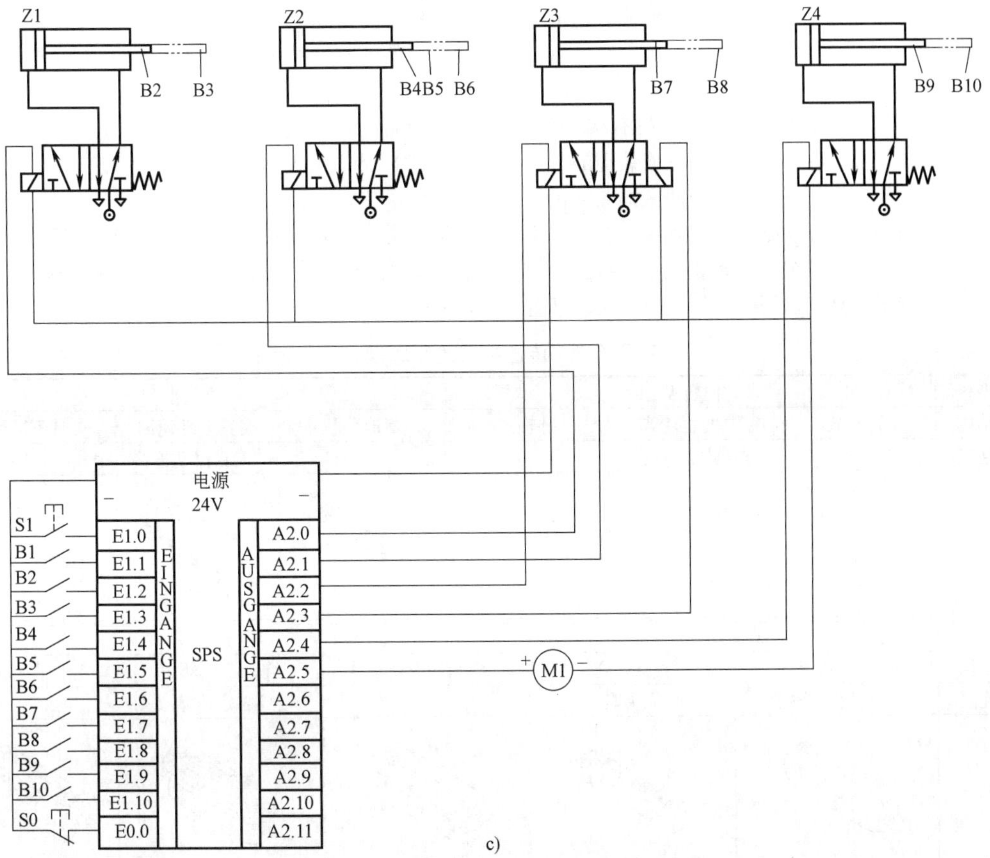

c)

图 7.5-67　装配机的运动控制（续）

c）与 SPS 的连接

1—料仓　2—工件（基础件）　3—给料机　4—工件挡块　5—推杆　6—碰销　7—棘爪
8—连接工位　9—反射式检测器（这里的作用是检测工件是否存在）
A—所有工序松开工件　B—工件夹紧动作开始　C—所有工位的工件已被夹紧　S1—压力开关
S2～S10—终点开关　Z—工作缸

7.6　装配机和装配线

7.6.1　装配线（机）概述

1. 工位间的传送装置

(1) 工位间的传送方式

按装配工件在工位间传送的方式，分为连续传送和间歇传送两大类。

1）连续传送是指工件或夹持有工件的随行夹具在装配线（机）上恒速传送，装配机或操作者跟随工件在一定范围内移动并完成相应的装配作业。在连续传送的装配线上，由于工件的传送和装配作业是在同一时间内完成，因此可以缩短产品的装配节拍，减少操作时间浪费。

由于在连续传送中工件处于运动状态，装配机与工件存在着同步运动的误差，较难实现装配机与工件的精确定位。因此，连续传送对装配机提出了更高要求，要求装配机能在随行状态下保证装配精度。在连续传送的装配线中，工具、物料的布置至关重要，否则会增加无效劳动，影响装配作业。随着视觉引导、同步随行等技术的提高，以及工具、器具等设计逐步适应，连续传送生产线的应用前景越来越广。

2）间歇传送是指工件在装配线（机）上按节拍进行传送，工件静止时进行装配作业。工件和装配机可以精确定位，装配精度高，也易实现装配作业自动化。间歇传送又可以分为同步间歇传送和非同步间歇传送。

① 同步间歇传送是指装配线上的所有工件（含随行夹具），每相隔一定时间节拍后，同时向下一工位传送。同步间歇传送的节拍是最长的一道工序时间

与工位间传送时间之和。这样，在工序时间较短的工位都有一定的等工损失，并且当一个工位发生故障时，全线传送将停止。

② 非同步间歇传送是指工位之间设有缓冲区，可贮存一定量的工件。在一个工位上完成装配的工件送入缓冲区，等待进入下一工位。缓冲区的贮存量由工位作业时间的差异和开动率等因素确定。这种方式把不同工序时间的工位组织在一条装配生产线上，使平均装配速度趋于提高，适用于操作比较复杂，又有手工作业的装配线。可在线旁设置返修岔道，返修后的装配件可通过缓冲区重返装配线。采用非同步间歇传送，虽技术复杂、投资大，但可适应多品种生产和方便产品更新，应用普遍。

(2) 传送装置的基本型式和特点

传送装置有回转型、直进型和环行型三种。采用何种类型主要取决于工艺布置和装配工作头相对装配对象的工作方向。传送装置的基本型式见表7.6-1。

表 7.6-1　传送装置的基本型式

类型	回转型			直进型		
基本结构	转台式	中央立柱式	卧轴式	矩形狭轨	夹具上部返回	夹具下部返回
夹具连接	夹具固定连接			夹具浮动连接		
图例	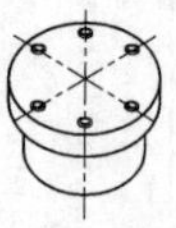	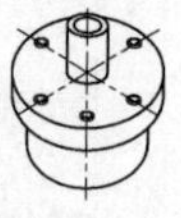	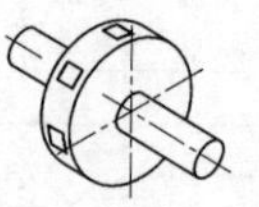	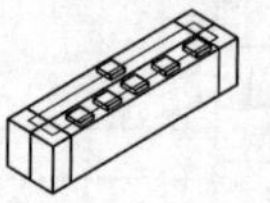	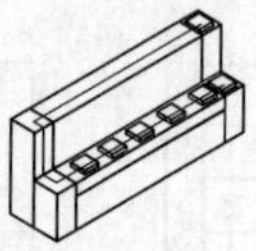	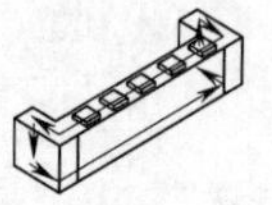

类型	直进型		环行型		
基本结构	上下轨道	直接传送	椭圆侧面轨道	椭圆平面轨道	矩形平面轨道
夹具连接	夹具固定连接	无夹具	夹具固定连接		
图例	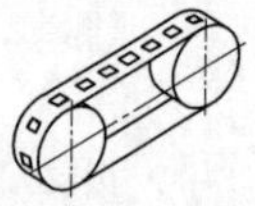	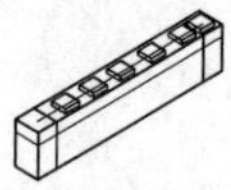	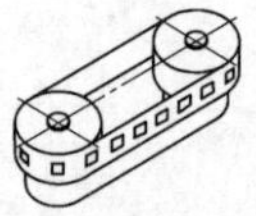	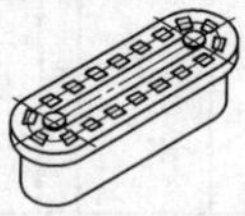	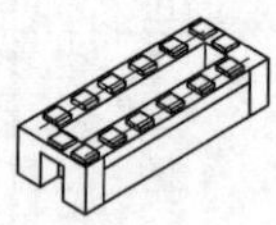

回转型的装配工位及给料装置沿工作台圆周布置，结构紧凑，但装配工作的安排受到圆周长度的限制。

直进型用于直线配置的装配线，各工位沿直线配列，装配对象沿直线轨道移动。

环行型装配工位沿水平直线配列（环行段一般不布置工位）。没有空夹具返回问题，装配起点和终点相互靠近，适宜布置在宽而不长的车间。采用这种布置占地面积稍大。

为了适应手工作业或装配机的工作方向，装配线上的运载工具（如小车、随行夹具等）可以是回转式或翻转式的。对于几段组成的装配线，有时通过设置在段与段之间的专用装置来交接和改变工件的装配位置。

2. 装配线的基本型式和特点

装配线的基本型式和特点见表7.6-2。

表 7.6-2　装配线的基本型式和特点

结构型式	传送方式	布置型式	典型图例	特点
滚道式装配线	连续传送、间歇传送、非同步传送	直线型 环行型	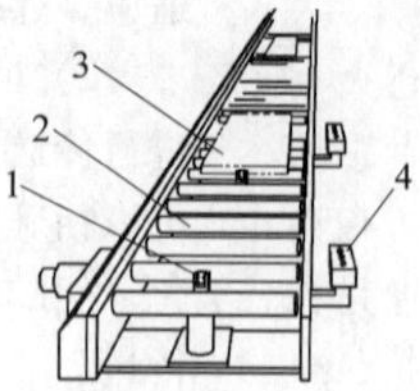 1—自动停止器　2—滚筒 3—工件托盘　4—手动停止按钮	滚道式装配线利用滚筒与夹具或工件之间的摩擦力进行驱动，一般用于传送底面平整的工件或带有随行夹具的工件。滚道分为无动力滚道和动力滚道两种。无动力滚道借助人力推动或重力倾斜滑动。动力滚道由电动机通过链条或齿轮等驱动，也可直接采用电动滚筒 为适应各种工件的传送，滚筒材料可以是金属、塑料、复合材料等。常用的滚道宽度为0.3~1m，传送速度为1.5~30m/min

（续）

结构型式	传送方式	布置型式	典型图例	特　点
板式装配线	连续传送、同步间歇传送	直线型	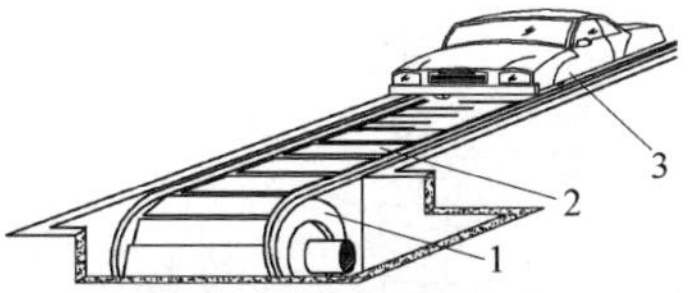 1—驱动机构　2—板条　3—装配工件	板式装配线分地面型和高架型。铺板可用金属板、木板或其他材料。板面宽度一般为0.5～3m,线体的长度一般为30～70m,常用传送速度为0.5～2.5m/min。板上可设置装配支架,操作者可站立在板面上作业,操作接近性好,承载能力大 当连续传送时,装配线旁的装配机或起重机必须考虑相对运动的同步问题。板面上放置活动支架时,需考虑支架返回;板面上固定支架时,需考虑支架回转的半径 操作者站立在间歇传送的板面上时,需考虑起动时的冲击现象
			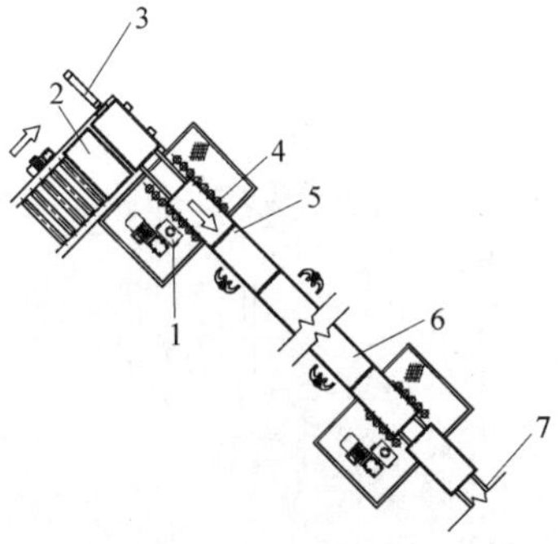 1—输送机构　2—返回平板　3—送入液压缸　4—驱动轮　5—装配平板　6—装配工件　7—输送导轨	平板式输送线由输送平板、导轨、驱动轮及驱动马达等组成 在平板式输送线的起点和终点分别设有两个动力站。在起点动力站,驱动马达带动两侧的驱动轮,以摩擦力将输送平板送入输送线,并依次推动输送线内其余输送平板前行;在终点动力站,另一组驱动轮将带动最后一块输送平板快速脱离输送线 平板式输送线结构简单,易于维护,输送功率大,平板上可安装顶升翻转装置。常用于汽车、发动机等重量较大,但不要求定位装配的产品
带式装配线	连续传送、同步间歇传送	直线型	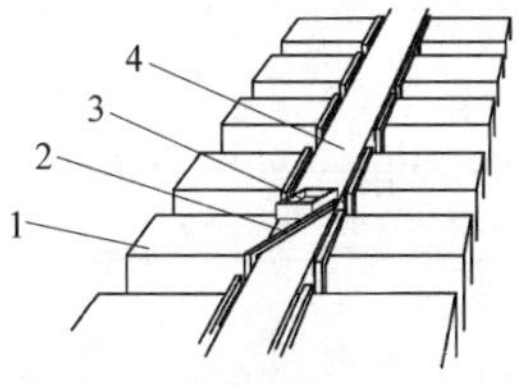 1—工作台　2—卸料器　3—工件托盘　4—传送带	带式装配线由带式输送机和两侧工作台组成。工件或托盘由两侧卸料器分配到两侧工作台,工位间可设中间贮存。其结构简单,传送平稳,常用速度为1.2～18m/min,常用宽度为0.5～1m。输送带的材质有帆布带(或尼龙带)、塑胶带、防静电橡塑带、橡胶带、金属网带、钢带等。适用于仪器、仪表和电器等的装配作业
滑橇式装配线	连续传送、间歇传送、非同步传送	直线型环行型	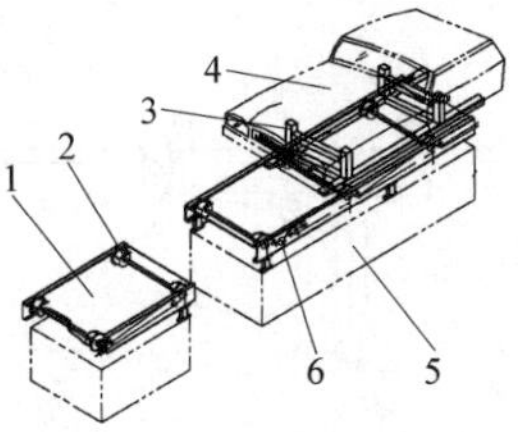 1—动力滚床　2—滚轮　3—滑橇　4—工件　5—动力链　6—附加机械(移行机、举升台、转台等)	滑橇式装配线由滑橇、动力滚床等组成,具有连续、间歇输送相结合,快慢速转换,安全可靠等特点。配置不同的附加机械,如举升台、移行机、转台等,可以实现线路之间平移、直角转弯、垂直提升、水平旋转等功能,配置了升降机还可以实现楼层间的输送功能。广泛用于汽车工业的油漆线、焊装线、总装线等 承载能力为250～1500kg;旋转速度为0.5～2r/min;横移速度为5～20m/min;运行速度为0.5～80m/min

（续）

结构型式	传送方式	布置型式	典型图例	特　点
拨杆式装配线	连续传送、间歇传送	直线型 环行型	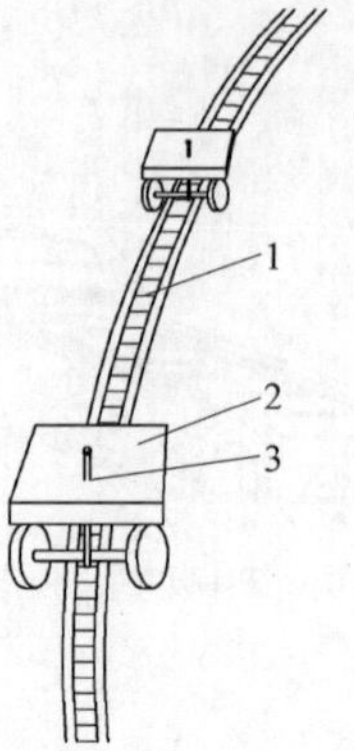 1—牵引链　2—小车　3—拨杆	拨杆式装配线地面无轨道，牵引链设在地下。操作者可在装配线中任意走动，极易接近装配对象，操作空间大，但定位精度差。通过插入或拔出小车的拨杆，可使小车移动或停止，装配过程中工件连同小车可任意从线上推出或推入，可作为自由节奏装配线使用。常用速度为 2 ~ 10m/min，适用于发动机、变压器、家电等装配作业
积放式装配线	连续传送、非同步传送	直线型 环行型	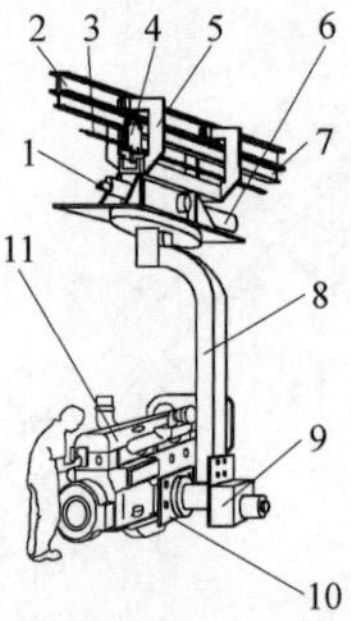 1—积放探头　2—轨道　3—牵引链　4—牵引杆 5—积放小车　6—积放撞杆　7—牵引轨道 8—吊杆　9—转动机构　10—装配支架 11—发动机（工件）	主要由链条输送机、轨道、积放小车、传动装置、装配支架等组成。工件可连续或间歇传送，工件在支架上可不用定位，操作接近性好，调整或改装方便。可用于空中贮存，和前后生产线相连，能连成一个自动生产输送系统。可用于输送距离长，需改变输送高度的场合。适用于汽车、发动机及家用电器等的装配 积放式装配线有很多变形型式，将链条输送机和轨道置于地下，形成反向积放式装配线。不使用积放小车，而将装配支架直接固定于链条上，则形成连续同步输送的装配线
步伐式装配线	同步间歇传送	直线型	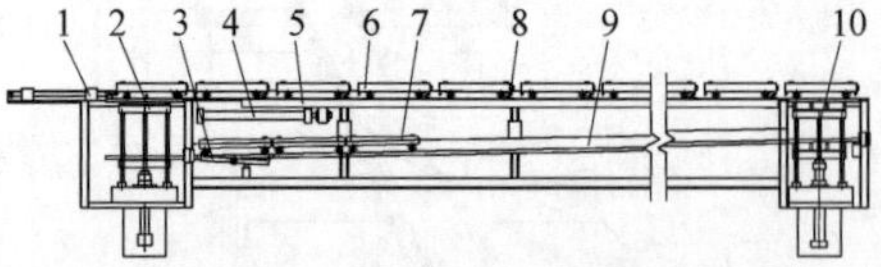 1—送入液压缸　2—前升降台　3—释放机构 4—步伐式输送油缸　5—推杆输送机构 6—随行装配小车　7—返回小车 8—棘爪　9—返回滑道 10—后升降台	步伐式装配线的驱动有气动、液动（图例为液动推杆步伐式）、机械。轨道上的夹具小车借推杆作用同步间歇传送，两端有升降台，轨道下面（或上面）可设随行夹具的返回轨道 该装配线输送平稳，便于夹具定位和采用固定式装配机
摩擦式装配线	连续传送、同步间歇传送	直线型 环行型	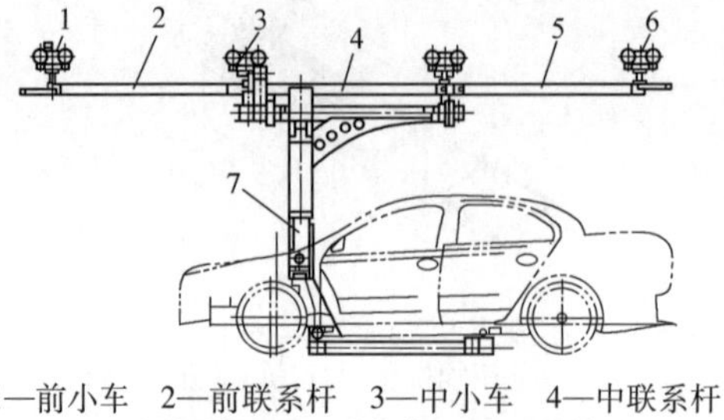 1—前小车　2—前联系杆　3—中小车　4—中联系杆 5—后联系杆　6—后小车　7—C 型吊具	摩擦式装配线主要由车组、吊具、摩擦驱动、转接升降机及钢结构系统等组成。摩擦驱动的结构主要由摩擦轮、压紧轮支架、拉杆组件、驱动电机和减速机等部件组成。摩擦轮通过胀套与驱动电机、减速机直连，拉杆系统中弹簧的弹力产生摩擦驱动所需的正压力 摩擦式装配线相较积放式具有结构简单、环保等优点，相较自行小车式具有价格优势

（续）

结构型式	传送方式	布置型式	典型图例	特　　点
自行小车式装配线	连续传送、间歇传送	环行型	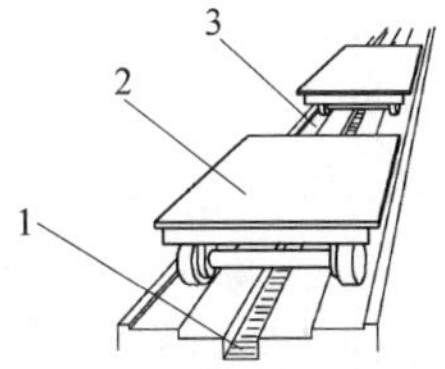 1—供电排　2—自行小车 3—导轨	自行小车式装配线分地面式和悬挂式。地面式承载能力大，运行平稳性和定位精确性较差，不适宜采用自动装配。常用传送速度为 0.3 ~ 1m/min。适用于中小内燃机、齿轮箱、机床主轴箱等较重、较大的产品装配 地面自行小车的运行方式分有轨和无轨两种（图例为有轨型）。通过在地面上敷设的轨道或埋设的传感器，使小车按一定的路径行驶。自行小车的驱动方式也有两种：电缆供电驱动和电池驱动，一般无轨小车采用电池驱动
		自行型	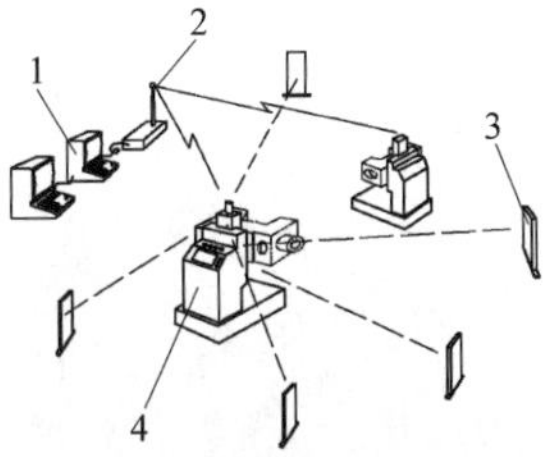 1—运行调度系统　2—雷达收发系统　3—激光反射片　4—自动导向小车（AGV）	自动导向小车（AGV）是以电池、电容或无接触供电为动力源并自动操纵行驶，可通过电磁感应、激光检测、超声检测、光反射、图像识别及坐标识别等技术进行自动导向。其运行路径和目的地可由管理程序控制，机动能力强，而且某些导向方式使线路变更十分方便灵活，设置成本低，工位识别能力较强。与其他装配线相比，其初期投资较大，但运行成本低，特别适用于多品种、多工位的装配线
		环行型	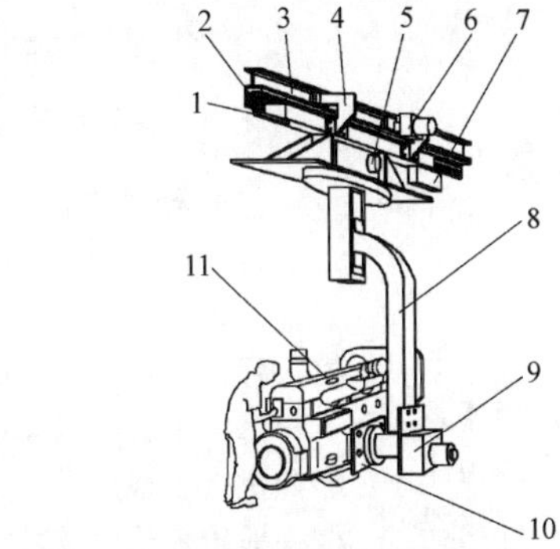 1—积放探头　2—供电排　3—轨道　4—行走小车　5—吊臂升降机构　6—行走驱动机构　7—积放信号箱　8—升降吊臂　9—翻身回转机构　10—装配支架　11—发动机（工件）	悬挂式自行小车属于有轨自行小车。其结构型式和积放式悬挂装配线近似，但由于小车自带独立的驱动装置，故配合升降系统、道岔系统、认址系统和自动控制系统后，其适应性更广，自动化程度更高
气垫装配线	连续传送、间歇传送	直线型	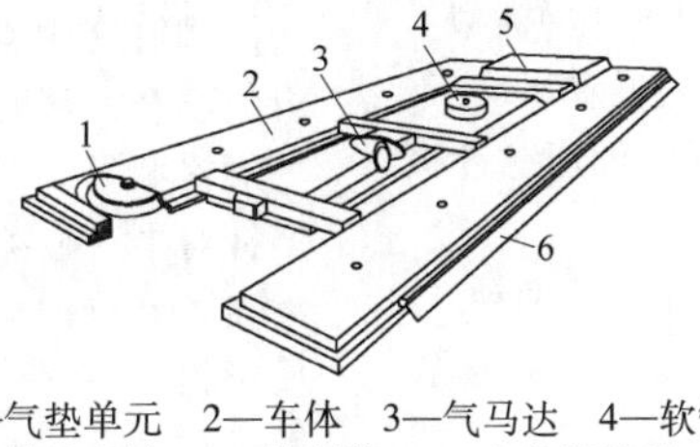 1—气垫单元　2—车体　3—气马达　4—软管伸缩卷筒　5—控制箱　6—空气阻挡膜	利用压缩空气形成的气膜，把连同气垫装置在内的工件一同托起，用很小的力即可将其移动和定位。移动时重心低，承载能力大，运行平稳，结构简单 一般有气垫托盘和气垫运输车两类（图例为气垫运输车，工件未画）。采用车间供气系统或自带空压机供气，气压为 0.3~0.7MPa

3. 装配线主要设备

(1) 抓取搬运设备

在装配过程中，较为常见的工作场景就是工件的抓取搬运，实现将零件或部分装配的组合体从一个固定工位抓取搬送至另一装配工位的工作，抓取搬运设备就是为实现这一工作过程而设计应用的设备。它通常由用于配合工件转运和安装操作的抓钳、用于基础件的承受和夹紧的装置及用于工件和连接件的保持装置三部分组成。

一个零件如何抓取，取决于要求的力、被抓取零件的几何形状和表面特性等，根据这些特性的不同，抓取搬运设备主要有机械式、气动式及磁吸式等三类，常用的是机械式抓钳。机械式抓钳按照结构分类，主要有平行式、弧形式、封闭式等；按照抓取工件种类、形状不同分类，主要有单体式和组合式等。

机器人自动抓取搬运设备如图 7.6-1 所示。

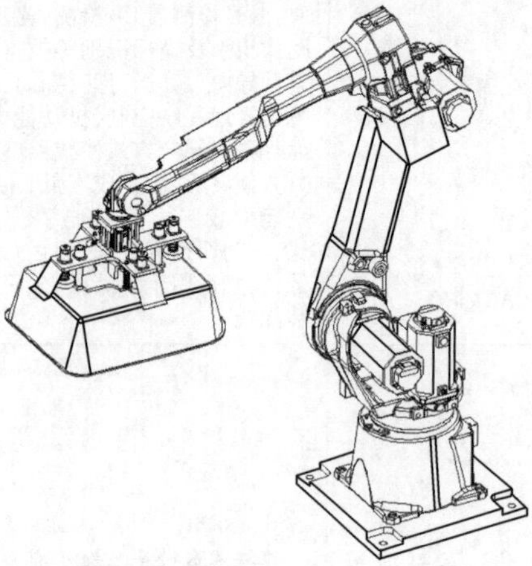

图 7.6-1　机器人自动抓取搬运设备

(2) 拧紧设备

零件采用螺栓连接就是为了使两个被连接物体紧密贴合，并承受一定的载荷，还需要两个被连接物体之间具有足够的压紧力，以确保被连接零件的可靠连接和正常工作。这样就要求作为连接用的螺栓，在拧紧后应具有足够的轴向预紧力。然而这些力的施加，也都是依靠“拧紧”来实现的。拧紧设备就是完成螺栓连接的工具。

按动力源的不同，拧紧设备分为以下几种类型：

1）电动拧紧设备：有插电式和电池式两种。

2）气动拧紧设备：分为冲击扳手、油压脉冲扳手、离合器扳手及螺钉旋具等。

3）液压拧紧设备：分为驱动式和中空式两种。

4）手动拧紧设备：主要指扭力扳手，有预置式、表盘式、打滑式和数显式等几种。

常用的电动拧紧方法有三种：第一种是扭矩控制法，是指当拧紧的扭矩达到某一设定的目标值时，立即停止拧紧的控制方法。但扭矩控制法的拧紧误差较大，只应用于对螺栓轴向预紧力控制精度要求不高的场合；第二种是扭矩-转角控制法，是基于一定的转角，使螺栓产生一定的轴向伸长及连接件被压缩，其结果产生一定的螺栓轴向预紧力的关系。因此，扭矩-转角控制法在要求较高的拧紧操作中得到了较为广泛的应用；第三种是屈服强度控制法，是指利用材料屈服现象而发展起来的一种高精度的拧紧方法。这种控制方法的拧紧精度非常高，其精度主要取决于螺栓本身的屈服强度，然而在实际的拧紧操作中应用较少。

自动拧紧设备示意图如图 7.6-2 所示。

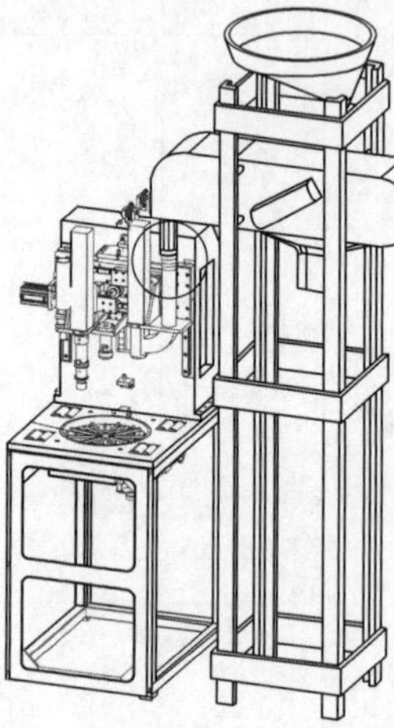

图 7.6-2　自动拧紧设备示意图

(3) 铆接设备

将铆钉穿过被铆接件上的预制孔，使两个或两个以上的被铆接件连接在一起，如此构成的不可拆连接，称为铆钉连接，简称铆接。

铆接具有工艺设备简单、抗振、耐冲击和牢固可靠等优点。缺点是铆接时噪声大、影响工人健康，结构一般较笨重以及被铆接件强度削弱较大等。

铆接设备分冷铆和热铆两种。热铆紧密性较好，但铆杆与钉孔间有间隙，不能参与传力。冷铆时钉杆镦粗，胀满钉孔，钉杆与钉孔间无间隙。

铆接设备主要靠旋转与压力完成装配，主要应用于需铆钉（中空铆钉、空心铆钉、实心铆钉等）铆合的场合，常见的有气动、油压和电动，单头及双头等规格型号。而常见的类型主要有自动铆钉机（主要针对半空心铆钉机的铆接，可以自动下料，铆接效率高）和旋铆机（旋铆机又分为气动旋铆机和液压旋铆机，主要用于实心铆钉或较大空心铆钉的铆接）。

铆接原理示意图如图 7.6-3 所示。

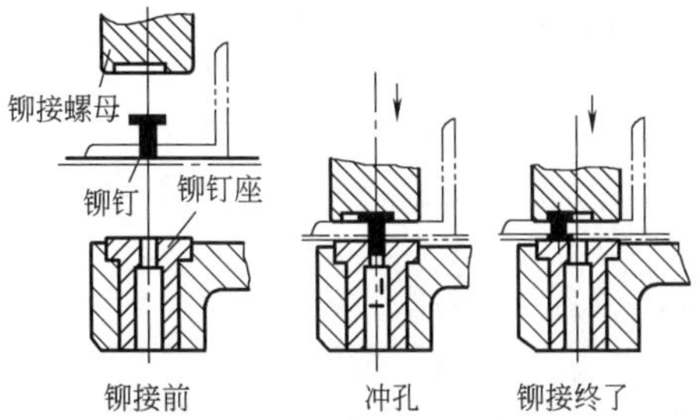

图 7.6-3　铆接原理示意图

(4) 压装设备

压装是指将具有过盈量配合的两个零件压到配合位置的装配过程。压装工艺在电动机装配中应用最多，也最为广泛，如压轴承到转子、压卡簧、压轴承到壳体等工艺过程。

根据动力源的不同，压装设备可分为以下几种类型：

1）气缸压装设备。气缸压装设备受气源影响较大，采集到的力相对不稳定，但该类型压装设备价格便宜，在要求不高的工况下可以选择。

2）液压压装设备。该类型压装设备压装过程稳定，输出力大，数据采集较稳定，但通常液压系统维护成本较高，易出现漏油问题。

3）气液增压缸压装设备。该类型压装设备输出力大，维护简单，性价比高。其缺点是压装行程短，较适合短距离压装工况。

4）伺服电缸压装设备。该类型压装设备压装行程长，柔性好，便于设置压装速度。其缺点是一般输出力小于 10T，且设备价格较高。

5）电子压机压装设备。该类型压装设备闭环控制，能够实现多种监控模式，相比其他类型更为完美，但是价格昂贵，应用范围较小。

压装设备示意图如图 7.6-4 所示。

(5) 涂胶及粘接设备

涂胶工艺通常是指将胶浆（包括溶剂胶浆、胶乳和水胶浆）均匀地涂覆到待粘接物体表面上的工艺，涂胶方法主要有刮涂、辊涂、浸涂和喷涂四种。

在装配过程中，通常使用涂胶粘接工艺的零部件为金属或非金属材料，且种类繁多，由于材料性质不同，应用场合各异，使用的胶浆也互有区别，主要有如下几类：

1）内装饰胶。用于将软质材料粘贴到金属钣金上，通常该类胶以溶剂型氯丁胶为主；软质材料与防水膜的粘接密封，由丁基橡胶添加增黏剂挤出而成型。由于工件柔性较大，一般采用人工粘接。

2）风窗玻璃胶。玻璃与钣金的固定、密封方式主要采用聚氨酯类粘接材料进行粘接，通常是聚氨酯主剂配合清洁剂、漆面/玻璃底剂一同使用，剪切强度较高，弹性和密封性突出，增强了车身刚性，保证了密封效果。为了保证更好的密封性，要求胶条均匀涂布，胶形精准，一般采用机器人自动涂胶设备，目前主流汽车工厂采用底涂、涂胶、粘接全自动设备，设备主要由涂胶系统、底涂系统、视觉引导系统、视觉检测系统、玻璃输送系统、玻璃安装系统及电控系统组成。

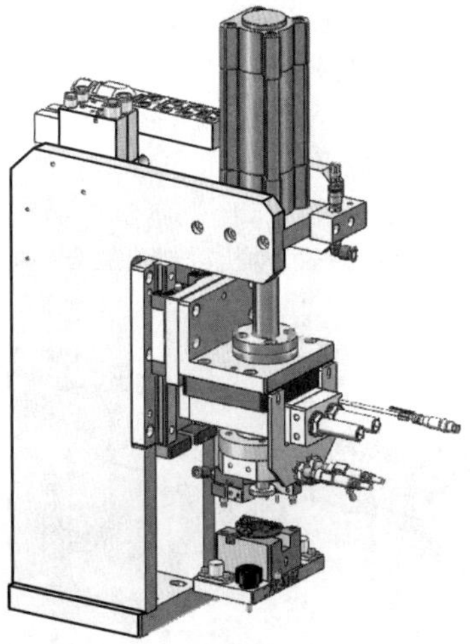

图 7.6-4　压装设备示意图

3）装配件用胶黏剂密封胶。汽车发动机、变速器、底盘等金属件装配用胶黏剂密封胶，其应用和作用主要表现在各种平面、孔盖、管接头的密封和螺栓的锁固方面，可以防止油、水、气的泄漏和螺栓的松动，直接关系到汽车的正常运行，其主要用胶品种有厌氧胶和硅酮密封胶。为了保证更好的密封性，要求胶条均匀涂布，胶形精准，一般采用机器人自动涂胶设备。设备主要由涂胶系统、视觉检测系统、电控系统、工件输送及定位系统组成。

(6) 加注设备

液体加注设备，顾名思义就是指辅助整车系统，对于制动液、冷却液、空调液、动力转向液、变速箱液、发动机液、风窗洗涤液及汽油进行加注的各种辅助设备。

在上述液体中，有些是需要抽取一定的真空值，再进行加注；有些是需要规定一定的量进行加注；有些是按整个系统的要求根据最终的液位高度进行加注。由于各种加注要求的不同，所以相应也衍生出了各种不同功能及需要的液体加注设备。除加注和拆卸加注枪采用人工方式外，其他所有加注过程都是自动完成的。

根据加注液体的种类不同，加注设备主要有空调液加注设备、制动液加注设备、动力转向液加注设备、发动机冷却液加注设备、发动机液及变速箱液加注设备、风窗洗涤液加注设备、柴油及汽油加注设备等。通常情况下，根据实际使用需求及设备布局的情况，加注设备有以下几种布置策略：

1）空调液+制动液二合一加注。

2）动力转向液+发动机冷却液二合一加注。

3）发动机润滑油+变速箱润滑油二合一加注。

4）风窗洗涤液+燃油二合一加注等。

除了上述布置策略，根据装配工艺及操作使用的需求，目前加注设备还有三合一加注设备及四合一加注设备等多种组合方式。

加注设备及加注枪示意图如图 7.6-5 所示。

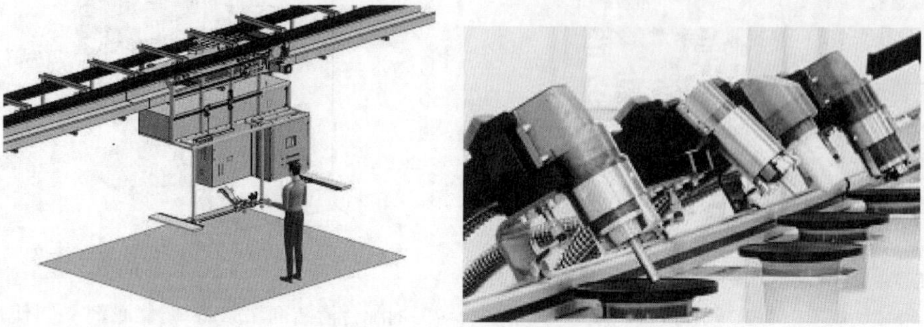

图 7.6-5　加注设备及加注枪示意图

4. 装配机的基本型式和特点

（1）单工位装配机

适用于零件相当少的产品，可由一位操作者完成全部装配作业，容易适应产量的变化。图 7.6-6 所示为单工位装配机，固定的供料装置将装配基件送进装配机构，然后各种零部件依次送到装配基件上进行装配。这种单工位装配的机械化程度变化很大，而以人工上下料和无送进装置的简单装配用得较多。

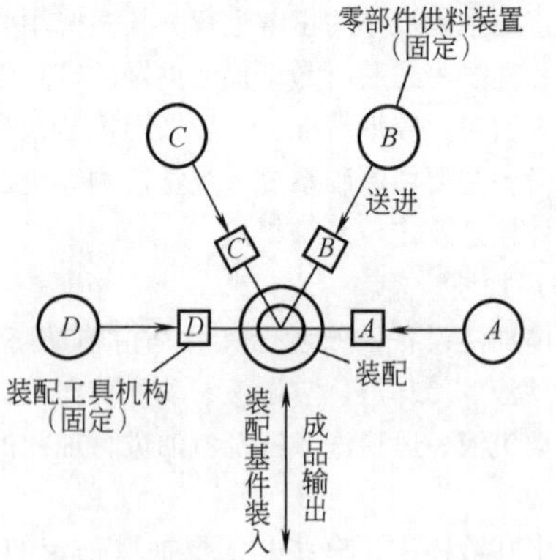

图 7.6-6　单工位装配机

（2）回转型装配机

适用于很多轻小型零件的装配。只需在上料工位将装配基件进行一次定位夹紧，几个轨道的装配工作头同时进行装配。其结构紧凑，节拍短，定位精度高。但供料和装配机构的布置受场地和空间的限制，可安排的工位数目也较少。图 7.6-7 所示为间歇传送的回转型装配机。

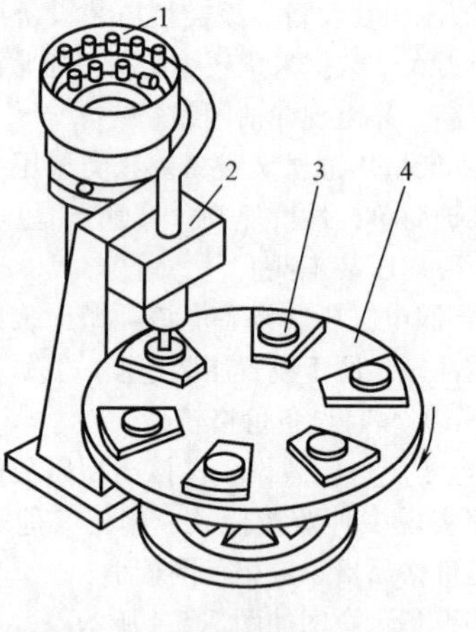

图 7.6-7　间歇传送的回转型装配机

1—供料装置　2—固定工作头　3—随行夹具
4—回转台

（3）直进型装配机

装配基件或随行夹具在传送装置上进行直线或环行传送的装配机，装配工位沿直线排列。图 7.6-8 和图 7.6-9 所示分别为夹具下层返回和夹具水平返回的直进型装配机。

（4）环行型装配机

装配对象沿水平环行传送，各工位环行排列，无空夹具返回。图 7.6-10 所示为矩形平面轨道的环行型装配机。

回转型、直进型、环行型三种装配机的基本性能比较见表 7.6-3。

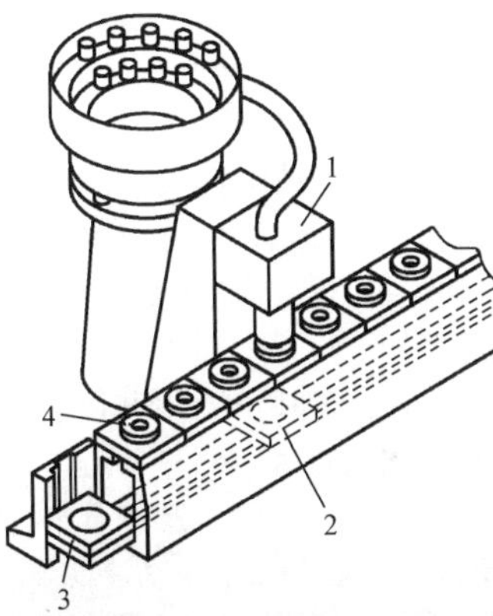

图 7.6-8　夹具下层返回的直进型装配机
1—装配工作头　2—返回空夹具　3—夹具返回起始位置　4—装配基件

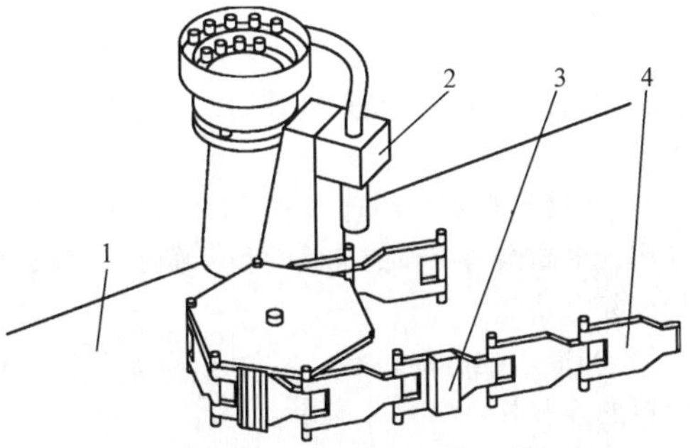

图 7.6-9　夹具水平返回的直进型装配机
1—工作头安装台面　2—装配工作头　3—夹具安装板　4—链板

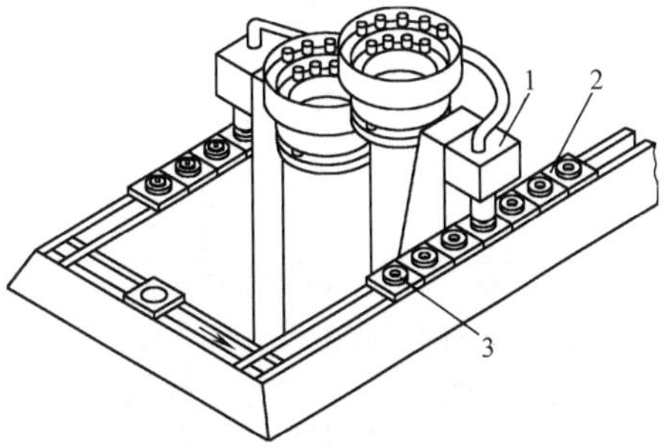

图 7.6-10　矩形平面轨道的环行型装配机
1—装配工作头　2—随行夹具
3—装配基件

7.6.2　柔性自动装配

1. 柔性自动装配的特征和组成

（1）特征

1）同时装配多种产品。

2）方便地重新配置系统的硬件和软件，以装配新产品。

3）容易重组、设置及改变生产程序。

柔性自动装配与传统刚性自动装配的比较见表 7.6-4。

（2）组成

1）主体设备。柔性自动装配中的主体设备主要是装配机器人、可编程自动装配机、由机器人或可编程自动装配机组成的柔性装配单元或中心。

表 7.6-3　回转型、直进型、环行型三种装配机的基本性能比较

序号	比较项目	回转型	直进型	环行型
1	装配基件的大小	轻小型装配基件	中小型装配基件	大中型装配基件
2	装配方向	上方或侧方	上、下、横向	
3	传送方式	连续传送和同步间歇传送	同步间歇传送和非同步间歇传送	
4	装配工位数	一般不大于 12 个	一般在 30 个以下	10~30 个或更多
5	工位数的调整	除预留工位外，不能增加工位	采用分段化设计，调整增加工位方便	
6	插入手工操作工位	难以插入	可以插入手工操作工位	
7	夹具数量	与工位数相同	等于或大于工位数	
8	夹具连接	一般固定	可以浮动	
9	定位精度	取决于分度机构的精度	采用定位机构，精度可以提高	
10	传送工件速度	较高	有一定限制	
11	对装配机械的布置	装配机械和工作头受空间限制不能太大	装配工作头可以较大，也可独立安装装配机械	可独立安装装配机械，工作头大小不受限制
12	对供料机构的布置	可布置在工作台四周或中央立柱上，受空间限制	可布置在工位后侧，布置比较简单、容易	前后侧均可布置，布置简单、容易
13	传送装置结构	较简单、紧凑	较复杂，有空夹具返回	复杂，有随行夹具循环
14	维修、操作	接近性差，特别对多工位工作台，维修比较困难	接近性好，维修、操作均比较方便	
15	占地面积	较小	较大	
16	与前后生产流程的连接	较困难	方便	较方便

表 7.6-4 柔性自动装配与传统刚性自动装配的比较

比较项目	柔性自动装配	刚性自动装配
装配对象的适应性	可装配同族的多种产品	只能装配一种或相似性极高的一组产品
生产组织方式	可以同时对同族的多种产品进行混流装配	分批次轮番装配相似性极高的一组产品
生产运行方式	可以自动地、即时地根据生产计划进行调整	需人工对生产计划的变化进行调整，且过程缓慢
生产系统的升级和可调性	可方便地对系统硬件和软件进行调整、升级和扩展，以适应产品和生产的新要求	很难改变系统的配置、生产模式和操作过程

2）物流装置。柔性自动装配中的物流装置主要由输送装置（各种形式的输送带和自动导向小车）、装配零件的自动给料装置（包括定向、定位等）组成。主体设备通过物流装置连接，形成柔性自动装配的一个基本架构。

3）信息控制系统。柔性自动装配中的信息控制系统是一种分布式多级计算机控制管理系统。它将自动装配的行为控制、协调控制、监测控制等的控制信息与生产计划、物流运转、库存管理等的管理信息集成运行。

4）辅助设备。如自动化检测装置、自动化零件选配、清洗、包装等一系列配套作业的自动化设备。

柔性自动装配并不是绝对完全的自动化、无人化，也可穿插设置柔性程度较低的可编程自动装配机，甚至有部分人工参与作业，主要取决于生产的经济性和可靠性。

2. 柔性自动装配的关键技术

(1) 柔性自动装配的评估技术

柔性自动装配是一个各种知识、技术、经验密集集成的系统，实施这样的系统必须有一套合理的评估体系。

1）产品面向自动装配的设计评价。

2）产品组的成组化体系和评价。

3）柔性自动装配的总体技术水平和风险的评估。

4）柔性自动装配的柔性、冗余度及重构性评价。

5）自动装配关键技术的验证评价。

6）柔性自动装配生命周期的综合经济分析和评价。

(2) 柔性自动装配技术

1）视觉系统的识别技术。不同零件的识别，零件给料过程的定向识别等。

2）装配过程中的行为状态监视和控制。进入装配工位零件的定位状态监视和纠正，装入零件的抓取准确性的监控，各装配动作的协调和保护监控。

3）装配过程中保证质量的技术手段和控制。装入过程的质量监控和对装后总成的质量检验，并反馈控制装配的行为。

4）系统运行的管理调度控制和信息集成。

(3) 装配机器人技术

1）硬件条件。抓手功能、抓取重量、运动方式、工作范围、运动和定位精度、运动速度等。

2）软件条件。运动的编程方式和控制能力、工作过程的自诊断和恢复控制能力、防撞保护功能、控制能力、触觉、视觉、嗅觉、声觉反馈控制功能和柔顺性控制功能等。

(4) 柔性物流技术

1）合理选用串型、并型、串并混合型或叉型物流布置型式，达到按系统调度计划，实现多种产品的装配流程。

2）重视给料机构的选择和设计，提高给料的作业效率，提高给料工作的准确性和可靠性，增强给料机构的复合功能。

3）与周边配套的连接，如与仓储的连接、与中间暂存的连接等。

4）输送装置要具有三维输送能力、可编程控制能力、重构扩展和重新布局的能力。

5）用自动导向小车（AGV）和输送机器人提高物流的柔性化和重构能力。

(5) 行为功能装置技术

1）抓手的功能化、模块化、系列化配套，如可换式抓手模块、柔顺式抓手关节、带感应功能的指型抓手等。

2）装配工具装置的配套，如可换式自动螺纹拧紧工具、可换式涂胶工具、可换式冲压装配工具等。

3. 柔性自动装配工艺的设计步骤

1）采用并行工程法审核产品组的可装配工艺性，对产品进行工艺化的二次开发设计。

2）用成组技术对装配的产品（零件级）进行研究、分析和分类。

3）初步确定产品组可自动化装配的范围，提出自动化装配的关键技术难点和研究对策。

4）从多方面对柔性自动装配进行总体规划及技术水平进行初步定位，同时进行技术经济分析和评价。

5）进行柔性自动装配的技术设计，确定技术参数和技术指标。在此基础上，对总体规划的技术目标进行修正。通过计算机仿真运行，对技术设计进行优化。

6）在技术设计的基础上，调整各子系统的关系，进一步修正技术参数和优化产品的可装配工艺性。

4. 典型的柔性自动装配设备和装置

（1）柔性装配中心

一个可编程的通用装配设备或装配机器人，周围配置自动化输送和存储系统（内部），以及装配工具库等，在计算机控制下形成一个柔性装配单元，或称为子系统。柔性装配单元可作为一个独立系统使用，几个柔性装配单元的组合可形成一个柔性装配中心。

图 7.6-11 所示为柔性装配中心，将工件装夹在工件盘 17 中，用传送带 19 将其送至装配中心。操作器 1 以规定的方式将工件配套后转送至工件盘 18。为抓取形状不同的各种工件，操作器 1 备有夹爪库 2，可自动更换夹爪。完成工件配套的工件盘由传送带 20、15、9 运往第一和第二工位的抓取处。在第一工位，工件从工件盘 6 和 3 中抓出，用抓料定向装置 4 相对装配夹具 16 定向。工件由工件定位和压合装置 5 定位和压合，此装置可沿 X、Y、Z 坐标移动。装置 5 和 4 备有自动换夹爪系统和装配工具系统。完成第一工位装配后，工件与夹具一起由传送带 14 运往第二工位，这里有装螺钉装置 12 和拧螺钉工具 8，也可沿 X、Y、Z 坐标移动。这些装置都有装配工具自动更换系统。已完成第二工位工序的工件，由传送带 14 送出装配中心。

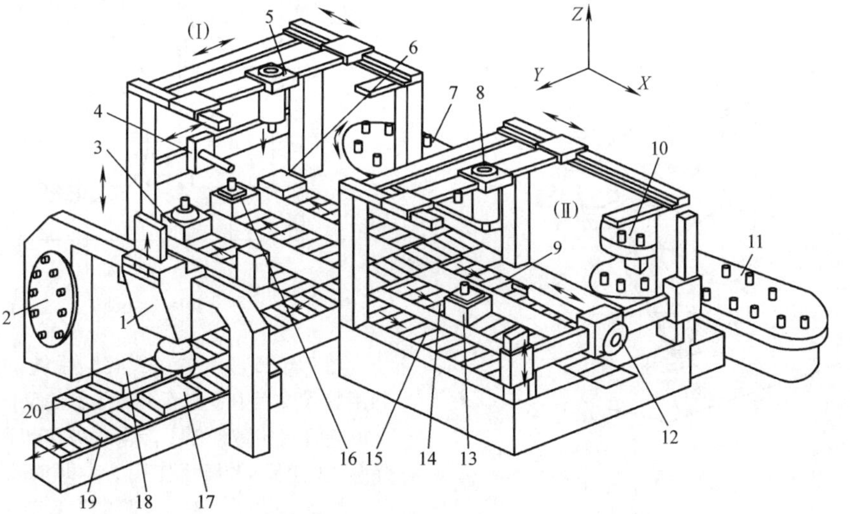

图 7.6-11　柔性装配中心

Ⅰ—第一工位　Ⅱ—第二工位

1—操作器　2—夹爪库　3、6、17、18—工件盘　4—抓料定向装置　5—工件定位和压合装置　7、10、11—装配工具库　8—拧螺钉工具　9、14、15、19、20—传送带　12—装螺钉装置　13、16—装配夹具

（2）装配机器人

装配机器人在规定范围的三维空间内具有任意位置的动作灵活性，如对机器人配置附加的移动坐标轴时，更能大大扩展其服务的范围。目前机器人通过计算机控制，均能用示教方式方便地改变作业的路径和动作，所以它在自动装配作业中，不但可承担装配作业，还可以将零件的传送、给料等功能集于一身，使装配过程的配套装置大大简化。装配机器人既可用于作业频率高、动作单一的大批量生产场合，也可以进行动作复杂、变化多的中等批量的装配作业。特别是在一些特殊环境中的装配作业，装配机器人更是一种首选的设备。

装配机器人的主要型式有直角坐标式、圆柱坐标式、极坐标式和多关节式等。直角坐标式、圆柱坐标式和极坐标式的装配机器人可抓取较大的重量，并能保证较高的定位精度和作业刚性，其缺点是机器占用的空间比较大。多关节式机器人以其占地小、工作范围大、动作灵活和系统布局方便等特点获得越来越多的应用。

图 7.6-12 是一种多关节球坐标型装配机器人，其所占空间约与一个操作工人相等，目前抓取重量可达 130kg，重复定位精度可达±0.1mm。

图 7.6-13 是一种带附加移动轴的多关节倒置式机器人，它也可以正置应用。这种使用方式可以用一台机器人服务多个工位。

传统工业机器人由于存在对人的伤害风险，在布局中需要利用围栏等物理围挡将机器人限定在一定范围内，与操作人员隔离工作，造成机器与人的相互独

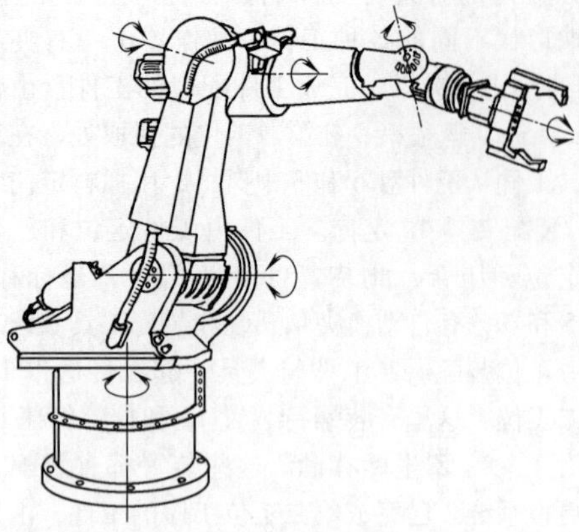

图 7.6-12　多关节球坐标型装配机器人

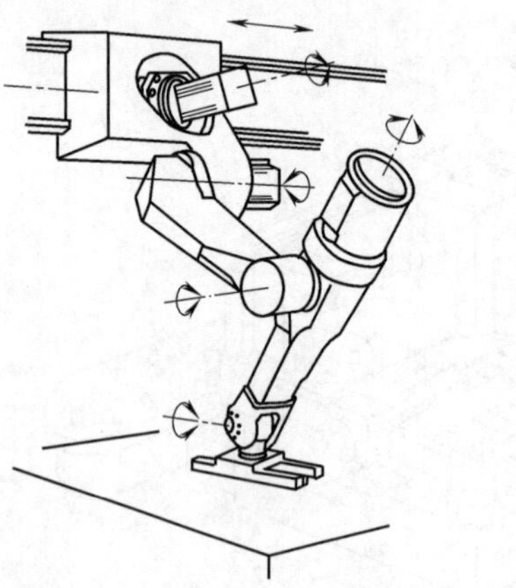

图 7.6-13　带附加移动轴的多关节倒置式机器人

立操作。未来的智能工厂是人与机器和谐共处所缔造的，这就要求机器人能够与人一同协作，并与人类共同完成不同的任务。这既包括完成传统的“人干不了的、人不想干的、人干不好的”任务，又包括能够减轻人类劳动强度、提高人类生存质量的复杂任务。正因如此，人机协作可被看作新型工业机器人的必有属性。

人机协作给未来工厂的工业生产和制造带来了根本性的变革，具有决定性的重要优势：①生产过程中的灵活性最大；②承接以前无法实现自动化且不符合人体工学的手动工序，减轻员工负担；③降低受伤和感染危险，如使用专用的人机协作型夹持器；④高质量完成可重复的流程，而无须根据类型或工件进行投资；⑤采用内置的传感系统，提高生产率和设备复杂程度。基于人机协作的优点，顺应市场需求，更加灵活的协作型机器人成为一种承担组装和提取工作的可行性方案。它可以把人和机器人各自的优势发挥到极致，让机器人更好地和工人配合，能够适应更广泛的工作挑战。

（3）柔顺手腕装置及可换工具系统

1）在自动化装配作业中，采用柔顺手腕可以实现多种精密的装配作业，如配合精度较高的套装、压装等。柔顺手腕分主动式和被动式两种。

图 7.6-14 所示为主动式柔顺手腕装入过程的控制方法。它是通过装入过程中零件反馈的不平衡接触力，主动调整手腕的位置和姿势，通过多次探索和调整顺利地装入零件。主动式柔顺手腕的装入速度相对被动式柔顺手腕要慢。

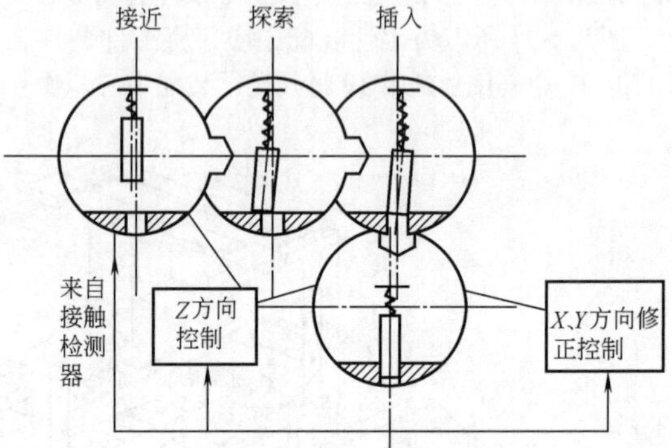

图 7.6-14　主动式柔顺手腕装入过程的控制方法

图 7.6-15 所示被动式柔顺手腕的结构原理。它利用装入过程中零件不平衡接触的反作用力，使手腕上的连杆机构带动抓手产生水平移动和转动，直至消除装入时的不平衡反作用力，即消除装入的位置误差。被动式柔顺手腕可消除的误差范围：一般水平位置误差为 1~2mm，角度误差为 1°~2°，重复定位精度为±0.1mm 左右。

选用柔顺手腕时，须对装配系统的定位误差进行分析，根据系统精度，合理选择装配手腕的柔顺补偿能力。被装配零件组的倒角对自动装入是非常重要的，尤其是过盈的配合装入。

2）为了适应不同形状工件和装配作业，装配机器人（机械手）还必须具备可变换的工具系统，以实现取料、装入、涂胶、焊接、拧螺钉等作业。

图 7.6-16 是一种可变换的工具系统，工具由两个锥形销定位，连接法兰借磁性吸住，并有电力和气动的单独控制系统。

（4）柔性装配线

图 7.6-17 所示为以装配中心为基础的柔性自动装配线。在工件装配位置Ⅰ，把配套工件放在工件盘 10 内，通过工件传送装置 11 和 9，依次送入三台装配中心 6。在三台装配中心 6 中顺序完成相应的装配工作，然后由传送装置 9 把底板和工件送回传送装置

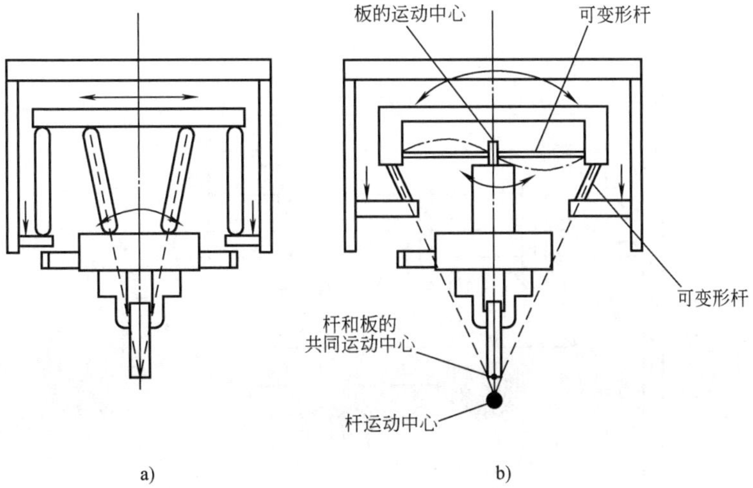

图 7.6-15　被动式柔顺手腕的结构原理
a）连杆机构式　b）可变形杆式

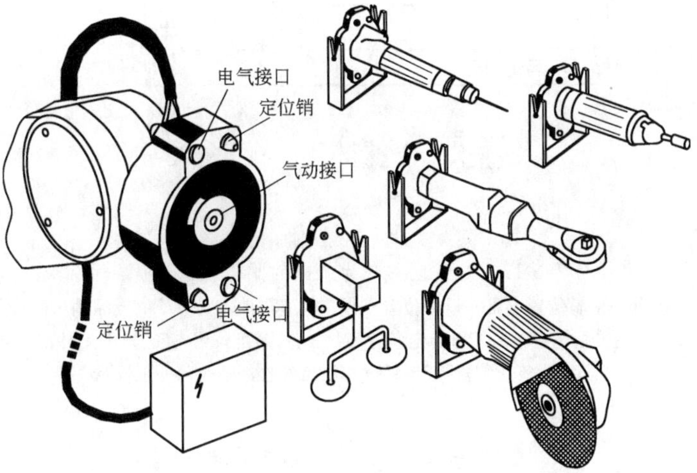

图 7.6-16　可变换的工具系统

11，并转向存储传送装置 1，再转向工件传送装置 5，再依次通过传送装置 9，送入另外三台装配中心 6，顺序完成相应的装配工作。装好的产品通过传送装置 9 和工件传送装置 5，转向传送装置 3，在检验位置Ⅱ上进行检验，合格品输出，在返修位置Ⅲ上不合格品消除缺陷或剔除。

图 7.6-18 所示为可编程综合自动化装配线，其由可编程的装配机、机器人和非同步传送装置组成，由小型计算机按照编制的程序，完成装配、送料、传送、检测等作业。使用机器人装配时，必须对机器人在工作中的行为、功能进行检测和监控。

柔性装配线根据产品类型、批量、节拍、装配工位数量、装配工位性质等，可以进行各种不同的组合，当更换产品时可重新调整，具有很大的灵活性。装配线上可以划定人工操作区，使用人工完成自动装配难以胜任的复杂装配作业，修整自动装配作业中产生的装配缺陷。

7.6.3　装配线（机）的实例

1. 乘用车智能装配线

乘用车是主要采用承载式车身的车型。大批量生产乘用车装配线的产能为 5 万～20 万辆/年。汽车装配是一项复杂的工作，装配过程包括抓取、拧紧、铆接、压装、粘接、加注等各种装配工艺。由于须装配多种部件在车身的不同位置，汽车装配线一般由多种装配线形式组合而成，主要由内饰装配线、底盘装配

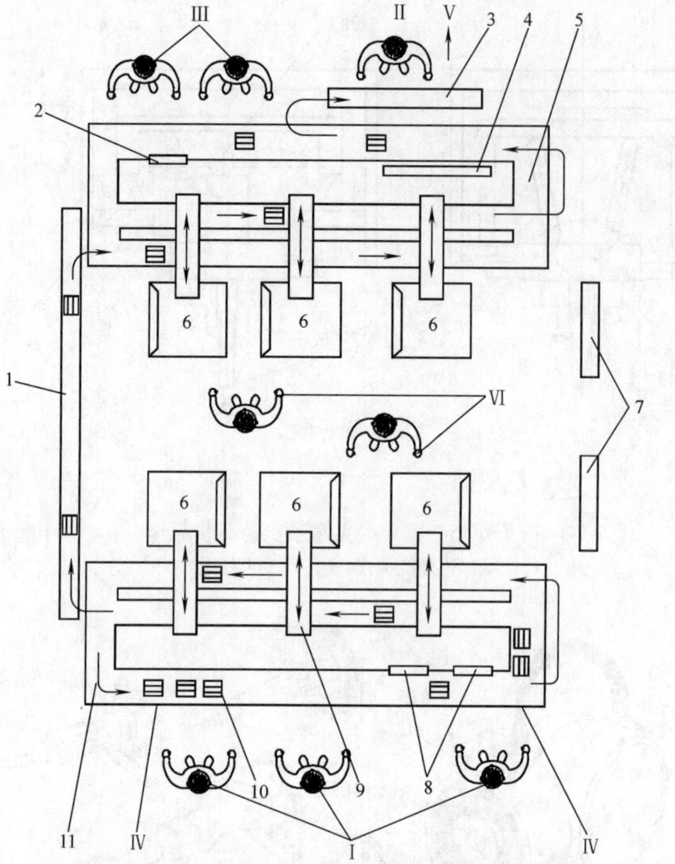

图 7.6-17　以装配中心为基础的柔性自动装配线

Ⅰ—工件装配位置　Ⅱ—检验位置　Ⅲ—返修位置　Ⅳ—供应零件位置　Ⅴ—成品输出位置　Ⅵ—操作位置
1—存储传送位置　2—通用装配位置　3、9—传送装置　4—特殊装配位置　5、11—工件传送装置　6—装配中心
7—装配传送装置控制系统　8—工件收集站　10—工件盘

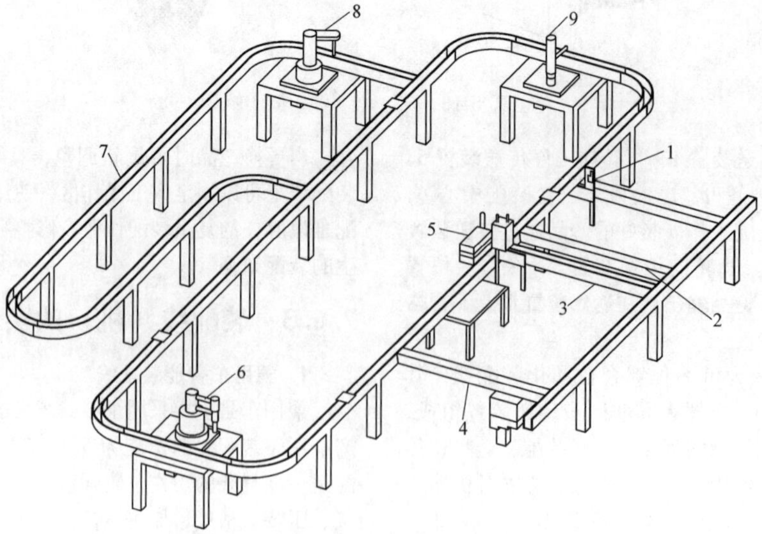

图 7.6-18　可编程综合自动化装配线

1—环行线驱动站　2—直线驱动站　3—横向传送段　4—提升段　5—自动装配工位　6、8、9—机器人　7—修理回路

线、外饰装配线、最终装配线组成，另设车门、仪表板、驱动总成（电机或发动机）、动力总成、底盘分装线。装配线一般采用全自动输送线，为了提高工艺适应性和人机工程性，智能装配线更加柔性化。智能装配线的装配工艺采用自动装配、半自动装配、手工装配相结合的方式；螺纹拧紧采用单轴电动拧紧扳手、多轴定扭矩电动拧紧机；装配设备与输送设备通过电控连锁实现自动控制；装配线产品信息、设备信息、质量信息和零件信息通过生产控制系统进行集中管控。

(1) 装配工艺

乘用车装配工艺流程如图 7. 6-19 所示。

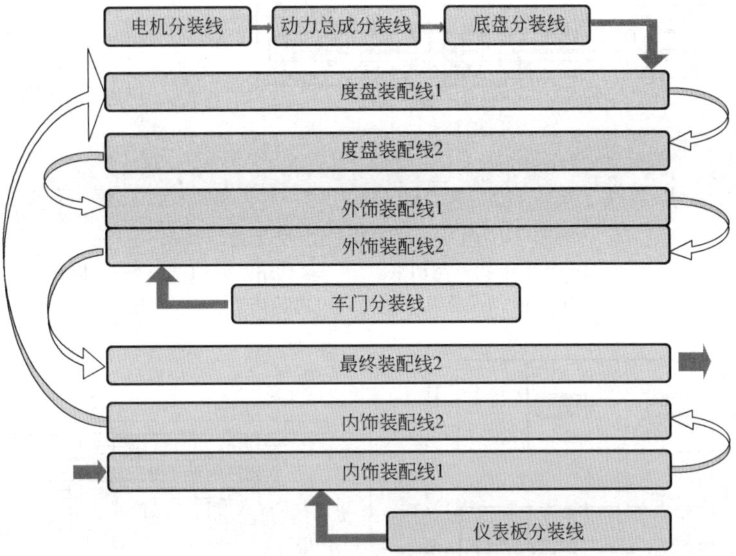

图 7. 6-19　乘用车装配工艺流程

主要装配工艺流程：安装铭牌及打号→拆车门→天窗→机舱及背门线束→底板线束→制动踏板→空调→顶棚→仪表板→散热器→减振器→地毯→前后风窗玻璃→底盘装配线→前后保险杠→制动管路→电机减速器→前悬架总成→后悬架总成→动力蓄电池组→轮胎→最终装配线→机舱管线整理→空气滤清器→蓄电池→液体加注→座椅→装车门→车门调整→电器检测→功能检测。

(2) 装配线的柔性输送装置

整车装配线的输送装置由内饰装配输送线、底盘装配输送线、外饰装配输送线以及最终装配输送线组成，通过可编程控制器实现全自动运行。其中内饰装配输送线和外饰装配输送线可采用柔性环形布置的智能可升降摩擦滑板输送装置，底盘装配输送线可采用柔性智能可升降电动单轨系统（Electrical Monorail System，EMS）输送线，最终装配输送线一般采用板式输送装置。

1）内饰装配输送线。内饰装配输送线（图 7. 6-20），采用柔性环形（矩形）布置的智能可升降摩擦滑板输送装置，根据生产节拍可设置连续或间歇运行，根据操作工艺要求，通过程序控制可在升降行程内任意调节操作高度，实现产能变化、工艺变化、产品变化的柔性适应。该输送线主要由滑板、升降台、供电系统、驱动系统、端头升降机构、旋转台及电控系统组成。滑板主要由钢结构框架和木板组成，内置升降台，升降台供电系统可采用无接触供电或滑触线供电方式。驱动系统主要包括滑板主驱动、快速驱动以及制动驱动，各驱动系统主要由电动机、变频器以及摩擦轮组成。端头升降机构一般采用带式滑板升降机，主要由电动机、传动带、框架、托架、辊床组成。旋转台主要由转台框架、旋转电动机及转台辊床组成。电控系统主要由线体电控系统以及滑板控制模块组成。线体控制系统主要由智能控制器 PLC、现场总线网络以及触摸屏组成。滑板动作控制主要由滑板控制模块完成。

2）底盘装配输送线（图 7. 6-21）。底盘装配输送线采用空中吊挂可升降 EMS 自行小车输送系统，可根据工艺布局设计线路实现封闭环形布置，根据生产节拍可设置连续或间歇运行，根据操作工艺要求，通过程序控制可在升降行程内任意调节操作高度，也可实现产能变化、工艺变化、产品变化的柔性适应。该输送线主要由行走轨道、供电系统、小车组、升降吊具系统及电控系统组成。行走轨道采用铝合金型材轨道，升降吊具供电系统可采用无接触供电或滑触线供电方式。小车组主要由小车本体、行走电动机等组成。吊具系统主要由吊具框架、剪式机构、升降电动机及升降带组成。电控系统主要由线体电控系统以及小车组控制模块组成。线体控制系统主要由智能控制器PLC、现场总线网络以及触摸屏组成。小车及吊具动作控制主要由小车组控制模块完成。

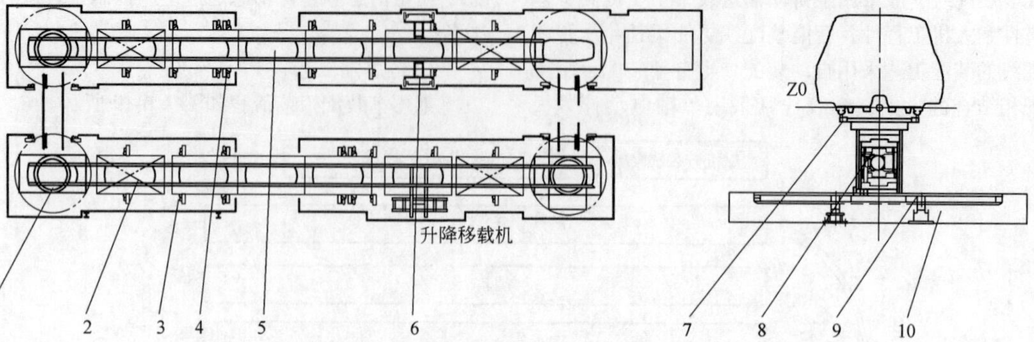

图 7.6-20　环形滑板内饰装配输送线

1—旋转滚床　2—升降台　3—制动驱动　4—驱动站　5—工位　6—滑板升降机
7—车身托盘　8—滑板升降台　9—滑板框架　10—滑板轨道

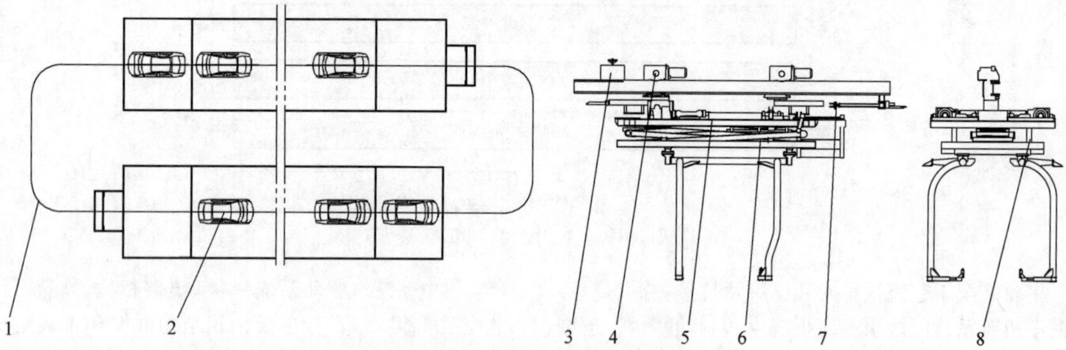

图 7.6-21　EMS 底盘装配输送线

1—轨道　2—工位　3—升降电动机　4—行走电动机及驱动器　5—吊具　6—剪式机构
7—行走小车组　8—升降带

3）外饰装配输送线。外饰装配输送线可采用与内饰装配输送线相同的柔性环形布置的智能可升降摩擦滑板输送装置。由于外饰装配线装配零件较少，两条线体之间可取消物流通道，故取消端头升降机。

4）最终装配输送线（图 7.6-22）。最终装配输送线采用塑料宽板链输送形式，操作人员可以站在输送线上与整车同步随行装配。该输送线主要由主驱动装置、辅助驱动装置、塑料板链以及钢结构骨架组成。

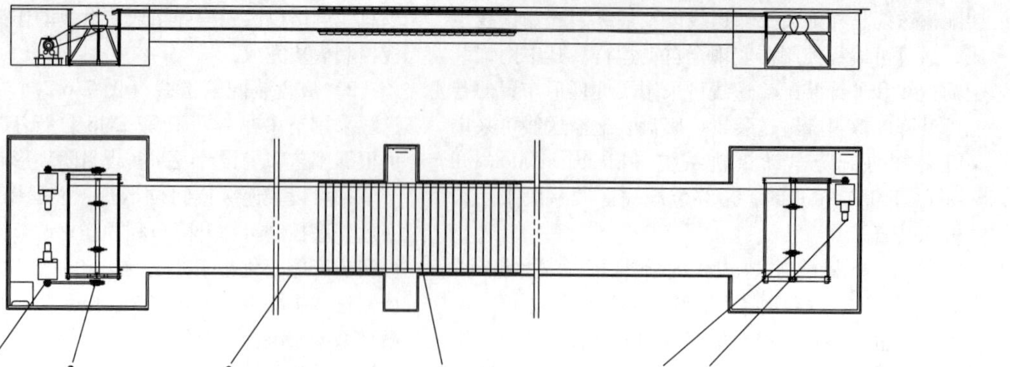

图 7.6-22　塑料板链最终装配输送线

1—辅助驱动装置　2—辅助驱动框架　3—标准框架　4—塑料板链　5—主驱动钢框架　6—主驱动装置

(3) 车身及零部件物流

1) 车身物流。装配车间内主要包括整车装配线，此外还包括为提高生产可动率、物流效率设置的车身储存线以及线间缓存。

① 车身储存线（图 7.6-23）。车身储存线设置在车身涂装车间与总装车间之间，用于缓解两个车间生产节拍的不平衡、恢复理想的总装线上线车序以及为物流储备配送缓存量。车身储存线一般由多条输送线组成，柔性最大的车身储存方式为车身立体库与一条线性输送线，可实现车身的任意编组排序。车身立体库一般由入库辊床滑撬线、出库辊床滑撬线、车身堆垛机、高位货架组成。

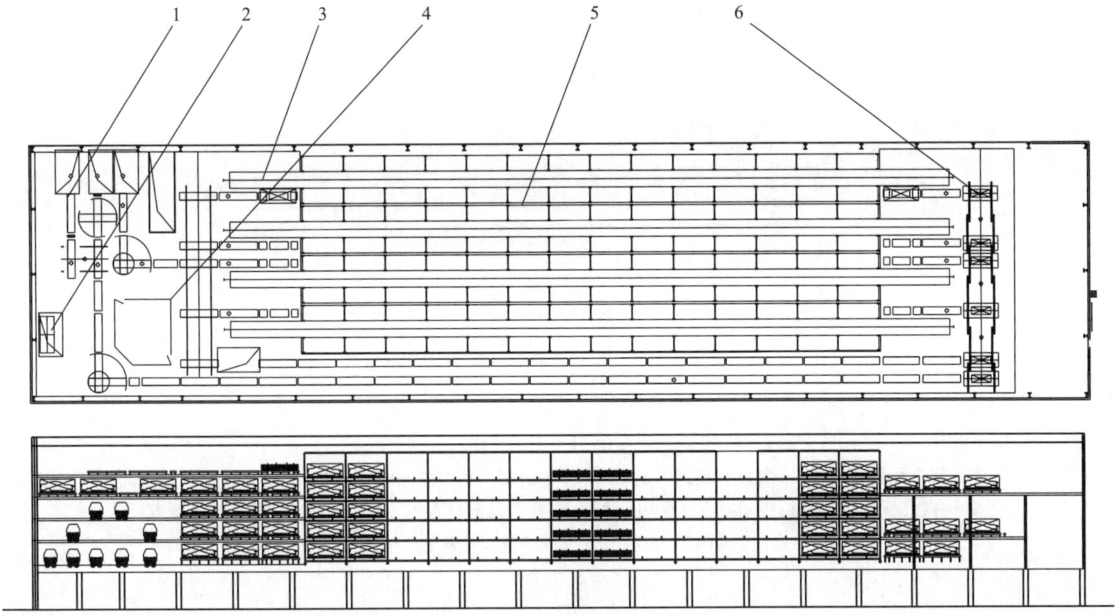

图 7.6-23　车身储存线

1—出库输送辊床　2—层间升降机　3—巷道堆垛机　4—中央控制系统　5—高位货架　6—入库输送辊床

② 线间缓存（图 7.6-24）。为了提升生产线开动率，解决各线之间不均衡停台的问题，在总装线各线之间及分装线之间，预留合理的缓冲工位。缓冲工位采用快速积放输送，正常运行时应保证缓冲段占位和空位相当。当前段线或后段线停线时，另一部分仍可继续生产，经短暂处理复产后，不影响整线生产。为了弥补短暂停台造成的缓冲段变化，可设置生产线递进节拍。即以下线处为车间总节拍，最后一条装配线节拍设置为生产节拍，从最后一条线依次向前推，每条线节拍等差加快。内饰装配线和最终装配线的两段之间由于采用平移方式，中间不设缓冲段。

2) 装配线零部件物流。为了保证零部件上料及时、降低工人取件的复杂性及劳动强度、减少线边库存，一般将装配线零部件物流分为四类：标准件采用线旁批量存放方式；中小零部件采用单辆份随行方式（SPS）；中型零部件按照生产顺序批量配送；大型零部件按照生产顺序排序直送工位。

(4) 自动装配机

随着机器人、机器视觉、传感器等基础技术的发展，自动化技术的普及越来越广泛。传统汽车的装配以人工为主，目前一些涉及人机工程要求高、质量标准高的装配工艺逐渐被自动化设备所取代。典型的自动化装配技术有以下几类：以车轮、前端模块、仪表板总成为代表的自动装配拧紧技术；以风窗玻璃、全景玻璃车顶为代表的自动粘接装配技术；以备胎、座椅等零部件为代表的自动投料技术；以车门密封条为代表的自动滚压技术；综合了自动输送、自动举升、自动拧紧技术的底盘自动合装技术；以前后悬架零部件为代表的自动压装技术；以及以车身表面间隙为代表的自动视觉检测技术等。

1) 风窗玻璃自动涂胶装配系统。图 7.6.25 中，风窗玻璃经翻转台 1 翻转定位后，安装机器人 3 通过真空吸盘抓取玻璃至涂胶塔 5 处自动涂胶，同时视觉机器人 7 带着视觉相机 2 对车身风窗玻璃止口进行扫描定位，并将准确定位传输给安装机器人 3 进行自动装配。涂胶不合格品放置在 NG 台（返修放置台）上。

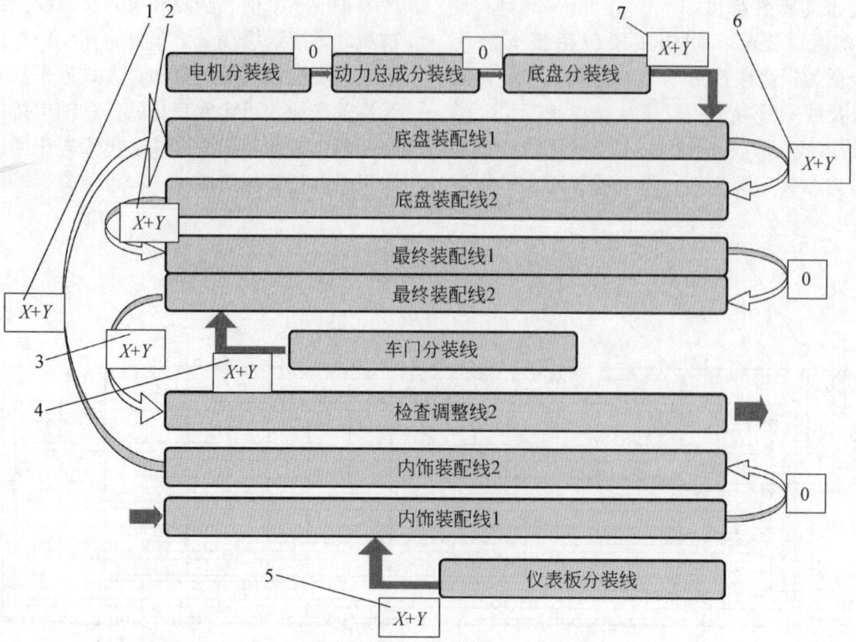

图 7.6-24　线间缓存

1—内饰、底盘线间缓存　2—底盘、最终线间缓存　3—最终、检查线间缓存　4—车门分装与总装线间缓存　5—仪表板分装与总装线间缓存　6—底盘 1、底盘 2 线间缓存　7—底盘分装与总装线间缓存

注：图中 X 表示工件占位数量，Y 表示空位数。

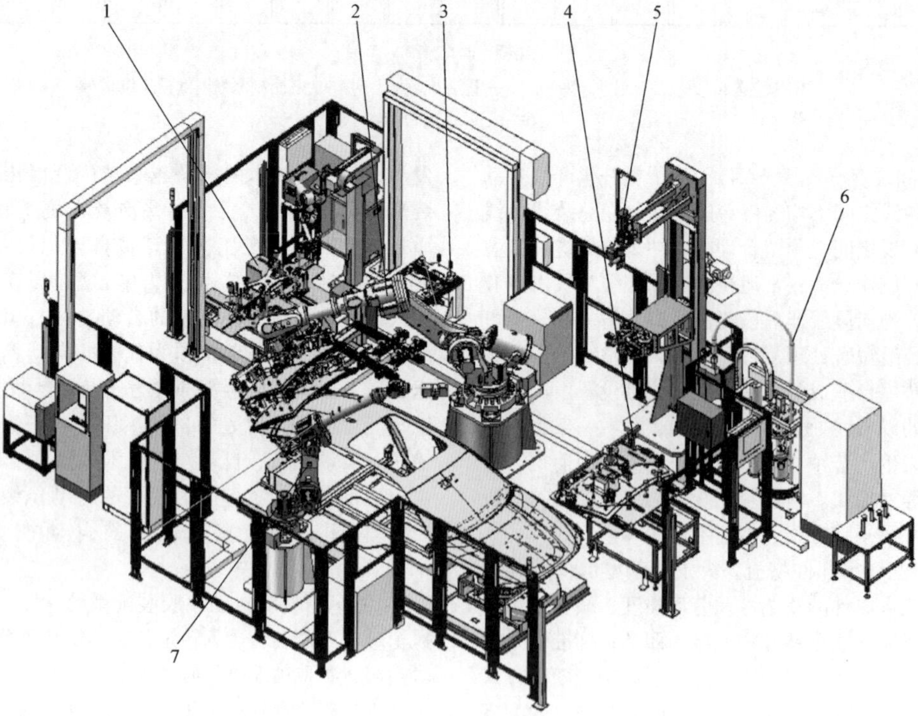

图 7.6-25　风窗玻璃自动涂胶装配系统

1—翻转台　2—视觉相机　3—安装机器人　4—NG 台（返修放置台）　5—涂胶塔　6—供胶系统　7—视觉机器人

2）车轮自动装配拧紧系统。图 7.6-26 中，车轮经轮胎输送线 4 输送至安装工位，装配机器人 2 通过抓手首先抓取经供钉系统 3 定位好的螺栓，然后抓取车轮，通过视觉引导相机 5 对制动盘进行扫描定位，并将准确定位传输给装配机器人 2 进行自动装配。装配完成后，由拧紧机 6 进行自动拧紧，拧紧不合格品放置在 NG 台（返修放置台）上。

2. 乘用车发动机装配线

轿车是乘用车的一种。轿车发动机装配线可年产 5 万~20 万台轿车发动机，通常采用环线布置。装配线采用自动装配、半自动装配、手工装配相结合方式，并设置在线检测工位。螺纹拧紧采用单轴电动拧紧扳手和多轴定扭矩电动拧紧机。密封结合面涂胶采用涂胶机器人或自动涂胶机，输送线采用非同步传送装置，可分段组合。装配线装配质量信息和零件信息通过制造执行系统进行数据管理，实现发动机质量具有追溯性。

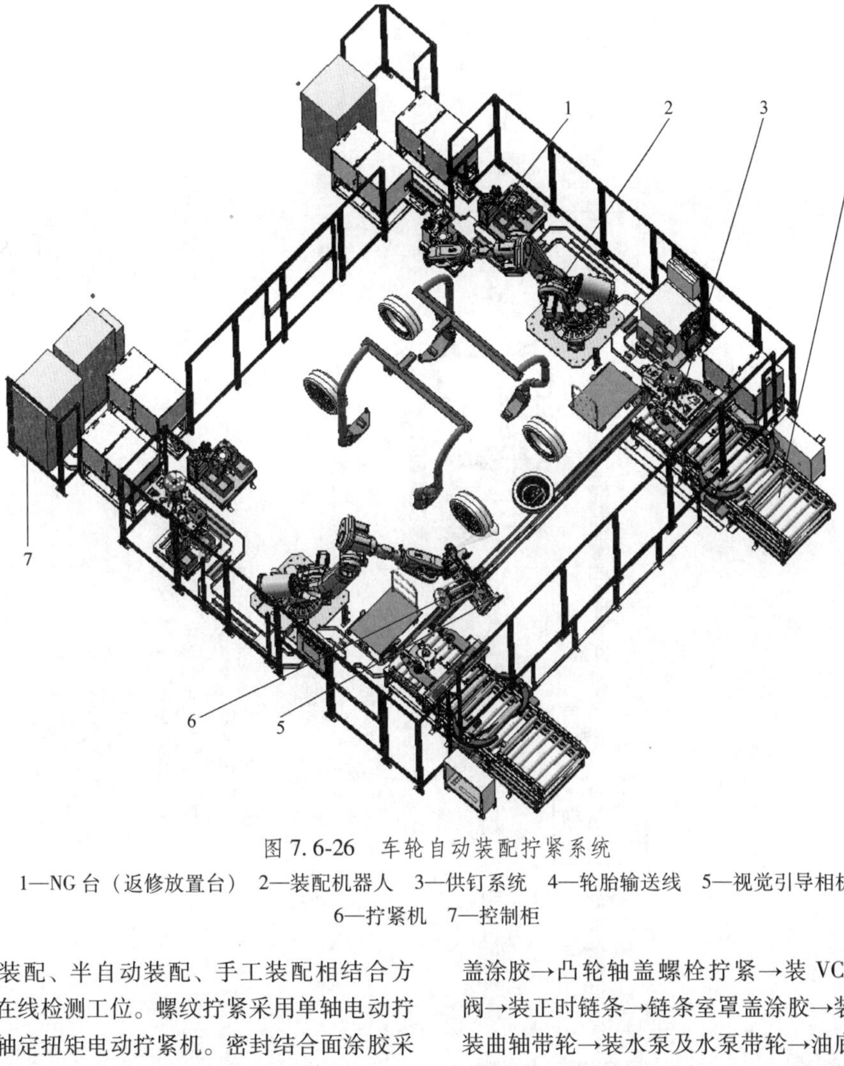

图 7.6-26　车轮自动装配拧紧系统
1—NG 台（返修放置台）　2—装配机器人　3—供钉系统　4—轮胎输送线　5—视觉引导相机
6—拧紧机　7—控制柜

（1）装配工艺

发动机装配工艺流程如图 7.6-27 所示。

发动机装配工艺流程：缸体机加总成上线→发动机编号打印→量孔及销压装→装曲轴→主轴承盖螺栓拧紧并检测回转力矩和轴向间隙→装活塞连杆总成→连杆螺栓拧紧及回转力矩检测→后油封架压装→缸盖分总成上线→缸盖螺栓拧紧→气门挺柱选配→高压泵盖涂胶→凸轮轴盖螺栓拧紧→装 VCT 及 OCV 控制阀→装正时链条→链条室罩盖涂胶→装链条室罩盖→装曲轴带轮→装水泵及水泵带轮→油底壳涂胶→装油底壳→缸盖罩盖拧紧→装飞轮→高压挺柱总成压装→装高压油泵总成→装油气分离器→装机油冷却器→燃油导轨压装→装燃油导轨总成→燃油系统氦检试漏→润滑系统、冷却系统试漏→加机油→装冷试用附件→冷试→拆冷试用附件→装进气歧管总成→装增压器、进油管及回油管→装附加水泵总成及连接管路→试漏→发动机检查并下线。

（2）装配线的输送装置

装配线的输送装置由传送段、平移台、回转台和升降台组成。随行夹具装配时的移动速度为 3~12m/min 左右。

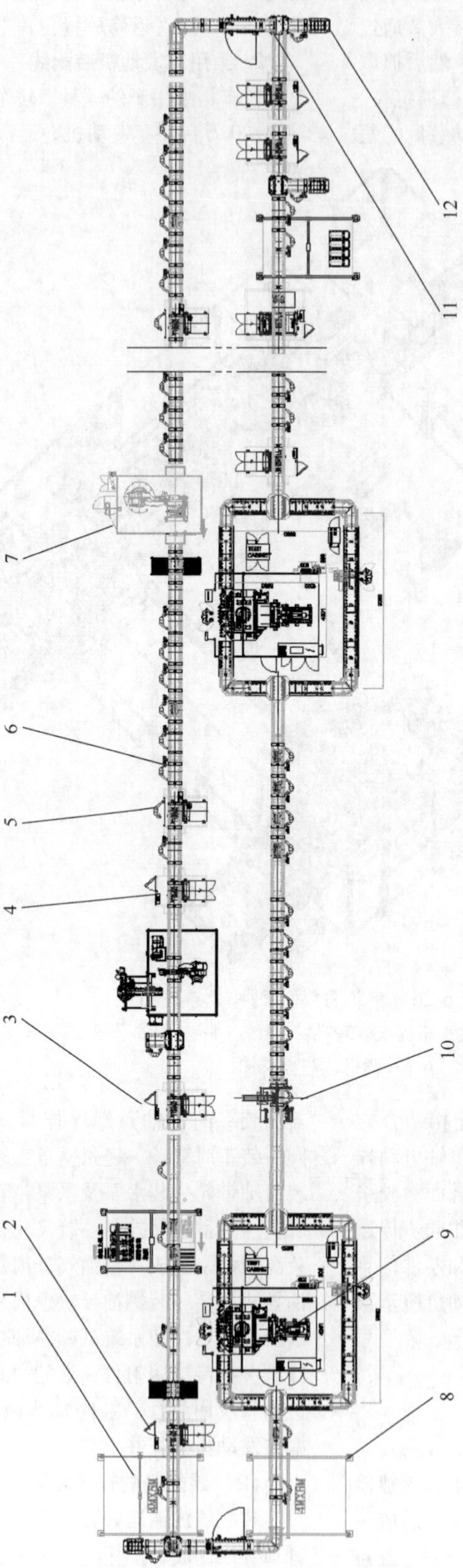

图 7.6-27 发动机装配工艺流程

1—输送线 2—打号机 3—自动设备 4—拧紧机 5—半自动设备 6—手动工作站 7—自动涂胶机 8—悬挂起重机 9—冷试机 10—密封检验台 11—回转台 12—返修线

1）传送段。传送段的各处均可设置装配作业工位，当某一随行夹具停止时，紧跟的随行夹具按顺序排列在传送段上。

传送段由多个传送分段组成，每个分段可以是一个功能齐全的独立传送系统。分段可随意组合，形成不同长度的传送段满足工艺要求。如图7.6-28所示的装配线传送段，分段有1800mm、2000mm等多种系列长度。轴座2的左、右、底三面有T形槽，底面与基座连接，左、右面可安装护板、限位开关、止动器和缓冲机构等。

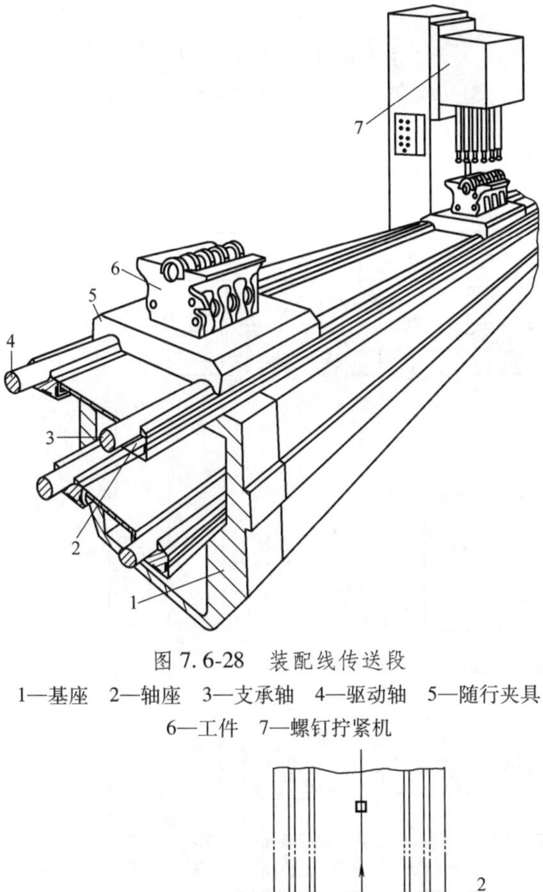

图7.6-28　装配线传送段
1—基座　2—轴座　3—支承轴　4—驱动轴　5—随行夹具　6—工件　7—螺钉拧紧机

2）平移台（图7.6-29）。在正常工况下是传送段的一部分。当发生质量或其他原因，随行夹具需要驶离主线时，则利用中间层的横向平移轨道，将上层的传送段（连同随行夹具和工件）转移至返修线的端部。此时驱动轴2倒转，将随行夹具送入返修线。之后平移台返回装配主线。

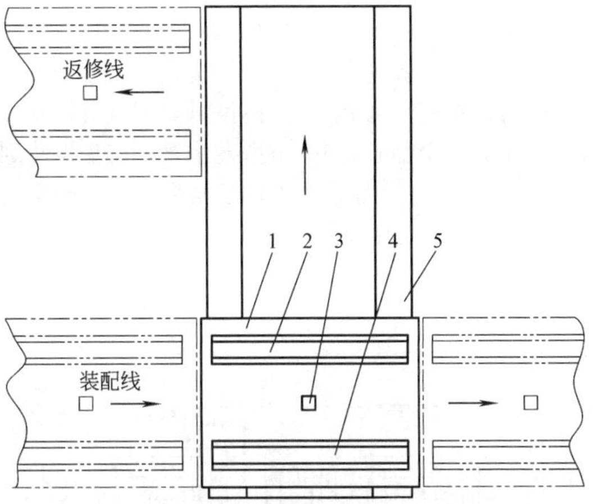

图7.6-29　装配线平移台
1—平移台面　2—驱动轴　3—升降挡铁　4—支承轴　5—轨道

3）回转台（图7.6-30）。和平移台的区别在于随行夹具可以在台上完成转向，转向后可以继续在主线上输送，也可以送入垂直分段。转台1为顺时针回转，故驱动轴3必须可以倒转，以满足送入、送出随行夹具的需要。

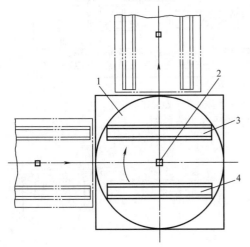

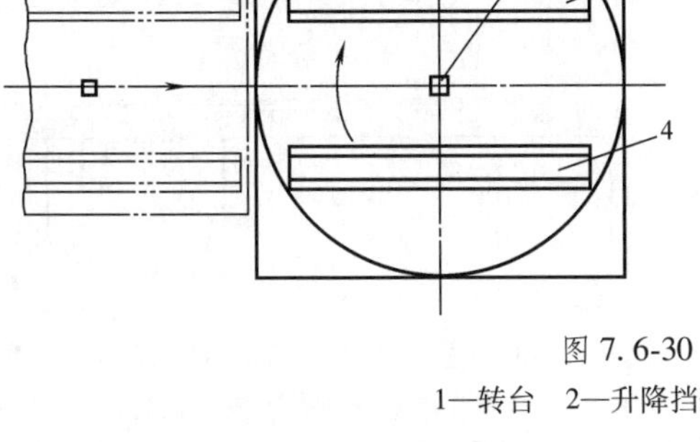

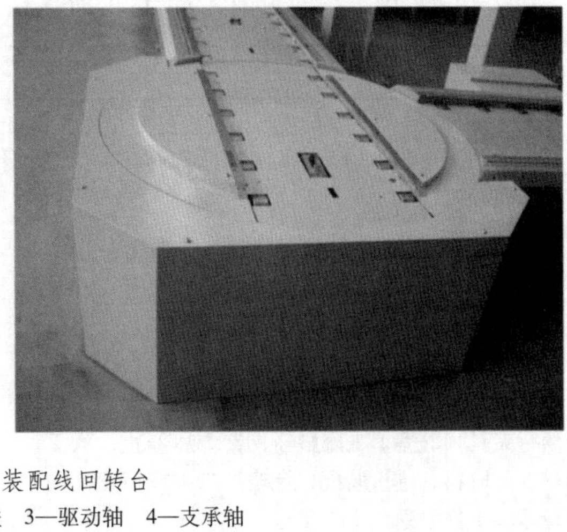

图7.6-30　装配线回转台
1—转台　2—升降挡铁　3—驱动轴　4—支承轴

回转台和平移台在结构上都是标准段（系列长度），可以和标准的传送分段任意组合。

4）升降台（图7.6-31）。该装配线分上下两层轨道，上层为装配输送轨道，下层为返回轨道，在装配线直线段的两端或需要之处安装升降台，以满足随行夹具上下轨道的转运需要。台上的驱动轴1可倒、顺转，以引入和送出随行夹具。

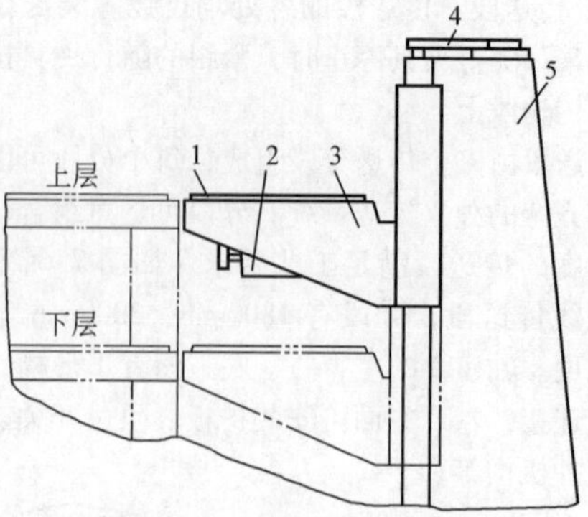

图7.6-31　装配线升降台

1—驱动轴　2—驱动轴传动系统　3—升降台　4—升降台传动系统　5—立柱

（3）传送原理

端面摩擦传送原理如图7.6-32所示，电机及减速器6带动驱动链轮及链5，将动力传送到驱动轴4上，通过调整压力调节环9，使得弹簧8作用在伞齿轮副2推力处于合适大小，从而将弹簧8与伞齿轮副2间摩擦片3产生的摩擦力作用于伞齿轮上，产生旋转力矩，驱动输送辊1旋转。

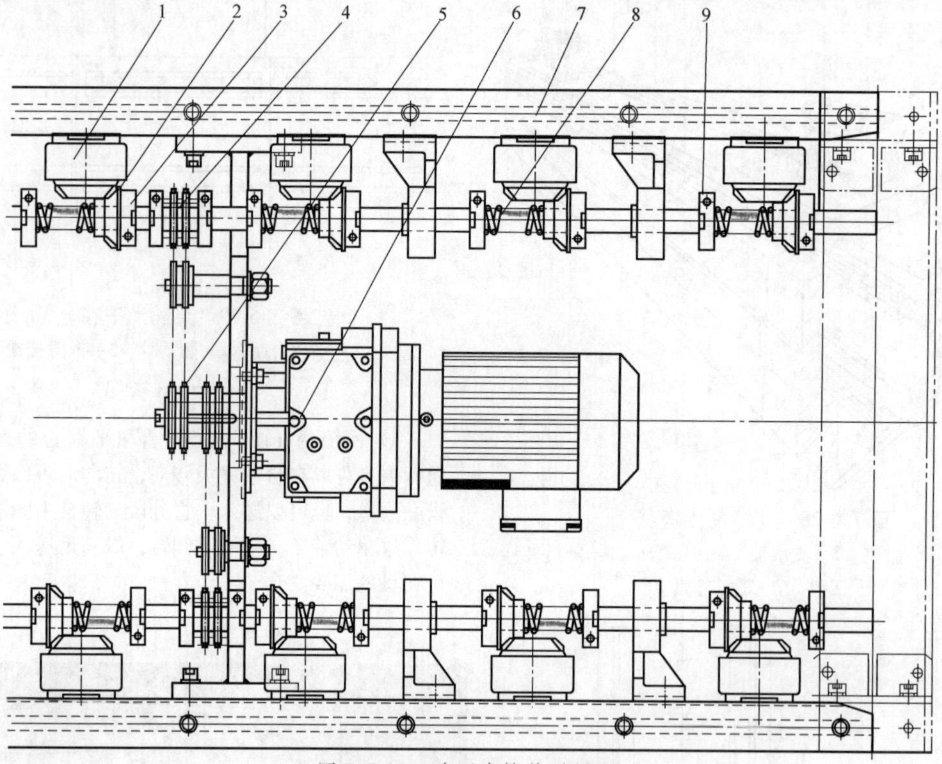

图7.6-32　端面摩擦传送原理

1—输送辊　2—伞齿轮副　3—摩擦片　4—驱动轴　5—驱动链轮及链　6—电机及减速器　7—支架　8—弹簧　9—压力调节环

图7.6-33中，随行夹具（托盘）2在任一时刻至少有三组驱动辊与其接触，以确保随行夹具在驱动辊上稳定运行。

（4）主要设备

1）手动工作站。图7.6-34所示的手动工作站中，随行夹具（托盘）1碰触停止器3后停止，人工从器具5内取料，进行装配，合格后按下按钮盒4内的放行键，工件输送到下一工位。

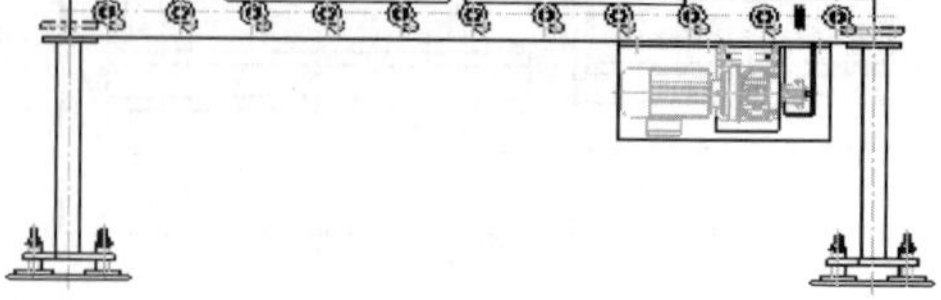

图7.6-33　随行夹具与驱动辊间距的关系

1—驱动辊　2—随行夹具（托盘）

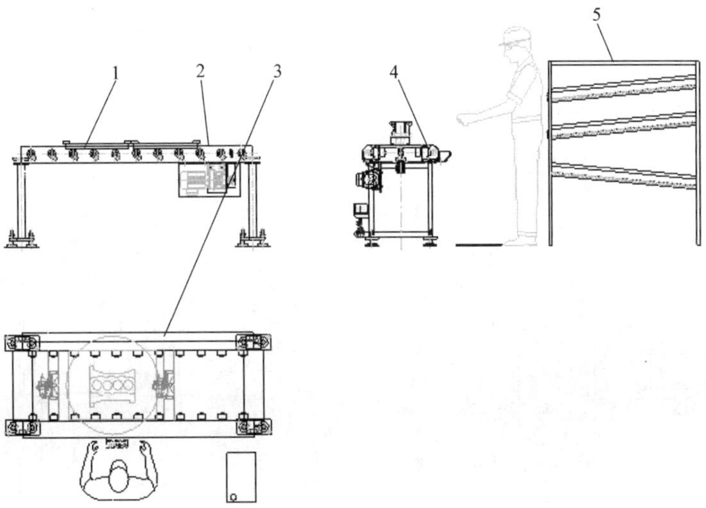

图 7.6-34　手动工作站配置

1—带工件的随行夹具（托盘）　2—输送线体　3—停止器　4—按钮盒　5—器具

2）半自动工作站。图 7.6-35 所示的半自动工作站中，随行夹具（托盘）4 进入工作站，人工取料，通过装配设备 3 进行装配，HMI（人机界面）5 显示装配结果，合格后自动放行，工件输送到下一工位。

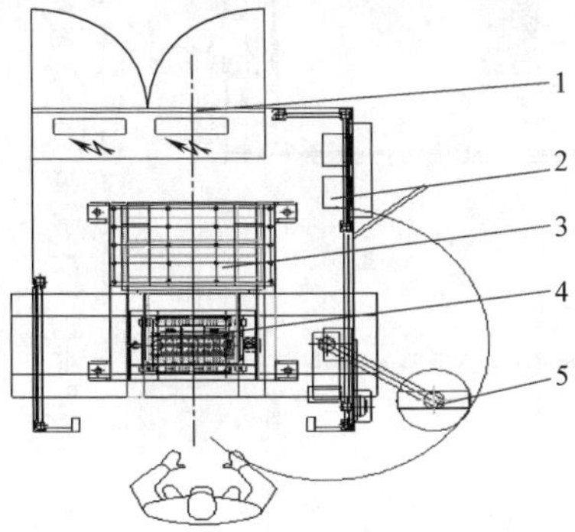

图 7.6-35　半自动工作站配置

1—控制柜　2—护栏　3—装配设备　4—带工件的随行夹具（托盘）5—HMI（人机界面）

3）自动工作站。图 7.6-36 所示的自动工作站中，随行夹具（托盘）4 进入工作站，装配设备 3 自动上料、自动装配，HMI（人机界面）5 显示装配结果，合格后自动放行，工件输送到下一工位。

4）2 轴自动螺栓拧紧机。2 轴自动螺栓拧紧机如图 7.6-37 所示。

5）涂胶系统。涂胶系统如图 7.6-38 所示。

3. 滚针轴承自动装配机

（1）装配工艺

滚针轴承由保持架、内圈、外圈、滚子组成，滚针轴承自动装配机可以将滚子自动安装到保持架上，然后人工安装内外圈。因为每个保持架大小不一，上面安装的滚子数量也不同，所以设备节拍要根据实际情况而定。

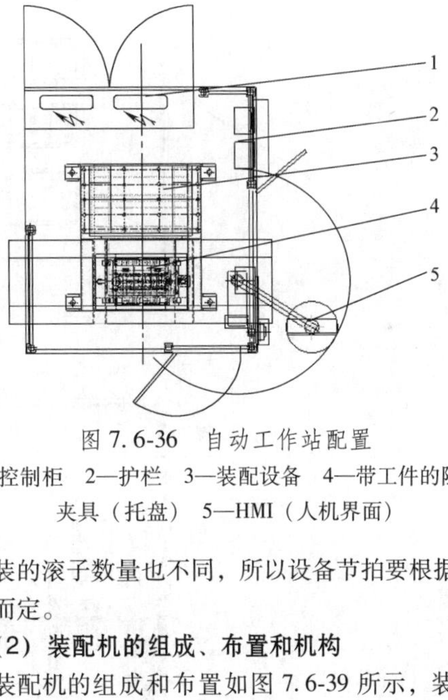

图 7.6-36　自动工作站配置

1—控制柜　2—护栏　3—装配设备　4—带工件的随行夹具（托盘）　5—HMI（人机界面）

（2）装配机的组成、布置和机构

装配机的组成和布置如图 7.6-39 所示，装配机的外形如图 7.6-40 所示，装配机的传动原理如图 7.6-41 所示。

（3）装配机各机构说明

滚子通过工装治具被逐个推送到打滚子机构（图 7.6-42），两侧有导向板将滚子扶正，通过气缸的两次作用，将滚子打到保持架的孔里。保持架在伺服电动机和同步带的带动下进行逐个孔位的转动，每个保持架大小不同，孔位置就不同，所以会在触摸屏上选择轴承型号，伺服电动机根据不同的轴承型号自动切换转动角度。保持架被一个三爪机构夹持住，三爪机构通过直线顶升机构实现外圆的张开和锁紧。

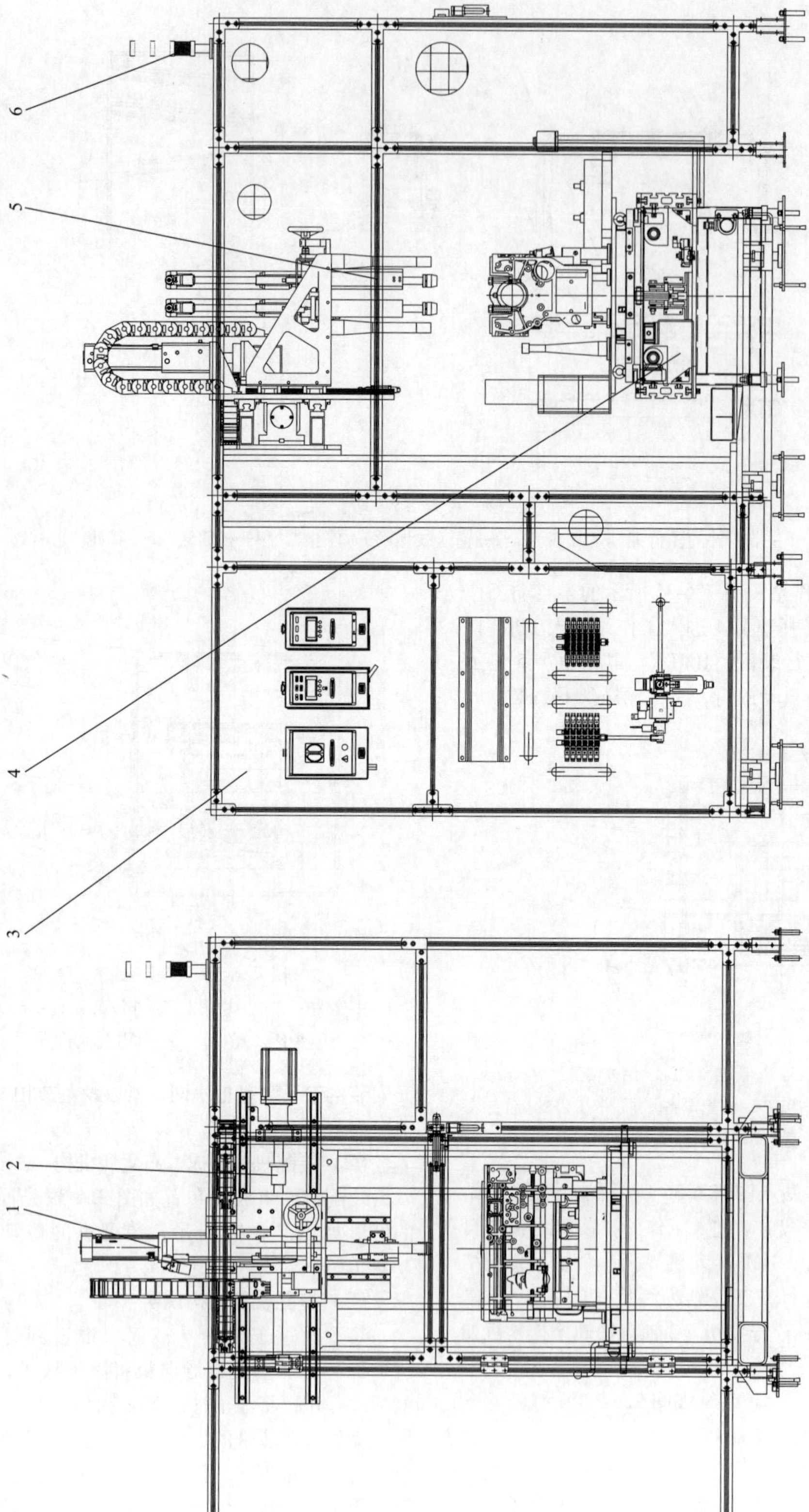

图 7.6-37 2轴自动螺栓拧紧机
1—气动滑台 2—数控滑台 3—控制柜 4—定位夹紧机构 5—拧紧系统 6—三色灯

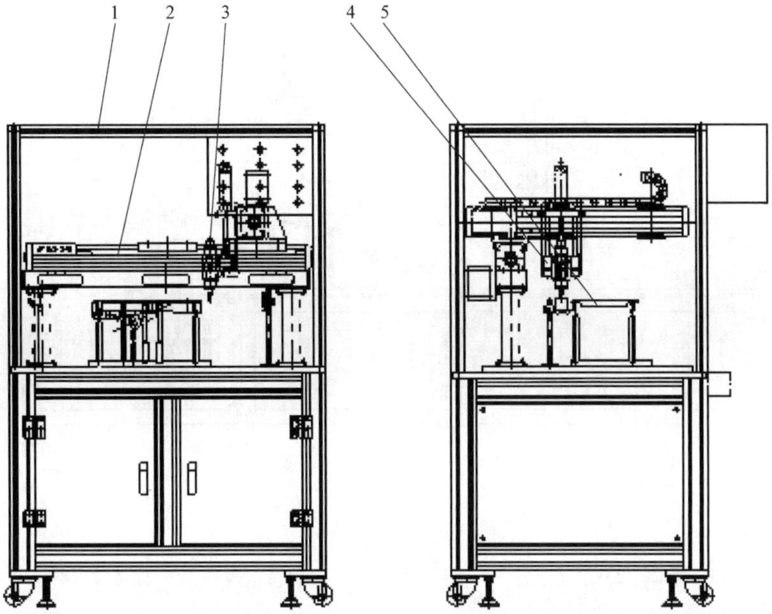

图 7.6-38　涂胶系统

1—设备框架　2—数控滑台　3—涂胶枪　4—定位夹紧机构　5—工件

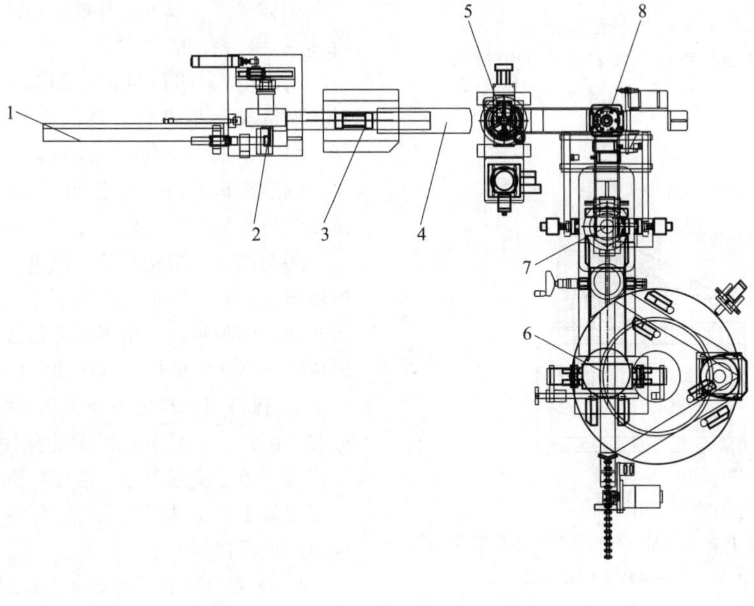

图 7.6-39　装配机的组成和布置

1—滚子振动上料　2—滚子正方筛选　3—滚子输送　4—滚子压装
5—保持架定位旋转　6—保持架上料　7—保持架定位　8—保持架搬运

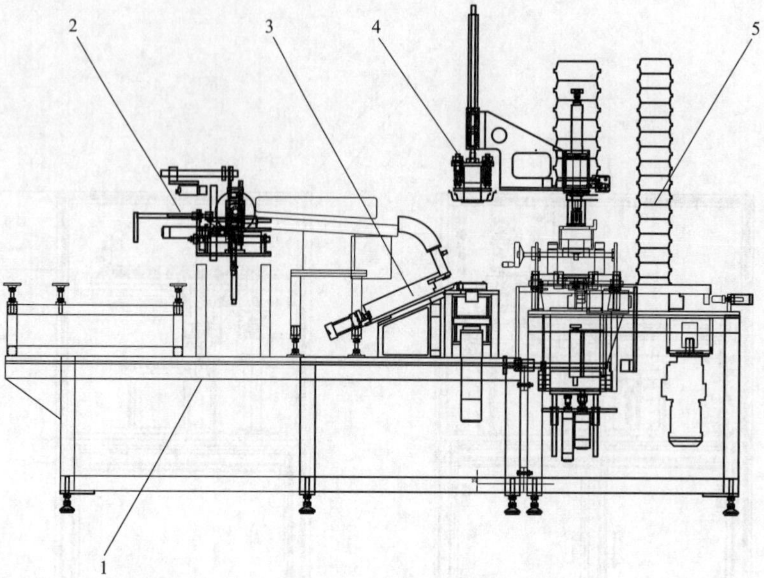

图 7.6-40　装配机的外形

1—架体　2—滚子上料　3—打滚子机构　4—保持架搬运　5—保持架上料

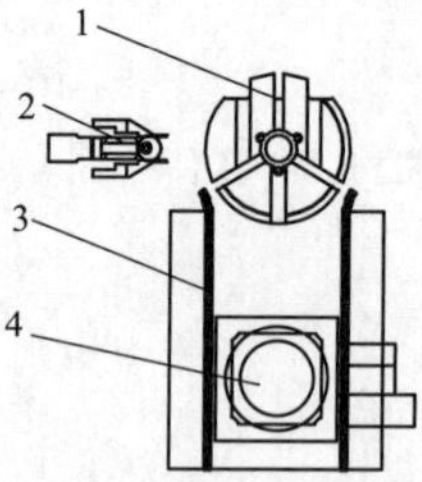

图 7.6-41　装配机的传动原理

1—保持架固定机构　2—打滚子机构　3—传动同步带　4—伺服电动机

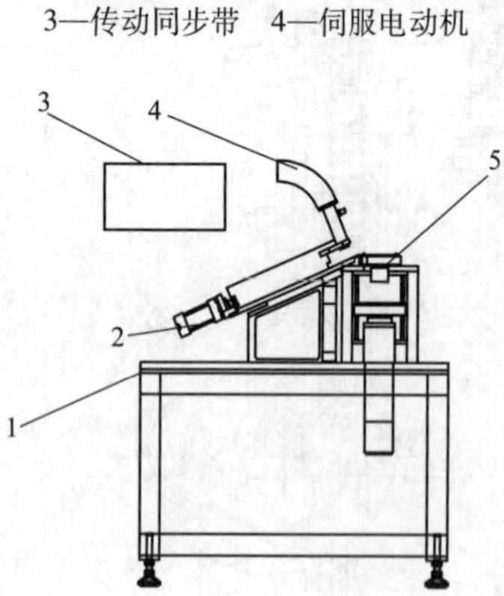

图 7.6-42　打滚子机构

1—安装架　2—打滚子动力气缸　3—滚子输送直线振动器　4—积攒工装　5—保持架固定装置

1）打滚子机构（图 7.6-42）。滚子通过筛选后在直线振动器上可以积攒一部分，以满足快速打滚子时的供料。

动力气缸采用两个气缸，针对推送和压入进行两次动作。

积攒工装能够根据不同规格的轴承进行拆卸更换，采用尼龙材质，对滚子没有磨损。

保持架固定装置采用三爪机构，一张一收夹紧保持架，夹持力适中，既不会使保持架变形，也满足打滚子时足够的附着力。

架体采用金属方管与铁板焊接而成，刚性和强度都能够达到稳定的要求。

2）保持架搬运机构（图 7.6-43）。保持架用旋转的两套搬运爪进行转移，一个爪用来搬运空保持架，另一个爪用来搬运已经打完滚子的成品保持架。

两套搬运爪是一个成 90°直角的机架结构，利用旋转气缸完成转角工作。

每套搬运爪机构自身可以进行升降动作，采用花键轴承，在升降气缸的作用下进行动作，其中空保持架升降是两种行程，采用双行程气缸完成动作。安装架体由 16080 铝型材及部分加工件组合而成。

3）保持架上料机构（图 7.6-44）。保持架分三列放置在圆盘上，在电动机 1 的作用下进行旋转供料。保持架料道 2 呈三角形，在推料机构 3 的作用下，将保持架逐个推出到指定位置。保持架积攒机构 4 里面成对摆放保持架。

4. 电池 PACK 柔性自动装配线

该装配线主要由输送线、装配设备、搬运设备、拧紧设备和测试设备组成。装配输送线采用 AGV（自动导引运输车）环线形式，主要采用自动化设备

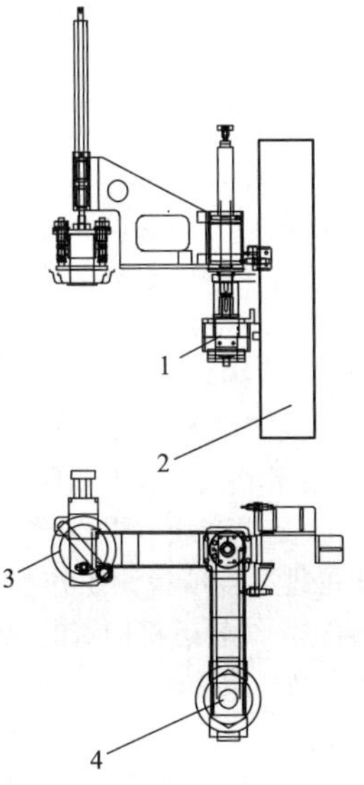

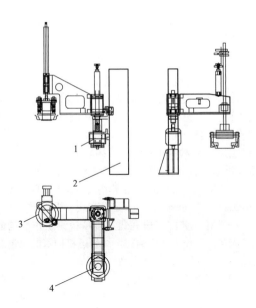

图 7.6-43　保持架搬运机构
1—旋转动力气缸　2—安装架　3—成品搬运爪
4—空保持架搬运爪

完成大多数装配工作，人工完成一些附件的装配，螺栓拧紧采用多轴电动扳手，关键拧紧数据可追溯。

(1) 装配工艺

电池装配工艺流程如图 7.6-45 所示。

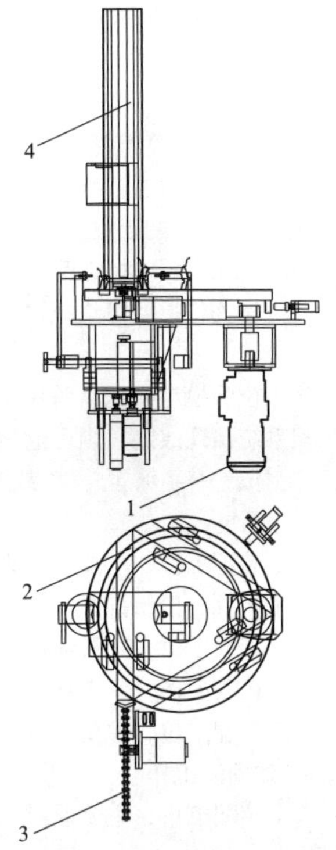

图 7.6-44　保持架上料机构
1—电动机　2—三分度料道　3—推料机构
4—保持架积攒机构

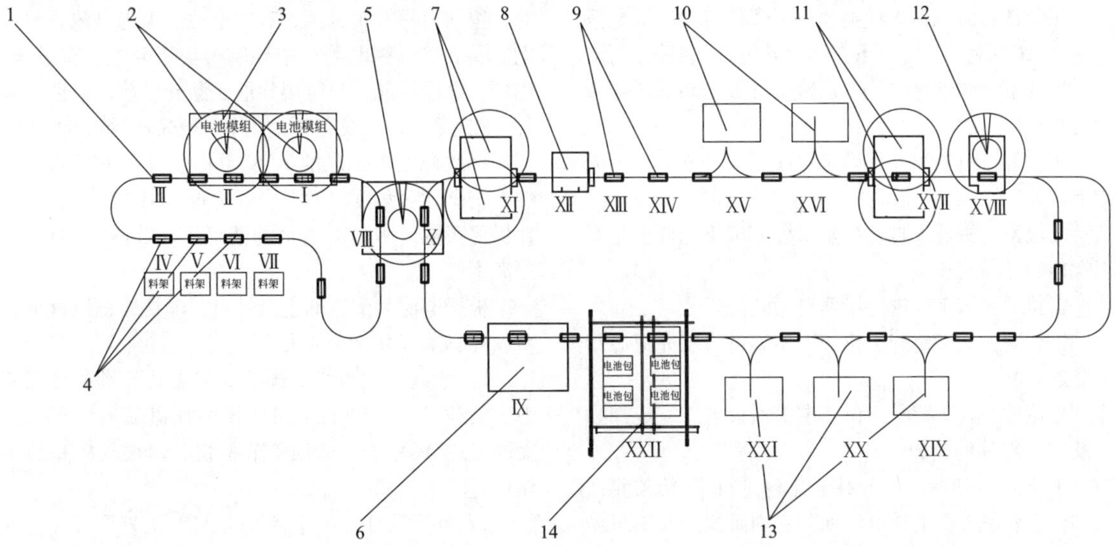

图 7.6-45　电池装配工艺流程
1—AGV 转运机构　2—电池模组装配机器人系统　3—模组存放料架　4—人工装配工作台　5—模组总成搬送机器人系统
6—电池包下壳体上线机器人系统　7—下壳体紧固螺栓拧紧机器人系统　8—堵塞自动装配装置　9—人工装配工作台
10—IL（充电）测试设备　11—电池包上盖自动装配机器人系统　12—上盖紧固螺栓拧紧机器人工作站
13—EOL（综合）测试设备　14—电池包总成下线转运机构

电池装配线主要由两部分组成：一是模组装配生产线；二是电池包装配生产线，各装配工位主要工作内容如下：

工位Ⅰ：AGV上装有模组托盘，在该工位由机器人将底层模组抓取并放置在模组托盘中，完成此工作任务后AGV驶向下一装配工位。

工位Ⅱ：AGV带动托盘进入第二工位装配区域内，由该工位内机器人将上层模组抓取并放置在模组托盘内。

工位Ⅲ：该工位为模组入托盘备用工位，如果前两个机器人装配系统出现故障，则可通过备用工位人工将模组放置在托盘中，保证生产线继续运行不停产。

工位Ⅳ：人工装配工位，主要通过人工完成水冷板及外支架的装配，并与模组拧紧安装在一起。

工位Ⅴ：人工装配工位，主要通过人工完成高压线束的安装及模组内支架的拧紧工作。

工位Ⅵ：人工装配工位，主要通过人工完成冷却管支承件及CMC的安装工作。

工位Ⅶ：人工装配工位，主要通过人工完成模组总成的最终装配。

工位Ⅷ：模组总成由AGV运送至模组自动上线机器人系统工作区域内，由机器人将模组总成放置在PACK装配线上对应的AGV上（AGV上已放置电池包下壳体）。

工位Ⅸ：由机器人将电池包下壳体自动抓取放置在转运AGV上，并完成下壳体上各组件的装配工作，主要完成下壳体绝缘垫片、水冷管支架及高低压线束的装配。

工位Ⅹ：由机器人将模组总成抓取并安装在下壳体上。

工位Ⅺ：机器人自动拧紧系统完成下壳体上下紧固螺栓的拧紧工作。

工位Ⅻ：该工位进行堵塞自动装配。

工位XⅢ：人工装配工位，主要通过人工完成冷却水管的装配。

工位XⅣ：人工装配工位，主要通过人工完成加强板及ZSB组件的装配。

工位XⅤ：检测工位，对电池包进行IL相关测试工作，主要是进行消耗电流检测、内阻检测及模组循环寿命等方面的检测工作，检测合格的产品继续向下一工位运行，不合格品待下线进行线下调整返修。

工位XⅥ：检测工位，工作内容同工位XⅤ，多台IL测试设备同时工作可满足生产线节拍要求。

工位XⅦ：由机器人将电池包上盖自动抓取并完成上盖与其他总成的装配工作。

工位XⅧ：机器人自动拧紧系统完成上盖上下紧固螺栓的拧紧工作。

工位XⅨ：检测工位，对电池包进行EOL相关测试工作，主要是进行BMS功能测试、CAN通信检测、软件版本确认及均衡功能检测等方面的检测工作，检测合格的产品继续向下一工位运行，不合格品待下线进行线下调整返修。

工位XX：检测工位，工作内容同工位XⅨ，多台EOL测试设备同时工作可满足生产线节拍要求。

工位XXⅠ：检测工位，工作内容同工位XⅨ，多台EOL测试设备同时工作可满足生产线节拍要求。

工位XXⅡ：装配完成并通过各项检测工作的电池包总成在该工位下线，通过下线转运机构将电池包总成从AGV上吊挂转运至成品料架中。

(2) 柔性自动输送系统

电池装配线输送形式主要有AGV输送线和机动辊道线等，AGV输送线具有自动化程度高、灵活性好、可靠性高的特点，目前在汽车制造领域应用广泛，在汽车工厂总装车间及物流领域已经有大量AGV设备运行，针对电池装配线自动化程度高、节拍快的生产特点，选用AGV输送线形式能较好地完成生产要求。

目前AGV产业发展迅速，种类多种多样，按承载方式来分类，主要有背负式、牵引式及潜伏式等；按驱动模块来分类，有单舵轮、双舵轮、差速驱动等；按动力模块来分类，有锂电池、镍镉电池、超级电容及无接触供电等；按导航模块来分类，有磁条、色带、电磁导航、二维码导航、激光导航及惯性导航等。在进行AGV设备选型时，一方面要结合生产特点选择适合工作工况的AGV类型；另一方面从经济性、安全性等角度出发，合理选择AGV的模块配置，在保证正常使用功能满足的情况下，节约成本投入，提高生产率。

根据电池装配线的生产特点，输送线选用背负式AGV形式，其主要特点如下：

1）承载形式为背负式，AGV上背部具备负载能力，负载能力≥500kg，可将模组托盘或电池下壳托盘放置在AGV上，适用于节拍快、运输频次高的工作环境。

2）外形尺寸。关于背负式AGV的外形尺寸，主要依据背负的产品的外形尺寸大小来进行匹配设计，在满足承载产品的同时，要兼顾美观实用的需求。

3）行驶速度。背负式AGV的行驶速度在5～40m/min范围内均可实现，且由于承载的物体放置在上背部，结构紧凑，在转弯处也可保持较高的转弯速率，较为灵活。

4）驱动方式。背负式 AGV 常用驱动形式有舵轮式及差速轮式，通常结合 AGV 功能要求及成本经济性角度进行选择。

5）行进方向。背负式 AGV 具备前进、后退、横移、转弯及旋转等多方向行进功能，适用于复杂多样的生产工况。

6）导航方式。背负式 AGV 可以兼容多种导航方式，结合电池装配车间洁净度高、生产环境较好的特点，且使用二维码可以获取更多的位置信息，具有良好的实时定位能力，选择二维码导航较适合电池装配线的生产。

7）定位方式。目前主流的 AGV 定位方式有 RFID 卡和二维码两种，通常根据导航方式搭配进行选择，电池装配线导航方式选用二维码导航，故定位方式也选用二维码定位，保持结构形式的统一性及稳定性。

8）控制方式。常用控制方式有 PLC 控制和单片机控制两种。由于电池装配线上有很多自动化设备需要和 AGV 进行信号交互及配合，故选择 PLC 控制方式对 AGV 进行逻辑控制。

9）供电方式及充电方式。背负式 AGV 供电方式可选择铅酸电池、镍镉电池或锂电池，由于锂电池具备比能量密度高、循环寿命长的优势，通常选择锂电池给 AGV 供电。与此同时，电池装配线节拍快，AGV 应在线充电，在线充电有侧充和地充两种方式，电池装配线适合采用地充。

10）通信方式。每个单体 AGV 之间及 AGV 与其他工艺设备的通信通常采用无线 Wifi 通信方式，无线 Wifi 覆盖范围广、带宽广，适合多个 AGV 设备接入进行通信。

11）安全保障。AGV 安全防护手段主要是激光扫描和触边防撞（设置四边检测），通常 AGV 会配置激光传感器和机械安全防护装置，激光传感器检测到安全范围内有其他物体出现时，即触发急停命令，保障 AGV 与其他物体的安全距离。另外，机械安全防护装置可保护 AGV 主体结构，避免发生碰撞对设备造成损坏。

12）运行模式。AGV 常用运行模式为自动+手动形式，调试完成后，AGV 即可运行自动模式，按照设定好的程序进行工作，一旦发生意外情况，如 AGV 偏离轨道，可将运行模式调整到手动模式，由操作者手动将 AGV 调整回到既定轨道，再切换自动模式自动运行。

13）AGV 控制系统。控制系统是 AGV 的大脑，负责控制并调度所有 AGV 设备，其应具备以下功能：电量监控、故障报警、走错路线警告、脱线保护、紧急停车、故障恢复（断点恢复）、一键启停等，成熟稳定的 AGV 控制系统是保证 AGV 稳定可靠工作的关键。

7.7　虚拟装配

虚拟装配（Virtual Assembly，VA）是产品物理模型的数字化映射，也是真实装配过程的仿真映射。其实质是利用计算机技术，以产品零部件的数字化模型为基础构建虚拟环境，进行产品装配的全过程交互仿真和相关特性分析，实现产品优化、装配规划和评价，形成指导产品设计和实际装配的数据或工艺文件。

根据功能或目的不同，虚拟装配可分为以产品设计为中心的虚拟装配、以装配工艺规划为中心的虚拟装配和以虚拟原型为中心的虚拟装配，见表 7.7-1。

表 7.7-1　虚拟装配分类

类别	目的	核心任务
以产品设计为中心的虚拟装配	面向产品设计，提供与装配有关的设计决策依据	从设计原理方案出发，在各种因素制约下寻求装配最优解，拟定装配草图 通过模拟试装和定量分析，找出零部件不适合装配或装配性能不好的结构特征，修改设计，保证良好的可装配性
以装配工艺规划为中心的虚拟装配	面向产品装配工艺设计，获得较优的装配工艺方案	实现高逼真度的装配操作仿真，主要体现在虚拟装配实施对象、操作过程以及所用的工装工具等方面 基于产品信息模型和装配资源模型，利用仿真和虚拟现实技术进行产品装配工艺设计，又分为系统级装配规划和作业级装配规划 系统级装配规划指装配生产总体规划，包括市场需求、投资状况、规模、生产周期、资源分配、装配车间布置和生产线平衡等 作业级装配规划指装配作业与过程规划，包括装配序列规划、装配路径规划、工艺路线制定、操作空间干涉验证、工艺卡片和文档生成等
以虚拟原型为中心的虚拟装配	实现可与物理样机装配效果相比拟的虚拟装配	与产品的虚拟原型相结合，将虚拟零部件考虑为非刚性，分析零件制造和装配过程中的受力变形对产品装配性能的影响，实现可视化的产品形状精度分析、公差优化设计等

7.7.1 虚拟装配的关键技术

虚拟装配与虚拟现实技术、计算机技术、人工智能技术、工艺设计技术等多学科紧密相关，涉及装配建模、约束定位、碰撞检测、工艺规划、人机交互、评价决策、人机工效等多个方面的关键技术，根据技术成熟度、依赖关系和应用范围可分为三大类，如图7.7-1所示。

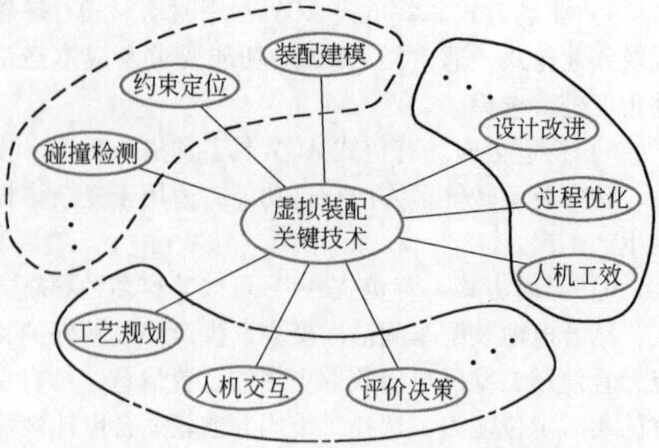

图7.7-1 虚拟装配涉及的关键技术

1. 装配建模技术

装配建模是指建立产品零部件信息的表达模型。零部件信息表达模型除包含不可或缺的几何信息外，还可根据虚拟装配需求包含产品零部件的工程信息，如零件号、零件名、零件材料、动力学参数、技术要求等，如图7.7-2所示。目前，多数装配建模均是几何建模，构建的模型主要分为CAD模型和转换的CAD模型，见表7.7-2。

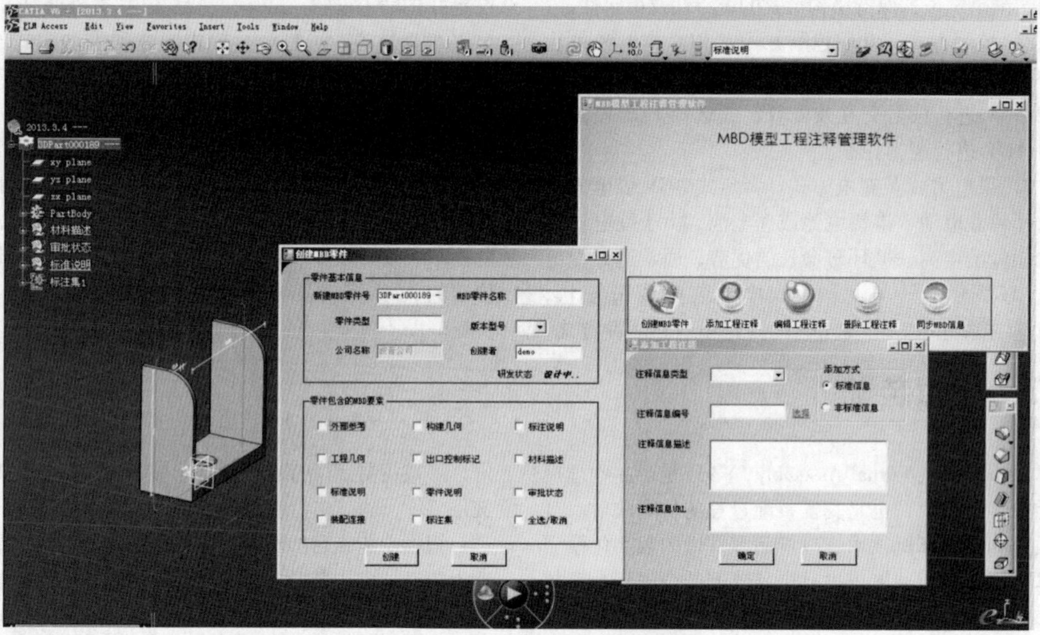

图7.7-2 零部件信息表达模型

表7.7-2 面向虚拟装配的几何建模

类别	虚拟装配开发手段	方法	特点
CAD模型	基于CAD系统开发	直接利用CAD系统(CATIA、Creo、NX、SolidWorks等)的几何建模功能建立产品的零部件模型	建模和后续开发均在CAD系统下进行，易于实现，与设计阶段有较好的融合 真实感和实时性较差，碰撞检测、人机交互、人机工效等功能的开发受限
转换的CAD模型	基于虚拟现实系统软件开发	利用CATIA、Creo、NX、SolidWorks等CAD系统建立产品的零部件模型 将产品零部件模型以stl、obj等格式导入3DS Max、Maya等软件中，优化模型网格、设置纹理坐标和材质、添加模型表面贴图等 导出模型为虚拟现实系统软件支持的格式	操作相对复杂，模型转换过程可能发生信息丢失 虚拟现实系统的开发性较好、交互硬件接口丰富，便于开发实现逼真度高、实时性好、交互性强的虚拟装配过程

2. 约束定位技术

约束定位是指产品零部件模型在虚拟环境下根据虚拟装配系统用户意图、运动引导、碰撞捕捉等进行位置和姿态的控制。由于虚拟环境缺乏现实环境中的各种物理约束和感知能力，因此几何约束是实现约束定位的主要手段，如图 7.7-3 所示。目前，相关学者提出的各种约束定位方法见表 7.7-3。

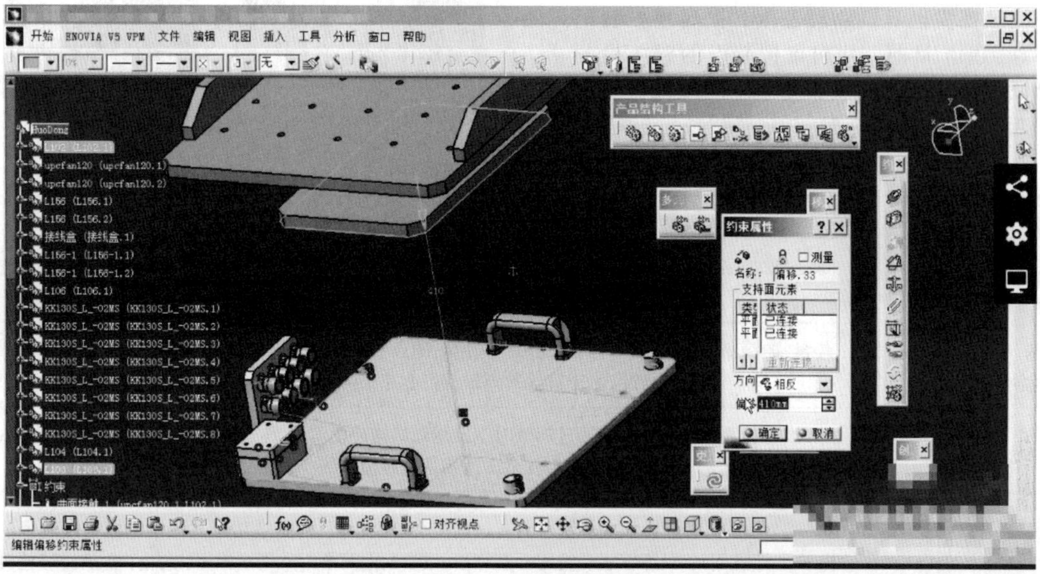

图 7.7-3　几何约束定位示例

表 7.7-3　约束定位方法

方　　法	原　　理	特　　点
基于直接三维操作和约束的实体造型方法	通过约束识别与允许运动推理实现三维操作的精确定位	该方法的复杂度随着零件形状的复杂程度增长而急剧增长，不适用于复杂的虚拟装配系统
捕捉方法	使用近似或碰撞捕捉方法确定虚拟零部件的精确装配位置	该方法将虚拟零部件自动放置到目标装配位置，丢失了装配过程信息，不利于可装配性评价
几何约束管理器	基于直接交互、自动约束识别、约束补偿和约束运动等技术，将约束定位分为约束求解和约束识别两个环节完成	开发实现了独立软件包，可集成到不同的虚拟现实系统中，支撑虚拟装配、拆卸等的约束定位，实时性较好
基于语义识别的虚拟装配运动引导	通过装配语义识别，捕捉虚拟装配过程中用户的交互意图，进行装配零部件的运动引导、定位	对用户交互意图的捕捉更为有效和准确，未考虑装配过程中零部件碰撞的运动引导
基于自由度归约方法的装配定位导航	根据装配关系、装配操作识别结果、空间几何角度分析数据等建立装配约束关系树，通过自由度归约、装配定位求解与传递实现装配定位导航和运动导航	可修正不符合规律(运动约束)的装配操作，通过虚拟装配的空间位置关系评估装配过程中零部件之间的干涉情况
多约束导航	捕捉数据手套实时位姿作为约束零部件位姿的基础数据，再根据归约原理的多约束自由度处理，计算被操作零部件在允许自由度下的位姿变化	可有效解决虚拟装配环境下多约束导航问题，约束主要是几何元素间的约束，如轴对齐、面贴合等
基于包围盒的约束	零部件分类引入元素包围盒进行碰撞检测，并根据约束元素对建立多层次约束元素对，然后通过设置约束元素优先级和利用约束元素间的进给增量比较策略，实现约束智能确认	实现了考虑碰撞和几何元素的多约束，引入元素包围盒可提高碰撞检测效率，并且与零部件复杂度无关

3. 碰撞检测技术

在虚拟装配环境中，碰撞检测是指判断虚拟零部件间是否发生相互穿透或共享同一区域的计算过程，如图 7.7-4 所示。以此保证虚拟零部件的接触满足现实世界的物理法则，提高虚拟装配过程的真实感。目前，面向虚拟装配的碰撞检测算法可以分为基于时间域和基于空间域两大类，见表 7.7-4。

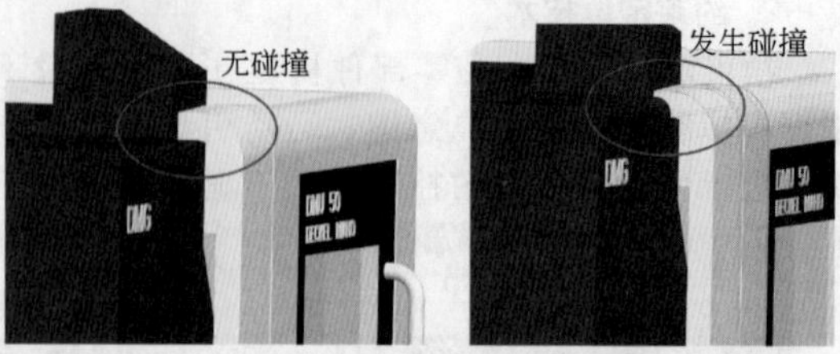

图 7.7-4　碰撞检测示例

表 7.7-4　碰撞检测算法

类别		特点
基于时间域的碰撞检测算法	静态碰撞检测算法	检测目标是某一时间点或虚拟零部件不发生运动时的碰撞情况，不适用于存在零部件运动的虚拟装配过程
	离散碰撞检测算法	在时间轴的每个离散时间点上不断检测虚拟场景中所有虚拟零部件的碰撞情况，由于算法的离散性可能存在两离散时间点之间发生碰撞而漏检的情况
	连续碰撞检测算法	一般通过四维时空及精确结构建模实现，该类算法计算复杂度高、计算效率低，不适用于复杂虚拟场景的碰撞检测
基于空间域的碰撞检测算法	基于几何空间的碰撞检测算法	该类算法主要有面向多个对象碰撞检测、适用于碰撞检测预处理阶段的扫掠算法和空间分割算法，以及面向两个对象碰撞检测、适用于精确碰撞检测阶段的基于层次包围盒、基于距离、基于凸体、基于并行或基于智能优化等的碰撞检测算法
	基于图像空间的碰撞检测算法	该类算法以投影法为基础，基于图像空间的快速相交技术和图形处理器(GPU)并行计算方法实现图像空间碰撞检测 基于图像空间的快速相交技术是将3D碰撞检测问题转化为2D碰撞检测问题，转化计算过程复杂且涉及大量解析几何，适用于精度要求不高的虚拟场景 基于GPU并行计算方法的图像空间碰撞检测是通过GPU加速提升碰撞检测算法的计算效率，不具备精确计算能力，多用于碰撞检测的预处理阶段

4. 装配工艺规划技术

装配工艺规划是指在各因素约束和一定的决策规律指导下，确定零部件装配方案，包括确定装配顺序、装配路径以及所需工具、夹具和装配生产线等过程，如图 7.7-5 所示。其中，装配序列规划和装配路径规划是装配工艺规划的核心内容，也是辅助分析和决策的主要内容。

装配序列规划是在已知产品设计意图的前提下，寻求合理、可行的零部件装配顺序，并以此顺序来完成装配任务。装配序列规划方法分为传统的装配序列规划方法和基于智能计算的装配序列规划方法，见表 7.7-5。传统的装配序列规划方法得到的装配序列是可行装配序列，往往不是最优的装配序列。随着装配技术的发展，基于智能计算寻求优化装配序列是当前装配序列规划发展的主要方向。

装配路径规划是指寻求装配过程中零部件从起点位置和姿态到终点位置和姿态的路径策略，是虚拟装配工艺规划的又一核心内容。装配路径规划除以避障、满足作业要求、符合装配工艺为主要目标外，还以提高运行精度和缩短装配时间为目标。因此，装配路径规划主要以搜索或优化算法寻求最优策略，或者以交互方式在若干装配路径中优选，相关方法见表 7.7-6。

5. 人机交互技术

人机交互是人和计算机之间进行信息交换的过程，包括将用户意图转变为计算机能够理解和操作的表示，以及将计算机的行为和状态转换为用户可以理解和操作的表达。日常计算机的人机交互是以 WIMP（Window，Icon，Menu，Pointer）范式为基础的二维图形用户界面为主要形式，交互设备是以鼠标、键盘和普通显示器等为主的传统设备。以虚拟现实技术为支撑的虚拟装配则不同，人机交互（输入、输出）以三维空间呈现，如图 7.7-6 所示。目前发展形成了一系列适用于虚拟装配的人机交互设备和交互技术，分别见表 7.7-7 和表 7.7-8。

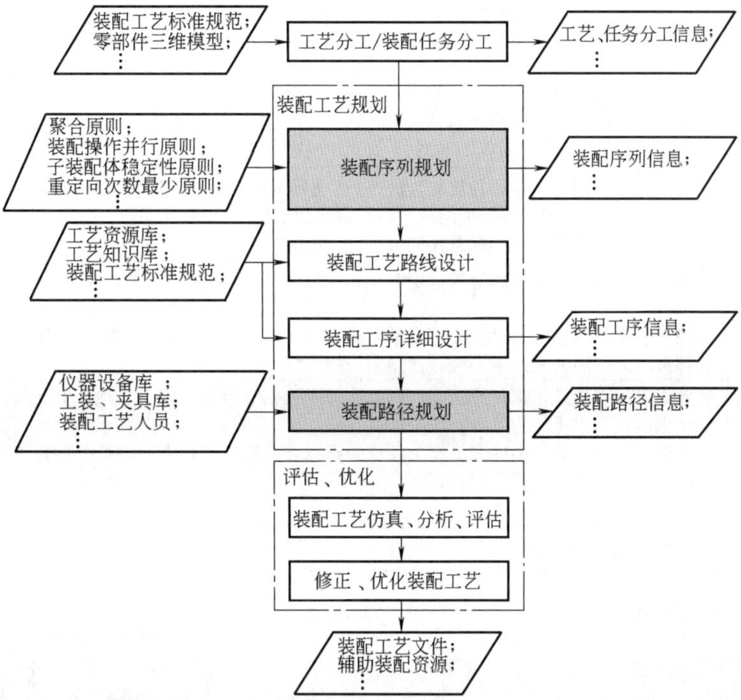

图 7.7-5　虚拟装配的装配工艺规划流程

表 7.7-5　装配序列规划方法

方法		特点
传统的装配序列规划方法	基于优先约束的装配序列规划方法	需要获取装配体或零部件间的优先约束关系并将其进行显式表达，这是最为简单直观的一种装配序列生成方法 该方法的关键在于如何获得装配体的优先约束关系，优先约束关系是一种内在的、隐含的几何约束关系
	基于组件识别的装配序列求解方法	装配工艺设计者根据装配车间的实际情况，首先确定虚拟装配过程的组件，然后分层次获得每个组件的装配序列，将各个组件的装配序列进行有效综合，即能够获得该产品合理的装配序列 该方法可有效降低装配序列生成算法的复杂度，但由于装配的多样性与复杂性，自动识别组件较困难
	基于割集的装配序列求解方法	主要应用于装配和拆卸互为可逆的过程，利用图论的割集理论，将装配体按照自身的约束条件进行分割，分割过程逆序即装配序列 该方法受装配体或零件结构复杂度和数目的影响，并随着装配体或零件的数目呈指数级增长，同时要求装配零件必须是刚体
	基于知识的装配序列求解方法	该方法通常采用一阶谓词逻辑的形式表达装配体的结构、优先约束关系等装配知识，并通过图搜索等算法来求解装配体最小割集以此得到装配序列。该方法应用范围较窄，同时需要较深的领域知识，而领域知识的获取往往比较困难
基于智能计算的装配序列规划方法	基于神经网络的装配序列求解法	该方法将装配序列规划这一优化问题的目标函数与神经网络的状态函数相对应，神经网络在进行装配序列规划的求解前需要进行训练，训练样本的选取需要提供一些合理、可行的装配序列，这样训练样本的针对性较强，神经网络进行装配序列规划求解的应用范围较窄
	基于遗传算法的装配序列求解法	遗传算法以编码空间来代替序列规划问题的参数空间，以编码初始种群作为搜索基础，以每一个可能的装配序列作为种群个体连续进行复制、交叉、变异等遗传操作，并以适应度函数作为对装配序列的评价依据，算法终止时得到最优或次最优的装配序列
	基于模拟退火算法的装配序列求解法	该方法具有较强的局部搜索能力，但对搜索空间了解较少，因此算法的效率不高
	基于蚁群算法的装配序列求解法	该方法是根据蚂蚁在走过的路径上留下的信息素来搜索装配序列，每条序列中的每一步都是根据信息素搜索出来的局部优解，适用于零件规模较大的虚拟装配序列规划情况

表 7.7-6　装配路径规划方法

方法	特　点
栅格法	将装配空间分解为大小相等的小栅格进行装配路径搜索 基于栅格的装配空间描述通常具有一致性、规范性较好和邻接关系表达简单等优点，搜索最优装配路径较容易实现，但规划效率不高，不适用于复杂装配环境
C-空间方法	该方法是一种无碰撞路径规划方法，将运动零部件、其他零部件（障碍物）和几何约束关系进行等效变换，构造一个虚拟的数据结构进行问题简化求解 该方法是一种相对成熟和常用的方法，但规划效率低
人工势场法	该方法将装配空间中障碍物设定为斥力场包围，目标位置设定为引力场包围，势场合势即为被装配零部件的势空间 该方法无需大量的预计算即可自动生成较为平滑的装配路径，但需要一定的启发信息，且容易陷入局部极小而不能使装配零部件到达预定目标位置
基于智能计算的装配路径规划方法	此类方法主要是以遗传算法、蚁群算法、深度强化学习等智能计算为基础的装配路径规划方法，具有极强的搜索寻优能力 此类方法还主要集中在二维复杂环境的虚拟装配路径规划方面，对于三维（高维）虚拟装配环境的装配路径规划理论上是否可行，还需进一步探索
交互式虚拟装配路径规划方法	该方法是在若干装配路径中，结合捕捉用户的虚拟装配操作数据、约束等进行装配路径优选 该方法规划的装配路径包含操作者的交互意图

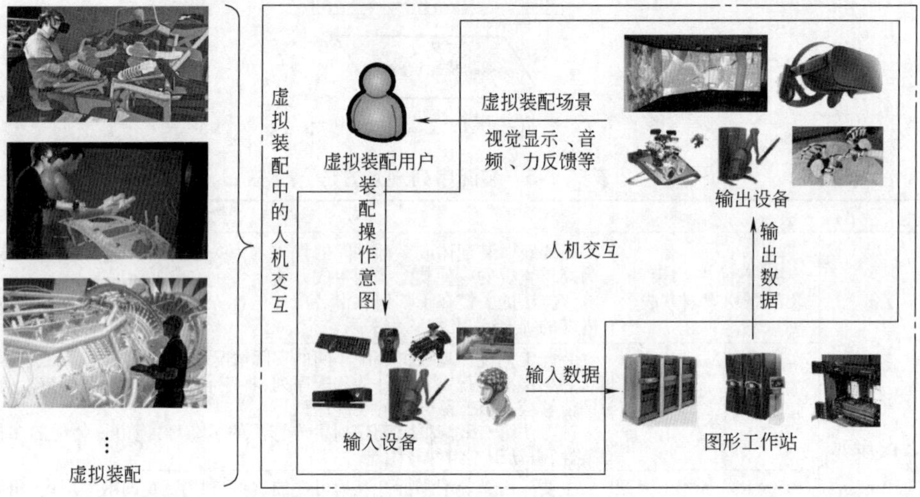

图 7.7-6　虚拟装配中的人机交互

表 7.7-7　人机交互设备

种　类		作用和设备形式
输出设备	视觉显示器	高逼真视觉呈现虚拟环境，常见的有终端显示器、环屏显示器、工作台显示器、半球形显示器、头盔显示器等
	声音输出设备	输出三维音频，增强虚拟环境真实感，一般使用耳机和外部扬声器为用户输出立体声、环绕立体声和 3D 音频等
	力/触觉输出设备	为虚拟装配过程提供力觉反馈，常见设备有力反馈手套、力反馈鼠标、力反馈操纵杆和力反馈手臂（Phantom Omni）等
输入设备	离散输入设备	此类设备根据用户动作一次产生一个事件，常用于改变模式或者开始某个动作，如鼠标、键盘、数据手套（Pinch Glove）等
	连续输入设备	跟踪用户连续动作，包括位置、方向、速度等，如抓取虚拟零部件并移动，典型设备有三维鼠标、力反馈手套、数据手套、内置传感器手柄、深度/3D 摄像头（Kinect、Leap Motion、RealSense）等
	语音、脑电波、生理信号感知设备	捕捉语音或生理信号来操控虚拟环境，包括语音、脑电波等，如麦克风、语音激活设备 Google Home、智能头盔 Emotiv Insight 等

表 7.7-8 人机交互技术

种类	特 点
三维交互技术	三维交互是虚拟环境最重要的交互方式，根据交互系统对输入的不同隐喻分为直接映射式和间接映射式（交互隐喻是通过对现实世界存在的一些机制进行比拟或抽象，并借用到交互过程中） 直接映射式交互是指直接映射设备输入的位置/空间信息为虚拟空间中手或设备的操作动作，主要方法包括光线投射隐喻、虚拟手隐喻等 间接映射式交互是指把设备输入的信息映射为手势，通过手势控制场景空间的比例，进而在新的比例空间完成交互任务，主要方法包括 WIM（Worlds in Miniature）交互隐喻、基于图像平面交互方法、触控手套模式等
手势与姿势交互技术	通过跟踪器或计算机视觉的方法跟踪人体相关部位（头、手、臂或腿），获得人在物理世界的运动姿态信息作为虚拟环境的输入
手持移动设备交互技术	以集成相机、GPS、加速度计、陀螺仪、电子罗盘等不同类型传感器或手持设备为硬件进行三维交互设计，主要分为信息透镜隐喻和直接指点控制器隐喻 信息透镜隐喻的核心思想是实时计算手持设备相对于被观察场景的相对位置，把已标注的数字信息实时叠加到由相机捕捉到的图像上，其后的操作将基于手持设备上的按钮、笔或触摸屏在 2D 环境下进行 直接指点控制器隐喻是捕捉手持移动设备相对于空间显示器的位置，进而通过手持设备来操纵空间显示器
语音交互技术	通过发布语音命令请求系统执行特定的功能、更改交互模式或者系统状态 语音交互的关键是语音识别引擎，一些现有的语音识别软件包括微软 Speech API、IBM ViaVoice、科大讯飞等，语音开源交互平台有 CMU-Sphinx、HTK-Cambridge、Julius、RWTH ASR 等
力/触觉交互技术	力/触觉交互是一种特殊的输入输出方式，作为输入设备时捕捉用户动作，作为输出设备时为用户提供力/触觉体验，能使用户产生更真实的沉浸感，是未来人机交互的重要发展方向

6. 评价决策技术

评价决策是确定最佳装配工艺的重要环节，主要包括可装配/拆卸性评价、装配结果评价以及与装配相关的人机工程学分析等内容，如图 7.7-7 所示。评价决策是虚拟装配追求的目标之一，虚拟零部件的交互式装配过程仿真已成为装配评价决策的重要呈现平台和技术手段。例如：借助数据手套、头盔显示器等交互设备可在虚拟装配环境下进行虚拟零部件的装配操作以及装配/拆卸性的定性分析，并记录抓取、移动路径、约束、装配顺序等信息用于零部件装配/拆卸性的定量分析；在虚拟装配环境中建立参数化的人体模型，结合人体手势与姿势跟踪可实现低成本的装配过程人机工程学分析。然而，装配的评价决策过程复杂，不同角度的评价指标和目标不同，需要不同的虚拟装配系统和策略。但总体而言，虚拟装配的首要任务是零部件的可装配性评价，验证零部件设计的合理性，因此该方向的研究也相对较多，评价决策技术相对成熟，形成了一些评价指标，见表 7.7-9。

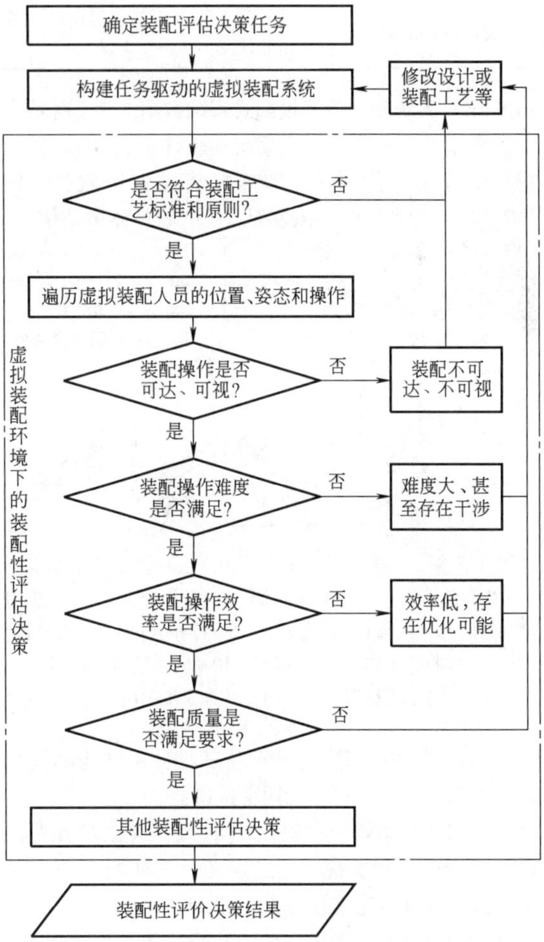

图 7.7-7 虚拟装配中的评价决策

7.7.2 虚拟装配系统

1. 虚拟装配系统体系结构

完整的虚拟现实系统是成功开发、运行虚拟装配应用的关键，一套完整的虚拟装配系统往往需要建立在一套功能完备的虚拟现实系统体系结构之上，一般包括两个部分：一部分是硬件平台，即具有高性能图像生成、处理、渲染能力的硬件系统，通常需要高性能的图形计算机或虚拟现实工作站为支撑，常见的硬件系统有桌面式系统、头盔式系统、洞穴状沉浸式

表 7.7-9 装配性评价指标

指　标	含　义	方　法
装配并行度	体现装配操作并行的程度,并行度越高装配时间越短	两种常用的方法: 把装配顺序表示成结构树的深度指标,树的深度越小,装配并行度越高 相互装配的两个子装配体的零件数差值指标,两个子装配体所含零件数量差值越小,潜在的装配并行度越高
装配稳定性	装配过程中当前装配零件和基体在重力、振动等作用下保持装配关系的能力 装配稳定性越高,对装配操作者技能及装配工具、夹具的要求越低,从而能够节约装配时间,降低装配成本	采用增强邻接矩阵描述产品中零件间的特殊联接关系,建立装配稳定性统计模型
装配聚合性	装配过程中相同装配操作同时完成的程度,反映本次装配操作与前一次装配操作的装配零件、工具、形式等是否相同 装配聚合性越高,夹具、工具以及装配次数改变越少,从而节省装配时间和费用	统计计算
装配重定向数	装配过程中装配方向的改变次数 减少装配重定向数,可节约装配时间,减少对装配工具、夹具的需求	统计计算
装配运动复杂性	各装配成员在运动过程中的位姿及路径变化的程度	引入装配运动复杂度,统计计算

(CAVE) 系统和大屏幕投影式系统，图 7.7-8 所示为一种典型的大屏幕投影式系统的硬件平台体系结构；另一部分是软件系统，即虚拟装配应用软件，图 7.7-9 所示为常见的虚拟装配系统的软件体系结构。

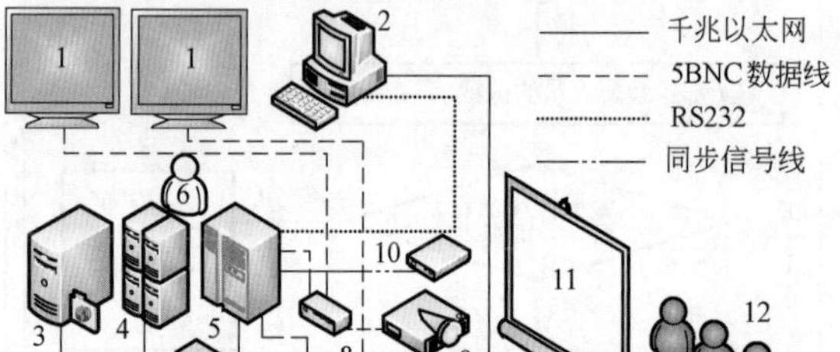

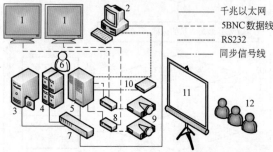

图 7.7-8　大屏幕投影式系统的硬件平台体系结构
1—CRT 显示器　2—维护管理端　3—数据服务器　4—应用服务器　5—Onyx4 可视化系统　6—操作人员　7—交换机　8—视频分配器　9—投影机　10—同步信号发生器　11—投影屏　12—配备立体眼镜的用户

图 7.7-9 中，虚拟装配系统软件体系结构的核心部分包括三个环境模块和两个接口：

1) CAD 建模环境模块。零件及工装工具首先在 CAD 系统中设计完成，通过定义一系列配合约束关系，这些零件被组装在一起，得到产品的装配模型。该装配建模过程只考虑零件的装配位置和约束关系，装配顺序等过程细节暂不考虑。

2) 虚拟装配规划环境模块。建立基于几何约束的虚拟装配环境，用户根据经验和知识在该环境中进行交互式装配与拆卸，对装配顺序和路径进行规划、评价和优化，最后生成经济、合理、实用的装配方案。

3) 现场应用与示教环境模块。基于虚拟现实的交互式装配过程仿真，可提供一种形象、直观的培训手段，也可作为装配过程评价、人机工效分析、装配过程控制与优化等的可视化平台。

4) CAD 接口。CAD 系统的设计模型装入虚拟环境后，必须提取一些有用的信息，包括零件的几何信息、拓扑信息以及装配约束信息等。

5) 虚拟装配 (VA) 接口。虚拟环境下交互式规划得到产品的优化装配方案，相关的装配序列、装配路径、工艺路线等过程信息，应通过 VA 接口从虚拟装配规划环境中输出到现场应用与示教环境，以支撑装配培训、人机工效分析、现场装配指导等深层次的虚拟装配应用。

2. 虚拟装配系统开发步骤

虚拟装配应用已发展到包括产品设计、装配设计、装配培训指导、装配人机工效分析等各个方面。根据不同的应用需求和目的，虚拟装配系统的内容、功能和深度不同，其实现过程和开发步骤也不尽相同。以内容和功能相对较全的虚拟装配系统开发为例，其实施方案和开发步骤，如图 7.7-10 所示。

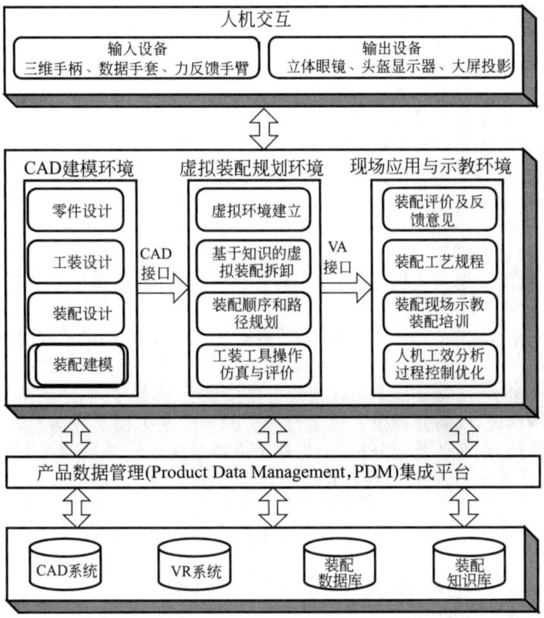

图 7.7-9　常见的虚拟装配系统的软件体系结构

3. 虚拟装配系统开发工具

随着虚拟装配技术的发展，已形成了各种各样适用于虚拟装配系统开发的工具。不同工具不仅影响开发过程的工作强度，而且在一定程度上决定了虚拟装配系统的开发潜能，包括功能、效果和规模。虚拟装配系统应根据应用需求和工具特点来选择开发工具。概括而言，目前在虚拟装配系统开发方面有所研究或应用的常见工具可分为四大类，其分类和特点见表 7.7-10。

7.7.3　虚拟装配系统实例

1. 案例一：全断面掘进机的“幕墙”式虚拟装配

全断面掘进机作为大型复杂装备，需要先进的技术手段和验证方法来保障设计质量，而且通常还需要根据盾构施工环境进行调整设计。然而，全断面掘进机的制造周期长、成本高，单价在数千万到上亿元之间，显然难以通过物理样机试制来保障设计过程。为此，下述全断面掘进机的“幕墙”式虚拟装配案例正是围绕该问题，通过虚拟现实技术、数字样机技术等进行的一些探索开发，旨在寻求一种低成本、高效

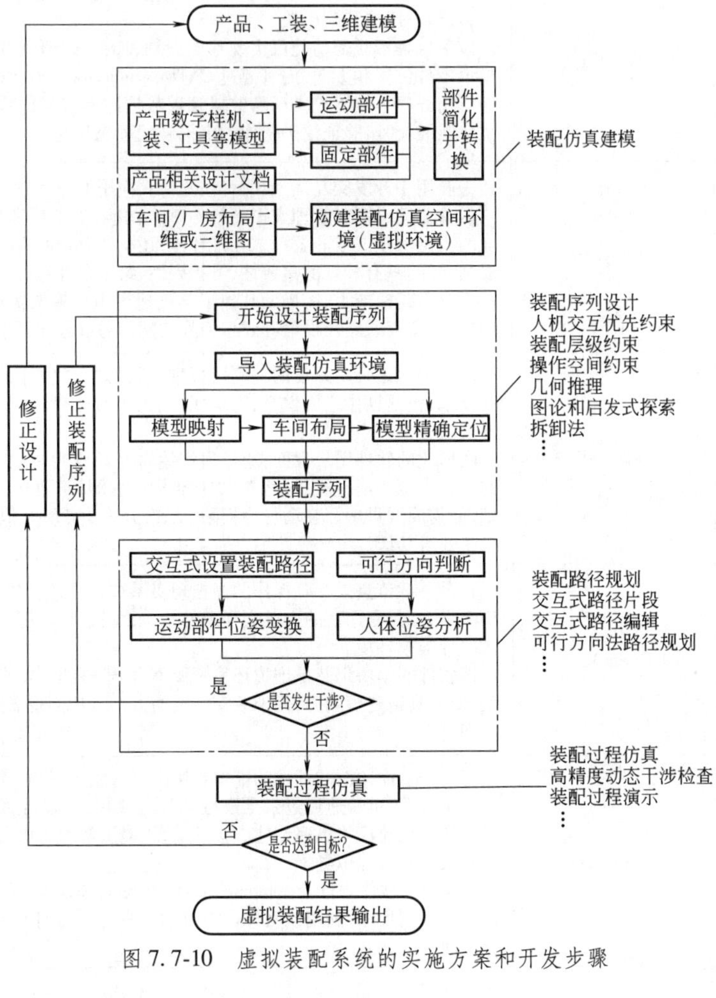

图 7.7-10　虚拟装配系统的实施方案和开发步骤

表 7.7-10　虚拟装配系统开发工具的分类和特点

类别	开发工具	特　点
CAD 平台	CATIA/CAA、Creo、NX、SolidWorks 等	具有较强的建模、模型编辑能力，能较好地与产品设计阶段相衔接，尤其适用于以产品设计为中心的虚拟装配开发 需通过二次开发实现虚拟装配部分功能，具有一定的复杂度和难度 不具备常用人机交互设备的软件接口，需自行开发所需的虚拟装配功能，而且以此类平台开发的虚拟装配往往在交互性、真实感方面较差
具有部分虚拟装配功能模块的软件平台	Division Mockup	由美国参数技术公司(PTC 公司)发布的一款数字化样机直观分析、仿真软件，具有数字样机、装配规划和人机工程等功能，且具有可扩展、互操作、支持网络等功能 支持多数 CAD 软件(CATIA、Creo、NX 等)的数据格式，支持常见的虚拟现实交互设备 其中的 DIVISION Motion Planning Option 模块可模拟装配/拆卸序列、产品操作、交互式教育和培训设计等，并提供人机工效分析的一些基础模型或功能，如人体模型库、身体处理、活动范围分析等，与基于虚拟现实系统开发软件平台实现的虚拟装配系统相比，在交互性和真实感方面稍差
	DELMIA	法国达索公司 PLM 产品系统中的一个面向制造过程的数字化制造平台子系统 具有上百个子模块，其中包括装配过程模拟仿真、人机工程学设计和分析等功能模块，交互性和真实感方面较差
	TechViz	它是一款专业的虚拟现实软件，可直接驱动三维模型实现沉浸式的实时显示，且包含虚拟装配模块 该平台虚拟装配功能可实现零件识别、选择和操作，能逐步实现精细位移，显示零件位置和方向，还可通过 CATIA Connector、Creo Connector、NX Connector 等应用程序连接器提供产品数据管理数据库中定义的零件信息，适用于面向优化装配流程、验证维护操作的虚拟装配系统开发
虚拟现实系统开发软件平台	Vega	一套用于开发交互式、实时可视化仿真应用的完整软件平台 具备驱动、控制、管理虚拟场景等基本功能，支持快速创建具有实时交互功能的大型沉浸式或非沉浸式三维环境，还支持 OpenGL 对其进行二次开发以扩展其功能，具有较好的集成性、可扩展性、跨平台性等 不具备建模能力，需借助其他工具创建虚拟环境所需的模型、资源，装配序列规划、交互式路径设计等虚拟装配功能需通过程序开发实现
	Virtools	由法国达索公司开发的一套虚拟现实资源整合软件，集成了三维虚拟和交互技术，包括创作应用程序、物理属性、人工智能模块、沉浸式平台、网络服务器模块等 图形化的软件用户界面，通过组织编辑互动行为模块即可实现具有沉浸感的三维虚拟环境，开发过程类似于绘制流程图，不要求开发人员具备程序基础，但需要通过编写互动行为模块(二次开发)实现虚拟装配的装配规划、人机工效等功能
	Quest 3D	它是一款节点式交互操作的虚拟现实系统软件开发包，图形化的用户界面，功能强大，具有丰富的人机交互硬件接口，可快速开发具有较好真实感的交互式三维虚拟环境 该软件的本质仍然是虚拟环境资源整合、管理的开发平台，虽有一些基本模型，但不具备建模能力，虚拟装配涉及的大部分功能也需进一步通过程序开发实现
	Unity 3D	它是一款面向游戏开发的虚拟现实引擎，拥有精简直观的工作流程、功能强大的工具箱，可快速通过三维模型、图像、视频、声音等资源的导入，借助其提供的场景构建模块迅速创建虚拟环境，还提供常用人机交互设备的软件接口，可开发交互式虚拟场景 Unity 3D 软件运行于 Windows 平台，开发的虚拟系统可发布为在各大平台运行的应用程序，利用该软件也需要通过程序开发才能实现虚拟装配的大部分功能

（续）

类别	开发工具	特　点
虚拟现实系统开发软件平台	VR-Platform	它是由中视典数字科技有限公司独立开发的虚拟现实开发平台，支持模型直接从 CATIA、Creo、Maya 等商业软件中导入进行编辑，且与 3DS Max 无缝集成，可编辑产生无限多种 GPU-Shader 材质效果，包含大量的金属材质、建筑类材质、织物类材质、自然类材质等材质库，可快速构建高逼真的虚拟环境 支持通过常见的人机交互设备对虚拟场景进行交互操作，具有高效、高精度的碰撞检测算法，而且可直接实现镂空形体、非凸多面体的精确碰撞，支持骨骼动画、位移动画和变形动画，但与其他虚拟现实开发平台一样，虚拟装配的相关功能还需进一步开发
开发语言/开源软件包	虚拟现实建模语言 VRML（Web 3D 的核心技术）	它是一种用于创建三维虚拟环境的解释性造型和渲染语言，是一种面向 Web 的支持数据和过程的三维表示，支持音响效果、纹理映射、光照效果、人机交互操作和碰撞检测开发 该建模语言的最大特点是可开发基于 Internet 共享的交互式虚拟环境，对硬件配置要求低，为保证网络传输的实时性，该方法创建的虚拟环境往往要以牺牲精度和真实感为代价
	OpenGL Performer	它是一款基于 OpenGL 建立的实时三维图像且具有可扩展性的软件开发工具包，具有实时图像处理和高性能渲染的特点，跨平台性较好 该工具包集成了一系列图形库，以实现创建三维虚拟环境所需的功能，包括初始化设置、几何图形渲染、图形管理、实时灯光及纹理渲染、人机交互接口、碰撞检测等，可快速实现虚拟场景的动态设计
	Delta 3D	它是由美国海军研究院开发的一款面向游戏与虚拟仿真的开源引擎，广泛应用于军事模拟、科学计算可视化等，也有不少基于该开源引擎的虚拟装配研究和开发 该开源引擎集成了一些著名的开源软件和 OpenAL，进行了标准化封装设计，形成了一套简单可行的高级 API 函数库，可为虚拟现实应用软件开发提供一些基本要素
	CHAI 3D	由斯坦福大学机器人和人工智能实验室启动的一个功能强大的跨平台 C++ 仿真开源框架，支持触觉、可视化和交互式仿真开发，尤其建立了多种力学模型支撑触觉渲染（力反馈），包含刚体动力学模拟、碰撞检测等功能，支持立体渲染 具有较好的扩展性和跨平台性，不具备虚拟装配功能（装配约束、序列规划、路径规划等）模块，需自行开发，并要求开发者具备一定的程序设计和开发基础

率、可视化的设计分析手段和验证方法。全断面掘进机“幕墙”式虚拟装配开发过程涉及的技术、工具、阶段功能或效果如下。

1）将全断面掘进机分解为刀盘、管片拼装机、前盾、中盾、后盾、尾部以及其他主要零部件，利用 SolidWorks 分别对关键功能零部件进行建模，并装配成整机，如图 7.7-11 所示。

2）通过 Division Mockup 平台提供的读取三维数据的专用转换模块 Mockup Converter，从 SolidWorks 中导出全断面掘进机三维模型到 Division Mockup 开发平台，并进行模型优化处理，包括模型简化、材质和纹理设置、光源添加等，如图 7.7-12 所示。

3）在 Division Mockup 平台中面向虚拟装配进行约束定位设置、碰撞检测设置以及装配工艺（装配序列和装配路径）规划，如图 7.7-13 所示。其中，约束定位采用捕捉方法；碰撞检测采用基于几何空间的碰撞检测算法（Division Mockup 平台中提供基于固定方向的凸包围盒算法）；装配序列规划采用基于割集的装配序列求解方法；装配路径规划采用交互式虚拟装配路径规划方法。

4）为提升全断面掘进机虚拟装配过程的可视化效果，面向虚拟装配运行构建“幕墙”式（大屏幕投影式）的硬件平台，主要包括 2 台 Christie Mirage S2K 3DLP 投影机、1 面硬质投影幕墙、1 套 SGI Onyx4 可视化渲染系统、2 台 22in 显示器、1 个红外立体信号发射器以及 CrystalEyes 主动式立体眼镜等，如图 7.7-14 所示。

5）在“幕墙”式平台配置运行全断面掘进机虚拟装配系统，运行效果如图 7.7-15 所示。

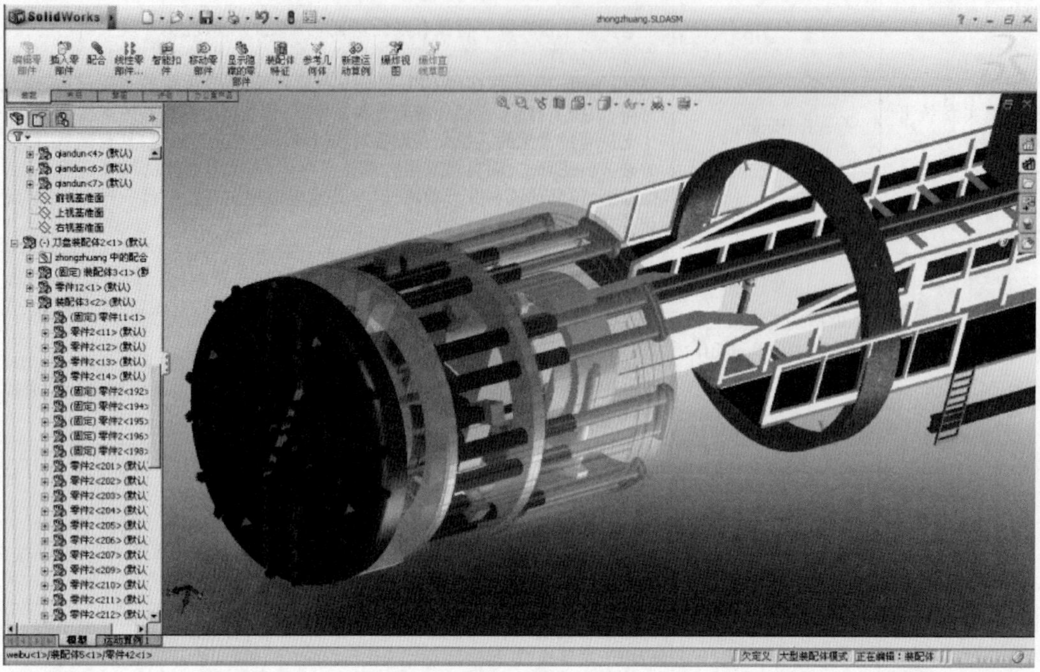

图 7.7-11　SolidWorks 软件环境下的全断面掘进机三维模型

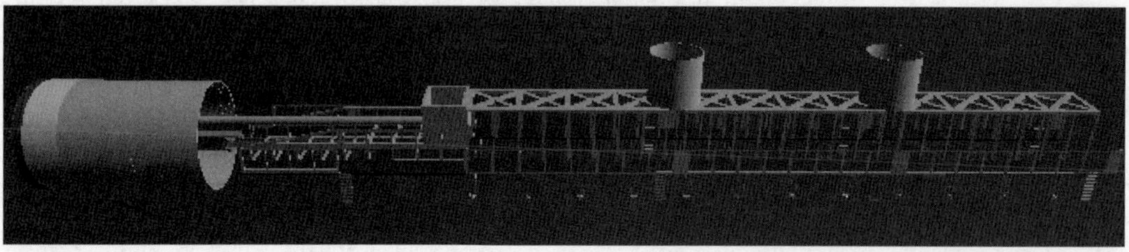

a)

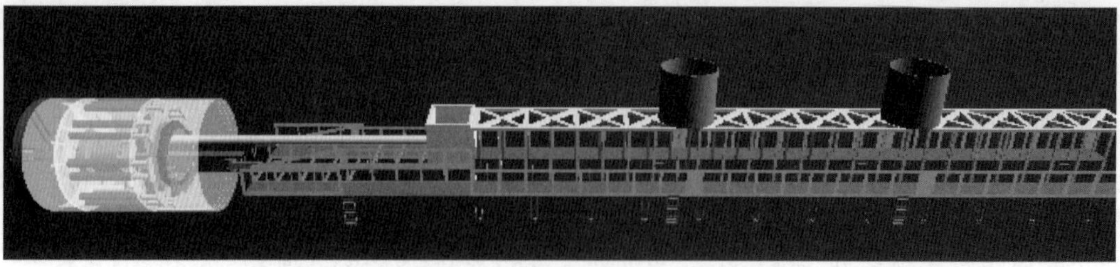

b)

图 7.7-12　Division Mockup 平台中优化前后的全断面掘进机模型
a）优化前的模型　b）优化后的模型

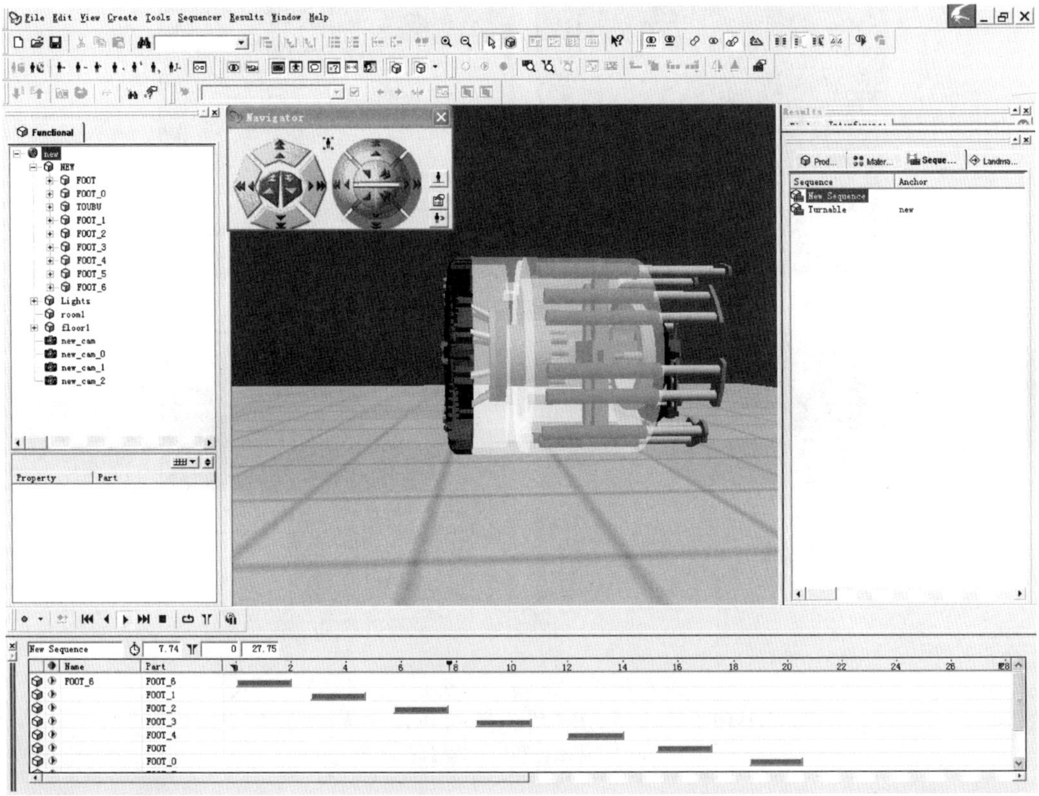

a)

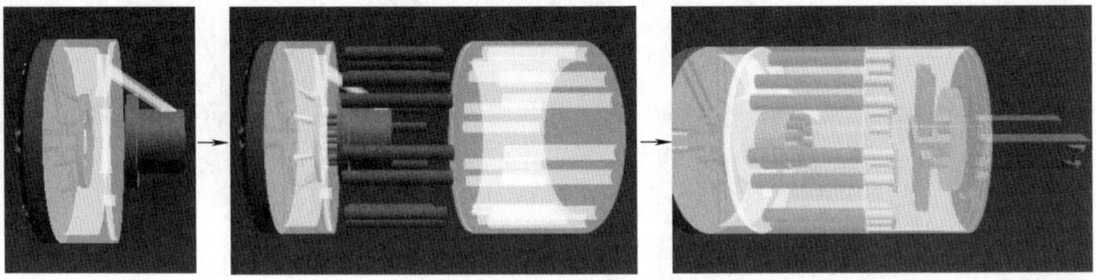

b)

图 7.7-13　虚拟装配工艺规划

a）装配序列设置　b）交互式装配路径规划

2. 案例二：航空航天装备的虚拟装配系统——平尾装配

平尾是水平尾翼的简称，是飞机的主要部件之一，一般水平安装在机尾，如图 7.7-16 所示。其前半部为水平安定面，不可活动，起俯仰安定作用；后半部为升降舵，控制飞机上升、下降，由铰链与前半部相连。

由于飞机平尾主要由蒙皮、横梁、加强肋、缘条等组成，在其自身重力下刚度较小，加之装配又有严格技术要求，因此装配过程需通过一定的工艺装备和工艺设计来保证装配质量和效率。为此，以 Unity 3D 为工具开发飞机平尾的虚拟装配系统，为工装设计和装配规划提供数据支撑。

1）平尾装配系统的建模。平尾装配系统实物如图 7.7-17 所示，利用 CATIA 软件建立平尾装配系统的三维模型，包括工装夹具、平尾零部件等，如图 7.7-18 所示。

2）模型优化。CATIA 软件建立的模型一般不能直接用作虚拟装配系统中的模型，需要转换到 3DS Max、Maya 等软件中（该案例采用 3DS Max 软件）进行优化，如图 7.7-19 和图 7.7-20 所示。

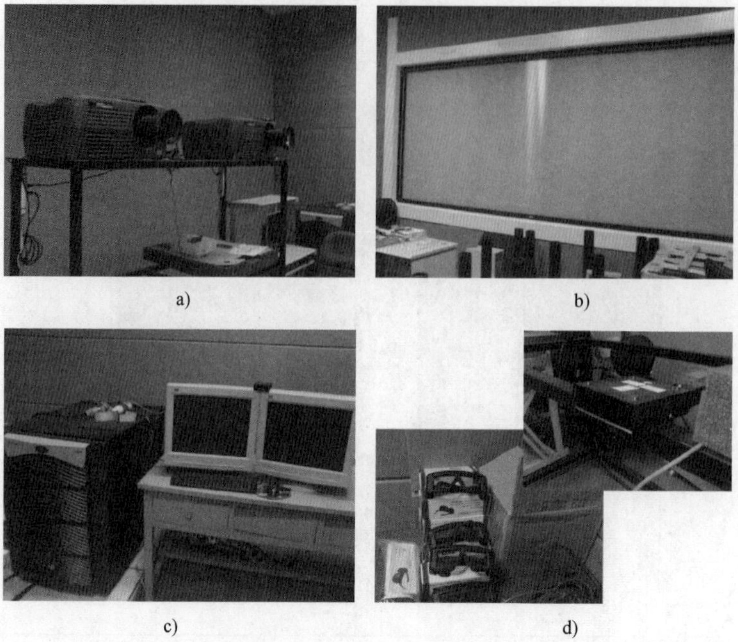

图 7.7-14 “幕墙”式硬件平台
a）投影机 b）硬质投影幕墙 c）SGI Onyx4 系统和显示器
d）立体眼镜和信号发射器

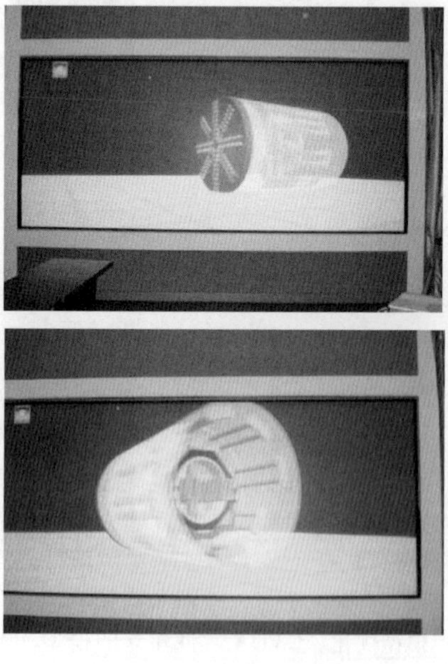

图 7.7-15 全断面掘进机的虚拟装配运行效果

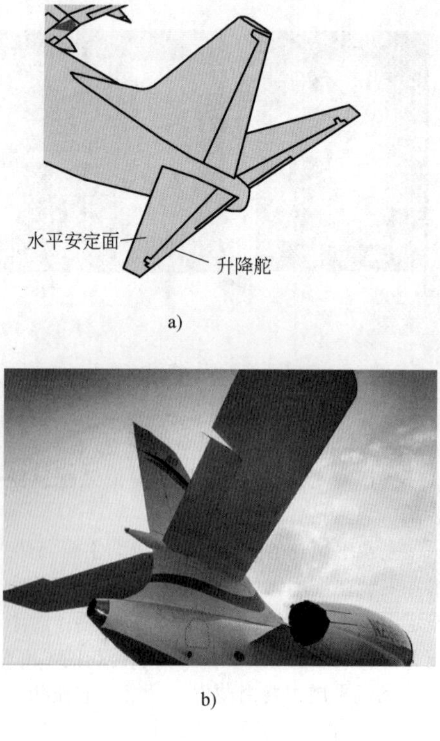

图 7.7-16 飞机平尾
a）飞机平尾结构 b）某飞机平尾

图 7.7-17　平尾装配系统实物

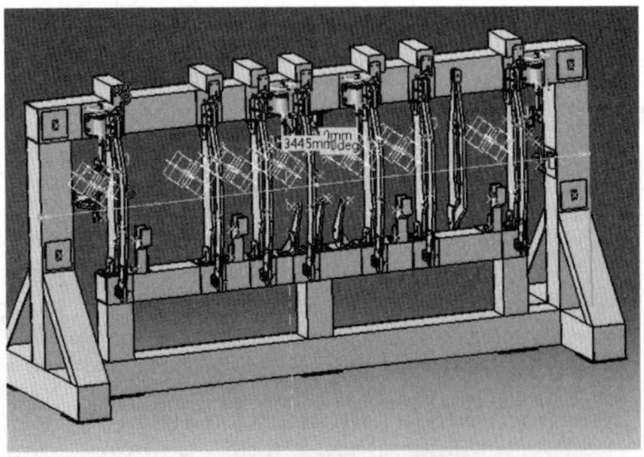

图 7.7-18　平尾装配系统的三维模型

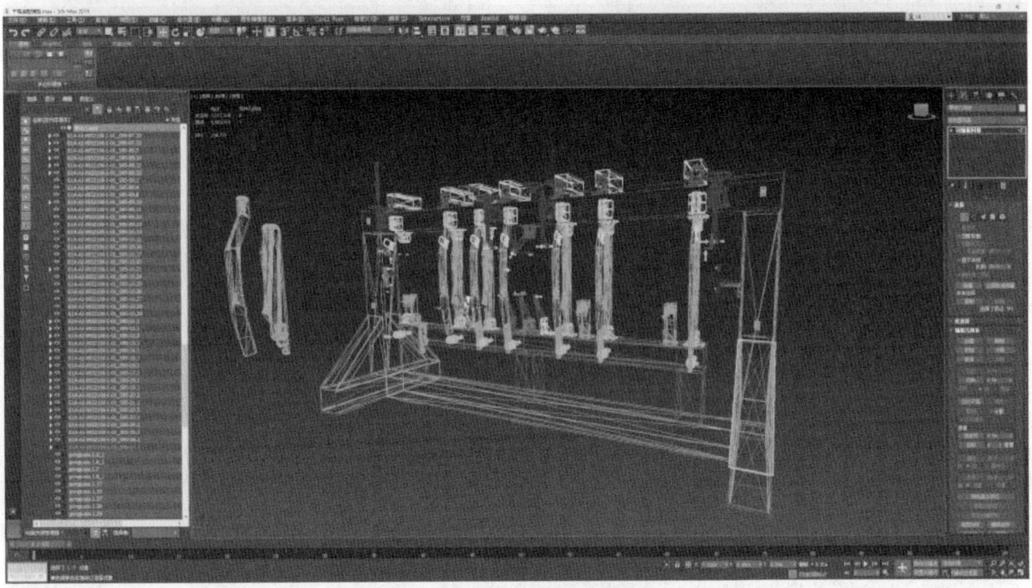

图 7.7-19　优化前的模型

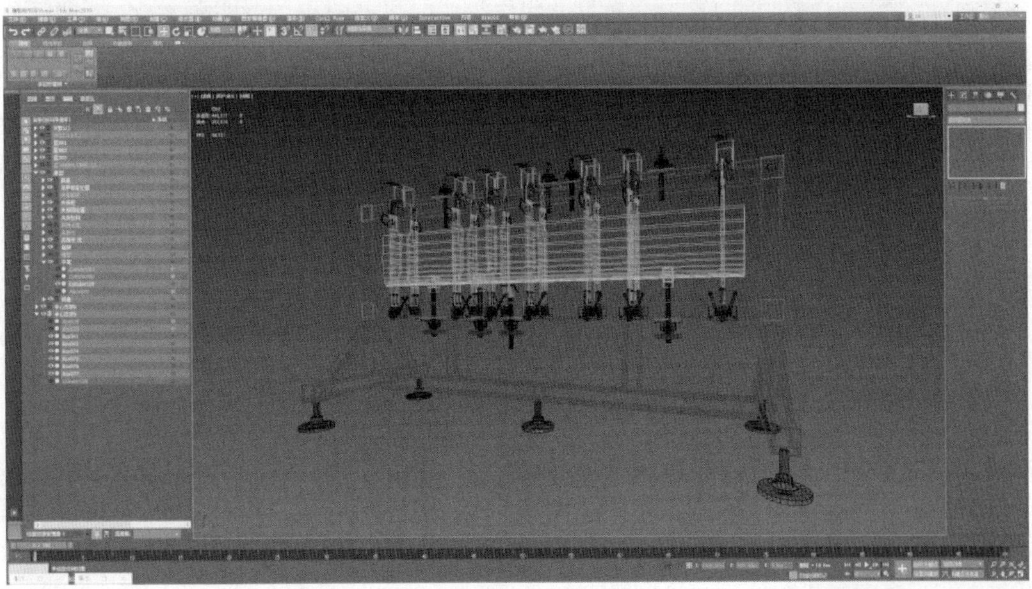

图 7.7-20　优化后的模型

3）材质纹理设置。为提高虚拟装配环境中模型的真实感，通过现场采集或制作纹理贴图，在 3DS Max 软件中将其添加到模型表面，同时结合颜色、高光和法线等设置得到模型高逼真的表面材质，材质设置效果如图 7.7-21 和图 7.7-22 所示。

4）虚拟装配场景整合。虚拟装配的虚拟场景设置为机库场景，包括基本环境、装配操作虚拟工作台以及布景设备（如飞机、航空发动机等），用于增强环境真实感和沉浸感，如图 7.7-23 所示。

在 3DS Max 软件中整合平尾零部件、工装夹具和

图 7.7-21 设置材质纹理后的工装夹具

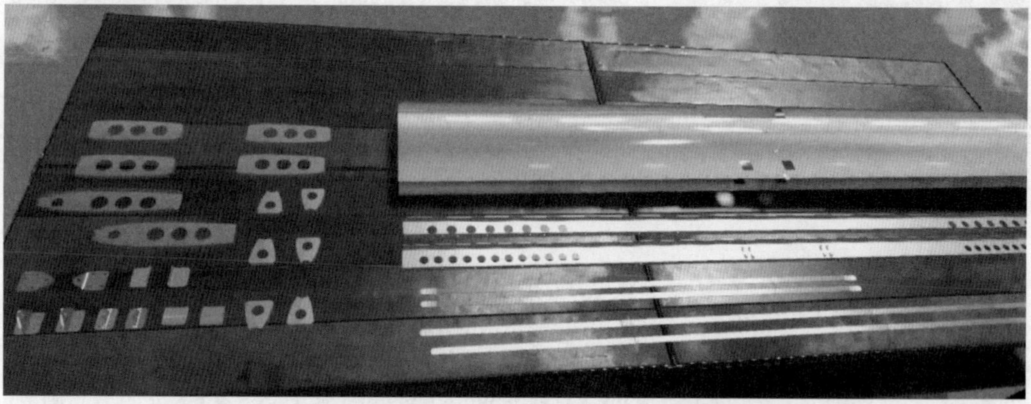

图 7.7-22 设置材质纹理后的平尾零部件

a)

b)

图 7.7-23 平尾虚拟装配场景

a）虚拟机库 b）虚拟工作台

机库场景等模型，并通过渲染到纹理（Render to Texture）技术将材质贴图、颜色、高光和模型表面法线等多因素的综合作用效果渲染烘焙为模型的烘焙贴图，直接添加到虚拟装配环境中的模型表面，避免虚拟装配过程中多因素（尤其环境光）作用的渲染计算。将整合后且添加烘焙贴图的虚拟场景输出为 .fbx 格式，并导入 Unity 3D 软件中得到虚拟装配场景，如图 7.7-24 所示。

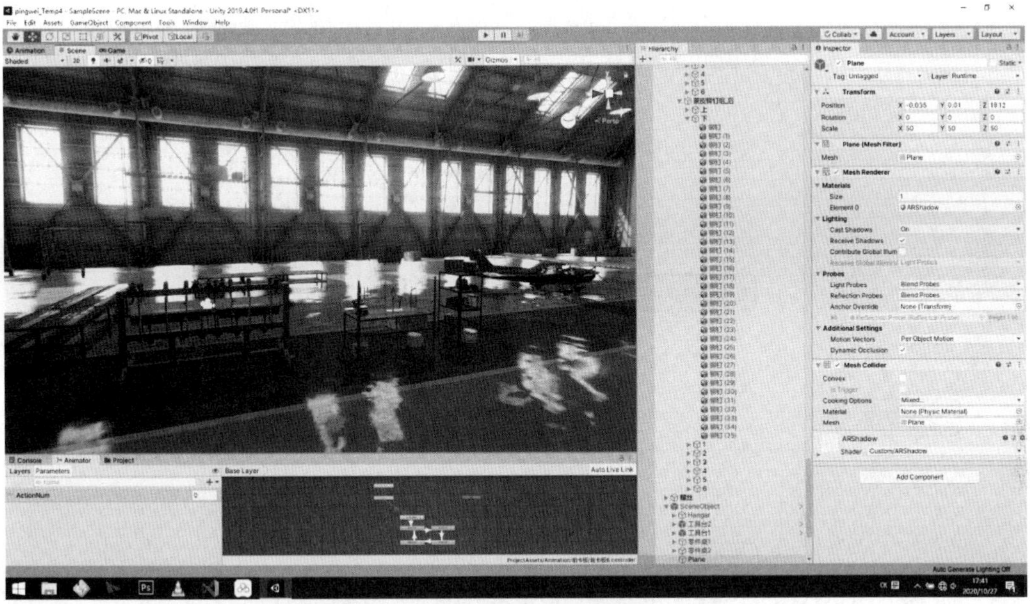

图 7.7-24　Unity 3D 软件中的虚拟装配场景

5）虚拟装配的基本设置/开发。在 Unity 3D 软件中主要进行零部件信息完善、零部件装配层次关系树设计和装配关系设置（约束定位、装配工艺规划等）。

零件信息主要指产品的属性信息，包含几何属性、工程设计属性、物理属性（质量、材料等）以及零件间的约束关系，此类信息部分从 CAD 系统导入，在 Unity 3D 软件中对缺失部分进行完善。

装配体一般指产品成品，子装配体是指零部件。通常将零件、子装配体、装配体之间的这种装配层次关系直观地表示成装配树，如图 7.7-25 所示。树的根节点是装配体，叶节点是组成装配体的各个零部件，中间节点则是子装配体。

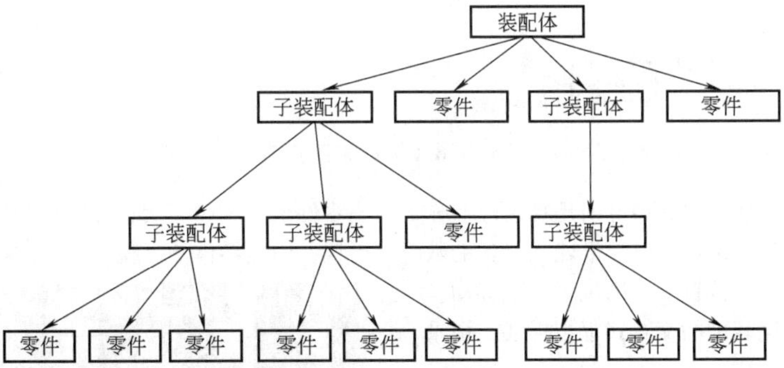

图 7.7-25　零部件的装配层次关系树

装配关系设置包括两方面内容：确定装配体中零部件相对位置和方向的定位关系；形成装配体的各个零部件参与装配的局部几何结构之间的配合关系。包含装配中产品的行为信息、零部件的装配序列、装配路径、装配过程中零件的扫描体积等。结合零部件装配层次关系树，在 Unity 3D 软件中完成装配关系设置。其中，设置的装配顺序（序列）如图 7.7-26 所示。

6）人机交互设备和功能。平尾虚拟装配系统的输入设备包括 HTC VIVE 控制器、数据手套、手部定位器、追踪器，输出设备为 HTC VIVE 虚拟现实眼镜。虚拟装配过程中，首先通过虚拟装配系统的数据

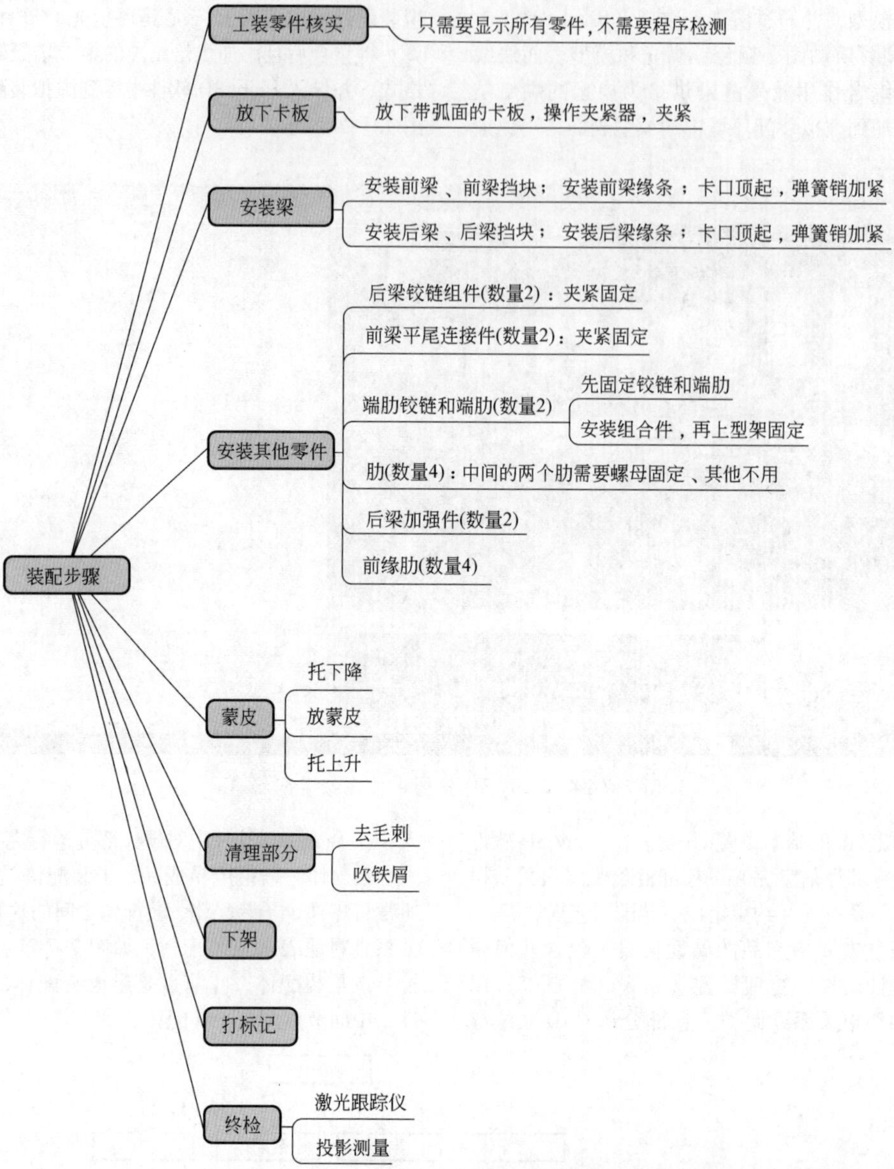

图 7.7-26　平尾装配序列

库读写操作实现用户注册登录，做好对虚拟装配操作过程的记录准备；然后，通过实时读取输入设备的数据，对虚拟装配系统用户位置、手部位置、手部动作等进行追踪，实现平尾装配的交互式虚拟拆装，记录虚拟装配操作过程。

虚拟装配交互功能主要包括 HTC VIVE 控制器交互功能、数据手套交互功能、信息面板交互功能和虚拟装配提示功能等。

① HTC VIVE 控制器交互功能。按下控制器上的“虚拟装配”按钮后，虚拟装配环境中出现虚拟控制器，且在虚拟控制器前端出现一条射线，射线选中的零件高亮显示，以提示被选中，如图 7.7-27 所示。当零件被选中高亮后，按下控制器上的扳机键，关闭射线，固定零件的高亮提示，并在虚拟控制器上出现

图 7.7-27　环状 UI——虚拟装配

环状人机交互界面（环状 UI）——虚拟装配。在此状态下，可选择“确认装配”“取下”“返回”。控制器交互功能见表 7.7-11。

表 7.7-11　控制器交互功能

功能名称	功 能 说 明
虚拟装配射线	在虚拟装配模式下,虚拟控制器前端出现虚拟选择射线
零件高亮	在虚拟装配模式下,虚拟控制器发射出的射线击中可装配零部件,则高亮显示 当零部件被高亮选择时,按下手柄扳机键将固定该零件的高亮状态
环状 UI 确认装配	当零部件被高亮固定后,虚拟控制器上显示该零件可操作的装配指令环状 UI,单击“确认装配”按钮,则进行装配动作演示
环状 UI 取下	当零部件被高亮固定后,虚拟控制器上显示该零件可操作的装配指令环状 UI,单击“取下”按钮,则将当前零部件复位到初始位置
环状 UI 返回	单击“返回”按钮,隐藏环状 UI,隐藏零部件选中高亮,返回主 UI 面板,并返回虚拟装配模式

② 数据手套交互功能。主要捕捉用户握紧、放开手势。当手柄选定了某个装配件后（即零部件高亮固定状态），可通过数据手套进行零件拾取、移动、放置等操作，如图 7.7-28 所示。数据手套交互功能见表 7.7-12。

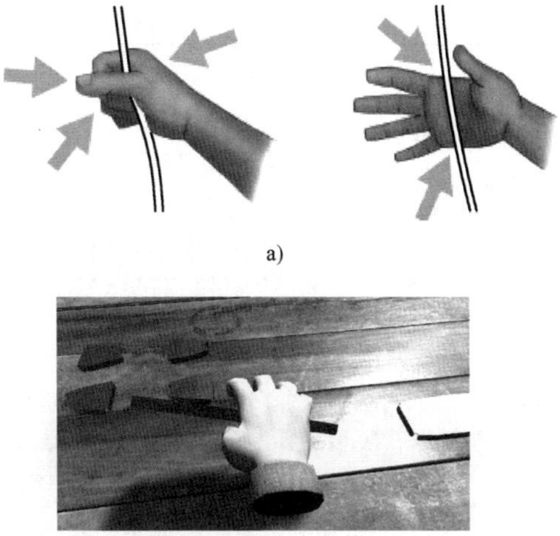

a)　b)

图 7.7-28　手势状态及抓取零部件操作
a）手势状态　b）抓取零部件

表 7.7-12　数据手套交互功能

功能名称	功 能 说 明
拾取零件	虚拟数字手模型碰触到被高亮固定的零件后,可通过“握紧”手势进行拾取操作,一旦零件被拾取,零件将跟随虚拟手进行移动
放置零件	当虚拟手中有零件时,可通过“放开”手势结束零件与虚拟手的绑定关系 当解除绑定,且零部件或虚拟手在该零部件的装配区时,被解除绑定的零部件自动装配到预定位置

③ 信息面板交互功能。该虚拟装配系统构建了菜单式的信息面板交互，包括装配时长、装配步骤、重置场景、返回、退出等，如图 7.7-29 所示。信息面板交互功能见表 7.7-13。

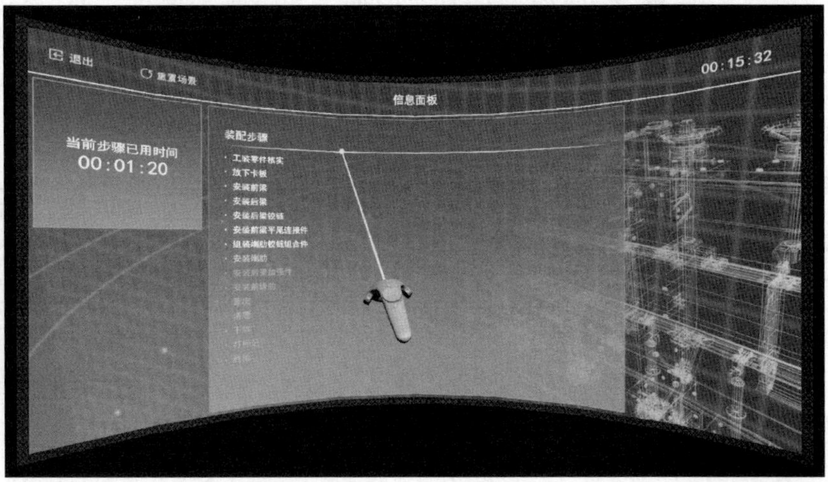

图 7.7-29　信息面板交互

表 7.7-13 信息面板交互功能

功能名称	功 能 说 明
装配操作总时长	单击“装配操作总时长”按钮，信息面板显示当前装配操作总耗时
单零部件装配时长	单击“单零部件装配时长”按钮，信息面板显示当前零部件装配操作耗时
装配步骤	显示装配任务执行情况，包括所有装配作业任务流程和当前装配完成情况
重置场景	重置当前装配零部件位置、装配状态、装配某个零部件时长以及装配完成列表等
返回	关闭所有子菜单，返回主信息面板界面
退出	保存所有操作交互信息，关闭虚拟装配系统

④ 虚拟装配提示功能。虚拟装配过程中通过零部件的半透明显示，提示用户装配零部件到正确位置，如图 7.7-30 所示。当操作虚拟手抓取正确的零部件放置到正确位置后，半透明提示消失，此零部件的装配过程结束，并半透明显示下一装配工序的待装配零部件及其正确的装配位置。

7）虚拟装配效果。在 Unity 3D 软件中完成虚拟装配的基本设置/开发和交互功能开发后，打包发布为运行文件，虚拟装配效果如图 7.7-31 所示，虚拟装配同步信息面板如图 7.7-32 所示。

图 7.7-30 半透明显示的提示效果

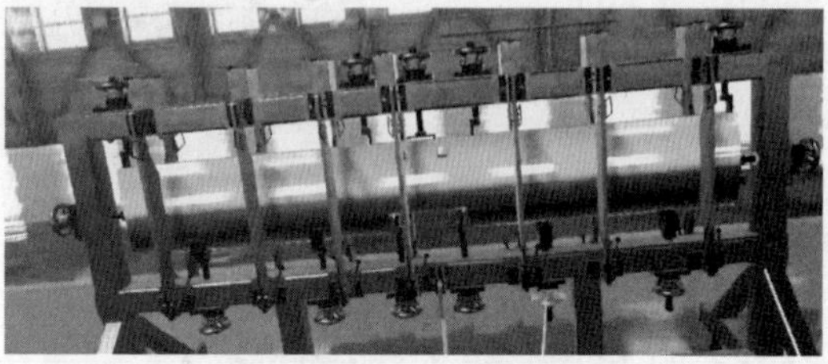

图 7.7-31 虚拟装配效果

图 7.7-32 虚拟装配同步信息面板

7.8 智能装配

智能装配（Intelligent Assembly，IA）是指通过智能化的感知、人机交互、决策和执行、虚拟现实技术等将装配工艺、设备和信息进行集成，并进行物理-信息的高度融合，构建智能装配系统，实现自动化与智能化的装配过程。

7.8.1 智能装配的特征

智能装配是多学科的交叉融合，具有多项特征，主要包括智能/状态感知、实时分析、自主决策、精准执行等，各项特征及其在智能装配过程中的关系如图 7.8-1 所示。

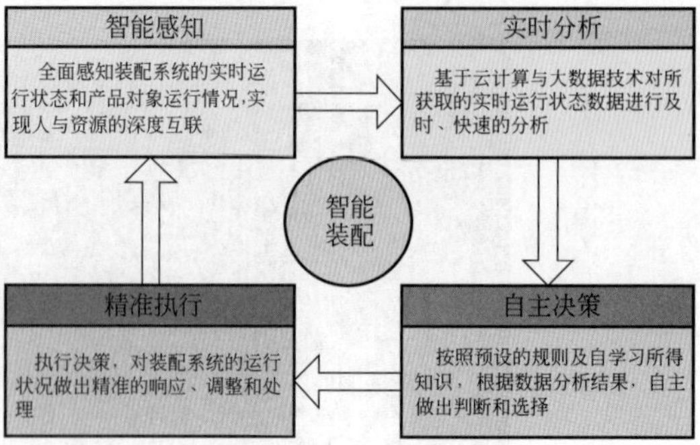

图 7.8-1 智能装配的特征

1. 智能感知

通过装配过程配置的各类传感器和无线网络，采用传感器技术、激光跟踪技术、射频识别技术、物联网技术等，对装配现场的人员、设备、零部件、工装、量具等多类装配要素进行全面感知，建立装配过程中的人与人、物与物、人与物之间的广泛关联关系，实现装配过程中物理-信息的高度融合，从而确保装配过程全部信息的实时、精准和可靠获取，如图

7. 8-2 所示的状态感知模型。

2. 实时分析

采用云计算、大数据技术，对装配过程中的海量数据分别进行实时分析、实时检测、传输与分发、处理与融合等，然后将多元、异构、分散的装配现场数据转化为可用于智能决策和精准执行的可视化信息，图 7. 8-3 所示为装配数据统计分析界面。

3. 自主决策

智能装配的自主决策主要是指由智能系统实施装配过程中的分析、推理、判断、构思和决策等活动。结合知识库，通过搜集与理解制造环境信息、工装系统信息等，并进行分析与判断，进而准确地完成全部智能装配过程，图 7. 8-4 所示为智能装配的自主决策内容。

4. 精准执行

精准执行是智能装配的最终环节和直接体现，高效、准确、可靠的执行是使装配过程和装配系统处于最优状态、顺利实现智能装配的根本保障。智能装配的精准执行往往需要以模块化、自动化、柔性化的工装为执行机构，如图 7. 8-5 所示的飞机壁板智能装配单元。

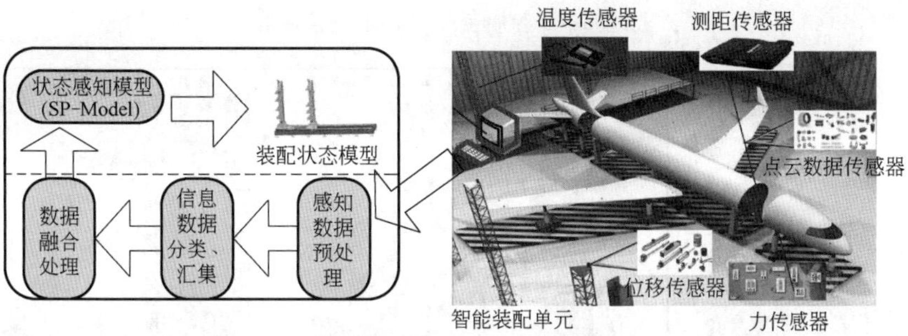

图 7. 8-2　智能装配中多源异构数据的状态感知模型

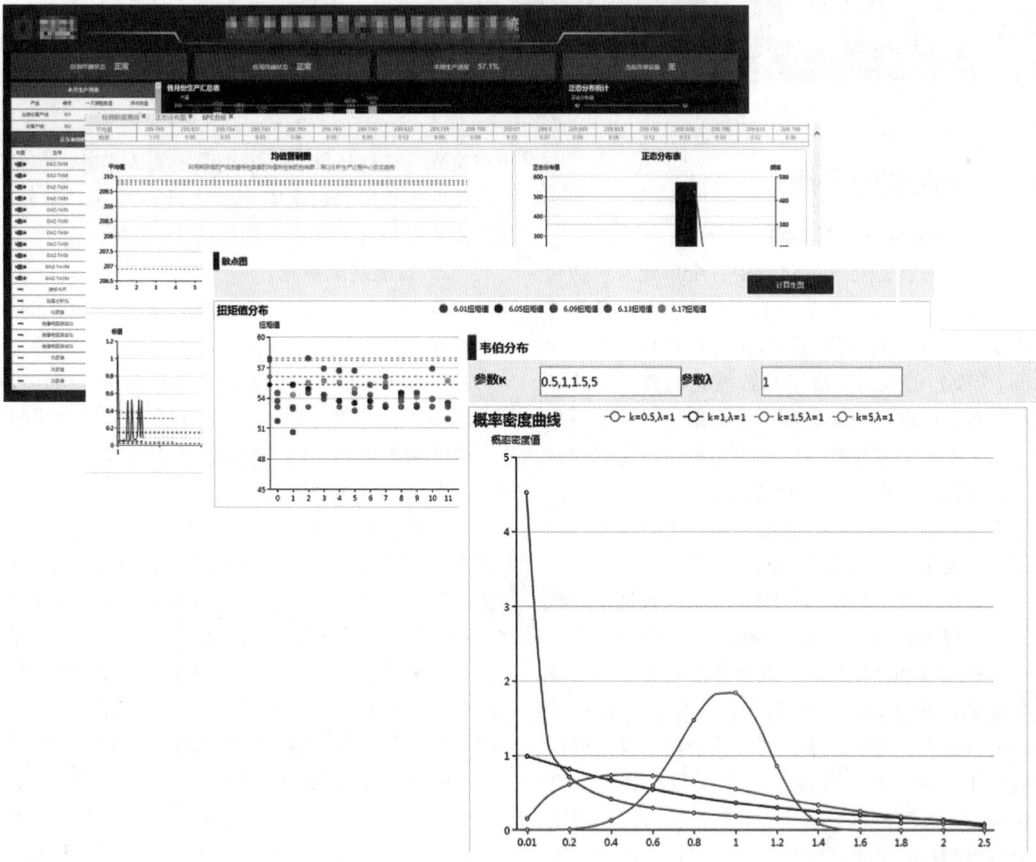

图 7. 8-3　装配数据统计分析界面

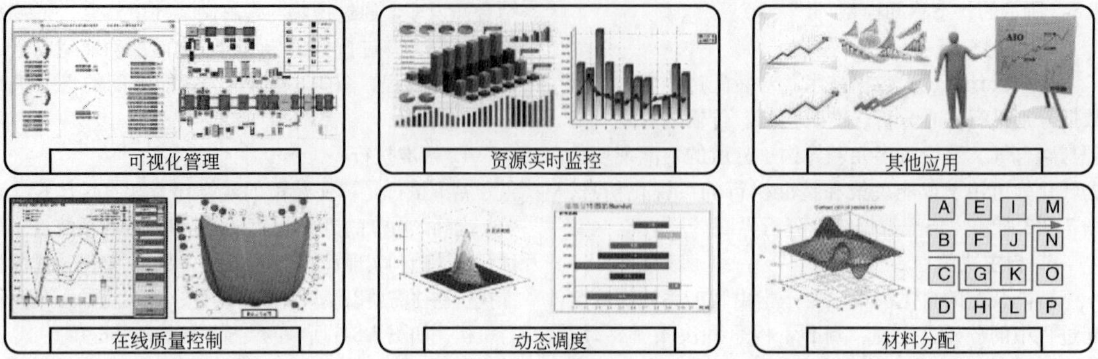

图 7.8-4　智能装配的自主决策内容

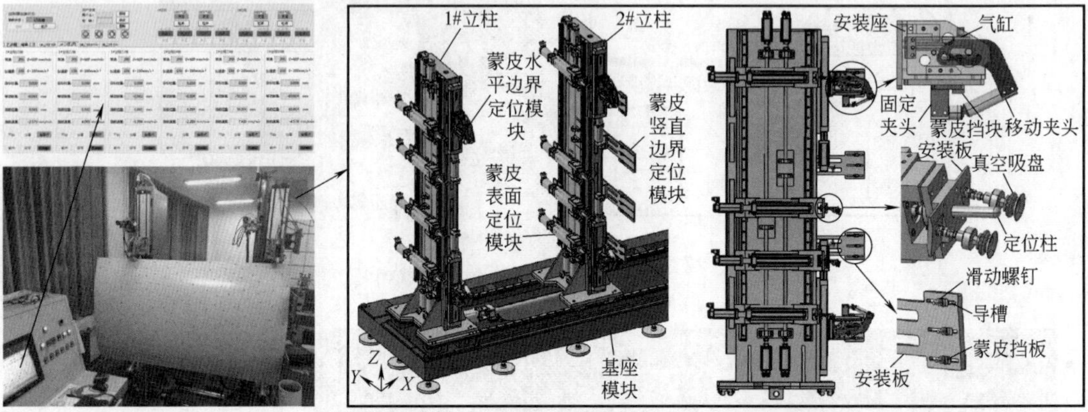

图 7.8-5　飞机壁板智能装配单元

7.8.2　智能装配系统

1. 智能装配系统体系架构

智能装配过程是将装配过程中各个单元，包括相关系统、零部件、机器设备、工装夹具、人以及物流等，根据不同需求利用信息物理系统（Cyber-Physical Systems，CPS）等技术手段进行智能化调整装配的制造活动过程。因此，智能装配系统包括信息处理与决策单元、装配车间或生产线、知识累积与自适应控制单元、自动化装配单元、智能检测与监控系统以及信息获取与集成单元，即具有状态感知、实时分析、自主决策、高度集成和精准执行的基本特征。

根据智能装配的特征，智能装配系统就是建立状态感知层、精准执行层、实时分析层和自主决策层，并进行有机融合和高度集成。其具体实现需以通信技术、智能装备的开发和集成为支撑，包括各类传感器、智能机器人、条码技术、网络通信技术等，逐次构建自动化装配单元、装配生产车间与总装配生产线，构建智能装配的状态感知层和精准执行层。对于实时分析层和自主决策层的构建，是以信息融合、智能算法、人机交互、信息管理为支撑。对于高度融合和集成，往往还涉及一系列系统集成服务，包括基于规则的知识库、数据安全、协议转换等。综上所述，智能装配系统的体系架构如图 7.8-6 所示。

2. 智能装配单元

智能装配单元是智能装配的基础，是组成智能装配车间、智能装配生产线的基本单元。智能装配单元一般侧重于智能设备开发以及传感器系统构建，即状态感知和精准执行的实施。以航空领域波音飞机的某个智能装配单元为例，如图 7.8-7 所示。

3. 智能装配车间

智能装配车间是将若干智能装配单元进行融合构建完成产品部分装配工艺或部件装配过程的有机整体。智能装配车间一般已具有所有的智能装配特征，是一个相对完整的智能装配系统。以某个基于 CPS 的飞机智能装配车间为例，其基本组成/体系结构如图 7.8-8 所示，实现了基于知识的装配过程全面优化，基于信息流、物流集成的智能化生产管控。

4. 总装智能装配生产线

总装智能装配生产线是更完整、庞大的智能装配系统，一般由多个智能装配车间/大量智能装配单元组成。目前，主要应用在飞机总装生产过程中，例如

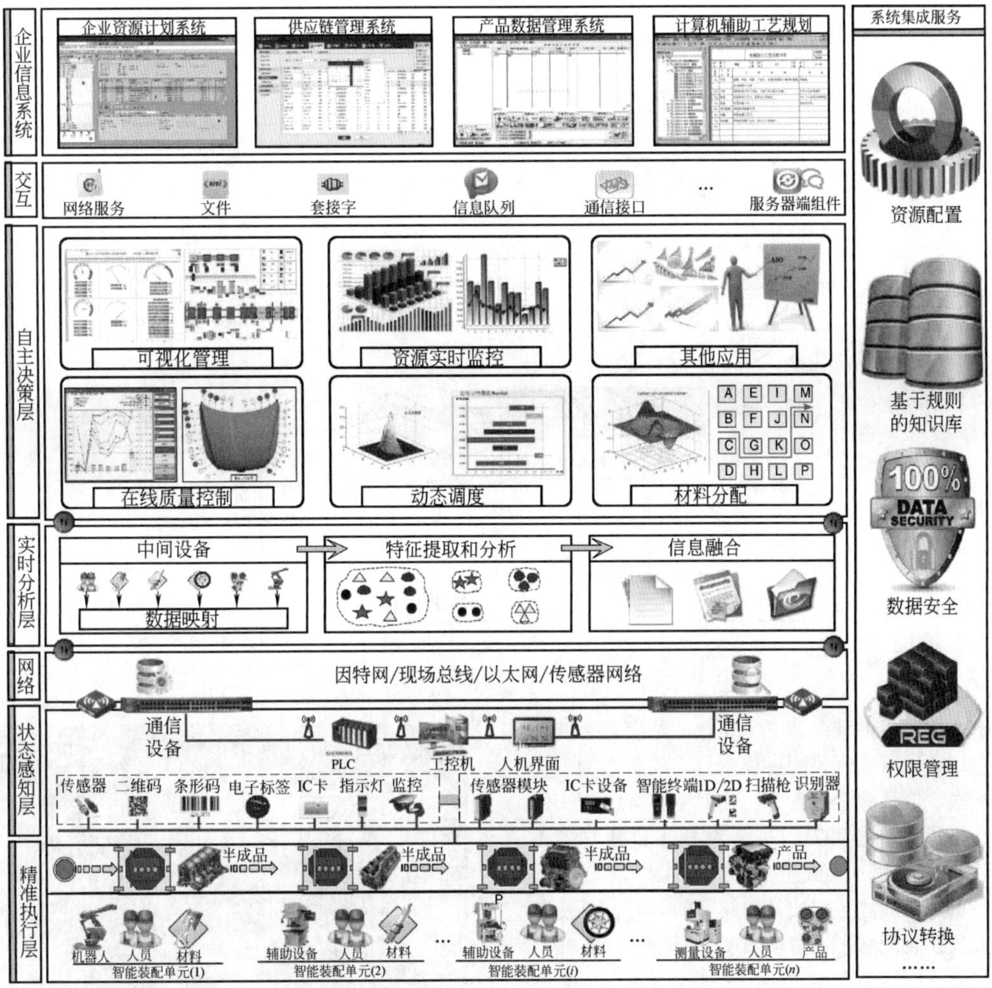

图 7.8-6　智能装配系统的体系架构

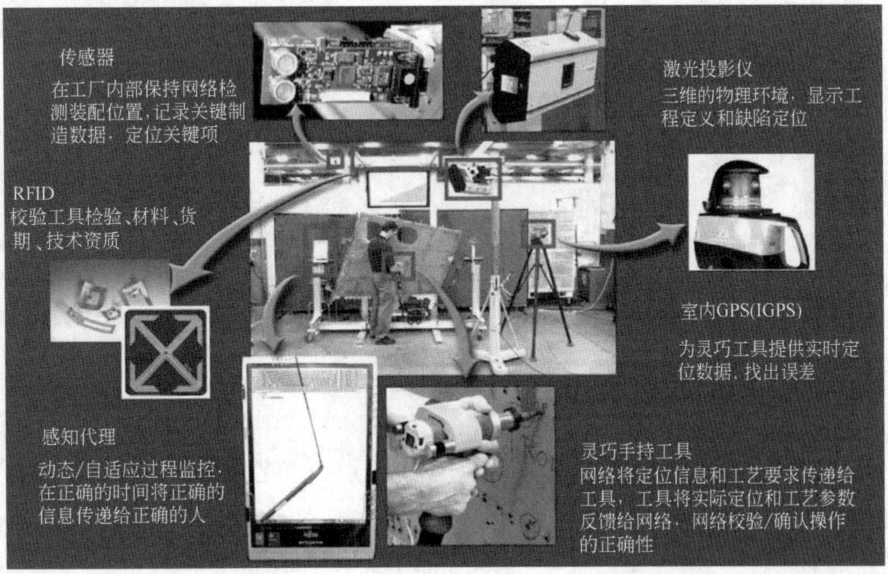

图 7.8-7　波音飞机某组件的智能装配单元

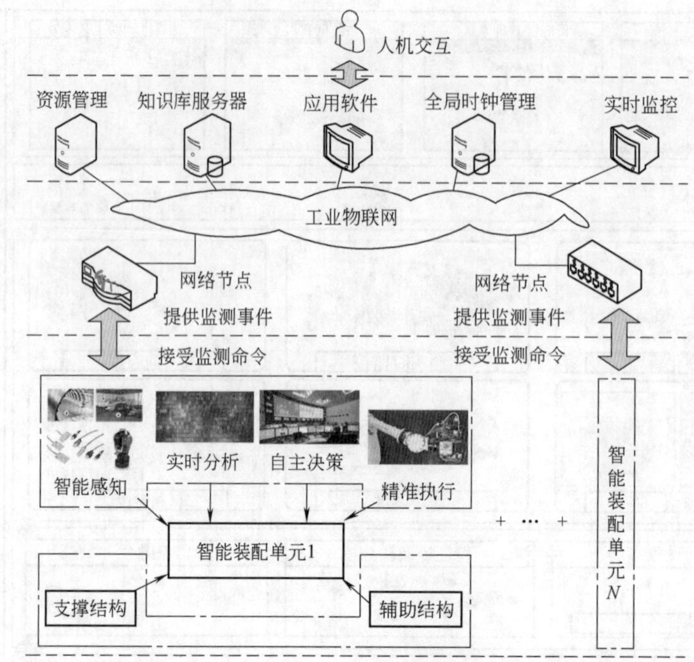

图 7.8-8 基于 CPS 的飞机智能装配车间

美国为 F35 战斗机的装配建立了完整的数字化智能装配移动生产线，可实现装配过程全自动控制、物流自动精确配送、信息智能处理等，使其年产量可达 300 架。波音公司为波音 737、777 等系列飞机建立了不同智能化水平的移动装配生产线，如图 7.8-9 和图 7.8-10 所示。在提高装配质量和效率的同时，可使装配操作人员在装配水平、劳动强度、安全性等方面得到更大保障。

图 7.8-9 波音 737 总装生产线

图 7.8-10 波音 777 总装生产线

7.8.3 智能装配系统实例——螺栓紧固智能装配单元

图 7.8-11 所示为一个物联网环境下虚拟仿真实验室的制造系统——螺栓紧固智能装配单元。该系统涉及调度、配料、数据收集、过程监控、动态自适应优化、自主决策等环节，主要用于实验教学，也可用于智能装配系统规划和设计过程中的实验验证。

1. 螺栓紧固智能装配单元的智能感知

图 7.8-12 描述了该智能装配系统的资源编码与数据感知融合，即智能感知的配置和运行过程，包括硬件配置、数据地址映射、地址-对象映射、资源编码、智能化标识装配资源以及数据转换和显示等，详细说明如下：

1）硬件配置。通过标准硬件配置软件和通信技术使装配系统中的异构设备彼此建立连接。

2）数据地址映射。通过中间软件配置设备地址和中间软件项之间的地址映射，以便用于面向对象编程或其他。

3）地址-对象映射。添加中间软件项到用于相关组件加载和初始化的存储库，建立中间软件项与生产事件和装配资源之间的关系。

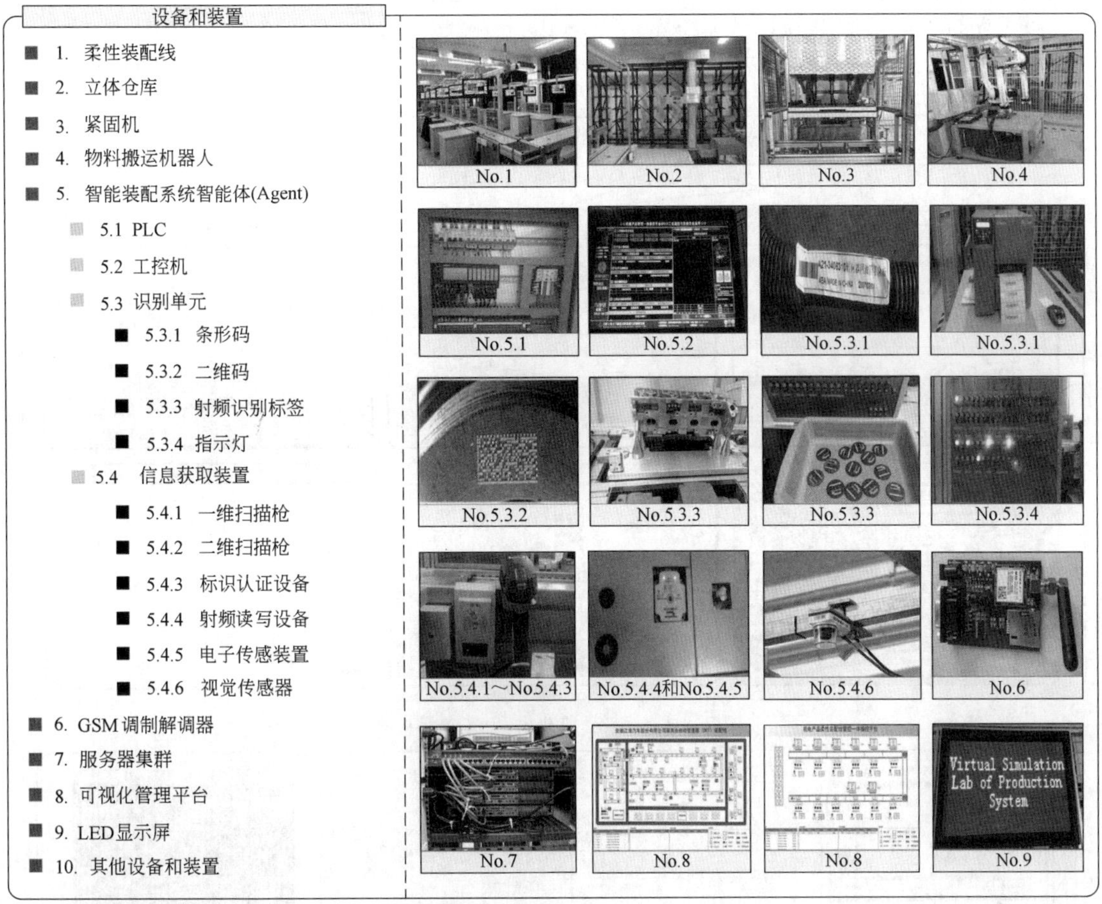

图 7.8-11　物联网环境下的智能装配系统

4）资源编码。传感器数据通常包含五种编码，这些编码可分为两大类。一类是用于资源分类且与其余编码相关，但不在传感器数据中；另一类适用于资源标识和其他的编码，常用于打印，且在传感器数据中，如材料条形码，包括物料编码、供应商编码和序列号三种，涉及数据长度、起始位和终止位属性。

5）智能化标识装配资源。利用 RFID 标签、条形码、传感器、视觉设备等使人员、设备、材料和其他装配资源，以及他们的相关状态可智能识别，并通过信息单元获取这些传感器数据。

6）数据转换和显示。首先，注册由中间软件提供的函数和服务（函数注册就是把函数指针作为参数传递出去便于别的模块使用的过程）；随后，通过中间软件服务器收集传感器数据，并根据中间软件项、生产事件和装配资源之间的映射关系将其转换为有意义的数据；最后，触发生产事件，执行相应的函数。

2. 螺栓紧固智能装配单元的实时分析和自主决策

图 7.8-13 描述了该智能装配系统的应用和决策，图中顶部图片为装配过程和信息发布的可视化监控，其中前 3 张图片分别为装配系统监控、装配区域监控和设备监控的界面，第 4 张图片为实时的生产信息显示的界面。图中底部图片为数据增值（实时分析）的相关应用，例如统计过程控制（一种借助数理统计方法的先进质量管理和控制技术）、设备综合效率分析、平均故障间隔时间统计、设备耗能统计、利用率分析、首次合格率统计等，这些数据增值支撑着该智能装配系统的自主决策和稳定运行。

3. 螺栓紧固智能装配单元的精准执行

螺栓紧固智能装配单元由一系列传感器、机器人、控制器和紧固设备组成，实施物联网环境下螺栓紧固的智能装配，即精准执行，详细步骤如下。

1）主要进行资源配置、数据地址映射和地址-对象映射等，如图 7.8-14 所示。

2）释放输入缓冲区的货盘。如果制造单元是空闲且视觉传感器（信息单元）检测到输入缓冲区有货盘，智能装配单元控制执行机构释放货盘到装配区，如图 7.8-15 所示。

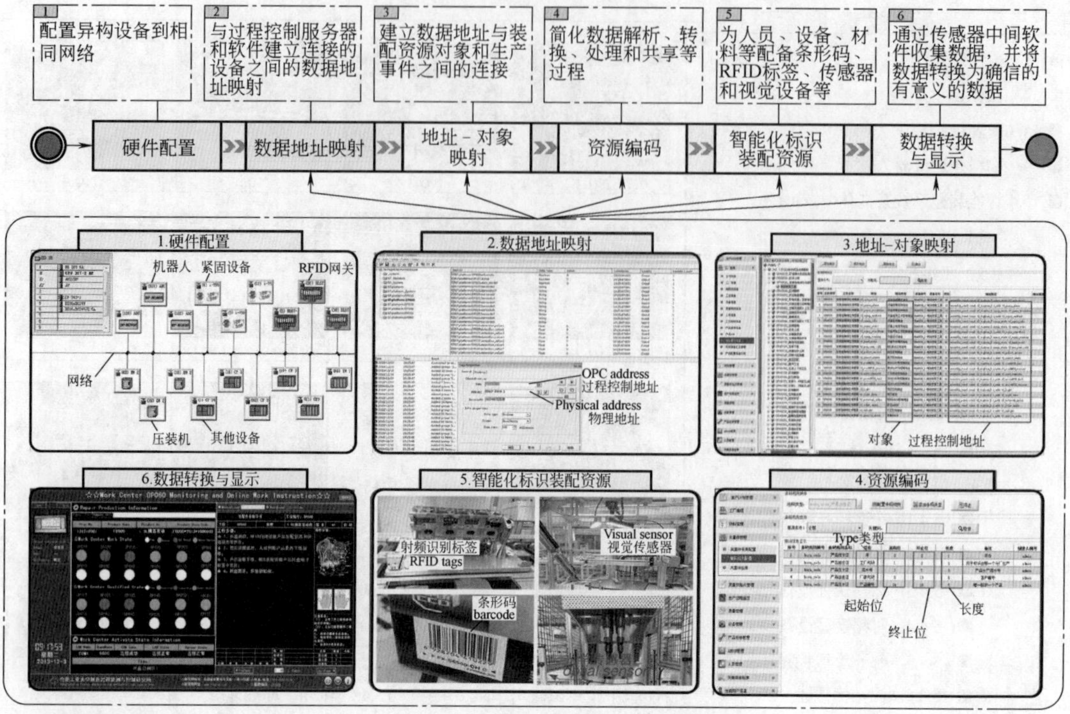

图 7.8-12　资源编码与数据感知融合

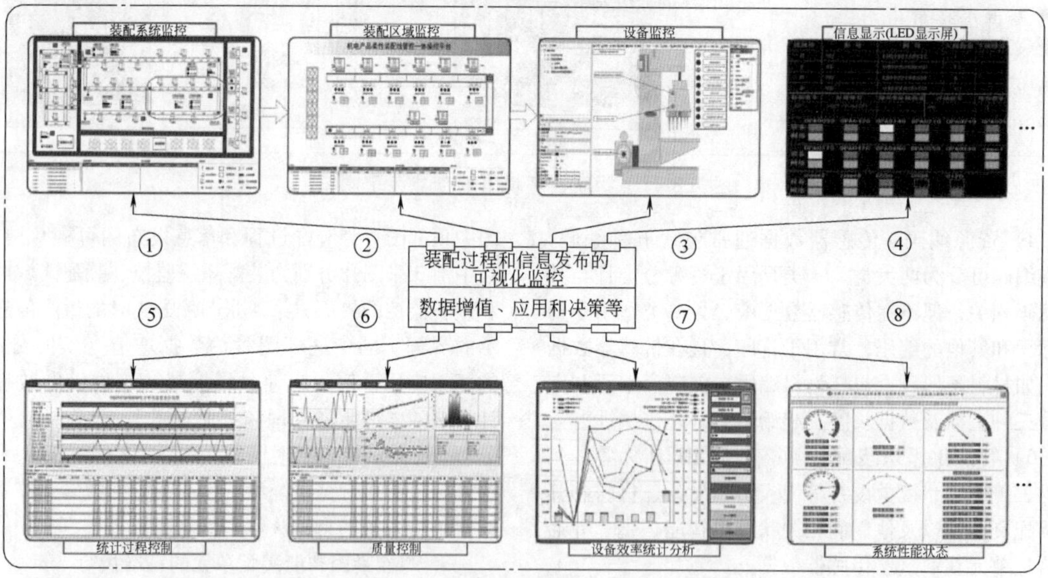

图 7.8-13　智能装配系统的应用和决策

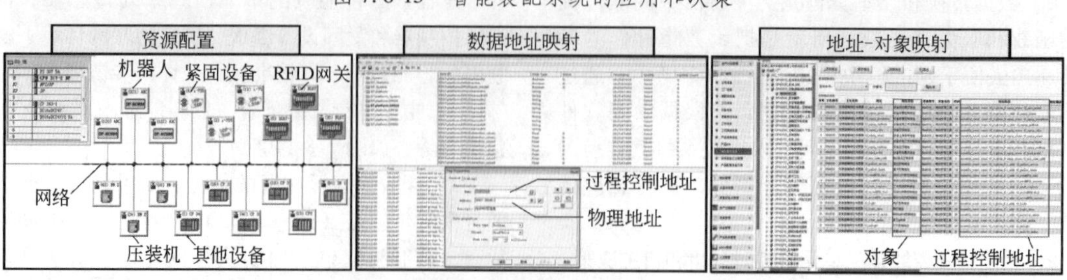

图 7.8-14　系统配置

3）释放空的货盘。如果视觉传感器检测到释放的货盘为空或没有半成品，智能装配单元将释放货盘到输出缓冲区，如图 7.8-16 所示。

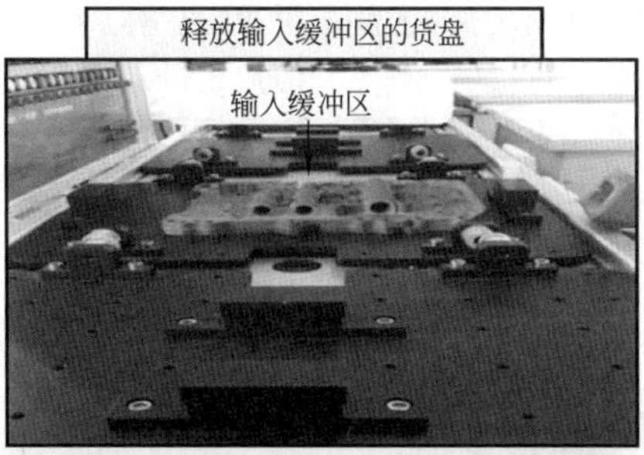

图 7.8-15　释放货盘到装配区

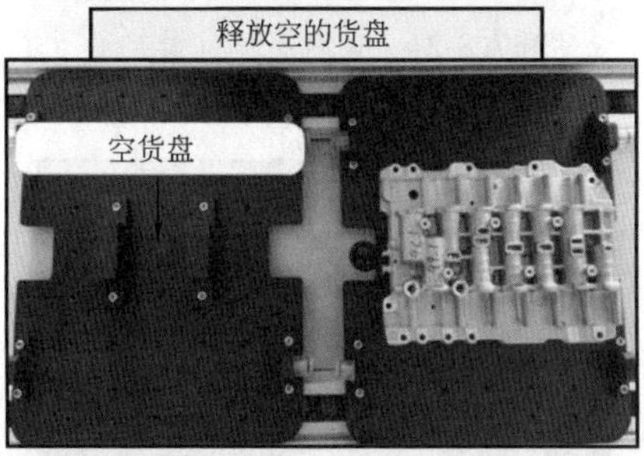

图 7.8-16　释放空货盘到输出缓冲区

4）读取 RFID 标签。智能装配单元控制器调用 RFID 读取设备获取半成品数据链，如图 7.8-17 所示。

5）基于数据链和检查规则（知识库）的监控器。智能装配单元控制器检查上一工序的半成品是否符合规范要求，如图 7.8-18 所示。

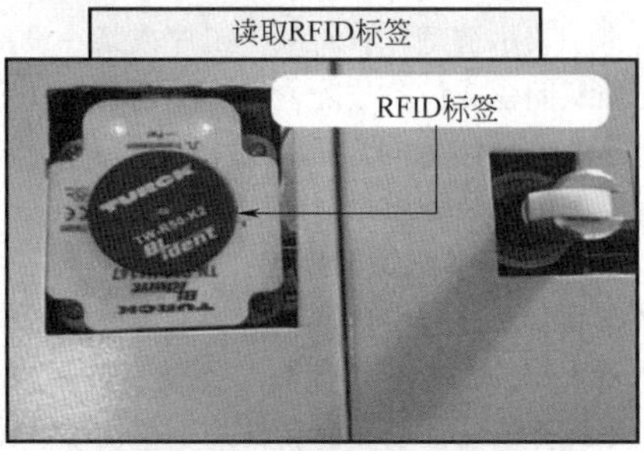

图 7.8-17　读取 RFID 标签

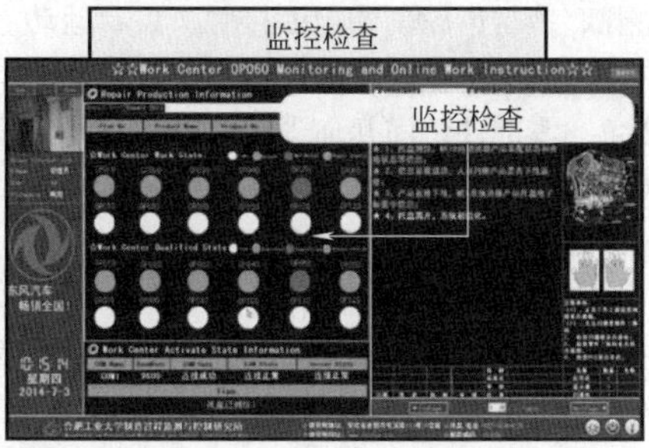

图 7.8-18　半成品检查

6）释放不合格的半成品。智能控制器控制释放不合格（未通过检查）的半成品到修复区，如图 7.8-19 所示。

7）扫描物料二维码。通过检查的半成品，由智能控制器调用扫描设备读取和解析其物料二维码，判断半成品所用物料是否符合规范要求，如图 7.8-20 所示。

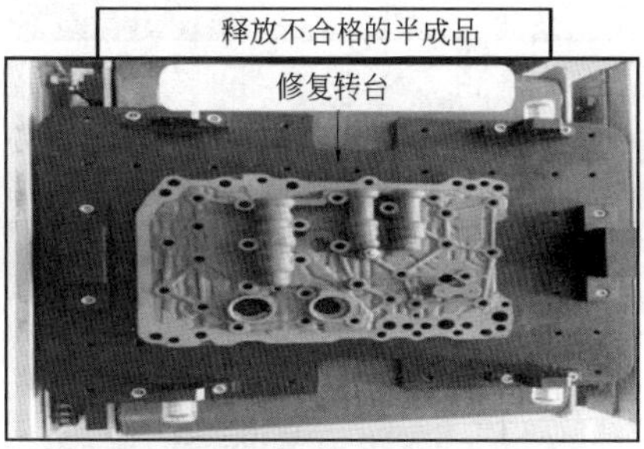

图 7.8-19　释放不合格的半成品

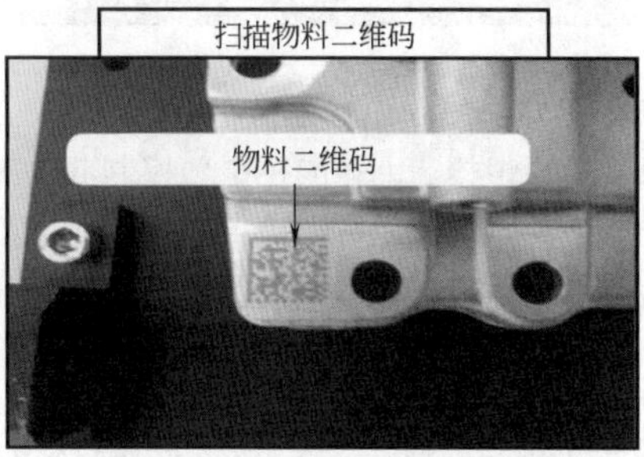

图 7.8-20　扫描物料二维码

8）视觉检查。由视觉设备抓取图像检查确定物料质量是否符合要求，如图 7.8-21 所示。

9）物料运送。如果物料质量检查合格，由智能控制器控制机器人（执行单元）在机器视觉协助下抓取并运送物料（半成品），如图 7.8-22 所示。

图 7.8-21　视觉检查

10）固定物料（半成品）。由智能控制器控制夹具固定由机器人运送到的物料（半成品），如图 7.8-23 所示。

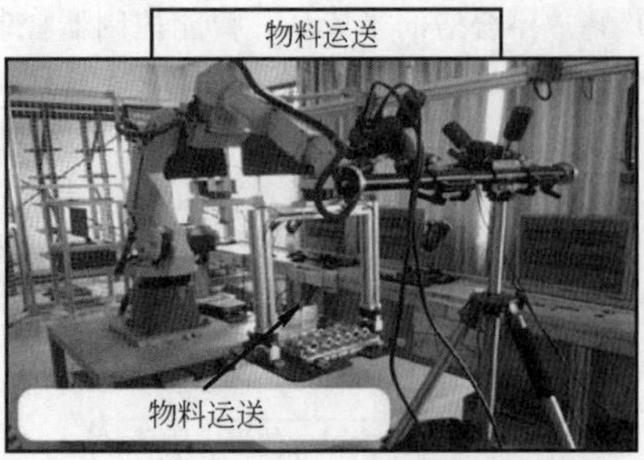

图 7.8-22　物料运送

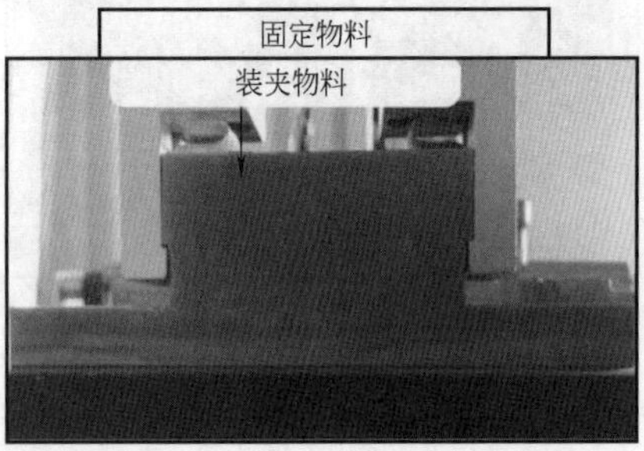

图 7.8-23　固定物料

11）紧固螺栓。由智能控制器控制起动紧固设备完成紧固工序，包括自动拧紧螺栓和紧固效果检查，如图 7.8-24 所示。

12）质量指标检查。由智能控制器检查从扭矩传感器和角度传感器获得的质量指标，判断该值是否达到知识库中的数值或要求，如图 7.8-25 所示。如果质量指标满足要求且输出缓冲区空闲，控制和管理处理器控制执行单元释放当前货盘到输出缓冲区。

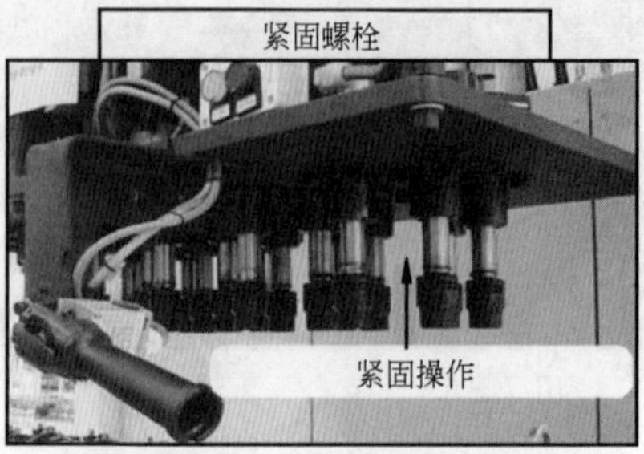

图 7.8-24　紧固螺栓（装配）

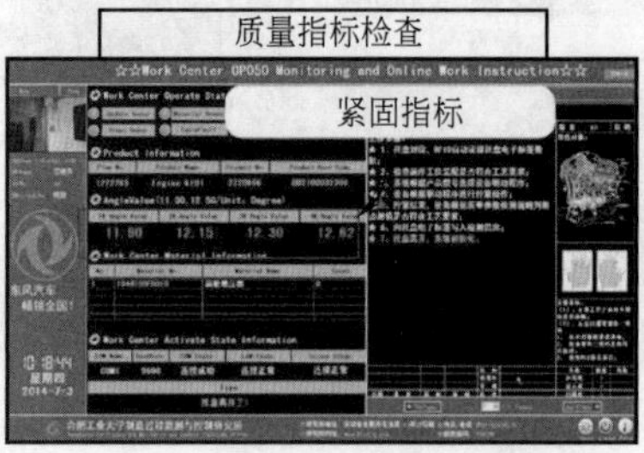

图 7.8-25　质量指标检查

7.9　装配质量的控制和检验

7.9.1　控制装配质量的途径

要获得稳定可靠的产品质量，必须对生产全过程进行控制。控制装配质量也必须从控制整个装配过程入手，重点控制主要的装配工艺及其技术参数。当某一环节出现装配质量问题时，应深入分析研究，找准其发生的根源，及时调整和改进装配工艺。

1. 制定有效的装配工艺规程

在总结过去生产实践和必要的工艺试验基础上制定的装配工艺规程，再通过生产实践不断改进和完善，形成正确的装配工艺规程。生产的产品有了这样的装配工艺规程，为控制产品的装配质量奠定了基础，也是准备或组织车间生产、计划调度等科学管理的主要依据，是人身安全和环境保护的主要措施。

装配工艺规程通常有装配工艺流程图、装配工序综合卡、装配工序分析卡、装配工艺守则等。装配工艺流程图是装配工艺规程的总纲。装配工序综合卡是装配工序分析卡的综合，说明产品装配的全过程。装配工序分析卡详细列出每个工步，说明操作过程。装配工艺守则一般情况均可在装配工序综合卡或装配工序分析卡中表示清楚，有时某一工序或某一设备易产生装配质量问题或设备故障，且影响面又大，为此必须提醒作业人员注意的方面，并将其置于工作场所，时时警告，控制装配质量。

2. 认真执行装配工艺规程

在产品装配过程中认真执行装配工艺规程中规定的工艺要求与技术参数是控制装配质量的关键环节。例如：零部件的清洁度、回转件的不平衡量、压合连接时的压合力、刮削配合面的接触点数、回转轴承的工作游隙、传动齿轮副的齿面接触斑点、运动零部件的灵活度及其摩擦损耗、螺纹连接的拧紧顺序及其力矩或转角、零部件之间几何误差等；另外装配当时的室内环境指标和装配设备、器具等完好无损，以及作业人员的技术等级等均须满足规程要求。

3. 装配过程中的禁忌

在装配过程中必须杜绝一切有碍装配质量的作业方式和方法。例如：

1）当两（多）个压配合零件的轴线尚未对准

时，不能强行压入作业。

2）当回转零件回转精度值超差时，不能用锤击校正。

3）密封垫片制作时，不能将垫片材料直接在密封件表面敲打成形。

4）多点螺纹连接中，应按规定的顺序和方法拧紧，不能随意操作。

常规装配作业中的禁忌应在员工培训时说明，特殊装配作业中的禁忌应在装配工艺规程中加以说明、限制或严禁，并在岗位培训中说明。

4. 相适应的装配组织形式

装配组织形式主要指装配的工作位置固定或移动（连续移动、同步间隙移动、非同步间隙移动）；1 名（组）装配作业人员从头至尾完成整个装配任务，或仅完成某一部分装配任务，即整个产品由多名（组）装配作业人员互相配合完成装配任务。

装配组织形式主要随生产规模不同而异，并与装配机械化、自动化程度以及装配生产成本密切相关。有了与生产规模、技术水平、经济环境、人文因素等相适应的装配组织形式，能降低作业人员的劳动强度，提高劳动生产率，控制产品的装配质量并降低装配成本。

5. 完善的装配生产环境

装配环境直接影响产品的装配质量，如精度、寿命等。装配环境通常是指装配所在场地（空间）的清洁度（包括含酸、含盐）、温度、相对湿度、振动、电磁波等指标，这些指标在工厂建设时应周密考虑。另外，应考虑待装零部件的贮存和运输：贮存应有期限，运输应有防护设施，防止贮存期中杂质自然沉降，以及运输过程中带来的环境污染。

6. 训练有素的装配作业人员

许多产品，尤其是精密机械类，其产品的精密程度与装配人员的技术水平密切相关。因此，培养既有技术理论水平和高超的操作技能，又有事业性和善于总结经验的装配作业人员，是控制装配质量的主要因素。

7. 健全的产品质量跟踪网络

机械产品在完成总装配和调整、检测以及试运转等一系列制作工艺后，达到产品出厂技术规范，然后售给用户使用。当使用一定时间后，可能出现故障和缺陷，因此，保持与用户的联系，倾听用户对产品的意见、质量评价等，及时了解和掌握这些信息对提高产品质量有很大的帮助。

由于产品质量问题导致产品出现故障，其原因是多方面的。除使用条件和操作管理等外，对产品本身而言有结构的合理性；零件的材料、热处理和机械加工因素；以及装配、调试是否到位等。在取得产品质量信息后，可利用故障树来分析故障的原因，找出属于装配方面的质量问题，加以防止和改进，从而不断提高产品质量。

7.9.2　装配质量的检验

具有合格质量的待装零部件是控制装配质量的前提。在装配过程中设置中间检验工序，以及装配结束后对产品进行非工况下检验等，是控制装配过程质量的有效保证。

1. 装配前的准备

（1）采购产品检验

1）一般采购产品的检验项目：

① 文件：产品合格证等。

② 包装：外包装完整、无损伤。

③ 外观：表面无磕碰、划伤、锈蚀。

④ 型号、规格：与文件相符。

⑤ 交检：供方必须填写“物资入库验收单”。

⑥ 验收：采购产品经检验确认合格，应做出标识和检验记录，通知外协部门。

一般采购产品的检验比例为 5%，依据相应技术文件进行检验。采购产品确认不合格时，填写返工返修单，并说明不合格项，通知外协部门进行处理。采购产品的检验应符合“采购产品入厂检验管理标准”的规定。

2）外扩件检验项目及比例。按图样要求项目每批按 4%~6%检验，最少不得低于 5 件，并查验产品合格证；按规定比例抽检不合格时，应加倍抽查，再次发现不合格拒绝验收；首检按规定比例抽查全部不合格时，拒绝验收；在生产过程中发现材质或硬度有异常问题时，应到理化室进行检验；在生产过程中经检验材质或硬度不合格时，对该供方提供的此零件再次入库时，对不合格项增加相应项目检验，抽查比例每批按 3~5 件，不合格拒收。连续三批合格恢复正常验收。

（2）热处理检验

热处理的检验应执行且分别符合 JB/T 8491. 2—2008《机床零件热处理技术条件　第 2 部分：淬火、回火》、JB/T 8491. 3—2008《机床零件热处理技术条件　第 3 部分：感应淬火、回火》、JB/T 8491. 4—2008《机床零件热处理技术条件　第 4 部分：渗碳与碳氮共渗、淬火、回火》等的规定。

（3）加工件检验

主轴是数控机床最关键零部件之一，其加工质量的好坏直接影响数控机床的整体性能，故主轴的检验是非常严格的。

1）主轴轴承颈、前短锥、前锥孔表面的接触率。量规及被检圆锥表面应擦洗干净，把涂料涂敷在量规或被检件的外圆锥表面上，在相隔 120°的母线方向，涂三条宽度约 5mm、厚度不超过 0.005mm 的涂色线，被检圆锥面大端直径超过 100mm 时，允许在相隔 90°的母线方向，涂四条同样宽度的涂色线，涂料应涂敷均匀；量规（或相配件）与被检圆锥表面结合后，施加适当的轴向力，使合研面紧密接触，相对转动后脱开。转动角度不大于 60°，往复转动一次。被检圆锥表面长度与大端直径之比约等于 1 或小于 1 时，允许转动往复次数不超过两次，观察涂色线经合研后呈现的接触状态。以涂色线实际接触长度的平均值与合研面工作长度之比作为接触比值评定依据；要求接触应靠近大端的圆锥表面，其接触比值普通级不得低于 75%，精密级不得低于 80%。

2）主轴前后颈径向圆跳动。将主轴装在专用检具上，使其尾端轴向定位，测量轴颈的径向圆跳动误差。用指示器测头垂直触及被测轴颈表面上方，均匀缓慢地旋转主轴进行检验，主轴前后颈径向圆跳动误差分别计算，指示器读数的最大读数差为前后颈的同轴度。

3）主轴端面安装位置尺寸。将刻有两条线（刻线距离应符合图样公差）的锥度塞规插入主轴锥孔，主轴锥孔端面在两条刻线范围内即为合格。

4）卡盘定心轴颈对前后轴承颈的径向圆跳动。将主轴装在专用检具或 V 形块上，使其尾端轴向定位，用指示器测头垂直触及定心轴颈上方，均匀缓慢地旋转主轴进行检验，指示器读数差值就是卡盘定心轴颈对前后轴承颈的径向圆跳动误差。

5）卡盘定心轴颈锥度。卡盘定心轴颈锥度一般用锥度环规涂色检验，并保持其锥度环规端面有一定间隙，该间隙应满足图样或工艺规定要求。

6）主轴锥孔中心线对前后轴承颈的径向圆跳动。将主轴装在专用检具或 V 形块上，使其尾端轴向定位，将检棒插入主轴锥孔内，用指示器测头垂直触及检棒的圆柱表面上方，慢速均匀旋转主轴进行检验，在规定位置 A 和 B 两个截面上测取读数值。为了清除插入锥孔时的安装误差，每测量一次，需将检棒相对主轴孔旋转 90°重新插入，至少测量四次，四次读数值的算术平均值即为此项误差。

7）主轴外径尺寸。主轴外径尺寸用千分尺测量时，检测前必须用量块校对，加工中千分尺要进行核查，以保证测量精度的准确度。主轴外径尺寸用杠杆千分尺和杠杆卡规测量时，测量标准是用量块及外径对表规校对，加工前把量具校对准确，加工中量具要多次进行核查，以保证测量精度的准确度。测量时，主轴外径每转 120°测量一次，至少测量三次，三次读数值的算术平均值为检测外径的实测尺寸。

2. 装配的中间检验

（1）固定结合面的检验

数控车床的固定结合面主要是主轴箱与床身的结合面、丝杠支承座及电动机座与床身的结合面、数控刀架与滑板的结合面、尾座体与底座的结合面等，结合面检验应符合 JB/T 9874—1999《金属切削机床　装配通用技术条件》的规定。

1）配合件的结合面应检查刮研面的接触点数。刮研面不应有机械加工的痕迹和明显的扎刀痕；两配合件的结合面均是刮研面，用配合件的结合面（研具）做涂色法检验时，刮研点应均匀。按规定的计算面积平均计算，在每 25mm×25mm 的面积内，接触点数不得少于表 7.9-1 的规定；两配合件的结合面一个是刮研面，另一个是机械加工面，用配合件的机械加工面检验刮研面的接触点数时，不得少于表 7.9-1 中规定点数的 75%；个别的 25mm×25mm 面积内（一至两处）的最低点数，不得少于表 7.9-1 中规定点数的 50%；静压导轨油腔封油边的接触点数不得少于表 7.9-1 中规定的点数。

注意：

① 两配合件的结合面为一组不同宽度的导轨时，按宽导轨的规定点数检验。

② 平均计算每 25mm×25mm 面积内的接触点数时，Ⅵ级和Ⅵ级以上精度等级机床和机床质量小于或等于 10t 的Ⅴ级机床的计算面积为 $100cm^2$，机床质量大于 10t 的Ⅴ级机床的计算面积为 $300cm^2$。

③ 检验接触点的介质为红丹涂料。

表 7.9-1　机床检验规定的接触点数

机床精度等级	静压、滑（滚）动导轨		移置导轨		主轴滑动轴承		镶条压板滑动面	特别重要固定结合面
	每条导轨宽度/mm				直径/mm			
	≤250	>250	≤100	>100	≤120	>120		
	接触点数							
Ⅲ级和Ⅲ级以上	20	16	16	12	20	16	12	12
Ⅳ级	16	12	12	10	16	12	10	8
Ⅴ级	10	8	8	6	12	10	6	6

注：塑料导轨刮研面的接触点数按设计规定。

2）采用机械加工方法加工的两配合件的结合面，应用涂色法检验接触情况，检验方法按 JB/T 9876—1999《金属切削机床　结合面涂色法检验及评定》的规定。接触应均匀，接触指标不得低于表 7.9-2 的规定。

表 7.9-2　两配合件结合面检验的接触指标

机床精度等级	静压、滑(滚)动导轨		移置导轨		特别重要固定结合面	
	接触指标					
	全长上	全宽上	全长上	全宽上	全长上	全宽上
Ⅲ级和Ⅲ级以上	80%	70%	70%	50%	70%	45%
Ⅳ级	75%	60%	65%	45%	65%	40%
Ⅴ级	70%	50%	60%	40%	60%	35%

注：1. 只有宽度上的接触达到规定指标，才能作为长度上的计算值。
2. 镶条按相配导轨的接触指标检验。

3）重要固定结合面和特别重要固定结合面应紧密贴合。重要固定结合面在紧固后用表 7.9-3 规定的塞尺检验时不得插入；特别重要固定结合面除用涂色法检验外，紧固前、后用表 7.9-3 规定的塞尺检验均不得插入；与水平面垂直的特别重要固定结合面可只在紧固后检验；用塞尺检验时，允许局部（一至两处）插入深度小于结合面宽度的 1/5，但不得大于 5mm，插入部位的长度小于或等于结合面长度的 1/5，但不大于 100mm 则按一处计。

表 7.9-3　机床精度等级对应的塞尺厚度

机床精度等级	塞尺厚度/mm
Ⅲ级	0.02
Ⅳ级	0.03
Ⅴ级	0.04

4）主轴箱定位销、滚珠丝杠支承座定位销和螺母座定位销的接触长度不得小于锥销工作长度的 60%，并应均布在接缝的两侧。

(2) 滑动结合面的检验

数控车床的滑动结合面主要是床鞍与床身之间的滑动，实现 Z 轴导向；滑板与床鞍之间的滑动，实现 X 轴导向；尾座与床身之间的滑动，实现锁紧工件，其结合面检验应符合 JB/T 9874—1999《金属切削机床　装配通用技术条件》的规定。

1）滑动结合面用涂色法检验时，其方法同“固定结合面的检验”中的前两项。

2）滑动、移置导轨表面除用涂色法检验外，还应用 0.04mm 塞尺检验，塞尺在导轨、镶条、压板端部的滑动面间插入深度不得大于表 7.9-4 的规定。

表 7.9-4　塞尺插入深度的规定

机床质量/t	Ⅳ级和Ⅳ级以上精度等级机床	Ⅲ级和Ⅲ级以上精度等级机床
	插入深度/mm	
≤10	20	10
>10	25	15

注：1. 移置导轨按工作状态检验。
2. 圆柱导轨可不做涂色法检验。

3）镶条装配后应留有调整余量。

4）滚动导轨面与所有滚动体应均匀接触，运动应轻便、灵活、无阻滞现象。

5）静压导轨空载时，运动部件四周的浮升量差值不得超过设计要求。

6）涂层导轨应符合 JB/T 3579—2007《环氧涂层滑动导轨　通用技术条件》的规定

7）贴敷导轨的导轨板与基体应贴合紧密，粘接牢固。

8）镶钢导轨、多段拼接的床身导轨接合后，相邻处导轨导向面的错位量不得大于表 7.9-5 的规定

表 7.9-5　相邻处导轨导向面的错位量

机床质量/t	错位量/mm
≤10	0.003
>10	0.005

(3) 过盈配合件配合面结合质量的检验

1）在配合面上施加一载荷（压力或力矩）进行受力试验，如图 7.9-1 所示。当配合件中一件被固定，另一件上施加规定的力或力矩（略大于工作时的承受载荷）时，配合面不允许有相对错动。

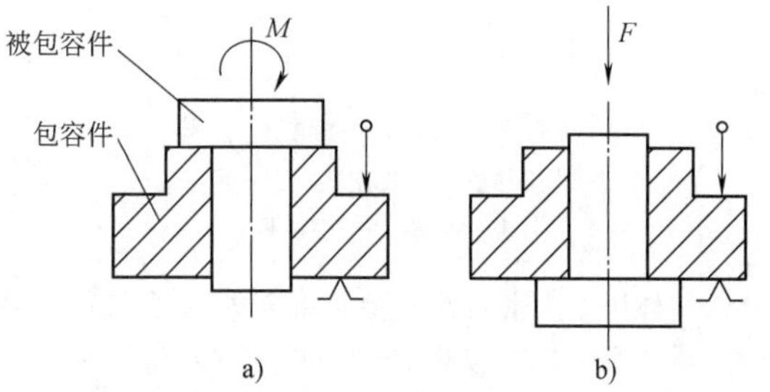

图 7.9-1　过盈配合件的受力试验示意图
a）受力矩试验　b）受压力试验

2）成批生产时，在一批中抽出一定数量（或个别）做破坏性受力试验，即试验施加的载荷不断增加，直至配合面错动为止，记下载荷值，应满足规程中要求。

(4) 相对运动的零部件之间密封性的检验

将活塞式发动机或气体压缩机等的缸壁制成夹层，用传热介质导出热量，其夹层必须进行密封性试

验。机器工作时，用水作为传热介质的则用水做密封性试验；若是用其他液体或气体作为传热介质的，则宜用气体做密封性试验，避免水渍污染夹层。

水压密封性试验如图 7.9-2 所示。鉴于水的可压缩性很小，所以压力随容积变化极为敏感。试验时需将夹层内气体排空，到达规定压力后，关闭切断阀，在规定时间内压力表读数不下降（或在限值内下降），表示合格。有时为防止生锈，水中需加入适量缓蚀剂。

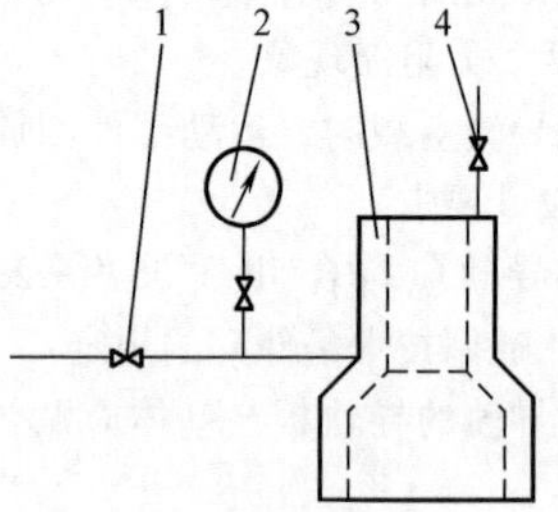

图 7.9-2　水压密封性试验

1—切断阀　2—压力表　3—被试件　4—排气阀

真空法密封性试验如图 7.9-3 所示。将空气抽到规定的真空度后，关闭切断阀，在规定时间内真空度不升高（或在限值内升高），表示合格。图 7.9-3 中真空缸 3 为发信号用，当真空度升高、活塞 4 上升到规定位置时，发出不合格信号。活塞借弹簧复位。

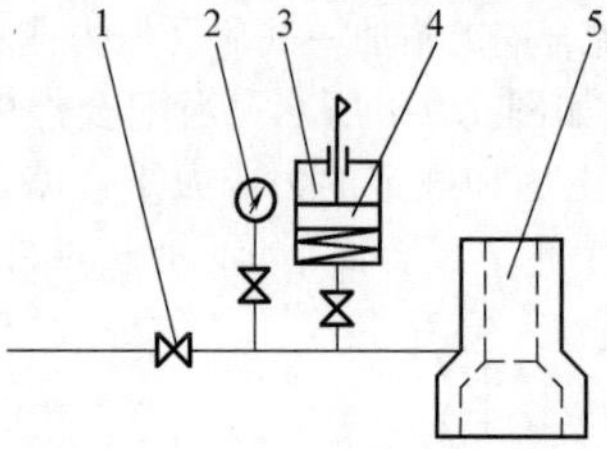

图 7.9-3　真空法密封性试验

1—切断阀　2—真空表　3—真空缸

4—活塞　5—被试件

气体压差法密封性试验如图 7.9-4，当气体充到规定压力后，同时切断两个电磁阀 4，在规定时间内，若被试件有泄漏，则压差传感器 2 发出信号（机械或电）。

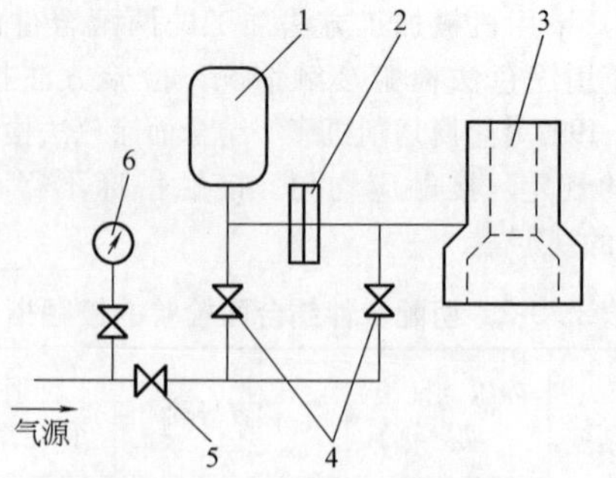

图 7.9-4　气体压差法密封性试验

1—标准容积缸　2—压差传感器　3—被试件

4 —电磁阀　5—切断阀　6—压力表

3. 装配的最终检验

（1）运动部件直线度的检验

检验运动部件上一点轨迹的直线度，图 7.9-5 为立式加工中心主轴竖直移动（*Z* 向）直线度误差的检测。检验方法参照 GB/T 17421.1—1998《机床检验通则　第 1 部分：在无负荷或精加工条件下机床的几何精度》的有关规定，测量器 3 的测头垂直接触角尺 1 的表面，竖直移动运动部件 2 测取读数，每次检验应在平行于 *X* 轴的 *Z*-*X* 平面内和平行于 *Y* 轴的 *Y*-*Z* 平面内分别进行。

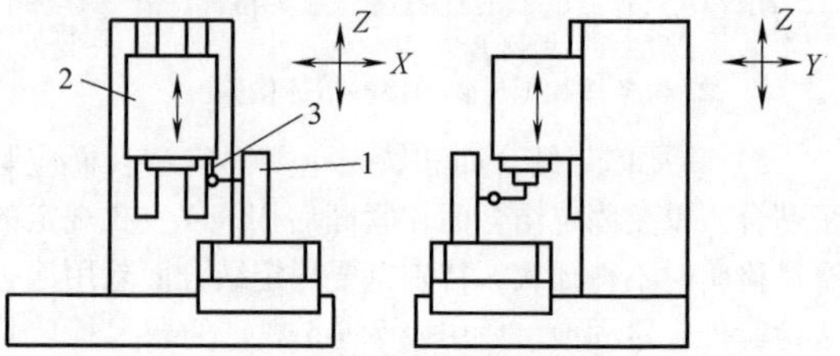

图 7.9-5　直线度误差测量

1—角尺　2—运动部件（主轴）　3—测量器

（2）运动部件与主轴轴线的平行度检验

检验运动部件上一点的轨迹与主轴轴线的平行度，图 7.9-6 所示为车床主轴对溜板（工作台）移动平行度误差的检测。检验方法参照 GB/T 17421.1—1998 的有关规定，测量器 3 的测头垂直接触检验心轴 1 的表面，移动运动部件 2 测取读数，每次检验应在垂直的轴向平面内和水平的轴向平面内分别进行。检验心轴与主轴要正确安装，使检验心轴径向圆跳动量最小。有时将检验心轴转过 180° 重新安装，再进行测量，数据取其平均值。

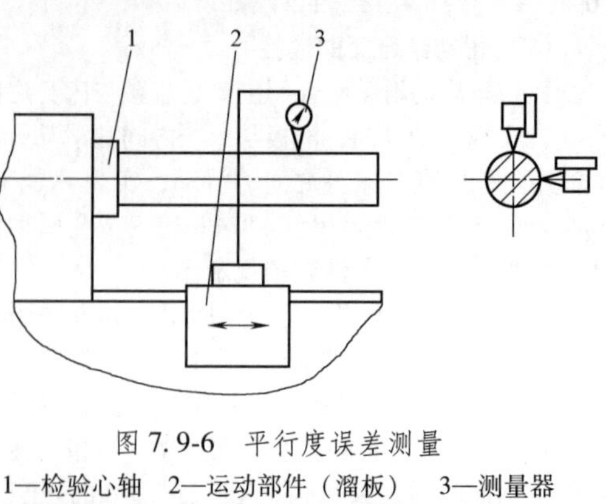

图 7.9-6　平行度误差测量

1—检验心轴　2—运动部件（溜板）　3—测量器

(3) 主轴旋转精度的检验

检验方法参照 GB/T 17421.1—1998 的有关规定：

1) 径向圆跳动。在图 7.9-7 所示 a 位置检验车床主轴旋转的径向圆跳动。测量器 3 的测头垂直接触主轴 2 的定心轴颈上，旋转主轴 2，测量器 3 读数的最大差值即径向圆跳动误差。

2) 轴向窜动。在图 7.9-7 所示 b 位置检验车床主轴旋转的轴向窜动。测量器 3 的测头垂直接触带钢球检验棒 1 的钢球上，旋转主轴 2，测量器 3 读数的最大差值即轴向窜动误差。

3) 端面圆跳动。在图 7.9-7 所示 c 位置检验车床主轴旋转的端面圆跳动。测量器 3 的测头垂直接触主轴 2 的主轴肩边缘上，旋转主轴 2，测量器 3 读数的最大差值即端面圆跳动误差。

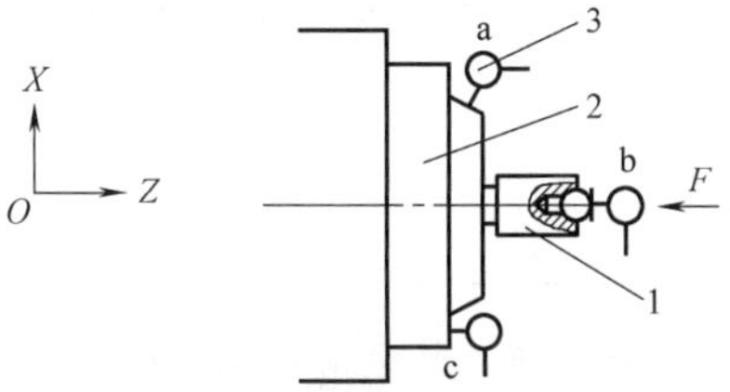

图 7.9-7　主轴旋转精度误差测量

1—带钢球检验棒　2—主轴　3—测量器

(4) 进给轴之间垂直度的检验

图 7.9-8 所示为立式加工中心 Z 轴运动和 Y 轴运动间的垂直度误差的检测。检验方法参照 GB/T 17421.1 的有关规定，平尺 1 平行于 Y 轴放置，通过直立于平尺 1 上的角尺 2 检验 Y 轴轴线。测量器 3 的测头垂直接触角尺 2，沿 Z 轴方向移动运动部件 4 测取读数。

(5) 定位精度与重复定位精度的检验

被检机床应完成装配并经充分运转。在开始检验定位精度和重复定位精度之前，机床的调平、几何精度和功能检验都应完全符合要求。所有的检验均应在机床无负载，即无工件的条件下进行。

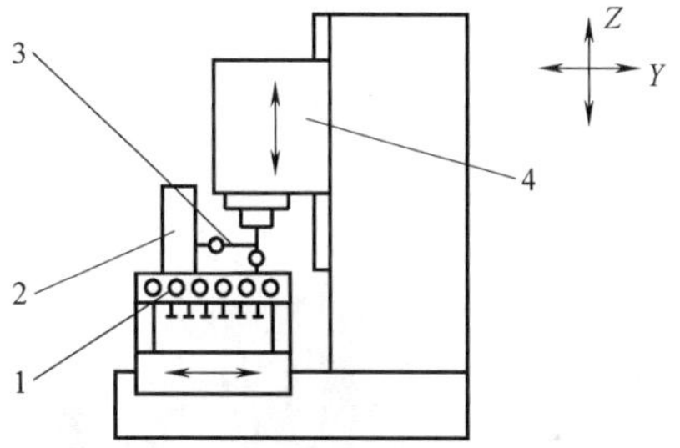

图 7.9-8　进给轴之间的垂直度误差测量

1—平尺　2—角尺　3—测量器

4—运动部件（主轴）

检测时，按数控程序使机床运动部件沿轴线或绕轴线运动到一系列的目标位置，并在各坐标位置停留足够的时间，以便测量和记录实际位置。机床应按程序以相同的进给速度在目标位置间移动。

按国家标准和 ISO 标准的规定，对数控机床的检测应以激光测量为准。为了反映出多次定位中的全部误差，ISO 标准规定每个定位点按五次测量数据算出平均值和散差 $\pm\sigma$。

国家标准 GB/T 17421.2—2016《机床检验通则　第 2 部分：数控轴线的定位精度和重复定位精度的确定》规定了通过直接测量机床的单个轴线来检验和评定数控机床的定位精度和重复定位精度的方法。该方法对线性轴线和回转轴线（直线运动和回转运动）同样适用。

表 7.9-6 为某机床定位精度与重复定位精度激光检测报告单。

表 7.9-6　某机床定位精度与重复定位精度激光检测报告单

送检单位	i5	产品名称	i5T5.2	项目	位置精度
测试仪器	双频激光器	仪器编号		室温	20℃
检测项目		技术要求	实测值	简图说明	
X 轴					
定位精度 A		0.008			
重复定位精度 R		0.005			
反向偏差 B		0.002			
Z 轴					
定位精度 A		0.008			
重复定位精度 R		0.005			
反向偏差 B		0.002			
备注：					单位：mm
检定员：		负责人：		鉴定日期：	

7.9.3 典型产品（i5智能车床）的出厂检验与试验

1. 整机装配检验

图 7.9-9 i5 智能车床外观图

（1）电气质量的检验

1）机床电气系统装配、接线应正确，符合图样、文件及有关标准的要求。

2）机床电气系统能够完成全部规定动作，性能灵敏可靠。

3）电器件及配线整齐美观，标记清楚规范，电气柜、电器件及线缆应保持清洁，不得有油污及其他脏迹。

4）电器件安装牢固，在运输和使用过程中不得松动脱落。所有连线两端都应连接牢固，保证无意外松动的危险。

5）所有焊接元件应符合焊接工艺要求，焊接牢固，焊点圆滑，不得有分叉或毛刺。

6）所有按钮、信号灯、标牌、导线、形象化符号的种类及颜色都应符合图样及有关标准的要求。

7）机床电气系统具有完善的安全防护措施，能够有效地防止直接触电和间接触电事故的发生。

8）机床接地良好，符合图样及有关标准的要求。

9）保护接地连续性试验（检验方法：用保护接地连续性测试仪测试）。在总接地端子和保护接地电路部件的各点进行测试，通过引入来自 50Hz PELV 电源的低电压，至少 10A 电流和至少 10s 时间的验证，其电压降不应超过表 7.9-7 的规定值。

表 7.9-7 电压降的规定值

被测保护导线最小有效截面面积/mm^2	最大实测电压降/V
1.0	3.3
1.5	2.6
2.5	1.9
4.0	1.4
>6	1.0

除以上要求外，其余应按 GB/T 5226.1—2019《机械电气安全 机械电气设备 第1部分：通用技术条件》的规定执行。表 7.9-8 为某机床电气检查卡。

表 7.9-8 某机床电气检查卡

i5T5		电气检查卡		
机床型号：		机床编号： 生产线： 检查日期：		
检验项目		检验内容	检验结果	备注
参数	软件版本	点击系统主界面左上角的“i5”图标，查看软件版本，应为最新版本		
	PLC 版本	运行 M999 后，点击信息提示栏的“+”号，在信息提示中查看 PLC 版本，应为最新版本		
	软限位	点击“设置”→“参数设置”，X、Z 软限位为“ON”，核对软限位数值		
	其他	机床出厂前机床通电时间、加工时间、总工件数、刀补数据清零，试切程序删除		
PLC 参数	卡盘类型	标准卡盘类型为 1，标准自动线卡盘类型为 2		
	安全门类型	标准安全门类型为 1，标准桁架天窗气动门安全门类型为 5，标准整体自动门安全门类型为 8		
	尾座类型	标准液压尾座类型为 8，标准液压尾座（油缸带位置检测）类型为 9，标准伺服尾座类型为 25		
	排屑器类型	标准排屑器 1 类型为 5，标准排屑器 2 类型为 11		
伺服轴	手动	按 X+/X-键，检测轴移动功能；按快速移动键，检测快速移动功能；调整倍率旋钮，确认倍率功能生效；确认超程时，有报警；按急停按钮，确认急停功能生效		
		按 Z+/Z-键，检测轴移动功能；按快速移动键，检测快速移动功能；调整倍率旋钮，确认倍率功能生效；确认超程时，有报警；按急停按钮，确认急停功能生效		

（续）

检验项目		检验内容	检验结果	备注
伺服轴	自动	按X/Z轴执行G01工进移动过程，面板上显示进给值稳定在±3μm范围内		
	手摇/手持盒	X轴正负方向；Z轴正负方向；手摇/手持盒倍率生效；超程有报警；急停立即停		
主轴	手动	正、反转对应灯亮；卡盘、尾座对主轴限制生效；安全门打开，主轴转速低于50r/min；主轴倍率生效；急停立即停，主轴停灯亮		
	自动	M3 S500、M4 S500正常；主轴旋转卡盘、尾座、防护门操作无效；试验最高转速；M19定位正常；主轴编辑转速与实际转速之差在±5r/min以内		
液压	手动	急停液压灯灭，停止工作，急停释放后，按伺服上电，液压站也同时启动，灯亮。关闭Q2.2系统报警		
刀架	手动	手动选刀，旋转到位，灯亮。各刀位的位置和刀号均正确		
	自动	就近选刀功能（T7、T8互换）；旋转中，按急停按钮立即停，禁止转主轴，复位后手动刀架正常旋转，刀号正确（T1换T5）；T代码换刀各刀位的位置和刀号均正确		
卡盘	内外转换	设置参数“卡盘内外卡选择ON/OFF”转换后系统提示“卡盘卡紧方式已经转换”，复位生效后检验动作是否切换。设置为“OFF”外卡，卡盘向内卡紧		
	手动	按钮或脚踏控制卡盘正确有效；压力低于0.8MPa时报警。主轴旋转中，卡盘操作无效		
	自动	执行M10代码，卡盘卡紧，按键指示灯亮；执行M11代码，卡盘松开，按键指示灯灭，此时不允许主轴旋转，如果执行主轴旋转指令，触发报警		
尾座	手动	按钮或脚踏控制尾座动作正确有效，对应指示灯状态正确，向前顶紧压力低于0.8MPa时报警，前进速度应小于后退速度		
	点动（伺服尾座）	按K2按键，检验尾座前进点动动作；按K3按键，检验尾座后退点动动作		
	自动	执行M32指令，尾座前进；执行M33指令，尾座后退		
防护门锁	手动	按键控制防护门锁开启有效，指示灯状态正确，程序运行时防护门锁控制无效		
	自动	M22控制防护门锁开启有效，指示灯状态正确		
冷却	手动	按键控制冷却开关有效，对应灯亮、灭状态正确。防护门开，冷却停；液位低，触发报警；换刀时不冷却；急停停止		
	自动	M8开；M9关。水泵相序连接正确，风扇叶片旋转方向与指示方向相符		
润滑	手动	按润滑键，启动润滑，指示灯亮，观察润滑站是否工作		
	自动	核对自动润滑间隔时间和润滑时间。T5.4为30min/15s，其余为60min/10s		
排屑	手动	按正转按键，排屑器正转，对应指示灯亮；按反转按键，排屑器反转，对应指示灯亮；按停止按键，排屑器停止，对应指示灯亮；检查排屑器堵转开关有效性，堵转时，触发报警，主轴与排屑器联动功能生效		
	自动	M15正转，指示灯亮；M16停止，指示灯亮		

（续）

检验项目		检验内容	检验结果	备注
报警灯	颜色	按下急停按钮，报警灯为红色；清除所有报警后按复位键，报警灯为黄色（空闲状态）；执行程序时，报警灯为绿色		
照明灯	手动	按钮控制照明灯正确有效，指示灯状态正确		
主电动机风机	旋转方向	关闭电箱内的 Q2.14，从主电动机后方看，风扇逆时针旋转为正确方向；关闭 Q2.14 系统会报警且主轴无法启动		
CRT 箱	硬件	按钮、按键灵敏可靠，标识符号清晰正确；检查下方旋钮有无松动，对应位置是否准确		
电箱	硬件	PLC 卡拨码开关 2 为 ON，其余均为 OFF；DAC 卡拨码开关 1 为 ON，其余均为 OFF；按要求检查电箱排屑器电机、液压电机、冷却电机电流值设定；检验热交换器功能正常		

其他问题：

检验员：

（2）外观质量的检验

1）机床造型美观、匀称、和谐、宜人，外露的附件、配套件应与机床协调；机床各部件及装置应布局合理、高度适中，便于操作者观察加工区域；机床的手轮、手柄和按钮等布置合理、操作方便，并符合有关标准的规定；机床应便于安装、拆卸、调整和维修。

2）机床外观表面不应有图样未规定的凸起、凹陷、粗糙不平和其他损伤。

3）机床的防护装置（罩、盖）应平整、匀称，不应有扭曲、凹陷。

4）机床零部件外露结合面的边缘应整齐、匀称，不应有明显的错位，其错位量及错位不匀称量不得超过表 7.9-9 的规定。机床的门、盖与机床的结合面应贴合，其贴合缝隙值不得大于表 7.9-9 的规定。机床的电气柜、电气箱等的门、盖周边与其相关件的缝隙应均匀，其缝隙不均匀值不得大于表 7.9-9 的规定。

5）外露的焊缝应修整平直、均匀。

6）机床的外露零件表面不应有磕碰、划伤、锈蚀等，螺钉、销的端部不得有扭伤、锤伤等缺陷。

7）装入沉孔的螺钉不应突出于零件表面，其头部与沉孔之间不应有明显的偏心。

8）电镀、发蓝等表面处理的零部件，色调应一致，防护层不应有褪色、脱落现象。

表 7.9-9 结合面各相关量的规定值

（mm）

结合面边缘及门、盖边长尺寸	≤500	>500~1250	>1250~3150	>3150
错位量	1.5	2	3	4
错位不匀称量	1	1	1.5	2
贴合缝隙值	1	1.5	2	—
缝隙不均匀值	1	1.5	2	—

注：当结合面边缘及门、盖边长尺寸长、宽不一致时，按长边尺寸确定允许值。

9）电气、液压、润滑和冷却等管道的外露部分，应布置紧凑、排列整齐，必要时用管夹固定，管子不应产生扭曲、折叠等现象。

10）机床上的各种标牌应清晰耐久，铭牌应固定在机床的明显位置，并应位置正确、平整、牢固、不歪斜。

11）机床的气动、冷却、润滑系统及其他部位不得漏气、漏油。冷却液不得混入气动系统和润滑系统，各系统应符合标准的规定，保证运行良好、充分、可靠。

表 7.9-10 为某机床外观质量检验卡。

2. 整机试验

（1）机床的空运转试验

空运转试验包括机床功能试验、数控功能试验、运动系统空运转试验、连续空运转试验。

表 7.9-10　某机床外观质量检验卡

机床型号：　　　　　　　　　　　　　　机床编号：
生产线：　　　　　　　　　　　　　　　日期：

检验项目	序号	检 测 内 容	检查结果	备注
内外防护	1	机床表面清洁干净，无划伤、磕碰、翘边、凹凸不平等现象		
	2	塑面无流挂、起泡、失光、粘浮物、熏漆、橘皮、砂痕及漆面损伤等现象。拉罩表面无磕碰、划伤、锈蚀等现象		
	3	各部位无明显错位、接缝不齐等现象，外露面边缘应整齐		
	4	CRT 走线槽与防护横梁结合处应有密封条密封		
	5	门锁使用顺畅，开锁正常		
	6	内外防护结合处无缝隙，刀架罩缝隙无明显漏光，各刮屑板与拉罩之间无明显缝隙		
	7	不缺少螺钉，不缺少防松垫，使用要求的螺钉，长度适宜，螺钉均紧固可靠。螺钉避免与移动部位干涉		
	8	拉罩滚轮支架螺钉无松动、脱落现象		
	9	各位置的刮屑板、毛刷齐全整齐，且有效		
	10	拉门滑动自如，不别劲，拉门平稳运行拉力不大于 49N		
管线布局	11	管线捆扎整齐，扎带余部根切，管线不允许与主电动机、传动带等发热和旋转的部件接触，走线布局应符合标准要求		
	12	液压管线长度适宜，各轴的两个极限位置不拉扯，不与变压器、床身等部件干涉		
	13	线缆不能与电动机等发热体接触，不能与移动的部件干涉		
	14	润滑管走线布局、固定点、捆扎部位符合标准要求，美观整齐。不允许有打折、扁管、变形等影响出油量的情况		
	15	机床上所有接线和插头应牢固，无松动现象		
	16	电箱内走线整齐合理，标识清晰。i-port 电缆隐藏于电盘左下角的走线槽内		
其他项目	17	液压站压力：系统 3.0～4.0MPa、卡盘 1～2MPa、尾座 1.5～2MPa。润滑站压力：0.8MPa（阻尼泵）/2.5MPa（增量泵）		
	18	整机动平衡检测记录：转速 n 为最大时，振动速度 $v_1 \leqslant$ 1.3mm/s，$v_2 \leqslant$ 1.3mm/s		
	19	传动带张紧力按照技术要求调整到位		
	20	机床外露零件表面不应有磕碰、锈蚀。电镀件、法兰件、开关按钮、电线、金属软管、液压管路、液压站等应清理干净		
	21	电箱密封性：电箱门密封胶条粘贴可靠，无缺段，无翘边现象。进线孔填充料密封可靠。密封接头、扣盖安装牢固		
	22	主电动机、主轴箱固定螺栓和调整螺栓，没有松动、漏装等现象		
	23	各部位零件装配齐全（包括电箱内部件），并牢固可靠，不应有丢件、落件、多件、错件现象		
试车试水及后序工作	24	试车时间不应低于 48h，整机噪声最高不应超过 83dB		
	25	拉罩在试车过程中不别劲，滚轮试车顺畅，拉罩试车无异响		
	26	试车过程中主轴单元无异响		
	27	试车过程中主电动机无异响		
	28	试车过程中系统各部件应运行稳定，不应有闪屏、黑屏、死机、报警、按键失灵、数据丢失等现象		
	29	试车过程中刀架运转正常，无卡死、漏水、报警、异响等现象		

（续）

检验项目	序号	检 测 内 容	检查结果	备注
试车试水及后序工作	30	试车过程中润滑泵工作正常，油管、分油器、接头等部位无漏油现象		
	31	试车过程中所有液压、润滑等无漏油现象。线路无松动、连接螺栓牢固可靠		
	32	水泵试水过程中，水泵应正转，水箱内冷却液应充足		
	33	排屑器运行正常，水箱及液位计无漏水现象		
	34	试水过程中，机床各部位无漏水现象		
	35	试车试水后，油污、水渍、铁屑等应清理干净，保持整机清洁度		
	36	按标准固定 Z 轴、尾座、CRT 等移动零部件		
	37	检查随机文件与附件齐全、完整		

1）机床功能试验。用按键、开关人工操作，对机床进行功能试验，试验其动作的可靠性、灵活性、平稳性；对机床主轴在低、中、高速运转情况下做启动、正转、反转、制动、停止的连续试验，连续操作不少于 10 次；对进给系统在低、中、高进给速度和快速范围内，进行不少于 10 种的变速操作试验，动作应准确；进给运动选择适当的速度做启动、停止、正、反向进给及快速试验，正、反向连续操作试验不少于 10 次，快速行程不小于全行程的一半；对机床数字控制的各种指示灯、控制按钮、数据输出输入设备和风扇等进行空运转试验，动作应灵活、可靠；对机床的安全、保险、防护装置进行必要的试验，功能必须可靠，动作应灵活、准确。

2）数控功能试验。用中速连续对主轴进行 10 次正、反转的起动、停止（包括制动）和定向操作试验，动作应灵活、可靠；进给机构做低、中、高进给及快速进给与快速进给变换试验；对机床所具备的各坐标轴联动、坐标选择、机械锁定、定位、直线及圆弧等各种插补，螺距、间隙、刀具等各种补偿，程序的暂停、急停等各种指令，有关部件（如刀盘）的夹紧、松开以及液压、冷却、润滑系统的起动、停止等数控功能逐一进行试验，其功能应可靠，动作应灵活、准确。

3）运动系统空运转试验。机床主运动机构应从最低转速起，依次运转，每级速度的运转时间不得少于 2min。在最高速度运转时，时间不得少于 1h，使主轴轴承达到稳定温度，并在靠近主轴定心轴承处测量温度和温升，其温度不应超过 60℃，温升不应超过 30℃。在各级速度运转时运转应平稳，工作机构应正常、可靠；对直线坐标上的进给运动部件，分别用低、中、高进给速度和快速进行空运转试验，其运动应平稳、可靠，高速无振动，低速无爬行现象。

4）连续空运转试验。连续空运转试验应用包括机床各种主要功能在内的数控程序，操作机床各部件进行连续空运转，时间应不少于 16h；连续空运转的整个过程中，机床运转应正常、平稳、可靠，不应发生故障，否则必须重新进行运转；主轴系统应包括低、中、高在内的 5 种以上转速进行正转、反转、停止、定位及恒线速运转试验；进给系统进行低、中、高速度进给及快速进给变换，其行程为全行程，快速进给的行程应大于全行程的一半；转塔装有必要的附具，布置成稍有偏重的情况下，转塔刀架所有工位进行正、负方向逐位转换、越位转换。

（2）工作精度试验

图 7.9-10 所示为数控车床的典型工作精度检验，包括精车外圆的精度、精车端面的平面度、精车螺纹的螺距累积误差、铣削综合试件的工作精度（正六棱面对边尺寸的一致性）。

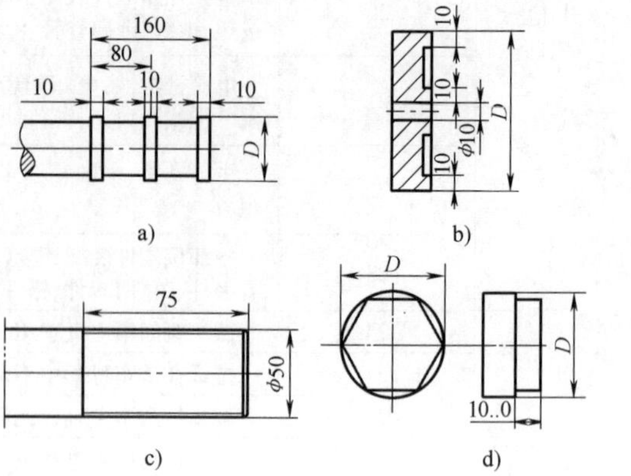

图 7.9-10　数控车床的典型工作精度检验
a）精车外圆的精度　b）精车端面的平面度　c）精车螺纹的螺距累积误差　d）正六棱面对边尺寸的一致性

精车外圆的精度如图 7.9-10a 所示，检测精车后外圆直径的一致性（试件在同一轴向平面内直径的变化）和圆度。

精车端面的平面度如图 7.9-10b 所示，检测精车后端面的平面度。

精车螺纹的螺距累积误差如图 7.9-10c 所示，检测精车后螺纹的螺距累积误差。

正六棱面对边尺寸的一致性如图 7.9-10d 所示。

（3）主传动系统最大扭矩和最大切削抗力试验

1）试验方法。用强力车削外圆（无切削液）进行试验，按表 7.9-11 格式记录。切削时可逐渐改变进给量或背吃刀量，以达到额定值。

表 7.9-11　强力车削外圆记录表

序号	试件直径 d/mm	切削条件				功率					切削抗力 F/N	扭矩 T/N·m
		主轴转速 n/(r/min)	切削速度 v/(m/min)	背吃刀量 a_p/mm	进给量 f/(mm/r)	电压 /V	电流 /A	输入功率 P/kW	空载功率 P_0/kW	切削功率 $P-P_0$/kW		
1												
2												

最大扭矩（N·m）为

$$T=\frac{9550(P-P_0)}{n}$$

最大切削抗力（N）为

$$F=\frac{T}{r}$$

式中　P——切削时电动机的输入功率（kW）；

P_0——装有工件时的空载功率（kW）；

n——主轴转速（r/min）；

r——工件的切削半径（m）。

2）试验条件：

① 刀具材料、型式、切削用量等按制造商规定。

② 试件材料：45 钢。

③ 试件尺寸：$d=D/4 \sim D/2$。

④ 切削长度：$L \leqslant D/4$（D 为卡盘直径）。

（4）主传动系统最大功率试验

1）试验方法。用高速切削外圆，机床应达到主电动机的额定功率，按表 7.9-12 格式记录。

2）试验条件：

表 7.9-12　高速切削外圆记录表

序号	试件直径 d/mm	切削条件				功率			
		主轴转速 n/(r/min)	切削速度 v/(m/min)	背吃刀量 a_p/mm	进给量 f/(mm/r)	电压 /V	电流 /A	输入功率 P/kW	额定功率 P_n/kW
1									
2									

① 刀具材料、型式按制造商规定。

② 切削用量：切削速度 $v>120$m/min；其他切削用量由制造商自定。

③ 试件材料：45 钢。

④ 试件尺寸：$d=D/4 \sim D/2$。

⑤ 切削长度：$L \leqslant D/4$（D 为卡盘直径）。

（5）振动性切削试验

1）试验方法。用切槽进行抗振试验，切削方式如图 7.9-11 所示，按表 7.9-13 格式记录。按表 7.9-14 规定的刀宽进行切槽，机床不应发生颤振。

表 7.9-13　抗振试验记录表

序号	试件直径 d/mm	切削条件					切刀至卡盘端面距离 L/mm	振动状态
		主轴转速 n/(r/min)	切削速度 v/(m/min)	进给量 f/(mm/r)	规定切宽 b/mm	实际切宽 /mm		
1								
2								

2）试验条件：

① 刀具材料、型式按制造商规定。

② 切削用量：切削速度 $v=100 \sim 120$m/min；其他切削用量由制造商自定。

③ 进给量：$f=0.1$mm/r。

④ 切削深度：$t \geqslant 7$mm。

⑤ 试件材料：45 钢。

⑥ 试件尺寸：$d \approx 0.2D$（D 为卡盘直径）；$L=2d$。

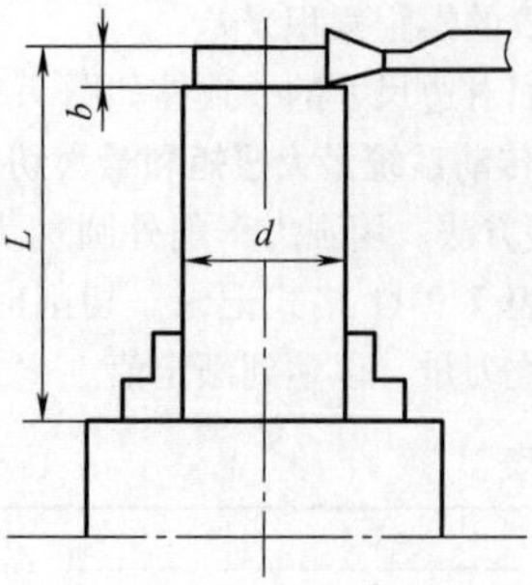

图 7.9-11　切削方式

表 7.9-14　不同卡盘的切宽值

卡盘直径/mm	切宽 b/mm
≤320	5
>320~500	7
>500~800	9

3. 整机合格证

(1) 几何精度检验（表 7.9-15）

表 7.9-15　几何精度检验

序号	简　图	检 验 项 目	允差值/mm	实测值/mm
G1	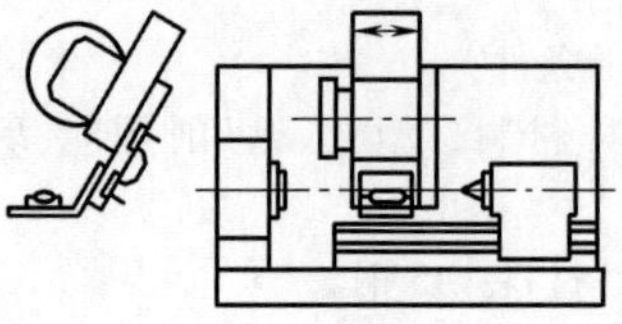	床身导轨的直线度 a. 纵向 b. 横向	a. 全长 0.012；任意 250 测量长度上 0.006 b. 0.040/1000	
G2	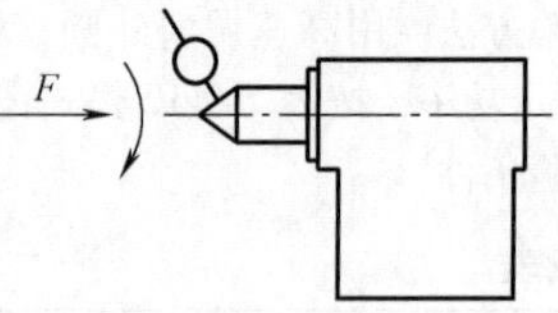	旋转式尾座顶尖的跳动	0.008	
G3	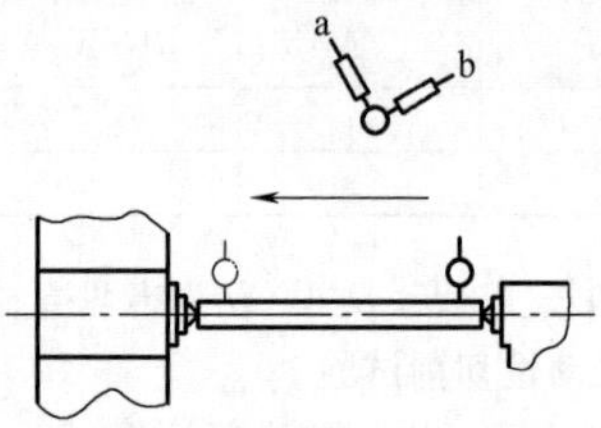	顶尖轴线对主刀架溜板移动的平行度 a. 在主平面内（只许检棒尾座端偏向刀具） b. 在次平面内（只许尾座高）	a. 0.008 b. 0.025 1000 规格时： a. 0.012 b. 0.035	
G4	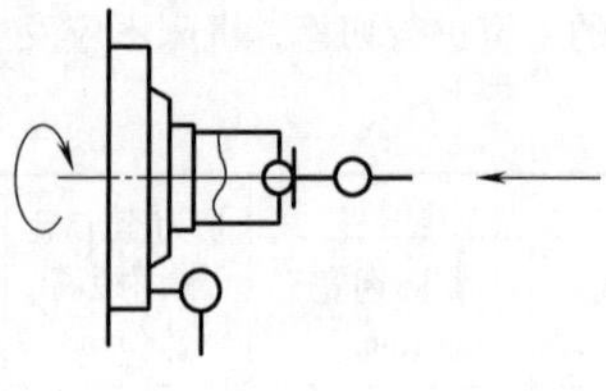	a. 主轴的周期性轴向窜动 b. 卡盘定位端的跳动	a. 0.004 b. 0.008（包括周期性轴向窜动）	
G5	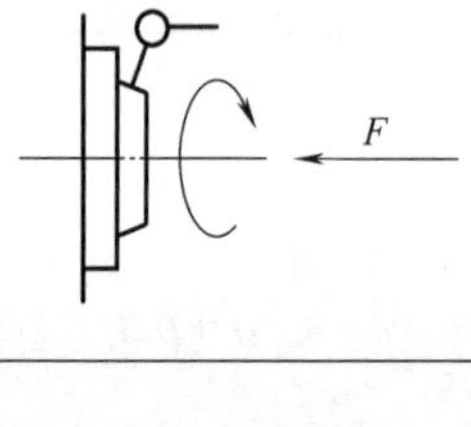	主轴轴端的卡盘定位锥面的径向圆跳动	0.006	

（续）

序号	简　　图	检 验 项 目	允差值/mm	实测值/mm
G6	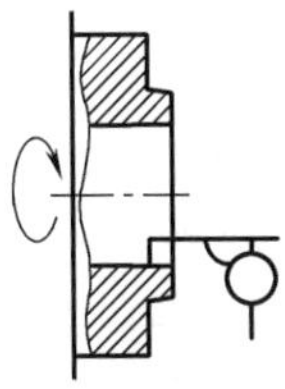	主轴定位孔的径向圆跳动（无主轴锥孔的机床不检此项）	0.008	
G7	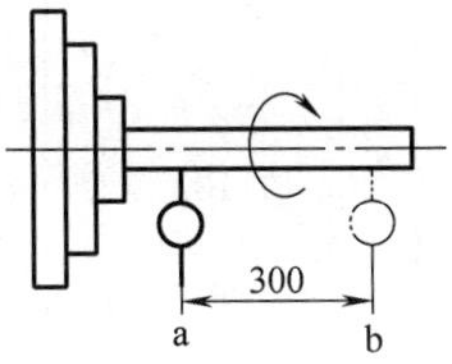	主轴锥孔轴线的径向圆跳动（无主轴锥孔的机床不检此项） a. 靠近主轴端面 b. 距 a 点 300 处	a. 0.007 b. 0.015	
G8	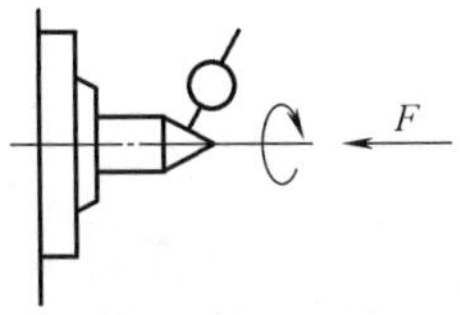	主轴顶尖的跳动（无主轴锥孔的机床不检此项）	0.008	
G9	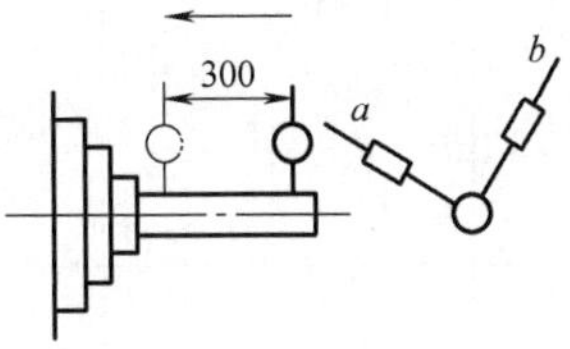	回转刀架移动对主轴轴线的平行度 a. 在主平面内 b. 在次平面内	每 300 测量长度上： a. 0.005 ~ 0.01（只许检棒伸出端偏向刀具） b. 0.005~0.015	
G10	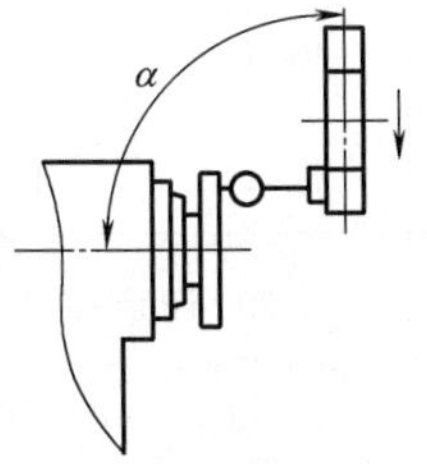	回转刀架横向移动对主轴轴线的垂直度	0.007/100 $\alpha>90°$	
G11	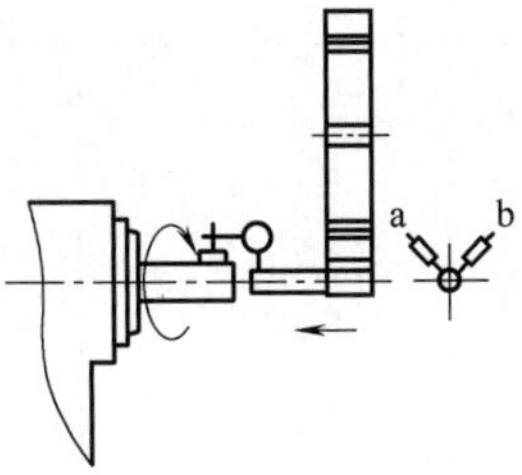	工具孔轴线与主轴轴线的重合度 a. 在主平面内 b. 在次平面内	a. 0.02 b. 0.02	

（续）

序号	简　图	检 验 项 目	允差值/mm	实测值/mm
G12	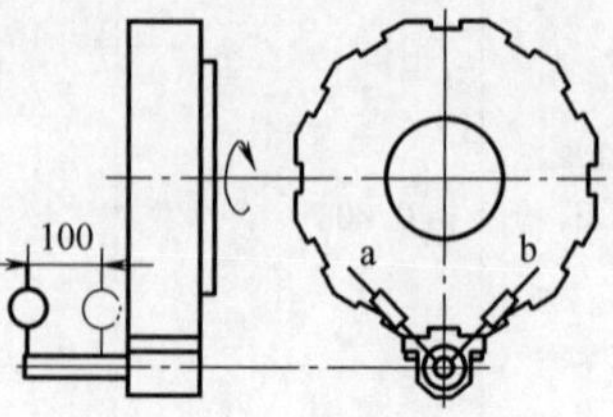	工具孔轴线对回转刀架纵向移动的平行度 a. 在主平面内 b. 在次平面内	a. 0. 02 b. 0. 02	
G13	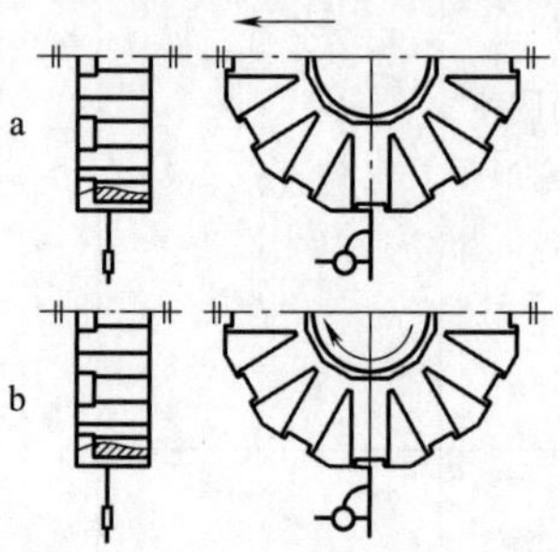	转塔附具定位面的精度 a. 定位面对溜板移动的平行度 b. 定位面的位置同一度	a. 在 100 测量长度上:0. 020 b. 0. 020	
G14	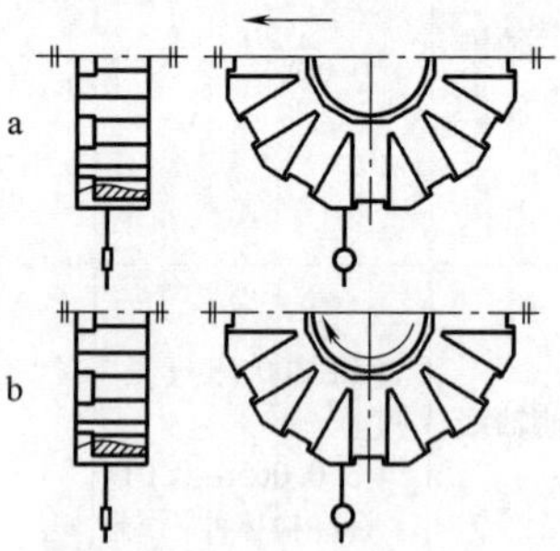	转塔附具安装基面的精度 a. 安装基面对溜板移动的平行度 b. 安装基面的位置同一度	a. 在 100 测量长度上:0. 020 b. 0. 020	
G15	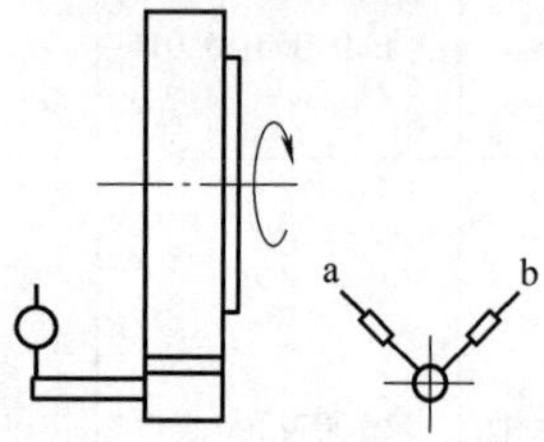	回转刀架转位重复度 a. 在主平面内 b. 在次平面内	a. 0. 003 b. 0. 007（距端面 100 处测量）	
G16	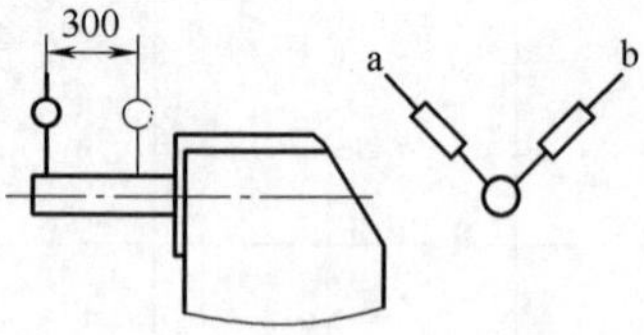	回转刀架移动对尾座锥孔轴线的平行度 a. 在主平面内 b. 在次平面内	每 300 测量长度上： a. 0. 003 ~ 0. 01（只许检棒伸出端偏向刀具） b. 0. 005~0. 015	
G17	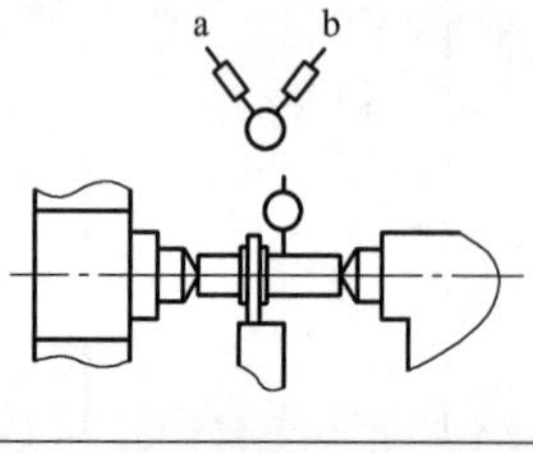	中心架夹持工件对主轴轴线的重合度。中心架分别在工件长度方向中心及距中心两侧各 200 三个位置处检测，每处检测 7 次 a. 在主平面内 b. 在次平面内	a. 0. 015 b. 0. 020	

（续）

序号	简　　图	检 验 项 目	允差值/mm		实测值/mm	
			X 轴		X 轴	
G18		线性轴位置精度 a. 重复定位精度 R b. 反向偏差 B c. 定位精度 A	a	0.004	a	
			b	0.004	b	
			c	0.01	c	
			Z 轴		Z 轴	
			a	0.005	a	
			b	0.006	b	
			c	0.01	c	

（2）工作精度检验（表 7.9-16）

表 7.9-16　工作精度检验

序号	简　　图	检 验 项 目	允差值/mm	实测值/mm
P1	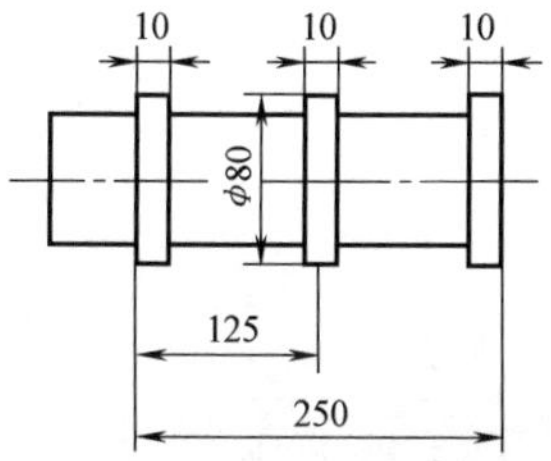	精车外圆的精度 a. 圆度：靠近主轴轴端检验零件的半径变化 b. 直径的一致性：检验零件的每一环带直径之间的变化	a. 0.002 b. 在 250 长度上为 0.015，相邻环带间的差值不应超过两端环带间测量差值的 75%	
P2	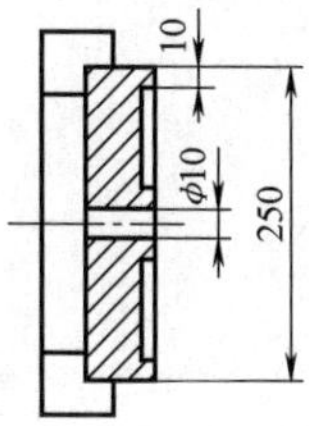	精车端面的平面度	250 直径上为 0.012（只许凹）	
P3	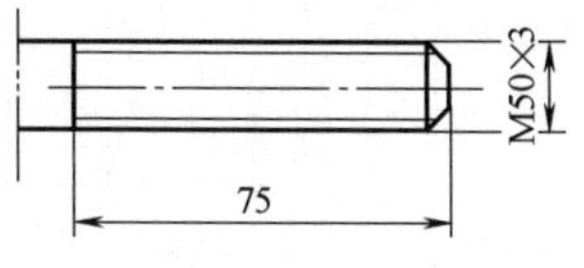	螺距精度	任意 50 测量长度上为 0.008	

4. 车削综合试件

（1）轴类试件（适用于有尾座的机床）

材料为 45 钢，轴类试件如图 7.9-12 所示，其检查项目见表 7.9-17。

（2）盘类试件（适用于无尾座的机床）

材料为 45 钢，盘类试件如图 7.9-13 所示，其检查项目见表 7.9-18。

表 7.9-17　检查项目

检 查 项 目	允差值/mm	实测值/mm
在各轴转换点处的车削轮廓与理论轮廓的偏差	0.025	

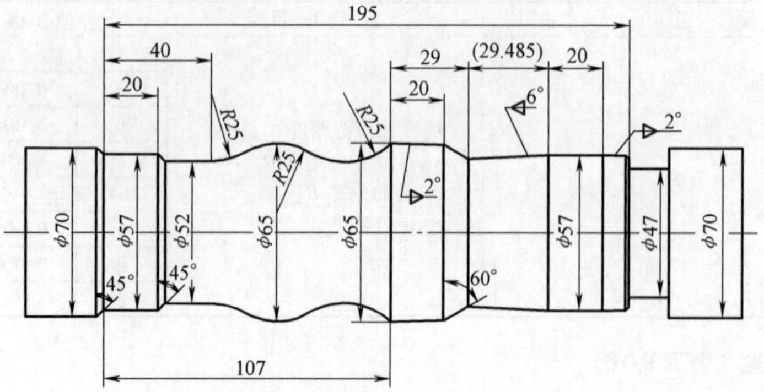

图 7.9-12　轴类试件

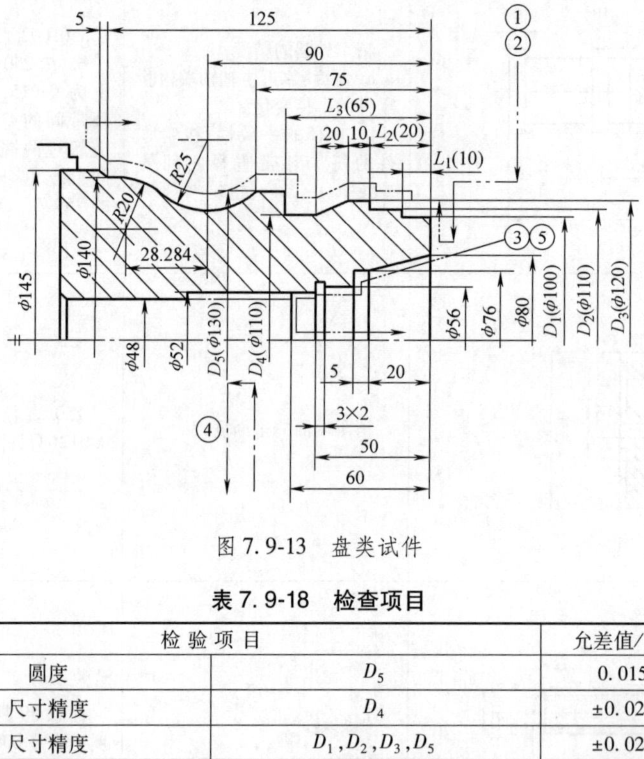

图 7.9-13　盘类试件

表 7.9-18　检查项目

序号	检验项目		允差值/mm	实测值/mm
1	圆度	D_5	0.015	
2	尺寸精度	D_4	±0.025	
3	尺寸精度	D_1,D_2,D_3,D_5	±0.020	
4	直径差	$D_2-D_1=10$mm	±0.015	
5	直径差	$D_3-D_2=10$mm	±0.015	
6	直径差	$D_3-D_4=10$mm	±0.020	
7	长度精度	$L_1=10$mm	±0.025	
		$L_2=20$mm	±0.025	
		$L_3=65$mm	±0.035	

注：1. 尺寸精度为实测尺寸与指令间的差值。
2. 按数控程序并用补偿功能进行车削。

参 考 文 献

[1]　王先逵. 机械制造工艺学［M］. 4 版. 北京：机械工业出版社，2019.

[2]　闻邦椿. 机械设计手册［M］. 6 版. 北京：机械工业出版社，2020.
[3]　杨叔子. 机械加工工艺师手册［M］. 2 版. 北京：机械工业出版社，2011.
[4]　成大先. 机械设计手册：第 4 卷［M］. 6 版. 北京：化学工业出版社，2017.
[5]　机械工程手册、电机工程手册编辑委员会. 机械工程手册［M］. 2 版. 北京：机械工业出版社，1997.
[6]　王宛山，邢敏. 机械制造手册［M］. 沈阳：辽宁科学技术出版社，2002.
[7]　孙波，赵汝嘉. 计算机辅助工艺设计技术及应用［M］. 北京：化学工业出版社，2011.
[8]　焦凤菊，蔡安克，王云飞，等. 机械零部件清洗及清洁度控制技术［M］. 北京：化学工业出版社，2018.
[9]　张伟，于鹤龙，史佩京，等. 装备再制造拆解与清洗技术［M］. 哈尔滨：哈尔滨工业大学出版社，2019.
[10]　袁惠群. 转子动力学分析方法［M］. 北京：冶金工业出版社，2017.
[11]　徐锡林. 机械平衡及其装备［M］. 上海：上海科学技术文献出版社，2014.
[12]　赵振杰. 联接与密封［M］. 北京：中国水利水电出版社，2018.
[13]　邹石德，蓝尉健. 零件钳加工［M］. 北京：化学工业出版社，2015.
[14]　李金桂，袁训华. 绿色清洗与防锈技术［M］. 北京：化学工业出版社，2017.
[15]　虞烈，刘恒，王为民. 轴承转子系统动力学［M］. 西安：西安交通大学出版社，2016.
[16]　吴笛. 密封技术及应用［M］. 北京：化学工业出版社，2019.
[17]　徐兵. 机械装配技术［M］. 3 版. 北京：中国轻工业出版社，2020.
[18]　钟翔山. 机械设备装配全程图解［M］. 2 版. 北京：化学工业出版社，2019.
[19]　曾珊琪，丁毅. 材料成型基础［M］. 北京：化学工业出版社，2011.
[20]　曹学东，范天泉，魏全忠. 基于四象限光电池的激光准直仪［J］. 测绘信息与工程，2002，27（4）：10-11.
[21]　羡一民. 双频激光干涉仪的原理与应用：一［J］. 工具技术，1996，30（4）：44-46.
[22]　司凯文. 三坐标测量机的工作原理及其维护与保养［J］. 煤矿机械，2018，39（7）：129-131.
[23]　龚仲华. 数控机床装配与调整［M］. 北京：高等教育出版社，2017.
[24]　谢尧，陆齐炜. 数控机床机械部件装配与调整［M］. 北京：机械工业出版社，2017.
[25]　徐兵. 机械装配技术［M］. 3 版. 北京：中国轻工业出版社，2020.
[26]　倪森寿. 机械制造工艺与装备［M］. 3 版. 北京：化学工业出版社，2015.
[27]　柳青松，庄蕾. 机械产品装配工艺设计实例［M］. 北京：化学工业出版社，2019.
[28]　汪荣青. 机械装调技术与实训［M］. 北京：中国铁道出版社，2012.
[29]　宋志军，苏慧祎. 机械装配修理与实训［M］. 济南：山东科学技术出版社，2007.
[30]　钱赛斌，洪伟伟，彭增鑫. 机械装配技术与项目实训［M］. 杭州：浙江工商大学出版社，2020.
[31]　刘德忠，等. 装配自动化［M］. 2 版. 北京：机械工业出版社，2019.
[32]　张佩勤,等. 自动装配与柔性装配技术［M］. 北京：机械工业出版社，1998.
[33]　陈继文，王琛，于复生. 机械自动化装配技术［M］. 北京：化学工业出版社，2019.
[34]　宋文骐，张彦才. 机械制造工艺过程自动化［M］. 昆明：云南人民出版社，1985.
[35]　张明文. 工业机器人技术基础及应用［M］. 哈尔滨：哈尔滨工业大学出版社，2017.
[36]　SETH A，VANCE J M，OLIVER J H. Virtual reality for assembly methods prototyping：a review［J］. Virtual Reality，2011，15（1）：5-20.
[37]　FA M，FERNANDO T，DEW P M. Direct 3D manipulation techniques for interactive constraint-based solid modelling［J］. Computer Graphics Forum，1993，12（3）：237-248.
[38]　DEWAR R G，CARPENTER I D，RITCHIE J M，et al. Assembly planning in a virtual environment［C］//Innovation in Technology Management-the Key to Global Leadership. Picmet'97. Piscataway：IEEE，1997：664-667.
[39]　MARCELINO L，MURRAY N，FERNANDO T. A constraint manager to support virtual maintainability［J］. Computers & Graphics，2003，27（1）：19-26.
[40]　张凤军，戴国忠，彭晓兰. 虚拟现实的人机交互综述［J］. 中国科学（信息科学），

2016，46（12）：1711-1736.
[41] 李西宁，蒋博，支劭伟，等. 飞机智能装配单元构建技术研究［J］. 航空制造技术，2018，61（1）：62-67.
[42] LIU M，MA J，LIN L，et al. Intelligent assembly system for mechanical products and key technology based on internet of things［J］. Journal of Intelligent Manufacturing，2017，28（2）：271-299.
[43] 董一巍，李晓琳，赵奇. 大型飞机研制中的若干数字化智能装配技术［J］. 航空制造技术，2016，497（1）：58-63.
[44] SHAO C，ZHANG Z J，YE X，et al. Modular design and optimization for intelligent assembly system［J］. Procedia CIRP，2018，76：67-72.
[45] HAO B，WANG M Y，FU S L，et al. Quality control mode of intelligent assembly workshop based on digital twin［J］. Journal of Physics：Conference Series，2020，1605（1）：1-12.
[46] 周龙声，等. 机床精度检测［M］. 北京：机械工业出版社，1982.
[47] 方若愚，张岱华，孙关金. 机械装配测量技术［M］. 北京：机械工业出版社，1985.
[48] 全国机床标准化技术委员会. 中国机械工业标准汇编：数控机床卷［M］. 北京：中国标准出版社，2004.

第 8 章

机械加工安全与劳动卫生

主　编　杨利芳（哈尔滨工业大学）
参　编　芦　朋（哈尔滨工业大学）
丁文娇（哈尔滨工业大学）

8.1　机械加工企业通用安全卫生要求

8.1.1　机械加工企业厂界安全卫生控制

1. 工业企业厂界环境噪声排放标准

GB 12348—2008《工业企业厂界环境噪声排放标准》适用于控制工业企业厂界环境噪声的危害。

（1）标准值

工业企业厂界环境噪声不得超过表 8.1-1 规定的排放限值。

表 8.1-1　工业企业厂界环境噪声排放限值（摘自 GB 12348—2008）

[dB(A)]

厂界外声环境功能区类别	时段	
	昼间	夜间
0	50	40
1	55	45
2	60	50
3	65	55
4	70	55

注：1. 夜间频发噪声的最大声级超过限值的幅度不得高于 10dB(A)。
2. 夜间偶发噪声的最大声级超过限值的幅度不得高于 15dB(A)。
3. 工业企业若位于未划分声环境功能区的区域，当厂界外有噪声敏感建筑物时，由当地县级以上人民政府参照 GB 3096 和 GB/T 15190 的规定确定厂界外区域的声环境质量要求，并执行相应的厂界环境噪声排放限值。
4. 当厂界与噪声敏感建筑物距离小于 1m 时，厂界环境噪声应在噪声敏感建筑物的室内测量，并将表中相应的限值减 10dB(A) 作为评价依据。

（2）结构传播固定设备室内噪声排放限值

当固定设备排放的噪声通过建筑物结构传播至噪声敏感建筑物室内时，噪声敏感建筑物室内等效声级不得超过表 8.1-2 和表 8.1-3 规定的限值。

表 8.1-2　结构传播固定设备室内噪声排放限值（等效声级）

[dB(A)]

噪声敏感建筑物所处声环境功能区类别	A 类房间		B 类房间	
	昼间	夜间	昼间	夜间
0	40	30	40	30
1	40	30	45	35
2、3、4	45	35	50	40

注：A 类房间是指以睡眠为主要目的，需要保证夜间安静的房间，包括住宅房间、医院病房、宾馆客房等。B 类房间是指主要在昼间使用，需要保证思考与精神集中、正常讲话不被干扰的房间，包括学校教室、会议室、办公室、住宅中卧室以外的其他房间等。

表 8.1-3　结构传播固定设备室内噪声排放限值（倍频带声压级）

[dB(A)]

噪声敏感建筑所处声环境功能区类别	时段	房间类型	倍频带中心频率/Hz				
			31.5	63	125	250	500
0	昼间	A、B 类房间	76	59	48	39	34
	夜间	A、B 类房间	69	51	39	30	24
1	昼间	A 类房间	76	59	48	39	34
		B 类房间	79	63	52	44	38
	夜间	A 类房间	69	51	39	30	24
		B 类房间	72	55	43	35	29
2、3、4	昼间	A 类房间	79	63	52	44	38
		B 类房间	82	67	56	49	43
	夜间	A 类房间	72	55	43	35	29
		B 类房间	76	59	48	39	34

（3）测量方法

1）测量仪器。测量仪器为积分平均声级计或环境噪声自动监测仪，其性能应不低于 GB 3785 和 GB/T 17181 对 2 型仪器的要求。测量 35dB 以下的噪声应使用 1 型声级计，且测量范围应满足所测量噪声的需要。校准所用仪器应符合 GB/T 15173 对 1 级或 2 级声校准器的要求。当需要进行噪声的频谱分析时，仪器性能应符合 GB/T 3241 中对滤波器的要求。

测量仪器和校准仪器应定期检定合格，并在有效使用期限内使用；每次测量前、后必须在测量现场进行声学校准，其前、后校准示值偏差不得大于 0.5dB，否则测量结果无效。

测量时传声器加防风罩。

测量仪器时间计权特性设为“F”档，采样时间间隔不大于 1s。

2）测量条件。

① 气象条件：测量应在无雨雪、无雷电天气，风速为 5m/s 以下时进行。不得不在特殊气象条件下测量时，应采取必要措施保证测量准确性，同时标明当时所采取的措施和气象情况。

② 测量工况：测量应在被测声源正常工作时间进行，同时注明当时的工况。

3）测点位置。

① 测点布设。根据工业企业声源、周围噪声敏感建筑物的布局以及毗邻的区域类别，在工业企业厂界布设多个测点，其中包括距噪声敏感建筑物较近以及受被测声源影响大的位置。

② 测点位置一般规定。一般情况下，测点选在工业企业厂界外 1m、高度 1.2m 以上。

4）测量时段。

① 应分别在昼间、夜间两个时段测量。夜间由频发、偶发噪声影响时同时测量最大声级。

② 被测声源是稳态噪声时，采用 1min 的等效声级。

③ 被测声源是非稳态噪声时，测量被测声源有代表性时段的等效声级，必要时测量被测声源整个正常工作时段的等效声级。其他具体情况请参照 GB 12348—2008。

2. 机械工业含油废水排放规定

本规定采用废水排放量和浓度控制两种方法。控制废水排放量的目的是降低生产过程中的新水消耗，避免用新水稀释总排水。浓度控制是指控制废水排放口的污染物浓度。

（1）综合含油废水采集方法

当废水从排放口直接排放到公共水域时，应在工厂的总排放口、车间或工段排放口采样。乳化液废水应在工作台收集池采样，或在处理设施出口采样。

水样从工厂的总排放口采集后，样品的保存应按 HJ 493—2009 的规定。

在工厂排放口的含油废水水质控制指标，应不超过机械工业含油废水最高容许排放浓度（见表 8.1-4）。

含油废水应按表 8.1-5 机械工业含油废水登记表要求进行管理登记。

表 8.1-4　机械工业含油废水最高容许排放浓度

污染物	一级标准（新、扩、改建）/(mg/L)	二级标准（现有）/(mg/L)
石油类	10	15
化学需氧量(COD)	100	150
悬浮物(SS)	200	400
pH 值	6~9	6~9

表 8.1-5　机械工业含油废水登记表

项　目	内容
处理前水质状况：主要污染物的浓度/(mg/L) 包括：石油类 化学需氧量(COD) 悬浮物(SS) pH 值	
废水来源	
排放量/(m^3/d)	
处理工艺	
处理后水质状况：主要污染物的浓度/(mg/L) 包括：石油类 化学需氧量(COD) 悬浮物(SS) pH 值	
备注	

所有含油废水未经处理不准排入下水道，废水须经处理达标方可排放。

设置专用的废水排放收集处理系统。建立排放、处理与检测制度。由环境保护监测站（或中心）定期抽样检测，公布测试结果。

对于含有毒有害物质的工业废水必须严格控制和施行净化处理。输送此类废水的管道应具有可靠的防漏、防渗、防腐蚀的措施，严防毒物流失。

单位的废水排放量指标应根据生产情况提出申报，经与环境保护部门和安全技术部门协商确定。

经过净化处理的废水，应考虑循环利用，废油应尽量回收与再生。

（2）含油废水中有害物质分析

分析项目：石油类、化学需氧量（COD）、悬浮物（SS）和 pH 值等。

分析方法：含油废水的油量分析方法可采用环境保护部门确认的专门仪器分析。含油废水的化学需氧量按 HJ 828—2017 重铬酸盐法进行测定，含油废水的悬浮物按 GB/T 11901—1989 重量法进行测定，含油废水的 pH 值按 GB/T 6920—1986 玻璃电极法进行测定。

水样分析数据处理与报告：对每一种水样分析项进行平行测定、计算，填写分析报告。

3. 金属热处理车间

（1）金属热处理生产的危险因素和有害因素

常见的有害因素：易燃物质、易爆物质、高压电、炽热物体及腐蚀性物质、制冷剂、坠落物或飞出物；热辐射、电磁辐射、噪声、粉尘和有害气体等，其来源和危险程度见表 8.1-6、表 8.1-7。

（2）热处理作业环境要求

1）厂房要有足够的高度，并合理开设天窗。

2）产生危害物质的区域，如浴炉、淬火槽、清洗槽等处应有抽风装置。

3）氰盐浴、高频设备、中频机组、激光、喷丸和喷砂等设备隔成独立的房间，并应能满足危险工作区域的特殊要求。

4）液体碳氮共渗和酸洗间的顶棚、墙壁、地面应光滑、防潮、便于清洗。

5）地坑内不得渗出地下水，井式炉和油槽的地坑彼此隔开。

6）车间应设更衣室和浴室，地面应用防滑材料建造。

7）当高温工作地点的温度超过 35℃时，应采取有效的降温措施。采用局部送风降温措施时，风速应不大于 5m/s。

8）设备至墙壁间的距离应大于 1m，设备与设备之间的距离应不小于表 8.1-8 的规定。

表 8.1-6　金属热处理车间危险因素

类　别	来　　源	危害程度
易燃物质	1. 淬火和回火用油 2. 有机清洗剂 3. 渗剂、燃料和制备可控气氛的原料：煤油、甲醇、乙醇、乙酸乙酯、异丙醇、丙酮、天然气、丙烷、丁烷、液化石油气、发生炉煤气、氢等	1. 油的温度超过燃点，自燃 2. 有机液体挥发物遇明火燃烧
易爆物质	1. 熔盐 2. 固体渗碳剂粉尘 3. 渗剂、燃料、可控气氛 4. 火焰淬火用氧气和乙炔气 5. 高压气瓶、储气罐	1. 遇水爆炸，硝盐浴温度超过 600℃ 或与氰化物、碳粉、油脂接触爆炸 2. 燃气、碳粉在空气中的浓度达到爆炸极限值 3. 环境温度过高易爆炸
毒性物质	1. 液体碳氮共渗和气体氮碳共渗用的原料及排放物：氰化钠、氰化钾、氢氰酸 2. 气体渗碳的排放物：一氧化碳 3. 盐浴中的氯化钡、亚硝酸钠和钡盐渣	急性中毒或死亡
高压电	1. 高频设备 2. 中频设备 3. 一般工业用电	电击、电伤害
炽热物体及腐蚀性物质	1. 高温炉 2. 炽热工件、夹具和吊具 3. 热油、熔盐 4. 激光束 5. 硫酸、盐酸、硝酸、氢氧化钠、氢氧化钾	1. 热工件、热油、熔盐和强酸、强碱使皮肤烧伤 2. 激光致使皮肤及视网膜烧伤
制冷剂	氟利昂、干冰酒精混合物、液氮	局部冻伤
坠落物	1. 工件装运、起吊 2. 工件校直崩裂 3. 工件淬裂	砸伤或死亡

表 8.1-7　金属热处理车间有害因素

类　别	来　　源	危　害　程　度
热辐射	1. 高温炉 2. 炽热工件、夹具和吊具	疲劳、中暑
电磁辐射	高频电源	中枢神经系统功能障碍和植物神经失调
噪声	1. 喷砂、喷丸 2. 加热炉的燃烧器 3. 真空泵、压缩机和通风机 4. 中频发电机 5. 超声波清洗设备	听力下降
粉尘	1. 喷砂硅砂、喷丸粉尘 2. 浮动粒子炉的石墨和氧化铝粉 3. 固体渗剂	矽肺
有害气体	1. 盐浴炉生成烟雾 2. 一氧化碳、氨和甲醇、乙醇蒸气 3. 强酸、强碱的挥发物 4. 油蒸气 5. 氟利昂	慢性疾病

表 8.1-8　热处理车间设备与设备之间的推荐距离

设备类型	推荐的设备间距离/m
推杆式和带式炉等大型设备	3.0
滚球式大型箱式炉	1.5~3.0
工具车间用小型多用炉	1.0~2.0
生产线上的高频设备	1.5
小件淬火槽	1.0（离加热炉）
大件淬火槽	1.5~2.5（离加热炉）

9）工作场地空气中的有害物质的最高容许浓度见表 8.1-9。

一氧化碳的最高容许浓度在作业时间短暂时可放宽：在作业时间 1h 内，容许达到 $50mg/m^3$；0.5h 内容许达到 $100mg/m^3$；15~20min 容许达到 $200mg/m^3$。在上述条件下反复作业时，两次间隔 2h 以上。

10）钡盐、硝盐和氰盐浴废渣必须按规定处理。

表 8.1-9 热处理车间有害物质的最高容许浓度

有害物质	最高容许浓度/(mg/m³)
一氧化碳	30
二氧化硫	15
苛性碱(换算成 NaOH)	0.5
氮氧化物(换算成 NO_2)	5
氨	30
氰化氢及氢氰酸盐(换算成 HCN)	0.3
氯	1
氯化氢及盐酸	15
甲醇	50
丙酮	400
苯	40
三氯乙烯	30
氟化物(换算成 F)	1
二甲基甲酰胺	10
粉尘	2(含 10%以上游离二氧化硅) 1(含 80%以上游离二氧化硅)
钡及其化合物	0.5(推荐值)

其他毒性剩余物料必须经中和、解毒处理，符合规定方可排放。

4. 冲压车间

(1) 噪声控制

当车间噪声为工厂的主噪声时，噪声辐射厂界毗邻区域的噪声级，须符合 GB 3096—2008 的规定。当车间噪声不为工厂的主噪声时，噪声辐射厂界毗邻区域的噪声级不得超过 GB 3096—2008 的规定。

车间工人每天连续接触噪声 8h，其限值不得超过 90dB（A）。产生高噪声厂房的建筑体型、朝向、门窗等应合理设计，以减少噪声对环境的影响。

优先选用无噪声或低噪声设备；采取低噪声冲压工艺；采取措施，消减工艺和工件传输过程中的噪声；采用措施，消减设备和工艺气流噪声；冲模安装时，应在上、下模座和压力机本体（滑块和工作台）加装阻尼衬垫；产生强噪声的设备，须用隔声间或隔声罩密闭；产生强噪声的作业场所和设备，当不宜采用消声、隔声或其他措施控制噪声时，应对厂房墙体、门窗等采取吸声降噪措施；当车间采用单一的隔声、吸声、消声措施不能满足噪声标准要求时，应采取综合控制措施。

采取消减噪声措施，应与振动控制结合，以获得最佳控制效果；当采取降噪措施后，噪声级超过规定的作业场所，应为操作者配备耳塞等护耳用品。

(2) 振动控制

当车间振动为工厂主振动时，振动传播厂界毗邻区域的振动级，须符合 GB 10070—1988 的规定；当车间振动不为工厂主振动，但振动传播厂界毗邻区域的振动级超过 GB 10070—1988 规定的限值时，应随同主振动并按适用地带范围进行综合控制；保证工作人员舒适和愉快的“舒适界限”的振动参数；设备设计、制造或改装，应尽可能采取措施以消减压力机运转和工艺过程中的振动；公称力大于 1000kN 的压力机基础应专门设计，应符合 GB 50040—2020 规定。在基础重量相同的情况下，应尽可能增加基础面积，提高减振能力。

压力机的安装必须符合 GB 50272—2009 的规定；行程次数小于或等于 300 次/min、公称力小于或等于 1000kN 的小型低速普通压力机，可采用简易减振装置直接安装在地坪上（当车间地坪厚度大于或等于 200mm 时）。当不采用减振装置时，应安装在专门基础上；公称力大于 1000kN 的压力机，有强烈振动时，应安装在防振支承上；防振支承的固有振动频率（最好为 4~8Hz），应低于基础的固有振动频率（一般为 15~50Hz）；当采取有关控制措施后，振动级超过规定的限值时，应采取距离衰减措施，使振动源与振动敏感区保持一定距离，并达到控制指标；产生强烈振动的工位，应为操作者配备防振鞋和手套。应避免直接操持有强烈振动的工件。

(3) 污水排放控制

对毛坯或工件的表面处理，应尽量不采用“湿性工艺”，如清洗和酸洗等，而采用“干性工艺”，如滚光和抛丸等。

压力机的传动、润滑用油不得滴漏于地面上和基础内；生产过程中，尽可能减少对冲模或工件涂敷润滑剂，以减少清洗工作量和清洗水中油类的含量。润滑剂应尽量采用高分子涂膜或石油类油脂，而不采用乳化或皂化润滑材料。

清洗装置应设置隔油槽，以收集浮油。车间直接排放厂外的含油碱性污水，当油类浓度大于 10mg/L 时，应在排放前进行处理，使油类含量小于或等于 10mg/L 时才允许排放。

尽可能延长清洗液的使用时间，并减少含碱浓度。当排放的清洗废水含碱浓度较高时，应在排放前进行中和处理，使 pH 值达到 6.0~9.0。当车间既有含碱废水又有含酸废水时，应利用污水废渣相互中和。

对废酸进行浓缩回收处理并综合利用。酸洗毛坯或工件的含酸溶液，严禁不加处理直接排放。需要排放的含酸污水，应使其含酸浓度减至最低（不能采用稀释的办法），并经中和处理，使 pH 值达到 6.0~9.0 才能排放。含酸污水的处理，当没有碱性废物可利用时，应采用石灰中和法或过滤中和法处理。石灰中和法应有搅拌和沉淀槽（池）。

为酸洗或清洗后做冲洗的循环水，当酸或碱含量较高又需要排放时，应视同酸洗或清洗污水，并经处理后达到规定的标准（pH 值为 6.0~9.0）时才允许排放。污水排入城市下水道时，应符合规定。污水温度不得超过 40℃。清洗和酸洗的沉渣，应进行脱水处理或综合利用。

（4）通风与废气排放控制

有害物质的发生源，应布置在机械通风或自然通风的下风侧。酸洗间应与主厂房分开一段距离，若必须位于主厂房内，则须用隔墙将其完全封闭。不得在主厂房内套建酸洗间。

酸洗槽的加热温度不得超过 60℃。酸洗槽液面上应放置酸雾抑制剂，必要时酸洗槽上应设置罩盖，防止酸雾溢出。

酸洗槽上须设置抽风装置，排放酸雾的浓度应不超过 100mg/mL，超过标准时，应设置酸雾净化装置。酸洗间各种有害气体的最高浓度不应超过表 8.1-10 的规定。

表 8.1-10　酸洗间有害气体的最高容许浓度

（mg/m^3）

溶液名称	有害气体名称	最高容许浓度
硫酸	硫酸蒸气、硫的氧化物	1
	硫化氢	5
硫酸及盐酸	砷化氢	0.15
盐酸	氯化氢蒸气	5
硝酸	硝酸蒸气、氮的氧化物	1

注：清洗装置散发的蒸气苛性浓度量不得超过 $0.5mg/m^3$。

摩擦离合器（当以石棉作为摩擦材料时）压力机数目较多时应尽可能采用连续行程作业，减少单次行程的接合次数。必要时，应对离合器装设隔离粉尘罩，以过滤因摩擦片频繁接合产生的石棉粉尘。

用于表面处理（如强化或除锈）的喷砂或抛光装置，必须设置抽风、过滤和沉积系统，以过滤收集和排除粉尘。

处理过程中产生的含有 10% 以上的游离二氧化硅粉尘排入大气和在车间内的最高容许浓度，分别不得超过 $100mg/m^3$ 和 $2mg/m^3$。

生产过程中（如材料的贮存和剪切）产生的游离二氧化硅含量在 10% 以下，不含有毒物质的矿物性和植物性粉尘，在车间内最高容许浓度不得超过 $10mg/m^3$，采用局部通风除尘措施后排入大气的最高容许浓度不得超过 $100mg/m^3$。

生产过程中产生的其他有害物质，排入大气和在车间内的最高容许浓度须分别符合 GB 3095—2012、GB/T 16297、GB Z 2.1 和 GB Z 2.2 的有关规定。

5. 锻造车间

（1）噪声及振动控制

车间的设计应尽量减少噪声和振动对周围环境的影响。

采用加工噪声较低和非冲击性工艺取代高噪声工艺，应尽量采用挤压、回转加工等工艺取代锤锻工艺。锻锤设备必须采取减振、防振、隔振等措施。

水压机与高压泵站应用声光信号联系；对于较大型水泵站，应建立独立的厂房，并应采取降低噪声措施，对门窗进行隔声处理。

集中鼓风的风机应设置在单独的挂有吸声材料的隔声间内，风机进排气管道上应采用消声器。分散鼓风的风机应设置消声罩，大型鼓风机尽量设在地下，并应采用阻尼或阻抗复合消声器。风机与基础用弹性连接，构筑防振基础或安装减振器。

埋在地下的高温、高压、高速动力管道，应对输送高速气体的管道做阻尼处理，用沥青软橡胶及其他高分子材料涂在管壁，并附一层油毡进行阻尼，以降低噪声。管道与振动设备应采用柔性连接。

各类设备上的气动元器件，其排气部位应采用阻尼或阻抗复合消声器、小孔喷注消声器、节流降压消声器或小孔喷注-节流降压消声器。空气锤排气管应安装消声器。锻模更换应采用液压顶出（入）装置。工人操作点设置可调式减振板。

锻压机械中的各种剪断机、弯曲机、液压机、自动镦锻机、空气锤、机械压力机等的噪声限值，均应符合规定。对每天接触噪声达 8h 或不足 8h 的噪声限值可参照表 8.1-11 执行。

表 8.1-11　锻造作业场所噪声限值

每班接触噪声时间/h	噪声限值/dB(A)
8	90
4	93
2	96
1	99
最高不得超过	115

保证操作人员舒适愉快感的“舒适界限”的振动参数。

（2）废水控制

根据不同锻件的材料、形状和尺寸，选用污染较小的少油无烟锻模润滑剂，尽可能减少润滑剂的用量。

锻件清理尽可能不用酸洗工艺。采用酸洗工艺时其酸洗废液严禁自由排放，酸洗残液经中和处理后再排放，并应符合排放标准。

尽可能延长清洗液使用时间，并减少含碱浓度。当车间内既有含碱废水又有含酸废渣时，应利用废水废渣相互中和，实现综合治理。

使用油类及含乳化液的液压传动装置及设备，应设置专用管沟，沟底设置集油坑及回收油装置，废液不得直接排入下水管道。

各类设备润滑系统应密封，油路系统中的管道、阀门等处不漏油。液压机基础地面及管沟涂防渗油漆。

乳化液废水与其他废水分流。单独设置处理系统，废水应净化处理后排入下水道。

车间内超标的废水，在处理前不得向车间外直接排放。水质超过排放标准的废水，不得用稀释办法降低浓度排放。

废水排入城市下水道时，严禁混有易燃、易爆物质和有害物质。

排放废水温度不得高于40℃。

废水污染物一律在车间或车间处理设施排出口取样。其污染物的测定应按国家颁布的标准规定执行。

(3) 废气控制

各类加热设备尽量布置在主导风向的下风侧，并采取有效的隔热、除尘措施。其燃料燃烧后的废气，必须通过烟道或高于附近厂房3~5m的排烟装置导出车间之外，不得在车间内直接排放。

燃煤工业炉设置排烟罩，排烟系统中应设有旋风除尘器，排烟系统出口烟尘的黑度不大于林格曼黑度2级。

清理滚筒、喷丸设备必须设置局部抽风除尘装置，设备除尘效率在90%以上，有条件的地方设立隔离间实行密闭作业。

使用砂轮磨削各类锻件毛刺或表面缺陷应在作业区内进行。作业区内必须设置局部通风除尘装置，宜采用湿式除尘。

润滑模具产生的废气，应加局部抽风装置导出车间。

酸洗间必须设置处理酸雾的装置，酸洗槽上方及两侧应有抽风罩，防止酸雾任意扩散。

备料工段采用棒料剪断机下料时，尽可能降低空气中粉尘浓度。在可能和满足生产的条件下，安装吸尘装置。

对散发粉尘的各类生产设备，根据工艺特点和粉尘的性质，要分别采取重力、过滤、洗涤、静电等除尘措施。

锻造车间有害气体最高容许浓度应符合表8.1-12的规定。

酸洗间有害气体最高容许浓度应符合表8.1-13的规定。车间内空气中粉尘测定按GB/T 5748—1985的规定执行。

生产性的粉尘取样口应设在除尘装置出口；未装除尘装置的，取样口应设在炉口或尘源最大浓度排放口。

表8.1-12　锻造车间有害气体最高容许浓度

(mg/m^3)

序号	有害物质名称	最高容许浓度
1	二氧化硫	15
2	二氧化碳	10
3	一氧化碳	30
4	二氧化氮	5
5	硫化氢	10
6	氰化氢	0.3
7	挥发性酚	5
8	烟尘	10
9	粉尘	5

表8.1-13　酸洗间有害气体最高容许浓度

(mg/m^3)

溶液名称	有害气体名称	最高容许浓度
硫酸及盐酸	砷化氢	0.15
硫酸	硫酸蒸气、硫的氧化物	1
	硫化氢	5
盐酸	氯化氢蒸气	5
硝酸	硝酸蒸气、氮的氧化物	1

(4) 其他污染控制

用于工业炉的石棉绒、矿渣棉、玻璃绒等绝热材料，不得裸露在操作人员可能触及的表面。

清理滚筒、喷丸设备经除尘下来的废渣，及时处理，不得任其扬尘造成二次污染，清理工艺宜考虑湿式作业。

使用燃料的加热炉，炉门口应采取降温措施，如采用水幕等。

操作人员与热锻件堆放区、加热炉之间，均应设置隔热屏。水压机锻造时，在不妨碍操作人员作业的情况下，应设置固定式或活动式隔热屏。

尽量采用机械、电力设备进行操作、起吊、运输热锻件，取代人工操作作业。热锻件应堆放在车间一端，远离操作者和设备，及时运出车间。

8.1.2　生产过程安全卫生要求总则

1. 基本要求

凡对人员的安全健康可能造成危害，可能造成财产损失的生产过程，都必须制定安全、卫生标准。

生产过程安全、卫生标准中，应对下列诸因素明确规定具体要求：生产过程中的危险和有害因素；厂址、施工作业区的选择及其平面布置；工艺、作业和施工过程的设计、组织和实施；生产厂房和作业场地上的建（构）筑物；生产物料；生产装置；设备、设施、管线、电缆的配置以及作业区的规划和组织；生产物料、产品、剩余物料的贮存和运输；人员选择；防护技术措施；管理措施等。

根据危险和有害源，明确规定相应的安全、卫生防护距离和防护带。生产过程安全、卫生标准的编写应符合 GB/T 18841—2002（已作废，没有替代标准）规定。

2. 对影响生产过程安全、卫生各因素的一般要求

(1) 阐明危险和有害因素

在规划、设计、组织和实施生产时，必须首先阐明以下内容：生产过程中存在的或可能产生的危险和有害因素的类别、数量和性质，危害的途径和后果；可能产生危险和有害作用的过程、设备、场所和物料；危险和有害因素的危害程度或浓度，以及国家有关法规和标准规定的指标。

(2) 平面布置的原则

锅炉房、氧气站、氢气站、乙炔站、煤气站、危险品仓库、原料场、废弃物处理场等具有或能产生危险和有害因素的生产装置和场所，应根据生产特点，在保证安全、卫生的原则下合理布置。消防站、急救站等公用设施，应布置在便于指挥和使用的地点；在新建、改建和扩建厂矿企业时，厂房（装置、单元、作业场地、设施）之间的防火距离、消防通道、消防给水及有关设施都应符合有关标准的规定；具有或能产生危险和有害因素源的车间、装置和设施与控制室、变配电室、仓库、办公室、实验室等公用设施的距离必须符合防火、防爆、防尘、防毒、防振、防辐射、防触电和防噪声规定；电离辐射装置宜布置在厂区内人流少、位置僻静的区域，与居民点和人行道之间的距离应符合有关规定；建筑物之间的距离应符合通风、采光和防火规定；厂内运输网应根据生产流程，结合进出厂物品的特征、运输量、装卸方式合理布局，并满足防火、防爆、防振、防尘、防毒和防触电等安全、卫生要求，保证消防车、急救车顺利通往可能出现事故的地点；利用水路运输时，选定的船坞和码头的位置，应保证当水情、气象变化时的作业安全，应根据生产性质、地下设施和环境要求，规划绿地面积和绿化带。

(3) 工艺、作业和施工过程的设计、组织和实施

1）设计和实施的原则。应防止工作人员直接接触具有或能产生危险和有害因素的设备、设施、生产物料、产品和剩余物料；应采用没有危害或危害较小的工艺、施工技术；对具有或能产生危险和有害因素的工艺、作业、施工过程，应采用综合机械化、自动化或其他措施，实现遥控或隔离操作；对产生危险和有害因素的过程，应配置监控检测仪器、仪表，必要时配置自动联锁、自动报警装置；及时排除或处理具有危险和有害因素的剩余物料；危险性较大的生产装置或系统，必须设置能保证人员安全、设备紧急停止运行的安全监控系统；对尘、毒危害较大的工艺、作业和施工过程，应采取密闭、负压等综合措施；对易燃易爆的工艺、作业和施工过程，必须采取防火防爆措施；排放的有害废气、废液和废渣，必须符合国家标准和有关规定。

2）对工艺、作业和施工过程的控制、检测系统的要求。对事故后果严重的生产过程，应按冗余原则，设计备用装置或备用系统，并保证在出现危险时能自动转换到备用装置或备用系统；各种仪器、仪表、监测记录装置等，必须选用合理、灵敏可靠、易于辨识。

3）工艺、作业和施工应载明危险和有害因素的概况及相应的预防和处置措施，以及操作和作业时的注意事项。

(4) 生产物料

应优先采用无毒和低毒的生产物料。若使用给人员带来危险和有害作用的生产物料时，则必须采取相应的防护措施，并制定使用、处理、贮存和运输的安全、卫生标准。对不易搬运的物料，应设置或采用便于吊装及搬运的装置或设施。

(5) 生产装置

应尽量选用自动化程度高的设备。危险性较大的、重要的关键性生产设备，必须由持有专业许可证的单位进行设计、制造和检验。使用的各种设备，均应符合 GB/T 18841—2002、GB 5083—1999 和 GB/T 25295—2010 的相关规定。锅炉及压力容器的设计、制造、安装和检验，必须按国家现行锅炉及压力容器安全监察条例进行，符合国家标准和有关规定的要求。选用的起重运输机械，应符合国家标准和有关规定的要求。用于有火灾和爆炸危险场所的电气设备，应根据场所的危险等级和使用条件，按有关规定选型。设备本身应具备必要的防护、净化、减振、消声、保险、联锁、信号、监测等安全、卫生装置。对有突然超压或瞬间爆炸危险的设备，还必须设置符合标准要求的泄压、防爆等安全装置。

(6) 设备、设施、管线、电缆的配置以及作业区的规划和组织

1）配置设备、设施、管线、电缆和组织作业区的基本要求。在生产厂房和作业场地上配置的生产设备、设施、管线、电缆以及堆放的生产物料、产品和剩余物料，不应对人员、生产和运输造成危险和有害影响；各设备之间，管线之间，以及设备、管线与厂房、建筑物的墙壁之间的距离，都应符合有关设计和建筑规范要求；在设备、设施、管线上有发生坠落危险的部位，应配置便于人员操作、检查和维修的扶

梯、平台、围栏和系挂装置等附属设施。

2）设备布置的原则。便于操作和维护；发生火灾或出现紧急情况时，便于人员撤离；尽量避免生产装置之间危害因素的相互影响，减小对人员的综合作用；布置具有潜在危险的设备时，应根据有关规定进行分散和隔离，并设置必要的提示、标志和警告信号；对振动、爆炸敏感的设备，应进行隔离或设置屏蔽、防护墙、减振设施等；设备的噪声超过有关标准规定时，应予以隔离；加热设备及反应釜等的作业孔、操纵器、观察孔等应有防护设施；作业区的热辐射强度不应超过有关规定。

3）管线配置的原则。各种管线的配置，必须符合有关标准、规范要求；配置的管线不应对人员造成危险，管线和管线系统的附件、控制装置等设施，应便于操作、检查和维修；具有危险和有害因素的液体、气体管线，不得穿过不使用这些物质的生产车间、仓库等区域，也不得在这些地下管线的上面修造建筑物；管线系统的支撑和隔热应安全可靠，对热胀冷缩产生的应力和位移，应有预防措施；根据管线内物料的特性要求，管线上应按规定设置相应的排气、泄压、稳压、缓冲、阻燃、排放液体、接地等安全装置。

4）电缆配置的原则。配置电缆应符合有关标准和规定的要求。

3. 安全、卫生防护技术措施

（1）基本要求

能预防生产过程中产生的危险和有害因素；能处置危险和有害物，并降低到国家规定的限值；能从作业区排除危险和有害因素；能预防生产装置失灵或操作失误时产生的危险和有害因素；发生意外事故时，能为遇险人员提供自救条件。

（2）防护用品

根据作业特点和防护要求，按有关标准和规定发放个体防护用品；发放的个体防护用品应符合人体特点，并规定穿（佩）戴方法和使用规则；防护用品的质量和性能，均应符合有关标准规定；在毒性程度较大的作业环境中使用过的个人防护用品，应制定严格的管理制度，统一洗涤、消毒、保管和销毁。

（3）防火防爆

具有火灾爆炸危险的生产过程，应综合考虑防火防爆措施和报警系统，合理选择和配备消防设施；有可燃性气体和粉尘的作业场所，必须有良好的通风系统；必须采取避免产生火花的措施，通风空气不得循环使用。

下列具有着火爆炸危险的工艺装置、贮罐和管线，必要时可根据介质特点，选用氮、氩、二氧化碳、蒸汽等介质置换或保护：易燃固体物质的粉碎、研磨、筛分、混合以及粉状物的输送；可燃气体混合物的生产和处理过程；输送易燃液体；有着火爆炸危险的装置，设备的停车检修处理；易燃电缆，应按有关规定采取阻燃措施。

在易于产生静电的场所，应采取消除静电措施。对下列设施管线应做接地处理：生产、贮存、装卸和输送液化石油气、可燃气体、易燃液体的设备和管道；空气分离装置的保温箱和管线；用于空气干燥、掺和、输送可燃树脂的装置；易产生静电集聚的物料的厂房、设备和管道；在绝缘管线上配置的金属件。

重要的控制室、计算中心、技术档案室、配电间、贵重设备和仪器室等，应备有火灾自动报警装置，必要时设置自动灭火系统。

（4）防尘防毒

生产过程中散发尘、毒的区域应严加控制，以减少对人体和生产设施造成的危害。生产车间和作业环境空气中的有毒有害物质的浓度，不得超过国家标准或有关规定。

对毒物泄漏可能造成重大事故的设备，应有应急防护措施。对生产中难以避免的生产性粉尘，应采取有效的防护、除尘、净化等措施和监测装置。

对生产中难以避免的生产性毒物，应加强监测，采取有效的通风、净化和个体防护措施：加强对设备、设施、管线和电缆的检查、维修，防止跑冒滴漏；进入有毒物的容器和通风不良的作业区进行作业前，必须先进行处理，经采样分析合格后，方可进入；同时，应有监护和必要的应急防护措施；对尘、毒环境中的作业人员，应严格执行休息、就餐、洗手及污染衣物的洗涤管理制度。

（5）防辐射

凡从事具有电离辐射影响作业的人员，必须按有关规定进行防护。

对封闭性放射源外照射的防护，应根据剂量强度、照射时间以及与照射源的距离，采取有效的防护措施。

对内照射的防护，应制定规章制度，采用生产过程密封化、自动化或远距离操作。

对操作和使用放射线、放射性同位素仪器和设备的人员，必须按有关规定进行防护。放射源库、放射性物料及废料堆放处理场所，必须有安全防护措施；使用激光的作业环境，禁止使用产生镜面反射的材料，光通路应设置密封式防护罩。

高频、微波、激光、紫外线、红外线等非电离辐射作业，除合理选择作业点外，应按危害因素的不同性质，采取屏蔽辐射源、加强个体防护等相应的防护措施。

（6）防作业环境气象异常

除工艺、作业特殊需要外，应防止气温、气压、湿度、气流对人员的不良作用。根据生产特点，采取相应措施，保证作业环境的气象条件符合防寒、防暑、防湿的要求。

根据寒暑季节和生产特点，对室外、野外作业，采取防寒保暖、防雨防风、防雷电、防湿和防暑降温措施，并设置休息场所。

（7）安全标志和报警信号

凡容易发生事故的地方，应按 GB 2894—2008 的规定设置安全标志，或在建筑物及设备上按 GB 2893—2008 规定涂安全色。在易发生事故和人员不易观察到的地方、场所和装置，应设置声、光或声光结合的事故报警信号。

生产场所、作业点的紧急通道和出入口，应设置明显醒目的标志。设备、管线，应按有关标准的规定涂识别色。

4. 安全、卫生管理制度

企业应根据国家有关标准规定制定如下一些安全、卫生管理制度：安全、卫生目标管理制度；安全生产责任制度；安全生产检查制度；安全、卫生技术措施实施计划；安全技术规程；事故调查、分析报告、处理制度；安全、卫生培训、教育制度；安全、卫生评价制度；其他安全、卫生管理制度。

8.1.3　企业职工伤亡事故分类

1. 事故类别（表 8.1-14）

表 8.1-14　事故类别表

序号	事故类别名称	序号	事故类别名称
01	物体打击	09	高处坠落
02	车辆伤害	10	坍塌
03	机械伤害	14	火药爆炸
04	起重伤害	16	锅炉爆炸
05	触电	17	容器爆炸
06	淹溺	18	其他爆炸
07	灼烫	19	中毒和窒息
08	火灾	20	其他伤害

2. 伤害分析

受伤部位：指身体受伤的部位。

受伤性质：指人体受伤的类型。确定的原则：以受伤当时的身体情况为主，结合愈后可能产生的后遗障碍全面分析确定；多处受伤，按最严重的伤害分类，当无法确定时，应鉴定为“多伤害”。

起因物：导致事故发生的物体或物质。

致害物：直接引起伤害及中毒的物体或物质。

伤害方式：致害物与人体发生接触的方式。

不安全状态：能导致事故发生的物质条件。

不安全行为：能造成事故的人为错误。

3. 伤害程度分类

轻伤：损失工作日低于 105 日的失能伤害。

重伤：损失工作日等于和超过 105 日的失能伤害。

死亡：损失工作日 6000 日。

4. 事故严重程度分类

轻伤事故：只有轻伤的事故。

重伤事故：有重伤无死亡的事故。

死亡事故：重大伤亡事故，指一次事故死亡 1~2 人的事故；特大伤亡事故，指一次事故死亡 3 人以上的事故（含 3 人）。

5. 工伤事故的计算方法

适用于企业以及各省、市、县上报工伤事故时使用的计算方法有：

1）千人死亡率。表示某时期内，平均每千名职工因工伤事故造成死亡的人数，按式（8.1-1）计算

$$\text{千人死亡率}=\frac{\text{死亡人数}}{\text{平均职工人数}}\times 10^3 \quad (8.1\text{-}1)$$

2）千人重伤率。表示某时期内，平均每千名职工因工伤事故造成的重伤人数，按式（8.1-2）计算

$$\text{千人重伤率}=\frac{\text{重伤人数}}{\text{平均职工人数}}\times 10^3 \quad (8.1\text{-}2)$$

适用于行业、企业内部事故统计分析使用的计算方法有：

1）伤害频率。表示某时期内，每百万工时，事故造成伤害的人数。伤害人数指轻伤、重伤、死亡人数之和，按式（8.1-3）计算

$$\text{百万工时伤害率}(A)=\frac{\text{伤害人数}}{\text{实际总工时}}\times 10^6 \quad (8.1\text{-}3)$$

2）伤害严重率。表示某时期内，每百万工时，事故造成的损失工作日数，按式（8.1-4）计算

$$\text{伤害严重率}(B)=\frac{\text{总损失工作}}{\text{实际总工时}}\times 10^6 \quad (8.1\text{-}4)$$

3）伤害平均严重率。表示每人次受伤害的平均损失工作日，按式（8.1-5）计算

$$\text{伤害平均严重率}(N)=\frac{B}{A}=\frac{\text{伤害严重率}}{\text{百万工时伤害率}} \quad (8.1\text{-}5)$$

8.1.4　企业职工伤亡事故调查分析规则

本规定是对企业职工在生产劳动过程中发生的伤

亡事故（含急性中毒事故）进行调查分析的依据。调查分析的目的是：掌握事故情况，查明事故原因，分清事故责任，拟定改进措施，防止事故重复发生。

1. 事故调查程序

死亡、重伤事故，应按如下要求进行调查。轻伤事故的调查，可参照执行。

(1) 现场处理

事故发生后，应救护受伤害者，采取措施制止事故蔓延扩大，认真保护事故现场。凡与事故有关的物体、痕迹、状态，不得破坏。为抢救受伤害者需要移动现场某些物体时，必须做好现场标志。

(2) 物证搜集

现场物证包括破损部件、碎片、残留物、致害物的位置等。在现场搜集到的所有物件均应贴上标签，注明地点、时间、管理者。所有物件应保持原样，不准冲洗擦拭。对健康有危害的物品，应采取不损坏原始证据的安全防护措施。

(3) 事故事实材料的搜集

1）与事故鉴别、记录有关的材料。发生事故的单位、地点、时间；受害人和肇事者的姓名、性别、年龄、文化程度、职业、技术等级；受害人和肇事者的技术状况、接受安全教育情况工龄、本工种工龄、支付工资的形式；出事当天，受害人和肇事者什么时间开始工作，工作内容、工作量，作业程序、操作时的动作（或位置）；受害人和肇事者过去的事故记录。

2）事故发生的有关事实。事故发生前设备、设施等的性能和质量状况；使用的材料：必要时进行物理性能或化学性能实验与分析；有关设计和工艺方面的技术文件、工作指令和规章制度方面的资料及执行情况；关于工作环境方面的状况：包括照明、湿度、温度、通风、声响、色彩度、道路、工作面状况以及工作环境中的有毒、有害物质取样分析记录；个人防护措施状况：应注意它的有效性、质量，使用范围；出事前受害人或肇事者的健康状况；其他可能与事故有关的细节或因素。

(4) 证人材料的搜集

要尽快找到被调查者搜集材料。对证人的口述材料，应认真考证其真实程度。

(5) 现场摄影

显示残骸和受害者原始活动地的所有照片。可能被清除或被践踏的痕迹：如制动痕迹、地面和建筑物的伤痕、火灾引起损害的照片、冒顶下落物的空间等。利用摄影或录像，以提供较完善的信息内容。

(6) 事故图

报告中的事故图，应包括了解事故情况所必需的信息，如事故现场示意图、流程图、受害者位置图等。

2. 事故分析

1）事故分析步骤。整理和阅读调查材料；按以下七项内容进行分析：受伤部位、受伤性质、起因物、致害物、伤害方式、不安全状态、不安全行为；确定事故的直接原因；确定事故的间接原因；确定事故责任者。

2）事故原因分析。直接原因：机械、物质或环境的不安全状态；人的不安全行为。间接原因：技术和设计上有缺陷——工业构件、建筑物、机械设备、仪器仪表、工艺过程、操作方法、维修检验等的设计、施工和材料使用存在问题；教育培训不够、未经培训；缺乏或不懂安全操作技术知识；劳动组织不合理；对现场工作缺乏检查或指导错误；没有安全操作规程或不健全；没有或不认真实施事故防范措施，对事故隐患整改不力；其他。

在分析事故时，应从直接原因入手，逐步深入到间接原因，从而掌握事故的全部原因，再分清主次，进行责任分析。

3）事故责任分析。根据事故调查所确认的事实，通过对直接原因和间接原因的分析，确定事故中的直接责任者和领导责任者；在直接责任者和领导责任者中，根据其在事故发生过程中的作用，确定主要责任者；根据事故后果和事故责任者应负的责任提出处理意见。

3. 事故结案归档材料

当事故处理结案后，应归档的事故资料如下：职工工伤事故登记表；职工死亡、重伤事故调查报告书及批复；现场调查记录、图样、照片；技术鉴定和试验报告；物证、人证材料；直接和间接经济损失材料；事故责任者的自述材料；医疗部门对伤亡人员的诊断书；发生事故时的工艺条件、操作情况和设计资料；处分决定和受处分人员的检查材料；有关事故的通报、简报及文件；注明参加调查组的人员姓名、职务、单位。

8.1.5 机械安全风险评价的原则

机械安全风险评价的原则描述了风险评价的程序。通过这种程序将有关机械的设计、使用、事件、事故和伤害的知识和经验汇集到一起，以进行机器生命周期内各种风险的评价。

1. 基本概念

(1) 风险评价

以系统方式对与机械有关的危险进行考察的一系列逻辑步骤；当需要时，风险评价后应按照 GB/T 15706—2012 所描述的方法减小风险。当重复这一过程时，就可达到尽可能消除危险和根据现有工艺水平实施安全措施的迭代过程（图 8.1-1）。

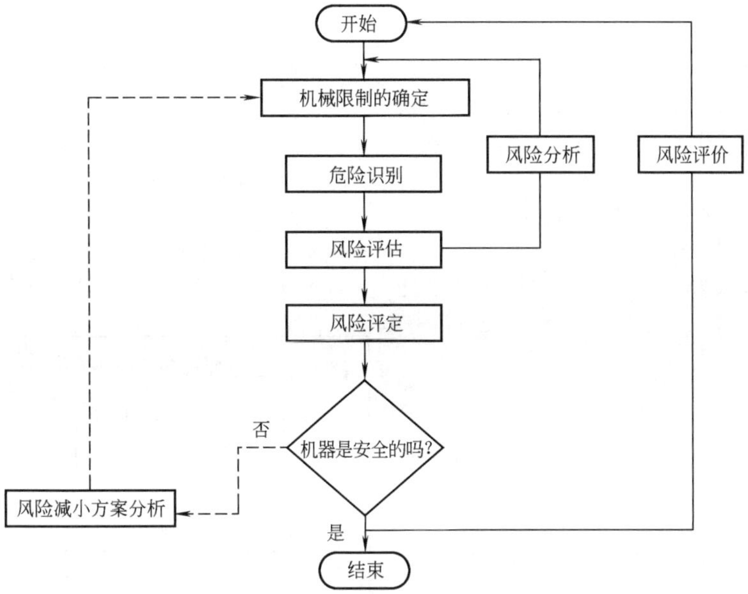

图 8.1-1　安全措施的迭代过程

(2) 风险分析

1) 机械限制的确定。

2) 危险识别。

3) 风险评估。

(3) 风险评定

风险分析提供了风险评定所需的信息，有了这种信息就可对机械安全做出判断。风险评价依赖于判断决定。这些决定应通过定性的方法来支持，并尽可能通过定量方法补充。当可预见伤害严重度高且范围大时，定量法是特别合适的。定量法对评价可替换的安全措施和决定何种防护更好是有用的。由于定量法的使用，受已得到的有用数据量的限制，因此在许多应用场合，只能使用定性的风险评价。

(4) 风险评价的程序应以形成文件的方式进行

已进行过评价的机械的预期使用（技术规范、限制等）；所识别的危险、危险状态和危险事件；使用的有关信息（事故历史，由对类似机器进行减小风险获得的经验等）；通过安全措施要达到的目标；为消除识别的危险或减小风险所实施的安全措施，通过规定某种有关假设（载荷、安全因素等）后，各种危险的遗留风险。

(5) 风险评价信息

风险评价信息和定性、定量分析应包括以下内容：机械的限制（GB/T 15706—2012）；机械各生命阶段的要求（GB/T 15706—2012）；规定机械特性的设计图样或其他手段；有关动力源的信息；事故或事件的历史（如果可得到的话）；有损健康的任何信息。当设计改进和需更改时，信息也应适时更新。

假如能得到那些危险状态中的有关危险和事故环境的足够信息，则可对不同类型机械的类似危险状态进行比较。在事故历史不明的情况下，不应根据少量事故及严重性不大的事故主观做出低风险推测。

对于定量评价，可以使用数据库、手册、实验室和制造厂技术规范中的数据（假如对它们的适用性有把握的话）。有关该数据的不确定性应在文件中指明。专家一致认可的经验数据可作为补充定性数据。

2. 机械限制的确定

风险评估从机械限制的确定开始，考虑机械生命周期的所有阶段。机械的限制，包括预定使用（GB/T 15706—2012），除了合理预见的误用和失灵的后果外，还应包括机器的正确使用和正确操作两方面。

另外，风险评价还应适当根据人的情况来考虑：可预见的机械（如工业用、非工业用和家用）全部使用范围，人的情况可依据性别、年龄及用手习惯或体能限制（如视力或听力损伤、身材大小、体力强弱）来确定；可预见的使用者预期培训水平、经验或能力，例如经过培训的熟练技术维修人员，经过培训的操作人员、学员和初学者、一般人员；暴露于可合理预见机械危险场合的其他人员。

3. 危险识别

应识别与机械有关的所有危险、危险状态和危险事件。

4. 风险评估

危险识别后，对每种危险都应通过测定给出的风险要素进行风险评估。

(1) 风险要素

1）概述。与特殊情况或技术过程相关的风险由以下要素组合得出：伤害的严重程度、伤害出现的概率。

① 人员暴露于危险中的频次和持续时间。

② 危险事件出现的概率。

③ 在技术上和人为方面避免或限制伤害的可能性（如对风险的了解、降低速度、急停装置、使动装置）。

风险要素表示在图 8.1-2 中。

在许多情况下，这些风险要素不能被精确地测定，而只能估计。这特别适用于可能伤害出现的概率。在某些情况（如由于有毒物质或精神压力有损健康的情况）下，可能伤害的严重程度不容易确定。为改善这种情况，可使用附加辅助值，即所谓的风险参数，以方便风险评估。总的来说，特别适用于这种情况的风险参数形式取决于所涉及的危险类型。

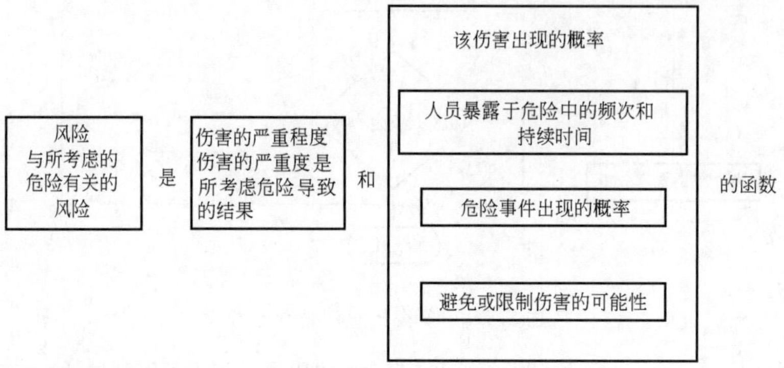

图 8.1-2　风险要素

2）伤害的严重程度。严重程度可通过考虑以下因素评估：

损伤的严重度：轻微；严重；死亡。

伤害的范围：一人、多人。

3）伤害出现的概率。人员暴露于危险中的频次和持续时间：接近危险的需要（如生产的原因、维护或修理）；接近的性质（如手动送料）；处于危险区的时间；需要接近危险的人数；进入危险区的频次。

危险事件出现的概率：可靠性和其他统计数据；事故历史记录；风险比较。危险事件的出现可能源于技术或人为原因。

避免或限制伤害的可能性：对机器包括，由熟练工操作，由非熟练工操作，或无人操作。

危险事件出现的速度：突然、快、慢。

对风险的认识：一般信息、直接观察、通过指示装置。

人员避免危险的可能性（如反应灵敏性、逃脱可能性）：可能、在某些情况下可能、不可能。

实践经验和知识：该机械的、类似机械的、没经验的。

(2) 确定风险要素应考虑的诸方面

1）暴露的人员。风险估计应考虑所有暴露于危险中的人员，包括操作者、维修人员和可合理预见的可能受到机器影响的其他人员。

2）暴露的类型、频次和持续时间。对所考虑危险中暴露的评估，需要分析并应说明机器的各种操作模式和使机器工作的方法。这尤其影响到在设定、示教、过程转换或调整、清理、查找故障和维修期间进入危险区的需要。当必须暂停安全功能时（如维修期间），风险评估应说明这种情况。

3）暴露和影响之间的关系。当确定在一种危险中的暴露及其影响之间的关系时，就可行性而言，风险评估应根据合适的认可数据。事故数据可用来表明与具有特定安全措施的特定形式机械的使用有关的伤害概率和严重程度。

4）人的因素。风险评估应不限于技术因素。风险可能受人为因素的影响，诸如，一方面，与机械的相互作用有关的、与人员之间的相互作用有关的、与心理学有关的和与人类工效影响有关的因素；另一方面，与认识在给定条件下风险的能力高低有关的因素。这种情况取决于操作者和可能受影响的其他人的培训情况、经验和能力。

对暴露于危险中的人员能力的评估应考虑以下几个方面：与人类工效学原则有关的机械设计；执行所需任务固有的或被开发的能力；对各种风险的认识；

如果不发生有意或无意差错时执行所需任务的把握程度；防止诱使偏离规定的和必要的安全工作规程的能力。

训练、经验和能力都会影响到风险，但是它们都不能用来代替可能通过设计或安全防护来消除危险、减小风险的措施。

5）保护措施的适用性。风险评估应考虑保护措施的适用性。评估应：识别可能导致伤害的环境；当合适时，使用定量法比较可供选择的保护措施；提供有助于选择适当保护措施的信息。

当保护措施包括工作组织、正确行为、注意力、应用个体防护装备、技能或培训时，在风险评估中必须考虑到：这些措施与经过验证的技术保护措施相比，可靠性相对较低。

6）废弃或避开保护措施的可能性。风险评估应考虑废弃或避开保护措施的可能性。风险评估还应考虑废弃或避开保护措施的诱因。如：是否保护措施延缓了生产或干扰使用者的某些其他活动或选择；保护措施难以使用；是否涉及操作者以外的人员；保护措施的功能是否未被认可或接受。

废弃保护措施的能力可能取决于保护措施的类型及其设计细节两方面。

如果对有关安全软件的存取设计和监控不当，使用可编程电子系统会导致废弃或避开保护措施的附加可能性。风险评估应判明有关安全功能在什么地方没与其他机器功能分开和存取可能达到的范围。

当为诊断或过程校正需要遥控存取时，这是特别重要的。当进行风险评估时，需要考虑废弃或避开可调防护装置和可编程自动停机装置的可能性。

7）维持保护措施的能力。风险评估应考虑保护措施是否能维持在为提供需要的防护水平所必需的状态。如果保护措施不容易维持在正确工作状态下，为了使机械连续使用，这可能促使废弃或避开保护措施。

8）使用信息。风险评估应考虑随机械提供的使用信息。

5. 风险评定

风险评估后，要进行风险评定，以确定是否需要减小风险或是否达到了安全。如果风险需要减小，则应采用保护措施，并应重复该程序（图 8.1-1）。在这种迭代过程中，重要的是当应用新的保护措施时，设计者应核对是否又产生了附加危险。如果附加危险的确出现了，则这些危险应列入危险识别清单中。

风险减小目标的实现和风险比较的有效结果可以使人确信机械是安全的。

（1）风险减小目标的实现

下列条件的实现将表明减小风险的过程可以结束：通过一定措施消除了危险或减小了风险；通过设计或替代稍有危险的材料或物质，和/或按照现有工艺水平进行安全防护。

所选的安全防护类型是经过验证的，对预期使用能起到充分的防护，针对以下几种情况，所选择的防护类型是合适的：废弃或避开的概率；伤害的严重程度；对执行所要求任务的妨碍；有关机械的预定使用信息十分清楚；使用机械的操作程序与使用该机械的人员或可能暴露于与该机械有关的危险中的其他人员的能力协调一致；推荐的该机械使用安全操作规程和有关的培训要求已充分说明；关于遗留风险已充分告知了用户；如果推荐用个体防护装备来对付遗留风险，对这种防护装备的需要和使用该防护装备的培训要求已充分说明；附加预防措施是充分的。

（2）风险比较

只要下列判定适用，作为风险评定过程的一部分，与机械有关的风险可与类似机械的风险相比较：类似机械证明了按照现有工艺水平风险减小是可接受的；两种机械的预定使用和所采用的工艺都是可比的；危险和风险要素是可比的；技术规范是可比的；使用条件是可比的。

使用这种比较方法不排除在特定使用条件下，还需要遵循 GB/T 15706—2012 规定的风险评价过程。

8.2　机械加工设备安全卫生要求

8.2.1　机械加工设备一般安全要求

1. 主要结构的要求

1）一般要求。机械加工设备必须有足够的强度、刚度、稳定性和安全系数及寿命，以保证人身和设备的安全。

2）材料。机械加工设备本身使用的材料应符合安全卫生要求，不允许使用对人体有害的材料和未经安全卫生检验的材料。

3）外形。机械加工设备的外形结构应尽量平整光滑，避免尖锐的角和棱。

4）加工区。凡加工区易发生伤害事故的设备，应采取有效的防护措施。防护措施应保证设备在工作状态下防止操作人员的身体任一部分进入危险区，或进入危险区时保证设备不能运转或做紧急制动。

机械加工设备应单独或同时采用下列防护措施：

完全固定、半固定密闭罩；机械或电气的屏障；机械或电气的联锁装置；自动或半自动给料、出料装置；手限制器、手脱开装置；机械或电气的双手脱开装置；自动或手动紧急停车装置；限制导致危险行程、给料或进给的装置；防止误动作或误操作装置；警告或警报装置；其他防护措施。

5）运动部件。易造成伤害事故的运动部件均应封闭或屏蔽，或采取其他避免操作人员接触的防护措施。以操作人员所站立平面为基准，凡高度在2m以内的各种传动装置必须设置防护装置，高度在2m以上的物料传输装置和带传动装置应设置防护装置。

为避免挤压伤害，直线运动部件之间或直线运动部件与静止部件之间的距离必须符合国家标准的规定。

机械加工设备根据需要应设置可靠的限位装置。机械加工设备必须对可能因超负荷发生损坏的部件设置超负荷保险装置。高速旋转的运动部件应进行必要的静平衡或动平衡试验。有惯性冲撞的运动部件必须采取可靠的缓冲措施，防止因惯性而造成伤害事故。

6）工作位置。机械加工设备的工作位置应安全可靠，并应保证操作人员的头、手、臂、腿、脚有合乎心理和生理要求的足够的活动空间。

机械加工设备的工作面高度应符合人机工程学的要求。坐姿工作面高度应在700～850mm之间。立姿、立—坐姿的工作面高度应在800～1000mm之间。机械加工设备应优先采用便于调节的工作座椅，以增加操作人员的舒适性并便于操作。

机械加工设备的工作位置应保证操作人员的安全，平台和通道必须防滑，必要时设置踏板和栏杆，平台和栏杆必须符合国家标准的规定。

机械加工设备应设有安全电压的局部照明装置。

7）紧急停车装置。机械加工设备如存在下列情况，必须配置紧急停车装置。当发生危险时，不能迅速通过控制开关来停止设备运行终止危险的；不能通过一个总开关，迅速中断若干个能造成危险的运动单元；由于切断某个单元可能出现其他危险；在控制台不能看到所控制的全部。需要设置紧急停车装置的机械加工设备，应在每个操作位置和需要的地方都设置紧急停车装置。

8）防有害物质。机械加工设备应有处理和防护尘、毒、烟雾、闪光、辐射等有害物质的装置，在使用过程中不得超过国家标准的规定。

9）噪声。机械加工设备的噪声指标应低于85dB（A）。

10）防火防爆。机械加工设备应按使用条件和环境的需要，采取防火防爆的技术措施。

11）电气装置。机械加工设备的电气装置应按国家标准执行。

2. 控制机构的要求

1）一般要求。机械加工设备应设有防止意外起动而造成危险的保护装置。控制线路应保证线路损坏后也不发生危险。自动或半自动控制系统，必须在功能顺序上保证排除意外造成危险的可能性，或设有可靠保护装置。

当设备的能源偶然切断时，制动、夹紧动作不应中断，能源又重新接通时，设备不得自动起动。对危险性较大的设备，应尽可能配置监控装置。

2）显示器。显示器应准确、简单、可靠。显示器的性能、形式、数量和大小及其度盘上的标尺应适合信息特征和人的感知特性。

显示器的排列应考虑以下原则：最常用、最主要的视觉显示器尽可能安排在操作人员最便于观察的位置；显示器应按功能分区排列，区与区之间应有明显的区别；视觉显示器应尽量靠近，以缩小视野范围；视觉显示器的排列应适合人的视觉习惯（即优先顺序从左到右，从上到下）。

显示器的显示应与控制器的调整方向及运动部件运动方向相适应。危险信号的显示应在信号强度、形式、确切性、对比性等突出于其他信号，一般应优先采用视、听双重显示器。

3）控制器。机械加工设备的控制器的排列应考虑以下原则：控制器应按操作使用频率排列；控制器应按其重要程度进行排列；控制器应按其功能分区排列；控制器应按其操作顺序和逻辑关系排列；控制器的排列应适合人的使用习惯。

控制器应以间隔、形状、颜色、形象符号等方式使操作人员易于识别其用途。控制器应与安全防护装置联锁，使设备运转与安全防护装置同时起作用。控制器的布置应适合人体生理特征。控制器的操纵力大小应适合人体生物力学要求。

对两人或多人操作的机械加工设备，其控制器应设置互锁装置，避免因多人操作不协调而造成危险。控制开关的位置一般不应设在误动作的位置。

3. 防护装置的要求

（1）安全防护装置

安全防护装置应结构简单、布局合理，不得有锐利的边缘和凸缘。安全防护装置应具有足够的可靠性，在规定的寿命期限内有足够的强度、刚度、稳定性、耐蚀性、抗疲劳性，以确保安全。安全防护装置应与设备运转联锁，保证安全防护装置未起作用之前，设备不能运转。安全防护罩、屏、栏的材料，及至运转部件的距离，应按国家标准执行。光电式、感应式等安全防护装置应设置自身出现故障报警装置。

(2) 紧急停车开关

紧急停车开关应保证瞬时动作时，能终止设备的一切运动，对有惯性运动的设备，紧急停车开关应与制动器或离合器联锁，迅速终止运行。

紧急停车开关的形状应区别于一般控制开关，颜色为红色。紧急停车开关的布置应保证操作人员易于触及，不发生危险。设备由紧急停车开关停止运行后，必须按起动顺序重新起动才能重新运转。

4. 检验与维修的要求

1）一般要求。机械加工设备必须保证按规定运输、搬运、安装、使用、拆卸、检修时，不发生危险和危害。

2）重心。对于重心偏移的设备和大型部件应标志重心位置或吊装位置，保证设备安装的安全。

3）日常检修。机械加工设备的加油和日常检查一般不得进入危险区内。

4）危险区内的检修。机械加工设备的检验与维修，若需要在危险区内进行的，必须采取可靠的防护措施，防止发生危险。

5）检修部位开口。机械加工设备需要进入检修的部位，应有适合人体测量尺寸要求的开口。

8.2.2 机械加工设备安全卫生总则

1. 基本原则

机械加工设备及其零部件，必须按规定条件制造、运输、贮存、安装和使用，不得对人员造成危险。

设备在正常生产和使用过程中，不应向工作场所和大气排放超过国家标准规定的有害物质，不应产生超过国家标准规定的噪声、振动、辐射和其他污染。对可能产生的有害因素，必须在设计上采取有效措施加以防护。

设计机械加工设备，应体现人类工效学原则，最大限度地减轻设备对操作者造成的体力、脑力消耗以及心理紧张状况。

设计机械加工设备，应通过下列途径保证其安全卫生：选择最佳设计方案并进行安全卫生评价；对可能产生的危险因素和有害因素采取有效防护措施；在运输、贮存、安装、使用和维修等技术文件中写明安全卫生要求。

设计机械加工设备时，当安全卫生技术措施与经济效益发生矛盾时，应优先考虑安全卫生技术上的要求，并应按下列等级顺序选择安全卫生技术措施：直接安全卫生技术措施——机械加工设备本身应具有本质安全卫生性能，即使在异常情况下，也不会出现任何危险和产生有害作用；间接安全卫生技术措施——若直接安全卫生技术措施不能实现或不能完全实现时，则必须在生产设备总体设计阶段，设计出其效果与主体先进性相当的安全卫生防护装置。安全卫生防护装置的设计、制造任务不应留给用户去承担。提示性安全卫生技术措施——若直接和间接安全卫生技术措施不能实现或不能完全实现时，则应以说明书或在设备上设置标志等适当方式说明安全使用设备的条件。

机械加工设备在规定的整个使用期限内，均应满足安全卫生要求。对于可能影响安全操作、控制的零部件、装置等应规定符合产品标准要求的可靠性指标。

2. 一般要求

1）适应性。在规定使用期限内，机械加工设备应满足使用环境要求，特别是满足防腐蚀、耐磨损、抗疲劳、抗老化和抵御失效的要求。

2）材料。用于制造机械加工设备的材料，在规定使用期限内必须能承受在规定使用条件下可能出现的各种物理的、化学的和生物的作用。

在正常使用环境下，对人有危害的材料不宜用来制造机械加工设备。若必须使用时，则应采取可靠的安全卫生技术措施，以保障人员的安全和健康。

机械加工设备及其零部件的安全使用期限，应小于其材料在使用条件下的老化或疲劳期限。易被腐蚀或空蚀的机械加工设备及其零部件应选用耐腐蚀或耐空蚀材料制造，并应采取防蚀措施。同时，应规定检查和更换周期。禁止使用能与工作介质发生反应而造成危害（爆炸或生成有害物质等）的材料。处理可燃气体、易燃和可燃液体的设备，其基础和本体应使用非燃烧材料制造。

3）稳定性。机械加工设备不应在振动、风力或其他可预见的外载荷作用下倾覆或产生允许范围外的运动。机械加工设备若通过形体设计和自身的质量分布不能满足或不能完全满足稳定性要求时，则必须采取某种安全技术措施，以保证其具有可靠的稳定性。

对有司机驾驶或操纵并有可能发生倾覆的可行驶设备，其稳定系数必须大于 1 并应设计倾覆保护装置。若所要求的稳定性必须在安装或使用地点采取特别措施或确定的使用方法才能达到时，则应在机械加工设备上标出，并在使用说明书中详细说明。

对有抗地震要求的机械加工设备，应在设计上采取特殊抗震安全卫生措施，并在说明书中明确指出设备所能达到的抗地震烈度能力及有关要求。

4）表面、角和棱。在不影响使用功能的情况下，机械加工设备可被人员接触到的部分及其零部件应设计成不带易伤人的角、利棱、凹凸不平的表面和较突出的部位。

5）操纵器、信号和显示器。

① 操纵器。设计、选用和配置操纵器应与人体操作部位的特性（特别是功能特性）以及控制任务相适应，除应符合 GB/T 14775—1993 的规定外，还应满足以下要求：机械加工设备关键部位的操纵器，一般应设电气或机械联锁装置；对可能出现误动作或被误操作的操纵器，应采取必要的保护措施。

② 信号和显示器。设计、选用和配置信号与显示器，应适应人的感觉特性并满足以下要求：信号和显示器应在安全、清晰、迅速的原则下，根据工艺流程、重要程度和使用频繁程度，配置在操作人员易看到和易听到的范围内；信号和显示器的性能、形式和数量，应与信息特性相适应；当其数量较多时，应根据其功能和显示的种类分区排列，区与区之间要有明显界限；信号和显示器应清晰易辨、准确无误，并应消除眩光、频闪效应，与操作者的距离、角度应适宜；当多种视觉信号和显示器放在一起时，与背景间及相互间的颜色、亮度和对比度应适宜。

机械加工设备上易发生故障或危险性较大的区域，应配置声、光或声光组合的报警装置。事故信号，能显示故障的位置和种类。危险信号，应具有足够强度并与其他信号有明显区别，其强度应明显高于设备使用现场其他声、光信号的强度。

6）控制系统。

① 控制和调节装置。控制装置应保证，当动力源发生异常（偶然或人为地切断或变化）时，也不会造成危险。必要时控制装置应能自动切换到备用动力源和备用设备系统。自动或半自动控制系统应设有必要的保护装置，以防止控制指令紊乱。同时，在每台设备上还辅以能单独操纵的手动控制装置。对复杂的设备和重要的安全系统，应配置自动监控装置。

重要设备的控制装置应安装在使操作人员能看到整个设备动作的位置上。对于某些在开动设备时看不见全貌的生产设备，应配置开车预警信号装置。预警信号装置应有足够的报警时间。控制系统应保证，即使系统发生故障或损坏时也不致造成危害。系统内关键的元器件、控制阀应符合可靠性指标要求。

控制装置和作为安全技术措施的离合器、制动装置和联锁装置，应具有良好的可靠性并符合标准规定的可靠性指标要求。调节装置应采用自动联锁装置，以防止误操作和自动调节、自动操纵线路等的误通断。

② 紧急开关。若存在下列情况的可能性之一时，机械加工设备则必须配置紧急开关：发生事故或出现设备功能紊乱时，不能迅速通过停车开关来终止危险的运行；不能通过一个开关迅速中断若干个能造成危险的运动单元；由于切断某个单元会导致其他危险；在操纵台处不能看到所控制的全貌。

紧急开关必须有足够的数量，应在所有控制点和给料点都能迅速而无危险地触及到。紧急开关的形状应有别于一般开关，其颜色应为红色或有鲜明的红色标记。

机械加工设备由紧急开关停车后，其残余能量可能引起危险时，必须设有与之联动的减缓运行或防逆转装置。必要时，应设有能迅速制动的安全装置。

③ 意外起动的预防。对于在调整、检查、维修时需要察看危险区域或人体局部（手或臂）需要伸进危险区域的生产设备，设计上必须采取防止意外起动措施；在对危险区域进行防护（如机械式防护）的同时，还应能强制切断设备的起动控制和动力源系统；在总开关柜上设有多把锁，只有开启全部锁时才能合闸；控制或联锁元件应直接位于危险区域，并只能由此处起动或停车；采用可拔出的开关钥匙；设备上具有多种操纵和运转方式的选择器，应能锁闭在按预定的操作方式所选择的位置上。选择器的每一位置，仅能与一种操纵方式或运转方式相对应；使设备势能处于最小值。

机械加工设备因意外起动可能危及人身安全时，必须配置起强制作用的安全防护装置。必要时，应配置两种以上互为联锁的安全装置，以防止意外起动。当动力源因故偶然切断后又重新自动接通时，控制装置应能避免机械加工设备产生危险运转。

7）工作位置。机械加工设备上供人员作业的工作位置应安全可靠。其工作空间应保证操作人员的头、臂、手、腿、足在正常作业中有充分的活动余地。危险作业点应留有足够的退避空间。操作位置高度在距地面 20m 以上的机械加工设备，宜配置安全可靠的载人升降附属设备。

① 工作姿势。机械加工设备上的操作位置，应能保证操作者交替采用坐姿和站立。通常宜优先设计坐姿。

② 座位。机械加工设备上设置的座位应适合人体需要和功能的发挥。必要时，座位应能适当进行高度、角度和水平调节。座位结构、尺寸应符合人类工效学原则并应满足工作需要和不易疲劳的要求。只要空间尺寸允许，座位必须设有保护人体腰椎的腰靠。设计时，可按 GB/T 14774—1993 执行。

供司机操作用的座位，应保证司机承受的振动降到合理的最低程度。座位的固定应使其能承受住所有的，特别是倾覆时所承受的负荷。

③ 操纵室。操纵室必须保证人员操作的安全、

方便和舒适。同时宜保证操作者在座位上能直接控制全部操作部位及必须具有良好的视野。

操纵室应采用防火材料制造，其门窗透光部分应采用透明易清洗的安全材料制造，并应保证操作者在操纵室内就能擦拭。必要时，应在门窗透光部分上配置擦拭装置。

操纵室应具有防御外界有害作用（如噪声、振动、粉尘、毒物、热辐射和落物等）的良好性能。当操纵室工作环境温度低于-5℃或高于 35℃时，应配置空调装置或采暖、降温装置。

操纵室应保证操作人员在事故状态下能安全撤出。对有可能发生倾覆的可行驶生产设备，除应设置保护操纵室的安全支撑外，还应设置能从里面打开的紧急安全出口。

④ 防滑和防高处坠落。设计操作位置，必须充分考虑人员脚踏和站立的安全性。若操作人员经常变换工作位置，则必须在生产设备上配置安全走板，安全走板的宽度应不小于 500mm。

若操作人员进行操作、维护、调节的工作位置在坠落基准面 2m 以上时，则必须在生产设备上配置供站立的平台和防坠落的护栏、护板等。设计梯子、钢平台和防护栏杆时，按国家标准执行。

机械加工设备应具有良好的防渗漏性能。对有可能产生渗漏的机械加工设备，应有适宜的收集和排放装置，必要时，应设有特殊防滑地板。

8）照明。机械加工设备必须保证操作点和操作区域有足够的照度，但要避免各种频闪效应和眩光现象。对可移动式设备，其灯光设计按有关专业标准执行。其他设备的照明设计按 GB 50034—2013 执行。设备内部需要经常观察的部位，应备有照明装置或符合安全电压要求的电源插座。

9）吊装和搬运。能够用手工进行搬运的机械加工设备，必须设计成易于搬运或在其上设有能进行安全搬运的部位或部件（如把手）。

因重量、尺寸、外形等因素限制而不能用手工进行搬运的生产设备，应在外形设计上采取措施，使之适应于一般起吊装置吊装或在其上设计出供起吊的部位或部件（如起吊孔、起吊环等）。设计吊装位置，必须保证吊装平稳并能避免发生倾覆或塑性变形。

10）检查和维修。设计机械加工设备，必须考虑检查和维修的安全性、方便性。必要时，应随设备配备专用检查、维修工具或装置。

需要进行检查和维修的部位，必须能处于安全状态。需要定期更换的部件，必须保证其装配和拆卸没有危险。

需进入内部检查、维修的机械加工设备，特别是缺氧和含有毒介质的设备，必须设有明显的提示操作人员采用安全措施的标志。

在检查、维修时，对断开动力源之后仍有可能存在残余能量的机械加工设备，设计上必须保证其能量可被安全释放或消除。

动力源切断后再重新接通时会对检查、维修人员构成危险的机械加工设备，必须设有止动联锁控制装置。

3. 特殊要求

1）可动零部件。人员易触及的可动零部件，应尽可能封闭或隔离。对操作人员在设备运行时可能触及的可动零部件，必须配置必要的安全防护装置。对运行过程中可能超过极限位置的机械加工设备或零部件，应配置可靠的限位装置。若可动零部件（含其载荷）所具有的动能或势能可能引起危险时，则必须配置限速、防坠落或防逆转装置。

设计安全防护装置，应满足下列要求：使操作者触及不到运转中的可动零部件。其防护距离应符合 GB/T 23821—2009、GB/T 12265—2021 的要求；在操作者接近可动零部件并有可能发生危险的紧急情况下，设备应不能起动或能立即自动停机、制动；避免在安全防护装置和可动零部件之间产生接触危险；安全防护装置应便于调节、检查和维修，并不得成为危险源；安全防护装置应符合产品标准规定的可靠性指标要求。

以操作人员的操作位置所在平面为基准，凡高度在 2m 之内的所有传动带、转轴、传动链、联轴器、带轮、齿轮、飞轮、链轮、电锯等外露危险零部件及危险部位，都必须设置安全防护装置。

2）高速旋转与易飞出物。高速旋转零部件必须配置具有足够强度、刚度和合适形状、尺寸的防护罩，必要时，应在设计中规定此类零部件的检查周期和更换标准。

机械加工设备运行过程中或突然中断动力源时，若运动部位的紧固连接件或被加工物料等有松脱或甩飞的可能性，则应在设计中采取防松脱措施，配置防护罩或防护网等安全防护装置。

3）过冷与过热。若机械加工设备的过热或过冷部位可能造成危险，则必须配置防接触屏蔽。

4）防火与防爆。生产、使用、贮存和运输易燃易爆物质和可燃物质的机械加工设备，应根据其燃点、闪点、爆炸极限等不同性质采取相应预防措施，实行密闭；严禁跑、冒、滴、漏；配置监测报警、防爆泄压装置及消防安全设施；避免摩擦撞击；消除接近燃点、闪点的高温因素；消除电火花和静电积聚；设置惰性气体（氮气、二氧化碳、水蒸气等）置换及保护系统；在输送可燃气体管道和放空管道上设置水封、阻火器等安全装置；进行抗震设计等。

爆炸和火灾危险场所使用的电气设备，必须符合相应的防爆等级并按有关标准执行。爆炸和火灾危险场所使用的仪器、仪表必须具有与之配套使用的电气设备相应的防爆等级。

因物料聚合、分解反应造成超温、超压可能引起火灾、爆炸危险的机械加工设备，应设置报警信号系统、自动和手动紧急泄压排放装置。

对有突然超压或瞬间分解爆炸危险物料的机械加工设备，应装设爆破板等安全设施。

5）液压和气压。使用压力介质的机械加工设备，必须保证充填、应用、回收和清除过程的安全，特别是：应能避免排出带压液体或气体造成危险；隔离能源装置必须可靠；高压管道的固定必须可靠，应能承受住预定的外载荷。

6）噪声和振动。能产生噪声和振动的各类机械加工设备，都必须在产品标准中明确规定噪声、振动指标限值，并在设计中采取有效防治措施。对固有强噪声、强振动设备，宜设置隔离或遥控装置。

机械加工设备噪声、振动的限值指标应符合 GB/T 50087—2013 和 GB 10434—1989（已于 2017 年 3 月 23 日作废，但没有替代标准。废止依据：关于废止《微波和超短波通信设备辐射安全要求》等 396 项强制性国家标准的公告［2017 年第 6 号］）的规定。

7）粉尘和毒物。凡工艺过程中能产生粉尘、有害气体和其他毒物的生产设备，应尽量采用自动加料、自动卸料和密闭装置，并必须设置吸收、净化、排放装置或能与净化、排放系统连接的接口，以保证工作场所和排放的有害物浓度符合国家标准规定。

对于有毒、有害物质的密闭系统，应避免跑、冒、滴、漏。必要时，应配置监测、报警装置。对生产过程中尘、毒危害严重的机械加工设备，必须设计、安装可靠的事故处理装置及应急防护设施。

8）放（辐）射。凡能产生放（辐）射的机械加工设备，必须采取有效的屏蔽措施，并应尽量采用远距离操作或自动化作业。同时，应设有监测、报警和联锁装置。

9）激光装置。设计机械加工设备上配置的激光装置必须达到如下要求：能阻止无意发射；有效屏蔽。屏蔽应能防止发射、反射或散射及二次辐射对人员造成伤害；用于观察和调节激光装置的光学仪器必须安全可靠，并不得成为激光辐射危险源。

8.2.3 室内工作系统照明视觉工效学原则

1. 视觉功效的主要参数

作业人员视觉系统的有效性应以视觉功效评价；视觉功效应以其完成作业的速度和准确度评价。图 8.2-1 规定了在视觉环境中影响作业人员视觉功效的主要参数。视觉功效主要应由作业特性和照明特性确定。

（1）作业特性

1）大小和距离。对视觉细节的知觉应以视觉敏锐度（视力）来表征。识别物体大小的变换可改变可见度，放大细节可改进视觉功效；距离、深度、凹凸的知觉可由双目视觉质量、认知、经验能力等智力机能以及对各种视觉对象的判断确定。

2）对比。作业与背景应有最佳的亮度和（或）颜色对比。在一定亮度范围内，增加背景亮度时，可提高眼睛的对比敏感度；视场内应无明亮的光源和光反射物体，应避免视线从作业移向过亮的区域，以防止因失能眩光引起的对比下降。

3）表面性质。对质地的知觉应由表面纹理明暗确定。为识别质地，应注意光线的方向性和漫射性，应有合理的阴影，不应因光线的极度漫射而降低对识别物体质地所需要的对比。

4）运动和观察时间。对运动的知觉要求目标的映像应在视网膜上移动，视网膜的中央凹比视网膜周边对形状知觉更为敏感；对识别物体的运动知觉的准确度，可由识别物体的速度、大小、形状、对比和观察时间确定；宜借助于在物体运动途径中跟随一段适当时间来改善该运动物体的可见度。若扫视速度过高或运动途径复杂，可使可见度变差。

5）颜色。物体的颜色可影响其识别速度；提高照度可改善颜色知觉；在近似于天然光光谱组成的光照射下，可保持色觉真实性；色表可由光线的光谱组成和所观察表面的特性、亮度、颜色对比和颜色适应状态确定；应根据使用场所对视觉作业识别颜色的要求，选择相应的光源。

（2）作业人员特性

一定照度范围内，提高照度可改善视觉功效，对大尺寸和大对比的作业的视觉功效可随视力而变化，在正常情况下，眼睛可自行调整视力到传达信息的最大清晰度。为提高分辨微小细节的能力，当目标在视网膜的成像位于视网膜的中央凹时，视觉系统可有最大的效率。

（3）照明特性

1）照度。应有满足视觉工作需要的照度。在正常情况下，在一定照度范围内，提高照度可改善视觉功效，对大尺寸和大对比的作业的功效可在中等照度时达到最大值。

2）亮度分布。应有满足视觉工作需要的亮度分布或照度均匀度。

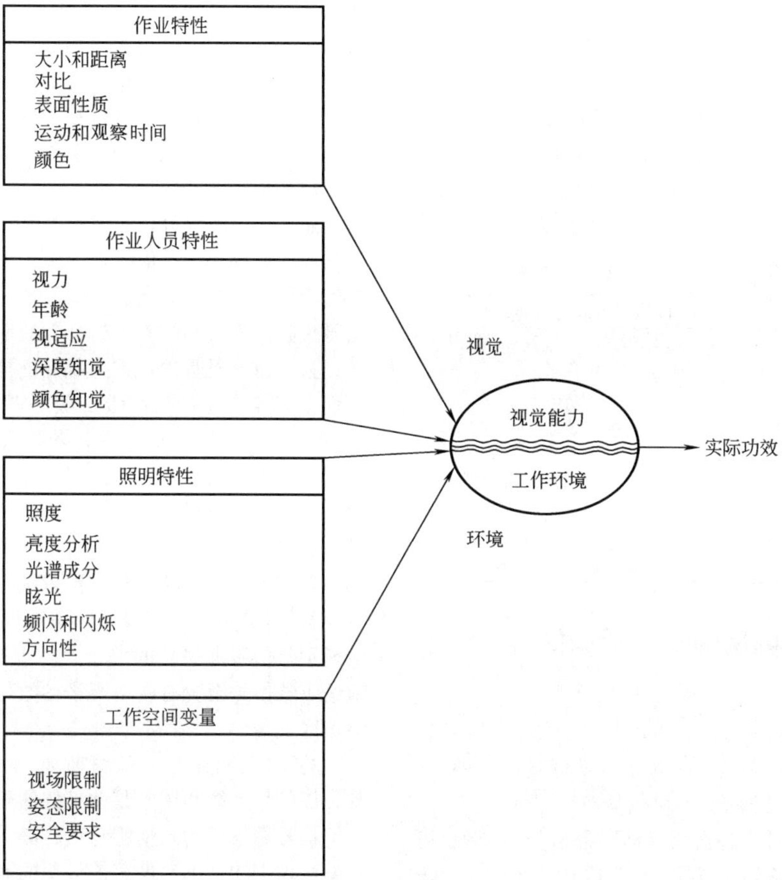

图 8.2-1　视觉功效的主要参数

3）光谱成分。所采用光源的光谱成分应满足识别颜色或视觉作业和环境照明对色表和显色性的要求。

4）眩光。应防止直接眩光、反射眩光和光幕反射的出现。

5）频闪和闪烁。应防止频闪效应和闪烁现象的出现。

6）方向性。应有需要的光的方向性、阴影和立体感。

（4）工作空间变量

在良好的照明实践中，应考虑视场限制、姿态限制和安全要求等参数。

2. 照明准则

视觉环境应以提高工效、保证安全、健康、视觉舒适为原则，并注意节能和降低费用。

（1）照明要求

采光和照明应为完成作业提供适宜的照明条件，以及为休息和改变作业而离开本作业时创造适宜的视觉环境。

室内视觉印象受下列表面的影响：工作面、人脸和设备；墙、顶棚、地面、窗户（夜间）和设备等表面；灯具和窗户（昼间）。

1）作业照明。作业照明是为使工作者看清视觉对象并将注意力集中于作业而设置的照明。作业照明的有效性主要由视觉功效来判定，而视觉功效由视觉的参数确定。

2）环境照明。环境中各表面间的亮度和颜色的关系应满足室内功能、视觉舒适和消除眩光的需要。为改善视觉功效，应防止在全部作业过程中，在视场内出现的干扰因素，不利的适应和不舒适。

环境照明应满足下列要求：给空间以适当的明亮感；有利于加强安全和易于活动；有助于将注意力集中在工作区上；为一些区域提供比作业区亮度较低的亮度；借助光线的方向性和漫射性的正确平衡，可使人脸有自然立体感和柔和的阴影；采用良好显色性的光源，可使人和陈设显现出满意的自然本色；在工作室内应形成一种愉快的亮度和颜色变化，以促进工作人员的健康和减轻工作负荷；应选择适宜的地面、墙面和设备的颜色，以增强清洁明快感。

（2）照度

各种不同区域作业和活动的照度范围应符合表8.2-1的规定。一般采用表8.2-1所列每一照度范围的中间值。当采用高强气体放电灯作为一般照明时，在经常有人工作的场所，其照度值不宜低于50lx。

表8.2-1 不同区域作业和活动的照度范围

照度范围/lx	区域作业和活动的类型
15~20~30	室内交通区、一般观察、巡视
30~50~75	粗作业
100~150~200	一般作业
200~300~500	一定视觉要求的作业
300~500~750	中等视觉要求的作业
500~750~1000	相当费力的视觉要求的作业
750~1000~1500	很困难的视觉要求的作业
1000~1500~2000	特殊视觉要求的作业
>2000	非常精密视觉要求的作业

8.2.4 工作场所的险情听觉信号

1. 术语

1）险情听觉信号。标示险情的开始。必要时，还标示险情的持续与终止。险情听觉信号分为两类：警告听觉信号和紧急撤离听觉信号。

警告听觉信号（包括预启动警告信号）：标示可能或正在发生的险情，还标示应对险情使用相应手段予以控制、消除及其实施程序。

紧急撤离听觉信号：标示开始出现或正在发生的有可能造成伤害的紧急情况，以可识别的方式命令人们立即离开危险区。

2）掩蔽阈（环境噪声中有效听阈）。在环境噪声中，表示刚刚能听到险情听觉信号时的声压级，收听者听力缺陷和护耳器的声衰减应估计在内。

2. 安全要求

（1）总则

险情听觉信号的特征必须是，在信号接收区内的任何人都能识别并对信号做出预期的反应。为了易于识别，险情听觉信号应该有别于其他一切听觉信号，紧急撤离听觉信号又应有别于一切警告听觉信号。要定期检查险情听觉信号的有效性。每当启用新的听觉信号或出现新的噪声源，必须及时复查险情听觉信号的有效性。

（2）识别

为了可靠地识别险情听觉信号，该信号必须具备清晰可听性、可分辨性、含义明确性。

1）清晰可听性。信号必须清晰可听、超过掩蔽阈。通常用A计权声级分析时，信号的A计权声级超过环境噪声A计权声级15dB即可。使用倍频程分析或1/3倍频程分析均能得到更为精确的结果。在大多数情况下，使用倍频程分析已经足够精确。

做倍频程分析时，信号在300~3000Hz频率范围内，有一个倍频程或多个倍频程的信号频带声压级至少超过掩蔽阈10dB。

做1/3倍频程分析时，信号在300~3000Hz频率范围内，有一个1/3倍频程或多个1/3倍频程的信号频带声压级至少超过掩蔽阈13dB。此外还应该考虑信号接收区人员的听力和护耳器的使用。

为了保证对听力正常人及轻度耳聋人员的清晰可听性，信号的A计权声级一般不得低于65dB，当信号A计权声级小于65dB时，若接收区的人员确实都能识别，则该信号也可以采用。此时人员应做收听检验，在信号接收区的人员中，如有中度耳聋及重度耳聋人员时，则在做收听检验时，一定要有上述代表参加，否则不能认为该信号已被识别。

2）可分辨性。声级、频率特性和瞬时分布是影响辨别险情听觉信号的三个声学参数。在接收区内，险情听觉信号至少有两个声学参数与环境噪声相比有显著区别。

3）含义明确性。险情听觉信号的含义必须明确，该信号不能和用于其他目的信号相似。从移动的险情信号源发出的险情听觉信号必须是可听到的，并且是可识别的，不考虑该信号源的速度和转动次数。

3. 险情听觉信号设计准则

设计险情听觉信号时，应遵守以下准则：

（1）声级

险情听觉信号的A计权声级等于或大于65dB，而且超过环境噪声声级15dB以上就可识别。如果险情听觉信号的频率特性或瞬时分布明显地区别于环境噪声的相应特性，则较低声级的险情听觉信号也能准确可靠地识别，亦可采用。

确定险情听觉信号声级时，除了要使其易于识别，还要避免声级瞬间的急剧增加（如0.5s内增加30dB以上），以免产生惊慌。

如果信号接收区内的环境噪声A计权声级大于110dB，不能单独使用险情听觉信号，而要附加其他信号，如险情视觉信号等。

（2）频率

险情听觉信号的频率一般在300~3000Hz范围内。险情听觉信号与环境噪声相比，两者声压级最大的倍频带中心频率相差越大越易识别。险情听觉信号在其频率低于1500Hz时，应当有足够的声级，以满足有听力损失和戴护耳器者的需要。

（3）瞬时特性

1）声级的瞬时分布。在一般情况下，脉冲险情听觉信号优于稳态险情听觉信号。脉冲重复频率应在 0.2~5Hz 范围内。险情听觉信号与信号接收区内周期变化的环境噪声相比，两者的脉冲重复频率及脉冲宽度不能相同。紧急撤离听觉信号是专用的险情听觉信号，其声级瞬时图如图 8.2-2 示，一切其他险情听觉信号的瞬时图必须与其有显著区别。

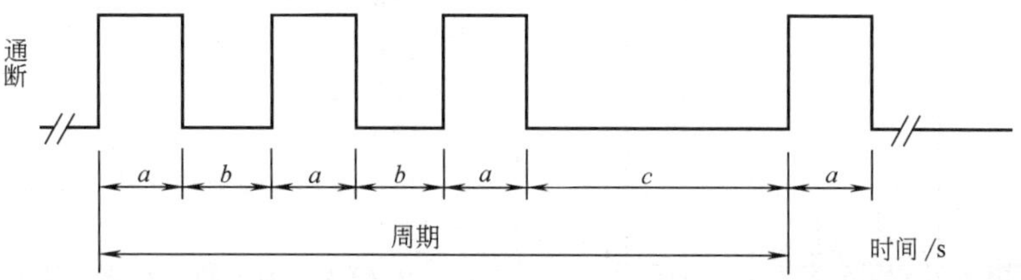

图 8.2-2　紧急撤离听觉信号声级瞬时图

2）频率的瞬时分布。音调随时间变化的险情听觉信号也是适用的（如高频率的声音，或一系列不同音调的声音）。

（4）险情听觉信号的持续时间

在一般情况下，险情听觉信号的持续时间应该与险情存在时间相等。在特定场合下，例如环境噪声有短暂的变化，允许暂时掩蔽险情听觉信号，但是必须保证在险情听觉信号开始后，被掩蔽时间不得大于 1s，而且险情听觉信号至少持续 2s。险情听觉信号的瞬时特性取决于险情的持续时间和类型。

（5）险情听觉信号声源的声级要求

险情听觉信号声源的产品说明书中应给出下列数据：A 计权声功率级（LW，A）的最大值和最小值，或是给出自由声场中声源主要辐射方向 1m 处测量的 A 计权声级（LS，A，1m）；在声源主要辐射方向 1m 处倍频带声压级（LS，oct，1m）的最大值。

8.2.5　工作场所的险情视觉信号

1. 定义

要求人们做出排除或控制险情反应的视觉信号。险情视觉信号分为两类：警告视觉信号和紧急视觉信号。

警告视觉信号：显示需采取适当措施予以消除或控制险情发生可能性和先兆的一种信号。

紧急视觉信号：显示涉及人身伤害风险的险情开始或确已发生并需采取措施的一种信号。

2. 安全要求

1）通则。险情视觉信号的特征必须是，在信号接收区内的任何人都能察觉、辨认信号，并对信号做出反应。预期的险情视觉信号应该是：在各种可能的照明条件下易于看见；与其他的灯和灯光信号易于分辨；在信号接收区内应对该信号规定一个特定的含义。

在信号的察觉性、可分辨性和含义明确性方面，险情视觉信号必须优于其他一切视觉信号；紧急视觉信号必须优于所有的警告视觉信号。

每隔一定时间或是在信号接收区中每使用一种新信号时，应注意检查险情视觉信号的有效性。险情视觉信号通常应伴随险情听觉信号，当险情信号是紧急信号时，听觉的和视觉的信号应当同时呈现。关键的危险信号灯最好配有一指示光源，以示其功能正常。

2）察觉性。

① 发光面。当非点光源时，确定主要察觉参数的判据是：表面亮度、背景亮度及其两者之比。亮度比（对比）不受观察距离的影响（除非把透射比考虑进去），因此可以规定一个适宜的亮度比，适用于各种观察条件。

警告视觉信号的亮度至少应当是背景亮度的 5 倍。紧急视觉信号的亮度至少应当是警告信号的 2 倍，即至少是背景亮度的 10 倍。

② 点光源。把信号灯作为点光源对待的最小尺度是，昼光条件下视角 1′，黑暗条件下视角 10′。在这种条件下，可见度的评价指标与到达观察者眼睛的照度和背景亮度有关。图 8.2-3 给出所需要的照度和背景亮度之间的关系。

③ 闪光信号灯。明和暗闪烁信号通常可提高信号的察觉性，而且可以造成紧急的感觉。作为险情视觉信号，首先推荐闪光灯作为紧急警告信号灯，闪光频率应以 2~3Hz 为宜，明和暗间隔时间大致相等。

④ 配置和视野。为了使信号接收区内的所有人能立即察觉到险情视觉信号，应当把信号设置在紧靠潜在危险源或是将要进入该区的地方，不排除在紧急危险源以外的地方，如控制室或控制面板上设置辅助的险情视觉信号。

险情视觉信号接收区应有明确的针对性，例如只是一个独立操作者的控制台，工厂的一部分或者是整

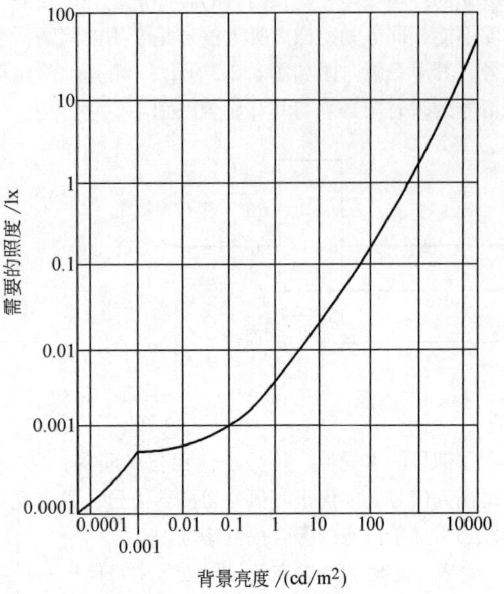

图 8.2-3　照度和背景亮度关系图

个厂。

直接显示险情信号的信号灯应设置在作业地点（信号接收区）的视野之内。在垂直方向上，视野范围为眼的视轴（该轴是由水平线向下 15°）向上 45°和向下 20°。在水平方向上，视野范围大于±90°，但是对于颜色编码的信号，视野范围偏离视轴不得大于±50°。

当由于作业活动而改变眼睛的方向时，或是几个人的视野不能重合时，则应当安装辅助的信号灯，以便在信号接收区内任何一点至少能见到一个险情信号。

3）可分辨性。当察觉险情视觉信号之时，采取正确的措施是极其重要的，因而需要明确地传递信号含义。分辨险情视觉信号应根据下述一个或几个参数来决定。

① 信号灯的颜色。险情视觉信号应为黄色或红色。紧急视觉信号应为红色；警告视觉信号应为黄色或红色，取决于紧急程度。如果需分辨紧急信号和红色警告信号，则紧急信号应：至少有两倍于警告信号的光强；闪光；最好使用两个相同的信号灯，也可得到闪光编码信号。

指示灯的颜色及其含义在 GB 8417—2003 中述及。在险情和非险情声光信号体系中，颜色的选择见 GB 1251. 3—2008。

② 配置。为了使观察者能及时、正确地理解险情性质和采取应急措施，应尽可能设置险情视觉信号。

③ 信号灯间的相对配置。若在一个信号装置中使用两个或更多的信号灯，则红色信号灯应在黄色信号灯之上；若使用两个红色信号灯，则应水平排列。

4）眩光。险情视觉信号的察觉性及可分辨性不应因信号接收区内的其他光源，如阳光产生的眩光所削弱。险情视觉信号本身也不应成为眩光光源。

5）距离。为了增加有效照度或减少必需的光输出，应该尽可能地缩小光源和观察者间的距离。到达眼睛的光通量与光源到眼睛之间的距离密切相关，因为照度与距离的平方成反比。

在光源和观察者之间有雾、雨、雪、烟、蒸汽和尘埃的情况下，介质的透射比低，使信号的照度降低。在某些情况下，透射比能低到使灯光信号失效，因此必须更多地依靠警告听觉信号。

6）持续时间。在察觉险情状态并采取正确行动后，通常应把信号改变到不太紧急的状态。如果余留的危害是微不足道的或是处于可控制之下，应关闭警告信号灯。当险情视觉信号不再需要时，按照 GB 1251. 3—2008 可以使用“解除警报”信号。

8. 3　典型机械加工设备安全技术条件

8. 3. 1　锻压机械安全防护装置技术条件

根据结构特点和操作方式，必须对工作危险区至少配置一种合适的安全防护装置，防止操作者的手、指或身体其他部位无意地进入工作危险区。但下列情况可以除外：做往复运动的工作部件行程小于 6mm 的；配置专用送料装置的；设置安全防护装置不能减小风险的。

1. 防护装置

1）防护装置的种类。防护装置分为固定式防护装置、活动式防护装置、可调式防护装置、联锁防护装置、带防护锁定的联锁防护装置、可控防护装置等。

2）对防护装置的要求。防护装置应符合 GB/T 15706—2012 的规定。

2. 安全装置

1）安全装置的种类。安全装置分为双手操纵装置，如双手操纵按钮（或操纵杆）和自动停机装置，如光线式安全装置与感应式安全装置等。

2）对双手操纵按钮（或操纵杆）的要求。双手操纵按钮（或操纵杆）应符合相关的规定。

3）对光线式安全装置的要求。光线式安全装置应具有自检功能，需要时可再配有自保功能；光线式安全装置应具有对非投射光源的抗干扰能力；光线式安全装置的响应时间不得大于 20ms，寿命应大于 10^6 次；投光器与受光器形成的光束数量应为两个以上，光束间距不应大于 50mm；由若干光束组成的光束平面如安装在距工作危险区 500mm 外时，其光束间距不应大于 70mm。

机器所需光束平面高度一般应不小于机器工作部件行程长度（加装模高度调节量）；投光器和受光器在机器上的安装应牢稳，其电子控制部分不得安装在受阳光暴晒和具有 40℃ 以上温度的热源处，并应防止强磁场的干扰。

4）安全装置距工作危险区的安全距离。双手操纵按钮（或操纵杆），或由若干光束组成的光束平面距工作危险区的距离，应不小于按下式计算所得的安全距离

$$D=vT \tag{8.3-1}$$

式中　D——安全距离（m）；

v——手的伸进速度（m/s），$v=1.6$m/s；

T——手放开按钮（或操纵杆），或手遮挡光束开始至工作部件停止运行的时间（s）。

8.3.2　金属切削加工安全技术条件

1. 切削加工中常见的危险和有害因素

1）物理因素。切削加工中危险和有害的物理因素有：机床的运动部分；加工中运动的刀具和工件；被吊运的毛坯或工件；飞溅的切屑、刀具或砂轮的碎片；被加工件和刀具表面的高温；工件的毛刺、锐边和尖角；可能通过人体短路的静电和高压电；车间空气中的粉尘含量和有害气体含量过高；噪声和振动过大；工作区的照明光线不足；直射眩光和反射眩光或光线脉动过大等；电磁场过强。

2）化学因素。切削加工中的化学有害物质主要有：某些塑料和聚合材料在加工过程中受热时产生的有害挥发性物质；切削液及清洗液中所含的石油气溶胶等。

3）生物因素。主要是润滑液中的病原微生物和细菌。

4）生理因素。主要是装卸大尺寸工件时过重的劳动和人机不匹配等造成的过度疲劳。

5）心理因素。主要是精神不集中或精神负担过重等。

6）管理因素。缺乏安全教育，车间管理混乱，物品乱堆乱放，不按规定穿戴劳动保护用品等。

2. 切削加工安全要求

1）切削加工用机床设备必须符合相应的机床安全标准的要求，以确保操作安全。

2）在设计切削加工工艺时，不得采用有损于操作人员健康和安全的工艺措施。操作安全卫生要求，应在工艺规程中指明。

3）加工设备须定期检修，维护保养，避免“带病”运行造成事故。

4）切削加工所用的工艺装备必须保证使用安全。

5）切削加工的操作人员，须经过安全教育，经考核合格，方能上机操作。

3. 切削加工场所安全卫生要求

1）地面。

① 切削加工车间的地面应平整、防滑。

② 因生产需要，车间内设置地面坑口必须加遮盖或护栏。

2）通风。

① 切削加工车间通风良好，以排除加工过程中所产生的油雾、粉尘等有害物质。车间空气中所含粉尘和有害物质浓度应符合规定。

② 磨床、砂轮机、抛光机及粗加工铸铁件的机床等产生粉尘较多的设备应设置除尘装置，以随时排除加工所产生的粉尘和其他有害物质。机床附近的油雾浓度最大值不得超过 5mg/m^3，粉尘浓度不得超过 10mg/m^3。

3）切削加工车间的噪声不应高于 90dB（A）。

4）机床布置最小安全距离（图 8.3-1 和表 8.3-1）。

① 车间的机床布置应合理，各机床间的距离，应考虑放置毛坯、工件和工位器具及维修需要等，保证操作人员有足够的安全活动空间。

表 8.3-1　机床布置最小安全距离

（mm）

最小距离	机床轮廓尺寸（长×宽）			
	≤1800×800	≤4000×2000	≤8000×4000	≤16000×6000
a	700	900	1400	1800
b	700	800	1200	1400
c	1300	1500	1800	—
d	2000	2500	2800	
e	1300	1500	—	
f	700	800	900	
g	1300	1500	1800	

② 机床间、机床至车间墙壁的最小距离，应符合表 8.3-1 的规定。相邻的两台机床，应以大尺寸机床为依据。

③ 机床与划线或检验平板之间的最小距离应不小于 1300mm；平板与墙壁间的距离应不小于 500mm。

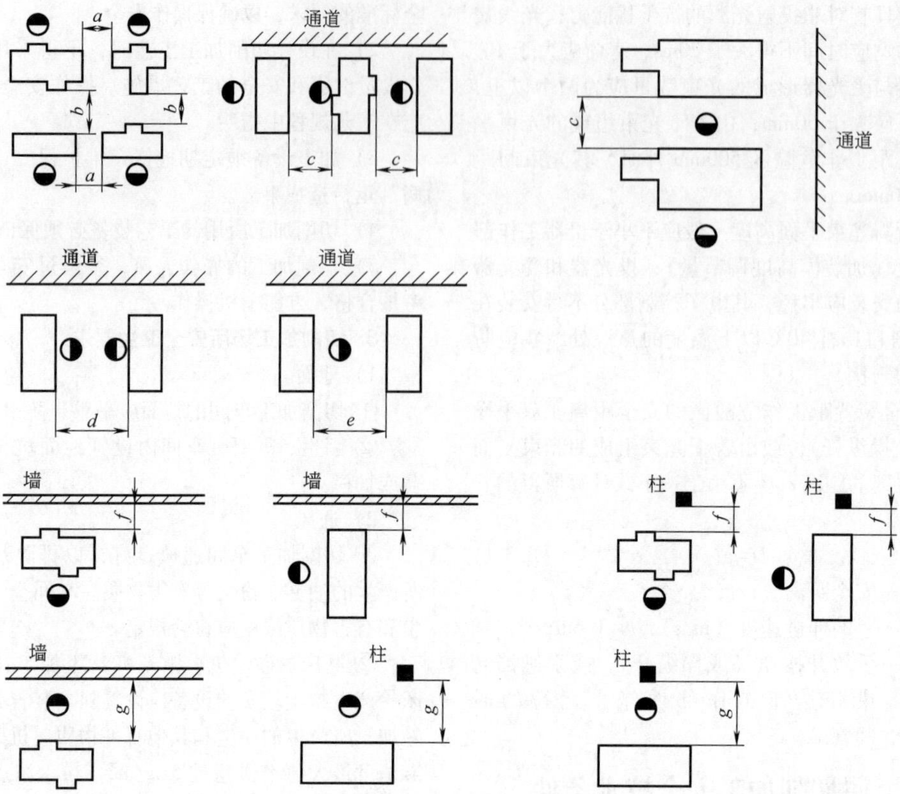

图 8.3-1　机床布置最小安全距离

④ 机床的操作位置应设置脚踏板，其宽度不应小于 600mm。

5）车间通道。车间通道包括纵向主要通道、横向主要通道和机床之间的次要通道。

① 纵向主要通道的宽度应根据本年内的运输方式，按表 8.3-2 确定。

表 8.3-2　车间通道距离　（mm）

通道位置	运输方式					
	单轨起动机、电动葫芦		起重机（吊车）		电瓶车、叉车	
	A	B	A	B	A	B
两排机床均背向或侧向通道	—	—	2000～2500	2500～3500	2000～2500	2500～3500
一排机床背向通道，另一排机床面向通道	1500～2500	2500～3500	2000～3500	3300～4500	2000～2500	3500～4000
两排机床均面向通道	1500～2500	3200～4000	2000～3500	4000～5500	2000～2500	4000～450

② 横向主要通道根据需要设置，其宽度不应小于 2000mm。

③ 机床之间的次要通道宽度不应小于 1000mm。

④ 车间通道两侧应划出 100mm 宽的白色或黄色通道标志线。

⑤ 主要通道两边堆码的物品高度不应超过 1200mm，且高度与底面宽度之比不应大于 3；堆垛间距不应小于 500mm。

4. 加工操作要求

1）工件的装夹。

① 切削加工的工件装夹必须牢固，防止加工过程中松动或抛出造成危险。

② 在卧式车床上装夹的工件是较长的棒料或管料时，为了防止露出主轴箱的部分旋转时甩动造成危险，必须采取防护措施，如加移动支架等。

③ 在卧式车床上用花盘、角铁、弯板装夹不规则工件时，必须加配重平衡。

④ 在平面磨床上用磁力吸盘装夹窄而高的工件时，在迎着切削力方向的两侧应有挡铁，以防止工件跌倒或飞出。

⑤ 装夹工件的重量超过 15kg 时，应采用起重装置提升。

2）机床的起动。

① 在起动机床前，刀具必须与工件脱开，机床运动工作面不得放任何物品。

② 为了安全，起动机床前可先采用点动或手动，然后起动使机床连续运转。

③ 机床开动后，操作者必须站在能避开机床运动部分和飞溅的切屑的位置。

3）切削速度、进给量和切削深度不得超过额定范围，以免切削用量过大造成危险。

4）切削液包括冷却液和润滑液。加工时所采用的切削液，不准含有对身体有害的物质，而且要定期进行检查和更换，以免对人身和设备造成危害。

5）停机。

① 停机前必须先将刀具与工件脱开，以防损坏刀具和工件。

② 当机床发出不正常的声响或报警信号时，必须立即停机。

5. 其他要求

1）在工件、刀具和机床的运动部分运转过程中，不得用手触摸。

2）在加工过程中需用手工测量工件尺寸时，必须先停机。

3）在清理切屑时，应采用工具，不得直接用手去拿。

4）擦拭机床或检修机床时，必须关断电源。

5）车间内搬运物料的机动车辆与吊车，其操作者和指挥者必须经过考核持证上岗，严格按照安全操作规程进行操作。

6）操作人员必须按规定穿戴有关个人劳动保护用品，机床运行时不得戴手套操作。

8.3.3　联合冲剪机安全技术条件

1. 安全装置

1）要求。在工作行程时，操作者身体任何部分不可能进入工作危险区；操作者身体任何部分进入工作危险区时，滑块及刀架应能立即停止工作。

2）安全装置的类型。

① 安全防护装置是指本身直接参与对人身安全保护的装置。主要型式：

固定式：指用工具才能拆卸的安全防护装置。

连锁式：安全防护装置关闭，工作部件才能工作，打开后即停止工作。

可调式：可调节开口尺寸的安全防护装置。

其他：一些具有特殊要求的安全防护装置。

② 安全控制装置是指发出信号，控制工作部件制动。主要分光线式与感应式。

3）安全装置的技术要求。

① 能阻止手进入工作危险区；不应妨碍观察、操作及维修；与送料台之间许可的安全开口及安全开口到工作危险区距离的关系应符合表 8.3-1 的规定。

② 采用网状结构的装置，使操作者不能通过网孔伸入工作危险区，网孔尺寸应小于 16mm×16mm；采用栅栏结构的装置，必须使操作者不能通过栅栏而进入工作危险区，栅栏间距不应超过 32mm；可调式护栏设计时应符合表 8.3-2 的规定。

③ 安全控制装置应符合 GB 17120—1997 的规定。

2. 工作危险区的安全保护

1）各工位至少应选用规定的安全装置的一种做安全保护。

2）工作危险区内工作部件应涂上警告颜色或标有警告标志，并应符合 GB 2893—2008、GB 2894—2008 和 GB 6527.1—1986（已作废，没有替代标准）的规定。

3）操作工位安全装置的设计。

① 冲孔工位的安全装置应按要求设计，其型式可参照图 8.3-2 所示可调退料器，以及图 8.3-3 所示可调式安全防护装置。

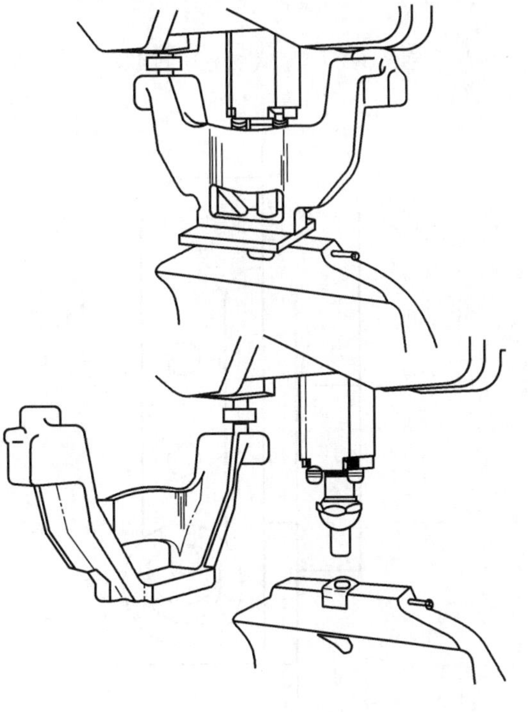

图 8.3-2　可调退料器

② 型材剪切工位：进料边的型式可参照图 8.3-4 所示进料边可调式护栏，图 8.3-5 所示进料边可调式压料装置，以及图 8.3-6 所示安全防护罩。下料边应装备可动盖板，其型式可参照图 8.3-7 所示型材剪切工位下料边可动盖板。

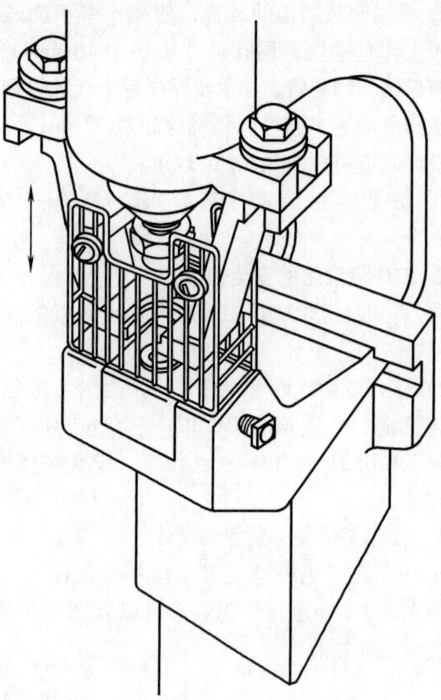

图 8.3-3　可调式安全防护装置

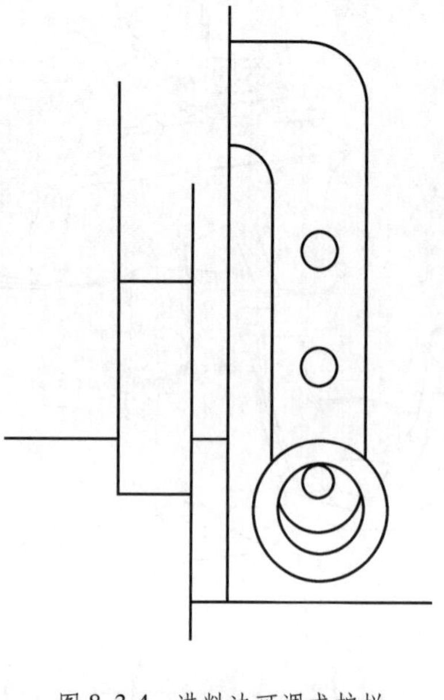

图 8.3-4　进料边可调式护栏

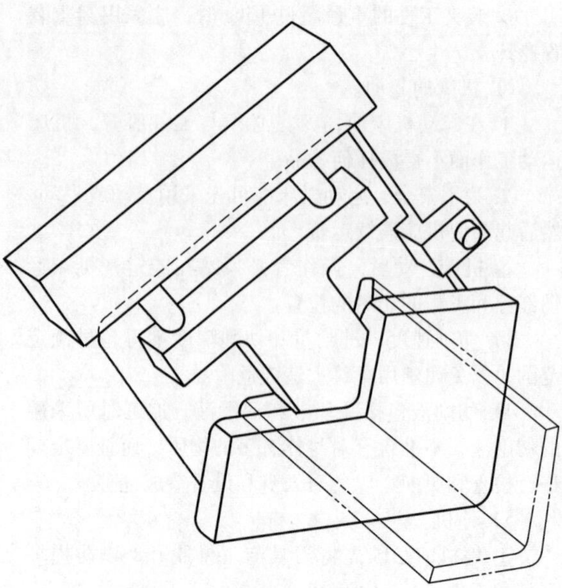

图 8.3-5　进料边可调式压料装置

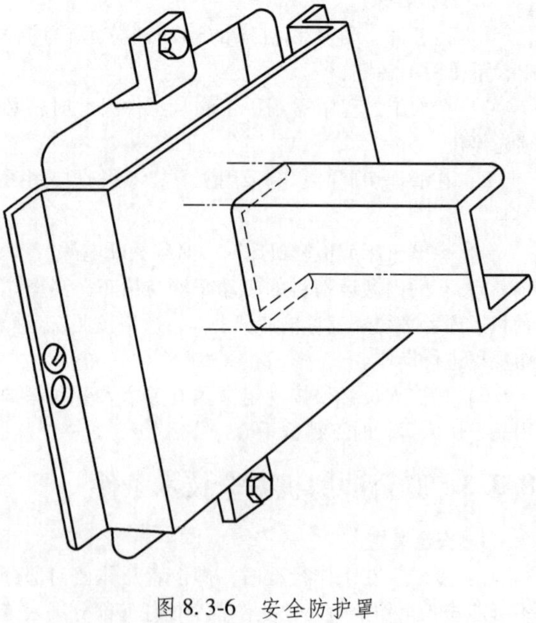

图 8.3-6　安全防护罩

③ 型材剪切工位：进料边的型式可参照图 8.3-8 所示进料边挡板，以及图 8.3-9 所示进料边金属网防护罩。剪板刀侧面也参照图 8.3-8 所示进料边挡板，以及图 8.3-9 所示进料边金属网防护罩。下料边应装备可动盖板，其型式可参照图 8.3-10 和图 8.3-11 所示下料边可动盖板。

④ 模剪工位应装备可调式安全防护装置，其型式可参照图 8.3-12 所示透明塑料防护罩，以及图 8.3-13 所示金属网防护罩。

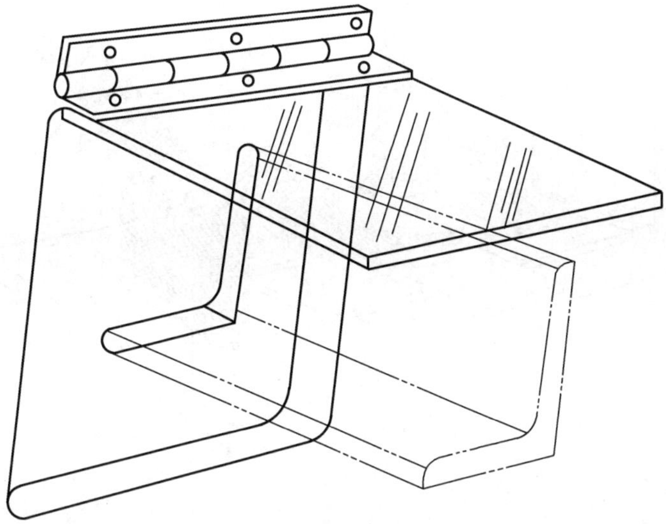

图 8.3-7　型材剪切工位下料边可动盖板

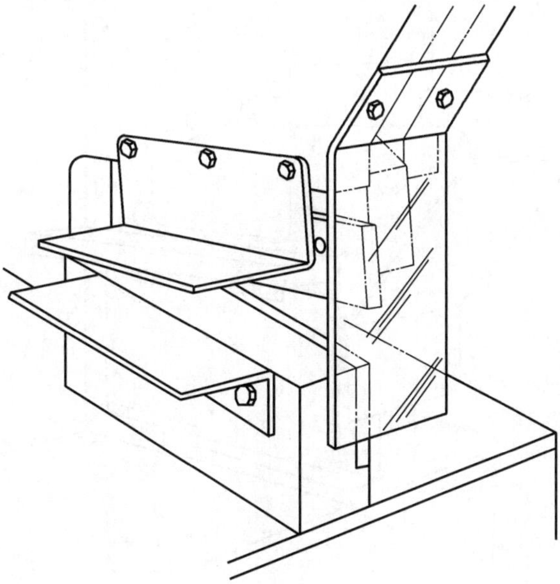

图 8.3-8　进料边挡板

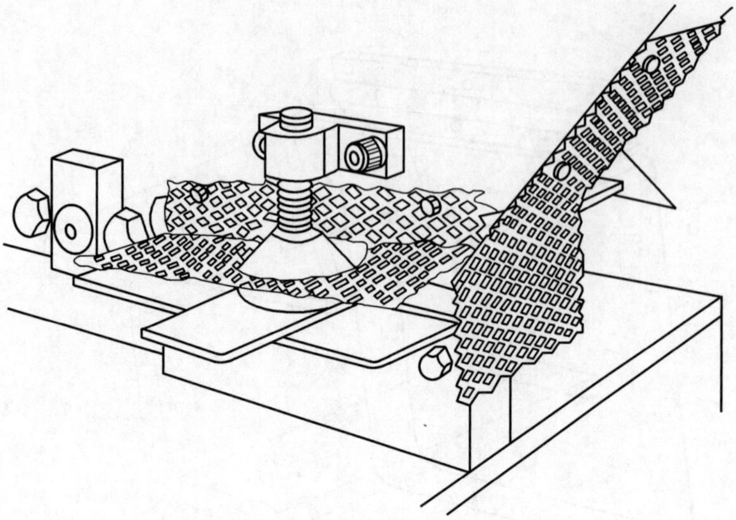

图 8.3-9　进料边金属网防护罩

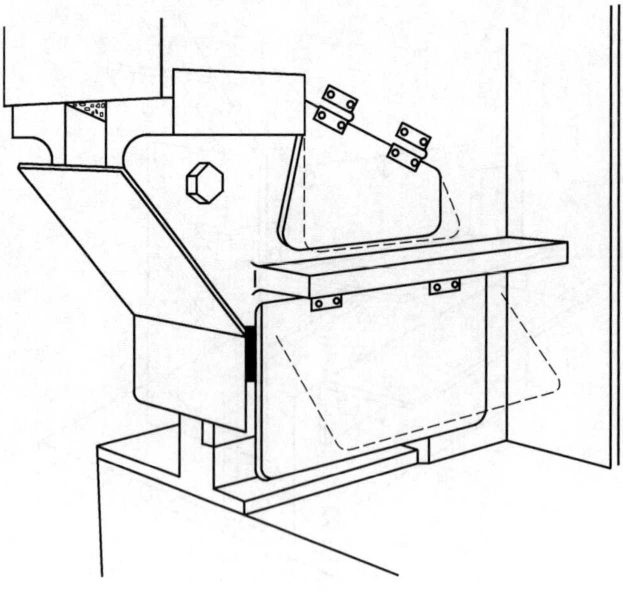

图 8.3-10　下料边可动盖板Ⅰ

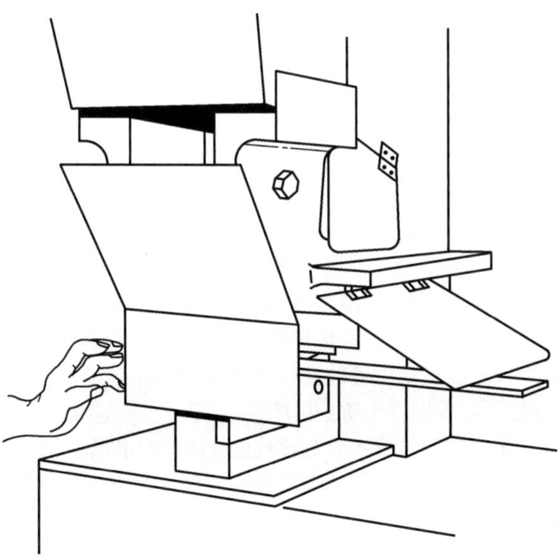

图 8.3-11　下料边可动盖板Ⅱ

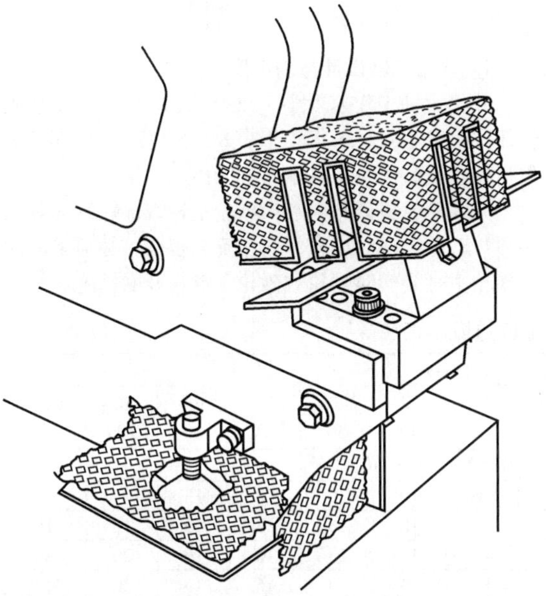

图 8.3-12　透明塑料防护罩

3. 安全开口与护栏尺寸

1）安全防护装置下部安全开口与安全防护装置到工作危险区的距离关系应符合表 8.3-3 的规定。

2）可调式护栏的尺寸关系如图 8.3-14 所示，各尺寸见表 8.3-4。

8.3.4　螺纹铣床安全防护技术条件

1. 机械的危险

1）机床外露部分的尖棱、尖角、凸出部分和开口可能导致刺伤及划伤。

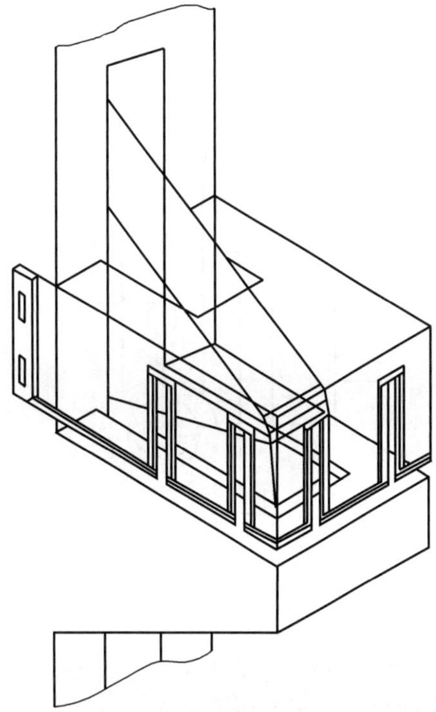

图 8.3-13　金属网防护罩

表 8.3-3　安全开口尺寸

开口到工作危险区距离/mm	最大开口/mm
>13~40	6
>40~63	10
>63~90	13
>90~140	16
>140~160	20
>160~200	25
>200~320	32
>320~400	40

表 8.3-4　可调式护栏尺寸

固定部分以下最大开口 A/mm	到工作危险区的最小距离 B/mm	固定部分最大开口 C/mm	可动部分开口 D/mm	
			最小	最大
20	120	16	6	20
25	140	20	6	25
32	150	25	6	32
40	170	32	6	40
50	200	32	6	50

2）溜板纵向运动可能超出行程范围导致的危险。

3）机床飞轮旋转可能导致缠绕及甩出的危险。

4）外露带与带轮在运动状态下可能导致卷入及缠绕的危险。

5）花键轴、进给丝杠在运动状态下可能导致缠绕的危险。

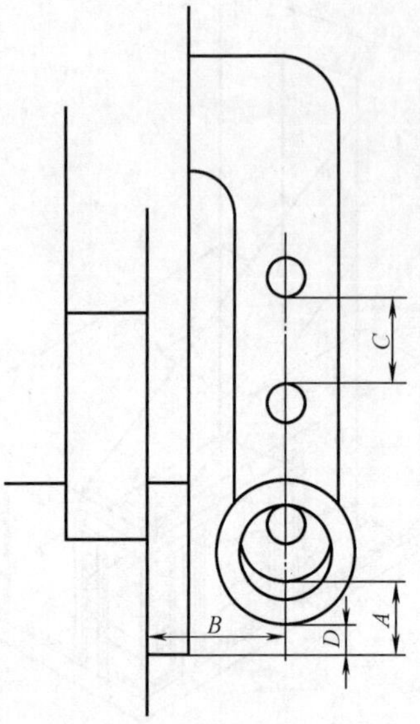

图 8.3-14　可调式护栏的尺寸关系

6）控制系统设计不当或失灵可能造成的危险。

7）润滑不当可能造成的危险。

8）冷却不当可能引起的危险。

9）切屑飞溅可能造成的危险。

2. 触电的危险

1）电气设备绝缘不良可能导致触电的危险。

2）带电体的屏护不当可能导致触电的危险。

3）电气设备接地不良可能导致触电的危险。

3. 机械的安全要求和措施

1）可能触及的外露部分应尽量平整、光滑，不应有可能导致刺伤或划伤人员的尖棱、尖角、凸出部分和开口。

2）溜板纵向运动应设有可靠的限位装置。

3）机床飞轮应采取切实可靠的防护措施，确保在运动中不会松脱、缠绕而出现危险。

4）外露带和带轮应设置防护罩。应在遮蔽危险部位的防护罩内表面、交换齿轮箱内表面涂上安全色，以提醒操作、调整和维护人员注意危险的存在。

5）在运动中可能造成缠绕危险的花键轴、进给丝杠，应采取安全防护措施。

6）控制系统不应有导致危险情况的出现。

7）润滑系统、冷却系统应能保证操作者的人身安全。机床应设置防止冷却液飞溅的防护挡板。冷却液喷嘴应能方便、安全、可靠地固定在所需位置上。应设置防止切屑飞溅的防护挡板。

8.3.5　磨削机械安全规程

1. 砂轮主轴设计与制造安全要求

砂轮主轴工作速度小于或等于 50m/s 时，安装砂轮部位的最小直径不得小于表 8.3-5 规定的数值（不包括砂轮安装于两个轴承之间的砂轮主轴）。

紧固砂轮或砂轮卡盘的砂轮主轴端部螺纹的旋向必须与砂轮工作时旋转方向相反。否则，必须采取防止砂轮主轴旋转时砂轮或砂轮卡盘松开的措施。

表 8.3-5　安装砂轮部位的最小直径　（mm）

砂轮直径 D_1	砂轮厚度 H												
	~6	>6~10	>10~13	>13~16	>16~20	>20~25	>25~32	>32~40	>40~50	>50~63	>63~80	>80~100	>100~125
	砂轮主轴最小直径 d_0												
~50	6	6	6	6	6	10	10	10	10	13	13		
>50~80	6	6	10	10	10	10	10	10	13	13	13	16	16
>80~100	10	10	10	10	10	10	13	13	13	16	16	20	20
>100~125	10	10	13	13	13	13	13	13	13	16	16	20	20
>125~150	13	13	13	13	13	13	13	13	16	20	20	20	25
>150~180	13	13	13	13	13	13	16	16	16	20	20	25	25
>180~200	13	13	13	13	16	16	16	16	20	20	25	25	25
>200~230	16	16	16	16	16	16	20	20	20	25	25	32	32
>230~250	16	16	16	16	20	20	20	20	20	25	32	32	32
>250~300	20	20	20	20	20	20	20	25	25	25	32	32	40
>300~350	20	20	20	20	25	25	25	25	25	32	32	40	40
>350~400					32	32	32	32	32	32	40	40	50
>400~450					32	32	32	32	32	40	40	50	50
>450~500						40	40	40	40	40	40	50	80
>500~600						40	40	40	40	40	50	80	80
>600~750						50	50	50	50	50	80	80	80
>750~900						50	50	50	80	80	80	125	125
>900~1060						80	80	80	80	80	80	125	125

主轴材料的抗拉强度不低于 650MPa，断后伸长率不低于 10%。砂轮中心孔孔径与砂轮主轴或砂轮卡盘的配合应符合表 8.3-6 的规定。

表 8.3-6　砂轮中心孔孔径与砂轮主轴或砂轮卡盘的配合　（mm）

砂轮中心孔孔径	砂轮主轴或砂轮卡盘直径	磨削方式
H11	f7	镜面磨削、螺纹磨削、工作速度>45m/s 的高速磨削
H12	e9	精磨
H13	e9	粗磨

2. 砂轮卡盘

砂轮卡盘的直径不得小于被安装砂轮直径的 1/3。切断砂轮用砂轮卡盘的直径不得小于被安装砂轴直径的 1/4。

任何形式的砂轮卡盘，其左右两部分的直径和压紧面径向宽度尺寸必须相等。砂轮卡盘保持平整和均匀地接触能将驱动力传到砂轮上。砂轮卡盘面对砂轮的侧面，非接触部分的间隙，最小为 1.5mm。砂轮卡盘材料：抗拉强度不低于 415MPa 的钢。

3. 砂轮防护罩（GB 4674—2009）

（1）砂轮防护罩的最大开口角度

外圆和无心磨削用砂轮：砂轮防护罩最大开口角度不准超过 180°，在砂轮主轴中心线水平面以上部分不准超过 65°；中心部位尺寸不小于砂轮卡盘的半径，如图 8.3-15 所示。

台式和落地式砂轮机用砂轮防护罩形状如图 8.3-16 所示。砂轮防护罩最大开口角度不准超过 90°，在砂轮主轴中心线水平面以上部分不准超过 65°；中心部位尺寸不应小于砂轮卡盘的半径。

如果还要使用在砂轮主轴中心线水平面以下砂轮部分加工时，砂轮防护罩的最大开口角度可以增大至 125°，如图 8.3-17 所示。

卧轴平面磨削用砂轮：砂轮防护罩最大开口角度不准超过 150°，开口的端部不准高于砂轮主轴中心线水平面以下 15°处；中心部位尺寸不应小于砂轮卡盘的半径，如图 8.3-18 所示。

悬挂式、切割、直向手提式砂轮机：砂轮防护罩最大开口角度不准超过 180°，必须罩住砂轮的上半部；中心部位尺寸不应小于砂轮卡盘的半径，如图 8.3-19 所示。

顶部磨削用砂轮：使用砂轮中心线水平面以上部分，砂轮防护罩形状如图 8.3-20 所示，顶部最大开口角度不准超过 60°；中心部位尺寸不应小于砂轮卡盘的半径。

立轴平面磨削用砂轮防护罩呈环带形（图 8.3-21），允许砂轮最大外露量见表 8.3-7。

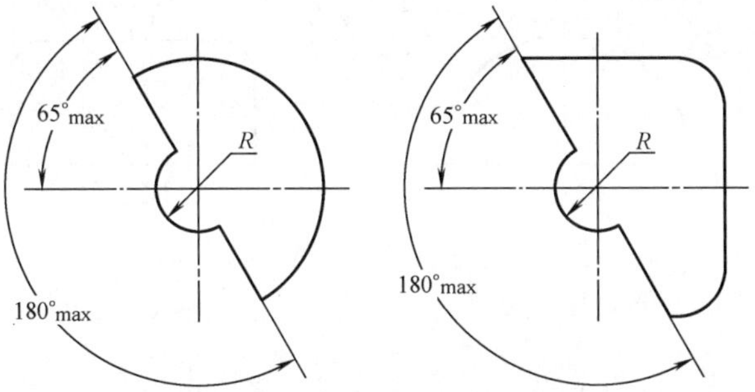

图 8.3-15　砂轮防护罩形状 Ⅰ

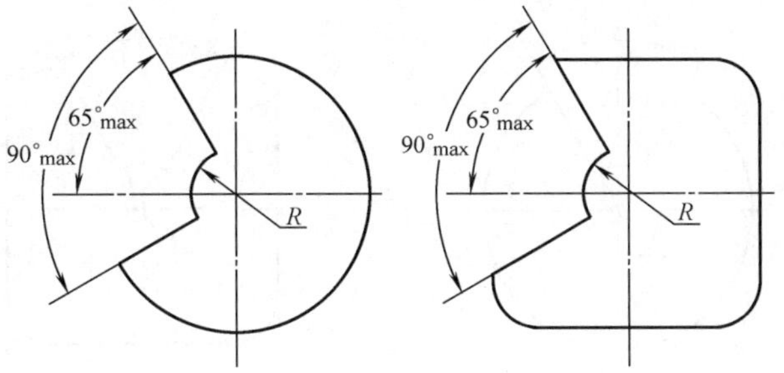

图 8.3-16　砂轮防护罩形状 Ⅱ

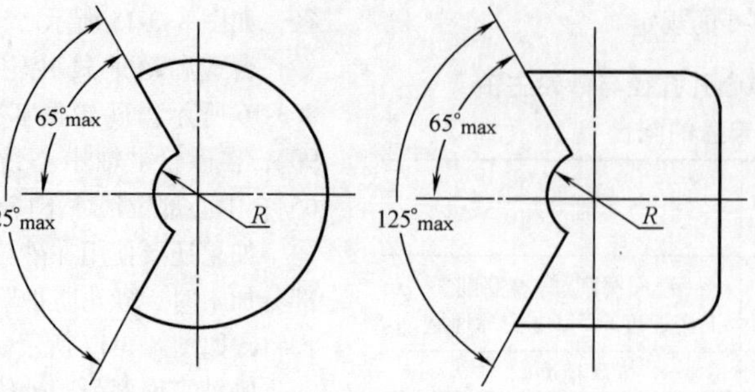

图 8.3-17　砂轮防护罩形状Ⅲ

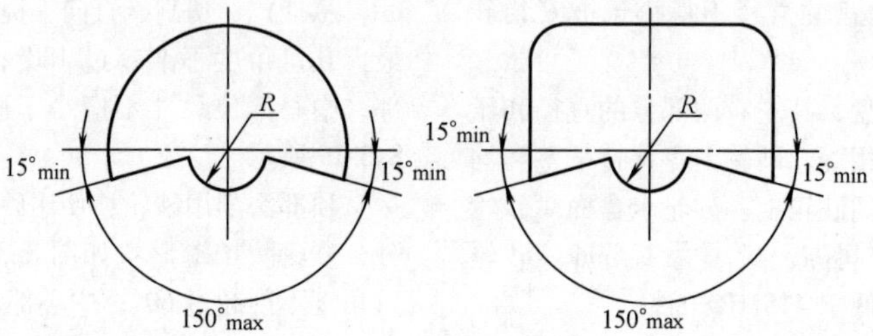

图 8.3-18　砂轮防护罩形状Ⅳ

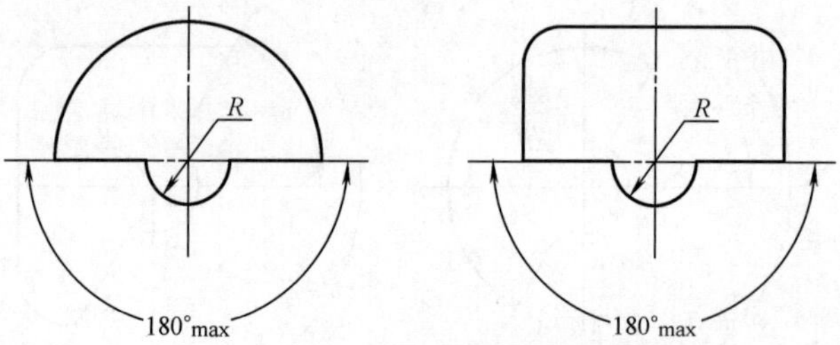

图 8.3-19　砂轮防护罩形状Ⅴ

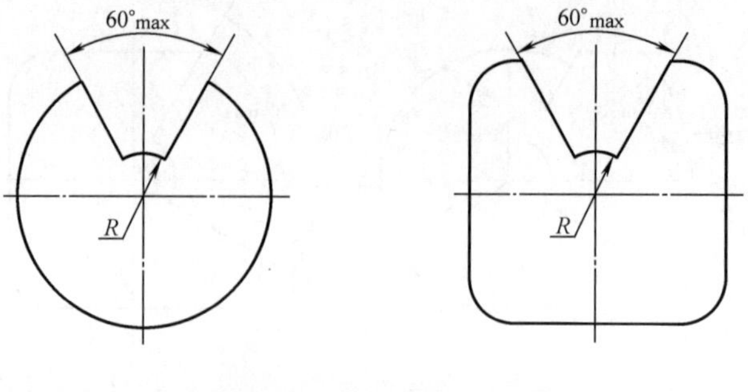

图 8.3-20　砂轮防护罩形状Ⅵ

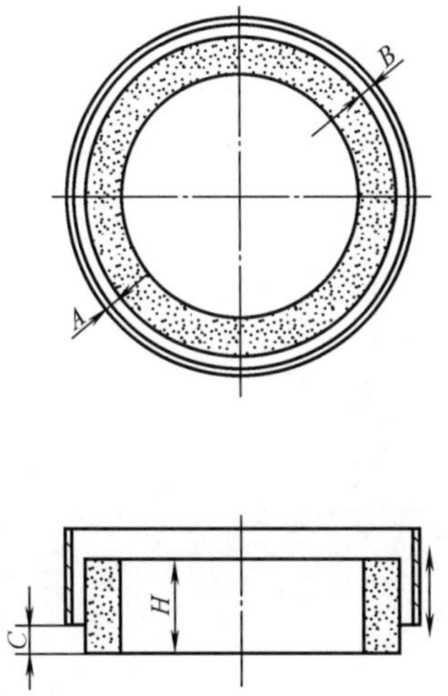

图 8.3-21　环带式砂轮防护罩尺度标志

表 8.3-7　允许砂轮最大外露量

(mm)

砂 轮 厚 度 H	允许砂轮最大外露量 C
~13	6
>13~25	13
>25~50	20
>50~75	25
>75~100	35
>100	50

(2) 砂轮防护罩的壁厚

砂轮工作速度小于或等于 35m/s 时，环带式砂轮防护罩尺度标志如图 8.3-21 所示，壁厚最小尺寸见表 8.3-8。固定式砂轮防护罩尺度标志如图 8.3-22 所示，壁厚最小尺寸见表 8.3-9。

表 8.3-8　环带式砂轮防护罩壁厚最小尺寸

(mm)

砂轮直径 D_1	~200	>200~600	>600~750
最小厚度 A	1.5	3	6

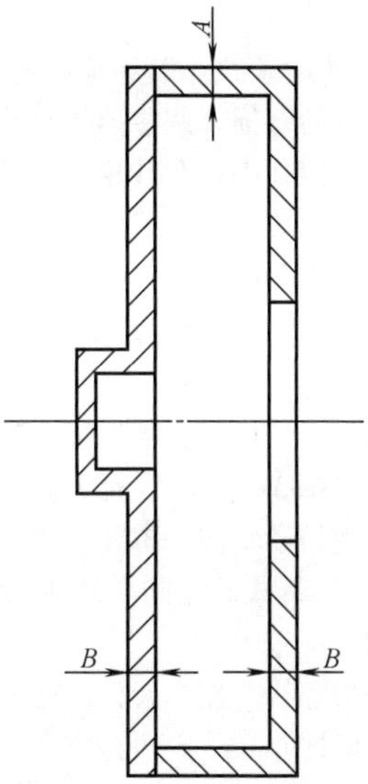

图 8.3-22　固定式砂轮防护罩尺度标志

表 8.3-9　固定式砂轮防护罩壁厚最小尺寸　(mm)

砂轮工作速度/(m/s)	砂轮厚度 H	砂轮直径 D_1																	
		≤150		>150~200		>200~300		>300~400		>400~500		>500~600		>600~750		>750~900		>900~1250	
		A	B	A	B	A	B	A	B	A	B	A	B	A	B	A	B	A	B
≤35	≤50	2	2	2.5	2	3	2.5	4	3	5	4	6	5	7	5	8	5	9	6
	>50~100	3	2	4	2.5	5	3	5	4	6	5	7	6	8	6	9	6	10	7
	>100~160	4	3	5	3	6	4	7	5	8	6	9	6	10	7	11	7	12	8
>35~50	≤50	3	2	4	2.5	5	3	6	4	7	5	8	6	10	7	11	7	12	8
	>50~100	5	3	5	3	6	4	7	5	8	6	9	7	11	8	12	8	14	9
	>100~160	6	4	7	4	8	5	9	6	10	7	11	8	12	9	14	9	16	10
>50~63	≤50	4	3	5	3	6	4	7	5	8	6	10	7	12	8	14	9	16	10
	>50~100	6	4	7	5	8	6	10	6	10	7	12	8	14	9	15	10	18	12
	>100~160	7	5	8	6	10	7	12	8	12	8	14	9	15	10	18	12	20	14
	>160~200	10	7	12	8	14	9	15	10	15	10	18	12	20	14	22	14	24	16
	>200~250	14	9	15	10	16	12	18	12	18	12	22	14	24	16	26	16	28	20
	>250~400	15	0	18	12	20	14	22	14	24	16	26	18	28	20	30	20	32	22
	>400~500	18	12	20	15	24	16	25	18	28	18	30	20	32	22	34	22	36	25
>63~80	≤50	5	3	7	5	8	6	10	7	11	8	13	10	15	10	18	12	20	14
	>50~100	7	5	10	6	10	7	12	8	14	10	15	10	18	12	20	14	24	16
	>100~160	10	7	12	8	13	10	15	10	16	12	18	12	20	14	22	15	26	18
	>160~200	12	8	14	10	16	12	18	12	18	14	20	14	24	16	26	18	28	20
	>200~250	14	10	16	12	18	13	20	15	20	16	22	18	25	18	28	20	30	22
	>250~400	18	13	20	14	24	16	26	18	28	20	30	22	32	24	34	25	36	26

砂轮防护罩材料：抗拉强度不低于 415MPa 的钢。

(3) 砂轮防护罩的其他安全要求

砂轮防护罩上修整用开口处应设有防护装置，以防止飞出的颗粒、火花造成的危险。

组合式或焊接式砂轮防护罩，其连接强度或焊缝强度不低于砂轮防护罩构件的强度。

用于工作速度高于 80m/s 的砂轮防护罩外圆构件内壁，应附有可以吸收冲击能量的缓冲材料层，如聚氨酯塑料、橡胶等。

砂轮防护罩开口的上端部应设有可以调整的护板，能够随砂轮的磨损来调节护板与砂轮圆周表面的间隙。护板应牢固地固定在砂轮防护罩上，连接强度应不低于砂轮防护罩构件的强度，护板的宽度应大于砂轮防护罩外圆部分的宽度。砂轮防护罩在砂轮主轴中心线水平面以上的开口角度小于 30°时，可不设置护板。

砂轮圆周表面与可调护板边缘之间的间隙必须小于 6mm（图 8.3-23）。安装设计允许的最厚砂轮时，砂轮卡盘外侧面与砂轮防护罩开口边缘之间的间隙必须小于 15mm。环带式砂轮防护罩内壁与砂轮圆周表面之间的间隙应小于 15mm。

砂轮回转中心线与操作者位置面向方向相同的磨削机械可以不保证 6mm 间隙的规定。

砂轮防护罩在砂轮主轴中心线水平面以上的开口角度小于 30°时，可以不保证 6mm 间隙的规定。

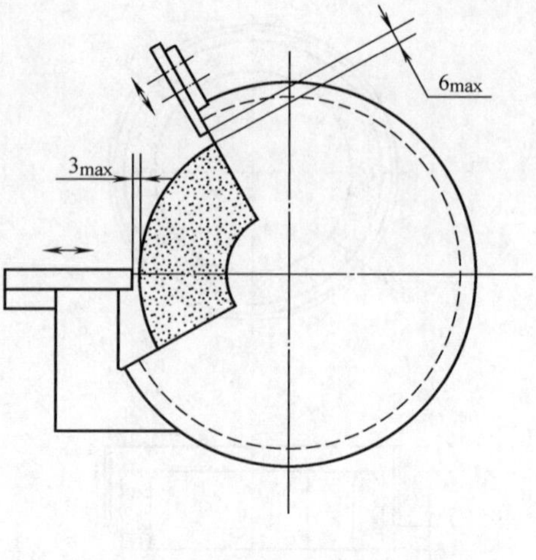

图 8.3-23　砂轮圆周表面与可调护板边缘之间的间隙

4. 磨削机械使用安全要求（GB 4674—2009）

(1) 砂轮的检查

砂轮在使用前必须经目测检查有无破裂和损伤，如有破损不准使用。

陶瓷结合剂砂轮在使用前应进行敲击音响检查。检查方法是将砂轮悬挂或放置于平整的硬地面之上，用 200~300g 重的小木槌敲击砂轮任一侧面，敲击落点在垂直中线两旁 45°，距砂轮外圆 20~50mm 处，如图 8.3-24 所示。然后将砂轮旋转 45°如上作法再敲击，若砂轮无裂纹则每次均会发出清脆的声音，允许使用；若发出闷、哑声者，不准使用。

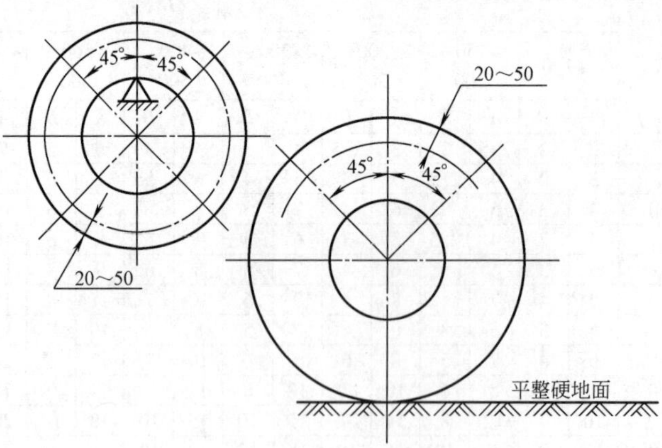

图 8.3-24　砂轮的检查

(2) 砂轮的安装

安装砂轮必须核对砂轮主轴的转速，不准超过砂轮允许的最高工作速度。

砂轮主轴应有旋转方向的标志，标志应明显并可长期保存。

砂轮孔径过大时允许使用缩孔衬套。衬套的厚度不得超出砂轮的两侧面，不得小于砂轮厚度的 1/2。不准使用缩孔衬套安装直径大于磨削机械允许使用的最大直径的砂轮。

砂轮与砂轮卡盘压紧面之间，应衬以柔性材料制的衬垫，其厚度为 1～2mm，直径比压紧面直径大 2mm。

安装时，应注意压紧螺母或螺钉的松紧程度，防止压力过大造成砂轮的破损。如有多个压紧螺钉时，应按对角的顺序进行旋紧（图 8.3-25），旋紧力要均匀。

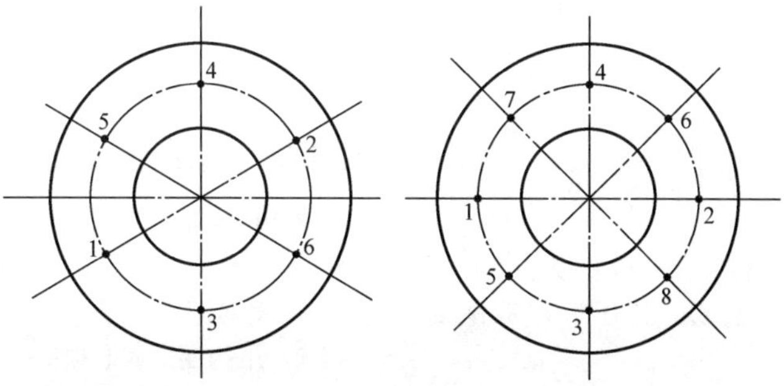

图 8.3-25　砂轮的安装

安装砂瓦时，其压紧长度必须大于砂瓦的厚度。直径大于或等于 200mm 的砂轮安装应先进行静平衡。砂轮经过第一次整形修整后或在工作中发现不平衡时，应重复进行静平衡。

砂轮安装在砂轮主轴上后，必须将砂轮防护罩重新装好，并将砂轮防护罩上的护板位置调整正确，方可运转。

新安装的砂轮应先以工作速度进行空运转。空运转时间为：

直径≥400mm　　空运转时间大于 5min

直径<400mm　　空运转时间大于 2min

空载时噪声声压级应低于 80dB（A），高精度磨削机械应低于 75dB（A）。

砂轮防护罩上的护板和工件托架必须在砂轮停机时调整。用圆周表面做工作面的砂轮不宜使用侧面进行磨削，以免砂轮破碎。砂轮直径磨损的极限尺寸应符合表 8.3-10 的规定，小于该尺寸不准使用。

表 8.3-10　砂轮直径磨损的极限尺寸

（mm）

砂轮安装形式	磨损极限尺寸
粘在直径为 d 的心轴	d+2
用螺钉头直径为 D_0 的螺钉安装	D_0+2
用直径为 D_3 的砂轮卡盘安装	D_3+10

手动进给的磨削机械禁止利用杠杆等工具增加工件对砂轮的压力。

在寒冷的工作场地，砂轮开始工作时应逐渐增加负荷直到满足使用要求，保证砂轮温度逐渐升高，防止砂轮破损。

采用磨削液时，不允许砂轮局部浸入磨削液中。当磨削工作停供时应先停供磨削液，砂轮继续旋转至磨削液甩净为止。

8.3.6　机械压力机安全保护装置技术要求

1. 安全保护装置的配置原则

1）总的配置原则。每台压力机一般都应配置一种或一种以上的安全保护装置。

2）安全操作附件配置原则。在用户认可的情况下，可随机供应安全操作附件。

3）专用装置配置原则。对因工艺操作需要，压力机性能、结构特征不同，可配以专用的送料装置或专用的安全保护装置。

2. 安全保护装置的选配要求

应首先选用双手操作式安全保护装置，根据需要再增选光线式安全保护装置；可以配置具有二次挡光后能自行起动功能的光线式安全保护装置；压力机运行时，在其左、右两侧存在不安全因素时，也应采取安全防护措施；栅栏式、推（拨）手式、牵手式安全保护装置可按需要配置，其动作应灵活、可靠、无过重的撞击，并应符合有关标准规定；推（拨）手式、牵手式安全保护装置主要限用于老式压力机和安全改装。

3. 对安全保护装置的技术要求

压力机配置的安全保护装置应符合下列要求之一：滑块向下运行时，操作者身体的任何部位都应不可能进入或停留于工作危险区界限之内；滑块向下运行时，当操作者身体任何部位进入工作危险区界限以内时，滑块立即被制动；滑块向下运行时，当操作者的手从放开操作按钮开始，并伸向工作危险区界限的时间间隔内，应在手到达工作危险区界限之前，滑块被立即制动。

4. 双手操作式安全保护装置的要求

1）安全保护装置的按钮面不得高出其边框。

2）两个按钮之间的内侧间距必须大于250mm。

3）操作时必须双手同时按压按钮。在滑块下行过程中（曲柄转角135°以内）松开任一按钮，滑块应立即停止运行。

4）在单次行程工作规范时，滑块应停止在上死点（或设计规定点），即使双手仍继续按压住按钮，滑块也不应做下一次运行。

5）对于被中断的操作控制需要恢复以前，必须先松开全部按钮，然后再次双手按压后才能恢复运行。

6）对需多人协同配合操作的压力机，应为每位操作者都配置双手操作按钮，并且只有全部操作者协同操作时，滑块才能起动运行。

7）双手操作按钮安设位置与工作危险区的距离应不小于式（8.3-2）计算所得的安全距离

$$D_1=vT_1 \tag{8.3-2}$$

式中 D_1——安全距离（m）；

v——手的伸进速度（m/s），$v=1.6$m/s；

T_1——手放开按钮开始（以曲柄转角90°时为准）至滑块停止运行的时间（s）。

5. 光线式安全保护装置的要求

除适用于光线式（包括红外光和可见光式）安全保护装置外，其他各种感应式安全保护装置可参照使用。

1）安全保护装置应具有自检功能，按需要可再配有自保功能。

2）安全保护装置响应时间不得大于20ms，寿命应大于10^6次。

3）安全保护装置应具有不受装置投射光线以外的光源的干扰影响。

4）投光器、受光器的保护高度一般应取压力机行程长度与滑块调节量之和，其所需高度超过400mm时，只取400mm。

5）投光器与受光器组成的光轴数为两个以上时，其光轴间距应不大于50mm。对于由若干光轴所组成的垂直平面被安设在距工作危险区的距离超过500mm时，其光轴间距允许不大于70mm。

6）投光器、受光器的安装应稳固，并便于调节。

7）安全保护装置的电子控制部分不得安装在受阳光暴晒和具有40℃以上的热源处，并应避开对电子器件存在干扰的强磁场。

8）由投光器和受光器形成的光幕与工作危险区的安装距离，应能调到不小于按式（8.3-3）计算所得的安全距离

$$D_2=vT_2 \tag{8.3-3}$$

式中 D_2——安全距离（m）；

v——手的伸进速度（m/s），$v=1.6$m/s；

T_2——身体任何部位遮挡光幕开始（以曲柄转角90°为准）至滑块停止运行的时间（s）。

8.3.7 起重滑车安全技术条件

适用于手动和电动的钢丝绳起重滑车（以下简称滑车）。

1. 危险源

1）吊钩变形或磨损。

2）吊钩及螺母的螺纹超差、防松件损坏。

3）滑轮损坏。

4）中轴磨损。

5）合页变形。

6）轴承损坏。

7）钢丝绳牵引力及钢丝绳与滑轮的倾斜。

8）钢丝绳超速及损坏。

9）锻件（吊钩、吊环、链环、尾环）焊接、焊补。

10）超载使用。

2. 安全要求和措施

1）吊钩应设有防止起吊重物意外脱钩的钩口闭锁装置。

2）吊钩及其螺母的螺纹精度应符合规定。

3）吊钩出现下述情况之一时应报废：裂纹；磨损后危险断面的实际高度小于基本尺寸的95%；钩口变形超过使用前基本尺寸的10%；扭转变形超过10°；危险断面或吊钩颈部产生塑性变形。

4）滑轮直径与钢丝绳直径之比不小于8.7。

5）滑轮的径向和轴向圆跳动，不得超过滑轮槽底径的2.25/1000。

6）滑轮的底槽应光洁平滑，不得有损伤钢丝绳的缺陷。

7）滑轮出现下述情况之一时应报废：裂纹；轮槽径向磨损量达钢丝绳名义直径的25%；轮槽壁厚磨损量达基本尺寸的10%；轮槽不均匀磨损量达3mm；其他损害钢丝绳的缺陷。

8）滑车配用的钢丝绳应符合GB/T 8918—2006和GB/T 20118—2017的规定。

9）滑车配用的钢丝绳的安全系数应不小于5。

10）钢丝绳端固定连接的安全要求应符合GB/T 6067.1—2010的规定。

11）钢丝绳的维护应符合GB/T 6067.1—2010的规定。

12）使用滑车时应先计算牵引力。

13）使用滑车承受的总载荷不得超过铭牌上规定的额定起重量，若多轮滑车仅用其中部分滑轮时，滑车的起重量应相应降低，降低值按滑轮数比例确定，其重物质心仍应通过滑车中心线。如 50t 五轮滑车仅用其中三个滑轮工作，则滑车起重量降为 30t，否则易发生事故。

14）滑车在额定起重量下使用时，钢丝绳运动速度不得超过表 8. 3-11 所列的数值。若起重过程中，冲击载荷较大时应采用大一级起重量的滑车。如 3. 2t 的滑车在起重中冲击载荷较大，则应改用 5t 滑车进行起重，否则易发生事故。

表 8. 3-11　钢丝绳运动速度

额定起重量/t	钢丝绳的运动速度/(m/min)
0. 32~10	30
16~50	25
80~160	20
200~320	16

15）在高温、腐蚀介质中使用的滑车，若起重过程中受高温热辐射或接触腐蚀介质时，应采用大一级起重量的滑车。

16）中轴中段直径磨损量达到基本尺寸的 2%时应报废。

17）滑动轴承的壁厚磨损量达到基本尺寸的 20%或滚动轴承出现缺损时应报废。

18）合页变形不得超过测量值（*B* 值）的 0. 25%。*B* 值为吊钩的钩口尺寸加 2 倍的 *R* 值。

19）吊钩、吊环、链环、合页板、尾环必须是整体锻件，不允许采用焊接方式组成，其缺陷不允许焊补。

3. 使用信息

1）在使用场所应按 GB 2894—2008 设置警告标志。

2）使用单位选购的滑车必须是具有生产许可证的制造厂家生产的滑车，并应根据滑车的工作级别和上述规定正确使用。

3）滑车在使用前必须进行检查，在无影响安全工作的缺陷、损伤、故障和连接松动现象时，并注满润滑油（脂）后方能使用。

4）滑车在工作状态时，不得维修和保养。

8. 3. 8　卧式铣镗床安全防护技术要求

卧式铣镗床安全防护技术要求如下：

1）轴箱、镗轴、平旋盘径向刀架、工作台及上、下滑座等部件，若不允许同时动作，其控制机构互锁、可靠。

2）直线运动部件的极限位置应设限位装置。

3）镗轴上的长键槽不应与其前端面开通。若不能满足该要求时，则必须把槽口封闭。

4）刀具装卸及拉紧装置不得局部突出镗轴的外径。

5）手动手柄和带手柄的手轮在机动时不得旋转。

6）对于自动卸刀装置，必须先停止主运动后再使刀具松开。

7）悬挂按钮站不得与机床部件碰撞。

8）镗轴直径大于 90mm 的机床，当按钮站为固定按钮站时，应在远离固定按钮站的适当位置设置急停按钮。

9）精密检测装置应设防护罩。

10）机床的操作、测量部位一般应设防滑踏板，其踏板必须牢固、可靠。

11）镗轴以最高速度旋转时，从切断电源到镗轴达到静止状态的时间不得超过 5s。

12）重量较大的附件应设起吊孔或起吊环。

13）必须保证在运输中机床的主轴箱、滑座等直线运动部件不发生相对移动。

14）必须将重锤及悬挂按钮站固定。

8. 3. 9　数控机床安全防护技术要求

1. 防护装置和数控机床分类

1）防护装置一般要求应符合相关国家标准规定。

2）在加工循环开始前，大型数控加工中心防护装置应闭合。为了实现此目的，应采用控制装置使防护装置在加工前闭合。如果操作者可能处于封闭区内时，应在封闭区内设有紧急停止装置。在防护装置完全闭合前，机床的运动部件不应重新起动，防护装置的闭合力不应超过 150N。

数控机床分类见表 8. 3-12。

2. 重大危害清单和主要危险区域

（1）重大危害清单

1）机械危险。①机床部件和工件，如形状、相对位置、质量和稳定性（各元件的位能）、质量和速度（各元件的动能）、机械强度不足；②机床内部能量积累危害，如弹性元件（弹簧）、压力下的液体或气体、真空。

2）电气危害。①电气设备在维护过程中带电部件（直接接触）；②电气设备在安装、加工和维护过程中在故障条件下带电的部件（间接接触）；③短路。

3）热危害。爆炸火焰处理易燃金属加工液或自燃的物质，高或低的温度热工具、芯片和工件。

表 8.3-12　数控机床分类

数控车床分类	典型结构	类别分组
具有有限数控能力的手动控制车床	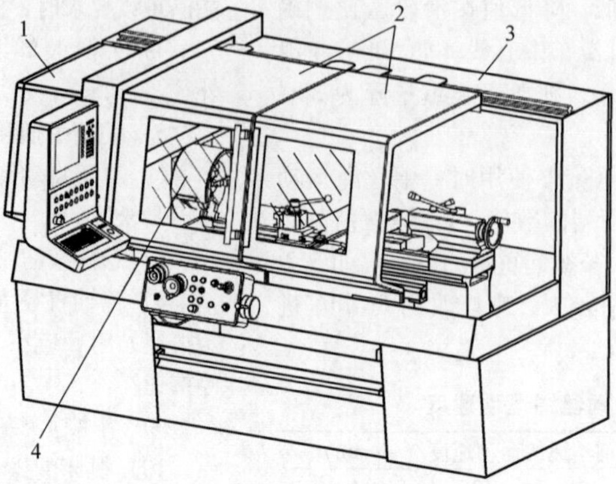 1—主轴后护罩　2—上部护罩　3—后面护罩　4—卡盘护罩	第 1 组
小型卧式数控车床	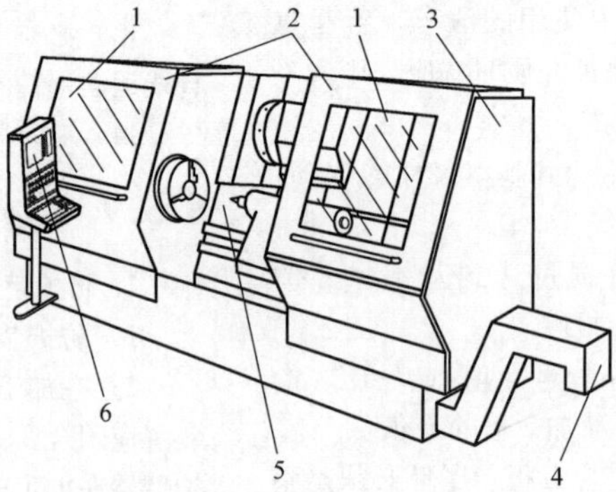 1—视窗　2—移动联锁防护装置　3—封闭式防护装置　4—切屑输送装置　5—工作区　6—主控制面板	第 2 组
大型卧式数控车床	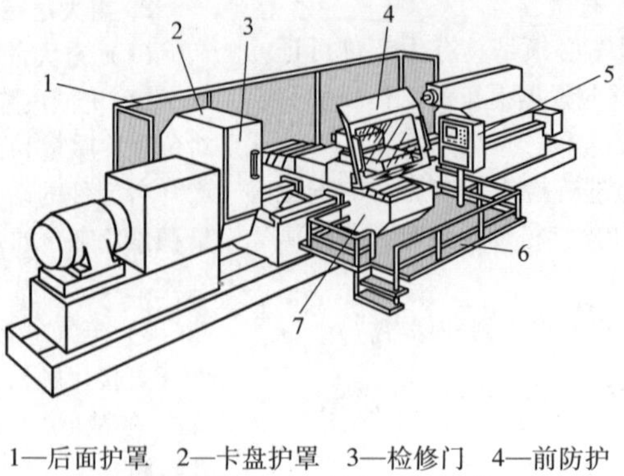 1—后面护罩　2—卡盘护罩　3—检修门　4—前防护　5—控制面板　6—站台　7—床鞍	

（续）

数控车床分类	典 型 结 构	类别分组
带有操作平台的大型立式数控车床	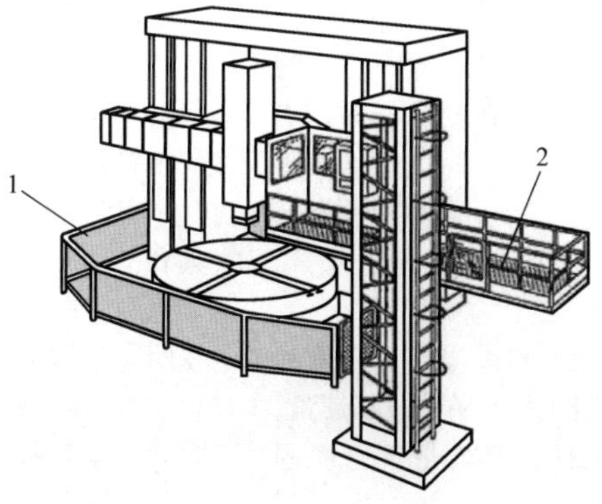 1—围栏　2—站台	第 2 组
一种多轴数控棒材自动车床，带有第二主轴箱	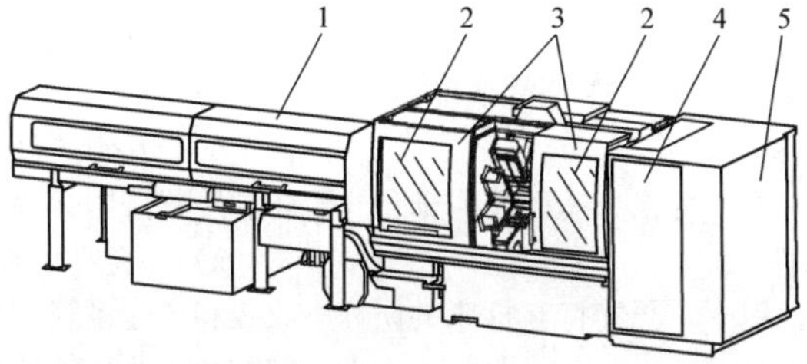 1—棒料给料机防护装置　2—视窗　3—活动联锁防护罩　4—主控制面板　5—封闭式防护装置	

4）噪声、振动危害。超过人体承受范围或造成环境影响、导致损失的噪声及异常振动。

5）辐射危害。低频电磁辐射存在于电气设备的操作或维护模式中。

6）材料/物质危害。生物和微生物（细菌或病毒），接触金属切削液。

7）人体工程学风险。①指标、视觉显示单元位置或设计不当；②控制设备和处理工件的工具和机器零件的工作姿态；③不充分考虑重复性活动；④在切削过程中及在设置期间，处理工件或工件定位不可见。

8）环境危害与相关机器。①在数控设备操作和维护模式的电磁干扰；②人为错误，应充分考虑人类行为和工作流程设计。

（2）主要危险区域

带有移动主轴的工作区域，工作夹紧部件，如卡盘和夹头承载滑块、转塔、复制单元、稳定架、尾架、分度主轴托架、工件、切屑和芯片处理设备（如已集成）。

工件装卸搬运设备，包括送料器、外部刀具库和刀具更换器、芯片放电区、齿轮箱、主轴背后、凸轮机构、丝杠、进给螺杆、滚珠丝杠（第 1 组和第 2 组）。

3. 安全要求和保护措施

操作人员应当在正确工作位置工作，接受其提供的外壳或平台的保护，免受芯片、金属加工液以及排放或喷射部件的伤害。

要严格遵守操作规程，做好机械安全检验。有关安装和维修要求，包括需做定期检查或检测装置的检查频次和方法一览表；为了确保观察窗的防护作用，特别应该规定其检查频率。

（1）人员培训和安装维修时应注意事项

1）按照车床适合的加工工艺和操作方式的规范操作。如果机器提供设置模式或服务模式，则必须详细说明这些模式的预期用途。

2）要求在每一种操作方式起动机器之前，防护装置都已就位并能正常工作；

3）符合安装要求（如相关，还建议防止进入芯片放电区域的方法）；

4）符合维护要求，包括需要检查或测试的设备清单、频率和使用方法；

5）为确保视像板的保护功能所必需的视觉检查

的频率，包括以下细节：检查使视像板不适合使用或表明需要更换的缺陷的描述。这些信息可能包括不可接受的面板状况的描述，例如，由于先前的撞击事件造成的塑性变形（凸起、凹陷），裂纹，边缘密封的损坏，冷却剂渗透（老化的影响）到复合材料，退化的证据，保护层的其他损坏。

（2）机床工作注意事项

1）机床通电后，检查各开关、按钮是否正常、灵活及机床是否有异常情况。

2）操作前检查所有压力表，检查操作面板上的开关、指示灯以及安全装置是否正常，防护罩都锁紧。

3）进行加工前，确认工件、刀具是否已稳固锁紧。

4）加工中，发现异常情况应及时按下急停开关并报告相关人员，弄清异常原因，排除故障后方可重新运行加工。

5）当气动、制冷、润滑系统出现异常情况时，要立即切断电源，终止机床工作。

6）机床起动运转时，决不可将身体的任何部位靠近或放在机床的移动部件上。

7）机床在自动运转过程中，严禁打开机床的防护门，以免发生危险。

8）测量工件、清除切屑、调整工件、装卸刀具等必须在停机状态进行，以免发生事故。

9）关闭机床主电源前必须先关闭控制系统；非紧急状态不使用急停开关切断系统电源。

（3）停止起动注意事项

工作运行中，机床不同功能的起动与所选择的工作方式有关。在机床运行中，应可通过停止器件实现运动中停止。对于需保持动力的工件夹持主轴，应配有主轴驱动监视器。

1）活动式防护装置闭合时，运动部件不应自行起动。除非动力驱动式防护装置上装有压敏片，在防护装置闭合后，无须重新起动。活动式防护装置脱开时，应防止工件主轴、运动轴、刀架、尾座套筒、刀具和工件夹具等危险动作的自行起动。

2）在生产工作方式下，只允许在活动式防护装置闭合条件下，起动或重新起动机床。

3）在生产工作方式下，当活动式防护装置脱开时，机床部件应停止运动，下列情况除外：换工件时，工件夹具的脱开和闭合运动；主轴运转由自复位命令装置（瞬时开关）控制。只有当联锁的活动式防护装置闭合式，才允许其他的运动。

（4）密切注意切屑收集和清除

1）进入切屑收集和清除系统的危险部件应通过固定的或互锁的可移动防护装置进行防护，除非这些防护装置按国标要求其位置是正确的。

2）当这些联锁的可移动防护罩打开时，应防止收集和清除系统的移动。当工作区域防护罩打开时，应防止这些部件的移动。如果切屑收集和清除系统工作时需要打开可移动的保护装置（如用于清洗），则只能在保持运行控制下进行，并在附近设置紧急停止装置。

3）切屑排放区域的危害应通过防护或外围围栏加以保护，以防止破碎和缠结，并永久安装警告任何残留风险的标签。

8.4 工业机器人安全规范

8.4.1 定义

1）工业机器人。自动控制的、可重复编程的、多用途的操作机，可对三个或三个以上的轴进行编程。它在工业自动化中使用，可以是固定式或移动式的。

2）使能装置。一种手动操作装置，只有当其保持在预定位置时才允许机器人运动。

3）握持运行控制装置。一种控制装置，只当人工按住操作时才使机器人运动，一旦松开则运动停止。

4）电磁环境。存在某一给定场所的所有电磁现象的总和。

5）电磁发射。从源向外散发电磁能量的现象。

6）电磁骚扰。任何可能引起装置、设备或系统性能降低的电磁现象。

7）SRP/CS（safety-related part of a control system）。控制系统安全相关部件。

8.4.2 总则

1. 基本要求

机器人的运行特性与其他设备不同。机器人以高能运动掠过比其机座大的空间，机器人手臂的运动形式和起动很难预料，且可能随生产和环境条件而改变。

机器人产生的伤害应控制在可接受的范围内。

应通过本质安全设计措施减小或消除伤害。如通过本质安全设计措施消除或充分减小与其相关的伤害不可行，则应使用安全防护和补充保护措施来减小伤害。通过本质安全设计措施、安全防护和补充保护措施不能减小的遗留伤害，应采取使用信息和培训来减小。即使机器人不受控制也不应产生伤害，否则应对其进行隔离或强迫其停止运动。

工业机器人电磁兼容认证主要针对机器人的电磁抗干扰和骚扰进行认证。电磁兼容的具体要求参考相关的产品标准，通过特别是对于 SRP/CS 的功能安全，产品必须通过工业环境的发射和抗扰度试验标准。如果没有标准，至少应满足 GB/T 17799.2 中的抗扰度要求。

在机器人驱动器通电情况下，维修及编程人员有时需要进入其限定空间。且机器人限定空间之间或与其他相关设备的工作区之间可能相互重叠而产生碰撞、夹挤或由于夹持器松脱而使工件飞出等危险。

对每个能起动运动或其他危险功能的控制站，都应有手动起动的急停功能。提供急停输出信号时应：

① 撤除机器人动力系统后，输出应一直有效。

② 如果撤除机器人动力系统动力后输出无效，产生一个急停信号。

对于局部控制功能，应符合选用的局部控制位于危险区之外，局部控制应只有在风险评价定义的区域才有可能触发危险状态。局部控制和主要控制之间的切换不应产生危险状态。

抑制是在机器人系统周期的一段时间内，安全防护功能被自动控制暂时中止。

对于抑制功能，例如 SRP/CS 安全功能暂时的自动暂停。抑制不应导致任何人暴露于危险情况下。抑制期间安全环境由其他方式提供。抑制结束时，SRP/CS 的所有安全功能都应恢复。提供抑制功能的有关安全部件的性能等级的选择应使得抑制功能不会削弱有关安全功能必需的安全水平。

安全防护措施的设计和选择应考虑机器人的类型、应用及与其他相关设备的关系，该设计和选择必须适合正在进行的工作，并且使得示教编程、设定、维护、程序验证及故障查找要求设备布局紧凑时，也能安全操作。

选择安全防护措施应考虑与机器人安装有关的各种危险情况。在设计或选择合适的安全防护措施之前，必须识别各种危险和评价有关风险。

预防偶然事故的技术措施遵循下述两条基本原则：自动操作期间安全防护空间内无人；当安全防护空间内有人进行示教、程序验证等工作时，应消除危险或至少降低危险。

上述原则包括：设立安全防护空间和限定空间；机器人系统的设计，应使绝大多数作业在安全防护空间外完成；要预设安全补偿措施，以防有人闯入安全防护空间。

2. 用户手册

用户手册应随机器人一起提供以保证机器人可以按设计要求被使用，用户手册应包含但不限于以下内容：

1）使用环境条件的说明。

2）产品外观及尺寸说明。

3）产品技术参数说明。

4）预期条件下的安全性说明。

5）应用限制的说明。

6）按规定用途使用的说明。

7）使用和操作的说明。

8）维护和维修的说明。

9）安全警告的说明。

如用户在安装或维护时应采取必要的预防措施，应在用户手册中说明。关于机器人的处理和废弃的信息应提供说明。

3. 安全分析

安全分析内容：对于考虑到的应用，识别危险源；评价风险；考虑把风险降低到可接受程度的安全对策；选择与所要求的任务及可接受的危险程度相一致的安全防护措施；评价已达到的整体安全水平，并保证可接受。

危险源的识别是首要的，危险可能由机器人系统本身产生，也可来自周边设备，或来自人与机器人系统的相互干扰，如：

1）由于下述设施失效或产生故障。保护设施（如设备、电路、元器件）移动或拆卸；动力源或配电系统失效或故障；控制电路、装置或元器件失效或故障。

2）机械部件运动引起夹挤或撞击。部件自身运动；与机器人系统的其他部件或工作区内的其他设备相连的部件运动。

3）储能。在运动部件中；在电力或流体动力部件中。

4）动力源。电气；液压；气动。

5）危险气氛、材料或条件。易燃易爆；腐蚀或侵蚀；放射性；极高温或极低温。

6）噪声。

7）干扰。电磁、静电、射频干扰；振动、冲击。

8）人因差错。设计、开发、制造（包括人类工效学考虑）；安装和试运行（包括通道、照明和噪声）；功能测试；应用和使用；编程和程序验证；组装（包括工件搬运、夹持和切削加工）；故障查找和维护；安全操作规程。

9）机器人系统或辅助部件的移动、搬运或更换。

8.4.3 机器人系统的安全防护

1. 设置与安装安全条件

每台机器人都有保护性停止功能和独立的急停功能。这些功能应具有与外部保护装置连接的措施。使用之前进行的预测试应符合 GB 11291.2—2013 的规定，抗扰度测试应符合 GB/T 17799 和 GB/T 38326—2019 的规定。

1）环境条件。机器人系统和机器人单元保护措施的设计应考虑周围温度、湿度、电磁干扰、照明等环境条件。由于技术限制，这些可能导致对周围环境的某些要求选择的机器人、机器人系统和单元部件应能承受预期的运行条件和环境条件。

2）控制器位置。在自动操作时，控制器和设备应放置在安全防护空间外，使人员能清晰地看到机器人限定空间并进行控制。

3）致动控制器。机器人系统不应响应任何可能造成危险情况的或外部远程命令。

4）动力要求。机器人和其他设备所有动力源（如气动、液压、机械、电力动力源）应满足机器和部件的制造商所规定的要求。电源装置应符合 IEC 60204-1 中的要求，液压动力装置应满足 ISO 4413 中的要求，气压动力装置应满足 ISO 4414 中的要求。

5）等电位联结/接地要求。保护联结和功能联结应符合 IEC 60204-1 的要求。应注意工业机器人控制柜等电气设备配线和接线，避免不规范的保护联结电路接线。

6）能源隔绝。应隔绝有害能源，避免人员暴露于危险。机器人系统的每种能源宜有单独的切断装置，多机器人或大型设备，每种能源有必要有多个切断装置。每个装置的控制范围应在断开装置的把手旁清晰标出（例如文字或符号）。

2. 多个相邻机器人单元的安全防护

应采取措施确保机器人单元内的操作员不受相邻单元的危险侵害。

应采取措施防止机器人单元内的操作员进入相邻单元，或确保操作员遭遇相邻单元的或因其导致的危险前，将相邻单元内的危险转为安全状态。

当为此目的使用固定式防护装置时，高度取决于两相邻机器人单元中的危险，但是最低高度应为 1400mm。除了固定式防护装置外，可采取其他措施，例如：

1）电敏保护设备。

2）压力垫。

3）相邻单元同时关闭。

3. 工具更换系统的安全防护

如果使用工具更换系统，具有工具更换功能的末端执行器的释放和拆卸，应防止释放在可能导致危险的位置进行。工具更换系统应符合预期的静态和动态要求（例如急停状况和动力损失）。

4. 信息安全

机器人应满足以下要求：

1）机器人在网络（包括互联网、局域网等）中，应具有信息传输加密机制。

2）机器人的数据信息不应被非授权（非法）访问、篡改或删除。

3）机器人应阻止非授权（非法）信息的入侵，包括对此类信息的识别、判断、阻止与提示功能。

4）机器人不应拒绝授权（合法）用户对信息和资源正常使用。

5）机器人应具有信息溯源机制。

机器人在信息处理的过程中应对信息控制者进行身份标识处理。信息控制者是经过登记注册、身份验证，并具有唯一有效标识。系统应实施标识信息管理和维护，确保不被非法访问、篡改或删除。

5. 安全防护装置

1）防护装置。固定防护装置应能经受预定操作的和环境的作用力；除通过与联锁或现场传感装置相连的通道外，应阻止由别处进入安全防护空间；永久固定，只有借助工具方可拆卸；无锐边和凸出部分，其本身不应产生危险。

联锁防护装置应按下述原则设计、安装和调整：防护装置未作用时，联锁可防止机器人系统自动操作；防护装置起作用时不应重新起动自动操作，重新起动应在控制台上谨慎进行；危险消除前防护装置锁定在闭路状态（具有防护锁定的联锁防护），或是当机器人系统正在工作时，一旦防护装置开路，即发出停机或急停指令（联锁防护）。联锁装置动作后，若不产生其他危险，应能由停机位置重新起动机器。进入通道前，动力源中断可消除危险。在电源中断不能立即消除危险处，联锁系统需包含锁定防护装置或制动系统。安全防护空间联锁门进出口，应设防止联锁门无意中关闭的装置。应确保联锁装置的动作免除了一种危险（如停止机器人系统的危险运动），不会引起其他危险（如释放危险物质进入工作区）；选择特殊用途的联锁系统，应考虑风险评价。

2）现场传感装置。用于安全的现场传感装置均应遵守以下条款：现场传感装置的安装和配置应做到：传感装置未起动前，人体不得进入和伸入危险区域；或危险状态解除前，人体不能伸入限定空间。隔栏和现场传感装置同时安装使用，以阻止人员绕过传感装置进入危险区；现场传感装置的工作不应受系统预期所处环境条件的影响；现场传感装置动作后，只要不产生其他危险，可由停机位置重新起动机器人系统；恢复机器人运动，要求排除传感区的遮断，此时不应重新起动自动操作。

6. 警示方式

可兼用下述警示方式，但不能替代安全防护装置。

1）警示隔栏。应设警示隔栏，以阻止人员无意中进入限定空间。

2）警示信号。应设警示信号装置，以给接近或处于危险中的人员提供可识别的视听信号。限定空间以光信号告警时，为使接近限定空间的人员都能看到光信号，应设置足够多的器件。声音报警装置应具有比环境噪声等级更高的独特的警示声音。

7. 安全生产规程

对于机器人系统使用中的某些阶段（如试运行阶段、工艺过程变换阶段、清洁和维护阶段），在不可能设计出能完全消除所有危险的防护装置时或某安全防护装置暂停使用时，应采用适当的操作规程。

8. 安全防护装置的复位

联锁门或现场传感装置区的恢复，其本身不应重新起动自动操作。重新起动机器人系统应在安全防护空间外谨慎操作。重新起动装置应安装在安全防护空间内不能触及处，且能看到安全防护空间。

8.5　机械加工设备控制系统安全技术条件

8.5.1　液压系统通用安全技术条件

液压系统通用安全技术条件如下：

1）设计方面的考虑。设计液压系统时，应考虑所有可能发生的失效（包括控制电源的失效）。在所有情况下，元件应该这样选择、应用、安装和调整，即：在发生失效时，应首先考虑人员的安全性，考虑防止对系统和环境的危害。

2）元件的选择。为保证使用的安全性，应对系统中的所有元件进行选择或指定。选择或指定元件应确保当系统投入预定的使用时，这些元件能够在其额定的极限内可靠地运行。尤其应注意它们的失效或误动作可能引起危险的那些元件的可靠性。

3）意外压力。从设计上，应防止系统所有部分的压力超过系统或系统任一部分的最高工作压力和任何具体元件的额定压力，否则应采取其他防护措施。

防止过高压力可采取的保护方法是，设置一个或多个溢流阀来限制系统所有部分的压力。也可以采用其他能满足使用要求的方法，如采用压力补偿式变量泵。

系统的设计、制造和调试，应使冲击压力和增压压力减至最低，冲击压力和增压压力不应引起危险。

压力丧失或临界压降时，不应使人员面临危险。

4）机械运动。无论是预期的或意外的机械运动（包括如加速、减速或提升和夹持物体产生的运动），都不应造成对人员有危险的状态。

5）噪声。有关低噪声机器和系统的设计见 ISO/TR 11688-1-2009。

6）泄漏。泄漏（内泄漏或外泄漏）不应引起危险。

7）温度。

① 工作温度。系统或任何元件的工作温度，不应超出规定的安全使用范围。

② 表面温度。液压系统设计应通过布置或安装防护装置来保护人员免受超过触摸极限的表面温度的伤害。

8.5.2　气动系统通用安全技术条件

设计气动回路时，应考虑各种可能发生的事故（包括电控、气控、液控等各种控制源的事故）。元件的选择、应用、安装和调整等应首先考虑在事故发生时能保证人员的安全，并使设备的损坏最小。

1）系统中所有元件必须具有合格证。

2）设计系统时，应使元件位于易装拆之处，并能安全地调整和维修。

3）系统必须有过压保护措施。

4）必须保证系统在失压时不会引起危险。

5）必须保证排气不会引起危险。

6）系统中的所有元件必须按制造厂的规定进行操作。

7）当气动系统在特殊场合下使用时，设计、制造和使用单位应商定特殊场合的具体要求，并据此进行系统的设计。例如，需要考虑振动、严重污染、高湿度；高海拔（1000m 以上）及严寒地带；易燃环境条件；电路数据（电压、频率、功率）；电气元件的保护措施。

8.5.3　机械急停安全设计原则

1. 定义

1）急停（功能）。急停的预定功能是：避免产生或减小存在的对人的各种危险、对机械或对进行中工作的危害；由一个人的动作激发的。

本规定所指的危险可能产生于以下情况：功能紊乱（例如机械失灵，被加工材料的性能不合格、人为的差错）；正常运行。

急停功能的图解表示如图 8.5-1 所示。

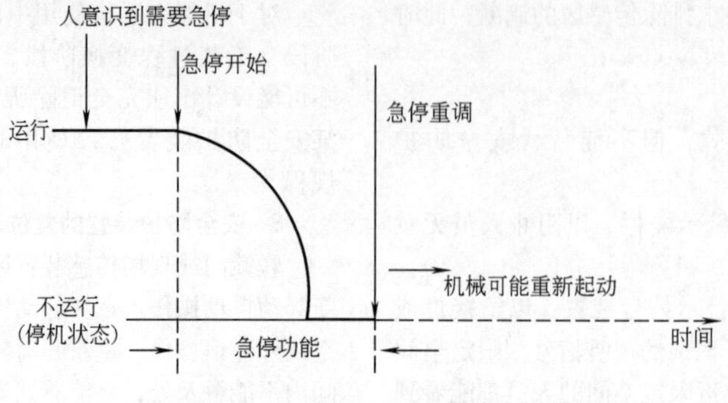

图 8.5-1　急停功能的图解表示

2）急停装置。用于起动急停功能的手动控制装置。

3）机器致动机构。用于使机器产生运动的动力机构。

2. 安全要求

(1) 一般要求

在机器的各种运行模式中，急停功能都应优先于所有其他功能而又不削弱为解脱陷入危险的人而设计的任何设施的功能。直到急停功能被重调以前，任何起动指令（预定的、非预定的或意外的）应是无效的。当急停装置可能被分置时（如便携式悬挂操纵板）或机械可能部分被隔离时，应注意避免运行的和不运行的控制装置之间的混淆。

急停功能不应用来代替安全防护措施和其他主要安全功能，而宜设计为一种用作辅助措施（如在失效的情况下）。

急停功能不应削弱防护装置或具有其他主要安全功能装置的有效性。为此目的，保证辅助设备，如磁力卡盘或制动装置的连续运行是必要的。

根据风险评价，急停功能应设计得当急停装置动作后，运行的机器以合适的方式停止运行，而不产生附加风险。所谓“以合适的方式停止运行”可以包括：选择最合适的减速率；选择停机类别；应用预定的停机顺序。

急停应具有 0 类停机或 1 类停机的功能。0 类停机和 1 类停机包括除去机器致动机构的动力源。

除去动力的例子包括：切断电动机的电源；断开与机械能源相联系的运动元件；中断供给活塞/滑阀的流体动力。

选择急停类别应通过机器的风险评价确定。

(2) 对电气设备急停的特定要求

对电气设备急停的特定要求见 GB/T 5226.1—2019。

(3) 运行条件与环境影响

用于实现急停功能的部件和元件的选择、装配、连接和防护，应使其在预期的使用条件和环境影响下能够正确地运行。在这一过程中应考虑：操作的频次和在不常使用的情况下定期试验的需要；振动、冲击、温度、灰尘、异物、潮湿、腐蚀性物质、流体等的影响。

(4) 对急停装置的要求

急停装置应设计得便于操作者和可能需要操作它的其他人员操作。可使用的操纵器的类型包括：蘑菇形按钮；金属丝、绳、棒；手柄；在特定应用场合，无防护罩的脚踏板。

急停装置应位于每个操作者控制站和需要急停的其他位置。它们应配置在容易接近处，并且操作者和可能操作它们的人在操作时没有危险。防止误操作的措施应不削弱可接近性。

急停装置必须采用强制机械作用原则。应用具有肯定断开操作的电接触急停装置是这一原则应用的例子。（接触元件的）肯定断开操作是通过非弹性元件（如不依靠弹簧）开关操纵器的特定运动直接结果实现接触、分离的。

操作急停装置产生急停指令后，该指令必须通过驱动装置的啮合（锁定）而保持，直到急停装置重调（脱开）。在没有产生急停指令时急停装置应不可能啮合。在急停装置（包括啮合措施）失效的情况下，产生急停指令必须优先于啮合措施。

急停装置的重调（脱开）应只可能在急停装置上通过手动进行。重调急停装置时不得由其自身产生再起动指令。在所有已操作过的急停装置被重新调整之前，机器应不可能重新起动。

急停装置操纵器应为红色。如果有背景，则背景应为黄色。使用金属丝或绳时，可在其上系以标志以改善其可见性。另外，在有些场合，可提供图 8.5-2 所示急停标志。

图 8.5-2　急停标志

（5）使用金属丝或绳作为操纵器时的附加要求

应考虑给出：产生急停指令所需的偏移量；可能的最大位移；金属丝或绳与最接近的物体之间的最小间隙；为了操作急停装置需施加于金属丝或绳的力；给金属丝或绳做标记（例如：通过使用标志旗），使操作者易见。

在金属丝或绳断开或脱开的事件中急停指令应能自动地产生。

8.5.4　机械设备控制系统有关安全部件

1. 控制系统安全部件

对应于来自受控设备（和/或来自操作者）的输入信号而产生有关安全输出信号的控制系统的一个部件或分部件。控制系统组合的有关安全部件起始于有关安全信号被触发处，结束于动力控制元件的输出处。这也包括监控系统。

2. 安全功能（GB/T 16855.1—2018）

（1）安全功能规范

该部分给出了 SRP/CS 可提供的安全功能的清单和详细细节。为了实现具体应用中控制系统需要的安全措施，在设计（或制定 C 类标准）时应包括该清单中的必要功能。

示例：安全相关停止功能、防止意外起动、手动复位功能、抑制功能、保持-运行功能。

注：机械控制系统提供操作和/或安全功能。操作功能（如起动、正常停止）也可以是安全功能，但是这只能在对机械进行了完整的风险评估后才能确定。

表 8.5-1 和表 8.5-2 分别列出了一些典型的安全功能及其某些特征和安全相关参数，并参考其他与安全功能、特征或参数有关的标准。设计者（或 C 类标准的制定者）应保证满足表中列出的有关安全功能所适用的全部要求。

该部分还给出了某些安全功能特征的附加要求。

必要时，特征与安全功能的要求应针对不同能量源进行适配。

表 8.5-1 和表 8.5-2 中列出的标准大部分与电气方面相关，如果是其他技术（如液压、气动），则应满足相应的要求。

在识别和规定安全功能时，应至少考虑以下因素：

1）每种特定危险或危险状况的风险评估结果。

表 8.5-1　一些适用于典型机器安全功能及其某些特征的标准

安全功能/特征	要求		附加信息，见：
	GB/T 16855.1—2018	GB/T 15706—2012	
由安全防护装置触发的安全相关停止功能①	5.2.1	3.28.8、6.2.11.3	GB 5226.1—2019 中 9.2.2、9.2.3.3、9.2.3.6 GB/T 18831 GB/T 19876
手动复位功能	5.2.2	—	GB 5226.1—2019 中 9.2.3.3、9.2.3.4
起动/重启功能	5.2.3	6.2.11.3、6.2.11.4	GB 5226.1—2019 中 9.2.3.2
现场控制功能	5.2.4	6.2.11.8、6.2.11.10	GB 5226.1—2019 中 10.1.5
抑制功能	5.2.5	—	GB/T 29483—2013 中 5.5
保持-运行功能		6.2.11.8b)	GB 5226.1—2019 中 9.2.3.7
使能装置功能		—	GB 5226.1—2019 中 9.2.3.9、10.9
防止意外起动	—	6.2.11.4	GB/T 19670 GB 5226.1—2019 中 5.4
被困人员的撤离和救援	—	6.3.5.3	—
隔离和能量耗散功能	—	6.3.5.4	GB/T 19670 GB 5226.1—2019 中 5.3、6.3.1
控制模式和模式选择	—	6.2.11.8、6.2.11.10	GB 5226.1—2019 中 9.2.3.5

（续）

安全功能/特征	要求		附加信息，见：
	GB/T 16855.1—2018	GB/T 15706—2012	
控制系统不同安全相关部件之间的相互作用	—	6.2.11.1（最后一句）	GB 5226.1—2019 中 9.3.4
安全相关输入值参数化监控	4.6.4	—	—
急停功能②	—	6.3.5.2	GB/T 16754 GB 5226.1—2019 中 9.2.3.4

① 包括联锁防护装置和限定装置（如超速、超温、超压等）。
② 补充保护措施，见 GB/T 15706—2012。

表 8.5-2　一些给出某些安全功能和安全相关参数要求的标准

安全功能/安全相关参数	要求		附加信息，见：
	GB/T 16855.1—2008	GB/T 15706—2012	
响应时间	5.2.6		GB/T 19876
安全相关参数，如速度、温度或压力	5.2.7	6.2.11.8e)	GB 5226.1—2019 中 7.1、9.3.2、9.3.4
能量源的波动、损失和恢复	5.2.8	6.2.11.8e)	GB 5226.1—2019 中 4.3、7.1、7.5
指示和警告		6.2.8	GB/T 1251.1 GB/T 1251.2 GB/T 1251.3 GB/T 15969 GB/T 18209.1 GB 5226.1—2019 中 10.3、10.4 IEC 62061

2）机器的操作特征，包括：机器的预定使用（包括可合理预见的误用）；操作模式（如现场模式、自动模式、与机器区域或部件有关的模式）；周期时间；响应时间。

3）紧急操作。

4）不同工作过程和手动活动（修理、调整、清洗、故障查找等）交互作用的描述。

5）安全功能预定实现或防止的机器动作。

6）失能后机器的动作（见 GB/T 16855.1—2018 中 5.2.8）。

注：在某些情况下，可能需要考虑失能后机器的动作。例如：有必要保持住纵轴以防止因重力导致的坠落。这需要两个独立的安全功能：得能情况下及失能情况下。

7）机器能工作或不能工作的条件（如工作模式）。

8）操作频率。

9）可同时激活并导致冲突动作的功能的优先次序。

（2）安全功能详述

1）安全相关的停止功能。除了表 8.5-1 中的要求外，还应包括下列要求：

安全相关的停止功能（如由安全防护装置触发）触发后，一旦有必要，应使机器尽快进入安全状态。这种停止功能应优先于由操作原因引起的停止。

当一组机器协同工作时，应设置信号发送装置，将停止状况传输至管理控制系统和/或其他机器。

注：安全相关的停止功能可导致操作问题和重起困难，如电弧焊。为了减小废弃这种停止功能的可能性，可在此停止功能前增加由操作原因引起的停止，完成实际操作并准备好从停止位置轻易且快速地重启（例如不对生产造成破坏）。一种解决方法就是使用带防护锁定的联锁装置，当循环到达某指定位置时，防护锁定释放，可轻易重启。

2）手动复位功能。除了表 8.5-1 中的要求外，还应包括下列要求：

安全防护装置发出停止指令后，停止状态应保持到出现具备重启的安全条件为止。

通过复位安全防护装置的安全功能的重新恢复，会解除停止指令。如果风险评估显示可行，这种停止指令的解除应由手动、独立而慎重的操作（手动复位）来确认。

手动复位功能应：通过 SRP/CS 内的一个独立的手动操作装置来提供；只有所有安全功能和安全防护装置处于工作状态时才能实现复位；自身不能引起运动或危险状况；慎重操作；使控制系统能接受独立的

起动指令；在复位触发装置从其接通（ON）位置脱开后才能被接受。

提供手动复位功能的安全相关部件性能等级的选择，应使得手动复位功能不削弱相关安全功能需要的安全水平。

复位触发装置应安装在危险区以外，并具有良好可见度的安全位置，以便检查是否有人处在危险区内。

当危险区不完全可见时，需要特殊的复位程序。

注：一种解决办法是采用第二个复位触发装置。复位功能由处于危险区内的第一个复位触发装置和处于危险区外的第二个复位触发装置（靠近安全防护装置）联合触发。该复位程序需要在控制系统接收单独起动指令之前的有限时间内实现。

3）起动/重起功能。除了表 8.5-1 中的要求外，还应包括下列要求：

只有危险状况不可能存在的情况下，重起功能才能自动发生。特别是对于具有起动功能的联锁防护装置，见 GB/T 15706—2012 中 6.3.3.2.5。

起动和重起的这些要求也应适用于可遥控的机器。

注：传感器反馈给控制系统的信号可触发自动重起。

示例：在机器的自动操作中，传感器反馈给机器控制系统的信号通常用作控制流程。如果工件离开其位置，则流程停止。如果联锁防护装置的监控不能优先于自动流程控制，则操作者调整工作件时可能存在机器重起的危险。因此，在防护装置再次关闭，且维护人员已离开危险区域之前，不应准许遥控重起。控制系统提供的防止意外起动的作用取决于风险评估的结果。

4）现场控制功能。除了表 8.5-1 中的要求外，还应包括下列要求：

当机器通过便携式控制装置或悬挂式操纵装置等进行现场控制时，应满足以下要求：选用现场控制的设施应位于危险区之外；现场控制应只有在风险评估规定的区域才有可能触发危险状态；现场控制和主要控制之间的切换不应产生危险状况。

5）抑制功能。除了表 8.5-1 中的要求外，还应包括下列要求：

抑制不应导致任何人暴露于危险状况下。抑制期间安全状态应由其他方式提供。

抑制结束时，SRP/CS 的所有安全功能都应恢复。

提供抑制功能的安全相关部件选择的性能等级应使得抑制功能不会削弱相关安全功能需要的安全水平。

注：在某些应用中，需要一个抑制指示信号。

6）响应时间。除了表 8.5-2 中的要求外，还应包括下列要求：

如果风险评估显示有必要，则应确定 SRP/CS 的响应时间（也可见 GB/T 16855.1—2018 中第 11 章）。

注：控制系统的响应时间是机器总响应时间的一部分。所需的机器总响应时间能够影响安全相关部件的设计，如需要提供制动系统。

7）安全相关参数。除了表 8.5-2 中的要求外，还应包括下列要求：

当安全相关参数，如位置、速度、温度或压力等偏离了当前的限制时，控制系统应启动相应的措施（如启动停止功能、警告信号、警报等）。

如果可编程电子系统中安全相关数据手动输入错误能够导致危险状况，则应在控制系统安全相关部件中提供数据检查系统，如极限值、格式化和/或逻辑输入值的检查。

8）能量源的波动、损失和恢复。除了表 8.5-2 中的要求外，还应包括下列要求：

当能量水平的波动超出了设计工作范围时（包括能量供应损失），SRP/CS 应连续提供或触发能使机器系统其他部件保持安全状态的输出信号。

3. 在故障情况下控制系统有关安全部件的设计

（1）一般要求

控制系统有关安全部件应符合规定的五种类别中的一种或多种类别的要求。

类别 B 是基本的类别。出现故障可导致安全功能丧失。类别 1 主要通过选择和应用合适的元件来改进耐受故障的能力。类别 2、类别 3 和类别 4 主要是通过改进 SRP/CS 的结构来提高指定安全功能的性能。其中，类别 2 是通过定期检查正在执行的指定安全功能来实现；类别 3 和类别 4 是通过保证单一故障不会导致安全功能丧失来实现。对于类别 4 以及合理可行时的类别 3，这类故障会被检测到。类别 4 应规定耐受累积故障的能力。

表 8.5-3 中给出了 SRP/CS 的各个类别，要求和故障情况下的系统性能。

就某些元件的失效原因而论，某些故障是可以排除的（见 GB/T 16855.1—2018 中第 7 章）。

具体 SRP/CS 类别的选择主要取决于：

1）该部件提供的安全功能实现的风险减小。

2）所需性能等级（PL_r）。

3）采用的技术。

4）该部件发生故障时产生的风险。

5）在该部件中消除故障发生的可能性（系统性故障）。

表 8.5-3　类别要求摘要

类别	要求摘要	系统行为	用于实现安全的原则	每个通道的 $MTTF_D$	DC_{avg}	CCF
B （见 GB/T 16855.1—2018 中 6.2.3）	SRP/CS 和/或其保护装置以及它们的元件都应根据相关标准进行设计、构造、选择、装配和组合，以使其能承受预期的影响。应使用基本安全原则	发生故障可导致安全功能的丧失	主要特征是元件的选择	低~中	无	无关
1 （见 GB/T 16855.1—2018 中 6.2.4）	应采用类别 B 的要求。应使用经验证的元件和经验证的安全原则	发生故障可导致安全功能的丧失，但发生的概率低于类别 B 的概率	主要特征是元件的选择	高	无	无关
2 （见 GB/T 16855.1—2018 中 6.2.5）	应采用类别 B 的要求和经验证的安全原则 应通过机器控制系统以适当的时间间隔检查安全功能（见 GB/T 16855.1—2018 中 4.5.4）	发生故障可导致两次检查之间安全功能的丧失 通过检查来检测安全功能的丧失	主要以结构为特征	低~高	低~中	见 GB/T 16855.1—2018 中附录 F
3 （见 GB/T 16855.1—2018 中 6.2.6）	应采用类别 B 的要求和经验证的安全原则 安全相关部件的设计应使： 1）这些部件中的任何一个部件的单一故障都不会导致安全功能的丧失 2）只要合理可行，单一故障都可被检测到	发生单一故障时，安全功能总是有效 会检测到某些但不是全部故障 未检测到的故障的累积可导致安全功能的丧失	主要以结构为特征	低~高	低~中	见 GB/T 16855.1—2018 中附录 F
4 （见 GB/T 16855.1—2018 中 6.2.7）	应采用类别 B 的要求和经验证的安全原则 安全相关部件的设计应使： 1）这些部件中的任何一个部件的单一故障都不会导致安全功能的丧失； 2）单一故障在下一次要求安全功能时或之前检测到。如果不可能，则未检测到的故障的积累不应导致安全功能的丧失	发生单一故障时，安全功能总是有效 故障的累积的检测降低了安全功能丧失的概率（高 DC） 故障将被及时检测到，以防安全功能的丧失	主要以结构为特征	高	高（包括故障的累积）	见 GB/T 16855.1—2018 中附录 F

6）该部件中发生故障的概率以及相关参数。

7）平均危险失效间隔时间（$MTTF_D$）。

8）诊断覆盖率（DC）。

9）类别 2、类别 3 和类别 4 的共因失效（CCF）。

（2）类别规范

1）概述。每个 SRP/CS 应满足相关类别的要求，见 GB/T 16855.1—2018 中 6.2.3~6.2.7。

图 8.5-3~图 8.5-6 所示为各类别的典型架构，其满足了各自类别的要求。图中的直线和箭头代表逻辑连接方式和可能的逻辑诊断方法。图形给出的不是示例而是通用架构。通常可能偏离这些架构，但是任何偏离都应通过适当的分析工具（如马尔可夫模型、故障树分析）证明其是合理的，从而证明该系统满足所需性能等级（PL_r）。

指定架构不能当作电路图，也不能当作逻辑图。对于类别 3 和类别 4，这就意味着并不是所有的部件都需要有物理上的冗余，而是需要有冗余的方法保证故障不会导致安全功能的丧失。

2）类别 B。SRP/CS 应根据相关标准进行设计、构造、选择、装配和组合，并且运用使用于具体应用的基本安全原则，以耐受：

① 预期的运行负荷，如与分断能力和频率有关的可靠性。

② 工艺物料的影响，如清洗机的洗涤剂。

③ 其他相关的外部影响，如机械振动、电磁影响、动力源中断或扰动。

类别 B 的指定架构如图 8.5-3 所示。类别 B 系统中没有诊断覆盖率（DC_{avg} = 无），且每个通道的 $MTTF_D$ 可低至中等水平。在这种结构中（通常是单通道系统），不考虑 CCF。

类别 B 可实现的 PL 最大值为 PL=b。

注：故障发生时可导致安全功能丧失。

电磁兼容的具体要求见相关的产品标准，如动力传动系统见 GB/T 12668.3。特别是对于 SRP/CS 的功能安全，抗扰度要求也是相关的要求。如果没有产品标准，至少宜满足 GB/T 17999.2 中的抗扰度要求。

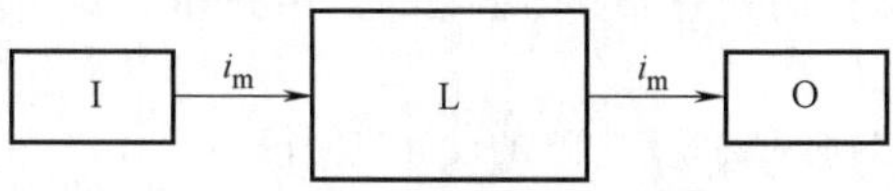

图 8.5-3　类别 B 的指定架构

i_m—连接方式　I—输入装置（如传感器）

L—逻辑模块　O—输出装置（如主接触器）

3）类别 1。对于类别 1，应满足类别 B 的要求和以下要求。

属于类别 1 的 SRP/CS 应采用经验证的元件和经验证的安全原则来设计和构造（见 GB/T 16855.2）。

安全相关的应用中，“经验证的元件”是满足下列条件之一：①在过去类似的应用中广泛应用并取得成功效果的元件；②在安全相关的应用中，采用已证明其适用性和可靠性的原则制造并验证的元件。

如果新开发的元件和安全原则满足②中的条件，那么可认为它们与“经验证的”等效。

决定是否接受某特定元件作为“经验证的”元件取决于用途。

注：复杂电子元件（如 PLC、微处理器、专用集成电路）不能认为是等效于经验证的元件。

每个通道的 $MTTF_D$ 应为高。

类别 1 可实现 PL 的最大值为 PL=c。其注意事项如下：

① 类别 1 系统中没有诊断覆盖率（DC_{avg} = 无），在这种结构中（单通道系统），不考虑 CCF。

② 故障的发生可导致安全功能的丧失。然而，类别 1 中每个通道的 $MTTF_D$ 比类别 B 中的高。因此，安全功能的丧失的可能性小一些。

类别 1 的架构与类别 B 相同，如图 8.5-3 所示。

明确区别“经验证的”和“故障排除”（见 GB/T 16855.1—2018 中第 7 章）很重要。一个元件能否当作经验证的元件取决于其用途。例如：带强制断开触点的位置开关用于机床可认为是经验证的元件，但却不适合用于食品工业——奶业，因在几个月后乳酸可造成该位置开关损坏。故障排除可产生很高的 PL，但应在装置全生命周期内都应采用准许该故障排除的适当措施。为了确保这一点，可能需要控制系统以外的附加措施。对于位置开关，这些措施的示例包括：

① 在开关调整后确保其固定牢固的措施。

② 确保凸轮固定牢固的措施。

③ 确保凸轮横向稳定性的措施。

④ 避免位置开关超行程的措施，如减振器和调准装置的足够的配合强度。

⑤ 保护位置开关免受外部损坏的措施。

4）类别 2。对于类别 2，应满足类别 B 的要求和“经验证的安全原则”的要求。另外还应满足以下要求。

类别 2 的 SRP/CS 的设计应使其功能能按照适当的时间间隔通过机器控制系统进行检查。安全功能的检查应在以下情况下进行：

① 在机器起动时。

② 某种危险状况发生之前，如新周期开始时、其他运动开始时、需要安全功能的瞬时和/或如果风险评估和操作类型表明有必要的话，周期性定期运行

期间。

该检查可能是自动进行的。安全功能的任何检查应做到：

① 如果没有检测到故障，准许运行。

② 如果检测到故障，产生触发适当控制动作的输出（OTE）。

若 PL_r=d，输出（OTE）应产生一个安全状态，此安全状态应保持到排除故障为止。

对于 PL_r=c 及以下，在可行时输出（OTE）应产生一个安全状态，并应保持到故障清除为止。当无法产生安全状态时（如最后的切换装置中的触点熔焊），测试设备的输出 OTE 发出警告即可。

对于类别 2 的指定架构，如图 8.5-4 所示，$MTTF_D$ 和 DC_{avg} 的计算宜仅考虑功能通道的模块（即图 8.5-4 中的 I、L 和 O），而不考虑测试通道的模块（即图 8.5-4 中的 TE 和 OTE）。

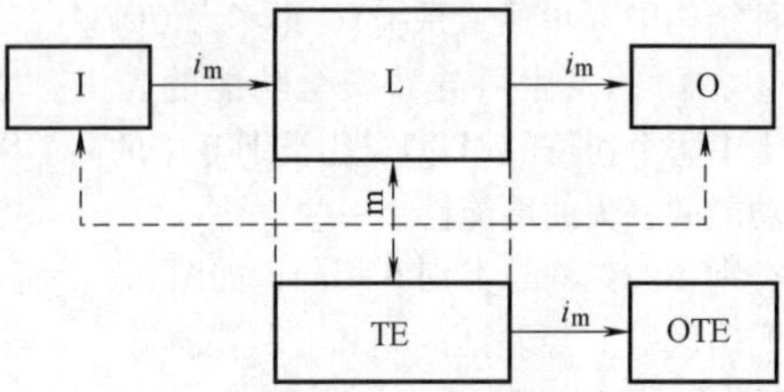

图 8.5-4 类别 2 的指定架构

i_m—连接方式 I—输入装置（如传感器） L—逻辑模块 m—监控 O—输出装置（如主接触器） TE—测试设备 OTE—TE 的输出

注：虚线代表合理可行的故障检测。

整个 SRP/CS 的诊断覆盖率（DC_{avg}）宜至少为低。每个通道的 $MTTF_D$ 应由低到高，取决于所需性能等级（PL_r）。应采取防止 CCF 的措施（见 GB/T 16855.1—2018 中附录 F）。

检查自身不应导致危险状况（如由于响应时间的增加）。测试设备和提供安全功能的安全相关部件可以是一体的或是分离的。

类别 2 可实现的 PL 最大值为 PL=d。其注意事项如下：

① 因为安全功能的检查不能适用于所有元件，所以某些情况下类别 2 不适用。

② 类别 2 系统特征为：出现故障可导致两次检查之间安全功能的丧失；通过检查可检测到安全功能的丧失。

③ 支持类别 2 功能有效性的原则是所采用的技术条件，如检查频率的选择能够降低危险状况发生的概率。

④ 基于指定架构的简化方法的应用，可参照 GB/T 16855.1—2018 中 4.5.4 的说明。

5）类别 3。对于类别 3，应满足类别 B 的要求和“经验证的安全原则”的要求。另外还应满足以下要求。

类别 3 的 SRP/CS 的设计应使得任何这些部件中的单一故障都不会导致安全功能丧失。只要合理可行，单一故障应在下一次要求安全功能时或之前被检测出。

类别 3 的指定架构如图 8.5-5 所示。整个 SRP/CS 的诊断覆盖率（DC_{avg}）应至少为低。每个冗余通道的 $MTTF_D$ 应由低到高，取决于 PL_r。应采取防止 CCF 的措施（见 GB/T 16855.1—2018 中附录 F）。其注意事项如下：

① 检测单一故障的这种要求并不意味着所有故障都将被检测出。因此，未发现的故障的累积能够导致意外输出并使机器处于危险状况。用于故障检测的合理可行措施的典型示例，就是利用机械导向的继电器触点的反馈和冗余电气输出进行监控。

② 如果由于技术和应用需要，C 类标准的制定者需要给出故障检测的更详细规定。

③ 类别 3 系统特征为：单一故障出现时安全功能继续执行；检测到一些故障，但不是所有的故障；未检测到的故障的累积可能导致安全功能的丧失。

④ 所采用的技术可能会影响故障检测的实施。

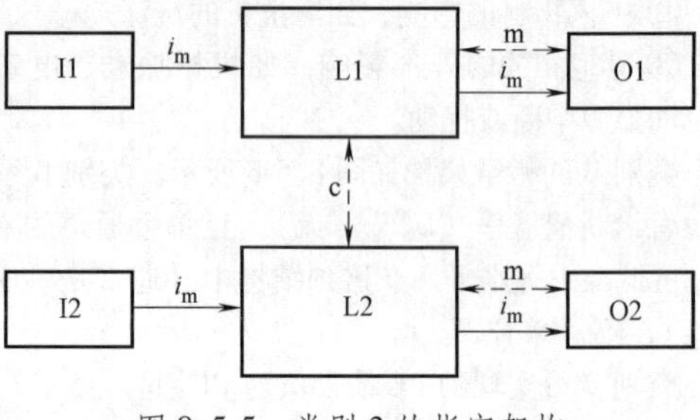

图 8.5-5 类别 3 的指定架构

i_m—连接方式 c—交叉监控 I1、I2—输入装置（如传感器） L1、L2—逻辑模块 m—监控 O1、O2—输出装置（如主接触器）

注：虚线代表合理可行的故障检测。

6）类别 4。对于类别 4，应满足类别 B 的要求和“经验证的安全原则”的要求。另外还应满足以下要求。

类别 4 的 SRP/CS 的设计应使得：

① 在这些安全相关部件中的任一部件的单一故障都不会导致安全功能的丧失。

② 单一故障在下一次要求安全功能时或之前被检测到，如在开关接通时或机器工作循环结束时立即检测。

但是如果不可能进行这种检测，那么未发现的故障的累积也不应导致安全功能的丧失。

类别 4 的指定架构如图 8.5-6 所示。整个 SRP/CS 的诊断覆盖率（DC_{avg}）应为高，包括故障的累积。每个冗余通道的 $MTTF_D$ 应为高。应采取防止 CCF 的措施（见 GB/T 16855.1—2018 中附录 F）。其注意事项如下：

① 类别 4 系统特征为：单一故障出现时安全功能继续执行；及时检测到故障以防安全功能丧失；考虑了未检测到的故障的累积。

② 与类别 3 相比，类别 4 中的 DC_{avg} 更高，并且每个通道所需的 $MTTF_D$ 仅为“高”。

实际应用中，考虑两种故障的组合可能就足够了。

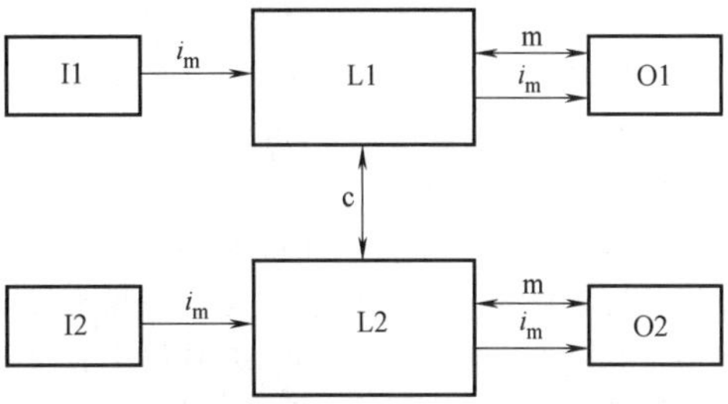

图 8.5-6　类别 4 的指定架构

i_m—连接方式　c—交叉监控　I1、I2—输入装置（如传感器）　L1、L2—逻辑模块　m—监控　O1、O2—输出装置（如主接触器）

注：用于监控的实线代表诊断覆盖率，该诊断覆盖率大于类别 3 中指定架构的诊断覆盖率。

8.6　机械加工电气安全要求

8.6.1　机械加工用电安全导则

适用于交流额定电压 1000V 及以下、直流 1500V 及以下的各类电气装置的操作、使用检查和维护。

1. 用电安全的基本原则

1）直接接触防护。防止电流经由身体的任何部位通过；限制可能流经人体的电流，使之小于电击电流。

2）间接接触防护。防止故障电流经由身体的任何部位通过；限制可能流经人体的故障电流，使之小于电击电流；在故障情况下触及外露可导电部分时，可能引起流经人体的电流等于或大于电击电流时，能在规定的时间内自动断开电源。

3）热效应防护。应使所在场所不会发生因过热或电弧引起可燃物燃烧或使人遭受灼伤的危险；故障情况下，能在规定的时间内自动断开电源。

2. 用电安全的基本要求

用电应遵守国家标准的规定外，并制定相应的用电安全规程及岗位责任制。应对使用者进行用电安全教育和培训，使其掌握用电安全的基本知识和触电急救知识。

电气装置在使用前，应确认具有国家指定机构的安全认证标志或检验合格；应确认符合相应的环境要求和使用等级要求；应认真阅读产品使用说明书，了解使用时可能出现的危险以及相应的预防措施，按产品使用说明书的要求正确使用。

用电应掌握所使用的电气装置的额定容量、保护方式和要求、保护装置的整定值和保护元件的规格。不得擅自更改电气装置或延长电气线路。不得擅自增大电气装置的额定容量，不得任意改变保护装置的整定值和保护元件的规格。

任何电气装置都不应超负荷运行或带故障使用。

用电设备和电气线路的周围应留有足够的安全通道和工作空间。电气装置附近不应堆放易燃、易爆和腐蚀性物品。禁止在架空线上放置或悬挂物品。

使用的电气线路须具有足够的绝缘强度、机械强度和导电能力并应定期检查。禁止使用绝缘老化或失去绝缘性能的电气线路。

软电缆或软线中的绿/黄色线在任何情况下只能用作保护线。

移动使用的配电箱（板）应采用完整的、带保护线的多股铜芯橡皮护套软电缆或护套软线作为电源线，应装设漏电保护器。

插头与插座应按规定正确接线，插座的保护接地极在任何情况下都必须单独与保护线连接，严禁在插头（座）内将保护接地极与工作中性线连接在一起。

使用低位置插座时，应采取防护措施。在插拔插头时人体不得接触导电极，不应对电源线施加拉力。浴室、蒸汽房等潮湿场所内应使用专用插座，否则应采取防护措施。

在使用移动式的 I 类设备时，应先确认其金属外壳或构架已可靠接地，使用带保护接地极的插头插座，同时宜装设漏电保护器，禁止使用无保护线插头插座。

正常使用时会产生飞溅火花、灼热飞屑，外壳表面温度较高的用电设备，应远离易燃物质或采取相应的密闭、隔离措施。

在使用固定安装的螺口灯座时，灯座螺纹端应接至电源的工作中性线。电炉、电熨斗等电热器具应使用专用的连接器，并应放置在隔热底座上。临时用电应经有关主管部门审查批准，并有专人负责管理，限期拆除。用电设备在暂停或停止使用、发生故障或遇突然停电时均应及时切断电源，否则应采取相应的安全措施。

当保护装置动作或熔断器的熔体熔断后，应先查明原因、排除故障，并确认电气装置已恢复正常后才能重新接通电源、继续使用。更换熔体时不应任意改变熔断器的熔体规格或用其他导线代替。

当电气装置的绝缘或外壳损坏，可能导致人体触及带电部分时，应立即停止使用，并及时修复或更换。

露天使用的用电设备、配电装置应采取合适的防雨、防雪、防雾和防尘的措施；禁止利用大地作为工作中性线；禁止将暖气管、煤气管、自来水管等作为保护线使用；用电单位的自备发电装置应采取与供电电网隔离的措施，不得擅自并入电网。

当发生人身触电事故时，应立即断开电源，使触电人员与带电部分脱离，并立即进行急救。在切断电源之前禁止其他人员直接接触触电人员；当发生电气火灾时，应立即断开电源，并采用合适的消防器材进行灭火。

3. 电气装置的检查和维护安全要求

电工作业人员应经医生鉴定没有妨碍电工作业的病症，并应具备用电安全、触电急救和专业技术知识及实践经验。电工作业人员应经安全技术培训，考核合格，取得相应的资格证书后，才能从事电工作业。禁止非电工作业人员从事任何电工作业。电工作业人员在进行电工作业时应按规定使用经定期检查或试验合格的电工用个体防护用品。

现场电气作业时，应由熟悉该工作和对现场有足够了解的电工作业人员来执行，并采取安全技术措施。当非电工作业人员有必要参加接近电气装置的辅助性工作时，应由电工作业人员先介绍现场情况和电气安全知识、要求，并由专人负责监护，监护人不能兼做其他工作。

电气装置应有专人负责管理，定期进行安全检验或试验，禁止安全性能不合格的电气装置投入使用。电气装置在使用中的维护必须由具有相应资格的电工作业人员按规定进行。经维修后的电气装置在重新使用前，应确认其符合要求。

长期放置不用的或新使用的用电设备、用电器应经过安全检查或试验后才能投入使用。当电气装置拆除时，应对原来的电源端做妥善处理，不应留有任何可能带电的外露导电部分。

修缮建筑物时，对原有电气装置应采取适当的保护措施，必要时应将其拆除并应符合相关的规定。在修缮完毕后再重新安装使用。电气装置的检查、维护以及修理应根据实际需要采取全部停电、部分停电和不停电三种方式，并应采取相应的安全技术措施和组织措施。

4. 电击防护的基本措施

1）直接接触防护。直接接触防护应选用以下适用措施：绝缘、屏护、安全距离、限制放电能量、24V 及以下安全特低电压。

2）间接接触防护。间接接触防护应选用以下适用措施：自动断开电源、双重绝缘结构、安全特低电压、电气隔离、不接地的局部等电位连接、不导电场所、保护接地（与其他措施配合使用）。

8.6.2 低压电器外壳防护等级

1. 术语

1）外壳。能提供一个规定的防护等级，来防止一定的外部影响和防止接近、触及带电部分及运动部件的部件。对于为了防护外界固体异物进入壳内触及带电部分或运动部件而设置的栅栏、孔洞形状以及其他设施，不管是否附于外壳或是封闭设备组成部分，均被认为是外壳的一部分（那些不用钥匙或工具就能拆除的部件除外）。

2）直观探针。以传统的方式用模拟人体某部分，或工具或试验探针由操作人员手持着来验证其至危险部件的适当间距。

3）（物体）探针。模拟外界固体异物进入外壳的可能性验证用的试验探针。

4）孔洞（开孔）。外壳本身存在的或可以是由试验探针在施加了规定的力后而形成的间隙或缝隙。

2. 符号、代号

IP：表示防护等级符号的表征字母。

W：表示在特定气候条件下使用的补充字母。

N：表示在特定尘埃环境条件下使用的补充字母。

L：表示在规定固体异物条件下使用的补充字母。

3. 防护形式与要求

1）电器外壳具有以下两种形式：防止人体触及或接近壳内带电部分和触及壳内的运动部件（光滑的转轴和类似部件等非危险运动件除外），以及防止固体异物进入电器外壳内部，防止水进入电器外壳内部而引起有害的影响。

2）这里仅考虑在各个方面均符合设计规定的外壳，在正常使用条件下，外壳的材料和工艺应能保证其性能符合相关标准的防护要求。

3）对仅为人身安全而设置在外壳周围的栅栏等防护措施应不算作外壳的一部分；而对于为了防护外界固体异物进入壳内触及带电部分及运动部件而设的

壳内栅栏（绝缘隔板），应视为外壳的一部分。

4）在外壳底部有时为了防止由于凝露和（或）外壳进水的积聚可以设置泄水孔，但必须符合开孔的基本要求，并且孔的直径应不小于 2.5mm。

4. 标志

标志应清晰，易于辨认，并且是不易磨灭的。表示防护等级的表征字母和数字应标在电器的铭牌上，如有困难，可标示在外壳上，对开启式电器可不做标志。

当电器各部分具有不同的防护等级时，首先应标明最低的防护等级；如再需标明其他部分，则按该部分的防护等级分别标志。

当电器的安装方式对其防护等级有影响时，制造厂应在铭牌或安装说明书或其他有关文件上说明预定的安装方式。

8.6.3　防止静电事故通用导则

1. 放电与引燃

1）各类静电放电的特点和其相对引燃能力见表 8.6-1。

表 8.6-1　各类静电放电的特点和其相对引燃能力

放电种类	发生条件	特点及引燃性
电晕放电	当电极相距较远，在物体表面的尖端或突出部位电场较强处较易发生	有时有声光，气体介质在物体尖端附近局部电离，不形成放电通道。感应电晕单次脉冲放电能量小于 20μJ，有源电晕单次脉冲放电能量则较此大若干倍，引燃、引爆能力甚小
刷形放电	在带电电位较高的静电非导体与导体间较易发生	有声光，放电通道在静电非导体表面附近形成许多分叉，在单位空间内释放的能量较小，一般每次放电能量不超过 4mJ，引燃、引爆能力中等
火花放电	要发生在相距较近的带电金属导体间	有声光，放电通道一般不形成分叉，电极上有明显放电集中点，释放能量比较集中，引燃、引爆能力很强
传播型刷形放电	仅发生在具有高速起电的场合，当静电非导体的厚度小于 8mm，其表面电荷密度大于或等于 $2.7\times10^{-4}C/m^2$ 时较易发生	放电时有声光，将静电非导体上一定范围内所带的大量电荷释放，放电能量大，引燃、引爆能力很强

2）在相同带电电位条件下，液面或固体表面带负电荷时发生的放电比带正电荷时发生的放电，对可燃气体的引燃能力可大一个数量级。

3）在下列环境条件下，可燃物更易点燃：可燃物的温度比常温高；局部环境氧含量（或其他助燃气含量）比正常空气中的高；爆炸性气体的压力比常压高；相对湿度较低。

2. 静电防护措施

各种防护措施应根据现场环境条件、生产工艺和设备、加上物件的特性以及发生静电危害的可能程度等予以研究选用。

（1）基本防护措施

1）减少静电荷产生。对接触起电的有关物料，应尽量选用在带电序列中位置较邻近的，或对产生正负电荷的物料加以适当组合，使最终达到起电最小。在生产工艺的设计上，对有关物料应尽量做到接触面积和压力较小，接触次数较少，运动和分离速度较慢。

2）使静电荷尽快对地消散。在存在静电引爆危险的场所，所有属于静电导体的物体必须接地。对金属物体应采用金属导体与大地做导通性连接，对金属以外的静电导体及亚导体则应做间接接地。

静电导体与大地间的总泄漏电阻值在通常情况下均不应大于 $10^6\Omega$。每组专设的静电接地体的接地电阻值一般不应大于 100Ω，在山区等土壤电阻率较高的地区，其接地电阻值也不应大于 1000Ω。

对于某些特殊情况，有时为了限制静电导体对地的放电电流，允许人为地将其泄漏电阻值提高到 $10^4\sim10^6\Omega$，但最大不得超过 $10^9\Omega$。

局部环境的相对湿度宜增加至 50%以上。

生产工艺设备应采用静电导体或静电亚导体，避免采用静电非导体。对于高带电的物料，宜在接近排放口前的适当位置装设静电缓和器。在某些物料中，可添加适量的防静电添加剂，以降低其电阻率。在生产现场使用静电导体制作的操作工具，应予接地。

3）为消除静电非导体的静电，宜用高压电源式、感应式或放射源式等不同类型的静电消除器。

4）将带电体进行局部或全部静电屏蔽，同时屏蔽体应可靠接地。

5）在设计和制作工艺装置或装备时，应尽量避免存在静电放电的条件，如在容器内避免出现细长的导电性突出物和避免物料高速剥离等。

6）控制气体中可燃物的浓度，保持在爆炸下限以下。

（2）固态物料防护措施

1）接地措施应符合下列具体要求：非金属静电导体或静电亚导体与金属导体相互连接时，其紧密接触的面积应大于 $20cm^2$。

采用法兰及螺栓连接的配管系统，一般不必另设跨接线。对厂室外的架空配管系统，则应按有关国家防雷规程执行。

在进行间接接地时，可在金属导体与非金属静电导体或静电亚导体之间，加设金属箔，或涂导电性涂料或导电膏以减小接触电阻。

油罐汽车在装卸过程中应采用专用的接地导线（可卷式），夹子和接地端子将罐车与装卸设备相互连接起来。接地线的连接，应在油罐开盖以前进行；接地线的拆除应在装卸完毕，封闭罐盖以后进行。有条件时尽量采用接地设备与启动装卸用泵相互间能联锁的装置。

振动和频繁移动的器件上用的接地导体禁止用单股线，应采用 $6mm^2$ 以上的裸绞线或编织线。

2）利用空气电离原理使静电中和的静电消除器有多种形式，见表 8.6-2。

3）静电消除器原则上应装设在靠近带电体最高电位的部位，正确的装设位置如图 8.6-1 所示。

表 8.6-2　静电消除器形式

静电消除器种类		特　点	主要应用场所
外接高压电源式	通用型	消电能力强	薄膜、纸、布
	送风型	作用距离较远，范围较广	配管内、局部空间
	防爆型	不会成为火源，结构较复杂	有防爆要求的场所
感应式		结构及使用简单，不易成为火源，当带电体电位在 2~3kV 以下时，难以消电	薄膜、纸、布、某些粉末
放射源式		不会成为火源，要注意安全使用	密闭空间等

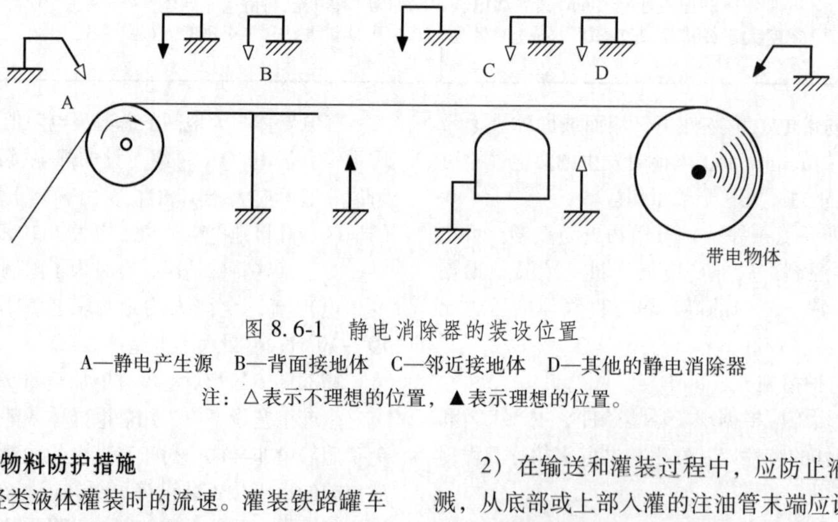

图 8.6-1　静电消除器的装设位置

A—静电产生源　B—背面接地体　C—邻近接地体　D—其他的静电消除器

注：△表示不理想的位置，▲表示理想的位置。

（3）液态物料防护措施

1）控制烃类液体灌装时的流速。灌装铁路罐车时，液体在鹤管内的容许流速按式（8.6-1）计算

$$VD \leqslant 0.8m^2/s \tag{8.6-1}$$

式中　V——烃类液体流速（m/s）；

D——鹤管内径（m）。

大鹤管装车出口流速可以超过按式（8.6-1）所得计算值，但不得大于 5m/s。

灌装汽车罐车时，液体在鹤管内的容许流速按式（8.6-2）计算：

$$VD \leqslant 0.5m^2/s \tag{8.6-2}$$

式中　V——烃类液体流速（m/s）；

D——鹤管内径（m）

2）在输送和灌装过程中，应防止液体的飞散喷溅，从底部或上部入灌的注油管末端应设计成不易使液体飞散的倒 T 形等形状或另加导流板；或在上部灌装时，使液体沿侧壁缓慢下流。

3）对罐车等大型容器灌装烃类液体时，宜从底部进油。若不得已采用顶部进油时，则其注油管宜伸入罐内离罐底不大于 200mm。在注油管未浸入液面前，其流速应限制在 1m/s 以内。

4）烃类液体中应避免混入其他不相容的第二相杂质，如水等。并应尽量减少和排除槽底和管道中的积水。当管道内明显存在不相容的第二物相时，其流速应限制在 1m/s 以内。

5）在贮存罐、罐车等大型容器内，可燃性液体

的表面，不允许存在不接地的导电性漂浮物。

6）当液体带电很高时，例如在精细过滤器的出口，可先通过缓和器后再输出进行灌装。带电液体在缓和器内停留的时间，一般可按缓和时间的 3 倍来设计。

7）烃类液体的检尺、测温和采样。当设备在灌装、循环或搅拌等工作过程中，禁止进行取样、检尺或测温等现场操作。在设备停止工作后，需静置一段时间才允许进行上述操作。所需静置时间见表 8.6-3。

表 8.6-3　静置时间　（min）

液体电导率/（S/m）	液体容积/m^3			
	<10	10～<50	50～<5000	>5000
$>10^{-8}$	1	1	1	2
$>10^{-12}\sim10^{-8}$	2	3	20	30
$>10^{-14}\sim10^{-12}$	4	5	60	120
$\leqslant10^{-14}$	10	15	120	240

注：若容器内设有专用量槽，则按液体容积 $<10m^3$ 取值。

对油槽车的静置时间为 2min 以上。对金属材质制作的取样器、测温器及检尺等器具在操作中应接地。有条件时应采用自身具有防静电功能的工具。

8）当在烃类液体中加入防静电添加剂来消除静电时，其容器应是静电导体并可靠接地，且需定期检测其电导率，以便使其数值保持在规定要求以上。

9）当不能以控制流速等方法来减少静电积聚时，可以在管道的末端装设液体静电消除器。

10）当用软管输送易燃液体时，应使用导电软管或内附金属丝、网的橡胶管，且在相接时注意静电的导通性。

11）在使用小型便携式容器灌装易燃绝缘性液体时，宜用金属或导静电容器，避免采用静电非导体容器。对金属容器及金属漏斗应跨接并接地。

（4）气态、粉态的物料防护措施

在工艺设备的设计及结构上应避免粉体的不正常滞留、堆积和飞扬；同时还应配置必要的密闭、清扫和排放装置。

粉体的粒径越细，越易起电和点燃。在整个工艺过程中，应尽量避免利用或形成粒径在 75μm 或更小的细微粉尘。

气流物料输送系统内，应防止偶然性外来金属导体混入，成为对地绝缘的导体。

应尽量采用金属导体制作管道或部件。当采用静电非导体时，应具体测量并评价其起电程度。必要时应采取相应措施。

必要时，可在气流输送系统的管道中央，顺其走向加设两端接地的金属线，以降低管内静电电位。也可采用专用的管道静电消除器。

对于强烈带电的粉料，宜先输入小体积的金属接地容器，待静电消除后再装入大料仓。

大型料仓内部不应有突出的接地导体。在顶部进料时，进料口不得伸出，应与仓顶取平。

当筒仓的直径在 1.5m 以上，且工艺中粉尘粒径多半在 30μm 以下时，要用惰性气体置换、密封筒仓。

工艺中需将静电非导体粉粒投入可燃性液体或混合搅拌时，应采取相应的综合防护措施。

收集和过滤粉料的设备，应采用导静电的容器及滤料并予以接地。

对输送可燃气体的管道或容器等，应防止不正常的泄漏，并装设气体泄漏自动检测报警器。

高压可燃气体的对空排放，应选择适宜的流向和处所。对于压力高、容量大的气体（如液氢）排放时，宜在排放口装设专用的感应式消电器。

（5）人体静电防护措施

当气体爆炸危险场所的等级属 0 区或 1 区，且可燃物的最小点燃能量在 0.25mJ 以下时，工作人员应穿防静电鞋、防静电服。当环境相对湿度保持在 50%以上时，可穿棉工作服。

在静电危险场所工作的人员，穿防静电鞋，以防人体带电，地面也应配用导电地面。

禁止在静电危险场所穿脱衣物、帽子及类似物。

3. 静电危害的安全界限

（1）静电放电点燃界限

导体间的静电放电能量按式（8.6-3）计算

$$W=\frac{1}{2}CU^2 \tag{8.6-3}$$

式中　W——放电能量（J）；

C——导体间的等效电容（F）；

U——导体间的电位差（V）。

当其数值大于可燃物的最小点燃能量时，就有引燃危险。

当两导体电极间的电位低于 1.5kV 时，将不会因静电放电使最小点燃能量大于或等于 0.25mJ 的烷烃类石油蒸气引燃。

在接地针尖等局部空间发生的感应电晕放电不会引燃最小点燃能量大于 0.2mJ 的可燃气。

（2）物体带电安全管理界限

当固体器件的表面电阻率或体电阻率分别在 $10^8\Omega$ 及 $10^6\Omega\cdot m$ 以下时，除了与火、炸药有关情况外，一般在生产中不会因静电积累而引起危害。对某些爆炸危险程度较低的场所（如环境湿度较高、可燃物最小点燃能量较高等），在正常情况下，表面电阻率或体电阻率分别低于 $10^{11}\Omega$ 和 $10^{10}\Omega\cdot m$ 时，也不会因静电积累引起静电引燃危险。

在气体爆炸危险场所外露静电非导体部件的最大宽度及表面积见表 8.6-4。

表 8.6-4 外露静电非导体部件的最大宽度及表面积

环境条件		最大宽度/cm	最大表面积/cm^2
0 区	Ⅱ类 A 组爆炸性气体	0.3	50
	Ⅱ类 B 组爆炸性气体	0.3	25
	Ⅱ类 C 组爆炸性气体	0.1	4
1 区	Ⅱ类 A 组爆炸性气体	3.0	100
	Ⅱ类 B 组爆炸性气体	3.0	100
	Ⅱ类 C 组爆炸性气体	2.0	20

固体静电非导体（背面 15cm 内无接地导体）的不引燃放电安全电位对于最小点燃能量大于 0.2mJ 的可燃气是 15kV。

对轻质油品装填油时，油面电位应低于 12kV。轻质油品安全静止电导率应大于 50pS/m。

对于采用了基本防护措施的，内表面涂有静电非导体的导电容器，若其涂层厚度不大于 2mm，并避免快速重复灌装液体，则此涂层不会增加危险。

(3) 引起人体电击的静电电位

人体与导体间发生放电的电荷量达到 2×10^{-7}C 以上时就可能感到电击。当人体的电容为 100pF 时，发生电击的人体电位约 3kV，不同人体电位的电击程度见表 8.6-5。

当带电体是静电非导体时，引起人体电击的界限，因条件不同而变化。在一般情况下，当电位在 30kV 以上向人体放电时，将感到电击。

4. 静电事故的分析和确定

凡疑为静电引燃的事故，除按常规进行事故调查外，还应按照下列规定进行分析和确认。

1）检查分析是否存在发生静电放电引燃的必要条件。通过对有关的运转设备、物料性能、人员操作以及环境情况的分析，推测可能带有静电的设备、物体和带电程度，以及放电的物件、条件和类型。

收集和测取必要的有关技术参数，并估算可能的放电能量。

参考有关界限，对是否属于静电放电火源做出倾向性意见，或对较为简单明显的情况做出相应的结论。

表 8.6-5 不同人体电位的电击程度

人体电位/kV	电击程度	备注
1.0	完全无感觉	
2.0	手指外侧有感觉，不疼	发出微弱的放电声
2.5	有针触的感觉，有哆嗦感，但不疼	
3.0	有被针刺的感觉，微疼	
4.0	有被针深刺的感觉，手指微疼	见到放电的微光
5.0	从手掌到前腕感到疼	指尖延伸出微光
6.0	手指感到剧疼，后腕感到沉重	
7.0	手指和手掌感到剧疼，稍有麻木感觉	
8.0	从手掌到前腕有麻木的感觉	
9.0	手腕子感到剧疼，手感到麻木沉重	
10.0	整个手感到疼，有电流过的感觉	
11.0	手指剧麻，整个手感到被强烈电击	
12.0	整个手感到被强烈地打击	

注：人体的静电容量约为 100pF。

2）对于较为复杂的情况，则应根据实际的需要和可能，选取以下部分或全部内容，做进一步的测试，并通过综合分析后，做出相应的结论。

充分收集或测取有关技术参数，主要包括环境温湿度和通风情况、可燃物种类、释放源位置及可能的爆炸性气体浓度分布情况，已有的防火防爆措施及其实际作用，与静电有关的物料的流量流速和人员动作及操作情况，非静电的其他火源的可能性等。

遗留残骸件的分析检验，其方法是选出可能带有静电并发生放电的物件（主要是金属件）通过电子显微镜做微观形貌观察，查明是否存在类似“火山口”特征的高温熔融微坑。以确定静电放电的具体部位，肯定事故的原因。

物件的起电程度和放电能量难以用分析的方法予以定量或半定量确定时，需参考事故发生时的具体条件，进行实物模拟试验，加以验证。模拟试验可在现场或在其他适宜场所进行。

对有关情况数据做进一步综合分析，观察各种情况数据间的相互关系是否符合客观规律和是否存在矛盾，必要时还须对其他情况或数据（包括非静电技术方面的）做补充收集或测试，以便做出最终结论。

8.7 防尘防毒

8.7.1 金属切削车间粉尘浓度标准及其测定

1）标准。车间空气中游离二氧化硅含量在 10%以下的砂轮磨尘的最高容许浓度为 10mg/m^3。

2）监测检验方法。车间空气中砂轮磨尘浓度、游离二氧化硅含量的测定按 GBZ/T 192—2007 执行。

3）测量条件。测量机床粉尘浓度时，其周围产生粉尘的其他机床应停止工作。机床粉尘浓度的测量，应在设计规定的最大切削规范条件下工作 30min 后进行。有吸尘装置的机床，吸尘装置应处于工作状态。

4）测量方法。采样头面向机床的粉尘源，并保持与水平面平行。采样头距离地面高度为 1500mm。采样头安放在工人经常操作的位置，距离粉尘源为 500mm。当不能在 500mm 位置测量时，应使采样头安放在尽量接近粉尘源的位置处。机床有若干操作位置时，每个操作位置都应进行测量，并取其中最大值作为该机床的粉尘浓度值。采样时的抽气流量为 15~30L/min。采样后，收集在滤膜上的粉尘质量应为 1~10mg，称重在万分之一的精密天平上进行。

5）数据处理。机床粉尘浓度值按式（8.7-1）进行计算

$$N=\frac{1000(m_2-m_1)}{QT} \tag{8.7-1}$$

式中　N——粉尘浓度值（mg/m^3）；

m_1——采样前滤膜质量（mg）；

m_2——采样后滤膜质量（mg）；

Q——采样的抽气流量（L/min）；

T——采样时间（min）。

8.7.2　金属切削机床油雾浓度测量方法

1）测量原理。通过采样装置，使一定体积的含油雾空气通过已知重量的滤膜来采集油雾，根据滞留在滤膜上的油雾增量和采样空气体积，就可计算出单位体积空气中油雾的质量（mg/m^3）。

2）仪器。金属切削机床油雾浓度的测量，主要采用以下测量仪表及器具：采样装置（采样头、采样夹、采样动力、流量计和支持架等）；分析天平（精确到 0.10mg）；合成纤维滤膜；秒表；干湿球温度计；空盒气压表；干燥器。

3）一般要求。测量机床的油雾浓度时，在机床工作前应先做本底试验，确定环境的油雾及空气湿度的大小。采样时，应关闭周围窗户及通风设备。采集机床的油雾时，产生油雾的其他机床应停止工作。采样时，应使机床冷却系统及其他产生油雾的系统在最大流量下工作，并在机床运转 30min 后进行采样。有吸雾装置的机床运转时应使吸雾装置处于工作状态。采样头应有左右两个滤膜，安放在工人经常操作的位置，距离机床一般不超过 1m。采样头面向机床产生油雾的油雾源，采样头距地面高 1.5m。采样前滤膜称重到开始采样的时间及采样结束到样品称重的时间，一般不应超过 20min。机床上有若干操作位置时，每个操作位置都应进行测量，并取其中最大值作为该机床的油雾浓度。采样前后要测量环境温度和气压。

4）操作步骤。将衡重过的滤膜编号，然后在分析天平上称重（精确到 0.10mg），将称重后的滤膜放在滤膜盒中，准备到现场使用。

将滤膜装到采样装置上。采样时，抽气流量一般取 15~40L/min。采集在滤膜上油雾的质量应在 1~10mg 范围内。采样结束后切断电源，关闭采样管路，防止由于负压将油粒倒抽出来，然后取出滤膜。

5）结果的计算。

① 将采样后的滤膜称重（精确到 0.10mg）。

② 油雾浓度的计算。油雾浓度的计算按下列公式

$$N=N_1-N_2 \tag{8.7-2}$$

$$N_1=1000(m-m_1)/V_0 \tag{8.7-3}$$

$$V_0=V_t\frac{273}{273+t}\times\frac{p}{101324.72} \tag{8.7-4}$$

$$V_t=q_vT \tag{8.7-5}$$

式中　N——机床油雾浓度（mg/m^3）；

N_1——实际测量的油雾浓度（mg/m^3）；

N_2——本底试验的油雾浓度（包括空气绝对湿度）（mg/m^3）；

m——采样后滤膜质量（mg）；

m_1——采样前滤膜质量（mg）；

V_0——标准状态[0℃，101324.72Pa（760mmHg）大气压]下采样空气体积（L）；

V_t——实际采样体积（L）；

q_v——采样时抽气流量（L/min）；

T——采样时间（min）；

t——采样时环境温度（℃）；

p——采样时大气压力（Pa）（当采样时大气压力单位为 mmHg 时，$V_0=V_t\frac{273}{273+t}\times\frac{p}{763}$）。

当两个平行样品的油雾浓度差值不超过其平均值的 20%时，作为有效样品，采样点的油雾浓度以两个平行样品油雾浓度的平均值计。平行样品是指采样装置上同时采样的左、右两个滤膜。

8.7.3　铸造防尘技术规程

本规程适用于凡产生粉尘污染的工艺过程和铸造设备，均应设防尘设施，凡排至室外的空气中含尘浓度超过国家或当地排放标准时均应设除尘装置。

1. 防尘的工艺措施

（1）工艺布置

工艺设备和生产流程的布局应根据生产纲领、金

属种类、工艺水平、厂区场地和厂房条件等结合防尘技术综合考虑，均应设计合理的除尘系统。污染较小的造型、制芯工段在集中采暖地区应布置在非采暖季节最小频率风向的下风侧，在非集中采暖地区应位于全年最小频率风向的下风侧。砂处理、清理等工段宜用轻质材料或实体墙等设施和车间其他部分隔开，大型铸造车间的砂处理、清理工段可布置在单独的厂房内。

当采用石灰石砂造型工艺时，其浇注区应布置在车间通风良好的位置。合箱、落砂、开箱、清砂、打磨、切割、焊补等工序宜固定作业工位或场地，以便于采取防尘措施。大批量生产线的清理工作台连续成排布置时，应将各工作台面分隔开。在布置工艺设备时，应为除尘系统工艺流程（包括风管敷设、平台位置、除尘器设置、粉尘集中输送及处理或污泥清除等）的合理布置提供必要的平面位置和立体空间等条件。

(2) 工艺设备

凡产生粉尘污染的定型铸造设备（如混砂机、筛砂机、带式输送机、抛丸喷丸清理设备等)，制造厂应配制密闭罩，非标准设备在设计时应附有防尘设施。

炉料准备的称量、送料及加料应采用机械化装置。

散粒状干物料输送宜采取密闭化、管道化、机械化和自动化措施，减少转运点和缩短输送距离。不宜采用人工装卸或抓斗。

输送散粒状干物料的带式输送机应设密闭罩。

带式输送机用作倾斜输送时，根据不同的物料及防尘要求，应不超过其最大允许倾角。带式输送机应设置头部清扫器（当采用磁选带轮时，应附有磁选清扫器）及空段清扫器。卸料落差大于 1.0m 时，应采用倾斜溜管向下部带式输送机卸料，受料点设密闭导料槽。

砂准备及砂处理生产应半密闭化或密闭化、机械化。

大量的粉状辅料宜采用密闭性较好的集装箱（袋）或料罐车输送，采用气力输送到铸造车间料仓。袋装粉料的包装应具有良好的密闭性和强度。拆包、倒包应在有通风除尘措施的专用设备上进行。

散粒状干物料料仓应密闭，并设料位指示器。

黏土砂混砂工艺不宜采用扬尘大的爬式翻斗加料机和外置式箱式定量器，宜采用带称量装置的密闭混砂机。

批量生产时，凡有条件应采用生产线作业。

(3) 工艺方法

宜采用溃散性好、粉尘危害性小的砂型生产工艺。在采用新工艺、新材料时，应防止产生新的污染。冲天炉熔炼不应加萤石。有色金属的熔炼宜采用低毒添加剂。应改进各种加热炉窑的结构、提高燃料品质和改善燃烧方法，以减少烟尘散发量。回用热砂应进行降温去灰处理，根据不同的生产率，采用不同类型的冷却器。铸型落砂后旧砂宜通过密闭振动给料、磁选后，再由配有密闭排风罩的带式输送机送走。

(4) 工艺操作

应选用附着杂质较少的炉料，并宜经过预处理。金属炉料应存放在避雨处，焦炭宜先经过筛选。

在工艺允许的条件下，宜采用湿法作业。

砂型合箱时，不应采用 T 形管接压缩空气或用压缩空气直接吹扫砂型表面砂粒、浮灰的方法。必要时应在特设的带通风的小室内进行。宜采用移动式或集中式真空吸尘装置。

铸型排气孔口应通畅，浇注时一氧化碳应引出点燃。手工落砂时，铸件温度宜在 50℃ 以下，不宜采用压缩空气清铲。铸件表面清理，不宜采用干喷砂作业。落砂、打磨、切割等操作条件较差的场合，宜采用机械手遥控隔离操作。

2. 防尘的综合措施

(1) 建筑措施

1）厂房位置与朝向。在集中采暖地区，铸造厂房应位于其他建筑物的非采暖季节最小频率风向的上风侧，在非集中采暖地区，其应位于全年最小频率风向的上风侧。厂房主要迎风面应与夏季风向频率最多的两个象限的中心线垂直或接近垂直，即与房纵轴成 60°~90°。平面呈 L、U、山形的厂房，其开口部分应朝向夏季主导风向，并在 0°~45°范围之间。厂房主要朝向宜南北向。

2）厂房平面布置。厂房平面形式应在满足产量和工艺流程的前提下同时结合建筑、结构和防尘等要求综合考虑。中、小型铸造车间采用矩形平面布置时，不宜超过三跨，且宜将清理工段与其他工段隔开。在有良好通风防尘措施的情况下，铸造车间也可采用多跨矩形厂房。当厂房平面为 U 形时，其两翼之间以及和其他建筑物之间的距离应符合自然通风要求。铸造车间四周应有一定的绿化地带。

3）厂房竖向设计。铸造车间除设计有局部通风装置外，还应利用天窗排风或设置屋顶通风器。铸镁车间天窗应防雨。排风天窗宜直接布置在热源上方。熔化、浇注区应设避风天窗；落砂、清理区宜设避风天窗。

挡风板与天窗之间以及作为避风天窗的多跨厂房相邻天窗之间的端部均应封闭，并沿天窗长度方向每隔 50～60m 距离设置横隔板。

拱形屋架的高低跨不宜采用横向天窗；大量产生烟尘的工段以及风沙、寒冷、积雪地区不宜采用下沉井式天窗；产生余热、烟尘的工段，不宜采用通风屋脊。

有桥式吊车的边跨，宜在适当高度位置设置能启闭的窗扇。位于多尘、高温区的桥式吊车操作室应密闭、隔热，并采取通风、空调措施。

(2) 设备措施

1）防尘密闭原则。所有破碎、筛分、混辗、清理等设备均应采取密闭或半密闭措施。应根据不同的粉尘污染情况，分别采取局部密闭罩、整体密闭罩和密闭室等不同的密闭方式。密闭装置应符合便于操作、拆卸、检修、结构牢固、轻巧、配合严密与安全等原则，不应由于振动或受料块冲击而丧失其严密性。密闭罩宜采用凹槽结构。

2）设备运动部位的密闭。两设备之间处于动态连接时，宜采用柔性材料密封连接。由于设备的转动、振动或摆动所产生的粉尘污染，宜采用设备整体密闭罩或密闭室。

3）其他部位的密闭。检查门应能关闭严密，不漏风。对水平面上需要经常打开的盖板宜采用凹槽结构的砂封盖板。落砂机下部带式输送机受料段在落差大于 2.0m 时，宜加密托辊或改用托板，并采用双层密闭排风罩。

(3) 消除落料正压

消除物料下落时所产生的正压，应采取降低落差、减小溜管倾斜角、增设溜管隔流装置或转角溜管并加大密闭罩容积等方法。

消除下部受料带式输送机的正压可采取下列措施：连通管——将下部正压区和上部负压区相连形成连通管；缓冲箱——将导料槽空间增高以形成缓冲箱；迷宫式挡板——加长导料槽缓冲箱，并在其中设置迷宫式挡板。

(4) 湿法作业与真空清扫

在工艺允许的条件下，粉尘作业区宜采取地面洒水措施。物料在装卸、转运、破碎、筛分等过程中的粉尘污染宜采用喷水雾降尘。采用喷水雾降尘时应符合下列各点：宜在水中添加湿润剂；喷嘴喷水雾的方向可与物料流动方向平行或呈一定角度；布置喷嘴时，应注意防止水滴被吸入排风系统，也不应溅到工艺设备的运转部位；喷嘴与物料层上表面的距离不宜小于 300mm，射流宽度不应大于物料输送时所处空间位置的最大宽度；排风罩和喷嘴之间应装设橡皮挡帘；喷嘴的最远供水点水压应按喷嘴形式确定；喷水雾系统的水阀宜和生产设备的运行实行联锁。

喷蒸汽降尘适用于焦炭、煤以及旧砂的破碎和输送设备的粉尘散发点上。蒸汽可用 100kPa 以下的饱和蒸汽。采用喷蒸汽降尘时应注意下列各点：蒸汽喷管可用圆形或矩形环状管、马蹄形分叉管或直管，在管路末端最低处设疏水器；蒸汽支管上须设阀门，并在靠近喷管入口处安装压力表，在管路末端最低处设疏水器；蒸汽阀门宜与工艺设备或输送机控制系统实行联锁。

清除沉积在地面、墙面、设备、管道、建筑构件上和地沟内的积尘，宜定期采用真空清扫。

在面积大、积尘多的情况，宜采用集中式真空清扫系统。

(5) 个体防护

铸造生产过程中的下列操作必须按照国家的有关规定采取必要的个体防护措施：采用直接式炉内排烟方式的炼钢电弧炉炉前操作时；进入铁（钢）液包铸锭坑和电弧炉内进行热修作业时；在粉尘污染严重的环境中作业时。

所使用的各类个体防护器具必须符合国家有关标准。

3. 通风除尘措施

(1) 炉窑

1）炼钢电弧炉。炼钢电弧炉的排烟净化方式应根据冶炼工艺、工艺布置、炉型、容量、厂房条件、水源情况、劳动卫生、环境保护及节能要求与维护管理水平等条件进行具体分析和综合考虑来决定。

排烟宜采用下列方式：

炉外排烟：上部对开式伞形罩——小于或等于 5t 的电弧炉；炉盖排烟罩——小于或等于 10t 的电弧炉；钳形排烟罩——小于或等于 10t 的电弧炉；电极环形罩——小于或等于 5t 的电弧炉；吹吸罩——小于或等于 5t 的电弧炉；以上排烟方式适用于炉盖无加料孔的电弧炉，炉门均应设排烟罩。大密闭罩、移动式密闭罩——要求冶炼全过程均能控制烟尘、环境要求严格、机械化自动化程度较高的电弧炉。

炉内排烟：脱开式炉内排烟——小于或等于 10t 的电弧炉。

炉内外结合排烟——小于或等于 10t 的电弧炉。

屋顶排烟——要求冶炼全过程均能控制烟尘，并且环境要求高的电弧炉。宜与炉内或炉内外排烟方式结合采用。

通风除尘系统的设计参数应按冶炼氧化期最大烟气量考虑。排风量宜按不同冶炼期进行调整，可采取节能的变风量措施。

炉外排烟方式的通风除尘系统，当烟气温度低于 120℃时，可不设冷却装置。但采用炉盖排烟罩时，应采用水冷罩或耐热钢罩。

炉内排烟方式的通风除尘系统，应设冷却装置（水冷炉顶排烟罩、水冷风管、风冷风管或其他冷却器等）。有条件时，可考虑余热利用。

电弧炉的烟气净化设备宜采用干式高效除尘器，如袋式除尘器、电除尘器。不宜采用湿式除尘器。

炉内或炉内外结合的系统应采取防爆措施。

通风除尘系统应有防止过高烟气温度或灼热颗粒直接进入袋式除尘器措施，当有结露可能时应采取预防措施。

2）冲天炉。冲天炉的排烟净化方式应根据炉型、燃料种类、加料口开敞情况、水源条件、劳动卫生、环境保护及节能要求与维护管理水平等条件进行具体分析和综合考虑来决定。

排烟净化宜采用下列方式：

机械排烟净化设备宜采用：高效旋风除尘器、颗粒层除尘器——在炉料经过预处理（如废铸件清砂、焦炭过筛等）后，适用于粉尘排放浓度在200~400mg/m^3（标准状态）的地区采用；袋式除尘器、电除尘器——适用于粉尘排放浓度在200mg/m^3（标准状态）以下的地区；机械通风除尘系统宜在高效除尘器前设一级低阻的干式除尘装置，如沉降室、一般旋风除尘器等。

冲天炉排出口的喷淋式除尘装置——利用自然通风和喷淋装置进行排烟净化，适用于粉尘排放浓度为400~600mg/m^3（标准状态）的地区。

冲天炉在熔炼阶段通风除尘系统应采取烟气冷却措施，如水冷套管、水冷旋风除尘器、风冷风管以及其他冷却器等。有条件时，可考虑余热利用，环境要求高时，还应考虑打炉阶段的需要。

冲天炉的设计排风量可按炉子鼓风量乘以1.05~1.10系数与加料口进风量之和来考虑，加料口的入口风速宜采取1.0~1.2m/s。

3）有色金属熔炼炉。熔铜、熔锌、熔铅、熔镁、熔巴氏合金的各种坩埚炉、感应电炉（工频、中频）、电阻炉、电弧炉均应设通风除尘系统。熔铝炉只设排风装置。

有色金属熔炼炉的排风应按炉型、工艺操作及排烟要求采用固定式或回转升降式排风罩、对开式排风罩、炉口侧吸罩、炉口环形罩和整体密闭罩等。在工艺条件允许时，应采用后三种罩型。

各种排风罩的排风量应按冶炼有色金属的种类、炉型及罩子形式决定。

在熔炼时，如烟气中有回收价值的粉尘，应予以回收。烟气中含有氧化锌时，应采用袋式除尘器。含有氯化锌或其他易潮解的粉尘时，如采用袋式除尘器，则应采用光滑滤料，并有保温或加热措施。

当熔炼有色金属添加氟化物、氯盐和硫黄作为覆盖熔剂时，产生大量腐蚀性烟气，通风净化系统应采取防腐蚀措施。

4）加热炉及其他炉窑。燃煤烘模炉、退火炉等应采取机械加煤和“明火反烧”等措施，在粉尘排放浓度达不到国家或地方标准时应设通风除尘系统。

原砂烘干用的平板干燥炉、立式干燥炉、卧式滚筒干燥炉、振动沸腾烘砂炉等均应设通风除尘系统，并应考虑防止结露、粘袋堵塞的措施。

烘模炉装料口应设排风罩，罩口风速采用0.5~0.7m/s。砂芯烘干炉的炉门应设排风罩，排风量按罩口风速0.7m/s计算。

熔模铸造的熔蜡炉、焙烧炉应设通风柜或在装出料口设排风罩，应按蜡料种类确定罩口风速。

铁（钢）液包烘炉、塞杆烘炉等应设排风装置，沥青加热炉应设排风净化系统。

（2）炉料和造型材料的处理及输送

1）破碎与辗磨设备。颚式破碎机上部：当直接给料且落差小于1m时，可只做密闭罩而不排风，如用溜管或格筛给料，落差大于或等于1m时，加料口应设置排风密闭罩。颚式破碎机下部排料至带式输送机：当上部有排风，且下部落差小于1m时，下部可只做密闭罩而不排风；不论上部有无排风，当下部落差大于或等于1m时，下部应设置排风密闭罩。

双辊破碎机给料口和卸料口均需密闭排风。当给料落差小于1m时，密闭较严的小型辊式破碎机，上部可不排风而只在下部排风。

不可逆锤式破碎机加料口应加强密闭，并设置密封阀，卸料口应设置排风密闭罩，并在加料口和卸料口的密闭罩上设置自然循环风管。

球磨机的旋转滚筒应设在全密闭罩内。当用带式输送机向球磨机内给料时，在装料口及球磨机本体之间均需排风，其中2/3的风量由本体排出，1/3由装料口排出。

制备煤粉、黏土粉的轮辗机需设置排风密闭围罩。

2）筛选设备。平底振动筛上部必须密闭排风，排风量可按罩子开口风速不小于1m/s计算。上部不能密闭时，则可在筛子上方设置排风罩，四周用橡皮帘封闭，此时排风量应增大一倍。用于焦炭的平底振动筛可采用密闭小室。平底振动筛用于处理带有水蒸气的热旧砂时，排风量应比冷砂增加40%。

滚筒筛和滚筒破碎筛必须整体密闭并排风，排风量应按开口风速至少比筛子圆周速度大50%计算。如开口面积难以计算，也可按筛子大端断面积2300m^3/

$(h\cdot m^2)$ 计算。

电磁振动筛上部应密闭，本体可不排风，其加料口及卸料口应排风。

3）旧砂冷却设备。冷却提升机可用旋风除尘器。当出口浓度超过标准时，应设置第二级除尘器。

沸腾冷却器和双盘搅拌冷却器的排风量可比其鼓风量大 15%～20%计算。在选择除尘设备和布置除尘风管时，必须避免结露和堵塞。

4）砂处理设备。采用辗轮式或摆轮式混砂机制备型砂及芯砂时，宜将定量装置密闭在本体围罩内并排风。

辗轮式或摆轮式混砂机密闭围罩的排风量宜按下列情况分别计算：密闭较好时，宜按开口处风速 0.8～1.0m/s 计算；混制粉尘较多的干型背砂时，排风量应比上述大 30%～40%；配备冷却鼓风机的混砂机，排风量应比鼓风量大 25%～30%；在辗混过程中散发有可燃性溶剂蒸气时，混砂机的最小排风量应不低于稀释到该溶剂蒸气爆炸下限的 25%以下所需的风量。

树脂砂混砂装置卸砂口应设排风罩。热法树脂砂混砂装置的排风量宜比冷却鼓风量大 25%～30%。

在选用混砂机除尘设备时，应考虑不同型砂工艺对粉尘起始浓度的影响。石灰石背砂——高效两级除尘；干型型砂——高效一级除尘；湿型型砂——旋风除尘；生产线用湿型砂——高效一级除尘。

混砂机密闭围罩的排风口应使排风气流方向与辗轮转动方向一致，并远离粉料卸料口，否则应在排风口与卸料口之间装设隔板。

5）输送设备。采用带式输送机、斗式提升机、螺旋输送机等机械化输送设备输送铸造用砂时，均应设通风除尘系统。当砂中水的质量分数大于 2.5%且较均匀时，可不必排风。

采用带式输送机输送散粒状干物料时，应采取下列措施：在转运点、末端卸料点应设置局部密闭罩或容积式排风罩；在转运点分散的情况下，宜采用袋式除尘机组；采用犁式刮板向多斗料仓卸料，当卸料刮板与局部密闭罩风管阀门联锁时，排风量可按卸料点再加上其他各点的漏风量（按全开的 15%～20%计算）来计算；无联锁时，排风量可按各点全开总和计算；当采用自动启闭侧吸罩时，排风量可只按卸料点计算。

采用斗式提升机垂直提升新、旧砂时，应按照下述原则设排风点：输送常温物料（$t<50$℃），提升高度 $h<10$m 时，应在下部排风：$h\geqslant10$m，上、下部均应排风；输送热物料（$t=50\sim150$℃）时，上、下部均应排风；输送高温物料（$t>150$℃）时，应在上部排风；综合工作制时，上、下部均应排风。

密闭的螺旋输送机，当给料落差大于 1m 时，受料点应设排风罩，其排风量应能消除正压。在输送粉料时，排风口风速应不大于 2m/s。

6）料仓。采用螺旋输送机向密闭料仓送料时，泄压和除尘可采用下列方法：在料仓顶盖上设置装有滤料（袋）的排气孔；送入多粉尘热物料时，可在自然排风管内加设高压静电尘源控制设施。此时，管内气流速度应小于 3.0m/s。

采用压送直接向料仓送料时，可将袋式除尘器直接坐落在料仓顶盖上。

（3）制芯及造型

1）制芯。采用壳芯、挤芯、热芯盒、冷芯盒等树脂砂工艺制芯，应设排风罩。

壳芯机应在其上部设排风罩，罩下沿加橡皮帘，排风量可按罩口风速 1.8m/s 计算。

单工位热芯盒射芯机可在取芯处设侧面排风罩；二工位热芯盒射芯机应在第Ⅰ、Ⅱ位（两处）上方设排风罩，排风量可按罩口风速 1.5m/s 计算；多工位热芯盒射芯机宜把各芯盒部分沿轨道密闭并排风，排风量可按两端开口风速 0.7～1.0m/s 计算。

挤芯机应在挤出砂芯的加热部分上方设排风罩，排风量可按开口风速 0.7m/s 计算。

冷芯盒制芯应对射砂、吹气硬化、空气清洗、开盒取芯等整个过程排风，排风量可按罩口风速 0.75～1.0m/s 计算。

2）砂型、砂芯输送及热装配。采用油类、合脂黏结剂或树脂砂的工艺，从制芯机或砂型（芯）烘干炉取出的热砂型（芯）在用输送机送至砂型（芯）仓库或配箱下芯处时，应在输送机上设排风罩，排风量可按罩的两端开口及不严密缝隙处的风速 1.0m/s 计算。输送热芯盒砂芯时，应在悬挂输送机行走的 10min 距离内加设排风罩。

砂芯采用热装配时，应在其装配辊道上设排风罩，排风量可按开口风速 0.7m/s 计算，或按每米辊道 $1250m^3/h$ 计算。

3）有害气体处理。制芯、造型、烘干、输送及热装配过程中散发出的有害气体，当排放浓度超过标准时，应净化排至室外。可采用洗涤、吸附等方法净化有害气体。

4）磨芯及喷涂。砂芯修磨应设通风除尘系统，净化前粗颗粒应先经沉降去除。排风量按每毫米磨轮直径 $3\sim6m^3/h$ 计算。手轮式磨芯机应在磨轮上部设置随其移动的排风罩；转轮式磨芯机应在磨轮旁设侧面排风罩；磨轮固定而砂芯移动的磨芯装置应在磨轮旁设排风罩。

有挥发性有害物的喷涂作业，小砂芯应设排风柜，排风量可按开口风速 1m/s 计算。较大砂芯应设前部开口的排风小室，排风量可按开口风速 0.5～0.8m/s 计算。

（4）落砂

1）固定落砂区域。不宜采用就地落砂，个别特大铸件需就地开箱落砂时，可采取铸型浇水湿法落砂和喷水雾降尘，并加强个体防护。

固定落砂均应设排风罩。

2）落砂机。振动落砂机排风罩宜用下列类型：自动化程度较高的生产线上，落砂机宜采用固定式密闭罩或围罩，排风量可按开口风速 0.6～1m/s 计算。大于 7.5t、落砂时间较长的落砂机宜用移动式密闭罩。排风量可按每平方米格子板面积 1200～3000m^3/h 计算。小落砂机取大值，大落砂机取小值。落砂完成后宜延迟 1～2min 开启移动罩。小于或等于 7.5t 的落砂机宜用半封闭罩或侧吸罩。半封闭罩可按开口风速 0.5～0.8m/s 计算排风量。工艺操作上要求自由度大的中小型落砂机可用吹吸式通风罩。砂箱高度低于 200mm、铸件温度低于 200℃的落砂机可采用底抽风罩。排风量可按每平方米格子板面积 2000～4500m^3/h 计算。铸件温度在 100℃以下的湿型砂取低值，温度较高的干型砂取高值。

滚筒落砂机应在铸件出口处及旧砂卸料口设排风罩。铸型入口处如落差较大，也应设排风罩，排风量可按落差大小确定。

型芯落砂机宜用移动式密闭罩。当铸件温度较低且吊车不脱钩时，可用侧吸罩。

落砂机采用侧吸罩时，下部砂斗宜排风，排风量可按每平方米格子板面积 750m^3/h 计算。此风量可从侧吸罩的排风量中扣除。

3）落砂地沟。落砂地沟内应设通风装置。旧砂输送机械不能密闭排风时，可用地沟全面排风。排风量按地沟断面风速 0.5～0.8m/s 计算。输送机械有密闭排风时，全面排风量可按上述的计算减去输送机械的排风量。采用鳞板输送机输送高温落砂铸件时，全面排风量可按消除余热进行计算。在固定操作工位宜局部送风。

（5）清理与精整

1）清理。清理滚筒必须密闭良好并应排风。带空心轴的清理滚筒，排风量可按空心轴孔风速 20～23m/s 计算：不带空心轴的非标准滚筒，宜在滚筒外设全密闭排风罩。

喷丸清理室室体排风量可按与气流垂直的断面风速 0.2～0.5m/s 计算。大型喷丸室和铸件的表面清理取低值，小型喷丸室和用作铸件粗清理取高值。

抛丸清理室室体排风量，当每个抛头抛丸量≤140kg/min 时，可按抛头数计算。第一个抛头为 3500m^3/h，以后每个抛头为 2500m^3/h。对于连续式抛丸室，其两端不能完全密闭时，可按抛头数计算的排风量附加 30%的漏风量；间断工作的抛丸室附加 15%的漏风量。当每个抛头抛丸量大于 140kg/min 时，可按有关公式计算。

喷抛联合清理室室体排风量可按喷丸室计算。

喷砂室室体气流组织宜采取上进、下排，或一侧进风、对侧排风，排风量可按与气流垂直的断面风速 0.3～0.7m/s 计算。小型喷砂室取高值，大型喷砂室取低值。

喷、抛丸清理室丸砂分离系统宜与室体的通风除尘系统分开。

2）清整。固定砂轮机排风量可按每毫米砂轮直径 2.0～2.5m^3/h 计算。宜采用自带除尘装置的砂轮机。批量生产线上的悬挂砂轮机，可采用集尘小室，小室开口风速应大于或等于 0.8m/s。清理工作台宜设侧面排风罩，排风量按罩口风速 1.0～1.3m/s 计算。

等离子切割必须采取局部排风和个体防护。用氧乙炔焰切割铸钢件飞边、毛刺和浇冒口，铸件的浇冒口高度离格子板不超过 1m 时，可用地坑排风，地坑内应盛水，板面风速宜取 1.0～1.2m/s。切割合金钢件取大值，切割碳钢件取小值。当被切割铸件浇冒口高度超过 1m 时，宜用移动式排风罩。小铸件焊补宜用焊接工作台。工作台的下部和上部均应排风，罩口断面风速可取 0.75m/s。大铸件焊补区域宜全面通风。

4. 通风除尘系统的设置与维护

（1）系统和管路的设计

系统划分应便于管理运行和安全生产。同时工作、粉尘性质相同，可合用一个通风除尘系统；同时工作、粉尘性质不同，但允许不同粉尘混合回收或粉尘无回收价值时，也可合用一个通风除尘系统；不同粉尘混合后有燃烧或爆炸危险，以及不同湿度、温度的含尘气体混合后可能结露时，则不得合用一个通风除尘系统。

落砂机罩与落砂机砂斗下部不同时，使用的通风除尘系统宜分开。移动式密闭罩与落砂机应联动控制。

除尘设备的布置宜相对集中，并应考虑卸灰和运灰的方便。

除尘管路的设计应符合以下规定：风管宜明设。当必须在地下敷设时，应将风管设在地沟内。只有利用地沟降尘时，才可不另设风管，但应有清理积尘的措施。风管内的风速应使所输送的粉尘不致沉积。垂直风管宜取 14～20m/s，水平风管宜取 16～25m/s。风管内含尘气体湿度较高时，不宜室外敷设或通过无采暖的房间。否则风管应保温或将空气加热。为防止堵塞，风管的直径不宜小于下列数值：排送细粉尘 80mm；排送较粗粉尘 100mm；排送粗颗粒 130mm。除尘风管应设清扫孔。

（2）通风机和除尘设备的选择

1）通风机。除尘系统应采用离心式通风机，通风机宜设在除尘器之后，但粉尘硬度较小、浓度较低、粒度较细时，也可设在除尘器之前。处在除尘器之前的通风机应采用排尘风机，设在除尘器之后的可采用普通型。两级除尘时，通风机可设在第一级除尘器之后。通风机噪声超标时应采取降噪措施。

2）除尘设备。应根据排放标准，粉尘的起始浓度、分散度、密度、工况比电阻、亲水性、黏性、毒性、爆炸性以及气体温度、湿度、化学成分等物理化学特性和设备投资、占用空间、运行费用、维护操作安装等因素合理选用除尘设备。落砂机、散粒状干物料输送设备、破碎设备、振动筛、磨料机等宜采用袋式除尘器。砂轮机可用旋风除尘器。分散布置的砂轮机宜用袋式除尘机组。物料可直接落入的设备，如拆包机、料仓、带式输送机转运点、混砂机等，宜用袋式除尘机组直接装在设备上。滚筒筛、多角筛、冷却提升机、清理滚筒、喷砂室、喷丸室、抛丸室宜用两级除尘，但清理滚筒或喷丸、抛丸室，清理树脂砂铸件或经水力、水爆清砂的铸件时，可用一级除尘。采用干式除尘器当气体湿度较高可能结露时，应保温或加热，或采用湿式除尘器。在寒冷地区，湿式除尘器不应室外布置，否则应采取保温或加热措施。袋式除尘器，当气体温度超过 120℃时，应采用耐高温的滤料，气体湿度较高时，宜采用防水性能好的滤料。

（3）二次污染的防治

1）干式除尘器。干式除尘器的卸灰阀应密封良好，并应采用密闭容器卸灰。从除尘器卸下的干灰应及时搬运、处置，宜采取密闭运输、润湿、粒化、成型等措施，干灰应妥善处置。

2）湿式除尘器。从湿式除尘器排入城市下水道和河流的废水应符合排放标准。湿式除尘器废水中的污泥，应予脱水固化，不得任其自然干燥而产生二次扬尘。

（4）维护

1）通风机。每年应至少检测一次风量、风压和电动机的输入功率，检查其是否符合原设计的要求，如不符合，应检修、调整。

通风机应经常处于良好的工作状态，运转应平稳，壳体无破损，叶轮完好，机内不积尘、积水，电动机工作正常，发现故障应及时排除。

2）除尘设备。干式除尘器灰斗的粉尘堆积高度不应超过灰斗高度的 2/3。除尘器的外壳不应破损。湿式除尘器应经常检查其水位并定期清洗内部，达到运行使用要求。

3）管道系统。每年应至少测定一次管道各段的风量，检查其是否符合原设计要求。如不符合，应检修、调整。根据管道积尘情况每年应清理 1～3 次。经常检查管道的密封性，不得有破损，漏风率不应超过 15%。

4）风罩。不得任意拆除及丢弃已安装的排风罩，如有破损应及时修复。当排风罩达不到防尘要求时，应检查原因并及时排除故障。如效果不佳，应修改罩子结构。为防止撞坏排风罩，必要时可增设保护围挡。

8.8　机械加工中人的因素与工效学要求

8.8.1　工作系统中人的可靠性因素

一个设计良好的系统需要考虑的不仅是设备本身，还应该包括人这一要素。正如一个系统的其他部分一样，人的因素并非是完全可靠的，而人的错误可导致系统崩溃。国内外很多安全专家认为，大约 90% 的事故与人的失误有关，而仅有 10% 的事故归咎于不安全的物理、机械条件。

1. 影响人的可靠性的内在因素

表示为人的内在状态，人的内在状态可以用意识水平或大脑觉醒水平来衡量。大脑意识水平的等级划分见表 8.8-1。

表 8.8-1　大脑意识水平的等级划分

等级	意识状态	注意状态	生理状态	工作能力	可靠度
0	无意识,神智丧失	无	睡眠、发呆	无	0
I	常态以下,意识模糊	不注意	疲劳、困倦、单调、醉酒(轻度)	低下,易出事故	0.9 以下

（续）

等级	意识状态	注意状态	生理状态	工作能力	可靠度
Ⅱ	正常意识的松弛阶段	无意注意	休息时、安静时或反射性活动	可进行熟练的、重复性的或常规性的操作	0.99~0.9999
Ⅲ	正常意识的清醒阶段	有意注意	精力充沛，积极活动状态	有随机处理能力，有准确决策能力	0.999999以上
Ⅳ	超常态，极度紧张、兴奋	注意过分集中于某一点	惊慌失措，极度紧张	易出差错，易造成事故	0.9以下

2. 影响人的可靠性的外在因素

一个极为重要的方面是人承受的压力。压力是人在某种条件刺激物（机体内部或外部）的作用下，所产生的生理变化和情绪波动，使人在心理上所体验到的一种压迫感或威胁感。

适度使人保持警觉的压力对于提高工作效率，改善人的可靠性是有益的，压力过轻反而使人精神涣散，缺乏动力和积极性。但人承受重压时，发生人为差错的概率比其在适度压力下工作时要高，因为过高的压力使人理解能力消失，动作的准确性降低，操作的主次发生混乱。

工作中造成人的压力的原因通常有以下四个方面：

1）工作的负荷。负荷过重，要求超过了人的能力会给人造成很大的心理压力；负荷过轻，缺乏有意义的刺激，如不需动脑的工作，重复性和单调的工作，无法施展个人才华能力的工作等，也会造成消极的心理压力。

2）工作的变动。例如机构的改组、职务的变迁、工作的重新安排等，破坏了人的行为、心理和认识的功能的模式。

3）工作中的挫折。例如任务目标不明确、官僚主义造成的困难，职业培训指导不够等，阻碍了人达到预定的目标。

4）不良的环境。例如噪声太大，光线太强或太暗，气温太高或太低以及不良的人际关系。

这些超过操作者能力限度而给操作者造成的压力和其他方面造成的压力，其表现见表8.8-2。

表8.8-2 给操作者造成压力的类型

超过操作者能力限度的压力	其他方面的压力
反馈信息不充分，不足以使操作者下决心改正自己的动作	不得不与性格难以捉摸的人一起工作
要求操作者快速比较两个或两个以上的控制结果	不喜欢从事的职业和工作
要求高速完成一个以上的控制	在工作中得到晋升的机会很少
要求高速完成操作步骤	负担的工作低于其能力与经验，在极紧张的时间限度内工作，或为了在规定时间期限完成工作，经常加班
要求完成一次步骤次序很长的任务	沉重的经济负担
要求在极短时间内快速做出决策	家庭不和睦
要求操作者延长操作时间	健康状况不佳
要求根据不同来源的数据快速做出决策	上级在工作中的过分要求

3. 影响人的操作可靠性的综合因素

影响人的可靠性的因素极为复杂，但人为失误总是人的内在状态与外在因素相互作用的结果。见表8.8-3。

表8.8-3 影响人的操作可靠性的因素

因素类型		因　素
人的因素	心理因素	反应速度、信息接受能力、信息传递能力、记忆、意志、觉醒程度、注意、压力、心理疲劳、社会心理、错觉、单调性、反射条件
	生理因素	人体尺度、体力、耐力、视力、听力、运动机能、身体健康状况、疲劳、年龄
	个体因素	文化水平、训练程度、熟练程度、经验、技术能力、应变能力、感觉阈限、责任、个性、动机、生活条件、家庭关系、文化娱乐、社交、刺激、嗜好
	操作能力	操作难度、操作经验、操作习惯、操作判断、操作能力限度、操作频率和幅度、操作连续性、操作反复性、操作准确性
	机械因素	机械设备的功能、信息显示、信号强弱、信息识别、显示器与控制器的匹配、控制器的灵敏度、控制器的可操作性、控制器的可调性

（续）

因素类型		因　素
环境和管理因素	环境因素	环境与作业的适应程度、气温、照明、噪声、振动、粉尘、作业空间
	管理因素	安全法规、操作规程、技术监督、检验、作业目的和作业标准、管理、教育、技术培训、信息传递方式、作业时间安排、人际关系

8.8.2　人的失误

人的不安全行为指造成事故的人的失误（差错）行为。

1. 外在因素

控制人的失误的外在因素可以减少人的不安全行为。人的失误的外在因素见表 8.8-4。

2. 内在因素

诱发人的失误的内在因素极为复杂，仅将其主要诱因归纳见表 8.8-5。

8.8.3　人所处环境的安全条件要求

机械安全中应主要考虑人的心理和生理特点，防止人的“意识中断”或“意识迂回”走神时产生的危险。应保证系统运行期间，人能够观察到设备的所有运行情况，以保证人能高效、安全、舒适、健康的工作。考虑以下方面有助于工效和安全性的提高。

1. 预备防范措施

在人—机械设备运行流程的整体设计中，采取有效的防范措施，可有效地制止或防范人为错误的产生。

表 8.8-4　人的失误的外在因素

类型	失误	举　例	类型	失误	举　例
知觉	刺激过大或过小	1)感觉通道间的知觉差异 2)信息传递率超过通道容量 3)信号太复杂 4)信号不明确 5)信息量太小 6)信息反馈失败 7)信息的存储和运行类型的差异	信息	按照错误的或不准确的信息而操纵机器	1)训练 ①欠缺特殊的训练 ②训练不良 ③再训练不彻底 2)人机工程学手册和操作明细表 ①操作规定不完整 ②操作顺序有错误 3)监督方面 ①忽视监督指示 ②监督者的指令有误
显示	信息显示设计不良	1)操作容量与显示器的排列和位置不一致 2)显示器识别性差 3)显示器的标准化差 4)显示器设计不良 ①指示方式 ②指示形式 ③编码 ④刻度 ⑤指针运动 5)打印设备的问题 ①位置 ②可读性、判别性 ③编码	环境	影响操作机能下降的物理的、化学的空间环境	1)影响操作兴趣的环境因素 ①噪声 ②温度 ③湿度 ④照明 ⑤振动 ⑥加速度 2)作业空间设计不良 ①操作容量与控制板、控制台高度、宽度、距离等 ②座椅设备、脚、腿空间和可动性等 ③操作容量 ④机器配置与人的位置可动性 ⑤人员配置过密
控制	控制器设计不良	1)操作容量与控制器的排列和位置不一致 2)控制器的识别性差 3)控制器的标准化差 4)控制器设计不良 ①用法 ②大小 ③形状 ④变位 ⑤防护 ⑥动特性	心理状态	操作者因焦急产生心理紧张状态	1)人的过分紧张状态 2)裕度过小的计划 3)过分紧张的应答 4)因加班休息不足而引起的病态反应

表 8.8-5 人的失误的内在因素

项目	因素
生理能力	体力、体格尺度、耐受力、是否残疾(色盲、耳聋、音哑等)、疾病(感冒、腹泻、高温等)、饥渴
心理能力	反应速度、信息的负荷能力、作业危险性、单调性、信息传递率、感觉敏度(感觉损失率)
个人素质	训练程度、经验多少、熟练程度、个性、动机、应变能力、文化水平、技术能力、修正能力、责任心
操作行为	应答频率和幅度、操作时间延迟性、操作的连续性、操作的反复性
精神状态	情绪、觉醒程度等
其他	生活刺激、嗜好等

2. 保障人机界面设置的合理性和人机交流的顺畅性

1）适宜的信息通道。信息传递顺畅，可有效避免因信息通道过载而出现错误的信息。

2）当信息从人的运动器官传递给机器时，应适应人的极限能力和操作范围，控制器应设计得高效、安全、可靠、灵敏。

3）充分发挥人和机各自的优势，减小发生危险的概率。

4）保证人机界面的通道数和传递频率不应超过人的能力，而且适合大多数人的应用。

3. 保障工作空间设计的合理性

工作空间的设计要适应使用者的人体特征，以保证工作人员能够采取正确的作业姿势，达到减轻疲劳、提高工效的目的。

4. 色彩方面

机械设备主要包括主机、辅机和动力设备，以及控制、显示和操纵装置等，其配色除考虑设备配色和色彩与设备功能相适应、与环境色调相互协调外，在机械安全检验时主要注重以下几个方面：

1）危险与警示部位的配色要醒目，而且所用颜色应符合标准的规定。

2）操纵装置和按钮的配色要重点突出，避免误操作，所用颜色应符合标准的规定。

3）显示装置要与背景有一定的对比，以引人注意，同时也有利于操作者的认读。

好的色彩设计不但可以突出重点，而且可以给操作者带来好的心情，使操作者在工作中心情愉快，忘掉烦恼，减少工作中的人为失误，降低危险发生的概率。

5. 照明方面

工作环境的光线照度与人的感官疲劳和精神疲劳是密切相关的。加工区域的局部照明的照度应大于500lx。照明光线应均匀，无眩光，光色适度，并要避免镜面、台面强反射眩光以及与周围环境的明暗形成强烈对比。

6. 振动方面

需要在设备结构和元件上采用隔振、吸振和缓冲减振等装置，避免达到生理临界范围的机械振动和冲击传至人体。

7. 听觉与噪声和声音报警信号

听觉信号常用于报警。当机械设备采用声讯信号作为出现危险状态和故障情况的危险信号时，应有别于其他正常的声响信号，其声讯信号的声音响度应高于环境和机械设备正常运行期间所发出的声音响度，也要注意削减机械设备作业过程中产生的工业噪声。

8. 视觉方面

由大脑产生正确的思考，视觉对产品的产量、质量及安全均有影响，机械设备操作控制站的位置应保证操作者具有足够的视野范围，在工作期间能够观察到设备的整体运行情况。

9. 触觉方面

设计者可以通过将操动器件分布在不同的空间位置，或采取不同的形状使操作者准确的识别，防止误操作。

8.8.4 工作系统设计

1. 一般原则

在设计过程中，应考虑单个或多个工作者和工作系统的其他要素之间的主要交互作用。这些交互作用对工作者提出了各种要求，这些要求组合在一起便形成了工作压力。工作压力会使其产生相应的工作紧张。工作紧张会导致弱化效应（例如工作疲劳）或易化效应（例如技能的提升），并以闭环反馈的方式来影响工作者的个人特性。

工效学设计旨在降低工作紧张，避免弱化效应，促进易化效应。同时，未被弱化的人员绩效会提高系统的效果和效率，这是人类工效学工作系统设计的另一个目标。

应在工作系统设计的初期就应用人类工效学作为预防性措施，而不是在设计完成之后再来解决出现的问题。

2. 详细设计

工作系统的实际包括下列要素设计：工作组织设计，工作任务设计，作业设计，工作环境设计，工作设备、硬件和软件的设计，工作空间和工作站的设计。

（1）工作任务设计

将分配给人的功能转化为工作任务时，应实现以下目标：

1）理解工作群体的经验和能力。

2）工作者可以运用不同类型的技能和能力，进行不同种类的活动。

3）确保所执行的工作任务可被视为一个整体，而不只是零碎的任务。

4）确保所执行的工作任务对整个工作系统有显著的贡献，且工作者能够理解这一点。

5）允许工作者在决定优先顺序、节拍和过程的时候有适当的自主权。

6）为执行工作任务的人员提供足够的有意义的反馈。

7）为工作者提供机会，使他们能够提升与工作任务相关的现有技能和获取相关的新技能。

8）避免分配对工作者来说过重或过轻的任务。过轻或过重的任务可能带来不必要的甚至过度的紧张、疲劳或失误。

9）避免重复。重复可能引起不平衡的工作紧张，并进一步导致生理上的不适和心理上的单调感、厌烦感、乏味感或不满。

10）避免让工作者单独工作，应为工作者提供社交性交流和功能性交流的机会。

（2）作业设计

作业设计一方面应促进工作系统实现绩效目标，另一方面应使设计目标人群的总体工作压力水平 处于最优水平。

如果所设计的作业不能充分满足这些目标，应运用下列方法来提高工作的质量：

1）有组织的或无组织的工间休息。

2）变换工作，例如在装配线上或在工作班组内组织工作者自愿变换工种。

3）由一名（而非多名）操作者来完成属于同一系统功能的几项连续操作（作业扩展），如让一名操作者完成装配操作中的一系列连续操作。

4）由一名（而非多名）操作者来完成属于不同系统功能的连续操作（作业充实），如质量检验前的装配操作可由次品检出人员来完成。

（3）工作设备、硬件和软件的设计

工作系统是为了工作任务，在所设定的条件下，由工作环境、工作空间和工作过程共同起作用的一个或多个人和工作设备组合而成的系统。

设计工作系统时，不仅要考虑设备的物体机械特性，也要考虑设备的认知特性。界面设计应适合人的特点：

1）界面应当提供足够的信息让工作者既可以快速了解系统全局状况，同时也能获取具体参数的详细信息。

2）原则上说，最需要触及的系统部件应放置在最容易触及和操作的位置，最需要看到的系统部件应放置在最容易看到的位置。

3）信号显示器和控制器应在最大程度降低人为错误概率的方式下工作。

4）信号显示器的选择、设计、布置应与人类认知特性和所要执行的任务相符。

5）控制器的选择、设计、布置应考虑对技巧、准确度、速度和力的要求，与使用目标人群典型特点、控制过程的动态特性和作业空间要求相符。

6）同时操作或快速依次操作多个控制器时，控制器的位置应当相互足够接近以利于正确的操作，但不能过于接近，避免无意中产生的操作。

（4）工作空间和工作站的设计

1）工作空间和工作站的设计应也同时考虑人员姿态的稳定性和灵活性。

2）应给人员提供一个尽量安全、稳固和稳定的基础借以施力。

3）工作站的设计应考虑人体尺寸、姿势、肌肉力量和动作的因素。例如：应提供充分的作业空间，使工作者可以使用良好的工作姿态和动作完成任务；允许工作者调整身体姿势，灵活进出工作空间。

4）避免可能造成长时间静态肌肉紧张并导致工作疲劳的身体姿态，应允许工作者变换身体姿态。

3. 系统实现、实施和验证

在实施阶段，应把新工作系统介绍给所有相关人员，提供必要的信息和培训。应为目标用户人群提供说明文档。对工作者进行指导和培训，以帮助他们迅速、可靠地适应新环境。

4. 评价

对工作系统设计的整体评价有助于对项目的结果形成完整的了解，将项目初期规划输出和最终结果进行对比，还可以积累经验。持续监控系统影响，以避免其对用户的工作绩效或身心健康产生长时间损害。整体评价应在系统进入稳定工作状态之后进行。在评价中应考虑工作的质量，以便于在工作环境中建立一个能保证工作者的长期有效绩效的良好基础。

可使用成本效益模型对新设计的效果进行定量评价。例如，通过减少病假、生产损失和系统维护可降低成本。良好的工作环境能够产生显著的正面效应，从而优化成本-效益比。

8.8.5　风险减小

风险减小应遵照安全原则方法，注意事项如下：

1）人的个体差异。

2）姿势和活动空间。

3）工作效率和模式。

① 频率、力和身体部位之间的相互作用（与机器节拍相关任务设计、控制装置类型选择）。确保更容易承受频繁重复运动的身体较小部位来完成需要频繁重复运动的活动。但还有必要确保完成这些活动所需的力足够小，因为较小的身体部位不能在面临受伤风险的情况下施加较大的力。

② 个体相对机器节拍作业调整工作速率的范围（与高度重复的任务等有关）。确保个体操作者能够调整其工作速率，如通过在生产流程内增加缓冲空间。

③ 信息的获取和处理（与需要做决策的任务、视觉检查、过程控制等有关）。确保信息的呈现速率考虑了获取和处理信息并决定下一步如何做所需时间。

4）人为失误。

① 控制装置的可识别性（与面板设计、移动式设备等有关）。

② 控制相应的固定模式及其他控制特征（与所有控制装置有关）。

③ 选择合适的显示器特性（与所有显示器有关）。

④ 控制装置和显示器的布置（与复杂面板等相关）。确保相关的控制装置和显示器按逻辑方式进行布置，如将其编在一组。如果需要多个装置，则宜确保使用最频繁的装置位于最容易触及的位置，并且它们之间的距离足以避免发生意外操作的风险。

5）人机界面。

① 显示器显示的信息在操作位置的易读性。确保显示器的设计（如尺寸、对比度、清晰度）考虑了操作位置的读取距离以及读取时所处的环境条件（如枪管、粉尘等因素）。

② 控制装置给操作者的反馈。确保控制器在被操纵时会给出反馈，并在适当时能给出其控制功能的状态指示。

③ 避免操作者需要同时记住或处理多条信息，确保信息呈现的速率与人的正常能力一致。

④ 为操作者提供改正或矫正错误的方法，尽可能确保错误容易识别并给出明确的改正方法。

8.9 本章所涉及的安全卫生方面的专业术语

1. 基本术语

1）安全。人员没有受到伤害和死亡，财产未受到损失和破坏的状态或条件。

2）安全性。避免发生人身伤亡和财产损失的能力。

3）安全技术。为防止伤亡事故、消除控制危险因素危害所采取的技术措施的总称。

4）安全系统。由与安全有关的各要素所构成的具有保证产品或系统安全功能的有机联合体。

5）安全防护。防止操作者在作业时身体某部位误入危险区域或接触有害物质而采取的各种防护措施。

6）安全法规、安全标准。以保护人身和财产安全为目的，由国家或部门制定并实施的行政规范或标准。

7）安全评价（危险评价）。对系统中的潜在危险及其严重程度进行分析和评估，并以规定的指标、等级或概率值做出定量的表示。

8）危险。有遭受人身伤害或财产损失的可能。

9）损害。人的身心健康受到伤害。

10）事故。突然发生的造成人身伤害或财产破坏，影响生产正常进行的意外事件。

11）故障。系统在运行中处于不能完成规定功能的状态。

12）事故隐患。物的危险状态、人的不安全行为和管理缺陷等随时可导致事故发生的潜在的危险因素。

13）职业危害。工作环境中所特有的危险因素和有害因素对操作者身体造成的伤害。

14）危险因素。能导致人身伤亡、财产突发性损坏的因素。

15）有害因素。能影响人的身体健康导致疾病或对物造成慢性损坏的因素。

16）本质安全。依靠产品本身结构的安全设计保证其安全可靠，即使在使用过程中发生故障和误操作时也不会造成伤害事故。

17）风险。在危险状态下可能造成损害健康或财产损失的概率和程度的综合。

18）风险评价。对在危险状态下可能造成人员伤亡或财产损失的概率和程度的评估与预测。

19）遗留风险。采取安全措施之后所剩余的风险。

2. 安全防护术语

1）加工区。被加工工件放置在机器上加工的区域。

2）安全防护装置。配置在设备上，起保障人员和设备安全作用的所有装置。

3）危险区。设备可能发生伤害事故的区域。

4）工作面高度。操作中，操作者站立的平面与其手或前臂的平面之间的距离。

5）紧急停车开关。发生危险时，能迅速终止设备或工作部件运行的控制开关。

6）危险区域。易发生事故或损害健康的机械内部或（和）周围某一空间。

7）安全距离。防止人体触及机械危险部位的最小距离。

8）安全工具。在危险部位或危险区域内，能代替人进行操作或排除故障的专用工具。

9）安全色。表达安全信息的颜色，表示禁止、警告、指令、提示等。

10）安全标志。由安全色、几何图形和图形符号等构成，用以表达特定的安全信息。

11）安全装置。能消除或减小危险的一种装置，可与防护装置联用，它能控制危险部位在运行中不会导致事故。

① 紧急制动装置。为防止事故或控制事故，立即对机械危险部位进行制动的安全装置。

② 双手操纵装置。两手同时操作才能起动机器并保持运转的止—动控制装置。

③ 限制器。防止机器零部件超过设计限度（空间限度、载荷限度等）运行的一种安全装置。

④ 紧急事故开关。发生事故时可就近断开电源的操纵器。

⑤ 断开装置。当人体某部分超越安全限时，使机器或机器零部件停止运转的装置。

12）防护装置。采用物体障碍方式阻止人体进入危险区或触及危险部位的隔离装置。

① 防护罩。对危险部位全部或部分封闭的隔离装置。

② 护栏。防止人体或肢体进入危险区域、触及危险部位的杆状、栅状或板状围栏。

3. 安全操作术语

1）违章指挥。管理人员违反国家有关安全法规、标准等强令工人进行违章作业的行为。

2）违章作业。在生产中违反职业安全法规和安全操作规程进行作业的行为。

3）危险作业。有可能导致人身伤亡或引起重大事故的作业。

4）安全监护。进行危险作业时，为防备他人误操作导致作业人员遭到意外伤害，设置的监护人，目的是看管作业现场，以防事故发生。

4. 安全管理术语

1）安全管理。管理者对生产安全进行计划、组织、指挥、协调和控制的一系列活动的总称。

2）安全教育。对职工进行安全技术、安全法规、制度、操作规程等安全知识的教育和训练。

3）系统安全分析。对生产系统的安全性进行检查和诊断及危险预测的方法。

4）安全性评价。综合运用系统工程原理，科学地对系统中人、机、物和环境的危险性进行预测和评估。

5）安全管理评价。针对企业的安全管理体系，评价其安全管理工作的有效性、可靠性和预防事故发生的组织管理措施的完善性。

6）事故管理。对事故的登记、统计、调查处理和分析事故发生原因，提出预防事故的办法及建立管理事故档案的工作。

7）安全监督。工会组织或群众防护团体协助并督促行政领导切实执行国家有关安全生产的方针政策、法规、条例的过程。

8）安全监察。由国家授权的机构，依据国家法律、法规对企业、事业单位等贯彻实施各项安全法规情况，进行强制性执行的过程。

9）安全措施。为消除生产过程的危险因素，防止伤害和职业危害、改善劳动条件、保证生产安全所采取的有关管理措施和技术措施。

10）伤亡事故。指企业职工在生产劳动过程中，发生的人身伤害，急性中毒。

11）损失工作日。指被伤害者失能的工作时间。

12）暂时性失能伤害。指伤害及中毒者暂时不能从事原岗位工作的伤害。

13）永久性部分失能伤害。指伤害及中毒者肢体或某些器官部分功能不可逆的丧失的伤害。

14）永久性全失能伤害。指除死亡外，一次事故中，受伤者造成完全残疾的伤害。

参 考 文 献

[1] 林明清. 工业生产安全知识手册［M］. 北京：电子工业出版社，1985.

[2] 隋鹏程，陈宝智，隋旭. 安全原理［M］. 北京：化学工业出版社，2005.

[3] 崔政斌，王明明. 机械安全技术［M］. 2 版. 北京：化学工业出版社，2009.

[4] 徐自芬. 机械安全认证技术指南［M］. 北京：机械工业出版社，2002.

[5]《机械安全标准汇编》编委会. 机械安全标准汇编：上［M］. 北京：中国标准出版社，2003.

[6]《机械安全标准汇编》编委会. 机械安全标准汇编：中［M］. 北京：中国标准出版社，2003.

[7]《机械安全标准汇编》编委会. 机械安全标准汇编：下［M］. 北京：中国标准出版社，2003.

《机械加工工艺手册》（第3版）总目录